AF513939

Ingenieurgeologie

Helmut Prinz
Roland Strauß

Ingenieurgeologie

6. Auflage

Helmut Prinz
Bingen
Deutschland

Roland Strauß
Geologischer Dienst NRW Landesbetrieb
Krefeld
Deutschland

ISBN 978-3-662-54709-0 ISBN 978-3-662-54710-6 (eBook)
https://doi.org/10.1007/978-3-662-54710-6

Die Deutsche Nationalbibliothek verzeichnet diese Publikation in der Deutschen Nationalbibliografie; detaillierte bibliografische Daten sind im Internet über http://dnb.d-nb.de abrufbar.

Springer Spektrum

Planung: Frank Wigger
Einbandentwurf: deblik, Berlin
Einbandabbildung: alter Steinbruch Dorndorf (Werratal) in Sandsteinen der Bernburg-Folge (Unterer Buntsandstein) mit salzhangbedingten Zerrspalten.
Foto: S. Schmidt/J. Wunderlich, Weimar

Gedruckt auf säurefreiem und chlorfrei gebleichtem Papier

Springer Spektrum ist ein Imprint der eingetragenen Gesellschaft Springer-Verlag GmbH, DE und ist ein Teil von Springer Nature.
Die Anschrift der Gesellschaft ist: Heidelberger Platz 3, 14197 Berlin, Germany

Vorwort zur 6. Auflage

Die vorliegende 6. Auflage wurde ergänzt und thematisch aktualisiert und es sind die geostrategischen Fragestellungen der Zeit aufgenommen worden. Der bisher großen Resonanz entsprechend soll auch die 6. Auflage sowohl Studierenden als auch im Beruf stehenden Geowissenschaftlern und Bauingenieuren ein praxisnahes Wissen vermitteln und auch als Nachschlagewerk dienen. Wer sich intensiver mit speziellen ingenieurgeologischen Problemen befassen muss, findet entsprechende Literaturzitate. Hinweise auf Fehler aller Art und auch weiterführende Anregungen sind immer willkommen.

Unser besonderer Dank gilt Herrn Prof. Dr.-Ing. habil. R. Schwerter, Putzkau, der freundlicherweise eine fachliche Durchsicht vorgenommen und viele Anregungen gegeben hat. Sehr zu danken haben wir auch den Herren Dr. S. Schmidt, Weimar, und Dr. H.-M. Möbus, Wiesbaden, für zahlreiche Anregungen.

Speziell bedanken wollen wir uns bei Frau C. Lerch und Frau K. Beifuß für das ausgezeichnete und geduldige Lektorat. Besonderer Dank gebührt auch Lilli Prinz, die den Zeitaufwand auch für diese Überarbeitung mit bewundernswerter Geduld ertragen hat.

Prof. Dr. Helmut Prinz
Bingen
Prof. Dr. Roland Strauß
Krefeld
Im Dezember 2017

Inhaltsverzeichnis

Einleitung

H. Prinz, R. Strauß, *Ingenieurgeologie*,
https://doi.org/10.1007/978-3-662-54710-6_1

Ingenieurgeologie ist eine komplexe interdisziplinäre Wissenschaft, die das Verhalten von Locker- und Festgesteinen einzeln und im Gebirgsverband entsprechend den genetisch bedingten Materialeigenschaften im Hinblick auf eine ganzheitliche Lösung von Ingenieur- und Umweltproblemen behandelt. Dabei handelt es sich in zunehmendem Maße um Aufgaben, die einen Integralisten mit umfassender Problemlösungskompetenz und weitreichenden naturwissenschaftlichen und technischen Kenntnissen sowie der Bereitschaft zu einer interdisziplinären Kooperation erfordern. Von einem Ingenieurgeologen moderner Prägung werden daher nicht nur fundierte Kenntnisse in den Natur- und Geowissenschaften verlangt, sondern auch Grundlagen der Boden- und Felsmechanik sowie die Fähigkeit zur Kommunikation und einer zielorientierten, qualifizierten Teamarbeit. Unter Teamarbeit wird dabei eine offene und von wechselseitigem Respekt für unterschiedliche Denkansätze geprägte Zusammenarbeit verstanden, um die verschiedenen Wissensquellen und spezifischen Ansätze zur Problemlösung von vornherein berücksichtigen zu können.

1.1 Aufgabenstellung

Die Ergebnisse ingenieurgeologischer Voruntersuchungen bilden in der Regel die Grundlage für die weitergehenden Planungs- und Ingenieurleistungen, und zwar nicht nur während der Planung und Bauausführung, sondern teilweise auch noch in der Betriebsphase (Langzeitsicherheit, Kontrollmessungen). Dabei ist es nötig, die erforderlichen Erkundungsmaßnahmen von vornherein aufgrund von Feldbeobachtungen oder Erfahrungen aus Aufgaben in vergleichbarer geologischer Situation einzugrenzen. In einer frühen Phase der Projektbearbeitung erkennt der Ingenieurgeologe am besten, auf welche geotechnischen Einzelheiten und genetischen Zusammenhänge es bei der Beurteilung des Untergrundes bzw. des Gebirges mit seinen erdgeschichtlich bedingten Problembereichen und Schwachstellen ankommt. Darüber hinaus muss der Ingenieurgeologe immer bemüht sein, sich einen Überblick über den Stand der wissenschaftlichen Diskussion zu verschaffen, und überlegen, welche geowissenschaftlichen und geotechnischen Spezialdisziplinen zur Lösung bestimmter Probleme beitragen können.

Die genannten Aufgaben erfordern von einem Ingenieurgeologen nicht nur ein lineares, dem Prinzip von Ursache und Wirkung geltendes Denken, sondern eine rationale und intuitive Denkweise entsprechend der Vernetzung und dem z. T. scheinbaren Chaos natürlicher Zusammenhänge. Der Ingenieurgeologe muss die zunächst meist unvollständigen Einzelinformationen verdichten, um logische Strukturen und geotechnische Zusammenhänge zu erkennen. Dazu gehört auch, Daten und Messergebnisse schwachstellenbewusst zu interpretieren. Treten in den Lösungsansätzen bei der Suche nach dem kausalen Zusammenhang Widersprüche auf, so muss geprüft werden, ob es sich dabei einfach um Fehler handelt, die es zu beseitigen gilt, oder um eine Chance für Neuerkenntnisse. Der Ingenieurgeologe muss sich darüber hinaus bemühen, seine Ergebnisse so in Worte zu fassen und zu quantifizieren, dass sie im Team aufgenommen und umgesetzt werden können.

Die Ingenieurgeologie steht heute vor einigen Veränderungen. Dazu gehört nicht nur das Thema Georisiken, d. h. das Erfassen und Bewerten der von Naturereignissen ausgehenden Gefahren. Weitere aktuelle Arbeitsgebiete sind die Tieflagerung von gefährlichen Abfällen, Bergbaufolgen und die Geothermie. Diesen Erweiterungen wurden – aus Platzgründen – die Ausführungen über Deponietechnik und die Bewertung von Altlasten, die teilweise an Aktualität verloren haben, geopfert.

Bei Anwendung von Rechenmodellen muss der Ingenieurgeologe auf eine entsprechende Realitätsnähe der Modellvorstellung achten und darauf drängen, dass diese durch baubegleitende Messungen und Rückrechnungen überprüft wird. Der enorme Zuwachs an Wissen in den gesamten Geowissenschaften und in der Geotechnik ist nur noch durch computergestützte

Arbeitsmethoden zu beherrschen. Mit kommerziellen Programmsystemen auf PC-Basis können zwar Auswertungen mit vertretbarem Aufwand vorgenommen und Berechnungen optimiert werden, für grundsätzliche Ideen und analytisch-naturwissenschaftliches Überdenken der Zusammenhänge ist man aber nach wie vor auf das Denkvermögen des Bearbeiters angewiesen.

In unserem verzweigten Fachgebiet gibt es oft keine wissenschaftlichen Gewissheiten, sondern nur Wahrscheinlichkeiten oder Annahmen, die bei neuen Aufschlussergebnissen oder Erkenntnissen überdacht und angepasst werden müssen. Als Hilfestellung für ein solches Vorgehen wird in den einzelnen Abschnitten immer wieder auch auf die wissenschaftliche Diskussion geowissenschaftlicher Fragestellungen verwiesen. Die Anwendung solcher Hypothesen erfordert im Einzelfall ein vertiefendes Literaturstudium und ein sorgfältiges Abwägen der Zusammenhänge. Besonderer Wert muss auch auf die Kenntnis der einschlägigen Klassifikationen, Normen und Richtlinien gelegt werden, auch wenn diese inzwischen viel zu umfangreich sind und insgesamt eine deutliche Überregulierung nicht zu übersehen ist, wodurch das Erfahrungswissen zunehmend unterbewertet wird.

Ingenieurmäßige Berechnungsansätze werden nur einführend und zum Verständnis der Zusammenhänge gebracht. Darüber hinaus wird auf die einschlägigen Normen verwiesen. Im Vordergrund der ingenieurgeologischen Arbeit stehen der Aufbau eines auf das Bauwerk bezogenen geologischen Modells mit dem Boden- bzw. Felsinventar (einschließlich der Parameter) sowie den genetisch bedingten geologischen Risiken und nicht die Berechnungsverfahren selbst.

Da der begrenzte Umfang des Buches eine strenge Beschränkung erfordert, wird geologisches Grundlagenwissen vorausgesetzt. Ebenso wird auf Rechenbeispiele verzichtet, und auch die verschiedenen Versuche können nur im Grundsatz, nicht aber in der Versuchsdurchführung und Auswertung besprochen werden. Diese Beschränkung gilt bis zu einen gewissen Grad auch für das inzwischen umfangreich gewordene Literaturverzeichnis.

1.2 Verbindlichkeit von Normen und Richtlinien, Baugrundrisiko

Die nationalen Normen (DIN, ÖNORM, SIA bzw. SN) sind in den letzten Jahren durch **Euronormen** (EC, EN) des Europäischen Komitees für Normung (CEN) bzw. durch ISO-Normen ersetzt worden. Grundgedanke der Eurocodes ist, eine europaweit einheitliche Ausgangslage für die Berechnungs- und Bemessungsnormen im Bauwesen zu erreichen. Die europäischen Einzelnormen werden als EN bzw. in Zusammenarbeit mit der Internationalen Organisation für Normung (ISO) als EN ISO bezeichnet. Den Status einer nationalen Norm erreichen die europäischen Normen durch Veröffentlichung des identischen Textes als DIN EN bzw. DIN EN ISO, wobei Definitionen oder Festlegungen aus bisherigen DIN-Normen, die keinen Eingang in die internationale Normung gefunden haben, in einen Nationalen Anhang („National Annex“, NA) ausgelagert werden. Ein Nationaler Anhang darf nur Informationen über Verfahren und Kenngrößen enthalten, die in der Euronorm eigens der nationalen Festlegung vorbehalten sind.

Bei den derzeitigen Normungsaktivitäten ist es schwierig, mit dem Stand der Veröffentlichung neuer Normen und Normenentwürfe Schritt zu halten. Redaktionsschluss für den Bearbeitungsstand dieser Auflage war Ende 2016.

Die grundlegende **europäische Geotechnik-Norm, EC 7**: Entwurf, Berechnung und Bemessung in der Geotechnik – Teil 1: Allgemeine Regeln, liegt in deutscher Fassung seit 2005 als DIN EN 1997-1 vor (s. Anhang). Sie stellt eine Rahmennorm dar, in der z. B. drei Nachweisverfahren für die geotechnische Bemessung zur Wahl gestellt werden. Um die Euronorm in den Mitgliedstaaten praktisch anwendbar zu machen, werden in einem Nationalen Anhang (DIN EN 1997-1/NA) die in Deutschland anzuwendenden Nachweisverfahren und die zugehörigen Teilsicherheitswerte festgelegt. Dazu gehört auch die DIN 1054: 2010 „Ergänzende Regelungen zu DIN EN 1997-1“, in der spezielle deutsche Erfahrungen enthalten sind, z. B. die Tabellen für die Sohldruckspannungen (▶ Abschn. 6.3).

Mit dem Eurocode 7-1 (DIN EN 1997-1: 2009 – die Neufassung 2014 wurde bis jetzt in Deutschland nicht bauaufsichtlich eingeführt) in Verbindung mit dem Nationalen Anhang DIN EN 1997-1/NA: 2010 und der DIN 1054: 2010 liegen jetzt für Bemessungsaufgaben in der Geotechnik drei Normen vor. Mit der DIN EN 1997-1 ist auch eine Trennung von Bemessung und Ausführung verbunden. Letztere ist jetzt in den Ausführungsnormen des Spezialtiefbaus verankert. Hier sind auch noch die nationalen Ergänzungsdokumente zu den Ausführungsnormen zu nennen, die als Vornormen DIN SPEC ergänzende Festlegungen zu den nationalen Normen enthalten.

Eine ähnliche Regelung gilt für Teil 2 des EC 7 „Erkundung und Untersuchung des Baugrundes“. Das Normenwerk besteht ebenfalls aus der DIN EN 1997-2: 2010, dem Nationalen Anhang DIN EN 1997-2/NA:2010 und der DIN 4020: 2010 „Geotechnische Untersuchungen für bautechnische Zwecke – Ergänzende Regelungen zu DIN EN 1997-2“. Diese drei Normen regeln Planung, Durchführung und Auswertung von Baugrunderkundungen.

Im Zuge einer Überarbeitung des EC 7 ist auch ein Teil 3 „Geotechnische Bauwerke“ vorgesehen (bisher in Teil 1).

Um die Anwendung dieser sehr umfangreichen Normentexte zu vereinfachen, steht das vom Deutschen Institut für Normung herausgegebene Normenhandbuch Eurocode 7 – Geotechnische Bemessung – zur Verfügung:

- Band 1: Allgemeine Regeln (2011)
- Band 2: Erkundung und Untersuchung (2011)

Hinzu kommen die vier Bände des Normenhandbuchs Spezialtiefbau (2013) Verdrängungspfähle, Bohrpfähle, Mikropfähle und Verpressanker.

Zu diesen Standardnormen für die Erkundung des Baugrundes und die Bemessungsaufgaben in der Geotechnik kommt dann noch eine ganze Reihe von Einzelnormen, die in den jeweiligen Abschnitten behandelt werden.

Der Verbreitung des Buches entsprechend wird auch auf einige andere europäische Geotechniknormen verwiesen, so etwa der BS (= British Standard), die DGF (= Dansk Geotechnisk Forening), die NEN (= Niederlande Norm), die NF (= Norme Française), der SS (= Svensk Standard) und auch die ASTM (= American Standard Method). Zahlreiche französische Prüfnormen sind z. B. in Anhang C der DIN EN 17 907 (E 2016) aufgelistet.

Das Baurecht ist in der Bundesrepublik Deutschland im Wesentlichen Landesrecht. **Normen** sind zunächst privatrechtliche, allgemein anerkannte Regeln der Technik, die durch Aufnahme in die Musterliste der Technischen Baubestimmungen und öffentliche Bekanntmachung in den einzelnen Bundesländern zu bauaufsichtlich eingeführten Technischen Regeln werden. Für öffentliche Verkehrsbauten des Bundes und der Deutschen Bundesbahn gelten die dortigen Listen der technischen Baubestimmungen. Die Festlegungen in den Normen sind in der Regel keine Richtwerte, sondern Mindestwerte. Normen werden heute nach etwa 10 Jahren überarbeitet und neu herausgegeben, um aktuelle Entwicklungen berücksichtigen zu können.

Normen sind trotz des zunehmenden Umfangs und der teilweisen Überregulierung schon aus juristischen Gründen bei allen entsprechenden Arbeiten zu beachten, auch wenn nicht „eingeführte“ Normen genau genommen nur durch Verträge verbindlich werden. Besonders im Tiefbau, wo im Schadensfall die Beweisführung wesentlich schwieriger ist als im Hochbau, erhält die Beachtung von Normen durch die im sog. Baugruben-Urteil des Bundesgerichtshofs vom 19.4.1991 (V ZR 349/89) aufgestellte Beweislastumkehr zusätzliche Bedeutung. Werden bei Tiefbauarbeiten die einschlägigen Normen nicht beachtet, so spricht die „widerlegliche Vermutung“ juristisch dafür, dass die Schäden auf diese Missachtung zurückzuführen sind. Der Betroffene hat dann zu beweisen, dass die Schäden nicht auf der Verletzung anerkannter Regeln der Technik beruhen.

Außer den Normen gibt es noch eine Reihe weiterer privatrechtlicher **technischer Regelwerke** (Richtlinien, Merkblätter, Empfehlungen), die auch in der ingenieurgeologischen Praxis zu beachten sind. Außerdem sei auf weitere technische Regelwerke für das Straßenwesen, die Bauvorschriften und Richtlinien der Deutschen Bahn AG sowie die Empfehlungen der Arbeitskreise Baugruben (EAB) bzw. Ufereinfassungen (EAU) verwiesen.

Bei den **allgemein anerkannten Regeln der Technik** handelt es sich um im Bauwesen übliche wissenschaftlich-technische Erkenntnisse und handwerkliche Erfahrungen, die generell als bekannt, richtig und notwendig zu bezeichnen sind und deren Einhaltung erwartet werden kann. Im Konfliktfall wird sich jeder Sachverständige darauf beziehen. Unter den Begriffen „Stand der Technik" oder „Stand der Wissenschaft" versteht man dagegen das derzeit Machbare, dessen Wirksamkeit in der praktischen Umsetzung aber noch nicht ausreichend erprobt ist. Allgemein anerkannte Regeln der Technik sind z. B.:

- Normen
- eingeführte, öffentlich-rechtliche Technische Baubestimmungen
- Merkblätter und Richtlinien
- Empfehlungen der DGGT
- Zulassungen für neue Bauverfahren
- Unfallverhütungsvorschriften

Die anerkannten Regeln unterliegen einem ständigen Anpassungsprozess, woraus sich für alle am Bau Beteiligten die Notwendigkeit zur Fort- und Weiterbildung ergibt.

Der Baugrund gilt im juristischen Sinne als „uneinsichtig" und muss als Vorgabe des Bauherrn beschrieben werden. Ein **Baugrundgutachten** bzw. der **Geotechnische Bericht** sind eine normengerechte sachverständige Stellungnahme, welche die Vielgestaltigkeit des Baugrundes in eine bauwerksbezogene Modellvorstellung bringen soll, mit der im Rahmen der anerkannten technischen Regeln und einem gewissen Ermessensspielraum eine hinreichend gesicherte technische Bearbeitung einer Bauaufgabe erfolgen kann. Hinweise auf die je nach Aufgabenstellung etwas unterschiedlichen Gliederungen und Inhalte von Baugrundgutachten finden sich in DIN EN 1997-1, Abs. 3.4 und im FGSV-Merkblatt M GUB 04 (s. a. ► Abschn. 4.1). Auch andere Gliederungen sind üblich. Das Gutachten bzw. der Bericht muss darüber hinaus erkennen lassen, welche Tatsachen zugrunde gelegt sind und aus welchen Gründen bestimmte Annahmen vom Gutachter getroffen werden. Der Ingenieurgeologe ist in der Praxis sehr oft auf solche Annahmen angewiesen, er sollte aber ihre Aussagekraft aufzeigen und allgemein verständlich darlegen (s. DIN 4020). Für die spätere Verantwortlichkeit stellt sich dabei die Frage, wieweit pauschale Hinweise, die nicht durch Bohrungen belegt bzw. ohne konkrete Lokalisierung sind, vertragsrelevant sein können.

Ein Baugrundgutachten kann nicht immer sichere Aussagen über die komplexe Materie Baugrund enthalten, sondern immer nur begrenzt nachvollziehbare Wahrscheinlichkeitsaussagen (s. DIN 4020). Dem Baugrundgutachter kann wider fachliches Erwarten und zwischen normengerecht angesetzten und ausgewerteten Aufschlüssen angetroffener problematischer Baugrund nicht angelastet werden.

Der **Baugrund** ist unverzichtbarer Bestandteil oder Träger eines Bauwerks und ist gleichzeitig ein „Baustoff", der vom Bauherrn zur Verfügung gestellt wird. Das **Baugrundrisiko**, d. h. die geotechnische Tatsache des Risikos, dass der „Baustoff Baugrund" in seiner Beschaffenheit nicht den Vorstellungen bzw. Vorgaben entspricht, liegt damit zunächst beim Bauherrn. Um dieses Risiko einzugrenzen, bestehen Gesetzesvorgaben und Vertragsvereinbarungen. Zunächst hat der Architekt als erster Vertreter des Bauherrn die Verpflichtung zur Untersuchung und Beschreibung der Baugrund- und Grundwasserverhältnisse nach den Regeln der Technik. Das Baugrundrisiko seitens des Bauherrn kommt damit nur zum Tragen, wenn trotz einer den Regeln der

Technik entsprechenden Erkundung der Baugrundverhältnisse und trotz Erfüllung aller Prüfungs- und Hinweispflichten aller am Bau Beteiligten doch Abweichungen von den erkundeten Boden- und Grundwasserverhältnissen auftreten, die dann zu Bauschäden führen. Diese unabwendbaren Umstände gelten als Systemrisiko, das dem Auftraggeber zuzuordnen ist (s. Entachner und Fuchs 2016 und ▶ Abschn. 17.4.2). Das Baugrundrisiko betrifft auch Schäden, die bei Bauarbeiten von einem Grundstück ausgehen.

Kommt der Auftragnehmer seinen Hinweispflichten auf die für einen Fachmann erkennbaren Folgen der vorgegebenen Art der Bauausführung nicht nach, gilt im Schadensfall vielfach auch eine an sich ordnungsgemäße Bauleistung als mangelhaft.

In den Ländern der Europäischen Union ist die Behandlung des Baugrundrisikos unterschiedlich. Die deutsche Rechtsordnung findet sich mit gewissen Ausnahmeregelungen im österreichischen Recht sowie in den Niederlanden wieder. In Ländern wie Frankreich, Spanien, Belgien und Großbritannien steht das Baugrundrisiko primär im Verantwortungsbereich des Auftragnehmers und bedarf einer vertraglichen Regelung.

Die **Berufsbezeichnung Sachverständiger** ist in Deutschland weder rechtlich geschützt noch in Rechtsnormen präzisiert. Vorausgesetzt werden entsprechende Sachkunde durch ein Hochschulstudium, langjährige Erfahrung und Objektivität. Die „öffentlich bestellten und vereidigten Sachverständigen" gem. § 36 GWO sind für spezielle Fachgebiete von den Industrie- und Handelskammern bestellt und vereidigt. Dies betrifft auch die Teilgebiete der Geotechnik. Streng genommen darf ein vereidigter Sachverständiger als solcher kein gerichtliches Gutachten erstellen, das nicht sein Sachgebiet betrifft, für das er vereidigt ist.

Um das Berufsbild eines „**Sachverständigen für Geotechnik**" bzw. des entsprechenden „Fachplaners für Geotechnik" im Sinne der DIN EN 1997, DIN 1054 und DIN 4020 zu regeln, liegt seit 2013 eine Empfehlung der DGGT vor (geotechnik 36:1). Darin werden neben Fragen der Ausbildung auch Fragen der erforderlichen Berufserfahrung sowie der Fort- und Weiterbildung angesprochen. Das Arbeitsgebiet umfasst sowohl Fragen des Baugrundes und des Grundwassereinflusses auf Bauwerke und Infrastrukturprojekte aller Art, einschließlich möglicher Schadstoffbelastung der Böden, als auch die Sicherheit vor Naturgefahren.

Zu den **Aufgaben eines Sachverständigen** gehören außer der Abfassung geotechnischer Berichte gem. ▶ Abschn. 4.1 auch Schiedsgutachten, Bauschadensgutachten, Wertgutachten und ggf. weitere Gutachtenthemen. Bei Beweissicherungsverfahren ist zu unterscheiden zwischen gesetzlicher, d. h. gerichtlich beauftragter Beweissicherung, bei welcher der benannte Beweissicherungsgutachter gleichzeitig Gerichtsgutachter ist, und einer privatrechtlichen Beweissicherung. Dabei nimmt der Gutachter vor Beginn einer Baumaßnahme die betroffenen Gebäude in Augenschein, hält den Bestand fotografisch fest und kontrolliert und bewertet nach Abschluss der Bauarbeiten, ob Schäden aufgetreten sind, die möglicherweise im Zusammenhang mit den Arbeiten stehen. Im Streitfall wird ein privat beauftragter Beweissicherungsgutachter vom Gericht als sachverständiger Zeuge gehört werden, das Gericht kann aber auch einen zusätzlichen Gerichtsgutachter bestellen. Darauf hinzuweisen ist, dass ein Sachverständiger zu persönlicher und fristgerechter Gutachtenerstattung verpflichtet ist.

1.3 Formelzeichen, Einheiten

In der vorliegenden Auflage werden die in EN 1990:2002 vereinheitlichten Begriffe, Formelzeichen und Einheiten verwendet, die weitestgehend den internationalen SI-Einheiten entsprechen:

- Kraft in kN
- Masse in kg, t
- Moment in kNm
- Dichte in g/cm^3, kg/m^3, Mg/m^3, t/m^3

Tab. 1.1 Umrechnung aus alten Einheiten für Flächenlasten, Spannungen, Festigkeiten und Drucke (at = Atmosphäre, N = Newton, Pa = Pascal p = pond, WS = Wassersäule)

Alte Einheiten			Gesetzliche Einheiten			
kp/m^2 mmWS	Mp/m^2 mWS	kp/cm^2 at, bar	N/m^2 Pa	kN/m^2 kPa	MN/m^2 N/mm^2 MPa	GPa
0,1			1			
1			10			
10			100	0,1		
100			1000	1		
1000	1			10		
	10	1		100	0,1	
	100	10		1000	1	
	1000	100			10	
		1000			100	0,1
					1000	1

- Wichte in kN/m^3
- Lasten, Spannung, Druck, Festigkeit und Steifigkeit in kN/m^2 (kPa), MN/m^2 (MPa)
- Durchlässigkeit in m/s

Außerdem werden folgende Einheiten verwendet:

- K (Kelvin) bzw. mK (Millikelvin), Maßeinheit für Temperaturdifferenzen, wobei 1 K ≙ 1°C bedeutet, allerdings mit anderem absolutem Nullpunkt
- Bq (Becquerel), Maßeinheit für die Aktivität einer radioaktiven Substanz. 1 Bq = 1 Atomzerfall pro Sekunde; 1 kBq = 1000 Bq, 1 MBq = 1 Million Bq
- Sv (Sievert), Maßeinheit für die durch ionisierende Strahlung (Alpha-, Beta-, Gamma- oder Röntgenstrahlen) verursachte Strahlenbelastung biologischer Organismen (Äquivalenzdosis). Angaben meist in mSv (Millisievert)
- Darcy (D) bzw. Millidarcy (mD), Maßeinheit für die Permeabilität von Gesteinen: 1 Darcy = $0{,}98697 \times 10^{-12}\,m^2$ ($\approx 1 \times 10^{-12}\,m^2$)
- Gon, in der Markscheiderei verwendete Einheit als 1/100 eines rechten Winkels (1 gon = 0,9°)
- J (Joule) bzw. kJ ist die Einheit für Energie, Arbeit und Wärmemenge. Arbeit: 1 J = 1 N × m (auch Fallenergie); Wärmemenge: 1 Watt = J/s

Für eine gelegentlich noch erforderliche Umrechnung aus alten Einheiten und Dimensionen dient Tab. 1.1; Abb. 1.1 zeigt das griechische Alphabet.

Α	α	alpha	Ι	ι	iota	Ρ	ρ	rho
Β	β	beta	Κ	κ	kappa	Σ	σ	sigma
Γ	γ	gamma	Λ	λ	lambda	Τ	τ	tau
Δ	δ	delta	Μ	μ	mue	Φ	φ	phi
Ε	ε	epsilon	Ν	ν	nue	Χ	χ	chi
Ζ	ζ	zeta	Ξ	ξ	ksi	Ψ	ψ	psi
Η	η	eta	Ο	ο	omikron	Ω	ω	omega
Θ	θ	theta	Π	π	pi			

Abb. 1.1 Griechisches Alphabet

Boden- und felsmechanische Kennwerte, ihre Ermittlung und Bedeutung

H. Prinz, R. Strauß, *Ingenieurgeologie*,
https://doi.org/10.1007/978-3-662-54710-6_2

2.1 Definitionen, Richtlinien, Normen

Für bautechnische Zwecke werden Festgesteine und Lockergesteine bzw. Boden und Fels unterschieden. Zwischen beiden treten, bedingt durch unterschiedliche Verwitterung oder gelegentliche Verfestigungen, zahlreiche Übergänge auf.

Der Begriff „**Boden**" wird hier im bautechnischen Sinn als Sammelbezeichnung für alle Lockergesteine und lockergesteinsartig verwitterte Festgesteine gebraucht. Dieser von der bodenkundlichen Begriffswelt abweichenden Definition steht heute auch noch die Definition im Sinne des „Bodenschutzes" gegenüber.

Eine ähnlich weitläufige Definition wird in den einschlägigen Normen (DIN 4020, DIN EN 1997-2) auch für den Begriff Baugrund bzw. bei Untertagebauarbeiten für das Gebirge verwendet. **Baugrund** ist erdgeschichtlich vorgegebener, gewachsener Boden oder Fels, einschließlich seiner Inhaltsstoffe bzw. Füllungen wie Grundwasser, Fremdbestanteile (Auffüllung) und etwaiger Kampfmittel- oder sonstiger Kontaminationen sowie auch ehemaliger Baubehelfsmittel. Nach DIN EN 1997-1 versteht man unter Baugrund „Boden, Steine und Auffüllung, die vor Beginn der Baumaßnahme vor Ort vorhanden waren". Nach der Rechtsprechung ist Baugrund der gesamte Teil der unter der Erdoberfläche liegenden Boden- und Felsschichten, einschließlich Grundwasser und der dort befindlichen, auch nicht durch die Natur entstandenen Einschlüsse aller Art (Englert 2006). Eine Unterscheidung in Baugrund im Einflussbereich einer baulichen Anlage und (tieferen) Untergrund wird weder in den Normen noch in der Rechtsprechung getroffen.

Bei der Behandlung von **Festgesteinen** muss streng unterschieden werden zwischen Gestein und Fels bzw. Gebirge. Das Gestein in der Größenordnung einzelner Kluftkörper besitzt ganz andere Eigenschaften als der Fels im Gebirgsverband, der von Trennflächen verschiedener Art durchsetzt ist. Fels ist i. d. R. inhomogen – d. h., er hat nicht in jedem Punkt die gleichen Eigenschaften – und in hohem Maße anisotrop, was bedeutet, dass diese Eigenschaften auch richtungsabhängig sind.

Die **boden- und gesteinsphysikalischen Eigenschaften** werden in weitgehend genormten Labor- oder Feldversuchen ermittelt und zahlenmäßig durch Kennzahlen ausgedrückt. Das Untersuchungsprogramm ist darauf abzustellen, dass die wesentlichen Kennwerte, die den Entwurf, die Baugrubensicherung und das Bauverfahren sowie die Kosten beeinflussen, im Baugrundgutachten angegeben werden können. Dabei werden vier Hauptgruppen von Versuchen unterschieden, nämlich:

1. Versuche zur Bestimmung und Klassifizierung der **Bodenart,** sog. inhärenter Parameter (nicht veränderlicher Eigenschaften):
   - Korngröße, Kornverteilung
   - Fließgrenze, Ausrollgrenze, Schrumpfgrenze
   - Plastizitätszahl Kalkgehalt, organische und andere Beimengungen
   - Tonmineralogie
2. Versuche zur Bestimmung der **Zustandsform** (sog. Zustandsparameter):
   - Wassergehalt
   - Dichte
   - Porenanteil, Porenzahl, Porosität
   - Lagerungsdichte, Konsistenz
3. Versuche zur Bestimmung des Verhaltens bei mechanischer Beanspruchung:
   - Bodensteifigkeit (Verformbarkeit)
   - Druckfestigkeit, Zugfestigkeit, Sprödigkeit
   - Scherfestigkeit

und

4. Versuche zur Bestimmung des Verhaltens bei hydraulischer Beanspruchung:Durchlässigkeit, Permeabilität

Nach DIN EN 1997-2 werden fünf verschiedene **Arten von Bodenproben** unterschieden: gestörte, ungestörte, aufgearbeitete (durchwalkte), wiederhergestellte und aufbereitete bzw. rekonsolidierte Proben (► Abschn. 4.4.3). Die Untersuchung der Kornverteilung, der Korndichte, des Wassergehalts, der Konsistenzzahlen, des Wasseraufnahmevermögens, des Kalkgehalts und des Glühverlusts erfolgt an strukturgestörten Proben. Zur Ermittlung der Dichte, des

Porenanteils bzw. der Porenzahl, der Verformbarkeit und der Festigkeit sowie der Durchlässigkeit sind ungestörte Bodenproben bzw. rissfreie Kernstücke erforderlich. Dabei muss man sich darüber im Klaren sein, dass es wirklich ungestörte Proben praktisch nicht geben kann. Die Proben sind von der Entnahme über den Transport bis zum Einbau in die Versuchseinrichtung unvermeidlichen Einwirkungen ausgesetzt, die ihre Struktur und auch den Wassergehalt merkbar verändern können. Weiche Böden sind sehr empfindlich gegen Erschütterungen jeder Art und weisen oft keine ausreichende Festigkeit für die Herstellung von Teilproben auf. Bei halbfesten Böden kann es sowohl bei der Entnahme als auch beim Einbau zu Auflockerungen kommen, wodurch die Ergebnisse von Festigkeitswerten zu niedrig ausfallen können.

Als **Indexversuche** werden einfache Versuche bezeichnet, die einen ersten Anhalt über eine Boden- bzw. Felseigenschaft liefern, die aber nicht zwingend einen repräsentativen Kennwert darstellen (DIN EN 1997-2).

Bei der Ermittlung der Eigenschaften und Kennwerte von Lockergesteinen sind zahlreiche **Richtlinien und Normen** zu beachten. Für die Durchführung der einzelnen Labor- und Feldversuche an Böden gelten die Grundsatznorm DIN EN 1997-2 sowie die Normenreihe 18 121 bis 18 137. Letztere werden zunehmend abgelöst von den europäischen Versuchsnormen der Reihe DIN EN ISO 17 892-1 bis -12, von denen bereits einige deutsche Ausgaben vorliegen. Etliche der alten 18er-Normen bleiben aber bestehen. Für Feldversuche gilt die Geräte- und Ausführungsnormenreihe DIN EN ISO 22 476-1 bis -15. Für Versuche an Festgesteinen und im Fels gelten die Richtlinien des Arbeitskreises „Versuchstechnik Fels der DGGT, die Normenreihe DIN 4107 „Geotechnische Messungen“ und die Normenreihe 18 141 „Untersuchung von Gesteinsproben“.

Für geotechnische Messungen zur Überwachung von Baugrund und Bauwerk gilt heute die Normenreihe DIN EN ISO 18 674 mit 10 Teilnormen.

Die Loseblattsammlung „Technische Prüfvorschriften für Boden und Fels im Straßenbau“ (TP BF StB) enthält sowohl die fachbezogenen Normen als auch die Empfehlungen „Versuchstechnik Fels“ sowie darüber hinausgehende spezielle Prüfverfahren des Erdbaus (s. Anhang). Als weitere Grundlage für gesteinstechnische Versuche können die ISRM-Empfehlungen herangezogen werden. Eine tabellarische Übersicht über alle Laborversuche an Boden- und Gesteinsproben sowie auch die entsprechenden Feldversuche enthält auch DIN 4020, Beiblatt 1 (2010) ◘ Tab. 7 bis 10. Eine umfassende Liste mit Erdstoff-Prüfnormen (EN, ISO) enthält auch die DIN EN 16 907.3 (E 2015).

Laborversuche können die Bedingungen, wie sie in der Natur anzutreffen sind, in vielen Fällen, so besonders im Fels, nicht oder nur unvollständig erfassen. Die Ergebnisse von Laborversuchen sind in solchen Fällen durch entsprechende **Feldversuche** unter natürlichen Bedingungen oder durch großräumige 1:1-Versuche in Schächten oder Stollen zu überprüfen.

Um den Erwartungen der Praxis gerecht zu werden, sind in den einzelnen Abschnitten dieses Buches nach Möglichkeit **Erfahrungswerte für Kennziffern** von Böden bzw. Gesteinen und Fels zusammengestellt. Solche Kennziffern sind naturgemäß im Einzelfall von lokalen Umständen und anderen Faktoren abhängig, sodass die mitgeteilten Werte nur allgemeine Gültigkeit haben und projektbezogene Einzelbestimmungen nicht ersetzen können. Eine Zusammenstellung charakteristischer Bodenkennziffern enthält auch DIN 1055-2.

Die nachfolgende Beschreibung der Laborversuche kann nur im Grundsatz, nicht aber in der detaillierten Versuchsdurchführung und Auswertung erfolgen. Dafür wird auf die einschlägigen Normen und auf die Spezialliteratur verwiesen. Darüber hinaus besteht zunehmend der Trend zu einer automatischen Versuchsauswertung und Datendokumentation. Für Letztere müssen die Daten erfasst, verwaltet und in geowissenschaftlichen Projekten qualifiziert verarbeitet werden. Eine solche weiterführende **Geoinformatik für geotechnische Problemstellungen** bis hin zu tektonischer oder gebirgsmechanischer Modellierung bedarf möglichst guter Kenntnisse in der Informatik. Für die Weiterverarbeitung der Daten muss dabei auf Kompatibilität der Datensysteme geachtet werden. Derzeit befindet sich, auch im Zusammenhang mit einer stärkeren Betonung von örtlichen Erfahrungen in der Geotechniknorm DIN EN 1997-1 (2009), der Aufbau einer deutschlandweiten Kennwertdatenbank von Ergebnissen boden- und felsmechanischer Laborversuche in einer Pilotphase, die später von möglichst vielen Instituten beschickt und genutzt werden soll. Zu jedem Kennwert eines Versuchs sollen Örtlichkeit, Probenkennzeichnung, Entnahmestelle und -tiefe, Datum und das untersuchende Institut sowie Angaben zur Zuverlässigkeit der Ergebnisse angegeben werden (Schuppener et al. 2008).

2.2 Korngröße, Kornverteilung

Die Korngröße (d) und Kornverteilung sind ein Maßstab für die Einteilung und Benennung der mineralischen Lockergesteine. Der Anteil der Korngrößen wird in Prozent der Gesamttrockenmasse angegeben.

Die Verfahren und Geräte zur Ermittlung der Korngrößenverteilung sind in DIN 18 123 (2011) bzw. künftig der DIN EN ISO 17 892-4, Bestimmung der Korngrößenverteilung (E 2014) festgelegt. Korngrößen von über 0,063 mm (Sand, Kies) werden durch Siebung, Korngrößen von unter 0,125 mm durch Sedimentation (Schlämmanalyse, optische Verfahren) ermittelt.

2.2.1 Siebanalyse

Die Probenmengen für die Siebanalyse betragen je nach geschätztem Größtkorn 100 g bis >2 kg.

Bei Böden ohne oder mit nur sehr geringen Feinanteilen <0,063 mm wird die sog. Trockensiebung angewendet, und zwar meist mit Analysensiebmaschinen mit dreidimensionaler Siebbewegung und automatischer Amplitudensteuerung, die reproduzierbare Ergebnisse gewährleisten. Bei Böden mit Ton- und Schluffanteilen wird nach Trocknen und Wiegen die Probe aufgeschlämmt, anschließend werden die Feinanteile durch ein Feinsieb mit der Maschenweite 0,063 mm (oder 0,125 mm) gewaschen (Nasssiebung). Der Siebrückstand wird getrocknet und normal gesiebt; vom Siebdurchgang wird entweder nur die Trockenmasse bestimmt, oder es wird eine Sedimentationsanalyse angeschlossen.

2.2.2 Sedimentationsanalyse

Die Korngrößenverteilung der Kornanteile unter 0,125 mm wird in der Bodenmechanik nach dem **Aräometerverfahren** ermittelt. Das Aräometerprinzip (◘ Abb. 2.1) beruht darauf, dass verschieden große Körner in einer Aufschlämmung mit unterschiedlicher Geschwindigkeit absinken (Sedimentation). Der Zusammenhang zwischen Korngröße, Kornwichte und Sinkgeschwindigkeit wird durch das Gesetz von Stokes angegeben. Die Methode bringt keine Trennung nach Korngrößen, sondern nach einheitlichen Korndurchmessern. Die Korndichte wird dabei als einheitlich vorausgesetzt.

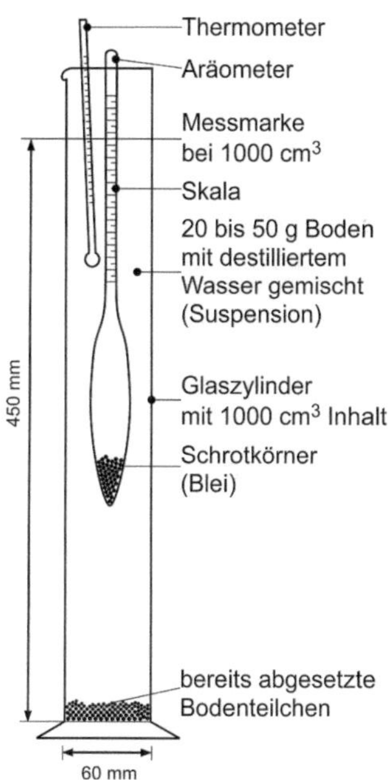

◘ **Abb. 2.1** Messzylinder für Sedimentationsanalysen

Versuchsdurchführung und Auswertung erfolgen nach DIN 18 123. Die Probenmengen betragen bei sandhaltigen Böden rd. 75 g, sonst 30–50 g. Zur Verhinderung von Koagulation (Flockenbildung) bei der Sedimentation wird als Dispergierungsmittel 2 g/l Natriumpyrophosphat ($Na_4P_2O_7 \times 10\ H_2O$) zugegeben. Besonders anfällig für Flockenbildung sind gelhaltige Böden vulkanischer Herkunft und solche mit Humusanteilen. Bei Humusgehalten über 1,5 % müssen die organischen Bestandteile vorab durch Oxidation mit 20-prozentigem H_2O_2 zerstört werden. Ab Humusgehalten von etwa 15 % versagt auch dieses Verfahren. Bei Böden mit Karbonatgehalten >10 % wird, um Fehlbestimmungen der Korngrößenverteilung durch Karbonatfällung zu vermeiden, das Probenmaterial mit 0,2 M HCl-Säure entkarbonatet.

Die Bestimmung der Trockenmasse darf bei bindigen Böden nicht durch Trocknen vor dem Versuch erfolgen, sondern durch vorherige Probenteilung bzw. nach dem neuen DIN-Entwurf durch Tauchwägung. Bei Trocknungstemperaturen über 100 °C kommt es besonders bei Montmorillonit-Mixed-Layer-Tonmineralen zu einer Teilchenagglomeration, und es ist nachher kaum noch möglich, eine Dispergierung bis hin zur Primärkornverteilung zu erreichen. Man erhält einen erhöhten Schluffkornanteil >0,06 mm, wobei deutlich unzerteilte Tonaggregate zu beobachten sind.

Der bei der Sedimentationsanalyse physikalisch-mechanisch bestimmte Feinstkornanteil <0,002 mm (2 µm) entspricht häufig nicht dem röntgendiffraktometrisch ermittelten Tonmineralanteil, da sich nur die chemisch aktiven Tonminerale wie z. B. Montmorillonit und auch Illit in der Fraktion <0,002 mm wiederfinden, während sich viele Primärkristallite wie glimmerähnliche Illite, z. T. auch Kaolinit, Chlorit und besonders Feldspäte in der Fraktion zwischen 0,002 mm und 0,0063 mm anreichern (Schick et al. 2003).

Für Kornverteilungsanalysen von stark überkonsolidierten Tonen oder **Tongesteinen** besteht keine einheitliche Regelung. Die schonende Nasssiebung gibt mehr einen Anhalt über den Verwitterungsgrad als eine Aussage über den Feinkornanteil des Gesteins. In der Laborpraxis sind folgende Aufbereitungsmethoden üblich:

- 24 Stunden Einweichen und schonendes Zerdrücken von Tonsteinbröckchen sowie ggf. 6–8 Stunden Schütteln oder Rühren,
- 2 Wochen Einweichen und Behandlung wie vor, Mörsern der Tonsteinproben eigener Spiegelstrich,
- mehrtägiges Einweichen und schonendes Zerdrücken oder Rühren.

Je nach Festigkeit bzw. Bindemittel der Tonsteinproben ergeben sich hierbei sehr unterschiedliche Körnungslinien und Tongehalte. Untersuchungen mit dem Rasterelektronenmikroskop (REM) haben gezeigt, dass in vielen Fällen ein hoher Anteil von nicht zerlegten Tonmineralaggregaten in der Schluff- und Sandfraktion verbleibt. Diese Aggregate lassen sich durch eine 5–30 Minuten lange Behandlung mit dem Ultraschall-Schwingstab weitgehend zerlegen. Um zu vermeiden, dass hierbei schon eine Zerstörung größerer Tonminerale stattfindet, sind Versuchsreihen und eine Kontrolle mit dem REM zweckmäßig.

Einen anderen Weg gehen Bönsch und Lempp (2004). Durch wiederholte Trocknung bei 40 °C und Wiederbefeuchtung findet ein zunehmender Zerfall der Tonsteinaggregate statt, und die Körnungslinien verschieben sich zunehmend zu den feinen Kornfraktionen. Mit jedem weiteren Zerfallsvorgang wird der Unterschied zwischen den Kornverteilungslinien geringer, wobei die Kurven einen annähernd parallelen Verlauf zeigen. Die letzte Linie dürfte weitestgehend der sog. primären Kornverteilung entsprechen, d. h. der tatsächlichen Körnung bei der Sedimentation. Um eine Kornverteilungsanalyse von Tonsteinmaterial bewerten zu können, muss auf jeden Fall die Probenaufbereitung angegeben werden.

Inwieweit es bei mergeligen bzw. kalkigen Gesteinen zweckmäßig ist, karbonatische Bindemittel durch Säurebehandlung zu „zerstören“, hängt letztlich von der Aufgabenstellung ab. Als schonende Säurebehandlung empfehlen Kohler und Wewer (1980) die mehrmalige Behandlung mit einer 0,1-molaren Lösung Ethylendiamintetraessigsäure (EDTE, Titriplex® o. a.). Durch Auflösung des Bindemittels wird das Ausgangsgestein verändert.

2.2.3 Sieb- und Sedimentationsanalyse

Bei einem Feinkornanteil <0,063 mm von weniger als 10 % (bis 20 %) wird meist nur eine Siebanalyse durchgeführt. Dementsprechend wird bei einem bindigen Boden mit einem Sandanteil von weniger als 20 % ebenfalls nur eine Sedimentationsanalyse vorgenommen, ggf. mit anschließender Siebung der groben Kornanteile. Ist dagegen der Anteil der Körner >0,063 mm (Sand) größer als 20 % der Trockenmasse, so müssen die groben Kornanteile vor der Sedimentation durch Nasssieben abgetrennt werden.

2.2.4 Darstellung und Beschreibung der Kornfraktionen

Die Verteilung der Kornfraktionen wird meist als **Körnungslinie**, auch Korngrößenverteilung genannt, dargestellt. Die Körnungslinie wird als Summenkurve in einfach logarithmischem Maßstab (Logarithmus zur Basis 10) aufgetragen, wodurch auch die kleinen Kornfraktionen entsprechend zur Geltung kommen (▪ Abb. 2.2). Für die Bewertung einzelner Körnungslinien ortsüblicher Bodenarten kann es von Vorteil sein, obere und untere Grenzlinien für die Korngrößenverteilung anzugeben.

Natürliche Böden sind Gemische der einzelnen Fraktionen, wobei Haupt- und Nebenanteile unterschieden werden. Bei der Bodenansprache gem. ► Abschn. 3.1 werden die Nebenanteile in der Reihenfolge ihrer Bedeutung dem Hauptanteil als Adjektiv nachgestellt, und zwar als

- als stark, wenn die Nebenanteile >30 %, und
- als schwach, wenn die Nebenanteile <15 %.

Die prozentualen Anteile der Korngruppen der Körnungslinie ergeben auf 10 % aufgerundet und durch 10 dividiert die **Kornkennziffer**. Als Beispiel seien hier zwei Bodenarten aus ▪ Abb. 2.2 angeführt:

Die Neigung der Körnungslinie gibt die **Gleichkörnigkeit bzw. Ungleichkörnigkeit** eines Bodens an, die für verschiedene Bodeneigenschaften, z. B. die Verdichtbarkeit, von Bedeutung ist (► Abschn. 12.2). Der zahlenmäßige Ausdruck dafür ist die Ungleichkörnigkeitszahl

$$C_u = d_{60} / d_{10}$$

Dabei sind d_{60} und d_{10} die Korngrößen in mm, bei denen die Summenkurve die 60 % bzw. 10 %-Linie schneidet. Als Grenzwerte gelten nach DIN 18 196 (2011) bzw. nach DIN EN ISO 14 688-2 (2011):

eng gestuft	$C_u < 6$	(steil verlaufend)
mittel gestuft	$C_u = 6–15$	(mäßig steil verlaufend)
weit gestuft	$C_u > 15$	(flach verlaufend)

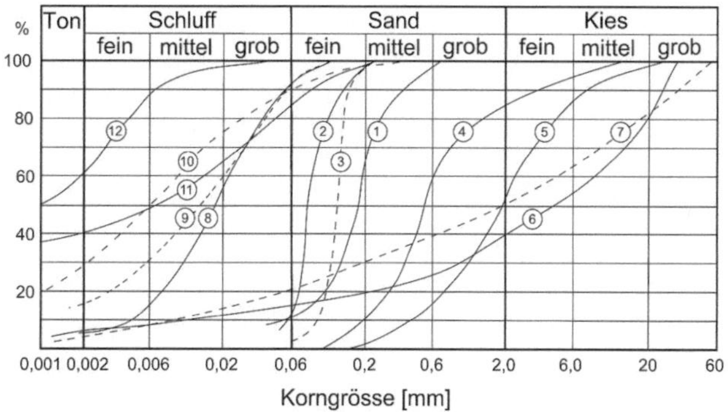

▪ **Abb. 2.2** Beispiele für Körnungslinien typischer Bodenarten (1) Fein-/Mittelsand (Tertiär) (2) Feinsand (Tertiär) (3) Flugsand (Holozän) (4) Flusssand, nass gebaggert (5) Kiessand (6) Hochterrassenkiese (Pleistozän) (7) Verwiterungslehm, steinig-sandig (ähnlich auch Geschiebelehm) (8) Löß (9) Lößlehm (10) Lehm, tonig (Schluff, stark tonig, leicht feinsandig) (11) Ton, stark schluffig (Tertiär) (12) Ton, schluffig (Tertiär)

Zur Kennzeichnung der Krümmung der Körnungslinie dient die **Krümmungszahl C_c**:

$$C_c = (d_{30})^2 / (d_{10} \times d_{60})$$

Nach DIN EN ISO 14 688-2 weisen eng gestufte Böden eine Krümmungszahl <1 und weit gestufte eine solche von 1–3 auf. Die Krümmungszahl ist auch ein Maß für den Porenanteil (► Abschn. 2.4.4).

Die **Benennung der mineralischen Lockergesteine** erfolgt nur nach Korngrößen, unabhängig vom Material und von der Kornform. Die reinen Bodenarten sind in ◘ Tab. 2.1 zusammengestellt. Die geologischen Begriffe „Psephite für die Korngrößengruppe 2,0 bis 200 mm, „Psammite für 0,06 bis 2,0 mm und „Pelite für <0,06 mm sowie „Silt" anstelle von Schluff werden im Bauwesen nicht verwendet. Bei den gröberen Kornfraktionen werden nur bei Bedarf die Kornform (kubisch, flach-plattig, länglich-stängelig) und der Rundungsgrad (scharfkantig, kantig, kantengerundet, angerundet, gerundet, gut gerundet) angesprochen.

Insgesamt werden **drei Hauptgruppen von Bodenarten** unterschieden (◘ Abb. 2.3).

Grobkörnige kohäsionslose (rollige) Bodenarten sind Böden aus Kies und/oder Sand mit weniger als 5 % Feinbestandteilen. Sie werden bis zu einer Beimengung von 5 % Schluff und Ton noch als reine Sande und Kiese bezeichnet (DIN 1054 und DIN 18 196). Zwischen den einzelnen Körnern treten normalerweise keine Anziehungskräfte auf.

Die Klassifikation für sehr grobkörnige Bodenarten lautet gem. DIN EN ISO 14 688-2 (2011):

	Massenanteil (in%)
geringer Steinanteil	<10
mittlerer Steinanteil	10–20
hoher Steinanteil	>20
geringer Blockanteil	<5
mittlerer Blockanteil	5–20
hoher Blockanteil	>20

Zum Abschätzen der Grobkornanteile sind nötigenfalls Greiferbohrungen einzusetzen. Bei der Bewertung des Stein- oder Blockanteils für Bohr- und Rohrvortriebsarbeiten gem. ► Abschn. 3.3.2 und 3.3.3 liegt die Einstufung der Volumenprozente bei 30 (statt 20).

Der Übergang von den nichtbindigen zu den bindigen Böden liegt im Schluffbereich, und zwar hauptsächlich bei den Korngrößen 0,02–0,006 mm (Mittelschluff). Hier beginnt

◘ **Tab. 2.1** Zusammenstellung der Korngrößengrenzen der reinen Bodenarten mit Vergleichsgrößen

Steine (Gerölle)		>63 mm	
Kies	Grob	20–63 mm	
	Mittel	6,3–20 mm	
	Fein	2–6,3 mm	über Streichholzkopfgröße
Sand	Grob	0,6–2 mm	über Grobgrießgröße
	Mittel	0,2–0,6 mm	Grießgröße
	Fein	0,063–0,2 mm	Einzelkörner noch erkennbar
Schluff	Grob	0,02–0,063 mm	Einzelkörner mit bloßem Auge nicht mehr erkennbar
	Mittel	0,006–0,002 mm	
	Fein	0,002–0,006 mm	
Ton		<0,002 mm	

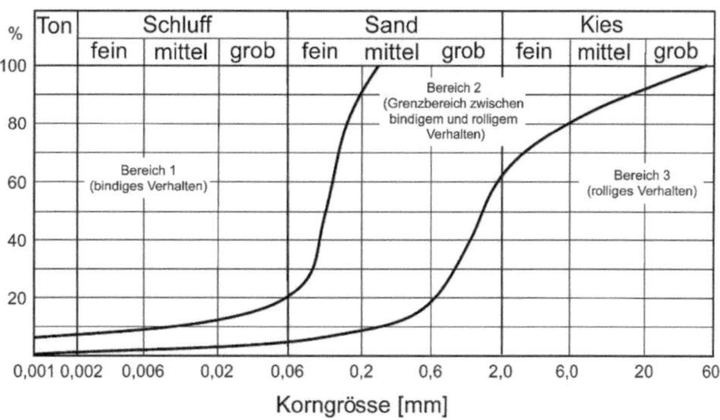

Abb. 2.3 Bereichsgrenzen für rolliges und bindiges Verhalten

sich das Wasserbindevermögen stärker bemerkbar zu machen, obwohl es sich bei der gesamten Schlufffraktion noch weitgehend um zerkleinerte Gesteinskörner, meist Quarz und Feldspat, handelt. Die **feinkörnigen oder bindigen Bodenarten** bestehen nach der Definition aus mehr als 40 % Feinkorn und teilweise Sand, haben aber nur geringe bis keine Kiesanteile. Sie bestehen immer aus einer Mischung der Ton- und Schlufffraktionen mit unterschiedlichem Anteil gröberer Kornfraktionen. Die Ton- und Schlufffraktion besteht meist aus Quarz, Feldspat, Glimmer, Tonmineralen und löslichen Komponenten wie Karbonaten. Das Verhalten dieser Böden wird bestimmt von der Plastizität, der geringen Durchlässigkeit, den Schrumpf- und Quelleigenschaften sowie ihrem Rückhaltepotenzial. Die bindigen Eigenschaften haben außerdem großen Einfluss auf die Festigkeit und Zusammendrückbarkeit sowie die Verdichtbarkeit eines Bodens.

Gemischtkörnige Böden bestehen nach der Definition der DIN 18 196 aus Sand und Kies mit einem Anteil von 5–40 % Ton und Schluff. Je nach Anteil der einzelnen Kornfraktionen ist das bautechnische Verhalten solcher Mischböden vorwiegend rollig oder bindig (▶ Abschn. 2.8.4). Bereits ein Anteil von nur 5–10 % Ton- und Feinschluff gibt einem Boden leicht bindige Eigenschaften wie z. B. eine merkbare Wasserempfindlichkeit bei Verdichtungsarbeiten (▶ Abschn. 12.2.1). Ab 15–20 % Ton und Schluff zeigen Böden deutlich bindiges Verhalten (Abb. 2.3). Ab diesem Grenzwert besteht i. d. R. kein Korn-auf-Korn-Stützgerüst der Grobfraktion mehr, was sich auf die Eigenschaften des Bodens mehr oder weniger deutlich auswirkt. Die DIN 1054 zieht diese Grenze bei mehr als 15 % Feinkornanteil <0,063 mm. Die weitere Einstufung gemischtkörniger Böden erfolgt gem. DIN 18 196 nach dem Feinkornanteil (s. a. Tab. 3.1):

gering schluffig/tonig	5–15 % < 0,063
hoch schluffig/tonig	15–40 % < 0,063

Gemischtkörnige Böden sind weit verbreitet. Typische Mischböden sind Verwitterungs- bzw. Solifluktions- oder Hangschuttbildungen der verschiedenen geologischen Formationen sowie vor allen Dingen die Geschiebemergel und Geschiebelehme Norddeutschlands.

Dünnschichtige, mehrfache Wechsel verschiedenartiger Bodenarten, die aus praktischen Gründen zusammengefasst werden müssen, werden nach EN ISO 14 688-1 als Wechsellagerungen von Mischböden bezeichnet. Für Böden vulkanischer Entstehung enthält diese Norm eine eigene Einteilung (Tuff, vulkanischer Sand, Schlacke, Bims, Lapilli, Bomben).

2.2.5 Körnungen als Handelsbegriff

Sande und Kiese sowie auch gebrochene Hartgesteine sind zur Mörtel- und Betonherstellung sowie als Frost- und Tragschichten im Verkehrswegebau gefragte Rohstoffe. Die Lieferkörnungen des Baustoffhandels sind i. d. R. auf die Technischen Lieferbedingungen für Gesteinskörnungen im Straßenbau (TL Gestein-StB 04) abgestimmt, die für ungebrochene Mineralstoffe mit DIN EN 12 620 (2008), Gesteinskörnungen für Beton, übereinstimmen. Folgende natürlichen Mineralstoffe werden unterschieden:

- ungebrochene Mineralstoffe (Natursand und Kies),
- gebrochene Mineralstoffe (Brechsand, Splitt und Schotter).

Weiterhin werden unterschieden:

- Lieferkörnungen nach einzelnen Korngruppen bzw. Korngemische aus zwei oder mehreren benachbarten Korngruppen (Tab. 2.2),
- Grubensand bzw. -kies oder Flusssand bzw. -kies (Material, wie es bei der Gewinnung anfällt; nicht in TL Gestein-StB enthalten),
- Recycling-Baustoffe aus Bauschutt und Betonbruch (sog. RC-Baustoffe).

Die Korngruppen für Betonzuschlagstoffe sind:

0/4	4/8	8/16	16/22	22/32	und ggf. 32/63

Sand und Kies als Betonzuschlagstoff sind weltweit ein gesuchter und regional auch zur Neige gehender Baustoff. Weitere Lieferprogramme für Kies und Sand sind:

Filterkies für Dränmaßnahmen:		
0–8	2–8	8–16
0–16	2–16	8–32
0–32	2–32	16–32

Frostschutzmaterial gem. ZTVE/StB 09 geprüft nach RG Min-StB 93

- 0–32
- 0–45

Material für Planumschutzschichten gem. Rahmenvertrag mit der Deutschen Bahn:

- 0–32
- 0–56

Für die im Abfallrecht (► Abschn. 12.5) festgeschriebenen Ziele einer Wiederverwertung von mineralischen Bauabfällen, **Recyclingbaustoffen** und industriellen Nebenprodukten sind als Ersatzbaustoffe ist künftig die Mantelverordnung

Tab. 2.2 Korngruppen nach TL Gestein-StB (2004) sowie von Recyclingmaterial. Die Zahlen geben die Korngrößen in mm an

Natursand, Kies		**Schotter, Splitt, Brechsand**		**Edelsplitt, Edelbrechsand, Füller**		**Ersatzbaustoffe**	
Natursand	0/2	Splitt	5/11	Füller	0/0,09	Frostschutzmaterial	0/16 0/32
Kies	2/4	Splitt	11/22	Edelbrechsand	0/2		
Kies	4/8	Splitt	22/32	Edelsplitt	2/5	Schottermaterial	32/Überkorn
Kies	8/16	Schotter	32/45	Edelsplitt	5/8	Hochofenschlacke	0/300
Kies	16/32	Schotter	45/56	Edelsplitt	8/11	Schlackengranulat	2/20
Kies	32/63	Brechsand-Splitt-Gemisch	0/5	Edelsplitt	11/16	Flugasche	0/1
		Gemisch	0/32	Edelsplitt	16/22	Müllverbrennungsasche	0/120
		Gemisch	0/56				
		Schottergemisch	32/56				

des BMUB (3. Entwurf) zu beachten. Derzeit wird bereits ein hoher Prozentsatz des Bedarfs an natürlicher Gesteinskörnung für ungebundene Tragschichten und auch im Erdbau durch solche Baustoffe gedeckt. Sie sind in entsprechenden Regelwerken erfasst (s. Merkblatt über die Wiederverwertung von mineralischen Baustoffen als Recycling-Baustoffe im Straßenbau – MRC, 2002).

Für die Körnung von **Gleisschotter** der Deutschen Bahn AG gelten deren Technische Lieferbedingungen für Gleisschotter und DIN EN 13 450. Die Körnungen von Gleisschotter werden mit Quadratlochsieben ermittelt. Die Lieferkörnung ist 22,4–63 mm. Im Schotterbett verschleißt der Schotter infolge von Kornabrieb und Bruch. Dazu kommen Feinkorneinträge, z. B. durch Windtransport oder Ladegutverlust. Ein höherer Feinkornanteil beeinträchtigt die Gleislagequalität (Grenzwert 30 %, s. a. ► Abschn. 12.4.3). Bei der Aufbereitung von Altschotter fallen die Fraktionen „aufbereiteter Altschotter“ und Siebrückstände (<22,4 mm) an. Altschotter kann außer der stofflichen Verschmutzung auch chemische Belastungen aufweisen (► Abschn. 12.5.1).

2.2.6 Hydraulische Instabilität und Filter für Dränmaßnahmen

Unter dem Begriff hydraulische Instabilität werden die Vorgänge der Suffosion, Erosion und Kolmation zusammengefasst (s. Perzlmaier und Haselsteiner 2006). Dabei geraten bei Durchsickerung Bodenpartikel in Bewegung und können durch das fließende Wasser mitgerissen und abtransportiert werden (► Abschn. 18.2.4). Diese Wechselwirkung des Systems Boden – Wasser kann in zwei Gruppen unterteilt werden:

1. Korntransport im Innern eines durchströmten Bodens infolge von Sickerwasser- bzw. Porenwasserströmung, wofür die Begriffe Suffosion sowie innere Erosion, Kontakterosion und auch Fugenerosion verwendet werden,
2. Anströmung der Bodenoberfläche, was dem Phänomen der äußeren Erosion und der Kolkbildung entspricht.

Bei der **Suffosion** werden aus einem Erdstoff durch Wasserbewegung selektiv Feinteile erodiert, ohne die Matrix aus gröberen Körnern zu stören. Der Vorgang führt zu einer Vergrößerung des Porenraums und der Durchlässigkeit. Die Suffosion wird unterteilt in innere, äußere und Kontaktsuffosion (■ Abb. 2.4). Bei fortschreitender Suffosion können nach einer gewissen Reaktionszeit im Gelände Sackungen unterschiedlichen Ausmaßes eintreten.

Eine **Erosion** beginnt meist rückschreitend an einer freien Oberfläche, wobei der Partikeltransport beim Austritt der Durchsickerung seinen Anfang nimmt. Als besonders erosionsanfällig gelten locker gelagerte gleichkörnige Fein- und Mittelsande und Sand-Schluff-Gemische (SU) mit einer Plastizitätszahl von $I_p \leq 7$. Bei schwach bindigen sandigen Schluffen (z. B. Löss, ► Abschn. 19.2.4) sowie in schluffigen Sanden mit einem Feinkornanteil von mehr als

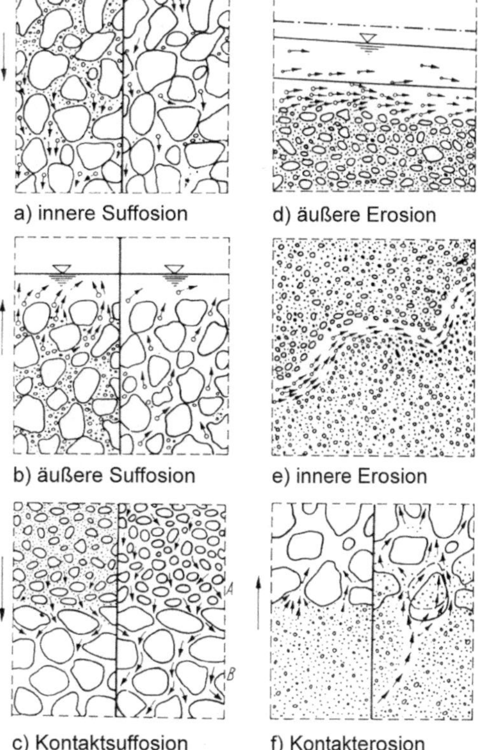

■ **Abb. 2.4** Klassifizierung der Suffosions- und Erosionsvorgänge in einem Lockergestein

10–15 % kommt es zu einer Umstrukturierung des Bodens oder zur Ausbildung von z. T. stabilen Erosionskanälen (sog. Piping, eine Sonderform der inneren Erosion). Diese bilden sich besonders in kleinräumig wechselnden Sedimentabfolgen mit nur dünnen Lagen erhöhter Durchlässigkeit, z. T. auch an Kluftflächen. Bei nicht über längere Zeit standfesten Erosionskanälen kann es, ggf. zeitlich versetzt, zu kleinen Setzungstrichtern oder flachen Setzungsmulden kommen.

Unter **Kolmation** versteht man die Umlagerung von Feinkorn innerhalb des Porenvolumens, wobei es zu einer Verringerung des Porenvolumens bis zur Selbstabdichtung kommen und sich ein Filterkuchen aufbauen kann.

Für die **Erosions- und Suffosionsanfälligkeit** müssen meist drei Kriterien erfüllt sein:

1. Die Körner der feinen Fraktion müssen klein genug sein, um durch die Porenengstellen der gröberen Fraktion zu passen.
2. Der Anteil der feinen Fraktion muss so gering sein (<30–40 %), dass die Zwischenräume der gröberen Fraktion nicht ausgefüllt werden.
3. Die Filtergeschwindigkeit muss hoch genug sein, um die Feinanteile in der gröberen Fraktion zu bewegen.

Diesen Kriterien zufolge sind außer der Korngrößenverteilung und der davon abhängigen Porengröße auch die Lagerungsdichte und die Wasserdurchlässigkeit sowohl des Basiserdstoffs als auch des Filtererdstoffs zu beachten. Eine ausführliche Diskussion der Zusammenhänge und Kriterien über die Suffosion und Erosion findet sich auch im BAW-Merkblatt MSD (s. Anhang 5.7) und bei Witt (2013). Bei **nichtbindigen Böden** haben Ahlinhan (2011) als zusätzlichen Faktor (zur Körnungslinie und Lagerungsdichte) einen sog. Instabilitätsindex und Witt (2013) den Selbstfiltrationsindex IFS eingeführt, beide auf der Grundlage der Aufteilung in eine Grob- und Feinkornfraktion.

Bindige Böden gelten allgemein als erosions- und suffosionssicher, wenn sie eine ausreichende Plastizität ($I_p > 15$) und eine Kohäsion ($c_u > 15$ kN/m^2) haben, nicht zerfallsempfindlich sind und keine konzentrierte hydraulische Belastung (z. B. an einer Leckage) vorliegt. Als anfällig gelten i. d. R. gleichkörnige grobschluffig-feinsandige Böden und weit gestufte Böden mit aufwärtskonkaver Körnungslinie sowie intermittierend gestufte Böden mit Ausfallkörnung und hohem Feinkornanteil. Dementsprechend gelten Schluffe und Fein- bis Mittelsande mit mehr als 10–15 % Schluffanteil und einer Ungleichkörnigkeit $C_u \leqq 15$ als filtertechnische Problemböden (◘ Abb. 2.5).

Um Erosionsprozesse zu verhindern oder ihre Auswirkungen abzuschwächen gibt es zwei Möglichkeiten: Verminderung der Einwirkung, d. h. des Wasserzutritts, oder eine Verbesserung des Widerstands, z. B. durch Geotextilabdeckung (Heibaum 2007b). Ob Erosion einsetzt oder fortschreitet, hängt weiterhin davon ab, ob die Austrittsstelle des Sickerwassers durch ein angepasstes Filter geschützt ist oder nicht.

Für den Nachweis der Sicherheit gegen hydraulische Instabilität, allgemein als **Filterstabilität** bezeichnet, kommen geometrische und hydraulische Kriterien zur Anwendung. Gegen

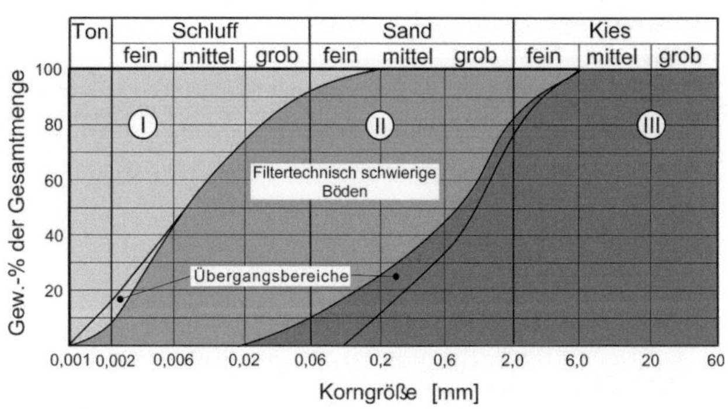

◘ **Abb. 2.5** Filtertechnisch schwierige Böden (nach SN 670 125a)

die Möglichkeit des Eindringens des Basiserdstoffs in das Filter werden allgemein geometrische Kriterien herangezogen. Als hydraulische Kriterien bezeichnet man die Tatsache, dass ein Partikeltransport erst stattfinden kann, wenn die Schleppkraft der Sickerströmung ausreichend groß ist. Der dafür nötige kritische hydraulische Gradient wird maßgeblich durch den Korndurchmesser und die Ungleichkörnigkeit beeinflusst (▶ Abschn. 18.2.4).

Der Nachweis einer ausreichenden Sicherheit gegenüber Erosion ist erfüllt, wenn

$$i_{\mathrm{vorh}} \leq i_{\mathrm{d}} \text{ mit } i_d = i_{krit,k}/(\gamma_{\mathrm{i}} \cdot \gamma_{\mathrm{s}}),$$

wobei i_d = Bemessungswert des hydraulischen Gradienten, $i_{krit,k}$ = charakteristischer Wert des hydraulischen Gradienten, γ_{i} = Teilsicherheitsbeiwert und γ_{s} = ein zusätzlicher Teilsicherheitsbeiwert, der die Untergrundschichtung berücksichtigt.

Die üblichen **Filterregeln** basieren im Wesentlichen auf geometrischen Kriterien. Sie sind entweder theoretisch von Kugelmodellen abgeleitet oder empirisch mittels hydraulischer Filterversuche ermittelt und haben deshalb begrenzte Gültigkeit. Die im Einzelfall „richtigen“ Bemessungsregeln sind nach wie vor in der Diskussion (Heibaum 2007).

Voraussetzungen für die in der Praxis am häufigsten angewandte Filterregel von Terzaghi sind, dass das Filtermaterial gleichkörnig gestuft ($C_{\mathrm{u}} < 2$) und der Verlauf der Körnungslinie der des abzufilternden Bodens ähnlich ist. Damit ist ihre Gültigkeit streng genommen auf steil verlaufende Körnungslinien beschränkt. Die Filterregel nach Terzaghi lautet:

$$D_{15}/d_{85} < 4 < D_{15}/d_{15},$$

wobei $D_{15}/d_{85} < 4$ die Regel zur Sicherheit gegenüber Erosion und $D_{15}/d_{15} > 4$ die Durchlässigkeitsregel bedeuten und D_{15} sich auf das Filtermaterial und d_{15} und d_{85} sich auf das Material des abzufilternden Bodens beziehen.

Eine gewisse Berücksichtigung der Ungleichkörnigkeit gegenüber dem Filtermaterial erfolgt bei der in der Praxis gebräuchlichen sog. erweiterten Filterregel von Terzaghi (■ Abb. 2.6):

$$D_{15}/d_{85} \leq 4, D_{15}/d_{15} \geq 4, D_{50}/d_{50} \approx 10.$$

Viele Filterregeln, z. B. des US Bureau of Reclamation (USBR 1960), gehen allein vom Abstand der Körnungslinie des abzufilternden Basiserdstoffs und des Filtermaterials vom Durchmesserverhältnis D_{50}/d_{50} aus, ebenfalls ohne direkte Berücksichtigung der Ungleichkörnigkeit:

- Für gleichkörnige Feinsande gilt:
  $D_{50}/d_{50} = 5–10$
- Für ungleichkörnigen Feinsand bis Schluff:
  $D_{50}/d_{50} = 12–58$
  $D_{15}/d_{15} = 12–40$

Weitere Filterregeln enthalten das DVWK-Merkblatt 221 (1992, in Überarbeitung) und das BAW-Filtermerkblatt „Merkblatt Standsicherheit von Dämmen an Wasserstraßen“ (MSD 2011). Eine Zusammenstellung verschiedener

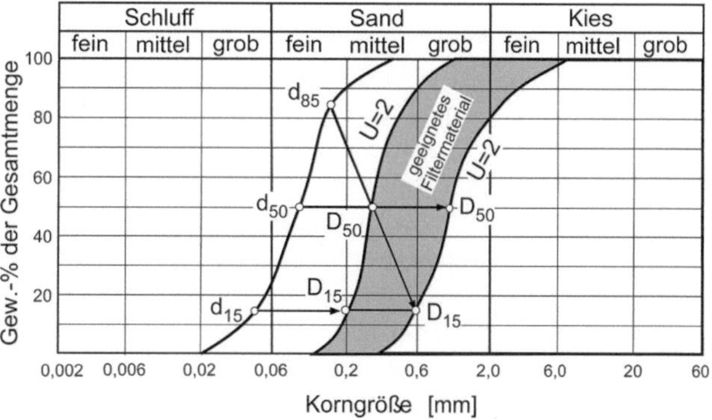

■ Abb. 2.6 Anwendung der sog. erweiterten Filterregel von Terzaghi

anderer Filterkriterien findet sich in Perzlmaier und Haselsteiner (2006), Floss (2011) und Witt (2013).

Als **Filtermaterial** werden Sand, Kies, Splitt und Schotter verwendet. Dabei soll der Anteil des Korns <0,08 mm (mittlerer Feinsandbereich) 5 % nicht überschreiten (DIN 19 700). Dies ist bei nass gebaggertem Material praktisch immer gewährleistet, bei dem Kornanteile <0,1 mm fast nicht vertreten sind (▪ Abb. 2.2). Beim Einbau gemischtkörnigen Filtermaterials ist seine Neigung zur Entmischung zu beachten. Häufige Lieferkörnungen sind Kiessand 0/32 bzw. Brechsand-Splitt-Schotter-Gemische 0/32, 0/56. Beim Einbau von Filtervliesen (▶ Abschn. 12.3.3) wird gern Filterkies 16/32 verwendet. Die Kornfestigkeit der Filtermaterialien wird durch Kornzertrümmerungsversuche nach DIN 52 115, Teil 1 und Teil 2 ermittelt.

Die Kornverteilungen der Lieferkörnungen für Filtermaterial (0/32, 0/2, 0/4. 2/8 usw.) sind im Einzelfall auf ihre Eignung zu überprüfen. Falls sie nicht den Anforderungen der Filterregeln entsprechen, kann die geeignete Kornverteilung aus einzelnen Lieferkörnungen zusammengemischt werden (z. B. 25 % 0/4 und 75 % 2/8).

Die Filterstabilität des Systems Boden – Wasser wird zunehmend durch **geotextile Filter** erreicht. Diese müssen so beschaffen sein, dass sie mechanisch filterwirksam sind (Bodenrückhaltevermögen) und gleichzeitig eine ausreichende hydraulische Filterwirksamkeit (druckverlustarme Wasserführung) aufweisen. Geotextile Filter haben den Vorteil einer geringen Dicke und können bei richtiger Dimensionierung ihre Funktion auch bei filtertechnischen Problemböden erfüllen. Für geotextile Filter gelten eigene Filterregeln, die u. a. bei Heibaum (2007b, darin. Lit.) sowie bei Schlötzer und Steinke (2008) beschrieben sind. Die filtertechnische Bemessung geht dabei von der charakteristischen Öffnungsweite O_{90} des Geotextils aus. Diese entspricht dem Durchmesser d_{90} der Kornfraktion eines Prüfbodens, von dem 90-Massen-% zurückgehalten werden.

Ausreichendes Bodenrückhaltevermögen gilt als gewährleistet, wenn für feinkörnige Böden ($d_{40} \le 0{,}063$ mm)

$$O_{90,zul} \le 10 \times d_{50}$$

und für grobkörnige Böden ($d_{40} \ge 0{,}063$ mm)

$$O_{90,zul} < 5 \times d_{10} \times \sqrt{c_u}\ bzw. < d_{90}$$

ist (kleinerer Wert maßgebend).

Bei der Anwendung dieser Filterregeln wird zwischen drei hydraulischen Sicherheitsfällen unterschieden:

Sicherheitsfall I	=	geringe einseitige Anströmung bei kleinem hydraulischen Gefälle
Sicherheitsfall II	=	geringe wechselseitige bzw. mittlere einseitige Anströmung
Sicherheitsfall III	=	einseitig konzentrierte oder wechselseitig flächige Anströmung und hohem Wasseranfall

Nach Schlötzer und Steinke (2008) gelten für den Sicherheitsfall I folgende Mittelwerte der charakteristischen Öffnungsweite des gewählten geotextilen Filters gew. O_{90}

$$0{,}06 \le gew.O_{90} \le 0{,}20\,mm$$

und für den Sicherheitsfall II in Abhängigkeit von der Bodenart folgende Grenzen für O_{90} des Filters:

kohäsive (bindige) Böden:	0,063 mm ≤ gew. O_{90} ≤ 0,20 mm
Grobschluff bis Feinsand:	0,063 mm ≤ gew. O_{90} ≤ 0,11 mm
Feinsand:	0,063 mm ≤ gew. O_{90} ≤ 0,12 mm
Mittelsand:	0,08 mm ≤ gew. O_{90} ≤ 0,30 mm
Grobsand:	0,12 mm ≤ gew. O_{90} ≤ 0,60 mm

Zur Gewährleistung der hydraulischen Leitfähigkeit des Geotextilfilters sollte die gewählte Öffnungsweite *gew.* O_{90} möglichst nahe an der ermittelten maximal zulässigen Öffnungsweite O_{90zul} liegen.

■ Tab. 2.3 Körnungen bzw. Korngruppen von Filtersanden und -kiesen für den Brunnenbau nach DIN 4924

Korngruppe	Zulässiger Massenanteil	
	Unterkorn (%)	Überkorn (%)
0,4–0,8 0,71–1,25 1,0–2,0	10	10
2,0–3,15 3,15–5,6 5,6–8,0 8,0–16,0 16,0–31,5	12	15

Bei den oben genannten Öffnungsweiten *gew.* O_{90} wird außerdem eine ausreichende Erosions- und Suffosionssicherheit des abzufilternden Bodens vorausgesetzt. Auch muss sichergestellt sein, dass der geotextile Filter langfristig die gleiche Durchlässigkeit aufweist wie der abzufilternde Boden, mindestens aber $k = 1 \times 10^{-4}$ m/s bzw. einer minimalen Abflussleistung (in l/s × min). Um dies zu gewährleisten, wird der Labordurchlässigkeitsbeiwert des Geotextils um einen Faktor $\acute{\eta} = 0{,}01$ bis 0,02 abgemindert:

$$\eta' \times k_{geotext} \geq k_{Boden}$$

Für filtertechnisch schwierige Böden und den hydraulischen Sicherheitsfall III ist ein gesonderter Nachweis zu führen (s. Schlötzer und Steinke 2008).

Heibaum (2007) bringt ähnliche Anwendungskriterien für geotextile Filter. Für die filtertechnische Bemessung im Wasserbau liegt ein Merkblatt „Anwendung von geotextilen Filtern an Wasserstraßen“ (MAG 1993) vor.

2.2.7 Filtersande und Filterkiese für den Brunnenbau

Filtersande und -kiese für den Brunnenbau und auch für Grundwassermessstellen sind ungebrochene natürliche Quarzsande und -kiese (Rundkorn) mit einem gleichkörnigen stetigen Aufbau der Korngrößenverteilung. Die abschlämmbaren Bestandteile dürfen max. 1 % betragen.

Die Einteilung der Korngruppen von Filtersanden und -kiesen für den Brunnenbau sind in DIN 4924 (1998) nach praktischen Gegebenheiten festgelegt (■ Tab. 2.3). Die Lieferbezeichnung, z. B. für die Korngruppe 5,6–8 mm, lautet: Kies DIN 4924-5.6/8.

Weit gestufte Korngemische von Kiessand wie z. B. 0/32 sind für Brunnenfilter nicht geeignet, da die gröberen Kornfraktionen beim Schüttvorgang rascher absinken und sich Nester von Grobkorn bilden. Der Aufbau der Brunnenfilter zur Abfilterung des Grundwasserleiters ist in ► Abschn. 4.6 beschrieben.

Bohrungen in Lockergesteinen und in der Verwitterungszone der Festgesteine werden häufig mit Körnung 2/3,15 bzw. bei hohen Schluff- und Feinsandanteilen mit 0,71/1,25 ausgebaut. Bei Bohrungen in Festgesteinen werden gern Körnungen 2/5,6 bzw. 2/8 genommen (s. a. DVGW-Merkblatt 113).

2.2.8 Aufbau und Eigenschaften der Tonminerale

Ton ist ein Gemisch aus durch Verwitterung und Neubildung in situ (sog. primäre Tone) oder durch Verwitterung und Umlagerung (sekundäre Tone) entstandenen Tonmineralen und kleinsten Bruchstücken von Mineralen wie Quarz oder Feldspat. Träger der charakteristischen Eigenschaften des Tons sind die Tonminerale, die in unterschiedlichen Gemischen auftreten und die Eigenschaften eines Tons bestimmen. Die wichtigsten natürlichen **Tonminerale** sind Kaolinit, Illit, Chlorit und Smektit (Montmorillonit. Sie entstehen im Wesentlichen bei der Verwitterung. Die Art der dabei entstandenen Tonminerale hängt sowohl vom Chemismus des Ausgangsgesteins ab als auch vom reaktiven Umfeld, d. h. den klimatischen Bedingungen bei der Verwitterung. Das Tonmineral Kaolinit entsteht beispielsweise aus sauren Silikatgesteinen (Granit, Gneis usw.), vorzugsweise unter subtropischen bis tropischen Bedingungen. Smektite gehen aus verwitterten bzw. hydrothermal zersetzten basischen Vulkangesteinen (Basalte, vulkanische Tuffe) hervor. Unter besonderen Bedingungen können bestimmte Tonminerale auch in andere Tonminerale umgewandelt werden, z. B. Smektite in Illite.

Die Tonminerale sind größtenteils Schichtsilikate, deren Schichtgitter aus Schichten von SiO_4-Tetraedern (Tetraederschichten) und Schichten von Metallionen (vor allem Al^{3+}, Mg^{2+} und $Fe^{2+,3+}$) bestehen, die in oktaedrischer Anordnung von Hydroxylionen $(OH)^-$ umgeben sind (Oktaederschichten). Beide Schichttypen sind über gemeinsame Sauerstoffatome verbunden und bilden dadurch „Schichtpakete" (◘ Abb. 2.7). Im Zwischenschichtraum können austauschbare und/oder nicht austauschbare Kationen und H_2O-Schichten eingelagert sein,

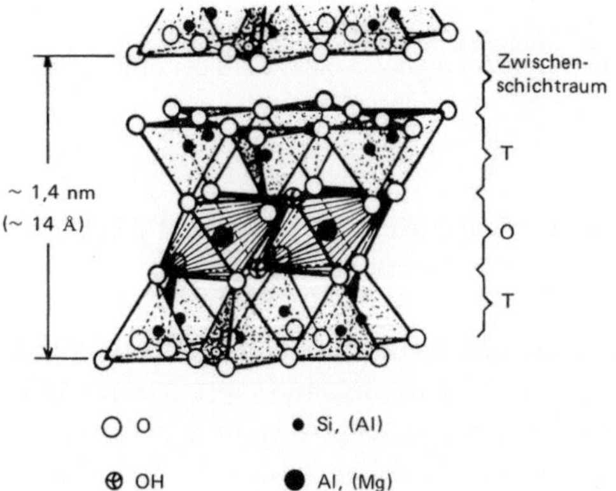

◘ **Abb. 2.7** Kristallgitter eines Smektits, bestehend aus zwei Tetraederschichten (T) und einer Oktaederschicht (O) und dem Zwischenschichtraum; letzterer verkleinert dargestellt, ohne austauschbare Kationen und H_2O

die Ladungsdefizite durch Anlagerung von Kationen wie z. B. Na^+, K^+ oder Ca^{2+} ausgleichen. Der Schichtabstand (in nm) ist der Abstand von jeweils zwei das Tonmineral charakterisierenden Elementarschichten. Die ein Tonmineral begrenzenden Flächen werden als äußere Oberfläche, die Flächen zwischen den einzelnen O- und T-Schichten als innere Oberfläche bezeichnet.

Die Tonmineralgruppen werden nach Chemismus und Kombination von Tetraeder- und Oktaederschichten sowie der Einlagerung von H_2O-Schichten (Hydratisierung) unterteilt. Je nach Abfolge der Tetraeder- und Oktaederschichten unterscheidet man Zweischichtminerale (Kaolinit, Halloysit) und Dreischichtminerale (Smektit, Vermiculit, Illit, Chlorit), ◘ Tab. 2.4.

Das bodenphysikalische Verhalten der Tonminerale gegenüber Wasser wird nicht nur von den Stoffeigenschaften bestimmt, sondern besonders durch die spezifische Oberflächengröße dieser überwiegend <0,1 µm bis etwa 6 µm (= 0,006 mm) großen Teilchen und das dadurch bedingte Wasseraufnahmevermögen (Wasseranlagerung an Kristallitoberflächen, die innerkristalline Quellung durch Wassereinlagerung in die Zwischenschichten sowie die osmotische Quellung durch Wasseraufnahme im Porenraum). Die wichtigsten darauf beruhenden charakteristischen Eigenschaften der Tone sind ihre Plastizität, ihr Wasseraufnahme- und Quellvermögen sowie ihr Sorptionsvermögen.

Die Tonminerale der **Kaolinitgruppe** sind Zweischichtminerale mit einem Schichtabstand von etwa 0,7 nm (= 7 Å), bestehend aus einer Tetraeder- und einer Oktaederschicht, die über Wasserstoffbrücken fest zusammengehalten werden und bis auf eine äußere Basisfläche nicht geladen sind.

Halloysit ähnelt dem Kaolinit, hat aber aufgrund einer H_2O-Schicht im Zwischenschichtraum einen Schichtabstand von etwa 1 nm (= 10 Å). Diese „Hydratschicht" geht bei Entwässerung irreversibel verloren (Metahalloysit).

Die glimmerartigen Tonminerale der **Illit-Gruppe** sind aus zwei Tetraederschichten, kombiniert mit einer Oktaederschicht, aufgebaut

Tab. 2.4 Wichtige Tonminerale und ihr Schichtaufbau; T = Tetraederschicht, O = Oktaederschicht, H_2O = H_2O-Schicht

Schematischer Schichtaufbau	Schichtabstand	Beispiele für Tonminerale
T O	≈ 0,7 nm (= 7 Å)	Kaolinite
T O H_2O	≈ 1 nm (= 10 Å)	Halloysite
T O ⊥	≈ 1 nm (= 10 Å)	Illite (verwandte Glimmerminerale: Muskowit, ggf. Biotit)
T O ⊥ H_2O	≈ 1,4–1,6 nm (= 14–16 Å)	Smektite (z. B. Montomorillonit), Vermiculite
T O ⊥ O	≈ 1,4 nm (= 14 Å)	Chlorite

und haben einen Schichtabstand von ca. 1 nm (= 10 Å). Die im Zwischenschichtraum auftretenden Kationen (vorherrschend K^+) sind größtenteils nicht austauschbar. Die negative Ladung der Schicht liegt außen, woraus starke elektrostatische Bindungen zwischen den Schichten resultieren und praktisch keine innerkristalline Quellung auftritt.

Die 1,4-nm-(= 14-Å-)Tonminerale der **Chlorit-Gruppe** bestehen aus zwei Tetraederschichten, kombiniert mit zwei Oktaederschichten, mit vor allem Mg^{2+} und Fe^{2+} in den Oktaederzentren der verbreiteten trioktaedrischen Vertreter.

Im Gegensatz zu den bisher besprochenen Gruppen, deren Schichtabstand weitgehend unveränderlich ist, sind die Tonminerale der **Smektit-Gruppe** (wichtigster Vertreter Montmorillonit) quellfähig. Sie bestehen aus illitähnlichen Schichtpaketen (eine Oktaederschicht zwischen zwei Tetraederschichten) mit einer gegenüber Illit weniger festen Bindung zwischen den Schichtpaketen. Im Zwischenschichtraum treten neben einer veränderlichen Menge H_2O auch austauschbare Kationen, vor allem Alkalien und Erdalkalien, auf. Der Schichtabstand beträgt im lufttrockenen Zustand meist 1,4–1,6 nm (14–16 Å). Infolge der nur geringen Schichtladung bzw. Bindung zwischen den Schichtpaketen kommt es im Kontakt mit Wasser unter Wasseraufnahme zu einer Aufweitung des Zwischenschichtraums und damit zu einer Vergrößerung des Schichtabstands, dessen Maß von der Art der vorherrschenden Zwischenschichtkationen abhängig ist. Die Tonminerale quellen. Die Quellung findet bei Druckentlastung schon bei geringster Wasserzufuhr statt und kann zu einer Volumenvergrößerung um das Vielfache führen. Der Ton geht dabei in einen plastischen und breiig-flüssigen Zustand über.

Smektite sind die Hauptbestandteile der **Bentonite**, die sich durch eine hohe Wasseraufnahme, eine hohe Adsorptions-, Ionenaustausch- und Quellfähigkeit sowie besondere thixotrope Eigenschaften auszeichnen und entsprechend weite technische Anwendung finden. Der Name Bentonit kommt von dem Vorkommen bei Fort Benton (Montana, USA). In Deutschland befinden sich die besten Bentonitvorkommen in der bayerischen Molasse. Für die Barrierewirkung der Bentonite sind das

Wasseraufnahmevermögen und das Quellverhalten maßgebend. Das Quellverhalten wird von den in die Zwischenschichten eingelagerten Kationen gesteuert. Bei zweiwertigen Ca-Ionen tritt vorwiegend innerkristallines Quellen auf, mit einer Zunahme des Schichtabstands von 10 auf 19 Å, während bei Einlagerung einwertiger Na^+-Ionen hauptsächlich osmotisches Quellen stattfindet, mit einer Vergrößerung des Schichtabstands bis 40 Å (Viefhaus und Schanz 2014). Deshalb werden für viele technische Anwendungen die häufiger vorkommenden Calcium-Bentonite durch Behandlung mit Soda aktiviert. Die aktivierten Calcium-Bentonite kommen in ihrer Quellfähigkeit und dem Wasserbindevermögen den selteneren Natrium-Bentoniten sehr nahe. Die genannten Autoren haben auch den Einfluss von bis in große Tiefen vorkommenden natürlichen Bodenmikroorganismen auf das Quellverhalten von Bentoniten untersucht. Bentonite gelten allgemein als umweltverträglich, es sei denn, es werden Chemikalien zugemischt, welche die Quellbarkeit und die Stützfähigkeit verbessern sollen.

Die natürlich vorkommenden Tone bestehen nicht nur aus einem Tonmineral, sondern aus einem Gemisch von Tonmineralen und anderen Gesteinskörnchen von ±2 μm Durchmesser. Infolge der Ähnlichkeit der Tetraeder- und Oktaeder-Elementarschichten kommt es häufig zu Wechsellagerungsstrukturen, den sog. **Mixed-Layer-Mineralen**. In diesen können in regelmäßigem oder unregelmäßigem Wechsel mehrere Tonmineralschichttypen übereinander auftreten. Den häufigsten und geologisch wichtigsten „Mixed-Layer"-Typ bilden die quellfähigen Illit-Smektit- bzw. Smektit-Chlorit-Wechsellagerungsminerale (Corrensit). Corrensit tritt bevorzugt in salinar geprägten Ton- und Mergelsteinen auf, z. B. der Röt- und Keuperformation (▶ Abschn. 2.7.11.2).

Bei der Diagenese und Verfestigung der Tone zu Tonstein werden durch ansteigenden Druck und Temperatur nicht nur eine Kompaktion, sondern auch mineralogische Reaktionen ausgelöst. Die bei niedrigen Temperaturen stabilen Illit-Smektit-Wechsellagerungen und die Montmorillonite werden bei erhöhten Temperaturen unter Abnahme des quellfähigen Schichtanteils teilweise oder ganz in Illite umgewandelt (Hoth et al. 2007).

Die **Untersuchungsmethode** für Tonminerale richtet sich nach der Fragestellung. Bei ingenieurgeologischen Fragestellungen wird meist zunächst eine Übersichtsanalyse des Gesamtgesteins gefahren. Hierbei kann häufig schon das Vorhandensein quellfähiger Tonminerale erkannt werden. Die weitere Untersuchung erfolgt dann mittels Röntgen-Pulverdiffraktometrie an Texturpräparaten (extrahierte Tonfraktions-Suspension auf Glasobjektträgern) bzw. Presstabletten, wobei die Unterscheidung der einzelnen Tonminerale durch verschiedene Präparationsverfahren erfolgt (Ethylenglykolbehandlung, wodurch die Kristallgitter quellfähiger Mixed-Layer-Tonminerale aufgeweitet werden (◘ Abb. 2.8); thermische Behandlung bei 350 oder 550 °C, wodurch die Gitter quellfähiger Tonminerale zerstört werden, sodass deren Reflexe entfallen). Aus der Lage und der Intensität der Röntgenreflexe („Peaks") kann auf die Tonmineralart und mithilfe von Eichkurven auch mit guter Näherung auf den Mengenanteil geschlossen werden (semiquantitativer Mineralbestand; angegeben meist in drei Stufen, Hauptkomponenten, Nebenkomponenten und Spuren). Zur Absicherung der Ergebnisse der Tonmineralanalyse sind nötigenfalls chemische Gesteinsanalysen (RFA, ASS) vorzusehen.

2.3 Kalkgehalt, organische und andere Beimengungen

In zahlreichen Bodenarten und Gesteinen treten auch organische und andere Beimengungen auf, welche die Bodeneigenschaften maßgeblich beeinflussen. In den bodenmechanischen Labors werden davon mittels chemischer Untersuchungen der Kalkgehalt, der Gehalt an organischen Bestandteilen und ggf. der Sulfatgehalt bestimmt, seltener der Chloridgehalt (s. DIN EN 1997-2, Anhang N).

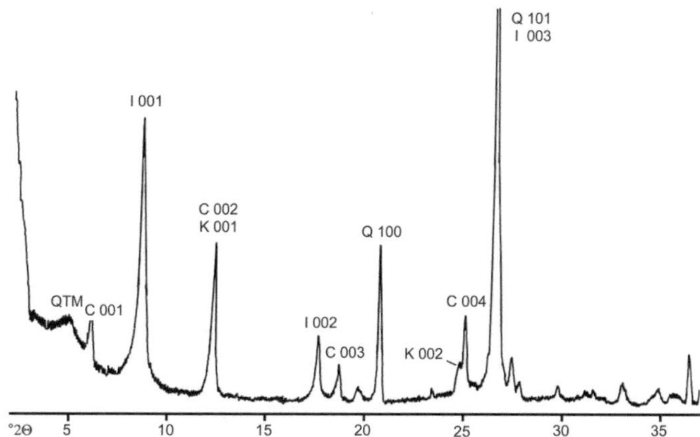

Abb. 2.8 Röntgendiffraktogramm eines Tonsteins des Mittleren Buntsandsteins aus Osthessen (Gesamtgestein; Texturpräparat nach Ethylenglykol-Behandlung). Dargestellt sind die Basisreflexe der Tonminerale und die beiden stärksten Quarzreflexe mit entsprechender Indizierung

2.3.1 Kalkgehalt (V_{Ca})

Der Kalkgehalt ist der Anteil an Calcium- und Magnesiumkarbonat, bezogen auf die Trockenmasse. Die Angabe erfolgt meist in Massen-%. Die wichtigsten Karbonatminerale in der Reihenfolge ihrer Löslichkeit sind:

- Calcit $CaCO_3$
- Dolomit Ca, Mg $(CO_3)_2$
- Ankerit (Ca, Mg, Fe) $(CO_3)_2$
- Siderit $FeCO_3$

Die überschlägige Bestimmung des Kalkgehalts erfolgt mit 10-prozentiger Salzsäure (Wasser zu Salzsäure 3:1). Als Faustregel für einen Feldversuch (nach DIN EN ISO 14 688-1 bzw. 14 689-1) gilt:

kalkfrei (o)	kein Aufbrausen (<1 %)
kalkhaltig (+)	schwaches bis deutliches nicht anhaltendes Aufbrausen (1–5 %)
stark kalkhaltig (++)	starkes anhaltendes Aufbrausen (>5 %)

Auf nassem Gestein ist das Aufbrausen meist etwas verzögert.

In den Fällen, in denen der Kalkgehalt genauer bestimmt werden muss, erfolgt dies durch gasometrische CO_2-Bestimmung nach DIN 18 129 (2011). Der Versuch wird mit dem CO_2-Gasometer vorgenommen (deshalb auch DIN 18 129-G). Bei der Säurebehandlung der getrockneten (105°), pulverisierten Probe wird CO_2 gasförmig frei. Aus dem CO_2-Volumen wird der Massenanteil der gesamten Karbonatminerale m_{Ca} (Kalzit und Dolomit) bestimmt, was für bautechnische Zwecke i. d. R. ausreicht. Der Gesamtkarbonatgehalt ergibt sich aus dem CO_2-Anteil (V_0) und dem Faktor 2,273 in Prozent der Trockenmasse: $m_{ca} = V_0 \times 2{,}273$.

$$V_{Ca} = \frac{m_{Ca}}{m_d} \times 100$$

m_{Ca} = Massenanteil an Gesamtkarbonaten (g)
m_d = Trockenmasse (g)
V_0 = Volumen CO_2 bei Normalbedingungen (cm^3)
V_{ca} = Kalkgehalt

Zur näherungsweisen Bestimmung des Kalzit- und Dolomitanteils ($CaCO_3$ bzw. $(CaMg(CO_3)_2)$ kann nach 30 Sekunden, wenn der Kalzit aufgelöst ist, eine Zwischenablesung vorgenommen werden.

Der Kalkgehalt eines Bodens $V_{Ca} > 5\,\%$ hat i. Allg. einen günstigen Einfluss auf sein bautechnisches Verhalten und ist besonders bei Korrelationen verschiedener anderer Bodenkennwerte zu beachten. Die Wirkung der Kalkbindung kann sehr unterschiedlich sein, je nachdem, ob der Kalk fein verteilt als Zement oder in Form eines die Bodenkörner ganz oder teilweise umschließenden Belags mit verwachsenen Kontaktstellen (Kalkverkittung) bzw. in Aggregaten oder Wurzelröhrchen auftritt wie beim Löss. Die Bestimmung der Karbonatverteilung erfolgt durch mikroskopische Untersuchung von Dünnschliffen an ungestörten Bodenproben. Löss, der ursprünglich einen Kalkgehalt von mehr als 10 % aufweist, ist in einer unterschiedlich dicken Oberzone mehr oder weniger entkalkt und verlehmt. Der Lösslehm weist gegenüber dem Löss deutlich abgeminderte Kennwerte auf (s. Engel und Lauer 2003). Auch typische Seetone können Kalkgehalte von 10–20 % aufweisen. Im Gegensatz zu diesen positiven Auswirkungen kann ein Kalkgehalt bei Durchsickerungs- und Korrosionsvorgängen im Untergrund auch erhebliche negative Auswirkungen haben (► Abschn. 18.2.7).

Bei Ton-/Mergelsteinen sind je nach Karbonatgehalt folgende Bezeichnungen üblich:

Ton/Tonstein	<2 %
Mergeliger Ton(stein)	2–10 %
Mergelton(stein)	10–25 %
Tonmergel(stein)	25–50 %
Mergel(stein)	50–75 %
Mergelkalkstein	75–90 %
Kalkstein	90–100 %

Die Mergel(steine) sind Mischgesteine mit Anteilen an chemisch gefällten Karbonaten und z. T. auch Silikaten, die als Bindemittel zur Verfestigung beitragen.

2.3.2 Organische Bestandteile (v_{gl})

Der Gehalt an organischen Bestandteilen wird durch Massenverlust beim Glühen bestimmt und auf die Trockenmasse bezogen.

$$V_{gl} = \frac{m_d - m_g}{m_d}$$

m_d = Trockenmasse vor dem Glühen (g)
m_{gl} = Masse nach dem Glühen (g)

Glühverlustbestimmungen dürfen nicht ohne Temperaturkontrolle ausgeführt werden. In der DIN 18 128 (2002) wird Glühen im Muffelofen bei 550 °C bis zur Massenkonstanz empfohlen. Die organischen Bestandteile oxidieren in Temperaturbereichen ab 100 °C und entweichen als Gas (CO_2). Bei Temperaturen ab 100 °C kommt es aber bereits zur Freisetzung von schwach gebundenem Kristallwasser der Tonminerale und ab 700 °C zur Dissoziation der Karbonate (s. DIN EN 1997-2, Anhang N).

Andere Methoden sind die Bestimmung des Massenverlusts durch nasse Oxidation mit 20-prozentigem Wasserstoffperoxid (s. TP BF-StB B 10). Bei dieser Nassoxidation mit H_2O_2 können leicht lösliche Karbonate mit in Lösung gehen. Das Verfahren ist deshalb bei karbonathaltigen Tonen ungenau. Wenn eine Genauigkeit von mehr als 2–3 % verlangt wird, sind bei Tonen coulometrische Verfahren bzw. der TOC-(Total-Organic-Carbon-)Versuch nach DIN EN 13 137 anzuraten. In einem Coulomat werden Gesamt-C (organisch und anorganisch) durch Verbrennen mit Sauerstoff und der anorganische C-Anteil durch Verbrennen mit Stickstoff ermittelt und auf C_{org} umgerechnet (Radlinger 1997: 233). Die Ergebnisse beider Verfahren liegen meist deutlich unter den Glühverlustwerten.

Organische Beimengungen erhöhen die Zusammendrückbarkeit eines Bodens und verringern seine Scherfestigkeit. Beim Auftreten organischer Beimengungen werden nichtbindige Böden ab 3 % und bindige Böden ab 5 % als organogene Böden bezeichnet (► Abschn. 3.2.4). Sie weisen bereits erheblich veränderte plastische Eigenschaften auf. Ab organischen Beimengungen >20 % handelt es sich um stark organische Böden, die für Gründungszwecke ungeeignet sind (► Abschn. 2.7.4.2).

Nach DIN EN ISO 14 688-2: 2011 wird für den Gehalt an organischer Substanz im Boden (% der Trockenmasse <2 mm) folgende Einteilung verwendet:

schwach organisch	2–6 %
mittel organisch	6–20 %
stark organisch	>20 %

2.3.3 Schwefelverbindungen

Schwefelverbindungen wie Anhydrit ($CaSO_4$), Gips ($CaSO_4 \cdot 2H_2O$), aber auch Pyrit (FeS_2), bzw. seine mineralogischen Modifikationen Markasit (FeS_2) und Magnetkies ($Fe_{11}S_{12}$), die fein verteilt im Boden bzw. Gestein oder in Aggregaten bzw. Lagen, Kluftfüllungen oder an Fossilien angereichert auftreten, können eine Gefahr für den Baugrund und auch für Beton darstellen.

Der Umwandlungsprozess von Anhydrit zu Gips und die damit verbundene Volumenvergrößerung sowie Verkarstungsprobleme werden in ► Abschn. 19.2.2 behandelt.

Pyrit und andere sulfidische Mineralien können unter der Einwirkung von Luftsauerstoff bzw. sauerstoffreichem Niederschlagswasser ($O_2 + H_2O$) in Eisen-II-Sulfat ($FeSO_4$) und freie Schwefelsäure (H_2SO_4) umgewandelt werden:

$$2FeS_2 + 2H_2O + 7O_2 = 2FeSO_4 + 2H_2SO_4.$$

Bei Abdeckung gegen sauerstoffreiches Niederschlagswasser können Gipskristalle ($CaSO_4 \cdot 2H_2O$) entstehen.

Die Schwefelsäure führt im Sickerwasser zu einem starken Abfall des pH-Werts, was eine völlige Zersetzung des Gesteins und andere Umweltschäden zur Folge haben kann (► Abschn. 13.4.1 und Kempfert et al. 2008), während die Neubildung von Gipskristallen im Boden oder in sulfathaltigem Schüttmaterial zu Baugrundhebungen führen kann (► Abschn. 6.2.4). Außerdem kann der Sulfat-Säure-Angriff Betonschäden verursachen. Zur Abschätzung der Pyritoxidationskapazität werden Testanalysen durchgeführt (► Abschn. 9.5.2). Bereits bei Pyritschwefelgehalten ab 0,1 Gew.-% ist mit schädigenden Auswirkungen zu rechnen (► Abschn. 9.5.3).

Eisensulfathaltige Gesteine entstehen in sauerstofffreiem Milieu, bevorzugt bei Anwesenheit organischer Substanzen, und sind bei Abwesenheit von Sauerstoff recht stabil. Derartige Gesteine werden sowohl in tertiären Lockergesteinen als auch in kretazischen, jurassischen oder paläozoischen Festgesteinen (bes. kohlehaltigen Schichten) wie auch in magmatischen oder metamorphen Gesteinen beschrieben. Wisotzky und Eisenberg (2008) und die DIN 4030-1 (2008) bringen eine Übersichtskarte über die Verbreitung pyrithaltiger Gesteine in Deutschland.

2.4 Das Dreistoffsystem Boden bzw. Fels

Boden bzw. Fels besteht i. d. R. aus drei Substanzen:

1. Mineralkorn – feste Phase,
2. Wasser – flüssige Phase,
3. Luft – gasförmige Phase.

Bei einem wassergesättigten Boden, dessen Poren völlig mit Wasser erfüllt sind, liegt ein Zweiphasensystem vor, bei nur teilweisem Sättigungsgrad ein Dreiphasensystem.

2.4.1 Wassergehalt *(w)*, Sättigungszahl *(S_r)*, Wasseraufnahmevermögen *(w_A)*

Beim Wasser im Boden unterscheidet man zunächst immobiles Porenwasser und frei bewegliches, der Schwerkraft folgendes mobiles Porenwasser. Im Einzelnen kann Wasser im Boden auf folgende Arten auftreten (◘ Abb. 2.9):

- Wasser in den Schichtgittern der Tonminerale (Hydrationswasser),
- gebundene Wasserhülle der Bodenkörner, besonders der Tonminerale (Adsorptionswasser),

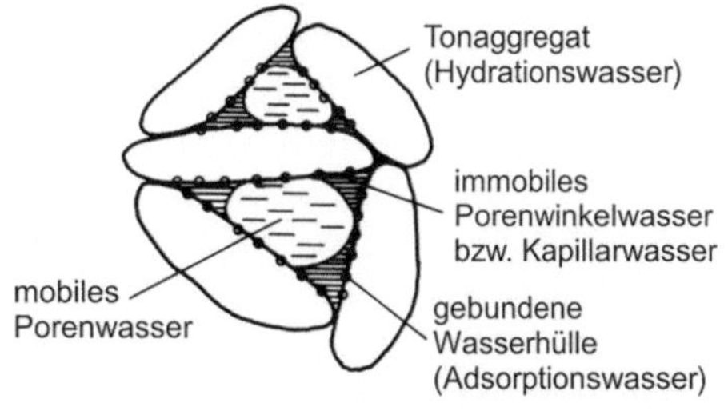

◘ **Abb. 2.9** Schematische Darstellung des mobilen und immobilen Porenwassers im Boden

- Porenwinkelwasser an den Berührungspunkten der Wasserhüllen und der Bodenkörner,
- mobiles Porenwasser, das bei der Wassergehaltsbestimmung in der Hauptsache erfasst wird.

Unter Haftwasser versteht man das Adsorptionswasser und das Kapillarwasser (Porenwinkelwasser) zusammen.

Die Festigkeit und das Verformungsverhalten eines feinkörnigen Bodens (Ton) werden außer vom Korngefüge (Anordnung der Tonplättchen) noch vom Wassergehalt und insbesondere von der gebundenen Wasserhülle sowie der Ionenkonzentration des Porenwassers bestimmt.

Der **Wassergehalt** ***w*** ergibt sich als Quotient der Masse des im Boden befindlichen Wassers, das bei 105–110 °C verdampft (organische Böden bei 60–65 °C), und der Trockenmasse.

$$w = \frac{m_1 - m_2}{m_2 - m_c} \times 100 = \frac{m_w}{m_d} \times 100$$

w = Wassergehalt (%)
m_1 = Masse des Probebehälters und der feuchten Probe (g)
m_2 = Masse des Probebehälters und der getrockneten Probe (g)
m_c = Masse des Probebehälters (g)
m_w = Masse des Wassers (g)
m_d = Masse der getrockneten Probe (g)

Die Bestimmung erfolgt nach DIN EN ISO 17 892-1 (2015) durch Ofentrocknung. Die bisherige DIN 18 121-1 ist zurückgezogen. Die Tatsache, dass bei tonigen Böden bei 105–110 °C nicht nur das Porenwasser im engeren Sinne, sondern bereits auch Haftwasser abgegeben werden kann, bleibt weiterhin unberücksichtigt. Bei smektithaltigen tonigen Böden ist dies akzeptabel. Tonige Bodenarten mit Montmorillonit-Mixed-Layer-Mineralen geben aber den Hauptteil ihres Adsorptionswassers schon bei Temperaturen unter 100 °C ab. Für Böden mit Gips oder anderen Mineralen mit chemisch gebundenem Wasser wird eine Trocknung bei 50 °C vorgeschlagen.

Für Böden mit einem nennenswerten Anteil an Salz im Porenwasser (z. B. marine Böden) führt die Norm den Begriff Flüssigkeitsgehalt w_{fl} (Wasser und Salz) ein.

Außer dem Standardversuch der Ofentrocknung nennt die Norm auch einige Schnellverfahren für Baustellen wie:

- Schnelltrocknung mit dem Sandbadverfahren,
- Schnelltrocknung mit Mikrowellenherd (s. verbleibende DIN 18 121-2),
- Calciumcarbid-Verfahren.

Die einzelnen Schnellverfahren sind nicht bei allen Bodenarten anwendbar.

Die **natürlichen Wassergehalte der Böden** differieren in weiten Grenzen:

erdfeuchter Sand	<0,10
Löss	0,10–0,25
Lehm	0,15–0,40
Ton	0,20–0,60
organische Böden	0,50–5,0

Der Wassergehalt eines Bodens ist abhängig von der Bodenstruktur (z. B. Speichervermögen), den Klimaverhältnissen (Niederschlag, Temperatur, Verdunstung), der Vegetation und der Tiefenlage des Grundwasserspiegels (► Abschn. 2.9.7 und ► Kap. 0). Er ist ein wichtiges Kennzeichen zur Beurteilung bindiger Böden hinsichtlich der Konsistenz und damit der Tragfähigkeit sowie auch der Verdichtbarkeit (► Abschn. 12.2.1). Dies betrifft nicht nur bindige Böden, sondern auch Sande. Trockener Sand ist schwer verdichtbar, rieselt und kann je nach Korngröße leicht vom Wind verweht werden. Ein geringer Wassergehalt aktiviert Kapillarkräfte, die auch als „scheinbare Kohäsion" bezeichnet werden (► Abschn. 2.9.7). Hohe Wassergehalte wirken dagegen wie ein Schmiermittel, mit leichter Beweglichkeit der Sandkörner (Fließsand, ► Abschn. 11.2) bzw.

hoher Erschütterungsempfindlichkeit gem. ► Abschn. 4.2.3.3.

Im Einzelfall ist auch der Chemismus des Porenwassers bindiger Böden zu beachten. Aus Untersuchungen an marinen Tonen ist der Einfluss eines höheren Salzgehalts auf die Konsistenzgrenzen und auf die Scherfestigkeit bekannt (s. Engel 2002).

Der **Wassergehalt von Festgesteinen** (Porenwasser im Gestein) liegt bei Tonsteinen vielfach bei 5–10 %, bei Sand- und Kalksteinen meist nur bei ± 1 %. Bei tonigen Gesteinen kann der Wassergehalt als Merkmal des Verwitterungsgrades herangezogen werden (► Abschn. 3.4.2), und er zeigt auch Scher- und Schwächezonen im Gebirge an (◘ Abb. 2.10).

Die **Sättigungszahl S_r** gibt an, in welchem Ausmaß die Poren eines Bodens mit Wasser gefüllt sind:

- $S_r = n_w/n = (w \times \rho_s)/(e \times \rho_w)$
- n_w = mit Wasser gefüllter Porenanteil
- n = Gesamtporenanteil
- w = Wassergehalt
- ρ_s = Korndichte (in g/cm^3)
- e = Porenzahl (► Abschn. 2.4.4)
- ρ_w = Dichte des Wassers (in g/cm^3)

Übliche Grenzwerte für S_r sind:

0	trocken
0–0,25	feucht
0,25–0,50	sehr feucht
0,50–0,75	nass
0,75–1,00	sehr nass
1,00	wassergesättigt

Als **Wasseraufnahmevermögen von Böden** (W_A) bezeichnet man die Eigenschaften einer bei 105 bzw. 60 °C bis zur Massenkonstanz getrockneten und (vorsichtig reibend) pulverisierten Probe (1 g), Wasser kapillar anzusaugen und zu halten (◘ Abb. 2.11). Die bis zur Konstanz der Wasseraufnahme angesaugte Masse Wasser wird nach DIN 18 132 (2012) als Wasseraufnahmevermögen W_A (in %) bzw. bei Neff (1988) als Wasserbindevermögen W_b bezeichnet:

$$W_A = m_{wg}/m_{d},$$

wobei m_{wg} = Wasseraufnahme bei Konstanz (g) und m_d = Trockenmasse der Probe (g).

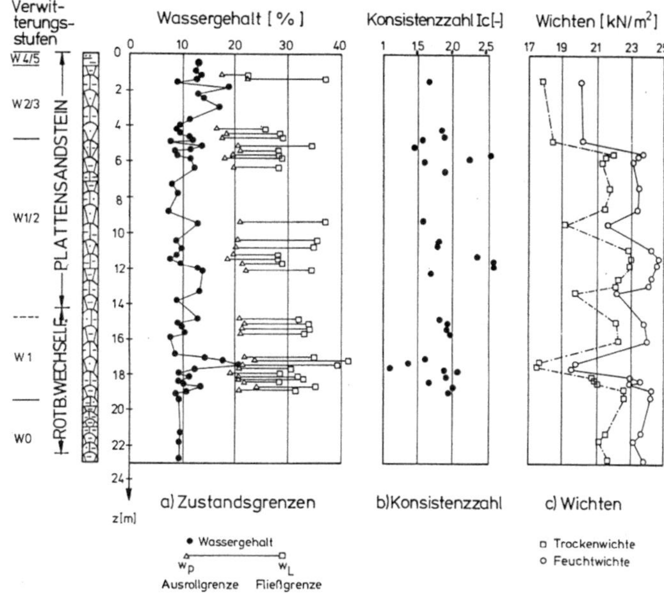

◘ **Abb. 2.10** Abhängigkeit des Wassergehalts und anderer Bodenkennwerte (bes. der Wichte) von den Verwitterungsstufen und Abweichen der Werte in einzelnen dünnen Schwächezonen der Röttonsteine (aus Meyer-Kraul 1989)

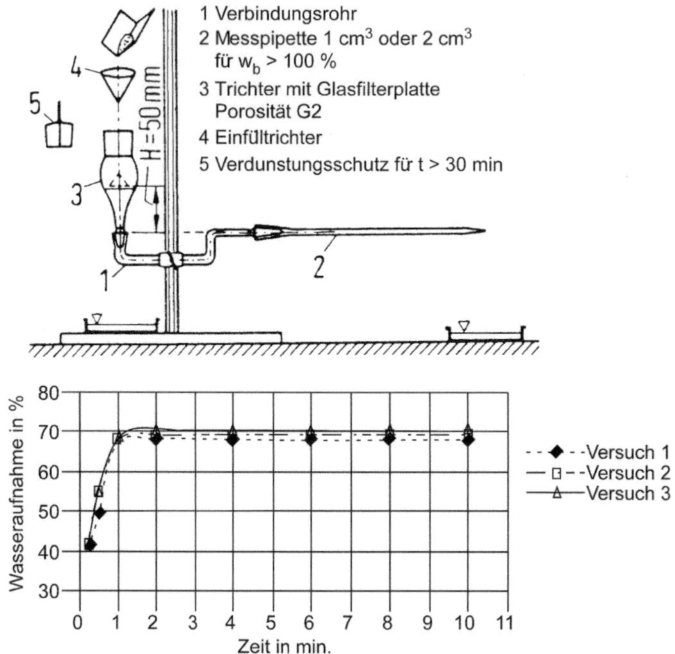

Abb. 2.11 Wasseraufnahmegerät und Versuchsergebnis

Der Versuch hat praktisch nur die Bedeutung, auf quellfähige Tonminerale hinzuweisen. Mittelwerte der Wasseraufnahme W_A für mineralische Bodenarten:

Bodenart (Bodengruppe)	W_A (%)	Bezeichnung nach DIN 18 132
Sand-Schluff-Ton Gemisch	<40	sehr niedrig
Schluff (UL, TL)	40–60	niedrig
Ton (UM, TM)	60–85	mittel
Ton (TA)	85–130	hoch

Das Wasseraufnahmevermögen von Tonsteinen wird i. d. R. nach den oben beschriebenen Verfahren gem. DIN 18 132 ermittelt. Für Festgesteine ist DIN EN 1097-6 heranzuziehen.

2.4.2 Korndichte (ρ_s), Reindichte (ρ_r), Feststoffdichte (ρ_F)

Die Korndichte (ρ_s) von **Lockergesteinen** ist die auf das Kornvolumen bezogene Trockenmasse m_d der festen Substanz (Körner).

$$\rho_s = m_d \, V_{Korn}$$

Die Bestimmung erfolgt nach DIN 18 124 (2011) bzw. künftig gem. DIN EN ISO 17 892-3 (E 2014) nach zwei Möglichkeiten:

- Flüssigkeitspyknometer (Kapillarpyknometer), anwendbar bei Böden <4 mm Korndurchmesser, und
- Gaspyknometer.

Die Versuchsdurchführung und Auswertung erfolgt nach der Norm.

Die Korndichte ist ein Hilfswert zur Bestimmung des Porenanteils n und der Porenzahl e sowie für die Auswertung der Sedimentationsanalyse. Er wird i. d. R. nach Tabellenwerten angesetzt und nur in Sonderfällen versuchsmäßig ermittelt.

Bei **Festgesteinen** wird die auf das Volumen der festen Bestandteile bezogene Trockenmasse als Korndichte oder Reindichte ρ_r bezeichnet. Ihre Bestimmung erfolgt nach DIN EN 1936: 2007 an gemahlenen und getrockneten Proben mit dem Flüssigkeitspyknometer im Vakuum:

$$\rho_r = \frac{m_e}{m_2 + m_e - m_1} \times \rho_w$$

m_e = Masse des getrockneten Mahlguts (g)
m_1 = Masse des mit Wasser und der Probe gefüllten Pyknometers (g)
m_2 = Masse des mit Wasser gefüllten Pyknometers (g)
ρ_w = Dichte des Wassers (► Abschn. 2.4.3)

Ein weitgehend vergleichbarer Wert ist die in der Natursteinindustrie verwendete Feststoffdichte ρ_F von Gesteinsproben. Sie ist der Quotient aus der getrockneten Feststoffmasse m_F und dem gaspyknometrisch nach DIN 66 137-2 ermittelten Feststoffvolumen V_F:

$$\rho_F = \frac{m_F}{V_F}$$

Bei der Ermittlung des Feststoffvolumens V_F im Gaspyknometer wirkt nur die Feststoffmasse gasverdrängend, während die (offenen) Poren ungehindert mit Gas gefüllt werden. Geschlossene Poren werden nicht erfasst, sodass die so ermittelten Dichtewerte ρ_F je nach Gesteinsart etwas kleiner sind als die wahre Feststoffdichte.

Die Korndichte ist primär abhängig vom Mineralbestand. Bei den gesteinsbildenden Mineralen liegt sie zwischen 2,3 und 3,5 g/cm^3 (Tonminerale = 2,60–2,86, Quarz = 2,65; Calcit = 2,7; Feldspat = 2,6; Olivin = 3,3; Magnetit = 5,2). Ab einer Korndichte von 2,9 g/cm^3 spricht man von Schwermineralen.

Mittelwerte der Korndichte von Locker- und Festgesteinen in g/cm^3 bzw. t/m^3	
Sand (Quarz)	2,65
Ton	2,70
Schluff	2,68–2,70
Torf, schluffig und organische Mudde	1,50–2,00
Braunkohle	1,00–1,20
Sandstein	2,60–2,75
Tonstein	2,70–2,80
Tonschiefer	2,75–2,85
Kalkstein	2,70–2,80

Mittelwerte der Korndichte von Locker- und Festgesteinen in g/cm^3 bzw. t/m^3	
Granit	2,60–2,80
Basalt	2,90–3,00
Diabas	2,78–2,95
Steinsalz	2,10–2,20
Anhydrit	2,60–2,90
Gips	2,00–2,30

2.4.3 Dichte (ρ) und Wichte (γ)

Die Dichte (ρ) eines Bodens oder Gesteins ist die Masse (m), bezogen auf das Volumen (V), einschließlich der Poren und des darin enthaltenen Wassers oder Gases:

$$\rho = m/V \text{ in g/cm}^3 \text{ bzw. } m/V \times 10^{-6} \text{ Mg/m}^3$$

Die **Dichte von Wasser** wird allgemein mit 1,0 g/cm^3 angenommen. Wasser hat unter Normaldruck seine größte Dichte bei +4 °C. Sie nimmt mit zunehmender Temperatur ab (bei 20 °C z. B. 0,998 g/cm^3) und mit ansteigendem Druck und ansteigenden Lösungsinhalten zu.

2.4.3.1 Dichte von Lockergesteinen

Die Bestimmung der Dichte kohäsiver Böden erfolgt im Laborversuch nach DIN EN ISO 17 892-2 (2015) durch Wiegen eines Probekörpers bekannten Volumens. Das Volumen wird anhand ungestörter Erdstoffproben berechenbaren Inhalts bestimmt. Bei erschütterungs- oder druckempfindlichen Böden ist Vorsicht geboten, da die Proben auch bei vorsichtiger Entnahme leicht gestaucht werden, was zu einer Überschätzung der Dichte (ρ_d) und auch anderer Laborwerte führt. Bei unregelmäßigen Probekörpern kann das Volumen durch Tauchwägung oder Flüssigkeitsverdrängung ermittelt werden.
Folgende Dichten werden unterschieden:

- Dichte des feuchten Bodens oder Gesteins ρ:
  $\rho = m/V$ in g/cm^3

2

- Trockendichte (105 °C) ρ_d:
  $\rho_d = m_d/V = \rho/(1 + w)$ in g/cm³
  (m_d = Masse der bei 105 °C getrockneten Probe, bestimmt an einer repräsentativen Teilprobe)
- Dichte bei Wassersättigung $\rho_r = \rho_d + n \cdot \rho_w$
- Dichte unter Auftrieb $\rho' : \rho' = \rho_r - \rho_w$

Dichtewerte einiger Böden (in g/cm³ oder Mg/m³):

Bodenart	ρ_d	ρ_r	ρ'
Sand, locker	1,60	1,90	0,90
Kiessand, dicht	1,95	2,10	1,10
Löss	1,60	1,90	0,90
Lehm	1,80	1,95	0,95
Ton	1,80	1,90	0,90
Ton/Schluff, organisch	1,55	1,55	0,55
Torf	1,25	1,10	0,25

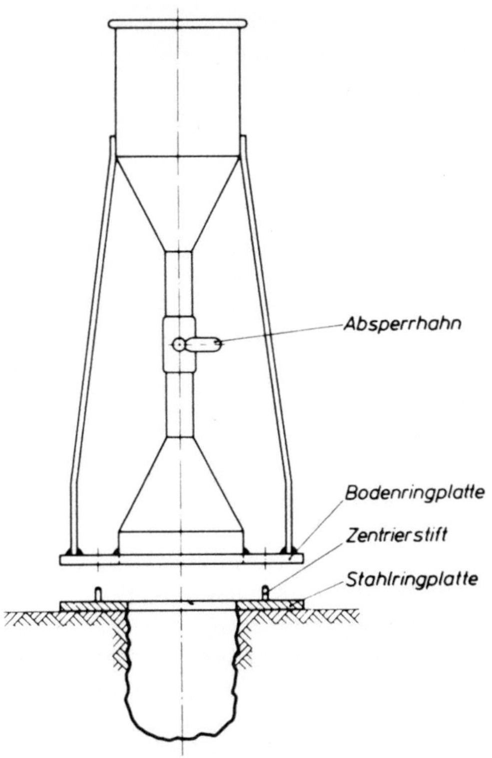

Abb. 2.12 Doppeltrichter für Volumenbestimmung nach dem Sandersatzverfahren (aus DIN 18125, T2)

Bei nichtbindigen Böden sind die Dichten für erdfeuchten Zustand gegenüber Wassersättigung (ρ_r) um 0,2 g/cm³ niedriger anzusetzen.

Bei rolligen Böden erfolgt die Ermittlung des Volumens durch Ersatzmethoden oder indirekte Bestimmung im Feldversuch. Die wichtigsten Feldmethoden zur Bestimmung der Dichte von Lockergesteinen werden nachstehend kurz beschrieben (s. die verbliebene DIN 18 125-2: 2011, darin Anwendungsbeispiele):

Beim **Sandersatzverfahren** erfolgt die Volumenbestimmung durch Auffüllen einer kleinen Grube mit einem trockenen Prüfsand bekannter Dichte (ρ_E) aus einem Doppeltrichter (Abb. 2.12). Die verbrauchte Sandmenge m_c wird durch Rückwiegen des Doppeltrichters ermittelt.

$$V = (m_c - m_d)/\rho_E,$$

wobei m_d = Sandmenge im Ringraum der Stahlringplatte und des Trichters unterhalb des Absperrhahns.

Außerdem steht auch ein Gummiblasengerät (Densitometer) zur Volumenbestimmung nach dem sog. **Ballonverfahren** zur Verfügung, das eine sichere und schnelle Ausmessung des Bodenlochvolumens gestattet. Gerät und Durchführung s. DIN 18 125-2.

Beim **Gipsersatzverfahren** wird in einem mit ölgetränkten Zellstoffstreifen ausgelegten Hohlraum Gipsbrei eingegossen und glatt abgezogen. Der Gipsklumpen wird ausgegraben und sein Volumen nach 2 Stunden Wasserlagerung in einem Tauchgefäß ermittelt.

Beim **Schürfgrubenverfahren** wird eine möglichst profilgerechte Schürfgrube von 0,5–1,0 m³ Inhalt ausgehoben und das Volumen durch Ausmessen möglichst genau ermittelt. Wegen der großen Masse bleiben die Volumenfehler verhältnismäßig klein.

Auf Großbaustellen können die Dichte und der Wassergehalt von einheitlich aufgebauten nichtbindigen oder leicht bindigen Erdstoffen auch mit **radiometrischen Verfahren** (Isotopensonde) ermittelt werden (z. B. Troxlersonde nach TB BF-StB, Teil B 4.3).

2.4.3.2 Dichte von Festgesteinen (ρ), Rohdichte (ρ_b)

Bei der Dichte von Festgesteinen werden ebenfalls Feuchtdichte ρ, Trockendichte ρ_d und Sättigungsdichte bzw. Dichte unter Auftrieb unterschieden. Die Feuchtdichte (ρ) wird mittels Wägung und geometrischem oder durch Tauchwägung ermitteltem Gesamtvolumen (einschließlich aller Poren) bestimmt.

Die Trockendichte (ρ_d) ist das Verhältnis der Masse des getrockneten Probekörpers und dem Gesamtvolumen und entspricht damit der Rohdichte ρ_b gem. DIN EN 1097-6: E 2010 bzw. DIN EN 1936: 2007. Die Ermittlung erfolgt mittels Vakuum-Wasseraufnahme und Wägung des getränkten Probekörpers:

$$\rho_b = \frac{m_d}{m_s - m_h} \times \rho_w$$

m_d = Trockenmasse des Probekörpers (g)
m_s = Masse des gesättigten Probekörpers (g)
m_h = Masse des in Wasser eingetauchten Probekörpers (g)
ρ_w = Dichte des Wassers (g/cm^3)

Bei dichten Gesteinen mit geringer Porosität (▶ Abschn. 3.4.1.1) ist die Differenz zwischen Trockendichte und Reindichte sehr gering.

2.4.3.3 Wichte (γ)

Die Wichte (γ) ist die volumenbezogene Gewichtskraft, die eine Boden- oder Gesteinsmasse mit der Dichte ρ (in g/cm^3, Mg/m^3) aufgrund der Erdbeschleunigung ausübt. Sie ergibt sich durch Multiplikation der Dichte mit der vom Breitengrad abhängigen Erdbeschleunigung (g = 9,79–9,82 m/s^2; in Deutschland üblicher Wert 9,81 m/s^2):

- $\gamma = \rho \times g$ (in kN/m^3)
- $g = 9{,}81$ m/s^2 (≈10 m/s^2)

Zu unterscheiden sind:

- γ = Feuchtwichte

  $$\gamma = (1-\mathrm{n}) \times \gamma_s \times (1+w) = \frac{1+w}{1+e} \times \gamma_s$$

  mit n = Porenanteil, e = Porenzahl (▶ Abschn. 2.4.4)
- γ_d = Trockenwichte

  $$\gamma_d = (1-\mathrm{n}) \times \gamma_s = \frac{1}{1+e} \times \gamma_s$$
- γ_r = Wichte bei Wassersättigung

  $$\gamma_r = (1-\mathrm{n}) \times \gamma_s + \mathrm{n}\gamma_w = \frac{\gamma_s + e\gamma_w}{1+e}$$
- γ' = Wichte unter Auftrieb

  $$\gamma' = (1-\mathrm{n})(\gamma_s - \gamma_w) = \gamma_r - \gamma_w = \frac{\gamma_s - \gamma_w}{1+e}$$

Die Wichte (in kN/m^3) wird für Lastannahmen bei erdstatischen Berechnungen benötigt.

Bei Dichte- bzw. Wichteangaben von Festgesteinen muss streng unterschieden werden zwischen Gestein (mit Poren und Porenfüllung) und Fels- bzw. Gebirgswerten unter Berücksichtigung der Klüftung, der Anwitterung und der Gebirgsauflockerung (▶ Abschn. 3.4).

Anhaltswerte für die Wichte einiger Gesteins- bzw. Felsarten (γ in kN/m^3):

Gestein	Gesteinswerte	Anwitterungszone	Unverwitterter Fels
Sandstein	26–27	20–24	24–26
Tonstein	23–27	19–24	25–26
Tonschiefer	27–30	19–26	28
Kalkstein	26–28	22–25	25–27
Granit	26–28	24–26	26
Diabas	27–29	24–26	28
Basalt	29–30	26–28	29
Basalttuff	16–21	14–19	20

2.4.4 Porenanteil (*n*), Porenzahl (*e*), Porosität (*p*)

Aufgrund ihrer Kornstruktur enthalten **Lockergesteine** immer ein bestimmtes Porenvolumen, das je nachdem, ob es auf das Gesamtvolumen bezogen wird oder auf die porenfreie Festmasse, als Porenanteil (n) oder Porenzahl (e) bezeichnet wird (◘ Abb. 2.13).

- Porenanteil n:
  (*Volumen der Poren*)/(*Gesamtvolumen*) = 1 − (ρ_d/ρ_s)
- Porenzahl e:
  (*Volumen der Poren*)/(*Volumen der Festmasse*) = (ρ_s/ρ_d) − 1

Zwischen Porenanteil und Porenzahl besteht die Beziehung:

$$n = \frac{e}{1+e}; e = \frac{n}{1-n}$$

Porenanteil bzw. Porenzahl sind Ausdruck der Lagerungsdichte eines Lockergesteins, die wiederum Einfluss auf das Setzungsverhalten und andere Eigenschaften der Lockergesteine hat. Beide Kenngrößen werden auch zu Korrelationen für andere Kennwerte benutzt (Engel 2002).

Mittlere Porenanteile und Porenzahlen:

Bodenart	*e*	*n*
Ton, schluffig	0,82–1,5	0,45–0,65
Schluff, tonig	0,66–1,2	0,40–0,55
Schluff, sandig (Lehm)	0,43–0,66	0,35–0,45
Mittelsand, gleichkörnig	0,43–0,66	0,30–0,38
Sand, kiesig	0,38–0,54	0,28–0,35
Kies, sandig	0,33–0,54	0,25–0,35

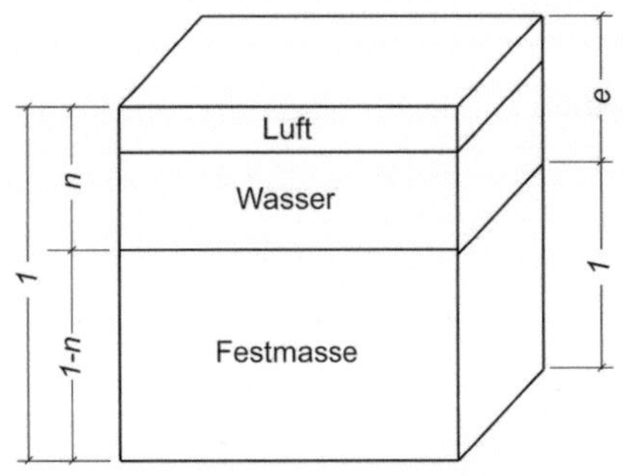

◘ **Abb. 2.13** Definition von Porenanteil *n* und Porenzahl *e*

Für hydraulische Fragen ist nicht der Porenanteil n, sondern der effektive oder **nutzbare Porenanteil** n_f oder n_0 maßgebend. Dieser entspricht gem. ◘ Abb. 2.14 nur bei sehr hohen Durchlässigkeiten ($k \geq 10^{-2}$ m/s) nahezu dem Gesamtporenanteil. Bei kleineren Durchlässigkeiten ist der nutzbare Porenanteil wesentlich geringer.

Der nutzbare Porenanteil lässt sich versuchstechnisch mittels Tracer-Säulendurchlaufversuchen bestimmen oder durch Tracerversuche im Feld und Rückrechnung aus der Abstandsgeschwindigkeit (▶ Abschn. 2.9.1). In den meisten Fällen wird der nutzbare Porenanteil aus der Korngrößenverteilung abgeschätzt, wobei allerdings die Lagerungsdichte zu berücksichtigen ist.

Der durchflusswirksame Porenanteil ist beschränkt auf die Grobporen ab etwa >20 µm. Ein wassererfüllter Kiessand mit etwa 30 % Porenvolumen (n = 0,25–0,35) verliert deshalb bei **gravitativer Entwässerung** ungefähr nur die Hälfte seines Wasservolumens. Bei fein- und gemischtkörnigen Lockergesteinen wird die Durchlässigkeit durch die Engstellen der Poren bestimmt; zusätzlich wird sie durch die gebundene Wasserhülle bzw. das schwer bewegliche Adsorptionswasser, das in der engeren Umgebung der Mineraloberflächen sowie in den engen Zwickeln angrenzender Körner (Porenwinkelwasser) stark gebunden ist, behindert (▶ Abschn. 2.4.1). Die Dicke der chemisch und adsorptiv gebundenen Wasserhülle an der Oberfläche und in den Porenwinkeln ist von der Tonmineralart abhängig. Der gravitativ entwässerbare Porenanteil eines schluffigen Tons beträgt deshalb nur etwa 4 bis max. 10 % des wassererfüllten Porenvolumens, wobei der Sättigungsgrad von 1 auf etwa 0,7 sinkt.

Auch bei **Festgesteinen** ist zwischen der Gesamtporosität und der sog. effektiven oder

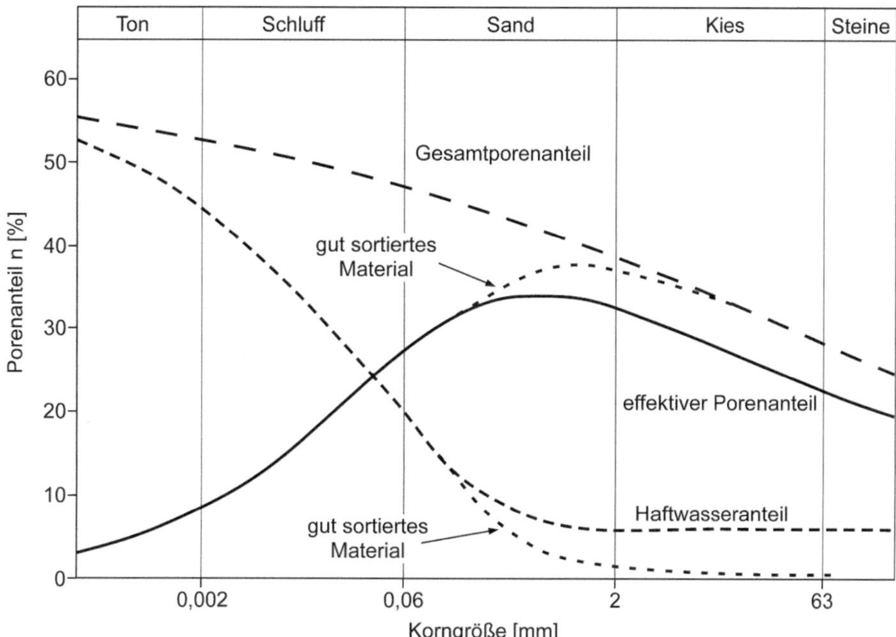

Abb. 2.14 Beziehung zwischen dem Gesamtporenanteil und dem nutzbaren Porenanteil in Abhängigkeit von der Korngröße (nach Hölting und Coldewey 2013)

offenen Porosität (auch Nutzporosität genannt) zu unterscheiden. Beide werden nach DIN EN 1936:2007 ermittelt. Die hydraulisch wirksame **offene Porosität** (**p_o**) ist das Verhältnis zwischen dem Volumen der offenen Poren und dem Volumen des Gesteinskörpers (in %); sie wird versuchstechnisch über die Vakuum-Wasseraufnahme und Wägung des getränkten Probekörpers bestimmt:

$$p_o = \frac{m_s - m_d}{m_s - m_n} \times 100$$

m_d = Trockenmasse des Probekörpers (g)
m_s = Masse des gesättigtem Probekörpers (g)
m_h = Masse des in Wasser eingetauchten Probekörpers (g)

Das Volumen der offenen Poren (V_0) ergibt sich zu:

$$V_o = \frac{m_s - m_d}{\rho_w} \times 1000 (\text{in Milliliter})$$

ρ_w = Dichte des Wassers (g/cm^3).

Die **Gesamtporosität** (**p**) ist das Verhältnis zwischen dem Volumen der offenen und der in sich geschlossenen Poren mit dem Volumen des Probekörpers (in %). Die Bestimmung erfolgt an gemahlenen Gesteinsproben (Maschenweite 0,063 mm) mit dem Heliumpyknometer.

Die Gesamtporosität kann wegen ihrer Abhängigkeit von der Dichte (▶ Abschn. 3.4.1.1) auch mittels bohrlochgeophysikalischer Messungen gem. ▶ Abschn. 4.8.3 ermittelt werden. Bei wasserwegsamen Gesteinen sind die damit gewonnenen Werte allerdings wesentlich höher als Bohrkernwerte.

Die **Porosität der Gesteine** zeigt eine große Streubreite von 0,1 bis etwa 30 % (▶ Abschn. 3.4.1). Nach Müller und Pipping (2011) zeigen nahezu alle Festgesteine eine deutliche Beziehung zwischen der Porosität und der Gesteinsdruckfestigkeit bzw. der akustischen Impedanz (▶ Abschn. 2.7.10.2 und Tab. 3.4). Aufgrund dieser Abhängigkeit von der Gesteinsdichte kann der Gesamtporenanteil eines Gesteins indirekt auch mittels geophysikalischer Bohrlochmessungen gem. ► Abschn. 4.9.3 (Akustiklog, Dichtelog) ermittelt werden (Hoth et al. 2007).

2.5 Lagerungsdichte *(D)*

Die Kenntnis des Porenanteils n oder der Trockendichte ρ_d genügt nicht zur Beurteilung, ob ein Boden locker, mitteldicht oder dicht gelagert ist. Hierzu müssen die Extremwerte für den Porenanteil oder für die Trockendichte bekannt sein und mit der natürlichen Lagerung verglichen werden.

2.5.1 Lagerungsdichte nichtbindiger Lockergesteine

Die lockerste und dichteste Lagerung nichtbindiger Böden wird anhand der lockersten und dichtesten Kugelschüttung demonstriert. Ein locker geschütteter gleichkörniger Sand erreicht Porenanteile von $n \leq 0{,}47$. Die absolut dichteste Lagerung eines gemischtkörnigen Bodens kann Porenanteile $n < 0{,}18$ erreichen. Derart geringe Porenanteile treten auf, wenn die Körnungslinie der sog. Fuller-Kurve oder den Kurven von Talbot entspricht, die für verschiedene maximale Korngrößen die Idealsieblinie für eine dichtestmögliche Lagerung angeben.

Versuchstechnisch wird die lockerste Lagerung eines rolligen Bodens durch loses Einfüllen ermittelt. Die dichteste Lagerung wird durch lagenweises Einrütteln mit der Rütteltischmethode bestimmt (DIN 18 126: 1996, in Neubearbeitung).

Lockerste Lagerung	Dichteste Lagerung
$\max n = 1 - \dfrac{\min \rho_d}{\rho_s}$	$\min n = 1 - \dfrac{\max \rho_d}{\rho_s}$
$\max e = \dfrac{\rho_s}{\min \rho_d} - 1$	$\min e = \dfrac{\rho_s}{\max \rho_d} - 1$

Mithilfe der Extremwerte und des Porenanteils bzw. der Porenzahl in natürlicher Lagerung kann die Qualität der natürlichen Lagerungsdichte von Sanden und Kiesen in einheitlichen Bezeichnungen und Zahlenwerten ausgedrückt werden. Folgende Begriffe werden unterschieden:

- Lagerungsdichte D

$$D = \frac{\max n - n}{\max n - \min n} = \frac{\rho_d - \min \rho_d}{\max \rho_d - \min \rho_d}$$

- Bezogene Lagerungsdichte I_D

$$I_D = \frac{\max e - e}{\max e - \min e} = \frac{\max \rho_d}{\rho_d} \times D$$

Der gebräuchlichste Wert ist die Lagerungsdichte D. Dafür gelten je nach Gleichkörnigkeit folgende Bezeichnungen:

	sehr locker	locker	mitteldicht	dicht
$C_u < 3$	<0,15	0,15–0,30	0,30–0,50	>0,50
$C_u > 3$	<0,20	0,20–0,45	0,45–0,65	>0,65

Die bezogene Lagerungsdichte I_D wird nach DIN EN ISO 14 688-2: 2011 und DIN EN 1997-2 unterteilt in:

	I_D DIN	I_D früher
Sehr locker	<15	
Locker	15–35	<0,3
Mitteldicht	35–65	0,3–0,5
Dicht	65–85	>0,5
Sehr dicht	>85	

2.5.2 Lagerungsdichte bindiger Lockergesteine, Proctorversuch

Bei bindigen Böden ist die Verdichtbarkeit sehr stark vom Wassergehalt des Bodens abhängig. Als Bezugswert zur Beurteilung der erreichbaren oder erreichten Lagerungsdichte (Verdichtung) dient die Proctordichte (ρ_{Pr}), die mit dem 1933 von Proctor entwickelten Proctorversuch zusammen mit dem für die Verdichtung günstigsten Wassergehalt ermittelt wird. Der **Proctorversuch** kann mit bindigen und nichtbindigen Lockergesteinen ausgeführt werden. Die beim Versuch erreichte Verdichtung entspricht etwa der mit mittelschweren Verdichtungsgeräten auch auf der Baustelle erreichbaren Verdichtungswirkung von etwa 0,6 MNm/m^3 volumenbezogener Arbeit.

Die Geräteabmessungen, Fallhöhen, Schlagzahlen und das zulässige Größtkorn der Bodenprobe sind in DIN 18 127, Proctorversuch (2012) festgelegt. Zu Beginn des Versuchs sollte die Bodenprobe einen Wassergehalt deutlich unter dem geschätzten optimalen Wassergehalt haben. In 5 Einzelversuchen werden die Bodenproben dann mit zunehmendem Wassergehalt (jeweils 2–3 %) in einem genormten Stahlzylinder in 3 Lagen eingestampft und die erreichte Verdichtung (ρ_d) und der zugehörige Wassergehalt w ermittelt.

Die erforderliche Probenmenge beträgt beim üblichen 100-mm-Proctorzylinder 3–4 kg, bei größeren Versuchszylindern (150 bzw. 250 mm) 6–30 kg; das zulässige Größtkorn entsprechend 20 bzw. 31,5 oder 63 mm. Darüber hinausgehende Korngrößen sind bis zu einem Anteil von 35 % Überkorn erlaubt, müssen aber durch Umrechnung (w in w' und ρ_d in ρ_d') berücksichtigt werden.

Die Auftragung und Auswertung erfolgen in Form einer Proctorkurve (◻ Abb. 2.15). Die Trockendichte ρ_d, die dem höchsten Punkt der Kurve entspricht, ist die Proctordichte ρ_{Pr}, der zugehörige Wassergehalt der optimale Wassergehalt w_{Pr}.

Die Sättigungslinie entspricht ρ_d und w, wenn sämtliche Poren mit Wasser gefüllt sind und keine Lufteinschlüsse mehr im Boden enthalten sind (Sättigungszahl $S_r = 1{,}0$). Eine volle Sättigung ist im Proctorversuch kaum zu erzielen, weshalb die Trockendichten immer unterhalb der Sättigungslinie bleiben. Der waagrechte Abstand der Proctorkurve von der Sättigungslinie ist ein Maß für den Luftgehalt in den Poren. Der Anteil der luftgefüllten Poren wird mit n_a bezeichnet.

Das Porenwasser wirkt bei der Verdichtung als Schmiermittel. Fehlt bei zu niedrigem Wassergehalt diese Schmierwirkung, so wird durch die Reibung zwischen den Bodenteilchen zu viel Verdichtungsarbeit verbraucht, und es verbleibt eine ungeordnete, sperrige Struktur der Bodenteilchen. Ist der Wassergehalt zu hoch, wird ein Teil der Arbeit durch das Porenwasser aufgenommen. Nur bei optimalem Wassergehalt wird die aufgebrachte Arbeit ohne Verluste in Verdichtungswirkung umgesetzt, und es wird eine hohe Trockendichte bzw. eine kleine Porenzahl erreicht.

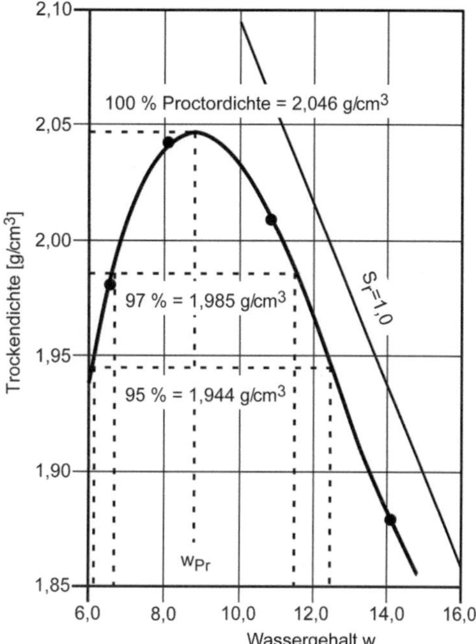

◻ **Abb. 2.15** Proctorkurve

Von der (normalen) Proctordichte ρ_{Pr} wird die modifizierte Proctordichte *mod* ρ_{Pr} unterschieden. Hierbei werden in die gleichen Versuchszylinder 5 Lagen mit teilweise erhöhten Fallhöhen, Fallgewichten und Schlagzahlen eingestampft. Die Verdichtungsarbeit und die dabei erreichte Verdichtung sind wesentlich größer.

Die Proctordichte gibt einen Hinweis auf die Verdichtbarkeit und die Eignung einer Bodenart als Schüttmaterial. Ein Proctorwert <1,75 g/cm^3 gilt als wenig geeignetes Schüttmaterial. Einige mittlere Proctordichten für verschiedene Bodenarten:

2

Bodenart	w_{Pr}	ρ_{Pr} [t/m³]
Kiessand (C_u = 35)	0,07	2,12
Kiesiger Sand (C_u = 7)	0,10	1,98
Sand (C_u = 5)	0,13	1,87
Feinsand		1,70
Sandiger Schluff	0,16	1,79
Sandiger Ton	0,17	1,75
Schluffiger Ton	0,22	1,62

Für einen Vergleich mit Feuchtdichten vergleichbarer Böden in der Natur müssen diese gem. ► Abschn. 2.3.3 auf die Trockendichte wie beim Proctorversuch umgerechnet werden.

Die auf der Baustelle erzielte Verdichtung wird zahlenmäßig durch den Verdichtungsgrad ausgedrückt:

$$D_{Pr} = \rho_d / \rho_{Pr}$$

Den Zusammenhang zwischen Lagerungsdichte und Verdichtungsgrad zeigt ◘ Tab. 2.5.

Die Kenngrößen Proctordichte D_{Pr} und bezogene Lagerungsdichte I_D lassen sich näherungsweise wie folgt zuordnen:

$D_{Pr} = 1{,}00$	$0{,}50 < I_D < 0{,}85$
$D_{Pr} = 0{,}97$	$0{,}40 < I_D < 0{,}65$
$D_{Pr} = 0{,}95$	$0{,}30 < I_D < 0{,}55$

Näherungswerte für Proctorwerte können ggf. auch mittels Korrelation aus den Konsistenzgrenzen abgeleitet werden (Engel 2002, darin Lit.).

Hinsichtlich der Einbaubedingungen auf den Baustellen ist zu beachten, dass gute Verdichtung eine deutliche Verbesserung der Scherfestigkeit, besonders der Kohäsion, ergibt. Hohe Dichtewerte werden dabei besser auf der „trockenen" Seite der Proctorkurve erreicht, während bei bindigen Böden etwas höhere Wassergehalte, die der „nassen" Seite der Proctorkurve entsprechen, zwar günstigere Durchlässigkeitswerte ergeben, aber auch mit höherer Verdichtungsarbeit kein besserer Verdichtungsgrad zu erzielen ist. Dies ist darauf zurückzuführen, dass die bei höheren Wassergehalten auftretende Schmierwirkung die Tonmineralaggregate leichter in eine parallele Anordnung bringt, was letztlich eine geringere Durchlässigkeit ergibt.

2.6 Zustandsform, Konsistenzgrenzen

Bindige Böden ändern mit dem Wassergehalt ihre Zustandsform. Sie sind bei sehr hohen Wassergehalten breiig und gehen mit abnehmendem Wassergehalt in plastische und schließlich in halbfeste bis feste Zustandsformen über. Dieser Einfluss des Wassergehalts ist auf die Wirkung der gebundenen Wasserhülle der Bodenkörner zurückzuführen (► Abschn. 2.4.1). Während bei niedrigem Wassergehalt aufgrund freier Oberflächenkräfte die Körner einander anziehen, fallen diese Kräfte bei hohen Wassergehalten weg. Die Haftfestigkeit bindiger Böden nimmt daher mit zunehmendem Wassergehalt ab. Die Abgrenzung dieser Zustandsformen wird als **Konsistenzgrenze nach Atterberg** bezeichnet. Die versuchstechnische Ermittlung erfolgt nach DIN 18 122-1, Bestimmung der Fließ- und Ausrollgrenze (1997).

Die **Fließgrenze** ist definiert als der Wassergehalt, bei dem ein Boden sich vom flüssigen zum plastischen Zustand verändert. In

◘ **Tab. 2.5** Korrelation zwischen Lagerungsdichte und Verdichtungsgrad nichtbindiger Böden in Anlehnung an DIN 1054: 2005, Anhang A (D_{Pr} = Proctordichte)

Bodengruppe DIN 18 196	C_u	Lagerungsdichte D, dicht/sehr dicht	Verdichtungsgrad D_{Pr}, dicht/sehr dicht
SE, GE, SU	≤3	≥0,3/≥0,5	≥95 %/≥198 %
SE, GW, SI, GE, GW, GT, SU, GU	≥3	≥0,45/≥0,65	≥98 %/≥100 %

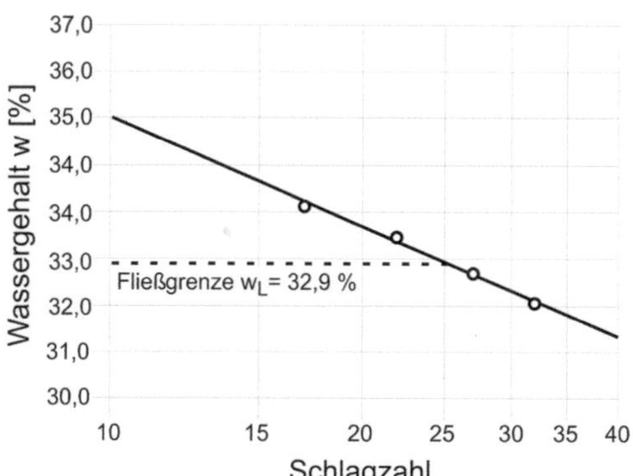

Abb. 2.16 Bestimmung der Fließgrenze aus vier Einzelversuchen

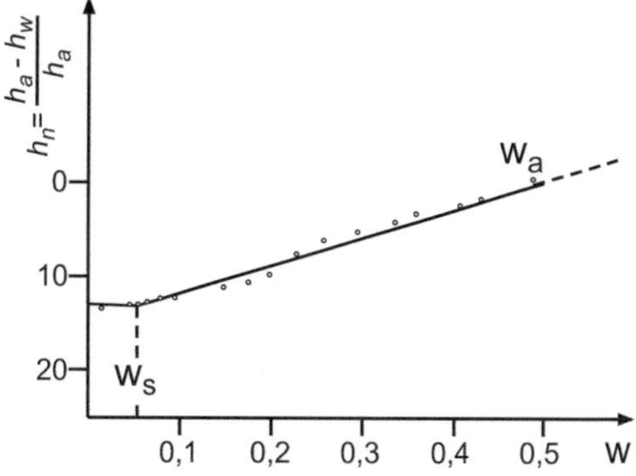

Abb. 2.17 Lineares Schrumpfverhalten eines schluffigen Tons mit 35 % Tonanteil (<0,002 mm)

Deutschland muss die Fließgrenze auch nach Einführung der DIN EN ISO 17 892-6 (bisher Vornorm) nicht mit dem Fallkegelversuch bestimmt werden, sondern kann weiterhin mit dem Gerät von Casagrande über die Schlagzahl *N* ermittelt werden, bei der sich eine mit dem Furchenzieher im Ton am Boden der Schale gezogene Furche auf eine Länge von 10 mm geschlossen hat. Die Auswertung erfolgt nach Abb. 2.16. Der Wassergehalt, der 25 Schlägen entspricht, ist als Fließgrenze $\boldsymbol{w_L}$ definiert.

Die **Ausrollgrenze** $\boldsymbol{w_P}$ entspricht einem Wassergehalt, bei dem 3–4 mm dicke Bodenröllchen beim Ausrollen auf einer Wasser aufsaugenden, nicht fasernden Unterlage zu zerbröckeln beginnen. Der Versuch ist mindestens dreimal durchzuführen. Die Wassergehalte dürfen für die Mittelwertbildung nicht mehr als 2 % voneinander abweichen.

Unter dem „Schrumpfen eines bindigen Bodens“ wird die Volumenabnahme bei einer Minderung des Wassergehalts unter gleichbleibender Belastung verstanden. Die **Schrumpfgrenze** $\boldsymbol{w_S}$ (DIN 18 122-2) bezeichnet den Wassergehalt, unterhalb dessen eine ungestörte Bodenprobe nach dem Trocknen an der Luft und bei 105 °C im Ofen keine weitere Volumenänderung erfährt (Abb. 2.17).

In der Norm wird die Schrumpfgrenze als Übergang zwischen halbfester und fester Konsistenz eines Bodens definiert und nach folgender Gleichung bestimmt:

$$w_s = \left(\frac{V_d}{m_d} - \frac{1}{\rho_s} \right) \rho_w$$

V_d = Volumen nach dem Versuch (cm^3)
m_d = Trockenmasse (g)
ρ_s = Korndichte (g/cm^3)
ρ_w = Dichte von Wasser (g/cm^3)

Ausführlich wird das Thema „Schrumpfen“ bei Vogt et al. (2013) behandelt.

Der Wert der Schrumpfgrenze w_S kann nach Krabbe (1958) außerdem indirekt aus der Beziehung

$$w_S = w_L - 1{,}25\, I_P$$

I_P = Plastizitätszahl (s. u.)

abgeleitet werden (s. a. Engel 2002).

Die bis zum Wassergehalt der Schrumpfgrenze eingetretene Volumenänderung wird zahlenmäßig durch das volumetrische Schrumpfmaß V_s ausgedrückt und über das Probenvolumen vor (V) und nach dem Versuch (V_d) ermittelt

$$V_s = \frac{Anfangsvolumen - Endvolumen}{Anfangsvolumen} \times 100\,(\%)$$

Das **Schrumpfverhalten eines Bodens** ist anisotrop. Die Schrumpfung normal zur Schichtung ist meist um ein Vielfaches größer als parallel zur Schichtung. Das lineare Schrumpfmaß S (in %) erhält man über die bezogene Höhenänderung (h_n) einer Probe durch Auftragen von w und h_n, wie in ◘ Abb. 2.17 dargestellt:

$$h_n = \frac{h_a - h_w}{h_a}$$

h_a = Anfangsprobenhöhe
h_w = Höhe bei dem jeweiligen Wassergehalt

Der Schrumpfversuch, der praktisch einem Austrocknen der Probe mit freien Oberflächen gleichkommt, gibt zwar die in der Natur gegebenen Randbedingungen der Wassergehaltsänderung und Schrumpfverformung nur sehr unvollständig wieder, trotzdem kann aus der wassergehaltsabhängigen Höhenänderung zu Beginn des Schrumpfversuchs die Größenordnung der zu erwartenden Bodenverformungen infolge von Schrumpfen abgeschätzt werden (► Abschn. 6.5.2). Der geradlinige Verlauf der Schrumpfkurve aus dem linearen Schrumpfversuch ermöglicht auch eine Aussage über das Schrumpfverhalten von Böden mit höheren Wassergehalten.

Die Differenz zwischen Fließgrenze und Ausrollgrenze wird als **Plastizitätszahl oder Bildsamkeitszahl** bezeichnet:

$$I_P = w_L - w_P$$

Die **Plastizität** eines Bodens ist unabhängig vom Wassergehalt und damit eine echte bodenphysikalische Eigenschaft. Sie ist vom Tonanteil eines Bodens und von der Art der Tonminerale abhängig. Die Plastizität ist ein wichtiges Klassifikationskriterium eines Bodens. Anhaltswerte für die Plastizitätszahlen von Böden sind:

Bodenart	Bezeichnung	I_P
Schluff	leicht plastisch	0,02–0,10
magerer Ton	plastisch	0,10–0,25
fetter Ton	ausgeprägt plastisch	0,25–0,75

Die Plastizitätszahl dient nach DIN EN ISO 14 688-1/NA und dem **Plastizitätsdiagramm von Casagrande** zur Unterscheidung, ob nach bodenmechanischer Definition ein Schluff oder ein Ton vorliegt. Alle in ◘ Abb. 2.18 unterhalb der A-Linie liegenden anorganischen Böden

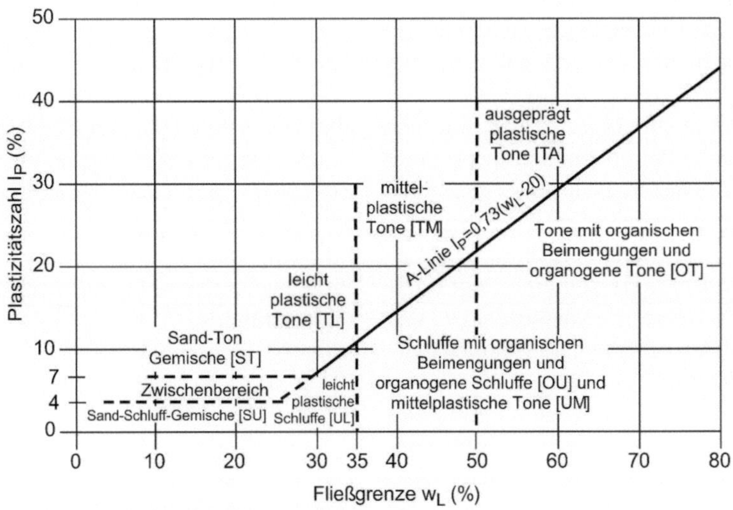

◘ **Abb. 2.18** Plastizitätsdiagramm nach Casagrande

sind Schluffe oder Böden mit organischen Beimengungen, alle oberhalb der A-Linie liegenden Böden mit $I_P > 7$ sind Tone. Böden, deren Plastizitätszahlen 3 % oberhalb oder unterhalb der A-Linie liegen, werden als Ton, schluffig bzw. Schluff, tonig bezeichnet. Zur weiteren Unterscheidung, ob sich ein Schluff oder Ton leicht, mittel oder ausgeprägt plastisch verhält oder ob ein organischer Schluff oder Ton vorliegt, dient dann die Fließgrenze w_L. Die Plastizitätszahl von Böden mit einer Fließgrenze <7 ist nur ungenau zu ermitteln. Böden in diesem Zwischenbereich werden ggf. mithilfe der manuellen Versuche der DIN EN ISO 14 688-1/NA eingestuft, d. h. nach der Trockenfestigkeit oder dem Schüttelversuch.

Bei stark überkonsolidierten Tonen ist es nicht möglich, über die Plastizitätszahl und das Plastizitätsdiagramm eine Zuordnung zu einer Bodenklasse nach DIN 18 196 (TA, TM, TL usw.) vorzunehmen (s. Bönsch und Lempp 2004, ◘ Tab. 1).

Die Kenntnis der Fließ- und Ausrollgrenze ermöglicht zusammen mit dem natürlichen Wassergehalt w eine zahlenmäßige Aussage über den Zustand eines bindigen Bodens und liefert damit eine qualitative Beschreibung seiner Festigkeit (◘ Abb. 2.10). Zur Kennzeichnung dient die dimensionslose **Zustandszahl oder Konsistenzzahl**:

$$I_C = \frac{w_L - w}{I_P}$$

Die Konsistenz (Zustandsform) eines Bodens wird wie folgt definiert:

0–0,25 (für 0 ist $w = w_L$)	breiig
0,25–0,50	sehr weich
0,50–0,75	weich
0,75–1,00 (für 1 ist $w = w_P$)	steif
1,00–1,25	halbfest
>1,25 (entspricht ≈ w_S)	fest

Die Zustandsform „fest" ist häufig nicht allein durch den Wassergehalt oder die Vorbelastung bedingt, sondern durch eine gewisse diagenetische Bindung in Form eines fein verteilten Kalkgehalts oder eines anderen Bindemittels.

Die bodenmechanischen Kennziffern zur Ermittlung der Konsistenzzahl I_C werden an „hochgradig gestörten" Bodenproben ermittelt, sodass bei der Bestimmung der Wassergehalte (w_L, w_P) erhebliche Abweichungen auftreten können, die zu Fehlern bei der Konsistenzzahl führen. Bei strukturempfindlichen Böden und solchen mit geringer Plastizität treten daher häufig unterschiedliche Bewertungen gegenüber der Feldansprache auf (Schichtenverzeichnisse, ► Abschn. 4.5.2), und es bestehen Bedenken gegenüber einer Korrelation mit direkten Festigkeitsangaben, z. B. der undränierten Scherfestigkeit c_u (► Abschn. 2.8.6 sowie Schuppener und Kiekbusch 1988; Kiekbusch 1999; Engel 2002).

Bei gemischtkörnigen Böden (Feinkornanteil <0,063 mm von 5–40 %, ► Abschn. 2.2.4) werden die Zustandsgrenzen am Kornanteil <0,04 mm (DIN 18 122-1) bzw. <0,063 mm ermittelt. Ein Kornanteil 0,04 ist vorzuziehen, da dieser dem bindigen Charakter eines Mischbodens besser entspricht. Bei vielen dieser Böden, z. B. Geschiebemergel, entspricht die so ermittelte Konsistenzzahl wegen des infolge Überkornanteils korrigierten Wassergehalts nicht der manuell-visuell bestimmten Konsistenz.

Eine andere Art der Darstellung dieser Zusammenhänge ist der sog. Konsistenzbalken **von Atterberg** oder das sog. Zustandsband, mit dem besonders bei Reihenuntersuchungen des natürlichen Wassergehalts die Konsistenz bindiger Böden und auch von Tonsteinen sehr gut dargestellt werden kann (◘ Abb. 2.10).

Ein weiterer Anhalt für die Plastizität toniger Gesteine ist die **Aktivitätszahl** I_A. Sie ist nach DIN 18 122-1 definiert als die Plastizitätszahl I_P, bezogen auf das Verhältnis der Trockenmasse der Tonfraktion (<0,002 mm) m_T zur Trockenmasse m_d der Körnung ≤ 0,4 mm (= Mittelsand):

$$I_A = \frac{I_P}{m_T / m_d}$$

Häufig erfolgt jedoch die Ermittlung der Aktivitätszahl vereinfacht als das Verhältnis der

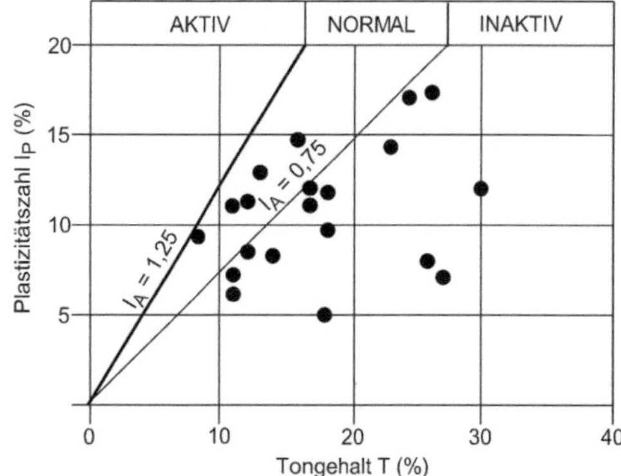

Abb. 2.19 Aktivitätszahlen I_A von Röttonsteinen – dargestellt als Beziehung zwischen Plastizitätszahl und Tongehalt

Plastizitätszahl zum prozentualen Anteil der Tonfraktion:

$$I_A = \frac{I_P}{\% < 0,002}$$

Die Aktivitätszahl gibt einen Anhalt über die Art der Tonminerale. Gesteine mit $I_A < 0,75$ werden als inaktiv bezeichnet, solche mit $I_A = 0,75$ bis 1,25 als normal aktiv und Böden mit $I_A > 1,25$ als aktiv. Bei ihnen ist mit quellfähigen Tonmineralen zu rechnen. Bei Anwendung dieser Beziehung auf Tonsteine (Abb. 2.19) ist Vorsicht geboten, da sowohl der Anteil der Tonfraktion als auch die Plastizitätsgrenzen von der Aufbereitung der Proben abhängig sind (▶ Abschn. 2.2.2).

Die **Liquiditätszahl** I_L ist das Verhältnis der Differenz zwischen dem natürlichen Wassergehalt und dem Wassergehalt an der Ausrollgrenze zur Plastizitätszahl:

$$I_L = (w - w_P) / I_P$$

Die Liquiditätszahl ist ein Index für die Sensitivität eines Bodens (▶ Abschn. 2.8.3) und ein Maß für die Konsistenz eines Bodens im gestörten Zustand:

$$I_c = 1 - I_L$$

2.7 Verformungsverhalten, Druck- und Zugfestigkeit

2.7.1 Grundlagen

Die mechanische Spannung ist eine abgeleitete physikalische Größe und bedeutet Kraft pro Flächeneinheit. Die **Kraft** ist Masse × Beschleunigung und hat die Einheit Newton (N bzw. kN, MN). Kräfte sind Vektoren, d. h., sie sind orts- und richtungsabhängig. Im Gegensatz zur Kraft kann die zwar orts-, aber nicht richtungsunabhängige **Spannung** σ (Einheit: Pascal bzw. N/mm^2, kN/m^2, MN/m^2) nicht direkt gemessen, sondern nur durch ihre Wirkung ermittelt werden. Der ebenfalls orts-, aber nicht richtungsgebundene **Druck** hat dieselbe physikalische Dimension wie die Spannung und stellt einen Spezialfall der mechanischen Spannung dar.

Die Wirkung einer Spannungsänderung sind bruchlose oder von Brüchen begleitete Volumen- oder Gestaltänderungen eines Körpers. Die Grundformen sind:

- einaxiale Zusammendrückung infolge einer Zunahme der Druckspannungen, volumentreu oder durch Volumenänderungen (Abb. 2.20a),
- Schubverformung infolge von Schubbeanspruchung, die i. d. R. volumentreu angenommen wird (Abb. 2.20b),
- Zugbeanspruchung, von einem Boden nicht oder nur sehr begrenzt aufnehmbar.

Bei einer Schubverformung ist zu unterscheiden zwischen der Schubverformung eines kompakten Körpers und einer Scherverschiebung auf einer vorgegebenen oder sich ausbildenden Fläche.

Im Untergrund herrscht ein räumlicher **Spannungszustand** mit den drei Hauptnormalspannungen σ_1, σ_2 und σ_3, die senkrecht auf die drei Hauptebenen wirken. Als σ_1 ist streng genommen die größte Hauptnormalspannung definiert. Häufig wird aber die vertikale Hauptnormalspannung als σ_1 bezeichnet.

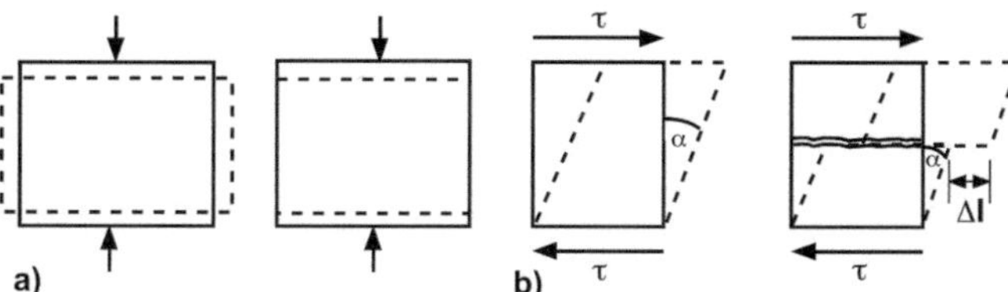

■ **Abb. 2.20** Grundformen der Volumen- bzw. Gestaltänderung: **a.** axiale Stauchung, V = konstant bzw. nicht konstant; **b.** Schubverformung

In der rechnerischen Vereinfachung des radialsymmetrischen Spannungszustands wird $\sigma_2 = \sigma_3$ angenommen. Sind alle drei Hauptnormalspannungen gleich groß, liegen hydrostatischer Druck und allseitige Kompression vor. Sind die drei Hauptnormalspannungen nicht gleich groß, treten Schub- oder Scherspannungen auf.

Unter **Festigkeit** versteht man die Fähigkeit eines Materials, Schub- bzw. Zugspannungen mit begrenzten Verformungen zu ertragen und einen neuen Gleichgewichtszustand zu erreichen. Während in einem Boden bei Druckbeanspruchung praktisch keine Grenzzustände entstehen, kommt es bei Schub- oder Scherbeanspruchung mit Erreichen der Festigkeitsgrenze zu einem Versagen. Dabei ist zwischen plötzlichem Versagen (Sprödbruchverhalten) und plastischem Fließen (duktiles Verhalten) zu unterscheiden. Der Grenzzustand der Festigkeit ist erreicht, wenn die Spannung ihr Maximum erreicht hat und die Verformung ohne weitere Spannungserhöhung weitergeht. Der Schub- oder Scherwiderstand beim Bruch wird als Scherfestigkeit bezeichnet. Da die Zugfestigkeit im Boden praktisch keine Bedeutung hat, versteht man unter Festigkeit stets die Scherfestigkeit.

Die Kennwerte für die Festigkeit sind:

- einaxiale Druckfestigkeit q_u, früher σ_D (meist in MN/m^2),
- dreiaxiale Druckfestigkeit
- Zugfestigkeit q_z, früher σ_z (meist in MN/m^2).

Die Scherfestigkeitsparameter sind:

- Reibungswinkel φ (°),
- Kohäsion c (meist in kN/m^2).

Unter Verformung versteht man die Gestalt- und Volumenänderung eines Körpers. Formänderungen können auf elastischem, plastischem oder rheologischem Weg stattfinden. Ausdruck für linear-plastisches Materialverhalten ist der Elastizitätsmodul E. Idealplastisches Verhalten kann praktisch nur bei Gesteinen mit regellosem (isotropen) Korngefüge angenommen werden. Im Baugrund liegt i. d. R. vereinfacht elastisch-plastisches oder elastisch-viskoplastisches **Verformungsverhalten** vor (► Abschn. 5.2). Viskoplastisches Verformungsverhalten schließt Festigkeitsüberschreitungen und irreversible Verformungen mit ein. Rheologische Gesetzmäßigkeiten, die das Formänderungsverhalten sowohl des Bodens als auch von Fels am besten erfassen würden, werden (außer in der Salzmechanik) bis heute wenig angewendet.

Die Kennwerte für das Verformungsverhalten sind:

- Elastizitätsmodul E (in kN/m^2 oder MN/m^2),
- Verformungsmodul $E_{v;}$ V (meist in MN/m^2),
- Steifemodul E_S (in kN/m^2 oder MN/m^2),
- Bettungsmodul k_S (meist in MN/m^3),
- Schubmodul G (meist in MN/m^2),
- Poissonzahl ν (dimensionslos, ► Abschn. 2.7.3).

Der Elastizitätsmodul E wird aus einaxialen oder dreiaxialen Druckversuchen bzw. Bohrlochaufweitungsversuchen ermittelt, der Steifemodul E_S aus dem Kompressionsversuch und der Verformungsmodul E_v aus dem Plattendruckversuch bzw. ebenfalls aus Bohrlochaufweitungsversuchen.

Tab. 2.6 Beziehungen zwischen den verschiedenen Moduln für die Verformbarkeit im elastisch-isotropen Medium mit der Poissonzahl $0 \leq \nu \leq 0{,}5$ (aus Schmidt 1993)

		1	2	3
		Elastizitätsmodul *E*	**Steifemodul** E_S	**Verformungsmodul** E_v
1	E	1	$E = \frac{1-\nu-2\nu^2}{1-\nu} \cdot E_S$	$E = \left(1-\nu^2\right) \cdot E_V$
2	E_S	$E_S = \frac{1-\nu}{1-\nu-2\nu^2} \cdot E$	1	$E_S = \frac{(1-\nu)\cdot\left(1-\nu^2\right)}{1-\nu-2\nu^2} \cdot E_V$
3	E_v	$E_V = \frac{1}{1-\nu^2} \cdot E$	$E_V = \frac{1-\nu-2\nu^2}{(1-\nu)\cdot\left(1-\nu^2\right)} \cdot E_S$	1

Die theoretischen Beziehungen der Moduln E, E_S und E_v untereinander im homogenen elastisch-isotropen Halbraum sind in Tab. 2.6 dargestellt. Für elastisch und plastisch reagierendes Material gilt $E < E_v < E_S$. Für häufig anzutreffende Poissonzahlen ($\nu = 0{,}33$) ergibt sich dabei ein Verhältnis von $E_v \approx 0{,}75 \cdot E_S$, während die Erfahrungswerte etwa bei $E_v \approx 0{,}85 \times E_S$ liegen.

2.7.2 Wirkung des Wassers, Porenwasserdruck

In einem wassergesättigten feinkörnigen Untergrund sind die Poren mit Wasser gefüllt, und das Porenwasser kann bei Belastung und Formänderung nicht schnell genug abfließen (Abb. 2.9). Als Folge davon wird für einige Zeit ein Teil der Belastung vom Porenwasser übernommen, und es treten zusätzliche **Porenwasserdrücke** auf.

In einem Drei- bzw. Zweiphasensystem werden deshalb drei verschiedene Spannungen unterschieden:

- Die Spannungen, die von der Festsubstanz aufgenommen werden (sog. Korn-zu-Korn-Druck), sind die wirksamen (effektiven) Spannungen σ'. Sie werden vereinfacht auf die rechnerische Fläche bezogen.
- Der Spannungsanteil, der vom Porenwasser abgetragen wird, ist die neutrale Spannung oder der Porenwasserdruck $u = \gamma_w \cdot H$.
- Die Gesamtspannungen aus der Masse des Bodens und des Wassers sowie möglicher Auflasten werden als totale Spannungen σ bezeichnet: $\sigma' = \sigma - u$.

Die totalen und die wirksamen Spannungen sind gerichtete Spannungen, während der Porenwasserdruck nach allen Seiten in gleicher Größe wirkt.

Die Porenwasserdrücke können sich je nach Beanspruchungsart (Belastung oder Entlastung) als Überdruck ($+\Delta u$) oder Unterdruck ($-\Delta u$) auswirken und halten je nach Durchlässigkeit des Untergrundes unterschiedlich lange an (Gudehus et al. 1990; Morgenstern 1990, darin Lit.). Bei Belastung baut sich ein Porenwasserdruckgefälle zu geringer belasteten Zonen bzw. zu durchlässigeren Schichten oder freien Oberflächen auf. Dieses Druckgefälle löst einen Strömungsvorgang aus, der so lange anhält, bis der Porenwasserüberdruck abgebaut ist. Die dabei auftretende Strömungskraft ist ebenfalls eine vektorielle Größe (► Abschn. 5.7.7).

Die Größe des Porenwasserdrucks u ergibt sich aus Abb. 2.21; dabei gilt:

$$u = \gamma_w \times (H - h)$$

H = piezometrische Druckhöhe
h = normaler hydrostatischer Druck
γ_w = Wichte des Wassers

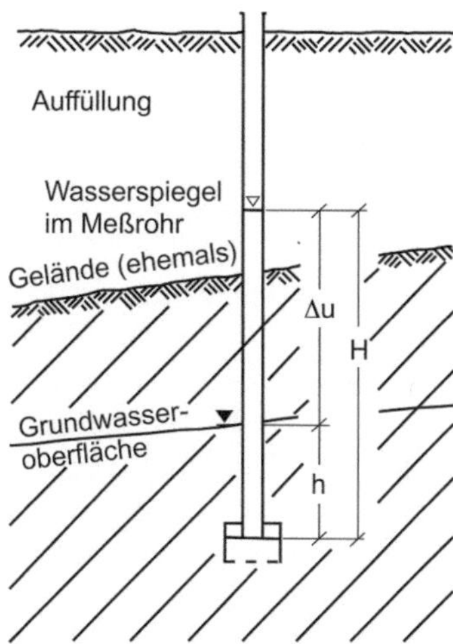

Abb. 2.21 Prinzip des Porenwasserdrucks, ausgelöst durch Spannungs- bzw. Volumenänderungen im Untergrund infolge großflächiger Auffüllung

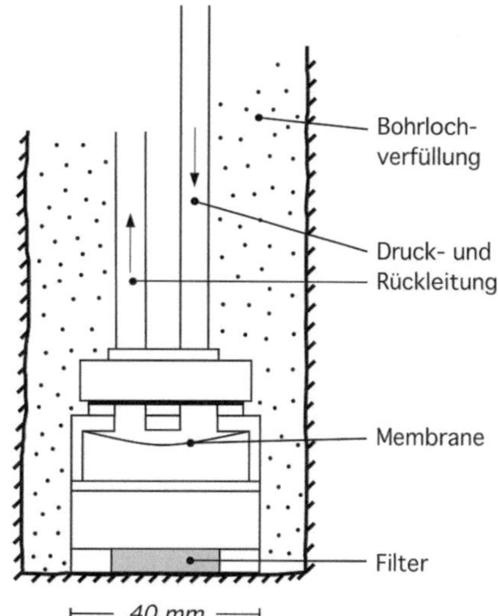

Abb. 2.22 Prinzip eines Porenwasserdruckgebers (pneumatisches System). Der Porenwasserdruck wirkt durch den Filterstein auf die Membrane des Überdruckventils. Der Öffnungsdruck entspricht dem Porenwasserdruck

Bei schneller Entlastung fällt der Porenwasserdruck dementsprechend auf negative Werte ab. Die Geschwindigkeit des Porenwasserdruckausgleichs hängt ab von der Durchlässigkeit des Gesteins und der Gebirgsdurchlässigkeit auf vorhandenen Trennflächen.

Für das Messen von Porenwasserdrücken in situ werden Porenwasserdruckgeber auf den ungestörten Boden aufgesetzt bzw. mit der Einpressspitze eingedrückt, wobei keine merkbaren Volumenänderungen hervorgerufen werden dürfen. Die Messung erfolgt i. d. R. über Piezometer bzw. Ventilgeber mit einer Überdruckmembrane (Abb. 2.22).

Die Ursachen für in der Natur zu beobachtende **anormale Porenwasserdrücke** können sehr unterschiedlich sein. Gudehus et al. (1990) berichten über leichte Porenwasserüberdrücke in wenig konsolidierten Seetonen des Bodenseegebiets. Gelegentlich beobachtete Porenwasserunterdrücke können auf z. T. lange zurückliegenden Grundwasserentnahmen, der Entnahme anderer Fluide oder Entlastungsvorgängen beruhen. In der Schweiz (Wellenberg) wurde bei den Standortuntersuchungen der Nagra im tieferen Teil mächtiger Tonmergelkomplexe eine Unterdruckzone erkannt. Erklärt wird die Entwicklung einer solchen Zone mit Porenwasserunterdruck mit

- ursprünglicher Belastung durch hohe Überlagerung oder Vergletscherung und Aufbau eines hohen Porenwasserdrucks,
- sehr geringer hydraulischer Wegsamkeit des Gebirgsabschnitts und
- Entlastung (Schwellen) durch Erosion bzw. Eisrückzug,

wodurch sich bis zum langzeitlichen Ausgleich des Porenwasserdrucks (mehrere Jahrzehnte bis Jahrhunderte) ein Unterdruck bildet (Nagra informiert Nr. 32, 1998).

Den Porenwasserdruckgebern ähnliche Messgeräte sind **Tensiometer**, wie sie zur Ermittlung der Saugspannung im Boden bzw. der Messung von Wassergehaltsänderungen eingesetzt werden. Mithilfe von Tensiometern kann die Ausbreitung der Sickerfront bei Versickerungsversuchen und damit die Abstandsgeschwindigkeit v_a ermittelt werden (Rosenfeld 1995).

2.7.3 Spannungs-Verformungs-Beziehungen

Anders als bei klassischen Werkstoffen wird bei einem Boden das Spannungs-Verformungs-Verhalten nicht primär von der Zugfestigkeit, der Plastizität und der Elastizität des Materials bestimmt, sondern vom Verhalten der Bodenpartikel untereinander sowie den Veränderungen des Porenraums. Das Spannungs-Dehnungs-Diagramm besteht aus vier Teilabschnitten, die ein unterschiedliches Materialverhalten anzeigen (■ Abb. 2.23). Die Arbeitslinie der Verformung verläuft bei Materialien, die dem **Hookschen Gesetz** gehorchen, bis zur Proportionalitätsgrenze (Bereich B) linear, und auch darüber hinaus reagiert ein solcher Stoff bis zur Elastizitätsgrenze elastisch, d. h., die Verformungen sind bei Entlastung rückläufig (Bereich C). Erst bei Überschreiten der Elastizitätsgrenze treten bleibende Verformungen auf, das Material reagiert plastisch (Bereich D). Dabei ändert sich zunächst nur die Gestalt, nicht aber das Volumen. Dieser Zustand wird als **Fließen** bezeichnet. Das Fließen ist eine rheologische Verformung, von welcher der ganze Körper betroffen ist – im Gegensatz zum nachfolgenden Bruch, der entlang einer oder mehrerer Flächen auftritt.

Die Spannungs-Verformungs-Beziehung von **Böden** ist nicht linear, sondern wird als elastisch-plastisch bezeichnet. Eine dem Hookschen Gesetz entsprechende Beziehung kann daher nur für eine kurze definierte Strecke ($\Delta_\sigma/\Delta_\varepsilon$) im linearen Bereich ermittelt werden.

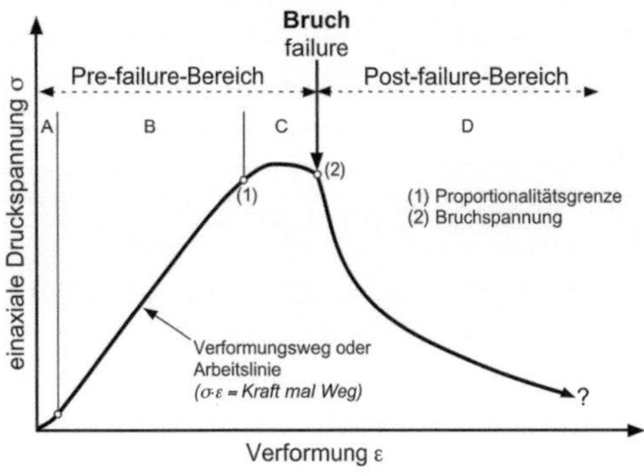

■ **Abb. 2.23** Spannungs-Dehnungs-Diagramm (nach Thuro 1996)

Der im Laborversuch ermittelte Elastizitätsmodul bei verhinderter Seitenausdehnung wird als Steifemodul E_S bezeichnet. Er ist keine Konstante, sondern ändert sich mit der Belastung.

Auch bei **Festgesteinen** liegt elastisches Verhalten nur im linearen Teil des Spannungs-Dehnungs-Diagramms vor und kann im Fels dementsprechend erst recht nur in standfestem Gebirge und bei kleinen Laständerungen angenommen werden. In der Regel treten im Fels elastische und bleibende Formänderungen auf, für die elastisch-plastisches oder elastisch-viskoplastisches Spannungs-Dehnungs-Verhalten angenommen wird. Bleibende Formänderungen sind bereits von einer Schädigung des Materials begleitet. Auch nach dem Bruch zeigen duktil reagierende Gesteine und Fels elastoplastisches Verhalten. Dieser Bereich des Bruchfließens, auch als „Post-failure-Bereich" bezeichnet (■ Abb. 2.23), spielt im Felsbau eine wesentliche Rolle, da die allgegenwärtige Restfestigkeit von zerklüftetem Gebirge diesem Zustand zuzuordnen ist.

Im Spannungs-Dehnungs-Diagramm der ■ Abb. 2.24 wird die zunehmende Spannung σ gegen die Dehnung ε aufgetragen. Gemessen werden sowohl die Längsdehnung $\Delta\varepsilon_l$ als auch die Querdehnung $\Delta\varepsilon_q$ in der Mitte des Prüfkörpers (in mm):

$$\varepsilon_l = \frac{l - l_0}{l_0}; \varepsilon_q = \frac{d - d_0}{d_0}$$

l_0, d_0 = Ausgangslänge bzw. Ausgangsdurchmesser
l, d = Endlänge bzw. Durchmesser

Aus den Arbeitslinien werden die **Verformungsmodulen** ermittelt. Alle Moduln werden als Sekantenmodul berechnet. Der Erstbelastungsmodul und der Verformungsmodul (V, E_{V1}) ergeben sich aus der Neigung der Verbindungslinie zwischen dem Minimal- und dem Maximaldruck eines jeden Belastungszyklus (a). Den Elastizitätsmodul (E-Modul) erhält man aus der Neigung der Verbindungslinie zwischen dem Maximal- und dem Minimaldruck eines

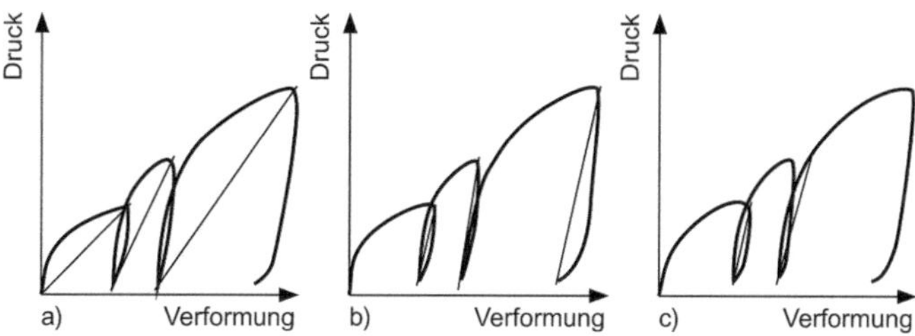

Abb. 2.24 Definition der Verformungsmoduln: **a.** Verformungsmodul *V* bzw. E_{V1}; **b.** Elastizitätsmodul *E*; **c.** Wiederbelastungsmodul E_{V2}

jeden Entlastungszyklus, in dem die elastische Rückverformung des Gebirges zum Ausdruck kommt (b). Der Wiederbelastungsmodul (E_{V2}) entspricht etwa dem E-Modul bzw. der Neigung der Verbindungslinie zwischen dem Minimaldruck eines neuen Lastzyklus und dem Punkt der Belastungslinie, der dem Maximaldruck des vorhergehenden Zyklus entspricht (c).

Unter der vereinfachten Annahme, dass sich der Boden bzw. der Fels linear-elastisch, homogen und isotrop verhalten, gelten untereinander und gegenüber dem Steifemodul E_S die Beziehungen in ◘ Tab. 2.6.

Das Verhältnis von Querdehnungsänderung *d* zur Längsdehnungsänderung *l* wird als **Poissonzahl (*ν*)** oder Querdehnungszahl bezeichnet. Die Poissonzahl ist schwer zu bestimmen und wird i. d. R. als Schätzwert in Abhängigkeit von der Boden- bzw. Gesteinsart angesetzt. Sie beträgt für einen volumenbeständigen Stoff $\nu = 0{,}5$ und für einen normal konsolidierten Boden 0,25–0,45 mit einem Mittelwert von $\nu = 0{,}33$. Bei Gesteinen liegt die Poissonzahl zwischen 0,15 und 0,3, meist bei $\nu = 0{,}25$.

Im Bedarfsfall kann die Poissonzahl auch mittels Sonic-Log (► Abschn. 4.8.3) oder refraktionsseismischen Messungen (► Abschn. 4.2.3) anhand der Kompressions- und Scherwellengeschwindigkeit ermittelt werden:

$$\nu = \frac{v_p^1 - 2 \cdot v_s^2}{2 \cdot \left(v_p^2 - v_s^2\right)}$$

ν = Poissonzahl
v_s = Scherwellengeschwindigkeit (m/s)
v_p = Kompressionswellengeschwindigkeit (m/s)

In der Literatur wird gelegentlich der reziproke Wert $\mu = 1/\nu$ angegeben. Dieser Wert ist immer größer als 2 und darf nicht mit der Poissonzahl verwechselt werden.

2.7.4 Bodensteifigkeit, Steifemodul (E_s), Zeitsetzungsverhalten

Unter Steifigkeit eines Bodens versteht man seinen Widerstand gegen Verformung. Die **Bodensteifigkeit** wird maßgeblich durch die Größe des Porenraums bestimmt und ist abhängig von der Vorkonsolidierung, dem wirksamen Spannungszustand und den Entwässerungsbedingungen. Mit ansteigender Spannung nimmt daher die Steifigkeit eines Bodens zu. Die Bodensteifigkeit wird mittels Labor- oder Feldversuchen sowie auch durch die Beobachtung des Setzungsverhaltens bestehender Bauwerke ermittelt.

2.7.4.1 Eindimensionaler Kompressionsversuch

Unter Kompression versteht man die Zusammendrückung bzw. die lotrechte Verformung einer Bodenprobe bei einer Spannungszunahme im Pre-failure-Bereich. Da die festen Bestandteile wenig kompressibel sind, ist die Volumenverringerung eines Lockergesteins fast ausschließlich auf Verringerung des Porenanteils zurückzuführen, i. d. R. begleitet von einem Abströmen des Porenwassers und einer Abnahme des Wassergehalts.

Für den Kompressionsversuch gilt DIN 18 135: 2012 bzw. künftig DIN EN ISO 17 892-5,

Ödometerversuch mit stufenweiser Belastung (E 2015). Beim eindimensionalen Kompressionsversuch (engl. „oedometer") wird die axiale Zusammendrückbarkeit eines zylindrischen Probenkörpers bei behinderter seitlicher Verformung und axialer Dränmöglichkeit bestimmt. Die Umkehr der Zusammendrückung bzw. Kompression wird als Schwellen bezeichnet; dabei handelt es sich um eine Zunahme der Probenhöhe infolge einer Verminderung der wirksamen Spannungen bzw. einer Zunahme des Wassergehalts.

Die Norm beschreibt die einzelnen Begriffe sowie den Versuchsablauf und seine Auswertung. Vor dem Versuch werden parallel dazu der Anfangswassergehalt, die Feuchtmasse sowie die Dichte des Probenkörpers ermittelt und daraus die Anfangsporenzahl e_0 bestimmt. Die Erdstoffprobe wird dann möglichst ungestört in einen starren Probeaufnahmering (übliche Durchmesser d = 70 mm oder 100 mm, Höhe h = 14 mm bzw. 20 mm [d/h = 5:1]) zwischen Filtersteinen eingebaut und stufenweise belastet (◼ Abb. 2.25). Vor jeder Laststeigerung müssen das Porenwasser abgeströmt und die Setzung abgeklungen sein. Je nach Aufgabenstellung können auch stufenweise Be- und Entlastungen gefahren werden. Die Auswertung erfolgt zunächst über eine Auflistung der jeweiligen wirksamen Spannung σ' (kN/m²) und der zugehörigen bezogenen Setzung s' bzw. der jeweiligen Porenzahl e. Anschließend werden die Drucksetzungslinie oder das Druck-Porenzahl-Diagramm in halblogarithmischer oder linearer Auftragung dargestellt (◼ Abb. 2.26).

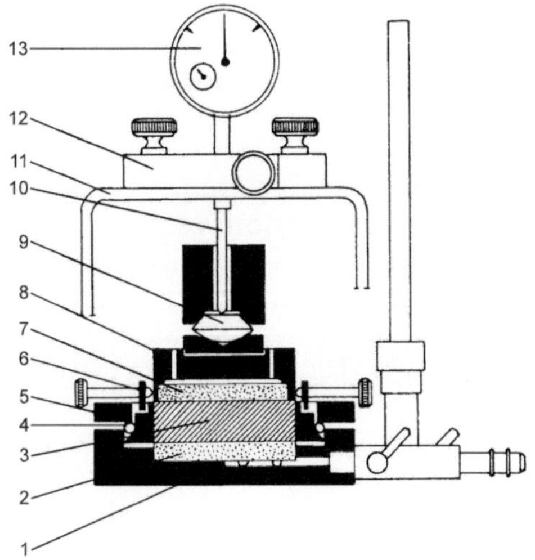

◼ **Abb. 2.25** KD-Gerät, Ansicht und Prinzipskizze: 1 = unterer Filterstein; 2 = oberer Filterstein; 3 = Bodenprobe; 4 = Messuhr

Die Verformbarkeit wird durch den Kompressions-, Konsolidations- bzw. Schwellbeiwert oder die Steifezahl ausgedrückt.

Der **Kompressionsbeiwert C_c** wird aus der Steigung des geradlinigen Abschnitts der Kompressionslinie im Druck-Porenzahl-Diagramm ermittelt, mit der Porenzahl e als Ordinate und dem Logarithmus der Spannung σ' auf der Abszisse (DIN 18 135):

$$C_c = \frac{de}{d \times log\sigma'}$$

Bei Kompressionskurven, die keinen geradlinigen Abschnitt aufweisen, wird eine Hilfsgerade verwendet.

Der Kompressionsbeiwert ist ein gebräuchlicher Parameter zur Berechnung von Primärsetzungen (► Abschn. 5.5.3.2 und DIN 4019, E 2011). Zwischen dem Kompressionsbeiwert C_c und dem Steifemodul E_s gilt gem. DIN18 135 angenähert die Beziehung:

$$E_s \approx \frac{2{,}3 \cdot (1+e)}{C_c} \cdot \sigma'$$

σ' = Normalspannung
e = Porenzahl

Den **Schwellindex C_s** erhält man aus dem linearisierten Abschnitt der Entlastungskurve entsprechend der obigen Beziehung.

Der **Kriechbeiwert C_a** wird aus dem linearen Abschnitt der sekundären Zeit-Setzungs-Kurve ermittelt (s. DIN 18 135).

Der **Konsolidationsbeiwert c_v** ist eine Materialkonstante für den zeitlichen Ablauf der Konsolidation:

$$C_v = \frac{k \times E_s}{\rho_w \times g}$$

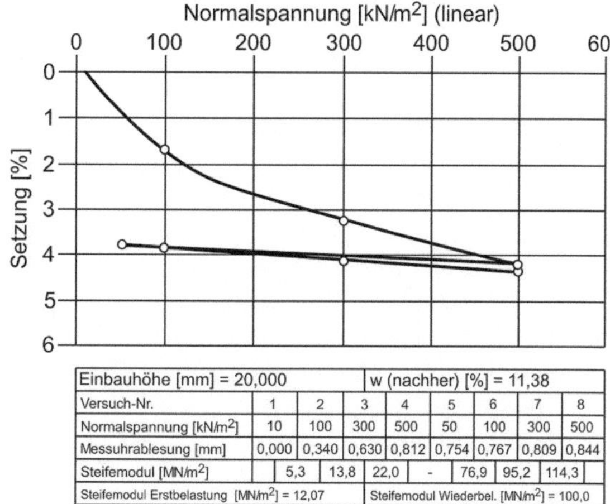

Einbauhöhe [mm] = 20,000				w (nachher) [%] = 11,38				
Versuch-Nr.	1	2	3	4	5	6	7	8
Normalspannung [kN/m²]	10	100	300	500	50	100	300	500
Messuhrablesung [mm]	0,000	0,340	0,630	0,812	0,754	0,767	0,809	0,844
Steifemodul [MN/m²]		5,3	13,8	22,0	-	76,9	95,2	114,3
Steifemodul Erstbelastung [MN/m²] = 12,07				Steifemodul Wiederbel. [MN/m²] = 100,0				

Abb. 2.26 Drucksetzungslinie in linearer Auftragung mit Laststufen und Auswertung der Steifemoduln

k = Durchlässigkeitsbeiwert (▶ Abschn. 2.9)
ρ_w = Dichte des Wassers
g = Erdbeschleunigung

Der **Steifemodul E_S** bzw. künftig **E_{oed}** gibt das Verhältnis der Normalspannung σ' zur bezogenen Setzung h/h_0 bzw. s' bei behinderter Seitenausdehnung an. Er kann als Tangenten- oder Sekantenmodul ermittelt werden. Am häufigsten wird er als Sekantenmodul für die einzelnen Laststufen aus den Anfangs- und Endwerten einer jeden Laststufe errechnet:

$$E_s = \frac{d\sigma'}{d\varepsilon}$$

Zur Berechnung von Setzungen infolge von Spannungszunahme im Untergrund ist der Steifemodul dem o. g. Kompressionsbeiwert vorzuziehen.

Alternativen zur Ermittlung des Steife- bzw. Verformungsmoduls sind:

- Rückrechnungen aus Setzungsbeobachtungen (▶ Abschn. 5.5.3.6),
- Pressiometer- oder Bohrlochaufweitungsversuche (▶ Abschn. 2.7.7),
- Empirische Ermittlung anhand von Sondierergebnissen (▶ Abschn. 4.4.6),
- Korrelation aus anderen Bezugsparametern (meist Porenzahl oder Wassergehalt).

Die Entlastungslinien einer Drucksetzungskurve zeigen an, welcher Anteil auf die elastische Rückverformung entfällt und welcher Anteil auf die bleibende Setzung. Der Sekantenmodul aus dem Entlastungsast wird als **Entlastungs- oder Schwellmodul E_e** bezeichnet und zur Ermittlung von Entlastungsverformungen verwendet (▶ Abschn. 5.5.3.3). Der Entlastungsmodul entspricht praktisch dem Zweitbelastungsmodul.

2.7.4.2 Vorbelastung und Werte von Steifemoduln

Die Zusammendrückbarkeit bindiger Böden wird ganz erheblich von der Belastungsgeschichte des Baugrunds beeinflusst. Jede Vorbelastung führt zu einer Erhöhung der Steifigkeit eines Bodens. Der Erstbelastungsast einer Drucksetzungslinie in halblogarithmischer Auftragung zeigt bei einer nicht vorbelasteten bindigen Bodenprobe eine bedeutend größere Zusammendrückung als der Wiederbelastungsast. Ein ähnliches Verhalten zeigen auch geologisch vorbelastete Böden. Solche Böden, die früher einem wesentlich höheren Überlagerungsdruck ausgesetzt waren, nennt man **überkonsolidierte Böden** (OC-Böden). Sie haben heute noch Eigenschaften, die dem einst höheren Überlagerungsdruck entsprechen (▶ Abschn. 2.7.9). Dieser Zustand wird als das

Überkonsolidationsverhältnis OCR (Over-Consolidation-Ratio) bezeichnet:

$$OCR = \frac{\textit{früherer maximaler Überlagerungsdruck}}{\textit{heutiger Überlagerungsdruck}}$$

Die im halblogarithmischen Maßstab dargestellte Drucksetzungslinie eines solchen Bodens hat anfänglich eine flach gekrümmte Form und geht dann in eine stärkere Neigung über. Die Ursache dafür wird im Überschreiten einer früheren Vorbelastung gesehen, wie sie auch im Verhältnis Erstbelastung/Wiederbelastung zum Ausdruck kommt. Der Wendepunkt wird als **Casagrande-Knick (K)** bezeichnet und gibt vermeintlich die Größe der Vorbelastung an (◘ Abb. 2.27). Auf dieser Grundlage haben verschiedene Autoren versucht, die geologische Vorbelastung an möglichst ungestört eingebauten schluffig-tonigen Bodenproben zu ermitteln (Pelz et al. 2009 und ► Abschn. 2.7.9).

Schüßler (2016) ermittelte die Höhe der Vorbelastung eemwarmzeitlicher Torfe und Mudden anhand der Kriechbeiwerte C_α zu 600–800 kN/m^2.

Die **Werte der Steifemoduln** sind sehr stark von der Qualität der ungestörten Proben, von Einbaustörungen und von der Sorgfalt der

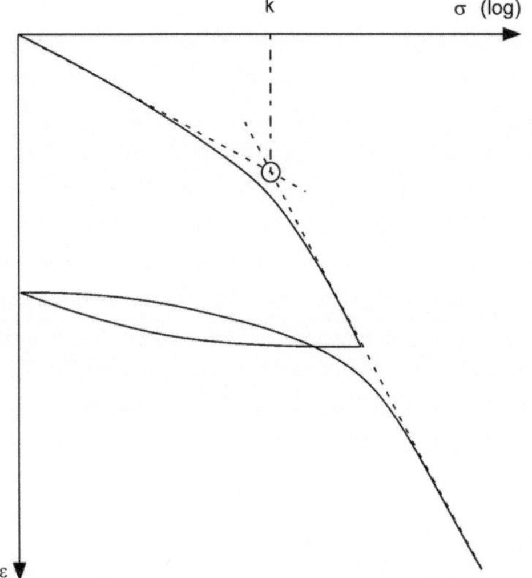

◘ **Abb. 2.27** Ermittlung des Casagrande-Knicks

Versuchsdurchführung abhängig. Außerdem entsprechen die Verformungsbedingungen im Versuch mit der durch den starren Probenaufnahmering vollkommen verhinderten Seitenausdehnung nicht der Situation im praktisch unbegrenzten Baugrund mit nur mehr oder weniger behinderter Seitenausdehnung. Dieser Fehler, der im Prinzip eine Abminderung der Versuchswerte erfordern würde, wird aber i. d. R. vernachlässigt.

Für den Fall, dass keine regionalen Erfahrungen vorliegen, nennt die DIN EN 1997-2, Anhang Q, eine Mindestzahl von zwei bis vier zu untersuchenden Proben einer Bodenschicht und zwar in Abhängigkeit des Streubereichs der Versuchsergebnisse und der Setzungsempfindlichkeit des Bauwerks. Allgemein liegen die Steifemoduln E_s für den Spannungsbereich 100/300 MN/m^2 etwa in folgender Größenordnung:

Boden	MN/m^2
Torf	0,4–1
Organische und organisch verunreinigte Böden	0,5–3
stark bindige Böden, weichplastisch	2–4
stark bindige Böden, steifplastisch	4–8
schwach bindige Böden, steifplastisch	10–25
Geschiebemergel, halbfest	20–40
Sand, locker	10–20
Sand, mitteldicht	20–50
Kies, sandig, dicht	100–200

Die Wertigkeit der Steifemoduln aus Laborversuchen darf insgesamt nicht überschätzt werden (s. DIN EN 1997-1). Die Werte aus dem KD-Versuch sind i. d. R. nur bei **nicht vorbelasteten bindigen Böden** gut verwendbar. Dazu gehören alle Böden, die in ihrer geologischen Vergangenheit noch unter keinen höheren Überlagerungsspannungen gestanden haben (z. B. Auelehme). Bei stärker **vorbelasteten bindigen oder gemischtkörnigen Böden** wie tertiären Tonen oder eiszeitlichen Geschiebemergeln sowie auch bei Löss, der eine gewisse

Strukturfestigkeit aufweist, sind die Steifemoduln aus dem Erstbelastungsversuch z. T. um mehr als 50 % zu niedrig (► Abschn. 5.5.3.4). In solchen Fällen kann ggf. der Wiederbelastungswert genommen werden.

Schüßler (2016) nennt für Geschiebemergel aus dem Berliner Raum Laborwerte von $E_s = 3{,}6–4{,}6\ \mathrm{MN/m^2}$ und aus Setzungsmessungen rückgerechnete Werte von $E_m = 20\ \mathrm{MN/m^2}$ für weiche und $20–30\ \mathrm{MN/m^2}$ für steife bis halbfeste Konsistenz.

Auch das Kompressionsverhalten von **organischen Böden** ist mit großen Unsicherheiten behaftet. Bereits geringe organische Anteile können erhebliche Auswirkungen auf das Setzungsverhalten dieser Böden haben. Organische Weichböden wie Schlick, Klei, Mudden und Torfe (► Abschn. 3.2.4) weisen nicht nur eine sehr hohe Kompressibilität auf, sondern aufgrund ihrer geringen Wasserdurchlässigkeit (► Abschn. 2.9.5) auch ein ausgeprägtes Sekundärsetzungsverhalten nach Abschluss der Primärkonsolidation (s. a. ► Abschn. 5.5.3.4). Das **Setzungsverhalten,** auch das der Sekundärsetzungen, lässt sich durch Vorbelastung verbessern (Tinat und Rosenberg 2016). Bei organischen Böden ist deshalb grundsätzlich zwischen oberflächennahen nicht vorbelasteten sowie meist etwas tiefer liegenden eiszeitlich vorbelasteten Vorkommen zu unterscheiden. Schüßler (2016) gibt für in 7–10 m Tiefe liegende eemwarmeiszeitliche Torfe und Mudden einen Rückrechnungswert des Steifemoduls von 5 MN/m² an. Koepke und Saathoff (2013) geben für nicht vorbelastete Mudden über Korrelation ermittelte Kompressionsbeiwerte von $C_c = 0{,}5$ und 8 an.

Außer der schon primär hohen Kompressibilität weisen organische Böden auch eine sekundäre Volumenminderung infolge biochemischer Abbauvorgänge der organischen Substanz bei Luftzufuhr (Oxidation, Mineralisierung) oder durch Bakterien auf, die zu einem langzeitlichen Substanzverlust (sog. Humusverzehr) führt (s. a. ► Abschn. 6.5.2). Hinzu kommt eine hohe Schrumpfempfindlichkeit bei Wasserverlust (► Abschn. 2.6).

Besonders problematisch ist die Ermittlung von Steifemoduln E_S bei angewitterten sehr steifen bis **halbfesten Tonsteinproben**, z. B. der Rötformation (Oberer Buntsandstein) oder des Keuper (Strauß 1996; Schmidt 1999). Kompressionsversuche ergeben i. d. R. zu kleine Steifemoduln. Schmidt (1998) ermittelte für steife bis halbfeste Keupertonsteine ($I_C = 0{,}88$ bzw. 1,69, $\rho_d = 1{,}69$ bzw. 1,88) im KD-Versuch Steifemoduln für die Erstbelastung von $E_S = 10–15\ \mathrm{MN/m^2}$ und für die Zweitbelastung $E_S = 30–35\ \mathrm{MN/m^2}$. An speziellen Triaxialversuchen Ø 100 mm (Bohrkerndurchmesser) wurden entsprechend höhere Werte von $E_S = 20–50\ \mathrm{MN/m^2}$ bzw. $E_S = 40–150\ \mathrm{MN/m^2}$ ermittelt und in einem speziellen Versuch $E_S = 38\ \mathrm{MN/m^2}$. Ein Steifemodul von etwa 40 MN/m² entspricht auch etwa den Erfahrungswerten von Setzungsmessungen. Auch Horning (2011) hat mit K_o-Triaxialversuchen Steifemoduln erhalten, die um den Faktor 2–3 höher waren als mit Standard-Kompressionsversuchen. Wittke und Züchner (2008) betonen die Unterschiede zwischen Laborversuchen (10–40 MN/m²) und Feldversuchen (20–80 MN/m²) und geben aus Nachrechnungen E-Werte von bis zu 150 MN/m² an.

Auch für die Angabe von **Entlastungsmoduln** (E_e) sind, wenn möglich, Verformungsmessungen in Baugruben oder Einschnitten gem. ► Abschn. 4.6.4 (Extensometermessungen) auszuwerten. Dazu einige Angaben aus der Literatur:

- Kreidemergel $E_e = 200\ \mathrm{MN/m^2}$ (Placzek und Londong 1994),
- Sand, mitteldicht-dicht $E_e = E_{v2} = 150–250\ \mathrm{MN/m^2}$ (Rehfeld 1996),
- Keupertonsteine (ku) $E_e = 90\ \mathrm{MN/m^2}$ (Schulz 1999).

Für dynamische Beanspruchungen (Maschinenfundamente, Windenergieanlagen [WEA], Glockentürme) werden **dynamische Elastizitätsmoduln** E_{dyn} benötigt (s. a. Vrettos 2012). Mittelwerte des dynamischen E-Moduls können mittels Sonic-Log (► Abschn. 4.8.3) oder refraktionsseismischen Messungen (► Abschn. 4.2.3) anhand der Scher- und Kompressionswellengeschwindigkeiten ermittelt werden:

$$E_{dyn} = \frac{P \cdot v_s^2 \cdot \left(3 \cdot v_p^2 - 4 \cdot v_s^2\right)}{\left(v_p^2 - v_s^2\right)}$$

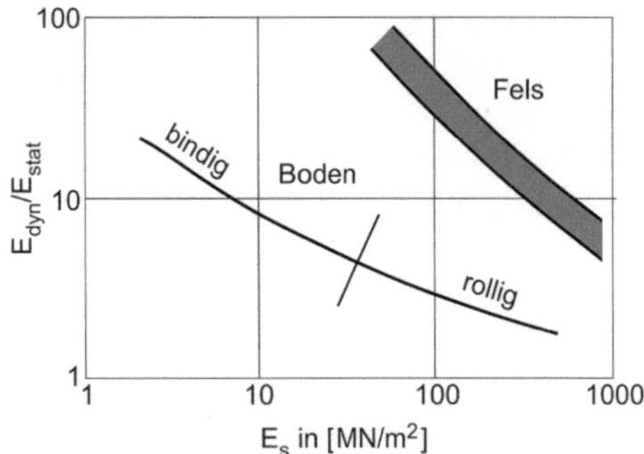

Abb. 2.28 Verhältnis des dynamischen E-Moduls E_{dyn} zum Steifemodul E_s (nach Klein 1990)

E_{dyn} = dynamischer E-Modul (N/m², Pa)
P = Dichte (kg/m³)
v_s und v_p = Scher- bzw. Kompressionswellengeschwindigkeit (m/s)

Für einfache Fälle kann die Größenordnung von E_{dyn} nach dem Diagramm in Abb. 2.28 angegeben werden. Auf die Empfehlung des DGGT-Arbeitskreises Baugrunddynamik (2002, Neufassung 2016/17) wird verwiesen.

Eine Besonderheit der lotrechten Lageänderung (Verformung) ist das **Sackungsverhalten** nicht- oder leichtbindiger Sedimente bei Durchnässung ohne äußere Belastungsänderung, z. B. bei Wiederanstieg des Grundwassers und/oder starken Erschütterungen (Erdbeben). Betroffen sind besonders Böden (Schüttungen) mit hohem Porenanteil, einem instabilen Porengefüge mit schwachen Bindungskräften und hoher Sensitivität gegenüber Wassergehaltsänderungen (Meier und Boley 2014). Die Ursachen dieses Phänomens sind nach Schulz et al. (2008, darin Lit.) die Veränderung bzw. der Verlust stabilisierender Feststoffbrücken bzw. der kohäsiven Kräfte des Porenwassers zwischen den Körnern sowie die Reduktion der Haftreibung. In einem Sediment haben sich nach Jahren wirksamer Entwässerung zwischen den Körnern infolge von Kristallisationsprozessen von im Wasser gelösten Stoffen Festkörperbrücken und -überzüge gebildet, die eine Stabilisierung des Kornverbandes bewirken. Dazu kommt die Wirkung von Kapillarkräften, die im ungesättigten Zustand ebenfalls zur Stabilität des Kornverbandes beitragen, was im weiteren Sinne als scheinbare Kohäsion bezeichnet wird. Bei Durchnässung gehen diese stabilisierenden Wirkungen nach und nach verloren, und es können mehr oder weniger plötzliche, z. T. auch anhaltende Setzungen auftreten. In der Literatur werden Sackungsbeträge von 1–5 mm pro Meter Grundwasseranstieg genannt – eine Größenordnung, welche die gem. ► Abschn. 6.2.2 beobachteten Setzmaße bei großflächiger Grundwasserabsenkung erreicht.

Das Sackungsverhalten kann im Kompressionsversuch simuliert werden (Meier und Boley 2012). Der Probenkörper wird geflutet und das Verformungsverhalten bei den in situ zu erwartenden Vertikalspannungen ermittelt (DIN EN 1997-2, Abs. 5.9 und Feeser et al. 2001). Betroffen von derartigen Sackungsvorgängen sind in erster Linie Lössböden (bes. in Osteuropa und in Asien), locker gelagerte feinkörnige Sande sowie aufgeschüttete feinkörnige Kippen. Meier und Boley 2014) berichten über das Sackungsverhalten afghanischer Lössböden. Danach liegt die Ursache für das Kollapsverhalten bei Wassersättigung (sog. Hydrokonsolidation) in erster Linie beim jeweiligen Spannungszustand und der Porenzahl *e* bzw. der Dichte ρ. Die Kollapsverformung kann 3–11 % betragen (Mittelwerte, je nach Spannungszustand). Der Kalkgehalt scheint nur bei leichter löslichen Anteilen und CO_2-haltigen Wässern eine Rolle zu spielen.

2.7.4.3 Konsolidation und Zeitsetzung

Die bei Spannungsänderungen auftretenden Verformungen sind, wie im ► Abschn. 2.7.1 bereits erläutert, zeitabhängig. In grobkörnigen, gut durchlässigen Böden stellt sich bei Belastung die Verkleinerung des Porenanteils unter Verschiebung der Bodenkörner infolge des kaum behinderten Abflusses des Porenwassers mehr oder weniger sofort ein. In feinkörnigen wassergesättigten Böden mit geringer Durchlässigkeit wird der Druck zunächst von dem praktisch inkompressiblen Porenwasser aufgenommen. Erst mit dem langsamen Abströmen des Porenwassers und dem Übergang des Drucks vom Porenwasser auf das Korngerüst setzt eine

Volumenänderung des Bodens ein, die als **Konsolidation** bezeichnet wird. Sie verläuft umso langsamer, je weniger durchlässig ein Boden und je größer seine Schichtdicke ist.

Im Versuch wird der zeitliche Verlauf der Setzung aus der **Zeitsetzungslinie** ermittelt, die im Bedarfsfall für jede Laststufe getrennt im halblogarithmischen Maßstab aufgetragen wird (◘ Abb. 2.29). Aus der Zeitsetzungslinie kann der zeitliche Verlauf der Setzungen nach ▶ Abschn. 5.5.3.5 rechnerisch abgeschätzt und bei feinkörnigen Böden auch der Durchlässigkeitsbeiwert *k* ermittelt werden (▶ Abschn. 2.9.3).

An der Zeitsetzungslinie bindiger Böden sind drei Setzungsanteile zu unterscheiden (◘ Abb. 2.29):

- Die Sofortkonsolidation, die unmittelbar nach der Lastaufbringung auftritt und meist von Einbaustörungen beeinflusst ist.
- Die Hauptphase ist die Primärkonsolidation oder Konsolidationssetzung, in der das Korn- oder das Mineralgerüst unter Abbau des Porenwasserüberdrucks zusammengedrückt wird (Konsolidation). Sie wird ausgedrückt durch den parabelförmigen Teil der Zeitsetzungslinie bis zum Schnittpunkt der Tangenten.
- Die anschließende Sekundärkonsolidation oder Langzeitsetzung bei gleichleibender effektiver Spannung (und Porenwasserdruck tritt nur bei feinkörnigen Böden auf und ist auf Kriecherscheinungen im Boden, verbunden mit Umlagerungen im Mineralgerüst zurückzuführen. Die Sekundärkonsolidation hält sehr lange an und läuft im logarithmischen Zeitmaßstab ab.

2.7.5 Verformungsmodul *(E_v)* und Bettungsmodul *(k_s)* aus dem Plattendruckversuch

Der Plattendruckversuch ist ein Feldversuch zur Kontrolle der Zusammendrückbarkeit (Verformbarkeit) und damit der Tragfähigkeit bzw. der erreichten Verdichtung. Die Versuchsdurchführung erfolgt nach DIN 18 134: 2008 bzw. der Empfehlung Nr. 6 des Arbeitskreises „Versuchstechnik Fels". Der Versuch entspricht weitgehend der DIN 22 476-13 (▶ Abschn. 4.4.6).

Die Versuchseinrichtung besteht je nach Bodenart aus einer Lastplatte mit 300, 600 bzw. 762 mm Ø, der Druckvorrichtung mit Gegengewicht (Totlast) und der Messeinrichtung. Direkt unter der Lastplatte darf sich kein Grobkorn befinden, das größer ist als ¼ des Plattendurchmessers. Die Belastung wird in 6 gleich großen Laststufen aufgebracht, sodass die Gesamtsetzung bei der 300-mm-Platte max. 5,0 mm beträgt oder eine Plattenpressung von etwa 0,5 MN/m² erreicht wird. Die Auftragung der Drucksetzungslinien erfolgt gem. DIN 18 134 nach einem Polynom zweiten Grades, dessen Konstanten durch Anpassung an die Versuchsergebnisse nach der Methode der kleinsten

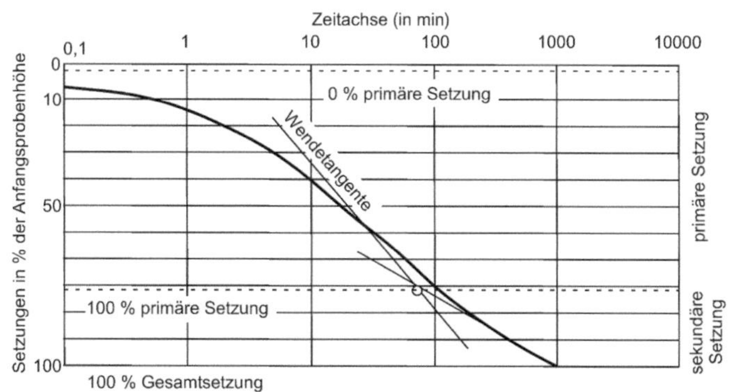

◘ **Abb. 2.29** Auftragung der Zeitsetzung einer Laststufe mit Angabe der Setzungsanteile

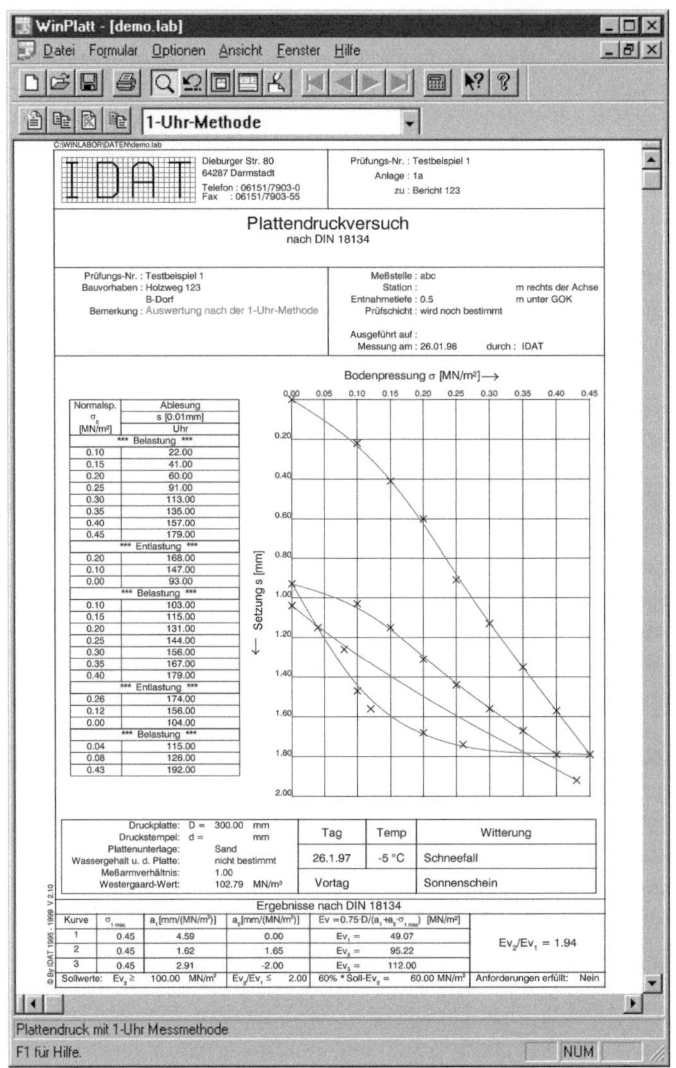

WinPlatt - [demo.lab]

Datei Formular Optionen Ansicht Fenster Hilfe

1-Uhr-Methode

C:\WINLABOR\DATEN\demo.lab

IDAT
Dieburger Str. 80
64287 Darmstadt
Telefon : 06151/7903-0
Fax : 06151/7903-55

Prüfungs-Nr. : Testbeispiel 1
Anlage : 1a
zu : Bericht 123

Plattendruckversuch
nach DIN 18134

Prüfungs-Nr. : Testbeispiel 1
Bauvorhaben : Holzweg 123
B-Dorf
Bemerkung : Auswertung nach der 1-Uhr-Methode

Meßstelle : abc
Station : m rechts der Achse
Entnahmetiefe : 0.5 m unter GOK
Prüfschicht : wird noch bestimmt

Ausgeführt auf :
Messung am : 26.01.98 durch : IDAT

Normalsp. σ_0 [MN/m²]	Ablesung s [0.01mm] Uhr
*** Belastung ***	
0.10	22.00
0.15	41.00
0.20	60.00
0.25	91.00
0.30	113.00
0.35	135.00
0.40	157.00
0.45	179.00
*** Entlastung ***	
0.20	168.00
0.10	147.00
0.00	93.00
*** Belastung ***	
0.10	103.00
0.15	115.00
0.20	131.00
0.25	144.00
0.30	156.00
0.35	167.00
0.40	179.00
*** Entlastung ***	
0.26	174.00
0.12	156.00
0.00	104.00
*** Belastung ***	
0.04	115.00
0.08	126.00
0.43	192.00

Druckplatte: D = 300.00 mm
Druckstempel: d = mm
Plattenunterlage: Sand
Wassergehalt u. d. Platte: nicht bestimmt
Meßarmverhältnis: 1.00
Westergaard-Wert: 102.79 MN/m³

Tag	Temp	Witterung
26.1.97	-5 °C	Schneefall
Vortag		Sonnenschein

Ergebnisse nach DIN 18134

Kurve	$\sigma_{1\,max}$	a_1 [mm/(MN/m²)]	a_2 [mm/(MN/m²)]	Ev = 0.75·D/(a_1+a_2·$\sigma_{1\,max}$) [MN/m²]	
1	0.45	4.59	0.00	Ev_1 = 49.07	Ev_2/Ev_1 = 1.94
2	0.45	1.62	1.65	Ev_2 = 95.22	
3	0.45	2.91	-2.00	Ev_3 = 112.00	
Sollwerte: Ev_2 ≥		100.00 MN/m²	Ev_2/Ev_1 ≤ 2.00	60% * Soll-Ev_2 = 60.00 MN/m²	Anforderungen erfüllt: Nein

© By IDAT 1995 - 1999 V 2.10

Plattendruck mit 1-Uhr Messmethode

F1 für Hilfe. NUM

■ **Abb. 2.30** Auswertung eines Plattendruckversuchs mit Eingabewerten, Versuchsergebnissen und Drucksetzungslinie (nach Firmenprospekt)

Fehlerquadrate gewonnen werden. Danach ist eine Berechnung von Hand kaum noch praktikabel. Die Auswertung muss mit einem PC bzw. Laptop erfolgen, die gleich die Drucksetzungslinien ausgeben.

Die Ermittlung des Verformungsmoduls E_v erfolgt i. d. R. für den Spannungsbereich 0,3–0,7 der aufgebrachten Normalspannung (■ Abb. 2.30) nach der Beziehung:

$$E_v = 1{,}5 \times r \times (\Delta\sigma/\Delta s) \text{ (in MN/m}^2\text{)},$$

wobei r der Radius der Lastplatte ist. E_{v1} wird hierbei aus dem Erstbelastungsast, E_{v2} aus dem Zweitbelastungsast ermittelt. Aus dem Verlauf der Drucksetzungslinien bzw. aus dem Verhältnis E_{v2}/E_{v1} können Hinweise auf die Lagerungsdichte des Bodens abgeleitet werden (► Abschn. 12.2.4).

Bei sandig-kiesig-steinigem Baugrund oder im Fels wird der Plattendruckversuch auch herangezogen, um das Setzungsverhalten von Gründungen zu ermitteln. Dieses Vorgehen ist allerdings nicht mehr ganz normengerecht. Nach DIN 4019:2014 Abs. 8.5 sind Plattendruckversuche i. d. R. nicht für die Ermittlung des E^* geeignet.

Für die Bestimmung des Verformungsmoduls E_v- mit unbehinderter Seitenausdehnung werden aus dem betreffenden linearen Teil der Lastenverschiebungslinie $\Delta\sigma_m$ und Δs abgegriffen und in folgende Formel eingesetzt:

$$E_v = \omega\left(1-\nu^2\right)\times r\left(\frac{\Delta\sigma_m}{\Delta s}\right)$$

ν = Poissonzahl

ω = Beiwert nach Empf. Nr. 6, Versuchstechnik Fels

In DIN EN 1997-2 Abs. 4.11 werden derartige Versuche als Belastungsversuch für Flachgründungen (PLT) bezeichnet.

Häufig wird die Auswertung auch über die oben genannte Standardformel des Plattendruckversuchs vorgenommen, die von einer Poissonzahl $\nu = 0{,}2$ ausgeht. Die E_v-Werte aus dem Erstbelastungsast liegen häufig zu niedrig. In solchen Fällen kann E_v aus dem Zweitbelastungsast ermittelt werden. Der E-Modul aus dem Entlastungsast wird zur Ermittlung der Entlastungsverformung herangezogen.

Plattendruckversuche erfordern zwar einen geringen Aufwand, ihre Lastflächen (Ø 0,3 bzw. 0,76 m) und ihre Tiefenwirkung sind aber verhältnismäßig klein. Im Felsbau bzw. im Tunnelbau werden Lastplattenversuche untertägig in Versuchsstollen oder -schächten auch als Doppellastplattenversuche ausgeführt. Die dabei aufgebrachten Lasten betragen 1–8 MN. Die Verschiebungen werden an der Lastplatte selbst und im Gebirge mit kleinen, 1–3 m tiefen Mehrfachextensometern gemessen. Eine Auswertung über solche Kleinextensometer ergibt i. d. R. höhere Verformungsmoduln als über die oben genannten Formeln.

Die Tiefenwirkung der Plattendruckversuche ist abhängig vom Plattendurchmesser, dem spezifischen Plattendruck und dem Gebirge bzw. dem Kluft- und Schichtungsgefüge, besonders aber härteren Einzelbänken, in

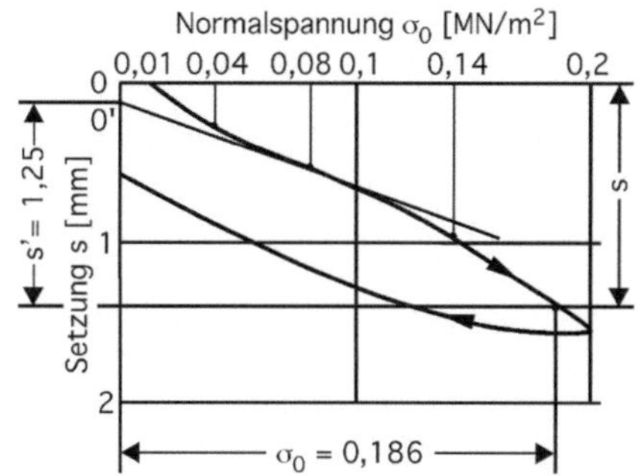

■ **Abb. 2.31** Drucksetzungslinie zur Bestimmung des Bettungsmoduls k_s (aus DIN 18 134), wobei $k_s = \sigma_0/s$ und $k_s = 0{,}186/0{,}00125 = 148{,}8\ \mathrm{MN/m^3}$

denen offensichtlich die Spannungen bevorzugt lateral abgeleitet werden.

Die Berechnung des **Bettungsmoduls k_s** erfolgt aus dem Erstbelastungsast des Plattendruckversuchs. Er entspricht dem Verhältnis der Normalspannung σ_0 unter einer Flächenlast und der zugehörigen Setzung und zwar nach DIN 18 134 mit einer 762-mm-Lastplatte und einer mittleren Setzung von $s' = 1{,}25$ mm (■ Abb. 2.31).

2.7.6 California-Bearing-Ratio-Versuch (CBR-Versuch)

Ein weiterer, vor allem in der englischsprachigen Literatur verwendeter Parameter für die Verdichtung und Tragfähigkeit eines Planums ist der **CBR-Wert.** Der CBR-Versuch (California Bearing Ratio) wurde 1929 in den USA entwickelt und ergibt einen empirischen Wert zur Ermittlung der relativen Tragfähigkeit. Dabei handelt es sich um einen Stempeleindruckversuch, bei dem ein Druckstempel (Ø 5 cm) mit gleichmäßiger Geschwindigkeit (1,25 mm/min) in das zu prüfende Planum bis zu max. 1,25 cm eingedrückt wird. Durch Vergleich der gemessenen Stempeldrücke (N/mm²) mit dem Wert eines Standardbodens ergibt sich der CBR-Wert:

$$\mathrm{CBR-Wert} = \frac{Messwert}{Wert\ Standboden}\times 100$$

Der Vergleichswert „Standardboden" wird ähnlich dem Proctorversuch im CBR-Topf (Ø = 15,2 cm, $h = 17{,}8$ cm) mit einem gut abgestimmten Mineralgemisch 0/16 oder im Feldversuch bei jeweils optimaler Verdichtung ermittelt. Der CBR-Wert ist, wie auch der Proctorwert, wassergehaltsabhängig. Einzelheiten über Versuchstechnik und Anwendung des CBR-Werts s. Schultze-Muhs (1967). Allgemein können zum Vergleich folgende CBR-Werte angenommen werden:

0,02–0,04	sehr schlechter Untergrund
0,04–0,07	schlechter Untergrund
0,07–0,15	mittelmäßiger Untergrund
0,15–0,40	guter Untergrund
0,40–1,00	sehr guter Untergrund.

Außer dem beschriebenen CBR-Versuch gibt es auch eine dynamische Variante, bei der ein Stempel mit einem leichten Fallgewicht pulsartig belastet wird.

2.7.7 Verformungsmodul (E_v) aus Bohrlochaufweitungsversuchen

Die Versuchsanordnung und Durchführung von Bohrlochaufweitungsversuchen sind in ► Abschn. 4.4.6.4 beschrieben. Die Versuche erfolgen im Bohrloch und haben damit den Vorteil, dass kein großflächiger Gebirgsaufschluss nötig ist. Das Gebirge wird durch die Bohrung wenig gestört. Die Belastungsflächen sind allerdings ebenfalls verhältnismäßig klein, sodass in einem geklüfteten Gebirge der Einfluss der Trennflächen meist zu wenig erfasst wird.

Die in Deutschland unter dem Begriff „Dilatometerversuch" bekannten Verfahren werden in den neuen europäischen Normen als Versuch mit dem flexiblen Dilatometer geführt (DIN EN ISO 22 476-5). In Deutschland sind darüber hinaus verschiedene Bohrlochaufweitungssonden auf dem Markt. Unterschieden werden dabei Schlauchdruck- (engl. „dilatometer) und Plattendrucksonden. Bei Ersteren wird die Bohrlochwandung isotrop, d. h. radial in jeder Richtung gleichmäßig belastet, während die Plattendrucksonde eine gerichtete Belastung auf die Bohrlochwandung ausübt. Der Dehnweg beträgt bis zu 20 mm. Die erforderlichen Bohrlochdurchmesser betragen 96, 101 oder 116 mm (meist 101 mm). Bei großer Verformbarkeit ($V < 100$ MPa) werden sog. Seitendrucksonden mit einem Bohrlochdurchmesser von 146 mm und einem Dehnweg von 36 mm bzw. 50 mm eingesetzt.

Das Ergebnis von Bohrlochaufweitungsversuchen sind Druck-Verformungs-Kurven, deren Verbindungslinien zwischen Maximal- und Minimaldruck für die Auswertung herangezogen werden. Als Hilfe für den Geotechniker werden für die drei (oder fünf) Belastungszyklen der Erstbelastungsmodul E_{v1}, der Wiederbelastungsmodul E_{v2}, der Verformungsmodul E_v oder V sowie der Entlastungsmodul E_e dargestellt (◘ Abb. 2.24). Die Berechnung erfolgt nach der Empfehlung Nr. 8 „Versuchstechnik Fels" bzw. DIN 4094-5: 2011. Die Bewertung der Ergebnisse und die Ermittlung von Rechenwerten sind sehr komplex und müssen letztendlich durch kritische Vergleiche mit örtlichen Erfahrungswerten erfolgen. Häufig werden als Rechenwerte der Erstbelastungsmodul bzw. Verformungsmodul des 1. Lastzyklus oder der Erstbelastungsmodul des 2. Lastzyklus genommen bzw. als untere und obere Grenzwerte eingesetzt (► Abschn. 2.7.3 und 4.4.6.4). Andererseits werden wegen der geringen Reichweite des Versuchs gegenüber dem später belasteten Volumen häufig auch die oberen Grenzwerte verwendet (John und Reiter 2007).

Das Gebirge ist i. d. R. anisotrop und inhomogen. Vergleichsuntersuchungen haben ergeben, dass die Anisotropie zwischen E_{vert} und E_{horiz} bei den meisten bindigen Bodenarten und halbfesten Tonsteinen gering ist. Bei Wechselschichtung mit härteren Zwischenlagen ergeben sich dabei i. d. R. für E_{horiz} zu hohe Werte (Strauß 1994, darin Lit.).

2.7.8 Diskussion der Verformungsmoduln des Gebirges

Das Verformungsverhalten des Gebirges beruht hauptsächlich auf der Teilkörperbeweglichkeit, d. h. der Verschiebung der Kluftkörper und der Zusammendrückung der Kluftöffnungen bzw. der Kluftfüllungen und nur zu einem geringen Teil aus der elastischen oder plastischen Verformung der Gesteine selbst.

In ◘ Tab. 2.7 sind einige Anhaltswerte von (vertikalen) Verformungsmoduln für verschiedene Gebirgsarten zusammengestellt. Dabei ist zu berücksichtigen, dass Schichtgesteine häufig eine deutliche Anisotropie aufweisen und die Verformbarkeit senkrecht zur Schichtung deutlich größer ist als parallel dazu.

Mittel- und engständig geklüftetes Gebirge zeigt bei Belastung oft unerwartet große Verformungen. Diese Abminderung der Verformungsmoduln ergibt sich häufig bei Annäherung an einen Talhang (Hangzerreißung, Talzuschub) bzw. in der oberflächennahen Auflockerungszone. Ein ähnliches Verhalten zeigt auch das nachgesackte konsolidierte Deckgebirge über tiefem Steinkohlenbergbau, für das Sroka und Preuße (2009) Verformungsmoduln von 46–56 MN/m^2 angeben. Auch in Kluft- und Störungszonen mit tektonischer Gebirgsauflockerung haben sich an den Tunneln der DB-Neubaustrecke Hannover–Würzburg in Osthessen z. T. auffallend große Verformungen eingestellt (► Abschn. 17.2.3). Den ersten Hinweis auf diese insgesamt recht niedrigen Verformungsmoduln des Gebirges gaben Bohrlochaufweitungsversuche, die auch eine mehr oder weniger deutliche Abhängigkeit von der Überlagerungshöhe, vom Gebirgstyp (Sandsteinbänke, dünnbankige Wechselfolgen) und auch von der Gebirgszerbrechung (Störungszonen) erkennen ließen.

◘ **Tab. 2.7** Anhaltswerte von Verformungsmoduln für verschiedene Gebirgsarten

Gebirgsart, Lokalität	Überlagerung (m)	Verformungsmodul		Versuchsart, Literatur, Bemerkungen
		festes Gebirge	aufgelockertes Gebirge	
		MN/m^2	MN/m^2	
Gneis, Südschwarzwald	350	40.000–70.000	500–10.000	Bemessungswerte nach Druckkissenversuchen Wittke et al. (1974)
Tonschiefer, Taunus		5000–20.000	1500–3000	Bemessungswerte nach Druckkissen- und Bohrlochaufweitungsversuchen steil zur Schieferung
Dickbank-Sandstein (su)		620–1970 i. M. 1030	50–80 i. M. 70	Dilatometerversuch Holzhäuser und Stemle (2010)
Buntsandstein-Wechselfolge (sm)		400–1000	100–400	Großtriaxialversuche Niedermeyer et al. (1983)
Sandsteinreiche Wechselfolge (sm)	15–20	–	130–160	Plattendruckversuche u. Fundamentbelastungsversuch in oberflächennaher Auflockerungszone Naumann und Jennewein (1987)
Tonsteinreiche Wechselfolge (sm)	15–20	–	30–80, z. T. weniger	

Tab. 2.7 (Fortsetzung)

Gebirgsart, Lokalität	Überlagerung (m)	Verformungsmodul		Versuchsart, Literatur, Bemerkungen
		festes Gebirge	aufgelockertes Gebirge	
		MN/m²	MN/m²	
Solling-Sandstein (sm)	5–20	–	170 ± 20	Rückrechnung Fundamentsetzungen Engels und Katzenbach (1992)
Röttonsteine (so)	5–20	–	70–140	
Wellenkalk (mu)	5–20	–	140	
Tonsteine des Keupers	ca. 30	100–250	15–60	Großtriaxialversuche (Wichter 1980)
			75–100	Rückrechnung Straßentunnel Heslach Beiche et al. (1987)
Residualgebirge des Gipskeupers		80–150		Bemessungswerte Bacherach (2007); Wittke und Züchner (2008)
Sandsteine des Keupers		750–1500		Bemessungswerte Beiche et al. (1987)
Opalinuston	10	200–400	40–20	Großtriaxialversuche Wichter und Gudehus (1982)

2.7.9 Primärspannungszustand

Als Primärspannungszustand wird der vor Beginn eines größeren Eingriffs im Untergrund herrschende, aus der Schwere resultierende Spannungszustand bezeichnet. Er ist neben den elastischen Kennwerten des Gebirges der entscheidende Parameter, um das Deformationsverhalten eines Gebirges bei tief reichenden Eingriffen (Untertagebauwerke, Fluidbewegungen bei tiefen Verpress- oder Geothermiebohrungen) zu ermitteln.

Der räumliche Spannungszustand im Gebirge besteht aus drei Normalspannungs- und drei Schubspannungskomponenten (DIN 4107-4: 2012). Unter der Annahme eines homogenen Gebirges, horizontaler Geländeoberfläche und dass keine tektonischen Spannungen wirksam sind, ist die größte Hauptnormalspannung (σ_z) vertikal gerichtet und nimmt mit der Tiefe linear zu (■ Abb. 2.32):

$$\sigma_z = \gamma \times h(kN, MN)$$

Die horizontalen Spannungsanteile (σ_h, $\sigma_{2,3}$, $\sigma_{x,y}$) sind eine Folge der seitlichen Einspannung durch das Überlagerungsgewicht und betragen für den vereinfacht angenommenen Fall eines elastisch-isotropen Spannungs-Dehnungs-Verhaltens:

$$\sigma_x = \sigma_y = \sigma_z \times K_0$$

K_0 = Ruhedruckbeiwert

Der **Ruhedruck- oder Seitendruckbeiwert** K_0 ist als Verhältniswert der effektiven Horizontalspannungen σ_h' zu den effektiven Vertikalspannungen σ_v' definiert:

$$K_0 = \sigma_h' / \sigma_v'$$

Der Ruhedruckbeiwert gilt bei erstbelasteten bzw. normalkonsolidierten Böden als konstant.

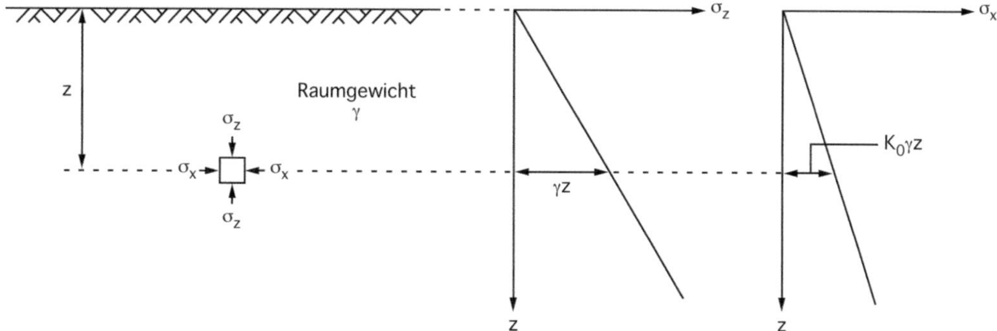

Abb. 2.32 Prinzip der Primärspannungen im elastisch-isotropen Halbraum (nach Lang und Huder 1994)

Für das Abschätzen des Ruhedruckbeiwerts gilt für erstbelastete bindige oder nichtbindige Böden folgende Beziehung (Abb. 2.33):

$$K_0 = 1 - sin_\varphi$$

Der Ruhedruckbeiwert überkonsolidierter Böden ist keine Konstante. Er ist abhängig von der Spannungsgeschichte, die durch die maximale geologische Vorbelastung bzw. den Überkonsolidierungsgrad OCR ausgedrückt werden kann. Der OCR (Over Consolidation Ratio) entspricht dem Verhältnis der maximalen jemals vorhandenen effektiven Vertikalspannung zur derzeitigen effektiven Vertikalspannung (► Abschn. 2.7.4.2; Laborversuche und Ableitungen zur Ermittlung des Seitendruckbeiwerts $K_{o(oc)}$ für überkonsolidierte Böden s. Pelz et al. 2009 und Steiner et al. 2010, darin Lit.).

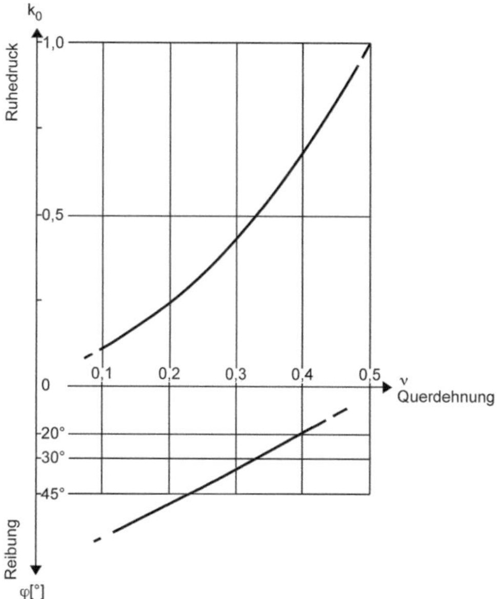

Abb. 2.33 Zusammenhang zwischen Reibungswinkel *(φ)*, Poissonzahl *(ν)* und Ruhedruckbeiwert *(K_0)*

Bei Lockergesteinen liegt K_0 i. d. R. zwischen 0,35 und 0,65 und bei Fels zwischen 0,18 und 0,5 (► Abschn. 17.5.2). Bei Auftreten von Porenwasserüberdruck kann K_0 bis 0,95 ansteigen. In überkonsolidierten Böden können K_0-Werte >1,0 auftreten, die aber bei horizontalen Bodenbewegungen rasch wieder auf Werte <1 abgebaut werden.

2.7.9.1 Abweichender Primärspannungszustand

Für den im Gebirge tatsächlich herrschenden Primärspannungszustand ist in erster Linie die Überlagerungshöhe (Schwere) maßgebend. Darüber hinaus sind die Primärspannungen und ihre Richtungsverteilung von einer ganzen Reihe weiterer Spannungsanteile verschiedenen Ursprungs abhängig:

- regionale Spannungsfelder, die abhängig sind von der geologischen Vorbelastung und den regionalen tektonischen Strukturen,
- lokale Spannungsfelder mit den Einflussfaktoren Topographie, Anisotropie des Gebirges und örtliche tektonische Strukturen.

Der Einfluss der Geländeform, des Trennflächengefüges und der Vorbelastung ist aus Abb. 2.34 ersichtlich. Ersterer wird bei der

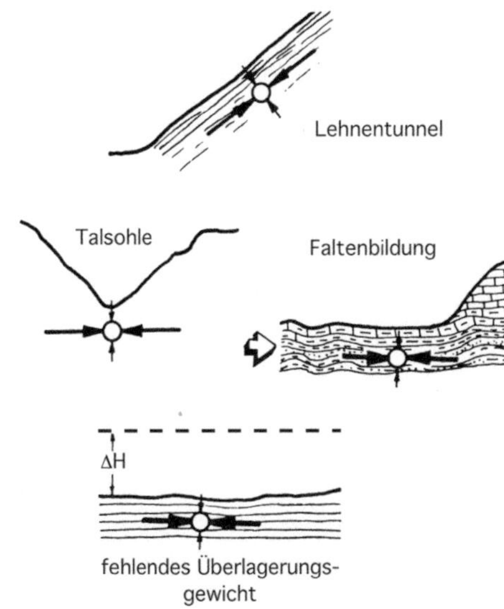

Abb. 2.34 Größe und Richtung der Hauptspannungen in Abhängigkeit von Topographie und großflächiger Abtragung (nach Götz und Vardar 1976)

Abschätzung des Spannungszustands häufig unterschätzt. In Oberflächennähe hat die **Topographie** einen erheblichen Einfluss auf den Primärspannungszustand, d. h. auf den Verlauf der Spannungstrajektorien. Die größte Hauptnormalspannung kann in Hanglage näherungsweise hangparallel verlaufen. Mit zunehmendem Abstand vom Hang nehmen die aus dem Eigengewicht resultierenden Hauptspannungen wieder einen normalen Verlauf an. Auch das Trennflächengefüge beeinflusst die Spannungsrichtung und die Spannungsausbreitung, da an offenen Trennflächen keine Normalspannungen übertragen werden können (► Abschn. 17.5.2).

Die Abhängigkeit des Primärspannungszustands vom tektonisch bedingten Spannungsfeld und der **geologischen Vorbelastung** bzw. der flächenhaften Erosion sowie dem Relaxationsverhalten des Gebirges ist erst in den 1980er-Jahren richtig erkannt worden. In den flach liegenden Sedimentgesteinen (z. B. der mitteleuropäischen Schichtstufenlandschaften) werden in Oberflächennähe häufig horizontale Gebirgsspannungsanteile gemessen, die nicht dem gegenwärtigen Überlagerungsdruck entsprechen. Ein Ruhedruckbeiwert nahe oder über 1,0 bedeutet aber, dass der Horizontalspannungsanteil ungewöhnlich groß bzw. größer ist als der entsprechende Überlagerungsdruck (Überkonsolidierungsgrad s. o.). Diese erhöhten Horizontalspannungen sind sowohl eine elastische Nachwirkung der ehemals größeren Überlagerung und der flächenhaften Abtragung bei gleichzeitiger seitlicher Einspannung als auch ehemals weitaus höherer Horizontalspannungen im Zuge der tektonischen Beanspruchung.

Die querdehnungsbehinderte Entlastung bewirkt einen **Horizontalspannungsüberschuss**, der offensichtlich je nach den mechanischen Gesteinsparametern unterschiedlich tief reicht. In überkonsolidierten Tonen reicht z. B. dieser Horizontalspannungsüberschuss, ausgedrückt durch einen Ruhedruckbeiwert $K_0 \geq 1{,}0$, einige Zehnermeter tief. Für den Londoner Ton werden schon von Skempton (1961) K_0- Werte von 2–3 angegeben, die sich mit zunehmender Tiefe vermindern. Für die Tertiärtone von Frankfurt geben Franke et al. (1985: 414) K_0-Werte von 1,0 bis max. 3,0 an, die in etwa 20 m Tiefe annähernd auf den lithostatischen Spannungszustand abgebaut sind. Auch für einige norddeutsche Tone (z. B. halbfester Glimmerton) werden aufgrund der Eisauflast K_0-Werte von 1,7 beschrieben. In söhlig gelagerten Sedimentgesteinen reicht der Horizontalspannungsüberschuss nach Literaturangaben 50–100 m tief.

Für den Stuttgarter Raum geben Böttcher et al. (1998) für die Tonsteinschichten des Unterjura (ehem. Lias α_1) erhöhte Horizontalspannungen von 1–2 MN/m^2 an und für die Wechselfolgen des ehem. Lias α_2 von 0,5–1,0 MN/m^2 (s. a. Wittke 2009). Steiner et al. (2010) geben für dieses Gebiet zusammenfassend für Überlagerungshöhen von 50–100 m einen Horizontalspannungsüberschuss von $K_0 = 1{,}5$–2 an, der ab 150 m auf $K_0 \leq 0{,}8$ absinkt. Wittke und Züchner (2008) beschreiben eine Abnahme der Horizontalspannungen mit dem Verwitterungsgrad bzw. mit zunehmendem Wassergehalt. Die erhöhten Horizontalspannungen wirken sich vor allem auf den Schichtflächen aus (► Abschn. 17.5.5.1).

Im Thüringischen Schiefergebirge wurde in den 1990er-Jahren mit dem Hydraulic-Fracturing-Verfahren ein NW–SE gerichteter Horizontalspannungsüberschuss um den Faktor 2,1–4,5 gemessen (John und Poscher 2004). Messungen mit der Triaxialsonde ergaben allerdings niedrigere Werte (Könnings und Leipziger 1997). Ab einem Verhältnis von 5 ist in kompetenten Gesteinen mit Bergschlaggefahr zu rechnen (▶ Abschn. 17.5.2).

In den Schweizer Voralpen (Ton-, Kalk- und Sandmergel des Wellenberges, Unterjura) wurden bis in 500 m Tiefe Einflüsse der Topographie festgestellt und maximale horizontale Spannungskomponenten, die im Schnitt 2- bis 3-mal größer waren als die Vertikalkomponente (Glawe und Blümling 1997). Nur im Bereich der Hangzerreißung und offener Klüfte ist mit einem völligen Abbau der erhöhten Horizontalspannungen zu rechnen.

Nach Steiner et al. (2010, darin Lit.) können in einem anhydritführendem Gebirge auch natürliche Spannungsumlagerungen wie die Abnahme ehemaliger Überlagerungsspannungen zu einer Rissentwicklung im Gebirge geführt haben, verbunden mit Wasserbewegung und primären Quellvorgängen, die ihrerseits zu einer Erhöhung des Horizontalspannungsüberschusses (K_0-Wert) beitragen können.

Der im Gebirge herrschende Primärspannungszustand und der beschriebene Horizontalspannungsüberschuss können teilweise auch durch **rezente tektonische Spannungen** beeinflusst sein (▶ Abschn. 4.2.4).

Die **Richtung der Primärspannungskomponenten** ist vom jeweiligen tektonisch bedingten Spannungsfeld abhängig. Allgemein wird für Mitteleuropa seit Beginn der Jurazeit eine durch die alpine Faltungsfront ausgelöste N- bis NW-Richtung der größten horizontalen Hauptspannung angenommen. Dieses großräumige Stressfeld kann von regionalen oder lokalen Spannungsfeldern mit wechselnden Hauptspannungsrichtungen überlagert sein (▶ Abschn. 4.2.4). Das rezente Spannungsfeld wird aus ◘ Abb. 2.35 ersichtlich.

Der primäre Spannungszustand ist somit das Ergebnis der Überlagerungshöhe und der erdgeschichtlichen Entwicklung eines Gebirgsbereichs. Es ist nicht möglich, Spannungen aus der Überlagerungslast, tektonische Restspannungen oder rezente tektonische Spannungen getrennt zu messen. Der Horizontalspannungsüberschuss in Oberflächennähe wird meist als Restspannung ehemaliger Überlagerung gewertet, wobei die auffallende Richtungskonstanz in Mitteleuropa als Nachwirkung früherer tektonischer Schubbeanspruchung gesehen werden muss. Unabhängig davon werden auch in größeren Tiefen ungewöhnliche Primärspannungszustände beobachtet, die auf anhaltende (rezente) tektonische Beanspruchung zurückgeführt werden.

2.7.9.2 In-situ-Spannungsmessungen

Das Erfassen von Spannungen im Gebirge ist nach wie vor eines der schwierigsten Probleme der Geotechnik. Mit den zur Verfügung stehenden Methoden können nur Spannungsänderungen der horizontalen oder vertikalen Normalspannungskomponente gemessen werden, nicht der Spannungszustand im ungestörten Gebirge selbst. Die Messung erfolgt durch indirekte Methoden, bei denen Gebirgsdeformationen oder Bruchzustände ausgelöst werden, aus denen dann mithilfe der elastischen Konstanten des Gesteins die Spannungen rückgerechnet werden. Die Grundlagen für die Ermittlung von Spannungen bzw. Spannungsänderungen sind in DIN 4107-1: 2010 beschrieben. Diese Norm soll in den nächsten Jahren schon wieder durch die DIN EN ISO 18 141-2 ersetzt werden (geotechnik 39:2, 140). Die einzelnen Bestimmungsverfahren unterscheiden sich in der Einsatztiefe und im erfassten Gebirgsvolumen sowie in ihrer Aussagekraft. Außer der Methode der Auswertung von Herdflächenlösungen bei Erdbeben werden nachfolgende Verfahren eingesetzt:

- Gebirgsentlastungsverfahren:
  - Überbohren einer Messzelle (Doorstopper, Triaxialzelle), Einsatztiefe <1000 m
  - Interpretation von Bohrlochwandausbrüchen („breakout orientation log", BOL)
  - Verformungsmessungen beim Ausbruch

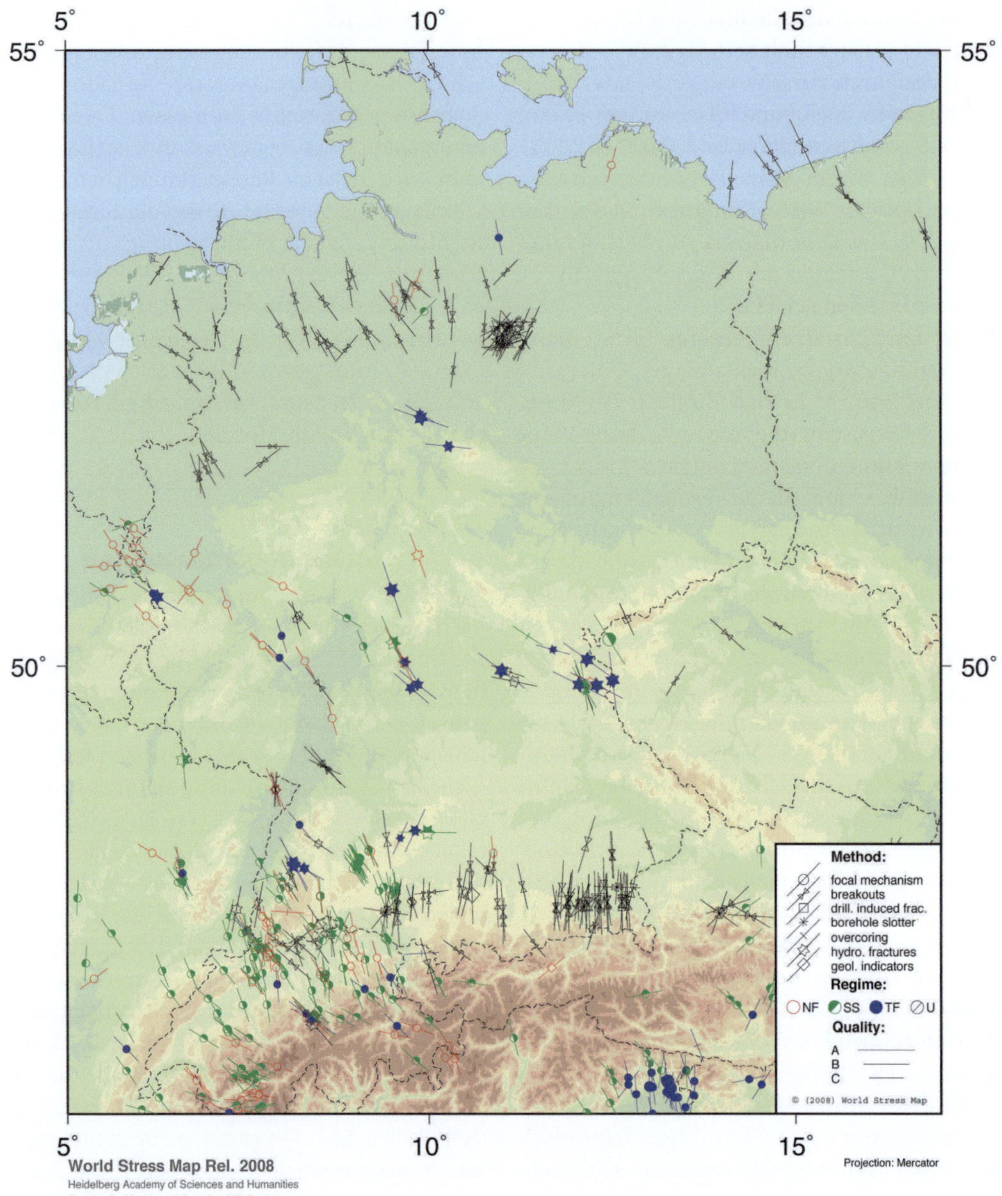

Abb. 2.35 Karte der Spannungsrichtungen in Deutschland (Quelle: Heidbach et al. 2008)

- Gebirgsbelastungsverfahren:
  - Hydraulic Fracturing, Einsatztiefe <2000 m
  - Kompensationsmessung mit Druckkissen im Ausbruch oder im Bohrloch

Für die Auslegung eines Erkundungsprogramms sollte sowohl die tektonische Gesamtsituation berücksichtigt werden (► Abschn. 3.5.1) als auch die Frage, welche Komponenten des Spannungstensors für das Projekt entscheidend sind (Doe et al. 2006). Da die einzelnen Messmethoden von unterschiedlichen Annahmen ausgehen, kann deren Zuverlässigkeit nur durch Vergleich der Messergebnisse beurteilt werden. Dabei ergeben sich häufig gute Übereinstimmungen in der Richtung der Hauptnormalspannungen, während hinsichtlich ihrer Größe deutliche Unterschiede gemessen werden (Könnings und Leipziger 1997; John und Poscher 2004).

Dementsprechend sind in der Datenbank zur World-Stress-Map Qualitätseinstufungen verwendet worden, welche Aussagekraft den einzelnen Messungen zugewiesen werden kann. Die Qualitätsstufe A zeigt die Richtung der größten horizontalen Hauptspannung (S_H), die das regionale Spannungsfeld mit einer Genauigkeit von ± 15° angibt. Messungen mit der Überbohrmethode (Triaxialsonde), bei der sowohl die Vertikal- als auch die Horizontalspannungen direkt ermittelt werden, haben dagegen nur örtliche Bedeutung (Reinecker und Wenzel 2006).

Bei der Überbohrmethode mit der **Triaxialsonde** wird in einem kleinen Pilotbohrloch (Ø 38 mm) eine Messpatrone verklebt und anschließend überbohrt (◘ Abb. 2.36). Die durch den Entspannungsvorgang beim Überbohren stattfindenden Deformationen im Bohrkern werden durch Dehnungsmessstreifen gemessen. Aus diesen Deformationen können unter Annahme eines Modells für das Spannungs-Dehnungs-Verhalten des Gebirges (meist linear-elastisch, isotrop) und der Kenntnis der elastischen Konstanten (E_v- bzw. E-Modul) die herrschenden Gebirgsspannungen ermittelt werden (s. Empfehlung 14 „Versuchstechnik Fels", 1990).

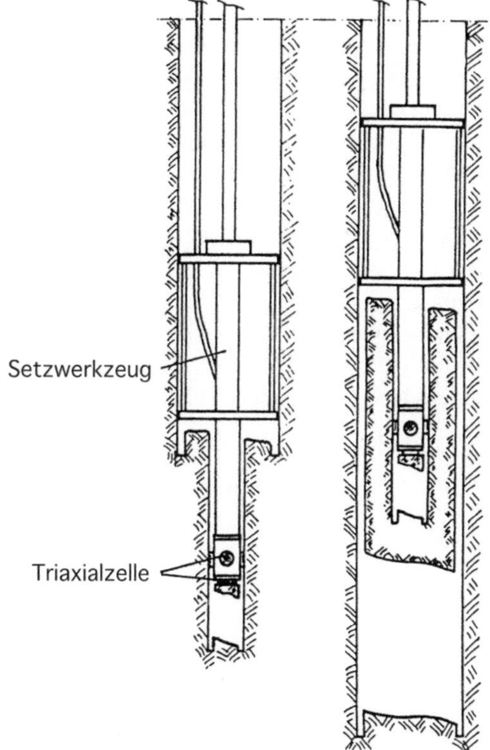

◘ **Abb. 2.36** Schema der Primärspannungsmessung nach der Überbohrmethode mit der Triaxialzelle (nach Firmenprospekt)

Bei der **Spannungsmessung mit Druckkissen** (Large oder Small Flat Jack) werden die Entlastungsverformungen an einem mit einem Diamantsägeblatt hergestellten Schlitz im Gebirge gemessen und der Wiederbelastungsdruck mit einem Druckkissen aufgebracht (Kompensationsprinzip). Das Messprinzip besteht darin, dass durch den auf das Druckkissen wirkenden Gebirgsdruck sich in diesem ein Flüssigkeitsdruck aufbaut, der über einen hydraulisch oder pneumatisch gesteuerten Gegendruck gemessen wird (DIN 4107-4: 2012). Um die Spannungsverteilung im Gebirge möglichst wenig zu beeinflussen, müssen die Spannungsgeber sowie ggf. eine notwendige Ausgleichsmasse in ihrer Steifigkeit etwa dem Gebirge entsprechen. Die Nachteile von Druckkissenmessungen sind, dass ein großflächiger Aufschluss nötig ist, die Messstellen meist im gestörten und entlasteten Bereich der Ausbruchswandungen liegen und dass je nach Anisotropie des Gebirges mehrere Messschlitze erforderlich sind (◘ Abb. 2.37).

In standfestem Gebirge kann die Installation von (meist) Horizontal-Spannungsgebern auch in Bohrlöchern erfolgen. Die Steifigkeit der Bohrlochverfüllung muss ebenfalls dem Gebirge angepasst werden.

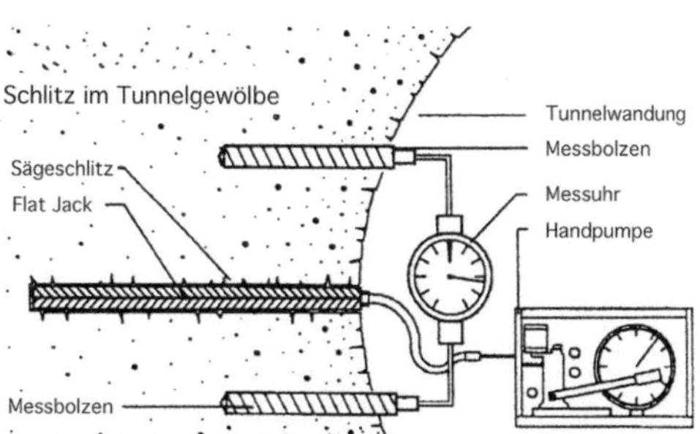

◘ **Abb. 2.37** Schema der Kompensationsmessung mit dem Druckkissen (Firmenprospekt)

Abb. 2.38 Rissausbildung beim Hydraulic-Fracturing-Versuch; σ_1 jeweils größte Hauptspannung

Bei der **Hydraulic-Fracturing-Methode** wird in einem durch Packer abgeschotteten, möglichst kluftarmen Bohrlochabschnitt ein Flüssigkeitsdruck aufgebracht, wodurch Risse im Gebirge erzeugt bzw. bereits vorhandene geschlossene Klüfte geöffnet werden. Danach wird durch wiederholte Injektionszyklen der Rissöffnungsdruck ermittelt. Aus dem Frac-Druck, dem Rissöffnungsdruck und den Raumlagen der Rissspuren, die nachträglich mit einem Abdruckpacker oder mit geophysikalischen Logging-Geräten ermittelt werden, können Rückschlüsse auf das Spannungsfeld im Bereich der Bohrung gezogen werden (Hammer et al. 1995; Fecker 1997).

Wenn die größte Hauptspannung vertikal gerichtet ist, bildet sich um das Bohrloch ein (vertikaler) Radialriss aus, der normal zur kleinsten Hauptspannung streicht (Abb. 2.38). Ist die größte Hauptspannung horizontal, so findet der hydraulische Aufreißdruck den geringeren Widerstand in der Vertikalen, und es entsteht ein Transversalriss, der (sofern vorhanden) Schichtgrenzen folgt. Während die Vertikalspannung S_v dem lithostatischen Druck gleichgesetzt wird und die kleinste horizontale Hauptspannung dem Druck entspricht, den Riss offen zu halten, ist die Magnitude der größten horizontalen Hauptspannung S_H nur schwer zu bestimmen.

Bei sehr vielen Hydraulic-Fracturing-Messungen sind in den oberen Bereichen hauptsächlich Transversalrisse und in größerer Tiefe Radialrisse aufgetreten, woraus auf einen horizontalen Spannungsüberschuss in den obersten Teilen der Erdkruste geschlossen wird (Abb. 2.39 und ► Abschn. 4.2.4).

Rückschlüsse auf die Richtung von Gebirgsspannungen können auch aus **Bohrlochwandausbrüchen** und z. T. auch typischen Bruchstrukturen an Bohrkernen aus tieferen Bohrungen gewonnen werden (s. Blümling und Schneider 1986; Lempp und Röckel 1999). Die Theorie geht davon aus, dass in einem unter einer gewissen horizontalen Spannung stehenden Gebirge am Bohrlochrand Spannungsumlagerungen und Spannungskonzentrationen auftreten, die zu Scherbrüchen und Bohrlochwandausbrüchen führen können (Abb. 2.40). Aus der Richtung der Bohrlochwandausbrüche ergibt sich die Richtung der maximalen horizontalen Hauptspannung. Auch scheibenförmiger Zerfall von Bohrkernen massiger Gesteinsarten aus tiefen Bohrungen (sog. Core Disking)

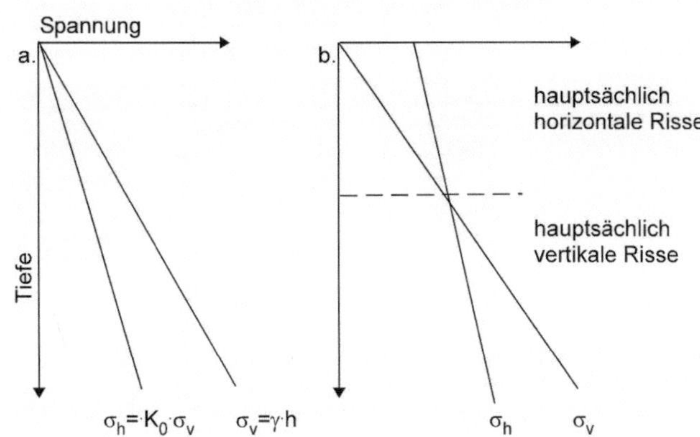

Abb. 2.39 Zunahme der Spannungen mit der Tiefe. Links theoretischer Spannungsverlauf; rechts Spannungsverlauf aus der Rissanordnung bei Hydraulic-Fracturing-Messungen

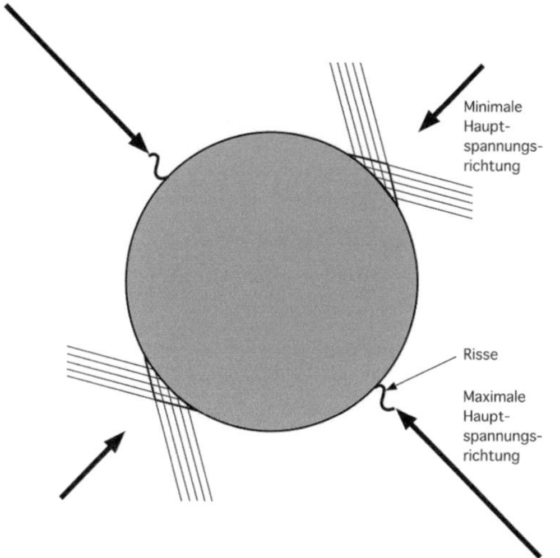

Abb. 2.40 Bohrlochwandausbrüche in Tiefbohrungen zeigen die Richtung der größten horizontalen Hauptspannung

sind ein Hinweis auf große Primärspannungen (Röckel und Lempp 2003).

2.7.10 Druckfestigkeit, Zugfestigkeit, Sprödigkeit

Der gebräuchlichste Begriff für die Festigkeit von Gesteinen ist die einaxiale Druckfestigkeit bei unbehinderter Seitendehnung. Sie wird an zylindrischen Proben mit vorgegebener konstanter Verformungsgeschwindigkeit ermittelt. Die einaxiale Druckfestigkeit findet Anwendung bei der Dimensionierung der Tragfähigkeit von Großbohrpfählen in Fels und felsähnlichen Böden. Darüber hinaus wird die einaxiale Druckfestigkeit häufig auch als Einflussgröße für die Standfestigkeit sowie für die Bohrbarkeit bzw. Lösbarkeit herangezogen (▶ Abschn. 8.4 und 17.2.9). Bei allen Bauleistungen, bei denen der Werkzeugverschleiß eine Rolle spielt, sind außerdem Angaben über die Gesteinsabrasivität zu machen.

2.7.10.1 Einaxiale Druckfestigkeit von Böden

Für die Durchführung und Auswertung des einaxialen Druckversuchs an Böden gilt DIN 18 136: 2003. Die aufgebrachte Vertikalkraft erzeugt zunächst eine Spannung, auf die der Probekörper mit zunehmender Verformung (Stauchung, Dehnung) reagiert, bis es zu einem Materialversagen und damit zum Bruch kommt. Dabei können sowohl eine Scherdeformation, d. h. die Ausbildung einer Scherfläche, als auch ein Verformungsbruch gem. ◘ Abb. 2.41 auftreten.

Als Bruchkriterium gilt der Höchstwert der Druckspannung σ aus dem Druck-Stauchungs-Diagramm. Wird bei der Stauchung kein Höchstwert der Druckspannung erreicht, so gilt eine Stauchung von 20 bzw. 15 % als Bruchkriterium. Die **einaxiale Druckfestigkeit** q_u entspricht dem Höchstwert der einaxialen Druckspannung σ (◘ Abb. 2.42):

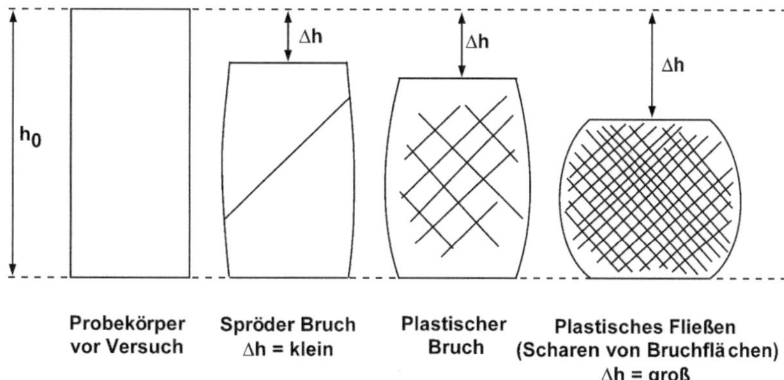

Abb. 2.41 Mögliche Bruchformen einer Bodenprobe im einaxialen Druckversuch

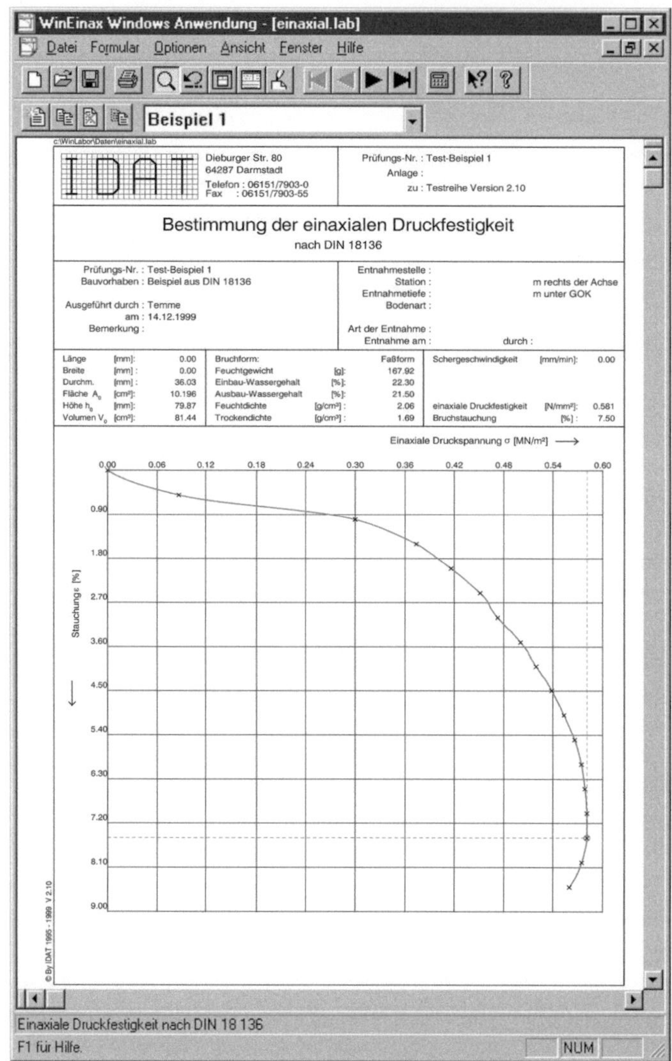

Abb. 2.42 Darstellung eines einaxialen Druckversuchs und ausgeworfene Ergebnisse (nach Firmenprospekt)

$$q_u = \max \sigma$$

Der Verformungsmodul aus dem einaxialen Druckversuch beträgt:

$$E_u = d_\sigma / d_\varepsilon$$

d = Spannungsbereich 0,3–0,7 σ_B

Die einaxiale Druckfestigkeit eines Bodens ist abhängig von Wassergehalt, Mineralogie, Struktur und Korngefüge sowie vorgegebenen Flächen. Einzelne Versuchsergebnisse haben nur sehr eingeschränkten Aussagewert und müssen durch Korrelation und regionale Erfahrungswerte abgesichert werden. Für bindige Böden gelten allgemein die nachstehenden Beziehungen zwischen der Konsistenz und der einaxialen Druckfestigkeit (Angaben nach der alten DIN 4017: 1979 und neuere Werte für Tonböden nach DIN 1054: 2005, Anhang A):

	Einaxiale Druckfestigkeit [kN/m²]	
	DIN 4017	DIN 1054
sehr weich	<25	
weichplastisch	20–50	
steifplastisch	50–100	120–300
halbfest	100–200	300–700
fest	>200	>700

Die sehr steifen bis halbfesten schluffigen Tone bis tonig-feinsandigen Schluffe des Tertiärs (Rupelton, Cyrenenmergel) weisen in der Tat einaxiale Druckfestigkeiten von 50–800 MN/m², i. M. 250–400 MN/m² auf, die gut halbfesten Mergel i. Allg. 600–1200 MN/m². Für halbfeste bis feste Opalinus- und Amaltheentone der Frankenalb geben Stiegler et al. (1998) in Abhängigkeit von der Trockendichte (1,83–2,30 t/m³) Werte für einaxiale Druckfestigkeiten von 100–1000 MN/m² an.

Der einaxiale Druckversuch wird auch verwendet, um die **undränierte Scherfestigkeit** c_u eines feinkörnigen Bodens zu ermitteln. Der c_u-Wert entspricht der halben einaxialen Druckfestigkeit (► Abschn. 2.8.4):

$$q_u / 2 = c_u$$

Diese Angabe gilt streng genommen nur für tonige Böden mit geringer Durchlässigkeit, die sich während des Versuchs hinreichend undräniert verhalten.

2.7.10.2 Druckfestigkeit von Gesteinen und Fels

Die einaxiale Druckfestigkeit von Gesteinen (q_u, früher σ_C, σ_D bzw. engl. UCS, „unconfined compressive strength") wird an makroskopisch rissfreien zylindrischen Gesteinskernen ermittelt. Für den Versuch gilt jetzt die DIN 18 141-1 (2014). Sie ersetzt die Empfehlung Nr. 1 „Versuchstechnik Fels". Die Prüfmaschine sollte Versuche mit Weg- oder Kraftregelung ermöglichen, sodass außer der einaxialen Druckfestigkeit auch die Verformungseigenschaften des Gesteine (V, E, ν) ermittelt werden können. Der Probendurchmesser darf nicht weniger als 48 mm betragen, das Verhältnis Durchmesser zu Länge (d : l) möglichst 1:2,5, aber nicht <1:2, da sonst zu hohe Festigkeitswerte (um bis zu 10 %) auftreten (Korrekturfaktoren s. Norm). Die Gesteinsdruckfestigkeit ist außerdem vom Wassergehalt abhängig, sodass auch immer anzugeben ist, ob es sich um bergfeuchtes Material oder um ausgetrocknete Kernproben handelt, die höhere Druckfestigkeiten ergeben. Bei veränderlich-festen Gesteinen ist der Wassergehalt zu bestimmen. Die Prüfbedingungen sind anzugeben und die Bruchform ist bildlich darzustellen, damit für den Anwender erkennbar ist, ob es sich um latente Flächenbrüche oder um einen primären Materialbruch handelt.

Bei dünnschichtigen oder geschieferten Gesteinen ist die einaxiale Druckfestigkeit nur bei Belastung senkrecht und parallel zu den Trennflächen bestimmbar. Bei Abweichung von diesen Belastungsrichtungen entstehen auf den Trennflächen Schubspannungen. Mit zunehmender Richtungsabweichung wird die Festigkeit des Gesteins allein durch die Scherfestigkeit auf diesen Flächen bestimmt, was zu einem Abfall der einaxialen Druckfestigkeit um 60–80 % führt (■ Abb. 2.43). Bei Versuchsergebnissen von dünnschichtigen oder geschieferten Gesteinen muss deshalb immer die Belastungsrichtung angegeben werden.

Bei den Prüfverfahren für Natursteine (DIN EN 1926) erfolgt die Bestimmung der Druckfestigkeit an Würfeln mit einer Kantenlänge von 50 mm oder an Zylindern mit einem Durchmesser und einer Höhe von 50 mm. Die Proben werden vorher bei 70 °C bis zur Massenkonstanz getrocknet, wodurch sich angeblich kaum veränderte Prüfwerte ergeben.

Die DIN EN 1997-2, Anlage W, gibt Empfehlungen für eine Mindestanzahl an Versuchen einer Gesteinsart in Abhängigkeit von der Streuung der Werte und vorliegenden Erfahrungen. Die genannte Höchstzahl von 6 Versuchen erscheint dabei zu niedrig. An Bohrkernen ermittelte Gesteinsdruckfestigkeiten stellen

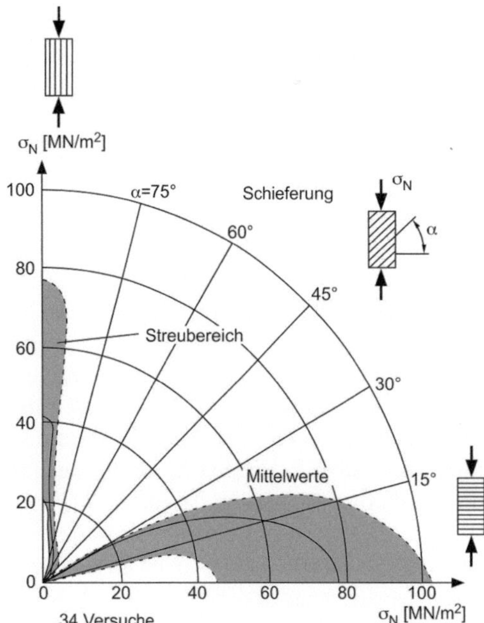

■ **Abb. 2.43** Einaxiale Druckfestigkeit eines Tonschiefers in Abhängigkeit von der Druckrichtung zur Schieferung

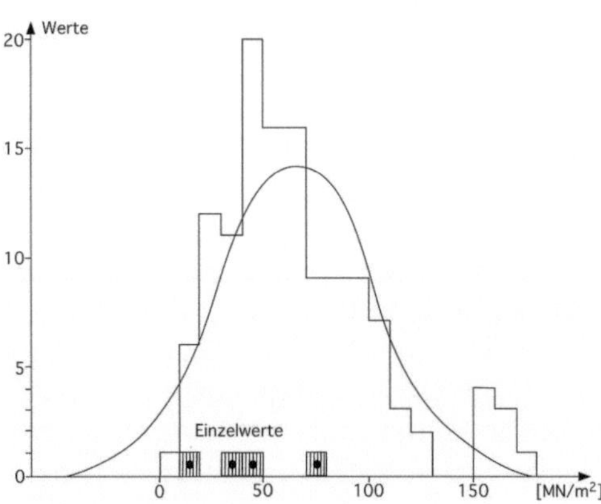

■ **Abb. 2.44** Mögliche Fehlinterpretation der einaxialen Druckfestigkeit von Einzelversuchen an Kalksteinkernen gegenüber dem Summendiagramm von 129 Werten

meist eine in doppelter Hinsicht einseitige Auswahl dar (■ Abb. 2.44). Einerseits können an Kernstücken mit geringen Druckfestigkeiten ($\leq$5 MN/m^2) praktisch keine Versuche durchgeführt werden, da solche wenig festen Gesteine meist bereits beim Bohren zerbrechen, andererseits stehen bei der Probenauswahl vielfach zunächst Fragen der Standfestigkeit und Tragfähigkeit im Vordergrund, sodass auch Kernabschnitte hoher Festigkeit weniger Beachtung finden. Für die Beurteilung der Bohrbarkeit und der Lösbarkeit sind aber gerade die hohen Festigkeitswerte entscheidend. Bei Angaben der Druckfestigkeit darf man sich daher nicht auf einzelne Versuchswerte beschränken, sondern muss immer eine Zuordnung der Versuchswerte zu Literaturangaben oder Erfahrungswerten vornehmen (s. a. Plinninger und Bruehlheide 2007; Plinninger et al. 2008).

Die großen Streuungen der Versuchswerte sind nicht nur Ausdruck unterschiedlicher Festigkeiten, sondern beruhen häufig auf latenten, zunächst nicht erkennbaren Mikrorissen an den Prüfkörpern. Um derartige Einflüsse zu minimieren, wird seit den 1970er-Jahren von einigen Instituten als zerstörungsfreie Prüfmethode die **akustische Impedanz** (Schallhärte in 10^6 kg/m^2 × s) verwendet (s. Merkblatt zur Felsbeschreibung im Straßenbau 1992 und Müller et al. 2009, 2010). Die akustische Impedanz ist das Produkt der Ultraschallgeschwindigkeit einer Gesteinsprobe mit der Dichte. Unterschieden wird die akustische Impedanz (P) als Produkt aus der Rohdichte und der P-Wellengeschwindigkeit und die akustische Impedanz (S) aus der Scherwellengeschwindigkeit (▶ Abschn. 6.5.5). Als Messgeräte dienen ein Ultraschallgenerator und ein Ultraschallempfänger (Müller und Pipping 2011). Alternativ kann die akustische Impedanz aus geophysikalischen Bohrlochmessungen gem. ▶ Abschn. 4.8.3 aus der Dichte und der Wellengeschwindigkeit abgeleitet werden.

Die akustische Impedanz (P) zeigt eine recht eindeutige lineare Abhängigkeit mit der einaxialen Gesteinsdruckfestigkeit rissfreier Prüfkörper (■ Abb. 2.45). Bei anisotropen Gesteinen empfiehlt sich auch wieder eine Durchschallung parallel und senkrecht zur Schieferung. Die einaxiale Gesteinsdruckfestigkeit q_u kann nach Putz-Perrier et al. (2014) auch in Abhängigkeit vom Reibungswinkel und von der Kohäsion ausgedrückt werden:

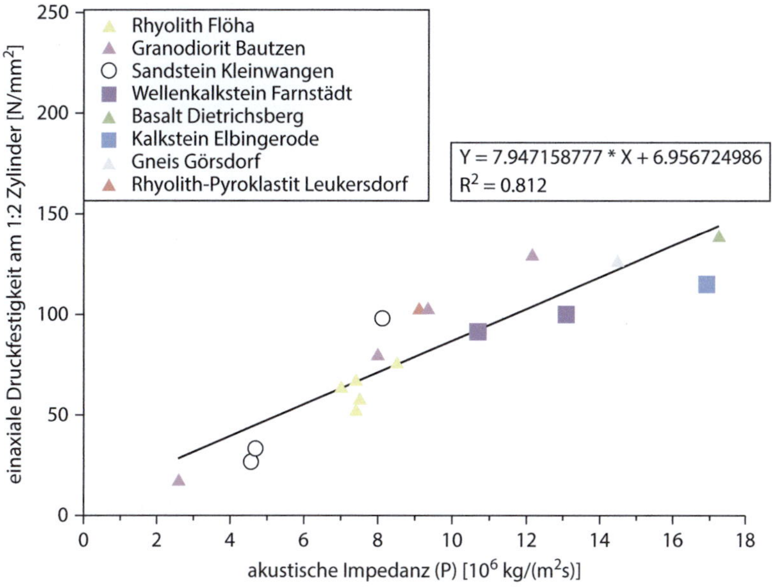

Abb. 2.45 Zusammenhang zwischen der einaxialen Gesteinsdruckfestigkeit und der akustischen Impedanz P (nach Müller und Pipping 2011)

$$q_u = 2c \times \frac{\sin\varphi}{1-\cos\varphi}$$

Die **dreiaxiale Druckfestigkeit von Gesteinen** kann in Hochdruck-Dreiaxialzellen ermittelt werden (Empfehlungen Nr. 2 „Versuchstechnik Fels"). Die erhaltenen Werte sind vom Seitendruck abhängig und entsprechen bei der Auswertung über den Mohrschen Spannungskreis der Gebirgsscherfestigkeit. Resultate von dreiaxialen Druckversuchen an Ton- und Sandmergeln bringen Glawe und Blümling (1997).

Eine allgemein gültige **Klassifikation der Gesteine nach der Druckfestigkeit** liegt nicht vor. Allgemein gilt (in MN/m^2):

q_u	
<1	Boden
1–10	entfestigte oder schwach verfestigte (mürbe) Gesteine
>10	Festgesteine

Tab. 2.8 zeigt einige gängige Einteilungen. In ähnlicher Größenordnung liegen auch andere Tabellenwerte (► Abschn. 3.4.1). Die ISRM definiert schlechten oder sehr schlechten Fels über Gesteinsdruckfestigkeiten von 0,25–25 MN/m^2.

Eine Zuordnung der einaxialen Gesteinsdruckfestigkeiten und von Rückprallwerten (s. u.) zu den Verwitterungsgraden enthält das FGSV-Merkblatt Felsbeschreibung (1992; Tab. 3.6). Eine ausführliche Zusammenstellung von Gesteinskennwerten metamorpher Gesteine der Alpen bringen Czech und Huber (1990). Plinninger und Bruehlheide(2007) haben u. a. Diabase des Rheinischen Schiefergebirges (31–214 MN/m^2) und Fanglomerate aus dem Schwarzwald (36–96 MN/m^2) untersucht, und zwar Bohrproben im Vergleich zu Haufwerksproben. Fischer und Schultz (1995) geben für Gesteine des Buntsandsteins auch Korrelationen der Druckfestigkeit zum Elastizitätsmodul E und von diesem zum Verformungsmodul E_v. Kleffner et al. (2006) nennen einaxiale Gesteinsdruckfestigkeiten für gipsführende, wenig auslaugungsgeschädigte Tonsteine der Rötbasis von q_u = 3–41 MN/m^2. Hanke et al. (2001) bringen Gesteinsdruckfestigkeiten für Keupersandsteine von q_u = 0,8–51,6 MN/m^2

Tab. 2.8 Klassifikation der Gesteine in Abhängigkeit von der einaxialen Druckfestigkeit q_u (in MN/m^2)

DIN 1054 (2005)	DIN EN 16907-2 (E 2015)	ISRM-Empfehlung 1978/1981 und DIN EN ISO 14 689-1:2004	Gesteinsarten
	>250 = äußerst fest	>250 = extrem hoch	Basalt, Diabas, Quarzit, feinkörniger Granit, Gneis, quarzitischer Sandstein, Kalkmarmor
	100–250 = sehr fest	100–250 = sehr hoch	
>50 = hart	50–100 = fest	50–100 = hoch	Gneis, Kalkstein, Tonschiefer, Sandstein, Granit, Dolomitstein
12,5–50 = mäßig hart	25–50 = mittelfest	25–50 = mäßig hoch	Sandstein, Tonschiefer, Kalkmergelstein
5–12,5 = mäßig mürb	5–25 = brüchig	5–25 = gering	Salzgesteine, Kreide, Mergelsteine, Tonsteine
1,25–5 = mürb	1–5 = sehr brüchig	1–5 = sehr gering	vulkanischer Tuff
<1,25 = sehr mürb	<1 = äußerst brüchig	<1 = extrem gering	stark verwitterte und entfestigte Gesteine

und für die eingelagerten Steinmergel-Quacken von q_u = 10–120 MN/m^2. Für unausgelaugten Gipskeuper geben Wahlen und Wittke(2009) Werte von 5–80 MN/m^2 mit einem Mittelwert von 27 MN/m^2 an, und für mehr oder weniger ausgelaugte Ton- und Schluffsteine des Gipskeupers nennen Keuser et al. (2005) Werte von 5–25 MN/m^2. Für Kalksteine des Oberen Jura nennen Neumann et al. (2005a, b) als statistisches Minimum Werte von 35–84 MN/m^2. Für Kalksteine des Tertiärs geben Katzenbach und Vogler (2004) aus 76 Versuchen q_u-Werte von 18–200 MN/m^2 an, mit einem Mittelwert von 84 MN/m^2. Für die Tertiärquarzite in Leipzig nennen Scheffler et al. (2004) eine Streubreite von q_u = 11–242 MN/m^2 und für die zugehörige Spaltzugfestigkeit von q_z = 0,75–12,9 MN/m^2.

Als einfacher Indexversuch zur Bestimmung der sog. abgeleiteten Gesteinsdruckfestigkeit kann der **Punktlastversuch** (PLT) herangezogen werden (Empfehlung Nr. 5 „Versuchstechnik Fels" bzw. ISRM-Empfehlung 1985; s. a. DIN EN 1997-2). Dabei wird ein Bohrkernstück (d/h < 1,0) oder ein quaderförmiger Probekörper (h/b < 1,0) zwischen zwei abgestumpften Kegelspitzen bis zum Trennbruch belastet (Abb. 2.46).

Abb. 2.46 Punktlastgerät

Der Lastpunktabstand *l* zwischen den beiden Kegelspitzen soll etwa 50 mm betragen. Der Punktlastindex i_s (als Einzelversuch) beträgt:

$$I_s = \frac{F_B}{A} (in\, N/mm^2)$$

F_B = Bruchkraft (in kN)
A = Probekörperfläche (in mm)

A ist im Regelfall $l \times h$ bzw. $l \times d$ (Höhe bzw. Durchmesser der Probe). Außerdem muss die Bruchfläche durch die beiden Lasteinleitungspunkte gehen. Die o. g. Empfehlung enthält weitere Formeln für verschiedene Probekörper.

Der Versuch ist für feste und spröde Gesteine geeignet. Mit dem Versuchsergebnis sind jeweils Angaben zum Probekörper, etwaigen Anisotropiebedingungen und zur Bruchform zu machen. Der Versuch wird i. d. R. an lufttrockenen Probekörpern vorgenommen. Bei wassergehaltsempfindlichen Gesteinsarten ist zu vermerken, ob etwa ein natürlicher Wassergehalt oder Lufttrocknung vorgelegen hat.

Der Indexwert ist von den Abmessungen und der Form der Probekörper abhängig. Als Vergleichswert dient der Punktlastindex eines quaderförmigen Probekörpers von 50 × 50 mm. Dieser wird als $i_{s(50)}$ bezeichnet. Bei abweichenden Lastpunktabständen kann der Indexwert nach einer empirischen Gleichung (s. obige Empfehlung) bzw. vereinfacht nach ◘ Abb. 2.47 umgerechnet werden:

$$i_{s(50)} = A/(2500)^{0{,}225} \times I_s$$

Der Mittelwert von mindestens 10 Einzelversuchen wird als **Punktlastfestigkeit** I_s bzw. $I_{s(50)}$ bezeichnet.

Der Punktlastindex $I_{s(50)}$ wird entweder direkt als Vergleichswert für die Gesteinsfestigkeit verwendet, oder es kann daraus mithilfe eines gesteinsspezifischen Umrechnungsfaktors *c* die (abgeleitete) einaxiale Druckfestigkeit ermittelt werden, die mit einem * zu kennzeichnen ist:

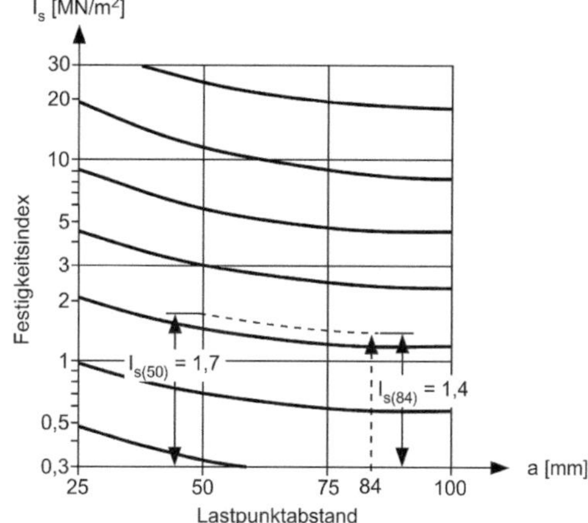

◘ **Abb. 2.47** Diagramm zur Korrektur der Ergebnisse von Punktlastversuchen beliebigen Durchmessers auf einen Lastpunktabstand von 50 mm ($I_{s/50}$) (aus Wittke 1984)

$$q_u{}^* = c \times I_s bzw. c \times I_{s(50)}$$

Der Umrechnungsfaktor *c* wird in der Literatur mit 14 < *c* > 26 (bzw. >40) angegeben. Der Faktor *c* sollte am besten für jede Versuchscharge über vergleichende einaxiale Druckversuche ermittelt werden. Für Röttonsteine mit q_u = 10–30 MN/m² ergab sich z. B. ein Umrechnungsfaktor von *c* = 10 (Strauß 1996); bei halbfesten Kreidemergeln mit q_u = 1–20 MN/m² fand Schimmer (1989) einen Faktor von *c* = 9, und für halbfeste Tonsteine mit q_u = 5–20 MN/m² gibt Becker (1993) einen Faktor von 5 an. In der o. g. Empfehlung wird für Innsbrucker Quarzphyllit normal zur Schieferung mit q_u = 20–100 ein Faktor von 15,6 und für Quarzit ein Faktor von 20 genannt. Insgesamt ist die Anwendung des Punktlastindex bei Gesteinsdruckfestigkeiten <25 MN/m² umstritten (Hoek 1999). Die DIN EN 16 907-2: E 2015 enthält eine Tabelle (dort ◘ Tab. 4a) „Punktlastindex I_{s50}/Druckfestigkeit", allerdings auf Basis eines Umrechnungsfaktors von 25 für alle Gesteinsfestigkeiten von 1–250 MPa (s. a. ◘ Tab. 3.6).

Als einfache Baustellenmethode zur Beurteilung der Gesteinsfestigkeit werden auch die Rückprallwerte mit dem Schmidt-Betonprüfhammer (DIN EN 12 504-2: 2001)

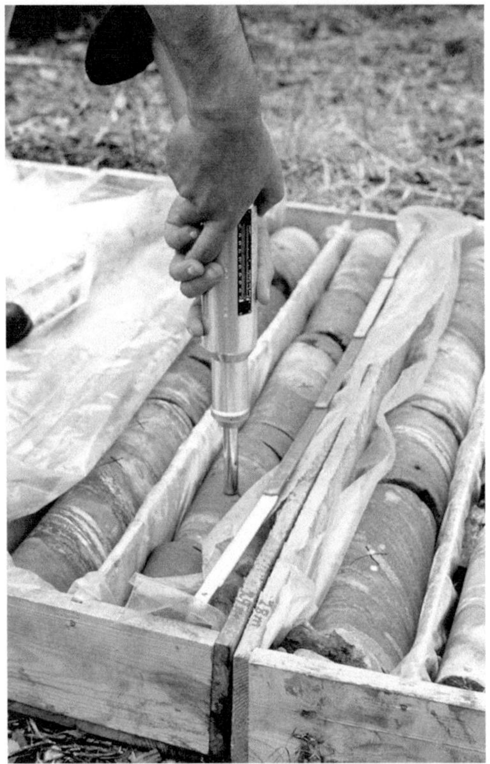

■ **Abb. 2.48** Ermittlung der Rückprallwerte mit dem Schmidt-Betonprüfhammer

herangezogen. Die rissfreien Kernstücke mit frischer, sauberer Oberfläche sollten mindestens 0,2 m lang sein (■ Abb. 2.48). Der Test kann in fest aufstehenden Kernkisten vorgenommen werden. Der Rückprallwert wird als arithmetisches Mittel von 3 Einzelschlägen in einem engen Bereich oder (besser) von 5 Einzelschlägen unter Abzug offensichtlicher Ausreißer (Abweichung >5 Einheiten) angegeben. Für die Zuordnung in Bezug auf die Gesteinsfestigkeit liegen für verschiedene Gesteinsarten unterschiedliche Auswertungen vor (Striegel 1984; Krauter et al. 1985; Woszidlo 1989).

Die zur Gesteinsdruckfestigkeit analoge Gebirgsdruckfestigkeit bei einaxialer Beanspruchung findet nur bei der Frage der Standfestigkeit der Ulmen und der Ortsbrust bzw. bei Gebirgspfeilern im Bergbau direkte Anwendung. In der Praxis können einaxiale und vor allen Dingen dreiaxiale Gebirgsdruckfestigkeiten durch Druckversuche an Großbohrkernen (Ø 0,5–1,0 m) ermittelt werden. In der Regel erfolgen jedoch Angaben über Gebirgsdruckfestigkeiten als Abschätzung aus einaxialen Gesteinsdruckfestigkeiten. Nach Reik und Hesselmann (1981) gelten folgende Faustregeln:

Massiges, kaum geklüftetes Gebirge:	$q_{u(Gebirge)} \approx 0{,}9\ q_{u(Gestein)}$
Homogenes, undeutlich geschichtetes, wenig geklüftetes Gebirge (z. B. Tonsteine):	$q_{u(Gebirge)} \approx 0{,}4\text{–}0{,}6\ q_{u(Gestein)}$
Bankiges und geklüftetes Gebirge (z. B. Kalksteine, Sandsteine):	$q_{u(Gebirge)} \approx 0{,}1\text{–}0{,}2\ q_{u(Gestein)}$

Bei bankigen Wechselfolgen, etwa Kalkstein/Tonstein oder Sandstein/Tonstein, ist die Gebirgsfestigkeit i. d. R. nach den ungünstigeren Gesteinskennwerten der Tonsteine einzuschätzen.

2.7.10.3 Zugfestigkeit und Sprödigkeit bzw. Zähigkeit

Unter Zugfestigkeit (q_z, früher σ_z) versteht man die Bruchspannung eines einachsig durch eine Zugkraft beanspruchten Körpers. Sie ist neben der Druckfestigkeit und dem Verformungsverhalten ein wesentlicher Kennwert für die Beschreibung der mechanischen Eigenschaften eines Gesteins.

Eine gewisse **Zugfestigkeit von Lockergesteinen** wird durch die Kapillarkräfte stärker kohäsiver toniger Böden ausgelöst und ist damit hochgradig vom Wassergehalt abhängig. Bei den Prüfmethoden zur Ermittlung der Zugfestigkeit bindiger Böden sind indirekte (einaxialer Druckversuch gem. ▶ Abschn. 2.8.4) und direkte Verfahren zu unterscheiden. Die Auswertung des einaxialen Druckversuchs erfolgt nach der empirischen Formel

$$q_z = \frac{1}{8} q_u$$

Als direktes Verfahren beschreiben Köditz et al. (2016) einen angepassten Modified Tension Test (MTT-Boden). Die Ergebnisse einer umfangreichen Versuchsreihe an allerdings aufbereiteten

TM- und TL-Böden zeigen bei den TM-Böden durchaus vergleichbare Werte mit den oben genannten einaxialen Druckversuchen, während die Zugfestigkeitswerte der TL-Böden deutlich niedriger liegen.

Die **Zugfestigkeit von Festgesteinen** ist abhängig von der Körnung, der Kornbindung und der Verzahnung des Korngefüges (s. ► Abschn. 3.4.1.1). Die Ermittlung der direkten Gesteinszugfestigkeit ist relativ aufwendig, sodass allgemein indirekte Prüfverfahren zur Anwendung kommen (s. Baumgarten 2013). Diese sind der Spaltzugversuch, und zwar entweder nach der Empfehlung Nr. 10 „Versuchstechnik Fels", oder dem sog. Brazilian-Test nach ISRM 1978. Beides sind Druckversuche an scheibenförmigen Prüfkörpern (◘ Abb. 2.49). Die Versuche sind durch Normen und Prüfverfahren reglementiert.

Da die maßgebenden Spannungszustände bei den genannten Prüfverfahren sehr komplex sind, erfolgt die Auswertung und Übertragung in direkte Zugfertigkeitswerte über empirische Ansätze und Korrekturfaktoren.

Als Versuch der direkten einaxialen Gesteinszugfestigkeit stellen Plinninger et al. (2004) den an der TU Graz entwickelten Modified Tension Test (MTT) vor. Die Auswertung erfolgt über eine Formel.

Die verschiedenen Prüfverfahren ergaben z. B. für einen fein- bis mittelkörnigen Quarzporphyr aus dem Thüringer Wald folgende Gesteinszugehörigkeitswerte

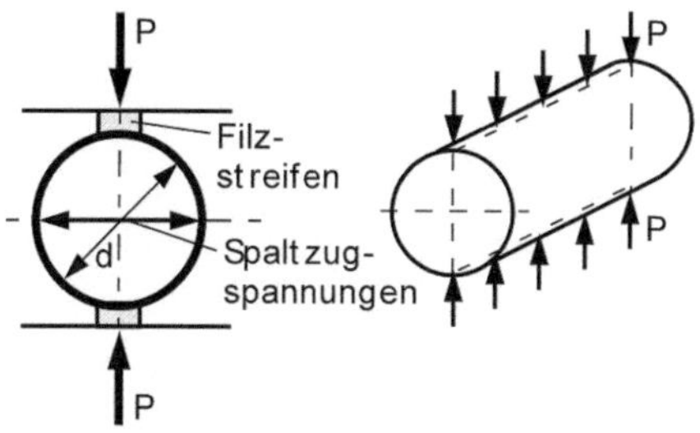

◘ **Abb. 2.49** Prinzip des Spaltzugversuchs (aus Maidl 1988), wobei *h* = Probenlänge (in mm); $q_z = (2 \times F)/(\pi \times d \times l)$; q_z = Zugfestigkeit (in N/mm²); *F* = Bruchkraft (in N); *d* = Probendurchmesser (in mm) und *l* = Probenlänge (in mm)

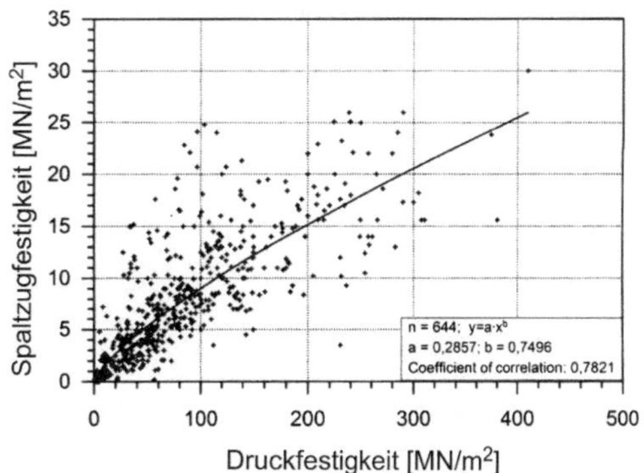

◘ **Abb. 2.50** Korrelation von einaxialer Druckfestigkeit und Spaltzugfestigkeit für verschiedene Gesteine (nach Köppl et al. 2009)

MTT-Versuch	3,8 ± 0,97 MN/m²
Brasilian Test	7,2 ± 1,6 MN/m²
Punktlastversuch	8,0 ± 1,0 MN/m²
(Plinninger et al. 2004)	

Die einaxiale Druckfestigkeit des Quarzporhyrs lag bei 102.3 ± 9,1 MN/m². Das Verhältnis q_u/q_z entspricht der üblichen Faustformel, nach der die Gesteinszugfestigkeit 1/5 bis 1/15 der Gesteinsdruckfestigkeit beträgt (◘ Abb. 2.50). Bei geschichteten oder geschieferten Gesteinen ist ebenfalls wieder die Festigkeitsanisotropie zu berücksichtigen. Die Zugfestigkeit senkrecht zu Schicht- und Schieferungsflächen ist meist sehr niedrig. Auf durchgehenden Trennflächen ist mit einem Abfall der Zugfestigkeit auf 0 zu rechnen.

Die **Gebirgszugfestigkeit** ($q_{z(Gebirge)}$) ist erheblich niedriger als die Gesteinszugfestigkeit. Sie wird aber als Folge noch vorhandener Materialbrücken und der Verzahnung der Kluftkörper allgemein als vorhanden angenommen und ist stark richtungsabhängig. Senkrecht zu durchgehenden Großklüften und auf glatten oder mit Glimmer belegten Schichtflächen ist i. d. R. keine Gebirgszugfestigkeit vorhanden.

Ein weiterer Begriff für die Gesteinsfestigkeit i. w. S. und mit unzureichender Definition ist die **Zähigkeit bzw. Kompetenz oder Sprödigkeit eines Gesteins**. Als Charakterisierung der Zähigkeit wird i. d. R. das Verhältnis

Tab. 2.9 Kompetenz der Gesteine in Abhängigkeit vom Verhältnis q_u/q_z

	q_u/q_z	Gesteine
Sehr spröde	>20	Quarzit, Granit und quarzitische Sandsteine
Spröde	20–10	Granit, Gneis, harte Sandsteine, Kalksteine, Dolomitsteine und Tonschiefer
Zäh	10–5	angewitterter Granit und Gneis, feste–mürbe Sandsteine und Tonschiefer
Sehr zäh	<5	Tonsteine, Mergelsteine, Phyllite und Anhydrit

von Druck- zu Zugfestigkeit herangezogen (Tab. 2.9). Bei kompetenten Gesteinen folgt auf nur geringe elastische Verformung unmittelbar der Bruchvorgang (sog. Sprödbruch) und meist auch eine rasche Rissausbreitung. Bei inkompetentem, d. h. zähem (duktilem) Bruchverhalten treten sowohl vor dem Bruch (sog. Zähbruch) als auch danach (Post-failure-Bereich) große plastische Verformungen auf (s. a. ► Abschn. 3.4.1). Als besonders zäh gelten metamorphe Gesteine mit verfilzten Mineralaggregaten.

Ein anderer Ausdruck für die Sprödigkeit bzw. Zähigkeit eines Gesteins ist sein Nachbruchverhalten im Post-failure-Bereich (► Abschn. 2.7.3). Die Arbeitslinie im Spannungs-Dehnungs-Diagramm fällt bei spröden Gesteinen steil ab, während die bei zähen Gesteinen mehr oder weniger flach ausklingt (s. a. Wilfing et al. 2013).

2.7.11 Volumenzunahme durch Quellen

Die mit Wasserzutritt verbundenen Volumenzunahmen von bestimmten Ton- und Sulfatgesteinen sind sehr vielgestaltig und können erhebliche Beträge erreichen. Bei Behinderung des Quellvorgangs treten entsprechende Quelldrücke auf (► Abschn. 17.5.2.2 und 19.2.2). Die Begriffe für den Vorgang der Volumenzunahme sind in der Literatur uneinheitlich. In DIN 4019:2014 wird für eine Dehnung durch Abnahme der wirksamen Spannungen die Bezeichnung „Schwellen“ verwendet, praktisch als Gegenstück zur Konsolidation. Unter „Quellen“ wird eine Volumenzunahme durch Einlagerung von Wasser, entweder in die Tonminerale oder bei der Umwandlung von Anhydrit zu Gips, verstanden. Die angeführten Vorgänge lassen sich jedoch gerade beim Tonquellen nicht trennen, sodass in dieser Auflage der Begriff des Quellens bevorzugt wird.

2.7.11.1 Quellen toniger Gesteine

Beim Quellen toniger Gesteine handelt es sich um einen physikalischen Vorgang der Wasseraufnahme unter gleichbleibender oder abnehmender Belastung. Bei vorangegangener oder gleichzeitig abnehmender Belastung wird das Quellen von einem Schwellvorgang überlagert, der primär von der Abnahme der effektiven Spannungen abhängig ist.

Beim Quellvorgang sind zwei Mechanismen zu unterscheiden:

- Innerkristalline Quellung durch Einbau von Wassermolekülen an austauschbare Kationen im Zwischenschichtraum der quellfähigen Tonminerale (► Abschn. 2.2.8). Der Vorgang wird auch als Hydration bezeichnet und findet größtenteils im Rahmen der natürlichen Wassergehaltsänderungen ohne größere Volumenänderung statt.
- Osmotische Quellung durch Wasseraufnahme in den Poren des Tons bzw. an den Tonmineraloberflächen infolge Entlastungsdeformation.

Die Größe der Quellerscheinungen ist abhängig von Art, Anteil und Orientierung der quellfähigen Tonminerale, vom Spannungszustand, von der Wasserwegigkeit (auch Diffusion) sowie davon, ob der Quellvorgang bereits teilweise

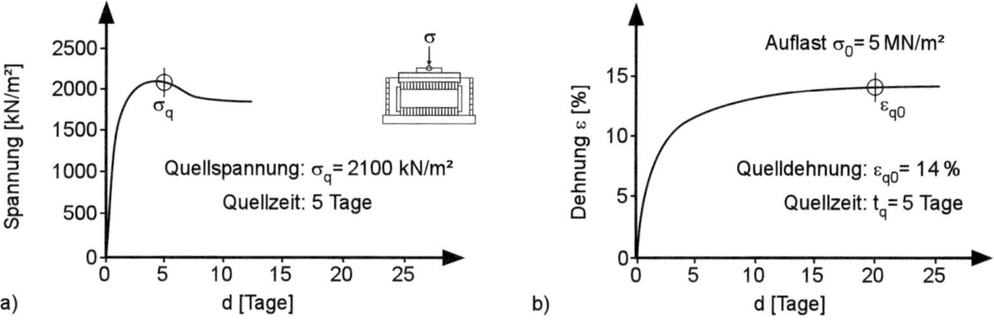

Abb. 2.51 Quellversuch und Quellhebungsversuch zur Ermittlung der max. Quellspannung bzw. der Quellhebung bei definierter Entlastung (s. Text) – nach Hiltmann und Stibrny (1998)

oder ganz vollzogen ist. Aus diesem Grund ist die Quellfähigkeit in Oberflächennähe meist deutlich reduziert, und die quellfähigen Tonminerale bewirken nur noch eine Plastifizierung. Auch unverwitterte Tonsteine mit diagenetischer Bindung weisen i. d. R. keine Quellneigung auf. Mit zunehmender Verwitterung geht die diagenetische Verfestigung aber verloren, und das Quellvermögen nimmt zu. Auch zerscherte Tonschiefer können, besonders bei tektonisch oder hydrothermal bedingten Tonmineralumwandlungen, ein erhebliches Quellpotenzial aufweisen (► Abschn. 3.4.4 und 17.5.2.2).

Die Orientierung der Tonminerale bewirkt eine deutliche Anisotropie des Quellvorgangs mit einer maximalen Volumenzunahme senkrecht zur Schichtung.

Die **Ermittlung des Quellverhaltens** erfolgt i. d. R. im Kompressionsversuchsapparat nach der Empfehlung Nr. 11 „Versuchstechnik Fels", Quellversuche an Gesteinsproben, wobei folgende Versuchsarten unterschieden werden:

- **Quelldruckindex bei konstantem Volumen**: Ermittlung des maximalen Quelldrucks σ_q, der sich einstellt, wenn eine auf σ_0 entlastete Probe bei Zugabe von entmineralisiertem Wasser auf einem konstanten Volumen gehalten wird (Abb. 2.51a).
- **Quellhebungsindex bei radialer Behinderung und axialer Belastung:** Ermittlung der axialen Quelldehnung ε_{q}, die sich bei stufenweiser Entlastung von dem der Entnahmetiefe entsprechenden Gebirgsdruck (400 kN/m^2) auf eine vorgegebene Mindestspannung (z. B., $\sigma_o = 5$ kN/m^2) einstellt, wenn die in ihrer radialen Dehnung behinderte Probe unter Wasser gesetzt wird (Abb. 2.51b).
- **Quellversuch nach** Kaiser/Henke **bzw. Empf. Nr. 11 „Versuchstechnik Fels":** Ermittlung der axialen Spannung σ_{qA}, die notwendig ist, um eine eingetretene Quellhebung rückgängig zu machen. Bei diesem Versuch wird vor Beginn der Quellhebungsstufen im Ödometer ein Be-, Ent- und Wiederbelastungszyklus gefahren.
- **Quellversuch bei unbehinderter Dehnung nach** Huder und Amberg (1970): Bei diesem Versuch wird vor Beginn der eigentlichen Quellhebungsstufen im Ödometer ebenfalls ein Be-, Ent- und Wiederbelastungszyklus gefahren. Mit dem Versuch können sowohl die Quelldehnung (Quellmaß) als auch die Druckspannung ermittelt werden, die nötig ist, um eine Quellung zu verhindern.

Als Anhaltswert für die Probengröße wird in DIN EN 1997-2, Anhang V, eine Mindestdicke von 15 mm und ein Mindestdurchmesser der 2,5- bzw. 4-fachen Dicke genannt.

Das freie Quellmaß (in %) und der maximale Quelldruck σ_q bei vollkommen behinderter Quelldehnung kennzeichnen das Quellpotenzial eines Bodens unter Laborbedingungen. Die Versuchsergebnisse von Quellversuchen der verschiedenen Versuchsarten und auch verschiedener Labore streuen meist deutlich, sodass im

Einzelfall eine auf die Problemstellung abgestimmte Versuchsdurchführung gewählt werden muss. Zu beachten ist auch, dass Quellhebungen in Tonen und Tonsteinen verhältnismäßig rasch und damit in der Praxis häufig ohne bauliche Auswirkungen ablaufen.

Die Größenordnung der maximal zu erwartenden, vorwiegend osmotisch bedingten Quellhebungen liegt bei mehreren Zentimetern bis einigen Dezimetern, der entsprechende Quelldruck meist bei 0,2–2,0 MN/m^2 (Stiegler et al. 1998; v. Wolffersdorf et al. 2004; Braza und Kitzler 2006; Kirschke 2010).

Um Quellhebungen vollständig zu unterdrücken, sind relativ hohe Drücke erforderlich, da damit auch die innerkristalline Quellung unterbunden werden muss. Lässt man jedoch eine gewisse Quellhebung von etwa 1–2 % zu, so kann in vielen Fällen die weitere Hebung mit wesentlich kleineren Spannungen beherrscht werden. Diese Abhängigkeit des Quelldrucks von der Quellhebung kann in den Laborversuchen nach der o. g. Empfehlung Nr. 11 ermittelt werden. Ist die vertikale Spannung größer als der maximale Quelldruck, wird jede Quellhebung unterdrückt. Wenn man dagegen die vertikale Spannung verringert, entwickelt sich ein Quelldruck. Lässt man eine gewisse Quellhebung zu und hält diese konstant, konvergiert der Quelldruck gegen einen Endwert, der mit größerer zugelassener Quellhebung geringer wird. Dieses auf die Quellversuche von Huder und Amberg (1970) zurückgehende Quellgesetz wurde auf dreidimensionale und zeitabhängige Abläufe erweitert (Wittke et al. 2004b, darin Lit.) und ist Grundlage für eine numerische Abschätzung des Quellverhaltens.

2.7.11.2 Quellhebung und Umwandlungsdruck bei der Hydration von Anhydrit

Bei anhydrithaltigen Gesteinen tritt bei andauernder Feuchtigkeitseinwirkung ein chemischer Vorgang der **Umwandlung von Anhydrit in Gips** auf, und zwar in Form von

$$CaSO_4 + 2H_2O = CaSO_4 \times 2H_2O,$$

der von einer theoretischen Volumenvergrößerung um etwa 17 % in jeder Richtung, insgesamt 61 % begleitet ist. Der Prozess wird in ► Abschn. 19.2.2 beschrieben. Die Wasserbewegung im Gebirge erfolgt primär auf Trennflächen oder Neubrüchen infolge Gebirgsentlastung und dringt, von den Flächenwandungen ausgehend, über feine Risse bzw. kapillar und diffusiv in das quellfähige Gestein ein. Nach Wittke (2003) und Wahlen und Wittke (2009) werden zur Umwandlung von 1 m^3 Anhydrit in Gips theoretisch 0,78 m^3 Wasser benötigt. Durch die infolge zeitverzögerter Wasserzufuhr nur allmähliche Wasseraufnahme ist auch der daraus resultierende Quellvorgang zeitabhängig. Der bei der Hydration von Anhydrit zu Gips auftretende Druck wird auch als **Umwandlungsdruck** bezeichnet. Anfällig für diese Erscheinungen sind weniger massige Anhydritbänke, die selbst meist wenig wasserwegsam sind, als vielmehr dünnschichtige Wechsellagerungen und Mergel mit fein verteiltem Anhydrit, und zwar schon bei einem Anhydritanteil von etwa 5 %. Häufig tritt in solchen Abfolgen das quellfähige Mixed-Layer-Mineral Corrensit auf (► Abschn. 2.2.8). Bei solchen Mischgesteinen ist davon auszugehen, dass zunächst ein Tonquellen eintritt, wodurch feine Risse entstehen, deren Wasserwegsamkeit das Anhydritquellen auslöst und beschleunigt. Durch Umwandlung von Anhydrit in Gips bedingte Quelldruckerscheinungen bzw. -hebungen können über Jahrzehnte anhalten.

Die Erscheinungen der Hydration sind auf den Gebirgsbereich unterhalb des Anhydritspiegels beschränkt. Wo der Sulfatanteil schon restlos in Gips umgewandelt ist, treten keine Sohlhebungen durch Umwandlungsdruck mehr auf (► Abschn. 19.2.2.1).

Laboruntersuchungen auf diesen Umwandlungsprozess werden ebenfalls in speziellen, auf höhere Drücke ausgelegten Kompressionsversuchsständen vorgenommen, und zwar möglichst als Langzeitversuche. Unterschieden werden auch hier Quellhebungsversuche, bei denen die Proben unter einem festgelegten Druck konstant belastet und die auftretenden Hebungen gemessen werden, sowie

Quelldruckversuche, bei denen die Hebung verhindert und der durch die Volumenzunahme entstehende Druck gemessen wird.

Die Phänomene des Quellens von anhydrithaltigen Gesteinen bei Wasserzutritt sind zwar mit den Quellvorgängen bei Tonen vergleichbar, sie sind in ihrer Größenordnung und in ihren Auswirkungen aber weitaus ausgeprägter und wegen der in der Natur meist recht inhomogenen Ausbildung bzw. Verteilung des Anhydrits im Laborversuch wesentlich schwerer zu erfassen. Die unbehinderten Quellhebungen können Dezimeter- bis Meterbeträge erreichen (Messwerte 0,4–1,6 cm/Jahr über Jahrzehnte); die entsprechenden Quelldrücke erreichen im Laborversuch 8–10 MN/m^2, was aber in der Praxis kaum zur Hälfte eintritt (▶ Abschn. 17.5.2.2).

2.8 Scherfestigkeit

2.8.1 Grundlagen

Unter Scherfestigkeit versteht man die Fähigkeit eines Gesteins, einer Scher- oder Schubbeanspruchung den entsprechenden Widerstand entgegenzusetzen. Sie wird mit der Festigkeit gleichgesetzt. Die Scherfestigkeit ist überschritten, wenn entlang einer oder mehrerer Flächen Verschiebungen stattfinden, die keine weitere Steigerung der Scherkräfte erfordern. Bei ebener Betrachtung wird die Scherfestigkeit τ allgemein durch das Mohr-Coulomb- Bruchkriterium ausgedrückt und als einfache lineare Funktion mit der in der Scherfuge wirkenden Normalspannung σ formuliert

$$\tau = c + \sigma \times \tan\varphi$$

Die Scherfestigkeit ist damit keine konstante Größe, sondern steigt mit zunehmender Normalspannung an. Im Mohr-Coulomb-Spannungskreis können durch Auftragen der Scher- und Normalspannungen aus drei Scherversuchen die Scherlinie und damit die Scherparameter ermittelt werden (◘ Abb. 2.52). Diese sind der Reibungswinkel φ und die Kohäsion c.

Der **Reibungswinkel** φ ist der Widerstand, der bei einer Scherverschiebung im Material mobilisiert wird. Er hängt direkt proportional von der in der Scherfuge wirkenden Normalspannung ab und bestimmt bei einem nichtbindigen Boden mehr oder weniger allein die Scherfestigkeit. Die Scherlinie geht in diesem Fall durch den Koordinatennullpunkt. In bindigen Böden setzt sich die Scherfestigkeit aus dem Reibungswinkel und der von der Normalspannung unabhängigen **Kohäsion** c zusammen. Diese ist auf zwischen den Körnern wirkende Haftkräfte zurückzuführen. Ihre Größe ist abhängig vom Anteil der Tonminerale, vom Wassergehalt und vom Sättigungsgrad. Mit

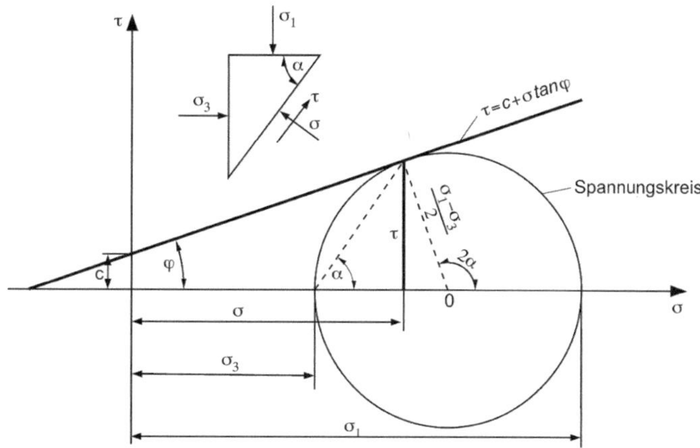

◘ **Abb. 2.52** Bruchbedingungen nach Coulomb-Mohr

zunehmendem Wassergehalt nimmt die Kohäsion ab und ist bei einem breiigen Boden null.

Nichtbindige Böden weisen oft eine **scheinbare Kohäsion** auf, die eine Folge des unter Unterdruck stehenden Kapillarwassers ist (sog. Kapillarkohäsion, Bilz und Vieweg 1993 und ▶ Abschn. 2.8.6), wobei nach neueren Erkenntnissen die Festigkeitswirkung durch den benetzenden Wasserfilm an den Berührungsflächen der Körner entsteht.

Die Parallele zur Kohäsion ist die **Adhäsion** als Haftspannung zwischen starren Körpern bzw. Stahl/Boden. Physikalisch wird die Adhäsion bindiger Böden durch den Kapillardruck eines dünnen Flüssigkeitsfilms in der Grenzfläche zwischen Boden und der Werkstoffoberfläche erklärt (Burbaum und Sass 2011). Die Adhäsion nimmt allgemein mit der Plastizität und der Konsistenz zu (▶ Abschn. 8.4). Zu unterscheiden ist zwischen normaler Adhäsion und tangentialer Adhäsion bei parallel angreifender Trennkraft. Die tangentiale Adhäsion ist immer kleiner als die Kohäsion c des betreffenden Bodens (Schumacher 2004). Die versuchstechnische Ermittlung der Adhäsionseigenschaften bzw. -spannungen eines Bodens erfolgt dementsprechend über modifizierte Zugversuche zwischen einem aufbereiteten Tonboden und einem Adhäsionskolben (Burbaum et al. 2010, 2011) bzw. einem Adhäsionskonus (Konuszugversuch nach Feinendegen et al. 2010).

Die sog. **Kontaktscherfestigkeit** zwischen Bauteilen und dem Boden ist darüber hinaus abhängig von der Rauheit der Bauteilfläche, der Scherfestigkeit des Bodens, der einwirkenden Scherkraft und möglichen Differenzbewegungen (▶ Abschn. 5.6.3). Bei rauer Fläche liegt die Kontaktscherfestigkeit bei nichtbindigen Böden nur wenig unter der Scherfestigkeit des Bodens.

Die Scherfestigkeit ist darüber hinaus auch eine Funktion der Verformung. Bei einem dicht gelagerten, nichtbindigen oder mindestens steifen bindigen Boden tritt der größte Scherwiderstand schon nach geringer Formänderung unmittelbar beim Bruch auf (■ Abb. 2.53) und wird als τ_f= **Scherfestigkeit beim Bruch** (Index f = „failure“) oder als Spitzenwert der Scherfestigkeit bezeichnet. Bei fortschreitender Scherung findet in der Bruchfuge eine progressive Auflockerung und Volumenzunahme statt (sog. Dilatanz). Mit zunehmender Verformung fällt der Scherwiderstand dann ab und erreicht bei einem größeren Scherweg einen Kleinstwert τ_R, die sog. **Gleitfestigkeit** oder **Restscherfestigkeit.** Bei tonigen Böden ist der Abfall auf die Restscherfestigkeit weniger durch Auflockerung, sondern durch Einregelung plättchenförmiger Aggregate in der Scherfuge bedingt. Bei einem locker gelagerten Boden steigt die Schubspannung mit zunehmender Scherverformung an und erreicht asymptotisch ebenfalls die Gleit- oder Restscherfestigkeit.

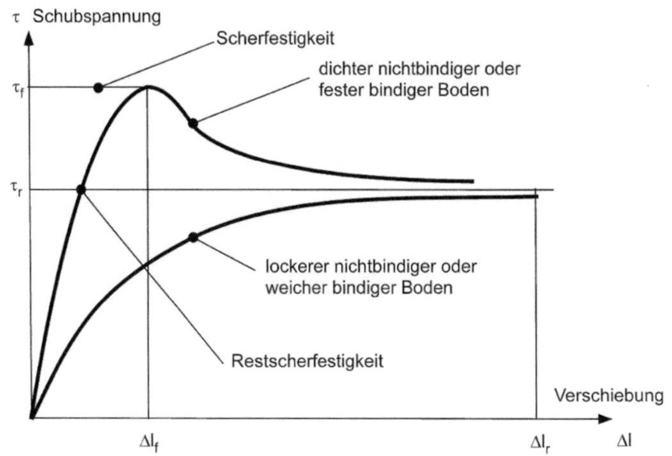

■ **Abb. 2.53** Scherverschiebungsdiagramm

Da die Reibungsfestigkeit $\sigma \times \tan\varphi$ von der Normalspannung (σ) abhängig ist, muss bei bindigen Böden der **Porenwasserdruck** berücksichtigt werden, der zunächst einen Teil der Spannungen aufnimmt (► Abschn. 2.7.2). Für die Ermittlung der wirksamen oder effektiven Spannung σ', die auf das Korngerüst wirkt, ist deshalb von der gesamten (totalen) Spannung σ der Porenwasserdruck u abzuziehen. Hierbei wird eine Sättigung des Porenwassers bei Beginn des Abschervorgangs vorausgesetzt:

$$\sigma' = \sigma - u$$

Je nach Aufgabenstellung, den Versuchsbedingungen und der Art der Auswertung können für den gleichen Boden unterschiedliche Scherparameter erhalten werden:

Die **wirksamen oder effektiven Scherparameter** c‘ und φ‘ des entwässerten (dränierten) Bodens werden aus den effektiven Spannungen σ' im Bruchzustand ermittelt (► Abschn. 2.8.3). Die Scherparameter c' und φ' dienen der Berechnung der Endstandsicherheit.

Die Scherparameter der Restscherfestigkeit oder Gleitfestigkeit (φ_R, c_R) werden aus den effektiven Spannungen nach großen Scherwegen abgeleitet. Der dabei auftretende Abfall der Scherparameter kann besonders bei hochplastischen montmorillonithaltigen Tonen erheblich sein und ist nicht auf überverdichtete Tone beschränkt. Im Versuch wird die Restscherfestigkeit durch mehrfache Umkehr der Scherbewegung ermittelt.

Der Bruchwert $(\sigma_1'-\sigma_3')/2$ des unkonsolidierten, undränierten Triaxialversuchs wird als **undränierte Scherfestigkeit** c_u bezeichnet (► Abschn. 2.8.4). Sie dient zur Berechnung der Anfangsfestigkeit, besonders bei schnellen Belastungen. Die undränierte Scherfestigkeit ist in hohem Maße von der Konsistenz und auch von der Vorbelastung abhängig.

Zur **Bestimmung der Scherparameter** sind zwei Versuchsanordnungen üblich:

- Direkter Scherversuch mit vorgegebener (erzwungener) Scherfläche
- Triaxialer Kompressionsversuch mit freier Ausbildung der Scherfläche und kontrollierten Hauptspannungen

2.8.2 Direkter Scherversuch mit vorgegebener Scherfläche

Im **Rahmenscherversuch** nach DIN 18 137-3: 2002 wird die Bodenprobe in einem quadratischen oder kreisförmigen Rahmen zwischen gezähnten Filtersteinen entweder den In-situ-Bedingungen entsprechend oder ungestört, nach der Zahnung der Filtersteine zugeschnitten, eingebaut (◘ Abb. 2.54) und nach der Konsolidation auf einer mechanisch erzwungenen horizontalen Scherfläche abgeschert. Sande können mit vorgegebener Dichte eingebaut werden. Beim Versuch wird die Probe bei verhinderter Seitenausdehnung unter einer definierten Normalspannung konsolidiert und je nach Bodenart mit konstanter Schergeschwindigkeit von 0,01–0,03 mm/min (bindige Böden) bzw. bis 0,5 mm/min (kohäsionslose Böden) abgeschert. Der Porenwasserdruck kann im Rahmenscherversuch nicht gemessen werden. Das Abscheren erfolgt so langsam, dass ein auftretender Porendruck über die Entwässerung abgebaut wird und somit die effektiven Spannungen den Normalspannungen entsprechen.

Die Auswertung erfolgt über die Scherkraftverschiebungslinie zur Ermittlung von τ in Abhängigkeit vom Scherweg bzw. von der Restscherfläche beim Bruch und Auftragung im τ/σ-Diagramm bei der zugehörigen Normalspannung (◘ Abb. 2.55). Die Ergebnisse von Rahmenscherversuchen repräsentieren die Festigkeit unter konsolidierten und dränierten Bedingungen und ergeben die wirksamen Reibungswinkel φ' und die wirksame Kohäsion c'.

Beim **Kreisringscherversuch** wird die Scherkraft durch Drehen des oberen Rahmens aufgebracht. Die Scherfläche bleibt dadurch unverändert. Da der Scherweg unbegrenzt ist, kann das

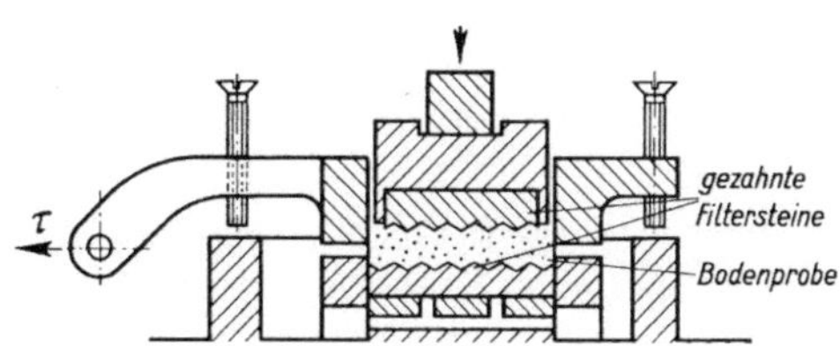

◘ **Abb. 2.54** Prinzip eines Rahmenscherversuchs mit vorgegebener Scherfläche

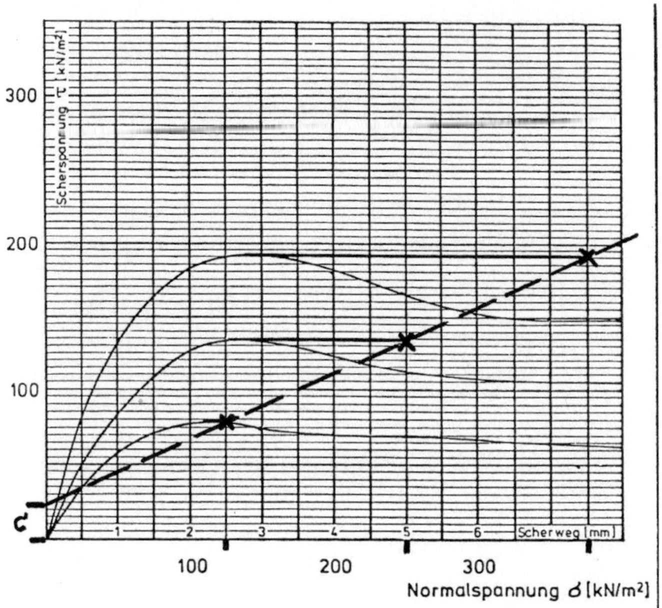

Labor-Nr.	867	Einbauwassergehalt [%]	27,3
Bohrung -Nr.	2	Ausbauwassergehalt [%]	18,9
Entnahmetiefe [m]	12,5	Reibungswinkel φ' [°]	24,5
Bodenart	U,t,s'	Kohäsion c' [kN/m²]	23

Versuchsbedingungen:	Probe: F = 40 cm² h = 3 cm	Einbau: ungestört	Schergeschwindgk: 0,029 mm/min	konsolidiert entwässert

Abb. 2.55 Auswertung eines direkten Scherversuchs mit Auftragung der Scherverschiebungslinie und der Scherfestigkeitslinie im τ/σ-Diagramm

Gerät auch zur Ermittlung der Restscherfestigkeit verwendet werden.

Die Ermittlung der Restscherfestigkeit kann außerdem in einem Rahmenscherversuch mit wiederholten Wechseln der Belastungsrichtung erfolgen. Die Probe wird auf der entstandenen Gleitfläche so lange hin und zurück schnell abgeschert, bis der Scherwiderstand einem Minimalwert zustrebt, der die Restscherfestigkeit liefert.

2.8.3 Konsolidierte triaxiale Kompressionsversuche

Der triaxiale Druck- bzw. Kompressionsversuch ist der Standardversuch zur Ermittlung der Scherparameter feinkörniger Böden im ungestörten Zustand. Durch einen Manteldruck $\sigma_2 = \sigma_3$ auf den zylindrischen Prüfkörper wird die teilweise behinderte Seitenausdehnung im Untergrund am besten nachgeahmt, und die Bruchfläche kann sich frei ausbilden (Abb. 2.56).

Für seine Durchführung und Auswertung gilt DIN 18 137-2: 2011, „Konsolidierte triaxiale Kompressionsversuche an wassergesättigten Böden". Die zylindrischen Probekörper (Ø 35–38 mm, Höhe 70–85 mm) werden einem isotropen oder anisotropen Spannungszustand ausgesetzt und anschließend undräniert oder dräniert abgeschert. Die Norm unterscheidet:

- isotrope Konsolidation, undräniert (CIU-Versuch) oder dräniert (CID-Versuch)
- anisotrope Konsolidation, undräniert (CAU-Versuch) oder dräniert (CAD-Versuch)

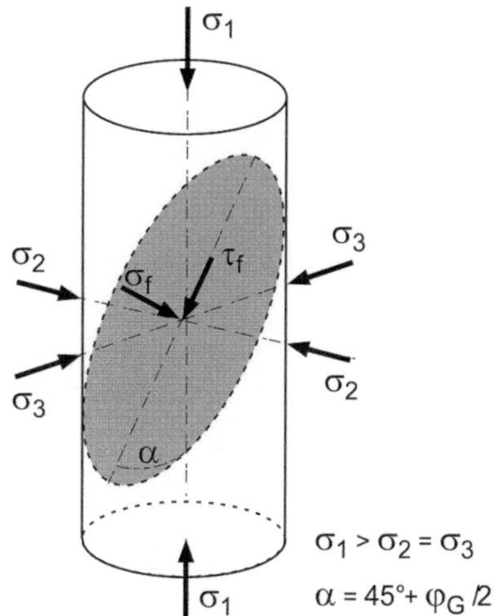

Abb. 2.56 Spannungen beim triaxialen Druckversuch

Mit anisotroper Konsolidation wird bei Böden mit abweichenden Primärspannungszustand (▶ Abschn. 2.7.9.1) gearbeitet. Dabei wird der Probekörper unter einem der wirksamen Hauptspannung $\sigma_3{}'$entsprechenden Zelldruck konsolidiert und dann unter dränierten Bedingungen die Differenzspannung $\sigma_1 - \sigma_3$ so weit erhöht, bis die Überlagerungsspannung σ_1 erreicht ist. Bei stark überkonsolidierten Böden kann die Vertikalspannung σ_1 auch kleiner als σ_3 sein. In diesen Fällen empfiehlt es sich, die Vertikalspannung mit σ_v (statt σ_1) und die Horizontalspannung mit σ_H (statt σ_3) zu bezeichnen.

Der Versuchsvorgang gliedert sich in 3 Teile:
- Sättigung und Aufbringen des Gegendrucks (Sättigungsdruck),
- Konsolidation,
- Abschervorgang.

Beim isotropen undränierten **CIU-Versuch**, der etwa dem früheren CU-Versuch entspricht, werden die Proben bei offener Dränageleitung wassergesättigt und konsolidiert und dann bei geschlossenem Porenwasserdruck und konstantem Zelldruck durch Steigerung der Vertikalkraft langsam bis zum Bruch belastet, sodass sich in der Probe ein einheitlicher Porenwasserdruck aufbauen kann. Die Primärkonsolidation muss vor dem Abscheren abgeschlossen sein.

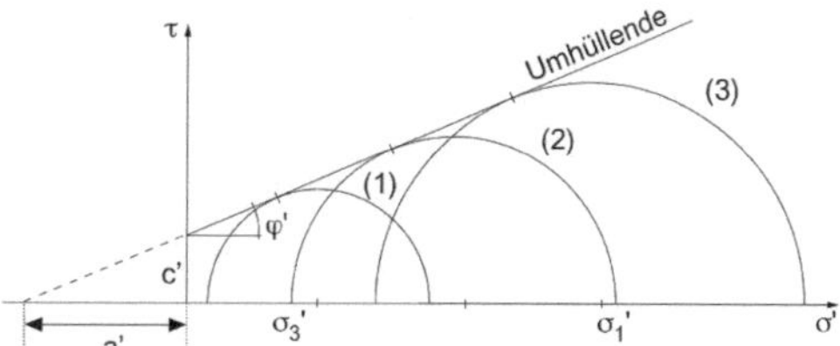

Abb. 2.57 Auswertung eines CIU-Versuchs

Als Bruchkriterien gelten:
- das Maximum der Hauptspannungsdifferenz $\sigma_1 - \sigma_3$,
- eine Axialdehnung (Stauchung) der Probe von 15 %.

Bei der Auswertung werden die wirksamen Scherparameter im Mohr-Spannungskreis gem. Abb. 2.57 über die wirksamen Spannungen ermittelt:

$$\sigma_1' = \sigma_1 - u \, und \, \sigma_3' = \sigma_3 - u$$

Der Reibungswinkel φ' ergibt sich aus der Neigung der geraden Umhüllenden, der Abschnitt auf der τ-Abszisse ergibt die Kohäsion c' Der Abschnitt zwischen den Schergeraden und der Verlängerung der Ordinate ergibt den sog. Attraktivitätsabschnitt a', der auch als Zugfestigkeit bezeichnet wird (▶ Abschn. 2.7.10.3).

Beim isotropen dränierten **CID-Versuch**, der etwa dem früheren D-Versuch entspricht, wird die Probe nach Abschluss der Sättigung und der Konsolidation so langsam abgeschert (0,001–0,1 mm/min), dass die Volumenänderung der Probe nur mit vernachlässigbar kleinen Porenwasserdruckunterschieden (<4 %) stattfindet. Dadurch treten nur wirksame Spannungen auf, aus denen unmittelbar die zugehörigen Scherparameter φ' und c' ermittelt werden können.

Der CID-Versuch ist in all den Fällen angebracht, in denen der Porenwasserdruck schwierig zu messen ist (z. B. in halbfesten Böden).

Als Bruchkriterien gelten:
- eine Axialdehnung (Stauchung) der Probe von 15 %,
- ein Zuwachs der Axialdehnung um 2 % ohne Steigerung von σ_1.

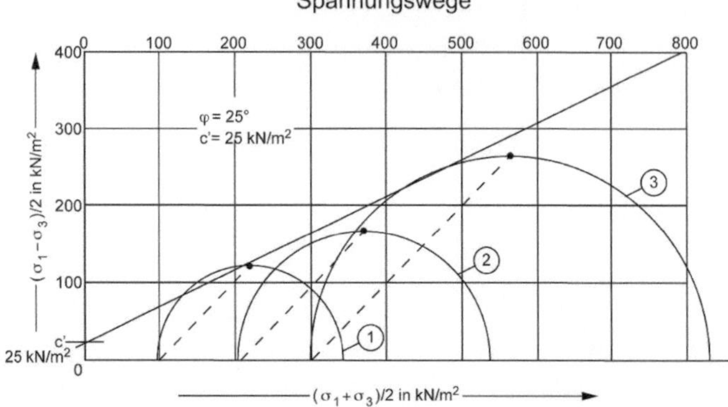

Abb. 2.58 Auswertung eines CID-Versuchs

Die Bestimmung der effektiven Scherparameter des (dränierten) Bodens erfolgt in einem Diagramm mit der halben Hauptspannungsdifferenz $(\sigma_1 - \sigma_3)/2$ als Abszisse und der halben effektiven Hauptspannungssumme $(\sigma_1 + \sigma_3)/2$ als Ordinate nach Abb. 2.58.

2.8.4 Undränierte Scherfestigkeit c_u

Als c_u-Böden werden weiche bindige Böden bezeichnet, in denen sich bei schneller Belastung ein Porenwasserdruck einstellen kann. Für die Bestimmung der undränierten Scherfestigkeit c_u eines kohäsiven (bindigen) Bodens sind folgende Versuchsanordnungen üblich:

- einaxialer Druckversuch (► Abschn. 2.7.10.1),
- unkonsolidierter undränierter Triaxialversuch,
- Fallkegelversuch,
- Feldversuche.

Anstelle des früheren UU-Versuchs kommt heute der **unkonsolidierte undränierte Triaxialversuch** zum Einsatz. Nach Aufbringen des festgelegten Zelldrucks (σ_3) wird die Probe mit konstanter Geschwindigkeit vertikal bis zum Bruch belastet. Als Bruchkriterium gilt, wenn die Hauptspannungsdifferenz (max. $\sigma_1 - \sigma_3$) nicht mehr anwächst oder die Axialdehnung (Stauchung) 15 % erreicht. Vom Bruchzustand ist eine Zeichnung oder ein Foto über die Ausbauchung bzw. die dominierenden Bruchflächen anzufertigen.

Der Wert $0{,}5 \times (\sigma_1 - \sigma_3)$ ist die undränierte Scherfestigkeit c_u bei schnellen Belastungen. In englischsprachigen Ländern wird dafür anstatt c_u das Symbol s_u verwendet.

Nach DIN EN ISO 17 892-6/E2015) kann die undränierte Scherfestigkeit auch mit dem **Fallkegelversuch** als sog. Fallkegelscherfestigkeit c_{ufc} ermittelt werden. Dabei wird ein genormter Kegel mit seiner Spitze auf den Probekörper fallen gelassen und die Eindringung der Spitze gemessen.

Die Bestimmung der undränierten Scherfestigkeit c_u kann auch in **Feldversuchen** mit der Flügelsondierung (► Abschn. 4.4.6.3) bzw. auch mit dem Penetrometer erfolgen. Für die bindigen Böden Norddeutschlands werden die c_u-Werte auch aus Drucksondierergebnissen ermittelt (► Abschn. 4.4.6.2):

$$c_u = (0{,}05 - 0{,}10) \times q_c$$

Mittels Flügelsondierung ermittelte c_u-Werte sind Bruchwerte des Bodens unter undränierten Bedingungen. Für die Anwendung bei langsamen Scherbeanspruchungen müssen diese entsprechend abgemindert werden. Der Abminderungsfaktor ist abhängig von der Plastizität (w_L) und liegt zwischen 0,6 und 1,0 (► Abschn. 4.3.6.3).

Die **undränierte Scherfestigkeit** c_u ist ein häufig verwendeter Wert zur Kennzeichnung der Festigkeit bindiger Böden und wird in den neueren Normen zunehmend für die Ermittlung direkter Tragfähigkeitswerte herangezogen (Kiekbusch 1999). Sie ist in hohem

Tab. 2.10 Näherungsweiser Zusammenhang zwischen der Scherfestigkeit c_u und der Konsistenz I_c

c_u (in kN/m²)	I_c	Konsistenz
20	0,25–0,50	sehr weich
25–100	0,50–0,75	weichplastisch
100–200	0,75–1,0	steifplastisch
200–600	1,0–1,25	halbfest
>600		fest

Maße von der Konsistenz des Bodens abhängig (Tab. 2.10 was bei wassergesättigten, erstbelasteten Tonböden (oberhalb der A-Linie im Casagrande-Diagramm) folgende Beziehung ermöglicht (s. Engel 2002, darin Lit.):

$$c_u = \sigma'_v \left(0{,}11 + 0{,}37 I_P\right)$$

σ'_v = effektiver Überlagerungsdruck
I_P = Plastizitätszahl (als Dezimalbruch)

Die undränierte Scherfestigkeit zeigt dementsprechend bei einem überkonsolidierten Ton deutlich höhere Werte als in normal konsolidierten Tonen.

Die undränierte Scherfestigkeit ist außerdem keine Materialkonstante, sondern von den effektiven Spannungen abhängig und nimmt daher mit der Tiefe ± linear zu. Anagnostou und Zingg (2013) bringen für elastischen, idealplastischen Baugrund eine formelmäßige Beziehung für diesen linearen Anstieg:

$$c_u = \sigma_m \times \sin\varphi' + c' \times \cos\varphi'$$

σ_m = effektiver Spannungszustand

Eine Dränung und damit verbunden ein Abbau des Porenwasserdrucks erhöhen die effektiven Spannungen und damit auch den c_u-Wert und die Scherfestigkeit des Baugrunds.

Nach DIN EN ISO 14 688-2:2011 wird für die undränierte Scherfestigkeit folgende Abstufung getroffen (in kN/m²):

äußerst gering	<10
sehr gering	10–20
gering	20–40
mittel	40–75
hoch	75–150
sehr hoch	150–300
äußerst hoch	>300

Böden mit einer undränierten Scherfestigkeit >300 kN/m² werden auch als „weicher“ Fels bezeichnet.

Die Werte der undränierten Scherfestigkeit werden auch zur Bestimmung der **Sensitivität** (S_t bzw. S_{tv}) eines Bodens herangezogen. Bei einem besonders (wasser)empfindlichen Boden ist die einaxiale Druckfestigkeit einer aufbereiteten Probe erheblich niedriger als die im ungestörten Zustand:

$$S_{tv} = q_{u(ungestört)} / q_{u(gestört)}$$

In Deutschland werden die Böden hinsichtlich ihrer Sensitivität wie folgt eingestuft:

<2	geringe Sensitivität
2–4	mittlere Sensitivität
4–8	hohe Sensitivität

In den nordischen Ländern, wo entsprechende Böden weit verbreitet sind, wird eine wesentlich höhere Bewertung verwendet (gering <8, mittel 8–30 und hoch >30). Werte >50 sind kennzeichnend für Quicktone (DIN EN ISO 14 688-2).

Das Verhalten der **Quicktone** wird auf ihre marine oder brackische Ablagerung zurückgeführt bzw. auf die nachträgliche Auswaschung der dabei eingelagerten Salzkristalle, was eine typische Kartenhausstruktur der Tonminerale hinterlässt. Bezeichnend für diese Böden sind der nahezu vollständige Verlust der Scherfestigkeit bei Erschütterungseinwirkung, die geringe Restscherfestigkeit im gestörten Zustand (► Abschn. 15.3.5) und das abrupte Stabilitätsversagen bei geringer Spannungserhöhung (Kempfert et al. 2008).

2

2.8.5 Großscherversuche

Mit den bisher behandelten Schergeräten können nur Scherflächen bis max. 100 cm^2 untersucht werden. Diese Querschnittsflächen reichen bei stark inhomogenen Böden und bei von Trennflächen durchsetztem, mehr oder weniger verwittertem Fels nicht aus, um repräsentative Scherparameter zu erhalten. Die Scherfestigkeit auf Trennflächen wird sehr stark von der Geometrie der Fläche und damit vom Maßstabseffekt bestimmt. Auch bei Lockergesteinen soll der Probendurchmesser fünfmal größer sein als das Größtkorn der zu untersuchenden Probe.

Bei ebenen, voll durchtrennten Flächen wird die Schubspannung im Wesentlichen nur über Reibung übertragen. Bei unebenen Trennflächen kommt es bei niedrigen Normalspannungen zu einem Aufgleiten entlang der Unebenheiten und dadurch zu einer Dilatation senkrecht zur Gleitebene. Bei höherer Normalspannung ist die Dilatation behindert, sodass Unebenheiten der Trennflächen abgeschert werden müssen, was eine hohe Anfangsscherfestigkeit durch Überwindung der sog. technischen Kohäsion ergibt. Das in ◘ Abb. 2.59 dargestellte bilineare Bruchkriterium ist ein stark vereinfachtes Modell der Umhüllenden der Mohrschen Grenzbedingung. Bei Vorliegen einer gekrümmten Umhüllenden im τ-σ-Diagramm kann mit dem Sekantenreibungswinkel gerechnet werden, welcher der größten Normalspannung σ des Anwendungsfalls entspricht (◘ Abb. 2.60).

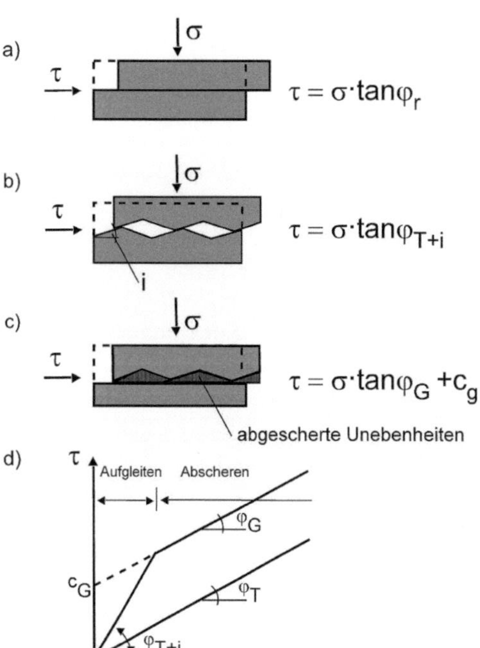

◘ **Abb. 2.59** Verschiedene Formen des Schubbruchs auf Trennflächen

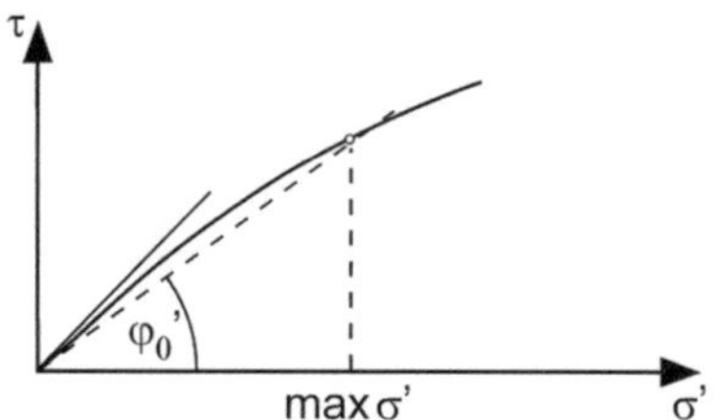

◘ **Abb. 2.60** Hüllkurve im τ-σ-Diagramm von zahlreichen Dreiaxialversuchen und Ermittlung des Sekantenreibungswinkels $\varphi_0{}'$ für eine vorgegebene max. Normalspannung σ' (aus DIN 18 137, T 1)

In den 1970er-Jahren sind sowohl Rahmenschergeräte für Labor-Großscherversuche an Trennflächen als auch Geräte für **Trixialgroßversuche** entwickelt worden. Mit triaxialen Druckversuchen an Großbohrkernen mit Durchmessern von 0,5–1,0 m können sowohl die Scherfestigkeitsparameter auf Trennflächen als auch die Gebirgsscherfestigkeit schräg zu den horizontalen Schichtflächen ermittelt werden (Empfehlung Nr. 3 „Versuchstechnik Fels"). Bei größeren Überlagerungshöhen, z. B. bei Entnahme in Erkundungsstollen, muss die Probe vorab in den ursprünglichen Spannungszustand zurückversetzt werden. Nach dieser Rekonsolidation werden dann unter zunehmender Achslast, relativ hohen Seitendrücken und ggf. Messen des Porenwasserdrucks mehrere triaxiale Belastungs- und Entlastungszyklen gefahren. Die Entnahmetechnik für Großbohrkerne ist aufwendig und erfordert entsprechend zugängliche Gebirgsaufschlüsse. Manchmal ist es daher einfacher, Proben für Groß-Rahmenscherversuche aus dem Gebirge herauszuschneiden.

Moderne prozessgesteuerte **Rahmengroßschergeräte** haben Abmessungen bis 150 × 100 × 60 cm (häufig 0,5 × 0,5 × 0,2 m) Durch Anwendung der Mehrstufentechnik, bei welcher der Abschervorgang bei unterschiedlichen Normalspannungen jeweils nur eingeleitet und bei Ankündigung des Bruchvorgangs durch Verminderung der Schubspannung wieder unterbrochen wird, kann an jeder Scherfläche die erforderliche Zahl von drei Abschervorgängen gefahren werden (◘ Abb. 2.61). In der

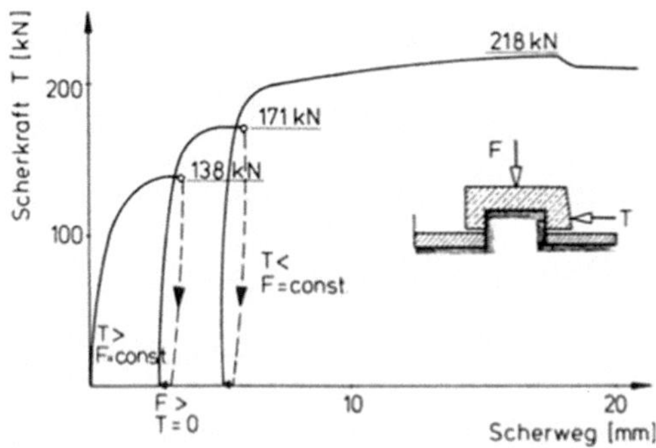

◘ **Abb. 2.61** Scherkraft-Verschiebungsdiagramm bei einem direkten Großscherversuch in Mehrstufentechnik (Sommer et al. 1989)

letzten Laststufe kann der Abschervorgang so lange fortgesetzt werden, bis die Restscherfestigkeit erreicht ist. Die erforderlichen Probekörper werden in Handarbeit mit Trennschleifern aus dem anstehenden Gebirge herausgearbeitet.

Bei schichtparallelen, relativ ebenen, nur im Mikromaßstab wellig-stufig ausgebildeten und mehr oder weniger durchgehenden Trennflächen lassen direkte **In-situ-Großscherversuche** die besten Ergebnisse erwarten (s. a. Ernst und Witt 2016). Diese Versuchstechnik wurde bereits in den 1960er-Jahren angewandt. Die Probekörper werden in Schrämarbeit herausgearbeitet. Mithilfe der Mehrstufentechnik kann heute die Versuchsanzahl gering gehalten werden. Versuchsergebnisse derartiger direkter Großscherversuche sind in ◘ Abb. 2.62 und ◘ Tab. 2.11. zusammengestellt (s. a. Baille et al. 2012).

An den herausgebohrten oder -gearbeiteten Versuchskörpern solcher Großversuche müssen die Schichtenabfolge und besonders

◘ **Abb. 2.62** Ergebnisse von Großscherversuchen an Röttonsteinen parallel und schräg zur Schichtung (nach Sommer et al. 1989)

VERSUCHSBESCHREIBUNG		SCHERPARAMETER φ [°]	c' [kN/m²]
Versuche parallel zur Schichtung	F, T	19,0 24,0 18,5	30 55 40
Versuche schräg zur Schichtung	F_v, F_h, ϑ=65°	40,0 34,0 38,5 41,5	260 190 420 290
Großtriaxial-versuche	$σ_1$, $σ_3$	39,8 42,6	120 210

◘ **Tab. 2.11** Scherfestigkeitswerte von Festgesteinen: oben auf Schicht- oder Schieferungsflächen, unten schräg zur Schichtung (s. a. ◘ Abb. 2.62)

Stratigraphie	Gestein	Proben-größe	Scherparameter φ [°]	c' [kN/m²]	
Direkte Scherversuche					
Devon	Phylit. Tonschiefer, fest, dünnschiefrig sf = flachwellig (65°)	0,4 × 0,2 m	15,0–17,5	0	NBS Köln-Rhein/Main, unveröffentlicht
	Phylit. Tonschiefer, mäßig fest, dünnsch. sf = glatt (55°)	0,4 × 0,2 m	10–15	0	

Tab. 2.11 (Fortsetzung)

Stratigraphie	Gestein	Proben-größe	Scherparameter		
			φ [°]	c' [kN/m²]	
Oberer Buntsandstein, Röt	Tonstein, ± feinsandig, entfestigt (s. Text)	0,5 × 0,5 m	25,4–28,5	11,7 31,5	Ernst et al. (2016)
Oberer Muschelkalk, Tonplattenfazies	Tonstein Mergelstein	3,5 × 2,3 m	24	9,4	Habetha (1963)
Gipskeuper	Tonstein mit Fasergips	∅ 0,32 m h = 0,25 m	40	600	Henke und Kaiser (1980)
Großtriaxialversuche					
Mittlerer Buntsandstein	Sandstein-Tonsteinwechselfolge Tonsteinanteil >30 %		30,5–44,0	50–445	NBS Hannover-Würzburg (unveröffentlicht)
	Tonstein (Störungszone)		19,5–25,3	49–62	
	Wechselfolge von weichem Tonstein und mürbem Sandstein		13,2–29,2	20–85	
Oberer Buntsandstein (Röt)	Tonstein, fest, keine durchgehende Bruchfläche		27–32	200–700	Strauß(1996) (s. a. Abb. 4.5)
	Tonstein, fest-mürbfest, ausgeprägte Bruchflächen		20,5–22,5	500–700	
Keuper, Bunte Mergel (ausgelaugt)	Mergelstein, hart		30–45	200–300	Wichter (1980)
	Ton-Schluffstein, kleinstückig zerbrochen		30–35	0–100	
Gipskeuper	Tonstein mit Fasergips	∅ 0,32 m h = 0,25 m	40	600	Henke und Kaiser (1980)
Oberer Keuper	Knollenmergel mit Harnischflächen	∅ 0,94 m	13	50	Wittke (1984)
Gipskeuper (ausgelaugt)	Tonstein, fest, klüftig, bröckelig		30–35	100–250	
	Tonstein, fest, mit Bändern von Residualbildung		25–30	0–250	
Ausgelaugter Gipskeuper (Anwitterungszone)	Tonstein, halbfest, stark angewittert		25–30	0–100	
Ausgelaugter Gipskeuper (Verwitterungszone)	Tonstein, völlig verwittert u. entfestigt, durchnässt		25–27,5	0	
Unausgelaugter Gipskeuper	Tonstein mit Anhydritlagen und -knollen, Klüfte mit Fasergips		30	0–200	Wahlen und Wittke (2009)

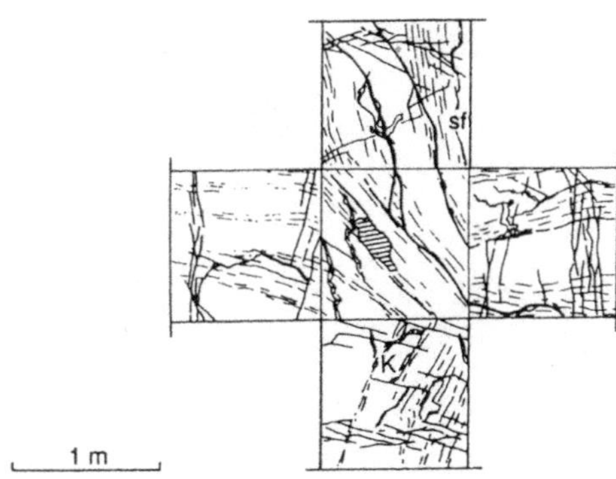

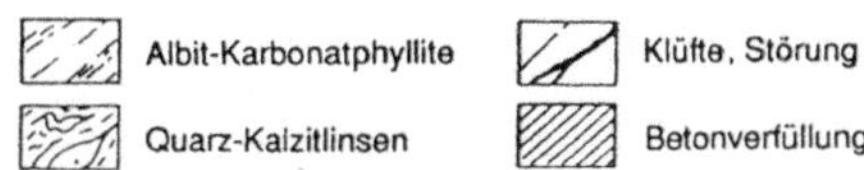

Abb. 2.63 Zeichnerische Darstellung des Trennflächengefüges von Prüfkörpern direkter Großscherversuche (aus Brosch et al. 1990)

das Trennflächengefüge sorgfältig aufgenommen und zusammen mit der erzeugten Scherfläche zeichnerisch und fotografisch dokumentiert werden (Abb. 2.63).

2.8.6 Diskussion der Scherfestigkeitsparameter (φ, c)

In der Praxis wird bei Lockergesteinen mit den wirksamen Scherparametern φ', c' gearbeitet, wenn die Endfestigkeit zu beurteilen ist, und mit den scheinbaren Scherfestigkeiten φ_u und c_u bzw. mit der undränierten Scherfestigkeit c_u, wenn die Anfangsfestigkeit maßgebend ist. Eine Zusammenstellung charakteristischer Rechenwerte enthält auch die DIN 1055-2.

Die **Scherfestigkeit grobkörniger Böden** (Sande und Kiese) ist von der Korngrößenverteilung der Kornform und Kornrauigkeit sowie vor allen Dingen von der Lagerungsdichte abhängig (► Abschn. 2.5.2). Dabei können folgende mittlere Reibungswinkel angenommen werden:

Boden	φ' [°]
Sand, locker gelagert	30–32,5
Sand, dicht gelagert	32,5–35
Sand und Kies, locker gelagert	30–32,5
Sand und Kies, dicht gelagert	35–37,5
Splitt-Schotter-Gemische	35–40

Eine Kohäsion wird bei nichtbindigen Böden i. d. R. nicht angesetzt. Erfahrungen haben jedoch gezeigt, dass bei fein- und mittelkörnigen Sanden unterhalb der 40–60 cm dicken witterungsbedingten Zone der oberflächigen Wassergehaltsschwankungen teilweise eine **scheinbare Kohäsion** oder besser Kapillarkohäsion c_c angesetzt werden könnte (Bilz und Vieweg 1993). Die Kapillarkohäsion c_c kann folgende Größenordnungen erreichen:

Grobsand:	1–4 kN/m^2
Mittelsand:	3–6 kN/m^2
Feinsand:	5–8 kN/m^2

Im BAW-Merkblatt MDS (2011) wird für Sande mit $d_{50} > 0{,}6$ und $d_{85} < 2$ mm sowie vorhandenen Verdunstungsschutz eine zul. Kohäsion von $c_{u.k} = 5$ kN/m^2 genannt.

Die **Scherfestigkeit feinkörniger Böden** (φ' und c' sowie c_u) ist vom Tongehalt und der Art der Tonminerale abhängig. Besonders höhere Gehalte an quellfähigen Tonmineralen lassen die Scherfestigkeit erheblich abfallen. In der Literatur findet man auch verschiedene Korrelationen zwischen dem Reibungswinkel und anderen Kennwerten, z. B. der Plastizität.

Bei den Reibungswinkeln treten bei bindigen Böden erfahrungsgemäß geringe Streuungen auf, und die effektiven Werte (φ') sind relativ unabhängig von den Versuchsbedingungen. Die Kohäsionswerte werden dagegen ganz wesentlich von der Belastungsgeschichte des Bodens bestimmt und zeigen entsprechend große Unterschiede, die zu der bekannten Problematik bei der Festlegung von charakteristischen Werten für praktische Anwendungen führen. Die Kohäsion c' bindiger Böden ist nicht nur von der Konsistenz bzw. dem Wassergehalt abhängig, sondern kann mit der Zeit aus verschiedenen anderen Gründen abfallen. Besonders Böden mit schichtiger Ablagerung oder Klüftung können auf diesen Flächen stark abgeminderte Scherparameter aufweisen.

Unabhängig von diesen Streubereichen ist die Scherfestigkeit von Tonböden keine Konstante, sondern auch von der Beanspruchung abhängig, d. h. davon, ob der Ton z. B. eine Entlastung (φ_u, c_u) oder eine Belastung (φ', c') erfährt.

Durchschnittswerte der Scherfestigkeitsparameter sind:

	φ' [°]	c' [kN/m²]	c_u [kN/m²]
Schwach bindige Böden	25–27,5	5–10	10–40
Stark bindige Böden – weichplastisch – steifplastisch – halbfest	– 17,5 – 20,0 – 25,0	– 10 – 20 – 25	– 15–50 – 50–100 – >100
Organische Böden	5–25	0–10	5–15

Scherfestigkeitswerte **organischer Böden** (► Abschn. 3.2.4) zeigen, je nach stofflicher Zusammensetzung und Plastizität, Streubreiten von $\varphi = 5–25°$, häufig 15–22,5°, und $c = 5–10$ kN/m². Die Scherfestigkeitswerte von Torf liegen häufig bei 15°, $c_u = 5$ kN/m², können aber aufgrund der faserigen Ausbildung bis $\varphi > 30°$ ansteigen. Als c_u-Werte werden für nicht vorbelastete Torfe 10 kN/m² und für gering vorbelastete Torfe 20 kN/m² genannt. Bei Torfen ist nicht nur das Fasergerüst mit seiner geringen Dichte und lockeren Struktur sehr stark kompressibel, sondern bei hohen Wassergehaltsänderungen treten auch Schrumpfprozesse auf und bei Luftzufuhr außerdem Zersetzungsprozesse organischer Bestandteile.

Einzelwerte der undränierten Scherfestigkeit c_u von Mudden sind in ◘ Abb. 2.64 zusammengestellt. Die Werte von überkonsolidierten

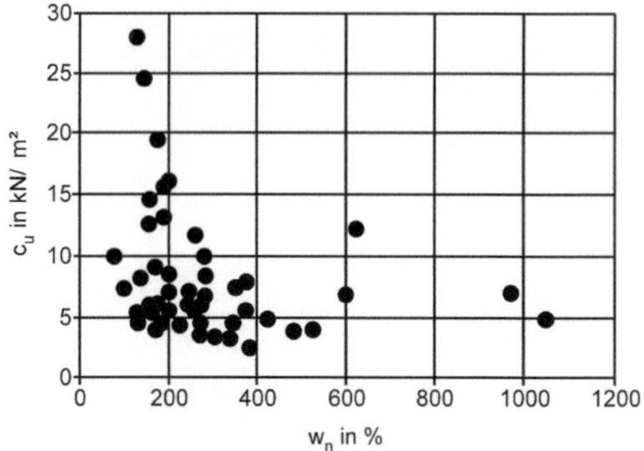

◘ **Abb. 2.64** Undränierte Scherfestigkeit von Muddeproben in Abhängigkeit vom Wassergehalt (aus Rackwitz et al. 2011)

Muddeproben können 15 kN/m² übersteigen. Weitere Kennwerte für organische Böden bringen Schulz (2002),Hettler et al. (2002), Engel(2002) und Rackwitz et al. (2011). Letztere unterscheiden auch nichtvorbelastete Mudden und Torfe nacheiszeitlichen Alters und durch Eis oder eiszeitliche Ablagerungen vorbelastete Mudden und Torfe.

Baille et al. (2012) beschreiben Scherfestigkeitsversuche (Labor-, Triaxial- und In-situ-Scherversuche) an stückigen **Braunkohlen.** Die Ergebnisse liegen zwischen $\varphi = 28°$, $c = 105$ kN/m² und $\varphi = 42°$, $c = 49$ kN/m² (Ersatzreibungswinkel $\varphi_{ers} = 36{,}4°$).

Die **Restscherfestigkeit** tritt nicht nur bei hochplastischen Tonen auf, sondern bei allen zu Entfestigung neigenden Bodenarten sowie auf vorgegebenen Bewegungsflächen aller Art. Besonders anfällig sind montmorillonithaltige Tone. Der Abfall der Scherfestigkeit auf die Restfestigkeit bei zunehmender Bewegung kommt dadurch zustande, dass durch die in ► Abschn. 2.8.3 beschriebene Dilatation in der Gleitfläche eine Wasseraufnahme und Plastifizierung stattfindet und dass eine mittels rasterelektronenmikroskopischer Untersuchungen bereits von verschiedenen Autoren beschriebene Einregelung von Schichtsilikaten erfolgt (Brosch und Riedmüller 1988, darin Lit.). Auf der Oberfläche der Gleitflächenbeläge wurden extrem dünne, unregelmäßig geformte Plättchen, wahrscheinlich Smektit-Illit-Aggregate, beobachtet, die dachziegelartig einander überlagernd angeordnet sind und die offensichtlich wesentlich zu dem markanten Abfall der Scherfestigkeit beitragen. Die Restscherfestigkeit beträgt oft nur ⅓ bis ½ von φ'; c' fällt meist auf $c_r = 0$ ab. Nur bei Schichtflächen mit zumindest im Mikrobereich vorhandenen wellig-stufigen Unebenheiten kann auch eine langfristig wirkende Restkohäsion angenommen werden (s. a. ▶ Kap. 13).

Die **Scherfestigkeit gemischtkörniger Böden** ist nicht nur von der Lagerungsdichte und der Wassersättigung abhängig, sondern auch sehr stark von der Kornverteilung im Feinkorn- und im Grobkornbereich (s. a. Hofmann und Poisel 2010). Dabei ist bei Mischböden vielfach eine Zunahme der Scherfestigkeit gegenüber den reinen Bodenarten festzustellen. In Anlehnung an DIN 18 196 können natürliche Mischböden (▶ Abschn. 2.2.4 und 3.1) mitteldichter bis dichter Lagerung bezüglich der Scherfestigkeit in 4 Gruppen eingeteilt werden:

Boden	Ton- und Schluffanteil	φ'	c'
1. Sandig-kiesiger (-steiniger) Mischboden	<5–8 %	35–40°	0–5 MN/m²
2. Schwach tonig-schluffiger, gemischtkörniger Sand- oder Kiesboden (ohne oder mit Steinen)	5–8 % bis 15–20 %	32,5–37,5°	0–10 MN/m²
3. Stark tonig-schluffiger, gemischtkörniger Sand- oder Kiesboden (ohne oder mit Steinen)	15–20 % bis 40 %	30–35°	10–30 MN/m²
4. Bindiger (feinkörniger) Mischboden	>40 %	20–25°	20–40 MN/m²

Die **Scherfestigkeit von steinigem Schüttmaterial** (z. B. im Talsperrenbau) ist charakterisiert durch relativ hohe Reibungswinkel (oft >40°) und eine für nichtbindiges Material hohe Kohäsion (häufig >50 kN/m²), die Ausdruck der Verzahnung der Steine untereinander ist und die schon bei niedrigen Normalspannungen wirkt (von Wolffersdorf 2010).

In normalkonsolidierten Böden und in Berechnungsfällen, bei denen es nicht ohne Weiteres möglich ist, den Einfluss der Kohäsion c' zu berücksichtigen, kann ein sog. **Gesamtreibungswinkel** φ_s, bezogen auf den jeweiligen Spannungszustand σ', angenommen werden (◘ Abb. 2.65). In weichen Böden kann der Gesamtreibungswinkel aus dem c_u-Wert abgeleitet werden (Hettler et al. 2002):

$$\tan \varphi_s = \frac{c_u}{\gamma \times z}$$

$\gamma \cdot \times z$ = Überlagerungsdruck

Der Gesamtreibungswinkel für Wechsellagerungen von Schichten unterschiedlicher Scherfestigkeit kann als gewogenes Mittel, entsprechend den Mächtigkeitsverhältnissen (in %), nach folgender Formel abgeschätzt werden (s. DIN 4017, T 1, Beiblatt):

$$\varphi_{ers.} = \frac{x\,\% \times \tan \varphi_x \times y\,\% \times \tan \varphi_y}{100\,\%}$$

Die **Scherfestigkeit des Gebirges** ist eine komplexe Eigenschaft, die sich aus Scherfestigkeitsanteilen des mehr oder weniger angewitterten (festen) Gesteins und aus dem Reibungswiderstand auf Trennflächen zusammensetzt (▶ Abschn. 2.8.3). Je mehr Trennflächen vorhanden sind und je weiter dieselben durchgerissen sind, desto geringer wird die Verbandsfestigkeit eines Gebirgsbereichs (s. Brosch et al. 1990). Ist eine entsprechend orientierte Fläche mehr oder weniger durchgerissen, so wirkt nur noch der von den Unebenheiten der Fläche und der Einspannung abhängige Reibungswinkel, wobei bei niedrigen Normalspannungen deren Geometrie, bei hohen Normalspannungen deren Kohäsion maßgeblich ist. Bei größerer Scherverformung wird schließlich die Restscherfestigkeit erreicht.

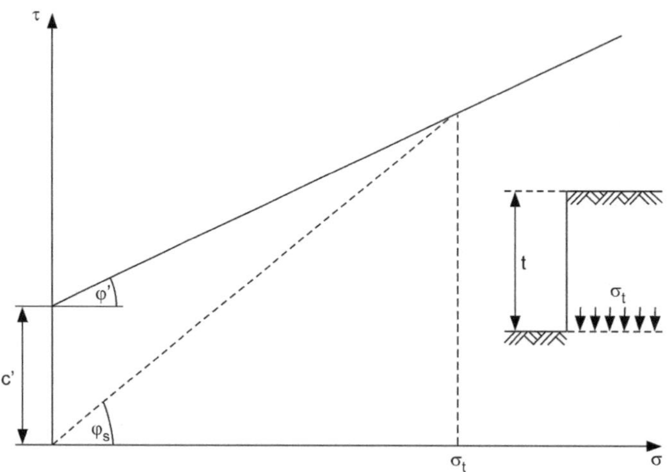

■ **Abb. 2.65** Ermittlung des Gesamtreibungswinkels φ_s aus σ'_t

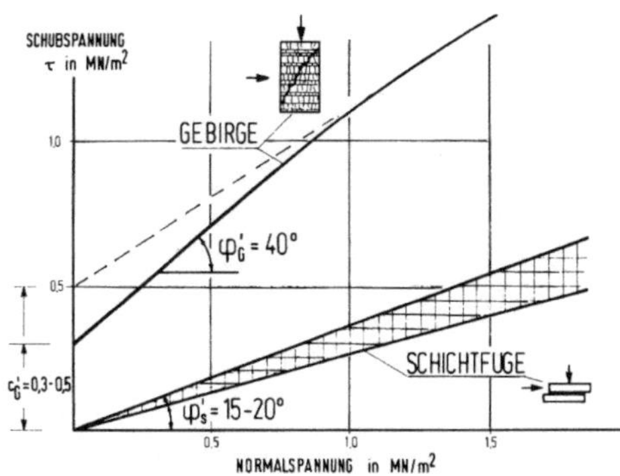

■ **Abb. 2.66** Mittlere Gebirgsscherfestigkeit von Sandstein/Tonstein-Wechselfolgen des Buntsandsteins schräg und parallel zur Schichtung (aus Moll und Katzenbach 1987)

Werte von triaxialen Großversuchen verschiedener Gebirgsarten zeigt ■ Abb. 2.66. Bei einseitiger Freilage des Gebirges wird jedoch die Gebirgsfestigkeit im Wesentlichen von der Scherfestigkeit auf ungünstig einfallenden Trennflächen bestimmt (■ Abb. 2.63 und 2.66). Obwohl für Schicht- und Schieferungsflächen sowie für Kluftflächen die gleichen mechanischen Regeln und damit auch vergleichbare Größenordnungen der Scherfestigkeiten gelten, werden für die Zwecke der Praxis die Scherfestigkeiten an den Trennflächen nachstehend getrennt angesprochen.

Die **Scherfestigkeit auf Schichtflächen** ist außer der Normalspannung wesentlich abhängig von der Unebenheit der Fläche, den materialabhängigen Reibungseigenschaften (Glimmerbeläge, Anteil quellfähiger Tonminerale), dem Verwitterungsgrad und etwaigen Bewegungsspuren (▶ Abschn. 3.4.3). Letzteres betrifft besonders veränderlich-feste Gesteine (Holzhäuser und Thuro 2009). Die Abhängigkeit der Scherfestigkeit von der Ausbildung der Schichtflächen ist aus ■ Tab. 2.12 ersichtlich.

Die Scherfestigkeit sandig-toniger Schicht- und Schieferungsflächen liegt zwischen 8° und 40° (Donié 1993; Moser 1993; Radeke und Baumann 1993). Auf tonigen Schichtflächen werden üblicherweise Rechenwerte von $\varphi' = 18–25°$ angenommen, mit unterschiedlichen Kohäsionsanteilen. Durch reibungsabmindernde Beläge oder Bewegungsspuren in Form von Harnischen oder Kakiriten können auf mehr oder weniger großen Teilflächen Abminderungen bis auf eine Restscherfestigkeit von $\varphi_R = 8–12°$ auftreten (■ Abb. 2.67).

Eine Sonderbetrachtung erfordert die **Scherfestigkeit veränderlich fester Gesteine**, insbesondere die unterschiedlichen Verwitterungsstufen der Tonschluffsteine (Holzhauser und Thuro 2010). Für die niedrigen bis mittleren Verwitterungsstufen, bei denen die Trennflächen und

Tab. 2.12 Scherparameter auf verschieden ausgebildeten Schichtflächen in Röttonsteinen (aus Sommer et al. 1989)

	Einheit	Bereich I	Bereich II	Bereich III
Reibungswinkel φ'	°	8–18	19–29	29–41
Kohäsion c'	kN/m^2	10–60	45–90	100–180
Wassergehalt w	%	14–25	9–14	7–9
Ausrollgrenze w_p	%	21–25	17,5–22,5	16–19
Fließgrenze w_L	%	39–50	28,5–38	25–29
Plastizitätszahl I_p	%	17–20	10–5	7–11
Konsistenzzahl I_c	-	1,0–0,5	1,5–2,0	1,9–2,5
Ausbildung der Schichtflächen		eben, glatt, tonige Zwischenlagen	eben bis uneben, glatt, tonig belegt	uneben, rau, Kanten

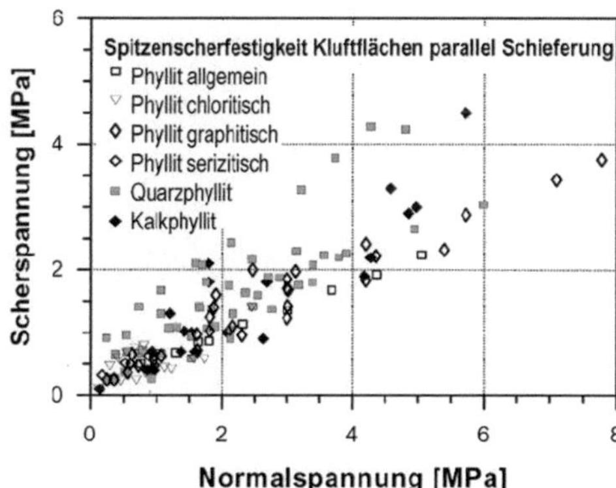

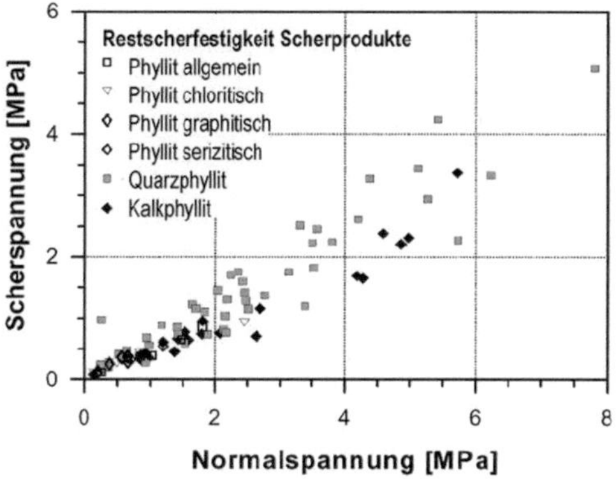

Abb. 2.67 Scherfestigkeit auf schieferungsparallelen Flächen (aus Engl et al. 2008); oben: Spitzenscherfestigkeit, unten: Restscherfestigkeit

ihre Ausbildung die Scherfestigkeit bestimmen, sind In-situ-Großscherversuche am besten geeignet. Ernst et al. (2016) ermittelten bei schichtflächenparallelen direkten Großscherversuchen in verwitterten bis entfestigten feinschichtigen Tonsteinen des Rot 4 mit dünnen Mergel- oder Feinsandsteinlagen Scherfestigkeitswerte von

- $\varphi' = 28{,}6°$, $c' = 31{,}5$ kN/m^2 und $\varphi_R = 27{,}7°$, $c_R = 18{,}0$ kN/m^2 bzw.
- $\varphi' = 25{,}4°$, $c' = 11{,}7$ kN/m^2 und $\varphi_R = 24{,}9°$, $c_R = 3{,}0$ kN/m^2.

Auf den relativ ebenen, im Mikromaßstab aber wellig-stufig ausgebildeten Schichtflächen bleibt dabei offensichtlich eine wirksame Restkohäsion erhalten. Um den Entlastungseffekt bei tieferen Einschnitten und einem eventuellen Einfluss von Schichtwasser vorzubeugen (► Kap. 13), wurden als langfristig mobilisierbare Rechenwerte $\varphi_k' = 25°$ und $c_k' = 2{,}5$ kN/m^2 festgelegt.

Bei stärker vertonten Tonsteinen nimmt der Einfluss des Trennflächengefüges ab, und der Grad der Plastifizierung bzw. die Konsistenz bestimmen die Scherfestigkeit. Für diesen Gesteinstyp liegen nur wenig aussagekräftige Versuchsergebnisse vor. In Abb. 2.68 sind Werte verschiedener Autoren zusammengestellt.

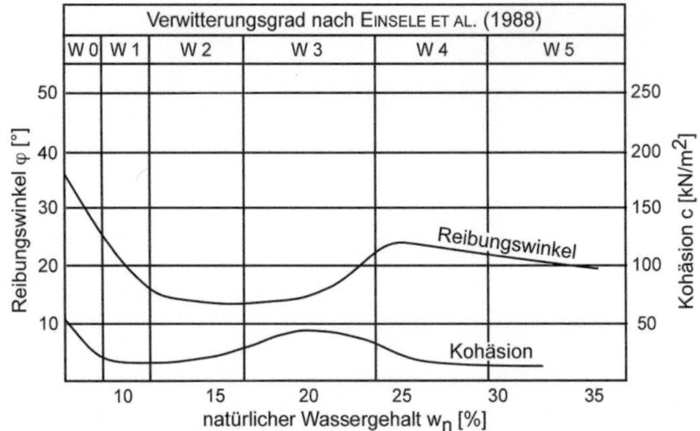

Abb. 2.68 Scherfestigkeit von Opalinuston nach verschiedenen Autoren in Abhängigkeit vom Wassergehalt bzw. Verwitterungsgrad (nach Holzhauser und Thuro 2010)

In entfestigten und stark strukturgestörten Gebirgsbereichen wie dem ausgelaugten Gipskeuper Süddeutschlands (► Abschn. 19.2.2.2) sind die Reibungswinkel parallel und quer zur Schichtung oft sehr ähnlich, nur die Kohäsionswerte zeigen deutliche Unterschiede (Abb. 2.69). Ähnliche Werte ($\varphi' = 25°$, $c' = 20 - 70$ kN/m^2) geben Wittke et al. (2010) auch für **Residualgesteine** von ausgelaugten Röttonsteinen an.

Die **Scherfestigkeit auf Kluftflächen** ist abhängig vom Gestein, von der Ausbildung der Flächen, der Kluftweite, der Art der Kluftfüllung und der Normalspannung auf der Trennfläche. Die Ausbildung der Flächen, insbesondere das Vorhandensein von restlichen Materialbrücken (Durchtrennung) oder von kantigen Unebenheiten, hat großen Einfluss auf die Scherfestigkeit, wobei, je nach Einspannungszustand, zwischen Spitzenscherfestigkeit und Gleitfestigkeit (Restscherfestigkeit) zu unterscheiden ist. Für die Beurteilung der Flächenausbildung ist man nach wie vor auf den visuellen Eindruck gem. ► Abschn. 3.4.3.2 angewiesen.

Häufig wird ein aus dem einfachen Gleitversuch ermittelter Reibungswinkel angegeben, der zwischen 20° und 50° liegt, mit einem Mittelwert bei 35° (Müller et al. 2010). Bei diesem Versuch werden zwei zusammengehörige, etwa gleich große Kluftkörper so lange gekippt, bis der obere Kluftkörper auf dem unteren zu gleiten beginnt.

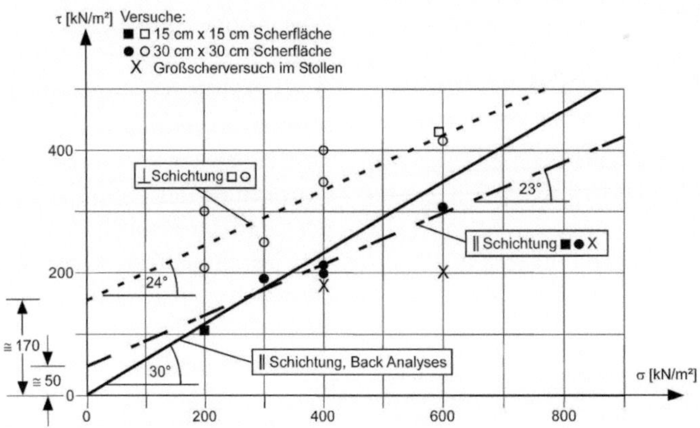

Abb. 2.69 Ermittlung des Reibungswinkels an Proben des Gipskeupers (nach Wittke und Züchner 2008)

Dieser Winkelwert ergibt einen Anhaltspunkt für den sog. einfachen Kluftreibungswinkel. Rechnerisch kann dabei die effektive Normalspannung mit $\sigma = \gamma \times h \times \cos\alpha$ angenommen werden (h = Kluftkörperdicke, α = Kippwinkel).

Mit zunehmender Kluftweite ist bei belegten Klüften ein Abfall der Scherfestigkeit auf die des Kluftfüllungsmaterials bzw. bei Vorhandensein oder der Bildung von Flächen in der Kluftfüllung auf die Restscherfestigkeit der Kluftfüllung anzunehmen. Werte aus Großversuchen oder aus zutreffenden Rückrechnungen liegen für Versagensfälle auf steil stehenden Kluftflächen kaum vor. Die üblichen Rechenwerte für die Scherfestigkeit auf Kluftflächen liegen bei $\varphi = 25°$Für tonige Gesteine, sonst bei 30–35°, $c = 0$–$100\ \mathrm{MN/m^2}$. Auf nassen Flächen wird ein Abfall um 2–4° angenommen. Echte Erfahrungswerte sind sehr schwer anzugeben, da im Gebirge der Einspannungszustand und die jeweils wirksame Flächengröße äußerst schwer abzuschätzen sind. Wirkt auf der Trennfläche keine Normalspannung, fällt die Scherfestigkeit stark ab. Die gebräuchliche Annahme eines Gesamtreibungswinkels von $\varphi = 30°$, der häufig der Gebirgsscherfestigkeit nahekommt, ist nur berechtigt, wenn keine der genannten Abminderungsfaktoren gegeben sind.

In kakiritischen Scherzonen und Kluftfüllungen, besonders von metamorph beanspruchten Gesteinen, können quellfähige Tonminerale auftreten, die schon in geringen Mengen (≤5 %) eine wesentliche Herabsetzung der Scherfestigkeitseigenschaften bewirken (Czech und Huber 1990).

2.9 Durchlässigkeit

Ein Boden bzw. Gestein bietet dem durchfließenden Wasser aufgrund seiner Körnigkeit und Struktur einen Strömungswiderstand, der umso größer ist, je feinkörniger die Bodenpartikel und je enger seine Poren sind. Dieser Strömungswiderstand bestimmt die Durchlässigkeit oder hydraulische Leitfähigkeit. Sie wird ausgedrückt durch den Durchlässigkeitsbeiwert und die Permeabilität. Der **Durchlässigkeitsbeiwert *k*** (in m/s) wird aus der Durchflussmenge Q pro Flächeneinheit des durchströmten Querschnitts A bei einem hydraulischen Gefälle von $i = 1$ ermittelt (s. u.). Die **Permeabilität *K*** (in D oder $\mathrm{m^2}$) ist eine reine Gesteinseigenschaft und beschreibt die Fähigkeit, flüssige Medien fließen zu lassen (► Abschn. 2.9.2).

Die Durchlässigkeitsbeiwerte gelten für Fließvorgänge von Wasser in der gesättigten Zone, nicht aber für andere Fluide und Suspensionen. Der Durchlässigkeitsbeiwert in der ungesättigten Zone ist deutlich niedriger, da der für die Durchströmung verfügbare Porenraum zunehmend lufterfüllt ist und für die Wasserbewegung nicht zur Verfügung steht. Die Durchlässigkeit in der ungesättigten Zone wird vereinfacht mit $k_u = 0{,}5 \times k$ angenommen (Reitmeier 1995). Die Fließgeschwindigkeit und damit der k-Wert sind außerdem von der Zähigkeit des Wassers und damit von der Wassertemperatur abhängig.

Bei der Angabe von Durchlässigkeitsbeiwerten wird gelegentlich zur besseren Unterscheidung zwischen Laborwerten als k-Wert und Gebirgs- bzw. Feldversuchswerten als k_f-Wert differenziert. International ist auch die Bezeichnung k_r anzutreffen.

2.9.1 Durchlässigkeit von Lockergesteinen

Die Durchlässigkeit eines Lockergesteins hängt ab von der Korngröße, der Kornform und der Kornanordnung, dem Porenanteil, der Porengröße und den Verbindungen zwischen den Poren (► Abschn. 2.4.4). Mit zunehmender Kompaktion nimmt die Durchlässigkeit ab und ist damit ebenfalls ein spannungsabhängiger Bodenkennwert.

Grundlage der Berechnung der Wasserströmung im Untergrund ist das **Filtergesetz von Darcy**, das bei Durchströmungsversuchen mit Mittel- bis Grobsanden experimentell ermittelt worden ist. Darcy führte als Proportionalitätsfaktor den **Durchlässigkeitsbeiwert** k ein und formulierte das Darcy-Gesetz wie folgt:

$$Q = k \times A \times i; wobei\, i = h/l$$

Q = Durchflussrate (in m³/s)
A = Fließquerschnitt (in m²).
h = hydraulische Druckhöhe (in m)
l = Fließlänge (in m)
i = hydraulisches Gefälle

Das hydraulische Gefälle i ist dimensionslos, wodurch der Durchlässigkeitsbeiwert k nach der Formel die Einheit m/s erhält, obwohl er streng genommen keine Geschwindigkeit darstellt.

Die **Filtergeschwindigkeit *v*** (in m/s) oder Durchflussgeschwindigkeit ist eine fiktive Geschwindigkeit, die ermittelt wird aus dem Quotienten der Durchflussrate Q und dem durchflossenen Querschnitt A, rechtwinklig zur Fließrichtung (◘ Abb. 2.70):

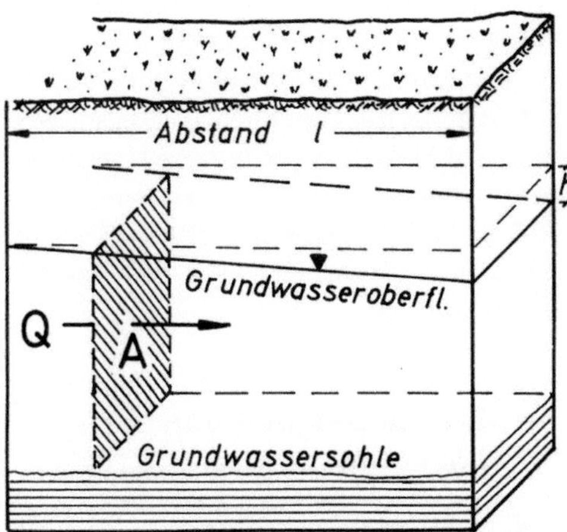

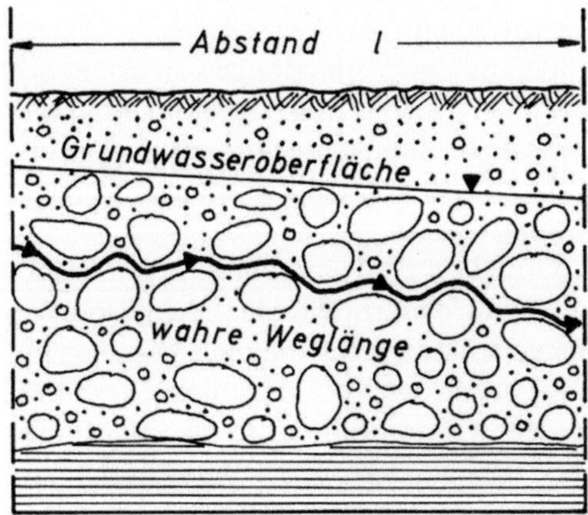

◘ **Abb. 2.70** Definition des Filtergesetzes von Darcy und Geschwindigkeitsbegriffe beim Grundwasser

$$v = Q / A; \textit{ wobei } v = k \times i$$

Der Durchfluss wird dabei auf die volle Fläche bezogen und nicht auf den durchflossenen Porenraum (deshalb Filtergeschwindigkeit v). Nach dem Gesetz von Darcy ist die Filtergeschwindigkeit v proportional zum hydraulischen Gradienten i.

Die **Abstandsgeschwindigkeit v_a** ist ein Rechenwert, der aus dem Abstand l zweier in Fließrichtung gelegener Messpunkte pro Zeiteinheit Δt ermittelt wird:

$$v_a = \frac{l}{\Delta t}(in\, m/s)$$

Die Abstandsgeschwindigkeit wird durch Markierungsversuche mit nichtsorptiven Salz- oder Farbstofftracern bestimmt (► Abschn. 2.9.6).

Häufig wird die Abstandsgeschwindigkeit auch durch die Beziehung

$$v_a = \frac{v}{n_f} \; bzw. \; v_a = \frac{(k \times i)}{n_f}$$

ausgedrückt, was aber mit Vorsicht anzuwenden ist (n_f = nutzbarer Porenanteil; ► Abschn. 2.4.4).

Die **wahre Fließgeschwindigkeit v_w** ist immer größer als die Abstandsgeschwindigkeit v_a, da die Wasserteilchen auf Umwegen um die Körner des Lockergesteins herumfließen müssen, wodurch sich die zurückgelegte Weglänge wesentlich vergrößert (◘ Abb. 2.70). Die wahre Fließgeschwindigkeit entspricht der tatsächlichen Geschwindigkeit des strömenden Grundwassers, wie sie z. B. für die Abschätzung der Erosionsgefahr benötigt wird (► Abschn. 18.2.4).

Die dargestellten Zusammenhänge setzen Laminarität des Fließvorgangs voraus. Im nicht mehr laminaren Bereich sind die Fließwiderstände größer und die Durchflussmenge und damit die Fließgeschwindigkeit geringer. Für Sande und Kiese kann angenommen werden, dass sie noch vorwiegend im Bereich der laminaren Strömung liegen.

Das Gesetz von Darcy ist nur gültig bei laminarem Fließen und wenn der durchströmte Porenraum gleichmäßig ist und sich während der Durchströmung nicht verändert. Bei Erdstoffen mit Tonmineralen bewirken die Molekularkräfte zwischen den Bodenteilchen und dem Wasser, dass zumindest für kleine hydraulische Gradienten eine verminderte Wasserbewegung anzunehmen ist. Der Durchlässigkeitsbeiwert k eines feinkörnigen Bodens erreicht daher nur im linearen Bereich einen einigermaßen konstanten und gleichzeitig maximalen Wert. Diese Abhängigkeit der Durchlässigkeit vom hydraulischen Gradienten und damit verbunden die Frage nach der **Existenz eines strömungslosen Bereichs bei niedrigen Gradienten** ist besonders in den 1980er-Jahren ausführlich diskutiert worden (Lit. s. 3. Aufl.).

2.9.2 Durchlässigkeit von Fels

In Festgesteinen muss zwischen Gesteinsdurchlässigkeit (Porendurchlässigkeit oder Permeabilität) und Trennfugendurchlässigkeit unterschieden werden. Beide zusammen ergeben die Gebirgsdurchlässigkeit. Das hydraulische Verhalten von Fels ist wesentlich komplizierter als das eines Porengrundwasserleiters und weist große Unterschiede auf, die u. a. von der Gesteinsabfolge, der erdgeschichtlichen Entwicklung (Klüftung) und der Lage zum Vorfluter (hangnahe Entlastung) abhängig sind.

Die **Gesteinsdurchlässigkeit** k_G ist bis auf wenige Ausnahmen (z. B. Tuffgesteine, grobporige Sandsteine, ggf. auch dolomitisierte Kalksteine) vernachlässigbar gering (▶ Abschn. 3.4.1). Die Durchlässigkeit von Gesteinen wird in Anlehnung an die Erdölgeologie häufig durch die **Gesteinspermeabilität** K (in D oder m^2) ausgedrückt, die eine reine Gesteinseigenschaft darstellt. Sie steht mit dem Durchlässigkeitsbeiwert k_G in folgender Beziehung:

$$k_G = K \times \frac{\rho \times g}{\acute{\eta}}$$

ρ = Dichte des Wassers (kg/m^3)
$\acute{\eta}$ = Viskosität (Pa × s)
g = Erdbeschleunigung (▶ Abschn. 2.4.3)

Die Gesteinspermeabilität ist definiert als $K = 1$ Darcy, wenn eine Flüssigkeit mit der dynamischen Viskosität 1 cP (Zentipoise) bei einer Druckdifferenz von $1{,}013 \times 10^5$ Pa einen Gesteinskörper von 1 cm Länge und einer Querschnittsfläche von 1 cm^2 in 1 s durchfließt (s. Hölting und Coldewey 2013:25). Die Permeabilität hat die Einheit Darcy (D bzw. mD) oder m^2, wobei

$$1D = 0{,}98697 \times 10^{-12} m^2 = etwa\ 1 \times 10^{12} m^2$$

Die Permeabilität von Sandstein (ohne Klüfte) liegt zwischen 0,01 und 10.000 mD, meist bei 10–10.000 mD und zeigt eine deutliche Abhängigkeit von der Korngröße und der Porosität, die allgemein bei 15–30 % liegt (vgl. ▶ Abschn. 3.4.1.1).

Nach Bär et al. (2011) gelten zwischen Gesteinspermeabilität K und der Gesteinsdurchlässigkeit k_G die in ◘ Tab. 2.13 zusammengestellten Vergleichswerte.

Die K-Werte gehen bis 10^{-20} m^2. Ein Wert von $K > 10^{-13}$ gilt als permeabel. Viele Festgesteine weisen Permeabilitäten von 0–2 mD auf. Einzelwerte für verschiedene Gesteine Süddeutschlands und eine Korrelation zwischen Porosität und Permeabilität dieser Gesteine bringen Jodocy und Stober (2011).

Die **Gebirgsdurchlässigkeit** (gelegentlich auch als Gebirgspermeabilität bezeichnet)

◘ **Tab. 2.13** Vergleichswerte zwischen der Gesteinspermeabilität K und der Gesteinsdurchlässigkeit k_G

K (m^2)	K (mD)	k_G (m/s)	Begriffe
1×10^{-15}	1	1×10^{-8}	sehr gering
1×10^{-14}	10	5×10^{-6}	gering
1×10^{-12}	1000	1×10^{-5}	mittel
1×10^{-10}	100000	1×10^{-4}	hoch

wird fast ausschließlich durch natürliche hydraulische Fließwege in Klüften und ggf. Großporen bestimmt. Das durchflussnutzbare Kluftvolumen n_K von Sandsteingebirge liegt z. B. bei 0,6–1,5 %, selten >2 %, und von Tongesteinen bei 0,1–0,5 % (► Abschn. 7.2.5.2). Die Gebirgsdurchlässigkeit ist i. d. R. nicht nur inhomogen, sondern auch hochgradig anisotrop. Experimente bei Kluftgrundwasserleitern zeigen sehr komplexe Ausbreitungsvorgänge. Die Durchlässigkeit in Richtung einer Kluftschar ist von der 3. Potenz der mittleren Kluftweite abhängig (s. a. Wüstenhagen et al. 1990). Dies bedeutet, dass einzelne Kluftscharen mit größerer Kluftweite oder engeren Kluftabständen (z. B. Kluft- oder Störungszonen) die Durchlässigkeit und damit die Wasserbewegung im Fels ganz entscheidend beeinflussen können.

Die Wasserbewegung ist außerdem von der Geometrie der Klüfte und ihrer Erstreckung abhängig. Gesteinsklüfte haben i. d. R. nicht nur unebene Wandungen, auch die Kluftweite ändert sich häufig auf kurze Erstreckung. Selbst vermeintlich geschlossene Klüfte oder Schichtflächen können entlang von Harnischlineationen (► Abschn. 3.4.3.2 und ◘ Abb. 3.4) und Fließkanälen infolge Schichtverstellungen oder ehemaliger Wasserströmung noch eine merkbare Durchlässigkeit aufweisen (Wüstenhagen et al. 1990).

Bei Wechselfolgen von durchlässigen und sehr gering durchlässigen Gesteinen ist außer der klüftungsbedingten Anisotropie in horizontaler Richtung auch eine sedimentations- bzw. schichtungsbedingte Anisotropie in vertikaler Richtung zu beachten. Da die meisten Klüfte in Tonsteinbänken absetzen, ist die direkte Verbindung der Wasserwege behindert oder sogar unterbunden.

Auch die Wasserführung von tektonischen Störungszonen kann sehr unterschiedlich sein. Eklatanten Fällen erheblicher Kluftdurchlässigkeit stehen zahlreiche Beispiele für die relative Dichtheit von Störungszonen gegenüber (Prinz und Holtz 1989; Werner 1990 und ◘ Abb. 17.10).

Im Gegensatz zu den Porengrundwasserleitern der Lockergesteine, in denen zwar auch nicht von einer völligen Homogenität und Isotropie der Durchlässigkeit ausgegangen werden kann, wohl aber häufig von einer Quasihomogenität und -isotropie, müssen in Kluftgrundwasserleitern mit sehr unterschiedlichen Kluftabständen und -öffnungen immer **anisotrope Strömungsverhältnisse** und turbulentes Fließen angenommen werden. Die Gültigkeit des Gesetzes von Darcy kann aber nur vorausgesetzt werden, wenn die Durchlässigkeit von einer Vielzahl statistisch regelmäßig verteilter Klüfte mit laminarer Durchströmung bestimmt wird. Dies wird mangels anderer, in der Praxis brauchbarer Methoden allgemein angenommen.

Die Vergleichsgrößen für die Gebirgsdurchlässigkeit von Kluftgrundwasserleitern (durchschnittliche k-Werte) werden daher i. d. R. ebenfalls über hydraulische Bohrlochversuche (Pumpversuche, Wasserdruckversuche, u. a. m.) ermittelt. Die hydraulische Gewichtung von Klüften oder Kluftscharen für **Rechenmodelle** erfordert eine starke Vereinfachung auf ein gleichmäßig verteiltes, feinmaschiges Kluftnetz oder auf dominante Einzelklüfte und Kluftscharen bzw. eine Kombination davon (► Abschn. 17.2.5.2).

Das **durchflusswirksame Kluftvolumen** erreicht in der oberflächennahen Auflockerungszone häufig 3–4 %, bei Spaltenbildung z. T. 5–10 %, gelegentlich auch mehr (► Abschn. 3.4.3.2). Unterhalb dieser Auflockerungszone beträgt das wirksame Kluftvolumen in kompetenten Gesteinen meist 0,5–1,5 %, max. 2 %, in tonigen Gesteinen und dünnbankigen Wechselfolgen meist nur 0,1–0,5 % (Tentschert 1980; Prinz und Holtz 1989; Hölting und Coldewey 2009: 19 und ► Abschn. 17.2.5.2). In Bereichen mit tektonischer und auch atektonischer Gebirgsauflockerung (► Abschn. 3.4.3.2) ist auch in größerer Tiefe noch mit merkbaren Kluftöffnungen und entsprechend durchflusswirksamen Kluftvolumen zu rechnen.

Das **durchflusswirksame Karstvolumen** der zahlreichen aufgeweiteten Klüfte, kleinen Spalten und Karstschläuche beträgt der Literatur zufolge meist nur 1–2 % und nur in stark verkarsteten Bereichen mit großvolumigen Abflussbahnen 5–10 %, selten mehr (► Abschn. 2.9.5).

Bertleff (1986: 47, darin Lit.) nennt für den nackten (offenen) Kalksteinkarst der Schwäbischen Alb Werte von 1,8–3,3 %, mit einem Mittelwert von 2 %, und für die Frankenalb insgesamt 1–2 %. Für den bedeckten Karst des westlichen Molassebeckens beschreibt der Autor einen Wert von 0,5–1,0 %.

Bei der seit 1951 in Betrieb befindlichen Staustufe Hessigheim im Mittleren Muschelkalk (mit Sulfateinlagerungen, ► Abschn. 19.4.2) hat bei Sanierungsarbeiten in den 1980er-Jahren das injizierte Hohlraumvolumen etwa 15 % der betreffenden Gebirgskubatur betragen (Franzius 1988). Das durchflusswirksame Hohlraumvolumen wird dabei mit etwa 50 % des Gesamthohlraumvolumens angenommen.

2.9.3 Laborversuche zur Ermittlung des *k*-Wertes

Der Durchlässigkeitsbeiwert *k* wird in direkten Durchströmungsversuchen nach DIN 18 130-1: 2010 bestimmt (s. a. DIN EN 1997-2, Anhang S). In der Norm sind hinsichtlich der Versuchsdurchführung drei Klassen definiert, die sich im Grad der Wassersättigung der Probe und der Art der Durchströmung unterscheiden.

Bei direkten Durchströmungsversuchen wird der Durchlässigkeitsbeiwert *k* aus der Wassermenge ermittelt, die in der Zeiteinheit mit einem bestimmten hydraulischen Gefälle durch eine Erdstoffprobe fließt. Bei der höchsten Versuchsklasse werden strenge Anforderungen an die Wassersättigung der Probe und die stationäre Durchströmung mit entlüftetem Wasser gestellt, die beide großen Einfluss auf das Ergebnis haben (Scholz et al. 2003). Zu beachten ist, dass der Durchfluss und das hydraulische Gefälle zuverlässig gemessen werden müssen, wobei Letzteres innerhalb des linearen Bereichs (i = 10–200) nach praktischen Gesichtspunkten gewählt werden kann. Durchströmung von unten nach oben hat den Vorteil, dass Lufteinschlüsse im Boden entweichen können. Randstörungen an Probekörpern sind mit Kunstharz oder Quellzement abzudichten. Bei geologisch vorbelasteten

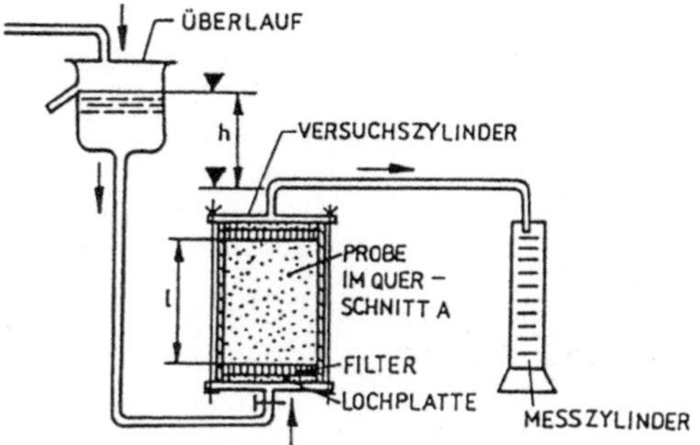

Abb. 2.71 Durchlässigkeitsversuch an einem grobkörnigen Boden mit konstantem hydraulischem Gefälle (aus Schwerter und Kunze 1994)

Böden ist außerdem der Spannungszustand zu berücksichtigen.

Im Laborversuch ermittelte *k*-Werte sind in Bezug auf ihre Anwendbarkeit i. d. R. mit erheblichen Fehlern behaftet, was einerseits auf mögliche Fehlerquellen bei der Probennahme und beim Versuch, andererseits aber auch auf immer vorhandene Unregelmäßigkeiten im Untergrund zurückzuführen ist.

Die **Durchlässigkeit grobkörniger Böden** (Sande und Kiese, $k > 10^{-3}$ m/s) wird meist an mit einer bestimmten Dichte (z. B. Proctordichte) eingebauten Proben in einer Versuchsanordnung mit onstantem hydraulischem Gefälle bestimmt (Abb. 2.71):

$$k = (Q \times l) \,/\, A \times h$$

wobei $Q = V_w/t$ V_w = Wasservolumen.

Die **Durchlässigkeit feinkörniger Böden** wird im Kompressionsversuchsgerät (► Abschn. 2.7.4.1, in einer Triaxialzelle oder einer einfachen Prüfzelle (z. B. Entnahmezylinder) mit einem Standrohr für veränderliches (Abb. 2.72) oder konstantes hydraulisches Gefälle ermittelt. Hierbei kann der Oberwasserdruck nötigenfalls durch Druckerzeuger erhöht werden.

Bei kleinen Durchlässigkeiten sind bei niedrigen hydraulischen Gradienten ($i < 10$) die zu erwartenden Durchflussmengen sehr gering. Hier haben Versuche mit konstantem hydraulischem Gefälle Vorteile, da die

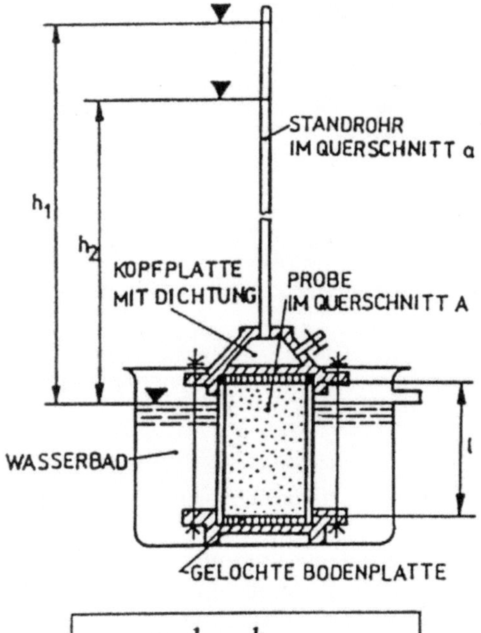

Abb. 2.72 Durchlässigkeitsversuch mit veränderlichem hydraulischem Gefälle (aus Schwerter und Kunze 1994)

Versuchsbedingungen beliebig lange unverändert aufrechterhalten werden können.

Nach dem heutigen Stand der Technik werden die Anforderungen an eine realitätsnahe Durchlässigkeitsbestimmung an feinkörnigen Böden ($k < 10^{-5}$ m/s) am besten in der Triaxialzelle erreicht (s. DIN ISO TS 17 892-9). Durch Variation des Seitendrucks (σ_3) kann eine Anpassung an den In-situ-Spannungszustand vorgenommen werden, sodass die Volumenänderungen beim Sättigungsvorgang und bei der Durchströmung am wenigsten behindert werden. Dabei soll der Seitendruck 0,3 bar über dem Innendruck liegen, um eine Umläufigkeit an der Probenwand zu verhindern.

Bei feinkörnigen Böden besteht außerdem die Möglichkeit, den k-Wert unter Anwendung der Konsolidationstheorie direkt aus den Ergebnissen eines eindimensionalen Kompressionsversuchs (DIN 18 135) abzuleiten. Da bei der Konsolidation die Belastung zunächst vom Porenwasser aufgenommen wird und die Umlagerung auf das Korngerüst davon abhängt, wie schnell das Porenwasser abfließen kann, besteht ein direkter Zusammenhang zwischen der Volumenänderung beim Kompressionsversuch und der Wasserdurchlässigkeit. Ausgewertet wird jeweils eine Laststufe. Diese Bestimmungsmethode hat bei weichen, bindigen Böden Vorteile gegenüber der Versuchsdurchführung nach DIN 18 130 und kann auch bei Böden mit höheren organischen Beimengungen angewendet werden. Versuchsdurchführung und -auswertung s. Rizkallah und Richwien (1998) und Koepke und Saathoff (2013).

Der k-Wert ist temperaturabhängig und wird auf eine Vergleichstemperatur von 10 °C umgerechnet.

Aus der Erkenntnis, dass die Durchlässigkeit eines nichtbindigen Bodens proportional dem Quadrat des hydraulisch wirksamen Korndurchmessers (d_{10}) ist und um die zeitaufwendigen Durchlässigkeitsversuche einzuschränken, wird für grobe Annäherungen häufig die **Durchlässigkeit aus der Körnungslinie** ermittelt. Am gebräuchlichsten ist die Ableitung von Hazen (1893):

$k = 0{,}0116 \cdot d_{10}^2$ (d_{10} in mm, k in m/s), gültig für Sande mit $C_u = 3$–5.

Für andere Ungleichkörnigkeiten C_u kann auf die Bestimmungsmethode von Beyer (1964) zurückgegriffen werden (Abb. 2.73).

Jordan und Weder (1995: 26), Entenmann (1998: 130) und Hölting und Coldewey (2013: 275) bringen noch weitere Ableitungen zur Ermittlung des k-Werts aus der Körnungslinie. Bei bindigen Böden kann die Durchlässigkeit auch aus der Porenzahl und der Plastizitätszahl abgeleitet werden (Engel 2002).

2.9.4 Feldversuche zur Ermittlung des *k*-Wertes

Als erster Anhaltswert für das Abschätzen der Durchlässigkeit kann das **Grundwassergefälle** bzw. der Anstieg der Grundwasseroberfläche im Berg dienen. Die Neigung der Grundwasseroberfläche ist umso flacher und ausgeglichener,

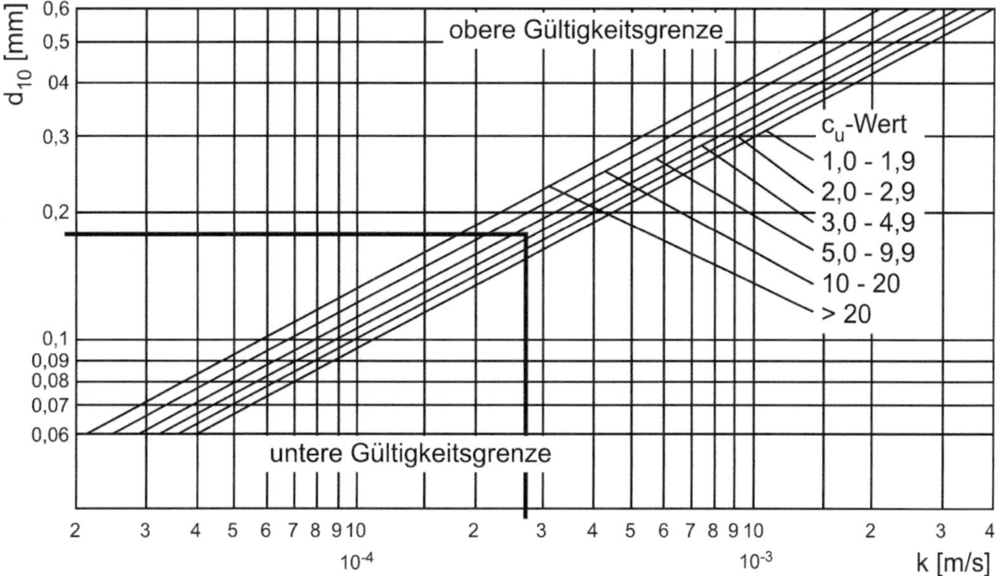

Abb. 2.73 Auswertungsdiagramm für den *k*-Wert nach Beyer. Beispiel: $d_{10} = 0{,}175$; $C_u = 3{,}14$ ergibt $k = 2{,}8 \times 10^{-4}$ m/s

je größer die Durchlässigkeit ist. Schraft und Rambow (1984: 246) berichten über solche Auswertungen im Buntsandsteingebirge Osthessens. Eine Neigung der Grundwasseroberfläche von 1:25 weist danach auf *k*-Werte $<10^{-6}$ m/s hin, ein Neigungsverhältnis bis 1:250 spricht für *k*-Werte von etwa 5×10^{-5} m/s. Diese Werte gelten zunächst nur für das Buntsandsteingebirge und entsprechen wegen der absoluten Langzeitwirkung nicht der Sichardt-Formel für die Reichweite (► Abschn. 11.6).

Weitere Hinweise liefern die täglichen Messungen der **Bohrlochwasserstände** (► Abschn. 4.6) und die Wasserspiegelschwankungen in Grundwassermessstellen im Vergleich zu den Niederschlagswerten. Starke Schwankungen von mehreren Metern zeigen i. d. R. sehr gering durchlässiges Gebirge sowie stark wechselnde Grundwasserneubildung an. Geringe Schwankungen bzw. eine ausgeglichene Grundwasseroberfläche bedeuten dagegen ein verhältnismäßig großes Kluftvolumen und gut durchlässige Gebirgsbereiche (Prinz und Holtz 1989).

Für die Ermittlung des Wasserdurchlässigkeitsbeiwerts mit Feldversuchen liegen in Deutschland derzeit zwei Normenwerke vor: die Normenreihe DIN EN ISO 22 282 (2012) und die DIN 18 130-2 (2015), die allerdings keinen Bezug auf die DIN EN ISO-Norm nimmt.

Die DIN EN ISO 22 282 besteht aus folgenden Teilnormen:

- Teil 1: Allgemeine Regeln (2012)
- Teil 2: Wasserdurchlässigkeitsversuche im Bohrloch, offene Systeme (2012)
- Teil 3: Wasserdruckversuch im Fels (2012)
- Teil 4: Pumpversuche (2012)
- Teil 5: Infiltrometerversuche (2012)
- Teil 6: Wasserdurchlässigkeitsversuche im Bohrloch unter Anwendung geschlossener Systeme (2012).

Die DIN 18 130-2 gilt nur für Böden bzw. Fels unter dem Grundwasserspiegel.

2.9.4.1 Pumpversuch bzw. Absenkversuch

Die DIN 18 130-2 enthält ausführliche Anweisungen für Absenkversuche in unverrohrten standfesten oder nicht standfesten Bohrlöchern und auch Grundwassermessstellen. Bei der Auswertung der Ergebnisse wird in der

Norm zwischen Vollraum- und Halbraumbedingungen unterschieden, was gegenüber den bisherigen Formeln abweichende Auswertungen zur Folge hat.

Die häufigste Methode zur Ermittlung der hydraulischen Kenngrößen eines Grundwasserleiters ist ein Pumpversuch nach DIN EN ISO 22 282-4 bzw. dem DVGW-Arbeitsblatt W 111 unter vergleichbaren Verhältnissen, am besten unmittelbar im interessierenden Gebirgsbereich. Die wesentlichen Ziele eines Pumpversuchs sind die Ermittlung der Durchlässigkeit, der Reichweite des Einflussbereichs und der Pumpleistung eines Brunnens (► Abschn. 11.6). Ein kompletter Pumpversuch ist verhältnismäßig aufwendig und kommt daher meist nur bei größeren Bauvorhaben in Betracht. Er bedarf einer wasserrechtlichen Erlaubnis (► Abschn. 4.4.1) und muss sorgfältig protokolliert werden. Die behördliche Erlaubnis muss auch die Entsorgung des geförderten Wassers einbeziehen, entweder in einen Vorfluter, in das Abwassernetz oder in einen Schluckbrunnen in ausreichender Entfernung vom Versuchsfeld (► Abschn. 11.6). Im Hinblick auf die Wasserbilanz soll abgeschöpftes Wasser nach Möglichkeit wieder dem Grundwasser zugeführt werden. Eine Verunreinigung des Grundwassers darf damit nicht verbunden sein.

Zur Vorbereitung eines Pumpversuchs gehören neben ausreichenden Informationen über den Untergrundaufbau (Tiefenlage des Grundwasserleiters) und das Bauprojekt zunächst das Abschätzen der zu erwartenden Förderrate (in m^3/s) und/oder der Absenktiefe (s. Norm, Anhang B). Diese Schätzwerte werden benötigt, um einen entsprechenden **Ausbau der Bohrung** und eine Pumpe mit angemessener Leistung auszuwählen.

- Eine DN 50-Grundwassermessstelle gem. ► Abschn. 4.6 kann z. B. nur mit kleinen Tauchpumpen Ø < 45 mm mit einer Leistung von 0,2–0,3 l/s (= 0,8–1,2 m^3/h) bei Förderhöhen von 20–40 m bepumpt werden.
- Eine mittlere Tauchpumpe (Ø < 100 mm) erfordert mindestens einen Ausbau DN 125 (Bohrlochdurchmesser min. 159 oder 176 mm, nötigenfalls Aufweitung auf 219 oder auch 300 mm) und bringt bei rund 50 m Förderhöhe eine Leistung von etwa 0,8 l/s (3 m^3/h). Bei größerer erwarteter Leistung ist ein DN 150-Ausbau für eine 133/145er-Tauchpumpe Ø ohne bzw. mit Kabel) vorzusehen.
- Für tiefere Brunnen bzw. bei einer erwarteten Leistung bis 25 l/s ist ein DN 300- bis DN 400-Ausbau erforderlich (Bohrlochaufweitung auf 600–900 mm).

Der **Versuchsbrunnen** ist so tief zu bohren, dass die gleichen Schichten wie bei der späteren Projektabsenkung erfasst werden. Sofern der Brunnen den Grundwasserleiter nicht durchteuft (unvollkommener Brunnen), muss er bis min. 3 m unter den interessierenden Schichtabschnitt reichen. Um den Entnahmebrunnen müssen nach hydrogeologischen und auswertungstechnischen Gesichtspunkten zwei oder drei Reihen von Grundwassermessstellen (in der Norm als Piezometer bezeichnet) eingerichtet werden (◘ Abb. 2.74). Damit sollen die unterschiedlichen Durchlässigkeitsverhältnisse und eine dadurch bedingte Asymmetrie des Entnahmetrichters erfasst werden. Eine dieser Grundwassermessstellen wird nahe dem Entnahmebrunnen (±2 m) angeordnet, um die Steilheit des Absenktrichters zu ermitteln. Außerdem muss die Absenkung im Brunnen selbst über eine Messstelle im verkiesten Ringraum gemessen werden.

Der Brunnenausbau erfolgt nach den Grundsätzen der ► Abschn. 4.6 und 11.3. Das Filterrohr und das Filtermaterial (► Abschn. 2.2.7) sind auf den Grundwasserleiter abzustimmen, um eine Mitförderung von Sand und eine dadurch bedingte etwaige Geländesenkung zu vermeiden (s. a. ► Abschn. 4.6). Nach DIN EN ISO 22 282-4 soll bei sandig-kiesigem Untergrund die Korngröße des Filters der Ungleichung

$$5\,d_{15(Bod)} < d_{15(Filt)} < d_{85(Bod)}$$

entsprechen. Der Versuchsbrunnen muss vor dem Pumpversuch klargespült (entwickelt) werden.

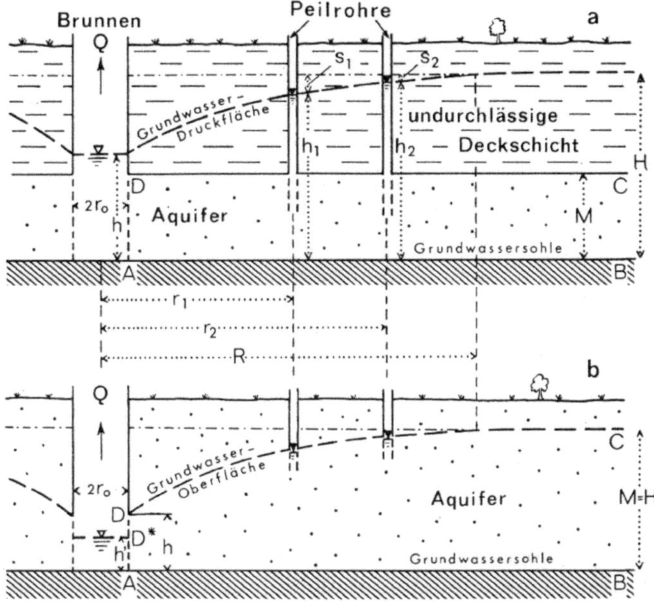

Abb. 2.74 Darstellung der Parameter für die Auswertung von Pumpversuchen in gespanntem und ungespanntem Grundwasser (aus Hölting und Coldewey 2013)

Die Zeitdauer eines Pumpversuchs ist mit mindestens 100 Stunden, nötigenfalls mit mehreren Wochen anzusetzen. Kürzere Pumpversuche von 1–3 Tagen werden als Kurzpumpversuche bezeichnet.

Ein **Pumpversuch** nach DIN EN ISO 22 292-4 besteht aus mehreren Phasen:

- Vorlaufphase zur Überwachung des natürlichen Grundwasserspiegels (entfällt meistens),
- Vorpumpversuch als Funktionstest der Systeme,
- Hauptphase der Pumpversuchs,
- Phase nach dem Pumpversuch (Wiederanstiegsphase).

Die Hauptphase des Pumpversuchs kann mit variabler oder konstanter Förderrate gefahren werden. In der Regel wird anfänglich mit variabler, stufenweise zu steigernder Fördermenge gepumpt (Abb. 2.75). Die geförderte Wassermenge wird mittels einer Wasseruhr oder eines Messwehrs gemessen, das aus mindestens 2 Kammern mit der Funktion von Absetzbecken zur Kontrolle mitgeförderter Feinteile bestehen soll (► Abschn. 11.3). Die Messung erfolgt gewöhnlich in l/s, die für die Auswertung in m^3/s umgerechnet werden. Nach Erreichen der geplanten Absenktiefe wird auf konstante Förderrate umgestellt.

Im Brunnen und in den Grundwassermessstellen muss die Messung der Wasserstände gleichlaufend in anfangs kurzen, dann längeren Abständen (etwa 30", 1', 2', 3', 4', 5', 10', 15', 20', 25', 30', 40', 50', 60', 90' … 240', 300' …) erfolgen. Nach Ende der Pumpzeit wird in den gleichen, dem logarithmischen Auswertungsmaßstab entsprechenden Zeitabständen der Wiederanstieg des Wasserspiegels im Brunnen gemessen.

Ein Pumpversuch sollte immer bis zum stationären Beharrungszustand gefahren werden. Bei Gebirgsdurchlässigkeiten $<10^{-6}$ m/s ist es oft schwierig, eine über längere Zeit konstante Förderrate einzuhalten. Eine Auswertung bei transienten (instationären) hydraulischen Randbedingungen liefert jedoch nur Näherungswerte. Mit stufenlos regelbaren Tauchpumpen können auch über längere Zeit konstante Mengen von <1 l/min (=0,016 l/s) gefördert werden.

Die Protokollierung der Messwerte wird nach Formblättern der DIN EN ISO 22 282-4 vorgenommen. Die **Auswertung** erfolgt nach Anhang C der Norm unter der Annahme, dass

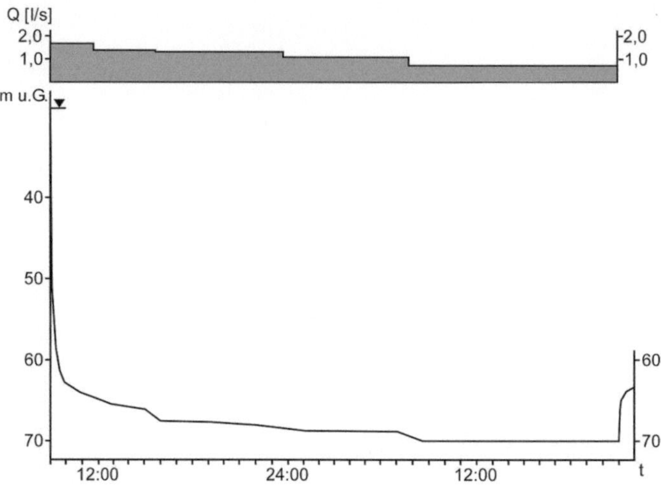

Abb. 2.75 Doppeldiagramm mit Darstellung der Entnahmemenge Q (l/s oder m³/h) und der Absenkung im Brunnen bzw. des Wiederanstiegs über die Zeit

- ein homogener und isotroper Grundwasserleiter in gleichmäßiger Mächtigkeit und praktisch unendlicher Ausdehnung sowie ein vollkommener Brunnen vorliegen und
- der natürliche Grundwasserspiegel horizontal liegt.

Die Auswertung kann in Anlehnung an die Norm graphisch oder rechnerisch über Brunnenformeln erfolgen. Die Auswertung beginnt gewöhnlich mit einem Doppeldiagramm als Wasserstands-Zeit-Diagramm und Entnahme-Zeit-Diagramm. Aus der Wasserstands-Zeit-Kurve ist zu erkennen, ob ein quasistationärer Zustand (Beharrungszustand) vorgelegen hat. Ein solcher kann für jede Zwischenfördermenge erreicht werden, sodass die Absenkung über die Steigerung der Fördermenge auf jeden Fall bis in die maßgebliche Tiefe betrieben werden muss.

Die rechnerische Auswertung für ungespanntes und auch gespanntes Grundwasser kann bei Porengrundwasserleitern nach den Einzelbrunnenformeln von Dupuit (1883) und Thiem (1906) vorgenommen werden (Abb. 2.74).

Gespanntes Grundwasser nach Dupuit:

$$k = \frac{Q\left(ln r_2 - ln r_1\right)}{\pi \times 2M\left(h_2 - h_1\right)}$$

Freies Grundwasser nach Dupuit oder Thiem:

$$k = \frac{Q\left(ln r_2 - ln r_1\right)}{\pi\left(h_2^2 - h_1^2\right)}$$

k = Durchlässigkeitsbeiwert
Q = Entnahmemenge (in m^3/s)
h_1/h_2 = Standrohrspiegelhöhen in den Messstellen 1 und 2 (in m)
r_1/r_2 = zugehörige Entfernung vom Brunnen (in m)
M = Mächtigkeit des Grundwasserleiters

Wenn bei einem quasistationären Pumpversuch zwei Messstellen zur Verfügung stehen, kann der k-Wert durch Umwandlung der obigen Formel auch über die Transmissivität T (in m^2/s) ermittelt werden:

$$k = \frac{T}{M}; T = \frac{Q}{2 \cdot \pi \cdot \Delta s} \cdot ln\frac{r_2}{r_1},$$

wobei $\Delta s = h_2 - h_1$ (s. a. Abb. 2.74).

Die Brunnenformel nach Dupuit oder Thiem ist nur eine Näherungslösung, u. a., weil die angenommene Grundwassersohle meist nicht vorhanden ist (► Abschn. 11.6). Weitere Auswertemöglichkeiten s. DIN EN ISO 22 282.4, Anlage C.

Bei Kurzpumpversuchen wird die beobachtete Absenkung bzw. der Wiederanstieg in der ersten Förderphase sehr stark vom Ausbau des

Brunnens bestimmt, und es wird insgesamt nur der Nahbereich des Brunnens erfasst. Um die hydraulischen Eigenschaften besonders von Kluftgrundwasserleitern zu erfassen, muss ein solcher Pumpversuch daher eine gewisse Mindestförderdauer haben. Die durch den Brunnenausbau bedingten Anfangsreaktionen der Absenkkurve können an der Geradlinigkeit der halblogarithmischen Auftragung des Wasserstand-Zeit-Diagramms erkannt werden. Die Messergebnisse von Pumpversuchen bleiben aber immer mehrdeutig.

Wenn bei Pumpversuchen das nötige Messstellennetz fehlt, muss die Auswertung allein nach dem Wasserspiegelgang im Brunnen erfolgen. Sie werden als **Einlochpumpversuche** oder Pumptests bezeichnet. Für die Auswertung von stationären Einlochpumpversuchen ohne zugehörige Grundwassermessstellen muss bei Anwendung der üblichen Formeln jeweils die Reichweite geschätzt werden. Die Schätzwerte liegen je nach Absenktiefe zwischen R = 10 m und R = 100 m, meist bei 50 bzw. 100 m (s. u.).

Für die rechnerische Ermittlung des *k*-Werts können in solchen Fällen nachstehende abgewandelte Formeln von Thiem (1906) verwendet werden:

$$k = \frac{Q}{\pi\left(H^2 - h'^2\right)} \times ln\frac{\mathrm{R}}{\mathrm{r}}\left(\text{in m/s}\right)$$

Für R ≈ 100 m ergibt sich:

$$ln\frac{\mathrm{R}}{\mathrm{r}} = 6{,}91,$$

– ein Wert, der in vielen vereinfachten Formeln erscheint:

$$k = \frac{6{,}91 \times Q}{\pi\left(H^2 - h^2\right)} bzw. = \frac{2{,}2 \times Q}{\pi\left(H^2 - h'^2\right)}$$

Für allgemeine Überschlagsrechnungen ergibt sich für R ≈ 100 m eine weitere Vereinfachung der o. g. Formeln:

- gespanntes Grundwasser:

$$k = \frac{Q}{M \times h_s}\left(in\ m/s\right)$$

- ungespanntes Grundwasser (freie Oberfläche):

$$k = \frac{Q}{h_m \times h_s}, wobei\ h_m = h' + \frac{h_s}{2}$$

k = Durchlässigkeitsbeiwert (m/s)
M = Mächtigkeit des genutzten Grundwassers (m)
Q = Entnahmemenge (m^3/s)
h_s = Absenktiefe im Brunnen (H – h‘)
h' = Wassersäule über Brunnensohle (m)

Da bei normalen Pumpversuchen kaum ein stationärer Beharrungszustand erreicht wird, geht man i. d. R. von einem transienten (instationären) bzw. quasitransienten Strömungszustand aus. Allgemein ergeben Absenkversuche in Grundwassermessstellen (meist Kurzpumpversuche) im Vergleich zu echten Pumpversuchen zu kleine Durchlässigkeiten.

Sobald bei einem Pumpversuch die Förderung eingestellt wird, beginnt die **Wiederanstiegsphase**, in der sich der Absenktrichter wieder auffüllt (**■** Abb. 2.76).

Aus dem Wiederanstieg lässt sich der *k*-Wert über die Transmissivität *T* (in m^2/s) nach dem Verfahren von Theis ermitteln:

- für instationäre Verhältnisse:

$$k = \frac{T}{M}; T = \frac{Q \times 0{,}183}{\Delta s}\left(in\ m^2/s\right)$$

- für stationäre Verhältnisse:

$$T = \frac{Q \times 0{,}3665}{\Delta s}\left(in\frac{m^2}{s}\right),$$

wobei
T = Transmissivität (in m^2/s)
Q = Entnahmemenge für den quasistationären Zustand (in m^3/s)

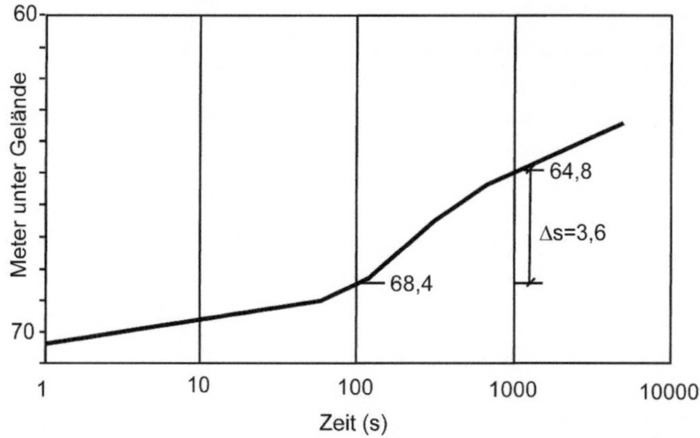

Abb. 2.76 Halblogarithmische Darstellung des Wiederanstiegs zur Ermittlung des *k*-Werts über die Transmissivität nach Theis

Δs = Steigung der Kurve für einen logarithmischen Zyklus nach Abb. 2.76
M = Mächtigkeit des Grundwasserraumes bis Brunnensohle im Ruhezustand (in m).

Die **Transmissivität** T ist ein hydrologischer Hilfswert, der von Theis 1935 eingeführt wurde. Er ist das Integral des Durchlässigkeitsbeiwerts über die Aquifermächtigkeit H und beschreibt für ein homogenes und isotropes Lockergestein die Wassermenge, die bei einem hydraulischen Gradienten von $i = 1$ einen 1 m breiten und über die wassererfüllte Mächtigkeit des Aquifers hohen Querschnitt des Gebirges durchströmt.

In der hydrogeologischen Literatur wird die Gebirgsdurchlässigkeit häufig direkt über die Transmissivität T angegeben. Für den Mittleren Buntsandstein werden z. B. für wenig gestörte Lagerungsverhältnisse T-Werte von $1{,}4 \times 10^{-6}$ bis $1{,}1 \times 10^{-4}$ m²/s und für Störungsbereiche solche von $T = 1{,}7–7{,}5 \times 10^{-3}$ m²/s genannt. Bertleff (1986: 49) gibt für den bedeckten Karst im westlichen Molassebecken in Tiefen von etwa 500 m Werte von $1–10 \times 10^{-3}$ m²/s an. Allgemein gilt folgende Einstufung:

sehr gering	$<5 \times 10^{-7}$
gering	5×10^{-7} bis 5×10^{-5}
mittel	5×10^{-5} bis 5×10^{-3}
hoch	5×10^{-3} bis 5×10^{-1}
sehr hoch	$>5 \times 10^{-1}$

Der Mindestwert für eine hydraulische Nutzung liegt bei 5×10^{-5} m²/s.

Aus der Transmissivität T und der Länge der Teststrecke ermittelte Werte werden auch als **normierte Gebirgsdurchlässigkeit** T/H (in m/s) bezeichnet (► Abschn. 20.2.2.2 und Stober und Jodocy 2009).

Die Auswertung über die Wiederanstiegskurve im Brunnen über die Transmissivität bringt besonders bei Kluftgrundwasserleitern die besseren Ergebnisse, da diese den Inhomogenitäten des Gebirges besser entspricht. Aus dem Anstieg der Kurve können auch qualitative Schlüsse über die Durchlässigkeitsverhältnisse gezogen werden. Im Prinzip zeigt ein steiler Anstieg die Reaktion einer gut durchlässigen Zone an und umgekehrt, jedoch kann man diese Einflüsse nicht ohne Weiteres auf das jeweilige Anstiegsniveau übertragen. Bei Wechselfolgen von durchlässigen und praktisch nicht wasserwegsamen Schichten (Tonsteinen) kann man außerdem anstelle der gesamten Mächtigkeit des Grundwasserraums nur einen Teil davon (z. B. $M/2$) in Rechnung setzen. Bei unvollkommenen Brunnen ist dagegen M um bis zu 1/3 tiefer anzunehmen als die Bohrlochsohle.

2.9.4.2 Versickerungsversuche

Versickerungsversuche an der Oberfläche werden in der DIN 18 130-2 als „**Versuche mit Aufsatzgerät**" (A) bezeichnet. Sie gelten in erster Linie für bindige Dichtungsschichten mit *k*-Werten $<10^{-8}$ m/s.

In DIN EN ISO 22 282-5 werden Versickerungsversuche an der Oberfläche oder in geringer Tiefe **Infiltrometerversuche** genannt. Die Versuche können sowohl im ungesättigten als auch im gesättigten Bereich vorgenommen werden.

Als **Messgrößen** werden der Wasserspiegel im Messrohr bzw. die hydraulische Druckhöhe und das versickerte Wasservolumen als Funktion der Zeit ermittelt. Zu Beginn des Versuchs muss über die Auftragung der Versickerungsgeschwindigkeit die Sättigung des Versuchsbereichs (Boden) abgewartet werden. Die Sättigungsphase beträgt je nach Bodenart 0,5–10 Stunden. Ab einem geraden Verlauf der Kurve der Versickerungsgeschwindigkeit beginnt die eigentliche Messphase, deren Mindestdauer mehrere Minuten bis einige Stunden beträgt. Über die Versuchsdurchführung ist ein normengemäßes Feldprotokoll zu führen.

Das Versuchsergebnis ist die Durchflussrate bzw. die Versickerungsgeschwindigkeit v für die jeweilige hydraulische Druckhöhe (h), die nach dem Gesetz von Darcy $v = k \cdot i$ und unter Berücksichtigung der Dicke der gesättigten Zone z_w, durch die der Durchfluss erfolgt, mit

$$i = \left(z_w + h\right) / z_w$$

den Durchlässigkeitsbeiwert k ergibt:

$$k = v / i$$

Die Dicke der gesättigten Zone wird am Ende des Versuchs durch Probennahme und Bestimmung des gegenüber dem Ausgangszustand erhöhten Wassergehalts ermittelt. Einzelheiten für die Versuchsdurchführung und Auswertung sind der genannten Norm zu entnehmen.

2.9.4.3 Auffüll- und Schluckversuche im Bohrloch

Für Wasserdurchlässigkeitsversuche in einem Bohrloch bei offenem System unter und auch oberhalb des Grundwasserspiegels gilt DIN EN ISO 22 282-2. Der Versuch ergibt den durchschnittlichen *k*-Wert des untersuchten Bereichs.

Der **Prüfabschnitt** (Länge L, Durchmesser D) kann aus einem perforierten (Innen-)Rohr mit perforierter oder geschlossener Bodenscheibe, einem Bohrlochabschnitt mit Filterpackung oder aus einem Standrohr mit offener Sohle bestehen. In stabilen Bohrlöchern (Fels) kann der freie Prüfabschnitt durch einen Packer abgeschlossen werden.

Während des Versuchs bildet sich um den Prüfabschnitt ein weitgehend gesättigter Strömungsbereich. Bei schwach durchlässigen Böden unter dem Grundwasserspiegel ist dieser etwa kugelförmig, bei ungesättigten Ausgangsbedingungen nimmt er dagegen unter der Wirkung der Schwerkraft die Form einer Versickerungsglocke an.

Die Versuche können mit konstanter bzw. veränderlicher Druckhöhe (für *k*-Werte 10^{-4} bis 10^{-7} bzw. 10^{-6} bis 10^{-9}) bzw. mit konstanter Durchflussrate (für *k*-Werte $>10^{-6}$) gefahren werden. Die veränderliche Druckhöhe wird durch eine momentane Änderung des hydraulischen Drucks im Bohrloch erzeugt und das Einpendeln des Wasserspiegels im Bohrloch in kurzen Zeitintervallen (30″, 1′, 1,5′, 2′, 3′, 4′, 5′, 10′, 15′ usw.) gemessen.

Für die Protokollierung der Versuchswerte kann auf Formblätter der DIN, Anhang A, zurückgegriffen werden. Die **Auswertung** erfolgt nach DIN EN ISO 22 282-2. Bei der üblichen Form des Prüfabschnitts ($L = 100$ cm, $D = 10$ cm) entspricht ein Wechsel der Druckhöhe von $H = 10$ cm und einer Zuflussrate von 100 l/min einem *k*-Wert von etwa 10^{-3} m/s. Bei einer Durchflussrate von etwa 1 l/min ergibt sich ein Wert von $k < 10^{-6}$ m/s.

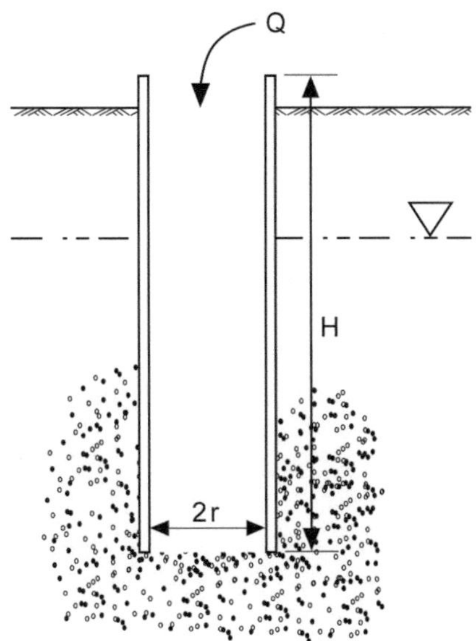

Abb. 2.77 Versuchsschema für einen Open-End-Test

Bei einem Standrohr mit offener Sohle, konstanter Druckhöhe und annähernd kreisförmigem Strömungsbereich kann die Auswertung als Open-End-Test erfolgen (Abb. 2.77):

$$k = \frac{Q}{5{,}5r \times H}\left(in\ m/s \right)$$

Q = Zufluss
r = Radius der Rohrtour
H = hydraulische Druckhöhe beim Versuch

Beim **Fluid-Logging-Verfahren** wird das Bohrlochfluid gegen ein Wasser niedrigerer (oder höherer) elektrischer Leitfähigkeit ausgetauscht. Durch Absenken des Ruhewasserspiegels angeregte Zuflüsse im Bohrloch zeigen sich im Log der elektrischen Leitfähigkeit an. Die Auswertung erfolgt mittels analytischer und numerischer Verfahren (Rosenfeld 1998a). Der Einsatz des Verfahrens wird für Gebirgsdurchlässigkeiten $k = 5 \times 10^{-4}$ bis 1×10^{-9} m/s empfohlen.

2.9.4.4 Wasserdruckversuch im Fels

Für die vor über 80 Jahren von Lugeon eingeführten Wasserdruckversuche (WD-Test, auch WPT, „water pressure test") zur Bestimmung der Durchlässigkeit von Fels gilt Teil 3 der DIN EN ISO 22 282. Der Wasserdruckversuch dient zur Bestimmung der Gebirgsdurchlässigkeit (bzw. der Dichtheit des Gebirges), seiner Verpressbarkeit und seines Verformungsverhaltens.

Der Versuch kann sowohl unterhalb als auch oberhalb des Grundwasserspiegels vorgenommen werden. Dabei wird in eine nach oben (Einfachpacker) bzw. auch nach unten (Doppelpacker) abgeschlossene Bohrlochstrecke unter einem bestimmten Druck Wasser eingepresst und der Zusammenhang zwischen Druck und Wasseraufnahme in Funktion der Zeit ermittelt (Abb. 2.78). Um eine Umläufigkeit des Packers zu vermeiden, muss für die Packerstellung ein nach der Beschaffenheit der Bohrkerne glatter Abschnitt der Bohrlochwand mit konstantem Bohrlochdurchmesser ausgewählt werden. Bei nachbrüchigem Gebirge werden z. T. überlange Gummipacker (>1 m) verwendet. Eine etwaige Umläufigkeit kann durch den Einbau von Druckaufnehmern über oder unter den Packern festgestellt werden. Eine Packerumläufigkeit täuscht immer eine zu große Durchlässigkeit vor.

Die Längen der Abpressstrecken richten sich nach den geologischen Verhältnissen. Sie sollten 5 m nicht übersteigen, doch werden i. d. R. kürzere Abpressstrecken von jeweils 1–2 m bevorzugt. Die Einsatztiefe ist derzeit auf etwa 100 m (max. 150 m) begrenzt.

Der Wasserdruckversuch kann mit einer oder mehreren Druckstufen gefahren werden. Zu Beginn sollte ein Druckentlastungsversuch vorgenommen werden, um den hydraulischen Ruhedruck zu ermitteln, bei dem praktisch kein Durchfluss erfolgt. Wenn es auch um das Verformungs- bzw. Aufreißverhalten des Gebirges geht, werden mindestens 5 Druckstufen gefahren, 3 aufsteigende und 2 absteigende (P_0, P_1, P_2, P_3, P_2, P_1, P_0).

Für eine einwandfreie Auswertung der WD-Tests ist eine möglichst exakte Messung der durchfließenden Wassermenge und des Drucks in der Versuchsstrecke nötig. Der übliche Messbereich für die Registrierung der Wassermengen liegt bei 0–15 l/min bzw. 0–150 l/min. Die minimal registrierbare Wassermenge beträgt dabei 0,5 l/min, was die Anwendbarkeit der

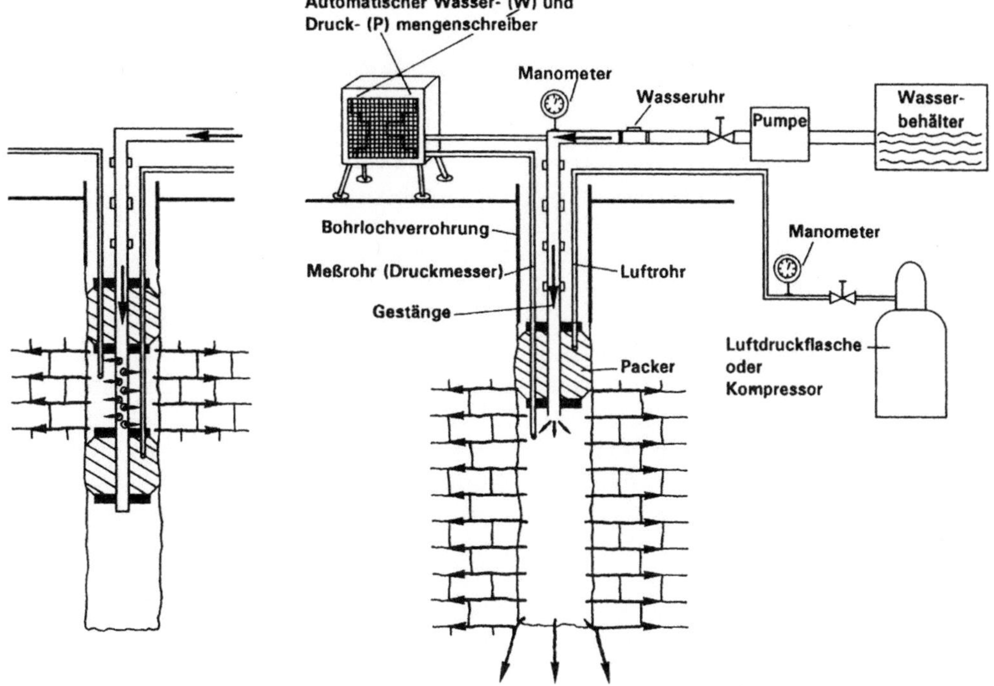

■ **Abb. 2.78** Prinzipskizze des Doppelpacker- und Einfachpacker-Wasserdruckversuchs (aus Ebady und Kowalewski 1984)

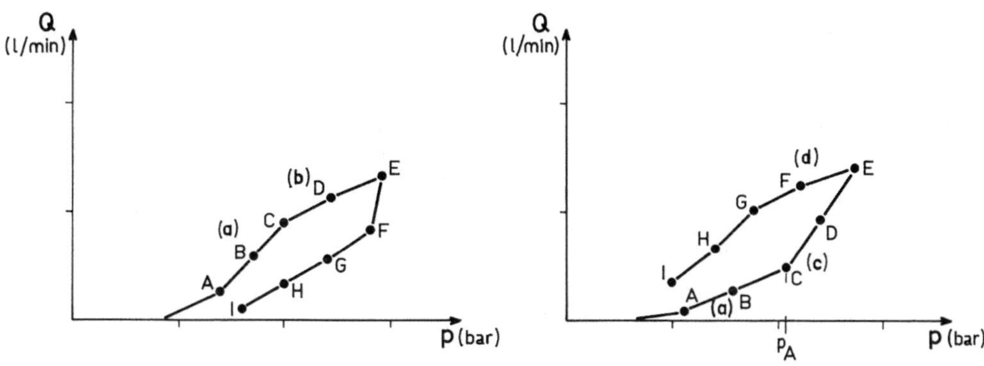

■ **Abb. 2.79** Typische Verpressdruck-Durchfluss-Diagramme bei mehrstufigen WD-Tests (nach DIN EN ISO 22 282-6

Versuchstechnik auf Durchlässigkeiten von mehr als 10^{-8} m/s beschränkt.

Die einfachste Auswertung eines WD-Versuchs ist die Angabe der Wasseraufnahme *W* in l/(min × m), bezogen auf einen bestimmten Druck (► Abschn. 18.2.1). Die übliche Auswertung hinsichtlich der Gebirgsdurchlässigkeit erfolgt über ein **Verpressdruck-Durchfluss-Diagramm** (■ Abb. 2.79), das bestimmte Muster erkennen lässt, die auch Rückschlüsse auf das belastungsabhängige Durchlässigkeitsverhalten und über das Verformungsverhalten des Gebirges ermöglichen. Bei dem üblichen Mehrstufenversuch ergibt sich in den unteren Druckstufen (Stufe P_0, P_1 und P_2) häufig ein lineares Druck-Mengen-Verhältnis (a). Bei höheren Drücken wird das Strömungsregime in den Klüften turbulent, wodurch sich die Wasseraufnahme verringert (b). Das Aufweiten oder Aufreißen von Trennflächen (Klüfte oder Schichtflächen) macht sich in einer überproportionalen Zunahme der Wassermenge in Abhängigkeit vom Verpressdruck bemerkbar (c). Bleibt der Durchfluss Q bei Druckminderung größer als im aufsteigenden Ast (d), so haben sich die Fließwege irreversibel erweitert bzw. es besteht Erosionsverdacht. In der Praxis treten häufig Mischformen auf, die von den Standarddiagrammen abweichen und entsprechend interpretiert werden müssen (Ewert 2004 und DIN EN ISO 22 282-3).

Das Aufweitungs- bzw. Aufreißverhalten von Trennflächen der verschiedenen Gebirgstypen wird von Ewert (2005) ausführlich behandelt. Das Aufweiten von Wasserwegen erfolgt vorzugsweise auf Klüften. Das Aufreißen latenter Trennflächen betrifft dagegen vorrangig Schicht- bzw. Schieferungsflächen und ist besonders in der oberflächennahen Auflockerungszone vom Überlagerungsdruck abhängig. Ab dieser Tiefe sind die Aufreißvorgänge der Trennflächen dann festigkeitsbedingt, d. h., sie sind von der Zugfestigkeit quer zu den Trennflächen abhängig. Der kritische Druck für das Aufweiten bzw. Aufreißen von Trennflächen liegt häufig nur bei wenigen Bar (<15 bar).

Die Protokollierung der Versuchsergebnisse erfolgt nach einem Formblatt (Anlage A der Norm). Die Auswertung kann direkt oder in Anlehnung an die Norm nach theoretischen Ansätzen von Rissler (1984) vorgenommen werden. Die Formeln gehen von der Annahme eines homogenen Kontinuums mit radialsymmetrischem und konstantem Durchfluss und einem stationären Regime aus:

$$k = \frac{Q}{2\pi \times l \times H} \times \ln \frac{l}{r} \, bzw. 0{,}3665 \frac{Q}{l \times hm} \times \lg \frac{l}{r}$$
$$(in\ m/s)$$

bzw. nach DIN 22 282-3, Anhang C:

$$k = \frac{Q}{2l \times H \times \pi} \times \ln \frac{R}{r_0}$$

Q = Wasserdurchfluss (in m^3/s) bzw. l/(m × min)
L = Länge des Prüfabschnitts (in m)
H = hydraulische Druckhöhe in der Teststrecke zu Beginn des Versuchs (in m)
R = Einflussradius des Versuchs (10–100 m)
r_o = Bohrlochradius (in m)

Die Norm enthält weitere Auswertemöglichkeiten.

Trotz einiger nicht oder nicht ganz zutreffender Annahmen sind bei Durchlässigkeiten von $k = 10^{-5}$ bis 10^{-8} m/s die Auswertungen nach den oben zitierten Formeln recht brauchbar. In ◼ Abb. 2.80 sind auf verschiedenen Wegen ermittelte Auswertungen der Q_{WD}-k-Beziehung gegenübergestellt. Dabei zeigt sich, dass die aus Pumpversuchen gewonnene Kurve von Schraft und Rambow (1984) und die empirische Auswertungskurve von Heitfeld (1965) recht gut übereinstimmen. Allgemein streuen WD-Versuchsergebnisse stärker als die von Pumpversuchen, was auf die unterschiedlich großen Prüfbereiche und die dadurch bedingte Abhängigkeit von der Kluftverteilung im Gebirge zurückzuführen ist. ◼ Abb. 2.80 zeigt ferner, dass die im Rheinischen Schiefergebirge ermittelten Werte von Heitfeld auf andere Gebirgsarten übertragbar sind. Die Durchlässigkeitswerte von Schraft und Rambow (1984) haben sich bei den Tunnelbauten der DB AG in den Buntsandstein-Wechselfolgen weitgehend bestätigt (Prinz und Holtz 1989) und sind zwischenzeitig auch in anderen Formationen belegt worden (Schetelig 1991). Kauther et al. (2013) haben allerdings in Unterkreide-Tonsteinen Nordwestdeutschlands mit WD-Tests k-Werte von 2×0^{-6} m/s und bei Pumpversuchen solche von $k = 2 \times 10^{-5}$ ermittelt, die sich bei der Bauausführung bestätigt haben.

2.9.4.5 Weitere Wasserdurchlässigkeitsversuche im Bohrloch

In einem schwach durchlässigen Gebirge mit k-Werten $<10^{-8}$ können sowohl die Gebirgsdurchlässigkeit als auch die Transmissivität T und der Speicherkoeffizient S mittels spezieller impulsgebender Packerversuche gem. DIN EN ISO 22 282-6 ermittelt werden.

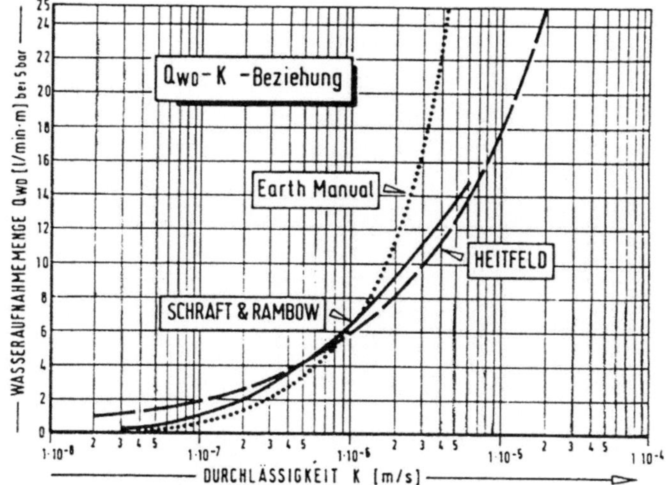

Abb. 2.80 Nach verschiedenen Methoden ermittelte Q_{WD}-*k*-Beziehungen (Heitfeld und Heitfeld 1989 ergänzt)

Bei dem Packertest nach der Norm wird in einem durch einen oder zwei Packer abgeschlossenen Bohrlochabschnitt kurzzeitig (2 s) ein Druckimpuls aufgebracht und die Schwankung des Volumens V_0 und des Drucks P_0 des Fluids im Prüfabschnitt aufgezeichnet. Das Wiederherstellen der hydraulischen Druckhöhe im Versuchsabschnitt *L* wird im Sekundentakt gemessen. Die Versuchsdurchführung, Protokollierung und Auswertung erfolgt nach der Norm. Der Durchlässigkeitsbeiwert *k* wird über die Transmissivität *T* ermittelt:

$$k = T / L$$

Im offenen System werden diese Art Versuche auch als Slug- und Bail-Test bzw. nach DIN 18 130-1 auch als „Versuch mit Verdrängungskörper" bezeichnet.

Beim **Slug- bzw. Bail-Test** wird die Erhöhung des Wasserspiegels im Brunnen mit einem Verdrängungskörper (Ø 35 bzw. 80 mm) erreicht. Der Ruhewasserspiegel muss oberhalb der Filterstrecke liegen. Beim Slug-Test wird die zeitliche Entwicklung der infolge der Druckerhöhung abfließenden Wassermenge über einen Druckwertaufnehmer im Prüfabschnitt gemessen. Wenn sich im Brunnen der Ruhewasserspiegel eingestellt hat, kommt es durch Entfernen des Verdrängungskörpers zum Absinken des Wasserspiegels, dessen Druckdifferenz durch nachströmendes Wasser ausgeglichen wird. Diese Versuchsphase wird als Bail-Test bezeichnet. Die Versuchseinrichtung zeigt Abb. 2.81. Das Eintauchen bzw. Entfernen des Verdrängungskörpers soll möglichst schnell erfolgen, ohne starke Schwingungen des Wasserspiegels zu erzeugen.

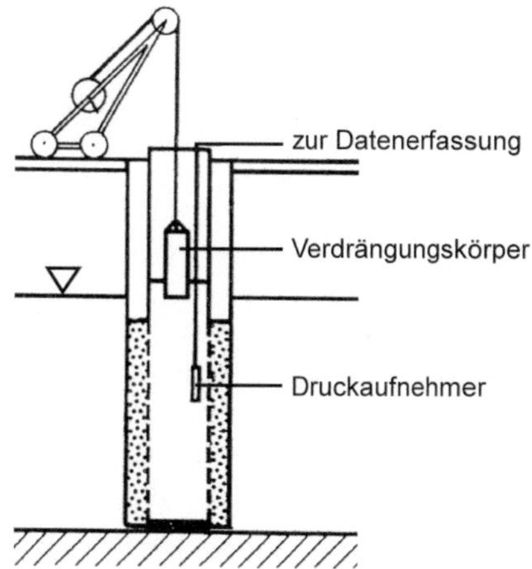

Abb. 2.81 Versuchseinrichtung für einen Slug- und Bail-Tests mittels Verdrängungskörper

Die Auswertung erfolgt nach verschiedenen Verfahren, die im Tunnelbautaschenbuch 1994 und bei Rosenfeld (1998b) zusammengestellt sind.

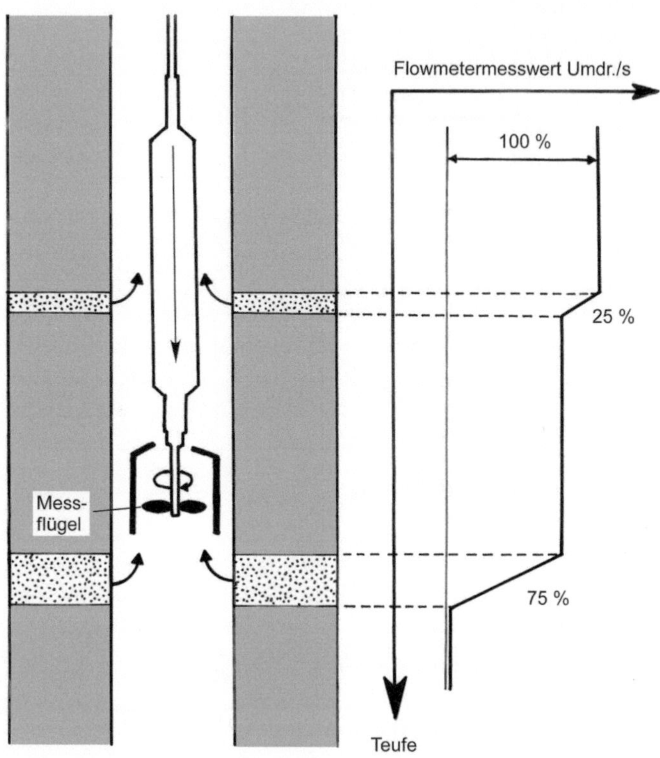

Abb. 2.82 Prinzip einer Flowmetermessung (Firmenprospekt)

2.9.4.6 Einschwing- und Flowmeterverfahren

Mit dem **Einschwingversuch** (DIN 18 130-2 kann die Transmissivität und daraus die Durchlässigkeit ermittelt werden. In einer Grundwassermessstelle wird der Wasserspiegel mithilfe von Pressluft abgedrückt. Durch plötzliches Lösen der Druckauflast schwingt der Wasserspiegel zurück. Aus der Schwingungshöhe, der Wellenlänge der Schwingung und deren Dämpfung kann auf die Durchlässigkeit des umgebenden Bodens geschlossen werden. Mittels Einschwingversuchen können die kostenaufwendigen Pumpversuche eingeschränkt werden.

Liegen im Untergrund Schichten verschiedener Durchlässigkeiten vor, so beeinflussen die tieferen Schichten den gemessenen k-Wert stärker als flach liegende GW-Stockwerke. Eine Möglichkeit zur Feststellung der unterschiedlichen Durchlässigkeiten bei $k > 10^{-6}$ m/s ($Q > 2$ l/s) sind **Flowmetermessungen**. Eine Messung bei ruhendem Wasserspiegel dient zunächst der Überprüfung der Filterdurchlässigkeit. Eine Messung mit hoch hängender Pumpe und teilabgesenktem Wasserspiegel gibt aus dem Vergleich der Umdrehungszahlen Hinweise auf die Zuströmverhältnisse in den Filterstrecken (Abb. 2.82). Die Messung wird stufenweise von unten nach oben vorgenommen.

2.9.5 Durchlässigkeitsbeiwerte

Sowohl Laborversuche als auch Feldversuche unterliegen Anwendungsgrenzen, die nicht nur vom Gestein und von der Prüfkörpergröße, sondern auch von der Auswertungsmethode abhängig sind (Abb. 2.83). Besonders Laborwerte sind häufig nicht repräsentativ. Wenn möglich, sollten immer Feldversuche vorgenommen werden. Aufgrund von im Untergrund

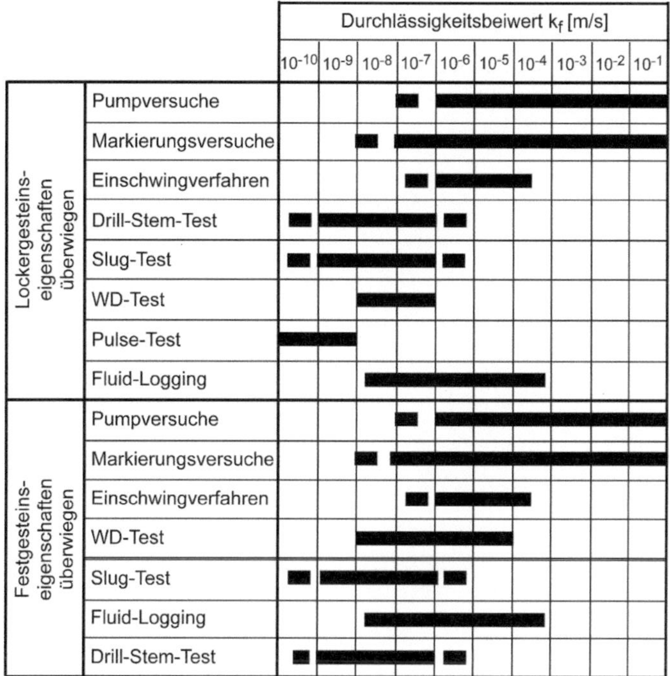

Abb. 2.83 Anwendungsbereiche der Bohrlochtests für verschiedene Durchlässigkeitsbereiche

häufig vorhandenen Inhomogenitäten ist die Angabe des k-Werts auch dann noch mit gewissen Unsicherheiten behaftet. Voraussetzungen für eine einigermaßen zutreffende Angabe der Durchlässigkeitsverhältnisse im Untergrund, d. h. der Durchlässigkeiten, Durchlässigkeitsunterschiede und der richtungsabhängigen Durchlässigkeiten sowie des hydraulisch nutzbaren Poren- bzw. Kluftvolumens im Gebirge sind daher eine entsprechende Untergrundbeschreibung, ein gezielter Einsatz der verschiedenen Untersuchungsmethoden sowie ein kritischer Vergleich der Ergebnisse im Hinblick auf ihre Qualität und den Untersuchungsmaßstab (s. a. Entenmann 1998; Klein und Dürrwang 1994; Rosenfeld und Rönsch 1995; Wahrmund et al. 2006; Mühlenkamp et al. 2010).

Die Strömungsvorgänge in **Lockergesteinen** werden zunächst von der meist mehr oder weniger horizontal liegenden Schichtung bestimmt. Die Durchlässigkeitsbeiwerte k variieren dabei erheblich, und zwar nicht nur zwischen den verschiedenen Bodenarten (Abb. 2.84), sondern auch innerhalb vermeintlich vergleichbarer Korngemische. Selbst in einer einigermaßen einheitlich erscheinenden Kies-Sand-Abfolge ist immer mit einer gewissen Änderung der Kornverteilung infolge schichtiger Ablagerung und mit schichtweise wechselnden Feinanteilen zu rechnen. Dies gilt nicht nur in vertikaler, sondern auch in horizontaler Richtung, in der die Kornzusammensetzung auf eine Entfernung von einigen Metern bis wenigen Zehnermetern ebenfalls ganz erheblich wechseln kann. Besonders ausgeprägt sind diese Erscheinungen bei fluviatilen Ablagerungen. In einer solchen Kies-Sand-Wechsellagerung kann der k-Wert zwischen 10^{-2} und 10^{-5} m/s differieren. Ein häufig angenommener Wert ist 5×10^{-3} m/s für Kiessande, ein k-Wert von 1×10^{-5} gilt für Fein-/Mittelsande. Bei einer Grundwasserabsenkung wirken sich einzelne besser durchlässige Schichten sehr stark aus, und zwar sowohl auf die zu fördernde Wassermenge als auch auf die Absenkkurve und die Reichweite. Derartige Lagen hoher

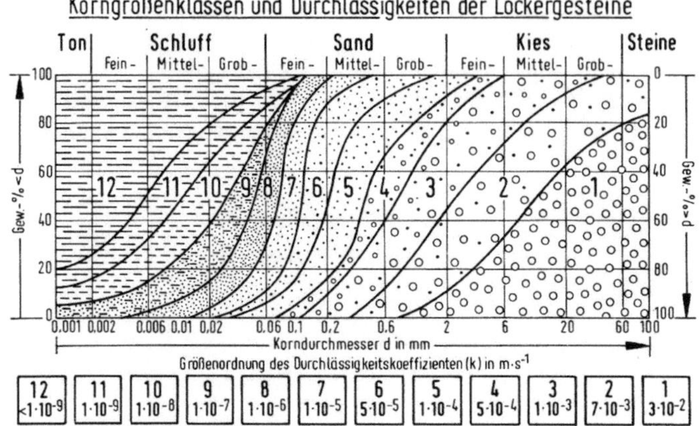

Abb. 2.84 Größenordnung des Durchlässigkeitsbeiwerts nach Hazen in Abhängigkeit von der Korngrößenverteilung der Lockergesteine (aus Breddin 1961)

Durchlässigkeit treten in Flusstälern oft in den unteren Teilen und besonders an der Basis der Kies-Sand-Abfolgen auf. Talrandnahe Kies- und Sandablagerungen weisen dagegen infolge bindiger Einspülmassen häufig deutlich niedrigere Durchlässigkeiten auf (s. a. ► Abschn. 11.6).

Insgesamt werden im Bauwesen folgende **Grundwasserleiter** unterschieden (Martak 2005):

- freier Grundwasserleiter, in dem sich der Grundwasserspiegel bei Eingriffen zeitverschoben frei ausbilden kann,
- halbgespannter Grundwasserleiter, der sich druckmäßig und zeitlich deutlich verzögert dem freien Grundwasserspiegel angleicht,
- gespannter Grundwasserleiter, der ein eigenes Druckniveau zeigt, das von weiter entfernten Grundwassereinspeisungen abhängt (► Abschn. 4.5).

Die Definition der Durchlässigkeiten von Lockergesteinen und die zugehörigen hydrogeologischen Begriffe sind in ◘ Tab. 2.14 zusammengestellt. Die Angaben gelten für mindestens mitteldichte Lagerung. Bei lockerer Lagerung nichtbindiger oder leicht bindiger Böden können wesentlich höhere Werte auftreten. So weisen z. B. die relativ locker gelagerten Lösse in Rheinhessen statt $k = 10^{-6}$ m/s Werte von $k = 10^{-4}$ m/s auf. Auch ein gewisser bzw.

Tab. 2.14 Definition der Durchlässigkeiten von Lockergesteinen in Anlehnung an DIN 18 130, T 1, im Vergleich mit den hydrogeologischen Begriffen für Grundwasserleiter

Geotechnische Begriffe	k [m/s]	Hydrogeologische Begriffe	k_f [m/s]
Sehr stark durchlässig	$>10^{-2}$		
Stark durchlässig	10^{-4} bis 10^{-2}	Porengrundwasserleiter oder Kluftgrundwasserleiter	$>10^{-4}$
Durchlässig	10^{-6} bis 10^{-4}	wie oben	$>10^{-5}$
Schwach durchlässig	10^{-8} bis 10^{-6}	Grundwasserhemmer bzw. Grundwassergeringleiter	$<10^{-5}$
Sehr schwach durchlässig	$<10^{-8}$	Quasi-Nichtleiter oder Stauer	$<10^{-8}$

zunehmender Tonanteil in einem Sediment beeinflusst die Durchlässigkeit ganz erheblich.

Der **Durchlässigkeitsbeiwert organischer Böden** und seine spannungsabhängige Zunahme werden maßgeblich von der Bodenzusammensetzung und der Struktur bestimmt (► Abschn. 3.2.4). Mehr oder weniger faseriger Torf weist gegenüber den feinkörnigeren Mudden höhere Durchlässigkeitsbeiwerte auf, die sich erst mit zunehmender Zersetzung des Torfs annähern. Allgemein findet man in der Literatur für Torf Spannbreiten von $k = 10^{-5}$ bis 10^{-8} m/s und für Mudde $k = 10^{-7}$ bis 10^{-0} m/s. Koepke und Saathoff (2013) nennen für nicht vorbelasteten feinfaserigen Torf k-Werte von 1×10^{-5} bis 3×10^{-6} m/s, für grobfaserigen Torf $k = 1 \times 10^{-5}$ bis 8×10^{-7} m/s und für Mudde Werte von $k = 1 \times 10^{-6}$ bis 1×10^{-7} m/s. Entenmann (1992) gibt für stark bis mäßig zersetzen Torf Werte von $2{,}4 \times 10^{-8}$ (vertikal) und $1{,}0 \times 10^{-7}$ (horizontal) an (s. a. Entenmann 1998: 149). In der Literatur werden für dieses Verhältnis für Mudde Werte von $k_h/k_v = 1–2$ und für Torf von 1–14 angegeben. Rackwitz et al. (2011) haben bei organischen Schluffen und Tonen (Mudde) keinen Unterschied zwischen vertikaler und horizontaler Durchlässigkeit feststellen können.

Anisotropie der Durchlässigkeit ist bei allen geschichteten Boden- und Felsarten und ggf. auch bei lagenweise eingebauten Schüttungen zu beachten. In einem Sediment wird die vertikale Durchlässigkeit von den am geringsten durchlässigen Schichten bestimmt, während die horizontale Durchlässigkeit in erster Linie von einzelnen stärker durchlässigen Lagen abhängig ist, selbst wenn diese nur geringmächtig sind. Diese ablagerungsbedingten Abweichungen der k-Werte bewirken, dass die vertikale Durchlässigkeit fast immer geringer ist als die Durchlässigkeit in horizontaler Richtung (► Abschn. 4.4.3). Die Literaturangaben differieren zwischen 1/1 und 1/2 bei Sanden und bis >1/10 bei bindigen Böden (Einzelwerte s. Entenmann 1998: 149). Auch in kiesig-sandigen Flussablagerungen gelten noch Erfahrungswerte von $k_h = 5 \times k_v$ bis $15 \times k_v$. Besonders ausgeprägt sind diese Unterschiede bei Sedimentgesteinen mit Tonsteinzwischenlagen.

In **Festgesteinen** ist die Gesteinsdurchlässigkeit fast bedeutungslos. Die Durchlässigkeit des Gebirges wird von der Kluftdurchlässigkeit bestimmt, die allerdings je nach Gesteinsart unterschiedlich ausgebildet ist, was letztlich ebenfalls eine mehr oder weniger ausgeprägte Schichtungsabhängigkeit bedingt. Angaben über die Gebirgsdurchlässigkeit können genau genommen nur relativ großräumig gemacht werden. Der Zerlegungsgrad des Gebirges, die wechselnde hydraulische Leitfähigkeit der Trennflächen sowie deren Stellung im Raum und das Relief der Gebirgsstrukturen haben einen starken Einfluss auf die Gebirgsdurchlässigkeit insgesamt und auch von einzelnen Abschnitten und Zonen (► Abschn. 17.2.5.1).

Kluftgrundwasserleiter zeigen auch eine deutliche Abhängigkeit der Gebirgsdurchlässigkeit von der Tiefe. Dies betrifft nicht nur größere Tiefenlagen ab 300–500 m, wie sie für tief liegende Tunnel und Untertagedeponien von Bedeutung sind, sondern auch die oberen 100–200 m. Prinz und Holtz (1989) sowie Klein und Dürrwang (1994) beschreiben Durchlässigkeiten von Buntsandsteingebirge, die mit k-Werten von 10^{-5} bis 10^{-7} m/s an der Grenze zu schwach durchlässigem Gebirge liegen bzw. Grundwasserhemmer darstellen (◘ Tab. 2.14). Die geohydraulischen Erfahrungen bei den Tunnelbauten für die Neubaustrecke der Deutschen Bahn AG im Buntsandsteingebirge Osthessens haben diese Werte im Wesentlichen bestätigt. Sie können auch auf andere Gebirge mit derartigen Wechselfolgen übertragen werden (Hanke et al. 2001; Wittke und Züchner 2008; Mühlenkamp et al. 2010). Stober und Jodocy (2009) geben für tief liegende dickbankige Buntsandsteinschichten des südlichen Oberrheingrabens Werte von $1{,}5 \times 10^{-5}$ bis 4×10^{-9}, i. M. $2{,}4 \times 10^{-7}$ m/s an, was etwa einen Exponenten niedriger ist als oberflächennahe Werte.

Für Residualtone von ausgelaugten Röttonsteinen geben Wittke et al. (2010) Durchlässigkeitsbeiwerte von 5×10^{-5} bis 10^{-8} m/s an, bei einem Rechenwert von 10^{-7} m/s. Die **Durchlässigkeitsbeiwerte von Tongesteinen** wie dem süddeutschen Knollenmergel erreichen k-Werte von 10^{-8} und für den unausgelaugten

Gipskeuper mit z. T. fasergipsverheilten Klüften 10^{-9} m/s (Wittke und Züchner 2008). Die Grundwasserbewegung findet im Festgestein i. d. R. in einigen stärker durchlässigen Schichtpaketen oder Kluft- oder Störungszonen statt, in denen besonders die horizontalen Gebirgsdurchlässigkeiten die mit 10^{-5} bis 10^{-7} m/s um 1–3 Potenzexponenten höher liegen als die mittlere Gebirgsdurchlässigkeit (s. Prinz und Holtz 1989 sowie ▶ Abschn. 17.2.5.2).

Sowohl schluffig-tonige Zwischenschichten in Lockergesteinen als auch mächtigere Tonsteinpakete und auch tonsteinreiche Abschnitte in Festgesteins-Wechselfolgen wirken als sog. Grundwasserhemmer (DIN 4049), über denen sich sowohl im Großen schwebende **Grundwasserstockwerke** als auch im Kleinen wasserleitende Lagen und Wasseraustritte über Tonsteinbänken ausbilden. Um eine hydraulisch wirksame Trennung der Stockwerke zu erreichen, muss die grundwasserstauende Zwischenschicht mindestens etwa 2,6 m dick sein

Wenn die wasserstauenden Schichten nur k-Werte von 10^{-6} bis 10^{-7} m/s aufweisen oder faziell bzw. tektonisch bedingte Lücken (z. B. größere sanderfüllte Klüfte) haben, so spricht man von **halbdurchlässigen Grundwasserstauern**. Ein solcher halbgespannter Grundwasserleiter gleicht sich bei größeren Druckunterschieden wie z. B. bei einer Grundwasserabsenkung verzögert dem freien Grundwasser an.

Besser wasserwegsame Schichtglieder einer Schichtenfolge können über weite Erstreckung dränend wirken. Auch tektonische Störungs- und Zerrüttungszonen wirken oft regelrecht dränend und sind dann die Ursache für stark unterschiedliche Wasserstände im Gebirge. Andererseits kann das Gebirge in Störungszonen zu Feinkorn mylonitisiert oder tiefgründig vertont sein. Solche Störungszonen sind dann weniger durchlässig als das angrenzende Gebirge, sodass sich an oder in ihnen höhere Wasserstände aufbauen können (◘ Abb. 17.10).

Besonders schwierig abzuschätzen ist die **Durchlässigkeit von Karstgebirge**. Für Kalksteingebirge mit einen stark verästelten System von meist aufgeweiteten Klüften und kleindimensionierten Karsthohlräumen werden als großräumige mittlere Gebirgsdurchlässigkeit Werte von $k = 10^{-4}$ bis 10^{-3} m/s genannt, mit Einzelwerten je nach Grad der Verkarstung von 10^{-2} bis 10^{-8} m/s. In diesen Streuwerten kommt auch die unterschiedliche Anfälligkeit der Karbonatgesteine gegenüber der Verkarstung bzw. ihre Ausrichtung nach den Hauptkluftrichtungen zum Ausdruck. Auch in einem Kalkstein-Karstgrundwasserleiter liegen meist stärker verkarstete Horizonte zwischen oder über gering verkarsteten Bereichen vor. Solche besonders verkarstungsanfälligen Horizonte sind z. T. der zuckerkörnige Dolomit im Oberjura, aber auch der Grenzdolomit an der Basis des Unteren Muschelkalks und der Basisdolomit des Mittleren Muschelkalks. Stober und Jodocy (2009) nennen für tief liegenden, stellenweise leicht verkarsteten Oberen Muschelkalk des südlichen Oberrheingrabens Werte von $1{,}6 \times 10^{-5}$ bis $2{,}4 \times 10^{-7}$, i. M. 2×10^{-6} m/s.

Die **Durchlässigkeit des kristallinen Grundgebirges** des Schwarzwaldes und seiner Randbereiche erreicht nach den genannten Autoren Werte von $2{,}8 \times 10^{-6}$ bis $1{,}7 \times 10^{-8}$, i. M. $2{,}1 \times 10^{-7}$ m/s, wobei das granitische Gebirge allgemein eine höhere Durchlässigkeit zeigt als die metamorphen Gneise.

Allgemein muss für die Gebirgsdurchlässigkeit dieser Gesteinstypen je nach Tiefenlage und Klüftigkeit eine relativ große Bandbreite angenommen werden (◘ Abb. 2.85).

2.9.6 Grundwasserfließparameter

Als **Grundwasser** wird nach DIN 4049-3 Wasser bezeichnet, das die Poren und Kluftöffnungen im Untergrund zusammenhängend ausfüllt, das eine geschlossene Wasseroberfläche bildet und dessen Fließbewegung ausschließlich durch die Schwerkraft bestimmt wird.

Die Grundwasserbewegung ist ein sehr komplexes hydraulisches System, das sehr stark von der Morphologie und der Struktur des Grundwasserleiters abhängig ist. In Grundwasserleitern herrscht normalerweise eine mehr oder weniger horizontal verlaufende Grundwasserströmung, die allerdings nicht in allen Tiefen

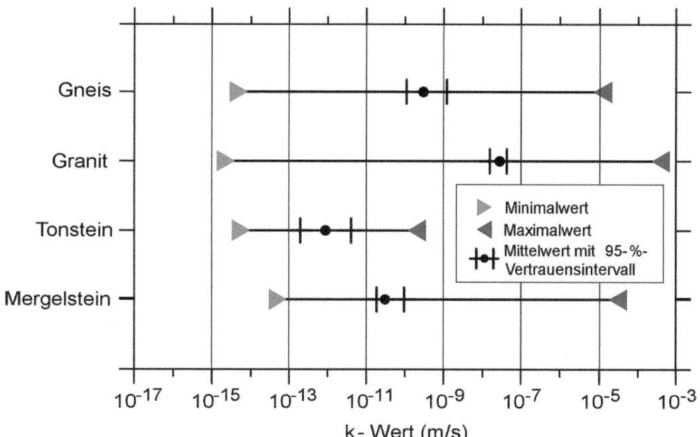

Abb. 2.85 Bandbreite der Gebirgsdurchlässigkeit (k) verschiedener Gebirgstypen von oberflächennah bis in größere Tiefen (aus Ak End 2002, verändert)

gleich sein muss. Bei unterschiedlicher Struktur der Grundwasserleiter können stark abweichende Fließverhältnisse und, dadurch bedingt, auch abweichende Wasserstände in Messstellen auftreten. Die wesentlichen Grundwasserfließparameter sind die Fließgeschwindigkeit und die Fließrichtung.

Die **natürlichen Fließgeschwindigkeiten** des Grundwassers (Abstandsgeschwindigkeit v_a) sind abhängig von der Durchlässigkeit und dem Grundwassergefälle, die ihrerseits wieder in Abhängigkeit vom durchflusswirksamen Porenanteil n_f stehen (▶ Abschn. 2.4.4). Laminares Fließen vorausgesetzt, wird häufig folgende Beziehung angenommen (▶ Abschn. 2.9.1):

$$v_a = (k \times I)/n_f$$

Die Abstandsgeschwindigkeit des Grundwassers wird durch **Markierungsversuche** gem. DVGW-Arbeitsblatt W 109 ermittelt. Die Auswahl des Markierungsstoffes hängt von der Aufgabenstellung, den Standortbedingungen und der erforderlichen Nachweisempfindlichkeit ab. In Betracht kommen lösliche Salze (Chromid, Bromid, Nitrat), Fluoreszenzfarbstoffe (Uranin, Eosin, Pyranin), Triftstoffe (z. B. Bärlappsporen) oder stabile Isotope. Mit Markierungsversuchen können die Fließbewegung des Grundwassers, die Fließwege sowie die Vorgänge beim Stofftransport (Dispersion, Sorptionsvorgänge; ▶ Abschn. 16.2.3) untersucht werden. Die maximale Abstandsgeschwindigkeit ergibt sich als Quotient aus der Entfernung und dem Zeitpunkt des ersten Nachweises, die mittlere Abstandsgeschwindigkeit entspricht dem Höchstwert der Durchgangskurve. Versuchsanordnung und -durchführung bedürfen einer sorgfältigen Vorbereitung (s. Maier 1998; Hölting und Coldewey2013:308).

Für gut abgestufte fluvioglaziale Kiese Oberbayerns nennt Seiler (1979) bei einem Porenanteil von 0,2–0,25, einem nutzbaren Porenanteil von 0,02–0,14 und Durchlässigkeitsbeiwerten von $k = 2 \times 10^{-2}$ bis $4{,}5 \times 10^{-3}$ m/s gemessene **Abstandsgeschwindigkeiten** von 15–20 m/d. In sandig-kiesigen Flussablagerungen mit $k = 10^{-4}$ m/s beträgt z. B. das Grundwasserspiegelgefälle i. d. R. < 1 % und die Abstandsgeschwindigkeit 0,5–1,0 m/d (s. Feistmantl et al. 2005). Für kiesig-sandige Innschotter mit Durchlässigkeiten zwischen 10^{-2} und 10^{-4} m/s geben Palla und Leitner(2009) eine mittlere Fließgeschwindigkeit von 1,4 m/d an.

In Kluftgrundwasserleitern ist, wie schon die Gebirgsdurchlässigkeit, auch die Abstandsgeschwindigkeit des Grundwassers sehr stark anisotrop (▶ Abschn. 18.2.4). Nach der oben genannten Beziehung ergeben ein Kluftabstand von 0,1 m und eine Öffnungsweite von 0,1 mm bei einem Grundwassergefälle von $i = 0{,}1$ eine

2

Abstandsgeschwindigkeit von etwa 5×10^{-4} m/s oder 43 m/d. Tatsächlich wurden in Kluftgrundwasserleitern des nordhessischen Buntsandsteingebirges bei einem *k*-Wert von 10^{-4} bis 10^{-5} m/s und einem Grundwassergefälle von $i = 0{,}1$ Abstandsgeschwindigkeiten von 173–605 m/d beobachtet. Die in Bohrungen gemessene örtliche Grundwasserfließrichtung entsprach dabei nicht unbedingt dem allgemeinen Grundwassergefälle (Prinz und Holtz 1989).

Für die Karstgrundwasserleiter des Schwäbischen Jura werden in der Literatur (s. 3. A.) als großräumiger Mittelwert bei $i = 0{,}01$ etwa 10 m/d und als maximale Abstandsgeschwindigkeiten 85–190 m/h genannt. Bertleff (1986: 192) hat im bedeckten Kalksteinkarst des westlichen Molassebeckens einen Wert von 0,65–0,98 m/d gemessen.

Die **Grundwasserfließrichtung** kann aus der Höhenlage des Grundwasserspiegels (hydrologisches Dreieck) bzw. mittels Grundwassergleichenplänen ermittelt werden. Großflächige Grundwassergleichenpläne geben jedoch nur ein generelles Bild des Grundwassergefälles und berücksichtigen nicht das durch lithologischen Wechsel bzw. das Trennflächengefüge und die Morphologie des Grundwasserleiters bedingte differenzierte Fließverhalten des Grundwassers.

Die Abschätzung der **Fließzeiten** kann nach der angenäherten Beziehung erfolgen (s. a. Losen und Pommerening 1989):

$$v_a \approx \frac{v_w \times l}{t} \approx (k \times i) / n_f$$

$$t = \left(l \times n_f\right) / \left(k \times i\right)$$

Dabei gilt: *k* in m/s, *t* in s und *i*, n_f dimensionslos.

2.9.7 Kapillarität, kapillare Steighöhe (h_k), Saugspannung (*s*)

Die **Kapillarität** beschreibt die Größe der Oberflächenspannung von Wasser, das in feinen Kapillaren aufsteigt und gehalten wird. Die Steighöhe ist abhängig vom Durchmesser der Kapillarröhren. Die Kapillarwirkung im Boden ist abhängig von den Porengrößen und ihrer Verteilung. Je feinkörniger ein Boden und je enger die Porendurchmesser sind, desto höher steigt das Wasser über das hydrostatische Druckniveau an.

Die **Porendurchmesser** betragen nach einer allgemeinen Faustregel bei einkörnigen Böden etwa 25–30 % des Korndurchmessers. Dies wären bei einem Mittelsand mit einem Korndurchmesser von z. B. 0,4 mm etwa 0,1 mm (100 µm) und bei einem Feinsand mit einem Korndurchmesser von 0,1 mm etwa 0,03 mm (30 µm).

Die **Porengrößenklassen** sind:

Makroporen:	definitionsgemäß größer als die Körner
Weite Grobporen (>50 µm):	Sickerwasserbewegung
Enge Grobporen (50–10 µm):	nutzbare Feldkapazität
Mittelporen (10–0,2 µm):	Haftwasser, von Pflanzen noch nutzbar (▶ Abschn. 6.5.2)
Feinporen (<0,2 µm):	Adsorptions- oder Totwasser

Kapillarwasser ist der Teil des Wassers im Boden, der durch die Kapillarkräfte gegen die Wirkung der Schwerkraft gehalten wird. Beim Kapillarwasser wird ein offener und geschlossener Kapillarwasserbereich unterschieden (■ Abb. 2.86). Im geschlossenen Kapillarraum ist die Wassersättigung $S_r = 1{,}0$. Im offenen Kapillarraum treten nach oben zunehmend Lufteinschlüsse auf.

Die **kapillare Steighöhe** (h_k) gibt an, wie hoch Wasser im Boden infolge der Oberflächenspannung und der Adhäsion zwischen Bodenkorn und Wasser nach oben aufsteigt bzw. an den Wandungen des Korngefüges festgehalten wird. Die kapillare Steighöhe hängt ab von der Korngröße und der Porengeometrie des Bodens sowie der Wassersättigung (steigende oder fallende Grundwasseroberfläche, Durchsickerung). Die aufsteigende oder sog.

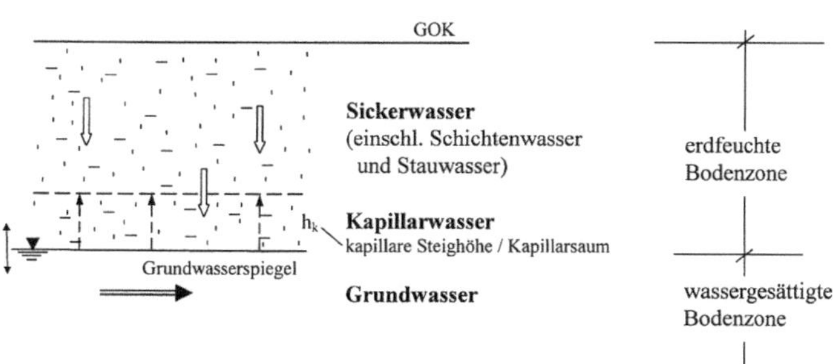

Abb. 2.86 Erscheinungsformen des Wassers im Boden (nach Schwerter, Zittau)

aktive kapillare Steighöhe (h_{ka}) ist 25–50 % kleiner als die fallende oder passive kapillare Steighöhe (h_{kp}).

Die Angabe der kapillaren Steighöhe erfolgt am einfachsten durch Beobachtung der Bodenverfärbung, wobei keine Trennung des offenen und geschlossenen Kapillarsaums möglich ist, oder durch Wassergehaltsbestimmungen in kurzen vertikalen Abständen. Schick (2002) bringt eine Darstellung der kapillaren Steighöhe in Abhängigkeit vom Korndurchmesser und den Porengrößen. Im Labor wird die kapillare Steighöhe durch den Versuch nach Beskow ermittelt, was jedoch in der Praxis sehr selten geschieht.

Die kapillaren Steighöhen h_{kp} betragen bei:

Kies	bis 10 cm
Sand und Kies	bis 20 cm
Fein-, Mittelsand	100–150 cm
Lehm, Löss	150–350 cm

Die kapillare Steighöhe ist im Straßenbau hinsichtlich der Frostempfindlichkeit, im Grundbau wegen der Abdichtungsforderungen, ferner für die Beurteilung von Schrumpfsetzungen sowie von Vegetationsschäden bei Grundwasserentzug von Bedeutung (▶ Abschn. 6.5.2).

Die Prüfung der kapillaren Wasseraufnahme (Saugfähigkeit) von Natursteinen erfolgt nach DIN EN 13 765.

Im Kapillarsaum herrscht ein vom Sättigungsgrad S_r des Bodens abhängiger Porenwasserunterdruck bzw. negativer Wasserdruck $-u_w$ (in hPa, kPa oder Mpa bzw. cm oder m Ws), dessen Ausmaß außer vom Sättigungsgrad (Wassergehalt) noch von der Porengeometrie und ihrer Verteilung abhängig ist. Dieser Unterdruck bewirkt eine **Saugspannung *s***, deren Größe dem negativen Zahlenwert des Unterdrucks entspricht. Bei voller Wassersättigung bzw. ab der Grundwasseroberfläche wird die Saugspannung 0, der Unterdruck geht in den nach unten linear zunehmenden (positiven) hydrostatischen Wasserdruck über. Die Saugspannung beeinflusst die Festigkeit und Steifigkeit eines Bodens, was bei grobkörnigen Böden als scheinbare Kohäsion gem. ▶ Abschn. 2.8.1 bezeichnet wird.

Die Saugspannung ist ein Kennwert der Wasserbindung im Boden. Sie beträgt je nach Bodenart und Wassergehalt 0 bis 1.000.000 hPa und wird in der Bodenphysik durch den ***pF*-Wert** als dekadischer Logarithmus der Saugspannung in lg hPa ausgedrückt. Dabei ergeben sich nach Hartge und Horn (1999) folgende Beziehungen:

Saugspannung *s* (hPa)	10	100	1000	10.000	100.000
pF-Wert (lg hPa)	1	2	3	4	5
Porengröße (µm)	300	30	3	0,3	0,03

Im Boden können *pF*-Werte zwischen 1 und 7, meist zwischen 1 und 5 auftreten (▶ Abschn. 6.5.2).

Da die Größe der Saugspannung und damit des *pF*-Wertes von den oben genannten

Tab. 2.15 Zusammenhang zwischen dem *pF*-Bereich und der Konsistenz (nach DIN 19 692-5: 2007)

Konsistenz	*pF*-Bereich
fest	>4,0
Schrumpfgrenze	
halbfest	4,0 bis >2,7
Ausrollgrenze	
steifplastisch	2,7 bis >2,1
weichplastisch	2,1 bis >1,4
breiig	1,4 bis >0
Fließgrenze	

Bodenkennwerten abhängig ist, die gleichzeitig Ausdruck der Lagerungsdichte bzw. Konsistenz sind, besteht auch die in Tab. 2.15 dargestellte Beziehung.

Die labormäßige Bestimmung der Saugspannung ist recht aufwendig. Sie erfolgt für niedrige Spannungsbereiche in Druckmembranzellen und für höhere Saugspannungen in einem Klimaprüfschrank bei definierten Temperatur-Feuchtebedingungen (Lempp et al. 2016, darin Lit).

2.9.8 Sickerwasser, Grundwasserneubildung

Von den Niederschlägen geht ein großer Teil über Verdunstung und Oberflächenabfluss dem Bodenwasserhaushalt unmittelbar verloren. Der verbleibende Teil der Niederschläge infiltriert in den Boden. Von diesem Wasser geht ein weiterer Teil ebenfalls durch Evaporation (direkte Verdunstung) verloren bzw. wird durch Pflanzenwachstum verbraucht (s. DVWK-Merkblatt M 504) oder fließt über stauenden Schichten als Zwischenabfluss seitlich ab. Ein Teil des Wassers wird auch in den Poren des Bodens zurückgehalten. Das Speichervermögen des Bodens ist abhängig von der Feldkapazität FK (► Abschn. 6.2.5), die wiederum von der Bodenart und dem Gehalt an organischer Substanz bestimmt wird.

Sickerwasser ist das restliche Wasser, das sich in der ungesättigten Bodenzone unter der Einwirkung der Schwerkraft und in Abhängigkeit der kapillaren Bindungskräfte zwischen dem Wasser und der Bodenstruktur (Haftwasser) sowie in Abhängigkeit von der Durchlässigkeit (► Abschn. 1.9.5 und 10.4), der Zeit und etwaiger Sperrschichten abwärts bewegt. Es liegt im Boden vorwiegend in flüssiger, teilweise aber auch in dampfförmiger Phase vor.

Tab. 2.16 Anhaltswerte für die Grundwasserneubildung (nach Hölting und Coldewey 2013: 253)

	Niederschlagsmenge	Grundwasserneubildungsrate	Grundwasserneubildungsspende
	mm/a	mm/a	$l/(s \times km^2)$
Lockergesteinsflächen Sand und Kies, Löss	700–800	230–250	7,5–8,0
Grundgebirge (Odenwald)	750–800	60–95	2,0–3,0
Buntsandsteingebiete	750–800	150–165	4,5–5,5
Kalkstein, z. T. verkarstet (Schwäbische Alb)	835	490	15,5

Die Sickerwasserrate und damit der Zufluss in das Grundwasser betragen z. B. für Lehmböden im Mittel etwa 100 mm/a. Die Ermittlung der Sickerwassermenge erfolgt nötigenfalls mittels Lysimetermessungen unter realen Bedingungen (Freilandlysimeter).

Die **Sickergeschwindigkeit** ist sehr stark von der Bodenart und der Bodenstruktur (Großporen) abhängig und kann zwischen <1 cm und >100 cm/d liegen. In Festgesteinen ist die Grundwasserbewegung sehr von der oberflächennahen Gebirgsauflockerung (▶ Abschn. 3.4.3.2), der Klüftung und tonigen Sperrschichten (Tonsteinlagen) abhängig. Je nach Situation kann der horizontale Anteil der Sickerwasserbewegung bereichsweise größer sein als die vertikale Sickerrate. Derartige zeitweise schwebende Kleinstockwerke sind bei Standfestigkeitsfragen zu beachten (partielle Abminderung der Scherfestigkeit, s. ▶ Abschn. 14.1.2).

Die **Grundwasserneubildung** (G) ist abhängig von den Niederschlägen (N) und ihrer Verteilung, der Bodenart und Nutzung, dem Oberflächenabfluss (A), der Temperatur und der Verdunstung (E):

$$G = N - A - E$$

Bei der Verdunstung wird weiter zwischen Evaporation (von Wasseroberflächen und dem unbewachsenen Boden) und Evapotranspiration, d. h. der Verdunstung über die Pflanzen(oberflächen), unterschieden. Die Grundwasserneubildung erfolgt hauptsächlich im Winterhalbjahr, während in den Sommermonaten, je nach Vegetation, vielfach keine Grundwasserneubildung stattfindet.

Angaben über die Grundwasserneubildung erfolgen als Grundwasserneubildungsrate in $l/(s \times km^2)$ oder als Grundwasserneubildungshöhe (in mm/a). Zu den hydrogeologischen Bestimmungsmethoden s. Hölting und Coldewey (2013: 242). Je nach Untergrundaufbau und Niederschlagsrate können die in ◘ Tab. 2.16 zusammengestellten Werte genannt werden.

Beschreibung und Einstufung von Boden und Fels, Bruchtektonik

H. Prinz, R. Strauß, *Ingenieurgeologie*,
https://doi.org/10.1007/978-3-662-54710-6_3

3

In der Baupraxis existieren zwei Gruppen von Klassifikationen bzw. Einstufungen für den Baugrund, einerseits für die Benennung und Beschreibung und andererseits für die Bearbeitung von Boden und Fels im Erd- und Tiefbau (sog. ATV-Normen).

3.1 Benennung und Beschreibung von Boden und Fels

Für das Benennen und Beschreiben von Boden und Fels sind folgende Normen zu beachten:

- DIN EN ISO 14 688-1: 2013, Benennung und Beschreibung von Boden,
- DIN EN ISO 14 688-2: 2013, Grundlagen der Bodenklassifizierung,
- DIN EN ISO 14 689-1: 2011, Benennung und Beschreibung von Fels.

Die **Benennung und Beschreibung von Böden** erfolgt anhand der Korngrößenanteile, der Konsistenz (w_L, I_P) oder der organischen Anteile, nach visuellen und manuellen Techniken sowie den Ergebnissen von Feldversuchen (► Abschn. 3.2 und 4.4.6).

In EN ISO 14 688-2 werden die Grundlagen für die Klassifizierung von Böden in Gruppen mit annähernd gleichem stofflichem Aufbau und ähnlichen geotechnischen Eigenschaften im Hinblick auf ihre geotechnische Eignung als Baugrund oder als Baustoff zusammengefasst.

Die **Benennung und Beschreibung von Fels** erfolgt nach der mineralogischen Zusammensetzung und der genetischen Herkunft sowie nach maßgebenden Eigenschaften (Verwitterung, Festigkeit u. a.) (► Abschn. 3.4).

3.2 Gruppeneinteilung der Böden nach DIN 18 196

Die nachstehende Bodenklassifizierung für bautechnische Zwecke ist eine Zusammenfassung von Bodenarten zu Bodengruppen mit annähernd gleicher stofflicher Zusammensetzung und ähnlichen bodenphysikalischen Eigenschaften. Die Grundlage dafür bietet neben den EN ISO 14 688-1 und -2 die DIN 18 196 (2006, E 2011), die außer der auf der stofflichen Zusammensetzung aufbauenden Einteilung nach

- Korngrößenbereichen und -verteilung,
- plastischen Eigenschaften und
- organischen Bestandteilen

auch noch weitere Erkennungsmerkmale sowie eine qualitative Bewertung der bautechnischen Eigenschaften und ihre Eignung als Baustoff zum Inhalt haben. Letztere Angaben sind in ◘ Tab. 3.1 aus Platzgründen nicht wiedergegeben.

Nach DIN 18 196 (2006) sollen für die Klassifizierung einer Bodenprobe streng genommen Versuchsergebnisse herangezogen werden, nur in der geotechnischen Kategorie GK 1 (► Abschn. 4.1) kann mit visuellen und manuellen Methoden gearbeitet werden. Diese Regelung ist allerdings in der Praxis nicht realisierbar. Die Norm gilt außerdem nicht für Fels und für Böden mit >40 % Steinen und Blöcken.

Für die Bezeichnung der Bodenarten werden Kurzzeichen oder Gruppensymbole benutzt, bestehend aus zwei Großbuchstaben bzw. Großbuchstaben für den Hauptanteil und Kleinbuchstaben für die Nebenanteile bzw. die kennzeichnende Eigenschaft (DIN EN ISO 14 688-1 bzw. -2).

Kurzzeichen für die wichtigsten Hauptbodenarten nach DIN 18 196/DIN EN ISO 14 688-1	
/Bo	Blöcke („block")
/Co	Steine, Gerölle („cobble")
G/Gr	Kies („grant")
S/Sa	Sand
U/Si	Schluff („silt")
T/Cl	Ton („clay")
O/Or	organische Böden („organic")
A/Mg	Auffüllung („made ground")
H	Torf
F	Mudde
K	Kalk

Tab. 3.1 Übersicht über die Bodenklassifikation für bautechnische Zwecke nach DIN 18 196

Zeichen	Bodengruppe	Definition Körnung, Plastizität, Stoffwerte			Hauptgruppen	Verhalten
GE	Kies enggestuft	$C_u \le 6, C_c < 1$	> 40 % > 2 mm		grobkörnig	nichtbindig (rollig)
GW	Kies weitgestuft	$C_u > 6, C_c = 1–3$	< 5 % < 0,063 mm			
GI	Kies intermittierend	Fehlkörnung vorh.				
SE	Sand enggestuft	$C_u < 6, C_c < 1$	> 40 % < 2 mm			
SW	Sand weitgestuft	$C_u > 6, C_c = 1–3$	< 5 % < 0,063 mm			
SI	Sand intermittierend	Fehlkörnung vorh.				
GU	Kies schluffig	5–15 % < 0,063 mm	>	40 % > 2 mm	gemischtkörnig	
SU	Sand schluffig	Feinkorn schluffig	≤			
GT	Kies tonig	5–15 % < 0,063 mm	>	40 % > 2 mm		
ST	Sand tonig	Feinkorn tonig	≤			bindig
GU*	Kies stark schluffig	15–40 % < 0,063 mm	>	40 % > 2 mm		
SU*	Sand stark schluffig	Feinkorn schluffig	≤			
GT*	Kies stark tonig	15–40 % < 0,063 mm	>	40 % > 2 mm		
ST*	Sand stark tonig	Feinkorn tonig	≤			
UL	Schluff leicht plastisch	$w_L < 35$ %	$I_p < 4$ % oder unter A-Linie		feinkörnig	
UM	Schluff mittel plastisch	$w_L = 35–50$ %				
TL	Ton leicht plastisch	$w_L < 35$ %	$I_p < 7$ % und über A-Linie			
TM	Ton mittel plastisch	$w_L = 35–50$ %				
TA	Ton ausgeprägt plastisch	$w_L < 50$ %				
OU	organischer Schluff	$w_L = 35–50$ %	$I_p < 7$ % und unter A-Linie		organogen	organisch
OT	organischer Ton	$w_L < 50$ %				
OH	humoser Boden	$v_{gl} < 20$ % pflanzl.	Körnung ≤ 40 % ≤ 0,063 mm			
OK	kalkig-kieseliger Boden	$v_{Ca} < 10$ % porös				
HN	Torf nicht zersetzt	$v_{gl} < 30$ % faserig	Bräunlich		organisch	
HZ	Torf zersetzt	$v_{gl} < 30$ % schmierig	schwärzlich			
F	Mudde (Faulschlamm)	$v_{gl} < 30$ % federnd	schwammig			
[–]	Auffüllung	aus natürlichen Böden	[G, S, U, T, H, F]		Auffüllung	–
A	Auffüllung	aus Fremdstoffen	Müll, Schutt			

Die DIN 18 196 enthält auch **Kennbuchstaben** für kennzeichnende Eigenschaften (s. a. ◘ Tab. 3.1), für die Art der Korngrößenverteilung:
W = weit gestufte Korngrößenverteilung,
E = eng gestufte Korngrößenverteilung,
I = intermittierend gestufte Korngrößenverteilung,

oder nach den plastischen Eigenschaften
L = leicht plastisch,
M = mittel plastisch,
A = ausgeprägt plastisch,

bzw. nach dem Zersetzungsgrad von Torfen
N = nicht bis kaum zersetzter Torf,
Z = zersetzter Torf.

Die geologische Bezeichnung wird nach DIN EN ISO 14 688-1 den oben genannten Bodenarten in Klammer nachgestellt.

International wird häufig auch die **USCS-Klassifikation** (Unified Soil Classification System, USA 1953) benutzt:

G	gravel	Kies
S	sand	Sand
M	silt	Schluff
C	clay	Ton
O	organic	organische Böden
Pt	peat	Torf
W	well graded	gut abgestuft
P	poorly graded	schlecht abgestuft
L	low graded	leicht plastisch
M	medium graded	mittel plastisch
H	high graded	ausgeprägt plastisch

Beispiele:
- GP–GM = schlecht abgestufter Kies mit Schluff
- SC–SM = toniger bis schluffiger Sand

3.2.1 Grobkörnige Böden

Die Benennung erfolgt nach Gewichtsanteilen der einzelnen Korngrößen. Reine grobkörnige Bodenarten können bis 5 % Schluff und Ton enthalten. Für die Benennung entscheidend ist der Kornanteil >40 %. Bodenarten wie Kies, sandig bzw. Sand, kiesig enthalten jeweils mehr als 40 % Sand- bzw. Kiesanteile. Die Grenze enggestufte–weitgestufte Korngrößenverteilung ist bei $C_u = 6$ festgelegt (► Abschn. 2.1.3).

Während die Bodenklassifizierung nach DIN 18 196 nur Korngrößen bis 63 mm berücksichtigt, werden in der EN ISO 14 688-2 auch „sehr grobkörnige Böden" mit Steinen (63–200 mm), Blöcken (200–630 mm) und sog. großen Blöcken (>630 mm) ausgehalten; zudem wird eine Unterteilung in geringen (<5 % bzw. <10 %), mittleren (>5 % bzw. 10–20 %) und hohen Block- bzw. Steinanteil (>20 %) vorgenommen.

3.2.2 Gemischtkörnige Böden

Hierbei handelt es sich um grobkörnige Böden mit 5–40 % Schluff und Ton. Die weitere Unterteilung erfolgt nach den Feinkornanteilen:
- 5–15 % Schluff und Ton = gering bzw. schwach schluffig/tonig (U/T)
- 15–40 % Schluff und Ton = hoch bzw. stark schluffig/tonig ($\bar{U}/\bar{T}$) bzw. U*/T*

Hauptvertreter dieser Gruppe sind Verwitterungs- und Hangschuttmassen, Geschiebemergel und viele Hochterrassenkiese.

Zu den gemischtkörnigen Bodenarten im weiteren Sinne gehören auch die sog. **Block-in-Matrix-Gesteine**, auch Bimrocks genannt. Dabei handelt es sich um ein Gemisch von Kiesen, Steinen und Blöcken in feinkörniger Grundmasse, die sich bei nicht verfestigtem Feinkornanteil wie Lockergesteine verhalten (Störungsgesteine ► Abschn. 3.4.4).

3.2.3 Feinkörnige Böden

Die feinkörnigen Böden enthalten über 40 % Schluff und Ton. Sie werden nach der Plastizität bzw. nach der Lage zur A-Linie im Plastizitätsdiagramm von Casagrande eingeteilt (◘ Abb. 2.18). **Schluffe** liegen zusammen mit den organischen bzw. organogenen Böden (OT, OU) unterhalb der A-Linie:

leicht plastische Schluffe	$w_L < 35$ %	(UL)
mittel plastische Schluffe	$w_L = 35–50$ %	(UM)

Tone haben Plastizitätszahlen >7; sie liegen oberhalb der A-Linie:

leicht plastische Tone	$w_L > 35$ %	(TL)
mittel plastische Tone	$w_L = 35–50$ %	(TM)
ausgeprägt plastische Tone	$m_L > 50$ %	(TA)

Die Einstufung der feinkörnigen Böden nach der Lage zur A-Linie im Plastizitätsdiagramm von Casagrande führt zu einer Überbewertung der Tonböden (TL bis TA) und zu einer gewissen Vernachlässigung der weit verbreiteten Schluffböden mit typischen geotechnischen Eigenschaften wie relativ hohe Reibungswinkel bei kleiner Kohäsion, schnell ablaufende, aber meist relativ geringe Zusammendrückbarkeit und starke Wasserempfindlichkeit (Heise 2001, ► Abschn. 2.5 und 4.5.2).

3.2.4 Organische und organogene Böden

Diese Bodengruppe weist eine große Variabilität auf. Sie wird unterteilt in organische Böden und organogene Böden bzw. Böden mit organischen Beimengungen. Die wesentlichen Merkmale dieser Böden sind der durch die organische Substanz bedingte höhere Wassergehalt, die hohen Fließgrenzen und Plastizitätszahlen, die starke Kompressibilität (► Abschn. 2.7.4.2) und die geringere Scherfestigkeit (► Abschn. 2.8.6). Die Böden liegen im Plastizitätsdiagramm an bzw. meist unterhalb der A-Linie (◘ Abb. 3.1). Im Holozän abgelagerte, oberflächennah anstehende organische Böden sind i. d. R. nicht vorbelastet. Organische Böden pleistozänen Alters in Norddeutschland können infolge mehrmaligen Wiedervordringens der Gletscher eine merkbare Vorbelastung aufweisen.

- **Böden mit organischen Beimengungen** werden je nach Anteilsmenge als schwach oder stark organisch bzw. humos, torfig oder kalkhaltig bezeichnet (► Abschn. 2.3.2).
- Als **organogene Böden** werden nichtbindige Böden mit mehr als 3 % und bindige Böden mit mehr als 5 % organischer Beimengungen (pflanzliche und tierische Reste) bezeichnet (► Abschn. 2.3.2). Dazu gehören auch Böden mit humosen (OH, z. B. Oberboden) bzw. kalkigen Beimengungen (OK, z. B. Wiesenkalk).
- **organische Böden** werden unterteilt in Torfe (H) und Faulschlamm bzw. Mudde (F). **Mudde** sind feinkörnige limnische, in stehenden bis langsam fließenden Wässern abgelagerte Sedimente mit >5 % organischen Anteilen. Nach ihrer Zusammensetzung werden gem. Rackwitz et al. (2011) bzw. Koepke und Saathoff (2013) mineralische Mudde (Ton-, Schluff-,

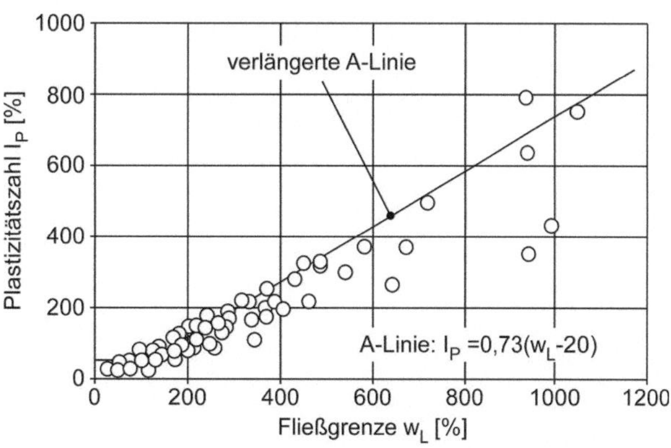

◘ **Abb. 3.1** Plastizitätszahlen und Fließgrenzen organischer Böden (aus Rackwitz et al. 2011)

Feinsandmudde), Kalkmudde (>30 % V_{ca}), organische Mudde (V_{gl} > 35 bzw. 30 %) und Torfmudde unterschieden. Tonmudde (>40 % Ton) wird auch als **Klei** oder **Schlick** bezeichnet.

- **Torf** entsteht durch unvollständige Zersetzung von pflanzlichen Substanzen in Mooren, d. h. in nassem, sauerstoffarmem Milieu. Unterschieden werden im Grundwasserniveau entstandene Niedermoore und die niederschlagsabhängigen Hochmoore, die häufig einen stärkeren Zersetzungsgrad aufweisen. In den Niedermooren kann die Torfmächtigkeit stark variieren. Bei Torf werden unterschieden: nicht bis mäßig zersetzter Torf (HN) und zersetzter Torf (HZ) und weiter nach EN ISO 14 688-1 faseriger, schwach faseriger und amorpher Torf.

Die Bestimmung des Zersetzungsgrades erfolgt mittels Ausquetschversuch. Dazu wird eine nasse Torfprobe in der Faust kräftig gequetscht. Die Probe zeigt bei nicht bis mäßig zersetztem Torf gut erhaltene und erkennbare Pflanzenreste, und es tritt klares bis trübes Wasser aus. Bei stark bis völlig zersetztem Torf (auch amorpher Torf genannt) sind keine Pflanzenreste erkennbar, und es wird wässriger Brei ausgequetscht (s. DIN 19 682-12, Bestimmung des Zersetzungsgrades der Torfe).

Torf ist versuchstechnisch schwierig zu behandeln, was schon mit der Entnahme einigermaßen ungestörter Proben beginnt.

3.2.5 Aufgeschüttete Bodenarten

Bei den Auffüllungen werden solche aus natürlichen Böden unterschieden, deren Gruppensymbol in eckige Klammern gesetzt wird, und Auffüllungen aus Fremdstoffen (Müll, Schlacke, Bauschutt, Industrieabfälle), die das Gruppensymbol A/Mg erhalten.

Bei den geschütteten Böden sind unverdichtete Schüttungen und durch Fahrverkehr oder mittels Verdichtungsgeräten verdichtete Schüttungen zu unterscheiden (▶ Abschn. 14.2).

3.3 Einstufung von Boden und Fels nach den ATV-Normen der VOB

Die ATV-Normen sind Teil der Verdingungsordnung für Bauleistungen (VOB Teil C) „Allgemeine technische Vertragsbedingungen". Die Einstufung in Normen soll eine schnelle und verständliche Einschätzung des Baugrunds hinsichtlich der Be- und Verarbeitung ermöglichen und damit eine einheitliche Kalkulationsgrundlage bieten.

Die bisherige Einstufung in jeweils eigenständige Boden- und Felsklassen für die einzelnen Gewerke des Tiefbaus, wie für die DIN 18 300 Erdarbeiten, mit Klasse 1 bis 7 oder für die Gewerke Bohrarbeiten, Rohrvortriebsarbeiten und Nassbaggerarbeiten mit im Einzelfall bis zu 30 Klassen und Zusatzklassen galt als zu umständlich. Mit Erscheinen der neuen ATV-Tiefbaunormen 2015 wurde dieses Klassifizierungssystem durch die Einführung von „Homogenbereichen" ersetzt. Ziel dieser Umstellung war eine Vereinheitlichung der Beschreibung und Einstufung des Baugrunds für alle betroffenen ATV-Tiefbaunormen der VOB Teil 3. Das Normenpaket wurde 2016 bauaufsichtlich eingeführt, ist aber in der Praxis nicht unumstritten. Die einschlägigen ATV-Normen sind derzeit:

- DIN 18 300 Erdarbeiten (▶ Abschn. 3.3.1)
- DIN 18 301 Bohrarbeiten (▶ Abschn. 3.3.2)
- DIN 18 302 Arbeiten zum Ausbau von Bohrungen (Brunnen)
- DIN 18 303 Verbauarbeiten (▶ Abschn. 9.3.2 und 9.3.3)
- DIN 18 304 Ramm-, Rüttel- und Pressarbeiten
- DIN 18 305 Wasserhaltungsarbeiten (▶ Kap. 11)
- DIN 18 308 Drän- und Versickerungsarbeiten
- DIN 18 309 Einpressarbeiten (▶ Abschn. 7.3)
- DIN 18 311 Nassbaggerarbeiten
- DIN 18 312 Untertagearbeiten (▶ Kap. 17)
- DIN 18 313 Schlitzwandarbeiten mit stützenden Flüssigkeiten (▶ Abschn. 9.3.4)
- DIN 18 314 Spritzbetonarbeiten (▶ Abschn. 17.8.1)

- DIN 18 319 Rohrvortriebsarbeiten (▶ Abschn. 17.6.5)
- DIN 18 321 Düsenstrahlarbeiten (▶ Abschn. 7.4)
- DIN 18 323 Kampfmittelräumarbeiten (▶ Abschn. 4.4.1)
- DIN 18 324 Horizontalbohrarbeiten (▶ Abschn. 17.6.5)

Ein **Homogenbereich** ist ein begrenzter Bereich, bestehend aus einzelnen oder mehreren Boden- und Felsschichten, deren Eigenschaften vergleichbar sind, eine definierte Streuung der Kennwerte aufweisen und sich von den Eigenschaften der angrenzenden Bereiche unterscheiden (s. DIN 4020:2003, in Ausgabe 2010 nicht mehr enthalten).

Die **Grundlage der Einstufung in einen Homogenbereich** bildet jeweils ein Katalog von Eigenschaften und Kennwerten, deren Umfang in den einzelnen Normen festgelegt ist. In ◘ Tab. 3.2 sind die in den einzelnen Normen aufgeführten Eigenschaften und Kennwerte insgesamt aufgelistet. Die nicht aufgeführten Normen enthalten keine eigenen Kennwertlisten. Die Ermittlung oder ggf. Überprüfung der Kennwerte hat nach den in den jeweiligen Listen angegebenen Versuchsnormen zu erfolgen. Sofern vergleichbare Erfahrungswerte vorliegen, dürfen diese einbezogen werden.

Die Kennwertlisten der beiden allgemein gültigen Normen DIN 18 301 und DIN 18 304 sind außerdem in ▶ Abschn. 3.3.2 und 3.3.3 angegeben, ebenso die Liste der DIN 18 312 für den Tunnelbau in ▶ Abschn. 17.2.8.

Die Mitteilung der Versuchsergebnisse soll in einer **Bandbreite der Kennwerte oder**

◘ **Tab. 3.2** Liste der in den einzelnen ATV-Normen angeführten Klassifizierungsparameter

Klassifizierungsparameter	18 300	18 301	18 304	18 311	18 312	18 313	18 319	18 321	18 324
Lockergestein: Eigenschaften und Kennwerte									
Ortsübliche Kennzeichnung	x	x	x	x	x	x	x	x	x
Bodengruppe DIN 18 196	x	x	x	x	x	x	x	x	x
Korngrößenverteilung und Körnungsbänder	x	x	x	x	x	x	x	x	x
Massenanteil Steine und Blöcke	x	x	x	x	x	x	x	x	x
Petrographie/Mineralogie Steine und Blöcke					x		x		x
Dichte	x				x	x		x	x
Kohäsion		x			x				
Undränierte Scherfestigkeit	x	x		x	x	x	x	x	x
Wassergehalt	x	x	x	x	x	x	x	x	x
Plastizitätszahl I_P		x	x		x	x	x	x	x
Konsistenzzahl I_c	x	x	x	x	x	x	x	x	x
Lagerungsdichte	x	x	x	x	x	x	x	x	x
Durchlässigkeit								x	x

Tab. 3.2 (Fortsetzung)

Klassifizierungsparameter	18 300	18 301	18 304	18 311	18 312	18 313	18 319	18 321	18 324
Kalkgehalt				x		x			x
Sulfatgehalt									x
Organische Anteile	x			x	x	x	x	x	x
Beschreibung organischer Böden				x					x
Abrasivität		x			x			x	
Sensitivität					x			x	
Festgestein: Eigenschaften und Kennwerte									
Ortsübliche Bezeichnung	x	x	x	x	x	x	x	x	x
Benennung nach DIN EN ISO 14 889-1	x	x	x	x	x	x	x	x	x
Dichte	x			x	x	x	x		x
Verwitterungsgrad und Veränderlichkeit	x	x		x	x	x	x	x	x
Einaxiale Druckfestigkeit	x	x	x	x	x	x	x		x
Spaltzugfestigkeit							x		
Abrasivität		x				x		x	x
Trennflächenorientierung, -abstand und Kluftkörpergröße	x	x		x	x	x	x		x
Öffnungsweite der Klüfte					x	x			
Gebirgsdurchlässigkeit								x	x
Kalkgehalt						x			x
Sulfatgehalt									x

Eigenschaften auf statistischer Grundlage erfolgen (Tab. 3.3), was i. d. R. eine ausreichende Anzahl an Laborversuchen erfordert. Besonderer Wert ist dabei in vielen Fällen auf die Maximal- und Minimalwerte zu legen. Die Ermittlung einer ausreichenden Anzahl von Kennwerten bedeutet einen erheblichen Aufwand bei der Erkundung (Abstand der Bohrpunkte), den Feld- und Laborversuchen und auch bei der Bearbeitung des geotechnischen Berichts und der Leistungsverzeichnisse.

Die einzelnen Homogenbereiche werden i. d. R. mit Großbuchstaben gekennzeichnet. Ihre Anzahl sollte möglichst begrenzt bleiben. Die **Darstellung der Homogenbereiche** erfolgt meist in Tabellenform und in Längsschnitten. In diesen werden die Homogenbereiche unterschiedlich markiert oder mit farbig unterlegten Flächen dargestellt. Zwischen den Aufschlüssen (meist Bohrprofile) müssen die Grenzen der einzelnen Homogenbereiche mit geologischem Sachverstand interpoliert werden(► Abschn. 4.5.2).

Tab. 3.3 Beschreibung der Homogenbereiche eines Lockergesteins und eines verwitterten Festgesteins mit den Spannbreiten der verschiedenen Parameter (verändert nach BAW, Karlsruhe)

Parameter	Homogenbereiche		
Ortsübliche Bezeichnung	**Schluffige Sande**	**Sande**	**Verw. Mergelstein**
Bodengruppen nach DIN 18196	SU, SU*, SE, ST	SE, SU, SI	TL, TM
Korngrößenverteilungen mit Körnungsbändern	Darstellung von Körnungsbändern		
Stein- und Blockanteile	gering	gering bis mittel	gering bis mittel
Konsistenzzahl, Konsistenzgrenzen und Wassergehalte	k. A.	k. A.	I_P = 0,7–1,0 $w_L = 0{,}30 \div 0{,}55$ $w_P = 0{,}14 \div 0{,}31$ $w_n = 0{,}13 \div 0{,}21$
Lagerungsdichten	$D = 0{,}15 \div 0{,}30$	$D = 0{,}30 \div 0{,}65$	k. A.
Wichte feucht und Wichte unter Auftrieb	$\gamma_f = 17 \div 20$ kN/m^3 $\gamma' = 8 \div 10$ kN/m^3	$\gamma_f = 18 \div 21$ kN/m^3 $\gamma' = 9 \div 11$ kN/m^3	$\gamma_f = 19 \div 21$ kN/m^3 $\gamma' = 9 \div 11$ kN/m^3
Undränierte Scherfestigkeit	k. A.	k. A.	$c_u = 40 \div 200$ kPa
Organische Anteile (Glühverlust)	0–3 %	0–1 %	0–1 %

Hauptunterscheidungsmerkmale sind aber letztlich die Eigenschaften und Kennwerte.

Außer dem Untergrundaufbau und den Kennwerten sind auch die einzelnen Gewerke und die Bauverfahren zu berücksichtigen, was dazu führt, dass für die einzelnen Gewerke unterschiedliche Homogenbereiche nötig werden können (Tab. 3.4).

Die Homogenbereiche müssen außerdem hinreichend verständlich definiert und dargestellt werden, damit sie in der Ausschreibung und auch auf der Baustelle nachvollziehbar sind. Bei größeren Projekten ist eine fachliche Baubetreuung und Dokumentation des Ist-Zustands zweckmäßig, um Meinungsverschiedenheiten rechtzeitig vorzubeugen.

3.3.1 Boden- und Felsklassen für Erdarbeiten nach DIN 18 300

Die DIN 18 300 beschreibt die Lösungsfestigkeit von Boden und Fels bei Erdarbeiten.

Die bisherige Norm (erste Ausgabe 1955, zuletzt geändert 2012) hatte eine Einteilung in sieben Boden- und Felsklassen zum Inhalt:

Tab. 3.4 Unterschiedliche Homogenbereiche für die Gewerke Erdbau und Bohrarbeiten im Vergleich zum bisherigen Klassifizierungssystem

Altes System der Bodenklassen		Neues System der Homogenbereiche	
Boden- oder Felsschicht	**Altes System DIN 18 300**	**Homogenbereich DIN 18 300:2015 Erdbau**	**Homogenbereich DIN 18 301:2015 Bohrarbeiten**
Lehm	Klasse 4	Homogenbereich A_o	Homogenbereich A_1
Schluff, tonig	Klasse 3		Homogenbereich B_1
Sand, schluffig			
Felsverwitterung	Klasse 6	Homogenbereich B_c	Homogenbereich C_1

- Klasse 1: oberboden
- Klasse 2: fließende Bodenarten
- Klasse 3: leicht lösbare Bodenarten
- Klasse 4: mittelschwer lösbare Bodenarten
- Klasse 5: schwer lösbare Bodenarten
- Klasse 6: leicht lösbarer Fels und vergleichbare Bodenarten
- Klasse 7: schwer lösbarer Fels

Einzelbeschreibung dazu s. 5. Auflage, ► Abschn. 3.3.1.

In der neuen DIN 18 300:2015 wird die bisherige Boden- und Felsklassifizierung von **Homogenbereichen** gem. ► Abschn. 3.3.3 abgelöst. Grundlage für die Einstufung der Schichten in die Homogenbereiche sind die in der Norm aufgelisteten Eigenschaften und Kennwerte. Für Böden sind dies:

- Ortsübliche Benennung
- Bodengruppe nach DIN 18 196
- Korngrößenverteilung mit Körnungsbändern nach DIN 18 123 (► Abschn. 2.4.2)
- Massenanteil an Steinen und Blöcken gem. DIN EN ISO 14 688-1 (► Abschn. 3.2.1)
- Dichte nach DIN EN ISO 17 892-2 oder DIN 18 125.2 (► Abschn. 2.4.3.1)
- Undränierte Scherfestigkeit nach DIN 4094-4 oder 18 136 (► Abschn. 2.8.4)
- Wassergehalt nach DIN EN ISO 17 892-1 (► Abschn. 2.4.1)
- Plastizitätszahl I_p und Konsistenzzahl I_c nach DIN 18 122-1 (► Abschn. 2.6)
- Lagerungsdichte nach DIN 18 126 (► Abschn. 2.5.5.2 und 4.4.6)
- organische Anteile nach DIN18 128 (► Abschn. 2.3.2)

Für Fels sind es:

- Ortsübliche Bezeichnung
- Benennung nach DIN EN ISO 14 689-1 (► Abschn. 3.4.1)
- Dichte nach DIN EN ISO 17 892.2 oder DIN 18 125.2 (► Abschn. 2.4.3.2)
- Verwitterungsgrad und Veränderlichkeit nach DIN EN ISO 14 698-1 (► Abschn. 3.4.1.2 und 17.2.9.1)
- einaxiale Druckfestigkeit (► Abschn. 2.7.10.2)
- Trennflächenrichtung und -abstand, Kluftkörpergröße nach DIN EN ISO 14 689-1 (► Abschn. 3.4.3.2)

Baugruben werden je nach Untergrundaufbau, Grundwassereinfluss, Tiefe und der Art des Verbaus in eine der drei Geotechnischen Kategorien gem. ► Abschn. 4.1 eingestuft. Bei **Baumaßnahmen der Geotechnischen Kategorie 1** sind reduzierte Angaben ausreichend.

- Für Böden:
  - Bodengruppe nach DIN 18 196
  - Massenanteil an Steinen und Blöcken
  - Konsistenz und Plastizität nach DIN EN ISO 14 688-1
  - Lagerungsdichte
- Für Fels:
  - ortsübliche Benennung
  - Verwitterungsgrad und Veränderlichkeit
  - Trennflächenrichtung und -abstand, Kluftkörpergröße

Bei den Eigenschaften und Kennwerten von Boden und Fels ist jeweils der Zustand vor dem Lösen maßgebend. Umweltrelevante Schadstoffe oder Fremdbestandteile in Böden bzw. Auffüllungen sind zu beschreiben und, wenn möglich, in die Homogenbereiche einzubeziehen. Außerdem sind Angaben über die wechselnden Grundwasserstände und Sickerwasser im Boden sowie ggf. Oberflächenwasser zu machen. Auf die Empfindlichkeit der Böden bei mechanischer Beanspruchung und den Einfluss von Wasser (Aufweichung, Verschlammung) oder auf Zerfallseigenschaften der Gesteine ist deutlich hinzuweisen.

Soweit Verdacht auf Leitungen oder gar Kampfmittel im Boden oder sonstige Hindernisse wie Reste früherer Baumaßnahmen besteht, ist dies anzugeben.

Die Wahl des Bauverfahrens und des Bauablaufs ist Sache des Auftragnehmers. Als Hilfsmittel für die Entscheidung, ob Fels noch mit schwerem Gerät gelöst oder gesprengt werden muss, können refraktionsseismische Messungen gem. ► Abschn. 4.3.2.1 eingesetzt werden (► Abschn. 12.1).

Die Abrechnung von Erdarbeiten erfolgt nach Zeichnung oder Aufmaß im Abtrag bzw. nach dem Einbau im verdichteten Zustand nach festen Massen (m^3). Anzuliefernde Massen werden dagegen i. d. R. als lose Massen abgerechnet, d. h. im aufgelockerten Zustand.

Unabhängig von der ATV DIN 18 300 liegt derzeit der Entwurf einer DIN EN 16 907.2 (E 2015) für **Materialklassifizierung bei Erdarbeiten** im Straßen- und Eisenbahnbau vor, die auf der Klassifizierung der DIN 18 300: 2015 aufbaut, im Einzelnen aber darüber hinausgeht (▶ Kap. 12).

Erwähnenswert ist eine Einteilung von Kreide auf Basis der Trockendichte (Tab. 4a dieser Norm) und einer Einstufung von Böden mit Gips- oder Salzbeimengungen nach Prozentanteilen (für Gips z. B. <0,2, 0,2–2 %, 2–20 %).

3.3.2 Boden- und Felsklassen für Bohrarbeiten nach DIN 18 301

Die ATV-DIN 18 301 „Bohrarbeiten" gilt nicht nur für Bohrungen zur Erkundung des Baugrunds und der Grundwasserverhältnisse, sondern auch für Bohrarbeiten im Grund- und Tiefbau (z. B. Bohr- und Verpresspfähle, Ankerbohrungen), für die Wassergewinnung und auch für Erdwärmesonden, und zwar für Bohrungen jeder Art, Neigung und Tiefe.

Die einzusetzenden Geräte, die Art der Bohrspülung und der Bauablauf sind Sache des Auftragnehmers. Die Angaben dazu sind aber dem Auftraggeber auf Verlangen vorzulegen.

Bei anfänglich geringen Vorkenntnissen über die Geologie kann man sich bei der Ausschreibung von Bohrarbeiten auf **allgemeine Angaben über den Untergrundaufbau** beschränken und gemäß Norm nur angeben, ob es sich erwartungsgemäß um

- bindige, nichtbindige oder organische Böden,
- Fels (unter Angabe des Verwitterungszustands) oder
- künstliche Böden (Auffüllung, Straßenoberbau, Baureste)

handelt. Dies bedeutet praktisch, dass wie bisher auch, die bei den Aufschlussarbeiten zu erwartenden Schichten kurz beschrieben und im Leistungsverzeichnis in bohrtechnisch relevante Abrechnungseinheiten untergliedert ausgeschrieben werden. Erst für die weiteren Gewerke liegen dann nähere Kenntnisse über den Untergrundaufbau vor, die eine Einstufung in Homogenbereiche gem. ▶ Abschn. 3.3 ermöglichen. Aus diesem Grund dürfte es bei größeren Projekten zweckmäßig sein, die Baugrunderkundung zwei- oder mehrstufig vorzunehmen, mit einer Hauptuntersuchung und einer oder mehreren ergänzenden Untersuchungsphasen, wenn sowohl nähere Kenntnisse sowohl über den Untergrundaufbau vorliegen als auch konkrete Vorstellungen über das Projekt und den Bauablauf bestehen.

Die **Liste der Eigenschaften und Kennwerte** nach DIN 18 301 enthält folgende Angaben:

- Für Böden:
  - ortsübliche Bezeichnung
  - Bodengruppe nach DIN 18 196
  - Korngrößenverteilung mit Körnungsbändern nach DIN 18 123 (▶ Abschn. 2.2.4)
  - Massenanteil an Steinen und Blöcken gem. DIN EN ISO 14 688-1 (▶ Abschn. 3.2.1 und 4.4.5)
  - Kohäsion nach DIN 18 137-1bis 3 (▶ Abschn. 2.8)
  - undränierte Scherfestigkeit nach DIN 4094-4 oder 18 136 (▶ Abschn. 2.8.4)
  - Wassergehalt nach DIN EN ISO 17 892-1 (▶ Abschn. 2.4.1)
  - Plastizitätszahl und Konsistenzzahl nach DIN 18 127-1 (▶ Abschn. 2.6)
  - Lagerungsdichte nach DIN 18 126 (▶ Abschn. 2.5.2 und 4.4.6)
  - Abrasivität (▶ Abschn. 17.2.9.1)
- Für Fels:
  - ortsübliche Bezeichnung
  - Benennung nach DIN EN ISO 14 689-1
  - Verwitterungszustand und Veränderlichkeit nach DIN EN ISO 14 689-1 (▶ Abschn. 3.4.2 und 3.4.1.2)
  - einaxiale Gesteinsdruckfestigkeit (▶ Abschn. 2.7.10.2)
  - Trennflächenrichtung und -abstand, Kluftkörperform (▶ Abschn. 3.4.3.2)
  - Abrasivität (▶ Abschn. 17.2.9.1)

Sofern umweltrelevante Inhaltsstoffe erwartet werden, sind diese in den Homogenbereichen zu berücksichtigen (▶ Abschn. 4.4.2).

Auf Schutzgebiete aller Art (▶ Abschn. 4.4.1) und auf Leitungen oder besondere Gefahren bei den Bohrarbeiten, wie Auftreten von Kampfmitteln oder Gasen im Untergrund (▶ Abschn. 4.3.3) sowie auf zu erwartende Spülungsverluste oder quellendes Gebirge ist hinzuweisen.

Außergewöhnliche Feststellungen oder Vorkommnisse wie Verfärbung des Bohrguts oder der Spülung, Spülungsverluste, Anzeichen von Gasen im Bohrloch (▶ Abschn. 4.4.1), Gerüche oder das Antreffen von Hindernissen oder Hohlräumen sind unverzüglich zu melden und zu dokumentieren. Das Gleiche gilt für Bodeneintrieb in das Bohrloch bzw. erhöhten Anfall an Bohrgut (▶ Abschn. 4.6).

Für Arbeiten des Grund- und Tiefbaus sowie für Wasserbohrungen gelten außerdem die einschlägigen Normen und Vorschriften dieser Gewerke.

3.3.3 Benennung und Einstufung von Boden und Fels nach DIN 18 304, Ramm-, Rüttel- und Pressarbeiten

Die DIN 18 304 gilt für das Einbringen und Ziehen von Spundbohlen, Trägern und Pfählen (Rammpfähle, Verdrängungspfähle, Mikropfähle). Die Beschreibung des Untergrundes erfolgt nach Homogenbereichen gem. ▶ Abschn. 3.3, wobei für die Einstufung nachfolgende Eigenschaften und Kennwerte heranzuziehen sind:

- Für Böden:
  - ortsübliche Bezeichnung
  - Bodengruppe nach DIN 18 196
  - Korngrößenverteilung mit Körnungsbändern nach DIN 18 123 (▶ Abschn. 4.2.4)
  - Massenanteile an Steinen und Blöcke gem. DIN EN ISO 14 688-1 (▶ Abschn. 3.2.1)
  - Wassergehalt nach DIN EN ISO 17 892-1 (▶ Abschn. 2.4.2)
  - Plastizitätszahl und Konsistenzzahl nach DIN 18 122-1 (▶ Abschn. 2.6)
  - Lagerungsdichte nach DIN 18 126 (▶ Abschn. 2.5.2 und 4.4.6)
- Für Fels:
  - ortsübliche Bezeichnung
  - Benennung nach DIN EN ISO 14 689-1
  - einaxiale Gesteinsdruckfestigkeit (▶ Abschn. 2.7.10.2).

Die Norm gilt nicht für Tiefenrüttler gem. ▶ Abschn. 7.2.2. Werden bei den Einbringungsarbeiten Hindernisse oder Hohlräume angetroffen, ist dies unverzüglich zu melden.

3.4 Beschreibung von Gesteinen und Fels

Fels (Gebirge) ist aufgrund seiner erdgeschichtlichen Entwicklung i. d. R. kein gleichartiger Baustoff, sondern ist geprägt durch verschiedene geologisch bedingte Inhomogenitäten wie wechselnde Gesteinsarten, ausgeprägte Trennflächen (Schichtung, Schieferung, Klüftung), tektonische Störungszonen und unterschiedliche Entfestigung bzw. Verwitterung.

Das **Gestein** in der Größenordnung einzelner Kluftkörper oder Probestücke weist ganz andere Eigenschaften auf als der Fels im Gebirgsverband, der von Trennflächen verschiedenster Art durchzogen ist. Gebirgseigenschaften können daher immer nur für einen bestimmten Gültigkeitsbereich angegeben werden, den sog. **Homogenbereich** (Definition ▶ Abschn. 3.3). Seine Abgrenzung ist, wie schon bei der Einstufung von Boden und Fels bei den ATV-Normen, vom Untersuchungs- und Verwendungszweck abhängig und ist ggf. für verschiedene Eigenschaften unterschiedlich vorzunehmen und auf diese zu beziehen. Als solche Homogenbereiche kommen z. B. in Betracht:

- gleiche lithologische Abfolge,
- gleicher Verwitterungszustand,
- gleiches Richtungsgefüge der Trennflächen,
- gleiche Gebirgszerlegung und Gebirgseigenschaften (Kennwerte).

3.4.1 Gesteinsbeschreibung für bautechnische Zwecke

Gesteine sind heterogene Aggregate aus Mineralen. Ihre Beschreibung erfolgt am zweckmäßigsten auf der Grundlage ihrer geologischen Benennung (Gesteinsart und Genese) und der Gesteinsfestigkeit. Die Kenntnis der geologischen Bezeichnung gestattet in den meisten Fällen, sich eine Vorstellung über das Gestein, seine Lagerungsverhältnisse und sein Verhalten bei Beanspruchung zu machen.

Die **Beschreibung von Gesteinen** erfolgt in der Geotechnik nach DIN EN ISO 14 689-1: 2011 auf der Grundlage der geologischen Benennung und der mineralogischen Zusammensetzung sowie der Gesteinshärte bzw. Festigkeit. In der Regel wird Gestein nach folgenden Merkmalen beschrieben:

- Gesteinsart (petrographische Zusammensetzung, Korngröße, -anordnung, -bindung),
- Farbe,
- Verwitterungszustand,
- Härte, Festigkeit,
- Beständigkeit gegen Atmosphärilien (Erweichbarkeit, Löslichkeit, Quellbarkeit und andere Mineralumwandlungen).

Die petrographische Beschreibung soll auf die ingenieurgeologische Aufgabenstellung ausgerichtet und allgemein verständlich sein. Sie erfolgt entweder in kurz gefasster Textform oder nach dem in ► Abschn. 4.5.3 beschriebenen Schema der Schichtenverzeichnisse.

Das gebräuchlichste **petrographische Einteilungssystem** gliedert die Festgesteine in Erstarrungsgesteine (Magmatite), Ablagerungsgesteine (Sedimentite) und Umwandlungsgesteine (Metamorphite) (◘ Tab. 3.5). „Kristalline Gesteine" ist ein Sammelbegriff für magmatische und metamorphe Gesteine. Weiterhin werden monomineralische Gesteine unterschieden, z. B. reiner Sandstein bzw. Quarzit (metamorpher Sandstein) oder Kalkstein sowie polymineralische Gesteine, wie es nahezu alle Magmatite und auch die meisten Metamorphite sowie auch kalkig-tonig oder kieselig gebundene Sandsteine oder Karbonatgesteine sind.

Als **Natursteine** bezeichnet man Steinmaterial, das im Steinbruch gewonnen wird. Dabei werden folgende Anforderungsklassen unterschieden:

- Magmatite (Granit, Basalt, Diorit, Porphyr) für hohe Beanspruchung,
- Metamorphite (Quarzit, Marmor, Gneis, Schiefer) für mittlere Beanspruchung und
- Sedimentite (Kalkstein, Sandstein, Travertin) für normale Beanspruchung.

Natursteine müssen gleichbleibende Eigenschaften aufweisen und gewisse Anforderungen erfüllen:

- Verwitterungsbeständigkeit gem. DIN 52 106. Dazu gehören sowohl physikalisch-chemische (► Abschn. 3.4.2) als auch biologische Verwitterung durch Flechten oder sonstigen Bewuchs,
- Festigkeit (Druckfestigkeit nach DIN EN 1926, Biegezugfestigkeit nach DIN EN 12 372, Wasseraufnahme nach DIN EN 1097-6),
- Widerstand gegen Frost nach DIN 12 371, DIN EN 1367-1 und ggf. DIN EN 1367-6 (mit 1 prozentiger NaCl-Lösung),
- Form- und Maßhaltigkeit in Anlehnung an DIN EN 771-6.

3.4.1.1 Petrographische Eigenschaften

Die Eigenschaften eines Gesteins werden im Wesentlichen durch vier Elemente bestimmt, den Mineralbestand, das Korngefüge und die Kornbindung sowie die Porosität. Die wichtigsten **gesteinsbildenden Minerale** sind Quarz (12 %), Calcit (1,5 %), Dolomit (0,5 %), Feldspäte (50 %), Glimmer (5 %) sowie Augite, Hornblenden, Olivin (zus. 18 %) und Tonminerale (4,5 %). Die Zahlen in Klammern geben den durchschnittlichen Massenanteil der Minerale in der oberen Erdkruste an (Mirwald 1997). Außer den Karbonaten Calcit und Dolomit gehören alle anderen genannten Minerale zur Gruppe der Silikate.

Die **Härte der Minerale** wird an möglichst großen Mineralkörnern ermittelt und nach

Tab. 3.5 Gesteinsarten in Abhängigkeit ihrer Genese

Magmatische Gesteine (Tiefen- und Ergussgesteine bzw. Plutonite und Vulkanite)		**Sedimentgesteine (meist in Wasser abgelagert und verfestigt)**	**Metamorphe Gesteine (mechanisch und thermisch umgewandelte Gesteine mit Verformungsgefügen)**
Granit	Quarzporphyr	Konglomerat	Gneis
Syenit	Keratophyr	Brekzie	Sericitgneis
	Trachyt	Sandstein	Tonschiefer
Diorit	Porphyrit	Tonstein	Phyllit, z. T. graphitisch oder chloritisch bzw. sericitisch
	Phonolith	Mergelstein	Glimmerschiefer
	Andesit	Kalkstein	Quarzit
Gabbro	Diabas	Dolomitstein	Quarzitschiefer
	Melaphyr	Tuffstein	Marmor
	Basalt	Kalktuff (Travertin, Quellsinter)	Kalkglimmerschiefer
		Anhydrit	
		Gips	
		Salz	
		Steinkohle, Braunkohle	

der Ritzhärte, d. h. nach der zehnstufigen relativen Härteskala von Mohs (1822) angegeben. Bei nichtkörnigen Gesteinen kann die Mineralkornhärte auch an frischen Probeflächen vorgenommen werden und entspricht dann dem mineralischen Bindemittel (Kornbindung). Eine andere Einteilungsmöglichkeit ist die Schleifhärte nach Rosival (1836), die von der Schleifhärte des Quarz als Referenzwert (=100) ausgeht (Tab. 3.6). Eine Vergleichstabelle mit den in der Werkstoffkunde und auch in der Natursteinindustrie (s. EN 14 205) üblichen Härtezahlen nach Brinell oder Knoop bringen Bayer und Harer (2006) und Bayer (2011).

Der Begriff der Gesteinshärte ist wegen der variablen Zusammensetzung der Gesteine und der Anisotropieeffekte der gesteinsbildenden Minerale nur sehr eingeschränkt verwendbar. Unter der **Härte eines Gesteins** versteht man seinen Widerstand gegen mechanischen Angriff. Die einfachste Art der Festlegung ist die Ritzhärte (▶ Abschn. 4.5.3). Als Hartgesteine gelten allgemein die meisten magmatischen Gesteine und Sedimentgesteine mit quarzitischem Bindemittel, während die übrigen Gesteine (auch Kalksteine und Sandsteine) oft als Weichgesteine bezeichnet werden (▶ Tab. 2.10). Eine Übersicht über die Versuche zum Abriebverhalten von Locker- und Festgesteinen untereinander und gegenüber Werkzeugen beim Löse- und Ladevorgang sowie über die Wirkung des Geschiebetransports von Flüssen in Felsstrecken bringen Heibaum und Warnecke (2012).

Abb. 3.2 zeigt einen Versuch, die Gesteinshärte mit der Mineralhärteskala von Mohs zu vergleichen. Bei den monomineralischen Gesteinen wie reinen Karbonatgesteinen und Quarziten ist dies recht gut möglich, nicht hingegen bei Sandsteinen mit unterschiedlichen Bindemitteln und bei tonigen Karbonatgesteinen.

Die Härte bzw. **Festigkeit eines Gesteins**, auch als Kornbindung bezeichnet, wird in der

Tab. 3.6 Mineralhärten nach Mohs (ergänzt) und Umrechnungsfaktoren auf Quarz

Ritzhärte	Bezeichnung	Mohs-Härteskala von 1817	Umrechnungsfaktor auf Quarz nach der Rosival-Skala von 1836
	Talk	1	
Mit Fingernagel ritzbar	Steinsalz	2	0,002
	Kalkspat	3	0,03
Mit Stahl ritzbar	Flussspat	4	0,04
	Apatit	5	0,05
	Magnetit	5,5	0,16
	Orthoklas, Plagioklas, Augit, Hornblende, Pyrit, Hämatit	6	0,31
	Olivin, Granat	6,5	0,55
	Quarz	7	1,0
Fensterglas wird geritzt	Topas	8	
	Korund	9	
	Wolframcarbid (Widia-Stahl)	9,5	
	Diamant	10	

Baupraxis durch Handprüfverfahren ermittelt bzw. durch die Gesteinsdruckfestigkeit und ggf. durch seine Abrasivität ausgedrückt (► Abschn. 4.5.3 und 17.2.9). Die Kenntnis der Gesteinsfestigkeit ist für zahlreiche Fragestellungen des Tiefbaus von Bedeutung (Lösearbeiten, Bohrarbeiten, Herstellen von Großbohrpfählen im Fels und grobkörnigen Lockergesteinen; s. a. Beckhaus und Thuro 2008).

Ein Festgestein ist nach DIN 18 300 charakterisiert durch seine **mineralische Kornbindung**. Als solche kommen bei voll- oder teilkörnigen Gesteinen in Betracht:

- toniges bzw. tonig-ferritisches,
- karbonatisches,
- karbonatisch-dolomitisches,
- quarzitisches bzw. kieseliges Bindemittel.

Die Kornbindung bestimmt in erster Linie die Gesteinsfestigkeit und das Sprödbruchverhalten. Die Gesteinsfestigkeit nimmt in der obigen Aufstellung vom tonigen zum quarzitischen Bindemittel deutlich zu. Entscheidend ist nicht nur die Art des Bindemittels, sondern auch seine Raumausfüllung. Toniges Bindemittel stellt einen Sonderfall dar und zählt streng genommen nicht als mineralische, sondern als kohäsive Bindung, die bei Wassereinfluss verloren geht. Als Maßstab für die mineralische Kornbindung wird die Wasserlagerung herangezogen (► Abschn. 3.4.1.2).

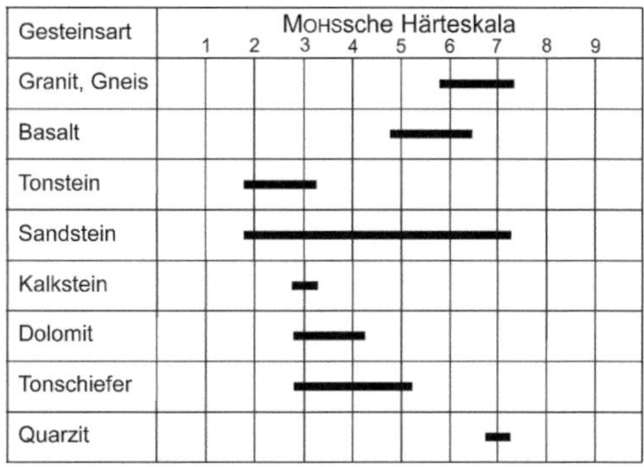

Abb. 3.2 Gesteinshärten auf der Grundlage der Härteskala von Mohs (nach Mirwald 1997)

Bezüglich ihrer Festigkeitseigenschaften werden die Gesteine unterteilt in kompetente Gesteine, die unelastisch mit Sprödbruch reagieren, und in inkompetente Gesteine, die mehr oder weniger plastisch (duktil) reagieren (► Abschn. 2.6.10).

Unter **Gefüge** versteht man allgemein die Ausbildung, räumliche Anordnung sowie die flächenhafte und/oder lineare Orientierung aller Einzelbestandteile geologischer Körper, angefangen bei den Mineralen über das Gestein bis hin zum Gebirge (Trennflächengefüge).

Das **Korngefüge eines Gesteins** wird von den Mineralkörnern und dem Porenraum bestimmt und ist oft nur mit mikroskopischen Methoden zu erfassen. Die maßgebenden Merkmale sind die Mineralart, die Korngröße und Kornform, die Korngrößenverteilung bzw. Korneinregelung sowie die Verwachsungsverhältnisse, die als texturelle Aspekte bezeichnet werden.

Die DIN EN IS0 14 689-1: 2004 (NA) verwendet für die **Körnigkeit** folgende Begriffe:

vollkörnig	ein Gestein, das nur aus erkennbaren Einzelkörnern besteht
teilkörnig	ein Gestein mit Einzelkörnern in einer nicht körnigen Grundmasse (z. B. Bindemittel)
nichtkörnig (oder dicht)	ein Gestein, bei dem visuell keine Körner unterscheidbar sind

Hinsichtlich des Korngefüges werden folgende **Einregelungen** unterscheiden:

richtungslos-körnig	keine bevorzugte Regelung (z. B. Granit)
geschichtet	regelmäßiger oder unregelmäßiger Wechsel der Korngröße, z. T. mit plättchenförmigen Einlagerungen (z. B. Glimmer)
geschiefert	parallele Einregelung
gefältelt	Kleinstfaltenbildung, auch Runzelung

Die **Porosität** gibt den Porenanteil an (► Abschn. 2.4.4) und ist ein relatives Maß für die Dichte (Raumausfüllung). Sie ist sowohl von der Gesteinsfestigkeit (◘ Tab. 3.7) als auch von der Tiefenlage unter heutiger Geländeoberfläche abhängig. Bei dem sog. Porositäts-Tiefen-Gradienten (Hoth et al. 2007) sind allerdings weitere physikalisch-chemische Einflüsse sowie der Faktor Zeit für die diagenetische Umwandlung eines Gesteins von Bedeutung. So dürfte die Diskrepanz, dass Tongesteine des Mesozoikums in Tiefen von 300 m meistens als Tonsteine vorliegen, während Tone des Tertiärs in diesen Tiefen noch keine oder nur geringe Verfestigung zeigen, in erster Linie auf die ehemals größere Überlagerung der mesozoischen Gesteine zurückzuführen sein.

◘ **Tab. 3.7** Porosität der Gesteine in Abhängigkeit von der Gesteinsfestigkeit (nach Müller und Pipping 2011)

akustische Impedanz (P)		**einaxiale Druckfestigkeit**		**Porosität**
Benennung	**10^6 kg/m²s**	**Benennung**	**MN/m²**	**Vol.-%**
extrem schallhart	>15	extrem fest	>260	<0,38
sehr schallhart	12–15	sehr fest	160–260	0,38–1,0
schallhart	9–12	fest	60–160	1,0–2,2
mittel schallhart	6–9	mittel fest	30–60	2,2–5,0
gering schallhart	4–6	gering fest	30–10	5,0–10,0
sehr gering schallhart	2–4	sehr gering fest	10–1	10,0–11,6
extem gering schallhart	<2	extrem gering fest	<1	>11,6

Gesteine mit einer Porosität <1 % gelten als kompakt bzw. dicht. Dazu gehören fast alle Tiefengesteine und viele Metamorphite (◘ Tab. 3.5). Aber auch diese Gesteine zeigen im Verlauf der Verwitterung durch Lösungsprozesse im Zement und an Mineraloberflächen eine deutliche Zunahme der Porosität (Granit z. B. bis auf 14–20 %, Scholz 2009).

Allgemein weisen Sandsteine je nach Tiefenlage bzw. diagenetischer Verfestigung oder Verwitterung eine Porosität von 10–30 % auf, Kalksteine 1–20 % (selten mehr) und Vulkanite im Mittel 20–30 % (mit Extremwerten von 1–45 %). Bei halbfesten Tonen werden Porositäten >40 %, für feste Tone solche von 20–40 % und für Tonsteine <20 % genannt. Bei Porositäten >20 % spricht man von stark porig.

Für **visuell erkennbare Poren** gelten folgende Definitionen:

dicht	keine Poren erkennbar
porös	sandkorngroße Poren (<2 mm) sind unregelmäßig verteilt
löcherig	über sandkorngroße Poren sind unregelmäßig verteilt
kavernös	kleine und größere, meist karstige Hohlräume sind unregelmäßig verteilt

3.4.1.2 Festgestein/Halbfestgestein

Ein **Festgestein** weist eine mineralische Bindung auf, d. h. die Mineralkomponenten sind mehr oder weniger fest untereinander verbunden bzw. verwachsen. Das Gestein darf bei 24-stündiger Wasserlagerung keine Veränderung zeigen. Die Probe darf weder zerfallen noch an der Oberfläche aufweichen. EN ISO 14 689-1: 2003 unterscheidet drei bzw. – weiter unterteilt – fünf Veränderlichkeitsgrade:

- nicht veränderlich (Grad 1),
- veränderlich (Grad 2 und 3) und
- stark veränderlich (Grad 4 und 5).

Gesteine, die beim Wasserlagerungsversuch Veränderungen zeigen, werden nach der Norm als **veränderlich feste Gesteine** bzw. **Halbfestgesteine** bezeichnet. Sie haben im ursprünglichen Zustand weitestgehend Festgesteinscharakter, sind aber deutlich wasser- bzw. verwitterungsempfindlich und zerfallen bei Austrocknung und Wiederbefeuchtung innerhalb einer bestimmten Zeit (Tage bis Jahre) irreversibel. Das Zerfallsverhalten reicht dabei von einer zunehmenden Rissebildung bis zu einem grusig-feinkörnigen Zerfall des Gesteins.

Die **Abgrenzung der Halbfestgesteine** gegenüber den Locker- bzw. Festgesteinen erfolgt in der Praxis nach dem Wasserlagerungsversuch oder der Druckfestigkeit. Dabei wird die Abgrenzung zu den Lockergesteinen bei q_u = 0,2–1,0 MN/m^2, häufig 0,6 MN/m^2 angenommen, während die Grenze zu den Festgesteinen allgemein bei q_u = 50–60 MN/m^2 liegt (◘ Tab. 2.8). Über diese Grenze hinaus treten aber noch zahlreiche „gering veränderliche Gesteine" auf, die in abgeschwächter Form ähnliche Reaktionen zeigen wie die ausgewiesen veränderlich festen Gesteine (Plinninger et al. 2008). Nach ZTVE-StB 09 bzw. TP BF-StB, Teil C, wird für die Einstufung veränderlich fester Gesteine in erster Linie der Siebtrommelversuch herangezogen (▶ Abschn. 17.2.9.2). Müller und Pipping (2011) verwenden dafür den Wasseraufnahmeversuch nach DIN EN 1097-6.

Die Ursachen für die Veränderlichkeit der Halbfestgesteine liegen nach Nickmann und Thuro (2010) in der Gesteinsart (Korngrößen und ihre Verteilung, Bindemittel und seine Verteilung, quellfähige Minerale), im Porenraum und im Auftreten mikroskopisch kleiner, mit dem Auge meist nicht sichtbarer Mikrorisse, die einen leichteren Zutritt von Wasser ermöglichen. Auch Feinschichtung bedeutet latente Schwächezonen, da die feinen tonigen Zwischenlagen vom Wasser immer als Erstes angegriffen werden.

Halbfestgesteine sind weit verbreitet. Angewitterte Festgesteine, die ihre mineralische Kornbindung teilweise verloren haben, sind ebenso zu den Halbfestgesteinen zu rechnen wie teilverfestigte Lockergesteine (z. B. Tonsteine, Mergelsteine und tonig gebundene oder bindemittelarme Sandsteine).

Unabhängig von der im bergfrischen Zustand hohen Gesteinsdruckfestigkeit können auch bei einigen Tiefen- und Ergussgesteinen in einem Zeitraum von einigen Tagen bis wenigen Monaten drastische Festigkeitsverluste auftreten, die ursächlich meist auf Spurenanteile von Smektit oder Zeolith zurückzuführen sind. Bekannt geworden sind solche **Zerfallserscheinungen an Hartgesteinen** bei Graniten (z. B. Odenwald), bei nephelinreichen Basalten (sog. Sonnenbrenner), aber auch bei Andesiten und Trachyten. Riemer (2005) beschreibt verschiedene Untersuchungsmethoden, um derartiges Gesteinsverhalten bereits im Erkundungsstadium zu erfassen. Auf die Verwitterungsanfälligkeit von Gesteinen mit sulfidischen Feinanteilen gem. ► Abschn. 2.3.3 sei noch einmal verwiesen.

Sonnenbrennerbasalte zeigen im Frühstadium weiße bis graue Fleckung (Größe 0,1–20 mm). Mit zunehmendem Zerfall entwickeln sich Haarrisse und später deutliche Risse zwischen den Flecken, bis das Gestein schließlich zu einem Basaltgrus zerfällt. Weiher et al. (2007, darin Lit.) beschreiben verschiedene Testverfahren zur Bewertung von Sonnenbrennerbasalten (s. a. DIN 52 106 bzw. DIN EN 1367-3).

Mit dem Begriff **Tonstein** bzw. **Schluffstein** werden allgemein feinkörnige Sedimentgesteine mit einer vorherrschenden Korngröße im Ton- bzw. Schluffbereich charakterisiert. Die Unterscheidung, ob letztlich ein Tonstein oder ein Schluffstein vorliegt, ist schwierig. EN ISO 14 689-1: 2003 spricht von Schlufftonstein bzw. bei erkennbar weniger als 50 % sehr feinkörniger Partikel von Schluffstein und bei mehr als 50 % von Tonstein. Klassifikationskriterien vergleichbarer Lockergesteine werden dazu i. d. R. nicht angewendet (► Abschn. 2.6).

3.4.2 Verwitterung

Unter Verwitterung versteht man einen Gesteinszerfall und die Auflösung des Gesteinsverbandes durch physikalische oder chemische Prozesse. Bei den Erscheinungsformen der Verwitterung ist zwischen verwitterungsbeständigen und verwitterungsempfindlichen Gesteinen zu unterscheiden. Allgemein wird die Grenze zwischen den verwitterungsempfindlichen und den verwitterungsbeständigen Festgesteinen bei einer Gesteinsdruckfestigkeit von 50–60 MN/m^2 gezogen, was etwa der o. g. Grenze der Halbfestgesteine zu den Festgesteinen entspricht.

Je nach den klimatischen Bedingungen herrscht **physikalische oder chemische Verwitterung** vor. Die physikalische Verwitterung infolge von Temperaturwechsel und Änderung des Spannungszustands und des Wasserhalts verursacht einen Zerfall des Gesteins, ohne dessen Zusammensetzung zu verändern (s. a. ► Abschn. 12.4.1). Bei der chemischen Verwitterung kommt es unter der Wirkung von Wasser, Sauerstoff und wärmeren Klimabedingungen zur Oxidation der akzessorisch enthaltenen Eisenoxide und -hydroxide und zu einer chemisch-mineralogischen Veränderung der Gesteine, einschließlich der Tonminerale (s. Scholz und Esslinger 2005). Eine Sonderstellung nehmen die **Pyritoxidation** (► Abschn. 2.2.3) und die **hydrothermale Verwitterung** ein. Bei Letzterer erfolgt in erster Linie eine Umwandlung (Sericitisierung) der Feldspäte bis hin zu einem feinschuppigen, tonigen und ausgeprägt plastischen Lockergestein. Die hydrothermale Gesteinszersetzung ist daran zu erkennen, dass sie gegenüber der von der Oberfläche ausgehenden Verwitterung, die auch in tektonischen Störungszonen mit der Tiefe abnimmt, nach unten zunehmen kann. Die hydrothermale Verwitterung kann bis in große Tiefen zu einem völlig tonig-lehmigen Zersatz des Gesteins führen, der von Substanzverlusten begleitet sein kann.

Die **Beschreibung des Verwitterungszustands** erfolgt im Vergleich zum unverwitterten Gestein nach visuellen geologischen oder halbquantitativen versuchstechnischen Merkmalen. Die Verwitterung setzt fast immer an Trennflächen an und erfasst von da ausgehend das Gestein durch Verfärbung und Entfestigung. Die Gesteinsarten sind verschieden verwitterungsanfällig (◘ Abb. 3.3) und verwittern unterschiedlich. Allgemein sind dunkle, graue und grünliche Sedimentgesteine, die unter reduzierenden Ablagerungsbedingungen entstanden sind, weitaus anfälliger als helle, rote oder violettrote Sedimentgesteine. Besonders anfällig sind schwarzgraue Gesteinsfarben, die meist auf fein verteilten Pyrit (FeS_2) zurückzuführen sind. Unter dem Einfluss von sauerstoffreichem Kluft- oder Sickerwasser erfolgt sehr rasch eine Aufhellung und Braunfärbung. Die chemische

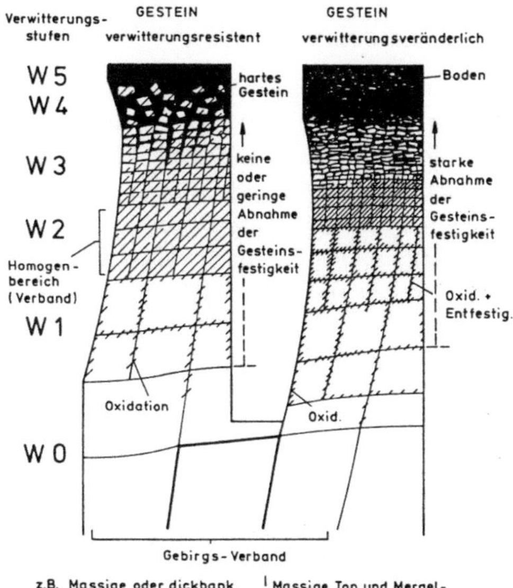

Abb. 3.3 Schematische Profile typischer Verwitterungszonen (W0 = unverwittert, W1 = angewittert, W2 = mäßig verwittert, W3 = stark verwittert W4 = vollständig verwittert, W5 = Bodenbildung) aus Einsele et al. (1985)

Verwitterung wird oberflächennah von einer physikalischen Gesteinszerlegung infolge von Trocknung und Befeuchtung sowie Temperaturwechsel überprägt.

In der Praxis hat sich folgende Einteilung in Homogenbereiche gleicher Verwitterungsintensitäten bewährt:

unverwittert bzw. frisch	Das Gestein zeigt keine Verwitterungserscheinungen bis höchstens Verfärbung an den Trennflächen.
angewittert bzw. verfärbt	Das Gestein ist weitgehend verfärbt und zeigt an Trennflächen leichte Entfestigung.
verwittert bzw. entfestigt	Das Gestein ist weitgehend zerbrochen und entfestigt, der ursprüngliche Gesteinsverband ist aber noch erhalten.
zersetzt	Die mineralische Bindung ist verloren, sodass die Eigenschaften eines Lockergesteins vorliegen.

Das Merkblatt über Felsbeschreibung für den Straßenbau (FGSV 1992) verwendet für die vier Verwitterungsgrade die Kennbuchstaben VU (unverwittert), VA (angewittert), VE (entfestigt) und VZ (zersetzt). Eine spezielle Klassifikation für Ton- und Schluffsteine bringen Holzhäuser und Thuro (2010), die besonders auf die Zerfallserscheinungen dieser Gesteinsarten und ihre teilweise Plastifizierung eingeht. Die ISRM-Empfehlung (1978), die IAEG (1981), Einsele et al. (1985) und auch die DIN EN ISO 14 689-1: 2004 (NA) unterscheiden 6 Verwitterungsstufen, wobei aber die Differenzierung der Stufen 1 und 2 sowie 3 und 4 in der Praxis oft schwer vorzunehmen ist.

Das o. g. FGSV-Merkblatt enthält Hinweise auf Laborversuche zur **Quantifizierung der Verwitterungsgrade.** Üblich sind die Korngrößenverteilung bei schonender Nasssiebung, der Wassergehalt, besonders in Kombination mit der Konsistenzzahl, das Wasseraufnahmevermögen in Korrelation mit der Dichte (Bönsch und Lempp 2004) und die Porosität (Scholz et al. 2005; Scholz 2009; Müller und Pipping 2011). Die DGGT-Empfehlung Nr. 20 „Versuchstechnik Fels" empfiehlt zur Ermittlung der Beständigkeit gegen mechanischen Abrieb sowie Temperatur- und Wassergehaltsänderung den Siebtrommelversuch und als Ergebnis den Zerfallsbeständigkeitsindex I_d (s. Herzel 2002, ZTVE-StB 09 bzw. TP-StB, Teil C und ► Abschn. 17.2.9). Außerdem werden in diesem Zusammenhang immer wieder Naturstein-Prüfmethoden genannt. Für die Beurteilung der Wasseraufnahme gilt DIN 52 103 und für die Verwitterungsbeständigkeit DIN 52 008. Für die Bestimmung des Widerstands gegen Frost-Tau-Wechsel wird auf DIN EN 1367-1 verwiesen (► Abschn. 3.4.1 und 12.4.1).

Die **Tiefenwirkung der Verwitterung** ist nicht nur vom Ausgangsgestein und den Dränagebedingungen (Wasserführung) abhängig, sondern auch von der tektonischen Gebirgszerlegung und -auflockerung (► Abschn. 3.4.3.2). In tektonischen Störungszonen ist die Verwitterung gewöhnlich viel intensiver und reicht wesentlich tiefer als in tektonisch wenig oder ungestörten Bereichen, in denen meist eine deutliche vertikale Zonalität zu erkennen ist (Abb. 3.3).

Unabhängig von diesen vertikalen Verwitterungsprofilen können auch in größeren Tiefen einzelne entweder besonders verwitterungsanfällige oder besonders beanspruchte Tonsteinlagen eine deutliche Plastifizierung, d. h. Verwitterung, zeigen (◘ Abb. 2.10 und ► Abschn. 2.8.6).

Eine praxisrelevante Frage der Verwitterungstiefe ist häufig die nach dem sog. **Verlauf der Felsoberfläche**, der i. d. R. zwischen den Verwitterungsstufen W1 und W2 angenommen wird. Diese bautechnisch relevante Felsoberfläche muss nicht identisch sein mit der „geologischen Felsoberfläche".

Die **Festigkeit bzw. Kornbindung eines Gesteins** hängt mit dem Verwitterungsgrad eng zusammen. In Anlehnung an DIN EN ISO 14 689-1 (NA) und das FGSV-Merkblatt (1992) können die in ◘ Tab. 3.8 zusammengestellten Abstufungen in der Druckfestigkeit bzw. den Prallhammerwerten verwendet werden. Die genaue Spezifikation der Gesteinsfestigkeit erfolgt über die einaxiale Druckfestigkeit nach ► Abschn. 2.7.10.

3.4.3 Trennflächen und ihre Bedeutung

Fels ist praktisch immer ein Vielkörpersystem. Er ist zerbrochen und von Trennflächen durchzogen, welche die Entstehungsbedingungen, die Art und das Ausmaß der Vorbeanspruchung (Tektonik) und auch die Gesteinseigenschaften widerspiegeln und die weitgehend das Verhalten des Gebirges bei Beanspruchung und beim Lösen bestimmen. Die Gesamtheit der Trennflächen (Schichtflächen, Schieferungsflächen, Klüfte) wird als Trennflächengefüge bezeichnet. Tektonische Verwerfungen oder Störungszonen werden i. d. R. als Einzelelemente gewertet.

Unter **Trennflächen** versteht man alle (nicht immer makroskopisch sichtbaren) Unstetigkeitsflächen bzw. Diskontinuitäten, an denen die Festigkeit der Gesteine herabgesetzt ist. Sie können durch mechanische oder hydraulische Beanspruchung oder durch Einregelung formanisotroper Minerale entstanden sein, wie die sedimentäre Anisotropie der Schichtung.

Klüfte sind ± ebene Diskontinuitäten als Folge unterschiedlicher Beanspruchungen ohne ersichtliche Verschiebung entlang von Bruchflächen. Sie treten i. d. R. nicht einzeln, sondern in Scharen ± paralleler Kluftflächen auf. Die verschiedenen Kluftrichtungen stehen normalerweise in bestimmten Winkelbeziehungen zueinander, wobei häufig angenähert rechte Winkel auftreten. In ungefalteten Schichtgesteinen stehen die Klüfte außerdem meist senkrecht zu den Schichtflächen. Die Brucharten und -winkel können sich mit dem Material- und/oder dem Spannungszustand ändern.

Entgegen der weit verbreiteten Meinung können auch in Böden neben den Schichtflächen mehr oder weniger steil stehende, mechanisch bedingte kluft- oder scherflächenartige Trennflächen auftreten, die, ebenso wie in Festgesteinen, das bautechnische Verhalten maßgeblich beeinflussen. Diese mechanisch bedingten **Bruchflächen in Böden** können eine Folge von tektonischen oder atektonischen Spannungen sein; sie sind z. B. durch Eislast oder frühere Rutschbewegungen bedingt oder auf Schrumpfvorgänge zurückzuführen. In überkonsolidierten Tonböden sind solche Trennflächen häufig anzutreffen. Sie werden in Bohrungen nur bei gründlicher Bohrkernaufnahme erkannt bzw. nicht selten auch übersehen (► Abschn. 3.4.3.1, 13.1.2 und 15.2.4).

Die **Schichtflächen** nehmen eine gewisse Sonderstellung ein. Auf ihnen hat normalerweise kein vollständiger Kohäsionsverlust stattgefunden. Trotzdem ist an ihnen aufgrund ihrer weiten Erstreckung und häufig zu beobachtenden glatten Ausbildung oder flächenparallelen Glimmereinregelung und -anreicherung die Reibungs- und Verbandfestigkeit meist stark abgemindert.

Außer dieser primären Schwächung der Verbandsfestigkeit an Schichtflächen sind auch immer sekundäre Veränderungen durch Verwitterung (Anwitterung, Quellung, Plastifizierung, ► Abschn. 2.8.4) oder besonders durch mechanische oder hydraulische Beanspruchung (Harnische und andere Bewegungsanzeichen oder

Tab. 3.8 Gesteinsfestigkeiten in Abhängigkeit vom Verwitterungsgrad und den üblichen Feldversuchen (in Anlehnung an FGSV-Merkblatt und DIN EN ISO 14 689-1)

Gesteinsverwitterungsgrade	Beschreibung, Erscheinungsbild	Kornbindung, Festigkeit, einaxiale Druckfestigkeit	Feldversuche: Hammerschlag/Rückprallhammer (R_m)
unverwittert	keine sichtbare Verwitterung, schwache Verfärbung an Trennflächen	gute Kornbindung sehr hart, hart, sehr fest bzw. hoch	heller Klang bei Hammerschlag, hinterlässt keinen Eindruck
		q_u = 100–250 MPa	viele Hammerschläge erforderlich
		q_u = 50–100 MPa	mehrere Hammerschläge erforderlich
angewittert	Gestein fest bis gering entfestigt, Verfärbung der Kluftwandungen und der angrenzenden Gesteinsbereiche Variante: Gestein leicht verfärbt, aber fest	mäßige Kornbindung, mäßig hart-fest q_u = 25–50 MPa	wenig heller Klang evtl. leichte Einkerbung mit wenigen Schlägen zerschlagbar, nicht bis schwach ritzbar $R_m = 20 \pm 10$
mäßig entfestigt	Gestein ist teilentfestigt (spürbar verändert), aber noch nicht mürbe. Verfärbung der Kluftwandungen und des Gesteins	geringe Kornbindung, mäßig fest, schwach absandend q_u = 5–25 MPa	dumpfer Klang, Einkerbung bei festem Schlag mit Hammer, leicht zu zerschlagen, mit Hand nicht zerbrechbar, schwer ritzbar $R_m < 10–15$
stark entfestigt	Gestein ist deutlich bis stark entfestigt. Starke Verfärbung der Kluftwandungen und des Gesteins	Gestein ist brüchig mürbe, absandend halbfest q_u = 1–5 MPa	bei Hammerschlag brüchig mit Hand zerbrechbar; gut ritzbar $R_m = 0$
zersetzt	Gestein ist völlig entfestigt oder zersetzt, Gesteinsgefüge jedoch erkennbar	steif–halbfest q_u < 1 MPa	von Hand zerdrückbar; in Wasser zu plastifizieren

Erläuterungen: q_u = einaxiale Druckfestigkeit des Gesteins
R_m = Werte der Prüfung mit dem Rückprallhammer DIN 1048, Teil 2, Mittel aus 10 Einzelwerten. Der Begriff „hart" bezieht sich genau genommen auf die (Mineral-)Härte eines Gesteins (► Abschn. 3.2.1), wird aber üblicherweise auch als Festigkeitsangabe verwendet.

hydraulisches Aufreißen) zu beachten. Diese sekundären Veränderungen können die Folge sehr verschiedenartiger Beanspruchungen des Gebirges sein, wie z. B. tektonische oder atektonische Schichtverstellungen, Entlastungsvorgänge, Hangbewegungsmechanismen u. a. m. (Abb. 3.4). Die als einfache Scherung bezeichnete Gleitung auf Schichtflächen setzt schon in einem sehr frühen Stadium der Beanspruchung ein und ist u. a. als Folge der plattentektonischen Schubbeanspruchung weit verbreitet. Sie bewirkt aufgrund der damit verbundenen

Dilatation und Zerscherung bei Hartgesteinen oft eine Öffnung der Schichtflächen und bei tonigen Gesteinen eine Wasseranreicherung und Plastifizierung von Tonsteinlagen (◘ Abb. 2.10). Durch solche Vorgänge können Schichtflächen eine erhöhte Wasserwegsamkeit aufweisen bzw. in ihrer mechanischen Funktion leicht zu Gleitflächen werden.

Der Begriff **Schieferung** umfasst verschiedene Arten von dünnlagigen Gesteinen, die meist durch geodynamische Deformation entstanden sind. Die in unseren Mittelgebirgen häufig anzutreffende niedrigmetamorphe Schieferung ist durch großen Druck und bei so niedrigen Temperaturen (200–300°C) entstanden, dass die Kristalle nicht plastisch, sondern spröde reagiert haben und sich auf den einengungsbedingten Flächen Beläge von Schichtsilikaten (Tonminerale, Glimmer) gebildet haben, wodurch eine dünnplattige Spaltbarkeit des Gesteins hervorgerufen wird. Bei hohen Temperaturen reagieren die Kristalle plastisch mit planarer Rekristallisation und Plättung. In der Regel ist die Schieferung auch umso engständiger und regelmäßiger, je feinkörniger das Ausgangsgestein war. Mit zunehmendem Sandgehalt im Sediment wird die Schieferung weitständiger und unregelmäßiger, und der Winkel zwischen Schichtung und Schieferung nimmt zu. Obwohl auf den Schieferungsflächen primär noch Kohäsion vorhanden ist, stellen sie durchgehende, häufig glatte oder leicht gewellte Ablösungsflächen mit Tonmineral- oder Glimmertapeten dar.

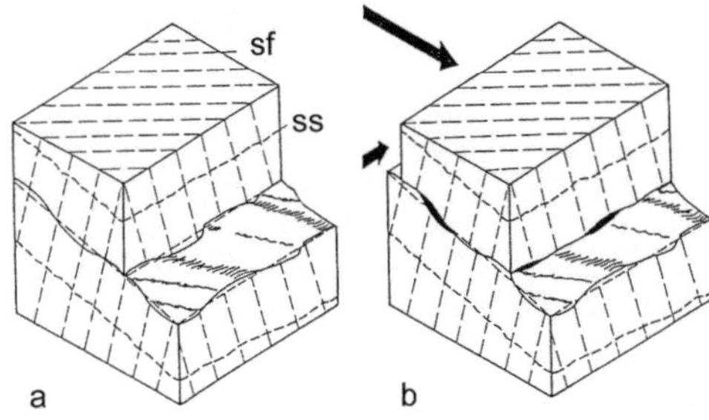

◘ **Abb. 3.4** Modellvorstellung für das Öffnen von Schichtflächen infolge von Schichtverschiebungen (aus Biewald et al. 1997)

3.4.3.1 Entstehung und Einteilung der Klüfte

Eine allseits zufriedenstellende **Klassifikation für Klüfte** liegt bis heute nicht vor. In der Literatur findet man verschiedene deskriptive und genetische Klassifikationsversuche. In der ingenieurgeologischen Praxis hat sich das genetische Einteilungsprinzip in Absonderungsklüfte (z. B. Basalt) und Bewegungsklüfte durchgesetzt, wobei Letztere mechanisch weiter unterteilt werden in Trennungsklüfte, Verschiebungsklüfte und Gleitungsklüfte. Soweit diese Unterscheidung nicht möglich ist, werden gewöhnlich Klein-, Mittel- und Großklüfte unterschieden, wobei Erstere in ihrer Streichrichtung stärker streuen und an Bänken und Bankabfolgen stark unterschiedlicher Sprödigkeit meist absetzen (sog. bankinterne Klüfte) und z. T. andere Richtungen annehmen, während Mittelklüfte bankübergreifend sind und auch unterschiedlich spröde Bänke durchschlagen. Großklüfte sind meist nach den tektonischen Bruchrichtungen orientiert und streichen über mehrere Meter bis Zehnermeter durch. Aufgrund geometrischer Beziehungen zu den tektonischen Hauptstrukturen werden außerdem Normal-, Längs-, Quer- oder Diagonalklüfte unterschieden.

Die Frage über die **Entstehung der Klüfte** wird in der internationalen Fachliteratur unterschiedlich diskutiert. Die wichtigsten Faktoren für die Kluftentstehung sind die Gesteinsfestigkeit (Gesteinsart, Diagenesegrad), tektonische Prozesse, Entlastungsvorgänge und teilweise auch Temperatureffekte (Abkühlungsklüfte). Klüfte sind zunächst ein verschiebungsfreies Strukturelement mit rein öffnender Bruchart. In der deutschsprachigen Literatur geht man von der Vorstellung aus, dass die Bildung von Trenn- und Scherklüften einen zusammengehörigen Prozess darstellt, wobei wegen der geringen Zugfestigkeit der Gesteine zuerst Zug- bzw. Trennbrüche aufreißen, die sich bei weiterer Beanspruchung zu Scherbrüchen entwickeln können. Bei der Entstehung von Zug- bzw. Trennbrüchen können der Porenwasserdruck und andere Randbedingungen (s. Bauch 2005) eine erhebliche Rolle spielen. Neubrüche von

Trennflächen sind z. B. beim scheibenförmigen Zerfall von Bohrkernen oder bei Abschalungen an Tunnelwänden zu beobachten, die jeweils eine Reaktion auf den veränderten Spannungszustand sind. In der Praxis ist es äußerst schwierig zu entscheiden, ob Klüfte Trenn- oder Scherbrüche darstellen.

Der hochkomplizierte Versagensmechanismus des Scherbruchphänomens wird meist anhand der stark **idealisierten Vorstellung des triaxialen Druckversuchs** dargestellt (◘ Abb. 3.5). Bereits Griffith (1924) hat darauf hingewiesen, dass bei der Entwicklung von Rissen zunächst feine Mikrorisse, sog. Griffith-Cracks, entstehen. Heute ist man nicht mehr auf solche allgemeinen Annahmen angewiesen. Thermann et al. (2007) zeigen mithilfe von Computertomogrammen wie sich bei einaxialer Belastung zunächst feine Zugrisse bilden, die bevorzugt an Kornrändern oder zwischen Körnern auftreten. Ausgehend von den Rissspitzen verbinden sich danach nahe beieinander liegende Mikrorisse zu größeren Rissen, die sich bei beginnender Scherung entlang der Hauptrissrichtung ausbreiten und zu einem Versagen der Probe führen. Diese Makrorisse orientieren sich entweder nach mikrostrukturellen Vorschädigungen der Probe oder nahezu spiegelbildlich zur Hauptspannungsrichtung, und es entwickeln sich **Scherbrüche** (s. a. ► Abschn. 3.4.3.2). Die Kluftflächen sind im Anfangszustand meist eben und körnig-rau bis zackig-rau und z. T. treppenartig versetzt oder in Verzweigungen auslaufend. Scherbrüche zeigen anfangs nie Bewegungsspuren, wohl

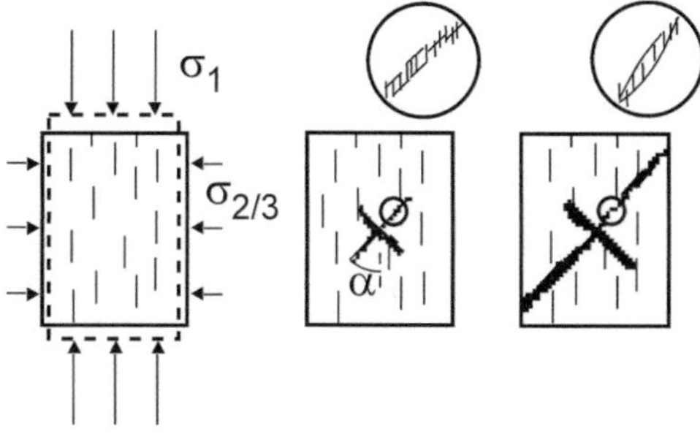

◘ **Abb. 3.5** Brucherscheinungen an einer Gesteinsprobe im dreiaxialen Druckversuch

aber häufig sog. Besen- oder Ringstrukturen, aus deren Geometrie die Ausbreitungsrichtung des Bruchs und die Orientierung der Hauptdruckspannung abgelesen werden können (Kulander und Dean 1985). Gelegentlich, d. h. in bestimmten Positionen, können auch spaltenartig geöffnete Schubbrüche (Zerrungsklüfte) auftreten.

Die meisten **Gleitungsklüfte** dürften durch weitergehende oder wiederholte Beanspruchung aus Scherbrüchen hervorgegangen sein. Gemeinsames Merkmal der Gleitungsklüfte ist im Endzustand ihre ebene und glatte Oberfläche oder das Vorliegen von Bewegungsspuren (Harnische, Striemungen). Sie durchtrennen das Gebirge über größere Erstreckung.

Unter Berücksichtigung dieser genetischen Deutung kann in der Baupraxis folgendes **gemischtes Einteilungsprinzip** angewandt werden:

Kleinklüfte	Trennungsklüfte und bankinterne Schubbrüche; Flächengröße meist <1 m^2, selten mehr
Mittelklüfte	mittlere Schubbrüche bzw. einfache Scherklüfte; Flächengröße bis zu etwa 100 m^2, bei großen Bankdicken auch mehr; noch verspringende Ecken und Kanten
Großklüfte	Gleitungsklüfte; Flächengröße i. d. R. >100 m^2; Bewegungsspuren verhältnismäßig selten erkennbar

Diese Einteilung hat zwar den Nachteil, dass im kleinen Aufschluss Kleinklüfte und kleine Mittelklüfte sowie auch größere Mittelklüfte und Großklüfte ohne erkennbare Bewegungsspuren schwer zu unterscheiden sind, es wird aber versucht, definierte Begriffe einzuführen. Als entscheidendes Merkmal kann in vielen Fällen die Erstreckung herangezogen werden. Klein- und Mittelklüfte streuen in ihrer Streichrichtung häufig und setzen an Bänken oder Bankfolgen unterschiedlicher Sprödigkeit ab (sog. bankinterne Klüftung). Während Großklüfte in ihrer Richtung straffer geregelt sind, durch unterschiedlich spröde Bänke durchschlagen und über mehrere Meter bis Zehnermeter durchstreichen.

Darüber hinaus ist es in den meisten Fällen aussichtlos, entscheiden zu wollen, ob Klüfte als Zug- oder Scherbrüche entstanden sind.

Neben diesen im Wesentlichen bankrechten Klüften treten gelegentlich bankschräge oder X- bzw. Y-förmige Mittel- oder Großklüfte auf, die sich häufig mit den bankrechten Kluftsystemen verschneiden bzw. diese durchtrennen.

Außer den weitgehend tektonisch bedingten Kluftsystemen, die im Wesentlichen auf Gesteine mit einer gewissen Verfestigung beschränkt sind, treten in Tonen und Tonsteinen häufig auch schichtgebundene **richtungslose Harnischgefüge** auf, die auf Scherbewegungen bei der Konsolidation bzw. bei Schrumpf- oder Quellvorgängen zurückgeführt werden (▶ Abschn. 3.4.3). Die betreffenden Tone weisen meist eine sehr hohe Plastizität und hohe Anteile quellfähiger Tonminerale auf. Teilweise sind in diesen Schichten auch mit Feinsand gefüllte Trockenrisse anzutreffen (Hollmann und Weh 2009). Bei diesen Harnischgefügen handelt es sich um zentimeter- bis dezimetergroße richtungslose glatte Flächen, die beim Anschneiden ein blockiges bis bröckeliges Gefüge ergeben. Bekannt sind derartige Harnischgefüge von tertiären Tonen und Tonsteinen (Münchener Bröckeltone), aber auch vom Bröckelschiefer des Zechsteins und auch vom Knollenmergel des Oberen Keupers. Die richtungslosen Harnischgefüge müssen in den Bohrkernen erkannt und beschrieben werden. Sie bewirken eine stark reduzierte Gebirgsfestigkeit und eine deutliche Nachbrüchigkeit des Gebirges.

3.4.3.2 Aufnahme und Beschreibung von Trennflächen

Trennflächen (Schichtung, Schieferung und bes. Klüfte) sowie tektonische Störungszonen (Entfestigung) haben großen Einfluss auf die Festigkeit, Lösbarkeit und auch die Wasserwegsamkeit eines Festgesteins (Fels).

Das wesentliche Ziel einer Trennflächenanalyse aus ingenieurgeologischer Sicht ist, anhand einer für die Praxis brauchbaren Systematik die geometrischen und mechanischen Eigenschaften der Trennflächen zu erfassen und in Gefügemodellen zu verarbeiten.

Unter Klüftigkeit oder Klufthäufigkeit wird der Abstand der Klüfte der einzelnen Kluftscharen verstanden. Das **Aufmaß der Klüfte** erfolgt mit einem Geologenkompass. Die Genauigkeit der Messung hängt sehr stark vom richtigen Anlegen des Kompasses ab. An welligen Flächen müssen die Messwerte vor Ort an die Gesamtsituation angepasst werden. Die Messungen sollten für die einzelnen Kluftscharen getrennt erfolgen. In einem flächigen Aufschluss wird das Aufmaß von Klüften entweder als Einzelkluftmessung vorgenommen, bei der nur einzelne Großklüfte oder Klüfte besonderer Bedeutung, evtl. auch einzelne Kluftscharen kartiert und direkt in die mechanische Betrachtung einbezogen werden, oder konventionell als statistische Kluftauswertung, bei der für einen größeren Bereich alle erkennbaren Klüfte aufgemessen und im Schmidtschen Netz ausgewertet werden. Hierbei ist auf räumliche Unterschiede zu achten, die getrennt analysiert, d. h. für unterschiedliche Homogenbereiche dargestellt werden müssen. Zweckmäßig sind systematische Messungen entlang möglichst gerader Linien (sog. „scan lines") in verschiedenen Richtungen. Auch Bohrungen stellen solche „scan lines" dar.

Für viele Bauaufgaben ist eine Einzelkluftmessung, ggf. in Kombination mit statistischer Kluftauswertung, aussagekräftiger als eine rein statistische Darstellung (z. B. ingenieurgeologische Tunnelkartierung, ▶ Abschn. 17.4.1). Nicht selten sind ungünstig orientierte Einzelklüfte, die nicht einmal einem Maximum im Kluftdiagramm zuzuordnen sind, Ursache für einen Wandabbruch.

An freien Steilwänden kann die Kluftkartierung auch mithilfe von photogrammetrischen Verfahren, 3D-Laserscannern und anderen Methoden erfolgen. Derartige Messverfahren bilden an steilen Wänden eine Alternative für die Gefügeaufnahme (Pötsch et al. 2007).

Vertikale Kernbohrungen geben bei steil stehenden Klüften nur einen unzureichenden Aufschluss über das Kluftinventar. Ein Hilfsmittel für die Bewertung der Gebirgszerbrechung ist der sog. RQD-Wert von Deere (1963), ▶ Abschn. 4.5.3. Günstiger ist in solchen

Fällen die Aufnahme der Bohrlochwandung mit einem optischen Bohrlochwand-Scanner (► Abschn. 4.8.3) oder mit einer Bohrlochfernsehsonde (► Abschn. 4.8.1), womit besonders auch die Öffnungsweiten der Klüfte erfasst werden können. Auch Schrägbohrungen geben in gut kernfähigem Gebirge i. Allg. eine recht brauchbare Aussage über Kluftrichtungen quer zur Bohrlochachse.

Die Begriffe für das Trennflächengefüge (Schichtung, Hauptkluftscharen) und die Flächenorientierung sowie die Unterscheidung von Homogenbereichen sind in ◘ Abb. 3.6 zusammengestellt. Für eine einheitliche Kennzeichnung der Trennflächen können auch die Kennbuchstaben der nachstehenden tabellarischen Zusammenstellung verwendet werden.

Die **Beschreibung der Trennflächen** enthält je nach Aufgabenstellung folgende Angaben:

Lage	nur bei Großklüften, sonst Angabe des Homogenbereiches (► Abschn. 3.2)
Art der Trennflächen	Schichtflächen (ss oder S), Schieferungsfläche (sf oder Sf), Großkluft (GK oder K), Mittel-/Kleinkluft (K oder k), Störung (St)
Raumstellung	Streichen und Fallen (z. B. N 30° E, 70° SE) bzw. Fallrichtung und Fallwinkel (z. B. 120°/70°)
Abstand	senkrechter Abstand, getrennt nach den einzelnen Kluftscharen; Angaben in m oder cm
Erstreckung	Angabe in m oder m^2 (bezogen auf Aufschlussgröße)
Beschaffenheit der Flächen	eben, uneben, wellig, abgesetzt; Oberfläche rau, glatt, spiegelglatt, gestriemt (Harnischflächen)
Beläge, Verwitterungserscheinungen	Beläge (Mn, Fe, Kristallrasen), Verfärbung, Entfestigung (Tiefe in cm), Lösungserscheinungen
Öffnungsweite	Angabe der mittleren, der größten und der kleinsten Weite (in mm oder cm)
Füllung	Quarzit, Calcit, Brekzie, Ton, Lehm usw.
Durchtrennungsgrad	Häufigkeit des Durchsetzens einer Kluft zur nächsten
Dichtigkeit	stellenweise Vernässung, Tropfwasser u. a. m. (► Abschn. 17.2.5.2).

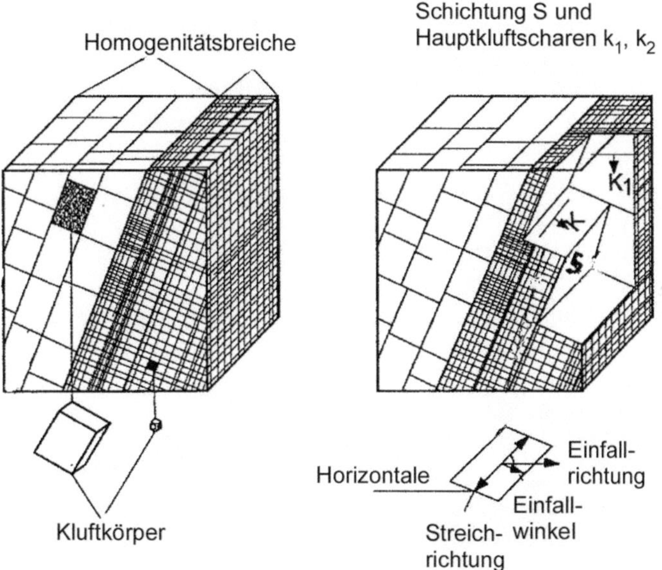

◘ **Abb. 3.6** Schematische Darstellung des Trennflächengefüges (nach Müller und Pipping 2011)

Der **Kluftabstand** ist nicht nur von der mechanischen (tektonischen) Beanspruchung des Gebirges abhängig, sondern sehr stark vom Gestein und von der Bankdicke. Einige Autoren geben sogar formelmäßige Beziehungen zwischen der Bankdicke und der Klüftigkeit an (Brosch 1983). Die Verteilung der Kluftabstände ist jedoch nicht stetig, sondern kann zonenweise zwischen eng- bis mittelständig und weitständig wechseln.

Die Maßangaben für den Trennflächenabstand (Kluftabstand und Bankdicke) sind nicht einheitlich. Am gebräuchlichsten ist die 2er- bis 6er-Einteilung der IAEG (Matula 1981) und der EN ISO 14 689-1:

außerordentlich engständig, laminiert bzw. geschiefert	<20 mm
sehr engständig bzw. sehr dünnbankig	20–60 mm
engständig bzw. dünnbankig	60–200 mm
mittelständig bzw. mittelbankig	200–600 mm
weitständig bzw. dickbankig	600–2000 mm
sehr weitständig bzw. sehr dickbankig	>2000 mm

Das FGSV-Merkblatt verwendet eine etwas andere Einteilung des Trennflächenabstands und enthält auch Definitionen für die Neigung von Flächen sowie für den Schnittwinkel mit der Trassenachse.

Als **Klüftigkeitsziffer** nach Stini wird die Anzahl der Klüfte pro Meter Gebirgsaufschluss bezeichnet. Die Klüftigkeitsziffer stellt somit einen reziproken Wert der Kluftabstände dar, ohne Berücksichtigung der verschiedenen Kluftscharen und der wahren Kluftabstände senkrecht zu den einzelnen Kluftflächen.

Die felsbaulich relevanten Informationen aus der Trennflächenaufnahme können in zwei Komplexe gegliedert werden:

- quantitative Angaben zu Raumlage, Abstand und Erstreckung,
- qualitative Angaben zur Oberflächenbeschaffenheit der Trennflächenwandungen und zur Öffnungsweite bzw. zu Füllung sowie etwaiger Wasserführung.

Die mechanische und hydraulische Wirksamkeit von Trennflächen wird außer den genannten quantitativen Angaben und dem Grad der Durchtrennung besonders von der Ausbildung der Trennflächenwandungen bestimmt. Die Beschreibung der **Oberflächenbeschaffenheit** der Trennflächen erfolgt meist nur visuell. Dabei werden ebenflächige, stufige und wellige Oberflächenformen unterschieden, die jeweils wieder rau, glatt oder harnischartig ausgebildet sein können. In Anlehnung an EN ISO 14 689-1 werden dabei drei Größenbereiche unterschieden:

- Unebenheitsgrad im m^2-Bereich mit Unebenheiten von mehreren Zentimetern Höhe,
- Makrorauigkeitsgrad im dm^2-Bereich mit Rauigkeiten von mehreren Millimetern Höhe,
- Mikrorauigkeitsgrad im cm^2-Bereich mit Rauigkeiten bis zu 1 mm Höhe.

Eine quantitative Bewertung der Trennflächenrauigkeit kann mittels Gelände- oder Laborprofilographen und einem visuellen Vergleich mit dem JRC-Koeffizienten (Joint Roughness Criterium von Barton und Choubey 1977) erfolgen. DIN EN ISO 14 689-1 bringt eine vereinfachte Darstellung der Trennflächenrauigkeit (◘ Abb. 3.7).

Harnische sind Striemungen an der Oberfläche einer Trennfläche (Schichtflächen oder Kluftflächen von Hartgesteinen) infolge von Bewegung und Druck. In Verwerfungs- oder

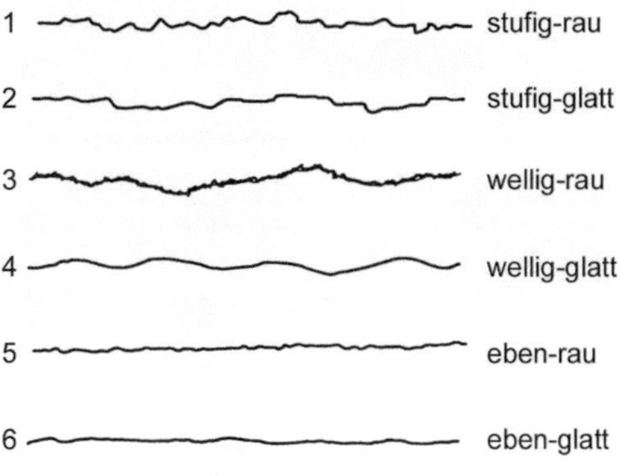

◘ **Abb. 3.7** Bezeichnungen der Rauigkeit von Trennflächen (nach DIN EN ISO 14 689-1)

Störungszonen mit Paralleltextur können Lamellen von Harnischen auftreten, die von Lamelle zu Lamelle verschieden lang sein können. Wo Harnischlineationen auftreten, kann die relative Bewegungsrichtung aus der Orientierung der Lineationen und den senkrecht zur Bewegungsrichtung verlaufenden Abrissstufen, sog. Escarpments, erkannt werden (◘ Abb. 3.8), deren Steilkanten immer gegen die Bewegungsrichtung angeordnet sind (Wüstenhagen et al. 1990).

Trennflächen können geschlossen oder geöffnet sein, und zwar mit oder ohne Bestege bzw. Füllung. Vorgänge, die eine **Öffnung von Trennflächen** bewirken, sind:

- Oberflächenentlastung und Gebirgsauflockerung, bes. in Hanglage (s. u.),
- tektonische bedingte Gebirgsauflockerung (s. u.),
- Hangbewegungen, auch Hebung, z. B. infolge der Hydratation von Anhydrit (► Abschn. 19.2.2),
- Bergbaufolgen oder Verkarstung.

Die Bestimmung der Öffnungsweite von Trennflächen ist in den meisten Fällen problematischer, als es zunächst erscheint. Die Öffnungsweite ist abhängig von der Tiefenlage, der Sprödigkeit und Bankigkeit des Gesteins, den Lagerungsverhältnissen, dem tektonischen Beanspruchungsgrad, der Exposition (Tal, Hang, Hochfläche) und der Verwitterung. Die Ermittlung der Öffnungsweite der Klüfte ermöglicht Angaben über die Gebirgsauflockerung und damit Rückschlüsse auf die Gebirgseinspannung, die Verformbarkeit sowie die Wasserwegigkeit. Durch Horizontalverformungen auf Schichtflächen kann es gem. ◘ Abb. 3.4 auch zu einer partiellen Öffnung der Schichtflächen kommen.

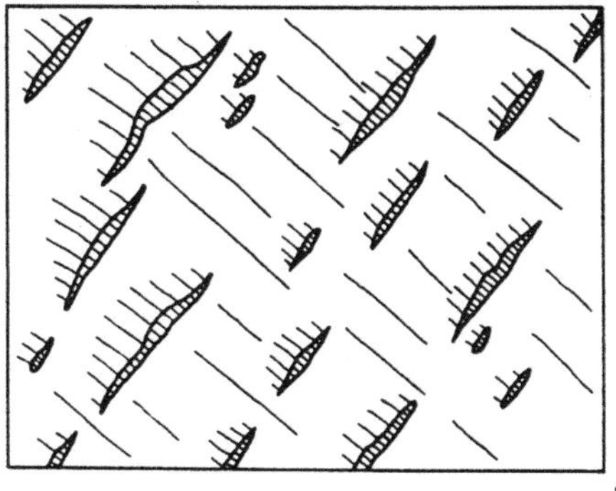

◘ **Abb. 3.8** Abrissstufen auf Harnischflächen senkrecht zur Bewegungsrichtung

Die Öffnungsweite von Klüften kann wie folgt klassifiziert werden:

weite oder klaffende Trennflächen:	1,0–100 cm
offene Trennflächen:	0,5–10 mm
enge oder geschlossene Trennflächen:	<0,5 mm

Die EN ISO 14 689-1 enthält sehr detaillierte Bezeichnungen für die Öffnungsweite mit acht Abstufungen von sehr eng (<0,1 mm) über offen (0,5–2,5 mm) bis extrem weit (>1 m).

Klaffende Trennflächen (Spalten) sind i. d. R. nur in spröden, dicken Bänken zu beobachten. In Wechselfolgen wird die Gebirgsauflockerung meist von zahlreichen kleineren Klüften ohne große Öffnungsweiten gebildet, wobei verstärkt Ausgleichsbewegungen auf Schichtflächen anzunehmen sind. Die Tatsache, dass in Oberflächennähe die meisten Klüfte etwas offen sind, lässt hier eine etwas größere Kluftdichte vermuten. Das Kluftschema ist aber meist das gleiche wie in größerer Tiefe. Auch die sog. Hangzerreißungsklüfte werden selten neu gebildet, sondern folgen meist dem tektonisch angelegten Kluftsystem, wobei sich umgekehrt die Talrichtung oft nach den tektonischen Kluftsystemen ausgebildet hat.

Bei den **Kluftfüllungen** muss grundsätzlich zwischen an Ort und Stelle entstandenen, autochthonen Zwischenmitteln sowie Füllungen aus Fremdmaterial, sog. allochthonen Zwischenmitteln, unterschieden werden. Zu der erstgenannten Gruppe gehören z. B. Verschiebungsbrekzien oder feinkörnige Kataklasite, eingequetschtes Material aus nahegelegenen Tonsteinlagen und Verwitterungsrückstände. Zur zweiten Gruppe von Kluftfüllungen gehören von der Oberfläche eingespültes Material oder umgelagerte Residualbildungen. Hinweise auf die Genese der Kluftfüllungen können tonmineralogische oder ggf. auch mikropaläontologische Untersuchungen bringen.

Die **Kluftkörpergröße und die Kluftkörperform** sind das Produkt aus dem Kluftabstand der verschiedenen Kluftscharen und ihrem Durchtrennungsgrad und werden am besten bereits im Aufschluss ermittelt. Für die Beschreibung der Form der Kluftkörper bietet sich die Klassifikation nach ◘ Abb. 3.9 oder die Größeneinteilung nach EN ISO 14 689-1, Tab. 9 an, mit einer Kantenlänge von:

klein	6–20 cm
mittel	20–60 cm
groß	60–200 cm und
sehr groß	>200 cm

Die Größe und Form der Kluftkörper hat z. B. Bedeutung für die Unterscheidung der Felsklassen 6 und 7 nach DIN 18 300 (► Abschn. 3.3.1) sowie für die Beurteilung der Sprengbarkeit (► Abschn. 12.1) und der Steinschlag- und Felssturzgefahr (► Abschn. 15.4).

Bei Angaben über das **Kluftvolumen** ist zwischen dem Gesamtkluftvolumen, dem durchflusswirksamen Kluftvolumen und letztlich auch dem noch schwerer abschätzbaren verformungswirksamen Kluftvolumen zu unterscheiden. Das durchflusswirksame Kluftvolumen wird nach der Wasserführung ermittelt (► Abschn. 2.9.2). Das Gesamtkluftvolumen kann bei entsprechenden Aufschlussverhältnissen durch Aufmessen der Kluftöffnungsweiten in zwei senkrecht aufeinander stehenden Aufschlussebenen abgeschätzt werden. Die Aussagekraft solcher Messungen ist jedoch begrenzt. Im Bereich der Hangzerreißung kann das Gesamtkluftvolumen 5–10 % erreichen, in ungünstiger tektonischer Situation auch mehr als 15 % (◘ Abb. 3.10).

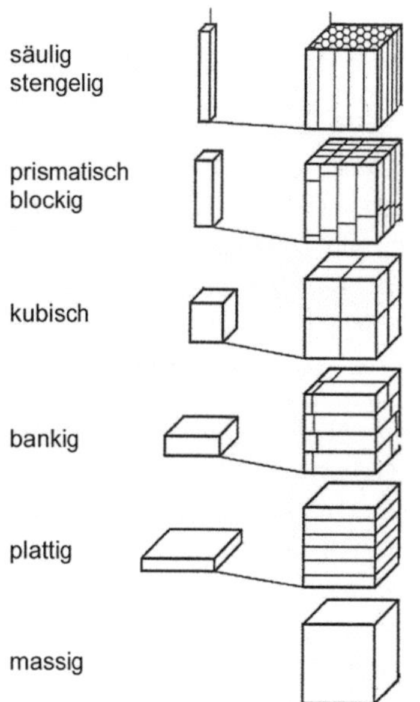

◘ **Abb. 3.9** Bezeichnungen für die Kluftkörperform (nach Müller und Pipping 2011)

Unter dem **Zerlegungsgrad des Gebirges** wird ebenfalls die Anzahl der Trennflächenausbisse auf 1 m Aufschlusslänge, auch verschiedener Kluftscharen, verstanden:

<0,2	schwach, gering
0,2–1,0	mäßig
1–5	stark
3–20	sehr stark
>20	völlig zerlegt

Hinzu kommen dann Begriffe wie brekziös, zerschert, zermahlen bzw. verheilt.

Der ebene Kluftflächenanteil bzw. **Durchtrennungsgrad** gibt an, in welchem Maße das Gebirge in einer Kluftebene durchtrennt ist bzw. noch Materialbrücken vorliegen. Er ermöglicht damit eine quantitative Aussage über die Wertigkeit der einzelnen Klüfte bzw. Kluftscharen in Bezug auf die Teilkörperbeweglichkeit, insbesondere die Scherfestigkeit des Gebirges. Der ebene Durchtrennungsgrad kann in einer Aufschlussebene, z. B. durch Angabe der Erstreckungslänge, ermittelt werden. Er beträgt bei Schichtflächen nahe 1,0 (100 %), bei Großklüften 0,5–1,0 und bei Klein- und Mittelklüften in Wechselfolgen 0,2–0,8. Der räumliche Durchtrennungsgrad, auch als Trennflächendichte bezeichnet, ergibt sich als Produkt aus dem mittleren Kluftabstand und dem ebenen Durchtrennungsgrad und wird meist in m^2/m^3 angegeben (Klein und Dürrwang 1994).

Unter **Verbandsfestigkeit** werden die Einspannung der Kluftkörper, der Reibungsschluss und die Lösbarkeit in einer bevorzugten Richtung verstanden. Sie ist abhängig von der Klüftigkeit, dem Durchtrennungsgrad und der Öffnungsweite der Trennflächen:

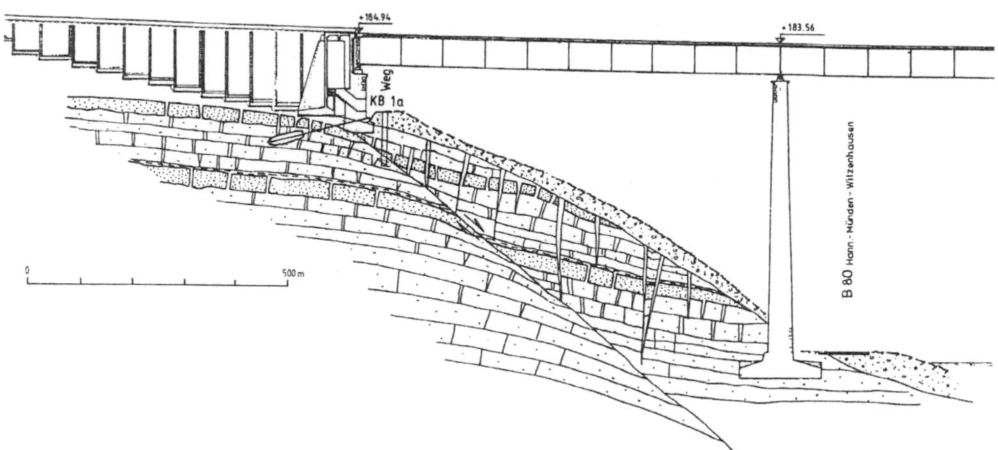

Abb. 3.10 Schematische Darstellung der Gebirgsauflockerung an einem Talhang in tektonisch ungünstiger Situation mit Spaltenöffnungen von 5–8 cm (aus Geissler und Möker 1993)

kompakt	keine erkennbar offenen Trennflächen, gute Verzahnung
mäßig aufgelockert	geringer Reibungsschluss innerhalb der Trennflächenschar
aufgelockert	mehrere offene Trennflächenscharen mit geringem Reibungsschluss
lose	Kluftkörper ohne Reibungsschluss, nahezu loses Haufwerk

Die einzelnen Kluftkörper sind im Gebirge mehr oder weniger nachgiebig eingespannt. Im Hohlraumbau gilt als maßgebend, ob es sich dabei um kinematisch freie Kluftkörper handelt, sog. „keyblocks“ (Blümel et al. 2002), deren Herausgleiten geometrisch möglich ist, oder ob sie eingespannt und in ihrer Beweglichkeit behindert sind.

Die Ursachen der **oberflächenbedingten Gebirgsauflockerung**sind bis in Tiefen von 200–300 m die großflächig abtragungsbedingte Gebirgsentspannung sowie die einstmals tief reichende eiszeitliche Gefrornis (► Abschn. 15.1.3). Die flächige Entlastungswirkung wird bei einseitiger Entlastung (z. B. durch Talbildung) von Spannungsumlagerungen und einseitig erhöhten Horizontalspannungen überlagert (► Abschn. 2.7.9), die sowohl Gleit- und Kriechvorgänge als auch eine zunehmende Öffnung von Klüften und damit eine Gebirgsauflockerung bewirken.

Die Tiefe der größten und sich am deutlichsten auswirkenden oberflächennahen Gebirgsauflockerung reicht im Rheinischen Schiefergebirge durchschnittlich 30–40 m hinab, wobei in einer 10–15 m mächtigen Oberzone häufig Lehmfüllungen zu beobachten sind. Für die Wechselfolgen des Buntsandsteins in Osthessen werden Auflockerungstiefen von 20–30 m genannt, für das dickbankige Buntsandsteingebirge bis zu 50 m. Für Talhanglagen wird die horizontale Reichweite der Hangzerreißung mit 100–200 m angegeben.

Außer der oberflächennahen Gebirgsauflockerung tritt nach den Erfahrungen bei Tunnelbauten im Buntsandsteingebirge Osthessens an bestimmten tektonischen Strukturen auch eine tief reichende **tektonische Gebirgsauflockerung** auf (► Abschn. 3.5.2), mit teilweise extrem niedrigen Verformungsmoduln des Gebirges (► Abschn. 2.7.8). Als Ursache für diese erhöhte Verformungsanfälligkeit des Gebirges werden eine ausgeprägte Klüftung mit Kluftweiten bis über 1 mm, die geringe innere Verspannung des Gebirges aufgrund offener Zerrungsklüfte sowie die große Mobilität tonsteinreicher Wechselfolgen, besonders an Trennflächen mit Bewegungsspuren, angesehen. Beim Ausmaß dieser Gebirgsauflockerung ist nach den vorliegenden Erfahrungen zwischen kompetenten Abfolgen und inkompetenten Wechselfolgen zu unterscheiden, die eine wesentlich größere

Kluftkörperbeweglichkeit und Verformbarkeit aufweisen.

Diese erhöhte Verformungsanfälligkeit trifft auch für den oben angesprochenen Bereich der verstärkten Hangzerreißung zu und ist besonders bei Linienbauwerken oder großflächigen Bauten in der Nähe bzw. bei Annäherung an die Hangkante zu einem größeren Taleinschnitt zu beachten.

3.4.3.3 Darstellung des Trennflächengefüges

Für die Darstellung des Trennflächengefüges wird allgemein die Lagenkugel nach Schmidt verwendet. Die Darstellung der Kluftrose gibt hingegen nur die Richtungshäufigkeiten des Streichens an und berücksichtigt nicht das Einfallen und die geometrischen Beziehungen zwischen den einzelnen Flächen.

In der flächentreuen Polarprojektion der unteren Halbkugel (◘ Abb. 3.11) erscheinen geologische Flächen oder Schnitte entweder als durch den Mittelpunkt gehende Großkreise (S) oder als Durchstoßpunkte (P) der Flächennormalen im Mittelpunkt. Randnahe Flächenpole (Durchstoßpunkte) bedeuten steil stehende, mittelpunktnahe Flächenpole flach liegende Flächen. Soll darüber hinaus die Wertigkeit einzelner Trennflächen(scharen) dargestellt werden, so können den Polpunkten Symbole zugeordnet werden. Die statistische Auswertung erfolgt üblicherweise mithilfe von EDV-Programmen.

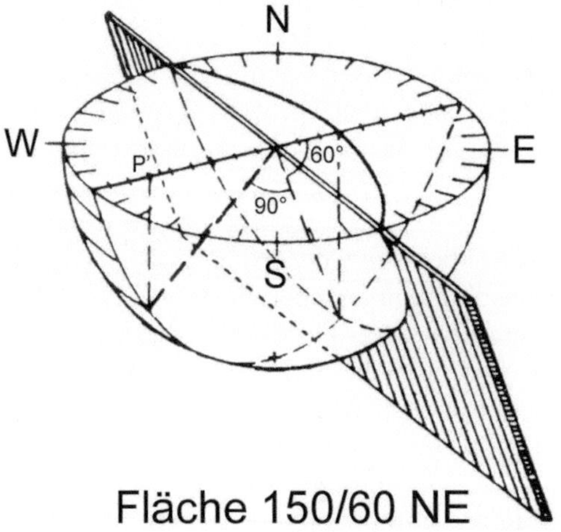

◘ **Abb. 3.11** Schematische Darstellung einer Fläche (150/60 NE) in der Lagenkugel

Die Darstellung der Raumlage von Flächen erleichtert es, den Einfluss des Trennflächengefüges auf geklüftete Felsbereiche abzuschätzen. Im Felsbau wird häufig die Darstellung in Großkreisen gewählt, weil so auf relativ einfache Weise räumliche Standsicherheitsbetrachtungen durchgeführt werden können (◘ Abb. 3.12).

Für die **Streichrichtungen von Klüften und Störungszonen** werden außer direkten Winkelangaben (besser) in Anlehnung an tektonische Großstrukturen Mitteleuropas folgende Begriffe verwendet:

rheinisch	10–30°	NNE–SSW, Schwerpunkt ± 20°
erzgebirgisch oder variszisch	30–50°	NE–SW, Schwerpunkt ± 40°
schwäbisch	60–90°	ENE–WSW, Schwerpunkt ± 75°
flachherzynisch	100–135°	WNW–ESE, Schwerpunkt ± 120°
steilherzynisch	135–150°	NW–SE, Schwerpunkt ± 140°
eggisch	170–10°	NNW–SSE, Schwerpunkt ± 0°

3.5 Plattentektonik, bruchmechanische Deutung und Ausbildung tektonischer Störungszonen

Unsere Erdkruste ist keine feste Schale, sondern setzt sich aus mehreren großen Platten zusammen. Diese sog. Lithosphärenplatten bestehen nicht nur aus der Erdkruste, die unter den Kontinenten 30–40 km, unter den Hochgebirgen bis 70 km dick ist, sondern umfassen auch noch die ersten 100–150 km des bis zu 1000 km dicken oberen Erdmantels (◘ Abb. 3.13). In diesen Tiefen herrschen Temperaturen von über 1000°C, sodass die Platten auf diesen teilweise geschmolzenen Gesteinen beweglich sind. Der Motor für diese Beweglichkeit sind walzenförmige Konvektionsströme infolge der aus

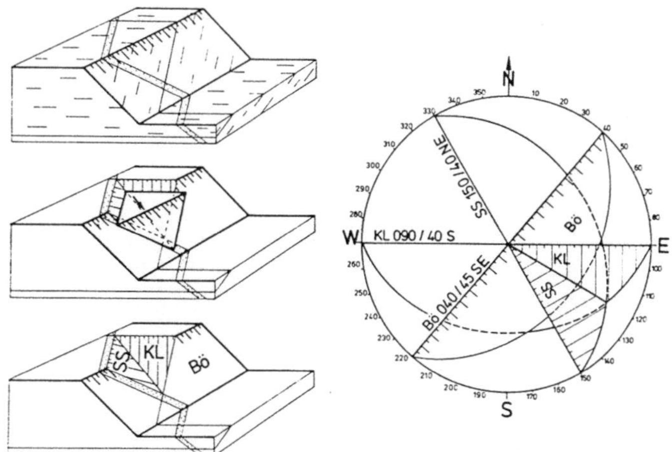

Abb. 3.12 Abgleiten eines von Schichtung (SS) und Klüftung (KL) begrenzten Gleitkeils in Großkreisdarstellung und im Blockbild (aus Heitfeld 1982)

dem unteren Erdmantel aufsteigenden heißen Gesteine, während gleichzeitig kältere Gesteinsmassen aus dem tieferen Krustenbereich und dem oberen Erdmantel nach unten absinken.

Die Theorie dieser geodynamischen Plattenbewegungen ist unter dem Begriff Kontinentaldrift seit Anfang des 20. Jahrhunderts bekannt (Wegener 1912, 1929). Dabei ist es im Laufe der geologischen Vergangenheit und bis heute anhaltend zu weltumspannenden Plattenverschiebungen sehr unterschiedlichen Ausmaßes gekommen.

Aus der Frühzeit der Lithosphärenplatten und ihren Driftbewegungen sind in Mitteleuropa keine Spuren anzutreffen. Gegen Ende des Kambriums, also vor etwa 500 Mio. Jahren, existierten neben einem Großkontinent Gondwana (bestehend aus den heutigen Südkontinenten und Indien) jeweils weitere Kontinente, von denen um die Wende Silur/Devon die Kontinente Lauretia (heutiges Nordamerika) und Baltika (Europa und Teile Asiens) kollidierten, was zur kaledonischen Gebirgsbildung geführt hat. Dieser Kontinent ist dann etwa zur Wende Devon/Karbon (vor 360 Mio Jahren) mit einem weiteren Kontinent namens Avalonia zusammengestoßen, was die variszische Gebirgsbildung ausgelöst hat. Durch die

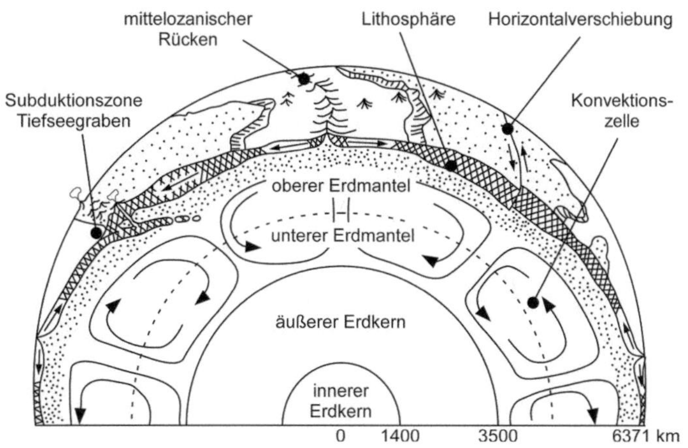

Abb. 3.13 Thermische Konvektionsströme im Erdmantel als Motor für die Plattentektonik

Angliederung dieser Kontinente an den Großkontinent Gondwana zu Beginn des Perm (vor 280 Mill. Jahren) entstand der neue Superkontinent Pangäa (Frisch und Meschede 2013).

Vor 150 Mio Jahren, gegen Ende der Jurazeit, nahm die plattentektonische Dynamik wieder zu und der Superkontinent Pangäa zerfiel in mehrere Einzelkontinente, die bei ihrer Drift teilweise ebenfalls wieder kollidierten. Am Ende der Kreidezeit, vor 65 Mio Jahren, hatten die meisten Kontinente beinahe ihre heutige Lage erreicht.

An der Plattengrenze zwischen den beiden amerikanischen Platten und der Afrikanischen und der Eurasischen Platte drang ab dem Oberjura Mantelmaterial aus der Tiefe auf und erstarrte zu einen lang gestreckten untermeerischen Gebirgszug, dem Mittelatlantischen Rücken. Nachdrängende basaltische Schmelze führte hauptsächlich im Laufe der Kreide- und Tertiärzeit zu einer zunehmenden Spreizung des Ozeanbodens und zur Entstehung und Verbreiterung des Atlantiks. Der Mittelatlantische Rücken reicht in leicht gebogener Form vom Südatlantik bis in das Polarmeer und wird durch einige vulkanische Inseln markiert. Die Spreizung des Mittelatlantischen Rückens hält bis heute an. Die Spreizungsraten betragen derzeit im Nordpolarmeer bis 1,5 cm/a, bei Island 1,5–2 cm/a und im Südatlantik bis 4 cm/a.

Eine Kollision der Afrikanischen und Arabischen Platte mit der Eurasischen Platte (s. ▶ Abschn. 4.2.3.1) bewirkte bereits in der Jura- und Kreidezeit eine Auffaltung der Ostalpen. Etwa ab der Oberkreide setzte dann in den Westalpen ebenfalls Subduktion ein und führte im Oligozän-Miozän (vor 35–25 Mio Jahren) zu Auffaltung des Westalpenbogens (Frisch und Meschede 2013).

Vor der Stirn der gegen das nördliche Vorland vordringenden alpinen Deckenstapel bildete sich eine breite Sedimentrinne, in der zunächst Flysch abgelagert wurde, der dann in die Gebirgsbildung einbezogen worden ist, wonach das Molassestadium einsetzte.

Die Erdkruste des heutigen Mitteleuropas war damit im Laufe der Erdgeschichte schon sehr verschiedenen Plattenpositionen und unterschiedlichen Spannungsfeldern bzw. tektonischen Deformationen ausgesetzt. Von der kaledonischen Orogenese zeugen heute nur noch der granitische Magmatismus und gewisse Deformationsstrukturen in den Kristallingebieten, z. B. in der Böhmischen Masse und im Schwarzeald. Ausdruck der variszischen Gebirgsbildung ist der 1000 lm lange Faltengebirgsgürtel von England bis Polen mit französischen Zentralmassiv, dem Rumpfgebirge der Ardennen, dem Rheinischen Schiefergebirge, dem Harz und den Schiefergebirgsanteilen der thüringisch-sächsischen Grundgebirge.

3.5.1 Bruchmechanische Deutung

Die im Zuge der Alpenorogenese ausgelöste Schubbeanspruchung des nördlichen Vorlandes hat nicht nur die tektonischen Strukturen dieses Gebietes weitgehend geprägt sondern sie dauert mit geringer Intensität bis heute an, wie die Hebungen im Alpenraum und in einigen Mittelgebirgen sowie der im Untergrund herrschende Spannungszustand zeigen (s. ▶ Abschn. 2.7.9.1).

Bei der mechanischen Deutung tektonischer Störungszonen geht man in der Regel von „Simple shear"-Experimenten aus, wie sie zuletzt von Schwarz und Klifitt (2008) beschrieben wurden, die an einem homogenen Tonkuchen die Entwicklung von Scherbrüchen unter einseitigen Kompressionsbedingungen untersucht haben. Wie bereits im ▶ Abschn. 3.4.3.1 ausgeführt, entstehen bei einaxialer Druckbeanspruchung zunächst feine Mikrorisse und kurze Zugrisse parallel zur Druckwirkung, die eine Dehnung und Schwächung des Gesteins bewirken.Bei anhaltender Beanspruchung kommt es dann zu einer Verdichtung der kurzen Zugrisse und zur Entwicklung einfacher bzw. konjugierter Scherbrüche. Die dabei entstehenden synthetischen (R) oder antithetischen (R′) Scherbrüche (◘ Abb. 3.14) bilden den Grundstock für das tektonische Inventar (Schwarz und Klifitt 2008).

Bei weitergehender Scherbeanspruchung entwickeln sich aus größeren Gleitungsklüften einfache **Verwerfungen** mit vertikalen und/oder horizontalen Relativverschiebungen. Gemeinsame Merkmale sind zunächst ihre lineare Erstreckung und die schmale Scherzone, in

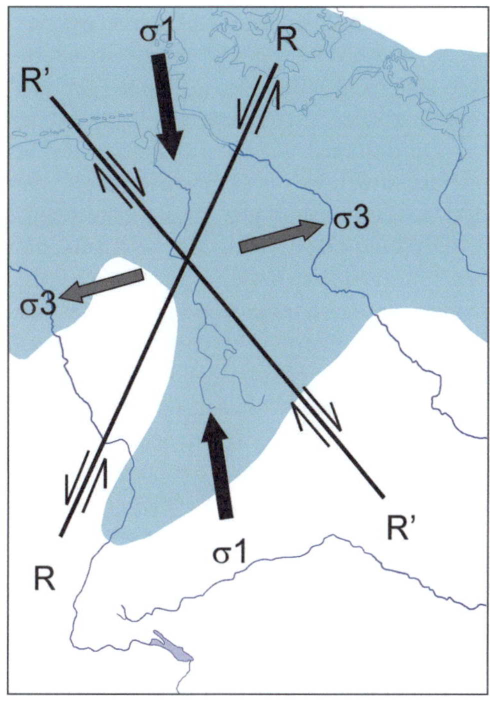

■ **Abb. 3.14** Paläospannungsfeld an der Jura/Kreide-Wende. Grau unterlegt: Verbreitung des Zechsteinsalinars (nach Möbus 2008)

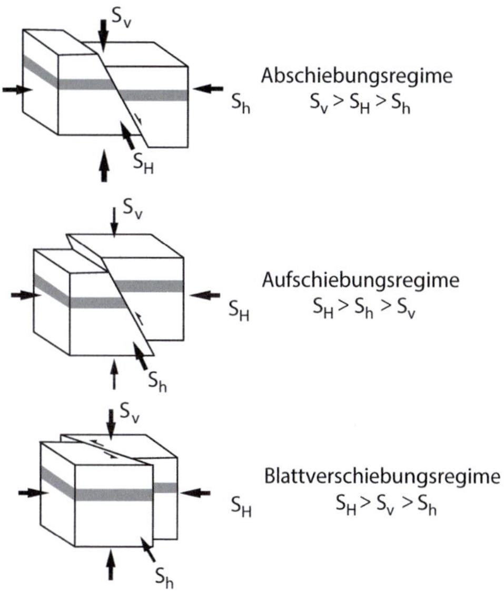

■ **Abb. 3.16** Darstellung des tektonischen Regimes in Abhängigkeit von der Größe der drei Hauptspannungen (nach Reinecker und Wenzel 2006)

der sich die Gleitverschiebung der Gebirgsschollen vollzogen hat (■ Abb. 3.15). Das tektonische Regime wird dabei von der Größe der drei Hauptnormalspannungen (S_v Vertikalspannung, S_H größte horizontale Hauptspannung, S_h kleinste horizontale Hauptspannung) bestimmt (■ Abb. 3.16). Unterschieden werden je nach dem Verhältnis der drei Hauptspannungen ein Abschiebungsregime, ein Aufschiebungsregime oder ein Horizontal- bzw. ein sog. Blattverschiebungsregime.

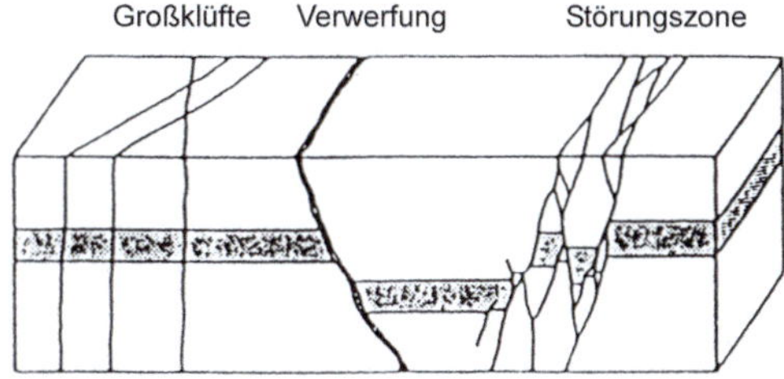

■ **Abb. 3.15** Schematische Darstellung von Großklüften, einer Verwerfung und einer Störungszone, deren Bruchformen eine Horizontalverschiebung andeuten (aus Heitfeld und Heitfeld 1995)

Dieser Vorgang der Scherbruchentwicklung findet in jeder Größenordnung statt. Bei tief reichender Beanspruchung und Scherbruchbildung, deren Bruchfugen durchaus schon alt vorgegeben sein können, sind nahe der Erdoberfläche nur die Spuren der Scherzone zu erkennen (■ Abb. 3.17). Je nach Deformationsgrad handelt es sich dabei zunächst ebenfalls um einfache, teilweise fiederartig angeordnete Verwerfungen. Geht die Verschiebung weiter, entwickeln sich zwischen den parallel gestaffelten („en echelon") Fiederbrüchen Verbindungsstrukturen, deren Ausrichtung von einem Fieder zum anderen als rechtstretender oder linkstretender Übertritt bezeichnet wird (■ Abb. 3.18). Je nach Bewegungssinn entlang der Hauptbewegungsfläche entstehen im Übertritt zwischen synthetischen Elementen konvergente Verbindungsstrukturen mit Einengung oder divergente mit Extension („pull apart") bzw. Aufweitung. Bei weitergehender Scherverschiebung wachsen die einzelnen Elemente zusammen, wobei sich je nach Beanspruchung Extension, d. h. Zerrungsspalten und Aufweitung, oder konvergente Druckrücken einstellen.

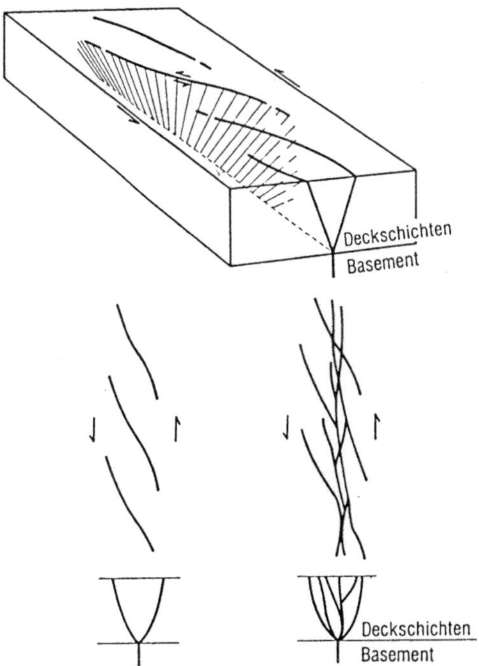

Abb. 3.17 Entwicklung einer Scherbruchzone aus einer Scherverschiebung im Basement (nach Mandl 1989)

Durch die selbstverstärkende Wirkung des Schervorgangs verdichten sich die Verbindungsstrukturen zu **Störungszonen** von anfänglich einigen Dezimetern Breite, die durch Mitbewegung weiterer Scherbahnen auf Meter- bis Zehnermeterbreite anwachsen können (► Abschn. 3.5.2).

Fiederartig gestaffelte und bajonettartig versetzte Scherbrüche mit Verbindungsstrukturen sind eine nicht selten anzutreffende Form tektonischer Störungszonen (Abb. 3.19). Je nach Bewegungssinn der Fieder ist im Bereich der Verbindungsstrukturen mit Kompression oder Extension, d. h. mit Gebirgsauflockerung zu rechnen.

Die Neubearbeitung der tektonischen Bruchmuster in den letzten Jahrzehnten hat eine Dominanz der **konjugierten Scherbruchstrukturen mit Horizontalverschiebungen** (geol. Blattverschiebungen) an ± steil stehenden Bewegungsflächen erkennen lassen, wobei sich jeweils eine der Scherbahnen zu einer Scherbruchzone mit einer gewissen Streuung der Ausrichtung der Bruchflächen und mit unterschiedlich großen Vertikalversätzen entwickelt. Je nach Bewegungsablauf zeigt sich im Endergebnis oft eine abwechselnde Konzentration des Schervorgangs auf einzelne Scherflächen oder auf unterschiedlich breite Scherstrukturen.

Schwarz und Kilfitt (2008) haben das Konzept der konjugierten Scherbrüche um das Phänomen der sog. **Konfluenzstrukturen** erweitert. Dabei handelt es sich um die Ausbildung eines Konfluenzbogens an der Spitze eines primären Scherbruchs, der quasi eine Verbindungsstruktur zwischen den beiden Scherbewegungen darstellt (Abb. 3.20). Schwarz und Kilfitt (2008) und Schwarz (2012) beschreiben eine Reihe charakteristischer Entwicklungsstadien derartiger Scherbruchstrukturen mit

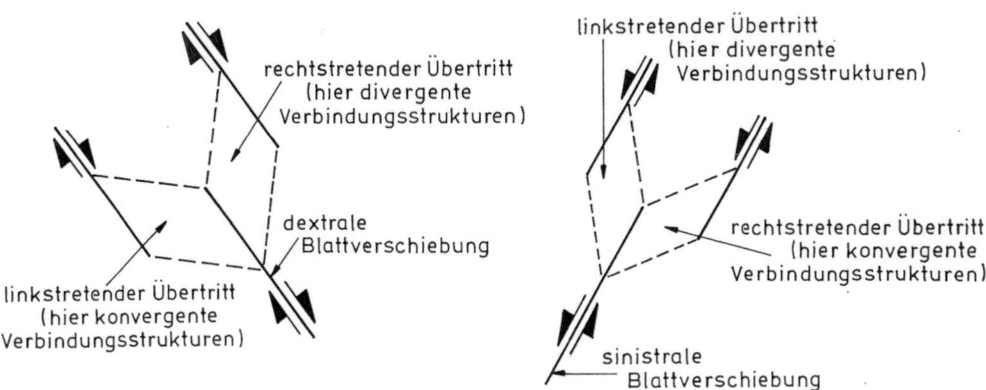

Abb. 3.18 Schema und Nomenklatur divergenter und konvergenter Verbindungsstrukturen an gestaffelt angeordneten rechts- und linkstretenden Horizontalverschiebungselementen (aus Eisbacher 1996, kombiniert)

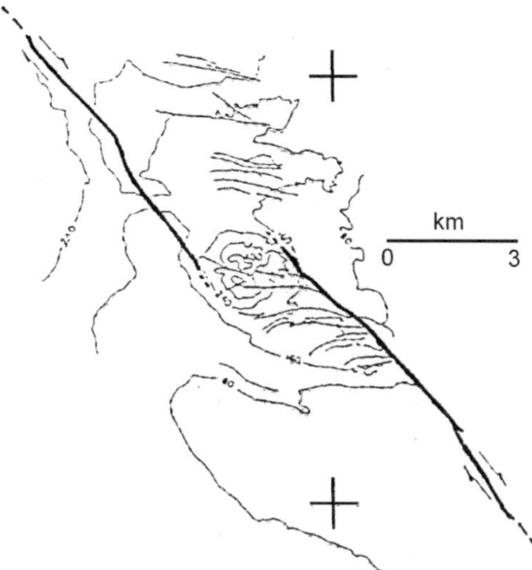

■ **Abb. 3.19** Bajonettartig versetzte Scherbrüche mit Übergangsstruktur (Ausschnitt aus Rossmanith 1989)

Konfluenzbögen. Die Richtung der Schubbeanspruchung (σ_1) liegt dabei stets in der Winkelhalbierenden, im Idealfall etwa bei 35° zwischen den Scherbruchrichtungen.

Die Erdkruste Mitteleuropas war im Mesozoikum und Känozoikum einer **mehrphasigen Beanspruchung** in unterschiedlichen Spannungsfeldern ausgesetzt. Auf der Süddeutschen Großscholle hat Schwarz (2012) in dem dortigen Störungsmuster sechs zeitlich aufeinander folgende Bruchsysteme mit jeweils anderer Ausrichtung und unterschiedlicher Hauptspannungsrichtung ausgemacht. Die markantesten Bruchzonen der Großscholle, das Schwäbisch-Fränkische Lineament und das Neckar-Jagst Lineament, streichen in ihrer Hauptscherbruchrichtung schwäbisch (60–90°) und sind mit ihrer gebietsweise häufig vertretenen konjugierten Richtung 110–140° (flach herzynisch) dem Deformationszyklus Oberjura – Unterkreide zuzuordnen. Erst zur Tertiärzeit dominieren dann rheinische Bruchsysteme.

Aus den synthetischen oder antithetischen Scherbrüchen und der weiteren Entwicklung divergenter oder konvergenter Verbindungsstrukturen entwickeln sich, wie Möbus (2008) aufgezeigt hat, bei Entkopplung des Deckgebirges über Salinarschichten im tieferen Untergrund zunächst kleine Teilgräben und bei fortschreitender Scherbewegung größere, z. T. sich verschneidende **Grabensysteme**. In der Hessischen Senke und den nördlich angrenzenden Gebieten mit den bekannten Saxonischen Gräben (► Abschn. 3.5.4.2) bildet das Zechsteinsalz die Entkopplungsschicht. Sehr früh erkannten bereits Stille und einige seiner Schüler (Lit. s. Richter-Bernburg 1968, 1977; Wunderlich 1966), dass in diesen Grabenbrüchen tektonische Dehnungs- und Einengungsformen nebeneinander vertreten sind und dass diese Strukturen letztlich nur als konjugierende sinistrale und dextrale Scherbrüche als Folge einer Schubbeanspruchung des mesozoischen Sedimentstapels von Südosten erklärt werden können. Weltweite Studien an großen Bruchzonen haben inzwischen bestätigt, dass Horizontalverschiebungen und die dabei erfolgte Umsetzung horizontaler Schubspannungen in Vertikalbewegung bei der Anlage solcher Horst- und Grabenstrukturen eine entscheidende Rolle spielen.

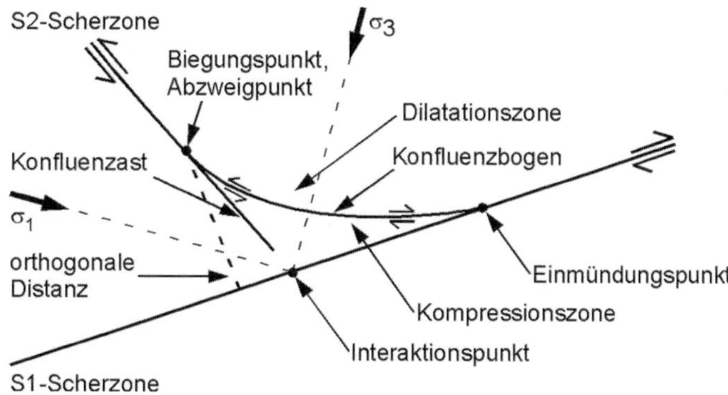

■ **Abb. 3.20** Elemente und Parameter einer Konfluenzstruktur (aus Schwarz 2012)

Für die u. a. von Schwarz (2012) beschriebenen südwestdeutschen Grabenstrukturen dürften die Salinarschichten des Mittleren Muschelkalks die Entkopplung bewirken. Der Oberrheingraben nimmt in diesem System eine Sonderstellung ein (► Abschn. 3.5.4.2).

3.5.2 Ausbildung und Erkundung tektonischer Strukturen

Die **Erkundung tektonischer Störungszonen** ist ein mehrstufiger Vorgang, der mit Vorabstudien über die Tektonik eines Gebiets gem. ► Abschn. 3.5.4 beginnt, an die sich ggf. eine geologische Spezialkartierung sowie indirekte Erkundungsmethoden wie Luftbildauswertung (LIDAR-Scan, ► Abschn. 4.3.1), Geophysik oder gasgeochemisches Monitoring gem. ► Abschn. 4.3.3 anschließen. Verstärkte Gasführung oder Mineralisation des Grundwassers und auch entsprechende Mineralausscheidungen im Boden (teilweise mit Arsen- und Thalliumanteilen) sind oft sichere Anzeichen für tief greifende Störungszonen.

Störungszonen sind i. d. R. wenig erosionsresistent und zeichnen sich bei der Kartierung im Gelände oft als Runsen, Rinnen am Hang oder Seitentäler ab. Ein besonderes Augenmerk ist auf Scherbruchzonen von regionaler Bedeutung sowie auf bajonettartig abgesetzte Scherbruchzonen, ihren Schersinn und die zugehörigen Übertritts- und Bruchstrukturen zu richten (■ Abb. 3.19 und ► Abschn. 3.5.2).

Horizontal- bzw. **Blattverschiebungen** sind bei der Kartierung meist nicht zu erkennen und daher auf geologischen Karten üblicherweise nicht als solche ausgewiesen. Zu beachten ist, dass Abschiebungen allein schon einen Horizontalversatz vortäuschen können (■ Abb. 3.21).

Spezifische Merkmale für konjugierte Bruchsysteme mit Horizontalverschiebung sind:

- Ausbildung eines Konfluenzbogens,
- syn- und antithetische Bruchelemente, die häufig eine versetzt gestaffelte (verspringende) Anordnung der einzelnen Bruchflächen aufweisen, sog. En-echelon-Strukturen,

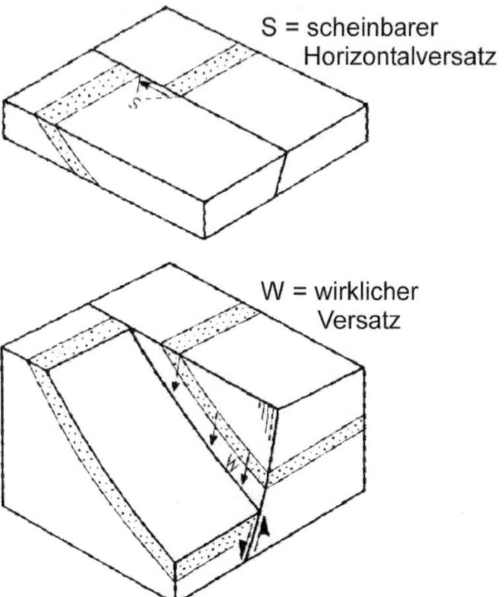

■ **Abb. 3.21** Scheinbarer Horizontalversatz an einer Abschiebung (aus Eisbacher 1996)

- Randstörungen mit schmalen Zwickelschollen ähnlich den Pull-apart-Strukturen (Möbus 2004),
- engscharige (zerscheibte) Klüftung (Dittrich 2012).

Auch starke Gesteinszerrüttung bis hin zu völliger Brekziierung oder auch völlige Vertonung bzw. hydrothermale Weißverwitterung der Störungsgesteine können Anzeichen für eine größere Horizontalbewegungskomponente sein. Weitere Verdachtsmerkmale sind eine ungewöhnliche Mineralisation (z. B. erhöhte Arsengehalte) oder erhöhte CO_2-Gehalte im Grundwasser.

Tektonische Kleinstrukturen, die auf Horizontalbeanspruchung hinweisen, sind in ■ Abb. 3.22 zusammengestellt: richtungsorientierte, mit Tonhäutchen belegte verzahnte horizontale Drucklösungserscheinungen in Karbonatgesteinen infolge lokaler Spannungskonzentrationen, sog. Stylolithen (1), mineralisierte Dehnungsklüfte (2), saiger stehende Kleinverwerfungen mit geringem Vertikalversatz und z. T. Pull-apart-Strukturen (3), Nadelharnische (4) und Kluft- und Schichtflächen mit

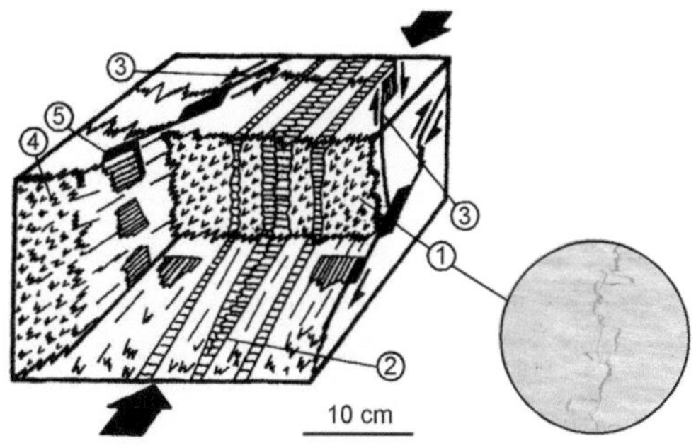

Abb. 3.22 Tektonische Kleinstrukturen bei kompressiver Beanspruchung (nach Dittrich 2013). Kreisausschnitt = Dünnschliff eines Horizontalstylolithen

(sub)horizontaler Harnischstriemung (5). Auf Letzterer ist ggf. der Bewegungssinn erkennbar (► Abschn. 3.4.3.2 und ◘ Abb. 3.8).

Divergente Verbindungsstrukturen sind bei der ingenieurgeologischen Bewertung insofern zu beachten, als sie die Ursache und den Herd einer **tektonischen Gebirgsauflockerung** gem. ► Abschn. 2.7.8 und 3.5.2 darstellen können (s. a. Drozdzewski 1988; König und Wrede 1994). Auch die Bruchmuster in Konfluenzbögen haben häufig dilatativen Charakter. Im Aufschluss sind Auflockerungsstrukturen häufig an typischen Scharungen von Großklüften oder kleinen Verwerfungen mit geringen, oft gegensinnigen Vertikalversätzen (sog. Flower- oder Blumenstrukturen, ◘ Abb. 17.25), verstellten Zwischenschollen oder an sattelartigen Kleinflexuren („drag folds") schräg zu den Scherbrüchen zu erkennen.

Bei der **Aufnahme von Bohrungen** ist auf die Beschaffenheit des Kernmaterials zu achten (► Abschn. 4.5.3) sowie auf Bewegungsanzeichen (Harnische) auf Schicht- und Kluftflächen (► Abschn. 3.4.2). Bemerkenswert ist, dass häufig keine Abhängigkeit der Dicke der Störungszonen vom vertikalen Versatzbetrag festzustellen ist. Eine in solchen Fällen anzunehmende größere Horizontalkomponente ist schwierig nachzuweisen.

Bei Verdacht auf tektonische Gebirgsauflockerung gem. ► Abschn. 3.5.2 sind je nach Aufgabenstellung auch Bohrlochversuche (Seitendrucksonden, WD-Tests) zweckmäßig.

Allgemein sind **Verwerfungen** mit Versätzen im Dezimeter- bis Dekameterbereich als mehr oder weniger steile Bewegungsflächen mit relativ dünnen tonigen oder tonig-sandigen Belägen ausgebildet. Durch die selbstverstärkende Wirkung entwickeln sich mit zunehmenden vertikalen und/oder horizontalen Verschiebungswegen größere **Störungszonen** von einigen Dezimetern bis zu mehreren Zehnermetern Breite (◘ Abb. 3.15). Die Ausbildung der Störungszonen kann auf kurze Entfernung wechseln bzw. die Störungszonen spalten sich in mehrere Bewegungsbahnen mit zwischengeschalteten verkippten und zerbrochenen Schollen auf. Störungszonen sind häufig auch von einer unterschiedlich breiten Randzone unterschiedlich starker Gebirgszerlegung begleitet. Außer diesen mehr oder weniger steil stehenden Störungszonen treten auch flach liegende, oft schichtparallele Bewegungsbahnen von wenigen Zentimetern bis einigen Dezimetern Dicke auf, die häufig horizontale Bewegungsspuren zeigen.

Für die einzelnen **Störungszonentypen** werden nach der strukturgeologischen Nomenklatur (Heitzmann 1985; Eisbacher 1996; Schneider 1997) die in ◘ Abb. 3.23 enthaltenen Begriffe verwendet. Je nach den mechanischen Eigenschaften des Gebirges und den Deformationsbedingungen wird zwischen spröden

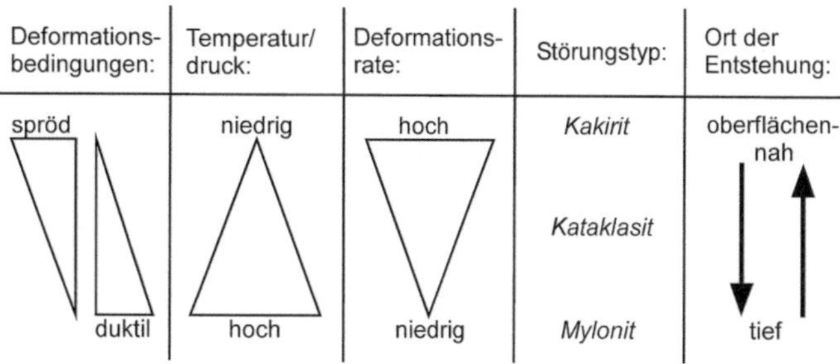

Abb. 3.23 Schematische Beziehung zwischen den Deformationsbedingungen und der Bezeichnung von Störungszonen (aus Schneider 1997)

(bruchhaften) und duktilen Scherzonen sowie spröd-duktilen Scherzonen als Übergangsformen unterschieden. Spröde Deformationen entstehen normalerweise unter oberflächennahen Bedingungen (niedrige Temperaturen und Drücke, meist große Deformationsraten), während duktile Deformationen in großer Tiefe, d. h. unter hohen Temperatur- und Druckverhältnissen und mit kleinen Deformationsraten (Geschwindigkeit der Verformung) entstanden sind. Duktile Scherzonen zeigen meist keine erhöhte Wasserwegsamkeit. Besonders ältere Strukturen sind häufig durch Mineralausscheidungen verfestigt und verheilt. Bei mehrphasiger Tektonik können sich in einer Störungszone auch verschiedene Deformationsmechanismen überlagern, wie z. B. spröd überprägte (reaktivierte) duktile Strukturen (◘ Abb. 3.24). Solche Strukturen können dann bereichsweise gut wasserwegsam sein.

Im Einzelnen werden folgende Störungszonentypen unterschieden:

- **Mylonite** sind nach dieser Definition feinkörnige rekristallisierte Störungsgesteine mit Streckungslinearen oder Fließstrukturen, beides Ausdruck eines Bruchlosen Verformungsprozesses im duktilen Bereich, wie z. B. Überschiebungsstrukturen in Faltengebirgen (◘ Abb. 3.25).
- **Kataklasite** sind kohäsive, intensiv zerbrochene Störungsgesteine mit richtungsloser, oft chaotischer Textur (Kataklase = Zerbrechen des Gesteins). Bei einem hohen Anteil feinkörnigen Materials können auch plastische Deformationen mit Paralleltextur auftreten, sog. Ruschelzonen. Die Verformung erfolgt mehrphasig oder im Übergangsbereich spröd-duktil. Bei hohem Spannungsniveau und großer Scherdeformation entstehen immer feinere Korngrößen mit plastischen Eigenschaften (Störungsletten).
- **Kakirite** sind stark zerrüttete und brekziierte Bruchzonen, teilweise mit Bändern völlig zermahlenen Gesteins. Sie stellen ein kohäsionsloses bis schwach kohäsives Lockergestein dar. Das Nebengestein zeigt wenig Einfluss der Beanspruchung. Kakirite sind typische Anzeiger einer Verformung im spröden Bereich.

Bei nicht verfestigten Störungsgesteinen (Kataklasite, Kakirite) ist i. d. R. der Feinkornanteil zu ermitteln. Außerdem werden solche ohne oder mit Steinen und Blöcken unterschieden. Der Stein- und Blockanteil kann nach DIN EN ISO 14 688-2 klassifiziert werden (▶ Abschn. 2.2.4). Störungsgesteine mit Matrix und hohem Stein- und Blockanteil werden auch als Block-in-Matrix Gesteine oder BIM-Rock bezeichnet (s. Fasching und Vanek 2011). Bei einem Stein- und Blockanteil <25 % und nicht verfestigter Matrix liegt i. d. R. Lockergesteinsverhalten vor. Bei verfestigten (zementierten) Störungsgesteinen, auch tektonische Brekzien genannt, ist der Grad der Verfestigung anzugeben.

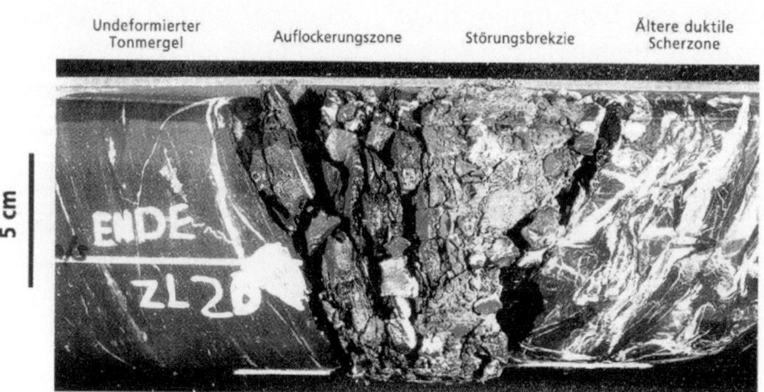

◘ **Abb. 3.24** Bohrkern aus einer kataklastischen Scherzone, bestehend aus einer älteren duktilen Struktur mit nachträglicher spröder Überprägung in Form einer Störungsbrekzie mit Auflockerungscharakter (aus NAGRA-informiert Nr. 32)

Abb. 3.25 Mylonitische Störungszone in einem Tonschiefer des Taunus

Bei Störungsgesteinen besteht immer das Problem der Probengewinnung aus Kernbohrungen und der Auswahl charakteristischen Probenmaterials für Laborversuche. Nötigenfalls sind spezielle Maßnahmen bei der Probenentnahme (z. B. Liner, ▶ Abschn. 4.5.1) einzusetzen. Entfestigte Störungsgesteine sind außerdem häufig sehr wasserempfindlich.

Für die **Beschreibung und Bewertung tektonischer Störungszonen** ist weniger das vertikale Versatzmaß entscheidend, als vielmehr

- die Breite und innere Ausbildung der Störungszone,
- eine etwaige Gebirgsauflockerung,
- die Häufigkeit und Ausbildung der einzelnen Deformationsbahnen,
- die Frage, ob Ton in die Scherbahnen eingeschleppt worden ist und
- die Wasserwegsamkeit.

Störungszonen sind komplexe geologische Strukturen mit sehr heterogener Internstruktur und einer großen Bandbreite der Gebirgszerbrechung und -entfestigung. Sie zeigen häufig einen zonaren Aufbau mit Scherbahnen und Harnischen sowie unterschiedlich breiten kohäsionslosen oder kohäsiven zentralen Zerrüttungszonen, in die unregelmäßig Großblöcke (>1 m) oder blockartige Scherkörper (sog. Placoide) eingeschlossen (**Abb. 3.26**) oder auch Tone in die Scherflächen eingeschleppt sein können (sog. Clay Smear, s. Kleine Vennekate et al. 2014 und ▶ Abschn. 16.2.1). Neben den Hauptbewegungszonen treten dann mehr oder weniger stark zerscherte oder geklüftete, z. T. aufgelockerte Übergangszonen zum intakten Nebengestein auf (s. a. Brosch et al. 2006). Als besonders verformungsanfällig haben sich Störungsgesteine mit sehr hohem, häufig hydrothermal verwitterten Tonanteil erwiesen, die infolge von Mineralumwandlung bzw. -neubildung quellfähige Tonminerale (Montmorillonit) enthalten können und dann oft nur sehr geringe Scherfestigkeiten aufweisen.

Bei der ingenieurgeologischen **Charakterisierung einer Störungszone** kommt es in erster

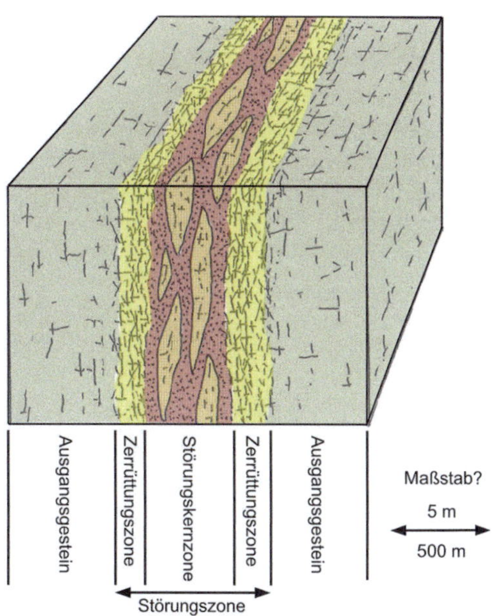

Abb. 3.26 Schematischer Innenaufbau einer tektonischen Störungszone (aus Fasching und Vanek (2011)

Linie auf die Ausbildung der Verwerfungs- bzw. Störungsbahnen an, d. h. auf den Grad der Gebirgszerlegung und -entfestigung, sowie eine etwaige tektonische Gebirgsauflockerung. Für die Beschreibung einer Störungszone sind die in ◘ Tab. 3.9 zusammengestellten Eigenschaften der Störungsgesteine zu beachten. Die Probleme liegen in der enormen Heterogenität der inneren Struktur der Störungszonen und dem raschen Wechsel von lockergesteinsähnlichen Bereichen und zerscherten, blockartigen Festgesteinsbereichen mit einzelnen, teilweise tonigen Scherbahnen. Hinzu kommt die unterschiedliche Wasserwegsamkeit, die auf kurze Entfernung wechseln kann. Auch der Wassereinfluss ist für die bautechnischen Auswirkungen einer Störungszone mit entscheidend. Tektonische Störungszonen müssen daher nicht nur hinsichtlich ihres Versatzes und ihrer Orientierung, sondern besonders im Hinblick auf ihre bautechnische Relevanz, d. h. die geomechanischen Eigenschaften, sowie eine mögliche tektonische Gebirgsauflockerung gem. ► Abschn. 3.4.3.2 und ihre Grundwasserführung erkundet werden (► Abschn. 17.2.3).

3.5.3 Rezente tektonische Spannungen und Deformationen

Das **Spannungsfeld Mitteleuropas** war schon zur Zeit der variszischen Orogenese (Oberkarbon – Unterperm) von einer entsprechend der heutigen Position NNW gerichteten Vektor der Hauptspannung geprägt. In dieser Phase ist dementsprechend auch außer den damaligen Faltengebirgen bereits die Grundlage für einen Großteil des späteren saxonischen Störungssystems gelegt worden, das dann von der Schubbeanspruchung durch die alpidische Orogenese und von der Spreizung am Mittelatlantischen Rücken bestimmt wurde. **Anzeichen für das jeweilige regionale Spannungsfeld** sind im ► Abschn. 3.5.2 beschrieben. Weitere Spannungsanzeichen sind die Streichrichtungen von Basalt- oder Quarzgängen u. ä. Strukturen. Hinweise für rezente tektonische Spannungen geben auch In-situ-Spannungsmessungen, die bei Tiefbohrungen auftretenden Bohrloch- bzw. Bohrkerninstabilitäten (►Abschn. 2.6.9), Erdbeben und auch großräumige Fernerkundungsmessungen. Aus Spannungsmessungen und Herdflächenlösungen bei Erdbeben kann auch heute ein Spannungsfeld mit einer 140°±26° gerichteten Horizontalkomponente maximaler Kompressionsspannung ermittelt werden (► Abschn. 2.7.9.1).

Weitere in der Literatur angeführte Spannungsindikatoren können dagegen im Einzelfall durchaus andere Ursachen haben. Dazu gehören Auffaltungen im Taltiefsten (◘ Abb. 15.21) oder offene Spalten (Reik 1985) bzw. Talzuschub (Köhler 1985) und auch Schubrisse in der Spritzbetonschale von Tunneln (Fecker und Reik 1996: 139).

Aktuelle Folge der Plattenbewegung sind anhaltende rezente Spannungen im Gebirge,

◘ **Tab. 3.9** Zu untersuchende Materialeigenschaften von Störungsgesteinen (in Anlehnung an Fasching und Vanek 2011)

Lockergesteine	Festgesteine
Korngrößenverteilung	Petrologie (Ausgangsgestein und Blöcke)
Stein- und Blockanteil	Zerbrechungsgrad, Stein- bzw. Kluftkörpergröße
Plastizität, quellfähige Minerale	Gesteinsfestigkeit, Abrasivität
Lagerungsdichte, Verformbarkeit	Verbandsfestigkeit (Verzahnung), Scherbahnen
Durchlässigkeit, Injizierbarkeit	Verformbarkeit, Verfestigung
	Durchlässigkeit, Injizierbarkeit

die sich z. T. in kleinen kontinuierlichen oder diskontinuierlichen Deformationen bemerkbar machen. Der weltweit zu beobachtende **Horizontalspannungsüberschuss** (▶ Abschn. 2.7.9.1) erreicht im Alpenraum z. T. erhebliche Ausmaße, ist aber auch im Alpenvorland, im Bereich der Südwestdeutschen Scholle und ihren Randmassiven (insb. Thüringer Schiefergebirge) und auch im westlichen Thüringer Becken festgestellt worden (Lit. s. Kohlbeck 1991 und Könnings und Leipziger 1997). Auch das Spannungsfeld für Norddeutschland ist durch die zahlreichen Erdöl- und Erdgasbohrungen einigermaßen bekannt (Grote 1998; Röckel und Lempp 2003). In der Nähe von größeren tektonischen Störungen weicht die Hauptspannungsrichtung häufig vom großräumigen Trend ab und verläuft etwa parallel zur Streichrichtung der Störung. John und Poscher (2004) berichten außerdem von horizontalen Spannungen, die in einer schmalen tektonischen Grabenzone um den Faktor 2 höher waren als außerhalb der Struktur. Weitere Angaben darüber kann man der „World Stress Map" entnehmen, einer Datenbank mit Angaben über gemessene und z. T. anzunehmende tektonische Spannungen in der Erdkruste (◘ Abb. 2.35).

Die Richtungsbeständigkeit der bisher in Mitteleuropa gemessenen erhöhten Horizontalspannungen von 140° (±26°) muss zunächst als Wirkung tektonischer Schubspannungen gedeutet werden. Der Abbau des Spannungsüberschusses nach der Tiefe spricht aber dafür, dass es sich hierbei nicht nur um tektonische Spannungsanteile handeln kann, sondern um eine Kombination mit elastischen Nachwirkungen ehemaliger Überlagerungsspannungen, die größer waren als der heutige Überlagerungsdruck und so als messbare Restspannungen erhalten geblieben sind.

Geodynamische Bewegungen und Bruchstrukturen mit jungtertiären (Neogen) und quartären, bis heute andauernden Bewegungen sind selten zu belegen. Zu unterscheiden sind großflächige horizontale Intraplattenbewegungen und Hebungs- oder Senkungsgebiete (wobei anthropogene, d. h. durch Menschen verursachte Bewegungen gem. ▶ Abschn. 6.5 und Bergbaufolgen gem. ▶ Abschn. 16.4.4 auszunehmen sind) und aktive tektonische Bruchzonen jungtertiären und pleistozänen Alters. Aktive Bewegungen können über Präzisionsmessstationen mit einer Genauigkeit von 1 mm/a erfasst werden (Nagra info Nr. 34, 2011). Großflächige geodynamische Hebungen sind vor allen Dingen bekannt von den Alpen und vom Faltenjura (Becker 1986).

Für Skandinavien, einschließlich der Küstengebiete Norddeutschlands, werden deutliche rezente Krustenhebungen beschrieben. Die Messwerte betragen im Zentrum des Skandinavischen Schildes etwa 10 mm/a und in Norddeutschland noch etwa 1 mm/a. Nach bisheriger Vorstellung handelt es sich dabei um ein postglaziales Rückfedern als Nachwirkung des einstigen Drucks der hier teilweise über 1000 m dicken Eisauflast im Pleistozän, die u. a. eine tief reichende Kompression und Bruchverformung des Sedimentstapels bewirkt hat, wobei tektonische Flächen teilweise als Gleitbahnen gedient haben. Seit dem Abschmelzen des Eiskörpers hat sich dieser Prozess umgekehrt und bewirkt rezente Hebungsprozesse (Lehne und Sirocko 2007, darin Lit.). Auch an einigen Salzstrukturen wie dem Salzstock von Bad Segeberg werden auch halokinetische Hebungen von etwa 1 mm/a beobachtet.

In Mitteleuropa werden nach derzeitiger Vorstellung (Klein et al. 2016) die Senkungen in SW- und in NW-Deutschland bei gleichzeitiger Heraushebung der Mittelgebirge als elastische Krustenverbiegungen im Spannungsfeld nördlich des Alpenorogens gedeutet. Von den deutschen Mittelgebirgen sind besonders die Höhenwertänderungen in der Eifel zu nennen. Nach den Untersuchungen von Meyer und Stets (1998) ergeben sich für die Eifel in den letzten 800.000 Jahren Hebungen von 50 m im Norden und bis zu 225 m im Süden, was Hebungsraten von 0,06–0,38 mm/a entsprechen würde. Mälzer et al. (1983) gibt auf der Grundlage geodätischer Messungen für die Zeitspanne 1960–1980 Hebungsraten von 0,6–1,2 mm/a an. Klein et al. (2016) beschreiben anhand von Wiederholungsmessungen im deutschen Höhennetz (DHHN) in den Jahren 1983, 1991, 1999, 2007 und 2015 Hebungsbeträge von 0,75–1,25 mm/a, was den Hebungsraten in den Alpen entspricht. Für die Eifel wird allerdings als zusätzliche Ursache ein Low-Velocity-Bereich bzw. eine sog. Mantelplume (aufdringende Schmelze) angenommen wird (Lit. s. Klein et al. 2016). Besonders betroffen sind der zentrale und der westliche Bereich der Eifel mit Hebungsraten von 1,0–1,25 mm/a.

Schwieriger zu belegen sind **rezente Bewegungen an tektonischen Bruchlinien**. Die Niederrheinische Bucht stellt ein junges Senkungsgebiet mit intensiver Bruchtektonik vom Jungtertiär bis fast in die Gegenwart dar. Im Westteil (Rur-Scholle) herrschen antithetische Schollentreppen vor. Das Zentrum der Senkungszone bilden der Erftgraben und der Venloer Graben (◘ Abb. 3.27). An diesen Verwerfungen (Sprünge genannt) kommt es immer wieder zu Erdbeben (▶ Abschn. 4.2.3.2). Ahorner (1962, 1998) beschreibt außerdem vom Erftsprungsystem bruchtektonische Schollenverschiebungen an altpleistozänen Hauptterrassen des Rhein-Maas-Flusssystems – und damit aus den vergangenen 700.000 Jahren – von 10–30 m. Lössablagerungen aus der letzten Kaltzeit (70.000–14.000 Jahre v. Chr.) zeigen noch einen Versatz von 2–3 m. Untersuchungen mittels Großschürfen wurden zwischenzeitlich an verschiedenen Strukturen der Niederrheinischen Bucht vorgenommen. Vom Rurrand beschreiben Vanneste und Verbeeck (2001) aufsummierte Versatzbeträge aus den letzten 40.000 Jahren von 3,1–6,7 m.

Der Hohenzollerngraben ist ein 125° streichender Zerrgraben auf der Schwäbischen Alb mit einer Länge von 28 km und einer Breite von bis zu 1,5 km. An dieser Grabenstruktur, die derzeit die stärkste seismische Aktivität nördlich der Alpen aufweist, sind rezente Bewegungen weder für den kartierenden Geologen erkennbar noch durch geodätische Präzisionsmessungen belegt. Dies bedeutet, dass sich die im ▶ Abschn. 4.2.3.1 genannten Dislokationen entlang der Herdfläche entweder nicht bis an die Erdoberfläche durchpausen oder dass die Verschiebungen hier zu klein und damit nicht nachweisbar sind (Baumann 1984; Schneider 1988). Andererseits können an duktil reagierenden Strukturen rezente Krustenbewegungen wahrscheinlich auch ohne seismische Reaktionen ablaufen.

Nach Fecker et al. (1999) wurden in der 200 m breiten Bruchzone des Oberrheingrabens

◘ **Abb. 3.27** Übersicht über die tektonischen Strukturen der Niederrheinischen Bucht (nach Grabert 1998, verändert)

bei Ettlingen Horizontalverformungen von 0,05–0,13 mm in 4 Jahren gemessen. Auch vom Nordabschnitt des Oberrheingrabens werden aktive Bewegungen beschrieben. Nach Hoppe et al. (2015) wurden an einer 2007 eingerichteten Messstelle im Stadtgebiet von Darmstadt an der im ▶ Abschn. 3.5.4.2 beschriebenen östlichen Randverwerfung eine Kompression von 0,53 mm/a, eine Heraushebung der Grabenschulter von 0,65 mm/a und eine laterale Verschiebung von 0,94 mm/a gemessen. Die gleichen Autoren berichten von einer weiteren 2009 eingerichteten Messstelle an der westlichen Randverwerfung nördlich von Deidesheim mit einer Einengung von knapp 0,3 mm/a, einer Heraushebung von 0,2 mm/a und einer Lateralverschiebung von 0,3 mm/a. Die kompressive Komponente beider Messstellen ist wahrscheinlich auf ein Verschwenken der Grabenstruktur in diesem Abschnitt zurückzuführen. Diese unerwartet hohen Messwerte stehen allerdings im Widerspruch zu den seit den 1960er-Jahren beobachteten und im Vergleich zu den Messwerten relativ geringen Rissschäden an zahlreichen Gebäuden entlang der östlichen Grabenrandverwerfung an der hessischen Bergstraße.

3.5.4 Übersicht über die tektonischen Großstrukturen in Deutschland

Die Fläche Deutschlands lässt sich morphologisch und nach der Geologie unterteilen in das norddeutsche Tiefland, den Mittelgebirgsraum und das alpine Hochgebirge im Süden. Im Mittelgebirgsraum sind weiter zu unterscheiden die kristallinen Grundgebirge und Schiefergebirge sowie die von der saxonischen Tektonik geprägten Bruchschollengebirge und die im Wesentlichen von tertiären und quartären Lockergesteinen bedeckten Sedimentbecken. Das geologisch junge Faltengebirge der Alpen nimmt nur einen schmalen Streifen im Süden Deutschlands ein und soll, auch wegen seiner tektonischen Sonderstellung, hier nicht weiter behandelt werden (▶ Abschn. 3.5).

3.5.4.1 Kristallingebiete und variszische Schiefergebirge

Zu den **kristallinen Grundgebirgen** Deutschlands zählen der Schwarzwald, der Spessart und der Odenwald, der Oberpfälzer Wald und große Teile des Erzgebirges. Sie sind geprägt von metamorphen und magmatischen Gesteinen des Erdaltertums. Die Kristallingebirge werden in den meisten Fällen (einseitig) von tektonischen Großstrukturen begrenzt (◘ Abb. 3.28).

Zu den **variszisch verfalteten Schiefergebirgen** gehören das Rheinische Schiefergebirge, das Thüringisch-Fränkisch-Vogtländische Schiefergebirge, das Lausitzer Bergland und der Harz. Die ursprünglich horizontal abgelagerten Sedimentgesteine sind im Zuge der variszischen Gebirgsbildung unter erhöhten Temperatur- und Druckbedingungen verfaltet, verschuppt und (meist) geschiefert sowie stellenweise einer metamorphen Umkristallisation unterzogen worden. Die Deformation erfolgte über einfache Scherung und Faltung bis zu einer schichtparallelen engständigen Schieferung (◘ Abb. 3.29 und ▶ Abschn. 3.4.3). Im Einzelnen ist der Gebirgsbau derartiger Faltengebirge recht kompliziert und von jüngeren Beanspruchungen überprägt. Im Zuge der gebirgsbildenden Vorgänge sind außerdem örtlich Tiefengesteine aufgedrungen (z. B. Granit, Gabbro, Diorit) bzw. Vulkanite schlot- oder deckenförmig ausgebrochen und z. T. mit deformiert worden (z. B. Diabas, Porphyr, Keratophyr und Schalstein, ein geschieferter Diabastuff). Als weiteres formationstypisches Gestein ist hier die Grauwacke zu nennen, eine Art Trübstromablagerung in Form schlecht sortierter matrixreicher Sandsteine mit mittel- bis grobkörnigen, kaum gerundeten Gesteinsbruchstücken.

Die ursprünglichen Faltengebirge sind seit ihrer Entstehungszeit Festland und der Abtragung ausgesetzt gewesen. Seit der Oberkreide waren die verbliebenen Rumpfgebirge dann erneut einer Heraushebung, Verwitterung und später auch intensiven Bruchtektonik unterworfen. Diese Bruchschollentektonik ist im Ostteil des **Rheinischen Schiefergebirges** in den 1990er-Jahren beim Bau der DB-Neubaustrecke Frankfurt am Main – Köln stellenweise

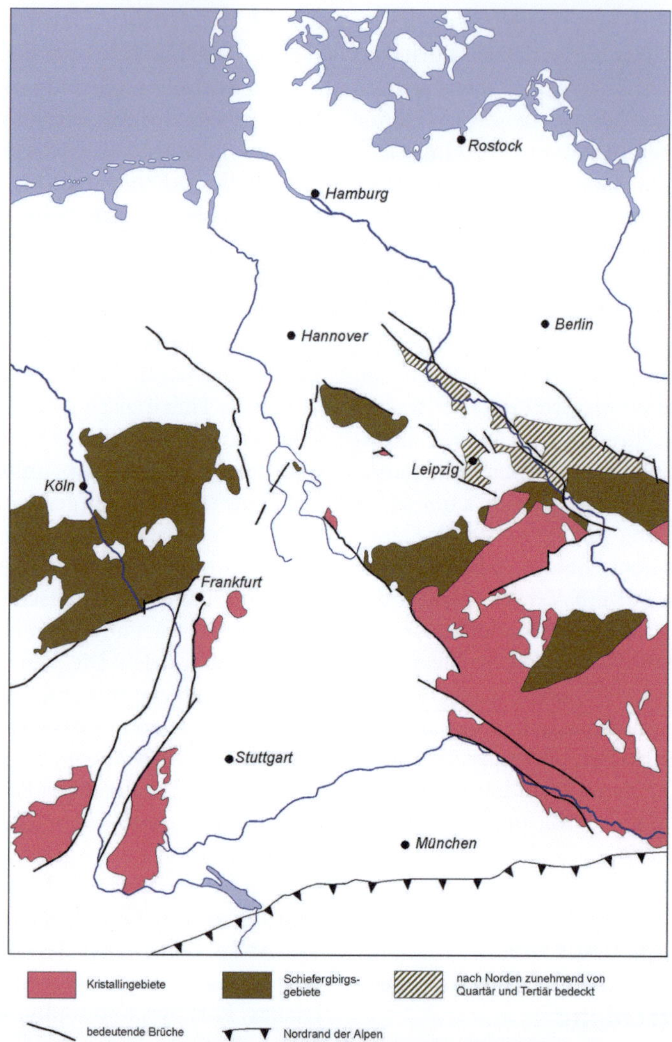

Abb. 3.28 Verbreitung der Kristallingebiete und der variszischen Schiefergebirge mit den z. T. einseitig begrenzenden tektonischen Großstrukturen (nach Henningsen und Katzung 2006)

aufgeschlossen gewesen. Beispielhaft soll deshalb kurz auf die tektonische Situation im Taunus als Teil des Rheinischen Schiefergebirges eingegangen werden.

Die Faltenachsen und Überschiebungsbahnen der Schuppenstapel streichen hier allgemein SW-NO. In den nördlichen Struktureinheiten, im Sauerland und Siegerland sowie in der Dill- und Lahnmulde weisen die Sedimentgesteine und z. T. Vulkanite des Mittel- und Oberdevon eine deutlich schwächere Schieferung auf. Südlich einer Großüberschiebung, der Taunuskammstörung, sind die intensiv beanspruchte Tonschiefer, Sandsteine und Quarzite des Unterdevons verbreitet. Im Süden folgt dann die stärker metamorphe Zone des Vordertaunus mit den alt- und vordevonischen Serizitgneisen und Phylliten.

Mit dem Einsinken des Oberrheingrabens seit Beginn der Tertiärzeit und seiner nördlichen Verlängerung über die Hessische Senke ist die Bruchtektonik insgesamt wieder aktiviert worden. Die vom Oberrheingraben ausgehenden NNW-SSE-Bruchlinien bilden am

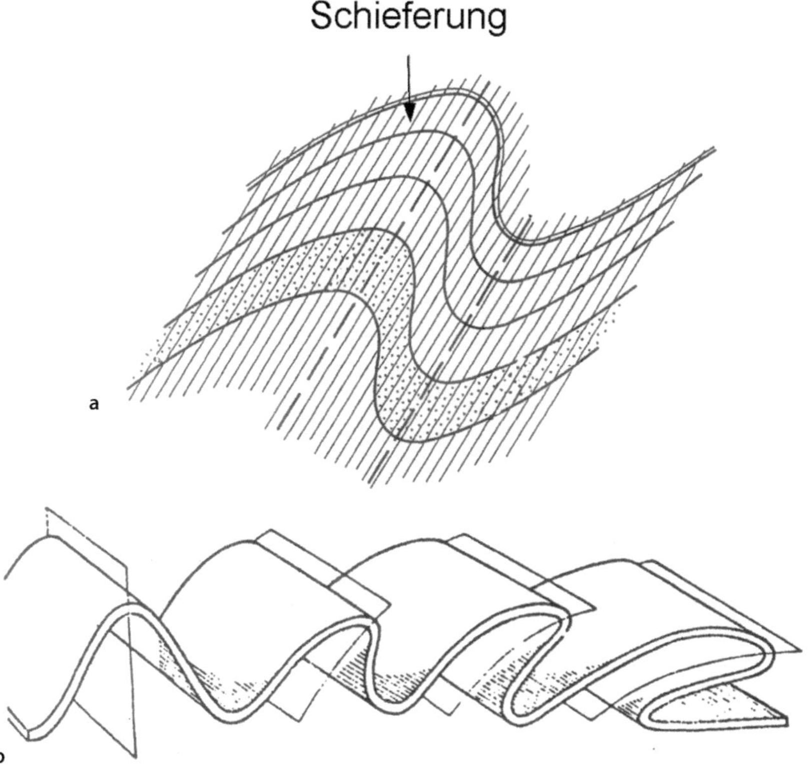

■ **Abb. 3.29** Schema einer einfachen Scherfalte mit Schieferung (**a**) und Abfolge von aufrechtem bis zu vergent liegendem Faltenbau (**b**)

Taunussüdrand ein intensives Schollenmosaik (Kümmerle 1982) und durchschlagen als 140°- bis 150°-Querstörungen das Rheinische Schiefergebirge. Dabei handelt es sich im Wesentlichen um Scherbrüche und ihre Verbindungsstrukturen, die bereichsweise dilatativen Charakter aufweisen (Prinz 2001). Die Taunusquerstörungen und die begleitenden En-echelon-Strukturen bilden örtlich Mulden- und Grabenstrukturen, in denen die z. T. kreide- und alttertiärzeitlichen Verwitterungsböden (Weißverwitterung, z. T. lateritische Tone) und teilweise auch sandig-kiesige Tertiärsedimente erhalten geblieben sind.

3.5.4.2 Schichtstufen- und Bruchschollenlandschaften

Den flächenmäßig größten Anteil an den Landschaftsformen Deutschlands haben die meist von mesozoischen Festgesteinen und Bruchtektonik geprägten Schichtstufenlandschaften und Bruchschollengebirge. Das bruchauslösende Deformationsgeschehen fällt im Wesentlichen in die Zeit Oberjura – Kreide und wird nach Stille, ausgehend von Niedersachsen – Nordhessen, als **saxonische Tektonik** bezeichnet. Die anhaltende NW-gerichtete tief greifende Schubbeanspruchung führte zu flachwelligen Verbiegungen mit Mulden- und Beulenstrukturen unterschiedlicher Spannweite und Amplitude sowie einer intensiven Bruchtektonik mit allen Formen des tektonischen Regimes (■ Abb. 3.16) bis hin zu faltenartigen, z. T. gebrochenen Flexuren und kurzen Überschiebungen.

Das Ergebnis dieser Kompressionstektonik ist ein konjugiertes Muster mehr oder weniger durchhaltender, vorwiegend rheinisch und herzynisch orientierter Bruchzonen, Gräben und Horste mit z. T. deutlicher Horizontalkomponente. Bei diesen sowohl im Bereich der Süddeutschen Großscholle als auch in Mittel- und

Norddeutschland verbreiteten tektonischen Strukturen handelt es sich nach der neueren Literatur (s. Wrede 2008, darin Lit.) weitgehend um sog. „wrench faults" oder „strike slip faults", d. h. weitläufige, mehr oder weniger steil einfallende Horizontalverschiebungen mit einem unterschiedlich großen Vertikalbewegungsanteil, der oberflächennah in Auf- oder Abschiebungen übergeht. Die Bruchzonen sind bei günstigen Aufschlussverhältnissen meist keine einheitlichen Störungsbahnen, sondern komplexe en-echelon-artige Bruchsysteme mit zeitlich und räumlich wandernden, mehrphasigen Bewegungsintensitäten.

Besonders zu erwähnen sind die vorwiegend herzynisch (NW–SE), teilweise auch erzgebirgisch (NE–SW) oder rheinisch (NNE–SSW) streichenden großen tektonischen **Randstörungen** oder **Schollenrandbrüche,** die meist alt angelegten variszischen Deformationsstrukturen folgen und seitdem meist mehrphasig reaktiviert waren. Dazu gehören der Ostrand der Süddeutschen Großscholle (Donauabbruch, Bayerischer Pfahl), das Elbtallineament, die Randstörungen des Thüringisch-Fränkisch-Vogtländischen Schiefergebirges (Fränkische Linie) und ihre nordwestliche Fortsetzung (Osningzone) bis in das nördliche Ruhrkarbon. Von dort werden vorwiegend NW-SE streichende bruchtektonische Strukturen beschrieben, die, zumindest teilweise, in das kretazische Deckgebirge durchschlagen und auf Kluftflächen markante Harnischstriemung erkennen lassen, welche eine horizontale Bewegungskomponente anzeigen. Im Bereich solcher Strukturen ist auch eine merkbare tektonische Gebirgsauflockerung zu verzeichnen (Wrede et al. 2010).

Der **Harz** stellt eine Hochlage variszisch gefalteter paläozoischer Gesteine und mit darin eingedrungenen Tiefengesteinen (z. B. Brockengranit) dar (s. d. Henningsen und Katzung 2006, ◘ Abb. 4.2.1). Die Harznordrandstörung ist nach König und Wrede (1994) und Wrede (2008) keine einheitliche Störungsbahn, sondern ein System versetzter Abbrüche und Aufschiebungen nach dem „Wrench Fault"-Modell mit erheblicher sinistraler Scherkomponente, deren Einzelstörungen sich im Streichen verspringend ablösen. Der Vertikalversatz erreicht insgesamt 4000–5000 m. Die Vorlandschichten sind an der Störungszone steil aufgerichtet bis verkippt und bilden die sog. Aufrichtungszone am Südrand der vorgelagerten subherzynen Kreidemulde (◘ Abb. 3.30).

Im **niedersächsisch-westfälischen Bergland** mit Sedimentgesteinen von Buntsandstein bis zur Kreide dominieren herzynisch streichende Bruch- und Aufschiebungsstrukturen mit gleichgerichteten Bergzügen (Teutoburger

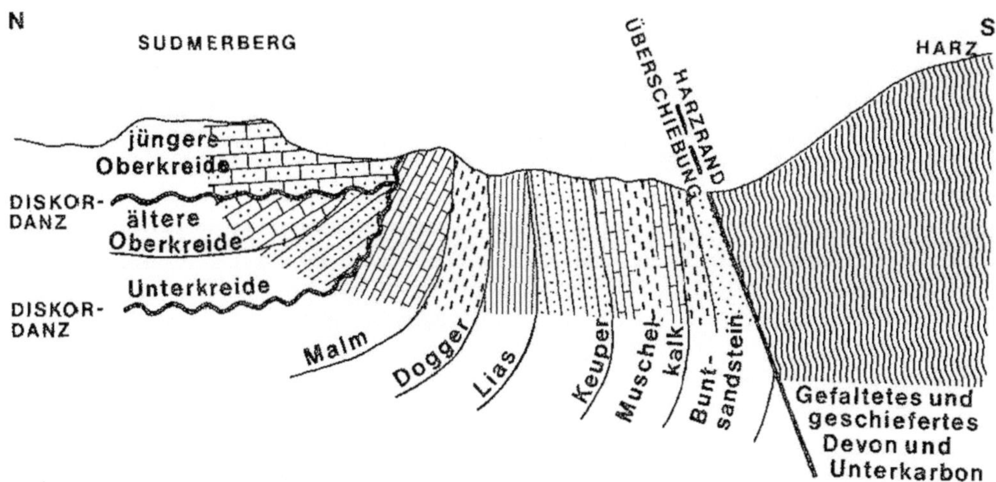

◘ **Abb. 3.30** Harznordrandstörung mit steil aufgerichteten Schichten des Harzvorlandes östlich von Goslar (aus Henningsen 1981)

Wald bis zum Deister und Wiehengebirge). Dazu kommen die nördlichen Fortsetzungen einiger rheinischer und eggischer (NNW-SSE) Scherbruchgräben. Im Südwesten dieser Bergzüge liegt das Münstersche Kreidebecken, ein kreidezeitliches Senkungsgebiet über den nach Norden abtauchenden flözführenden Schichten des Ruhrkarbons.

Die Bruchzonen des Niedersächsischen Tektogens sind in der älteren saxonischen Bewegungsphase überwiegend in Form von Abschiebungen und Horizontalverschiebungen angelegt worden und dann in der Oberkreide nochmals, jetzt bevorzugt kompressiv mit Aufschiebung und teilweise Überschiebung überprägt worden (z. B. Osning-Überschiebung, s. Drozdzewski 1988). Diese Beanspruchungs- bzw. Bewegungsumkehr zu den weit verbreiteten Aufschiebungs- und z. T. Überschiebungsstrukturen im Niedersächsischen Bergland wird als Inversionstektonik bezeichnet.

Auch im **Thüringer Becken** sind die muldenförmig gelagerten triassischen Schichten durch zahlreiche lang gestreckte, sich z. T. fiederartig ablösende, vorwiegend herzynisch streichende Brüche in ein gestrecktes Schollenmosaik zerlegt (s. d. Henningsen und Katzung 2006, ◼ Abb. 8.3.1). Auch hier sind die älteren saxonischen Formen als Abschiebungen angelegt worden, die in der Oberkreide häufig zu Aufschiebungen und flachen Überschiebungen umgeformt wurden.

Auch von der **Trier-Luxemburger-Bucht** beschreibt Dittrich (2008, 2009, 2011, 2012, 2013) eine komplexe Bruchtektonik mit weitspannigen Verbiegungen und mit zahlreichen schmalen Grabenstrukturen unterschiedlicher, häufig flachrheinischer Richtungen und deutlichen Anzeichen auf Scherbeanspruchung bzw. Horizontalbewegung (▶ Abschn. 3.5.4.1). Die horizontalen Verschiebungsbeträge liegen bei einigen hundert Metern bis z. T. im Kilometerbereich. Ein gegenseitiger Versatz von solchen Scherbruchzonen ist ein Zeichen für einen mehrphasigen, zeitlich aufeinander folgenden Deformationsakt in horizontaler Richtung.

Die tektonischen Strukturen auf der **Süddeutschen Großscholle** zwischen Schwarzwald und dem Bayerischen Wald hat Schwarz (2012) umfassend neu bearbeitet und in mehreren Einzelkarten dargestellt. Die bedeutendsten Bruchzonen sind das schwäbisch streichende Schwäbisch-Fränkische Lineament im nördlichen Vorland der Schwäbischen Alb und das gleichgerichtete Neckar-Jagst Lineament. Dazu kommen im Großraum Stuttgart zahlreiche herzynisch streichende Störungszonen und auch kleinere Grabenstrukturen. Die Bruchsysteme lassen häufig konjugierte Scherbruchrichtungen mit bogigen Verknüpfungen als Anzeichen von Horizontaltektonik erkennen (▶ Abschn. 3.5.4.2). Mit Annäherung an das Rheintal kommen dann zunehmend rheinisch gerichtete Strukturen dazu.

Als weitere großtektonische Bruchzonen treten besonders von der Hessischen Senke bis zum Harz in auffallend streng systematischer Anordnung schmale, sog. **saxonische Grabenbrüche** auf. In diesen teilweise weit durchhaltenden oder sich ablösenden und z. T. sich verschneidenden Grabenstrukturen sind die einstmals überlagernden Schichten der Trias und z. T. des Jura in das Niveau des Mittleren Buntsandsteins eingesunken und so erhalten geblieben. Die Hauptrichtungen dieser großtektonischen Bruchformen sind, mit regional wechselnder Dominanz, rheinisch (N-S bis NNE-SSW) und herzynisch (NW-SE). Typisch für viele dieser Gräben sind die zwischen den Grabenschollen aufgeschobenen Mittelhorststrukturen.

Eine der am besten untersuchten Grabenstrukturen dieser Region ist der Leinetalgraben bei Göttingen. Er ist das Ergebnis komplexer Wechselbeziehungen zwischen mehrphasiger Stockwerkstektonik und möglicherweise auch halokinetischen Einflüssen aus dem Zechsteinsalinar. Das variszische Grundgebirge ab 1500–1800 m Tiefe ist verfaltet und zeichnet möglicherweise die Grabenstruktur nach. Das mehrere hundert Meter mächtige Zechsteinsalz weist gemäß den ehemaligen Kalisalzgruben bei Volpriehausen ausgeprägte Falten und Verschuppungen auf. Der Leinetalgraben selbst wird durch zahlreiche staffelartige Randstörungen begrenzt, die an der Ostseite z. T. en echelon angeordnet sind und die maximale Versatzbeträge von bis zu 800 m, i. M. 500 m erreichen. Ein struktureller

Zusammenhang zwischen den Faltenstrukturen des Salzlagers und der Grabentektonik wird in der Literatur diskutiert, doch scheint die Tektonik der Grabenfüllung von der Salztektonik unabhängig zu sein (Lit. s. Tanner et al. 2013).

Die Westbegrenzung der Süddeutschen Großscholle bildet der Oberrheingraben von Basel bis Mainz. Er ist Teil des **westeuropäischen Riftsystems ECRIS** (European Cenozoic Rift System), das über 1100 km vom Mittelmeer bis in die Nordsee und den vor Norwegen liegenden Viking-Graben reicht (◘ Abb. 3.31). Das ECRIS wurde im Eozän durch plattentektonische Bewegungen aktiviert und hatte seine Hauptphase im Oligozän-Miozän. Im Gegensatz zu den südlichen Abschnitten des ECRIS waren der Oberrheingraben und besonders die Niederrheinische Bucht bis ins Quartär aktiv (► Abschn. 3.5.4.3).

Der **Oberrheingraben** ist eine seit dem Eozän tektonisch aktive Grabenstruktur. Er ist 300 km lang und 25–40 km breit. Seine Versatzbeträge erreichen 4000–5000 m. Die Grabenfüllung besteht von Süd nach Nord aus immer jüngeren Schichten von der Trias bis zum Quartär. Die Schichten sind intensiv zerbrochen und schollenartig verstellt. Die Grabenränder bestehen meist aus mehreren treppenartig versetzten Abschiebungen. Der Senkungsvorgang war von Horizontalverschiebungen und von Hebungen der Grabenschultern begleitet.

Der Oberrheingraben hat seine Fortsetzung nach Norden in die Hessische Senke und nach Nordwesten in die **Niederrheinische Bucht** (► Abschn. 3.5.3). Diese ist ein junges Dehnungs- und Senkungsgebiet mit komplexer Schollengliederung und zahlreichen, z. T. noch rezent aktiven Störungszonen wie dem Rurtalgraben (◘ Abb. 3.27).

Die Ausbildung der **Randstörungen der tektonischen Großschollen** ist heute teilweise recht gut bekannt. Die Rheintalgrabenrandverwerfung ist um 1920 in Heidelberg und Ende der 1980er-Jahre im Wattkopftunnel bei Ettlingen durchfahren worden (Nesseler et al. 1993, darin Lit.). Sie ist hier etwa 130 m breit und besteht aus einer Vielzahl triassischer und jurassischer

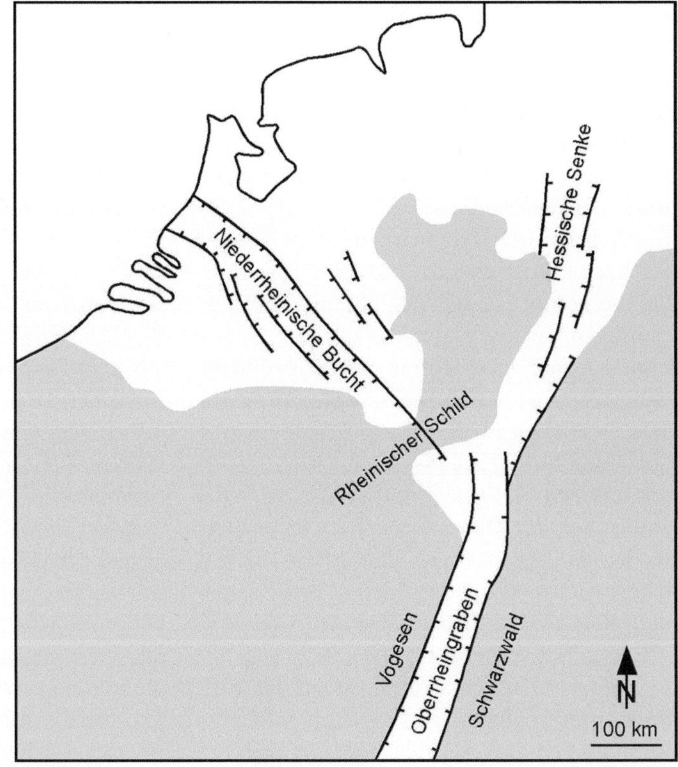

◘ **Abb. 3.31** Bruchstrukturen im nördlichen Teil des Rhein-Rhone-Riftsystems

verstellter Einzelschollen mit bis zu 1 m breiten brekziierten bzw. zu einem Kakirit zerriebenen Störungsbahnen. Im Nordabschnitt des Oberrheingrabens war in den vergangenen Jahrzehnten die meist mit 70–80° nach NW einfallende östliche Grabenrandverwerfung und der Kontakt zum variszischen Granodiorit des Odenwalds im Stadtgebiet von Darmstadt mehrfach aufgeschlossen. Nach Lang et al. (2011) wird die Abbruchfläche hier in einer einige Meter breiten Zone von mehreren Ab-, Auf- und Überschiebungen mit harnischartigen, z. T. ± horizontalen Scherbahnen begleitet. Der Granodiorit ist einige Meter breit bis zu einer begleitenden, 2 m breiten Bewegungszone sandig-grusig zersetzt (Kataklasit). Die Bewegungszone besteht oberflächennah aus kantengerundeten bis gerundeten konglomeratartigen Komponenten in tonig-schluffiger Matrix. Daran schließt bergseitig wenig verwitterter Granodiorit an. Die fluviatilen Grabensedimente zeigen Deformationsstrukturen in Form von Schichtverbiegungen und Scherbahnen mit eingeschlepptem Sand.

1998 ist im Tunnel „Bock“ der BAB A71 die Südrandstörung des Thüringer Waldes aufgeschlossen gewesen. Diese Störungszone ist ein komplexes System von z. T. markanten Einzelstörungen und NW-SE gerichteten Staffelbrüchen mit erheblichen Sprunghöhen. An der A71 hatte die Störungszone eine Gesamtbreite von 80–100 m, mit mehreren bis 25 m breiten Kakiriten bzw. Kataklasiten (Könnings und Leipziger 1997). Im weiteren Verlauf weist diese Südrandstörung mehrfach bajonettartige N-S-Versprünge auf, die Querstörungen durch den Thüringer Wald markieren, so etwa den NNW-SSE verlaufenden sog. Westthüringer Quersprung bei Bad Liebenau – Ruhla – Eisenach (Wunderlich et al. 1997).

3.5.4.3 Norddeutsches Tiefland

Das den nördlichen Mittelgebirgen vorgelagerte norddeutsche Tiefland weist nur geringe Reliefunterschiede auf und wird außer von einigen hoch liegenden Triasschollen von Lockersedimenten des Tertiärs und Quartär geprägt. Dazu kommen sowohl tektonisch als auch salinartektonisch ausgelöste Hebungs- und Senkungsstrukturen bzw. die Spuren der mittel- und jungpleistozänen Eisvorstöße. Bei Letzteren handelt es sich um eine Moränenlandschaft mit Geschiebemergel und rinnenförmigen Schmelzwassersedimenten, häufig mit Findlingen. Ablagerungen der interglazialen Warmzeiten sind Schluffe, Tone, Mudde und Torf sowie in Küstennähe auch Brackwassersedimente. Der tiefere Untergrund besteht aus tektonisch zerblockten Sedimentgesteinen vom Zechstein bis zur Oberkreide.

Eine Besonderheit sind die unter der känozoischen Bedeckung verborgenen **Salzstrukturen**. Die bis zu 1000 m mächtigen Salzlager des Perm/Zechsteins und, in den Doppelsalinaren im Gebiet der Unterelbe, auch des Rotliegenden sind unter der Last des bis zu 3000 m dicken Sedimentstapels und dem Spannungsfeld der alpidischen Orogenese (▶ Abschn. 3.5.3) hauptsächlich während der Kreide- und Tertiärzeit mobil geworden, haben sich in Form von Salzkissen gesammelt und sind unter Ausnutzung tektonischer Schwächezonen diapierartig als Salzstöcke oder Salzmauern in die Deckschichten aufgedrungen (◘ Abb. 3.32). Infolge

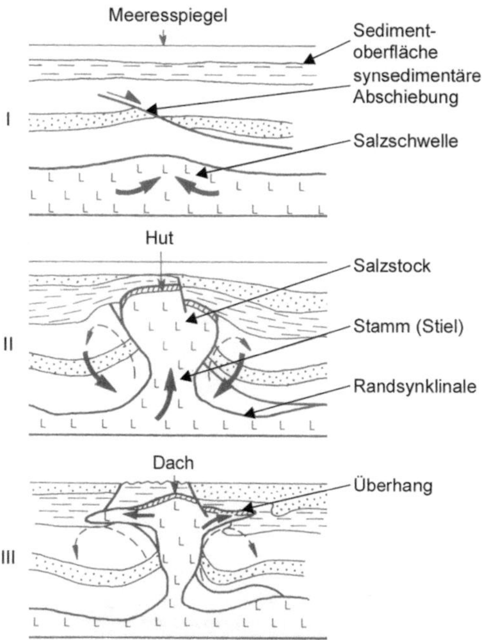

◘ **Abb. 3.32** Stadien beim Aufstieg eines Salzstocks und die Reaktionen des Nebengesteins (aus Jaritz 1973)

der Abwanderung des Salzes in die aufdringenden Salinarstrukturen entstanden an den Flanken muldenartige Einsenkungen, in denen während des jüngeren Tertiärs mächtige Sande und Tone abgelagert wurden. Die salztektonischen Strukturen haben auch die Bewegungen der Eisvorstöße beeinflusst. Die Gletscherzungen bewegten sich häufig im Streichen der Senkungströge und schufen tiefe Erosionsrinnen, die mit Schmelzwassersanden oder feinsandigen Schluffen und Tonen erfüllt sind (Johannsen 1971).

Diese Salzstrukturen sind in Nordwestdeutschland sowie im nördlichen Niedersachsen, in Sachsen-Anhalt und in Westbrandenburg verbreitet. Sie zeichnen häufig die rheinisch, untergeordnet auch herzynisch oder erzgebirgisch streichenden tektonischen Strukturen des tieferen Untergrundes nach. Besonders bemerkenswert sind die rheinisch streichenden lang durchhaltenden „Salzmauern" in Westschleswig.

Die aufgebeulten Nebengesteinsschichten der Salzstrukturen wirken teilweise als Lagerstättenfallen für Erdöl oder Erdgas. Bei einigen

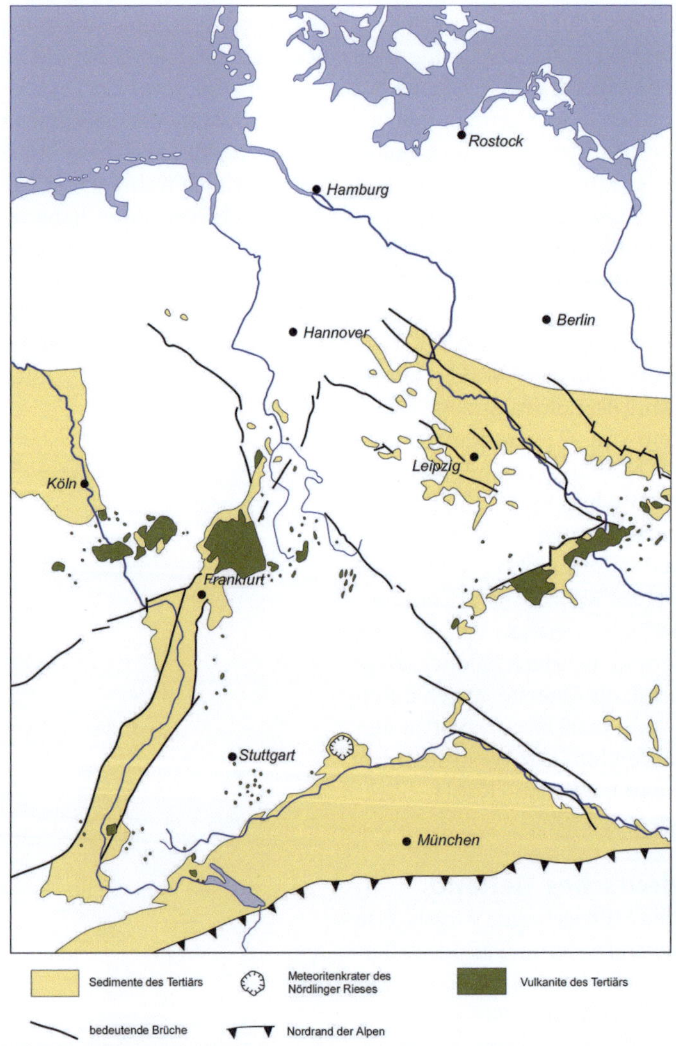

Abb. 3.33 Großflächige Verbreitung von Tertiärsedimenten und Vorkommen von Vulkaniten der Tertiär- und Quartärzeit (nach Henningsen und Katzung 2006)

Salzstöcken hält die Aufstiegstendenz bis heute an. Mit dem Erreichen der Grundwasserzonen waren die Salzgesteine der Auslaugung ausgesetzt. Die Folgeerscheinungen sind in ► Abschn. 19.2.2.3 beschrieben. In einigen dieser Salzstöcke erfolgt noch Salzgewinnung. Die Bedeutung der Salzstöcke für die Endlagerthematik wird in ► Abschn. 16.3.2 behandelt.

3.5.4.4 Tertiär- und Quartärvulkanismus

Im Zusammenhang mit der Diskussion um ein Endlager für radioaktive Abfälle gem. ► Abschn. 16.3.2 geraten auch die vulkanischen Ereignisse der jüngeren Erdgeschichte verstärkt in den Blickwinkel. Dabei handelt es sich um Intraplatten-Magmatismus, der an aus Manteldiapiren aufsteigende kontinentale „Heiße Flecken" (hot spots) gebunden ist, häufig auch verbunden mit weitflächigen Aufdomungen (s.a. Frisch und Meschede 2013).

Der oligozäne bis miozäne **Tertiärvulkanismus** zieht sich in einem W-E-Streifen durch das mittlere Deutschland, angefangen von der Vulkaneifel über Siebengebirge, Westerwald, Vogelsberg, Knüll und Habichtswald, Rhön und Oberfranken bis in das Erzgebirge und den Egertalgraben sowie die Oberlausitz. Etwa gleichen Alters sind auch die meist kleineren süddeutschen Vulkankegel im und östlich vom Oberrheingraben sowie im Urach-Kirchheimer Vulkangebiet (◘ Abb. 3.33).

Von der Ostrhön bis Südthüringen sind außerdem zahlreiche bis einige 100 m lange, z. T. fiederartig versetzte Basaltgänge zu erwähnen, die in ihrem Streichen das miozäne Spannungsfeld nachzeichnen und die saxonischen Bruchstrukturen häufig ohne Versatz queren (Grumbt und Lützner 1983).

Nachbasaltisch, d. h. im jüngsten Tertiär, erreicht dann die bis heute anhaltende **Hebung der deutschen Mittelgebirge** einen letzten Höhepunkt. Die jungtertiär-quartären Hebungen waren begleitet von dem SW-NE-gerichteten Südabbruch des Hunsrück/Taunus.

Die Hebung der Rheinischen Masse war ab dem mittleren Pleistozän (vor etwa 1 Mio Jahren) war begleitet von einer zweiten Phase vulkanischer Aktivität in der Eifel. Außer den jüngeren Vulkankegeln und mächtigen Bimsvorkommen gehören dazu die eifeltypischen Maare, deren Hauptausbruchzeit vor 40 000 bis 20 000 Jahren gelegen hat. Das Aschebändchen der Laacher-See-Eruption von 10.966 v. Chr. dient in Bodenprofilen bis nach Polen als Zeitmarke. Das jüngste vulkanische Ereignis in der Eifel war der Ausbruch des Ulmer Maars um 9000 v. Chr., der aber nur regionale Auswirkungen hatte. Damit gilt der Eifelvulkanismus als noch nicht endgültig erloschen.

Erkundungsmethoden

H. Prinz, R. Strauß, *Ingenieurgeologie*,
https://doi.org/10.1007/978-3-662-54710-6_4

4.1 Grundlagen und Erkundungsumfang

Art und Umfang einer Baugrunderkundung richten sich nach der Art des Bauwerks, den zu erwartenden Baugrundverhältnissen und den Bauverfahren.

Planung, Durchführung und Auswertung von Baugrunderkundungen sind in drei Normen geregelt (► Abschn. 1.2):

- DIN EN 1997-2: 2010 „Entwurf, Berechnung und Bemessung in der Geotechnik – Teil 2: Erkundung und Untersuchung des Baugrundes (EC 7-2)“
- DIN EN 1997-2/NA: 2010
- DIN 4020: 2010 „Geotechnische Untersuchungen für bautechnische Zwecke – Ergänzende Regelungen zu DIN EN 1997-2“

Die DIN 4020 enthält ergänzende Regeln zur DIN EN 1997-2 und ist nur zusammen mit dieser Norm und der zugehörigen NA anzuwenden. Die drei Normen sind in einem Normenhandbuch EC 7, Band 2: Erkundung und Untersuchung (2011) zusammengefasst. Das Handbuch enthält ausführliche Hinweise zu den verschiedenen Erkundungsmethoden und zur Anwendung der Labor- und Feldversuche.

In den DIN EN 1997-2 und DIN 1054 sind drei **geotechnische** Kategorien **(GK)** definiert:

- **Kategorie 1** umfasst einfache Bauobjekte bei einfachen und überschaubaren Baugrundverhältnissen ohne Grundwassereinfluss, sodass die Standsicherheit aufgrund örtlicher Erfahrungen beurteilt werden kann.
- **Kategorie 2** umfasst Bauobjekte und Baugrundverhältnisse mittleren Schwierigkeitsgrades, bei denen die Sicherheit zahlenmäßig nachgewiesen werden muss und deren Wasserhaltung mit den üblichen Maßnahmen beherrschbar ist.
- **Kategorie 3** umfasst Bauobjekte mit schwieriger Konstruktion und/oder schwierigen Baugrund- und Grundwasserverhältnissen (z. B. gespanntes Grundwasser), die vertiefte geotechnische Kenntnisse und Erfahrungen verlangen (z. B. Rutschgebiete, Erdfall- und Bergsenkungsgebiete). Auch Baugrunduntersuchungen für Offshore-Windkraftanlagen gehören in GK 3 (s. Standards Baugrunduntersuchung des BSH, derzeitige Ausgabe 2014).

Eine Baumaßnahme ist zu Beginn der Planung in eine geotechnische Kategorie einzuordnen. Wenn spätere Ergebnisse es erfordern, ist eine Änderung der Einstufung vorzunehmen. Auch einzelne Bauabschnitte oder Bauphasen können in eine andere Kategorie eingestuft werden. Anhang A der DIN 4020, die DIN EN 1997-1, die DIN 1054 (Tab. AA.1) und auch das oben genannte Handbuch (Anhang AA) enthalten umfassende Zuordnungskriterien, nicht nur für die Einstufung von Flach- und Pfahlgründungen, sondern auch hinsichtlich der Standsicherheit von Böschungen und Dämmen. Die Einstufung von Baumaßnahmen des Straßenbaus sind dem FGSV-Merkblatt M GUB 04 zu entnehmen. Bei erheblichen dynamischen Einwirkungen sind ggf. besondere Untersuchungen zu veranlassen.

Die **Geotechnische Berichterstattung** besteht nach DIN EN 1997-1 aus dem „Geotechnischen Untersuchungsbericht“ und dem „Geotechnischen Entwurfsbericht“ (s. a. DIN 1054). In DIN 4020 Abs. 7 ist als Zwischenstufe außerdem ein sog. „Geotechnischer Bericht“ vorgesehen. Die Bearbeitung der einzelnen Berichte kann in einer Hand liegen, wenn die dafür erforderliche Sachkunde und Erfahrung gegeben sind.

Die Anforderungen an den **Geotechnischen Untersuchungsbericht** sind in DIN EN 1997-1, Abs. 3.4 und DIN 4020, Abs. 6, geregelt:

- örtliche Situation und Geologie des Projektgebiets, einschließlich Tektonik und etwaiger Erdbebengefährdung,
- Umfang und Zeit der Untersuchungsarbeiten,
- Beschreibung, Darstellung und Bewertung der Ergebnisse in maßstäblichen Profilschnitten,
- Zusammenstellung und Ergebnisse der Feld- und Laborarbeiten und der daraus abgeleiteten Werte der geotechnischen Kenngrößen,

- Grundwasserverhältnisse einschließlich längerfristiger Grundwasserstände und des Wasserchemismus. Hinweise auf mögliche Schadstoffe und Gase,
- Vorschläge für etwa notwendige ergänzende Untersuchungen.

Der **Geotechnische Bericht** nach DIN 4020 enthält:
- eine Bewertung der Ergebnisse des Untersuchungsberichts,
- eine Gründungsempfehlung und Folgerungen für das Projekt sowie
- charakteristische Baugrundkenngrößen und Grundwasserstände.

Die Anforderungen an den **Geotechnischen Entwurfsbericht** sind in DIN EN 1997-1 Abs. 2.8 und DIN 1054 geregelt. Der Bericht enthält, aufbauend auf den Vorberichten, die Standsicherheits- und Gebrauchstauglichkeitsnachweise sowie Hinweise auf notwendige Überwachungs- und Kontrollmaßnahmen.

Der Untersuchungsbericht und der Geotechnische Bericht nach DIN 4020 entsprechen zusammen etwa den gängigen Baugrund- und Gründungsgutachten. Eine ausführliche Beschreibung von Gliederung und Inhalten der Geotechnischen Berichte enthält auch das Handbuch EC 7, Band 2, Abs. 6.

Baugrunderkundungen für größere Projekte können in **drei Untersuchungsphasen** unterteilt werden:
1. Voruntersuchung,
2. Hauptuntersuchung,
3. Baubegleitende Untersuchungen und Kontrollen.

Eine **Voruntersuchung** dient der Entscheidung, ob das geplante Objekt bei den zu erwartenden Baugrundverhältnissen ohne besondere Probleme errichtet werden kann. Dazu gehört auch bereits eine Abwägung der möglichen Gründungsarten und ggf. ein Vergleich mit Alternativstandorten. Dafür sind im Bedarfsfall bereits erste Aufschlüsse vorzunehmen und die Baugrundeigenschaften sowie die Grundwassersituation stichprobenartig zu ermitteln.

Der Umfang der **Hauptuntersuchung** richtet sich nach den örtlichen Gegebenheiten und soll sicherstellen, dass Aufbau und Eigenschaften des Baugrundes bzw. eines als Baustoff vorgesehenen Bodens oder Festgesteins für die Entwurfsbearbeitung des Objekts bekannt sind und soll die Beurteilung voraussehbarer Varianten der Gründung und der Baudurchführung ermöglichen.

Bei den **baubegleitenden** Untersuchungen sind die angetroffenen Baugrundverhältnisse auf Übereinstimmung mit der Vorhersage zu überprüfen und zu dokumentieren (Soll-Ist-Vergleich der Baugrundsituation). Falls nötig, sind die geologische bzw. geomechanische Modellvorstellung anzupassen und, wenn erforderlich, baubegleitende Messungen zur Kontrolle der rechnerischen Nachweise vorzunehmen (s. DIN EN 1997-1, Abs. 4, DIN 4020, Abs. 2.6 und ggf. FGSV-Merkblatt M GUB 04). Nach DIN 4020 ist auch eine Besichtigung der ausgehobenen Baugrube obligatorisch.

In Österreich gilt für Baumaßnahmen des Straßenbaus der sog. Geologenerlass, in dem festgelegt ist, dass die einzelnen Untersuchungs- und Planungsphasen jeweils von einem unabhängigen Prüfgeologen beurteilt werden müssen (Schwinghammer 1997, ► Abschn. 17.4.1).

4.2 Spezielle Arbeiten im Rahmen der Voruntersuchung

Zu einer Voruntersuchung gehört zunächst das Beschaffen von Karten und anderen Informationen von den infrage kommenden Behörden wie Geologische Landesämter, Bauämter, Wasserwirtschaftsverwaltung oder Bergbehörden, einschließlich einer intensiven Ortsbegehung und ggf. Befragung von Anwohnern. Im Bedarfsfall sind ggf. auch indirekte Aufschlussmethoden (Luftbildauswertung, Geophysik) einzusetzen und erste Aufschlussbohrungen mit stichprobenartiger Feststellung von Baugrundkenngrößen vorzunehmen.

Im Rahmen der Vorerkundung sind auch Angaben über etwaige Altlasten, Altbergbau, über eine Erdbebengefährdung sowie über geologische Besonderheiten (Rutschungen, Karstprobleme) und – bei größeren Projekten – auch über die tektonische Gesamtsituation eines Gebiets zu machen.

4.2.1 Geologische und ingenieurgeologische Karten

Bei größeren Projekten kommt der Auswertung **geologischer Karten** besondere Bedeutung zu. Als konventionelle Kartenwerke kommen in Betracht: geologische Übersichtskarten (M. 1: 1.000.000 bis 1: 100.000), insbesondere die neue Übersichtskarte 1: 200 000, geologische Umgebungskarten (meist 1 : 50.000) und vor allen Dingen die geologischen Spezialkarten 1: 25.000 mit Erläuterungen. Letztere weisen allerdings einen sehr unterschiedlichen Bearbeitungsstand auf und enthalten z. T. keine oder inhaltlich sehr unterschiedliche ingenieurgeologische Beiträge.

Für die Herstellung **ingenieurgeologischer Karten** liegt eine Empfehlung der Arbeitsgruppe „Ingenieurgeologische Kartierungen" von 1985 vor. Zu unterscheiden sind ingenieurgeologische Karten 1 : 25.000, wie sie besonders von einigen Ballungsgebieten Nordrhein-Westfalens zur Verfügung stehen (Kalterherberg 1985, darin Lit.), und die für zahlreiche Städte vorliegenden Baugrundkarten 1 : 25.000 bis 1 : 2000. Vom Stadtgebiet von Göttingen liegt z. B. eine räumliche Modellierung des Untergrundes anhand von etwa 3000 Bohrungen zwischen 2 m und 255 m Tiefe sowie zahlreichen anderen Baugrundaufschlüssen vor, die über 2D-Schnittdarstellungen eine gute Datenbasis sowohl über den Baugrund als z. T. auch über den tieferen Untergrund des Stadtgebiets bietet (Wagner et al. 2007).

Baugrundkarten sollen zwar die für eine Baumaßnahme relevanten Eigenschaften des oberflächennahen Untergrundes wiedergeben, können aber eine objektbezogene Baugrunderkundung nicht ersetzen. Sie bestehen meist aus einer Hauptkarte mit Darstellung der auftretenden Gesteinsarten und ihrer wichtigsten Baugrundeigenschaften sowie punktweisen Angaben über Grundwasserstände. Als Nebenkarten werden häufig Kartendarstellungen der Grundwassergleichen, Bohrpunkt- und Aufschlusskarten und andere spezielle Anwendungskarten geliefert.

Das Erarbeiten von Baugrundkarten ist relativ aufwendig. Die einzelnen Daten sind meist nicht leicht zugänglich und nicht homogen aufbereitet. Sie sind von unterschiedlichen Institutionen und z. T. für andere Zwecke erhoben, sodass sie nicht immer direkt verwendbar sind oder zumindest ihre Aussagekraft zu überprüfen ist. Eine gute Kenntnis der geologischen Grundlagen und eigene Untersuchungen zur Korrelation der Kenngrößen sind i. d. R. unumgänglich.

Seit Jahren werden zunehmend **3D-Karten oder 3D-Untergrundmodelle** erstellt. Sie bieten den Vorteil einer geometrischen und visuellen Information über den Gebirgsbau. Voraussetzung sind ausreichende, durch einige tiefere Bohrungen belegte Kenntnisse über den Untergrund und eine entsprechende Mess- und Verarbeitungstechnologie (Hanstein 2013). In die 3D-Untergrundmodelle können geotechnische Eigenschaften der anstehenden Gesteine und auch das geplante Projekt eingearbeitet werden (▶ Abschn. 16.3.2.2 und 17.4.2), was im Idealfall einen quasi berührungslosen Zugang zu den betreffenden Gebirgsformationen ermöglicht. Bei mangelndem Bewusstsein über derartige Zusammenhänge verleiten solche Modelle allerdings dazu, im Einzelfall auf eine weitergehende Erkundung und Beratung zu verzichten, was durchaus negative Folgen haben kann.

4.2.2 Gefahrenhinweis- und Risikokarten

Georisiken treten regional in sehr unterschiedlicher Erscheinungsform auf. Zur Eindämmung der Naturgefahren wurden auf Anregung der Europäischen Kommission in den letzten Jahren auch in Deutschland durch die Staatlichen Geologischen Dienste nach einheitlichen Kriterien zahlreiche sog. **Gefahrenhinweiskarten** erstellt.

Ihre Bearbeitung ist eine langfristige Aufgabe, deren erster Schritt die Gefahrenerkennung und -dokumentation ist. In Deutschland bestehen die Gefahrenhinweiskarten im Wesentlichen aus einem Ereignis- und Flächenkataster von Hanginstabilitäten (Rutschungen, Felsstürze, Steinschlag), Erdfällen und anderen Karsterscheinungen, über besonders ungünstige Baugrundverhältnisse (◘ Tab. 4.1) sowie auch Erdbeben und Hochwassergefahren. Im Bedarfsfall können Bergbaufolgen, Grundwasserversalzung und Bodengasaustritte (Methan, CO_2, Radon) hinzukommen (Strauß 2009). Wichtig sind dabei eine einheitliche Definition und Dokumentation der einzelnen Gefährdungen und einheitliche Kriterien für die Gefahrenbewertung sowie die Möglichkeit einer Weiterentwicklung.

Informationsgrundlage der Gefahrenhinweiskarten sind i. d. R. topographische und geologische Karten, einschließlich entsprechender Themenkarten, Archivunterlagen, Literatur sowie geographischen Raumdaten und modernen Fernerkundungsmethoden wie Luftbildern und mit Laserscantechnik gewonnenen digitalen Geländemodellen (DGM). Von den archivierten Einzelereignissen werden die geographischen Koordinaten, Alter, Abmessungen, Ursachen, verursachte Schäden u. a. m. nach einem einheitlichen Schema abgespeichert. Aufgrund der zunächst weitgehend automatisierten Bearbeitung sind eine manuelle Nachbearbeitung im Gelände und eine Plausibilitätskontrolle unerlässlich, um die Aussagekraft der Kartenunterlage abzusichern. Die Datenbankstruktur muss von vornherein auf die Vielfalt der Eingangsdaten und die möglichen Abfragen ausgerichtet sein. Durch Zusammenführen und Verschneiden der Fachdaten mit raumbezogenen Informationen können komplexe Abfragen und Analysen vorgenommen und auf thematischen Karten beliebigen Maßstabs visualisiert werden (s. Schmidt 2004, 2008; Mayer 2008; Möbus et al. 2009; Strauß 2009). Der Projektmaßstab beträgt i. d. R. 1: 50.000 bis 1 : 25.000.

Die Gefahrenhinweiskarten sind auf die Belange der Raumplanung ausgerichtet und enthalten i. d. R. noch keine Angaben über Intensität und Eintrittswahrscheinlichkeit der Ereignisse. Dieser Hinweis auf mögliche Gefahren ohne konkrete Aussage kann in der Praxis zu Missverständnissen führen und ist der Hauptgrund für die oft anzutreffende Ablehnung solcher Karten seitens der Anwender (von Poschinger 2013).

◘ Tab. 4.1 Zusammenstellung ungünstiger Baugrundverhältnisse mit Gefahr für ungewöhnliche Setzungen/Hebungen

organische Sedimente	Setzungsgefahr aufgrund organischer Einlagerungen (marine, brackische, fluviatile Sedimente wie Mudde, Klei, Schlick oder Torf)
anthropogene Auffüllung	Gefahr von uneinheitlichem Setzungsverhalten aufgrund größerer anthropogener Auffüllung
tonig-schluffige Gesteine	Gefahr von Setzung und Hebung aufgrund jahreszeitlicher Volumenänderungen infolge von Schrumpfungen bei Austrocknung und von Quellen bei Wiederbefeuchtung (► Abschn. 6.2.1 und 6.2.2)
bituminöse, pyritführende Tongesteine	Gefahr von Baugrundhebung bei Austrocknung pyritführender, bituminöser Tonsteine infolge Kristallisationsdrucks von Sulfatmineralen auf Schichtflächen (► Abschn. 2.2.3)
Gesteine mit Anhydrit und quellfähigen Tonmineralen	Gefahr der Volumenzunahme bei Wasserzutritt durch Umwandlung von Anhydrit in Gips und Quellung von Tonmineralen (► Abschn. 2.6.9 und 17.5.2.2)

Nähere Angaben zu den jeweiligen Ereignissen sind der nächsten Entwicklungsstufe, den **Gefahren- oder Risikokarten** im Maßstab 1 : 10.000 bis 1 : 500 vorbehalten. In diese Kategorie gehören auch die verschiedenen Hangstabilitätskarten und Erdfallkarten, wie sie in den ► Abschn. 15.2.2 und 19.3.1 behandelt werden. Die Gefahren- oder Risikokarten, in einigen alpinen Ländern auch Gefahrenzonenpläne (GZP) genannt, sind i. d. R. Planungsgrundlagen. Ihre Bearbeitung erfolgt hauptsächlich nach den Vorgaben der „Schweizer Methode" (Heinimann et al. 1998). In den Gefahrenkarten sind verschiedene Gefahrenzonen ausgehalten, aus denen sich die damit verbundenen Nutzungseinschränkungen ergeben. Die Art der Gefährdung und ihr Ausmaß müssen möglichst zutreffend, objektiv und nachvollziehbar aufgezeigt werden, wobei man sich bewusst sein muss, dass eine grundstücksbezogene Abgrenzung in den meisten Fällen äußerst schwierig ist. Dabei hat eine solche Festlegung von Gefahrenzonen ganz erhebliche Auswirkungen auf den Verkehrswert eines Grundstücks. Eine korrekte Gefahrenbeurteilung erfordert daher eine möglichst gute Datengrundlage mit konkretem örtlichem Bezug, was i. d. R. eine Überarbeitung im Gelände erfordert. Wegen dieses Aufwands und der erwähnten Auswirkungen werden die Gefahren- und Risikokarten in Deutschland i. Allg. sehr restriktiv behandelt.

Als Ergebnis umfangreicher Datensammlungen müssen auch die **webbasierten Geoinformationssysteme** einzelner Bundesländer genannt werden, wie „Gefährdungspotenziale des Untergrundes in NRW" (Strauß 2007, 2008) und „Georisiko Thüringen" (Schmidt 2008; Schmidt und Wunderlich 2011). In Kartendarstellungen verschiedener Maßstäbe stehen Informationen über die Verbreitung der jeweiligen Gefährdungen zur Verfügung. Falls weiterer Informationsbedarf besteht, können für bestimmte Grundstücke kostenpflichtig die einzelnen Gefährdungspotenziale und weiterführende Hinweise abgefragt werden. Auf die ÖGG-Empfehlung für Schutzziele bei gravitativen Naturgefahren wird verwiesen.

4.2.3 Erdbebengefährdung

In Deutschland gilt für die Erdbebenproblematik die DIN EN 1998:1 „Eurocode 8: Auslegung von Bauwerken gegen Erdbeben – Teil 1 Grundlagen, Erdbebeneinwirkungen und Regeln für Hochbauten" (2006) und derzeit noch die DIN4149 (2005). Der Nationale Anhang, DIN EN 1998-1/NA: 2011, wurde 2013 wieder zurückgezogen. Die DIN 4149:2005 wurde ebenfalls zurückgezogen.

Die DIN EN 1998 Teil 1 gilt für die Auslegung von Bauwerken des Hoch- und Ingenieurbaus in Erdbebengebieten. Weitere Teile der Norm gelten für Brücken (Teil 2), für bestehende Gebäude (Teil 3), für Silos und Tankbauwerke (Teil 4), für Gründungen und Stützbauwerke (Teil 5, mit NA 2011) und für Türme, Masten und Schornsteine (Teil 6). Sicherheitsrelevante Anlagen wie Talsperren oder Kernkraftwerke fallen nicht in den Anwendungsbereich dieser Normenreihe. Für Bauwerke dieser Art werden genaue Standortanalysen verlangt (Leydecker et al. 2006), und es liegen z. T. spezielle Richtlinien vor (KTA 2201-2, Auslegung von Kernkraftwerken gegen seismische Einwirkungen, Teil 1: Baugrund bzw. die DIN 19 700, ► Abschn. 18.2.6).

Die **Erdbebeneinwirkungen** werden allgemein nach zwei grundverschiedenen Einteilungen beschrieben, nämlich den Intensitätsskalen und der Magnitudenskala:

- Die seit vielen Jahrzehnten verwendeten 12-teiligen Intensitätsskalen sind mehrfach aktualisiert worden und weitgehend kompatibel. Die meist in römischen Ziffern angegebene **Intensität I** beschreibt allein die Wirkung auf Menschen und Bauwerke sowie das Schadensausmaß für einen bestimmten Standort (◘ Abb. 4.1). Die neueste Weiterentwicklung der Mercalli- bzw. MSK-64-Skala stellt die Europäische Makroseismische Skala (EMS-98) dar (◘ Tab. 4.2). Ähnlich ist auch die in den USA gebräuchliche MM-Skala (Modified Mercalli Scale).
- Die von Richter bereits 1935 eingeführte und inzwischen weiterentwickelte logarithmische Magnitudenskala

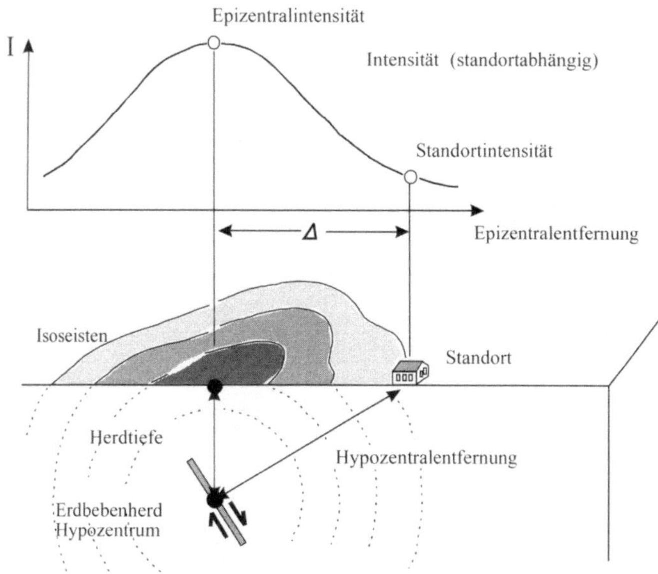

Abb. 4.1 Schematische Darstellung der Intensitätsverteilung eines Erdbebens mit den wichtigsten Begriffen der Makroseismik (nach Meskouris et al. 2007)

(Richter-Skala) basiert auf der **Magnitude M**, einem dimensionslosen Wert für die maximalen Erschütterungsamplituden am Epizentrum, der aus den aufgezeichneten Seismogrammen abgeleitet wird.

- Da die Richter-Skala nur bis zu einer bestimmten Entfernung vom Epizentrum anwendbar ist, wird sie auch als Lokalmagnitude (ML) bezeichnet. Eine andere Methode für das Messen der Erdbebenstärke ist die Momenten-Magnitude (MW). Sie ist i. d. R. größer als die übliche Lokalmagnitude von Richter (Bussmann und Rüter 2011a).

Für viele Verwendungen haben die Intensitäten Vorteile, da die historischen Erdbeben (vor 1950) aus dem **Erdbebenkatalog für Deutschland** von Leydecker (1986, 2004), in dem die Erdbeben seit etwa 800 n. Chr. erfasst sind, primär nur mit Intensitätsangaben vorliegen. Die Umrechnung zwischen Intensitäten und Magnituden weist erhebliche Streubreiten auf (Tab. 4.2). Außerdem gelten Umrechnungen von Magnitudenwerten immer nur für das Epizentrum. Die Erschütterungswirkung für einen bestimmten Standort muss dann unter Berücksichtigung der Herdtiefe und der Entfernung ermittelt werden (Abb. 4.1).

Außer diesen durch schriftliche Quellen bekundeten historischen Beben sind auch noch die prähistorischen **Paläoerdbeben** zu nennen. Dabei handelt es sich um quartärzeitliche Ereignisse, deren Bruchflächen bis zur Erdoberfläche durchgeschlagen sind und deren vertikale Versatzbeträge von wenigen Dezimetern bis einigen Metern durch Freigraben erkundet und häufig auch zeitlich eingestuft werden können. Dabei handelt es sich meist um Zeiträume von 50.000 bis 5000 Jahren.

Die **Überwachung aktueller Erdbebenereignisse** erfolgt über das „Deutsche Seismologische Regionalnetz", das vor allem der globalen Beobachtung des Erdbebengeschehens dient, ergänzt durch die Netze der Landeserdbebendienste, denen die Information der Bevölkerung über regionale Ereignisse obliegt.

4.2.3.1 Ursachen von Erdbeben

Die Grundlagen der Theorie der Kontinentaldrift und Plattentektonik sind im ► Abschn. 3.5 beschrieben. Bei diesen Vorgängen bauen sich hauptsächlich an den Plattengrenzen, aber auch an anderen tektonisch vorgegebenen

Tab. 4.2 Erdbebenwirkung nach der EMS-Skala und der Richter-Skala sowie die zugehörigen Erdbebenzonen nach DIN 4149 (2005)

MSK/EMS-SkalaIntensität	Beschreibung		Richter-SkalaMagnitude (M)	Erdbebenzonen
I	nicht fühlbar	nur instrumentell zu beobachten	1–2	
II	kaum fühlbar	nur vereinzelt von ruhenden Personen in höheren Stockwerken von Gebäuden wahrgenommen (Spürbarkeitsschwelle >2,5)	1,4–2,6	
III	schwach fühlbar	unter günstigen Umständen vereinzelt gefühlt, wie vorbeifahrender Lastwagen	1,9–3,1	
IV	weitgehend gefühlt	von vielen Personen in geschlossenen Räumen gefühlt, wie vorbeifahrender schwerer Lastwagen	2,5–3,7	
V	aufweckend	In Häusern allgemein gefühlt, im Freien vereinzelt. Viele Schlafende erwachen, Gebäude vibrieren, hängende Gegenstände schwingen. Leichte Schäden bei strukturell schwachen Gebäuden möglich	3,1–4,3	
VI	erschreckend	In Häusern und im Freien allgemein gefühlt. Personen erschrecken und rennen ins Freie. Leichtere Gebäudeschäden, manchmal Hangrutschungen, Brunnenspiegelschwankungen	3,6–4,9	0 1
VII	Gebäudeschäden	Die meisten Personen erschrecken, viele haben Schwierigkeiten zu stehen. Die Schwingungen werden in fahrenden Autos verspürt. Gute Gebäude können leichte Schäden wie Risse erleiden, schlechte Gebäude (z. B. Lehmwände) können einstürzen. Wassertrübungen, Änderung von Quellschüttungen und Uferrutschungen treten auf	4,2–5,5	2 3
VIII	Gebäudezerstörungen	Furcht und Panik; gute Gebäude erleiden mäßige Schäden, Leitungsverbindungen können brechen. Rutschungen und Spalten im Boden, Veränderungen von Grundwasserspiegel und -strömung	4,8–6,1	

■ Tab. 4.2 (Fortsetzung)

MSK/EMS-Skalalntensität	Beschreibung		Richter-SkalaMagnitude (M)	Erdbebenzonen
IX	allgemeine Gebäudeschäden	allgemeine Panik; viele gute Gebäude erleiden schwere Schäden, Denkmäler und Säulen stürzen um, viele schlechte Gebäude stürzen ein, unterirdische Leitungen brechen teilweise. Auf flachem Land treten Wasser, Sand und Schlamm aus dem Boden. Erdrutsche, Bodenspalten, Felsstürze und Grundwasserveränderungen treten auf	5,4–6,7	
X	allgemeine Gebäudezerstörungen	Einstürzen von guten Gebäuden; Totalschäden an fast allen schlechten Gebäuden; schwere Schäden an Brücken und Staudämmen. Große Bergrutsche; Wasser tritt aus Seen und Flüssen	6,0–7,3	
XI	Katastrophe	Schwere Schäden auch an widerstandsfähigen Gebäuden, Brücken, Staudämmen und Eisenbahnschienen; Straßen sind nicht mehr zu benutzen; unterirdische Leitungen sind zerstört	6,6–8,0	
XII	Landschaftsveränderungen	Praktisch alle über- und unterirdische Bauwerke sind zerstört. Die Erdoberfläche ist total verändert; Bodenspalten, horizontale und vertikale Verschiebungen werden beobachtet	7,3–8,6	

Schwächezonen Spannungen auf, die bei Überschreiten der Scherfestigkeit durch ruckartige Scherverschiebungen von Gesteinsblöcken schlagartig abgebaut und dabei Erdbeben ausgelöst werden. Die Plattengrenzen und einige andere Schwächezonen sind daher in unterschiedlichem Ausmaß von Erdbeben und Vulkanausbrüchen betroffen.

Erdbeben sind messbare Erschütterungen. Größere Erdbeben bestehen aus einem oder wenigen Hauptstößen und zahlreichen, teils noch heftigen Nachbeben, die über Wochen und Monate anhalten können. Außer diesen tektonischen Beben können regional weitere Ursachen auftreten:

- vulkanische Erdbeben,
- Einsturzbeben (Karsthohlräume, ► Abschn. 15.6.9),
- durch Eingriffe von Menschen verursachte oder ausgelöste Beben („man made seismicity").

Durch menschliche Eingriffe **induzierte Erdbeben** sind mit Magnituden von 1–3 i. d. R.

deutlich schwächer als natürliche Ereignisse und weisen meist eine geringe Herdtiefe auf. Man unterscheidet dabei direkt verursachte („truly induced“) oder nur vorzeitig ausgelöste Beben („triggered“), die ohnehin früher oder später aufgetreten wären. Eine zuverlässige Unterscheidung zwischen („truly“) induzierten und getriggerten Ereignissen ist in den meisten Fällen nicht möglich (s. a. Bussmann und Rüter 2011a).

Die Ursachen induzierter Erdbeben sind:

- Einsturzbeben durch bergbauliche Hohlräume,
- tief reichende Spannungsänderungen,
- Änderungen des Poren- oder Kluftwasserdrucks,
- große Volumen- bzw. Masseänderungen.

Im Einzelnen gehören dazu:

- Bergbau (Tiefbau, tiefe Tagebaue, große Abraumhalden, tief liegende Tunnel),
- große, tief reichende Grundwasserabsenkungen,
- Bau und Betrieb größerer Stauanlagen,
- Einpressen bzw. Entnahme von Fluiden wie bei der Erdöl- oder Erdgasförderung oder bei tiefen geothermischen Systemen und künftig ggf. auch CO_2-Verpressung (► Abschn. 16.3.3) oder Schiefergasgewinnung (► Abschn. 16.5.2).

Im Mittelmeerraum ist die Ursache der natürlichen Seismizität in den Vorgängen an den dortigen Plattengrenzen und der Subduktionszone zu sehen (Becker 1995 und ► Abschn. 4.2.3.2). Die Intraplattenerdbeben Mitteleuropas sind dagegen gekennzeichnet durch ihr bevorzugtes Auftreten an präexistenten Schwächezonen, die langen Rekurrenzzeiten für Starkbeben und die fehlenden Deformationen an der Erdoberfläche.

Tektonische Beben treten bevorzugt an großen Bruchstrukturen auf. Als „aktiv“ gelten diese Strukturen, wenn seit Ende der Tertiärzeit (etwa 2 Mio. Jahre) Bewegungen zu verzeichnen sind. Schwächere Erdbeben (I < 5 MSK) sind nicht zwangsläufig an große Störungszonen gebunden (Leydecker et al. 2006).

Tektonische Erdbeben ereignen sich fast immer in der sog. seismischen Tiefenzone von etwa 5–20 km. Unterhalb dieser Zone ist die Erdkruste aufgrund der hohen Temperaturen mehr oder weniger duktil, sodass sich keine so großen Spannungen aufbauen können. Die lokalen Erdstöße induzierter Seismizität haben dagegen ihren Ursprung meist im unmittelbaren Tiefenbereich des auslösenden Ereignisses.

Erdbeben ab einer Stärke von $M \geq 6$ schlagen häufig bis zur Erdoberfläche durch. Als **Verschiebungsmaße** werden in der Literatur für mittlere Erdbeben einige Millimeter bis wenige Zentimeter und für schwere Erdbeben Dezimeter- bis Meterbeträge genannt, z. T. begleitet von Spaltenbildung und Hebungen oder Senkungen an der Erdoberfläche. In gebirgigen Gegenden treten außerdem häufig Rutschungen und Bergstürze auf (► Abschn. 15.1.1). Beim großen kalifornischen Beben von 1906 ist die San-Andreas-Verwerfung auf einer Länge von knapp 500 km aufgebrochen. Dabei wurde ein Weidezaun durchtrennt, und die beiden Teile wurden 6 m gegeneinander versetzt. Bei dem schweren Erdbeben ($M = 7{,}8$) 2015 in Nepal wurde nach Auswertung von Satellitendaten durch das Zentrum für Luft- und Raumfahrt (DLR) das betroffene Gebiet im Schnitt 1,65 m nach Süden versetzt und um etwa 1,25 m angehoben. In mobilen Bereichen kontinentaler Platten sind auch ständige minimale Scherbewegungen nicht auszuschließen (► Abschn. 3.4.4.3). An den meisten tektonischen Störungszonen Mitteleuropas treten jedoch weder größere Erdbeben noch merkbare Relativverschiebungen auf (► Abschn. 3.5.3).

Einige Ereignisse der letzten Jahre geben Veranlassung, etwas näher auf die durch **Eingriffe des Menschen verursachte, sog. induzierte Erdbeben** einzugehen. In Steinkohlebergbaugebieten wie dem Ruhrgebiet und dem Saarland treten nicht selten Mikroerdbeben (Frequenzbereich 100 Hz bis 1 kHz) auf, die meist nur Erdbebenstärken von $M = 1–3$ erreichen. Ereignisse ab $M = 1{,}5–2{,}0$ werden vom Menschen wahrgenommen. Allein im Jahr 2009 registrierte das seismologische Zentralobservatorium Grävelberg bei Köln etwa 330 durch **Bergbautätigkeit** ausgelöste Mikrobeben (Bussmann und Rüter 2011a). Ein durch Bergschläge ausgelöstes schadenverursachendes Beben der Stärke M = 4,5 bei Ensdorf im Februar 2008 gab den Anlass, den Steinkohlebergbau im Saarland einzuschränken und 2012 ganz einzustellen. Nach Kahlen (2007) waren es vor allem unter Spannung stehende mächtige Sandsteinbänke im Hangenden und Liegenden der Strecken, welche die seismischen Ereignisse ausgelöst haben (▶ Abschn. 17.5.2). Außer Spannungsänderungen beim Auffahren von Strecken wird neuerdings auch eine Aktivierung von Großkluft- oder Verwerfungsflächen mit geringer Scherfestigkeit angenommen (Alber 2013).

Auch in der Niederrheinischen Bucht treten außer tektonisch bedingten Erdbeben immer wieder kleinere Ereignisse auf, die mit der großflächigen und tief reichenden Grundwasserabsenkung und den tiefen **Braunkohletagebauen** in Verbindung gebracht werden. Dabei dürfte es sich weitgehend um sog. getriggerte Beben handeln, d. h. um Ereignisse, bei denen die bergbaubedingten Zusatzspannungen zu einem vorgezogenen Überschreiten des tektonischen Grenzspannungszustands geführt haben.

Im Südabschnitt des **Gotthard-Basistunnels** wurden im Bereich einer größeren tektonischen Störungszone zwischen spröden und duktilen Gneisen bei einer Überlagerung von 1500–1800 m während der Vortriebsarbeiten zahlreiche mikroseismische Ereignisse mit Magnituden um 1,5, max. M = 2,4, ausgelöst. Verschiedene dieser Mikrobeben konnten Bergschlagereignissen im Vortrieb zugeordnet werden (▶ Abschn. 17.5.1). Als Ursachen für diese mikroseismischen Ereignisse werden die durch die Vortriebsarbeiten ausgelösten Spannungsumlagerungen und -konzentrationen im Gebirge genannt. Seit Ende der Vortriebsarbeiten wurden keine Ereignisse mit M > 1,0 mehr registriert (Stadelmann und Rehbock-Sander 2010).

Besser bekannt sind durch **Stauanlagen** verursachte oder ausgelöste Erdbeben. Häufigste Ursache ist ein Anstieg des Wasserdrucks, wodurch sich im Untergrund Gebirgsspannungen aufbauen, durch die Erhöhung des Porenwasserdrucks die Reibung auf Kluftflächen herabgesetzt wird und mögliche kleinste Scherbewegungen ausgelöst werden (▶ Abschn. 18.2.6). Stärkere Beben sind auch dabei relativ selten. Gelegentlich ist eine Aufreihung von schwächeren Ereignissen an teilweise vorher nicht bekannten Störungszonen zu verzeichnen (Steinwachs 1988).

In den Zentren der **Erdgasförderung** in Norddeutschland, zwischen Oldenburg/Bremen und Hannover, sind seit den 1970er-Jahren immer wieder Mikrobeben aufgetreten. Besonders zwei Ereignisse, im Oktober 2004 bei Rotenburg mit M = 4,5 und im Juli 2006 bei Syke mit M = 3,8, werden auf die dortige Erdgasförderung zurückgeführt. Im November 2012 trat bei Völkersen ein Erdbeben mit zahlreichen Gebäudeschäden auf, und auch von Vechta wird vom Dezember 2014 ein Beben der Magnitude M = 3,1 gemeldet. Das Epizentrum mit einer Herdtiefe von 5–7 km lag jeweils nahe den dortigen Erdgaslagerstätten, in denen aus Rotliegend-Sandsteinen in 4500–5000 m Tiefe Erdgas gefördert wird. In der niederländischen Provinz Groningen, wo seit fast 50 Jahren in großem Umfang Erdgas aus etwa 3000 m Tiefe gewonnen wird, sind seit Jahren immer wieder Erdbeben bis Stärke M < 3 zu verzeichnen, was die Niederlande 2015 veranlasst hat, ihre Erdgasförderung um 25 % zu drosseln. Das norddeutsche Tiefland gilt an sich als aseismische Region. 2011 wurden in einer 3900-m-Bohrung bei Hannover umfangreiche Frac-Arbeiten vorgenommen, ohne dass irgendwelche mikroseismischen Ereignisse auftraten.

Auch **tiefe Geothermieprojekte** können Erdbebenerschütterungen auslösen. Als Ursache kommen hier möglicherweise noch Spannungsänderungen im Gebirge infolge von Abkühlung hinzu. Bei Basel sind im Dezember 2006 durch Wassereinpressung mit 150 bar (▶ Abschn. 20.2.2.3) in einer 5000 m tiefen Geothermiebohrung im Granit zahlreiche Erdbeben bis zur Stärke M = 3,4 ausgelöst worden (Stober und Bucher 2012:185). Ein ähnliches Ereignis mit M = 3,5 ereignete sich 2013 in St. Gallen. Bei den Frac-Arbeiten für das französische Geothermiekraftwerk Soultz-sous-Forets sind in den Jahren 1995–2005 in Tiefen von 3500–5000 m Tausende mikroseismischer Ereignisse ausgelöst und registriert worden (Mergner et al. 2012 und ► Abschn. 20.2.2.3). Bei Landau in der Pfalz ereigneten sich im August und September 2009 in unmittelbarer Nähe eines Geothermiekraftwerks (► Abschn. 20.3.1) zwei Beben der Stärke M = 2,7 bzw. 2,4. Auch bei einem anderen solchen Kraftwerk in Insheim, unweit von Landau, das Ende 2012 in Betrieb gegangen ist, sind bereits Anfang 2013 erste spürbare Mikrobeben zu verzeichnen gewesen. Induzierte Mikroerdbeben dieser Art (mit relativ flach liegenden Herdpositionen von 2–5 km und Bebenstärken bis etwa M = 3) sind bis jetzt fast nur in seismisch aktiven Zonen aufgetreten und sind auch aus den USA bekannt. Stärkere seismische Ereignisse dieser Art gelten als äußerst unwahrscheinlich.

4.2.3.2 Erdbebenzonen

Die Erdbebengefährdung wird in den sog. D-A-CH-Staaten – Deutschland (D), Österreich (A) und die Schweiz (CH) – einheitlich behandelt. Für die Abschätzung der Erdbebeneinwirkung werden von den einzelnen Staaten je nach den örtlich zu erwartenden Intensitäten **Erdbebenzonen** festgelegt, in denen die Gefährdung jeweils als konstant angenommen wird. Grundlage der Erdbebenzonen (Zone 0–3; ◘ Tab. 4.2 und ◘ Abb. 4.2) sind aktualisierte Erschütterungsintensitäten mit einer Referenz-Wiederkehrperiode von 475 Jahren (EC 8) und einer Eintritts- bzw. Überschreitungswahrscheinlichkeit von 10 % in 50 Jahren für die Intensitäten der EMS-Skala (Grünthal et al. 1998). Die neuen

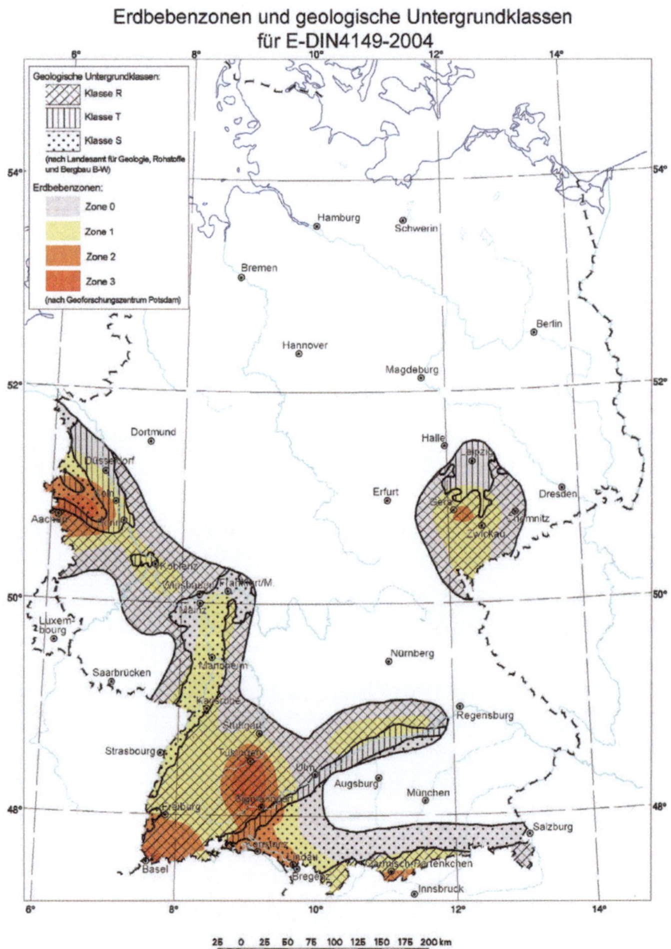

◘ **Abb. 4.2** Erdbebenzonen Deutschlands mit den geologischen Untergrundklassen (aus Meskouris et al. 2004)

Zonen unterscheiden sich damit gegenüber der alten Norm bei quasi gleicher Nummerierung sowohl qualitativ hinsichtlich der Gefährdungsgröße als auch quantitativ bezüglich der ingenieurseismischen Kenngrößen.

Neben dieser bundesweiten Darstellung der Erdbebenzonen liegen für einzelne Regionen bzw. Bundesländer auch detailliertere Kartendarstellungen vor, z. B. die Erdbebenzonenkarte mit geologischen Untergrundklassen von NRW 1 : 350.000 (Strauß 2008) sowie die Ausführungen von Krentz in „Geologie von Sachsen" (2009).

Deutschland zählt international zu den Schwacherdbebengebieten. Größere Schadenbeben sind bisher meist nur einmal je Generation aufgetreten. Die stärksten tektonischen Ereignisse hatten eine Intensität von VIII. Als bisher größtes Erdbeben in Mitteleuropa gilt immer noch das Baseler Beben von 1356 mit einer angenommenen Intensität IX (Schadensbeschreibung) und einer geschätzten Magnitude von 6,5. Jährlich treten einige mäßig starke Erdbeben auf, die von der Bevölkerung wahrgenommen werden, wie zuletzt die Beben im Südschwarzwald vom Mai 2009 mit M = 4,5, das Mainzer Beben vom Dezember 2009 mit M = 3,4 und das Mittelrheinbeben bei Nassau im Februar 2011 mit M = 4,4 sowie die Bebenserie vom Frühjahr 2014 in Mühltal (Südhessen) mit drei Ereignissen mit M = 3,1/4,2/3,1 innerhalb von 12 Wochen. Das 4,2-Beben verursachte dabei zahlreiche Gebäudeschäden.

Im Durchschnitt ist etwa einmal in 10–20 Jahren mit einem stärkeren Beben zu rechnen. In den letzten 100 Jahren haben sich folgende Schadenbeben ereignet:

- 1911: Schwäbische Alb, Albstadt (Ebingen-Reutlingen) Intensität VIII, Magnitude ca.6,1
- 1935: Saulgau (Oberschwaben) Intensität VII–VIII, Magnitude ca. 5,6
- 1943: Onstmettingen (Schwäbische Alb) Intensität VIII, Magnitude ca. 6,1
- 1950 und 1951: Euskirchen Intensität VII–VIII
- 1969: Schwäbische Alb Intensität VIII, Magnitude ca. 6,0
- 1978: Schwäbische Alb, Albstadt (Onstmettingen-Tailfingen) Intensität VII–VIII, Magnitude 5,7
- 1992: Roermond/Heinsberg (Niederrhein) Intensität VII, Magnitude 5,9
- 2004: Waldkirch (Südbaden) Intensität VII, Magnitude 5,4

Damit zeichnen sich in Deutschland nur einige wenige tektonische Bruchzonen als besonders erdbebengefährdet ab, wie der Hohenzollerngraben (Sprunghöhen der Randstörungen 30–100 m), der südliche Oberrheingraben, die Niederrheinische Bucht sowie auch das Vogtland und das Gebiet um Gera, wo 1872 das größte mitteldeutsche Erdbeben mit I = VII–VIII aufgetreten ist. Bei dem Euskirchener Beben im März 1950 mit der Intensität VII handelt es sich nach Berg (1950) um ein tektonisches Beben am Abbruch zur niederrheinischen Bucht. Die damals ermittelte Herdtiefe betrug nur 6 km, was erhebliche Bauschäden zur Folge hatte (Einsturz mehrerer Schornsteine und der alten Stadtmauer). Beim Folgebeben im März 1951 mit dem gleichen Epizentrum und einer Intensität VIII sowie einer Herdtiefe von 25 km sind dagegen keine Schäden überliefert (Berg 1953). Das Beben von Roermond/Heinsberg war das energiereichste seismische Ereignis im Niederrheingebiet seit mehr als 200 Jahren (Ahorner 1993). Allein in Heinsberg wurden mehr als 150 Häuser beschädigt und über 30 Personen verletzt.

Das Vogtland (Westsachsen) und das Gebiet Groß Gerau (Südhessen) sind bekannt für sog. **Schwarmbeben** – d. s. bis zu 10.000 Einzelereignisse innerhalb weniger Monate mit meist nur geringen Bebenstärken (I < 3), vereinzelt bis I > 4. Bei Groß Gerau traten in den Jahren 1869–1871 mehr als 2000 Einzelereignisse auf, davon hatten 190 eine Intensität >4 (z T. 6–7). Im Vogtland ereigneten sich die letzten Schwarmbeben zum Jahreswechsel 1985/86 (max. M = 4,7), in der zweiten Jahreshälfte 2000 (max. M = 3,7) und im Herbst 2008 (max. M = 4,2). Im Sommer 2014 war hier ein weiteres Beben mit M = 4,2 zu verzeichnen. Auch in der Region Halle – Leipzig ist im Frühjahr 2015 seit Längerem wieder ein Beben mit einer Stärke von M = 3,3 aufgetreten. Wiederholtes Auftreten von Mikroerdbeben (sog. Mikroseismizität) ist regional weit verbreitet und gilt als Hinweis auf einen mehr oder weniger aktiven tektonischen Spannungszustand bzw. auf aktiven Vulkanismus.

Regional treten auch **Einsturzbeben** auf, und zwar sowohl solche natürlichen Ursprungs als auch durch Bergbautätigkeit ausgelöste Ereignisse. Über Salzstöcken des norddeutschen Beckens werden immer wieder Einsturzbeben registriert. Vom Stadtgebiet Hamburg sind z. B. aus den letzten 100 Jahren insgesamt 20 solcher Ereignisse bekannt, teilweise mit Gebäudeschäden (Reuther et al. 2007). In der Werra-Fulda-Kalibergbauregion sind in der zweiten Hälfte des vergangenen Jahrhunderts mehrere bergbaubedingte Einsturzbeben zu verzeichnen gewesen, die teilweise erhebliche Schäden zur Folge hatten (Ahorner 1989; Lehnhardt 1998):

- 1940: Krügershall
- 1953: Heringen, M = 5,0
- 1958: Merkers, M = 4,8
- 1961: Merkers, M = 3,7
- 1975: Sünna, M = 5,2
- 1989: Völkershausen, M = 5,6

Auch in Tentschenthal bei Halle hat sich 1996 ein solches Einsturzbeben ereignet.

Einsturzbeben und andere Beben anthropogenen Ursprungs sind bei den Erdbebenzonen nicht erfasst. Sie weisen wegen der geringen Herdtiefe eine hohe Epizentralintensität mit großer Schadenswirkung auf, die aber nach wenigen Kilometern Entfernung unter die Schadensgrenze absinkt. Diese Zusammenhänge wurden bei den bergbaubedingten Erdbeben im Saarland wieder bestätigt, die zwar nur Bebenstärken von M = 3–4 aufwiesen, aber insgesamt zahlreiche Schadensmeldungen zur Folge hatten.

Die aktivsten Erdbebengebiete Europas liegen im sehr komplex ausgebildeten Grenzbereich der Afrikanischen und der Eurasischen Platte (► Abschn. 3.5), der von den Azoren über Nordwest-Algerien und entlang der nordafrikanischen Küste über Mittel- und Süditalien, die griechischen Inseln bis auf die Anatolische Halbinsel verläuft. In diesem mehr oder weniger breiten Gürtel treten immer wieder starke Erdbeben auf. Ein starkes Seebeben vor Portugal 1755 löste einen Tsunami aus, der allein an der Küste Portugals 15.000 Menschenlaben forderte.

4.2.3.3 Untergrundaufbau und Erdbebeneinwirkungen

Die wichtigsten Begriffe der Erdbebenseismik und eine Darstellung der Intensitätsverteilung eines Bebens sind aus ◘ Abb. 4.1 ersichtlich. Die **Auswirkungen eines Erdbebens** sind Erschütterungen, die sich vom Herd aus in Form verschiedener Arten elastischer Wellen mit unterschiedlichen Geschwindigkeiten zur Erdoberfläche fortpflanzen. Mit zunehmender Entfernung vom Hypozentrum wird die seismische Energie abgebaut, wodurch die Intensität der Erschütterungen nachlässt. Die Erschütterungsintensität an einem Standort hängt daher ab von der freigesetzten Energie im Erdbebenherd (Magnitude), der Herdtiefe, der Entfernung vom Herd ◘ Abb. 4.1, der Erdbebendauer und dem Untergrundaufbau.

Die **Gefährdung menschlicher Einrichtungen** besteht entweder darin, dass diese über definierten Bruchlinien stehen und direkte Verschiebungen erleiden oder dass die von der Bruchfläche ausgehenden seismischen Wellen vorwiegend horizontal schwingende Oberflächenwellen auslösen, die das Bauwerk in horizontale und vertikale Eigenschwingungen versetzen, was zu einer Überbeanspruchung von Bauteilen führen kann. Außer diesen direkten Schadenswirkungen können auch indirekte Schäden durch Bergstürze oder Rutschungen bzw. durch Aktivierung von Setzungen auftreten. Weitere Gefahrenquellen sind Flutwellen aus beschädigten Talsperren oder Flussdeichen und – weltweit betrachtet – durch Seebeben ausgelöste Tsunamis.

Auf eine Erdbebengefährdung muss bereits in einem sehr frühzeitigen Planungsstadium eines Projekts hingewiesen werden. Gebäude bzw. Tragwerke in Erdbebengebieten müssen so ausgelegt werden, dass sie einem sog. Bemessungserdbeben widerstehen, ohne dass Schäden oder damit verbundene Nutzungsbeschränkungen auftreten. In Erdbebenregionen ist es zweckmäßig, bestimmte Entwurfsgrundsätze zu beachten, wie z. B.:

- einfacher und regelmäßiger Grund- und Aufriss,
- nur eine Gründungsart (bevorzugt Bodenplatte),

- möglichst nicht in verschiedenartigem Baugrund gründen, auf keinen Fall über größeren Unregelmäßigkeiten im Baugrund.

Einzelheiten dazu s. Holschemacher und Klug (2016).

Bei **Untertagebauwerken** (Stollen, Tunnel, Kavernen mit Ausbau) wirken keine Oberflächenwellen; die Bauwerke sind allseitig in den Untergrund eingebunden, sodass sie nicht frei schwingen können, und sie zeigen außerdem nur ein geringes Resonanzverhalten. Bei den Euskirchener Beben von 1950/51 mit der Intensität VII–VIII (► Abschn. 4.2.3.2) ist allerdings im Erzbergwerk Mechernich ein unverbauter Wasserhaltungsstollen zu Bruch gegangen. Bei Tunneln können kleinere Schäden vor allem in den Portalbereichen auftreten. Hier sind Risse im Tunnelausbau oder Abplatzungen möglich. Totaleinstürze von Tunneln sind bisher nur bei Bodenversagen durch Verflüssigung oder im unmittelbaren Bereich von größeren Störungszonen bekannt geworden (Unterberger und Brandl 2000; Golser und Burger 2001; Wannick 2007; Vrettos 2009, 2012). In den nächsten Jahren soll außerdem ein ITA-Leitfaden über die Erdbebensicherheit von flachen und tiefen Tunneln sowie solchen in aktiven Störungszonen erscheinen.

Der Untergrund bzw. Baugrund beeinflussen als Medium für die Ausbreitung der seismischen Wellen sowohl die Stärke als auch die Dauer der Erschütterungen an einem Standort. Die Beschleunigungswerte und die maßgebenden **Faktoren für die Bemessung von Erdbebeneinwirkungen** werden in den jeweiligen nationalen Anwendungsdokumenten festgelegt. Dazu gehören die Art und die Bedeutung des Bauwerks (Bedeutungskategorie), der Untergrundaufbau (Untergrundklasse, Baugrundklasse) und die Frage, mit welchen Bodenerschütterungen während der Lebensdauer eines Bauwerks zu rechnen ist, ausgedrückt durch die Erdbebenzone.

Der Einfluss der Baugrundbeschaffenheit auf die Erdbebeneinwirkung wird nach DIN 4149 (2005) durch die drei **Untergrundklassen**

- R = felsartiger Untergrund,
- T = flache Sedimentbecken und Übergangsbereich zwischen R und S,
- S = tiefe Sedimentbecken (>100 m Lockergesteine).

(s. a. ◘ Abb. 4.2) und fünf **Baugrundklassen** nach DIN EN 1998:1 ausgedrückt, definiert nach bestimmten Bodenkennwerten (N_{30} bzw. c_u in kN/m^2) und der Scherwellengeschwindigkeit ($v_{s,30}$ in m/s) für die oberen 30 m des Untergrundaufbaus:

Klasse		$v_{s,30}$	N_{30}	c_u (kN/m^2)
A	felsiger Untergrund, max. 5 m Deckschichten	>800	–	–
B	angewitterter Fels und dicht gelagerter Sand und Kies oder steifer Tonboden (>10 m Dicke)	350–800	>50	>250
C	verwitterter Fels und mitteldicht gelagerter Sand und Kies oder steifer Tonboden (<10 m Dicke)	180–350	15–50	70–250
D	mitteldicht bis locker gelagerter Sand und Kies oder weich-steifer Tonboden	<180	<15	<70
E	5–20 m Deckschichten wie C und D über felsigem Untergrund	–	–	–
S_1	mehr als 10 m weicher Ton- und Schluffboden	<100	–	10–20
S_2	verflüssigbare Böden oder empfindliche Tone			

Die Untergrund- und Baugrundklassen werden kombiniert und gehen über einen **Untergrundparameter S** (1,0 - 1,75) in die Berechnung der Erdbebenlasten ein (Holschemacher und Klug 2016):

Untergrund-klasse	Baugrundklasse		
	A	B	C
R	1,00	1,25	1,50
T		1,00	1,25
S			1,75

Bei ungünstigen Baugrundverhältnissen, die sich nicht in die Klasse A–C einordnen lassen, oder bei Gefahr des Verlusts der Lagesicherheit (Hanglage) bzw. großer Verformungen sind Sonderuntersuchungen zu veranlassen.

Hochbauten werden nach DIN EN 1998:1 in vier **Bedeutungskategorien**, ausgedrückt durch den Bedeutungsbeiwert γ_I, eingestuft:

Kategorie I	Bauwerke geringer Bedeutung	($\gamma_I = 0{,}8$)
Kategorie II	Gewöhnliche Bauwerke	($\gamma_I = 1{,}0$)
Kategorie III	Wichtige Bauwerke, Kaufhäuser, Schulen, Versammlungsräume	($\gamma_I = 1{,}2$)
Kategorie IV	Bauwerke höchster Wichtigkeit, Krankenhäuser, Kraftwerke	($\gamma_I = 1{,}4$)

Die Bedeutungskategorien I und II sind hinsichtlich des Erkundungsaufwands (▶ Abschn. 4.1) in die Geotechnische Kategorie GK 2 einzustufen, die Bedeutungskategorien III und IV in GK 3.

In den Erdbebennormen sind in Abhängigkeit von der Erdbebenzone bzw. der Intensität I sog. **Referenz-Spitzenwerte der Bodenbeschleunigung** $\alpha_{g,R}$ festgelegt, die direkt in die Berechnung der Erdbebenlasten eingehen:

Erdbebenzone	Intensität I	$\alpha_{g,R}$ in m/s²
1	6,5–7	0,4
2	7–7,5	0,6
3	>7,5	0,8

Die Ermittlung des **Bemessungswerts für die Erdbebeneinwirkung** erfolgt über ein Beschleunigung-Antwort-Spektrum, auch elastisches Antwortspektrum genannt, auf dessen Abszisse der Referenz-Spitzenwert $\alpha_{g,R}$ eingeht, unter Berücksichtigung des Untergrundparameters und des Bedeutungsbeiwerts γ_I (s. Holschemacher und Klug 2016).

Außerhalb der Erdbebenzonen 1–3 sind die Beschleunigungswerte nach bisherigen Erfahrungen so gering einzuschätzen, dass kein Erdbebennachweis gefordert wird. Diese Erfahrung entspricht den Vorgaben der DIN EN 1998-1, wonach bei sehr geringer Seismizität ($a_{gR} < 0{,}39$ m/s²) die Normvorschriften nicht beachtet werden müssen.

Als weitere Festigkeitsparameter für die Bewertung der Erdbebeneinwirkung werden ggf. noch benötigt:

- für kohäsive Böden die undränierte Scherfestigkeit c_u,
- für kohäsionslose Böden die sog. zyklische undränierte Scherfestigkeit $C_{cy,u}$,
- für Fels die einaxiale Druckfestigkeit q_u.

Als Steifigkeitsparameter für den Baugrund wird der Schubmodul G verwendet:

$$G = \rho \times v_s^2,$$

wobei ρ = Dichte des Bodens, v_s = Scherwellengeschwindigkeit.

Die sog. **Bodenverflüssigung** (Liquefaktion) stellt ein besonderes Problem dar, das zu Gebäudesetzungen oder Verkippungen bzw. zu Böschungsrutschungen führen kann. Die Bodenverflüssigung beruht auf einer Reduzierung der Steifigkeit bzw. des Scherwiderstands eines wassergesättigten kohäsionslosen oder kohäsionsarmen Bodens infolge von Porenwasserüberdruck und Verlust der effektiven Korn-zu-Korn-Spannungen. Die Neigung eines Bodens zur Verflüssigung, das sog. Verflüssigungspotenzial, hängt in erster Linie ab von der Bodenart, der Durchlässigkeit und den Entwässerungsbedingungen, der Lagerungsdichte und dem Grundwasserstand. Als hochgradig verflüssigungsgefährdete Korngrößenbereiche gelten locker gelagerte, gleichkörnige, mehr oder weniger schluffige Fein- und Mittelsande im Körnungsbereich $D_{50} = 0{,}1–1{,}0$ mm. Die angrenzenden Bereiche bis etwa $D_{50} = 0{,}05$ bzw. $D_{50} = 5$ mm werden als mäßig verflüssigungsfähig eingestuft (◘ Abb. 4.3).

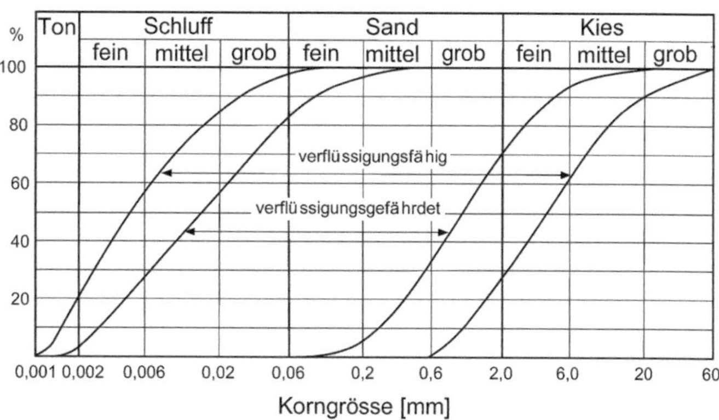

Abb. 4.3 Korngrößenbereiche verflüssigungsgefährdeter bzw. mäßig verflüssigungsfähiger Böden (aus Röchter und Schanz 2013)

Bei höherer Gleichkörnigkeit erweitert sich die obere Gefährdungsstufe weiter in den Schluffbereich bis etwa $D_{50} = 0{,}5$ bzw. 0,01 mm (s. KTA 2201–2, Adam und Paulmichl 2010; Gödecke und Gödecke 2010; Röchter und Schanz 2013). Weitere verflüssigungsbegünstigende Materialeigenschaften sind runde Kornformen und glatte Kornoberflächen. Darüber hinaus sind auch die Kennziffern für die Zustandsgrenzen, die Porenziffer bzw. Lagerungsdichte, die Scherfestigkeitsparameter und der Steifemodul anzugeben. Die Lagerungsdichte wird mittels SPT-Schlagzahlen N_{30} (▶ Abschn. 4.4.6.1) oder Drucksondierungen (▶ Abschn. 4.4.6.2) ermittelt (Wunsch 2002; Hu und Hoch 2003).

Die üblichen Verfahren zur Bewertung der Gefahr einer Bodenverflüssigung beruhen auf dem empirischen Vergleich der SPT-Schlagzahlen mit beobachteten bzw. eingetretenen Fällen von Bodenverflüssigung (Laue und Studer 2003). Eine Zusammenstellung der Nachweisverfahren und Tabellen bringen Gödecke und Gödecke (2010), ein Anwendungsbeispiel Gödecke et al. (2012). Der in verschiedenen Verfahren verwendete „bezogene SPT-Wert N_I" ist in Abhängigkeit vom Überlagerungsdruck σ' zu ermitteln:

$$N_1 = N_{30} \times \sqrt{1/\sigma'}$$

In vielen Auswertungen ist σ' auf 100 kN/m^2 (= 1 kg/cm^2, eine in der Literatur häufig anzutreffende Angabe) bezogen. Der in der Norm verwendete Wert $N_1(60)$ ist zusätzlich auf ein Verhältnis der Impaktenergie zur theoretischen Fallenergie von 0,6 bezogen.

Die DIN EN 1998-5 enthält einige weitere Hinweise für das Verflüssigungspotenzial von Sanden mit einem Tonanteil >20 % bzw. Schluffanteilen >35 %.

Als **Maßnahmen gegen Bodenverflüssigung** kommen Bodenverbesserungsverfahren in Betracht, die eine Erhöhung der Scherfestigkeitsparameter und eine Verbesserung der Durchlässigkeit bewirken (beschleunigter Abbau der sich bei Erschütterung aufbauenden Porenwasserdrücke). Diese Verfahren sind in erster Linie Rüttelstopfverdichtung zur Herstellung von (kunststoffummantelten) Kiessäulen, aber auch Rütteldruckverdichtung und ggf. dynamische Intensivverdichtung (▶ Abschn. 7.2 und Thurner et al. 2013).

Außer der Bodenverflüssigung ist auch die Empfindlichkeit der Böden gegen **übermäßige Setzungen** und Verdichtung bei erdbebeninduzierter zyklischer Beanspruchung zu berücksichtigen. Als empfindlich gelten locker gelagerte Sande (auch Kippen oder Halden) sowie sehr weiche Tonböden.

4.3 Indirekte Erkundungsmethoden

4.3.1 Projektkartierungen, Luftbildauswertung

Wo keine modernen geologischen Karten zur Verfügung stehen, kann bei Großprojekten, insbes. bei Linienbauwerken (Verkehrswegen), vor Beginn der Aufschlussarbeiten eine

Projekt- oder Streifenkartierung im Maßstab 1: 10.000 oder 1: 5000 zweckmäßig sein, die nach Möglichkeit von Geologen mit Regionalkenntnissen durchgeführt werden sollte.

Je nach Aufgabenstellung können auch hydrogeologische **Quellkartierungen und Beweissicherungen** und z. T. ökologische Kartierungen erforderlich sein (► Abschn. 17.2.5.1).

Bei der Kartierung tektonischer Störungszonen werden zunehmend **Satelliten- und Luftbildauswertung**eingesetzt. Je nach Relief und Bewuchs werden bei der strukturgeologischen Luftbildauswertung flächenhafte Bildelemente und/oder Fotolineationen ausgewertet. Sie sind an Farbtonänderungen, durch Unterschiede in der Vegetation oder an Geländebruchstufen erkennbar (► Abschn. 15.2.3). Interpretiert werden diese Lineationen als mehr oder weniger steil stehende Kluft oder Störungszonen mit erhöhter hydraulischer Wegsamkeit. Durch Abgleichen mit topographischen Karten wird sichergestellt, dass keine Verwechslungen mit Verkehrswegen u. a. menschlichen Einrichtungen auftreten. Neben den Streichrichtungen ist auch ihre Dichteverteilung von Bedeutung, die Hinweise auf stärker beanspruchte Gebirgsbereiche liefert.

Häufig zeichnen sich die Lineationen im Satelliten- bzw. Luftbild ab, bzw. sie bestimmen aufgrund ihrer verstärkten Gebirgsauflockerung zumindest abschnittsweise die Richtung von Tälern und natürlichen Fließgewässern. Dabei ergeben sich häufig bajonettartig verspringende Strukturen. Eine dabei nur abschnittsweise auftretende Auswirkung solcher Störungszonen auf die erosive Ausbildung von Tälern ist möglicherweise darauf zurückzuführen, dass derartige tektonische Scherbruchzonen abwechselnd als Bruchzone mit Gebirgsauflockerung und dazwischen aus Abschnitten mit Druckbeanspruchung bestehen können. Besondere Aufmerksamkeit verdient auch ein rechtwinklig abknickender Fluss- bzw. Talverlauf, der entweder den Beginn von Teilstrecken ehemals eigenständiger Flüsse markiert, die sich der Hauptfluss im Laufe vieler Jahrtausende einverleibt hat, oder er kann ein Hinweis auf Horizontalverschiebungen in der jüngeren Erdgeschichte sein.

Durch flächenhafte Bildelemente lassen sich regionale bis überregionale Bruchstrukturen erkennen, die sich, z. T. staffel- oder bajonettartig versetzt, über viele hundert Meter bis mehrere Kilometer verfolgen lassen und teilweise von den Talrichtungen nachgezeichnet werden (► Abschn. 3.4.4.3).

Die neuere und inzwischen weit verbreitete Methode der Luftbildbearbeitung ist das **Laserscanning-Verfahren** (LIDAR, „light dedection and ranging") mittels Befliegungen der Landesvermessung oder Direktbefliegungen mit Kleinflugzeugen bzw. Hubschraubern. Von vielen Bundesländern liegen inzwischen nahezu landesweit flächendeckende Aufnahmen vor. Aus Befliegungen in zeitlichen Abständen von mehreren Jahren kann die Entwicklung von Verformungen im Gelände verfolgt werden. Laserscanner-Aufnahmen zeigen eine hohe Durchdringung der Vegetation und weisen bei entsprechender Messdichte eine Lagegenauigkeit von ± 0,5 m und eine Höhengenauigkeit <0,1 m auf, sodass auch kleinräumige Strukturen wie Abbruchkanten, Spalten oder kleine Gräben erkannt und lokalisiert werden können. Laserscanning liefert zunächst ein digitales Geländemodell mit Vegetation und Bebauung („digital surface model", DSM), von dem in weiteren Arbeitsschritten höhere Vegetation und Gebäude entfernt werden können. Dieses digitale Geländemodell („digital terrain model", DTM) bildet die Geländeoberfläche recht präzise nach. Zweifelhafte Formen können aus verschiedenen Beleuchtungsrichtungen betrachtet werden. Einschränkungen sind allerdings bei relativ steilen und bewaldeten Geländestufen (Hängen) zu machen. Trotz dieser weitgehend überzeugenden Ergebnisse sollten die erhaltenen Strukturen immer im Gelände überprüft und nötigenfalls nachgearbeitet werden (► Abschn. 15.2.3).

Außer der strukturgeologischen Auswertung sind damit auch rutschungs- oder erdfallverdächtige Oberflächenformen, alte Abgrabungen bzw. Auffüllungen (auch Altlasten) oder auch verlandete Altarme zu erkennen.

4.3.2 Geophysikalische Erkundung

Die in der Ingenieurgeologie üblichen geophysikalischen Untersuchungsmethoden beruhen auf dem Verfolgen von Grenzflächen bestimmter physikalischer Eigenschaften des Untergrundes wie der Fortpflanzungsgeschwindigkeit seismischer oder elektromagnetischer Wellen bzw. dem spezifischen elektrischen Widerstand. Der Erfolg der einzelnen Verfahren ist davon abhängig, dass der Untergrundaufbau einigermaßen homogen ist und dass sich die Schichten in ihren petrophysikalischen Parametern deutlich voneinander unterscheiden. Bei günstigen Bedingungen können mittels bestimmter Messmethoden auch kleinräumige strukturelle Objekte im Untergrund detektiert werden.

Bei den Einsatzmöglichkeiten der Geophysik ist zwischen oberflächengeophysikalischen Verfahren und den Methoden der Bohrlochgeophysik zu unterscheiden. Bei Ersteren können durch linien- oder rasterförmige Messanordnung mit geringem Aufwand rasch große Flächen erkundet werden. Dabei haben sich zur Erkundung oberflächennaher Strukturen in den letzten Jahren besonders die sog. komplex-geophysikalischen Methoden bewährt, d. h. die kombinierte Anwendung seismischer, geoelektrischer und z. T. elektromagnetischer Verfahren (s. Radlinger et al. 2003). Eine Übersicht über die verschiedenen geophysikalischen Verfahren bringt auch DIN 4020, Beiblatt 1, Tab. 5 und 6. Für seismische Verfahren liegt ein Merkblatt B08 „Seismische Baugrunderkundung" (2014) der DGZfP vor.

4.3.2.1 Seismische Verfahren

Bei den **refraktionsseismischen Verfahren** wird die Laufzeit von durch künstliche Erschütterungen ausgelösten seismischen Wellen gemessen, die an Grenzflächen von Schichten mit zunehmender seismischer Geschwindigkeit gebrochen werden, dort entlanglaufen und teilweise zur Geländeoberfläche abstrahlen (◘ Abb. 4.4). Die Anregung erfolgt über Fallgewichte oder Hammerschlag, die Messung über in den Boden angekoppelte Geophone, welche die Erschütterungen in elektrische Signale umwandeln. Das Verfahren ist besonders für Einsatztiefen von 30–40 m geeignet. Die Geschwindigkeit der Longitudinalwellen (P-Wellen ► Abschn. 6.5.5) wird durch den Kompressionsmodul, den Schermodul und die Dichte bestimmt. Die P-Wellen weisen die größere Ausbreitungsgeschwindigkeit auf und erscheinen in den Seismogrammen als Ersteinsatz. Die Geschwindigkeit der Transversalwelle (S-Welle) hängt nur vom Schermodul und der Dichte ab. Der wichtigste petrophysikalische Parameter ist damit die Dichte, die ein Ausdruck der Festigkeit ist und vom Verwitterungsgrad, der Klüftung, den Kluftfüllungen und der Wassersättigung abhängig ist.

Voraussetzung für den Einsatz von Refraktionsseismik ist, dass die seismische Geschwindigkeit eines Refraktors höher ist als die der

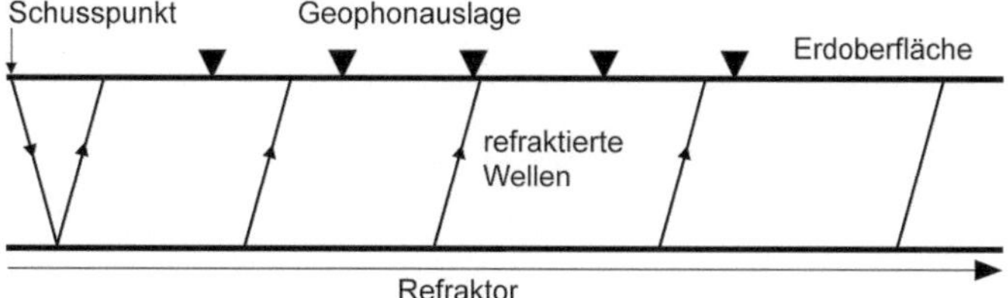

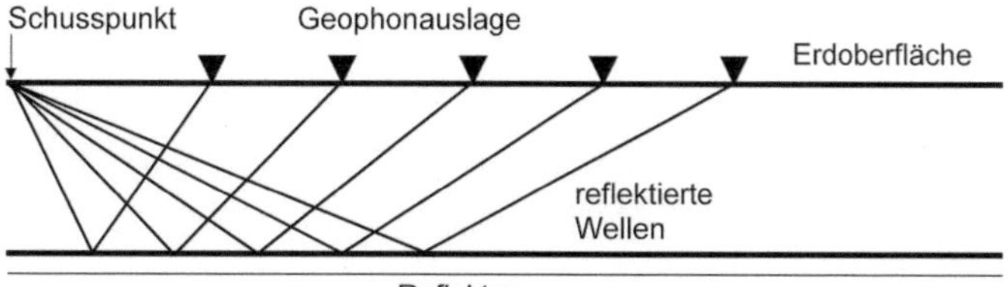

◘ **Abb. 4.4** Seismische Messverfahren; oben Verlauf der seismischen Welle bei Refraktionsseismik, unten Laufwege reflektierter seismischer Wellen (nach Freudenthaler et al. 2010)

überlagernden Schichten. Die Laufzeiten der Wellen bzw. die daraus ermittelte P-Wellengeschwindigkeit v_s in m/s liefert bei ausreichender Differenzierung Angaben über Geschwindigkeitsverteilung, Grenzflächenstruktur und Grenzflächentiefe eines geschichteten Untergrundes. In nichtbindigen Lockersedimenten zeichnet sich auch die Grundwasseroberfläche meist als markante seismische Grenzfläche ab.

Die seismischen Daten können auf verschiedene Weise ausgewertet werden. Bei der Standardauswertung wird ein Geschwindigkeits-Tiefenbild erstellt, das den Schichtverlauf wiedergibt (◘ Abb. 4.5). Dabei wird jeder Schicht eine charakteristische Geschwindigkeit der refraktierten Welle zugeordnet, die nötigenfalls vorab in Bohrungen ermittelt bzw. überprüft werden muss (► Abschn. 4.8.3, FWS). Diese Auswertung dient in erster Linie der Erkundung der Lockergesteinsmächtigkeit bzw. der Tiefenlage der Felsoberfläche, der Abgrenzung von Auflockerungszonen im Fels und zur Einstufung, ob ein Fels noch reißbar ist oder nicht (► Abschn. 12.1). Sofern allerdings der Übergang z. B. von Hangschutt über mehr oder weniger aufgelockertes Gebirge zum kompakten Fels kontinuierlich und ohne scharfe Grenzen verläuft, sind refraktionsseismische Messungen schwer zu interpretieren.

Bei der Auswertung der gesamten Wellenform (Amplitude, Phase, Frequenz) lassen sich aus dem Wellenbild der generelle Verlauf des Refraktors und aus dem Abbrechen oder dem Versatz der Wellenzüge Angaben über Änderungen im Untergrundprofil ableiten, z. B. Wechsel im Gestein oder Verwerfungs- bzw. Störungszonen.

Eine tomographische Auswertung (Verteilung) der Kompressionswellengeschwindigkeit gibt indirekt ein Abbild von der Verteilung elastischer Materialeigenschaften wie Dichte bzw. Gebirgsqualität. Bereiche hoher Geschwindigkeit korrelieren i. d. R. mit festem Gestein, solche mit niedriger Geschwindigkeit mit Auflockerungsbereichen. Die Ergebnisse werden in Form von zweidimensionalen Schnitten mit schwarz-weiß oder farbig codierter Verteilung der Geschwindigkeiten dargestellt (s. a. ► Abschn. 19.3.3).

Außer den Oberflächenmessungen kann auch von zwei oder mehreren Bohrungen aus elektromagnetische oder seismische **Bohrlochtomographie** eingesetzt werden. Bei der Cross-Hole-Tomographie darf der Abstand zwischen den Bohrungen nicht größer sein als 30–40 m, max. 50 m (◘ Abb. 4.6). Die seismische Tomographie liefert ein flächiges Bild über die Verteilung der Kompressionswellengeschwindigkeit

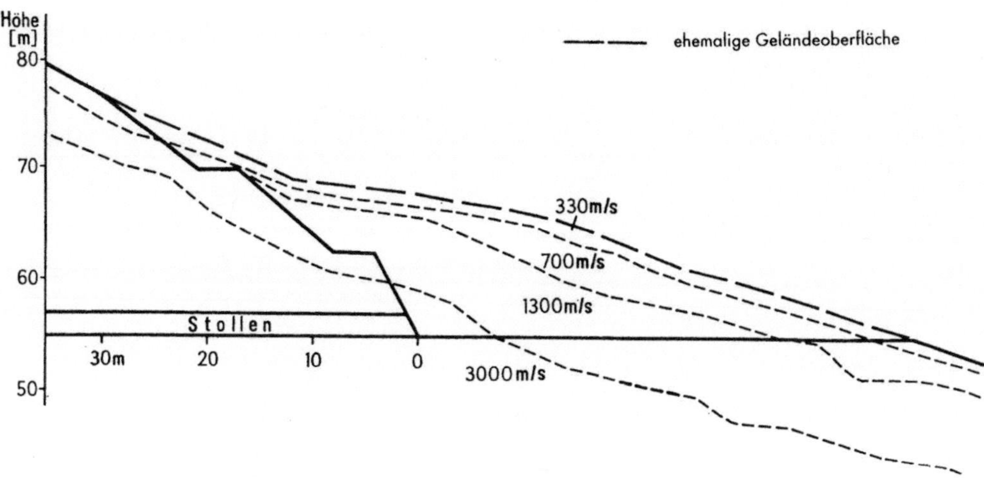

◘ **Abb. 4.5** Refraktionsseismische Erkundung der Mächtigkeit der Deckschichten im Bereich eines Tunnelportals (aus Stötzner 1990)

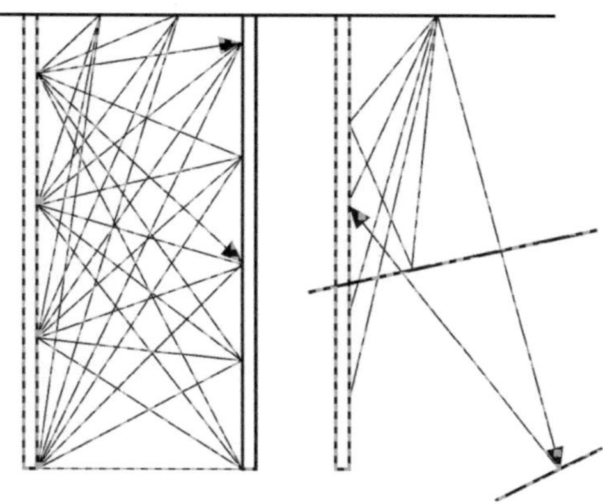

Abb. 4.6 Prinzip geophysikalischer Bohrlochmessungen mittels Cross-Hole-Tomographie (links) und Down-Hole-Messungen (rechts) aus Kielbassa et al. (2015b)

zwischen den Bohrungen und damit indirekt ein Abbild von der Verteilung gewisser Materialeigenschaften in dieser Schnittebene. Mit der wichtigste Parameter ist dabei auch wieder die Dichte, die von der Klüftigkeit des Gebirges einer eventuellen Gebirgsauflockerung oder gar Hohlräumen beeinflusst wird. Bei verfüllten Hohlräumen sind die Laufzeitanomalien allerdings weniger deutlich und die Erfahrungen mit der Methode unterschiedlich. Aus den Ergebnissen von (aufwendigeren) Scherwellenmessungen können zusätzlich verschiedene elastische Gesteinsparameter abgeleitet werden. Die Bohrungen werden i. d. R. mit Kunststoffrohren ausgebaut (Bohrdurchmesser ±150 mm). Eine Alternative mit nur einem Bohrloch sind die Down-Hole-Messungen gem. Abb. 4.6 mit der seismischen Quelle an der Geländeoberfläche.

Die Erkundung von Schichtgrenzen in Tiefen bis zu >1 km erfolgt durch **Reflexionsseismik** in Form von Spreng oder Vibroseismik. Die Vibrationsfahrzeuge oder kleinen Sprengladungen in flachen Bohrlöchern erzeugen Schwingungen, die sich im Untergrund wellenartig ausbreiten. An Grenzflächen, an denen sich die sog. seismische Impedanz (Schallhärte) ändert, wird ein Teil der ankommenden Welle gebrochen und am nächsttieferen Horizont reflektiert (s. Abb. 4.4). Aus der Laufzeit kann unter Annahme der spezifischen Ausbreitungsgeschwindigkeit auf die Tiefe der reflektierenden Grenzschicht geschlossen werden. Die reflektierten Strahlen selbst ermöglichen keine Geschwindigkeitsinformationen. Diese müssen vorab in Bohrungen ermittelt werden. Unabhängig davon weist ein Tonstein über hartem Kalkstein beispielsweise einen großen positiven Reflexionskoeffizienten und damit eine deutliche Reflexion auf, während der gleiche Tonstein über einer wenig härteren Sandsteinschicht nur einen kleineren positiven Reflexionskoeffizienten und damit eine schwache seismische Reflexion erzeugt.

Auch Schichtgrenzen mit negativen Reflexionskoeffizienten wie Schichten geringerer Festigkeit unter härteren Abfolgen können ausgewiesen werden. Steil stehende Grenzflächen werden allerdings nicht als Reflektoren erkannt, jedoch versetzen steil stehende Verwerfungen mit deutlichem Versatz i. d. R. die Schichtgrenzen und damit die Reflektoren, oder sie sind im Datensatz an dem gestörten Linienmuster erkennbar (Abb. 4.7).

Die besten Ergebnisse werden mit hochauflösender Datenerfassung erzielt – ein Mehraufwand, der sich in vielen Fällen lohnt.

Beide Methoden – hochauflösende Reflexionsseismik und Refraktionsseismik – haben Vor- und Nachteile:

- Das Auflösungsvermögen in geringer Tiefe (<10 m) ist bei Refraktionsseismik besser, das in Tiefen >50 m bei Reflexionsseismik.
- Die Dichte bzw. Gebirgsfestigkeit ist mit Refraktionsseismik besser zu erfassen.
- Störungs- und Zerrüttungszonen sind mit Reflexionsseismik besser zu erkunden.

Je nach Fragestellung sind daher eine Kombination der beiden Verfahren, die als **Hybridseismik** bezeichnet wird, und eine gemeinsame Ergebnisauswertung und -darstellung naheliegend. Mit den heutigen Messgeräten kann die Datenerfassung in einem Arbeitsgang und ohne nennenswerten zusätzlichen Feldaufwand erfolgen. Auch dabei ist zu beachten: Je kleiner die

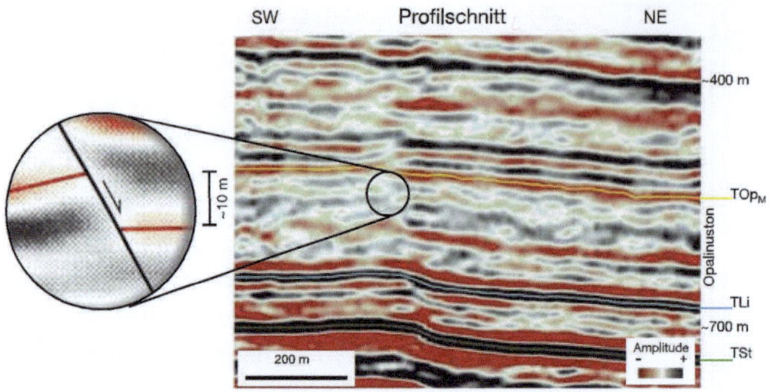

Abb. 4.7 Reflexseismisches Profil mit dem Verlauf der Reflektoren und besonderem Markerhorizont (hier TOpm = TOP Opalinuston, TLi = Top Lias, TSt = Top Stubensandstein). In der Vergrößerung ist eine Störungszone abgebildet – s. Text (aus NAGRA Bulletin 33, 2000)

Geophonabstände sind, desto besser ist das Auflösungsvermögen, und je länger die Empfängerauslage ist, desto größer ist die Eindringtiefe.

Für komplexe Fragestellungen kann außer den zweidimensionalen Profilaufnahmen (2D-Seismik), bei denen infolge der größeren Abstände zwischen den einzelnen Profillinien bei der Auswertung immer Unsicherheiten verbleiben, eine flächendeckende **3D-Seismik** eingesetzt werden. Das physikalische Messprinzip ist das Gleiche, jedoch wird nicht nur entlang einzelner Profillinien gemessen, sondern das Messfeld wird mit Linienabständen von 40–60 m flächendeckend erfasst, wodurch der Untergrundaufbau lückenlos abgebildet wird.

4.3.2.2 Geoelektrische Verfahren

Zur Erkundung der Zusammensetzung und der Verbreitung der oberflächennahen Schichten sind **geoelektrische Widerstandsmessungen** i. d. R. besser geeignet als Flachseismik. Bei den geoelektrischen Verfahren wird dem Untergrund mithilfe von zwei Einspeiseelektroden (E_1–E_2) ein elektrisches Feld aufgeprägt und die Ausbreitung des elektrischen Stroms im Untergrund an zwischenliegenden Empfängerelektroden (M–N) gemessen (Abb. 4.8). Bei Verwendung von mehr als vier Elektroden spricht man von einer Multielektrodenmessung. Die Stärke des eingespeisten Stroms und die an den Empfängerelektroden gemessene Spannung erlauben die Berechnung des scheinbaren elektrischen Widerstands in Ωm, der dem Untergrundbereich zugeordnet werden kann. Bei der Widerstandskartierung nach dem Wenner-Verfahren bleibt die Messanordnung (A–B) konstant und wird entlang von Profillinien versetzt, wodurch man ein lineares oder flächiges Kartenbild des spezifischen elektrischen Widerstands des oberflächennahen Untergrundes erhält. Bei der geoelektrischen Widerstandskartierung nach dem Pol-Dipol-Verfahren wird eine der beiden Einspeiseelektroden auf der Auslage versetzt.

Durch Vergrößerung des Abstands der Einspeiseelektroden nimmt der Einfluss der tieferen Schichten zu, und man erhält für den Mittelbereich der Elektronenauslage die maximale Eindringtiefe und eine Aussage über den Tiefenaufbau des Untergrundes (sog. Tiefensondierung). Hierfür stehen das Multielektroden-Wenner-Verfahren (Abb. 4.8) und das

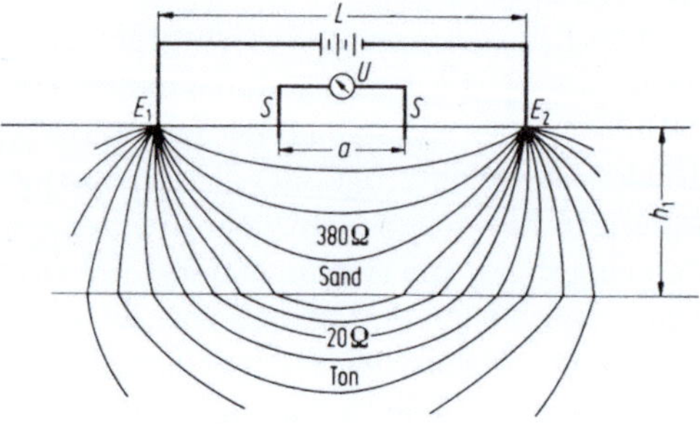

Abb. 4.8 Prinzip einer geoelektrischen Widerstandsmessung nach Wenner

Multielektroden-Schlumberger-Verfahren zur Verfügung, bei dem die beiden Messelektroden beim Vergrößern des Einspeiseelektrodenabstands ihren Abstand behalten. Eine Auswertung entlang einer Profillinie ergibt einen zweidimensionalen Tiefenschnitt entlang des Messprofils. Diese Art **geoelektrischer Tomographie** eignet sich zur Erkundung auch kleinerer Projektstandorte (◻ Abb. 4.9). Je enger der Abstand der Elektroden gewählt wird, desto detaillierter kann die jeweilige Struktur erfasst werden, und man erhält über entsprechende Auswertemethoden (sog. Inversionsrechnung) einen Untergrundschnitt mit Verteilung der elektrischen Widerstände, aus denen sich dann die Lagerungsverhältnisse und Auflockerungszonen sowie die Lage von Störkörpern oder Hohlräumen erkennen lassen.

Generell weisen bindige Erdstoffe deutlich geringere elektrische Widerstände auf als nichtbindige. Festgesteine haben allgemein recht hohe Widerstände (in Ωm):

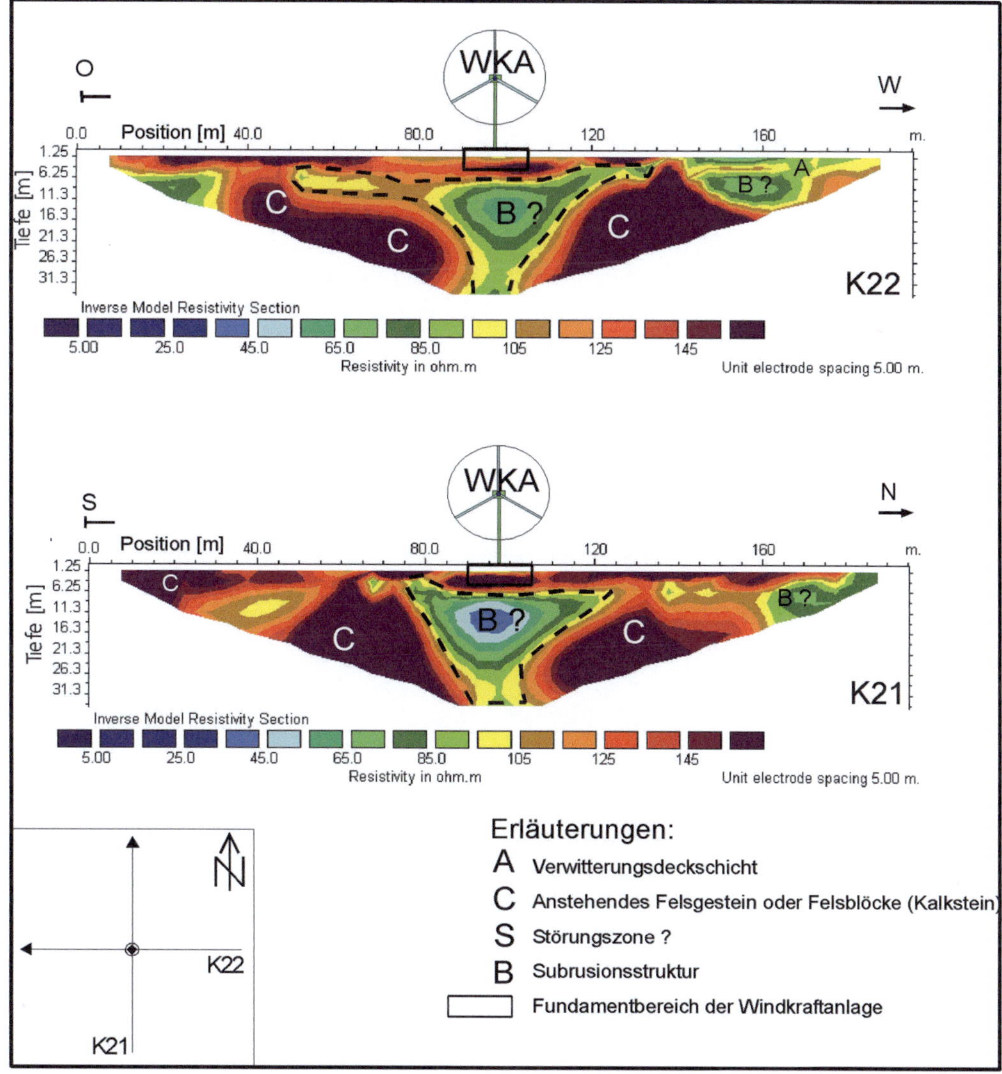

◻ **Abb. 4.9** Geoelektrische Sondierungskartierung im Kalksteinkarst (aus Schubert 2005)

Ton	<20
Schluff	>30
Sand, nass	>50
Sand, erdfeucht	>100
Fels, verwittert	100–1000
Fels, massiv	>4000

Neben dem Tongehalt hat auch der Wassergehalt großen Einfluss. Aufgrund der höheren elektrischen Leitfähigkeit von Störungszonen mit verstärkter Wasserführung, Verwitterungs- und Zersatzzonen eignen sich flächenhafte geoelektrische Widerstandskartierungen auch gut zur Erkundung tektonischer Strukturen.

4.3.2.3 Georadar und Mikrogravimetrie

Beim **Georadar** („radio detection and ranging") werden sehr kurzwellige elektromagnetische Wellen in den Untergrund gesendet, die an Grenzen unterschiedlicher Materialien teilweise reflektiert und teilweise transmittiert werden (◘ Abb. 4.10). Die Messfrequenz muss auf die interessierende Messtiefe abgestimmt werden. Als Messwert erhält man die weg- bzw. tiefenabhängige Laufzeit und die Intensität der reflektierten Welle. Die Intensität ist umso stärker, je größer die Kontraste der physikalischen Kenngrößen der Materialien sind. Besonders starke Reflexionen erzeugen die Grundwasseroberfläche, Schichten mit deutlich höheren Wassergehalten, die Grenzflächen von luft- oder wassererfüllten Hohlräumen und auch metallische Gegenstände.

Im Feldeinsatz werden Sende- und Empfangsantenne auf einer Art Schlitten über die zu messende Strecke gezogen, wobei die entstehenden Radargramme auf dem Bildschirm erscheinen und eine relativ genaue Ansprache der Struktur des Untergrundaufbaus (Schichtgrenzen, Felsoberfläche) und von Störkörpern (Leitungen, Gegenstände, Findlinge, Hohlräume) ermöglichen. Die Eindringtiefen liegen je nach Bodenaufbau im Bereich von einigen Metern bis Zehnermetern. Das Verfahren kann auch in urbanen Gebieten eingesetzt werden, in denen die geophysikalischen Standardmethoden nicht oder nur sehr eingeschränkt anwendbar sind. Reuther et al. (2007) berichten von guten Erfolgen bei verdeckten Strukturen im flachen Untergrund. Von Geoforensikern werden Radarmessungen auch zum

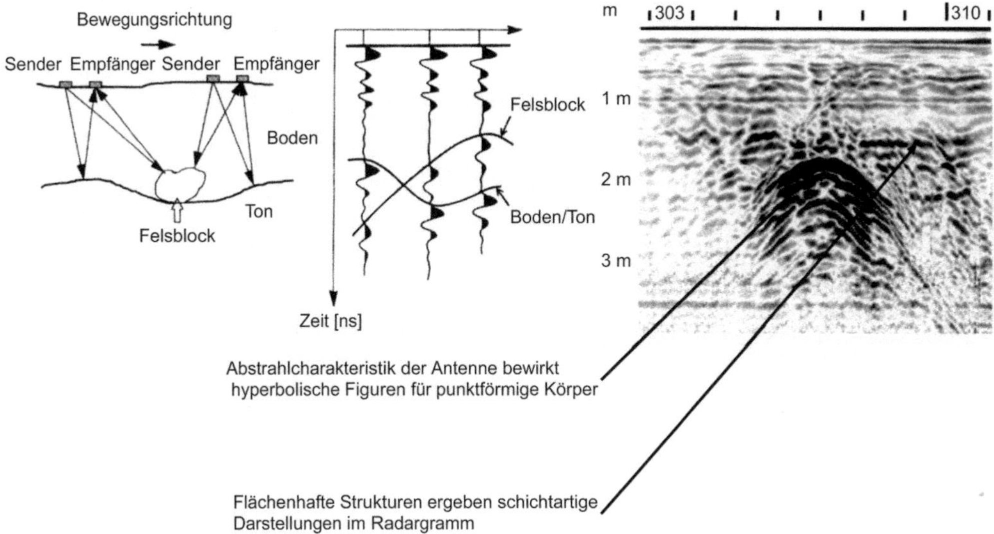

◘ **Abb. 4.10** Schematische Darstellung, Messergebnisse und Auswertung einer Georadarmessung (Schubert, Hofgeismar)

Aufspüren vergrabener Mordopfer eingesetzt (Höflinger 2014).

Zur Erkundung von Hohlräumen und daraus resultierenden Auflockerungen (▶ Abschn. 16.4.2.1 und 19.3.2) wird auch **Mikrogravimetrie** eingesetzt. Das Schwerefeld der Erde wird durch die Massenverteilung im Untergrund beeinflusst. Bei der angewandten Gravimetrie werden über ein Feldpunktnetz (Abstand etwa 20 m) die relativen Schwerewerte, bezogen auf das amtliche Deutsche Schwerenetz, ermittelt und als Schwereanomalien auf Karten dargestellt. Minimalwerte zeigen lokale Massendefizite an. Bei linearer Aufreihung besteht auch Verdacht auf eine tektonische Störungszone (Hohlfeld et al. 2011). Maximalwerte deuten dagegen auf eine lokale Massenmehrung, z. B. einen ungewöhnlichen Festgesteinskörper im Untergrund, hin. Für projektbezogene mikrogravimetrische Messungen werden die Messpunkte flächenhaft in enger rasterförmiger Reihenfolge angeordnet, mit Messpunktabständen von bis zu 2 × 2 m (Kielbassa et al. 2015b).

4.3.2.4 Einsatzplanung geophysikalischer Untersuchungen

Der zweckmäßige Einsatz geophysikalischer Feldmessungen erfordert eine gewisse Erfahrung. Für Maßnahmen des Straßenbaus liegt ein Merkblatt „Hinweise zur Anwendung geophysikalischer Messverfahren im Straßenbau" vor (s. Anhang). Allgemein sollten die Einsatzmöglichkeiten vorab mit dem Geophysiker abgesprochen werden, um die Grenzen der einzelnen Methoden zu erkennen und Misserfolge infolge von zu hohen Erwartungen zu vermeiden. In vielen Fällen hat es sich als zweckmäßig erwiesen, zwei (oder mehr) verschiedene geophysikalische Verfahren einzusetzen und die Ergebnisse nachher zur Deckung zu bringen.

Die ingenieurgeologische Auswertung der oft mehrdeutigen geophysikalischen Messergebnisse muss unter Berücksichtigung aller geologischen Grundlagen erfolgen. Auf den Einsatz von Untersuchungsbohrungen kann dabei nicht verzichtet werden, da die Zuordnung der geophysikalischen Grenzflächen zu geologischen Schichtgrenzen sonst äußerst problematisch ist. Mithilfe der Geophysik können jedoch die tektonischen Strukturen vorab erkannt, die Bohrungen gezielt angesetzt, ihre Ergebnisse auf die Fläche übertragen und damit die Bohrkosten wesentlich eingeschränkt werden, ohne dass die geologische Prognose an Zuverlässigkeit verliert.

In städtischen Bereichen können einige der geophysikalischen Standardmethoden nicht oder nur sehr eingeschränkt eingesetzt werden. Reuther et al. (2007) berichten von speziellen geophysikalischen Verfahren zum Erfassen des verdeckten flacheren und tieferen Untergrundes in stärker bebauten Gebieten.

4.3.3 Gasgeochemisches Monitoring

Geogene Bodengase wie CO_2, CH_4, N_2, H_2S, aber auch die Edelgase Helium und Radon sind im Untergrund und im Grundwasser weit verbreitet. Die **Löslichkeit von Gasen im Grundwasser** ist gasspezifisch und hängt vom Druck, von der Temperatur und vom Lösungsinhalt des Wassers ab. Mit abnehmendem Partialdruck entweicht das jeweilige Gas(gemisch) so lange, bis ein Gleichgewicht besteht, und es kann zu Mineralausscheidungen kommen (▶ Abschn. 10.5.3 und 17.2.5.3). Dies gilt besonders für CO_2, dessen Partialdruck an der Atmosphäre nahe Null liegt.

Auf die Eigenschaften der Gase und die spezifischen Gefahrensituationen wird in den jeweiligen Einzelabschnitten hingewiesen (▶ Abschn. 16.5.1, 17.2.6 und 19.2.1.2).

4.3.3.1 Erhöhte Gasgehalte an tektonischen Störungszonen

An tief reichenden Störungszonen sind auch in den oberflächennahen Schichten oft erhöhte Gasgehalte nachweisbar. Zur Erkundung von Störungszonen und anderen Auflockerungszonen werden deshalb gelegentlich gasgeochemische Bodenluftuntersuchungen eingesetzt. Aus 0,8 bis z. T. 3,0 m tiefen Rammbohrlöchern wird entweder mittels Kolbenprober direkt eine Bodenluftprobe entnommen, oder es werden, gegen die Außenluft abgedichtete temporäre oder stationäre Bodenluftmessstellen (1,0“ bis 1,5“) eingerichtet. Die Untersuchung der Bodenluft erfolgt dann nach vorherigem Absaugen des Messstelleninhalts nach min. 24-stündiger Standzeit entweder halbquantitativ mittels spezieller Prüfröhrchen oder durch Auffangen der in der Bodenluft enthaltenen Gase mit aktivkohleähnlichen Substanzen, den sog. Absorbenzien. Bei der gaschromatographischen Analyse werden die Absorbenzien dann aufgeheizt, wobei die Gase konzentriert freigesetzt und mittels Massenspektrometrie analysiert werden. Auf die VDI-Richtlinie 4300 wird verwiesen.

Unterschieden werden thermogene Gase, die durch thermokatalytische Umwandlung von im Gestein eingeschlossenem organischem Material in tief abgesenkten Sedimenttrögen entstehen (CO_2, CH_4, H_2S, N_2), radiogene Gase (Radon, Helium) sowie bakteriell gebildete biogene Gase (CH_4, CO_2, H_2S, NH_3).

Die Zusammensetzung der **thermogenen Gase** ist regional unterschiedlich, was sowohl mit ihrer Herkunft aus dem tiefen Untergrund als auch mit der Löslichkeit des CO_2 im Grundwasser zusammenhängen kann. In Nordböhmen (Egergraben) und im südlichen Vogtland dominieren z. B., wie auch in vielen anderen Bäderregionen, Gase mit hohen CO_2-Gehalten. Im benachbarten Erzgebirge herrschen dagegen N_2-reiche Gase vor, z. T. mit Methangehalten von bis zu 30 %. Die stickstoffreichen Gase sind offensichtlich an die regionalen Tiefstörungen des Erzgebirges gebunden. N_2 ist dabei immer von Helium begleitet (Weinlich 2008).

Kohlendioxid (CO_2) entsteht sowohl beim Abbau und bei der Zersetzung von organischem Material im Boden als auch bei vulkanischen und plutonischen Prozessen. Die im Magma gelösten Gase, in erster Linie CO_2, werden beim Erkalten und bei abnehmendem Druck freigesetzt. Das CO_2 akkumuliert in Speichergesteinen und sog. tektonischen Fallen unter abdichtend wirkenden Schichten oder kann an tief reichenden Störungszonen oder Basaltgängen an die Oberfläche migrieren. Mit dem Auftreten von Kohlendioxidgas (CO_2) ist besonders im Bereich tief reichender Störungszonen, in und am Rand von Vulkangebieten sowie in Regionen mit Mineralwasservorkommen zu rechnen. In solchen „CO_2-Zonen“ kann es beim Durchstoßen eines abdichtenden Schichtkomplexes und beim Anbohren von unter Druck stehenden CO_2-Speichergesteinen zu Gasausbrüchen kommen. In jungen Vulkangebieten wie der Eifel sind Kohlendioxidaustritte (Mofetten genannt) weit verbreitet.

Thermogene Kohlenwasserstoffe aus gasabspaltenden Muttergesteinen im tieferen Untergrund (überwiegend **Methan**, CH_4) sind besonders in abgesunkenen Sedimenttrögen zu erwarten, z. B. dem norddeutschen Becken, dem Münsterländer Becken, der Lausitz, dem Südharz-Kalirevier, den Steinkohlenrevieren des Ruhrgebiets, der Saar-Nahe-Senke und den sächsischen Kohlerevieren, aber auch im Oberrheingraben und im Molassebecken (▶ Abschn. 16.5.1 und Wildberger 2000; Notacker et al. 2005; Strauß 2008). Im Verbreitungsgebiet des Unterjura ist auch im oberflächennahen Untergrund mit Methan aus dem Posidonienschiefer (Ölschiefer) zu rechnen, wobei sein Auftreten je nach Überlagerung mit Opalinuston und der Ausbildung des Ölschiefers regional verstärkt sein kann, so z. B. im Gebiet von Reutlingen (▶ Abschn. 17.2.6).

Bei Bohrarbeiten mit Verdacht auf höhere Bodengasgehalte sind Sicherheitsmaßnahmen anzuraten, wie Gaswarngeräte auf nicht atembare oder explosive Gase (CH_4, CO_2, CO, H_2S) und ggf. ein Gaspreventer mit Absperrvorrichtung.

In geringen Konzentrationen kommen in der Bodenluft auch **radiogene Gase** vor, die im tieferen Untergrund durch natürlichen Zerfall von radioaktiven Zerfallsprodukten des Urans entstehen. Dazu gehören im Wesentlichen die chemisch inerten Edelgase Radon (^{222}Rn) und Helium (^{4}He). Besonders hohe Konzentrationen dieser Gase in der Bodenluft sind ein deutlicher Hinweis auf gestörtes Gebirge (▶ Abschn. 4.3.3.2).

Hinzu kommen im oberflächennahen Boden **bakteriell gebildete Gase** wie Kohlendioxid

(CO_2), Methan (CH_4), Schwefelwasserstoff (H_2S), Wasserstoff (H_2), Ammoniak (NH_3) und Stickstoff (N_2).

Die Gaskonzentrationen in der Bodenluft sind außerdem abhängig vom Bodentyp und von der Vegetation und unterliegen aufgrund meteorologischer Einflüsse deutlichen Schwankungen (Müller et al. 1998; May 2006). Bodenluftmessungen sollten deshalb nur in niederschlagsarmen Wochen vorgenommen werden. Die CO_2-Gehalte zeigen außerdem einen deutlichen Jahresgang, der mit der biologischen Aktivität im Boden korreliert (Liebscher et al. 2012).

Diese oberflächenbedingten, weit verbreiteten Hintergrundwerte der Bodengase müssen beim Detektieren von tief reichenden Anomalien berücksichtigt werden. Solche Überschneidungen können nicht nur mit den oben genannten thermogenen Gasen auftreten, sondern auch mit Gasen aus Deponien und Altablagerungen. Hinweise auf die Herkunft der Gase (thermisch oder bakteriell) ergeben sich nötigenfalls durch isotopenchemische Untersuchung der Gasgemische (s. May et al. 2003).

Störungszonen lassen sich in ihrem streichenden Verlauf selten lückenlos nachweisen. Sie können verspringen oder abschnittsweise wenig wegsam sein. Deshalb müssen die Ergebnisse immer durch andere Erkundungsmethoden (geologische Kartierung, Luftbildauswertung, Geophysik) ergänzt werden.

4.3.3.2 Natürliche Radioaktivität und Radonprävention

Natürliche radioaktive Hintergrundstrahlung ist praktisch allgegenwärtig. Sie kommt sowohl aus dem Weltall (kosmische Strahlung) als auch aus dem Untergrund (terrestrische Strahlung). Die Strahlungsaktivität einer radioaktiven Substanz wird in der Einheit Becquerel (Bq) ausgedrückt und auf das Volumen oder die Masse bezogen (z. B. Bq/m^3). Die Strahlenbelastung auf Organismen wird dagegen in der relativen Äquivalenzdosis Millisievert (mSv) angegeben.

Die **terrestrische Strahlung**beruht darauf, dass nahezu alle Gesteine, wenn auch geringe, aber messbare Radioaktivität aufweisen. Sie wird durch den Zerfall des Kalliumisotops ^{40}K und z. T. auch durch die radioaktiven Elemente der Uran-Thorium-Reihe verursacht. Kalium tritt besonders in Feldspäten und Tonmineralen auf. Ton enthält durchschnittlich 3 % Kalium, das wiederum 0,012 % des radioaktiven ^{40}K enthält, 20 ppm Thorium und 6 ppm Uran. Die Messung der natürlichen Gamma-Strahlung ist deshalb Standardmethode zur Gesteinsbestimmung (Gamma Ray, ► Abschn. 4.8.3).

Signifikant erhöhte Radioaktivitätswerte zeigen vor allem magmatische Gesteine, besonders Granit und die begleiteten Ganggesteine saurer Vulkanite. Bei der Verwitterung gelangen die natürlichen Radionuklide (strahlende Atomkerne) in den Sedimentkreislauf und lagern sich besonders an tonigen und organischen Anteilen in den Sedimenten an. Der Gehalt an Radionukliden in den Gesteinen und ihre Aktivität (in Bq/kg) sind sehr unterschiedlich (aus NAGRA-Themenheft 6/2013):

Braunkohle	40
Kalkstein	120
Steinkohle	280
Basalt	325
Sandstein	545
Ton, Lehm	1100
Granit, Gneis	1220

Auch Tiefenwässer weisen häufig deutlich erhöhte Gehalte an Radionukliden auf (z. B. Mineralwasser, Grenzwert 10 µg/l).

Die radioaktiven Stoffe sind instabil und zerfallen in charakteristischen Halbwertszeiten in eine Reihe weiterer radioaktiver Zerfallsprodukte, an deren Ende das gasförmige Radon-222 (^{222}Rn) steht, dessen Halbwertszeit etwa 3,8 Tage beträgt (s. a. Henscheid 2014). Radon und seine Zerfallsprodukte machen bis zu ²/₃ der jährlichen Strahlenbelastung von 1–10, im Mittel 5 mSv/a aus (s. a. ► Abschn. 16.3.2).

Das **Auftreten und die Migration von Radon** an die Geländeoberfläche sind abhängig

- vom Radionuklidgehalt der Gesteine und von der Radonfreisetzung,

- von der Gaspermeabilität des Untergrundes und
- von wenig gaswegsamen Sperrschichten im Untergrund.

Das Edelgas Radon ist sehr mobil. Es steigt im Untergrund über Kluft- und Störungszonen auf und reichert sich im Kluft- oder Porenvolumen und an Kluftbelägen an. In den Deckschichten erfüllt das Radongas das Porenvolumen, lagert sich in der feinen Kornfraktion und an der organischen Substanz an oder entweicht in die Atmosphäre.

Radon ist unsichtbar, geruch- und geschmacklos, weder brennbar noch giftig, aber in Wasser gut löslich. Es ist in geringen Konzentrationen im Untergrund (Bodenluft) und im Grundwasser weit verbreitet, tritt aber gebietsweise auch in hohen Konzentrationen von teilweise mehreren Tausend Bq/m^3 auf. Die Radonkonzentration in der Bodenluft wird in Bohrungen in etwa 1 m Tiefe gemessen (▶ Abschn. 4.3.3.1). Die Angabe erfolgt meist in kBq/m^3. Gebiete mit erhöhter Bodenluftkonzentration werden als **Radongebiete** bezeichnet, z. B. Harz, Südschwarzwald, Thüringer Wald, Erzgebirge und Fichtelgebirge sowie Teile des Franken- und Bayernwalds, des Odenwalds, der Eifel und auch des Ruhrgebiets sowie auch einigen anderen Regionen in Deutschland wie dem Nordpfälzer Bergland und dem Nahetal oder an der mittleren Mosel (s. d. Radonhandbuch oder Henscheid 2014).

Seit Ende der 1990er-Jahre liegt in Deutschland eine Übersichtskarte 1 : 1.000.000 der Radonkonzentration in der Bodenluft vor, die sich aber wegen des Maßstabs nicht für die Ausweisung einzelner Baugebiete eignet. Dazu dienen in den meisten betroffenen Bundesländern inzwischen spezielle Radonprognosekarten, in denen Gebiete mit

- erhöhten (40–100 kBq/m^3) oder
- hohen (>100 kBq/m^3)

Radonkonzentrationen ausgewiesen sind. Auch in den Stellungnahmen zu Bauleitplänen wird i. d. R. auf Radongebiete und auf die damit verbundene Gefährdung hingewiesen.

Das an die Geländeoberfläche migrierende Radongas sammelt sich in natürlichen oder künstlichen Hohlräumen (Brunnen, Stollen, Kellerräume) an oder entweicht in die Luft. Dort wird es durch die Luftbewegung verdünnt, sodass in der freien Luft allgemein nur geringe Werte von <20 Bq/m^3 gemessen werden. Die Konzentrationswerte zeigen außer den regionalen und örtlichen Unterschieden auch deutliche saisonale Schwankungen und sind auch von den Wetterbedingungen abhängig. In Gebäuden gelangt das radioaktive Gas i. d. R. über Fugen und feine Risse in den Kellerfußböden und -wänden sowie über undichte Leitungsdurchbrüche in die Hausinnenräume und dringt über undichte Kellertüren in die höheren Geschosse, wobei es immer stärker verdünnt wird.

Die durchschnittliche Strahlenkonzentration in Innenräumen liegt bei etwa 50 Bq/m^3. Radon wird mit der Atemluft aufgenommen. Während das Radongas selbst zum größten Teil wieder ausgeatmet wird, verbleiben seine Zerfallsprodukte, die sich an feinste Staubpartikel anlagern, längere Zeit in den Atmungsorganen und greifen die Zellschichten des Bronchial- und Lungengewebes an. Das Lungenkrebsrisiko ist umso größer, je höher der Radongehalt ist. Eine gesetzliche Regelung mit einem verbindlichen Grenzwert gibt es nicht. Hier gilt das sog. LNT-Modell („linear, no threshold"), das besagt, dass radioaktive Strahlung nie ungefährlich ist (ohne unteren Grenzwert) und die Gefährdung mit der Dosis steigt.

Bei der Bewertung der Radonproblematik in Gebäuden sind zu berücksichtigen:

- Klärung der Ausgangslage (Radongebiet) und der Untergrundsituation (Tonschichten sind weitestgehend dicht),
- Lage und Nutzung der Räume (Keller, nicht unterkellerte Hausbereiche, bes. in Hanglage),
- Eintrittswege des Radongases in das Gebäude (konvektiver Transport über Leitungsdurchbrüche, Fugen, Risse und andere Leckagen),
- Ausbreitungswege innerhalb der Gebäude (Treppenhäuser, thermischer Auftrieb).

Die bisherigen üblichen **Richtwerte für Wohngebäude** liegen zwischen 100 und 400 Bq/m^3 Raumluft. Die Europäische Organisation für Atomenergie und Strahlenschutz (Euratom) empfiehlt ab dem Jahr 2018 einen Radongehalt in Innenräumen von <300 Bq/m^3 im Jahresmittel. In Deutschland liegt derzeit noch kein verbindlicher Richt- oder Referenzwert vor. Das Bundesamt für Strahlenschutz (BfS) und die Weltgesundheitsorganisation halten einen Wert von 100 Bq/m^3 für sinnvoll. Ab dieser Konzentration ist statistisch ein höheres Gesundheitsrisiko nachweisbar (Ahrens 2016). Nach derzeitiger Vorgehensweise in einigen betroffenen Bundesländern kann in Gebieten mit erhöhtem Radonpotenzial (40–100 kBq/m^3) bei geeigneter Bauausführung bedenkenlos gebaut werden. Bei hohem Radonpotenzial (>100 kBq/m^3) sollten nicht nur bei Neubauten, sondern auch in bestehenden Gebäuden Gegenmaßnahmen getroffen werden.

Als **Schutzmaßnahmen** gegen erhöhte Radonkonzentrationen werden außer regelmäßigem Lüften abgestufte Maßnahmen zur Abdichtung der erdbodennahen Räume (Bodenplatte, geosynthetische Dichtungsbahn, ggf. Luftdränagesystem) empfohlen. Energetisch sanierte Gebäude gelten wegen des eingeschränkten Luftaustauschs als besonders problematisch. Einzelheiten zu den Messungen und bautechnischen Maßnahmen s. auch Radon-Handbuch Deutschland des BfS oder Henscheid (2014).

4.4 Direkte Aufschlussmethoden

4.4.1 Gesetzliche Vorschriften

Alle durch mechanische Kraft angetriebenen Bohrungen müssen nach dem **Lagerstättengesetz** von 1934 mit Änderung von 1974 und 2001 zwei Wochen vor Beginn der Arbeiten von der Bohrfirma dem zuständigen Geologischen Landesdienst angezeigt und die Bohrergebnisse nachher in Form von Schichtenverzeichnissen zur Verfügung gestellt werden. Bohrungen von über 100 m Tiefe stehen darüber hinaus nach dem **Bundesberggesetz** von 1980, zuletzt geändert 2010, unter Bergaufsicht und sind vorab der zuständigen Bergbehörde anzuzeigen. Hierbei sind vonseiten der Bohrfirma Angaben über die Lage der Bohrpunkte, den Zweck der Bohrungen und auch verschiedene bohrtechnische Daten (Bohrverfahren, Durchmesser, Tiefe) zu machen.

Die EU-Wasserrahmenrichtlinie (WRRL) von 2006 verlangt von den Mitgliedsstaaten einen verstärkten Schutz des Grundwassers (u. a. das sog. Verschlechterungsverbot). Dieser ist im **Wasserhaushaltsgesetz** (WHG von 1957, in der Fassung von 2015) vor allen Dingen durch den Besorgnisgrundsatz des § 48 Abs. 1 sichergestellt, wonach keine auch nur entfernt liegenden Wahrscheinlichkeiten gegeben sein dürfen, dass auch in weiterer Zukunft negative Auswirkungen der Grundwasserqualität eintreten können. Nach dem Wasserhaushaltsgesetz und den entsprechenden Ländergesetzen (LWG) gelten sowohl Eingriffe in das Grundwasser als auch die Entnahme von Bohrwasser aus oberirdischen Gewässern bzw. seine Einleitung als Benutzung und bedürfen behördlicher Zulassung. Für eine solche Zulassung liegen verschiedene Rechtsformen vor. Die einfachste, eine widerrufliche Erlaubnis ist in einem vereinfachten Verfahren bei der Unteren Wasserbehörde zu beantragen. In einigen Bundesländern gilt bereits das Anbohren des Grundwassers als Benutzung und ist, wie auch die Einrichtung von Grundwassermessstellen oder die Durchführung von Pumpversuchen erlaubnispflichtig. Ist das abgepumpte Wasser schadstoffbelastet, so ist im Einzelfall zu entscheiden, ob aufgrund der örtlichen Vorbelastung des Grundwassers eine schädliche Verunreinigung vorliegt oder nicht. Kontaminiertes Wasser muss ggf. mit Tankwagen entsorgt werden.

Grundsätzlich müssen alle Geräte und Maschinen, in denen wassergefährdende Stoffe zum Einsatz kommen, so aufgestellt werden und betrieben werden, dass eine Verunreinigung des Grundwassers ausgeschlossen werden kann. Soweit möglich, sind umweltverträgliche Schmierstoffe und Hydrauliköle, d. h. Stoffe der

Wassergefährdungsklasse WGK 1 (i. Allg. nicht wassergefährdend), einzusetzen (s. Allgemeine Verwaltungsvorschrift über die Einstufung wassergefährdender Stoffe in Wassergefährdungsklassen, VwVwS 2005).

Die **Grundwasserverordnung** (GrwV i. d. Mantelverordnung des BMUB 2015 - Entwurf) unterscheidet zum Schutz des Grundwassers zwischen einem mengenmäßigen und einem chemischen Grundwasserzustand. Der mengenmäßige Zustand betrifft die Entwicklung der Grundwasserstände und von Quellschüttungen. Beim chemischen Grundwasserzustand werden Hintergrundwerte und Schwellenwerte unterschieden.

- Der **Hintergrundwert** ist ein nicht oder nur unwesentlich durch menschliche Tätigkeit beeinflusster (und damit i. W. geogen bedingter) Konzentrationswert eines Stoffs.
- Ein **Schwellenwert** ist ein zum Schutz der menschlichen Gesundheit festgelegter Konzentrationswert eines Schadstoffs oder einer Schadstoffgruppe. Die Schwellenwerte der GrwV 2010 entsprechen der Qualitätsnorm gem. EG-Richtlinie bzw. den Grenzwerten der Trinkwasserverordnung:

Substanzname	Schwellenwert
Nitrat (NO_3)	50 mg/l
Pflanzenschutzmittel	
– einzeln:	0,1 µg/l
– gesamt:	0,5 µg/l
Arsen (As)	10 µg/l
Cadmium (Cd)	0,5 µg
Blei (Pb)	10 µg/l
Quecksilber (Hg)	0,2 µg/l
Ammonium (NH_4^+)	0,5 mg/l
Chlorid (Cl^-)	250 mg/l
Sulfat (SO_4^{2-})	240 mg/l
Tri- und Tetrachlorethen, gesamt	10 µg/l

Liegt ein Schwellenwert niedriger als der entsprechende Hintergrundwert im Grundwasserkörper, so legt die zuständige Behörde einen abweichenden Schwellenwert fest. Darüber hinaus enthält die GrwV jeweils eine Liste gefährlicher bzw. sonstiger Schadstoffe und Schadstoffgruppen ohne Angabe von Schwellenwerten.

Bei Aufschlussarbeiten in **Wasserschutzgebieten** und Einzugsgebieten von öffentlichen Wassergewinnungsanlagen sind sowohl die Richtlinien für Trinkwasserschutzgebiete bzw. Heilquellenschutzgebiete zu beachten als auch im Bedarfsfall die Richtlinien für bautechnische Maßnahmen an Straßen in Wasserschutzgebieten (RiStWag 2002; BeStWag 1993, ► Abschn. 12.2.7) bzw. die Richtlinien für die Anwendung von Wasserrecht auf Betriebsanlagen der Deutschen Bahn AG (1992). Auch zeitlich begrenzte punktförmige Eingriffe wie Erkundungsbohrungen oder Pfahlbohrungen unterliegen i. d. R. einer Einzelfallprüfung. Die üblichen Auflagen bzw. Schutzmaßnahmen für Arbeiten in Trinkwasserschutzgebieten, deren Anwendung im Einzelnen von der Untergrundbeschaffenheit abhängt, sind nachstehend zusammengefasst (s. a. Hölting und Coldewey 2013:339):

Zone I	Fassungsbereich i. Allg. ≤ 10–50 m	Aufschlussarbeiten i. d. R. nicht zulässig
Zone II	engere Schutzzone ≥50 m, 50 Tage Verweildauer, kann bei günstiger Untergrundbeschaffenheit entfallen	Aufschlussarbeiten nur ausnahmsweise und im Einvernehmen mit der Wasserbehörde und den betr. Wasserversorgungsunternehmen. Schürfe und Bohrungen sind, abgestimmt auf die ursprünglichen Verhältnisse, sorgfältig und kurzfristig zu verfüllen. Die eingesetzten Geräte sind gegen Öl- und Treibstoffverluste zu sichern (Ölauffangwannen)

Zone III	weitere Schutzzone bis 2 km III A	Schürfe und Bohrungen sind, abgestimmt auf die ursprünglichen Verhältnisse, sorgfältig zu verfüllen. Grundwassermessstellen sind in den oberen Metern nötigenfalls zu zementieren. Versickerung von wassergefährdenden Flüssigkeiten (Treibstoffe, Hydrauliköl, Schmiermittel) ist durch Folien o. Ä. zu verhindern. Liegen Bohrpunkte näher als etwa 500 m zu den Gewinnungsanlagen, können zusätzliche Maßnahmen nötig werden
	über 2 km III B	gewisse Erleichterungen gegenüber III A möglich

Wasserschutzgebiete alleine gewährleisten keinen flächendeckenden Grundwasserschutz. Hierzu müssten der geologische Untergrundaufbau und die komplizierten Vorgänge im Boden stärker in den Grundwasserschutz einbezogen werden. Oberstrom von Gewinnungsanlagen sollte deshalb nur mit sauberem Wasser gebohrt werden und z. B. nicht etwa mit Wasser aus verunreinigten Bächen.

In **Heilquellenschutzgebieten** (HQSG) sind die vom Bildungstyp des Heilwasservorkommens (Typ 1, 2 oder 3) abhängigen qualitativen Schutzzonen I–III sowie die Zonen A und B gegen quantitative Beeinträchtigung zu beachten (Zone A = engerer Zustrombereich, Zone B = weiterer Zustrombereich). Für den qualitativen Schutz wird auch auf das DVGW-Arbeitsblatt W 101 (2006) verwiesen (s. a. Hölting und Coldewey 2013:346).

Die üblichen **Maßnahmen zum Grundwasser- und Heilquellenschutz** sind Untersagung, Beschränkung und Überwachung. Zu den Überwachungsmaßnahmen zählen neben der Beobachtung der Bohrwasserstände auch Vor-Ort-Messungen der pH-Werte und der elektrischen Leitfähigkeit (► Abschn. 4.6) sowie ggf. der Kohlensäureentwicklung in der Bohrlochluft und/oder eine Wasserprobenentnahme mit analytischer Bestimmung der freien Kohlensäure (► Abschn. 9.5.1). Die Einstufung bzw. Bewertung kann über sog. Warnwerte und Einstellungswerte erfolgen (◘ Tab. 4.3).

In **Naturschutzgebieten** aller Art, auch Grabungsschutzgebieten, sind das Bundesnaturschutzgesetz (BNatG) sowie die **Denkmalschutzgesetze** (DSchG) der Bundesländer zu beachten. Die Denkmalschutzbehörden können in über die zu erwartenden Auflagen Auskunft geben und in den meisten Fällen vorab sagen, ob in einem bestimmten Gebiet Bodendenkmäler zu erwarten sind (► Abschn. 9.1).

In **Naturschutz- oder Landschaftsschutzgebieten** ist gem. BNatSchG außerdem ein Antrag auf Genehmigung zur Durchführung der Aufschlussarbeiten bei der Unteren Naturschutzbehörde zu stellen. Hierbei wird Wert darauf gelegt, dass Tiere zur Brutzeit nicht gestört, der Vegetationsbestand geschont und die Bohrstellen rekultiviert werden.

Bei Aufschlussarbeiten ist immer an die **Beachtung von Versorgungsleitungen** aller Art zu denken (Strom, Gas, Wasser, Telefon und Internet, Abwasserkanäle, Fernheizungen u. a.m). Bei den Versorgungsträgern sind

◘ **Tab. 4.3** Beispiele für Warn- und Einstellungswerte bei Erkundungsbohrungen (hier: Stuttgart 21)

Parameter	Warnwerte	Einstellungswerte
CO_2-Gehalt in der Bohrlochluft	5 Vol.-%	10 Vol.-%
Freie Kohlensäure im Grundwasser	500 mg/l	1000 mg/l
Elektrische Leitfähigkeit (LF)	3000 µS/cm³	4500 µS/cm³
pH-Wert	6,5	6,5

Angaben über die Existenz und den Verlauf unterirdischer Leitungen einzuholen und im Bedarfsfall verbindliche Leitungspläne zu versorgen. Vor Ort muss die Lage vorhandener Leitungen festgestellt (Einmessung, Leitungssuchgeräte) bzw. nötigenfalls ein Suchschlitz angelegt werden. Außerdem ist zu erfragen, ob auf dem Baugelände mit **Kampfmitteln** (Blindgängern) zu rechnen ist. Wenn ja, sind die Aufschlusspunkte ggf. abzusuchen. Werden bei Aufschlussarbeiten oder auf einer Baustelle Blindgänger, Munition o. Ä. angetroffen, so ist die Fundstelle abzusperren und die nächste Polizeidienststelle sowie der Kampfmittelräumdienst zu benachrichtigen.

4.4.2 Art und Umfang der Baugrunderkundung

Die Regelungen zur Planung, Durchführung und Auswertung von Baugrunduntersuchungen sind über verschiedene Normen verstreut. Die Grundregeln finden sich sowohl in DIN EN 1991-Teil 1 als auch in Teil 2 sowie der zugehörigen Ergänzungsnorm DIN 4020: 2010. Diese sollen künftig in Teil 2 konzentriert werden, einschließlich der Festlegung von abgeleiteten Bodenkennwerten. Darüber hinaus sind in DIN EN ISO 22 475 die Voraussetzungen und die technischen Grundlagen für eine Baugrunderkundung im Einzelnen festgelegt (► Abschn. 4.1). DIN EN ISO 22 475-1 behandelt die Aufschlussarbeiten durch Bohrungen, Schürfe und Kleinbohrungen sowie die Entnahme von Proben und auch Grundwassermessungen. Gemäß DIN ISO/TS 22 475-2 müssen die Bohrunternehmen und das eingesetzte Personal ein Sachkunde- bzw. Konformitätszertifikat nachweisen (s. Merkblatt Fortbildung und Qualifikationsnachweis, 2007). Die DIN EN ISO 22 475-1 enthält auch Angaben über die zahlreichen Protokolle, die im Rahmen von Aufschlussarbeiten zu führen sind, angefangen von einem Formblatt mit Vorabinformationen über die auszuführenden Arbeiten, einschließlich Angaben über Altlasten und sonstige Gefährdungen bis hin zu einem Verfüllprotokoll der Bohrlöcher. Weitere zugehörige Einzelnormen sind die DIN EN ISO 14 688 und 14 689 (Klassifizierung von Boden und Fels), die Normenreihe DIN EN ISO 22 476 (Felduntersuchungen) und die Normenreihe DIN EN ISO 22 282 (geohydraulische Bohrlochversuche). Auf die DVGW-Arbeitsblätter wird ebenfalls verwiesen.

Der **Umfang der Untersuchung**, d. h. Abstand und Tiefe der Aufschlüsse, sind abhängig von den geologischen Gegebenheiten, dem Planungsstand des Bauvorhabens, den Bauwerksabmessungen und den bautechnischen Fragestellungen. Die Normen enthalten detaillierte Angaben darüber. Die endgültige Festlegung der Bohransatzpunkte erfolgt dann nach Erhebungen vor Ort in Schnitten oder einem Raster. Eckpunkte des Grundrisses sind bevorzugt zu berücksichtigen. Bei Hoch- und Industriebauten beträgt der Abstand der Aufschlüsse üblicherweise 20–40 m, bei großflächigen oder lang gestreckten Bauwerken auch bis zu 60 m.

Bei Trassenuntersuchungen betragen die durchschnittlichen Bohrabstände je nach Vorkenntnissen sowie Gelände- und Untergrundverhältnissen 50–200 m, im Mittel etwa 100 m (Merkblatt GUB 04), bei tiefer liegenden Tunneln auch mehr (► Abschn. 17.2.3). In Hanglage müssen im Bedarfsfall Querprofile mit 2 oder 3 Bohrungen abgebohrt werden. Bei Brückenbauwerken sollen grundsätzlich alle Fundamentstandorte mit je 2–4 Aufschlüssen untersucht werden. Letztendlich hat sich aber der Untersuchungsaufwand nicht nur nach dem Bauwerk zu richten, sondern in erster Linie nach der Variabilität des zu erwartenden Untergrundes.

Die Bohrungen sind so tief zu führen, dass alle Schichten, die Einfluss auf die Standfestigkeit und die Setzungen des Bauwerks sowie auf die Wasserführung des Baugrundes haben, erfasst werden. Die Aufschlusstiefe (z_a) beträgt mindestens 6 m ab Fundamentsohle bzw. min. 3 b_F oder 1,5 b_B, bei Pfahlgründungen 5 m ab Pfahlfußebene. Darüber hinaus geben die Normen weitere Angaben für z_a in Abhängigkeit vom Bauwerk (auch Erdbauwerke und Hohlraumbauten) sowie von der Art und den

Abmessungen der Gründungskörper bzw. der Baugrubentiefen und der Grundwasserstände. Im Felsuntergrund darf die Bohrtiefe auf 2–5 m unter Bauwerkssohle reduziert werden.

Im Rahmen des Baugenehmigungsverfahrens ist heute i. d. R. der Nachweis fehlender Schadstoffbelastung des Baugrubenaushubs zu erbringen. Erste Angaben über etwaige Altlasten und sonstige Gefährdungen sind bereits im Vorabinformationsprotokoll vermerkt. Bei den Aufschlussarbeiten ist zusätzlich immer auf Anzeichen von **Bodenkontaminationen** zu achten. Werden solche angetroffen, ist dies unverzüglich zu melden. Kontaminiertes Bohrgut ist zu sammeln und einer geeigneten Entsorgungseinrichtung zuzuführen. Bei den Bohrarbeiten ist darauf zu achten, dass keine Schadstoffe in tiefere unbelastete Schichten oder in das Grundwasser gelangen (sog. Verlagerungsverbot). Auf die besonderen Unfallverhütungsvorschriften wird verwiesen.

Sofern bei den Aufschlussarbeiten Anzeichen für **Bodengase** gem. ► Abschn. 4.3.3 auftreten, sind umgehend die zuständigen Behörden zu informieren.

Je nach zu erwartenden Untergrundverhältnissen und der Art des geplanten Bauvorhabens können Schürfe, Bohrungen und/oder Sondierungen die zweckmäßigste und wirtschaftlichste Aufschlussmethode sein.

4.4.3 Boden- und Gesteinsproben, Probenentnahme

Nach DIN EN ISO 22 475-1 werden bei der **Entnahme von Bodenproben** folgende Verfahren unterschieden:

- durchgehende Gewinnung von Proben mittels Bohrverfahren,
- Probenentnahme mittels Entnahmegeräten,
- Entnahme von Blockproben.

Darüber hinaus werden drei Kategorien der Probenentnahme unterschieden, bezogen auf die Güteklassen von Bodenproben für Laborversuche, je nachdem, welche Eigenschaften daran ermittelt werden sollen (◘ Tab. 4.4):

- Kategorie A für Proben der Güteklasse 1–2 (SA),
- Kategorie B für Proben der Güteklasse 3–5 (SB),
- Kategorie C nur für Proben der Güteklasse 5 (SC).

Die notwendige Anzahl der zu untersuchenden Bodenproben muss anhand des Schichtaufbaus, der Homogenität des Untergrundes, der geotechnischen Fragestellung bzw. Kategorie des Projekts und letztlich nach der regionalen Erfahrung festgelegt werden. Die DIN EN 1997-2 gibt für einige Versuchsarten konkrete Mindestzahlen an (► Abschn. 2.6, 2.7 und 2.8). Nach der Norm werden außerdem folgende Arten von Bodenproben bzw. Probekörper unterschieden:

- natürliche Proben, gestört oder ungestört,
- aufgearbeitete, durchwalkte Proben,
- wiederhergestellte Proben (Sand, Kies, Schlamm, Auffüllung).

Gestörte und auch wiederhergestellte Proben sollten möglichst die gleiche Zusammensetzung und den gleichen Wassergehalt haben wie der anstehende Boden. Besonders bei der Entnahme von Bodenproben aus kiesig-sandig-schluffigen Wechsellagerungen ist zu beachten, dass ein nicht erkannter Sand- oder Schluffanteil, auch einzelner Lagen, zu gravierenden Fehlbeurteilungen der Gebirgsdurchlässigkeit führen kann (► Abschn. 2.9.5).

Wenn keine Bohrproben ausreichender Qualität gewonnen werden können, sind mittels besonderer Entnahmegeräte **ungestörte Bodenproben** (ehem. Sonderproben) zu entnehmen. Die verschiedenen Entnahmegeräte und die Probenbehandlung sind in DIN EN ISO 22 475-1 beschrieben. Üblich sind sog. offene Geräte (OS), d. h. dünn- oder dickwandige Stahlzylinder (Ø 120 mm), die in den Boden eingedrückt oder eingerammt werden. Die Entnahmezylinder sind sofort mittels Klebeband, Kunststoff- oder Gummikappe bzw. Ceresinverguss gegen Austrocknung zu versiegeln und

Tab. 4.4 Güteklassen von Bodenproben für Laborversuche (nach DIN EN 1997-2)

1	$Z, w, \gamma, E_s, /$	Feinschichtgrenzen Kornzusammensetzung Konsistenzgrenzen Grenzen der Lagerungsdichte Kornwichte organische Bestandteile	Wassergehalt Wichte des feuchten Bodens Wasserdurchlässigkeit Steifemodul Scherfestigkeit
2	Z, w, γ	Feinschichtgrenzen Kornzusammensetzung Konsistenzgrenzen Grenzen der Lagerungsdichte Kornwichte	organische Bestandteile Wassergehalt Wichte des feuchten Bodens Porenanteil Wasserdurchlässigkeit
3	Z, w	Schichtgrenzen Kornzusammensetzung Konsistenzgrenzen Grenzen der Lagerungsdichte	Kornwichte organische Bestandteile Wassergehalt
4	Z	Schichtgrenzen Kornzusammensetzung Konsistenzgrenzen	Kornwichte organische Bestandteile
5	– (auch *Z* verändert, unvollständige Bodenprobe)	Schichtenfolge	

Anmerkung: Güteklasse 1 zeichnet sich gegenüber Güteklasse 2 dadurch aus, dass auch das Korngefüge unverändert bleibt.
Hierin bedeuten: Z = Kornzusammensetzung; w = Wassergehalt; γ = Wichte des feuchten Bodens; E_s = Steifemodul; / = Scherfestigkeit

unverzüglich der Untersuchungsstelle zuzuleiten. Aus Schürfen und anderen Großaufschlüssen können Ausstechzylinderproben entsprechend vorsichtig entnommen oder auch Großproben (Ø 400 mm) bzw. sog. Blockproben genommen werden.

Absolut ungestörte Bodenproben aus Bohrungen gibt es nicht. Die Proben sind auch bei vorsichtiger Entnahme häufig etwas gestaucht, sodass die Ergebnisse der Laborversuche vielfach zu günstig ausfallen (▶ Abschn. 2.3.3). Die Verdichtung bzw. auch partielle Auflockerung der Proben bei der Entnahme haben Gallmeister et al. (2007) mittels Röntgen-Computertomographie analysiert und bewertet.

In sandig-kiesigen Böden ist keine Entnahme ungestörter Bodenproben möglich.

Die Verfahren zur **Entnahme von Festgesteinsproben** sind in zahlreichen internationalen und nationalen Empfehlungen und Normen angesprochen (Plinninger et al. 2008). Anzahl und Art der Proben richten sich einerseits nach den technischen Anforderungen der Entnahme, der Bearbeitung und der Versuchstechnik sowie andererseits nach den geotechnischen Anforderungen und der Repräsentativität der Ergebnisse (▶ Abschn. 17.2.8). Nach DIN EN ISO 22 475-1 werden folgende Möglichkeiten unterschieden:

- Gewinnung aus guten Kernstrecken,
- Entnahme von Blockproben aus Großaufschlüssen,
- ganzheitliche Probenentnahme (Integral Sampling; ▶ Abschn. 4.4.5.1).

In der Norm sind auch für Fels drei Kategorien der Probenentnahme definiert:

Kategorie A:	keine oder nur leichte Störung der Felsstruktur
Kategorie B:	nicht oder nur leicht gestörte Felsstücke in ansonsten gestörtem (angewittertem) Gebirge
Kategorie C:	völlig entfestigte Felsstruktur (z. B. Bohrklein).

Für Festigkeitsbestimmungen an Gesteinsproben müssen die Kategorien A oder B vorliegen, Kategorie B gibt dabei nur einzelne harte Gesteinsproben in einem ansonsten entfestigten Gebirge an.

Kategorie A erfordert zumindest den Einsatz von Doppelkernrohren, die sofortige Entnahme und Verpackung in Kunststoff- oder Alufolie (ggf. Versiegelung mit Paraffin) sowie umgehenden Transport zur Prüfstelle. Bei veränderlich festen Gesteinen (▶ Abschn. 3.4.1) ist der Einsatz von PVC-Linern von Vorteil. Bereits leicht veränderlich feste Gesteine dürfen i. d. R. keiner anfänglichen Trocknung ausgesetzt werden, von der bereits eine Gefügelockerung ausgehen kann. Andererseits kann bei diesen Gesteinen eine Abnahme des natürlichen Wassergehalts auch zu höheren Festigkeitswerten führen (▶ Abschn. 2.7.10.2 und Plinninger und Bruelheide 2007; Plinninger et al. 2008; Lempp et al. 2016). Die Beprobung anisotroper Gesteine erfordert Probekörper mit einer definierten Orientierung der Strukturelemente. Nötigenfalls ist die maßgebende Gefügerichtung auf der Probe zu kennzeichnen.

Die entnommenen Proben müssen für die jeweilige Gesteins- bzw. Gebirgsart repräsentativ sein (Homogenbereich, Definition ▶ Abschn. 3.3). Die Probengröße ist auf das Gestein und die Versuchsart abzustimmen (Plinninger et al. 2008). Bei Blockproben wird eine Mindestgröße von 30 × 20 × 20 cm empfohlen (DIN 52 101). Die Anzahl der Proben sollte außerdem eine statistisch untermauerte Abdeckung der Kennwerte ermöglichen (◘ Abb. 2.44 und ▶ Abschn. 17.2.8).

4.4.4 Schürfe, Untersuchungsschächte und -stollen

Die Grabtiefe von Baggern mit Tieflöffel beträgt etwa 4 m. Mit Greiferarmverlängerung oder Rundlochgreifern lassen sich Tiefen von 6–8 m erreichen. Bei Schurfarbeiten sind die geltenden BG-Unfallverhütungsvorschriften „Bauarbeiten“ zu beachten. Schürfe sind ab einer Tiefe von 1,25 m bzw. 1,75 m zu verbauen. Um Schichtenprofile an den Wänden aufnehmen zu können, ist bei Schürfen (als vorübergehenden Grabarbeiten) ein vertikaler Behelfsverbau mit einem Bohlenabstand von 0,3 m, in standfestem Gebirge von 0,5 m, zulässig. Auch Verbaukörbe können verwendet werden. Es ist zweckmäßig, die Verbauvorschriften in die Ausschreibung aufzunehmen und Schürfe immer erst kurz vor der Aufnahme anlegen zu lassen. Bei der Aufnahme muss nach den Sicherheitsvorschriften immer eine zweite Person zugegen sein.

Schürfe (TP = „trial pit“) bieten den besten Einblick in den Untergrundaufbau und die Schichtlagerung. Sie sind überall da zu empfehlen, wo in den oberen 3–5 m ein unregelmäßiger Wechsel in Schichtaufbau und -lagerung sowie in Bohrungen schwer voneinander zu unterscheidende Bodenarten vorliegen, wie z. B. Auffüllung oder wenig umgelagerter Verwitterungsschutt über entfestigtem Felsuntergrund. Auch die Raumlage und Ausbildung von Trennflächen ist am besten durch Schürfe oder Schurfgräben zu erfassen. Im Grundwasserbereich oder bei starkem Schichtwasserzutritt sind Schürfe nicht zu empfehlen.

Entsprechend verbaute **Erkundungsschächte** mit Durchmessern ab 4–6 m haben in schwierigen Untergrundverhältnissen den Vorteil eines direkten Einblicks in den tieferen Untergrund, und es können sowohl Proben für Großversuche entnommen als auch In-situ-Versuche durchgeführt werden (◘ Abb. 4.11).

Erkundungsstollen werden im Talsperrenbau und bei Untertagebauvorhaben ausgeführt. In schwierigen Gebirgsverhältnissen ist

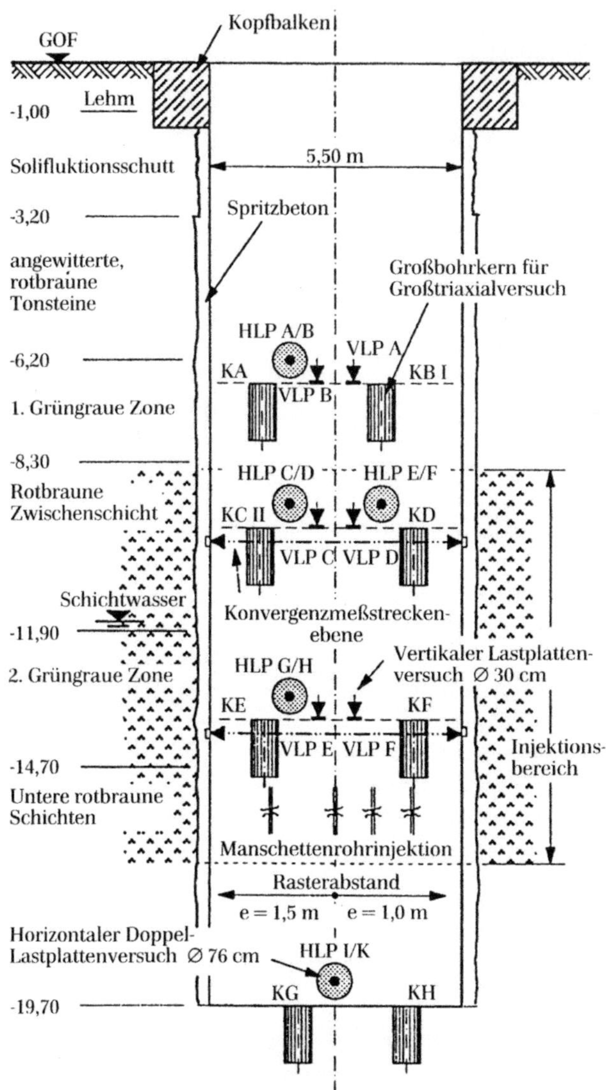

Abb. 4.11 Beispiel eines Erkundungsschachts mit Angabe der einzelnen Groß- bzw. In-situ-Versuche (aus Strauß1996)

ein Erkundungsstollen allen anderen Untersuchungsmethoden überlegen; er ist der verlässlichste Gebirgsaufschluss (► Abschn. 17.2.3).

4.4.5 Bohrungen

Die **Ausschreibung von Bohrarbeiten** erfolgt gem. DIN 18 301: 2015 nach Homogenbereichen auf der Grundlage der Vorkenntnisse über den zu erwartenden Schichtverlauf und ggf. unterstützt durch die auf der Liste der DIN festgelegten Eigenschaften und Kennwerte (► Abschn. 3.3.2).

Die Bohrgeräte müssen eine ausreichende Stabilität und Leistung haben, um bei den zu erwartenden Untergrundverhältnissen die jeweils erforderliche Tiefe zu erreichen. Was die Geräteausrüstung und die Sicherheit bei Bohrarbeiten betrifft, wird auf die Europäische Norm EN 16 228-1 (deutsche Fassung 2014) verwiesen. Die Norm gilt auch für Bohrgeräte des Brunnenbaus und der geothermischen Anlagen.

In der DIN EN ISO 22 475-1 und im DVGW-Arbeitsblatt W 115 sind die verschiedenen **Bohrverfahren** zur Baugrunderkundung und zur Förderung von Grundwasser (hier Wasserhaltungsarbeiten) beschrieben (▶ Abschn. 4.4.5.4). Unterschieden werden:

- Trockenbohrungen, drehend oder schlagend,
- Rotarybohrungen mit Druckspülung (Kernbohrungen),
- Spülbohrungen, drehend oder schlagend (Imlochhammerbohren mit Druckluftspülung).

Nach DIN EN ISO 22 476-15 sollen künftig höhere Anforderungen an die Messausrüstung der Bohrgeräte gestellt werden. Das **Messen der Bohrparameter während des Bohrens** (MWD) beinhaltet danach drei Kategorien:

- bohrverfahrensbedingte Parameter wie Art und Durchmesser der Bohrwerkzeuge, Spülung und etwaige Änderungen,
- vom Bohrmeister einstellbare Parameter wie Bohrandruck, Drehzahl, Spülungsdruck, Spülungsumsatz,
- untergrundabhängige Parameter wie Eindringwiderstand und Drehmoment.

Die Messungen können teilweise manuell bzw. durch direkte Ablesung vorgenommen werden, sollten aber bevorzugt über Datenaufzeichnungssysteme erfolgen. Die zu messenden Bohrparameter sind:

- Eindringgeschwindigkeit v_a (m/h),
- Bohrandruck p_E (MPA),
- Drehmoment C_R (Nm),
- Drehzahl der Bohrspindel v_R (U/min),
- Spülungsdruck p_l (MPA),
- Spülungsdurchfluss Q_l (l/min).

Für die Auswahl der zu messenden Parameter stehen drei MWD-Klassen zur Verfügung:

- Güteklasse A: >4 Parameter,
- Güteklasse B: 2–4 Parameter,
- Güteklasse C: mindestens 2 Parameter.

In DIN EN ISO 18 478-15 (E 2015), Anhang A, sind Hinweise für die Aussagekraft der einzelnen Bohrparameter aufgeführt, z. B. der Eindringwiderstand für die Festigkeit des Baugrundes oder der Spülungsdruck für das Abschätzen der hydraulischen Leitfähigkeit.

Für die Baugrunderkundung sind alle oben genannten **Bohrverfahren** zulässig, die einen für den jeweiligen Untersuchungsfall hinreichenden Aufschluss sowie die nötigen Bodenproben liefern. Bohrverfahren und Bohrdurchmesser richten sich dabei nach der Art der verlangten Bodenproben und Bohrlochversuche. Einfache Drehbohrwerkzeuge sind Bohrschappen und Bohrschnecken. Grundsätzlich sind Bohrverfahren mit fortlaufender Probengewinnung vorzuziehen, bei denen das Bohrgut wenig gestört gewonnen wird. In Lockergesteinen und der lockergesteinsähnlichen Anwitterungszone des Felsuntergrundes sind Trockenbohrverfahren anzuwenden. Trifft eine Lockergesteinsbohrung auf einen größeren Stein, so wird dieser entweder durch Meißeln zerkleinert oder durch Umstellung auf Kernbohrkronen durchkernt. Die Größe der Steine und Blöcke gem. DIN EN ISO 14 688-2 (▶ Abschn. 3.2.1) ist in beiden Fällen nicht zuverlässig festzustellen. Falls dies gem. der neuen DIN 18 300-Normenreihe erforderlich wird, müssen ggf. Greiferbohrungen o. Ä. eingesetzt werden (▶ Abschn. 3.3.2).

Die Bohrlöcher sind mit dem Bohrfortschritt zu verrohren. Im Fels brauchen Bohrlöcher nur bei Gefahr von Nachfall oder Bohrlochinstabilitäten ganz oder teilweise verrohrt werden. Mit verstärktem Nachfall ist besonders bei Kluftabständen in der Größenordnung des Bohrlochdurchmessers und kleiner zu rechnen. Bei Grundwasserstockwerken oder gespanntem Grundwasser muss die Wirkung der ursprünglichen Sperrschichten durch Verfüllung mit Stückton bzw. Quellton (Quellon- bzw. Compactonit-Pellets), nötigenfalls mit Zementbrücken, wiederhergestellt werden, da sonst ungünstigenfalls auch Geländesenkungen infolge einer Entspannung von Grundwasserstockwerken auftreten können (▶ Abschn. 20.3.2).

Um Nachsackungen um das Bohrloch zu vermeiden, die eine Gefahr für die Nutzung des Grundstücks darstellen, sind Bohrlöcher, die nicht mehr genutzt werden, mit dem Ziehen der Verrohrung sach- und schichtengerecht sowie setzungsfrei zu verfüllen.

Die Bohrverfahren und Geräte für Baugrundbohrungen werden hinsichtlich ihrer Eignung für die verschiedenen Böden und den dabei erreichbaren Güteklassen der Bodenproben wie folgt eingeteilt:

- Verfahren 1: mit durchgehender Gewinnung von gekernten Bodenproben (Kernbohrungen, Rammbohrungen).
- Verfahren 2: mit durchgehender Gewinnung nicht gekernter Bodenproben (Drehbohrungen, Greiferbohrungen),
- Verfahren 3: mit Gewinnung unvollständiger Bodenproben (Schlagbohrungen, Spülbohrungen).

Darüber hinaus werden Kleinbohrverfahren mit Durchmessern von 30–80 mm zur Gewinnung geringer Probenmengen unterschieden.

Durchgehend gewonnene **Bodenproben** werden zweckmäßigerweise bis zur Aufnahme durch den Bearbeiter in Kernkisten ausgelegt, wobei bindiges Kernmaterial in Plastikbahnen einzuschlagen ist, damit der natürliche Wassergehalt einigermaßen erhalten bleibt. Im Bedarfsfall sind Einzelproben sofort in luftdicht abschließbare Behälter zu füllen. Kernverluststrecken sind zu markieren. Bei nicht durchgehend gekernten Bohrungen (Verfahren 2) ist bei jedem Schichtwechsel, mindestens aber alle Meter, eine Probe zu entnehmen und in luftdicht verschließbaren Behältern aufzubewahren.

Das Bohrgut (Bodenproben, Bohrkerne) bleibt nach VOB DIN 18 301 Eigentum des Auftraggebers. Bei größeren Bauvorhaben ist es üblich, die Bohrkerne oder Bodenproben bzw. eine charakteristische Auswahl davon bis nach Baufertigstellung aufzubewahren. Bei längeren Lagerzeiten hat sich dies als wenig zweckmäßig erwiesen, da die Proben nach einigen Jahren nur noch sehr eingeschränkt brauchbar sind. In Streitfällen muss letzten Endes meistens doch nachgebohrt werden.

4.4.5.1 Rotationskernbohrungen

Bei Kernbohrungen ist ein möglichst vollständiger Kerngewinn anzustreben, wozu ein Bohrgerät mit ruhigem, schlagfreiem Lauf und der Möglichkeit einer Drehzahl- und Bohrandruckregelung sowie eine druckdosierbare Spüleinrichtung nötig sind. Moderne Geräte sind mit einem elektronischen Bohrdatenschreiber ausgestattet, der alle relevanten Daten wie Anpressdruck, Drehmoment, Bohrfortschritt, Spülungsmenge und Spüldruck in Abhängigkeit von der Zeit und der Bohrtiefe registriert (sog. instrumentiertes Bohren). Bei Kernbohrungen im Fels wird meist mit Wasserspülung gebohrt. Bei instabilen Bohrlochwänden werden auch Spülungszusätze verwendet, die eine Erhöhung der Austragsfähigkeit und eine Stabilisierung des Bohrlochs bewirken. Die Verwendung von Spülungszusätzen ist erlaubnispflichtig (► Abschn. 4.4.1) und im Bedarfsfall mit zu beantragen. Auf das DVGW-Merkblatt W 116 „Verwendung von Spülungszusätzen in Bohrspülungen bei Bohrarbeiten im Grundwasser" von 1998 wird verwiesen.

Bestimmend für den Wirkungsgrad und die Qualität der Bohrkerne, auf die es dem Ingenieurgeologen in erster Linie ankommt, sind neben dem Gerät und dem Können des Geräteführers vor allen Dingen das eingesetzte Bohrwerkzeug bzw. das Kernrohr und die Bohrkrone, die ihrerseits wieder vom zu durchbohrenden Gebirge abhängig sind. Bei den Kernrohren werden verschiedene Reihen (metrische Reihe, W-Reihe; s. DIN EN ISO 22 475-1) und darin jeweils folgende Typen unterschieden:

- **Einfachkernrohre** mit einer einfachen Schneidkrone am unteren Ende, werden für Trockenbohrungen zum Durchbohren der Deckschichten und der entfestigten Oberzone des Gebirges verwendet. Dabei sollten die Kernmärsche auf <0,5 m begrenzt werden. Bei Einfachkernrohren mit Spülung läuft diese im Kernrohr am abgebohrten Kern entlang, sodass dieser i. d. R. stark ausgespült wird.
- **Doppelkernrohre** (■ Abb. 4.12) sind so konstruiert, dass die Spülung zwischen

■ **Abb. 4.12** Aufbau eines Einfachkernrohres (**a**) und eines Doppelkernrohres (**b**) (Firmenprospekt)

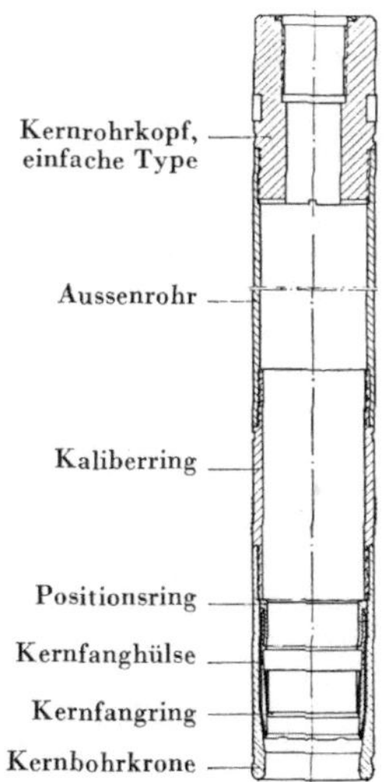

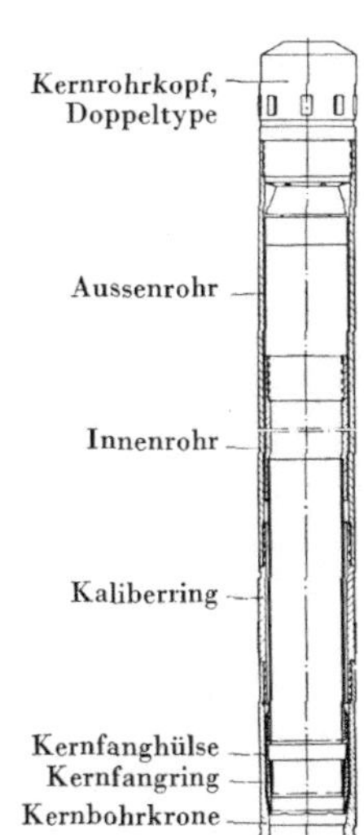

Außen- und Innenrohr geleitet wird und erst zwischen Kernfanghülse und Kronenlippe mit dem Kern in Kontakt kommt. Der Kern ist so nur einer geringen Ausspülung ausgesetzt. Das Doppelkernrohr kann wahlweise zusätzlich mit einem Kunststoffinnenrohr (sog. Liner) ausgestattet werden, in das der Kern eingeschlossen wird und das aufklappbar ist bzw. aufgeschnitten werden kann (■ Abb. 4.13). Es wird für wasserempfindliche oder quellfähige Gebirgsarten eingesetzt bzw. wenn kurzzeitiges Entweichen leicht flüchtiger Kontaminationen zu erwarten ist. Ähnlich ist auch das Prinzip des Schlauchkernrohres, bei dem der Kern von einer schlauchartigen Plastikhülle aufgenommen und umhüllt wird.

- Beim sog. **Dreifachkernrohr** wird der Kern zusätzlich von einem dritten, dünnwandigen und geschlitzten Innenrohr aufgenommen. Das Innenrohr kann auch ein Kunststoffrohr (Liner) sein.

Die **Durchmesser der Kernrohre** sind je nach Fabrikat unterschiedlich (■ Tab. 4.5). Der Enddurchmesser, der in der Ausschreibung anzugeben ist, richtet sich nach dem Zweck der Bohrung. Grundsätzlich sollten die Kerndurchmesser nicht zu klein gewählt werden, da die Kernqualität ab einem Durchmesser <101 mm oft stark beeinträchtigt ist. Bei einem Kerndurchmesser von 101 mm beträgt der Bohrlochdurchmesser 131 mm, sodass im Bedarfsfall noch Probenentnahmegeräte eingesetzt werden können.

■ Tab. 4.5 erhebt keinen Anspruch auf Vollständigkeit (genauere Angaben s. DIN EN ISO 22 475-1, Anhang C). Das Verhältnis Bohrlochdurchmesser/Kerndurchmesser ist auch vom

■ **Abb. 4.13** Rammkerne in PVC-Linern (Firmenprospekt)

Tab. 4.5 Übliche Bohrloch- und Kerndurchmesser in Abhängigkeit vom Kernrohrtyp (metrisches System in mm). B = dünnwandiges, Z = dickwandiges Einfachkernrohr; T = dünnwandiges, K3 = dickwandiges Doppelkernrohr

Bohrlochdurchmesser (übliche Futterrohre Außen-/Innendurchmesser)	Einfachkernrohr		Doppelkernrohr		Seilkernrohr		GWM-Ausbau
	Kern-Ø	Typ	Kern-Ø	Typ	Kern-Ø	Typ	
219, 216, 213 (203/187)	186	Z	190	SF			150
199, 196 (178/164)	166	Z	170	SF			125
179,176 (172/150)	146	Z	150 140	SF K3	132	N-SK	100–125
146 (143/134)	132 120	B Z	123/122 116	T6, D T6S, K3	102/101	SK6 L N-SK	102
131 (129/119)	116 105	B Z	110 108 101	D T6 T6S, K3			50
123, 120					85 79	CP N-SK	50
116 (113/104)	101 90	B Z	96 93 86	D T6 T6S, K3			50
101 (98/89)	86 75	B Z	84 81 79 72	T2 D T6 T62, K3	63,5	HR	50

Kernrohrtyp abhängig. Die Bohrkronen des Typs K3 weisen im Gegensatz zu den Typen T6 und D eine sehr große Lippenbreite (Schneidfläche) auf. Sie werden deshalb für große Bohrlochdurchmesser eingesetzt, liefern aber häufig schlechte Kerne. Normalwandige Kernrohre eignen sich für brüchiges Gebirge. Dünnwandige Kernrohre haben in mittelharten und harten Gebirge den Vorteil einer kleineren Schneidfläche.

Bei Bohrungen ab etwa 20 m Tiefe wird bevorzugt das **Seilkernrohrbohrverfahren** (Wireline eingesetzt. Es unterscheidet sich vom konventionellen Bohren dadurch, dass zum Entleeren des Kernrohres nur das Innenkernrohr mittels eines am Seil geführten Fängers nach oben gebracht (■ Abb. 4.14), entleert und wieder in das Bohrloch eingeführt wird. Der rotierende Bohrstrang bleibt als Verrohrung im Bohrloch. Der hierbei erzielte Zeitgewinn kommt besonders ab Tiefen von 30–40 m zum Tragen. Die Seilkernbohrtechnik wird mit abgesetzten Durchmessern bis in Tiefen von über 1000 m eingesetzt, z. B. zur Erkundung von tief liegenden Tunneln oder Tiefenlagern (Frieg und Pingel 2006).

Ausgehend vom Standard-Seilkernrohr SKL 146 sind die weiteren Dimensionen:

Bezeichnung	Bohrdurchmesser (in mm)	Kerndurchmesser (in mm)
SKL 146	146	102
PQ	122	85
HQ	96	64
NQ	76	47

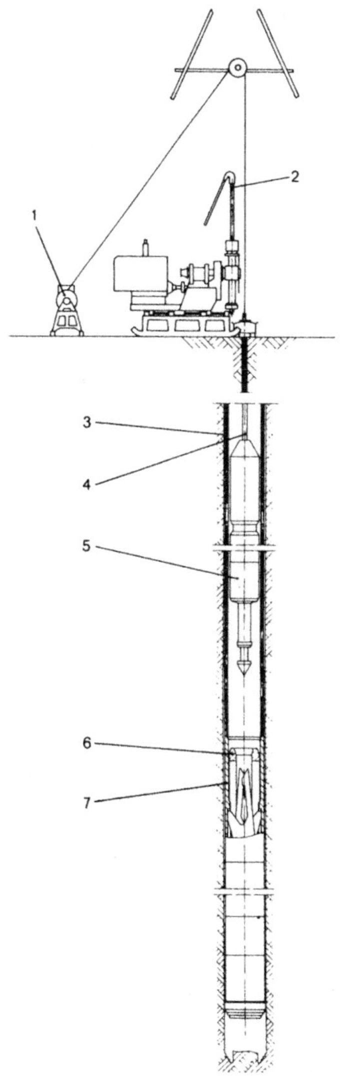

Abb. 4.14 Prinzip des Seilkernrohres (Firmenprospekt): 1 = Seilwinde; 2 = Spülkopf; 3 = rotierender Bohrstrang; 4 = Seil; 5 = Kernrohrfänger; 6 = Innenkernrohr; 7 = Außenkernrohr

Bei Doppelkernrohren betragen die üblichen Kernmarschlängen in gutem Gebirge 1–3 m, in schlecht kernfähigem Gebirge 0,5–1,0 m. Bei Seilkernrohren werden häufig 2–3 m und mehr abgebohrt.

Bei normalen Rotationskernbohrungen wird die Spülung über das Gestänge eingeleitet und zwischen der Bohrlochwand bzw. der Außenverrohrung und dem Kernrohr zurückgeführt, sodass der Bohrkern im Kernrohr nicht mit der Spülung in Kontakt kommt. Beim seilkernrohrähnlichen **Counter-flash-Bohrverfahren** (CF-Technik) mit sog. linksgerichteter Spülung wird diese durch den Ringraum zwischen Bohrgestänge und Bohrlochwandung eingeleitet und der Bohrkern kontinuierlich mit der Spülung über den Bohrstrang ausgetragen. Das Verfahren zeichnet sich durch hohe Bohrleistungen aus, liefert aber in stärker zerlegtem Gebirge schlechte Bohrkerne (► Abschn. 17.2.3.2).

Die **Bohrkronen** müssen dem jeweiligen Gebirge angepasst sein. Üblich sind Hartmetallbohrkronen und Diamantbohrkronen. Bei den Hartmetallbohrkronen werden Zahnkronen mit Widia-Besatz oder Hartstiftkronen mit z. T. schräg gestellten Widia-Stiften unterschieden. Insgesamt ist heute eine Vielzahl verschiedener Kronentypen für verschiedene Gesteinsarten auf dem Markt. Hartmetallbohrkronen sind verhältnismäßig grob und nur für weiche und mittelharte Gesteine geeignet. Bei den Diamantbohrkronen werden oberflächenbesetzte Kronen und mit Diamantsplittern imprägnierte Kronen unterschieden. Oberflächenbesetzte Diamantbohrkronen sind die Universalkronen für mittelhartes, homogenes Gebirge. Der Bohrfortschritt ist stark vom Kronenzustand abhängig. Imprägnierte Diamantbohrkronen eignen sich für harte bis sehr harte, zerklüftete Gesteine. Sie gewährleisten während ihrer gesamten Lebensdauer einen gleichmäßigen Bohrfortschritt.

Die richtige Auswahl der Kronen ist Erfahrungssache. Die DIN EN ISO 22 475-1 enthält mehrere Tabellen für die Kronenauswahl. In wasser- oder ausspülungsempfindlichem Gebirge, das auch mit einem Doppelkernrohr schlechte Kerne ergibt, kann der Kerngewinn durch den Einsatz spezieller Bohrkronen wesentlich verbessert werden. Mit einer Verlängerung des Innenrohres am Doppelkernrohr können bindige Böden vor der Erosionswirkung der Spülung geschützt werden. Bei der sog. Stufenkrone sitzen die Spülkanäle außen an der Kronenlippe, sodass der Kern mit der Spülung nicht in Berührung kommt.

Für die **Gewinnung orientierter Bohrkerne** zur Erfassung der Raumstellung von

Trennflächen im Gebirge sind spezielle Kernrohre nötig. Insgesamt stehen mehrere Verfahren zur Verfügung:

- Bohrkernmarkierung während des Bohrens,
- Pilotloch-Orientierung und Überbohrverfahren,
- Integral-Sampling-Methode,
- Orientierter Abdruck der Bohrlochsohle (selten),
- Bohrlochscanner, auch TV oder ABF, ► Abschn. 4.8.3.

Beim erstgenannten Verfahren wird der Kern beim Eintritt in das feststehende Innenrohr meist an drei Stellen angeritzt. Die Richtung der (Einzel-)Kerbe wird beim Einbau durch ein feststehendes Doppelgestänge auf N ausgerichtet. Das Verfahren bringt allerdings immer wieder unzureichende Ergebnisse, die größtenteils auf Einbaufehler zurückgeführt werden.

Bei der Pilotloch-Orientierung wird mit einer ebenfalls auf N ausgerichteten eingebauten Ablenkrohrtour eine kleinkalibrige Pilotbohrung vorgebohrt und der Kernmarsch anschließend nachgebohrt (◘ Abb. 4.15). Die Einsatztiefe beider Verfahren beträgt bis zu 100 m. Zu beachten ist, dass sich die doppelte Beanspruchung durch das Vorbohren und das anschließende Überbohren besonders bei dünnbankigen Gesteinen stark auf die Kernqualität (Kernzerbrechung) auswirkt. In Zweifelsfällen ist eine Kontrolle der Orientierung durch optische Bohrlochsondierungen zu empfehlen.

Eine Möglichkeit zur Entnahme ganzheitlicher Felsproben bietet die sog. Integral-Sampling-Methode, bei der in eine koaxiale Vorbohrung ein Bewehrungsstab in das Gebirge eingeführt und Zementleim oder Kunststoffkleber als Bindemittel in das Gebirge eingepresst wird. An dem so vergüteten überbohrten Bohrkern bleiben alle Klüfte, Kluftabstände, die Art der Füllung bzw. der Grad der Gebirgszerlegung vollständig erhalten. Das Verfahren ist verhältnismäßig aufwendig.

◘ **Abb. 4.15** Buntsandstein-Bohrkern mit Pilotbohrung zur Kernorientierung

4.4.5.2 Rammkernbohrungen

In Böden ohne steinige Einlagerungen werden häufig Druckluft-Rammbohrgeräte eingesetzt, die ebenfalls zur 1. Gruppe der Bohrverfahren zählen. An den druckluftbetriebenen Rammbohrhammer können verschiedene Schappen aufgesteckt werden, die durchgehend gekernte

Bodenproben von hoher Qualität liefern und auch zum Anbohren der stärker angewitterten Felsoberfläche geeignet sind. Von Vorteil sind Geräte, die nach dem Anbohren der Felsoberfläche auf Kernbohrungen umgerüstet werden können. In mächtigen quartären Lockergesteinen werden auch Rammkernbohrungen mit Kunststoffinnenrohren (Liner) eingesetzt.

4.4.5.3 Drehbohrungen

In die Gruppe 2 mit durchgehender Gewinnung nicht gekernter Bodenproben fallen die Drehbohrungen mit Bohrschappe oder Bohrschnecke. Drehbohrwerkzeuge werden auch an Kernbohrmaschinen zum Durchbohren der Lockergesteinsschichten eingesetzt. Eine Weiterentwicklung der Drehbohrung ist das Hohlschneckenbohrverfahren, bei dem das Bohrgut mittels einer Endlosschneckenwendel gefördert bzw. teilweise verdrängt wird.

4.4.5.4 Spülbohrungen und Hammerverfahren

Die bei der Baugrunderkundung selten eingesetzten Greiferbohr-, Spülbohr-, Lufthebebohr- und Hammerverfahren sollen hier nur kurz erwähnt werden (s. DIN EN ISO 22 475-1). Direkte **Spülbohrungen** mit Rollen- oder Flügelmeißel und Bohrgutaustrag mit dem Spülstrom im Ringraum zeichnen sich durch guten Bohrfortschritt aus und ermöglichen die mittelbare Entnahme von (unvollständigen) Bohrproben aus dem Spülstrom. Der **Imlochhammer** ist ein Schlagbohrhammer, dessen Schlagerzeuger sich im Bohrloch direkt über dem Bohrmeißel befindet. Das Antriebsmedium ist Druckluft oder Wasser (Hochdruckwasserpumpe), womit auch das Bohrklein abgefördert wird. Beim **Lufthebebohrverfahren** wird Druckluft in das Gestänge gedrückt und das gelöste Bohrgut mit dem aufsteigenden Spülungs-Bohrgut-Luftgemisch abgefördert.

4.4.5.5 Kleinbohrungen

Zu den Kleinbohrungen zählen alle Arten von Dreh- und Rammbohrungen mit einem Durchmesser von 30–80 mm. Bei den häufigsten Kleinbohrungen (nach DIN 4020 auch Rammkernsondierungen genannt) wird ein Gestänge, in dessen untersten Meter eine Nut eingefräst ist, mit einem Motorhammer jeweils 1 m eingetrieben und wieder gezogen. Der Eindringwiderstand ermöglicht eine Aussage über die Festigkeit des Bodens. Kleinbohrungen dienen einer allgemeinen Übersicht (Vorgutachten) und zur Ergänzung anderer Aufschlüsse, werden aber bei Objekten der geotechnischen Kategorie 1 (▶ Abschn. 4.1) auch ohne zusätzliche Bohrungen eingesetzt. Etwas problematisch ist bei Sanden und organischen Böden das Einmessen der Grundwasseroberfläche.

Voraussetzungen für eine sinnvolle Anwendung sind Erfahrung mit dem Bohrverfahren und entsprechende geologische Kenntnisse. Kleinbohrungen müssen immer direkt aufgenommen werden. Die Bohrtiefen hängen vom Eindringwiderstand des Baugrundes ab. Sie betragen i. d. R. 6–8 m.

4.4.6 Sondierungen

Ramm- und Drucksondierungen zählen zu den indirekten Aufschlussverfahren. Für sie gelten die DIN EN 1997-2 sowie die Geräte- und Ausführungsnorm für Feldversuche, die DIN EN ISO 22 476, in der die Normen der DIN 4094 inzwischen aufgegangen sind. Erschienen sind bis jetzt die Normenentwürfe bzw. Normen (s. Anhang):

22 476-1	Drucksondierungen mit elektrischen Messwertaufnehmern und Messeinrichtung für den Porenwasserdruck
22 476-2	Rammsondierungen
22 476-3	Standard Penetration Test
22 476-4	Pressiometerversuch nach Menard
22 476-5	Versuch mit dem flexiblen Dilatometer (entspricht der Seitendrucksonde und ersetzt DIN 4094-5)
22 476-6	Versuch mit dem selbstbohrenden Pressiometer

22 476-7	Seitendruckversuch
22 476-8	Versuch mit dem Verdrängungspressiometer
22 476-9	Flügelscherversuch
22 476-10	Gewichtssondierung
22 476-11	Flachdilatometerversuch
22 476-12	Drucksondierungen mit mechanischen Messwertaufnehmern
22 476-13	Lastplattenversuch (► Abschn. 2.7.5)
22 476-15	Aufzeichnung der Bohrparameter (► Abschn. 4.4.5)

Die Feldversuche werden zur Ermittlung des Eindringwiderstands von Böden und weichem Fels, vorwiegend aber in nichtbindigen Bodenarten eingesetzt, in denen keine ungestörten Bodenproben zur Bestimmung der Festigkeits- und Verformungseigenschaften entnommen werden können. Nachstehend werden nur die in Deutschland üblichen Versuche behandelt. Darüber hinaus wird auf die DIN EN 1997-2 sowie die Einzelnormen verwiesen. Die Sondierergebnisse geben nicht nur einen durch Kennzahlen belegten Aufschluss über die Lagerungsdichte D bzw. I_D, sondern ermöglichen z. T. auch direkte Festigkeitsangaben über den Baugrund, ausgedrückt durch den Steifemodul E_s und den Reibungswinkel φ'. Für einige Versuchsarten werden in DIN EN 1997-2 (Anhang) auch Beispiele für eine empirische Berechnung von Flach- und Pfahlgründungen gegeben, die allerdings in Deutschland nicht gebräuchlich sind.

4.4.6.1 Rammsondierungen (DP)

Die in Deutschland verwendeten Geräte für Rammsondierungen (Dynamic Probing, DP) und ihre Anwendung sind nach DIN EN ISO 22 476-2: 2012 genormt. Bei allen Rammsonden werden die Schläge je 10 cm Eindringung gezählt und als N_{10} aufgetragen:

- DPL 10 (Dynamic Probing Light): Schlagzahl N_{10L}
- DPM 15 (Dynamic Probing Medium): Schlagzahl N_{10M}
- DPH 15 (Dynamic Probing Heavy): Schlagzahl N_{10H}

Die Zahlenangaben 10–15 geben die Querschnittsfläche der Sondenspitze (in cm^2) an. Darüber hinaus gibt es noch die sog. überschweren Rammsondierungen (DPSH-A und -B), bei denen die Schlagzahlen meist auf 20 cm gewertet werden, sowie den Standard Penetration Test (SPT) mit N_{30}.

Die Rammsonden sind handliche, weit verbreitete Geräte. Außer den handbetriebenen Geräten sind sowohl mechanisch als auch pneumatisch selbsttätig arbeitende Geräte auf dem Markt. Die Rammsonden werden üblicherweise vom Gelände oder von der Baugrubensohle aus fortlaufend eingerammt. Die Untersuchungstiefen betragen je nach Untergrundaufbau für die leichte Rammsonde bis zu 10 m, für die mittelschwere und schwere Rammsonde 20–25 m und für die überschwere Rammsonde DPSH bis 40 m.

Auf der Grundlage von Erfahrungswerten und den verschiedenen Normen ergeben sich bei der schweren Rammsonde DPH für die Lagerungsdichte D eines Sandbodens folgende Schlagzahlen N_{10H}:

Lagerungsdichte	unter GW	über GW
lockere Lagerung ($D < 0{,}3$)	2–8	6–15
mitteldichte Lagerung	9–21	16–30
dichte Lagerung ($D > 0{,}5$)	>21	>30

In grobkörnigen Böden fallen bei gleichen Randbedingungen die **Schlagzahlen unter Grundwasser** niedriger aus. In schluffigen Böden ist der Eindringwiderstand aufgrund der Kapillarwirkung gleich oder sogar etwas höher.

Für die Beziehung zwischen den verschiedenen Rammsonden gilt nach DIN EN 1997-2 (Anhang D):

- $N_{10L} = 3\ N_{10H}$ (gilt bis $N_{10H} < 20$),
- $N_{10H} = 0{,}34\ N_{10L}$ (gilt bis $N_{10L} < 50$).

Sondierungen mit der leichten oder schweren Rammsonde dürfen nie allein ohne weitere Aufschlüsse ausgeführt werden, da die Schlagzahlen in Unkenntnis der jeweiligen Bodenarten ein falsches Bild ergeben können. Von den zahlreichen Beispielen in den Normen seien hier als Störeinflüsse auf die Sondierergebnisse nur die besonders bei weichen, bindigen Böden auftretende Mantelreibung erwähnt, die mit zunehmender Tiefe einen Anstieg des Spitzenwiderstands vortäuscht, sowie die teilweise sehr hohen Schlagzahlen in faserigen Torfen. Unabhängig davon stellen Sondierungen eine wertvolle Ergänzung der Bohraufschlüsse dar. Sie liefern nicht nur in rolligen Böden Angaben über die Lagerungsdichte, sondern geben auch in Verwitterungsböden wertvolle Hinweise auf die Verwitterungs- bzw. Auflockerungstiefe des Untergrundes. Mit der schweren Rammsonde kann z. B. auch der Konsolidationsgrad oberflächennaher Residualbildungen infolge von Auslaugungserscheinungen erkundet werden (◘ Abb. 4.16 und ► Abschn. 19.3.3).

Der Einfluss von mit der Tiefe zunehmender Mantelreibung wird bei Einsatz des **Standard Penetration Test** (SPT) nach DIN EN ISO 22 476-3 (2012) ausgeschaltet. Der Test entspricht der vor einigen Jahren verwendeten Bohrlochrammsonde (BDP). Die SPT-Rammung wird allerdings im Gegensatz zu der früheren gleichnamigen Standardsonde nicht mehr mit einer wassergeschützten Rammvorrichtung direkt im Bohrloch ausgeführt, sondern wie alle anderen Rammsondierungen vom Geländeniveau aus. Der Rammbär hat eine Masse von 63,5 kg, die Fallhöhe beträgt 760 mm. Der Bohrlochdurchmesser sollte nicht größer sein als 150 mm und ist stets anzugeben.

Die Sonde selbst hat einen Durchmesser von 51 mm. In kiesigem Sand wird mit Vollspitze gearbeitet und der Versuch als SPT(C) gekennzeichnet. In feinkörnigen Böden wird ein dünnwandiges SPT-Probenentnahmegerät gem. DIN verwendet (◘ Abb. 4.17). Zu Beginn der Sondierung wird eine Anpassungsrammung (N_0) von 150 mm bzw. 25 Schlägen vorgenommen. Die eigentliche Versuchsstrecke beträgt 300 mm. Die benötigten Schläge werden in Intervallen von 150 mm gezählt und auf N_{30} summiert. Bei Gesamtschlagzahlen von 50 bzw. bei leichtem Fels 100 Schlägen wird der Versuch abgebrochen.

Bei Gestängelängen von <10 m wird bei Sanden ein Korrekturfaktor λ angewendet:

Gestängelänge	Korrekturfaktor λ
6–10 m	0,95
4–6 m	0,85
3–4 m	0,75

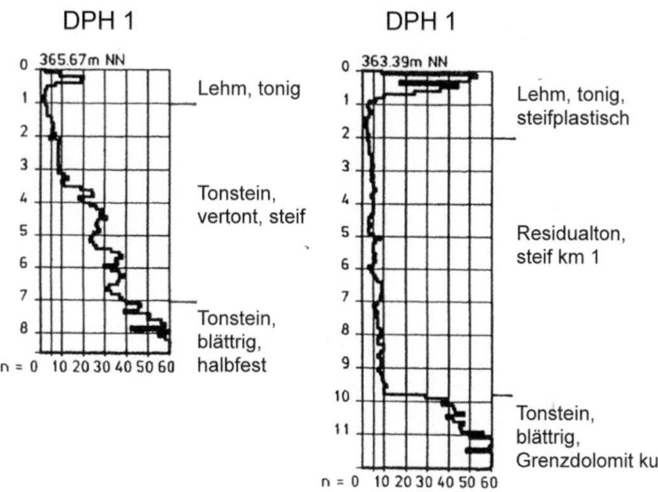

◘ **Abb. 4.16** Rammdiagramme in einem Verwitterungsboden (DPH 1) und in einem Residualton infolge von Gipsauslaugung (DPH 2)

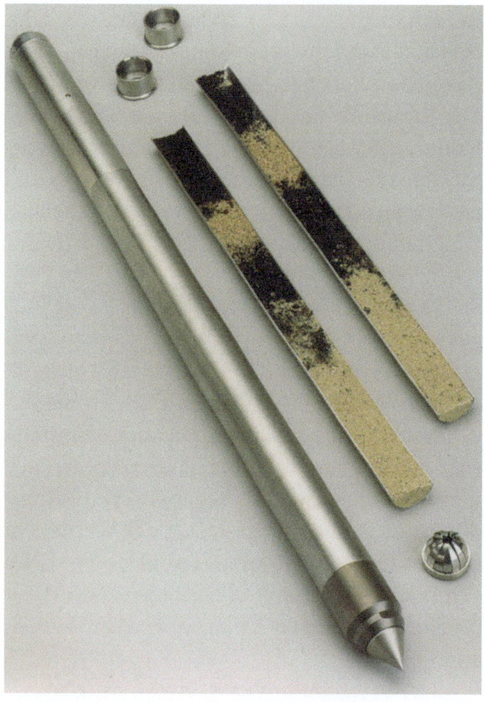

Abb. 4.17 Bohrlochrammsonde mit Probenentnahmehülse. An der Bodenprobe sind dünne Sand- und Torflagen zu erkennen

Die DIN EN ISO 22 476-3 nennt einen weiteren Korrekturfaktor C_N für stärker vorbelastete Sande.

Die Auftragung erfolgt meist in Balkendarstellung in der jeweiligen Tiefe. Allgemein gelten für nichtbindige Böden folgende Erfahrungswerte:

	D mitteldicht (N_{30})
Sand $C_u < 3$ ohne Grundwasser	5–17/15
Sand $C_u < 3$ im Grundwasser	3–11
Kiessand $C_u > 6$ ohne Grundwasser	7–20

Weitere Angaben über die Abhängigkeit der Lagerungsdichte *D* bzw. der bezogenen Lagerungsdichte I_D von der Schlagzahl N_{30} bezogen auf die Bodenart, die Ungleichkörnigkeit sowie den Grundwasserstand enthalten die Normen DIN EN ISO 14 688-2 und DIN EN 1997-1, Anhang F.

In bindigen Böden wird der Rammwiderstand durch den Porenwasserdruck beeinflusst. Als Richtwerte für die Konsistenz bindiger Böden können die Schlagzahlen aus Tab. 4.6 genommen werden. Bei tonigen Böden sollten dazu aber immer Vergleichswerte von Laborversuchen herangezogen werden. Tab. 4.7 enthält Umrechnungsfaktoren zwischen den Schlagzahlen N_{30} und den Ergebnissen von Drucksondierungen. Die DIN EN 1997-2, Anhang F, bringt auch ein empirisches Verfahren zur Berechnung der Setzungen von Flachgründungen.

4.4.6.2 Drucksondierungen (CPT)

Für die Ermittlung der Bodeneigenschaften und für die Bemessungstabellen einiger Normen werden bevorzugt Drucksondierungen (Static Cone Penetration Test, CPT) verwendet.

Tab. 4.6 Richtwerte für Bohrlochrammsondierergebnisse in bindigen Bodenarten

Schlagzahl N_{30}	Konsistenz	Einaxiale Druckfestigkeit [kN/m^2]
0–2	breiig	<25
2–4	weich	25–50
4–8	weich-steif	50–100
8–15	steif	100–200
15–30	halbfest	200–400
>30	fest	>400

Tab. 4.7 Umrechnungsfaktoren zwischen dem Sondierspitzendruck q_c in MN/m² und der Schlagzahl N_{30} der Bohrlochrammsonde

Bodenart	q_c/N_{30}
Fein- bis Mittelsand oder leicht schluffiger Sand	0,3–0,4
Sand oder Sand mit etwas Kies	0,5–0,6
weitgestufter Sand	0,5–1,0
sandiger Kies oder Kies	0,8–1,0

Beim Standardgerät nach DIN EN 22 476–12: 2009 mit mechanischen Messwertaufnehmern wird ein Druckgestänge mit genormter Spitze (Ø 35,3 mm), und zwar je nach der Art des Geräts

- M 1 mit Mantelkegel (Spitze) zu Messung des Spitzenwiderstands (CPT) oder
- M 2 mit Mantelkegel und Reibungshülse zur Messung auch der lokalen Mantelreibung (CPTM)

mit gleichbleibender Geschwindigkeit (20 ± 5 mm/s) in den Boden gedrückt und allein der Spitzenwiderstand bzw. der Spitzenwiderstand und der Gesamteindringwiderstand oder der Spitzenwiderstand und die Mantelreibung alle 50 mm (kontinuierliche Sondierung) bzw. 200 mm (diskontinuierliche Sondierung) gemessen und aufgezeichnet. Als Ergebnisse fallen an:

- gemessener Spitzenwiderstand q_c
- gemessene Mantelreibung f_s
- Reibungsverhältnis R_f

Für Drucksondierungen mit elektrischen Messwertaufnehmern und Messeinrichtungen für den Porenwasserdruck gilt DIN EN ISO 22 4765-1:2013. Auch hier werden zwei Versuchsarten unterschieden:

- elektrische Drucksondierung mit Messen des Spitzenwiderstands und der Mantelreibung – Typ TE 1 (CPT),
- elektrische Drucksondierung mit Piezospitze zur zusätzlichen Messung des Porenwasserdrucks an oder im Bereich der Sondierspitze – Typ TE 2 (CPTU).

Der durch das Eindrücken der Sondierspitze in den Boden erzeugte Porenwasserdruck kann an verschiedenen Stellen der Sondierspitze gemessen werden (u_1, u_2 oder u_3). Er ist i. d. R. höher als der unbeeinflusste Umgebungsporenwasserdruck u_0:

Porenwasserdruckdifferenz $u = u_1 - u_0$.

Als Versuchsergebnisse fallen je nach Versuchsart an:

- gemessener Spitzenwiderstand q_c
- gemessene Mantelreibung f_s
- gemessener Porenwasserdruck u

Für bestimmte Anwendungen sieht die Norm andere, um den Überlagerungsdruck, d. h. die Sondiertiefe z (in m), korrigierte Nettowerte vor:

Nettospitzenwiderstand:	q_c (MPa) – z (m)
Nettomantelreibung:	f_s (MPa) – z (m)
Nettoporenwasserdruck:	u (MPa) – z (m)

Außerdem werden in der Norm ein um die Porenwasserdruckwirkung korrigierter Spitzenwiderstand q_t und eine korrigierte Mantelreibung f_t unterschieden.

Je nach Bodenart werden in beiden Normen 7 Anwendungsklassen unterschieden (1–4 in Teilnorm 1 und 5–7 in Teilnorm 12). Die in den Normen aufgeführten Bodenarten A–D fallen textlich ebenfalls unterschiedlich aus. In DIN EN ISO 22 476-1 sind genannt:

A	homogene breiige bis steife Tone und Schluffe (q_c < 3 MPa), nur für Spitzentyp TE 2
B	Wechsellagerung von weichen bis steifen Tonen und Schluffen (w. o.) und mitteldichte Sande (q_c = 5–10 MPa), für TE 1 und TE 2

C	Wechsellagerung von steifen Tonen (q_c = 1,5-3 MPa) und sehr dichten Sanden (q_c > 20 MPa), für TE 1 und TE 2
D	halbfeste bis feste Tone (q_c > 3 MPa) und sehr dichten Sanden und Kiesen (q_c > 20 MPa), für TE 1 und TE 2

Über die Drucksondierungen ist ein Feld- bzw. Versuchsbericht nach DIN zu fertigen. Die Versuchsergebnisse werden als kontinuierliches Profil über die Sondiertiefe aufgetragen, und zwar als gemessener Spitzenwiderstand q_c (in MPa oder MN/m^2) sowie die gemessene lokale Mantelreibung f_s und ggf. das aus der gemessenen Mantelreibung zu dem in gleicher Tiefe gemessenen Spitzendruck (◘ Abb. 4.18). Aus dem Reibungsverhältnis R_f (in %) kann näherungsweise auf die Bodenart geschlossen werden. R_f–Werte bis 1,5 gelten allgemein für nichtbindige Böden, R_f-Werte bis 4 für bindige (schluffige) Bodenarten und Werte über 4 für tonige Böden.

Verschiedene Autoren stellen auch Tabellen für empirisch gefundene Abhängigkeiten zwischen den Ergebnissen von Drucksondierungen und verschiedenen Rammsondierungen sowohl für rollige als auch für bindige Böden vor (◘ Tab. 4.8).

Die Ergebnisse von Drucksondierungen ergeben i. d. R. recht brauchbare Beziehungen nicht nur hinsichtlich der Lagerungsdichte bei Sanden bzw. der Konsistenz bindiger Böden, sondern auch für direkte Festigkeitseigenschaften (DIN EN 1997-1, Anhang D). Für die Ermittlung der Steifeziffer E_s kann folgende Beziehung verwendet werden:

$$E_s = \alpha \times q_c,$$

wobei E_s und q_c in kN/m^2; α = Faktor nach örtlichen Erfahrungen: für bindige Böden 2–4, für nichtbindige Böden 1–3.

Für bindige Böden Norddeutschlands wird die Drucksonde auch für die indirekte

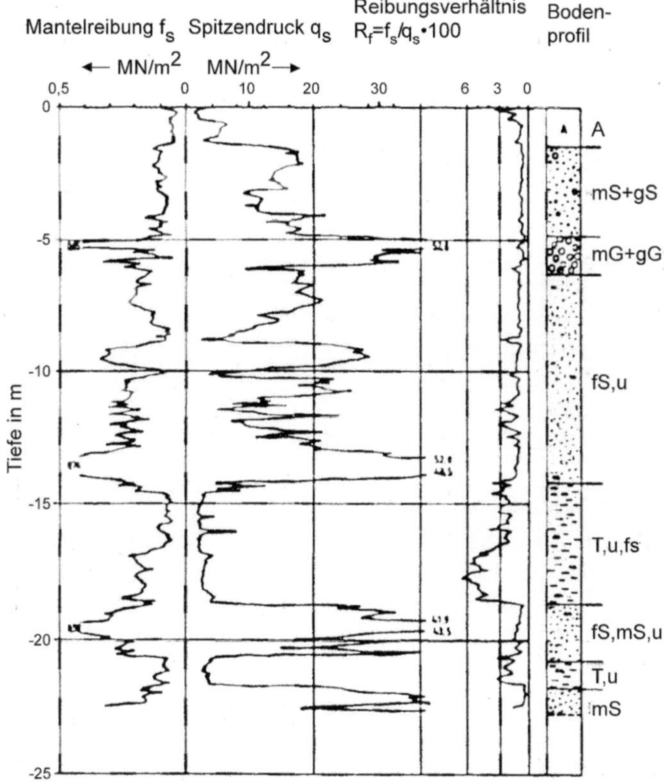

◘ **Abb. 4.18** Elektrische Drucksondierung mit Auftragung des Spitzendrucks, der anteiligen Mantelreibung und dem Reibungsverhältnis (Firmenprospekt)

Tab. 4.8 Empirische Abhängigkeit zwischen dem Spitzendruck q_c (in MN/m²) und den Schlagzahlen von Sondierungen: Von-bis-Werte je nach Bodenart und über dem Grundwasser (s. a. DIN EN ISO 14 688-2, DIN EN 1997-2 und DIN 4020)

Lagerungsdichte	Spitzendruck qc [MN/m²]*	DPH N_{10H}	DPM N_{10M}	DPL N_{10L}	SPT N_{30}
Locker	<5/7,5	1–4	4–11	6–10	3–8
Mitteldicht	5/7,5–10/15	4–13	11–26	10–50	8–25
Dicht	10/15–20/25	13–24	26–44	50–64	25–42
sehr dicht	>20/25	>24	>44	>64	42–58
Konsistenz	**Spitzendruck *qc* [MN/m²]**	**DPH N_{10}**	**DPM N_{10}**	**DPL N_{10}**	**SPT N_{30}**
Weich	1,0–1,5	2–5 (4)	3–8	3–10	2–8
Steif	1,5–2,5	(4) 5–9 (8)	8–14	10–17	8–15
halbfest	2,5–5,0	(8) 9–17	14–28	17–37	15–30
fest	>5,0	>17	>28	>37	>30

* für enggestuften Sand (aus DIN 4020)

Ermittlung der undränierten Scherfestigkeit c_u genutzt (Jörss 1998). Bei quantitativen Auswertungen werden jedoch projektbezogene Vergleichsuntersuchungen angeraten. Ein Einfluss des Grundwassers ist bei Drucksondierungen praktisch nicht feststellbar.

Die Ergebnisse von Drucksondierungen werden wegen des Modellcharakters häufig auch zur Ermittlung des Grenzwerts für den Pfahlwiderstand bei Bohrpfählen herangezogen.

4.4.6.3 Flügelsondierungen (FVT)

Beim Flügelscherversuch werden durch Drehen eines genormten rechteckigen Flügels im Boden die undränierte Scherfestigkeit und die Sensitivität ermittelt. Die Flügelsonde besteht aus einem Stab, über den ein Torsionsmoment aufgebracht wird und an dessen unterem Ende vier Flügel angeordnet sind, mit Abmessungen von max. 100 × 200 mm und min. 40 × 80 mm, bei sehr hohen Scherfestigkeiten auch 33 × 66 mm. Die Abmessungen und die Arbeitsweise sind nach DIN EN ISO 22 476-9 genormt.

Die Art des Versuchs (Anwendungsklasse nach DIN) ist vom Untergrund abhängig (erwartetes Drehmoment). Die Flügelsonde wird abschnittsweise mit max. 0,2 m/s in den Boden eingedrückt und langsam (1–5°/s) bis zum Bruch des Bodens entlang einer zylindrischen Gleitfläche gedreht. Das beim Bruch auftretende Drehmoment wird i. d. R. an der Geländeoberfläche gemessen (sog. Push-in-Typ). Beim Downhole-Typ wird das Drehmoment unmittelbar oberhalb des Flügels bestimmt. Empfohlen wird eine automatische Messwerterfassung. Der sich aus dem Versuch ergebende max. Scherwiderstand c_{fv} ist die Gesamtscherfestigkeit unter undränierten Bedingungen (ungestörte Scherfestigkeit). Sie entspricht der Scherfestigkeit c_u des undränierten Bodens im Bruchzustand:

$$c_{fv} = \frac{6M_{max}}{7\pi \times D^3}\left(\text{in kN / m}^2\right)$$

Hierin bedeuten:
$M_{max,u}$ = maximales Drehmoment (in kNm)
D = Flügeldurchmesser (in m)

Durch mehrmaliges Drehen wird der Rest-Scherwiderstand (Gleitfestigkeit) ermittelt ($c_{res,fv}$). Aus dem Verhältnis $c_{fv}/c_{res,fv}$ kann auf die Sensitivität (S_{fv}) eines Bodens geschlossen werden (▶ Abschn. 2.7.2).

Die Flügelsonde ist je nach eingesetztem Flügeldurchmesser für weiche bis steife Böden geeignet. Es lassen sich damit in Tiefenabständen von min. 0,5 m ganze Profile aufnehmen und Schwächezonen mit geringer Scherfestigkeit erkennen. Die undränierte Scherfestigkeit c_u nimmt in einem normal konsolidierten Boden mit der Tiefe zu (▶ Abschn. 2.8.4). Im Allgemeinen streuen jedoch die Ergebnisse von Flügelsondierungen recht stark und korrelieren häufig schlecht mit an vergleichbaren Proben durchgeführten Zylinderdruckversuchen. Für die praktische Anwendung werden daher bei Böden mit geringer Konsistenz Korrekturfaktoren (μ) angesetzt (s. DIN EN 1997-2, Anhang I). Die undränierte Scherfestigkeit ist dann $c_u = \mu \times c_{fv}$. Der Korrekturfaktor μ ist abhängig von der Fließgrenze w_L und beträgt nach DIN EN ISO 22 467-0 (E 2014), Bild D.1:

w_L (%)	20	40	60	100	200
μ	1,3	1,0	0,85	0,7	0,5

Böden mit organischen Anteilen zeigen eine deutliche Abhängigkeit der Ergebnisse von der Drehgeschwindigkeit, die bei Handgeräten mit Kraftübertragung über Drehmomentschlüssel nur sehr schwer zu kontrollieren ist. Besser sind hier Motorsonden (Rackwitz et al. 2011). In organischen Böden mit faserigen Bestandteilen darf die Flügelsonde nicht eingesetzt werden.

4.4.6.4 Seitendrucksonde (BJT)

Bei Seitendrucksonden wird durch Aufweitung eines zylindrischen Sondenkörpers im Bohrloch die Verformbarkeit des Untergrundes in situ gemessen. Die europaweit üblichen Seitendrucksonden (Borehole Jack Test, BJT) werden in den Teilnormen der DIN EN ISO 22 476-4 bis 8 behandelt. Die in Deutschland gängigen Sonden (▶ Abschn. 2.7.7) entsprechen dem Teil 7: Seitendruckversuch. Diese sind hauptsächlich die Stuttgarter Seitendrucksonde II oder III (Ø 143 mm) bzw. die längere Interfels-Sonde IF 146 (Ø 144,5 mm). Der Einsatzbereich der Sonden (max. Verschiebungsweg 50 mm) erstreckt sich auf Lockergesteine und Fels geringer Festigkeit. Als Kennwerte werden auf der Grundlage der Elastizitätstheorie der Seitendruckmodul E_{BJT} dem Elastizitätsmodul E gleichgesetzt (zur Umrechnung auf den Steifemodul E_s ▶ Abschn. 2.7.3).

4.5 Aufnahme von Aufschlüssen

4.5.1 Aufnahme von Schürfen

Die Aufnahme von Bohrungen und Schürfen erfolgt gewöhnlich nach genormten Schichtenverzeichnissen, die aber nur eine stichwortartige Beschreibung der einzelnen Schichten ermöglichen. Für die Aufnahme von Schürfen, in denen mehr Einzelheiten über den Schichtaufbau erkennbar sind als an Bohrproben, empfiehlt sich deshalb, die Aufschlussaufnahme in Abweichung von DIN EN ISO 22 475-1 in beschreibender Form vorzunehmen. Bewährt hat sich folgende Beschreibung:

- petrographische Bezeichnung, Mineralbestand, Korngrößenangabe
- Farbe, Kalkgehalt
- Verwitterungsgrad, Festigkeit (Kornbindung)
- Bodengruppe nach DIN 18 196.
- besondere Merkmale: Schichtung, Schieferung, Klüfte, besondere Strukturen

- Wasserführung
- Verwitterungsbeständigkeit, Frostempfindlichkeit, ggf. Löslichkeit
- geologische Einstufung

Besonders in Festgesteinen ist darüber hinaus eine zeichnerische Darstellung der Schurfwände und nötigenfalls der Sohle zur Dokumentation der Lagerungsverhältnisse und des Trennflächengefüges üblich (◘ Abb. 4.19). In vielen Fällen ist auch eine Fotodokumentation zweckmäßig.

4.5.2 Aufnahme von Bohrungen im Lockergestein

Die Ergebnisse von Bohrungen in Lockergesteinen sind in die genormten Formblätter für Schichtenverzeichnisse (DIN EN ISO 22 475-1, Anhang B) einzutragen, die aus einem Kopfblatt (B1), dem Bohrprotokoll (B2) und dem eigentlichen Schichtenverzeichnis (B4) sowie verschiedenen weiteren Protokollen bestehen:

- B3 – Probenentnahmeprotokoll
- B5 – Verfüllprotokoll
- B6 – Protokoll über den Ausbau von Grundwassermessstellen (Piezometer)
- B7 – Grundwassermessprotokoll

Für die Beschreibung des Bohrgutes gelten die Grundsätze der DIN 4020, der DIN EN ISO 14 688-1 und -2 sowie EN ISO 14 689-1 und ergänzend dazu auch die DIN 18 196. Von den Einzelangaben dieser Normen werden nachstehend nur die gebräuchlichen Bestimmungsmethoden wiedergegeben.

Die DIN EN ISO 14 688-1 verlangt für die **Beschreibung der Böden** nur allgemeine Angaben der Korngröße (Haupt- und Nebenanteile), der Plastizität und des organischen Anteils sowie ergänzende Angaben über Zustandsform, sonstige Merkmale, Farbe, Geruch und die ortsübliche Benennung einschließlich der geologischen Zuordnung. Auf dieser Grundlage erfolgen die Bohrkernaufnahme und das Ausfüllen der genormten Schichtenverzeichnisse (◘ Abb. 4.20). Die Kurzbeschreibung des Bodens wird in Spalte 2 eingetragen.

Eine der wichtigsten Angaben für die spätere bautechnische Beurteilung ist die Beschreibung der Probe in Spalte 4, nämlich die Zustandsform

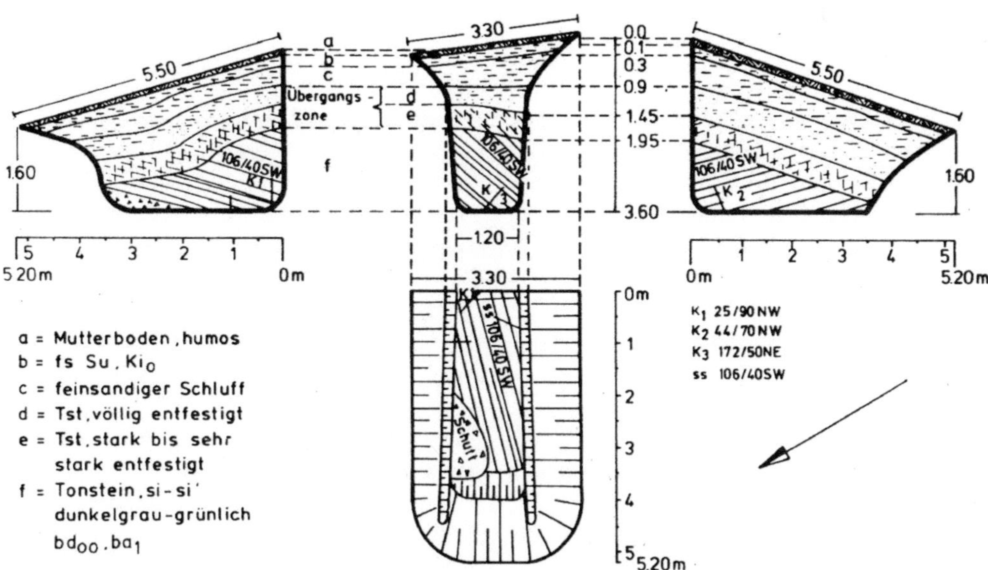

◘ **Abb. 4.19** Darstellung einer ingenieurgeologischen Schurfaufnahme (aus Heitfeld und Hesse 1982)

Schichtenverzeichnis in Anlehnung an DIN 4022-1 Anhang B						Seite:	
Projektbezeichnung:					Aufschluss:	Datum:	
a) Bis ... m unter Ansatzp.	a_1) Benennung und Beschreibung der Schicht a_2) Ergänzende Bemerkung				Bodenklassen DIN 18300 Wasserführung; Feststellungen beim Bohren; Bohrwerkzeuge; Werkzeugwechsel; Sonstiges	Entnommene Probe	
						Art und Nr.	Tiefe in m (Unterkante)
b) Mächtigkeit in m	b) Beschaffenheit gemäß Bohrgut f) Ortsübliche Bezeichnung	c) Beschaffenheit gemäß Bohrvorgang g) Geologische Bezeichnung	d) Farbe h) Gruppe	e) Kalkgehalt			
1	2				3	4 + 5	6
a)	a_1) a_2)						
b)	b) + c)		d)				
	f)	g)	h)	e)			

Name des Unternehmens: Name des Auftraggebers: Bohrverfahren: Datum: Durchmesser: Neigung: Projektbezeichnung:		Schichtenverzeichnis in Anlehnung an DIN EN ISO 22475-1 Name und Unterschrift des Bohrgeräteführers:			Seite: Aufschluss: Projektnr.:	
1	2	3	4	5	6	7
Tiefe bis m	Bezeichnung der Boden- bzw. Felsart Ergänzende Bemerkungen Geol. Benennung (Stratigraphie)	Farbe Kalkgehalt	Beschreibung der Probe - Konsistenz, Plastizität, Härte einaxiale Festigkeit - Kornform, Matrix - Verwitterung, Trennflächen - usw.	Beschreibung des Bohrfortschritts - Bohrbarkeit / Kernform - Meißeleinsatz - Beobachtungen etc.	Proben Versuche - Typ - Nr. - Tiefe	Bemerkungen - Wasserführung - Bohrwerkzeuge - Kernverlust - Kernlänge

Abb. 4.20 Von der alten DIN 4022-1 etwas abweichendes Schichtenverzeichnis für die Aufnahme von Bohrungen im Vergleich mit dem Schichtenverzeichnis nach DIN EN ISO 22475-1

bindiger Böden, die Lagerungsdichte rolliger Böden bzw. bei Fels die Festigkeit. Die Zustandsform eines bindigen Bodens kann im Feldversuch wie folgt ermittelt werden:

- Breiig ist ein Boden, der – in der geballten Faust gepresst – zwischen den Fingern durchquillt.
- Weich ist ein Boden, der sich leicht kneten lässt.
- Steif ist ein Boden, der nur schwer knetbar ist, sich aber in der Hand zu 3 mm dicken Walzen ausrollen lässt, ohne zu brechen (Ausrollversuch).
- Halbfest ist ein Boden, der beim Ausrollen zerbröckelt.
- Fest ist ein Boden, der sich nicht kneten lässt, sondern zerbricht.

In der Schweiz wird anstelle des Knet- und Ausrollversuchs der Daumendruckversuch nach SN 670 005a verwendet.

Die Lagerungsdichte rolliger Böden kann bei den wenigsten Bohrverfahren nach dem Bohrwiderstand angegeben werden. Hierzu müssen Sondierungen im Bohrloch (SPT-Sondierung) oder zusätzliche Ramm- oder Drucksondierungen vorgesehen werden (► Abschn. 4.4.6).

Hinsichtlich der weniger gebräuchlichen Feldversuche zur Bestimmung der Bodenart wie Trockenfestigkeit, Schüttelversuch, Reibe- und

Schneidversuch sowie Riechversuch als Hinweis auf organische Beimengungen wird auf DIN EN ISO 14 688-1 verwiesen.

Die Farbansprache (Spalte 3) erfolgt nach dem visuellen Eindruck bzw. nach Farbtafeln. Farbänderungen unter der Einwirkung von Luftsauerstoff sind zu vermerken.

Bei der Aufnahme von Baugrundbohrungen ist immer auch auf Anzeichen von Kontaminationen durch Umweltschadstoffe zu achten. Anzeichen dafür sind in den Schichtenverzeichnissen zu vermerken und ggf. zu melden.

Die Problematik bei der Anwendung der A-Linie nach Casagrande für die Einstufung der Böden als Tone oder Schluffe ist bereits in den ► Abschn. 2.5 und 3.2.3 angesprochen worden. Eine Benennung allein nach diesen rein bodenmechanischen Gesichtspunkten führt zu einer Dominanz von TL-, TM-, TA- sowie z. T. UL- und UM-Böden. Um Fehleinstufungen zu vermeiden, ist es unerlässlich, die (regional)geologisch-genetische Bezeichnung mit anzugeben und auch zeichnerisch darzustellen, wie z. B. Löss, Lösslehm, Hanglehm, Auelehm, Geschiebelehm und -mergel sowie die verschiedenen Verwitterungsböden. Welche Folgen eine rein bodenmechanische Ansprache von Bohrproben nach TM- bzw. TL-Böden und eine geradlinige Verbindung von Schichtgrenzen haben können, zeigt ◘ Abb. 4.21.

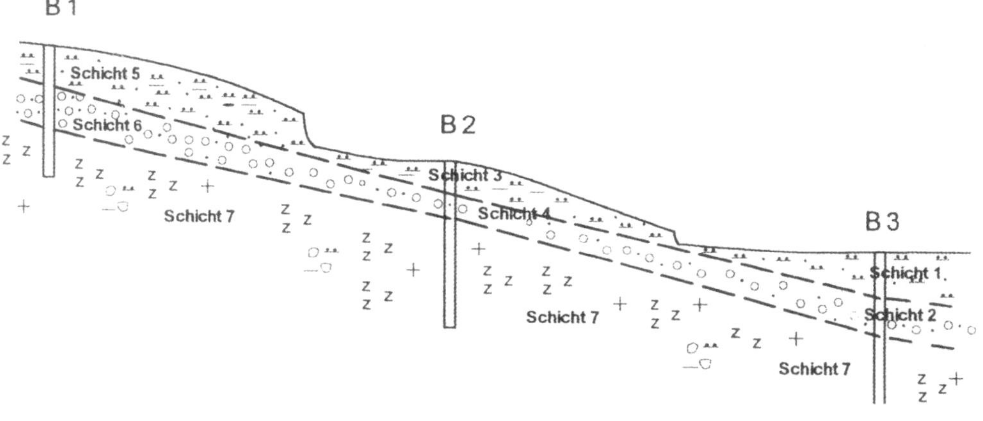

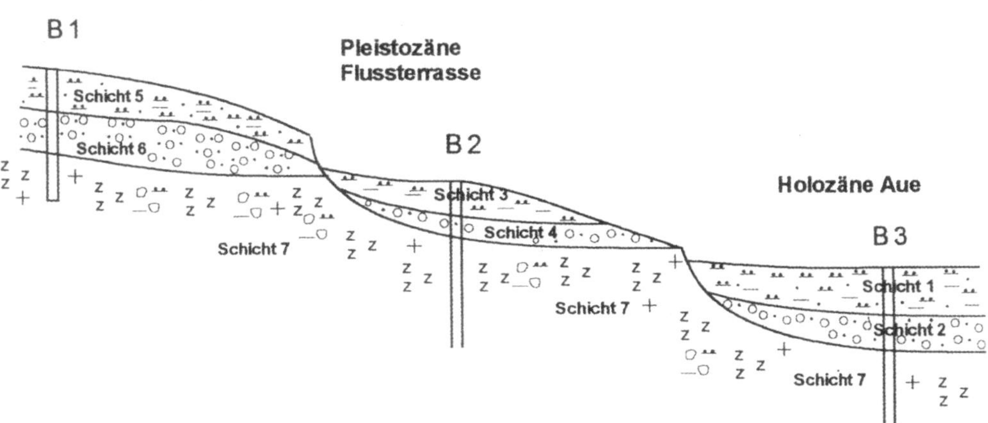

◘ **Abb. 4.21** Schichtansprache eines Hangprofils nach rein bodenmechanischer (oben) und nach geologischer Benennung (unten) (aus FI-Rundbrief 56 nach Heise, Leipzig)

Erläuterungen zu ◘ Abb. 4.21:

Schicht Nr.	Geologische Benennung	Bodenmechanische Benennung
1	Auelehm	Ton [TM]
2	Flusskies	Kies, sandig [GW]
3	Terrassenlehm	Ton [TM]
4	Terrassenkies	Kies, sandig [GW]
5	Lösslehm	Ton, schluffig [TL]
6	Hochterrassenkies	Kies, sandig [GW]
7	Granitgrus	Kies, sandig, schluffig [Grus]

4.5.3 Aufnahme von Bohrungen im Fels

Für das Ausfüllen der Schichtenverzeichnisse von Bohrungen im Fels gilt ebenfalls DIN EN ISO 22 475-1. Die Formblätter bestehen aus:
- Kopfblatt,
- Bohrprotokoll mit bohrtechnischen Angaben (Maschinenparameter gem. DIN EN ISO 22 476-15:E 2014; s. a. ► Abschn. 4.4.5), Bohrwerkzeug und -wechsel, Verrohrung, Spülung und ihre Veränderung, besondere Vorkommnisse, Bohrstillstände und ihre Ursachen),
- Schichtenverzeichnis, in dem die Beschreibung des Kernmaterials auch wieder zu kurz kommt.

Bei schwer unterscheidbaren Gesteinsarten ist ggf. ein erfahrener Regionalgeologe hinzuzuziehen oder es sind petrologische Untersuchungen, nötigenfalls mittels Dünnschliffanalyse, vorzunehmen, um Fehlinterpretationen bei der Kernaufnahme zu vermeiden (Beispiele s. Deutsch 2001).

Insgesamt gehören zu einer routinemäßigen Bohrkernbearbeitung:
- geologisch-petrografische Bohrkernbeschreibung,
- Angabe der Qualität des Kernmaterials,
- Ansprache und Bewertung der Trennflächen,
- fotografische Dokumentation (Bohrkernfotos),
- Darstellung eines vorläufigen geologischen Profils,
- Beprobung für den jeweiligen Zweck,
- evtl. Bohrkernarchivierung.

Die Beschreibung der **Qualität des Kernmaterials** erfolgt in Anlehnung an EN ISO 14 689-1 (mit NAD, Abschn. 3.1) und nach DIN EN ISO 22 475-1. Darin werden folgende Begriffe verwendet:
- Felsgütebezeichnung RQD (s. u.),
- vollständiger Kerngewinn SCR (in % der Kernlänge),
- gesamter Kerngewinn TCR (in % der Kernmarschlänge).

Die Beschreibung der Kernstücke kann weiter unterteilt werden in:
- großstückig : >10 cm,
- stückig: 10-6 cm,
- kleinstückig: 6-2 cm.

Darüber hinaus sind folgende Angaben über die Qualität des Kernmaterials zweckmäßig:
- Kernstücke mit vollständig erhaltener Mantelfläche,
- Kernstücke mit nur teilweise erhaltener Mantelfläche,
- Kernstücke, die nicht mehr zu einem Zylinder zusammengefügt werden können,
- Bohrklein, wie z. B. grusig, sandig oder feinkörnig (<0,6 mm) zerriebenes Gestein.

Die Angaben über die Qualität des Kernmaterials sind maßgebend für die Abschätzung des Zerklüftungs- bzw. Zerbrechungsgrades des Gebirges und für das **Erkennen von Störungszonen** (► Abschn. 3.5.2). Diese werden häufig von Klüften in Abständen von wenigen Zentimetern begleitet, die den Bohrkern stückig bis kleinstückig zerfallen lassen. Hier ist bei der Kernaufnahme zu entscheiden, ob engständig zerklüftetes oder „zerbohrtes" Gebirge vorliegt (◘ Abb. 4.22). Diese Faktoren, die an Bohrkernen zweifelsohne nur unzureichend erfasst werden können, sind aber unverzichtbare Merkmale

Abb. 4.22 Bohrkerne einer Wechselfolge des Mittleren Buntsandsteins. Oben im Bild Störungszone mit Kakirit (► Abschn. 3.4.4); nach unten Übergang zu tektonisch wenig zerbrochenem und kompaktem Gebirge

für das Abschätzen der tektonischen Beanspruchung des Gebirges, besonders wenn keine optischen Bohrlochsondierungen vorgenommen werden (► Abschn. 4.8.1).

Bei tieferen Bohrungen ist besonders in massigen Gesteinen (z. B. Granit) auf plattigen oder auch grusigen Zerfall der Bohrkerne zu achten, was möglicherweise auch auf das Vorhandensein großer Primärspannungen hindeutet (► Abschn. 3.5.2).

Bei umfangreichem Kernmaterial vergleichbarer Gesteine wird häufig versucht, die Felsgüte, d. h. den Zerbrechungsgrad der Kerne, zahlenmäßig zu klassifizieren. Die bekanntesten dieser Indexzahlen sind die **Klüftigkeitsziffer** von Stini (Anzahl der Trennflächen je Meter Kernstrecke) und die **RQD-Zahl** (Rock-Quality-Designation-Zahl). Mit dem RQD-Index nach Deere (1963) wird die Felsqualität anhand der Stückigkeit der Bohrkerne quantitativ beurteilt. Er ist ein indirektes Maß für den Grad der Klüftigkeit und für die Gebirgszerbrechung und drückt den prozentualen Anteil der Kernstücklängen >10 cm (4“), bezogen auf die Länge der Kernstrecke, aus (Abb. 4.23). Nachteilig ist dabei die Vernachlässigung der Kernstücke <10 cm, besonders da die Länge der Kernstücke sehr stark von der Bankung oder Schieferung, vom Bohrvorgang (z. B. Doppelkernrohr/Seilkernrohr), vom Bohr- bzw. Kerndurchmesser und von der Bohrrichtung in Bezug auf die Ausrichtung der Trennflächen abhängig ist (s. Riemer 2011, Sommer und Wittke 2012). Außerdem erfolgt die Bewertung der Trennflächen(abstände) ohne Zuordnung zu einer Trennflächenschar. Der RQD-Wert ist deshalb mit großen Ungenauigkeiten behaftet. Bei höheren Verwitterungsgraden kann das Verfahren nicht mehr angewandt werden.

Der RQD-Index wird aber häufig routinemäßig bei der Bohrkernaufnahme eingesetzt und dient als einfache qualitative Bewertung der Felsqualität (► Abschn. 17.3.2):

RQD (%)	Gebirgsqualität
0–25	sehr schlecht
25–50	schlecht
50–75	mäßig/mittel
75–90	gut
90–100	sehr gut

Die **Festigkeit der Gesteine** wird bei der Profil- bzw. Bohrkernaufnahme zunächst durch sog. Handprüfverfahren ermittelt, z. B. die Zerbrechbarkeit von Hand bzw. die Hammerschlagprobe (Klang beim Anschlagen mit dem Hammer und Zerschlagbarkeit einer min. 5 × 5 × 2 cm großen Gesteinsprobe auf harter Unterlage) und die Ritzbarkeit (DIN EN 14 689-1/NA), ggf. auch mit dem Betonprüfhammer (► Abschn. 2.7.10.2). In Anlehnung an DIN EN 1997-1, Anhang G, kann folgende Einteilung verwendet werden:

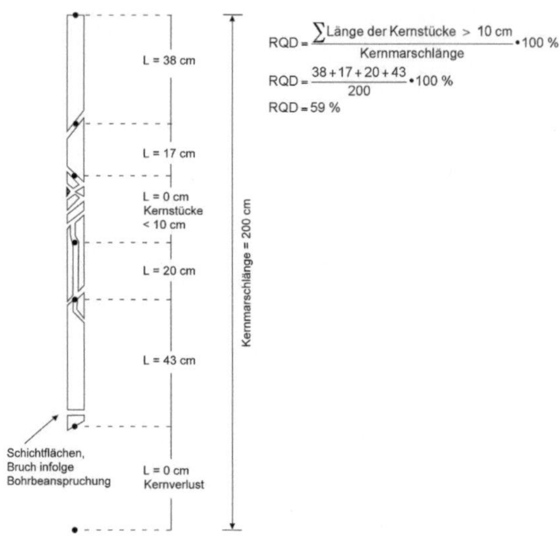

Abb. 4.23 Ermittlung der RQD-Zahl an einem Bohrkern (Firmenprospekt)

Bezeichnung	Beschreibungsmerkmal	Druckfestigkeit q_u (MN/m^2)
Sehr mürb	von Hand zerbrechbar	<1,25
Mürb	Abreiben von Körnern möglich	1,25–5,0
Mäßig mürb, gering fest	mit Stahlnagel leicht ritzbar	5,0–12,5
Mäßig hart, fest	leicht zerschlagbar, dumpfer Klang, mit Stahlnagel schwer ritzbar	12,5–50
Hart, sehr fest	mittelschwer zerschlagbar, heller Klang, mit Stahlnagel nicht mehr ritzbar	50–100
Sehr hart	schwer zerschlagbar, hell bis hoch klingend	100–250

Außerdem sind ggf. Angaben über eine mögliche Wasserempfindlichkeit der Gesteine (► Abschn. 3.4.1) und mögliche Zerfallstendenzen (► Abschn. 3.4.2) zu machen.

Bei einer **strukturellen Bohrkernaufnahme** werden alle Trennflächen erfasst und im Winkel zur Kernachse eingemessen (Schichtung, Schieferung, Klüftung). Bei Harnischen wird nach Möglichkeit die Bewegungsrichtung dokumentiert (► Abschn. 3.4.3). Für die detaillierte Aufnahme des Trennflächengefüges kann man bei gutem Kernmaterial auch die einzelnen Strukturen im Maßstab 1 : 100 nachzeichnen oder am Bohrkern mit farbigen Filzstiften auf durchsichtige Folien durchzeichnen und anschließend mit speziellen Schablonen auswerten. Mit einem Bohrkern-Scanner können die Bohrkerne mit einer Videokamera gescannt, die Daten zu einem Graustufen- bzw. Echtfarbenbild auf einen Bildschirm übertragen bzw. abgespeichert und mit Graphikprogrammen weiter bearbeitet werden. Außer Strukturelementen wie Schichtung, Schieferung und Klüftung können mit modernen Bohrkern-Scannern auch Zusatzparameter wie der RQD-Wert ermittelt und dargestellt werden.

Durch Loggen des Bohrlochs können mittels spezieller Videokameras Bohrloch-Scanneraufnahmen erstellt werden, die eine komplette 360°-Aufnahme der Bohrlochwandung ergeben und zusätzlich eine räumliche Auswertung des Trennflächengefüges ermöglichen. Auch Wassereintrittsstellen können erkannt und lokalisiert werden. Letztere fallen häufig mit stark zerbrochenen Kernstrecken zusammen und lassen sich deshalb am Kern schlecht oder gar nicht beurteilen (► Abschn. 4.8.3).

Dieselbe Bedeutung wie die Kernzerbrechung haben auch andere **Schwach- und Fehlstellen der Kernstrecken**, z. B. mürbe oder entfestigte Zonen, dünne plastische Ton(stein) lagen, glatte Schichtflächen oder Harnischflächen, Glimmerlagen, Anlösungen oder andere Anzeichen für Karsterscheinungen sowie auch Kernverluststrecken bzw. ein Durchsacken des Kernrohres. Bei den Bohrkernmerkmalen sind allgemeine Angaben wie „örtlich stark bis völlig entfestigt" unzureichend. Sie müssen in den Schichtenverzeichnissen möglichst genau angegeben oder anderweitig dokumentiert und in den Berichten entsprechend erläutert werden. Bei Kernverlusten sind die möglichen Ursachen mit dem Bohrmeister zu besprechen und ebenfalls in den Schichtenverzeichnissen anzugeben.

Wegen des knappen Textes bei der listenmäßigen Bohrkernaufnahme nach DIN EN ISO 22 475-1 wurden früher häufig auf das einzelne Projekt abgestimmte, gebirgsspezifische Schichtenverzeichnisse verwendet, in denen mehr gebirgs- und objektrelevante Bohrkernmerkmale einschließlich der Schichtung enthalten waren. Bei der heute EDV-bedingten Schematisierung und Rationalisierung wird davon kaum noch Gebrauch gemacht.

Ein besonderes Problem ist die detaillierte **Aufnahme von Schrägbohrungen**. Sie erfolgt am zweckmäßigsten durch direkte Einmessung der Kerne in nach Neigung und Richtung orientiert aufgestellten Holzgestellen. Die Orientierung der Kernstücke selbst erfolgt entweder nach bekannten Trennflächen (z. B. Schichtung) oder mittels orientiert gebohrter Kernstrecken. Die Schichtenfolge von Schrägbohrungen kann mit den üblichen Schichtenverzeichnissen nur unzureichend erfasst werden.

Außer der Kernbeschreibung im Schichtenverzeichnis ist es üblich, Bohrkerne zu fotografieren und die **Bohrkernfotos** als Gutachtenanlage mitzugeben. Mit guten Kernfotos kann meist besser gearbeitet werden als mit jeder anderen Darstellung. Sie können allerdings ein Schichtenverzeichnis nicht ersetzen. Wichtig ist, dass die Kernkisten ausreichend beschriftet sind und möglichst verzerrungsfrei fotografiert werden.

Zur Darstellung und Weiterverarbeitung von Aufschlussergebnissen werden heute verschiedene **Methoden der Datenverarbeitung** eingesetzt. Zu diesem Zweck müssen die einzelnen Merkmale und ihre Intensität durch Kurzzeichen oder Symbole festgelegt werden. CAD-Anwendungen erlauben eine digitale Erfassung und Verarbeitung sowie eine schnelle Verfügbarkeit nicht nur der Aufschlussdaten und der Gebirgskennwerte aus Labor- und Feldversuchen, sondern auch die Verschneidung mit geometrischen Daten des Projekts und der Projektumgebung zu kombinierten Baugrundmodellen, die dann weiter interpretiert werden können. Von Nachteil ist dabei die für eine digitale Bearbeitung notwendige Vereinfachung, durch die in der zeichnerischen Darstellung viele Einzelangaben verloren gehen.

4.6 Erfassung der Grundwasserverhältnisse

Für die Erfassung der Grundwasserverhältnisse und der Veränderungen des „mengenmäßigen Grundwasserstands", d. h. der Grundwasseroberfläche (▶ Abschn. 4.4.1 gelten die DIN 4020: 2010 und die DIN EN 1997-1. In Bezug auf die verschiedenen Arten des Auftretens von Grundwasser und die zu verwendenden Begriffe sei auf DIN 4049, T 1 bis T 3 sowie DIN EN ISO 22 475-1 verwiesen. Eine Zusammenstellung zahlreicher Begriffe enthält ◘ Abb. 4.24. Welche Angaben bei der Festlegung des maßgeblichen Grundwasserstands im Einzelnen zu berücksichtigen sind, ist in ▶ Abschn. 10.1 nachzulesen. Nötigenfalls sind auch die Grundwasserfließrichtung und -geschwindigkeit zu erkunden (▶ Abschn. 2.9.6).

Bei der Aufnahme der Untergrundprofile ist abgesehen von den jeweiligen Wasserständen auch auf Merkmale für langzeitige Hoch- und Niedrigstände, d. h. auf den Schwankungsbereich des Grundwassers zu achten (Verteilung der Bodenverfärbung, Oxidationsflecken und -streifen sowie Konkretionen im Grundwasserschwankungsbereich, reine Reduktionsfarben im permanenten Grundwasserbereich).

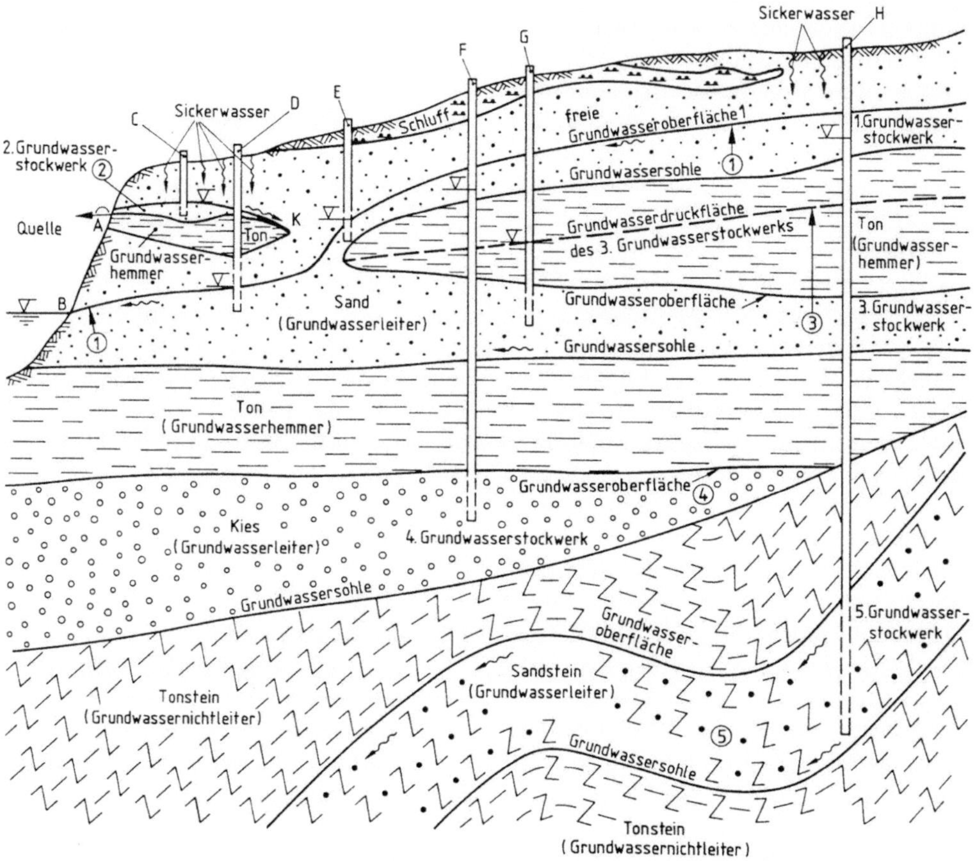

Abb. 4.24 Begriffe und Beispiele für das Auftreten von Grundwasser in mehreren Stockwerken (aus DIN 4021)

Unter Grundwasserhemmschichten oder Grundwassernichtleitern kann Grundwasser, das von einem höher gelegenen Einzugsgebiet gespeist wird, unter einem höheren hydrostatischen Druck stehen, d. h., es liegt **gespanntes Grundwasser** vor, das eine nach oben gerichtete Strömungskomponente aufweist. Solche Erscheinungen sind in den Mittelgebirgen weit verbreitet. Liegt die Grundwasserdruckfläche unterhalb der Erdoberfläche, so spricht man von subartesisch gespanntem Grundwasser. Artesisch gespanntes Grundwasser tritt dagegen, z. T. fontänenartig, aus dem Bohrloch aus (▶ Abschn. 20.3.2). In Gebieten, in denen verschiedene Grundwasserstockwerke oder höhere Wasserdrücke nicht auszuschließen sind, ist diesen durch Teleskopierung der Verrohrung und nötigenfalls durch den Einbau einer Sperrverrohrung zu begegnen und ggf. der Einsatz eines **Bohrlochpreventers** zur sicheren Absperrung eines plötzlich auftretenden Wasserdrucks und zum kontrollierten Abbau desselben vorzusehen (▶ Abschn. 17.2.3.2 und 17.2.4.3). Zu unterscheiden sind nicht mitdrehende Bohrlochabschlusspreventer und die komplizierteren Rotations- oder Drehpreventer, bei denen die Bohrarbeiten auch gegen drückendes Wasser weitergeführt werden können. Der Preventer muss auf den Bohrdurchmesser und auf den zu erwartenden Wasserdruck abgestimmt ein und wird nach dem Setzen des Standrohres installiert. Die Wirkungsweise der Preventer ist bei Kogler (2008), Weifner et al. (2014) und Kogler und Krenn (2014) beschrieben.

Bei Bohrungen ist jedes Auftreten von Wasser, auch von Wasserzulauf oberhalb der Grundwasseroberfläche, im Schichtenverzeichnis anzugeben. Auch jede merkbare Veränderung des Wasserstands im Bohrloch ist festzuhalten. Bei Einsatz von Spülhilfe (Wasserzusatz) sind alle wesentlichen Veränderungen der Spülung, die Spülwasserstände zu Beginn eines jeden Bohrtages und vor allen Dingen Spülverluste in den Tagesberichten bzw. Schichtenverzeichnissen anzugeben. Die **Auswertung der täglichen Bohrwasserstände** zu Beginn der Arbeitszeit (◘ Abb. 4.25) gibt wertvolle Hinweise auf die Höhenlage der Grundwasseroberfläche, auf verschiedene Grundwasserstockwerke und auch auf die Durchlässigkeit des Gebirges (► Abschn. 2.9.5). Bei Einsatz von Seilkernrohren ist allerdings zu beachten, dass die Bohrlöcher jeweils bis zur Endtiefe verrohrt sind.

Eine genaue Aussage über die Höhenlage der Grundwasseroberfläche erlauben die Bohrwasserstände nicht. Deshalb ist der Wasserstand nach Beendigung der Bohrung zunächst täglich zu messen und der Ausgleich des Wasserspiegels abzuwarten. Dies kann bei wenig durchlässigem Gebirge mehrere Tage bis Wochen dauern. In diesen Fällen empfiehlt sich die Einrichtung von Grundwassermessstellen. Die Methode des Ausblasens der Bohrlöcher mit Druckluft oder des einmaligen Auspumpens und kurzfristigen Abwartens des Wiederanstiegs sind nicht unproblematisch, da sich durch den Spülungsverlust um das Bohrloch eine Art Wasserberg gebildet haben kann, der erst versickern muss (Prinz und Holtz 1989).

Grundwassermessstellen (oft auch als „Pegel" bezeichnet, was aber richtigerweise nur für Messstellen an Oberflächengewässern gilt) dienen zum Messen der Grundwasserstände und ihrer zeitlichen Entwicklung. Liegen mehrere Grundwasserstockwerke vor, müssen die einzelnen Stockwerke getrennt verfiltert werden. Dabei ist wegen der Schwierigkeiten beim Abdichten der einzelnen Stockwerke gegeneinander zu empfehlen, für jede Messstelle eine besondere Bohrung niederzubringen (sog. Messstellengruppen, s. DVWK-Merkblatt 245). Die Abdichtung der einzelnen Grundwasserstockwerke erfolgt mit Abdichtungsstrecken von min. 8 m Länge aus hochquellfähigen Compactonit- bzw. Quellon-Bentonit-Pellets (besser als Tonkugeln oder wenig quellfähiges Tongranulat) bzw. auch mit sog. Brunnendämmern (hergestellt aus Kalkmergel mit erhöhter Tonkomponente). Nötigenfalls erfolgt die Bohrlochabdichtung mit Zement-Bentonit-Suspension

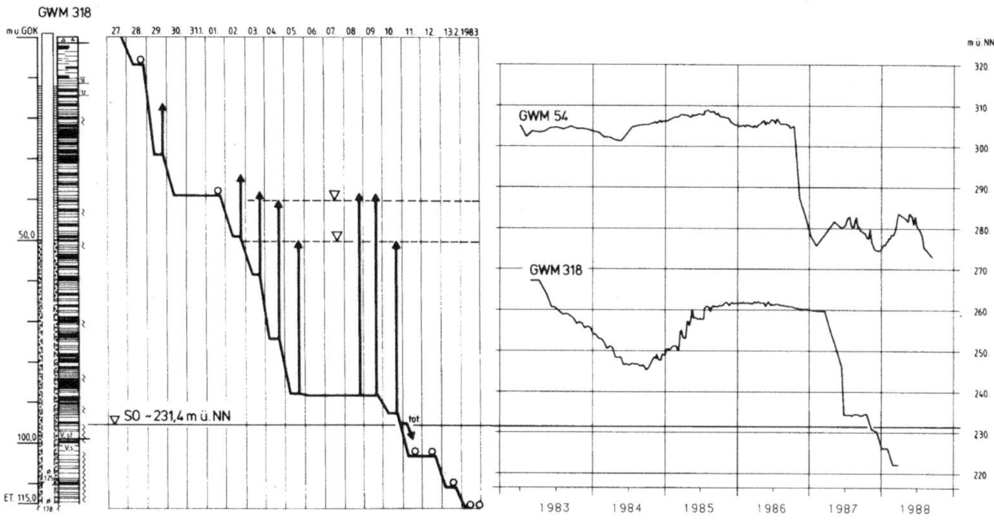

◘ **Abb. 4.25** Auswertung der täglichen Bohrwasserstände (tot. = totaler Spülungsverlust, o = kein Wasser im Bohrloch) und Verlauf benachbarter Messstellen der Ganglinien vor und während eines Tunnelvortriebs

bzw. bei Auftreten von artesisch gespanntem Grundwasser mit Bentonit-Schwerspat-Abdichtung. Will man die Abdichtungsstrecken durch γ-Strahlen-Messung kontrollieren (▶ Abschn. 4.8.3), muss strahlungsaktives Abdichtungsmaterial (z. B. entsprechende Bentonit-Pellets) verwendet werden.

Der Ausbau von Bohrungen zu Grundwassermessstellen ist in DIN EN ISO 22 475-1 und im DVGW-Arbeitsblatt W 121 (2003) beschrieben. Allgemein werden sog. offene Systeme in gut durchlässigem Untergrund und geschlossene Systeme zur Porenwasserdruckmessung bei geringer Durchlässigkeit eingesetzt. Über den Ausbau einer Grundwassermessstelle bzw. eines Piezometers ist ein Protokoll zu führen. Außerdem ist eine zeichnerische Darstellung zu fertigen. Die Norm enthält darüber hinaus weitere Vorgaben für die Durchführung von Grundwassermessungen. Auch beim Rückbau von Grundwassermessstellen sind die DIN EN ISO 22 475-1 und das DVGW-Merkblatt W 135 zu beachten.

Ein **offenes System** besteht aus einem Standrohr, in dem der Wasserstand im Niveau des abgefilterten Bohrlochabschnitts gemessen wird. In einfachen Fällen können auch 2“-Spülfilter oder Rammfilterbrunnen verwendet werden. Eine Grundwassermessstelle nach den oben genannten Richtlinien besteht aus einem Stahlrohr mit Abschlusskopf (ggf. Straßenkappe), dem Vollwandrohr, dem Filterrohr und einem Bodenstück bzw. dem Sumpfrohr (◘ Abb. 4.26).

Die Durchmesser von Grundwassermessstellen betragen DN 50 bis DN 150 (DN = Durchmesser Normal). Ein Durchmesser von DN 50 reicht zwar zur Grundwasserbeobachtung aus, kann aber nur mit kleinkalibrigen Schöpfhülsen, mit Saugpumpen (bis 7 m Tiefe) oder mit leistungsschwachen Kleinstpumpen Ø 35–45 mm beprobt werden. Sind häufigere Probennahmen oder ein Pumpversuch vorgesehen, so müssen Grundwassermessstellen von vornherein mit ≥ DN 125 ausgebaut werden (▶ Abschn. 2.9.4.1 und ◘ Tab. 4.9).

Grundwassermessstellen müssen nach dem Ausbau klargespült werden, damit die Trübe des Bohrwassers nicht den Filterkies und die Filterstrecke zusetzt. Dies geschieht am besten mit einer sog. Druckluftpumpe, bei der über

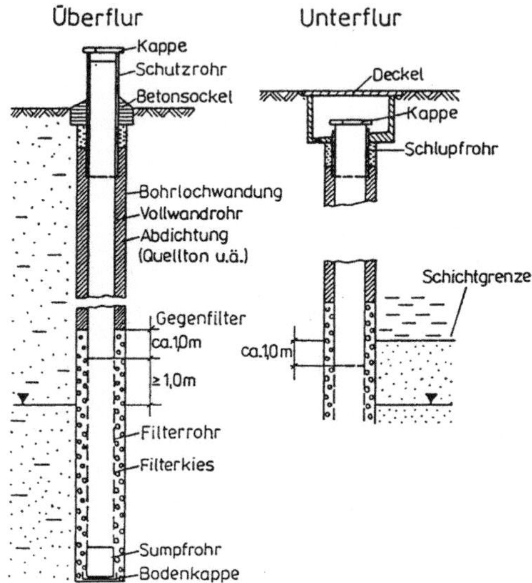

◘ **Abb. 4.26** Ausbauschema einer Grundwassermessstelle, Über- und Unterflurausführung (aus Schwerter und Kunze 1994)

◘ **Tab. 4.9** Außen- und Innendurchmesser der handelsüblichen PVC-Vollrohre und -Filterrohre (quergeschlitzt, normalwandig)

Nennweite	Zoll	11/4	11/2	2	3	4	5	6	8	10	12
DN	mm	35	40	50	80	100	125	150	200	250	300
Innendurchmesser		35	41	52	79	103	128	152	205	255	297
Außendurchmesser		42	48	60	88	113	140	165	225	280	325
Außendurchmesser über Muffe		46	52	64	94	119	149	176	240	297	345

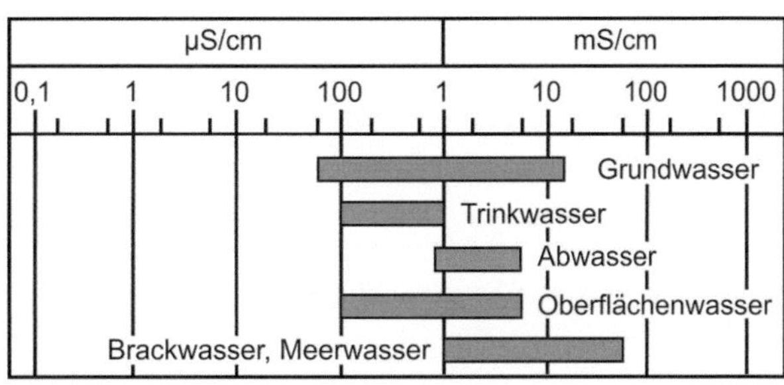

Abb. 4.27 Leitfähigkeit von Grundwasser und anderen Wässern

das Gestänge Druckluft in die Messstelle eingeleitet und das Bohrwasser ausgeblasen wird. Unabhängig davon kann später in den Grundwassermessstellen ein Kurzpumpversuch mit Wasserprobennahme vorgesehen werden. Dafür ist in der Ausschreibung eine Pumpzeit von 2–6 Stunden (Leistung je nach Durchmesser und Förderhöhe) vorzusehen, zusätzlich 1–3 Stunden für das Messen des Wiederanstiegs. Während des Klarpumpens sind die Wassermenge, die Absenkung und nachher der vollständige Wiederanstieg in kurzen Zeitabständen (► Abschn. 2.9.4.1) zu messen, damit eine Auswertung wie bei einem Kurzpumpversuch möglich ist.

Ein Kurzpumpversuch ist auch der geeignete Zeitpunkt für die Entnahme von Wasserproben (► Abschn. 10.5.1). Bei Pumpversuchen sind die wasserrechtlichen Auflagen (Erlaubnis) gem. ► Abschn. 4.4.1 zu beachten.

Für verschiedene geotechnische Zwecke kann die **Entnahme von Grundwasserproben** erforderlich werden:

- Untersuchung auf den Angriffsgrad gegenüber Beton und andere korrosive Eigenschaften (► Abschn. 10.5.1)
- Untersuchung auf Verockerungsgefahr und andere Ausfällungen (► Abschn. 10.2 und 17.2.5.3)
- Untersuchung der Grundwasserbeschaffenheit als Folge von Baumaßnahmen oder Umweltfaktoren

Die Geräte und das Vorgehen bei der Entnahme von Wasserproben sind in ► Abschn. 10.5.1 beschrieben. Allgemeine Hinweise enthalten auch die DIN EN ISO 22 475-1 und die DVGW-Regeln 128.

Bei Kurzpumpversuchen sind ferner die **Feldparameter** für die Grundwasserbeschaffenheit zu messen und anzugeben, d. s. der pH-Wert, die elektrische Leitfähigkeit, das Redoxpotenzial und die Temperatur. Die normalen Grundwassertemperaturen liegen bei 8–12°C. Bei um einige Grad höheren Temperaturen liegt (wahrscheinlich an tektonischen Störungszonen) aufsteigendes niedrigthermales Wasser vor (► Abschn. 20.1.1), das meist auch erhöhte pH-Werte und Leitfähigkeitswerte aufweist. Die elektrische Leitfähigkeit zeigt summarisch den Anteil an gelösten Ionen im Wasser (■ Abb. 4.27). Grundwasser weist i. Allg. Werte von 100–5000 µS/cm auf. Ab Werten von etwa 7000 µS/cm gilt Grundwasser als leicht mineralisiert. Durch Multiplikation des Leitfähigkeitswerts mit dem Faktor 0,725 erhält man angenähert den Abdampfrückstand in mg/l. Das Redoxpotenzial bzw. die Redoxspannung (in mV) liefert Anhaltspunkte über das Reduktions- oder Oxidationsvermögen des Grundwassers. Positive Werte zeigen einen Sauerstoffüberschuss an, ein negatives Redoxpotenzial (z. B. –200 mV) ist ein Anzeichen für sauerstoffarmes, reduzierendes Grundwasser. Als Indikator für Redoxbedingungen ist u. a. das Auftreten von Eisen(II)-Mineralen im Boden zu werten (► Abschn. 10.2).

Der **Bohrlochdurchmesser** ist von vornherein auf den beabsichtigten Ausbau der Grundwassermessstellen abzustimmen, wobei der nötige Ringraum für den Filterkies von min. 30 mm, besser 50–65 mm, zu berücksichtigen ist. Sind tiefere Abdichtungen mit Quellton o. Ä. vorgesehen, sollte der Bohrdurchmesser 400–600 mm betragen. Die Außendurchmesser der Filterrohre sind in ■ Tab. 4.9 angegeben.

In drückendem Gebirge (z. B. in Rutschgebieten) und in rolligen Bodenarten ab Tiefen von etwa 50 m müssen ggf. starkwandige Filterrohre (DN 125-DN 300) vorgesehen werden.

Die **Schlitzweiten** der Filterrohre betragen bei normalwandigen PVC-Filterrohren 0,2/0,3/0,5/1,0/1,5 mm. Die Schlitzweite ist dem Kornaufbau des Grundwasserleiters anzupassen (► Abschn. 2.2.6). Die übliche Schlitzweite von 0,5 mm ist für Mittelsand (0,2–0,6 mm) bereits zu groß. Bei Fein-/Mittelsanden ist die kleinste Schlitzweite von 0,2 mm zu nehmen, damit der Mittelsand eine natürliche Filterschicht aufbauen kann, die ein Zuschlämmen mit Feinsand verhindert. In schluffigen Feinsanden können nach Koers et al. (2011) auch Wickeldrahtfilter mit Schlitzweiten von 0,1 mm verwendet werden. Der Nachteil der kleinen Schlitzweiten ist, dass sie leicht verockern (► Abschn. 9.2). Deshalb werden meist Filterrohre mit ≥0,5 mm Schlitzweite verwendet und mit einem Geotextilnetz (sog. Baustellenvlies oder Gaze) ummantelt. Der Ausbau der Grundwassermessstellen ist zeichnerisch darzustellen.

Die **Filtersande bzw. -kiese** sind in ► Abschn. 2.2.7 beschrieben (s. DIN 4924 und DVGW-Merkblatt 113).

Das **Messen der Wasserstände** erfolgt i. d. R. mittels Kabellichtlot (Ø 14–20 mm) auf ±1 cm genau. Die Messung von artesischem Grundwasser kann entweder durch entsprechende Rohrüberstände oder durch aufgesetzte Druckmesswertaufnehmer (Manometer) vorgenommen werden. Hierbei ist auf Frostsicherheit der Messstellen zu achten. Für Messungen über einen längeren Zeitraum können die einzelnen Grundwassermessstellen mit Schreibpegeln ausgestattet werden. Die Abfrage der gespeicherten Messdaten kann in gewissen Zeitabständen mit einer Mobilstation erfolgen. Die modernste Methode sind Funk-Datenlogger,

Bei Grundwasserleitern mit mächtigen, relativ undurchlässigen Deckschichten können Luftdruckänderungen Standrohrspiegeldifferenzen von einigen Dezimetern bewirken. Dieser barometrische Effekt wird i. Allg. nicht berücksichtigt (s. d. Hölting und Coldewey 2009:44).

Bei der Bewertung von Grundwassermessungen sind die Lokalität, der Untergrundaufbau, die Jahreszeit und das Niederschlagsgeschehen sowie die Dauer der Messperiode zu berücksichtigen (► Abschn. 10.1 und DIN EN 1997-2, Anhang C). Wenn keine Referenzmessstellen zur Verfügung stehen, muss ggfs. rechtzeitig auf die Notwendigkeit von Langzeitmessungen hingewiesen werden.

In **geschlossenen Systemen** wird der Grundwasserdruck nur punktuell in einer bestimmten Tiefe bzw. Schicht mit einem Druckaufnehmer ermittelt. Der Messpunkt muss gegenüber anderen Schichten und dem Grundwasserleiter abgedichtet sein (► Abschn. 2.6.2 und ◘ Abb. 4.28). Geschlossene Systeme werden in Boden- und Felsarten sehr geringer Durchlässigkeit zur Bestimmung des Porenwasserdrucks sowie zur Messung von Porendruckänderungen unter artesischen Bedingungen eingesetzt. Die Messung erfolgt mittels hydraulischer, pneumatischer oder elektrischer Systeme (Einzelheiten dazu s. DIN EN ISO 22 475-1). Der gemessene Porenwasserdruck ist bezogen auf den atmosphärischen Druck in Geländeniveau anzugeben.

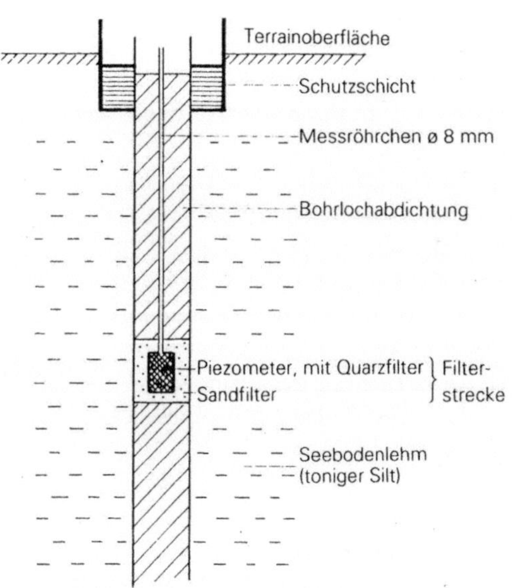

◘ **Abb. 4.28** Prinzip eines Piezometers in einem wenig durchlässigen Untergrund (aus Schär 1992)

4.7 Darstellung der Boden- und Felsarten

Die Ergebnisse von Bohrungen, Schürfen und anderen Aufschlüssen werden zeichnerisch nach DIN 4023:2006 dargestellt. Die Norm ist den internationalen Vorgaben weitgehend angepasst. Bohrungen werden darin vereinfacht mit den Kurzzeichen B („bore hole"), Schürfe mit TP („trial pit") bezeichnet.

Die Schichtenfolge von Bohrungen und Schürfen sollen in Säulenform von 1 cm bzw. 2 cm Breite dargestellt werden, bei Schürfen auch in flächiger Darstellung (◘ Abb. 4.19). Die Boden- und Felsarten einschließlich der wichtigsten ortsüblichen bzw. geologischen Bezeichnungen werden durch die in ◘ Abb. 4.29 bzw. den in der Norm angegebenen Zeichen, Kurzformen und Farben (DIN 4023, Tab. A.1) wiedergegeben, und zwar entweder nach typischen Bodenarten (ortsübliche Bezeichnung) oder nach Haupt- und Nebenanteilen (◘ Abb. 4.30).

Bei den **Bodenarten** werden die Hauptanteile über die gesamte Säulenbreite dargestellt, die Nebenanteile nur in der rechten Säulenhälfte. Die Konsistenz feinkörniger Böden und die Lagerungsdichte grobkörniger Böden werden rechts neben der Bodensäule angegeben.

Die Zeichen für **Felsarten** erfuhren eine vollständige Überarbeitung mit jetzt 18 Einzelzeichen und Kurzformen. Die Kurzformen und die Verwitterungsstufen werden rechts neben der Säule gekennzeichnet. Bei vollständiger Verwitterung werden die Gesteinsart und das Kurzzeichen verwendet, ergänzt durch das Verwitterungszeichen.

Angaben über das Grundwasser und über entnommene Proben mit der Entnahmekategorie (A, B, C) werden durch zusätzliche Zeichen auf der linken Säulenseite dargestellt.

Bei den **Kurzzeichen der Boden- und Felsarten** sind die Gruppensymbole der DIN 18 196 (► Tab. 3.1), die Kurzzeichen für Bodenarten nach DIN EN ISO 14 688-1 und die Kurzformen der DIN 4023 zu unterscheiden (◘ Tab. 4.10). Die Gruppensymbole der DIN 18 196 oder künftig auch der DIN EN 16 907-2 (E 2015) können zur besonderen Kennzeichnung in einen Kreis gesetzt werden.

Die Dokumentation und die zeichnerische Darstellung von Bohrprofilen und von Ausbauplänen der Grundwassermessstellen erfolgen heute i. d. R. auf EDV-Basis. Die graphischen Gestaltungsmöglichkeiten reichen von der automatischen Zeichnung einzelner Bohrprofile bis hin zu Schnittdarstellungen mehrerer Bohrungen bei frei wählbarem Maßstab und heute auch der Einbindung von Aufschlussergebnissen in bestehende Pläne in 2D oder 3D.

4.8 Bohrlochmessungen

Geophysikalische und geotechnische Bohrlochmessverfahren gewinnen besonders bei Festgesteinsbohrungen immer mehr an Bedeutung. Der Einsatz der einzelnen Verfahren richtet sich nach der ingenieurgeologischen Fragestellung bzw. der Aussagekraft des einzelnen Verfahrens und den gebirgsspezifischen Möglichkeiten. Unterschieden werden Neigungsmessungen (Inklinometer, Deflektometer), Richtungsmessungen (Kreiselkompass) und Abstandsänderungen (Extensometer). Für Bohrlochmessungen gilt derzeit noch die DIN 4107-1:2010, die künftig durch die DIN EN ISO 18 674:E 2013 abgelöst werden wird. Wenn solche Messungen beabsichtigt sind, ist der nötige Bohrlochdurchmesser bzw. Ausbau zu beachten.

4.8.1 Bohrlochsondierungen

In nicht zu stark geklüftetem Gebirge (Nachfallgefahr) kann die Aufnahme bzw. Überprüfung des Trennflächengefüges mittels Videokamerabefahrung erfolgen. Die Aufnahmen sind in axialer (nach unten) und in radialer (seitlicher) Richtung möglich.

Bohrloch(farb)fernsehsonden liefern über der Grundwasseroberfläche ein direktes Bild von der Bohrlochwandung (Standfotos, Videofilme), der Raumstellung der Trennflächen, ihrer Öffnungsweite und auch vom Wasserzulauf aus Klüften. Durch Abpumpen und Befahren mit

4

LOCKERGESTEIN					FESTGESTEIN		
Zeichen	Kurzzeichen		Benennung Bodenart	Beimengung	Zeichen	Kurzzeichen	Benennung
	O (Mu)		Oberboden			Z	Fels, allgemein
A	A		Auffüllung			Zv	Fels, verwittert
	Y	y	Blöcke	mit Blöcken		Sst	Sandstein, Grauwacke
	X	x	Steine	mit Steinen		Ust	Schluffstein
	G	g	Kies	kiesig		Tst	Tonstein
	S	s	Sand	sandig		Kst	Kalkstein
	U	u	Schluff	schluffig		Mst	Mergelstein
	T	t	Ton	tonig		Dst	Dolomitstein
	H	h	Torf	torfig		Gst	Konglomerat, Brekzie
	F	f	Mudde	organisch		Gyst	Gips
	L	l	Lehm	lehmig		Ahst	Anhydrit
	Löl		Lößlehm				
	Lö		Löß				Tiefengestein (Granit, Diorit)
	Lg		Geschiebelehm				Ergußgestein (Basalt, Rhyolith)
	Mg		Geschiebemergel				Metamorphit (Gneis, Tonschiefer)
	Lx		Hangschutt				

ZUSATZZEICHEN				
Lagerungsdichte und Zustandsform von Lockergestein				
locker	mitteldicht	dicht		
breiig	weich	steif	halbfest	fest
Härte und Klüftung von Felsgestein				
fest	hart	klüftig	gestört	
Grundwasser und Boden-/Felsproben				
naß (oberhalb GW)	Grundwasser, angebohrt	Grundwasser, eingestellt (Ruhewasserstand)		
Grundwasserzulauf	Sickerwasserzulauf			
Sonderprobe (UP)	Bohrkern, untersucht			

Abb. 4.29 Zeichnerische Darstellung, Kurzzeichen und Zusatzzeichen für Boden und Fels in Anlehnung an DIN 4023 (nach Schwerter, Zittau)

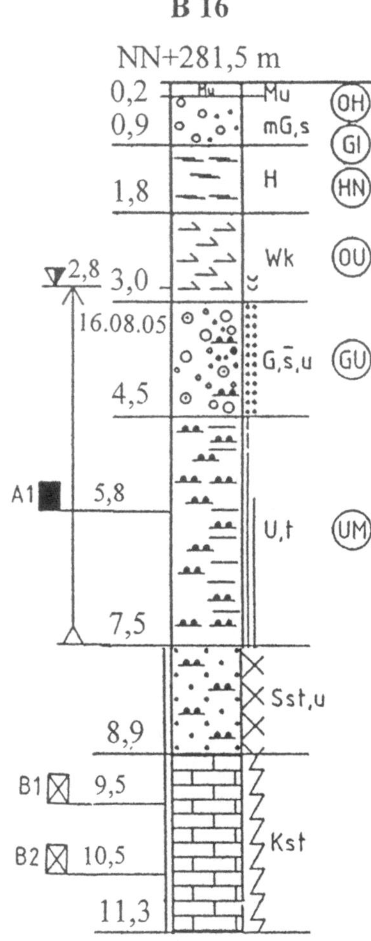

Abb. 4.30 Beispiel für die Darstellung eines Untergrundprofils gem. DIN 4023:2006

einer Kamera können Wasserzutritte in das Bohrloch lokalisiert werden. Die erforderlichen Bohrlochdurchmesser sind geräteabhängig und betragen z. B. für Schwarz-Weiß-Geräte 113 mm und für Farbfernsehsonden 146 mm. Die Einsatztiefe beträgt bei den meisten Anbietern bis 100 m. Bei leicht trübem Wasser im Bohrloch ist der Einsatz bereits fraglich.

Die Auswertung sollte im Vergleich mit dem Bohrkern bzw. den Kernfotos erfolgen und erlaubt eine wesentlich zutreffendere Deutung der Kernzerbrechung (auch von Kernverluststrecken) und von zerbohrtem Kernmaterial als allein die Kernansprache (► Abschn. 4.5.3). Ein weiteres Einsatzgebiet für Bohrlochkameras ist die Kontrolle defekter Grundwassermessstellen.

Tab. 4.10 Gegenüberstellung der Kurzbezeichnungen nach DIN EN ISO 14688-1 und DIN 4023.

	Kurzzeichen nach DIN EN ISO 14688-1	Kurzform nach DIN 4023
Blöcke	Bo	Y
Steine	Co	X
Kies	Gr	G
Grobkies	CGr	gG
Mittelkies	MGr	mG
Feinkies	FGr	fG
Sand	Sa	S
Grobsand	CSa	gS
Mittelsand	MSa	mS
Feinsand	FSa	fS
Schluff	Si	U
Grobschluff	GSi	–
Mittelsand	MSi	–
Feinsand	FSi	–
Ton	Cl	T

4.8.2 Bohrlochabweichungsmessungen

Wechselnde Gesteinshärte und/oder ein Einfallen der Schichten sowie geräte- und arbeitsbedingte Einflussfaktoren, bei geneigten Bohrungen oder Horizontalbohrungen dazu noch die Schwerkraft, bewirken immer eine gewisse Richtungsabweichung von Bohrungen. Bei flach bis mittelsteil einfallenden Schichten wechselnder Härte und bei geschieferten Gesteinen treten häufig Abweichungen gegen die Einfallsrichtung auf, während bei steilem Schichtfallen die Bohrung i. d. R. in Richtung der Schichtneigung abweicht.

In vertikalen Bohrungen sind bei Bedarf die Neigung und Richtung des Bohrlochs zu kontrollieren. Die Richtungsabweichung beträgt bei sorgfältig ausgeführten verrohrten Kernbohrungen bis 100 m Tiefe etwa 3 %, bei tieferen

Bohrungen bis zu 5 %. Bei unverrohrten Bohrungen oder ungünstigen Gebirgsverhältnissen ist sogar mit einer Abweichung von bis zu 10 % und mehr zu rechnen, bei Horizontalbohrungen bis zu 15 %. Wenn eine Genauigkeit von mehr als 5 % erforderlich ist, sind bei vertikalen Bohrungen Stabilisatoren im Bohrstrang vorzusehen oder gleich Bohrlochneigungsmessungen vorzunehmen. Gesteuerte Zielbohrsysteme für vertikale, geneigte oder horizontale Bohrungen ermöglichen eine Zielgenauigkeit von <0,5 % (Niese 2003). Der Aufwand ist aber für Erkundungsbohrungen i. d. R. nicht vertretbar. Anders ist die Situation bei Horizontal- oder Schrägbohrungen. Hier wird die Neigung der Bohrlochachse häufig kontrolliert

Die herkömmlichen **Bohrlochabweichungsmessungen (BA)** basieren auf dem Messprinzip der Inklinometer bzw. auf Kompasssonden (s. künftige DIN EN ISO 18 674-3, in Bearbeitung) oder auf inertialen Navigationssystemen. Bei den Kompasssonden wird das Bild eines Neigungsmessers und eines Kompasses in regelmäßigen Zeit- bzw. Tiefenabständen fotografiert; so werden die Lage und Richtung der Messsonde im Bohrloch festgehalten. Der abweichende Bohrlochverlauf kann als dreidimensionale Figur dargestellt werden.

Bei Horizontal- oder Schrägbohrungen dienen als Messgeräte Horizontal-Inklinometer oder Deflektometer. Auch Inertialmesssysteme werden verwendet (Niese 2003).

4.8.3 Geophysikalische Bohrlochmessungen

Bei den geophysikalischen Bohrlochmessungen werden einerseits die Bohrlochspezialverfahren zur Ortung von Störungs- und Verkarstungshorizonten unterschieden (▶ Abschn. 17.2.4 und 19.3.2) sowie andererseits die konventionellen Logging-Verfahren zur Erkundung der im Bohrloch unmittelbar aufgeschlossenen Gesteine bzw. zur Untersuchung von Brunnen und Grundwassermessstellen (DVGW-Arbeitsblatt W 110).

Die **Logging-Verfahren** mittels optischer oder geophysikalischer Verfahren haben sich als rationelle Methode zur Beschaffung zusätzlicher Informationen über das Aufschlussergebnis und zur Ausbaukontrolle von Grundwassermessstellen erwiesen. Dabei werden verschiedene physikalische Messverfahren angewendet, die einzeln oder in Kombination eine durchgehende und objektive Bestimmung gesteinsspezifischer petrophysikalischer Parameter entlang der Bohrlochwandung ermöglichen. Die Messverfahren sind in Locker- und Festgesteinen unterschiedlich. Während im Lockergestein vorwiegend Tongehalt, Dichte, Wassergehalt und Porosität bestimmt werden, sind im Festgestein Lithologie, Entfestigung, Klüftigkeit, Wasserführung und ggf. elastische Kenngrößen gefragt. Je nach Aufnahmetechnik und Auswertesoftware können die Bohrlochwandbilder in unterschiedlichen Darstellungen visualisiert werden. In verrohrten Bohrungen können nur Ultraschall- oder radiometrische Messverfahren eingesetzt werden. Eine ausführliche Darstellung der Bohrlochmessungen und ihre Auswertung bieten Schön und Fricke (1999).

Bei den **Gamma-Ray-Logs** wird die natürliche Gamma-Eigenstrahlung der Gesteine (GR S Gamma integral) gemessen. Sie ist ein Maß für den Tongehalt eines Gesteins. Die Gammasonden können über und unter der Grundwasseroberfläche in verrohrten oder unverrohrten Bohrungen eingesetzt werden. Auch die Kontrolle von Tondichtungen in Grundwassermessstellen oder Bohrbrunnen kann damit vorgenommen werden (▶ Abschn. 4.6).

Die Strahlungsintensität von Gamma-Ray wird in API-Einheiten (standardisierte Einheit nach American Petroleum Institute) gemessen. Eine API-Unit ist der zweihundertste Teil des gemessenen Aktivitätsunterschieds des jeweiligen Gesteins zu einem einheitlichen Kalibriermodellgesteins mit relativ hoher Aktivität.

Die **Gamma-Dichtemessung** ist eine aktive Dichtemessung auf der Grundlage der vom Gestein zurückgestreuten Gammastrahlung. Die Rückstreurate ist umgekehrt proportional der Gesteinsdichte (in g/cm^3). Die Dichtemessung zeigt sowohl die lithologische Abfolge als auch Auflockerungs- bzw. Störungszonen an. Die Messung kann auch in verrohrten und unverrohrten Bohrungen über und unter der Grundwasseroberfläche ausgeführt werden. Sie wird meist mit Gamma-Ray-Logs sowie einer Kalibermessung und der Messung des elektrischen Widerstandes kombiniert (◘ Abb. 4.31). Eine Kontrolle mit Gamma-Ray-Logs ist zweckmäßig, da bei einer hohen natürlichen Gammastrahlung generell zu niedrige Dichtewerte gemessen werden. Außerdem ist zu beachten, dass eine Dichtebestimmung nach Gamma-Gamma-Log immer Gebirgswerte ergibt, die niedriger sind als an Bohrproben ermittelte Dichtewerte.

Mit dem **Temperatur-Log** wird die Temperatur der Bohrlochflüssigkeit ermittelt. Die Messung der Grundwasser- bzw. Gebirgstemperatur kann allerdings erst nach längerem Stillstand der Bohrarbeiten erfolgen. Abweichungen im Temperaturverlauf zeigen schichtweise Wasserzuflüsse an. Der Temperatur-Log kann im Bedarfsfall mit einer Messung der Salinität kombiniert werden.

Zur Darstellung der Bohrlochwand stehen außer den direkten Fernsehaufnahmen (► Abschn. 4.8.1) zwei weitere bildgebende Messsysteme zur Verfügung, nämlich optische und akustische Scanner. Bei den **optischen Bohrlochscannern** wird die Bohrlochwand mit einer Bohrlochkamera gescannt und richtungsorientiert auf einem Monitor als echtfarbige Darstellung der Bohrlochwand wiedergegeben. Die Gefügeelemente wie Klüftung, Schichtung, Schieferung u. a. werden als Verschnittlinie mit der zylindrischen Bohrlochwand dargestellt. Das Verfahren ist nur oberhalb des Grundwasserspiegels oder bei hinreichend klarem Wasser einsetzbar (Fecker und Lux 2001). Der Sondenteil mit der Optik reicht nur wenige Zentimeter aus der Verrohrung, sodass in nicht standfesten

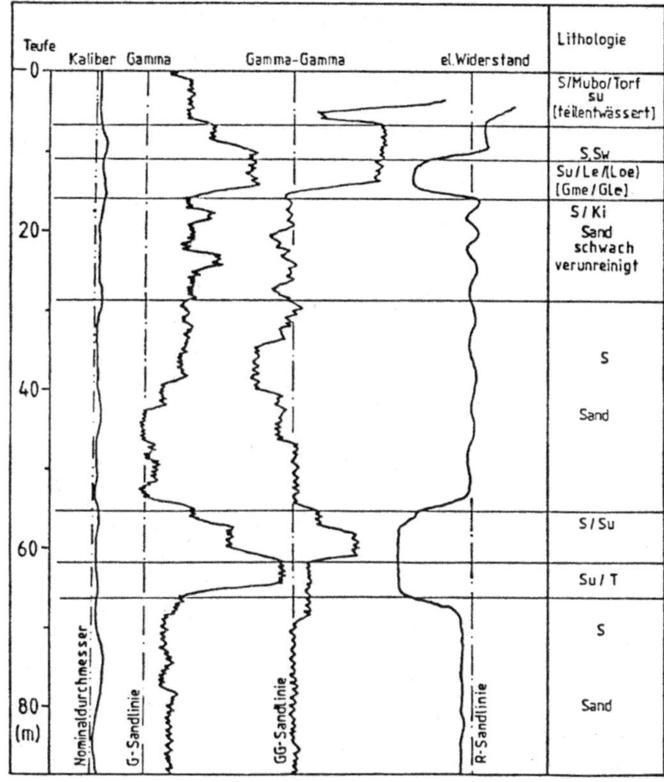

◘ **Abb. 4.31** Darstellung geophysikalischer Messergebnisse über die Bohrlochtiefe

Bohrlöchern kein Verlust der Sonde zu befürchten ist.

Beim **akustischen Bohrlochfernsehen** („acoustic borehole televiewer", ABF) wird die Bohrlochwand mit einem Ultraschallimpuls nach dem Prinzip des Impuls-Echo-Verfahrens abgetastet und in Graustufen oder Falschfarben als Abwicklung über dem Bohrlochumfang nach Norden orientiert dargestellt. Strukturelle Informationen wie Schichtflächen, Schieferung, Klüfte und andere Schwächezonen (tektonische Störungen, Gleitflächen) werden im Televiewerbild sinusförmig wiedergegeben und können räumlich orientiert werden (◘ Abb. 4.32 und Hatsch 1994). Akustische Messungen können in unverrohrten oder mit Kunststoffverrohrung (nicht mit Kiesfilter) ausgestatteten, mit Wasser oder Spülung gefüllten Bohrungen eingesetzt werden. Die Bohrlochbilder eignen sich auch gut zur Korrelation bzw. Orientierung der Bohrkerne (Schepers und Toumani 1997; Fricke und Schön 1999).

Die bildgebenden Messverfahren werden i. d. R. mit Messungen des Bohrlochkalibers (CAL) und Schallwellenmessungen („sonic") kombiniert. Bei der **Kalibermessung** (CAL) wird die Bohrlochwand mit federnd angedrückten Armen abgetastet. Sie dient der Korrektur anderer Bohrlochmessungen. Bohrlochwandausbrüche sind ein Anzeichen für abgeminderte Gebirgsfestigkeit (◘ Abb. 4.32).

Bei der **Bohrloch-Ultraschallseismik** („full wave sonic-log", FWS) werden mit einer Sonde diskontinuierlich oder kontinuierlich die Laufzeiten eines Ultraschallimpulses entlang der Bohrlochwand gemessen (◘ Abb. 4.33). Die Kompressionswellengeschwindigkeit v_p ist ein empfindlicher Indikator für die Lithologie (Gesteinsdichte) und die Gebirgsfestigkeit (Klüftigkeit, Störungszonen). FWS-Logs können in flüssigkeitsgefüllten offenen oder verrohrten Bohrungen ausgeführt werden.

Außer den hier aufgeführten Standardmessungen steht noch eine Anzahl weiterer Bohrlochmessverfahren zur Verfügung, die je nach Aufgabenstellung einzeln oder kombiniert eingesetzt werden können. Ein weiteres Tätigkeitsfeld ist die Kontrolle von Tonsperren im Ringraum

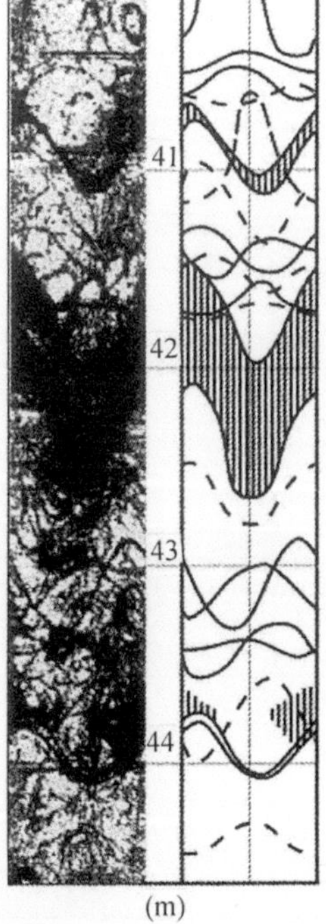

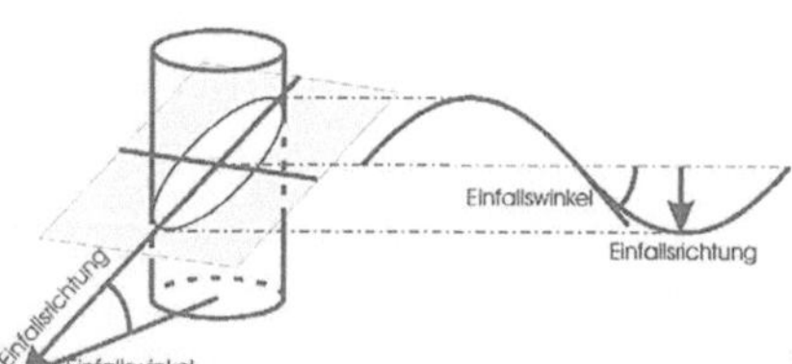

◘ **Abb. 4.32** Aufnahme und Auswertungsschema einer ABF-Messung (Firmenprospekt)

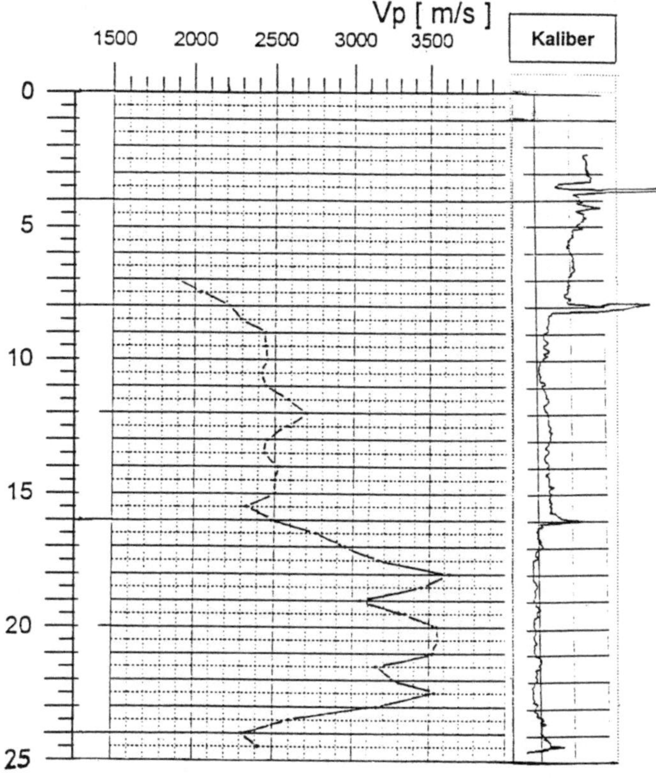

Abb. 4.33 Bohrloch-Intervallseismik in einer Granitbohrung: bis 7,5 m vergruster Granit ($V_p < 2000$ m/s), bis 16 m fester Granit, bis 23 m harter, klüftiger Granit ($V_p = 3000$-5000 m/s), bei 24 m Störungszone

von Grundwassermessstellen oder Absenkbrunnen sowie der Kompaktheit und Homogenität der eingebrachten Kiesschüttung (► Abschn. 4.6 und DVGW-Arbeitsblatt W 110 „Geophysikalische Untersuchungen in Bohrlöchern und Brunnen – Zusammenstellung der Methoden"). Das Messprogramm sollte im Hinblick auf die Untersuchungsziele, die Bohrlochbedingungen und die verschiedenen Möglichkeiten mit dem Geophysiker abgestimmt werden. Einzelheiten, auch über spezielle Messmethoden und ihre Auswertung, bringen Schepers und Toumani (1997), Felfer (2006) und Schön (2006).

4.8.4 Verschiebungsmessungen in Bohrlöchern

Zur Überwachung der Standsicherheit und der Verformungen von Hängen und von Erd- und Felsbauwerken während und nach dem Bau werden zunehmend Verschiebungsmessungen längs und quer zur Bohrlochachse vorgenommen. Die Grundlagen für derartige geotechnische Verschiebungsmessungen in Bohrlöchern werden heute in der Normenreihe DIN EN ISO 18 674 zusammengefasst:

- Teil 1: Allgemeine Regeln (2015)
- Teil 2: Extensometer (E 2015)
- Teil 3: Inklinometer

Für das Messen von Abstandsänderungen von Messpunkten längs der Bohrlochachse werden sog. **Extensometer** benutzt, mit denen die Extension in Längsachse einer Bohrung gemessen wird. Bei Stangenextensometern erfolgt die Verschiebungsmessung mithilfe von im Bohrloch bzw. Gebirge verankerten Festpunkten, in denen frei bewegliche Gestänge verankert sind, die einzeln in den Extensometerkopf hochgeführt werden (◘ Abb. 17.36). Die Länge der Stangenextensometer ist wegen des Gewichts der Stangen auf etwa 30 m, max. 70 m begrenzt. Die Ablesung erfolgt über Messuhren oder fernabfragbare elektrische Weggeber am Extensometerkopf und muss durch Nivellements an absolute Höhenmessungen angeschlossen werden.

Bei einem 2-Punkt-Sondenextensometer (ehem. auch Gleitmikrometer genannt) werden mit einer Messsonde die in einem Messrohr in bestimmten Abständen (meist 1 m) angebrachten, magnetisch, induktiv oder mechanisch wirkenden Messringe schrittweise von unten nach oben angefahren (◘ Abb. 4.34), die Abstandsänderungen gemessen und in einem Zeit-Verformungs-Diagramm dargestellt.

Zu Einzelheiten über Einbau, Durchführung und Auswertung der Messungen wird auf die Norm verwiesen. Hauptanwendungsgebiete beider Messverfahren sind Bewegungen infolge von Ausbruch- oder Aushubarbeiten (▶ Abschn. 17.5.3 und 5.5.3.3) und das Verfolgen von Tiefensetzungen. Mit schräg oder horizontal eingebauten Extensometern können auch Horizontalverformungen gemessen werden. Die hohe Messgenauigkeit von 0,2 mm ermöglicht die Erfassung selbst kleinster Verformungen, bringt aber auch eine starke Abhängigkeit von äußeren Einflüssen wie z. B. Schwindverformungen der Geländeoberfläche (▶ Abschn. 6.5.2), die jedoch durch fachgerechten Einbau und rechtzeitig vor den Aushubarbeiten beginnende Messreihen eliminiert werden können.

Inklinometermessungen sind Verschiebungsmessungen quer zur Bohrlochachse. Unterschieden werden stationäre und mobile sowie ein- oder zweiachsige Inklinometer. Bei den stationären Inklinometern sind die Neigungssensoren in bestimmten Tiefen in zueinander senkrechten Ebenen fest installiert. Bei einem mobilen Inklinometer wird ein in einer Bohrung eingebautes Messrohr (Außen-Ø 82 mm) mit Führungsnuten mit einem Neigungssensor in zwei zueinander senkrechten Richtungen von unten nach oben in Abständen von 1,0 m (z. T. 0,5 m) abgefahren und sein Neigungswinkel bestimmt (◘ Abb. 4.35). Die Horizontalabweichungen des Neigungsmessers werden polygonartig aufsummiert.

Als Messrohre werden dünnwandige (3,5 mm Wandstärke) und ab 50 m Messtiefe dickwandige (5 mm) Kunststoffmessrohre empfohlen. Als Ringraumverfüllung sollten hydraulisch abbindende, suspensionsstabile Materialien mit geringer Endfestigkeit verwendet werden, die durch ihren geringen Dämpfungsfaktor die Messergebnisse wenig verfälschen (DIN 4107-3 und Düllmann et al. 2009, 2010). Die Auswertung erfolgt meist relativ, d. h. unter der Annahme, dass sich der unterste Punkt des Messrohres nicht verschoben hat (◘ Abb. 15.10). Bewegungen an konkreten

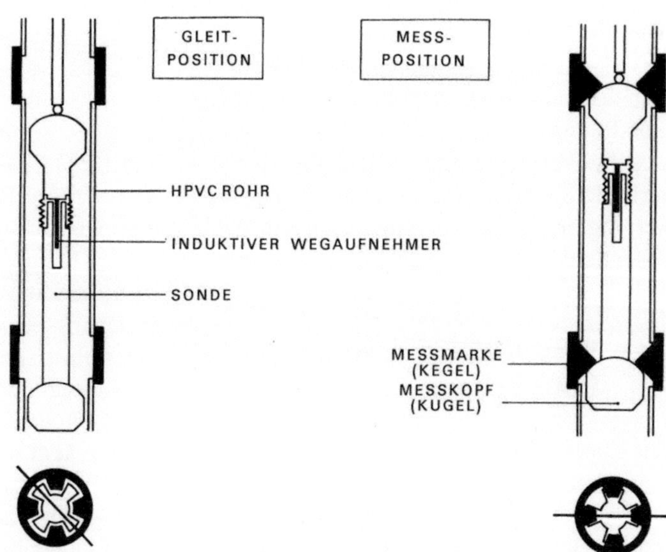

◘ **Abb. 4.34** Arbeitsweise eines Gleitmikrometers in einer entsprechend ausgebauten Bohrung (Firmenprospekt)

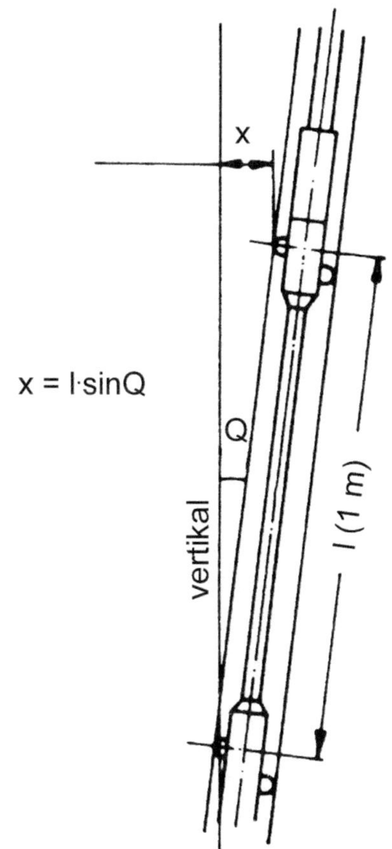

Abb. 4.35 Messprinzip einer Neigungsmessung mit Inklinometer

Scherflächen werden wegen der Dämpfung durch das Messrohr in ihrer genauen Lage „verschmiert" wiedergegeben. Durch geodätische Einmessung des Bohrlochkopfes können absolute Deformationen ermittelt werden. Bei Gesamtbewegungen von 30–80 mm wird die Krümmung des Rohres zu stark, sodass die 1,0 bzw. 0,5 m lange Messsonde nicht mehr weiter eingefahren werden kann.

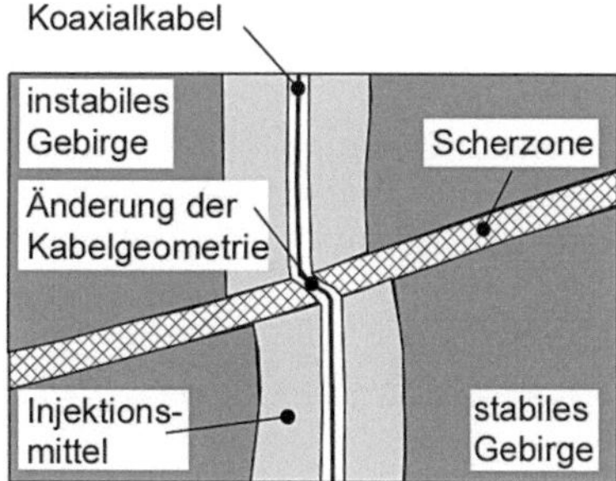

Abb. 4.36 Wirkungsweise des TDR-Systems (nach Singer et al. 2011)

Die Messgenauigkeit beträgt in Bezug auf die Auflösung des Messsignals 0,1 mm/m, als integrierte Messreihe für Vertikalinklinometer ±2 mm und für Horizontalinklinometer und Defektometer jeweils ± 10 mm.

Die o. g. Lageungenauigkeit der Bewegungshorizonte tritt beim sog. **TDR-System** („time domain reflectometry") nicht auf, das mit einem im Bohrloch installierten Koaxialkabel arbeitet (Singer und Thuro 2007; Thuro et al. 2009). Das Messprinzip besteht darin, dass sich der Widerstand einer elektromagnetischen Welle eines Koaxialkabels bei einer örtlichen Deformation ändert (Abb. 4.36). Über die Geschwindigkeitsverteilung der Welle kann die Störstelle lokalisiert und über die Magnitude ihr Ausmaß abgeschätzt werden (Singer et al. 2011).

Inklinometermessungen zeigen die Verteilung der Horizontalverschiebungen entlang der Messlinie des Bohrlochs und lokalisieren den Bewegungshorizont. Das Hauptanwendungsgebiet sind Kontroll- bzw. Bewegungsmessungen an rutschverdächtigen Böschungen oder Hängen sowie der Nachweis von Verschiebungen (Vertikalität) an Bauteilen oder Bauwerken.

Einführung in die Berechnungsverfahren für Flachgründungen und Geländebruch

H. Prinz, R. Strauß, *Ingenieurgeologie*,
https://doi.org/10.1007/978-3-662-54710-6_5

5.1 Grundlagen

Jedes Bauwerk steht in Interaktion mit dem Baugrund. Sie besteht darin, dass die Lasteinwirkungen aus dem Bauwerk Verformungen des Untergrundes bewirken und diese wiederum eine Umverteilung der Lasten zur Folge haben. Bei Verformungen im Baugrund tritt zunächst eine Verdichtung ein, durch die seine Festigkeitseigenschaften verbessert und seine Tragfähigkeit erhöht werden. Dies gilt aber nur bis zu einer gewissen Grenze. Wird diese überschritten, so treten große Deformationen auf, die im Endstadium auch ohne weitere Belastung weitergehen und zu einem Versagen (z. B. Grundbruch) führen (◘ Abb. 5.1).

Verformungen des Baugrundes sind zeitabhängige dreidimensionale Gestalt- und Volumenänderungen, die üblicherweise in eine vertikale und eine horizontale Komponente aufgeteilt werden, wobei der (vertikalen) Höhenänderung meist die größere Bedeutung zukommt. Folgende Arten von Verformungen werden dabei unterschieden:

- **Setzung** = mehr oder weniger kontinuierlich verlaufende lotrechte Verformung infolge einer Spannungszunahme,
- **Hebung** = lotrechte Lageänderung infolge einer Spannungsabnahme und Schwellen bzw. Quellen des Bodens (► Abschn. 2.7.11),
- **Senkung** = mehr oder weniger großflächige Lageänderung in Richtung der Schwerkraft durch Entnahme von Fluiden oder infolge von Materialentzug (Suffosion, Erosion) bzw. Hohlraumbildung (Verkarstung, Bergbau),
- **Sackung** = mehr oder weniger spontan auftretende Lageänderung infolge von Umlagerung im Korngerüst durch Verlust der Bindekräfte oder Erschütterungen ohne Änderung des Spannungszustands (► Abschn. 2.7.4.2),
- **Verschiebung** = beliebige Lageänderung infolge einer Spannungsänderung oder eines Gleitvorgangs.

5.2 Sicherheitsnachweise für Bauwerke

Der erste Schritt bei der Auswertung der Ergebnisse einer Baugrunduntersuchung ist die **Festlegung eines Baugrund- und**

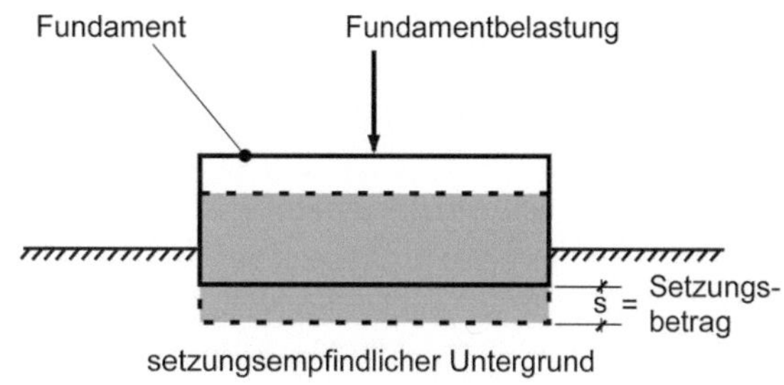

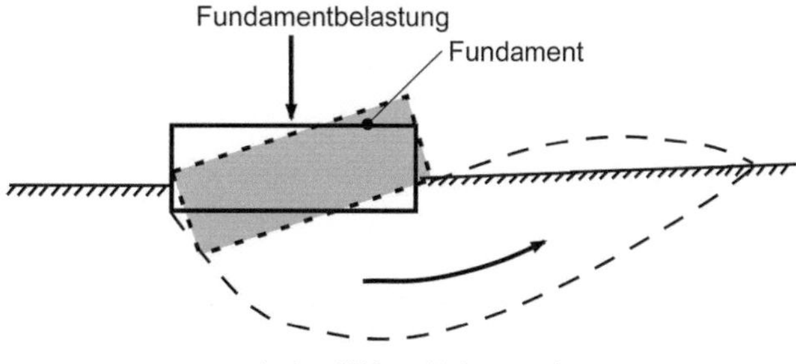

◘ **Abb. 5.1** Baugrundverhalten unter Lasteinwirkung (nach Schär 1992)

Berechnungsmodells anhand der zur Verfügung stehenden Schichtenprofile und Sondierdiagramme in Form von Längs- und Querschnitten. Das Baugrundmodell muss folgende Angaben enthalten:

- Aufbau des Baugrundes mit Schichtenfolge und -lagerung, Homogenitätsbereiche, Verweis auf besondere Gesteinseigenschaften (► Abschn. 3.4.1.2),
- Grundwasserverhältnisse mit Angabe der Wechselstände, Grundwasserleiter und -nichtleiter, Durchlässigkeiten,
- Baugrundkennwerte der einzelnen Schichtglieder bzw. Homogenbereiche,
- Beschreibung von besonderen Inhomogenitäten. Bei einem Diskontinuumsmodell (Festkörpermodell mit Trennflächen, ► Abschn. 5.2) sind z. B. die Trennflächen so darzustellen, dass Richtungen und Häufigkeit sowie mögliche Gleitflächen ersichtlich sind. Auch tektonische Störungszonen, Hohlräume und sonstige Störkörper sind anzugeben.

Angaben über die Bereiche zwischen den Aufschlüssen werden linear interpoliert oder (besser) nach geologischer Erfahrung subjektiv festgelegt (◘ Abb. 4.21). Trotzdem stellen diese Baugrundmodelle immer eine mehr oder weniger deutliche Vereinfachung der realen Untergrundsituation dar. Noch vorhandene Unsicherheiten müssen aufgezeigt, das Modell dem jeweiligen Untersuchungsstand angepasst und seine Richtigkeit beim Aushub der Baugrube kontrolliert werden.

Nach der Wahl des Berechnungsmodells sind die nächsten Schritte die **Festlegung der Einwirkungen** sowie des jeweiligen Grenzzustands und der Bemessungssituation (► Abschn. 5.2.2). Die entsprechenden Teilsicherheitsbeiwerte für die ständigen und veränderlichen Einwirkungen und Widerstände können Tabellen entnommen werden. Die Berechnung ergibt dann die jeweilige Beanspruchung (E) und den Widerstand des Bodens (R), deren Quotient in Bezug zu der erforderlichen **Sicherheit** zu setzen ist, die beim Teilsicherheitskonzept über den Ausnutzungsgrad definiert wird.

Der **Nachweis der Standsicherheit und Gebrauchstauglichkeit**, d. h. die Berechnung und Bemessung von Bauwerken, erfolgt auf der Basis der bauaufsichtlich eingeführten DIN EN 1997-1:2009 (EC 7-1) und der DIN 1054:2010 mit dem Nationalen Anhang DIN EN 1997-1/NA: 2010 (► Abschn. 1.2). Die DIN 1054 gilt nur in Verbindung mit der erstgenannten Norm. Die neue Fassung der DIN EN 1997-1:2014 ist in Deutschland nicht bauaufsichtlich eingeführt worden.

Im Zweifelsfall ist es sinnvoll, sich über die Liste der technischen Baubestimmungen der Bundesländer zu informieren, welche Normen öffentlich-rechtlich zu beachten sind. Für Bauvorhaben des Bundes (Bundesfernstraßen, Bundeswasserstraßen) und der Deutschen Bahn AG gelten eigene Listen der technischen Baubestimmungen.

Das **Sicherheitskonzept im Bauwesen**, das die Risiken bei Planung und Bauausführung abdecken soll, basiert im Wesentlichen auf den Tragfähigkeits- und Gebrauchstauglichkeitsnachweisen mit dem Nachweis, dass der Bemessungswert der Beanspruchungen (Einwirkungen) nicht größer ist als der Bemessungswert der Widerstände:

$$E_d < R_d,$$

wobei E_d = Beanspruchungs- bzw. Einwirkungskombination und R_d = Widerstand gegen Einwirkungen.

Die Sicherheit wird dabei über den Ausnutzungsgrad μ definiert:

$$\frac{E_d}{R_d} = \mu < 1{,}0.$$

Dabei enthalten die für die Bemessung erforderlichen Kennwerte (► Abschn. 5.2.4) bereits zwei Sicherheitselemente, nämlich die auf einer Häufigkeitsverteilung beruhende Festlegung des Mittelwerts charakteristischer Kennwerte und einen Teilsicherheitsfaktor. Zusätzliche Sicherheit gibt die Anwendung von Normen und das sog. Vier-Augen-Prinzip, nämlich die unterschiedlichen Aufstellungs- und Prüfinstanzen bei der Planung und Bauausführung. Dieses semiprobabilistische Sicherheitskonzept (Proske 2011) soll nicht nur der Sicherheit des Bauwerks dienen, sondern auch dem Schutz und der juristischen Absicherung der am Bau Beteiligten. Der bei geologischen Prozessen nicht unwesentliche Zeitfaktor (z. B. bei Rutschungen) und die menschlichen und organisatorischen Fehlermöglichkeiten sind in diesem System durch die allgemeinen Anforderungen an das Wissen und die Fähigkeiten des Fachpersonals abgedeckt.

5.2.1 Berechnungsmodelle, Nachweisverfahren

Geotechnische Berechnungsverfahren beruhen i. d. R. auf der Grundlage von Baugrund- und **Berechnungsmodellen** aus 2D- oder gelegentlich 3D-Schnittdarstellungen. Ein Modell ist immer eine vereinfachende Darstellung des komplexen Systems der Belastungsannahmen aus dem Bauwerk und den Baugrundeigenschaften, damit eine Berechnung mit angemessenem Aufwand möglich ist. Vereinfachungen vermindern zwar den Bearbeitungsaufwand, bedingen aber gleichzeitig eine gewisse Unsicherheit der Resultate. Diese Unschärfe, bestehend aus fehlerbehafteten Eingabedaten und der Modellunsicherheit (einschließlich des verwendeten Stoffgesetzes), muss in gewissen Grenzen gehalten werden. Dazu sind die Berechnungsmodelle ggf. durch Vergleich mit dokumentierten Erfahrungen oder durch Plausibilitätskontrollen an überschaubaren Beispielen bzw. durch Gegenrechnungen mit anderen Programmen zu überprüfen.

Für geotechnische Berechnungen im Erd- und Grundbau kommen als Rechenmodelle gem. DIN EN 1997-1 in Betracht:

- analytische Verfahren,
- halbempirische Verfahren und
- numerische Verfahren.

Numerische Berechnungen haben in den vergangenen Jahren einen großen Aufschwung genommen und ein vielseitiges und hohes Leistungsniveau erreicht. Am besten geeignet für die Analyse von Verformungs- und Stabilitätsproblemen sind numerische Verfahren wie die Finite-Element-Methode (FEM; s. a. ▶ Abschn. 17.5.5.2). In den Rechenmodellen für die Ermittlung von Verformungen und Grenzzuständen werden meist einfache linear-elastische/idealplastische oder linear-viskoplastische **Stoffmodelle** auf der Basis des klassischen Mohr-Coulomb-Bruchkriteriums verwendet, mit den üblichen Bodenkennwerten φ und c. Dagegen schließt viskoplastisches Verformungsverhalten Festigkeitsüberschreitungen und zeitabhängige irreversible Deformationen ein (▶ Abschn. 2.7.1). Derartige höherwertige Stoffmodelle erfordern allerdings zusätzliche Eingangskennwerte für die Beschreibung der zeit- oder spannungsabhängigen Parameter (Pelz et al. 2009).

Bei viskosem (zähem) Verhalten bewirkt jede Änderung des Spannungszustands eine (sprunghafte) Änderung der Gestalt und umgekehrt. Unter geeigneten Randbedingungen findet dabei unter zeitlich konstanten Spannungen eine fortdauernde Verformung mit nicht verschwindender Gestaltungsrate statt, was dem Vorgang des Kriechens gem. ▶ Abschn. 15.3.6 und 15.4 entspricht (s. a. Goldscheider 2014).

Bei Berechnungen im Fels werden je nach Bedeutung der Trennflächen als Berechnungsmodelle ein Kontinuum (Festkörpermodell mit gleichartigen mechanischen Eigenschaften, ohne wirksame Trennflächen) oder ein Diskontinuum (Festkörper mit wirksamen Trennflächen) unterschieden. In einem Diskontinuumsmodell liegen Kluftelemente vor, die eine Trennung und freie Beweglichkeit einzelner Teilkörper im Verband ermöglichen (◘ Abb. 5.2). Für Standsicherheitsnachweise werden bevorzugt Diskontinuumsmodelle verwendet, während für Berechnungsansätze mit Spannungen und Verformungen häufig Kontinuums- bzw. Quasikontinuumsmodelle genommen werden.

Von den in der DIN EN 1997-1 vorgegebenen drei Nachweisverfahren werden in Deutschland (DIN 1054) zwei Verfahren verwendet, die mit GEO 2 und 3 bezeichnet werden:

- Das **Nachweisverfahren Geo 2** beschreibt das Versagen von Bauteilen oder Bauwerken bzw. des Baugrundes, der diese stützt oder belastet. Dazu gehören

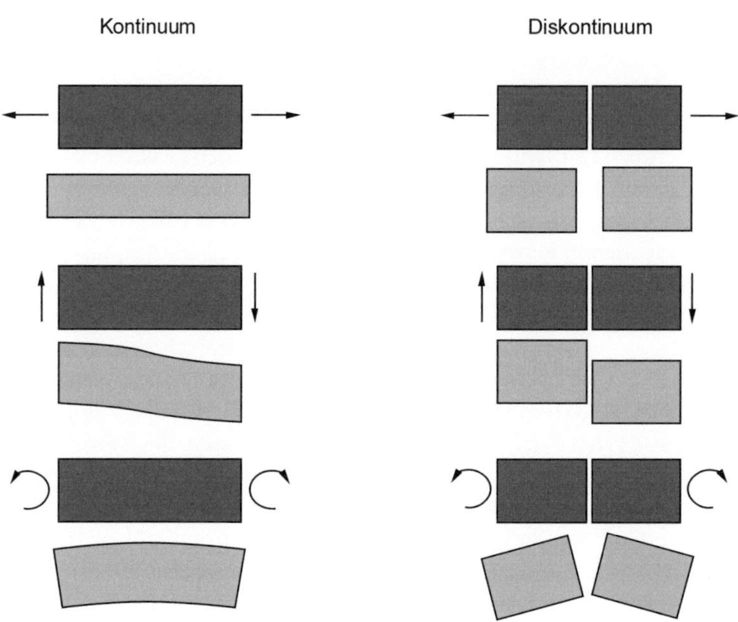

Abb. 5.2 Verhalten eines Kontinuums- und Diskontinuumsmodells bei Beanspruchung

die Grundbruchsicherheit, die Sicherheit gegen Gleiten, Erddruckberechnungen, die Standsicherheit in der tiefen Gleitfuge und die Tragfähigkeit von Pfählen und Ankern.

- Das **Nachweisverfahren GEO 3** gilt für das Versagen oder sehr große Verformungen des Baugrundes und wird für den Nachweis der Gesamtstandsicherheit, d. h. der Sicherheit gegen Böschungsbruch oder Geländebruch, eingesetzt. Der Nachweis der Standsicherheit von konstruktiven Böschungssicherungen ist je nach Art und Funktion der Sicherung entweder nach den Regeln des Grenzzustands 2 oder 3 zu behandeln.

Bei einer geotechnischen Bemessung muss sichergestellt werden, dass kein maßgeblicher Grenzzustand überschritten wird. Die einzelnen Grenzzustände sind rechnerisch nachzuweisen, wobei sowohl die langfristigen als auch kurzfristige Bemessungssituationen zu berücksichtigen sind.

In einfachen Regelfällen (GK 1) und wenn vergleichbare Erfahrungen vorliegen, darf z. B. für den Bemessungswert des Sohlwiderstands von Flächengründungen ohne den Nachweis der Grundbruchsicherheit und der Verformungen auf anerkannte Tabellenwerte zurückgegriffen werden (► Abschn. 6.3). Gleiches gilt für die Anlage von Böschungen, einschließlich Baugrubenböschungen (DIN 1054, Abs. 2).

Bei komplexen Wechselwirkungen zwischen Baugrund, Bauwerk und Bauverfahren, in denen eine Vorhersage des Baugrundverhaltens und ein rechnerischer Nachweis nicht mit ausreichender Zuverlässigkeit möglich sind, wird in DIN EN 1997-1 und DIN 1054 Abs. 2.7 die **Beobachtungsmethode** empfohlen. Für die messtechnischen Grundlagen, die Auswahl und den Einbau der Messsysteme (im Wesentlichen Präzisionsnivellement und Schlauchwaage, ► Abschn. 15.2.6 und 17.5.3) und eine fachgerechte Durchführung der Messungen wird auf die künftige Normenreihe DIN EN ISO 18 674 „Geotechnische Messungen“ verwiesen. Die Empfehlung schließt auch die Kontrolle von Böschungs- und Hangbewegungen sowie von Stauanlagen ein. Die Beobachtungsmethode besteht aus einer Kombination der üblichen rechnerischen Nachweise mit einer laufenden messtechnischen

Kontrolle des Bauwerks während und nach der Herstellung und kann ersatzweise als Nachweis der Standsicherheit herangezogen werden. Gegebenenfalls erforderliche Korrektur- oder Gegenmaßnahmen sind in die Ausführungsplanung aufzunehmen. Bauwerke, bei denen die Beobachtungsmethode angewendet werden soll, sind in die geotechnische Kategorie GK 3 einzustufen.

5.2.2 Grenzzustand und Bemessungssituation

Die Grundsätze und Anforderungen für Sicherheit und Gebrauchstauglichkeit von Bauwerken sind in der EN 1990: 2010 (Grundlagen der Tragwerksplanung) festgelegt. Bei jeder Sicherheitsbetrachtung müssen zwei voneinander unabhängige **Grenzzustände** beachtet werden, der Grenzzustand der Tragfähigkeit (ULS, „ultimate limit state") und der Gebrauchstauglichkeit (SLS, „serviceability limit state"). Der Grenzzustand der Tragfähigkeit betrifft die Sicherheit des Tragwerks (Bauwerks) und/oder von darin befindlichen Personen. Der Grenzzustand der Gebrauchstauglichkeit betrifft die einzuhaltenden Verformungen (Setzungen) im Hinblick auf die Funktionen (Nutzung) und das Erscheinungsbild des Bauwerks. Die nachstehenden Grenzzustände der Tragfähigkeit treten an die Stelle der bisherigen Bezeichnungen GZ 1A, GZ 1B und GZ 1 C:

- EQU („equilibrium") beschreibt den Gleichgewichtsverlust infolge Kippens.
- UPL („uplift") beschreibt den Gleichgewichtsverlust infolge von Auftrieb oder Wasserdruck.
- HYD („hydraulic failure") beschreibt den hydraulischen Grundbruch sowie die innere Erosion und andere Versagensformen infolge von Strömungskräften.
- STR („structure failure") beschreibt das Versagen oder große Verformungen von Bauwerken oder Bauwerksteilen (z. B. einzelner Fundamente, Pfähle oder Anker), wobei die Festigkeit der Baustoffe entscheidend ist.
- GEO („geotechnic failure") beschreibt das Versagen oder sehr große Verformungen des Bauwerks oder des Baugrundes, wobei die Festigkeit des Baugrundes entscheidend ist.

Anstelle der bisherigen Lastfälle (LF 1, LF 2, LF 3) treten vier verschiedene **Bemessungssituationen (BS):** ständige („**P**ersistent"), vorübergehende („**T**ransient"), außergewöhnliche („**A**ccidential situations") und **E**rdbeben:

- Die Bemessungssituation BS-P sind die üblichen, regelmäßig auftretenden und veränderlichen Nutzungseinwirkungen.
- Die Bemessungssituation BS-T sind vorübergehende, zeitlich begrenzte Bauzustände während der Bauzeit (z. B. auch Baugrube) oder besondere nachherige Situationen.
- Die Bemessungssituation BS-A beschreibt zusätzliche außergewöhnliche und seltene Einwirkungen (völlig außergewöhnliche Wasserstände, Bremskräfte).
- Die Bemessungssituation BS-E betrifft die Auslegung von Bauwerken auf Erdbeben gem. DIN EN 1998-1 (EC 8).

5.2.3 Geotechnische Einwirkungen und Widerstände

Nach DIN EN 1900 werden Lastansätze als Einwirkungen und die Widerstände im Untergrund als Widerstandsgrößen bezeichnet:

Bei den **geotechnischen Einwirkungen *F*** (für „force") werden direkte und indirekte Einwirkungen unterschieden. Zu Ersteren gehören die üblichen Krafteinwirkungen bzw. Lastansätze wie Eigenlasten des Bauwerks, Erdlasten und Wasserdrücke. Indirekte Einwirkungen entstehen durch Verformungen im Baugrund wie Setzungen bzw. Feuchtigkeits- oder Temperaturänderungen. Außerdem wird zwischen ständigen Einwirkungen (G) und veränderlichen Einwirkungen (Q) differenziert. Letztere entstehen durch Umgebungsveränderungen (Baumaßnahmen, Grundwasserabsenkung, Bergbau) oder als Verkehrslasten (auch Baumaschinen). Dazu kommt als weitere Einwirkung ggf. der Lastfall Erdbeben.

Der „repräsentative Wert" einer Einwirkung (G_{rep}, Q_{rep}) ist der für den Nachweis eines Grenzzustands zu verwendende Wert und entspricht praktisch dem charakteristischen Wert einer Einwirkung (F_k). Dieser kann spezifiziert sein als einziger Nennwert (z. B. das Eigengewicht), als Mittelwert (G_k) oder als oberer und unterer Wert (bei Q_k).

Zu den **geotechnischen Widerstandsgrößen** ***R*** (R für „resistance") werden die Bodenwiderstände gegenüber Verformungen oder Bruch des Baugrundes gerechnet, z. B. Gleitwiderstand, Erdwiderstand, Grundbruchwiderstand, Pfahlwiderstand oder Herausziehwiderstand von Ankern sowie die zugehörigen Bodenkenngrößen. Die charakteristischen Widerstände des Baugrundes können durch Berechnung, Probebelastung oder aufgrund von Erfahrungswerten ermittelt werden.

5.2.4 Charakteristische Werte geotechnischer Kenngrößen

Der charakteristische Wert geotechnischer Kenngrößen nach DIN EN 1919-1 wird durch den Index „*k*" gekennzeichnet (z. B. für den Reibungswinkel φ_k). Die Grundlage für die Auswahl charakteristischer Werte sind Versuchsergebnisse und sog. abgeleitete Werte (► Abschn. 4.4.2), die durch Theorie, Korrelation und vergleichbare regionale Erfahrung aus Versuchswerten gewonnen werden. In den Untersuchungsberichten müssen die Beziehungen für die Ableitung solcher Kennwerte und auch ihre Anwendbarkeit dargelegt bzw. die Werte mit dem Tragwerksplaner abgestimmt werden.

Der **charakteristische Wert** ist als vorsichtige Schätzung desjenigen Wertes festzulegen, der im Grenzzustand tatsächlich wirkt und mit einer vorgegebenen Wahrscheinlichkeit im Bezugszeitraum nicht unterschritten wird. In der Praxis wird der charakteristische Wert für Boden- und Felskenngrößen als bereichsbezogener (Homogenbereich, ► Abschn. 3.3 Mittelwert festgelegt (s. DIN EN 1997-1, von Soos 2004; Kiss et al. 2008 und Schuppener et al. 2012). Bei statistischer Auswertung ist der Streuungsfaktor von der Art der Versuche (Laborversuche, Probebelastungen) und der Anzahl der Ergebnisse abhängig. Das Problem liegt dabei meist darin, dass keine statistisch auswertbaren Datenmengen zur Verfügung stehen.

Bei vergleichbaren Verhältnissen und örtlicher Erfahrung können Kennwerte von früheren Bodenuntersuchungen übernommen werden. Reine Tabellenwerte von Baugrundkenngrößen dürfen nur mit großer Vorsicht verwendet werden. Korrelationen aus einfacher bestimmbaren Kennziffern können herangezogen werden, wenn sie allgemein anerkannt und für die Bodenart nachvollziehbar sind. Derart „abgeleitete" Werte müssen immer mit regionalen Erfahrungswerten abgeglichen und gewichtet werden. Wenn keine statistisch auswertbaren Einzelergebnisse vorliegen oder die Problemstellung es erfordert, sind obere und untere Grenzwerte festzulegen, sodass Parameterstudien möglich sind. In dünnschichtigen Wechsellagerungen unterschiedlicher Bodenarten sind die ungünstigeren Werte zugrunde zu legen. Die geotechnischen Grundlagen dazu werden in ► Kap. 2 diskutiert. Die Normen sowie Kiss etal. (2008) und Schuppener (2012) enthalten weitere Hinweise für die Festlegung von charakteristischen Bodenkennwerten in besonderen Fällen.

5.2.5 Bemessungswerte, Teilsicherheitsbeiwerte

Die Bemessungswerte für geotechnische Kenngrößen X_d (d für „design") werden aus charakteristischen Werten X_k durch Multiplikation oder Division mit den Teilsicherheitsbeiwerten ermittelt oder direkt festgelegt:

$$X_d = X_k \times \gamma_M$$

$$X_d = X_k / \gamma_M$$

Die verschiedenen Bemessungswerte und die zugehörigen Oberbegriffe der Teilsicherheitsbeiwerte γ werden wie folgt bezeichnet:

X_d	Materialkenngrößen	γ_M
F_d	Einwirkungen	γ_F
E_d	Beanspruchungen	γ_E
R_d	Widerstand gegen Einwirkung	γ_R

Je nach Art des Nachweises ergeben sich folgende Bemessungswerte:

- $F_d = \gamma_F \times F_{rep}$
- $G_d = \gamma_G \times G_k$ (ständige Einwirkung)
- $Q_d = \gamma_Q \times Q_k$ (veränderliche Einwirkung)

Wenn außerdem zwischen günstigen und ungünstigen ständigen Einwirkungen unterschieden wird, sind auch die entsprechenden Teilsicherheitsbeiwerte zu nehmen.

Treten mehrere voneinander unabhängige Einwirkungen auf (z. B. Hauptlasten und Zusatzlasten), deren gleichzeitiges Wirken wenig wahrscheinlich ist, so werden die zusammengesetzten Einwirkungen um einen **Kombinationsbeiwert** $\boldsymbol{\psi}$ abgemindert:

$$Q_d = \gamma_Q \times \psi \times Q_k$$

Mit Einführung des neuen Sicherheitskonzepts der DIN EN 1997-1: 2009 und der DIN 1054: 2010 mussten auch die begleitenden Berechnungsnormen (DIN 4017, DIN 4018, DIN 4019, DIN 4084 und die DIN 4085) angepasst werden. Die entsprechenden Teilsicherheitsbeiwerte sind jetzt nicht mehr in den Einzelnormen festgelegt, sondern generell in der DIN 1054 (◘ Tab. 5.1 und 5.3).

Die wichtigsten nationalen Teilsicherheitsbeiwerte sowie deren spezielle Symbole (z. B. für Anker γ_a oder die Widerstände bei Pfahlgründungen γ_s, γ_b, γ_t) werden in den jeweiligen Einzelabschnitten behandelt. Darüber hinaus sind immer die einschlägigen Normenwerke, besonders die DIN 1054 beizuziehen.

Die Teilsicherheitsbeiwerte für die Nachweisverfahren GEO 2 sind nicht mehr auf die Scherparameter Reibung und Kohäsion ausgelegt, sondern indirekt auf die mit diesen Parametern ermittelten Kräfte wie Grundbruchsicherheit, Gleitwiderstand oder Erddruck. Nur für den Nachweis der Geländebruchsicherheit (GEO 3) werden die direkten Teilsicherheitsbeiwerte angesetzt (► Abschn. 5.7.1., ◘ Tab. 5.3). Eine Verringerung der Scherparameter bewirkt dabei sowohl vergrößerte Einwirkungen als auch verringerte Widerstände.

Angaben über **Wasserspiegelhöhen** gelten i. S. der DIN EN 1997-1 als geometrische Daten. Ihre Bemessungswerte werden entweder über Teilsicherheitsbeiwerte bestimmt (z. B. für die destabilisierende Wirkung des veränderlichen Grundwasserdrucks gem. ► Abschn. 5.4.3) oder je nach Bedeutung für die Sicherheit des Bauwerks als unmittelbarer Nennwert ($a_d = a_{nom}$) bzw. durch Beaufschlagung mit einem sog. additiven Zuschlag ($a_d = a_{nom} + a$) (s. dazu ► Abschn. 10.1).

5.3 Sohldruckverteilung in der Fundamentsohle

Zum Nachweis der Tragfähigkeit und der Gebrauchstauglichkeit von Flächengründungen ist die resultierende Beanspruchung in der Sohlfläche eines Fundaments zu ermitteln.

Spannungen sind eine auf eine Flächeneinheit (A) bezogene Vertikallast (N; ► Abschn. 2.7.1):

$$\sigma = \frac{N}{A}\left[\mathrm{N} / \mathrm{m}m^2, \mathrm{kN} / m^2, \mathrm{MN} / m^2\right]$$

Gemäß DIN 1054 werden auf nationaler Ebene für Spannungen und Kräfte die Einheiten kN/m^2 und MN/m^2 verwendet.

Die Verteilung des Sohldrucks in der Sohlfläche eines Fundaments hängt von folgenden Faktoren ab:

- Biegesteifigkeit des Fundaments, ausgedrückt durch die Grenzfälle „starr“ und „schlaff“ bzw. „weich“,
- Art und Größe der Belastung,
- Baugrund.

Unter **Steifigkeit eines** Bauwerks wird der Widerstand des Tragwerks gegen Verformung verstanden. Ein schlaffes Bauwerk passt sich den Verformungen des Baugrundes gleichmäßig an (◘ Abb. 5.3). Bei starren Bauwerken sind die Setzungen einigermaßen gleichmäßig, aber nicht immer gleich groß. Es können Verkippungen auftreten.

Die Ermittlung der Verteilung des Sohldrucks bei starren Fundamenten ist eine hochgradig statisch unbestimmte Aufgabe, die aber für den Nachweis der Grenzzustände der Tragfähigkeit und der Gebrauchstauglichkeit von Einzel- und Streifenfundamenten als geradlinig angenommen werden darf.

5.3.1 Mittige und ausmittige Beanspruchung von starren Einzelfundamenten

Wird ein starres Einzelfundament von einer Normalkraft (Vertikalkraft) mittig belastet, liegt der Fall einer gleichmäßigen, rechteckigen Verteilung des Sohldrucks vor (◘ Abb. 5.4):

$$\sigma = \frac{N}{A}$$

N = Vertikallast
$A = a \times b$ = Fundamentfläche
a = Fundamentlänge
b = Fundamentbreite

Wird eine Stütze zusätzlich noch durch ein Moment M beansprucht (◘ Abb. 5.5), so gilt:

$$\sigma_{1,2} = \frac{N}{A} \pm \frac{M}{W}$$

wobei W = Widerstandsmoment (in m^3).

Das **Widerstandsmoment** W ergibt sich für den einfachen Fall eines rechteckigen Fundaments aus dessen Geometrie:

$$W = \frac{b^2 \times a}{6} \left(\text{in m}^3\right)$$

b = Fundamentbreite (in m)
a = Fundamentlänge (in m)

Die Sohldruckverteilung eines solchen durch Normalkraft und Moment belasteten

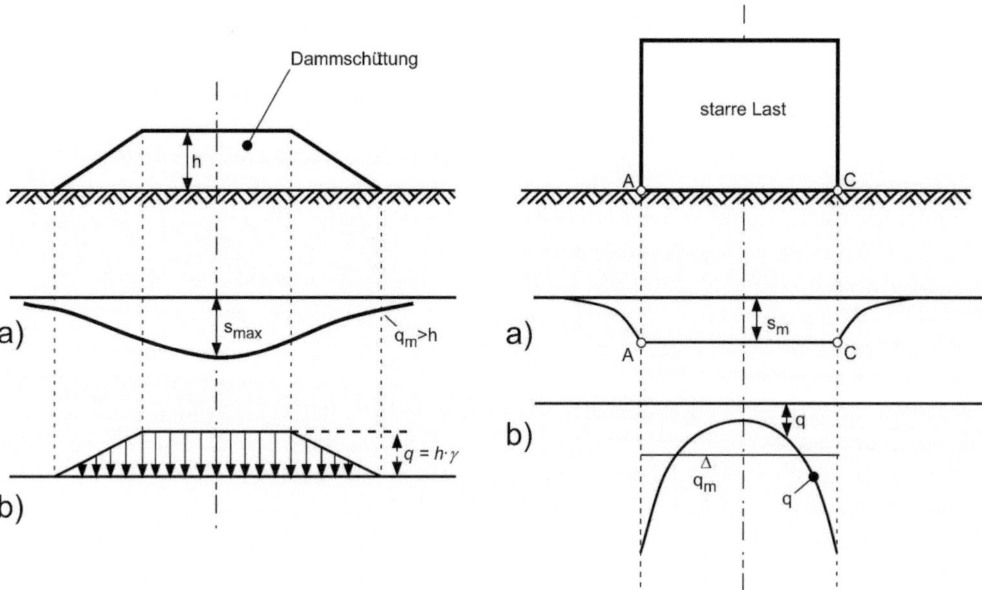

◘ **Abb. 5.3** Unterschied im Setzungsverhalten einer schlaffen Last (Dammschüttung) und einer starren Last mit Darstellung der Setzungsmulde (a) und der Sohldruckverteilung (b). Bei der starren Last sind unten die theoretische Verteilung (q) nach Boussinesq (1885) und die vereinfachte geradlinige Sohldruckverteilung (qm) dargestellt (nach Lang und Huder 1994)

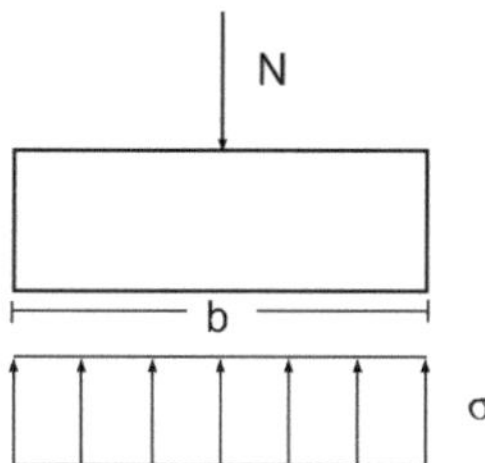

■ **Abb. 5.4** Gleichmäßige Sohldruckverteilung

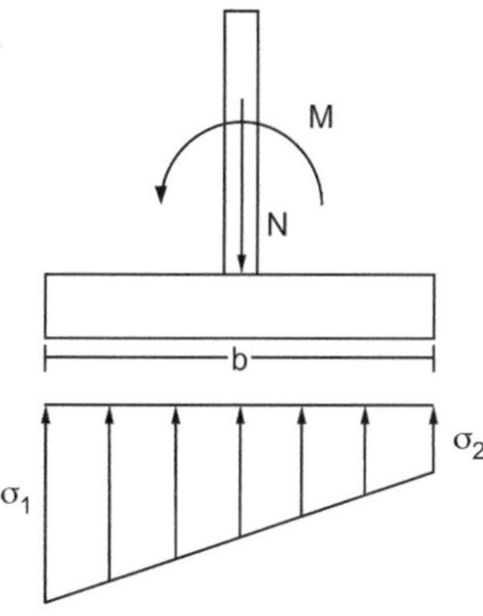

■ **Abb. 5.5** Trapezförmige Sohldruckverteilung bei Beanspruchung durch Normalkraft (N) und Moment (M)

Fundaments ist trapezförmig, mit einer größeren Randspannung σ_1 und einer kleineren Randspannung σ_2:

$$\sigma_1 = \frac{N}{A} + \frac{M}{W}$$

$$\sigma_2 = \frac{N}{A} - \frac{M}{W}$$

Eine trapezförmige Sohldruckverteilung ergibt sich auch bei ausmittiger Belastung (■ Abb. 5.6). Die Normalkraft greift nicht im Mittelpunkt des Fundaments an, sondern exzentrisch (Exzentrizität e); wobei das Moment $M = N \times e$ ist.

Bei

$$\frac{M}{W} = \frac{N}{A}$$

wird $\sigma_2 = 0$, was eine dreieckförmige Verteilung des charakteristischen Sohldrucks ergibt.

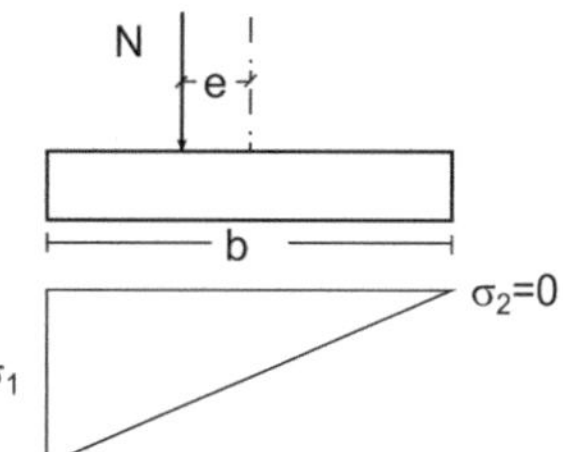

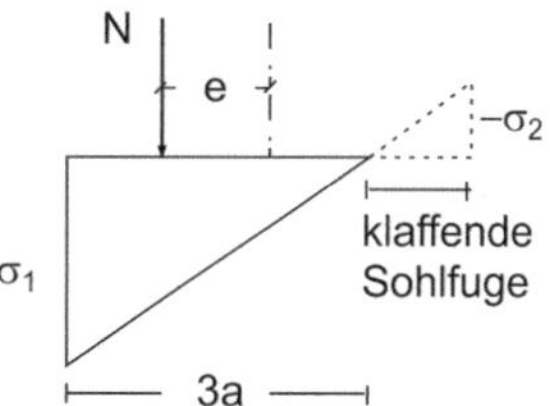

■ **Abb. 5.6** Dreieckförmige Sohldruckverteilung bzw. klaffende Sohlfuge bei exzentrischer Belastung (e)

Wenn der Wert

$$\frac{M}{W}$$

die Größe von

$$\frac{N}{A}$$

übersteigt, so ergibt sich eine negative Randspannung $-\sigma_2$, was eine Zugspannung zwischen Fundament und Boden bedeuten würde. Da der Boden keine Zugspannungen aufnehmen kann, entsteht eine **klaffende Sohlfuge** (■ Abb. 5.6). Die Sohldruckverteilung wird hierbei ermittelt nach der Gleichgewichtsbedingung:

$$\sigma_1 = \frac{2N}{3a}$$

$$a = \frac{b}{2} - e$$

Die resultierende charakteristische bzw. repräsentative Beanspruchung infolge der ungünstigsten Kombination ständiger und veränderlicher Einwirkungen muss die Sohlfläche innerhalb eines bestimmten Kernbereichs schneiden, sodass keine klaffende Sohlfuge auftritt (DIN 1054).

5.3.2 Linien- und Einzellasten auf Streifenfundamenten

Bei einem Streifenfundament, das durch eine Linienlast (q) belastet wird (▫ Abb. 5.7), erfolgt die Ermittlung der Sohldruckverteilung in Querrichtung für einen a = 1 m langen und b breiten Fundamentabschnitt:

$$\sigma = \frac{q}{b} \left(\text{in kN / m}^2 \right)$$

In Längsrichtung können Einzellasten gleicher Größe und gleichen Abstands bei einem einigermaßen starren Fundament vereinfacht noch als Linienlast betrachtet werden (▫ Abb. 5.8):

$$q = \frac{\sum N}{a} \left(\text{in kN / m}^2 \right)$$

Bei einem nicht als starr anzunehmenden Streifenfundament konzentrieren sich die charakteristischen Sohldrucke unter den Lastpunkten. Bei der Ermittlung der Sohldruckverteilung sollte die Wechselwirkung von Gründung und Bauwerk berücksichtigt werden (Näheres s. Empfehlung Wechselwirkung Baugrund/Bauwerk bei Flachgründung, 2004).

5.3.3 Grundlagen des Bettungsmodul- und Steifemodulverfahrens

Das Bettungsmodulverfahren beruht auf der Annahme, dass die Setzung in jedem Punkt

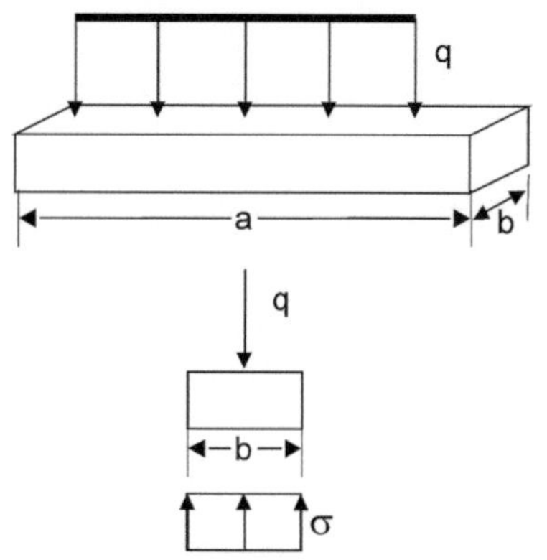

▫ **Abb. 5.7** Linienlast auf einem Streifenfundament

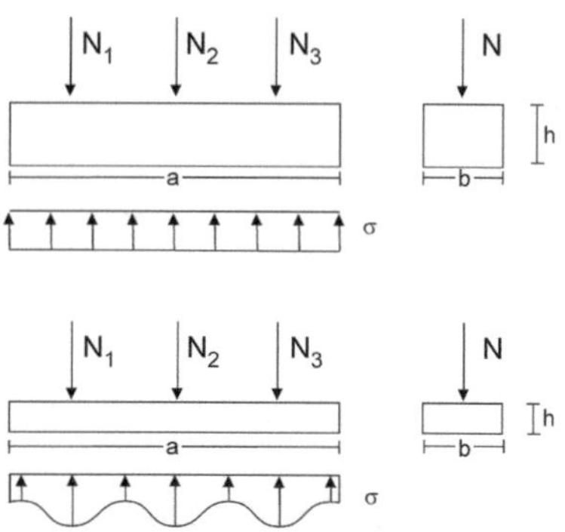

▫ **Abb. 5.8** Sohldruckverteilung von Einzellasten auf einem starren und einem nicht als starr anzunehmenden Streifenfundament

der Sohlfläche proportional der dort vorhandenen Sohlspannungen und von der Belastung und Setzung der Nachbarpunkte unabhängig ist. Der **Bettungsmodul k_s** drückt das Verhältnis zwischen der Belastung und der Einsenkung nach folgender Beziehung aus:

$$k_S = \frac{\sigma_0}{s} \left(\text{in MN / m}^3 \right),$$

wobei σ_0 = Sohlspannung (in MN/m³) und s = Setzung (in m).

Der Bettungsmodul ist keine Konstante, sondern hängt ab von der Belastung bzw. dem ebenso lastabhängigen Steifemodul, der Bodenart, der Gründungsbreite und der Gründungstiefe.

Gebräuchliche Formeln zur Ermittlung des Bettungsmoduls für Streifenfundamente in Abhängigkeit vom Steifemodul E_s, der Fundamentbreite b und der Mächtigkeit der zusammengedrückten Schicht t sind:

Jaki:

$$k_S = \frac{2\,E_S}{3\,b}$$

Kögler:

$$k_S = \frac{2\,E_S}{b \times \ln \dfrac{b + 2t}{b}}$$

Versuchstechnisch kann der Bettungsmodul durch den Plattendruckversuch ermittelt werden (► Abschn. 2.7.5). Genauer ist die

Berechnung des Bettungsmoduls durch eine Setzungsberechnung im kennzeichnenden Punkt (▶ Abschn. 5.5.2) für die mittlere Bodenpressung und Einsetzen in die oben genannte Beziehung.

Bettungsmoduln werden häufig als untere oder obere Grenzwerte angegeben. Sommer (1978: 208) vergleicht Bettungsmoduln, die aus dem Verhältniswert von Bodenpressung zu Setzung rückgerechnet wurden, mit den üblichen Rechenwerten von auf tertiären Tonen gegründeten Hochhäusern in Frankfurt am Main. Die genannten Bettungsmoduln liegen zwischen 2,0 und 5,0, meist bei 2,5–3,0 MN/m³. Bei der Anwendung von Tabellenwerten für bestimmte Bodenarten oder bei nach Formeln berechneten Bettungsmoduln ist Vorsicht geboten, da dabei i. d. R. die Lastabhängigkeit des Bettungsmoduls nicht berücksichtigt ist.

Die genauere Methode der Bemessung von Plattengründungen ist das **Steifemodulverfahren**. Hierbei werden die Verformungen nicht nur unter dem Lastpunkt, sondern auch seitlich daneben als die eines homogenen elastischen Halbraums betrachtet. Das Verfahren verwendet als Bodenkennziffer den Steifemodul E_s. Als Rechengrößen sind die üblichen Mittelwerte oder Von-bis-Werte wenig brauchbar, da dabei die Lastabhängigkeit unberücksichtigt bleibt. Besser ist die Bestimmung des Steifemoduls unmittelbar aus dem Druck-Setzungs-Diagramm für den zu erwartenden Spannungszustand bzw. entsprechend relativierte Erfahrungswerte.

5.4 Nachweis der Tragfähigkeit von Flachgründungen

Zu den Flächengründungen zählen Einzelfundamente, Streifenfundamente und Sohlplatten. Die maßgebenden Grenzzustände sind EQU, UPL und HYD (▶ Abschn. 5.2):

- Versagen infolge sehr großer Verformungen des Baugrundes oder Verlust der Standsicherheit (Grundbruch, Gleiten, Kippen)
- Hydraulisches Versagen infolge Aufschwimmens, hydraulischen Grundbruchs oder innerer bzw. rückschreitender Erosion (▶ Abschn. 2.2.6)

Bei den Grenzzuständen EQU, UPL und HYD gibt es nur Einwirkungen und keine Widerstände.

Auf die Nachweise der Grenzzustände Gleiten und Grundbruch kann nach DIN 1054, A 6.10, verzichtet werden

- bei waagerechter Fundamentsohle und Geländeoberfläche,
- bei Ansatz des aufnehmbaren Sohldrucks bzw. Sohlwiderstands nach ◘ Tab. 6.1 und entsprechender Baugrundfestigkeit,
- wenn kein nennenswerter Porenwasserdruck auftritt.

Die Nachweisverfahren der ▶ Abschn. 5.4.1 bis 5.4.5 werden hier nur in ihren Grundlagen anhand einfacher Formeln behandelt. Für die praktische Anwendung stehen i. d. R. normengerechte PC-Programme zur Verfügung.

5.4.1 Gleitsicherheit (EQU)

Der Standsicherheitsnachweis für Gleiten ist zu führen, wenn auf ein Fundament Horizontalkräfte oder schräge Kräfte wirken. Der Gleitvorgang findet entweder in der Fuge Fundament/Boden statt, oder das Fundament und eine oberste Bodenschicht gleiten auf einer tiefer liegenden Schicht geringer Scherfestigkeit (◘ Abb. 5.9).

Der Standsicherheitsnachweis gegen Gleiten erfolgt üblicherweise nach den mechanischen Gesetzen der Gleitreibung bzw. nach DIN EN 1997-1, Abs. 6.5.3. Der Gleitwiderstand ist

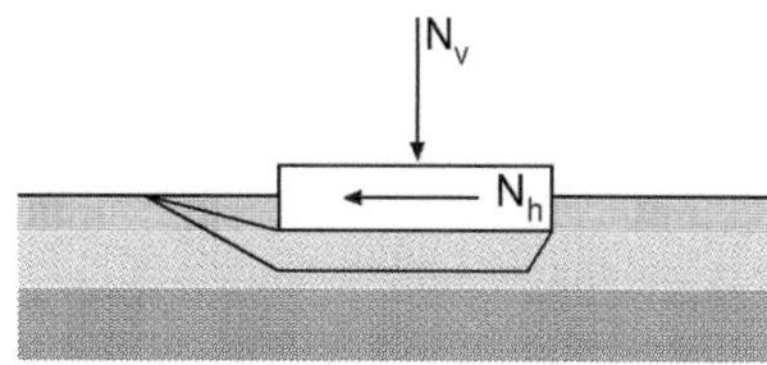

◘ **Abb. 5.9** verschiedene Mechanismen beim Gleiten

$$R_d = V_k \times \tan\delta_k / \gamma_{R,h}$$

Bei einer tiefer liegenden Gleitfläche ergibt sich

$$R_d = V_k \times \tan\varphi' + A \times c_{u,k} / \gamma_{R,h}$$

R_d = Bemessungswert des Gleitwiderstands
V_k = charakteristischer Wert der vertikalen Beanspruchung
A = Sohlfläche
$c_{u,k}$ = charakteristischer Wert der undränierten Scherfestigkeit
$\gamma_{R,h}$ = Teilsicherheitsbeiwert für Gleitwiderstand, $\gamma_{R,h}$ = 1,1 (s. DIN 1054, ◘ Tab. 2.3, weitere Werte ◘ Tab. 5.1).

Der charakteristische Wert des **Sohlreibungswinkels δ_k** kann wie folgt angesetzt werden:
- für Ortbeton bzw. Mörtelbett/Boden $\delta_k = \varphi'_k$, max. $\varphi'_k = 35°$,
- für Fertigteilfundament/Boden $\delta_k = 2/3\varphi_k$ ohne Ansatz einer eventuellen Kohasion.

Sofern an der Stirnseite eines Fundaments eine Bodenreaktion angesetzt werden kann, erfolgt dies über den Erdwiderstand (DIN 1054, A 6.5.3). Hierbei ist zu prüfen, ob die dabei auftretende Fundamentverschiebung verträglich ist.

5.4.2 Kippsicherheit (EQU)

Die Gefahr des Kippens ist zu prüfen, wenn Kräfte ausmittig angreifen oder unterschiedlich mächtige setzungsfähige Schichten im Untergrund vorliegen. Beides bewirkt zunächst ungleiche Setzungen, die zu einer Schiefstellung und Verkantung führen können. Eine Schiefstellung bewirkt eine Schwerpunktverlagerung, wodurch zunehmend eine exzentrische Belastung eintritt (◘ Abb. 5.10). Auch bei starken seitlichen Wechselbelastungen kann es zu einer schrittweise zunehmenden Verkantung kommen.

Für den Nachweis der Sicherheit gegen Kippen sind die Teilsicherheitsbeiwerte der DIN EN 1990, ◘ Tab. 1.2 (A) maßgebend, d. h. für ungünstige veränderliche charakteristische Einwirkungen γ_Q = 1,5. Ein besonderer Nachweis der Kippsicherheit ist nicht erforderlich, wenn die Bedingungen für die Ausmittigkeit der Resultierenden eingehalten werden (► Abschn. 5.3.1).

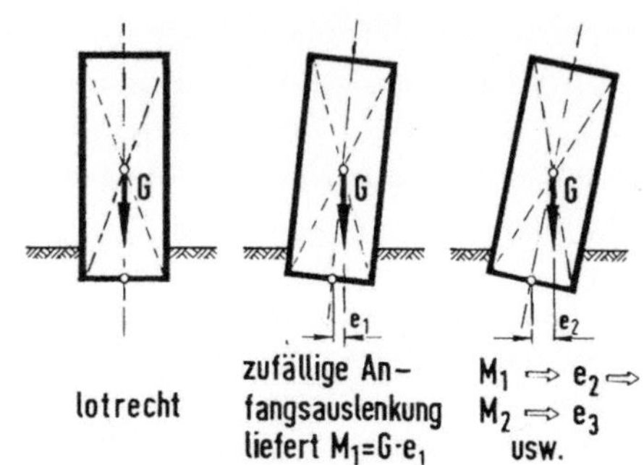

◘ **Abb. 5.10** Schema einer zunehmenden Schiefstellung infolge Schwerpunktverlagerung.

Die **zulässige Schiefstellung** turmartiger Bauwerke beträgt 1 : 250 (► Abschn. 6.4). Das bekannteste Beispiel für eine Schiefstellung turmartiger Bauwerke ist der 58 m hohe Schiefe Turm von Pisa, der Ende der 1980er-Jahre eine Schiefstellung von 5,7 m (d. s. 5,6° und fast 1 : 10) erreicht hatte. Nach einigen anderen Sanierungsversuchen (Bleibarren als Gegengewicht, Mörtelinjektionen, tiefe Zuganker) wurde der Turm Ende der 1990er-Jahre durch Herausbohren von Boden unter der Nordseite um 40 cm aufgerichtet. Seit Herbst 2001 ist der Schiefe Turm von Pisa mit einer Neigung von 4,95° wieder für den Besucherverkehr geöffnet. Auch in Deutschland sind einige schiefstehende Turmbauwerke bekannt, so der schiefe Kirchturm von Suurhusen in Ostfriesland, der bei einer Höhe von 27,4 m eine Neigung von 5,07° aufweist, sowie der 56 m hohe Kirchturm von Bad Frankenhausen in Thüringen (► Abschn. 19.4.1).

5.4.3 Sicherheit gegen Aufschwimmen (UPL)

Bei Grundbauwerken, die in das Grundwasser eintauchen, treten als Einwirkungen vertikal nach oben gerichtete (Poren-)Wasserdrücke auf

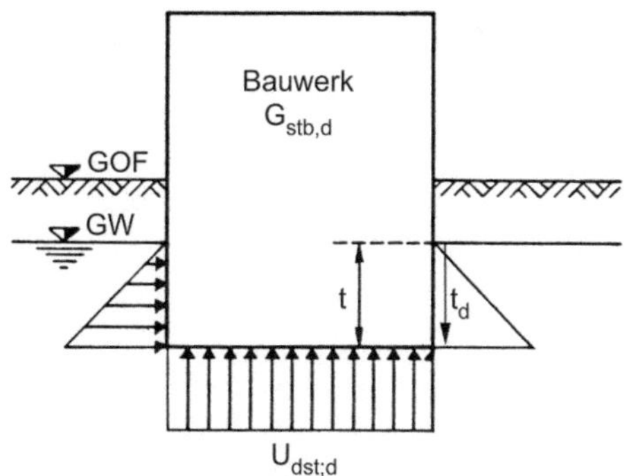

Abb. 5.11 Auftriebswirkung auf ein trogförmiges Bauwerk im ruhenden Grundwasser

(Abb. 5.11). Diese sind bei ruhendem Grundwasser (d. h. nahezu horizontal liegendem Grundwasserspiegel) hydrostatisch verteilt und unabhängig von der Durchlässigkeit des Untergrundes. Die daraus resultierende Auftriebskraft ist eine Massen- bzw. Volumenkraft, die entgegen der Schwerkraft wirkt und dem Gewicht des verdrängten Wasservolumens entspricht. Für den Nachweis gegen Aufschwimmen (ehem. Auftrieb) gilt DIN 1054, Abs. 10.2. Der Nachweis geht dabei von Gleichgewichtsbetrachtungen an idealisierten Bruchkörpern aus. Aufschwimmen tritt ein, wenn der Wasserdruck unter einem Bauwerk oder unter einer wenig durchlässigen Schicht (Dichtsohle) in einer Baugrube (► Abschn. 11.1) größer wird als die Auflast (Borchert und Könnemann 2013):

$$U_{dst,K} \times \gamma_{G.dst} \leq \left(G_{B,k} + T_k + P_{v,k}\right) \times \gamma_{G.stb}$$

$U_{dst,k}$ = an der Unterfläche eines Gebäudes oder einer Dichtsohle angreifende lotrechte Komponente des charakteristischen hydrostatischen Wasserdrucks
$\gamma_{G.dst}$ = Teilsicherheitsbeiwert für ungünstige ständige Einwirkungen
$G_{B,k}$ = charakteristischer Wert aus dem Eigengewicht eines Gebäudes und/oder der Bodenschicht in der Baugrube, einschließlich des Baugrubenverbaus
T_k = charakteristischer Wert der Vertikalkomponente des Erddrucks auf die Gebäude- oder Verbauwand
$P_{v,k}$ = charakteristischer Wert der Vertikalkraft einer etwaigen Ankersicherung der Baugrubensohle
$\gamma_{G,stb}$ = Teilsicherheitsbeiwert für günstige ständige Einwirkung

Die Kräfte T und P_v werden als abwärts gerichtete Einwirkungen gewertet und nicht als Widerstände.

Bei den günstigen ständigen Einwirkungen (*stb*) sind die Wichten des Bodens als untere charakteristische Werte anzugeben und unbewehrter Beton mit $\gamma = 23{,}0\ kN/m^3$, bewehrter mit $\gamma = 25{,}0\ kN/m^3$ anzusetzen. Teilsicherheitsbeiwerte siehe Tab. 5.1. Wirken auf das Bauwerk

Tab. 5.1 Teilsicherheitsbeiwerte für Einwirkungen im Grenzzustand UPL und HYD nach DIN 1054 (Tab. A 2.1 und E 2014, A2)

Einwirkung	Symbol	BS-P	BS-T	BS-A
Destabilisierende ständige Einwirkung, einschließlich des (veränderlichen) Wasserdrucks	$\gamma_{G,dst}$	1,05	1,05	1,00
Stabilisierende ständige Einwirkung	$\gamma_{G,stb}$	0,95	0,95	0,95
Destabilisierende veränderliche Einwirkung	$\gamma_{Q,dst}$	1,50	1,30	1,00
Stabilisierende veränderliche Einwirkung	$\gamma_{Q,stb}$	0	0	0
Strömungskraft bei günstigem Untergrund	γ_H	1,40	1,35	1,25
Strömungskraft bei ungünstigem Untergrund	γ_H	1,90	1,90	1,45

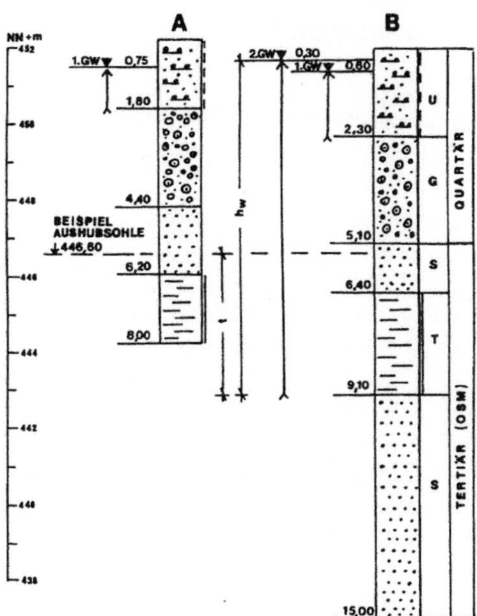

Abb. 5.12 Beispiel einer nicht ausreichenden Bohrtiefe (Bhg. A), um ein subartesisch gespanntes Grundwasserstockwerk zu erfassen.

seitliche Scherkräfte ein, die der hydraulischen Auftriebskraft entgegengerichtet sind, so sind zusätzlich der Wandreibungswinkel δ (► Abschn. 5.6.3) bzw. bei einer Scherkraft in einer lotrechten Bodenfuge auch die Scherfestigkeit der Bodensäule (φ', c') anzugeben (s. DIN 1054, A 10.2.2 und Tab. A 2.2 der DIN).

Als **Bemessungswasserstand** sind der ungünstigste (höchste) und der niedrigste Wasserstand anzugeben, die unter extremen Umständen eintreten können (► Abschn. 10.1). Dazu gehört auch, dass Bohrungen ausreichend tief geführt werden, um mögliche subartesisch gespannte Grundwasserstockwerke zu erfassen (■ Abb. 5.12). Für den Nachweis des Aufschwimmens und des hydraulischen Grundbruchs wird i. d. R. mit Teilsicherheitsbeiwerten gearbeitet und nicht mit additiven Zuschlägen. Die Scherfestigkeiten werden im Bedarfsfall mit $\gamma_{\varphi/c} = 1{,}0$ angesetzt.

5.4.4 Hydraulischer Grundbruch (HYD)

Wird das Grundwasser innerhalb einer verbauten Baugrube in offener Wasserhaltung abgesenkt, so bewirkt die Wasserdruckdifferenz nicht nur eine nach oben gerichtete Anströmung der Baugrubensohle sondern auch eine steil nach unten gerichtete Umströmung des Wandfußes der Baugrubenumschließung. Die dabei auftretenden Strömungskräfte sind unabhängig von der Durchlässigkeit, werden aber von Wechselschichtung und damit verbundener unterschiedlicher Durchlässigkeit beeinflusst (Borchert und Könnemann 2013).

Infolge der bei der Umströmung auftretenden senkrecht nach oben gerichteten Strömungskräfte wird die Gewichtskraft des Bodens abgemindert. Ist die dabei auftretende Strömungskraft S gleich der Gewichtskraft unter Auftrieb G', so wird die vertikal wirksame Spannung null, d. h., der Boden wird gewichtslos und die Bodenteilchen können von der Vertikalströmung angehoben werden (■ Abb. 5.13). Dieser hydraulische Grenzzustand wird „kritisches Gefälle *krit i* genannt. Dabei kommt es zu Auflockerungen im Boden, was den Beginn des hydraulischen Grundbruchs einleitet. Dieser tritt ein, wenn die nach oben gerichtete Strömungskraft oder der destabilisierende Porenwasserdruck größer werden als die Gewichtskraft des

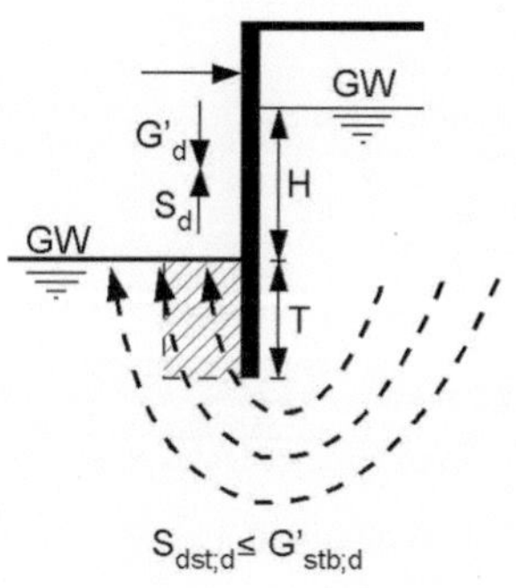

Abb. 5.13 Schematische Darstellung eines hydraulischen Grundbruchs im kritischen Zustand

Bodens. Begleiterscheinungen sind eine zonale Volumendehnung, die Gefahr rückschreitender Erosion und Hebung der Baugrubensohle auf einer Breite von etwa der halben Einbindetiefe T. Die Ausdehnung des angehobenen Bodenkörpers entspricht in guter Annäherung dem sog. Terzaghi-Körper (Aulbach und Ziegler 2014).

Der Nachweis der Sicherheit gegen hydraulischen Grundbruch erfolgt nach DIN EN 1997-1, Abs. 10.3 bzw. DIN 1054:2010. Die DIN geht dabei von der Beziehung

$$S_{dst;d} < G'_{stb;d}$$

aus und unterscheidet zwischen günstigem Baugrund (Kiessand, mindestens mitteldicht gelagerter Sand über 0,2 mm, mindestens steifer toniger Boden) und ungünstigem Baugrund (locker gelagerter Sand, Feinsand, Schluff, weicher bindiger Boden). Gefährdet sind auch Kiessande mit lageweisen Fehlkörnungen.

Beim rechnerischen Nachweis des hydraulischen Grundbruchs treten nur Einwirkungen auf, und zwar die Strömungskraft als ungünstige ständige Einwirkung und die Eigenlasten des Bodens als günstige ständige Einwirkung. Um die Bemessungswerte der Strömungskraft $S_{dst;d}$ und des Gewichts des unter Auftrieb stehenden Bodenkörpers zu erhalten, sind die charakteristischen Werte mit den Teilsicherheitsbeiwerten der ◘ Tab. 5.1 zu multiplizieren (Aulbach und Ziegler 2013):

$$S_{dst;d} \times \gamma_H = \left(\frac{\Delta h}{\Delta l}\right) \times \gamma_w \times V \times \gamma_H$$
$$\leq \gamma' \times V \times \gamma_{G,stb} = G'_{stb_k} \times \gamma_{G,stb}$$

Zu den einzelnen Faktoren der Gleichung s. Text und ◘ Tab. 5.1. Der Faktor $\Delta h/\Delta l$ gibt den hydraulischen Gradienten i gem. ► Abschn. 5.7.7 an, der Faktor γ_H den Teilsicherheitsbeiwert für eine Strömungskraft und V das Volumen des betroffenen Bereichs ($T/2$).

Wie Odenwald und Herten (2008) aufzeigen, sind die Strömungsgeschwindigkeit und der **hydraulische Gradient** in dem maßgebenden Bereich zwischen Wandfuß und der Breite des Versagenskörpers nicht konstant (◘ Abb. 5.14).

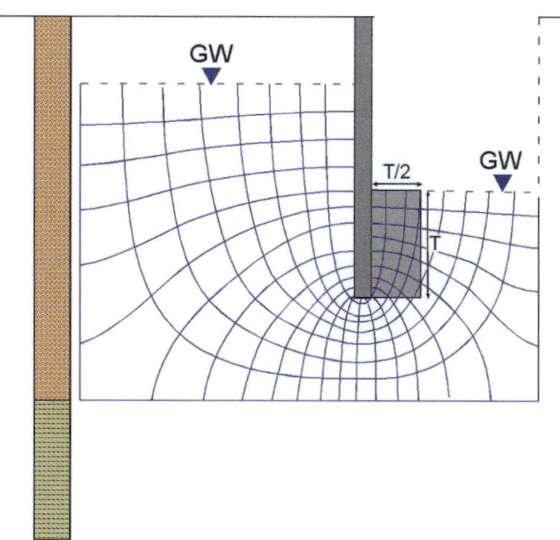

◘ **Abb. 5.14** Schematisches Modell der Potentiallinien und des Versagenskörpers nach TERZAGHI bei einem hydraulischen Grundbruch.

Der Gradient beträgt unmittelbar am Wandfuß $i = 2{,}0$ und in einem Abstand von $T/2$ vom Wandfuß etwa $i = 1{,}0$, sodass für viele Näherungslösungen von einem hydraulischen Gradienten von $i = 1{,}0$ ausgegangen wird.

Die auf den Terzaghi-Körper wirkende Strömungskraft wird nach DIN 1054 rechnerisch mithilfe eines Modells der Potenzialverteilung im Strömungsnetz ermittelt (◘ Abb. 5.14 und ► Abschn. 5.7.7). Die üblichen Näherungslösungen ergeben je nach eingegebenen Randbedingungen (Baugrubenbreite und -länge, Wasserspiegeldifferenz, hydraulischer Gradient) sehr unterschiedliche und z. T. auf der unsicheren Seite liegende Ergebnisse. Nach EAB (2012) ist der Nachweis gegen hydraulischen Grundbruch daher besser nach Davidenkoff an einem schmalen Stromfaden entlang des Verbaus (anstelle des Terzaghi-Körpers) zu führen.

Aulbach und Ziegler (2014) bzw. Ziegler und Aulbach (2014) bringen auf der Grundlage von umfangreichen numerischen Strömungsberechnungen Bemessungsdiagramme zur Ermittlung der Einbindetiefe T in Abhängigkeit von den Randbedingungen (Wasserspiegeldifferenz, Breite und Länge der Baugrube, Wichte, Schichtung und Aquifermächtigkeit).

Die ersten Anzeichen für einen hydraulischen Grundbruch sind typische kleine kraterartige

Quellbildungen in der Baugrubensohle. Derartige Erscheinungen müssen im Anfangsstadium sofort durch Vliesabdeckung und Ballastschüttung gegen weiteren Materialaustritt gesichert werden. In gleichkörnigen Fein-/Mittelsanden kann der hydraulische Grundbruch auch schlagartig auftreten, besonders wenn er durch Erschütterungen ausgelöst wird.

Die üblichen Maßnahmen gegen hydraulischen Grundbruch sind:

- Verringerung der Höhe des Wasserdrucks (temporäre Entspannung, Grundwasserabsenkung),
- Einbringen einer stabilisierenden Auflast (baugrubenseitiger Auflastfilter),
- Vergrößerung der Einbindetiefe *T* der Verbauwand.

Ein Auflastfilter auf die Baugrubensohle bewirkt einen erhöhten Widerstand gegen die vertikale Strömungskraft *S*. Als Entspannungsbrunnen dienen ggf. mit Filtersand aufgefüllte Bohrlöcher, deren Überlauf in einer Dränschicht in Aushubniveau gesammelt und über Pumpensümpfe abgefördert wird.

Ein zu hoher hydraulischer Gradient bzw. die Strömungskräfte können je nach Untergrundsituation auch **Erosionsvorgänge** gem. ◘ Abb. 2.4 auslösen. Bei der Durchströmung können Bodenkörner aufgelockert und mitgerissen werden. Es tritt innere Erosion auf, durch welche die Durchlässigkeit erhöht wird. An Flächen im Boden kann es auch zu Kontakterosion kommen. Nach den neuen Regelwerken (EAB 2012) müssen diese Risiken intensiver als bisher beachtet werden (Hettler2013;Borchert und Könnemann 2013).

5.4.5 Grundbruchsicherheit

Die Tragfähigkeit eines Bodens wird von einer schmalen Zone im Boden bestimmt, in der Verschiebungen stattfinden, sobald die Scherfestigkeit des Bodens bis zum Bruchzustand ausgenutzt ist. Dieser Zustand wird auch als Grenzzustand des plastischen Fließens (in der Bruchfuge) bezeichnet. Bei Erreichen dieses

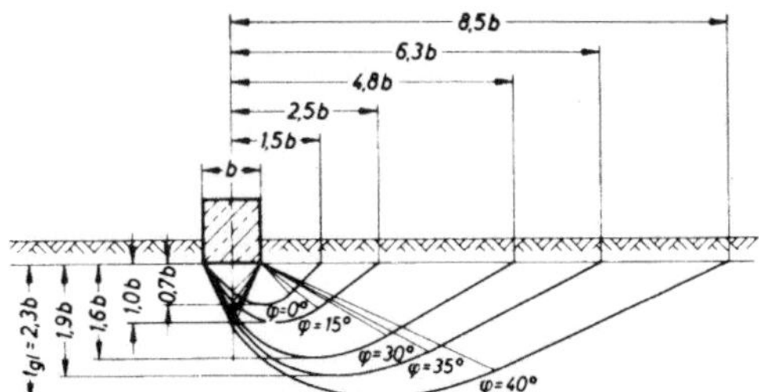

◘ **Abb. 5.15** Ausdehnung der Gleitlinien beim Grundbruch unter einem mittig belasteten starren Fundament.

Zustands bildet sich unter dem Fundament ein Keil verdichteten Bodens. Gleichzeitig entstehen radiale Scherzonen (Gleitbereiche), in denen der Scherwiderstand des Bodens überschritten wird und der Boden seitlich aufbricht (◘ Abb. 5.15). Ein Grundbruch kann auch eintreten, wenn bei gleichbleibender Last die seitliche Auflast entfernt wird (z. B. durch eine benachbarte Baugrube).

Der Nachweis der Grundbruchsicherheit von Einzel- und Streifenfundamenten ist für jedes Fundament einzeln zu führen. Der charakteristische Grundbruchwiderstand ist mit den Berechnungsverfahren nach DIN 4017:2006 (mit Beiblatt 2010) zu ermitteln. Die Grundbruchgleichung der Norm geht auf den dreigliedrigen Berechnungsansatz von Terzaghi zurück. Die Grundbruchfigur wird allgemein als beidseitig symmetrisch beschrieben. Für die Wechselwirkung sich gegenseitig beeinflussender benachbarter Fundamente wird auf Blumenthal et al. (2014) verwiesen (darin Lit.). Für die praktische Anwendung stehen verschiedene Rechenprogramme zur Verfügung. Der Bemessungswert R_d des Grundbruchwiderstands ergibt sich aus dem ermittelten charakteristischen Grundbruchwiderstand $R_{n,k}$ durch den Teilsicherheitsbeiwert $\gamma_{R,v}$ nach DIN 1054, bezieht sich auf Tabelle in der DIN.

$$R_d = R_{n,k} / \gamma_{R,v}$$

Für die Bemessungssituation BS-P beträgt $\gamma_{R,v} = 1{,}4$.

Bei der Grundbruchberechnung nach DIN 4017 werden annähernd richtungsunabhängige

Scherparameter vorausgesetzt. Für die Berechnung sind die ungünstigsten Scherparameter zugrunde zu legen. Dies sind die wirksamen Scherparameter (φ, c'), wobei für die Anfangsstandsicherheit in bindigen Böden zusätzlich mit der undränierten Scherfestigkeit (c_u) zu rechnen ist (► Abschn. 2.8.6).

Im Falle von geschichtetem Baugrund unter dem Fundament ist eine Mittelung der Werte verschiedener Bodenschichten nur zulässig, wenn die Reibungswinkel der einzelnen Schichten nicht mehr als 5° vom Mittelwert abweichen (DIN 4017). Die Tiefenwirkung des Grundbruchs kann nach ◘ Abb. 5.15 abgeschätzt werden. Um den Einfluss der einzelnen Schichtdicken zu erfassen, wird das gewogene Mittel für die anteiligen Längen (φ, c) bzw. Flächen der Grundbruchfigur in den einzelnen Bodenschichten verwendet.

5.5 Sohlspannungsverteilung und Setzung von Flachgründungen

Die Ermittlung der Setzung eines Fundaments erfolgt i. d. R. nach den Spannungs-Verformungs-Verfahren auf der Grundlage der Elastizitätstheorie in mehreren Schritten (DIN EN 1997-1, Anhang F):

- Kenntnis der Spannungsverteilung in der Sohlfläche des Fundaments (► Abschn. 5.3),
- Ermittlung der Spannungsverteilung im Baugrund (► Abschn. 5.2.2),
- Berechnung der Verformungen (Setzungen) mithilfe von Steifemoduln oder anderen Spannungs-Verformungs-Beziehungen.

Die Ermittlung der Spannungsverteilung im Baugrund und die darauf aufbauende rechnerische Setzungsabschätzung erfolgen i. d. R. mit Rechenprogrammen. Zum besseren Verständnis dieser Rechenprozesse werden nachstehend die theoretischen Grundlagen und die zugrunde liegenden Diagramme sowie die grundsätzlichen Rechenschritte einer Setzungsabschätzung behandelt.

5.5.1 Theorie der Sohlspannungsverteilung

Die vom Bauwerk auf den Untergrund abgetragene Last breitet sich von der Sohlfuge des Fundaments nach der Tiefe hin aus, wobei die Sohlspannung mit zunehmender Tiefe unter der Lastfläche abnimmt. Die Theorie geht davon aus, dass der Baugrund elastisch isotrop ist, d. h., dass zwischen den Spannungen und den Verformungen eine lineare Beziehung besteht. Der Boden folgt jedoch nur näherungsweise dem Gesetz von Hook (► Abschn. 2.7.3). Durch lotrechte Lasten erzeugte Sohlspannungen an der waagerechten Oberfläche des Halbraums breiten sich deshalb nicht geradlinig aus, sondern die Isobaren nehmen eine mehr oder weniger gestreckte Form an, die sog. **Druckzwiebel**. Die sich dabei ergebende Spannungsverteilung im Baugrund ist in ◘ Abb. 5.16 dargestellt. Die Spannungen

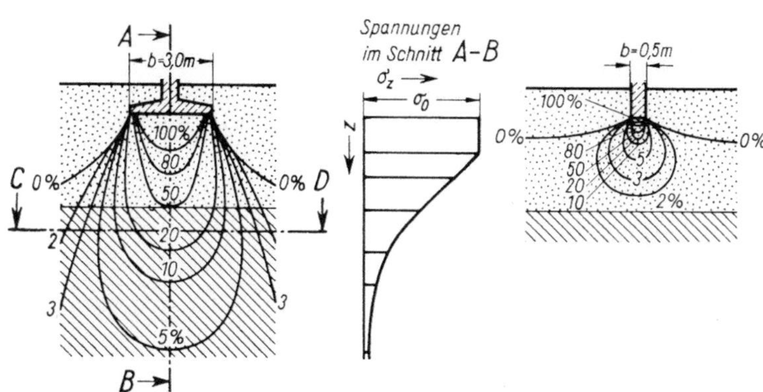

◘ **Abb. 5.16** Druckverteilung im Baugrund unter einem breiten und einem schmalen Fundament (aus SCHULZE & SIMMER 1974).

sind unter der Mitte der belasteten Fläche am größten und klingen mit zunehmender Tiefe ab.

Die Darstellung zeigt auch die Abhängigkeit des durch die Bauwerkslasten beeinflussten Bereichs von der Gründungsbreite. Über diese einfachen Darstellungen hinausgehend liegt eine DGGT-Empfehlung „Wechselwirkungen Baugrund/Bauwerk bei Flachgründungen" (2004) vor. Für grob vereinfachende Überlegungen genügt ggf. die Annahme einer gleichmäßigen Spannungsausbreitung unter 45°.

5.5.2 Sohlspannungsverteilung im Baugrund

Die an sich komplizierten Berechnungsverfahren für die Sohlspannungsverteilung im Baugrund sind durch die Ausarbeitung von Diagrammen und Tafeln für bestimmte Einflusswerte (i) sehr vereinfacht worden (◘ Abb. 5.17 und 5.18 sowie DIN 4019: 2015).

Die Ermittlung der Sohlspannungsverteilung unter dem Eckpunkt einer **schlaffen Rechtecklast** erfolgt nach der Tafel von Steinbrenner (◘ Abb. 5.16). Die Spannung σ_z in der Tiefe z ist abhängig vom Seitenverhältnis des Fundaments a/b und dem Wert z/b und ist $\sigma_z = i \times \sigma_0$ (σ_0 = Sohlspannung in Fundamentsohle).

Beliebige Punkte einer Rechtecklast können durch eine entsprechende Aufteilung der Fläche in zwei oder vier Teilflächen und Superposition der Spannungen berechnet werden.

Bei **starren Fundamenten** wird die Setzung für einen sog. kennzeichnenden Punkt K (Grasshoff 1955) einer rechteckigen Lastfläche nach Tafeln von Kany berechnet (◘ Abb. 5.18). Der kennzeichnende Punkt ist ein Punkt der Grundrissfläche, bei dem die Setzung eines starren Gründungskörpers gleich ist mit der einer schlaffen, gleichmäßig verteilten Ersatzlast (s. ◘ Abb. 5.23).

Der Ausarbeitung dieser Diagramme lag zugrunde, dass die vertikale Spannungsverteilung im Baugrund von den Materialkonstanten unabhängig ist. Vergleichsuntersuchungen mit numerischen Rechenverfahren haben jedoch gezeigt, dass bei geschichteten Böden die Spannungsverteilung vom Steifemodul und der Poissonzahl der einzelnen Schichten beeinflusst

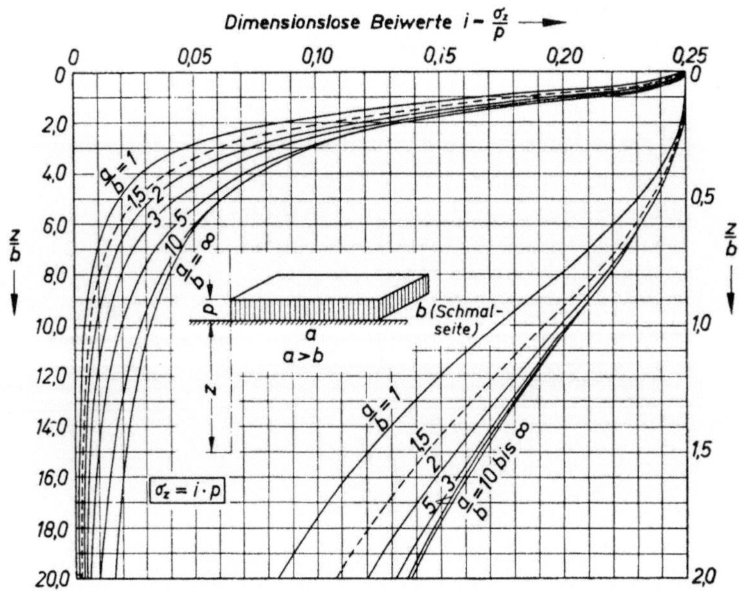

◘ **Abb. 5.17** Einflusswerte von STEINBRENNER zur Berechnung der Spannungen unter dem Eckpunkt einer schlaffen Rechtecklast.

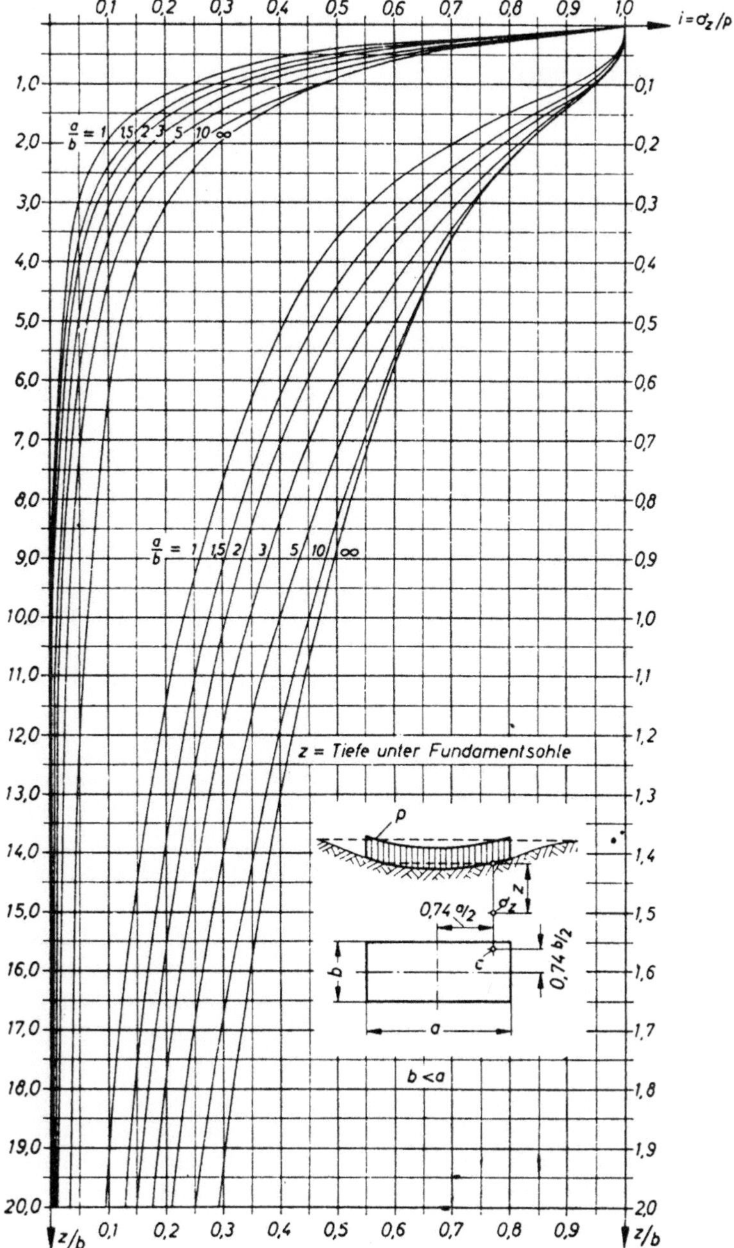

■ **Abb. 5.18** Einflusswerte für die lotrechten Spannungen unter dem kennzeichnenden Punkt C einer starren Rechtecklast nach KANY.

wird. Für den üblichen Fall, dass die Steifigkeit nach der Tiefe gleichmäßig zunimmt, ergeben die bisherigen Diagramme noch vertretbare Näherungswerte. Liegt im Baugrund jedoch oberflächennah eine Zwischenschicht mit geringerem Steifemodul vor als die angrenzenden Schichten, gelten die bisherigen Annahmen nicht mehr, und es muss praktisch auf numerische Rechenmodelle umgestellt werden (Vrettos und Merz 2014).

5.5.3 Ermittlung der Setzungen von Streifen- und Einzelfundamenten

Unter **Setzung** versteht man die vertikale Bewegung eines Bauwerks infolge von Zusammendrückung und Verformung der Baugrundschichten durch Spannungszunahme. Folgende Setzungsanteile werden unterschieden (► Abschn. 2.7.4.3):

- Sofortsetzungen s_0 infolge volumentreuer Anfangsschubverformung bzw. der Sofortverdichtung,
- Konsolidationssetzungen s_1,
- Sekundärsetzungen s_2 (Kriechsetzungen)

5.5.3.1 Grundgleichung der Setzungsberechnung

Für den Belastungsfall wird die Grundgleichung für eine Setzungsberechnung aus der linearen Elastizitätstheorie abgeleitet:

$$s = \frac{\sigma \times h}{E_s}$$

σ = Sohldruck im Boden in kN/m²
h = Schichtdicke in m
s = Setzung in m
E^* = Rechenmodul in kN/m²

Die Anwendung dieser an sich einfachen Formel ist letzten Endes doch verhältnismäßig kompliziert, da zwei Faktoren (σ, E^*) mit der Sohlspannungsverteilung veränderlich und in gewissem Maße unbestimmt sind. In DIN EN 1997-1, Anhang F und DIN 4019 (2015), wird diese Komplikation durch den Setzungsbeiwert *f* ausgedrückt:

$$s = \sigma_{z0} \times b \times f \,/\, E^*$$

σ_{z0} = effektive Zusatzspannung in der Tiefe z = 0 (Fundamentsohle)
b = Fundamentbreite
E^* = Rechenmodul
f = Setzungsbeiwert für rechteckige Lastflächen. Für Eckpunkte einer Lastfläche ist der Beiwert f_R und für den kennzeichnenden Punkt f_K.

Im einaxialen Kompressionsversuch werden außerdem nur die Konsolidationssetzungen erfasst, und dies bei verhinderter Seitenausdehnung gegenüber der nur behinderten Seitenausdehnung im Baugrund (► Abschn. 2.7.4.1). Die DIN 4019 unterscheidet deshalb für Setzungsberechnungen im Grenzzustand der Gebrauchstauglichkeit (SLS) folgende Steifigkeitsparameter:

- E_s = Steifemodul aus Laborversuchen (künftig E_{oed}),
- E_m = Setzungsmodul aus Setzungsbeobachtungen rückgerechnet,
- E^* = Rechenmodul für die Setzungsberechnung.

Der Rechenmodul E^* ist als vorsichtiger Schätzwert auf der Grundlage von Erfahrung und einer Plausibilitätskontrolle bzw. in Form von unteren und oberen Werten festzulegen (► Abschn. 2.7.4.2 und 5.5.3.6). Als Näherung darf nach DIN 4019 auch E^* etwa gleich groß wie E_s angesetzt werden.

Die Grundgleichung für die Setzungsberechnung kann außerdem nur angewandt werden, wenn die Druckverteilung über eine bestimmte Schichtmächtigkeit einigermaßen gleich ist. Dazu wird die zu berücksichtigende Baugrundtiefe in Teilschichten unterteilt und der Setzungsanteil einer jeden Schicht ermittelt. Die Grenztiefe der Setzungsberechnung wird da angenommen, wo die lotrechte Spannung infolge von Bodeneigenlast nur noch 20 % der Spannung infolge von Bauwerkslast beträgt. Bei Einzel- und Streifenfundamenten ist dies gewöhnlich eine Tiefe von $z = b$ bis $z = 2b$. Wenn unterhalb noch stark zusammendrückbare Schichten vorliegen, ist die Einflusstiefe entsprechend zu vergrößern.

5.5.3.2 Rechenschritte einer Setzungsberechnung

Setzungsberechnungen sind gem. DIN EN 1997-1 (6.6.2 A) auf der Grundlage der 4019 (2015) vorzunehmen.

Die **Setzungsberechnung durch Integration der Setzungsanteile** wird in Tabellenform durchgeführt. Die in ◘ Tab. 5.2 dargestellte Form gilt für einfache Fälle mit gleichmäßiger

Tab. 5.2 Schema einer tabellarischen Setzungsberechnung mit Berücksichtigung der wirksamen Sohldrücke in den einzelnen Teilschichten gem. Abb. 5.18

(1)				(2)			(3)			(4)
Teilschicht	Tiefe *d* unter Gelände	Tiefe *z* unter Fundament	Dicke *h* der Teilschicht	Wirksamer Sohldruck unter dem Bauwerk $\sigma\, i$ = Einflusswert gem. Abb. 5.17 oder Abb. 5.18			Überlagerungsspannung (ohne Bauwerk)	Gesamtspannung	E_s	Anteilige Setzung
				z/b	I	$i \times \sigma_0$	$\sigma_ü = \gamma \times (d+z)$	$i \times \sigma_1 + \sigma_ü$		$s = \frac{\sigma \times h}{E_s}$
	m	m	m	–	–	kN/m²	kN/m²	kN/m²	kN/m²	m
0	–2,50	0	0	0	1,00	250	50		–	–
1	–4,20	0,85	1,70	0,34	0,52	130 +	67 =	197	12.000	0,0184
2	–5,80	2,50	1,60	1,00	0,235	58,7 +	100 =	158,7	12.000	0,0078
Rechnerische Gesamtsetzung s = 0,0262										

Sohldruckverteilung, wobei die Setzungsanteile einer jeden Schicht zur besseren Überschaubarkeit direkt ermittelt werden.

Der Baugrund wird gem. Abb. 5.19 bis zu einer nur noch wenig setzungsfähigen Schicht bzw. bis zur Einflusstiefe t_s der Spannungsabnahme ($i \times \sigma_1 = 0{,}2 \times \sigma_ü$) in Teilschichten, entweder nach der natürlichen Bodenschichtung zerlegt oder in Schichten, in denen die Spannungslinien einigermaßen stetig verlaufen. Der zweite Schritt ist die Ermittlung der Sohlspannungsabnahme $i \times \sigma_1$ für die Schichtmitte einer jeden Teilschicht mithilfe der Spannungseinflusswerte *i*. Die Aushubentlastung $\gamma \times d$

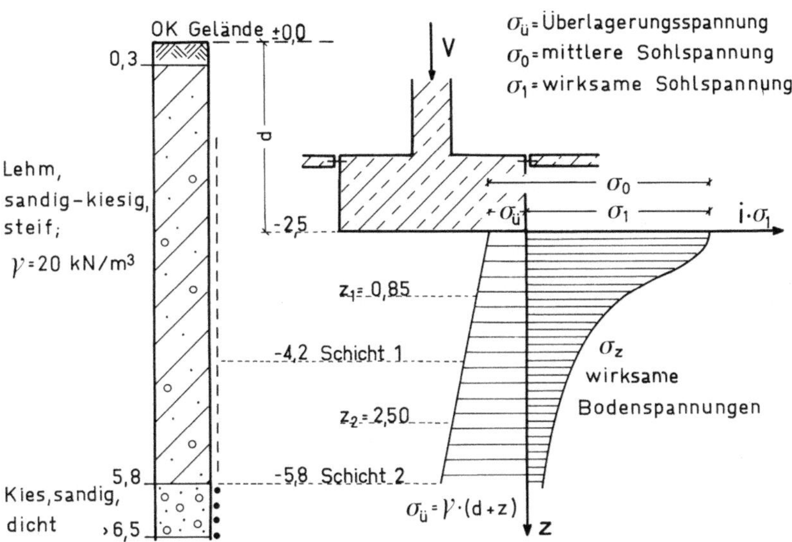

Abb. 5.19 Schema der Setzungsberechnung für ein quadratisches Einzelfundament (a = b = 2,5 m) gem. Tab. 5.2 (Sohldruck s_0 = 300 kN/m², wirksame Sohlspannung $\sigma_0 - \gamma \times d$)

wird bei erstbelasteten Böden von der wirksamen Sohlspannung abgezogen ($\sigma_1 = \sigma_0 - \gamma \times d$). Bei überverdichteten Böden sollten die Einwirkungen aus Bauwerkslast nicht um die Aushubentlastung vermindert werden (Schmidt 1993: 36). Aus $i \times \sigma_1$ wird dann der Setzungsanteil jeder Teilschicht errechnet, wobei der Steifemodul wegen der Abhängigkeit vom Spannungsniveau für den jeweiligen Lastbereich $i \times \sigma_1 + \gamma$ $(d + z)$ einzeln ermittelt wird. Durch Summieren der Setzungen aller Teilschichten ergibt sich die rechnerische Sofortsetzung und Konsolidationssetzung ($s = s_0 + s_1$).

Eine mögliche Spannungsüberlagerung aus Nachbarfundamenten wird ggf. in einer zusätzlichen Spalte berücksichtigt und zu der wirksamen Spannung addiert. Die Zusatzdrücke durch benachbarte Lastflächen können entweder mithilfe der Einflusskreise von Boussinesq oder des Kreisringverfahrens nach Newmak (Schmidt 1993:74 u. 122) ermittelt werden.

Eine schräge oder ausmittige Belastung ergibt in der Sohlfuge eine (näherungsweise geradlinig angenommene) trapez- oder dreieckförmige Sohlspannungsverteilung (◘ Abb. 5.5 und 5.6). Für einfache Fälle genügt es, die Setzungen an den beiden Randpunkten für die Spannungen σ_1 und σ_2 zu berechnen.

Bei der Ermittlung der Setzungen und Setzungsunterschiede eines Gebäudes ist der Einfluss der jeweiligen Nachbarfundamente zu berücksichtigen. Die Drucküberlagerung führt fast immer zu größeren Setzungen in der Bauwerksmitte und zur Ausbildung einer sog. **Setzungsmulde**.

Die DIN 4019 bietet auch eine Formel für eine direkte **Setzungsermittlung mit dem Kompressionsbeiwert** C_c (► Abschn. 2.7.4.1).

Für die praktische Anwendung stehen verschiedene Rechenprogramme zur Verfügung. ◘ Abb. 5.20 zeigt das Ergebnis einer solchen Berechnung. Bei komplexen Verhältnissen

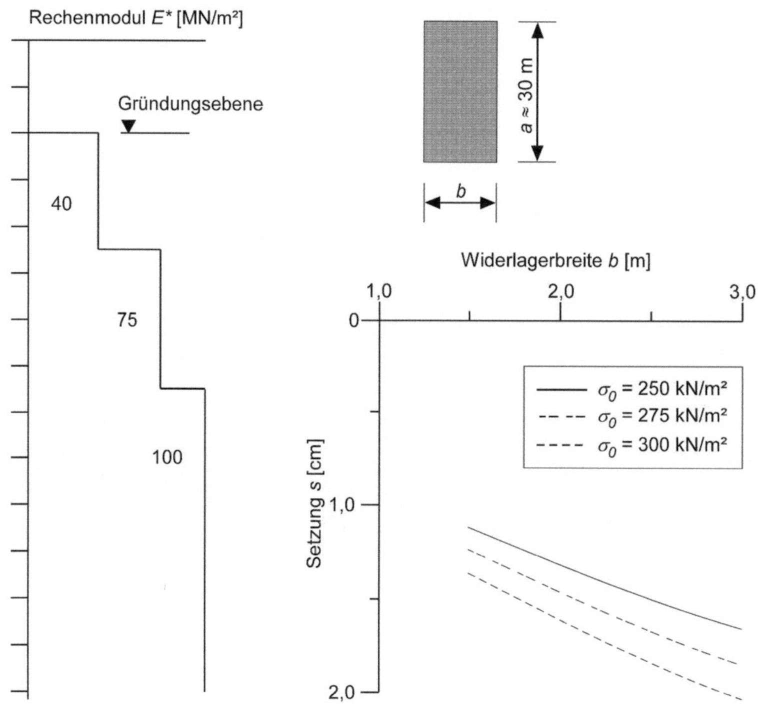

◘ **Abb. 5.20** Ergebnis einer Setzungsberechnung mit einem handelsüblichen Rechenprogramm

werden Setzungsberechnungen numerisch vorgenommen.

Bei dynamischen Einwirkungen ist zu beachten, dass durch Schwingungen oder Erschütterungen zusätzlich Setzungen ausgelöst werden können (▶ Abschn. 6.5.5).

5.5.3.3 Ermittlung von Baugrundhebungen infolge von Aushubentlastung

Bei flächiger Entlastung infolge von Baugrubenaushub treten nicht nur bei bindigen Böden Hebungen auf (◘ Abb. 5.21), die über die eingetretenen Spannungsänderungen wie bei einer Setzungsberechnung erfasst werden können. Für die Mitte der Baugrube ist eine Aufteilung des Grundrisses in 4 Teilflächen und eine Addition der Spannungen aus dem Lastausbreitungsbeiwert nach Steinbrenner erforderlich (▶ Abschn. 5.5.3.2). Die Aushubentlastung ist $\sigma_v = \gamma \times h$ bzw. für die Schichtmitte z dann $\sigma_{vz} = 4\,i \times \sigma_v$. Der Anteil der Hebung einer Teilschicht ist dann

$$s_{VZ} = \frac{4 \times \sigma_{VZ} \times h}{E_e}.$$

Anstelle des Rechenmoduls E^* wird der Schwellmodul E_e aus dem Entlastungsast der Kurven des Kompressionsversuchs verwendet (▶ Abschn. 2.7.4.1).

Auf locker bis mitteldicht gelagerten gleichkörnigen Sanden wurden nach Rückbau eines (provisorischen) Überbaus 5 mm Hebung gemessen (Schüßler2016). Bei bindigen Böden ist der Vorgang der Hebung nicht nur lastabhängig, sondern vor allem zeitabhängig. Die Hebungen sind deshalb vielfach noch nicht abgeschlossen, wenn die Vorbelastung des Baugrundes durch die Bauwerkslasten wieder erreicht oder überschritten wird (◘ Abb. 5.22). Eine Berechnung der Hebung infolge von Entlastung ist daher nur bei lang andauernder oder bleibender Entlastung des Untergrundes zweckmäßig. In solchen Fällen können merkbare Hebungen auftreten (◘ Abb. 5.23 und Schulz 1999), die über einen Zeitraum von 1–2 Jahren anhalten. Bei tonigen Gesteinen können dabei auch Quellhebungen beteiligt sein (von Wolffersdorf et al. 2004). Auch bei Entlastung des Baugrundes durch Abbruch oder Rückbau von Gebäuden oder anderen Bauwerken können Hebungen auftreten, die fast das Ausmaß der seinerzeitigen Setzungen erreichen und auf das Umfeld ausstrahlen können (Katzenbach et al. 2011).

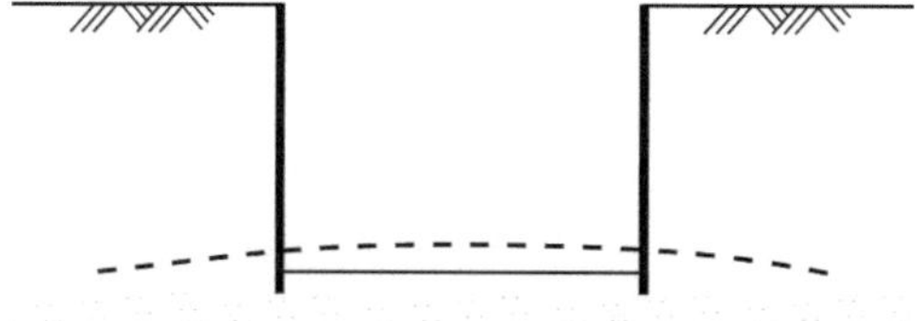

◘ **Abb. 5.21** Typische Hebung infolge Baugrubenaushubs

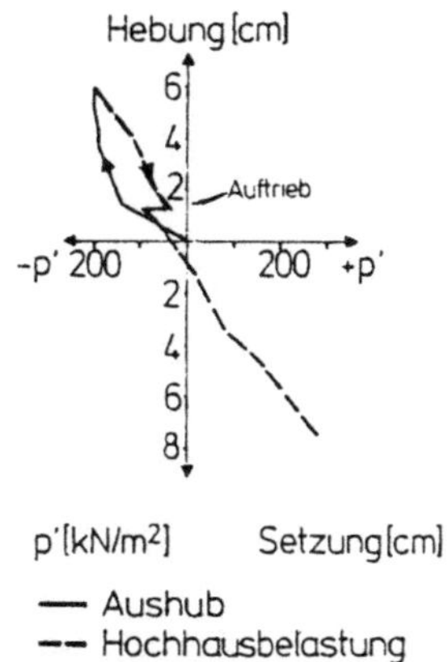

◘ **Abb. 5.22** Entlastungshebung und Lastsetzungsdiagramm eines Hochhauses in Frankfurt a. M. Baugrubentiefe 12,5 m. Gesamtsetzung des Gebäudes 20–25 cm (aus SOMMER 1978)

5.5.3.4 Genauigkeit einer Setzungsberechnung

Die beschriebenen Verfahren und auch DIN 4019 gelten zur Berechnung der lotrechten Zusammendrückung des Baugrundes für die Grenzfälle „schlaffe oder starre Lastflächen. Schlaffe Lastflächen können jedoch genau genommen nur für Erdbauwerke (Dammschüttungen, Entlastung der Gründungssohle durch Erdaushub), evtl. noch bei flächigen Stapelgütern angenommen werden. Bauwerke haben immer eine gewisse Eigensteifigkeit, wodurch sich die rechnerischen Setzungen und auch die

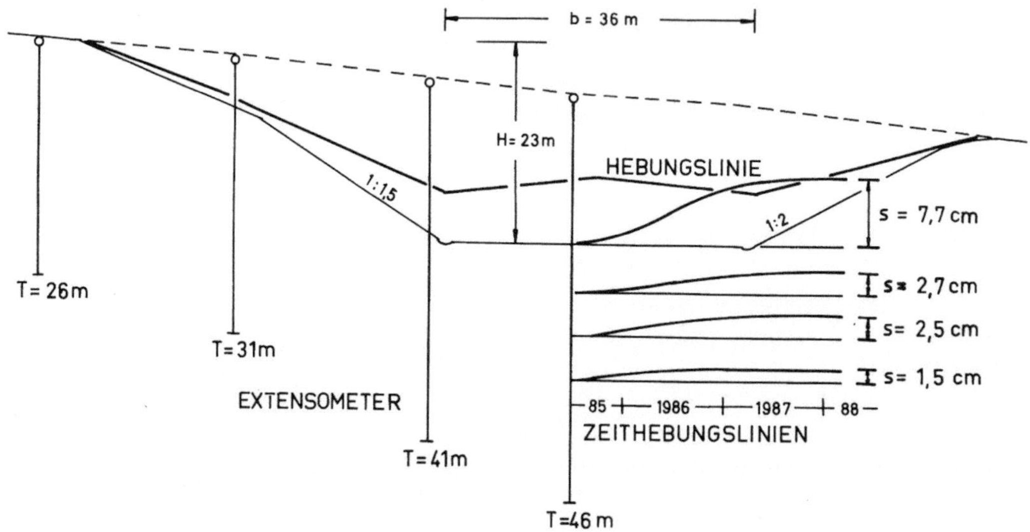

Abb. 5.23 Untergrundhebungen in einem Einschnitt in einer Sandstein-Tonstein-Wechselfolge des Mittleren Buntsandsteins (nach TRISCHLER & DÜRRWANG 1989)

Setzungsunterschiede verringern. Die Berechnung von starren Gründungskörpern nach Kany gilt andererseits nur für den kennzeichnenden Punkt. Beliebige Punkte eines Gründungskörpers und Eckpunkte von Lastflächen für die Überlagerung von Spannungen müssen nach Steinbrenner (1934) berechnet werden. Nach Vrettos (2008) beträgt die Setzung eines starren Fundaments außerdem etwa 75 % der Setzung des Mittelpunkts eines vergleichbaren schlaffen Fundaments (■ Abb. 5.24). Bei Rechteckfundamenten kann hierzu auch die 1,5-fache Setzung des Eckpunkts angesetzt werden.

Eine Setzungsberechnung stellt zunächst immer nur eine Annäherung dar, was in der Eigensteifigkeit des Bauwerks, der Ungenauigkeit der Steifemodulermittlung, der Erfassung der tatsächlich wirkenden Lasten und der Druckverteilung sowie in nicht erfassbaren Unregelmäßigkeiten des Baugrundes begründet ist. Bei Flächengründungen wird sich deshalb immer ein gewisser Setzungsunterschied einstellen, auch wenn die Rechnung eine einigermaßen gleichmäßige Setzung ergeben hat.

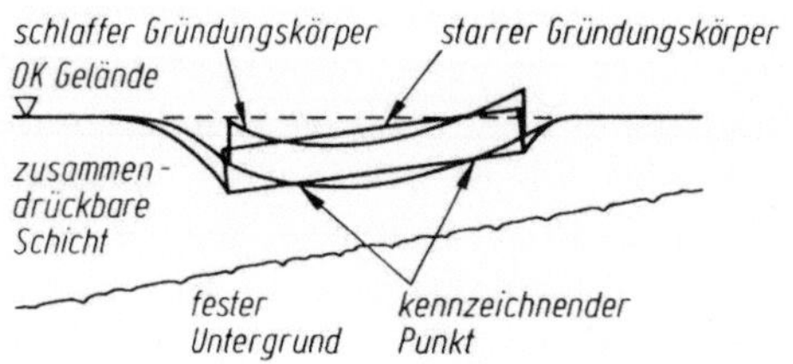

Abb. 5.24 Unterschiedliches Setzungsverhalten einer starren und einer schlaffen Last bei veränderlicher Dicke der zusammendruckbaren Schicht (aus SCHMIDT 1993)

Im Vergleich zu Setzungsmessungen liegen die rechnerischen Setzungen oft 40–60 % über den tatsächlich auftretenden Setzungen. Gelegentlich findet man daher Setzungsangaben mit Einschränkungen von ±30 %. Besser ist dann eine Trennung in untere und obere bzw. wahrscheinliche und mögliche Setzungen bzw. Setzungsunterschiede. Sofern die Setzungen Einfluss auf die Bemessung des Tragwerks haben, sind diese gem. DIN 1954, A 6.6.2, sowohl als charakteristischer Mittelwert als auch als kleinste und größte mögliche Setzung anzugeben.

Bei tiefen Baugruben, bei denen mit merkbaren Entlastungsverformungen zu rechnen ist, stellen die Rückverformungen bei Wiederbelastung einen erheblichen Anteil der Gesamtsetzungen dar, was bei der Setzungsberechnung berücksichtigt werden muss. Außerdem müssen bei großen Lastflächen Seichtsetzungen und Tiefsetzungen unterschieden werden, die unterschiedliche Reaktionen zeigen. In den gründungsnahen Schichten können 30–50 % und aus dem tieferen Untergrund (Tiefsetzungen) 20–30 % der mittleren Gesamtsetzung als Setzungsunterschiede auftreten.

Zu große rechnerische Setzungsangaben ergeben sich besonders bei nichtbindigen Böden, bei manchen Schluffböden (z. B. Löss), bei überverdichteten Tonen (z. B. Tertiärtonen), Geschiebemergel und auch bei Residualgesteinen (Wittke und Züchner 2008). Hierbei hilft man sich seit Langem mit der Anpassung der Kennwerte anhand von Setzungsbeobachtungen (Schüßler 2016. Bei jungen, nicht überverdichteten Böden (z. B. Auelehm) hingegen stimmen Setzungsberechnungen mit E^*-Moduln meist recht gut. Bei weichen Tonen und organischen Böden kann zusätzlich eine in der Rechnung nicht erfasste Kriechsetzung auftreten, die sehr lange anhalten kann. Bei Schüttungen sind sowohl die Eigenverdichtung als auch eine mögliche Nachverdichtung durch Erschütterungen zu berücksichtigen.

Zu den stark setzungsfähigen anorganischen bindigen Lockergesteinen, deren Setzungsverhalten rechnerisch schwer zu erfassen ist, gehören besonders Seetone sowie Beckensedimente (Beckenton, Bänderton) von Schmelzwasserzuflüssen in eisrandferneren Bereichen. Die Zusammensetzung und die Eigenschaften dieser Ablagerungen ändern sich oft auf kurze Entfernung. Dazu kommt i. d. R. hochstehendes Grundwasser. Setzungsmessungen zeigen oftmals nicht nur relativ große Gesamtsetzungen, sondern, trotz einheitlich erscheinenden Untergrundaufbaus, auch recht große Setzungsunterschiede (Fallbeispiele aus Süddeutschland s. Wagenplast 2005, darin Lit.).

Eine Besonderheit im Setzungsverhalten feinkörniger nichtbindiger Böden stellt die Sackungsempfindlichkeit bes. osteuropäischer und asiatischer Lösse dar (▶ Abschn. 2.7.4.2).

5.5.3.5 Zeitlicher Verlauf der Setzungen

Bei normal konsolidierten bindigen Böden kann der Setzungsablauf überschlägig aus den Zeitsetzungslinien des Kompressionsversuchs abgeleitet werden, wozu die Zeitsetzung der für die Schichtmitte geltenden Laststufe ausgewertet werden muss. Bei gleichen Entwässerungsbedingungen (d. h. Abfluss des Porenwassers nach oben und unten) und nicht zu großen Schichtmächtigkeiten ist dann

$$t_2 = t_1 \frac{h_2^2}{h_1^2} (in\, s),$$

wobei t_1 = Setzungszeit im KD-Versuch, t_2 = Setzungsdauer, h_1 = Probenhöhe im KD-Versuch und h_2 = Mächtigkeit der zusammendrückbaren Baugrundschicht.

Kann das Porenwasser nur nach einer Seite entweichen, so ist für h_2 die doppelte Mächtigkeit einzusetzen.

Die Erfahrungen mit dieser Formel sind jedoch sehr unterschiedlich und vielfach schlecht. Die DIN 4019 Abs. 12.3 ermittelt den Setzungsverlauf über einen Kriechfaktor C_a. Außerdem scheinen Aushubentlastung und Rückverformung unter Belastung schneller abzulaufen als echte Konsolidationssetzungen. Angaben über Zeitsetzungen sollten daher besser anhand von Erfahrungswerten aus Setzungsbeobachtungen bei vergleichbarem Untergrund gemacht werden.

Bei nichtbindigen Böden treten i. d. R. 85 % der Gesamtsetzung bis zur Baufertigstellung auf. Bei überkonsolidierten steifen bis halbfesten bindigen Böden sind dies 70–85 %.

5.5.3.6 Setzungsbeobachtung

Setzungsbeobachtungen sind eine wirksame Kontrolle bei der gesamten Gründungsberatung. Die Vorbereitung und Durchführung der Messungen sowie die erforderliche Genauigkeit sind bei Schmidt (1993) und Schüßler(2016) beschrieben.

Durch die Setzungsmessung sollen Größe und zeitlicher Verlauf der Setzungen von Gebäuden und ggf. deren Umgebung in mehreren Messungen ermittelt werden. Wichtig ist das Erfassen der Anfangssetzungen. Die Nullmessung muss daher möglichst frühzeitig, bereits an den Fundamenten, zumindest aber am Kellergeschoss vorgenommen werden. Wiederholungsmessungen müssen nach jeder größeren

Laststeigerung, mindestens aber bei etwa 25, 50, 75 und 100 % der Bauwerkslasten erfolgen. Die Fortführung der Messungen über 1–3 Jahre nach Inbetriebnahme des Gebäudes ist in vielen Fällen zu empfehlen. Bei jeder Messung ist die zugehörige Belastung festzuhalten.

Die Auswertung erfolgt gewöhnlich als Doppeldiagramm, und zwar durch Auftragung von Zeit-Setzungs- und Zeit-Belastungs-Linien der einzelnen Messpunkte. Eine andere Art der Darstellung sind Linien gleicher Setzung für den gesamten Gebäudegrundriss.

Neben Präzisionsnivellements ist ein automatisch messendes Schlauchwaagensystem die am besten geeignete Methode für eine kontinuierliche Setzungsüberwachung, besonders wenn zwischen den einzelnen Messstellen keine Sichtverbindung besteht (s. die künftige Normenreihe DIN EN ISO 18 674).

5.6 Grundlagen für die Ermittlung des Erddrucks

Als Erddruck auf Stützbauwerke und auf im Boden eingebettete Bauwerke (z. B. Tiefkeller) bezeichnet man den horizontalen Spannungsanteil im Erdreich infolge seiner Eigenlast und möglicher Auflasten (◘ Abb. 5.25). Die auf die gesamte Wand mit der Höhe h wirkende Erddruckkraft wird als E bezeichnet, die Neigung der Erddruckrichtung mit δ. Größe und Richtung des Erddrucks hängen ab von den Bodenkenngrößen, der Geometrie, der Rauheit und der Nachgiebigkeit der Wand bzw. einer Verankerung sowie von der Neigung der Geländeoberfläche.

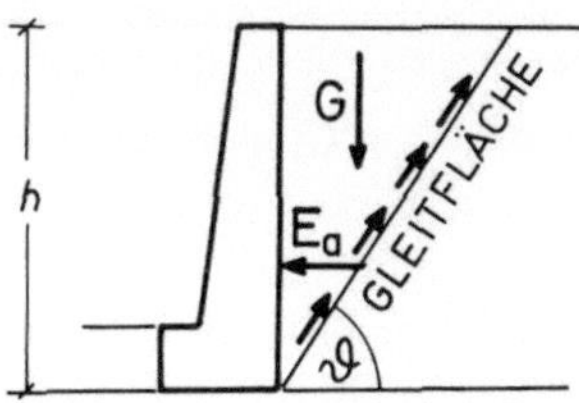

◘ **Abb. 5.25** Annahmen für den einfachen Erddruckfall

Die Behandlung des Erddrucks und seiner Verteilung erfolgt immer noch nach Regelwerken auf der Grundlage der Erddrucktheorie von Coulomb 1873, nämlich der DIN EN 1997-1, Abs. 9.5, und DIN 4085, Berechnung des Erddrucks (2011) mit Beiblatt.

5.6.1 Erddruckarten

Bewegt sich eine Wand vom Erdreich weg (◘ Abb. 5.26) und bildet sich hinter der Wand eine Bruchfläche aus, so verringert sich der Druck auf die Wand und erreicht bei einem bestimmten Bewegungsmaß ein Minimum, den Grenzzustand des **aktiven Erddrucks** (E_a).

Wird die Wand gegen das Erdreich bewegt, so steigert sich der Druck bis zu einem Höchstwert, den Grenzzustand des **passiven Erddrucks** (E_p) oder Erdwiderstand

Der Erddruck auf die nicht bewegte starre Wand wird als **Erdruhedruck** (E_0) bezeichnet. Bei der Bemessung ist zu prüfen, ob die Randbedingungen dafür gegeben sind.

Der Ansatz des aktiven Erddrucks erfordert je nach Lagerungsdichte bzw. Konsistenz des Bodens und je nach der Art der Wandbewegung (◘ Abb. 5.27) ein Bewegungsmaß in der Größenordnung von 0,05–1,0 % der Wandhöhe h (DIN EN 1997-1, Anhang C). Die zum Auslösen des Erdwiderstands erforderlichen Wandbewegungen sind wesentlich größer. Sie betragen für 50 % der Bruchlast 0,5–2,5 % der Wandhöhe h.

5.6.2 Wahl des Erddruckansatzes

Die **Größe des Erddrucks** hängt entscheidend von den möglichen Wandbewegungen bzw. den Verformungen im Boden ab. Bei Stützbauwerken darf i. d. R. der aktive Erddruck angesetzt werden. Reichen bei verformungsarmen Stützbauwerken die zu erwartenden Bewegungen einer Wand voraussichtlich nicht aus, um den Grenzzustand des aktiven Erddrucks auszulösen, oder sollen die Verformungen einer Wand mit Rücksicht auf ein benachbartes Bauwerk stärker beschränkt werden, so ist zur Bemessung

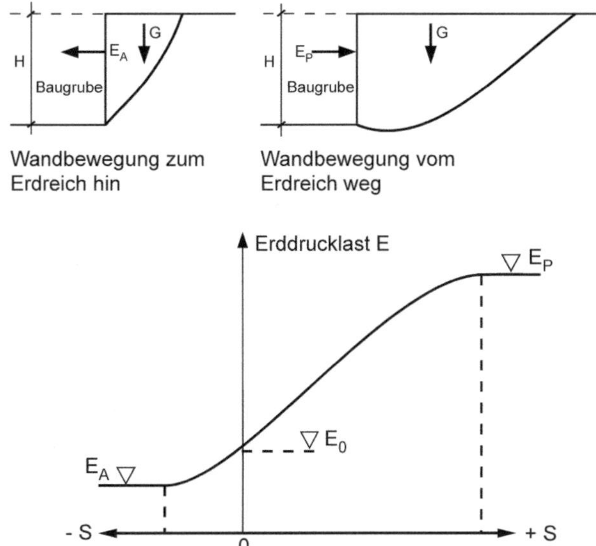

Abb. 5.26 Zusammenhang zwischen Erddruck (E_a, E_0, E_p), Erddrucklast und Wandbewegung

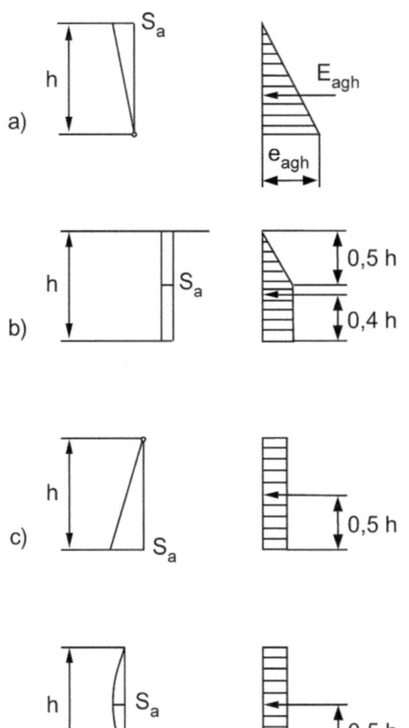

Abb. 5.27 Grundarten der Wandbewegung (s_a) und einfache Lastfiguren für die Verteilung des Erddrucks aus Bodeneigenlast: **a.** Drehung um den Fußpunkt (Fußpunktdrehung); **b.** Parallelverschiebung; **c.** Drehung um den Kopfpunkt (Kopfdrehung); **d.** Durchbiegung

der Wand ein **erhöhter aktiver Erddruck** (E') anzusetzen. Bei annähernd unnachgiebiger Stützung (▶ Abschn. 9.3) gelten nach DIN 4085:

In einfachen Fällen:	$E'_{ah} = 0{,}75\, E_{ah} + 0{,}25\, E_{oh}$
Im Normalfall:	$E'_{ah} = 0{,}50\, E_{ah} + 0{,}50\, E_{oh}$
In Ausnahmefällen:	$E'_{ah} = 0{,}25\, E_{ah} + 0{,}75\, E_{oh}$

Bei hinterfüllten Stützkonstruktionen tritt als Erddruck auf die Wand auch bei unverdichtetem Einbau der erhöhte Erddruck E' auf. Für Kelleraußenwände und leichte Verdichtung bringt Franke (2008) Anhaltswerte für den **Verdichtungsdruck E_v**. Angaben über den Erddruck bei intensiver Verdichtung enthält DIN 4085. Bei sehr starker Verdichtung, wie sie für eine setzungsfreie Schüttung erforderlich wäre, kann der Verdichtungsdruck sogar den Erdruhedruck übersteigen (▶ Abschn. 12.2.6). Erfolgt die Verfüllung in einem schmalen Baugrubenschlitz in standsicherem Boden, der schmaler ist als der rechnerische Erddruckkeil, kann sich der Erddruck nicht voll ausbilden, und es kann mit dem sog. **Silodruck** (E_s) gerechnet werden, der ab einer gewissen Tiefe geringer ist als der aktive Erddruck.

Die **Verteilung des Erddrucks** über die Wandhöhe ist im Idealfall dreieckförmig. Dies gilt aber streng genommen nur für eine Drehung der Wand um den Fußpunkt. In allen anderen Fällen von Wandbewegung (■ Abb. 5.26) liegt keine geradlinige Verteilung mehr vor, sondern es treten Erddruckumlagerungen auf. Die Verteilung des Erddrucks sowie die Lage des Angriffspunkts der Erddruckkraft sind u. a. von der Höhenlage und von der Nachgiebigkeit der Aussteifung bzw. Verankerung der Wand abhängig.

5.6.3 Bodenkennwerte für Erddruckberechnungen

Vom Baugrundgutachter sind die Bodenkennwerte festzulegen und Hinweise auf mögliche Wandbewegungen zu geben. Den Erddruck beeinflussen:

- Geländeverlauf, Auflasten,
- Art und Abmessungen der Konstruktion, Wandbeschaffenheit,
- Wichte über bzw. unter Wasser (in kN/m^3),
- Scherparameter (φ in °, c in kN/m^2),
- Wandreibungswinkel δ (in °),
- Wasserstände und Strömungsverhältnisse vor und hinter dem Bauwerk.

Bei der **Festlegung der Bodenkennwerte** sind folgende Zusammenhänge zu beachten:

- Eine höhere Wichte γ vergrößert den aktiven und den passiven Erddruck.
- Bei der Scherfestigkeit sind im Normalfall φ' und c' für den dränierten Zustand anzusetzen. Ein größerer Reibungswinkel und eine größere Kohäsion vermindern den aktiven und vergrößern den passiven Erddruck. Für die Bemessungswerte der Scherfestigkeit sind deshalb ggf. obere und untere Grenzwerte anzugeben. Bei Böden mit unterschiedlichen Scherfestigkeiten sind die ungünstigeren Werte anzusetzen. Desgleichen sind Schicht- und sonstige Trennflächen, die als Bewegungsflächen wirken können, durch eine Herabsetzung der Scherfestigkeitswerte zu berücksichtigen. Bei der Möglichkeit des Auftretens von Porenwasserüberdruck ist die Berechnung sowohl mit der Anfangsfestigkeit im unkonsolidierten Zustand (c_u, φ_u) als auch mit der Endfestigkeit im konsolidierten Zustand (φ', c') durchzuführen. Kohäsionswerte dürfen nur angesetzt werden, wenn der Boden mindestens steife Konsistenz hat. Bei Ansatz des passiven Erddrucks ist zu beachten, dass die Bruchfigur tiefer im Boden verlaufen kann als die betrachtete Wand und damit auch die Kennwerte des Bodens unter dem Wandfuß anzugeben sind (■ Abb. 5.26).
- Der Wandreibungswinkel δ ist abhängig von der Rauigkeit der Wand, dem Hinterfüllungsmaterial und möglichen Bewegungen (Setzungen) zwischen Wand und Boden. Er beträgt nach DIN 4085 bei Betonieren gegen die Wand φ'_k max. 35° und bei rauer unbehandelter Wand ⅔ φ'_k, bei weniger rauer Wandabdeckung ½ φ'_k und bei glatter Wand bzw. schmierigem Belag $\varphi_k = 0$.
- Der Neigungswinkel des Erddrucks δ bezüglich der Wandnormalen ergibt sich aus den Wechselwirkungen und Relativbewegungen zwischen Boden und Bauwerk. In der Regel ist $\delta_a > 0$ und $\delta_p < 0$.
- Der Gleitflächenwinkel ζ (und zwar ζ_a für E_a, ζ_p für E_p) ist abhängig von der Scherfestigkeit des Bodens sowie der Geometrie der Wandflächen und des Geländes. Für den einfachen Fall gem. ■ Abb. 5.25 gilt $\zeta_a = 45 + \varphi/2$ und $\zeta_p = 45 - \varphi/2$.

Der Gleitflächenwinkel ζ ist bei Hinterfüllungen entscheidend für den Ansatz der maßgebenden Scherparameter (anstehender Baugrund oder Verfüllmaterial).

Die **Berechnung des Erddrucks** erfolgt gem. DIN EN 1997-1, Abs. 9.5.1, unter Anwendung der DIN 4085, mit Beiblatt 1, Berechnungsbeispiele.

Die **Erddruckbeiwerte *K*** werden Tabellen oder Diagrammen entnommen (s. DIN EN 1997-1, Anlage C). Entscheidend für die Erddruckwirkung in einem bestimmten Punkt der

Wand ist die Horizontalkomponente (e), weshalb in den meisten Tabellen der Erddruckbeiwert für die Horizontalkomponente des aktiven bzw. passiven Erddrucks angegeben ist. Der in EAB verwendete Mindesterddruckbeiwert für bindige Böden von $K_a = 0{,}20$ entspricht einem Ersatzreibungswinkel von $\varphi_{Ers.} = 40°$. Nach EAB ist der Erddruck in diesen Fällen sowohl mit der klassischen Erddrucktheorie als auch mit dem Mindesterddruck zu ermitteln, wobei der ungünstigere Ansatz zu verwenden ist (Hettler 2013).

Der Teilsicherheitsbeiwert für den Erdwiderstand beträgt für die Bemessungssituation BS-P $\gamma_{R,e} = 1{,}4$ und für ständige Einwirkungen aus Erdruhedruck $\gamma_{\Gamma,E0} = 1{,}2$ (DIN 1054, Tab. A 2.3 und A 2.1).

5.7 Standsicherheitsnachweise für Geländebruch

Für die Standsicherheitsnachweise bei Böschungen gelten in Deutschland die DIN EN 1997-1, Abs. 11, die DIN 1054 sowie auch DIN 4084, Gelände- und Böschungsbruchberechnungen (2009), mit Beiblatt. Der Nachweis der Gesamtstandsicherheit bezieht sich dabei auf einen Böschungsbruch, ausgelöst durch das Eigengewicht des Erdkörpers, ggf. unter dem zusätzlichen Einfluss von Verkehrslasten und eines möglichen Wasserdrucks (Strömungsdruck, Porenwasserdruck). Der Gleitkörper wird dabei i. d. R. als starrer Körper oder in Form mehrerer, z. T. keilförmiger starrer Teilkörper behandelt.

Der Nachweis der Standsicherheit schließt i. d. R. den Grenzzustand der Gebrauchstauglichkeit ein, wenn die dabei auftretenden Verformungen (z. B. Kriechen) in einem vertretbaren Rahmen bleiben. Bei Geländesprüngen neben Gebäuden oder Verkehrsflächen ist eine Begrenzung der mobilisierbaren Scherfestigkeit vorzunehmen, oder es ist die Beobachtungsbauweise anzuwenden (DIN EN 1997-1, Abs. 2.7).

Die Standsicherheit von Hängen und Böschungen wird der geotechnischen Kategorie GK 2 zugeordnet (► Abschn. 4.1), wenn nicht besondere Verhältnisse eine Einstufung in GK 3 erfordern. Dazu gehören Kriechhänge, das Auftreten von Porenwasserdruck, keine ebenen Bruchfiguren und angrenzende Bebauung.

Die Standsicherheitsnachweise erfolgen nach den Nachweisverfahren GEO 3 und beziehen sich auf Böschungs- und Geländebruch sowie auf konstruktive Böschungssicherungen aller Art. Die Normen gelten nicht für die Beurteilung der Standsicherheit von Böschungen von Braunkohletagebauen (► Abschn. 15.6.9).

5.7.1 Berechnungsmodelle und Sicherheiten

Für die Beurteilung der Sicherheiten gegen Geländebruch stehen insgesamt vier unterschiedliche Berechnungsmethoden zur Verfügung:

- einfache Formeln bzw. deren graphische Lösungen sowie Ableitungen aus Diagrammen,
- Lamellenverfahren für gekrümmte Gleitflächen
- Starrkörpermethode bzw. Blockgleitverfahren
- Finite-Element-Methode (FEM).

Die Wahl des Berechnungsverfahrens hängt ab von:

- Bruchmechanismus,
- Untergrundaufbau (Schichtung und andere Trennflächen),
- Grundwassersituation (auch Sickerwasser, Porenwasserdruck),
- etwaigen Kriechverformungen.

Die nachstehend beschriebenen Berechnungsverfahren gehen von der Bruchtheorie aus, d. h., es werden immer Bruchflächen im Grenzgleichgewicht angenommen, in dem die einwirkenden mit den widerstehenden Kräften in einem Gleichgewicht stehen. In einer Böschung treten jedoch z. T. ganz unterschiedliche Beanspruchungen auf. Nahe dem Böschungsfuß sind es große Schubspannungen und an der Böschungskrone große Zugspannungen, die von den analytischen Methoden nicht erfasst werden.

Der erste Schritt einer Standsicherheitsbetrachtung ist immer eine Vorstellung über das **bruchmechanische Modell** sowie die Lage und Ausbildung der Gleitflächen. Diese erste Vorstellung hat insofern entscheidende Bedeutung, als bei allen Berechnungsverfahren (manuell und mittels Rechenprogrammen) immer gewisse Vorgaben hinsichtlich des Verlaufs der Gleitfläche gemacht werden müssen. Ihre Form kann je nach Untergrundaufbau ebenflächig oder kreisförmig sein, einsinnig gekrümmt, gekrümmt-langgestreckt sowie zusammengesetzt bzw. gebrochen (◘ Abb. 5.28).

Im Allgemeinen treten in homogenen bindigen Böden stärker gekrümmte, kreisförmige Gleitflächen auf, während in Verwitterungsböden, die zur Tiefe hin fester werden, abgeflachte Gleitflächen die Regel sind. Ein Hilfsmittel für die Konstruktion kreisförmiger Gleitflächen ist die Annahme eines Abrisswinkels von $45° + \varphi/2$ und eines Ausbisswinkels von $45° - \varphi/2$ gem. ◘ Abb. 5.29. Bei Weichschichten im Untergrund tangiert die Gleitfläche i. d. R. die Basis dieser Schicht geringerer Scherfestigkeit. In Schichtgesteinen treten bevorzugt ebenflächige oder kombinierte, d. h. gebrochene Gleitflächen auf. Bei Böschungen in kohäsiven Böden mit langer Standzeit sind gem. DIN 4084 (8.5) mögliche Zugrisse mit abgeminderter Scherfestigkeit und ggf. auch Wasserdruck zu berücksichtigen (s. a. ► Abschn. 5.7.7). Sofern auf Straßen in Hanglage oder auf Dämmen Verkehrslasten berücksichtigt werden müssen, werden diese meist mit 33,3 kN/m^2 Verkehrsfläche angesetzt.

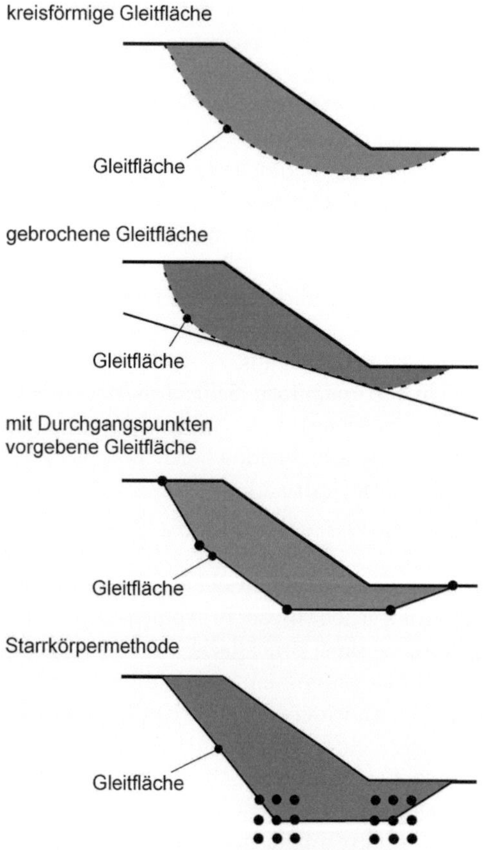

Nach dem Sicherheitskonzept mit Teilsicherheitsbeiwerten der DIN 1054: 2010 ist eine **Sicherheit gegen Böschungsbruch oder Geländebruch** gegeben, wenn für die infrage kommenden Bruchmechanismen die Grenzzustandsbedingungen definiert sind zu:

- $E_d < R_d$,
- E_d = Bemessungswert für die Beanspruchung und
- R_d = Bemessungswert des Widerstands (► Abschn. 5.2).

Der Sicherheitsgrad wird über den sog. **Ausnutzungsgrad** μ definiert:

$$\mu = \frac{E_d}{R_d} \geq 1{,}0$$

Der nach dem Teilsicherheitskonzept ermittelte Ausnutzungsgrad μ liefert etwa die gleiche Standsicherheit wie die in älteren Darstellungen verwendete Sicherheitsdefinition nach der Fellenius-Regel, der das Verhältnis der widerstehenden (rückhaltenden) zu den abschiebenden Momenten zugrunde liegt:

$$\eta = \frac{vorhandene\ Scherwiderstände}{erforderliche\ Scherwiderstände}$$

oder

$$\eta' = \frac{\varphi'}{\varphi_{mob}} und \frac{c'}{c_{mob}}$$

◘ **Abb. 5.28** Form der Gleitflache je nach Untergrundaufbau bzw. Berechnungsmethode

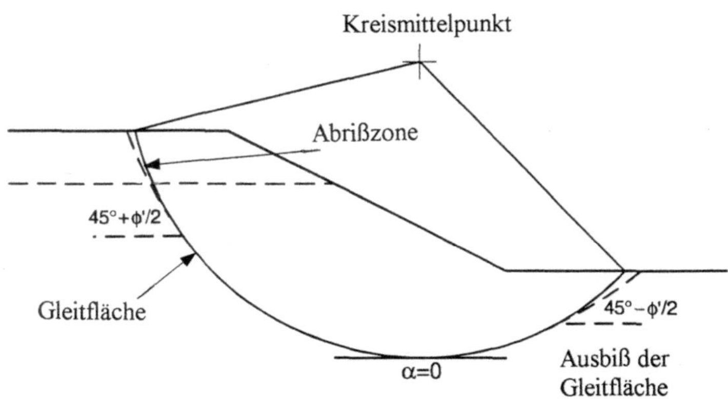

Abb. 5.29 Konstruktion einer kreisförmigen Gleitflache mithilfe des Abriss- und des Ausbisswinkels

wobei $tan\ \varphi_{mob}$, c_{mob} = mobilisierbare Scherfestigkeit.

Die **Bemessungswerte** *(d)* für die Widerstandsseite R_d ergeben sich auch bei dem Nachweisverfahren nach GEO 3 durch Abminderung der charakteristischen Werte der Scherparameter mit den entsprechenden Teilsicherheitswerten

$$\tan \varphi'_d = \frac{\tan \varphi'_k}{\gamma_\varphi},$$

$$c'_d = \frac{c'_k}{\gamma_c} \, und$$

$$c_{ud} = \frac{c_{uk}}{\gamma_{cu}}$$

bzw. die Bemessungswerte für die Einwirkungen E_d durch entsprechende Erhöhung mit γ_G bzw. γ_Q.

Die Teilsicherheitsbeiwerte für die verschiedenen Bemessungssituationen (BS) sind in Tab. 5.3 zusammengestellt. Ständige Einwirkungen sind z. B. das Eigengewicht des Gleitkörpers. Als ungünstige veränderliche Einwirkungen gelten Verkehrslasten oder Strömungskräfte.

Bei der Beurteilung der Standsicherheit natürlicher Hänge kann es erforderlich werden, zwischen wahrscheinlichen und möglichen Versagensmechanismen zu unterscheiden und diese mit unterschiedlichen Teilsicherheitsbeiwerten entsprechend der jeweiligen Situation (wahrscheinliche Bemessungssituation bzw. seltene Bemessungssituation oder auch außergewöhn-

Tab. 5.3 Teilsicherheitsbeiwerte für Standsicherheitsberechnungen nach GEO 3 (keine ebenen Bruchfiguren) nach DIN 1054

Kennwert bzw. Einwirkung	Symbol	BS-P(Böschung)	BS-T(Baugrube)	BS-A
Reibungsbeiwert tan φ (dräniert) und tan φ_u (undräniert)	γ_φ, $\gamma_{\varphi u}$	1,25	1,15	1,10
Kohäsion c' (dräniert) und c_u (undräniert)	γ_c, γ_{cu}	1,25	1,15	1,10
ständige Einwirkungen, einschl. Wasserdruck	γ_G	1,00	1,00	1,00
ungünstige veränderliche Einwirkungen	γ_Q	1,30	1,20	1,00

liche Bemessungssituation) zu beaufschlagen (► Abschn. 15.5.5). Die Abminderung des Sicherheitsniveaus sollte jedoch nicht zu nahe an den Grenzwert herangehen, weil sich bei Annäherung an den Grenzzustand bereits erhebliche kriechende Schubverformungen einstellen können. Ein derartiges Vorgehen ist durch Kontrollmessungen nach der Beobachtungsmethode gem. ► Abschn. 5.2.1 abzusichern.

Die charakteristischen Werte von flächenbezogenen Boden- und Felskenngrößen, insbesondere die Scherfestigkeit, sind gem. ► Abschn. 5.2 festzulegen. Voraussetzung dafür ist, dass die angesetzte Scherfestigkeit auf den Flächen voll mobilisiert wird und duktiles Verhalten vorliegt, d. h., dass sich ein Bruch durch erkennbare Verformungen ankündigt. Wenn die Problemstellung es erfordert, sind untere und obere Grenzwerte anzunehmen.

Die über die Teilsicherheitsbeiwerte ermittelten Bemessungswerte (φ_d, c_d) stellen reine Rechengrößen dar. Das tatsächliche Sicherheitsniveau hängt sehr stark davon ab, wie weit die zugrunde gelegten Versagensmechanismen der Wirklichkeit entsprechen. In Fällen mit bekanntem bruchmechanischem Modell (Gleitfläche) und Scherfestigkeitsdaten höherer Zuverlässigkeit (aus zutreffenden Rückrechnungen, speziellen Laborversuchen mit Material aus der Scherfläche bzw. dem Ansatz von Restscherfestigkeit, die sich auch bei Rückrechnungen häufig ergibt), können die Bemessungswerte auch unmittelbar festgelegt werden. Dieses Vorgehen ist allerdings durch die neuen Normen nicht mehr gedeckt.

Das Gleiche gilt auch für gezielt angesetzte Sanierungsmaßnahmen. Im Entwurf der ÖNorm B 4040 ist z. B. die Abminderung der Sicherheitsbeiwerte an Sicherheitsklassen gebunden, die von den möglichen Folgen bzw. der Gefährdung von Menschenleben abhängig sind (► Abschn. 15.5.6 und 1990). Das verbleibende Risiko sollte durch Messungen eingeengt werden.

In ► Abschn. 5.7.2, 5.7.3, 5.7.4, 5.7.5 und 5.7.6 werden zunächst einfache graphische und rechnerische Lösungen der gängigen konventionellen Berechnungsverfahren für ebene, gebrochene, kreisförmige, polygonale und aus vorgegebenen starren Bruchkörpern bestehende Gleitflächen behandelt, um die Wirkung der einzelnen Faktoren im Hinblick auf die Sicherheitsdefinition zu verdeutlichen. Diese Berechnungsansätze sind auch Grundlage für die üblichen EDV-Anwenderprogramme, die im Wesentlichen auf den Berechnungsmethoden von Fellenius, Bishop oder Janbu bzw. dem Blockgleitverfahren (ehem. Starrkörpermethode) basieren. Voraussetzung für ihre Anwendung ist jeweils eine Vorstellung über das bruchmechanische Modell und den Verlauf der Gleitfläche (◘ Abb. 5.28). Die in der DIN 4084 angebotenen Berechnungsverfahren weichen teilweise von diesen einführenden Berechnungsbeispielen ab. Das statisch und kinematisch beste Verfahren zur Bewertung der Standsicherheit einer Böschung oder eines Hanges ist letztendlich die Methode der finiten Elemente.

5.7.2 Standsicherheit bei ebener Gleitfläche

Der einfachste Mechanismus eines Böschungsbruchs ist Gleiten auf ebener (vorgegebener) Fläche. Das in ◘ Abb. 5.30 dargestellte Bruchmodell entspricht der Stabilitätsuntersuchung einer unendlichen Böschung, wobei es für die nachstehenden Lösungsansätze verständlicher ist, mit einer globalen Sicherheit eta (=griechischer Buchstabe) zu arbeiten. Der dargestellte Bruchmechanismus kann sowohl graphisch als auch rechnerisch behandelt werden.

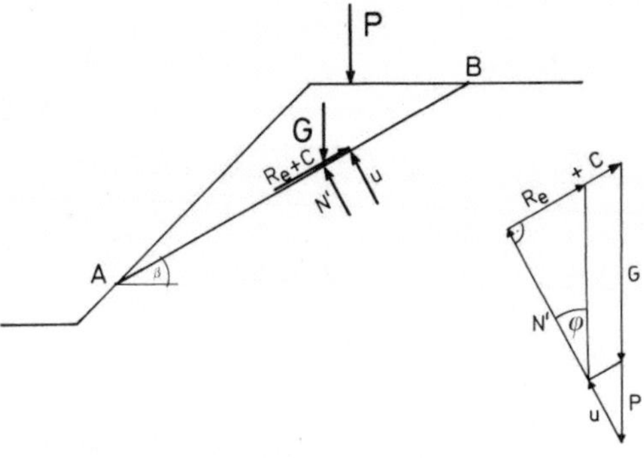

◘ **Abb. 5.30** Kräfteansatz und Krafteck für eine graphische Standsicherheitsberechnung bei ebener Gleitfläche (u = Porenwasserdruck)

Die **graphische Lösung** mithilfe eines Kraftecks ist in ◘ Abb. 5.30 dargestellt. Auf den Erdkörper über der Gleitschicht AB wirken als rutschungsauslösende Kräfte die Eigengewichtskraft G und die Auflast P. Hierbei ist angenommen, dass die Last P schnell aufgebracht wird, sodass sich ein Porenwasserdruck u aufbaut, der die Auflasten auf die Gleitfläche vermindert. Das Krafteck wird in einem bestimmten Kräftemaßstab aufgetragen, wobei $N^{\text{‘}}$ als Resultierende der Normalspannungen infolge von G und P senkrecht auf die Gleitfläche gerichtet ist. In Richtung der Gleitfläche können die erforderliche Reibungskraft $R_e = N^{\text{‘}} \times \tan \varphi$ und die für das Gleichgewicht erforderliche Kohäsionskraft $C = c \times l$ (für $l = AB$) abgegriffen werden.

Bei der **rechnerischen Lösung** wird (vereinfacht) die abschiebend wirkende Eigengewichtskraft des Gleitkeils $G \cdot \sin \beta$ der rückhaltenden Reibungskraft R auf der Gleitfläche gegenübergestellt, wobei R=N·tan φ bzw. $G \cdot \cos \beta \cdot \tan \varphi$ auf vorgegebenen Trennflächen die Kohäsion $(c \times l)$ ggf. zu vernachlässigen ist.

Die Grenzzustandsbedingung ist unter Berücksichtigung der oben genannten Sicherheiten erfüllt, wenn

$$\frac{G \times \cos \beta \times \tan \varphi + c \times l}{G \times \sin \beta} \geq 1$$

5.7.3 Standsicherheit bei gebrochener Gleitfläche

Eine aus einem ebenen und einem geraden oder gekrümmten (kreisförmigen) Teil zusammengesetzte Gleitfläche kann ebenfalls noch graphisch behandelt werden (◘ Abb. 5.31). Die Grenzzustandsbedingung ist erfüllt, wenn die abschiebende Erddruckkraft E_a aus dem Erdkeil BDF kleiner ist als die rückhaltende Erdwiderstandskraft E_p des Erdkörpers ABD. Beide greifen im Drittelpunkt von BD an, wobei vereinfachend ein horizontaler Neigungswinkel des Erddrucks angenommen wird (vgl. ► Abschn. 5.6.2).

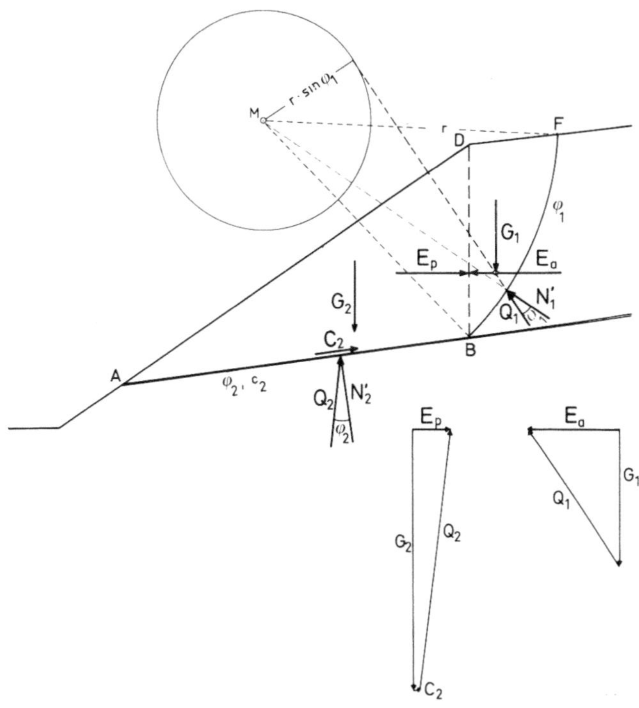

◘ **Abb. 5.31** Kräfteansatz für eine graphische Ermittlung der Standsicherheit bei gebrochener Gleitfläche mit je einem Krafteck für E_a und E_p

E_a ergibt sich aus der Eigenlast G des Erdkörpers BDF und der Reibung entlang der Strecke BF:

- Annahme von BD und Kreismittelpunkt M mit Radius r für Kreisabschnitt BF (Teil der Bruchfläche),
- Hilfskreis $r \cdot \times \sin \varphi_1$,
- Ermittlung von G_1 aus Dreieck BDF und γ,
- Ermittlung der Schwerelinie von G_1 ($\approx 1/3$ DF),
- Tangente durch Schnittpunkt von G_1 und E_a an den Kreis $r \times \sin \varphi_1$ ergibt Richtung von Q_1,
- Ermittlung von E_a im Krafteck mit G_1 nach Größe und Richtung, Q_1 nach Richtung; Richtung E_a ist bekannt, Größe ergibt sich aus Kräftemaßstab.

Die abschiebende Erddruckkraft E_a kann auch nach der Erddruckformel ermittelt werden, wobei der Mindesterddruckbeiwert für Fels $K_a = 0{,}15$ beträgt:

$$E_a = \gamma \times \frac{h^2}{2} \times K_a$$

E_p ist mit der wirksamen Normalkraft N'_2 in der Gleitfläche AB und den Scherparametern φ_2 und c_2 in der Gleitfläche bestimmt und wird ebenfalls über ein Krafteck ermittelt:

- Richtung von N'_2 ist senkrecht auf AB,
- Richtung von Q_2 ist um φ_2 von N_2 abweichend,
- Kohäsionskraft $C_2 = c \times \text{AB}$,
- Ermittlung von G_2 aus Dreieck ABD und γ,
- Ermittlung von E_p im Krafteck, mit G_2 nach Größe und Richtung, C_2 nach Größe und Richtung sowie Q_2 nach Richtung bekannt; von E_p Richtung bekannt, Größe ergibt sich aus dem Kräftemaßstab.

Für die Teilsicherheitsbeiwerte gelten die Angaben in ▶ Abschn. 5.7.1. Die Untersuchung muss ggf. für verschiedene Lagen von BD wiederholt werden.

5.7.4 Standsicherheitsnachweis nach den Lamellenverfahren

Bei gekrümmten Gleitflächen werden die Gleitkörper i. d. R. in eine Anzahl möglichst gleich breiter senkrechter Lamellen aufgeteilt, um sowohl die Lasten als auch die Lastschwerpunkte leichter ermitteln zu können. Die Breite der Lamellen wird entweder nach $b = 1/10\, r$ (r = Radius des mutmaßlichen Gleitkreises) oder nach den Schnittpunkten der Schichtgrenzen mit dem Gleitkreis festgelegt (◘ Abb. 5.32).

Bei im Profilschnitt kreisförmigen Gleitflächen, wie sie besonders bei einigermaßen homogenen bindigen Böden auftreten, steht eine Anzahl verschiedener Berechnungsverfahren zur Verfügung (Fellenius 1948; Bishop 1955).

Zur Ermittlung des Grenzzustands wird das Moment der rückhaltenden Scherkräfte in der Gleitfläche in die Reibungskraft T und die Kohäsionskraft C zerlegt und den abschiebenden Momenten $G \times x$, summiert über alle Lamellen und bezogen auf den Gleitkreismittelpunkt, gegenübergestellt (◘ Abb. 5.33):

$$\frac{\sum (T + C) \times r}{\sum G \times x} \geq 1$$

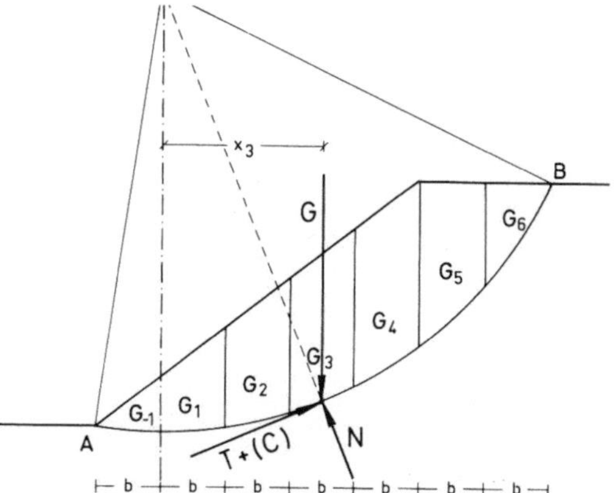

◘ **Abb. 5.32** Schema für die Ermittlung der Standsicherheit nach dem Gleitkreisverfahren (Lamellenverfahren)

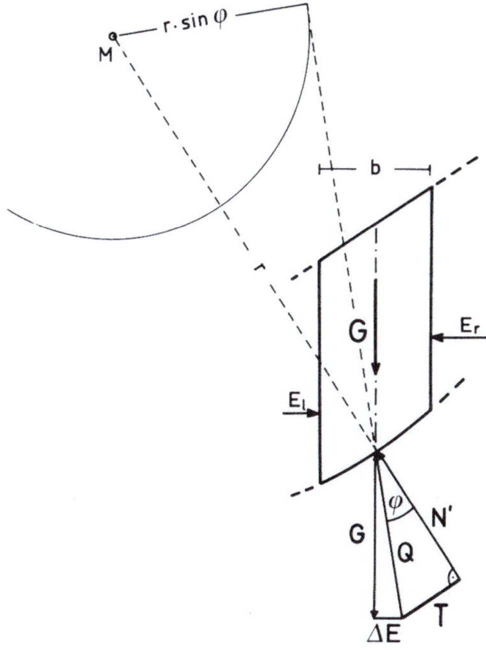

■ **Abb. 5.33** Ansatz der Kräfte an einem einzelnen Streifen und Krafteck zur Ermittlung von Q

Beim konventionellen Gleitkreisverfahren nach Krey (1926) werden für die einzelnen Lamellen (■ Abb. 5.33) neben den Momenten $G \times x$ im Schnittpunkt der Schwerelinie der einzelnen Lamellen mit dem Gleitkreis wie folgt

- die Normalkraft N (durch Kreismittelpunkt) und
- die Reibungskraft Q als Tangente an den Hilfskreis $r \times \sin \varphi$ ermittelt, wobei die Größe von Q aus dem Krafteck mit G nach Größe und Richtung, Q nach Richtung, ΔE nach Richtung (im einfachen Fall horizontal) bestimmt wird.
- Mit N und Q wird dann die Teilreibungskraft T ermittelt ($T \perp N$).
- Sie ergibt zusammen mit der Kohäsionskraft $C = \text{AB} \times c$ die Summe der rückhaltenden Kräfte $T + C$ (■ Abb. 5.31).

Sofern die Gleitfläche nicht bekannt (vorgegeben) ist, muss der ungünstigste Gleitkreis durch mehrmaliges Probieren gefunden werden.

Die **Wirkung von Wasser** kann überschlägig durch Ansatz des die rückhaltenden Kräfte

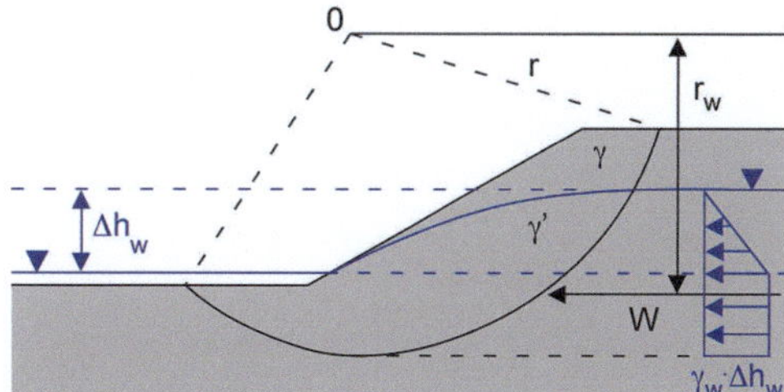

■ **Abb. 5.34** Ansatz des Strömungsdrucks als Horizontalkraft W

abmindernden Porenwasserdrucks $u = h \times \gamma_w$ entlang der Gleitfuge berücksichtigt werden. Bei den einzelnen Lamellen ist dabei unterhalb des Wasserspiegels die Wichte des gesättigten Bodens anzusetzen:

$$\gamma_r = \gamma_s (1 - n) + n \times \gamma_w$$

Eine andere Möglichkeit besteht darin, den hydrostatischen Wasserdruck gem. ▶ Abschn. 5.7.7 als äußere Horizontalkraft W anzusetzen (■ Abb. 5.34).

Für ganz überschlägige Ermittlungen kann auch mit einem strömungsdruckbeeinflussten abgeminderten Reibungswinkel φ*

$$\tan \varphi^* = \frac{\gamma'}{\gamma} \times \tan \varphi$$

oder vereinfacht

$$tan\, \varphi^* = ½\, tan\, \varphi$$

gerechnet werden, was auch einer raschen Wasserspiegelabsenkung entspricht.

Genauere Berechnungen für die Auswirkung der Sickerströmung bzw. der Strömungskräfte erfolgen mittels Programmsystemen, z. T. auf der Grundlage der FE-Methode (Sommer 2012).

Mit EDV-Rechenprogrammen können mit verhältnismäßig geringem Aufwand sowohl beliebig viele Gleitkreise und Gleitkreismittelpunkte gerechnet als auch Parameterstudien mit verschiedenen Bodenkennwerten und Grundwasserständen vorgenommen werden (Beispiele s. a. Schmidt 2004). Bei abgeflachten, hangparallelen polygonalen Gleitflächen, wie sie besonders in inhomogen aufgebautem Untergrund

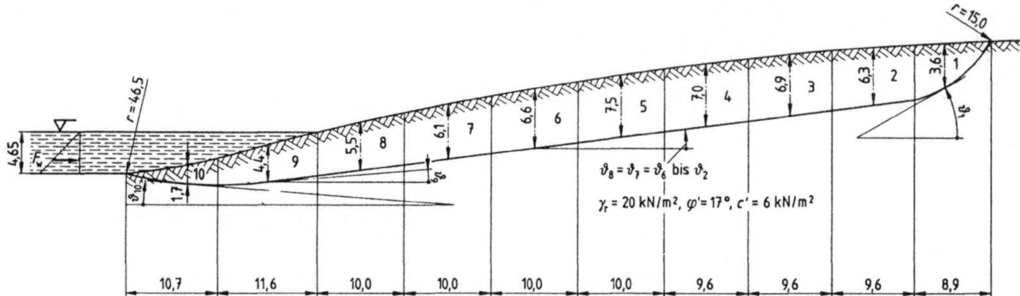

Abb. 5.35 Untersuchung der Standsicherheit eines natürlichen Hanges mit gestreckter Gleitflache nach Janbu (nach DIN 4084, Beibl. 2)

mit wechselnden Festigkeiten auftreten, wird häufig das Verfahren von Janbu (1955) angewendet, wie es auch in der DIN 4084 verankert ist. Die Berechnung kann nach DIN 4084, Beiblatt 2, tabellarisch bzw. mittels üblicher Rechenprogramme erfolgen (Abb. 5.35).

5.7.5 Starrkörpermethode bzw. Blockgleitverfahren

Das Verfahren der zusammengesetzten, gegeneinander beweglichen starren Erdkörper nach Gudehus (1970) und Goldscheider und Gudehus (1974) erlaubt ebenfalls fast beliebige geometrische Figuren und damit eine gute Anpassung an geschichteten und geklüfteten Untergrund sowie an die häufig zu beobachtenden Bewegungsbilder von partiellen Parallelverschiebungen (Abb. 5.36).

Der kinematische Standsicherheitsnachweis mit beweglichen Bruchmechanismen aus mehreren starren Körpern längs ebener Gleitflächen wird i. d. R. mittels Rechenprogrammen durchgeführt (Gudehus et al. 1985: 329).

5.7.6 Standsicherheit von Felsböschungen

Standsicherheitsbetrachtungen von Felsböschungen sind zunächst weniger ein Problem des Berechnungsansatzes als der Ermittlung der örtlichen Gebirgsstrukturen und damit der möglichen Bruchmechanismen. Um das Kluftinventar im Böschungsbereich zu erfassen, sind entsprechende Aufschlussverhältnisse erforderlich, die in der Erkundungsphase meist nicht zur Verfügung stehen, sondern bestenfalls während der Bauausführung. Die erforderlichen

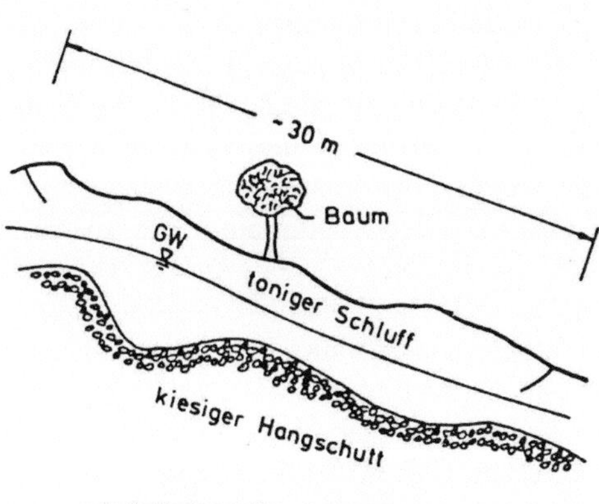

b) vereinfachter Bruchmechanismus

Abb. 5.36 Anpassung des Bruchmechanismus an Bewegungsindizien im Gelände (a) und Aufteilung in gegeneinander bewegliche Starrkörper (nach GUDEHUS 1970)

Eingangsparameter für die ingenieurgeologisch-felsmechanische Bewertung einer Felsböschung sind in ◘ Tab. 5.4 zusammengestellt.

Bewegungen von Fels- und Kluftkörpern werden nahezu ausschließlich vom Trennflächengefüge bestimmt. Die häufigsten kinematisch möglichen Bewegungsformen sind Gleiten (Translation) und Kippen (Rotation). Je nach Raumstellung des Trennflächengefüges ergibt sich dabei eine Vielzahl geometrisch-kinematischer Modelle für Gleitvorgänge auf ebenen, abgetreppten oder keilförmigen Bruchflächen bzw. für Kippen von einzelnen oder mehreren Bruchkörpern sowie ggf. kombiniert Gleiten

◘ **Tab. 5.4** Eingangsparameter für die Standsicherheitsbewertung von Felsböschungen (in Anlehnung an Müller et al. 2010)

Eingangsparameter		Erfassung oder Messung durch
1.	**Böschungs- oder Hanggeometrie**	direkte Vermessung, stereographische photogrammetrische Aufnahme
	Neigungswinkel, Höhe	wie oben
	Böschungs- oder Hangoberfläche (alte Ausbruchnischen)	Begehung, Beobachtung
	Standzeit der Böschung, bisherige Erfahrungen (regional)	Befragung, Beobachtung
2.	**Gebirgsverhältnisse** Gesteinsbeschreibung (auch Basisschichten)	direkte Aufnahme, Schurf- oder Bohraufschlüsse
	Raumstellung der Trennflächen in Form von markanten Einzelklüften oder statistischer Auswertung	Klufteinmessung und Auswertung der Photogrammetrie
	Kluftabstände der Hauptkluftscharen	wie oben
	Erstreckung und Durchtrennungsgrad Kluftöffnung, -beläge oder -füllung	wie oben
3.	**Grundwassersituation** Wasserführung, Wasseraustritte	direkte Beobachtung, Bohrungen, thermographische Aufnahmen
	Niederschlagsmengen und Verteilung	Wetterdaten
	Häufigkeit von Starkniederschlägen	Wetterdaten, Archive, Befragung
	Anzahl der Frosttage	Wetterdaten, Temperaturmessungen (max./min.)
4.	**Kennwerte** Dichte bzw. Wichte von Gestein und Gebirge	Laborversuche
	Einaxiale Gesteinsdruckfestigkeit	Labor- und Feldversuche, Erfahrungswerte
	Gesteins- und Gebirgsscherfestigkeit	Labor- und Feldversuche, Erfahrungswerte
	Kluftreibungswinkel der Haupttrennflächen	Erfahrungswerte
5.	**Berechnungsmodell** Kinematisch mögliche Bewegungsmodelle	Direktbeobachtung, Flächenpoldarstellung Erfahrung
	Erfassen von Bewegungsanzeichen	Direktbeobachtung

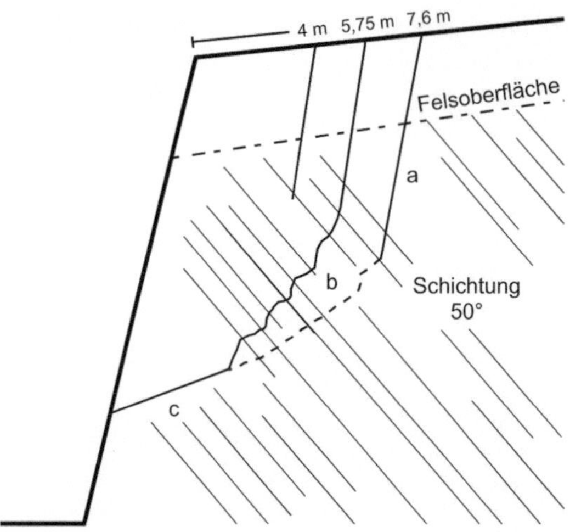

Abb. 5.37 Böschungsbruch infolge abschnittsweise stark reduzierter Scherfestigkeiten entlang der Bruchfläche (Erläuterung von a, b und c im Text)

und Kippen (Müller et al. 2010). Die Bewegungen können zunächst als bruchlose, kriechende Verformungen stattfinden, die zu Ausbauchungen von Teilen der Böschungsfläche oder zu geringen Anfangsbewegungen mit nicht immer erkennbarer Öffnung von Klüften oder Zugrissen an bzw. hinter der Böschung führen, in denen keine Scherkräfte angesetzt werden können. Die Gesamtbewegungen sind häufig temperatur- oder niederschlagsabhängig und können mit der Zeit einen Abfall der Scherfestigkeit bewirken. Bei zunehmenden oder wiederholten Kriechverformungen kann die Bewegung in die Bruchphase übergehen.

Für Gleitvorgänge kommen gem. ► Abschn. 13.2.1 folgende Berechnungsansätze in Betracht:

- kreisförmige Gleitflächen wie bei einem quasihomogenen und isotropen Lockergestein,
- Bruch an einer zur Böschungsfläche einfallenden ± ebenen Fläche (► Abschn. 5.7.2),
- Bruch an zwei sich verschneidenden vorherrschenden Trennflächen.

Ein **Bruch auf nahezu kreisförmigen oder abgeflachten Gleitflächen** kann ersatzweise nur angenommen werden, wenn von einem mehr oder weniger gleichmäßigen Trennflächenmuster ohne bruchauslösende Mittel- und Großklüfte auszugehen ist. Dabei muss versucht werden, die Scherfestigkeit in der Bruchfläche den tatsächlichen Gegebenheiten anzupassen (Abb. 5.37), da die Ergebnisse sonst mehr oder weniger deutlich auf der unsicheren Seite liegen können. In steilen, infolge von Entlastungsverformungen gem. ► Kap. 12 häufig offenen Zugrissen bzw. Kluftabschnitten (a) kann die Scherfestigkeit mehr oder weniger ausfallen. In Abschnitten mit bankigen Kluftabtreppungen (b) kann dafür eine relativ hohe Gebirgsscherfestigkeit angesetzt werden, bestehend aus vorhandenen kurzen Kluftabschnitten und neuen Scherbrüchen entlang kurzer Schichtflächenabschnitte bzw. durch die Gesteinsbänke. In anderen Teilabschnitten können auch flach liegende Kluftflächen (c) oder Schichtflächen mit teilweisen Materialbrücken die Gleitfläche bilden.

Bei einem **Versagensmechanismus auf zwei sich verschneidenden Flächen** muss versucht werden, auf der Basis der Raumstellung der Klüfte und der Kluftverschneidungen ein kinematisch mögliches Bewegungsmodell zu erstellen, aus dem sich eine Böschungsbruchgefährdung erkennen lässt. Das Erfassen der

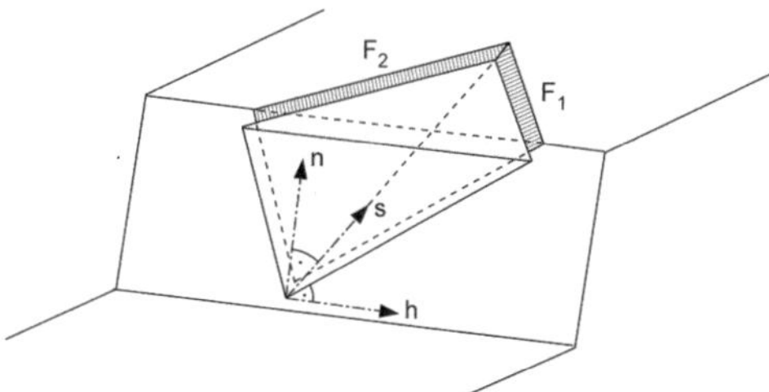

Abb. 5.38 Gleiten eines Felskeils mit dem Gewicht G auf zwei geneigten Ebenen mit den Auflagerflächen F_1 und F_2

Raumstellung von Kluftverschneidungen als Lineare sollte nach Möglichkeit im Aufschluss erfolgen. Das Ausbrechen solcher Gleitkeile ist sehr stark von der Verbandsfestigkeit abhängig.

Die Wahl des Berechnungsverfahrens hängt sehr stark von der Realitätsnähe des Berechnungsmodells ab. In der Praxis kommen meist einfache zweidimensionale Verfahren zur Anwendung:

Gleiten eines Felskeils auf zwei Ebenen gem. Abb. 5.38:

$$\eta = \frac{\tan \varphi_k}{\tan \beta}$$

η = Sicherheitsfaktor
β = Gleitflächenwinkel (°)
φ_k = Kluftreibungswinkel (°)

bzw. nach Niedzwiedz aus Müller et al. (2009):

$$\eta = \frac{F\varphi_1 + F\varphi_2 + Fc_1 + Fc_2}{G*}$$

$F\varphi_{1,2}$ = Widerstandskraft infolge von Kluftreibung auf den beiden Kluftflächen (kN)
$Fc_{1,2}$ = Widerstandskraft infolge von Kohäsion eines bindigen Kluftbelages w. o. (kN)
G* = abtreibende Kraft auf dem Gleitkeil (kN)

Als Parameter für **Kippvorgänge** von einseitig mehr oder weniger freistehenden platten- oder turmartigen bzw. auch keilförmigen Felskörpern (s. Müller et al. 2010) wird der aus den Hauptkluftscharen und der Kluftkörperform abgeleitete Kippwinkel ψ herangezogen. Der Kippwinkel ergibt sich aus der Beziehung:

$$\psi = 90 - \arctan \times \frac{\text{Kluftabstand der flachsten Hauptkluftschar}}{\text{Kluftabstand der steileren Hauptkluftschar}}$$

Als Kluftabstände können auch die geometrisch gleichen Kantenlängen von bewegungsgefährdeten Gebirgskörpern herangezogen werden.

Die Gefahr des Kippens wird häufig durch Auswitterung oder Plastifizierung von Liegend- oder Zwischenschichten oder durch langjährigen Kluftwasser- bzw. Frostschub ausgelöst bzw. verstärkt.

5.7.7 Mechanische Wirkung des Wassers

Wasser im Untergrund fließt entsprechend der Gebirgsdurchlässigkeit dem nächstbesten Vorfluter zu. Dabei bildet sich eine geneigte Grundwasseroberfläche mit einem hydraulischen Gefälle aus. Im natürlichen Zustand verläuft die Spiegellinie der Grundwasseroberfläche sehr flach. Bei Eingriffen in das Grundwasser kommt es zu einer Versteilung der Spiegellinie und einer Verstärkung der Strömungskräfte.

Die **Grundwasserströmung** im Untergrund wird vereinfachend als Potenzialströmung angenommen. Die Grundbegriffe einer solchen wirbelfreien Strömung einer idealen Flüssigkeit sind in Abb. 5.39 zusammengestellt. Die Linien gleicher Standrohrspiegelhöhen bzw. gleichen hydraulischen Potenzials werden als Potenziallinien oder Äquipotenziallinien bezeichnet. Das Grundwasser fließt entlang der Stromlinien, einer idealisierten Bewegungsspur des Grundwassers im Potenzialfeld, die parallel zum Grundwasserspiegel verläuft. Die Stromlinien schneiden die Potenziallinien und auch die Grundwassergleichen senkrecht. Aus dem Potenzialnetz kann für jeden Punkt des durchströmenden Bereichs das Druckgefälle nach Richtung und Größe der Strömung ermittelt werden.

Besteht zwischen zwei Punkten einer Potenzialströmung ein Potenzialunterschied, so kommt es zu einer Wasserbewegung. Der

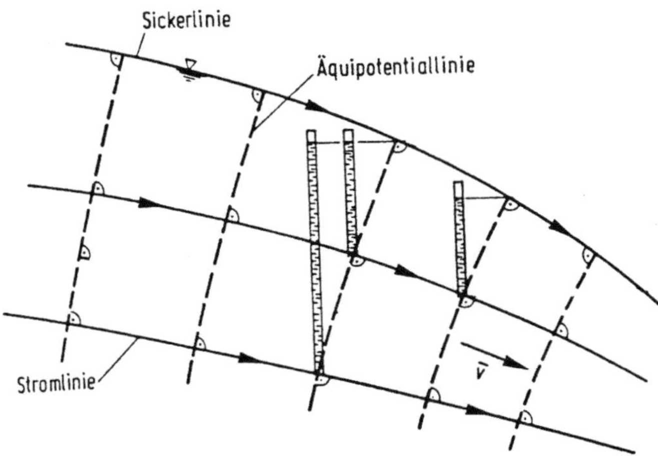

Abb. 5.39 Grundbegriffe der Potenzialströmung

Höhenunterschied Δh, bezogen auf den Fließweg Δl, stellt das **Strömungsgefälle** oder **hydraulische Gefälle** i dar:

$$i = \frac{\Delta h}{\Delta l}$$

Bei Standsicherheitsberechnungen gem. ► Abschn. 5.7.4 kann i. d. R. angenommen werden, dass das Strömungsgefälle etwa parallel zur Geländeoberfläche verläuft. Im Falle einer Grundwasserabsenkung ist das Strömungsgefälle keineswegs konstant, sondern ändert sich im Verlauf der Absenkkurve ganz erheblich (s. a. ► Abschn. 5.4.4).

Fließendes Wasser übt eine **Strömungskraft** aus. Diese ist eine Massen- bzw. Volumenkraft in der Fließrichtung des Wassers, die durch Reibung des strömenden Wasser an den Porenwänden hervorgerufen wird. Die spezifische Strömungskraft hat den Wert

$$\frac{\Delta h}{\Delta l} \times \gamma_w.$$

Die effektive Strömungskraft S ergibt sich zu

$$S = i \times \gamma_w \times F_w$$

mit S = Strömungskraft (in kN/m), γ_w = Wichte des Wassers (in kN/m^3) und F_w = durchströmte Fläche (in m^2).

Je nachdem, ob eine verbaute Baugrubenwand vorliegt oder eine freie (Einschnitts-) Böschung, sind unterschiedliche Auswirkungen der Strömungs- und Auftriebskräfte zu berücksichtigen. Die im Fall einer verbauten Baugrube wirkenden Kräfte sind in ► Abschn. 5.4.3 (Aufschwimmen, UPL), ► Abschn. 5.4.4 (hydraulischer Grundbruch, HYD) und ► Abschn. 9.2 (Baugrubenverbau) behandelt. Ansätze für die überschlägige Ermittlung der Grundwasserströmung auf die Standsicherheit von Böschungen siehe ► Abschn. 5.7.4.

■ Abb. 5.40 zeigt die Wirkung des Strömungs- bzw. Kluftwasserdrucks auf eine mögliche Bewegungsfläche innerhalb oder hinter einer Böschung. Dieser kann vereinfacht als Differenzdruck W angesetzt werden:

$$W = \frac{\gamma_w \times h_1^2}{2} - \frac{\gamma_w \times h_2^2}{2},$$

wobei γ_w = Wichte des Wassers in kN/m^3, h_1 und h_2 = Höhen des Grundwasserspiegels in der Böschung.

Die **Bemessungswasserstände in Felsböschungen** sind im Einzelnen äußerst schwer anzugeben, da Schwankungen der Grundwasserstände im Böschungsbereich sowie die Durchlässigkeiten der maßgebenden Klüfte meist schwer abzuschätzen sind. Von entscheidendem Einfluss

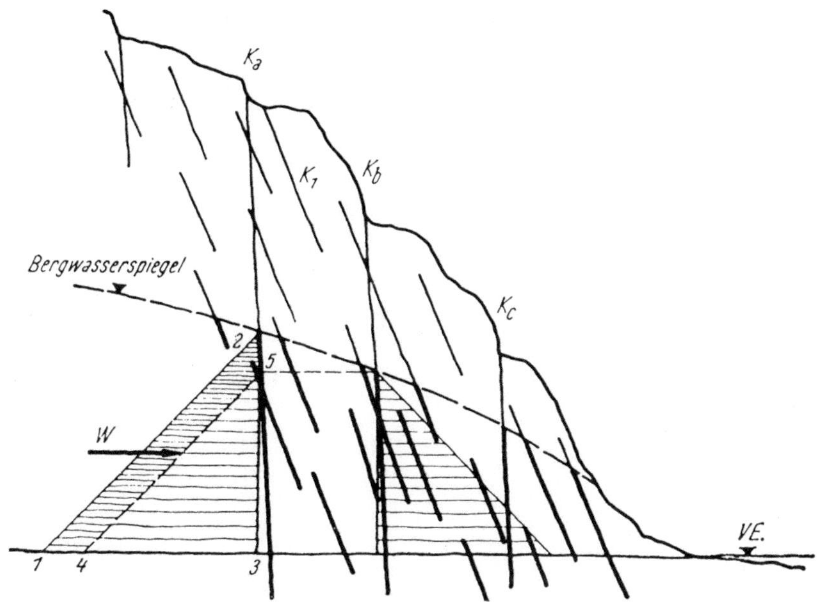

Abb. 5.40 Einfluss des Kluftwasserdrucks auf die Standsicherheit einer Böschung mit Großklüften (aus MÜLLER 1963)

kann sein, wenn in einzelnen Kluftabschnitten mehr Sickerwasser zuläuft, als absickern kann, und sich somit ein Kluftwasserdruck aufbauen kann. Mit dem Ansatz von Wasserdruck können Standsicherheitsberechnungen ganz wesentlich beeinflusst werden. Die Wirkung des Wassers sollte dann aber durch gesicherte Beobachtungen belegt sein, da sonst andere Ursachen leicht verkannt werden (Krauter und Köster 1991).

Sofern **Entwässerungsbohrungen** vorgesehen werden, sind diese bis hinter die Systemgrenze (Gleitflächen, Krafteintragungsstrecke von Ankern) zu führen. Bei Stützkonstruktionen darf eine Beschränkung des Wasserdrucks durch Dränmaßnahmen nur in Ansatz gebracht werden, wenn die Wartung und Kontrolle über die Nutzungsdauer des Bauwerks gewährleistet sind.

Flachgründung, Setzungen, Ursache von Rissschäden

H. Prinz, R. Strauß, *Ingenieurgeologie*,
https://doi.org/10.1007/978-3-662-54710-6_6

Bei Gründungsfragen sind sowohl die DIN EN 1997-1: 2009 (EC 7), der Nationale Anhang DIN EN 1997-1/NA: 2010 als auch die DIN 1054: 2010 zu berücksichtigen. Für Verkehrsbauwerke sind außerdem die „Zusätzlichen Technischen Vertragsbedingungen für Ingenieurbauten" der Straßenbauverwaltung (ZTV-ING), Teil 2 Grundbau, mit den Abschnitten Baugruben, Gründungen und Wasserhaltung bzw. die entsprechenden Abschnitte der Richtlinie (RiL) 835 der Deutschen Bahn AG zu beachten.

6.1 Prinzip der Flächengründung, Fundamentarten

Bei einer Flächengründung werden die Bauwerkslasten über ± horizontale Sohlflächen auf oberflächennahe Baugrundschichten abgetragen. Dabei werden folgende Fundamentarten unterschieden:

- Streifenfundamente unter durchlaufenden Konstruktionen,
- Einzelfundamente unter Einzellasten,
- Streifenrostgründung,
- Plattengründung.

Die Belastungssituation auf ein Fundament wird durch die Darstellung der ◘ Abb. 6.1 simuliert. Ein Balken auf zwei Stützen verformt sich bei Belastung. Dabei treten an der Oberseite Druckkräfte auf, die vom Beton aufgenommen werden können. Zur Aufnahme der an der Unterseite auftretenden Zugkräfte muss der Balken „bewehrt" werden, d. h., es müssen hier Eisenstäbe eingelegt werden. Bei Fundamenten werden konstruktive und statische Bewehrung unterschieden. Durch Letztere können sowohl Zug- bzw. Biegespannungen (rechnerisch) aufgenommen als auch die Fundamenthöhe wesentlich reduziert werden.

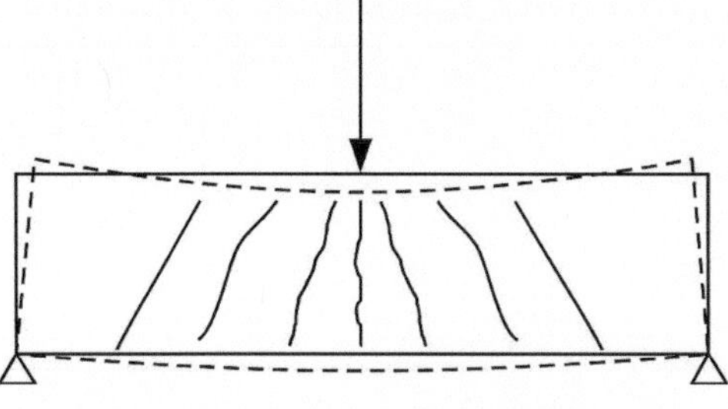

◘ **Abb. 6.1** Verformungen und Rissbild eines Balkens auf zwei Stützen

6.2 Gründungstiefe

Die Gründungssohle bildet die Schnittstelle zur Einleitung der Gebäudelasten in den Untergrund. Sie muss eine für die Lastabtragung geeignete Schicht erreichen, und sie muss frostfrei liegen, d. h. mindestens 0,8 m unter Gelände. Die **frostfreie Gründungstiefe** hängt ab von den klimatischen Verhältnissen, der Frostempfindlichkeit des Gründungsbodens und der Frosteinwirkungsdauer (► Abschn. 12.4.1). Die allgemeine Regel, dass im Flachland 0,8 m, in höheren Lagen 1,2 m frostfrei sind, gilt nur für normale Winter. In sehr strengen Wintermonaten mit lang andauernder Frostperiode sind auch im Flachland schon Frosteindringtiefen von 1 m und mehr aufgetreten.

Die frostfreie Gründungstiefe gewährleistet i. d. R. auch, dass die **Zone der jahreszeitlichen Volumenänderungen** durch Austrocknung und auch die Zone mit Hohlräumen durch wühlende Tiere durchgründet wird.

In Gebieten mit tonigen Böden hat sich in niederschlagarmen Sommermonaten allerdings gezeigt, dass das durch Niederschlagarmut bedingte Schrumpfen solcher Böden bis in 2 m Tiefe reichen kann und in 1 m Gründungstiefe noch zeitabhängige (in Wochen) Schrumpfsetzungen bis zu 1 cm auftreten können (Prinz 1990 und ► Abschn. 6.5.2).

6.3 Bemessungswerte des Sohlwiderstands in einfachen Fällen

Der Bemessungswert des Sohlwiderstands hängt nicht allein vom Baugrund ab, sondern es ist immer die Wechselwirkung Bauwerk/Baugrund zu beachten (► Abschn. 5.1 und 5.5). Bei einfachen Bauwerken und bekannten Untergrundverhältnissen kann der **Bemessungswert des Sohlwiderstands** $\sigma_{R,d}$ (ehem. zulässige Sohlpressung) nach Tabellenwerten der DIN 1054 festgelegt werden (◘ Tab. 6.1).

Tab. 6.1 Zusammenstellung der Bemessungswerte des Sohlwiderstands nach DIN 1054 in kN/m²

nichtbindiger Baugrund	**Einbindetiefe**	**Streifenfundamente mit Breiten von**				
		0,5 m	**1 m**	**1,5 m**	**2 m**	**3 m**
		Setzungsempfindliche Bauwerke (Begrenzung der Setzungen)				
Kies und Sand dicht GE, GW, SE, SW, SI GU, SU, GT (DIN 1054-101 Tab. A 6.1 und A 6.2)	0,5 m	280	420	460	390	310
	1,0 m	380	520	500	430	340
	1,5 m	480	620	550	480	360
	2,0 m	560	700	590	500	390
		Setzungsunempfindliche Bauwerke (auf Basis Grundbruchsicherheit)				
	0,5 m	280	420	560	700	700
	1,0 m	380	520	660	800	800
	1,5 m	480	620	760	900	900
	2,0 m	560	700	840	980	980
bindiger Baugrund	**Einbindetiefe**	**Streifenfundamente mit Breiten von ≤2 m**				
		steif – halbfest				
Schluff UL (DIN 1054-101 Tab. A 6.5)	0,5 m	180			–	
	1,0 m	250			–	
	1,5 m	310			–	
	2,0 m	350			–	
	Einbindetiefe	**steif** $q_{u,k}$ **= 120–300 kN/m²**		**halbfest** $q_{u,k}$ **= 300–700 kN/m²**	**fest** $q_{u,k}$ **> 700 kN/m²**	
Kies und Sand schluffig-tonig GU*, SU*, ST, GT*, ST* (DIN 1054-101, Tab. A 6.6)	0,5 m	210		310	460	
	1,0 m	250		390	530	
	1,5 m	310		460	620	
	2,0 m	350		520	700	
Schluff + Ton UM, TL, TM (DIN 1054-101 Tab. A 6.7)	0,5 m	170		240	390	
	1,0 m	290		290	450	
	1,5 m	220		350	500	
	2,0 m	250		390	560	
Ton TA (DIN 1054-101 Tab. A 6.8)	0,5 m	130		200	280	
	1,0 m	150		250	340	
	1,5 m	180		290	380	
	2,0 m	210		320	420	

Die Sicherheit gegen Grundbruch und Gleiten ist bei diesen Werten gewährleistet, wenn:

- die Geländeoberfläche und die Fundamentsohle waagerecht sind,
- der Baugrund bis in 2-fache Fundamentbreite, mindestens aber 2 m unter Gründungssohle ausreichend tragfähig ist und kein nennenswerter Porenwasserdruck auftritt,
- die Sohldruckbeanspruchung senkrecht ist.

Weitere Einzelheiten s. DIN 1054, Abs. A 6.10.

Die Eignung des Baugrundes für diese Art der Bemessung sollte durch eine Abnahme der Baugrubensohle sichergestellt werden (DIN EN 1997-1, Abs. 2.5 und 4.3). In den Fällen, in denen die genannten Randbedingungen nicht erfüllt sind, müssen in jedem Fall die einzelnen Grenzzustände gem. ▶ Abschn. 5.2 nachgewiesen werden.

Bei Ansatz der Werte aus ◘ Tab. 6.1 ist bei **nichtbindigen Böden** und bei Fundamentbreiten bis zu 1,5 m mit Setzungen von 1–2 cm zu rechnen, bei breiteren Fundamenten ggf. mehr. Dabei muss mindestens mitteldichte Lagerung gegeben sein (◘ Tab. 2.7 und ◘ Tab. 4.7). Bei dichter Lagerung ist eine Erhöhung der Bemessungswerte bis zu 50 % zulässig.

Die Bemessung des Sohlwiderstands von Streifenfundamenten auf **bindigem Baugrund** und Fundamentbreiten von b = 0,5-2,0 m sind differenziert nach reinem Schluffboden (UL), tonig-schluffigem Boden (UM, TL, TM) oder ausgeprägt plastischem Ton (TA) und den gemischtkörnigen Böden. Die Tabellenwerte sind dabei abhängig von der Konsistenz des Gründungsbodens bzw. der einaxialen Druckfestigkeit (▶ Abschn. 2.7.10.1). Dabei müssen Setzungen in der Größenordnung von 2–4 cm bauwerksverträglich sein. Andernfalls ist nach Vorliegen eines Lasten- und Fundamentplans zu prüfen, ob die Setzungen und Setzungsunterschiede in erträglichen Grenzen liegen.

Für weiche bis steife Böden sind keine Tabellenwerte vorgegeben. Hier müssen jeweils eigene Erfahrungswerte angesetzt und die Grenzzustände nachgewiesen werden.

Bei einem Abstand des maßgeblichen Grundwasserspiegels <b ist eine Abminderung der Tabellenwerte vorzunehmen, und zwar bis zu 40 % bei einem Grundwasserstand in der Gründungssohle oder darüber (Einzelheiten s. DIN 1054, A 6.10.2.3).

Weitere, u. a. von den Fundamentabmessungen abhängige Erhöhungen oder Verminderungen des Sohlwiderstands s. DIN 1054.

Für **Gründung auf Fels** geht die DIN 1054 nicht von den vier Felsgruppen und den entsprechenden Bemessungsdiagrammen der DIN EN 1997-1 aus, sondern von einem einheitlichen Bemessungsdiagramm für alle Felsarten. Danach können auf nicht veränderlichem Fels die Bemessungswerte des Sohlwiderstands anhand der fünf Festigkeitsstufen:

1. sehr mürb,
2. mürb,
3. mäßig mürb,
4. mäßig hart und
5. hart

sowie der einaxialen Druckfestigkeit q_u und dem Trennflächenabstand (Klüftung, Schichtung) festgelegt werden (◘ Abb. 6.2).

Die Setzungen können dabei die Größenordnung von 0,5 % der kleineren Fundamentbreite erreichen, d. s. 0,5 cm pro Meter. Bei offenen oder mit Kluftletten gefüllten Klüften und möglichen Erscheinungen

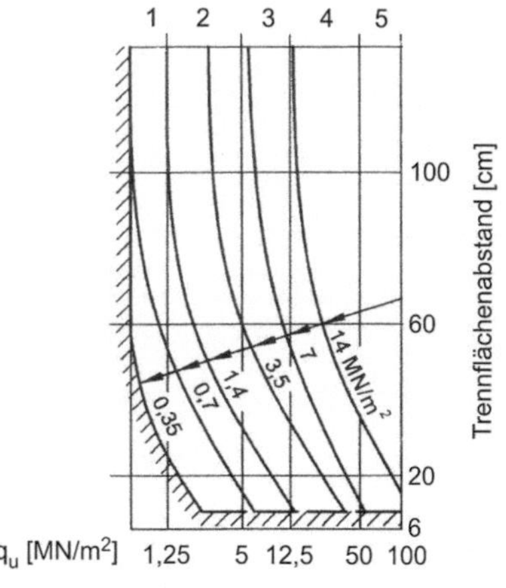

◘ **Abb. 6.2** Bemessungswerte des Sohlwiderstands für Fels in MN/m² nach DIN 1054

oberflächennaher oder tektonischer Gebirgsauflockerung (► Abschn. 3.5.2) können die Setzungen auch größer ausfallen.

6.4 Setzungen und Setzungsunterschiede, Rissschäden

6.4.1 Setzungsunterschiede, verträgliche Setzungen

Bei den Setzungen eines Bauwerks kommt es weniger auf die Gesamtsetzungen an als auf die zu erwartenden Setzungsunterschiede. Die **Größe und Verteilung der Setzungen** hängt von den Eigenschaften des Bauwerks, der Gründungsart (Einzel- oder Streifenfundamente bzw. Plattengründung) und vom Baugrund ab. Bei einheitlichem Baugrund und gleichmäßiger Sohlspannungsverteilung wird die Setzung auch sehr von der Fundamentgröße beeinflusst.

Schwieriger zu berücksichtigen sind die Aushubentlastung, die Steifigkeit des Bauwerks, unterschiedliche Belastungen bzw. ungleichmäßige Sohlspannungsverteilung, die Ausbildung einer Setzungsmulde und die Wechselwirkung mit Nachbarfundamenten, auch in Form von Mitnahmesetzungen (◘ Abb. 6.3). Hinzu kommen immer vorhandene Unregelmäßigkeiten in der Zusammensetzung und der Beschaffenheit des Baugrundes, die durch Bohrungen und Laboruntersuchungen nie ganz geklärt werden können.

Eine Grunderfahrung ist, dass es größere und gleichmäßige Setzungen nicht gibt. Insgesamt sind bei normalen Gebäuden Gesamtsetzungen von 20–50 mm hinnehmbar, wobei mit Setzungsunterschieden von bis zu 50 % der maximalen Setzung zu rechnen ist. Andere vergleichbare Setzungszielwerte lauten für Streifenfundamente bis 50 mm und für Einzelfundamente 20–25 mm. Für Plattengründungen auf überkonsolidierten bindigen Böden werden verträgliche Setzungsunterschiede von 1/3–1/6 der Gesamtsetzungen genannt. Außerdem ist bei der Abschätzung der Setzungsunterschiede noch zwischen stärker zusammendrückbarem Untergrund direkt unter dem Bauwerk (Seichtsetzungen) und Setzungsherden in größerer Tiefe (Tiefsetzungen) zu unterscheiden.

Setzungsunterschiede dürfen jedoch nicht für sich allein bewertet werden, sondern sind immer in Abhängigkeit von der Entfernung der betrachteten Punkte zu beurteilen. Setzungsunterschiede zwischen zwei Punkten werden allgemein als Winkelverdrehung ω, solche zwischen drei Punkten als Biegungsverhältnis angegeben (◘ Abb. 6.4).

Als empirisches Kriterium und als Vergleichsmaß für das Auftreten von Rissschäden wird auch heute noch gern die statistisch ermittelte Schadensgrenze für Winkelverdrehungen von 1:300 angegeben. Mit einer 1,5-fachen

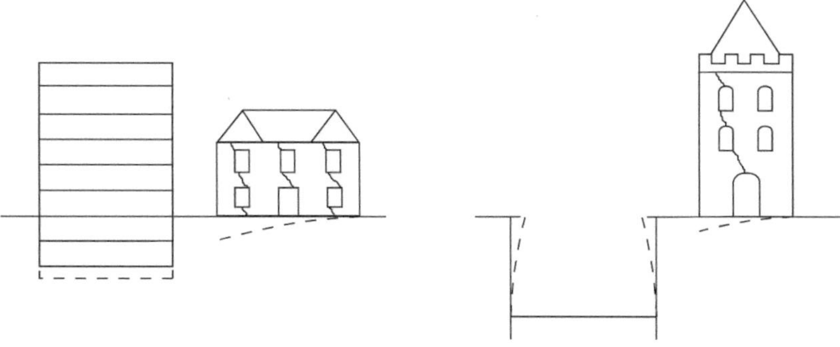

◘ **Abb. 6.3** Typische Rissschäden infolge von Mitnahmesetzungen durch einen benachbarten Neubau und infolge eines zu nachgiebigen Baugrubenverbaus

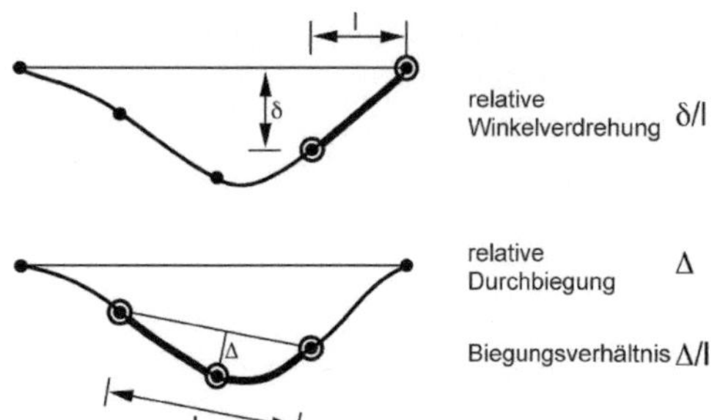

Abb. 6.4 Verformungen eines Bauwerks als Winkelverdrehung ω und als Biegeverformung (nach Sommer 1978)

6

Sicherheit erhält man dann die in der Literatur oft anzutreffende Schadensgrenze von 1 : 500 (Tab. 6.2), bei der aber noch mit kleineren sichtbaren Rissschäden gerechnet werden muss. Echte Rissfreiheit scheint erst bei einer Winkelverdrehung von unter 1:1000 vorzuliegen. Diese Werte gelten nur für Muldenlage. Bei Sattellage reagieren Gebäude empfindlicher, sodass die o. g. Werte halbiert werden sollten (s. DIN EN 1997-1, Anhang H und ▶ Abschn. 16.4.4). Auch bei Altbauten und Mitnahmesetzungen von Nachbargebäuden sind strengere Kriterien anzusetzen.

In der Bergschadenskunde wird für Objekte mit größeren Grundrissabmessungen für die Schadensbewertung in Mulden- oder Sattellage bevorzugt der Krümmungsradius R herangezogen (▶ Abschn. 16.4.5 und 19.4.1). Der Krümmungsradius ist der Radius eines Ersatzkreises, der etwa der Setzungsmulde bzw. Sattellage entspricht.

Bei nichtbindigen Böden treten die Setzungen nahezu in voller Größe kurze Zeit nach Lastaufbringung auf, also bereits während der Rohbauzeit. Diese Setzungen beanspruchen das Bauwerk weniger als länger anhaltende Setzungen. Der **Zeitsetzungsverlauf** bindiger Böden weist dagegen nach verhältnismäßig großen Anfangssetzungen nur langsam ausklingende Langzeitsetzungen auf (▶ Abschn. 2.7.4.3 und 5.5.3.5). Da Mauerwerk mit Kalkmörtel oder Betonbauteile in den ersten Monaten Setzungen durch Kriechverformungen weitgehend schadensfrei aufnehmen können, sind bei zu erwartenden größeren Setzungen bindiger Böden die Anfangssetzungen bis Rohbauende getrennt anzugeben (Abb. 6.5). Bei Ansatz der wirksamen Lasten ist außerdem zu berücksichtigen, dass auf bindigen Böden nur langfristig wirkende Verkehrslasten Setzungen erzeugen. Literaturangaben über längerfristige Zeitsetzungsbeobachtungen liegen von einigen Hochhäusern aus Frankfurt a. M. vor. Sie zeigen, dass hier bis Rohbauende etwa 70 % der Gesamtsetzungen eingetreten waren. Die restlichen 30 % verteilen sich über 5–7 Jahre. Setzungsunterschiede stellen sich dabei meist schon sehr früh ein.

Die **Setzungsempfindlichkeit** eines Bauwerks ist in erster Linie abhängig von der Steifigkeit des Baumaterials bzw. der Konstruktion. Ein statisch bestimmtes Bauwerk schmiegt sich der Setzungsmulde mehr oder weniger an. Ein

Tab. 6.2 Schadensausmaß in Abhängigkeit vom Biegeverhältnis

Grenzwerte s/l	Gebäudeschäden
1/1000	keine Schäden
1/750	empfindliche Maschinen
1/600	Rahmen mit Ausfachung
1/500	Sicherheitsgrenze bei geforderter Rissfreiheit (kleinere Schäden nicht auszuschließen)
1/300	Risse in tragenden Wänden, Grenze für Kranbauten
1/250	sichtbare Schiefstellung turmartiger Bauwerke
1/150	erhebliche Risse in Wänden, allgemein konstruktive Schäden

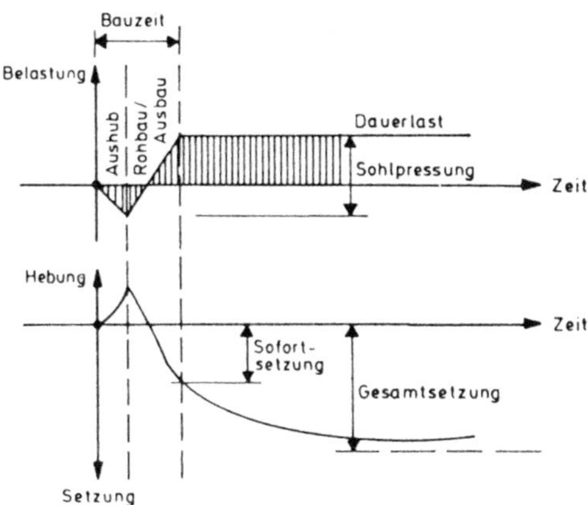

Abb. 6.5 Aushubbedingte Hebung der Baugrubensohle und Entwicklung der Setzungen in Abhängigkeit von den Gebäudelasten und der Zeit (aus Rybicki 1985)

statisch unbestimmtes Bauwerk mit einer gewissen Steifigkeit von Überbau und Gründung ist bestrebt, die örtlichen Setzungsunterschiede zu überbrücken und die Setzungen durch Verlagerung der Spannungen auszugleichen (► Abschn. 5.5.3.4). Ist ein Bauwerk nicht steif genug, um die Biegebeanspruchung aufzunehmen, so treten Risse auf.

Unter **zulässigen Setzungen** bzw. Verformungen versteht man die unter gewissen Randbedingungen bauwerksverträglichen Verformungen, die jedoch keine Rissfreiheit garantieren. Allgemein wird in der Baupraxis angenommen, dass bei normalen Wohnbauten bei unbewehrten Betonfundamenten und gemauerten Kellerwänden eine Setzungsdifferenz von bis zu 1 cm noch keine Schäden verursacht und dass bei konstruktiv bewehrten Streifenfundamenten und gemauerten Kellerwänden oder solchen aus unbewehrtem Beton bis 2 cm Setzungsdifferenz aufgenommen werden können.

Auch ein absolut starres Bauwerk erzwingt nicht unbedingt gleichmäßige Setzungen, sondern es können **Schiefstellungen** auftreten, die den Nutzwert beeinträchtigen. Bei Wohnbauten wird eine Schieflage der Fußböden von 1:500 (2 mm/m) als störend empfunden. Ab 15 mm/m wird von einem ungewöhnlichen Schadensmaß und ab 25 mm/m von einer starken Beeinträchtigung gesprochen. Eine Schieflage eines Gebäudes von 1:20 (50 mm/m) bedeutet meist Totalschaden.

6.4.2 Ursachen und Deutung von Rissen

Risse entstehen, wenn bei einem auf Zug belasteten Bauteil die Zugfestigkeit erreicht wird. Der Riss verläuft dabei senkrecht zur Richtung der Hauptzugspannung. Risse können sehr verschiedene Ursachen haben:

- Bauphysikalische Risse entstehen durch behinderte Verformung von Bauteilen bei Temperaturunterschieden oder Schwindprozessen bzw. bei unterschiedlichen Reaktionen verschiedener Baumaterialien.
- Konstruktive Risse sind auf Baumängel oder Belastung zurückzuführen.
- Setzungsrisse entstehen infolge zu großer unterschiedlicher Setzungen.

Bei der Ansprache von Rissen geht man allgemein vom Rissbild eines Balkens auf zwei Stützen aus (Abb. 6.1). Im unteren Teil entstehen dabei Zugspannungen, die von Mauerwerk nur begrenzt aufgenommen werden können. Die Folge sind Risse, die immer zur größeren Verformung hin geneigt sind (Schrägrisse). Senkrechte Risse dazwischen sind Schwindrisse infolge von Zugspannungen.

Zu dieser Beanspruchungsart gehören auch die meisten Risse infolge unterschiedlicher Setzung. Bei Gebäuden kann man im Prinzip von drei **Grundtypen von Rissbildern** infolge von Baugrundverformungen ausgehen:

1. Stärkere Setzungen unter einer Gebäudeseite oder -ecke (äußere Freilage),
2. Muldenlage durch stärkere Setzungen in Gebäudemitte (Setzungsmulde),
3. Sattellage durch geringere Setzungen in Gebäudemitte.

Risse treten immer an der schwächsten Stelle der Konstruktion auf; das ist i. Allg. zwischen Maueröffnungen, also von Fenster zu Fenster oder über Türen (Abb. 6.6). Bei Setzungen und Rissen einer Gebäudeseite oder -ecke treten oft an der angrenzenden Wand und z. T. bis zur

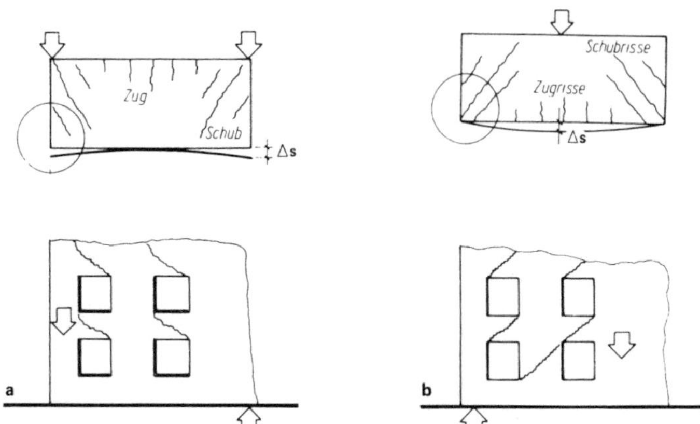

Abb. 6.6 Beanspruchung und Rissbild bei Sattellage bzw. äußerer Freilage (**a**) und bei Muldenlage (**b**) (aus Rybicki 1985)

anderen Gebäudeseite durch Zugspannungen bedingte Analogrisse auf.

Schrägrisse sind i. d. R. nur im unteren Teil der Gebäude auf Setzungen zurückzuführen. In den Obergeschossen handelt es sich oft um Risse infolge von Wandverkürzung und/oder Durchbiegung der Decken.

Anders ist das Rissbild bei einseitigen lastunabhängigen Setzungen, wie sie z. B. bei Schrumpfsetzungen gem. ► Abschn. 6.5.2 auftreten. Die typischen Horizontalrisse liegen meist unter lastübertragenden Deckenkonstruktionen und sind oft von Wandverkippungen und gefiederten Schrägrissen begleitet, an deren Risswandungen leichte Scherverschiebungen erkennbar sein können.

Außerdem können Risse durch konstruktive Mängel, Überbeanspruchung von Bauteilen, schiebende Decken oder Dachkonstruktionen, unterschiedliches Verhalten verschiedener Baumaterialien u. a. m. entstehen (s. a. ► Abschn. 6.5.6).

Maßgebend für die Schadensbewertung ist immer das Rissbild. Bei einer sorgfältigen Analyse der Risse lassen sich die Ursachen meist klären, seltener allerdings schlüssig beweisen.

Wenn sich ein Bauteil bereits in einem kritischen Spannungszustand befindet, genügt eine geringe Zusatzbelastung, um einen neuen Riss entstehen zu lassen. Unterschieden werden i. d. R.:

- leichte architektonische Rissschäden,
- mittlere bis starke architektonische Rissschäden,
- leichtere bis mittlere konstruktive Rissschäden.

Leichte Rissschäden beliebiger Art treten bei vielen Gebäuden auf und werden i. d. R. hingenommen. Eine weitergehende Rissbeschränkung ist bei sog. „weißen Wannen erforderlich (► Abschn. 10.3). Vollständige Rissfreiheit wird verlangt bei Flüssigkeitsbehältern, Wasserbecken usw., wo schon feine Risse, die für die Standfestigkeit völlig unbedeutend sind, den Verwendungszweck des Bauwerks beeinträchtigen.

Kleinere Risse finden sich in fast allen Gebäuden. Bei der Vielzahl der möglichen Ursachen von Rissen und Bauwerksschäden ist es im Einzelfall schwierig, die Schadensursache zu identifizieren. Als Ursache können auftreten: Materialverhalten, Temperaturspannungen, Bauwerkslasten, Setzungen oder Erschütterungen. Außerdem sind immer die Konstruktion und das Alter eines Gebäudes in die Betrachtungen einzubeziehen.

Für die Schadensbeurteilung an historischen Bauwerken liegen drei Empfehlungen des Arbeitskreises der DGGT „Geotechnik historischer Bauwerke und Naturdenkmäler“ vor:

- Nr. 1: Durchführung einfacher Verformungsmessungen an historischen Bauwerken (Geotechnik 74:7, 1997)

- Nr. 2: Baugrundbedingte Risse und Verformungen an historischen Bauwerken (Geotechnik 81:1, 2004)
- Nr. 3: Geotechnische Schadensfeststellung und -behandlung an historischen Bauwerken (Geotechnik 81:9, 2004)

Die Empfehlungen enthalten auch Hinweise für einfache Verformungsmessungen (Nr. 1), für die Beschreibung typischer Rissbilder (Nr. 2) und zur Behandlung von Schäden (Nr. 3), s. a. Müller (2012).

Außerdem wird auch auf die Zusammenstellung umfangreicher Fallbeispiele über das Setzungsverhalten von Bauwerken verschiedenster Art und die Ursachen von Setzungsschäden von Fross (2015) verwiesen.

6.5 Ursache unkonventioneller Setzungen

Bei der Diskussion über Gebäudeschäden muss außer den bereits angesprochenen Setzungen infolge von Lasteinwirkung und Spannungsänderungen im Untergrund (Nachbarbebauung, Abgrabung) auch an Beanspruchungen gedacht werden, die in einer Setzungsberechnung nicht erfasst und auch in einer Baugrundberatung nicht unbedingt angesprochen werden. Dazu gehören z. B.:

- Vernässung und Durchströmung schwach bindiger Böden (▶ Abschn. 2.2.6, 6.5.1),
- Schrumpfen oder Quellen bindiger Böden (▶ Abschn. 2.2.8, 2.7.11.1, 6.2, 6.5.2),
- Feuchtigkeitsentzug durch Vegetation (▶ Abschn. 6.5.2),
- Grundwasserabsenkung (▶ Abschn. 6.5.3, 16.4.5),
- Zersetzung von Torf oder organischer Beimengungen bei Grundwasserabsenkung (▶ Abschn. 2.3.2, 6.5.2, 16.4.5),
- Bodenhebungen durch Grundwasseranstieg (▶ Abschn. 16.4.6),
- Bodenhebungen (Quellen) sulfathaltiger Böden (▶ Abschn. 2.3.2, 2.7.11.2, 6.5.6, 17.5.2.2, 20.2.3),
- Gebäudeschäden durch Auslaugung bzw. Subrosion (▶ Abschn. 19.4.1 und 20.3.2),
- Gebäudeschäden durch untertägigen Bergbau (▶ Abschn. 16.4.2),
- Gebäudeschäden durch Erschütterungen (▶ Abschn. 4.2.3.3, 6.5.6),
- Bodensenkungen infolge von Erdöl- oder Erdgasförderung (▶ Abschn. 6.5.4).

6.5.1 Vernässung, Wasserdurchströmung

Durch eine **Erhöhung des Wassergehalts** (Vernässung) schwach bindiger Böden werden sowohl die Tragfähigkeit als auch die Standfestigkeit abgemindert. Setzungen können aktiviert werden, und es können Schäden auftreten. Besonders schadensträchtig ist Wasser, das aus undichten Leitungen austritt und in konzentrierter Form auf den Baugrund einwirkt. Schluffböden mit niedriger Plastizitätszahl sind hierfür besonders anfällig.

In Fein-/Mittelsanden und in feinsandigen Schluffböden sowie in nicht oder leicht bindigen sandig-steinigen Böden kann es bei **Wasserdurchströmung** zu Setzungen durch erosive Feinkornumlagerungen kommen, wobei das Feinkorn in Großporen zwischen Grobkornanteilen wieder abgelagert oder aber weggespült wird (▶ Abschn. 2.2.6). Derartige Erscheinungen können auch schon durch eine Versteilung des Grundwassergefälles bei Grundwasserentnahmen (bes. bei Sandgehalt im Förderstrom) oder bei Stauhaltungen (▶ Abschn. 18.2.4) ausgelöst werden.

6.5.2 Thermischer und vegetationsbedingter Feuchtigkeitsentzug

In bindigen Böden treten bei Feuchtigkeitsentzug infolge sommerlicher Temperatureinwirkungen auf den Boden (Austrocknung, ▶ Abschn. 20.1.1) Kapillarspannungen auf, die mit zunehmender Feinporigkeit entsprechende Volumenverminderungen zur Folge haben

(▶ Abschn. 2.9.7). Das Ausmaß der **Schrumpfsetzungen infolge von Niederschlagsarmut und Sonneneinstrahlung** ist abhängig von der Wassergehaltsabnahme sowie der Mächtigkeit und Feinporigkeit der entwässerten Bodenschicht. Ihre Größenordnung kann nach dem Anfangsast der Kurve des linearen Schrumpfens (▶ Abschn. 2.6) und der jeweiligen Wassergehaltsabnahme abgeschätzt werden und beträgt häufig mehrere Zentimeter. Schrumpfsetzungen treten besonders bei tonigen Böden (>20 % Tonanteile) oder Böden mit organischen Beimengungen auf, wobei ein Anteil an organischen Substanzen von 5–10 % die Feinporigkeit eines Schluffbodens und sein plastisches Verhalten schon sehr stark beeinflussen. Auch von Bändertonen mit höheren Smektitgehalten werden Schrumpf- und Quellvorgänge beschrieben (Heym 2005). Der kritische Wechselbereich des natürlichen Wassergehalts beträgt in unseren Klimabereichen bis etwa 2 m Tiefe, in subtropischen Klimazonen auch mehr.

Setzungsschäden durch Schrumpfen bindiger Böden sind besonders da zu erwarten, wo sich mehrere Einflussfaktoren überlagern, die dann in ihren Auswirkungen auch meist nicht zu trennen sind. Dazu gehört auch, wenn die Grundwasseroberfläche unter die Untergrenze bindiger Deckschichten absinkt und der kapillare Aufstieg nicht mehr ausreicht, um die Wassergehaltsabnahme im Boden einigermaßen auszugleichen.

Nach Placzek (1982) tritt direktes Schrumpfen infolge von Niederschlagsarmut und Sonneneinstrahlung nur auf, wenn die schwindfähige Schicht oberflächig ansteht und nicht von Deckschichten überlagert wird. Nichtbindige Deckschichten mit geringer Kapillarität und Restwassergehalten von >5 % verzögern oder verhindern den Schwindvorgang der Liegendschicht.

Schrumpfsetzungen können auch bei einer Entwässerung oberflächennaher Schluff- oder Tonböden infolge von Dränung oder durch Kanalgräben auftreten. Auch bei **großflächiger Überbauung**, bei der kein Niederschlag mehr den Boden erreicht, können mit der Zeit Schrumpfsetzungen auftreten (z. B. an Innenfundamenten großflächiger Hallenbauten). Besonders gefährdet sind bindige Böden mit organischen Beimengungen (Müller 2012). Als Gegenmaßnahme wird i. d. R. eine Durchgründung der setzungsaktiven Zone in Form von Tieferführung der Gründung und ggf. Bodenaustausch unter dem Hallenboden empfohlen.

In organischen Böden gem. ▶ Abschn. 3.2.4 werden bei Feuchtigkeitsentzug (z. B. durch Grundwasserabsenkung) die vorher wassererfüllten Poren belüftet, und es kann Sauerstoff zutreten, der einen Substanzverlust und langzeitliche Setzungen auslöst (▶ Abschn. 2.7.4.2).

Schrumpfsetzungen treten besonders bei verstärktem **Wasserverbrauch von Bäumen** auf (insbes. von Laub abwerfenden Baumarten in niederschlagsarmen Perioden) und können 3–5 cm und mehr erreichen. Der Einflussbereich von größeren Bäumen ist je nach Baumart und Wurzelsystem unterschiedlich. Ein Pfahlwurzelsystem reicht je nach den örtlichen Bodenluft- und Bodenwasserverhältnissen 4–6 m tief. Dazu gehören z. B. viele Eichen. Ein aus mehreren gleich starken Wurzeln bestehendes Herzwurzelsystem von Platane, Buche, Schwarzerle, Birke, Hainbuche reicht, je nach Flurabstand des Grundwassers, 2 m bis z. T. ebenfalls 6 m Tiefe (s. a. DVWK-Materialien 3/1999). Beim Senkerwurzelsystem gehen von vorherrschend horizontal wachsenden Wurzeln flache Senkerwurzeln in den Boden, die meist nur eine Tiefe von 1–2 m erreichen. Unabhängig von diesen Standardtypen der Wurzelausbildung treten in Abhängigkeit von den Bodenverhältnissen zahlreiche Übergangstypen auf. Besonders bei Großbäumen ist immer mit untypischen Starkwurzelverläufen zu rechnen. Der horizontale Einflussbereich der Wurzeln größerer Bäume kann bei manchen Baumarten 10–20 m erreichen. Die größte Schadenswirkung ist dabei in einem 3–6 m breiten Kranz außerhalb der Kronentraufe zu erwarten, was bedeutet, dass eine der üblichen Faustregeln wie Mindestabstand = Baumhöhe oder Wurzelraum = Kronentraufe plus 2 m nicht ausreichend ist. Besonders bei einigen feuchtigkeitsliebenden Baumarten wie Weiden oder Pappeln sollten größere

Abstände von 25–30 m eingehalten werden. Bei einer Gruppenwirkung von mehreren eng stehenden Bäumen kann sich sowohl die Reichweite vergrößern als auch die Wirkungstiefe (Prinz 1990).

Der Wasserverbrauch von Laub abwerfenden Baumarten ist nur während der Vegetationsperiode (April bis Mitte Oktober) von Bedeutung. Er hängt von der Transpirationsrate der Blattorgane und der Verfügbarkeit des Bodenwassers ab. In der Literatur wird der mittlere tägliche Wasserverbrauch eines etwa 12 m hohen Baumes mit 30–70 l/d angegeben. Der Wasserverbrauch von Einzelbäumen sowie der maximale Verbrauch an Strahlungstagen ohne Einschränkung in der Bodenwasserversorgung können den doppelten Wert erreichen. Diesen Verbrauchsmengen steht in Schluff- und Tonböden eine nutzbare Feldkapazität *nFK* (Porengröße 50-0,2 µm, ► Abschn. 2.9.7) von 30–20 Vol.-% gegenüber, d. s. 300–200 l/m^3. Der Totwasseranteil (Feinporenanteil <0,2 µm) beträgt 30-10 Vol.-%. Der jährliche Gesamtverbrauch von Laubbäumen wird mit 500–800 mm Wassersäule angegeben.

Die **Feldkapazität *FK*** ist das Wasservolumen, das ein Boden gegen die Schwerkraft maximal zurückhalten (speichern) kann (in Vol.-%). Sie ist abhängig von der Bodenart (Korngrößenverteilung, Porengrößen) und dem Anteil an organischer Substanz. Zu differenzieren sind gem. ◘ Abb. 6.7:

- der Bereich der am häufigsten genutzten Feldkapazität *(FK)*, in dem auch noch frei bewegliches Sickerwasser vorliegt, mit *pF*-Werten von 1,8–2,5 (► Abschn. 2.9.7),
- der Bereich der (noch) pflanzenverfügbaren Feldkapazität bis zu einem *pF*-Wert von 4,2 und
- der Bereich nicht mehr pflanzenverfügbarer Feldkapazität.

Bei einem Tonboden (TM) setzt eine spürbare Entwässerung erst ab einer Saugspannung von 0,1 MPa ($pF = 3$) ein. Die Saugspannung der Wurzeln wird allgemein mit *pF* 2,5–4,2 angenommen. Der höhere Wert entspricht dem sog. permanenten Welkepunkt

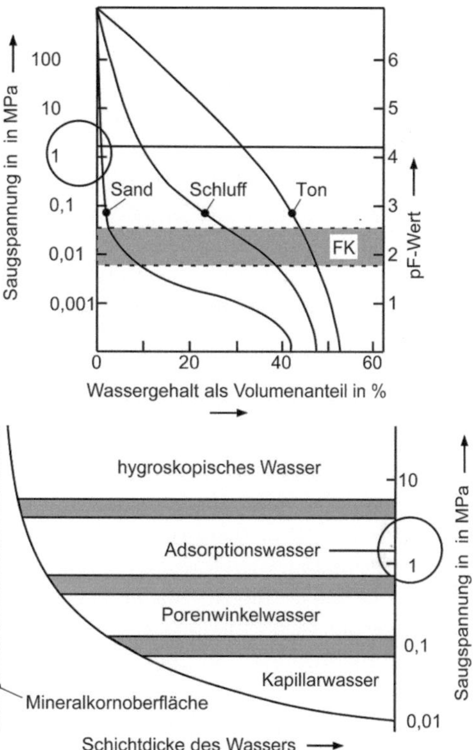

◘ **Abb. 6.7** Saugspannungskurven schluffig-toniger Lockergesteine mit Angabe der Feldkapazität (FK) im Vergleich mit der Saugspannung (*pF*-Wert) der gebundenen Wasserhülle (nach DIN 4049-3). Der Markierungskreis entspricht der Saugspannung der Pflanzenwurzeln bei eingeschränkter Bodenwasserversorgung

und einer Saugspannung von etwa 15 bar bzw. 1,5 MPa, die bereits die gebundene Wasserhülle (Adsorptionswassser, ► Abschn. 2.3.1) angreift, was die beobachteten Schrumpfmaße erklärt. Die Schrumpfgrenze w_s ist bei einer Saugspannung von etwa $pF = 4$ erreicht. In langen Trockenperioden können bei oberflächennaher Verdunstung (Austrocknung des Bodens) sehr hohe Saugspannungen mit *pF*-Werten von 5–6 auftreten.

Will man einen Baumbestand vor Trockenstress und die angrenzende Bebauung vor Schrumpfsetzungen bewahren, so muss der jeweilige Wasserbedarf durch **Bewässerungsmaßnahmen** ersetzt werden. Bei Regnerbewässerung ist die Verdunstungsrate sehr hoch.

Bewährt haben sich Unterflur-Sickerleitungen oder eine Loch- oder Lanzenbewässerung, bei der die Wasserzugabe ohne jegliche Verluste wenig unterhalb des Wurzelhorizonts erfolgt. Bei Bedarf können in die Lanzenlöcher Granulate eingefüllt werden, die das Wasser einige Zeit binden und dosiert an die Wurzeln abgeben (tis 09/2011).

Typisch für lastunabhängige **Gebäudeschäden durch Schrumpfsetzungen** ist der hohe Anteil an Horizontalrissen in Wänden und eine Verkippung der Wände nach außen in Richtung Setzungsherd. Schrumpfsetzungen verlaufen in analoger Abhängigkeit von der Wassergehaltsabnahme sowie der Feinporigkeit und Mächtigkeit des Bodens. Setzungsunterschiede und dadurch bedingte Schäden an der Bebauung sind auf Unregelmäßigkeiten im Untergrundaufbau (organische Einlagerungen, rinnenförmige Lagerung) oder auf unterschiedliche Gründung bzw. Lasten zurückzuführen. So sind z. B. Schrumpfsetzungen unter Fundamenten meist größer als unter Kellerfußböden, was bei Letzteren zu der vielfach beobachteten Aufwölbung führt.

6.5.3 Grundwasserabsenkung und Wegfall des Auftriebs

Durch die zunehmende Nutzung der Grundwasservorräte, aber auch durch größere Wasserhaltungen bei Bauvorhaben bzw. Tunnelvortrieben oder Tagebauprojekten kommt es in unserem dicht besiedelten Gebiet immer häufiger zu unerwünschten Begleiterscheinungen bei **Absenkung der Grundwasseroberfläche**. Auch untertägiger Bergbau kann zu einem Versinken von Grundwasser führen (► Abschn. 16.4.4).

Das Absenkmaß muss dabei nicht immer viele Meter betragen. Auch relativ geringe Absenkungen der freien Grundwasseroberfläche von oft nur 1–2 m können zu merkbaren Geländesenkungen und zu Schäden an Bauwerken führen.

Senkungen bzw. Setzungen durch Absenkung der Grundwasseroberfläche reagieren bei nichtbindigen und leicht- bis mittelplastischen bindigen Schichten (z. B. junge Talablagerungen) sehr rasch auf Spiegelsenkungen und Beharrungszustände. Die rückläufigen Hebungen bei einem Wiederanstieg der Grundwasseroberfläche sind dagegen gering. Sie betragen meist nur bis zu 10 % der vorausgegangenen Setzungen, bei stark tonigem Untergrund z. T. auch einige Zehnerprozente. Unabhängig von diesem praktisch reziproken Vorgang der Grundwasserabsenkung können, besonders in Schluff- und Sandböden, bei einem Wiederanstieg des Grundwassers durch direkten Einfluss des Wassers auf die Bodenstruktur auch erneut Setzungen (Sackungen, ► Abschn. 2.7.4.2) und Gebäudeschäden ausgelöst werden (► Abschn. 16.4.5).

Bei Setzungen aufgrund einer Absenkung der Grundwasseroberfläche ist einerseits ein Setzungsanteil als Folge der Zusatzbelastung des Korngerüsts durch Wegfall des Auftriebs zu berücksichtigen, andererseits treten in bindigen Böden bei einer Abnahme des Wassergehalts sog. Schrumpfsetzungen auf, welche Erstere im Ausmaß übertreffen können.

Die sich nicht mehr im Grundwasser befindliche Teilschicht wird durch den **Wegfall des Auftriebs** schwerer, was entsprechende Setzungen auslöst. Diese sind abhängig vom Absenkmaß der Grundwasseroberfläche sowie der Mächtigkeit und dem Steifemodul der setzungsfähigen Schicht. Die Zunahme der wirksamen Spannungen bzw. die zusätzliche Belastung beträgt

$$\sigma = (\gamma - \gamma') \times d \; (\mathrm{d} = \text{Absenkmaß})$$

und damit 7–9 kN/m^2 je Meter Absenkung. Diese Zusatzbelastung in den entwässerten Schichten wird allerdings überlagert von einer gewissen Entlastung der darunter liegenden Schichten durch die verringerte Wasserlast infolge von Grundwasserabsenkung (s. Martak 2005). Die Setzungsanteile infolge von Auftriebswegfall sind rechnerisch recht gut erfassbar (Ziegler et al. 2007, 2009).

Während in nichtbindigen Schichten die Setzungen sehr rasch auftreten, wird in stärker bindigen Schichten die Zusatzbelastung zunächst vom Porenwasser aufgenommen, und die Setzungen treten infolge der

Konsolidierung zeitverzögert auf. Ein wieder ansteigender Grundwasserspiegel bringt den Auftrieb zurück, sodass die effektiven Spannungen umgekehrt wieder vermindert werden, was geringe Hebungen zur Folge hat. Infolge der durch den Konsolidierungsvorgang stark bindiger Schichten bedingten Verzögerung kann es vorkommen, dass die Setzungen zum Zeitpunkt des beginnenden Wiederanstiegs des Grundwassers noch nicht abgeschlossen sind, sondern noch einige Zeit weiterlaufen und sich mit den beginnenden Hebungen überlagern (Ziegler et al. 2007, 2009).

Größere Grundwasserabsenkungen bewirken entsprechende Geländesenkungen. Die Setzmaße sind vom Absenkungsmaß und besonders vom Untergrundaufbau abhängig. Die wohl größten kontrollierten Grundwasserabsenkungsgebiete Mitteleuropas sind wahrscheinlich die Wasserhaltung für den Steinkohlebergbau im Ruhrgebiet und die Sümpfungsmaßnahmen für den Braunkohlenabbau am Niederrhein. Im zweitgenannten Fall ist das Grundwasser in den Tertiärsedimenten der Niederrheinischen Bucht örtlich um bis zu mehr als 400 m abgesenkt worden (▶ Abschn. 16.4.5). Die aufgetretenen Setzungen resultieren hauptsächlich aus den bindigen Schichtanteilen (Tonlagen) der hier vorwiegend feinsandig ausgebildeten Tertiärsedimente (▶ Abb. 3.27). Die Feinsande reagieren auf die Entwässerung noch einigermaßen verzögerungsfrei, während die Setzungen in den schluffig-tonigen Zwischenschichten zeitverzögert eintreten, da das Porenwasser nicht ungehindert entzogen werden kann.

Das mittlere relative Setzmaß beträgt in den vorwiegend feinsandigen Tertiärsedimenten je nach Schichtausbildung insgesamt 1–5 mm auf 1 m Grundwasserabsenkung. In den vorwiegend tonig ausgebildeten Tertiärsedimenten des Mainzer Beckens wurden bei mittelfristigen Grundwasserabsenkungen relative Setzmaße von 1–3 mm/m und bei langfristigen Absenkmaßnahmen solche von 5–10 mm/m beobachtet (Prinz 1990). Die rückläufigen Hebungen bei Wiederanstieg des Grundwassers betrugen 2–4 mm/m. Auch hierbei sprechen nichtbindige Schichten mehr oder weniger unmittelbar an, während bindige Schichten wegen der nachwirkenden Konsolidation zeitverzögert und mit deutlich verringerter Geschwindigkeit reagieren.

Ziegler et al. (2007, 2009) haben für diese durch Grundwasserabsenkung und -wiederanstieg bedingten Bodenverformungen ein analytisches Rechenmodell entwickelt, dessen Ergebnisse mit den Setzungsmessungen recht gut übereinstimmen.

Über die Auswirkungen von Grundwasserabsenkung in Festgesteinen ▶ Abschn. 17.2.5.6.

Auch bei **Absenkung des flurnahen Grundwassers in Talniederungen** mit örtlich weichen oder organischen Einlagerungen können erhebliche Setzungsunterschiede auf kurze Entfernung auftreten. Diese Erfahrungen sind z. B. bei der Grundwasserabsenkung im Hessischen Ried gemacht worden, wo die Grundwasseroberfläche in den Jahren 1964–1982 und verstärkt durch die niederschlagsarmen Jahre 1971–1976 um 1–5 m abgesenkt worden ist. Die in verschiedenen Ortschaften aufgetretenen Gebäudeschäden waren fast ausschließlich auf Überbauung von alten Flussschlingen mit weichen und organischen Sedimenten zurückzuführen (Prinz 1990). Die seitdem stark rückläufigen Grundwasserentnahmen und die wieder stärkere Grundwasserneubildung haben einen deutlichen Wiederanstieg der Grundwasseroberfläche bewirkt, was verbreitet Vernässungsschäden und nasse Keller zur Folge hatte (von Pape 2003 sowie ▶ Abschn. 11.1 und 16.4.5). Der Schadensfall (Wieder-)Anstieg des Grundwassers ist übrigens auch bei einer Elementarschadensversicherung nicht gedeckt.

6.5.4 Entnahme von Erdgas und Erdöl

Bei der Förderung von Erdgas und Erdöl führt die Abminderung des Lagerstättendrucks bei unvollkommen wirksamem Randwassertrieb ebenfalls zu Zusatzspannungen in der über dem jeweiligen Förderhorizont liegenden Schichtenfolge, die weitreichende Setzungen an der Tagesoberfläche zur Folge haben und Dezimeter- bis Meterbeträge erreichen können. Auch im Oberrheingraben sind in den 1960er- und 1970er-Jahren an einigen Stellen derartige Erscheinungen aufgetreten (Lit. s. 3. Aufl.).

Ereignisse dieser Art werden auch vom Gasfeld Groningen und von der Poebene berichtet (s. Geotechnik 1996: 4, S. 317). Bei den sehr tief liegenden, relativ kleinen Erdgaslagerstätten Norddeutschlands (▶ Abschn. 4.2.3.1) werden großflächige Bodensenkungen im Zentimeterbereich angenommen. In Deutschland werden Bodensenkungen über Erdöl- oder Erdgasfeldern allerdings bis jetzt nicht amtlich kontrolliert.

6.5.5 Baugrundhebungen infolge von Quellerscheinungen oder Kristallisationsdruck

Baugrundhebungen an niedrig belasteten Zwischenwänden bzw. von Fußböden infolge einer **Quellhebung** von Tonen und Tonsteinen sind immer wieder beobachtet worden (▶ Abschn. 2.6.11). Dies beruht darauf, dass bei leichten Bauwerksteilen der Quelldruck den Sohldruck übersteigen kann, was die Hebungen auslöst. Bei ausgeprägt plastischen Tonen kann das Schwellen bzw. Quellen bis zu 10 % der Schichtdicke betragen. Als Gegenmaßnahmen werden eine Gründung in einer Tiefe von 1,5–2,0 m sowie eine Bewehrung der Keller- bzw. Untergeschoßfußböden und nötigenfalls die Trennung von den aufgehenden Wänden empfohlen.

Baugrundhebungen infolge **Kristallisationsdrucks** werden besonders von der Posidonienschiefer-Formation Baden-Württembergs beschrieben. Die dünnschichtigen bituminösen Posidonienschiefer des Unterjura enthalten z. T. 5–8 % Pyrit, der bei Kontakt mit sauerstoffreichem Grundwasser oxidiert (▶ Abschn. 2.2.3) und in Gips übergeht. Über der Grundwasseroberfläche (bes. bei Grundwasserabsenkung, Dränung oder Abhalten von Niederschlagswasser infolge großflächiger Überbauung, verstärkt bei Wärmeabstrahlung) scheiden sich auf den Schichtflächen der dünnschichtigen Posidonienschiefer feinste Sulfatminerale (Gips $CaSO_4 \times 2H_2O$ und untergeordnet Melanterit ($FeSO_4 \times 7H_2O$) ab, deren Kristallisationsdruck zeitverzögert nach etwa 3–5 Jahren zu Baugrundhebungen von z. T. mehr als 10 cm pro Meter betroffener Gesteinsmächtigkeit führen kann. Unter höher belasteten Fundamenten ($\sigma > 300$ kN/m^2) sind Baugrundhebungen dieser Art noch nicht beobachtet worden. Bei Fundamenten werden diese Sohlpressungen oft erreicht, nicht jedoch unter erdaufliegenden Fußböden (Lit. s. 3. Aufl.). Eine Volumenzunahme infolge Kristallisationsdrucks von Gipskristallen kann auch in anderen feinschichtigen, gipshaltigen Böden (z. B. des Unter- und Mitteljura, s. Wagenplast 2005) oder auch in gipshaltigen Auffüllmaterialien (Schlacken) auftreten. Weitaus die meisten Schadensfälle sind jedoch aus dem Posidonienschiefer Baden-Württembergs bekannt geworden.

Heckgötter und Schwald (1994) beschreiben Hebungen eines Hallenbodens, für dessen Unterbau ein nicht raumbeständiges Hüttenmineralgemisch verwendet wurde, das ungebundenes Magnesiumoxid enthielt. Bei Feuchtigkeitszunahme wird dieses in $Mg(OH)_2$ umgewandelt, wobei nachträglich im Laborversuch eine Volumenvergrößerung um bis zu 40 % gemessen wurde.

Volumenzunahme und Baugrundhebungen treten besonders auch beim **Hydrationsprozess von Anhydrit** zu Gips auf (▶ Abschn. 2.6.11 und 17.5.2.2). Bei Gründungen im Anhydrit bzw. bei Anschneiden des Anhydritspiegels in Einschnitten oder Tunneln und gleichzeitigem Wasserzutritt ist mit einer Aktivierung der Hydratation und Hebungserscheinungen von Dezimetern bis Metern zu rechnen. An der BAB A81 sind in Einschnitten Hebungen von anfangs 10–15 cm/Monat gemessen worden, die nach einem Jahr auf etwa 6 cm/Monat zurückgingen (Kleinert und Einsele 1978). Die Bewegungen sind auch nach 25 Jahren noch nicht ganz zur Ruhe gekommen. Im Jahr 2008 ist in Staufen (Südbaden) beim Abteufen von Geothermiebohrungen Wasser eines tieferen Stockwerks in ein bisher wasserfreies Anhydritlager aufgestiegen und hat

Hebungen in Dezimetergrößenordnung ausgelöst, mit entsprechenden Gebäudeschäden im Stadtbereich (▶ Abschn. 19.2.2.1).

6.5.6 Einfluss von Erschütterungen

Erschütterungen sind niederfrequente (10–50 Hz) Vibrationen, die sich im Boden in Form von Raumwellen oder Oberflächenwellen ausbreiten. Zu den **Raumwellen** gehören die Longitudinalwellen, auch Kompressionswellen oder Primärwellen (P-Wellen) genannt, und die Transversalwellen bzw. Scherwellen oder Sekundärwellen (S-Wellen). Bei der Fortpflanzung der P-Wellen wird das Medium abwechselnd komprimiert oder gedehnt. Bei der S-Welle tritt keine Volumenänderung ein, sondern eine reine Scherverformung mit Biegung und Schub. Die P-Wellen bewirken eine Erhöhung des Porenwasserdrucks, während die langsameren S-Wellen durch die Scherbeanspruchung eine Umlagerung des Korngefüges verursachen (◘ Abb. 6.8).

An freien Oberflächen werden die P- und S-Wellen reflektiert, und es entsteht als **Oberflächenwelle** die sog. Rayleigh-Welle (R-Welle), die sowohl longitudinale als auch transversale Verschiebungskomponenten aufweist. Für oberflächennahe Erschütterungsprobleme sind die R-Wellen oft von ausschlaggebender Bedeutung. An Grenzflächen von zwei Schichten treten Wellenreflexionen auf.

Erschütterungen können von einer Vielzahl von Erregern verursacht werden. Unterschieden werden sog. transiente (kurzzeitige), intermittierende (zeitweise auftretende) oder stationäre (anhaltende) Schwingungen:

- stationäre Erschütterungen durch Rammgeräte, Verdichter, Hammer- und Brecheranlagen, Schrottscheren, Sägegatter, Stanzen u. Ä.,

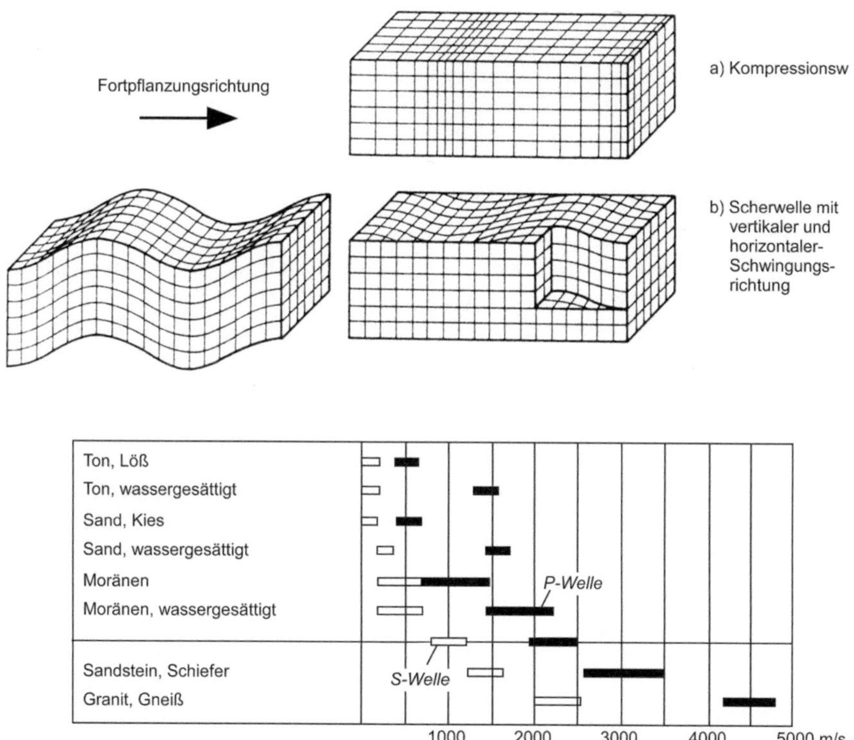

◘ **Abb. 6.8** Schematische Darstellung der Wellenarten und Wellengeschwindigkeiten für verschiedene Bodenarten

- kurzzeitige Erschütterungen durch Fallimpulse, z. B. bei Abbrucharbeiten, Sprengerschütterungen, Erdbeben (► Abschn. 4.2.3).

Verkehrserschütterungen nehmen eine Mittelstellung zwischen den kurzzeitigen Einzelereignissen und den anhaltenden Erschütterungsanregungen ein. Zu beachten ist besonders Verkehr über unebene Fahrwege. Massarsch und Corten (1988: Tab. 6.3) geben eine Übersicht über die typischen Erschütterungsquellen, die zu erwartenden Schwingungsintensitäten und auch deren Frequenzbereiche (s. Massarsch 2002 und Schalk et al. 2004).

Ein weiterer Effekt, der durch in Schwingungen versetzte Gegenstände ausgestrahlt wird, ist der sog. Sekundär-Luftschall. Diese hörbaren Schallimmissionen können störender sein als Erschütterungsimmissionen.

Bodenerschütterungen führen zu Belästigungen der Anlieger und können Schäden an baulichen Anlagen bewirken. Da es im Bundes-Immissionsschutzgesetz (BImSchG) keine Richtwerte für die **Beurteilung von Erschütterungen** gibt, werden in der Praxis die Anhaltswerte der DIN 4150-1 bis 3 sowie der VDI-Richtlinie herangezogen:

- Teil 1: Vorermittlung von Schwingungsgrößen (2001),
- Teil 2: Einwirkungen auf Menschen in Gebäuden (1999),
- Teil 3: Einwirkungen auf bauliche Anlagen (1999) sowie
- VDI 2038, Blatt 2: Gebrauchstauglichkeit von Bauwerken bei dynamischen Einwirkungen; Untersuchungsmethoden und Beurteilungsverfahren der Bodendynamik, Schwingungen und Erschütterungen – Prognose, Messung, Beurteilung und Minderung.

Maßgebende Schwingungsgröße für die Beurteilung der Erschütterungswirkung ist die Schwinggeschwindigkeit v_i (mm/s) der an Fundamenten (Kellermauern) oder Decken ankommenden Bodenerschütterung (◘ Tab. 6.3). Bei den Tabellenwerten ist zu beachten, dass es sich um Anhaltswerte handelt und nicht um Grenzwerte. Bei Gebäudeerschütterungen werden dabei die Spitzenwerte der Maximalamplitude der Schwinggeschwindigkeit v_{max} herangezogen und nicht die effektive Schwinggeschwindigkeit (K_B-Wert) wie bei Einwirkungen auf Menschen (s. DIN 4150-2 und Müller-Boruttau 2000). In der DIN 4150-2 sind auch Anhaltswerte v_i für Ingenieurbauwerke in massiver Bauweise (Blockfundamente, Widerlager) sowie für erdverlegte Leitungen enthalten.

Durch Erschütterungen werden, von den Fundamenten ausgehend, einzelne Teile eines Gebäudes in unterschiedlicher Weise angeregt und dadurch Spannungen in den Bauteilen erzeugt. Die größten Schwingungsamplituden sind in Deckenmitte des obersten Vollgeschosses zu erwarten. Gemessen wird an der dem Erreger zugewandten Gebäudeseite. Deckenschwingungen werden im obersten Vollgeschoss gemessen, und zwar der vertikale Schwingungsanteil in Deckenmitte und der horizontale Anteil nahe einer durchgehenden Mauer. Wichtig ist eine feste Ankopplung der Messgeräte an das Bauwerk (Fundament, Decke, Wand). **Erschütterungsmessungen** erfolgen mittels 3-Komponenten-Schwinggeschwindigkeitsaufnehmern in den drei Hauptschwingungsrichtungen v_z (lotrecht), v_x, und v_y (waagrecht, längs bzw. quer zum Erreger). Die Messverfahren sollen künftig in DIN EN ISO 18 674, Teil 10 genormt werden. Der Beurteilung wird der größte Einzelwert der Schwinggeschwindigkeitskomponenten zugrunde gelegt.

Zur Beschreibung der Dämpfung der Maximalamplituden bei Sprengerschütterungen wird in DIN 4150-1 die Abstands-Lademengen-Beziehung verwendet. Danach sind die Maximalamplituden der Schwinggeschwindigkeit (max. v) in erster Linie vom Abstand der Sprengstelle und von der Lademenge abhängig. Der in der Formel ebenfalls enthaltene Dämpfungsexponent setzt sich aus der sog. geometrischen Dämpfung und der Materialdämpfung zusammen. Nach Müller und Pipping (2011) ist es nicht möglich, aus der Lademengen-Abstands-Beziehung eine einigermaßen sichere

Tab. 6.3 Frequenzabhängige Anhaltswerte der Schwinggeschwindigkeit zur Beurteilung der Wirkung von kurzzeitigen Erschütterungen auf Gebäude (nach Erichsen et al. 2004)

Zeile	Gebäudeart	Anhaltswerte für die Schwinggeschwindigkeit v_i, in mm/s			
		Fundament			oberste Deckenebene, horizontal
		Frequenz <10 Hz	10–50 Hz	50–100* Hz	alle Frequenzen
1	gewerblich genutzte Bauten, Industriebauten und ähnlich strukturierte Bauten	20	20–40	40–50	40
2	Wohngebäude und in ihrer Konstruktion und/oder ihrer Nutzung gleichartige Bauten	5	5–15	15–20	15
3	Bauten, die wegen ihrer besonderen Erschütterungsempfindlichkeit nicht denen nach Zeile 1 und 2 entsprechen und besonders erhaltenswert (z. B. unter Denkmalschutz stehend) sind	3	3–8	8–10	8

* Bei Frequenzen >100 Hz dürfen mindestens die Anhaltswerte für 100 Hz angesetzt werden.

Aussage zu treffen, sondern es sind in jedem Einzelfall weitergehende Untersuchungen vorzunehmen.

Die genannten Autoren unterteilen die Erschütterungszone um eine detonierende Ladung (▶ Abschn. 12.1 und 17.7.1) in einen Nahbereich und einen Fernbereich und unterscheiden weiter jeweils 2 bzw. 4 Zonen. Je nach Lademenge und dem eingesetzten Sprengstoff umfasst der Nahbereich 30–120 m. Im Fernbereich ist nicht mehr mit Schadenswirkungen zu rechnen, wohl aber mit mehr oder weniger deutlich spürbaren Erschütterungen.

Die **Wellenausbreitung im Boden** und die Übertragung von Erschütterungen auf Gebäude und auf darin befindliche Personen und Einrichtungen wird von einer Vielzahl von Faktoren beeinflusst. Dazu gehören:

- der Abstand zwischen der Störquelle und dem betroffenem Objekt,
- die dynamischen Eigenschaften der Erschütterungsquelle, u. a. m. das Frequenzspektrum,
- der Untergrundaufbau (Bodenart, Wassergehalt, Lagerungsdichte, Trennflächen, Grundwasseroberfläche),
- Wellenüberlagerungen und Resonanzerscheinungen,
- Dämpfung infolge von Energieabsorption und dadurch Abnahme der Amplitude,
- die Gründung, die Konstruktion und der Zustand des Bauwerks und
- die Einleitung der Erschütterung über das Fundament in das Bauwerk.

Die Wellengeschwindigkeit im Boden ist keine Materialkonstante, sondern ist ebenso wie der Dämpfungsgrad stark von den Untergrundfaktoren und der Wellenfrequenz abhängig. Der **Dämpfungskoeffizient** ist bei harten magmatischen Gesteinen gering, streut bei den Sedimentgesteinen je nach Festigkeit sehr stark und ist bei Lockergesteinen relativ hoch. Außerdem werden nicht alle Frequenzen gleich stark gedämpft. Die tieffrequenten Anteile der Schwingungen zwischen 1 und 10 Hz breiten sich in gut Körperschall leitendem Untergrund teilweise nahezu ungedämpft über größere Entfernungen aus (Rehbock 1995).

Bodenerschütterungen können durch **Resonanzeffekte** erheblich verstärkt werden, wenn die dominierende Frequenz der sich ausbreitenden Welle mit der Eigenfrequenz der Bodenschicht zusammenfällt. Gleiches gilt für die Bauwerksresonanz. Die Eigenfrequenzen von Wohnhäusern liegen oft zwischen 10 und 20 Hz, wodurch es bei längerer Einwirkung tieffrequenter Schwingungsanteile schon bei geringer Energiezufuhr zu Resonanzerscheinungen (hohen Amplitudenausschlägen) und Schäden kommen kann (s. Arnold 1995).

Die **Wahrnehmung von Erschütterungen** durch Personen ist stark subjektiven Maßstäben unterworfen. Die menschliche Spürbarkeitsschwelle liegt etwa bei $\mathcal{J}_i = 0{,}1$ mm/s. Bei der Einwirkung auf Menschen ist außerdem zu unterscheiden zwischen der eigentlichen Erschütterungseinwirkung (K_B-Wert) und dem sekundären Luftschall zu unterscheiden, der in dBA gemessen wird und je nach Lärmquelle tieffrequenten (innerstädtischer Verkehr) oder mittelfrequenten Schall (Güterzüge, Flugzeuge) erzeugt. Die Erfahrung zeigt außerdem, dass die Bewohner zeitlich begrenzte und nur tagsüber auftretende Erschütterungen oft tolerieren, wenn durch Erschütterungsüberwachung und Beweissicherung sichergestellt ist, dass die Bausubstanz schadensfrei bleibt (s. DIN 4150-2).

Schäden an Bauwerken können sowohl durch direkte Erschütterungseinwirkung als auch indirekt durch Setzungen, ausgelöst durch Erschütterungen, auftreten. Das Ausmaß von Setzungen infolge von Erschütterungen ist schwer vorherzusagen. Ansatzpunkte dafür liefert Klein (1990).

Erschütterungen bewirken dynamische Spannungen, die sowohl auf ein Bauwerk in seiner Gesamtheit als auch auf einzelne Bauteile – bei Häusern z. B. die Geschossdecken – einwirken können. Für Bauwerksschäden sind häufig die horizontalen Schwingungskomponenten maßgebend, da Gebäude in horizontaler Richtung eine geringere Steifigkeit aufweisen. Gebäudeecken werden dagegen hauptsächlich durch vertikale Schwingungen angeregt.

Bauwerksschäden sind i. Allg. nur im Nahbereich von Erschütterungsquellen und bei Schwinggeschwindigkeiten >12 mm/s zu erwarten. Aus der Erregerstärke und der Entfernung kann man jedoch keine zuverlässigen Rückschlüsse auf das Schadensrisiko ableiten. Besonders die Grundwasseroberfläche oder andere gut Körperschall leitende Flächen (Felsoberfläche) wirken als ausgesprochen guter Reflexionshorizont. Für die Beurteilung von Schäden an Bauwerken durch Erschütterungen enthält die DIN 4150, Teil 3, Anhaltswerte (◘ Tab. 6.3), die nach heutiger Fachmeinung Unbedenklichkeitswerte darstellen und keiner weiteren Sicherheitsabschläge bedürfen. Für Wohngebäude sind danach in Abhängigkeit von der Frequenz Schwinggeschwindigkeiten von $\mathcal{J} = 5–20$ mm zulässig. Für anhaltende oder sich öfter wiederholende Erschütterungen sind allerdings auch niedrigere Richtwerte in der Diskussion, wobei jedoch die Angaben in der Literatur streuen. Nach Arnold (1986, 1988) können bei kurzzeitigen Sprengerschütterungen die Anhaltswerte der ◘ Tab. 6.3 um bis zu 50 % überschritten werden, ohne dass ein erhöhtes Schadensrisiko auftritt. Diese Überschreitungen liegen aber nach Ansicht anderer Sachverständiger bereits im Niveau der Sicherheitsmarge, auf die nicht verzichtet werden sollte.

Ist das primäre Schutzziel die Funktionstüchtigkeit empfindlicher Geräte, so sind die entsprechenden Erschütterungsempfindlichkeiten zu beachten, die bei 1/10 bis 1/100 der Spürbarkeitsschwelle liegen können. Schalk et al. (1999) geben einen Überblick über die Systematik des Vorgehens bei der Ermittlung der Erschütterungsverträglichkeit und der Beweissicherung derartiger sensibler Objekte.

Bodenerschütterungen bewirken oftmals charakteristische **Schadensbilder**, deren Beurteilung und Bewertung viel Erfahrung verlangt. Bei Wechselbeanspruchung entstehen an Mauerwerkswänden die sonst schwer deutbaren gekreuzten Diagonalrisse, eine Kombination von Fugenrissen und Steinzugversagen (◘ Abb. 6.9 und ▶ Abschn. 6.4). Besonders

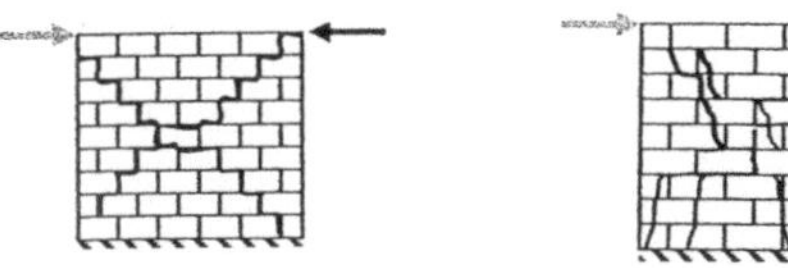

Abb. 6.9 Typische Schadensbilder an Mauerwerkswänden durch Wechselbeanspruchung infolge von Erschütterungseinwirkung

im Anfangsstadium werden Gebäudeschäden durch Erschütterungseinwirkung häufig verkannt. Hier hat sich die Methode der vergleichenden Beobachtung der Schadensentwicklung in bestimmten Zeitabständen bei gleichzeitiger Erfassung der wesentlichen übrigen Einflussgrößen bewährt. Vorschäden sowie Rissvergrößerungen (an Gipsmarken) und Neurissbildungen werden dabei dokumentiert, wobei die Überprüfung von Gipsmarken unmittelbar nach der Erschütterungseinwirkung erfolgen muss. Dabei sind nicht nur das Durchreißen einer Gipsplombe, sondern auch die Rissuferverschiebungen maßgebend. Besonders zu beachten sind erschütterungsempfindliche Einrichtungen (Deckenfresken, Stuckdecken) und Gegenstände, die herabfallen können.

Sofern auch andere Ursachen in Betracht kommen, muss versucht werden zu beurteilen, ob und ggf. in welchem Verhältnis die verschiedenen Schadensquellen die Schäden verursacht haben.

Das Ziel von **Maßnahmen gegen Bodenerschütterungen** ist, Erschütterungsimmissionen so weit abzumindern, dass die vorgegebenen Anhaltswerte eingehalten werden. Insgesamt können gegen Bodenerschütterungen drei Maßnahmen in Betracht gezogen werden:

- die aktive Abschirmung an der Quelle,
- die passive Abschirmung am betroffenen Objekt und
- die Abschirmung im Bereich der Wellenausbreitung (Übertragungsweg).

Mit Maßnahmen an der Quelle lassen sich meist die besten Ergebnisse erzielen. Als wirksame Isoliermaßnahme sowohl an der Quelle als auch am Empfangsort dienen je nach Frequenzbereich verschiedene elastische Puffermaterialien. Auch zur Minderung von Erschütterungen durch den Schienenverkehr kommen spezielle Schienenlagerungssysteme zum Einsatz. Über die Möglichkeiten zur Verminderung von Sprengerschütterungen ▶ Abschn. 17.7.1.

Da sich die für Bauschäden maßgebende Schwingenergie hauptsächlich in oberflächennahen Schichten bis etwa 15 m Tiefe ausbreitet, kann durch im Übertragungsweg eingebaute Bodenschlitze oder steife Wände eine Abschirmung erreicht werden (s. d. Massarsch 2002, Walther und Keil 2015).

Baugrundverbesserung

H. Prinz, R. Strauß, *Ingenieurgeologie*,
https://doi.org/10.1007/978-3-662-54710-6_7

Die Festlegung der aufnehmbaren Sohlspannung erfolgt unter Annahme einer für das Bauwerk verträglichen Setzung bzw. entsprechender Setzungsunterschiede. Besteht Gefahr, dass dieses Setzungsmaß überschritten werden, so müssen dagegen Maßnahmen vorgesehen werden. Diese sind abhängig von Baugrund und Bauwerk sowie von der Höhenlage der Grundwasseroberfläche.

7.1 Konstruktive Maßnahmen

Ausgehend von den in ► Abschn. 6.1 genannten zulässigen Setzungen und Setzungsunterschieden kann die Setzungsempfindlichkeit eines Bauwerks durch konstruktive Maßnahmen verringert werden. Erste Maßnahme zur Erhöhung der Steifigkeit eines Gebäudes ist eine **konstruktive Längsbewehrung** der Streifenfundamente. Damit können bei normalen Wandabständen von Wohngebäuden fast doppelt so große Setzungsunterschiede aufgenommen werden wie im Falle unbewehrter Streifenfundamente.

Einzelfundamente können zur Abminderung von Setzungsunterschieden durch Stahlbetonbalken (Zerrbalken) verbunden werden.

Der nächste Schritt zur Aussteifung eines Gebäudes ist gewöhnlich die Ausführung von **monolithischen Decken** (Stahlbetondecken) anstelle von Fertigteildecken (Träger- oder Rippendecken oder sogar Holzdecken). Stahlbetondecken, zumindest als Kellerdecke, geben einem Gebäude besonders bei sattelartigen Setzungen eine wesentlich höhere Steifigkeit.

Soll ein Gebäude noch weiter ausgesteift werden, so können die Fundamente durch einen darüber angeordneten Stahlbetonbalken verstärkt oder die Keller(außen)wände in Stahlbeton hergestellt werden.

Die entgegengesetzte Lösung besteht darin, Bauwerk und Gründung so biegeweich bzw. statisch bestimmt auszubilden, dass die durch Setzungsunterschiede hervorgerufenen Durchbiegungen und Verformungen ohne Spannungsüberschreitungen aufgenommen werden können. Diese Methode wird besonders im konstruktiven Ingenieurbau angewandt. Im Brückenbau können auch die Lager nachstellbar ausgebildet werden, wobei die Nachstellarbeiten aber meist einen erheblichen Aufwand bedeuten.

Längere Bauwerke werden durch meist 2 cm breite Dehnungsfugen in Abschnitte unterteilt. Der normale Fugenabstand zur Aufnahme der Temperatur-, Schwind- und Kriechspannungen beträgt je nach Baumaterial 8–30 m. In den meisten Fällen reicht dieser Fugenabstand auch für **Setzungsfugen**. Diese müssen aber vertikal frei beweglich ausgebildet sein und eine leichte Verkippung zur Setzungsmulde hin erlauben. Wenn wilde Risse in den Fundamenten unschädlich sind, sollten Setzungsfugen zur besseren Aussteifung nicht durch die Fundamente geführt werden. Bei verschieden hohen oder verschieden tief gegründeten Bauteilen werden die Setzungsfugen an diese Versprünge gelegt.

Im Grundwasser müssen Fugen (auch Arbeitsfugen) durch Fugenbänder u. Ä. gedichtet werden. Normale Fugenbänder können Setzungen bis zu 2 cm aufnehmen. Sind an den Fugen größere Setzungsunterschiede zu erwarten, so müssen die Fugenbänder darauf abgestimmt werden. Wiederholte Fugenbewegungen erfordern dauerelastische Fugenbänder.

Bezüglich der **Abminderung des Sohldrucks** muss einerseits zwischen einer echten Abminderung der effektiven Lasten durch Änderung der Konstruktion (selten möglich) bzw. Tieferlegung der Gründung (größerer Erdaushub) und andererseits einer Abminderung des spezifischen Sohldrucks durch Vergrößerung der Fundamentfläche unterschieden werden.

Bei homogenem Baugrund werden durch Vergrößerung der Fundamentfläche die Setzungsfugen zunächst nur geringfügig abgemindert, da breitere Fundamente eine höhere Eigenlast und eine größere Tiefenwirkung haben. In solchen Fällen ist eine **Plattengründung** vorzuziehen. Diese hat nicht nur arbeitstechnische Vorteile, sondern kann durch ihre Steifigkeit, besonders im Verbund mit aufgehenden Wandscheiben und ggf. einer monolithischen Decke, Verformungsunterschiede besser ausgleichen.

7.2 Mechanische Baugrundverbesserungsverfahren

▪ Tab. 7.1 gibt eine Übersicht über die Baugrundverbesserungsverfahren bei Bauwerksgründungen, sowohl durch Verdichtung als auch durch Einpressen von Suspensionen und Lösungen. Letztere bedürfen einer wasserrechtlichen Erlaubnis.

Zur Baugrundverbesserung durch Vorbelastung bzw. Beschleunigung der Konsolidation durch den Einsatz von Tiefendräns ► Abschn. 14.3.

7.2.1 Verdichtung und Bodenaustausch

Das einfachste Verfahren zur Verbesserung von verdichtungsfähigen Böden ist eine **mechanische Verdichtung** der Gründungssohle mit einem der Fundamentgröße angepassten Verdichtungsgerät (► Abschn. 12.2.2). Die Wirkungstiefe der üblichen Geräte beträgt 0,2 bis max. 0,8 m.

Der Impulsverdichter ist ein steuerbares Verdichtungsgerät mit hoher Schlagfrequenz und einem Fallgewicht von 5–9 t für mitteltiefe Baugrundverbesserung. Das Verfahren kann aufgrund der relativ geringen Erschütterungsemissionen auch innerstädtisch eingesetzt werden (Henke 2010; Falkner et al. 2010 und geotechnik 35:3, A 30–31).

Ist der Boden nicht verdichtungsfähig, so muss er ausgekoffert und durch gut verdichtbares, tragfähiges Bodenaustauschmaterial (z. B. Kiessand 0–30, Schottergemisch 0–56, gebrochenes Steinmaterial 0–200, Unterbeton) ersetzt werden.

Dieser **Bodenaustausch** muss im Druckausbreitungsbereich des Fundaments eingebracht werden (Unterbeton oder Kiessand 50–60°). Unterschieden wird zwischen vollständigem und teilweisem Bodenaustausch. Ein vollständiger Bodenaustausch wird bis auf die volle Tiefe des schlechten Baugrundes bzw. im Gesamtbereich der Spannungsausbreitung vorgenommen. Die Setzungen werden dadurch auf die Setzungen des Bodenaustauschmaterials selbst abgemindert, die je nach Material und Verdichtung allerdings immer noch 0,2–1,0 % der Mächtigkeit des Bodenaustauschs betragen können.

Da die obersten Meter unter Gründungssohle die meisten Setzungen erbringen, genügt zur Abminderung der Setzungen auf ein zulässiges Maß häufig ein teilweiser Bodenaustausch, dessen erforderliche Dicke nach ▪ Abb. 7.1 ermittelt werden kann. Mit einer solchen „Polstergründung“ kann eine Abstimmung auf verträgliche Setzungen vorgenommen werden. Kann sich im Austauschboden Wasser ansammeln oder steht der Austauschboden zeitweise unter Grundwasser, so ist zu prüfen, ob der Boden darunter durch Wasser negativ beeinflusst werden kann. In solchen Fällen wird

▪ **Tab. 7.1** Übersicht über die Baugrundverbesserungsverfahren in Abhängigkeit von der Kornverteilung des Gründungsbodens

Ton	Schluff	Sand
Bodenaustausch		Verdichtung
Rüttelstopfverdichtung Stabilisierungssäulen		Rütteldruckverdichtung
	Dynamische Intensivverdichtung	
	Chemische Injektionen	Feststoffinjektionen
Frac-Verfahren		
Düsenstrahlverfahren		

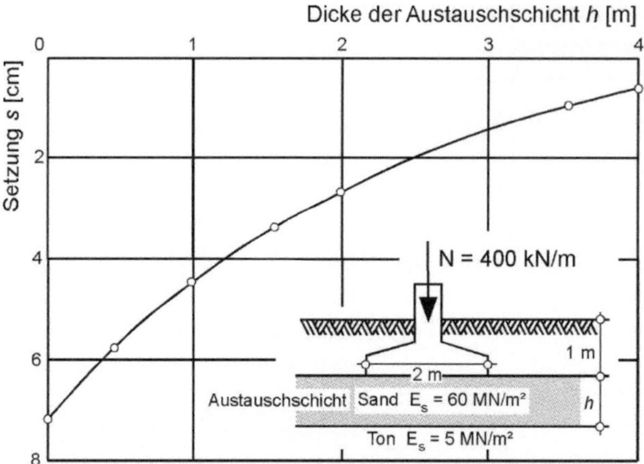

Abb. 7.1 Ermittlung der Dicke der Austauschschicht in Abhängigkeit von der Last bzw. der Fundamentbreite (nach Schmidt 1996)

7

zweckmäßigerweise ein Unterbetonaustausch vorgenommen.

Der Bodenaustausch muss gut verdichtet werden, wobei ► Abschn. 12.2.1, 12.2.2, 12.2.3 und 12.2.4 sowie die DIN EN 1997-1, Abs. 5.3.3 und 5.3.4, zu beachten sind. Bei lagenweiser Verdichtung muss das Grundwasser mindestens 0,5 m unter die tiefste Aushubsohle abgesenkt sein. Die Grenzen der Wirtschaftlichkeit des Bodenaustauschs liegen häufig in der Notwendigkeit bzw. dem Aufwand der Wasserhaltung. Bei weichen Böden ist als erste Lage eine filterstabile Schicht einzubringen bzw. ein Baustellenvlies einzulegen, damit feinkörniger Boden nicht in die Grobporen des Bodenaustauschmaterials einwandern kann, was zu zusätzlichen und länger anhaltenden Setzungen führen kann.

Zur Erhöhung der Tragfähigkeit können in das Bodenaustauschmaterial Bewehrungselemente aus Geokunststoffen eingebaut werden (► Abschn. 12.3.3), wodurch ein **bewehrtes Gründungspolster** entsteht (Abb. 7.2). Durch die Bewehrung wird die Tragfähigkeit verbessert und die Setzungen werden reduziert, zumindest aber vergleichmäßigt. Für Konstruktionshinweise und Bemessung einer solchen mehrlagigen Geogitterbewehrung wird auf EBGEO, ► Kap. 5, verwiesen.

Bei größeren Austauschmächtigkeiten und der Verwendung von Kiessand als Austauschmaterial bzw. bei anstehenden, nicht ausreichend

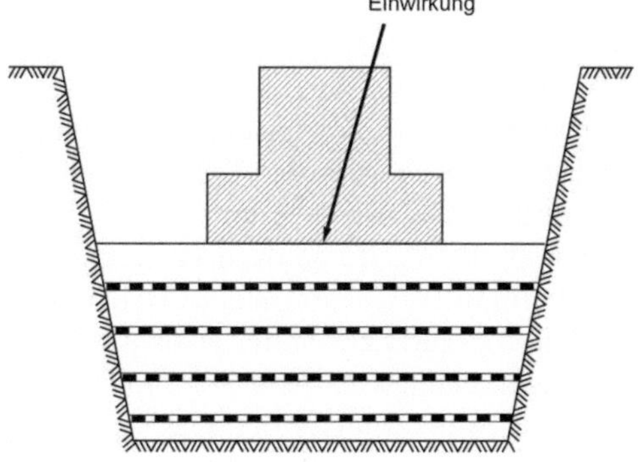

Abb. 7.2 Gründungspolster mit 5 Bewehrungseinlagen (in Anlehnung an EBGEO)

dicht gelagerten Sanden, deren Schluffanteil 15 % nicht übersteigt, kann die Verdichtung auch unter Wasser nach dem **Rütteldruckverfahren (RDV)** erfolgen (s. Spezialtiefbaunorm DIN EN 14 731). Der torpedoähnliche Tiefenrüttler, an dessen unterem Ende eine exzentrische Umwucht Vibrationen erzeugt, wird unter Wasserzugabe an seiner Spitze in Abständen von 1,5–3,0 m vertikal in den zu verdichtenden Boden eingefahren. Anschließend wird der Rüttler unter reduzierter Wasserzugabe stufenweise gezogen. Dabei erfolgt gleichzeitig die Verdichtung durch horizontale Schwingungen des Rüttlers, die ungedämpft auf den zu verdichtenden Boden einwirken. Hierdurch wird eine deutliche Erhöhung der Lagerungsdichte sowie des

Reibungswinkels und des Steifemoduls erreicht. Die an der Oberfläche entstehenden Trichter werden aufgefüllt. In feinkörnigen Sanden wird teilweise Grobkorn zugegeben, was die Entwässerungseigenschaften verbessert und den Boden auch gegen dynamische Beanspruchung, z. B. bei Erdbeben, unempfindlicher macht. Die obersten 1,5–3 m sind bei diesem Verfahren schlecht verdichtbar und müssen nachverdichtet werden. Die üblichen Rütteltiefen betragen 10–25 m, bei sehr lockerer Lagerung auch mehr.

7.2.2 Rüttelstopfverdichtung, Stabilisierungssäulen

Bei feinkörnigen Böden und nicht verdichtbarem Baugrund sowie einer Tiefenlage der tragfähigen Schichten von 3–10 m (z. T. auch tiefer) kann eine Baugrundverbesserung mittels Stabilisierungssäulen vorgesehen werden. Für diese Bauverfahren gelten die Spezialtiefbaunorm DIN EN 14 679 „Tiefreichende Bodenstabilisierung" und das DGGT-Merkblatt für die Herstellung, Bemessung und Qualitätssicherung von Stabilisierungssäulen, Teil 1 – CSV-Verfahren (2002). Die tief reichende Bodenstabilisierung mit Bohr-/Mischwerkzeugen und Einbringen von Bindemitteln wird auch als „Deep-Soil-Mixing"-Verfahren (DSM-Verfahren) bezeichnet (s. DIN 4093).

Die vertikalen Baugrundverbesserungselemente werden in drei Gruppen eingeteilt:

A. Tiefrüttelverfahren, Mineralstopfsäulen,
B. Trocken- und Nassmörtelsäulen, hydraulisch gebundene Stopfsäulen,
C. Vollverdrängungssäulen <30 cm im Trocken- und Nassverfahren.

Ein bekanntes Verfahren ist die sog. **Rüttelstopfverdichtung** (RSV), die in sehr weichen bis steifen bindigen Böden (konservativ $c_u > 15$ kN/m², heute bis $c_u > 5$ kN/m², s. ► Abschn. 14.3.2 und Priebe 2003; Wehr und Maihold 2012; Schüßler 2013), weniger in stark organischen Böden eingesetzt werden kann. Der Tiefenrüttler wird in den weichen Boden eingefahren und nach dem Ziehen wiederholt grober Kies oder Schotter der Körnung 8–32, und zwar etwa 0,8–1,5 t pro laufendem Meter, zugegeben und durch wiederholtes Einfahren des Rüttlers verdichtet (◘ Abb. 7.3). Dadurch entstehen in dem weichen Boden tragfähige Schottersäulen von 0,8–1,1 m Durchmesser. In suffosions- bzw. erosionsempfindlichen Böden (► Abschn. 2.2.6), bei denen durch die Grundwasserströmung Feinkorn in die Stopfsäulen ein- und z. T. nach oben ausgespült werden kann, muss ggf. filterstabiles Zugabematerial oder eine Ummantelung verwendet werden.

Eine andere Entwicklung sind **geokunststoffummantelte Sand- und Mineralstopfsäulen**,

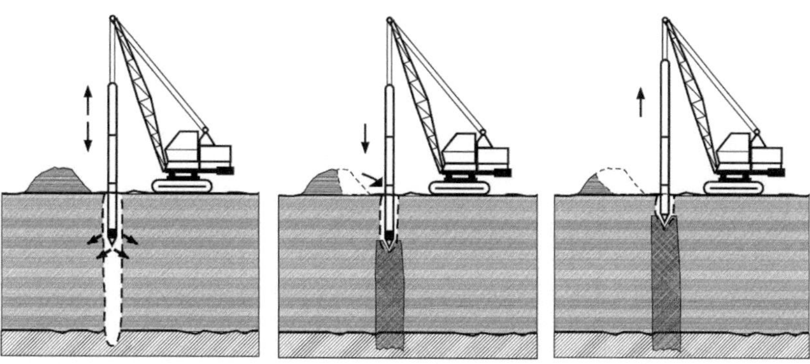

◘ **Abb. 7.3** Schema einer Rüttelstopfverdichtung

wie sie bevorzugt zur Gründung von Dämmen auf weichem Untergrund eingesetzt werden (▶ Abschn. 14.3.2, Heerten et al. 2004; Ziegler 2012; Raithel et al. 2013 und EBGEO, Abs. 10).

In sehr weichen bis breiigen Böden oder organischen Zwischenschichten kann die ungenügende seitliche Stützung der Stopfsäule durch Zugabe einer Zementsuspension bzw. durch Verwendung eines vorgefertigten Mörtels erreicht werden. Diese **vermörtelten Rüttelstopfsäulen** (RSVv) können in nichtbindigen und in bindigen Böden mit $c_u > 15\ \mathrm{kN/m^2}$ eingesetzt werden, wobei bis 1 m dicke Zwischenschichten mit $c_u = 8\text{–}15\ \mathrm{kN/m^2}$ zulässig sind.

7

Vermörtelte Stabilisierungssäulen dienen einerseits als Baugrundverbesserung und sind andererseits eine Alternative zu den klassischen Tiefgründungsverfahren gem. ▶ Kap. 8. Einen solchen Übergang als „pfahlähnliche Elemente" stellen sie sog. Rüttel-Stopfbeton-Pfähle (RSB) dar. Anwendungsmöglichkeiten und -grenzen s. Lesemann und Beckhaus (2014). Das RSB-Verfahren ähnelt dem o. g. RSVv-Verfahren.

Mit Bohrgeräten hergestellte **Stabilisierungssäulen** werden gewöhnlich in einem Raster von 1,5–2,5 m entweder durch Verdrängen des Bodens und Auffüllen des verdrängten Volumens mit grobkörnigem Material, Beton bzw. einer Bindemittelsuspension oder aber durch Einmischen eines Bindemittels bzw. einer Suspension ausgeführt. Die Verdrängungsverfahren zeigen dabei eine gewisse Verdichtungswirkung im Nahbereich der Säule (◘ Abb. 7.4). Die Durchmesser der Säulen sind je nach Verfahren unterschiedlich (0,2 bis >1 m); sie reichen 10–15 m tief, z. T. auch tiefer. Die Stabilisierungssäulen binden nicht unbedingt in eine tragfähige Schicht ein, weshalb sie z. T. auch als „schwimmende" Säulen bezeichnet werden. Zur Verhinderung hydraulischer Kurzschlüsse im System kann die Wasserwegigkeit der Säulen durch Einbau einer min. 1 m hohen Dichtung aus einem Sand-Bentonit-Gemisch minimiert werden (Raithel et al. 2013).

Stabilisierungssäulen verbessern sowohl die Scherfestigkeit des Untergrundes als auch seine Tragfähigkeit. Ihre Wirksamkeit bedarf einer seitlichen Stützung, weshalb ihre Anwendung

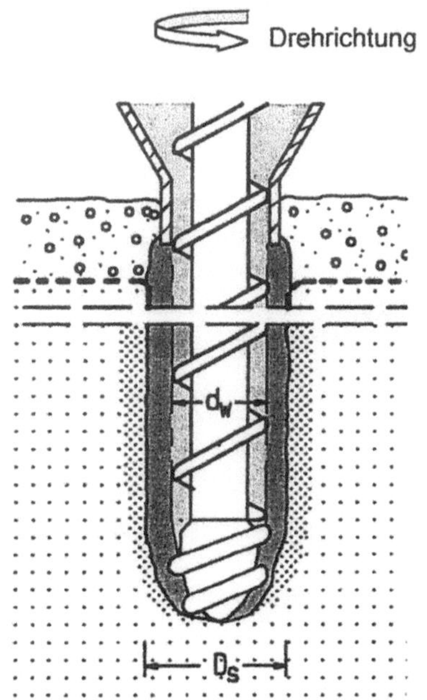

◘ **Abb. 7.4** Schneckenbohrer zur Herstellung einer Trockenmörtelsäule im Verdrängungsverfahren (Firmenprospekt): d_w = Durchmesser der Schnecke, D_s = Säulendurchmesser

im Wesentlichen auf die genannten Bodenverhältnisse beschränkt ist. Aufgrund ihrer größeren Steifigkeit gegenüber dem Boden werden die Gründungslasten im Wesentlichen von den Säulen übernommen. Ihre baugrundverbessernde Wirkung ist nur mit aufwendigen Belastungsversuchen zu belegen (Kirsch et al. 2004; Schüßler 2013; Raithel et al. 2013).

Nach den Herstellungsverfahren und der Art des Einbringens des Säulenmaterials werden mehrere Arten von Stabilisierungssäulen unterschieden, nämlich die Rüttelverdrängungsverfahren oder in verdrängenden Bohrverfahren mittels rotierender Werkzeuge (meist Schnecke) hergestellte Stabilisierungssäulen, die frei von Erschütterungen und Schwingungen sind, sodass sie auch in erschütterungsempfindlichen Böden (z. B. Seetone) eingesetzt werden können.

Bei den **Bodenmischsäulen** (BMS) wird der Boden mittels verschiedener Bohrverfahren aufgearbeitet und mit pulverförmigen Bindemitteln oder Suspension versetzt. Durch das Einmischen der Bindemittelsuspension entsteht ein verfestigter Erdkörper (Schöpf und Außerlechner 2010), bzw. das trocken eingebrachte Bindemittel reagiert mit dem Porenwasser des umgebenden Bodens und härtet ebenfalls aus. Zu den Bodenmischverfahren gehören u. a. das MIP-(Mixed-in-Place-)Verfahren (System Bauer) gem. DIN EN 14 679 und das Fräs-Misch-Verfahren (System Sidla-Schönberger).

Die schlanken, verfestigten Tragelemente sind in fast allen Böden einsetzbar und weisen bei geringen (Flächen-)Lasten Vorteile gegenüber einer Pfahlgründung auf (► Abschn. 14.3.2 und v. Bank und Kirstein 2010; Kirstein et al. 2012). Ihre Anwendung ist meist über eine bauaufsichtliche Zulassung geregelt (Wehr und Maihold 2012).

Die **Bemessung der Verfestigungskörper** nach dem Deep-Soil-Mixing-Verfahren erfolgt gem. DIN 4093:2015. Die erforderliche Zylinderdruckfestigkeit beträgt $f_{m,k} = 12\ \text{N/mm}^2$. Einzelheiten ► Abschn. 7.5 und die Norm.

7.2.3 Dynamische Intensivverdichtung

Ein anderes, bei freien Flächen mögliches Verfahren der mechanischen Baugrundverbesserung ist die dynamische Intensivverdichtung DYNIV (■ Abb. 7.5). Überschwere Fallplatten von 15–30 t werden in einem Rasterplan in freiem Fall aus 15–20 m Höhe auf die Oberfläche des zu verdichtenden Bodens fallen gelassen. Gewicht, Fallhöhe, Anzahl der Schläge pro Verdichtungspunkt und der gegenseitige Abstand der Schlagstellen werden durch die Eigenschaften des Untergrundes und die gewünschte Verdichtungswirkung bestimmt. Durch die schockartig aufeinander folgenden Impulse werden eine Umstrukturierung und Verdichtung von schluffig-sandig-kiesigen Böden lockerer Lagerung sowie von Auffüllungen und auch von Müll erzielt. In die dabei entstehenden Trichter wird Kies- und Steinmaterial zugegeben. Die oberen 2–3 m müssen nachverdichtet werden. In weichen bindigen Böden können durch wiederholte Übergänge an gleicher Stelle und Verfüllen der Trichter mit Grobmaterial DYNIV-Säulen aus Füllmaterial bis in größere Tiefen getrieben werden. Diese bilden im Verbund mit dem Untergrund belastbare Tragkörper.

Die Tiefenwirkung dieser Methode wird mit 10–12 m angegeben. Nach Firmenangaben kann eine Erhöhung der Tragfähigkeit um 200–400 % und der Steifemoduln um das 3- bis 8-Fache erreicht werden. Eine direkte Kontrolle der Verdichtungswirkung ist mittels Drucksondierungen (Grosser et al. 2009) oder Seitendrucksonden (Kirstein et al. 2012) bzw. über geophysikalische Bohrlochmessungen zur Dichtebestimmung möglich, wozu allerdings stichprobenartig auch einige Bohrungen vor der Verdichtungsmaßnahme vermessen werden müssen (Baumann und Willwacher 2007).

Dynamische Intensivverdichtung hat ihre geotechnische Einsatzgrenze bei einer Durchlässigkeit des Bodens von $<10^{-7}$ m/s sowie bei sehr hohen Wassergehalten bzw. in organischen Böden. Wegen der Erschütterungswirkung muss der Abstand zu Bebauung je nach Untergrund, Grundwasserstand und Schlagenergie (in tm) mindestens 30–50 m betragen (Erfahrungswert). Im Einzelfall sind Test- und Kontrollmessungen anzuraten.

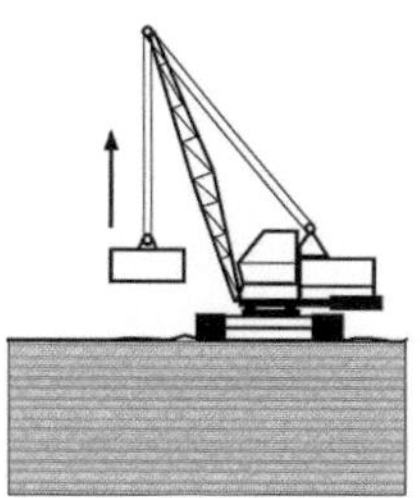
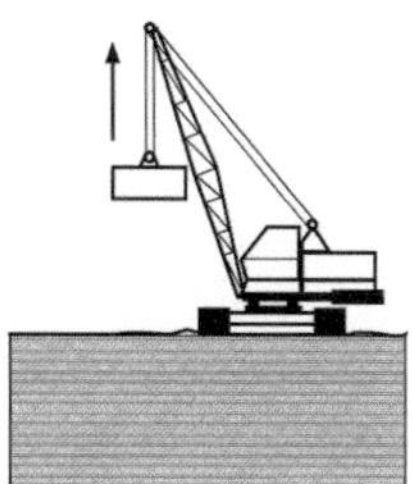
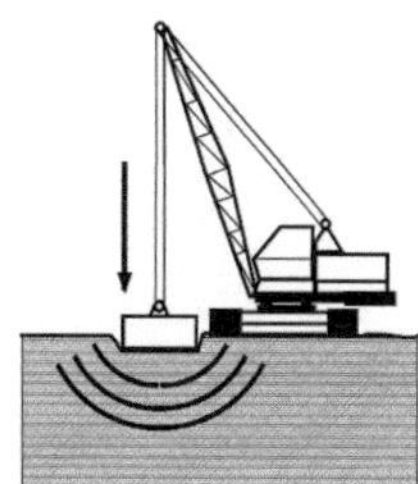

■ **Abb. 7.5** Dynamische Intensivverdichtung

Die dynamische Intensivverdichtung kann auch bei Verkehrsprojekten über Abraumkippen bzw. durch oberflächennahe Auslaugungsgebiete oder durch tagesbruchgefährdete ehemalige Abbaufelder, besonders des oberflächennahen Braunkohletiefbaus, eingesetzt werden. Damit sollen oberflächennahe (aufbrechende) Hohlräume, die zu Tagesbrüchen führen können, zum Einsturz gebracht und der z. T. lockere Untergrund bis in größere Tiefe verdichtet werden (Hecht und Wittke 2004; Baumann und Willwacher 2007).

7.3 Injektionen

Durch Einpressen von hydraulischen Bindemitteln (sog. Feststoffsuspensionen) oder von chemischen Injektionsmitteln in die Poren oder Klüfte kann die Festigkeit des Untergrundes erhöht und die Wasserwegsamkeit verringert werden. Einzelheiten zur Bohr- und Einpresstechnik finden sich in der europäischen Norm DIN EN 12 715 (2000) und dem zugehörigen Ergänzungsdokument DIN SPEC 18 187 (2015). Für den Entwurf und die Bemessung von Injektionsarbeiten gilt weiterhin die DIN 4093 (2012/2015). Außerdem sind das DGGT-Merkblatt für Einpressarbeiten mit Feinstbindemitteln in Lockergesteinen (2002) sowie Aberle und Machon (2000), Schulze (2002) und Angst et al. (2013) zu beachten. Auf die DIN 18 309 wird verwiesen.

Das Ziel von Injektionsmaßnahmen ist i. d. R. eine Verbesserung der Eigenschaften des Untergrundes durch

- Verfestigungsinjektionen oder
- Abdichtungsinjektionen.

Die Bemessung verfestigter Bodenkörper als Tragelement erfolgt nach DIN 4093, unter Beachtung von DIN SPEC 18 187 (Wahl des Bindemittels).

Unterschieden werden **Injektionen ohne Bodenverdrängung** wie

- Poreninjektionen (ohne Lagerungs- oder Strukturstörung),
- Kluft- oder Kontaktinjektionen (ohne Neurissbildung) und
- Hohlraumverfüllung (▶ Abschn. 17.2.4)

von **Injektionen mit Bodenverdrängung** wie

- Verdichtungsinjektionen,
- hydraulische Rissbildung und
- Hebungsinjektionen (▶ Abschn. 17.8.4).

Vor Ausführung von Injektionsarbeiten sollten die Eignung des Injektionsgutes sowie die vorgesehene Injektionstechnik und die -parameter in einem Testfeld überprüft werden.

7.3.1 Feststoffinjektionen

Das älteste Verfahren ist die **Zementinjektion.** Bei den zementösen Injektionsmitteln werden Mörtel, Pasten und Zementinjektionen unterschieden. Die Einsatzmöglichkeiten einer Zementsuspension hängen ab von

- der Feinkörnigkeit des Bindemittels,
- dem Poren- bzw. Kluftgefüge des Gebirges und
- der Qualität der Aufbereitung der Suspension.

Voraussetzung für den Verfestigungs- und Abdichtungserfolg ist, dass die feinkörnige Suspension in die Poren und Risse eindringen kann. Während Standardbindemittel (Normalzemente) einen Grenzwert-Korndurchmesser d_{95} von etwa 0,06 mm aufweisen, haben sog. Feinbindemittel einen d_{95}-Wert von etwa 0,01 mm und Feinstbindemittel einen Wert von d_{95} = 0,004 mm. Das feinere Injektionsmittel enthält nur geringe Mengen von Sperrkorn, d. s. grobe Zementkörner, welche die Porenkanäle und Risse zusetzen und das weitere Eindringen von Injektionsgut bremsen oder verhindern. Andererseits darf natürlich das Einpressgut nicht unkontrolliert in gröberen Lagen oder über größere Kluftweiten abfließen.

Die **Erkundungsarbeiten** sind den Erfordernissen der Injektionsarbeiten anzupassen (s. d. Schulze 2002). Bei ungleichkörnigen

Böden kommt es sehr auf die Bodenschichtung an und mit welchen Porenanteilen bzw. Fließkanälen in den einzelnen Schichten gerechnet werden muss. Den besten Einblick in die Feinschichtung eines Bodens ermöglichen Kernbohrungen mit PVC-Kernhülsen (sog. Liner, ► Abschn. 4.4.5.1). Wegen der raschen Änderung der Kornverteilung in fluviatilen Kies-Sand-Abfolgen (► Abschn. 2.8.5) und des häufigen Auftretens bevorzugter Wegigkeiten sind in solchen Böden zur Beurteilung der Verpressbarkeit sehr engmaschige Aufschlüsse erforderlich. Zur Ermittlung etwaiger chemischer Einflüsse sind auch Grundwasserproben zu untersuchen (DIN 4030, DIN 4093), wobei besonders auch auf Humusstoffe und organische Beimengungen im Boden zu achten ist, die das Aushärten negativ beeinflussen können (s. Katzenbach et al. 1998).

An Feldversuchen zur Abschätzung der Verpressbarkeit kommen zunächst verschiedene hydraulische Bohrlochtests in Betracht (► Abschn. 2.8.4), die aber auch nur die Durchlässigkeit eines Mehrschichtsystems ergeben. Durchlässigkeitsversuche mit Wasser ermöglichen außerdem immer nur sehr begrenzte Aussagen hinsichtlich der Auswahl des Injektionsgutes und der zu erwartenden Injektionsgutaufnahme. Wenn keine einschlägigen Erfahrungen vorliegen, sind als Eignungsprüfung **Einpressversuche im Feld** mit den für die Ausführung infrage kommenden Injektionsmitteln vorzunehmen, wobei neben dem Bohrverfahren und der Bohrlochabweichung vor allem die Eignung des Einpressmittels, d. h. die Rezeptur und die Injektionsparameter (Raster, Verpressdruck und -zeit, Injektionsaufnahme, Reichweite) zu ermitteln sind (s. Schulze 2002; Angst et al. 2013 und DIN 4093). Als **Injektionsbohrungen** kommen hauptsächlich Hammerbohrverfahren zum Einsatz (meist luftbetriebener Imlochhammer, Durchmessersymbol einsetzen (Kreis schräg durchgestrichen) 50–80 mm). Bei hohen Wasserdrücken hat sich das Wassara-Imlochhammerverfahren bewährt (Kogler 2013).

Die wichtigsten **Verpressmethoden** sind Packer-Injektionen im Festgestein (► Abschn. 18.4.3), Manschettenrohrinjektionen in Locker- und Halbfestgesteinen und Lanzeninjektionen in nicht standfestem Untergrund. Die Manschettenrohre werden in die Bohrlöcher eingebaut, wobei zur Verfüllung des Ringraums eine mineralische Mörtelmischung dient, die beim Injektionsvorgang aufgesprengt wird. Der Abstand der Injektionsbohrlöcher richtet sich nach der Durchlässigkeit des Untergrundes, dem Injektionsmittel und dem zulässigen Einpressdruck (► Abschn. 18.4.3 und o. g. Merkblatt). Die wichtigsten Injektionsparameter zur Steuerung des Injektionsvorgangs sind die Zeit, der Injektions(pumpen)druck und die Injektionsgutaufnahme bzw. die Durchflussrate. Die Reichweite beträgt normalerweise 0,5 m bis z. T. 4 m.

Die Injektionsdaten wie Druck, Verpressmenge und Pumpraten werden in einer Verpressstation aufgezeichnet und graphisch dargestellt. Die **Verpressdrücke** betragen bei Niederdruckinjektionen i. Allg. 4–8 bar, teilweise bis zu 15 bar. Zur Vermeidung von Aufreißen des Gebirges muss der Verpressdruck an der Austrittstelle kleiner sein als die effektive Vertikalspannung, wobei zu berücksichtigen ist, dass von dem an der Injektionspumpe abgelesenen Wert nicht direkt auf den maßgeblichen Druck im Boden geschlossen werden kann. Der Unterschied ist durch Reibungsverluste im Leitungssystem begründet, die >5 bar betragen können (► Abschn. 18.4.3). Für die **Einpressrate** kann als Faustformel gelten: Die zulässige Einpressrate q (in l/min) ist gleich der Tiefe z der Austrittsstelle des Injektionsgutes unter Gelände (s. Schulze 1996). Durch Verminderung des Bohrlochabstands können ggf. der Einpressdruck und/oder die Einpressrate je Ventilöffnung reduziert und damit das Risiko von Bodenhebungen abgemindert werden.

Zementinjektionen werden meist mit einem **Wasser-Bindemittelwert** von W/B = 0,5–3,0 unter Zugabe von Injektionshilfen verwendet:

- W/B 1,0 = 100 l H_2O + 100 kg CEM II + 2 kg Bentonit ergibt 136 l Mischung.
- W/B 0,8 = 80 l H_2O + 100 kg CEM II + 2 kg Bentonit ergibt 116 l Mischung.
- W/B 0,6 = 60 l H_2O + 100 kg CEM II + 2 kg Bentonit ergibt 96 l Mischung.

Nach Bedarf werden zur Stabilisierung des Injektionsgutes Ton und Zusatzmittel beigegeben bzw. bei hohen Aufnahmen auch Sand. Für Verpressarbeiten sind Druck-/Mengenschreiber einzusetzen, mit denen eine genaue Kontrolle der einzelnen Injektionsschritte in Bezug auf Menge, Injektionsrate und Druckverlauf möglich ist. Der Aufreißdruck der Mantelverfüllung einer Manschettenrohrinjektion (meist Dämmer, s. u.) beträgt i. d. R. 30–50 bar, die Haltezeiten der einzelnen Druckstufen liegen bei 1–3 Minuten, die Gesamtzeiten pro Manschette bei 5–8 Minuten. Als Abbruchkriterium gelten außer der Zeit auch die Injektionsgutaufnahme (kg/m bzw. pro Stufe) oder die Durchflussrate (l/min). Der Gesamtsuspensionsverbrauch sollte in sandig-kiesigen Böden ⅓ des Porenvolumens nicht überschreiten.

Maßgebende Kennwerte für die **Injizierbarkeit eines Lockergesteins** sind die Kornverteilung, der Ungleichkörnigkeitsgrad, die Lagerungsdichte, der Durchlässigkeitsbeiwert sowie der Porenanteil und der Porendurchmesser, insb. der Durchmesser der Porenengstellen (s. Tondera und Klapperich 2007). Als Injektionskriterium wird meist die Kornverteilung herangezogen (◘ Abb. 7.6). Darüber hinaus gibt es noch eine ganze Reihe empirisch ermittelter Injektionskriterien (Lit. s. Schuler und Brauns 2000). Ein für einigermaßen gleichkörnige Böden auf dem Filterkriterium aufbauendes Verfahren geht von dem Verhältnis des Korndurchmessers D_{15} des zu injizierenden Bodens zum Korndurchmesser d_{85} des Injektionsgutes aus (Heitfeld und Krapp 1986: 18; Schulze und Brauns 1990: 33):

- Injektion möglich:

$$\frac{D_{15}}{d_{85}} \geq 24$$

- Injektion nicht mehr möglich:

$$\frac{D_{15}}{d_{85}} \leq 11$$

Der Korndurchmesser d_{85} beträgt bei Normalzementen etwa 0,04 mm und bei Feinstbindemitteln 0,004 mm (Perbix und Teichert 1995, mit Anwendungsbeispiel; s. a. Schulze 2002).

Allgemein wird davon ausgegangen, dass mit wasserreichen Zementinjektionen (W/Z bzw. W/B ≥ 0,8–1,2) sandiger Kies (Flusskies) noch injektionsfähig ist. Huth und Kühling (1991) und das o. g. Merkblatt gehen davon aus, dass mit Feinstbindemitteln (W/B-Wert 0,5–0,8) auch Mittelsande noch injiziert werden können (Perbix und Teichert 1995). Feinkörnig, sandig-schluffige Zwischenschichten können ggf. durch zusätzliche Silikatinjektionen erfasst werden.

Bei der Bewertung der **Injizierbarkeit von Fels** sind u. a. folgende Faktoren zu untersuchen (Kühling und Widmann 1996):

- Abmessungen der maßgebenden Fließwege (Porenkanäle, Klüfte)?
- Sind die Fließwege teilweise gefüllt?

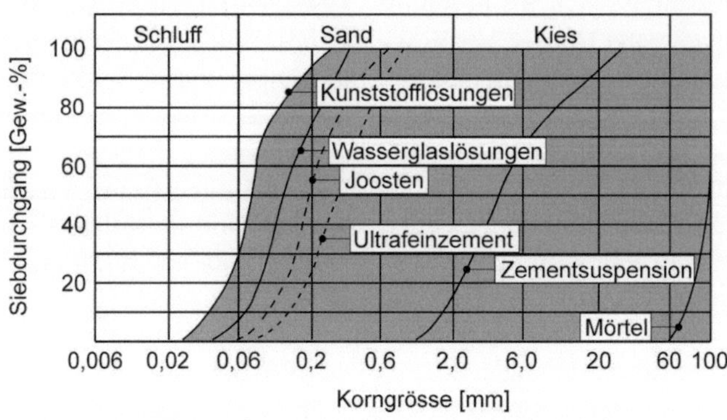

◘ **Abb. 7.6** Anwendungsmöglichkeiten von Injektionsmitteln in Abhängigkeit von der Korngröße bzw. der Kluftweite (aus Angst et al. 2013)

- Sind die Fließwege wassergefüllt, wenn ja unter welchem Druck?
- Fließgeschwindigkeit des Wassers in den Fließwegen
- Ist mit Aufweitung der Fließwege während der Injektion zu rechnen?
- Bei welchem Druck ist mit einem Aufreißen der Klüfte zu rechnen?
- Spannungszustand im zu injizierenden Gebirge vor und nach dem Bau?

Bei Festgesteinen gilt die Regel, dass für eine erfolgreiche Injektion die Kluftweite größer sein muss als der 5-fache maßgebliche Korndurchmesser (d_{85}) des Injektionsgutes. Dies bedeutet, dass Suspensionen aus herkömmlichen Injektionszementen noch in Kluftweiten von >0,8 mm eindringen und fein gemahlene Spezialzemente (sog. Feinstbindemittel, s. o.) mit eng abgestufter größerer Kornfeinheit noch Injektionen bis etwa 0,5 mm Kluftweite ermöglichen. Bei großen Kluftweiten oder Hohlräumen werden wasserarme, sedimentations- und erosionsstabile Zementpasten (W/Z ≈ 0,45) oder Dämmersuspensionen bzw. ggf. Flüssigboden eingesetzt.

Dämmer besteht aus speziellen Gesteinsmehlen und einem hydraulisch erhärtenden Bindemittel. Er wird mit Wasser zu einer fließfähigen Suspension angemischt (W/B-Faktor 0,7–0,8; $\sigma_{D28} \approx 1–2$ N/mm²). Die Mischung ist über weite Distanz pumpbar, ohne sich zu entmischen. Die Fließfähigkeit ist über das Mischungsverhältnis einstellbar. Durch Verringerung des Wasseranteils bis zur Grenze der Pumpfähigkeit (W/B ≈ 0,45) können Druckfestigkeiten von bis zu $\sigma_{D28} = 5$ N/mm² erreicht werden.

Flüssigboden ist ein künstlicher Verfüllbaustoff, der je nach Rezeptur mit hoher Fließfähigkeit und selbstverdichtend oder in plastischer Konsistenz lieferbar ist. Er wird im Tiefbau zur Grabenverfüllung und hohlraumfreien Umhüllung von Leitungen verwendet, kann aber auch zur Verfüllung von Hohlräumen eingesetzt werden (s. a. geotechnik 2014; 37:3).

Bei den oben genannten Injektionsdrücken werden in den meisten Fällen bereits geschlossene Trennflächen aufgerissen und offene Trennflächen (Klüfte) geweitet. Das Aufreißen betrifft vorwiegend Schichtflächen und bewirkt i. d. R. einen zu großen Feststoffverbrauch, ohne damit eine bessere Wirkung zu erreichen. Eine Aufweitung von Klüften wirkt sich hingegen bei der Einpressung positiv aus, da sich die Einflussweite vergrößert und damit die Suspension tiefer in das Gebirge eindringen kann (s. Ewert 2005).

Zementinjektionen sind in bewegtem oder aggressivem Grundwasser nur bedingt anwendbar. Bei Sulfataggressivität werden hochgeschlackte Hochofenzemente verwendet (▶ Abschn. 10.5.5).

Bei Einpressarbeiten sind außerdem die Vorgaben der ATV-DIN 18 309 zu beachten. Die Auswirkungen auf die Umgebung und die umliegende Bebauung (auch Kanäle) sind zu kontrollieren. Bei Verdacht auf schädliche Einwirkungen ist unverzüglich zu reagieren und der Auftraggeber zu benachrichtigen.

7.3.2 Chemische Injektionen

In kiesigen Sanden und Sandböden (Grob- und Mittelsande, teilweise auch in Feinsanden) mit max. 10 % Schluffanteilen bzw. in Festgesteinsklüften mit Öffnungsweiten von etwa 0,1 mm werden **Silikate** eingesetzt (◘ Abb. 7.6), die aushärten, den Boden verfestigen und die Poren abdichten. Bei der Erstarrung bildet sich ein Kieselsäuregel, und zwar je nach Rezeptur sog. Hart- oder Weichgele. Silikate sind gegenüber aggressivem Wasser unempfindlich und können bei schneller Reaktion auch bei bewegtem Grundwasser oder in wasserführenden Klüften eingesetzt werden.

Hartgele erreichen in sandigen Flusskiesen mit $d_{10} = 1,5$ mm Druckfestigkeiten von 6–8 N/mm² und in Feinsanden ($d_{10} = 0,1$) etwa 3–4 N/mm². Bei Einsatz von Silikatgel zur Bodenverfestigung ist DIN 4093 (2012) zu beachten.

Für reine Abdichtungsinjektionen werden sog. **Weichgele** verwendet. Das Kieselsäuregel bewirkt ein weitgehendes Verschließen des nutzbaren Porenraums und damit eine deutliche

Verminderung der Durchlässigkeit. Die Druckfestigkeit liegt infolge ihres geringen Kieselsäuregehalts nur bei etwa 0,3–0,5 N/mm^2.

Acrylate können zur Bodenverfestigung oder zu Abdichtungszwecken eingesetzt werden. Ihre Reaktionszeit ist einstellbar. Bei der Reaktion zu einem elastischen Gel kommt es zu einer leichten Volumenvergrößerung bzw. Druckwirkung. Die niedrige Viskosität ermöglicht eine Verpressung von sehr feinen Poren oder Klüften von <0,1 mm Öffnungsweite. Acrylat-Hartgele erreichen Druckfestigkeiten von 15–20 MN/m^2.

Zweikomponenten-**Polyurethanharze** (PU-Harze) können zähelastisch bis fest aushärten. Die beiden flüssigen Komponenten werden über eine Zweikomponentenpumpe gefördert und erst kurz vor der Injektionslanze zusammengeführt und vermischt. Die reaktionsfähige Mischeung wird dann umgehend injiziert. Schaumharze schäumen bei Reaktion mit Wasser auf und verschließen die Poren. Nachfolgendes Injektionsgut hat dann keinen Wasserkontakt und härtet aus. Bei sehr kurzer Reaktionszeit können aufschäumende PU-Harze auch zum Beherrschen von Wassereinbrüchen verwendet werden,

Zweikomponenten-**Expansionsharze** werden über eng gesetzte kleinkalibrige Bohrlöcher mittels Injektionslanzen unter kontrolliertem Druck in den Untergrund verpresst. Das Injektionsgut expandiert zunächst in Richtung des geringsten Widerstands, wodurch der Baugrund verdichtet wird und letztlich auch kontrollierte Hebungen von Bauteilen ermöglicht werden (s. ▶ Abschn. 7.4 und geotechnik 2014; 37:2 f.).

7.3.3 Umweltverträglichkeit der Injektionsmittel

Injektionen in den Baugrund sind nach dem Wasserhaushaltsgesetz (WHG) und der Grundwasserverordnung (GrwV) genehmigungspflichtig (▶ Abschn. 4.4.1). Die bei Injektionen verwendeten Inhalts- und Zusatzstoffe dürfen keine umweltschädigenden Reaktionen auslösen. Während bei Zementinjektionen (auch mit Feinstbindemitteln) nur kurzzeitige Veränderungen des den frischen Injektionskörper umströmenden Grundwassers beobachtet wurden und diese daher bezüglich der Grundwasserbelastung meist als unbedenklich gelten, ist bei chemischen Injektionsmitteln (Kunstharzen) die Umweltverträglichkeit zu überprüfen. Bei Silikatlösungen tritt im vorbeifließenden Grundwasser eine kurzfristige Erhöhung des pH-Werts und der Na-Ionenkonzentration auf, die jedoch nach einigen Tagen auf nur noch gering erhöhte Werte absinkt (Brauns et al. 2001). Die heute verwendeten Zweikomponenten-Polyurethanharze sind FCKW-frei und bewirken keine Beeinträchtigung von Boden und Grundwasser, sodass sie selbst in Wasserschutzgebieten eingesetzt werden (Huurne und Soretz 2008). Acrylatgele der heutigen Generation sind dauerbeständig und grundwasserneutral, d. h., sie geben weder im flüssigen noch im ausgehärteten Zustand grundwasserschädigende Substanzen ab (Angst et al. 2013).

7.4 Frac-Verfahren

Zu den Niederdruckinjektionen mit hydraulischen Bindemitteln, den sog. Hydraulic-Fracturing-Verfahren, zählen sowohl das Soil-Fracturing- als auch das Rock-Fracturing-Verfahren. Sie unterliegen damit den Vorgaben der ATV-DIN 18 309 „Einpressarbeiten" (▶ Abschn. 7.3.1). Mit den **Soil-Fracturing-Verfahren** kann eine Stabilisierung von im herkömmlichen Sinn nicht injizierbaren feinkörnigen und z. T. gemischtkörnigen Böden sowie auch von organischen Böden erreicht werden (Müller-Kirchenbauer et al. 1996). Dabei werden nicht nur vorhandene größere Porenräume verfüllt, sondern der Boden wird durch angepasste Mehrfachverpressungen örtlich aufgesprengt, sodass ein Feststoffskelett aus Einzellamellen oder Zementplatten entsteht, ohne dass die Konsistenz des Bodens selbst merkbar verbessert wird (■ Abb. 7.7). Anfänglich bilden sich bevorzugt vertikale feine Zementlamellen aus, die zunächst eine horizontale Verspannung und Verdichtung im Boden bewirken. Bei weiterer Verpressung kommt es zu einem Anwachsen der Vertikalspannungen und mit weiterer Verdichtung zu Hebungstendenzen, die auch **Hebungsinjektionen** bei Gebäudeschiefstellungen

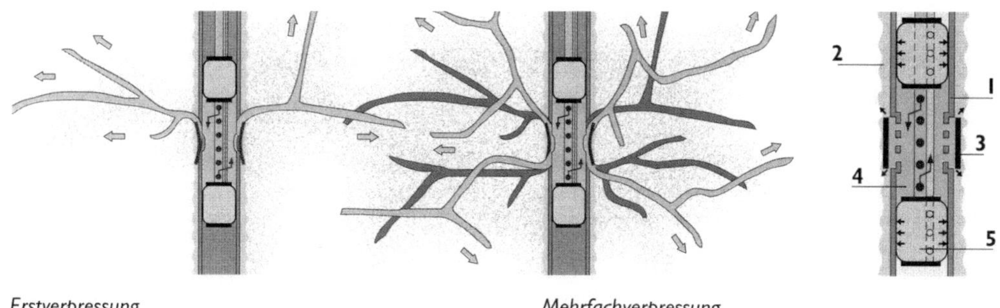

Abb. 7.7 Wirkungsweise einer Manschettenrohr-Verpressung bzw. des Soil-Fracturing-Verfahrens: (1) Bohrrohr; (2) Mantelmischung; (3) Gummimanschette; (4) Injektionsgut; (5) Packer (Firmenprospekt)

ermöglichen (► Abschn. 17.8.4 und Raabe et al. 1990; Kramer 2000). Als Hebungsinjektionen werden auch schnell härtende Zweikomponenten-Expansionsharze eingesetzt, und zwar sowohl unmittelbar in der Bauwerkssohle als auch gestaffelt bis in größere Tiefe. Durch den Injektionsdruck und die Expansionswirkung bilden sich, je nach Bodenart, ± horizontale lamellenförmige Strukturen mit lokaler Verdichtungswirkung. Dabei entsteht ein tragfähiger Verbundkörper, der sowohl für Nachgründungen als auch für kleinflächige Anhebungen verwendbar ist (Huurne und Soretz 2008; Bernhard und Bergforth 2010; Niederbrucker et al. 2011).

Die Verpressdrücke werden, beginnend beim Überlagerungsdruck, langsam gesteigert, bei gleichzeitiger Kontrolle der Hebungen. Der Verpressdruck wird i. d. R. an der Injektionspumpe im Injektionscontainer gemessen und ist nicht dem maßgeblichen Druck an der Austrittsstelle in das Gebirge gleichzusetzen. Infolge der Druckverluste in den Leitungen und im Packer sowie des Aufreißwiderstands der Mantelmischung und des Druckverlusts bis zum Eintritt in das Gebirge beträgt der wirksame Druck im Gebirge meist weniger als 50 % des Pumpendrucks. Über die Möglichkeit einer Druckmessung am Packer, wie sie bei WD-Tests üblich ist, liegen mit feststoffreichen Injektionsmitteln noch kaum Erfahrungen vor.

Eine Weiterentwicklung zur Verfestigung nicht injizierbarer, wenig tragfähiger, aber sehr steifer bis halbfester Verwitterungsböden und Halbfestgesteine stellt das **Rock-Fracturing-Verfahren** dar. Durch ausreichend hohe Verpressdrücke werden vorhandene Schichtflächen, Klüfte und andere Schwachstellen im Gebirge aufgerissen und Zementsuspension eingepresst. Durch die Verspannung des Untergrundes werden die Steifigkeit und die Scherparameter verbessert. Zur Anwendung kommt meist das Manschettenrohrverfahren (Ø ½–1" Kunststoffrohre). Der mit Mantelmischung verfüllte Ringraum (≈ 25 mm) wird mit Verpressgut oder vorher mit Wasser gecrackt und eine feststoffreiche Zementsuspension unter möglichst hohen Drücken injiziert. Die Injektion erfolgt über Doppelpacker meist zweiphasig, wobei bei den Vorläuferinjektionen offene Klüfte verfüllt und das Gebirge mit Injektionsgut gesättigt und bei den nachfolgenden Schließerinjektionen die eigentliche Verspannung des Untergrundes bezweckt wird. Dementsprechend ist bei den Schließerinjektionen die Verpressmenge geringer, das Druckniveau aber höher und der Druckverlauf unruhiger als bei den Vorläuferinjektionen.

Um einen Injektionserfolg zu erreichen, müssen vorab festgelegt werden:

- das Injektionsraster anhand der Vorstellung über das Gebirge (a = 1,0–1,5 m),
- die Rezeptur des Injektionsgutes (W/B = 0,7–0,9),
- die Injektionstechnik (Packertyp, Abfolge der Injektionsarbeiten, Injektionsdrücke sowie die Injektionsraten meist <10 l/min) und
- die Abbruchkriterien (max. Pumpendruck, max. Verpressmenge etwa 100 bzw. 50 l, etwaige Austritte von Injektionsgut und Anzeichen beginnender Hebung).

Die Injektionsvorgänge werden im Injektionscontainer auf Druckmengenschreibern dokumentiert und ausgewertet.

7.5 Düsenstrahlverfahren

Ende der 1970er-Jahre kam aus Japan das sog. Düsenstrahl- (DS) bzw. Hochdruck-(HD-) Verfahren, auch Jet-Grouting oder Soilcrete-Verfahren genannt, bei uns auf. Bei Düsenstrahlarbeiten gilt für die vorzunehmenden Bohrarbeiten zunächst die DIN 18 301 „Bohrarbeiten" (▶ Abschn. 3.3.2) und für den Düsvorgang dann die DIN 18 321 „Düsenstrahlarbeiten. Die Beschreibung der Baugrundverhältnisse erfolgt in Form von Homogenbereichen gem. ▶ Abschn. 3.3. Maßgebend für die Einstufung ist die Schichtenfolge unter Berücksichtigung der in der Liste der DIN 18 321 aufgelisteten Eigenschaften und Kennwerte (◘ Tab. 3.2). Künstliche Böden/Auffüllung u. a.) sind zu beschreiben und in die Homogenbereiche einzustufen.

Bauliche Anlagen in der näheren Umgebung sind zu kontrollieren. Sobald sich Gefahren für die Bausubstanz abzeichnen, sind die erforderlichen Maßnahmen zu ergreifen; zudem ist der Auftragnehmer zu informieren.

Die Herstellung der Bohrlöcher erfolgt unverrohrt mit Wasser- oder Luftspülung. Im Bohrlochtiefsten wird auf den Düsvorgang umgestellt und der Boden mit definierter Rückzugs- und Drehgeschwindigkeit mit einem energiereichen Flüssigkeitsstrahl aus einem Gemisch von Wasser, Zement und Luft unter hohem Druck aufgeschnitten und mit diesem vermengt (◘ Abb. 7.8). Unterschieden werden Einfachdüsvorgänge mit reinem Düsenstrahl und sog. Doppeldüsvorgänge, bei denen über eine zweite Ringdüse der Suspensionsstrahl gem. ◘ Abb. 7.9 mit Luft ummantelt wird, was die Erosionskraft verstärkt und die Reichweite deutlich erhöht (Sondermann 2012; Trunk und Winkler 2013). Diese beträgt je nach Bodenart bei einem Einfachdüsstrahl 0,5–1 m, bei Luftunterstützung 1–2 m und auch mehr.

Die einzelnen Düsparameter sind:

- Schneidstrahl: Wasser oder Zementsuspension, mit oder ohne Luftummantelung,
- W/B-Wert (etwa 0,8–1,2),
- Suspensionsdruck (200–400 bzw. 600 bar),
- Druckluft (bis zu 10 bar),
- Ziehgeschwindigkeit (etwa 5 cm/10 s), Haltezeiten,
- Rotationsgeschwindigkeit (etwa 10–15 U/min),
- Durchflussrate der Bindemittelsuspension (etwa 350–450 l/min).

Dokumentation und Kontrolle der Düsenstrahlarbeiten erfolgen nach ATV-DIN 18 321. Anstelle reiner Zementsuspensionen können auch solche mit speziellen Additiven eingesetzt werden.

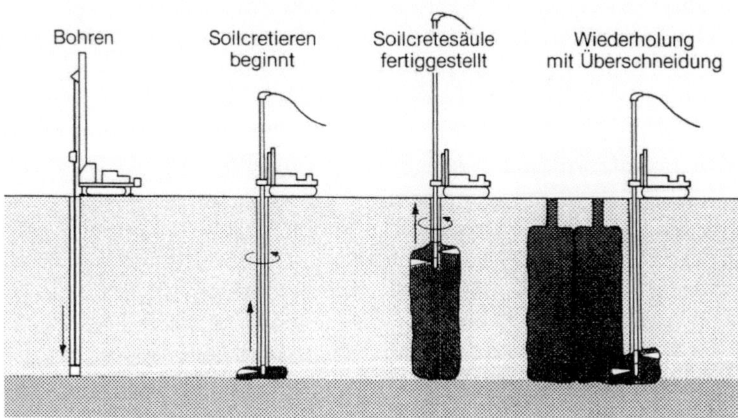

◘ **Abb. 7.8** Prinzip des Hochdruck-Düsenstrahlverfahrens (Firmenprospekt)

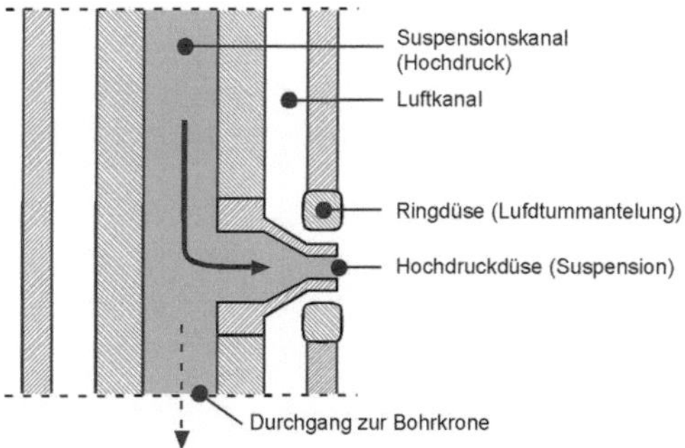

Abb. 7.9 Schematischer Schnitt durch einen konventionellen Düsenträger (aus Krentz 2015)

Die Wirksamkeit des DS-Verfahrens hängt maßgeblich von der Qualität des erzeugten Hochdruckstrahls ab.

Je nach Dreh- und Ziehgeschwindigkeit entstehen unterschiedlich dicke säulen- oder wandartige bzw. auch lamellenartige Boden-Zementsteinkörper. Der Säulendurchmesser kann anhand der DS-Parameter und der Eigenschaften des Baugrundes abgeschätzt werden. Außerdem stehen einige direkte und indirekte Verfahren zur Durchmesserkontrolle zur Diskussion (Krentz 2015). Die sicherste Methode ist aber immer das Freilegen und Aufmessen der DS-Elemente.

Gemäß der Ausführungsnorm DIN EN 12 716 ist die Festlegung der auszuführenden DS-Parameter vom Auftragnehmer vorzunehmen. DSV-Anbieter müssen zur Herstellung von Tragelementen eine bauaufsichtliche Zulassung besitzen.

Das Düsenstrahlverfahren ist in nahezu allen Bodenarten anwendbar. In Vorversuchen müssen ggf. die Düsparameter für einen bestimmten Säulendurchmesser bzw. eine bestimmte Mindestwanddicke (Überschnitt der Säulen, meist 10 cm) sowie die Zylinderdruckfestigkeit ermittelt werden (Sondermann 2012). Die üblichen Festigkeitswerte betragen 3–10 MN/m^2, die Verformungsmoduln werden mit 3000–10.000 MN/m^2 angegeben (DIN 4093).

Eine Betonaggressivität des Grundwassers ist gem. ▶ Abschn. 10.5.4 zu berücksichtigen.

Das Düsenstrahlverfahren dient zur Herstellung von Gründungsverstärkungen und von Unterfangungskörpern sowie, bei sich überlappenden Verfestigungskörpern, auch zu Abdichtungszwecken von Wänden und Baugrubensohlen (▶ Abschn. 9.4.3 und Aberle und Machon 2000; Scholz und Palla 2007; Quast und Zander 2006; Feistmantl et al. 2009; Palla und Leitner 2009; Schrank et al. 2010). Die Bemessung der Verfestigungskörper erfolgt nach DIN 4093 (2015). Ist die Maßnahme Teil einer Gründung oder eines Stützbauwerks, so sind auch die Sicherheitsnachweise nach DIN EN 1997-1 und DIN 1054 zu erbringen.

Für Abdichtungszwecke werden „weichere", erosionsstabile Zement-Bentonit-Suspensionen verwendet, die bei Bedarf auch eine gewisse Verformbarkeit aufweisen und Durchlässigkeitsbeiwerte von bis zu 10^{-10} m/s erreichen. Im Tunnelbau werden auch Horizontal-Düsenstrahlsäulen zur Voraussicherung des Firstbereichs eingesetzt (▶ Abschn. 17.9.1).

Bei Anwendung des HD-/DS-Verfahrens ist besonders auf Inhomogenitäten bzw. Hindernisse verschiedener Art (Findlinge, bank- oder linsenartige harte oder sehr weiche Einschaltungen, fossile Hölzer, sonstige Störkörper) hinzuweisen, die zu Bohrlochabweichungen führen können und in deren Düsschatten es zu Fehlstellen des Düsenstrahlkörpers und zu Wasserwegsamkeiten kommen kann. In grobporigen Böden oder solchen mit Hohlräumen können auch Suspensionsverluste auftreten.

Pfahlgründung

H. Prinz, R. Strauß, *Ingenieurgeologie*,
https://doi.org/10.1007/978-3-662-54710-6_8

Sind bei einer Flächengründung zu große und (oder) ungleiche Setzungen zu erwarten, die auch durch eine Baugrundverbesserung nicht mit wirtschaftlichen Mitteln auf ein erträgliches Maß abzumindern sind, so muss eine Tiefgründung vorgesehen werden. Hierbei werden die Lasten mittels lastübertragender Stützelemente auf tiefer liegende, tragfähige Schichten übertragen. Die älteste und häufigste Art der Tiefgründung ist die Pfahlgründung, mit der hohe Lasten auf kleinster Grundfläche sicher abgetragen werden können.

In kontaminierten Bereichen ist bei der Pfahlherstellung darauf zu achten, dass keine Schadstoffe in die Tiefe verschleppt werden

8

8.1 Einteilung und Tragverhalten der Pfähle

Die Pfähle werden durch nicht oder wenig tragfähige Schichten in tiefere, besser tragfähige Schichten niedergebracht, in denen die Pfahlkräfte über die Pfahlfußfläche, meist unter Einbeziehung des über eine gewisse Einbindelänge wirkenden Pfahlmantelwiderstands (Mantelreibung) abgetragen werden.

Pfahlgründungen werden im Normalfall in die Geotechnische Kategorie (GK) 2 eingestuft (▶ Abschn. 4.1), bei hoch ausgelasteten Pfählen setzungsempfindlicher Bauwerke bzw. bei Mantel- und/oder Fußverpressung, bei Seitendruck auf die Pfähle sowie geneigten Zugpfählen in GK 3 (s. DIN 1054, Abs. 7.2.1). Die Ermittlung der Pfahlwiderstände erfolgt gem. dem Nachweisverfahren GEO 2.

Die **allgemeinen Grundsätze für Pfahlgründungen** und ihre Bemessung sind in DIN EN 1997-1: 2009 mit NA (2010) und DIN 1054: 2010 geregelt. Dazu kommen die Europäischen Spezialtiefbau-Normen (Ausführungsnormen) für:

- Bohrpfähle DIN EN 1536: 2010 mit ergänzenden nationalen Festlegungen in DIN SPEC 18 140: 2012,
- Verdrängungspfähle DIN EN 12 699: 2001 mit Berichtigung 1 (2010) und ergänzenden Festlegungen in DIN SPEC 18 538: 2012,
- Betonfertigteile – Gründungspfähle DIN EN 12 794: 2009,
- Pfähle mit kleinen Durchmessern (Mikropfähle) DIN EN 14 199: 2012 mit ergänzenden Festlegungen in DIN SPEC 18 539: 2012.

Einen umfassenden Überblick über die Pfahlsysteme, ihre Anwendungen und das Tragverhalten bietet die DGGT-Empfehlung „Pfähle“ – EA Pfähle (2012), abgekürzt EAP.

8.1.1 Tragverhalten der Pfähle

Bei **Spitzendruckpfählen** überwiegt die Krafteinleitung über den Pfahlfußwiderstand R_b („base resistance“) und den Pfahlmantelwiderstand R_s („shaft resistance“) nahe dem Pfahlfuß (■ Abb. 8.1). Durch Vergrößerung der Querschnittsflächen am Pfahlfuß kann ihre Tragfähigkeit erhöht werden. Solche Möglichkeiten sind gestampfte Fußaufweitungen bei Ortbetonrammpfählen, angeschnittene Fußaufweitungen bei Bohrpfählen und angeschweißte Flügel bei

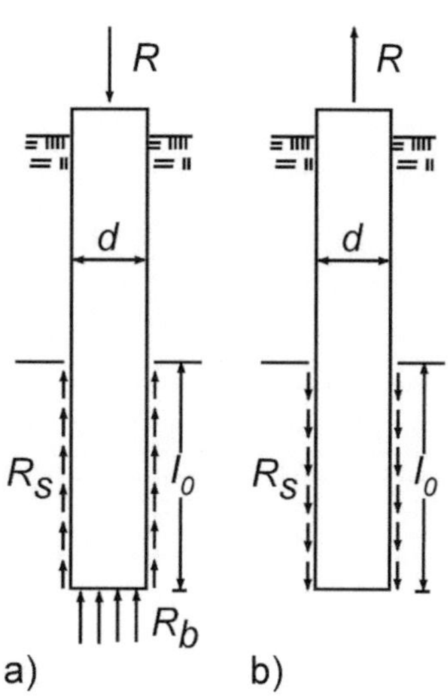

■ **Abb. 8.1** Tragverhalten eines Einzelpfahls: **a.** Druckpfahl, **b.** Zugpfahl

Stahlpfählen. Bei Pfahlgründungen in mitteldichten rolligen Böden und in steifen bis halbfesten bindigen Böden (z. B. tertiäre Tone) werden jedoch bis zu 80 % der Lasten über Mantelreibung abgetragen.

Bei **Reibungspfählen** erfolgt die Krafteinleitung überwiegend über den Pfahlmantelwiderstand R_s (sog. schwebende Pfahlgründung). Die Wirkung der Mantelreibung ist unabhängig vom Pfahldurchmesser und soll bei Bohrpfählen bei kleineren Durchmessern sogar größer sein (Hofmann und Breymann 2013). Raue Mantelflächen, wie sie besonders Ortbetonpfähle und auch mantelverpresste Mikropfähle aufweisen, sind von Vorteil.

Zugpfähle tragen ihre Kräfte ausschließlich über den Mantelwiderstand ab.

Pfähle sollen i. d. R. nur axial auf Druck oder Zug beansprucht werden. Da Pfähle in der Praxis selten genau in vertikaler Richtung hergestellt werden, sind in den verschiedenen Regelwerken geometrische Herstellungstoleranzen für ungewollte Schiefstellung angegeben. Eine solche Schiefstellung verursacht eine Horizontalkraft, die, wie planmäßige horizontale Einwirkungen, als Querkraft über die Bewehrung oder über Schrägpfähle bzw. Pfahlbockkonstruktionen aufgenommen werden müssen. Bei Letzteren werden die Pfähle Druck- und Zugbeanspruchungen ausgesetzt (◘ Abb. 8.2). Bohrpfähle mit Vollquerschnitten $D > 0{,}3$ m können horizontale Einwirkungen durch die Bewehrung aufnehmen, was zu einer Biegebeanspruchung der Pfähle führt (sog. Bettungspfähle).

Zur Setzungsreduzierung von Hochhausgründungen werden seit den 1980er-Jahren auch sog. **kombinierte Pfahl-Plattengründungen** (KPP) ausgeführt (s. Hanisch et al. 2002; Handbuch EC 7-1 und EAP). Die Bauwerkslasten werden sowohl unmittelbar über den Sohldruckwiderstand der Fundamentplatte als auch über die Summe der Pfahlwiderstände in den Baugrund abgetragen. Ziel einer Pfahl-Plattengründung ist eine Verformungsbeschränkung sowohl beim Baugrubenaushub als auch des Bauwerks selbst und der Nachbarbebauung.

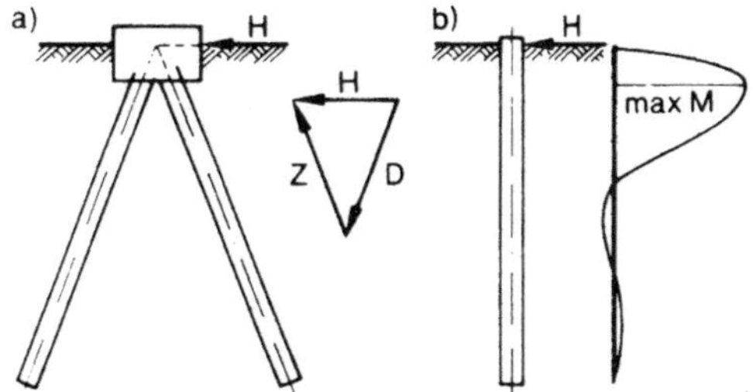

◘ **Abb. 8.2** Aufnahme von horizontalen Einwirkungen durch Pfähle: **a.** Pfahlbock, **b.** eingespannter, elastisch gelagerter Pfahl

8.1.2 Pfahlarten und Baustoffe

Bei den Pfählen werden Bohrpfähle, Verdrängungspfähle (Rammpfähle) und Pfähle mit kleinem Durchmesser unterschieden (sog. Mikro- oder Minipfähle). Nach den Herstellungsverfahren werden weiterhin unterschieden:

- **Fertigpfähle**, die meist fabrikmäßig vorgefertigt auf die Baustelle transportiert werden. Dazu gehören alle Holz- und Stahlpfähle sowie Fertigbetonrammpfähle.
- **Ortbetonpfähle** werden auf der Baustelle im Boden hergestellt.
- Zu den **Rammpfählen** gehören neben der Gruppe der Fertigpfähle auch die Ortbetonrammpfähle. Bohrpfähle werden in Deutschland nur als Ortbetonpfähle hergestellt. Bei einem Einsatz in organischen Weichschichten (c_u-Werte <10 kN/m^2) müssen zur seitlichen Stützung des Frischbetons nötigenfalls Hülsenpfähle verwendet werden.
- Nach den verwendeten Baustoffen werden schließlich Holzpfähle, Stahlpfähle, Beton-, Stahlbeton- und Spannbetonpfähle unterschieden. Spundwandprofile gelten als sog. offene Stahlpfähle.
- Durch den Einbau von Wärmetauscherrohren (sog. Absorbern) in die Gründungspfähle können diese als sog. **Energiepfähle** zu Energiegewinnung für Heizen und Kühlen verwendet werden (► Abschn. 20.2.1.5).

8.2 Grundlagen der Pfahlbemessung

Die Einwirkungen F setzen sich zusammen aus den Einwirkungen des Bauwerks (Gründungslasten) und möglichen Einwirkungen aus dem Baugrund. Letztere können auftreten infolge negativer Mantelreibung durch:
- Baugrundsetzungen bzw. -hebungen infolge benachbarter Be- oder Entlastung
- Biegebeanspruchung durch Horizontallasten aus dem Bauwerk oder durch Seitendrücke infolge horizontaler Baugrundverformungen bei seitlicher Be- oder Entlastung

8

Der **Widerstand eines Einzelpfahls** in axialer Richtung wird mit R („resistance") bezeichnet (◘ Abb. 8.1) und enthält die Anteile Pfahlfußwiderstand R_b (b = „base") und Pfahlmantelwiderstand R_s (s = „shaft").

Für die **Bemessung einer Pfahlgründung**, d. h. für die Festlegung der Anzahl, des Abstands und der Bemessung der Pfähle, muss zunächst der Pfahlwiderstand eines Einzelpfahls bekannt sein. Seine Bemessung kann nach einem der nachstehenden Verfahren erfolgen:
- statische Probebelastung
- Erfahrungen aus unmittelbar benachbarten Probebelastungen
- numerische oder analytisch-empirische Berechnungsverfahren anhand von Baugrundkennwerten
- dynamische Probebelastung
- bauaufsichtliche Zulassung (Spezialpfähle)

Nach DIN EN 1997-1, ► Abschn. 7.5 und DIN 1054 ist, wenn keine vergleichbaren Erfahrungen vorliegen, der charakteristische Wert des axialen Pfahlwiderstands im Baugrund $R_{c,k}$ anhand von statischen Probebelastungen zu ermitteln. Nur wenn die Bauart der Pfähle, die Abmessungen und die Baugrundverhältnisse vergleichbar sind, dürfen Ergebnisse von benachbarten Probebelastungen übertragen werden. Soweit beide nicht vorliegen, können die Werte für den charakteristischen Pfahlspitzendruck $q_{b,k}$ und die Pfahlmantelreibung $q_{s,k}$ auf der Grundlage von schichtbezogenen Tabellenwerten ermittelt werden. Die entsprechenden Bodenkenngrößen sind:
- bei nichtbindigen Böden der mittlere Spitzenwiderstand der Drucksonde $q_{c,k}$ oder ersatzweise eines anderen Sondierverfahrens,
- bei bindigen Böden die undränierte Scherfestigkeit $c_{u,k}$ und
- bei Fels die einaxiale Druckfestigkeit $q_{u,k}$.

Für Zugpfähle und für Mikro- bzw. Minipfähle sollten immer Probebelastungen vorgenommen werden.

Da zahlreiche der auf dem Markt befindlichen Pfahlsysteme, und zwar sowohl Rammpfähle als auch viele Bohrpfähle und besonders die Mikropfähle, nach den geltenden Herstellungsnormen als Spezialpfähle gelten, ist deren Tragfähigkeit im Einzelfall seitens der Hersteller anzugeben bzw. nachzuweisen.

Der charakteristische Widerstand im Baugrund $R_{c,k}$ bei Druckpfählen ist:

$$R_{c,k} = R_{b,k} + R_{s,k},$$

wobei $R_{b,k}$ = charakteristischer Spitzendruck und $R_{s,k}$ = charakteristische Mantelreibung.

Der Bemessungswert des Pfahlwiderstands $R_{c,d}$ ergibt sich dann aus:

$$R_{c,d} = \frac{R_{c,k}}{\gamma_t} \text{ oder } R_{c,d} = \frac{R_{b,k}}{\gamma_b} + \frac{R_{s,k}}{\gamma_s}$$

Die **Teilsicherheitsbeiwerte** sind in ◘ Tab. 8.1 zusammengestellt. Bei Probebelastungen ist auch noch ein Streuungsfaktor ξ zu berücksichtigen, der abhängig ist von der Anzahl der Probebelastungen, der Örtlichkeit (Baugelände selbst oder nicht) und der Art der Gründung. Was die Anzahl der Probebelastungen angeht, liegt der Streuungsfaktor zwischen 1,15 (1) und 1,0 (>2 Probebelastungen).

Tab. 8.1 Teilsicherheitsbeiwerte für Pfahlwiderstände (nach DIN EAP, Anlage 3.2)

Widerstand nach Probebelastung	Symbol	BS-P	BS-T	BS-A
Fußwiderstand	γ_b	1,10	1,10	1,10
Mantelwiderstand (Druck)	γ_s	1,10	1,10	1,10
Gesamtwiderstand (Druck)	γ_t	1,10	1,10	1,10
Mantelwiderstand (Zug)	$\gamma_{s,t}$	1,15	1,15	1,15
auf der Grundlage von Erfahrungswerten				
Druckpfähle	$\gamma_b, \gamma_s, \gamma_t$	1,40	1,40	1,40
Zugpfähle (im Ausnahmefall)	$\gamma_{s,t}$	1,50	1,50	1,50

Eine angemessene Sicherheit (Gebrauchstauglichkeit) ist gegeben, wenn.

$$F_{c,d} < R_{c,d},$$

wobei $F_{c,d}$ = Bemessungswert der axialen Druckbelastung.

Bei den Sicherheitsnachweisen von axial belasteten Einzelpfählen ist zwischen der Tragfähigkeit, d. h. der Grenzverformung eines Pfahls durch Versagen des Baugrunds in der Pfahlumgebung (Grenzsetzung s_g oder s_{ult} ◘ Abb. 8.6), sowie der Gebrauchstauglichkeit, also der Setzungsbegrenzung, zu unterscheiden.

Abgesehen von der Mindestpfahllänge von 5 m (Bohrpfähle) müssen Pfähle immer ausreichend tief im tragfähigen Boden stehen. In ausreichend dichten Sanden und Kiesen sind dies 2,5 m. In sehr dichtem oder festem Untergrund genügen 0,5–1,0 m. Die Mächtigkeit der tragfähigen Schicht unter der Pfahlsohle muss drei Pfahlfußdurchmesser, mindestens aber 1,5 m betragen. Unterhalb der Tragschicht dürfen keine stärker setzungsfähigen Schichten mehr vorliegen.

Das Tragverhalten von Pfählen hängt wesentlich vom Herstellungsverfahren ab, wobei Wandrauigkeit, Verdichtung des Pfahlbetons, mögliche Entspannung des Bodens bei der Pfahlherstellung, Sauberkeit von Bohrlochwand und -sohle und die tatsächlichen Pfahldurchmesser von Bedeutung sind. Bei ungleichen Pfahllängen sind außerdem die längeren Pfähle immer zuerst herzustellen, damit der Untergrund benachbarter Pfähle nicht durch den Bohrvorgang beeinträchtigt wird. Ein Rammpfahl, der beim Einrammen den Boden seitlich und unter dem Pfahlfuß verdrängt, hat i. d. R. eine höhere Tragfähigkeit als ein Bohrpfahl gleicher Abmessung (◘ Abb. 8.3).

Zur Überprüfung der Qualität von Pfählen, besonders bei solchen, bei denen bei der Herstellung Auffälligkeiten aufgetreten sind, können sog. dynamische Integritätsprüfungen (Hammerschlagmethode u. a.) vorgenommen werden (Kirsch und Klingmüller 2003; DIN EN 1536 und EAP).

Für Bohrpfähle, die mit schwach bis stark **CO_2-aggressivem Grundwasser** nach DIN 4030-1 oder mit schädlichen Chemikalien im Untergrund in Berührung kommen, ist Beton mit hohem Widerstand gegen chemischen Angriff zu verwenden (► Abschn. 10.5). Bei sehr starkem Angriff müssen Sondermaßnahmen gem. DIN 1045-2 vorgesehen werden. Nach Manns (1997) muss davon ausgegangen werden, dass bei starker bzw. sehr starker CO_2-Aggressivität des Grundwassers der

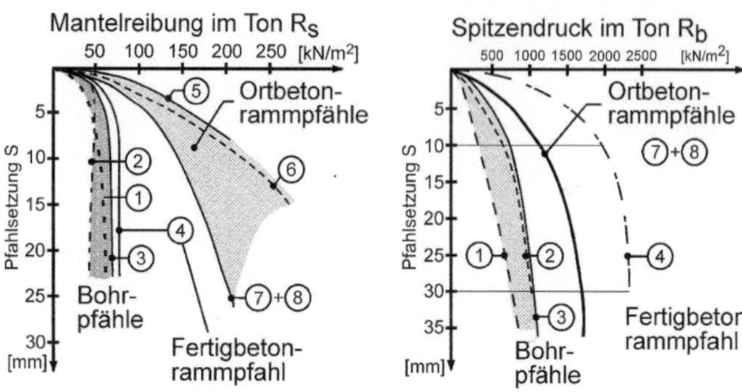

Abb. 8.3 Vergleich der Tragfähigkeit verschiedener Pfahlarten in tertiären Tonen (nach Sommer et al. 1984)

Zementstein am Kontakt Pfahl/Boden angegriffen und damit die Mantelreibung abgemindert wird (► Abschn. 10.5.2 und DIN SPEC 18 140). Diesen ungünstigen Annahmen steht zunächst entgegen, dass bisher keine Nachsetzungen von in CO_2-aggressivem Grundwasser auf Pfählen gegründeten Bauwerken bekannt geworden sind. Weitere günstige Faktoren sind: geringe Durchlässigkeit des Bodens und damit entsprechend geringer Austausch des Grundwassers, wulstig-profilierte Pfahlmantelflächen und besonders eine Mantelverpressung, die eine raue Mantelfläche begünstigt und höhere Gesamtsicherheiten bewirkt.

8.2.1 Ermittlung der Pfahltragfähigkeit durch Probebelastung

Statische Probebelastungen nach den Vorgaben der DIN EN 1997-1, der DIN 1054, der DIN EN ISO 22 477-1 und der EAP stellen den Regelfall zur Ermittlung der Tragfähigkeit von Pfählen in axialer Richtung dar. Für eine Probebelastung können entweder eigens dafür hergestellte Probepfähle oder aber Bauwerkspfähle verwendet werden. Im ersten Fall müssen die Versuchsbedingungen den tatsächlichen Verhältnissen am Bauwerk möglichst entsprechen. Bauwerkspfähle dürfen bei einer Probebelastung hinsichtlich ihrer späteren Verwendbarkeit nicht beeinträchtigt werden.

Probebelastungen bedeuten immer einen erheblichen Aufwand, da die aufgebrachte Versuchslast mindestens das 2-Fache der späteren Gebrauchslast betragen soll. Dies sind bei einem Pfahl mit 1,2 m Durchmesser, wie er wegen der Instrumentierung häufig gewählt wird, 10–20 MN. Bei sehr großen Durchmessern dürfen nach DIN EN 1997-1 Belastungsversuche auch an Versuchspfählen mit kleineren Durchmessern vorgenommen werden. Bei stark wechselnden Baugrundverhältnissen sind ggf. mehrere Probebelastungen durchzuführen.

Als Belastungsvorrichtung werden im Regelfall hydraulische Pressen eingesetzt, die sich gegen eine sog. Pilzkonstruktion abstützen, die über Anker oder Zugpfähle im Untergrund verankert ist (■ Abb. 8.4). Bei kleineren Pfahllasten werden auch Totlasten als Widerlager verwendet. Die Versuchslast wird mit einer fernablesbaren Kraftmessdose gemessen. Die Vertikalverschiebungen des Pfahlkopfes werden an mindestens drei Punkten mit elektrischen Wegaufnehmern registriert und durch ein Feinnivellement kontrolliert. Zur Kontrolle, ob die Last zentrisch eingebracht wird, werden außerdem die Horizontalverschiebungen des Pfahlkopfes gemessen.

Um den Pfahlfußwiderstand R_b (Spitzendruck) und den Pfahlmantelwiderstand R_s (Mantelreibung) getrennt zu ermitteln, wird in verschiedenen Tiefen des Pfahls seine Stauchung bzw. Dehnung mittels Dehnungsmessstreifen gemessen. Die Pfahlfußkraft wird i. d. R. mit einer vollflächigen Kraftmessdose gem. DIN 4107-5 (E 2013) registriert.

Die Last wird langsam und in der Setzung anzupassenden Stufen aufgebracht, wobei nach jeder Laststufe die Last so lange zu halten ist, bis die Pfahlsetzungen annähernd zur Ruhe gekommen sind. Außerdem sind bei der beabsichtigten

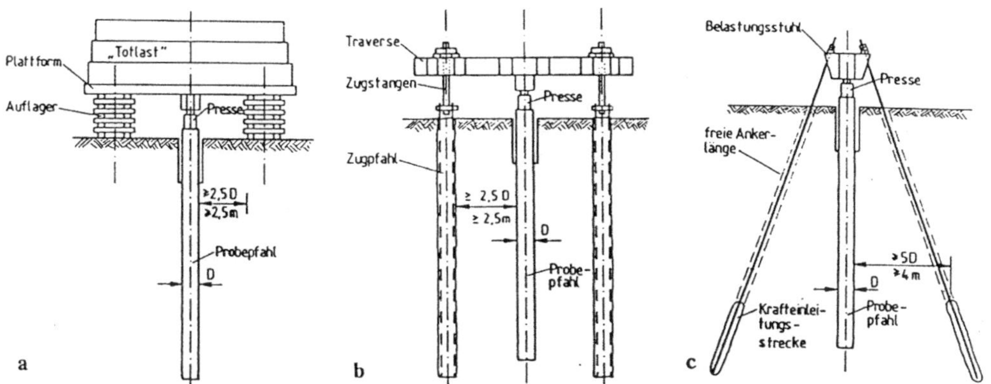

Abb. 8.4 Versuchsaufbau zur Durchführung einer vertikalen Probebelastung mit (**a**). Totlast, (**b**). Zugpfählen, (**c**). gespreizten Verpressankern (Firmenprospekt)

Gebrauchslast und mit Annäherung an die Grenzlast bzw. bei der 2-fachen Gebrauchslast Zwischenentlastungen vorzunehmen (sog. lastgesteuerte Probebelastung oder „maintained load pile test" [ML-Test]).

Das Ergebnis wird in einer Zeit-Setzungs- und Widerstands-Setzungs-Linie dargestellt und ausgewertet (Abb. 8.5). Maßgebend für den Grenzwiderstand der Tragfähigkeit ist der Versagenszustand in der Widerstands-Setzungs-Linie,

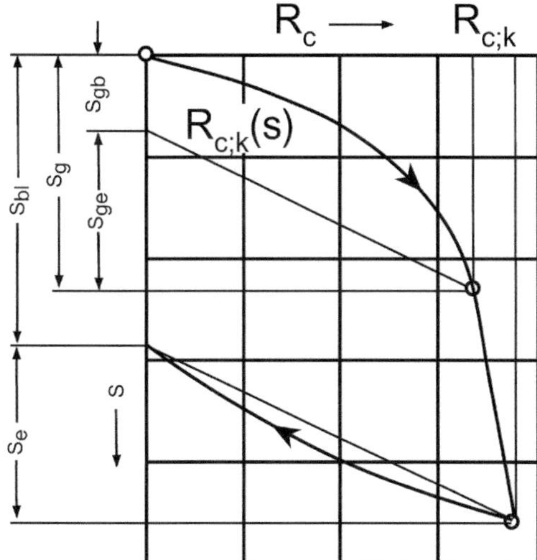

Abb. 8.5 Widerstands-Setzungs-Linie (WLS) einer Probebelastung: R_c = Pfahlwiderstand, $R_{c;k(g)}$ = setzungsbezogener charakteristischer Pfahlwiderstand, S_g = Grenzsetzung, S_e = elastischer Setzungsanteil

bei dem sich der Pfahl weiter setzt, ohne dass der Widerstand nennenswert zunimmt, bzw., wenn dieser Zustand nicht erreicht wird, gilt eine Pfahlkopfsetzung von 10 % des Pfahlfußdurchmessers als geotechnisches Versagen. Für den Grenzwiderstand der Gebrauchstauglichkeit ist die Grenzsetzung s_g heranzuziehen. Probebelastungen von auf Zug beanspruchten Pfählen sind sinngemäß vorzunehmen und aufzutragen.

Die bauwerksverträglichen Setzungen bzw. die vorgegebene charakteristische Setzung werden meist auf 1 oder 2 cm begrenzt. Die Teilsicherheitsbeiwerte aus Tab. 8.1 sind entsprechend gering, wobei allerdings auch der Streufaktor mit berücksichtigt werden muss.

Mithilfe des **Osterberg-Verfahrens** können statische Pfahlprobebelastungen für großkalibrige Bohrpfähle ohne aufwendige Belastungseinrichtung vorgenommen werden. Hierbei werden im Pfahl eine oder mehrere hydraulische Pressen (sog. Osterbergzellen) eingebaut, mittels derer die einzelnen Pfahlabschnitte jeweils gegeneinander belastet werden und so die Mantelreibung der einzelnen Pfahlsegmente ermittelt wird. Der Spitzenwiderstand wird über Druckkissen am Pfahlfuß gemessen (Katzenbach und Vogler 2004; Kleffner et al. 2006; Grabe et al. 2012; EAP).

Die DIN EN ISO 22 477-10 (E 2014) beschreibt eine **Schnellprüfung der Tragfähigkeit** von Bohr- oder Verdrängungspfählen durch Aufbringen einer axialen Druckbelastung in Form einer unterschiedlich arbeitenden Belastungsmasse (meist Hammer).

Gut instrumentierte Probebelastungen bringen wertvolle Aufschlüsse über das Tragverhalten der Pfähle. Der Pfahlmantelwiderstand wird bereits bei Setzungen von 5–10 mm aktiviert. Dies hat zur Folge, dass der obere flache Bereich der Widerstands-Setzungs-Linie (◘ Abb. 8.6) durch den Mantelwiderstand bestimmt wird, während für den steileren Kurvenabschnitt mit zunehmender Setzung der Pfahlfußwiderstand maßgebend ist.

Der Anteil des Mantelwiderstands beträgt in tonigen Böden bis etwa 10 mm Setzung 80–90 % der Gesamttragfähigkeit und erreicht bei der Grenzsetzung immer noch 60–70 %. Die Grenzmantelreibung wird normalerweise mit Werten zwischen $q_{s,k}$ = 60–80 kN/m^2 angenommen. In Sand- und Kiesböden liegt die Obergrenze der Pfahlmantelreibung nach Erfahrungswerten bei 200–300 kN/m^2. Koppelberg (2004) hat bei Probebelastungen in kiesigen Sanden einen Bruchwert der Mantelreibung von 270 kN/m^2 ermittelt und eine Gesamttragfähigkeit, die um ein Vielfaches höher war als der rechnerische Wert nach ► Abschn. 8.2.2.

Für felsähnlichen Baugrund ergaben Probebelastungen im angewitterten Buntsandsteinuntergrund bei 2 cm Setzung des Einzelpfahls Bemessungswerte von i. M. $q_{s,k}$ = 100 kN/m^2 und $q_{b,k}$ = 1,0 MN/m^2 (Dürrwang 1984). Von gipsführenden, wenig auslaugungsbeeinflussten Tonsteinen der Rötbasis melden Kleffner et al. (2006) $q_{s,k}$-Werte von 0,05–1,0 MN/m^2 und von festen Solling-Sandsteinen (q_u = 3–41, i. M. 11,5 MN/m^2) Werte von $q_{s,k}$ = 1 MN/m^2 und $q_{b,k}$ = 10 MN/m^2. Ähnliche Werte wie für die Röttonsteine können auch für den Gipskeuper genannt werden, nämlich $q_{s,k}$ = 0,12 MN/m^2 für steif- bis halbfesten Tonstein und $q_{s,k}$ = 0,24 MN/m^2 für halbfesten bis festen Tonstein, bei einer Mantelreibung von $q_{b,k}$ = 2,0 MN/m^2. Im Einzelfall sind die Tragfähigkeitsbeiwerte in felsähnlichen Baugrund sehr von der Gebirgsfestigkeit abhängig.

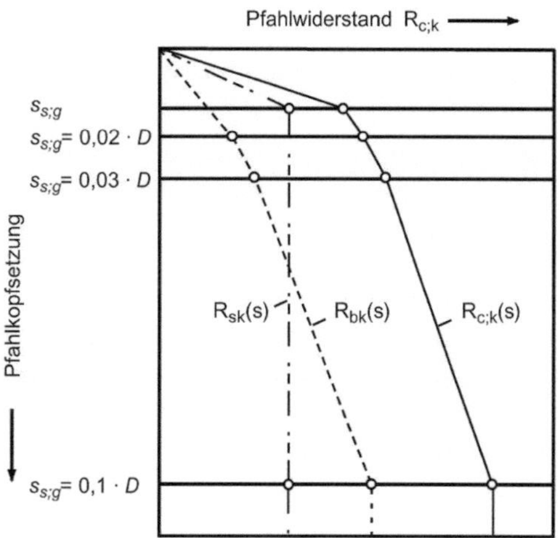

◘ **Abb. 8.6** Elemente und Ermittlung einer charakteristischen Widerstands-Setzungs-Linie unter Verwendung der charakteristischen Kennwerte aus ◘ Tab. 8.2, 8.3 und 8.4 (aus DIN 1054)

8.2.2 Bemessungsverfahren für Bohrpfähle aus Erfahrungs- bzw. Tabellenwerten

Für die Ermittlung der charakteristischen axialen Pfahlwiderstände aus Erfahrungs- bzw. Tabellenwerten verweist die DIN 1054:2012 auf das Normenhandbuch und die EAP, in denen die in Deutschland seit Jahrzehnten üblichen Verfahren enthalten sind (EAP, Abs. 5.4.5). Für Österreich wird diesbezüglich auf die Tabellenwerte des Nationalen Anhang zur EC 7, B 1997-1-1 bis 3 verwiesen (Hofmann und Breymann 2013). Anhand solcher Tabellenwerte (◘ Tab. 8.2, 8.3, 8.4 und 8.5) können die charakteristischen Pfahltragfähigkeitswerte ($q_{s,k}$, $q_{b,k}$) anhand der charakteristischen Widerstands-Setzungs-Linie gem. ◘ Abb. 8.6 ermittelt werden.

Der setzungsabhängige charakteristische axiale Pfahlwiderstand ist:

$$R_{c,k} = R_{b,k(s)} + R_{s,k(s)} bzw. q_{b,k} \times A_b \times q_{s,i;k} \times A_{s,i}$$

Hierbei sind:

$R_{b,k(s)}$ = setzungsabhängiger charakteristischer Pfahlfußwiderstand,

$R_{s,k(s)}$ = setzungsabhängiger charakteristischer Pfahlmantelwiderstand (= -reibung),

A_b = Pfahlfußfläche,

$q_{b,k}$ = charakteristischer Wert des Pfahlspitzenwiderstands (= Pfahlfußwiderstand = Pfahlspitzendruck),

Tab. 8.2 Bruchwerte* des Pfahlfußwiderstands $q_{b;k}$ für nichtbindige und bindige Böden in Abhängigkeit von der bezogenen Pfahlkopfsetzung und dem Sondierwiderstand q_c bzw. der undränierten Scherfestigkeit $c_{u;k}$ (nach DIN 1054, Tab. B1 und B2)

Bezogene Pfahlkopfsetzung s/D bzw. s/D_b	**Pfahlspitzendruck $q_{b,k}$ in MN/m² ***					
	für nichtbindige Böden				**für bindige Böden**	
	bei einem mittleren Sondierwiderstand $q_{c,k}$ in MN/m²				**bei einer Scherfestigkeit im undränierten Zustand $c_{u,k}$ in MN/m²**	
	10	15	20	25	0,1	0,2
0,02	0,7	1,05	1,4	1,75	0,35	0,9
0,03	0,9	1,35	1,8	2,25	0,45	1,1
0,10 = s_g	2,0	3,0	3,5	4,0	0,8	1,5

* Zwischenwerte dürfen geradlinig interpoliert werden. Bei Bohrpfählen mit Fußverbreiterung sind die Werte auf 75 % abzumindern. s_g = Grenzsetzung.

Tab. 8.3 Bruchwerte* der Pfahlmantelreibung $q_{s,k}$ für nichtbindige und bindige Böden in Abhängigkeit des Sondierwiderstands q_c bzw. der undränierten Scherfestigkeit $c_{u;k}$ (nach DIN 1054, Tab. B3 und B4)

Festigkeit des nichtbindigen Bodens bei einem mittleren Sondierwiderstand q_c	**Bruchwert $q_{s,k}$ der Mantelreibung***
MN/m²	MN/m²
5	0,04
10	0,08
≥ 15	0,12
Festigkeit des bindigen Bodens bei einer Scherfestigkeit im undränierten Zustand Sondierspitzenwiderstand $c_{u,k}$	
MN/m²	
0,025	0,025
0,1	0,04
≥ 0,2	0,06

* Zwischenwerte dürfen geradlinig interpoliert werden.

$A_{s,i}$ = Pfahlmantelfläche in Schicht *i*,
$q_{s,i;k}$ = Pfahlmantelreibung in Schicht *i* nach Tab. 8.2, 8.4 und 8.6.

Die maßgebenden **Kennwerte** sind bei nichtbindigen Böden die Lagerungsdichte, vorzugsweise über Drucksondierungen zu ermitteln ($q_c \geq 7{,}5$ MN/m², s. a. Frühauf und Stoiberer 2005), wobei für die Anwendung von Rammsondierungen Umrechnungstabellen verwendet werden können (Tab. 4.6; ► Abschn. 4.4.6.2). Für Sondierergebnisse mit der schweren Rammsonde nach DIN EN ISO 22 478-2 darf näherungsweise die Beziehung $q_c \approx N_{10}$ (DPH) angenommen werden. Für die Umrechnung von Sondierungen nach dem Standard-Penetration-Test gilt Tab. 4.5. Für bindige Böden wird die Kohäsion im undränierten Zustand c_u verwendet (Tab. 8.2 und 8.3). Werden Flügelsondierungen eingesetzt, so sind deren c_u-Werte mit einem Abminderungsfaktor zu beaufschlagen (► Abschn. 4.4.6.3). Auch in gleichkörnigen Feinsanden ist es angebracht, die angegebenen Tragfähigkeitswerte zu reduzieren, da es in diesen Böden bei praktisch allen Herstellungstechniken im Nahbereich des Pfahls zu Auflockerungserscheinungen gegenüber der ursprünglichen Lagerungsdichte kommt (Kluckert 2010).

Tab. 8.4 Bruchwerte* für den Pfahlfußwiderstand $q_{b,k}$ und die Pfahlmantelreibung $q_{s,k}$ in Fels in Abhängigkeit von der einaxialen Druckfestigkeit $q_{u,k}$ (nach DIN 1054, Tab. D5)

$q_{u,k}$	$q_{b,k}$	$q_{s,k}$
MN/m²	MN/m²	MN/m²
0,5	1,5	0,08
5,0	5,0	0,5
20	10	0,5

*Zwischenwerte dürfen geradlinig interpoliert werden.

8

In **Fels und felsartigem Untergrund** werden die Bruchwerte für den Pfahlspitzenwiderstand ($q_{b,k}$) und für die Pfahlmantelreibung ($q_{s,k}$) in Abhängigkeit vom Verwitterungsgrad bzw. der einaxialen Druckfestigkeit nach Tab. 8.4 ermittelt, wobei eine Einbindung von min. 0,5 m gefordert wird. Einzelheiten s. EAP (2012).

Auf die Problematik der Pfahldimensionierung in **angewitterten bis entfestigten Halbfestgesteinen** (z. B. Tonstein/Sandstein/Kalkstein-Wechselfolgen), die im Grenzbereich Lockergestein/felsähnlicher Untergrund liegen, weist schon Dürrwang (1997) hin. Das Problem beginnt bereits mit der in der oberflächennahen Anwitterungszone üblicherweise schlechten Kernqualität, die eine besonders sorgfältige Kernbeschreibung erfordert und häufig auch keine Proben für aussagekräftige Laborversuche ergibt.

Die Gesteinsdruckfestigkeiten von solchen Halbfestgesteinen streuen meist sehr stark und liegen bei hohem Tonsteinanteil häufig unter 1 MN/m², was einem Lockergestein entspricht (Tab. 2.8). Ergebnisse von Drucksondierungen oder Rammsondierungen (DPH), welche die Tiefe der Auflockerungszone recht gut anzeigen, liegen selten vor. Nach Probebelastungsergebnissen erfolgt der Aufbau der Mantelreibung in diesen Verwitterungsprofilen kontinuierlich mit der Setzung und erreicht bei einer charakteristischen Setzung von 1–2 cm z. T. schon Werte über 100 kN/m². Die Aufnahme der Pfahlfußkraft erfolgt dagegen nahezu linear mit der Setzung ohne eigentlichen Grenzwert und liegt für eine Setzung von 1–2 cm häufig nur bei 1–2 MN/m² (s. Schmidt et al. 1999a für Tonsteine des Keupers sowie Katzenbach und Vogler 2004 und Seip et al. 2014 für Kalksteine und Tone des Tertiärs). Die Gesamtsetzungen einer Pfahlgruppe sind bei solchen Verwitterungsprofilen äußerst schwer abzuschätzen.

Die **Ermittlung der Bemessungswerte** F_d erfolgt gem. Abb. 8.6 in Abhängigkeit von der zulässigen Pfahlkopfsetzung s durch Auftragung der Widerstand-Setzungs-Linie unter Beachtung der Einzelnachweise für Tragfähigkeit und Gebrauchstauglichkeit gem. ► Abschn. 8.2. Als zulässige Pfahlkopfsetzung wird i. d. R. ein Wert von 1–2 cm angenommen. Die Standsicherheit ist erfüllt, wenn

$$R_{c,d} = \frac{R_{c,k}}{\gamma_t},$$

wobei γ = Teilsicherheitsbeiwert gem. Tab. 8.1.

In der Praxis erfolgt die rechnerische Ermittlung der Tragfähigkeit eines Einzelpfahls meist mittels Rechenprogrammen und kann in Abhängigkeit vom Baugrundaufbau und von der Einbindetiefe (Pfahllänge) für gängige Pfahldurchmesser, wie in Abb. 8.7 dargestellt, ermittelt werden. Eine Gruppenwirkung der Pfähle ist dabei nicht berücksichtigt.

Die nach Tabellenwerten ermittelten konservativen Pfahlwiderstände können im Bedarfsfall durch genauere Messwerte einer Probebelastung vor Ort verbessert werden. Tab. 8.5 zeigt beispielhaft dabei erreichte Widerstandswerte.

8.2.3 Tragfähigkeit von Reibungspfählen

Bei Reibungspfählen erfolgt die Krafteinleitung vorwiegend über den Pfahlmantelwiderstand R_s.

Die rechnerische Ermittlung erfolgt über die Krafteintragungslänge l_o, den Durchmesser des Verpresskörpers D (ergibt die Pfahlmantelfläche A_s), die Grenzmantelreibung $q_{s,k}$ und den Sicherheitsfaktor γ_t bzw. $\gamma_{s,t}$ gem. Tab. 8.1. Der Spitzenwiderstand wird bei langen Pfählen

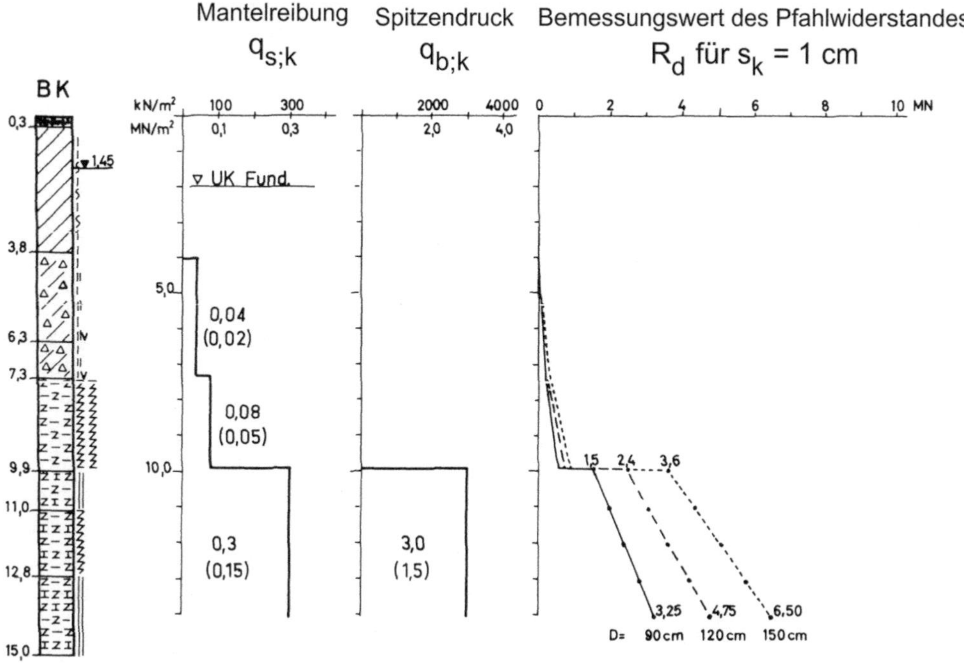

■ **Abb. 8.7** Bemessung einer Pfahlgründung in Abhängigkeit des Untergrundprofils mit Angabe der Bemessungswerte des axialen Pfahlwiderstands eines Einzelpfahls (in Klammern) für unterschiedliche Pfahldurchmesser und für eine charakteristische Setzung von $s_k \leq 1$ cm

■ **Tab. 8.5** Differenz einiger über Tabellenwerte bzw. über Probebelastung ermittelter Pfahlwiderstandswerte in MN/m² (aus Seip et al. 2014)

Werte aus Probebelastung		**Charakteristischer Wert gem. DIN EN 1997-1**
Mantelreibung Frankfurter Ton	>0,170	$q_{s,k} = 0{,}163 \approx 0{,}160$
Spitzendruck Frankfurter Ton	2,15	$q_{b,k} = 1{,}893 \approx 1{,}80$
Mantelreibung Frankfurter Kalke	1,607	$q_{s,k} = 1{,}310 \approx 1{,}30$

und Pfählen kleinen Durchmessers i. d. R. vernachlässigt, was jedoch in vielen Fällen zu einer Überbewertung der Pfahlmantelreibung führt. Sofern nicht Erfahrungswerte aus vergleichbaren Probebelastungen vorliegen, kann die Grenzmantelreibung $q_{s,k}$ in Anlehnung an die ehem. DIN 1054, Tab. D1, wie folgt angenommen werden:

Mittel- und Grobkies, mitteldicht	$q_{s,k} = 0{,}20$ MN/m²
Mittel-/Grobsand und Kiessand, mitteldicht	$q_{s,k} = 0{,}15$ MN/m²
Bindiger Boden, steif bis halbfest	$q_{s,k} = 0{,}10$ MN/m²

Bei Vorliegen von Schlagzahlen (N_{30}) der Standardsonde (■ Tab. 4.5) können für bindige Böden auch folgende Erfahrungswerte aus der Literatur angesetzt werden:

Für $N_{30} < 5$ (weich)	$q_{s,k} = 0$
Für $N_{30} = 5$–10 (weich bis steif)	$q_{s,k} = 7{,}2 \times N + 6$ kN/m²
Für $N_{30} > 10$ (steif)	$q_{s,k} = 4{,}1 \times N + 37$ kN/m²

Für eine Vorbemessung ergibt sich damit der **charakteristische Herausziehwiderstand** ($R_{t,k}$) eines Reibungspfahls zu

$$R_{t,k} = \pi \times D \times l_o \times q_{s,k} \ bzw. \ A_{si} \times q_{si,k}$$

und die erforderliche Länge der Krafteintragungsstrecke zu

$$l_o = \frac{R_{t,k}}{\pi} \times D \times q_{s,k}.$$

Der Bemessungswert des Herausziehwiderstands ist

$$R_{t,d} = \frac{R_{t,k}}{\gamma_{s,t}},$$

wobei $\gamma_{s,t}$ = Teilsicherheitsbeiwert für Zugpfähle gem. ◘ Tab. 8.1.

Die Tragfähigkeit von Reibungspfählen als **Zugpfähle** ist, wenn nicht spezielle Erfahrungen vorliegen, grundsätzlich durch Probebelastungen nachzuweisen, wobei die Pfähle bis zum Versagen belastet werden müssen. Die in Probebelastungen ermittelte Widerstands-Hebungs-Linie ist i. d. R. ohne Zu- oder Abschläge anzusetzen.

Verdrängungspfähle können sowohl in bindigen als auch in nichtbindigen Böden mit zunehmender Standzeit erhebliche Traglaststeigerungen aufweisen (Grabe und König 2006). Die Hauptursache dafür ist eine Erhöhung der Mantelreibung infolge von Verkrustungen am Pfahlmantel und des Abbaus von Porenwasserdrücken. Die Traglaststeigerung kann bis zu 50 % der Anfangstraglast erreichen.

8.2.4 Horizontale Einwirkung auf Pfähle

Seitendruck auf Pfähle als Folge von Bodenbewegungen kann auftreten durch:

- horizontale Lastanteile aus den Gründungslasten,
- seitliche Auflasten oder Aushubentlastung, wodurch Spannungen ausgelöst werden und der Boden seitlich ausweicht und den Pfahl belastet,
- Schrägpfähle in weichen Böden und
- Pfähle an einem Kriechhang, wobei der Boden über der Gleitzone aktiv, darunter passiv den Pfahl belastet.

Der Seitendruck muss besonders für Böden mit $V_{gl} > 15$ % und $w \geq 75$ % sowie für Böden mit $I_c < 0{,}25$ statisch nachgewiesen werden.

Horizontalkräfte auf einen Pfahl werden über seitliche Bettung im Boden aufgenommen. Solche Pfahlwiderstände quer zur Pfahlachse dürfen nur bei Pfählen $D_b > 0{,}3$ m angesetzt werden. Die Berechnung der Querwiderstände erfolgt nach dem Bettungsmodulverfahren oder numerischen Verfahren (FEM), s. von Wolffersdorf (2013). Das Bettungsmodulverfahren beruht darauf, dass der Boden vor den Pfählen und seitlich der Pfähle der Pfahlverschiebung entgegenwirkt. Die Größe dieses Bodenwiderstands wird durch den horizontalen Bettungsmodul k_s (in kN/m^3 oder MN/m^3) bestimmt. Der **Bettungsmodul k_s** ist kein Bodenkennwert, sondern eine Systemgröße, die außer vom Untergrundprofil von zahlreichen Faktoren wie dem Pfahldurchmesser, der Steifigkeit und Verformung des Pfahls sowie dem Spannungszustand abhängig ist.

Die Angabe des Bettungsmoduls k_s erfolgt in einfachen Fällen, wenn es nur auf eine hinreichend genaue Ermittlung der Biegemomente ankommt, nach Erfahrungswerten (◘ Tab. 8.6). Die DIN 1054 empfiehlt nachstehende Formel:

$$k_{s,k} = E_{s,k} / D_s$$

Hierin bedeuten:

$k_{s,k}$ = charakteristischer Wert des Bettungsmoduls,
$E_{s,k}$ = charakteristischer Wert des Steifemoduls,
D_s = Pfahlschaftdurchmesser $D_s \leq 1{,}0$ m; bei $D_s > 1{,}0$ m darf mit $D_s = 1{,}0$ m gerechnet werden.

Der Anwendungsbereich dieser vereinfachten Annahmen ist auf eine rechnerische

Tab. 8.6 Erfahrungswerte $k_{s,k}$ für Pfahldurchmesser von rd. 1 m

Boden	MN/m³
Torf und weiche Schluffe	0
steifer Lehm	10
steinig-kiesiger Lehm	20–40
lehmiger Kies	60–80
Mittel-/Grobsand und Kies	40–150
Halbfestgesteine	10–100
Festgesteine	>100

Horizontalverschiebung von max. 2 cm oder 0,03 D_s begrenzt. Wenn die Verformungen der Pfahlgründung für das Tragverhalten des Bauwerks von Bedeutung sind und keine speziellen Erfahrungen vorliegen, müssen Größe und Verteilung des charakteristischen Bettungsmoduls $k_{s,k}$ längs des Pfahls durch Probebelastungen ermittelt werden. Dabei werden i. d. R. zwei Pfähle mithilfe einer Hydraulikpresse gegeneinander verspannt; anschließend wird die Kopfverschiebung gemessen.

Die Größe des Bettungsmoduls ändert sich mit der Überlagerungshöhe stetig oder sprunghaft. In Lockergesteinen wird allgemein eine parabolische oder dreieckförmige Verteilung des Bettungsmoduls in Pfahllängsachse angenommen. Bei halbfesten und festen Gesteinen kann mit einem konstanten Bettungsmodul gerechnet werden (Abb. 8.8).

Erhalten **Pfahlgruppen** eine horizontale Belastung, so muss nach der bisherigen Normung mit empirisch abgeminderten k_s-Werten gerechnet oder die Bettung anhand vorab vorgenommener FE-Berechnungen ermittelt werden. Belastungen durch Hangschub oder ähnliche Kräfte können damit i. d. R. nicht aufgenommen werden (▶ Abschn. 15.5.5).

8.2.5 Negative Mantelreibung und Seitendruck auf Pfähle in weichen Böden

Ein Problem besonderer Art tritt bei Pfahlgründungen in stark setzungsfähigen, weichen Böden gem. ▶ Abschn. 9.2 und 3.2.4 auf, sei es durch Eigenkonsolidation oder durch nachträgliche Belastung. Schichten, in denen die

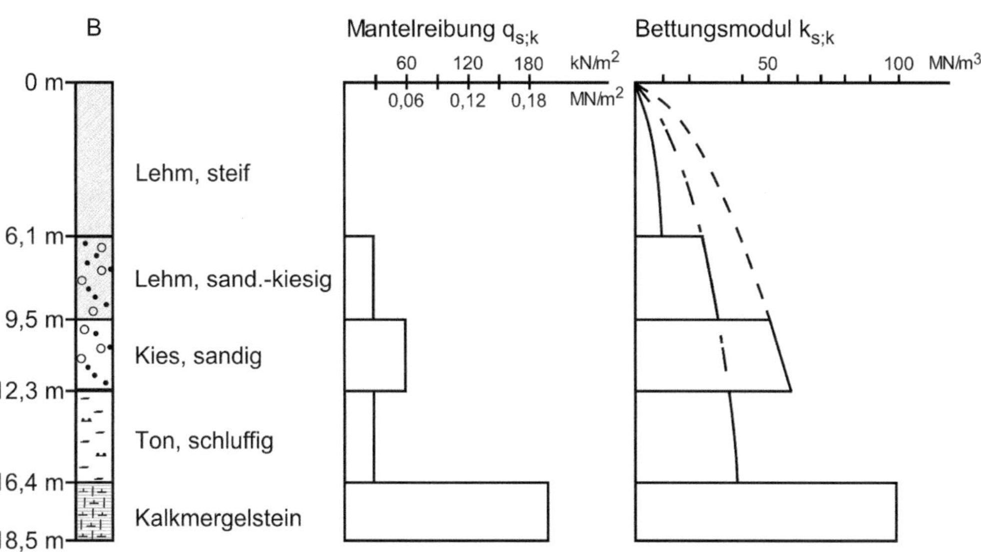

Abb. 8.8 Beispiel einer Bettungsmodulverteilung und Verteilung der zulässigen Mantelreibung zur Dimensionierung von Großbohrpfählen (Ø 1,0 m)

Relativbewegung Baugrund/Pfahl die lastbedingten Pfahlsetzungen übersteigt, können die Pfähle nicht nur keine Last übernehmen, sondern hängen sich im Gegenteil noch am umgebenden Baugrund auf, wodurch die Pfähle über diese „**negative Mantelreibung**“ τ_n zusätzlich belastet werden. Der charakteristische Wert der negativen Mantelreibung muss als Maximalwert angesetzt werden. Er kann nach EAP Abs. 4.4 näherungsweise wie folgt ermittelt werden:

- Bindiger Boden:

$$\tau_{n,k} = c_{u,k}$$

- Nichtbindiger Boden:

$$\tau_{n,k} = \sigma'_v \times K_o \times \tan\varphi'_k$$

Dabei ist:

$c_{u,k}$ = charakteristischer Wert der Scherfestigkeit des undränierten Bodens,
σ'_v = effektive Vertikalspannung,
K_0 = Ruhedruckbeiwert (► Abschn. 2.7.9),
φ'_k = charakteristischer Wert des Reibungswinkels der nichtbindigen Schichten.

Die Mantelreibungswerte für negative Mantelreibung in breiigen bzw. weichen Böden können mit $\tau_{n,k}$ = 0,01–0,03 MN/m^2 angesetzt werden. Die negative Mantelreibung wird bereits bei Setzungen von wenigen Millimetern (<5 mm) aktiviert. Auch Setzungen infolge Grundwasserabsenkung oder Schrumpfungserscheinungen (► Abschn. 6.5.2) können negative Mantelreibung bewirken (s. Frühauf und Stoiberer 2005), ebenso eine Hebung des Bodens in der Pfahlumgebung. Zu beachten ist, dass die negative Mantelreibung auch nach Abklingen der Bodenbewegungen noch wirksam bleibt.

Die möglichen Gegenmaßnahmen sind, abgesehen von einem vorzeitigen und nach Möglichkeit überhöhten Aufbringen der benachbarten Flächenlasten (meist Dämme), in ihrer Wirkung begrenzt. Günstig sind Pfähle mit möglichst glatter Mantelfläche, Pfähle mit großem Durchmesser oder auch dicht stehende Pfahlgruppen. Schräg nach außen gerichtete Pfähle werden durch Setzungen zusätzlich auf Biegung beansprucht.

In weichen bindigen Böden mit nur geringen Scherfestigkeiten treten außer den senkrechten Verformungen auch erhebliche horizontale Verschiebungen auf, die am Rande der Belastungsfläche am größten sind und 40–60 % der auftretenden Setzung erreichen können. Diese waagerechten Verschiebungen bewirken einen **Seitendruck auf die Pfähle**, der über die Bewehrung der Pfähle oder durch eine Reihe Schutzpfähle aufgenommen werden muss.

Die erforderlichen Bodenkennwerte sind:

- Konsistenzzahl I_c,
- unentwässerte Scherfestigkeit c_u (vgl. ◻ Tab. 14.1),
- Glühverlust V_{gl}.

Wird die unentwässerte Scherfestigkeit c_u mit Flügelsondierungen ermittelt, so ist ein Abminderungsfaktor anzusetzen (► Abschn. 4.4.6.3). Der Fließdruck kann mit $p_f = 3 \times c_u$ bis $10 \times c_u$ angesetzt werden.

Bei Bohrpfählen in weichen Böden, deren Kohäsion im undränierten Zustand $c_{u,k} \leq 10$ kN/m^2 beträgt, ist nach DIN EN 1997-1, Abs. 7.8, außerdem der Knicksicherheitsnachweis zu führen.

8.2.6 Tragfähigkeit von Pfahlgruppen

Pfahlgründungen bestehen selten aus Einzelpfählen, sondern meist aus mehreren, nebeneinander angeordneten Pfahlreihen, den Pfahlgruppen. In der Gruppe beeinflussen sich die Pfähle gegenseitig, und zwar sowohl bei der vertikalen als auch bei der horizontalen Belastung. Wenn die Tragfähigkeit der Pfähle einigermaßen genutzt werden soll, müssen Mindestabstände zu den Nachbarpfählen eingehalten werden. Der Einflussbereich beträgt allgemein 3–6 D, wobei die höheren Werte für Rammpfähle gelten. Die Tragfähigkeit einer Pfahlgruppe ist daher, bezogen auf die Anzahl der Pfähle, i. d. R. immer kleiner als die eines Einzelpfahls. Die Gruppenwirkung ist besonders bei horizontalen Beanspruchungen zu berücksichtigen (► Abschn. 8.2.4).

Setzungen von Pfahlgruppen setzen sich zusammen aus der Setzung, die das Bauwerk insgesamt i. S. einer tief gelegten Flächengründung erfährt, und der Setzung der einzelnen Pfähle. Für den erstgenannten Setzungsanteil wird eine Fläche in Pfahlfußebene zugrunde gelegt, deren Umrisse 3 *D*, max. 2 m außerhalb der Achsen der Randpfähle verlaufen (◘ Abb. 8.9). Bei Reibungspfählen wird das Setzungsverhalten von der Zusammendrückung des Bodens zwischen und neben den Pfählen mit bestimmt, deren Betrag zu den Setzungen unter der Pfahlfußebene zu addieren ist (◘ Abb. 8.10). Die Setzungen einer Pfahlgruppe sind, ausgenommen reine Aufstandspfähle, im Vergleich zum Einzelpfahl immer größer. Für die rechnerische Ermittlung des Lastsetzungsverhaltens von Pfahlgruppen liegen verschiedene Ansätze vor. Sichere Angaben sind nur aus Setzungsbeobachtungen von Gründungen auf Pfahlgruppen möglich. In der Literatur wird für die Setzungen von kleinen Gruppen von Großbohrpfählen in tertiären Tonen der 2- bis 4-fache Wert der Setzung eines vergleichbaren Einzelpfahls

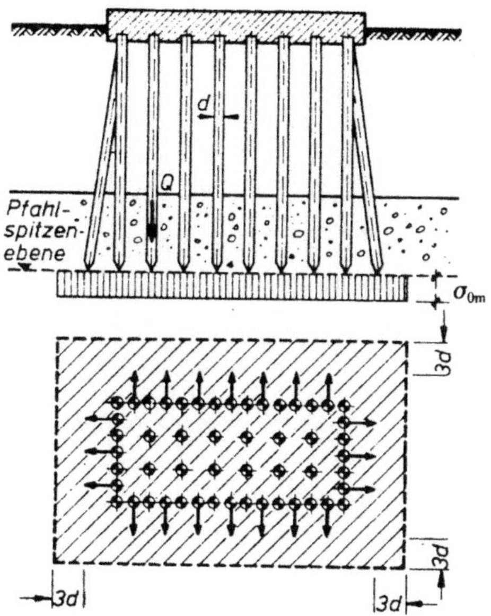

◘ **Abb. 8.9** Gesamtspannung in der Pfahlfußebene von Pfahlgruppen

angegeben, gleichzeitig aber weniger als die Hälfte der Beträge aus einer Setzungsberechnung als tief liegende Flachgründung.

Die Setzungen von Pfahlgründungen sind i. Allg. immer gleichmäßiger und günstiger zu beurteilen als vergleichbare Flachgründungen. Dies gilt nicht nur bei Pfahlrosten mit durchgehender Pfahlkopfplatte, sondern auch für Gründungen auf Einzelpfählen. Auch sie bewirken meist eine deutliche Verringerung der Setzungsunterschiede.

8.3 Verdrängungspfähle

Verdrängungspfähle sind Pfähle, die durch Rammen, Rütteln, Einpressen oder Eindrehen gem. DIN 18 304 Abs. 3.3 eingebracht werden, wobei der Boden ohne Aushub vollständig verdrängt wird. Zur Gruppe der Verdrängungspfähle gehören:

- Fertigrammpfähle,
- Ortbetonrammpfähle,
- Schraubpfähle (Vollverdrängungsbohrpfähle).

Für die Rammpfahlarten gelten die Ausführungsnormen DIN EN 12 699 (gerammte Verdrängungspfähle) mit den ergänzenden Festlegungen der DIN SPEC 18 538 sowie DIN EN 12 794 (Betonfertigpfähle).

Bei den gerammten Verdrängungspfählen unterscheidet man vorgefertigte Pfahlschäfte (sog. Fertigpfähle) und mittels Vortreibrohren vor Ort (im Boden) hergestellte Pfähle. Dem Rammprozess entgegen wirken der Spitzendruck und die Mantelreibung. Eine eigenständige Klassifikation für die Rammbarkeit von Böden gibt es nicht (► Abschn. 3.3.2). Allgemein sollen Rammpfähle bei ausreichend tragfähigen nichtbindigen Böden bzw. bei annähernd halbfesten bindigen Böden ($I_c \geq 1{,}0$) mindestens 3 m einbinden, sofern nicht aus besonderen Gründen eine andere Einbindetiefe erforderlich oder ausreichend ist. Letzteres gilt besonders für nichtbindige Böden dichter Lagerung bzw. für bindige Böden von fester Beschaffenheit.

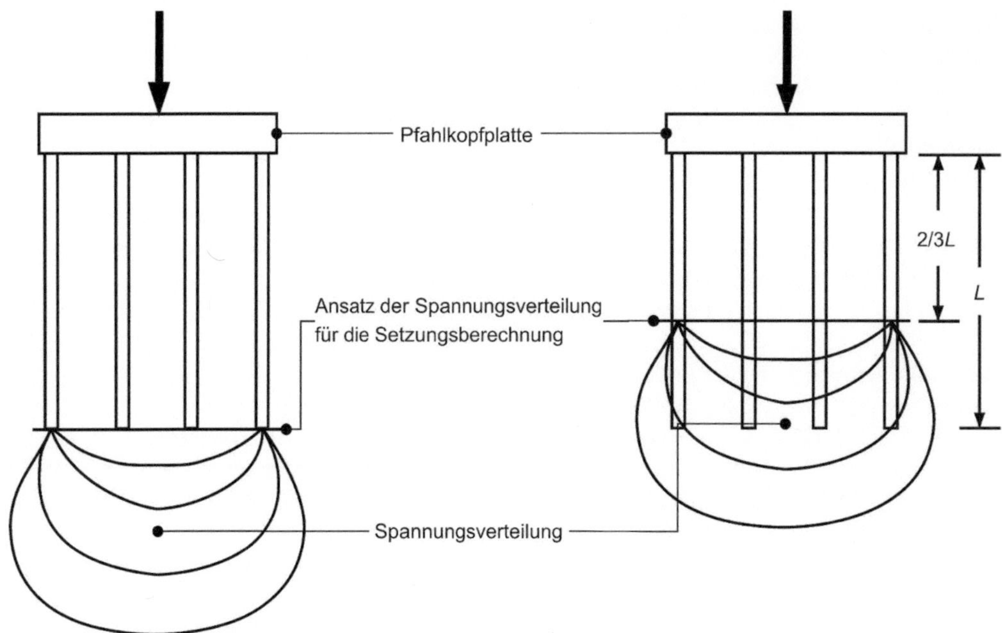

Abb. 8.10 Spannungsverteilung von Spitzendruckpfählen in Pfahlfußebene und von Reibungspfählen, bei denen die Zusammendrückung des Bodens zwischen den Pfählen mit zu berücksichtigen ist

Stößt ein Pfahl auf ein Hindernis, so ist das Rammen zu beenden. Ist er fast ausgerammt, kann er verwendet werden, andernfalls ist er zu ersetzen.

Die **Bemessung** der verschiedenen Verdrängungspfähle erfolgt nach EAP Abs. 5.4.4 (Fertigrammpfähle), Abs. 5.4.5 (Ortbetonrammpfähle einschl. Frankipfähle) und Abs. 5.4.8 (Schraubpfähle) bzw. nach Herstellerangaben (s. Becker und Kempfert 2008).

8.3.1 Fertigpfähle

Fertigpfähle werden fabrikmäßig nach Maß hergestellt, wozu die Pfahllängen bei bekanntem Untergrundaufbau entweder aus Erfahrung oder nach vorherigen Proberammungen möglichst zutreffend angegeben werden müssen.

Holzpfähle wurden im Mittelalter und bis in das 17. Jahrhundert häufig für Gründungen von schweren Massivbauten wie Kirchen, Schlössern und Rathäusern auf schlechtem Untergrund, kaum dagegen für Fachwerkbauten o. Ä. verwendet. Eichenpfähle zeichnen sich dabei durch lange Lebensdauer aus, solange sie unter Wasser verbleiben und nicht zeitweise dem Luftsauerstoff ausgesetzt sind oder waren.

Heute finden Holzpfähle fast nur noch für provisorische Bauwerke (z. B. Schalgerüste, Hilfsbrücken) Anwendung. In schwer rammbaren Böden verlaufen Holzpfähle beim Rammen leicht, wobei dann die axiale Belastung nicht mehr gegeben ist.

Stahlpfähle zeichnen sich durch leichte Handhabung und gute Rammeigenschaften aus und können beliebig verlängert werden. Ihre Nachteile sind die geringere Reibung im Boden und die Anfälligkeit gegen Korrosion im Meerwasser. Die natürlichen Böden gelten mit Ausnahme von Torf und chemisch kontaminierten Böden als nicht stahlaggressiv. Die häufigsten Profiltypen sind Stahlrohrprofile, Trägerprofile oder Kastenprofile, vielfach auch Spundwandprofile (s. Becker und Kempfert 2008).

Ein als Zugpfahl häufig eingesetzter verpresster Stahlrammpfahl ist der sog. MV-Pfahl (Mantel-Verpress-Pfahl). Der durch den Pfahlschuh freigerammte Hohlraum wird während des Rammens vom Pfahlschuh aus fortlaufend mit Zementmörtel verpresst, was eine gute Verzahnung mit dem Baugrund ergibt.

Stahlbetonrammpfähle mit quadratischem, rechteckigem oder auch rundem Querschnitt werden bei bekanntem und leicht bis mittelschwer rammbarem Untergrundaufbau häufig verwendet. Sie zeichnen sich durch hohe Qualität, vielseitige Einsatzmöglichkeiten und Wirtschaftlichkeit aus. Auf mögliche Rammhindernisse ist hinzuweisen. Überlängen können gekappt (gekürzt) werden. Einige Systeme von Stahlbetonpfählen können auch mit sog. Pfahlschuhen verlängert (aufgeständert) werden, was aber i. d. R. aufwendiger ist als das Kappen. Die Angaben der Pfahllängen sollten daher möglichst auf der sicheren Seite liegen. Stahlbetonpfähle sind umweltverträglich und auch verhältnismäßig unempfindlich gegen betonaggressives Grundwasser.

8.3.2 Ortbetonrammpfähle

Bei den verschiedenen, teilweise patentierten Systemen von Ortbeton-Verdrängungspfählen wird zunächst ein Vortreibrohr in den Boden gerammt oder gerüttelt und der Pfahlbeton beim Herausziehen des Vortreibrohrs eingefüllt und verdichtet, sodass ein inniger Kontakt zwischen Beton und Boden entsteht. Ortbetonrammpfähle können sehr gut den örtlichen Untergrundverhältnissen angepasst werden; sie verbinden die bodenverdichtende Wirkung des Rammens mit der Möglichkeit einer Fußaufweitung sowie einer rauen Mantelfläche und haben damit entscheidende Vorteile gegenüber Bohrpfählen gleichen Durchmessers. Dies gilt besonders in verdichtbaren nichtbindigen Böden und auch bei sehr steifen bis halbfesten bindigen Böden sowie bei zur Tiefe hin fester werdenden Verwitterungsböden. Ein weiterer Vorteil der Ortbetonrammpfähle ist, dass bei der Pfahlherstellung keine Bodenförderung erforderlich wird.

Die üblichen Durchmesser von Ortbetonrammpfählen betragen 30–60 cm. Die durchschnittlichen Pfahllängen liegen zwischen 10 und 20 m. Pfahllängen bis 30 m sind möglich, doch können dabei trotz der hydraulischen Ziehvorrichtungen mit Rüttlern Schwierigkeiten beim Ziehen des Vortreibrohrs auftreten (▶ Abschn. 8.4). Bei größeren Rammhindernissen (z. B. Basisblöcke an Quartärbasis) ist auch bei Ortbetonrammpfählen Vorsicht geboten. Zur Aufnahme von Horizontallasten können Schrägpfähle bis 4 : 1 geneigt ausgeführt werden.

Bei den meisten Ortbetonpfahlsystemen erfolgt die Rammung mittels Dieselrammbären, Vibrationsbären oder Hydraulikrammbären oben am Vortreibrohr (sog. Kopframmung), ausgenommen der Frankipfahl, bei dem ein Freifallbär im Vortreibrohr eingesetzt wird (sog. Innenrohrrammung), mit dem auch der Beton verdichtet wird (◘ Abb. 8.11). Die niedrigfrequente Innenrohrrammung ist im Vergleich zu kopfgerammten Pfahlsystemen wesentlich emissionsärmer.

Ortbetonrammpfähle haben den Vorteil, dass die endgültige Pfahllänge nach dem Eindringwiderstand beim Rammen festgelegt und damit den örtlichen Baugrundverhältnissen angepasst werden kann. Die Tragfähigkeiten betragen z. B. bei Frankipfählen mit einem Pfahldurchmesser von 61 cm bis zu 2600 kN (bei Fußverbreiterung bis 3500 kN) und werden nach den Rammschlägen für die letzten Meter im tragfähigen Boden festgelegt bzw. es muss gerammt werden, bis diese Schlagzahlen erreicht werden. Für andere Pfahlsysteme werden zulässige Gebrauchslasten von bis zu 2000 kN für 50 cm und von bis zu 3000 kN bei 60 cm Pfahldurchmesser angegeben.

8.3.3 Schraubpfähle

Schraubpfähle sind Vollverdrängungspfähle, bei denen das Vortreibrohr mit einem Verdrängungsbohrkopf durch Drehen oder Drücken in den Boden eingebracht wird, ohne dass eine Bodenförderung erfolgt. Dabei wird der Boden im Nahbereich verdichtet und erhält so eine gewisse horizontale Verspannung, welche die Tragfähigkeit erhöht (Grabe et al. 2012). Ein

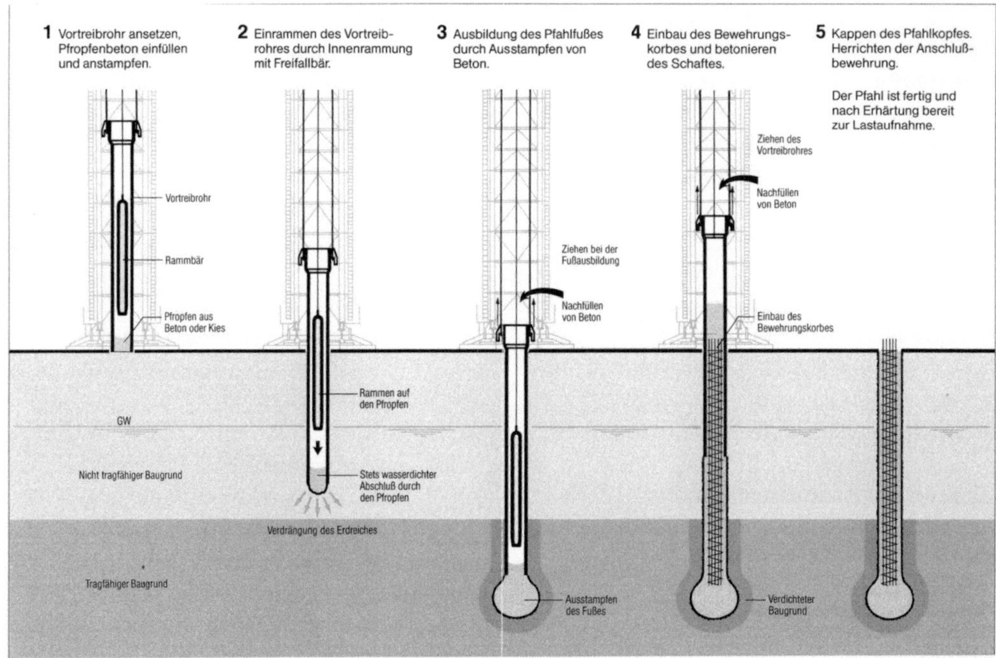

Abb. 8.11 Herstellungsprinzip eines Frankipfahls (Firmenprospekt)

mit Drehbohrgeräten hergestellter Verdrängungsbohrpfahl ist der sog. VSB-Pfahl (Verdrängungs-Schnecken-Bohrpfahl), der mit einer Vollverdrängungsbohrschnecke hergestellt wird. Darüber hinaus sind weitere spezielle Verdrängungsbohrpfähle (Ø 0,4–0,6 m) auf dem Markt, z. B. der korkenzieherartige Atlaspfahl, der Fundexpfahl u. a. m.

8.4 Bohrpfähle

Die Bohrarbeiten für Bohrpfähle werden gem. DIN 18 301 nach Homogenbereichen ausgeschrieben (► Abschn. 3.3.2). Für die Herstellung der Bohrpfähle gelten dann weiter die Ausführungsnorm DIN EN 1536: 2010, mit E 2014) und die ergänzenden Festlegungen der DIN SPEC 18 140. Ortbetonbohrpfähle werden mit Durchmessern von 0,3–3 m hergestellt. Unter den Verfahrenstechniken dominieren heute Drehbohrverfahren mit teleskopierbarer Kellystange, die von einem mäklergeführten Kraftdrehkopf angetrieben wird. Als Bohrwerkzeuge dienen verschiedenartige Schnecken, Bohreimer, Bohrgreifer und Bohrmeißel, z. T. auch Spezialwerkzeuge für Fels. Die Bohrungen können verrohrt oder in standfesten Böden auch unverrohrt abgeteuft werden. Bei großen Bohrtiefen und hoher Mantelreibung kann die Verrohrung auch teleskopiert ausgeführt werden. Das Bohrrohr wird als Stütz- bzw. Schutzrohr drehend oder oszillierend, d. h. durch alternierende Drehbewegung, eingebracht und wieder gezogen.

Zum Beseitigen von Bohrhindernissen bzw. zum Bohren von Gesteinsbänken werden seilgeführte Bohrgreifer oder Bohrmeißel eingesetzt. Auf solche Erschwernisse ist bei der geologischen Ansprache des Untergrundes zu achten, im Gutachten bzw. in der Ausschreibung ist ebenso darauf hinzuweisen wie auf erhöhte Mantelreibungskräfte in weichen bis steifen bindigen Lockergesteinen und auf erhöhten Werkzeug- und Materialverschleiß durch abrasive Gesteine. Die Mantelreibung des Bohrrohrs bzw. die tangentiale Adhäsion erhöhen sich proportional mit der Plastizität des Bodens (► Abschn. 2.8.1). Der Mantelreibungswert für die Gleitreibung variiert je nach Art und Konsistenz des Bodens und der Beschaffenheit der Stahloberfläche zwischen 2 und 50 kN/m². Für überschlägige Berechnungen wird meist ein Durchschnittswert von 7,5 kN/m² angenommen. Zu beachten ist, dass die Haftreibung im Ruhezustand größer ist als die Gleitreibung bei Bewegung.

Wenn mit Grundwasser zu rechnen ist, sind rechtzeitig die nötigen Maßnahmen gegen Auftrieb im Bohrloch sicherzustellen. Das Bohrwerkzeug darf dem Bohrrohr nicht vorauseilen. Das Voreilmaß der Verrohrung soll in auftriebsempfindlichen Böden ½ D betragen. Der innere Wasserspiegel (im Bohrrohr) muss immer 1 m höher stehen als der Grundwasserspiegel, da sonst Bodeneintrieb auftreten kann. In sandigen Böden ist trotzdem immer mit einer gewissen Auflockerung durch die Pfahlbohrung zu rechnen, die bei der Festlegung des Tragverhaltens durch einen Zuschlag von 1 cm bei den bezogenen Pfahlkopfsetzungen berücksichtigt werden kann.

Beim Betonieren unter Wasser oder in eine Stützflüssigkeit ist ein Kontraktorrohr zu verwenden, um eine Entmischung oder Verunreinigung des Betons zu vermeiden (s. a. ▶ Abschn. 9.3.4).

8.4.1 Normalkalibrige Bohrpfähle

Der Pfahldurchmesser richtet sich nach der Belastung und der zu erwartenden Pfahllänge. Die üblichen Durchmesser normalkalibriger Bohrpfähle betragen 30–60 cm. Schrägpfähle dürfen nur hergestellt werden, wenn sich die durchbohrten Schichten nicht nennenswert setzen. Die Neigung darf nicht flacher sein als 4 : 1.

Die zulässigen Belastungen werden nach ▶ Abschn. 8.2.2. ermittelt. Sie liegen i. Allg. bei 200–400 kN. Darüber hinaus sind Probebelastungen erforderlich.

Die Vorteile von Bohrpfählen sind die geringe Lärmbelästigung und geringe Erschütterungen. Die Kenntnis des durchfahrenen Bodenprofils ermöglicht eine Anpassung der Pfahllängen an den Untergrundaufbau. Bohrhindernisse können durchmeißelt oder im Spülbohrverfahren (Luft oder Wasser) mittels Flügel- oder Rollenmeißel durchbohrt werden. Diesen Vorteilen stehen einige Nachteile gegenüber, nämlich die Gefahr einer Auflockerung nichtbindiger Schichten, die wesentlich geringere Tragfähigkeit gegenüber Ortbetonrammpfählen und die Schwierigkeit des Betonierens unter Wasser bei kleinen Querschnitten.

Außer den konventionellen Bohrpfählen sind seit Mitte der 1990er-Jahre sog. Schneckenbohrpfähle, auch Schnecken-Ortbeton-Pfähle (SOB-Pfähle) genannt, auf dem Markt. Beide sind i. d. R. unverrohrt mit durchgehender Bohrschnecke mit Schneide hergestellte Bohrpfähle. Betoniert wird beim Ziehen der Schnecke durch das hohle Bohrgestänge, das sog. Seelenrohr (◘ Abb. 8.12).

Nach DIN 1536 sollten mit durchgehender Bohrschnecke hergestellte Pfähle möglichst nicht eingesetzt werden in:

- gleichkörnigen Sanden ($d_{60}/d_{10} < 3{,}0$) unter Grundwasser,
- lockeren Sanden oder Kiessanden mit $D < 0{,}3$,
- weichen bindigen Böden mit $c_u < 15$ kN/m².

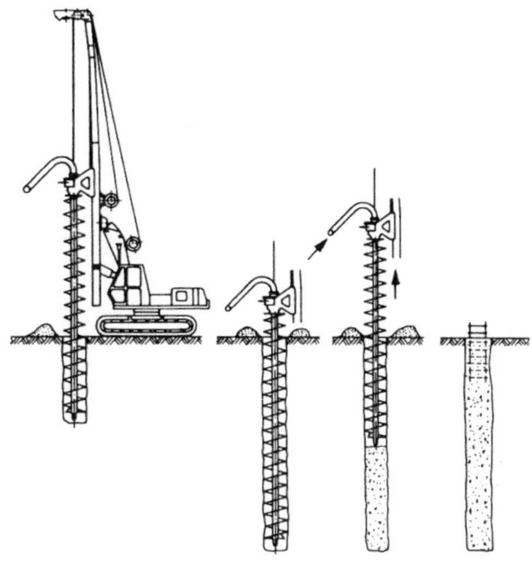

◘ **Abb. 8.12** Herstellung eines Schneckenbohrpfahls (Firmenprospekt)

8

8.4.2 Großbohrpfähle

Als Großbohrpfähle zählen Bohrpfähle mit einem Schaftdurchmesser >0,6 m. Die üblichen Durchmesser betragen 0,8–1,8 m.

In Deutschland gibt es eine ganze Anzahl von Großbohrpfahlsystemen, die sich in der Art und Größe des Gerätes sowie im Bohr- und im Betoniervorgang mehr oder weniger unterscheiden (Drehbohrverfahren mit unterschiedlichen Bohrschnecken, Greiferbohrverfahren, Fallmeißel; ◘ Abb. 8.13). Die bekannteren Großbohrpfahlsysteme sind ziemlich gleichwertig, doch haben Einzelne bei bestimmten Böden Vor- bzw. Nachteile. Die Vorteile von Großbohrpfählen sowohl gegenüber normalkalibrigen Bohrpfählen als auch gegenüber Ortbetonrammpfählen liegen in der wesentlich höheren Tragfähigkeit des Einzelpfahls und in den erreichbaren größeren Pfahllängen sowie in der leichteren Beseitigung von Bohrhindernissen bzw. der Möglichkeit des Bohrens in Felsuntergrund. Dabei werden sog. Felsbohrwerkzeuge mit Schneidzahnbesatz für leichten Fels bzw. Rundschaftmeißelbesatz für Gesteinsdruckfestigkeiten von bis zu 100 MN/m^2 eingesetzt.

In bindigen Böden ist bei verrohrt hergestellten Großbohrpfählen bei Bohrtiefen von 30–40 m die Grenze der Ausführbarkeit erreicht. Bei größeren Pfahllängen wächst das Risiko, dass die Verrohrung nicht mehr gezogen werden kann oder abreißt (► Abschn. 8.2. und Schumacher 2004). Die Pfahllängenbegrenzung kann mit teilweiser Verrohrung und Stützflüssigkeit weitgehend aufgehoben werden. Ein negativer Einfluss der Stützflüssigkeit auf die Tragfähigkeit von Bohrpfählen wird zwar kontrovers diskutiert, hat sich aber bei vergleichenden Probebelastungen in Tertiärtonen Frankfurts nicht bestätigt (Voigt und Hohler 2003).

Die Ermittlung des **Tragverhaltens von Großbohrpfählen** erfolgt nach ► Abschn. 8.2. Ein wesentlicher Faktor für das Setzmaß einer Großbohrpfahlgründung ist die Säuberung der Bohrlochsohle von Lockermaterial und Bohrschlamm. Durch Verwendung geeigneter Bohrwerkzeuge sind Auflockerungen an der Bohrlochsohle zu vermeiden und diese nach Erreichen der Solltiefe abzugleichen.

Fußaufweitungen mittels spreizbaren Schneidflügeln o. Ä. wurden in den 1960er- und 1970er-Jahren, solange auf Sohlpressung

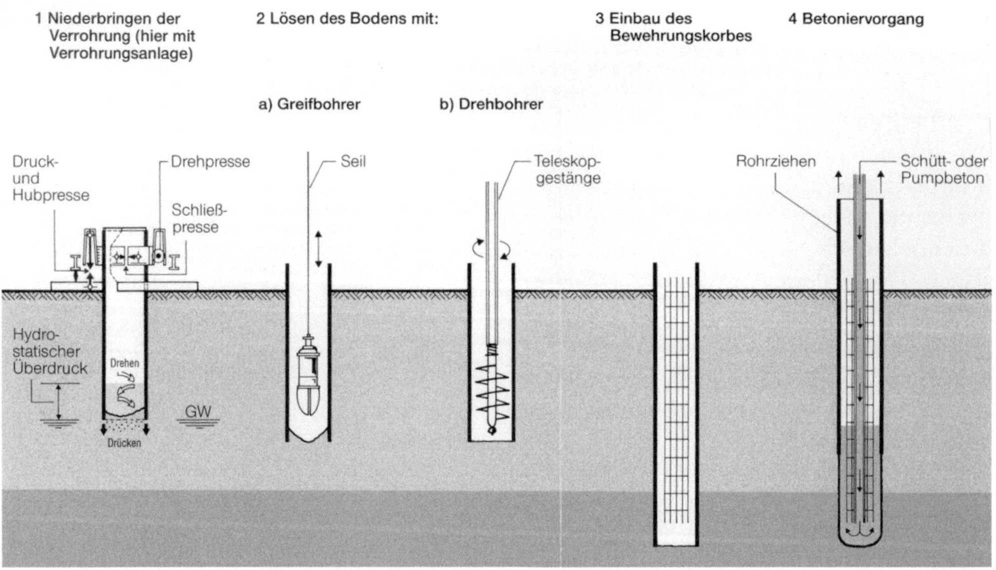

◘ **Abb. 8.13** Arbeitsvorgänge bei der Herstellung eines Großbohrpfahls (Firmenprospekt)

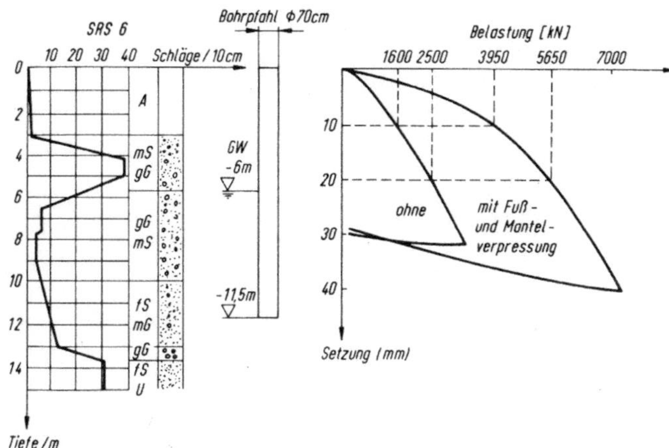

Abb. 8.14 Vergleichende Probebelastung eines Bohrpfahls ohne und mit Fuß- und Mantelverpressung (aus Arz et al. 1994)

dimensioniert wurde, häufiger ausgeführt. Seit sich die Erkenntnis durchgesetzt hat, dass Pfähle ihre Last vorwiegend über Pfahlmantelreibung in den Baugrund abtragen, werden kaum noch Fußaufweitungen ausgeführt.

Durch eine **Mantel- und/oder Fußverpressung** von Bohrpfählen können die Tragfähigkeit sowie das Setzungsverhalten deutlich verbessert werden, wobei eine Abflachung der Anfangssetzungen erreicht wird. Die Reaktionskräfte der Pfahlfußverpressung bewirken eine Vorbelastung der Pfahlsohle, während durch die Mantelverpressung besonders die Kontaktpressung zwischen Pfahlmantel und dem umgebenden Baugrund und damit insgesamt die Mantelreibung deutlich verbessert wird.

Die Mantelverpressung erfolgt über am Bewehrungskorb befestigte Verpressschläuche mit Ventilen in mehreren Ebenen. Bei den Verpressarbeiten ist die DIN 18 309 „Einpressarbeiten“ zu beachten. Durch einen erhöhten Anfangsdruck wird die Betonoberfläche des Pfahls schalenförmig aufgesprengt und das Verpressgut anschließend unter Drücken von 15–20 bar von unten nach oben verpresst (Beispiel s. Quick et al. 2015). Während der Injektionsarbeiten sind sowohl der Pfahlkopf als auch die unmittelbare Umgebung auf Hebungen zu kontrollieren. Ausgrabungen haben gezeigt, dass die beim Auspressen im Beton erzeugten Risse restlos und dicht mit Zementstein geschlossen waren. Mithilfe einer Mantelverpressung bzw. einer Mantel- und Fußverpressung kann die Pfahltragfähigkeit um bis zu 50 bzw. 100 % erhöht bzw. können die Setzungen verringert werden (Abb. 8.14). In nichtbindigen Böden beträgt die Erhöhung 30 % (üblicher Rechenansatz). Genaue Angaben sind nur mittels Probebelastungen möglich.

8.5 Pfähle mit kleinen Durchmessern

Unter den kleinkalibrigen Pfählen werden meist in Bohrlöchern hergestellte Ortbetonpfähle mit einem Durchmesser von >300 mm oder Verbundpfähle mit einem Durchmesser von 100–300 mm bzw. gerammte Fertigpfähle (Verdrängungspfähle) bis 150 mm verstanden. Für die Ramm- und Einpressarbeiten sind die ATV-Normen DIN 18 304 „Ramm-, Rüttel- und Pressarbeiten und DIN 18 309 „Einpressarbeiten“ zu beachten. Ortbetonpfähle erhalten i. d. R. einen Bewehrungskorb, Verbundpfähle ein durchgehendes Tragglied. Ihre Tragfähigkeit wird meist durch Verpressen mit Beton oder Zementmörtel erreicht. Einige Systeme können über an der Bewehrung angebrachte Kunststoffrohre nachverpresst werden.

Bei den Verbundpfählen werden folgende Systeme unterschieden:

- System A: Bohrrohr oder Bohrgestänge dienen als Tragglied.
- System B: Einbau eines Tragglieds in eine verrohrte Bohrung. Die Verrohrung wird beim Verpressen gezogen.

- System C: wie B, jedoch mit zusätzlichem Korrosionsschutz (zum Zementstein zusätzlich ein PVC-Wellrohr, Epoxidharzbeschichtung u. Ä.).

Die klassischen Einsatzgebiete von Pfählen mit kleinen Durchmessern (Mikropfählen) sind Nachgründungen im Bestand unter beengten Verhältnissen. Verbundpfähle kleinen Durchmessers sind empfindlich gegenüber Seitendruck. In weichen Böden mit $c_u < 15$ kN/m^2 (gem. Zulassung 2003 von 10 auf 15 kN/m^2 angehoben) und in allen organischen Böden ist deshalb der Nachweis der Knicksicherheit zu führen (▶ Abschn. 8.2.5).

8

Für ihre Herstellung gilt die DIN EN 14 199. Die DIN SPEC 18 538 enthält ergänzende Anwendungsregeln. Die Bemessung solcher Pfähle kann nach EAP Abs. 5.4.9 erfolgen bzw. ist durch Probebelastungen festzulegen. Die EA-Pfähle bringt Tabellen für anzusetzende Mantelreibungswerte bei Mikro- und Rohrverpresspfählen. Der Maximalwert liegt bei Mikropfählen bei 224 kN/m^2 und bei Rohrverpresspfählen bei 261 kN/m^2. Die Lasteintragstrecke ist dabei auf 12 m begrenzt. Bei Probebelastungen werden diese Werte häufig noch überschritten. Mikropfähle dieser Art werden häufig auch als Zugpfähle z. B. zur Auftriebssicherung eingesetzt.

Eines der bekanntesten Systeme, der sog. **GEWI-Pfahl** (System B wird als Einstabpfahl (Gewinde-Stahl 32–63,5 mm) oder als Mehrstabpfahl (2 bzw. 3 × 32–50 mm) in unverrohrte oder verrohrte Bohrlöcher eingestellt und Zement-Verpressmörtel eingepresst. Der Pfahldurchmesser beträgt 100–150 mm. Die Tragfähigkeit wird je nach Stärke des Tragglieds mit 360–1000 kN angegeben.

Der **TITAN-Pfahl** (System A) ist ein Selbstbohrpfahl, bei dem als Bohrgestänge ein geripptes Stahlrohr dient, das als Injektionsrohr und als Bewehrung im Bohrloch verbleibt (◘ Abb. 8.15). Die Pfahlbohrungen werden verrohrt mit einem dem Baugrund angepasstem Bohrwerkzeug (z. B. Kreuzbohrmeißel Durchmesser 175 mm: ergibt einen Pfahldurchmesser von 225 mm) hergestellt. Die zum Bohren verwendete Stütz- und Spülflüssigkeit wird nach Erreichen der Solltiefe durch dickflüssigen, tragenden Zementleim verdrängt. Die charakteristische Tragfähigkeit beträgt gemäß bauaufsichtlicher Zulassung und je nach verwendetem Stahlquerschnitt 225-2500 kN.

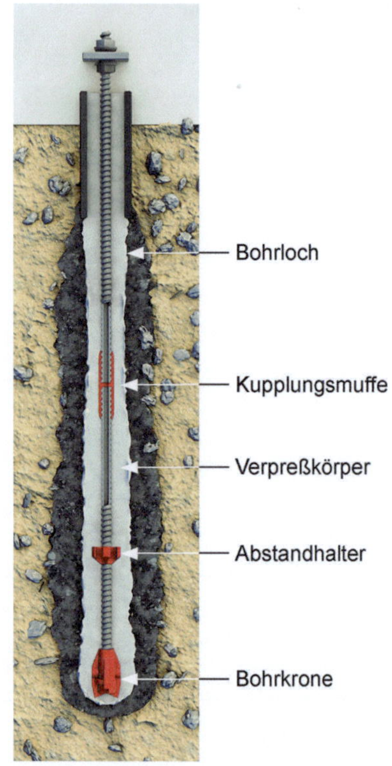

◘ **Abb. 8.15** TITAN-Injektionspfahl (Firmenprospekt)

Die heute seltener zum Einsatz kommenden **Wurzelpfähle** werden bewehrt (oder auch unbewehrt) unter Druckluft betoniert, wobei der dünnflüssige Beton in weicheren Böden ausgeprägte Wülste bildet bzw. in Großporen des umgebenden Bodens gedrückt wird. Dadurch erreichen derartige Injektionspfähle eine verhältnismäßig hohe Tragfähigkeit von 300–500 kN.

Zum Unterfangen von Gebäuden werden häufig hydraulische Pressrohrpfähle und ähnliche Systeme verwendet. Von einem Arbeitsraum (Keller) mit mindestens 1,5 m Höhe werden mittels hydraulischer Pressen Stahlrohre in den Boden eingedrückt, mit Bewehrung bestückt und ausbetoniert. Der Vorgang wird so lange wiederholt, bis das Pressenmanometer einen Druck anzeigt, welcher der angesetzten Pfahllast einschließlich der erforderlichen Sicherheit entspricht.

Baugruben

H. Prinz, R. Strauß, *Ingenieurgeologie*,
https://doi.org/10.1007/978-3-662-54710-6_9

In Städten werden zunehmend Tiefgeschosse von Gebäuden oder auch Verkehrseinrichtungen tief unter die Erde gelegt. Solche sog. „in den Baugrund eingebetteten Bauwerke" erfordern entsprechend tiefe und z. T. lange Baugruben, in denen mit erheblichen Verschiebungen und plastischen Deformationen zu rechnen ist. Durch die Entlastung hebt sich nicht nur die Baugrubensohle um Zentimeterbeträge (► Abschn. 5.5.3.3), sondern die vertikale Entlastung hat auch einen horizontalen **Entspannungseffekt** zur Folge. Solche Verformungen von tiefen und langen Baugruben werden nicht nur von tertiären Tonen beschrieben, sondern auch von rolligen Böden und von halbfesten bis festen geschichteten Tonsteinen (Morgenstern 1990, darin Lit. und ► Abschn. 9.5.4). Der horizontale Entspannungseffekt wird teilweise auch als Folge der in ► Abschn. 2.7.9 diskutierten Restspannungen bzw. des horizontalen Spannungsüberschusses angesehen. Da sowohl die Restspannungen als auch das Dehnungsverhalten von den mechanischen Gesteinsparametern abhängig sind, kommt es besonders auf Schichtflächen zu Differenzbewegungen, denen im freien Anschnitt nur der durch die Entlastungswirkung teilweise bereits abgeminderte Scherwiderstand auf diesen Flächen entgegenwirkt (◘ Abb. 13.1). Reicht dieser aus, den Schichtstapel im Verband zu halten, so stellen sich an der entlasteten Wand mehr oder weniger bruchlose Schubverformungen ein. Bei niedrigen Scherfestigkeiten auf Schichtflächen (► Abschn. 2.8.6) kann es zu Gleitbewegungen und progressivem Versagen kommen. Diese Erscheinungen müssen bei der Planung und Ausführung sowohl von tiefen Baugruben als auch von Einschnitten berücksichtigt werden.

9.1 Baugrubenaushub

Die Erdarbeiten für die Herstellung von Baugruben werden nach DIN 18 300:2015, „Erdarbeiten", in VOB Teil C, ausgeschrieben und abgerechnet (► Abschn. 3.3.1). Eine umfassende Darstellung für Baugruben, mit Anpassung an die neue Normengeneration, bieten die Empfehlungen des Arbeitskreises Baugruben der DGGT (EAB 2012). Danach sind Baugruben je nach Untergrundsituation, Grundwasserstand und Art des Baugrubenverbaus in eine der drei Geotechnischen Kategorien (GK1–GK3) gem. ► Abschn. 4.1 einzuordnen.

Wasser- und erschütterungsempfindliche Bodenarten (organische Böden, sandiger Lehm, Löss, Feinsand) dürfen nahe der Grundwasseroberfläche oder nach starken Niederschlägen nicht befahren werden. Die Fundamentsohlen müssen von Hand, bei Baugruben im Fels ggf. mit Druckluft von Lockermaterial gesäubert und anschließend mit Unterbeton versiegelt werden. Die Behandlung von Baugruben im Grundwasser ► Kap. 11.

Bei Baugruben- und Grabarbeiten sind auch die **Denkmalschutzgesetze** (DSchG) der Bundesländer zu beachten (► Abschn. 4.4.1). Bodendenkmäler sind im Boden befindliche Überreste oder Spuren menschlichen, tierischen oder pflanzlichen Lebens aus vergangenen Epochen und Kulturen. Wer Bodendenkmäler antrifft, hat diese der Denkmalfachbehörde oder der Unteren Denkmalschutzbehörde (Kreisverwaltung) anzuzeigen. Anzeigepflichtig sind der Finder, der Eigentümer des Grundstücks oder der Bauleiter. Fund und Fundstelle sind eine Woche in unverändertem Zustand zu halten; der Fund ist zu schützen.

9.2 Geböschte Baugruben

Graben- und Baugrubenwände müssen nach DIN 4124 (2010) ab einer Tiefe von 1,25 m geböscht oder abgestützt werden. Dieser sog. Normalverbau gilt i. Allg. nur für Kanalgräben. Die Böschungsneigung von Baugruben ist abhängig von den Baugrund- und Grundwasserverhältnissen, der Zeit, über welche die Baugrube offen zu halten ist, und von möglichen Belastungen und Erschütterungen in oder oben am Rand der Baugrube. Besonders zu achten ist auf zeitweise wasserführende Sand-/Schluffschichten, die nach anhaltenden Niederschlägen ausfließen können.

Bei Baugrubentiefen bis 5 m können ohne rechnerischen Nachweis folgende **Böschungsneigungen** β vorgesehen werden:

nichtbindige oder weiche bindige Böden	$\beta = 45°$
steife und halbfeste bindige Böden	$\beta = 60°$
Fels	$\beta = 80°$

Diese Werte gelten nicht für aufgefüllte Böden und bei Wasserzutritt.

Muss damit gerechnet werden, dass sich die Böschungsflächen im Laufe der Zeit nachteilig verändern (Wasseraustritte, Quellvorgänge, Austrocknung, Frostwirkung), so sind sie durch Abdecken mit Folien oder Spritzbeton zu schützen. Baugrubenböschungen im Fels sind außerdem sehr stark von der Raumstellung der Trennflächen abhängig (► Abschn. 13.2).

Die Standsicherheit einer Baugrubenböschung ist rechnerisch nachzuweisen, wenn die oben angegebenen Böschungswinkel überschritten werden, die Böschungshöhe mehr als 5 m beträgt, das Gelände mehr als 1 : 10 geneigt ist oder vorhandene Anlagen gefährdet werden bzw. äußere Einflüsse die Standsicherheit der Böschung beeinträchtigen.

Eine Besonderheit bilden **Baugruben in weichen Böden** (EAB 2012 und Weißenbach und Hettler 2010). Zu den weichen Böden im Sinne der Empfehlung zählen junge marine Tone, Seetone von Binnengewässern, eiszeitliche Beckenschluffe oder Bändertone, Mudden und sonstige schluffige Tone oder tonige Schluffe mit einer Zustandszahl $I_C < 0{,}50$ und einer undränierten Scherfestigkeit von $c_u < 30\ \text{kN/m}^2$ (► Abschn. 3.2.4). Die Empfehlung führt aus, welche Scherfestigkeiten bei dränierten oder undränierten Randbedingungen anzusetzen sind (► Abschn. 2.8.6) und welche Bauverfahren jeweils angewendet werden können (Hettler et al. 2002a; Krieg et al. 2004, darin Lit.).

9.3 Baugrubenverbau

Als Baugrubenverbau dienen Wände aus Stahl, Holz oder Stahlbeton, welche die Wand stützen und damit eine steile Böschungsneigung ermöglichen. Die Standsicherheit eines Baugrubenverbaus hängt von folgenden Faktoren ab:

- Tiefe und Abmessung der Baugrube,
- Beschaffenheit und Kennwerten des Baugrunds,
- Grundwasserstände, Art der Grundwasserhaltung,
- Nachbarbebauung,
- Verbauausführung, Art der Stützung, Verbau durchlässig oder begrenzt durchlässig.

Je nach zulässiger Verformung wurden in den EAB (Fassung 1994) folgende Begriffe für die Stützung des Baugrubenverbaus verwendet:

- Als nachgiebig gestützt gelten Baugrubenwände mit sog. einfachem Baugrubenverbau und ggf. gering vorgespannten Ankern.
- Wenig nachgiebig gestützt sind Baugrubenwände bei kraftschlüssig verkeilten Steifen oder auf mindestens 80 % vorgespannten Ankern.
- Als annähernd unnachgiebig gestützt bezeichnet man Baugrubenwände, wenn sie auf erhöhten aktiven Erddruck bemessen (► Abschn. 5.6.2) und die Steifen bzw. Anker ansprechend vorgespannt sind.
- Als unnachgiebig gestützt werden Baugrubenwände nur dann bezeichnet, wenn sie für einen abgeminderten oder den vollen Erdruhedruck bemessen sind.

Für den Verbau von Baugruben gilt DIN 18 303 „Verbauarbeiten", ausgenommen die Bohr-, Ramm- und Einpressarbeiten, für die jeweils eigenständige ATV-Normen gelten (► Abschn. 3.3). Die Beschreibung der Untergrundsituation im Wandbereich erfolgt gem. DIN 18 303 nach Homogenbereichen (► Abschn. 3.3).

Für den Nachweis der Standsicherheit von unverkleideten oder durch einen Verbau gestützten Baugruben wird auf Weißenbach und Hettler (2010) verwiesen. Bei der Bemessung des Verbaus sind zwei Bruchmechanismen zu beachten (◼ Abb. 9.1): ein aktiver Gleitkeil (maßgebend für Wandstärke, Art der Stützung, z. B. Ankerzahl und Ankerkraft) und die tiefe Gleitfuge (maßgebend für die Ankerlänge).

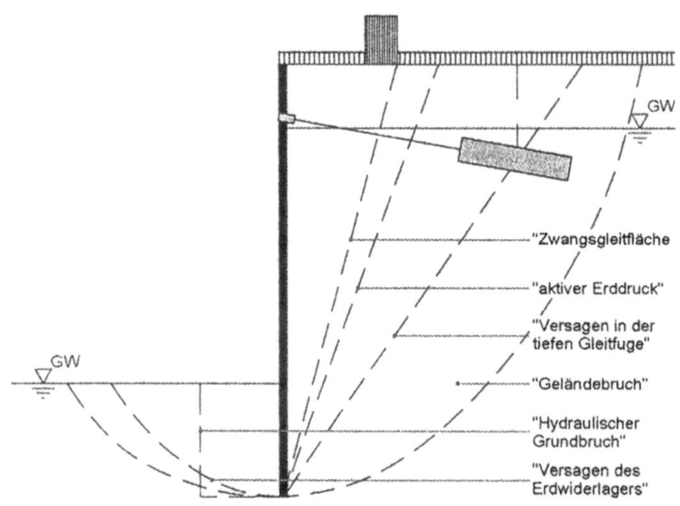

Abb. 9.1 Baugrubenwand mit potenziellen Versagensmechanismen (aus Perau und Haubrichs 2006)

Im Fall einer offenen Wasserhaltung gem. ► Abschn. 11.2 liegt die Absenkkurve der Grundwasseroberfläche i. d. R. außerhalb des aktiven Gleitkeils, aber häufig innerhalb des Gleitkörpers für die tiefe Gleitfuge, was beim Standsicherheitsnachweis berücksichtigt werden muss (s. d. Berhane 2015). Anzugeben sind deshalb die Durchlässigkeitsbeiwerte (ggf. der gewichtete Mittelwert), die erwartete Ausbildung des Absenktrichters und die Reichweite. Bei Baugruben in weichen Böden ist auch die Sicherheit gegen Aufbruch der Baugrubensohle zu untersuchen (s. Weißenbach 2002; Weißenbach und Hettler 2003; Wunsch 2003).

9.3.1 Trägerbohlwandverbau

Für Baugruben oberhalb des Grundwassers und solche, deren Wände abschnittsweise für kurze Zeit frei stehen, die aber mit der Tieferführung der Baugrube fortlaufend verbaut werden müssen, kann ein Trägerbohlwandverbau vorgesehen werden. Hierbei werden vor dem Baugrubenaushub in Abständen von 1,5–3,0 m Stahlträger in den Boden gerammt oder in vorgebohrte Löcher eingesetzt, und der verbleibende Hohlraum unten mit Beton, von der Baugrubensohle an aufwärts mit leicht bindigem Boden oder Sand verfüllt. Mit fortschreitendem Baugrubenaushub wird der Boden zwischen den Trägern abgestochen, Holzbohlen, in Ausnahmefällen auch Stahlbetonfertigteile, hinter die Trägerflansche eingesetzt und verkeilt (**Abb. 9.2**). In bindigen, über 1,0–1,3 m Höhe standfesten Böden kann die Ausfachung auch mit Ortbeton oder

Holzbohlen waagrecht von oben nach unten im Zuge des Aushubes eingebaut

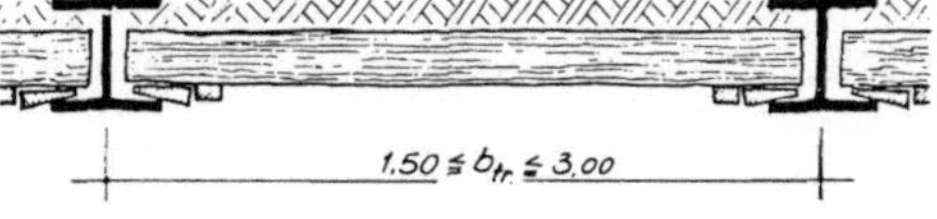

Beton als Fertigteilplatten oder Ortbeton

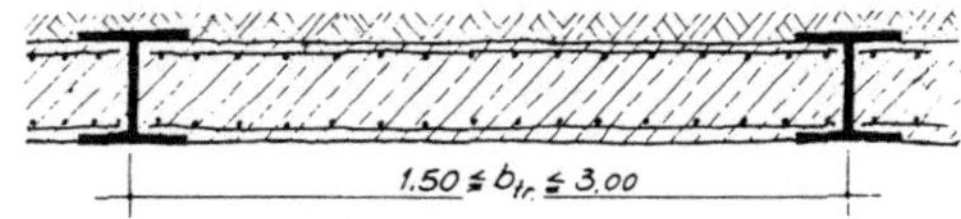

Abb. 9.2 Prinzip des Trägerbohlwandverbaus (Grundriss)

Spritzbeton erfolgen, was z. B. eine Austrocknung des Bodens hinter der Verbauwand verhindert.

Die Aussteifung der Bohlträger erfolgte früher durch Holz- oder Stahlsteifen, die zur Verkürzung der Knicklängen nötigenfalls mittig abgestützt oder gestoßen wurden (◘ Abb. 9.3). Heute wird ein Trägerbohlwandverbau meist rückverankert. In schlecht ankerfähigen Böden haben Steifen auch heute noch Vorteile. Die Einbindetiefe der Bohlträger unter der Baugrubensohle richtet sich nach den statischen Erfordernissen. Sie beträgt i. Allg. 1,5–3,0 m.

Beim späteren Verfüllen der Baugrube wird Bohle um Bohle ausgebaut und der Arbeitsraum gleichlaufend verfüllt und verdichtet, wobei sich allerdings gewisse Nachsetzungen meist nicht vermeiden lassen. Die Bohlträger werden anschließend gezogen. Soll der Verbau, um Setzungen zu verhindern, im Boden verbleiben, so ist eine Betonausfachung zu wählen.

9.3.2 Spundwandverbau

Lose Böden oder Böden im Grundwasser, die nicht über eine gewisse Höhe (min. 0,5 m) frei stehen, müssen vor dem Ausschachten gesichert werden. Dazu werden in einfachen Fällen Stahlspundwände verwendet. Die Schlösser geeigneter Spundwandprofile sind i. Allg. recht dicht. Undichtigkeiten können nachgedichtet werden. Im Grundwasser dürfen dafür nur toxisch einwandfreie Materialien eingesetzt werden.

Die **Einbringverfahren** für Stahlspundbohlen sind Rammen, Rütteln oder Einpressen. Heute werden bevorzugt Hochfrequenzrüttler eingesetzt, mit deutlich geringerer Lärmemission und Untergrunderschütterung (s. DIN EN 12 063: 1999). Das Einbringen und Ziehen der Spundbohlen erfolgt nach DIN 18 304 „Ramm-, Rüttel- und Pressarbeiten" (► Abschn. 3.3.3). Die Untergrundbeschreibung erfolgt auch hier nach Homogenbereichen.

Eine Klassifikation der Böden hinsichtlich ihrer Rammbarkeit gibt es nicht. In der Regel lassen sich nichtbindige Böden leichter rammen als bindige. Auf mögliche Rammhindernisse (alte Mauerreste, Gerölle, große Konkretionen wie z. B. Septarien) muss hingewiesen werden. Auch Fein-/Mittelsand über dem Grundwasser lässt sich z. B. schwer rammen, ebenso durch die Saugwirkung von Wurzeln großer Bäume ausgetrocknete Schluff- und Tonböden (z. B. Löss). Trifft eine Spundbohle auf Widerstand, so darf nicht mit Gewalt weiter gerammt werden, da diese sonst leicht aus dem Schloss springt oder sich sogar aufrollen kann bzw. das Hindernis mit in die Tiefe zieht. Bei halbfesten bindigen und felsartigen Böden müssen ggf. Einbringhilfen in Form von eng gesetzten Vorbohrungen oder auch Vorspaltsprengen eingesetzt werden.

Beim Einbringen von Spundbohlen in der Nähe von erschütterungsempfindlichen technischen Anlagen oder auch unmittelbar neben Bebauung ist Vorsicht geboten, da zwar weniger durch die direkten Erschütterungen als durch die Verdichtungswirkung im Boden Setzungen und Schäden an Gebäuden auftreten können. Vibratoren erzeugen zwar nur geringe Erschütterungen, können aber bei gleicher Frequenz wie umliegende Gebäude Resonanzen auslösen (► Abschn. 6.5.5).

Frei stehende eingespannte Spundwände, bei denen das beanspruchende Moment durch die Einspannung im Boden aufgenommen wird, können über dem Grundwasser bis zu Baugrubentiefen von 3–4 m vorgesehen werden. Die Einspanntiefe beträgt allerdings 1,0–1,3 h. Bei ausgesteiften oder verankerten Spundwänden beträgt die Einspanntiefe 0,1–0,3 h.

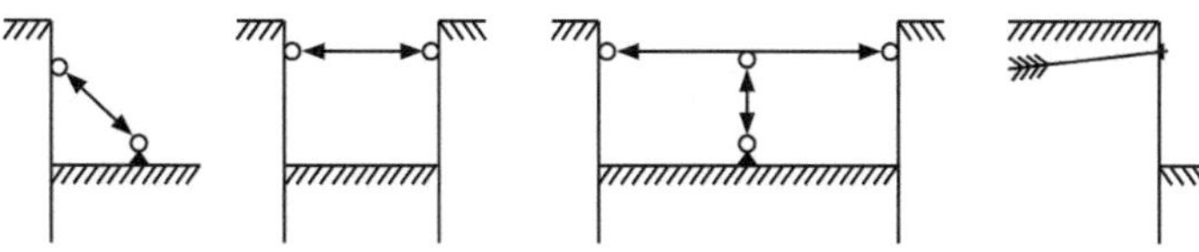

◘ **Abb. 9.3** Mögliche Abstützungen von Verbauwänden

Beim Ziehen der Spundwände entstehen gewisse Hohlräume, wodurch an benachbarten Fundamenten Setzungen ausgelöst werden können.

9.3.3 Bohrpfahlwände

Bohrpfahlwände und bis zu einem gewissen Grad auch die in ► Abschn. 9.3.4 behandelten Schlitzwände zählen zu den massiven, verformungsarmen Verbauarten, die bevorzugt zur Sicherung von Baugruben neben bestehender Bebauung und zum Verbau tiefer Baugruben eingesetzt werden. Sie sind gleichzeitig auch als konstruktiver Teil des Bauwerks (z. B. von Stützbauwerken oder Untergeschossen) verwendbar.

Eine Bohrpfahlwand besteht aus nebeneinander stehenden Großbohrpfählen (► Abschn. 8.4.2) mit Durchmessern von 0,6–1,5 m, je nach statischen Erfordernissen. Bohrpfahlwände sind damit zwar verhältnismäßig aufwendig, in vielen Fällen aber das sicherste und oft auch einzige Verfahren zur Herstellung tiefer Baugruben, besonders neben empfindlicher Bebauung. Die erreichbaren Wandtiefen werden mit etwa 30 m angegeben. Die herstellungsbedingte Richtungsabweichung der einzelnen Pfähle darf nach DIN EN 1536 nur 2–4 % betragen. Über der Grundwasseroberfläche können die Pfähle tangierend oder aufgelöst, d. h. mit Abständen bis 1,0 m, angeordnet und der Zwischenraum je nach Bodenart freigelassen (z. B. bei Fels) oder mit Spritzbeton gesichert werden. Ist eine zusätzliche Dränung nötig, so kann im Zwischenraum ein Kunststoffdränrohr eingebaut werden.

Eine Bohrpfahlwand kann unmittelbar an einer Nachbarwand oder schräg unter benachbarte Fundamente ausgeführt werden, da bei sorgfältiger Herstellung kaum eine Bodenauflockerung zu befürchten ist. Vorsicht ist allerdings bei Sandböden geboten, besonders bei Fein-/Mittelsanden unter Wasser (Gollub und Klobe 1995). Allein die Erschütterungen beim Bohrvorgang können bei locker bis mitteldicht gelagerten Sanden zu Setzungen führen.

Bohrpfahlwände können, wie alle anderen Verbauarten, ausgesteift oder rückverankert werden. Von Rückverankerung wird besonders bei tiefen Baugruben und an Hängen oder bei Hangsicherungsmaßnahmen Gebrauch gemacht (► Abschn. 15.5.5).

9.3.4 Schlitzwände

Für Schlitzwände gelten die DIN 4126: 2013 „Nachweis der Standsicherheit von Schlitzwänden" mit Beiblatt (2013) sowie die europäische Spezialtiefbaunorm DIN EN 1538 (2015). Für die Herstellung von Schlitzwänden in flüssigkeitsgestützten Erdschlitzen gilt außerdem die DIN 18 313 „Schlitzwandarbeiten mit stützenden Flüssigkeiten". Die Beschreibung der Untergrundverhältnisse im Wandbereich erfolgt nach Homogenbereichen gem. ► Abschn. 3.3. Für die Festlegung sind die in der Liste der DIN 18 313 angeführten Eigenschaften und Kennwerte heranzuziehen.

Zweckmäßig sind darüber hinaus Angaben über die Abrasivität der Gesteine sowie über die Grundwasserstände einschließlich Durchlässigkeitsbeiwerten und Strömungsgeschwindigkeit. Auch mögliche nachteilige Auswirkungen von Boden und Grundwasser auf die Stützflüssigkeit müssen angesprochen werden (DIN 18 313).

Bewehrte Betonschlitzwände als Baugrubenverbau werden meist nach dem konventionellen **Zweiphasenverfahren** hergestellt (► Abschn. 9.4.2). Dabei wird zwischen Leitwänden mit speziellen, meist 2,0–4,0 m breiten Greifern oder mit Schneidern im Saugbohrverfahren in Abschnitten von 3–6 m Länge ein 0,4–1,2 m breiter Schlitz ausgehoben. Der Aushub und die Herstellung der Schlitzwand erfolgen im sog. Pilgerschrittverfahren, wobei zuerst die Primär- und anschließend die Sekundärelemente hergestellt werden (◘ Abb. 9.4). Probleme bereitet dabei bis heute noch der Aushub von Blöcken und felsartigen Bodenarten. Ist eine Zerkleinerung mit Meißel nicht möglich, so müssen Schlitzwandschneider eingesetzt werden. Fräsräder mit Hartmetall-Fräszähnen können Festgesteine bis $q_u = 50\ \mathrm{MN/m^2}$ bearbeiten. Darüber

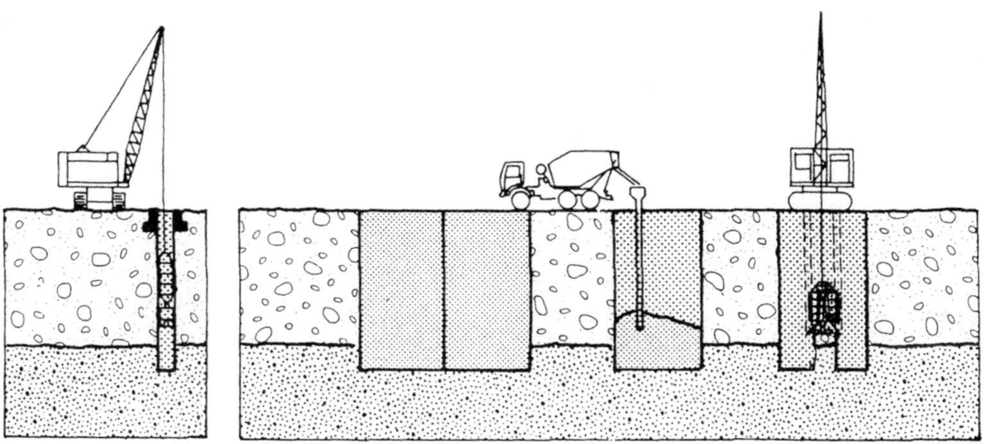

Abb. 9.4 Herstellung einer Schlitzwand im Zweiphasenverfahren (Firmenprospekt)

werden Felsfräsen mit Rundschaftmeißeln (bis q_u = 100–120 MN/m^2) bzw. Rollenmeißeln (bis q_u = 200 MN/m^2) eingesetzt (Schöpf und Außerlechner 2010).

Die Stützung des Schlitzes erfolgt in nicht frei standfesten Böden meist mit einer **Bentonit-** oder **Bentonit-Zement-Suspension**, die den Einsturz und Nachfall aus den Wänden verhindert. Hauptbestandteil des Bentonits ist das Tonmineral Montmorillonit (75–90 %), das sich durch seine innerkristalline Quellfähigkeit (► Abschn. 2.2.8) und die kartenhausähnliche Lagerungsstruktur der Na-Montmorillonitkristalle auszeichnet, die der Bentonitsuspension die erforderlichen Eigenschaften wie hohe Viskosität und Gelstärke sowie geringe Filterwasserabgabe verleihen (s. a. DIN 4127:2014).

Die Stützwirkung (sog. äußere Standsicherheit) beruht auf der Gelstärke bzw. der thixotropen Erstarrung. Diese Stützwirkung kann allerdings i. d. R. nicht verhindern, dass während der Wandherstellung seitliche Bodenverformungen auftreten, die horizontal und vertikal 20–40 mm und mehr erreichen können (Mayer und Gudehus 2001). In feinkörnigen Böden kommt es auch zur Ausbildung eines Filterkuchens und bei grobkörnigem Untergrund zu einem seitlichen Eindringen der Suspension in den Porenraum (sog. innere Standsicherheit).

Das Betonieren erfolgt im Kontraktorverfahren, bei dem der Beton ohne Ver- und Entmischung über ein Kontraktorrohr durch die Stützflüssigkeit hindurch von unten aufsteigend eingebracht wird.

Das Bauverfahren ist lärm- und erschütterungsarm. Die Bentonitsuspension und der vollkommen mit Suspension durchsetzte, in breiiger Form anfallende Aushub sind zwar verschmutzungsintensiv, gegenüber dem Grundwasser aber umweltverträglich. Die Suspension kann allerdings durch chemische Verunreinigung im Grundwasser oder im Boden instabil werden und ausflocken.

Betonschlitzwände dienen sowohl als Baugrubenumschließung als auch als konstruktiver Teil des Bauwerks und in Form einer „Schlitzwand-Kastengründung" auch zur Abtragung der Bauwerkslasten (Pelzl und Deix 2013). Die üblichen Tiefen solcher Schlitzwände betragen heute 15–45 m.

9.3.5 Nagelwände

Ein Bodennagel ist ein in eine steile Böschung mit einer Mindestneigung von 10° fallend eingebautes Bewehrungselement aus Stahl, das auf Reibungswiderstand mit dem Boden (Zug- und Schubkräfte) ausgelegt ist (s. DIN EN 14 490:

2010). Zugkräfte können dabei nur mobilisiert werden, wenn Verformungen an der Böschung in der Größenordnung von 10–15 mm normal zur Böschungsfläche auftreten. Unterschieden werden daher passive Nägel, die nur als Bodenbewehrung wirken, und aktive mit starrer oder flexibler Vorsatzschale.

Bei Bodenvernagelungen wird die 60–80° steile Böschungsfläche im Zuge des Aushubs von oben nach unten durch ein Frontausbildungssystem (Spritzbeton, Betonstahlmatten, Geokunststoffmatten) geschützt und mit engstehenden Boden- oder Felsnägeln (Abstand horizontal und vertikal 1,0–1,5 m) rückverhängt (◘ Abb. 9.5). Die Wirkung der Bodenvernagelung beruht darauf, dass die Scherfestigkeit erhöht wird und ein bewehrter Verbundkörper entsteht.

Die Bodennagel-Einbauverfahren sind Rammen, Bohren oder Einpressen. Gebohrte Bodennägel werden i. d. R. auf zwei Arten ausgeführt. Der sog. GEWI-Nagel wird mit Abstandshaltern in das Bohrloch (Ø meist 76 mm) eingestellt und über Schläuche verpresst. Bei selbstbohrenden Hohlstab-Bodennägeln wird das Bohrloch nach dem Abbohren über den Spülkanal der Bohrstange mit Zementmörtel verpresst. Je nach Einbauverfahren sind auch die einschlägigen Normen DIN 18 301 „Bohrarbeiten", DIN 18 304 „Ramm-, Rüttel- und Pressarbeiten" sowie DIN 18 309 „Einpressarbeiten" zu beachten.

Wasseraustritte müssen gefasst und abgeleitet werden. Entwässerungsbohrungen sind mit 5° steigend anzuordnen. Bodennägel sind ein semipermanentes Konstruktionselement. In aggressiven Böden (▶ Abschn. 10.5.2) oder in Böden mit Streustrombelastung ist, je nach Lebensdauer der Bodenvernagelung, ein Korrosionsschutz vorzusehen (s. DIN EN 14 490). In der Diskussion ist ein Abrostungszuschlag, Verzinken und evtl. eine zusätzliche Epoxidbeschichtung.

Bodennägel sind ein schlaff eingebautes Sicherungssystem für flache Gleitkörper. Ihre Mindestlänge ergibt sich aus dem Standsicherheitsnachweis mit den maßgebenden Bruchmechanismen. Der Verbundkörper einer Bodenvernagelung gleicht in seinem Tragverhalten einer Schwergewichtsmauer Die Standsicherheit wird i. d. R. anhand von Starrkörperbruchmechanismen nachgewiesen, wobei unterschiedliche Formen des Bruchmechanismus (Gleitfläche) und der Wirkung der Nägel zugrunde gelegt werden (Renk und Kolymbas 2011, darin Lit.). Die Wandverformungen sind nötigenfalls durch geeignete Messpunkte und geodätische Überwachung zu kontrollieren (Beobachtungsmethode). Einzelheiten zur Ausführung einer Bodenvernagelung s. auch Wichter und Meininger (2004) und Auer (2009).

Gemäß Zulassung ist für 3 % aller Bodennägel auch der charakteristische Herausziehwiderstand durch Probebelastung zu ermitteln (s. DIN EN 14 490).

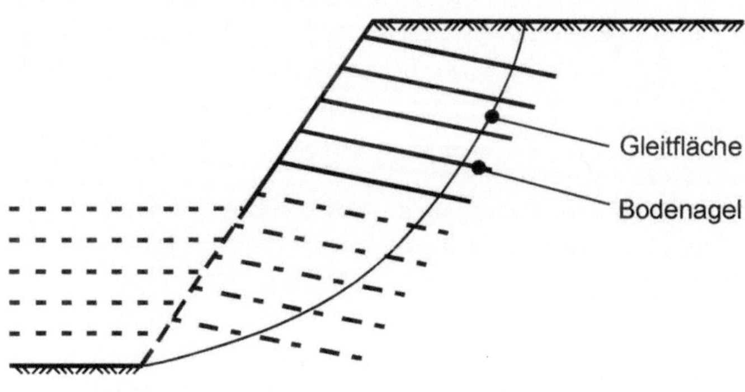

◘ **Abb. 9.5** Sicherung einer Böschung mit Bodennägeln im Zuge des Aushubs

9.4 Baugrubenverbau mit begrenzter Durchlässigkeit (Dichtwände)

Um eine weitreichende Grundwasserabsenkung zu vermeiden oder die zu fördernde Wassermenge gering zu halten, ist eine möglichst dichte Umschließung der Baugrube erforderlich. Das Prinzip besteht darin, dass vertikale Dichtwände bis in einen Grundwasserstauer oder in eine künstlich hergestellte Dichtungssohle einbinden (▶ Abschn. 11.1). Als abdichtende Umschließung von Baugruben kommen Spundwände, überschnittene Bohrpfahlwände, Düsenstrahlwände oder Schlitzwand- bzw. Schmalwandsysteme zur Anwendung. Die Schwachstellen sind bei allen Verbauarten die mögliche Lotabweichung einzelner Elemente und dadurch bedingte Leckagen. Für Langzeitmaßnahmen werden bevorzugt Dichtwände nach dem Schlitzwandverfahren eingesetzt, die weniger Fugen aufweisen als etwa eine Bohrpfahlwand.

Baugrubenumschließungen gehören, im Gegensatz zu den „wasserundurchlässigen Bauwerken" gem. ▶ Abschn. 10.3, zur Kategorie der **„begrenzt durchlässigen Bauwerke"** mit definierter Durchlässigkeit bzw. Angabe einer Leckagewasserrate (Kluckert 2007). Die Dichtigkeitskriterien sind allerdings weder in einschlägigen Normen noch in anerkannten Regeln der Technik definiert. Verbale Formulierungen sind nur visuell zu kontrollieren und bieten Auslegungs- und Streitpotenzial. Auch eine Durchlässigkeitsbegrenzung der Wände und Sohlen in Form von Materialdurchlässigkeitswerten (z. B. $<10^{-8}$ m/s) ist wenig zielführend. Entscheidend ist die Systemdurchlässigkeit (einschließlich der Fugen), die in Form einer Leckagewassermenge oder als Restwasserzufluss in l/s je 1000 m^2 bzw. m^3/h je 1000 m^2 (bei kleinen Baugruben auch 100 m^2) benetzter Wand- und Sohlfläche angegeben wird. Die in der Literatur anzutreffenden Mengenangaben liegen zwischen 0,05 und 5 l/s je 1000 m^2. Der obere Wert ist im Hinblick auf die Gesamtwassermenge sehr hoch und bestenfalls in Sonderfällen akzeptabel. Der untere Wert ist i. d. R. nur durch besondere Maßnahmen zu erreichen und ist heute fast Standardforderunge bei einer wasserrechtlichen Erlaubnis (WE). Ein für baupraktisch ausreichend dichte Baugruben anzustrebender und relativ konfliktarmer Grenzwert ist etwa 1,5 l/s je 1000 m^2, der bei fachgerechter Ausführung zu erreichen ist (Kindler 2016). In ◘ Abb. 9.6 ist die Entwicklung der Sickerwasserraten in Abhängigkeit von

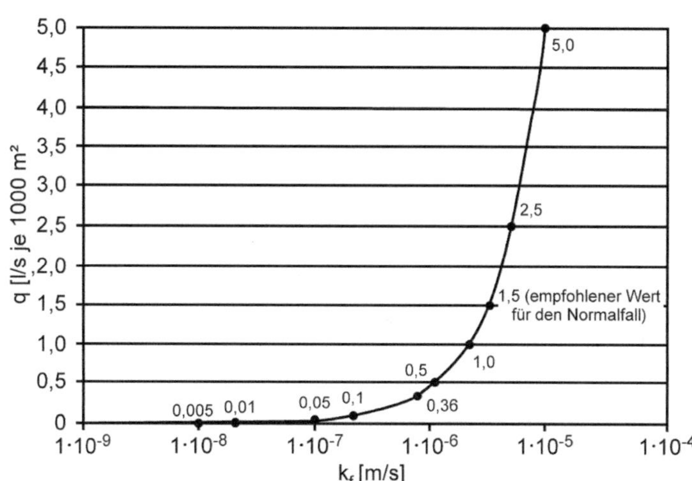

◘ **Abb. 9.6** Sickerwasserraten des Systems Wand-Fugen-Sohle in Abhängigkeit vom Wand-Durchlässigkeitsbeiwert *k* für wasserdichte Baugruben bei einem mittleren hydraulischen Gefälle von *i* = 0,5 (nach Kluckert 2007)

der Wanddurchlässigkeit dargestellt. Die Kontrolle der Zuflussraten erfolgt über einen Pumpversuch, ggf. mit begleitender thermischer Leckortung.

Die Leckwasserrate bzw. Restwassermenge ist abhängig von der Ausführungsqualität der Dichtelemente (Kindler 2016), der Wasserspiegeldifferenz (griechischer Buchstabe) ΔH und den Untergrundverhältnissen bzw. den Durchlässigkeiten der einzelnen Schicht.

9.4.1 Schlitzwandverfahren

Für die i. d. R. 0,4–1,0 m breiten Dichtwände nach dem Schlitzwandverfahren wird als Baustoff ein hydraulisch abbindendes plastisches Dichtungsmaterial verwendet, dessen Rezeptur (Feststoffgehalt 200–600 kg/m^3) den jeweiligen Anforderungen angepasst werden muss. Dichtwände werden bevorzugt im **Einphasenverfahren** hergestellt (▶ Abschn. 9.3.4). Dabei erfolgt der Bodenaushub im Schutz einer selbsterhärtenden Bentonit-Zement-Suspension, die im Schlitz verbleibt, langsam abbindet und die Dichtfunktion übernimmt. Die üblichen Tiefen solcher Dichtwände liegen bei 20–40 m, z. T. auch tiefer.

Beim Einphasenverfahren wird ebenfalls alternierend gearbeitet, wobei der Greifer beim Aushub der Zwischenlamellen mit seinem Zahnprofil 30 cm tief in die noch relativ wenig erhärtete Masse der Lamellen der ersten Phase einschneidet. Dadurch entsteht eine durchgehende fugenlose Wand. Die Einbindung in den dichten Untergrund kann anhand der Aushubmassen kontrolliert werden. Die herstellungsbedingte Richtungsabweichung darf nach DIN EN 1538 max. 1 % betragen (▶ Abschn. 9.4 und Mähner und Lengers 2014).

Die Bewertung der Dichtigkeit von Schlitzwänden ist ein komplexes Unterfangen. Die Kontrolle erfolgt sowohl an Rückstellproben der frischen Bentonit-Zement-Suspension (s. Scholz et al. 2003, 2004) als auch an aus der Dichtwand gewonnenen Bohrkernen oder aber als Auffüllversuch (DW) nach DIN 18 130-1 in einem Bohrloch in der Wand bzw. letztlich mittels Absenkversuchen in einem Spundwandkasten. Gefordert werden meist Laborwerte von $k < 1, 10^{-9}$ m/s und einaxiale Druckfestigkeiten von $q_u > 0{,}25–0{,}8$ N/mm^2. Die Systemdurchlässigkeit einer Wand ist i. d. R. größer als die Durchlässigkeit einzelner Proben. Die Spezialunternehmen haben verschiedene Abdichtungs- und Fugensysteme entwickelt, sodass die in (▶ Abschn. 9.4 genannten Dichtigkeitswerte meist erreicht werden können (Linder et al. 2012). Durch Einrütteln von Stahlspundwänden oder Kunststoffplatten mit Schlössern in die Suspension kann eine nahezu wasserundurchlässige Dichtwand erreicht werden.

Die **Dichtwandmasse** sowohl von zweiphasig als auch von einphasig hergestellten Dichtwänden muss erosionssicher sein und dauerhaft plastisch bleiben, um sich bei eventuellen Schubbeanspruchungen möglichst rissfrei verformen zu können. Zur Gewährleistung der Erosionssicherheit muss die Dichtwandmasse einerseits eine Mindestfestigkeit von 300–400 kN/m^2 aufweisen, andererseits muss die einaxiale Druckfestigkeit (28 Tage) wegen der nötigen Verformbarkeit auf Werte von etwa 300–600 kN/m^2 begrenzt werden. Größere Festigkeiten bzw. Festigkeitsunterschiede wirken sich nachteilig auf das Verformungsverhalten aus. Unabhängig davon sollten Dichtwände möglichst außerhalb von zu erwartenden Untergrundverformungen angeordnet werden.

9.4.2 Bohrpfahlwände oder DS-Säulenkörper

Bei „grundwasserdichten" Pfahlwänden werden die Pfähle gewöhnlich im Taktverfahren (1 – 3 – 5 …./2 – 4 …, sog. Pilgerschritt) mit einer Überschneidung von 5–10 cm hergestellt, wobei dem Pfahlbeton im ersten Takt ein Abbindehemmer zugesetzt wird, damit er nach 1–2 Tagen beim zweiten Takt noch angebohrt werden kann. Die Überschneidung der einzelnen Pfähle wird durch Bohrschablonen und Kontrollmessungen sichergestellt (► Abschn. 9.3.3). Trotz dieser Maßnahmen weisen Bohrpfahlwände bei tieferen Baugruben nicht selten Leckagen auf, die nachgedichtet werden müssen.

Eine andere Möglichkeit der Abdichtung einer Umschließungswand sind überschnittene Säulenkörper im Düsenstrahlverfahren gem. ► Abschn. 7.4. Das Verfahren ist auch schräg unter Nachbarfundamente einsetzbar.

9.4.3 Schmalwände

Bei der Herstellung von Schmalwänden ist die DIN 18 304 „Ramm-, Rüttel- und Pressarbeiten zu beachten.

Bei den Schmalwänden werden zwei Arbeitsweisen unterschieden:

- Bei der einen werden spezielle Spundbohlen oder Stahlträger (◘ Abb. 9.7) bis rd. 1 m in den dichten Untergrund eingerüttelt oder eingerammt und beim Ziehen der Bohlen der entstehende Hohlraum sofort mit einer Abdichtungssuspension verfüllt. Durch die Aneinanderreihung solcher Schlitze entsteht im Untergrund eine dünne membranartige Dichtwand von 8–15 cm Nenndicke.
- Beim anderen Verfahren wird ein spezieller Schmalwandtiefenrüttler mit seitlichen Flügeln durch die zu dichtende Schicht auf die geforderte Tiefe abgesenkt. Beim Ziehen wird ebenfalls eine Zementsuspension unter Druck injiziert. Durch Aneinanderreihen von Rüttelvorgängen bei gleichzeitiger Überschneidung entsteht eine geschlossene Dichtwand von 5–30 cm Nenndicke.

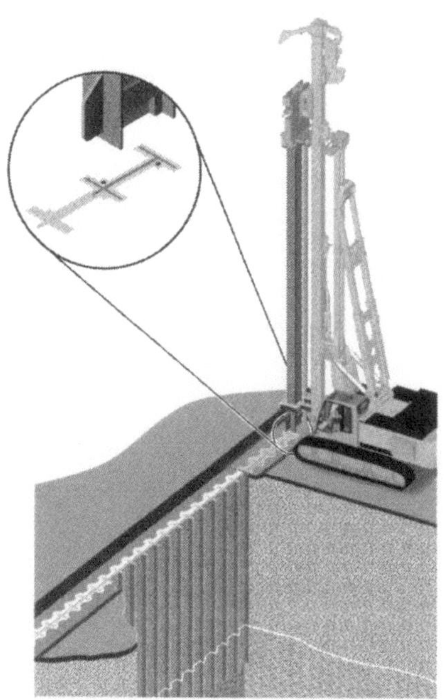

◘ **Abb. 9.7** Herstellung einer Schmalwand im Rüttelbohlenverfahren (Firmenprospekt)

Die Zusammensetzung des Materials und die Anforderungen an die Dichtigkeit und die Erosionsbeständigkeit sind ähnlich wie bei den Dichtwänden, doch sind die Schmalwände anfälliger gegenüber Rammhindernissen und das Einbinden in den dichten Untergrund ist schwieriger bzw. kaum zu kontrollieren. Der besondere Vorteil von Schmalwänden ist, dass der Boden verdrängt und nicht ausgehoben wird, was sich besonders bei kontaminierten Böden im Altlastbereich auswirkt.

9.4.4 Sohldichtung von Baugruben

Liegt die undurchlässige Schicht so tief unter Baugrubensohle, dass Dichtwände nicht darin einbinden können, so muss, wenn eine Grundwasserabsenkung technisch nicht möglich oder wirtschaftlich nicht tragbar ist bzw. dazu keine Erlaubnis gegeben wird, auch die Baugrubensohle abgedichtet werden (► Abschn. 11.1). Eine solche Kombination eines begrenzt durchlässigen Baugrubenverbaus mit einer Sohldichtung wird als **Trogbaugrube mit temporärer Dichtfunktion** bezeichnet. Trogbaugruben bestehen aus zwei Dichtungselementen: den Dichtwänden und einer Sohldichtung. Bei beiden Elementen können Undichtigkeiten an den Fugen, im Anschluss Sohle/Wand oder bei Anschlüssen an Altbestände auftreten (s. a. ► Abschn. 10.4), was eine entsprechende Grundwasserströmung und eine mögliche Erosionsgefahr auslöst. Bei größeren Undichtigkeiten sind rechtzeitig Nachdichtungsarbeiten erforderlich, da sonst beim Lenzen der Baugrube über die Fehlstellen Boden eingespült und der Untergrund aufgelockert werden kann. Um solche Undichtigkeiten rechtzeitig zu erkennen, ist vorab eine Probeabsenkung von einigen Metern zweckmäßig, bei der nach Absetzen der Feinstteile im Wasser (Trübung) Zuströmungen erkannt werden können, nötigenfalls mithilfe von Tauchern oder Videokameras.

Solche abdichtend wirkenden Baugrubensohlen werden entweder in Unterwasserbeton oder mittels Zementsuspension- oder Weichgelinjektionen bzw. als Hochdruckinjektionen nach dem Düsenstrahlverfahren (DS) ausgeführt (▶ Abschn. 7.4). Bei den letzteren Verfahren unterscheidet man zwischen tief, mittelhoch und hoch liegenden Sohlen (Veider und Winkler 2012). Bei den tief liegenden Sohlen (sog. Trogbauweise) wird die nötige Dicke der Bodenüberdeckung über die Auftriebssicherheit ermittelt. Höher liegende Dichtungssohlen müssen verankert werden, um die Auftriebssicherung zu gewährleisten. Dafür werden Anker oder Verpresspfähle verwendet, die entweder vorab eingebohrt (aufwendiger) oder eingerüttelt werden. Zur Bemessung der Verankerung mittels Mikropfählen s. DIN 4093, Abs. 4.4.5. Undichtigkeiten der Sohle erfordern meist sehr aufwendige Nacharbeiten.

Bei der Herstellung einer **Dichtungssohle mittels Unterwasserbeton** werden Schwebstoffe vom Unterwasseraushub, die auf die Aushubsohle absinken, abgesaugt. Die Auftriebssicherung erfolgt nötigenfalls über Ankerpfähle. Neben den unvermeidbaren Schwindrissen treten häufig Undichtigkeiten in der Fuge Umfassungswand/Sohlbeton auf.

Bei der Herstellung von Dichtungssohlen von Trogbaugruben mit dem **Düsenstrahlverfahren** (DS-Sohlen) ist das Raster der Düsenstrahlkörper so auszulegen, dass die prognostizierten Durchmesser aller Säulen sich überschneiden (etwa 1,5–2,0 m). Voraussetzung dafür sind die Lagegenauigkeit der Bohrpunkte und eine geringe Bohrlochabweichung (normative Forderung 0,02m/m) Die Probleme mit der Lagegenauigkeit der Düsenstrahlkörper bzw. mit der Reichweite des Düsenstrahls infolge unterschiedlicher Untergrundverhältnisse und Hindernisse im Baugrund führten immer wieder zu Fehlstellen und großen Zuflussraten (Wittke et al. 2007). Über die Qualitätssicherung von solchen Dichtsohlen berichten Schulze et al. (2014). Bei tief liegenden Dichtungssohlen wurde auch festgestellt, dass durch den Bohrvorgang und den Rücklauf der Suspension bzw. der eingebrachten Luft eine gewisse Auflockerung des Bodens oberhalb der DS-Sohle auftritt, deren Ausmaß abhängig ist von der Auswahl und Dauer der Düsungen sowie dem Einsatz von Druckluft (Borchert et al. 2006; Quast und Zander 2006).

Bei Herstellung einer **Dichtungssohle durch Niederdruckinjektionen** wird die Baugrube zunächst bis wenig über die Grundwasseroberfläche ausgehoben. In Rasterabständen von 1,0–2,0 m werden Injektionslanzen oder -schläuche in den Untergrund eingerüttelt oder eingespült und anschließend unter Überwachung durch Druck- und Mengenschreiber injiziert (◘ Abb. 9.8). Für Abdichtungszwecke werden Weichgelsohlen auf Wasserglasbasis oder Bentonit-Zement-Suspensionen verwendet (▶ Abschn. 7.3). Die Dicke der Dichtungssohle beträgt i. d. R. 1–3 m. Sie richtet sich nach der Baugrubengröße und dem Sohlwasserdruck und ist auch vom Abstand der Injektionspunkte abhängig (bzw. umgekehrt). Die Durchlässigkeit von Sandböden kann damit um drei Potenzexponenten verringert werden (von $k = 10^{-3}$ bis 10^{-4} auf 10^{-6} bis 10^{-7} m/s). Die Erosionssicherheit ist bei den üblicherweise auftretenden hydraulischen Gradienten (i = 10–20) i. d. R. gegeben (Kirsch 1994).

Weichgele, deren Hauptbestandteile eine Wasserglaslösung (Na^{2+}, SiO_4 und OH^-) und Reaktive (meist Natriumaluminat) sind, besitzen

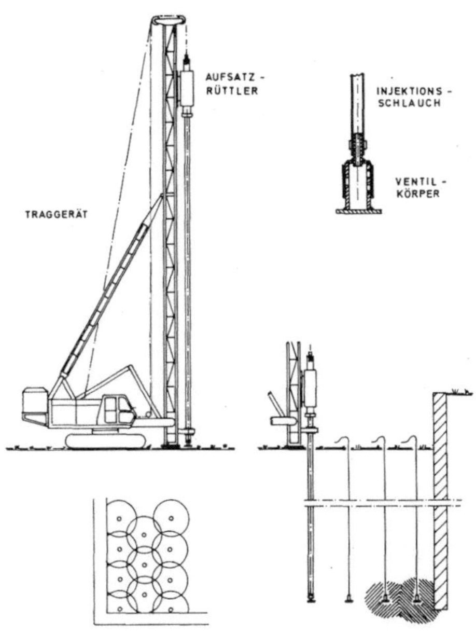

Abb. 9.8 Herstellung einer Dichtungssohle durch Injektionen (Firmenprospekt)

die Fähigkeit zu gelieren, was zum Ausfüllen und Verschluss der verfügbaren Poren und damit zur Verminderung der Durchlässigkeit führt. Weichgelsohlen sind seit Mitte der 1990er-Jahre nur noch eingeschränkt genehmigungsfähig, da im Kontaktbereich mit dem Grundwasser in den ersten Stunden insbesondere Natronlauge (NaOH) freigesetzt wird, was zu einem kurzfristigen und räumlich begrenzten Anstieg des pH-Werts führt. Diese und andere Grenzwertüberschreitungen machen sich im Förderwasser der Restwasserhaltung bemerkbar (Brauns et al. 2001).

Tief liegende Dichtungssohlen mit Weichgelinjektionen werden deshalb heute weitestgehend in **Sandwich-Bauweise** erstellt. Eine Deckel- und eine Sohlinjektionsschicht mit Zementinjektion verschließen die groben Wasserwegigkeiten und minimieren das Austreten von Weichgel beim Injizieren der Zwischenschicht. Das Gesamtsystem hat eine Dicke von etwa 2,5 m und ist nur als tief liegende Abdichtungssohle herzustellen.

9.5 Ankersicherung

Bei tiefen oder breiten Baugruben erfordert die Baugrubenaussteifung einen erheblichen Aufwand und behindert die Arbeiten in der Baugrube. Ende der 1950er-Jahre wurden erstmalig Rückverankerungen von Baugrubenwänden ohne Aussteifung ausgeführt – eine Verbaumethode, die heute nicht mehr wegzudenken ist. Darauf aufbauend wurden seitdem verschiedene Verankerungssysteme bzw. Ankertypen entwickelt oder vom Tunnelbau übernommen.

Anker sind Zugglieder, über die Kräfte in den Baugrund übertragen werden. Lockergesteins- und Felsanker erhalten i. d. R. eine Vorspannung. Ihre Einteilung erfolgt nach der Länge, der Krafteintragung und der Nutzungsdauer. Folgende Ankerarten werden unterschieden:

- Kurzanker mit Ankerlängen von 4–12 m (► Abschn. 17.8.2.1),
- Tiefenanker als
  - Einstabanker (Ø 15–36 mm, zul. Belastung 100–600 kN),
  - Mehrstabanker (3–12 Stäbe, Ø 12 mm, zul. Belastung 275–1200 kN),
  - Litzenanker (bis 22 Litzen, zul. Belastung 260–2500 kN),
- Kurz- oder Bauzeitanker,
- Daueranker.

Außerdem wird differenziert nach:

- vorgespannten Ankern (Verpressankern) und nicht vorgespannten Zuggliedern (Zugpfählen, Bodennägeln),
- selbstspannenden und nicht selbstspannenden Zuggliedern.

Ein Zugglied gilt als selbstspannend, wenn sich ein starrer Gleitkörper auf einer Gleitfläche kontrolliert bewegen kann. Aus dem Winkel zwischen Gleitfläche und der Richtung des Zugglieds ergibt sich, je nach Bodenart, welche Bemessungszugkraft bzw. -querkraft anzunehmen ist (DIN 4084, 7.2).

Vorgespannte Anker (Verpressanker) sind nur im Bohrlochtiefsten mit dem Gebirge verbunden. Die Spannstrecke wird nicht verpresst und dient als Federstrecke für unvermeidliche Verschiebungen des Systems Baugrund/Bauwerk. Bei blockierten Ankern wird das Bohrloch nach dem Vorspannen ganz mit Mörtel verfüllt. Es besteht keine Teilbeweglichkeit des Zugelements.

Boden- oder Felsnägel sind auf ihrer ganzen Länge vermörtelt und kraftschlüssig mit dem Untergrund verbunden (▶ Abschn. 9.3.5).

Kurzzeitanker oder Temporäranker dienen zur Sicherung von kurzzeitigen Baumaßnahmen (max. 2 Jahre). Sie haben nur einfachen Korrosionsschutz, der im Bereich der freien Stahllänge durch ein Kunststoffhüllrohr, in der Krafteintragungsstrecke durch die Zementsteinüberdeckung von mindestens 2 cm gewährleistet wird. Für Anker mit verbessertem Korrosionsschutz (Oberflächenbeschichtung, Stahlquerschnittszugabe) und einer verlängerten Einsatzdauer bis zu 5 Jahren wird der Begriff „Semipermanentanker verwendet.

Daueranker oder Permanentanker erfordern eine entsprechende bauaufsichtliche Zulassung und sind allgemein auf eine Nutzungsdauer von 80–100 Jahren ausgelegt. Sie erhalten einen doppelten Korrosionsschutz durch einen Abrostungszuschlag beim Stahldurchmesser und einen passiven Korrosionsschutz in Form einer korrosionsbeständigen Ummantelung oder eines gleichwertigen Hüllrohres, die i. d. R. bereits vom Hersteller aufgebracht werden. Eine Studie an Dauerankern mit Standzeiten von 15–40 Jahren hat ergeben, dass zwar keine Anzeichen eines Verlusts der Tragkraft der Stahlzugglieder aufgetreten waren, wohl aber z. T. Korrosionsschäden an den Ankerköpfen (Wichter und Meininger 2006).

Kurzzeitanker erfordern i. d. R. eine Zuordnung zur Geotechnischen Kategorie GK 2, Daueranker zu GK 3.

Außer den üblichen Tiefenankern zur Sicherung von Verbau- oder Felswänden können in besonderen Situationen wie beidseitig zu sichernde Felssporne, großflächige Felsböschungen mit tief reichenden Ablösungsflächen oder auch Brückenfundamente an steilen Hängen, Anker mit Längen von über 100 m erforderlich werden. Derart lange Ankerungen können mit verlaufsgesteuerter Horizontalbohrtechnik (HDD, ▶ Abschn. 17.6.5) zielgenau ausgeführt werden; so lässt sich eine exakte Lage der Verankerungsstellen erreichen.

9.5.1 Herstellung von Verpressankern

Für Verpressanker gelten zunächst für die Bohrarbeiten die DIN 18 301 7 und für das Verpressen der Anker die DIN 18 209 (▶ Abschn. 3.3). In Bezug auf die Standsicherheitsnachweise ist die DIN EN 1997-1, Abs. 8, in Verbindung mit der DIN 1054, zu berücksichtigen sowie für die sachgemäße Herstellung und Prüfung die europäische Spezialtiefbau-Norm DIN EN 1537: 2014. Auf das Normenhandbuch Spezialtiefbau Verpressanker (2013) und die Ergänzungsnorm DIN EN 1997-1/A1 (E 2013) wird verwiesen.

Verpressanker bestehen aus einem Tragglied, das in ein Bohrloch eingebaut und im Bohrlochtiefsten in einem durch Einpressen von Zementsuspension oder -mörtel hergestellten Verpresskörper verankert wird (◘ Abb. 9.9). Die Verpresskörper bilden einen kraftschlüssigen Verbund mit dem Gebirge (Verbundanker).

Als **Ankerbohrungen** sind im Prinzip alle drehenden und drehschlagenden Bohrverfahren geeignet. Zu beachten sind mögliche Bohrhindernisse, eine Bohrlochinstabilität, starke Grundwasserzutritte im oder aus dem Bohrloch und ein etwaiger Verpressgutverlust. Das Bohrverfahren ist so zu wählen, dass nur minimale Störungen und Veränderungen im Baugrund verursacht werden. In bindigen Böden müssen ggf. Einschränkungen in Bezug auf Spülung gemacht werden.

Die üblichen Bohrdurchmesser betragen 89–178 mm. In Lockergesteinen werden Schnecken- oder Drehschlagbohrungen eingesetzt. Der Materialaustrag erfolgt entweder über ein Endlosschneckengestänge oder mittels Spülung (Luft oder Wasser), wobei in standfesten Bodenarten auf eine Verrohrung verzichtet werden kann. In nicht standfesten Bodenarten

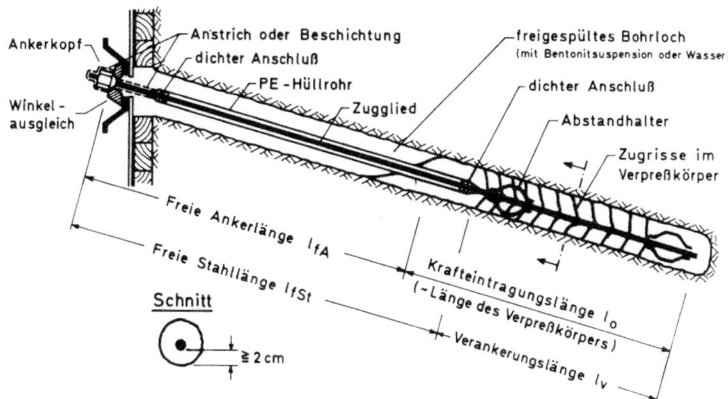

Abb. 9.9 Schema eines Verpressankers für vorübergehende Zwecke (aus Ostermayer 1991)

oder wechselfestem Fels wird i. d. R. mit der Überlagerungsbohrtechnik gearbeitet. Beim sog. Doppelkopfbohrverfahren wird mit zwei getrennten (Kombinations-)Antrieben gearbeitet, einer für die Verrohrung (drehend) und ein anderer für das Bohrgestänge (drehend oder drehschlagend). Als Bohrkrone wird häufig eine sog. Exzenterbohrkrone verwendet, die beim Bohren einen Kranz für die Verrohrung freischneidet und im eingezogenen Zustand durch die Verrohrung zurückgefahren werden kann.

Wird gegen drückendes Wasser gebohrt, so sind entsprechende Bohrverfahren (ggf. Schwerspülung) und konstruktive Maßnahmen (Dichtungen, Packer) gegen Ausspülen von Bodenmaterial bzw. den Verpressmörtel vorzusehen.

Ankerbohrungen müssen mit einer Richtungsgenauigkeit der Bohrlochachse von 2° angesetzt werden. Die Bohrlochabweichung im Bohrlochtiefsten darf nicht mehr als 1/30 der Bohrlänge betragen (DIN EN 1537, 8.1.2). Das Bohrgut ist daraufhin zu bewerten, ob Abweichungen von den prognostizierten Baugrundeigenschaften, insbesondere dem Wassergehalt bzw. der Plastizität erkennbar sind. In Böden, die zum Quellen neigen, sollten Anker unmittelbar nach dem Bohren eingebaut werden.

In das gesäuberte Bohrloch (z. B. durch Ausblasen) wird das Ankerzuglied eingebracht und unter abschnittsweisem Zurückziehen der Verrohrung die **Krafteintragungsstrecke** mit Zementsuspension (W/Z = 0,35–0,5) drucklos verfüllt oder verpresst. In stark durchlässigen Böden kann wegen des hohen Suspensionsverbrauchs Sand als Zuschlagstoff beigemischt werden. Um in stark durchlässigen Böden oder Fels Verpressmörtelverlusten vorzubeugen, empfiehlt die Norm vorab einen Wasserabpressversuch, eine Verpressmörtelabsetzprüfung oder eine Vorverpressung. Die Krafteintragungsstrecke wird entweder vor der Injektion durch eine Ankerblase oder einen Packer abgeschlossen oder der Bereich der freien Ankerlänge nach der Injektion wieder frei gespült.

Bei sandig-kiesigen Böden und klüftigem Fels kann ein **Injektionsdruck** von bis zu 30–40 bar aufgebracht werden, je nach Überlagerungshöhe. In bindigen Böden und kompaktem Fels wird besser drucklos bzw. mit einem Verpressdruck von etwa 10 bar gearbeitet, da diese Böden unter hohem Injektionsdruck nachgeben, sich aber bei Wegnahme des Drucks wieder entspannen, was zu einem Austreten von Injektionsgut aus dem Bohrloch und zu Ablösungen um den Injektionskörper führen kann.

In solchen Böden werden nach dem Aushärten der drucklosen Primärinjektion über ein Nachverpresssystem der erhärtete Verpresskörper aufgesprengt (Aufsprengdruck bis über 40 bar) und Zementsuspension nachverpresst, wodurch eine größere Verspannung und

Verzahnung im Boden erreicht werden. Die optimale Nachverpresstechnik hängt von den örtlichen Gegebenheiten ab. Bei geschichtetem und geklüftetem Untergrund kann es schon bei Verpressdrücken im Gebirge von 5–6 bar zu einem Aufsprengen an den Trennflächen und zu Gebirgsverformungen kommen. Die Erhöhung der Tragfähigkeit durch Nachverpressen kann nach den Angaben von Ostermayer (1991) oder Hettler und Meininger (1990) abgeschätzt werden. Durch die Nachinjektionstechnik wurden bindige Böden und wechselfester Fels, die früher als verankerungstechnisch schwierig galten, verankerungsfähig.

Eine weitere Möglichkeit zur Verbesserung der Ankertragfähigkeit ist ggf. auch die Verwendung von quellfähigen Zementsuspensionen, die eine Nachverpressung unnötig machen soll (Dehn und Richter 2002).

Für die Herstellung von Ankern hat nach DIN EN 1537: 2014 ein Ankereinbauplan vorzuliegen, und es ist ein Protokoll bzw. Datenblatt über die Ankerherstellung zu fertigen.

Um die Dauerbeeinträchtigung von Nachbargrundstücken zu minimieren, wurden schon in den 1990er-Jahren sog. **rückbaubare Anker** entwickelt. Die Anker weisen am Übergang freie Ankerlänge/Verpresskörper eine Trennvorrichtung auf, die nach der Nutzungsdauer ein Abtrennen des Ankerzugglieds ermöglicht, das dann gezogen wird. Bei einzelnen Systemen ist auch eine Zerstörung des Verpresskörpers mit Sprengzement möglich.

9.5.2 Ankersysteme von Verpressankern

Nach der Art der Krafteinleitung in den Boden werden Ein- oder Mehrstabanker, Litzenanker, Druckrohranker und Wellrohranker unterschieden (■ Abb. 9.10).

Bei den üblichen Ankerarten wird die Ankerzugkraft über den Verpresskörper auf das Gebirge übertragen. Der Verpresskörper wird dabei auf Zug beansprucht, wobei davon ausgegangen wird, dass die Kraftübertragung vom Zugglied in das Gebirge bevorzugt in den ersten 2 m der Krafteintragungslänge auftritt. Dort ist dann auch verstärkt mit Rissbildungen im Verpresskörper zu rechnen, was die Korrosion des Stahlzugglieds begünstigt.

Die Zugglieder der **Litzenanker** bestehen aus bis zu 22 Spanndrahtlitzenbündeln (Ø 0,5–0,6“),

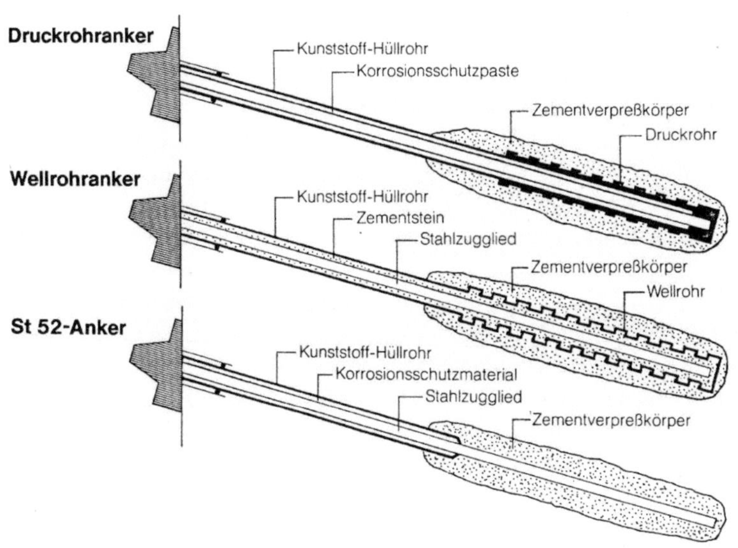

■ **Abb. 9.10** Ankersysteme (Firmenprospekt)

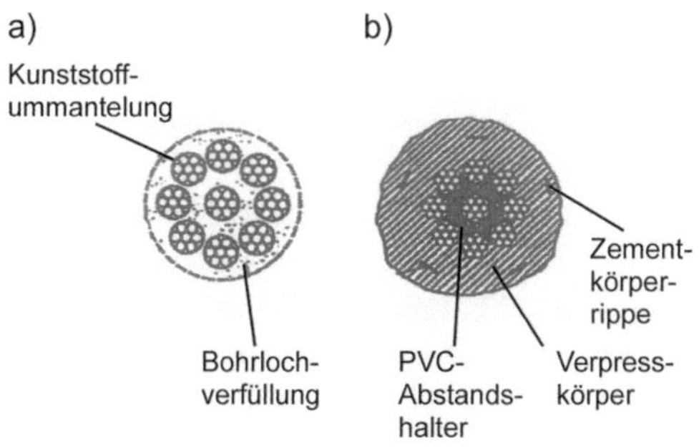

Abb. 9.11 Aufbau eines Temporär-Litzenankers mit 9 Litzenbündeln (aus Firmenprospekt): (**a**) Schnitt in der freien Ankerlänge; (**b**) Schnitt in der Krafteintragungsstrecke

die bereits ab Werk auf ganzer Länge kunststoffummantelt und daher weitgehend korrosionssicher sind (Abb. 9.11). Die Anlieferung erfolgt i. d. R. auf Kabeltrommeln, sodass Litzenanker besonders für größere Ankerlängen geeignet sind.

Beim **Druckrohranker** wird die Ankerkraft über das Stahlzugglied in die Bodenplatte des Druckrohres und von diesem als Druckkraft über den umgebenden Verpresskörper in den Boden geleitet. Durch die Druckbeanspruchung ist keine Rissbildung zu befürchten. Dieser Ankertyp wird daher gern als Daueranker verwendet.

Beim Wellrohranker sind als zusätzlicher Korrosionsschutz das Stahlzugglied insgesamt und die Krafteintragungsstrecke von einem gerippten PVC-Hüllrohr (Wellrohr) umhüllt (Abb. 9.10) und der Zwischenraum von min. 5 mm Dicke mit Zementmörtel verpresst. Das Wellrohr überträgt die Kraft in den Verpresskörper. Die freie Stahllänge wird meist durch Auspressen des Kunststoffhüllrohres mit einer Korrosionsschutzpaste zusätzlich geschützt (Abb. 9.12).

Bei den **Selbstbohrankern** besteht das Bohrgestänge aus einem hohlen Gewindestab mit Bohrkrone, das im Bohrloch verbleibt und als Tragglied dient. Je nach Baugrund stehen auch verschiedene Bohrkronen zur Verfügung. Die Injektion der Krafteintragungsstrecke erfolgt über das Bohrgestänge und die Bohrkrone. Das System spart damit mehrere Arbeitsgänge. Bei

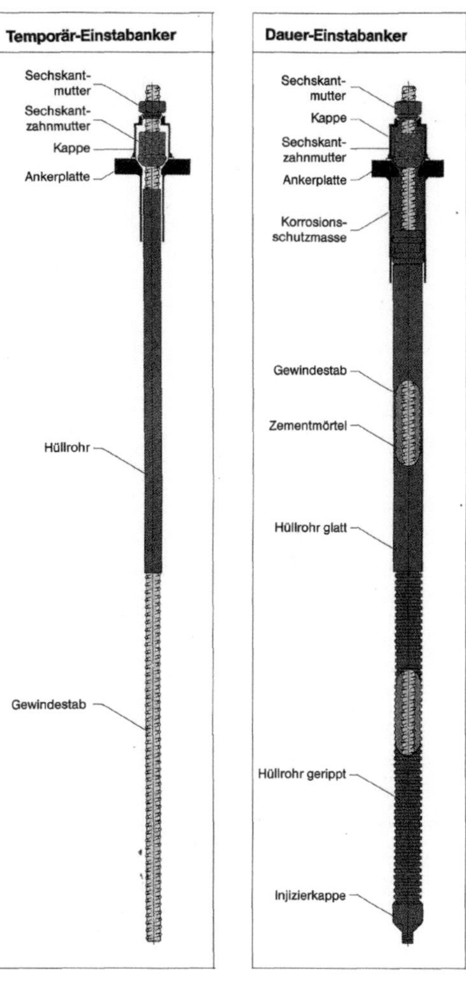

Abb. 9.12 Korrosionsschutz für Temporär- und Daueranker (Firmenprospekt)

den verschiedenen auf dem Markt befindlichen Systemen findet man unterschiedliche Stahlqualitäten, Bohrgestänge- und Kronendurchmesser. Neuerdings sind auch CE-zertifizierte Dauer-Selbstbohranker auf dem Markt.

Ein besonderes Problem sind Verpressanker in **betonaggressivem Grundwasser** (► Abschn. 10.5.3) oder Böden mit einer Aggressivität nach EN 206-1 bzw. einer kritischen Streustrombelastung gem. EN 50 162. Je nach Konstruktion und betroffenem Ankerteil ist dabei zwischen Betonaggressivität und Stahlaggressivität zu unterscheiden. Die Korrosionsschutzsysteme für Kurzzeit- und Daueranker sind in DIN EN 1537: 2014 ausführlich beschrieben. Die Norm differenziert nicht mehr nach dem Grad der Aggressivität gem. DIN 4030. Alle Stahlteile sind für ihre geplante Lebensdauer gegen Korrosion zu schützen. Bei der Wahl des Zements für den Verpressmörtel ist die Betonaggressivität von Grundwasser und Boden entsprechend zu berücksichtigen.

Nach den Untersuchungen von Manns (1997) nimmt die Tragfähigkeit von Verpressankern je nach der Geschwindigkeit der Umströmung schon bei schwachem CO_2-Angriff merkbar ab und kann bei starkem Angriff (100 mg/l) versagen. Dabei treten an der benetzten Grenzschicht Boden/Zementkörper zwei Effekte auf. Einerseits tritt durch den lösenden Angriff an der Oberfläche des Zementkörpers ein (wenn auch zunächst nur geringfügiger) Massenverlust auf, der die Verspannung zwischen Verpresskörper und Boden herabsetzt, und andererseits bildet sich dabei eine amorphe Silikatschicht, die den Reibungswiderstand in der Kontaktfläche beeinflusst (Hof et al. 2002, 2004; Hof und Triantafyllidis 2003).

Gegenmaßnahmen vonseiten der Zementtechnologie stehen für den Angriff kalklösender Kohlensäure nicht zur Verfügung. Als Alternative für Zementmörtel können Kunstharzmörtel verwendet werden. Bei Felsankern ist es möglich, durch entsprechende Vorabinjektionen das Grundwasser vom Zementkörper des Ankers weitestgehend fernzuhalten. Bei Lockergesteinsankern ist diese Möglichkeit begrenzt.

9.5.3 Prüfung der Anker

Verpressanker unterliegen einer sorgfältigen Prüfung nach DIN EN 1997-1 Abs. 8.7, DIN 1054 und DIN EN 1537. Voraussetzung für die bauaufsichtliche Zulassung eines Ankersystems ist eine **Grundsatzprüfung bzw. Systemprüfung**. Die Zulassung wird vom Deutschen Institut für Bautechnik, Berlin, getrennt für die Anwendung in nichtbindigen Böden, in bindigen Böden oder für die Ausführung als Felsanker erteilt.

Zu Beginn einer jeden Baustelle wird dann das vorgesehene Ankersystem auf seine Eignung bei den vorliegenden Verhältnissen geprüft. Diese **Eignungs- bzw. Untersuchungsprüfung** besteht aus Zugversuchen an mindestens drei Ankern je Bodenart.

Um Unregelmäßigkeiten im Untergrundaufbau und bei der Ankerherstellung zu erkennen, wird außerdem jeder Anker einer **Abnahmeprüfung** unterzogen. Die Abnahmeprüfung gilt als Nachweis der Gebrauchstauglichkeit.

Außer diesen Baustellenprüfungen ist auch noch eine **Nachprüfung** von Ankern am fertigen Bauwerk vorzusehen, wenn die Standsicherheit eines Bauwerks ohne die Ankerwirkung bestimmte Mindestwerte unterschreitet.

Sämtliche Ankerprüfungen müssen durch ein sachverständiges Institut ausgeführt bzw. überwacht werden.

9.5.4 Bemessung der Anker

Die Ankerkraft *P* wird bei der Bemessung als ungünstige Einwirkung angesetzt. Sie kann anhand der Ergebnisse von Ankerzugversuchen oder durch Berechnung ermittelt werden (DIN EN 1537):

$$P_d < R_{a,d}$$

$$R_{a,d} = R_{a,k} / \gamma_a$$

P_d = Bemessungswert der Ankerkraft
$R_{a,d}$ = Bemessungswert des Herausziehwiderstands R_a
$R_{a,k}$ = charakteristischer Wert des Herausziehwiderstands
γ_a = Teilsicherheitsbeiwert für den Herausziehwiderstand nach DIN EN 1997-1 bzw. DIN 1054

Für Beanspruchung auf Zug betragen die Sicherheitsbeiwerte von Stahlzuggliedern nach DIN 1054, Tab. A 2.3:

Boden- und Felsnägel:	γ_a = 1,4 (BS-P) bzw. 1,3 (BS-T)
Verpressanker:	γ_a = 1,1

Der Sicherheitsbeiwert berücksichtigt kleinräumige Abweichungen der Baugrundeigenschaften sowie Ausführungsungenauigkeiten. Bei Einsatz von glasfaserverstärkten Kunststoffankern (GFK) gelten höhere Sicherheitsbeiwerte.

Der **charakteristische Herausziehwiderstand** $R_{a,k}$ eines Ankers ist bestimmt durch den Widerstand des Stahlzugglieds (Materialwiderstand R_t) und durch den Herausziehwiderstand (R_a) des Verpresskörpers im Boden. Er wird anhand von Ankerzugversuchen festgelegt und ist die Kraft, bei der die Verschiebung des Verankerungskörpers das kritische Kriechmaß von 2 mm erreicht. Der charakteristische Herausziehwiderstand entspricht dem niedrigsten Wert von mindestens drei Ankerzugversuchen pro Bodenart.

Für eine vorläufige **überschlägige Ermittlung des charakteristischen Herausziehwiderstands** ($R_{a,k}$) eines Ankers kann dieser für nichtbindige Böden direkt aus Diagrammen entnommen (◘ Abb. 9.13a) oder für bindige Böden und Fels über die Mantelreibung der zylindrischen Verpresskörper ermittelt werden:

$$R_{a,k} = \pi \times d_0 \times l_0 \times \tau_M$$

d_0 = Durchmesser (100–150 mm)
l_0 = Länge des Verpresskörpers (in m)
τ_M = Mantelreibung (in kN/m^2)

Die mittleren Mantelreibungswerte bindiger Böden bei Grenzlast können Diagrammen bei Ostermayer (1991 bzw. Wichter und Meininger 2009) entnommen werden (◘ Abb. 9.13b und c). Sie liegen bei τ_M = 25–50 kN/m^2 für steifplastische und bei τ_M = 60–150 kN/m^2 für halbfeste Konsistenz. Durch Nachverpressen kann die Mantelreibung maßgeblich erhöht werden. Für den Übergangsbereich zu verwittertem Fels werden folgende Erfahrungswerte der Grenzmantelreibung angegeben:

$\tau_M = 0{,}45 \times c_u$ bis $\tau_M = 0{,}60 \times c_u$ (Mergel und feste Tone)

Überschlägig liegen die aufnehmbaren Zugkräfte pro Anker in der Größenordnung von bis zu

- 1 MN in bindigen Böden,
- 1,5 MN in nichtbindigen Böden und
- 4 MN in Fels.

Die Länge der Krafteintragungsstrecke beträgt bei **Lockergesteinsankern** i. d. R. 4–8 m. In bindigen Böden muss im Bereich der Krafteintragungsstrecke zumindest sehr steife bis halbfeste Konsistenz ($I_c \geq 0{,}9$) vorliegen. Diese Forderung ist auf der Baustelle ggf. durch laufende Wassergehaltsbestimmungen zu überprüfen. Nötigenfalls sind die Ankerbohrungen zu vertiefen.

Anker werden i. d. R. mit einer Neigung von 10–30° fallend bzw. nach örtlichen oder statischen Erfordernissen angeordnet. Unter Nachbargrundstücken dürfen Anker nur mit Zustimmung des Eigentümers eingebaut werden. Der vertikale Mindestabstand zu Fundamenten sollte dabei 3 m betragen, zu Verkehrsflächen mit dynamischen Einwirkungen 4 m. Bei der Anordnung der Anker ist darauf zu achten, dass die Krafteintragungsstrecke nicht in verschiedenen Bodenarten liegt, sondern die Verpresskörper sich immer ganz im nichtbindigen oder ganz im bindigen Boden befinden. An der Grenzschicht von Überlagerungsschichten, auch fluvialer Sande und Kiese (unter Wasser) gegen ältere Tone, ist außerdem meist mit gewissen Verwitterungseinflüssen und abgeminderten Scherfestigkeiten zu rechnen.

Die überschlägige Ermittlung der Ankerlänge erfolgt nach Erfahrungswerten bzw. nach oben genannten Gesichtspunkten und nach der Sicherheit des Gesamtsystems in der tiefen Gleitfuge (◘ Abb. 9.14) bzw. in Fels nach vorgegebenen Gleitflächen rechnerisch oder am Kräftepolygon. Die Ankerlänge soll ein gewisses Mindestmaß nicht unterschreiten. Entwässerungsbohrungen müssen bis hinter die Systemgrenze geführt werden. Sie werden i. d. R. mit einer Neigung von 10° steigend gebohrt (► Abschn. 15.5.3).

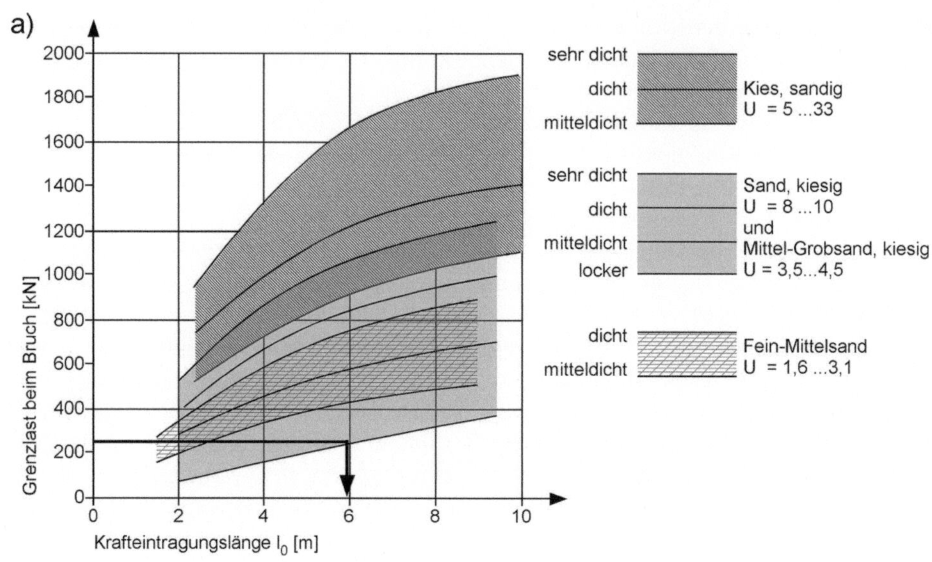

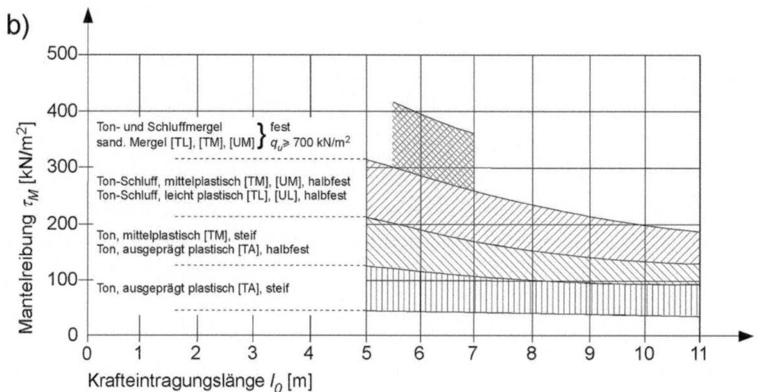

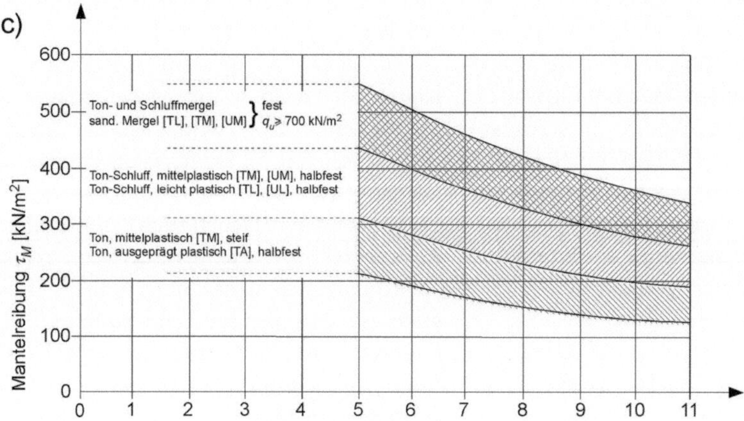

Abb. 9.13 Herausziehwiderstand (Grenzlast) und Krafteintragungslänge von Ankern nach Ostermayer (Firmenprospekt): (**a**) in rolligen Böden, (**b**) in bindigen Böden ohne Nachverpressung, (**c**) in bindigen Böden mit Nachverpressung. Verpresskörper-Ø 100–150 mm; Überlagerung >4 m

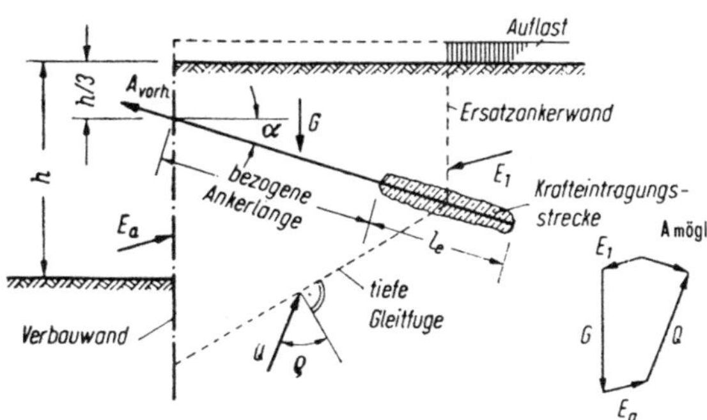

Abb. 9.14 Statisches System und Kräfteplan bei der Verankerung einer Verbauwand (Firmenprospekt)

Bei **Felsankern** sind die geologischen Gegebenheiten noch stärker zu beachten als bei Lockergesteinsankern (▶ Abschn. 5.7.6). Wenn vorgegebene Trennflächen das Abrutschen von Wandpartien begünstigen, muss der Standsicherheitsnachweis für diese Flächen geführt werden, und zwar unter Annahme der Scherfestigkeit auf den verschiedenen Trennflächen (nötigenfalls φ_r, $c = 0$). Die Anker sollen die maßgeblichen Trennflächen möglichst steil schneiden. Die Berücksichtigung eines möglichen Kluftwasserdrucks ist oft problematisch, da ein solcher häufig zu überdimensionierten Abmessungen führt. Hier ist im Einzelfall zu prüfen, welche Annahmen realistisch sind und berücksichtigt werden müssen.

Die Krafteintragungsstrecken, deren Längen je nach Gebirge zwischen 1,5 und 6 m betragen, müssen grundsätzlich außerhalb der möglichen Gleitbereiche liegen. Die Gebrauchslast kann je nach Ausbildung des Gebirges (Verwitterungsgrad, mineralische Bindung, Trennflächenabstände) einer Tabelle bei Ostermayer (1991 bzw. Wichter und Meininger 2009) entnommen werden. Die Mantelreibungswerte liegen bei $\tau_M = 0{,}3–0{,}5\ \mathrm{MN/m^2}$ für stärker verwitterte und bis $\tau_M = 1{,}0\ \mathrm{MN/m^2}$ für angewitterte Festgesteine. Für unverwitterten Fels werden $1{,}0–1{,}5\ \mathrm{MN/m^2}$ genannt. Bei hoch belasteten Ankern muss das Gebirge entweder anhand der Bohrkerne, mit Bohrlochsonden oder durch Wasserdruckversuche (▶ Abschn. 2.9.4) auf seine Tragfähigkeit überprüft werden. Hierbei werden oft eine maximale Anzahl von Klüften oder bestimmte Höchstwerte bei den Wasserdruckversuchen (WD-Tests) vorgegeben, die nicht überschritten werden dürfen. Andernfalls muss die Krafteintragungsstrecke vergütet werden. Offene, oft spaltenartige Querklüfte, wie sie besonders in der Hangzerreißungszone auftreten, können zu einem Abfließen des Verpressbindemittels und zu Problemen beim Anspannen der Felsanker führen. Um ein solches Abfließen des Verpressmörtels zu verhindern, können die Tragglieder mit einem Filtergewebeschlauch (sog. Verpressstrumpf) umhüllt werden, der das unkontrollierte Abfließen des Verpressmörtels verhindert.

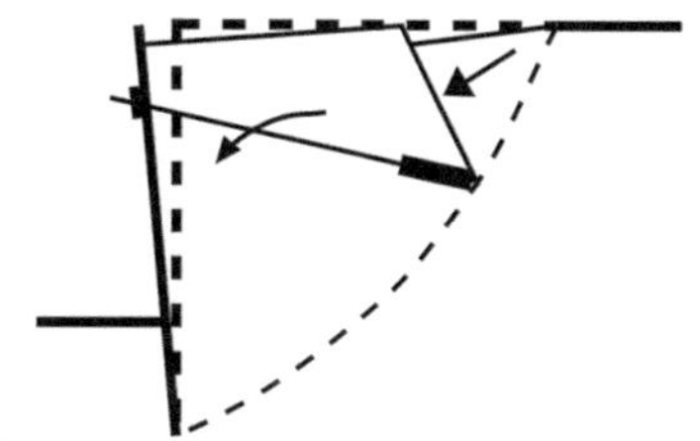

Abb. 9.15 Versagen einer Baugrubenwand in der tiefen Gleitfuge mit mehreren Bruchkörpern

Bei langen und tiefen Baugruben sind mehrfach erhebliche **Wandverschiebungen** aufgetreten, die zu Setzungen der Geländeoberfläche und zu Schäden an der angrenzenden Bebauung geführt haben. Ihr Ausmaß ist abhängig von der Scherfestigkeit, insbesondere auf Schicht- und Kluftflächen. Rückverankerte Baugrubenwände bilden gemeinsam mit dem Bodenvolumen ein Schwergewichtssystem, bei dem auch die Gesamtverformung des Verankerungsblocks unter der Ankerlast zu berücksichtigen ist (▪ Abb. 9.15).

Schutz der Bauwerke vor Grundwasser, Versickerung

H. Prinz, R. Strauß, *Ingenieurgeologie*,
https://doi.org/10.1007/978-3-662-54710-6_10

Allgemein ist die tiefste Bauwerkssohle so anzuordnen, dass sie auch bei hoch stehendem Grundwasser trocken bleibt und auch die Gründungsarbeiten ohne Behinderung durch Grundwasser durchgeführt werden können. Voraussetzung dafür ist die Kenntnis des höchstmöglichen Grundwasserstands, worauf bei den Aufschlussarbeiten, aber auch bei der späteren Baugrubenabnahme zu achten ist. Nicht beachtete Bodenverfärbungen, die zeitweilig höhere Grundwasserstände oder Grundwasserbewegungen in einzelnen in der Baugrube ausstreichenden Schichten anzeigen, haben schon manchmal zu nassen oder zeitweilig unter Wasser stehenden Kellerräumen geführt.

10.1 Grundwasserstand, Bemessungswasserstand

10

Die Grundwasseroberfläche unterliegt jahreszeitlichen und niederschlagsabhängigen Wechselständen. Allgemein sind die höchsten **Grundwasserstände** im Frühjahr zu erwarten, die niedrigsten am Ende der Vegetationsperiode in Herbst.

Direkte langjährige Beobachtungen mittels **Grundwassermessstellen** liegen für einzelne Bauwerke selten vor. In den Bundesländern werden Verzeichnisse von Grundwassermessstellen des Landesgrundwasserdienstes und deren Messdaten geführt, die bei den zuständigen Ämtern abgerufen werden können (Jahreslisten mit den Mittel- und Hauptwerten, Ganglinien in 10-Jahres-Abschnitten). Die Darstellung erfolgt i. d. R. nach „hydrologischen Jahren", einer nach Gesichtspunkten der Wasserwirtschaft festgelegten Zeitspanne, die in Deutschland vom 1.November bis zum 31.Oktober reicht, in Österreich und in der Schweiz vom 1.Oktober bis zum 30.September. In die Betrachtung einzubeziehen sind auch überörtliche (▶ Abschn. 6.5.2 und 16.4.5) und örtliche das Grundwasser absenkende Maßnahmen wie Kanaltiefen oder Hausbrunnen.

Nach dem Merkblatt „Wasserhaltung" der DGGT (▶ Kap. 11) gelten für die verschiedenen Grundwasserstände folgende Bezeichnungen:

- HHGW = höchstmöglicher Grundwasserstand,
- HGW = für die Bauzeit anzunehmender Höchststand,
- MGW = mittlerer Grundwasserstand,
- NGW = niedriger Grundwasserstand,
- NNGW = niedrigster Grundwasserstand.

Der **Bemessungswasserstand** (BWS) ist nach allgemeiner Definition der höchste innerhalb der Nutzungsdauer zu erwartende Grundwasserstand unter Berücksichtigung möglichst langfristiger Beobachtung und unter Einbeziehung zu erwartender Gegebenheiten. Der Bemessungswasserstand ist nach DIN EN 1997-1 eine sog. geometrische Vorgabe, die entsprechend den nachstehenden Gesichtspunkten festzulegen ist:

- augenblicklicher Grundwasserstand
- höchste und tiefste bekannte Grundwasserstände in den letzten Jahrzehnten
- hydrogeologische Randbedingungen und langjährige Beobachtungsergebnisse aus der Umgebung
- Einfluss benachbarter Flusswasserstände
- Auswirkungen derzeitiger oder zu erwartender natürlicher oder künstlicher Grundwasserabsenkungen oder auch Anreicherungen
- örtliche Situation und Zuverlässigkeit des Entwässerungssystems.

Die Unkenntnis solcher Daten schützt nicht vor Haftungsansprüchen.

In Gebieten mit oberflächennahem Grundwasser kann es bei mehrjährigen Niederschlagsdefiziten zu großflächigen Grundwasserabsenkungen von z. T. mehreren Metern kommen. Gleiches gilt für weit und tief reichende Grundwasserabsenkungen durch Wasserwerke, Großbaustellen oder bergbauliche Gewinnungsanlagen. Bei Bauvorhaben, die in dieser Zeit errichtet werden, bleibt ein **Wiederanstieg des Grundwassers** infolge zeitweiser oder dauernd rückläufiger Entnahmemengen häufig unberücksichtigt. Nach einem Urteil des OLG Düsseldorf von 2002 (18 U 88/02, bestätigt durch BHG-Beschluss 2004) müssen bei Bauvorhaben in solchen Gebieten die Grundwasserstände der letzten 30 Jahre ermittelt und berücksichtigt werden, was aber aus heutiger Sicht möglicherweise nicht ausreicht.

Bemessungswerte (a_d) für den Grundwasserstand sind nach DIN EN 1997-1, Abs. 2.4.6.1 entweder mit Teilsicherheitsbeiwerten zu beaufschlagen oder mit einem Sicherheitszuschlag festzulegen, dem sog. **additiven Zuschlag** (► Abschn. 5.2.5 und ◘ Tab. 5.1). Der entsprechende Teilsicherheitsbeiwert $\gamma_{G,dst}$ der DIN 1054 beträgt nur 1,05. Dies setzt sehr zuverlässige Angaben voraus. Auch die Höhe des additiven Zuschlags richtet sich nach der Baugrundsituation und den bekannten Wasserständen. Die Zuschläge sind außerdem umso höher anzusetzen, je größer die Differenz zwischen dem niedrigsten und dem höchsten gemessenen Grundwasserstand ist.

Alle Bauwerksteile unterhalb des Bemessungswasserstands müssen wasserdicht ausgebildet und auf Wasserdruck bemessen werden. Außerdem ist der Bemessungswasserstand maßgebend für die Sicherheit gegen Aufschwimmen. Für solche Grenzzustände mit schweren Konsequenzen ist der Bemessungswasserstand auf die ungünstigsten Werte abzustimmen. Bei sog. „in den Boden eingebetteten Bauwerken" sind sowohl der höchste als auch der niedrigste Wasserstand anzugeben. Bei großflächigen Bauwerken und stärkerem Grundwassergefälle können berg- und talseitig verschiedene Bemessungswasserstände angegeben werden.

Bei den Angaben zum Grundwasser ist im Hinblick auf die Bauwerksabdichtung auch eine Aussage darüber zu treffen, ob es sich um nichtstauendes, um zeitweise aufstauendes Sickerwasser oder um drückendes Wasser handelt (► Abschn. 10.2). Bei möglicher Betonaggressivität des Grundwassers gem. ► Abschn. 10.5 ist außerdem anzugeben, ob es sich um stehendes bis leicht fließendes bzw. um fließendes oder um schnell fließendes Wasser handelt.

In Bach- und Flussniederungen sind Angaben über die langjährigen Bach- bzw. **Flusswasserstände** einzuholen, und zwar je nach Situation das mögliche Höchsthochwasser (HHW), das hundertjährliche Hochwasser (HW_{100}), die Hochwasserstände der letzten Jahre (z. B. HW_{2003}), Mittelwasser (MW) und Niedrigwasser (NW). Das Grundwasser in Flussnähe kommuniziert mit den Pegelständen des Flusses. Bei Hochwasserführung kommt es zu einer Umkehrung des normalerweise flusswärts gerichteten Grundwassergefälles, verbunden mit einem Grundwasserrückstau.

Bei Projekten in der Nähe von Stauanlagen ist auch die Umläufigkeit vom Oberstrom- zum Unterstromwasserstand zu berücksichtigen.

Das derzeitige Zonierungssystem zur Einschätzung der Überschwemmungsgefährdung (ZÜRS) basiert auf vier Klassen mit abgestufter statistischer Wiederkehrperiode (0–10, 10–50, 50–200, >200 Jahre). Je nach Nutzung des Geländes ist gem. DIN 19 700-12 (2004) ein unterschiedlicher Hochwasserschutz (sog. Bemessungshochwasser BHW) vorgesehen:

- städtische Bereiche HW_{100},
- sonstige bebaute Gebiete und Verkehrsanlagen HW_{50-100},
- einzelne Gebäude HW_{25-50},
- landwirtschaftliche Flächen HW_{10-25}.

Als Jahrtausendhochwasser gilt immer noch das sog. Magdalenenhochwasser vom Juli 1342. Jahrhunderthochwässer treten häufiger auf. Ein 100-jährliches Hochwasser ereignet sich mit einer theoretischen Wahrscheinlichkeit von 1 % im Jahr und von 63,4 % in den nächsten 100 Jahren. Am Mittelrhein hat seit der Rheinregulierung von 1817 bis 1876 die Häufigkeit der sog. Jahrhunderthochwässer zeitweise zugenommen. Seit dem HHW 1845 sind 13 der 24 höchsten Wasserstände in den 25 Jahren vor 1995 aufgetreten. Seitdem hat sich am Rhein kein solches Hochwasser mehr ereignet, obwohl es in Deutschland in dieser Zeit mehrere große Hochwasserereignisse gab, darunter die Oderhochwässer 1997 und 2010, die Donauhochwässer 1999, 2002, 2005 und besonders 2013 sowie die Elbehochwässer 2002, 2003, 2006, 2010 und ebenfalls 2013 (jeweils einschließlich der Nebenflüsse).

Außer den wasserwirtschaftlichen Angaben überliefern vielerorts Marken an Brücken oder an Gebäuden in Ufernähe alte Höchststände.

10.2 Dränung und Abdichtung von Bauwerken

Eine Dränung und Abdichtung von Bauten hat die Aufgabe, die Bauteile vor Durchfeuchtung und Schäden durch Wasser dauerhaft zu schützen und die vorgesehene Raumnutzung zu gewährleisten.

In fein- und gemischtkörnigen Böden mit einer Durchlässigkeit von $k < 10^{-4}$ m/s ist für alle in das Gelände einbindenden Gebäudeteile eine Dränung vorzusehen, auch wenn die Grundwasseroberfläche tiefer steht als die geforderten 0,3 m unter Unterkante Kellersohle. In solchen wenig durchlässigen Böden können sich sonst das in den Arbeitsräumen der Baugruben versickernde Oberflächenwasser und das Sickerwasser aus den oberen Bodenschichten zeitweise aufstauen und in die Kellerräume eindringen. Dies gilt auch für vermeintlich durchlässige, leicht bindige Böden wie Löss und schluffige Feinsande.

Für die **Bauwerksabdichtung** gelten die Normen der Reihe 18 195, Teil 1–10. Die verschiedenen Angriffsarten sind:

- Bodenfeuchte und nicht stauendes Sickerwasser (Teil 4),
- aufstauendes Sickerwasser und
- drückendes Wasser (beide Teil 6).

Die einzelnen Maßnahmen und Abdichtungsstoffe werden in den Normen beschrieben. Zum Lastfall „drückendes Wasser" wird auch auf ▶ Abschn. 10.3 verwiesen. Unabhängig von den vertikalen Abdichtungen ist in allen aufgehenden Wänden eine Horizontalabdichtung gegen kapillar aufsteigende Feuchtigkeit vorzusehen.

Eine nachträgliche Ausführung der Abdichtungsarbeiten ist sehr aufwendig, und es liegen dafür keine Normen vor. Die Wissenschaftlich-Technische Arbeitsgemeinschaft für Bauwerkserhaltung und Denkmalpflege e. V. hat zwei Merkblätter herausgegeben, welche die **nachträglichen Abdichtungen von Bauwerksteilen** bei den verschiedenen Wasserbelastungsfällen behandeln. Auch für den häufigen Fall einer fehlenden oder unwirksamen Horizontalsperre bietet das WTA-Merkblatt 4–4-96 mehrere Möglichkeiten wie engständige Bohrungen und Injektionen (s. d. STUVA ABI Merkblatt 2014) oder Mauertrenn- oder Horizontalschnittverfahren und das Einschlagen von Platten. Bei den vertikalen Abdichtungen werden gem. WTA-Merkblatt 4–6-98/D außen und innen sowie im Bauteil selbst liegende Maßnahmen unterschieden. Generell ist eine Außenabdichtung wirkungsvoller, bei der auch der Wandquerschnitt trockengelegt wird.

Für die **Dränung von Bauwerken** gilt DIN 4095 (1990). Als Dränung kommen Ringdräne, in Hanglage auch u-förmige Dräne zur Anwendung. Als Dränleitungen werden Teilsickerrohre verwendet, bei denen das Wasser durch Schlitze in der oberen Rohrhälfte einsickert und in der glattwandigen unteren Halbschale abgeleitet wird. Flexible Kunststoffdränrohre sollten für Hausdränagen möglichst nicht verwendet werden, da sie selten lagegenau verlegt werden können.

Das Gefälle einer Dränleitung soll mindestens 0,5 % betragen. Der höchste Punkt einer Dränung muss dabei tiefer liegen als das zu schützende Objekt, i. d. R OK-Kellerfußboden. Dabei darf die Standsicherheit der Fundamente nicht durch zu tief liegende Dränstränge beeinträchtigt werden. Nötigenfalls sind die Fundamente zu vertiefen. Die Dränrohre werden mit Filterkies ummantelt. Als vertikale Dränelemente werden Dränplatten bzw. geotextile Drän- dig-schluffigen Böden ist ein Schutz durch ein Filtervlies vorzusehen (▶ Abschn. 12.3.4).

Ist mit Wasserandrang auch unter dem Kellerfußboden zu rechnen, so ist ein **Flächendrän** vorzusehen. Hierzu sind an der Sohle einer 0,15–0,2 m starken Kieslage (4/32, 4/16 oder 8/16) Sauger in Abständen von 3–6 m zu verlegen. In bindigen Böden ist die Sickerschicht durch ein Filtervlies vom anstehenden Boden zu trennen.

Für die **hydraulische Bemessung** eines Dränsystems enthält die DIN 4095 quantitative Angaben für die Abschätzung des Wasseranfalls. Danach wird die Abflussspende auf die Länge der Wand bezogen und in l/(s · m) angegeben, für Bodenplatten in $l/(s \cdot m^2)$. Der Wasseranfall kann über die Niederschlagsmengen abgeschätzt (Niederschlagshöhe bzw. Bemessungsregen,

Fläche und Abflussbeiwert des unmittelbaren Einzugsgebiets, Geländeneigung, Aufbau und Schichtung des Bodens) oder über Grundwasserberechnungen ermittelt werden (Muth 1997, 2003). Dabei ergeben sich i. Allg. Dränabflüsse von 0,01–0,15 l/(s × m), die von einer Dränleitung DN 100 und einem Gefälle von 0,5 % problemlos abgeleitet werden können. Die Abflussspenden eines Flächendräns liegen allgemein bei 0,001–0,01 l/(s × m^2).

Voraussetzung für eine wirksame Dränung ist eine ausreichende Vorflut. Wasser aus Dränleitungen darf i. d. R nur in Regenwasserkanäle oder in ein Gewässer eingeleitet bzw. muss direkt versickert werden (▶ Abschn. 10.4). Für diese Maßnahmen ist entweder eine Erlaubnis für das Ableiten von Grundwasser nach dem Wasserhaushaltsgesetz oder eine Anschlusserlaubnis an die städtische Kanalisation einzuholen.

Bei dem geringen Gefälle einer Gebäudedränung kann es zu einem Versanden oder **Einschlämmen von Feinkorn** kommen. Hauptursachen dafür sind meist eine unzureichende Filterstabilität der Dränelemente und das Fehlen eines Filtervlieses sowie die geringe Wasserführung.

Für den Entwurf einer Dränung ist auch die **chemische Beschaffenheit des Wassers** zu beachten. Kalkaggressives Grundwasser kann aus durchsickerten Betonteilen Kalk lösen, der sich im Dränrohr infolge von Druckabfall und Belüftung abscheiden und es zusetzen kann (▶ Abschn. 17.2.5.3). Ein ähnlicher Vorgang kann auch bei stark sulfathaltigem Grundwasser auftreten. Bei kalkaggressivem Grundwasser dürfen auch keine kalkhaltigen Filter- bzw. Schüttmaterialien verwendet werden. Auch höhere Kalk- oder Eisen- und Mangangehalte im Grundwasser führen gern zu **Versinterungen** bzw. **Verockerungen**, und zwar besonders mechanischer Teile (Rückstauklappen, Pumpen). Versinterungen entstehen durch Ausfällung von Karbonaten (▶ Abschn. 17.2.5.3). Verockerungen treten in sauerstoffarmem, reduzierendem Grundwasser auf. Bei Sauerstoffzutritt wird das zweiwertige wasserlösliche Fe(II) zu dreiwertigem Fe(III) oxidiert, das als Eisen-III-Hydrat ausgeschieden wird (▶ Abschn. 11.6). Eine Verockerung kann außerdem durch Eisenbakterien ausgelöst werden. Verträgliche Grenzwerte sind schwer anzugeben. Ab einer Hydrogenkarbonathärte von 10, d. h. 100 mg/l CaO (▶ Abschn. 10.5.3), oder einem Fe^{2+}- und Mn^{2+}-Gehalt von 2 bzw. 1 mg/l ist mit der Gefahr von Versinterung oder Verockerung zu rechnen, Diese Werte können in vielen Böden erreicht werden (Glitsch und Spang 2009). Ein erster Hinweis auf erhöhte Eisen- und Mangangehalte kann ein niedriges Redoxpotenzial sein (▶ Abschn. 4.6).

Als Gegenmaßnahmen wird eine Behinderung der Belüftung der Dränleitungen empfohlen. Darüber hinaus muss eine häufigere Überwachung mittels einer Fernsehsonde vorgenommen werden, damit Versinterungen frühzeitig erkannt und noch im frischen Zustand mit Hochdruckspülungen beseitigt werden können (▶ Abschn. 17.2.5.3). Voraussetzung dafür ist eine entsprechende Zugänglichkeit des Dränsystems.

Nicht selten sind auch Schäden an Dränleitungen durch **Wurzeleinwuchs** zu verzeichnen, besonders wenn Bäume näher als 1,5 m zur Dränleitung stehen. Eine weitere Gefahr ist, dass Baumwurzeln die Dränleitung umschlingen und durch ihr Dickenwachstum anheben und das Gefälle stören. Gegen diese Gefahren können ein Wurzelbarrierevlies oder Kunststofffolien verlegt und an der Baugrubenböschung hochgezogen und fixiert werden. Das wasserdurchlässige Vlies soll das Wurzelwachstum blockieren.

10.3 Druckwasserhaltende Abdichtung

Steigt die Grundwasseroberfläche oder Stauwasser öfter und höher als 0,5–1,0 m über die Kellersohle an, oder besteht keine ausreichende Vorflut, so muss eine Abdichtung gegen von außen **drückendes Wasser** vorgesehen werden – druckwasserdicht deshalb, weil das Wasser einen der Höhe des Wasserstands entsprechenden allseitigen Druck auf die Sohle und die Wände eines Bauwerks ausübt (DIN 18 195, T 6).

Anstelle von bituminösen Dichtungsbahnen (sog. „schwarze Wannen“) werden heute meist **Kunststoffdichtungsbahnen** in verschiedenen Ausführungen verwendet (s. Hettler und Deuchler 2000). Die Nähte werden verschweißt. Bei einlagiger Ausführung hängt die zuverlässige und dauerhafte Dichtheit sehr von der Verarbeitung ab, und die Abdichtungssysteme sind verhältnismäßig empfindlich gegen Beschädigungen (▶ Abschn. 17.2.5.4).

Wannen aus wasserundurchlässigem Beton (WU-Beton), sog. „weiße Wannen“, sind Bauwerke, bei denen die Betonkonstruktion nicht nur tragende und raumumschließende Funktion hat, sondern zusätzlich die Abdichtung gegenüber drückendem Wasser übernimmt. Als zusätzliche Schutzschicht kann außen an die WU-Betonflächen eine Hightechfolie angebracht werden (tHis 2/2015).

Unter dem Begriff „wasserundurchlässig“ versteht man einen Baustoff bestimmter Dicke, in den Wasser an der benetzten Seite bis in eine begrenzte Tiefe eindringen, aber an der Innenseite nicht austreten darf (Kluckert 2007 und ▶ Abschn. 10.4). Bei WU-Beton wird die zulässige Wassereindringtiefe unter Laborbedingungen ermittelt und in Millimetern angegeben (s. WU-Richtlinie 2003 der DAfStb und DIN 1048-5). Die Wassereindringtiefe wird am fertigen Bauwerk i. d. R nicht überprüft. In der Nutzungsklasse 1 B/WU 1 B der oben genannten Richtlinie darf z. B. eine Wand feuchte (dunkle) Stellen aufweisen, aber keine tropfenden oder rinnenden Wasseraustritte. Der Grad der gewünschten Dichtigkeit muss vorab geklärt werden. In den Innenräumen darf der Verdunstungsvorgang der diffundierenden Wasserdampfmenge ($m_d \leq 0{,}5$ g/(m^2 × d), im ersten Jahr $m_A \leqq 10$ g/(m^2 × d) nicht behindert sein.

Bauteile aus WU-Beton sind so zu bemessen, dass keine schädlichen Risse im Beton auftreten. Die möglichen Setzungen und Setzungsunterschiede müssen sorgfältig ermittelt werden. Weiße Wannen haben jedoch den Vorteil, dass Fehlstellen (mangelhaft verdichteter Beton, Risse, beschädigte Fugenbänder) erkannt und mit Kunstharzinjektionen o. Ä. abgedichtet werden können. Voraussetzung für das rechtzeitige Auffinden solcher Fehlstellen ist jedoch, dass die Wanne möglichst noch während der Bauzeit unter Wasserdruck steht.

10.4 Dezentrale Regenwasserversickerung

Nach dem WHG (2009) muss Niederschlagswasser von neu gestalteten Siedlungs- und Verkehrsflächen dezentral vor Ort bewirtschaftet, d. h. genutzt oder versickert bzw. verdunstet werden. Dazu gehören Dächer, Terrassen, Einfahrten, Fahrzeugstellflächen, Wohn- und Anliegerstraßen, Gewerbe- und Lagerflächen, Fußgängerzonen und öffentliche Plätze. Dränwasser und Niederschlagswasser, das auf Dachflächen und solchen versiegelten Flächen anfällt, muss danach an Ort und Stelle wieder dem natürlichen Wasserkreislauf zugeführt werden. Damit erhält die dezentrale Versickerung von Drän- und Niederschlagswasser neue Bedeutung und wird zunehmend Gegenstand der ingenieurgeologischen Beratung. Der Boden bildet bei Versickerungsmaßnahmen das Medium für die Aufnahme, Zwischenspeicherung und Weiterleitung der Wassermenge in den Untergrund.

Die **Bewertung der Versickerungsmöglichkeiten** bedarf einer sorgfältigen fachtechnischen Erkundung:

- geologische bzw. bodenkundliche Situation,
- Schichtaufbau (Korngrößenverteilung, ggf. auch nutzbares Porenvolumen, Anteil der Grobporen <10 µm, die ausschlaggebend sind für die Durchlässigkeit, ▶ Abschn. 2.9.1 und 2.9.5),
- Wasseraufnahmefähigkeit (Sickerspende in l/(s × m^2),
- Flurabstands des Grundwassers,
- Fließrichtung des Grundwassers.

Zu Gebäuden muss ein ausreichender Abstand eingehalten werden, um eine Vernässung von Kellern zu vermeiden (DWA-A 138). Besonders zu beachten sind Wasserschutzgebiete, rutschungsanfällige Gebiete und solche mit

Karsterscheinungen (auch Altbergbau) sowie subrosionsanfällige Böden.

Niederschlagswasser von versiegelten Siedlungs- und Verkehrsflächen ist im Hinblick auf seine Belastung ggf. unterschiedlich zu behandeln. Nicht verunreinigter Regenwasserabfluss von **Dachflächen** kann in bewachsenen Sickermulden oder Muldenrigolen versickert werden. Abflüsse von unbeschichteten Metalldachflächen weisen allerdings i. d. R. Metallionen von Kupfer, Zink und Blei auf. Nach König (2014a) belaufen sich die Mengen dabei auf 1,3 g Kupfer und 3,0 g Zink pro m^2/a. Der Abfluss von kleineren Dachflächen kann dabei meist noch über Flächen- oder Muldenversickerungen mit ausreichender Oberbodenschicht (>0,3 m) versickert werden. Bei größeren Dachflächen wird häufig eine Vorbehandlung verlangt. Besondere Regelungen dazu liegen in Bayern und Baden-Württemberg vor (König 2014a, b).

Niederschlagswasser von **Verkehrsflächen** mit mehr als 300 Pkw-Bewegungen/Tag und von verunreinigten Abstell- und Lagerflächen muss ebenfalls einer Vorbehandlung nach dem Stand der Technik unterzogen werden. Die erste und einfachste Stufe einer solchen Regenwasserbehandlung ist eine Sedimentation. Je nach Verschmutzungsart und -grad stehen für die weitere Behandlung der feinen abfiltrierbaren Stoffe (AFS_{Fein}) unterschiedliche Systeme und Verfahren zur Verfügung (s. Hettler et al. 2002b).

Eine wichtige Kenngröße zur Bemessung von Anlagen zur Versickerung von Niederschlagswasser in den Untergrund ist der **Wasserdurchlässigkeitsbeiwert**. Er sollte nicht indirekt aus den Körnungslinien abgeleitet (▶ Abschn. 2.9.3), sondern nach Möglichkeit durch In-situ-Versickerungsversuche ermittelt werden (▶ Abschn. 2.9.4.2). Der k-Wert bezeichnet die Durchlässigkeit eines Bodens im gesättigten Zustand, Für die Abschätzung der Versickerungsleistung in der ungesättigten Zone wird allgemein $k_{\text{unges. Bdz.}} = 0{,}5\,k$ angenommen (völlig ausgetrockneter Boden gilt als undurchlässig). Als Grenzdurchlässigkeit wird ein unterer Schwellenwert von 1×10^{-6} m/s und ein oberer Schwellenwert von 1×10^{-3} m/s angegeben – letzterer Wert, um eine Mindestverweildauer des Niederschlagswassers in der Sickerstrecke und damit ein entsprechendes Reinigungspotenzial zu gewährleisten. Die Versickerungskapazität kann durch Vergrößerung der Retentionsräume in Form oberflächiger Mulden oder unterirdischer Rigolen bzw. Beimischen von Kiesmaterial verbessert werden. Auch technische Versickerungssysteme mit Kunststofffüllkörpern weisen gegenüber den üblichen Rigolen höhere Speicherkapazitäten auf.

Folgende **Versickerungsarten** werden unterschieden:

- Flächenversickerung, Muldenversickerung, Versickerungsbecken,
- Rigolenversickerung (Graben- oder Muldenrigolen bzw. Rohrrigolen),
- Schachtversickerung oder Sickerblock-Versickerung.

Das zentrale Regelwerk für die **Bemessung von Versickerungsanlagen** ist das DWA-Arbeitsblatt A 138 „Bau und Bemessung von Anlagen zur dezentralen Versickerung von nicht schädlich verunreinigtem Niederschlagswasser" (2005). Weitere Angaben enthalten das FGSV-Merkblatt für versickerungsfähige Verkehrsflächen MVV R2 (2013) und das RAS Ew (2005). Für Regenwassernutzungsanlagen gilt DIN 1989-1 (2002). Die DWA-A 138 und A 117 enthalten für einfache Fälle mittlere Abflussbeiwerte. Dies sind Minderungsfaktoren, die umso höher sind, je mehr Wasser von einer Fläche abfließt. Für Spitzenabflusswerte wird auf DIN 1986-100 verwiesen (s. a. König 2016). Der Bemessungsregen ist abhängig von der Stärke, der Dauer und der Häufigkeit (d. h. der Wiederkehrwahrscheinlichkeit) des Niederschlags.

10.5 Betonangreifende Wässer und Böden

Bauwerke und Bauteile aus Beton müssen gegen chemische oder chemisch-physikalische Angriffe von Schadstoffen im Wasser und Boden geschützt werden.

Die Untersuchung auf mögliche Schadstoffe erfolgt zweckmäßigerweise bereits bei der Baugrunduntersuchung. Richtlinien hierfür enthält DIN 4030 „Beurteilung betonangreifender Wässer, Böden und Gase“ (Teil 1 und 2, 2008). Die Entnahme von Grundwasserproben ist gem. WHG streng genommen erlaubnispflichtig (► Abschn. 4.3.1).

Sind Wasserhaltungsarbeiten vorgesehen (► Kap. 11), so ist das Grundwasser außerdem auf mögliche Schadstoffe zu untersuchen.

10.5.1 Entnahme und Untersuchung von Grundwasser- und Bodenproben

Richtlinien für die Entnahme von Wasserproben enthalten die DIN EN ISO 22 475-1 und DIN 4030-2 sowie das DVGW-Merkblatt 112 (2001). Die Anzahl und Tiefe der zu entnehmenden Proben sind von der geologischen und hydrogeologischen Situation sowie dem Umfeld (Nähe von Industrie, Deponien oder Altlasten) abhängig. Bei der Probennahme sind auch Angaben über die Höhe des Grundwasserspiegels, die Fließrichtung und die Fließgeschwindigkeit, den Durchlässigkeitsbeiwert und die Temperatur des Wassers zu machen (s. DIN 4030-2, Anhang; Vordrucke für Prüfbericht).

Bei den Aufschlussarbeiten ist eine erste **Probennahme** vorzunehmen, sobald sich in den Bohrungen bzw. Schürfen die erforderliche Wassermenge angesammelt hat. Wenn sich in bindigen Böden kein freies Grundwasser einstellt, kann die Entnahme von Wasserproben mittels sog. Vakuumflaschen erfolgen. Die Filterspitze der Flasche wird in der vorgesehenen Tiefe in den Boden eingedrückt. Aufgrund des Vakuums in der Flasche wird Grundwasser angesaugt. Die Füllzeiten dauern je nach Durchlässigkeit des Bodens wenige Minuten bis 30 Minuten (s. DIN EN ISO 22 475-1).

Eine Grundwasserprobe ist immer aus frisch zulaufendem Grundwasser zu entnehmen. Bohrlöcher müssen zu diesem Zweck abgepumpt und die Probe aus dem frischen Zulauf entnommen werden. Die Schöpfhülse ist dabei langsam in die gewünschte Tiefe abzulassen. Schürfgruben sind ebenfalls abzupumpen. Die Probenflasche wird dann in den frischen Zulauf waagerecht nur so weit eingetaucht, dass das Wasser langsam hineinfließen kann, ohne mit Luft vermischt zu werden.

In Kernbohrungen mit Wasserspülung sollte bei einem einigermaßen durchlässigen Gebirge die Entnahme von Wasserproben frühestens einen Tag nach dem gründlichen Klarspülen der Bohrung erfolgen. Die Herkunft des Spülwassers (Bachwasser) sowie Spülungszusätze sind anzugeben. In wenig durchlässigem Gebirge müssen für die Probennahme Grundwassermessstellen nach ► Abschn. 4.6 eingerichtet werden.

Grundwassermessstellen DN 50 können nur mit leistungsschwachen Kleinstpumpen Ø 42 oder 43 mm bepumpt werden (Förderleistung max. 1 m^3/h). Für eine ordnungsgemäße Entnahme von Wasserproben mit Abpumpen der Messstelle bis zu einer konstanten Grundwasserbeschaffenheit (pH-Wert, Leitfähigkeit; s. DVGW-Merkblatt W 121 und ► Abschn. 4.6) und einer Probennahme 1 m unter der Wasseroberfläche ist daher meist ein Messstellenausbau ≥ DN 125 erforderlich. Die üblichen Elektrotauchpumpen mit 95 mm Durchmesser bringen Leistungen von max. 1 l/s (3 m^3/h = 0,8 l/s). Am einfachsten ist die Probennahme am Ende des Klarspülens der Messstelle bzw. während eigens dafür vorgesehener Kurzpumpversuche (► Abschn. 2.9.4 und 4.4.4).

Wird Grundwasser in voneinander getrennten Stockwerken angetroffen, so ist aus jedem dieser Stockwerke gesondert eine Wasserprobe zu entnehmen. Solche **schichtspezifischen Wasserproben** können nur aus nicht verrohrten, durch Packer abgeschotteten Bohrlochabschnitten mittels Pumptests oder aus getrennt ausgebauten Grundwassermessstellen gewonnen werden (s. DVGW-Merkblatt 245, 1997). Aus einer durchgehend verfilterten Grundwassermessstelle kann auch mit einer Tauchpumpe mit Doppelpacker keine schichtspezifische Wasserprobe entnommen werden, da in der Kiesschüttung Umläufigkeit gegeben ist.

Bei Vorhandensein von gasförmigen Inhaltsstoffen (z. B. CO_2) darf das Wasser nicht entspannt und möglichst wenig mit der Atmosphäre in Berührung gekommen sein (Prinz 1986). Auf keinen Fall dürfen Wasserproben offen stehen gelassen werden. Auch die Entnahme von Schöpfproben und freies Eingießen in die Probenflasche sind unzulässig. Für die Praxis sind folgende Entnahmemethoden zu empfehlen:

- Langsames Eintauchen der gut gereinigten Probenflaschen (s. o.).
- Schöpfproben mit Ruttner-Schöpfer (Ø 85 mm) oder anderen Schöpfgeräten (z. B. Schichtenheber) Ø 40–90 mm (■ Abb. 10.1) und Befüllen der Probenflaschen mittels Zapfhahn und Schlauch.
- Abpumpen des Wassers und Befüllen der Probenflasche mittels Schlauch nach DIN 38 404, T 10, wobei das Schlauchende sich stets in Höhe der Wasseroberfläche befinden soll, um das Wasser möglichst wenig aufzurühren. Man lässt das Wasser einige Zeit überlaufen, um anfänglich mit der Luft in Berührung gekommenes Wasser zu verdrängen.
- Bei Pumpversuchen Befüllen der Probenflaschen mittels Zapfhahn und Schlauch.

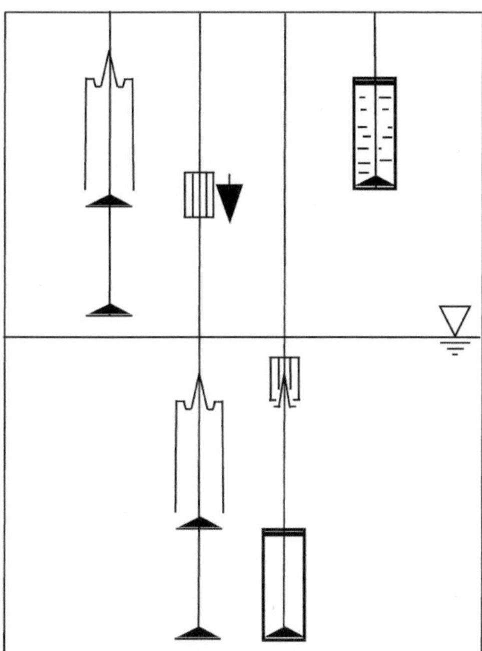

■ **Abb. 10.1** Funktionsskizze für einen mechanischen Probenheber (Ruttner-Schöpfer)

Unmittelbar nach der Entnahme wird eine sensorische Prüfung des Wassers auf Farbe (nach Absetzen) und Geruch vorgenommen, und es sind vor Ort die Feldparameter pH-Wert, elektrische Leitfähigkeit, Sauerstoffgehalt und Temperatur zu bestimmen (s. a. ▸ Abschn. 4.6).

Eine **Grundwasserprobe** besteht aus zwei bzw. drei Einzelproben:

- 2,0 l Wasser als neutrale Hauptprobe (2 Flaschen),
- 0,5 l Wasser mit 5 g Marmorpulverzusatz (Calciumcarbonatpulver),
- 0,5 l Wasser mit 3 g kristallisiertem Zinkacetat.

Das hydrogenkarbonatfreie Marmorpulver ($CaCO_3$) wird vorab in die Wasserflasche gegeben und diese nach dem Füllen geschüttelt, damit das Marmorpulver mit der freien Kohlensäure im Wasser reagieren und diese binden kann. Die Flasche darf keine Luftblasen enthalten.

Falls das Wasser einen leichten Geruch nach Schwefelwasserstoff (faule Eier) aufweist, ist auch eine dritte Wasserprobe unter Zugabe von 5 g kristallisiertem Zinkacetat zu entnehmen.

In Wässern mit höheren CO_2-Gehalten (>50 mg/l) treten z. T. Fe-Gehalte von bis zu 10 mg/l (und mehr) auf, die bei Luftzutritt zur Ausscheidung von Eisenoxidhydrat und zu Verockerungen von Leitungen und Aggregaten führen können (▸ Abschn. 10.2 und ▸ Abschn. 11.6):

$$4Fe(HCO_3)_2 + 10H_2O \leftrightarrow 4FeO(OH) \times H_2O + 8H_2CO_3$$
$$8H_2CO_3 \leftrightarrow 8H_2O + 8\,CO_2$$

In diesen Fällen sind vorsichtshalber zusätzliche Wasserproben zur Bestimmung des Gesamteisengehalts und nötigenfalls des Gehalts an Fe^{2+} und Mn^{2+} zu nehmen. Die Entnahmemethode ist vorher mit dem Labor abzustimmen.

Die Wasserflaschen aus Glas oder Polyethylen sind abriebfest zu beschriften (Probennummer, Entnahmeort und -tiefe, Datum und Uhrzeit) und die einzelnen Proben (z. B. Marmorprobe) zu kennzeichnen. Die Marmorproben müssen wegen der Temperaturabhängigkeit des Kalk-Kohlensäure-Gleichgewichts im Wasser in isolierten Transportboxen transportiert und bei einer Temperatur untersucht werden, die höchstens ± 5 °C von der Temperatur des Grundwassers bei der Probenentnahme (meist 8–10 °C; bei Thermalwasser auch höher) abweicht. Die Proben sind unmittelbar zur Untersuchungsstelle zu transportieren.

Die Analysenergebnisse von gasförmigen Bestandteilen liegen bei unsachgemäß entnommenen Proben i. d. R. zu niedrig, da ein Entweichen von CO_2 beim Schöpf- und Gießvorgang nachteiliger ist als die Aufnahme von CO_2 aus der Luft (auch Atemluft). Die Entnahmemethode sollte deshalb bei der Untersuchung von Wasserproben angegeben werden.

Bei Auffüllungen (bes. Industrieabfälle), verunreinigtem Boden sowie bei Verdacht auf Sulfat- oder Sulfidgehalte im Boden (vor allem Gips, $CaSO_4 \times 2\ H_2O$ bzw. Pyrit, FeS_2) oder bei stark gebleichten bzw. organischen Böden, die zusammen mit Wasser oder Bodenfeuchte mit dem Bauwerk in Kontakt kommen, sind unmittelbar nach dem Freilegen (bzw. aus den frischen Bohrproben) repräsentative **Bodenproben** zu entnehmen. Die Probenmenge beträgt 1–1,5 kg je Bodenschicht. Die Proben sind sofort in luftdicht verschließbare Gefäße einzufüllen, wie oben beschrieben zu beschriften und unmittelbar der Untersuchungsstelle zuzuleiten.

10.5.2 Untersuchungsmethoden

Nach DIN 4030-2:2008 besteht eine **Untersuchung von Wasserproben** aus mehreren Schritten (sensorische Prüfung bei der Entnahme, Schnellprüfung an der Entnahmestelle und der sog. Referenzanalyse im Labor), von denen aber die Schnellprüfung i. d. R. unterbleibt.

Auf die Probenvorbereitung und die speziellen Untersuchungsmethoden kann hier nicht im Einzelnen eingegangen werden, vielmehr wird auf die DIN 4030-1 verwiesen. Die Ergebnisse des Referenzverfahrens sind mit den Angaben über die Probennahme und über die Grundwassersituation in einem Bericht zu dokumentieren (Vordrucke s. Anhang zu DIN 4030–1).

Bei der **Untersuchung von Bodenproben** wird die luftgetrocknete Bodenprobe homogenisiert und einer Probenteilung unterzogen; anschließend werden die Teilmengen durch ein Prüfsieb zerkleinert. Von einer Teilmenge wird eine Bodensuspension hergestellt und mittels pH-Meter der pH-Wert sowie auch der Gehalt an Sulfat (SO_4^{2-}), Sulfid (S^{2-}) und Chlorid (Cl^-) bestimmt. An einer zweiten Teilprobe wird der Säuregrad nach Baumann-Gully ermittelt (s. a. DIN EN 14 490, B 3.4.2).

10.5.3 Betonaggressive Stoffe und ihre Wirkung

Die Angaben über Stoffmengenkonzentrationen im Wasser erfolgen in der Masseneinheit mg/l, da sowohl die DIN 4030 (2008) als auch die einschlägige Fachliteratur noch darauf aufbauen. Die Umrechnung in die internationalen SI-Einheiten mmol/l bzw. mmol/m^3 (Stoffmengeneinheit) ergibt sich aus der Umrechnung über einen stoffabhängigen Faktor (s. DIN 4030-2).

Weiche Wässer mit einer Härte unter 30 mg/l CaO sind an Calciumcarbonat untersättigt und können Calciumhydroxid aus dem Zementstein lösen. Einen Anhaltspunkt über die Menge der im Wasser gelösten Inhaltsstoffe gibt der Härtegrad, angegeben in mg/l CaO. Die Karbonathärte oder vorübergehende Härte wird in erster Linie von Calcium- und Magnesiumhydrogenkarbonat ($Ca(HCO_3)_2$) verursacht, während die Sulfate und die Erdalkalien die dauernde oder bleibende Härte bestimmen. Beide addiert ergeben die **Gesamthärte**:

<4°d Gesamthärte	sehr weich
4°–8°d Gesamthärte	weich
8°–12°d Gesamthärte	mittelhart
12°–18°d Gesamthärte	etwas (oder ziemlich hart)
18°–30°d Gesamthärte	hart
>30°d Gesamthärte	sehr hart

Definitionsgemäß entspricht:

1°dH (1° deutscher Härte)	10 mg/l CaO bzw. 17,20 mg/l $CaSO_4$ oder 7,14 mg/l Ca oder 17,90 mg/l $Ca(HCO_3)_2$ oder 7,19 mg/l MgO
1°fH (1°französischer Härte)	0,56°dH
1° eH (1° englischer Härte)	0,80°dH

Die Weichwasserkorrosion besteht im Wesentlichen in der Auflösung und nachfolgenden Auswaschung des freien $Ca(OH)_2$ aus relativ frischem Beton. Diese Auslaugung des Calciumhydroxids bedeutet eine Verminderung des CaO-Gehalts und führt zur Zersetzung auch der übrigen Betonkomponenten. An der Betonoberfläche scheidet sich unter der Einwirkung von CO_2 aus der Luft kristallines und porenreiches Calciumkarbonat

$$Ca(OH)_2 + CO_2 \rightarrow CaCO_3 + H_2O$$

mit geringen Mengen anderer Zementbestandteile ab (SiO_2, Al_2O_3, N_2O, K_2O, Fe_2O_3). Dieser Vorgang ist z. B. in den weichen bis sehr weichen Buntsandsteinwässern auch ohne nennenswerte Mengen kalkaggressiver Kohlensäure häufig zu beobachten (▶ Abschn. 17.2.5.3). Ausgehärteter und dichter Beton wird von weichen Wässern praktisch nicht angegriffen (DIN 4030-1).

Das Lösungsvermögen gegenüber Kalkverbindungen wird noch verstärkt, wenn gleichzeitig der **pH-Wert <7** liegt, was anzeigt, dass überschüssige Wasserstoffionen mit Säurewirkung vorliegen. Die Abkürzung pH steht für den lateinischen Begriff „potentia hydrogenii". Der pH-Wert des Grundwassers liegt i. d. R. zwischen 4,5 und 8. Im Oberboden von Waldgebieten kann er auf <4 abfallen. Werte >8 deuten auf Beeinflussung durch Spülungszusätze, Zement oder Abwasser hin (◘ Abb. 10.2). Saure Wässer sind an einem pH-Wert <7 erkennbar. Ab einem pH-Wert <6,5 gelten sie als betonangreifend.

Kohlendioxid (CO_2) ist im Grundwasser weit verbreitet (▶ Abschn. 4.3.3.1 und 17.2.6). In

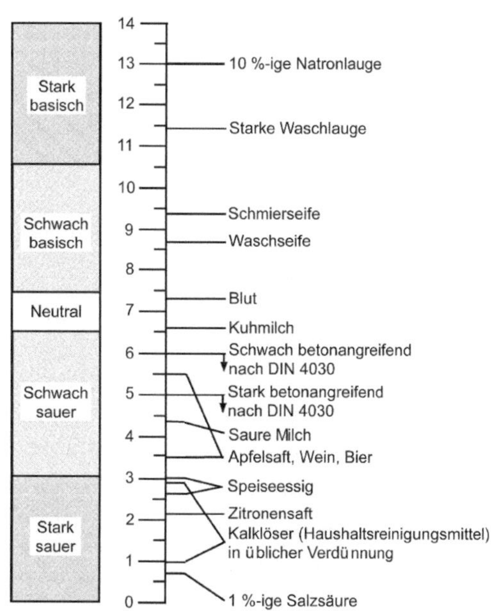

◘ **Abb. 10.2** Übersicht über die pH-Werte verschiedener Flüssigkeiten, die im Abwasser auftreten können (aus Maidl 1984)

höherer Konzentration ist es in den kohlensäurehaltigen Mineralquellen zu finden. Die neben CO_2 vorkommenden Säurebildner sind Mineralsäuren, Schwefelwasserstoff und Schwefeldioxid. Letztere wirken nur angreifend, wenn sie gasförmig in trockenen Beton eindringen oder wenn sich an feuchtem Beton bei Luftzutritt Schwefelsäure bildet (s. u. und DIN 4030-1).

Kohlendioxid CO_2 bildet im Grundwasser **Kohlensäure** (H_2CO_3), die in zwei Stufen dissoziiert und dadurch eine Erniedrigung des pH-Werts bewirkt. Kohlensäure und ihre Dissoziationsprodukte

$$H_2CO_3 \leftrightarrow H + HCO_3 \text{ und } H_2CO_3 \leftrightarrow H_2O + CO_2$$

greifen kalkhaltige Baustoffe an. Der primäre Reaktionsablauf ist:

$$CaCO_3 + H_2O + CO_2 \leftrightarrow Ca + 2HCO_3.$$

An diesen Primärvorgang schließen sich eine ganze Reihe von Reaktionen an, die den Vorgang der Kalklösung begünstigen.

Kohlensäure tritt in unterschiedlichen Wirkungsweisen auf:

- gebundene bzw. halb gebundene Kohlensäure, die abhängig vom Calciumgehalt in Hydrogenkarbonaten ($Ca[HCO_3]_2$) gebunden ist,
- freie zugehörige Kohlensäure zur Aufrechterhaltung des Hydrogenkarbonatgleichgewichts $Ca(HCO_3)_2 \leftrightarrow CaCO_3 + H_2O + CO_2$,
- freie kalklösende oder aggressive Kohlensäure, die aus schwer löslichem $CaCO_3$ leicht lösliches $Ca(HCO_3)_2$ entstehen lässt, das aus dem Beton ausgewaschen werden kann.

Das Maß für die **Kalklösekapazität** ist die kalklösende (aggressive) Kohlensäure nach Heyer, die einen empirischen Wert für die Kalklösungsgeschwindigkeit darstellt, ohne dass das Lösungsgleichgewicht erreicht wird. Der Marmorlösungsversuch nach Heyer ergibt die Kalklösekapazität in mg/l CaO. Durch Multiplizieren mit dem Faktor 1,5696 erhält man die Konzentration der **kalklösenden Kohlensäure** in mg/l CO_2. Der Versuch ergibt häufig etwas zu niedrige Werte, was in erster Linie auf die Probennahme und -behandlung zurückzuführen sein dürfte. Temperaturkonstante Feldbestimmungen von CO_2 ergeben häufig Gehalte an freier aggressiver CO_2, die um 10–30 mg/l höher liegen als die Laborwerte nach Heyer von denselben Wasserproben (Prinz 1986).

Der **Kohlensäuregehalt des Grundwassers** beträgt i. Allg. 15–40 mg CO_2/l, doch können Werte von 100 mg/l und mehr auftreten. Die Kohlendioxidaufnahme des Regenwassers aus der Luft ist dabei i. Allg. unwesentlich, obwohl der CO_2-Gehalt in der Atmosphäre in den letzten 200 Jahren um mehr als 50 % zugenommen hat und wahrscheinlich weiter ansteigen wird. Ein Großteil der Kohlensäureanreicherung des Grundwassers erfolgt bei der Durchsickerung der oberen Bodenzone durch biochemische und mikrobiologische Vorgänge. Der dabei aufgenommene CO_2-Gehalt des oberflächennahen Grundwassers beträgt aber i. d. R. <20 mg/l und nimmt mit der Tiefe ab. Bei höheren CO_2-Gehalten ist i. Allg. aszendente Herkunft (postvulkanische Tätigkeit), besonders der Aufstieg an tektonischen Störungszonen u. a. anzunehmen (▶ Abschn. 4.3.3). Darüber hinaus treten, zumindest im oberflächennahen Grundwasser, auch gewisse jahreszeitliche Schwankungen des CO_2-Gehalts auf, mit Maximalwerten im Frühjahr und Herbst und Minimalwerten in den Sommermonaten.

Sulfate stammen entweder direkt von Lösungsvorgängen sulfathaltiger Gesteine, oder sie bilden sich durch Oxidation von FeS aus pyrithaltigen Gesteinen (▶ Abschn. 2.3.3). Sulfate und auch Sulfide gehören zu den betonschädlichsten Inhaltsstoffen, die in Wässern vorhanden sein können. Sulfate (SO_4^{2-}) setzen sich mit einigen Kalk- und Tonerdeverbindungen des Zementsteins unter erheblicher Volumenvergrößerung zu wasserreichen Calciumaluminatsulfaten um, die als Ettringit oder Zementbazillus bezeichnet werden und zu einem Zertreiben des Betons führen (s. Kuropka et al. 2007).

Aus **Sulfiden** entsteht Schwefelwasserstoff, der in wässriger Lösung als schwache Säure wirkt

$$FeS + H_2O + CO_2 \rightarrow H_2S + Fe(HCO_3)_2$$

und mit Sauerstoff weiter zu Schwefelsäure und zu Sulfaten reagiert:

$$H_2S + 2O_2 \rightarrow H_2SO_4$$

$$H_2SO_4 + CaCO_3 \rightarrow CaSO_4 + CO_2 + H_2O$$

Der Sulfatgehalt im Grundwasser kann, wenn der Boden Sulfide oder Sulfite enthält, bei Luftzutritt (Baugruben, Einschnitte, Bohrungen) vorübergehend erheblich zunehmen (s. Wisotzky und Eisenberg 2008). Sulfide (Pyrit und Markasit) im Baugrund sind relativ weit verbreitet (▶ Abschn. 2.2.3 und DIN 4030-1, Anhang A).

Magnesium ist meist an Sulfate oder Chloride gebunden. Magnesiumchlorid ($MgCl_2$) reagiert mit dem Calciumhydrat des Betons unter Bildung einer gallertartigen Masse, dem Magnesiumhydroxid, während Calciumchlorid ausgewaschen wird:

$$Ca(OH)_2 + MgCl_2 \rightarrow Mg(OH)_2 + CaCl_2$$

Ammonium (NH_4^+) wirkt als Kationenaustauscher, die schwer lösliche Verbindungen zu leicht löslichen umsetzt, die dann ausgewaschen werden können. Ähnliches gilt für **Nitrate** (NO_{3-}), die zusätzlich zu den bekannten Salpeterausblühungen führen.

Ein erhöhter **Kaliumpermanganat-Verbrauch** ($KMnO_4$) ist ein relatives Maß für den Gehalt an organischen Stoffen und Sulfiden im Wasser. Grundwasser hat normalerweise einen $KMnO_4$-Verbrauch von 10–50 mg/l. Weist das Wasser einen $KMnO_4$-Verbrauch von über 50 mg/l auf, so ist eine spezielle Untersuchung auf organische Substanzen anzuraten.

Chloride (Cl^-) bewirken in erster Linie eine Korrosion der Bewehrung. Voraussetzung ist gleichzeitiges Vorhandensein von Sauerstoff und Feuchte. Die Wirkung ist von der Dichte des Betons abhängig. Besondere Korrosionsgefahr besteht bei Rissen im Beton.

Mineralöle und -fette, einschließlich Motortreibstoffe, greifen Beton nicht an, es sei denn, sie enthalten Säuren bzw. pflanzliche oder tierische Fette bzw. Öle (DIN 4030-1).

Böden können als betonangreifende Stoffe vor allem Sulfide und Huminsäuren enthalten:

- Wasserlösliche **Sulfide** können bei Zutritt von Luftsauerstoff und Feuchte zu Schwefelsäure und Sulfaten oxidieren. Bei Sulfidgehalten >1000 mg/kg S^{2-} bzw. bei intensiver Belüftung bereits an 100 mg/kg sind Sonderuntersuchungen anzuraten (▶ Abschn. 2.3.3 und DIN 4030-1). Auf die Problematik des Sulfat-Säureangriffs pyrithaltiger Böden auf Beton weisen besonders Wisotzky und Eisenberg (2008) hin.
- **Huminsäuren** im Wasser können zwar den Erstarrungsvorgang des Frischbetons beeinträchtigen, sind aber für erhärteten Beton wenig gefährlich.

Der **Säuregrad nach Baumann-Gully** ist ein Maß für den Gehalt an austauschbaren Wasserstoffionen, die von Humusbestandteilen des Bodens abgegeben werden können.

10.5.4 Beurteilung der Aggressivität

Wässer, die freie Säuren, kalklösende Kohlensäure, Ammonium- und Magnesiumionen sowie weiche Wässer enthalten, bewirken Lösungs- und Auslaugungserscheinungen. Wässer, die insbesondere Sulfate enthalten, können Treiberscheinungen verursachen.

Bei der Beurteilung der Betonschädlichkeit eines Wassers ist außer dem Untersuchungsergebnis der Wasseranalyse noch eine Reihe weiterer Faktoren zu berücksichtigen, z. B.:

- Durchlässigkeit bzw. Durchfeuchtung des Bodens,
- Fließgeschwindigkeit des Wassers,
- Zeitdauer des Einwirkens des Wassers,
- häufiger Wechsel des Wasserstands,
- erhöhte Temperatur,
- erhöhter Wasserdruck.

Die DIN unterscheidet drei Angriffsgrade, nach denen die Betonschädlichkeit von Wässern vorwiegend natürlicher Zusammensetzung beurteilt werden kann. Die Grenzwerte der DIN 4030-1 für die **Expositionsklassen** XA1 (schwacher), XA2 (mäßiger) und XA3 (starker chemischer Angriff) (s. ◻ Tab. 10.1) gelten für stehendes bis schwach fließendes Wasser. Maßgebend für die Einstufung ist der höchste Angriffsgrad. Liegen zwei Werte im ungünstigen Viertel, so erhöht sich der Angriffsgrad um eine Stufe. Bei niedriger Wassertemperatur und in wenig durchlässigen Böden ($k < 10^{-5}$ m/s), in denen sich die angreifenden Bestandteile nur wenig erneuern können, nimmt der Angriffsgrad ab (DIN 4030-1).

Bei Wasser mit Gehalten an kalklösender Kohlensäure muss auch die Verwendung von **Kalkstein als Betonzuschlag** geprüft werden. Die zunächst unterschiedlich erscheinenden Meinungen in der Literatur gehen darauf hinaus, dass Kalkstein als Zuschlagstoff die Anfälligkeit eines Betons erhöht, wenn sich die kalklösende Kohlensäure in schwach fließendem Wasser ständig erneuern kann (Lit. s. 3. Aufl.). Nur wenn sich die verbrauchte kalklösende Kohlensäure nicht erneuern kann, wird

Tab. 10.1 Grenzwerte für die Expositionsklassen bei chemischem Angriff durch natürliche Böden und Grundwasser in Anlehnung an DIN 4030-1 (2008)

Chemisches Merkmal	Expositionsklasse		
	XA 1 schwacher	XA 2 mäßiger	XA 3 starker chemischer Angriff
Wasser			
pH-Wert	6,5 … 5,5	<5,5 … 4,5	<4,5 und ≥4,0
Kalklösende Kohlensäure (CO_2) [mg/l]	15 … 40	>40 … 100	>100 bis zur Sättigung
Ammonium (NH_4^+)[mg/l]	15 … 30	>30 … 60	>60 … 100
Magnesium (Mg^{2+})[mg/l]	300 … 1000	>1000 … 3000	>3000 bis zur Sättigung
Sulfat (SO_4^{2-}) [mg/kg]	200 … 600	>600 … 3000	>3000 und ≤
Boden			
Sulfat (SO_4^{2-}) [mg/kg] Insgesamt	≥2000 … ≤3000	>3000 ≤12.000	>12.000 und ≤24.000
Säuregrad	>200 Baumann-Gully	in der Praxis nicht anzutreffen	

die Widerstandsfähigkeit des Betons durch Pufferwirkung verbessert. Von Bedeutung sind auch die Dichtigkeit und damit die Lösbarkeit des Kalksteins.

10.5.5 Bauliche Schutzmaßnahmen

Bezüglich baulicher Schutzmaßnahmen lassen sich die von außen wirkenden chemisch-physikalischen Angriffe auf Beton in zwei Gruppen gliedern:

- kalklösende Wirkung, die den Zementstein auslaugt und von der Betonoberfläche her angreift, und
- treibende Wirkung, vorwiegend durch Ettringitbildung, wodurch der Beton von innen zerstört wird.

Die Schutzmaßnahmen konzentrieren sich auf die Auswahl und einen bestimmten Mindestgehalt an Zement sowie auf die Herstellung eines hochwertigen dichten Betons mit begrenzter Wassereindringtiefe. **Zement** ist ein fein gemahlenes hydraulisches Bindemittel, das im Wesentlichen aus Verbindungen von Calcium-, Silicium-, Aluminium- und Eisenoxid besteht. Zur Veränderung seiner Eigenschaften werden verschiedene Zuschlagstoffe (Steinkohlenflugasche, Hüttensand, d. i. granulierte Hochofen- oder Müllverbrennungsschlacke, Tab. 10.2) zugegeben.

Bei schwachem Sulfatangriff wird i. d. R. Hochofenzement CEM III/B verwendet. Bei höheren Angriffsgraden ist ein Sachverständiger einzuschalten. Bei der Expositionsklasse XA 3 reichen betontechnologische Maßnahmen allein i. d. R. nicht mehr aus, und es sind zusätzliche Schutzanstriche oder Beschichtungen aller vom Grundwasser benetzten Bauteile vorzusehen (s. VDZ-Merkblatt).

Im Fall von Korrosionsbelastung metallischer Bauteile (Stahlaggressivität) wird auf DIN

Tab. 10.2 Zementarten und Bezeichnungen

Zement	Benennung	Kurzzeichen
CEM I	Portlandzement	CEM I
CEM II	Portlandhüttenzement	CEM II/A–S
	Portlandpuzzolanzement	CEM II/A–P CEM II/B–P
	Portlandflugaschezement	CEM II/A–V
	Portlandölschieferzement	CEM II/A–T CEM II/B–T
	Portlandkalksteinzement	CEM II/A–L
	Portlandflugaschehüttenzement	CEM II/B–V CEM III/A–V
CEM III	Hochofenzement	CEM III/B

A = größerer Anteil Portlandzementklinker; V = kieselsäurereiche Flugasche; B = kleinerer Anteil Portlandzementklinker; S = Hüttensand; P = natürliches Puzzolan; T = gebrannter Schiefer; L = Kalkstein

50 929-1 und -3 sowie auf DIN EN 14 490: 2010 und das DVGW-Arbeitsblatt GW 9 verwiesen. Ein anderes Gefahrenpotenzial sind die Auswirkungen von Streustrom im Boden besonders in der Nähe von Hochspannungsleitungen und elektrifizierten Bahntrassen auf erdverlegte metallische Rohrleitungen (Lochfraß) oder auf Stahlbetonbauteile. Die übliche Schutzmaßnahme ist ein präventiver kathodischer Korrosionsschutz (KKS). Häufig werden hierfür Anodenbohrungen abgeteuft.

Wasserhaltung

H. Prinz, R. Strauß, *Ingenieurgeologie*,
https://doi.org/10.1007/978-3-662-54710-6_11

In Baugruben und Gräben, in denen die Grundwasseroberfläche aufdeckt wird, muss i. d. R. der Wasserspiegel durch Abpumpen des Wassers so weit abgesenkt werden, dass die Aushubsohle trockenfällt und die Fundamentgräben ausgehoben werden können. Je nachdem, ob das Abpumpen des Wassers in der Baugrube ausreicht oder ob eine voreilende Grundwasserabsenkung vorgenommen werden muss, wird zwischen offener oder geschlossener Wasserhaltung (Grundwasserabsenkung) unterschieden.

11.1 Rechtliche Grundlagen

Bauen im Grundwasser gilt nach dem Wasserhaushaltsgesetz (WHG, ▶ Abschn. 4.4.1) und den ergänzenden Landesgesetzen als **Gewässerbenutzung**, die einer behördlichen Aufsicht unterliegt. Zum Tatbestand gehören das Absenken durch Wasserhaltungs- oder Dränmaßnahmen bzw. das Aufstauen oder Umleiten des Grundwassers durch Bauwerke. Die behördliche Zulassung kann die Rechtsform einer widerruflichen Erlaubnis, einer gehobenen Erlaubnis oder einer Bewilligung haben und ist i. d. R. mit einer Reihe von Auflagen verbunden. Eine Grundwasserhaltung ist daher immer rechtzeitig einzuplanen. In den Antragsunterlagen sind

- die Baumaßnahme anhand von Planunterlagen zu beschreiben,
- Art und Eingriffstiefe in das Grundwasser zu benennen,
- Angaben über den mittleren und höchsten Grundwasserstand und die Grundwasserfließrichtung zu machen,
- die Entnahmemenge (m^3/h) und die zu erwartenden Maximalmengen (m^3) abzuschätzen, alles ggf. in Grenzwerten,
- die Dauer der Maßnahme (in Tagen) anzugeben und
- Angaben über die Art der Ableitung zu machen.

Die Erlaubnis wird i. d. R. in m^3/Bauzeit (Tage) erteilt. Es ist zweckmäßig, wenn der Antragsteller rechtzeitig Informationen über die benötigten Antragsunterlagen einholt. In einigen Bundesländern liegt dafür ein Leitfaden für den Verfahrensablauf vor. Bei den Zulassungsverfahren wird darauf geachtet, dass die Grundwasserentnahme und -absenkung möglichst gering gehalten und nahe gelegene Grundwassergewinnungen nicht beeinträchtigt werden, keine oder nur verträgliche Schäden an Gebäuden oder anderen Einrichtungen auftreten können (Beweissicherung und nötigenfalls Grundwassermanagement) und kein bleibender Eingriff in das Grundwasser erfolgt.

Zur Überwachung der Wasserhaltungsmaßnahmen sind ein Wassermengenmesser und ggf. eine Anzahl Beobachtungsmessstellen einzurichten sowie ein Beweissicherungsprogramm zu installieren (▶ Abschn. 17.2.5.5). Bei Einleitung in ein Oberflächengewässer sind die Einleitkriterien der zuständigen Wasserbehörde zu beachten. Im Hinblick auf die Wasserbilanz soll abgeschöpftes Wasser nach Möglichkeit wieder nahe dem Entnahmebereich dem Grundwasser zugeführt werden. Die Umsetzung der wasserrechtlichen Auflagen wird üblicherweise durch die Wasserbehörden überwacht. Bei umfangreicheren Auflagen und sonstigen Koordinierungsaufgaben für wasserrechtliche Belange ist i. d. R. ein Grundwassermanagement einzurichten.

Liegt die Grundwasserentnahme in einem Wasser- oder Heilquellenschutzgebiet, ist zusätzlich eine Ausnahmegenehmigung hinsichtlich der Schutzgebietsverordnung einzuholen (▶ Abschn. 4.4.1). Für Grundwasserentnahmen, die zu einer Beeinträchtigung der Vegetation führen können, ist auch ein naturschutzrechtliches Zulassungsverfahren erforderlich.

Eine **Wiedereinspeisung** des geförderten Wassers in nahe, aber ausreichend entfernte Grundwasserstockwerke ist ebenfalls eine entwässerungstechnische Maßnahme, deren Erfolg von den hydrogeologischen Gegebenheiten abhängig ist und einer behördlichen Erlaubnis bedarf. Eine gezielte Infiltration kann dazu beitragen, die Auswirkungen einer Grundwasserhaltung zu minimieren. Bei höheren Eisengehalten im Grundwasser können in den Reinfiltrationsbrunnen Eisenoxidversinterungen auftreten (▶ Abschn. 11.6).

Für die Wiedereinspeisung in das Grundwasser ist außerdem der Nachweis zu erbringen, dass das anfallende Grundwasser nicht kontaminiert ist. Dem Erlaubnisantrag ist daher außer Angaben über den Sedimentanteil im Wasser (► Abschn. 11.3), je nach Ländervorschrift, eine Analyse über die Beschaffenheit des Grundwassers beizufügen, wobei i. Allg. folgende Parameter verlangt werden:

- elektrische Leitfähigkeit bzw. O_2-Gehalt,
- pH-Wert
- Eisengehalte (Fe^{2+}, Fe^{3+}),
- CSB-Wert (Gesamtbelastung mit organischen Stoffen),
- Kohlenwasserstoffe
- chlorierte Kohlenwasserstoffe.

Kontaminiertes Wasser muss nötigenfalls in Tankwagen gesammelt und entsprechend entsorgt oder über eine Wasseraufbereitungsanlage gereinigt werden.

Für die Planung und Ausführung von Wasserhaltungen bei Baugruben gilt DIN EN 1997-1, Abs. 5.4. Außerdem liegt ein Merkblatt „Wasserhaltungen" der DGGT von 1993 vor (s. Bautechnik 70:5), in dem sowohl die Begriffe definiert sind als auch Angaben zu den Verfahren und über die erforderlichen Antragsunterlagen gemacht werden. Eine Grundwasserhaltung bewirkt immer eine Richtungsänderung der Grundwasserströmung und des hydraulischen Gradienten. Je nach Situation sind dabei besonders die horizontale Durchlässigkeit einzelner Schichten und mögliche Erosionsvorgänge zu beachten.

Die Wasserhaltung sollte möglichst nur für eine kurze Zeit vorgesehen werden. In vielen Fällen kann sie auch mit Erreichen der Auftriebssicherheit bzw. nach Durchfahrt des Tunnelvortriebs beendet werden. Durch einen angepassten Bauablauf bzw. einen entsprechenden Verbau der Baugrube mit einer innen liegenden Grundwasserabsenkung kann die Wasserhaltung meist deutlich minimiert werden. Vorteilhaft sind Verbauwände, die in eine schwächer durchlässige Schicht einbinden oder ggf. Baugruben mit Dichtsohlen (◘ Abb. 11.1), wobei folgende Fälle zu unterscheiden sind:

- Sohldichtung mit annähernd undurchlässiger Bodenschicht im Sohlbereich,
- Sohldichtung mit einer annähernd undurchlässigen tiefer liegenden Bodenschicht,
- Einbringen einer hoch oder tief liegenden Sohldichtung gem. ► Abschn. 9.4.4.

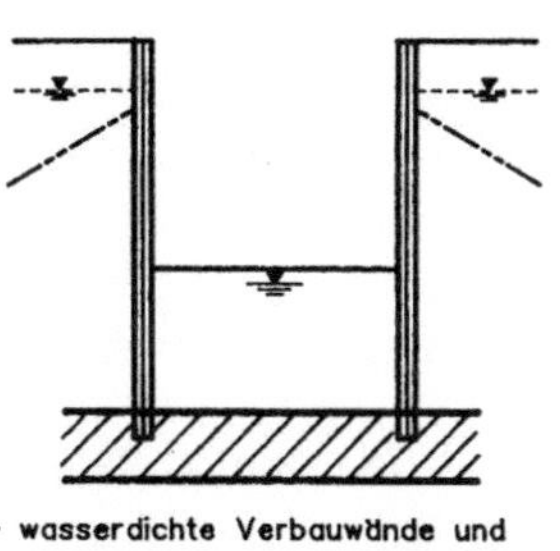

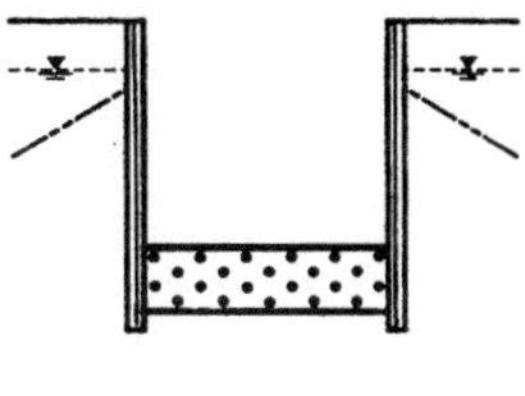

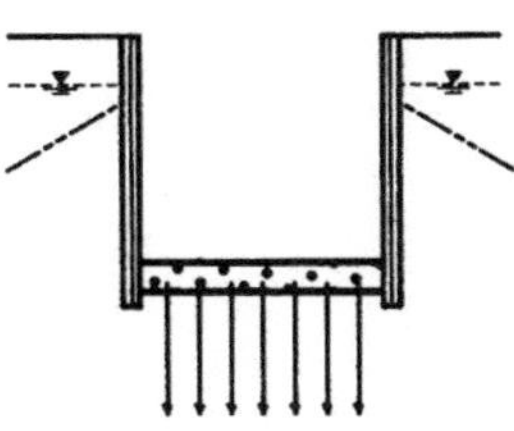

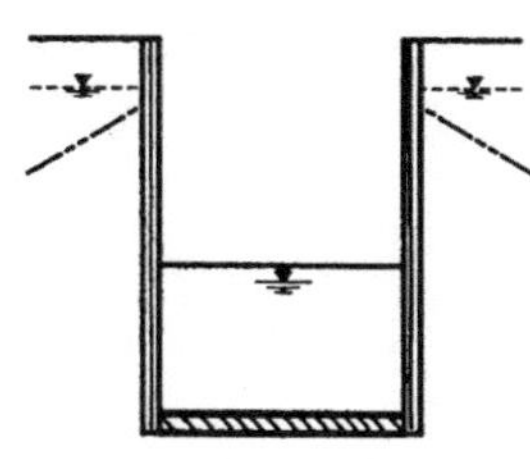

◘ **Abb. 11.1** Möglichkeiten zur Verminderung bzw. Vermeidung von Wasserhaltung bei tiefen Baugruben im Grundwasser

Bei Baugruben mit Dichtsohlen ist die Sicherheit gegen Aufschwimmen gem. ► Abschn. 5.4.3 zu untersuchen.

Bei größeren Wasserhaltungen sind auch immer deren **Auswirkungen auf die Umwelt** zu untersuchen. Nötigenfalls muss eine Wasserhaltung außerhalb der Vegetationszeit, also in der Zeit von September bis Februar erfolgen. Mögliche Schäden sind abhängig von der Reichweite und dem Absenkmaß. Entscheidend für ökologische Schäden sind dann die ursprüngliche Tiefenlage der Grundwasseroberfläche in Bezug zur Wurzeltiefe, die Bodenart, die Baumart und das Alter der Bäume sowie die Zeitdauer der Absenkung (s. RAS-LP 4, 1999). Gegen eine länger dauernde Grundwasserabsenkung hilft praktisch nur eine entsprechende Bewässerung. Gemäß den Verbrauchsangaben von laubabwerfenden Baumarten von i. M. 650 mm/a beträgt der tägliche Wasserbedarf größerer Bäume etwa 3 l/m^2 und Tag, der über kiesgefüllte Sickerlöcher oder -gräben in einem Kranz wenig außerhalb der Kronentraufe dem Wurzelraum zugeführt werden muss (► Abschn. 6.5.2). Bei Oberflächenberegnungsanlagen ist die relativ hohe Verdunstungsrate zu berücksichtigen.

Eine Grundwasserabsenkung bewirkt immer eine Versteilung des Grundwassergefälles und eine Erhöhung der Grundwasserströmung. Größere und lang andauernde Wasserhaltungen können besonders in Kluftfüllungen, zerrütteten Störungsgesteinen oder Fülllungen von Karsthohlräumen zu hydraulischen Instabilitäten und auch zu Erosion führen. Dabei können erhebliche Massen bewegt werden, was Auswirkungen im Gelände haben kann.

11.2 Offene Wasserhaltung

Bei offener Wasserhaltung wird das Grundwasser im Zuge des Aushubs vor der Böschung bzw. durchlässigen Baugrubenwand auf ein Niveau von min. 0,5 m unter Baugrubensohle abgesenkt. Dabei bildet sich ein Absenktrichter aus, der eine zur Baugrubenböschung hin gerichtete Strömungskraft bewirkt. Die Grundwasserabsenkung stellt sich je nach Durchlässigkeit zeitverzögert ein, sodass es zu einem Austritt der Sickerlinie im unteren Teil der freigelegten Böschung kommt. Die aufgrund der Zeitverzögerung zunächst steilere instationäre Sickerlinie verflacht mit der Zeit zu einer stationären Sickerlinie mit einem Austritt im Vorflutniveau des Endaushubs. Das der Baugrube zufließende Grund- und Oberflächenwasser wird in Drän- oder Sickergräben einem Pumpensumpf zugeleitet und abgepumpt (◘ Abb. 11.2). Die Dimensionierung der Anlagen erfolgt meist nach Erfahrungswerten (Berechnungsmöglichkeit s. geotechnik; 38:4, A11).

Der Pumpensumpf wird gewöhnlich außerhalb des Bauwerksgrundrisses in einer seitlichen Erweiterung der Baugrube angelegt. Er besteht i. d. R. aus gelochten, unten geschlossenen Schachtringen. Nach Fertigstellung der Bauwerksdränung wird die Wasserhaltung i. d. R. von dieser übernommen. Baudräne dürfen dabei nicht unter Fundamenten liegen.

In felsigen Böden, die nicht zu Abbrüchen oder Erosion infolge zu großer Fließgeschwindigkeit neigen, kann offene Wasserhaltung auch bei größeren **Absenktiefen** angewandt werden. Standfeste, stark bindige Böden (Ton, toniger Lehm) und gemischtkörnige grobe Flusskiese mit nicht zu großer Durchlässigkeit können bis zu 4–6 m Tiefe offen entwässert werden. Voraussetzung ist, dass die Sohle nicht zu sehr aufweicht und keine Sohlaufbrüche zu befürchten sind. In kiesigen Böden kann offene Wasserhaltung nur noch bei geringer Absenkung von 1–2 m angewendet werden. In vorwiegend sandigen Böden ist offene Wasserhaltung nur noch sehr begrenzt anwendbar (Absenktiefe max. 0,5–1,0 m). Die Grenze der Anwendung offener Wasserhaltung ist erreicht, wenn zu

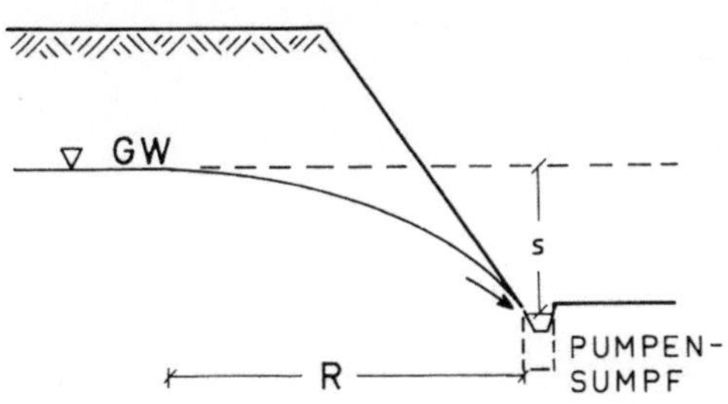

◘ **Abb. 11.2** Prinzip einer offenen Wasserhaltung, R = Reichweite, s = Absenktiefe (Absenkziel)

starke Ausspülungen an den Böschungen auftreten oder der Wasserandrang zu einer Auflockerung der Sohle führt. In vielen Fällen ist dann nicht einmal mehr die Anlage eines Pumpensumpfs möglich. Die Grenze einer offenen Wasserhaltung ist auch erreicht, wenn der hydraulische Druck von unten auf eine wenig durchlässige Schicht zu groß wird und die Gefahr eines hydraulischen Grundbruchs besteht (▶ Abschn. 5.4.4), dem mit Entspannungsbrunnen begegnet werden muss.

Als **Fließsand** wirken alle körnigen Böden, wenn der Strömungsdruck bzw. die Schleppkraft ausreichen, die Körner in Schwebe zu halten. Besonders anfällig sind feinkörnige und gleichkörnige Sande lockerer Lagerung.

Der Aufwand einer offenen Wasserhaltung ist wesentlich geringer als der einer Grundwasserabsenkung. Der Wasserzufluss beträgt i. d. R. nur 20–40 % des Wasseranfalls einer Grundwasserabsenkung mittels Brunnen. In vielen Fällen wird daher versucht, offene Wasserhaltung so lange wie möglich zu betreiben und diese nötigenfalls durch einzelne Brunnen zu unterstützen.

11.3 Grundwasserabsenkung mit Brunnen

Für eine Grundwasserabsenkung mittels Brunnen eignen sich alle nichtbindigen Böden oder Gebirgsarten, in denen sich das Wasser unter dem Einfluss der Schwerkraft bewegt (◘ Abb. 11.3). Dies sind meist Kiese und Sande mit Durchlässigkeitsbeiwerten von $>10^{-5}$ m/s. Mit zunehmendem Feinsandanteil folgt das Wasser im Boden der Schwerkraft immer weniger, und die Absenkkurven bilden sich überaus langsam und sehr steil aus. Für die Bohrarbeiten ist die DIN 18 301 zu beachten, d. h., die Untergrundbeschreibung erfolgt nach Homogenbereichen gem. ▶ Abschn. 3.3.1.

Bohrbrunnen werden gewöhnlich außerhalb der Baugrube in Abständen von 8–20 m gebohrt. Ihr Durchmesser beträgt i. d. R. 300–900 mm. Die Filterrohre haben einen Durchmesser von 165–600 mm. Als Filter kommen bei kurzfristigem Einsatz (1–2 Jahre) Kunststoff- oder Stahlfilterrohre mit 0,8–1,5 mm Schlitzbrückenlochung zur Anwendung. Der Ringraum muss mit Filterkies nach ▶ Abschn. 2.2.7 (meist 2–8 mm)

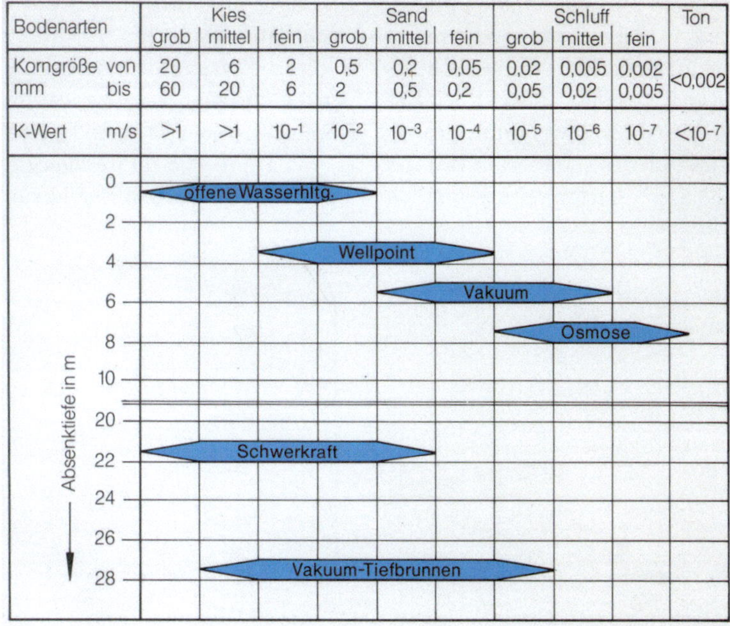

◘ **Abb. 11.3** Anwendungsbereiche der Wasserhaltungsverfahren (Firmenprospekt)

verfüllt werden. Dieser soll eine Mindeststärke von 100 mm haben. Da feinere Filter als 0,75 mm Schlitzweite, wie sie für Feinsande nötig wären, leicht verockern, erhalten die Filter zusätzlich eine Gewebeummantelung (0,5–0,7 mm Filterfeingewebe), und es wird z. T. Filterkies der Körnung 0,7–2 mm verwendet. Das Sumpfrohr hat i. d. R. eine Höhe von 1 m. Die Brunnentiefe ergibt sich aus der Berechnung der Ergiebigkeit (► Abschn. 11.6) zuzüglich der Bauhöhe der Tauchpumpe bzw. aus der Tiefenlage der Grundwassersohlschicht.

Ein Brunnenfilter besteht im Prinzip aus zwei Bereichen. Außerhalb des eingebrachten Filterkieses entsteht in selbst filterfähigen Korngemengen beim Entsandungsvorgang nach dem Brunnenausbau durch die Auf- und Abwärtsbewegung des Entsandungskolbens in der Filterstrecke ein Sog, durch den Feinteile aus dem angrenzenden Boden ausgespült werden und sich rundum ein weitgehend sandfreier zusätzlicher Filter aufbaut. Die Sandablagerungen im Pumpensumpf werden anschließend klar gespült. Dieser Vorgang kann als Kurzpumpversuch ausgewertet werden.

Beim Betrieb der Absenkbrunnen ist zu beachten, dass kein Sand mitgefördert wird, was zu Bodensenkungen und Bauschäden führen kann. Dies ist durch geeignete Messverfahren zu überwachen (Sandfangbehälter). Für die Einleitung in einen Kanal darf das geförderte Wasser meist nur 1 g/m^3 **Sand im Förderstrom** aufweisen. Bei Reinfiltration des geförderten Wassers (► Abschn. 17.2.5.5) werden teilweise wesentlich geringere Sedimentanteile (0,02–0,05 mg/l) vorausgesetzt.

Bei einer Grundwasserabsenkung durch Bohrbrunnen werden Flach- und Tiefbrunnen sowie **unvollkommene und vollkommene Brunnen** unterschieden. Letztere stehen mit der Brunnensohle auf einer undurchlässigen Schicht, während unvollkommene Brunnen ganz im Grundwasserleiter stehen.

Liegt die Grundwassersohlschicht eines vollkommenen Brunnens nur 1–2 m unter der vorgesehenen Aushubsohle, müssen die Brunnen enger gesetzt und mit möglichst großem Durchmesser in die undurchlässige Schicht eingebunden werden. Durch diesen erhöhten Aufwand und eine längere Vorlaufzeit gelingt es meist, das Grundwasser bis auf eine Restwassermenge abzusenken, die durch eine Kombination mit offener Wasserhaltung beherrscht werden kann.

Die **Reichweite einer Grundwasserabsenkung** hängt vom Bodenaufbau und den maßgebenden Durchlässigkeitsbeiwerten (auch einzelner Schichten) ab. ◘ Abb. 11.4 zeigt den etwaigen Verlauf von Absenkkurven (Formeln für die rechnerische Abschätzung der Reichweite *R* ► Abschn. 11.6).

Echte **Flachbrunnen** werden heute nur noch selten eingesetzt. Bei diesem Verfahren erfolgt die Wasserförderung mittels Saugpumpen, deren Saughöhe auf etwa 7 m begrenzt ist. Damit kann gem. ◘ Abb. 11.5 eine Absenktiefe (s) von 3–4 m erreicht werden. Zur Einsparung an Saughöhe werden Flachbrunnenanlagen

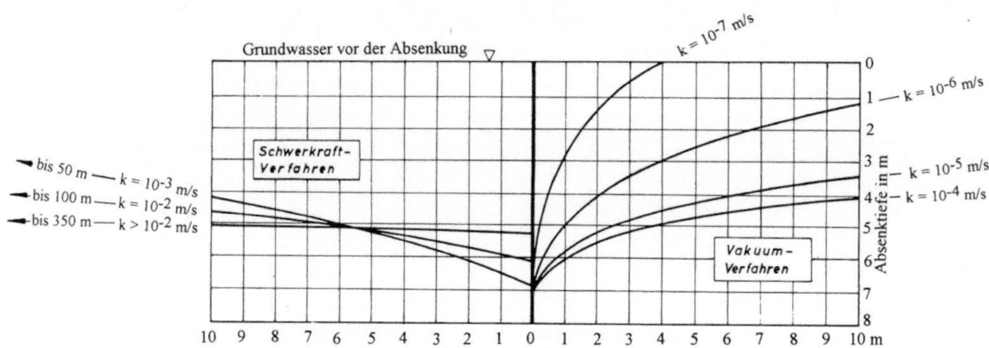

◘ **Abb. 11.4** Absenkkurven nach dem Schwerkraftverfahren und dem Vakuumverfahren in Abhängigkeit von den Durchlässigkeitswerten (nach Mertzenich 1994)

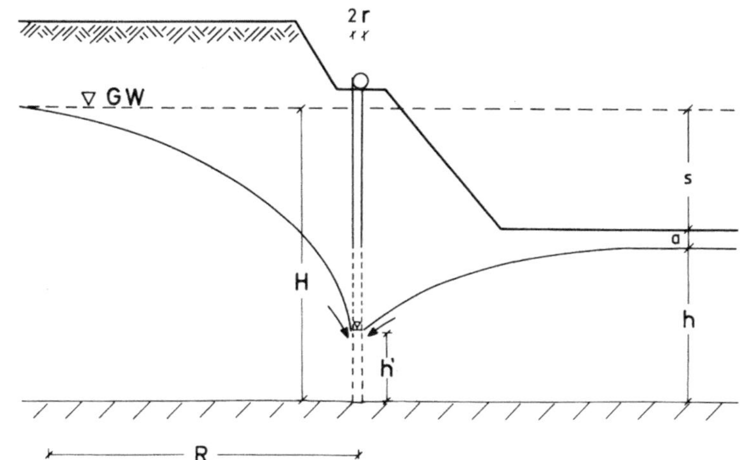

Abb. 11.5 Prinzip einer einstaffeligen Flachbrunnenabsenkung (vollkommener Brunnen): R = Reichweite, s = Absenktiefe, a = Sicherheitsabstand, H = Eintauchtiefe, h' = benetzte Filterfläche, 2 r = Brunnendurchmesser

möglichst tief, erst wenig oberhalb des Grundwasserspiegels installiert. Bei größerer Absenktiefe können Flachbrunnen gestaffelt angeordnet werden. Der übliche Abstand von Flachbrunnen beträgt 8–10 m.

Bei den ebenfalls seltenen **Wellpoint- oder Spülfilteranlagen** (Abb. 11.6) werden 2- bis 4-Zoll-Filter mit einem entsprechenden Aufsatzrohr durch eine Spülpumpe mittels Druckwasser in den Boden eingespült. Das Verfahren ist für Sand- und Kiesböden mit einem bis zu 10-prozentigen Anteil von 0,05–2 mm Korngröße geeignet. Die Einsatzgrenze wird von der Einspülmöglichkeit (min. 30 % Korngrößenanteil >3 mm) und der Filterleistung bestimmt. Der Abstand der Filter beträgt 2–4 m, die max. Absenktiefe etwa 7 m. In Feinböden ($k > 10^{-4}$ m/s) werden Spülfilteranlagen nach dem Vakuumverfahren eingesetzt.

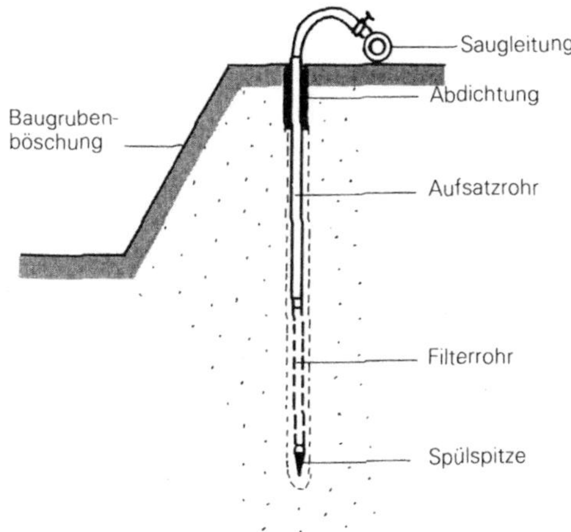

Abb. 11.6 Wellpoint- oder Spülfilterlanze aus Kunststoff oder Stahl; Spülfilterrohrlänge 1–2 m; Schlitzweite 0,3–0,5 mm (Firmenprospekt)

Bei Tiefbrunnenanlagen (Abb. 11.7) wird in jeden Brunnen eine Unterwasserpumpe eingebaut, die das Wasser über eine Brunnenleitung in die Sammelleitung drückt. Die überwiegend einstufigen und schmutzwassergeeigneten Tauchpumpen müssen der Förderleistung der einzelnen Brunnen (Fördermenge, Förderhöhe) angepasst werden. Die Pumpenleistungen betragen i. Allg. bis 50 m Förderhöhe bis zu 3000 l/min und bei 100 m bis zu 2000 l/min.

Tiefbrunnen eignen sich für große Absenktiefen. Die Bohrverfahren für die Herstellung der Brunnen müssen einen schichten- und tiefengerechten Aufschluss gewährleisten, der eine Anpassung des Ausbauplans an das jeweilige Bohrprofil ermöglicht. Nach Fertigstellung der Brunnenbohrung ist die Bohrlochsohle nach Erfordernis gegen Bodeneintrieb zu sichern (Betonplombe) und das Bohrloch zu spülen. Über den Brunnenausbau ist ein Bohrbericht

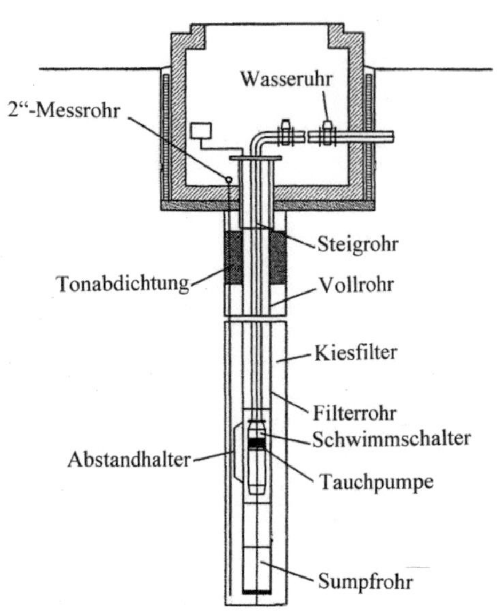

Abb. 11.7 Ausbauschema eines Tiefbrunnens zur Grundwasserabsenkung, Bohrdurchmesser 600 mm, Ausbau 12" (Firmenprospekt)

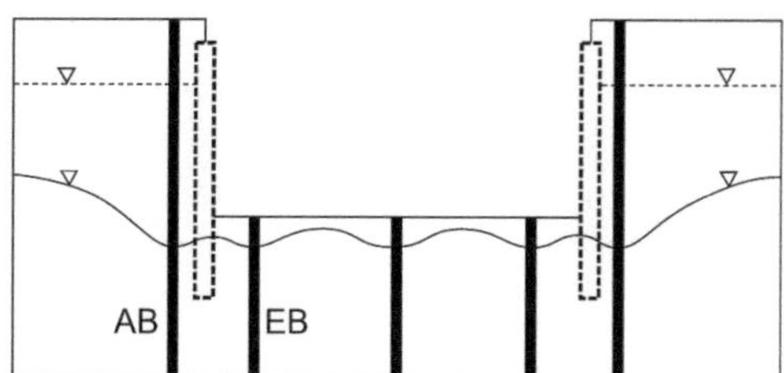

Abb. 11.8 Grundwasserabsenkung für eine Baugrube mit wasserdurchlässigem Verbau über außen liegende Absenkbrunnen (AB) und Entspannungsbrunnen (EB) in der Baugrubensohle

(Formblatt) zu fertigen. Der Abstand von Tiefbrunnen beträgt i. d. R. 15–25 m. Wenn sich zu Beginn der Wasserhaltung zeigt, dass der gewählte Brunnenabstand zu groß oder unnötigerweise zu gering geplant wurde, so ist dieser zu modifizieren (► Abschn. 11.6). Reicht bei großflächigen Baugruben die Absenkung der außen liegenden Absenkbrunnen nicht aus, um die Baugrubensohle einschließlich Sicherheitsabstand zu entwässern, so müssen in der Baugrube zusätzlich Entspannungsbrunnen vorgesehen werden (Abb. 11.8). Damit können sowohl die Absenktiefe als auch die Gesamtentnahmemenge deutlich reduziert werden.

Liegen mehrere Grundwasserstockwerke vor, so werden mehrstöckige Brunnen als sog. **Kombinationsbrunnen** gebaut. Im Gravitationsbetrieb wird jedes Stockwerk mit einem angepassten Filterrohr und entsprechenden Kies- oder Sandfilter ausgebaut und der Brunnen ohne Sperrschicht mit nur einer Tauchpumpe betrieben (s. Leitner et al. 2003). Erfordert dagegen eines der Stockwerke eine Vakuumbeaufschlagung, so ist eine Zwischenabdichtung einzubringen, sodass jedes Stockwerk getrennt abgesenkt werden kann (Abb. 11.9). Die Trennung der einzelnen Grundwasserstockwerke muss auch bei einem späteren Rückbau der Brunnen berücksichtigt werden, damit keine hydraulischen Kurzschlüsse auftreten.

Die Absenkung in den einzelnen Brunnen wird über ein Messrohr im Ringraum des Kiesfilters kontrolliert. Nach Erreichen des Absenkziels können ggf. einzelne Brunnen versuchsweise abgeschaltet werden, um die durch die Gesamtanlage erreichte Absenkung im Beharrungszustand zu halten. Wenn der Ausfall eines oder mehrerer Brunnen einen kurzfristigen Grundwasseranstieg und damit eine Gefährdung des Bauvorhabens bewirken kann, müssen sowohl die Absenkwirkung als auch die Wassermenge in entsprechenden Zeitabständen kontrolliert werden (► Abschn. 17.2.5.5).

11.4 Grundwasserabsenkung im Vakuumverfahren

In mittel- und feinkörnigen Sanden mit leichten Schluffanteilen folgt das Wasser der Schwerkraft nur noch unzureichend. In solchen Böden mit einem Durchlässigkeitsbeiwert von 10^{-5} bis 10^{-7} m/s wird daher eine Schwerkraftabsenkung nicht nur unwirtschaftlich, sondern es lässt sich oft keine nennenswerte Absenkwirkung erzielen. In diesen Fällen muss das Vakuumverfahren eingesetzt werden, um das Wasser in die Brunnen zu ziehen.

Beim **Vakuumverfahren** (Abb. 11.10) wird das Wasser im Boden durch einen Unterdruck von 0,3–0,5 bar in den Vakuumlanzen

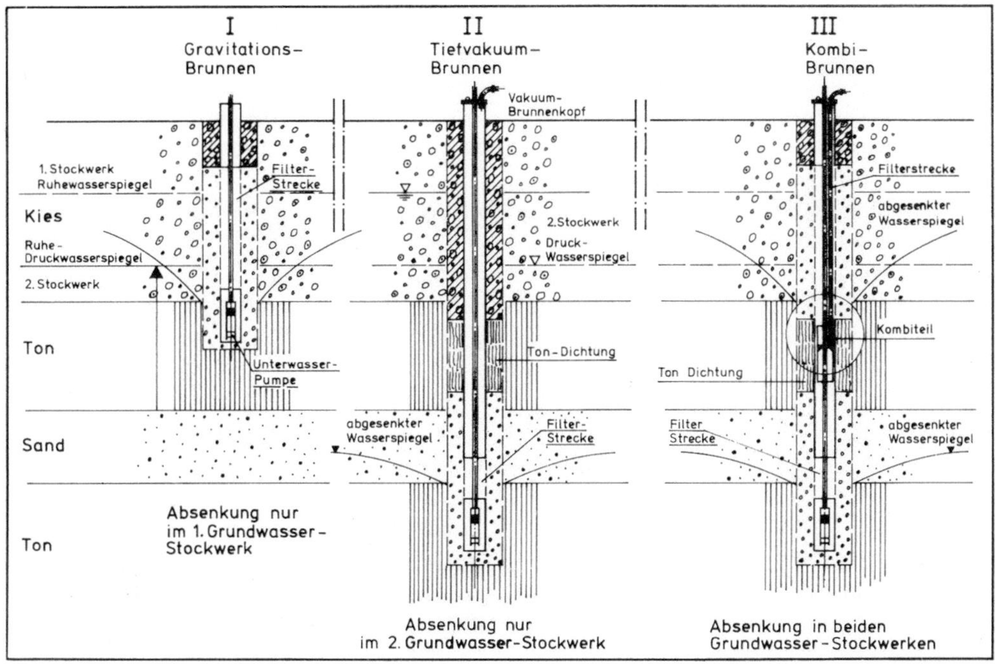

Abb. 11.9 Schematische Darstellung und Arbeitsweise der verschiedenen Brunnenarten (Firmenprospekt)

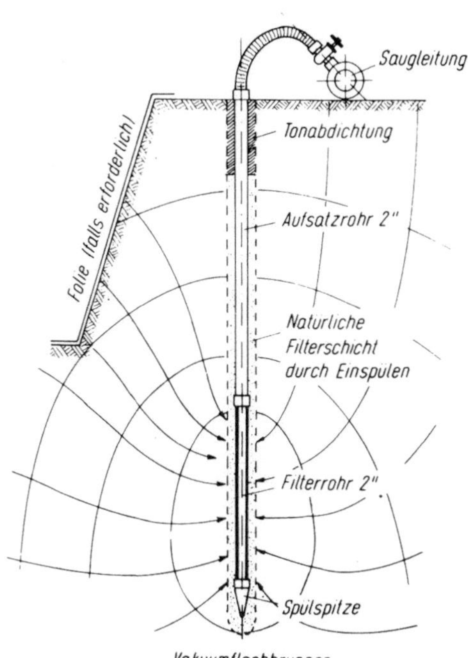

Abb. 11.10 Wirkungsweise eines Vakuum-Flachbrunnens

angezogen. Da die Entwässerungslanzen i. d. R. ohne einen Filterkies eingebracht werden, muss die Schlitzbreite auf den maßgebenden Korndurchmesser (je nach Fachmeinung d_{10}, d_{12}, d_{15}) ausgelegt werden. Trotzdem bleiben viele Lanzen nur begrenzt funktionsfähig, sie versanden und müssen ausgetauscht werden. Der Unterdruck wirkt nur in einem Umkreis von 1–1,5 m, weshalb die Lanzen in Abständen von etwa 2 m eingespült oder in Bohrlöcher eingestellt werden. Der Unterdruck bewirkt gleichzeitig eine Stabilisierung der Baugrubenwände, sodass selbst Feinsand auf 2–3 m Höhe noch unter steiler Böschung steht. Damit sich der Unterdruck voll ausbilden kann, darf keine Falschluft in den Boden gelangen (Tonabdichtung des Brunnens und nötigenfalls Folienabdeckung der Baugrubenwand). Die erreichbare Absenktiefe beträgt 4–6 m. Bei größeren Absenktiefen ist eine Staffelabsenkung erforderlich.

Da in Vakuumanlagen nicht ständig und oft nur wenig Wasser gefördert wird, müssen sie in Frostperioden vor Kälteeinwirkung geschützt werden. Bei den geringen Wassermengen ist i. d. R. auch eine Vorausberechnung entbehrlich.

Bei größeren Absenktiefen kann die Vakuumentwässerung von feinkörnigen Sand- und Schluffböden mittels **Vakuumtiefbrunnen** erfolgen. Sie unterscheiden sich von normalen Bohrbrunnen durch luftdichten Abschluss sowohl des Kiesfilters als auch der gesamten Brunnenanlage. Das zufließende Wasser wird durch eine gesteuerte Unterwasserpumpe gefördert. Die Brunnen können je nach Bedarf ohne oder mit Vakuum betrieben werden. Außerdem werden auch sog. Kombinationsbrunnen (Kombibrunnen) mit einem Gravitationsbrunnen im oberen Grundwasserstockwerk und einem Vakuumtiefbrunnen im unteren Grundwasserstockwerk gebaut (◘ Abb. 11.9).

11.5 Elektroosmotische Entwässerung

Um das Wasser in schluffig-tonigen Böden zum Fließen zu bringen, wird beim Elektroosmoseverfahren (◘ Abb. 11.11) als zusätzliche Kraft das elektrische Potenzialgefälle zwischen zwei Elektroden genutzt. Unter der Wirkung eines elektrischen Gleichstromfeldes fließt das Wasser der als kleinkalibrigen Brunnen ausgebildeten Kathode zu und wird hier abgeschöpft. Das Verfahren funktioniert nur in sehr weichen, tonmineralhaltigen homogenen Schluff- oder Tonböden ohne wasserführende Zwischenschichten. Die Wirkung lässt mit abnehmendem Wassergehalt stark nach.

Als Anoden werden gewöhnlich Rundstähle, als Kathoden Stahlfilterrohre (Ø 1/2") in Bohrungen verwendet. Das Verfahren ist verhältnismäßig aufwendig und hat für die Baugrubenentwässerung keine Bedeutung. Der Einsatz des Verfahrens beschränkt sich praktisch auf eine Teilentwässerung von tonigen Rutschmassen.

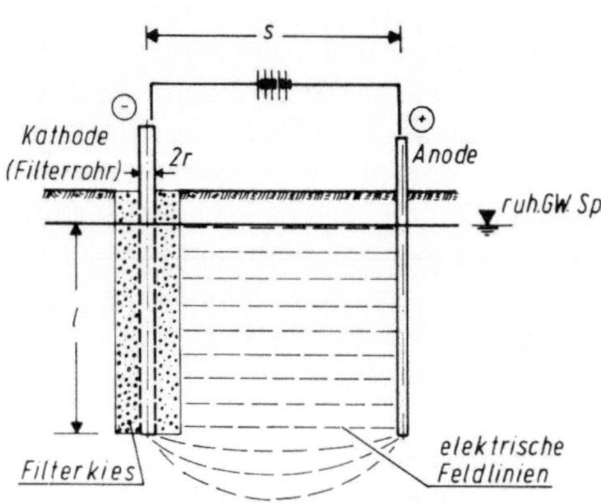

◘ **Abb. 11.11** Wirkungsweise einer osmotischen Entwässerung

11.6 Berechnung einer Grundwasserabsenkung

Die Grundlage der Berechnung einer **äußeren Grundwasserabsenkung** mittels Bohrbrunnen in einem bestimmten Abstand um den Baugrubenrand wird nachstehend erörtert. In der Praxis erfolgen die Berechnungen mittels üblicher DV-Programme.

Eine **Baugrube mit gedrungenem Grundriss** wird zunächst als großer Ersatzbrunnen aufgefasst mit einem Radius A, der wie folgt ermittelt wird:

$$A = \sqrt{\frac{a \times b}{\pi}}$$

a, b = Längenmaße der Baugrube, zzgl. Abstand der Brunnen vom Baugrubenrand (◘ Abb. 11.12).

Als Erstes werden die zu fordernde Absenktiefe s (◘ Abb. 11.5) und die benetzte Filterhöhe h' ermittelt, und zwar i. d. R. nach dem

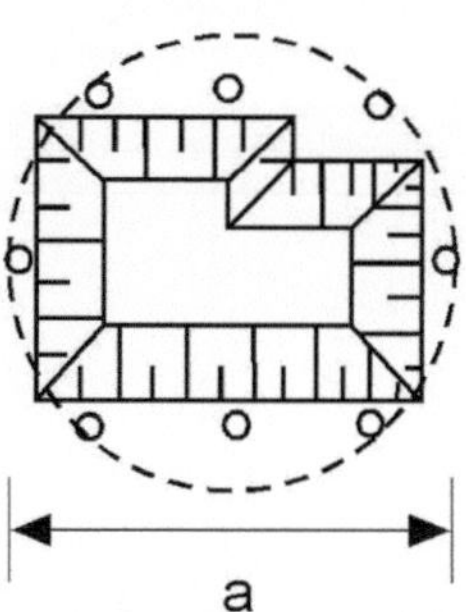

◘ **Abb. 11.12** Radius a des Ersatzbrunnens

Gefälle der Absenklinie, für das man in vielen Fällen anfänglich 1:10, im Endzustand bis 1 : 100 zugrunde legen kann.

Die **Reichweite** *R* der Absenkung beträgt nach der empirischen Formel von Sichardt (1928) für den axialsymmetrischen Beharrungszustand:

$$R = 3000 \times s' \sqrt{k}$$

bzw. nach Kussakin (1935):

$$R = 575 \times s' \times \sqrt{k \times H}$$

Nach Weber gilt für die instationäre Phase:

$$R_t = 3 \times k \times \sqrt{H \times \frac{t}{n_o}}$$

Dabei gilt:
s' = Absenkung des Brunnenwasserspiegels in m ($s' = H - h'$),
H = Höhe des Ausgangswasserspiegels ab Aquifersohle in m (◘ Abb. 11.5),
R und s' in m, k in m/s,
t = Zeit in s,
n_o = nutzbarer Porenanteil (► Abschn. 2.4.4).

Diese empirisch entwickelten Formeln haben sich in der Praxis recht gut bewährt.

Eine Grundwasserabsenkung bewirkt immer gewisse **Setzungen** infolge Auftriebwegfalls bzw. der dadurch bedingten Lasterhöhung (► Abschn. 6.5.2). Die Setzungen wirken sich mittelfristig sowohl auf den Baugrubenbereich aus (hier überlagern sie sich mit den aushubbedingten Sohlhebungen, ► Abschn. 5.5.3.3) als auch auf den Nahbereich der Baugrube. Die größten Setzungsunterschiede sind dabei im steilen Bereich der Absenkkurve von etwa R/4 bis R/3 zu erwarten. Außerdem dürfen keine hydraulischen Instabilitäten (Sand im Förderstrom) auftreten. In bebauten oder von Verkehrseinrichtungen durchzogenen Gebieten sind besonders in diesen Bereichen immer Beweissicherungsmaßnahmen zu veranlassen.

Bei Erreichen stationärer Bedingungen lässt sich die **Absenkung** *s* in einem Abstand *R'* zum Brunnen nach einer Formel von Dupuit bzw. Thiem berechnen:

$$s = \frac{Q}{2 \times \pi \times T} \times \ln \frac{R}{R'}$$

Dabei gilt:
s = Absenkung im Abstand R' (in m),
Q = Entnahmemenge (in m^3/s),
T = Transmissivität des Grundwasserleiters (in m^3/s) (► Abschn. 2.9.4),
R = Reichweite des Absenktrichters (in m),
R' = radialer Abstand zum Brunnen (in m).

Die Berechnung der **Wassermenge** bzw. des Grundwasserzuflusses in die Baugrube erfolgt für vollkommene Brunnen nach der Formel für Einzelbrunnen von Dupuit bzw. Thiem (► Abschn. 2.9.4.1)

$$Q = \frac{\pi \times k\left(H^2 - h^2\right)}{\ln R - \ln A} \text{in m}^3/\text{s},$$

wobei Q = Fördermenge (sonstige Bezeichnungen, ◘ Abb. 11.5).

Bei langgestreckten Baugruben ist $A = L/3$, wobei *L* die Länge der Baugrube ist.

Bei Baugruben mit $A/R > 0{,}5$ wird bei Herth und Arndts (1994) empfohlen, mit

$$Q = k \times \pi \times \left(H^2 - h_0^2\right) \times \left(2 \times \frac{A}{R} + 0{,}25\right)$$

zu rechnen.

Diese Wassermenge muss nun über eine festzulegende Anzahl von Brunnen (n) in den Baugrubenabmessungen angepassten Abständen abgeführt werden.

Die Berechnung des Fassungsvermögens q' eines Einzelbrunnens erfolgt nach der ebenfalls empirischen Gleichung von Sichardt (1928):

$$q' = 2 \times \pi \times r \times h' \times \frac{\sqrt{k}}{15} \text{in m}^3/\text{s}$$

r = Brunnenradius, Filtermantel (in m)
h' = benetzte Filterhöhe im Brunnen (in m)
$2 \pi r h'$ = benetzte Filterfläche (in m)
q' = Entnahmemenge (in m^3/s)

Das Produkt $n \times q'$ soll mindestens gleich groß, aber nur wenig größer als Q sein. Als rechnerischer Brunnenradius r wird bei Ummantelung des Brunnens mit genormtem Filterkies (z. B. 2–8 mm) der Radius der Bohrung, bei anderem Material häufig der Abstand Brunnenmittelpunkt/Mitte Filterschicht angenommen.

Über die Mehrbrunnenformel von Forchenheimer ist dann noch zu prüfen, ob die gewählte Brunnenzahl und Brunnenanordnung ausreichen, um den Grundwasserspiegel in Baugrubenmitte auf die nötige Absenktiefe s abzusenken. Zur Planung und Dimensionierung einer Wasserhaltungsmaßnahme für langgestreckte Baugruben eines Linienbauwerks ▶ Abschn. 17.2.5.5.

Die Näherungsformel von Dupuit bzw. Thiem gilt nur für vollkommene Brunnen. Für unvollkommene Brunnen wird in der Literatur auf die so errechneten Wassermengen ein Zuschlag von 10–30 % gegeben. Bei Vorhandensein stärker durchlässiger Schichten unterhalb der Brunnensohle ist ein solcher Zuschlag zu gering. Nendza und Gabener (1979: 23) empfehlen, anstelle eines Zuschlags die theoretische Berechnungshöhe H nicht nur bis Brunnensohle, sondern bis zur Grundwassersohlschicht, maximal jedoch $1{,}6 \times H$ anzusetzen.

11

Die bei einer Spülfilter- bzw. Vakuumabsenkung anfallenden Wassermengen liegen insgesamt wesentlich niedriger. Mertzenich (1994) bringt eine Auswertung, nach welcher der Wasseranfall einer Vakuumanlage überschlägig ermittelt werden kann.

Die Berechnung der bei einer Grundwasserhaltung anfallenden Wassermengen und auch der Reichweite sind mit großen Unsicherheiten behaftet. Dies liegt zunächst schon in dem üblichen Berechnungsansatz homogen-isotroper Gebirgsverhältnisse und den wissenschaftlich nicht nachprüfbaren und daher umstrittenen Formeln von Sichardt. Dazu kommt dann die ungenaue Kenntnis des Durchlässigkeitsbeiwerts k. Im Laborversuch ermittelte k-Werte können immer nur einen groben Anhalt geben und sollten nicht pauschal der Dimensionierung einer Grundwasserabsenkung zugrunde gelegt werden. Wirklichkeitsnahe Ergebnisse über die Durchlässigkeitsverteilung eines Bodens können i. d. R. nur mithilfe von **Probeabsenkungen** an Ort und Stelle gewonnen werden. Die Brunnen für die Probeabsenkung können nachher für die bauzeitliche Wasserhaltung herangezogen werden (s. Mühlenkamp et al. 2010). Bessere Berechnungsergebnisse sind durch aufwendigere numerische Verfahren zu erzielen.

Wurde keine Probeabsenkung vorgenommen, so kann in dem zuerst fertiggestellten Brunnen einer Grundwasserabsenkungsanlage sofort ein Pumpversuch durchgeführt werden, um die getroffenen Annahmen zu überprüfen und etwaige Änderungen rechtzeitig veranlassen zu können. Die Auswertung kann in einfachen Fällen über die o. g. Formel des Fassungsvermögens q' (Brunnenergiebigkeit) erfolgen, aufgelöst nach k:

$$k = \frac{15 \times q'}{2 \times \pi \times h'} \quad in\, m/s$$

Weitere Näherungsformeln ▶ Abschn. 2.9.4.

Auch bei Ermittlung der k-Werte durch eine Probeabsenkung stecken in den Berechnungsergebnissen einer Grundwasserhaltung immer noch zahlreiche Fehlerquellen, welche die maßgebenden Größen wesentlich beeinflussen können. Die in vielen Gebirgsarten anzutreffenden wechselhaften hydraulischen Eigenschaften lassen sich manchmal auch nicht über eine Probeabsenkung mit Einzelbrunnen ermitteln, sondern erfordern einen anfänglich stufenweisen Probebetrieb und einen flexiblen Betriebsablauf (Mühlenkamp et al. 2010). Erhebliche Wassermengen sind vor allem in Baugruben zu erwarten, deren Absenkbrunnen im tieferen Teil deutlich stärker wasserwegsame Schichten angeschnitten haben. Eine Talfüllung ist fast immer mit stärker und weniger stark durchlässigen Zwischenschichten und anderen Störfaktoren durchsetzt. Reicht z. B. ein Brunnen in eine sandarme, stärker durchlässige Kiesschicht, so kann seine Fördermenge um mehrere hundert Prozent von den ermittelten Durchschnittswerten abweichen. Ein solches Vorhandensein stärker durchlässiger Schichten im Basisbereich wird auch den Verlauf der Absenkkurve

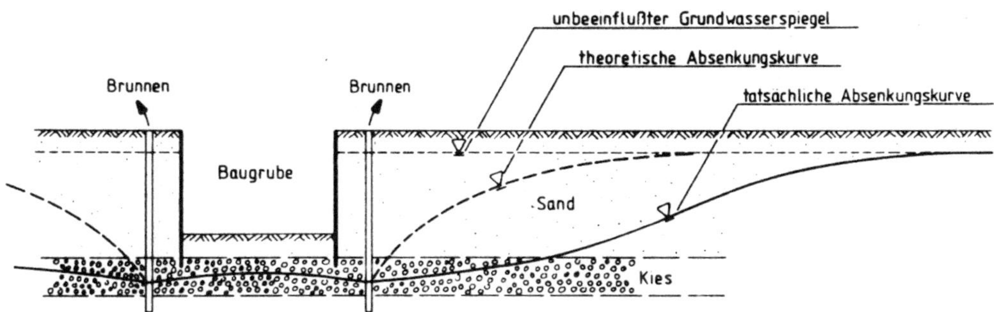

Abb. 11.13 Beeinflussung der Grundwasserabsenkung durch eine stärker durchlässige Sicht im Basisbereich (aus Nendza und Gabener 1979)

maßgeblich verändern (Abb. 11.13). Die **Genauigkeit der Berechnung** von Wasserhaltungsmaßnahmen darf daher nicht überschätzt werden. In vielen Fällen scheinen Grenzwert-Vergleichsrechnungen noch die sicherste Methode zu sein, wobei eine Angabe von 10^{-3} oder 10^{-2} m/s eine Vergrößerung der Wassermenge um den Faktor 10 bedeutet.

Der Absenktrichter, der anfänglich eng begrenzt ist, wird mit zunehmender Dauer immer flacher, wobei gleichzeitig die Wassermenge zurückgeht. Der zunächst instationäre Fall geht schließlich in einen stationären Zustand über, bei dem der Absenktrichter die Reichweite R erreicht hat und bei dem dann auch eine gleichbleibende Wassermenge anfällt (Abb. 17.15). Die Zeitdauer dieser Anlaufphase einer Grundwasserabsenkung ist sehr unterschiedlich und hängt von der anfänglichen Fördermenge ab. Die Anzahl der Brunnen und die Pumpenleistung werden zunächst auf den stationären Zustand bemessen, zuzüglich einer entsprechenden Sicherheit für Unwägbarkeiten im Baugrund und für die Mehrbelastung in der Anlaufphase. Dieser Sicherheitszuschlag liegt allgemein bei 50 bis z. T. über 100 %. Der tatsächliche Aufwand einer Wasserhaltung lässt sich auch damit von vornherein sehr schwer festlegen. Dadurch tritt zwangsläufig das Problem der Massenmehrung bzw. -minderung gegenüber der Ausschreibung auf, das im Bauvertrag geregelt werden muss.

Dieselben Unsicherheiten treten auch bei **Versickerungsbrunnen** auf. Erfahrungen haben gezeigt, dass die nach Thiem bzw. Dupuit berechnete Anzahl benötigter Sickerbrunnen meist nicht ausreichend ist. Dies liegt einerseits daran, dass Sickerbrunnen wegen des hydraulischen Widerstands in einem wasserführenden Aquifer eine geringere Leistungsfähigkeit aufweisen als Entnahmebrunnen und andererseits, dass sich um die Sickerbrunnen herum ein künstlicher Grundwasserberg aufbaut, der die Versickerungsleistung weiter vermindert. Das Schluckvermögen eines Infiltrationsbrunnens sollte daher ggf. im Rahmen eines Testlaufs vorab ermittelt werden. Bei größeren Maßnahmen bildet sich im Bereich des Wassereintrags eine unterirdische künstliche Wasserscheide aus, welche die Richtung und die Menge des Grundwasserabstroms maßgeblich beeinflusst.

In sauerstoffarmen, reduzierten Grundwässern kann die Einleitung von sauerstoffreichem Wasser eine Oxidation von Pyrit (FeS_2) bzw. Markasit (FeS_2) bewirken, wodurch gelöstes zweiwertiges Eisen oxidiert und als Eisen-III-Hydrat (Ocker; FeO(OH)) ausfällt (► Abschn. 2.3.3 und 10.2). Der Vorgang kann eine Verockerung der Filterkiesschüttung bewirken (► Abschn. 17.2.5.5).

11.7 Grundwasserkommunikationsanlagen

Lang gestreckte unterirdische Bauwerke, die in die Grundwasseroberfläche eintauchen und quer oder schräg zur Strömungsrichtung

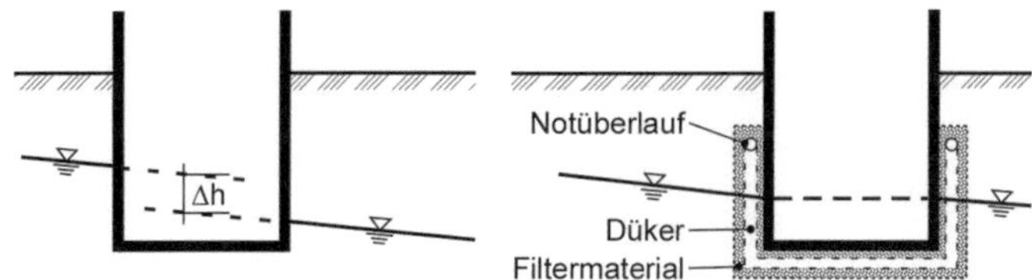

Abb. 11.14 Verhalten des Grundwasserspiegels bei langen Bauwerken quer zur Grundwasserströmung und Prinzip einer Grundwasserdükerung (aus Hailer und Hofmann 1995)

verlaufen, stellen eine Barriere für die natürliche Grundwasserströmung dar. In der Regel staut der Grundwasserspiegel anstromseitig auf und sinkt abstromseitig ab (Abb. 11.14). Die Spiegeldifferenz Δh beträgt im Regelfall etwa $2i \cdot B$ (i = Grundwassergefälle, B = Baugrubenbreite), die Reichweite oberstrom bis zu

$$R \approx 1000 \times s \times \sqrt{k}.$$

Bei schwierigen Verhältnissen sind genauere Aussagen nur über numerische Grundwassermodelle zu erhalten (Glitsch und Spang 2009). Als Sperre im Grundwasserstrom kann sowohl das Bauwerk selbst als auch der Baugrubenverbau wirken. Ein solcher Aufstau an Bauwerken sowie auch die Umleitung eines Grundwasserstroms sind genehmigungspflichtig. Als zulässiges Bewertungskriterium wird häufig eine Aufstauhöhe am Bauwerk von max. 0,1 m angenommen. Darüber hinaus sind Ausgleichsmaßnahmen zur Grundwasserkommunikation (Düker) vorzusehen.

Um den Grundwasserquerstrom so wenig wie möglich zu behindern, müssen nach Möglichkeit Verbauarten eingesetzt werden, die nach Beendigung der Maßnahme wieder entfernt werden können. Bauzeitlich kann auf der Anstromseite Grundwasser über Vertikalbrunnen abgepumpt und auf der Abstromseite wieder versickert werden. Als aktive Maßnahme können verschiedene Typen von Grundwasserkommunikationsanlagen (GWK-Anlagen) vorgesehen werden (Glitsch und Spang 2009). Sofern ein Arbeitsraum zur Verfügung steht, kann als einfache Grundwasserdükerung der seitliche Arbeitsraum mit Kiessand verfüllt und das anfallende Wasser im Sohlbereich bzw. über dem Bauwerk mit Dränleitungen zum unterstromigen Bauwerksrand geleitet werden, wo es wieder an den Grundwasserleiter abgegeben wird. Andernfalls sind technisch ausgereiftere Lösungen zur Grundwasserdükerung erforderlich, z. B. seitliche Brunnenschächte (Spang et al. 2007).

Für die **Bemessung einer Dükeranlage** sind die Ausbildung und Mächtigkeit des Grundwasserleiters, die Durchlässigkeitsbeiwerte, der Wasserchemismus, das Gefälle der Grundwasseroberfläche und die Grundwasserfließrichtung sowie die Eintauchtiefe des Bauwerks (Verbauungsverhältnis) anzugeben. Dazu sind ein flächiges Aufschluss- bzw. Messstellennetz und eine vorab ausreichend lange Grundwasserbeobachtung erforderlich. Problematisch ist dabei immer die Angabe des für die Grundwasserversickerung maßgebenden vertikalen Durchlässigkeitsbeiwerts k_v, der i. Allg. mit $k_v = 0{,}25\,k$ angenommen wird (Rückert 1994). Für die Bemessung ist die Wassermenge zu ermitteln, die zu fassen, überzuleiten und wieder zu versickern ist, um den Aufstau auf 0,1 m zu begrenzen. Das Messstellennetz zur Erkundung dient nach dem Bau gleichzeitig zur Kontrolle der Wiederherstellung der großräumigen Grundwasserströmungsverhältnisse. Im Nahbereich der Tiefbauwerke sind dabei gewisse systembedingte Veränderungen der Grundwasserströmung mehr oder weniger unvermeidbar. Ein weiteres Problem ist die Gefahr von Verockerung, Verschleimung oder Versinterung einer GWK-Anlage infolge des Wasserchemismus (► Abschn. 9.2 und Glitsch und Spang 2009).

11

Erdarbeiten

H. Prinz, R. Strauß, *Ingenieurgeologie*,
https://doi.org/10.1007/978-3-662-54710-6_12

Erdarbeiten umfassen Arbeiten für den Verkehrswegebau (Straßen- und Eisenbahnbau, Rollfelder), Wasserbau, sonstige Tiefbauarbeiten, Landschaftsgestaltung und Verfüllung von Tagebaugruben. Für den Bau von Verkehrswegen gelten in der Bundesrepublik Deutschland zahlreiche Merkblätter und Richtlinien, die bei der ingenieurgeologischen Beratung zu beachten sind (s. Anhang). Dies beginnt schon mit der **Terminologie für den Straßenbau** (◘ Abb. 12.1). Der Oberbau umfasst die Fahrbahndecke und die Tragschichten (► Abschn. 12.4.2). Das Planum ist die Oberfläche des Unterbaus (Dammkörper) bzw. des Untergrundes. Der Untergrund ist der anstehende Boden im Einschnittsplanum oder an der Dammaufstandsfläche. Ähnliche Begriffe gibt es auch bei der Deutschen Bahn AG mit der Richtlinie für Erdbauwerke RiL 836 (1999/2008), ◘ Abb. 12.6.

Ein Erdbauwerk (Erddamm) kann entweder homogen aufgebaut oder in verschiedene Zonen aufgeteilt sein. Die **Erddammzonen** sind:

- Krone (einschließlich Deckschicht und Oberbau),
- Kern,
- Schultern,
- Sohle (Dammbasis, ggf. kapillarbrechende Schicht),
- Aufstandsfläche.

12

Für Erdarbeiten gelten die DIN 18 300 der VOB, Teil C, und, sofern sie Bestandteil des Bauvertrags sind, die „Zusätzlichen Technischen Vorschriften und Richtlinien für Erdarbeiten im Straßenbau" (ZTVE-StB 17) bzw. die RiL 836. Für Erdarbeiten im Wasserbau ist auf die „Zusätzlichen Technischen Vertragsbedingungen-Wasserbau" (ZTV-W) hinzuweisen. Weitere spezielle Vorschriften für Erdarbeiten im Straßenbau s. Anlage 5.4.

Sobald die neue DIN 18 300:2015 im Straßenbau eingeführt ist, werden die bisherigen Boden- und Felsklassen durch Homogenbereiche gem. ► Abschn. 3.3.2 abgelöst. Zwischenzeitig liegen auch erste Entwürfe einer **europäischen Normenreihe für Erdarbeiten** vor, die DIN EN 16 907:

- Teil 1 enthält allgemeine Grundsätze und Regeln und im Anhang einen Überblick über die Vorgehensweisen in einigen europäischen Nachbarstaaten.
- Teil 2 des Normenentwurfs behandelt die Materialklassifizierung im Erdbau auf der Basis der DIN 18300:2015. Die Klassifizierung erfolgt ebenfalls in zwei Schritten:
  - Beschreibung von Boden und Fels an Ort und Stelle nach Geologie sowie visuellen und manuellen Techniken und erste Einstufung in Homogenbereiche.
  - Klassifizierung von Boden und Fels für Zwecke des Erdbaus (Aushub, Transport, Behandlung, Auftrag, Verdichtung, Langzeiteigenschaften) nach Erfahrung und Labortests sowie erdbautechnische Einstufung anhand vorgegebener Tabellen für die einzelnen

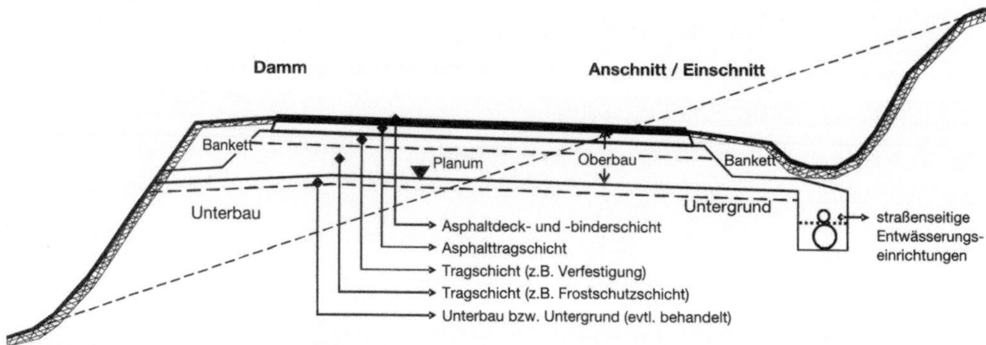

◘ **Abb. 12.1** Begriffe für den Aufbau einer Straße in Betonbauweise (aus ZTVT-StB 09)

Boden- und Felsarten in Gruppen mit einer Vielzahl z. T. neuer Gruppensymbole und Kennbuchstabenkombinationen (z. B. Es, C, V3 für festen Fels oder RW, XC, V2 für brüchigen Fels, stark geklüftet, aufgelockert).

Die künftige Normenreihe DIN EN 26 907 weist derzeit folgende Teilnormen auf:

- Teil 1: Grundsätze und allgemeine Regeln (E 2016),
- Teil 2: Materialklassifizierung (E 2015),
- Teil 3: Ausführung von Erdarbeiten,
- Teil 4: Bodenbehandlung mit Kalk und/ oder hydraulischen Bindemitteln,
- Teil 5: Qualitätskontrolle und Überwachung,
- Teil 6: Landgewinnung mit nassgebaggertem Auffüllmaterial,
- Teil 7: Hydraulische Einbringung von mineralischen Abfällen,

Die Einführung dieser Normen in Deutschland bleibt abzuwarten.

Die Ausführung von Erdarbeiten umfasst alle **fünf klassischen Arbeitsvorgänge im Erdbau**, nämlich Lösen, Laden, Fördern, Einbauen und Verdichten von Boden und Fels bzw. von sonstigen erdbautechnisch geeigneten Ersatzbaustoffen. Die Wahl des Bauverfahrens sowie der Einsatz der Baugeräte gehört nach DIN 18 300, wenn in der Leistungsbeschreibung nichts anderes vorgeschrieben ist, zur Verantwortung des Auftragnehmers. Allerdings dürfen die Eigenschaften des Baugrunds durch die Arbeitsvorgänge nicht nachteilig verändert werden.

12.1 Gewinnung und Förderung

Bodengewinnung und -transport sind in erster Linie eine Frage des rationellen Baumaschineneinsatzes, wobei die Gelände- und Grundwasserverhältnisse, die Boden- und Felseigenschaften sowie die Witterungsverhältnisse während der Bauzeit (Befahrbarkeit) zu berücksichtigen sind (s. Floss 2011 und Eymer et al. 2005).

Bei größeren Erdarbeiten für Verkehrswege ist man immer bemüht, einen **Massenausgleich** zu erreichen, d. h. bei einer wirtschaftlich vertretbaren Förderweglänge alle in den Einschnitten anfallenden brauchbaren Massen in Dammabschnitte wieder einzubauen. Ist dies nicht der Fall, müssen neben unbrauchbaren Böden auch brauchbare Überschussmassen deponiert werden, oder es muss Material aus Seitenentnahmen zugefahren werden, um Fehlmassen auszugleichen (zur Erkundung von möglichen Seitenentnahmen s. DIN 4020, Anhang D). Das Aufsuchen von möglichen Seitenentnahmen hängt sehr von der geologischen Situation ab. Benötigt wird bei möglichst kurzen Transportwegen leicht gewinn- und gut verdichtbares, möglichst wasserbeständiges Material, das auch als Bodenaustauschmaterial im Grundwasserbereich verwendet werden kann (s. FGSV-Merkblatt M GUB 04).

Verwendungsfähiger unbelasteter Erdaushub soll immer einer erdbautechnischen Verwendung zugeführt werden. Soweit dies nicht unmittelbar möglich ist, muss er auf sog. Zwischendeponien für eine spätere Verwendung zwischengelagert werden.

Beim Massenausgleich muss der **Auflockerungsfaktor** der Boden- und Felsarten berücksichtigt werden, wobei die Auflockerung nach dem Lösen für das Fördern, die bleibende Auflockerung nach dem Einbau dagegen für den Massenausgleich gilt (◘ Tab. 12.1). Zu beachten ist, dass bei den heutigen Verdichtungsanforderungen häufig ein negativer Auflockerungsfaktor (–) auftritt, und zwar z. T. auch bei leichten Felsarten wie Mergelstein oder Tonstein.

Bei den **Mengenangaben** für Erdarbeiten sind außerdem sowohl mögliche Setzungen des Untergrundes unter der Dammlast und Eigensetzungen des Erdbauwerks als auch die mit fortschreitendem Aushub tieferer Einschnitte auftretenden Entlastungshebungen zu berücksichtigen, die in tonigen Böden von Quellhebungen begleitet sein können. Diese Hebungen können einige Zentimeter betragen und über einen Zeitraum von mehreren Monaten bis einigen Jahren anhalten (► Abschn. 5.5.3.3).

Das **Lösen von Boden und Fels** wird i. d. R. nach DIN 18 300 ausgeschrieben und abgerechnet. Beide sind so zu lösen und zu fördern, dass

Tab. 12.1 Anhaltswerte für die Auflockerung und Überverdichtung von Boden- und Felsarten

Bodenarten	**Auflockerung in % nach dem Lösen**	**Bleibende Auflockerung (+)/ Überverdichtung (–) in % nach dem Einbau**
Grobschluff	5 bis 20	–5 bis –25
Lehm	15 bis 25	–5 bis –15
Ton	20 bis 30	+2 bis –10
Sand	15 bis 25	–5 bis –15
Kies	25 bis 30	+8 bis 0
Kies-Sand-Gemische	20 bis 25	–5 bis –15
Steinige Böden mit Feinkorn <0,06 mm	20 bis 25	0 bis –15
Felsarten		
Schluffstein, Tonstein, Mergelstein	25 bis 30	+2 bis +15
Kalkstein, Sandstein, Granit	35 bis 60	+10 bis +35

ihre Einbaufähigkeit erhalten bleibt. Die Massenberechnung der einzelnen Abrechnungseinheiten erfolgt nach Aufmaß im Einschnitt und geometrischer Ermittlung der Aushubflächen bzw. -massen. Wenn die Homogenbereiche der Boden- und Felsschichten nicht getrennt aufgemessen werden können, so ist nach ZTVE-StB 09 auch eine Zusammenfassung in Mischbereiche möglich. In der Ausschreibung sollte außer einer Einteilung der Homogenbereiche nach DIN 18 300 (▶ Abschn. 3.3.1) auch eine möglichst genaue Beschreibung der Felsarten vorgenommen werden, und zwar nach:

- Gesteinsart, Quarzgehalt, Bindemittel, Gesteinsfestigkeit, Abrasivität, Verwitterungsgrad, Wasserempfindlichkeit sowie
- Bankdicke und Raumstellung der Schichtung bzw. Schieferung und des übrigen Trennflächengefüges sowie die Kluftkörpergrößen.

Zur Gewinnung von Schüttmaterial ist Fels so zu lösen, dass ein gut verdichtbares, weit gestuftes Korngemisch mit günstig geformten Steinen anfällt, deren Größtkorn 2/3 der zulässigen Schütthöhe nicht übersteigen darf. Häufig wird das Größtkorn auch auf 200–300 mm begrenzt (▶ Abschn. 12.2.3).

Unterschieden werden im Erdbau:

- fester Fels $q_u > 50$ MN/m² (i. d. R. Sprengfels),
- mittelfester bis brüchiger Fels $q_u < 50$ MN/m² (Meißeln, Reißen, Baggern).

Ein Hilfsmittel zur Einstufung von Fels hinsichtlich des Lösens sind refraktionsseismische Messungen, die den durch Verwitterung und Zerklüftung bedingten Auflockerungsgrad des Gebirges recht gut anzeigen (▶ Abschn. 4.3.2.1). Die obere Grenze der Wellengeschwindigkeit für Reißbarkeit liegt bei 2000–2500 m/s (◘ Abb. 12.2). Die DIN EN 16 907-2 (E 2015) enthält außerdem einen Vergleich P-Wellengeschwindigkeit/Kluftabstände (dort. Tab. 5).

Die Einstufung der Boden- und Felsklassen nach DIN 18 300 ist unabhängig davon, ob das Lösen noch mittels Bagger bzw. durch Reißen oder Aufmeißeln möglich ist oder ob Sprengen vorzusehen ist.

Das **Sprengen** von Fels erfordert entsprechende Erfahrung und auch Kenntnis der Gebirgseigenschaften, um die Auswahl des

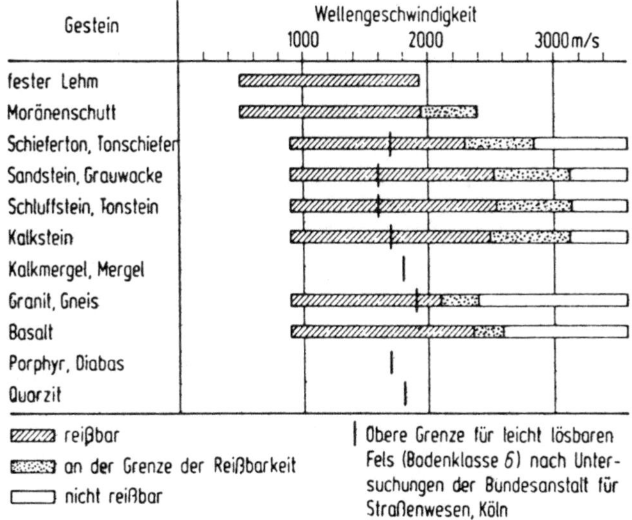

Abb. 12.2 Reißbarkeit verschiedener Felsarten mit einer schweren Raupe mit Reißzahn (Cat. D 9) in Abhängigkeit von der Wellengeschwindigkeit bei Refraktionsseismik (nach Floss 1997)

Sprengstoffs treffen zu können (s. a. Müller und Pipping 2011). Darüber hinaus müssen das Bohrlochraster (Vorgabe und Bohrlochabstand), der Bohrlochdurchmesser und die Ausladung des Bohrlochvolumens sowie die Zündfolge festgelegt werden, um eine gute Haufwerksstückigkeit zu erreichen.

Für die Festlegung des Bohrlochrasters und des einzusetzenden Sprengstoffvolumens muss außerdem das Trennflächengefüge (Raumstellung und mittlere Abstände der Kluftscharen, Öffnungsweite bzw. Trennflächenfüllungen) berücksichtigt werden. Die zertrümmernde Wirkung der Druckwelle reicht nicht weit (<1 m) und endet fast immer an der nächsten Mittel- oder Großkluft. Auch die Rissbildung von Bohrloch zu Bohrloch wird durch quer verlaufende Klüfte stark behindert. Senkrecht zur freien Oberfläche verlaufende Klüfte führen daher zu engen, tiefen Ausbrüchen, was einen kleineren Bohrlochabstand erfordert. Klüfte parallel zur freien Oberfläche haben dagegen breite und flache Auswürfe zur Folge, sodass der Bohrlochabstand etwas größer gewählt werden kann. Bei starker Klüftigkeit muss außerdem mit einem Ausblasen des Gasdrucks über Klüfte gerechnet werden.

In der **Sprengtechnologie für Abtragssprengungen** werden Lösesprengungen und Sprengungen zur gebirgsschonenden Böschungsherstellung (Vorspaltsprengungen) unterschieden. Lösesprengungen haben bevorzugt rissbildende und zertrümmernde Wirkung zwecks Schaffung eines Haufwerks bestimmter Kornzusammensetzung ohne Übergrößen. Sie erfordern verhältnismäßig enge Bohrlochabstände. Bei größeren Bohrlochabständen spricht man von Lockerungssprengungen, die in dickbankigen Gesteinsarten häufig große Blöcke ergeben. Der Grund, warum vielfach mit zu großen Bohrlochabständen und zu starken Ladungen gesprengt wird, ist, dass das Bohren bei Sprengarbeiten den überwiegenden Zeitaufwand ausmacht (▶ Abschn. 17.7.1). Der spezifische Sprengstoffverbrauch wird in kg/m^3 bzw. g/m^3 angegeben.

Vorspaltsprengungen als Einreihensprengung haben zum Ziel, auf schonende Weise konturengerechte, maßhaltige Böschungsflächen herzustellen (▶ Abschn. 13.2.3).

Bei der **Detonationswirkung einer** Sprengladung sind zwei aufeinander folgende Kraftwirkungen zu unterscheiden: die dynamisch wirkende Druckwelle des Detonationsstoßes und der quasistatische Druck der sich ausbreitenden Detonationsgase. Unter dem kurzzeitigen (<1 ms) Detonationsstoß wird die Detonationsgeschwindigkeit einer Ladung verstanden, die aufgrund der in der Reaktionszone herrschenden hohen Temperatur- und Druckverhältnisse symmetrisch um das Bohrloch eine Druckwelle mit zertrümmernder Wirkung erzeugt, an die sich noch gewisse Radialrisse anschließen. Dem Detonationsstoß folgt der Druck der sich ausbreitenden Gasschwaden, der eine Rissaufweitung (z. T. auch Rissverlängerung) um das Bohrloch (weniger eine Rissneubildung) und ein Auswerfen der Vorgabe bringt.

Das Verhältnis Detonationsstoß/Druck der Gasschwaden bestimmt die **Eigenschaften eines Sprengstoffs**. Bei einem hochbrisanten Sprengstoff mit hoher Detonationsgeschwindigkeit (NG-Sprengstoffe, z. B. Dynamit) überwiegt die Detonationswirkung. Bei Sprengstoffen mittlerer Brisanz (gelatinöse Sprengstoffe, ANFO-Sprengstoffe, EMS-Emulsionssprengstoffe) ist das Verhältnis von Detonationsdruck und Gasdruck ausgewogen. Niedrigbrisante Sprengstoffe haben nur schiebende Wirkung.

Der zweite wichtige Faktor der modernen Sprengtechnik ist die **Verzögerungszündung** (Millisekundenzündung in Zeitstufen von 20–30 ms; ► Abschn. 17.7.1). Wird die zweite Bohrlochreihe erst gezündet, wenn sich der Gasdruck der ersten gerade aufgebaut hat und ihre Vorgabe, d. i. die Felsmasse zwischen den Bohrlochreihen, abhebt, hat die zweite Reihe nur eine geringe Vorgabe und wirkt auf ein noch erschüttertes Gebirge. Das Haufwerk wird kleinstückiger, und die Sprengstoffersparnis beträgt bis zu 30 %. Die Erschütterung des Gebirges hält zwar insgesamt länger an, ist aber im Ganzen nicht so stark wie bei der früheren Momentzündung.

Für die Bewertung von **Erschütterungsimmissionen** bei einer Sprengung wird auf Müller und Pipping (2011) und Müller et al. (2014) verwiesen (► Abschn. 6.5.5).

Eine **erschütterungsfreie Gewinnungsmethode** besteht im Einzelfall darin, die eng gesetzten Bohrlöcher mit sog. Sprengzement, einem Treibmittel (z. B. Bentonamit oder Katrock) zu verfüllen, das über Nacht quillt und den Fels aufreißt, sodass er am Tag darauf mit dem Bagger aufgenommen werden kann.

Die **Haufwerksstückigkeit** wird entweder nur visuell bewertet, oder es muss eine relativ zeitaufwendige Haufwerksanalyse auf der Grundlage einer flächenbezogenen und fotogestützten Auswertung vorgenommen werden (Müller et al. 2008).

Eine auf saug- und spülbare Böden beschränkte Gewinnungsart ist das **Spülverfahren** (s. d. DIN EN 16 907 1:e 2015). Das Verfahren wird sowohl für den Aushub und das Fördern unbrauchbarer Torf- und Kleiböden als auch für die Gewinnung und den Einbau von relativ gleichförmigen Sanden angewendet. Die Transportentfernungen können dabei mehrere Kilometer betragen. Voraussetzung sind gewisse Schichtdicken für den Aushubboden (min. 5 m, max. Aushubtiefe etwa 15 m) sowie geeigneter Sand, der das Wasser nach dem Einspülen leicht abgibt und nur einen geringen Kies- und Steinanteil aufweist, welcher zu erhöhtem Energiebedarf, zu Materialverschleiß und zu Arbeitsunterbrechungen führt. Außerdem muss eine ausreichende Ablaufmöglichkeit für das Rücklaufwasser gegeben sein. Weitere Ausführungen über die Spülarbeiten und Anwendungsrichtlinien s. Floss (2011).

12.2 Einbau und Verdichtung

Im Erdbau kommen als **Dammbaustoffe** alle Boden- und Felsarten sowie die in ► Abschn. 2.2.5 angeführten Ersatzbaustoffe in Betracht, soweit sie keine löslichen Schadstoffe enthalten, wasser- und raumbeständig sind und sich bei entsprechendem Wassergehalt standfest verdichten lassen. Gefrorene Böden dürfen nicht eingebaut werden.

Für die umweltverträgliche Verwendung von Boden und Fels mit Fremdbestandteilen gem. ► Abschn. 12.5.1 und die genannten Ersatzbaustoffe gelten die Anforderungen der LAGA M 20 bzw. der Mantelverordnung des BMUB (3. Entwurf 2015) sowie die TL BuB E-StB und die Merkblätter MTSE und MRC (s. a. Heyer und Bilrle 2010).

Das Arbeitsverfahren (Einbaugeräte, Verdichtungsgeräte, Schütthöhe, Anzahl der Übergänge und Arbeitsgeschwindigkeit) richtet sich nach dem einzubauenden Material und der geforderten Verdichtung. Eine ordnungsgemäß durchgeführte Verdichtung der einzelnen Schüttlagen hat sowohl im Erdbau als auch bei Bodenaustauscharbeiten und dem Unterbau von Hallenfußböden einen wesentlichen Einfluss auf die Qualität und die Lebensdauer des Bauwerks.

12.2.1 Verdichtbarkeit der Boden- und Felsarten

Bei der Verdichtung werden die Bodenteilchen in eine dichtere Lagerung gebracht, wobei ein Teil der Luft oder des Wassers aus den Poren des Bodens ausgepresst wird. Bei den relativ großen Poren der nichtbindigen Böden ist dies verhältnismäßig leicht zu erreichen. Bei den bindigen Erdstoffen lässt sich die Luft aus den Großporen einer Schüttung ebenfalls noch gut verdrängen, die Luft in den Feinporen und das Porenwasser dagegen nur sehr schwer oder überhaupt nicht. Für die Bodenverdichtung liegt ein Merkblatt der FGSV (1974) vor. In der ZTVA-StB 97/06 werden für die verschiedenen Bodenarten Verdichtbarkeitsklassen (V) ausgewiesen, die zwar für die Verfüllung von Leitungsgräben gedacht sind, aber auch für sonstige Verdichtungsarbeiten im Erdbau herangezogen werden:

- V1: nichtbindige und schwach bindige Böden,
- V2: bindige, gemischtkörnige Böden,
- V3: bindige, feinkörnige Böden.

Einen guten Hinweis für die Verdichtbarkeit der verschiedenen Bodenarten gibt die Proctordichte gem. ► Abschn. 2.5.2. **Nichtbindige Böden** lassen sich am besten durch Rütteln unter statischer Last oder durch impulsartige Beanspruchung verdichten. Sie sollen eine möglichst hohe Ungleichförmigkeitszahl ($C_u \geq 6$) haben und nur geringe Anteile bindiger Beimengungen (<8 %; ◘ Abb. 12.3). Die für den Einbau günstigen Wassergehalte liegen für Kies bei 4–8 % und für Sand bei 5–12 %. Reine Sande mit steiler Kornverteilungskurve (Dünensande und auch viele Flusssande) sind zwar verhältnismäßig unabhängig vom Wassergehalt, lassen sich aber (auch mit modernen Verdichtungsgeräten) nur schwer verdichten und sind wenig standfest. Die verbleibende oberflächennahe Auflockerung muss statisch nachverdichtet werden.

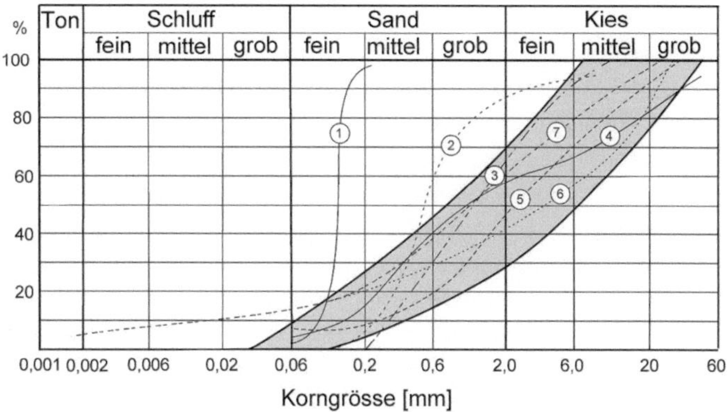

◘ **Abb. 12.3** Körnungsbereiche für gute Verdichtbarkeit nichtbindiger Böden mit Beispielen:
1 = Flugsand (Darmstadt), $C_u = 1{,}4$
2 = Flusssand (Rhein), $C_u = 2{,}6$
3 = Sand, kiesig, Nassbaggerung (Rhein), $C_u = 5{,}5$
4 = Kiessand (Rhein), $C_u = 21{,}6$
5 = Steinerde (Basalt) $C_u = 12{,}4$
6 = Pleistozäne Hochterrassenkiese (Lahn b. Lollar), $C_u = 777$
7 = Granitgrus („Bessunger Kies" b. Darmstadt), $C_u = 222$
1 bis 3 = nicht gut zu verdichten; 4 bis 7 = gut verdichtbar; 5 bis 7 = stark wassergehaltsabhängig.

Die **gemischtkörnigen Böden** (► Abschn. 2.2.4 und ◘ Tab. 3.1) werden unterteilt in solche mit einem Feinkorngehalt ≤ 15 M.-% bzw. mit einem solchen von 15–40 M.-%. Diese Böden lassen sich zwar bei günstigen Wassergehalten gut verdichten und erreichen eine hohe Trockendichte, sind aber zunehmend wassergehaltsempfindlich.

Bindige Bodenarten sind bezüglich ihrer Verdichtbarkeit stark vom Wassergehalt, der Plastizität (bes. Fließgrenze) und der Korngrößenverteilung abhängig. Die günstigen Wassergehalte liegen für leichtplastische Böden 2–4 %, für hochplastische Böden 3–6 % unter dem Wassergehalt der Ausrollgrenze (w_p).

Organische Böden (► Abschn. 3.2.4) werden außer für den Deichbau nicht als Dammbaustoff verwendet (s. d. NLWKN-Empfehlung „Qualitätssicherung für den Kleieinbau" (2011).

Böden mit organischen Beimengungen der Gruppen OU, OT, OH und OK sind im Gegensatz zu den organischen Böden (HN, HZ und F) als Dammbaustoff bedingt geeignet, wenn die organischen Anteile unter 5 % liegen (► Abschn. 2.3.2). Eine Untersuchung der erdbautechnischen Eigenschaften solcher Böden mit organischen Anteilen >5 % bringen Heyer et al. (2012).

Bindige Böden zählen zusammen mit den grobkörnigen bindigen Mischböden (15–40 % Ton- und Schluffanteile) und auch den gleichförmigen Sanden (C_u < 3) zu den **schwierig zu verdichtenden Böden**. Dazu gehören außer den TA- und TM-Böden auch viele Hangschuttmassen und die sog. Steinerden, die gebietsweise von Steinbrüchen angeboten werden, deren ausreichende Verdichtung aber ebenfalls sehr wassergehaltsabhängig ist (◘ Abb. 12.3). Die günstigsten Wassergehalte liegen im Bereich von w_{opt} und auf dem trockenen Ast der Proctorkurve. Ab etwa 2 % über dem Optimum muss mit Schwierigkeiten gerechnet werden.

Wassergesättigte Böden lassen sich aufgrund der Inkompressibilität des Wassers nicht verdichten, sie müssen ausgesetzt oder verbessert werden (► Abschn. 12.3.1). Auch zu niedrige Wassergehalte sollten möglichst vermieden werden, da der verdichtete Boden sonst nachträglich Wasser aufnehmen kann, wodurch seine Trageigenschaften abgemindert werden.

Eine besondere Aufgabenstellung ist die **Verdichtung plastischer Tone** (TM, TA). Allgemein fallen stark tonige Erdstoffe schollig an und sind schwer verdichtbar. Eine hohlraumarme Verdichtung, wie sie z. B. für Dichtungszwecke erforderlich ist, wird am besten mit vorzerkleinertem Material, bei geringen Schütthöhen (<0,3 m) und durch knetende Verdichtung mit Stampffuß-Vibrationswalzen in Längs- und Querrichtung sowie in mindestens 4 kontrollierten Übergängen erreicht. Abschließend müssen die Flächen mit Glattradwalzen versiegelt werden. Die günstigsten Durchlässigkeitsbeiwerte werden auf dem nassen Ast der Proctorkurve erzielt (► Abschn. 2.4.2). Durch Erhöhung der Verdichtungsarbeit lässt sich i. d. R. immer eine Verminderung der Durchlässigkeit erreichen.

Die **Einbaufähigkeit von Fels** hängt sehr stark von der Gesteinsart und der Gewinnung ab (► Abschn. 12.1). Die Forderung, dass die Steingröße 200 mm, max. aber 2/3 der Schütthöhe, nicht überschreiten darf, ist in der Praxis selten einzuhalten. Bei Felsgestein, das beim Lösen zu grob anfällt, müssen entsprechende Verdichtungsgeräte eingesetzt werden. Kleinere Mengen an Blöcken über 0,1 m^3 (= ∅ 600 mm) sind ggf. auszusortieren und evtl. im Bereich der Dammfüße einzubauen. Falls der Anteil der Felsblöcke zu groß wird, sind diese mittels Felsmeißel oder mobiler Brecheranlagen zu zerkleinern.

Grobes Felsmaterial und eng gestufte grobkörnige Böden, die sich aus Mangel an Feinkorn nur hohlraumreich verdichten lassen, dürfen nur bis 1 m unter Planum eingebaut werden. Aus den Schüttmassen darüber dürfen sich keine Körner nach unten verlagern können. Auch die Sandwichbauweise mit wechselweisem Einbau von groben Felsmassen mit Ausgleichsschichten aus feinkörnigem Material hat sich nicht bewährt. Schichtwasser aus den groben Lagen führt häufig zu Erosionserscheinungen im Dammkörper und an den Böschungen.

Die DIN EN 16 907-2 (E 2016) enthält eine Tabelle (dort. Tab. 4b) für die Verwendung von Felsgestein bei Erdarbeiten.

Veränderlich feste Gesteine gem. ► Abschn. 3.4.1.2 (Schluffstein, Tonstein, Tonschiefer, Schalstein u. Ä.), in geringerem Umfang auch weniger anfällige Gesteine wie manche Granite, sind als Erdbaustoffe grundsätzlich geeignet (s. Baumgärtel et al. 2006). Die Gesteine zerfallen aber bei nachträglicher Durchfeuchtung auch im eingebauten Zustand häufig in Grus- und Feinmaterial bis zur Schluff- bzw. Tonkorngröße mit entsprechenden Setzungserscheinungen und Tragfähigkeitsverminderungen der Erdbauwerke. Diese als **Sättigungssetzung** (oder auch Sackung) bezeichnete Erscheinung ist abhängig vom Gestein und seinem Verwitterungszustand sowie der Körnigkeit und der zuvor erreichten Verdichtung (► Abschn. 14.2). Durch erhöhte Verdichtungsanforderungen lässt sich dieses Verhalten deutlich verbessern bzw. durch Zugabe von bodenverbessernden Bindemitteln praktisch beheben.

Als grenzwertige Festgesteine gelten auch Gesteinsarten mit oxidierbaren Sulfiden (z. B. Pyrit, ► Abschn. 2.3.3) oder mit löslichen Mineralen.

Grenzwertige Gesteine sind außerdem stärker quellfähige Bodenarten oder Böden mit >0,2 % Gipsanteilen (s. DIN EN 15 907 1:E 2016) sowie Kreide. Die DIN EN 16 907-2 (E 2015) bietet eine Einteilung der Festigkeit von Kreide nach der Trockendichte (in kN/m^3):

sehr hoch	19,5
hoch	17–19,5
mittel	15,5–17
gering	<15,5

12.2.2 Verdichtungsgeräte

Die Verdichtungswirkung hängt ab von der Bodenart, dem Wassergehalt, aber auch von der Arbeitsweise, dem Einsatzgewicht, der Amplitude und der Vibrationsfrequenz des eingesetzten Gerätes. Letztere bestimmen die Tiefenwirkung der Verdichtung von 0,2 bis über 1 m, bezogen auf die unverdichtete Schüttlage. Außerdem sind die Arbeitsgeschwindigkeit (1,5–2,0; max. 4 km/h) und die Anzahl der Arbeitsgänge (4–6) von Bedeutung. Gute Verdichtung bewirkt eine Reduktion der Ausgangsschütthöhe um 17–23 %.

Bei den **Verdichtungsgeräten** werden unterschieden:

- Schnellschlagstampfer (Vibrationsstampfer),
- Vibrationsplatten,
- Vibrationswalzen oder nicht vibrierende Walzen, selbstfahrend oder angehängt, unterteilt in:
  - Gummiradwalzen,
  - Glattradwalzen,
  - Stampffußwalzen oder Walzen mit Felsbrecherbandagen,
  - Walzen mit Polygonbandagen.

Schnellschlagstampfer Fallplatten und Impulsverdichter funktionieren durch impulsartige, vorwiegend vertikale Bewegung. Schnellschlagstampfer haben zwar nur eine kleine Flächenleistung, aber eine recht gute Verdichtungswirkung. Vibrationsplatten versetzen den Boden in Schwingungen und verdichten mit Vibrationsschlägen. Vibrationswalzen arbeiten mit rollender und schwingender Bewegung, wobei sie zeitweilig den Kontakt zum Boden verlieren. Moderne Vibrationsplatten sind wie viele Walzengeräte mit permanenter flächendeckender Verdichtungskontrolle ausgestattet (◘ Abb. 12.8), sodass Schwachstellen erkannt und rechtzeitig behoben werden können.

Für das Verdichten von Fels kommen Walzenzüge mit Felsbrecherbandage oder Stampffuß- bzw. Polygonbandagen in den gängigen Gewichtsklassen von 15–26 t Einsatzgewicht in Betracht. Stampffußbandagen eignen sich auch gut für bindige Mischböden.

Volle Verdichtungswirkung von 95–97 % Proctordichte wird bei den Standardgeräten nur bis 0,6 m (max. 0,8 m) Tiefe erzielt. Eine bessere Tiefenwirkung von 1,0–1,5 m (max. 2,0 m) ist mit den achteckigen Polygonbandagen zu erzielen. In Probefeldern wurde eine deutlich bessere Verdichtungswirkung sogar bis 5 m festgestellt, was besonders für großflächige Baugrundverbesserung von Bedeutung ist. Die Oberzone bis 0,5 m muss bei diesen Geräten nachverdichtet werden. Die beste Verdichtungswirkung ist bei gemischtkörnigen Böden zu erreichen.

Wenn keine einschlägigen Erfahrungen vorliegen, ist die Art der Verdichtung zu Beginn der Arbeiten mittels einer **Probeverdichtung** festzulegen, die nach der TP BF-StB Prüfung der Verdichtung durch Probeverdichtung (1994) durchzuführen ist.

Vibrationswalzen, aber auch Vibrationsplatten können trotz der Möglichkeit, Amplitude und Frequenz einzustellen, merkbare **Erschütterungsimmissionen** auf naheliegende Gebäude auslösen. Anhand von Erschütterungsmessungen können die Arbeitsbereiche der Geräte so eingestellt werden, dass i. d. R. keine Schäden auftreten (▶ Abschn. 6.5.5 und IFB-Bericht 20: 2005).

12.2.3 Verdichtungsanforderungen nach ZTVE und RiL 836

Der standardisierte Straßenoberbau gem. RStO 2001 setzt eine bestimmte Qualität des Planums voraus, die durch die Verdichtungsanforderungen der ZTVE-StB 09 in Abhängigkeit von der Verkehrsbelastung festgeschrieben ist (s. a. ZTVT-StB 95 und ZTVA-StB 97/06).

Die Verdichtungsanforderungen sind als **Verdichtungsgrad** definiert:

12

$$D_{Pr} = \frac{\rho_d}{\rho_{Pr}} \times 100 \text{ in } \%,$$

dessen Bezugsgröße die Proctordichte ρ_{Pr} ist (▶ Abschn. 2.5.2). Der erforderliche Verdichtungsgrad der ZTVE-StB 09 ist nach der Tiefe unter Planum gestaffelt und auf die Bodengruppen der DIN 18 196 abgestimmt. Wechseln innerhalb eines Bauabschnitts Böden mit unterschiedlichen Verdichtungsanforderungen, so ist der jeweils niedrigere Tabellenwert anzusetzen. Die Werte der ◘ Tab. 12.2 sind Mindestanforderungen, die nicht unterschritten werden dürfen. Die Maßgabe des 10 %-Mindestquantils gilt nur dann, wenn nach einem statistischen Prüfplan gearbeitet wird.

Die Verdichtungsanforderungen der ◘ Tab. 12.2 für grobkörnige Böden gelten auch für Korngemische aus gebrochenem Festgestein mit bis zu 35 M.-% von 63–200 mm. Darüber hinaus sind nach ZTVE-StB 09, 4.3.2 besondere Festlegungen zu treffen.

In den europäischen Nachbarländern werden als Referenzdichte für den Dichtungsgrad auch andere Verfahren herangezogen. Bei Vergleichsversuchen der BAST (Heft S 95, 2016) hat sich der Versuch mit dem Vibrationshammer als dem Proctorverfahren gleichwertig erwiesen (in Deutschland aber nicht eingeführt).

In Deutschland dient als Hilfskriterium für die erreichte Verdichtung der **E_{v2}-Modul** des statischen Plattendruckversuchs. Bei feinkörnigen

◘ **Tab. 12.2** Anforderungen an das 10 %-Mindestquantil[1)] für den Verdichtungsgrad D_{pr} bzw. an das 10 %-Höchstquantil für den Luftporenanteil (aus ZTVE-StB 09)

Bereich		Bodengruppen	D_{Pr} in %	n_a in Vol.-%
1	Planum bis 1,0 m Tiefe bei Dämmen und bis 0,5 m Tiefe bei Einschnitten	GW, GI, GE SW, SI, SE GU, GT, SU, ST	100	–
2	1,0 m unter Planum bis Dammsohle	GW, GI, GE SW, SI, SE GU, GT, SU, ST	98	–
3	Planum bis Dammsohle und bis 0,5 m Tiefe bei Einschnitten	GU*, GT*, SU*, ST* U, T, OU, OT	97	12

[1)] Das Mindestquantil ist das kleinste zugelassene Quantil, unter dem nicht mehr als der vorgegebene Anteil von Merkmalswerten (z. B. für den Verdichtungsgrad) der Verteilung zugelassen ist. Das Höchstquantil ist das entsprechende größte zugelassene Quantil (z. B. für den Luftporenanteil).

Tab. 12.3 Straßentypen mit Verkehrsbelastungszahl (VB) und die zugeordneten Bauklassen (nach RStO 2001)

Straßentyp	Bauklasse	maßgebende Verkehrsbelastungszahl (VB)
Schnellverkehrsstraße	I	>1800
Schnellverkehrsstraße Industriesammelstraße	II	>900–1800
Hauptverkehrsstraße Industriestraße Fußgängerzone mit schwerem Ladeverkehr	III	>300–900
Sammelstraße Fußgängerzone mit Ladeverkehr	IV	>60–300
Anliegerstraße Fußgängerzone	V	>10–60
Anliegerstraße befahrbarer Wohnweg	VI	≥10

Böden steht jedoch der Verformungsmodul in keinem direkten Zusammenhang zum Verdichtungsgrad D_{Pr}, weil er nicht nur von der Trockendichte ρ_d, sondern zusätzlich vom Wassergehalt beeinflusst wird. Plattendruckversuche sollen daher nur bei grob- und gemischtkörnigen Böden eingesetzt werden.

Das **Planum** ist profilgerecht, eben und tragfähig herzustellen. Vor dem Einbau der Oberbauschichten (▶ Abschn. 12.4.2) müssen bei frostsicherem Untergrund bzw. Unterbau auf dem Planum, je nach Bauklasse (◘ Tab. 12.3) folgende Verdichtungswerte (Verformungsmodul) erfüllt sein:

- Bauklasse I–IV: E_{v2} 120 (100) MN/m² bzw. E_{vd} 65 (50) MN/m²
- Bauklasse V–VI: E_{v2} 100 (80) MN/m² bzw. E_{vd} 50 (40) MN/m²

Der Verformungsmodul E_{v2} wird mit dem statischen, der E_{vd} mit dem dynamischen Plattendruckversuch ermittelt. Die Klammerwerte gelten für den Fall, dass die erstgenannten Anforderungen nur durch das Verdichten der darüber einzubauenden untersten Tragschicht erreicht werden können (ZTVE-StB 09, 4.5.2).

Bei frostempfindlichem Untergrund bzw. Unterbau ist auf dem Planum ein Verformungsmodul von min.

$$E_{v2} = 45\ MN\ /\ m^2$$

erforderlich.

Lässt sich dieser Verformungsmodul nicht erreichen, so ist der Untergrund bzw. Unterbau zu verbessern (auch Bodenaustausch) oder zu verfestigen bzw. die Dicke der ungebundenen Tragschichten zu vergrößern. Die Dicke eines erforderlichen Bodenaustauschs beträgt je nach Tragfähigkeit des Erdplanums und der Qualität des eingesetzten Materials 0,4–0,9 m (Köhler et al. 1998). Die Wirkung eines Bodenaustauschs kann durch Verlegen eines Geokunststoffvlieses an der Basis verbessert werden (▶ Abschn. 12.3.4).

Nach Durchführung einer qualifizierten Bodenverbesserung (▶ Abschn. 12.3.3) ist bei frostempfindlichem Untergrund bzw. Unterbau ein Verformungsmodul von

$$E_{v2} = 70\ MN\ /\ m^2$$

nachzuweisen.

Vergleichbare Anforderungen an die Verdichtung enthalten auch die **Erdbaurichtlinien der DB AG**, die RiL 836 (2002), „Erdbauwerke planen, bauen und instand halten" (◘ Abb. 12.4). Im Bahnbau wird der Übergang zum Untergrund (Erdplanum) auch als Fahrweggründung

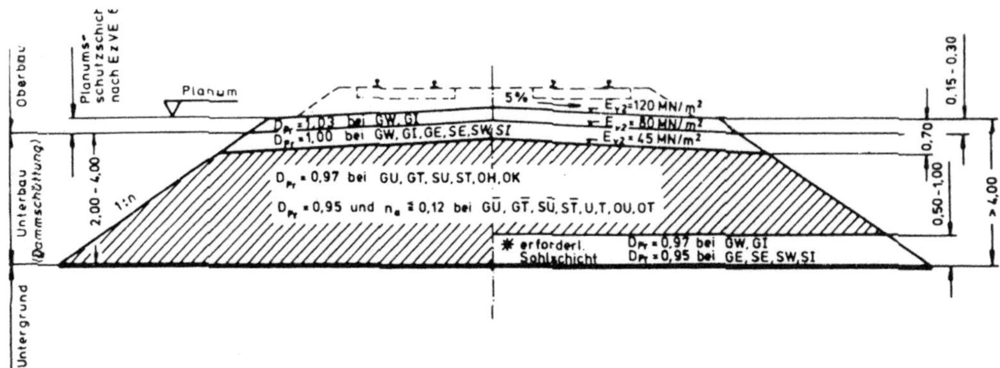

Abb. 12.4 Mindestanforderungen an die Verdichtung gemischt- und feinkörniger Bodenarten nach RiL 836

bezeichnet, in der die Lasten aus dem Bahnkörper und dem Verkehr in den Untergrund eingeleitet werden.

Im Rahmen der Vorerkundung kann die Angabe der **Tragfähigkeit des Erdplanums** nicht auf der Grundlage von Plattendruckversuchen vorgenommen werden, sondern nur über einen Vergleich der aus Schurf- oder Bohrproben ermittelten Trockendichten des anstehenden Bodens mit den entsprechenden Proctorwerten. Köhler et al. (1998) bieten für die üblichen Lehmböden (Aue-, Löss-, Hanglehm) Diagramme für die Abhängigkeit von Plastizität und Wassergehalt zum Verformungsmodul E_{v2} sowie Formeln für die rechnerische Ermittlung des E_{v2}-Moduls aus dem Steifemodul E_s (Tab 2.8). Als Erfahrungswert gilt:

$$E_{v2} \approx 0,9 - 1,0 \times E_s.$$

Floss (2011) gibt für feinkörnige Böden außerdem folgende näherungsweise Zuordnung:

E_{v2} [MN/m²]	I_c
>15	>0,8
>20	>0,9
>30	>1,0
>45	>1,2

Im Einflussbereich der Witterung bzw. des Grundwassers ist bei bindigen Böden eine Konsistenz >1,0 selten gegeben. E_{v2}-Moduln von >45 MN/m² lassen sich daher meist nur mittels Bodenverbesserung erreichen (▶ Abschn. 12.3).

Besondere Vorsicht ist auch bei stärker angewitterten veränderlich festen Tonsteinen im Erdplanum gegeben (z. B. Keuper- und Jura-Tonsteine). Durch die Entspannung und die geänderten Wasserwegsamkeiten kann es zu einem Abfall der Festigkeit kommen. Zur Gewährleistung der Tragfähigkeit kann in solchen Fällen ebenfalls eine Verbesserung oder Verfestigung mit hydraulischen Bindemitteln gem. ▶ Abschn. 12.3.3.1 erforderlich werden.

12.2.4 Verdichtungskontrollen

Die Verdichtungsanforderungen sind auf der Baustelle zu kontrollieren. Der Umfang der Kontrollen ist in der ZTVE-StB 09 festgelegt. Als Prüfarten werden Eignungsprüfungen, Eigenüberwachungsprüfungen des Auftragnehmers, Kontrollprüfungen des Auftraggebers sowie nötigenfalls Schiedsuntersuchungen unterschieden. Bei den Prüfmethoden (M) werden nach ZTVE-StB 09, 14.2, weiterhin genannt:

- M1: Prüfplan mit statistisch verteilten Stichproben,
- M2: Flächendeckende, an der Walze installierte Messverfahren,
- M3: Überwachung der Arbeitsverfahren.

Zur Methode M3 gehören u. a. eine Überwachung hinsichtlich

- der geeigneten Verdichtungsgeräte,
- der maximalen Schütthöhen,
- der zulässigen Einbauwassergehalte,
- der erforderlichen Übergänge und der Arbeitsgeschwindigkeit.

Grundlage der versuchstechnischen Verdichtungskontrolle ist die erreichte **Trockendichte ρ_d** in Bezug auf die erreichbare Proctordichte ρ_{Pr}. Die wichtigsten Dichtemessungen sind in ► Abschn. 2.4.3 beschrieben: Ausstechzylinder, Sandersatzverfahren, Ballonverfahren, Gipsersatzverfahren.

Bei grob- und gemischtkörnigen Böden mit einem Feinanteil <15 M.-% können als Ersatz auch der **E_{v2}- bzw. der E_{vd}-Modul aus dem Plattendruckversuch** (► Abschn. 2.7.5) herangezogen werden. Richtwerte für die Zuordnung der Verformungsmoduln E_{v2} bzw. E_{vd} zum Verdichtungsgrad D_{Pr} enthält ◘ Tab. 12.4. Zur Beurteilung der Verdichtungswirkung ist gem. ZTV-StB zusätzlich das Verhältnis E_{v2}/E_{v1} heranzuziehen. Dieses darf bei einem Verdichtungsgrad von 103 % nicht größer sein als 2,2 und bei einem Verdichtungsgrad >103 % nicht größer als 2,5 bzw. 2,6. Diese Verhältniszahlen haben nur Richtliniencharakter und gelten i. d. R. nur für grobkörnige und nicht für gemischt- und feinkörnige Böden.

Außer dem normalen Plattendruckversuch (DIN 18 134) wird auch der **dynamische Plattendruckversuch** mithilfe des „Leichten Fallgewichtsgerätes" eingesetzt (◘ Abb. 12.5). Das Prüfverfahren eignet sich für grob- und gemischtkörnige Böden sowie auf steifen oder halbfesten feinkörnigen Böden mit geringem Kornanteil >0,063 mm. Beim dynamischen Plattendruckversuch wird der Boden über eine kreisförmige Platte durch ein Fallgewicht stoßartig belastet, wobei die maximale Normalspannung σ unter der Lastplatte 0,1 MN/m² beträgt. Der dynamische Verformungsmodul E_{vd} wird nach der Gleichung

$$E_{vd} = 1{,}5 \times r \times \frac{\sigma}{s} \; bzw. \; E_{vd} = 22{,}5 / s$$

(s = Mittelwert der gemessenen Setzungen in mm)

ermittelt (s. d. TP BF-StB, Teil B, Dynamischer Plattendruckversuch mit leichtem Fallplattengerät, 2003). ◘ Tab. 12.4 enthält aus Erfahrungswerten hergeleitete Zuordnungswerte gegenüber dem E_{v2}-Modul.

Außer diesen Prüfverfahren werden besonders bei Großbaustellen mit gleichartigen Erdstoffen gelegentlich auch **radiometrische Messverfahren** bzw. Isotopensonden eingesetzt (► Abschn. 2.4.3).

Die bisher genannten Verdichtungskontrollen beruhen nicht nur auf einer subjektiven Auswahl der Schwachstellen, sondern sind nachlaufend und nur punktuell, d. h.

◘ **Tab. 12.4** Zuordnungswerte D_{Pr}/E_{v2} nach ZTVE-StB 09 und aus Erfahrungswerten hergeleitete Zuordnungswerte für den E_{vd}-Modul

Bodengruppe nach DIN 18 196	Verdichtungsgrad D_{Pr} (in%)	Verformungsmodul E_{v2} (in MN/m²)	Dynamisches Verformungsmodul E_{vd} (in MN/m²)
GW, GI	≥100	≥100	≥55
	≥98	≥80	≥45
GE, SE SW, SI	≥100	≥80	≥35
	≥98	≥70	≥30
Gemischt- und feinkörnige Böden	≥100	≥45	≥25
	≥97	≥30	≥20
	≥95*	≥20*	≥15*

* Werte gelten für Schutzwälle

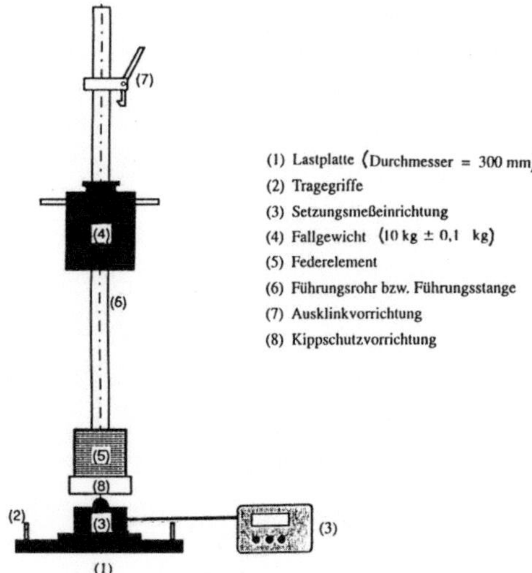

Abb. 12.5 Gerät für den dynamischen Plattendruckversuch (aus TPBF-StB, B 8.3, geändert)

stichprobenartig. Mit der geräteintegrierten flächendeckenden **dynamischen Verdichtungskontrolle** (FDVK) steht seit Anfang der 1980er-Jahre eine Prüfmethode zur Verfügung, die flächendeckend ist und schon während der Verdichtungsarbeiten die Qualität und Gleichmäßigkeit der Verdichtung sowie eventuelle Schwachstellen anzeigt. Die Gleichmäßigkeit der Verdichtung ist von wesentlicher Bedeutung für spätere Fahrbahnunebenheiten (Grabe 2000a). Beim FDVK-Verfahren wird aus Beschleunigungsmessungen an der Bandage einer Vibrationswalze (schwingende Masse) auf die Eigenschaften (Verdichtung) des Bodens geschlossen (■ Abb. 12.6). Die Messdaten (Beschleunigungskennwerte) werden dem Walzenfahrer auf einem Monitor angezeigt und von einem Computer registriert.

Bei den meisten grobkörnigen Böden (Gruppen GE, GW, GI, SW, SI) besteht i. d. R. eine gute Kalibrierungsmöglichkeit zwischen den FDVK-Messwerten und den Verdichtungswerten. Mit gewissen Einschränkungen gilt dies auch für gemischtkörnige Böden mit einem Feinkornanteil von ≥15 M.-% (Gruppen GU, SU, GT, ST). Bei höherem Feinkornanteil (>15 M.-%) und bei feinkörnigen Böden besteht eine deutliche Abhängigkeit vom Wassergehalt.

Einzelheiten s. ZTVE-StB 09, 14.2.3, das FGSV-Merkblatt über flächendeckende dynamische Verfahren zur Prüfung der Verdichtung im Erdbau (1993), den TP BF-StB, Teil E, Flächendeckende dynamische Prüfung der Verdichtung (1994) und Vogt und Bräu (2010). Bei großflächigen Einsätzen können moderne Walzengeräte mit FDVK-Anzeige und mit GPS-gesteuerter

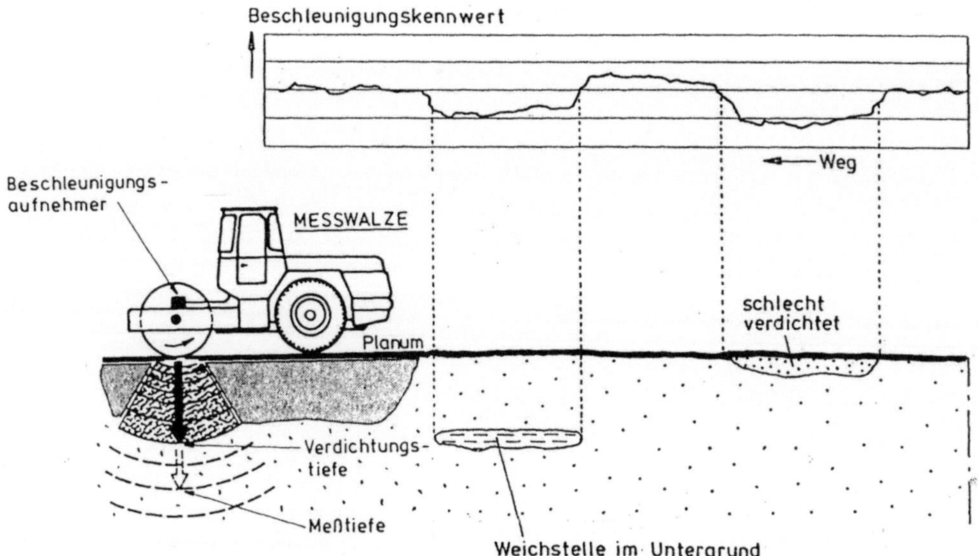

Abb. 12.6 Prinzip der flächendeckenden Verdichtungskontrolle

Positionserfassung koordinatenbezogen gesteuert und die Verdichtungsarbeiten so überwacht und dokumentiert werden.

12.2.5 Dammaufstandsfläche und Dammschultern

Bei tragfähigem Untergrund und ebenem Gelände sind für die Vorbereitung der Dammaufstandsfläche keine besonderen Maßnahmen erforderlich. Der Bewuchs wird abgeräumt, der Oberboden abgeschoben, nichttragfähiger Boden abgetragen sowie die Dammaufstandsfläche nachverdichtet. Der in Dammsohle zu fordernde Verdichtungsgrad ist ◘ Tab. 12.2 zu entnehmen, die entsprechenden E_{v2}-Werte finden sich in ◘ Tab. 12.4.

Bei **hohem Grundwasserstand** kann in der Dammsohle eine kapillarbrechende Schicht aus wasserbeständigem Gestein erforderlich werden. Bei gelegentlicher Überflutungsgefahr ist diese ggf. bis über dem Hochwasserbereich anzuordnen. Maßnahmen auf weichem Dammuntergrund ► Abschn. 14.1.4.

Ist ein Gelände mehr als 1:8 geneigt, so ist nach ZTVE-StB zu prüfen, inwieweit für die Standsicherheit des Damms eine stufenartige **Abtreppung der Aufstandsfläche**, zumindest der talwärtigen Hälfte, erforderlich ist. In bindigen Böden sind solche Stufen mindestens 0,6 m hoch anzulegen und leicht nach außen zu neigen, damit Sickerwasser abfließen kann. Nötigenfalls kann dies durch längs laufende Sickergräben unterstützt werden. An steileren Hängen müssen die Stufen in den gut tragfähigen Untergrund einbinden. Eine solche stufenartige Verzahnung ist auch bei Verbreiterungen von bestehenden Dämmen vorzunehmen.

Sickerwasser, Quellen und Rinnsale müssen vor dem Überschütten mit Dammschüttmaterial gedränt bzw. gefasst und abgeleitet werden. Bergseitiges Oberflächenwasser ist am Böschungsfuß in Gräben, nötigenfalls mit dichter Sohle, abzuleiten. Beim Auftreten von oberflächennahem Hanggrundwasser ist dieses durch einen Sickerschlitz am bergseitigen Böschungsfuß zu fassen und abzuleiten. Eine solche Maßnahme verhindert auch einen Grundwasserrückstau oberhalb eines Damms, wenn die Durchlässigkeit des Untergrundes durch die Dammsetzungen vermindert wird. Derartige Vernässungen waren schon Anlass für Beschwerden von Oberliegern.

Ein besonderes Problem stellt oft die unzureichende **Verdichtung der Dammschultern** dar, wodurch häufig Erosionsschäden und Oberflächenrutschungen ausgelöst werden. Nach ZTVE-StB 09 ist im Bereich der Dammschultern die Schütthöhe zu verringern oder der Damm mit einem Überprofil zu schütten, das nachträglich abgeräumt wird, bzw. die Böschungsoberfläche ist mit geeignetem Arbeitsgerät nachzuverdichten. Auf keinen Fall dürfen Unregelmäßigkeiten in der Böschungsfläche durch unverdichtete Schüttmassen ausgeglichen werden. Darüber hinaus ist eine möglichst rasche Begrünung der Böschungsflächen anzustreben.

12.2.6 Hinterfüllen und Überschütten von Bauwerken

Im Hinterfüllungsbereich von Brückenwiderlagern treten häufig Unebenheiten der Fahrbahn infolge von Setzungen des Hinterfüllmaterials auf. Der **Hinterfüllungsbereich** eines Bauwerks wird im Regelfall von einer Linie ab 1 m hinter der Fundamenthinterkante mit 1: 1 nach oben verlaufend angesetzt. Er ist den Vorschriften entsprechend zu verdichten und zu entwässern (s. FGSV-Merkblatt für die Hinterfüllung von Bauwerken 1994).

Bei Eisenbahnbrücken mit Fester Fahrbahn (► Abschn. 12.4.3) ist gem. RiL 836 (1999/2002) und AK FF (1995) ebenfalls ein verbesserter Übergangsbereich vorzusehen. Da die bisherigen Regellösungen die Erwartungen nicht immer erfüllt haben, sind als Alternativen eine Stabilisierung der Erdbaustoffe mit Zement bzw. die Konstruktion eines umgekehrten verfestigten Erdkeils (Jaup und Kempfert 2000) und auch andere setzungsmindernde Bauweisen in der Diskussion (Szczyrba und Kudla 2008).

Rahmenbauwerke müssen auf beiden Seiten gleichmäßig hinterfüllt und auch gleichmäßig überschüttet werden. Die Einbauhöhen auf beiden Seiten des Rahmenbauwerks dürfen dabei nur um eine Schütthöhe differieren. Als **Überschüttungsbereich** eines Bauwerks gilt eine 1 m hohe Zone unmittelbar über dem Bauwerk. Hier gelten dieselben Vorschriften wie für den Hinterfüllungsbereich. Darüber darf die Dammschüttung normal fortgesetzt werden.

Die Erdauflast der Hinterfüllung sowie mögliche Auflasten und der Verdichtungsdruck bei den Verdichtungsarbeiten verursachen einen zusätzlichen **Erddruck auf die Widerlagerwände** bzw. Flügelmauern, der je nach Bewegungsmöglichkeit der Wände in Größe, Verteilung und Richtung unterschiedlich sein kann. Widerlagerwände werden i. Allg. auf Erdruhedruck, mindestens aber auf erhöhten aktiven Erddruck bemessen (▶ Abschn. 5.6.2). Bei unsachgemäßer Verdichtung, besonders bei Einsatz zu schwerer Verdichtungsgeräte, kann der Verdichtungsdruck den Erdruhedruck übersteigen, und es können nachteilige Wandbewegungen ausgelöst werden. Der Verdichtungsdruck baut sich allerdings nach dem Verdichtungsvorgang bis auf einen verbleibenden Restdruck wieder ab.

12.2.7 Erdbaumaßnahmen in Wasserschutzgebieten

Bei **Baumaßnahmen in Wasserschutzgebieten** sind außer der ZTV Ew-StB 91 die „Richtlinien für bautechnische Maßnahmen an Straßen in Wasserschutzgebieten“, RiStWag 2002 (E 2010), sowie die „Hinweise für Maßnahmen an bestehenden Straßen in Wasserschutzgebieten“, BeStWag 1993, zu beachten bzw. die „Richtlinien für die Anwendung von Wasserrecht auf Betriebsanlagen der DB AG“ von 1992.

Die Schutzwirkung der das Grundwasser überdeckenden bindigen Schichten ist nach den Durchlässigkeitsbeiwerten und der Schichtmächtigkeit gestaffelt. Gemäß RiStWag sind je nach Durchlässigkeit sbeiwert (in m/s) folgende Schichtmächtigkeiten erforderlich:

$k < 1 \times 10^{-7}$	1–2 m
$k = 10^{-6}$ bis 10^{-7}	2–4 m
$k = 10^{-4}$ bis 10^{-6}	4–8 m
$k = 10^{-3}$ bis 10^{-4}	5–15 m

Bei künstlichen Deckschichten legen die genannten Richtlinien neben den technischen Vorgaben für Baustoffe und Bauweisen (◘ Abb. 12.7) sowie der konstruktiven Gestaltung besonderes Augenmerk auf den Einsatz von Kunststoffdichtungsbahnen oder geosynthetischen Tondichtungsbahnen (Bentonitmatten). Letztere bestehen aus einer Lage Na-Bentonitpulver, eingeschlossen zwischen zwei Geotextillagen, z. T. mit zusätzlicher Polyethylenbeschichtung. Der Bentonit reagiert mit eindringendem Wasser, wodurch eine dichte pastöse Dichtschicht entsteht. Für derartige Tondichtungsbahnen (GTD) wird eine Durchlässigkeit von $k = 5 \times 10^{-11}$ m/s (bezogen auf 1 cm Dicke) angegeben, was einer Sickerwassermenge von $2{,}5 \times 10^{-8}$ m^3/s und m^2 entspricht. Die beste Wirkung entwickeln Bentonitmatten bei Quellen unter Auflast, wobei eine

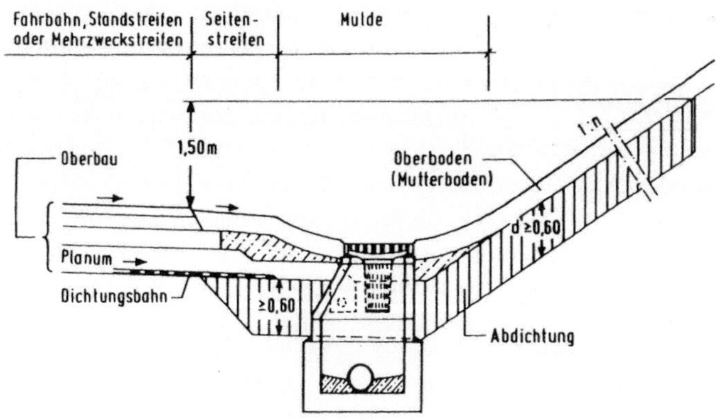

◘ **Abb. 12.7** Abdichtungsmaßnahmen in einer Wasserschutzzone III nach RiStWag (aus Heyer und Floss 1994)

gut abdichtende und ggf. selbstheilende Bentonitgelmasse entsteht, die vor Austrocknung geschützt werden muss.

Bei den üblichen Na-Bentonitmatten wird durch kalkhaltiges Sickerwasser ein Ionenaustausch mit Ca-Ionen in Gang gesetzt, was mit der Zeit eine Erhöhung des *k*-Werts zur Folge haben kann.

Einige Tondichtungsbahnen sind außerdem nicht durchwurzelungsfest, was zu Undichtigkeiten führen kann (Fleischer und Heibaum 2012).

Die meist nur 10 mm dicken Dichtungs- oder Dränschichten aus Geokunststoffen ersetzen zunehmend die 40–100 cm dicken Systeme aus mineralischen Erdbaustoffen (EAG-GTD 2002 und ZTVE-StB 09 sowie ► Abschn. 12.3.3 und 18.4.1).

12.3 Bodenverbesserung und Bodenverfestigung

Gemäß ► Abschn. 12.2.3 wird bei bindigen Böden auf dem Erdplanum eine Tragfähigkeit von D_{Pr} >97 % bzw. ein E_{v2}-Wert >45 MN/m² gefordert. Diese Festlegung setzt praktisch eine halbfeste Konsistenz voraus, die häufig nicht gegeben ist. In diesen Fällen wird eine Verbesserung des Untergrundes in Form einer Bodenverbesserung durch Einarbeiten von Bindemitteln oder von Grobkorn bzw. eine Verbesserung der Tragfähigkeit durch Einlage von Geokunststoffen (► Abschn. 12.3.3) oder ein Bodenaustausch nach ► Abschn. 14.3.3 erforderlich.

Bei einer Verbesserung des Untergrundes durch Einarbeiten von Bindemitteln wird im Erdbau zwischen Bodenverbesserung und Bodenverfestigung unterschieden. **Bodenverbesserung** ist ein Verfahren zur Verbesserung der Einbaufähigkeit und Verdichtbarkeit und damit zur Verbesserung der Tragfähigkeit der obersten Zone des Untergrundes oder des Unterbaus. Bodenverbesserung wird auch als technische Sicherungsmaßnahme für den eingeschränkten Einbau von Boden der Einbauklasse LAGA Z2 verwendet (► Abschn. 12.5.4.2). Hinzu kommt ggf. eine qualifizierte Bodenverbesserung zur Reduzierung der Dicke der Frostschutzschicht (► Abschn. 12.4.2).

Bei einer **Bodenverfestigung** wird der Boden durch Zugabe von Bindemitteln dauerhaft tragfähig und frostbeständig gemacht und kann dann teilweise auf die Dicke der Frostschutzschicht angerechnet werden (► Abschn. 12.4.2).

Als Bindemittel werden verwendet:

- Zement (DIN 197-1),
- Baukalk (DIN EN 459-1) in Form von gebranntem Kalk (CaO) oder Kalkhydrat ($Ca(OH)_2$),
- Mischbindemittel (Kombination aus Zement und Baukalk).

Die Auswahl des Bindemittels richtet sich nach der Bodenart und dem angestrebten Zweck. Allgemein werden in grobkörnigen Böden Zemente verwendet und in fein- und gemischtkörnigen Böden Kalk. Die einzelnen Standardbindemittel (Kalk und Zement) sind sowohl für die verschiedenen Bodenarten als auch für das entsprechende Anforderungsprofil unterschiedlich geeignet. Als Kompromiss werden in der Baupraxis zunehmend Mischbindemittel aus Kalk und Zement eingesetzt (◘ Abb. 12.8). Auf das Merkblatt für Bodenverfestigung und Bodenverbesserung mit Bindemitteln (2004) sowie die verschiedenen Eignungsprüfungen wird verwiesen.

Besonders hinzuweisen ist auf das Problem **calciumhaltiger Bindemittel in Böden mit Sulfatgehalten;** und zwar sowohl gipsführender als auch stark pyritschwefelhaltiger Böden (► Abschn. 2.3.3). Mit gipshaltigen Böden ist im Verbreitungsgebiet der Zechsteinsulfate zu rechnen, regional auch in der Basiszone des Oberen Buntsandsteins (Röt) sowie vor allen Dingen im Bereich des Mittleren Muschelkalks und des Mittleren Keupers. Pyritschwefel im Boden kann besonders im Verbreitungsgebiet des Posidonienschiefers (Unterjura) auftreten.

Die Sulfatgehalte im Boden oder im Porenwasser reagieren mit dem Calcium aus den Bindemitteln, und es entsteht u. a. Ettringit, ein gelartiges Ca-Al-Sulfat, das treibende Eigenschaften hat und zu einer Volumenzunahme um

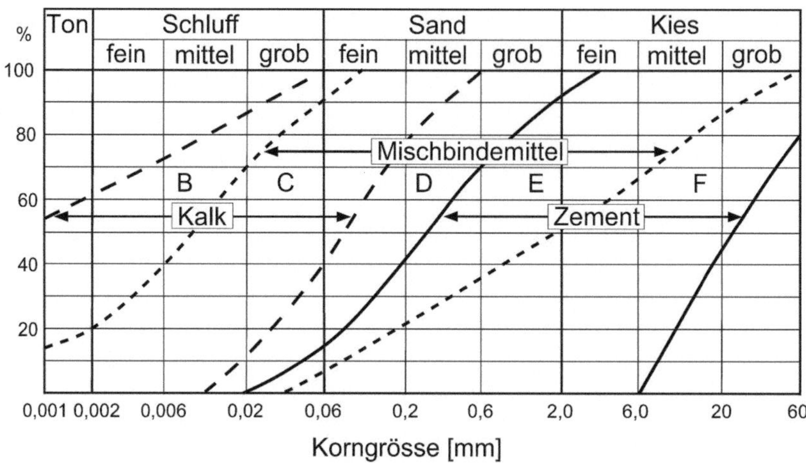

Abb. 12.8 Eignung und Mischungsverhältnis der Bindemittel für die verschiedenen Bodenarten (nach Schade 2010)

Abschnitt	Bodenart	Bindemittel
B	[TA]	nur Kalk
C	[TM], [TL], [UM]	Kalk und Mischbindemittel 50:50
D	[GU*], [SU*]	Kalk und Mischbindemittel 50:50 bis 30:70
E	[GU], [SU]	Kalk und Mischbindemittel 30:70 und Zement
F	[GW], [GI]	nur Zement

bis zu 30 % und einer Zerstörung der Bodenstruktur führt.

Die Bestimmung der Sulfatgehalte im Boden oder des Eluats erfolgt nach DIN 4030-2 (► Abschn. 10.5.2). Bei Sulfatgehalten >3000 ppm (0,3 %) und Tongehalten <10 % sind weitergehende Untersuchungen anzuraten (Witt 2012).

12.3.1 Bodenverbesserung mit Kalk

Die Handelsformen von Baukalken sind gebrannter Kalk (CaO) oder Kalkhydrat ($Ca(OH)_2$). Gebrannter Kalk wird durch Brennen von Kalkstein bei etwa 900 °C gewonnen ($CaCO_3 = CaO + CO_2$), Kalkhydrat durch Löschen von gebranntem Kalk mit Wasser ($CaO + H_2O = Ca(OH)_2$.

Die Bindemittel werden entweder an Ort und Stelle durch einen Gerätezug eingemischt oder, besonders bei Elevator-Schürfzug-Einsatz, schon im Abtrag ausgestreut. Die Dicke der Lagen soll bei Untergrundverbesserung etwa 20 cm betragen. Die Grenzen für Böden, in die sich das Bindemittel noch einigermaßen einmischen lässt, liegen bei max. 30–60 % Grobkies und bei 5–10 % Steinen (<63 mm). Für eine Bodenverbesserung ungeeignet sind Festgesteine, die sich nicht ausreichend zerkleinern, lassen sowie organische Böden.

Die **Wirkungsweise der Baukalke** beruht bei gebranntem Kalk auf der Umwandlung (Ablöschen) des Calciumoxids (CaO) in Calciumhydroxid ($Ca(OH)_2$), wobei durch die Reaktionswärme dem Boden zusätzlich Wasser entzogen wird. Hierbei erfolgen außerdem chemische Reaktionen mit den Tonmineralen, welche die Aggregat- bzw. Krümelbildung und damit die Verdichtbarkeit begünstigen (s. a. BAST-Berichte S 43, 2006).

Bei hohen Wassergehalten im Boden wird bevorzugt gebrannter Kalk eingesetzt, da dieser wesentlich mehr Wasser bindet. Die Wassergehaltsreduzierung wird weiterhin beeinflusst durch die Menge des Kalks, die Anzahl der Mischdurchgänge und das Wetter (Temperatur,

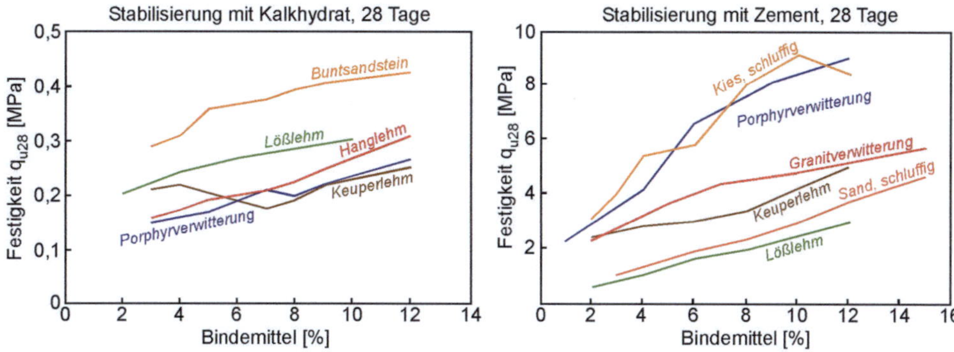

Abb. 12.9 Vergleich der Druckfestigkeiten bei Kalkhydrat bzw. Zement als Bindemittel für verschiedene Bodenarten (aus Witt 2012)

Luftfeuchtigkeit, Wind). Bei Bodenverbesserungen erfolgt die Kalkzugabe meist auf der Baustelle nach kg/m², bezogen auf 20 cm Schütthöhe, und zwar:

bei 1–2 % zu hohem Wassergehalt:	ca. 2 kg/m²
bei 2–3 % zu hohem Wassergehalt:	ca. 3–5 kg/m²
bei 4–5 % zu hohem Wassergehalt:	ca. 8–10 kg/m²

Die Erfahrungen haben gezeigt, dass auch bei der üblichen Bodenverbesserung mit Kalk als Langzeitwirkung eine Karbonatisierung und merkbare Bodenverfestigung mit Druckfestigkeiten von bis zu 6 MN/m² auftritt. Diese Verfestigung bedeutet später ggf. eine erhebliche Erschwernis beim Baggern sowie Rammen von Spundbohlen oder Pfählen und auch bei Pfahlbohrungen.

12.3.2 Bodenverfestigung mit Zement

Für die Bodenverfestigung werden i. d. R. Portlandzemente oder sog. hydrophobierte Zemente verwendet, deren Reaktionszeitpunkt früher einsetzt und steuerbar ist. Bei der Hydratation des Zements entstehen Calciumsilikate und Calciumaluminate, die im Boden eine skelettartige Zementsteinstruktur bilden, verbunden mit einer raschen Erhöhung der Festigkeit, wobei durch das Einmischen des trockenen Zements auch der Wassergehalt verringert wird. Die Verfestigungswirkung des Zements ist deutlich höher als die des Kalks (Abb. 12.9).

Zementverfestigung wird vorwiegend bei grobkörnigen Böden eingesetzt. Der erforderliche Zementanteil beträgt bei Kiesen und Sanden 3–5 % und steigt bei gemischtkörnigen Böden mit zunehmenden Schluffanteilen auf 6–12 M.-% des getrockneten Bodens (105 °C-Trocknung).

Dieser zunehmende Bindemittelbedarf von bis zu 15–20 % bei schluffig-tonigen Böden macht die Verfahren zur Bodenverfestigung bei bindigen Erdstoffen unwirtschaftlich.

12.3.3 Bodenverbesserung und Bodenverfestigung mit Mischbindemitteln

Mischbindemittel (MB) aus gebranntem, gemahlenem Kalk und hydraulischen Bindemitteln (Zement) verbinden die Vorteile der beiden Standardbindemittel, nämlich die Verbesserung der Plastizität und Aggregatbildung durch Kalk und die rasche Verfestigungswirkung des Zements. Hinzu kommt, dass die Bindemittelmenge mit 2–6 %, je nach Grad der gewünschten Verfestigung, relativ gering ist.

Die optimale Rezeptur muss im Einzelfall durch Eignungsuntersuchungen ermittelt werden. Auf die Ausführungen und Anforderungen in ZTVT-StB 95/02 und TP BF-StB,

Teil B 11.1, Eignungsprüfung für Bodenverfestigung mit hydraulischen Bindemitteln (2005) wird verwiesen.

Bei der **qualifizierten Bodenverbesserung** des Planums ist die Bindemittelmenge (min. 3 M.-%) so zu bemessen, dass die einaxiale Druckfestigkeit nach 28 Tagen >0,5 MN/m^2 beträgt (ZTVE-StB 09, ► Abschn. 12.4.3 und TP BF-StB, Teil B).

12.3.4 Verbesserung der Tragfähigkeit und der hydraulischen Stabilität durch Geokunststoffe

Geokunststoffe sind Produkte aus synthetischen Rohstoffen wie z. B. Polypropylen (PP), Polyethylen (PE) oder Polyester (PES), Polyamid (PA) oder Polyvinylalkohol (PVA). Geokunststoffe werden nach ihrer Struktur eingeteilt in:

- Geotextilien (Vliesstoffe, Gewebe, Maschenware),
- geotextilverwandte Produkte (Geogitter, Geomatten, Geozellen),
- Geoverbundstoffe (Geogitter mit Vlies, Dränmatten),
- undurchlässige Produkte (z. B. Dichtungsbahnen).

Vliesstoffe bestehen aus flächig aufeinanderliegenden und mechanisch oder thermisch verfestigten Endlosfäden oder kurzen Spinnfasern. Sie haben hohe Dehnungseigenschaften und damit eine gute Anpassungsfähigkeit an unebene oder nachgiebige Oberflächen.

Gewebe werden aus kreuzweise verwebten Garnfäden hergestellt. Sie sind zugfester als Vliesstoffe und werden auch als Bewehrungseinlagen verwendet.

Verbundstoffe bestehen aus miteinander verbundenen Vliesstoffen, Geweben und/oder anderen Flächengebilden, z. B. geosynthetische Drän- oder Erosionsschutzmatten bzw. Tondichtungsbahnen, wozu auch Bentonitmatten gehören.

Geogitter sind Gewebe aus einem offenen Netzwerk mit festen Verbindungen. Sie werden für Bewehrungsaufgaben eingesetzt, wobei es auf eine möglichst hohe Kraftaufnahme bei möglichst kleinen Verformungen des Geogitters ankommt. Geogitter sind gewebt, geschweißt oder extrudiert, d. h. im Produktionsprozess aus Kunststoffbahnen gelocht und verstreckt (◘ Abb. 12.10). Einaxiale Geogitter haben einen Hauptstrang in Hauptzug- bzw. Längsrichtung und einen Nebenstrang quer dazu. Biaxiale Geogitter haben zwei Hauptstränge mit gleichem Kraft-Dehnungs-Verhalten. Bei Bewehrungsaufgaben zur Gelände- und Böschungsbruchsicherung werden häufig uniaxiale Bewehrungsprodukte eingesetzt, als Tragschichtbewehrung biaxiale bzw. neuerdings sog. „TriAxGeogitter".

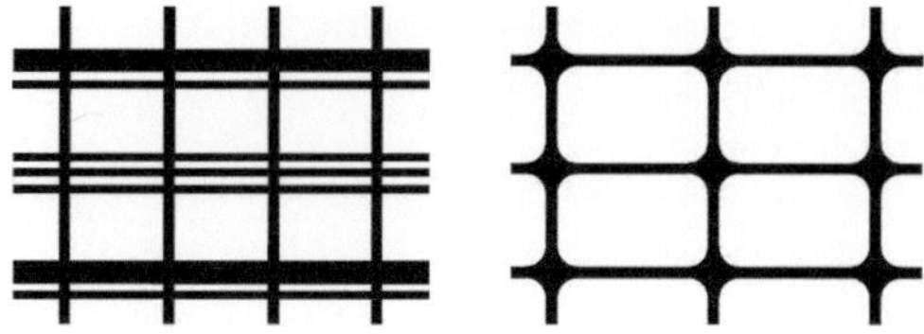

◘ **Abb. 12.10** Gewebtes und verstrecktes Geogitter

Geozellen bestehen aus miteinander verbundenen wabenförmigen Einzelzellen, die wegen ihrer dreidimensionalen Struktur mit Füllmaterial ein komplexes Verbundsystem bilden (◘ Abb. 12.11). Bei Belastung verhindern die Zellen ein seitliches Ausweichen des Füllmaterials, wodurch die Tragfähigkeit verbessert und die Vertikalspannungen auf den Untergrund reduziert werden (Eimersleben 2010). Geozellen und als ähnliche Systeme die sog. Rasengitterplatten (Feuerbach und Lauterbach

◘ **Abb. 12.11** Geozellen mit Füllmaterial aus Kies (aus Eimersleben 2010)

12

2012) werden vorwiegend als Erosionsschutz eingesetzt.

Bei Geokunststoffen ist zwischen Kurz- und Langzeitverwendung zu unterscheiden. Bei letzterem müssen die Geokunststoffe sind gegen Rotteprozesse im Boden und gegen Mikroben ausreichend beständig (s. BAST-Berichte S 41, 2006). Wegen ihrer Alkalienempfindlichkeit sollten aber Polyesterprodukte nicht in Böden bzw. Grundwasser mit pH-Werten >9 eingesetzt werden und auch nicht mit Betonteilen oder mit zement- oder kalkbehandelten Böden in Kontakt kommen, es sei denn, es werden alkalibeständige Geokunststoffe verwendet (z. B. PVA). Geokunststoffe sind auf der Baustelle gegen Witterungseinflüsse geschützt zu lagern. Um eine Verschlechterung der mechanischen Eigenschaften durch UV-Strahlung (Restfestigkeit) zu vermeiden, beträgt die zulässige Freiliegedauer 1 Tag (niedrig wetterbeständig), 2 Wochen (mittel wetterbeständig) oder 1 Monat (hoch wetterbeständig). Für eine längere Freiliegedauer stehen UV-stabilisierte Produkte zur Verfügung.

Die technischen Eigenschaften von Geokunststoffprodukten werden nach ihren Komponenten und deren Anordnung sowie der Art der Verfestigung bzw. Bindung bestimmt. Die Zuordnung zu definierten Gruppen erfolgt in Deutschland nach **Geotextilrobustheitsklassen** (GRK), und zwar bei Vliesstoffen nach der Stempeldurchdrückkraft (in kN) gem. EN ISO 12 236 und nach der Masse pro Flächeneinheit (in g/m^2; ◘ Tab. 12.5). Die flächenbezogene Masse reicht von 80 g/m^2 bei einem leichten Vlies der GRK 1 bis zu 2000 g/m^2 bei einem schweren Schutzvlies. Die entsprechenden Materialdicken betragen 1,5–12,5 mm. Bei Geweben und Geogittern erfolgt die Einordnung in die GRK nach der Höchstzugkraft (in kN/m). Allgemein kann man hinsichtlich der Haltbarkeit von Geokunststoffen davon ausgehen, dass die Systeme bei richtiger Materialwahl und sachgerechter Anwendung auch nach Jahrzehnten noch ihre Wirkung behalten (▶ Abschn. 17.2.5.4).

◘ **Tab. 12.5** Geotextilrobustheitsklassen (GRK) für Vliesstoffe nach FGSV-Merkblatt 1994

GRK	Stempeldurchdrückkraft (x*-s) in kN	Masse pro Flächeneinheit in g/m^2
1	≥0,5	≥80
2	≥1,0	≥100
3	≥1,5	≥150
4	≥2,5	≥250
5	≥3,5	≥300

Für Vliesstoffe wird der Mittelwert der Stempeldurchdrückkraft (x*) minus Standardabweichung (s) verwendet.

Allgemein werden verwendet:

- Vliesstoffe zum Trennen, Filtern, Dränen, Schützen,
- Geogitter, Gewebe und Geozellen zum Bewehren, Tragen und Sichern,
- Dichtungsbahnen zum Abdichten.

Die häufigsten Anwendungen im Erd- und Grundbau sind:

- Flächenstabilisierung bzw. Tragfähigkeitserhöhung zur Verlängerung der Nutzungsdauer von Straßen mit ungebundenem Oberbau,
- Bewehren von Dämmen und Böschungen gegen Böschungs- oder Grundbruch (▶ Abschn. 14.1.3 und 14.3.1),
- Tragfähigkeitserhöhung von Gründungspolstern (▶ Abschn. 7.2),
- Teilsicherungsmaßnahmen in Erdfall- und Bergschadensgebieten (▶ Abschn. 19.4.3),
- Erosionsschutz von freien Flächen gegen Abtrag von Bodenteilchen durch Wasser oder Wind,
- Schutz von Bauwerksteilen.

Bei **Entwässerungsmaßnahmen** hat das geotextile Dränelement die Aufgabe, den

Wasserdurchfluss zu ermöglichen und dabei den Boden vor Erosion zu schützen. Dränsysteme werden als Einzelelemente oder als Verbundelemente verwendet. Verbundelemente bestehen aus einer Filterschicht und einer formstabilen Sickerschicht mit entsprechender Abflussleistung. Das Bodenrückhaltevermögen wird durch die sog. charakteristische Öffnungsweite O_{90} der Filterschicht bestimmt (▶ Abschn. 2.1.6). Übliche Mittelwerte sind (ZTVE-StB 09, 3.3.3.3):

- Vliesstoffe: 0,06 mm < O_{90} < 0,20 mm (entspricht dem Wert für bindigen Boden),
- Gewebe: 0,06 mm < O_{90} < 0,40 mm.

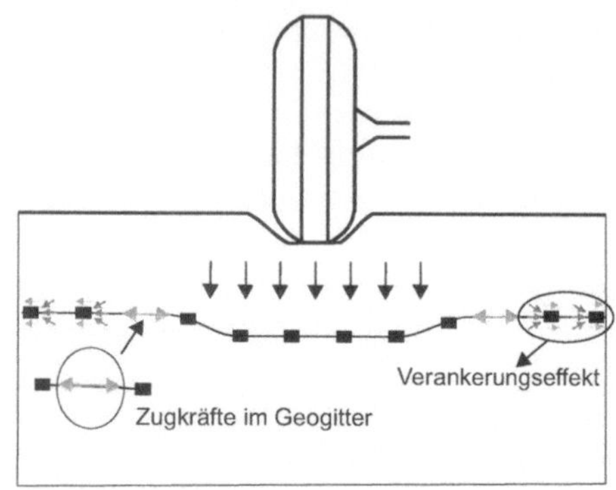

Abb. 12.12 Schematische Darstellung des Membraneffekts von Geogittern (aus Eimersleben 2010)

Für die Anwendung von Dichtungsbahnen (Kunststoffdichtungsbahnen oder geosynthetische Tondichtungen) im Erd- und Wasserbau gelten die Normen DIN EN 13 382 (Anwendung in Verkehrswegen) und DIN EN 13 361 (Anwendung bei Rückhaltebecken und Staudämmen). In der erstgenannten Norm sind die RiStWag-Anwendungen inbegriffen (▶ Abschn. 12.1).

Dehnfähige Vliesstoffe (auch Maschenware und Gewebe) werden zum **Trennen**, z. B. zwischen Schüttmaterial und Untergrund, eingesetzt. Sie bewirken damit eine tragfähigkeitserhaltende und in begrenztem Umfang auch eine tragfähigkeitsverbessernde Wirkung. Erstere wird durch Verhindern des Einwanderns von Feinkorn in das meist gröbere Schüttmaterial erzielt (sog. mechanische Filterwirksamkeit). Die tragfähigkeitserhöhende Wirkung ergibt sich aus der stabilisierenden Wirkung des Vliesstoffes an der Schichtgrenze zum weichen Untergrund. Diese Eigenschaften werden z. B. zur Verbesserung der Tragfähigkeit von Baustraßen genutzt, wo häufig ein kräftiges Baustellenvlies auf dem weichen Erdplanum verlegt wird, um eine Reduzierung der Verformungen zu erreichen. Reicht dies bei sehr weichem Untergrund nicht aus, so kann das Tragverhalten durch die zusätzliche Einlage einer oder mehrerer Lagen Geogitter verbessert werden (s. EBGEO, ▶ Abschn. 6). Für den Einsatz als Trennlage ohne Bewehrungsfunktion wird auch auf das FGSV-Merkblatt M Geok E (2005) verwiesen.

Die **bewehrende Wirkung von Geogittern** wird durch Verzahnung des Schüttmaterials mit dem aufgrund seiner Dehnsteifigkeit hochzugfesten Geogitter und die dadurch entstehende Membran- und Verbundwirkung erreicht (Abb. 12.12). Das Reibungsverhalten Geokunststoff/Schüttmaterial wird allgemein mit 0,5 tan φ (Boden) angenommen (s. a. EBGEO, ▶ Abschn. 2.2.4.11). Durch eine mehrlagige Anordnung von Geogittern in einer mineralischen Tragschicht oder in einem Gründungspolster (▶ Abschn. 7.4.3) wird eine deutliche Tragfähigkeitserhöhung erreicht. Ziegler und Ruiken (2009) haben in großmaßstäblichen Triaxialversuchen mit unbewehrtem und geotextilbewehrtem sandig-kiesigen Schüttboden eine deutliche Erhöhung der Scherfestigkeit und der Steifigkeit festgestellt. Ziegler (2012b) demonstriert die Wirkung solcher Verbundkonstruktionen an Beispielen. Die Empfehlung für das Bewehren mit Geokunststoffen (EBGEO, ▶ Kap. 3) bietet dazu Bemessungsverfahren. Für Bewehrungsaufgaben mit Langzeitnutzungsdauer und/oder mit entscheidender Wirkung für die Sicherheit der Konstruktion werden hohe Anforderungen bei der Baustoffeingangsprüfung (BEP) gestellt (ZTVE-StB 09, 3.3.4.3).

Im **Straßenbau** liegt das Hauptaugenmerk beim Einsatz von Geogittern auf der Erhöhung der Tragfähigkeit sowie der Trenn- und Filterstabilität gegenüber dem Untergrund und ungebundener Tragschichten mit gebundenem Oberbau. Nach Erfahrungen in der englischsprachigen Literatur (Lit. s. Schubert 2005) werden durch den Einbau einer biaxialen Geogittereinlage an der Basis der Tragschicht eine Planungsstabilisierung und eine signifikante

Verbesserung der Tragfähigkeit bzw. des Verformungsmoduls auf der Oberfläche der ungebundenen, grobkörnigen mineralischen Tragschicht erreicht. Dabei ist außerdem eine merkbare Verlängerung der Gebrauchsdauer des Straßenoberbaus zu verzeichnen (Heerten et al. 2005). Die Versuchsergebnisse aus England führten zur sog. **Ein-Drittel-Regel**, wonach durch die Einlage einer formstabilen Geogitterbewehrung bis zu einem Drittel der Dicke der Tragschicht eingespart werden kann.

In den letzten Jahren hat sich auch in Deutschland die Erfahrung durchgesetzt, dass durch den Einbau stabilisierend wirkender Geogitter in den Straßenaufbau nicht nur höhere Verkehrsbelastungen aufgenommen sondern auch eine Verbesserung der Langzeitgebrauchstauglichkeit erreicht werden kann.

Die bautechnischen Vorschriften für den Straßenbau in Deutschland sind in den ZTVE-StB 09, im FGSV-Merkblatt über die Anwendung von Geokunststoffen im Erdbau des Straßenbaus (M Geok E 2005) sowie in den TL Geok E-StB 05 zusammengestellt. Danach werden Geogittereinlagen in erster Linie zur Planungsstabilisierung und zur Reduzierung der Dicke eines Bodenaustauschs oder einer Bodenverbesserung verwendet und weniger zur Verminderung der Dicke der Tragschichten, die in erster Linie von den Frostschutzbedingungen abhängig ist. Für eine entsprechende Bemessung von Bodenaustauschschichten oder Tragschichten mit gewissen Verformungen stehen Diagramme der EBGEO, ▶ Kap. 6, oder spezielle Dimensionierungssoftware zur Verfügung.

12.4 Frostwirkung

Der Straßenoberbau muss so dimensioniert sein, dass er den Beanspruchungen aus dem Verkehr und dem Frosteinfluss standhält. Über die Randbedingungen bei Frosteinwirkung im Untergrund und die Entwicklung der Frostempfindlichkeitsklassen im Straßenbau berichteten zuletzt Quandt (1998) und Götz und Meyer (1999). Voraussetzungen für Frostwirkung und die Entstehung von Schäden an Verkehrswegen sind ein frostempfindlicher Untergrund und das Vorhandensein von Wasser in der Gefrierzone bzw. in der kapillaren Ansaugzone. Als kritische Tiefenlage der Grundwasseroberfläche wird bei Schluffen und schluffigen Feinsanden, die eine große kapillare Steighöhe haben, 2 m unter Planum angesehen (▶ Abschn. 2.9.7).

12.4.1 Frostempfindlichkeit von Erdstoffen und Fels

Als frostempfindlich gelten Böden, die beim Gefrieren des Porenwassers ihr Volumen vergrößern, wobei sich mit der Zeit zunehmend dicke Eislinsen bilden (◘ Abb. 12.13). Die Volumenzunahme führt zu Hebungen, die beim Auftauen nicht immer voll zurückgehen. Bei der Bildung von Eis in den Poren des Bodens wird das noch nicht gefrorene Wasser verdrängt. Kann dieses abfließen, so treten kaum Hebungen auf. Im anderen Fall bzw. wenn die Frosteindringung schneller erfolgt, als das Wasser abfließen kann, gefriert das Wasser, und es entsteht ein Gefrierdruck. Dieser beträgt in einem Grobsand praktisch 0 und kann in einem Tonboden auf Werte >200 kN/m^2 ansteigen. Die Auswirkungen dieses Vorgangs sind sehr stark von der Mineralogie des Bodens, der Geschwindigkeit und Zeitdauer der Frosteinwirkung (▶ Abschn. 6.2) sowie von dem Wasser abhängig, das in der

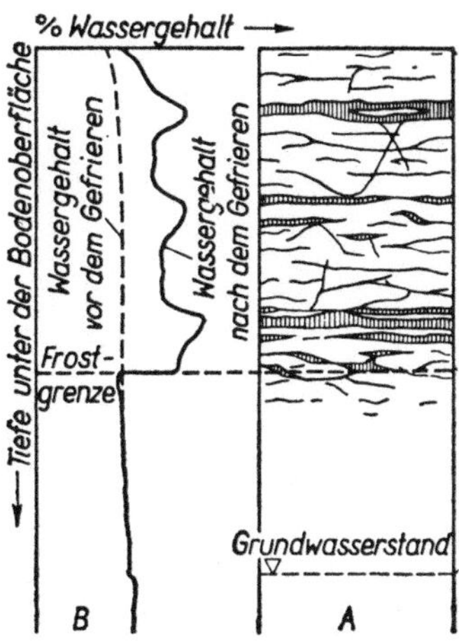

◘ **Abb. 12.13** Profil eines Frostbodens mit Eislinsenbildung (A) und Verteilung des Wassergehalts im Boden (B) vor und nach dem Gefrieren

Gefrierzone bewegt wird. Außer dieser Volumenzunahme des Porenwassers entsteht im Zuge des Gefriervorgangs ein sog. Gefriersog mit einer Bewegung des Porenwassers aus der nicht gefrorenen Bodenzone zur Frostgrenze hin, was die Frosthebung verstärkt.

Die **Frostempfindlichkeit eines Bodens** ist von verschiedenen physikalischen und mineralchemischen Faktoren abhängig, von denen aber in der Praxis meist nur die kritischen Korngrößenbereiche im Feinkornanteil berücksichtigt werden. Neben der Schluff- und Tonfraktion muss aber zumindest auch der sog. Mehlsandkornbereich (∅ 0,02–0,125 mm) Berücksichtigung finden. Hinzu kommen als wichtige Faktoren die mittlere Porengröße und die Durchlässigkeit bzw. Kapillarität des Bodens. Eine ausführliche Zusammenstellung der Frostempfindlichkeitskriterien bietet Floss (2011).

In Deutschland erfolgt die Klassifikation der Frostempfindlichkeit seit dem Vorliegen der ZTVE-StB 76 bzw. des Merkblatts über die Verhütung von Frostschäden an Straßen (FGSV, 1991) und der FGSV-Forschungsarbeit über die Entstehung und Verhütung von Frostschäden an Straßen (1994) nach drei Frosteinwirkungszonen und **Frostempfindlichkeitsklassen** (◘ Tab. 12.6). Die Frostempfindlichkeit eines Bodens der Empfindlichkeitsstufe F3 kann durch eine qualifizierte Bodenverbesserung gem. ► Abschn. 12.3 in die Klasse F2 angehoben werden.

Die aufgrund der Klimaunterschiede ermittelten **Frosteinwirkungszonen** basierten bisher auf Erfahrungen aus dem Extremwinter 1962/63. Für die aktuelle Frosteinwirkungskarte der BASt wurden jetzt die 30-jährigen Wiederkehrwerte der maximalen Frostindizes herangezogen (BASt aktuell 4/2012).

Die **Frostempfindlichkeit eines Festgesteins** hängt ab von den petrografischen Eigenschaften (► Abschn. 3.4.1), insbesondere vom Bindemittel. Der Frostangriff zeigt dabei zwei Wirkungsarten, ein oberflächiges Abwittern, das visuell erkennbar ist, oder eine innere Gefügestörung, die maßgebend ist für die Abnahme der Festigkeitseigenschaften bis hin zum Zerfall des Gesteins. Anfänglich kann dieser Vorgang durch einen Abfall der einaxialen Druckfestigkeit erkannt werden. Allgemein gelten harte Gesteine mit Druckfestigkeiten $q_u > 60$ MN/m² als frostsicher, solche von $q_u = 30–60$ MN/m² als schwach frostempfindlich und bei Druckfestigkeit $q_u < 30$ MN/m² als stark frostempfindlich.

◘ Tab. 12.6 Klassifikation der Frostempfindlichkeit von Bodengruppen (aus ZTVE-StB 09)

Frostempfindlichkeitsklasse	Frostempfindlichkeit	Bodengruppen (DIN 18 196)
F1	nicht frostempfindlich	GW, GI, GE SW, SI, SE
F2	gering bis mittel frostempfindlich	TA OT, OH, OK ST, GT[1)] SU, GU[1)]
F3	sehr frostempfindlich	TL, TM UL, UM, UA OU ST*, GT* SU*,GU*

[1)] Zu F1 gehörig bei einem Anteil an Korn <0,063 mm von 5,0 Gew.-% bei $C_u > 15{,}0$ oder 15,0 Gew.-% bei $C_u \leq 6{,}0$.

Bei veränderlich festen Gesteinen ist die Frostempfindlichkeit des Verwitterungsprodukts maßgebend. Bei der Beurteilung der Frostempfindlichkeit von Fels im Gebirgsverband ist auch das Trennflächengefüge zu beachten.

Im Erdbau erfolgt die Beurteilung der Frostempfindlichkeit eines Festgesteins gem. TP Gestein-StB nach der Wasseraufnahme nach DIN 1097-6 und nach dem Frost-Tau-Wechselversuch gem. DIN EN 1367-1 bzw. DIN EN 1367-6 (1-prozentige NaCl-Lösung).

12.4.2 Tragschicht und Frostschutzschicht im Straßenbau

Bei der Beurteilung des Frostgefährdungsgrads sind außer der Frostempfindlichkeit des Untergrundes auch die Verkehrsbedingungen (Bauklassen I–VI, ◘ Tab. 12.3), die Lage der Straße sowie das Frosteinwirkungsgebiet mit den unterschiedlichen Frosteindringtiefen sowie dem Mikroklima und den hydrogeologischen Bedingungen entscheidend.

Für die Frostsicherheit einer Straße zählt die Gesamtdicke der Oberbaus (◘ Abb. 12.1), bestehend aus der Decke, ein oder mehreren Tragschichten (ungebunden oder gebunden) und der eigentlichen **Frostschutzschicht**. Diese bildet die erste Tragschicht über dem Planum. Sie ist i. d. R. ungebunden. Aufgrund ihrer Körnung soll sie verhindern, dass Wasser aus dem Untergrund kapillar aufsteigen kann, und sie muss von oben eingedrungenes Wasser seitlich ableiten. Das verwendete Material muss frostsicher und verwitterungsbeständig sein. Verwendet werden sowohl Kies-Sand-Gemische der Gruppen GE, GI, GW, SE, SI und SW (DIN 18 196) als auch Brechsand-Schotter-Gemische der Lieferkörnung 0/56 und auch industrielle Nebenprodukte (Schlacken) oder Recyclingbaustoffe, soweit sie den Richtlinien für Tragschichten im Straßenbau (ZTVT-StB 95/02) entsprechen. Der Anteil an Feinkorn <0,063 mm darf im eingebauten Zustand nicht mehr als 7 Gew.-% betragen.

Die **Bemessung der Frostschutzschicht** (FSS) erfolgt nach der standardisierten Oberbaudicke, der Frostempfindlichkeitsklasse (F1/F3) und den Bauweisen nach ZTVT-StB 95/02 (Tragschichten) unter Berücksichtigung von Zu- bzw. Abschlägen nach RStO 12 je nach den örtlichen Frosteinwirkungszonen (Zone I–III). Die Gesamtdicke des frostsicheren Straßenaufbaus beträgt damit je nach Bauklasse und Frostempfindlichkeitsklasse in cm:

	I–II	III–IV	V–VI
F2	55	50	40
F3	65	60	50

Eine Bodenverfestigung (► Abschn. 12.3) der obersten Zone des Untergrundes oder des Unterbaus kann mit bis zu 20 cm auf die Dicke der Frostschutzschicht angerechnet werden (◘ Abb. 12.14).

Auf der Frostschutzschicht muss ein Verdichtungsgrad von D_{Pr} = 103 bzw. 100 % oder ein Verformungsmodul E_{v2} = 120 bzw. 100 MN/m^2 erreicht werden (Einzelheiten s. ZTV SoB-StB 04/07).

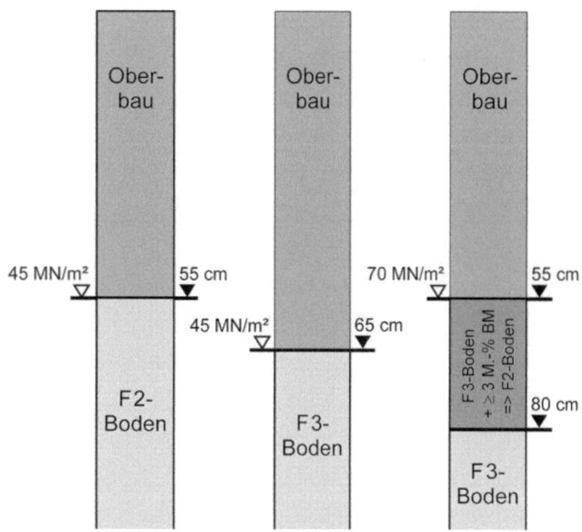

◘ **Abb. 12.14** Erforderliche Dicke des frostsicheren Oberbaus bei Bauklasse I–II für die Frostempfindlichkeitsklasse F2 und F3 und Reduzierung durch eine qualifizierte Bodenverbesserung (nach RStO 01 und ZTV E StB 09; aus Schade 2010)

12.4.3 Bettung, Frostschutz- und Planumschutzschicht bei Gleisanlagen

Die bei der Zugfahrt entstehenden Stoßbelastungen und Schwinggeschwindigkeiten müssen von den Tragschichten des Bahnkörpers aufgenommen werden. Die Tragfähigkeitsanforderungen an das Erdplanum (Unterbaukrone) sind aus ◘ Abb. 12.4 ersichtlich. Ist die Tragfähigkeit auf dem Erdplanum nicht gewährleistet, muss der Untergrund bzw. Unterbau ertüchtigt werden.

Die Tragschichten des klassischen Oberbaus von Gleisanlagen sind die Schotterbettung und die Planumschutzschicht. Das **Schotterbett** bewirkt eine „schwimmende" Lagerung des Gleisrosts und hat einen hohen Stellenwert im Rad/Schiene-System. Der Schotter wird mit möglichst gleichmäßig hoher Verdichtung eingebaut und zeigt in der Anfangszeit weitere Konsolidationseffekte, die seine Tragfähigkeit erhöhen. Durch Kornbruch und zunehmende Feinanteile (▶ Abschn. 2.2.5) altert die Bettung im Laufe der Zeit, was die Gleislagequalität beeinträchtigt, sodass in gewissen Anständen eine Schotterbettreinigung bzw. Gleiserneuerung erforderlich wird.

Die **Planumschutzschicht** (PSS ist ein Teil der Frostschutzschicht bzw. Tragschicht. Sie hat die Aufgabe, die Gebrauchsfähigkeit der Erdbauwerke gegenüber Einwirkungen aus den Verkehrslasten und von Witterungseinflüssen (Niederschlag, Frost) zu erhalten und das Schotterbett vor dem Eindringen feinkörniger Bodenteile aus dem Unterbau bzw. Untergrund zu schützen. Als Material werden Mineralstoffgemische (Brechsand, Splitt oder Kiessand 0–56 bzw. 0–32 mit $C_u > 15$) verwendet. Das Mineralstoffgemisch muss den Technischen Lieferbedingungen der DB AG entsprechen, d. h., es muss gering wasserdurchlässig ($k < 10^{-6}$ m/s) und filterstabil gegenüber dem Schotter und dem Unterbau bzw. Untergrund sein. Die Dicke der Planumschutzschicht beträgt i. d. R. 30 cm.

Die **Dicke der Frostschutzschicht** einschließlich der Planumschutzschicht wird nach Frosteinwirkungsgebieten festgelegt und beträgt z. B. für durchgehende Hauptgleise 0,5–0,7 m. Die Verdichtungsanforderungen sind aus ◘ Abb. 12.4 ersichtlich. Bei weichem Untergrund kommt auch hier der Einsatz von Geokunststoffen in Betracht (▶ Abschn. 12.3.3 und EBGEO, Abs. 6.3).

Mit zunehmenden Achslasten und Geschwindigkeiten unterliegt der Schotteroberbau einer verstärkten mechanischen Zerstörung, was einen deutlich erhöhten Instandhaltungsaufwand erfordert. Für Fahrgeschwindigkeiten über 200 km/h wird deshalb die seit Mitte der 1970er-Jahre aus Japan bzw. der Schweiz kommende sog. **Feste Fahrbahn (FF)** zunehmend eingesetzt. Bei der Festen Fahrbahn wird die durch die Schotterbettung bedingte schwimmende Lagerung des Gleisrosts durch eine Tragschicht aus Beton (BTS) oder Asphalt (ATS) in eine dauerhaft stabile Lage gebracht. Mit dieser Ausbildung sollen der Fahrkomfort verbessert und die Instandhaltungskosten minimiert werden.

Die Anforderungen an die Tragschichten des Unterbaus und an den Untergrund sind in einem „Anforderungskatalog zum Bau der Festen Fahrbahn" (AK FF, Ausgabe 1995) in der RiL 836 (1999/2002) und bei Darr und Fiebig (2006) zusammengestellt. Danach soll der Untergrund bis 4 m Tiefe unter Schienenoberkante (SO) keine bindigen Böden mit $I_c < 0{,}5$ (sehr weich) aufweisen. In Dämmen dürfen bis 3 m unter SO nur gemischtkörnige Böden der Gruppen GU, GT, SU, ST eingebaut werden. Der Katalog definiert außerdem einen erhöhten Erkundungs- und Untersuchungsaufwand. Der höchstmögliche Grundwasserstand darf nicht höher als 1,5 m unter SO ansteigen, um Walkerscheinungen durch dynamische Beanspruchung zu vermeiden.

Bei der Festen Fahrbahn ist ein Ausgleich der Setzungen über eine Gleislagekorrektur durch Unterstopfen der Gleise nicht mehr möglich. Erddämme sind deshalb so früh zu schütten, dass die Setzungen des Untergrundes und die Eigensetzungen weitestgehend abgeklungen sind. Die zu erwartenden Restsetzungen dürfen ab Beginn des Einbaus der Festen Fahrbahn 10–15 mm nicht überschreiten. Immer häufiger werden deshalb Dammschüttungen durchgängig mit hydraulischen Bindemitteln stabilisiert, um die Eigensetzungen des Schüttkörpers zu minimieren (▶ Abschn. 14.2). Auch bei Geländegleichlage oder in Einschnitten können anteilige Entlastungshebungen oder Quellhebungen des Erdplanums auftreten, die eine stabilisierte Tragschicht (Schulz et al. 2004) bzw. einen Bodenaustausch und im Bedarfsfall zur Verhinderung von Wasserzutritten auf dem Planum des Bodenaustauschpolsters auch eine Dichtschicht erforderlich machen. Auch die Übergänge von Brücken oder Tunneln zu Erdbauwerken erfordern besondere Maßnahmen (▶ Abschn. 12.2.6).

12.5 Verwertung von Bodenaushub und Bauschutt

Boden- und Felsaushubmassen gelten als mineralische Abfälle. Den rechtlichen Rahmen für die Entsorgung von Abfällen bildet in Deutschland das Kreislaufwirtschafts- und Abfallgesetz (KrW-/AbfG i. d. F von 2012). Darin ist geregelt, wie Abfälle zu bezeichnen und nach ihrer Verwertungsmöglichkeit einzustufen sind. Die gesetzlichen Regelungen des Bundes (BBodSchG, BBodSchV; ▶ Abschn. 16.1) werden ergänzt durch Gesetze, Verordnungen und Verwaltungsvorschriften der Bundesländer. Dazu kommen dann noch die bis jetzt nicht rechtsverbindlich eingeführten „Anforderungen an die stoffliche Verwertung von mineralischen Abfällen" der Länderarbeitsgemeinschaft Abfall (LAGA-Mitteilung 20) und künftig die Mantelverordnung des BMUB (Entwurf 2015).

Die **LAGA-Mitteilung 20** von 2003/2004 besteht aus drei Teilen:

- Teil I beschreibt die übergreifenden Grundsätze und die allgemein gültigen Rahmenbedingungen für die schadlose Verwertung, abhängig vom jeweiligen Abfall (2003).
- Teil II (Technische Regeln für die Verwertung) enthält Festlegungen für die Untersuchung und Bewertung der jeweiligen Abfälle. Neu abgefasst wurde 2004 der Abs. 1.2, Bodenmaterial (TR Boden). Bei der Verwendung von Bauschutt als Verfüllmaterial an technischen Bauwerken gilt nach wie vor die Fassung 1998, ▶ Abschn. 1.4, Straßenau, Bauschutt (TR Bauschutt), ebenso wie ▶ Abschn. 1.3, Straßenaufbruch.
- Teil III behandelt die Probennahme und die Analytik (2004).

Da bei Erdbauarbeiten in (ehemals) bebauten Gebieten immer wieder Böden mit mineralischen Fremdbestandteilen anfallen, die nach LAGA M20 als Bauschutt zu deklarieren wären, wurden die Vorschriften des Straßenbaus in der ZTVE-StB 09 und den TL BuB-StB 09 erweitert und als neuer Baustoff ein „Boden mit Fremdbestandteilen" eingeführt. Solche Böden hatten im Erdbau bisher keine geregelte Verwendung und mussten meistens deponiert werden (Heyer und Baumgärtel 2011). In den nächsten Jahren werden dann gemäß der Mantelbaustoffverordnung des BMUB (3. Entwurf 2015) alle verwendbaren mineralischen Abfälle, Bauabfälle, industriellen Nebenprodukte (Schlacken, Aschen) und Recycling-Baustoffe als sog. Ersatzbaustoffe zusammengefaßt.

12.5.1 Verwertungsgebot, Abfallarten

Nach den Grundsätzen der Kreislaufwirtschaft sind Abfälle möglichst zu vermeiden oder stofflich zu verwerten. Die **Verwertung von Abfällen** hat dabei schadlos zu erfolgen, d. h., ohne dass die Umwelt geschädigt oder die menschliche Gesundheit gefährdet wird. Zu den Maßnahmen der Abfallverwertung von geeigneten Aushubmassen zählen bodenähnliche Anwendungen wie flächige Auffüllungen von Senken, die Verfüllung von Abgrabungen sowie die Verwendung in technischen Bauwerken einschließlich begleitender Erdbaumaßnahmen. Die „Abfälle" müssen für die jeweiligen Bodenfunktionen geeignet sein und den Verwendungszweck erfüllen.

Bodenaushub stellt grundsätzlich **Abfall** dar, es sei denn, er ist unbelastet und wird vor Ort direkt wieder eingebaut. In den verschiedenen Bewertungsrichtlinien werden bei Bodenaushub und mineralischen Bau- und Abbruchabfällen folgende Unterscheidungen getroffen:

- **Bodenaushub** ist natürlich anstehendes oder umgelagertes Locker- und Festgestein, das bei Baumaßnahmen ausgehoben oder abgetragen wird. Zum Bodenaushub bzw. Bodenmaterial gehören auch Böden mit je nach Bundesland 5 bzw. 8–12 Vol.-% bzw. nach LAGA 10 Vol.-% mineralischen Fremdbestandteilen (Bauschutt, Schlacke, Ziegelbruch) sowie Boden, der in Bodenbehandlungsanlagen gereinigt wurde, Abraum von Gewinnungsbetrieben sowie Nassbaggergut mit max. 10 Gew.-% Feinkornanteil.
- **Oberboden** (Mutterboden) gehört nicht zum Bodenaushub (wohl aber zum Bodenmaterial i. S. d. BBodSchG/V). Nicht dazu gehören ölverunreinigter Boden, der mit Mineralölkohlenstoffen belastet ist, und Boden mit sonstigen schädlichen Verunreinigungen.
- Als **Boden mit Fremdbestandteilen** werden Gemische aus Boden und mineralischen Fremdbestandteilen von 10–50 % bezeichnet (z. B. hydraulisch, thermisch oder auch mit Bitumen gebundene Baustoffe sowie mineralische Produktionsrückstände).
- **Bauschutt** ist mineralisches Material, das bei Umbau und Abbrucharbeiten anfällt, sowie Bodenaushub mit mehr als (jetzt) 50 Vol.-% Fremdbestandteilen. Bauschutt darf höchstens 5 Vol.-% nichtmineralische Bestandteile enthalten.
  Nicht dazu gehören asbesthaltige Abfälle (von Wellplatten aus Asbestzement, asbesthaltige Feuerschutzmaterialien), mineralische Dämmstoffe und auch Gleisschotter.
  Im Hinblick auf die Verwertung werden unterschieden:
  - nicht aufbereiteter Bauschutt,
  - durch Brechen, Klassieren, Sieben) aufbereiteter Bauschutt.
- Als **Straßenaufbruch** gelten Baustoffe aus Oberbauschichten und aus dem verfestigten Unterbau, wie sie bei Arbeiten an Straßen anfallen.

Gemische von Bodenaushub, Bauschutt und Straßenaufbruch sind nach Möglichkeit zu trennen.

Auch für Mauerwerksrestmassen, sonstigen Bauschutt und Straßenaufbruch stehen heute verschiedene innovative Recyclingtechniken zur Verfügung, um auch diese Bauabfälle als Ersatz- oder RC-Baustoffe einer umweltverträglichen Verwendung zuzuführen. Heute werden fast 90 % des anfallenden Bauschutts recycelt, ausgenommen sog. „freigemessener Bauschutt" aus nicht radioaktiven Bereichen beim Rückbau von Kernkraftwerken (derzeitiger Grenzwert 10 Millisievert), der direkt auf Deponien entsorgt werden soll.

Bei **Ausbauasphalt** ist zu unterscheiden, ob es sich um Material auf Bitumenbasis oder Steinkohlenteerpech handelt. Bis etwa 1980 sind im Straßenbau Teerstoffe als Bindemittel verwendet worden, die einen wesentlich höheren Anteil polycyclischer aromatischer Kohlenwasserstoffe (PAK, ► Abschn. 16.3.2.3) und z. T. auch Phenole enthalten. Während von diesen Teer- und Pechbestandteilen in intakten Straßenbelägen nach heutigem Kenntnisstand keine Umweltgefährdung ausgeht, müssen Teerasphalte beim Ausbau entsprechend ihrer Belastung entsorgt oder recycelt werden.

Gleisschotter werden nach der abfallrechtlichen Einstufung in normal verschmutzte Gleisschotter und solche mit gefährlichen Stoffen unterteilt. Für die Bewertung gelten die Zuordnungswerte der ◘ Tab. 12.10. Bei den polyzyklischen aromatischen Kohlenwasserstoffen (PAK) gelten z. T. niedrigere Werte.

Weitere mineralische Abfälle i. S. der Technischen Regeln der LAGA-M 20 bzw. der o. g. Mantelverordnung des BMUB sind:

- Schlacken und Aschen aus technischer Abfallbehandlung (HMW),
- Abfälle aus Steinkohlekraftwerken sowie der Eisen- und Stahlindustrie,
- Gießereiabfälle.

12.5.2 Klassifikation und Dokumentation der Abfälle

Gemäß der Abfallverzeichnis-Verordnung (AVV) von 2001 sind die Abfallarten nach ihrer Beschaffenheit und stofflichen Zusammensetzung durch einen 6-stelligen **Abfallschlüssel** (AS) gekennzeichnet. Die Nummern für die im Erdbau üblicherweise anfallenden Aushubmassen sind z. B.:

Bodenaushub, wie anstehend, ohne Oberboden	17 05 04
Bodenmaterial mit <10 % mineralische Fremdbestandteile	17 05 04
Bodenmaterial von Bodenbehandlungsanlagen	17 05 04
nichtbindiges Baggergut aus Gewässern, <10 % Feinkornanteil	17 05 06
Gleisschotter	17 05 08

Der Abfallschlüssel ist in den Anlieferungs- bzw. Stammdatenblättern für die Nachweisführung der Entsorgung anzugeben.

Bei Verwendung der Aushubmassen für bodenähnliche Anwendungen, zur Verfüllung von Abgrabungen oder in technischen Erdbauwerken sowie auch bei einer Deponierung ist der Maßnahmenträger bzw. Betreiber der Verwertungsmaßnahme im Rahmen der Nachweisführung bei der Entsorgung von Abfällen (Nachweisverordnung, NachwV) verpflichtet, die Anlieferung zu registrieren und den Nachweis der Zulässigkeit zu dokumentieren. Bei Aushubmaterial, bei dem der Verdacht auf Vorbelastung besteht, sind Analysenergebnisse vorzulegen. Die Dokumentation erfolgt mittels vorgegebener Formblätter mit Angabe des Abfallerzeugers und -verwerters sowie der Untersuchung und Einstufung des Materials.

12.5.3 Untersuchungsumfang, Probennahme

Die Überprüfung, ob ein Baugelände kontaminiert sein kann oder nicht, ist bereits im Frühstadium der Kaufabsichten bzw. der Entwurfsbearbeitung anzugehen. Bei gewerblich-industriell vorgenutzten Baugrundstücken ist i. d. R. ein unspezifischer (oder spezifischer) Verdacht anzunehmen, und entsprechende Untersuchungen sind nach dem Mindestuntersuchungsprogramm der LAGA-M 20 zu veranlassen (◘ Tab. 12.7). Bei Verdacht auf spezifische Belastungen ist die Analytik darauf auszurichten.

Sobald ein Verdacht vorliegt, reicht eine organoleptische Ansprache der Bodenproben für eine Unbedenklichkeitseinstufung nicht aus. Es sind Bodenproben zu entnehmen und analytische Untersuchungen zu veranlassen.

◘ **Tab. 12.7** Mindestuntersuchungsprogramm für Böden bei unspezifischem Verdacht nach LAGA-TR Boden (2004)

Parameter	Feststoff	Eluat
Kohlenwasserstoffe	X	
EOX	X	
Arsen	X	x[1)]
Blei		x[1)]
Cadmium	X	x[1)]
Chrom (ges.)	X	x[1)]
Kupfer	X	x[1)]
Nickel	X	x[1)]
Quecksilber	X	x[1)]
Zink	X	x[1)]
Chlorid		
Sulfat		
pH-Wert	X	x[1)]
elektrische Leitfähigkeit		x
organoleptische Prüfung	X	
HCl-Test (10 %)	X	

[1)] Nicht erforderlich, wenn die Feststoffgehalte bei eindeutig zugeordneter Bodenart <Z0 sind.

Eindeutig erkennbar sind i. d. R. nur einige organische Verunreinigungen (MKW am Geruch, PAK und Schwermetalle an Schlacke- oder Asphaltresten, Sulfatanteile im Bauschutt). Normalerweise reicht für eine solche orientierende Untersuchung das Aufschlussraster der Baugrunderkundung nach ▶ Abschn. 4.3.2 aus (etwa je 200–250 m^2 Fläche ein Aufschluss). Bei besonderen Verdachtsmomenten sind zusätzliche Aufschlüsse vorzunehmen.

Ergeben die Voruntersuchungen keinen Kontaminationsverdacht bzw. -nachweis und treten bei den Aushubarbeiten wider Erwarten Schadstoffe auf, so sind die Arbeiten im kontaminierten Bereich einzustellen; der Bereich ist abzusichern und die weitere Vorgehensweise mit der zuständigen Behörde abzusprechen.

Die **Probennahme** muss darauf abgestimmt sein, in welcher Schicht bzw. Kornfraktion und an welchen Stellen welche Schadstoffe vorkommen können. Hierbei kann eine zweistufige Vorgehensweise zweckmäßig sein: eine orientierende Untersuchung im Zuge der Baugrunderkundung und nötigenfalls eine Deklarationsuntersuchung vor Beginn oder während der Aushubarbeiten. Die Probennahme erfolgt gem. der LAGA-M 20, Teil III (2004) bzw. der LAGA-Probennahmerichtlinie PN 98 „Grundregeln für die Entnahme von Proben aus festen und stichfesten Abfällen sowie abgelagerten Materialien“ von 2001.

Ergeben sich keine organoleptischen Auffälligkeiten, so ist bei Bohraufschlüssen eine Mischprobe pro Aufschlussmeter ausreichend. Sonst ist die Probennahme in Tiefenintervallen von max. 1 m bzw. schichtweise vorzunehmen und auf organoleptisch auffällige Horizonte zu konzentrieren, wobei Auffüllungen und gewachsener Boden immer getrennt zu beproben sind.

Im anstehenden Untergrund sind anthropogene Kontaminationen vorwiegend an wasserwegsame Lagen und Klüfte gebunden, während in dickeren Tonpaketen Anhaltspunkte für geogene Grundgehalte gewonnen werden können. Unterhalb der Grundwasseroberfläche liefern Wasseranalysen ggf. erste Hinweise auf mögliche Kontaminationen.

Bei Auffüllungen sind möglichst repräsentative Mischproben zu nehmen, wobei Haufwerksbeprobung mit einer entsprechend großen Anzahl von Einzelproben (8–12) zu empfehlen ist.

Die Proben sind bei der Entnahme zu beschreiben. Bei organischen Verunreinigungen und besonders bei leicht flüchtigen Komponenten (KW, LCKW usw.) ist der Außenluftkontakt zu minimieren; die Probennahme und eine etwaige Probenbehandlung vor Ort sind mit dem Analyselabor abzustimmen. Die qualitätssichernden Maßnahmen bei der Beprobung und Probenbehandlung nehmen bei der Diskussion der Fehlergrenzen der späteren Ergebnisse einen hohen Stellenwert ein. Deshalb ist ein Probennahmeprotokoll zu führen, aus dem alle relevanten Angaben über die Probennahme zu ersehen sind.

Die **Anzahl der Proben** ist in den einzelnen Ländervorschriften geregelt. Häufig wird bei homogenem Material eine repräsentative Probe je 50 m^3 und bei heterogenem Material eine Probe je angefangene 10 m^3 verlangt. Bei größeren Aushubmengen und Einschätzung einer einheitlichen Belastung kann der Untersuchungsumfang deutlich abgemindert werden (z. B. je 500 m^3 drei Mischprobe von 1 l).

Von der oft großen Anzahl entnommener Proben sind dem Kenntnisstand und der Fragestellung entsprechend gezielt Proben für die **Analytik** auszuwählen. Die übrigen Proben sind bis zum Abschluss der Maßnahme zurückzustellen und sachgemäß aufzubewahren. Die Analytik erfolgt auf der Grundlage der LAGA-M 20, Teil III: Probenahme und Analytik (2004), bzw. der Anlage 1 der Bodenschutz- und Altlastenverordnung (BBodSchV von 1999). Bei Böden wird i. d. R. die Kornfraktion <2 mm untersucht. Die Analysenergebnisse dürfen die jeweiligen Zuordnungswerte im Feststoff und Eluat nicht überschreiten. Eine systematische Überschreitung liegt vor, wenn bei Überwachungsuntersuchungen ein Zuordnungswert bei zwei aufeinander folgenden Prüfungen um mehr als den zulässigen Toleranzwert der LAGA-Tabelle überschritten wird.

12.5.4 Anforderungen an die Verwertung

Für eine schadlose Verwertung von mineralischen Abfällen i. S. des BBodSchG sind die Zuordnungswerte der LAGA-M 20, Teil II, von 2003 (TR Boden) den Vorsorgewerten der BBodSchV angepasst worden. Die Eluatwerte beruhen auf dem wasserrechtlichen Besorgnisgrundsatz des WHG (► Abschn. 4.4.1).

Die LAGA-M 20 unterscheidet **Einbauklassen**, deren Einteilung auf der Einbauart und Zuordnungswerten basiert In ◘ Tab. 12.8 sind die einzelnen Einbauklassen mit den zugehörigen Zuordnungswerten (Z-Werten) zusammengestellt. Die zulässigen Feststoffgehalte bzw. Eluatkonzentrationen sind aus ◘ Tab. 12.9 ersichtlich. Für Bauschuttrecycling enthält die LAGA TR Boden (2003, Tab. 1.4–5/6) eigene Tabellenwerte.

Die **Zuordnungswerte** basieren auf zulässigen Schadstoffkonzentrationen im Eluat (µg/l) bzw. zulässigen Schadstoffgehalten im Feststoff (mg/kg TS). Die Zuordnungswerte Z0, Z0*, Z1, Z1.1, Z1.2 und Z2 stellen jeweils die Obergrenze für eine bestimmte Einbauklasse dar, sind aber, unter Berücksichtigung von Nutzungsbeschränkungen, kein Ausschlusskriterium. Für bestimmte Bodenarten (Ton, Lehm/Schluff, Sand) gelten bei den Feststoffgehalten in Anlehnung an die BBodSchV spezifische Zuordnungswerte Z0. Die Klasse Z0* gilt für die Verfüllung von Abgrabungen unterhalb einer aufzubringenden Deckschicht. Bei geogen oder siedlungsbedingt erhöhten Einzelwerten (► Abschn. 16.1.1) können Ausnahmen zugelassen werden, soweit keine nachteiligen Auswirkungen auf die Bodenfunktionen zu erwarten sind. Gleiches gilt auch für Eluatwerte bei regional erhöhten Grundwasserwerten.

Die weiteren Zuordnungswerte Z3, Z4 und Z5 gelten für die Einstufung in die Deponieklassen (► Abschn. 12.5.4.3).

12.5.4.1 Uneingeschränkter Einbau in bodenähnlichen Anwendungen

Ein uneingeschränkter Einbau von humusarmem Bodenmaterial oder Baggergut in **bodenähnlichen Anwendungen**, d. h. im Landschaftsbau und zur Verfüllung von Abgrabungen, ist möglich bei unbelasteten Bodenaushub gem. ► Abschn. 12.5.2 und Einbauklasse Z0. Bei Einbauklasse Z0 ist keine Eluatuntersuchung erforderlich.

Bei Bodenmaterial, das nicht bodenspezifisch zugeordnet werden kann (z. B. Wechselfolgen), gelten die Zuordnungswerte Z0 für Lehm/Schluff (Feststoffgehalte) sowie die Z0*-Werte der Eluatkonzentrationen. Für Bodenmaterial aus einer Bodenbehandlung gelten die bodenspezifischen Zuordnungswerte und ebenfalls die Eluatkonzentrationen nach Z0*.

Für die Verfüllung von Abgrabungen von Gewinnungsstätten der Steine und Erden sowie auch bestimmter Tagebaue darf Bodenmaterial bis Z0* eingesetzt werden, wenn

- die Zuordnungswerte Z0* im Eluat eingehalten werden,
- eine Abdeckung mit einer durchwurzelten Bodenschicht >2 m erfolgt,

◘ **Tab. 12.8** Einbauklassen und Zuordnungswerte nach LAGA-TR Boden

Einbauklasse	Beschreibung	Zuordnungswert
0	uneingeschränkter Einbau	≤ Z0
1	eingeschränkter offener Einbau („wasserdurchlässige Bauweise")	>Z0 und Z1.1 bzw. Z1.2
2	eingeschränkter offener Einbau mit definierten technischen Sicherungsmaßnahmen („nicht oder nur gering wasserdurchlässige Bauweise")	>Z1.1 bzw. Z1.2 und ≤ Z2
3–5	Einbau/Ablagerung in Deponien	>Z2 (Z3–Z5)

- die Verfüllung außerhalb einer Wasserschutzzone I–III liegt,
- der oberflächennahe Untergrund nicht verkarstet bzw. stark zerklüftet und wasserwegsam ist.

Eine Verfüllung mit anderem Bodenmaterial oder anderen Abfällen ist auch bei günstigen hydrogeologischen Bedingungen nicht zulässig. Mineralische Fremdbestandteile (Bauschutt, Ziegelbruch) dürfen in einigen Bundesländern bis zu 10 Vol.-% enthalten sein. Aufbereiteter Bauschutt (max. Z 1) darf i. d. R. nur für betriebstechnische Zwecke (Wegebau) verwendet werden. Auch Boden mit einem pH-Wert <5,5 darf nicht ohne Kalkung eingebaut werden.

Für die Herstellung der abdeckenden durchwurzelten Bodenschicht (DB) von i. d. R. 2 m Dicke darf nur unbelastetes Bodenmaterial verwendet werden bzw. solches, das die Zuordnungswerte der ◘ Tab. 12.9 nicht überschreitet und die natürlichen Bodenfunktionen erfüllt. Der Anteil an mineralischen Fremdbestandteilen darf 1 Vol.-% nicht übersteigen. Die Dicke der humusreichen Oberbodenschicht richtet sich nach der Folgenutzung (0,2–0,5 m).

12

Die **Verfüllung von Abbaustätten des übertägigen Bergbaus** ist nach dem sog. Tongrubenurteil des BVerwG von 2005 ein Verwertungsvorgang, bei dem der Grundsatz der Vorsorge des Bundes-Bodenschutzgesetzes (BBodSchG von 1998) zu beachten ist. Da die LAGA TR Boden (2003) diese Vorgaben berücksichtigt, ist sie eine geeignete Grundlage für die Bewertung einer solchen Verfüllmaßnahme. In vielen Bundesländern sind 2007 die Grundlagen für das Verfüllen von übertägigen Abbaustätten auf das Bundesbodenschutzgesetz umgestellt worden. Das BBerG und nachgeordnete Vorschriften haben keinen Vorrang gegenüber dem Bodenschutzrecht.

12.5.4.2 Eingeschränkter Einbau in technischen Bauwerken

Unter eingeschränktem offenem Einbau (Einbauklasse 1) wird der Einbau von Bodenmaterial der Qualitätsstufen Z0–Z1 im Feststoff und bis Z1.1 bzw. Z1.2 im Eluat (◘ Tab. 12.9) in technischen Bauwerken in wasserdurchlässiger Bauweise (keine Dichtschichten) verstanden. Im Eluat gelten grundsätzlich die Z1.1-Werte. Soweit entsprechende Länderbestimmungen vorliegen, kann in hydrogeologisch günstigen Gebieten Z1.2 zugelassen werden. Wenn als Verfüllmaterial Bauschutt verwendet werden soll, ist außerdem die LAGA TR Bauschutt zu beachten.

In einigen Bundesländern wird bei Z1.1 ein Mindestabstand zum höchsten Grundwasserstand von 1 m gefordert. Als hydrogeologisch günstig gelten z. B. Flächen, bei denen der Grundwasserleiter durch flächig verbreitete, gering durchlässige Bodenschichten mit hohem Rückhaltevermögen von mindestens 2 m Dicke geschützt ist.

Ein **eingeschränkter Einbau mit definierten technischen Sicherungsmaßnahmen** (Einbauklasse 2 bzw. Zuordnungswert Z2) umfasst einerseits die Nivellierung von Flächen und andererseits die Herstellung von Erdbauwerken mit bestimmter Geometrie wie Verkehrsdämme, Lärm- oder Sichtschutzwälle. Die Oberfläche dieser Bauwerke muss mit einer Dichtschicht versehen werden, die das Eindringen von Niederschlagswasser verhindert (wasserundurchlässige Bauweise, Einzelheiten s. LAGA-M 20, 2003 oder Länderrichtlinien).

Die Bauweisen mit definierten technischen Sicherungsmaßnahmen sind in einem FGSV-Merkblatt MTSE-2009 präzisiert worden, in dem für Straßendämme (einschließlich Lärm- und Sichtschutzwälle) sechs unterschiedliche Bauweisen zur Sickerwasserminimierung vorgestellt werden (s. Heyer und Birle 2010). Für die Herstellung gering durchlässiger Erdbauwerke kann z. B. die Auslaugung umweltrelevanter anorganischer Inhaltsstoffe durch Behandlung der Böden mit Bindemitteln (Kalk, Zement) deutlich reduziert werden (Brameshuber et al. 2013).

Auf der Basis des Merkblatts TL BuB E-StB 09 ist auch der Einsatz von sog. **Böden mit Fremdbestandteilen** möglich. Die erdbautechnische Eignung ist im Einzelfall nachzuweisen, insbesondere die Dauerhaftigkeit z. B. von Mörtel- und Putzresten sowie der Einfluss poröser Reste geringer Dichte auf die erreichbaren Proctordichten.

Tab. 12.9 Zuordnungswerte für Bodenmaterial im Feststoff und Eluat für bodenähnliche Anwendungen (Z0–Z2); zusammengestellt nach LAGA-TR Boden (2003, Tab. II.1.4–5/6 und 2004, Tab. II.1.2–4/5)

Parameter	Dimension	Z0	Z0	Z0	Z0*	Z1		Z2
		Sand	Lehm/ Schluff	Ton		Z1.1	Z1.2	
pH-Wert[1)]	–	6,5–9,5					6–12	5,5–12
Leitfähigkeit[1)]	µS/cm	250					1500	2000
Chlorid	mg/l	30					50	100
Sulfat[2)]	mg/l	20					50	200
Arsen	mg/kg TS	10	15	20	15	45		150
	µg/l	–	–	–	14		20	60
Blei	mg/kg TS	40	70	100	140	210		700
	µg/l	–	–	–	40		80	200
Cadmium	mg/kg TS	0,4	1,0	1,5	1,0	3,0		10
	µg/l	–	–	–	1,5		3	6
Chrom (ges.)	mg/kg TS	30	60	100	120	180		600
	µg/l	–	–	–	12,5		25	60
Kupfer	mg/kg TS	20	40	60	80	120		400
	µg/l	–	–	–	20		60	100
Nickel	mg/kg TS	15	50	70	100	150		500
	µg/l	–	–	–	15		20	70
Thallium	mg/kg TS	0,4	0,7	1,0	0,7	2,1		7
	µg/l	–	–	–	<1	1	3	5
Quecksilber	mg/kg TS	0,1	0,5	1,0	1,0	1,5		5
	µg/l	–	–	–	0,5		1	2
Zink	mg/kg TS	60	150	200	300	450		1500
	µg/l	–	–	–	150		200	600
Cyanide (ges.)	mg/kg TS	–	–	–	–	3		10
	µg/l	5					10	20
TOC	Masse-%	1,0				1,5		5
EOX	mg/kg TS	1	1	1	1	3		10
Kohlenwasserstoffe	mg/kg TS	100	100	100	200 (400)[3)]	300 (600)		1000 (2000)
BTX	mg/kg TS	1	1	1	1	1		1
LHKW	mg/kg TS	1	1	1	1	1		1

Tab. 12.9 (Fortsetzung)

Parameter	Dimension	Z0	Z0	Z0	Z0*	Z1		Z2
		Sand	Lehm/ Schluff	Ton		Z1.1	Z1.2	
PCB_6	mg/kg TS	0,05	0,05	0,05	0,1	0,15		0,5
PAK_{16}	mg/kg TS	3	3	3	3	3	9	30
Benzo(a)pyren	mg/kg TS	0,3	0,3	0,3	0,6	0,9		3
Phenolindex	µg/l				20		40	100

[1)] Eine Überschreitung dieser Parameter allein ist kein Ausschlusskriterium.
[2)] Auf die Öffnungsklausel min Nr. 6.3 wird besonders hingewiesen.
[3)] Die angegebenen Zuordnungswerte ohne Klammer gelten für Kohlenwasserstoffverbindungen mit einer Kettenlänge von C10–C22, diejenigen in Klammern für Kohlenwasserstoffverbindungen mit einer Kettenlänge von C10–C40.

Nicht zulässig ist der Einbau von Z2-Bodenmaterial in den Wasserschutzzonen I und II sowie in Überschwemmungs- und Karstgebieten.

12.5.4.3 Behandlung von Böden >Z2

Böden mit einem Feststoffzuordnungswert >Z2 sind gefährliche Abfälle, die als Böden zur Beseitigung gelten und dem zuständigen öffentlich-rechtlichen Entsorger als überlassungspflichtig angedient werden müssen. Sie sind entweder zu entsorgen oder einer Bodenbehandlung zuzuführen, damit durch Umlagerung von gefährlichen Abfällen keine weiteren Altlasten entstehen.

Im Abfallrecht werden verschiedene Deponieklassen unterschieden. Für die Auswahl der zulässigen Deponieklasse (0, I, II, III) sind die Tabellenwerte der Deponieverordnung (DepV 2009) mit Änderungen (DepÄndV) 2011 und 2013 heranzuziehen. Dabei gehen die Annahmeparameter der DepV häufig über die LAGA-Werte hinaus. Zusätzlicher Untersuchungsbedarf besteht dann i. d. R. bei organischen Parametern, insbesondere TOC, und dem Glühverlust.

Schlacken und Aschen aus mit Steinkohle befeuerten Kraftwerken, Heizkraftwerken und auch Anlagen der Eisen- und Stahlindustrie sind aufgrund ihrer Herkunft und ihres z. T. besonderen Schadstoffinhalts in vielen Fällen Sonderabfälle. Die bekanntesten als Baustoff verwendeten kontaminierten Schlacken sind die unter dem Produktnamen „Kieselrot" als Sport- und Spielplatzbelag und die zu Pflastersteinen verarbeiteten Kupferschlacken.

Standsicherheit von Böschungen

H. Prinz, R. Strauß, *Ingenieurgeologie*,
https://doi.org/10.1007/978-3-662-54710-6_13

Eine Böschung ist ein natürlicher oder künstlich angelegter Geländesprung. Im allgemeinen Sprachgebrauch wird der Begriff „Böschung" nur für künstlich abgelegte Geländesprünge verwendet, während „Hang" für natürliche Geländeformen steht.

In und hinter jeder Böschung treten infolge von Eigenlast und möglichen äußeren Belastungen Schubspannungen auf, die bei An- oder Einschnitten von den in ▶ Kap. 9 diskutierten Entlastungseffekten sowie den Auswirkungen horizontaler Restspannungen überlagert werden (◘ Abb. 13.1). Die daraus sich ergebenden Deformationen sind vom Spannungszustand, dem Verformungsmodul und der Scherfestigkeit, besonders auf vorgegebenen Flächen, abhängig.

Diese **Entlastungsverformungen** können durch rechtzeitig eingebaute Extensometer (in vertikaler und horizontaler Richtung) bzw. Inklinometer (in horizontaler Richtung) in verschiedenen Ebenen gemessen werden. Die Hebung bzw. Quellung bewirkt eine Schwächung des Schichtverbandes und der langfristig wirkenden Scherfestigkeit auf Schichtflächen. Bei geringen rechnerischen Sicherheiten können Kriechbewegungen einsetzen, die über Jahrzehnte anhalten. Wenn die Schubspannung die Scherfestigkeit auf ungünstig liegenden Flächen übersteigt oder diese infolge anhaltender Schubverformungen auf die Restfestigkeit abfällt, können Böschungsbrüche auftreten. Der Abfall auf die Restfestigkeit bedeutet dabei keinen völligen Kohäsionsverlust, da Unebenheiten auf den Schichtflächen immer eine gewisse Restkohäsion bewirken (▶ Abschn. 2.8.6).

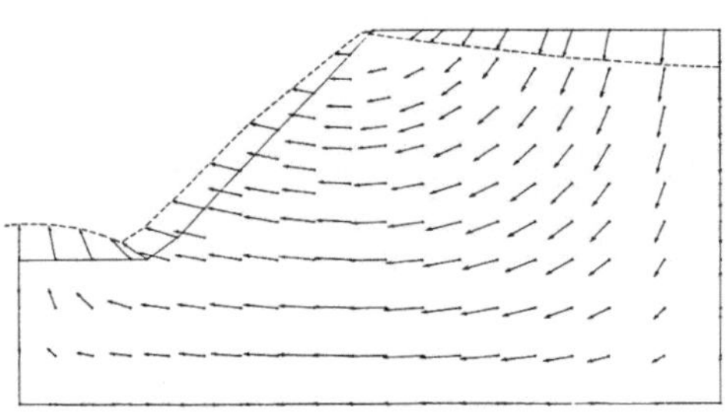

◘ **Abb. 13.1** Rechnerisch ermittelte Kriechverformungen einer Böschung (einfaches theoretisches Modell)

Die **Neigung und Standfestigkeit einer Böschung** sind in erster Linie von der Geländeform, dem geologischen Aufbau und den Wasserverhältnissen abhängig. Im Einzelnen sind folgende Faktoren zu beachten:

- Untergrundaufbau, Schichtung, Klüftung (bes. Großklüfte und Störungszonen), Spannungszustand, Hangzerreißung
- Scherfestigkeit (φ, c), bes. auf Trennflächen,
- Sickerwasser in der Böschung,
- Belastungen auf der Böschung,
- Art der Böschungsbefestigung und des Bewuchses,
- Einwirkung der Witterung auf die Böschungsoberfläche (Erosion, Frost, Verwitterung),
- zeitabhängige Entlastungs- und Spannungsänderungen, Alterung von Böschungen.

Darüber hinaus spielen für die Festlegung der Böschungsneigung auch die Grundinanspruchnahme, Zwangspunkte durch vorhandene Bebauung, Planfeststellungsgrenzen, die Eignung der Abtragmassen als Erdbaustoffe und der Massenausgleich vorbeugende Sicherungsmaßnahmen nach ▶ Abschn. 13.3 sowie auch die Inkaufnahme eines kalkulierten Risikos im Hinblick auf mögliche Rutschungen eine Rolle.

Bei einem Einschnitt gibt die **Böschungshöhe** (h) die Höhendifferenz zwischen Planum bzw. Böschungsfuß und dem Schnittpunkt der nicht ausgerundeten Böschung mit dem Gelände an (◘ Abb. 13.2). Lockergesteinsböschungen haben i. d. R. streng geometrische Formen. Felsböschungen werden aus landschaftsplanerischen Gründen möglichst unregelmäßig ausgebildet.

Die Böschungsneigungen werden zunächst nach den üblichen **Regelböschungen** bzw. nach Erfahrungswerten festgelegt. Bei Böschungsneigungen bis 45° (1:1) geschieht dies als Verhältniszahl (1:1; 1:1,25 [= 40°], 1:1,5 [= 33°], 1:2 [= 26°]), bei steileren Böschungen in Gradangaben, seltener in Verhältniszahlen (◘ Abb. 13.4). Anhaltswerte über Böschungsneigungen enthalten auch die Richtlinien für die Anlage von

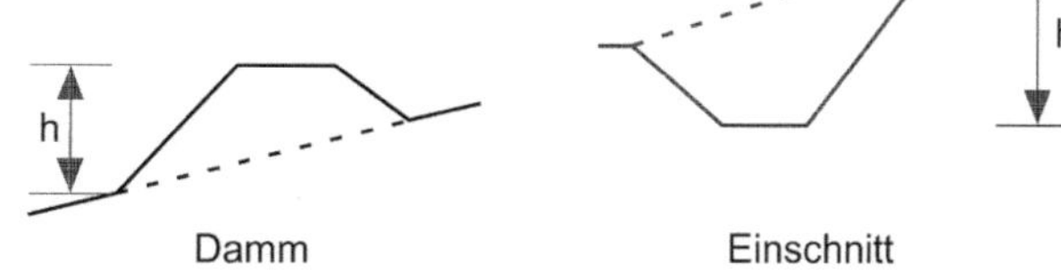

Abb. 13.2 Angabe der Böschungshöhe h bei Dämmen und Einschnitten

Straßen (RAS) und die Erdbaurichtlinien der Deutschen Bahn AG (1999/2002).

Böschungen bis 10 m Höhe werden i. d. R. nach der Geotechnischen Kategorie GK 2 behandelt, darüber hinaus nach GK 3 (▶ Abschn. 5.2). Weitere Einstufungskriterien für GK 3 sind eine Kriechtendenz oder die Gefahr von Setzungsfließen sowie Erdbebeneinfluss.

Für Böschungen in GK 2 ist der **Nachweis der Standsicherheit** nach DIN 4084 mit den Nachweisverfahren GEO 3 zu erbringen. In bindigen Böden werden häufig ab 5 m Böschungshöhe Standsicherheitsberechnungen gefordert (Rechenverfahren und Teilsicherheitsbeiwerte ▶ Abschn. 5.7). Auf die Empfehlung „Bau und Sicherung von Böschungen im Lockergestein" (2016/2017) wird verwiesen.

Bei höheren Felsböschungen kann die Böschungsform auch bei sorgfältiger Vorerkundung nicht immer exakt im Voraus angegeben werden. Deshalb ist während der Bauausführung eine ständige Beratung zweckmäßig, wobei mit Änderungen gegenüber den angenommenen Gegebenheiten aufgrund örtlicher Abweichungen gerechnet werden muss. Hierbei sind besonders das Trennflächengefüge und die Wasserführung in der Böschung zu beachten.

13.1 Böschungsneigungen in Lockergesteinen

Nach den Richtlinien für die Anlage von Straßen (RAS) sollen Böschungen ab 2 m Höhe eine einheitliche Böschungsneigung von 1:1,5 erhalten, mit Ausrundung am Übergang zwischen Böschung und Gelände. Wenn diese Regelneigung aus geologischen oder erdstatischen Gründen nicht ausgeführt werden kann, können in Abhängigkeit von der Bodenart und der Böschungshöhe abweichende Böschungsneigungen angegeben werden. Dies ist besonders bei als rutschungsanfällig bekannten Schichtpaketen zu beachten (▶ Abschn. 13.4 und 15.6). Vorab unbedacht festgelegte Regelneigungen haben schon öfters zu erheblichen Mehraufwendungen geführt (Quick et al. 2004).

13.1.1 Grobkörnige Böden

In grobkörnigen Böden ohne Kohäsion wird die Böschungsneigung *(β)* in erster Linie vom Reibungswinkel *(φ)* bestimmt, der seinerseits wieder von der Korngrößenverteilung, der Kornform und der Lagerungsdichte abhängig ist. Die Böschungshöhe spielt eine untergeordnete Rolle.

Nach der klassischen Annahme, dass die maximale Böschungsneigung eines kohäsionslosen Bodens gleich seinem Reibungswinkel ist, gilt:

$$\beta = \varphi'.$$

Mit dem Teilsicherheitskonzept nach DIN 1054 (■ Tab. 5.3) ergibt sich dann ein erforderlicher Reibungswinkel φ' von

$$\tan\varphi' \geq \tan\varphi'_k \,/\, \gamma_\varphi.$$

Allgemein gelten für grobkörnige Böden folgende Anhaltswerte für die Böschungsneigung:

Bodengruppe	Böschungshöhe	Böschungsneigung
GW, GI, SW, SI	<10 m >10 m	1:1,5 1:1,5–1:1,8
GE, SE	<10 m >10 m	1:1,8 1:1,8–2,0

Voraussetzung ist, dass die Böschungen einigermaßen frei von Sickerwasseraustritten sind und keine bindigen Zwischenlagen auftreten, die als Gleitflächen wirken können. Unterschiede in der Kornverteilung und Zwischenlagen mit schluffig-tonigen Beimengungen können wasserstauend wirken und zu Sickerwasseraustritten führen. Besonders Feinsande tertiären Alters, aber auch anderer Formationen weisen häufig schluffige Lagen oder oft nur Millimeter dicke Tonlagen auf, die schon bei geringer Schichtneigung zu Wasserzutritten und Böschungsbrüchen führen können. In solchen Fällen sind Abflachungen gegenüber den oben genannten Böschungsneigungen oder sonstige Sicherungsmaßnahmen zu empfehlen.

13.1.2 Feinkörnige Böden

Bei bindigen Böden, deren Bruchscherfestigkeit τ entsprechend der Mohr-Coulomb-Bruchbedingung

$$\tau = c' + \sigma \times \tan \varphi$$

vom Reibungswinkel φ, der Kohäsion c und der Normalspannung σ (▶ Abschn. 2.8) bestimmt wird, ist die zulässige Böschungsneigung von der Böschungshöhe abhängig. Allgemein gilt:

Bodengruppe	Böschungshöhe	Böschungsneigung
UL, UM, TL	<6 m	1:1,5
	>6 m	1:1,5 bis 1:2

Diese Werte gelten für homogene, leicht- bis mittelplastische Böden von mindestens steifplastischer Konsistenz, ohne ungünstig einfallende Schicht- oder Kluftflächen und ohne wasserführende Schichten. Als solche können z. B. schon stärker feinsandige Lagen wirken.

Bei stärker plastischen Böden (TM, TA) spielt die Kohäsion eine entscheidende Rolle. Ihre Wirkung ist bei langzeitlichen Standsicherheitsbetrachtungen, insbesondere bei Vorhandensein von Schichtflächen oder quellfähigen Tonmineralen, mit Vorsicht anzusetzen. Die oben genannten Böschungsneigungen sind dann häufig sehr steil, zumal gerade in tonigen Böden gern Oberboden- oder Flachrutschungen auftreten. Besonders in tektonisch oder durch Verwitterungs- bzw. Umlagerungsvorgänge gestörten Tonen können Trennflächen verschiedener Art auftreten, auf denen ein Abfall der Scherfestigkeit, besonders der Kohäsion zu verzeichnen ist. Böschungsneigungen in solchen Böden sollten daher nicht steiler als 1:2 angelegt werden.

Umgelagerte Tone, die Oberfläche von Tonschichten sowie fossile Verwitterungszonen bzw. Auflagerungsflächen jüngerer Ablagerungen weisen oft abgeminderte Scherfestigkeiten auf, die häufig die Ursache von Rutschungen sind, auch wenn kaum Wasser auftritt.

13.1.3 Gemischtkörnige Böden

Bei gemischtkörnigen Böden können folgende Böschungsneigungen angesetzt werden:

Bodengruppe	Böschungshöhe h [m]	Böschungsneigung
GU, GT	<10	1:1,5
	>10	1:1,5 bis 1:1,8
GU*, GT*, SU, ST, SU*, ST*	<6	1:1,25 bis 1:1,5
	$6 > h < 9$	1:1,5 bis 1:1,8
	$9 > h < 15$	1:1,8 bis 1:2

Das Auftreten von wasserführenden Schichten und von ausgeprägten Schichtflächen ist bei diesen Böden besonders zu beachten.

13.1.4 Heterogene (geschichtete) Böden

Bindige Böden mit grobkörnigen Zwischenlagen ohne Wasserführung können wie feinkörnige Böden nach ▶ Abschn. 13.1.2 geböscht werden. Die Kohäsion ist dabei sehr stark vom Wassergehalt abhängig, was sich besonders bei Hangschuttmassen und Basaltblocklehmen bemerkbar macht (▶ Abschn. 13.5). Bei einem mehrfachen Wechsel im Bodenaufbau ist die Böschungsneigung den ungünstigeren

Schichten anzupassen. Einzelne weichere oder wasserführende Schichten können durch Rigolen oder Steinpackungen gesichert werden.

In geschichteten Böden bilden sich Gleitflächen in Anpassung an den geringsten Scherwiderstand aus, i. d. R. nach den Schichtflächen. Bei geneigter Schichtung oder ungünstig liegenden Kluftflächen sind gegenüberliegende Böschungen nötigenfalls mit unterschiedlichen Neigungen (asymmetrisch) auszubilden.

Bei größeren Mächtigkeiten unterschiedlicher Schichten können gebrochene Böschungsneigungen vorgesehen werden, vor allem wenn die Schicht mit der höheren Scherfestigkeit unten liegt. Bei Schichten mit niedrigen Scherfestigkeiten im unteren Teil der Böschung kann die Auflast einer steileren Böschung darüber leicht zu einem Böschungsbruch führen. Dies ist besonders bei Festgesteinsböschungen über Lockergesteinen zu beachten.

13.1.5 Halden- und Kippenböschungen

Die Standsicherheit von Halden und Kippenböschungen (► Abschn. 16.4.1) erfordert einen besonderen Untersuchungsaufwand. Unter Halden versteht man Aufschüttungen auf gewachsenem oder wieder urbar gemachtem Gelände, während eine Kippe eine Aufschüttung innerhalb eines Tagebaus ist. Im Hinblick auf die Standsicherheit müssen das Absetzverfahren, der Aufbau, die Scherfestigkeit und die Wichte des Materials, das Liegende sowie die Wasserverhältnisse in und unter der Halde bzw. Kippe beachtet werden. Die endgültigen Böschungsneigungen betragen z. B. bei Kippen im Rheinischen Braunkohlengebiet 1:4 bis 1:5 (und flacher), zumal es im Laufe von Jahren durch Aufbau eines Grundwasserkörpers in der Kippe zu einer Abminderung der Standfestigkeit kommen kann. Eine Halde bzw. Kippe sollte deshalb an der Basis und in den Randbereichen aus gut durchlässigem Material aufgebaut werden, damit eine Entwässerung möglich ist. Die Wasserwegigkeit der Randbereiche von Kippen(böschungen) darf auch nicht durch nachträgliche Maßnahmen eingeschränkt werden. Erfahrungsgemäß treten besonders in Mischböden aus feinkörnigem Material örtlich Bereiche stärkerer Wasserführung auf, die aus geringem äußerem Anlass zu Setzungsfließen und Fließrutschungen (► Abschn. 15.3.5 und 15.6.9) führen können. Im Fließzustand sinken bei einem Sand-Wasser-Gemisch die Reibungswinkel auf $\varphi = 5\text{–}8°$ ab.

13.2 Böschungen im Fels

Böschungen in wenig geklüfteten Festgesteinen können bei gebirgsschonendem Abtrag mit relativ steilen Neigungen angelegt werden. In geschichteten und stärker geklüfteten Felsgesteinen wird die Standsicherheit einer Böschung weitgehend vom Trennflächengefüge, der Gesteinsausbildung und der Wasserführung des Gebirges bestimmt. Die Gestaltung der Felsböschungen ist so weit wie möglich dem Trennflächengefüge anzupassen.

13.2.1 Einfluss des Trennflächengefüges und der Frostbeständigkeit

Für die Standsicherheit einer Böschung ist entscheidend, ob die Trennflächen aufgrund ihrer Stellung zur Böschung mechanisch wirksam werden können oder nicht. Ungünstig liegen die Verhältnisse, wenn besonders Schichtflächen flacher als die Böschungsfläche in den Einschnitt geneigt sind. Im Buntsandsteingebirge hat sich für die sog. „**kritische Schichtneigung** ein Erfahrungswert ergeben, der je nach Gesteinsausbildung zwischen 10° bei den tonsteinreichen Folgen des Unteren und Mittleren Buntsandsteins mit teilweise glatten oder stark glimmerbelegten Schichtflächen und etwa 18°für dickere Sandsteinbänke mit nur untergeordneten Tonsteinzwischenlagen liegt. Werden diese Werte überschritten oder liegen auch in den Sandsteinabfolgen einzelne Schichtflächen mit ungünstiger Scherfestigkeit vor (z. B. großflächige Glimmerlagen), so ist besonders bei gleichzeitigem Auftreten von Großklüften in oder hinter der Böschung mit Böschungsausbrüchen zu rechnen. Das Gleiche gilt auch bei flachwelligen Schichtverbiegungen mit ungünstiger Versteilung der Schichtung in oder hinter der Böschung. Diese Werte können sinngemäß auch auf vergleichbare Gebirgsarten übertragen werden.

Böschungsausbrüche treten auch auf, wenn verschiedene Flächen sich so kreuzen, dass die Verschneidungsflächen flach aus der Böschung fallen (◘ Abb. 13.3; Berechnungsansätze ► Abschn. 5.7.2, 5.7.3 und 5.7.6). Das (entscheidende) Trennflächenmuster ist bei der Vorerkundung von Abtragungsarbeiten im Fels mittels Bohrungen oft schwer abzuschätzen, da die Ausdehnung und der Durchtrennungsgrad (Ausbisslänge) sowie die geotechnische Wirksamkeit von Trennflächen sehr stark von ihrer Ausbildung sowie dem Verwitterungsgrad und der Verbandsfestigkeit des Gebirges abhängig sind. Eine einigermaßen zuverlässige Abschätzung ist praktisch nur im großflächigen Aufschluss möglich, und zwar am besten durch Vergleich ähnlicher altangelegter Böschungen in der Umgebung nach geologisch-petrographischen und gefügekundlichen Gesichtspunkten. Solche Erfahrungswerte sind meist zuverlässiger als eine gefügekundliche Aufnahme von kleinflächigen frischen Aufschlüssen. Auch in einem stark verwitterten Gebirge mit geringer Gesteinsfestigkeit muss das ursprünglich vorhandene Trennflächengefüge berücksichtigt werden, da es auch dann Schwächezonen darstellt, die mechanisch wirksam werden können.

Außer Gleiten auf ungünstig ausstreichenden Trennflächen sind bei hohen Böschungen auch ein Ausknicken steil stehender Flächen und Bewegungen auf Bruchstaffeln zu beachten, d. h. das Durchreißen des Gebirges von Fläche zu Fläche (◘ Abb. 5.37).

Neben dem Trennflächengefüge und den auf den Trennflächen teilweise stark abgeminderten Scherfestigkeiten ist auch die **Grundwasserführung im Gebirge** zu berücksichtigen. Der Kluftwasser- bzw. Strömungsdruck wirkt selbst in feinsten Klüften.

Von Bedeutung ist immer auch die **Verwitterungsanfälligkeit der Gesteine** gegenüber Frost, der Winderosion und dem Einfluss von Wasser. Bei Böschungen in Wechsellagerungen verwitterungsanfälliger Gesteine mit härteren Bänken wittern die empfindlichen Zwischenschichten leicht heraus, und die festen Gesteinsbänke brechen nach. Verwitterungsanfällige Zwischenschichten müssen deshalb entsprechend flach geböscht oder anderweitig gesichert werden.

13.2.2 Böschungsneigungen und Böschungsformen

Häufig werden Felsböschungen in Straßeneinschnitten aus optischen Gründen und auch wegen der Steinschlaggefahr nicht steiler als 1:1 geböscht, auch wenn dies aus ingenieurgeologischen Gründen möglich wäre. Nur in Anschnitten, besonders an steilen Talhängen, wird die mögliche Böschungsneigung weitgehend ausgenutzt. Als Anhalt für die Gestaltung von Felsböschungen können die auf ◘ Abb. 13.4 dargestellten Böschungsneigungen und Böschungsformen herangezogen werden.

Unter die **Gruppe B** fallen unverwitterte, wenig geklüftete Tiefen- und Ergussgesteine wie Granit, Diabas, Basalt sowie dickbankige harte Sedimentgesteine wie Kalkstein,

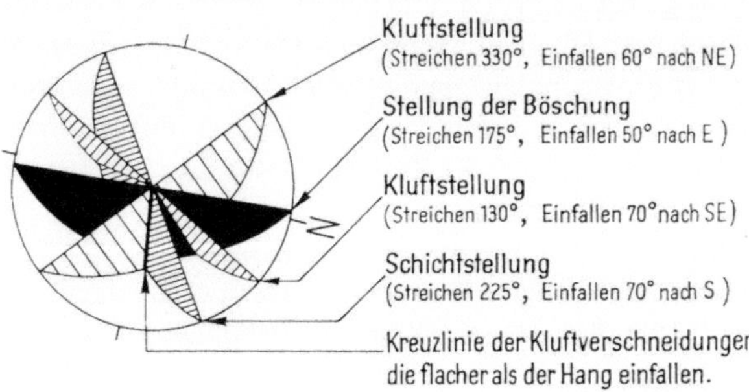

◘ **Abb. 13.3** Beispiel einer Gefügedarstellung in der Lagenkugel mit Großkreisen und Schnittgeraden

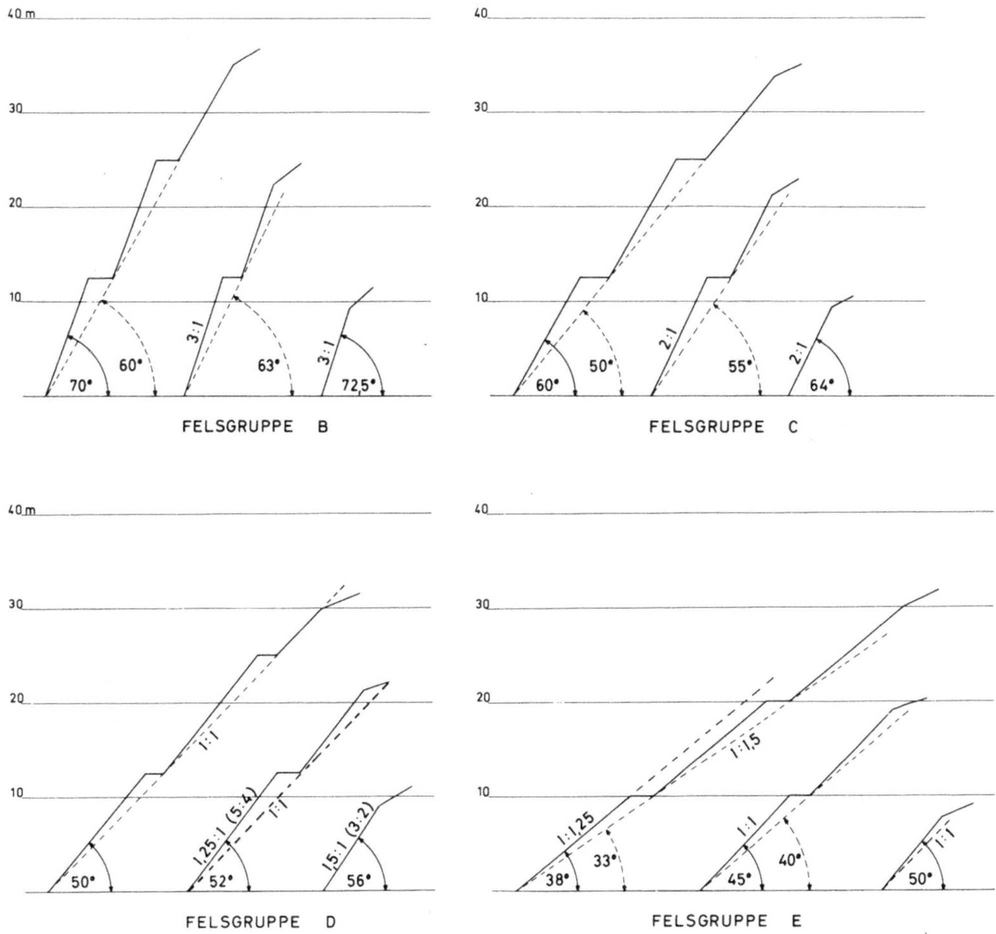

Abb. 13.4 Gestaltung von Felsböschungen bei verschiedenen Böschungshöhen und Felsarten (nach Brandecker 1971, ergänzt)

Dolomit, Sandstein und Grauwacken ohne die Standfestigkeit abmindernde mergelig-tonige Zwischenlagen.

Zur **Gruppe C** gehören die Gesteine der Gruppe B mit leichter Anwitterung bzw. mittelständiger Klüftung und einzelnen tonig-mergeligen Zwischenlagen sowie verwitterungsbeständige sandige Tonschiefer.

In die **Gruppe D** sind stärker angewitterte und geklüftete Gesteine der Gruppen B und C sowie Wechsellagerungen von festen, einigermaßen frostbeständigen Sedimentgesteinen zu stellen. Schmale Störungs- und Zerrüttungszonen müssen notfalls besonders gesichert werden. Breitere Störungszonen bedürfen oft einer Abflachung und Ausrundung der Böschungen.

In **Gruppe E** sind milde Tonschiefer, Wechsellagerungen von Sand- oder Kalksteinen mit frostempfindlichen Ton- und Mergelsteinen und ähnliche Gesteinsserien zu stellen. Dickere, harte und frostbeständige Bänke können dabei als Klippen herausgearbeitet werden (Abb. 13.5). Böschungen in entfestigten, stark verwitterten Tonsteinen oder Tonschiefern neigen sehr stark zu Oberflächenrutschungen und sollten wie hochplastische Lockergesteine behandelt werden.

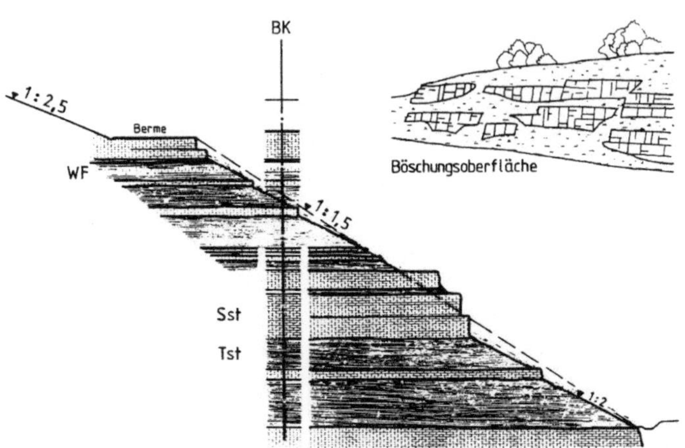

■ **Abb. 13.5** Böschungsgestaltung in einer Sandstein-Tonstein-Wechselfolge mit harten frostbeständigen Bänken (aus Trischler und Dürrwang 1989)

13.2.3 Herstellen von Felsböschungen

Die Sicherungsmaßnahmen für eine Felsböschung setzen praktisch schon mit der Ausschreibung, insbesondere den Lösearbeiten an der Böschungsfläche ein. Flachere Böschungen und eine stärkere Abrundung der Böschungskanten vermindern die Erosionsgefahr.

Bei der Notwendigkeit von einzelnen Lockerungssprengungen nahe der Böschungsfläche dürfen in dieser keine Sprengtrichter entstehen. Bei der Herstellung von Felsböschungen mit **schonender Sprengarbeit** muss die Arbeitsmethode (Bohrlochanordnung, Sprengstoff, Ladung, Zündung) auf die Gebirgsverhältnisse abgestimmt werden. Die Abtragungssprengungen dürfen mit ihrer Auflockerungswirkung nur bis höchstens 1,0 m an die Böschungssollfläche heranreichen. Die letzte Bohrlochreihe des Hauptabschlags ist bereits parallel zur Böschungsoberfläche zu bohren. Die Böschungsfläche selbst muss durch eng gebohrte, böschungsparallele und leicht besetzte Sprengbohrlöcher freigelegt werden. Bei dieser Methode des böschungsschonenden Schießens wird zwischen Vorkerben, Vorspalten, Abspalten und Abkerben unterschieden (FGSV-Merkblatt für die gebirgsschonende Ausführung von Spreng- und Abtragsarbeiten an Felsböschungen, 1984).

Bei der Herstellung von Straßenböschungen hat sich das Vorspalten bewährt. Dazu wird in der Böschungsfläche eine Bohrlochreihe für das Vorspalten mit Lochabständen von 0,6–0,8 m gebohrt, mit einer gestreckten Säule aus hochbrisantem Sprengstoff (Anbinden einzelner Patronen an eine Sprengschnur) geladen und als Zündstufe 0 der Abtragssprengung gezündet. Hierbei werden die Felsstege zwischen den Bohrlöchern durch das Überlagern mehrfach reflektierender Scherwellenfronten durchgeschlagen (▶ Abschn. 12.1), ohne das Gebirge dahinter stärker zu beanspruchen. Das Böschungsprofil fällt nachher beim Abtrag einigermaßen glatt durchgerissen an. Auf diese Weise können Felsböschungen, die bislang bei Böschungsneigungen von 1:1 noch besondere Sicherungsmaßnahmen erforderten, ohne diese Maßnahmen auf 50–60° versteilt werden. Der in ■ Abb. 13.4 dargestellte Abstand der Bermen ergibt sich aus der bei diesen Verfahren üblichen maximalen Bohrlochtiefe der Vorspaltbohrungen von 10–12 m.

Das **Profilieren von Felsböschungen** mit einem Bagger oder einem Flachbaggergerät ist so vorsichtig vorzunehmen, dass keine Gefügelockerung auftritt. Dies gelingt i. d. R. nur bei kleinklüftigen mürben Gesteinen. Sollen bei

Wechsellagerungen mit harten frostbeständigen Bänken diese als Klippen oder Felsstufen erhalten bleiben, so sind die Böschungsflächen mit geeignetem Gerät und von Hand unter Ausnutzung der vorhandenen Trennflächen ohne Lockerung der Felsblöcke herzustellen (◻ Abb. 13.5). Flache Ausbauchungen und Dellen in der Böschung können Anzeichen beginnender Rutschungen sein.

13.3 Sicherungsmaßnahmen

Bei den Sicherungsmaßnahmen zum Schutz von Böschungen ist zwischen Maßnahmen beim Böschungsbau, Maßnahmen gegen Flach- und Tiefrutschungen sowie Vorkehrungen gegen Oberbodenabrisse zu unterscheiden. Letztere können meist durch Entwässerungsmaßnahmen, Steinstützkörper oder Lebendverbau stabilisiert werden. Als langfristig wirkender **Erosionsschutz** werden häufig grobe gitterartige Kokos- oder Jutematten bzw. Wirrgelegestrukturen eingesetzt, die den Oberflächenabfluss deutlich verzögern. Flächige Erosionsschutzmatten müssen ggf. durch Erdnägel (z. B. U-Krampen) gesichert werden (s. FGSV-Merkblatt M Geok 2005). Auch wabenartige Kunststoffmatten, die eingeschüttet werden, oder auch Vliesstoffe und gesteppte Matten, in die bereits Saatgut eingearbeitet ist, finden Anwendung. Höhere Böschungen können auch mit Stahlgittermatten belegt werden, die mit Verankerungselementen befestigt und mit bewuchsfähigem Bodenmaterial gefüllt werden (◻ Abb. 13.6).

13

Maßnahmen zum Schutz gegen tiefer greifende Böschungsbewegungen sind in erster Linie Böschungsabflachungen und konstruktive Maßnahmen wie Betonstützscheiben, Trockenmauern, Reibungsfüße, Dübel oder Auflastfilter, die in ► Abschn. 15.5 behandelt werden (s. a. Klinkemeyer et al. 2012). Eine vollkommene Sicherung ist aus wirtschaftlichen Gründen oft nicht möglich. In solchen Fällen wird bewusst ein gewisses Risiko in Kauf genommen, das durch messtechnische Überwachung der Böschung eingegrenzt werden kann (► Abschn. 15.2.5 und 15.5.6).

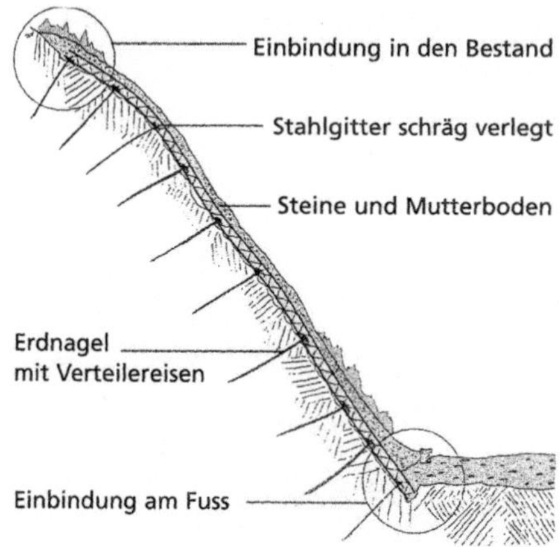

◻ **Abb. 13.6** Mit Stahlgittermatten und Bodennägeln gesicherte und mit Oberboden eingeschüttete Böschungsfläche (Firmenprospekt)

13.3.1 Bautechnische Maßnahmen beim Böschungsbau

Bei der Anlage von Böschungen sind zeitweilige Übersteilungen oder Unterschneidungen der Böschungslinie sowie insbesondere das Ausheben von Gräben am Böschungsfuß möglichst zu vermeiden. Zur Stabilisierung der Böschungsfüße oder wenn zur optimalen Flächennutzung eine steilere Böschung erforderlich wird, kann der versteilte Böschungsteil durch **Naturstein-Trockenmauern** o. Ä. gesichert werden (◻ Abb. 13.7). Diese sind bei ungleichmäßigen Setzungen oder leichten Verformungen der Böschungsfläche Stahlbetonstützwänden vorzuziehen. Im Verbund gelegte Trockenmauern oder Gabionen weisen gleichzeitig eine gute Dränwirkung auf. Das verwendete Steinmaterial (Natursteinquader, großformatige Bruchsteine) muss den Anforderungen gem. ► Abschn. 3.4.1 genügen. Unterschieden werden:

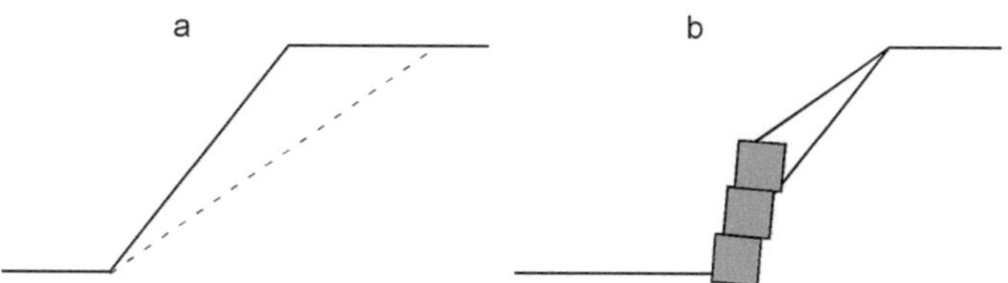

Abb. 13.7 Sicherungsmaßnahmen beim Böschungsbau: (**a**). Böschungsabflachung, (**b**). Gabionenstützkonstruktion oder Blockschichtung aus Natursteinquadern

- Schwergewichtsmauern: Sie erfüllen eine gewisse Stützfunktion und werden statisch-konstruktiv bemessen.
- Futtermauern: Sie haben keine Stützfunktion, werden selbsttragend leicht nach hinten geneigt angelegt und dienen meist nur als Verwitterungsschutz.
- Blockschichtung aus großformatigen gesetzten Bruchsteinen: erfüllt eine gewisse Stützfunktion.
- Gabionen (Drahtkörbe) aus verzinkten Spezial-Drahtgeflecht mit Steinfüllung: werden statisch-konstruktiv ebenfalls als Schwergesichtsmauern bemessen (s. EBGEO). Das Füllmaterial wird entweder geschüttet (Schotter oder Grobkies 32/63) oder mit Bruchsteinen geschichtet eingebaut. Bei nicht filterstabilen Böden kann an der Kontaktfläche zu den Gabionen ein geotextiles Filter eingelegt werden.

Die Gründung einer Trockenmauer oder Gabionenwand erfolgt frostfrei in Form einer ungebundenen Ausgleichsschicht oder auf einem Betonfundament. Oberflächenwasser muss ggf. über eine Mulde hinter der Mauerkrone abgeführt werden. Höhe und Standfestigkeit einer Gabionenwand sind abhängig vom verwendeten Füllmaterial und der Einbauart (geschüttet oder per Hand eingelegt). Die Wandhöhe ist derzeit auf etwa 6 m begrenzt (s. geotechnik 2015; 38:1).

Um Lockergesteinsböschungen steiler als nach ► Abschn. 13.1 gestalten zu können, kann auch eine **Bodenvernagelung** eingesetzt werden (► Abschn. 9.3.5). Dauerbodennägel werden auch mit werksseitig aufgebrachtem Korrosionsschutz angeboten (meist Kunststoffhülsen). Über Böschungssicherungen mit Bodennägeln und flexibler Vernetzung der Böschungsfläche als Erosionsschutz und gegen kleinere Rutschungen berichten Giacchetti und Arndt (2012). Andere Möglichkeiten zur Verbesserung der Standfestigkeit von Böschungen sind **Dübel** gem. ► Abschn. 15.5.4 (**Abb. 13.8**) bzw. auch kleinkalibrige Pfähle (► Abschn. 8.4.3) oder Betonstützscheiben von etwa 1 m Breite.

Lockergesteinsböschungen können auch durch eine **Bodenbewehrung mit vielfaserigem Endlosgarn** stabilisiert werden. Der Boden an der Böschungsoberfläche wird in einer Dicke von

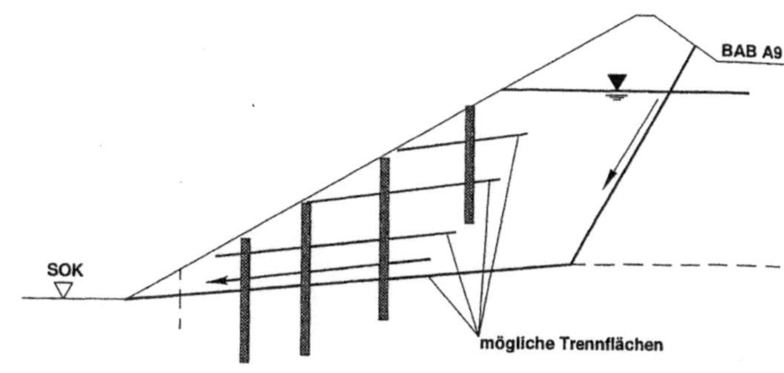

Abb. 13.8 Bohrpfahldübel zur Böschungssicherung bei unregelmäßigen und ungünstig einfallenden Schichtflächen

0,5–1,5 m mit Synthesegarn versetzt. Die Bodenbewehrung verleiht dem Boden eine erheblich größere Kohäsion (100–300 kN/m^2). Bei höheren und steileren Böschungen können sog. TECCO-Geflechte aus hochfestem Stahldraht mit Krallplatten und Nägeln in Abständen von 3,5 × 3,5 m befestigt werden (s. geotechnik 2014; 37:3).

Bei tiefen Einschnitten kann die Anlage von **Bermen** in der Endböschung zweckmäßig sein, wenn diese einen geregelten Wasserabfluss erhalten und, soweit erforderlich, für die Unterhaltung der Böschung befahrbar ausgebildet werden. Die Bermenbreite muss dann allerdings 2–3 m betragen. Der Höhenabstand beträgt i. d. R. 8–12 m und wird zweckmäßigerweise nach dem Schichtenaufbau bzw. nach Wasserhorizonten oder nach Neigungsänderungen der Böschungslinie festgelegt. Bermen bewirken zwar eine Abflachung der Gesamtböschungsneigung, tragen aber nicht immer zur Erhöhung der Standsicherheit bei. Nicht ausreichend entwässerte Bermen können die Standsicherheit einer Böschung verschlechtern (◘ Abb. 13.9). In Lockergesteinen und absandenden bzw. aufwitternden Festgesteinen tragen Bermen auch zur Begrenzung der Erosion bzw. Abwitterung bei, an Felsböschungen auch zur Verminderung der Steinschlaggefahr. Eine Empfehlung für die Anlage und Ausbildung von Bermen bringen Wichter et al. (1989).

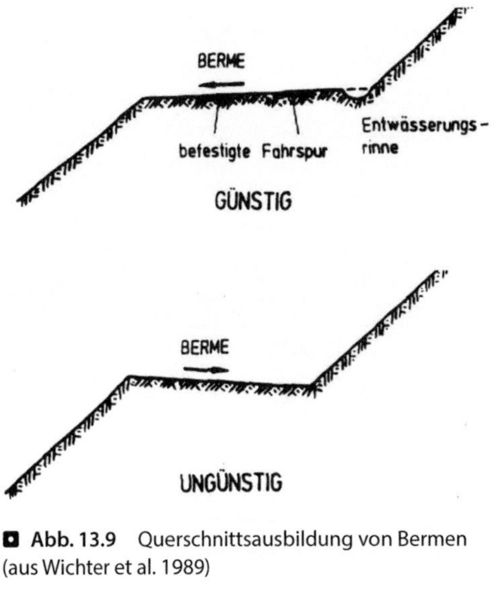

◘ **Abb. 13.9** Querschnittsausbildung von Bermen (aus Wichter et al. 1989)

Steinschlaggefahr liegt vor, wenn eine Felsböschung zwar standfest ist, aber die Gefahr des Ausbrechens und Abstürzens einzelner Steine oder Felsbrocken aufgrund vorangegangener Hangentspannungs- und Verwitterungsprozesse besteht. Dies betrifft nicht nur Neuanlagen, sondern auch bestehende alternde Steilböschungen. Unterschieden werden dabei sog. primärer Steinschlag direkt aus einer Felswand und sekundärer Steinschlag aus Schuttmassen (Krautblatter und Moser 2005). Auslöser von Steinschlag sind meist externe Faktoren wie hohe Niederschlagsintensitäten oder Frostwechsel.

Als erste Maßnahme gegen Steinschlag müssen Felsböschungen beräumt werden. Das weitere Sicherungskonzept besteht aus verschiedenen Sicherungselementen, wobei aktive Elemente zur direkten Sicherung von Kluftkörpern sowie Felsbereichen und passive Sicherungselemente unterschieden werden, die verhindern, dass abstürzende Steine die Verkehrsfläche erreichen.

Als **aktive Sicherungselemente** zur Steinschlagsicherung dienen unbewehrte oder bewehrte, nötigenfalls geankerte Spritzbetonschalen mit Bohrlöchern, damit anfallendes Sickerwasser ungehindert ablaufen kann, oder aufgelegte, doppelt feuerverzinkte Maschendrahtnetze. Letztere werden bei Böschungsneigungen ab 50° häufig eingesetzt (s. Spang und Kardel 2002). Die Lebensdauer solcher flexiblen Böschungsschutzvorrichtungen wird mit 20–25 Jahren angenommen. Ein Bewertungsschema für eine sichere und wirtschaftliche Ausführung verschiedener solcher Sicherungsvarianten bringen Brinkmann et al. (2011). Langfristig können ein Beräumen des Steinfangraums und ggf. auch eine Nachsicherung einzelner Ausbruchnischen erforderlich werden.

Ziel einer aktiven Sicherung von Felsböschungen ist es, absturzgefährdete Felsbereiche an Ort und Stelle zu halten. Einzelne durch Trennflächen abgetrennte, in sich feste Gesteinspartien können durch korrosionsgeschützte **Anker** von 4–8 m Länge (▶ Abschn. 9.5), größere zerklüftete Felspartien durch Spritzbeton mit

Baustahlgewebe und Ankern (Quiram et al. 2008) oder durch hochfestes Stahldrahtgeflecht, das über Felsnägel vorgespannt wird, gesichert werden (Flum et al. 2010). Die aktive Vorspannung verhindert nicht nur Blockausbrüche und wirkt Ausbauchungen entgegen, sondern bewirkt auch eine Erhöhung der Normalspannung auf möglichen Gleitflächen, was zusätzlich den Scherwiderstand verbessert. Als weitere bautechnische Maßnahmen kommen auch Ankerbalken (Strauß 2009), geankerte Betonplomben und aufgelöste Stützkonstruktionen, häufig mit Dauerankersicherung, in Betracht. Gelegentlich werden mit Dauerankern rückverankerte, in die Böschungsfläche eingebettete Stahlbetongitterroste oder in einem regelmäßigen Raster von 4–5 m angeordnete verankerte Stahlbeton-Lastverteilungsblöcke zur Sicherung flacher, nicht standfester Böschungen eingesetzt (◘ Abb. 13.10 und ▶ Abschn. 15.5.1). Für lange Ankerstrecken kann auch HDD-Bohrtechnik eingesetzt werden (▶ Abschn. 17.6.5.2 und Bayer und Powell 2008).

Ankersicherungen sollten bereits im Zuge des Abtrags abschnittsweise vorgenommen werden. Nachträgliche Rückverankerung von hohen Geländesprüngen ohne entsprechende Bermen erfordert einen großen Aufwand, entweder für Vorschüttungen oder für komplexe technische Hilfskonstruktionen zum Erreichen der Bohrpunkte. Für eine gewisse Höhe stehen auf Baggern oder Hubkränen „angebaute Bohrsysteme“ zur Verfügung. Eine Ankersicherung hat aber grundsätzlich den Vorteil, dass in Kombination mit Bewegungsmessungen (Beobachtungsmethode nach DIN 1054) eine nachträgliche Verstärkung der Sicherungsmaßnahmen vorgenommen werden kann (s. Oehler 2012).

Als passive **Steinschlagsicherung** kommen in erster Linie Fangzäune gem. ◘ Abb. 13.11 oder auch nur Schutzplanken in Verbindung mit einem gewissen Fangraum in Betracht. Buschwerkbepflanzung wirkt erst langfristig. Steinschlagbarrieren müssen entsprechend den möglichen Fallparabeln mit Annahme der Steingröße und der Fallenergie (in kJ) dimensioniert werden (Krautblatter und Moser 2005; Hofmann und Mölk 2012). Für moderne Steinschlagschutzsysteme mit Bremselementen zur Abminderung größerer Einschläge liegen heute technische EU-Zulassungsrichtlinien vor (s. geotechnik 39:3, A14).

13.3.2 Erosionsschutz- und Lebendverbaumaßnahmen

Zum Schutz gegen Erosion sind Lockgesteinsböschungen unverzüglich zu begrünen oder durch geotextile Erosionsschutzmatten zu sichern. Am stärksten gefährdet sind Böden mit hoher

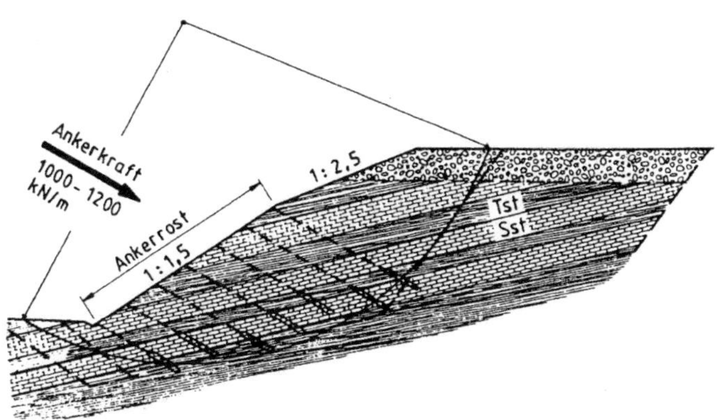

◘ **Abb. 13.10** Böschungssicherung in einer mit etwa 20° einfallenden Wechselschichtung des Mittleren Buntsandsteins mittels Ankerblöcken und Ankerung (aus Trischler und Dürrwang 1989)

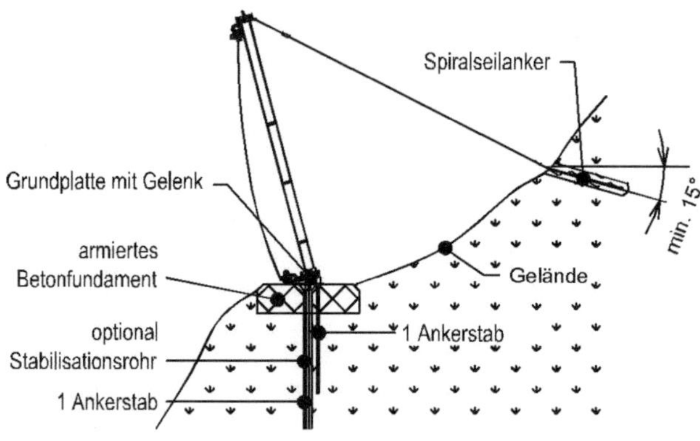

Abb. 13.11 Schutzzaun gegen Steinschlag

Schluffdominanz sowie Feinsandböden, die beide nach Durchfeuchtung nur noch geringe Kohäsion aufweisen. Weniger anfällig gegen Bodenerosion sind grobkörnige sowie tonige und skelettartige Böden.

Der **Oberbodenauftrag** auf Böschungen erfolgt in einer Dicke von 8–12 cm. Bei größerer Dicke besteht nach stärkeren Niederschlägen die Gefahr von flachen Oberbodenrutschungen. Die Einsaat mit standortgerechtem Saatgut sollte möglichst zu Beginn der Vegetationsperiode erfolgen. Bei Böschungsneigungen von 1 : 1,5 wird der Oberboden häufig durch Faschinen oder Flechtzäune gesichert. Eine Alternative ohne Oberbodenandeckung ist die sog. Rohbodenbegrünung Ab einer Böschungsneigung von 1 : 1,25 erfolgt die Begrünung der Böschungen fast nur im Anspritzverfahren. Die Anspritzsaat besteht aus einer Mischung von Saatgut, Dünger, Bodenverbesserungsstoffen und einem Kleber.

Eine gut durchwurzelte Grasnarbe bietet i. d. R. ausreichenden **Schutz vor Rillen- oder Rinnenerosion.** Bis zur vollständigen Vegetationswirkung muss die Böschungsfläche durch Erosionsschutzmatten oder -gewebe (sog. ES-Matten oder -Gewebe) gegen die erosive Wirkung von Starkregen und Oberflächenabfluss geschützt werden. Diese Arbeiten werden auch als ingenieurbiologische Bauweisen bezeichnet. Bei den für diese Zwecke eingesetzten, auf der Basis von pflanzlichen Fasern hergestellten Geotextilien unterscheidet man drei Hauptgruppen:

- vollflächige Saatgutmatten aus Stroh-, Stroh/Kokos- oder Kokosfasern mit eingearbeitetem Saatgut und Mulchfasern. Dicke 8–12 mm; Flächengewicht 550 g/m^2,
- Erosionsschutzmatten aus Stroh-, Stroh/Kokos- oder Kokosfasern mit Steppfäden aus biologisch abbaubarem Polypropylen (PP) oder Jute und ebenfalls hohem Flächendeckungsfaktor, aber ohne eingearbeitetes Saatgut. Dicke 8–12 mm; Flächengewicht 350 g/m^2,
- grobmaschiges Erosionsschutzgewebe aus Kokosfasern (Flächengewichte 400, 700, und 900 g/m^2; Dicke 7–25 mm) oder Jute (500 g/m^2; Dicke 10–30 mm) mit insgesamt geringerem Flächendeckungsfaktor.

Erfahrungsgemäß werden die meisten Böschungen mit Strohmatten, Stroh/Kokosmatten und Jutegewebe gesichert. Die Matten werden mit vollflächigem Bodenkontakt verlegt und mit Pflöcken oder sog. Haften befestigt. Einzelheiten über Materialien, Wirkungsweise und Einsatzbedingungen s. Bloemer (2012).

Außer diesen verrottbaren Erosionsschutzsystemen können im Bedarfsfall auch Geozellen (► Abschn. 12.3.4) oder Kunststoff-Rasengitterplatten verwendet werden, die mit gerippten Rammnägeln befestigt und deren Gitterwaben mit Oberbodenmaterial gefüllt und eingesät werden.

Durch den **Einbau von Busch- oder Heckenlagen**, auch „lebend bewehrte Erde“ genannt, wird durch die Verbindung von Boden und den eingelegten Zweigen und Ästen von wurzelbildenden Büschen (meist Weiden) nach der ersten Vegetationsperiode eine gewisse Verbundfestigkeit der Böschungsfläche erreicht, die auch rechnerisch nachgewiesen werden kann (Schuppener 2001). Die sog. Durchwurzelungskohäsion kann über die entsprechende Schichtdicke ggf. mit $c_{w,k} = 7\ \text{kN/m}^2$ angesetzt werden. Der oberirdische Teil des Buschwerks treibt aus und bewirkt gleichzeitig einen Wasserentzug sowie einen Schutz vor Erosion und Austrocknen des Bodens durch Sonneneinstrahlung. Lebendverbau kann nur Böschungen und Erdbauwerke schützen, die in sich standfest sind. Er benötigt anfangs Pflege, später erhält er sich selbst.

13.3.3 Entwässerungsmaßnahmen

Bei der Herstellung eines Einschnitts unter Grundwassereinfluss stellt sich die Absenkung des Grundwassers zeitverzögert ein. Der Austrittspunkt der anfänglichen (instationären) Sickerlinie liegt daher über dem jeweiligen Aushubniveau. Die dabei auftretenden Auftriebs- und Strömungskräfte müssen bei den Standsicherheitsnachweisen berücksichtigt werden (Sommer 2012). Eine stationäre Sickerlinie, die auf die Sickeranlagen am Böschungsfuß ausgerichtet ist, stellt sich erst mit der Zeit ein (► Abschn. 11.2). Eine günstigere Lage der Sickerlinie ist durch Böschungssickerkörper oder eine Horizontaldränung zu erreichen (► Abschn. 15.5.3). Bei flachen Böschungen werden Sickerschlitze am Böschungsfuß angeordnet, um das Grundwasser in der Böschung abzusenken

Die Maßnahmen zur Entwässerung von Straßen bzw. Böschungen sind in der ZTV Ew-StB 91 und den Richtlinien für die Anlage von Straßen, Teil Entwässerung (RAS-Ew), ► Abschn. 4.3, Sickeranlagen, beschrieben. Bei den **Sickeranlagen** werden Sickerstränge, Sickergräben, Sickerschichten, Sickerstützscheiben und Tiefensickerschichten unterschieden.

Oberflächenwasser muss oberhalb der Böschung durch hangparallele Gerinne oder Gräben, nötigenfalls mit dichter Sohle, gesammelt und über die Böschung sicher abgeleitet werden. Besonders zu beachten sind muldenförmige Geländeformen oberhalb des Einschnitts, aus denen nach Starkregen große Wassermengen anfallen,

Hanggrundwasser in den Deckschichten wird durch hangparallele Sickerschlitze (Hangsickerstrang) gefasst und abgeleitet. Die Schlitzbreite beträgt i. d. R. 0,8–1,0 m, die Tiefe bis 5 m. Die Ummantelung des Sickerrohres erfolgt mit Filterkies und Schutzvlies gem. ► Abschn. 10.2. Der Sickerschlitz muss nach Möglichkeit in die wasserundurchlässige Schicht einbinden. Um die Rutschgefahr nicht zu verstärken, muss ausreichender Abstand vom oberen Böschungsrand gehalten werden.

Wasseraustritte in Böschungen werden durch Böschungsrigolen, eine Böschungssicker- und Auflastschicht (◘ Abb. 13.12) oder Sickerstützscheiben aus Steinmaterial (Schotter) bzw. Einkornbeton in den Böschungen gefasst

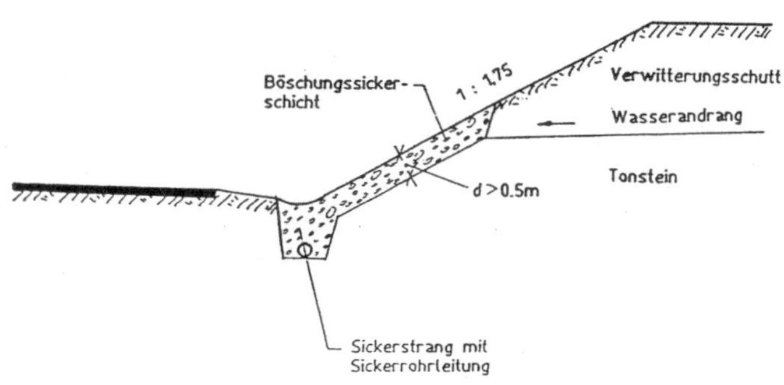

◘ **Abb. 13.12** Böschungssickerschicht zur Ableitung von Schichtwasser aus der Böschung

und abgeleitet (▶ Abschn. 15.5.3). Die Tiefe des Gesamtaufbaus muss frostfrei sein. Das Filtermaterial der Böschungssickerschicht muss gegen den anstehenden Boden filterstabil sein. Böschungsrigolen werden oft in Äste aufgespalten und bieten in ihrem unmittelbaren Bereich auch Schutz gegen Oberflächenrutschungen.

Mit den angeführten Entwässerungsmaßnahmen, die teilweise auch eine gewisse Stützfunktion haben, kann Oberbodenabrissen und Flachrutschungen wirksam vorgebeugt werden, wenn mögliche Wasseraustritte in der Böschung während der Bauarbeiten sorgfältig beobachtet und die Maßnahmen gezielt angesetzt werden. Eine absolute Sicherung vor solchen Böschungsschäden ist allerdings auch damit nicht möglich bzw. der Aufwand dazu wäre unwirtschaftlich. Nach anhaltend starken Niederschlägen ist in den Anfangsjahren nach dem Bau immer mit gewissen Rutschungserscheinungen zu rechnen, deren Sanierung aber i. d. R. wirtschaftlicher ist als zu umfangreiche Vorbeugungsmaßnahmen. Für Bahntrassen, bei denen eine spätere Sanierung ohne massive Störung des Verkehrs nicht möglich ist, müssen die Böschungen von vornherein entsprechend flacher, d. h. mit größerer Sicherheit gestaltet werden.

13.4 Erfahrungswerte von Böschungsneigungen in Mittelgebirgen

Erfahrungen über Böschungsneigungen und -ausbildung stehen den Autoren nur regional begrenzt zur Verfügung. Sie können aber sinngemäß auf andere geologische Formationen übertragen werden und als Grundlage für die eigene Erfahrungsbildung dienen.

13.4.1 Alte Gebirge

Harte, sandige Tonschiefer können bei günstiger Ausbildung und Stellung der Trennflächen und bei schonendem Abtrag 60°, ggf. auch 70°, steil gestellt werden (◘ Abb. 13.13). Hierbei ist allerdings Steinschlagsicherung durch Netzbespannung nötig.

Bei ungünstiger Stellung der Haupttrennflächen oder in **milden Schiefern** müssen die Böschungsneigungen 45° (1 : 1) oder flacher, z. B. bei größeren Böschungshöhen 1 : 1,25 bis 1 : 1,5, angelegt werden. Stark tonig verwitterte Tonschiefer sind auch mit 1 : 1,5 oft nicht standfest. Hier ist vor allen Dingen mit Flachrutschungen

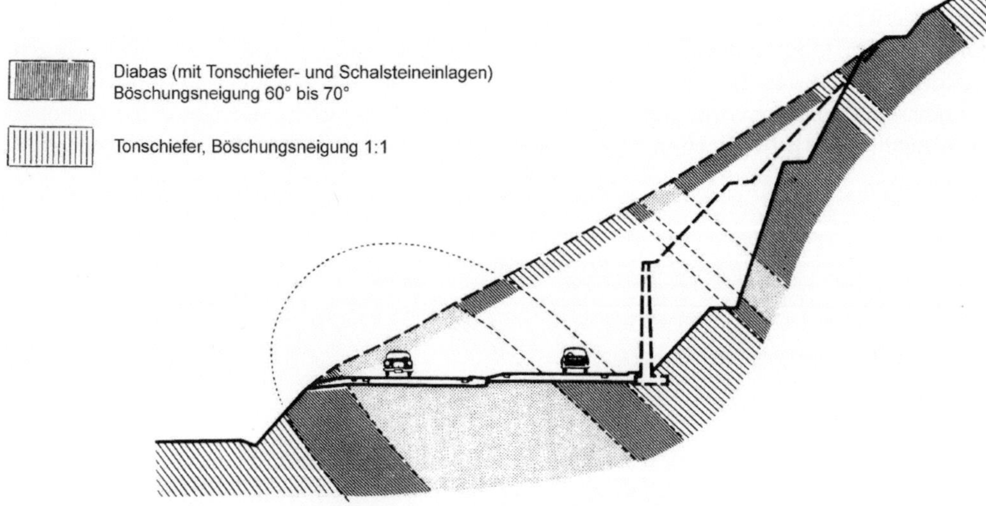

◘ **Abb. 13.13** Beispiel einer Böschungsgestaltung nach der Geologie gegenüber dem ersten Entwurf einer sehr aufwendigen Stützmauer

im Bereich der Austrocknungs- bzw. Frosteinwirkungstiefe zu rechnen.

Im **Granit bzw. Diabas** (und anderen harten Tiefen- und Ergussgesteinen) können Böschungen bei günstiger Ausbildung der Trennflächen 50–70° steil gestellt werden. Die Voraussetzungen sind auch hier wieder schonende Sprengarbeit unter Ausnutzung der Kluftflächen und nötigenfalls Netzbespannung. Häufig werden solche Böschungen nur 1 : 1 geböscht unter Herausarbeiten von massiven Felskörpern als Klippen. Eine solche Böschungsneigung hat den Vorteil, dass nicht erkannte Störungs- und Zerrüttungszonen leichter beherrscht werden können und ggf. keine Netzbespannung erforderlich wird.

Schalstein, eine lokale Bezeichnung für Diabastuff, besitzt eine gewisse Schieferung und neigt zu schalenförmiger oder plattiger Absonderung. Aufgrund seines Kalkgehalts ist er verwitterungsanfällig und weist häufig lehmig-tonige Beläge auf Schieferungs- oder Kluftflächen auf. Störungszonen sind oft tiefgründig und Zehnermeter breit lehmig verwittert. Die möglichen Böschungsneigungen sind auch im festen Schalstein sehr stark vom Trennflächengefüge abhängig, wobei die geringe Verbandsfestigkeit auf lehmig angewitterten Flächen beachtet werden muss. Außerdem weist Schalstein gelegentlich einen feinverteilten Pyritgehalt auf, der durch Sauerstoffzufuhr nach Freilegen der Böschung zu freier Schwefelsäure umgesetzt wird, was das Gestein tiefgründig zersetzt (► Abschn. 2.3.3).

Quarzit und Grauwacke können bei günstiger Lagerung bis 60° steil geböscht werden. Bei häufigeren Tonschiefereinlagerungen sind Abflachungen auf 1 : 1 und flacher nötig.

13.4.2 Schichtgesteine

Dickbankige, harte Sandsteine, z. B. des Buntsandsteins (Solling, Main- und Neckargebiet, Bad Kreuznach-Trierer Raum), können bei Anwendung von Sprengarbeit kaum steiler als 45–60° geböscht werden. Im Einflussbereich der Hangzerreißung ist eine Abflachung auf eine generelle Böschungsneigung bis 1 : 1,5 zu empfehlen.

Die Sandsteinfolgen des Unteren und Mittleren Buntsandsteins können 1 : 1 bis max. 50° geböscht werden. Die kritische Schichtneigung beträgt rd. 18°. Nach neueren Erfahrungen treten jedoch auch in diesen Sandsteinabfolgen einzelne Schichtflächen mit abgeminderter Scherfestigkeit auf, was die kritische Schichtneigung auf 10–12° abfallen lässt (► Abschn. 13.2.1). Sandsteine mit tonig-ferritischem und damit nicht frostbeständigem Bindemittel verwittern rasch und sollten nicht steiler als 1 : 1,25 bis 1 : 1,5 geböscht werden.

Die **Wechselfolgen** des Unteren und Mittleren Buntsandsteins werden gewöhnlich 1 : 1,25 (40°) bis 1 : 1,5 geböscht, bei geringem Tonsteinanteil und günstigem Schichtfallen auch bis 1 : 1. Die kritische Schichtneigung beträgt etwa 10° (► Abschn. 13.2.1). Zwischengeschaltete mächtigere Sandsteinbänke können, wenn sie frostbeständig sind, herausgearbeitet werden (◘ Abb. 13.5).

Die Wechsellagerungen von Ton- und Sandsteinen des Rotliegenden sind als rutschungsanfällig bekannt. Gleitungen auf Schichtflächen sind weit verbreitet (► Abschn. 15.6.1). Die Böschungsneigungen müssen entsprechend flach (1 : 1,5 und flacher) gehalten werden.

Tonsteine des Röt werden allgemein 1 : 1,5 geböscht, bei stärker mergelig-dolomitischer Ausbildung auch 1 : 1 bis 50°. Hierbei ist aber mit Abwitterungserscheinungen zu rechnen. In stärker verwitterten bis entfestigten Tongesteinen ist eine Abflachung auf 1 : 2 (und flacher) empfehlenswert (s. a. Ernst et al. 2016).

Die Röt-Muschelkalk-Grenze ist allgemein als rutschanfällig bekannt (vgl. ► Abschn. 15.6.3). Die Gesteine liegen in diesem Grenzbereich oft umgelagert und in völlig gestörter Lagerung vor. Die Böschungsneigungen müssen dann meist mit 1 : 2 angelegt werden. Oft sind zusätzliche Entwässerungs- und Stabilisierungsmaßnahmen nötig.

Dünnbankige Kalksteine des Unteren Muschelkalks werden bei horizontaler Schichtlagerung 1 : 1 (bis z. T. 50°) geböscht. Die kritische Schichtneigung beträgt 10–15°.

Bankige Kalksteine des Oberen Muschelkalks werden bei horizontaler Schichtlagerung 50–60°, z. T. 70° geböscht. Die kritische Schichtneigung beträgt rund 15°.

Die **Ton- und Mergelsteine des Muschelkalks** können allgemein 1 : 1,5, als Residualtone und in Störungszonen mit 1 : 2 geböscht werden. Die kritische Schichtneigung beträgt 10–12°.

Feinsandsteine des Keupers sind etwa den Wechselfolgen des Buntsandsteins gleichzusetzen (1 : 1,25 bis 1 : 1,5). Die **Tonsteine des Keupers** sind mit den Tonsteinen des Röt vergleichbar. In den Tonsteinen des Keupers treten in unregelmäßigen Abständen Schichtflächen mit abgeminderter Scherfestigkeit auf, für die ebenfalls eine kritische Schichtneigung von 10–12° gilt. Besonders rutschgefährdet sind Einschnittböschungen im Knollenmergel (► Abschn. 15.6.4).

In Süddeutschland zählen besonders die vertonten **Tonsteine des Jura** (Opalinuston und Ornatenton) zu den Problemgebieten, in denen häufig mit Umlagerung und starker Rutschungsanfälligkeit gerechnet werden muss. In diesen Schichtpaketen treten häufig bereits bewegte, flach einfallende Schichtflächen auf, die in Bohrungen oft nicht als solche erkannt werden. (Quick et al. 2004). Die Böschungsneigungen müssen dementsprechend flach (1 : 2 und flacher) gehalten werden (► Abschn. 15.6.5).

Kalkstein (Massenkalk oder Quaderkalk in horizontaler Lagerung) erlaubt Böschungsneigungen von 70–80°. Bei tonigen Zwischenlagen ist eine Abflachung in Abhängigkeit von der Wechselschichtung und vom Schichtfallen erforderlich.

13.5 Tertiäre und quartäre Gesteine, Braunkohletagebaue

Tertiäre Tone werden bis zu einer bestimmten Höhe allgemein 1 : 1,5 geböscht. Dabei treten immer wieder flache Rutschungen auf, die aber auch bei 1 : 2 nicht ganz auszuschließen sind. In Gebieten mit leichter Rutschmorphologie und in Tonen mit (wasserführenden) Sandzwischenlagen bzw. quellfähigen Tonmineralen ist eine Abflachung auf 1 : 2 oder flacher angebracht. Andernfalls sind Sondermaßnahmen erforderlich (► Abschn. 15.5.1). **Tertiäre Feinsande** werden generell 1 : 1,8 bis 1 : 2 geböscht.

Eine geotechnische Aufgabe besonderer Art ist die Dimensionierung von **tiefen Tagebauböschungen**, wie sie sowohl in den sächsischen als auch in den rheinischen Braunkohlengebieten mit Böschungshöhen bis über 200 m anfallen. Die Gesamtböschungsneigungen, einschließlich Bermen, betragen bei horizontaler Lagerung der hier vorwiegend feinsandig ausgebildeten Tertiärfolge 1 : 2,5 bis 1 : 3 (■ Abb. 13.14). Neben der

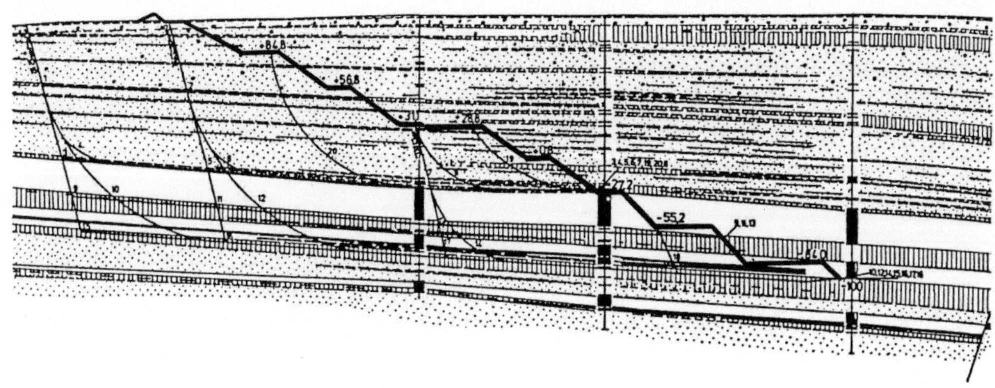

■ **Abb. 13.14** Ausbildung einer Tagebauböschung im Rheinischen Braunkohlerevier nach wahrscheinlichen Gleitfugen und Standsicherheitsuntersuchungen (aus Pierschke 1985)

zu erwartenden Standzeit der Böschung (Endböschung, Tagebaurandböschung, Betriebsböschung) und besonderen Lastfällen (z. B. nahe Bebauung, Gerätestandsicherheit) muss vor allen Dingen geprüft werden, welche Schwächezonen in der geplanten Böschung (Großkluft- oder Verwerfungsflächen, Schichtflächen) als Bruchflächen in Betracht kommen und welche Scherfestigkeiten darauf angesetzt werden können (Goldscheider und Lizcano-Pelaez 2003, darin Lit.). Allgemein werden in tonig-schluffigen Tertiärböden Scherfestigkeiten von $\varphi = 20–25°$, $c = 5–10\ kN/m^2$ angesetzt. Auf Schichtflächen in Tonen ist, wie Rückrechnungen gezeigt haben, häufig nur noch eine Restscherfestigkeit von $\varphi_R = 8–12°$ wirksam, besonders wenn auf solchen Flächen bereits Horizontalbewegungen stattgefunden haben. Auch auf Kluftflächen in Tonen muss mit stark abgeminderter Restscherfestigkeit gerechnet werden.

Im unverwitterten bzw. wenig verwitterten Zustand und wenn keine tuffitischen Zwischenlagen vorliegen ist **Basalt** ein gut standfestes Gestein, das Böschungsneigungen von $\beta \geq 45°$ ermöglicht. Vorsicht geboten ist bei oft nur dünnen tuffitischen Zwischenlagen oder wenn nahe dem Böschungsfuß Tuffe oder andere tonige Liegendgesteine ausstreichen (▶ Abschn. 15.6.1 und 15.6.7).

Zu den problematischen Aufgaben in unseren Klimaregionen gehört die Anlage von Böschungen in vulkanischen Tuffen und Basaltblocklehmen. **Vulkanische Tuffe** sind ein sehr heterogenes wechselfestes Gestein mit einer starken Streuung der Korngrößen. In niederschlagsarmen Klimazonen sind sie sehr standfest. Im angewitterten (vertonten) Zustand weisen jedoch die feinkörnigen, wechselnd tonigen Tuffe wie auch die Tuffite (d. s. aquatisch ab- oder umgelagerte Tuffe) häufig hohe Anteile an quellfähigen Tonmineralen auf und sind dann sehr wasser- und verwitterungsempfindlich. Außerdem ist in solchen Serien immer mit dünnen Lagen mit abgeminderter Scherfestigkeit zu rechnen. Regelböschungen von 1 : 1,5 bis 1 : 2 sind dann häufig zu steil. Das Gleiche gilt für basaltischen Hangschutt und **Basaltblocklehm**, die bei hohen Wassergehalten und Sickerwassereinfluss als sehr rutschungsanfällig gelten (▶ Abschn. 15.6.7).

Hangschutt- bzw. Solifluktionsschuttmassen sind gemischtkörnige Böden nach ▶ Abschn. 2.1.4. Sie weisen je nach Ausgangsgestein unterschiedliche Schluff- und Tonanteile auf. Ihre Standsicherheit ist mit den Neigungsangaben aus ▶ Abschn. 13.1.3 im Wesentlichen abgedeckt. Wasserführende Horizonte sind durch Rigolen oder Steinpackungen zu sichern.

Eine gewisse Sonderstellung unter den Deckschichten nehmen **Löss und Lösslehm** ein. Löss ist an sich gut standfest, ist aber empfindlich gegen ober- und unterirdische Erosion und bei mechanischer Beanspruchung auch wasserempfindlich. Die Böschungen werden allgemein 1 : 1,5 bis 1 : 1,8 gestellt, wobei schnelle Begrünung angebracht ist. In den Lössgebieten Osteuropas werden Lössböschungen möglichst steil gestellt, mit Bermen zur Wasserableitung.

13.6 Böschungen in Steine- und Erdenbetrieben

Die Neigung bzw. Standsicherheit von Abbauböschungen von Gruben, Steinbrüchen und Kippen ist von der beabsichtigten Standdauer abhängig und weicht von den Angaben in ▶ Abschn. 13.1 deutlich ab. In der Regel können gem. den Länderrichtlinien der Aufsichtsbehörden in **Lockergesteinen** folgende Generalneigungen zugrunde gelegt werden:

Bodenart	Böschungshöhe	Standdauer	Böschungsneigung
Lockergestein	<20 m	<5 Jahre	1 : 1
		>5 Jahre	1 : 1,5
	>20 m	<5 Jahre	1 : 1,5
		>5 Jahre	1 : 2,5
Kippenmaterial	<20 m		1 : 2
	>20 m		1 : 4

Wenn rutschungsanfällige Schichten vorliegen, die Böschungen im Einflussbereich des Grundwassers stehen (besonders Grundwasserseen) oder zu schützende Objekte vorliegen, sind in jedem Einzelfall Standsicherheitsberechnungen nach ► Abschn. 5.7 vorzunehmen.

Bei den Anforderungen für die Standsicherheit von Abbauböschungen im Festgestein ist grundsätzlich zwischen den in Betrieb befindlichen Böschungen und den Endböschungen nach dem Einstellen der Abbautätigkeit zu unterscheiden. Nach dem Einstellen der Abbautätigkeit ist vom Steinbruchbetreiber ein Zustand herzustellen, bei dem von den Böschungen keine Gefährdung der Öffentlichkeit ausgehen darf.

Bei Festgesteinsböschungen ist i. Allg. bis zu einer Böschungshöhe von 15 m eine Neigung von bis zu 60° zulässig, wenn

- die Lockergesteinsüberdeckung standsicher ist,
- kein Grundwassereinfluss vorhanden ist und
- keine ungünstig ausstreichenden Trennflächen bzw. deren Verschneidungen vorliegen.

Andernfalls sind Standsicherheitseinschätzungen auf der Grundlage von Erfahrungen und Analogieschlüssen vorzunehmen bzw., wenn die vorliegenden Rechenannahmen es ermöglichen, Standsicherheitsnachweise nach ► Abschn. 5.7.6 zu führen.

13

Bei **Unterwasserböschungen in Baggerseen** entspricht die Böschungsneigung eines durch Baggerarbeiten oberflächig aufgelockerten rolligen Bodens anfangs seinem Reibungswinkel und kann für einen kiesigen Sand mit 1 : 1,5 (=33,6°) angenommen werden. Im Laufe der Zeit verflacht eine solche Böschung unter der Einwirkung der Grundwasserströmung sowie von Wasserbewegungen durch Baggerbetrieb und Wind auf 1 : 2 bzw. im Endzustand auf 1 : 3, was einer Endböschung unter Wasser von $\tan \beta = 0{,}5 \tan \varphi$ entspricht. Allgemein gelten für Unterwasserböschungen in Baggerseen folgende Erfahrungswerte:

Kies	1 : 1,5 bis 1 : 2
Grobsand	1 : 3 bis 1 : 4
Mittel- und Feinsand	1 : 5 bis 1 : 8

Die Kontrolle der Gestaltung der Unterwasserböschung und der Gewässersohle kann mit Hilfe einer schwimmenden, GPS- und echolotgestützten Vermessungsdrohne erfolgen (geotechnik 40:3/A7). Bei Fragen des **zulässigen Grenzabstands** der Abbauböschungen von der zu schützenden Grundstücksgrenze ist darüber hinaus ein Freistreifen vorzusehen, der eine ausreichende Gewähr für den Bestand der angrenzenden Grundstücke bietet. Ein solcher Grenzabstand von 5 m ist auch in den einzelnen Länder-Bodenabbaugesetzen verankert. Für die Rekultivierung von Sand- und Kiesgruben sowie anderen Erd- und Gesteinsaufschlüssen können die Richtlinien der Landesstellen für Naturschutz und Landschaftspflege sowie die Richtlinie für die Gestaltung und Nutzung von Baggerseen des Deutschen Verbandes für Wasserwirtschaft und Kulturbau (DVWK-Regel W108/1992) herangezogen werden.

Standsicherheit und Verformung von Dämmen

H. Prinz, R. Strauß, *Ingenieurgeologie*,
https://doi.org/10.1007/978-3-662-54710-6_14

Dämme und auch Halden bzw. Kippen als Relikte von Abbautätigkeiten sind Erdbauwerke, die den Untergrund belasten und an deren Böschungsflächen Spreiz- und Schubspannungen auftreten. Um schädliche Verformungen zu verhindern, müssen gewisse Standsicherheitsbedingungen erfüllt sein:

- Grundbruchsicherheit
- Gleit- bzw. Spreizsicherheit
- Sicherheit gegen Böschungsbruch
- Dammsetzungen.

Erddämme bis 3 m Höhe auf tragfähigem Untergrund sind nach DIN 1054 als Geotechnische Kategorie GK 1 zu behandeln, darüber hinaus als GK 2 (▶ Abschn. 5.2). Ab 15 m spricht man von hohen Dämmen. Erddämme auf stark geneigtem Gelände oder auf wenig tragfähigem Untergrund erfordern i. d. R. eine Zuordnung nach GK 3 mit entsprechend erhöhtem Untersuchungsaufwand. Die entsprechenden Berechungsmethoden sind in ▶ Kap. 5 beschrieben. Hier sollen nur davon abweichende Einflussfaktoren behandelt werden.

Wie bei Einschnitten sind auch bei Dammböschungen vom Schüttmaterial abhängige Regelböschungen üblich, deren Böschungsneigungen den Angaben in ▶ Abschn. 13.1 entsprechen. Zu den Dammbaustoffen und ihrer Verdichtbarkeit ▶ Abschn. 12.2.1.

14

14.1 Standsicherheit von Dämmen

14.1.1 Grundbruchsicherheit

Grundbruch eines Dammes infolge zu geringer Tragfähigkeit des Dammuntergrundes äußert sich in einem Einsinken eines Dammabschnitts und mit Hebung des Untergrundes vor dem Dammfuß (◼ Abb. 14.1).

In der Praxis wird die Grundbruchuntersuchung für Dämme meist als Gleitkreisuntersuchung nach ▶ Abschn. 5.7.3 ausgeführt. Infolge der meist breiten Dammaufstandsfläche reicht die Grundbruchfigur verhältnismäßig tief.

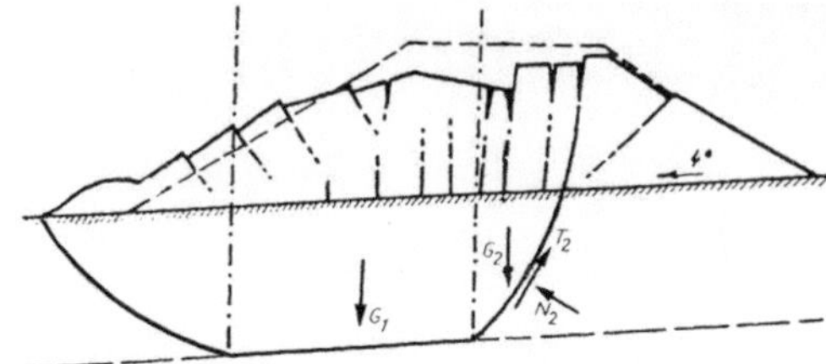

◼ **Abb. 14.1** Grundbruchfigur und zerstörter Dammkörper nach Grundbruch eines 10 m hohen Dammes auf nicht tragfähigen Untergrund

Bei begrenzter Tiefe der weichen Schicht verläuft die Grundbruchfigur entlang der Grenzschicht zum tragfähigeren Untergrund, sodass nur ein Teil des Dammkörpers von einem möglichen Grundbruch erfasst wird. Die Breite des betroffenen Dammabschnitts ergibt sich aus dem Reibungswinkel der weichen Schicht und ihrer Mächtigkeit. Bei Schichtgestein mit vorgegebenen Gleitflächen im Dammuntergrund sind deren Raumlage und die ggf. abgeminderten Scherfestigkeiten zu beachten. Die Anfangsstandsicherheit von Dämmen ist außerdem mit der undränierten Scherfestigkeit (c_u) zu ermitteln (▶ Abschn. 2.7.6).

Zur Standsicherheit von Dämmen auf wenig tragfähigem Untergrund ▶ Abschn. 14.1.4.

14.1.2 Gleit- bzw. Spreizsicherheit

Die in der Dammsohle auftretenden Schubspannungen müssen von der Scherfestigkeit des Materials in der Sohlfuge aufgenommen werden (◼ Abb. 14.2). Die Schubkraft S in der Dammsohle beträgt

$$S = 0{,}5 \times \gamma \times H^2 \times tan^2\left(45° - \frac{\varphi'}{2}\right)$$

oder über den Erddruck im Dammkörper

$$S = K_{ah} \times \gamma \times \frac{H^2}{2}$$

Dabei gilt:
H = Dammhöhe,
φ = Reibungswinkel des Dammschüttmaterials,
γ = Wichte des Schüttmaterials,

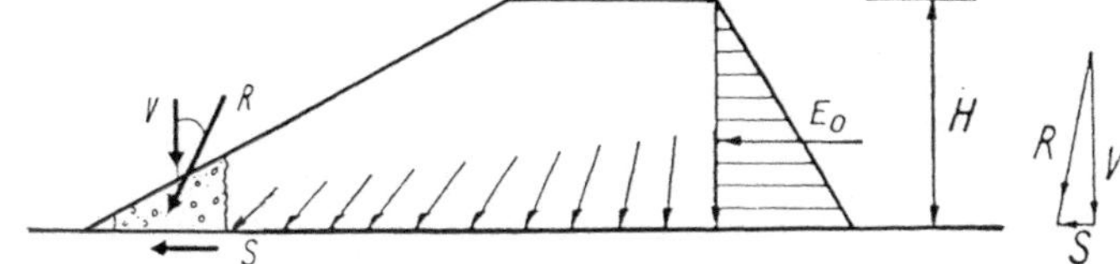

Abb. 14.2 Schematische Darstellung der Schubspannungen unter einem Damm, hier mit Reibungsfuß

K_{ah} = Erddruckbeiwert für den horizontalen Anteil des aktiven Erddrucks.

Die Ermittlung der Gleit- undSpreizsicherheit von Dämmen kann auf der Grundlage der Scherfestigkeit des Untergrundes und des Dammschüttmaterials anhand von Tabellen (Brauns 1980) oder mit Rechenprogrammen erfolgen.

Schubspannungen treten nicht nur in der Sohlfuge auf, sondern wirken bei höheren Böschungen tief in den Untergrund (s. Abb. 13.1). Die dadurch ausgelösten Verformungen sind von der Scherfestigkeit des Schüttmaterials und des Untergrundes abhängig. Dabei ist zu berücksichtigen, dass die Scherfestigkeit im Vorfeld des Haldenfußes wegen der niedrigen Auflast nicht zu hoch angesetzt werden darf.

Überschreitet bei größeren Böschungshöhen, wie sie bei Abraumhalden üblich sind, die wirksame Schubkraft die Scherfestigkeit auf mehr oder weniger tief liegenden potenziellen Scherflächen, kann ein Böschungs- oder **Haldenschubbruch** auftreten. Dabei kommt es zu Gleitbewegungen auf einzelnen oder mehreren Flächen, die je nach Tiefenlage der jeweils bewegten Fläche zu anfangs oft nicht beachteten Aufwölbungen nahe dem Haldenfuß oder im Abstand von einigen Metern bis z. T. Zehnermetern führen. Je nach Standfestigkeit des Haldenmaterials kommt es zu einem baldigen Böschungsbruch und grundbruchartigen Aufwölbungen im Vorfeld oder, wie bei Abraumsalzhalden mit ausgeprägt viskosem Verformungsverhalten, zu jahrelang anhaltenden Gleitbewegungen und Aufwölbungen im Gelände, wobei im Laufe der Zeit unterschiedliche Gleitflächen in Bewegung sein können.

Infolge der Auflockerung der bewegten Massen ist häufig eine mehr oder weniger verzögerte Niederschlagsabhängigkeit der Gleitbewegung zu verzeichnen. Das versickernde Niederschlagswasser staut sich zeit- und bereichsweise auf tonigen Schichtflächen und bewirkt einen zusätzlichen Abfall der gerade bei niedriger Normalspannung wichtigen Kohäsion (s. ▶ Abschn. 2.9.8 und 15.4).

14.1.3 Sicherheit gegen Böschungsbruch

Böschungsbrüche ohne oder mit geringer Verformung des Untergrundes werden ausgelöst durch Spannungsüberschreitung bei zu steiler Böschungsneigung, durch zu geringe Scherfestigkeit des Dammschüttmaterials und/oder im Untergrund bzw. bei eingestauten Dämmen auch durch Auftreten von Strömungsdruck. Die Ermittlung der Sicherheit gegen Böschungsbruch erfolgt nach den Berechnungsmethoden in ▶ Abschn. 5.7.

Bei Dämmen aus **nichtbindigem Material** ohne ungünstige äußere Einflüsse ergibt sich die Böschungsneigung β vereinfacht aus

$$\tan\beta = \gamma \times \tan\varphi'$$

Dabei gilt:
φ = Reibungswinkel des Schüttmaterials,
γ = 1,25 (Teilsicherheitsbeiwert).

Bei **bindigem Schüttmaterial** sind Gleitkreisuntersuchungen erforderlich, wobei bei Böden mit \'>5° davon ausgegangen werden kann, dass die ungünstige Lage der Gleitfläche durch den Böschungsfußpunkt geht. Für einfache homogene Böschungen stehen verschiedene Diagramme zur Festlegung der Böschungsneigung zur Verfügung (s. a. Gussmann und Schad 1996). Diese Verfahren haben allerdings an Bedeutung verloren, seit entsprechende Berechnungen mit

EDV-Programmen problemlos vorgenommen werden können.

Liegt unter dem Damm eine weiche Schicht geringer Scherfestigkeit, so geht die Gleitlinie nicht mehr durch den Böschungsfußpunkt, sondern berührt die Sohlfläche der weichen Schicht (▶ Abschn. 14.1.1).

Regelböschungen von 1 : 1,5 erfordern bei Ansatz der Teilsicherheitsbeiwerte nach DIN 1054 (Tab. 5.3) mit γ_{φ}, und $\gamma_c = 1{,}25$ bereits Scherfestigkeitswerte von $\varphi' = 32{,}5°$, $c' = 0$, was entsprechend hoch scherfestes Schüttmaterial und gute Verdichtung voraussetzt. Bei Schüttmaterialien, deren Scherfestigkeit nur wenig über den o. g. Werten liegt, treten sowohl in der Rechnung als auch in der Praxis flache Gleitkreise mit ungenügenden Sicherheiten auf. Diese Gleitkreise haben eine Tiefenwirkung von 1–3 m und zählen zu den flachen Hautrutschungen, denen durch eine entsprechend gute Verdichtung der Böschungsbereiche entgegengewirkt werden muss. Durch Zwischenschalten von 3 m breiten Bermen in Abständen von etwa 8 m kann eine 1 : 1,5 geneigte Böschung auf eine Gesamtneigung von 1 : 1,8 abgeflacht werden.

Die Standsicherheit von Böschungen kann durch die **Einlage von Geogittern** gem. ▶ Abschn. 12.3.4 wesentlich verbessert werden (◘ Abb. 14.3). Die Geogitterbahnen werden je nach Bodenart in Abständen von 50–100 cm (also etwa jede zweite Schüttlage) überlappend eingelegt und ermöglichen wesentlich steilere Böschungen bis hin zu geokunststoffbewehrten Stützkonstruktionen mit Frontelementen aus Fertigteilen. Die Bauweise wird auch als geokunststoffbewehrte Erde (KBE) bezeichnet. Hinweise auf Anwendungsmöglichkeiten gibt das FGSV-Merkblatt M Geok E (s. Anlage). Die Bemessung erfolgt nach EBGEO, ▶ Kap. 3 und 7. Geokunststoffbewehrte Konstruktionen weisen relativ geringe Verformungen auf, die außerdem zu 70–80 % schon während des Baus auftreten. Über den Einsatz solcher Systeme berichten Vollmert et al. (2008) und Alexiew (2007).

Ein besonderes Problem ist die **Standfestigkeit alter Eisenbahndämme** aus dem 19. und Anfang des 20. Jahrhunderts, die damals relativ steil (Schüttwinkel) und ohne nennenswerte Verdichtung errichtet wurden und den heutigen Ansprüchen des Verkehrs nicht mehr genügen. Als Erstes sind die Bodenkennwerte zu ermitteln (Lagerungsdichte: Ramm- oder Drucksondierungen, Laborwerte). Die rechnerischen Standsicherheiten liegen häufig nahe 1,0. Hinzu kommt, dass meistens unter Verkehr saniert werden muss. Bewährt hat sich die Ertüchtigung der alten Bahndämme durch Bodenvernagelung gem. ▶ Abschn. 9.3.6 oder den Einsatz von Mikropfählen (Ischebeck 2013).

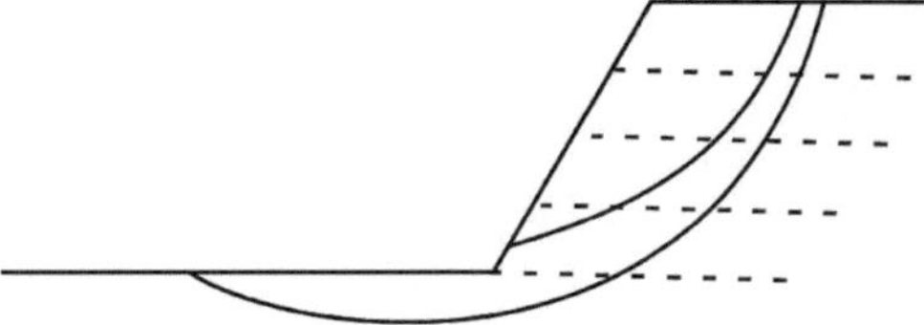

◘ **Abb. 14.3** Einbau von Geogitterlagen gegen Böschungsbruch

14.1.4 Dämme auf wenig tragfähigem Untergrund

Unter **wenig tragfähigen Schichten** i. S. des FGSV-Merkblatts von 1988 werden quartäre, sehr setzungsfähige Böden mit hohem Wassergehalt verstanden, die nie zuvor einer größeren wirksamen Normalspannung ausgesetzt waren. Dazu gehören vor allen Dingen organogene Schluffe und Tone oder organische Böden (Mudde, Torf), aber auch junge Seetone oder Beckenschluffe (▶ Abschn. 3.2.4 und 9.2). Dazu kommen Auffüllungen, auch Deponien und sonstige Kippen oder Spülflächen. Sofern solche Böden aus wirtschaftlichen oder technischen Gründen unter der Dammaufstandsfläche nicht entfernt werden, sind besondere Maßnahmen bei der Planung und Bauausführung notwendig.

Grundsätzlich ist zu beachten, dass der weiche Untergrund nicht im unmittelbaren Einfluss der dynamischen Kräfte und Schwingungen aus dem Verkehr liegen darf, da sich dessen Masse in einem ungünstigen Verhältnis zu dem mitschwingenden weichen Untergrund befindet und die hierdurch verursachten

Untergrundverformungen i. d. R. zu einer Zerstörung des Verkehrsweges führen. Deshalb muss sichergestellt sein, dass die dynamischen Einwirkungen aus dem Verkehr in einem ausreichend dicken, vom Grundwasser unbeeinflussten Massekörper oberhalb des weichen Untergrundes kompensiert werden. Ab 2 m Dicke der Gesamtkonstruktion wirkt sich bei Straßen die Verkehrsbelastung nicht mehr wesentlich auf den Untergrund aus (ZTVE-StB 09). Der Verkehrsweg unterliegt dann den Eigenverformungen und den durch die Dammlasten erzeugten ungleichmäßigen Untergrundverformungen.

Wenig tragfähiger weicher Untergrund zeigt folgendes **Verformungsverhalten:** Unmittelbar mit der Lastaufbringung entstehen ein Porenwasserüberdruck und dreidimensionale volumenkonstante Schubverformungen. Da das Porenwasser keine Schubspannungen übertragen kann, hängen die Anfangsstandsicherheit und die Größe der Sofortsetzungen des Dammes maßgeblich von der Anfangsscherfestigkeit c_u des weichen Untergrundes ab. Durch anfängliche Zusammendrückung nimmt c_u zu. ◘ Tab. 14.1 gibt Anhaltswerte für c_u im Vergleich zur Gesamtscherfestigkeit nach Abbau des Porenwasserüberdrucks (Endfestigkeit).

Die **Anfangsstandsicherheit** für eine größtmögliche anfängliche Schütthöhe kann mithilfe von Diagrammen aus dem FGSV-Merkblatt (1988) ermittelt werden. Aus der Netztafel ergibt sich z. B., dass ein Damm mit 6 m Höhe und einer Böschungsneigung von 1 : 1,5 bis 1 : 2 erst standsicher ist, wenn die Anfangsfestigkeit der weichen Schicht $c_u = 40$ kN/m^2 beträgt.

Bei ausreichender Standsicherheit ist immer noch mit erheblichen und z. T. lang dauernden **Setzungen** zu rechnen, die sich aus der Sofortsetzung s_0, der Konsolidationssetzung s_1 und der Sekundärsetzung s_2 zusammensetzen. Die Sofortsetzung tritt zum größten Teil während der Schüttung auf und entsteht durch Verdrängung des weichen Bodens und Kompression der Porenluft. In der Konsolidationssetzungsphase baut sich anfänglich ein Porenwasserüberdruck auf, der durch Konsolidation allmählich abgebaut wird. Die Sekundär- oder Kriechsetzungen können bei organischen Böden über einen längeren Zeitraum anhalten und bautechnisch relevante Größenordnungen erreichen. Berechnungsmöglichkeiten für die einzelnen Setzungsphasen enthält das FGSV-Merkblatt (1988). Koepke und Saathoff (2013) bringen durch Korrelation ermittelte Bodenkennwerte (C_c, C_v) für die Berechnung der Primärsetzungen organischer Böden (► Abschn. 2.7.4.2 und DIN 4019: 2014).

Durch Auflasten bedingte Spannungen im Boden bewirken immer auch gewisse **Horizontalverformungen**. Diese betragen je nach Dammauflast und Steifigkeit des Untergrundes etwa 10–15 % der Dammsetzungen und können seitlich über 20 m weit reichen. Sie klingen i. d. R. mit den Konsolidationssetzungen ab. Mit größeren Horizontalbewegungen ist nur in sehr weichen tonigen Böden und bei beginnenden Bruchzuständen zu rechnen. In solchen Fällen ist es erforderlich, die Verformungen und die Porenwasserdrücke im Untergrund während und nach dem Schüttvorgang zu kontrollieren. Die hierzu nötigen Messungen sind im FGSV-Merkblatt (1988) beschrieben.

Durch die Einlage einer geotextilen Trenn- und Filterschicht sowie einer hoch zugfesten Geokunststoffbewehrung in der Dammbasis, nötigenfalls in Kombination mit Vertikaldräns, werden zwar die Setzungen nicht verringert, wohl aber vergleichmäßigt (◘ Abb. 14.4).

◘ **Tab. 14.1** Scherfestigkeitsparameter c_u und φ' für erstkonsolidierte weiche Böden für Vorkalkulation (aus Floss 1997)

Bodenart	c_u [kN/m^2]	φ′ [°]
Torf	5–25	5–15
Mudde	5–15	5–15
Faulschlamm	5–15	10–20
Seekreide	10–50	20–25
Auelehm, weich	20–30	25–50
Klei, stark sandig	25–40	25–30
Klei, stark organisch	10–25	15–25

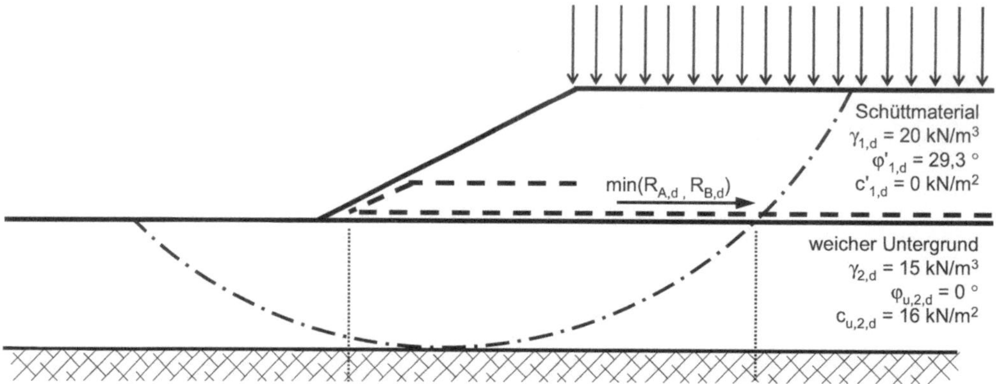

Abb. 14.4 Verbesserung der Standsicherheit durch eine Geogitterlage in der Dammbasis (aus EBGEO)

14.2 Setzungen von Dämmen auf tragfähigem Untergrund

Bei gegebener Standsicherheit müssen die Setzungen abgeschätzt werden; ferner ist die Setzungsdauer, die nötig ist, um den größten Teil der Setzungen während der Bauzeit abklingen zu lassen, anzugeben. Dabei ist zu beachten, dass die Sekundärsetzungen lange nachwirken und zu Fahrbahnunebenheiten führen können.

Aufgrund der großen Belastungsfläche von Dämmen reichen die Spannungen bis in große Tiefe. Die Erkundungstiefe unter Dämmen muss daher mindestens 6–10 m betragen, bei tief reichenden setzungsfähigen Schichten bis in eine Tiefe, die der vereinfachten Sohlbreite b entspricht (Abb. 14.5).

Die vertikalen Spannungen in der Sohlfuge (σ) betragen

$$\sigma = H \times \gamma$$

(γ= Wichte des Dammschüttmaterials) und nehmen unter den Böschungsflächen entsprechend der Böschungshöhe ab.

Die Ermittlung der **Spannungsverteilung** im Untergrund erfolgt für die schlaffe Belastungsfläche eines Dammkörpers nach den Tafeln von Steinbrenner (▶ Abschn. 5.5.2). Um das Setzungsverhalten eines Dammes genau zu erfassen, muss die **Setzungsberechnung** für verschiedene Punkte des Dammquerschnitts (Dammmitte, Dammschulter, Dammfuß) unter Berücksichtigung der gegenseitigen Beeinflussung der verschiedenen Spannungen (▶ Abschn. 5.5.3) erfolgen. Für einfache Fälle kann die mittlere Gesamtsetzung eines Dammes nach der Annahme für die vereinfachte Sohlbreite b und der vollen Sohlspannung $\sigma = \gamma \cdot H$ mithilfe der Tafeln von Steinbrenner ermittelt werden.

Setzungsberechnungen von Dämmen unterliegen wegen der großen Tiefenwirkung und den damit verbundenen Schwierigkeiten in der Einschätzung der Spannungsverteilung und des Steifemoduls den in ▶ Abschn. 5.5.3.3 diskutierten Unsicherheiten in verstärktem Maße. Leider liegen auch nur wenige **Setzungsbeobachtungen** mit Grundpegeln in der Dammaufstandsfläche und Tiefenpegeln (Extensometer) in vorher abgeteuften Bohrungen vor. Dies gilt auch für das Zeitsetzungsverhalten des Dammuntergrundes. Allgemein kann davon ausgegangen werden, dass in nichtbindigen und normal konsolidierten bindigen Böden 60–80 % der Gesamtsetzung innerhalb von einigen Wochen bis Monaten auftreten. Die Setzungen von überkonsolidierten bindigen Böden können dagegen über viele Monate anhalten und Verformungen der fertigen Fahrbahn bewirken (s. a. BAST-Berichte S 24, 2002).

Ein Dammkörper erleidet außer diesen Untergrundsetzungen immer eine gewisse **Eigenkonsolidation**, die vom Dammschüttmaterial,

14

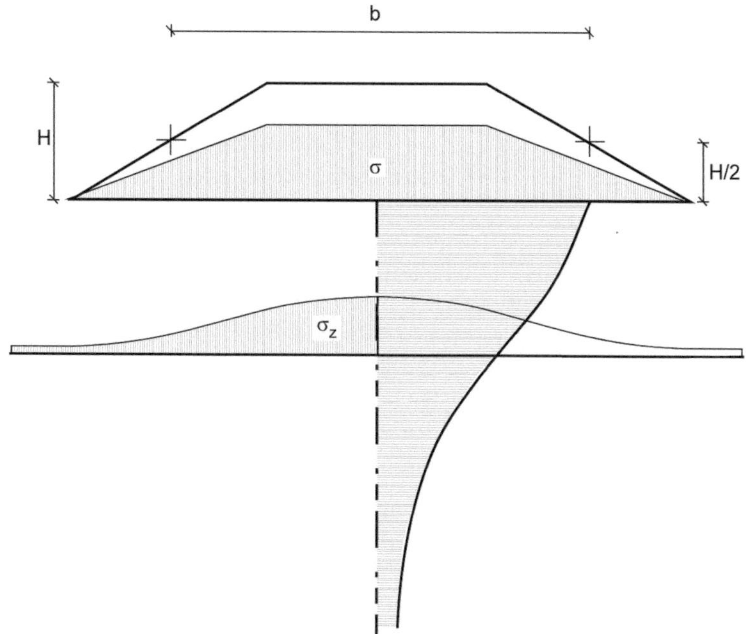

Abb. 14.5 Spannungsverteilung in Dammsohle und im Dammuntergrund

der Verdichtung und der Dammhöhe abhängig ist. Sie beträgt bei guter Verdichtung 0,2–1,0 % der Schütthöhe (i. M. 0,5 %, d. s. 5 mm/m) und klingt einige Monate nach der Dammherstellung aus. Rechnerisch können die Eigenverformungen S_E eines ordnungsgemäß verdichteten Dammkörpers nach der Formel

$$S_E = \frac{\gamma \times h^2}{2 \times E_s}$$

(γ in MN/m², h in m, E_S in MN/m², S_E in m)

oder vereinfacht nach der empirischen Funktion $S_E = 0{,}025 \times h^2$ (h in m; S_E in cm) ermittelt werden (s. a. Schulz 1999).

Infolge dieser doch erheblichen und außer bei gut abgestuftem Kiesmaterial praktisch nicht ganz vermeidbaren Eigensetzungen von hohen Dämmen dürfen hochgesetzte Widerlager nur bei entsprechender Stabilisierung der Erdbaustoffe mit Zement o. Ä. flach in der Dammschüttung gegründet werden (Abb. 14.6). Bei zu steilen Böschungen und besonders bei geneigtem Dammauflager oder weichem Dammuntergrund können die Konsolidationssetzungen auch von merkbaren Horizontalverformungen im Dammkörper und in der Oberzone des Dammuntergrundes begleitet sein.

Bei schlecht verdichteten Dämmen können die Eigensetzungen 5–10 % der Schütthöhe betragen, die über Jahre anhalten können. Der direkte Nachweis einer solchen mangelhaften Verdichtung ist manchmal schwierig. In verhältnismäßig locker gelagerten Dammschüttungen aus gemischtkörnigen Bodenarten bringt die übliche Entnahme von Sonderproben eine Nachverdichtung und zu hohe Dichtewerte, sodass hier Sondierungen zuverlässigere Werte liefern.

Dammschüttungen aus veränderlich festen Gesteinen können zusätzlich Eigensetzungen von 0,5–2 % aus Zersetzungs- und Umlagerungserscheinungen im Dammschüttmaterial erleiden, die über Jahre anhalten und häufig zu Verformungen der Fahrbahn führen (sog. Sättigungssetzung; ► Abschn. 12.2.1). An etwa 10 m hohen Autobahndämmen in Nordbayern, die aus Keuper- und Juratonsteinen geschüttet waren, wurden in den ersten 5–6 Jahren Eigensetzungen der Dammkörper von 10–15 cm sowie

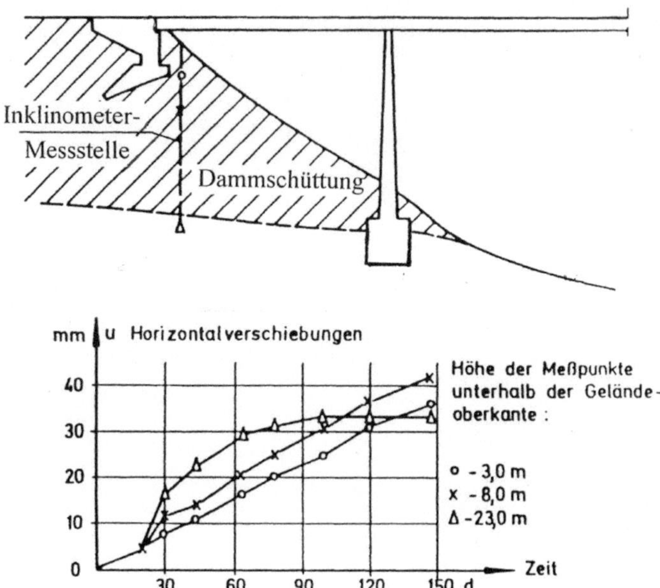

Abb. 14.6 Hochgesetztes Widerlager einer Talbrücke auf einer Dammschüttung aus Tonschiefermaterial, bei dem erhebliche vertikale und horizontale Verformungen aufgetreten sind. Unten Horizontalverschiebungen in einer Inklinometermessstelle

Setzungsunterschiede quer zur Fahrbahn von mehreren Zentimetern beobachtet. Bei hoch empfindlichen Fahrwegen (z. B. Eisenbahndämmen mit Fester Fahrbahn) werden solche Dammschüttungen deshalb heute mit hydraulischen Bindemitteln verfestigt (▶ Abschn. 12.3.1 sowie Schulz 1999).

14.3 Maßnahmen zur Erhöhung der Standsicherheit und Abminderung der Setzungen

Dammsetzungen aus tief reichenden setzungsfähigen Schichten sind mit wirtschaftlich vertretbaren Mitteln schwer zu verhindern und müssen im Prinzip in Kauf genommen werden. Bei oberflächennah liegenden weichen Schichten sind verschiedene Maßnahmen möglich; jedoch sollte immer der Grundsatz beachtet werden, Dämme auf weichem Untergrund möglichst niedrig zu halten.

Die Maßnahmen zur Verbesserung der Standsicherheit und Beschleunigung bzw. Begrenzung der Setzungen sind im FGSV-Merkblatt (2010) und im BAST-Bericht S 24 (2002) ausführlich dargestellt. Die wichtigsten werden nachstehend beschrieben. Die Wahl der auszuführenden Maßnahmen richtet sich nach der Dammauflast, dem Verformungsverhalten des Untergrundes, der Verkehrsbedeutung und anderen Randbedingungen wie der Bauzeit und auch anschließenden, meist setzungsarm gegründeten Bauwerken.

14.3.1 Maßnahmen bei der Dammschüttung

Zur Abminderung der Grundbruchgefahr kann die Dammschüttung so langsam vorgenommen werden, dass sich die auftretenden Porenwasserdrücke zwischenzeitig weitgehend wieder abbauen und die eindimensionale Konsolidation des Untergrundes schrittweise zunimmt. Eine solche **kontrollierte Schüttung** bedeutet Schütthöhen von etwa 0,6 m/Woche und nötigenfalls zusätzliche Schüttpausen. Das Verhalten des Dammes und des Untergrundes sollte, wenn keine einschlägigen Erfahrungen vorliegen, während und nach der Bauzeit durch ein gezieltes Messprogramm kontrolliert werden. Anhand der Messungen kann die jeweilige Schüttfreigabe gesteuert werden. Das Bauverfahren kann durch

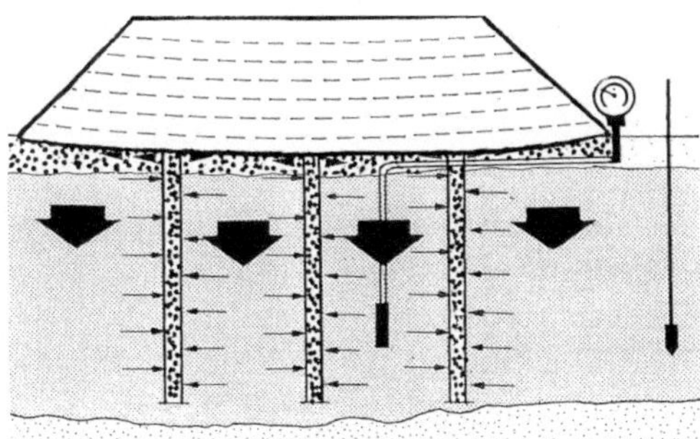

■ **Abb. 14.7** Schematische Darstellung einer kontrollierten Dammschüttung mit Sanddräns und Kontrolle des Porenwasserdrucks (Firmenprospekt)

Vertikaldräns (■ Abb. 14.7) bzw. Sand- oder Kiessäulen und durch den Einbau einer Geokunststoffbewehrung in der Dammbasis unterstützt werden.

Der **Einfluss der Böschungsneigung** auf die Standsicherheit eines Dammes ist von der Mächtigkeit der weichen Schicht abhängig. Er macht sich bei Schichtmächtigkeiten <10 m deutlich bemerkbar. Durch Zwischenschalten von Bermen wird eine deutliche Böschungsabflachung erreicht.

Das Bauverfahren empfiehlt sich besonders bei schluffigen Böden, die ein günstiges Zeitsetzungsverhalten erwarten lassen. Sofern die Standsicherheit es zulässt, können durch vorübergehendes **Überhöhen des Dammes** um 20–40 % die Konsolidationssetzungen wesentlich beschleunigt und die Sekundärsetzungen früher eingeleitet und teilweise vorweggenommen werden (■ Abb. 14.8). Mit diesen Maßnahmen kann in 1–2 Jahren, d. h. bis zum Aufbringen der Fahrbahndecke, ein Konsolidierungsgrad von 90 % erreicht werden.

Eine andere, allerdings selten genutzte Möglichkeit, die Standsicherheit und das Setzungsverhalten von Dämmen zu verbessern, ist der **Einbau von Leichtbaustoffen.** Leichtbaustoffe sind natürliche oder künstliche Baustoffe mit geringer Dichte (Bims, Blähton, EPS-Hartschaumstoffblöcke) im Dammkern. Blähton ist ein Industrieerzeugnis auf der Basis kalkfreier, stark montmorillonit- und eisenhaltiger Tone mit organischer Substanz. EPS (expandiertes Polystyrol) ist ein geschlossenzelliger Hartschaumstoff mit einer Wichte von 0,2 kN/m^3. Er wiegt damit nur etwa 1/100 der herkömmlichen Schüttmaterialien. Für Einzelheiten wird auf die beiden FGSV-Merkblätter für die Verwendung von EPS-Hartschaumstoff (1995) bzw. Blähton als Leichtbaustoff im Unterbau von Straßen (2005) und auf den BAST-Bericht S 34 (2004) verwiesen (s. Heym 2005). Neuerdings wird als Leichtbaustoff auch aus Altglas aufgeschäumtes Glasschaumgranulat verwendet.

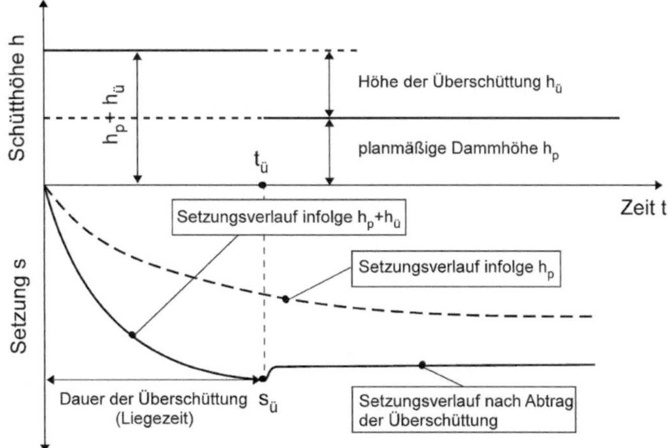

■ **Abb. 14.8** Vertikalverformungen in Dammmitte bei Vorbelastung durch Überhöhung (nach Schüßler 2010)

14.3.2 Punkt - und streifenförmige Bodenstabilisierung

Die Gründung von Dämmen und auch anderen Erdkörpern auf weichem bindigem oder organischem Untergrund (Weichschichten) erlangt immer größere Bedeutung. Neben den herkömmlichen Gründungsverfahren wie Bodenaustausch und Maßnahmen bei der Dammschüttung kommen zunächst Vertikaldräns in Betracht. Die entsprechenden Verfahren, ihre Bemessung und Ausführung sind in DIN EN 15 237: 2007 genormt. Durch Sanddräns oder mit Geotextil ummantelten Kiessäulen bzw. durch eingebohrte oder eingerüttelte Kunststoffdräns können die Fließwege des Porenwassers verkürzt und dadurch die primären Konsolidationssetzungen beschleunigt und die Sekundärsetzungen früher eingeleitet werden. Heute steht eine Vielzahl von **Vertikaldränsystemen** zur Verfügung, die im Wesentlichen aus einem Kunststoffkern mit einer Vliesstoffumhüllung bestehen. Die Konsolidationszeit richtet sich nach dem Dränabstand (1,5–3,0 m, mindestens aber weniger als die Dicke der zu entwässernden Schicht) und der wirksamen Kontaktfläche des Dräns. Die Vertikaldräns dürfen auch nicht durch die Weichschicht bis in eine wasserführende Sand/Kiesschicht abgeteuft werden, damit sie nicht von dort Wasser anziehen. Die Vertikaldräns müssen außerdem zur Abführung des Wassers im Arbeitsplanum in eine etwa 0,5 m dicke flächige Filterschicht einmünden (FGSV-Merkblatt 2010 sowie DIN EN 15 237: 2007).

Die Anwendung von Vertikaldräns erfordert ebenfalls eine langsame und nötigenfalls stufenweise Schüttung. Sie kann mit einer Überhöhung des Dammes kombiniert werden. Durch die aufgebrachte Last entsteht im Untergrund ein Porenwasserüberdruck, was den Zufluss zu den Dräns beschleunigt und die Konsolidationszeit auf einige Monate reduziert. Bei größeren Setzungen kann es vorkommen, dass die Vertikaldräns knicken, was aber bei modernen Systemen die Dränwirkung nicht zu stark einschränkt (Heibaum 2007b). Bei Böden mit ausgeprägten Sekundärsetzungen wie rein organischen Böden und auch gering durchlässigen weichen Tonen (TL bis TA) ist die Wirkung von Vertikaldräns allerdings gering (s. Dietrich und Gold 2006).

In den letzten Jahren hat sich auch das **Verfahren mit geokunststoffbewehrten Erdkörpern** auf punkt- oder linienförmigen Traggliedern weitgehend durchgesetzt. Die meist punktförmigen Tragglieder durchstoßen die Weichschichten und binden in tiefere, tragfähige Schichten ein (ZTVE-StB 09, 13.3.5 und BAST-Berichte S 26, 2003). Der untere Abschnitt des Dammkörpers wird durch eine zwei- oder mehrlagige Bewehrung aus hoch zugfesten Geokunststoffen (Geogitter oder auch Geogewebe) zu einem Verbundkörper verbessert (◘ Abb. 14.9). Durch eine vom Untergrund (c_u-Wert), der Dammhöhe und dem Stopfpunktraster abhängige Dimensionierung der geogitterbewehrten Lastverteilungsschicht wird die zwischen den Traggliedern auftretende Belastung über eine sich ausbildende Gewölbewirkung aufgenommen, sodass sich kein Durchstanzeffekt einstellt, der zu Unebenheiten der Fahrbahn führt (Kempfert und Stadel 1995; Tost et al. 2004; Raithel et al. 2004; Müller et al. 2005 und Sondermann und Topolnicki 2014).

Auch durch im Verdrängungsverfahren eingebrachte **Sand- oder Kiessäulen** kann eine deutliche Verbesserung des Trag- und Verformungsverhaltens erreicht werden. Ein Anwendungsbeispiel mit Kontrolle der Lagerungsdichte

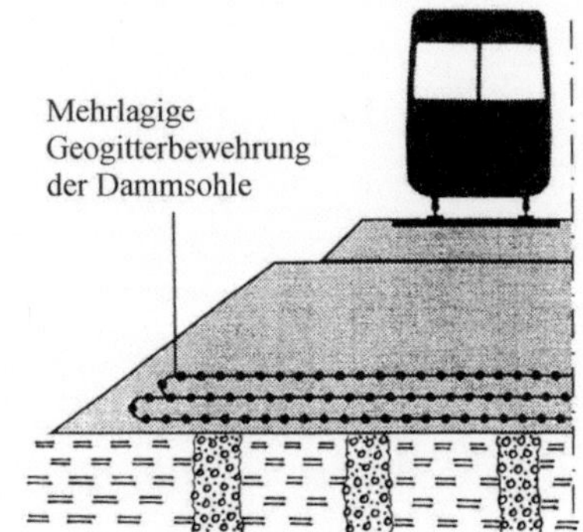

◘ **Abb. 14.9** Schematische Darstellung einer Verbundkonstruktion aus geokunststoffbewehrter Lastverteilungsschicht und Rüttelstopfsäulen (Firmenprospekt)

der Sandsäulen und Porenwasserdruckmessung zwischen den Säulen sowie Setzungsmessungen der Dammschüttung mit Überhöhung bringen Schüßler et al. (2006) und Schüßler (2013).

Eine Weiterentwicklung der Sandsäulen sind rasterförmig angeordnete **geokunststoffummantelte Säulen** aus grobkörnigem Material (Sand- oder Kiessäulen) mit einem Ø von 0,6–1,5 m, die entweder im Aushubverfahren (Schneckenbohrer) oder im Verdrängungsverfahren (z. B. Tiefenrüttler) hergestellt werden (▶ Abschn. 7.2.2 und Kempfert und Wallis 1997; Raithel et al. 2005, 2013 und EBGEO, Abs. 10). Die Geotextilummantelung bewirkt Filterstabilität zwischen dem Weichschicht- und dem Säulenmaterial, das durch die Geokunststoffhülle seitlich auch nur sehr begrenzt ausweichen und dadurch die volle Auflast in Form eines duktilen Tragsystems übernehmen kann. Dabei werden die Standsicherheit signifikant erhöht und die Absolutsetzungen sowie die Setzungsunterschiede und auch die Nachsetzungen stark reduziert (Ziegler 2012b; Raithel et al. 2013). Die Säulen sind deshalb auch in sehr weichen Böden mit $c_u < 15\ \mathrm{kN/m^2}$ einsetzbar, in denen andere Säulenverfahren an ihre Anwendbarkeitsgrenze stoßen. Die Bemessung der ummantelten Säulen erfolgt nach EBGEO analytisch oder durch numerische Verfahren.

Für die **Rüttelstopfverdichtung** zur Untergrundverbesserung von Verkehrswegen liegt ein FGSV-Merkblatt von 1979 vor. Das Verfahren ist in ▶ Abschn. 7.2.2 beschrieben. Die Stopfsäulen können durch Zugabe von Bindemitteln teilweise verfestigt werden. Die Rüttelstopfsäulen bewirken eine Erhöhung der Scherfestigkeit und eine Beschleunigung der Setzungen. Zur besseren Entwässerung wird an der Dammbasis eine min. 0,5 m dicke Ausgleichsschicht aus grobkörnigem Material aufgebracht. Die Rüttelstopfverdichtung wird bis in halbe Breite der Dammböschung in einem Raster von 1,5 × 1,5 m eingebracht. Im seitlichen unteren Böschungsbereich kann das Raster ggf. auf etwa 2,0 × 2,0 m ausgedünnt werden.

Das Verfahren kann in allen feinkörnigen und leicht organischen Böden von weicher Konsistenz angewendet werden, die nach bisheriger Fachmeinung (o. g. Merkblatt 1979) eine unentwässerte Scherfestigkeit von $c_u = 15–25\ \mathrm{kN/m^2}$ aufweisen. Heute wird die unterste Grenze der Anwendbarkeit der Rüttelstopfverdichtung etwa bei $c_u = 5\ \mathrm{kN/m^2}$ angenommen (Priebe 2003; Schüßler 2013). Die Obergrenze der Einsatzmöglichkeit liegt bei $c_u = 70\ \mathrm{kN/m^2}$. Die Grenzen der Anwendbarkeit sind in Böden von breiiger Konsistenz und bei allen organischen Böden (HN, HZ, F) erreicht.

Die Tragfähigkeit von weichem Untergrund kann auch durch sog. **Stabilisierungssäulen** gem. ▶ Abschn. 7.2.2 verbessert werden. Über eine Schneckenbohrung wird Stabilisierungsmaterial, bestehend aus einem Gemisch von Sand und hydraulischen Bindemitteln, eingebracht. Die Bodenverbesserung resultiert aus dem Wasserentzug, der Bodenverspannung infolge der Verdichtung und in der Vergleichmäßigung der Lastabtragung. Für die Herstellung der Stabilisierungssäulen liegt ein Merkblatt der DGGT (2002) vor. Ein Ausführungsbeispiel mit Ergebnissen von Probebelastungen bringen Harder und Gerken (2006).

Bei nicht zu großen Mächtigkeiten der weichen Schichten kann auch die sog. **Intensivverdichtung** mit schweren Fallgewichten aus großen Höhen (▶ Abschn. 7.2.2) eingesetzt werden (FGSV-Merkblatt 1988).

Ein Verfahren zur In-situ-Bodenverbesserung bestehender Dämme (z. B. alter unverdichteter Bahndämme, ▶ Abschn. 14.1.3) oder auch von Dammschüttungen auf setzungsempfindlichen Untergrund ist auch das **Fräs-Misch-Injektionsverfahren (FMI)**. Bei diesem Verfahren wird das (meist) lehmige Dammschüttmaterial mit einer speziellen Fräsmaschine unter Zugabe von Zementsuspension streifenförmig aufgefräst und vermischt. Das Boden-Zement-Gemisch weist wesentlich verbesserte Steifigkeits- und Scherparameter auf als der unbehandelte Boden (▶ Abschn. 15.5.1 sowie Feuerbach 1996 und Sarhan und Pampel 1999).

14.3.3 Teilweiser oder vollständiger Bodenaustausch

Durch einen flächenhaften oder schlitzartigen teilweisen Bodenaustausch von 2–4 m Mächtigkeit können die Setzungen verringert und die Grundbruchgefahr abgemindert werden (ZTVE-StB 09, 13.3.3). Das Verfahren ist nur sinnvoll, wenn die obersten Schichten sehr weich sind und die Tragfähigkeit zur Tiefe zunimmt. Eine Vollauskofferung der weichen Schichten unter dem Dammkörper wird heute kaum noch vorgenommen.

Rutschungen

H. Prinz, R. Strauß, *Ingenieurgeologie*,
https://doi.org/10.1007/978-3-662-54710-6_15

Rutschungen sind bruchhafte oder z. T. bruchlose schwerkraftbedingte Massenverlagerungen aus einer höheren Lage eines Hanges oder einer Böschung in eine tiefere (Definition Hang/Böschung ▶ Kap. 13). Massenbewegungen werden i. Allg. unterschieden nach:

- der Art des bewegten Materials (Fels oder Bodenmassen),
- der Art des Bewegungsvorgangs (z. B. Steinschlag, Rutschung, Murgang) und
- der Bewegungsgeschwindigkeit.

Zu den schnellen Bewegungsabläufen zählen Bergstürze, Muren und Schuttströme. Zu den extrem langsamen Bewegungen sind Talzuschub und Bodenkriechen zu rechnen.

Das Erkennen von Rutschgebieten, die Ermittlung der Ursachen von Rutschungen, die Beurteilung des Gefährdungsgrades sowie das Ausarbeiten von Sanierungsvorschlägen gehören zu den wichtigsten Aufgaben der Ingenieurgeologie. Der Ingenieurgeologe ist beim Erkennen geologisch bedingter Rutschungsursachen und der morphologischen Entwicklung der Landschaftsgeschichte gegenüber dem Ingenieur im Vorteil. Die auslösenden Faktoren einer Rutschung und die Sanierungsmaßnahmen lassen sich dagegen oft nur mithilfe geotechnischer Berechnungsmethoden erfassen. Dabei muss man sich im Klaren sein, dass ein rechnerischer Sicherheitsnachweis allenfalls kleinräumig zu erstellen ist und völlige Sicherheit auch bei hohem technischem und wirtschaftlichem Aufwand nicht immer gewährleistet werden kann. Im Einzelfall sollte dann eine Abstimmung über ein vertretbares Sicherheitsniveau angestrebt werden, das gleichzeitig die Unwägbarkeiten der meist komplexen geologischen Verhältnisse und der rutschungsfördernden Faktoren berücksichtigt (Rogall und Schroeder 2006).

Rutschungen aller Art sind nach Überschwemmungen und Stürmen sowie auch den anderen „geologischen Katastrophen" wie Erdbeben und Vulkanausbrüchen ein erst mit großem Abstand folgendes Schadensereignis. Weltweit fordern aber besonders durch Extremniederschläge oder Erdbeben ausgelöste Rutschungen und Bergstürze immer wieder zahlreiche Menschenleben. Besonders in Gebirgsregionen treten derartige gravitative Naturgefahren immer wieder auf und gefährden häufig Siedlungsgebiete oder Infrastruktureinrichtungen. Der historische Bergsturz von 1248 am Mt. Granier (franz. Alpen östlich von Grenoble) forderte fast 5000 Todesopfer, und der Bergsturz von Goldau 1806 in den Schweizer Alpen kostete 457 Menschen das Leben, zerstörte zwei Ortschaften und löste eine 20 m hohe Flutwelle aus, die weitere große Zerstörungen anrichtete (Thuro et al. 2005, 2006a). In jungen Hochgebirgen wie dem Himalaya mit häufig noch übersteilten Hängen treten immer wieder Katastrophenrutschungen mit Todesopfern auf.

15.1 Ursachen von Rutschungen

Die Ursachen von Rutschungen sind stets Veränderungen des Hanggleichgewichts. Bei den Ursachen unterscheidet man zunächst langfristige geogene Prozesse (z. B. morphologische Ausprägung, Verwitterung, tektonisch oder durch tiefe Gefrornis bedingte Gebirgsauflockerung und -entfestigung) sowie relativ kurzfristige geogene oder äußere Einflüsse (Niederschläge, Belastungsänderung, Unterspülung oder Untergrabung, Erschütterungen wie z. B. Erdbeben). Meist liegt ein Zusammenspiel mehrerer Faktoren vor.

Im Prinzip kann man außer den geologischen Voraussetzungen, die für das Auftreten einer Rutschung immer gegeben sein müssen, **zwei Hauptursachen** nennen, die fast bei allen Rutschungen mitwirken, nämlich Veränderungen in der Neigung oder Höhe eines Hanges bzw. einer Böschung (morphologische Ursachen) und die Wirkung des Wassers. Darüber hinaus ist bei Rutschungen häufig noch eine ganze Reihe von Einflüssen beteiligt, die teilweise auch unmittelbar auslösende Wirkung haben können. Als auslösendes Moment genügt häufig eine kurzzeitige Änderung einer der Einflussgrößen.

15.1.1 Geologische Voraussetzungen

Die geologischen Voraussetzungen für das Auftreten einer Rutschung können sehr vielgestaltig sein. Besonders bei Großrutschungen spielen **geologische Strukturen oder Grenzflächen** eine ausschlaggebende Rolle. In Gebieten, in denen die geologischen Voraussetzungen für Rutschungen gegeben sind, ist besonders auf fossile, heute z. T. kaum noch erkennbare Rutschungen zu achten. Sie können unter morphologisch anderen Bedingungen eingetreten sein, als diese heute vorliegen.

Besonders rutschungsanfällig sind wasserwegsame Gesteine (Basalte, Kalksteine, Sandsteine, aber auch Kiese und Sande) auf toniger oder tonig-mergeliger Unterlage, aber auch Wechselschichtungen von Kalk- oder Sandsteinen mit veränderlich festen Mergel- bzw. Tonsteinen sowie auch metamorph überprägte schiefrige Gesteine mit weit durchstreichenden Trennflächen wie angewitterte Tonschiefer oder Gneise. Solche rutschungsanfälligen Gesteinsserien sind in vielen geologischen Formationen anzutreffen (► Abschn. 15.6). Von den Trennflächen sind besonders die Schicht- und Schieferungsflächen, aber auch Großklüfte und Verwerfungen bzw. Störungszonen (Gebirgsauflockerung, Wasserführung) und sonstige geologische Grenzflächen (Verwitterungshorizonte) bevorzugte Gleitbahnen bzw. Abrissflächen.

Auch vermeintlich ungeschichtete Serien können feine, kaum sichtbare Unstetigkeitsflächen oder dünne Lagen mit quellfähigen Tonmineralen aufweisen, und auch in Lockersedimenten können Kluftflächen oder Harnische auftreten, die als Ablösungsflächen wirken.

Sehr rutschungsanfällig sind aufgrund der verhältnismäßig niedrigen Scherparameter auch mächtige tonig-schluffige Serien, wobei die Scherfestigkeiten sehr stark von der **Tonmineralogie** (◘ Abb. 15.1) abhängig sind und durch fossile oder rezente Verwitterungs- bzw. Entlastungsvorgänge noch weiter abgemindert sein können. Ersteres gilt auch für Bändertone, die z. T. hohe Smektitgehalte und entsprechend niedrige Scherfestigkeiten aufweisen (Heym 2005). Auch unterschiedlich wasserwegsame Gemenge von feinkörnigen und steinig-blockigen Erdstoffen neigen bei teilweiser Wasserübersättigung zum Rutschen (z. B. Basaltblocklehm, Moränenablagerungen).

Die Stabilität von Hängen oder Böschungen kann auch durch **tiefgründige Verwitterung** (z. B. alte Landoberflächen) oder Verkarstungs- und Versturzmassen (z. B. tonige Füllungen fossiler Einbruchschlote, ►Abschn. 19.3.2.2) erheblich

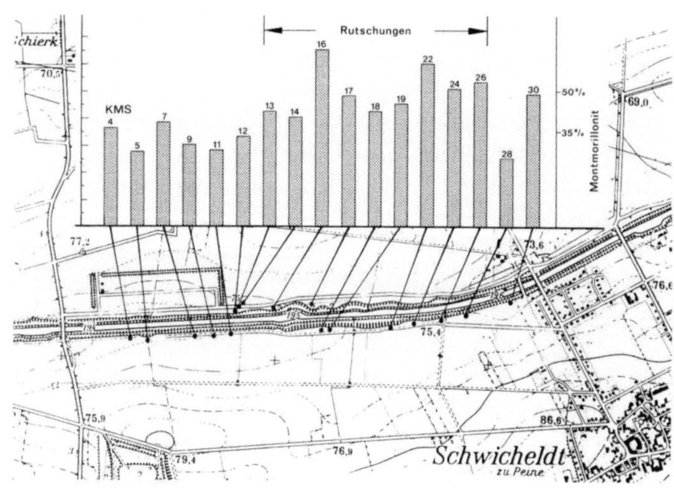

◘ **Abb. 15.1** Rutschungsanfälligkeit von Uferböschungen des Mittellandkanals in Abhängigkeit des Montmorillonitgehalts der Unterkreidetone, bezogen auf die Tonfraktion (aus Kemper 1982)

15

▣ **Tab. 15.1** Zusammenhang zwischen Magnitude und der maximal möglichen Entfernung für die Auslösung von Felsstürzen und Rutschungen (aus Kolekova et al. 1996)

Magnitude M	Distanz (km)
4,6	5
5,7	50
6,5	100
7,5	250
9,2	500

geschwächt sein. Hier ist auch die Wirkung des tief reichenden Bodenfrosts in den Eiszeiten zu nennen (► Abschn. 5.1.3). Dieses Phänomen sowie der Einfluss kretazisch- oder tertiärzeitlicher und damit subtropischer bis tropischer Verwitterung auf das geomechanische Verhalten der betroffenen Gebirgsbereiche sind in Mitteleuropa bis heute nicht ausreichend untersucht.

Die geologischen Voraussetzungen ließen sich im Detail noch beliebig erweitern (► Abschn. 15.6). Auch Vulkanausbrüche oder **Erdbeben** können die Ursache von z. T. großen Rutschungen sein. Kolekova et al. (1996) und Widmann (1996) bringen eine Übersicht über das Auslösen von Bergstürzen und Rutschungen durch Erdbeben (▣ Tab. 15.1). Im Juli 2004 hat z. B. ein Erdbeben der Stärke 4,9 in Slowenien mehrere größere Felsabgänge und zahlreiche Rutschungen ausgelöst. Im Frühjahr 2015 sind in Nepal nach einem verheerenden Erdbeben der Stärke M = 7,8 sowie einigen größeren Nachbeben gewaltige Rutschungen und Felsstürze abgegangen, die ganze Dörfer verschüttet haben.

15.1.2 Veränderungen der Neigung oder Höhe eines Hanges bzw. einer Böschung

Als solche, auch morphologische Ursachen genannten Veränderungen kommen in Betracht:
- Talvertiefung und Übersteilung der Hänge bzw. Uferunterschneidung durch Erosion,
- tektonische (gebirgsbildende) Hebungen,
- menschliche Eingriffe, insbes. beim Bau von Verkehrsanlagen (Abgraben des Hangfußes, Versteilung von Böschungen),
- Belastung eines Hanges (Dämme, Halden),
- Entlastung des Hangfußes oder Böschungsfußes durch Auftrieb bei Einstau.

Durch Ufererosion und Unterschneiden des Hangfußes kann der untere Hangabschnitt instabil werden, wobei die Bewegungen progressiv auf den Oberhang übergreifen können und der ganze Hang in die Bewegung einbezogen wird.

Die Auswirkungen junger gebirgsbildender Prozesse (z. B. der Hebung des Alpenbogens oder auch vieler Mittelgebirge bei gleichzeitiger Erosion und Talvertiefung, besonders während der letzten Eiszeit) lässt sich an vielen Stellen beobachten.

Auch Abgrabungen bedeuten immer ein Anwachsen von Neigung und ggf. Höhe einer Böschung bei gleichzeitiger Entlastung der verbleibenden Schichten. Beides wirkt ungünstig auf das Hanggleichgewicht. Durch die Versteilung nehmen die Schubspannungen zu, während durch die Entlastungswirkung die Scherfestigkeit, besonders auf vorgegebenen Flächen, abnimmt.

15.1.3 Wirkung von Wasser und Klima

Wasser in Form von versickernden Niederschlägen oder Grundwasseranstieg ist häufig der auslösende Faktor von Rutschungen und steuert deren Geschwindigkeit. Zu den hydrologischen Einflussgrößen zählen im Einzelnen:
- die Grundwasserverhältnisse, bes. auch gespannte Grundwasserstockwerke, Strömungsdruck,
- Niederschläge, ihre regionale und zeitliche Verteilung, bes. extreme, auch engräumige Niederschlagsereignisse sowie die Einsickerungsrate bei Schneeschmelze,

- Stauhorizonte, Wasserführung einzelner Horizonte oder Bereiche,
- Nassstellen, Quellen,
- Wasserverluste aus Leitungen (auch Dachentwässerungen), Behältern oder Kanälen,
- Stauhaltungen oder Überschwemmungen, beide verbunden mit Auftriebswirkung im Hangfußbereich.

Zwischen **Niederschlägen** und Rutschungshäufigkeit lässt sich meist ein direkter zeitlicher Zusammenhang ableiten, wobei in unseren Klimabereichen Niederschläge zur vegetationslosen Zeit, besonders rasche Schneeschmelze, mehr Wirkung zeigen als Sommerniederschläge, die wesentlich intensiver und anhaltender sein müssen, um Rutschungen auszulösen. Der Deutsche Wetterdienst sieht Hinweise, dass in den letzten Jahrzehnten zwar nicht die Anzahl, wohl aber die Intensität regionaler Unwetter mit Starkregen von mehr als 17 l/m^2 pro Tag (Norm) zugenommen haben. In der Realität treten immer wieder Niederschläge mit mehr als 30–80 l/m^2 pro Tag und auch sog. Extremniederschläge mit 150–200 l/m^2 in auf. Gegenüber den 1980er-Jahren treten z. B. versicherungstechnisch „schwere Ereignisse"(>1 Mio. € Schadenssumme) deutschlandweit statt einmal im Jahrzehnt heute fast regelmäßig auf (2011, 2013, 2014, 2015, 2016).

Bei der Beurteilung von Rutschungen müssen immer die **Niederschlagsmengen** der vorausgegangenen Tage, Monate und Jahre mit ausgewertet werden. Insgesamt sind je nach Situation folgende Niederschlagsdaten zu erheben (Krauter et al. 2012):

- Jahresniederschlagssummen (Ereignisjahr und ggf. die beiden Jahre davor),
- Niederschlagssummen der vorangegangenen Winter- und Sommerhalbjahre (Oktober–März bzw. April–September),
- Monatssummen, zumindest des letzten Halbjahres,
- Tage mit Starkniederschlägen, auch ungewöhnliche Zwei- bis Dreitagessummen,
- Tagesmitteltemperaturen (Winterhalbjahr), Zeit und Ablauf der Schneeschmelze (höhenabhängig).

Je nach der Wirkungsweise des Wassers kann die auslösende Wirkung um Wochen bis Monate verzögert auftreten. Besonders kritisch ist das Abschmelzen einer Schneedecke durch anhaltende Regenfälle.

Einen besonderen **Wassersammeleffekt** weisen Mülldeponien Halden oder aufgelockerte Rutschmassen auf, die das Wasser kaum abfließen lassen, sondern schwammartig aufnehmen.

Die **Wirkung des Wassers** kann sehr vielfältig sein. Wassersättigung in den oberen Böschungs- bzw. Hangpartien bewirkt einen Lastzuwachs, während Grundwasseranstieg am Böschungsfuß durch die Auftriebswirkung eine Verminderung der rückhaltenden Kräfte bedeutet. Gemischtkörniger bindiger Hangschutt an übersteilen Hängen (>35°) kann allein durch den Lastzuwachs und durch den verstärkten Strömungsdruck des Sickerwassers ins Rutschen kommen. Im Extremfall kann es zu explosionsartigen Ausbrüchen im unteren Teil des Hanges kommen (Lagger 2015). Als besonders anfällig sind auch hier wieder wasserwegsame Schichten über stauender Unterlage zu nennen. Insgesamt sind besonders flache Rutschungen und Hangmuren anfällig für stärkere Niederschlagsereignisse.

Bei lokaler Entlastung infolge Anfangsbewegung und Durchnässung quellen Tone und Tonsteine mit quellfähigen Tonmineralen, wodurch es zu einer Gefügelockerung und Plastifizierung kommt. Mit zunehmender Wassersättigung wird die Konsistenz eines Bodens weicher, seine Scherfestigkeit, insbesondere die Kohäsion, nehmen ab. In feinkörnigen Böden kann auch ein erhöhter Porenwasserdruck oder Strömungsdruck auftreten, wodurch die Scherfestigkeit abgemindert bzw. die abschiebenden Kräfte verstärkt werden (► Abschn. 2.8.6 und 5.7.7). Das Gleiche gilt für den Kluftwasserdruck bzw. Strömungsdruck in geklüftetem Festgestein. Auf vorgegebenen Gleitflächen kann schon ein dünner Wasserfilm die Scherfestigkeit herabsetzen.

Im Zusammenhang mit dem Wasser muss auch die **Wirkung des Bodenfrostes** angesprochen werden, die oft als sog. klimatischer Faktor eingestuft wird. Der jahreszeitliche und teilweise auch der tägliche Wechsel von Niederschlag, Erwärmung und Bodenfrost kann zu einem Kriechen unterschiedlich tiefer Bereiche der Deckschichten (Solifluktion) führen (► Abschn. 15.3.4). Durch Frostverschluss kann der Austritt von Wasser behindert sein und ein Anstieg des Strömungs- bzw. Kluftwasserdrucks auftreten. An Felswänden ist bei Frostrückgang verstärkt mit Steinschlag zu rechnen.

Indirekt wirkt sich der tief reichende Bodenfrost während der eiszeitlichen Permafrostzeiten auch heute noch auf die Hangstabilität aus. Während der Kaltzeiten reichte die Gefrornis teilweise über 300 m tief, was eine physikalische Verwitterung und Auflockerung des Gebirges zur Folge hatte. Die durch die Gefrornis bedingte tief reichende Gebirgsauflockerung hat sich nicht vollständig rückgebildet bzw. ist nicht erodiert worden und bewirkt heute noch eine merkbare Verformungsempfindlichkeit der betroffenen Gebirgsbereiche und eine Instabilität der Hänge.

Mit dem **Rückzug der Gletscher** werden glazial versteilte Talflanken verstärkt den gravitativen Einflüssen ausgesetzt und können instabil werden. Durch den Anstieg der Permafrostgrenze in den Alpen und die Reduzierung der Frostperioden geht in den betreffenden Höhen der tiefgründige Permafrost zurück oder verschwindet ganz, das Klufteis in den Spalten schmilzt, und die verkittende Wirkung des „Eiszements" geht verloren. Die Gewichtszunahme sowie der Kluftwasser- und Strömungsdruck tragen zusätzlich zur Auflockerung des Gebirgsverbandes und zu Felssturzereignissen bei (► Abschn. 15.3.1). In den extrem warmen Sommermonaten 2015 sind derartige Ereignisse bereits mehrfach zu verzeichnen gewesen.

Die oft zitierte **Expositionsabhängigkeit** von Rutschungen scheint vorwiegend auf im Pleistozän entstandene Rutschbewegungen beschränkt zu sein. Rutschungen aus historischer Zeit zeigen nur eine wenig markante Häufung an Südost- bzw. Südwesthängen (Bock et al. 2012). Auszunehmen sind hiervon nur stark tonige, unbewaldete Böden, in denen durch intensive Sonneneinstrahlung zentimeterbreite Trockenrisse von mehreren Metern Tiefe auftreten können. Durch die Risse wird der Zusammenhang der Deckschichten geschwächt. Bei nachfolgenden Niederschlägen kann Wasser tief in den Boden eindringen, die Scherfestigkeit wird abgemindert, und es kann Kluftwasserdruck bzw. bei vorheriger Teilverfüllung der Risse mit Bodenmaterial auch ein gewisser Quelldruck auftreten (Henning 2000).

15.1.4 Vegetation und menschliche Eingriffe

Die Vegetation spielt im Zusammenhang mit Rutschungen eine wesentliche Rolle. Dabei sind sowohl die **Vegetationsarten** als auch der Deckungsgrad zu berücksichtigen. So wird der Wasserverbrauch laubabwerfender Bäume in unseren Breiten mit 500–800 mm/a angegeben, der von Grünland mit 300–400 mm/a. Dabei ist zu beachten, dass der Wasserverbrauch dieser Pflanzenarten im Wesentlichen auf die Vegetationsperiode von April bis Mitte Oktober beschränkt ist (► Abschn. 6.5.2). In dieser Zeit findet besonders im Waldgebieten praktisch keine Grundwasserneubildung statt (► Abschn. 2.9.8).

Das **Abholzen eines Hanges** kann sowohl den Wasserhaushalt verändern als auch Bodenerosion auslösen, wodurch die Stabilität eines Hanges insgesamt gemindert werden kann. Auch durch den Bau von Skipisten ist schon manche Rutschung ausgelöst worden (Bunza 1993). Überweidung, verbunden mit Viehtritterosion, führt ebenfalls zu einer weitgehenden Zerstörung der Vegetation und setzt den Hang ungeschützt den Klimaeinflüssen aus.

Menschliche Eingriffe durch **Baumaßnahmen führen** häufig zu einer Veränderung des Hanggleichgewichts (► Abschn. 15.1.2). Erwähnt werden müssen in diesem Zusammenhang noch der Aufstau von Oberflächen- und Grundwasser durch Rückhalte- oder Stauanlagen jeglicher Art und Wasserverluste aus defekten oder durch Anfangsbewegungen gebrochenen Kanälen und Leitungen. **Erschütterungen** (▶ Abschn. 6.5.5) werden zwar immer wieder als rutschungsauslösendes Moment angeführt, doch halten solche Behauptungen selten einer genaueren Untersuchung stand. Vorsicht geboten ist allerdings bei Kriechvorgängen nach ▶ Abschn. 15.3.5, bei denen Anhäufungen von Erschütterungen oder stärkere Vibrationen durchaus bewegungsauslösende oder -beschleunigende Wirkung haben können.

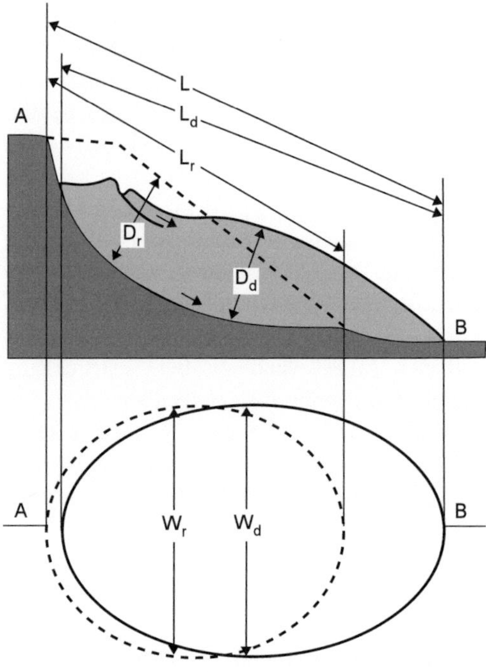

■ **Abb. 15.2** Dimensionen einer Rutschung (nach o. g. Inventory 1993, Erläuterungen s. Text)

15.2 Erkennungsmerkmale und Untersuchungsmethoden

Die jeweils beste Untersuchungsmethode zum Erkennen von Rutschungen, für ihre Beschreibung und für die Untersuchung der Mechanik des Bewegungsablaufs ist sehr von der Art der Rutschung abhängig.

15.2.1 Beschreibung der wichtigsten Begriffe einer Rutschung

Erste Voraussetzung für eine verständliche Beschreibung einer Rutschung ist eine einheitliche Terminologie und Darstellungsform. Die bisher verwendeten Begriffe von Klengel und Pašek (1974) wurden weitgehend von der **internationalen Nomenklatur** einer UNESCO Working Party for World Landslide Inventory (1993) abgelöst. Danach werden die in ■ Abb. 15.2 dargestellten Rutschungsdimensionen sowie die aus ■ Abb. 15.3 ersichtlichen Rutschungsmerkmale vorgeschlagen.

Bei den **Rutschungsdimensionen** werden folgende Begriffe verwendet (■ Abb. 15.2):

- Breite der Rutschmasse (W_d),
- Breite der Gleitfläche (W_r),
- Gesamtlänge (L),
- Länge der Rutschmasse (L_d),
- Gleitflächenlänge (L_r),
- Mächtigkeit der Rutschmasse (D_d),
- Tiefe der Gleitfläche (D_r).

Bei den **Rutschungsmerkmalen** (■ Abb. 15.3) können gegenüber der ursprünglichen Hangsituation (20) ein Abrissgebiet, eine mittlere Bewegungszone und der Rutschungsfuß unterschieden werden.

Im **Abrissgebiet** werden folgende Bezeichnungen verwendet:

- Krone (1): nicht oder gering verlagerter Bereich unmittelbar oberhalb des Hauptabrisses (2).
- Hauptabriss (2): steil einfallende durch die Bewegung der Rutschmasse (13) entstandene hangabwärts gerichtete Fläche auf dem nicht bewegten Boden oder Fels am oberen Rand der Rutschung. Er ist der deutlich sichtbare oberste Teil der Gleitfläche (10).

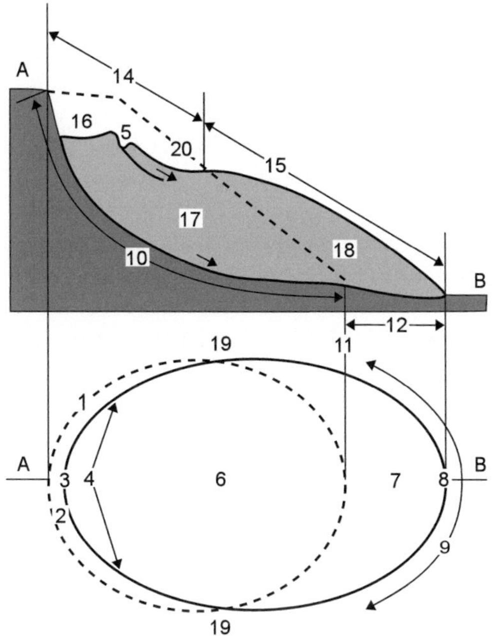

Abb. 15.3 Merkmale zur Beschreibung einer Rutschung (nach o. g. Inventory 1993, Erläuterung der Zahlen s. Text)

- Top (3): höchster Punkt des Kontakts zwischen verlagertem Material (13) und Hauptabriss (2).
- Kopf (4): oberer Rand der Rutschung entlang des Kontakts zwischen verlagertem Material und Hauptabriss (2).

In der **mittleren Bewegungszone** treten auf:

- Sekundärabriss (5): durch unterschiedliche Bewegungen innerhalb des verlagerten Materials der Rutschmasse entstandene steil einfallende Fläche.
- Hauptrutschkörper (6): Teil des verlagerten Materials der Rutschung über der Gleitfläche (10) zwischen Hauptabriss (2) und Gleitflächenfront (11).
- Gleitfläche (10).
- Gleitflächenfront (11): Grenzlinie (meist verdeckt) zwischen dem unteren Teil der Gleitfläche (10) und der ursprünglichen Geländeoberfläche (20).
- Flanke (19): das in situ liegende Material, das unmittelbar an die seitlichen Abrisse anschließt.
- verlagertes Material (13): von der Rutschung erfasste und aus ihrer ursprünglichen Position verlagerte Masse.
- Sackungszone (14): Bereich der Rutschung, in der das verlagerte Material tiefer liegt als die ursprüngliche Geländeoberfläche (20).
- Sackungsraum (16): Volumen, das vom Hauptabriss (2), von der Sackungsmasse (17) und der ursprünglichen Geländeoberfläche (20) begrenzt wird.
- Sackungsmasse (17): Teil des verlagerten Materials, das über der Gleitfläche (10) und unter der ursprünglichen Geländeoberfläche liegt.
- Akkumulationszone (15): Bereich der Rutschung, in dem das verlagerte Material über der ursprünglichen Geländeoberfläche liegt.
- Akkumulation (18): Volumen des verlagerten Materials (13), das über der ursprünglichen Geländeoberfläche liegt.

Im **Fußbereich** einer Rutschung werden unterschieden:

- Fuß (7): unterer Teil der Rutschmasse, der über die Gleitfläche hinausreicht (11), auch als Rutschungszunge bezeichnet.
- Überschiebungsfläche (12): Teil der ursprünglichen Geländeoberfläche, die vom Fuß der Rutschung überlagert wird.
- Fußspitze (8): Teil der Front (9), der am weitesten vom Top (3) der Rutschung entfernt ist.
- Front (9): vordere, meist gekrümmte Begrenzung des verlagerten Materials der Rutschung.

Diese Begriffe finden bei den verschiedenen Arten von Rutschungen teilweise in abgewandelter Form Anwendung (bei Bergstürzen z. B. Ablösungsfläche statt Abrissfläche), reichen aber allgemein zur Beschreibung von Rutschungen aus und dienen bei einheitlicher Anwendung dem gegenseitigen Verständnis. Darüber hinaus können weiterhin die Formen und Einzelbegriffe von Klengel und Pašek (1974) verwendet werden (Abb. 15.7).

15.2.2 Kartenunterlagen und -darstellungen

Erste Hinweise auf Rutschungen oder Rutschhänge liefern meist schon **topographische Karten** (TK 25, TK 10). Ein unruhiger Verlauf oder Einschnürungen von Höhenlinien geben deutliche Hinweise auf Hangbewegungen (◘ Abb. 15.4). Durch Vergleich von Karten verschiedenen Alters können Geländeveränderungen der letzten Jahrzehnte erkannt werden.

Eine wesentlich bessere Interpretation von typischer Rutschungsmorphologie ermöglichen im Laserscan-Verfahren (LIDAR) gewonnene hochauflösende digitale Geländemodelle (DTM) gem. ► Abschn. 15.2.4, die herkömmlichen Luftbild- und Satellitenaufnahmen heute weit überlegen sind (Möbus und Ruch 2008).

Weitere Hinweise auf Rutschungen oder rutschverdächtige Hänge können **geologischen Karten**, besonders modernen geologischen Spezialkarten 1:25 000, entnommen werden, obwohl Rutschungen darin auch heute noch oft nicht als solche auskartiert, sondern höchstens durch Zusatzsignaturen gekennzeichnet sind. Unabhängig davon kann man aus diesen Karten und den zugehörigen Erläuterungen auf jeden Fall Angaben über den geologischen Aufbau eines Gebietes insgesamt und besonders über rutschungsanfällige Schichten erhalten. Weitere Hinweise können bei Behörden (Geologische Landesämter, Kommunalbehörden, Straßenbauämter usw.) eingeholt bzw. bei der Bevölkerung erfragt wenden.

Der Einsatz teil- oder vollautomatisierter **geographischer Informationssysteme** auf der Grundlage von geologischen und topographischen Basisdaten, also nach überwiegend geomorphologischen Anhaltspunkten, wird kontrovers diskutiert (Rogall und Schroeder 2006). Dazu gehört auch die Verschneidung von aus DGM-Daten ermittelten Hangneigungen mit Angaben aus geologischen Karten, was die Rutschungsanfälligkeit bestimmter geologischer Einheiten dokumentieren soll. Als solche Hangneigungsklassen sind folgende Hangneigungen gebräuchlich (s. a. Bock et al. 2012):

<10°	sehr flach
10–15°	flach
15–20°	schwach geneigt
20–30°	geneigt
30–40°	mittel geneigt
40–60°	stark geneigt
60–75	steil
75–90	sehr steil

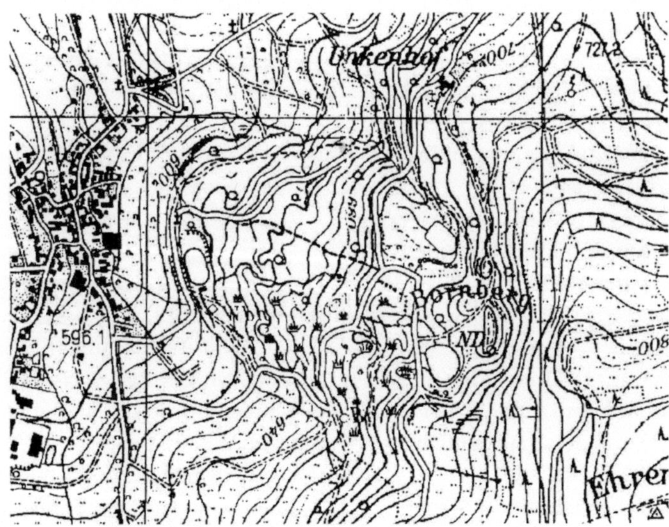

◘ **Abb. 15.4** Konkaver Verlauf der Höhenlinien im Abrissbereich am Bornberg und deutlich unruhige Geländeformen der vorgelagerten Rutschmassen (Kartengrundlage TK 10; aus Schmidt 1999)

Derartige Auswertungen müssen auf jeden Fall im Gelände überprüft werden, da die Hangneigung primär sehr stark vom geologischen Untergrundaufbau abhängig ist.

Bei den **Gefahrenhinweiskarten** (▶ Abschn. 4.2.2) werden im Sinne einer nachvollziehbaren Deklaration und in Anlehnung an die Begriffe „erwiesen", „vermutet" und „potenziell" meist zwei Kategorien von Rutschgebieten ausgehalten:

1. Als „nachgewiesene Rutschgebiete" gelten Flächen sowie Gebiete, von denen Massenbewegungen bekannt sind oder sich durch Auswertung von sog. geschummerten Reliefkarten gem. ▶ Abschn. 15.2.4 ergeben.
2. „Potenziell rutschungsanfällige Gebiete" sind Flächen, auf denen nach der geologischen und morphologischen Situation Rutschungen möglich, aber bisher nicht bekannt sind (Möbus und Ruch 2008; Möbus et al. 2009).

„Vermutete" Ereignisse, die in einem betreffenden Gebiet nicht eindeutig identifiziert werden können, werden i. d. R. nicht getrennt ausgewiesen.

Spezielle **Gefährdungs- und Risikokarten** gem. ▶ Abschn. 4.2.2 liegen bisher nur vereinzelt vor. Die erste regionale Rutschungskartierung Deutschlands, die Hangstabilitätskarte des linksrheinischen Mainzer Beckens i. M. 1 : 50.000, stammt von Krauter und Steingötter (1983). Darin sind zwei Kategorien von Rutschungen ausgehalten, nämlich Rutschgebiete nachgewiesen und nicht sicher nachgewiesen, mit Angabe über die angenommene Altersstellung der Ersteren. Weitere Regionalkarten liegen von Krauter et al. (1985) vom Hunsrück sowie von Möbus und Rogall (2005) für das Mittelmoseltal vor.

Für Rheinland-Pfalz existiert außer den oben genannten Hangstabilitätskarten auch eine **Rutschungsdatenbank** (Bock 2012), in der für einen Zeitraum von über 350 Jahren etwa 2300 Rutschungen und ihre wichtigsten Daten erfasst sind, die von Bock et al. (2012) nach verschiedenen Gesichtspunkten ausgewertet wurden.

In den alpinen Regionen werden häufiger regionale oder lokale **Gefahrenzonenkarten** für geogene Gefahren (Rutschungen, Felsstürze, Steinschlag) erarbeitet. Für die bayerischen Alpen liegen bereits einige solcher Felssturz- und Gefährdungskarten vor, die im Rahmen der EU-Alpenkonvention erstellt wurden (Neumann und Bauer 2005; Mayer 2008; Willerich et al. 2008 und ▶ Abschn. 4.2.2).

Die Bearbeitung einer Gefahrenzonenkarte erfordert gute Kenntnisse über die Untergrundverhältnisse und den Mechanismus der Massenbewegungen. Das Ziel ist die Ausweisung von Flächen

- ohne geogene Gefahren,
- mit geringer Gefährdung (Baugrunderkundung zu empfehlen),
- mit mittlerer, nicht näher bekannter Gefährdung (Baugrunderkundung zwingend erforderlich, zusätzliche Gründungsmaßnahmen wahrscheinlich),
- mit erhöhter Gefährdung (Bauverbotszone).

Ein Beispiel für einen solchen Gefahrenzonenplan im Bereich einer mehr oder weniger aktiven Großhangbewegung gem. ▶ Abschn. 15.3.6 bringen Jaritz und Soranzo (2014).

15.2.3 Erkennen von Rutschungen und Rutschhängen im Gelände

Massenbewegungen bzw. Rutschungen sind komplexe Naturprozesse, die in ihrer Entstehung und ihrem Ablauf vom geologischen Untergrundaufbau, den geotechnischen Randbedingungen und von außen einwirkenden Umweltbedingungen abhängig sind. Außerdem handelt es sich um zeitabhängige periodische oder sporadische Prozesse. Die verschiedenen Einflüsse werden in den folgenden Abschnitten im Einzelnen angesprochen.

Eine Empfehlung zum Erkennen und Erfassen von Rutschungen des DGGT-Arbeitskreises 4.2 „Böschungen" ist in Geotechnik 1997: 4, veröffentlicht.

Unruhige Geländeformen, die nicht auf unterschiedliche Gesteinshärten oder Grabungen zurückzuführen sind, zeigen meist mehr oder weniger deutlich Rutschungen an. Der konkave Abrissbereich zeichnet sich dabei meist deutlich von den konvexen Formen des unteren Hangbereichs ab (◘ Abb. 15.4), wo besonders auf auffallende Buckel, lang gestreckte Aufwölbungen oder zungenartige Wülste zu achten ist. Im Talgrund kann es infolge von Rutschungen zu einer Verdrängung von Bachläufen an die andere Talseite bzw. zu verstärkter Ufererosion kommen. Solche großräumigen Rutschstrukturen lassen sich am besten im Laserscan gem. ► Abschn. 15.2.4 erkennen. In den oberen Hangpartien treten oft über große Erstreckung anhaltende, z. T. unbewachsene Steilböschungen, Abrisse, spaltenartige Runsen oder andere morphologische Einkerbungen bzw. Geländestufen auf, die bei tief reichenden Großrutschungen sogar auf der Rückseite des Berges liegen können (sog. Grat- oder auch Doppelgratbildung (◘ Abb. 15.5). Ferner gehören dazu hangparallele Geländestufen, sich wiederholende Höhenrücken (sog. Riedel) und längsovale Dellen oder abflusslose Senken in allen Hangabschnitten.

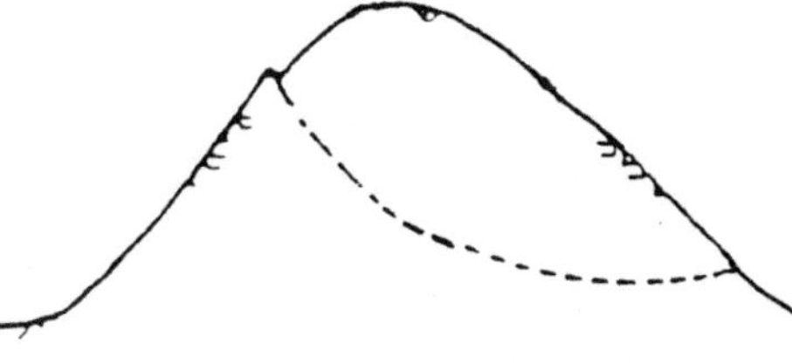

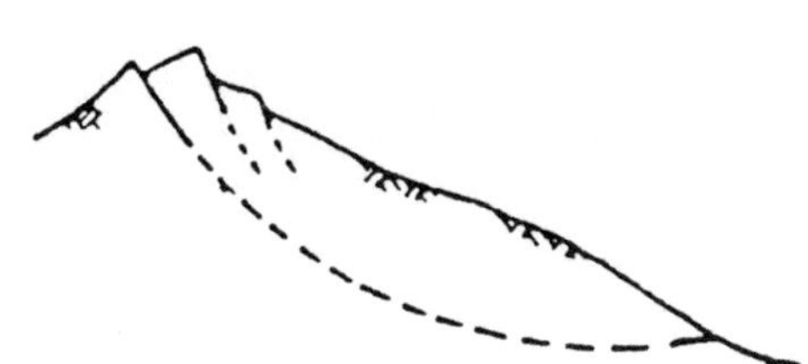

◘ **Abb. 15.5** Grat- bzw. Doppelgratbildung in der Gipfelregion bzw. auf der Rückseite des Berges infolge tief reichender Hangbewegungen

Bei rezenten oder jüngeren Rutschungen sind die Oberflächenformen noch frisch und unverkennbar. Anzeichen für mehr oder weniger aktive Bewegungen sind frische vertikale Absätze oder Abrisse bzw. auch Zugstrukturen wie Risse im Boden, Zerrungserscheinungen in der Vegetation oder langgestreckte Einmuldungen. Ältere Rutschungen sind durch Erosion und Bewuchs oft so stark überprägt, dass sie häufig nur schwer als solche zu erkennen sind. Fossile Rutschungen sind oft nur mit großer Erfahrung an einigen wenigen, manchmal nur undeutlichen Merkmalen zu erkennen.

Der **Baumbestand** kann ebenfalls Hinweise auf mögliche Hangbewegungen geben, wobei aus der Krümmung des Stammes oder der Stellung der Äste auf die Art und das Alter der Bewegung geschlossen werden kann. Dabei darf man nicht immer so eindeutige Bilder erwarten wie in ◘ Abb. 15.6 und auch nicht jede Schiefstellung von Bäumen als Folge von Rutsch- oder Kriechbewegungen deuten. An steileren Hängen kann der sog. Säbelwuchs eine reine Folge der Hangneigung sein. Auch völlig fehlender Baumbestand kann ein Hinweis auf oberflächennahe kriechende Bodenbewegungen sein, die im Laufe von Jahren Baumwurzeln abgeschert und so keinen Baumbestand haben aufkommen lassen.

Bei den Geländebegehungen ist immer auf frühere oder derzeitige **auslösende Faktoren** zu achten, z. B. Baumaßnahmen, Wasserab- oder -umleitungen, Rodungen u. a. m. (► Abschn. 15.1.2, 15.1.3 und 15.1.4).

Wasser ist eine der häufigsten Rutschungsursachen. Deshalb ist auch auf Vernässungen, Nassvegetation, ungewöhnliche Wasseraustritte, Quellen, Schluckstellen oder stehendes Wasser zu achten. Besonderes Augenmerk verdienen Quellen, die keinen geregelten Ablauf aufweisen und dadurch zumindest zeitweise größere Hangbereiche durchnässen.

Sofern Grenzsteine vorliegen, können eine Grenzsteinnachvermessung und ein Vergleich mit einer früheren Katastervermessung der Grundstücksgrenzen konkrete Hinweise auf Bodenbewegungen liefern.

15

Abb. 15.6 Aus der Krümmung des Stammes und der Richtung der Jungtriebe kann das Alter der Bodenbewegung geschätzt werden (aus Zaruba und Mencl 1961)

Schäden oder sanierte Stellen bzw. ungewöhnliche Linienführung von Verkehrswegen oder Zäunen geben Hinweise auf Bodenbewegungen in der jüngeren Vergangenheit, die sonst im Gelände vielleicht nicht zu erkennen sind.

Ein internationaler Arbeitskreis (▶ Abschn. 15.2.1) und ein DGGT-Arbeitskreis „Böschungen" haben in den 1990er-Jahren mit dem Multilingual Landslide Glossary (1993) nicht nur eine einheitliche Nomenklatur erarbeitet, sondern auch einen mehrseitigen **Erfassungsbogen für die Dokumentation von Rutschungen** erstellt, der eine EDV-gestützte Bearbeitung ermöglicht (Geotechnik 1997: 4). Der internationale Erfassungsbogen für Rutschungen ist teilweise zu ausführlich und für die Rutschhänge Mitteleuropas nur bedingt geeignet. Die nachstehende Auflistung bietet eine Kurzcharakteristik für die Beschreibung einer Rutschung:

- Lage (Land, Kreis, Gemeindebezirk, Lokalität),
- Koordinaten (TK 25 oder TK 10, Koordinaten für Abrissbereich),
- Breite und Höhe des Abrisses,
- Gesamtlänge der Rutschmasse,
- größte Breite der Rutschmasse(n),
- Hangneigung (Abrissbereich, Hauptrutschkörper, Akkumulationszone),
- geologische Untergrundsituation,
- Bewegungstyp, Versagensmechanismus,
- Tiefenlage und Form der Gleitfläche,
- Zusammensetzung der Rutschmassen,
- Ursache und auslösende Faktoren,
- Zeitpunkt, Ablauf und Geschwindigkeit der Bewegung,
- Gefährdungen und Schadenspotenzial.

15.2.4 Lage- und höhenmäßige Aufnahme und Darstellung

Eine wichtige Aufgabe der Ingenieurgeologie ist die kartenmäßige Aufnahme und Darstellung einer Rutschung bzw. eines Rutschgebietes. Hierbei muss zwischen einer **Rutschungskartierung** im Maßstab 1: 10 000, 1: 5000 oder 1: 2000 und der Detailaufnahme einer Rutschung unterschieden werden. Als Kartiergrundlage sind Luftbildkarten oder vergrößerte Orthofotos (M 1: 5000) oft besser als die üblichen topographischen Kartenvergrößerungen. Außer den üblichen Fernerkundungsmethoden kommen heute auch Drohnen und Laserscanner zum Einsatz, die nicht nur einen guten Überblick ermöglichen, sondern über spezielle Orthophotos auch eine maßstabsgetreue Darstellung des Rutschungsareals bieten. Eine Rutschungskartierung erfolgt i. d. R. nach den in ▶ Abschn. 15.2.1 und 15.2.2 beschriebenen Merkmalen mehr oder weniger schematisch, wobei die Genauigkeit von der zur Verfügung stehenden Unterlage abhängt. Bei Einsatz von Fernerkundungsmethoden ist eine Nachbearbeitung im Gelände unerlässlich. Vorschläge für eine einheitliche Darstellung einer solchen Rutschungskartierung wurden von verschiedenen Autoren gemacht. Eine Vereinheitlichung liegt bisher nicht vor (■ Abb. 15.7).

Die modernste und derzeit beste Möglichkeit zur fernerkundlichen Aufnahme einer Rutschung ist das Laserscanning. Nahezu unabhängig vom Bewuchs können mittels **Laserscan-Befliegung** (LIDAR) hochgenaue digitale Geländemodelle bzw. Schummerungskarten erstellt werden, die auch bei Bewuchs die

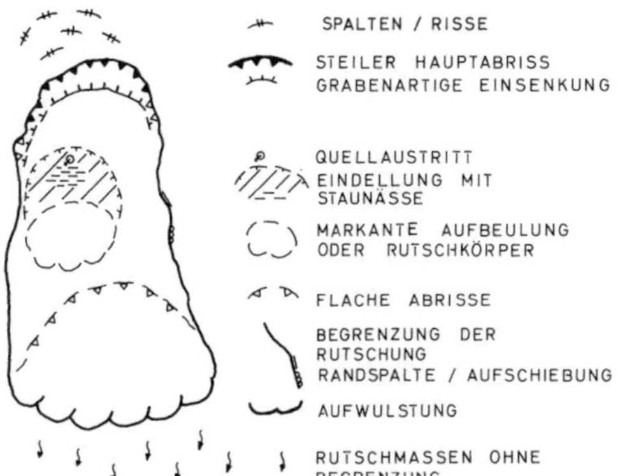

Abb. 15.7 Signaturen für Rutschungskartierung im Maßstab 1 : 5000 bis 1 : 25.000 mit Beispiel

Geländeoberfläche in hoher Qualität abbilden (Abb. 15.8 und ► Abschn. 4.3.1). Die Abbildung zeigt deutlich die Morphologie der Rutschung am Schickeberg (► Abschn. 15.6.4): im oberen Teil abgelöste Muschelkalkschollen, die in blockigen Muschelkalkschutt und ab der Rötgrenze in mergeligen Gesteinsschutt übergehen.

Tiefgründige, fossile oder alte Rutschkörper mit meist nur sehr undeutlich erkennbaren Merkmalen sind auch mit Fernerkundungsmethoden kaum zu erfassen.

Außer der kartenmäßigen Darstellung müssen für die Beurteilung einer Rutschung auch immer ein oder mehrere **typische Längsschnitte** konstruiert bzw. geodätisch aufgenommen werden. Die Längsprofile müssen vom Hangfuß über den Ausbiss und über den Hauptabriss hinaus ausreichend weit den Hang hinaufreichen, um die gesamte Hangsituation zu erfassen. Der übliche Maßstab von solchen Längsprofilen ist 1 : 100 bis 1 : 500. Die Auftragung sollte möglichst ohne Überhöhung erfolgen, damit die Längsprofile später für Standsicherheitsberechnungen verwendet werden können. Die Längs- und ggf. Querprofile müssen i. d. R. ingenieurgeologisch nachgearbeitet

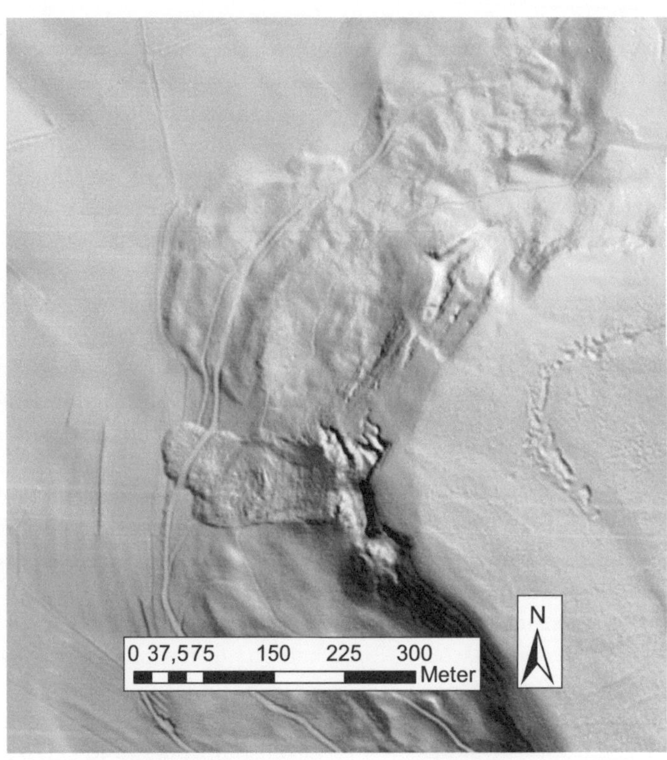

Abb. 15.8 Laserscan-Aufnahme einer Rutschung an der Röt-Muschelkalk-Grenze (xxxx) (Auswertung Möbus, Wiesbaden)

werden, um die Rutschung möglichst naturgetreu mit allen charakteristischen Oberflächenformen darzustellen.

Als Ergänzung zu einer Rutschungskartierung ist bei eingetretenen Bewegungen eine **Ereignisdokumentation** zu erstellen. Diese enthält auch Angaben zu den auslösenden Faktoren, über den zeitlichen Ablauf der Bewegungen, die festgestellten Schäden und den aktuellen Gefährdungszustand und gibt Hinweise auf die weiteren möglichen Bewegungen sowie nötige Sofortmaßnahmen.

15.2.5 Aufschlussarbeiten

Die lage- und höhenmäßige Aufnahme einer Rutschung reicht i. d. R. nicht aus, um die Ursachen und den Gefährdungsgrad zu erkennen sowie Sanierungsmöglichkeiten vorzuschlagen. Hierzu sind i. d. R. direkte Aufschlüsse nach ▶ Kap. 4 notwendig. Diese sind, sofern es die Geländeverhältnisse zulassen, in die Längsprofile zu legen.

Geophysikalische Oberflächen- und Tiefenmessungen werden in Rutschgebieten wegen der z. T. schwierigen Geländebedingungen wenig eingesetzt. Mit sich ergänzenden hochauflösenden Verfahren der Geoelektrik und der Refraktionsseismik können jedoch im Einzelfall

- die Ausdehnung und Mächtigkeit der Rutschmassen,
- die Morphologie der Gleitfläche bzw. des festen Untergrundes sowie
- die internen Strukturen der Rutschmassen

erkundet und damit ein weitgehend flächendeckendes räumliches Untergrundmodell entwickelt werden (▶ Abschn. 4.3.2 und Jahnel et al. 1999 sowie Lorenz und Stötzner 2005). In manchen Fällen zeigen solche Messungen, dass sich die Rutschungsbasis nicht als eine durchgehende, einheitliche Gleitfläche darstellt, sondern unregelmäßig mit zahlreichen kleineren Rippen, Wülsten und Vertiefungen ausgebildet ist. Diese Unebenheiten wirken sich auf den Bewegungsmechanismus aus und bewirken i. d. R. eine Erhöhung der Gesamtsicherheit.

Bei flach liegenden oder oberflächennah ausstreichenden Gleitflächen geben **Schürfe** auch hier den besten Einblick in den Untergrundaufbau, doch kann es gefährlich sein, in Rutschungen Grabarbeiten vorzunehmen.

Bohrungen sollten grundsätzlich mit durchgehender Gewinnung von gekernten Bodenproben ausgeführt und sehr sorgfältig aufgenommen werden, um die Lage von Gleitfläche(n) zu erkennen. In Schichtgesteinen muss außerdem die Möglichkeit bestehen, das Schichteinfallen zu erfassen (orientierte Bohrkerne gem. ▶ Abschn. 4.4.5.1). Bohrungen in Rutschungen müssen immer ausreichend tief geführt werden, um denkbare tiefer liegende Gleitflächen zu erfassen. Diese liegen häufig in z. T. nur dünnen Schichten niedriger Scherfestigkeit, z. B. in tonigen oder weichen Lagen, wasserstauenden Schichten oder an geologischen Trenn- oder Grenzflächen verschiedenster Art. Auf die Konsistenz, den Feinaufbau und Entfärbungen ist dabei besonders zu achten. Die Gleitfläche kann aber auch einen ausgeprägten Scherhorizont unterschiedlicher Dicke mit Zerreibungsmaterial aus den anstehenden Schichten darstellen. Bei der Bohrkernaufnahme sind auch gezielt Proben für bodenphysikalische Laboruntersuchungen zu nehmen, um charakteristische Bodenkennwerte zu erhalten (s. a. Bürkle und Kuntsche 2005). Besonders der Wassergehalt kann ein deutliches Anzeichen für Bewegungszonen oder sonstige Schwächezonen im Gebirge sein, die als potenzielle Gleitflächen wirken (◼ Abb. 2.10). Dünne Bewegungsbahnen oder Harnische sind in Bohraufschlüssen oft schwer zu erkennen. Bei Auftreten solcher Flächen sind auch mögliche Abscherwirkungen im Bohrkern beim Bohrvorgang zu bedenken.

Bei flachen Rutschungen (<10 m) haben sich zur Vorerkundung auch Rammkernbohrungen bzw. **Rammsondierungen** bewährt, welche die aufgelockerten Rutschmassen anhand der niedrigen Schlagzahlen erkennen lassen.

In Sonderfällen können auch **Erkundungsschächte** oder -stollen erforderlich werden. Ein Beispiel dafür bringt Rogall (1997).

In Lockergesteinen sollten nur Trockenbohrungen ausgeführt werden, um die

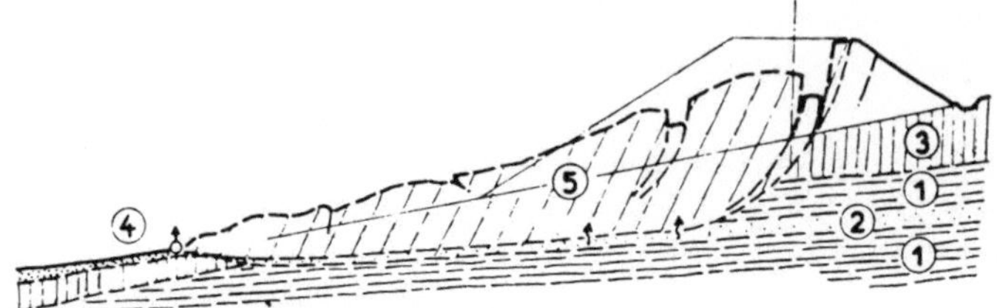

Abb. 15.9 Einfluss einer gespannten grundwasserführenden Zwischenschicht auf die Standfestigkeit einer Dammschüttung in Hanglage: (1, 2) tertiäre Tone mit Sandzwischenlagen, (3) Lösslehm und Löss, (4) Fließsanderscheinung während der Rutschung, (5) Dammschüttung (aus Zaruba und Mencl 1976)

Wasserführung des Gebirges erkennen zu können. Besonders zu beachten sind Grundwasserleiter mit artesisch oder subartesisch gespanntem Grundwasser (Abb. 15.9 und ► Abschn. 15.5.3). Falls erforderlich, sind eine ausreichende Anzahl von Bohrungen als Grundwassermessstellen nach ► Abschn. 4.6 auszubauen (nötigenfalls als Doppelmessstellen) und die Wasserstände regelmäßig einzumessen. Die Grundwasserbeobachtung muss im Bedarfsfall langjährig erfolgen. In Sonderfällen können auch Tracer-Versuche die Wasserbewegung in den Rutschmassen nachzeichnen.

15.2.6 Lagebestimmung der Gleitfläche und Bewegungsmessungen

Die **Form und** die **Tiefenlage der Gleitfläche** sind Grundlage jeder weiteren Bearbeitung (► Abschn. 5.7). Die Gleitflächen können ebenflächig, flachgekrümmt, kreisförmig, langgestreckt bzw. gebrochen sein. Erste Anhaltspunkte dafür erhält man aus den morphologischen Gegebenheiten. Mit der Aufnahme des oberen Hangabrisses und des Ausbisses einer Rutschung nach ► Abschn. 15.2.1 sind zwei Punkte der Gleitfläche bekannt, und es liegen auch erste Hinweise vor, wie steil oder flach sie einfällt bzw. ausstreicht (Abb. 5.28). Innerhalb der Rutschung wird die Gleitfläche dann nach den Ergebnissen der Aufschlussbohrungen festgelegt, die jedoch häufig keine eindeutige Aussage erlauben. Oft liegen auch mehrere Gleitflächen übereinander, die sich in ihrer Wirkung ergänzen oder ablösen können. Die einzelnen Gleitflächen müssen nicht immer über die ganze Länge anhalten. Dies ist besonders bei sehr tief reichenden oder langsamen Bewegungen der Fall.

In Anlehnung an Zaruba und Mencl (1961: 218) werden nach der Tiefenlage der Gleitfläche unterschieden:

Oberflächenrutschungen:	bis 1,5 m Tiefe
flache Rutschungen:	5–10 m Tiefe
tiefe Rutschungen:	10–20 m Tiefe
sehr tiefe Rutschungen:	>20 m Tiefe

Für die endgültige Festlegung der Tiefenlage der Gleitfläche und des Versagensmechanismus sind **Bewegungsmessungen** erforderlich, die von vornherein in Anpassung an den zu erwartenden Bewegungsmechanismus gezielt angesetzt werden müssen (Poisel et al. 2007). Die an der Geländeoberfläche gemessenen zweidimensionalen und besonders die räumlichen Bewegungsvektoren ermöglichen nicht nur Aussagen über das Bewegungsmaß, sondern geben auch erste Anhaltspunkte über die Tiefenlage und Form der Gleitfläche (Abb. 15.43). Widersprüchliche Einzelergebnisse der Bewegungsvektoren zeigen an, dass der Bewegungsablauf und -mechanismus einer Rutschung noch nicht richtig erfasst sind und der Bewegungsmechanismus neu durchdacht werden muss. Mit automatischen Messeinrichtungen können jeweils auch permanente Überwachungseinrichtungen installiert werden (Baumann 1990 und ► Abschn. 15.5.6).

15

Bei sehr geringen, geodätisch kaum erfassbaren Bewegungsmaßen sind **Bohrlochmessungen** gem. ▶ Abschn. 4.8.4, wie Inklinometermessungen oder Messungen mit dem TDR-System (Singer und Thuro 2007; Festl et al. 2009) im Vorteil. Beide sind die zuverlässigsten Methoden, nicht nur um geringe Bewegungen, sondern auch die Tiefenlage der Gleitfläche bzw. Differenzbewegungen zu erfassen. Die Auswertung erfolgt meist relativ, d. h. unter der Annahme, dass sich der unterste Punkt des Messrohres nicht verschoben hat (◘ Abb. 15.10).
Die Erfahrung lehrt, dass Gleitflächen i. d. R. flacher verlaufen, als vielfach angenommen wird, und sich fast immer nach geologisch vorgegebenen Flächen anstatt nach theoretischen Gleitkreisen richten. Nur Großrutschungen, die teilweise unter morphologisch anderen Bedingungen eingetreten sind, weisen oft sehr tief liegende Gleitflächen auf.

Bei den geotechnischen Bewegungsmessungen ist jetzt die Normenreihe DIN EN ISO 18 674 zu beachten, mit Teil 2 (Extensometer E 2015) und den in Bearbeitung befindlichen Teilen 3 (Inklinometer) und 9 (Geodätische Messungen).

Relative Bewegungsmessungen können in einfachen Fällen an vorab aufgestellten Lattengestellen gemessen werden, und zwar sowohl Vertikal- als auch Horizontalverschiebungen in bestimmten Zeitabständen. An steilen Abrissspalten und bei Blockbewegungen können auch Messungen mit Felsspionen bzw. mit zwischen den Blöcken fest installierten Drahtextensometern erfolgen. Die Neigung einzelner Blöcke lässt sich mittels mobiler oder stationärer Neigungsmessgeräte messen.

Absolute **terrestrische** (Nivellement, Tachymeter) und die **fernerkundlichen Messverfahren** (GPS-Messungen, Radarinterferometrie ermöglichen ein Bild über die räumliche und zeitliche Verlagerung von Objektpunkten auf der Oberfläche der Rutschmassen. Die Anordnung der Festpunkte erfolgt auf der Grundlage

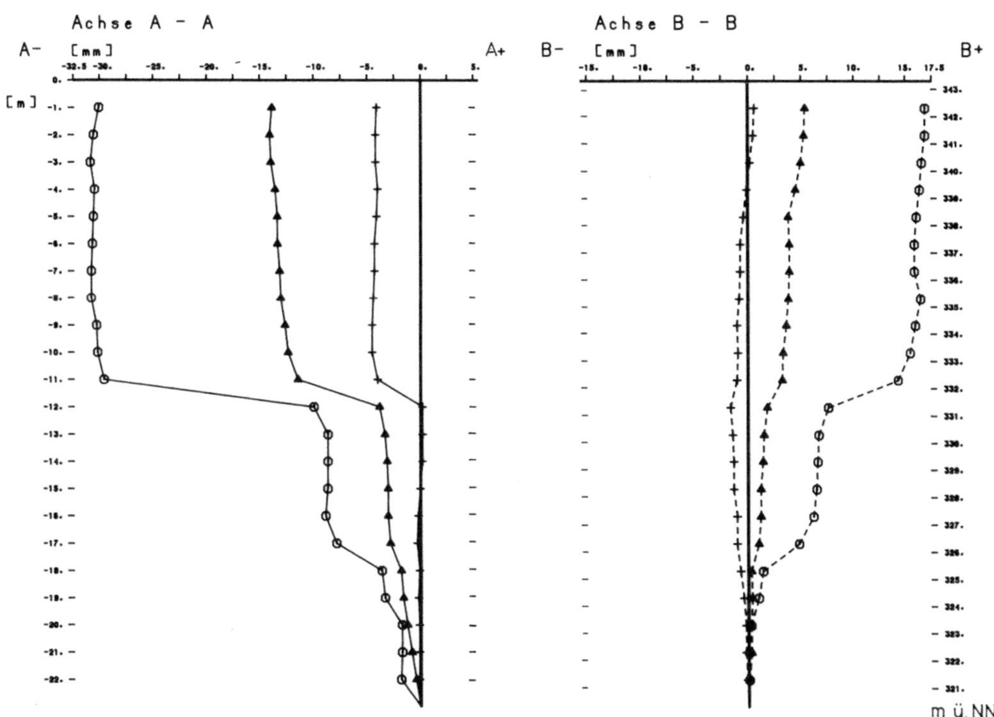

◘ **Abb. 15.10** Integrierte Verschiebungen eines Inklinometermessrohres in zwei Achsrichtungen. Messreihenvergleich verschiedener Messungen

des bisherigen Kenntnisstandes (Rutschungskartierung, zu erwartender Bewegungsmechanismus) und nach den örtlichen Gegebenheiten. Eine Punktverschiebung gilt i. Allg. dann als real, wenn über mehrere Messungen hinweg eine Tendenz erkennbar ist oder wenn sie das 3-Fache der Messgenauigkeit überschreitet.

Flächendeckende **Nivellements** hoher Präzision haben eine Genauigkeit von 1 mm/km. Ein Präzisions- oder Feinnivellement ist zwar sehr zeitaufwendig, ist aber immer noch mit das genaueste Verfahren, um Höhenwertänderungen zwischen benachbarten Punkten zu erfassen. Zur Ermittlung der Lage und Höhe von Messpunkten sind **Tachymetermessungen** erforderlich. Die terrestrische Bestimmung von Messpunkten zeichnet sich zwar durch eine hohe Messgenauigkeit aus, ergibt aber immer nur Einzelpunkte und keine flächenhafte Aussage.

Mithilfe des amerikanischen **Global Positioning System (GPS)** können über mobile oder feste GPS-Empfänger Punkte im Gelände in ihrer Lage und in der Höhe (dreidimensional) mit einer Genauigkeit von etwa 5 mm (Standardabweichung) ermittelt werden.

Auch die **Auswertung der LIDAR-Daten** ist dahingehend verfeinert worden, dass die Verschiebungsbeträge markanter Punkte auf den digitalen Schummerungskaten verschiedener Befliegungen mit einer Genauigkeit von einigen Zentimetern quantifiziert werden können (Vehling et al. 2015, darin Lit.).

15

In den letzten Jahren wird auch die **Radar- oder SAR-Interferometrie**, eine satellitengestützte Fernerkundung mittels Synthetic Aperture Radar (SAR), als geeignetes, wenn auch hoch komplexes Instrument zur Fertigung digitaler Geländemodelle sowie zur Überwachung von großflächigen Bodenbewegungen diskutiert. Das Verfahren ist unabhängig von der Tageszeit und der Atmosphäre (Wolken, Niederschlag). Die Radarinterferometrie basiert auf dem Phasenvergleich des von einem Satelliten ausgesendeten Radarsignals und der von punkt- oder flächenhaften Rückstreuern reflektierten Phase des Signals. Durch Vergleich von Aufnahmen zu verschiedenen Zeiten können flächenhaft kleinräumige Höhenänderungen festgestellt werden.

Als langzeitstabile Objektpunkte dienen bei der PSI-(Persistent-Scatterer-Interferometry-) Technologie sog. Persistent Scatterer (PS), wie sie an Gebäuden (Dachflächen), Brücken oder auch größeren Felspartien bzw. anderen künstlichen Objektpunkten vorliegen. Bei ausreichender Punktdichte (3–4 PS/km^2) kann eine Genauigkeit im Millimeterbereich erreicht werden. Ungünstig sind Gebiete mit dichter oder veränderlicher Vegetation ohne freistehende PS, bei denen die Signale nicht zu den Objektpunkten am Boden durchdringen können (Benecke et al. 2007; Riedmann 2007; Bamler et al. 2008; Musiedlak und Spreckels 2012; Plank et al. 2013; Fleer et al. 2013 und Busch 2014).

Von Vorteil sind die relativ kurzzeitigen Wiederholungsflüge der Radarsatelliten (DLR-Satelliten z. B. alle 11 Tage) und damit viele Wiederholungsmessungen pro Zeiteinheit (◘ Abb. 15.11). Seit 2007 steht außerdem eine ganze Reihe weiterer Radarsatelliten zur Auswahl.

An Steilböschungen und Felswänden kann zur Beobachtung der räumlichen und zeitlichen Veränderungen der Wandgeometrie auch ein **terrestrischer Laserscanner** (TLS) oder ein **Radarinterferometer** eingesetzt werden. Bei einem Laserscanner wird die betreffende Oberfläche mit Laserstrahlen abgetastet, die eine georeferenzierte 3D-Punktwolke liefern, aus der mithilfe eines Computerprogramms ein 3D-Modell gefertigt werden kann. Die Genauigkeit der Objektdaten liegt bei 5–10 mm. Das Verfahren der Radarinterferometrie beruht auf der Auswertung der Phaseninformationen elektromagnetischer Wellen von zwei oder mehr Aufnahmen der Böschungsoberfläche durch ein stationäres terrestrisches Radarinterferometer. Die derzeitigen Messsysteme (RAR, SAR) ermöglichen im vollautomatischen Betrieb eine Messgenauigkeit von 0,2 mm auf 1 km und von 1 mm auf 2–3 km. Die genannten Messverfahren haben jeweils spezifische Vor- und Nachteile, die vorab abgeklärt werden sollten (Kuhn und Prüfer 2009; Fleer et al. 2013).

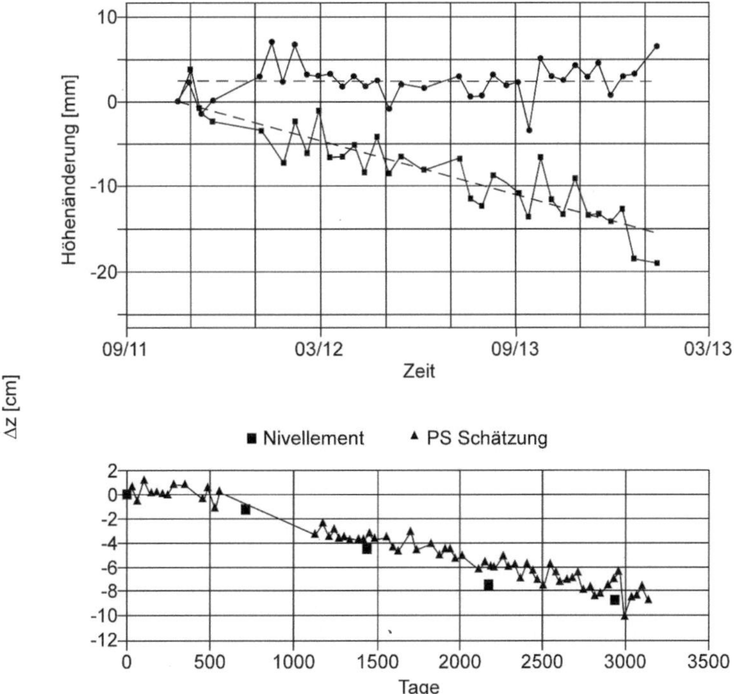

Abb. 15.11 Oben: Zeitreihen von 2 PS-Punkten mit unterschiedlicher Bewegung. Unten: Zeitreihe der Höhenänderung eines PS-Punktes im Vergleich zu Nivellementmessungen (nach Busch 2014, vereinfacht)

Bewegungsmessungen werden normalerweise entweder in regelmäßigen Zeitabständen (Monate oder Jahre) bzw. entsprechend den rutschungsfördernden Faktoren (z. B. nach jedem Frühjahr oder nach niederschlagsreichen Perioden) vorgenommen. Sie stellen damit nur Momentaufnahmen in gewissen Zeitabständen dar, die keine Interpretation des Bewegungsablaufs dazwischen ermöglichen. Hangbewegungen verlaufen aber selten über längere Zeit konstant, sondern zeigen instationäres, häufig zyklisches Verhalten, das meist von externen Faktoren abhängig ist. Kurzfristige Wiederholungsmessungen haben den Vorteil, den Bewegungsablauf erkennen zu lassen.

Aus einer detaillierten Auswertung der zeitlichen und räumlichen Entwicklung der Verschiebungen der einzelnen Festpunkte können auch einzelne **Homogenbereiche** oder **Aktivitätszonen** mit unterschiedlicher Bewegungscharakteristik abgegrenzt werden (Heitfeld et al. 2005).

15.2.7 Altersdatierung und Bewegungsablauf

Rutschungen sind, wenn die geologischen, morphologischen und klimatischen Voraussetzungen gegeben waren, zu allen Zeiten der Erdgeschichte aufgetreten. Eine genaue zeitliche Einordnung ist i. d. R. sehr schwierig, da echte Datierungshilfen in Form von Radiokarbondatierungen (an Fossilien, Holzresten, Pollen, Kalkausscheidungen u. a. m.) zu wenig untersucht werden. Außerdem ist die Anwendung der ^{14}C-Methode auf ein Maximalalter von 40.000–50.000 Jahren begrenzt. Abb. 15.12 zeigt eine solche Altersdatierung einer Großrutschung in der Schweiz, deren alte Gleithorizonte bis in eine Tiefe von 38 m erbohrt worden sind. Die Bewegungen von 1994 fanden auf solchen alten Gleithorizonten statt. In der Regel ist man auf paläoklimatische Betrachtungsweisen und geomorphologische Merkmale angewiesen.

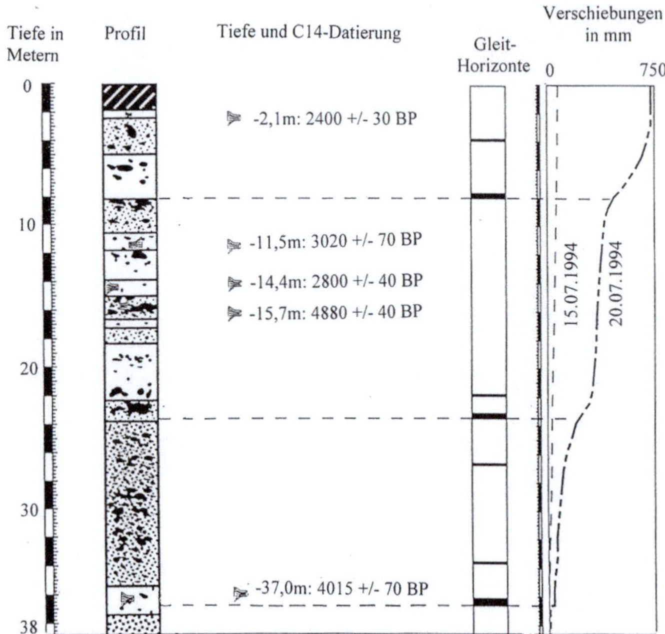

Abb. 15.12 Alte Gleithorizonte und ihre ^{14}C-Datierung der Großrutschung Falli Hölli (Schweiz); rechts die Ergebnisse neuerer Bewegungsmessungen (nach Raetzo-Brülhart (1997: 158)

Die „landschaftsgenetisch ältesten" Rutschungen eines Gebietes können schon unmittelbar im Anschluss an die gebirgs- oder landschaftsbildenden Vorgänge durch gravitatives Abgleiten ganzer Schollen aufgetreten sein. Sie werden aufgrund der Schichtverstellungen häufig als tektonische Schollen gedeutet (s. von Poschinger 1998, Abb. 15.13 und ► Abschn. 15.6.4).

In den europäischen Mittelgebirgen werden sehr alte Rutschungen, die unter anderen morphologischen Bedingungen aufgetreten und heute im Gelände kaum noch zu erkennen sind, allgemein in die Interglazialzeiten des Pleistozän datiert. Sie werden auch als **fossile Rutschungen** bezeichnet (Klengel und Pašek 1974:129). Dazu gehört z. B. die Fußschollengeneration von Ackermann (1959a; s. a. ► Abschn. 15.6.4). Wo solche sehr alten Rutschungen im höheren Teil der Hänge noch erhalten sind, sind sie durch periglaziale Formungsvorgänge sehr stark überprägt und oft kaum noch erkennbar.

Ein großer Teil der noch mehr oder weniger deutlich erkennbaren **alten Rutschungen** ist wahrscheinlich in die frühe Nacheiszeit, d. i. vor 14.000–9500 Jahren zu stellen. Dazu gehören z. B. tief reichende talzuschubartige

Abb. 15.13 Schematische Darstellung des Anfangsstadiums einer Rotationsrutschung in einem Schichtgestein und Luftaufnahme einer solchen Rutschung im Grand Canyon, USA (Foto: Prinz)

Entlastungsbrüche durch die jüngste Talerosion, deren Erkennen an den meist nur schwach ausgeprägten morphologischen Merkmalen oder in Bohrungen äußerst wichtig ist, da sie bei Eingriffen in das Hanggleichgewicht leicht wieder in Bewegung kommen können.

In dieser Zeit sind sicher auch viele tief reichende Felsstürze an alpinen Bergflanken ausgelöst worden, als mit dem Rückzug der Gletscher die stützende Wirkung des Eises verloren gegangen ist (▶ Abschn. 15.1.3). Nach heutigem Kenntnisstand wird die Zunahme von Massenbewegungen an alpinen Bergflanken mit dem Anstieg der Temperaturen in der Nacheiszeit differenzierter betrachtet. Die Anstiegskurve der Temperaturen nach der letzten Vereisung war wesentlich komplexer als bisher angenommen. Einige große Felssturzereignisse werden heute in das holozäne Klimaoptimum 6000–4000 (Atlantikum) und in die Zeit von 3000–2000 v. Chr. gestellt (Klimadaten s. Vahrenholt und Lüning 2012). Auch die Römische Warmphase um die Zeitenwende ist hier zu nennen.

Bei der zeitlichen Einschätzung nacheiszeitlicher Rutschungen sind vor allen Dingen auch die einzelnen niederschlagsreichen Perioden zu berücksichtigen. Das völkerwanderungszeitliche Klimapessimum 300–500 Jahre n. Chr. war z. B. sehr niederschlagsreich. Besonders landesweit verbreitete vergleichbare größere Massenverlagerungen müssen mit solchen klimatischen Perioden im Zusammenhang gesehen werden. Die großen landschaftsformenden geomorphologischen Prozesse waren zu dieser Zeit weitgehend abgeschlossen, sodass die Rutschungsformen meist recht deutlich erkennbar sind.

Das Klima im vergangenen Jahrtausend war dann weiter gekennzeichnet durch das mittelalterliche Klimaoptimum von 850–1300 und der sog. Kleinen Eiszeit von 1400–1850 mit einem Temperaturminimum von 1600–1730, die mit zahlreichen **mittelalterlichen und frühneuzeitlichen Rutschungsereignissen** in Verbindung gebracht werden. Weitere niederschlagsreiche Jahre waren 1096, 1342, 1709 und 1720–1730 sowie besonders die Jahre 1783/84 und 1815/16, in denen weltweit extreme Niederschlagsverhältnisse geherrscht haben, z. T. ausgelöst durch Vulkanausbrüche, d. h. durch die infolge Schwefeldioxid- und Aschenauswurfs verringerte Sonneneinstrahlung. Der Ausbruch eines Islandvulkans 1783 (Laki-Spalte) hatte mehrere schneereiche Winter mit extremen Hochwässern zur Schneeschmelze sowie entsprechend niederschlagsreiche Sommermonate zur Folge. Der Ausbruch des Tampora (Indonesien) im April 1815 war der folgenschwerste Vulkanausbruch der letzten 20.000 Jahre. Auch in der Jetztzeit sind immer wieder niederschlagsreiche Jahre mit verstärkten Rutschungsaktivitäten aufgetreten (z. B. 1939–1941, 1946, 1956, 1965, 1977, 1980–1982, 1987, 2002 und Frühjahr 2013) Auch im Frühsommer 2016 haben sich infolge häufiger und z. T. abhaltender Starkregen zahlreiche Rutschungen unterschiedlichen Ausmaßes ereignet.

Rutschungen, die unter den gegenwärtigen klimatischen und morphologischen Bedingungen entstanden sind, werden als **rezente Rutschungen** bezeichnet. Sie sind definitionsgemäß in den letzten Jahrhunderten aufgetreten. Beim zeitlichen Abschätzen jüngster morphologischer Rutschungsformen ist zu berücksichtigen, dass Rutschungen oft keine einmaligen Ereignisse sind, sondern über Jahrhunderte oder Jahrtausende hinweg immer wieder in Bewegung gewesen sein können.

Aktive Rutschungen sind noch mehr oder weniger in Bewegung. Auch hierbei ist zu berücksichtigen, dass es sich meist nicht um Erstrutschungen handelt, sondern um alte Bewegungsmechanismen, die in Abhängigkeit von den Niederschlägen anhaltende oder periodische Bewegungen unterschiedlicher Größe aufweisen können. Falls künftig merkbare Niederschlagsänderungen auftreten, muss mit erhöhter Aktivität solcher Rutschungen gerechnet werden.

Für die Altersbestimmung jüngerer Bewegungen können außer dem Zustand ihrer Oberflächenformen auch der Versatz oder die Verzahnung mit quartärzeitlichen Zeitmarken wie Terrassenablagerungen oder Bodenbildungen herangezogen werden bzw. die Störung von menschlichen Einrichtungen wie Wege, Feldraine, Baumreihen und auch das Alter und der Zustand ihres Baumbestandes (▶ Abschn. 15.2.2).

Die Frage nach der Gefährdungssituation ist bei Rutschungen oft schwer zu beantworten (▶ Abschn. 15.5.6). Die meisten aktiven Rutschungen sind keine Erstereignisse, sondern sind seit Jahrhunderten oder Jahrtausenden mehrfach aufgetreten. Alte Großrutschungen zeigen häufig eine Wiederkehrperiode von mehreren hundert Jahren (◘ Abb. 15.12). Die Wiederkehrperioden (10-, 30-, 100- oder 300-jährlich) und die damit verbundene statistische **Eintrittswahrscheinlichkeit** (in %) können, ausgehend von einem menschlichen Beobachtungszeitraum von 50 Jahren, wie folgt eingeteilt werden:

sehr selten <15 %	>300 Jahre
selten 15–40 %	100–300 Jahre
gelegentlich 40–80 %	30–100 Jahre
häufig >80 %	<30 Jahre

Allgemein werden bei Rutschungen folgende Stadien unterschieden:

- Das **Stadium der Kriechbewegungen** mit Verformungsraten bis etwa 10 mm/Jahr kann sich bei Rutschungen über sehr lange Zeiträume erstrecken und z. B. an Verkehrswegen zu einer Störung des Entwässerungssystems führen. Die Bewegungsrate ist dabei selten stetig, sondern meist instationär und von äußeren bewegungsfördernden Faktoren abhängig (Keusen 2000). Die Bewegungen können sich (vielleicht auch nur anscheinend) beruhigen, oder aber der Sicherheitsfaktor kann langsam abgebaut werden, sodass die Bewegung, zunächst unmerklich, in eine progressive Beschleunigung übergehen kann. Ob und wann ein kritischer Zustand erreicht ist, lässt sich meist erst sagen, wenn es zu spät ist. Ohne entsprechende Kontrollmessungen wird das kritische Stadium fast immer übersehen.
- In der **Bewegungsphase vor dem Bruch** nimmt die Geschwindigkeit meist progressiv, d. h. beschleunigend zu, wobei die einzelnen Werte sehr unterschiedlich und sowohl vom Rutschungstyp als auch von den auslösenden Faktoren (häufig die Niederschlagsmenge) abhängig sind. Regelwerte sind kaum anzugeben. In der Auftragung der Verschiebungskurve ergibt sich (nachher) gewöhnlich ein mehr oder weniger deutlicher Knick im Kurvenverlauf, aus dem die weitere Entwicklung extrapoliert werden kann (Franke 1976; von Poschinger 1998). Ein Verfolgen der Bewegungen und das Erkennen der Bewegungsphase vor dem Bruch eröffnet die Möglichkeit einer Vorwarnung.
- Der eigentliche **Bruchvorgang** kündigt sich i. d. R. durch Rissbildung oder Vergrößerung von Rissen an. Felsrutschungen, besonders Bergstürze, machen sich auch Tage vorher häufig durch Steinschlag oder leichte Erschütterungen und kurz vor dem Bruch auch durch Knistergeräusche bemerkbar (von Poschinger 1998). Die Frage der Vorhersehbarkeit des Bruchvorgangs hängt dann letzten Endes davon ab, dass die unterschiedlichen Anzeichen richtig gedeutet werden (▶ Abschn. 15.4).

Die Bewegungen während der Rutschung selbst werden selten gemessen. Sie hängen sehr stark von der Geometrie der Rutschung und dem jeweiligen Rutschungstyp ab. Allgemein kann für die **Bewegungsgeschwindigkeit** folgende Einteilung vorgenommen werden:

sehr langsam (substabil)	cm/a
langsam bzw. wenig aktiv	dm/a
aktiv bzw. langsam mit schnellen Phasen	m/a
schnell	m/W
sehr schnell	m/d
äußerst schnell	m/min

Ab Bewegungsmaßen von einigen Dezimetern im Jahr ist eine regelmäßige Überwachung anzuraten. Rutschungsgeschwindigkeiten von Dezimetern pro Woche erfordern sofortige Gegenmaßnahmen.

Die **Bewegungen nach dem Bruch** sind sehr unterschiedlich, sie sind aber ein wichtiges

Merkmal für die Beurteilung einer weiteren Gefährdung. Bei vielen Rutschungen tritt über längere Zeit ein deutliches Nachkriechen auf, das bei bestimmten Rutschungstypen (z. B. an der Röt-Muschelkalk-Grenze) über Jahrzehnte anhalten kann. Nachbrüche am oberen Abriss und auch in den Rutschmassen selbst sind als Sekundärrutschungen zu werten.

15.3 Arten von Rutschungen, Klassifikation

Rutschungen sind hangabwärts gerichtete Bewegungen an Hängen oder Böschungen aus Fels- und/oder Lockergesteinsmassen entlang von Gleitflächen oder unterschiedlich dicken Zonen intensiver Scherverformung. Dabei kann man zunächst **zwei Hauptarten** unterscheiden, nämlich Böschungsrutschungen und Hangrutschungen. Erstere sind mehr oder weniger begrenzte Ereignisse mit überschaubarem Mechanismus, während Hangrutschungen sehr vielgestaltig sein können. Weiter werden Abbrüche (Fallen, Kippen), Gleiten (Translations- und Rotationsrutschungen) und Fließen unterschieden. Kriechvorgänge werden als Sonderfall des Fließens angesehen. Diese Standardgliederung der Massenbewegungen wird neuerdings häufig durch **drei Hauptbegriffe** ersetzt, nämlich Sturzprozesse, Rutschungen und Fließen.

15.3.1 Fallen

Als Sturzprozess (Fallen) bezeichnet man das plötzliche Ablösen von Gestein aus Steillagen. Die Erscheinungen treten an Steilböschungen, Steinbruchwänden, Erosionsufern oder steilen Felswänden auf. Der Abriss erfolgt meist an vorgegebenen Trennflächen. Hauptursachen sind Hangentspannung (Kluftaufweitung, Rissbildung) und temperaturbedingte Verformungen der Felskörper sowie Verwitterungsprozesse. Die Gefahr von Abbrüchen ist besonders gegeben, wenn harte Felskörper über weichen erosionsempfindlichen Gesteinen ausstreichen (sog. Hart-auf-weich-Situation) und/oder von talwärts einfallenden Flächen bzw. von Querklüften abgetrennt sind. Zusätzlich kann Kluftwasserdruck bzw. Gefrierdruck auftreten.

Dem Abbruch gehen häufig eine langfristige Öffnung von Klüften oder Bergzerreißungsspalten sowie Kipp- oder Knickvorgänge voraus. Vor dem eigentlichen Absturz tritt dann häufig ein sich beschleunigendes Bruchkriechen auf (Keusen 2002), begleitet von zunehmender Steinschlagaktivität (Ladner et al. 2004). Entgegen der weit verbreiteten Meinung zeigen auch mehr oder weniger instabile Felsformationen häufig eine gewisse plastische Verformbarkeit und können über längere Zeit Kriechverformungen aufweisen, ohne abzustürzen. Derartige Felswände müssen unter Kontrolle gehalten werden (▶ Abschn. 15.5.6).

Beim Absturz verlieren die Felsmassen ihren Zusammenhalt und zumindest zeitweise den Kontakt mit der Unterlage. Der Absturz selbst erfolgt teilweise als Gleiten, vielfach aber als Fallen, Rollen, Springen oder z. T. Fließen. Nach den äußeren Formen unterscheidet man zwischen Abrissgebiet, Sturzbahn und Ablagerungsgebiet. Das Ablagerungsgebiet besteht aus grobblockigen Schuttmassen, unregelmäßig geformten Hügeln oder einem Schutt- bzw. Geröllstrom.

Steinschlag und Felsstürze sind nicht auf Hochgebirgsregionen beschränkt, sondern auch in unseren Mittelgebirgen weit verbreitet und erfordern oft aufwendige Sicherungsmaßnahmen (▶ Abschn. 13.3.1). Besonders anfällig sind Kalkstein- oder Sandstein-Tonstein-Wechselfolgen, steilstehende Tonschiefer und auch Basaltböschungen.

Als **Steinschlag** bezeichnet man das Ablösen und Fallen, Springen oder Rollen von einzelnen Steinen und Blöcken. Je nach Sturzmasse werden unterschieden:

- Steinschlag ($<10\ m^3$) und
- Blocksturz ($>10\ m^3$) mit großen Einzelblöcken.

Berg- und Felsstürze werden definiert als das Ablösen eines Gesteinspakets aus dem Gebirgsverband, das während des Sturzes und beim Aufprall in Blöcke und Steine zerfällt, die mit hoher Geschwindigkeit (Sekunden oder wenige Minuten) aus Bergflanken niedergehen und eine gewisse Fläche einnehmen. Gelegentlich kommt es auch zum Aufstau eines Bergsturzsees.

Unterschieden werden **Felsstürze** mit meist 10 bis einigen 100.000 m^3 Absturzmassen und Bergstürze ab etwa 1 Mio. m^3. Um eine Felssturzgefährdung zu bewerten, müssen folgende Daten erhoben werden:

- Geologie und Morphologie des Abbruch- und des Ablagerungsgebietes,
- historische Daten früherer Ereignisse,
- Geomechanik der Ablöse- und Sturzprozesse,
- externe Einflüsse als Auslöser, (Extremniederschlag, Erdbeben).

Bei der Abschätzung des Sturzvorgangs und seiner Reichweite sind die Dämpfung des Untergrundes, die Rauigkeit der Geländeoberfläche und der Bewuchs (Waldbestockung) zu berücksichtigen. Bei den Geländeaufnahmen ist besonders auf sog. stumme Zeugen zu achten, d. s. reliktische Blöcke, noch frische Ablöseflächen oder Bewegungsspuren als Hinweise auf vorausgegangene Ereignisse. Sturzprozesse können sich zu jeder Jahreszeit ereignen, besonders aber nach Starkniederschlägen und in den jahreszeitlichen Frost-Tau-Zyklen. Auch mit dem Rückzug der tiefen Gefrornis in den höheren Gebirgsregionen ist verstärkt mit Steinschlag- und Felssturzereignissen zu rechnen (► Abschn. 15.1.3). Als weitere externe Einflüsse kommen außerdem Erdbeben in Betracht. Entscheidend ist immer die Situation direkt im Abbruchgebiet. Felsstürze treten selten ganz spontan auf, sondern i. d. R. gehen diesen Riss- und Spaltenöffnungen, Blockbewegungen und vermehrte Steinschlagereignisse voraus. Der mit hoher Geschwindigkeit ablaufende Verlagerungsprozess bewirkt eine starke Zerbrechung des Materials. Die Transportdistanzen können auch bei geringem Gefälle mehrere Kilometer betragen (sog. Sturz- oder Schuttströme).

Einer der folgenschwersten Felsstürze der letzten Jahrzehnte ereignete sich 2006 an der Zufahrt zum Gotthardtunnel. Mehrere zimmergroße Felsblöcke stürzten aus großer Höhe auf die Autobahn und eine Kantonsstraße. Ein Pkw wurde getroffen und die beiden Insassen getötet. Die gefährdete Felswand wurde abgesprengt. Weitere Fachaufsätze und Literaturhinweise über Bergstürze s. Heinimann et al. 1998 und die Zeitschrift Felsbau 2004:2. Von den deutschen Mittelgebirgen beschreiben Krauter (1973, 1996) sowie Krauter et al. (1979, 1993) einige felssturzähnliche Rutschungen aus dem Rheinischen Schiefergebirge (► Abschn. 15.6.1).

Auch in Steinbrüchen können **felssturzartige Rutschungen** auftreten. Bei Linz a. Rhein ging in den 1970er-Jahren eine 120 m hohe Felswand in einen aufgelassenen Steinbruch ab (◘ Abb. 15.14). Das Wasser des 30 m tiefen Grundwassersees schleuderte über den Böschungsrand hinaus, schoss als Flutwelle zu

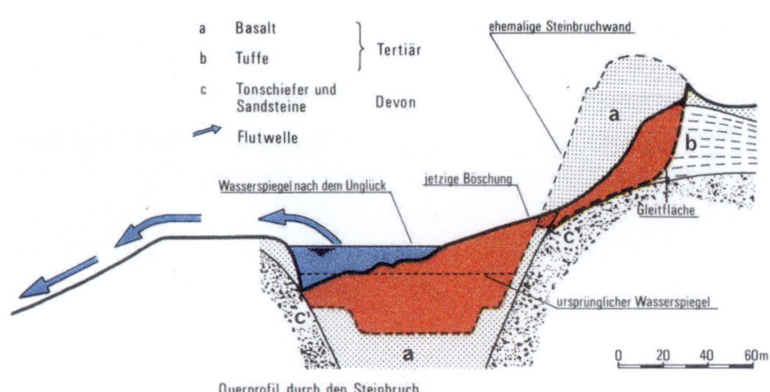

◘ **Abb. 15.14** Flutwelle, ausgelöst durch einen Felssturz in einen aufgelassenen Steinbruch mit einem Grundwassersee (Amtsprospekt): (**a**) Basalt, (**b**) Basalttuff

Tal und zerstörte mehrere Gebäude, wobei vier Tote zu beklagen waren. Solche Grundwasserseen in (aufgelassenen) Steinbrüchen stellen ein besonderes Gefahrenpotenzial dar.

Bergstürze werden unterteilt in kleine Bergstürze (bis 10 Mio. m^3), große Bergstürze (10–50 Mio. m^3) und sehr große Bergstürze (>50 Mio. m^3). In Hochgebirgen und in Mittelgebirgen mit steiler Morphologie treten immer wieder Bergstürze auf. Sie können eine Landschaft nachhaltig verändern. Einige der großen historischen Bergstürze in den Alpen sind eingangs angeführt. Erwähnt sei hier noch der Flimser Bergsturz, das wohl größte derartige Ereignis im Alpenraum Ende der letzten Eiszeit. Als sich der Rheingletscher zurückzog und auch der Permafrost auftaute, gingen im Vorderrheintal etwa 12 km^3 Kalksteinmassen ab. Die riesige Bergsturzmasse ist heute noch auf einer Fläche von über 50 km^2 zu erkennen. Mit dem Rückzug der Gletscher ist verstärkt mit instabilen Bergflanken und Fels- oder Bergstürzen zu rechnen (► Abschn. 15.1.3). Weltweit treten Fels- bzw. Bergstürze besonders im Zusammenhang mit Erdbeben auf (► Abschn. 15.1.1).

Außer den unmittelbaren Folgen durch den Bergsturz selbst können dabei eine Talverdämmung und Wasserrückstau auftreten und, wenn die inhomogen aufgebauten Sturzmassen instabil werden, talabwärts Überflutungen. Zu den zugänglichen Bergstürzen in den Alpen, die teilweise solche Talverdämmungen bewirkt haben, zählen u. a. die Ereignisse von Flims im Vorderrheintal, vom Tschirgant, vom Köfel im Ötztal und von Mallnitz.

Abele (1974) datierte die Bergstürze im Alpenraum noch folgendermaßen:

- 32 spätglaziale,
- 14 postglazial-prähistorische und
- 10 historische Ereignisse.

Die großen Bergstürze, die bisher als spätglazial bis frühpostglazial datiert waren, werden heute als wesentlich jünger eingestuft (von Poschinger und Haas 1997).

Die bekanntesten alpinen Bergstürze der letzten Jahrzehnte sind der Bergsturz in den Vajont-Stausee bei Longarone von 1963 (► Abschn. 18.2.8) und der Felssturz im Veltlintal von 1987 (Becker und Litscher 1988). Nach tagelangen Regenfällen stürzten Ende Juli 1987 etwa 50 Mio. m^3 Gesteinsmassen von den Hängen des Pizzo Copetto ab und begruben zwei Ortschaften unter sich, die zum Glück evakuiert waren, sodass nur 20 Todesopfer zu beklagen waren. Der Bergsturz war so gewaltig, dass die abgerutschten Massen am Gegenhang 400 m hochbrandeten und sich im Tal ein 40 m hoher Damm aufbaute. Die dahinter gestauten Wassermassen mussten mit großem Aufwand abgeleitet werden. Im Sommer 2014 blockierten in Nepal solche Bergsturzmassen einen Flusslauf, wodurch sich ein riesiger Stausee gebildet hat, der den unteren Flusslauf bis nach Indien gefährdet hat.

15.3.2 Kippen

Kippen ist eine Rotationsbewegung an steilen Flächen in Abhängigkeit des Trennflächengefüges bzw. von Blöcken aus dem Felsgefüge oder von kohäsivem Bodenmaterial um einen Punkt oder eine Achse unterhalb ihres Schwerpunktes. Besonders gefährdet sind Hartgesteine auf plastifizierbarer tonig-mergeliger Unterlage. Dieses Versagensprinzip „hart auf weich“ ist als Anfangsbewegung bei zahlreichen Bergstürzen oder Großrutschungen beteiligt. Beispiele werden in ► Abschn. 15.6 beschrieben. Auch die Erscheinungen der Hangzerreißung sind gelegentlich mit einem großräumigen Kippversagen verbunden.

15.3.3 Gleiten

Gleiten ist eine hangabwärts gerichtete Bewegung von Boden- oder Felsmassen auf Gleitflächen oder auf verhältnismäßig dünnen Zonen intensiver Scherverformung. Bei den Gleitungen werden dann verschiedene Untertypen unterschieden, deren gemeinsames Merkmal Bewegung auf einer Gleitfläche unterschiedlicher Konfiguration ist. Die Form der Gleitfläche wird

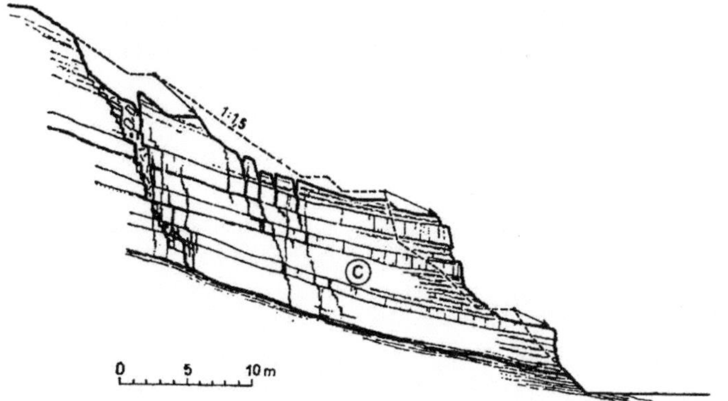

■ **Abb. 15.15** Typ einer Translationsrutschung in einem Schichtgestein (aus Zaruba und Mencl 1969)

dadurch vorgegeben, wo gerade die Scherfestigkeit entsprechend niedrig oder der Einfluss des Grundwassers besonders ungünstig ist.

Ebene Gleitflächen (sog. Translationsrutschungen) sind Bewegungen auf vorgegebenen Trennflächen (häufig Schicht- oder Schieferungsflächen) oder sonstigen Schwächezonen, und zwar bevorzugt an der Grenze von kompetenten zu inkompetenten Gesteinen (Tonsteinzwischenlagen). Am häufigsten treten Gleitungen in veränderlich festen Schichtgesteinen und in Schiefergesteinen auf (■ Abb. 15.15).

Translationsrutschungen können große Flächen einnehmen und z. T. auch erhebliche Mächtigkeit erreichen. Die Bewegung kann auf einer oder mehreren Flächen stattfinden, die sich gegenseitig ablösen oder ergänzen können. Besonders in dünnbankigen oder geschieferten Gesteinen sind stufenartig absetzende Gleitflächen oder -zonen weit verbreitet. Bei größeren Gleitungen kann sich hinter der Rutschungskrone ein keilförmiger Block grabenartig einsenken, der dann einen zusätzlichen Schub auf den Rutschkörper ausübt.

Schalenförmige Gleitflächen (sog. Rotationsrutschungen, ■ Abb. 15.16) sind ebenfalls ein häufig anzutreffender Typ. In homogenem Material ist die Gleitfläche häufig angenähert kreisförmig. Bei ausgeprägter Rotationsbewegung sind die bewegten Massen begrenzt und wenig durchbewegt.

Bei Rutschungen in der Verwitterungszone und bei zur Tiefe hin fester werdendem

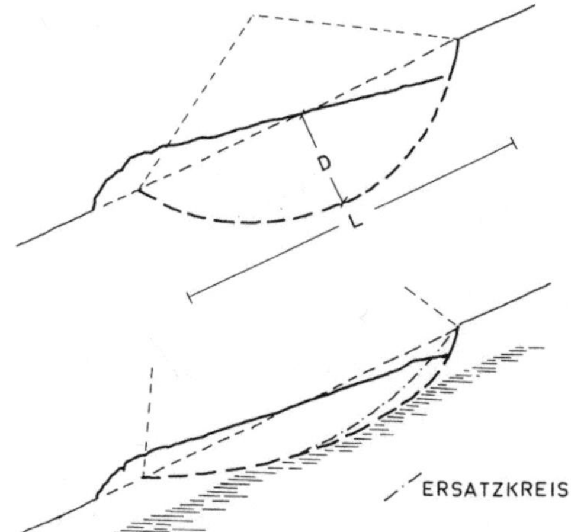

■ **Abb. 15.16** Grundtypen von kreisförmigen und abgeflachten Rotationsrutschungen

Untergrund verläuft die Gleitfläche meist flachschalig bzw. unter Ausnutzung vorhandener Trennflächen auch blockartig oder treppenförmig, was zu den kombinierten Rutschungen überleitet. Bei größerer Horizontalbewegung tritt dabei eine stärkere Beanspruchung der Rutschmasse auf.

In Hanglage können sich bei entsprechendem Wasseranfall aus anfänglichen Gleitbewegungen sehr komplexe Geröllstrom- oder Schuttstromrutschungen entwickeln (■ Abb. 15.17). Sobald derartige Rutschkörper den Talgrund absperren, kann sich, je nach Material, durch das dahinter angestaute Wasser ein Schlammstrom entwickeln.

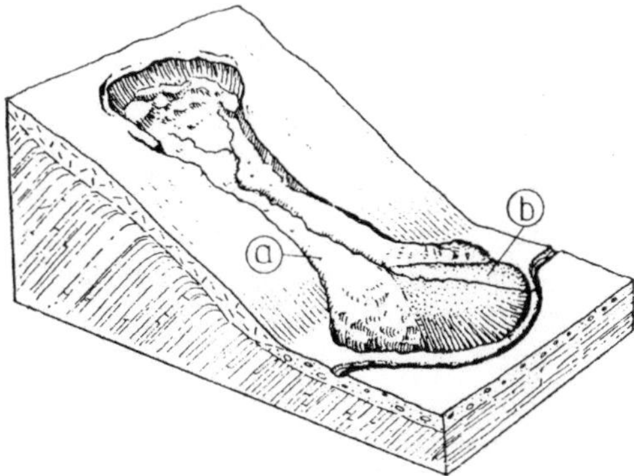

■ **Abb. 15.17** Aus einer anfänglichen Gleitung hat sich eine Schuttstromrutschung (**a**) und ein Schuttkegel (**b**) entwickelt (nach Zaruba und Mencl 1969)

Kombinierte Rutschungen sind ebenfalls weit verbreitet, wobei besonders viele Großrutschungen (auch fossile Rutschungen) zu diesem Typ gehören. Die Gleitfläche ist aus unterschiedlich gekrümmten und ebenen (meist vorgegebenen) Bruchflächen (Schichtung, Verwitterungszone, Klüftung, Störungen) zusammengesetzt (■ Abb. 15.18). Hierbei tritt gewöhnlich eine stärkere Zerr- und Scherbeanspruchung der Rutschmassen auf. Bei größerer Horizontalbewegung entsteht am oberen Abriss häufig eine typische Grabenbildung.

15.3.4 Driften

Unter Driften versteht man die Bewegung von Felsmassen durch oder bei Einsinken in eine plastifizierbare Unterlage nach dem Versagensprinzip „hart auf weich“ (■ Abb. 15.19). Dem Driften gehen meist Kippbewegungen voraus. Die Gesteinsblöcke lösen sich an vorgegebenen Trennflächen und driften auf der tonigen Unterlage ab. Im Pleistozän sind derartige Hangbewegungen besonders in den Auftauperioden

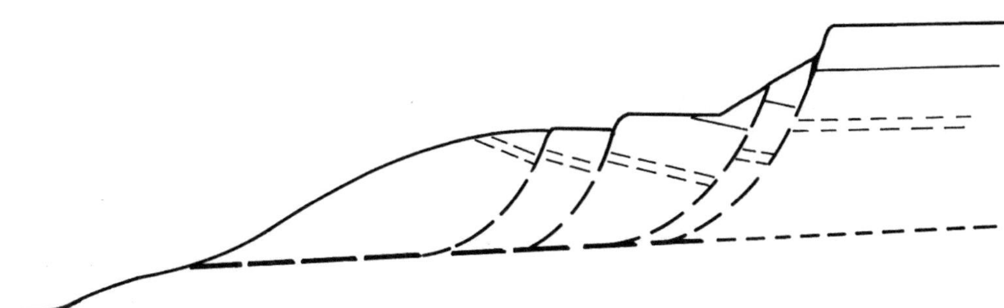

■ **Abb. 15.18** Typ einer mehrfach rückschreitenden Rutschung in einer Sandstein/Tonstein-Wechselfolge

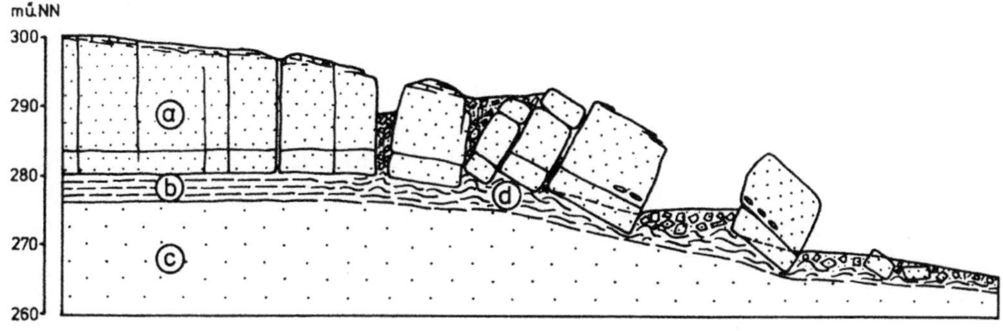

■ **Abb. 15.19** Driften von Sandsteinböcken im Elbsandsteingebirge (aus Johnsen 1984) : (**a**) Labiatus-Sandstein auf Mergel (**b**), (**c**) liegende Sandsteine, (**d**) plastifizierte Mergel

aufgetreten. Hangabwärts gehen die Bewegungen in Blockkriechen von z. T. „schwimmenden“ Einzelblöcken in tonigen Schuttmassen über. Beispiele werden in ► Abschn. 15.6 beschrieben.

15.3.5 Fließen

Beim Fließen i. e. S. handelt es sich um eine sehr unterschiedlich schnelle Verlagerung von aufgeweichten Bodenmassen mit Gesteinsschutt bzw. Geröllen aller Korngrößen. Das Fließverhalten ist nicht nur von der Bodenart und dem Wassergehalt abhängig, sondern auch vom Gefüge und der Struktur (Beispiel Quicktone). Fließvorgänge ergeben lang gestreckte, gelappte oder murenartige Formen, innerhalb derer häufig unterschiedliche Bewegungsgeschwindigkeiten mit linearen Bewegungsflächen erkennbar sind.

Der Vorgang des Fließens wird allgemein mit hohen Wassergehalten (Wasser : Feststoffe = 1 : 1) in Zusammenhang gesehen, was auch für die meisten Fließvorgänge zutrifft. Es haben sich jedoch auch Fließereignisse zugetragen, bei denen der Wassergehalt der bewegten Massen recht niedrig war. Das Verflüssigungsmedium sind in diesen Fällen Lufteinschlüsse gewesen, und der meist sehr schnell ablaufende Bewegungsvorgang spielte sich aller Wahrscheinlichkeit nach auf einem komprimierten Luftpolster ab. Dieser Bewegungsmechanismus ist auch von einigen alpinen Bergstürzen bekannt.

Bei den Fließvorgängen wird zwischen Schutt- bzw. Geröllstromrutschungen und Erd- bzw. Schlammfließen unterschieden. **Geröllstrom- oder Schuttstromrutschungen** enthalten einen relativ hohen Prozentanteil grobkörnigen Materials, während **Erd- oder Schlammströme** mindestens 50 % Sand-, Schluff- und Tonmaterial enthalten. Auslöser alpiner Schuttströme, die sich vorher über Jahrzehnte in kriechender Bewegung mit sehr unterschiedlichen Bewegungsraten befunden haben können, sind häufig Bergstürze an instabilen Talflanken, Erdbeben, Extremniederschläge oder menschliche Eingriffe. In Gebieten mit eiszeitlicher Vergletscherung oder rezenter Tektonik mit jungen Hebungen und z. T. 1000 m hohen übersteilten Hängen sind solche Schuttstromrutschungen weit verbreitet und stellen eine permanente Gefahr dar. In Mittelgebirgen können sich solche Geröllströme aus Wandabbrüchen in aufgelassenen Steinbrüchen mit Wasserfüllung entwickeln (Krauter et al. 1979). Auch **Halden- und Kippenrutschungen** entwickeln sich häufig zu Stromrutschungen (► Abschn. 13.1.5).

Von Poschinger (1992, 1993) beschreibt den Mechanismus eines Schuttstroms bei Inzell im Jahre 1991. Am Rande solcher Schuttströme kommt es infolge unterschiedlicher Bewegungsgeschwindigkeit innerhalb des Stroms vielfach zu wallartigen Aufpressungen. Hofmann und Poisel (2010) sowie Poisel et al. (2011) betonen den Einfluss z. T. gespannten Grundwassers und des Porenwasserdrucks auf den Bewegungsmechanismus und zeigen die Wirkung von Entwässerungsmaßnahmen mit temporären Brunnengalerien und einen Querdrängraben auf.

In den Bergen wirken Starkniederschläge (von z. T. über 200 mm in 24 Stunden) an Abhängen und in Gerinnen erodierend, oder es werden flachgründige Rutschungen ausgelöst, die sich zu Murgängen entwickeln können. Diese bestehen aus einem heterogenen Gemisch von Wasser und 30–60 % Feststoffanteil unterschiedlicher Korngrößen und auch Wurzelstöcken oder Baumstämmen. Unterschieden werden mehr oder weniger flachgründige Hangmuren und sog. Gerinne-Murgänge. Außer den Niederschlagsverhältnissen und der dadurch bedingten hohen Wassersättigung, der erosiven Wirkung des Wassers und der Strömungskraft des Sickerwassers spielen auch die Relieffaktoren (Hangneigung, Höhenlage, Exposition, Morphologie, Bewuchs, Oberflächenabfluss) eine entscheidende Rolle. Hangneigungen von 30–40° und Höhenlagen zwischen 750 und 1400 m sind nach der Statistik besonders gefährdet (◘ Abb. 15.20). In den späten Herbstmonaten 2014 wurden besonders in den Schweizer und italienischen Alpenregionen durch anhaltende Extremniederschläge von 500 bis über 1000 mm in wenigen Tagen mehrfach solche Murgänge bzw. Schlammlawinen ausgelöst, denen z. T. auch Menschenleben zum Opfer fielen.

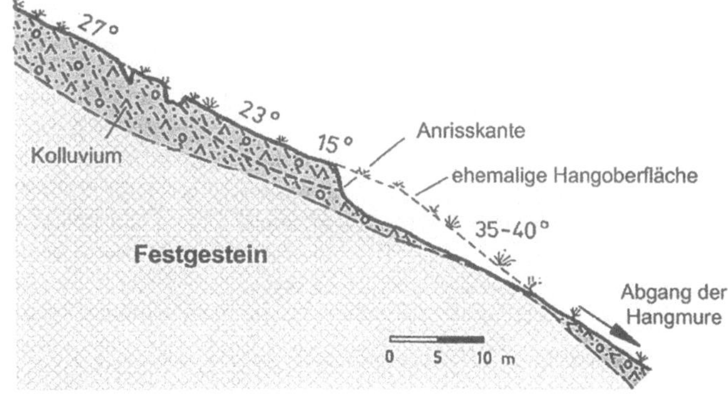

Abb. 15.20 Abriss einer Hangmure an einer Hangversteilung (aus Meyer und Boley 2010)

Die Bewegungsmechanismen in Muren sind noch nicht völlig geklärt. Obwohl sie einen vom Wasser ausgelösten Abflussvorgang darstellen, sind ihre Fronten oft relativ trocken. Auch kommen sie trotz hoher Fließgeschwindigkeiten teilweise nach wenigen Zehnermetern zum Stehen. In Gerinnen können sich auch größere Murgänge entwickeln, z. T. mit sehr großen Reichweiten bis hinunter auf die Schwemmkegel vorangegangener Ereignisse (► Abschn. 15.4).

Als **Setzungsfließen** bezeichnet man Rutschungen von teilweise gefluteten Kippenböschungen aus feinsandigem Abraummaterial (► Abschn. 15.6.9).

Das bekannte Phänomen der **Solifluktion** ist ein ± langsames Fließen oberflächennaher Bodenschichten bei Wasserübersättigung, wobei im Pleistozän Hangneigungen von 2–4° ausgereicht haben, um die Bewegungen auszulösen.

Quicktonrutschungen sind eine Sonderform in den marinen Quicktonen des Spät- und Postglazials in Norwegen, England und Kanada. Die Ursachen sind eine erhöhte Empfindlichkeit solcher schwach konsolidierten marinen Tone gegenüber hydrostatischen Wechselbelastungen oder Erschütterungen, die zu einem thixotropen Gefügezusammenbruch und quasiviskosen Fließbewegungen führen (► Abschn. 2.8.4).

15.3.6 Kriechen

Kriechen wird als Sonderform des Fließens angesehen. Es ist eine über längere Zeit anhaltende, langsame und meist unstete, oft episodisch ablaufende Verformung bei ± gleich bleibender Spannung bzw. ohne Laständerung, die sowohl in Locker- als auch in Festgesteinen auftreten kann. Scherflächen sind meist nur kurzzeitig vorhanden, dicht angeordnet und gewöhnlich nicht erhalten. Beim Kriechen ändert sich nur die Gestalt, nicht aber das Volumen. Bei entsprechenden Kontrollmessungen kann man in vielen Fällen ein langsames Grundkriechen und kurzzeitige Bewegungsschübe aufgrund von Starkniederschlagsereignissen und Grundwasserspiegeländerungen unterscheiden, die dann zu einem progressiven Versagen führen können. Die Bewegungsmaße betragen meist nur Millimeter- bis wenige Zentimeterbeträge pro Jahr und hinterlassen im Gegensatz zu anderen Rutschungstypen nur bei langzeitlich größeren Verschiebungsmaßen merkbare Formänderungen in der Landschaft.

In der Praxis zu unterscheiden sind das Tiefkriechen von Festgesteinen instabiler Talflanken (Talzuschub, Bergzerreißung) und Kriechbewegungen von Schuttmassen und der obersten Auflockerungszone.

Kriechbewegungen von Schuttmassen, die auch die oberste Auflockerungs- bzw. Anwitterungszone mit erfassen können, treten besonders in tonigen Gesteinen auf. Bei Oberflächenkriechen werden witterungsbedingte Volumenänderungen, d. h. Quell- und Schrumpfvorgänge infolge Temperatur- und Wassergehaltsänderungen, von einer horizontalen Bewegungskomponente überlagert.

Darüber hinaus findet unter der ständigen Einwirkung von Schubspannungen entweder eine bruchlose kontinuierliche Verformung oder ein diskontinuierliches Kriechen mit Gleitvorgängen auf zahlreichen kleinen Trennflächen statt. Dabei kann entweder die ganze Schicht kriechen oder nur die Basiszone, die dann die darüber liegenden Massen mit bewegt. Kriechbewegungen der oberflächennahen Schichten sind nicht nur ein eiszeitlicher Vorgang, sondern auch rezent weiter verbreitet, als allgemein angenommen wird.

Unter **Schuttstromkriechen** versteht man unmerklich langsame Bewegungen von Gesteinsschuttmassen in Hangdepressionen als Vorläufer oder Zwischenstadium von Fließbewegungen. Bei langsamer Bewegungsgeschwindigkeit bleibt die i. d. R. baumlose Vegetationsdecke erhalten.

Das **Tiefkriechen von Festgesteinen** instabiler Talflanken bzw. die Talzuschuberscheinungen sind seit den Arbeiten von Stini (1941) bekannt (◘ Abb. 15.21). Auslöser sind die Wirkung von glazialem Permafrost mit tiefgründiger Gebirgsauflockerung (s▶ Abschn. 15.1.3) und die Schubspannungen bei nacheiszeitlicher Taleintiefung gem. ◘ Abb. 13.1. Betroffen sind vor allen Dingen metamorphe Gesteinsserien wie Gneise, Schiefer und Phyllite, aber auch Wechselfolgen von Schichtgesteinen. Die tiefgründigen Sackungsmassen zeigen meist nur leichte bis mäßige Verwitterung, aber starke Gebirgszerlegung bis -entfestigung. Bei dem Vorgang handelt es sich um von äußeren Faktoren beeinflusste, z. T. tief reichende (>100 m) Kriech- bzw. Scherbewegungen in Gleitzonen oder an Trennflächen verschiedenster Art mit und ohne Zwischenmittel, wobei besonders bindige Störungs- und Kluftfüllungen oder Schicht- bzw. Schieferungsflächen mit niedriger Scherfestigkeit die Kriechbewegungen begünstigen. Die sehr differenzierten Bewegungsabläufe und der Mechanismus sind im Einzelnen noch unzureichend bekannt. In der österreichischen Literatur wird für Bewegungen, die nach der Tiefe ausklingen und keine deutliche basale Gleitfläche aufweisen, auch der vom englischen „Sagging“ abgeleitete Ausdruck **Sackungen** verwendet (Moser 1993).

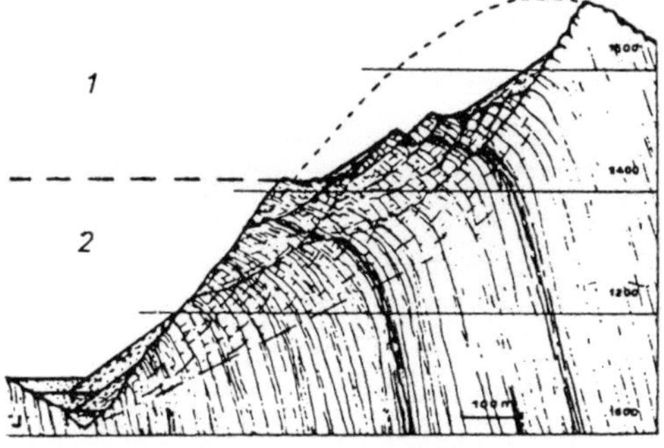

◘ **Abb. 15.21** Bergzerreißung (1) und Talzuschub (2) eines alpinen Talhanges (aus Krauter 1996)

Die Folge solcher tief reichenden Kriechbewegungen sind Zerrspalten und Hangzerreißungsklüfte, Doppelgrate in den höheren Hangbereichen oder hangparallel verlaufende Nackentälchen (Schober 1991), die nicht nur bis in die Gipfelregionen reichen können, sondern teilweise am Gegenhang ausstreichen (◘ Abb. 15.5). Das Ergebnis sind die bekannten **Erscheinungen des Talzuschubs** mit langzeitlich langsam ablaufenden Bewegungsraten von mehreren Zentimetern bis einigen Dezimetern pro Jahr (meist 5–10 cm/a) ohne Gefahr plötzlicher Kollapsmechanismen. Derartige Hänge sind meist schon an der Morphologie erkennbar, mit konkaven, von Rissen und Spalten durchsetzten Formen (Dilatanz, Massenverlust) im höheren Teil der Hänge und konvexen, vorgewölbten Formen des Massenzuwachses im unteren Teil, wobei die einzelnen Abschnitte in Teilschollen mit sehr unterschiedlicher Ausprägung zerlegt sein können. In den oberen Hangbereichen überwiegen wellige und stufige Geländeformen, z. T. mit Steilstufen. Im Übergangsbereich liegen oft talbodenartige Verebnungen mit z. T. vermoorten Vernässungen vor, die häufig bevorzugte Siedlungsflächen darstellen (◘ Abb. 15.21). Einige dieser Talzuschübe stellen eine direkte Gefahr für Siedlungen (z. B. Gradenbach/Kärnten) oder Fernstraßen (Reppwand-Gleitung/Kärnten oder Gerlos-Straße/Land Salzburg-Tirol) dar (Burger und Haunschmid 2014). Außer in tiefgründig bewegten Festgesteinen treten solche Großhangbewegungen auch an

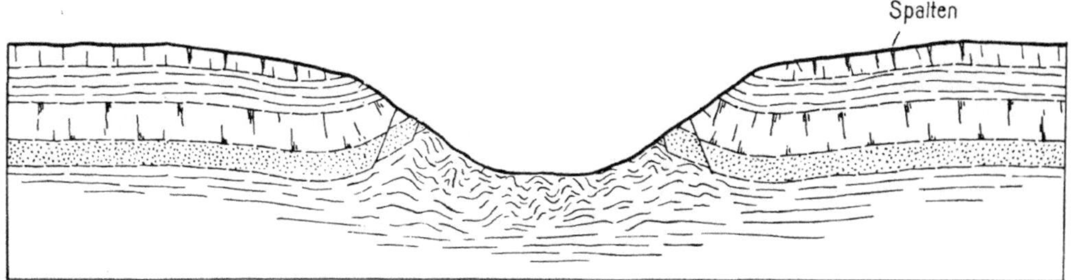

Abb. 15.22 Aufwölbung plastischer Ton(steine) in der Talsohle (aus Zaruba und Mencl 1961)

z. T. relativ flachen Hängen mit mehrere Zehnermeter mächtigen feinkörnigen Lockersedimenten und Moränenbildungen auf (Jaritz und Soranzo 2014).

Derartige **Großhangbewegungen** finden sich nicht nur an alpinen Hängen, sondern sind als mehr oder weniger fossile Bewegungsformen auch in vielen Mittelgebirgshängen verborgen. Die Voraussetzungen für solche großräumigen Massenbewegungen sind starke tektonische Gebirgszerlegung, ungünstig einfallende Schicht- oder Schieferungsflächen mit partiell abgeminderter Scherfestigkeit sowie tief greifende Entspannung durch Talbildung oder auch Auslaugungsvorgänge in den unteren Hangbereichen. Großhangbewegungen zeigen i. d. R. ein sehr komplexes Bewegungsbild mit einer Überlagerung von rotations- und translationsförmigen Bewegungen, die von Kriechbewegungen überlagert werden. Der rezente Bewegungsablauf wird weitgehend von äußeren Faktoren bestimmt, vor allen Dingen den Niederschlagssummen und der Höhe des Grundwasserspiegels.

Hänge von Stauräumen bedürfen einer besonders kritischen Untersuchung und Kontrolle (Müller 1967; Neuhauser und Schober 1970; s. a. ► Abschn. 18.2.8). Bekannt geworden sind solche Talzuschubbewegungen in den 1960er-Jahren am Gepatschspeicher im Kaunertal/Tirol. Beim ersten Aufstau 1964/65 sind hier Gesamthorizontalbewegungen von bis zu 10,8 cm gemessen worden. Danach haben sich die Bewegungen deutlich verlangsamt und betrugen in den Jahren danach etwa 3,5 cm/a. Aus den deutschen Mittelgebirgen sind solche Bewegungen von der Talsperre Schönbrunn in Thüringen bekannt (► Abschn. 18.2.8).

Im Zusammenhang mit dem Tiefkriechen und dem Talzuschub ist auch auf die **Aufwölbung plastischer Schichten in Talsohlen** als Folge der Entspannung im Tal und unter Auflast der angrenzenden Hänge hinzuweisen (Abb. 15.22). Der Grenzdruck, ab dem Tone plastisch ausgequetscht werden können, liegt häufig nur bei 400–600 kN/m^2, was einer Steilböschung von 20–30 m Höhe entspricht. Hinzu kommen Schubverformungen durch den Horizontalspannungsanteil, besonders bei niedriger Schichtflächenreibung. Plastische Verformungen von Tonsteinen in der Talsohle und die hangwärtigen leichten Verkippungen sind bei günstigen Aufschlussverhältnissen nicht selten nachweisbar (Zaruba und Mencl 1961: 271; Reik 1985: 104). Auch beim Bau des Main-Donau-Kanals sind in den 1990er-Jahren mitten im Ottmaringer Tal Aufwölbungen des Opalinustons angetroffen worden (Abb. 15.40). Zu beachten sind die abgeminderten Festigkeiten derart verformter, meist toniger Gesteine.

15.3.7 Komplexe Rutschungstypen

Viele Rutschungen weisen nicht nur einen Bewegungstyp auf, sondern bestehen aus mehreren der beschriebenen Rutschungstypen (Fallen, Kippen, Gleiten, Driften, Fließen). Diese Rutschungen werden nach der internationalen Nomenklatur als komplexe Rutschungen bezeichnet.

15.4 Berechnungsansätze und Diskussion der Scherparameter

Die Berechnung von Rutschungen setzt die Kenntnis des Bruchmechanismus und des mechanischen Verhaltens der bewegten Masse unter dem Einfluss der abschiebenden und rückhaltenden Kräfte voraus. Für eine umfassende Berechnung sind folgende Vorarbeiten erforderlich:

- Erstellen eines Höhenmodells mit Längsschnitt,
- geologisches Untergrundmodell und Festlegung der Eingangsparameter,
- Geometrie der Rutschung und des Bewegungsmechanismus,
- Auswahl des Berechnungsmodells,
- Parameterstudien und Variation des Einflusses des Grundwassers (Auslöseschwellenwert),
- Vergleich verschiedener Modelle und deren Resultate,
- Vergleich der Berechnungsergebnisse mit der Geländebeobachtung (Verschiebungsvektoren).

Grundvoraussetzung für die üblichen Berechnungsverfahren ist die Annahme einer Gleitfläche und des Bruchzustands. Die Rechenansätze werden ferner als ebenes Problem behandelt, d. h., es wird Geländeschnitt senkrecht zu den Höhenlinien und in der Ebene der Bewegung betrachtet. Diese Vereinfachung ist bei den geometrisch ebenen Böschungsrutschungen gut hinnehmbar, bei größeren Geländebrüchen oder Hangrutschungen stellt sie dagegen eine stark vereinfachende Annahme der Umgebungsbedingungen dar. Räumliche Standsicherheitsberechnungen stecken noch in den Anfängen, genauso wie sog. mechanisch-hydrologische Modelle, bei denen die versickernde Niederschlagsmenge einbezogen wird, die nötig ist, um den Sicherheitsfaktor zu unterschreiten.

Die Ausbildung bzw. der Verlauf der Gleitfläche müssen mithilfe der beschriebenen Untersuchungsmethoden sowie nötigenfalls mit Näherungsberechnungen ermittelt werden. Dabei kommt dem wirklichkeitsnahen Erfassen des **geologischen und mechanisch-kinematischen Modells** einer Rutschung größere Bedeutung zu als der Genauigkeit geotechnischer Berechnungen. Auf keinen Fall können fehlende ingenieurgeologische Informationen durch komplizierte und scheinbar genaue mathematische Methoden ersetzt werden. Treffen die ingenieurgeologischen Faktoren einer Rutschung zu, liefern oft auch einfache Berechnungsmethoden brauchbare Ergebnisse. Andererseits entziehen sich die in ► Abschn. 15.1 angeführten auslösenden Faktoren oft jeder Berechenbarkeit, sodass die Berechnungsmethoden für Rutschungen immer Näherungsverfahren bleiben. Hinzu kommt, dass Rutschungsvorgänge der nichtlinearen Dynamik zuzuordnen sind, bei der die Wirkungen nicht geradlinig von den Ursachen abhängen, sondern sie können sogar rückwirkend diese selbst wieder beeinflussen.

Nach Lage und Form der Gleitflächen können drei **Grundfälle** unterschieden werden, die sich mit den üblichen Berechnungsmethoden erfassen lassen:

- gerade oder ebene Gleitfläche,
- gekrümmte Gleitfläche (kreisförmig oder polygonal),
- gebrochene Gleitfläche (aus geraden oder gekrümmten Teilabschnitten), auch Starrkörper bzw. Blockgleitungen.

Bei vielen, auch flacheren Rutschungen können die wahrscheinlichen Gleitflächen noch durch Kreisausschnitte einigermaßen erfasst und rechnerisch behandelt werden. In vielen anderen Fällen lassen sich die Abriss- und Gleitflächen auch durch gebrochene, aus kreisförmigen und geraden Teilabschnitten zusammengesetzte Gleitflächen ersetzen. Mit dem Verfahren nach Janbu (1955) kann man praktisch jede beliebige Gleitflächenform berechnen (► Abschn. 5.6.3). Goldscheider und Gudehus (1974) und Biczók (1997) arbeiten mit Bruchmechanismen aus gegeneinander beweglichen starren Bruchkörpern zusammengesetzten Gleitflächen. Damit können Teilschollenbewegungen innerhalb einer Rutschung erfasst werden.

Bewegungen des Fließens und Kriechens ohne definierte Gleitflächen sowie Entlastungsbrüche nach ▶ Abschn. 15.2.6 und progressive Brüche lassen sich mit den konventionellen Rechenverfahren nicht erfassen, wohl aber z. T. mit numerischen Rechenmethoden (FE-Methode).

Bei kompliziertem Untergrundaufbau oder stärker angewittertem klüftigem Fels werden Standsicherheitsberechnungen oft weniger durch die Wahl des Berechnungsverfahrens beeinflusst als vielmehr durch die Annahmen über die Boden- und Felskennwerte und über eine mögliche Sickerwasserströmung. Der Einfluss dieser Parameter kann durch eine **Sensibilitätsanalyse** eingegrenzt werden, bei der alle für die Standsicherheit maßgebenden Faktoren entsprechend variiert werden:

- Scherfestigkeitsparameter, nötigenfalls von einzelnen Abschnitten,
- Ansatz dränierter bzw. undränierter Scherfestigkeiten,
- Einfluss von Hang- oder Sickerwasserströmung auf die Rutschmassen,
- verschiedene Modelle des Versagensmechanismus,
- verschiedene Sicherungs- und Stabilisierungsmaßnahmen.

Der **Berechnungsgang** (▶ Abschn. 5.7) besteht i. d. R. aus mehreren Schritten: Bei einer bereits eingetretenen Rutschung wird die Berechnung zunächst mit der angenommenen Gleitfläche und den ermittelten Kennwerten sowie den übrigen stabilitätsbestimmenden Parametern durchgeführt. Liegen dabei die Sicherheiten >1 und sind alle rutschungsfördernden Gegebenheiten berücksichtigt, so sind einzelne Parameter zu günstig angenommen worden und müssen modifiziert werden. Dies gilt auch für die Lage und Form der Gleitfläche, falls sie nicht geologisch vorgegeben bzw. bekannt ist.

Bei einer Sicherheit von γ_φ, $\gamma_c = 1$ (◘ Tab. 5.3) ist die Rutschung für den jeweiligen Versagensmechanismus (Rechenmodell) rechnerisch erfasst und im Grenzgleichgewicht. Im nächsten Schritt werden die Auswirkungen der beabsichtigten Sanierungsmaßnahmen rechnerisch abgeschätzt. Vielfach reicht eine **Erhöhung der Sicherheit** auf 1,2 aus, um Hangbewegungen weitgehend zum Stillstand zu bringen (Gödecke et al. 2003) bzw. die Bewegungen auf ein unschädliches Maß zu bremsen. Ein solcher verhältnismäßig niedriger Sicherheitsfaktor erscheint vertretbar, wenn mögliche Nachbewegungen hingenommen werden können, Kontrollmessungen durchgeführt werden und eine spätere Verstärkung der Sicherheitsmaßnahmen möglich ist (s. a. Oehler 2012). Bei Rutschungen, bei denen das Wasser eine entscheidende Rolle spielt, sollten nach Möglichkeit entsprechend höhere Sicherheiten angestrebt werden.

Bei der rechnerischen **Abschätzung der Stabilität eines (noch nicht gerutschten) Hanges** bzw. einer (noch nicht abgerutschten) Böschung muss durch Variation der Gleitfläche und der maßgebenden Parameter die ungünstigste Gleitfläche bzw. der ungünstigste Bruchkörper gesucht werden. Bei natürlichen Hängen liegt die rechnerische Sicherheit häufig nur wenig über 1, sodass im Bebauungsfall die nach DIN 4084 bzw. DIN 1054 erforderlichen Sicherheiten (◘ Tab. 5.3) ohne zusätzliche Maßnahmen nicht zu erreichen sind. In solchen Fällen können die Gesamtstandsicherheit des Hanges sowie die Tiefenlage der Gleitfläche und die möglichen bzw. wahrscheinlichen Rutschkörper nach ingenieurgeologischen Gesichtspunkten abgeschätzt und die verschiedenen Bruchkörper nötigenfalls mit unterschiedlichen Sicherheiten beaufschlagt werden. **Wahrscheinlichen Bruchkörpern** muss mit Sicherheiten von 1,25 begegnet werden, während mögliche, aber nach der ingenieurgeologischen Erfahrung **wenig wahrscheinliche Bruchkörper** ggf. nur mit einer rechnerischen Sicherheit von 1,15 oder 1,2 berücksichtigt werden müssen (s. Winkler und Vogt 2005 und ▶ Abschn. 5.7.1). Die Kontrolle des Verformungsverhaltens erfolgt über die Beobachtungsmethode, d. h. einen Vergleich der nach den Berechnungen zu erwartenden und den mehr oder weniger unvermeidlichen gemessenen Hangverschiebungen. Vorsicht ist in allen Fällen geboten, wo infolge geringer Anfangsbewegungen mit einem Abfall der Scherfestigkeit oder mit der Entwicklung eines progressiven

Bruchvorgangs zu rechnen ist. Die Entwicklung einer solchen langzeitigen Abminderung der Scherfestigkeit kann mehrere Jahre dauern (4–12 Jahre). Sie ist meistens von einer Zunahme von Kriechbewegungen begleitet.

Die **Wirkung des Wassers** kann in den Berechnungsansätzen außer der Auflaständerung infolge Auftriebswirkung auch als hydrostatischer Kluftwasserdruck, als Porenwasserdruck oder als Strömungsdruck bzw. durch einen von Strömungsdruck beeinflussten abgeminderten Reibungswinkel berücksichtigt werden (▶ Abschn. 5.7.7 und 15.1.3). Besonders schwierig zu beherrschen sind diesbezüglich großflächige, flachgründige Massenverlagerungen, deren Bewegungsmechanismus sehr stark vom Niederschlagsgeschehen abhängig ist. Bei tiefen Rutschungen genügt oft eine dauerhafte Grundwasserabsenkung, um einen standsicheren Zustand zu erreichen (Häfner und Kriechbaum 1997).

Ein besonderes Problem ist oft die Festlegung der **Scherparameter**. Für einfache Entlastungsfälle und für die Endfestigkeit von Belastungsfällen werden die effektiven oder wirksamen Scherparameter φ' und c' aus dem CID- oder CAD-Versuch verwendet. Hierbei ist zu beachten, dass bei langsam ablaufenden Bewegungen bereits rheologische Effekte auftreten können, durch welche die Scherparameter um 10–15 % unter die sonst üblichen Werte absinken können. Bei flachgründigen Rutschungen ist dagegen, besonders in Waldgebieten, die sog. Wurzelkohäsion zu berücksichtigen. Für den Lastfall „extreme Niederschläge" wird wegen des dabei auftretenden möglichen Porenwasserdrucks, wie bei einem schnellen Belastungsfall, als unterer Grenzwert häufig die unentwässerte Scherfestigkeit c_u angesetzt.

Bei Tonen oder tonigen Gleitflächen kann die Scherfestigkeit mit zunehmender Verschiebung und Ausbildung einer Gleitfläche auf die sog. Restscherfestigkeit φ_R abfallen (▶ Abschn. 2.8.6). Diese beträgt i. d. R. ⅓ -⅔ φ', wobei c_R meist 0 ist. Die Restscherfestigkeit wird auch auf allen vorgegebenen Gleitflächen mit tonigen Belägen angesetzt, besonders bei Tonen mit quellfähigen Tonmineralen. Außer der Tonmineralogie sind dabei auch rasterelektronenoptische Untersuchungen der Gleitflächenbeläge auf Einregelung und Auswalzung der Tonminerale von Bedeutung (Brosch und Riedmüller 1988).

Kriechen als langzeitige Erscheinung oder als die einem Bruch vorausgehende Anfangsbewegung ist nicht nur messtechnisch schwer zu erfassen, sondern auch rechnerisch nur über Grenzwertbetrachtungen einzugrenzen, da i. d. R. weder die Tiefenlage und Form der gerade aktiven Gleitzone(n) noch die festigkeitsmechanischen Kennziffern bekannt sind (▶ Abschn. 15.3.5 und Fellin 2011). Engl (2011) und Goldscheider (2014) bringen jeweils eine analytische Stabilitätsanalyse eines Kriechhanges mit einer basalen Scherzone unter Einsatz von viskosen Materialgesetzen (▶ Abschn. 5.2.1). Kriechbewegungen können infolge langsam zunehmender Schubspannung bereits bei einem Spannungszustand unterhalb der Bruchscherfestigkeit einsetzen bzw. sich fortsetzen. Diese sog. kritische Schubspannung oder Kriechgrenze liegt damit teilweise noch unter der Restscherfestigkeit. Morphologische Studien und der Bewegungsablauf lassen darauf schließen, dass in großen Teilen der Gleitzonen nur noch die Restreibungswinkel wirken (Moser 1993, darin Lit.). Dazu kommt, dass Kriechbewegungen einen weiteren Abbau der Scherfestigkeit bewirken können, was dann unter zunehmender Beschleunigung zu einem progressiven oder plötzlichen Gesamtversagen führen kann. Hindernisse (z. B. Gründungen), die der Kriechbewegung im Wege stehen, werden durch Kriechdruck beansprucht. Sein Größtwert kann ein Mehrfaches des aktiven Erddrucks betragen, erreicht aber selten den passiven Erddruck.

Die Risiken oberflächennahen Kriechens sind im Einzelfall sehr schwer abzuschätzen. An den berüchtigten Mitteljura-Hängen (ehem. Dogger) des Aichelbergaufstiegs der A8 mit buckeligen Oberflächenformen und krummen Bäumen zeigen Inklinometer- und Ankerkraftmessungen, dass die Kriechbewegungen bereichsweise nicht abgeschlossen sind.

Im Zusammenhang mit Kriecherscheinungen kann es in der Natur zu einem allmählichen Abbau der Scherfestigkeit kommen, der als **progressiver Bruch** bezeichnet wird. Durch örtliche Überschreitungen der Scherfestigkeit und dabei auftretende geringe Gleitbewegungen können zunächst eng begrenzte Bewegungszonen entstehen. Infolge der dabei auftretenden Überlastung der Nachbarbereiche dehnen sich diese Schwächezonen aus, und es entstehen immer größere Flächen, in denen die Scherfestigkeit auf die Restscherfestigkeit abfällt. Sobald diese Flächen ein kritisches Ausmaß erreicht haben, kommt es zum Bruch. Die Erscheinung dieses progressiv entstehenden Bruchs ist mehr oder weniger auf Böden mit ausgeprägter Restscherfestigkeit oder auf vorgegebene Flächen, insbesondere tonig belegte Schichtflächen, beschränkt.

In vorbelasteten Tonen unter Grundwassereinfluss hängt der Effekt des zeitverzögerten progressiven Bruchs wesentlich von der **Entwicklung des Porenwasserdrucks** ab. Bei schneller Aushubentlastung fällt der Porenwasserdruck zunächst auf negative Werte ab, was den Ausdehnungsvorgang behindert und die Böschung standfest hält (Biczók 1997). Erst bei allmählichem Ausgleich des Porenwasserdrucks setzen die Entlastungshebung und ggf. der Quellvorgang ein. Die Scherfestigkeit, insbesondere die Kohäsion, nimmt ab, und auf vorgegebenen Flächen kann sich die Restscherfestigkeit einstellen. Erste Anzeichen solcher progressiven Brucherscheinungen sind häufig die Öffnung von Zugrissen in oder oberhalb der Böschung und Ausbauchung der Böschungsfläche.

Bei **Festgesteinen** ist gem. ► Abschn. 2.8.6 immer zwischen der Gebirgsscherfestigkeit und der Scherfestigkeit auf Trennflächen zu unterscheiden. Von der Letzteren ist die Scherfestigkeit auf Schichtflächen noch einigermaßen abzuschätzen bzw. aus Großversuchen oder der Rückrechnung von Felsgleitungen bekannt. Je nach Ausbildung der Flächen bzw. vorhandenen Belägen (Glimmer, schuppige Mylonite, dünne schmierige Tonlagen) sind Abminderungen zu treffen, wobei jeweils auch die Flächengröße, für die diese Abminderungen gelten sollen, abzuschätzen ist. Die Scherfestigkeit von Kluftflächen ist sehr stark vom Einspannungszustand, der Flächenausbildung, der Kluftweite bzw. der Kluftfüllung abhängig und wesentlich schwieriger anzugeben. Engl et al. (2008) bringen eine Zusammenstellung der **Scherfestigkeit** (Laborwerte) von Scherzonen tiefgründiger Felsgleitungen (◘ Abb. 15.23; weitere Angaben ► Abschn. 2.8.6).

Steinschlag- und Felssturzereignisse sind immer schwer vorhersagbar (► Abschn. 15.5.6).

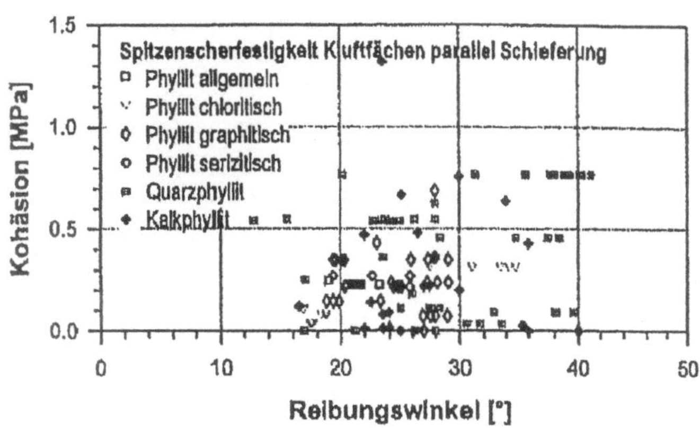

◘ **Abb. 15.23** Scherfestigkeitsparameter von Scherzonenmaterial verschiedener Gesteine (aus Engl et al. 2008)

In den letzten Jahren werden zunehmend numerische Modellierungen zu Beurteilung der Felssturz- und Steinschlaggefahr eingesetzt. Bei diesen meist noch 2D-Simulationsprogrammen geht es nicht um die Bewertung des Zustands und den Versagensmechanismus in der Wand, die nach wie vor mittels der bekannten Kriterien abgeschätzt werden müssen, sondern um die Sturzmodellierung im Bereich der Sturzbahnen und im Ablagerungsgebiet. Ziele der numerischen Berechnungen sind das Abschätzen der Sturzenergie und der Reichweite der Sturzmassen, eine Risikoanalyse und die Machbarkeit, Platzierung und Dimensionierung passiver Steinschlagschutzmaßnahmen. Voraussetzungen für brauchbare Simulationsresultate sind eine gründliche Geländeaufnahme und Kenntnis über die Sturzereignisse (Programme s. Zwack 2013).

Als Eingangsparameter sind für das Abbruchgebiet die Größe und Form der Blöcke und Steine anzugeben (Bemessungsblockgröße) Für die Sturzbahnen sind anhand digitaler Geländemodelle abschnittsbezogene Angaben über das Relief, die Bodenbeschaffenheit (Felsuntergrund, Geröll, Hangschutt, Lehmdecke) und die Oberflächenrauigkeit (Hindernisse) zu machen. Bodentyp und Rauigkeit haben großen Einfluss auf die Dämpfung und die Reichweite der abstürzenden Felsmassen und ihre Zerlegung (Blockgrößenverteilung). Über Erfahrungen mit verschiedenen Programmen berichten Bollinger et al. (2012) und Sausgruber et al. (2012).

15

Für die Gefährdungsabschätzung von **Muren** beschreiben Meyer und Boley (2010) eine statistische Methode auf der Grundlage historischer Hangmurenereignisse sowie verschiedener Einflussfaktoren wie Relief, Zusammensetzung des Hangschuttmaterials (Kennwerte, potenzielle Gleitfläche), Oberflächenabfluss und Erosionspotenzial. Die Dimensionierung der Schutzbarrieren erfolgt anhand der Geländeform (Hangneigung, Muldenstrukturen), der zu erwartenden Murgangmassen und des Entwässerungsverhaltens des Murgangsmaterials (► Abschn. 15.5 und Wendeler et al. 2012).

15.5 Vorbeugende Maßnahmen und Sanierung von Rutschungen

Für die Festlegung von vorbeugenden Maßnahmen oder Sanierungsmaßnahmen ist es unerlässlich, die ursächlichen Faktoren für die Rutschgefahr oder für eine aufgetretene Rutschung zu kennen. Die vorzuschlagenden Maßnahmen müssen dann die einzelnen Faktoren so weit wie möglich ausschalten, das Gleichgewicht wiederherstellen oder die Rutschmassen stabilisieren. Solche vorkehrenden Arbeiten oder Sanierungsmaßnahmen sind i. d. R. kostenaufwendig, sodass diesem Aufwand immer die Notwendigkeit und auch der zu erwartende Erfolg der Maßnahme gegenübergestellt werden müssen. In vielen Fällen ist eine **Planungsänderung** wirtschaftlicher als eine Sanierung, vor allen Dingen, wenn die Gefahrensituation rechtzeitig erkannt und die Umplanung frühzeitig vorgenommen wird.

Bei Bauvorhaben an rutschgefährdeten Hängen ist nach dem **„Prinzip der kleinsten Massenbewegungen"** vorzugehen, d. h., die Eingriffe in das Gelände müssen minimiert werden, und es dürfen jeweils nur so wenig Massen ab- bzw. aufgetragen werden wie möglich. ◻ Abb. 15.24 zeigt ein Beispiel für eine rechtzeitige Umplanung der Trassenführung eines Autobahnprojekts auf der Grundlage von Rutschungskartierung, Aufschlussbohrungen und Standsicherheitsberechnungen.

Das Prinzip des kleinsten Massenabtrags gilt auch bei **Steinschlag- und Felssturzgefahr.** Hierbei handelt es sich häufig nur um einige Kubikmeter Gestein, die an übersteilten Böschungen abzustürzen drohen. Das Problem besteht i. d. R. darin, die absturzgefährdeten Partien zu erreichen und zu beräumen bzw. abzutragen, ohne weiteren Schaden anzurichten. Oft ist es kostengünstiger, den Großteil der absturzgefährdeten Massen in der Wand zu sichern. Um diese Arbeiten ausführen zu können, muss nötigenfalls bergsteigerisch am Seil gearbeitet werden, oder es sind hohe Hubbühnen, gelegentlich auch Einrüstungen erforderlich (► Abschn. 13.3.1, Spang und Kardel 2002 sowie

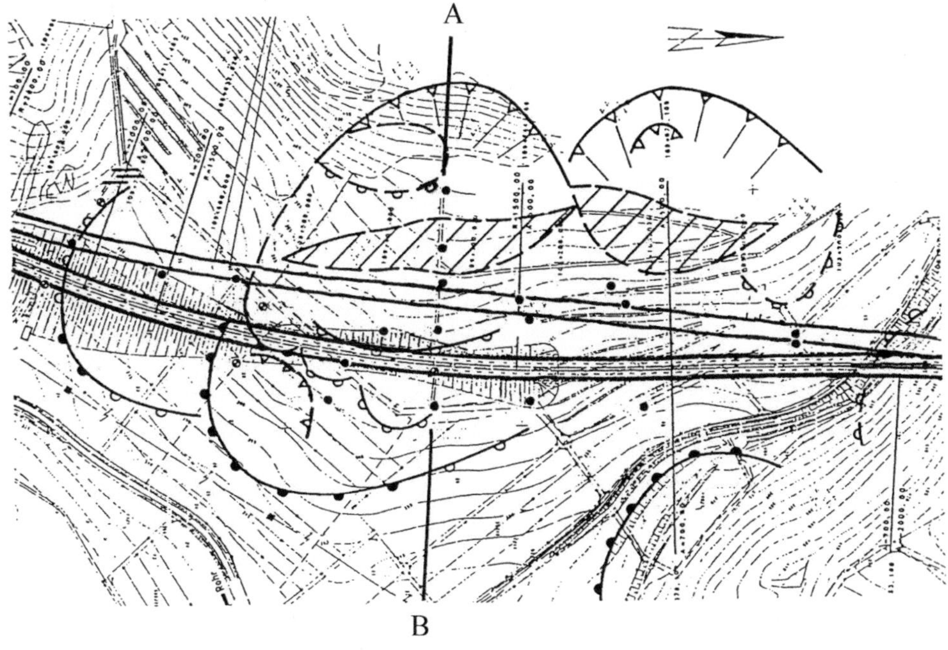

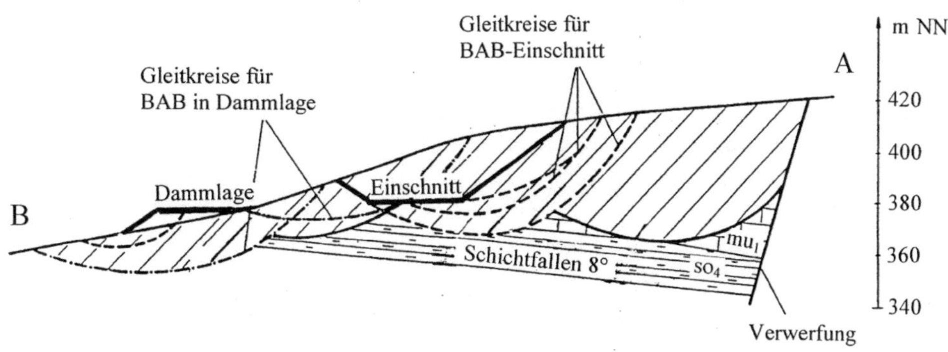

Abb. 15.24 Rutschungskartierung für ein Autobahnprojekt im Bereich der Röt-Muschelkalk-Grenze (so4/mu1). Die Trasse musste wegen unzureichender Sicherheiten für den tiefen Einschnitt in mittlerer Hanglage talwärts verlegt werden (s. d. Meyer und Prinz 1997 und ► Abschn. 15.6.2)

Keusen 2002). Instabile Felspartien, die abzustürzen drohen, müssen nötigenfalls gezielt zum Absturz gebracht werden. Ein solcher Abtrag ist sorgfältig vorzubereiten, wobei nach Bedarf Auffangwände für die Absturzmassen vorgesehen werden müssen (Brasser und Gruner 2002; Müllegger et al. 2011).

Gegen kleinere Bergstürze oder Murenabgänge und ihre Folgen können als aktive Schutzbauwerke Auffang- oder Ablenkungsdämme, z. T. in Form von Winkelstützmauern oder sonstige Schutzbarrieren errichtet werden (Hofmann et al. 2002).

15.5.1 Verbesserung bzw. Wiederherstellen des Böschungsgleichgewichts

Zur Verbesserung bzw. Wiederherstellung des Böschungs- oder Hanggleichgewichts steht eine ganze Reihe von Maßnahmen zur Verfügung,

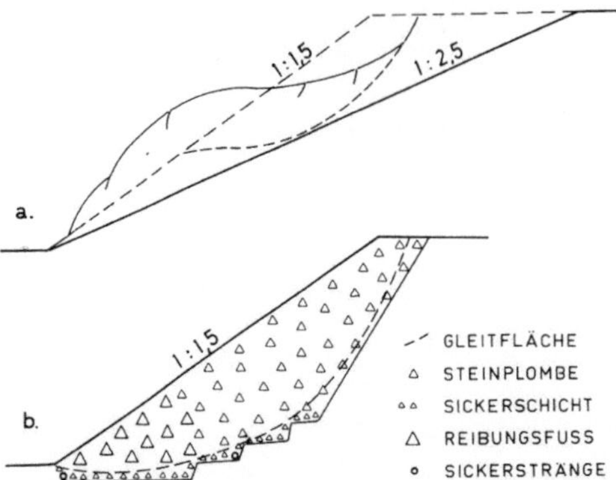

Abb. 15.25 Maßnahmen zur Wiederherstellung des Gleichgewichts einer Böschung: **(a)** Böschungsabflachung, **(b)** Wiederherstellung der Böschungsfläche nach Einbau einer Steinplombe bzw. eines Reibungsfußes

die einzeln oder in Kombination eingesetzt werden können (s. Schumacher und Lippomann 2005).

Flache Böschungsrutschungen können mit etwa 1 m dicken Steinschüttungen, sog. **Steinmatratzen**, saniert werden. Tiefer reichende kleinere Rutschmassen werden vielfach bis auf die Gleitfläche abgetragen und entweder unter Böschungsabflachung (Abb. 15.25a) oder ganzer bzw. teilweiser Wiederherstellung der Böschungsfläche mit standfestem Material als sog. **Steinplomben** wieder aufgebaut (Abb. 15.25b). Der Abtrag der Rutschmassen bis unter die Gleitfläche soll zur besseren Verzahnung möglichst treppenartig erfolgen. Die Sohlschichten sind nötigenfalls durch Sickerschichten und Sickerstränge zu entwässern. Die Verbesserung des Gleichgewichts kann durch Einbau eines Reibungsfußes aus hoch scherfestem gebrochenem Gesteinsmaterial oder durch Aufbau eines Gegengewichts bzw. Ausziehen des Böschungsfußes verstärkt werden.

Ein solcher Massenabtrag und **Bodenaustausch** kann bei unverträglichem Risiko und eindeutiger Gefahrensituation auch schon vorab bei der Böschungsherstellung erfolgen. Bei Mehrfachrutschungen oder fortschreitenden Rutschungen genügt vielfach auch eine Teilauskofferung, ggf. im Schutz oder mit Unterstützung eines massiven Verbaus und dem Aufbau eines ausreichenden Reibungsfußes (Abb. 15.26).
Auch bei Felsrutschungen kommt je nach Situation ein **Massenabtrag** sowohl der Rutschmassen als auch verbleibender abbruchgefährdeter Felspartien und Neugestaltung der Böschungsfläche (Abb. 15.27), ggf. mit lokaler Vernagelung oder Netzbespannung, in Betracht (Abb. 13.6).

Bei Gefahr von Entlastungsbrüchen können eine flächig verteilte **Ankerung** (Abb. 13.10 und Trischler und Dürrwang 1989; Jahnel und Köster 1993) oder auch ein Belastungsfilter in Form von 2–3 m Kiessand oder Schotterabdeckung dieser entgegenwirken und eine

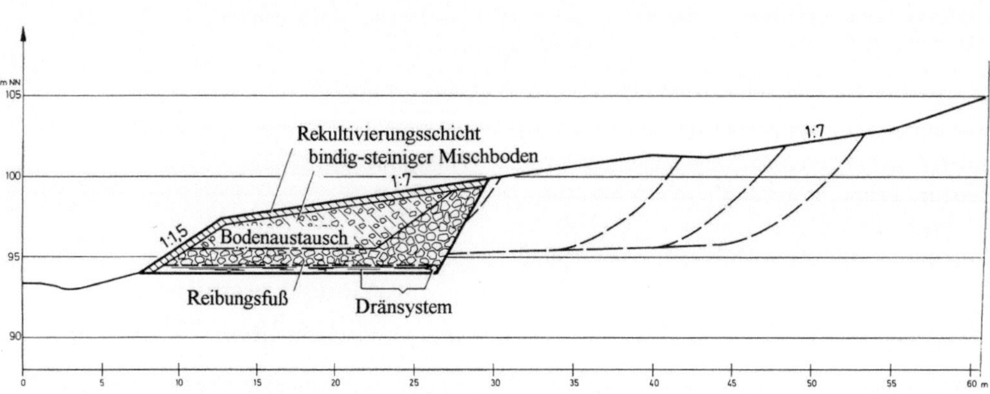

Abb. 15.26 Stabilisierung einer Mehrfachrutschung durch Teilauskofferung und Aufbau eines Reibungsfußes (Zeichnung: Krauter)

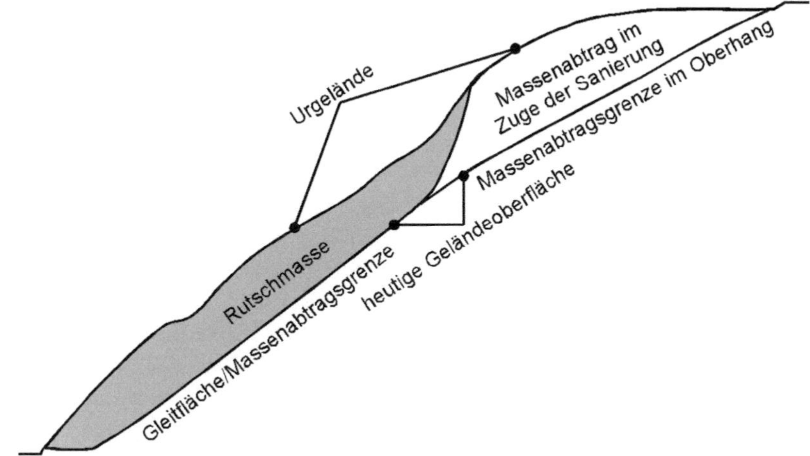

Abb. 15.27 Sanierung eines Rutschhanges durch Massenabtrag und Neugestaltung der Böschungsfläche (verändert nach Jahnel und Schroeder 1996)

Abminderung der Scherfestigkeit verhindern. Bei flachliegenden Gleitflächen kann auch eine Bodenvernagelung zweckmäßig sein.

Beim Hydro-Zementations-Verfahren werden in Abständen von 5–10 m bis zu 2 m breite **Erdbetonstützscheiben** hergestellt, indem mittels geländegängiger Schreitbagger oder spezieller Kletterbagger der anstehende Boden streifenweise in 4–6 m tiefen Schlitzen aufgearbeitet und mit Additiva auf Zement- und Silikatbasis verfestigt wird. Die so erstellten Zement-Boden-Stützkörper können mit Entwässerungsmaßnahmen kombiniert werden (Krauter und Knoche 1992). Feuerbach (1996) gibt als Festigkeitswerte der HZV-Erdbetonkörper eine einaxiale Druckfestigkeit von q_u = 5–10 MN/m² φ = 40–50°, c' = bis 500 kN/m² an. Die Tiefe der Stützscheiben richtet sich nach den maßgebenden Gleitflächen. Der Abstand der Scheiben wird so festgelegt, dass sich dazwischen keine Teilrutschungen entwickeln können.

Eine ähnliche Entwicklung ist das sog. **Fräs-Misch-Injektionsverfahren**, bei dem 0,5–1,0 m breite und 4–6 m (max. 9 m) tiefe Stützkörper mittels eines Fräsarmes auf Raupenfahrwerk hergestellt werden (Feuerbach 1996, ► Abschn. 14.3.2).

Eine sehr wirkungsvolle Maßnahme gegen großflächige Rutschungen ist auch eine **Vorschüttung als Gegengewicht**, die, wenn ausreichend Platz besteht und entsprechende Massen rasch verfügbar sind, auch als Sofortmaßnahme zweckmäßig sein kann, um die Bewegungen rasch zum Stillstand zu bringen (s. Heitfeld et al. 2005).

15.5.2 Oberflächendränung

Oberflächenwasser muss durch offene Gräben, meist Hanggräben, von der Rutschung abgehalten und abgeführt werden. Nötigenfalls sind diese mit dichter Sohle (Betonhalbschalen) zu versehen.

Um das Einsickern von Oberflächenwasser zu verhindern, sind freigelegte Flächen nötigenfalls mit bindigem Boden, vorübergehend auch mit Folien abzudecken. Risse im Boden sind mit bindigem Material oder Zementsuspension zu verschließen. Durch rasche Begrünung mit wasserverbrauchendem Bewuchs können die Versickerungsrate und auch das Auftreten von Trockenrissen abgeschwächt werden. Die Versickerungsrate kann auch durch ein System von flachen Sickersträngen oder Sickerschlitzen in Abständen von 6–8 m abgemindert werden (► Abschn. 13.3.3). Abflusslose Senken sind gesondert zu entwässern.

Aufgeweichte tonige Rutschmassen können im Bedarfsfall durch elektroosmotische Entwässerung stabilisiert und befahrbar gemacht werden (▶ Abschn. 11.5). Eine Dauerwirkung ist damit allein allerdings nicht zu erzielen, es sei denn, es wird auch eine elektrochemische Verfestigung vorgenommen.

15.5.3 Tiefdränung

Tiefere wasserführende Schichten oberhalb von und in Rutschungen können durch 3–5 m tiefe Sickerschlitze bzw. **Hangsickerstränge** mit einem Sickerrohr an der Sohle und einem Misch- oder Stufenfilter entwässert werden. Diese sollten möglichst im Hanggefälle oder Y-förmig angelegt werden. Sickeranlagen oberhalb von Rutschungen müssen in einem sicheren Abstand zur Böschungskrone verlaufen.

In Böschungen können **Sickerstützscheiben** aus Draht-Schotter-Körben (Gabionen) oder Einkornbeton vorgesehen werden.

Bei Rutschungen, bei denen das Wasser, insbesondere drückendes Grundwasser, mit die Hauptursache für die Instabilität darstellt (◘ Abb. 15.9), haben sich tief reichende Entwässerungsmaßnahmen bewährt. Mit **Horizontaldränung** lässt sich weniger eine direkte Entwässerung, wohl aber eine Abminderung des Strömungsdrucks erreichen (◘ Abb. 15.28). Die Entwässerungsbohrungen müssen zu diesem Zweck bis hinter die wahrscheinlichen Gleit- bzw. Abrissflächen geführt werden. Ihre Anwendung empfiehlt sich besonders an steilen Hängen mit tief greifenden Rutschungen. Meist ist es allerdings sehr schwierig, die wasserführenden Schichten oder Kluftzonen eines Hanges gezielt anzubohren. Wenn im Einzelfall ein Drittel der ausgeführten Horizontalentwässerungsbohrungen Wasser bringen, kann die Maßnahme als Erfolg angesehen werden. Als Dränrohre werden gewöhnlich 2"-Kunststoffrohre mit ummantelter Filterstrecke oder mit Kunstharzfilter verwendet. Für längere Bohrstrecken können HDD-Bohranlagen eingesetzt werden (▶ Abschn. 17.6.5 und Bayer und Powell 2008).

Irngartinger und Steiner (2015) berichten von der Sanierung einer instabilen Hangzone mittels dreier 15 m tiefen Dränschächte Ø 6 m, von denen aus bis zu 50 m lange Horizontalfilterbrunnen gebohrt wurden, die dauerhaft etwa 120 l/min abführen und damit den Wasserdruck im Hang abgebaut haben. Auch Häfner und Kriechbaum (1997) beschreiben die Sicherung einer Rutschung mittels eines Großbrunnens (Schachtbauwerk) im Zentrum der Rutschung, von dem aus fächerartig bis zu 50 m lange Dränbohrungen ausgeführt wurden. Der Wasseranfall betrug hier 0,5–7,2 m³/h.

Entwässerungsstollen werden bei großflächigen, tief reichenden Rutschungen

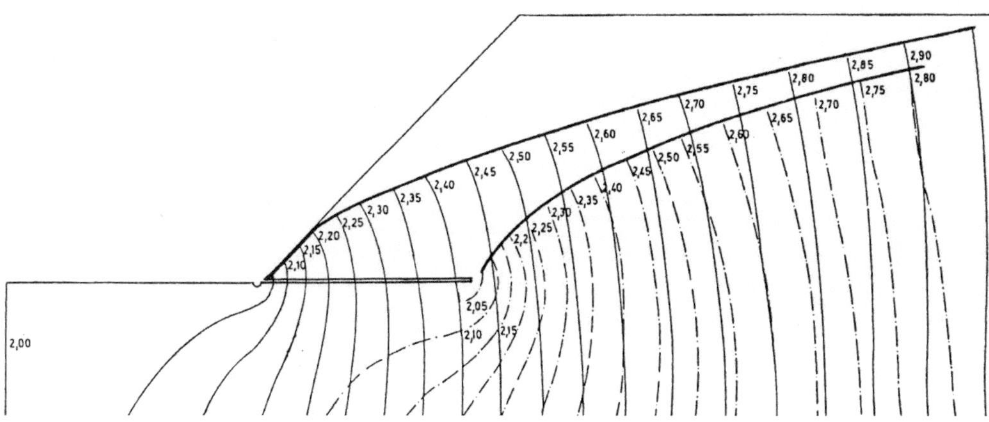

◘ **Abb. 15.28** Umlenkung der Äquipotenziallinien und der Sickerlinie in einer Böschung durch eine Horizontaldränung

gelegentlich und meist mit gutem Erfolg ausgeführt. Sie können mit Vertikal- oder Horizontalbrunnen kombiniert werden.

15.5.4 Stabilisierung von Hangrutschungen

Die bautechnische Sicherung von Hangrutschungen erfolgt bei weniger tief reichenden Gleitflächen häufig mit Stütz- oder Dränagescheiben (z. B. Hydro-Zementations-Verfahren), durch Teilauskofferung und Aufbau eines Reibungsfußes (◘ Abb. 15.23) oder mittels Kleindübeln bzw. Bodenvernagelung. Bei tiefer reichenden Gleitflächen kommt dagegen entweder eine Tiefdränung oder meist eine Verdübelung mit Pfahlsystemen zum Einsatz. Unterschieden werden dabei Kleindübel, Normaldübel und Großdübel (◘ Abb. 15.29).

Als **Kleindübel** wurden früher Niederdruck-Injektionslanzen in raster- oder scheibenförmiger Anordnung (a = 1,5–2,5 m) in Bohrungen (Ø < 100 mm) eingesetzt und injiziert, wodurch ein etwas verfestigter Bodenkörper mit erhöhter Kohäsion entstand (Erhöhung der Kohäsion um 10–50 kN/m^2). Heute werden bevorzugt gerippte Rundstähle (Ø 28–50 mm) in vermörtelte Bohrlöcher (Ø 150–180 mm) eingetrieben oder in Stahlrohrquerschnitte eingestellt, die mit Mörtel verfüllt oder injiziert werden.

Das Tragverhalten von Kleindübeln kann rechnerisch über die Abscherkraft der Konstruktionsmittel (Mörtel/Stahl) abgeschätzt werden (etwa 1,0–1,5 kN je Dübel; s. a. Erichsen und Keddi 1991). Die stabilisierende Wirkung besteht darin, dass die Rutschmassen bzw. die Teilschollen einer Rutschung unter sich und mit dem nicht bewegten Untergrund vernagelt werden. Bei anhaltenden Bewegungen werden solche Kleindübel häufig mitgezogen und versagen. In solchen Fällen werden gelegentlich kleinkalibrige Injektionszugpfähle eingesetzt, die unter einem Winkel von ± 45° bis in Tiefen von über 50 m gebohrt werden können (Gödecke et al. 2003). Kleindübel haben den Vorteil, dass sie mit relativ leichtem, geländegängigem Bohrgerät hergestellt werden können.

Während des Einbaus der Kleindübelfelder kann z. B. mittels Inklinometermessungen die Abnahme der Rutschbewegung verfolgt werden, bis eine Beruhigung zu verzeichnen ist (Gödecke et al. 2003). Im Bedarfsfall kann die Verdübelung verstärkt werden. Die Wirkung der Dübel kann durch Entwässerungsmaßnahmen unterstützt werden.

Injektionsdübel eignen sich vor allem für injizierbare Hangschuttmassen und auch für aufgelockerten Fels, aber auch für steife, tonig-schluffige Tertiärsedimente. Wenn die abschiebenden Kräfte zu groß sind oder Wasser eine maßgebende Rutschungsursache darstellt, sind Kleindübel nicht zu empfehlen, zumindest nicht ohne wirkungsvolle Dränmaßnahmen.

Normaldübel sind Bohrpfähle aus Stahlbeton mit 20–60 cm, häufig 40 cm Durchmesser. Ihnen kann eine rechnerische Schubkraft in der Gleitfläche zugeordnet werden. Als Fußsicherung rutschgefährdeter Hänge hat sich eine biegesteife Verbindung der Pfahlköpfe durch Druckriegel bewährt.

Großdübel mit Durchmessern von >60 cm werden als Großbohrpfähle bzw. großkalibrige Pfeiler oder auch als Schlitzwandelemente bzw. Großbohrpfahlgruppen oder sog. Kreiszellendübel hergestellt und weisen eine hohe Biegesteifigkeit auf, die besonders bei tief reichenden Rutschmassen (>10 m) vorteilhaft ist (Schumacher und Lippomann 2005; El Mossallamy und Dürrwang 2006). Die Dübel verbinden die Rutschmassen mit den stabilen Untergrund, wodurch ein Bruch auf der Gleitfläche unterbunden wird und zusätzliche Kräfte gegen den Hangschub aufgebaut werden (◘ Abb. 15.30). Als erforderliche Sicherheitszahl genügt unter

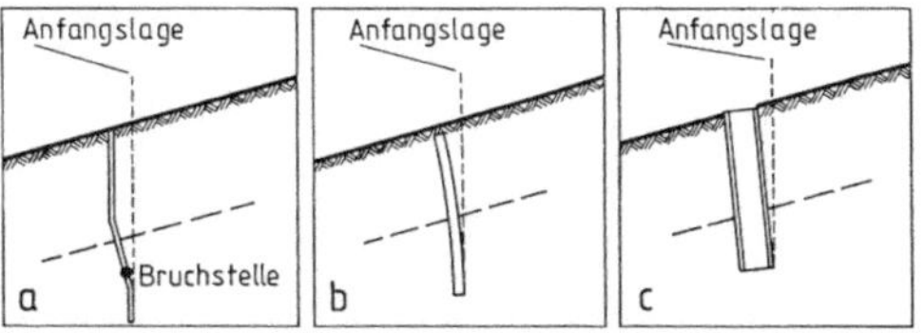

◘ **Abb. 15.29** Durch Anfangsbewegungen beanspruchte Kleindübel (**a**), Normaldübel (**b**) und Großdübel (**c**) (Firmenprospekt)

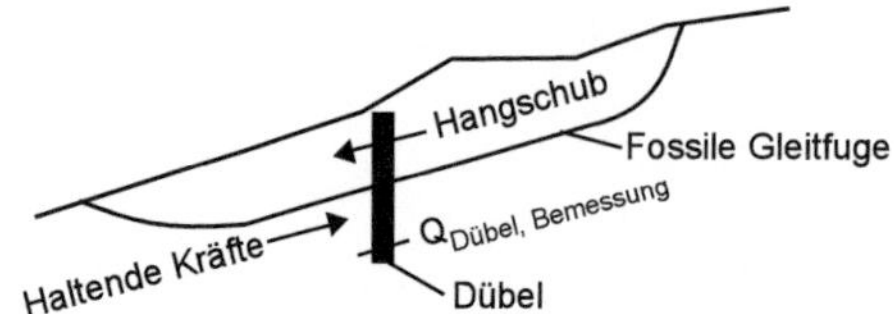

installierte Standsicherheitszahl:

F_1= (Haltende Kräfte + $Q^*_{\text{Dübel, Bemessung}}$) / Hangschub $\geq F_{1,\text{erf}}$

$Q_{\text{Dübel, Bemessung}}$: Bemessungskraft jedes Dübels
$Q^*_{\text{Dübel, Bemessung}}$: Bemessungskraft des Dübels je Meter
$F_{1,\text{ erf}}$: erforderliche installierte Standsicherheitszahl

Abb. 15.30 Wirkungsweise einer Verdübelung (nach El Mossallamy und Dürrwang 2006)

Berücksichtigung der von den Pfählen aufgenommenen Kräfte i. d. R. ein Wert von 1,10–1.15. Vor Jahren wurden verschiedene akute Rutschungen mit Sicherheitswerten wenig über 1,1 saniert (Dürrwang et al. 2011).

Die horizontale Tragkraft der Dübel, besonders von Großdübeln, kann durch Rückverankerung (▶ Abschn. 9.5) in nicht bewegte ankerfähige Schichten verbessert werden. Diese Methode wird insbesondere auch bei der vorbeugenden Sicherung noch nicht gerutschter Hänge angewandt.

Zur Sicherung von absturzgefährdeten Großkluftkörpern oder sich abzeichnenden Felsgleitungen sind rechtzeitig eingebrachte **Daueranker** mit Gebrauchslasten von 2000 kN und mehr eine meist wirkungsvolle Maßnahme (■ Abb. 15.31 und ▶ Abschn. 13.3.1). Erwähnt werden sollen hier auch die Felssicherungsarbeiten am Drachenfels, der 1970/71 mit massiven Stahlbetonholmen und insgesamt 89 Felsankern von 15–42 m Länge gesichert wurde. An schwer zu sichernden Steilwänden können auch Schutzbauten gegen Steinschlag vorgesehen werden.

15.5.5 Gründung von Bauwerken an rutschgefährdeten Hängen

Die einfachste Lösung, Probleme mit der Standfestigkeit von Bauwerken an instabilen Hängen zu vermeiden, ist eine rechtzeitige Verlegung des Bauwerks oder der Trasse (▶ Abschn. 15.5). Wo eine Gründung von Bauwerken an rutschgefährdeten Hängen unvermeidbar ist (s. Becker 1985), muss sie mit den vollen rechnerischen Sicherheiten nach DIN 4084 und DIN 1054 (■ Tab. 5.3) abgedeckt werden. Dies bedeutet, dass die Gründungskörper bzw. die Sicherungselemente i. d. R. bis unter die Gleitfläche hinuntergeführt und nötigenfalls auf Hangschub dimensioniert werden müssen. Die Bruchmechanismen und die Scherfestigkeitsparameter sind dabei möglichst wirklichkeitsgetreu abzuschätzen, um gefährliche oder aufwendige Fehlbeurteilungen zu vermeiden.

Bei der **Standsicherheitsbeurteilung** muss man sich gelegentlich auf örtliche Sicherungen beschränken, die das Bauwerk weitgehend gegen den Hangschub absichern. Bei solchen einschränkenden Sicherheitsbetrachtungen sollte immer eine möglichst mehrjährige messtechnische Kontrolle des betreffenden Hangabschnitts gem. ▶ Abschn. 15.2.5 vorausgegangen sein, die auch während des Baus und Jahre danach fortgesetzt werden muss (Beobachtungsmethode, ▶ Abschn. 5.2.1). Als bauliche Maßnahmen kommen grundsätzlich in Betracht (El Mossallamy und Dürrwang 2006):

- Stabilisierung des Hanges durch eine Hangsicherung wie Verdübelung oder Ankerung, damit keine Schubkräfte auf die Gründung wirken,
- Bemessung des Bauwerks auf den zu erwartenden Hangschub,
- Abschirmung des Gründungskörpers gegen den Hangschub.

Bei den Standsicherheitsberechnungen kann es in solchen Fällen nötig sein, mit unterschiedlichen Sicherheitsbeiwerten zu arbeiten. Laemmlen und Katzenbach (1986) unterscheiden bei auf Hangschub dimensionierten Gründungen an einem Buntsandsteinhang mit talwärts einfallender Schichtung unterschiedlich große wahrscheinliche und mögliche Gleitkörper, die mit unterschiedlichen Sicherheitsbeiwerten abgedeckt wurden. Denzer und Lächler (1988) differenzierten die durch Grenzwertbetrachtungen abgeschätzten Kräfte aus Hangkriechen in

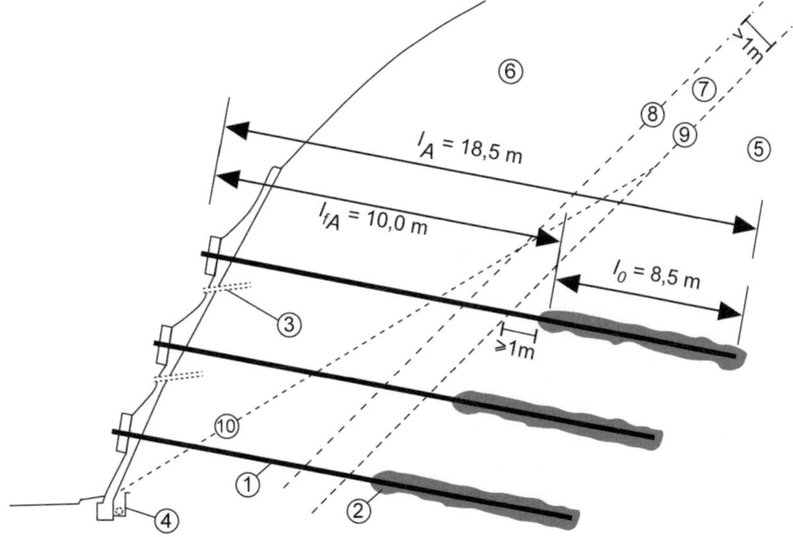

① Anker (Länge l_A = freie Ankerlänge l_{fA} + Haftstrecke l_0)
② Haftstrecke (l_0)
③ Entwässerungsöffnung
④ Sickerschlitz
⑤ nicht aufgelockerter Fels mit geringer Teilkörperbeweglichkeit
⑥ aufgelockerter, z .T. entfestigter Fels mit hoher Teilkörperbeweglichkeit
⑦ zeiteise vom Bergwasser durchströmter, aufgelockerter Fels
⑧ vermutete Grenze der Felsauflockerung
⑨ festgestellte Grenze der Felsauflockerung
⑩ aus dem benachbarten Rutschbereich projizierte Gleitfuge

Abb. 15.31 Sicherung einer an eine Felsrutschung angrenzende Steilböschung mit Dauerankern (nach Jahnel und Schroeder 1996)

wahrscheinliche und mögliche Bemessungssituationen und berücksichtigen sie dementsprechend als regelmäßige Einwirkungen (BS-P) bzw. als außergewöhnliche Einwirkungen (BS-A) (► Abschn. 5.2).

El Mossallamy und Dürrwang (2006) berichten über Ausführungsbeispiele zu den einzelnen oben genannten Sicherungsmaßnahmen wie eine großflächige Verdübelung des Hanges oberhalb sowie eine Bemessung eines Bauwerks auf den zu erwartenden Hangschub. Wo mit echten Kriechverformungen zu rechnen ist, werden auch freistehende Schachtgründungen ausgeführt, deren einzelne Segmente sich z. T. gegeneinander bewegen können (Denzer und Lächler 1988:48), oder auch eine schiffsbugartige Bohrpfahlwand, um die Kräfte vom Bauwerk abzuhalten. Beim Bau der Hochmoselbrücke werden derzeit (2016) zur Stabilisierung des rutschgefährdeten Hanges an der Eifelseite mit Gleitflächen in 22 m Tiefe bei zwei Pfeilern je 3 dübelartige Schächte mit 6 m Durchmesser und 42 m Tiefe hergestellt. Strauß (2009) beschreibt ein Galeriebauwerk, mit dem eine beim Bau reaktivierte Hangbewegung gesichert und das Hanggrundwasser gefahrlos abgeleitet wird. Brunner und Enengl (2011) berichten über die Probleme beim Bau eines Tunnels an einem Kriechhang mit Bewegungen von 8–10 mm/a.

15.5.6 Risikobewertung, Überwachungs- und Warnanlagen

Das tatsächliche Sicherheitsniveau für die Gefahrenbeurteilung von Rutschungen oder rutschverdächtigen Hängen hängt weniger von der Einhaltung der Sicherheitsbeiwerte ab als vom richtigen Erkennen der geologischen und hydrogeologischen Situation sowie des bruchmechanischen Modells (▶ Abschn. 5.7 und Poisel et al. 2007). Welche Berechnungsmethode auch angewendet wird, das Ergebnis enthält immer unsichere und nicht kalkulierbare Elemente. Der Grad der Unsicherheit, der als gerade noch hinnehmbar gelten kann, hängt von den Umgebungsbedingungen ab. Diese sind einerseits die Versagenswahrscheinlichkeit und die möglichen Folgen, insbesondere die Gefährdung von Menschenleben (◘ Tab. 15.2), sowie andererseits die Sanierungsmöglichkeiten und eine Kosten-Nutzen-Betrachtung.

Unter **Gefährdung** versteht man in Anlehnung an EN 1990 ein außergewöhnliches und schwerwiegendes Ereignis, das aufgrund ungewöhnlicher Einwirkungen (auch Umwelteinflüsse) oder ungenügender Festigkeit in Abweichung vom bisherigen oder vom vorgesehenen Zustand eintritt. Für die Gefahrenbeurteilung von Rutschungen sind im Einzelnen von Bedeutung (s. Krauter 1996):

- morphologische und geologische Situation
- Hinweise auf frühere Ereignisse (Ereigniskataster)
- zu erwartendes Niederschlagsgeschehen, insbesondere kritische Auslösungsniederschläge
- Ereignisablauf, Ursachenanalyse
- Größe der bewegten Masse
- Tiefe der Gleitfläche(n)
- Geschwindigkeit sowie die Bewegung beeinflussende Faktoren
- Risikoabschätzung, Folgenanalyse
- Was kann passieren, welche Risiken bestehen?
- Was darf passieren?, Risikoakzeptanz
- Gefährdung von Menschenleben
- Befinden sich Sachwerte auf der Rutschmasse oder unterhalb?
- Aufstau von Vorflutern mit der Gefahr des Entstehens von Flutwellen
- Was ist dagegen zu tun?, wirksame Schutz- oder Sanierungsmaßnahmen, Restrisiko
- Müssen Sofortmaßnahmen getroffen werden?

Das **Risikopotenzial** wird als Produkt aus der Eintritts- bzw. Wiederholungswahrscheinlichkeit und dem Schadensumfang gesehen. Eine Gefährdungsanalyse und Risikobewertung kann in Anlehnung an ▶ Abschn. 17.2.2 erfolgen. Bei der Abschätzung des Schadensumfangs ist insbesondere zu beachten, ob die Rutschmassen in einem Tal den Abfluss blockieren und sich ein größerer Rückstau bilden kann.

Die Eintritts- oder Versagenswahrscheinlichkeit ist in den meisten Fällen sehr schwer abzuschätzen. Brauchbare historische Daten oder Vergleichsfälle stehen selten zur Verfügung. Auch Berechnungsergebnisse bzw. rechnerische Sicherheitsgrade bieten keine zuverlässige Hilfe. Gegebenenfalls kann eine **Sensitivitätsanalyse** vorgenommen werden, bei der die maßgebenden Parameter so weit

◘ **Tab. 15.2** Definition von Schadensfolgenklassen (in Anlehnung an EN 1990:2002)

Schadensfolgenklasse	Mögliche Gefährdungen
1	keine Gefährdung von Menschenleben, geringe wirtschaftliche Folgen
2	Gefährdung von Menschenleben und/oder beachtliche wirtschaftliche Folgen
3	Gefährdung mehrerer Menschenleben und/oder schwerwiegende wirtschaftliche Folgen

variiert werden, dass alle denkbaren Beanspruchungszustände berücksichtigt sind. Aber selbst dann bleiben die Ergebnisse begrenzt aussagekräftig, da sich die oft minimalen auslösenden Faktoren einer Berechenbarkeit entziehen (▶ Abschn. 15.4). Die Versagenswahrscheinlichkeit ist außerdem zeit- bzw. altersabhängig. Wenn eine Rutschung eingetreten ist, liegt i. d. R. eine neue Gleichgewichtssituation vor, und auch die bewegungsauslösenden Mechanismen haben sich verändert.

Sofern Zeit besteht, sollte bei der Gefahrenbeurteilung von Rutschbewegungen häufiger von der Möglichkeit einer **messtechnischen Überwachung** über einen längeren Zeitraum Gebrauch gemacht werden, um zu einer möglichst realistischen Einschätzung der Standsicherheit unter dem Einfluss äußerer Faktoren zu kommen. Mit Warnanlagen kann bei Erreichen von kritischen Bewegungsmaßen Alarm ausgelöst werden.

Eine Darstellung der verschiedenen Monitoringsysteme für Hang- und Böschungsbewegungen bringt Kuntsche (1996). Die Messmethoden zur Überwachung von Bewegungen und die Datenauswertung sind in den letzten Jahrzehnten erheblich weiterentwickelt worden. Die erste Maßnahme zur Überwachung von Böschungs- oder Hangbewegungen ist die **Naturbeobachtung**, d. h. eine häufigere Begehung und visuelle Kontrolle der betreffenden Steilwand oder des Hangbereichs und auch oberhalb davon auf Auffälligkeiten wie Rissbildung und Schiefstellen von Felsblöcken oder Bäumen. Der nächste Schritt sind dann **Bewegungsmessungen**. Zum Einsatz kommen je nach Situation eine Rissüberwachung mittels Felsspionen (Rissmonitore) oder auch Drahtmesssystemen bzw. Neigungsgebern zur Erfassung von Kippbewegungen. Manuell ablesbare Systeme erfordern einen hohen Messaufwand, der meist nicht lange eingehalten wird. Bei Rutschungen werden häufig auch Bohrlochmessungen eingesetzt (Inklinometer bzw. TDR-System, ▶ Abschn. 4.8.4). An Steilwänden kommen auch Horizontal-Stangenextensometer mit elektrischen Weggebern oder Daueranker mit Ankerkraftmessgebern und automatischer Messdatenerfassung in Betracht. Solche Systeme sollten von spezialisierten Büros installiert werden (Plinninger et al. 2012b).

Mithilfe des satellitengestützten hochgenauen **GOCA-Systems** (GPS-based Control and Alarm System) können bei klarem Wetter die Verschiebungen von fast beliebig vielen Festpunkten im Gelände auf eine Genauigkeit von 1 m in der Lage und <1 mm in der Höhe ermittelt werden (▶ Abschn. 15.5.2 und Lauterbach et al. 2002). Bei Erreichen von festgelegten Grenzwerten der Verschiebung kann automatisch Alarm ausgelöst werden. Thuro et al. (2011) stellen ein kombiniertes Monitoring- und Frühwarnsystem mit Fernabfrage vor, das auf drei kontinuierlich arbeitenden Messsystemen beruht: dem TDR-System, einer Video-Tachymetrie und einem Global Navigation Satellite System (▶ Abschn. 15.2.6). Hinzu kommt heute ggf. Radarinterferometrie. Der Schwachpunkt von kontinuierlich arbeitenden Systemen sind winterliche Verhältnisse mit hohem Schnee und starkem Frost.

Zur Kontrolle großflächiger Hangbewegungen kann als Fernerkundungsmethode auch **SAR-Interferometrie** gem. ▶ Abschn. 15.2.6 eingesetzt werden.

Sofern die **Grundwasserstände** eine Rolle spielen, sind auch diese regelmäßig zu messen und mit dem Niederschlagsgeschehen und den Bewegungsmessungen zu korrelieren.

Seltener werden **akustische** oder z. T. auch **seismische Methoden** angewendet, deren Signale vor Felsabbrüchen o. Ä. meist einen deutlichen Anstieg in der Häufigkeit und z. T. auch in der Intensität zeigen und so unmittelbar bevorstehende Bruchereignisse ankündigen. Nachteilig beim akustischen Monitoring ist, dass die Messgeräte sehr empfindlich sind und auch andere Geräusche erfassen (Müllegger et al. 2011).

Der **zeitliche Abstand der Messungen** muss der jeweiligen Situation angepasst und nötigenfalls variiert werden. Selbstschreibende Messeinrichtungen bzw. solche mit automatischer Datenerfassung und Fernübertragung ermöglichen eine quasi kontinuierliche Überwachung der Bewegungen. Die Tendenz geht zu kombinierten, kontinuierlich arbeitenden

Frühwarnsystemen mit Überwachung von Oberflächenbewegungen und gleichzeitiger Erfassung von Bewegungen im Untergrund, ggf. mit Kontrolle der Niederschläge bzw. Grundwasserstände (s. Thuro et al. 2009; Müllegger et al. 2011).

Derartige Messeinrichtungen bedürfen i. d. R. einer gewissen Vorlaufzeit, bis Erfahrungen über den Tagesgang oder den jahreszeitlichen Ablauf vorliegen und **Warn- oder Alarmschwellen** definiert werden können. Als Warn- oder Alarmwert können Überschreitungen von Grenzwerten oder auch Veränderungen in der Bewegungsgeschwindigkeit herangezogen werden. Bei Alarmeinrichtungen sollten die jeweiligen Grenzwerte zwar so gewählt werden, dass die Warnung noch rechtzeitig vor dem Eintreten des Schadensereignisses erfolgt, sie sollten aber nicht zu empfindlich eingestellt werden, um häufige Fehlalarme zu vermeiden. Das Alarmsignal kann auch über Mobilfunk oder Internet in Echtzeit übertragen werden. Vom Einsatz der „Rutschwarnanlage Punderich" an der DB-Strecke Koblenz – Perl im Moseltal seit 2000 berichten Krauter et al. (2012).

15.6 Rutschungsanfällige Schichtenfolgen

Die nachstehend aufgeführten rutschungsanfälligen Schichtglieder in den verschiedenen geologischen Formationen und Landschaften Deutschlands sollen noch einmal die Abhängigkeit von Rutschungen von der geologischen Situation aufzeigen und die verschiedenen regionalen Typen von Rutschungen deutlich machen. Eine gewisse regional begrenzte Einseitigkeit ist dabei unvermeidbar, was auch für die Literaturhinweise und die zitierten Erläuterungsbeiträge gilt. Wegen der Bedeutung der älteren Literatur bei Rutschungen bleiben die Literaturzitate in diesem Abschnitt ungekürzt.

Die **Alpenregion** als typische Gebirgslandschaft ist in besonderem Maße von Risiken wie Großrutschungen, Bergstürzen und Muren betroffen, und zwar nicht nur wegen der starken Reliefunterschiede, sondern auch wegen der besonderen klimatischen Bedingungen. Die Zunahme solcher Ereignisse steht einerseits sicher mit den klimatischen Veränderungen in Verbindung, andererseits aber auch mit der Landschaftsplanung und Siedlungspolitik der letzten Jahrzehnte. Hinsichtlich der alpinen Rutschungen und Bergstürze wird auf Schwenk (1992) und auf die in ▶ Abschn. 15.3.1 und 15.3.6 genannte Literatur verwiesen. Über die Bergsturz- und Rutschungsereignisse der letzten 20 Jahre in der Schweiz berichtet ein Sonderdruck des Bull Angew Geol 1998; 3/1. Eine länderübergreifende Bearbeitung von großflächigen Rutschgebieten sowie Bergsturzprozessen und Murgängen liegt mit dem Catch-Risk Report des EU-Programms Intereg IIIB-Alpine Space (2005) vor.

15.6.1 Grundgebirge

Als kristalline Grundgebirge, die im Wesentlichen aus Tiefengesteinen (Granit) bzw. bei metamorpher Überprägung aus Gneis bestehen, sind Schwarzwald, Odenwald und Spessart sowie Oberpfälzer Wald, Bayerischer Wald, Fichtelgebirge und Erzgebirge sowie weitere kleinere mittel- und ostdeutsche Kristallingebiete zu nennen (s. a. ◘ Abb. 3.28).

An den Flanken der z. T. steil eingeschnittenen Täler treten gelegentlich Felsstürze auf. Im Jahr 2002 ereignete sich im Wehratal (Südschwarzwald) an Gneis- und Dioritwänden ein Felssturz, der eine Landesstraße und das Bachtal mit etwa 1000 m^3 Gestein verschüttete (Wagenplast 2005). Auch im Osterzgebirge treten immer wieder Felsstürze oder Felsabbrüche auf (▶ Abschn. 15.6.7).

In Dürnstein/Wachau ereignete sich 2009 ein großer Felssturz (11.000 m^3) an einer etwa 100 m hohen, fast senkrechten aufgelassenen Steinbruchwand im Gneis der Böhmischen Masse, der die angrenzende Donauuferbahn stark beschädigt und Monate lang unterbrochen hat (Müllegger et al. 2011).

15.6.2 Schiefergebirge und Permgebiete

Die meisten aktiven Rutschungen im Rheinischen und im Thüringer Schiefergebirge sowie in den sächsischen Mittelgebirgen (Vogtland, Erzgebirge) werden durch menschliche Eingriffe ausgelöst. Die große Empfindlichkeit der rheinischen Schiefergebirgshänge basiert im Wesentlichen darauf, dass sich der Rhein und die Mosel mit ihren Seitentälern in den letzten 700.000 Jahren tief in die devonischen Tonschiefer des Taunus und Hunsrück eingeschnitten haben. Die bis zu 350 m tiefen Kerbtäler zeigen Hangneigungen von bis zu 40° sowie tief reichende Gebirgsauflockerung infolge tektonischer und eiszeitlicher Prozesse. Nicht selten werden die Hänge von großflächigen fossilen Rutschmassen gebildet, deren Gleitflächen in Tiefen von 50–80 m verlaufen (Rogall und Schroeder 2006; Becker et al. 2010). Viele Hänge befinden sich dadurch in einem nahezu labilen Gleichgewicht, bei dem geringfügige Störungen ausreichen, um Bewegungen auszulösen.

Bei den Massenbewegungen im Schiefergebirge ist zwischen Felsabbrüchen und Felsstürzen bzw. felssturzartigen Großrutschungen sowie Felsgleitungen auf vorgegebenen Flächen zu unterscheiden. Bei den **Felsstürzen** handelt es sich oftmals nur um wenige Kubikmeter Gestein, das an übersteilten Böschungen oder von Klippen abzulösen droht (s. Rogall und Schroeder 2006). Vom Steilhang an der Felsenkirche in Idar-Oberstein sind seit 1655 zahlreiche Felsstürze dokumentiert, die seit Errichtung von Steinschlagschutzeinrichtungen in den 1980er-Jahren deutlich zurückgegangen sind (s. a. Bock et al. 2012). Aus größeren Felsabgängen können sich, insbes. bei Extremniederschlägen, Murgänge entwickeln (▶ Abschn. 15.3.5). Die Bahnlinien zu beiden Seiten des Mittelrheintals sind davon immer wieder betroffen (Wendeler et al. 2012). Nach z. T. extremen Starkregen im Frühsommer 2016 haben stark **wasserführende Schuttströme** die linksseitige Bahntrasse und auch die B9 mehrfach und teilweise für mehrere Tage unterbrochen.

Felssturzartige Großrutschungen wie 1830 bei Kaub, 1919/20 am Nollig bei Lorch/Rh. und am Rittersturz bei Koblenz (Krauter 1973:230; 1996) sind verhältnismäßig selten. Sie sind fast immer auf geologisch-tektonische Strukturen zurückzuführen, wobei die letztlich auslösenden Faktoren häufig vom Menschen beeinflusst wurden. Am Felshang Rittersturz wurden von 1951 bis 1971 die Felsbewegungen gemessen. In diesem Zeitraum traten auch mehrfach Felsstürze von jeweils 200–300 m^3 Gestein auf. Die Felsabbrüche kündigten sich meist durch verstärkte Felsbewegungen an. Nach mehreren Zwischensanierungen hat man das Rittersturz-Hotel 1973 abgerissen und die gefährdeten Felsmassen abgetragen. Von besonderen Großrutschungsereignissen an der Mosel mit der Gefahr von Schwallwellen berichten Krauter et al. (1993) und Rossbach und Zentgraf (1993).

Am Nollig bei Lorch/Rhein trat in den Jahren 1919/20 eine großflächige Felsgleitung auf, deren Blockmassen mehrere Häuser stark beschädigten. Ursächlich waren eine ehemalige Seitenentnahme beim Bahnbau sowie weitere Eingriffe in den Hangfuß durch die Bebauung. Die Rutschmassen wurden Anfang der 1930er-Jahre abgetragen bzw. eingeebnet (s. Rogall 1997).

Im Januar 1994 ereignete sich in Martinstein bei Kirn ein für Mittelgebirgsverhältnisse typischer Felssturz mit 30–50 m^3 Gestein, der einen älteren Fangzaun teilweise durchschlug und ein Nebengebäude schwer beschädigte (Jahnel und Schroeder 1996). Auch im Mittelrheintal ereignen sich in Abständen von einigen Jahren immer wieder Felsstürze. Im Frühjahr 2009 lösten sich in Bad Ems 15–20 m^3 Fels an einer bis 180 m hohen Wand. Ein Teil der Sturzmassen wurde in Fangnetzen aufgefangen, einige große Felsbrocken stürzten jedoch in die Hinterhöfe von drei Mehrfamilienhäusern ab und beschädigten diese stark.

Die meisten Rutschungen in den Schiefergebirgen sind **Felsgleitungen auf vorgegebenen Trennflächen**, meist Schicht- oder Schieferungsflächen, gelegentlich aber auch Störungszonen, die im Zusammenwirken mit anderen Trennflächen die Bewegungsbahnen bilden. Krauter

(1973), Heitfeld (1978) und Jahnel und Köster (1993) beschreiben einige größere Felsgleitungen im Rheinischen Schiefergebirge, die durch Störung des Hanggleichgewichts beim Bahnbau oder bei Straßenbaumaßnahmen ausgelöst wurden. Bekannt ist auch das 300 m lange Rutschareal von Pünerich an der DB-Strecke Koblenz–Perl im Moseltal (Krauter et al. 2012). In allen Fällen sind es auch wieder vorgegebene geologische Strukturen und Trennflächen mit abgeminderten Scherfestigkeiten, die durch die Störung des Hanggleichgewichts aktiviert wurden. Häufig treten dabei mehrere übereinander liegende Gleitflächen bzw. Teilrutschungen auf, die abwechselnd das Bewegungsbild bestimmen (◘ Abb. 15.32). Solche Rutschungen sind besonders schwer zu beurteilen, da die einzelnen Teilbewegungen oft ein widersprechendes Bewegungsbild ergeben und ein allseits übereinstimmendes Gesamtbild erst nach genauer Bewegungsanalyse und Erkennen der verschiedenen Gleitflächen entsteht (s. a. Stahlmann und Trischler 1997).

Viele solcher Rutschungen in den Schiefergebirgen sind über Jahrzehnte oder länger in zumindest periodischer Bewegung, wobei Geschwindigkeitsraten von wenigen Zentimetern bis über 1 m/a nicht auftreten. Auslösende Faktoren sind häufig ungewöhnlich starke Niederschläge, die ausreichen, um die Massen zu aktivieren (Lusznat und Wiegel 1968; Krauter 1973; Heitfeld 1978; Möbus und Rogall 2005; Heitfeld et al. 2005b). Untersuchungen an solchen Gleitungen im Rheinischen Schiefergebirge haben ergeben, dass die Ersatzreibungswinkel im Bruchzustand vielfach bei $\varphi = 22–30°$ liegen (Krauter 1973; Heitfeld 1978), was auf Unebenheiten auf diesen Flächen sowie auf treppenartige Versprünge und dadurch bedingte Verzahnungen zurückgeführt wird. Auf stärker tonigen Flächen und besonders in Gesteinen mit tuffitischen Lagen liegen die Ersatzreibungswinkel beim Bruch dagegen vielfach bei $\varphi = 18–20°$, mit Minimalwerten von $\varphi = 8–12°$ (Heitfeld 1978:366), und sind damit als echte Restscherfestigkeiten (φ_R, $c_R = 0$) anzusehen. Tonmineralogische Untersuchungen von Tonen aus solchen Gleitflächen weisen vielfach erhebliche Gehalte an quellfähigen Tonmineralen auf.

Außer den rezenten und mehr oder weniger bekannten Rutschungen liegen besonders an den Hängen der ehemals offensichtlich übersteilt eingetieften Seitentäler im Einzugsgebiet des Rheins und der Mosel, aber auch in anderen Schiefergebirgsregionen zahlreiche fossile Rutschungen vor, die heute morphologisch kaum oder erst durch genauere Studien erkannt werden, aber durch menschliche Eingriffe jederzeit wieder in

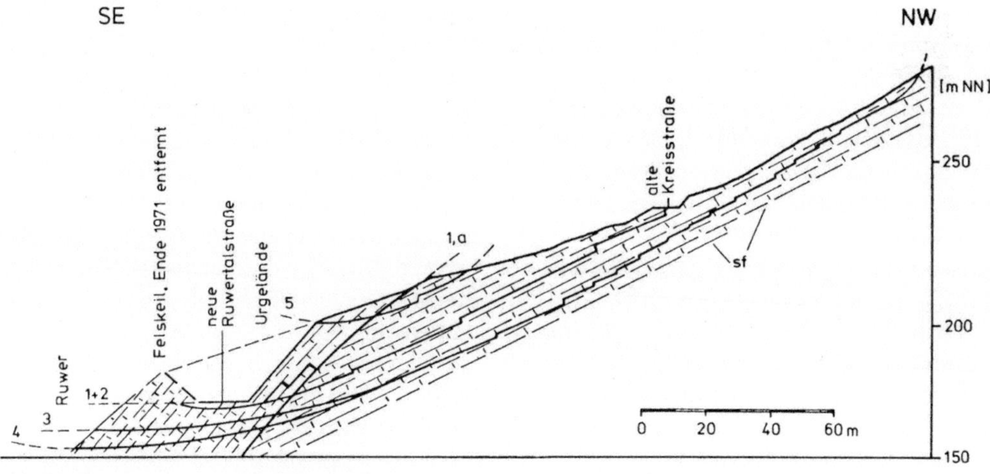

◘ **Abb. 15.32** Mehrere übereinander liegende Gleitflächen mit primären (1) und sekundären (2–6) Bewegungen (aus Krauter 1987)

Bewegung kommen können (Rogall 1997; Lauterbach et al. 2002; Becker et al. 2010).

Bei menschlichen Eingriffen, insbesondere Straßenbauarbeiten, sind auch in den **Karbon- und Perm-Gebieten** des Saarlandes und der Pfalz mehrfach Gleitungen auf Schichtflächen aufgetreten. Die Wechselfolgen von Sandsteinen und Tonsteinen bzw. Schiefertonen sowie die tektonischen Schichtverstellungen bieten dafür günstige Voraussetzungen. Die Tonsteine sind allgemein wasserempfindlich. Häufig waren auch dünne plastifizierte Ton(stein)lagen die Ursache der Gleitungen (Degro 1978; Jahnel et al. 1999).

Die **Vulkanite** des Rheinischen Schiefergebirges und der Permgebiete sind selbst wenig rutschungsanfällig. In tuffitischen Zwischenlagen und besonders im Kontaktbereich zwischen Eruptivgestein und Sedimentgestein kommt es durch menschliche Eingriffe jedoch immer wieder zu Rutschungen. An dieser Stelle sind auch einige z. T. felssturzartige Großrutschungen in aufgelassenen oder noch in Abbau befindlichen Basaltsteinbrüchen im Rheinischen Schiefergebirge zu nennen, die ebenfalls fast immer an geologisch vorgegebenen Flächen, vielfach an der Grenze Basalt bzw. Basalttuff/Schiefergebirge aufgetreten sind, deren Scherfestigkeitseigenschaften durch tertiäre Verwitterung oder Wassereinwirkung abgemindert sein können. Beispiele für solche großen Felsstürze bzw. Großrutschungen sind die Felssicherungsarbeiten am Drachenfels 1971, von wo mehrfach große Felsstürze überliefert sind (1773, 1808, 1828, 1967), der Bergschlupf bei Königswinter von 1846 (Nöggenrath 1847), der Felssturz bei Linz/Rhein von 1978 (▶ Abschn. 15.3.1 und Krauter et al. 1979) und die Großrutschung an der BAB A45 im Landkreis Gießen (Beurer 1981).

15.6.3 Buntsandsteingebiete

In den Verbreitungsgebieten des **Unteren und Mittleren Buntsandsteins** sind Rutschungen verhältnismäßig selten. An Hängen mit talwärtigem Schichtfallen kommt es jedoch bei Unterschneidung durch Talerosion oder menschliche Eingriffe verhältnismäßig leicht zu Gleitungen. Die noch mehr oder weniger deutlich erkennbaren Ausbruchnischen und die als flache Buckel im Gelände erkennbaren abgerutschten Massen sind an Talhängen immer wieder anzutreffen (Becker et al. 1989). Bekannt ist der Rutschhang an der B3 bei Hannoversch Münden in Südniedersachsen mit bis 15° talwärts einfallenden Schichten der Hardegsen-Formation und mächtiger Schuttüberdeckung, der in den vergangenen Jahrzehnten schon mehrfach saniert werden musste (Krauter et al. 2012). Besonders rutschungsanfällig sind tonsteinreiche Wechselfolgen mit plastifizierten oder glimmerbelegten Tonsteinlagen (▶ Abschn. 13.2.1).

In den dickbankigen mächtigen Sandsteinabfolgen der Solling-Formation und den dickbankigen Sandsteinfolgen am oberen Neckar sowie an der unteren Mosel treten gelegentlich Felsstürze auf. Rogall und Schroeder (2006) beschreiben einen Wandabbruch einer 45 m hohen Sandsteinwand bei Trier, der durch Einknicken einer Tonsteinbank am Wandfuß ausgelöst wurde.

Auch flache **Rutschungen in den Deckschichten** und z. T. auch in der Anwitterungszone treten im Verbreitungsgebiet des Buntsandsteins gelegentlich auf. Sie sind meist auf Wassereinwirkung und ggf. plastifizierte Ton(stein)lagen in der oberflächennahen Verwitterungszone zurückzuführen und können teilweise Flächen von mehreren Hektar einnehmen.

Häufiger als sonst im Verbreitungsgebiet des Buntsandsteins sind Rutschungen im **Bereich der** saxonischen Grabenbrüche zu finden, an deren Rändern die Schichten vielfach stärker verstellt sind und in denen tektonisch gestörte und damit besonders rutschungsanfällige Schichten des Röt und des Keupers in das Niveau des Buntsandsteins eingesunken sind und entsprechend flache Hänge mit z. T. mächtigen Schutt- und Rutschmassen bilden. Die teilweise muldenförmigen Grabenstrukturen bieten sich geradezu als Gleitflächen an (Laemmlen et al. 1979; Laemmlen und Katzenbach 1986:30).

Auch an den **Rändern von Subrosionskesseln** oder -senken über Zechsteinsalinar im tiefen Untergrund (▶ Abschn. 19.2.3.2) treten häufiger als sonst Schichtverstellungen, verstärkte Hangzerreißungen und auch Rutschungen auf. Eine der bekanntesten dieser Art dürfte die Rutschung beim Aufschlitzen des Braunhäuser Tunnels an der DB-Strecke Bebra–Göttingen im Jahr 1961 gewesen sein (Finkenwirth 1968). Besonders rutschungsanfällig sind auch die tonigen Füllungen von fossilen Einbruchsschloten des tiefen Salinarkarstes (Prinz 1980:33). Wo solche verdeckten Schlotfüllungen mit Dämmen belastet werden, können völlig unerwartet Rutschungen auftreten.

Eine Sonderstellung in der Schichtenfolge des Buntsandsteins nehmen die bis über 100 m mächtigen **Tonsteine des Oberen Buntsandsteins** (Rötformation) ein. An steileren Böschungen und Hängen treten meist nur abgeflachte kleinflächige Schalengleitungen auf. In unterschiedlich wasserwegsamen Schuttmassen an Röthängen (z. B. Basaltblocklehm) können jedoch auch großflächige Rutschungen auftreten.

In der thüringischen und oberfränkischen Rötfazies mit zahlreichen Kalkstein- und Sandsteineinschaltungen treten Rutschungen dagegen häufiger auf (Kany und Hammer 1985:261; Meyer und Prinz 1997).

15.6.4 Grenze Röt/Muschelkalk und Mittlerer/Oberer Muschelkalk

Als besonders rutschungsanfällig gilt die Röt-Muschelkalk-Grenze, an der klüftige, gut wasserwegsame Kalk- und Mergelsteine den wasserstauenden Röttonsteinen auflagern. Die gleiche Situation ist gegeben, wo harte klüftige Basalte unmittelbar auf Röttonsteinen oder mit nur geringmächtigem Unterem Muschelkalk dazwischen liegen, wie dies z. B. in der Rhön häufig der Fall ist (Schmidt 2004).

Die **Rutschungen an der Röt-Muschelkalk-Grenze** sind besonders durch die Arbeiten von Ackermann in den 1950er-Jahren bekannt geworden. Die wasserstauende Röt-Muschelkalk-Grenze wirkt als großflächiger Quellhorizont. Es kommt zu einer starken Vernässung der wasseranfälligen Röttonsteine sowohl an der Schichtgrenze als auch der Tonsteine unterhalb der Ausstrichlinie. Diese bewirkt Quellerscheinungen und eine Plastifizierung der offensichtlich regional und sektoral recht unterschiedlichen Anteile an Smektit und Corrensit enthaltenden Tonsteine (s. d. Wenzel 1994) und damit eine Abnahme der Scherfestigkeit. Die Hänge unterhalb der Ausstrichlinie verflachen; es kommt zu einer Übersteilung der oberen Hangbereiche, zu einer Verstärkung der Hangzerreißung und zu einer örtlichen Überlastung der Röttone, wobei abgelöste Muschelkalkschollen in die Tonsteine einsinken und sich schalenförmige Schubbrüche ausbilden, die sich zu Gleitflächen entwickeln können.

An diesen Röt-Muschelkalk-Hängen verlieren die abgetrennten Muschelkalkschollen gewöhnlich ihren Halt und driften auf mehr oder weniger tief in die Röttonsteine hinuntergreifenden Gleitflächen ab (◘ Abb. 15.33 und Mortensen 1960; Johnsen und Klengel 1973; Johnsen 1981; Meyer und Prinz 1997; Schmidt 1999, 2004). Bei diesem Driften zerscheren und zerbrechen die anfänglich großblockigen Muschelkalkschollen immer stärker. Der im oberen Teil des Hanges grobblockige Kalksteinschutt wird nach unten immer kleinstückiger und ist ab der Rötgrenze zunehmend mit Ton(stein)material vermengt. Im unteren Teil des Hanges liegt ein tonig-mergeliger Gesteinsschutt vor, der sich wulstartig in fließender oder kriechender

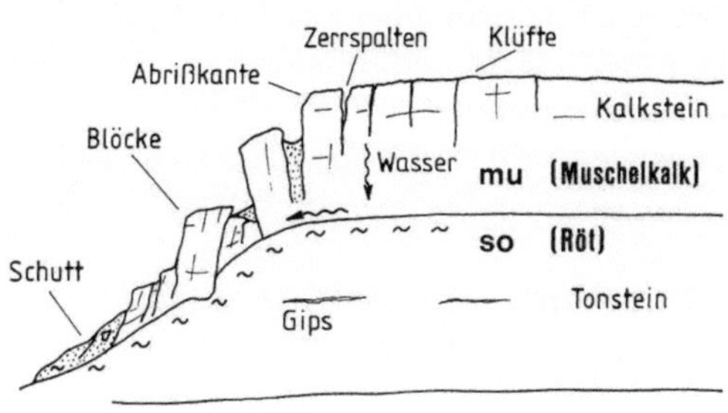

◘ **Abb. 15.33** Schollenabbrüche und Entwicklung einer Rutschung an der Röt-Muschelkalk-Grenze (Zeichnung: Moser)

15

Bewegung befindet (◘ Abb. 15.8). Die einzelnen Phasen einer solchen Rutschung sind auch heute noch an der von Ackermann (1959b) beschriebenen Rutschung am Schickeberg südlich von Eschwege (Osthessen) zu studieren.

Bei den an der Röt-Muschelkalk-Grenze vorliegenden Verhältnissen und auch sonst bei ähnlichen geologischen Situationen haben sich solche Rutschungen sicher zu allen geologischen Zeiten ereignet. Rezente Rutschungen, die ohne menschliche Eingriffe in Bewegung kommen, sind auch an der Röt-Muschelkalk-Grenze verhältnismäßig selten und immer mit extremen Niederschlägen in Verbindung zu bringen. Die meisten Rutschungen dieser Art sind sicher im Altholozän bzw. im Atlantikum aufgetreten (▶ Abschn. 15.2.6), doch zeigen viele dieser großen Massenverlagerungen auch heute noch niederschlagsabhängige Kriechbewegungen, und zwar sowohl oben bei den Blockbewegungen als auch im Bereich der Rutschungszunge (Mortensen 1960). Zeitlich vor diesen nacheiszeitlichen Rutschungsvorgängen ist noch die sog. „Fußschollengeneration Ackermanns (1959a) einzuordnen, d. s. größere Muschelkalkreste, die weit unterhalb im flacheren Gelände liegen und **„Zeugenberge**" des ehemaligen Muschelkalkrandes sind. Eine ingenieurgeologische Studie hierzu hat Bernhard (1968) vorgelegt (◘ Abb. 15.34). Ähnliche Gleitschollen werden auch vom Ostrand des Leinetalgrabens bei Göttingen beschrieben (Tanner et al. 2013). Auch die sog. Grebenberg-Scholle, bestehend aus gestörten und gegeneinander versetzten Schichten vom Unteren Muschelkalk bis zum Keuper wird als eine solche Gleitscholle an der ehemaligen Röt-Muschelkalk-Grenze beschrieben, als die östliche Grabenrandschulter von einer Schichtenfolge vom Röt bis zum Keuper bestanden hat, mit entsprechenden Gleitungen an der Röt-Muschelkalk-Grenze (◘ Abb. 15.35).

Nacheiszeitliche Rutschungen und Rutschschollen an der Röt-Muschelkalk-Grenze sind weit verbreitet und an den zahlreichen Abrisswänden oder -nischen und der unruhigen Morphologie bzw. den typischen Fußschollen erkennbar. Sie begleiten z. B. im nördlichen Hessen (Prinz und Lindstedt 1987; Schmidt 1999, 2004), in Süd-Niedersachsen und in Thüringen kilometerweit den Schichtstufenrand, wobei nach Norden zunehmend auch Auslaugungserscheinungen im Rötgips mit zur Rutschungsanfälligkeit dieser Schichten beitragen (Johnsen und Klengel 1973; Krümling et al. 1975).

Diese Erscheinungen treten aber nicht nur an der Röt-Muschelkalk-Schichtgrenze auf, sondern überall dort, wo mächtigere, feste und wasserdurchlässige Gesteine auf wasserstauender Unterlage am Hang ausstreichen. Im Muschelkalk ist dies z. B. auch an der **Grenze Mittlerer/Oberer Muschelkalk** der Fall. Wo diese Schichtgrenze großflächig am Hang ausstreicht, wie z. B. im Gebiet der oberen Mosel, am Neckar und auch andernorts (Prinz und Lindstedt 1987), treten ebenfalls zahlreiche ähnliche Großrutschungen auf (Rybar et al. 1998). Verstärkend kommt hier hinzu, dass durch die talrandnahe Gipsauslaugung im Mittleren Muschelkalk die überlagernden Kalksteine verstellt und durch Spaltenbildung aufgelockert waren. Großrutschungen dieser Art sind offensichtlich vor allen Dingen in der niederschlagsreichen Zeit des Atlantikums aufgetreten. Große Hauptmuschelkalkschollen glitten talwärts und liegen heute in den unteren Hangabschnitten. Bei Eingriffen besteht die Gefahr, dass die Rutschungen wieder aktiviert werden. Wagenplast (2005) bringt zahlreiche Beispiele solcher alten und z. T. auch rezenten Großschollenrutschungen. Auch der „wandernde Weinberg" bei Nittel an der Obermosel, der beim Moselausbau Mitte der 1960er-Jahre wieder in Bewegung gekommen ist (Heyl 1971; Simon et al. 2007; Simon und Schmidt 2011), gehört in diese Kategorie.

Morphologisch ausgeprägter sind die großscholligen Felsablösungen im **Oberen Muschelkalk** von Württemberg, allen voran die bekannten Felsengärten bei Hessigheim, wo 1924 ein Felssturz viele Weinberge zerstört und die Talstraße verschüttet hat (Wagner 1929; Wagenplast 2005). Krause (1966:309 ff.) beschreibt einige solcher Schollenablösungen an Talhängen des Oberen Muschelkalks, verstärkt durch Gipskarst im Mittleren Muschelkalk, bei dessen randlicher Auslaugung ein zerbrochenes und z. T.

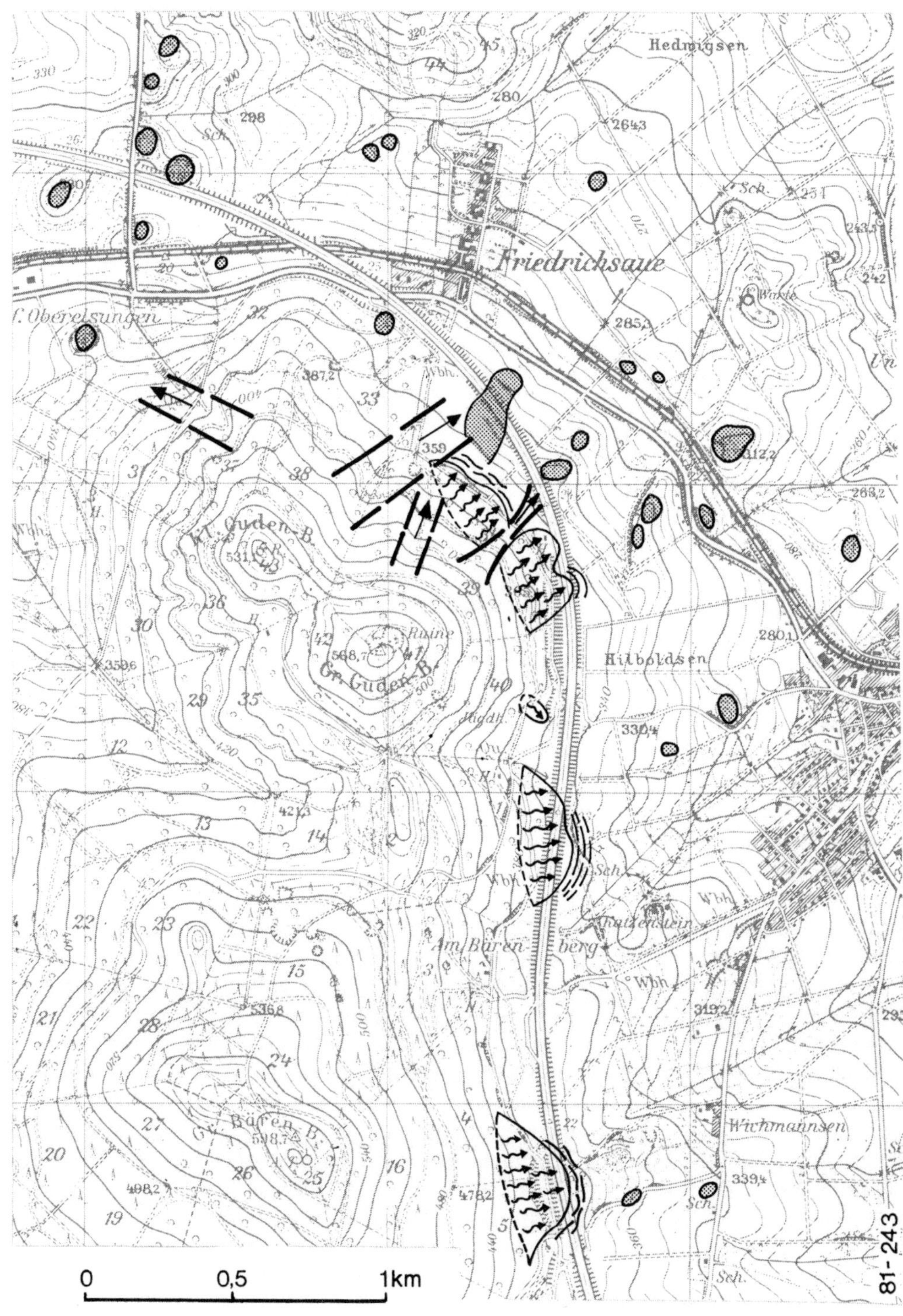

◘ Abb. 15.34 Rutschungskartierung an einem Röt-Muschelkalk-Schichtstufenhang mit Rutschungen am heutigen Muschelkalkausstrich und mit vorgelagerten Rutschschollen der Fußschollengeneration Ackermanns. Teilweise können die Abrissnischen und Gleitbahnen noch rekonstruiert werden (Bearb. Bernhard)

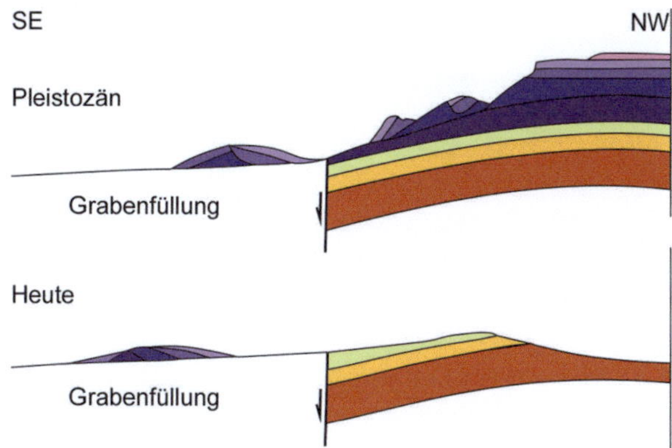

■ **Abb. 15.35** Schematische Querprofile durch den Ostrand des Leinetals als Beleg für die Existenz einer gravitativen Gleitscholle (nach Franke et al. 1977)

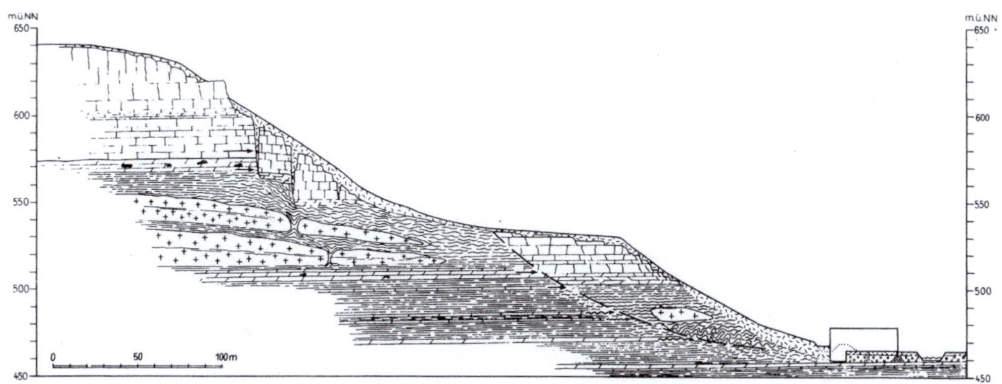

■ **Abb. 15.36** Zerrüttung von Muschelkalkhängen infolge von Gipsauslaugung und fossile Rutschscholle am oberen Neckar (aus Eissele und Kobler 1973)

verstürztes Residualgebirge entsteht, mit einer entsprechend dem Gipshang talwärts geneigten Grenzfläche Mittlerer/Oberer Muschelkalk (■ Abb. 15.36).

Im Gebiet des oberen Neckars wurde das Ausmaß der hier meist fossilen Massenverlagerungen an den Hängen des Neckartals erst beim Bau der Autobahn A23 in vollem Umfang erkannt (Eissele und Kobler 1973). Ähnliche Massenverlagerungen werden auch vom Hochrheintal beschrieben (Krauter 1996). Derartige Erscheinungen des Abgleitens harter, spröder und wasserführender Gesteine auf tonig-mergeliger Unterlage sind sehr weit verbreitet. Weitere Literaturhinweise finden sich bei Krause (1966:316 f.).

15.6.5 Keuper

Auch im Gipskeuper haben die eiszeitliche Taleintiefung und die Gipsauslaugung häufig zu Großschollenrutschungen des Schilfsandsteins über den Bunten Mergeln geführt. Wo diese Schichtenfolge am Hang ausstreicht, liegen oft großflächige, z. T. fossile Rutschungen mit kilometerweit verfolgbaren Abrissformen vor. Auch an der BAB A81 am Wildenberg nördlich des BAB-Kreuzes Weinsberg ist beim Autobahnbau eine solche nicht erkannte Großrutschung wieder in Bewegung gekommen (Wagenplast 2005). ■ Abb. 15.37 zeigt, dass auch die Gleitflächen solcher Großrutschungen häufig wesentlich flacher verlaufen als die theoretischen Gleitbahnen, besonders wenn sich Schichtflächen dazu anbieten.

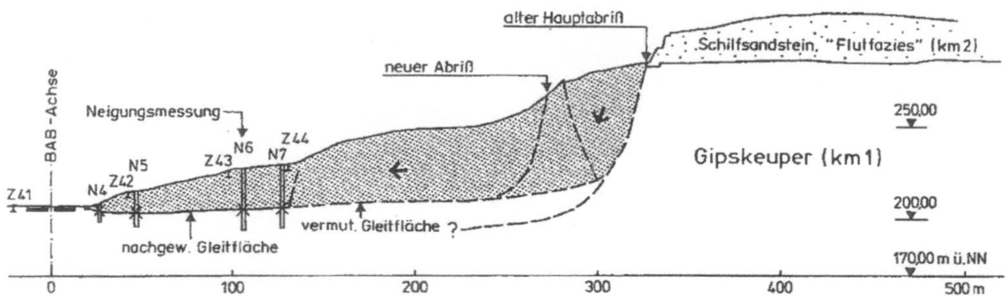

Abb. 15.37 Schollenrutschung an der BAB A81 mit vermuteten und durch Inklinometermessungen belegten Gleitflächen (aus Wagenplast 2005)

Im Nordosten von Baden-Württemberg ist zwischen die Tonsteine des Unteren und Oberen Bunten Mergels der bis zu 20 m mächtige Kieselsandstein eingeschaltet. Wallrauch (2001) berichtet von einer 200 m breiten Rutschung bei Urbach (Remstal) mit einer 17 m hohen Abrisswand im Kieselsandstein.

Auch vom Ausstrich des Stubensandsteins beschreiben Eisenbraun und Rommel (1986) sowie Blume und Remmele (1989) umfangreiche Rutschungen, besonders an den nord- und nordostexponierten Hängen des Strombergs südwestlich von Heilbronn.

In der Trierer Bucht stellt auch der Luxemburger Sandstein über Keupertonsteinen eine rutschungsanfällige Konstellation dar.

Einer der bekanntesten Rutschhorizonte Deutschlands dürfte wohl der württembergische **Knollenmergel** sein. Dieses höchste Schichtglied des Keupers ist im Gebiet Stuttgart–Tübingen 25–30 m mächtig und besteht im unverwitterten Zustand aus fast schichtungslosen Ton- und Mergelsteinen von halbfester bis fester Beschaffenheit, die von unregelmäßig orientierten, im Mittel mit 30° einfallenden Harnischflächen durchsetzt sind. Diese Harnische weisen eine deutlich abgeminderte Scherfestigkeit auf und sind die Hauptursache für die Festigkeitsüberschreitungen bzw. die Rutschungsanfälligkeit des Knollenmergels (Lippmann und Zimmermann 1983: Wittke und Baur 1998). Wittke (2009) gibt für die Harnischflächen des Knollenmergels eine Scherfestigkeit von $\varphi = 17{,}5°$ und $c = 10\ \mathrm{kN/m^2}$ an. Mit zunehmender Verwitterung geht das Gestein in einen schluffigen Ton mit bis zu 45 % Feinanteil über, der sehr wasserempfindlich ist und ein hohes Schrumpf- und Quellmaß aufweist. Über die Schrumpfrisse im Boden oder aus dem Quellhorizont an der Grenze zum Unterjura (Rhätsandstein oder Psilonotenbank) gelangt Wasser in die Knollenmergel, was die Rutschungsanfälligkeit verstärkt. Die – soweit sie nicht bewaldet sind – meist verhältnismäßig flachen Hänge im Knollenmergel zeigen typische Rutschmorphologie und reagieren empfindlich auf rutschungsauslösende Faktoren wie anhaltend starke Niederschläge und Eingriffe in das Hanggleichgewicht.

Bei den Knollenmergelrutschungen handelt es sich je nach Mächtigkeit des Verwitterungsprofils um mehr oder weniger abgeflachte Rotationsrutschungen, die fast nie in den festen Knollenmergel hinuntergreifen. Die Rutschmassen weichen mit zunehmender Durchnässung auf, und aus einer anfänglichen Schalengleitung entwickelt sich eine Fließrutschung, wodurch gleichzeitig wieder Raum für mehrfach rückschreitende, abgeflachte Rotationsrutschungen geschaffen wird.

Hauptursache besonders der größeren Knollenmergelrutschungen ist fast immer Wasser, das aus den überlagernden Rhätsandsteinen und Arietenkalksteinen des Unterjura (ehem. Lias) oder über offene Gruben oder Gräben, aber auch durch tiefe Schrumpfrisse in den Boden eindringen kann. Auf die letztgenannte Ursache weist eine auffallende Zunahme der Häufigkeit von Knollenmergelrutschungen an unbewaldeten

Süd- und Südwesthängen hin, wo in niederschlagsarmen Sommermonaten Trockenrisse von bis zu 20 cm Breite und 3–6 m Tiefe auftreten. Die rutschungshemmende Wirkung des Waldes ist offensichtlich in erster Linie darauf zurückzuführen, dass im schattigen Waldboden eine solche Rissbildung kaum auftritt.

Im Frankenland sind die Schichten des **Feuerletten**, dem stratigraphischen Äquivalent des Knollenmergels, entsprechend rutschungsanfällig (Kany und Hammer 1985). Die Feuerletten sind engständig geklüftete Tonsteine, die zu einen ausgeprägt plastischen Ton verwittern und ebenfalls ein ausgeprägtes Quell- und Schrumpfverhalten aufweisen. Als rutschungsfördernd gilt auch die CO_2-Aggressivität des Grundwassers aus den überlagernden Rhätsandsteinen.

15.6.6 Jura

Im Jura Süddeutschlands sind mehr oder weniger alle mächtigen Tonsteinhorizonte, besonders aber die mächtigen Tonsteine des Mitteljura, der Opalinuston (ehem. Dogger α) und der Ornatenton (ehem. Dogger ξ), sowie z. T. auch die Impressamergel des Oberjura (ehem. Malm) als rutschungsanfällig bekannt (◘ Abb. 15.38). In beiden Fällen liegen über den Tonsteinhorizonten gut wasserwegsame Sandsteine oder Kalksteine, die zu starker Durchfeuchtung der Oberzone der Tonsteine beitragen.

Der in Württemberg 90–130 m mächtige **Opalinuston** weist im unteren Teil meist flache, unruhige Geländeformen auf. Nach oben schalten sich Sandsteinbänke ein, die den Übergang zum Personatensandstein (ehem. Dogger α/β) bilden. Diese Grenze ist ebenfalls wieder ein ausgeprägter Quellhorizont mit kalkaggressivem Grundwasser, das rutschungsfördernd wirkt. Die Rutschungen treten bevorzugt an der Grenze Hangschutt/verwitterte Tonsteinoberfläche oder im Grenzbereich zum wenig angewitterten Tonstein auf, der häufig auch grundwasserführend ist (Rentschler und Moser 1999, darin Lit.). An steilen Hängen liegen auch tiefe und sehr tief (>20 m) reichende Großrutschungen vor (Tangermann 1971:556–558).

Im mittleren und südlichen Württemberg ist es vor allen Dingen der Ausstrich des bis zu 30 m mächtigen **Ornatentons**, der zu zahlreichen Rutschungen geführt hat und die unruhige Morphologie der Hänge am Albtrauf entscheidend prägt (Schädel und Stober 1988). Bekannt geworden sind vor allen Dingen die Schwierigkeiten beim Bau der BAB A8 am Aichelberg bei Kirchheim/Teck. Die Rutschungsgefährdung ist hier auch wieder in der Verwitterungs- und Anwitterungszone der Tonsteine gegeben, die an den Hängen 15 m tief reichen kann. Auch in den unverwitterten Tonsteinen darunter muss noch mit mehreren Zentimeter dicken plastifizierten Tonsteinlagen gerechnet werden (Denzer und Lächler 1988:46). Große Rutschungen dieser Art sind auch in Südwürttemberg, im Hohen-

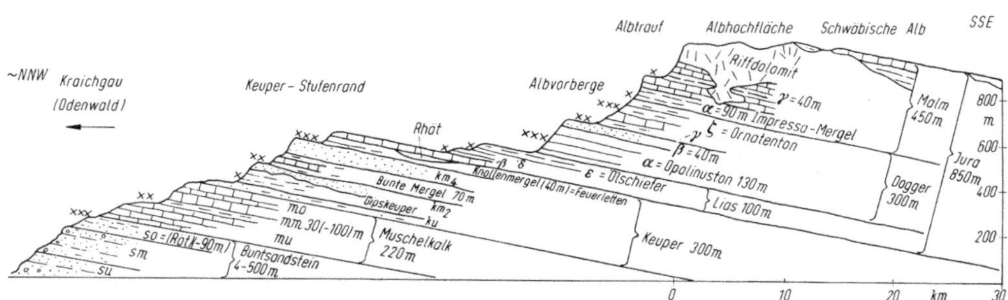

◘ **Abb. 15.38** Schematischer geologischer Schnitt durch das Schichtstufenland der Trias und des Jura Südwestdeutschlands mit den besonders rutschungsanfälligen Zonen, abgestuft nach Intensität x, xx, xxx (aus Backhaus 1970)

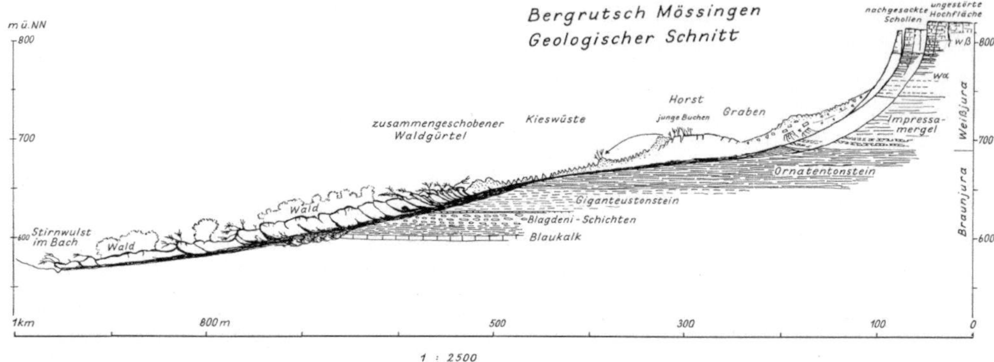

Abb. 15.39 Großrutschung am Hirschkopf bei Mössingen im April 1983 (Aufnahme: Schädel, Freiburg)

zollerngebiet und im Wutachgebiet verbreitet (Abb. 15.39 und Tangermann 1971; Geyer und Gwinner 1986:357). An den Mitteljurahängen im Hohenzollerngebiet sind auch im Sommer 2013 ähnliche Rutschungen wie am Hirschkopf bei Mössingen abgegangen. Eine davon – im OT Öschingen – betraf eine Neubausiedlung mit mehreren Wohngebäuden, von denen eines trotz umfangreicher Sanierungs- bzw. Dränmaßnahmen aufgegeben werden musste.

Die Tonhorizonte des Mitteljura bereiteten Mitte des 19. Jahrhunderts beim Bau des alten Donau-Main-Kanals (Ludwigskanal) südöstlich von Nürnberg einige Schwierigkeiten. Birzer (1976) beschreibt nicht nur Rutschungen in Dammstrecken, sondern auch die Entwicklung eines 20 m tiefen Einschnittsprofils im Opalinuston bei Ölsbach, das 1846 bei der damaligen schonenden Abtragsarbeit mit 1 : 1,5 angelegt wurde, in dem aber nach einigen Jahren immer wieder Kriechbewegungen und flache Rutschungen auftraten, die bis 1938 zu einer generellen Böschungsverflachung auf 1 : 1,8 und bis 1956 auf 1 : 2 führten. Seitdem scheint die Böschung standfest zu sein.

Auch beim Bau des Main-Donau-Kanals in den 1990er-Jahren sind im Sulztal und im Ottmaringer Tal (Fränkische Alb) auf lange Erstreckung typische Rutschhänge angeschnitten worden. Die Talhänge werden hier vom Opalinuston bis zu den Bankkalken des Oberjura (ehem. Malm β) aufgebaut. Sichtbare Zeugen der zahlreichen Rutschungen sind morphologisch unruhige, leicht konvex geformte Erdkörper im unteren Teil der Talhänge und im Talgrund (Abb. 15.40). Radeke und Baumann (1993) beschreiben die Ausbildung der großräumigen, tief greifenden und komplex aufgebauten Rutschkörper mit auffallend horizontal verlaufenden Hauptbewegungsbahnen sowie die konstruktiven Maßnahmen als Ausgleich für die Entlastung durch den Kanaleinschnitt. An einigen Stellen waren Böschungsbrüche während des Baus nicht zu vermeiden. Stiegler et al. (1998) nennen für den Opalinuston in Franken oberflächennah sehr niedrige, mit zunehmender Tiefe unter Gelände ansteigende Scherfestigkeiten von $\varphi' = 11°$ in 1,6 m Tiefe bis $\varphi' = 28°$ in 5,3 m Tiefe. Auch aus dem Raum Regensburg sind zahlreiche Hangbewegungen im Opalinuston bekannt (Holzhäuser und Thuro 2009). Insgesamt sind aus dem nordbayerischen Raum zahlreiche Rutschungen im Opalinuston, Ornatenton (Mitteljura) und in den Impressamergeln des unteren Oberjura (ehem. Malm α) beschrieben (Wiedemann et al. 2013).

Rutschungen im Ornatenton treten aber nicht nur in Süddeutschland auf. Habetha (1963) beschreibt eine Rutschung in diesen Schichten beim Autobahnbau in Niedersachsen.

Am Albtrauf treten auch in den bankigen Kalksteinen des Oberjura vielerorts umfangreiche Schollenverkippungen und Massenverlagerungen auf, die von Schädel und Stober (1988) beschrieben werden. Mit die bekanntesten sind die Höllenlöcher bei Urach, wo

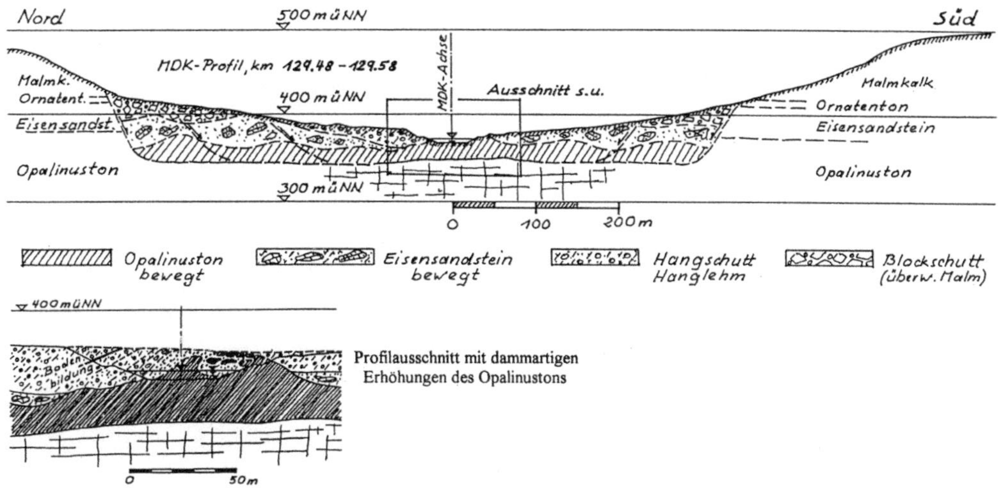

Abb. 15.40 Profil durch das Ottmaringer Tal bei Beilngries mit Ausbildung von Mehrfachrutschkörpern sowie eine Aufwölbung des Opalinustons in Talmitte (nach Baumann 1995)

nicht nur gewaltige Felsablösungen vorliegen, sondern unten am Hang auch umfangreiche fossile Rutschmassen lagern. Diese vorwiegend aus mergeligem Kalksteinschutt bestehenden Rutschmassen sind heute meist recht stabil, anders als die stärker tonigen Schuttmassen stratigraphisch tieferer Jurahorizonte.

Im Donautal bei Beuron ereignete sich 1960 eine Schollenrutschung, die drei Todesopfer forderte. Nach starken Regenfällen rutschten dort große Schollen von Kalk- und Mergelsteinen des Oberjura ab. Die Abrissfläche war durch eine Hangzerreißungskluft vorgezeichnet (Wagenplast 2005, darin Lit.).

15.6.7 Kreide

In Norddeutschland sind einige **Tonsteine der Unterkreide** als sehr rutschungsanfällig bekannt. Beim Bau des Mittellandkanals traten an einigen Stellen erhebliche Probleme und auch Rutschungen größeren Ausmaßes auf. Nach Kemper (1982) sind einzelne Abschnitte der Unterkreide-Tonsteine, z. B. die Schichten des Clansayes, regional aber auch andere Schichtglieder des Apt und Alb besonders rutschungsanfällig (s. d. ◘ Abb. 15.1).

Die Unterkreidetonsteine zeigen meist ein ausgeprägtes Verwitterungsprofil. Der Ton ist bis in eine Tiefe von 4–12 m stark angewittert (◘ Abb. 16.2) und weist nur steife Konsistenz sowie eine deutlich abgeminderte Kohäsion auf. Darunter ist der Ton halbfest und tiefer fast fest, mit entsprechend höheren Kohäsionswerten. Die Standfestigkeit von Böschungen hängt wesentlich von der Entwicklung des Porenwasserdrucks ab (s. progressiver Bruch und Biczók 1997).

An der **Kreideküste der Insel Rügen** sind seit dem großen Abbruch 2002, als am Kreidekliff 250.000 m^3 in die Ostsee abstürzten, mehrfach (2005, 2007, 2008, 2010, 2011) weitere größere Kreideabbrüche von jeweils 5000–35.000 m^3 (2008) zu verzeichnen gewesen. Nach Starkregen oder in Tauphasen kommt es an dem 13 km langen Kreideküstenabschnitt immer wieder zu solchen Abbrüchen. Auch von der Kreideküste Südenglands werden immer wieder größere Abbrüche gemeldet (z. B. 1999 und 2001 am Beachy Head nahe Seaford).

Im **Elbsandsteingebirge** südlich von Dresden treten verbreitet Kippbewegungen, Felsstürze und z. T. auch Großrutschungen mit Driften von Felsblöcken auf tonigen Liegendschichten auf (◘ Abb. 15.41). Die hier

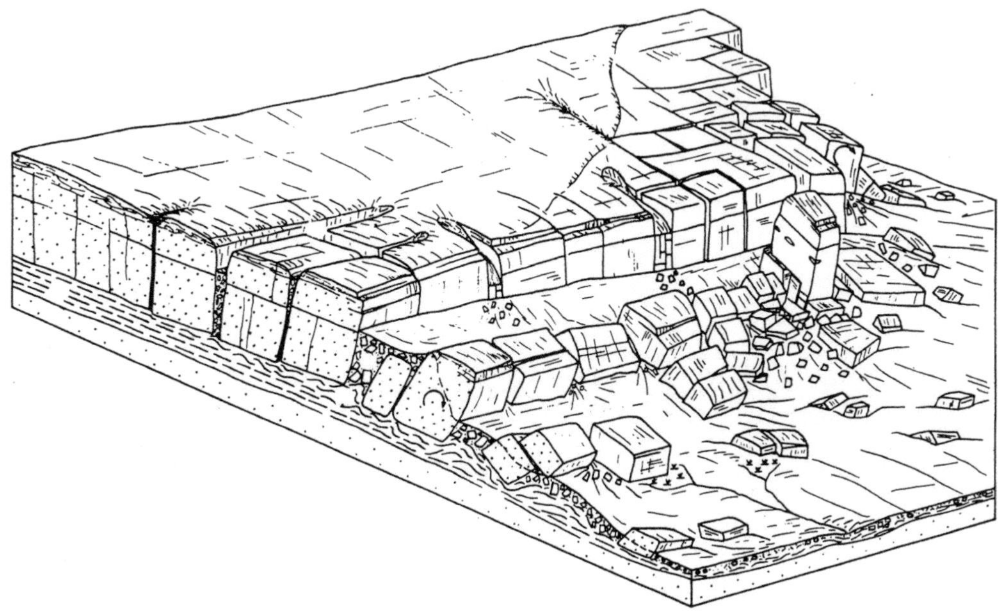

■ **Abb. 15.41** Driften und Blockkriechen im Elbsandsteingebirge bei Berggießhübel (Labiatus-Sandstein auf Lohngrund-Mergel, Oberkreide, nach Johnsen 1984)

anstehenden quarzitischen Sandsteine der Kreideformation bilden steile Felswände und Felstürme, während die Zwischenschichten und besonders einige tonige Grenzhorizonte stärker verwitterungsanfällig und plastifizierbar sind. Klengel und Richter (1992) erwähnen seit Beginn des 20. Jahrhunderts 21 Felsstürze an natürlichen Steilböschungen und 13 an Steinbruchwänden. Auslösende Ursachen sind nach Pohlenz (1979) Überlastung und Ausbrechen von tonigen Zwischenschichten, verstärkt durch Wasseraustritte, Kluftwasserschub nach anhaltenden Starkregen und z. T. Wurzeldruck. Abstandsmessungen zwischen Felstürmen oder großen Felsblöcken zur Einschätzung der Absturzgefährdung haben außer wärmebedingten elastischen Bewegungen bleibende Verformungen von jährlich bis zu 1 cm ergeben (Pohlenz 1984). Dommaschk (2009) berichtet über zwei größere Ereignisse seit der Jahrtausendwende: 2001 eine murenartige Rutschung bei Pirna und 2007 einen Felssturz bei Hohnstein. Hinzu kommen weitere Felsstütze bei Bad Schandau 2009 und 2014. Auch im Frühsommer 2016 gingen im Elbsandsteingebirge wieder zahlreiche Steinschläge und Felsstürze nieder. Im Sächsischen Landesamt für Umwelt und Geologie wird seit 2004 eine Felssturz- und Steinschlag-Datenbank geführt.

15.6.8 Tertiär

Von den sehr unterschiedlich ausgebildeten Schichtgliedern des Tertiärs sind besonders die Wechsellagerungen von Tonen und Feinsanden, aber auch Mergeltone mit Kalkmergelbänken sehr rutschungsanfällig. Auch hier wirkt wieder das Wechselspiel wasserführender Lagen auf toniger Unterlage mit, wobei besonders die dünnbankige, z. T. bändertonartige Wechsellagerung entsprechend anfällig ist. Außerdem enthalten zahlreiche dieser Tone recht hohe Anteile quellfähiger Tonminerale. Auch bei den Tertiärrutschungen muss zwischen flachen Rutschungen bis etwa 5 m Tiefe und tiefen bis sehr tiefen Rutschungen unterschieden werden.

Die **flachen Tertiärrutschungen** verlaufen größtenteils in den Deckschichten und in der Umlagerungs- bzw. Verwitterungszone und

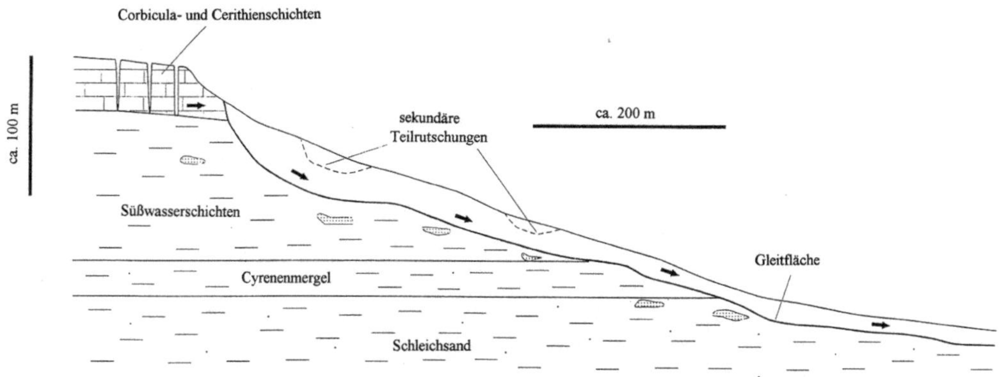

Abb. 15.42 Schichtaufbau und Ausbildung flacher Tertiärrutschungen, hier am Wißberg, Rheinhessen (aus Krauter 1996)

greifen, wenn überhaupt, nur flach in die anstehenden Schichten hinunter Abb. 15.42). Es handelt sich meist um abgeflachte Rotationsrutschungen oder kombinierte Rutschungen, z. T. auch Gleitungen, die häufig zu mehrfach rückschreitenden Rutschungen zusammengewachsen sind. Die Abflachung der Gleitfläche ist entweder darauf zurückzuführen, dass die Scherfestigkeiten in der Umlagerungszone wesentlich niedriger sind als in den tieferen Schichten, oder die Gleitflächen folgen den obersten sich anbietenden Schichtflächen im Tertiär.

Solche flachen Rutschungen an Tertiärhängen sind in den verschiedensten Größenordnungen und Erscheinungsformen weit verbreitet und meist auch keine Erstrutschungen, sondern die Hänge sind überdeckt mit einer Vielzahl älterer Rutschungen, die aufgrund der insgesamt flachen Hangformen häufig nur von einem geübten Auge erkannt werden. Die Neigungen solcher Hänge betragen oft nur 6–10°. Meist genügen kleine Eingriffe in das Hanggleichgewicht und (oder) stärkere Niederschläge, um wieder Bewegungen auszulösen.

Besonders rutschungsanfällig sind auch hier mächtige wasserwegsame Kalksteine auf toniger Unterlage wie die miozänen Kalksteine des Rheinhessischen Plateaus über oligozänen Tonen (Abb. 15.43 und Krauter und Steingötter 1983; Krauter 1996; Bürkle und Kuntsche 2005; Krauter et al. 2012). In den tonigen

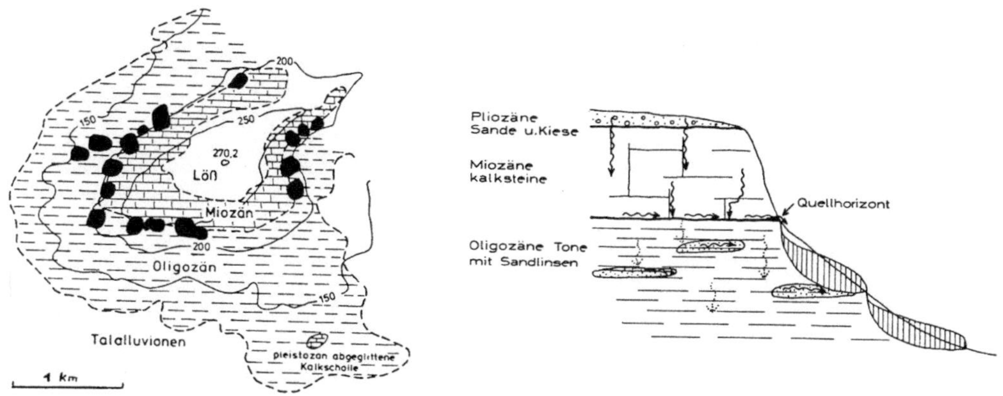

Abb. 15.43 Anhäufung von Rutschungen am Wißberg, Rheinhessisches Kalksteinplateau (aus Krauter und Steingötter 1983)

Umlagerungsmassen dieser flachen Tertiärhänge finden sich oft mehrere hundert Meter unterhalb noch abgeglittene Kalksteinblöcke und -schollen.

Die beschriebenen Rutschungstypen sind aus fast allen Tertiärgebieten bekannt, wobei hier, nur um einige aufzuzählen, das Mainzer Becken (Lauber 1941; Wagner 1941; Kümmerle 1986, darin Lit.), die Niederhessische Senke, aber auch der Ausstrich des Tertiärs zwischen Albsüdrand und Donau (Gwinner et al. 1974) und in Niederbayern sowie die Ränder des Westerwaldes und des Siebengebirges (Heitfeld et al. 1977) erwähnt werden sollen.

Außer diesen weit verbreiteten Flachrutschungen treten im Tertiär auch immer wieder überraschend **tief reichende Rutschungen** auf. Beurer und Prinz (1977) berichten von tiefen Entlastungsbrüchen auf Trenn- bzw. Schichtflächen im Tertiär des Vogelsbergvorlandes, die beim Bau der BAB A45 aufgetreten sind. Außer solchen Erstrutschungen infolge tief reichender menschlicher Eingriffe sind an Tertiärhängen häufig auch tief reichende alte Rutschungen verborgen, die z. T. noch rezent in Bewegung sind (Krauter et al. 1979, 2012) oder aber durch junge Erosion (◘ Abb. 15.44 und Baumann 1985; Schaak und Wagenplast 1985) oder menschliche Eingriffe (Koerner 1985) wieder ausgelöst werden. Sommer (1978) berichtet auch von einem Belastungsfall, bei dem durch Schüttung eines 12 m hohen Autobahndammes an einem flachen Tertiärhang eine 15–20 m tief reichende Rutschung ausgelöst wurde (◘ Abb. 15.45). Besonders erwähnt werden müssen hier auch die teilweise sehr tief reichenden Rutschungen in Braunkohletagebauen (► Abschn. 13.4.3).

Eine Sonderstellung in der Tertiärformation nehmen die vulkanischen Gesteine in Form von Basaltkuppen und -decken sowie Basalttuffen ein. Letztere treten als Umrandung von Basaltschloten und als teilweise mehrfache Zwischenlagen in Basaltdecken auf. Wo die harten, wasserdurchlässigen Basalte auf toniger Unterlage am Hang ausstreichen, ist ebenfalls wieder die berüchtigte, schon mehrfach angesprochene Voraussetzung für Hangrutschungen aller Größenordnungen gegeben. Als tonige Unterlage von Basalten kommen sowohl devonische Tonschiefer des Rheinischen Schiefergebirges (► Abschn. 15.6.1) als auch triassische (► Abschn. 15.6.3) und tertiäre Sedimente sowie Tuffite und Tuffe in Betracht. Feinkörnige, vertonte vulkanische Tuffe und Tuffite (► Abschn. 13.4.3) sind i. Allg. sehr wasser- und verwitterungsempfindlich, verlieren dann ihre Festigkeit und zerfallen bei mechanischer Beanspruchung. Diese Empfindlichkeit beruht in erster Linie auf den z. T. hohen Tongehalten (30–60 %) und den vielfach recht hohen Anteilen an quellfähigen Tonmineralen (60–90 %).

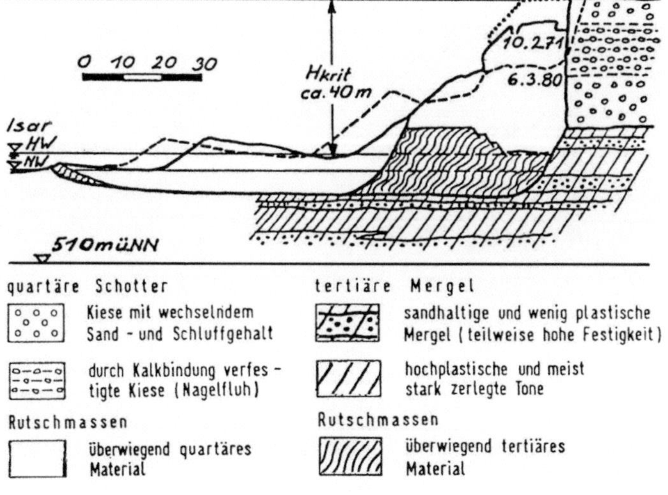

◘ **Abb. 15.44** Kinematik einer Großrutschung an den Isarhängen bei München (nach Baumann und Gallemann 1995)

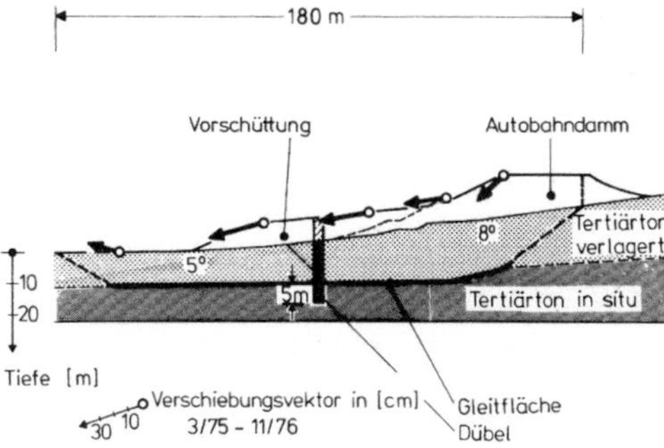

Abb. 15.45 Bewegungsmechanismus und Tiefenwirkung einer durch eine Dammschüttung ausgelösten Rutschung. Sanierung durch Vorschüttung und Großdübel (aus Sommer 1978)

Die Bruchscherfestigkeiten von sehr steifen bis halbfesten Tuffen und Tuffiten liegen i. Allg. zwischen $\varphi = 16°$ und 27°, mit Mittelwerten von $\varphi = 20–23°$, $c = 20\ kN/m^2$. Zu beachten ist das ausgeprägte Restscherfestigkeitsverhalten mit $\varphi_R = 8–12°$ und die in dünnen Lagen angereicherten erhöhten Ton- und Montmorillonit- bzw. Smektitgehalte. Genauere Untersuchungen darüber liegen bis jetzt nur von den alttertiären Trachyttuffen des Siebengebirges vor (Heitfeld et al. 1985; Müller 1987), doch lassen sich diese Ergebnisse mittels Vergleichsversuchen auch auf andere mitteleuropäische Vulkangebiete übertragen (z. B. Westerwald).

Rutschungen von Basalten auf toniger Unterlage und auch Rutschungen in mächtigen Tuffen oder tuffitischen Serien finden sich in allen Randgebieten von größeren Basaltvorkommen, seien es Einzelkuppen wie im Siebengebirge (Heitfeld et al. 1977, 1985; Müller 1987) oder in größeren zusammenhängenden Basaltgebieten wie dem Westerwald, dem Vogelsberg und der Hohen Rhön. Die Rutschungen zeigen häufig große Ähnlichkeit mit den eingehend beschriebenen Massenverlagerungen an der Röt-Muschelkalk-Grenze und sind weitaus häufiger, als angenommen wird. Viele der bisher als selbstständige Vorkommen auskartierten Basalte in der Rhön sind z. B. solche alten Rutschkörper. Die Rutschungen haben z. T. Ausmaße von mehreren 100 m und können in Einzelfällen sehr tief reichen (Beurer und Holtz 1988). Es handelt sich meist um kombinierte Rutschungstypen mit steilen Abrissen im Basalt und oft lang gestreckten ebenen Gleitbahnen auf toniger Unterlage. Die Gleitbewegung führt zusammen mit gegenläufiger Rotation am oberen Abriss oft zu typischen grabenartigen Einsenkungen im oberen Teil der Rutschungen, in denen sich durch Einschlämmen von Feinmaterial gelegentlich sogar flache intermittierende Seen ausgebildet haben (Abb. 15.46 und Schmidt 1999, 2004).

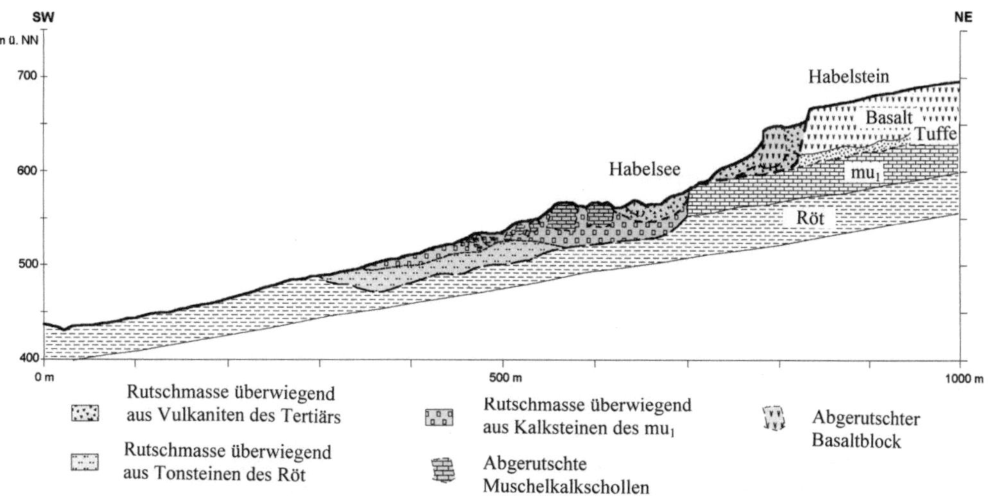

Abb. 15.46 Rutschung Habelsberg (hess. Rhön); wasserwegsame Basalte und Kalksteine des mu1 auf wasserstauenden Tonsteinen des Röt (aus Schmidt 1999)

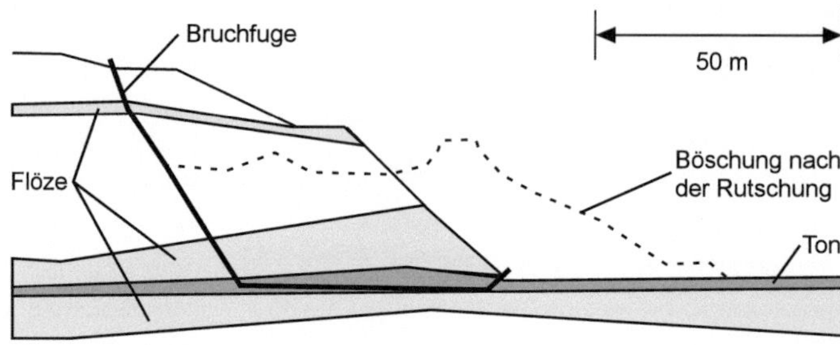

Abb. 15.47 Schema einer Tagebaurutschung im niederrheinischen Braunkohlerevier

Das flach geneigte Vorland solcher Basaltvorkommen ist häufig mit mächtigen **Basaltgeröllmassen und Basaltblocklehmen** bedeckt. Diese Schuttmassen sind ein sehr heterogen zusammengesetztes grobkörniges Kies-Ton-Gemisch mit unterschiedlichen Geröll- und Blockanteilen und einem Ton- und Schluffgehalt von durchschnittlich 10–30 %. Ab etwa 15 % Feinkornanteil besteht bei grobkörnigen Mischböden kein Korn-auf-Korn Stützgerüst der Grobfraktion mehr, und die Böden verhalten sich bei Beanspruchung wie bindige (tonige) Bodenarten. Bei Basaltblocklehmen kommt hinzu, dass der Feinkornanteil aus tonigem Basaltverwitterungslehm und tuffitischem Material besteht, das häufig hohe Anteile an quellfähigen Tonmineralen aufweist. Dies macht sich besonders bei der Scherfestigkeit der Basaltblocklehme bemerkbar. Diese Böden sind im erdfeuchten Zustand ohne Wassereinfluss gut standfest, neigen aber bei höheren Wassergehalten oder Sickerwassereinfluss zum Kriechen und bei Wasserüberschuss auch zum Fließen, sodass in niederschlagsreichen Gebieten von vornherein sehr flache Hangformen mit unruhiger Morphologie und z. T. gut erhaltenen Fließformen alter Geröllströme verbreitet sind. Bei starker Durchnässung und (oder) baulichen Eingriffen kommt es erneut leicht zu Rutschungen.

15.6.9 Braunkohlentagebau- und Kippenböschungen

Rutschungen an Braunkohlentagebau- und Kippenböschungen stellen in mancher Hinsicht Sonderformen von Massenbewegungen dar. An den tiefen **Tagebauböschungen** in den Tertiärsedimenten treten immer wieder von Grundbrüchen begleitete, mehrfach rückschreitende Gleitungen gem. ► Abschn. 15.3.3 auf, mit einem steilen und einem flachen Bruchflächenabschnitt, deren Rutschungsdimensionen große Ausmaße annehmen können (◘ Abb. 15.47). Die meist 60–70° steilen oberen Abbruchbereiche sind in vielen Fällen durch Bruchflächen vorgezeichnet. Die flach geneigten Bewegungsflächen folgen fast immer Schichtflächen, und zwar häufig der Oberfläche toniger Lagen unter Sandschichten. Ein weiterer ungünstiger Einflussparameter sind durch Setzungsvorgänge in der Braunkohle vorgegebene Flächen (z. T. mit Harnischen) sowie in der Lausitz auch glazigene, d. h. durch Be- und Entlastung bzw. Schubbeanspruchung während der pleistozänen Vereisung bedingte Lagerungsstörungen. Die Scherfestigkeitsparameter ungestörter stückiger Braunkohlen beschreiben Baille et al. (2012), s. d. ► Abschn. 2.8.6.

An in Abbau befindlichen Tagebauböschungen sind in den vergangenen Jahrzehnten aufgrund aussagekräftigerer Standsicherheitsuntersuchungen und verbesserter Abbautechniken kaum noch größere Böschungsbrüche aufgetreten. Die in letzter Zeit bekannt gewordenen Großrutschungen in Braunkohletagebauen betreffen fast nur **Tagebaurestlöcher und Kippenböschungen**. 2009 trat in Sachsen-Anhalt in einem in Flutung befindlichen Tagebaurestsee ein 350 m × 150 m messender Böschungsbruch auf, der ein Doppelhaus und die Hälfte eines Mehrfamilienhauses 100 m in die Tiefe riss, wobei drei Bewohner ums Leben kamen. Die Siedlung (8 Häuser) musste evakuiert und später endgültig aufgegeben werden. Sie stand auf einer ehemaligen Innenkippe. Als Ursache für das Rutschungsereignis werden vom Gutachter (Katzenbach und Werner 2014) eine verstärkt Wasser führende Rinnenstruktur im Tertiäruntergrund sowie ein vorausgegangenes seismisches Initialereignis mit einer Lokalmagnitude von $M_L = 1{,}0$ angenommen. Das seismische Initialereignis ist nach Gutachtermeinung auf den Einbruch eines Karsthohlraums im liegenden Zechsteinsulfat zurückzuführen (► Abschn. 4.2.3.2). Diese Meinung über die auslösenden Ursachen ist allerdings nicht zweifelsfrei nachvollziehbar.

Im Sommer 2016 trat bei den Sanierungsarbeiten (Rüttelstopfverdichtung) um diesen Tagebaurestsee, den Concordiasee bei Nachterstedt, erneut ein größerer Böschungsabbruch auf.

Kippenmaterial aus nahezu gleichkörnigen Feinsanden mit Feinanteilen von <20 % weist besonders in den oberen 10–15 m lockere bis sehr lockere Lagerung auf. Soweit solche Kippen an einen Tagebaurestsee grenzen, besteht die Gefahr des **Setzungsfließens**. Dabei handelt es sich um einen Bruchvorgang mit Bodenverflüssigung, ausgelöst durch Porenwasserdruckanstieg, der eine Kettenreaktion auslösen kann, in deren Folge die Sande ausfließen und die höheren Schichten nachbrechen (► Abschn. 4.2.3.3 und Kudla et al. 2012, 2014). Gudehus et al. (2015) beschreiben die Vorgänge von der Flutung des unteren Böschungsbereichs und dem Anstieg des Porenwasserdrucks bis zur Stabilitätsgrenze des Systems.

Die Stabilität derartiger teilweise gefluteter Kippenböschungen kann mit den gängigen Berechnungsmethoden nicht erfasst werden. Für eine Bewertung ist man zunächst auf Feldbeobachtungen angewiesen. Besonders gefährdet sind hohe und steile Böschungen mit einem Verhältnis von $h \times \tan \beta < 0{,}2$ (mit einem Maximum <0,7) und Einstau des Böschungsfußes.

Bei Tagebaukippenrutschungen werden demnach zwei Typen unterschieden: normale Böschungsbrüche mit vorwiegend Vertikaldeformationen und weitreichende Fließrutschungen. Wichter (2011) beschreibt eine ganze Anzahl größerer **Fließrutschungen an Kippenböschungen** von in Flutung befindlichen Tagebaurestlöchern in der Lausitz. Mit ansteigendem Wasserspiegel werden die Böschungen eingestaut, der untere Teil der Kippenböschungen gerät zunehmend unter Auftrieb, und die gleichkörnigen Mittelsande werden aus geringem Anlass instabil und fließen innerhalb weniger Minuten aus. Die Fließrutschungen erfassen teilweise einige tausend Quadratmeter und bis zu mehrere Millionen Kubikmeter. Diese Probleme sind manchenorts unterschätzt worden, sodass in einigen Fällen verkippte Randbereiche von Tagebaurestseen wieder gesperrt werden mussten.

Zur Stabilisierung der Uferbereiche reichen Abflachungen oder Anschüttungen meist nicht aus. Die einzige Möglichkeit, diese Kippenböschungen vorab zu stabilisieren, ist, die Sande bis in größere Tiefen zu verdichten. Durch partielle Verdichtung können auch sog. „verdeckte Dämme" angelegt werden, die dem Druck der dahinter liegenden lockeren Kippenbereiche standhalten sollen. Nach Wichter (2011) und Gudehus et al. (2015) kommen zur Bodenverdichtung folgende Methoden in Betracht:

- dynamische Intensivverdichtung (► Abschn. 7.2),
- Rütteldruckverdichtung (► Abschn. 7.2),
- Sprengverdichtung,
- Verdichtung mit Luftkanonen,
- Verdichtung mit Hochdruckwasserstrahlen.

Als Erfolgsnachweis dienen außer den erzeugten „Setzungsvolumina" Drucksondierungen vor und nach der Verdichtung.

Sprengverdichtung wird seit vielen Jahrzehnten besonders zur Stabilisierung großer unbebauter Flächen mit Erfolg eingesetzt (Gudehus et al. 2015). Die dynamische Intensivverdichtung hat nur eine begrenzte Wirkungstiefe von max. 15 m. Rütteldruckverdichtung ist eine besonders über dem Grundwasser häufig eingesetzte Methode, die mit Auslegergeräten auch auf Flächen eingesetzt werden kann, deren Betreten zu gefährlich ist. Bei allen diesen Maßnahmen ist der Wasserabfluss zu gewährleisten.

15.6.10 Quartär

Der in Norddeutschland weit verbreitete Geschiebemergel, ein gemischtkörniger Boden mit einer großen Bandbreite der Bodenkennwerte, bildet an Flusstälern oft hohe und z. T. steile Böschungen, an denen beim Zusammentreffen ungünstiger Umstände Böschungsbrüche und Rutschungen auftreten können.

Wo sich im Voralpengebiet nacheiszeitliche Flusssysteme in eiszeitliche Schmelzwassersedimente und Moränenkiese eingeschnitten haben, treten insbes. bei Grundwasserführung der Kiesschichten häufig schaufelförmige Abbrüche bzw. mächtige alte Rutschmassen auf, die bei Starkregenereignissen nicht selten wieder Bewegung zeigen (◘ Abb. 15.48). Die Beckentone weisen oft eine tiefgründig weiche Konsistenz und entsprechend niedrige Scherfestigkeit auf.

Auch in Bändertonen des norddeutschen Tieflands sind beim Bau des Eisenbahneinschnitts Rosengarten bei Frankfurt/Oder in den Jahren 1910 bis 1925 mehrfach Rutschungen aufgetreten, die auch heute noch Probleme bereiten (s. Heym 2005).

Besonders zu erwähnen sind hier auch die gebietsweise unterschiedlich verfestigten Konglomerate dieser Zeit, die örtlich bis zu 50 m hohe Konglomeratwände bilden und gelegentlich Felssturzereignisse aufweisen. Im Jahr 2010 stürzte in Stein a. d. Traun (Oberbayern) an einer 10–15 hohen, z. T. überhängenden Wand in solchen unterschiedlich stark verfestigten Konglomeraten ein Felsblock von >400 m^3 ab, zerstörte ein Wohnhaus und forderte zwei Menschenleben (Thuro und Bundschuh 2012).

Rezente flache Rutschungen in den quartären Deckschichten treten in fast allen geologischen Einheiten auf und sind bei den einzelnen Abschnitten angesprochen worden. Die Gefahr von niederschlagsbedingten Hangrutschungen ist besonders bei wasserwegsamen Hangschuttmassen gegeben oder wenn zeitweise wasserführende Horizonte über wasserstauenden Schichten am Hang ausstreichen. Am Albaufstieg der BAB A8 (Drackensteiner Hang) sind 1994 nach Extremniederschlägen von 82 mm/d tonig-steinige Hangschuttmassen der Impressamergel (Oberjura, ehem. Malm a) als Erd- bzw. Schlammstrom auf die Fahrbahnen

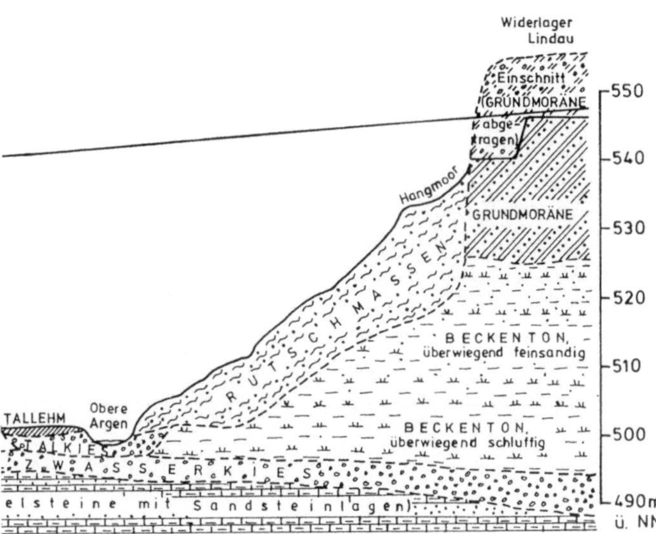

◘ **Abb. 15.48** Instabile Talflanke an der Talbrücke der A96 über die Obere Argen (nach Wagenplast 2005)

der Autobahn gelangt (Brodbeck 2010). Rohn und Ruff (2005) beschreiben eine ganze Reihe von Rutschungen in den Deckschichten des Schwarzwaldes. Im Juni 1994 waren im Renchtal nach Extremniederschlägen (177 mm in 90 Min.) zahlreiche solcher Flachrutschungen und Böschungs- oder Hangabbrüche zu verzeichnen. Bei einer derartigen Häufung solcher Ereignisse kann es in den Bachläufen zu Murgängen kommen. Auch in den niederschlagsreichen Frühsommern 2013 und 2016 mit einigen extremen Starkregenereignissen sind verbreitet solche Oberflächenrutschungen aufgetreten.

Umweltschadstoffe, geologische Barriere, Untertagedeponien, Bergbaufolgen, Methan- und Schiefergas

H. Prinz, R. Strauß, *Ingenieurgeologie*,
https://doi.org/10.1007/978-3-662-54710-6_16

Die Nutzungsmöglichkeiten des Untergrundes bis in Tiefen von mehreren tausend Metern werden maßgeblich vom geologischen Aufbau und den hydraulischen und geotechnischen Eigenschaften des Gebirges bestimmt. Zu den althergebrachten Vorhaben des Bergbaus, der Grundwasser- bzw. Mineral- und Heilwassergewinnung sowie der Erdöl- und Erdgasförderung und gebietsweise auch der der Kali-Endlaugen- oder Prozesswasserversenkung kommen heute Projekte von Untertagedeponien und der Speicherung von Kohlenwasserstoffen (► Abschn. 16.3), der CO_2-Speicherung (► Abschn. 16.3.3), der Schiefergasgewinnung (► Abschn. 16.5.2), der tiefen Geothermie (► Kap. 20) und nicht zuletzt geologische Tiefenlager für radioaktive Abfälle (► Abschn. 16.3.2) hinzu.

Gegenstand des Bergrechts in Deutschland ist derzeit sowohl die Aufsuchung und Gewinnung von unterirdischen Rohstoffen als auch die Nutzung des Untergrundes für Zwecke der Energieversorgung oder -speicherung sowie für Anlagen zur Deponierung gefährlicher Stoffe. Die derzeitige Rechtslage zwischen der bergrechtlichen Nutzung des Untergrundes und der Raumordnungsplanung (Wasser- und Umweltrecht) bedarf einer einheitlichen Regelung in Form einer Art von **unterirdischen Raumplanung** (Hellriegel 2013). Dabei sind von vornherein zwei gegensätzliche Vorstellungen auf einen Nenner zu bringen: das Vorsorgeprinzip im Wasser- und Umweltrecht, bei Unsicherheiten ein Vorhaben nicht zuzulassen, und im Bergrecht, wonach ein Projekt erst einmal zugelassen und später über nachträgliche Änderungen der Betriebspläne angepasst werden kann.

16.1 Umweltschadstoffe, Grundbelastung

Die Untersuchung und Bewertung von Umweltschadstoffen ist seit Einführung des Bundesbodenschutzgesetzes (BBodSchG) und des untergesetzlichen Regelwerks der Bundesbodenschutz- und Altlastenverordnung (BBodSchV) im Jahre 1999 bundeseinheitlich geregelt (derzeit gültige Fassung 2010). Die Gefährdungsabschätzung basiert auf chemischen Analysenergebnissen gem. Anhang 1 der BBodSchV, in der sowohl die Probenvorbehandlung als auch die Extraktions- und die Analysenverfahren festgelegt sind. Die Untersuchungen erfolgen getrennt für die Wirkungspfade Boden-Mensch, Boden-Nutzpflanze sowie Boden-Grundwasser. In die Untersuchungen ist ggf. auch die Bodenluft einzubeziehen. Die Bewertung erfolgt anhand von Tabellenwerten der BBodSchV, Anhang 2. Bodenluftwerte sind in der BBodSchV nicht definiert, wohl aber in einigen Verwaltungsvorschriften der Bundesländer. Weitere Schutzgüter sind Gewässer einschließlich Grundwasser (Wasserhaushaltsrecht, WHG, ► Abschn. 4.4.1) und die Luft (Immisionsschutzrecht, BImSchG 1990). Zur Frage von Altlasten und ihrer Behandlung wird auf die 4. Auflage (2006) und die zwischenzeitliche Vorschriftenlage verwiesen.

Nach dem Grundgedanken, dass es im Wasser- und Bodenschutzrecht keine unterschiedlichen Beurteilungsmaßstäbe hinsichtlich der Gefährdungseinschätzung geben darf, sind entsprechend den Prüfwerten der BBodSchV für den **Wirkungspfad Boden-Grundwasser** mit der Grundwasserverordnung (GrwV, Fassung 2010) auch für das Grundwasser sog. Schwellenwerte eingeführt worden (► Abschn. 4.4.1). Die GrwV enthält darüber hinaus auch eine Auflistung weiterer möglicher Umweltschadstoffe. Ein Grundwasserkörper, der nicht den Anforderungen der GrwV (Schwellenwerte) entspricht, gilt als gefährdet.

16.1.1 Geogene und ubiquitäre Grundbelastung

Die geogene Grundbelastung wird bestimmt durch die lithologischen Gehalte des Ausgangsgesteins. Die ubiquitäre Belastung eines Bodens setzt sich zusammen aus der geogenen Grundbelastung und den Stoffeinträgen als Folge normaler menschlicher Tätigkeiten.

Die **geogene Grundbelastung** weist besonders bei Eisen, Mangan, Nickel, Chrom, Kupfer, Blei, Zink und z. T. auch Arsen sowie bei Sulfat und Chlorid oft Werte auf, die z. T. weit oberhalb aller Richtwerte liegen ◘ Tab. 16.1.

Regional treten besonders bei Chrom (variszische Tonschiefer, Grundgebirge), Nickel (Vulkangebiete) oder Arsen (Erzgebirge, Vogtland – s. Metzner et al. 1994) Tabellenwertüberschreitungen auf. Das Gleiche gilt für die zahlreichen Erzbegleitminerale (Arsen, Blei, Cadmium Chrom, Kobalt, Kupfer, Molybdän, Nickel, Quecksilber, Vanadium, Zink) in den Ausstrichgebieten des Kupferschiefers (Zechstein), des Unter- und Mitteljura (Oolithbänke, Ölschiefer, Posidonienschiefer) und auch spezieller erzhaltiger Bänke des Keupers (Vitriolschiefer des ku1), im Muschelkalk (Bleiglanzbank, mu1/2) oder auch Tertiär (Pechelbronner Schichten, Fischschiefer – s. Haid und Hammer 2009). Nach Heyer et al. (2012) sind bei der Erweiterung des Flughafens München in oberflächennah anstehenden organischen Tonen Arsengehalte von i. M. 160 mg/kg, vereinzelt von >500 mg/kg Trockensubstanz angetroffen worden. Das Arsen stammt ursprünglich aus der Oberen Süßwassermolasse (sog. Flinz) und ist

◘ **Tab. 16.1** Geogene Grundbelastung einiger Elemente in tertiären und quartären Lockergesteinen des Rhein-Main-Gebiets in mg/kg TS (nach Hess. LA Bodenforschung, Spalten 6–9 ergänzt)

	1	2	3	4	5	6	7	8	9
	Glimmersand	Tone bis karbonatische Tone	Mergelsteine	Karbonate bis tonige Karbonate	Basaltzersatz	Lösslehm		Löss	
	n = 3	n = 7	n = 3	n = 4	n = 2	n = 5	n = 36	n = 15	n = 34
As	3–8	9–69	5–35	6–19	3–11	nn–14	3–9	nn	1–7
B	11–235	10–220	30–226	14–113	4–21	nn–18	–	–	–
Cd	<0,05	<0,05–0,12	0,06–0,14	<0,05–0,11	<0,05	nn	nn	nn	nn
Cr	341–591	66–149	29–144	<8–26	406–452	104–124	16–51	72–106	11–39
Ga	10–11	9–22	6–14	2–6	29–32	10–14	–	1–6	–
Ni	155–183	22–91	26–84	5–27	56–78	39–46	29–49	32–42	18–48
Pb	11–14	15–26	16–20	5–9	9–22	16–24	13–38	7–19	10–22
Ti	2636–3235	1917–6349	1018–2935	120–1078	18569–19827	4792*	–	–	–
U	<3–5	<3–7	<3–6	<3–5	<3–4	nn	–	nn	–
V	70–98	54–141	29–102	<8–32	178–425	56–95	–	46–63	–
Zn	50–70	28–92	29–71	8–25	33–36	39–69	18–75	30–49	15–60
Zr	106–185	114–276	61–100	6–37	320–323	463–562	–	347–456	–

Hinweis: Die Werte in den Spalten 1–6 und 8 wurden röntgenspektrometrisch bestimmt (Ausnahme Cd), in den Spalten 7 und 9 nach Königswasseraufschluss gem. DIN 38414, s. Text (Unterbefunde bei Cr); nn = nicht nachweisbar (<Nachweisgrenze); * nur ein Wert (Hess. LA Bodenbodenforschung)

16

mit aufsteigendem sauerstoffarmem Grundwasser an die Oberfläche gelangt. Arsen kann auch in Ausscheidungen von Mineralwässern auftreten (s. Rosenberg und Mittelbach 1996).

In Gebieten mit oberflächennah ausstreichenden vererzten Gesteinen und in Bergbaugebieten mit z. T. alten erzhaltigen Halden oder Sedimentationsbecken treten häufig auch Schwermetallgehalte im Grundwasser und in den örtlichen Vorflutern auf, welche die Schwellenwerte der GrwV bzw. anderer Grenzwerte überschreiten können (Rosner et al. 2012).

Die gebietsweise vorhandene Radonbelastung wird in ► Abschn. 4.3.3.2 thematisiert.

16.1.2 Schadstoffgruppe der Kohlenwasserstoffe

Eine Übersicht über die verschiedenen Kohlenwasserstoffverbindungen gibt ◘ Abb. 16.1. Eine ubiquitäre Hintergrundbelastung mit chlorierten Kohlenwasserstoffen die entgegen früherer Annahmen teilweise auch natürlichen Ursprungs sein können, ist heute keine Seltenheit mehr. Leichtflüchtige aromatische Kohlenwasserstoffe der **BTXE-Gruppe** sind Benzen, Toluen, Xylen und Ethylenbenzen. Sie sind bedingt wasserlöslich und damit in der Geosphäre relativ mobil. Eine weitere unangenehme Eigenschaft ist, dass einige dieser Stoffe die handelsüblichen PE-Rohre diffusiv durchdringen (sog. Permeation), was schon wiederholt zu Umweltschäden geführt hat.

Polycyclische aromatische Kohlenwasserstoffe (PAK bzw. engl. PAH) umfassen eine Vielzahl von Einzelverbindungen, von denen etwa 40 öko- und humantoxikologisch relevant sind. In der häufig verwendeten EPA-Liste (Environmental Protection Agency, USA 1982) sind 16 davon aufgeführt. PAK werden z. B. nicht nur bei industriellen Prozessen freigesetzt, sondern treten auch als Abbauprodukte bei natürlichen Verbrennungsvorgängen auf. Außer den ubiquitären Einträgen treten auch lokale Kontaminationen auf, z. B. durch Autoabgase, Reifenabrieb von Asphaltstraßen und aus Klärschlammkomposten. Durch ihre geringe Wasserlöslichkeit reichern sie sich in der feinkörnigen Bodenmatrix an.

Bei den **unchlorierten Kohlenwasserstoffen** handelt es sich um mehrere Stoffgruppen, die in der Natur nicht vorkommen und daher

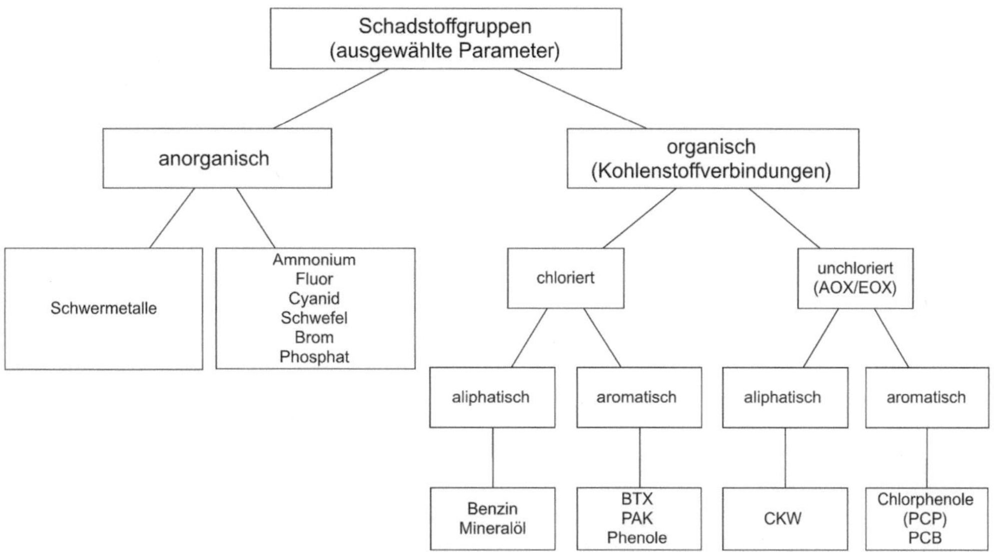

◘ **Abb. 16.1** Übersicht über die Schadstoffgruppen der Kohlenwasserstoffverbindungen

anthropogene Beeinflussung anzeigen. Die vorherrschenden Umweltschadstoffe sind die aliphatischen Chlorverbindungen (CKW), die Chlorbenzole und -phenole sowie die PCBs und die polychlorierten Dioxine und Furane.

Polychlorierte Biphenyle (PCB) wurden bis in die 1980er-Jahre als Isolier- und Kühlflüssigkeit sowie als Weichmacher in Kunststoffen, Dichtungsmassen, Isoliermitteln und auch in Lacken verwendet. Ihre Produktion ist in Deutschland seit 1989, weltweit seit 2004 verboten. PCBs sind nicht wasserlöslich; sie sind an die Bodensubstanz bzw. an die Schwebstoffe gebunden und daher ubiquitär anzutreffen.

Polychlorierte Dibenzodioxine (PCDD) und Dibenzofurane (PCDF) entstehen als Begleitprodukte z. B. bei der Herstellung von Flammschutzmitteln und Pflanzenschutzmitteln sowie bei Verbrennungsprozessen unter Anwesenheit von Chlor bzw. Brom, aber auch durch Verbrennen behandelter Holzreste (Spanplatten, Möbelstücke) und besonders PCB-haltiger Dichtungsmassen.

Dioxine und Furane sind nahezu wasserunlöslich und im Boden gebunden. Sie werden landesweit immer wieder festgestellt. Dioxine natürlichen Ursprungs wurden Ende der 1990er-Jahre und auch 2004 in Tonrohstoffen des Westerwaldes gefunden. Ihre Herkunft wird als Auswirkung des Vulkanismus angesehen. Darüber hinaus wird das Auftreten von Dioxinen und Furanen meist auf diffusen Luftschadstoffeintrag (sog. Schwebstaub) aus atmosphärischem Ferntransport oder lokalen Emissionen zurückgeführt. Untersuchungen haben gezeigt, dass schon in vor 100 Jahren abgelagerten Sedimenten des Bodensees Dioxine und Furane auftreten, deren Konzentration im Zeitraum 1940 bis 1950 stark ansteigt, aber ab 1975 wieder deutlich abnimmt. Der Ausstoß dieser Giftstoffe wurde zwar seit Anfang der 1990er-Jahre infolge technischer Fortschritte deutlich gesenkt, doch sind Dioxine im Boden extrem beständig, wie die Diskussion über erhöhte Dioxinwerte u. a. in Freilandeiern nach Einführung eines EU-Grenzwertes im Jahr 2005 gezeigt hat.

16.2 Untergrund als geologische Barriere für nichtradioaktive Schadstoffe

Der heutige Sicherheitsstandard für Deponien aller Art basiert auf dem aus den USA kommenden „Multi Barrier Concept" mit einem mehrfachen, dickenmäßig begrenzten, kontrollierbaren und ggf. reparierbaren Dichtungssystem unter Einbeziehung des natürlichen Untergrundes als zusätzlicher geologischer Barriere. Die Barrieren müssen so beschaffen sein, dass sie über ausreichend lange Zeiträume den Austritt von Schadstoffen verhindern oder zumindest so verzögern, dass die Schutzziele eingehalten werden.

Unter dem **Multi- oder Mehrbarrierenkonzept** versteht man in Deutschland folgende Systeme:

- 1. Barriere: die Auswahl des Deponiegutes (stoffliche Barriere),
- 2. Barriere: das technische Dichtungs- und Kontrollsystem (technische Barriere),
- 3. Barriere: ein möglichst dichter Untergrund (geologische Barriere).

Zielvorstellung für die **geologische Barriere** muss sein, dass diese langzeitlich die Rückhaltung bzw. Minderung des Schadstoffaustrags übernehmen kann. An einen geeigneten Standort müssen deshalb hohe Anforderungen bezüglich Mächtigkeit, Dichtigkeit und Mineralogie des Barrieregesteins gestellt werden, wobei man sich darüber im Klaren sein muss, dass es kaum einen absolut „dichten" Standort gibt. Dies zeigen letztlich zahlreiche Beispiele in der Natur, die belegen, dass über lange Zeiträume auch Tone in der oberflächennahen Auflockerungszone für eine Ionenwanderung durchlässig sein können, wie die Bildung von Kalkkonkretionen oder Gipsrosetten in der Anwitterungszone von kalkhaltigen Tonen bzw. solchen mit fein verteiltem Pyrit zeigt. Auch tief reichende Entfärbung und Verwitterung oder eine kalk- und sulfatfreie Oberzone sind Anzeichen von Wasserbewegung und Ionenwanderung. Andererseits bilden Tongesteinsserien oft eine wirkungsvolle Begrenzung von

Grundwasserstockwerken oder als Abdeckhorizont von Kohlenwasserstoffvorkommen, und es sind Beispiele für eine fast uneingeschränkte Isolationskapazität von Tonen bekannt, wie die gut erhaltene organische Holzsubstanz von 2 Mio. Jahren alten Baumstämmen in einer Tongrube in der italienischen Provinz Umbrien belegt. Dieses **Naturanalogon** gilt auch für den Einschluss von radioaktiven Stoffen, wie zahlreiche Uranerzlagerstätten zeigen, die teilweise von weniger als 50 m Deckschichten wirksam eingeschlossen sind (s. d. NAGRA informiert 22/2006).

16.2.1 Anforderungen an Barrieregesteine

Die Anforderungen an den Untergrund als geologische Barriere sind abhängig von der Art der Abfälle. Als Barrieregesteine kommen in erster Linie tonig-schluffige Gesteinsserien in Betracht, die nicht nur Grundwasserhemmer bzw. Grundwasserstauer darstellen, sondern aufgrund ihres Tonmineralanteils auch erhebliche Schadstoffrückhalteeigenschaften aufweisen. Für eine Standortbeurteilung sind folgende Faktoren maßgebend:

- Tone oder Tonsteine in entsprechender Dicke und mit günstiger Tonmineralogie,
- schwaches oder latent ausgebildetes Trennflächengefüge,
- keine oder nur geringe fazielle oder tektonische Anisotropien,
- geringe Gebirgsdurchlässigkeit und Wasserbewegung,
- geringe Grundwasserneubildungsrate,
- Möglichkeiten des Nachdichtens bzw. Umschließens bei einem Störfall.

Als Barrieregesteine kommen in Deutschland in Betracht:

- mächtige tonige Verwitterungsbildungen oder Verwitterungslehme,
- tonig-schluffiger Geschiebemergel,
- Beckentone,
- tonig-schluffige Serien des Tertiärs (z. B. Rupelton, Reuverton),
- Tonsteine der Unterkreide,
- Tonsteine des Unter- und Mitteljura (z. B. Amaltheenton, Opalinuston),
- Tonsteine der Trias (z. B. Keuper- und z. T. Röttonsteine),
- Tonschiefer des Paläozoikums (z. B. Hunsrückschiefer).

Bei den möglichen Barrieregesteinen handelt es sich fast ausschließlich um Tongesteine. Sie weisen nicht nur eine sehr geringe Durchlässigkeit bzw. Permeabilität auf, sondern meist auch eine chemische Pufferwirkung und ein Rückhaltevermögen nicht nur für Schadstoffe, sondern auch für Radionuklide. Allgemein gilt, dass Tongesteinsserien mit einem Tonanteil von 60–80 % den Mindestanforderungen in Bezug auf die Gesteinsdurchlässigkeit weitgehend entsprechen (Hoth et al. 2007).

Die Durchlässigkeit des Gebirges wird fast ausschließlich vom Trennflächengefüge bestimmt. Trennflächen in Tongesteinen neigen unter bestimmten Umständen dazu, sich im Laufe der Zeit zu verschließen und ihre hydraulische Wegsamkeit zu verlieren. Diese sog. **Selbstabdichtung von Tonsteinen** ist in den vergangenen Jahrzehnten für oberflächennahe Standorte verneint worden. Das Thema erhält aber in Zusammenhang mit der Tiefenlagerthematik wieder Bedeutung. Nach neueren Untersuchungen (Bock et al. 2010) ist die Selbstabdichtung und Rückbildung von Rissen in Tongesteinen in größeren Tiefen gut belegt. Sie ist auf verschiedene physikalische und chemische Mechanismen zurückzuführen, z. B. Quellen von Tonmineralen bei geringstem Wasserzutritt, Mineralumbildungen und Rekristallisationsvorgänge der Lösungsinhalte des Poren- und Kluftwassers in Abhängigkeit von den Druck- und Temperaturbedingungen der jeweiligen Tiefenlage.

Die einzelnen Tongesteine sind selten homogen, vielmehr treten außer dem Trennflächengefüge häufig auch petrographische Inhomogenitäten in Form von sandigen Lagen,

Sandstein- oder Kalksteinzwischenschichten und anderen Einlagerungen auf, die eine erhöhte Wasserwegsamkeit bewirken. Diese Unsicherheiten hinsichtlich der Homogenität müssen durch eine möglichst große Mächtigkeit der Barrieregesteine ausgeglichen werden.

In den mächtigen Tonsteinserien (z. B. Opalinuston, Unterkreide-Tonsteine) werden gem. ► Abschn. 3.4.2 allgemein drei **Zonen der Gebirgsdurchlässigkeit** unterschieden (◘ Abb. 16.2): Eine oberflächennahe Verwitterungszone mit einer Durchlässigkeit von 10^{-8} bis 10^{-10} m/s, die bis durchschnittlich 5–15 m unter Gelände reicht. Darunter kann eine Zone entlastungs- und klüftungsbedingter Gebirgsdurchlässigkeit ausgehalten werden, mit *k*-Werten von 10^{-5} bis 10^{-6} m/s, die bis etwa 30 m unter Gelände reicht. Ab diesen Tiefen nimmt die Durchlässigkeit wieder auf Werte von 10^{-7} bis 10^{-9} m/s ab. Die tatsächliche Mächtigkeit der einzelnen Zonen ist von der jeweiligen Exposition, d. h. von der Hang- oder Tallage, abhängig. Eine Gebirgsdurchlässigkeit von 10^{-10} bis 10^{-12} m/s, wie sie für Endlagerbereiche gefordert wird, ist erst ab Tiefen von 200 m zu erwarten.

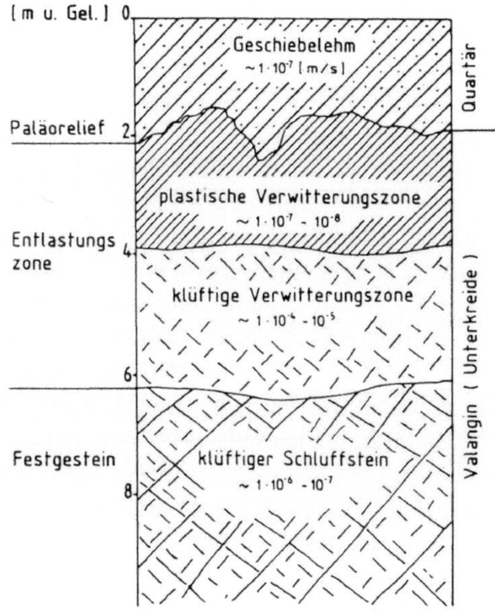

◘ **Abb. 16.2** Zonen der Gebirgsdurchlässigkeit in einem Tonsteinuntergrund, festgestellt im Bereich der SAD Münchehagen (aus Dörrhöfer und Fritz 1991)

Besonders zu beachten sind tektonische **Kluft- und Störungszonen**, deren hydraulische Leitfähigkeit sehr unterschiedlich sein kann und vorab schwer abzuschätzen ist (► Abschn. 3.5.2). In solchen Zonen wird eine teilweise deutlich erhöhte Gebirgsdurchlässigkeit beschrieben. Heil et al. (1989) sowie Dümmer und Müller (1990) berichten von einer durch Feldversuche ermittelten Gebirgsdurchlässigkeit von 2×10^{-5} m/s in mit steil stehenden Kleinstörungen durchzogenen Liastonsteinen am Rande der Herforder Liasmulde nahe den Scherbruchzonen der Osning-Störungszone. Auch vom Opalinuston der Schwäbischen Alb werden von Henkel (1990) erhöhte Durchlässigkeitswerte in Kluft- bzw. Störungszonen von $k = 10^{-5}$ m/s in 25 m Tiefe und von $k = 10^{-7}$ m/s in 51 m Tiefe beschrieben. Nach den bisherigen Erfahrungen ist damit zu rechnen, dass die Durchlässigkeit derartiger Zonen etwa einen Potenzexponenten höher ist als die großflächig ermittelten Durchschnittswerte (◘ Tab. 16.2). Erst in größeren Tiefen haben sich Störungszonen in Tonsteinen weitgehend als dicht erwiesen, was auf den Überlagerungsdruck und die natürliche Selbstabdichtung im Opalinuston zurückgeführt wird (Felslabor Mont Terri, Schweiz).

Die Frage, ob Störungszonen in tonsteinreichen Wechselfolgen neue Migrationswege schaffen, ist in erster Linie davon abhängig, in welchem Umfang Ton in die Bruchzone(n) eingeschleppt worden ist (sog. Clay-Smear-Prozess, s. Kleine Vennekate 2012 und ► Abschn. 3.5.1). Dabei kommt es darauf an, ob die Tonmembran die Bruchzone großflächig in der nötigen Dicke abdichtet. Oberflächennah ist wegen des niedrigen Spannungsniveaus damit zu rechnen, dass sich der Ton beim Schervorgang weitgehend spröde verhalten hat und nur einzelne Tonfragmente in die Bruchzone eingearbeitet worden sind. Eine solche Störungszone wird keine nennenswerte Dichtwirkung aufweisen. In größerer Tiefe und bei entsprechend höherem Spannungsniveau reagiert Ton dagegen weitgehend duktil, sodass sich eine dickere und zusammenhängende Tonmembran mit guter Dichtwirkung gebildet haben kann.

Tab. 16.2 Durch Feldversuche ermittelte Zonen der Gebirgsdurchlässigkeit und erhöhte Durchlässigkeiten an einzelnen Störungszonen (Lit. siehe Text)

Tonsteine Unterkreide (Niedersachsen)	Opalinuston (Nord-Bayern)	Opalinuston (Baden-Württemberg)	Lias-Tonstein (Herford)
<5–10 m $5 \cdot 10^{-9}$ m/s	10^{-9} bis 10^{-12} m/s	<5–15 m 10^{-8} m/s	
8×10^{-8} bis 8×10^{-6} m/s	10^{-5} bis10^{-6} m/s	4×10^{-5} m/s	
>30 m 1×10^{-7} m/s		>20 m 10^{-8} bis 10^{-9} m/s	
In Störungszonen		25 m: 10^{-5} m/s 51 m: 10^{-7} m/s	10^{-5} m/s

16.2.2 Wasserbewegung und Schadstofftransport

Der Transport von Schadstoffen im Untergrund erfolgt hauptsächlich mit dem Wasser. Allgemein lassen sich bei der Stoffmigration ein advektiv-dispersiver, vom Druckgradienten abhängiger und ein diffusiver, vom Konzentrationsgradienten abhängiger Stofftransport unterscheiden. Das Migrationsverhalten wird außerdem durch Sorptionsprozesse beeinflusst. Im Einzelnen können folgende Prozesse unterschieden werden:

- Advektion (Grundwassertransport) – häufig auch als Konvektion bezeichnet,
- Dispersion (Verteilung durch Vermischung),
- Diffusion (Konzentrationsausgleich aufgrund des Konzentrationsgefälles),
- Sorption (Summe aus Filtration, Ausfällung/Lösung, chemischer Bindung, Isotopenaustausch, Oberflächensorption, elektrostatische Bindung),
- Abbau (biochemischer Abbau oder Umbau).

In der **ungesättigten Zone** erfolgt die Sickerwasserausbreitung hauptsächlich der Schwerkraft folgend (vertikaler Transport) und zwar periodisch, je nach Sickerwasseranfall (▶ Abschn. 2.9.8). Bei Wechsellagerungen kann die Sickerwasserströmung in Abhängigkeit von der Raumlage der wasserwegsamen Schichten oder Klüfte auch deutlich von der vertikalen Ausbreitungsrichtung abweichen. Hinzu kommt, dass chemische und mikrobakterielle Abbau- und Sorptionsprozesse in der ungesättigten Bodenzone schneller ablaufen als im gesättigten Untergrund.

In der **gesättigten Zone** erfolgt eine ungehinderte Schadstoffausbreitung in Richtung des Grundwassergefälles durch Advektion und in geringem Maße auch quer dazu durch Dispersion.

Unter **Advektion** versteht man die passive Bewegung der Inhaltsstoffe mit der Grundwasserströmung. Die Fließbewegung des Grundwassers ist abhängig von der Porengröße und der Porenverteilung (Durchgängigkeit). Grobporen (Ø 10–50 µm und größer) sind schon bei geringen hydrostatischen Gradienten fließfähig. Die Untergrenze der durchflusswirksamen Porendurchmesser liegt im Mittelporenbereich, etwa bei 0,5 µm. In Feinporen mit <0,2 µm Durchmesser findet nur noch bei höheren Druckgradienten Fließbewegung statt (Saugspannungen, ▶ Abschn. 6.5.2). Hinzu kommen weitere Faktoren wie die chemische Beschaffenheit und Temperatur der durchströmenden Flüssigkeit sowie mobilitätsverändernde Mechanismen.

Unter **Dispersion** versteht man die Vermischung gelöster Stoffe im bewegten Grundwasser infolge unterschiedlicher Durchlässigkeit

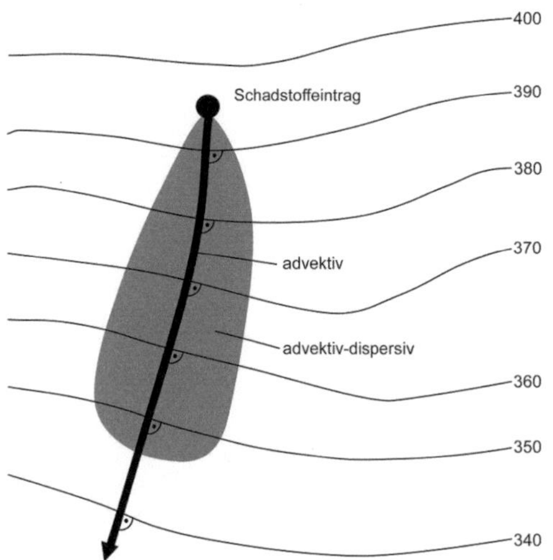

Abb. 16.3 Auswirkungen der Dispersion auf den Stofftransport im Grundwasser (nach Pfaff 1995, geändert)

und Fließbedingungen (longitudinale und transversale Dispersion, Abb. 16.3). Die Dispersion ist abhängig von der Fließgeschwindigkeit und der Dispersivität (ein Parameter der Porenraumgeometrie und der Körnung). Die Dispersionslänge α beträgt in Sanden und Kiesen Zentimeter bis z. T. Meter. In gering durchlässigen Böden ($k \leq 10^{-9}$ m/s; $v_a \leq 0{,}02$ cm/d) ist die Dispersion im Vergleich zur Diffusion relativ unbedeutend.

Mit abnehmender Durchlässigkeit und bei niedrigen Gradienten treten Strömungsvorgänge zurück. Als Migrationsform von gelösten Stoffen im Porenwasser überwiegt bei kleinen Filtergeschwindigkeiten die **Diffusion**. Dabei handelt es sich um einen passiven Konzentrationsausgleich von gelösten Stoffen zwischen Bereichen höherer und niedrigerer Konzentration. Die Grenze zwischen advektivem und diffusivem Stofftransport wird bei einem Durchlässigkeitsbeiwert von 10^{-12} m/s angenommen. Die Diffusion ist ein Transport von Atomen, Molekülen und Ionen in flüssiger oder gasförmiger Phase zwischen kommunizierenden Poren und im Schichtgitterraum der Tone. Die treibende Kraft sind der Konzentrationsgradient oder das Temperaturgefälle. Die Stoffe wandern von Bereichen hoher Konzentration in Bereiche niedriger Konzentration, bis im Porenwasser ein Konzentrationsgleichgewicht entstanden ist. Der Diffusionskoeffizient im Porenraum eines Bodens wird für die freie Lösung mit D_0 und als Summe aller behindernden Wechselwirkungen mit D_{eff} (in m/s) bezeichnet. Die Diffusionskoeffizienten der meisten gelösten Stoffe liegen in der Größenordnung von $D_o = 10^{-9}$ bis 10^{-11} m/s.

16.2.3 Schadstoffrückhaltung (Sorption)

Die Transportgeschwindigkeit von gelösten Stoffen im Grundwasser ist insgesamt betrachtet niedriger als die Fließgeschwindigkeit des Wassers selbst. Dieser Effekt beruht darauf, dass die Inhaltsstoffe in den Gesteinsporen oder an Kluftwänden teilweise zurückgehalten werden, wodurch der Transport von Inhaltsstoffen vermindert wird.

Die **Schadstofftransportprognose** im Grundwasser erfordert daher außer den genannten hydraulischen Parametern auch Angaben über die Schadstoffrückhaltung (Sorption), wobei zwischen Transportverzögerung (Retardation) und dem Rückhaltevermögen (Retention) zu unterscheiden ist. Die wichtigsten Sorptionsfaktoren sind Adsorption und Fällung (auch Mitfällung). Hinzu kommen Pufferung sowie Zerfalls- bzw. Abbauprozesse durch chemische und mikrobielle Vorgänge. Dieses Rückhaltevermögen für Schadstoffe wurde bis in die 1990er-Jahre auch als „Selbstheilungsvermögen" der Böden angesehen.

Schneider und Göttner (1991: 100) haben die mobilitätsverringernden Vorgänge für verschiedene Schadstoffgruppen wie folgt zusammengestellt:

Schwermetalle:	Fällung ≫ Mitfällung > Adsorption
polare Organika:	Abbau > Adsorption > Wasserlöslichkeit
unpolare Organika:	Wasserlöslichkeit ≫ Adsorption > Abbau

Die **Schadstoffrückhaltekapazität** hängt ab vom Tonmineralanteil (Korngrößeneffekt, Porenanteil, Porenraumstruktur) und der Art der Tonminerale, dem Kalkgehalt, dem Anteil an organischen Bestandteilen sowie dem pH-Wert des Gesteins und des Sickerwassers. Auch das Schwermetallangebot, die Kontaktzeit und die chemischen Wechselwirkungen spielen eine Rolle.

Ein Kalkgehalt bewirkt eine **Pufferung** von sauren Lösungen, was ein ausgeprägtes Schwermetall-Fällungsvermögen zur Folge hat.

In der Oxidationszone kommt es zur **Ausfällung** von Eisen- und Manganhydroxiden, unter Mitfällung zahlreicher Schwermetalle. Im sauerstofffreien Bereich bilden sich vorwiegend Eisen- und andere Schwermetallsulfide. Bei zahlreichen Oxidations- und Reduktionsvorgängen sind Mikroorganismen wesentlich beteiligt. Fällungsprodukte können zu einer Verringerung des durchflussnutzbaren Porenraums führen.

Die **mikrobiologische Aktivität** im Boden hängt ab von der Persistenz des Schadstoffes gegenüber biologischen Prozessen sowie dem Nährstoffangebot und den Milieubedingungen (pH-Wert, Eh-Wert, Feuchte u. a. m.).

Der maßgebende Faktor für die Schadstoffrückhaltung ist die **Adsorption** von Fremdatomen oder Molekülen im gelösten Zustand an den großen Oberflächen und im Zwischengitterraum der Tonminerale sowie an sedimenteigenen organischen Substanzen und Oxiden. Tonbarrieren weisen in Abhängigkeit von ihrem strukturellen Aufbau und ihrer materiellen Zusammensetzung unterschiedlich hohe Adsorptionskapazitäten auf. Es handelt sich dabei um einen begrenzten und reversiblen Vorgang (Desorption), der bei quellfähigen Dreischichtmineralen erheblich größer ist als bei nicht aufweitbaren Dreischicht- oder den Zweischichtmineralen (► Abschn. 2.2.8). Bei der selektiven Anlagerung von kationischen Metallen werden höherwertige Kationen gegenüber niedrigwertigen bevorzugt. Bei den organischen Beimengungen ist der wichtigste sorptionsbestimmende Faktor der Humusstoffgehalt. Huminstoffe weisen nicht nur eine große Oberfläche auf, sondern auch eine hohe Kationenaustauschkapazität.

Die **Kationenaustauschkapazität (KAK)** bzw. das **Kationenadsorptionsvermögen** der am meisten verbreiteten Tonminerale ist in ◘ Tab. 16.3 zusammengestellt. Die KAK wird in (mmol/z)/kg (ehemals Milliäquivalent mval/100 g) angegeben. Die Höhe der KAK ist abhängig vom Anteil der Tonfraktion, vom Tonmineralbestand, von der Zugänglichkeit der Zwischenschichten (innere Oberfläche) und vom Gehalt an organischer Substanz.

Höherwertige Kationen werden stärker sorbiert als niederwertige. Danach lässt sich etwa folgende Rangfolge der Sorption aufstellen:

$$Cl < Na < NH_4 < K < Mg < Zn < Pb/Hg$$

Die **Adsorption von Anionen** und organischen Schadstoffen an Tonen ist dagegen gering. Besonders mobil und kaum wirksamen Minderungsmechanismen unterworfen sind die nichtreaktiven Anionen Chlorid, Nitrat und Sulfat.

Die **Rückhaltung organischer Verbindungen** ist vor allem vom Gehalt an organischen Beimengungen im Ton abhängig, die auch sonst eine recht hohe Adsorptionskapazität aufweisen. Ihre Wirkung als Hauptabsorbens tritt allerdings erst ab einem Anteil von etwa 2 % auf.

◘ **Tab. 16.3** Kationenaustauschkapazität (KAK) von Tonmineralen und organischer Substanz in (mmol/z)/kg = $mmol_{eq}$/100 g TS)

Tonmineral	KAK
Kaolinit	3–15
Smektit	80–120
Illit	20–50
Vermiculit	150–200
Chlorit	10–40
Organische Substanz	180–300

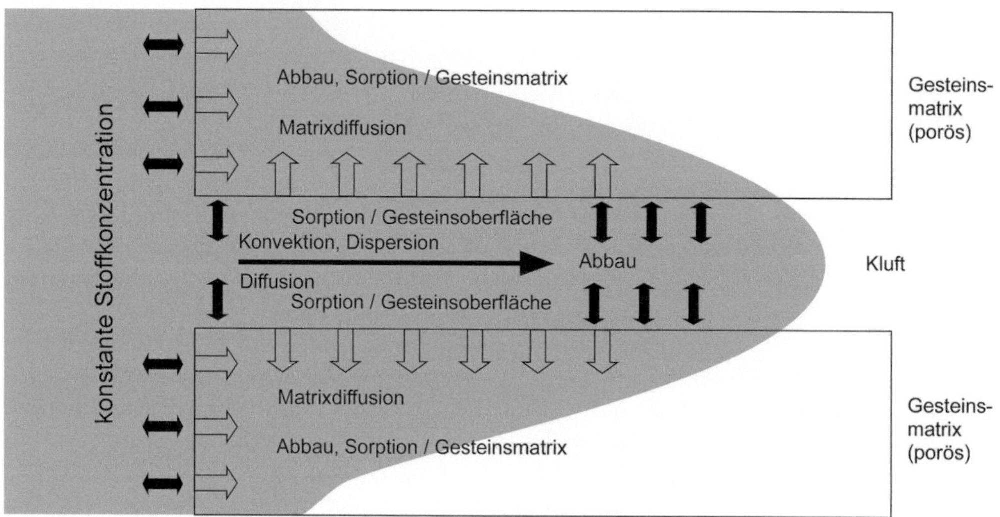

Abb. 16.4 Schematische Darstellung des Transports wasserlöslicher Stoffe in einem geklüfteten Tongestein (Rosenfeld und Rönsch 1995)

Der Abbau von organischen Schadstoffen bzw. ihre Umwandlung zu sog. Metaboliten im Untergrund ist ein sehr komplexer Vorgang, bei dem besonders die Aktivität von Mikroorganismen und das Nährstoffangebot eine Rolle spielen.

Bei **Festgesteinen** wird die Wasserwegsamkeit weitestgehend durch hydraulisch wirksame Klüfte bestimmt. Bei den bekannten Größenordnungen der Kluft- und Matrixdurchlässigkeit gem. ▶ Abschn. 2.9.5 wird angenommen, dass ein advektiver Transport in der Matrix vernachlässigbar ist und daher das Rückhaltepotenzial einer Tonsteinmatrix praktisch nicht genutzt werden kann. Die Gesteinsmatrix wird nicht durchsickert, sondern nur in diffusionszugänglichen Bereichen durch Randdiffusion von den großen Kluftflächen aus benetzt (Abb. 16.4). Hinzu kommt auch bei Tongesteinen eine erheblich geringere Adsorptionsfähigkeit, da ein Teil der Tonmineraloberflächen durch Bindemittel bzw. durch diagenetische Verfestigung blockiert ist. Auf Kluftflächen begünstigen dünne Kluftflächenbeläge von Eisen- und Manganhydroxiden die Sorption von Schwermetallen in Form von Eisenhydroxidkomplexen.

Die Schadstoffadsorption und die Ausfällreaktionen bewirken, dass die Schadstoffmigration in der flüssigen Phase i. d. R. erheblich niedriger ist als die Abstandsgeschwindigkeit des mobilen Porenwassers. Dies wird als **Transportverzögerung (Retardation)** bezeichnet (Abb. 16.5).

16

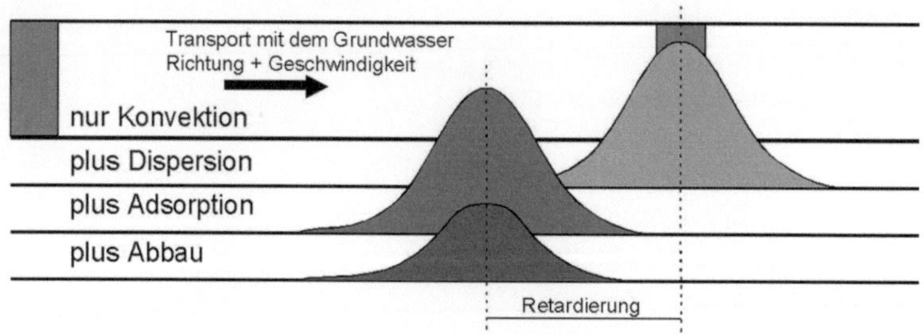

Abb. 16.5 Schadstofftransportmechanismen im Grundwasser und die entsprechende Konzentrationsverteilung

16.2.4 Chemische Beständigkeit der Tonminerale

Für die Langzeitbetrachtung des Schadstofftransports ist auch die chemische Beständigkeit toniger Barrieregesteine bei langfristigem Kontakt mit den verschiedenen Schadstoffen zu beachten. Ergebnisse von Langzeit-Perkolationsversuchen zeigen dementsprechend:

- eine Auflösung des Kalzits,
- eine Reduzierung der Quellfähigkeit der Smektite,
- eine Abnahme der Plastizität und
- eine Kornvergröberung durch Aggregatbildung.

Die Untersuchung solcher **Alterationsprozesse** von Tonen ist die Grundlage für die Bewertung und Prognostizierung ihrer Langzeitbeständigkeit. Reuter (1987, 1988) berichtet über Langzeituntersuchungen an drei verschiedenen Kreidetonen aus Niedersachsen, die mit anorganischen und organischen Säuren sowie Schwermetallsalzlösung und organischem synthetischem Sickerwasser durchströmt wurden. Dabei zeigte sich bei allen Prüfflüssigkeiten anfänglich eine mehr oder weniger deutliche Erhöhung der Durchlässigkeit, die sich aber mit längerer Versuchsdauer stabilisierte, allerdings auf einem höheren Niveau als zu Versuchsbeginn. Wagner (1988) und Kohler (1989) beschreiben auch Veränderungen des Mineralbestands von Tonen und ihren plastischen Eigenschaften (Quellvermögen) beim Kontakt mit schwermetallsalzhaltigen bzw. elektrolytreichen oder organischen Lösungen.

16.3 Untertagedeponien und geologische Tiefenlager

Im vergangenen Jahrhundert ging man davon aus, dass die Untertageverbringung von Schadstoffen gegenüber oberirdischen Deponien den Vorteil hat, dass die Stoffkreisläufe in der Tiefe erheblich langsamer ablaufen als an der Erdoberfläche und somit der Wiedereintritt von Schadstoffen in die Biosphäre Jahrtausende dauern kann oder ganz verhindert wird.

Außer der Einrichtung von Untertagedeponien gem. ▶ Abschn. 16.3.1 ist seit den 1980er-Jahren auch eine gemischte Nutzung von bergbaulichen Hohlräumen durch **Untertageverbringung** von mehr oder weniger immissionsneutralen Reststoffen (z. B. Kraftwerk- oder MVA-Reststoffe) als Versatz praktiziert worden. Die Stäube wurden zu breiigen Massen angerührt und in Tiefen von 800–1000 m in ausgekohlte Abbaubereiche verpumpt. In den 1990er-Jahren wurden mit den staubförmigen Industrieabfällen allerdings auch mit Dioxin und Schwermetallen belastete Aschen aus Sondermüllverbrennungsanlagen unter Tage entsorgt. Diese Untertageverbringung von schadstoffhaltigen Abfällen wurde um die Jahrtausendwende verboten, da nicht auszuschließen ist, dass die toxischen Abfallstoffe einmal mit dem Grundwasser in Kontakt kommen und eine Gefahr für Mensch und Umwelt darstellen.

16.3.1 Untertagedeponien für chemotoxische Abfälle

Bei der Beurteilung der Eignung als Untertagedeponien werden zwei geologische Bereiche unterschieden: das Wirtsgestein und das Barrieregestein. Das Wirtsgestein kann zugleich Barrieregestein sein. Untertagedeponien (UTD) für chemisch-toxische Abfälle werden vor allen Dingen als gemischte Nutzung in stillgelegten oder noch in Betrieb befindlichen Gewinnungsbetrieben eingerichtet. Folgende Typen von Deponien in untertägigen Hohlräumen werden unterschieden:

- Salzgesteine (Aussolkavernen, Salzbergwerke),
- andere Gesteine.

Bergwerke in „anderen Gesteinen" stellen zwar in Deutschland ein bedeutsames Hohlraumvolumen dar, das aber für Deponiezwecke nur in Ausnahmefällen nutzbar ist. Bei Steinkohlebergwerken ist das Gebirge ohne Ausbau wenig standfest. Auch infolge der meist relativ hohen Gebirgsdurchlässigkeit, der Grundwasserhaltung und dem späteren Wiederanstieg des Grundwassers stellen Steinkohlebergwerke keinen sicheren Abschluss von der Biosphäre dar. **Gipsbergwerke** liegen meist oberflächennah. Häufige Karsterscheinungen und die i. Allg. geringe Standfestigkeit der Hohlräume bedingen eine für Deponiezwecke sehr eingeschränkte Nutzungsmöglichkeit. Die **Erzbergwerke** Deutschlands sind bis auf wenige Ausnahmen seit Langem stillgelegt und liegen i. d. R. in wasserführenden Gebirgsbereichen. Eine Ausnahme stellt die Eisenerzgrube Konrad bei Salzgitter dar (▶ Abschn. 16.3.2.1).

Eine für die geotechnische Beurteilung von **Untertagedeponierung im Salzgebirge** vorliegende Empfehlung des Arbeitskreises „Salzmechanik" der DGGT (Langer 1990) wird immer noch überarbeitet (geotechnik 2014; 37:2).

Die tiefliegenden großen Salzmächtigkeiten in der niederrheinischen Salzpfanne im NW von Nordrhein-Westfalen (Bezirk Münster) sowie die zahlreichen Salzstöcke Norddeutschlands bieten z. T. eine gute Gelegenheit für die Herstellung großvolumiger **Aussolkavernen im Salz**. Das hochgradig reine Steinsalz (NaCl) der niederrheinischen Lagerstätte stellt gebirgsmechanisch ein ideales Speichergestein dar. Die Lagerstätte liegt in Teufen von 1000–1400 m in flacher Lagerung und wird von Schichten des oberen Zechsteins, des Unteren und Mittleren Buntsandsteins sowie der Unterkreide überlagert. Die Abfallstoffe müssen in flüssiger oder pastöser Form eingebracht werden und dürfen nicht mit dem Salz reagieren. Für den Betrieb ist eine Stützung der Hohlraumwandungen durch verträgliche, gasförmige oder flüssige Stützmedien erforderlich.

Im Salzbergwerk Epe wird seit den 1970er-Jahren aus zahlreichen Solegewinnungsbohrungen Industriesole gewonnen. Seit den 1980er-Jahren werden die nach gründlicher gebirgsmechanischer Eignungsprüfung auf Kontur der Kaverne, Abstand der Kavernen untereinander, Mächtigkeit der Salzschwebe und dem zulässigen Betriebsdruck zugelassenen ausgesolten Kavernen als Speicherkavernen für Rohöl oder Erdgas genutzt. Bei der kontrollierten Bohrlochsolung wird vom Liegenden her über ein Zentralrohr Süßwasser eingepresst, welches das Salz löst. Die entstehende Sole wird über die äußere Rohrtour nach über Tage verdrängt (sog. direktes Spülverfahren, ◘ Abb. 16.6). Beim indirekten Soleverfahren ist der Spülkreislauf umgekehrt. Um die Kavernenfirste zu sichern, wird über eine zweite Rohrtour eine Stützflüssigkeit eingepresst, die Salz nicht löst (sog. Blanket) und sich wegen ihrer geringeren Dichte über dem Süßwasser bzw. der Sole schichtet und die weitere vertikale Aussolung verhindert. Das Speichergut wird dann unter Druck in die Kaverne gepresst und verdrängt die Sole. Die Ausspeicherung erfolgt umgekehrt durch Einpumpen gesättigter Sole in den unteren Teil der Kaverne. Das Kavernenfeld Epe ist inzwischen der größte Erdgaskavernenspeicher Europas (s. Jahresbericht der Bergbehörden NRW). Ölaustritte an der Tagesoberfläche in den Jahren 2013/14 haben allerdings die Überzeugung von der Dichtwirkung der Abdeckschichten etwas erschüttert.

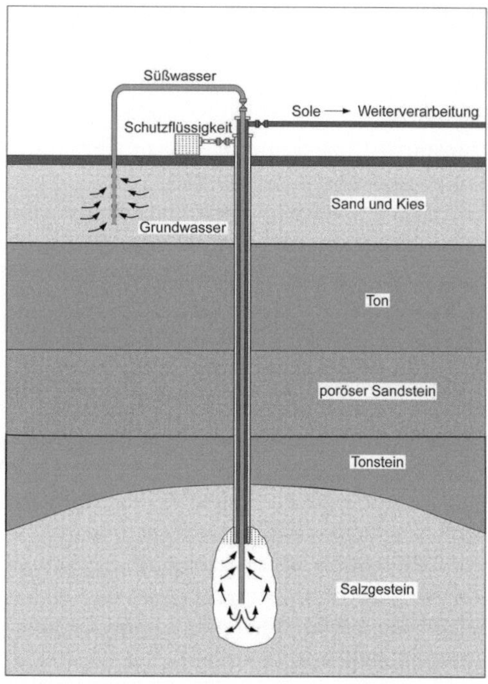

◘ **Abb. 16.6** Schema des direkten Solverfahrens (Amtsprospekt, verändert)

Salzbergwerke in flach gelagerten Salzformationen werden in Deutschland seit über 100 Jahren sowohl in den Zechstein-Salzbergwerken am Niederrhein, im südlichen Harzvorland und im Werra-Fulda-Gebiet als auch

16

in den Muschelkalk-Salzbergwerken in Baden-Württemberg (z. B. Friedrichsfeld-Jagstfeld bei Heilbronn und Haigerloch-Stetten auf der Schwäbischen Alb) betrieben. Die mächtigen Salzgesteine in flacher Lagerung sind nahezu völlig wasserfrei und werden durch tonige Hangendschichten gegen Wasserzutritte weitestgehend abgeschirmt.

Eine **Deponierung in stillgelegten oder noch im Abbau befindlichen Salzbergwerken** in flacher Lagerung hat zwar den Nachteil, dass die Lagerkammern insgesamt Teil eines großflächigen Abbaufeldes, mit entsprechender Störung des Primärspannungszustands sind. Die abbaubedingten Verformungen erfolgen jedoch bei entsprechender Dimensionierung bruchlos und sind, bis auf die sehr geringen Langzeitbewegungen, weitestgehend abgeschlossen, sodass von einem mehr oder weniger ausgeglichenen sekundären Spannungszustand ausgegangen werden kann. Zur Beurteilung der Langzeitsicherheit müssen allerdings die langfristigen vertikalen Kammerkonvergenzen sowie die Pfeilerstauchung unter Kontrolle gehalten werden.

In den deutschen Kalibergwerken in flacher Lagerung liegt der Abbau bereichsweise 60–70 Jahre und die Stilllegung der betreffenden Abbaufelder oft mehr als 30 Jahre zurück. Die konventionellen markscheiderischen Verformungsmessungen im Abbau und an den Pfeilern zeigen zwar einen deutlichen Teufen- und damit Spannungseinfluss. Bei den tiefen Gruben belegen die heutigen geringen Verformungsgeschwindigkeiten aber eine gute Standfestigkeit. Selbst die Gebirgsschläge beim Zusammenbruch größerer Feldesteile während der infolge von Unterdimensionierung des Kammer-Pfeiler-Systems ausgelosten Gebirgsschlagereignisse an der Werra in der 2. Halfte des 20. Jahrhunderts (▶ Abschn. 4.2.3.2) haben die Standsicherheit benachbarter Felder nicht wesentlich beeinträchtigt. Die langzeitlichen vertikalen Konvergenzen liegen bei den 600–900 m tief liegenden Zechstein-Salzbergwerken im Werra-Fulda-Gebiet nach Literaturangaben bei einigen wenigen, z. T. nur Bruchteilen von Millimetern pro Jahr, sodass die Kammern in der Nachbetriebsphase (nach der Bestückung) über lange Zeit standsicher und zugänglich sind. Über die Jahrzehntausende werden die Behälter dann von dem konvergierenden Salz eingeschlossen und gegenüber der Umwelt abgeschirmt.

Beispielhaft soll von den derzeit etwa 16 in Deutschland betriebenen Untertagedeponien hier die UTD Herfa-Neurode bei Heringen a. d. Werra erwähnt werden, in die seit 1972 in über 700 m Tiefe in durch Firstanker gesicherten Abbaukammern eines stillgelegten Grubenfeldes des Kalibergwerks Wintershall chemisch-toxische Abfälle bekannter Eigenschaften in räumlich getrennten Kammern eingelagert werden. Die Wetter der einzelnen Ablagerungskammern werden kontrolliert. Die Kapazität der UTD Herfa-Neurode ermöglicht langfristig eine sichere Deponierung großer Mengen chemisch-toxischer Abfälle.

16.3.2 Geologische Tiefenlager für radioaktive Abfälle

Radioaktive Stoffe senden eine ionisierende Strahlung aus. Bei den **Strahlenarten** wird zwischen Alpha-, Beta- und Gammastrahlung unterschieden. Alpha- und Betastrahlen sind Teilchenstrahlen aus Heliumkernen bzw. Elektronen, Gammastrahlen sind energiereiche, kurzwellige elektromagnetische Wellen. Die kurzen Alphastrahlen werden bereits durch die Kleidung und die Haut abgeschirmt. Betastrahlen können in das menschliche Körpergewebe eindringen. Um sie abzuschirmen, genügt eine dünne Aluminiumschicht. Gammastrahlen abzuschirmen ist wesentlich aufwendiger. Hier sind dicke Stahl- oder Bleiplatten nötig, um eine Abnahme der Strahlungsintensität zu erreichen. Radioaktive Abfälle müssen daher sicher weggeschlossen werden.

Allgemein werden zwei **Abfalltypen** unterschieden:

- schwach- und mittelaktive Abfälle (SMA) bzw. „medium/low active waste“ (MAW/LAW) mit vernachlässigbarer Wärmeentwicklung sowie
- hochaktive (wärmeentwickelnde) Abfälle (HAA) bzw. „high active waste“ (HAW).

Für diese beiden Abfalltypen werden in Deutschland entsprechende Tiefenlager gesucht: eines für hochaktive und eines für schwach- und mittelaktive Abfälle.

Hochaktive Abfälle fallen in der Hauptsache als verbrauchte Brennelemente an, die zuerst im Kernkraftwerk selbst in Abkühlbecken mehrere Jahre unter Wasser gelagert werden. Nach der Nasslagerung werden sie entweder in spezielle Castoren verpackt und einem Zwischenlager zugeführt oder in eine Wiederaufbereitung gebracht. Von dort kommen die Spaltprodukte in verglaster Form ebenfalls in ein Zwischenlager. Nach Fertigstellung eines Endlagers sollen sie dorthin verbracht werden.

Hochaktive Abfälle weisen der International Atomic Energy Agency (IAEA) zufolge eine Aktivität von $>10^{14}$ Bq/m^3 auf. Sie entwickeln aufgrund des intensiven weiteren Zerfallsprozesses auch nach der Einlagerung noch Wärme, wobei Temperaturen von 15–200°C entstehen können, die das angrenzende Wirtsgestein beeinflussen.

Schwach- und mittelaktive Abfälle entstehen als Abfall aus Medizin, Industrie und Forschung sowie auch beim Betrieb und danach beim Rückbau von Kernkraftwerken. Fast 90 % aller deutschen Atomabfälle sind schwach oder mittelradioaktiv. Sie machen aber nur etwa 0,1 % der gesamten Radioaktivität aus.

Mittelaktive Abfälle mit vernachlässigbarer Wärmeentwicklung dürfen nach der obengenannten Vorgabe eine mittlere Aktivität von 10^{10} bis 10^{14} Bq/m^3 entwickeln, wobei nationale Festlegungen davon abweichen können. Ihre Zerfallswärme darf außerdem im angrenzenden Wirtsgestein nur eine Temperaturerhöhung von max. 3 K auslösen.

16

Nach dem bisherigen **Entsorgungskonzept in Deutschland** sollen radioaktive Abfälle konzentriert und isoliert in tiefen geologischen Formationen eingelagert werden. Die Einlagerung erfolgt nach einem gestaffelten Barrieresystem aus speziellen Behältern, einer Stollenverfüllung und dem angrenzenden Gebirge als geologischer Barriere. Um die Abfallstoffe langfristig sicher einzulagern und die Schadstoffe dauerhaft aus dem Stoffkreislauf der Biosphäre fernzuhalten, kommt der geologischen Barriere besondere Bedeutung zu.

Geologische Tiefenlager werden weltweit mit großem Aufwand als Endlager für radioaktive Abfälle untersucht. In Deutschland wird als Lagerkonzept (im Gegensatz zu einem möglichen Ein-Lager-Konzept (Kombilager)) eine räumliche Trennung der verschiedenen Abfallarten in ein Endlager für schwach- und mittelaktive Abfälle und eines für hochaktive Abfälle verfolgt. Als Lagerform wird dabei das Bergwerkskonzept favorisiert, das Vorteile gegenüber tiefen Bohrlöchern oder Kavernen aufweist. Beim Bergwerkskonzept werden die Hohlräume zwischen den Lagerbehältern mit Verfüllmaterial aus Salzgrus oder Bentonit versetzt und die einzelnen Strecken anschließend verschlossen.

In Deutschland wurde bei den Sicherheitsanforderungen für die Einlagerung wärmeentwickelnder radioaktiver Abfälle ursprünglich, d. h. nach dem Abschlussbericht des AkEnd (2002), eine nichtrückholbare Endlagerung favorisiert. Seit den Erfahrungen mit der Schachtalge Asse II (► Abschn. 16.3.2.1) ist jetzt eine Rückholbarkeit der Abfälle in der Betriebsphase sowie eine Bergbarkeit aus dem verschlossenen Endlager für eine Zeitspanne von 500 Jahren in der Diskussion. Um eine solche Rückholung bzw. Bergung zu ermöglichen, muss das Lagerkonzept in vielerlei Hinsicht angepasst werden, was besondere Anforderungen sowohl an die Einlagerungstechnik als auch an die mechanische Stabilität des Wirtsgesteins stellt (Stahlmann et al. 2016).

Für ein Endlager muss ein Standort mit guter Standfestigkeit und langfristiger Sicherheit gefunden werden. Die allgemeinen **Anforderungen an die Langzeitverwahrung** radioaktiver Abfälle sind sehr hoch. Im „Gesetz zur Suche und Auswahl eines Standorts für ein Lager für Wärme entwickelnde radioaktive Abfälle" (StandAG) von 2013 ist für die Endlagerung radioaktiver Abfälle (auch geringer oder mittlerer Aktivität) ein Betrachtungszeitraum von 1 Mio. Jahre festgeschrieben.

International wird die Zeitspanne für einen langzeitsicheren Einschluss häufig in

Abhängigkeit vom Abfalltyp und von der Zerfallszeit, während der jeweils die Hälfte der radioaktiven Isotope zerfallen (sog. Halbwertszeit), diskutiert. Die Aktivität schwach- und mittelaktiver Abfälle klingt nach 1000 Jahren auf etwa 0,4 % Restaktivität ab. Nach 30.000 Jahren ist etwa die Strahlungsintensität von Granitgestein erreicht. Hochaktive Abfälle bestehen zwar zu einem sehr großen Teil aus Anteilen hoher Aktivität, die aber eine relativ kurze Zerfallszeit aufweisen, sodass die Strahlungsaktivität nach 100–200 Jahren ebenfalls stark abnimmt. Nur die Anteile mit langer Halbwertszeit strahlen dann mit geringerer Aktivität über mehrere hunderttausend bis 1 Mio. Jahre. Aber auch hier ist die radioaktive Strahlung nach etwa 200.000 Jahren auf die Intensität einer äquivalenten Menge natürlichen Uranerzes abgebaut (aus NAGRA Themenheft 6/2013). Die zu betrachtenden Zeiträume würden danach für ein SMA-Lager allgemein >30.000 Jahre und für ein HAA-Lager >200.000 Jahre betragen.

Diese zeitlichen Vorstellungen erreichen bereits eine kaum vorstellbare (geologische) Dimension. Das Ende des Eiszeitalters (Pleistozän) wird bei 11.560 Jahren v. h. angenommen. Der Beginn der letzten Eiszeit lag vor etwa 100.000 Jahren. Diese, die Weichsel-Kaltzeit, war geprägt von einem erneuten Vorstoß der Gletscher, Permafrost in den Mittelgebirgsregionen, und der Meeresspiegel lag etwa 150 m tiefer lag als heute. Vor 200.000 Jahren etwa datiert der Ausbruch der Schlackenvulkane in der Osteifel (► Abschn. 3.5.4.4) und das Zeitalter der Neandertaler. Vor 600.000 Jahren, im frühen Mittelpleistozän, und vor Beginn der drittletzten Eiszeit (Elster-Komplex) treten die ersten Menschen nördlich der eurasischen Gebirge auf. Die Zeit vor 1 Mio. Jahren liegt bereits im Altpleistozän.

Bei einem **Endlager in tiefen geologischen Formationen** hat das geologische Umfeld langfristig die Hauptlast der Langzeitbarrierewirkung zu tragen. Das Gesamtsystem besteht gem. AkEnd (2002) aus drei Bereichen:

- dem direkten Endlagerbereich und Wirtsgestein,
- dem umgebenden einschlusswirksamen Gebirgsbereich und
- der äußeren geologischen Barriere.

Die Standortsuche erfolgt in einem mehrstufigen Verfahren, mit dem Ziel einer **günstigen geologischen Gesamtsituation**, bei der folgende Anforderungen erfüllt sein müssen:

- großflächiges Vorkommen in ausreichender Mächtigkeit,
- günstige Tiefenlage (Minimal- und Maximaltiefe),
- homogene, tektonisch wenig gestörte Struktur,
- Sicherheitsabstand zu größeren tektonischen Strukturen,
- geringe Gebirgsdurchlässigkeit und Wasserbewegung,
- gute Rückhalteeigenschaften für Radionuklide,
- ausreichende gebirgsmechanische Eigenschaften,
- Langzeitwirksamkeit und -stabilität der geologischen Barriere.

Als geologisch bedingte **Ausschlusskriterien** gelten:

- aktive Störungszonen (► Abschn. 3.5.3),
- aktive geodynamische Hebungs- oder Senkungsgebiete (► Abschn. 3.5.3),
- Gebirgsbereiche mit ungewöhnlichem Primärspannungszustand (► Abschn. 2.7.9),
- seismische Aktivitäten (Erdbebenzone >1, ► Abschn. 4.2.3.2),
- quartärer oder rezenter Vulkanismus (► Abschn. 3.5.4.4).

Ungünstige geologische Untergrundverhältnisse in den oberen 100 bis 200 m (z. B. Karststrukturen) spielen dabei nur eine untergeordnete Rolle. Von Bedeutung sind allerdings Nutzungskonflikte mit anderen Nutzungen des tiefen Untergrundes (Rohstoffvorkommen, Mineral- und Thermalwässer, tiefe Geothermie u. a. m.).

Im AkEnd (2002) sind bereits **Mindestanforderungen** definiert, deren Nichteinhalten ebenfalls zum Ausschluss führen. Für den

„einschlusswirksamen Gebirgsbereich" werden eine Tiefenlage von min. 300, max. 1500 m (bei Tongesteinen max. 600–700 m), eine Mindestmächtigkeit von 100 m und eine Gebirgsdurchlässigkeit von 10^{-10} bis 10^{-12} m/s genannt. Die Abstandsgeschwindigkeit des Grundwassers soll möglichst <1 mm/a betragen, was im Havariefall einen entsprechend langsamen Radionuklidtransport bedeutet. Außerdem sollte das Grundwasser sauerstofffrei sein bzw. ein reduzierendes geochemisches Milieu aufweisen (▶ Abschn. 4.6).

Eine weitere Forderung sind günstige gebirgsmechanische Verhältnisse im Einlagerungsbereich (Wirtsgestein) mit entsprechender Hohlraumstabilität der Grubengebäude, Hitzebeständigkeit und möglichst geringe Gebirgsentfestigung durch den Ausbruch (Auflockerungszone ▶ Abschn. 17.5.5.1). Von Vorteil sind hohlraumstabile Festgesteine mit gewissen viskoplastisch-duktilen Eigenschaften und einer entsprechenden Fähigkeit zur Selbstabdichtung (▶ Abschn. 16.2.1).

Zusammenfassend sind für eine Standortbewertung folgende Merkmale zu untersuchen:

- Verbreitung und Mächtigkeit des Wirtsgesteins (Platzangebot unter Tage),
- Homogenität des Gesteinsaufbaus (Hartgesteinseinlagerungen bedeuten erhöhte Wegsamkeit),
- hydraulische Durchlässigkeit, Grundwasserstockwerke,
- Gasführung des Gebirges,
- Ausbildung des Porenraums und Art der Transportpfade,
- Rückhalteeigenschaft für Radionuklide,
- Verhalten bei Wärme- und Gasentwicklung,
- Gesteinseigenschaften (Druckfestigkeit und Verformungseigenschaften) in Abhängigkeit von der Tiefe.

Bevorzugte Wirtsgesteine sind weltweit Salzformationen (Deutschland, Niederlande, USA), Ton- und Mergelsteine (Schweiz, Frankreich, Deutschland, Belgien), Granite (skandinavische Länder, Schweiz, Deutschland, Tschechien, Ungarn, Kanada, China) und vulkanische Tuffgesteine (USA, Großbritannien).

Mit dem Gesetz zur **Endlagersuche in Deutschland** (StandAG 2017) wurde die bisherige Beschränkung der Untersuchungen auf Standorte mit steil gelagertem Salzgestein aufgegeben. Künftig sollen sowohl Salzgesteine in steiler und flacher Lagerung untersucht werden als auch Tone, Tongesteine und Hartgesteine. Damit kommen in Deutschland außer den Salzgesteinen folgende Gesteine bzw. Standortregionen in Betracht:

- Tonsteine des Juras (niedersächsisches Becken, süddeutsches Molassebecken, Schwäbische und Fränkische Alb),
- Tonsteine der Unterkreide (südliches Niedersachsen, Münsterland),
- Tone des Tertiärs (Norddeutschland, süddeutsches Molassebecken),
- granitische Tiefengesteine (Süd- oder Ostdeutschland).

Bis jetzt liegen dazu einige Vorstudien zu möglichen Wirtsgesteinen vor:

- Endlagerung stark wärmeentwickelnder hochradioaktiver Abfälle in tiefen geologischen Formationen Deutschlands – Untersuchung und Bewertung von Salzgesteinen (Kockel und Krull 1994),
- Endlagerung stark wärmeentwickelnder hochradioaktiver Abfälle in tiefen geologischen Formationen Deutschlands – Untersuchung und Bewertung von Regionen in nichtsalinaren Formationen (Bräuer et al. 1994),
- Endlagerung radioaktiver Abfälle in tiefen geologischen Formationen Deutschlands – Untersuchung und Bewertung von Tongesteinsformationen (Hoth et al. 2007).

Die Eigenschaften von **Steinsalz** sind sowohl aus dem Gewinnungsbergbau als auch den bisherigen Untersuchungen im Salzstock Gorleben (▶ Abschn. 16.3.2.2) gut bekannt. Steinsalz weist eine mittlere Festigkeit auf, und die Abbauhohlräume sind über längere Zeit standfest. Das monomineralische und lithostatisch isotrope Material reagiert unter Druck viskoplastisch und zeigt ein ausgeprägt nichtlineares Spannungs-Temperatur-Formänderungs-Verhalten. Die

Stauchungszeitkurven zeigen i. d. R. ein mehr oder weniger lineares Anfangskriechen (primäres Kriechen), wobei die Kriechrate mit der Zeit abnimmt und langfristig in ein fast stationäres tertiäres Kriechen übergeht (Missal et al. 2014). Steinsalz weist außerdem die Fähigkeit auf, verformungsbedingte Risse durch Verheilen des Kristallgitters wieder zu schließen (Missal et al. 2016). Salzgestein ist außerdem sehr gering permeabel – Zaretzki et al. (2013) nennen k-Werte von 10^{-16} bis 10^{-19} m/s – und weist eine hohe Wärmeleitfähigkeit auf.

Die Eigenschaften von Steinsalz sind damit für eine Einlagerung radioaktiver Schadstoffe gut geeignet. Die Auffahrung der Lagerhohlräume würde in einem bisher bergbaufreien und wenig beanspruchten Gebirge mit gebirgsschonenden Abbauverfahren erfolgen. Das infolge der einlagerungsbedingten Temperaturzunahme erhöhte thermoelastische Verformungsverhalten des Salzes begünstigt einen späteren hermetischen Einschluss. Die Möglichkeiten einer Rückholung sind allerdings zeitlich begrenzt.

Tongesteine weisen ebenfalls eine mittlere Festigkeit auf. Ihr Standfestigkeitsverhalten ist von einigen Tunnelbauten der letzten Jahrzehnte gut bekannt. Tongesteine sind in der Tiefe gering durchlässig und haben die Fähigkeit zur Selbstheilung, zeigen aber teilweise Quellerscheinungen (► Abschn. 17.5.2.2) und eine gewisse Empfindlichkeit bei höheren Temperaturen.

Hohlräume in Tongesteinen sind mit Ausbausicherung mittelfristig standsicher, sodass für begrenzte Zeit eine Rückholung des Lagergutes möglich ist. Insgesamt gelten daher sowohl der süddeutsche Opalinuston als auch die Jura- und Kreidetonsteine Norddeutschlands als absolut untersuchungswürdig.

Die Eigenschaften von Tongesteinen im tiefen Untergrund werden in der Schweiz im Felslabor Mont Terri (Opalinuston) und in Frankreich im Felslabor Burre/Lothringen (Tonsteine des Mittel- und Oberjuras) mit großem Aufwand und unter deutscher Beteiligung untersucht. Ihre Gebirgseigenschaften weisen hinsichtlich Verformungsverhalten, Hohlraumstabilität, Permeabilität sowie Temperaturleitfähigkeit und -empfindlichkeit eine große Bandbreite auf.

Als **Hartgesteine** kommt in Deutschland in erster Linie Granit in Betracht. Er weist eine hohe Festigkeit und gutes Standvermögen auf, was eine spätere Rückholung begünstigt. Die Gebirgsdurchlässigkeit hängt sehr von der Ausprägung des Trennflächengefüges ab, das aber mit der Tiefe deutlich abnimmt. Das Verhalten von Granit wird derzeit im Felslabor Grimsel/Schweiz erkundet. Hier finden auch Untersuchungen zur Ausbreitung von Radionukliden in geklüftetem Gebirge statt.

Die Wahl eines Standorts hängt nicht allein vom Wirtsgestein ab, sondern ebenso von der jeweiligen geologischen Gesamtsituation (s. obige Liste).

16.3.2.1 Endlager für schwach- und mittelaktive Abfälle

In Deutschland gibt es derzeit zwei Standorte mit Deponierung schwach- und mittelaktiver Abfälle in tiefen geologischen Formationen, die Grube Morsleben und den Schacht Asse II. Als erstes und einziges deutsches Endlager für schwach- und mittelaktive Nuklearabfälle wurde 1974 in Sachsen-Anhalt in einem ehemaligen Salzbergwerk das Lager **Morsleben** eingerichtet. Dieses Endlager wurde von der DDR bis 1990 beschickt und dann von der Bundesrepublik Deutschland von 1994 bis 1998 weiter betrieben. Das randlich in einem Salzstock gelegene Endlager war u. a. wegen Salzlaugezutritten immer umstritten. Im Jahr 2001 wurde die Genehmigung für eine weitere Einlagerung zurückgezogen.

In der Bundesrepublik wurden seit 1967 schwach- und mittelaktive Nuklearabfälle zu „Forschungszwecken" im ehemaligen **Salzbergwerk Asse II** bei Braunschweig eingelagert. Die Einlagerung in den ehemaligen Abbaukammern des Bergwerks erschien damals als „wirtschaftlich günstigste Alternative". Die in dem dortigen Salzstock relativ randlich gelegenen Abbaukammern zeigen allerdings ebenfalls Undichtigkeiten, sodass dieses „Forschungsendlager" aufgegeben werden musste. Die Frage, ob bei einem Verbleib der Abfälle im Bergwerk der gesetzlich vorgegebene Schutz von Mensch und Umwelt dauerhaft garantiert werden kann oder ob die in 13 verschiedenen Kammern auf verschiedenen Sohlen lagernden Fässer mit einer extrem kostenintensiven und technisch äußerst schwierigen Mission rückgeholt werden müssen bzw. können, wurde in Fachkreisen lange kontrovers diskutiert. Nach dem „Nationalen Entsorgungsprogramm" vom August 2015 soll der Atommüll aus Asse II zurückgeholt und in das künftige Endlager für hochradioaktiven Abfall verbracht werden.

Als endgültiges SMA-Lager ist die ehemalige **Eisenerzgrube Konrad** bei Salzgitter vorgesehen. Hier sind von 1957 bis 1976 auf sechs Sohlen in Teufen von 800–1300 m Eisenoolithflöze des Korallenooliths (unterer Oberjura, ehem. Malm) abgebaut worden. Das Gebirge ist frei von Grundwasser. Der Grubenbereich wird von bis zu 400 m mächtigen Tonen und Mergeln der Kreideformation überlagert. Die Überlegungen, Teile der Grubenbaue zu einem Endlager zu nutzen, bestehen seit Mitte der 1970er-Jahre. Nach dem Planfeststellungsbeschluss 2002 und seiner gerichtlichen Bestätigung werden seit 2007 die Baue der 2. Sohle in 850 m Tiefe für den Betrieb eines Endlagers ausgebaut bzw. neu aufgefahren (Stahlmann et al. 2014). Insgesamt sollen auf allen sechs Hauptsohlen Einlagerungsfelder eingerichtet werden. Das Gebirge besteht aus Kalkstein- und z. T. Mergelsteinbänken und Tonsteinzwischenlagen sowie einer mehrere Meter dicken sog. Fladentonsteinserie. Die Kalk- und Mergelsteine sind standfestes Gebirge, während bei den Fladentonsteinen von druckhaftem Gebirgsverhalten auszugehen ist. Der Ausbau der Betriebs- und Einlagerungsfelder erfolgt zweischalig. Die druckhaften Bereiche erhalten zunächst einen nachgiebigen Ausbau gem. ► Abschn. 17.5.5 bzw. 17.8.1, der die Verformungen kontrolliert aufnehmen kann, bevor die Innenschale eingebaut wird. Ab 2027 sollen in den Einlagerungsstrecken Großcontainer mit schwach- und mittelaktiven Abfällen eingelagert werden.

16.3.2.2 Endlager für hochaktive Abfälle

Als Endlager für hochradioaktive Abfälle in Deutschland waren bisher vor allem Salzgesteine im Zentrum eines Salzstocks in der Diskussion, das frei von Wasserzuflüssen ist. Die Planung für das **Erkundungsbergwerk Gorleben** im dortigen Salzstock hat 1979 begonnen. Im Jahr 2000 wurde die Erkundung für 10 Jahre unterbrochen, Die Arbeiten wurden dann im Herbst 2010 wieder aufgenommen, aber 2013 endgültig eingestellt. Der wegen seiner randlichen Lage im Salzstock nicht nur politisch umstrittene Standort soll aber weiter im Rennen bleiben.

Seit Vorliegen des StandAG von 2013 sollen auch Steinsalz in flacher Lagerung, das granitische Grundgebirge sowie insbesondere Tongesteine wieder in die Untersuchungen einbezogen werden. Eine 2013 eingesetzte 32-köpfige Endlagerkommission hat 2016 Kriterien festgelegt, nach denen ein Standort für ein Endlager für hochaktive Abfälle gesucht werden soll. Zunächst werden geologisch und planerisch günstige Standortregionen ausgesucht. Bundestag und Bundesrat beschließen dann die eingehendere Untersuchung einiger Standorte und legen danach anhand der Ergebnisse (und der politischen Durchsetzbarkeit) einen Endlagerstandort fest. Ein Beispiel für diese Vorgehensweise bieten das NAGRA-Themenheft Nr. 7 und das NAGRA-Heft „Langzeitsicherheit" (beide 2015).

In der Schweiz ist der Opalinuston des Mitteljuras das vorgesehene Wirtsgestein. In Schweden und Finnland sind Endlager im Granit in Tiefen von 500–700 m geplant. Das Gebirge weist dort wenige Bruchflächen auf, und die Lagerstollen sind frei von Grundwasser.

16.3.3 Speicherung von CO_2 oder anderen Gasen in tiefen geologischen Formationen

Die Abtrennung von Kohlendioxid aus der Verbrennung fossiler Energieträger, seine Verflüssigung und der Transport sowie die nachhaltige

16

Speicherung von CO_2 in geologischen Formationen werden unter dem Begriff **Carbon Capture and Storage (CCS)** zusammengefasst. Die Vor- und Nachteile sowie die Wirtschaftlichkeit einer solchen Speicherung im tiefen Untergrund werden kontrovers diskutiert.

Für die Bewertung der Speichermöglichkeit von CO_2 im tiefen Untergrund sind fundierte Kenntnisse der geologischen und hydrogeologischen Verhältnisse erforderlich. Die Bewertung eines Standorts erfolgt anhand geologischer und geophysikalischer Erkundung und Entwicklung eines Strukturmodells auf der Grundlage

- eines Tiefenlinienplans,
- der arealen Ausdehnung des Speicherhorizonts und der Deckschichten,
- von tektonischen Störungen oder anderen Diskontinuitäten,
- der hydraulischen Eigenschaften des Speicherhorizonts und der Deckschichten.

Die Grundlagen für die Speicherung von CO_2 im Untergrund sind von den Geologischen Diensten der Bundesländer in einem Speicher-Kataster Deutschland (Müller und Reinhold 2011) sowie dem Geothermie-Atlas (Suchi et al. 2014) zusammengestellt worden. Voraussetzungen für eine Untergrundspeicherung sind:

- ein Speicherhorizont mit ausreichender Tiefenlage, Verbreitung, Mächtigkeit und Speicherkapazität,
- ein langzeitwirksamer Barrierehorizont mit ausreichender Dicke und Dichtwirkung,
- Festlegen des zulässigen Einlagerungsdrucks, um ein Aufbrechen des Gebirges oder von Störungsbereichen sowie die Penetration des Einlagerungsmediums in und durch die Barriereschichten zu vermeiden.

Die Mindesttiefe für einen CO_2-Speicherhorizont beträgt 600 m. Ab diesen Tiefen, d. h. den dortigen Druck- und Temperaturbedingungen, bleibt das CO_2 flüssig und ändert seine Dichte nur noch geringfügig (May et al. 2003). Als **Speichergesteine** kommen klüftig-poröse Karbonate oder klüftig-poröse Sandsteine in günstiger Lagerung (Aufwölbungs- oder tektonische

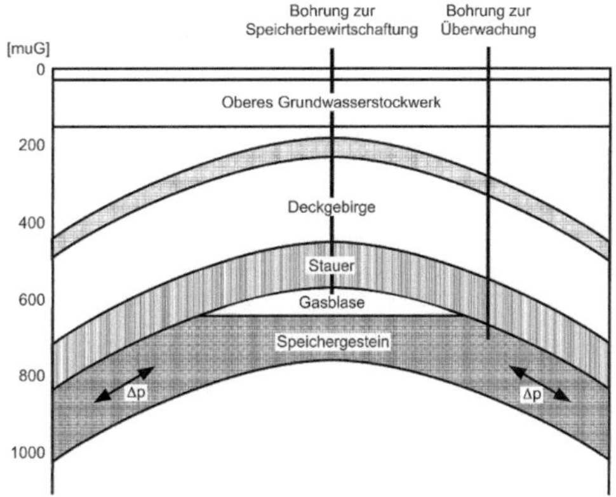

■ **Abb. 16.7** Beispiel eines Gasspeichers in einer Aufwölbungsstruktur

Fallenstruktur) in Betracht (■ Abb. 16.7), mit möglichst großer lateraler Verbreitung, damit das durch die Verpressung aus dem Speichergestein verdrängte Formationswasser seitlich abfließen kann (sog. semioffener Speicher, im Gegensatz zu einem geschlossenen Speicher).

Als untersuchungswürdig gelten Speichergesteine (Sandsteine) mit einer Porosität von über 10–20 % und einer Permeabilität >300 mD (► Abschn. 3.4.1.1 und 2.9.2). Am besten geeignet sind tiefe, salzwasserführende Grundwasserleiter (sog. salinare Aquifere) oder abgeförderte Erdgas- oder Erdöllagerstätten (Liebscher et al. 2012). Das unter hohem Druck eingebrachte CO_2 verdrängt das salzhaltige Formationswasser. Die zeitliche und räumliche Ausdehnung des Druckanstiegs sowie die Wege des verdrängten Salzwassers müssen kontrolliert werden, um eine potenzielle Versalzung von Trinkwasserstockwerken und CO_2-Austritte im Gelände ausschließen zu können.

Als überlagernde **Barrieregesteine** kommen in erster Linie homogene Tongesteine in entsprechender lateraler Verbreitung und ausreichender Dicke in Betracht. Letztere ist abhängig von den Materialeigenschaften (Mineralogie, Plastizität, Karbonatgehalt) sowie dem Kluft- und Störungsinventar, wobei kleinere Verwerfungen mit geringem Versatz und ohne besondere Wegsamkeiten vielfach noch hinnehmbar sind. Auch Salzgesteine (NaCl) weisen i. d. R. günstige viskoplastische Eigenschaften auf und sind meist frei von wasserwegsamen tektonischen Störungen.

Die Barriereschicht(en) muss (müssen) den Speicherhorizont über eine möglichst große Fläche von mehreren Quadratkilometern überdecken. Die höchsten Anforderungen an die Dichtheit der Barriereschicht sind bei der Speicherung von Gasen zu stellen. Geringe schleichende Verluste von Speichermedium sind i. Allg. nicht ganz auszuschließen, sie müssen aber unter Kontrolle gehalten werden. Bei der Umweltdiskussion wird oft verkannt, dass im tieferen Untergrund von Natur aus große Mengen CO_2 und auch Methan vorkommen, ohne nachteilige Auswirkungen auf die Biosphäre.

Der o. g. Speicher-Kataster und der Geothermie-Atlas enthalten weiterführende Daten über die Bedingungen und Möglichkeiten einer CO_2-Speicherung im tiefen Untergrund in den einzelnen Bundesländern.

Die **Speicherung von CO_2 im tiefen Untergrund** wird in Deutschland derzeit in zwei marinen Pilotprojekten, einem Speicher in der Nordsee und einem in der Barentsee, sowie im Pilotstandort Keltzin/Havel westlich von Berlin untersucht. In Keltzin werden in salzwasserführenden porösen Sandsteinen einer Aufwölbungsstruktur die Grundlagen für eine untertägige CO_2-Speicherung und die im Untergrund ablaufenden Prozesse erforscht. Der Speicherhorizont wird von einer mehr als 165 m mächtigen Tonsteinabfolge überlagert. In der Zeit von Juni 2008 bis September 2012 sind hier etwa 61.000 t CO_2 in 630–650 m Tiefe verpresst worden. Das Pilotprojekt wird mit großem Aufwand wissenschaftlich überwacht (Liebscher et al. 2012; Kempka et al. 2013). Die Ergebnisse gewährleisten nach heutigem Kenntnisstand eine sichere und dauerhafte CO_2-Speicherung in tiefen geologischen Formationen. Der Weiterbetrieb der Anlage wird zeigen, ob die hier im Pilotmaßstab gewonnenen Erkenntnisse auf größere Anlagen übertragbar sind.

Im Jahr 2012 hat die Bundesregierung mit dem Kohlendioxid-Speichergesetz (KSpG) einen gesetzlichen Rahmen für die unterirdische Speicherung von CO_2 in begrenztem Umfang beschlossen. Allerdings blockieren die Bundesländer mit geeigneten Untergrundverhältnissen bis jetzt alle diesbezüglichen Initiativen, sodass die CCS-Forschung in Deutschland praktisch zum Erliegen gekommen ist.

16.4 Bergbaufolgen

In den traditionellen Lagerstättenrevieren mit z. T. jahrhundertelangen Bergbauaktivitäten zur Gewinnung von Bodenschätzen, insbesondere Erze und Kohle, ist während und lange nach Einstellen der Gewinnung noch mit Auswirkungen auf die Tagesoberfläche zu rechnen. Neben Kohle- und Erzbergbau kommen dabei auch Kali- und Steinsalzbergbau, Gips- und Dachschiefergruben sowie untertägiger Abbau von Steine und Erden in Betracht.

Für die Erkundung von Altbergbaufolgen liegt eine Empfehlung der DGGT „Geotechnisch-markscheiderische Untersuchung und Bewertung von Altbergbau" (2004) vor. Zu den unerwünschten Bergbaufolgen gehören im Einzelnen:

- Tagesbrüche, Bohrloch-, Schacht- und Mundlochverbrüche,
- Senkungen oder Hebungen der Tagesoberfläche (auch infolge von Grundwasserhaltung), z. T. mit Differenzbewegungen auf engstem Raum oder Spaltenbildungen,
- unkontrollierte Austritte von Grubenwasser oder Grubengas (CH_4, CO_2).

Weitere Gefährdungspotenziale des Altbergbaus sind in einer zweiten DGGT-Empfehlung „Geotechnisch-markscheiderische Untersuchung und Bewertung von Tagebaurestlöchern, Halden und Kippen des Altbergbaus" (2009) enthalten.

16.4.1 Zuständigkeit und Unterlagen der Bergbehörden

Zu den Kernaufgaben der Landesbergbehörden gehören neben der Dokumentation und Kontrolle aller bergbaulichen Tätigkeiten die Überwachung der Auswirkungen des untertägigen

Bergbaus, auch nach Stilllegung und bis hin zur Wiedernutzbarmachung der in Anspruch genommenen Flächen bzw. der Entlassung aus der Bergaufsicht. Bei den Bergbehörden stehen alle Daten über den behördlich zugelassenen Bergbau zur Verfügung.

Als Objekte des **Altbergbaus** gelten Anlagen von Gewinnungsbetrieben unter und über Tage (auch Halden, Kippen und Restlöcher), die bergbaulich nicht mehr genutzt werden, die nicht mehr der Bergaufsicht unterliegen und für die kein Bergbauberechtigter oder Rechtsnachfolger feststellbar ist. Die Grubenfelder sind aber, soweit bekannt, bei den Bergbehörden dokumentiert.

Etwas anders ist es bei Anlagen des sog. **Uraltbergbaus.** Der Abbau von Erz und Kohle begann schon im Altertum an zu Tage ausstreichenden Flözen bzw. als Pingenbergbau und später als Stollenbergbau. Erst mit der Technik des Wasserhebens konnte zu tieferem Schachtbergbau übergegangen werden. Aus diesen Zeiten, d. h. vor der Verpflichtung zum Anfertigen von Grubenbildern, und auch von dem sog. wilden Bergbau in Notzeiten liegen bei den Bergbehörden keine oder nur sehr unvollständige Fachdaten über die Abbautätigkeiten vor.

Außer von diesen Anlagen bergbaulichen Ursprungs und bäuerlichen Kleinbergbaus aus historischer Zeit können auch von anderweitig angelegten und genutzten unterirdischen Hohlräumen (Bergkeller, Lagerstollen, sog. Erdställe) ähnliche Gefahren ausgehen, die sinngemäß zu behandeln sind (▶ Abschn. 19.2.4).

16.4.2 Bergbaubedingte Bodenbewegungen und ihre Behandlung

Die bergbaulichen Auswirkungen auf die Geländeoberfläche werden bestimmt von der relativen Tiefenlage der Abbaue, den Festigkeitseigenschaften des umgebenden und überlagernden Gebirges, den Grundwasserverhältnissen, dem Abbauverfahren sowie der Art, Größe und Form der Lagerstätte und der aufgefahrenen Hohlräume, einschließlich deren Verbau. Bei den Abbauverfahren wird nach der Bauweise (stoßartig, frontartig, pfeilerartig, kammerartig, blockartig) und nach der Langzeitstandfestigkeit (Bruchbau, Versatzbau, Pfeiler- oder Festenbau) unterschieden.

16.4.2.1 Erkundungsmethoden für mögliche Bergbauschäden

Bei Eintreten erkennbarer Schäden, die mit Bergbauaktivitäten in Zusammenhang gesehen werden, sollte rechtzeitig Meldung erfolgen und ein Anspruch geltend gemacht werden, da sich gem. BBergG die Verjährung nach den allgemeinen Vorschriften des BGB richtet, das eine dreijährige Verjährungsfrist vorsieht. Dabei muss der Kausalitätsbeweis grundsätzlich vom Geschädigten erbracht werden, wobei die im BBergG verankerte „Bergschadensvermutung" diesen Kausalitätsnachweis insofern erleichtert, als typische Bergschäden, die im Einwirkungsbereich eines untertägigen Bergbaubetriebs auftreten, auch diesem zugeordnet werden können.

Der Nachweis der Auswirkungen von Bergbauaktivitäten hängt sehr von den zur Verfügung stehenden **Ausgangsdaten** ab. In erster Linie sind die Daten der zuständigen Bergbehörde auszuwerten, insbesondere die Abbaukartenwerke (Grubenrisse) sowie Angaben über die Abbauverfahren (einschließlich Abbauzeit) und den Zustand der aufgefahrenen Grubenräume, den Ausbau einzelner Strecken(abschnitte) sowie etwaige Versatz- bzw. Verwahrungsmaßnahmen. Dazu kommen das Verhalten der Grundwasseroberfläche, bisherige Schadensmeldungen und etwaige Nivellementergebnisse. Weitere Informationsquellen sind ggf. Luftbilder, historische Karten und Stadtpläne, Firmenchroniken und die Befragung von Zeitzeugen. Außerdem müssen bisher vom Projekt selbst vorgenommene Sicherungs- und Sanierungsmaßnahmen erfasst werden. Bei der Auswertung der Bergbauunterlagen ist die Kenntnis der Normen und Symbole für das bergmännische Risswerk (DIN 21 901 bis 21 921) zweckmäßig.

Bei einem eingetretenen Ereignis stellt sich zunächst die Frage nach der Zuordnung zu einem Bergbaugeschehen. Ist dies grundsätzlich gegeben, so ist der nächste Schritt ein

Abgleich des vorhandenen Datenmaterials auf seine Richtigkeit und eine Einpassung in die heutigen topographischen Karten bzw. Pläne. Erschwerend wirkt sich hier oft aus, dass gerade der alte Bergbau auf Kohle überwiegend siedlungsnah stattgefunden hat, also in Gebieten, die seit vielen Jahren bebaut sind, und dass das zur Orientierung dienende ursprüngliche Wegenetz nicht mehr bekannt ist.

Zur Erkundung von Hohlräumen und daraus resultierenden Auflockerungen sind **geophysikalische Messverfahren** wie Georadar, Geoelektrik, Mikrogravimetrie und Seismik gem. ▶ Abschn. 4.3.2 grundsätzlich geeignet. Die Ergebnisse sind jedoch sehr von der Homogenität des Gebirges (in Bergbauregionen selten) sowie von der Tiefenlage und der Größe der Objekte abhängig (▶ Abschn. 19.3.2 und Stübs und Stübs 2010; Swoboda und Lux 2014). Über die Erkundung risslich nicht ausreichend dokumentierter Schachtstandorte mittels Geophysik (Geoelektrik, Geomagnetik, Georadar) berichten Nestler und Preuss (2009). Eidner et al. (2010) schreiben über erfolgreiche Testmessungen mittels einer Kombination aus Georadar und Geoelektrik über flach liegenden (<10 m) Grubenbauen.

Die weiteren Erkundungsschritte sind **Suchbohrungen**, ggf. mit geophysikalischen Bohrlochmessungen, bzw. bei Antreffen von Hohlräumen auch eine Befahrung der Bohrlöcher mit Kamera- oder Messsonden (▶ Abschn. 19.3.3). Zur Erkundung von Gebirgsauflockerung werden auch Sondierungen eingesetzt (▶ Abschn. 4.4.6). Werden bei den Erkundungsarbeiten bisher nicht bekannte Grubenbaue oder sonstige Hohlräume erfasst, so sind diese der zuständigen Bergbehörde zu melden.

16

Zur **Kontrolle von Bodenbewegungen** (Senkungen oder Hebungen, Verschiebungen) werden, von Leitnivellementdaten mit häufig sehr unterschiedlichen Messintervallen ausgehend, auch heute noch vorwiegend Feinnivellements eingesetzt, die aber zunehmend durch Fernerkundungsmethoden, insbesondere der Radar- bzw. SAR-Interferometrie (▶ Abschn. 15.2.6) abgelöst werden (s. a. Heitfeld et al. 2015).

16.4.2.2 Geotechnische Abschätzung der Senkungs- und Tagesbruchgefährdung

Bergbauaktivitäten können in Anlehnung an Grigo et al. (2007) und Meier (2009, darin Lit.) entsprechend der Tiefenlage der Abbaue und ihrer Auswirkungen auf die Tagesoberfläche wie folgt unterteilt werden:

- tagesnaher Bergbau 0–20 m, im Steinkohlenbergbau des Ruhrgebiets 0–100 m und <30 m Festgesteinsüberlagerung
  mögliche Folgen: anhaltende Senkungs- und Tagesbruchgefährdung
- oberflächennaher Bergbau 20–60 m bzw. wie oben bis 100 m und >30 m Festgesteinsüberlagerung
  mögliche Folgen: Senkungen häufig, geringe, aber ebenfalls anhaltende Tagesbruchwahrscheinlichkeit
- tiefer Bergbau >60 m bzw. wie oben ab 100 m
  mögliche Folgen: nach Ende der Absenkungsphase nur geringe Einwirkungen auf die Tagesoberfläche

Durch die bergbaulichen Hohlräume wird der primäre **Spannungszustand im Gebirge** verändert. Es bildet sich ein sekundärer Spannungszustand aus, mit einer spannungslosen Auflockerungszone über der Firste (▶ Abschn. 17.5.2). Das Ausmaß dieser Auflockerungszone ist abhängig von der Hohlraumbreite, der Standfestigkeit bzw. Nachbrüchigkeit des Gebirges, dem Ausbau und der Zeit. Ein Grubenausbau hat nur die Funktion, die Sicherheit der Baue während der Betriebsphase zu gewährleisten. Danach kommt es infolge der Reduzierung der Tragwirkung im Laufe der Zeit zu einem schwerkraftbedingten Versagen der Hangendschichten und zu allmählichen Deformationen bis hin zu plötzlichen Bruchvorgängen.

Je nach der Größe der bergbaulichen Hohlräume und der Struktur des Kohlegebirges sowie der Mächtigkeit, dem Trennflächengefüge und der Verbandsfestigkeit der Deckschichten bildet sich eine **großflächige Senkungsmulde** aus, deren Ausmaß durch kalibrierte Rechenprogramme einigermaßen prognostiziert werden kann (Musiedlak und Spreckels 2012), oder der Bruchvorgang setzt sich unter Ausnutzung des Trennflächengefüges als räumlich begrenzter **Verbruch** nach oben bis zur Obergrenze Festgestein fort. Die weitere Entwicklung hängt dann von der Ausbildung und Mächtigkeit der Deckschichten und dem Grundwassereinfluss ab (► Abschn. 19.4.3). In halbfesten bis festen bindigen Deckschichten entwickelt sich häufig ein enger Verbruchschlot mit nahezu senkrechten Wandungen. In nichtbindigen Terrassensedimenten kommt es dagegen zu einer trichterförmigen Ausweitung des Verbruchhohlraums, der entweder relativ schnell zu Tage durchbricht oder von der oft lössartigen obersten Deckschicht zunächst überbrückt wird, bis es dann zu einem Einbrechen auch dieser Deckschicht kommt (Mainz et al. 2007).

Die komplexen Vorgänge im Gebirge machen eine Risikoabschätzung derartiger Deformationen bzw. Verbrüche äußerst schwer. Im Allgemeinen fallen im tagesnahen Bergbau Tagesbrüche punktuell oder reihen sich entsprechend dem Grubenbild perlschnurartig auf. Häufig gehen dem Verbruchvorgang an der Tagesoberfläche auch Vorabsenkungen und Eindellungen mit z. T. konzentrischen Rissbildungen voraus. Bei der Abschätzung dieser Gefahren müssen folgende Angaben berücksichtigt werden:

- bisher eingetretene Bewegungen und ihr zeitlicher Ablauf bzw. wann Messungen eingestellt worden sind,
- Gebirgsbau, Art und Tiefenlage der Lagerstätte,
- Festigkeitseigenschaften und Verbandsfestigkeit der umgebenden und überlagernden Schichten,
- Raumstellung des Trennflächengefüges (bes. Großklüfte) und Verwerfungsflächen (sog. Sprünge),
- frühere und derzeitige Grundwassersituation, Wasserhaltung und Wiederanstieg des Grundwassers.

Die seitliche **Abgrenzung des Gefährdungsbereichs** an der Geländeoberfläche, bei Schächten Schachtschutzzone genannt, hängt ab von der Tiefenlage der Grubenbaue, den Lagerungsverhältnissen, der Größe der Abbauhohlräume, dem Gebirgsbau bzw. dem Gebirgsverhalten und den Wasserverhältnissen. Die Bemessung des bergbaubedingten Einwirkungsbereichs erfolgt i. d. R. anhand eines Grenzwinkels von 60 gon (54°). Dieser ist definiert als der Winkel gegenüber der Horizontalen zwischen der tiefsten Abbaukante und der Geländeoberfläche. Der so ermittelte Einwirkungsbereich wird begrenzt durch die sog. prognostizierte Senkungsnulllinie. Als Alternative zu diesem vermeintlich auf der sicheren Seite liegenden Wert des Grenzwinkels werden in der Literatur auch Winkel von 75 gon (67,5°) bis 90 gon (81°), häufig 75°, diskutiert. Im Tunnelbau wird für mitteltief liegende Tunnel allgemein ein Grenzwinkel von $45 \pm \varphi/2$ (60–65°) angenommen, wobei allerdings Messungen über die Breite der Setzungsmulden häufig weitaus niedrigere Werte von i. M. 41° ergeben haben (► Abschn. 17.5.3).

Ein besonderes Problem bei der Bergschadensbewertung stellen **Schächte** dar (► Abschn. 16.4.2.3). Scherbeck et al. (2013) setzen sich ausführlich mit dem Systemverhalten von alten Schachtverfüllungen auseinander. Hinzu kommt, dass das Gebirge in der unmittelbaren Schachtumgebung als Folge des Schachtabteufens und der langen Standzeit mit teilweise unzureichender Sicherung immer eine gewisse Gebirgsauflockerung zeigt und damit in diesem Bereich eine abgeminderte Standfestigkeit und Tragfähigkeit aufweist.

Die **Abschätzung der Tagesbruchgefährdung** erfolgt empirisch oder mithilfe von Modellrechnungen. Die empirischen Verfahren beruhen auf der statistischen Auswertung bereits eingetretener Tagesbrüche unter Berücksichtigung der geologischen und tektonischen Situation. Die rechnerische Abschätzung erfolgt nach folgenden Modellen:

- Maximalwertverfahren (Hüllkurvenverfahren),
- Hohlraum-Bruchmassen-Bilanz (HBB-Methode),
- numerische Verfahren.

Bei Vorliegen von Grubenrissen und sonstigen Abbaudaten, aber keinen Angaben über den Zustand der Grubenbaue wird häufig das mehr oder weniger empirische **Maximalwertverfahren** angewendet (Hollmann und Mühlenbeck 2004). Die damit ermittelten Grenztiefen und Durchmesser der Bruchverformungen liefern Anhaltspunkte bezüglich der örtlichen Gefährdungssituation.

Das **Hohlraum-Bruchmassen-Modell** basiert auf einer Bewertung der Hohlraum-/Deckgebirgsverhältnisse (Meier 1978; Meier und Meier 2007). Beim Verbruch eines Hohlraums kommt es zu einer deutlichen Volumenzunahme der mehr oder weniger losen Bruchmassen gegenüber der ursprünglichen Gebirgskubatur. Der Auflockerungsfaktor beträgt je nach Gestein 30–50 % (s. dazu ◘ Tab. 12.1). Wenn die Bruchmassen nicht in tiefere Abbaubereiche abwandern können oder durch fließendes Wasser abtransportiert werden, füllen sie zunächst unter einem bestimmten Schüttwinkel den verbrochenen Hohlraum und den sich entwickelnden Nachbruchhohlraum darüber weitgehend auf. Bei geringer Deckgebirgsmächtigkeit kann sich dabei ein Hohlraum in Abhängigkeit vom Trennflächengefüge schlotartig bis zur Geländeoberfläche hocharbeiten, und es entsteht ein Tagesbruch. Ab einer bestimmten Grenzmächtigkeit des Deckgebirges wird sich der aufsteigende Nachbruchhohlraum aufgrund des Auflockerungsfaktors der Bruchmassen totlaufen. Als maßgebende Deckgebirgsmächtigkeit wird dabei meist nur der Bereich des Festgesteins gewertet, nicht die Verwitterungszone und die Deckschichten.

Bei den **numerischen Berechnungsmethoden** werden der Hohlraum und der betroffene Deckgebirgsbereich in kleine Volumeneinheiten unterteilt, denen entsprechende Eigenschaften (Kennwerte) zugeordnet werden. Diese Materialeigenschaften hängen vom Modelltyp ab, dem wiederum ein Stoffgesetz zugrunde liegt, das ausdrückt, wie das Gebirge auf Belastungen reagiert. Die gegenseitigen Wechselwirkungen werden meist nach der Finite-Differenz-Methode ermittelt und ergeben durch Variation der Kennwerte eine Annäherung an den Versagensfall (▶ Abschn. 17.5.5.2). Außer den geometrischen Daten über die Abbausituation und die Gebirgsverhältnisse sind dafür i. d. R. folgende Parameter anzugeben:

- Wichte des Gebirges (γ),
- Elastizitätsmodul (E),
- Gebirgsscherfestigkeit (φ, c),
- Poissonzahl oder Querdehnzahl (ν),
- Druck- und Zugfestigkeit (q_u, q_z).

Die Ergebnisse derartiger Berechnungen werden maßgeblich von der primären Hohlraumgeometrie, den Gebirgseigenschaften und seiner Mächtigkeit sowie auch der Grundwassersituation bestimmt. Damit sind die Eingangsdaten oft weitgehend unbestimmt und müssen in den meisten Fällen über Schätzwerte abgedeckt werden, weshalb es sich bei derartigen Berechnungsergebnissen immer nur um näherungsweise Abschätzungen handeln kann.

Die Abschätzung und Bewertung des verbleibenden Risikos kann gem. ▶ Abschn. 17.2.2 erfolgen.

16.4.2.3 Sicherungs- und Verwahrungsmaßnahmen

Der Einsatz von Versatz verhindert nicht nur Verbrüche, sondern reduziert je nach seiner Lagerungsdichte oder Anfangsfestigkeit auch ein Nachsacken des Deckgebirges und stabilisiert die Pfeiler. Eine solche Sicherung oder Verwahrung der Abbauhohlräume wurde allerdings nur im Erzbergbau häufiger vorgenommen. Verwahrungsmaßnahmen mit Holzverbau weisen in lufterfüllten Grubenbauen und in der Luft-Wasser-Wechselzone keine Langzeitfestigkeit auf (Meier 2006).

Für eine sichere Nachnutzung der Tagesoberfläche von durch Altbergbau beeinflussten Flächen muss das abbaubedingte Tagesbruch- und Senkungsrisiko mittels bergtechnischer Maßnahmen auf ein akzeptables Restrisiko abgemindert werden. Ein risikofreier Zustand ist in den meisten Fällen kaum zu erreichen (s. a. DGGT-Empfehlung „Geotechnisch-markscheiderische Bewertung und Sanierung von altbergbaulich beeinflussten Gebieten hinsichtlich ihrer baulichen Nachnutzung", 2013).

Bei den bergtechnischen Sanierungsmaßnahmen wird zwischen **Sicherung** (Erstsicherung, dauerhafte Sicherung) und Verwahrung unterschieden (s. DGGT-Empfehlung „Sicherungs- und Verwahrungsarbeiten im Altbergbau", 2010). Maßnahmen der Erstsicherung sind Nutzungsbeschränkungen bzw. Absperrung und Einzäunung der betroffenen Flächen. Eine dauerhafte Sicherung bedeutet dann eine langzeitliche Aufrechterhaltung der Sicherungsmaßnahmen.

Unter **Verwahrung** versteht man die mehr oder weniger dauerhafte Abwehr von nachteiligen Auswirkungen des Altbergbaus auf die Tagesoberfläche durch bergtechnische Maßnahmen. Als dauerhafte Verwahrungsmaßnahme hat sich zumindest bei oberflächennahen Anlagen eine ± drucklose Verfüllung der Grubenräume und Restlöcher mit einem volumenstabilen, fließfähigen und selbstverdichtenden Versatzmaterial (z. B. Flüssigboden, Beton oder Dämmer) und ggf. Verpressen oder Verblasen der Resthohlräume bewährt. Bei tagesnahen Grubenbauen kommt auch ein Sprengen oder Einreißen und Verfüllen der Oberfläche in Betracht (Eidner et al. 2010). Ein Versatz der Baue unter Tage ist nicht nur kostenaufwendig, sondern i. d. R. auch mit hohem sicherheitstechnischem Aufwand verbunden. Je nach Situation kommt auch eine Verwahrung von durch Dämme abgeschotteten Teilbereichen infrage.

Alternativ kann die Verfüllung der (z. T. abgesoffenen) Strecken und Abbaue von über Tage durch bohrtechnische Verwahrungsmaßnahmen vorgenommen werden. Bei Verwendung von rolligem Material (auch Reststoffen) baut sich um das Firstbohrloch allerdings nur ein begrenzter Schüttkegel auf, der auch durch Niederdruckverpressen mit fließfähigem Schüttmaterial nur unwesentlich größer wird. Etwas größere Reichweiten sind durch hydraulische Verfüllung mittels Dämmer oder Verblasen mit erhärtendem Versatzmaterial zu erzielen. Bei entsprechend engen Bohrabständen ist damit eine weitgehende Verfüllung der erreichbaren Abbauhohlräume möglich.

In den letzten Jahrzehnten sind bei der Querung von nachbruchgefährdeten Bergbauflächen zunehmend auch geogitterbewehrte Konstruktionen zur Überbrückung von Tagesbrüchen und zur Verhinderung von unzulässigen Verformungen eingesetzt worden (▶ Abschn. 19.4.3). Als Beispiele einer **Sicherung von Verkehrswegen** mit Geokunststoffbewehrung seien die BAB A40 bei Bochum und die BAB A57 bei Kamp-Lintfort erwähnt. An Letzterer wurde zur Überbrückung von Verformungen und Rissbildungen infolge von Abbaueinwirkungen auf einer Länge von 450 m eine Kies-Verbundtragschicht mit zwei Geogittereinlagen eingebaut (◘ Abb. 16.8).

Ein besonderes Problem stellen die zahlreichen **Tagesöffnungen und Schächte mit nicht lagestabilen Füllsäulen** aus Lockermaterial dar. Bis etwa Mitte der 1980er-Jahre sind alte Tiefbauschächte üblicherweise durch Verkippen

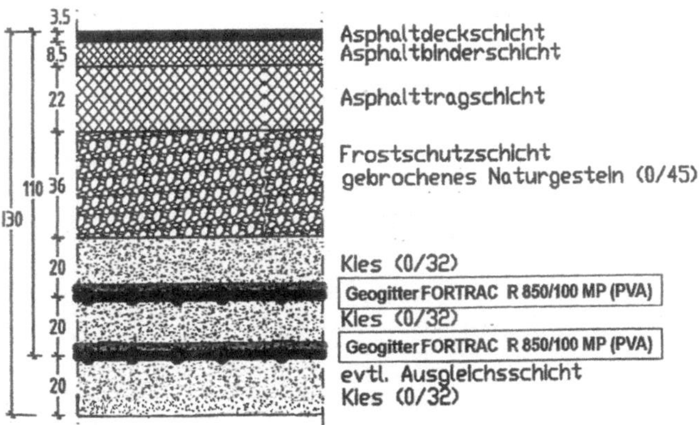

◘ **Abb. 16.8** Modifizierter Standardoberbau mit doppelter Geogitterbewehrung an der BAB A57 bei Kamp-Lintfort (aus Alexiew et al. 2014)

mit Bergematerial, d. i. Ton- und Sandsteinmaterial des karbonischen Nebengesteins, verfüllt, oder es wurde eine Art Plombe aus kohäsivem Material eingebracht, die sich an den Schachtwandungen „aufgehängt" hat. Erst mit der bergamtlichen „Richtlinie für das Verfüllen und Abdecken von Tagesschächten" erfolgt dies i. d. R. mit kohäsivem, hydraulisch abbindendem Material. Die alten Schachtverfüllungen können Fehlstellen oder Sackungen in der Füllsäule aufweisen oder sogar schlagartig in die Grubenbaue auslaufen, mit Sogwirkung im oberen Schachtbereich. Andere Schächte sind möglicherweise nur oberhalb einer nicht auf Dauer standfesten Plombierung verfüllt und können nachsacken. Besondere Gefahrensituationen können von einer Durchströmung der Füllsäule ausgehen, sei es von oben (Niederschlagswasser) oder von unten durch Grundwasseranstieg.

Zu den vorbereitenden Arbeiten für nachträgliche Sicherungsmaßnahmen gehören folgende Erkundungen:

- umgebendes Gebirge und etwaige Auflockerungszonen gem. ► Abschn. 16.4.2.2, Grundwassersituation, mögliche Gasaustritte,
- Tiefe und Zustand des Schachtausbaus (meist Ziegelmauerwerk), angrenzende Grubenbaue, nicht rückgebautes Schachtinventar,
- Einbringzeit, Material und Beschaffenheit der Füllsäule (Lagerungsdichte), Nachverfüllungen,
- etwaige Abdeckplatte und ihr Zustand, Verfüllöffnung,
- Entgasungseinrichtung, wenn sich über dem ansteigenden Grundwasser methanhaltigen Grubengas sammelt.

Der allgemeine Kenntnisstand zur Standsicherheit von Füllsäulen beruht auf Modellversuchen der Westfälischen Berggewerkschaftskasse von 1976 (WBK 1976). Von neueren Modellversuchen und FE-Berechnungen berichtet Barciaga (2012). Als Sicherungsmaßnahmen kommen in Betracht (s. Otterbein et al. 2014):

- Stabilisierung der Schachtfüllsäule durch anfangs drucklose, dann druckhafte Manschettenrohr-Zementinjektionen gem. ► Abschn. 7.3.1 und 7.3.4 bis in eine festzulegende Tiefe. Dadurch wird auch der Reibungsverbund des Füllmaterials mit dem Schachtausbau verbessert.
- Außenliegende tragende Einfassung und Ausbauverstärkung durch einen Ring von Bohrpfählen o. Ä. und Erneuern bzw. Herstellen einer Abdeckplatte. Bemessung auf Verkehrslasten und Sogwirkung.
- Festlegen von Kontrollmaßnahmen.

Bei der **Verwahrung von Halden** stehen i. d. R. In-situ-Verwahrung oder Umlagerung zur Diskussion. Bei In-situ-Verwahrung müssen die Böschungen langfristig standsicher gemacht und die Haldenoberfläche mit Mineral- oder Kulturboden abgedeckt werden.

Sedimentationsbecken von bei der Aufbereitung anfallenden schlammigen Rückständen (sog. Tailings) gelten i. S. der DIN 19 700 als Stauanlagen und unterliegen hinsichtlich ihrer Standsicherheit dieser Norm (Mohrdieck et al. 2011). Die Becken erhalten bei endgültiger Verwahrung i. d. R. eine geotextile Erstabdeckung mit Vliesstoff und Geogittern, von der aus eine Teilentwässerung (Vertikaldräns) installiert und eine Zwischenabdeckung zur Förderung der Entwässerung und Konsolidation aufgebracht wird. Danach erfolgt die Formgebung und Endabdeckung mit Mineral- und Kulturböden in Form einer Dichtungs-, Speicher- und Kulturbodenschicht. Seitens der DGGT ist eine Empfehlung „Langzeitsicherheit – Langzeitmonitoring für die Verwahrung von Rückstandsspeichern aus der Erzaufbereitung" in Vorbereitung (s. geotechnik 35:2, S. 150).

16.4.3 Folgen des tagesnahen und oberflächennahen Bergbaus

Tagesnaher und oberflächennaher Bergbau (Definition ► Abschn. 16.4.2.2) stellen praktisch immer eine latente Gefährdung dar. Bei **tagesnahem Bergbau** und entsprechend geringer Gebirgsfestigkeit reichen die räumliche

Entwicklung der Gebirgsentspannung und ihre Auswirkungen meist bis an die Geländeoberfläche, und es ist zeitnah mit Tagesbrüchen und ungleichen Senkungen zu rechnen. Tatsächlich sind nach der Statistik etwa 2/3 aller registrierten Tagesbrüche dem tagesnahen Abbauen und das restliche Drittel Schachtverbrüchen zuzuordnen (Jahresberichte der Bergbehörden NRW, 1986–2008).

Die Senkungs- und Verbruchanfälligkeit des **oberflächennahen Bergbaus** ergibt sich aus dem Verhältnis der Größe bzw. Spannweite der Abbaue zur Tiefe und der Gebirgsfestigkeit. Ausreichend hohe Gebirgsfestigkeiten weisen i. d. R. nur dickbankige Schichtgesteine und fast alle magmatischen Gesteine auf. Relativ stabil sind demnach Abbauhohlräume von Erzlagerstätten sowie Untertageabbauhohlräume von Kalkstein und Schiefer. Zu den Gebirgsarten geringer Festigkeit zählen wenig verfestigte Lockergesteine, dünnbankige Gesteine sowie insgesamt stark geklüftete oder stärker angewitterte Gesteinsarten.

Das Standardbeispiel für tages- oder oberflächennahen Bergbau mit Deckgebirge geringer Festigkeit ist der ehemalige **Braunkohlentiefbau**. Der Abbau erfolgte i. d. R. im Pfeilerbruchbau unter Wasserhaltung. Zur Stützung des Hangenden ließ man zunächst Kohlepfeiler stehen, die aber nachträglich meist nachgewonnen wurden. Das Deckgebirge verstürzte dabei, was zu einer Auflockerung der aus Tonen, Feinsanden und den quartären, oft lössartigen Ablagerungen bestehenden Deckschichten führte. Die tonigen Schichtglieder reagieren weitgehend plastisch, d. h. mit Kriechverformungen unter Beteiligung von vorgegebenen Trenn- und Gleitflächen. Die typischen Auswirkungen sind Bruchverformungen im abbaunahen Bereich und darüber flächige Senkungen. Die Hohlräume kriechen mehr oder weniger kontinuierlich zu. Die Verformungen im Gelände setzen je nach Tiefe und Abmessungen der Abbaue i. d. R. bereits nach wenigen Monaten ein und sind nach einigen Jahren weitgehend abgeschlossen. Der Absenkfaktor liegt meist bei etwa 90 %. Im Laufe der Jahre erfolgt eine gewisse Konsolidierung des Bruchgebirges.

Nach dieser Theorie und den meist relativ kleinen Primärvolumina sollte man meinen, dass mit späten Tagesbrüchen praktisch nur in Bereichen verbauter Streckenabschnitte, in der Umgebung von Schächten und über bruchauslösenden Resthohlräumen zu rechnen wäre. Tagesbrüche über Braunkohlealtbergbaufeldern sind jedoch, wie einige Beispiele zeigen, häufiger als erwartet (Päßler und Veenker 2010). Als Beispiel sei hier das ehemalige Grubenfeld Friedrich-Christian nahe Aschersleben (Sachsen-Anhalt) zitiert. Nach Ende der Absenkung durch den Bruchbau (1844–1920) ereigneten sich hier allein von 1970–2003 über das Bruchfeld verteilt 16 Tagesbrüche mit Durchmessern von 0,5–10 m und Tiefen von 0,4–4 m. Statistische Auswertungen zeigen eine Häufung der Durchmesser bei 1–4 m. Der heutige Erwartungswert für ein Ende des Tagesbruchrisikos liegt bei mehreren Jahrzehnten, teilweise bei 100–200 Jahren.

Eine Sonderform von Tagesbrüchen über derartigen Bruch- und Senkungsfeldern des oberflächennahen Bergbaus sind Erdfälle durch Lösssubrosion (► Abschn. 19.2.4), ausgelöst durch neu entstandene wasserwegsame Bruchflächen im Deckgebirge als Folge der abbaubedingten Verformungen.

Zu den Bergbauaktivitäten in Gebirgen mit geringer Festigkeit zählen auch fast alle **tages- und oberflächennahen Kohlelagerstätten** des Altbergbaus. Im südlichen Ruhrgebiet konzentriert sich der tages- und oberflächennahe Abbau auf die ausstrichnahen Bereiche von Kohleflözen und auf oberflächennahe Sattelstrukturen (◘ Abb. 16.9). Der Abbau setzte hier bereits im 14. Jahrhundert ein. In Oberflächennähe ist zwar der Gebirgsdruck gering, es ist aber immer mit einer Entfestigung des Gebirges zu rechnen. In Sattelstrukturen kommt dazu noch eine mechanisch bedingte Gebirgsauflockerung, die Verbrüche begünstigt (► Abschn. 17.5.1). Die Verbreitung des tages- und oberflächennahen Altbergbaus wird durch eine Linie entlang der Städte Mühlheim, Essen, Bochum und Dortmund begrenzt. Auch im Limburger/Aachen-Erkelenzer Steinkohlenrevier fand tages- und oberflächennaher Abbau statt.

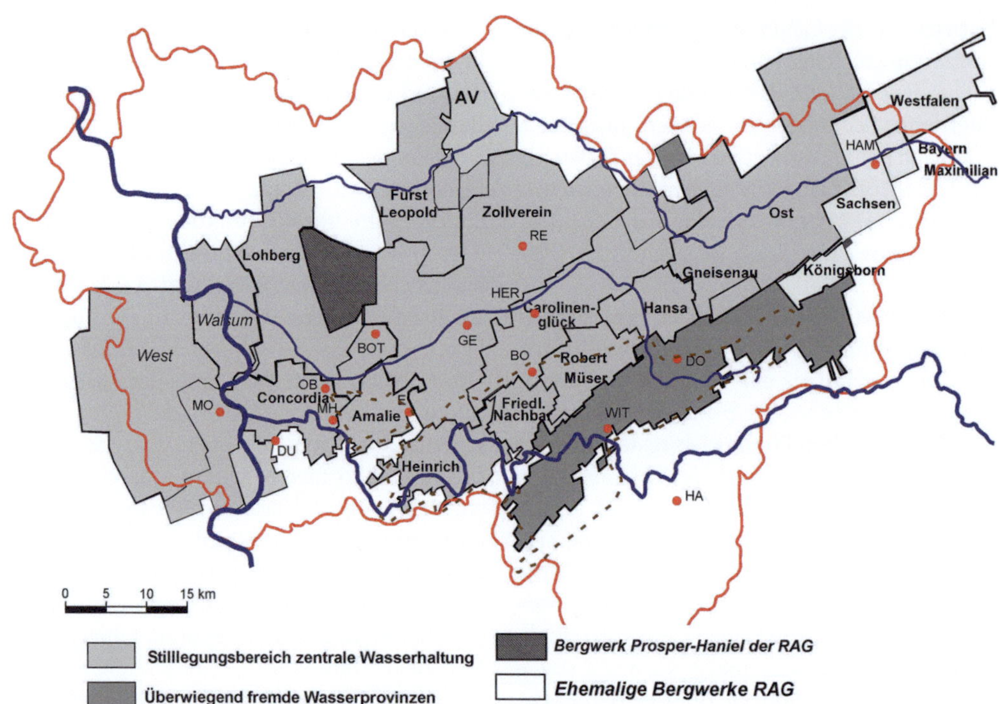

Abb. 16.9 Ruhrgebiet (Regionalverband Ruhr) mit den Altbergbauflächen im Süden, dem Einflussbereich der zentralen Wasserhaltung und den 2015 noch aktiven Bergwerken (nach Heitfeld und Rosner 2015)

Die Einwirkungen auf die Tagesoberfläche sind unterschiedlich. Bei geringer Mächtigkeit der überlagernden Schichten oder ungünstigem Ausstrich der Flöze bzw. Lager können sich die Abbauhohlräume auch mehr oder weniger direkt bis zu Tage durchpausen. Außer Senkungsmulden im Dezimeterbereich ist, ohne zeitliche Begrenzung, mit Tagesbrüchen zu rechnen. Eine besondere Tagesbruchgefahr geht auch von nicht vorschriftsmäßig gesicherten Tagesöffnungen aus. Vielfach werden auch sandig-lehmige Deckschichten durch die verstärkte Sickerwasserbewegung in die Abbauhohlräume eingespült, was die Gefahr von Bodensenkungen und Erdfällen erhöht.

Ein Beispiel für die anhaltende Gefährdung durch den hier ehemals umgegangenen tagesnahen Bergbau auf Kohle ist das im Süden von Dortmund gelegene Zoogelände (Hogrebe et al. 2010). Hier ist es immer wieder zu Tagesbrüchen und Absenkungen gekommen. 2009/2010 wurden im Rahmen des Altbergbau-Präventivprogramms des Landes Nordrhein-Westfalen umfangreiche Erkundungs- und Sicherungsarbeiten durchgeführt. Bei der Bewertung konnte gem. DGGT-Empfehlung (2009) eine gewisse Risikoverteilung in einen Teufenbereich bis 8 m unter Felsoberfläche mit vorwiegend Tagesbrüchen und einen Teufenabschnitt darunter bis 14 m mit vorwiegendem Senkungsrisiko ausgehalten werden. Angetroffene Hohlräume und Verbruchzonen sind drucklos oder im Niederdruckverfahren mit hydraulisch abbindendem Dämmer (W/B-Wert 0,9) verfüllt worden. Ein weiteres aktuelles Beispiel für das Gefährdungspotenzial des tagesnahen Bergbaus sind die massiven Einschränkungen des Zugverkehrs am Hauptbahnhof Essen 2013, als auf einem nahegelegenen Baugrundstück in 16 m Tiefe ein ehemaliger Bergbaustollen angetroffen wurde.

Ein völlig anderes Gebirgs- und Verformungsverhalten zeigt oberflächennaher Bergbau in Festgesteinen hoher Gebirgsfestigkeit. Bei besserer Standfestigkeit des Deckgebirges treten weniger flächige Absenkungen auf, sondern bevorzugt Tagesbrüche unterschiedlicher Größenordnung, deren Gefährdungspotenzial über einen fast unbegrenzten Zeitraum anhält. Im oberflächennahen **Erzbergbau** handelt es sich meist um mehr oder weniger steilstehende Gangsysteme, die als unregelmäßige Vererzungszonen das Gebirge durchziehen und an Querstörungen zerblockt sind. Sowohl die Gangfüllungen als auch das Nebengestein sind i. d. R. recht standfest. Bei Verbruch der in den Anfängen tagesnahen Abbaue entstehen Pingen, deren Pingenzüge den Gangausbiss erkennen lassen. Mit dem Aufkommen von Wasserhaltung (z. T. Wasserlösestollen, Rössel und Dressler 2005) war eine Erschließung der Lagerstätten in größeren Tiefen möglich, weshalb man hinsichtlich des Verlaufs der Gangsysteme auf Grubenbilder bzw. auf eine lagerstättenkundliche Einschätzung angewiesen ist. Die Abbauquerschnitte sind i. d. R. relativ klein. Größere Abbauvolumina sind nur an Streckenkreuzen, Weitungsbau oder Füllorten zu erwarten. Die Streckenabbaue wurden zur Sicherung des laufenden Betriebs teilweise versetzt. Grubenbaue mit lagestabilem Versatz gelten als tagesbruchsicher. Sand, Bergemassen und Recyclingmaterial sind dies nur, wenn ein Abwandern in angrenzende offene Grubenbaue auszuschließen ist. Resthohlräume können, ausgehend von vorhandenen Schwächezonen des Gebirges und verstärkt durch äußere Einflüsse, im Laufe der Zeit zu Bruch gehen. Auch Grundwasserströmung kann durch Aus- oder Einspülen Bruchvorgänge begünstigen. Die Tagesbrüche stehen bei tagesnahem Abbau häufig in Zusammenhang mit alten Pingen(zügen). Mit zunehmender Tiefe der Abbaue nimmt die Tagesbruchgefahr ab und ist ab etwa 50 m nur noch sehr gering.

Bei ± söhliger Lagerung und flächigem Abbau werden häufig pfeiler- oder **kammerartige Abbauverfahren** ohne oder mit Versatz angewendet. Derartige Baufelder stehen je nach Bemessung der Pfeiler häufig über viele Jahre offen (Wagner et al. 2006). Kritische Situationen entstehen, wenn sich über den Abbauen mittelfristig kein standsicheres Traggewölbe ausbilden kann bzw. wenn die Festigkeit einzelner Pfeiler mit der Zeit überschritten wird. Die weitere Entwicklung der Verbruchvorgänge hängt vom Systemverhalten des Deckgebirges ab. Tagesnahe Abbaufelder neigen zu einem plötzlichen Versagen und zur frühzeitigen Entwicklung von Tagesbrüchen. Bei Überlastung einzelner Pfeiler kann es auch zu progressivem Versagen und großflächigen Verbrüchen kommen. Entscheidende Kriterien sind in beiden Fällen die Lagerungsverhältnisse, das Abbauverfahren, d. h. die Dimensionierung der Pfeiler, und das Gebirgsverhalten.

Rosner et al. (2010) beschreiben einen 2008 gefallenen Tagesbruch von anfänglich 6 m Durchmesser und 25 m Tiefe über einem untertägigen Abbaufeld einer ehemaligen Dogger-Eisenerzgrube in der Vorbergzone am Ostrand des südlichen Rheintalgrabens. Der Abbau erfolgte hier von 1940 bis 1954 im Kammerbau (B = 5–7 m, H = 8–10 m, L = 50–70 m, Pfeilerbreite 3 m). Die Deckgebirgsmächtigkeit betrug etwa 30 m, bestehend aus einer insgesamt gebrächen Wechselfolge von Mergeln, Tonsteinen und Kalksteinen sowie 7 m Löss. Rogall und Bromen (2009) sowie Wehinger et al. (2010) berichten auch über die Tagesbruchgefährdung und Sicherungsmaßnahmen über großflächigen unterirdischen Basaltabbaukammern in der Eifel und Meier et al. (2005) über die Erkundung und Verwahrung von tagesnahen Kalksteinabbaufeldern unter Wohnbebauung.

Derartige Verbruchereignisse sind z. B. von (meist aufgelassenen) Kalkstein- und Gipsgruben bekannt. Friedrich et al. (2006) berichten von einem ehemaligen Kammer-Pfeiler-Gipsabbau, über dem nach Stilllegung der Grube in wenigen Jahren sechs Einbrüche mit Abmessungen von bis zu 10 m und ein großflächiger Tagesbruch von 50 × 34 × 5 m aufgetreten sind. Die kleineren schlotartigen Einbrüche korrelieren gut mit den aufgefahrenen Kammern mit 7 m Spannweite, über denen die stark zerklüfteten und teilweise entfestigten Kalkmergelsteine kein sicheres Traggewölbe ausbilden konnten. Unter dem großflächigen Einbruch ist es offenbar zu einem Versagen unzureichend dimensionierter Pfeiler gekommen. Die Tiefe des großen

Tagesbruchs von 5 m entspricht etwa der Abbauhöhe, d. h., der Absenkfaktor beträgt auch hier 90–95 %. Bei Gipsgruben kommt als zusätzlicher Faktor noch eine Schwächung des Deckgebirges infolge von Auslaugungserscheinungen gem. ▶ Abschn. 19.2.2 hinzu.

Von einer ungewöhnlichen Gefährdungssituation, ausgehend von einer in 15–25 unter Gelände liegenden, heute überbauten Basaltgewinnung im Kammer-Pfeiler-Bau berichten Amstutz et al. (2013). Der Gefährdungsgrad wird über eine Matrix (Punktesystem) für die einzelnen Pfeiler ermittelt und formelmäßig ausgewertet.

16.4.4 Folgen des tiefen Bergbaus

Bei Bergbauaktivitäten in größeren Tiefen und höherer Systemsteifigkeit des Hangendgebirges treten i. d. R. an der Erdoberfläche keine Tagesbrüche auf. Generell geht man davon aus, dass ab Abbautiefen von 80–100 m keine unsteten Reaktionen bis zur Tagesoberfläche durchschlagen. Bei flächigen Bruchbaufeldern des Steinkohlebergbaus ist aber mit entsprechend **Bergsenkungen** zu rechnen. Diese sind abhängig von der Struktur des Kohlegebirges, den abgebauten Flözmächtigkeiten, dem Abbauverfahren und etwaigen Versatzmaßnahmen. Die meist schräg liegenden abbauwürdigen Flöze haben im Ruhrrevier und den Revieren Erkelenz–Aachen eine mittlere Dicke von 1,2 m. Die Abbauteufen liegen zwischen 700 und 1500 m. Gearbeitet wird überwiegend im Bruchbau. Dabei betragen die Senkungen an der Geländeoberfläche bis zu 90 % der Flözdicke, bei Versatzmaßnahmen noch bis zu 50 %. Im ersten Jahr sind i. d. R. bis zu 75 % und nach 5 Jahren die restlichen Senkungen eingetreten. Die Bewegungen kommen danach zur Ruhe, es sei denn, sie werden durch einen späteren Grundwasserwiederanstieg neu aktiviert. Unter bebauten Gebieten wird zur Vermeidung von größeren Bergschäden Versatz eingebracht.

Die Setzungen der Geländeoberfläche können insgesamt Zehnermeterbeträge erreichen, mit anfänglichen Senkungsbeträgen von 1 m pro Jahr. In den Randbereichen und an Grenzflächen treten Schiefstellungen, Krümmungen (Mulden- oder Sattellagen) und Verschiebungen bzw. Längenänderungen von z. T. über 0,5 % auf. Im Verlauf der Absenkung können sich diese Situationen mit Zerrungen und Pressungen abwechseln oder wiederholen. Durch bestimmte Konstruktionsgrundsätze und bauliche Sicherungen lassen sich die Bergschäden einschränken oder z. T. vermeiden (▶ Abschn. 19.4).

Die Zusammenhänge über die Senkungsvorgänge lassen sich nach der Literatur wie folgt zusammenfassen: Über den Abbauhohlräumen bildet sich eine Bruchzone zerrütteten Gebirges. Die Höhe der Auflockerungszone (B) ist abhängig von den Abmessungen des Abbauhohlraums, vor allem der Höhe (M) und den Festigkeitseigenschaften des Gebirges, die nach Sroka und Preuße (2009) durch den empirischen Faktor $\lambda = 2–4$ berücksichtigt werden ($B = \lambda \times M$). Die aufgelockerte Bruchzone, die i. d. R. einen Auflockerungsfaktor von 10 % des abgebauten Volumens aufweist, wird durch die Last des Deckgebirges wieder kompaktiert, woraus sich eine Absenkung der Hangendschichten entwickelt, die sich bis zur Tagesoberfläche durchpaust.

Diese abbauinduzierten Bodenbewegungen werden in den meisten Fällen von einem durch die vorangegangene Grundwasserabsenkung bedingten Anteil der Geländesenkungen überlagert. Die Folge beider auslösenden Faktoren sind im Ruhrgebiet großflächige Geländesenkungen von 15–20 m, z. T. mehr.

16.4.5 Großräumige bergbaubedingte Grundwasserabsenkungen

Bei den großräumigen bergbaubedingten Grundwasserabsenkungen in Deutschland ist zu unterscheiden zwischen den Wasserhaltungsmaßnahmen für den Steinkohlebergbau im Ruhrrevier, den Revieren Erkelenz–Aachen und dem Saarrevier sowie den umfangreichen Sümpfungsmaßnahmen für die Braunkohletagebaue in der Niederrheinischen Bucht und in geringerem Maße auch in Ostdeutschland.

16.4.5.1 Steinkohlebergbau

Das Steinkohlegebirge des Rheinisch-Westfälischen Reviers weist außer dem variszischen Faltenbau eine intensive Bruchtektonik auf, mit zahlreichen Abschiebungen (Sprünge) und auch Horizontal- bzw. Seitenverschiebungen (Blätter). Das Deckgebirge besteht im Wesentlichen aus Schichten der Kreide, die von der Tektonik des Steinkohlengebirges entkoppelt, in weitspannige Mulden und Sättel verformt sind und von quartären Schichten unterschiedlicher Ausbildung und Mächtigkeit überlagert werden.

Im Steinkohlebergbau ist für einen sicheren Betrieb der bis >1000 m tief liegenden Förderstrecken eine betriebsinterne Grubenwasserhaltung über Förderschächte betrieben worden, die im Ruhrrevier ab dem Jahr 2000 durch eine zentrale Wasserhaltung ergänzt wurde, die auch Bereiche erfasst, in denen der Abbau bereits eingestellt ist (◘ Abb. 16.9). Damit wurde ein Überlaufen von Wasser in die aktiven Bergbaubetriebe verhindert. Nur der Altbergbaubereich im Südteil des Reviers liegt weitgehend außerhalb des Einflussbereichs der zentralen Wasserhaltung (Grigo et al. 2007). Das gehobene Grubenwasser, das sehr unterschiedliche Wasserqualität aufweist, wird in den nächstgelegenen größeren Vorfluter (Rhein, Ruhr, Emscher Lippe) eingeleitet.

Als Folge dieser großflächigen Wasserhaltung ist der Grundwasserspiegel in weiten Gebieten extrem abgesunken, wobei trotz örtlicher Differenzen im Zehnermeterbereich von einer insgesamt großflächigen Absenkwirkung auszugehen ist. Die Bodensenkungen aus den großflächigen Abbaufeldern und der weitreichenden Grundwasserhaltung um Meterbeträge haben zwangsläufig zu einigen Schäden an der Infrastruktur und der Bebauung geführt und gebietsweise die natürlichen Vorflutverhältnisse massiv gestört. Im Gebiet zwischen Emscher und Lippe mussten großflächige Polder eingerichtet und das Gewässersystem z. T. umstrukturiert werden. Am Niederrhein mussten die Dämme erhöht werden, um den Hochwasserschutz zu gewährleisten.

Im niederländischen Limburger Steinkohlerevier ist der Bergbau bereits 1975 weitgehend stillgelegt und auch die zunächst weiter betriebene Schutzwasserhaltung 1993 nach Schließen der letzten Zeche eingestellt worden. Seitdem steigt die Grundwasseroberfläche wieder auf das natürliche Vorflutniveau an.

16.4.5.2 Braunkohletagebau

Das Rheinische Braunkohlerevier liegt in dem jungen Senkungsgebiet der Niederrheinischen Bucht mit bis zu 1000 m mächtigen Sedimenten des Tertiärs, in welche die Braunkohleflöze eingelagert sind.

Für das Trockenlegen der Braunkohletagebaue am Niederrhein werden seit den 1960er-Jahren umfangreiche **Sümpfungsmaßnahmen** vorgenommen. Die oberflächennahen Grundwasserstockwerke werden im Bereich der Tagebaue über ein System umlaufender Randbrunnen, Feldesbrunnen und Sohlenbrunnen abgesenkt und die Liegendschichten entspannt. Die Grundwasserabsenkung bleibt dabei nicht auf das nähere Umfeld der Tagebaue beschränkt, sondern hat weite Gebiete erfasst. Die Folgen dieser Grundwasserabsenkung sind eine großflächige, flache Senkungsmulde. Die größten Absenkmaße wurden dabei seit den 1980er-Jahren im zentralen Teil der Erftscholle mit dem über 400 m tiefen Tagebau Hambach und den Tagebauen Garzweiler und Inden erreicht, wobei im Zentrum Bodensenkungen bis zu 4,6 m aufgetreten sind (Stand 2014), während in den Randbereichen 0,5–1 m zu verzeichnen waren.

Die hydro- und geomechanischen Ursachen der durch die Grundwasserabsenkung ausgelösten Geländesenkungen und ihre rechnerische Behandlung sind in ▶ Abschn. 6.5.2 beschrieben. Die Bodensenkungen verlaufen in Abhängigkeit vom Absenkmaß allgemein recht gleichmäßig. Insgesamt werden folgende **Bewegungsmodelle** unterschieden:

- Schollensenkungen: einigermaßen gleichmäßige, großflächige Senkungen, die i. d. R. kaum Gebäudeschäden zur Folge haben.

- Schiefstellungen: unterschiedliche Senkungen begrenzter Schollen auf eine definierte Entfernung. Schiefstellungen sind außer für Bauwerke auch für lang gestreckte Objekte wie Kanäle von Bedeutung, bei denen das Gefälle verändert werden kann.
- Krümmungen bewirken eine Schieflage, wobei außerhalb des Krümmungswendepunkts eine Sattelform mit Zerrungen und innerhalb eine Muldenlage mit Einengung (Pressung) entsteht. Druckkräfte in Muldenlage werden von Bauwerken i. Allg. besser vertragen als Zugkräfte in Sattellage (► Abschn. 6.4.1). Als Maßstab für mögliche Schäden wird der Krümmungsradius herangezogen. Nach Pohl (2002) gilt für Wohngebäude als Grenzwert zum Erhalt der Gebrauchstauglichkeit ein Radius von 2 km in Muldenlage und 4 km bei Sattellage und zur Vermeidung von Rissbildung ein solcher von 6 km für Muldenlage und 12 km für Sattellage.
- Differenzbewegungen auf engstem Raum können sich sowohl durch hydrologisch und mechanisch wirksame Grenzflächen im Untergrund wie tektonischen Verwerfungen (Sprünge) als auch an Abbaugrenzen einstellen. Auch organische Einlagerungen im oberflächennahen Untergrund können die Ursache für solche Setzungsdifferenzen sein (► Abschn. 6.5.2). Die jungen tektonischen Störungen der Niederrheinischen Bucht weisen häufig große Versatzbeträge auf, schlagen auch durch die jüngeren Deckschichten durch (► Abschn. 3.5.3) und weisen auf ihren Bewegungsbahnen meist ungünstige mechanische Eigenschaften auf. Hinzu kommt, dass diese Art Störungen oft grundwasserhemmend wirken und auch natürliche Abbaubegrenzungen darstellen können. Die Differenzbewegungen an solchen linearen Strukturen betragen je nach Absenkmaß wenige Dezimeter bis z. T. einige Meter und können dann merkbare Geländeabsätze bilden.
- Sowohl bei Krümmungen als auch an den engräumigen, schräg einfallenden Differenzbewegungen an Flächen sind die Vertikalbewegungen immer von einer horizontalen Verschiebungskomponente begleitet. Diese horizontalen Längenänderungen bewirken Pressungen oder Zerrungen im Untergrund, die je nach Art und Größe nicht nur die Bauwerkskonstruktion beanspruchen (► Abschn. 6.4.1), sondern auch Auswirkungen im Gelände haben. In Zerrungszonen können Längenänderungen im Boden von 0,5–1,0 %, in Extremfällen von bis zu 1,5 % auftreten. Ab Zerrungen von 0,5–0,8 %, d. s. 5–8 mm je Meter, ist mit Rissen im Gelände zu rechnen.

In den Städten und Ortslagen im Umland der Braunkohletagebaue am Niederrhein sind in den meisten Fällen Bodensenkungen von 0,5–1 m zu verzeichnen. Schäden treten vor allen Dingen über tektonischen Verwerfungsflächen im Untergrund (sog. Sprüngen) auf. Bei den jährlich einigen Dutzend Schadensmeldungen handelt es sich im Regelfall um Risse oder Schiefstellungen an Gebäuden, Versätzen an Verkehrsanlagen und an Ver- oder Entsorgungsanlagen und das Trockenfallen von Brunnen.

Um die wasserwirtschaftlichen und ökologischen Folgen dieser umfangreichen Sümpfungsmaßnahmen zu mindern, wird seit Ende der 1980er-Jahre ein komplexes Versickerungssystem betrieben. Das Sümpfungswasser wird aufbereitet, von Eisen und Mangan befreit und in den Randbereichen des Absenktrichters sowie auf ökologisch empfindlichen Flächen mit über 180 Sickerbrunnen und Reinfiltrationsanlagen sowie kilometerlangen Sickergräben wieder eingespeist. Die Maßnahme muss über das Ende der Kohleförderung und der dann beginnenden Restseeauffüllung hinaus fortgeführt werden, dann allerdings mit Fremdwasser, meist aufbereitetes Rheinwasser (s. Röder 2014).

Mit zunehmenden Abbautiefen der zentralen Tagebaue ist zunächst mit einer weitergehenden Entspannung der tieferen

Grundwasserstockwerke zu rechnen. Nach derzeitigem Planungsstand (d. h. ohne politische Einflussnahme) ist ein Ende des Braunkohlebergbaus im Jahr 2045 zu erwarten. Danach, und in Gebieten bereits beendeter Bergbauaktivitäten schon vorher, wird der Grundwasserspiegel allmählich wieder auf sein natürliches Niveau ansteigen, wobei in den großen Tagebaulöchern Restseen geplant sind.

16.4.6 Auswirkungen des Grubenwasseranstiegs

Die Bergbautätigkeiten bewirken nachhaltige Veränderungen der Grundwasserverhältnisse im Gebirge. Durch das Auffahren der Hohlräume und den entsprechenden Reaktionen des Gebirges wird die Gebirgsdurchlässigkeit massiv verändert. Ehemals geschlossene Klüfte werden hydraulisch wirksam, und es kann zu hydraulischen Verbindungen zwischen verschiedenen Grundwasserstockwerken kommen.

Nach Abschalten der Wasserhaltung, durch welche die Grubenräume während des Betriebs entwässert wurden, kommt es durch natürlichen Zulauf zu einem langfristigen Wiederanstieg des Grundwassers. Der Wiederanstieg des Gruben- bzw. Grundwassers ist von folgenden Faktoren abhängig:

- flutbares Resthohlraumvolumen,. seine Verteilung und seine gegenseitigen hydraulischen Verbindungen,
- Wasserleitvermögen bzw. Grubenwasserstrom in den Strecken und Abbauen,
- Aufbau des Steinkohlen- und Deckgebirges und seiner hydraulischen Verbindungen,
- Poren- bzw. Kluftvolumen und Gebirgsdurchlässigkeit des liegenden, umgebenden und überlagernden Gebirges, unter Beachtung der Auflockerungsbereiche bzw. von Stauhorizonten und Stockwerksbildung,
- Zuflüsse über tektonischen Störungssystemen sowohl aus dem Liegenden als auch dem Hangenden.

Die **Auswirkungen des Grundwasseranstiegs** auf die Grundwasserverhältnisse im Deckgebirge, auf die zu erwartenden Geländehebungen und auch auf ein Aufleben von Verbruchereignissen in Bereichen von tages- oder oberflächennahen Altbergbau müssen vorab angesprochen und bewertet werden. Im Einzelnen sind folgende Zusammenhänge zu beachten:

Zunächst sind die **bergbaulichen Randbedingungen** zu erfassen, so etwa die zeitliche und räumliche Entwicklung des Abbaus, alte Schachtstandorte, dokumentierte Unstetigkeiten im Gebirge sowie die bisherige Entwicklung der Bodensenkungen u. a. m. Hierbei ist auch zu klären, ob Material und Reste von ggf. PCB-haltigen Betriebsstoffen in den Gruben verblieben sind bzw. ob und wo evtl. irgendwelche Abfall- oder Reststoffe in alten Grubenbauen deponiert oder verfüllt worden sind (▶ Abschn. 16.3). In den Abbauen verbliebene Betriebsstoffe, besonders PCB-haltige Hydrauliköle, stellen bei Grundwasseranstieg an massives Umweltproblem dar.

Gleichzeitig ist ein **geologisch-hydrogeologisches Gebirgsmodell** zu erarbeiten mit Angabe der Gebirgsdurchlässigkeit, möglichen hydraulischen Verbindungen bzw. Sperrschichten zwischen grundwasserführenden Schichtpaketen sowie tektonischen Störungen und ihrer hydraulischen Wirksamkeit (hydrogeologische Homogenbereiche, s. Heitfeld und Rosner 2015). Auf diesen bergbaulichen und geologisch-hydrogeologischen Grundlagen und der Wasserbilanz für das Einzugsgebiet können Prognosen für den Gruben- und Grundwasseranstieg erstellt werden (s. DGGT-Empfehlung 2010 und Rosner 2011). Für die rechnerische Behandlung von Grubenflutungen steht darüber hinaus eine Reihe analytischer und numerischer Modelle zur Verfügung (Fischer und Wildhagen 2006; Eckart et al. 2005, 2006, darin Lit.).

Besondere Schutzgüter sind Mineralwasserfassungen und Trinkwassergewinnungsanlagen aus bisher nicht oder nur wenig betroffenen Grundwasserstockwerken, z. B. im Nordabschnitt des Ruhrgebiets und am Niederrhein (Heitfeld und Rosner 2015).

Die **Anstiegsgeschwindigkeit** des Grundwassers während der Flutung hängt von den hydraulischen Eigenschaften des Kohlegebirges und des Deckgebirges ab, insbesondere auch flächig verbreiteten, gering durchlässigen Schichtgliedern sowie der jeweiligen Zuflussrate, die einige Zehnerkubikmeter pro Minute bis wenige Kubikmeter pro Minute betragen können. Die Anstiegsmaße betragen im Festgestein häufig einige Zehnermeter im Jahr und nehmen mit Erreichen schluffig-toniger Deckgebirgsschichten und mit Annäherung an das Ausgleichsniveau meist auf wenige Meter jährlich ab.

Allmählich wird sich das Grundwasser dabei auf sein natürliches vorbergbauliches Niveau einstellen. Feuchtigkeits- und Vernässungsschäden an Gebäuden und Einrichtungen, die in der Zeit abgesenkten Grundwassers errichtet worden sind, gelten grundsätzlich nicht als Bergschaden. Rechtlich schwieriger wird die Situation nur, wenn zwischenzeitlich Geländesenkungen eingetreten sind und die Vorflutsituation damit verändert wurde.

Mit der Flutung der Grubenbaue ist häufig auch eine Veränderung der **chemischen Beschaffenheit des Flutungswassers** verbunden. Tiefenwasser aus tektonischen Störungszonen kann stark mineralisiert sein oder CO_2 enthalten. Durch die vorausgegangene Absenkung des Grundwassers und die Belüftung ist das Gestein einem sauerstoffhaltigen Milieu ausgesetzt gewesen, mit entsprechenden geochemischen Prozessen wie Pyritoxidation. Das Flutungswasser weist deshalb häufig erhöhte Werte an $FeSO_4$, $CaSO_4$ und $MgSO_4$ und auch veränderte pH-Werte auf (Eckart et al. 2006; Heitfeld et al. 2006; DGGT-Empfehlung 2010). Das aufsteigende Wasser kann außerdem Schadstoffe aus dem Grubengebäude mitführen. Besondere Umweltprobleme sind zu erwarten, wenn die in ► Abschn. 16.3 angesprochenen Umweltschadstoffe in das Grundwasser gelangen (s. a. ► Abschn. 16.1.1).

Durch das ansteigende Grubenwasser kann **Grubengas** aus den Abbauhohlräumen und den z. T. aufgeweiteten Klüften im Hangendgebirge verdrängt werden und zu Tage austreten (► Abschn. 16.5.1).

Der Grubenwasseranstieg kann auch Auswirkungen auf die **Standfestigkeit der Grubenbaue** haben und zu Nachbrüchen im Hangenden führen. Ein erhöhtes Tagesbruchrisiko ist besonders bei Einstau nicht dauerstandsicher verfüllter Schächte und bruchfähiger Resthohlräume im Bereich oberflächennahen Altbergbaus gegeben. Im niederländischen Limburger Steinkohlenrevier und dem in Deutschland angrenzenden Aachen-Erkelenzer Revier ist es infolge des dortigen Grundwasseranstiegs (s ► Abschn. 16.4.5) zu einer zunehmenden Anzahl von Schadensmeldungen gekommen, und auch der Tagesbruch in einem Einkaufszentrum in Heerlen wird in diesem Zusammenhang gesehen.

Geländehebungen als Folge des flutungsbedingten Grundwasserwiederanstiegs sind seit Langem bekannt (Lit. s. Sroka 2005; Sroka und Preuße 2006; Preuße 2009). Ursache sind die mit dem Wiederanstieg einsetzenden Auftriebskräfte und die damit verbundene Verringerung der Normalspannungen (► Abschn. 6.5.2; Heitfeld et al. 2014). Zu Beginn des Grubenwasseranstiegs laufen Bodenhebungen häufig mit einer zeitlichen Verzögerung von z. T. einigen Jahren ab und können in der Anfangsphase sogar noch von Restsenkungen aus der Abbauphase überlagert sein. Nach dieser Anfangsphase, in der meist bereits ein Grundwasseranstieg von einigen 100 m erfolgt ist, tritt allgemein eine deutliche Korrelation der Hebungen mit dem Verlauf des Grubenwasseranstiegs ein (◘ Abb. 16.10). Die stärksten Hebungen sind i. d. R. im Bereich der intensivsten Abbaueinwirkungen und der vorangegangenen größten Bodensenkungen zu erwarten. Die Bodenhebungen beschränken sich dabei nicht unbedingt auf die ehemaligen Senkungsbereiche (Abbaufelder), sondern betreffen auch darüber hinaus Flächen vorangegangener Grundwasserabsenkung, besonders solche mit mächtigeren bindigen Deckschichten (Rosner 2011).

Die Hebungen sind im Vergleich zu den vorangegangenen Senkungen gering. Sie liegen meist in der Größenordnung von <10 % der vorausgegangenen Senkungen, häufig sogar bei <5 %. Heitfeld et al. (2015) greifen zur

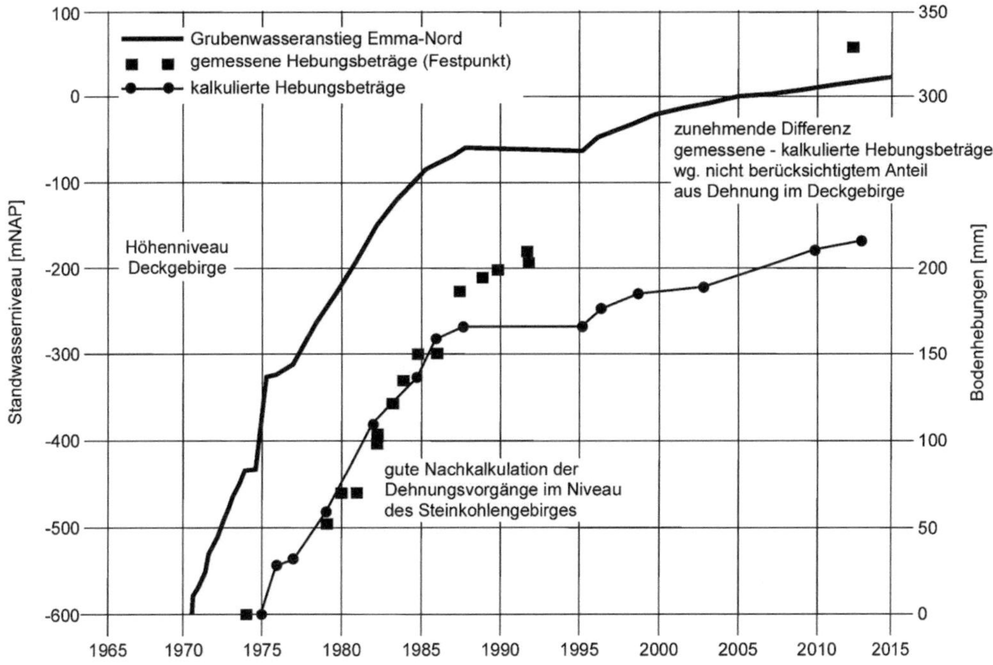

Abb. 16.10 Entwicklung des Grundwasseranstiegs und Vergleich zu den berechneten und gemessenen Bodenhebungen (nach Heitfeld et al. 2015)

rechnerischen Abschätzung der Hebung auf eine empirische Formel von Pöttgens (1985) zurück:

$$dh = h \times D_m \times dp$$

Dabei gilt:

dh = Hebungsmaß,
h = Höhe des verbrochenen Gebirgsbereichs,
D_m = maximaler Dehnungskoeffizient des zerbrochenen Steinkohlengebirges,
dp = Anstieg des Porenwassersrucks im Steinkohlengebirge.

Der Dehnungskoeffizient muss dabei geschätzt werden. Die Autoren haben einen Wert von i. M. $D_m = 3{,}5 \times 10^{-9}\ m^2/N$ angenommen. Der damit errechnete Hebungsbetrag zeigt gem. Abb. 16.10 eine erstaunliche Übereinstimmung mit den Messungen.

Unabhängig davon, entspricht eine Hebung von 250 mm genau 5 % einer vorausgegangenen Bergsenkung von (angenommen) etwa 12,5 m, und auch die 0,5 mm Hebung pro Meter Grundwasseranstieg stimmt gut mit anderen Erfahrungswerten überein (▶ Abschn. 5.4.3). Heitfeld et al. (2014) bringen weitere Ansätze zur Bewertung und Klassifikation der Geländehebungen im Zuge des Grundwasseranstiegs im Ruhrrevier.

Die Bodenhebungen sind meist großflächig und gleichmäßig, sodass insgesamt kaum Schäden an der Infrastruktur und an Gebäuden zu erwarten sind. Anders ist es bei ungleichen Hebungen an Unstetigkeiten im Gebirge (▶ Abschn. 16.4.5.2). An solchen durch Tektonik oder Abbau bedingten Bruchlinien kann es auch beim Wiederanstieg zu ungleichen Bodenbewegungen kommen. Ein Beispiel für nicht nur schadenverursachende, sondern auch in der Landschaft erkennbare Differenzbewegungen auf engstem Raum zeigt Abb. 16.11.

Infolge der vorangegangenen Geländesenkungen um Meterbeträge kann ein Wiederanstieg des Grundwassers bis in das Vorflutniveau zu einer **Vernässung größerer Flächen,** zu Wassereintritten in Kellerräume und ggf. zu einer

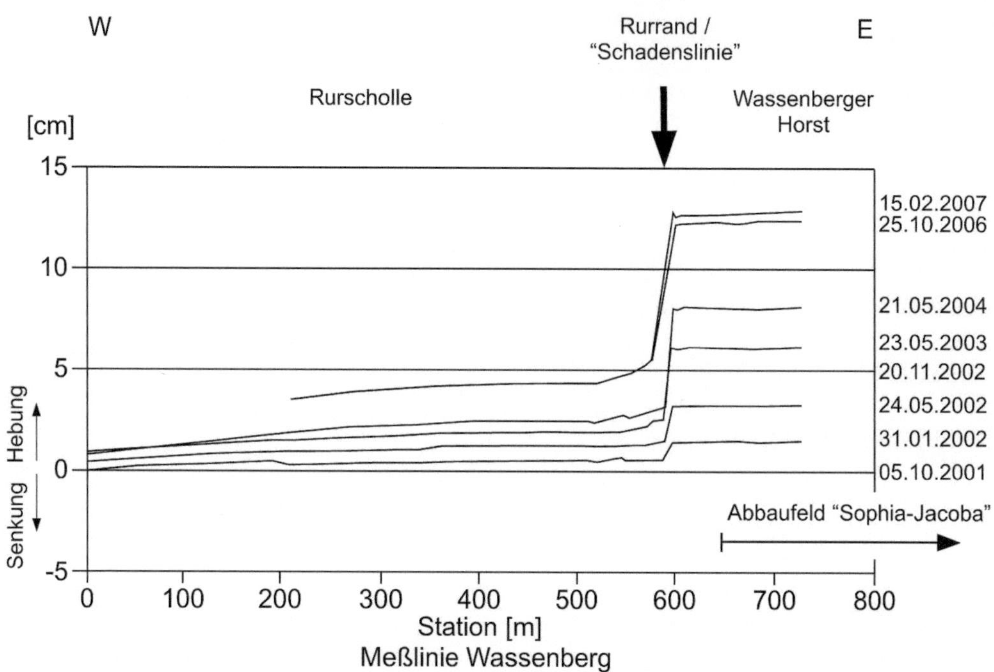

Abb. 16.11 Ausbildung des Geländesprungs an der Schadenslinie im Erkelenzer Revier (Zeitraum 2001–2007; nach Heitfeld et al. 2014)

Flutung von Deponien oder Altlasten führen (▶ Abschn. 6.5.3). Mit derartigen Auswirkungen ist verbreitet im Zuge des Einstellens der zentralen Wasserhaltung zu rechnen. Besonders betroffen sind die derzeit schon künstlich entwässerten Polderflächen zwischen Lippe und Emscher (▶ Abschn. 16.4.5). Hier muss aller Voraussicht nach auf Dauer eine Schutzwasserhaltung betrieben werden.

Die möglichen **Abwehrmaßnahmen** gegen nicht hinnehmbare Auswirkungen des Grundwasseranstiegs sind meist sehr aufwendig. Die nachträgliche Abdichtung eines Kellergeschosses erfordert genauere Kenntnisse über die Konstruktion und den Zustand der Bauteile, mögliche Risse oder Arbeitsfugen, den maximalen Wasserdruck und über den unmittelbar angrenzenden Baugrund (Korngrößenverteilung, Durchlässigkeit). Für die Trockenlegung von Kellerräumen stehen folgende Techniken zur Diskussion (s. a. geotechnik 35/4, A9):

- Aufrechterhaltung der Grundwasserhaltung (Schutzwasserhaltung),
- Aufgabe der Keller, Verfüllung,
- Bauwerksabdichtung (Flächeninjektionen in Sohle und Wänden),
- Außenabdichtung durch Schleierinjektionen an den Bauteilaußenseiten (Gel-Erdreich-Gemisch, z. B. mit Acrylatgel).

Außer den Bergbaugebieten des Ruhrgebiets, des Erkelenzer-Aachener Reviers sowie des Saarbergbaureviers sind von der Problematik des Grundwasseranstiegs neben den rheinischen Braunkohlerevieren auch die in der Lausitz und in Mitteldeutschland betroffen. In den ehemaligen Braunkohlebergbaugebieten handelt es sich dabei häufig um die zwischenzeitliche Errichtung von Gebäuden ohne Berücksichtigung eines möglichen Grundwasseranstiegs (▶ Abschn. 6.5.2).

Die Langzeit-Grundwasserhaltung, die Sanierung kontaminierten Grundwassers und die Beseitigung später Bergschäden gehören zu den sog. Ewigkeitslasten, zu deren Behebung der Bergbaubetreibende bzw. sein Rechtsnachfolger (ab 2018 die RAG-Stiftung) auch nach Beendigung des Bergbaus verpflichtet sind. Die Maßnahmen müssen durch ein entsprechendes Monitoringprogramm fachlich begleitet werden (Heitfeld et al. 2006; Grigo et al. 2007; Rosner 2011).

16.5 Methangasaustritte, Flözgas, Schiefergas

Methan ist Hauptbestandteil von Erdgas, das sowohl in konventionellen als auch in unkonventionellen (Erdgas-)Lagerstätten auftritt. Die beiden Lagerstättentypen unterscheiden sich in der Art der Speichergesteine. Die hier zu betrachtenden unkonventionellen Vorkommen weisen wegen der geringen Permeabilität der Gesteine keinen natürlichen Gasfluss auf.

Methan (CH_4) ist ein gasförmiger Kohlenwasserstoff, der im tiefen Untergrund unter Wärmeeinwirkung (100–200°C) durch biochemische Umwandlung von im Gestein ablagerungsbedingt vorhandenem organischem Material (>2 %, häufig 5–12 %) entsteht. Als Maß für diesen Inkohlungsvorgang (sog. Reife eines Muttergesteins) dient das Reflexionsvermögen R (in%) eines bestimmten Kohlebestandteils, dem Vitrinit (R < 4, ab $R = 3{,}5$ gilt ein Gestein als überreif, in dem sich kein Methangas mehr bildet; s. d. Wrede 2016).

Der größte Teil des so entstandenen thermogenen Methans wandert im Laufe der Erdgeschichte aus dem Muttergestein aus, reichert sich in porösen Speichergesteinen an oder diffundiert durch die Deckschichten zur Erdoberfläche. Das restliche Methan verbleibt aufgrund der geringen Permeabilität im Muttergestein und bildet die sog. unkonventionellen Gasvorkommen. Dabei sind zu unterscheiden:

- Flözgas (CBM, „coal bed methane“): in Kohleflözen (▶ Abschn. 16.5.2),
- Schiefergas („shale gas“): in Tongesteinen enthaltenes Methan (▶ Abschn. 16.5.3),
- „tight gas“: Gas in porösen Speichergesteinen, das wegen geringer Permeabilität schwer zu gewinnen ist.

16.5.1 Methangasaustritte

Methan (CH_4) ist ein geruch- und farbloses ungiftiges, aber umweltschädliches Gas, das mit einer Dichte von 0,717 kg/m^3 leichter ist als Luft. Methangas hat daher immer das Bestreben, aus dem Muttergestein und aus weniger dichten Gaslagerstätten nach oben zur Erdoberfläche aufzusteigen. Bevorzugte Aufstiegswege sind Kluft- und Störungszonen, aber auch die anderen Gesteinsabfolgen stellen aufgrund ihrer Klüftigkeit diffuse Aufstiegswege dar. Allein überwiegend tonige Deckschichten gelten als weitgehend undurchlässig.

Außer der bundesweit nur geringen Gefahr von Methangasaustritten kommt es in den Steinkohlenregionen wie dem Ruhrrevier verbreitet zu mehr oder weniger starken **Methangasaustritten an der Erdoberfläche,** und zwar bevorzugt über Abbaufeldern mit verstärkter Gebirgszerrüttung, in randlichen Zerrungszonen und an tektonischen Störungen. Das Methan stammt dabei zum größten Teil aus den Steinkohleflözen. Für Nordrhein-Westfalen liegt eine Methangasverbreitungskarte vor (Strauß 2008).

Die Art der Methangasemissionen (flächig, punktuell, linear) wird von der Ausbildung der Deckschichten (Aufstiegswege), dem Grundwasserstand und dem atmosphärischen Luftdruck bestimmt (Opahle 2005; Heitfeld et al. 2006; Otto et al. 2011). Die Austritte sind teilweise auch an Vegetationsschäden erkennbar. Bei mächtigen abdichtenden Deckschichten wie im Münsterland sind natürliche Methangasaustritte weniger bekannt. Bei den Methangehalten in zahlreichen Brunnen dieses Gebietes handelt es sich nach Untersuchungen zur Kohlenstoffisotopie nicht um thermogenes Methan aus dem tiefen Untergrund, sondern überwiegend um biogenes Methan aus oberflächennahen Tonsteinen der Oberkreide (Lit. s. Wrede 2016).

Auch im südwestdeutschen Posidonienschiefer (Unterjura), bestehend aus 8–15 m bituminösen Tonsteinen, ist bei Überdeckung durch Opalinuston beim Anbohren mit dem Antreffen von Methan zu rechnen (▶ Abschn. 17.2.6).

Methan und auch andere Kohlenwasserstoffe sind in bestimmten Mischungsverhältnissen mit

■ **Tab. 16.4** Eigenschaften von Methan, Kohlendioxid und anderen Gasen (aus DGGT-Empfehlung 2010)

Gasart	Lagerstätte/Herkunft	Eigenschaften	Grenz- und Richtwerte
Kohlenmonoxid (CO)	Flöz-, Halden-, Schwelbrände	sehr toxisch, brennbar, explosionsfähig	30 ppm
Kohlendioxid (CO_2)	In allen Lagerstätten und Grubenbauen möglich, Organische Zersetzung	toxisch, farblos, wasserlöslich	5000 ppm (0,5 Vol.-%)
Methan (CH_4)	Steinkohle, Braunkohle, Kupferschiefer, Organische Zersetzung	farb- und geruchlos, brennbar, explosionsfähig	zwischen 4,4 und 16,5 Vol.-% und >12 Vol.-% mit O_2 explosionsfähig oberhalb 16,5 Vol.-% und >12 Vol.-% O_2 brennbar
Radon (^{222}Rn)	Erzlagerstätte, Steinkohle, Kupferschiefer, tiefer Untergrund (▶ Abschn. 4.3.3.2)	farb- und geruchlos, krebserregend	gem. Richtwerten der Strahlenschutzverordnung (▶ Abschn. 4.3.3.2)
Schwefelwasserstoff (H_2S)	Steinkohle, Braunkohle, Kupferschiefer Organische Zersetzung	toxisch, farblos, riecht nach faulen Eiern, gut wasserlöslich	10 ppm (15 mg/m^3)

Luft explosiv (■ Tab. 16.4). Methangasaustritte stellen ein **Gefahrenpotenzial** für die Bebauung dar und erfordern ggf. Sicherungsmaßnahmen in Form von Gasdränsystemen an Gebäuden und Gasbarrieren in Leitungstrassen (Notacker et al. 2005; Strauß 2007). Methan kann sich unter Deckschichten in besser durchlässigen Bereichen sammeln und in Brunnen oder bei engräumigen Ausschachtungen zu Gefahrensituationen führen (Verpuffungsgefahr). Methangas kann auch in handelsübliche Kunststoffrohre diffundieren und sich mit dem Leitungsinhalt vermischen, was ebenfalls Gefahrensituationen herbeiführen kann.

Methan tritt gem. ▶ Abschn. 4.3.3 auch in oberflächennahen Bodenschichten als biogenes, bakteriell gebildetes Gas (sog. Sumpfgas) auf und ist auch Hauptbestandteil von **Deponiegasen**. Deponiegas und auch Ausgasungen anderer Kontaminationen können nicht nur unmittelbar am Standort auftreten, sondern über natürliche Pfade (abgedeckte durchlässige Schichten, Kluftzonen) oder Leitungsgräben mehrere hundert Meter entfernt austreten oder in Gebäude eindringen. Diese Gefährdung wird allgemein unterschätzt.

16.5.2 Flözgas, Grubengas

Flözgas (CBM, „coal bed methane") ist das in Steinkohleflözen und angrenzenden Nebengesteinen enthaltene thermogene Methan. Dieser Gasgehalt der Kohle ist seit vielen Jahrzehnten bekannt.

Steinkohle ist ein relativ sprödes Gestein mit guter Gaswegsamkeit. In den oberflächennahen Abbaufeldern (z. B. südliches Ruhrrevier, Zwickauer Revier) ist die Steinkohle weitgehend entgast. Bei den tieferen Abbauen stellte das in den Flözen enthaltene Methangas früher eine erhebliche Gefahr dar (Gasausbruch beim Abschlag, Schlagende Wetter). Seit den 1950er-Jahren wird das Methan im Bedarfsfall aus den Kohleflözen und dem Nebengestein abgesaugt und als **Grubengas** thermisch genutzt.

Nach Einstellen der Bewetterung sammelt sich Methan in den Grubenbauen an. Dieser Prozess hält je nach Größe des Restgasinhalts über Jahre bis Jahrzehnte an. Durch Anstieg des Grubenwassers wird das in den abgeworfenen Abbauhohlräumen angesammelte Methangas verdrängt. Der Gasdruck steigt an, was sich auch auf den Gasanstieg bis zur Tagesoberfläche auswirkt. Um das Risiko von Methangasaustritten im Gelände zu verringern und den hohen Energiegehalt dieses Gases zu nutzen, werden heute große Mengen Grubengas mit Methangehalten von bis zu 90 % aus aktiven oder stillgelegten Bergwerken über alte Schächte oder Bohrungen abgesaugt und energetisch genutzt (Opahle 2005; Preuße et al. 2006; Opahle und Hegemann 2006).

In den tieferen, vom Abbau nicht erreichbaren Bereichen des nördlichen Ruhrgebiets und im Münsterland stellt das **Flözgas** in den unberührten Steinkohleflözen eine unkonventionelle Gaslagerstätte dar. Bestimmend für eine Exploration und Gewinnung sind:

- Mächtigkeit der Flöze,
- Gasgehalt, anzugeben in m^3 CH_4/t Kohle[3],
- Zusammensetzung des Gases,
- Gasdurchlässigkeit der Kohleflöze,
- Adsorptionsvermögen der Kohle und mineralischer Verunreinigungen (Lit. dazu s. Wrede 2016).

Die Explorationstechniken für die Erkundung von Flözgas und die damit verbundenen Probleme werden in ► Abschn. 16.5.3 behandelt.

16.5.3 Exploration auf Schiefergas

Das Schiefergas ist in den Feinstporen der Muttergesteine (Größenordnung Nanometerbereich, 10^{-6} mm bzw. <0,1 mD, ► Abschn. 2.9.2) und außerdem durch molekulare Kräfte an der Oberfläche bestimmter Tonminerale adsorptiv gebunden. Die Menge des Gasgehalts ist außerdem abhängig vom Inkohlungsgrad, vom Gebirgsdruck und vom Wassergehalt der Gesteine (Wrede 2016). Der Gasinhalt im Gestein ist nur gewinnbar, wenn durch technische Maßnahmen künstliche Wegsamkeiten geschaffen werden und ein Unterdruck aufgebracht wird.

Als schiefergashöffige **Muttergesteine** gelten Tongesteine mit einem möglichst hohen Anteil an organischer Substanz, die im Laufe der Erdgeschichte so tief versenkt waren, dass die für die Bildung von Kohlenwasserstoffen und speziell von Methan nötigen Temperaturen erreicht wurden (sog. thermische Reife oder Maturität).

Ton(schiefer)gesteine dieser Art ziehen sich in einem breiten Gürtel von Großbritannien über die Niederlande und das nördliche Deutschland bis nach Polen. In Deutschland finden sich Tongesteine dieser Art sowie der nötigen Tiefenlage (1000–5000 m) und Mächtigkeit (>20 m, besser mehr) nach Andruleit et al. (2012) besonders als:

- Tonschiefer und Tonsteine des Unterkarbons, speziell Alaunschiefer (verbreitet im Norddeutschen Becken und im Münsterland),
- Posidonienschiefer des Unterjuras (verbreitet in Niedersachsen und in Süddeutschland),
- Tonsteine der Unterkreide, speziell Wealden-Tonsteine (verbreitet im Norddeutschen Becken).

Als weitere Muttergesteine kommen evtl. der Opalinuston (Mitteljura) und die Pechelbronner Schichten (Oligozän) im Oberrheingraben in Betracht.

Als **Bohrtechnik** kommt steuerbare Richtbohrtechnik zum Einsatz. Die Bohrungen verlaufen zunächst vertikal und werden im Zielhorizont bis zur Horizontalen abgelenkt. Die Länge dieser Ablenkungsstrecke kann bis zu 1000 m betragen. Auch Verzweigungen von Bohrästen (sog. Clusterbohrungen) werden hergestellt. Die Bohrungen werden auf ganze Länge verrohrt und die Rohrstränge zementiert.

Um künstliche Wegsamkeiten für das Gas zu schaffen, wird die Verrohrung im Zielhorizont mit einer Perforationskanone perforiert. Durch hydraulische Simulation (sog. **Fracking**, Kurzform für „hydraulic fracturing") werden im angrenzenden Gestein vorhandene Risse aufgeweitet und neue Risse erzeugt, indem unter hohem Druck (200–300 bar) Wasser mit feinem Quarzsand oder Keramikpartikeln als Stützmittel sowie einigen chemischen Additiven in das Gebirge gepresst wird. Der Frackvorgang dauert etwa 2–3 Stunden. Die Fracktechnik wird seit Mitte des 20. Jahrhunderts angewandt. Auch in

Deutschland wurden bisher mehr als 300 Bohrungen gefrackt, vor allem zur Gewinnung von „tight gas“ (Wrede 2016).

Die **Geometrie der Risse** ist abhängig vom Gebirgsdruck, von den Gesteinseigenschaften, den vorhandenen (Mikro-)Diskontinuitäten, einem Gesteinswechsel und den Eigenschaften des Frackfluids. Harte, spröde Gesteine sind insgesamt besser geeignet als duktile Gesteine. Die Risse verlaufen in Richtung der maximalen und öffnen sich senkrecht zur minimalen Horizontalspannungskomponente (▶ Abschn. 2.7.9). Bei ausreichend großem Überlagerungsdruck in mehr als 1200 m Tiefe bilden sich daher überwiegend vertikale Risse. Ihre Reichweite (Länge bzw. Höhe) beträgt Zehnermeter bis einige hundert Meter, die Öffnungsweite Millimeter bis einige Zentimeter. Die Stützmittel im Frackfluid halten die Risse offen bzw. gaswegsam. Die Rissentwicklung kann bei Kenntnis der Gebirgs- und Frackfluidparameter prognostiziert und gesteuert sowie auch seismoakustisch überwacht werden. Der beim Fracken kurzzeitig aufgebrachte Überdruck wirkt sich nach Sauter et al. (2012) vertikal über einige hundert Meter, max. 500 m (sog. Frackhöhe) aus. Die Reichweite der dabei initiierten Fluidmigration beträgt einige Zehnermeter.

Die dem Frackfluid beigesetzten Additive dienen zur Steuerung der Dichte und Viskosität der Bohrlochflüssigkeit (Gelbildner), als Ablagerungshemmer gegen Ausfällungen sowie als Korrosionsschutzmittel für die Stahlrohre, und sie enthalten Biozide gegen Quellen der Tonminerale und eine Bakterienkontamination. Die Additive werden für die jeweilige Situation speziell zusammengestellt. Die Hersteller und Anwender sind bemüht, weitgehend umweltverträgliche Substanzen zu verwenden. Der Einsatz der Produkte unterliegt strengen wasserrechtlichen Genehmigungsverfahren und Auflagen (s. Wrede 2016).

Die beim Fracken zu beachtenden **Umweltprobleme** sind in erster Linie induzierte Seismizität (▶ Abschn. 4.2.3.1) sowie eine mögliche Verunreinigung des Grundwassers durch Bohr- und Frackflüssigkeit infolge von Umläufigkeit in den Bohrlöchern (sog. Bohrlochintegrität) oder beim Frackvorgang. Mikroseismische Ereignisse sind bei den kurzzeitigen Frackvorgängen bei der Schiefergasexploration in Tongesteinen bis jetzt selten aufgetreten (▶ Abschn. 4.2.3.1). Im ungünstigsten Fall können Frackadditive oder freigesetztes Methan infolge des kurzzeitig hohen Druckpotenzials im Zielhorizont an tektonisch oder auch atektonisch bedingten Wegsamkeiten (z. B. Altbohrungen) in höher gelegene Grundwasserleiter gelangen. In der Regel ist aber die Aufstiegshöhe vom Zielhorizont bis zum nächsten Grundwasserleiter sehr groß. Das Gebirge selbst weist in diesen Tiefen, d. h. bei dem hohen Überlagerungsdruck, nur sehr geringe Gebirgsdurchlässigkeit auf. In einem Tonsteingebirge sind in diesen Tiefen selbst Störungszonen kaum wasserwegsam.

Das Frackfluid und die Bohrspülung (sog. Flowback) sowie beigemischtes Formationswasser werden nach Beendigung des Frackvorgangs zurückgepumpt und müssen ordnungsgemäß entsorgt oder aufbereitet werden. Auch der Bohrplatz muss sorgfältig angedichtet werden.

Um die Gefahren bei der Exploration und Gewinnung von unkonventionellen Erdgasvorkommen zu beherrschen, müssen der standortspezifische geologisch-strukturelle Gebirgsbau, die einschlägigen Gebirgs- und Gesteinseigenschaften und die hydrogeologischen Rahmenbedingungen einschließlich aller potenziellen Wirkungspfade großräumig erkundet werden. Die Mächtigkeit und Ausbildung der Deckschichten müssen so beschaffen sein, dass eine Gefährdung des oberflächennahen Grundwassers nicht zu besorgen ist. Der Frackvorgang muss in Modellrechnungen simuliert und abgesichert werden. Rechtzeitig vor Beginn einer Explorationskampagne müssen im weiteren Erkundungsfeld die Seismizität sowie der Chemismus des Grundwassers und der Bodenluft untersucht und während der Arbeiten und einige Zeit danach kontrolliert werden. Eine ausführliche Darlegung der Möglichkeiten, Techniken und Risiken bei der Schiefergasexploration haben Andruleit et al. (2012) und Wrede (2016) zusammengestellt.

Die Techniken zur Erkundung und Gewinnung unkonventioneller Erdgasvorkommen sind in den vergangenen Jahrzehnten laufend weiterentwickelt worden. Die Umweltrisiken beim Fracken werden seit Jahren in verschiedenen unabhängigen Gutachten untersucht und diskutiert. Die Tendenz geht dahin, dass bei gründlicher geowissenschaftlicher Vorbereitung und Überwachung derartige Explorationsarbeiten durchaus zu vertreten sind, auch um weitere Erfahrungen zu gewinnen. In der Bundesrepublik darf aber nach dem „Fracking-Gesetz" von 2016 Fracking nur zur konventionellen Erdöl- und Erdgasgewinnung und mit Zustimmung der jeweiligen Landesregierung eingesetzt werden. Fracking zur Schiefergasexploration ist wegen des massiven Widerstands seitens der Bevölkerung in den betroffenen Regionen derzeit nicht vorgesehen.

Tunnelbau

H. Prinz, R. Strauß, *Ingenieurgeologie*,
https://doi.org/10.1007/978-3-662-54710-6_17

Der Tunnelbau ist ein vielseitiges, interdisziplinäres Aufgabengebiet, in dem nicht nur in der Erkundungsphase, sondern auch während der Vortriebsarbeiten zahlreiche ingenieurgeologische Fragestellungen auftreten. Ihre Bearbeitung setzt gewisse Kenntnisse in den Verfahrenstechniken voraus, um die Wechselwirkungen zwischen dem Bauverfahren und dem Verhalten des Gebirges beim Ausbruch abschätzen bzw. bewerten zu können.

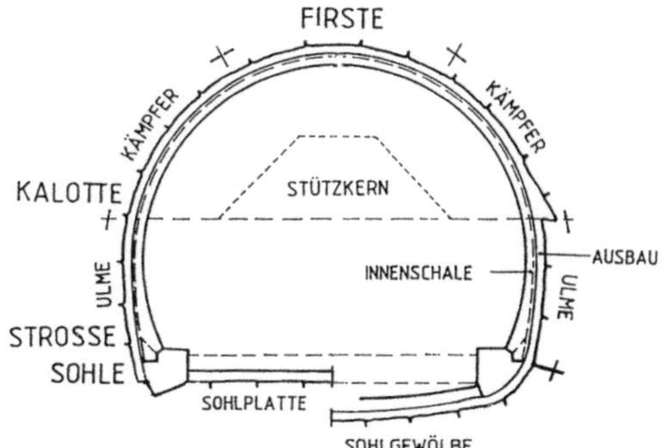

Abb. 17.1 Begriffe im Tunnelbau

17.1 Grundbegriffe des Tunnelbaus

Das Gebirge ist beim Tunnelbau nicht nur Baugrund, sondern zugleich Baustoff, mittragendes Element (Widerstand) und gleichzeitig Belastung (Einwirkung). Diese „Mehrfachfunktion" birgt zwangsläufig ein höheres technisches und wirtschaftliches Risikopotenzial, als man es sonst kennt. Dabei ist der **„Baustoff Gebirge"** i. d. R. zunächst unveränderbar vorgegeben, liegt nie ungestört vor, sondern ist bereits immer mehr oder weniger stark bis über die Bruchgrenze hinaus tektonisch und z. T. auch anderweitig beansprucht worden.

Zur Vorbereitung eines Tunnelprojekts gehört eine gründliche ingenieurgeologisch-geotechnische Erkundung, wobei es besonders auf geologisch bedingte Schwachstellen (Tektonik, hydrothermale oder verwitterungsbedingte Entfestigungen, Verkarstung, Hangbewegungen) sowie eine entsprechende Bewertung der Gebirgs- und Grundwasserverhältnisse ankommt. Bei den Vortriebsarbeiten erfolgt dann eine baubegleitende Kontrolle der Annahmen aus der Erkundung und eine Überprüfung der Berechnungsergebnisse (Standsicherheit und Verformungsverhalten).

Die wichtigsten **Begriffe für den Tunnelvortrieb** sind aus Abb. 17.1 ersichtlich. Bei maschinellen Vortrieben werden Kreisquerschnitte aufgefahren, bei konventionellen (bergmännischen) Vortrieben sog. Maulprofile und bei offener Bauweise Rechteckrahmenquerschnitte und z. T. auch Gewölbequerschnitte. Kreisquerschnittähnliche Formen werden bei konventionellen Vortrieben nur geplant, wenn diese statisch erforderlich sind (z. B. bei hohem Wasserdruck oder in quellfähigem Gebirge zur Aufnahme des Quelldrucks).

Im innerstädtischen Tunnelbau betragen die **Ausbruchquerschnitte** allgemein 40–60 m^2. Bei diesen Querschnitten dominieren seit Jahrzehnten maschinelle Vortriebsmethoden. Im Fernverkehrstunnelbau betragen die Querschnittsgrößen i. d. R. 60–120 m^2 (Abb. 17.2).

Beim **Tunnelausbruch** werden konventionelle bzw. zyklische Vortriebe unterschieden, bei denen das Lösen des Gebirges durch Baggern oder Sprengen erfolgt und der vorläufige Ausbau aus Spritzbeton und Ankern besteht oder maschinelle Vortriebe mit Tunnelvortriebsmaschinen und einschaligem Tübbingausbau. Bei längeren Tunneln stehen konventionelle und maschinelle Vortriebe im Wettbewerb, häufig mit Vorteilen für Letztere. Längere Verkehrstunnel (>1 km) werden aus Sicherheitsgründen meist als zwei Einspurröhren mit Seitenabständen von 20–40 m und Querschlägen in Abständen von 500 m ausgeführt. Die übliche Nutzungsdauer von Verkehrstunneln wird allgemein mit 100–150 Jahren angegeben. Einige alte Eisenbahntunnel haben inzwischen eine Nutzungsdauer von 150 Jahren erreicht.

17.2 Aufgaben und Grenzen der Erkundung, Risikomanagement

Die ingenieurgeologisch-geotechnische Beratung, die Planung und der Bau eines Tunnels sind ein kontinuierlicher interaktiver Prozess,

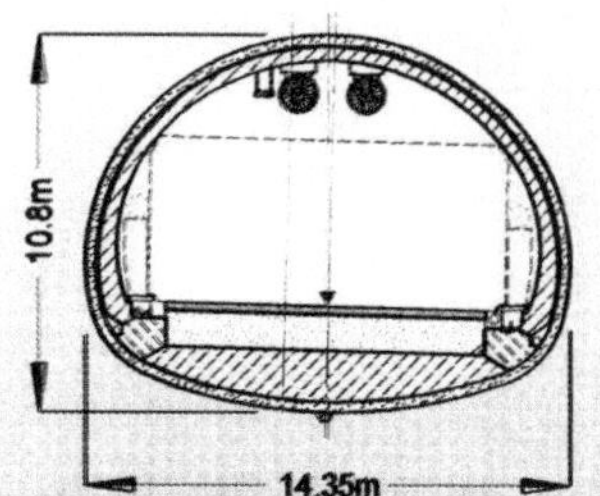

2-spurige Richtungsfahrbahn mit Standstreifen

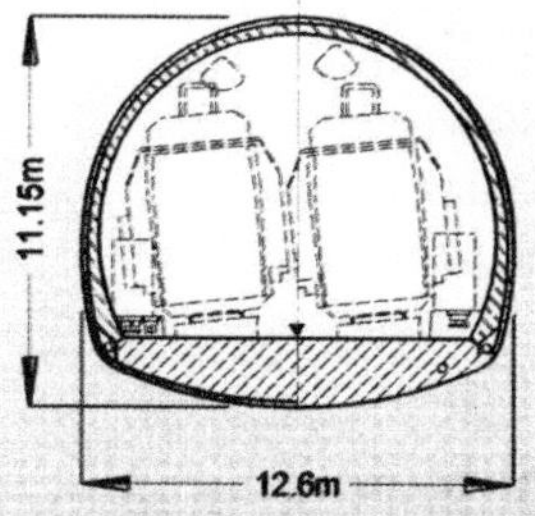

2-gleisiger Eisenbahntunnel

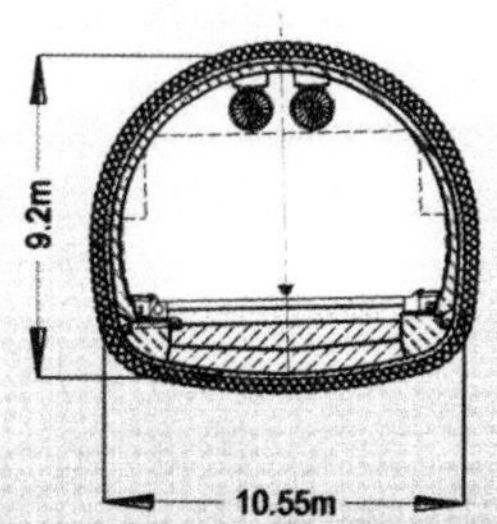

2-spuriger Straßentunnel

Abb. 17.2 Regelquerschnitte für Verkehrstunnel bei konventionellerer Bauweise

bei dem ständig Anpassungen und Optimierungen an die hinzugewonnenen Erkenntnisse über den Gebirgsbau und die Wasserführung des Gebirges vorzunehmen sind. Dies erfordert nicht nur eine interdisziplinäre und reibungslos übergreifende Zusammenarbeit, sondern auch Kompetenz und Kontinuität in der Zusammensetzung des Planungsteams (s. Brugger und Sachs 2009).

Schon bei der Festlegung der Linienführung sind mögliche geologisch bedingte Problembereiche zu beachten:

- Wasser- und sonstige Schutzgebiete sowie rutschgefährdete Hänge, Karstregionen oder solche mit quellfähigem Gebirge sind möglichst zu umgehen.
- Tiefere Seitentäler, die häufig größere Störungszonen markieren, und Gebirgsbereiche mit hohem Wasseranfall sind auf möglichst kurzem Weg zu queren.
- Die Überlagerungshöhen sind zu optimieren.
- Die Unterfahrung von setzungs- und erschütterungsempfindlichen Anlagen ist nach Möglichkeit zu vermeiden.

17

17.2.1 Erkundungsinhalte, Richtlinien

Aufgabe der ingenieurgeologischen Erkundung ist die tunnelbautechnische Beschreibung und Beurteilung des Gebirges. Dazu gehört nicht nur die Beschreibung der Gesteine mit ihren Eigenschaften und Kennwerten und die Erkundung der Grundwasserverhältnisse, sondern vor allen Dingen eine Darstellung der Lagerungsverhältnisse und anderer geologischer Besonderheiten. Außerdem sind die Raumstellung und Ausbildung der maßgeblichen Trennflächen, insbes. der tektonischen Störungszonen, relevant.

Auf die **Mineralogie einiger Gesteinsarten** ist frühzeitig hinzuweisen. Bei Grundgebirgs- und Schiefergebirgstunneln ist dies insbes. die Möglichkeit des Auftretens asbestfaserartiger Minerale (meist in Kluftfüllungen) (Aeschbach 2004). In der DAUB-Empfehlung für Tunnelvortriebe in asbestbelasteten Gesteinen (2007) sind verschiedene Übersichtskarten mit Angabe derartiger Gebiete enthalten (► Abschn. 17.2.7.2 und auch Tunnelbautaschenbuch 2008, S. 141–160).

Liegen quarzitisch gebundene Gesteinsarten vor, besteht Gefährdung durch silikogenen Staub. Besonderes Augenmerk ist auch auf sulfidhaltige Gesteine gem. ► Abschn. 2.3.3 sei hierzu richten, deren primäre Sulfide in sekundäre Sulfide oder Sulfate umgesetzt werden, wobei freie Schwefelsäure entstehen kann. Diese Vorgänge bewirken nicht nur eine Zersetzung des Gesteins (► Abschn. 13.4.1), sondern führen aufgrund des starken Abfalls des pH-Wertes und der hohen Sulfatgehalte zu einer Betonaggressivität des Sickerwassers (► Abschn. 17.2.7 und Kempfert et al. 2008). Auch auf die Zerfallserscheinungen einiger anderer Festgesteine gem. ► Abschn. 3.4.2 sei hier noch einmal verwiesen.

Die tunnelbautechnische Beschreibung und Beurteilung des Gebirges dienen einerseits zur Ermittlung der Gebirgs- bzw. Ausbruchsklassen, zum Abschätzen des Tragverhaltens des Gebirges und der Lösbarkeit beim Ausbruch und andererseits als Grundlage für ein geotechnisches Gebirgsmodell für numerische Berechnungen. Weiterhin müssen Rückschlüsse auf die Wahl des Bauverfahrens einschließlich der Einsatzmöglichkeit von Tunnelbohrmaschinen gezogen werden können. Die **geotechnische Prognose** ist Grundlage für die Planung und Ausschreibung, angefangen vom Vortriebskonzept mit der Auswahl der Vortriebsmethode und der Stützmittel, und sie muss den anbietenden Firmen eine möglichst sichere Preiskalkulation ermöglichen.

Die zunehmende Mechanisierung des Tunnelbaus und der **Einsatz von Tunnelbohrmaschinen** steigern die Bedeutung der ingenieurgeologisch-geotechnischen Erkundung. Besonders die zunehmende Spezialisierung der Maschinentypen auf bestimmte Untergrundverhältnisse verlangt aber eine entsprechend aussagekräftige Vorauserkundung.

Außer der DIN 18 312 „Untertagebauarbeiten“ (▶ Abschn. 3.3) sind bei Tunnelprojekten auch die einschlägigen **Richtlinien und Merkblätter** zu beachten. Bei Eisenbahntunneln sind dies die Richtlinie (RiL) 853 (2012) der Deutschen Bahn (mit zwischenzeitlicher Fortschreibung verschiedener Module). Für den Straßentunnelbau steht mit der ZTV-ING, Teil 5, Tunnelbau, ein aus 5 Abschnitten bestehendes umfassendes Regelwerk zur Verfügung:

1. Geschlossene Bauweise (aktuelle Ausgabe 2012)
2. Offene Bauweise (2012)
3. Maschinelle Schildvortriebsverfahren (2012)
4. Betriebstechnische Ausstattung (2007)
5. Abdichtung.(2007)

In Österreich liegt eine ÖGG-Richtlinie für die geotechnische Planung von Untertagebauwerken (2014) vor. Für maschinelle Vortriebsverfahren wird außerdem auf die DAUB-Empfehlungen verwiesen (s. Anlage).

17.2.2 Baugrundrisiko, Risikomanagement und Baumethodenentscheidung

Im Tunnelbau ist immer eine gewisse latente Gefährdung gegeben. Dieses erhöhte Risikopotenzial ergibt sich schon aus der Mehrfachfunktion des Gebirges (▶ Abschn. 17.1) und dem oft schwer vorhersehbaren zeitabhängigen Verhalten des Gebirges bei Eingriffen.

Unter dem Begriff **„Risiko“** wird hier ein Schadenseintritt als Folge menschlichen Handelns verstanden. Ein Risiko wird definiert als Produkt aus Eintrittswahrscheinlichkeit und dem möglichen Schadensausmaß (siehe ▶ Abschn. 15.6).

Aufgabe eines **Risikomanagements** ist, Risiken rechtzeitig zu erkennen und das Risikopotenzial zu minimieren (▶ Abschn. 17.4.2). Risiken sind i. d. R. nicht ganz vermeidbar. Sie sollten aber so weit bekannt sein, dass rechtzeitig darauf reagiert werden kann. Seit 2009 ist bei größeren Tunnelbauprojekten ein baubegleitendes Risikomanagementsystem üblich, das die operativen Projektrisiken während der gesamten Leistungserstellung abdeckt (Reiner 2006; Wannick und Bretz 2008; Hofbauer 2009; Jodl 2014; Handke und Edelhoff 3016). Mindestanforderungen an ein Risikomanagement sind u. a. ausreichende Voruntersuchungen, eine klare Regelung der Verantwortlichkeit und der Entscheidungsbefugnisse sowie ein Maßnahmenkatalog und eine baubegleitende Fachberatung.

Bei der Abschätzung der Risiken sind zu unterscheiden: das eigentliche **Baugrundrisiko**, d. h. Abweichungen gegenüber den prognostizierten Gebirgs- und Grundwasserverhältnissen, und das sog. **Systemrisiko**, d. s. trotz sorgfältiger Planung und Ausführung nicht vorhersehbare Reaktionen des Gebirges bei Ent- oder Belastung bzw. beim Vortrieb (s. a. Entachner und Fuchs 2016). Die Auswirkungen beider Risiken können unzulässig große Setzungen der Tunnelschale bzw. an der Geländeoberfläche sein (sog. Setzungsrisiko) oder ungünstigenfalls auch ein Nachbruch bzw. Verbruch. Dazu kommen mögliche Wassererschwernisse, bis hin zu einem Wassereinbruch (▶ Abschn. 17.2.5.2). Dazu kommen dann die Risiken der Bauausführung

(s. d. Jodl 2014). Bei der Risikobewertung spielt auch die oft recht lange Abwicklungsdauer vieler Tunnelbauprojekte eine Rolle.

Risikoanalysen sind zunächst abstrakte Denkmodelle auf der Grundlage komplexer und häufig in Wechselwirkung stehender Einzelfaktoren. Sie dienen dazu, die möglichen Risiken zu erkennen, überschaubar zu machen sowie die Eintrittswahrscheinlichkeit und die Schadenshöhe abzuschätzen und durch geeignete Maßnahmen so weit zu reduzieren, dass ein akzeptables Restrisiko erreicht wird. Den Umgang mit einer bestehenden Risikosituation regelt dann das Risikomanagement. Das Gesamtkonzept besteht im Prinzip aus drei Schritten:

- Risikoanalyse (erkennen, zusammenstellen und bewerten),
- Risikosteuerung (vermeiden, vermindern, darauf reagieren),
- Risikoüberwachung (Steuerung und Kontrolle).

Bei der üblichen Aufschlussdichte kann bei Mittelgebirgstunneln i. Allg. erwartet werden, dass in der ingenieurgeologischen Prognose keine erheblichen Abweichungen und keine völlig unerkannten Risiken auftreten. Schwachpunkte in der Prognose sind häufig die tektonische Situation sowie die Lage und Richtung bautechnisch relevanter Störungszonen. Auch kleinräumige Unregelmäßigkeiten im Gebirge und Abweichungen im Gebirgsverhalten sind schwer vorauszusagen. Bei tief liegenden Tunneln sind aufgrund der begrenzten Aufschlussmöglichkeiten Abweichungen vom Erkundungsergebnis nicht ungewöhnlich und auch unerkannte Risiken nicht selten. Die beste Methode, den Gebirgsbau und das Gebirgsverhalten möglichst zutreffend zu erfassen, liegt in beiden Fällen in der regionalen und auch tunnelbautechnischen Erfahrung des Ingenieurgeologen und in der kontinuierlichen Zusammenarbeit mit dem Planungsteam.

17

Eine Risikoanalyse wird nicht nur im Hinblick auf das Eintreten eines Schadensfalls ausgelegt, sondern schon vorab auch zur Überprüfung der **Machbarkeit und Wirtschaftlichkeit eines Projekts**, sowohl bei der Variantenfestlegung als auch bei der Baumethodenentscheidung. Risiken, die mit einem entsprechenden Maßnahmenkatalog nicht abgedeckt werden können, gelten als sog. KO-Risiken, die zum Ausscheiden einer Baumethode führen.

Um einen Tunnel sicher, kostengünstig und termingerecht ausführen zu können, müssen die Problembereiche erkannt und sog. **Risikozonen und Gefährdungsbilder** zusammengestellt werden. Gefährdungsbilder setzen eine sorgfältige Problemanalyse voraus (Was ist aufgrund der geotechnischen Gegebenheiten möglich, und was zeigt die Erfahrung?), und sie bestehen aus einer bildhaften und beschreibenden Vorstellung über die gebirgs- oder vortriebsbedingten Schwachstellen, die zu Schadensereignissen führen können. Die Bedeutung einer solchen Risikobeschreibung ergibt sich daraus, dass nur erkannte Risiken Eingang in das Risikomanagement finden können. Dabei muss man sich darüber im Klaren sein, dass im Rahmen der Vorerkundung möglicherweise nicht alle Risikofaktoren und Gefährdungsbilder richtig erfasst werden können (s. a. John et al. 2016).

Zu den geologischen **Risikofaktoren** kommen dann noch die Auswahl des geeigneten Bauverfahrens bzw. des Vortriebsmaschinenkonzepts und auch vortriebsbedingte Probleme hinzu. Anwendungsbedingt muss die Vielzahl möglicher Einzelfaktoren auf einige wenige Risikogruppen zusammengefasst werden.

1. **Geologie/Gebirge:**
   - Gebirgsverhältnisse und ihre Wechselhaftigkeit, Übergang Lockergestein/Fels, veränderlich feste Gesteine
   - lithologische Schwächezonen, insbes. stärker beanspruchte Schiefergesteine (Phyllite), tief reichende Gebirgsentfestigung (tektonische Störungszonen, alte Landoberflächen)
   - quellfähige Gesteine
   - lösliche Gesteine, Karstgebirge (verdeckter Karst)
   - Hangbewegungen (Rutschgebiete, Rutschmassen, tief reichendes Hangkriechen)
   - Auftreten von Gasen im Gebirge, schadstoffhaltige Gesteine (Asbest), auch Pyritoxidation

- tektonische Störungszonen mit breiten Kataklasiten oder Kakiriten; hohe Klüftigkeit und Gebirgszerlegung, Gebirgsauflockerung; spitzwinklig oder schleifend bzw. wellenförmig tangierende tektonische Strukturen
- ungewöhnlicher Primärspannungszustand, spannungsbedingte Abschalungen
- anthropogene Einwirkungen, Altbergbau, Altlasten

2. **Grundwasser:**
   - starke Wasserführung im Gebirge, Gebirgsdurchlässigkeit, Stockwerksgliederung, gespannte Grundwasserstockwerke, starker Wasseranfall in Kluft- oder wenig kohäsiven Störungszonen bzw. einzelnen Schichtgliedern
   - Chemismus und etwaige Gasführung des Grundwassers
3. **Vortrieb:**
   - Mixed-face-Bedingungen (auch Mischbrustverhältnisse genannt) wie unterschiedliche Locker- und Festgesteine an der Ortsbrust, Wechsellagerungen bindig/rollig bzw. hart/weich
   - Ortsbrustinstabilität, Steine oder Blöcke an der Ortsbrust, nachbruchgefährdende Kluft- bzw. Gleitflächen oder Kluftkörper
   - Verformungsverhalten des Gebirges, Oberflächensetzungen, Nachbruch- oder Verbruchgefährdung
   - Wassererschwernisse, Beherrschung des Wasseranfalls
   - Standfestigkeit, Verspannprobleme
   - Verschleiß, Verklebungspotenzial
   - Verklemmen des Bohrkopfes
   - Gefahr des Abtauchens der Tunnelvortriebsmaschine (TVM) beim Vortrieb
   - Begrenzung von Erschütterungen

Die katalogisierten Risiken können teilweise in die Leistungsbeschreibung eingearbeitet werden oder müssen als präventive Zusatz- oder Sondermaßnahmen in einem Maßnahmenkatalog zusammengestellt werden. Für maschinelle Vortriebe wird dazu auf Handke und Edelhoff (2016) verwiesen.

Das Problem einer **Risikobewertung** ist, dass sowohl die Eintrittswahrscheinlichkeit als auch das Ausmaß möglicher Ereignisse äußerst schwer zu quantifizieren sind. Bei einigen anderen diesbezüglichen Gefährdungen (z. B. Rutschungen oder Erdfallgebiete) können diese beiden Faktoren ggf. aus der geologischen Situation und aus historischen Aufzeichnungen abgeleitet werden. Im Tunnelbau stehen günstigenfalls projektübergreifende Erfahrungen in vergleichbaren Gebirgsverhältnissen und vergleichbarer Vortriebstechnik zur Verfügung.

Wo es wegen mangelnder Vorhersehbarkeit nicht möglich ist, Eintrittswahrscheinlichkeit und Auswirkung möglicher Ereignisse abzuschätzen und zu quantifizieren, bedient man sich ggf. **qualitativer Methoden** der Risikobewertung. Mathematische Modelle dazu sind allerdings i. d. R. sehr komplex und basieren auf Gesetzen der großen Zahlen, d. h. vieler vergleichbarer Ereignisse, die hier aber meist nicht vorliegen. Die Bewertung eines Risikos muss sich letztlich weitgehend auf Erfahrungen bei vergleichbaren Projekten stützen und kann nur sehr allgemeine Aussagen enthalten (Risikomatrize s. Wagner et al. 2011):

- großes Risiko: Notwendigkeit einer Änderung der Ausführungsplanung.
- mittleres Risiko: planerische Verstärkung der Sicherungsmittel oder Änderung der Vortriebsklasse.
- geringes Risiko: vorsorgliche Maßnahmen während des Vortriebs dürften ausreichend sein.

Ziel einer **Risikosteuerung** ist die Entwicklung und Abstimmung sicherheitstechnischer Maßnahmen und Lösungen für alle Bauphasen der Projektabwicklung um, ein akzeptables Maß an Sicherheit gegenüber den erkannten Risiken zu erreichen. Nur wenn mittels detaillierter Abläufe vorab festgelegt wird, was in kritischen Situationen zu tun ist, kann im Eintrittsfall umgehend gehandelt und nachher auch geprüft werden, ob es zu einer entsprechenden Umsetzung der Vorgaben gekommen ist (► Abschn. 17.4.2).

Für die **Risikoüberwachung** während der Bauausführung und zur Kontrolle der bei den Vortriebsarbeiten anfallenden Datenmengen und ihrer zeitnahen Auswertung ist ein integriertes Datenmanagement erforderlich (Mayer et al. 2014; Handke und Edelhoff 2016). Dieses ermöglicht, jederzeit das jeweilige Risikoniveau oder Grenzwertüberschreitungen zu erkennen und die richtigen Entscheidungen für den Vortrieb oder für etwaige Sicherungen an Gebäuden zu treffen (▶ Abschn. 17.6.4.2). Mit derartigen Messungen sind aber nur zeitlich verzögert eintretende Ereignisse zu beherrschen, nicht dagegen Bruchereignisse ohne jede Vorankündigung.

Unter **Restrisiko** versteht man i. d. R. ein Risiko aufgrund vorab nicht feststellbarer Inhomogenitäten oder Kennwertabweichungen im Gebirge, das von allen Verfahrensbeteiligten als vertretbar angesehen wird. Das Baugrundrisiko verbleibt auch dabei beim Bauherrn.

Zur **Schadensbegrenzung** sind im Ereignisfall die nötigen Maßnahmen ohne jede Zeitverzögerung zu entscheiden und einzuleiten, wobei eine verschuldensunabhängige Kostenübernahme bzw. diesbezügliche Versicherung von Vorteil ist.

17.2.3 Spezielle Erkundungsmethoden

Die Erkundung des Gebirges und der Grundwasserverhältnisse erfolgt zweckmäßigerweise in mehreren dem Planungsstand angepassten Untersuchungsstufen. Wo keine modernen geologischen Karten zur Verfügung stehen, ist zu Beginn der Planung von einem mit der regionalen Geologie vertrauten Geologen eine **Streifenkartierung** i. M. 1: 10 000 oder 1: 5000 zu empfehlen. Sie ist unabdingbare Grundlage für ein ggf. dreidimensionales geologisches und hydrogeologisches Gebirgsmodell gem. ▶ Abschn. 4.2.1. Dabei müssen besonders die Tektonik und geologische Besonderheiten berücksichtigt werden. Die Bedeutung einer rechtzeitigen geologischen Geländeerkundung wird vielfach unterschätzt. Die Folge davon ist, dass geologische Besonderheiten und Risiken nicht rechtzeitig erkannt und die aufwendigen Bohraufschlüsse nicht zielgerichtet angesetzt werden können.

Besonderes Augenmerk ist auf die **Erkundung tektonischer Störungszonen** zu legen, die mehrfach Ursache für größere Erschwernisse und auch von Niederbruch- bzw. Verbruchereignissen gewesen sind. Bei einem möglichen Einsatz von Tunnelbohrmaschinen muss Störungszonen, insbesondere flach liegenden oder den Vortrieb über längere Strecken begleitenden Störungszonen, erhöhte Aufmerksamkeit gewidmet werden (Quick et al. 2010; Pilgerstorfer et al. 2011; John et. al. 2016).

Im Zuge der Vorerkundung muss bereits versucht werden, anhand geologischer Karten und der tektonischen Gesamtsituation sowie mithilfe von Luftbildauswertung gem. ▶ Abschn. 4.3.1 die infrage kommenden Störungszonen zu erfassen. Die Erkundungsarbeiten selbst sind in ▶ Abschn. 3.5.2 beschrieben. Die Heterogenität in der Ausbildung von Störungszonen erschwert eine realistische Beschreibung und die Prognose des Gebirgsverhaltens beim Ausbruch. Besonders bei den tektonischen Großstrukturen ist sowohl in den Mittel- als auch den Hochgebirgen mit teilweise mehreren Zehnermeter breiten komplexen Störzonen mit kataklastisch-kakiritischer Gebirgszerlegung zu rechnen. Die Breite und Ausbildung steil stehender Störungszonen kann mit gezielt angesetzten Schrägbohrungen ermittelt werden. Außer der Einzelbeschreibung sind ggf. auch die Gesamtzahl der Strukturen und die summierte Störzonenmächtigkeit anzugeben. Besonderes Augenmerk ist auch auf die Wasserführung von Störungszonen zu richten. Unter Wasserandrang neigen viele Störungsgesteine zum Fließen.

Bei den tektonischen Störungszonen ist zwischen bautechnisch weniger relevanten Störungszonen und solchen mit hoher bautechnischer Relevanz zu unterscheiden (Wagner et al. 2009). Beim maschinellen Vortrieb des Gotthard-Basistunnels wurde die **bautechnische Relevanz der Störungszonen** nach Ehrbar et al. (2013) beispielsweise wie folgt definiert:

gering	verstärkte Ablösungen, Ortsbrustinstabilität, leicht plastisches Gebirgsverhalten, evtl. Wasserzutritte
mäßig	verstärkte Nachbrüchigkeit, Ortsbrustinstabilität, mäßig plastisches Gebirgsverhalten, konzentrierte Wasserzutritte (ggf. schon ab 1–3 l/s)
sehr hoch	Niederbrüche, starkes plastisches Gebirgsverhalten, starke Wasserzutritte, ggf. Wassereinbruch

Zu Letzteren gehören Störungszonen mit größerem Wasserandrang, breite Störungszonen mit heterogenem Internaufbau, dickeren Kataklasiten und tonbelegten Scherbahnen sowie Scherbruchzonen mit Verdacht auf tektonische Gebirgsauflockerung und hoher Verformbarkeit gem. ► Abschn. 2.7.8 und 3.5.2, wie sie trotz der großen Überlagerungshöhen auch in Hochgebirgen auftreten können. Besonders verformungsanfällig sind auch hydrothermal vertonte Störungsgesteine in und als Begleitstrukturen von größeren Störungszonen (Prinz 2001).

Beim Tunnelvortrieb mit zu erwartenden größeren, bautechnisch schwierigen Störungszonen sind nötigenfalls **Vorauserkundungsmaßnahmen vom Tunnel** aus vorzusehen, um nicht unvorbereitet in eine den Vortrieb zumindest stark behindernde Störungszone einzufahren. Dabei können geophysikalische Methoden, vor allem Seismik (► Abschn. 17.6.4.2), und längere Vorausbohrungen kombiniert werden, um die Lage und den Aufbau der Störungszone sowie ihre Wasserführung zu erkunden. Bei konventionellen Vortrieben ist auch verstärkt auf tektonische Begleitstrukturen zu achten, die möglicherweise eine größere Störungszone ankündigen, sowie auf die Anfangssetzungen der Tunnelschale.

Sofern in der **Projektumgebung** Bauten, Verkehrswege oder Versorgungseinrichtungen (z. B. Trinkwassergewinnungsanlagen) oder irgendwelche Leitungen (Gashochdruckleitung) vorhanden sind, die durch das geplante Projekt beeinträchtigt werden können, sind die Untersuchungen daraufhin auszudehnen und Beweissicherungsmaßnahmen vorzusehen (z. B. Dokumentation der Schadensfreiheit bzw. der Rissentwicklung, Setzungsmessungen, Erschütterungsmessungen). In Bezug auf Erschütterungen und Schallemissionen werden i. d. R. drei Zonen unterschieden: weniger als 100 m Entfernung zum Tunnel, 100–300 m und darüber hinaus (► Abschn. 6.5.5, Czopak und Neumüller 2009). Die Erkundung ist auch darauf auszudehnen, ob im Querschnitt des Tunnels von angrenzenden früheren Bauprojekten ausgehende **Bauhilfsmittel** im Untergrund verblieben sein könnten (z. B. Teile eines Baugrubenverbaus, Anker oder ähnliche Bauteile).

17.2.3.1 Erkundungsarbeiten für flach- und mitteltiefliegende Tunnel

Tunnelbauwerke aller Art sind der geotechnischen Kategorie GK 3 gem. ► Abschn. 4.1 zuzuordnen. Die üblichen ingenieurgeologischen Untersuchungsmethoden und ihre Auswertung sind in ► kap. 4 behandelt. **Aufschlussbohrungen** sind so anzusetzen, dass daraus keine nachteiligen Folgen für das Bauwerk entstehen (z. B. Bohrungen neben die Trasse legen oder nötigenfalls mit Betonpfropfen abdichten). Besondere Aufmerksamkeit ist immer den Portalbereichen sowie Tunnelabschnitten mit geringer Überdeckung zu widmen, besonders unter Seitentälern und Muldenformen am Hang.

Die **Bohrabstände** entlang der Tunnelstrecke betragen je nach Überlagerungshöhe etwa 100–500 m. Die Tiefe der Bohrungen soll dabei mindestens bis in einfache Ausbruchbreite unter die Tunnelsohle reichen. Störungszonen müssen nötigenfalls durch gezielt angesetzte Schrägbohrungen erkundet werden, die eine Aussage über die Breite und Ausbildung der tektonischen Strukturen ermöglichen.

Bei Grundwassereinfluss sind chemische Wasseranalysen unter Einbeziehung versinterungsrelevanter Parameter nach den Vorgaben der Richtlinie für Bergwasserdränagesysteme von Straßentunneln (RI-BWD-TU) vorzusehen (► Abschn. 17.2.5.3).

Für die **Portalbereiche** sind Informationen über die Grenzfläche Lockergestein/Fels, über etwaige Großklüfte oder Störungszonen sowie über die Ausbildung und Standfestigkeit der Schichten und über die Lage des Grundwasserspiegels zu liefern. Im Allgemeinen werden bei Mittelgebirgstunneln die Portalbereiche mit jeweils zwei bis drei Bohrungen erkundet, davon meist eine Schrägbohrung. Untersuchungsbereich ist dabei weniger der eigentliche Portalstandort, als vielmehr die **bergmännische Anschlagwand**. Sie wird i. d. R. bei einer Firstüberlagerung von 6–10 m angesetzt (Mindestüberdeckung ≈ ½ D). Die Anschlagwand (◘ Abb. 17.3) wird bis etwa 3 m über Firstniveau möglichst steil angesetzt (4 : 1 bis 2 : 1), darüber den Erfordernissen entsprechend abgeflacht. Die Standsicherheit der Anschlagsböschung ist nachzuweisen (Berechnungsansätze ► Abschn. 5.7). Entwässerungsbohrungen müssen bis hinter die Systemgrenze des Berechnungsmodells geführt werden (► Abschn. 9.5.4). Die bei steilen und hohen Böschungen unvermeidlichen Entlastungsverformungen, die mit einem Abfall der Scherfestigkeit auf sich öffnenden Kluftflächen verbunden sind, müssen in den Berechnungen berücksichtigt und vermessungstechnisch kontrolliert werden.

17.2.3.2 Erkundungsarbeiten für tief liegende Tunnel

Bei tief liegenden Tunneln sind direkte Aufschlüsse nur in begrenztem Umfang möglich (Bohrtiefe, Zugänglichkeit). Hier gilt es, in verstärktem Maße vorhandene Unterlagen (Literatur und Detailkartierungen) auszuwerten und durch Projektion dieser Daten ein möglichst realistisches geologisches Gebirgsmodell zu erstellen, wobei man sich der Schwierigkeit bewusst sein muss, Störungszonen in ihrem Verlauf, ihren Eigenschaften und ihrer Wasserführung von der Oberfläche aus zu bewerten (Pöttler et al. 2006). Verstärkte Wasserbewegung bewirkt häufig eine intensive Verwitterung und ggf. eine hydrothermale Umwandlung und Vertonung der Störungsgesteine. Ein Restrisiko für unerkannte Strukturen muss i. d. R. akzeptiert werden; es kann durch Vorauserkundung aus dem Vortrieb (Tunnelseismik, Drehschlag- oder Kernbohrungen) ermittelt und mit Anpassung des Bauablaufs und dem Einsatz zusätzlicher Maßnahmen beherrscht werden (Ehrbar et al. 2013; John et al. 2016).

Mit **Tunnelseismik aus dem Vortrieb** können im Vorfeld des Vortriebs die allgemeine Gebirgsbeschaffenheit und querende Diskontinuitäten auf 100–150 m erkundet werden. Das Auflösungsvermögen der verschiedenen Verfahren ist allerdings über die Entfernung und für die einzelnen Strukturen bzw. Objekte unterschiedlich.

Beim TSP-Verfahren („tunnel seismic probing“) werden durch Kleinsprengungen ausgelöste seismische Signale von den Gebirgsstrukturen vor der Ortsbrust reflektiert und von 3D-Empfängerrn im Ortsbrust- oder Schildbereich aufgenommen.

Beim TSWD-Verfahren („tunnel seismic while drilling“) dienen die Vibrationen des Bohrkopfes als seismische Quelle. Die Geophone zur Aufnahme des reflektierten seismischen Wellenfeldes sind in Bohrlöchern im Nachläuferbereich untergebracht. Die Messungen erfolgen kontinuierlich ohne Unterbrechung des Vortriebs (Radinger et al. 2014).

Quer zur Tunnelachse verlaufende stark zerlegte Gebirgsbereiche und gut abgegrenzte Strukturen können mit Tunnelseismik i. d. R. recht gut detektiert und lokalisiert werden. Schwieriger zu erkunden sind Übergangsstrukturen mit wechselhaftem Internaufbau | (► Abschn. 3.5.2). Die weitere Erkundung der Mächtigkeit und Ausbildung der mit der Seismik erfassten Strukturen muss dann durch gezielte Vorausbohrungen erfolgen. Mehr oder weniger tunnelparallel verlaufende Inhomogenitäten sind weder mit Tunnelseismik noch mit subhorizontalen Vorausbohrungen zu erfassen.

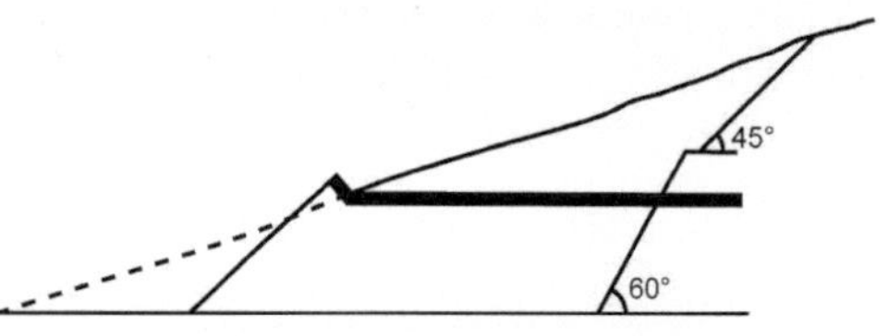

◘ **Abb. 17.3** Portallängsschnitt mit Anschlagwand und Geländegestaltung

17

Erkundungsbohrungen aus dem Vortrieb sind nur in Wartungsschichten möglich. Sie können entweder als „zerstörende" Drehschlagbohrungen mit dem vorhandenen Anker- und Injektionsbohrgerät oder als Rotationskernbohrung mit Fremdgeräten ausgeführt werden. Die Bohrungen werden i. d. R. mit einem Winkel von 5–10° steigend seitlich im Firstbereich angesetzt, was aber zur Folge hat, dass sie ab einer gewissen Länge um 10–20 m aus dem Tunnelquerschnitt abweichen.

Bei Drehschlagbohrungen (Ø bis 76 mm) ist die Ansprache der Gebirgsqualität auf die Auswertung der Bohrparameter (Bohrfortschritt, Vorschubkraft, Drehmoment, Schlagwerkdruck), auf den Rücklauf und die Farbänderung des Spülwassers sowie die Bewertung des feinkörnigen Bohrschmants angewiesen. Die Aussagekraft solcher Vollbohrungen ist damit begrenzt, zumal der Bohrfortschritt sehr von der Arbeitsweise des Geräteführers abhängig ist. Bei sorgfältiger Auswertung können aber Wasserzutritte, größere Störungszonen oder Karsthohlräume erkannt werden, allerdings mit eingeschränkter Lokalisierung und ohne qualitative Bewertung (Ziegler 2008).

Ein weitaus besseres Erkundungsergebnis lassen Kernbohrungen erwarten. Die Rotationskernbohrtechniken sind in ► Abschn. 4.4.5.1 beschrieben. Bewährt hat sich hier auch das Seilkernbohrverfahren („wireline system"), wobei bei horizontalen oder leicht geneigten Bohrungen das Seilkernrohr mit dem Wasserdruck der Bohrspülung eingebracht und mit dem Windenseil wieder zurückgezogen wird. Die üblichen Bohrdurchmesser betragen 60–96 mm. Hinsichtlich der zu erwartenden Bohrlochabweichungen von langen Kernbohrungen s. ► Abschn. 4.8.2.

Sind hohe Wasserdrücke zu erwarten, so ist der Einsatz eines Bohrlochpreventers vorzusehen (► Abschn. 4.6 und 17.2.4.3). Bei hohen Wasserdrücken haben sich nach Kogler und Krenn (2014) auch die Wassara-Imlochhammer-Bohrtechnik oder das Counter Flush Drilling System (CF-System) bewährt, beide mit Seilkernbohrtechnik und Preventereinsatz (► Abschn. 4.5.1). Wasserführende Vorausbohrlöcher sind mit Zementsuspension zu verpressen. Preventer und Bohrgerät dürfen erst nach dem Aushärten des Zements abgebaut werden.

Leblhuber und Bonapace (2013) beschreiben eine 347 m lange Vorausbohrung mit einem Seilkerngerät mit einem Kerndurchmesser von 50 mm sowie bis 40 m vorauseilende Drehschlagbohrungen. Weifner et al. (2014) berichten von langen Vorausbohrungen (und Injektionsmaßnahmen) bei tief liegenden Tunneln und hohen Wasserdrücken unter Einsatz von Preventeranlagen. Die Injektionsarbeiten sollten nach Möglichkeit frühzeitig voraus im noch ruhenden Wasserkörper erfolgen. Wagner et al. (2015) beschreiben die umfangreichen Vorauserkundungs- und Injektionsarbeiten zur Durchörterung von Großstörungen beim Semmering-Basistunnel.

Bei den hydrogeologischen Untersuchungen für tiefe Tunnel ist auch den **Wassertemperaturen** besondere Aufmerksamkeit zu widmen. Allgemein steigen die Gebirgs- bzw. Wassertemperaturen mit zunehmender Überlagerungshöhe an (► Abschn. 20.1.1), können aber in gut wasserwegsamen Störungszonen mit Kaltwasserzutritten von weiter oben auch deutlich niedriger ausfallen. Für eine Temperaturprognose dürfen die Temperatur-Logs in Bohrungen gem. ► Abschn. 4.8.3 nicht unmittelbar nach Abschluss der Bohrarbeiten gemessen werden, sondern erst Tage später, nachdem sich stabile Temperaturverhältnisse eingestellt haben. Außer den Temperaturgrenzwerten beim Vortrieb (Grenzwert meist 28 °C, bei Vortriebsmaschinen z. T. 30 °C, s. Home 2009) sind die Angaben über die Verteilung der Gebirgstemperaturen auch maßgebend für das Erhärtungsverhalten des Spritzbetons und Ankermörtels sowie für die Dimensionierung der Tunnellüftung. Auch ungewöhnlich niedrige Temperaturen können eine Arbeitserschwernis darstellen.

17.2.3.3 Erkundungsstollen

Ein Erkundungsschacht oder Erkundungsstollen im Bereich des geplanten Projekts ist allen anderen Untersuchungsmethoden überlegen (► Abschn. 4.4.4). Zu unterscheiden sind hierbei Erkundungsstollen die vorab die gesamte schwierige Strecke durchfahren, und Pilotstollen, die erst im Rahmen des Hauptvortriebs ausgeführt werden. Die nächste Frage, wo im Profil der Stollen angesetzt werden soll, ist von der jeweiligen Zweckbestimmung abhängig (◘ Abb. 17.4). Vorab ausgeführte Erkundungsstollen sollten möglichst nicht als Firststollen aufgefahren werden (s. u.). Ein Erkundungsstollen seitlich parallel oder mittig unterhalb der späteren Hauptvortriebe kann mehrere Funktionen erfüllen (Entwässerung, vorlaufende Gebirgsverbesserung durch Abbau des Porenwasserdrucks und Injektionsmaßnahmen, Flucht- oder Dienststollen). Ein solcher 12 m mittig unterhalb der beiden Hauptröhren verlaufender Erkundungsstollen wurde z. B. beim Brenner-Basistunnel abschnittsweise vorgetrieben (Bergmeister 2013). Die üblichen Ausbruchquerschnitte betragen 15–25 m² bzw. 4–6 m im Durchmesser.

Bei längeren Tunneln stellt sich dann die Frage, ob der Erkundungsstollen konventionell oder maschinell aufgefahren werden soll. Der Vorteil eines bergmännischen Vortriebs ist die zugängliche Ortsbrust (ingenieurgeologische Information). Konventionell aufgefahrene Erkundungsstollen können außerdem leichter zu einem Probeausbruch mit In-situ-Versuchen (► Abschn. 17.2.8) aufgeweitet werden. Wenn dagegen der Haupttunnel mit einer Vortriebsmaschine aufgefahren werden soll, sprechen einige Faktoren dafür, auch den Erkundungsstollen maschinell aufzufahren, um die entsprechenden Techniken zu testen (Beispiel s. Skuk und Wegscheider 2015). Die bisherige Meinung, dass ein bergmännischer Vortrieb flexibler auf geologische Problemzonen reagieren kann als ein maschineller Vortrieb, ist durch die Anpassungsfähigkeit moderner TVM weitgehend überholt (Home und Jordan 2015 und ► Abschn. 17.6.4.1).

Ein Erkundungsstollen ersetzt bei rechtzeitiger Planung einen Großteil der sonstigen Aufschlussarbeiten. Er ermöglicht einen direkten Einblick in den Gebirgsbau sowie auf die Position, Orientierung und Ausbildung von Störungszonen und gibt Hinweise auf das Gebirgsverhalten sowie den Grundwasseranfall (Menge, Druck). Er bietet darüber hinaus Gelegenheit zu vorgezogenen felsmechanischen Messungen und Versuchen am Objekt und hat Vorteile beim späteren Vortrieb.

Bei der Bewertung der Auffahrergebnisse von Erkundungs- oder Pilotstollen ist immer zu bedenken, dass schwierige Gebirgsabschnitte oder Störungszonen sowie auch der Wasseranfall im kleinen Profil meist wesentlich leichter zu beherrschen sind als im späteren Großprofil (s. dazu ◘ Abb. 17.26 und Lorscheider und Dietz

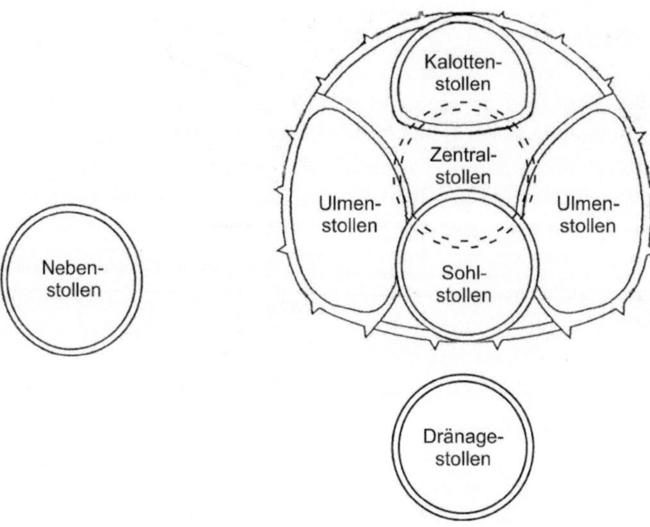

◘ **Abb. 17.4** Anordnungsmöglichkeiten für einen Erkundungsstollen

17

1996) und dass die Auflockerungszone um den Erkundungsstollen eine Schwächung des Gebirges um eine Gebirgsklasse bedeuten kann.

17.2.4 Tunnelplanung in Karstgebieten

17.2.4.1 Erkundung und Gefährdungseinschätzung

Zur Einführung in die Karstproblematik wird zunächst auf die Ausführungen in ► Kap. 19 über die Grundlagen und Erscheinungsformen sowie die allgemeinen Untersuchungsmethoden und baulichen Maßnahmen verwiesen. Eine Baugrunderkundung in Karstgebieten erfolgt zweckmäßigerweise immer mehrstufig. Außer einer gründlichen Vorerkundung (Literaturstudium, Luftbildauswertung oder Laserscan-Befliegung sowie ggf. eine breite Streifenkartierung) nach karstmorphologischen Gesichtspunkten ist es bei flach liegenden Tunnelbauwerken zweckmäßig, zunächst **Oberflächengeophysik** gem. ► Abschn. 4.3.2 einzusetzen. Erkundungsziel sind die Tiefenlage der Felsoberfläche, tektonische Schwächezonen, Erdfallstrukturen und Zonen starker Verkarstung (► Abschn. 19.3.3).

Anhand der Ergebnisse der Geophysik können die erforderlichen Bohraufschlüsse gezielt angesetzt und geophysikalisch ermittelte Anomalien und Schwächezonen im Gebirge mit einem ergebnisabhängig abgestuften **Bohrprogramm** untersucht werden (Pöttler et al. 2002). Insgesamt ist in Karstgebieten immer mit einem wesentlich höheren Erkundungsaufwand zu rechnen. Die Bohrungen müssen mittels MWD-System aufgezeichnet (► Abschn. 4.4.5) und nach karstspezifischen Gesichtspunkten aufgenommen, klassifiziert und statistisch ausgewertet werden. Bei Antreffen von größeren offenen Hohlräumen in Bohrungen können zur Ermittlung der Geometrie der Karsthohlräume auch Kamerabefahrungen vorgesehen werden. Das Abschätzen der Größe der Karstformen (m^2, m^3) erfolgt visuell bzw. mittels Punktlaser oder Echolotvermessung.

Bei entsprechenden Bohrlochabständen kann das Ergebnis durch **Bohrlochtomographie** gem. ► Abschn. 4.3.2.1 ergänzt werden. Die Tomogramme zwischen den Bohrungen liefern ein flächiges Bild über die Gebirgsqualität zwischen den Aufschlüssen (s. a. Raithel et al. 2015).

Auch bei großem Untersuchungsaufwand besteht keine Gewähr, dass von der Geländeoberfläche aus mit wirtschaftlich vertretbaren Mitteln das Ausmaß der Verkarstung und die in Bezug auf das Bauvorhaben maßgebenden Karststrukturen zutreffend erfasst werden können. Bei vielen Tunnelprojekten werden die weitergehenden Untersuchungsarbeiten deshalb während des Vortriebs vorgenommen. Letzteres führt jedoch zu Behinderungen und zu einer Bauzeitverlängerung.

Ziel der Erkundungsmaßnahmen ist es, anhand der zu erwartenden Karststrukturen zunächst grundsätzliche Gefährdungszonen auszuweisen (► Abschn. 19.3.1 und Raithel et al. 2015), z. B.:

Zone 0:	kein verkarstungsanfälliges Gebirge im Trassenbereich
Zone 1:	Gebirge mit leichter Verkarstung
Zone 2:	Gebirge mit mäßiger Verkarstung
Zone 3:	Gebirge mit starker und intensiver Verkarstung

Der nächste Schritt ist, Gefährdungsbilder zu definieren. Diese sind Grundlage für eine Risikoanalyse gem. ► Abschn. 17.2.2. Im Kalksteinkarst ist z. B. mit folgenden **Karststrukturen** zu rechnen:

- Kluftkarst in Form von korrosiv erweiterten Klüften bis 20 cm Breite,
- Lochkarst mit sehr unregelmäßigen, zentimeter- bis dezimetergroßen Karstformen,
- Karstspalten oder Karstschlotten mit einer Öffnungsweite von bis zu 1 oder 1,5 m,
- Karstschächten an Kluftverschneidungen mit Öffnungsweiten von bis zu mehreren Metern,

- mittleren Karsthohlräumen mit Abmessungen bis 10 m, je nach Fazies häufig schichtig verlaufend,
- größeren Karsthohlräumen durch Auslaugung oder Versturz mit Hohlraumvolumen von über 1000 m^3, horizontal oder vertikal angeordnet.

Die verschiedenen Karsthohlräume können frei sein bzw. sind häufig teilweise oder ganz mit steinig-lehmigem Lockermaterial oder auch Schlamm verfüllt bzw. durch verstürzte Steine und Blöcke verschlossen (Reichl et al. 2009). An der NBS Ingolstadt–Nürnberg wurden mehrfach solche ausgedehnten und begehbaren, z. T. mit Blockwerk verlegten Karsthohlraumsysteme angetroffen (s. a. ◘ Abb. 17.6). Die größte hier angefahrene Karsthöhle hatte ein Volumen von etwa 1000 m^3 (Irslahüll-Tunnel).

An der NBS Stuttgart–Ulm wurde in den Weißjura-Kalksteinen der Schwäbischen Alb (Bankkalke, Massenkalk) folgende Typisierung vorgenommen (Breidenstein et al. 2015):

- kleine Karststrukturen bis 1 m^2 Fläche bzw. ± 1 m^3 Hohlraumgröße,
- mittlere Karststrukturen bis 25 m^2 bzw. 125 m^3,
- große Karststrukturen bis 100 m^2 bzw. 500 m^3 und mehr.

Die häufig aufgetretenen mittleren Karststrukturen waren meist lehmerfüllt. Höhlenartige begehbare Karstformen wurden nur einmal in einem Böschungsanschnitt nahe dem Widderstall-Tunnel angetroffen (Raithel et al. 2015). Allerdings sind bei dieser Neubaustrecke auch in den Kalksteinschichten der Süßwassermolasse (Tertiär) größere Karstschlotten mit einem Volumen von bis zu 50–60 m^3 aufgetreten (Albabstiegstunnel bei Ulm; Kielbassa et al. 2015a).

Beim Bau des Bleßberg-Tunnels an der NBS Ebensfeld–Erfurt wurde 2008 etwa 250 m vom Südportal entfernt im Unteren Muschelkalk ein größerer Karsthohlraum angetroffen. Nachdem der Versuch, mit 500 m^3 Beton zu verschließen, gescheitert war, stellte man den Vortrieb eint und schaltete die zuständigen Behörden ein. Die Untersuchungen ergaben ein Höhlensystem, das östlich des Tunnels nach etwa 15 m in schmale Spalten übergeht, sich nach Westen aber über eine erkundete Länge von über 700 m erstreckt, mit Gangbreiten von über 10 m. Beim weiteren Tunnelvortrieb wurde nach 60 m ein nächster Karsthohlraum angefahren. Die Hohlräume wurden im Bereich der Tunnelröhre verfüllt und die Tunnelschale ertüchtigt.

Die Gefährdung eines Tunnels sowohl in der Bauphase als auch für den späteren Fahrbetrieb besteht in erster Linie aus **Instabilitäten des Karstgebirges** in Form von:

- Einsturz bzw. Nachbrechen von Hohlräumen,
- Einsenkung über offenen, verzweigten Strukturen,
- lang anhaltenden Setzungen über größeren bindigen Karstfüllungen,
- Erosion in Karststrukturen bei Veränderung der Grundwasserströmung,
- Abrieseln von Material aus dem Gleisunterbau in Hohlräume oder Spalten,
- Steifigkeitsdifferenzen, besonders über sog. Felstürmen.

17.2.4.2 Erfassen der Karstgrundwassersituation

Karstgebirge ist hinsichtlich seiner Durchlässigkeit oft schwer einzuschätzen. Gebirgsbereichen hoher Wasserwegsamkeit stehen Abschnitte relativ geringer Durchlässigkeit gegenüber (► Abschn. 2.9.3), Die Bereiche hoher Durchlässigkeit können dabei sowohl vertikal auf Kluft- oder Störungszonen konzentriert als auch zonar in Schichtgliedern erhöhter Karstanfälligkeit (z. B. dolomitische Gesteine) angeordnet sein. Je nach geologischem Aufbau kann auch Stockwerksgliederung auftreten. Dabei ist zu beachten, dass der Karstwasserspiegel niederschlagsbedingt kurzfristig Wechselstände im Dekameterbereich aufweisen kann.

Grundsätzlich sind Vortriebe unterhalb des Karstwasserspiegels mit der Gefahr von Wasser- und Schlammeinbrüchen (Teuscher et al. 2002) von solchen ohne **Karstwassereinfluss** zu unterscheiden, die beide entsprechend unterschiedliche Maßnahmen erfordern. Wegen der Wechselstände im Dekameterbereich kann auch ein Vortrieb über dem regulären Karstwasserspiegel zeitweise unter Grundwassereinfluss kommen. Über dem Grundwasserspiegel liegende größere und wassererfüllte singuläre Karsthohlräume, die beim Anfahren auslaufen können, sind äußerst selten.

Bei Vortrieben im Bereich des Karstwasserspiegels oder darunter sind folgende Gefährdungen zu unterscheiden:

- plötzlicher massiver Wasser- oder Schlammeinbruch,
- unterschiedlicher, oft starker Wasserzulauf, ggf. auch im Grundwasserwechselbereich,
- Versinterung von Dränleitungen gem. ► Abschn. 17.2.5.3,
- Beeinflussung benachbarter Quellen und Gewinnungsanlagen.

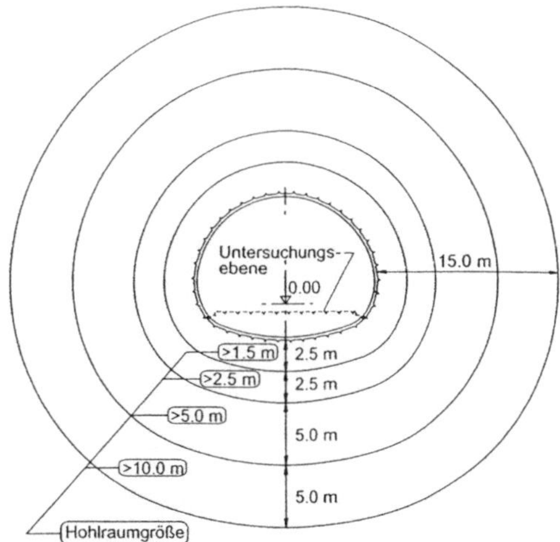

Abb. 17.5 Kritische Größe von Karsthohlräumen in Abhängigkeit von der Entfernung zum Tunnel (Maidl und Maidl 2006)

Karstquellen im möglichen Einflussbereich eines Projekts sind langfristig zu kontrollieren. Die Schüttungen einzelner Karstquellen können saisonal zwischen 0 und 1000 l/s wechseln (► Abschn. 17.2.5.3 und Fluder und Forster 2005).

Alle Eingriffe in das Karstgrundwasser sind mit den Wasserbehörden rechtzeitig abzustimmen. Durch die Baumaßnahme dürfen keine wirksamen Wasserwegigkeiten verschlossen oder neu geschaffen werden. Ersteres gilt besonders für Verfüllarbeiten mit Flüssigbeton oder bei Injektionen.

Gutachtliche Aussagen und konkrete **wasserrechtliche Auflagen** wegen einer möglichen Beeinträchtigung des Grundwassers durch den Vortrieb sind nur sehr eingeschränkt möglich. Bewährt hat sich in solchen Fällen die Auflage, bei Antreffen von wasserführenden Karstgerinnen oder Höhlen die notwendigen Sicherungsmaßnahmen mit der zuständigen Wasserbehörde abzustimmen (Böhlke 2010).

17.2.4.3 Maßnahmen beim Vortrieb

Um die Jahrhundertwende sind die in ■ Abb. 17.5 in Abhängigkeit vom Abstand zum Tunnel dargestellten Hohlraumabmessungen von Karststrukturen als grenzwertig angesehen worden. An der Neubaustrecke Stuttgart–Ulm wurden die Suchbohrungen im Strossen- und Sohlbereich auf 10 m reduziert (Kielbassa et al. 2015a; Breidenstein et al. 2015). Für den Tunnelvortrieb selbst sind die Karststrukturen im unmittelbaren Bauwerksbereich maßgebend, d. h. ihre Größe, ihre Lage zum Bauwerk sowie die Ausbildung des Gebirges in den Randbereichen der Hohlräume.

Der Einsatz der **Geophysik** vom Tunnel aus bietet eine bessere Eindringtiefe und Auflösung als Oberflächengeophysik (► Abschn. 17.2.3.2). Dabei ist zu beachten, dass die metallischen Sicherungsmittel im Vortrieb (Anker, Ausbaubögen, Bewehrung) alle elektrischen Verfahren beeinflussen. Seismische Methoden können durch den Baubetrieb gestört werden. Zum Einsatz kommen auch Verfahren wie Georadar und Gravimetrie (Breidenstein et al. 2015). Die geophysikalischen Messungen sollten immer durch direkte Aufschlüsse (Bohrungen) ergänzt werden (Radlinger et al. 2003; Ziegler 2008).

Die aussagekräftigste Vorauserkundungsmethode vom Tunnel aus sind **Vorausbohrungen**. In den meisten Fällen reichen zerstörende Vollbohrungen Ø 51 mm mit den Vortriebsgeräten aus, die allerdings mit einem Bohrfortschrittsschreiber ausgestattet und von einem Ingenieurgeologen überwacht und interpretiert werden müssen (z. B. hart/weich/hohl sowie Färbung des Spülwassers und Bohrschmants, Verluste von Spülwasser bzw. Druckluft). Besser sind Drehschlagbohrungen (z. B. Imlochhammer Ø 76–100 mm, ▶ Abschn. 4.4.5.4), die mit einem Measurement-While-Drilling-System (MWD; s. d. ▶ Abschn. 4.4.5) ausgestattet sind, welches den Bohrwiderstand direkt aufzeichnet. Die Länge der Vorausbohrungen beträgt i. d. R. 10–20 m, z. T. mehr, die der Sohlbohrungen 8–15 m (Kielbassa et al. 2015a; Frahm und Langer 2015). Aus dem Bohrklein können Rückschlüsse auf die Gesteinsausbildung gezogen werden. Bei längeren Vorausbohrungen kommen auch Kernbohrungen nach dem Seilkernbohrverfahren gem. ▶ Abschn. 4.4.5.1 mit Bohrdurchmessern von 96–76 mm zum Einsatz (Kerndurchmesser 64 bzw. 47 mm). Die Bohraufschlüsse können bei standfesten Bohrlöchern mit optischen Bohrlochscannern gem. ▶ Abschn. 4.8.3 abgetastet oder durch Bohrlochgeoradar oder ähnliche Methoden ergänzt und damit aussagekräftiger gemacht werden. Falls Karststrukturen angetroffen werden, muss das Bohrraster nötigenfalls verdichtet werden (John und Strappler 2003).

Außer diesen Vorauserkundungen sollte als **vortriebsbegleitende Erkundungsmaßnahme** auch bei den üblichen Ankerbohrungen auf Unregelmäßigkeiten im Gebirge geachtet werden, sodass man einen relativ dichten Aufschluss über die Gebirgsqualität rund um den Tunnel bekommt.

Nachlaufend zu den Vortriebsarbeiten können dann ergänzend von der Tunnelsohle aus bis 10 m tiefe Suchbohrungen nach bisher nicht erkannten Karststrukturen vorgesehen werden. Ein solches Bohrraster in Abständen von etwa 5–10 m, ggf. kombiniert mit geophysikalischen Messungen, ergibt eine recht zuverlässige Aussage über das Vorhandensein von Karsthohlräumen im Sohlbereich. Kleinere Hohlräume im unteren Dezimeterbereich können auch damit nicht zuverlässig erfasst werden. Sie gelten aber als unerheblich.

Bei den Vortriebsarbeiten ist eine **systematische ingenieurgeologische Betreuung** unerlässlich (Frahm und Langer 2015). Dazu gehören eine sorgfältige Ortsbrustaufnahme und die Dokumentation der Gebirgsverhältnisse (◘ Abb. 17.6). Dabei ist zu beachten, dass sich Karststrukturen und Hohlräume in einem standfesten Kalksteingebirge meist nicht durch vorab erkennbare Veränderungen des Nebengesteins ankündigen. In weniger standfesten Kalksteinen kann dagegen das Gebirge am Hohlraumrand deutliche Verwitterungs- oder Auflockerungserscheinungen zeigen.

Außer der zeichnerischen und fotografischen Aufnahme der Karststrukturen an der Ortsbrust

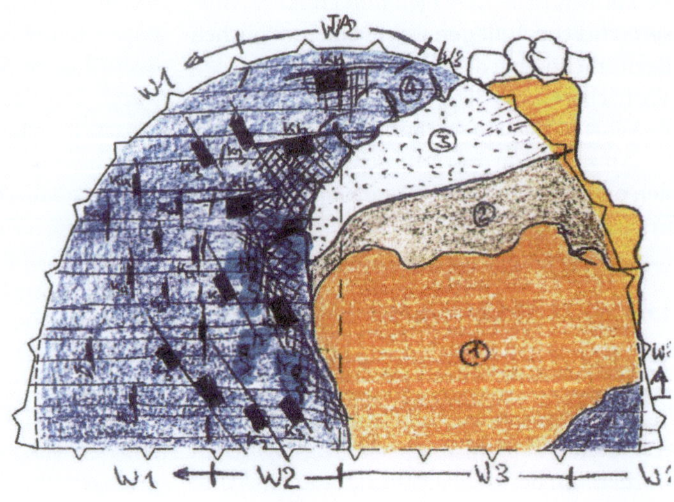

◘ **Abb. 17.6** Ortsbrustaufnahme im Massenkalk mit blockierter Karstschlotte (aus Kielbassa et al. 2015a):
Verwitterungsgrade
1. Karstlehm, steif, teilweise steinig
2. Karstlehm, steif mit Blöcken (Block in Matrix)
3. Sand, schluffig, locker
4. Gebirgsverband aufgelockert

und an beiden Flanken erfolgt bereits vor Ort auch eine Bewertung des Gebirges in einer speziellen Ausbaufestlegung-Karst mit Angabe von Lage, Art und Ausbildung der Strukturen sowie zu ergreifenden Maßnahmen und in einer Festlegung der Stütz- und Ausbaumittel (Frahm und Langer 2015 und ► Abschn. 17.3.1).

17.2.4.4 Ertüchtigung des Gebirges oder Verstärkung der Innenschale

Auf der Grundlage der ingenieurgeologischen Erkundung wird vorab ein möglichst zutreffendes Gebirgsmodell erstellt; zudem werden Gefährdungsbilder und ingenieurmäßig abgrenzbare Gefährdungen festgelegt und ein **Maßnahmenkatalog** erarbeitet, damit bei Antreffen von Karststrukturen entsprechend rasch reagiert werden kann. Für die Einzelmaßnahmen selbst ist dann die Lage der Karststrukturen zum Bauwerk maßgebend, d. h., ob sie in der Firste, den Ulmen oder im Sohlbereich auftreten und in welchem Abstand zur Tunnelröhre die Hohlräume liegen. Bei den Maßnahmen wird dann zwischen aktiven und passiven Vorgehensweisen (Mattle et al. 2003) sowie nach den Bauzuständen des Tunnels (Ausbruch und Sicherung) und dem späteren Betrieb unterschieden. Durch die einzelnen Maßnahmen müssen ein kollapsartiges Versagen der Tunnelröhre und Gleislageänderungen ausgeschlossen werden (Maidl und Maidl 2006).

Allgemein haben **aktive Maßnahmen**, d. h. eine Verbesserung bzw. Ertüchtigung des Gebirges, Vorrang vor einer konstruktiven Verstärkung des Bauwerks. Es dürfen keine größeren offenen Karsthohlräume im unmittelbaren Bauwerksbereich verbleiben. Sie erhalten eine verformungsarme und tragfähige Verfüllung, i. d. R. mit Beton (John und Strappler 2003; Maidl und Maidl 2006; Kielbassa et al. 2015a). Kleinere Hohlräume werden allgemein mit Mörtel verfüllt. Bei größeren Hohlräumen kommt nach Ausräumen der Lehm- bzw. Steinfüllung auch eine keilförmige Ortbetonplombe in Betracht (◘ Abb. 17.7).

Zur Ertüchtigung des Gebirges mit kleineren, größtenteils verfüllten Schlotten dienen in erster Linie Injektionsmaßnahmen mit dem Ziel, Hohlräume zu verfüllen oder lose Schlottenfüllungen bzw. zerrüttetes Gebirge im Nahbereich des Tunnels zu verfestigen (Plinninger et al. 2005; Reichl et al. 2009). Zum Einsatz kommen die üblichen Injektions- und Verfüllverfahren (► Abschn. 7.3) mit Zementsuspensionen, Dämmer oder Beton, die drucklos oder unter geringem Druck in das Gebirge eingebracht werden. Das Injektionsgut ist der örtlichen Situation anzupassen, damit ein bestmöglicher Injektionserfolg erzielt werden kann.

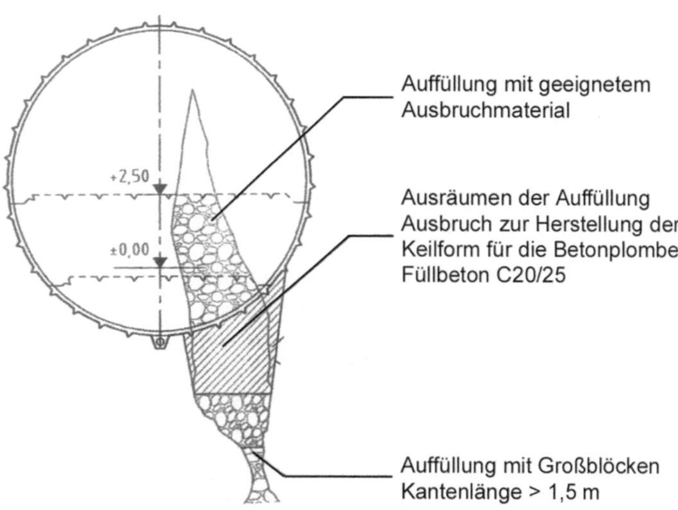

◘ **Abb. 17.7** Vorgehensweise zur Sicherung einer mittleren Karststruktur (aus Frahm und Langer 2015)

Passive Maßnahmen müssen dazu beitragen, die aus der Spannungsumlagerung um den Hohlraum resultierenden Spannungskonzentrationen in den verbleibenden Gebirgspfeilern bzw. die sich daraus ergebenden Zusatzspannungen aufzunehmen, und ggf. auch Hohlräume überbrücken. Dazu zählen Verstärkungen der Innenschale, Änderungen der Geometrie der Innenschale oder des Sohlgewölbes und andere konstruktive Maßnahmen (Mattle et al. 2003; Maidl und Maidl 2006).

17.2.5 Erkundung und Auswirkungen der Grundwassersituation

Die Grundwasserstände (max/min) und die Art und Menge des Wasserzutritts im Tunnel beeinflussen nicht nur die Vortriebsarbeiten (Leistungsansätze) und die Konstruktion (Abdichtungssystem), sondern betreffen auch das Genehmigungsverfahren. Die Grundwasserverhältnisse im Gebirge müssen daher rechtzeitig und möglichst zutreffend erfasst und überwacht werden. Wo Einflüsse auf Wassergewinnungsanlagen zu erwarten sind, müssen diese quantifiziert und rechtzeitig Maßnahmen zum Schutz des Grundwassers (► Abschn. 17.2.3.5) bzw. Ersatzbeschaffungen vorgeschlagen und mit den Wasserwirtschaftsbehörden abgestimmt werden.

17.2.5.1 Erkundungsarbeiten

Bei der Erkundung der Grundwasserverhältnisse sind neben frühzeitigen Kontakten mit den Wasserwirtschaftsbehörden nötigenfalls auch hydrogeologische Quellkartierungen (◘ Abb. 17.8) und ggf. periodische Schüttungsmessungen vorzusehen.

Bei den Aufschlussbohrungen werden alle Angaben über die Grundwasserstände zunächst in Bohrwasserstandsdiagrammen ausgewertet (◘ Abb. 4.25). Diese geben auch bei Spülbohrungen Hinweise auf die Höhenlage der Grundwasseroberfläche, auf verschiedene Grundwasserstockwerke und auch auf die Durchlässigkeit des Gebirges. Eine ausreichende Anzahl von Bohrungen ist zu **Grundwassermessstellen** auszubauen (► Abschn. 4.6), in denen das Verhalten der Grundwasseroberfläche Jahre vor dem Eingriff, während der Bauarbeiten und nötigenfalls einige Zeit danach verfolgt wird. Die langjährigen Beobachtungen ermöglichen eine zuverlässige Festlegung der Bemessungswasserstände. Mit abseits der Trasse eingerichteten Grundwassermessstellen ist auch eine Grundlage für das wasserrechtliche Genehmigungsverfahren zur Absenkung des Grundwassers beim Vortrieb sowie für eine lückenlose Beweissicherung der Auswirkungen auf den Wasserhaushalt und auf das Verhalten der Geländeoberfläche gegeben.

Bei den Aufschlussarbeiten sind im Einzelnen zu erfassen:

- Höhenlage der Grundwasseroberfläche, Wechselstände,
- Auftreten von Grundwasserstockwerken
- Durchlässigkeit des Gebirges in Abhängigkeit vom Schichtenprofil bzw. dem Trennflächengefüge (Homogenbereiche) oder von Störungszonen,
- Strömungsrichtung (ggf. über Grundwassergleichen) und
- Beschaffenheit und Temperatur des Grundwassers (Feldparameter ► Abschn. 4.6).

Auf der Grundlage der Aufschlussergebnisse ist ein hydrogeologisches Gebirgsmodell zu erstellen. Festgesteinsgebirge ist i. d. R. ein Kluftgrundwasserleiter oder auch Karstgrundwasserleiter. Die **Gebirgsdurchlässigkeit** ist meist hochgradig inhomogen und anisotrop (► Abschn. 2.9.2). Der Grad der Anisotropie wird sowohl vom Kluftgefüge als auch von der Beschaffenheit von Einzelklüften und vom Schichteinfallen bestimmt. Außer der klüftungsbedingten Anisotropie in horizontaler Richtung ist – nicht nur in tonsteinreichen Wechselfolgen – auch eine schichtungsbedingte Anisotropie in vertikaler Richtung zu beachten (Stockwerksbildung). Auch in schichtungslosen Massengesteinen (z. B. Granit) kann sich durch unterschiedliche Intensität der Klüftung eine Art Stockwerksbildung mit Quellhorizonten ausbilden. Andererseits können in

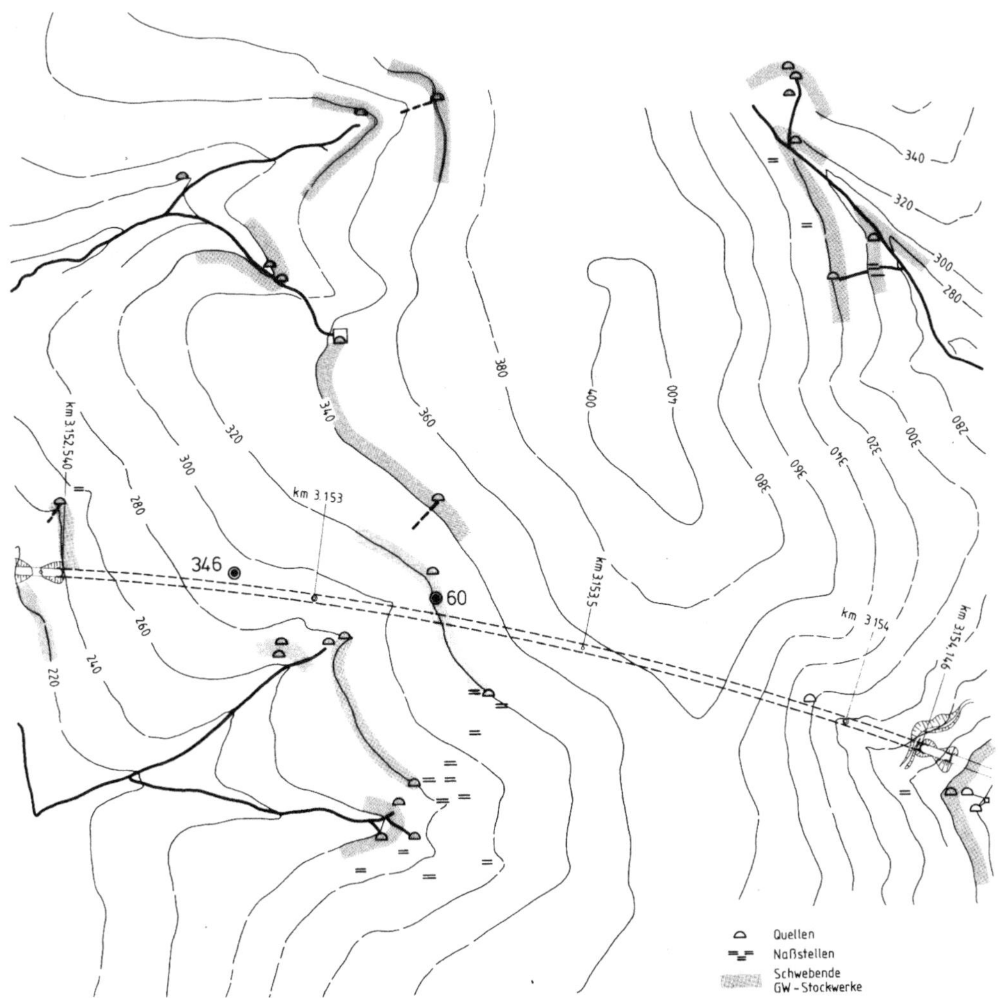

■ **Abb. 17.8** Quellkartierung für einen Tunnel im Mittleren Buntsandstein mit deutlicher Ausprägung von Quellhorizonten

Schichtgesteinen tiefer liegende, besser wasserwegsame Gesteinspakete auf große Entfernung dränend wirken (s. dazu ■ Abb. 17.10 sowie Prinz und Holtz 1989, darin Lit.). Die horizontale Gebirgsdurchlässigkeit solcher Schichtpakete kann bis zu mehr als einer Zehnerpotenz größer sein als die generelle vertikale Durchlässigkeit. Tektonische Strukturen können über größere Erstreckung dränend wirken, andererseits aber durch eingeschmierte Tone aus Nachbargesteinen gem. ► Abschn. 3.4.4 auch wasserstauend sein und sind dann die Ursache für unterschiedliche Wasserstände im Gebirge.

Auch stark zerbrochene gangartige Strukturen (z. B. Quarzgänge können in sonst wenig wasserwegsamem Gebirge erhebliche Wassermengen liefern (häufig 1–2 l/s pro Einzelstruktur).

Die Methoden zur Ermittlung der Gebirgsdurchlässigkeit sind in ► Abschn. 2.9.4 beschrieben. Wo keine speziellen Erfahrungen vorliegen, ist eine Prognose des Wasseranfalls im Tunnel mit erheblichen Unsicherheiten behaftet (► Abschn. 11.6 und Schneider et al. 1998).

Bei zu erwartendem **starkem Wasserzutritt** müssen Preventer vorgesehen werden (► Abschn. 4.6). Die Lage der Bohrungen ist darauf auszurichten, die jeweilige Position sowie die Schüttmenge der später durch den Tunnel aufzufahrenden wasserführenden Strukturen zu erfassen (s. Pesendorfer und Loew 2007; Ziegler 2008; Moritz et al. 2015). Die Durchflussmenge wird mittels Durchflussmessungen bei offenem Preventer bestimmt. Der im Gebirge herrschende Wasserdruck kann durch Druckaufspiegelung bei geschlossenem Preventer ermittelt werden.

Um die Auswirkungen von Tunnelbauwerken auf den Grundwasserhaushalt zu erfassen und Mengenangaben über den Wasseranfall in den einzelnen Tunnelabschnitten zu erhalten, werden zunehmend **Grundwasserströmungsmodelle** und Modellrechnungen eingesetzt (Graf et al. 2001). Über ein Monitoring-Datenmanagement für die wasserwirtschaftliche Beweissicherung bei Tunnelbauprojekten berichten Domberger und Reichl (2008), Svoboda (2008) und Weifner et al. (2014).

17.2.5.2 Wasseranfall im Tunnel

Wasserzuflüsse vor Ort können zwischen weniger als 0,1 l/s und bis zu mehreren hundert oder tausend Liter pro Sekunde betragen. Sie sind häufig lokal begrenzt und je nach Geologie schwer prognostizierbar. Oft sind es einzelne, manchmal relativ unscheinbare Kluft- oder Störungszonen bzw. Karststrukturen, die große Wasserzuflüsse zur Folge haben.

Bei der Bewertung der Grundwassersituation für den Vortrieb sind im Einzelnen folgende Angaben zu machen:

- anfänglicher Wasseranfall und seine Verteilung,
- dauernder Wasseranfall und seine Verteilung,
- ob und wo mit größerem Wasseranfall und
- wo und in welchem Ausmaß mit Erschwernissen zu rechnen ist (Risikofaktoren ► Abschn. 17.2.2).

Der anfängliche und der dauernde **Wasseranfall** im Tunnel werden von der Art des Grundwasserleiters, der Gebirgsdurchlässigkeit, der Lage zur Grundwasseroberfläche, den Schichtlagerungsverhältnissen, der Ausbildung der Klüfte und der Strömungsrichtung bestimmt. Der dauernde Wasseranfall wird außerdem von der Grundwasserneubildung beeinflusst. Der Waszerzulauf erfolgt vorwiegend in Kluftzonen und gangartigen Strukturen sowie in Störungszonen und dem stärker geklüfteten Begleitgestein.

Die Menge des **anfänglichen Wasserzulaufs** kann je nach Lage des Grundwasserspiegels und dem Kluftvolumen (Kluftentleerung) nach einigen Tagen bis wenigen Wochen stark nachlassen oder gar aufhören (ausbluten). Andererseits kann es bei anfänglich geringem Wasserzulauf durch die Wirkung der neuen Vorflut zu einer Aktivierung der Fließwege kommen, was vorübergehend eine Zunahme der Wassermenge zur Folge haben kann.

Der **dauernde Wasseranfall** stellt sich nach etwa 2–4 Monaten ein. Je nach Gebirgsdurchlässigkeit und Überlagerungshöhe ist dabei auch eine mehr oder weniger deutliche Abhängigkeit von den Niederschlägen zu verzeichnen. Auch über der eigentlichen Grundwasseroberfläche ist immer mit Sickerwasserzulauf zu rechnen, der in besser durchlässigen Gebirgsabschnitten nach anhaltend starken Niederschlägen ganz erheblich sein kann (sog. Regeneffekt).

Beim Tunnelvortrieb können für den anfänglichen Wasseranfall folgende Definitionen verwendet werden:

- nasse Leibung, kleinflächige oder flächige Nassstellen,
- Sicker- oder Tropfwasser, schwach oder stark tropfend (bis 0,1 l/s),
- rinnende Wasseraustritte oder Wasserstrahlen aus einzelnen Schichten oder Klüften bzw. aus Bohrlöchern (bis 1 l/s),
- stark rinnende Wasseraustritte (1–5 l/s),
- stärkere Wasseraustritte aus Klüften, Gängen, Zerrüttungszonen, Fließkanälen oder Bohrlöchern (möglichst mit Mengenangaben; Werte von 5–20 l/s vor Ort),
- Seihwasser, das besonders aus der Firste in zahlreichen dünnen Strahlen ausfließt (bis 20 l/s vor Ort) und
- starker Wasserandrang aus Spalten, Zerrüttungszonen, Karsthohlräumen oder Entwässerungsbohrungen (mit Wassermengen >20 l/s).

17

Als **Wasseranfall vor Ort** (in l/s) gilt der Bereich der Ortsbrust und bis 30 oder 50 m zurück. Nach DIN 18 312 wird die Grenzwassermenge in einer Entfernung bis 50 m hinter der Ortsbrust ermittelt. Häufig wird der Wasseranfall vor Ort in der Ausschreibung auf wenige Tunnelmeter begrenzt, mit dem Argument, dass das bei den vorangegangenen Abschlägen gefasste Wasser keine weitere Erschwernis bedeutet. Art und Ort der Wassermessung sind in der Ausschreibung festzulegen.

Der weitere Wasseranfall wird in der von Stini eingeführten **Ergiebigkeitsziffer** in l/s × 100 m Tunnellänge angegeben, unterteilt in anfänglichen Wasseranfall in der Bauphase und dauernden Wasseranfall in der Betonier- bzw. Betriebsphase.

Als **Grenzwassermenge**, die als Erschwernis in die Ausbruchsarbeiten einzurechnen ist, gilt allgemein:

standfestes Gebirge	5 l/s je Vortriebsort
gebräches Gebirge	2–3 l/s je Vortriebsort
rolliges Gebirge	0,5 l/s je Vortriebsort

Die Grenzwassermenge ist sorgfältig festzulegen. Auf keinen Fall sollte sie in der Ausschreibung übervorsichtig hoch angesetzt werden (z. B. ≤ 20 l/s). Überschreiten die anfallenden Wassermengen die Grenzwassermenge, so können Ausbruchzulagen geltend gemacht werden, die entsprechend abgestuft sein sollten (z. B. 5–15 l/s, 15–30 l/s, 30–60 l/s usw.).

Die **Höchstwassermenge** ist die Wassermenge, bis zu der die Wassererschwernisse zu kalkulieren sind.

Der beim Vortrieb zu erwartende Wasserzufluss ist in erster Linie von der Struktur und der Durchlässigkeit des umgebenden Gebirges abhängig. Die **Abschätzung der Wassermengen** erfolgt nach der Erfahrung, nach Literaturangaben oder Überschlagsrechnungen. Für sandig-tonige Gesteinsfolgen (z. B. Rheinisches Schiefergebirge, Buntsandsteingebirge) gelten in Berglage Durchschnittswerte von 0,2–1,0 l/s × 100 m (s. Prinz und Holtz 1989) mit teilweise stark wechselnden Wasserzuflüssen an Schicht- und Kluftflächen von örtlich bis zu 1 l/s und mehr (Geissler 1994). Am Hangfuß (Lehnentunnel) oder bei Talunterfahrungen ist mit einem anfänglichen Wasseranfall von 10–50 l/s und mehr zu rechnen (Klein und Dürrwang 1994; Könnings und Leipziger 1997).

Die rechnerische Abschätzung der beim Vortrieb anfallenden Wassermengen erfolgt entweder über das Leerlaufverhalten oder über die Anströmwassermenge. Die Anströmwassermenge errechnet sich bei zweiseitigem Zulauf aus:

$$Q = 2\,k \times \frac{H-h}{R} \times F$$

Bei zweiseitigem Leerlaufverhalten werden pro Tunnelmeter entsprechend der Reichweite R und der Absenkhöhe soundso viel Kubikmeter Gestein entwässert (◘ Abb. 17.9), was bei einem nutzbaren Kluftvolumen von 0,1–1,0 % (► Abschn. 2.9.2) einer bestimmten Menge Grundwasser entspricht, die bei angenommenen 5 m Vortrieb pro Tag in etwa 20 Tagen ausläuft. Maßgebend für das Ergebnis sind dabei das angenommene Grundwassergefälle (1 : 10 bis 1 : 20 bzw. 0,1–0,05) und das nutzbare Kluftvolumen (0,1–0,5 %) bzw. die Gebirgsdurchlässigkeit.

Eine weitere Berechnungsmöglichkeit ist, den Tunnel als unvollkommenen Horizontalbrunnen mit beidseitiger Anströmung zu

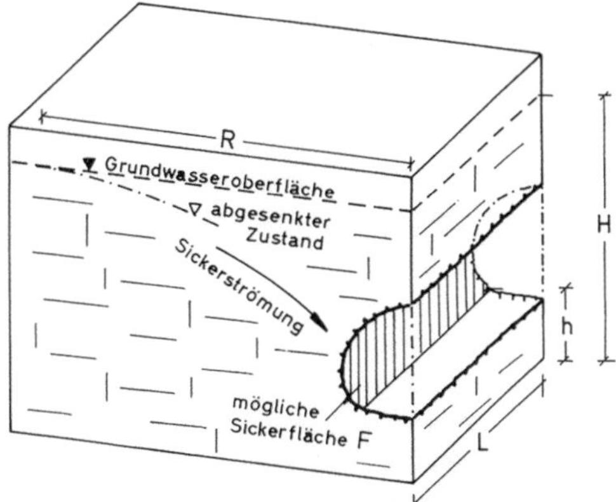

◘ **Abb. 17.9** Schematische Darstellung der Absenkung des Grundwassers durch die Dränwirkung eines Tunnels (nach Wittke 1984, ergänzt)

betrachten, wofür eine Näherungsformel aus Herth und Arndts (1994) zur Verfügung steht:

$$Q = \left(0{,}73 + 0{,}27 \times \frac{H-h}{H}\right) \times \frac{k}{R}\left(H^2 - h^2\right) \times L$$

Darin bedeuten (◻ Abb. 17.9):
Q = anfallende Wassermenge (in m^3/s),
k = Gebirgsdurchlässigkeitsbeiwert (m/s),
R = Reichweite der Absenkwirkung (in m),
H = Mächtigkeit des Aquifers im unbeeinflussten Zustand (in m), wobei bei Anwendung dieser Formel $H \leq R/3$ sein soll,
h = Mächtigkeit des Aquifers im abgesenkten Zustand (in m),
L = Länge des Tunnelabschnitts (in m).

Der **dauernde Wasseranfall** wird gespeist vom seitlichen Zulauf des quasistationär abgesenkten Grundwassers sowie von der Grundwasserneubildungsrate in dem von der Grundwasserabsenkung beeinflussten Geländestreifen. Bei einer seitlichen Reichweite von 100 m ergibt sich z. B. bei einer Grundwasserneubildungsrate von 2–3 l/(s × km^2) ein vertikaler Wasserzulauf von <0,1 l/(s × 100 m). Bei einigen Buntsandsteintunneln in Niedersachsen sind allerdings in Abhängigkeit von der Jahreszeit Abflussmengen von bis zu 1,0 l/(s × 100 m) gemessen worden (Geissler 1994), was den relativ hohen Anteil des seitlichen Wasserzulaufs anzeigt.

Der prognostizierte **Gesamtwasserabfluss eines Tunnels** ergibt sich durch Summierung der für die einzelnen Abschnitte ermittelten Mengen des Wasseranfalls, wobei für Abschnitte, in denen der Grundwasserspiegel unterhalb der Tunnelsohle liegt, eine von der Gebirgsdurchlässigkeit abhängige Sickerrate angenommen werden muss. Die prognostizierte Wassermenge ist einer strengen Plausibilitätsprüfung zu unterziehen. Die Mengenangaben sind einmal für die Ausschreibung von Bedeutung (Arbeitserschwernis, Wasserhaltung), dann für die Dimensionierung der Tunnelentwässerung und letztlich auch für wasserrechtliche Fragen gem. ► Abschn. 17.2.5.6. Die Wasserwirtschaftsbehörden erteilen ihre Zustimmung im Rahmen des Planfeststellungsverfahrens häufig nur, wenn definierte Abflussmengen während des Vortriebs und für den Endzustand eingehalten werden.

Die Ergebnisse werden in einem **hydrogeologischen Längsschnitt** dargestellt, mit Angabe der Wasserstände, der jeweiligen Gebirgsdurchlässigkeit, dem anfänglichen und dauernden Wasserzufluss für die einzelnen Abschnitte und dem summierten Gesamtwasserabfluss. Außerdem werden Trinkwasserschutzgebiete angegeben. Eine umfassende Darstellung eines hydrogeologischen Längsschnitts mit Angaben über den Wasserchemismus bringt Brux (1998).

Der **Bemessungswasserstand** wird gem. ► Abschn. 10.1 festgelegt. Dabei wird i. d. R. davon ausgegangen, dass das Gebirge aufgrund seines Trennflächengefüges mehr oder weniger wasserdurchlässig ist. Die hydrostatische Wirkung schwebender Grundwasserstockwerke ist allerdings schwer einzuschätzen. In einem einigermaßen wasserwegsamen Gebirge ist der volle hydrostatisch wirksame Wasserdruck ohne Abstriche anzusetzen (Bemessungswasserstand). Im Zweifelsfall kann der Wasserdruck in Tunnelnähe mittels Piezometern gemessen werden (► Abschn. 4.6).

Die **Messung der in der Bauphase anfallenden Wassermengen** ist vielfach schwierig, da auch bei steigendem Vortrieb oft mit Pumpensümpfen und Überpumpstellen gearbeitet wird. Hinzu kommt, dass die entsprechenden Messwehre oder messbaren freien Ausläufe meist sehr spät oder unzureichend installiert werden. Bei den häufig eingesetzten Thomson-Messwehren kann die Wassermenge aus den Abmessungen des Gerinnes und der Überfallhöhe ermittelt und aus Tabellen abgelesen werden. Kleine Messwehre können auch im Tunnel zur Messung des Wasseranfalls vor Ort eingesetzt werden.

Die Messungen müssen täglich vorgenommen werden, wobei die Brauchwasserzufuhr über einen Wasserzähler zu registrieren und ganz oder zu einem Teil (z. B. 50 %) abzuziehen ist. Die zuverlässigsten Abflusswerte erhält man nach längeren Arbeitspausen. Die regelmäßige Messung des Wasseranfalls ist meist auch eine Auflage seitens der Wasserwirtschaft.

Neben den Wassermengen aus dem Tunnel sind auch die im Einflussbereich des Tunnels gelegenen Grundwassermessstellen regelmäßig, in der entscheidenden Absenkphase nötigenfalls täglich zu messen, um die Reichweite der Absenkung zu erfassen. Die **Reichweite der Grundwasserabsenkung** durch den Tunnelvortrieb beträgt bei Mittelgebirgstunneln durchschnittlich 50–300 m, teilweise auch mehr. Sie ist von der Absenkhöhe, der Raumlage und Ausbildung der Schichten, der Strömungsrichtung und von der hydraulischen Wirkung von tektonischen oder gangartigen Strukturen abhängig. In tektonischen Störungszonen oder anderen wasserleitenden Strukturen kann die Absenkwirkung ≥1 km weit reichen. Die **Reaktion schwebender Stockwerke** ist von der Gebirgsausbildung abhängig. In tonsteinreichen Schichtenfolgen (Tonsteinanteil >40 %) bleiben schwebende Stockwerke oft lange erhalten (■ Abb. 17.10), während in anderen Gebirgsarten tunnelnahe Grundwassermessstellen (>50 m Seitenabstand) meist eine deutliche Reaktion zeigen (■ Abb. 4.25). Will man dies vermeiden, so sind Abdichtungsinjektionen (rohrschirmartige Vorausinjektionen o. Ä.) erforderlich (Prinz und Holtz 1989). Die geschilderten Reaktionen schwebender Stockwerke sind bei der Festsetzung des Bemessungswasserstands zu berücksichtigen.

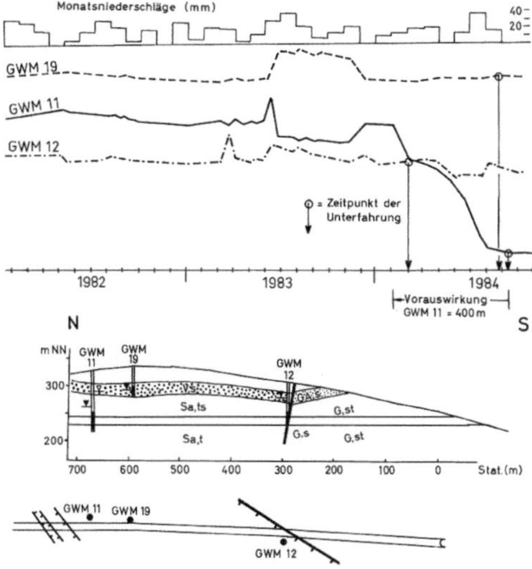

■ **Abb. 17.10** Reaktionen tunnelnaher Grundwassermessstellen auf den Tunnelvortrieb in der tonsteinreichen Bernburg-Formation (ehem. Sa, ts). Das schwebende Grundwasserstockwerk in den Sandsteinen der Quickborn-Formation (ehem. V, s) blieb selbst in Störungsnähe erhalten

Der **Grundwasseranfall** ist nicht nur von der lithologischen Ausbildung des Gebirges abhängig, sondern vor allem vom Vorhandensein einzelner stärker durchlässiger Strukturen bzw. entsprechender Gesteinspakete im Tunnelniveau und besonders im Sohlbereich. Auch die Grundwasserfließrichtung hat entscheidenden Einfluss auf den Grundwasseranfall. Bei einem Tunnelvortrieb gegen die Grundwasserfließrichtung tritt offensichtlich eine geringere vorauseilende Gebirgsentwässerung auf, wodurch sich mit jedem Abschlag das hydraulische Gefälle und damit die Fließgeschwindigkeit erhöhen. Dies bedingt einen deutlich höheren Wasseranfall vor Ort, der über das steilere Grundwassergefälle (von 1 : 5 und mehr) auch rechnerisch zu belegen ist.

Unter dickeren Tonsteinlagen kann es durch den hydraulischen Druck der wenige Zehnermeter benachbart höher stehenden Grundwasseroberfläche zu gespannten Grundwasseraustritten kommen. Auch ein Aufbrechen der undränierten Spritzbetonsohle unter hydraulischem Druck ist beobachtet worden (Prinz und Holtz 1989). Ebenso können dickere Tonsteinbänke über Firstniveau lokal schwebende Grundwasserstockwerke bewirken.

In tonsteinreichen Wechselfolgen wirken tektonische Störungszonen häufig grundwasserhemmend. Beim Anfahren solcher Zonen kann für Tage bis Wochen ein erhöhter Wasseranfall auftreten, der 5–10 l/s vor Ort erreichen und in Einzelfällen Entwässerungsmaßnahmen entweder von der Geländeoberfläche aus oder als Vorbohrung im Tunnel erforderlich machen kann (Prinz und Holtz 1989). Die Wasserwegigkeit solcher Zonen kann im Bedarfsfall vom Vortrieb aus durch vorauseilende Erkundungsbohrungen ermittelt werden.

Über 10–20 l/s hinausgehender starker Wasseranfall ist in Mittelgebirgstunneln seltener zu erwarten, ausgenommen in stark durchlässigen

Kluft- und Störungszonen und Karstgebirge. Geissler et al. (1987) und Leichnitz und Schiffer (1988) berichten über einen wochenlang anhaltenden Wasserandrang von 300–450 l/s aus der verkarsteten Gelbgrenzkalkzone des Unteren Muschelkalks über Röttonsteinen, der nur mithilfe eines Pilotstollens und zahlreicher Entwässerungsbohrungen beherrscht werden konnte.

Bei **tief liegenden Tunnelbauten** sind hinsichtlich der Abschätzung des Wasserandrangs meist enge Grenzen gesetzt, außer man kann auf Erfahrungen von Tunnelbauten in vergleichbaren Gebirgsformationen zurückgreifen. Häufig werden die vorab angegebenen Prognosewerte für die anfänglichen bzw. maximalen und für die nach einiger Zeit stabilisierten Schüttungswerte (l/s) beim Vortrieb nicht erreicht. Die besten Prognosemöglichkeiten bieten hier Erkundungsstollen. Die entscheidenden Fragen sind, ob im Tunnelverlauf mit verkarsteten oder stark entfestigten Gebirgsarten zu rechnen ist und ob in dem unter hohem Überlagerungsdruck stehenden Gebirge offene Klüfte auftreten können. Schwierig zu beherrschen sind stärkere Wasserzutritte in wenig kohäsiven Störungsgesteinen (► Abschn. 3.4.4).

Von den alpinen Tunneln liegen meist nur Berichte über Wassereinbrüche selbst und nicht über die im Normalfall angefallenen Wassermengen vor. Weiss (1988:254) berichtet über die bekannten großen Wassereinbrüche beim Bosruck-Eisenbahntunnel mit 1100 l/s, beim Simplontunnel mit 1300 l/s auf 89 Tunnelmeter, beim Mont-d'Or-Tunnel mit 10.000 l/s und beim Tauernbahntunnel mit 4000 l/s sowie über einige andere starke Wassereinbrüche, die zeitweise zum Erliegen der Vortriebsarbeiten und z. T. zu Trassenänderungen geführt haben. Auch beim Vortrieb des Erkundungsstollens für den Semmering-Basistunnel sind im Oktober 1996 bei Station 2300 anfangs 62–85 l/s Wasser eingetreten, die sich nach wenigen Tagen auf eine Gesamtwassermenge von 350 l/s erhöht haben (Kaiser 1998). Allein vom Gotthard-Basistunnel liegen ausführlichere Angaben über die Wasserführung vor. Einzelne Störungszonen, in denen größere Wassermengen prognostiziert waren, haben <1 l/s gebracht. In anderen Strukturen waren dagegen bis zu 60 l/s zu verzeichnen. Die Gesamtwassermenge von 423 l/s lag dem Prognosewert von 415 l/s ungewöhnlich nahe.

Beim Vortrieb findet ein **Abbau des Wasserdrucks** statt, verbunden mit einem entsprechenden Wasserzufluss im weiteren Ortsbrustbereich. Dadurch wird der Wasserdruck am Ausbruchsrand weitgehend reduziert. Bei teilweise behindertem Wasserzufluss (z. B. abdichtende Schicht unmittelbar über Firste) kann sich zeitweise ein Wasserdruck aufbauen, der zu hydraulisch bedingten Nachbrüchen führen kann und durch Entwässerungsbohrungen schräg nach oben oder radial abgebaut werden muss.

Die **Arbeitsbehinderung durch den Wasserzulauf** ist je nach Empfindlichkeit der Gesteine unterschiedlich und bei konventionellen Vortrieben ab Wassermengen von 1 l/s je Abschlag erheblich. Das anfallende Wasser ist vor Ort zu fassen und abzupumpen oder in Wassergräben abzuleiten. In erweichbaren Gesteinen muss das Wasser von den Fahrsohlen ferngehalten werden. Besonders schwierig zu beherrschen sind verbreitet auftretende quellartige Wasserzutritte aus dem Sohlbereich. Sohlaufweichungen können durch die Schüttung einer Sohldränschicht aus Grobschotter 63/100 und seitlichen Wassergräben zur Ableitung des anfallenden Wassers (nötigenfalls über zusätzliche Pumpensümpfe) beherrscht werden. Die Stabilität der Sohldränschicht als Fahrsohle kann durch Verlegen eines Geotextils verbessert werden (Hödl und Höllrigl 2014). Bei maschinellen Vortrieben kann eine Verschlammung des Fräsgutes auftreten, wobei besonders die Klebrigkeit des Schlamms zu Erschwernissen beim Vortrieb und beim Abfördern führen kann (► Abschn. 17.2.9).

17.2.5.3 Wasserhaltung und Versinterung

Das beim Vortrieb anfallende Wasser ist so abzuleiten, dass Aufweichungen der Sohle auch bei Fahrbetrieb vermieden werden. Bei einem konventionellen Vortrieb wird das Wasser unmittelbar an der Ortsbrust gefasst und in einem seitlichen Wassergraben bzw. einem Leitungssystem, nötigenfalls über zwischengeschaltete Pumpensümpfe abgeleitet. **Hilfsmittel zur Ableitung**

17

des Wassers sind Abschlauchungen, flexible Halbschalen oder Dränschläuche ohne oder mit Vliesumhüllung, die eingespritzt werden können. Zur Fassung flächenhafter Wasserzutritte werden Noppenbahnen oder Dränmatten verwendet. Örtliche stärkere Wasserzutritte sind möglichst im Gebirge zu fassen und abzuleiten. Drückendes Wasser im Sohlbereich ist über Drängräben bzw. -leitungen, nötigenfalls auch mit einer Flächendränschicht, zu fassen und abzuleiten. Bei starkem Wasseranfall können auch Absenkbrunnen von der Kalottensohle aus vorgesehen werden. Dauernde Nassstellen in der Spritzbetonschale sind ggf. durch gezielt angesetzte radiale Drän- oder Entlastungsbohrungen zu beherrschen. Druckhafte Wasserzutritte können durch Injektionen abgedichtet werden. Über umfangreiche Probeinjektionen und Abdichtungsmaßnahmen im Sohlbereich eines Tunnels in wenig wasserwegsamen Röttonsteinen berichten Angst et al. (2013).

In wenig durchlässigen Lockergesteinen können während des Vortriebs auch Vakuumlanzen erforderlich werden. Eine solche vortriebsbegleitende Entwässerung über ein System von schräg nach unten gebohrten Entwässerungslanzen ohne oder mit Vakuum ist nur für kurze Abschnitte, etwa völlig entfestigte Störungszonen zu empfehlen (Arnold und Fügenschuh 2000), nicht aber für Vortriebe in zum Fließen neigenden sandigen Gebirgsarten (z. B. Feinsande).

Bei starkem Wasserandrang oder in wasserempfindlichen bzw. zum Fließen neigenden Gebirgsarten ist voreilende **Wasserhaltung vor dem Vortrieb** angebracht. Sie kann durch Grundwasserabsenkung von über Tage (▶ Abschn. 17.2.5.5, durch Vorausentwässerungsbohrungen oder durch vom Vortrieb aus voreilende Entwässerungsstollen erfolgen und mit radialen Entwässerungsbohrungen unterstützt werden (◘ Abb. 17.11). Vorausentwässerungsbohrungen vom Vortrieb aus sollten möglichst mit dem Standardbohrgerät (Tunnelbohrwagen) ausgeführt werden können (Sellner et al. 2008). Die üblichen Durchmesser betragen 76–114 mm, die Bohrlängen bis etwa 30 m. Die Vorlaufzeit für die Entwässerungswirkung an der Ortsbrust beträgt i. d. R. mehrere Tage. Zusätzlich kann der Einsatz eines Rohrschirms

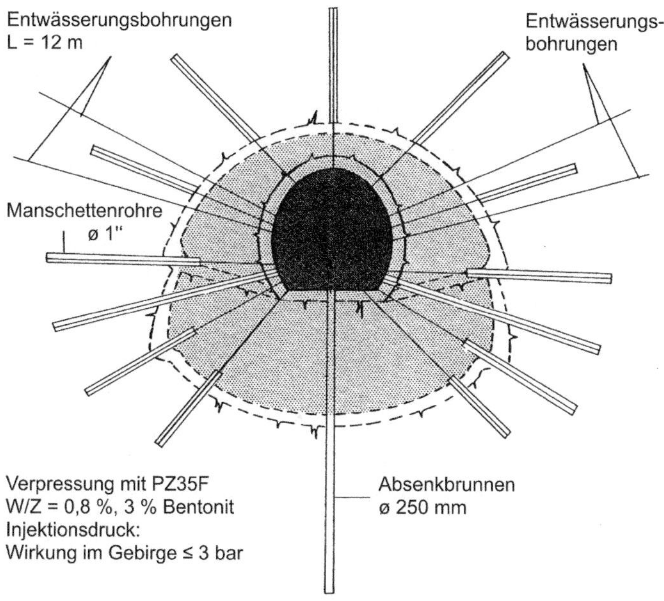

◘ **Abb. 17.11** Voreilender Zentralstollen mit Absenkbrunnen sowie radialen Entwässerungs- und Injektionsbohrungen

zweckmäßig sein (▶ Abschn. 17.9.1). In schwierig aufzufahrenden Gebirgsarten (z. B. ausgelaugter Gipskeuper oder entfestigte Tonschiefer) bewirken eine rechtzeitige Absenkung des Grundwassers und eine Entspannung des Porenwasserdrucks meist eine ganz erhebliche Gebirgsverbesserung (Anagnostou und Zingg 2013).

In wasserführenden Störungszonen, bei der Unterfahrung wasserführender Quertäler oder auch allgemein zur Beherrschung des Wasserzulaufs werden **zuflussreduzierende Injektionsschirme** (Zementsuspensionen, Silikat- oder Acrylatgelinjektionen, ggf. Polyurethan-Schauminjektionen gem. ▶ Abschn. 7.3) oder auch Rohrschirme gem. ▶ Abschn. 17.9.1 eingesetzt. Als Schirminjektionen kommen entweder rohrschirmartige oder umlaufende Vorausinjektionen mit schräg angesetzten Langlochbohrungen (15–30 m) in Betracht oder ± radiale Injektionsbohrlöcher vom Vortrieb oder einem Vorstollen aus (s. Thuro et al. 1997). Weifner et al. (2014) zeigen an drei Beispielen, dass Injektionsmaßnahmen zur Abdichtung von wasserführenden Zonen auch bei tief liegenden Tunneln und hohen Wasserdrücken einsetzbar sind. Ehrbar et al. (2013) beschreiben die Zielvorgaben (3 l/s) und die Injektionsmaßnahmen zur Reduzierung der Wasserzutritte in einigen Bereichen des Gotthard-Basistunnels. Teuscher und Aeschbach (2013) berichten über Injektionsmaßnahmen in einer breiten, im weiteren Einflussbereich eines Thermalbades liegenden Störungszone mit 40° warmem, unter einem Druck von 70–110 bar stehendem Bergwasser mittels mit Preventer ausgestatteter Injektionsbohrungen in einem Drei-Ring-Abdichtungssystem und angepassten Injektionsmitteln. Wenn Injektionen vorgesehen werden, sind ggf. Injektionsversuche zur Ermittlung der Injektionsparameter anzuraten (Injektionsmittel, Druck, Menge, Rasterabstand; ▶ Abschn. 7.3 und 17.9.2).

Vorlaufende Injektionen im Sohlbereich können auch zum **Schutz des Grundwassers in der Bauzeit** vorgesehen werden. Bei geringer Entfernung zum Fassungsbereich eines Brunnens ist aber zu beachten, dass keine Zementmilch in diesen eingeschwemmt werden darf. Als Alternative zur Sicherung des Grundwassers während des Vortriebs kommt in jedem Ausbruchstadium auch eine permanent mitgeführte Sohle aus WU-Beton oder einem zuverlässig abdichtenden, standfesten mineralischen Baustoff (z. B. Dernoton-Fertigmischung; s. geotechnik 36:2, A18) in Betracht.

Von Natur aus kalkübersättigte Wässer mit CaO-Gehalten >100 mg/l (▶ Abschn. 10.2) oder weiche Wässer mit niedrigem pH-Wert und besonders CO_2-haltige Wässer (▶ Abschn. 4.3.3 und 10.5.3), die aus zementgebundenen Baustoffen Kalk lösen, können zu **Versinterungen im Dränsystem** des Tunnels führen. Die maßgebenden Baustoffe, die zu einer Aufsättigung des Sickerwassers mit Kalk beitragen, sind Spritzbeton (▶ Abschn. 17.8.1), Injektionszement, Ankermörtel oder Ringspaltmörtel sowie Einkornbeton für die Filterkörper. Sicher ist, dass die Sinterproblematik seit der massiven Anwendung von Spritzbeton deutlich zugenommen hat. Das Ausmaß der Versinterungsneigung und die Versinterungsgeschwindigkeit sind sehr unterschiedlich und auch anhand des Chemismus des Grundwassers schwer prognostizierbar. Die maßgebenden Parameter für das Versinterungspotenzial sind außer den Inhaltsstoffen (el. Leitfähigkeit), der pH-Wert, die Temperatur und der CO_2-Partialdruck (Gamisch und Girmscheid 2007). In der neuen BAST-Richtlinie für Bergwasserdränagesysteme von Straßentunneln (Ri-BWD-TU) wird besonderer Wert auf die Darlegung der versinterungsrelevanten Messgrößen und Zusammenhänge gelegt.

Die wirksamste Methode zur Verminderung der Versinterung ist, den Kontakt des Wassers mit zementgebundenen Baustoffen zu minimieren. Durch Entlastungsbohrungen und Abschlauchungen oder, bei flächenhaften Austritten, mit angehefteten Noppenfolien kann zumindest ein Teil des anfallenden Wassers direkt in das Dränsystem abgeleitet werden, ohne vorher mit dem Spritzbeton in Berührung zu kommen. Ferner kann durch eine geeignete Wahl des Zements und eines alkaliarmen oder -freien Erstarrungsbeschleunigers (DIN EN 14 478: 2006 und Boos und Dietermann 2010) ein dichteres Gefüge erreicht und das Versinterungspotenzial des Spritzbetons erheblich vermindert werden (Girmscheid et al. 2003a; Harer 2013; ÖVBB-Richtlinien „Spritzbeton" 2009 und „Tunnelentwässerung" 2010 sowie öbv-Merkblatt „Festlegung des reduzierten Versinterungspotenzials" 2012).

Die **chemisch-physikalischen Grundlagen** für die Lösung des Calciumhydroxids ($Ca(OH)_2$) und seine Ausfällung bei Luftzutritt zu Calciumcarbonat ($CaCO_3$) sind (Gamisch und Girmscheid 2007, 2008 und ► Abschn. 10.5.2):

$$\begin{aligned} CaCO_3 + H_2CO_3 &= Ca(HCO_3)_2 \\ &= Ca(OH)_2 + 2\,CO_3 \\ Ca(OH)_2 + CO_2 &= CaCO_3 + H_2O \\ Ca(HCO_3)_2 + Ca(OH)_2 &= 2\,CaCO_3 + 2\,H_2O \end{aligned}$$

Beim Eintritt in die Dränageleitung und beim Kontakt mit Luft wird das chemische Gleichgewicht des zufließenden Wassers nachhaltig gestört, und es kommt zu einer Ausfällung von Calciumkarbonat. Neben dem Calciumhydroxid spielen dabei v. a. die leicht wasserlöslichen Alkalihydroxide (KOH, NaOH), Mg^{2+}, Phosphate und organische Komponenten eine wesentliche Rolle, welche die in Lösung gehaltene Menge an Calciumhydroxid erheblich herabsetzen und die Ausfällung von $CaCO_3$ verstärken. Durch Luftabschluss des Dränsystems mittels Aufstau oder durch siphonartige Ausläufe kann die Versinterung reduziert, aber i. d. R. nicht verhindert werden. Wirkungsvolle Maßnahmen sind ferner ausreichend groß dimensionierte Leitungen und glatte Rohrwandungen, die ein laminares Fließen ermöglichen, gute Zugänglichkeit sowie ein Sickerkörper aus ungebundenem Rundkornmaterial ohne Kalksteinanteile und eine sorgfältige Bauausführung. Durch eine getrennte Ableitung unterschiedlicher Wässer kann eine zusätzliche Ausfällung bei der Mischung zweier Wässer vermieden werden. Eine gewisse Möglichkeit zur Verminderung der Versinterung ist die dosierte Zugabe von sog. **Inhibitoren** in flüssiger Form oder als Depotsteine in das Entwässerungssystem, wodurch die Kalzitmoleküle in ihrem Wachstum behindert werden, weniger Kalk ausfällt und die Versinterungen weniger hart sind (Chabot 2002; Meinlschmidt und Rosching 2002 und bes. Girmscheid et al. 2003b; Harer 2013). Die Erfahrungen mit dieser Methode sind jedoch nicht nur positiv (Stur et al. 2015). Vor einer Entscheidung für einen solchen Einsatz sind die Randbedingungen wie Wassermengen, Chemismus, Umweltverträglichkeit und Ausbildung des Entwässerungssystems zu untersuchen, um einen geeigneten Inhibitor und die Dosierung festzulegen (Girmscheid und Gamisch 2005; Dietzel et al. 2013).

Versinterungen des Dränsystems treten bei vielen gedränten Tunneln in Spritzbetonbauweise auf und verursachen hohe Instandhaltungskosten. Um die dauerhafte Funktionsfähigkeit des Entwässerungssystems zu gewährleisten, sind eine regelmäßige Kontrolle mittels Kamerabefahrung und eine Beseitigung der ständig nachwachsenden Versinterungen erforderlich. Dafür stehen verschiedene hydromechanische Verfahren zur Verfügung (Kratz- und Reißwerkzeuge, Hochdruckspülung bis 150 bar), die aber alle relativ aufwendig sind und auch zu Schäden an den Dränleitungen führen können (Girmscheid et al. 2003b; Bayer 2005; Gamisch und Girmscheid 2008). Stur et al. (2015) berichten von der erfolgreichen Beseitigung solcher harten $CaCO_3$-Versinterungen in einer insgesamt 3,5 km langen Ulmendränage aus PVC-Rohren mittels dosierter Zugabe von 10 prozentiger Salzsäure über einen Putzschacht.

17.2.5.4 Gedränte bzw. druckwasserhaltende Systeme

Die Aufgabe einer Tunnelabdichtung besteht darin, das Tunnelbauwerk vor Wassereintritten und Schäden infolge von Durchfeuchtung oder durch aggressives Grundwasser (auch Thermalwasser) zu schützen. Bei Straßentunneln werden drei Dichtigkeitsklassen unterschieden:

Klasse 1:	vollständig trocken (keine Feuchtstellen)
Klasse 2:	weitgehend trocken (vereinzelt schwache Durchfeuchtung)
Klasse 3:	kapillare Durchfeuchtung (vereinzelt örtlich begrenzte handfeuchte Stellen)

Für die Sicherung eines Tunnels gegen Grundwasser gibt es grundsätzlich zwei Möglichkeiten:

- Das anfallende Wasser kann in Dränagen gefasst und abgeleitet werden (Entwässerungssysteme mit freier oder eingeschränkter Gebirgsdränage), oder
- der Tunnel wird rundum wasserundurchlässig und druckhaltend ausgeführt (ungedränte, druckwasserhaltende Konstruktion).

Bei einem **gedränten System** besteht die Tunnelentwässerung i. d. R. aus zwei getrennten Systemen, dem Dränagesystem und einem System für die Ableitung des Fahrraumwassers (Schlepp- und Störfallwasser). Die Abdichtung des Bauwerks erfolgt mittels Folien oder WU-Beton.

Bis Ende der 1980er-Jahre wurden Tunnel nach Möglichkeit als gedränte Systeme geplant. Das Grundwasser wird dabei durch die Dränwirkung des Tunnels abgesenkt, und es bildet sich ein mehr oder weniger breiter Streifen abgesenkten Grundwassers aus, sodass in den Standsicherheitsbetrachtungen des Tunnels kein hydrostatischer Druck berücksichtigt werden muss. Bei funktionierender Dränwirkung des Systems sind Restwasser im Kluftsystem oder höhere schwebende Grundwasserstockwerke für den Tunnel mehr oder weniger unerheblich, da der Druck an der gedränten Tunnelwandung abgebaut wird.

Gedränte Tunnelsysteme erhalten, außer in sehr stark betonangreifendem Grundwasser (► Abschn. 10.5), nur eine Sickerwasser- oder Regenschirmabdichtung gegen nicht drückendes Wasser. Sie besteht aus einem textilen, wasserableitenden Schutzvlies, einer Dichtungsfolie und den beiden Dränleitungen in den Ulmen (■ Abb. 17.12). Zur Druckentlastung unterhalb der wasserdichten Sohle kann zusätzlich eine Sohldränage vorgesehen werden. Bei der Auswahl des Materials für Drän- und Abdichtungsmaßnahmen bei Straßentunneln sind die Richtlinien für Bergwasserdränsysteme von Straßentunneln (Ri-BWD-TU), die ZTV-ING Teil 5 „Tunnelbau" mit ►Kap. 5 „Abdichtungen" und die zugehörigen Technischen Lieferbedingungen und Prüfvorschriften sowie ggf. die ÖVBB-Richtlinie „Tunnelentwässerung" (2010) zu beachten.

Das **Dränsystem** besteht i. d. R. aus einer grob strukturierten Dränmatte einschließlich Vliesabdeckung oder einem Dränvliesstoff mit einem Flächengewicht von 800–1000 g/m^2, die das anfallende Wasser in die Längsdräne an beiden Ulmenfüßen ableiten. Die Dränmaterialien müssen auch bei einem Auflagedruck von 0,3 MPa (entspricht etwa dem doppelten Betonierdruck) noch eine ausreichende Dränleistung aufweisen. Zu Beginn der Arbeiten wird das Unterprofil der Spritzbetonschale beseitigt bzw. ein Überprofil ausgeglichen und der Abdichtungsträger aufgebracht (► Abschn. 17.7.2). Die Dränschicht wird mit sog. Rondellen fixiert, an welche die Dichtungsbahnen thermisch angeschweißt werden. Als weitere Methoden sind auch eine Befestigung mit einem Klettsystem in der Diskussion (Matsch et al. 2005) sowie ein innovatives Verfahren, bei dem die KDB mit dem Schutzvlies streifenweise verschweißt wird (Felsbau 24:3, 92 und Geomechanik und Tunnelbau 1:5, 519).

Als Dränrohre werden hochdruckspülfeste Teilsickerrohre aus Kunststoff (Ø > DN 200–250, Schlitzweite 5–8 mm, Wassereintrittsfläche etwa 100 cm^2 pro Rohrmeter, verträglicher Spüldruck bis 300 bar) und glatter Innenwandung sowie eine z. T. mit verlorener Hilfsschalung eingebrachte kalkfreie Kiesschüttung anstelle eines Filterbetons verwendet.

Die Anwendung eines gedränten Systems setzt voraus, dass die Dränung ausreichend dimensioniert ist und auf Dauer funktioniert. Bei stärkeren Wasserzutritten müssen nötigenfalls zusätzliche Entwässerungsleitungen vorgesehen werden (Fluder und Förster 2005), die ggf. für Wasserversorgungszwecke genutzt werden können. Eine funktionierende Entwässerung gehört zu den wichtigsten Voraussetzungen für die Langlebigkeit eines Tunnels. Dränierte Tunnel sind zwar zunächst kostengünstiger, erfordern aber ggf. über die gesamte Nutzungsdauer eine z. T. aufwendige Wartung des Dränsystems. Bei Gefahr von Versinterungen im Dränsystem sind ggf. auch konstruktive Zusatzmaßnahmen vorzusehen (Ri-BWD-TU).

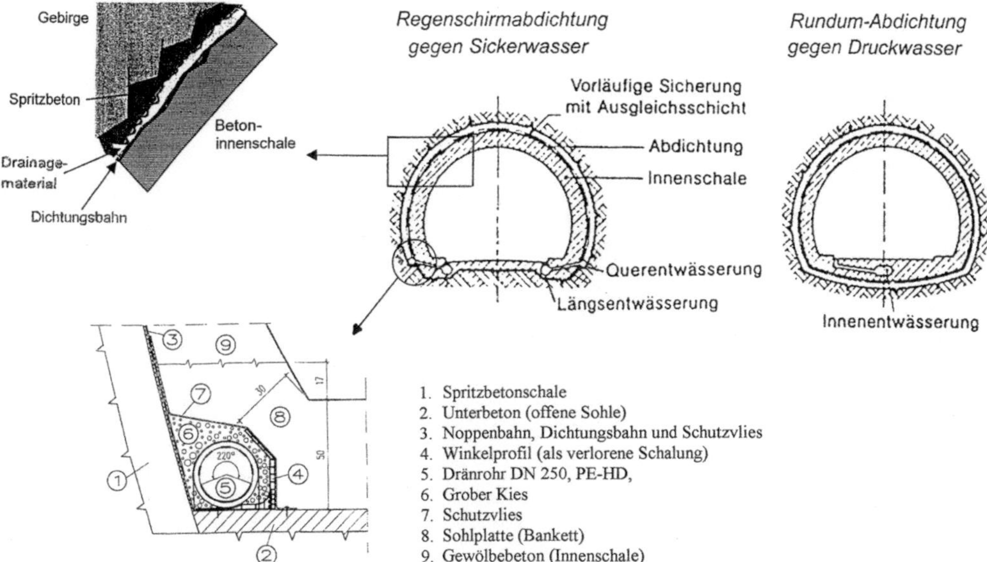

Abb. 17.12 Druckhaltendes und gedräntes System (Regenschirmabdichtung) mit Detail für ein neuzeitliches Entwässerungssystem

Für eine druckwasserdichte Abdichtung **ungedränter Tunnelsysteme** sind eine wasserdruckhaltende Rundumabdichtung (WU-Beton und/oder Kunststoffdichtungsbahnen) sowie ein Sohlgewölbe erforderlich (Abb. 17.12). Die Art des Dichtungssystems ist abhängig vom Wasserdruck und vom Angriffsgrad des Wassers nach DIN 4030. Über Einzelheiten der Ausführung liegt eine DGGT-Empfehlung zu Dichtungssystemen mit **Kunststoffdichtungsbahnen** im Tunnelbau EAG–EDT (2005, Neuauflage in Vorbereitung) vor, die auch die Grundlage für die ZTV-ING, Teil 5 (mit tabellarischer Auflistung der Abdichtungssysteme für Spritzbeton- und für offene Bauweise) sowie auch für die RiL 853 bildet. Auf die ÖBV-Richtlinie zu Tunnelabdichtungen von 2012 wird verwiesen. Weitere Anforderungen an die KDB und ihre Verlegung s. Meissner et al. (2015), Lorenz und Galler (2016) und ▶ Abschn. 12.3.4.

Die langzeitbeständigen Kunststoffbahnen (2–4 mm, meist 3 mm dick) werden durch eine außen liegende Dränmatte und innen durch eine Vliesmatte mit einem Flächengewicht von min. 900 g/m^2 geschützt. Die Dichtungsbahnen werden über Doppelnähte thermisch verschweißt und mittels Druckluft auf Dichtigkeit geprüft (s. Komma 2004; Haack 2005; Kicherer und Meissner 2011). Außerdem werden in jedem Schottfeld in regelmäßigen Abständen Verpressstutzen mit flexiblen Injektionsschläuchen an der KDB befestigt, die radial durch die Innenschale geführt werden und über die bei Undichtigkeiten systematisch lokale Kunstharz- oder Acrylatgelinjektionen vorgenommen werden können (Abb. 17.13). Über das mechanische Verhalten einer 2-mm-PVC-Dichtungsbahn nach 12 Jahren Liegezeit in einem Straßentunnel berichten Mähner und Lange (2008).

Bei hohem Wasserdruck bzw. hohen Ansprüchen an die Dichtigkeit wird das Abdichtungssystem doppellagig ausgebildet, wobei die beiden Lagen als vakuumprüfbare Kammern ausgebildet werden, die im Schadensfall ebenfalls injiziert werden können.

In Diskussion sind auch wasserundurchlässige Spritzbetonschalen, die der Dichtigkeitsklasse 3 nach ZTV-Ing entsprechen sollen. Erreicht wird dieser verbesserte Wassereindringwiderstand durch entsprechende Betonrezepturen und Zugabe von Stahlfasern zur Unterbindung von Rissbildung (Friebel et al. 2013).

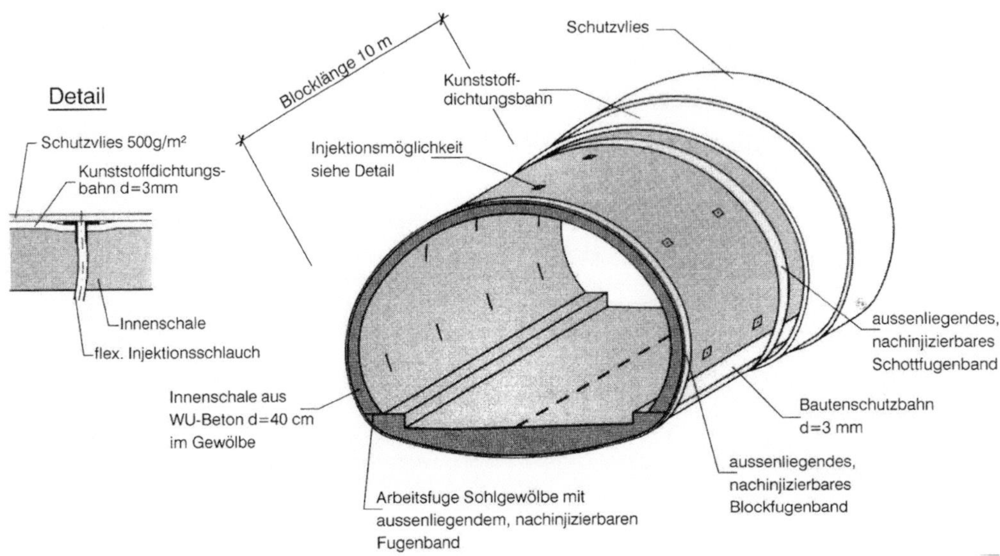

Abb. 17.13 Schematischer Aufbau des Abdichtungssystems für eine Innenschale mit Nachinjektionsmöglichkeiten (nach Heinze et al. 2001)

17.2.5.5 Wasserhaltung in lockergesteinsartigen Gebirgen

Bei Tunnelvortrieben in lockergesteinsartigen Gebirgen und auch in Festgesteinen mit Gebirgsdurchlässigkeiten von $>10^{-6}$ m/s (▶ Abschn. 2.9.5), die unter der Grundwasseroberfläche liegen und bei denen der aufzufahrende Bereich frei zugänglich sein soll, muss das Grundwasser durch voreilende Wasserhaltungsmaßnahmen vom Vortrieb ferngehalten werden. Darunter werden im Tunnelbau nicht nur Wasserhaltungsmaßnahmen im engeren Sinn verstanden, sondern auch Maßnahmen wie:

- Schirmgewölbe (▶ Abschn. 17.9.1),
- Injektionen (▶ Abschn. 17.9.2),
- Bodenvereisung (▶ Abschn. 17.9.3),
- Vortrieb unter Luftdruck.

Die Eigenschaften der Grundwasserleiter sind in ▶ Abschn. 2.9 beschrieben. Allgemeine Angaben über die Wasserhaltungsmaßnahmen sind ▶ Kap. 11 zu entnehmen. Die möglichen Auswirkungen einer Grundwasserabsenkung auf die Geländeoberfläche und eine etwaige Bebauung sind in den ▶ Abschn. 6.5.2 und 11.6 behandelt.

Die Wirkung einer Wasserhaltungsmaßnahme hängt zunächst vom Untergrundaufbau und den Eigenschaften der Grundwasserleiter ab. Dabei lassen sich das nutzbare hydraulische Hohlraumvolumen, die Inhomogenitäten und die Anisotropie eines Grundwasserleiters durch die üblichen Vorerkundungsmaßnahmen selten wirklich zutreffend ermitteln; vielmehr können sie nur in einem Langzeitversuch einigermaßen erfasst werden (Mühlenkamp et al. 2010). Oft liegen zwei oder mehrere **Grundwasserstockwerke** mit unterschiedlichen hydraulischen Eigenschaften vor, die durch grundwasserstauende Zwischenschichten getrennt sind. In solchen Fällen kann bzw. muss das obere, meist sandig-kiesige Quartärstockwerk mittels Schwerkraftabsenkung und das untere feinkörnige, ggf. gespannte Stockwerk über Vakuumabsenkung entwässert werden. Bei den sog. Kombinationsbrunnen, d. s. Gravitationsbrunnen und Vakuumtiefbrunnen in einer Rohrtour, ist für beide Stockwerke nur eine Brunnenbohrung mit nur einer Filterrohrtour erforderlich (▶ Abschn. 11.4). Bei einem Vakuumtiefbrunnen wird der entsprechend abgedichtete Brunnenraum mit Unterdruck beaufschlagt, was insgesamt zu einer flacheren Absenkkurve führt, sodass ggf. die Brunnenabstände vergrößert werden können (▪ Abb. 17.14).

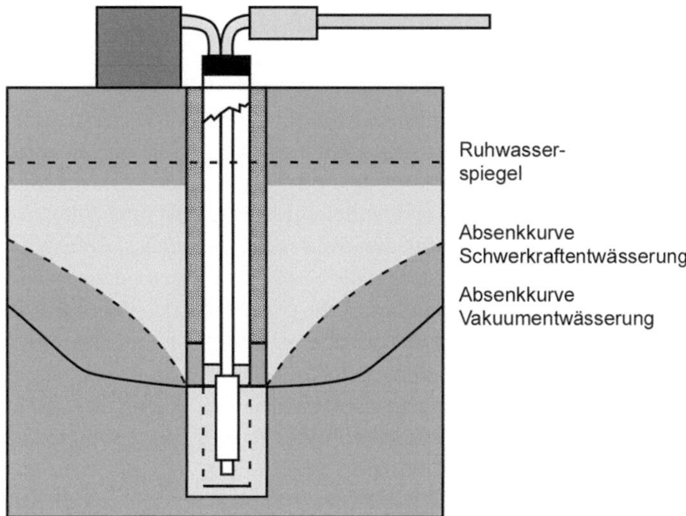

Abb. 17.14 Vergleich der Absenkwirkung einer Schwerkraft- und Vakuumentwässerung (nach Koers et al. 2011)

Die **Wirksamkeit einer Wasserhaltungsmaßnahme** hängt weiterhin von der Anzahl der Brunnen, dem Absenkmaß des Brunnenwasserspiegels, der Förderung der einzelnen Brunnen und der Vorlaufzeit ab (Abb. 17.15). Letztere beträgt bei einer Schwerkraftabsenkung mehrere Wochen bis einige Monate. Das Abschätzen der Vorlaufzeit kann ggf. durch Auswertung des Entsandungsvorgangs als Kurzpumpversuch erleichtert werden (Mühlenkamp et al. 2010). Zur Entwässerung von Feinsandschichten müssen die Brunnen auf Vakuumbetrieb umgestellt werden können. Ein solcher bedarf einer wesentlich kürzeren Vorlaufzeit von nur einigen Wochen. Ein Beispiel für einen solchen Vortrieb beschreiben Atzl et al. (2015). Der Tunnelvortrieb sollte in dem Zeitfenster durchgeführt werden, das zwischen der Vorlauf- bzw. Entwässerungszeit und einem längerfristig zu starken Austrocknen des Gebirges liegt. Letzteres führt bei einem Kies-Sand-Boden zu einem völligen Wegfall der scheinbaren Kohäsion, und der Boden wird rollig bzw. ein feinkörniger Boden neigt dann zu Schollenabbrüchen an der Ortsbrust, denen ggf. mit Ortsbrustankern und einem Teilflächenausbruch begegnet werden muss.

Die Absenkwirkung einer Wasserhaltung muss sowohl in der Vorlaufzeit bis zum Erreichen des Absenkziels als auch während der weiteren Betriebszeit der Anlage in engen Abständen, in der Betriebszeit praktisch täglich,

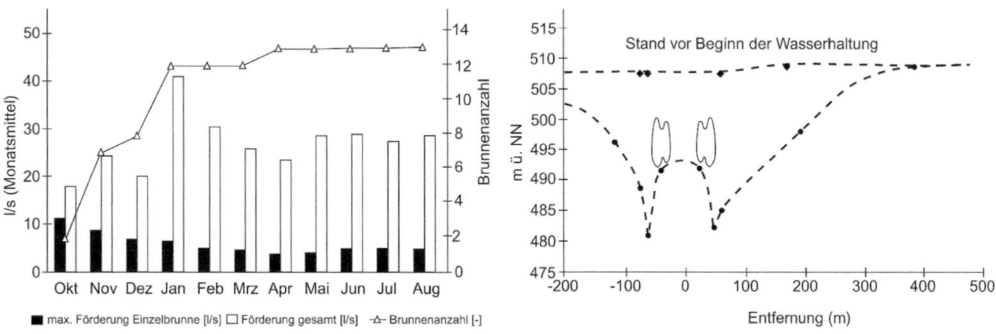

Abb. 17.15 Förderraten und Absenktrichter einer Wasserhaltungsmaßnahme (nach Fillibeck et al. 2005)

kontrolliert werden; ferner müssen die einzelnen Brunnen ggf. mit einer Ausfall-Alarmeinrichtung ausgestattet werden. In der Winterzeit müssen die Brunnenköpfe und das Leitungssystem außerdem vor Frost geschützt werden. Die Überwachung der Brunnen und Messstellen erfolgt heute vielfach vollelektronisch. Dabei werden permanent die Wasserstände der Brunnen und Messstellen, die Förderleistung der einzelnen Brunnen und die Gesamtförderung registriert (Heissenberger et al. 2008). Ein Ausfall eines oder mehrerer Brunnen kann binnen weniger Stunden zu einem Anstieg des Grundwassers um einige Meter führen, der die Vortriebsarbeiten gefährden kann. Insbesondere feinsandig-grobschluffige Böden zeigen neben der schlechten Entwässerbarkeit die unangenehme Eigenschaft, dass sie bei einem schnellen Anstieg des Grundwassers fast schlagartig zum Fließen kommen.

Die **Berechnung einer Grundwasserabsenkung**, insbesondere die Mengenvorhersage und auch die Prognose der notwendigen Vorlaufzeit sind mit großen Unsicherheiten behaftet (▶ Abschn. 11.6). Besonders für Vakuumbrunnen stehen kaum geeignete rechnerische Modelle zur Verfügung. In der Regel können diese Unwägbarkeiten nur durch die planmäßige Möglichkeit des Zwischensetzens von weiteren Brunnen oder von vornherein durch eine bewusste Überdimensionierung der Gesamtinstallation beherrscht werden.

Sowohl die Förderbrunnen als auch die Kontrollmessstellen müssen nach dem Ende ihrer Betriebszeit sachgemäß zurückgebaut werden, sodass die Funktion von Trennschichten dauerhaft wiederhergestellt wird (DIN EN ISO 22 475-1 und DVGW-Merkblatt W 135).

In manchen Fällen kann das Grundwasser aufgrund des Untergrundaufbaus oder wasserrechtlicher Auflagen (Mühlenkamp et al. 2010) bzw. zu großer Brunnenabstände nicht vollständig bis in eine sohlaufbruchsichere Tiefe unter Aushubsohle abgesenkt werden. Besonders anfällig dafür sind Quartärstockwerke mit unebenem Basisrelief sowie Wechsellagerungen von Sand- und Schluffschichten. Die **Absenkung des Restwassers** erfolgt über eine aushub- bzw. vortriebsbegleitende Entwässerung mittels kurzer Brunnen bzw. Pumpensümpfe, ggf. unterstützt durch Sohldränagen oder Entwässerungslanzen ohne oder mit Vakuumbeaufschlagung bzw. mittels anderer Bauhilfsmaßnahmen (Scheidl et al. 2007; Wittke 2009). Vakuumlanzen vom Vortrieb aus müssen einen gegenseitigen Abstand von 1–2 m haben, um sich, je nach Höhe des aufzubauenden Vakuums (0,2–0,5 bar), nicht gegenseitig zu beeinflussen (◘ Abb. 11.10). Die aus der Baugrube oder dem Tunnel abzuleitenden Wassermengen müssen ebenfalls über Messeinrichtungen geführt werden.

Bei Baumaßnahmen, bei denen die Auswirkungen einer Grundwasserabsenkung außerhalb des Baufeldes nicht durch technische Maßnahmen zu verhindern sind, kann der Grundwasserstand im Umfeld durch **Reinfiltration des geförderten Wassers** einigermaßen auf einem normalen Flurabstand gehalten werden. Die Reinfiltration kann über konventionelle Schluckbrunnen (▶ Abschn. 11.6) oder über Infiltrationslanzen erfolgen (Meijer und Borchert 2012). Demel et al. (2012) beschreiben eine Infiltrationsmaßnahme mittels Schluckbrunnen, bei der das geförderte Wasser nach Durchlaufen einer Aufbereitungsanlage mit einer Vorsedimentationsstufe, einer chemischen Aufbereitung zur Oxidation von Fe(II) zu Fe(III) sowie nötigenfalls einer weiteren Stufe zur Grundwasserreinigung auf Trinkwasserqualität wieder reinfiltriert wird.

Bei Tunnelvortrieben mit nur schwierig absenkbarem Grundwasser kann als Bauhilfsmaßnahme zum Abhalten des Grundwassers und zur Verbesserung der Trageigenschaften des Gebirges auch **Druckluft** eingesetzt werden. Die Spritzbetonaußenschale muss dabei auf den Wasserdruck bemessen sowie ausreichend wasser- und luftundurchlässig sein (▶ Abschn. 17.2.5.4). Von Vorteil sind Vortriebe mit einer abdichtenden Schicht tonig-schluffiger Böden über Firstniveau. Bei Hangendschichten mit Durchlässigkeitsbeiwerten unter 10^{-4} m/s sind Zusatzmaßnahmen wie Schirminjektionen o. Ä. erforderlich, die auch seitlich in den Ulmen- und Sohlbereich

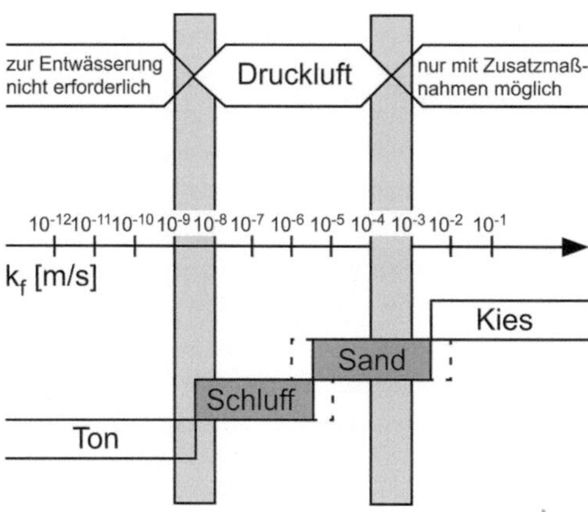

Abb. 17.16 Einsatzbereiche für Drucklufthaltungen (nach Distelmeier et al. 1986)

heruntergezogen werden können. Als grobe Richtlinie für die Einsetzbarkeit von Druckluft kann Abb. 17.16 herangezogen werden. Die Eignung des Untergrundaufbaus muss i. d. R. mit einem engen Bohrraster in Abständen von max. 50 m und Querschnittsdarstellungen untersucht werden. Wichtig ist auch die Erkundung natürlicher oder anthropogener Störungen im Untergrund wie tektonische oder atektonische Bruchflächen, alte Bohrungen oder Brunnen, tief liegende Leitungen bzw. andere ehemalige Baubehelfe.

Für die Ermittlung der nötigen Druckhöhe und des Druckluftbedarfs (m^3/min) sind Angaben über die Grundwasserstände und den **Luftdurchlässigkeitsbeiwert der Böden** erforderlich. Größenordnungsmäßig kann der Luftdurchlässigkeitsbeiwert mit

$$k_L = 70 \times k$$

(k = Wasserdurchlässigkeitsbeiwert) angenommen werden (Semprich 1994). Für Schluff beträgt z. B. die effektive Luftdurchlässigkeit 3–6 × 10^{-5} m/s. Über Untersuchungen zur Ermittlung der Eingangsparameter für die Berechnung des Luftbedarfs berichten Semprich und Steger (2012).

Ausbläser entstehen bevorzugt an natürlichen oder sonstigen Verbindungen zwischen dem Druckraum und der atmosphärischen Oberfläche oder wenn der auf die Tunnelfirste wirkende Überdruck höher ist als die entsprechende Auflast aus Boden und Wasser. Zur Begrenzung des Wasserdrucks können zusätzlich Absenkbrunnen vorgesehen werden. Wenn aus irgendwelchen Gründen der Luftdruck abfällt, wird das Grundwasser nicht mehr verdrängt und kann in die Arbeitskammer einbrechen.

Der erforderliche Überdruck im Tunnel muss größer sein als der Wasserdruck an der Basis der wasserführenden Schicht (Abb. 17.17). Weiterhin muss durch den Überdruck die Sohlauftriebssicherheit gewährleistet

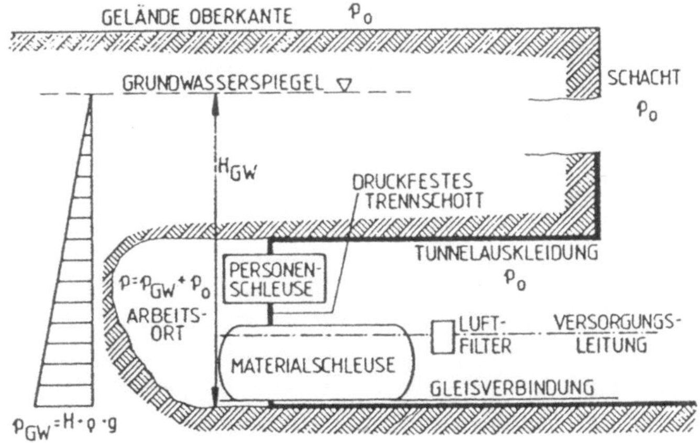

Abb. 17.17 Prinzip eines Tunnelvortriebs unter Druckluft (Lettin 1989)

sein. Als „normale Druckluft" gelten nach der Druckluftverordnung Arbeitsdrücke bis 3,6 bar. Ab 1,2 bar ist die Arbeitszeit deutlich begrenzt, und es werden längere Schleusungszeiten erforderlich. Auf die entsprechenden Vorschriften sowie auf Assenmacher und Förster (2016) wird verwiesen. Außerdem ist zu beachten, dass Druckluft das Grundwasser nur dann von der Ortsbrust abhalten kann, wenn das Wasser Gelegenheit zum Abströmen hat. Andernfalls summieren sich der vorhandene Wasserdruck und der Überdruck und drücken auf das Gesamtsystem.

Bei einem Druckluftvortrieb treten keine Vorabsetzungen infolge von Grundwasserabsenkung auf. Darüber hinaus hat sich gezeigt, dass ein Vortrieb unter Druckluft i. d. R. nur etwa 70 % der Setzungswerte eines atmosphärischen Vortriebs erreicht.

17.2.5.6 Wasserwirtschaftliche und wasserrechtliche Belange

Die Ausführung von Tunneln als gedräntes oder abgedichtetes System ist nicht nur eine Frage der Tunnelkonstruktion, sondern betrifft auch wasserwirtschaftliche und wasserrechtliche Fragen und muss daher bereits bei der Planung geklärt werden. Die Tendenz, auf gedränte Tunnelsysteme weitestgehend zu verzichten, kommt den Belangen der Wasserwirtschaft und des Umweltschutzes sehr entgegen. Trotzdem kann die häufige landesplanerische Auflage, eine quantitative und qualitative Beeinträchtigung des Grundwassers zu vermeiden, nie voll erfüllt werden, da bei konventionellen Vortrieben im Grundwasserbereich eine zumindest vorübergehende quantitative Beeinflussung praktisch nicht oder nur mit großem Aufwand zu vermeiden ist. In solchen Fällen ist ein maschineller Vortrieb mit einer geschlossenen TBM in Betracht zu ziehen (▶ Abschn. 17.6.4.2).

Die **hydrogeologische Prognose**, d. h. die Beschreibung der Auswirkungen des Tunnelbaus auf den Grundwasserhaushalt, ist in hohem Maße vom Zutreffen der erkundeten Lagerungsverhältnisse des Gebirges abhängig. Abweichungen der geologischen Prognose, insbesondere der Richtung der wasserführenden Strukturen ziehen naturgemäß auch Abweichungen der hydrogeologischen Auswirkungen nach sich.

Im Rahmen der ingenieurgeologischen Beratung für ein Tunnelprojekt sind die qualitativen und quantitativen Auswirkungen des Tunnelbaus auf das Grundwasser und seine Strömungsverhältnisse sowie auf nahe gelegene Quellen, Grundwassergewinnungsanlagen und Bachläufe zu prüfen und mit den Fachbehörden abzustimmen. Die Beweissicherung muss einen genügend langen Zeitraum vor Baubeginn, kontinuierliche Messungen während der Bauzeit und eine nachlaufende Kontrolle des Wiederanstiegs der Grundwasseroberfläche umfassen (Bretschneider 2005). Die Aufspiegelung des Grundwassers auf die natürlichen Wasserstände ist fast immer ein längerfristiger Vorgang, der viele Monate bis einige Jahre dauern kann.

Die Entwicklung der anfallenden Grundwassermengen der einzelnen Vortriebe ist zu dokumentieren; zudem müssen die Soll- und Ist-Werte der Gesamtwassermengen verglichen werden. Die Ergebnisse der Beweissicherung sind in Grundwasserstandsganglinien der einzelnen Kontrollmessstellen sowie in Grundwasserspiegel- und Spiegeldifferenzplänen auszuwerten und darzustellen.

Die **Auswirkung größerer Grundwasserabsenkungen** sind Spannungsumlagerungen im Gebirge, die entsprechende Verformungen und Setzungen an der Geländeoberfläche auslösen können. Die Reduktion des Wasserdrucks im Kluftsystem bewirkt einen Anstieg der effektiven Spannungen, was zu einer Verengung der Kluftöffnungen und zu messbaren Deformationen im Gebirge führen kann. Eine Theorie geht davon aus, dass das Volumen des Nettowasserabflusses im Tunnel etwa dem Volumen der Setzungsmulde im Gelände entspricht (Ehrbar et al. 2010). Die Oberflächensetzungen können Zentimetergrößenordnung und mehr erreichen (▶ Abschn. 16.4.5). Auch größere natürliche Wasserspiegelschwankungen haben – i. d. R. unbemerkt – Geländeverformungen im Millimeterbereich zur Folge.

Sowohl die Wasserbewegung im Gebirge als auch die Deformationen im Gelände sind

17

hochgradig anisotrop. Wasserwegsame Störungszonen und auch einzelne stärker durchlässige Schichtglieder sowie die Schichtlagerung haben starken Einfluss auf den Wasseranfall, auf die Reichweite der Absenkung und auf die Gebirgsdeformationen. Falls die Verformungen im Gelände Auswirkungen auf menschliche Einrichtungen erwarten lassen, sind rechtzeitig Kontrollmessungen und ggf. eine Beweissicherung zu veranlassen. Ehrbar et al. (2013) beschreiben bei Überlagerungshöhen von etwa 1500 m noch Oberflächensetzungen im Zehnermillimeterbereich, ausgelöst durch vortriebsbedingten Wasserzufluss in einer Störungszone von einigen wenigen Litern/Sekunde, weshalb in kritischen Fällen nötigenfalls die im Tunnel zufließende Wassermenge begrenzt werden muss.

Voraussetzung für ein **Rückgängigmachen der Absenkwirkung** während der Bauzeit ist nicht nur eine druckwasserhaltende Abdichtung des Tunnels, sondern auch ein Verpressen der Baudräne und des Filterkörpers mit Zementsuspension und nötigenfalls Kunstharz sowie ein schirmartiges Injizieren der beim Vortrieb erfolgten Gebirgsauflockerung infolge der unvermeidlichen, mehr oder weniger stark ausgeprägten ausbruchsbedingten Entspannungsklüfte im Gebirge. Derartige Auflockerungszonen bilden sich nicht gleichmäßig um den Ausbruch, sondern die Auflockerung reicht z. B. parallel zur Schichtung tiefer in das Gebirge als senkrecht dazu. Die viel diskutierten Selbstheilungskräfte des Gebirges, die diese erhöhte hydraulische Durchlässigkeit der aufgelockerten Zone im Laufe der Zeit reduzieren sollen, sind bestenfalls in Tonsteinen zu erwarten. Bei einem Schildvortrieb reicht i. d. R. die durchgehende Verpressung des Ringraums aus, um eine Längsläufigkeit zu verhindern.

Das in der Bauphase aus dem Tunnel austretende Dränwasser ist meist deutlich aufgehärtet und weist durch das aus dem Beton ausgewaschene Calciumhydroxid und bes. die Alkalien des Schnellbinders pH-Werte bis 13 auf. Außerdem kann bei Sprengvortrieben eine leichte Nitritbelastung auftreten (► Abschn. 17.2.7.2). Reicht die Verdünnungswirkung im Vorfluter nicht aus, fordern die Wasserbehörden i. d. R., den pH-Wert des einzuleitenden Wassers auf meist 7,5–8 zu begrenzen, ggf. auch mit kontinuierlicher Aufzeichnung und Rückhaltung der absetzbaren Stoffe (Grenzwert ~ 100 mg/l). Die **Neutralisation der alkalischen Tunnelabwässer** erfolgt entweder über Mineralsäuren (Salz- oder Schwefelsäure) oder durch Kohlendioxid. Letztere Methode ist heute Stand der Technik und bewirkt keine Aufsalzung des Wassers mit Chloriden oder Sulfaten. Bei Kalkaggressivität des Grundwassers (► Abschn. 10.5.2) kann die pH-Wert-Erhöhung mit abnehmender Tendenz über Jahre anhalten.

Gelegentlich anfallende warme Tunnelwässer müssen über Kühlweiher o. Ä. geleitet werden.

17.2.6 Auftreten von Gasen im Gebirge

Bei Verdacht auf Gasaustritte im Gebirge (hier bes. CO_2, CH_4, N_2, H_2S, aber auch Radon) sind die Untersuchungen darauf auszudehnen (► Abschn. 4.3.3). Erste Anzeichen sind aufsteigende Gasblasen in wassergefüllten Bohrlöchern. Unterschieden werden Kohlenwasserstoffgase (KW-Gase) und Nicht-Kohlenwasserstoffgase:

- **Methan** (CH_4), auch Grubengas genannt (► Abschn. 16.5.1), ist ein farb- und geruchloses Gas, das in höheren Konzentrationen betäubend bzw. tödlich wirkt. Methan und andere Kohlenwasserstoffe sind in bestimmten Mischungsverhältnissen mit Luft explosiv (untere und obere Explosionsgrenze ◘ Tab. 16.4). Je nach Methangaskonzentration kann es zu einer Verpuffung oder Explosion kommen.
- **Kohlendioxid** (CO_2) aus der Tiefe ist i. d. R. vulkanischen Ursprungs (► Abschn. 4.3.3.1 Kohlendioxid ist ein geruch- und geschmackloses, lebensfeindliches Gas, das mit einer Dichte von 1,977 kg/m^3 schwerer ist als Luft (rd. 1,3 kg/m^3). Die max. zulässige Arbeitsplatzkonzentration (MAK-Wert) für CO_2 beträgt 0,5 Vol.-%. Bei einer Konzentration ab

2 Vol.-% können Kopfschmerzen auftreten. Ab 4 Vol.-% besteht Lebensgefahr. Eine Kerze erlischt erst bei etwa 10 Vol.-%.
- **Schwefelwasserstoff** (H_2S) riecht nach faulen Eiern. Bei höheren Konzentrationen (150 ppm) wird der Geruchssinn beeinträchtigt, sodass die Gefahr nicht mehr wahrgenommen wird.
- **Stickstoff** (N_2) ist ein farb-, geruch- und geschmackloses Gas, das reaktionsträge und ungiftig ist. Das Auftreten von N_2-Gasen ist besonders aus dem Erzgebirge bekannt (► Abschn. 4.3.3.1).
- Mit verstärktem Auftreten des geruchlosen radioaktiven Gases **Radon** in der Bodenluft ist vor allem in den Grundgebirgen und auch in einigen anderen Regionen zu rechnen (► Abschn. 4.3.3.2).

Die **Gefahren** sind somit unterschiedlich: Explosionsgefahr bei KW-Gasen, Vergiftung bei Schwefelwasserstoff und Erstickungsgefahr bei Kohlendioxid. Im Bedarfsfall müssen gem. TBG-Richtlinie die Gaskonzentrationen bei den Vortriebsarbeiten ständig kontrolliert werden. Beim Bau des Bosruck-Eisenbahntunnels (1901–1905) ist über die gesamte Vortriebsstrecke immer wieder Methangas ausgetreten. Bei einer Methangasexplosion nach einem Wassereinbruch kamen 14 Mineure ums Leben (Lenz et al. 2010). Beim Vortrieb der 2. Röhre des Bosruck-Straßentunnels wurde vor jeder Sprengung der Methangehalt an der Ortsbrust und 30 m zurück überprüft. Ab einem Methangehalt von 0,5 % durfte nicht gesprengt werden. Gegenmaßnahmen sind tragbare Mess-/Alarmgeräte, verstärkte Belüftung sowie – bei Methan – schlagwettergeschützte Notbeleuchtung und Schnellabschaltung der elektrischen Anlagen. Auch Tunnelbohrmaschinen müssen im Bedarfsfall mit Gasdetektoren und explosionsgeschützt ausgerüstet werden, damit jederzeit ein sicherer Vortrieb gewährleistet ist (Weber 2004). Das Sicherheitssystem schließt auch das Förderband für das Ausbruchmaterial mit ein, das gegen Entgasung des methanhaltigen Gesteins ausgelegt sein muss. Bentonitsuspensionen sind in der Lage, gewisse Mengen an Methangas zu binden.

Auch in Mittelgebirgstunneln ist regional mit dem Auftreten von Methangas zu rechnen. Beim Scheibengipfeltunnel der Ortsumgehung Reutlingen, der im Wesentlichen in den Schichten des Opalinustons (Mitteljura) aufgefahren wurde, ist in Kluft- und Störungszonen mehrfach Methan aus dem tiefer liegenden Posidonienschiefer (Unterjura) angetroffen worden (► Abschn. 16.5.1 und Tunnel 35;2/2016, S. 9).

17.2.7 Verwendung des Tunnelausbruchmaterials und Umweltbelastung

Zu den Fragen „Tunnelbau und Umwelt" gehören insgesamt:
- Behandlung und Verwendung des Ausbruchmaterials nach umwelt- und ressourcenschonenden Gesichtspunkten,
- Umweltgefährdung durch schadstoffbelastete Gesteine,
- Schall- und Erschütterungsemissionen (Letztere ► Abschn. 17.7.1),
- grundwasserbezogene Themen (► Abschn. 17.2.5 und bes. ► Abschn. 17.2.5.6).

17.2.7.1 Materialbewirtschaftungskonzept

Tunnelausbruchmaterial ist abfallrechtlich als „Bodenaushub" gem. ► Abschn. 12.5 zu behandeln. Die abfallrechtlichen Rahmenbedingungen sehen vor, den Tunnelausbruch je nach Eignung einer Wiederverwertung in der näheren Umgebung zuzuführen. Bei Tunneln in nichtkarbonatischen Schichtgesteinen kann i. d. R. nur ein geringer Teil des anfallenden Materials als mineralische Rohstoffe für die Baustoffindustrie oder als Frostschutz- bzw. Tragschichtmaterial verwertet werden. Das restliche Ausbruchmaterial soll nach Möglichkeit als Dammschüttmaterial (► Abschn. 12.2) oder in sog. bodenähnlichen Anwendungen zur Geländemodellierung

Verwendung finden (▶ Abschn. 12.5.4). Die „Beseitigung“ von Restmassen auf Deponien ist immer auch ein Kostenfaktor. In einigen Ländern ist auch eine längere Zwischendeponierung kostenpflichtig.

Anders ist die Situation bei Tunnelvortrieben in karbonatischen oder kristallinen Gesteinen, bei denen ein mehr oder weniger großer Teil des Ausbruchmaterials als Betonzuschlagstoff verwertet werden kann. Schwieriger zu behandeln ist das plattig-stückig-stengelige und oft feinkornreiche Ausbruchmaterial maschineller Vortriebe. Hier sind ggf. spezielle Techniken erforderlich.

Bei größeren Projekten wird deshalb bereits in einer frühen Projektphase auf Basis der zu erwartenden Gesteinsarten und der Ausbruchskubaturen ein Materialbewirtschaftungskonzept aufgestellt, aufgeteilt über die Tunnellänge. Je nach Verwendungsmöglichkeit wird das Ausbruchmaterial in Verwertungsklassen eingeteilt:

- hochwertige Verwendbarkeit (mineralische Rohstoffe, Betonzuschlag, Frostschutz- oder Tragschichtmaterial),
- sonstige Verwertung (Dammschüttmaterial),
- nicht verwertbares, zur Endlagerung auf Deponie bestimmtes Material sowie
- entsorgungspflichtiges Material, das einer Behandlung oder gesicherten Deponierung zugeführt werden muss.

Die Eignung des Materials ist vorab und während des Vortriebs zu untersuchen und darzustellen (s. d. Galler 2015). Je nach Verwendungszweck sind die Gesteinsarten ortsbrustnah zu klassifizieren, wobei i. Allg. folgende Faktoren zu untersuchen sind:

- mineralische Zusammensetzung,
- Korngrößenverteilung, Kornform,
- Druckfestigkeit, Rohdichte, Wassergehalt,
- ggf. geochemische Parameter.

Das Ausbruchmaterial ist zu sortieren (Vorabsiebung) und getrennt zwischenzulagern. Die Produktqualität und die Vorgaben für den beabsichtigten Verwendungszweck sind durch Prüflabore nachzuweisen und zu kontrollieren, wobei auch auf vortriebsbedingte Verunreinigungen zu achten ist (s. a. Geomechanics and Tunnelling 2015; 8:4).

Bei Verwendung von Gesteinskörnungen als Betonzuschlag sind im Wesentlichen folgende Parameter zu untersuchen:

- Gesteinsart (petrographisch-mineralogische Zusammensetzung, nötigenfalls Gesamtmineralanalyse),
- Korngrößenverteilung (▶ Abschn. 2.2.5 und DIN EN 933-1),
- Kornform, Plattigkeit (DIN EN 933-3 und 933-4),
- Druckfestigkeit und Kornzertrümmerung (DIN EN 1926 und DIN EN 1097–2),
- Frostbeständigkeit (DIN EN 1367-1),
- Rohdichte und Wasseraufnahme (DIN EN 1097-6).

Aus betontechnologischer Sicht sind auch die Anteile an spatigen Schichtsilikaten, besonders Glimmerminerale, sowie die Gehalte an Pyrit, Sulfat und Chlorid zu bestimmen (Huber et al. 2013; Posch et al. 2014). Weitere Parameter s. Mlinar et al. (2014). Für die Produktqualität von Frostschutz- und Tragschichtmaterial gelten die Vorgaben der ▶ Abschn. 2.5.5, 12.4.2 und 12.4.3).

Eine umfassende Übersicht über die rechtlichen Rahmenbedingungen und Verwertungsmöglichkeiten bieten Galler (2015) und die öbv-Richtlinie „Verwendung von Tunnelausbruch“ (2015).

17.2.7.2 Geogene oder vortriebsbedingte Verunreinigungen

Sofern das Ausbruchmaterial geogene oder vortriebsbedingte Verunreinigungen aufweist, ist jeweils zu prüfen, ob eine Gefährdung für Natur und Umwelt, insbesondere des Grundwassers, vorliegen kann. Im Rahmen des Genehmigungsverfahrens sind dann eine von der Verwertungsabsicht und dem jeweiligen Schutzgut abhängige Gefährdungsabschätzung und Vorschläge für Beweissicherungsmaßnahmen einzureichen (Haid und Hammer 2009).

Vortriebsbedingte Belastungen können vom Ausbruchmaterial sowie dem Tunnelabwasser und dem Schlamm der Absetzbecken ausgehen. Bei einem bergmännischen Vortrieb kann das Ausbruchmaterial sowohl durch Spritzbetonrückstände oder zementgebundene bzw. auch organische Injektionsmittel verunreinigt sein als auch durch nicht umgesetzte Sprengstoffreste (meist Ammonsalpeter (NH_4NO_3), woraus sich Ammoniak (NH_3) bzw. Nitrit (NO_2) oder Nitrat (NO_3) bilden können. In den Absätzen von Sprenggasen können auch geringe Mengen von CO, NO, NO_2 und NH_3 auftreten. Durch Umwandlungsprozesse können daraus Spuren von NO_3 entstehen. Die Schadstoffgehalte sind abhängig vom eingesetzten Sprengstoff (► Abschn. 17.7.1 und Marti und Delb 2001). Bei Eluatversuchen mit Ausbruchmaterial konnten folgende Stoffmengen ermittelt werden (Galler 2015):

Nitrat (NO_3):	6,0–15,0 g-N/t Ausbruch
Nitrit (NO_2):	1,0–2,4 g-N/t
Ammonium (NH_4):	0,2–3,3 g-N/t

Zementreste können eine Erhöhung des pH-Werts bewirken und auch Spuren von Chromat (Cr^{iv}) zur Folge haben. Bei der Verwendung von Injektionsharzen sind ggf. auch die organischen Summenparameter TOC („total organic carbon") und EOX (extrahierbare organisch gebundene Halogene) zu bestimmen (s. d. Posch et al. 2015). Eine Gefährdung der Umwelt und des Grundwassers ist daraus i. d. R. nicht zu besorgen.

Unabhängig davon ist das Aushubmaterial mit Betonresten von >5 % (Posch et al. 2015) bzw. 10 % (gem. ► Abschn. 12.5.1) bei der Deponierung nicht mehr als reines Aushubmaterial zu werten, sondern als „Boden mit Fremdmaterial".

Bei einem maschinellen Vortrieb können das Ausbruchmaterial und das Tunnelabwasser durch Reste von Ölen sowie durch die dem Stützmedium zugesetzten Konditionierungsstoffe (EPB- oder Slurry-Prinzip) verunreinigt sein. Bentonit und die für die Schäume verwendeten Tenside werden allerdings aus umwelttechnischer Sicht als günstig eingestuft (Haid und Hammer 2009). Im Zweifelsfall sind ebenfalls die o. g. Summenparameter zu bestimmen.

Das **Tunnelabwasser** kann außer der Aufhärtung durch den Spritzbeton (insb. pH-Wert, ► Abschn. 17.2.5.6) auch durch Sprenggase oder Abgase der Dieselmotoren bzw. durch Ölverluste von Maschinen und Fahrzeugen verunreinigt sein. Hohe pH-Werte, Nitrit oder Ammoniak wirken als Fischgift. Das Tunnelabwasser muss daher vor Einleitung in einen Vorfluter je nach Verschmutzungsgrad in einem Absetzbecken, einem Leichtflüssigkeitsabscheider und/oder einer Neutralisationsanlage gem. den wasserrechtlichen Auflagen vorbehandelt werden. Die Schadstoffe aus dem Tunnelabwasser konzentrieren sich im Schlamm der Absetzbecken und überschreiten hier oftmals die Richt- und Grenzwerte.

Die Untersuchung und Bewertung einer möglichen **geogenen Grundbelastung der Gesteine** erfolgen nach den Grundsätzen des BBodSchG bzw. der LAGA M 20 (► Abschn. 12.5). Da das anstehende Gebirge beim Ausbruch zerkleinert und der Einwirkung von Sauerstoff und z. T. auch Wasser ausgesetzt wird, sind zur Ermittlung der geogenen Belastung jeweils der Gesamtgehalt und die Anteile im Eluat zu bestimmen. Dabei können besonders einige geogen bedingte Inhaltsstoffe wie die in ► Abschn. 2.3.3 angeführten sulfidischen Mineralien oder aber Eisen, Mangan und Chlorid nicht nur betontechnologische Grenzwerte, sondern auch die Einstufungsparameter der LAGAM-20-Richtlinie (Z-Werte) bzw. die Werte der Deponieordnung überschreiten. Bei der Bewertung der Analysenergebnisse ist zu prüfen, ob eine Gefährdung der Natur oder der Umwelt auftreten kann. Gemäß Bundesbodenschutz- und Altlastenverordnung (BBodSchV 1999, § 4, Abs. 8) besteht keine schädliche Bodenveränderung, wenn die Schadstoffgehalte naturgegeben (geogen) sind und nicht in erheblichem Umfang freigesetzt werden können (s. Haid und Hammer 2009).

Besonders zu achten ist auf primär umwelt- oder gesundheitsgefährdende Minerale gem. ► Abschn. 17.2.1. Hier sind an erster Stelle **asbesthaltige Gesteine** zu nennen. Eine mögliche Asbestgefährdung ist zu beschreiben, wobei der Tunnel in asbestfreie und asbestgefährdete

Abschnitte zu unterteilen ist. Nötigenfalls ist ein sachkundiger Kristallinmineraloge beizuziehen. Asbest verhält sich zwar chemisch alert, seine Fasern können aber eingeatmet Asbestose bzw. Lungentumoren verursachen. Besonders gefährlich sind die faserartigen Silikatminerale der Amphibol- oder Hornblendegruppe wie Aktinolith, Amosit, Anthrophyllit, Krokydolith oder Tremolith. Dazu kommt das Serpentinasbestmineral Chrysitil (s. Brux 2007). Werden asbesthaltige Gesteine angefahren, so sind umfangreiche Sicherungsmaßnehmen sowohl für das im Tunnel arbeitende Personal als auch für die Anwohner zu veranlassen. Auch für die Deponierung derartiger (z. B. asbest- oder sulfidhaltiger) Gesteine sind besondere Maßnahmen erforderlich. Bei Asbestverdacht ist jeder Abschlag speziell auf solche Mineralfasern zu untersuchen, wobei schon beim Auftreten geringster Mengen entsprechende Kontrollmessungen der Tunnelluft und technische Schutzmaßnahmen zu treffen sind, allem voran eine Minimierung der Staubentwicklung (DAUB-Empfehlung 2007 und Brux (2007). Dissauer et al. (2009) und Teuscher und Aeschbach (2013) beschreiben die umfangreichen Sicherungsmaßnahmen bei Vortrieben in asbestfaserhaltigen Gesteinen.

17.2.8 Ermittlung geotechnischer Kennwerte

Die Ermittlung von Gebirgskennwerten ist Grundlage für die Einstufung der Homogenbereiche gem. DIN 18312 (▶Abschn. 3.3), für die Festlegung der Vortriebsklassen und den Umfang der Sicherungsmaßnahmen sowie für tunnelbautechnische Berechnungen und die Abschätzung der zu erwartenden Verformungen.

Seit Einführung der DIN 18 312:2015 ist der Umfang des Versuchsprogramms für geotechnische Kennwerte praktisch vorgegeben. Die Liste der Norm enthält folgende Angaben:

Für Böden:
- ortsübliche Bezeichnung
- Bodengruppe nach DIN 18 196
- Korngrößenverteilung mit Körnungsbändern nach DIN 18123 (▶ Abschn. 2.4.2)
- Massenanteil an Steinen und Blöcken nach DIN RN ISO 14 688-1 (▶ Abschn. 3.2.1 und 4.4.5)
- Dichte nach DIN EN ISO 17 892-2 oder DIN 18 125-2 (▶ Abschn. 2.4.3.1)
- undränierte Scherfestigkeit nach DIN 4094-4 oder DIN 18 136 (▶ Abschn. 2.8.4)
- Wassergehalt nach DIN RN ISO 17 892-1 (▶ Abschn. 2.4.1)
- Plastizitätszahl und Konsistenzzahl nach DIN 18 122-1 (▶ Abschn. 2.6)
- Lagerungsdichte nach DIN 19 126 (▶ Abschn. 2.5.2 und 4.4.6)
- Abrasivität (▶ Abschn. 17.2.9.1)

Für Vortriebe mit Schildmaschinen sind ergänzend anzugeben:
- organischer Anteil nach DIN 18 128 / ▶ Abschn. 2.3.2)
- Petrographie und Mineralogie der Steine und Blöcke (▶ Abschn. 3.4)
- Kohäsion nach DIN 18 137 und DIN 4094-4 (▶ Abschn. 2.8)
- Sensitivität nach DIN 4094-4 (▶ Abschn. 2.8.4)

Für Fels:
- ortsübliche Bezeichnung
- Benennung nach DIN EN ISO 14 689-1 (▶ Abschn. 3.4.1)
- Dichte nach DIN EN ISO 17 892-2 oder DIN 18 125-2 (▶ Abschn. 2.4.3.2)
- Verwitterungszustand und Veränderlichkeit nach DIN EN ISO 14 689-1 (▶ Abschn. 3.4.1.2, 3.4.2 und 17.2.9.2)
- einaxiale Gesteinsdruckfestigkeit (▶ Abschn. 2.7.10.2)
- Trennflächenrichtung und -abstand, Kluftkörperform sowie Öffnungsweite und Füllung der Klüfte (▶ Abschn. 3.4.3.2)
- Abrasivität (▶ Abschn. 17.2.9.1)

Umweltrelevante Inhaltsstoffe (▶ Abschn. 17.2.7.2) und auch künstliche Böden (Auffüllungen) sind zu beschreiben und bei der Einstufung in die Homogenbereiche zu berücksichtigen.

In der Normenliste fehlen allerdings einige wichtige Angaben:

- Scherfestigkeit (φ, *c*) sowohl für Lockergesteine als auch besonders für Festgesteine und für das Gebirge (▶ Abschn. 2.8.6)
- Verformungsverhalten von Lockergestein und Festgestein (▶ Abschn. 2.7.4 und 2.7.8)
- Durchlässigkeit von Lockergestein und Gebirge (▶ Abschn. 2.9.5)
- Sulfathaltige Gesteine (▶ Abschn. 2.3.3, 2.7.11.2, 17.5.2.2, und19.2.2.2)
- Quellverhalten von Tongesteinen (▶ Abschn. 2.7.11.1 und 17.5.2.2)

Ein weiterer Schritt ist die **Übertragung von Gesteinskennwerten auf Gebirgskennwerte**. Da Laborversuche an Bohrproben immer nur Gesteinskennwerte ergeben, die meist eine andere Größenordnung haben, als für das Gebirge angesetzt werden müssen, sind auch **Versuche an Großbohrkernen** und anderen Großproben sowie direkte Großscherversuche (▶ Abschn. 2.8.4) vorzusehen. Entscheidend für die Qualität der Ergebnisse sind dabei die Entnahme- und Versuchstechniken, besonders bei stärker zerklüfteten oder entfestigten Gesteinen.

Rechenwerte für die Festigkeit und Verformbarkeit des Gebirges können entweder durch Abminderung aus den maßgebenden Gesteinskenngrößen abgeleitet oder durch Versuche am Gebirge selbst ermittelt werden. Üblich ist eine Mischung beider Ansätze. Im Allgemeinen sind Gebirgskennziffern umso leichter anzugeben, je besser das Gestein ist. Je schlechter der Fels ist, desto schwieriger ist nicht nur die Probennahme, sondern umso fragwürdiger sind auch die Versuchsergebnisse. Je schwieriger die Gebirgsverhältnisse sind, desto wichtiger ist aber die Kenntnis zutreffender Gebirgsparameter. In solchen Fällen liefern In-situ-Versuche die zuverlässigsten Werte. Kennwerte, die versuchstechnisch nicht oder nur schwer bestimmbar sind, müssen aufgrund von Literaturangaben oder Erfahrungen an vergleichbaren Objekten abgeschätzt werden. Dabei muss man sich darüber im Klaren sein, dass gerade die ungünstigeren Kennwerte für die Standsicherheit entscheidend sind.

Die einzelnen Versuche zur Ermittlung der Gesteins- und Gebirgsfestigkeit sowie der Gebirgsverformbarkeit sind in den oben genannten Abschnitten beschrieben und die Ergebnisse diskutiert. Da Versagensfälle bei Mittelgebirgstunneln i. d. R. von Scherbrüchen auf vorgegebenen Trennflächen begleitet sind, ist die **Gebirgsfestigkeit im räumlichen Spannungszustand** i. Allg. durch die Gebirgsscherfestigkeit bestimmt. Sie ist in hohem Maße vom Einspannungszustand sowie vom Auftreten und von der Raumstellung von Schwächezonen abhängig. Je nach Überlagerungshöhe sind daher ggf. unterschiedliche Scherfestigkeitswerte anzusetzen. Bei tief liegenden Tunneln in Gebirgsarten von geringer Festigkeit sind dagegen vor allen Dingen die Festigkeits- und Verformungseigenschaften im triaxialen Spannungszustand maßgebend.

Charakteristische Gebirgskennwerte werden als Erwartungswerte mit den zu erwartenden Streuungen sowie als abgeminderte untere Grenzwerte angegeben (▶ Abschn. 5.2), wobei ggf. auch der Einfluss des Grundwassers und einer etwaigen voreilenden Wasserhaltung anzusprechen sind. Dabei ist zu beachten, dass Porenwasserdrücke bei konventionellen Vortrieben im Nahbereich des Tunnels erfahrungsgemäß bereits vorauseilend weitgehend abgebaut werden.

In einem **Probevortrieb**, ggf. mit Aufweitung bis zur vollen Profilgröße, können nicht nur In-situ-Versuche durchgeführt und Großproben entnommen werden, sondern mittels Nivellement- und Konvergenzmessungen, Extensometern und Druckmessdosen auch das tatsächliche Gebirgsverhalten ermittelt und mit den Ergebnissen der bisherigen geotechnischen Kennwerte und Berechnungen verglichen werden (Pilgerstorfer et al. 2011).

17.2.9 Lösbarkeit, Erweichbarkeit, Verklebungspotenzial

Mit Einführung der Homogenbereiche nach DIN 18 312 werden die Faktoren, von denen das Verhalten des Gebirges beim Lösen abhängt, in Form einer technologischen Gesteins- und

Gebirgsbeschreibung und der maßgebenden Kennwerte mitgeteilt. Die Ergebnisse sind dabei so zu spezifizieren, dass sowohl konventioneller als auch maschineller Vortrieb ausgeführt werden kann. Das Untersuchungsprogramm muss sowohl die harten und veränderlich festen Festgesteine als auch die Lockergesteine erfassen und Versuche in ausreichender Zahl vorsehen, damit sowohl Minimal- und Maximalwerte angegeben werden können. Auch das vortriebsbedingte zeit- und wassereinflussabhängige (veränderliche) Verhalten des Gebirges sollte angesprochen werden. Zu den veränderlich festen Gesteinen zählen vor allem Ton-, Schluff- und Mergelsteine sowie entfestigte oder tonige Sandsteine (▶ Abschn. 3.4.1.2).

Bei der Bewertung des Veränderungspotenzials der Gesteine ist immer auch auf Anzeichen für mehr oder weniger kurzzeitige Zerfallserscheinungen an Hartgesteinen gem. ▶ Abschn. 3.4.2 zu achten, die in wenigen Tagen bis Wochen zu Festigkeitsverlusten des Gesteins an den Hohlraumwandungen und zu Abplatzungen des Spritzbetons führen können.

Bei maschinellen Vortrieben ist das Gestein vom Abbauvorgang durch das Schneidrad bis hin zum Abwurf vom Förderband und der Deponierung verschiedenen Beanspruchungen ausgesetzt (Handke et al. 2011). Dabei geht es im Wesentlichen um die Lösbarkeit, den Verschleiß, die Abrasivität, die Zerfalls- bzw. Verbreibarkeit und die Klebrigkeit der verschiedenen Gesteinsarten.

17.2.9.1 Mechanische Lösbarkeit

Die mechanische Lösbarkeit des Gebirges hängt ab vom Festigkeitsverhalten, d. h. von dem Widerstand, den das Gestein dem Herauslösen aus dem Gebirgsverband entgegensetzt (Leistungskriterium bzw. Bohr- oder Fräsfortschritt), von der Abrasivität, die sich vor allen Dingen auf die Standzeiten der Bohr- und Schneidwerkzeuge auswirkt (Materialverschleißkriterium), und vom Trennflächengefüge.

Unter **Verschleiß** versteht man nach DIN 50 320 den fortschreitenden Materialverlust an der Oberfläche eines Werkzeugs durch mechanische Ursachen. Auf die Bohrbarkeit oder Lösbarkeit des Gebirges übertragen, bedeutet dies in erster Linie die Standzeit der Bohr- bzw. Schneidwerkzeuge. Der Verschleißvorgang und damit der Bohrfortschritt werden durch folgende Faktoren beeinflusst:

- Gesteinsart, Mineralbestand, Verwitterungsgrad, Härte, Quarzgehalt bzw. Gehalt an verschleißscharfen Mineralen (Abrasivität)
- Struktur und Textur des Mikrogefüges (Anisotropie), Korngröße, Kornform, Kristallentwicklung, Verzahnung des Kornverbandes
- Bindemittel (Kornbindung) und sein Raumausfüllungsgrad
- Gesteinsdruckfestigkeit
- Elastizitätseigenschaften, d. h. das Verhältnis von Druck- zu Zugfestigkeit (Sprödigkeit, Zähigkeit)
- Gesteinswechsel (hart, weich), Anisotropie
- Trennflächengefüge, Kluftabstand und -ausbildung (Öffnungsweite, Kluftfüllung)
- Primärspannungszustand
- Wasserempfindlichkeit und Anteil quellfähiger Tonminerale
- Erweichbarkeit, Verklebungspotenzial

Obwohl der Sprengvortrieb hinsichtlich der **Bohrbarkeit** recht anpassungsfähig ist, bedeuten die Angaben über die Bohrbarkeit auch hier einen maßgeblichen Beitrag zur Kalkulation, da die Vortriebsleistung wesentlich von der Bohrleistung und dem Verschleiß der Bohrgeräte abhängt. Bei harten Gesteinen mit hohen Quarzgehalten kommt es bei konventionellen Vortrieben zu einer verstärkten Abnutzung der Hartmetallstifte von Stiftbohrkronen. Der Einfluss des Trennflächengefüges ist aus ◘ Abb. 17.18 ersichtlich. Bei starker Gebirgszerlegung (Trennflächenabstand ≤ Bohrlochdurchmesser) besteht die Gefahr, dass die Bohrlöcher instabil werden. Auch bei weniger harten Gesteinen wird durch quarzhaltigen Bohrschmant der Kronendurchmesser abgeschliffen. In Konglomeraten können harte Gerölle zu Verklemmungen der Bohrkronen und damit zu Leistungsminderungen bis hin zu einem Gestängebruch führen (Thuro 1993b; Thuro und Plinninger

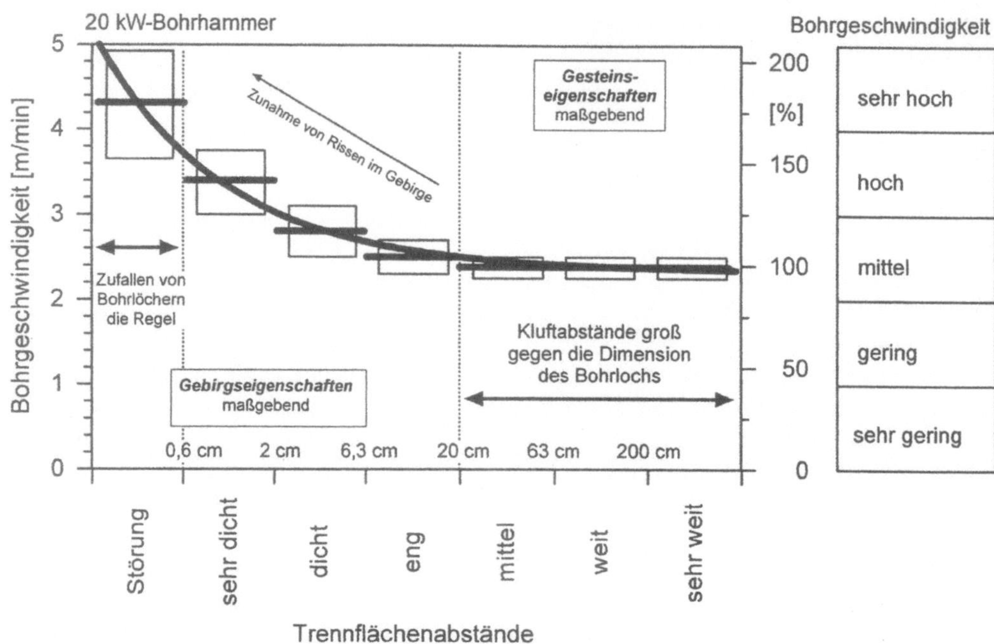

Abb. 17.18 Einfluss des Trennflächengefüges auf die Bohrgeschwindigkeit eines 20-kW-Bohrhammers (nach Plinninger et al. 2011)

1997). Maschinelle Vortriebe sind hinsichtlich der Leistung ihrer Schneidwerkzeuge bzw. Vortriebsgeschwindigkeit noch stärker von den aufgeführten Verschleißfaktoren betroffen (► Abschn. 17.6.4.1 und 17.6.4.1).

Nachstehend werden die wichtigsten Faktoren einzeln angesprochen:

Der **Mineralbestand**, das Mikrogefüge und das Bindemittel werden im Dünnschliff ermittelt und ihre Verschleißschärfe nach der Mineralhärte eingestuft. Als hart und verschleißscharf gelten Minerale, die härter sind als Stahl (Härte >5). Dazu gehören außer Quarz frische Feldspäte (Plagioklas, Orthoklas, Mikroklin), Albit, Augit, Hornblende, Olivin, Granat, Epidot, Magnetit, Hämatit und Pyrit. Die Volumenprozente dieser als verschleißscharf geltenden Minerale werden mit einem Faktor analog ihrer Härte nach Rosiwal multipliziert (Tab. 3.3) und ergeben den sog. **äquivalenten Quarzgehalt (ÄQu).** Bei hohen Quarzgehalten und dem zusätzlichen Auftreten von Mineralen härter als Quarz, z. B. Korund, kann ein ÄQu über 100 % auftreten.

Die einaxiale **Gesteinsdruckfestigkeit** ist vom Mineralbestand, dem Mikrogefüge und der Kornbindung abhängig. Eine Klassifikation der Gesteine nach der Druckfestigkeit ist zwar kein alleiniger Maßstab für die Schneidbarkeit von Gesteinen, doch gibt es verschiedene Korrelationen der Gesteinsdruckfestigkeit mit der Standzeit der Bohrkronen und der Bohrgeschwindigkeit sowie auch mit dem Schneidwerkzeugverschleiß. Die Bohrgeschwindigkeit und Standzeit sind außerdem vom Mikrogefüge (vernetzte Gefüge mit hoher Verzahnung) und damit auch von den Elastizitätseigenschaften der Gesteine abhängig. Bei den Elastizitätseigenschaften wird hierbei meist das Verhältnis q_u/q_z gem. ► Abschn. 2.7.8 verwendet. Bei mittleren und hohen Druckfestigkeiten führt eine hohe Verformbarkeit (Zähigkeit) zu einem Abfall der Bohrgeschwindigkeit.

Ein ganz wesentlicher Faktor für den Werkzeugverschleiß ist die **Abrasivität der Gesteine**. Sie bedingt nicht nur den Werkzeugverschleiß, sondern beeinflusst die gesamte Bohrleistung (abgestumpfte Schneidwerkzeuge,

Werkzeugwechsel) und damit die Vortriebskosten. Die wesentlichen Einflussfaktoren für die Abrasivität sind die mineralogisch-petrographische Zusammensetzung des Gesteins sowie die aufgelisteten geotechnischen Kennwerte. Dies gilt nicht nur für Festgesteine, sondern auch für grobkörnige Lockergesteine, die ebenfalls einen merkbaren Einfluss auf den Verschleiß der Abbauwerkzeuge haben können. Auch Gesteine geringerer Druckfestigkeit können bei einem hohen Anteil verschleißscharfer Minerale unter Wassereinfluss eine Art Schleifpaste bilden, die einen hohen Verschleiß der Abbauwerkzeuge bewirkt.

Für eine erste Einschätzung der Schneidleistung von Vortriebsmaschinen werden häufig diese geotechnisch-mineralogischen Methoden mit den klassischen Parametern wie Gesteinsdruckfestigkeit, Spaltzugfestigkeit, Mineralkorngröße und äquivalentem Quarzgehalt (ÄQu) herangezogen. Häufig anzutreffen ist hier der Abrasivitätsbeiwert nach Schimazek & Knatz (1976)

$$F_{SCHIM} = \frac{d \times v \times q_z}{100},$$

wobei

d [mm] = mittlerer Korndurchmesser des Quarzanteils,

v [%] = Vol.-% an Hartmineralen, bezogen auf Quarz (◘ Tab. 3.3),

q_z [MPa] = Spaltzugfestigkeit (► Abschn. 2.7.8).

Eine einfache Beziehung ist auch der sog. **Rock Abrasivity Index** (RAI) als Produkt der einaxialen Gesteinsdruckfestigkeit mit dem äquivalenten Quarzgehalt:

$$RAI = \frac{v \times q_u}{100}$$

Dabei gilt:

v = Vol.-% an Hartmineralen, bezogen auf Quarz (ÄQu),

q_u = einaxiale Gesteinsdruckfestigkeit (MN/m^2).

Der 2002 eingeführte RAI-Wert findet insbesondere Verwendung als Kennwert für den Verschleiß von Bohrwerkzeugen bei Sprengvortrieben und auch bei Großbohrpfählen. Außer der allgemeinen Einstufung nach ◘ Tab. 17.1 bringt Plinninger (2010) Vergleichsdiagramme mit dem Cerchar-Abrasivitäts-Index (CAI) sowie mit der Standlänge von Stiftbohrkronen (m/Krone). Diese betragen für schwach abrasive Gesteine 1000–1500 m und für abrasive Gesteine 500–1000 m.

◘ Tab. 17.1 Einstufung der Abrasivität nach dem Abrasivitätsbeiwert von Schimazek und Knatz (1976) bzw. dem RAI-Index (aus Plinninger 2010)

F_{SCHIM}	RAI-Index	Abrasivitätsbeurteilung
<0,01	<10	nicht abrasiv
0,01–0,1		wenig abrasiv
0,1–0,5	10–30	durchschnittlich abrasiv
0,5–1,5	30–60	abrasiv
1,5–3,0	60–120	sehr abrasiv
>3,0	>120	hoch bis extrem abrasiv

Für die weitergehende Abschätzung des Verschleißes bei **Festgesteinen** sind seit den 1970er-Jahren verschiedene empirische Testverfahren mit Prüfstiften entwickelt worden (Holzhäuser und Nilsen 2006; Plinninger 2008; Plinninger und Restner 2008; Beckhaus und Thuro 2008; Thuro und Käsling ; Köhler et al. 2011; Galler et al. 2014), die alle den Charakter von Indexversuchen haben. Die DIN 18 312 greift in ihrer Kennwertliste dazu auf die französische NF P 18–579 zurück. Am häufigsten kommt in Mitteleuropa der an Handstücken vorgenommene CAI- bzw. **Cerchar-Abrasivitäts-Test** nach NF 94–430-2 zur Anwendung. Der Cerchar-Test ist ein Kratztest, bei dem ein Prüfstift bei konstanter Auflast über 10 mm einer bruchrauen Gesteinsoberfläche bewegt und seine kegelstumpfförmige Abnutzung (Mittelwert von 2–5 Einzelversuchen) ausgewertet wird (◘ Abb. 17.19 und Maidl et al. 2001; Plinninger et al. 2002, 2005 und Empfehlung Nr. 23 des AK Versuchstechnik Fels).

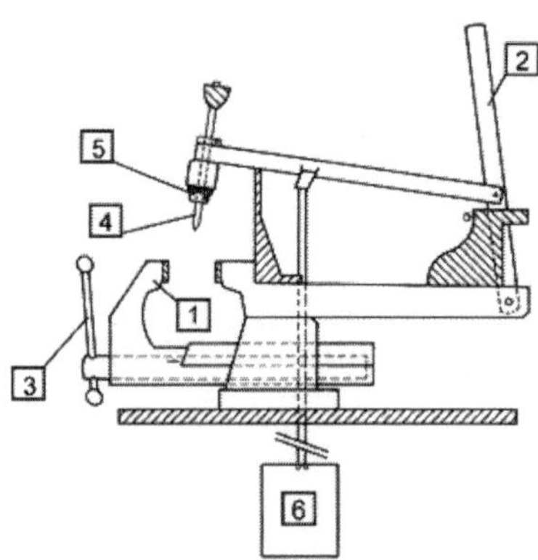

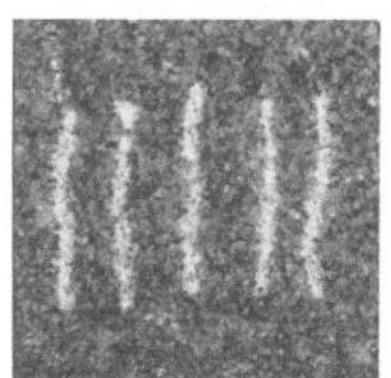

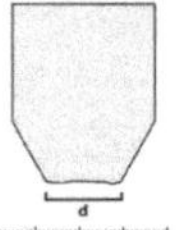

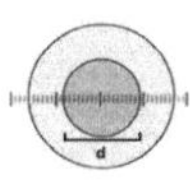

Abb. 17.19 Prinzip des Cerchar-Gerätes, die entsprechenden Ritzspuren und Ablesen der Prüfstiftabnutzung

Tab. 17.2 Bewertung der Abrasivität von Gesteinen

Abrasivität	Festgestein (Beispiele)
extrem abrasiv	sehr quarzreiche, grobkörnige (mit Netzgefüge) Granite; grobkörnige, granatführende Gneise; Quarzite; grobkörnige Granitgneise; Gneise; grobkörnige Granite
stark abrasiv	Gleichkörnige, mittelkörnige Granite; feinkörnige Granitgneise; Konglomerate
abrasiv	Granodiorite; feinkörnige bis schlierige Granite; wenig grob- bzw. ungleichkörnige Granite
schwach abrasiv	Graniotporphyre, Rhiolite, Quarzporphyre; feinkörnige Basite, Gabbros, Norite, Diorite; Schiefer, Fruchtschiefer, Sandsteine (quarzitisch)
sehr schwach abrasiv	Sandsteine, Tuffe, Pikrite, Basalte, Labradorite, Larwikite; Dolomitmarmore, unreine silikatische Kalksteine und Marmore
extrem schwach abrasiv	Kalzitmarmore, Hartkalksteine, Muschelkalke, Travertite, oolithische Kalke etc.

2009a International werden anstelle dieser überwiegend in Zentraleuropa eingesetzten Abrasionstests bei Hartgesteinen bevorzugt der **Drilling-Rate-Index™** (DRI) oder der **Cutter-Life-Index™** (CLI) zur Vorhersage von der Vortriebsleistung und dem Diskenverschleiß verwendet. Holzhäuser und Stemle (2010) beschreiben weitere Abrasivitätstests (z. B. Vickers-Test und NTNW-Test).

Die **Abrasivität von Lockergesteinen** ist bis heute nicht einheitlich geregelt oder normiert. Holzhäuser und Nilsen (2006), Thuro et al. (2006b), Beckhaus und Thuro (2008), Holzhäuser und Stemle (2010), Düllmann et al. (2014) und Galler et al. (2014) beschreiben verschiedene Ableitungen auf der Basis üblicher Materialkennwerte oder einfacher Indexversuche in sog. Verschleißtöpfen. Im deutschsprachigen

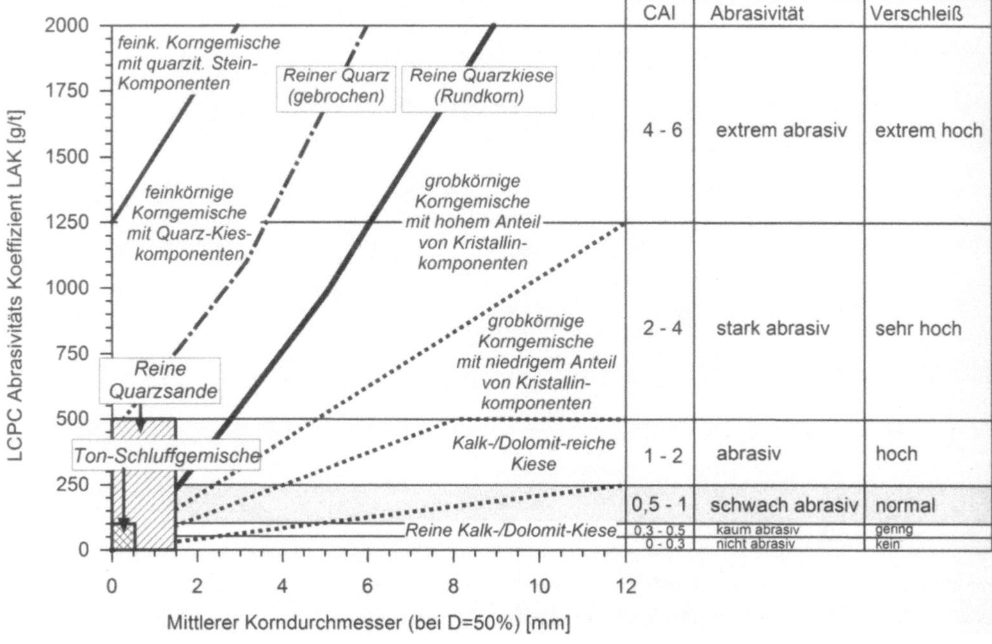

Abb. 17.20 Klassifikationsdiagramm für die Abrasivität von Lockergesteinen (nach Thuro und Käsling 2009a)

Raum ist vor allem der LCPC-Test verbreitet, für den eine französische Prüfnorm vorliegt (s. a. Kennwertliste der DIN 18 312). Der **LCPC-Abrasionskoeffizient** bzw. der sog. A_{BR}-Wert entspricht dem Massenverlust eines rotierenden Metallflügels (50 × 25 × 5 mm) in einem Behälter mit 500 g ofengetrockneten Materials der Körnung 4–6,3 mm. Feineres Korn wird abgesiebt. Gröberes Korn wird gebrochen und anteilig wieder zugegeben. Der Gewichtsverlust des Metallflügels nach 5 Minuten Rotation wird mit dem Faktor 2000 multipliziert, was den LCPC-Abrasionskoeffizienten A_{BR} (in g/t) ergibt (Abb. 17.20). Starken Einfluss auf die Versuchsergebnisse hat die Stahlqualität, deren Festlegung von 1990 in Frankreich nicht mehr der heutigen Stahlnormung entspricht (Küpferle et al. 2015).

Der LCPC-Versuch mit Lockergesteinen weist mehrere Mängel auf. Das auf die Korngröße 4–6,3 mm beschränkte Probenmaterial soll zwar möglichst repräsentativ sein, wobei aber das Feinmaterial <4 mm abgesiebt und der Grobkiesanteil ab 6,3 mm gebrochen wird. Mit zunehmendem Feinkornanteil wird aber ein Boden kohäsiv, wobei das Herauslösen grober Kornanteile aus der Matrix den Verschleiß erhöht. Andererseits verstärken die scharfen Kanten des gebrochenen Grobkorns die Abrasivität (s. Köhler et al. 2011, 2012). Auch die Lagerungsdichte bleibt unberücksichtigt.

Thuro und Käsling (2009a) bringen Korrelationen von CAI-Index/ÄQu sowie LAK-Wert/CAI-Index und eine entsprechende Klassifikationstabelle (Tab. 17.3).

Analog zur Bestimmung des RAI-Tests bringen Köppl und Thuro (2013) einen **Soil-Abrasitiveness-Index (SAI)** für Lockergesteine:

$$\mathrm{SAI} = \left(\mathrm{ÄQu}/100\right)^2 \times \tau_c \times d_{60}$$

wobei
SAI = Soil-Abrasitiveness-Index,
ÄQu = äquivalenter Quarzgehalt in%,
τ_c = Scherfestigkeit in kN/m² ($\tau_c = c' + \sigma_{ü} \times \tan \varphi'$),
d_{60} = Korngröße bei 60 %-Anteil in mm.

Weitere Indexversuche, die ggf. zur Ermittlung der Verschleißfestigkeit von Abbauwerkzeugen

Tab. 17.3 Klassifikation der CAI-Werte und der LCPC-Abrasivitätskoeffizienten LAK für verschiedene Gesteinsarten (nach Beckhaus und Thuro 2008)

LAK[g/t]	CAI[0,1 mm]	Abrasivitäts-bezeichnung	Beispiele für Festgesteine
50–100	0,3–0,5	kaum abrasiv	Ton-Schluffstein, Mergel
100–250	0,5–1,0	schwach abrasiv	Tonschiefer, Sandstein (feinkörnig, schwach tonig gebunden), Kalkstein bzw. Dolomitstein (karbonatisch gebunden)
250–500	1,0–2,0	abrasiv	verkieselter Kalk- bzw. Dolomitstein, Sandstein, Phyllit
500–1250	2,0–4,0	stark abrasiv (sehr abrasiv)	Quarzsandstein, Porphyr, Andesit, Basalt, Granit
1250–2000	4,0–6,0	extrem abrasiv	(Gang-)Quarz, Quarzit, Granit, Diorit, Syenit, Gneis, Eklogit, Amphibolit

herangezogen werden können, bringen Heibaum und Warnecke (2012), Düllmann et al. 2014 und Galler et al. (2014).

Zusammenfassend sind für die Planung eines Maschinenvortriebs in Lockergesteinen folgende Faktoren maßgebend:
- Materialzusammensetzung, insb. äquivalenter Quarzgehalt der verschleißscharfen Minerale,
- Korngröße, Kornverteilung, Rundungsgrad,
- Lagerungsdichte bzw. Konsistenz, Scherfestigkeit, verfestigte Lagen,
- LCPC-Wert.

Grundsätzlich gilt: Die Abrasivität nimmt mit dem Anteil verschleißscharfer Minerale und der Korngröße zu, und weniger gerundete Komponenten weisen einen höheren Verschleiß auf. Wasser wirkt sich i. Allg. günstig auf den Verschleiß aus. Insgesamt sind aber die bisherigen Indexversuche zur Abrasivitätsbewertung von Lockergesteinen wenig überzeugend (s. Köhler et al. 2011; Gwildis et al. 2011; Düllmann et al. 2014). Verschleißprognosen für Schildvortriebe in Lockergesteinen werden daher häufig allein nach der Erfahrung getroffen:
- Quarz- und kristallinreiche Kiese sind sehr hoch bis extrem hoch abrasiv.
- Lineare Zunahme des Verschleißes mit der Korngröße, d. h. ein hoher Anteil an Grobkies oder Steinen, erhöht die Abrasivität.
- Karbonatreiche Kiese sind kaum bis schwach abrasiv.
- Sande, Schluffe und Tone gelten als nicht bis kaum abrasiv.

Für Standzeitprognosen der Vortriebwerkzeuge scheint gem. Düllmann et al. (2014) der Abbauwiderstand, ausgedrückt durch die Lagerungsdichte bzw. Konsistenz und Scherfestigkeit des Bodens an der Ortsbrust, ein ausschlaggebender Faktor zu sein.

Köhler et al. (2012) und Düllmann et al. (2014) demonstrieren außerdem an gut dokumentierten Vortrieben in wassergesättigten Sanden und Kiesen sowie lagenweise schluffig-tonigen Schwemmfächerablagerungen eine deutliche Abhängigkeit von den Maschinenparametern Anpresskraft, Drehmoment und Suspensionsdichte der Stützflüssigkeit.

17.2.9.2 Zerfallsbeständigkeit, Erweichbarkeit

Bei der Beurteilung der Lösbarkeit bzw. Gewinnbarkeit eines Gebirges sind auch seine Erweichbarkeit und seine **Zerfallsbeständigkeit** bzw. die Verbreibarkeit der Gesteine bei Kontakt mit

Wasser und bei der mechanischen Förderung zu berücksichtigen. Betroffen sind davon sowohl Ton- und Mergelsteine als auch viele Sandsteine. Das Ausmaß der Empfindlichkeit hängt ab von der Korngrößenverteilung, der mineralogischen Zusammensetzung (Anteil und Art der Tonminerale, Kalkgehalt, Quarzgehalt), dem Anteil an feindisperser organischer Substanz, dem Verwitterungsgrad und vor allen Dingen der Kornbindung (kieselig, karbonatisch, tonig-ferritisch, tonig).

Als Maßstab dafür wird i. d. R. der Wasserlagerungsversuch nach DIN 4022 herangezogen (▶ Abschn. 3.4.1). Der Arbeitskreis „Versuchstechnik Fels" empfiehlt zur Ermittlung der Zerfallsbeständigkeit in Anlehnung an den Slake-Durability-Test der ISRM den **Siebtrommelversuch** (Herzel 2002 bzw. Empfehlung Nr. 20 des AK Versuchstechnik Fels). Dabei wird eine vorgetrocknete Gesteinsprobe bis zu 6-mal einer 10-minütigen Rotation in einer halb im Wasser liegenden Siebtrommel mit 2 mm Maschenweite ausgesetzt und der Massenverlust ermittelt. Außerdem wird visuell die Änderung der Gesteinsproben festgestellt. Aus dem Massenverlust nach dem 2. Zyklus wird der **Zerfallsbeständigkeitsindex** I_d (auch Slake-Durability-Index genannt) ermittelt. Ein Index von 100 % bedeutet ein beständiges, nicht zerfallendes Gestein ohne jeglichen Siebdurchgang, wohingegen ein Wert von 0 % völligen Zerfall und vollständigen Siebdurchgang bedeutet. Auch einige von Natur aus halbfeste bis feste Mergelsteine mit einem Kalkgehalt von bis zu 80 % (s. Putz-Perrier et al. 2014) und mürbe bis feste Sandsteine sowie Wechselfolgen von Sandsteinen und Tonsteinen führen bei mechanischer Beanspruchung und Wassereinfluss rasch zu einer Aufweichung und Verbreiung. Allgemein gelten Sandsteine mit Druckfestigkeiten von q_u <30 MN/m^2 als stark wasserempfindlich und solche mit q_u = 30–60 MN/m^2 als noch deutlich anfällig (▶ Abschn. 12.4.1).

Bei Erddruckschilden, bei denen die Stützung der Ortsbrust durch einen Erdbrei erfolgt (▶ Abschn. 17.6.4.1), sind hingegen gute Zerfallseigenschaften und eine hohe Erweichbarkeit, welche die Verbreiung in der Abbaukammer begünstigen, von Vorteil. Bei Erddruckschilden hat der Erdbrei breiige bis weiche Konsistenz (I_c = 0,4–0,75) und liegt damit von vornherein im kritischen Konsistenzbereich für Verklebungen. Die Ermittlung der **Verbreiungsanfälligkeit von Gesteinen** bei Wassereinwirkung sowie mechanischer und hydraulischer Beanspruchung erfolgt i. d. R. ebenfalls über den Siebtrommelversuch. In der Literatur werden weitere Laborversuche zur Ermittlung der Zerfallseigenschaften von Tonsteinen diskutiert (Wittke et al. 2004a; Gattermann und Kiehl 2004; Wittke und Wittke-Gattermann 2006 und Wittke-Schmitt und Schmitt 2010). Baumgärtel et al. (2012) schlagen als Ergänzung der oben genannten Tests zwei weitere Rotationstrommelversuche vor, einen sog. hydraulischen Zerfallsindexversuch, der etwa dem o. g. Siebtrommelversuch entspricht, sowie einen Radreifenversuch.

Außer der Erweichbarkeit toniger Halbfestgesteine bei Wassereinwirkung ist ggf. auch der umgekehrte Vorgang zu prüfen, nämlich die **Verhärtung toniger Aushubmassen** (z. B. einige tertiäre Tone) bei Zwischenlagerung unter trockenen Bedingungen zu großen, harten, zusammengebackenen Brocken.

17.2.9.3 Verklebungspotenzial

Bei Schildvortrieben neigen feinkörnige, tonige Gesteine bei Wassereinfluss zur Freisetzung von Feinkorn (Schlammbildung) und zum Verkleben. Dies betrifft nicht nur schluffig-tonige Lockergesteine, sondern auch Halbfest- und Festgesteine. Auch Wechselfolgen von Tonstein mit Sandstein- oder Kalksteinbänken, die selbst nicht zum Verkleben neigen, zeigen oft eine mehr oder weniger deutliche Verklebungstendenz.

Als **Verkleben** bezeichnet man das Anhaften (Adhäsion) von tonigem Material an Maschinenteilen. Verklebungen entstehen zwischen der Ortsbrust und dem Schneidrad, am Schneidrad, in der Abbaukammer und durch Klumpenbildung beim Materialaustrag (s. Weh et al. 2009; Hollmann et al. 2014 und ▶ Abschn. 17.6.4.1).

Das Verklebungsverhalten eines Tongesteins wird heute allgemein über die Adhäsionsspannungen beschrieben (▶ Abschn. 2.8.1). Die

Adhäsivitäts- bzw. Verklebungsneigung **toniger Lockergesteine** unter Wassereinfluss ist abhängig von der Kornzusammensetzung, der Plastizität, der Konsistenz und der Wasseraufnahmefähigkeit. Besonders anfällig sind Tone mit Plastizitätszahlen <20 und weicher bis steifer Konsistenz (Galli und Thewes 2014, s. a. ▪ Abb. 17.21).

Neben den Plastizitätseigenschaften sind auch der Anteil und die Art der Tonminerale maßgebend. Außer den quellfähigen Tonmineralen können nach neueren Erfahrungen aber auch illitische und selbst kaolinitische Tone ohne quellfähige Mineralanteile zu Verklebungen führen (Hollmann und Thewes 2011a; Burbaum et al. 2011; Fernandez-Steeger und Feinendegen 2013).

Das Diagramm in ▪ Abb. 17.21 bezieht sich auf die Konsistenz natürlicher Böden. Durch den systembedingten Wasserkontakt werden die beim Abbau abgeschälten Tonchips aufgeweicht und in weiche, stark klebende Konsistenz übergeführt. Hollmann und Thewes (2012) bringen weiterführende Diagramme, bei denen besonders die bei Hydroschildvortrieben unvermeidbaren Wassergehaltszunahmen des abgebauten Materials berücksichtigt werden. Bei breiiger Konsistenz nimmt das Verklebungspotenzial wieder ab (s. a. Feinendegen et al. 2010).

Die maßgebenden Einflussfaktoren sind danach:

- gut abgestufte Kornverteilung im Schluffbereich (<0,063) mit einem Tonanteil ≥30–60 % und einem Sandgehalt <10 %,
- Smektitanteile >40 % und
- hohe Plastizität.

Ein neu entwickelter Laborversuch für die Ermittlung des Verklebungspotenzials ist der Konuszugversuch (► Abschn. 2.8.1). Burbaum et al. (2011) leiten die Verklebungsneigung eines Tonbodens aus den Ergebnissen von Adhäsionsversuchen ab. Danach weisen Tone mit einer Adhäsionsspannung von >5 kN/m^2 ein erhöhtes Verklebungspotenzial auf.

Bei tonigen **Halbfest- und Festgesteinen** können die für Lockergesteine maßgebenden Kennwerte (Kornverteilung, Plastizitäts- und Konsistenzzahl) nicht ermittelt werden. Die Erfahrung und ein aktualisiertes Verklebungsdiagramm von Thewes zeigen jedoch, dass auch bei halbfesten bis festen Tonen Verklebungen zu erwarten sind. Der Zerfall des Gesteins und die kleinen Abbauchips zerlegen das Gestein in mehr oder weniger tonige Zerfallsprodukte, die wie ein Lockergestein reagieren.

Die Zerfallsneigung der Festgesteine wird i. d. R. über den Siebtrommelversuch (► Abschn. 17.2.9.2) ermittelt. Der Zerfallsbeständigkeitsindex I_d allein reicht jedoch nach Hollmann et al. (2013) und Thewes und Hollmann (2014) nicht aus, um die Verklebungsneigung toniger Halbfest- und Festgesteine zuverlässig anzuzeigen. Die Autoren schlagen vor, von den Zerfallsprodukten, d. h. dem Siebtrommelrückstand und -durchgang, jeweils die Fließ- und Ausrollgrenzen zu bestimmen und eine Sieb- und Schlämmanalyse vorzunehmen. Tonbröckchen müssen dabei im Bedarfsfall mechanisch zerkleinert werden. Um diesen Vorgaben zu entsprechen, muss beim Siebtrommelversuch auf die Trocknung der Proben verzichtet werden.

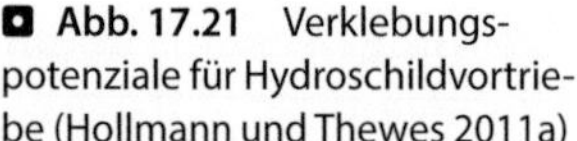

▪ **Abb. 17.21** Verklebungspotenziale für Hydroschildvortriebe (Hollmann und Thewes 2011a)

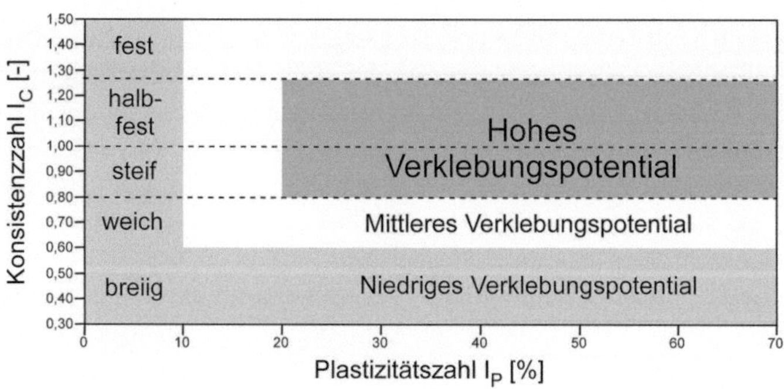

Ist weder vom Siebtrommelrückstand noch vom -durchgang eine Bestimmung der Zustandsgrenzen möglich, so ist von einem Festgesteinscharakter auszugehen.

Zur Bewertung der Verklebungstendenz werden die bei diesen Versuchen ermittelte Plastizitätszahl ($I_p = w_l - w_p$) und der Anteil an „bindigen Boden" gem. Thewes und Hollmann (2014) in einem entsprechenden Diagramm der Autoren ausgewertet. Allgemein gilt: Je höher der Feinkornanteil der Körnungslinien ist und je höher die Plastizitätszahlen sind, umso kritischer sind die Zerfallsprodukte im Hinblick auf Verklebungen zu werten.

17.3 Gebirgsklassifizierung für konventionelle Vortriebe

Gebirgsklassifizierungen bilden im Hohlraumbau seit Jahrzehnten die Grundlage für die Ausschreibung, die Kalkulation und die Abrechnung der Ausbruchs- und der Sicherungsarbeiten. Grundlage der klassischen Klassifizierungssysteme in Europa waren und sind dabei weniger bestimmte Kennwerte als das Gebirgsverhalten während und nach dem Ausbruch, das vereinfacht als Standfestigkeit bezeichnet wird. Lauffer (1958) und Pacher et al. (1974) haben danach auf der Grundlage der althergebrachten vier Gebirgsklassen (standfest, nachbrüchig, gebräch und druckhaft) eine Gebirgsklassifizierung für den Tunnelbau erstellt, die viele Jahre lang verwendet worden ist.

In den 1970er-Jahren bestanden international zwei Systeme:

- eine beschreibende (qualitative) Gebirgsklassifizierung, wie sie in Deutschland, Österreich und der Schweiz angewendet wird, und
- eine quantitative, zahlenorientierte Gebirgsklassifizierung auf der Basis zahlreicher Gesteins- und Gebirgskennwerte (Bieniawski 1973/1976; Barton et al. 1974/1994) bzw. allein nach der Gebirgsbeschaffenheit (Hoek 1999).

17.3.1 Qualitative Gebirgsklassifizierung

Mit den alten qualitativen Klassifizierungssystemen wurde das Gebirge anhand einer Kurzbeschreibung bzw. bestimmter geotechnischer Eigenschaften und Parameter empirisch eingeordnet und bewertet. Auch nach DIN 18 312: 2015 wird das Gebirge jetzt wieder nach seiner Ausbildung und anhand verschiedener Eigenschaften und Kennwerte in **Homogenbereiche** eingestuft. Die betreffenden Eigenschaften und Kennwerte sind in einer Liste der DIN 18 312 vorgegeben (► Abschn. 17.2.8). Die Homogenbereiche sollen zwar verständlich und nachvollziehbar sein, eine ausführliche Gebirgsbeschreibung ist aber nicht gefordert.

Die Homogenbereiche sind jetzt Grundlage für die Einteilung des Gebirges in **Vortriebsklassen** und die Art und den Umfang der Sicherungsmaßnahmen. Nach der Definition der einzelnen Vortriebsklassen gem. DIN 18 312 (◘ Tab. 17.4) sind aber die entscheidenden Merkmale letztlich nicht die Gebirgseigenschaften und Kennwerte, sondern die Art des Einbringens der Sicherungsmittel und ggf. eine notwendige Unterteilung des Querschnitts.

Außer der Einteilung in Gebirgsklassen und Unterklassen (4A, 5A, 6A und 7A) können projektbezogen weitere Kennbuchstaben wie K für die Notwendigkeit einer Kalottensohle oder PF für etwaige Kalottenfußpfähle verwendet werden (► Abschn. 17.8.1). Teilweise findet man auch Zahlenangaben für die vorgesehene Abschlaglänge (z. B. 7U-1).

Die einzelnen Sicherungsmittel sind:

- Spritzbetonschale
- Ausbaubögen
- Anker
- vorauseilende Sicherung (Spieße, Rohrschirm),
- Ortsbruststützung (Ortsbrustkeil, Ortsbrustanker).

In der Praxis basiert die Zuordnung der Sicherungsmittel letztlich auf statischen

Tab. 17.4 Vortriebsklassen für konventionellen (universellen) Vortrieb gem. ► Abschn. 17.5.2 (nach DIN 18 312: 2015)

Vortriebsklasse	Merkmale
1	Ausbruch ohne Sicherung
2	Ausbruch mit Sicherung, die in Abstimmung mit dem Bauverfahren so eingebaut werden kann, dass Lösen und Laden nicht behindert werden
3	Ausbruch mit in einem bestimmten Abstand zur Ortsbrust folgender Sicherung, für deren Einbau das Lösen und Laden unterbrochen werden muss
4	Ausbruch mit unmittelbar nach jedem Ausbruchvorgang folgender Sicherung
4A	Ausbruch nach Vortriebsklasse 4 mit Unterteilung des Ausbruchquerschnitts aus Gründen der Standsicherheit
5	Ausbruch mit unmittelbar jedem Ausbruchvorgang folgender Sicherung, einschließlich Sicherung der Ortsbrust
5A	Ausbruch nach Vortriebsklasse 5 mit Unterteilung des Ausbruchquerschnitts aus Gründen der Standsicherheit
6	Ausbruch mit unmittelbar jedem Ausbruchvorgang folgender Sicherung und zusätzlich voreilender Sicherung
6A	Ausbruch nach Vortriebsklasse 6 mit Unterteilung des Ausbruchquerschnitts aus Gründen der Standsicherheit
7	Ausbruch mit unmittelbar jedem Ausbruchvorgang folgender Sicherung der Ortsbrust und vor-eilender Sicherung
7A	Ausbruch nach Vortriebsklasse 7 mit Unterteilung des Ausbruchquerschnitts aus Gründen der Standsicherheit

Vorberechnungen und der Erfahrung des Tunnelbausachverständigen. Die Art der Gebirgslösung (► Abschn. 17.7.1) ist nicht klassifizierungsrelevant. Endgültig wird die Ausbruchklasse dann bei den Ausbrucharbeiten in Form einer **Ausbaufestlegung** möglichst einvernehmlich zwischen Auftragnehmer und Auftraggeber ermittelt. Grundlagen dazu sind:

- die Ergebnisse der Vorerkundung, vorgeschlagene Ausbruchklasse,
- die Standsicherheit (Ausführungsstatik und Verhalten vor Ort),
- die ingenieurgeologischen Ortsbrustaufnahme und
- die Interpretation der geotechnischen Messungen.

Da die Festlegung der Ausbruchart und der Sicherungsmittel damit auf tunnelbautechnischen Erfahrungen und statischen Berechnungen beruht, werden in den ingenieurgeologischen Gutachten häufig nicht direkt Gebirgsklassen ausgewiesen, sondern nur **Homogenbereiche oder Gebirgstypen**, anhand derer vom Tunnelbausachverständigen dann die Gebirgsklassen benannt werden.

Mit der Gebirgsklasse gibt der Auftraggeber praktisch die Gebirgssicherung vor. ◘ Tab. 17.5 gibt ein Beispiel für eine projektbezogene Gebirgsklassifizierung mit Zuordnung der Art des Ausbruchs, der Abschlagtiefe und der einzelnen Sicherungsmittel für die jeweilige Vortriebsklasse.

17

Tab. 17.5 Beispiel einer Gebirgsklassifizierung für einen Kalottenvortrieb mit Stützmittelzuweisung (nach Baudendistel 1994)

Vortriebsklasse		K-4A	K-5A	K-6A	K-7.1A	K-7.2A	K-7.3U	K-7.4U
Ausbruchart		Sprengen					mechanisch	
Querschnittsunterteilung		–	–	–	–	–	ja	ja/ Stützkern
Ortsbrustsicherung Spritzbeton		–	3 cm	–	3 cm	3 cm	5 cm	5 cm
Vorauseilende Sicherung		–	–	vermörtelte Spieße l = 3–4 cm				
				Injektionsspieße l = 3–4 cm				
Abschlagstiefe [m] (= Bogenabstand)		2–2,5	1,75–2,25	1,5–2	1,25–1,75	1–1,5	0,75–1,25	0,5–1
Spritzbeton B25 Dicke [cm]	außen	20	20–25	20–25	25–30	25–30	30–35	30–35
	Sohle	–	–	–	25–30 n. E.	25–30 n. E.	25–30	25–30
Bewehrung	außen	2-lagig	2-lagig	2-lagig	2-lagig	2-lagig	2-lagig	2-lagig
	Sohle	–	–	–	2-lagig	2-lagig	2-lagig	2-lagig
Ausbaubögen z. B.		TH 16/48		TH 21/58		TH 29/58		
Anker		SN-Anker					Injektionsanker	
	je lfm	8–10	10–12	10–12	10–12	10–14	14–16	14–16
	Länge [m]	4–6	4–6	4–6	4–6	4–6	6–8	6–8
Begrenzung der Vortriebsgeschwindigkeit		–	–	–	≤ 8 m/AT		≤ 6 m/AT	
Bemerkungen		Einbau der Sicherung soweit wie möglich bei jedem Abschlag						

Ein Mangel der Gebirgsklassifizierung nach DIN 18 312 ist, dass das Verformungsverhalten des Gebirges gem. ► Abschn. 17.5.3 nicht direkt berücksichtigt wird. Erfahrungen haben aber gezeigt, dass gerade das Verformungsverhalten letzten Endes oft klassifizierungsrelevant ist.

Insgesamt liegen aus den vergangenen Jahrzehnten der Anwendung folgende **Erfahrungen mit dieser Gebirgsklassifizierung** vor: Im Buntsandsteingebirge erfolgte z. B. die Festlegung der Gebirgstypen im Wesentlichen nach dem Sandstein-Tonstein-Verhältnis unter Berücksichtigung festigkeitsabmindernder Faktoren. Diese Gebirgstypen und die daraus entwickelten Gebirgsklassen haben sich beim Vortrieb zunächst als recht zutreffend erwiesen. Was trotzdem zu bereichsweise erheblichen Abweichungen von den prognostizierten Gebirgsklassen geführt hat, war die starke Abhängigkeit der notwendigen Stützmittel vom zeitabhängigen Verformungsverhalten des Gebirges (Naumann und Prinz 1988).

In anderen Gesteinen wie z. B. Kalksteinen und Dolomiten wirkt sich besonders die Verkarstung auf das Gebirgsverhalten aus (Scholz und Esslinger 2005). Tiefen- und Ergussgesteine (z. B. Granit) werden im Wesentlichen nach der Gesteinszerlegung (Klüftigkeit) und der Gesteinsfestigkeit bewertet (Scholz et al. 2005). Abmindernde Faktoren sind in erster Linie die tonige Kluftbeläge und die Verwitterung (Scholz 2009). Gelegentlich kann bei granitischen Gesteinen in relativ kurzer Zeit auch ein grusiger Zerfall des Gesteins auftreten.

Metamorphe Gesteine (z. B. Phyllite, Gneis, Glimmerschiefer) werden nach der Gesteinsart, dem Mineralbestand (bes. Glimmer), dem Verwitterungsgrad, der Raumstellung der maßgebenden Trennflächen und der Ausbildung der Störungszonen bewertet. Als Abminderungskriterien haben sich hier besonders ± flach liegende Schieferung und ein Verschnitt mit steilen Klüften und auch Kleinklüftigkeit erwiesen, die fast durchweg eine Firstsicherung durch voreilende Spieße nach ► Abschn. 17.9.1 erfordert haben, und ist damit nach DIN 18 312 automatisch in Ausbruchklasse 6 bzw. 7 einzustufen.

Eine Mittelstellung zwischen den qualitativen und den nachfolgend beschriebenen quantitativen Klassifizierungssystemen nimmt das in Russland übliche **PSI-System** (Protodyakonow Strength Index) ein, das auf einem „Zerstörungsversuch" von Gesteinsproben beruht. Die Klassifizierung erfolgt nach der Gesteinshärte mit einer Skala von 0,9 (völlig entfestigt) bis 19 (sehr hart). Der PSI-Wert steht gegenüber der einaxialen Gesteinsdruckfestigkeit in einem Verhältnis von etwa 1 : 10 (Röthlisberger et al. 2011).

17.3.2 Quantitative Gebirgsklassifizierung

Bei den international bevorzugten quantitativen Klassifizierungssystemen wird das Gebirge anhand vermeintlich einfach erfassbarer Gesteins- und Gebirgskennwerte wie Gesteinsfestigkeit, Kluftdichte, Kluftrauigkeit usw. eingestuft und nach Bewertungszahlen klassifiziert. Die beiden wichtigsten Klassifizierungen, das RMR-System und das Q-System, sind in den 1970er-Jahren entstanden und seitdem weiterentwickelt worden.

Hauptanwendungsgebiet für das Q-System ist der Untertagebau. Das RMR-System wird international aber auch für die Beurteilung von Felsböschungen und Gründungen auf Fels angewendet. Das GSI-System ist weitgehend universell einsetzbar. Die ursprünglichen Einschränkungen von Bieniawski, eine quantitative Klassifizierung nur mit kritischem Sachverstand und nie allein zu verwenden, ist dabei weitgehend in Vergessenheit geraten. Ausführliche Hinweise für die Anwendbarkeit dieser Systeme bringen Maidl et al. (2001), Sommer (2009), Riemer (2011) und Anagnostou und Pimentel (2012).

17.3.2.1 Rock-Mass-Ratio-System

Bei der Klassifikation nach dem **RMR-System** (Rock Mass Ratio) von Bieniawski (1973/1976) werden folgende sechs Gebirgsfaktoren mehr oder weniger visuell bewertet (◘ Tab. 17.6):

- Gesteinsfestigkeit
- RQD-Index nach Deere (1963) – ► Abschn. 4.5.3
- Kluftabstand
- Kluftzustand (rau, glatt, gefüllt)
- Gebirgswasser (Zufluss, Kluftwasserdruck)
- Kluftorientierung (Streich- und Fallrichtung zur Tunnelachse und Vortriebsrichtung).

Die Gesteinsart geht dabei ebenso wenig ein wie beim nachfolgenden Q-System. Die beiden Parameter RQD-Index und Kluftabstand sind außerdem weitgehend identisch. Das RMR-System berücksichtigt aber als einziges dieser Systeme die Gesteinsfestigkeit und das Grundwasser. Es ist vorzugsweise für mittelgutes und gutes Gebirge geeignet.

Der Einfluss der Raumstellung der Trennflächen wird beim RMR-System gesondert bewertet (◘ Tab. 17.7).

17

Tab. 17.6 Klassifizierungsparameter I_1–I_6 und ihre Bewertung für den RMR-Gebirgskennwert nach Bieniawski

Klassifikationsparameter und ihre Bewertung									
Parameter			**Wertebereich**						
1	Gesteinsfestigkeit	Punkt-Last-Index ISRM (1972)	>8 MN/m^2	4–8 MN/m^2	2–4 MN/m^2	1–2 MN/m^2	Für diesen niedrigen Bereich wird der einaxiale Druckversuch bevorzugt		
		Einaxiale Druckfestigkeit	>200 MN/m^2	100–200 MN/m^2	50–100 MN/m^2	25–50 MN/m^2	10–25 MN/m^2	3–10 MN/m^2	1–3 MN/m^2
	I_1		15	12	7	4	2	1	0
2	RQD-Wert (nach Deere, 1963)		90–100 %	75–90 %	50–75 %	25–50 %	<25 %		
	I_2		20	17	13	8	3		
3	Kluftabstand		>3 m	1–3 m	0,3–1 m	5–30 cm	<5 cm		
	I_3		30	25	20	10	5		
4	Zustand der Klüfte		sehr raue Oberflächen, nicht durchgehend, keine Kluftöffnung, harte Kluftwandung	leicht raue Oberflächen, Kluftöffnung <1 mm, harte Kluftwandung	leicht raue Oberflächen, Kluftöffnung <1 mm, weiche Kluftwandung	Glatte Oberflächen oder Kluftfüllung <5 mm dick oder Kluft-öffnungen 1–5 mm durchgehende Klüfte	weiche Kluftfüllung >5 mm dick oder Kluftöffnung >5 mm, durchgehende Klüftung		
	I_4		25	20	12	6	0		

Tab. 17.6 (Fortsetzung)

Klassifikationsparameter und ihre Bewertung							
Parameter			**Wertebereich**				
5	Gebirgswasser	Zufluss auf 10 m Tunnellänge	kein Zufluss		<25 l/min	25–125 l/min	>125 l/min
			oder		oder	oder	oder
		Verhältnis Kluftwasserdruck zur größten Hauptspannung	0		0–0,2	0,2–0,5	>0,5
			oder		oder	oder	oder
		allg. Verhältnisse	vollständig trocken		feucht	Wasser unter niedrigem Druck	schwierige Gebirgswasserprobleme
	I_5		10		7	4	0
6	Streich- und Fallrichtung der Klüfte		sehr günstig	günstig	mäßig gut	ungünstig	sehr ungünstig
	I_6	Tunnel (Tab. 7.8)	0	–2	–5	–10	–12
		Gründungen	0	–2	–7	–15	–25
		Böschungen	0	–5	–25	–50	–60

Bestimmung der Gebirgsklasse					
$\Sigma I_6 = I_1 + \ldots + I_6$	81–100	61–80	41–60	21–40	<20
Klasse	I	II	III	IV	V
Beschreibung	sehr guter Fels	guter Fels	mäßig guter Fels	schlechter Fels	sehr schlechter Fels

Tab. 17.7 Einfluss der Raumstellung der Trennflächen auf die RMR-Bewertungszahlen bei Tunneln (Tab. 17.6)

Einfluss der Raumstellung (Streichen und Fallen) der Klüfte im Tunnelbau						
Streichen normal zur Tunnelachse				Streichen parallel zur Tunnelachse		Fallwinkel β: 0–20°unabhängig vom Streichen
Fallen in Vortriebsrichtung		Fallen gegen Vortriebsrichtung				
β: 45–90°	β: 20–45°	β: 45–90°	β: 20–45°	β: 45–90°	β: 20–45°	
sehr günstig	günstig	mäßig gut	ungünstig	sehr un-- günstig	mäßig gut	ungünstig

Für das RMR-System gelten dann folgende Wertungszahlen:

RMR	81–100	sehr gutes, standfestes Gebirge
RMR	61–80	gutes, leicht nachbrüchiges Gebirge
RMR	41–60	mittleres, stärker nachbrüchiges Gebirge
RMR	21–40	schwaches, gebräches Gebirge
RMR	<20	Verwitterungs- bzw. Störungszone, z. T. druckhaft

17.3.2.2 Rock-Mass-Quality-System

Barton et al. (1974) verwenden für die Ermittlung der **Gebirgsqualität Q** (Rock Mass Quality) ebenfalls sechs Parameter (s. d. Barton und Grimstad 1994):

- RQD-Index nach Deere (1963), Abb. 4.24,
- Zahl der Kluftscharen J_n,
- Zahl für Kluftrauigkeit J_r,
- Zahl für die Ausbildung der Kluftflächen bzw. Kluftfüllung J_a,
- Abminderungsfaktor für Gebirgswasser J_w,
- Abminderungsfaktor für Gebirgsspannung SRF.

Aus diesen sechs mehr oder weniger visuell eingeschätzten Parametern werden drei Gebirgsfaktoren ermittelt:

- Faktor für die Kluftkörpergröße:

$$\frac{RQD}{J_n}$$

- Faktor für die Gebirgsscherfestigkeit (zwischen den Kluftkörpern):

$$\frac{J_r}{J_a}$$

- Faktor für die aktiven Spannungen bzw. den Gebirgsdruck:

$$\frac{J_w}{SRF}$$

Daraus wird eine Wertungszahl für die Gebirgsqualität Q abgeleitet:

$$Q = \frac{RQD}{J_a} \times \frac{J_r}{J_a} \times \frac{J_w}{SRF}$$

Wertungszahlen bedeuten nach einer logarithmischen Skala von 0,001 bis 1000:

$Q < 1$	sehr schlechtes Gebirge
$Q = 4–10$	mäßig gutes Gebirge
$Q = 10–100$	gutes Gebirge
$Q > 100$	sehr gutes Gebirge.

Die nachstehende Korrelation bietet eine vereinfachende Methode zur Festlegung der Gebirgsqualität Q anhand der Kompressionswellengeschwindigkeit v_p bei der Bohrlochseismik gem. ► Abschn. 4.8.3:

v_p (m/s)	1500	2500	3500	4500	5500	6500
Q	0,01	0,1	1	10	100	1000

Das Q-System eignet sich am besten für massige Gesteinsarten mittlerer Qualität. Da die Orientierung der Trennflächen nicht gesondert gewertet wird, ist das System für anisotropes Gebirge wenig brauchbar. Für diese Zwecke wurde von Marinos und Hoek (2000) eine eigene Bewertungsmatrix vorgestellt. Barton (1999) bietet eine Erweiterung des Q-Systems für Tunnelvortriebsmaschinen (Q_{TBM}-Wert) mit Angaben für die Penetration und die Vortriebsleistung. Beide Ergänzungssysteme sind aber noch stärker in der Diskussion als die Standardsysteme. Auf das ebenfalls sehr kritisch zu betrachtende Dimensionierungsdiagramm von Barton et al. (1974) zur Festlegung der Ausbruchsicherung sei darum nur verwiesen (s. Anagnostou und Pimentel 2012).

17.3.2.3 Geological Strength Index

Eine weitere Gebirgsklassifikation, der **GSI-Index** (Geological Strength Index) von Hoek (1999), basiert ohne Angabe der Gesteinsart auf Faktoren wie Klüftigkeit (Gebirgszerbrechung) und fünf Verwitterungsgraden und ergibt zahlenmäßige GSI-Werte von 10–100 (◘ Abb. 17.22). Die Einschätzung und Bewertung des Trennflächengefüges erfolgen dabei sehr subjektiv (Riemer 2011). Das System ist auch für tektonisch beanspruchtes, stärker geklüftetes Gebirge verwendbar. Es empfiehlt sich allerdings, anstelle eines einzelnen Wertes immer eine Bandbreite anzugeben.

Der GSI-Wert wird häufig auch zur Ermittlung von Festigkeitsparametern des Gebirges (φ, c, E) herangezogen. Die Ableitung von Verformungsmoduln aus den GSI-Werten und dem Störungsfaktor D gem. ◘ Abb. 17.22 ergibt allerdings im Vergleich zu den Erfahrungswerten nach ◘ Tab. 2.9 i. d. R. recht hohe Werte (s. John und Reiter 2007; Anagnostou und Pimentel 2012).

17

17.3.2.4 Rock Mass Index

Ein weiteres Klassifizierungssystem ist der **RM-Index** (Rock Mass Index, RMI) von Palmström (1995). Als Eingangsgrößen werden dafür die (kleinste) einaxiale Gesteinsdruckfestigkeit, eine Kennziffer für die Eigenschaften der Trennflächen (Erstreckung und Durchtrennung, Oberflächenausbildung, Beläge) und die Kluftkörpergröße verwendet. Für den Bedarfsfall beschreiben Sommer (2009) und Riemer (2011) das System und seine Anwendungsmöglichkeiten.

17.3.2.5 Anwendung der internationalen Systeme in Deutschland

Abgesehen von der Problematik, die einzelnen Parameter zahlenmäßig festzulegen, bestehen in Mitteleuropa starke Einwände hinsichtlich derartiger Indexwerte anhand von Bohraufschlüssen. Trotzdem sind das RMR-, das Q- und das GSI-System international weit verbreitet, und der Anwender bewegt sich in anerkannten Bahnen bzw. Standards (◘ Abb. 17.23). In der Literatur (s. Singh und Goel 1999) gibt es verschiedene Ableitungen zwischen dem GSI-Wert und den RMR-Werten sowie einen modifizierten Q'-Index (mit $Q' = RQD/J_n \times J_r/J_a$), die aber auch als wenig zuverlässig gelten.

Die qualitativen Klassifizierungssysteme werden international auch für die **empirische Ermittlung von Gebirgsparametern** (φ, c, E) sowie für die Abschätzung des Gebirgsdrucks und des Verformungsverhaltens verwendet. Derart gewonnene Kennwerte sollten allerdings höchstens für Vorstudien benutzt werden. Entsprechend umstritten ist die direkte Festlegung von Ausbau- und Sicherungsmitteln aus Indexwerten (s. Jung und Marence 2004; Sommer 2010; Anagnostou und Pimentel 2012 Für die Bemessung sollten immer tunnelstatische Berechnungen gem. ▶ Abschn. 17.5.5 herangezogen werden (s. Erichsen 2002; Sommer 2009, 2010; Sommer und Wittke 2012). Kritische Situationen beim Tunnelvortrieb können aber nicht allein über Berechnungsmodelle abgedeckt werden, sondern müssen von vornherein erkannt, über die in ▶ Abschn. 17.2.2 diskutierten Gefährdungsbilder erfasst und durch entsprechende Maßnahmen beherrscht werden (s. a. Anagnostou und Pimentel 2012).

Ein international einheitliches Klassifizierungssystem liegt nicht vor. Im Zweifelsfall erleichtert eine parallele Anwendung verschiedener Klassifizierungssysteme die Festlegung der Gebirgsklassen.

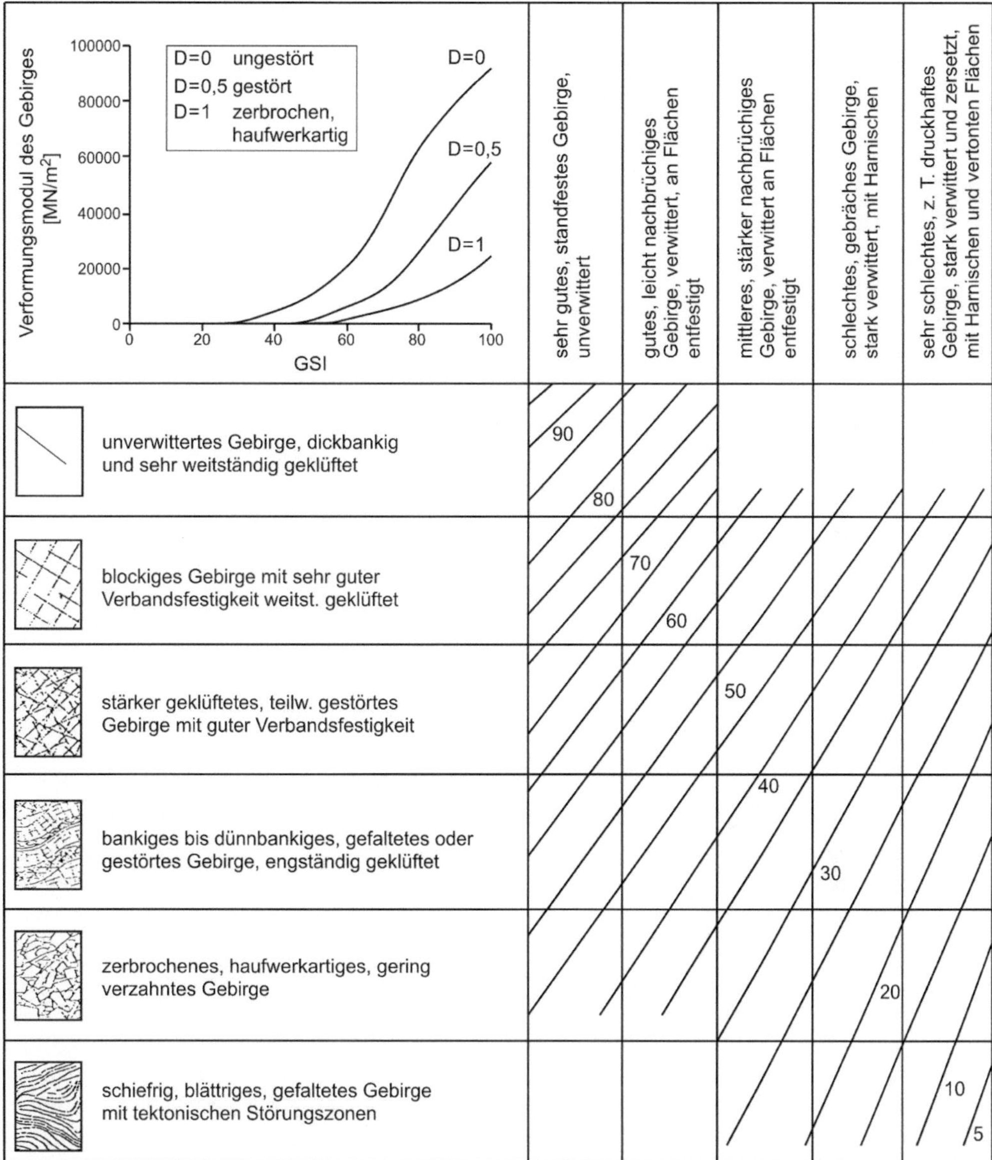

Abb. 17.22 Klassifizierungsmerkmale für den GSI-Faktor von Hoek mit Diagramm zur Ermittlung der Verformungsmoduln (nach John und Reiter 2007)

17.3.3 Gebirgsverhaltenstypen und Systemverhalten nach ÖGG-Richtlinie

Einen wesentlich perfektionierteren Weg gegenüber dem ► Abschn. 17.3.1 beschreibt die ÖGG-Richtlinie für die geomechanische Planung von Untertagebauarbeiten mit zyklischem Vortrieb von 2008.

In einem ersten Schritt wird zunächst die **Gebirgsart** bestimmt, einschließlich der tunnelbautechnischen Eigenschaften und der geomechanisch relevanten Parameter des Gebirges. Dazu gehören im Einzelnen eine

		kompakter Fels überwiegend hart bis sehr hart	teilentfestigter Fels mürbe bis sehr mürbe
Gesteinsfestigkeit σ_D[MN/m^2]	I_1	57 7	0,8 0
RQD [%]	I_2	> 75 17	< 25 3
Kluftabstand [m]	I_3	0,6 – 2 20	0,06 – 0,6 10
Zustand der Klüfte	I_4	Kluftfläche: meist rau gering verwittert 20	Kluftöffnungen 1 – 5 mm durchgehend 6
Gebirgswasserverhältnisse	I_5	feucht 7	Wasser unter niedrigem Druck 4
Orientierung der Trennflächen zum Tunnel	I_6	mäßig gut - 5	ungünstig - 10
RMR-Wert [Σ_I]		66	13
Gebirgsklasse nach Bienawski		II	V
Beschreibung nach Bienawski		guter Fels	sehr schlechter Fels

Abb. 17.23 Beispiel einer Gebirgsklassifizierung nach dem RMR-System für einen dickbankigen Buntsandsteinfels mit teilentfestigten Bereichen (aus Holzhäuser und Stemle 2010)

Gesteinsbeschreibung gem. ► Abschn. 3.1 und 3.4.1, der Gesteins- bzw. Gebirgszustand (► Abschn. 3.4.2), die Trennflächentypen und -eigenschaften (► Abschn. 3.4.3.2) sowie die Festigkeitskennwerte und die hydraulischen Eigenschaften von Gestein und Gebirge. Bei Bedarf können zur Festlegung der Gebirgsarten auch die quantitativen Gebirgskennwerte nach ► Abschn. 17.3.2 herangezogen werden (s. John und Reiter 2007). Größere tektonische Störungszonen werden i. d. R. nicht einer Gebirgsart zugeordnet, sondern als eigene Einheit ausgewiesen. Maßgebend sind die Art der Störungsgesteine (Kakirit, Kataklasit), etwaige Bewegungsspuren oder Hinweise auf tektonische Gebirgsauflockerung (► Abschn. 3.4.3.2).

17

Die Anzahl der festzulegenden Gebirgsarten ist projektspezifisch und in erster Linie von der geologischen Situation abhängig. Dabei sollte die Anzahl der Gebirgsarten möglichst begrenzt bleiben.

Im zweiten Schritt wird auf der Grundlage der Gebirgsarten unter Einbeziehung der Überlagerungshöhe, der Grundwassersituation, der Raumstellung der Trennflächen in Bezug auf die Vortriebsrichtung sowie der örtlichen Gebirgsspannungen (Primärspannungszustand ► Abschn. 2.7.9) das Gebirgsverhalten beschrieben; zudem werden **Gebirgsverhaltenstypen** festgelegt, die das Verhalten des Gebirges bei Ausbruch des endgültigen Querschnitts ohne Einfluss einer Querschnittsunterteilung und der Wirkung von Stützmaßnahmen beschreiben. Die o. g. Richtlinie unterscheidet elf Gebirgsverhaltenstypen (Tab. 17.8), die je nach den zu erwartenden Gefährdungs- oder Versagensmechanismen einzeln oder in Kombination festgelegt werden können. Maßgebend sind dabei das Gebirgsverhalten beim Ausbruch (Ortsbruststabilität, Firstnachbrüche, mögliche Ausgleitungen von Kluftkörpern), eine örtliche Überbeanspruchung in Bezug auf die Gesteinsfestigkeiten, mögliche Bruchmechanismen und das Verformungsverhalten unter Berücksichtigung des Faktors Zeit (s. Anhang zu o. g. Richtlinie). Die Verteilung der Gebirgsverhaltenstypen entlang

Tab. 17.8 Gebirgsverhaltenstypen in Anlehnung an die ÖGG-Richtlinie 2008

Gebirgsverhaltenstypen		Beschreibung des Gebirgsverhaltens (ohne Stützmaßnahmen)
1	standfestes Gebirge	standfestes Gebirge mit dem Potenzial zum schwerkraftbedingten Herausfallen oder Herausgleiten von kleinvolumigen Kluftkörpern
2	gefügebedingte Nachbrüche	Nachbrüche, vereinzelt lokales Überschreiten der Scherfestigkeit an Trennflächen
3	hohlraumnahe Überbeanspruchung	spannungsbedingte Entfestigung bzw. Plastifizierung des Gebirges in Hohlraumumgebung in Kombination mit gefügebedingten Nachbrüchen
4	tief reichende Überbeanspruchung	spannungsbedingte tief reichende Entfestigung bzw. Plastifizierung im Gebirge mit großen Deformationen
5	Bergschlag	schlagartige Ablösungen von Gesteinsplatten infolge von Sprödbruch; ► Abschn. 17.5.1
6	Schichtknicken	Knicken von schlanken Platten, häufig in Kombination mit Scherversagen
7	Firstniederbruch durch Scherversagen	großvolumige Ausbrüche überwiegend im Firstbereich mit progressivem Scherversagen
8	rolliges Gebirge	Ausrieseln von kohäsionsarmen, gering verzahntem trockenem bis feuchtem Gebirge
9	fließendes Gebirge	Ausfließen von kohäsionsarmem Gebirge mit hohem Wassergehalt oder Wasserzufluss
10	quellendes Gebirge	zeitabhängige Volumenzunahme des Gebirges durch physikalisch-chemische Reaktion von Gebirge und Wasser in Kombination mit Entspannung
11	Gebirge mit kleinräumig wechselnden Verformungseigenschaften	starke Variation von Spannungen und Deformationen, bedingt durch Block-Matrix-Struktur (z. B. heterogene Störungszonen, tektonische Melange)

der Trasse ist darzustellen. Diskussionsbeiträge für die Ermittlung der Gebirgsverhaltenstypen bringen Gollegger und Marcher (2004), Eder et al. (2004), John (2004) und John und Reiter (2007).

Auf der Grundlage der Gebirgsarten und der Gebirgsverhaltenstypen wird anschließend das tunnelbautechnische Konzept (Ausbruchmethode und Sicherung) festgelegt und das **Systemverhalten** ermittelt. Darunter versteht man die Interaktion zwischen Baugrund, Bauwerk und Bauverfahren oder, mit anderen Worten, das Verhalten des Systems Gebirge bei den gewählten Baumaßnahmen wie Bauablauf (Vortrieb) und Ausbau (Sicherungs- bzw. Stützmaßnahmen und eventuelle gebirgsverbessernde Maßnahmen). Das Systemverhalten wird unterteilt in:

- Ausbruchsbereich (Standsicherheit der Ortsbrust, Anfangsverformungen),
- gesicherten Bereich (Tragfähigkeit der Spritzbetonschale) und
- Endzustand (vor Einbau der Innenschale).

Dieses Systemverhalten gilt nicht nur für den zyklischen (konventionellen) Vortrieb, sondern auch für kontinuierlichen Vortrieb, d. h. die Interaktion zwischen Vortriebsmaschine und

BARTON et al. 1974	Rock Mass Quality		schlechtes Gebirge			mäßiges Gebirge		gutes Gebirge		sehr gutes Gebirge
	Q =	0,001	0,01	0,1	1	10	100	1000		
BIENAWSKI 1974	Rock Mechanics Classification	sehr schlechtes Gebirge		schlechtes Gebirge		mäßiges Gebirge		gutes Gebirge		sehr gutes Gebirge
	RMR-System	0	20	40		60	80	100		
ÖNORM B 2203	Vortriebsklassen	druckhaft				gebräch			standfest bis nachbrüchig	
		fließend	stark druckhaft	druckhaft	Bergschlag	rollig	stark gebräch	gebräch	nachbrüchig	standfest
		C4	C3	C2	C1	B3	B2	B1	A2	A1

Abb. 17.24 Die Gebirgsklassen nach ÖNORM im Vergleich zu den Bewertungszahlen des Q-Systems und des RMR-Systems (Erfahrungswerte nach Firmenprospekt)

Gebirge (Lauffer 2008). Über das Systemverhalten werden damit folgende Parameter bewertet:

- Standsicherheit der Ortsbrust,
- Tragfähigkeit (Auslastung) der Spritzbetonschale,
- Standsicherheit und verträgliche Verformungen des Gesamtsystems,
- Vermeidung von Gebirgsentfestigung und -auflockerung

Die Ableitung des Systemverhaltens, die Wahl der Baumethode und die Festlegung der Ausbruch- und Stützmaßnahmen sind Aufgaben des Tunnelplaners.

Nach Festlegung der bautechnischen Maßnahmen für die einzelnen Gebirgsverhaltenstypen erfolgt als letzter Planungsschritt die Ermittlung der Vortriebsklassen gem. ÖNORM B 2203-1 (2001). Die darin enthaltene Vortriebsklassifizierung weist drei Gebirgstypen (A = standfest–nachbrüchig, B = gebräch–rollig und C = druckhaft–quellend) auf, mit je zwei bis fünf Unterteilungen (Abb. 17.24), die mehr auf der Gebirgsqualität und dem Deformationsverhalten aufbauen. Die Vortriebsklassen sind durch Leitparameter wie Abschlagslänge und Stützmittelaufwand definiert und dienen der Leistungsbeschreibung, der Kalkulation und der Vergütung. Zur Mengenermittlung ist wieder eine Prognose für die Verteilung der Vortriebsklassen entlang der Trasse vorzunehmen.

Die Ergebnisse der einzelnen Untersuchungsschritte und Festlegungen sind in einem **Geomechanischen Bericht** zusammenzufassen und zu erläutern. Der Geomechanische Bericht baut ggf. auf den Einzelbeiträgen der verschiedenen Sachverständigen auf. Der Ingenieurgeologe ist vor allen Dingen an den beiden ersten Schritten (Gebirgsart, Gebirgsverhaltenstypen) beteiligt. Der geomechanische Bericht soll eine Modellvorstellung über das Gebirge und sein Verhalten beim Vortrieb ermöglichen und die vorgesehenen Maßnahmen nachvollziehbar machen. Außerdem muss er die Ergebnisse der Standsicherheitsbetrachtung und ihre Sicherheitsbewertung zum Inhalt haben (Ayaydin 2010).

17.3.4 Darstellung und Wertung der Gebirgstypen bzw. -klassen

Die hier diskutierten Gebirgsklassifizierungen beziehen sich auf den mechanischen Vortrieb mittels Tunnelbagger und Sprengen. Beim Einsatz von Vortriebsmaschinen gelten teilweise andere Kriterien (▶ Abschn. 17.6.4.4).

Im Rahmen der Begutachtung eines Projekts werden die Gebirgstypen und ihre Verteilung zusammen mit den übrigen ingenieurgeologisch-geotechnischen Indikatoren in einem **Längsschnitt mit Matrix** dargestellt und massenmäßig in die Ausschreibung übernommen, wobei eine Differenzierung in wahrscheinlich und möglicherweise zu erwartende Gebirgstypen bzw. in Haupt- und Nebentypen vorgenommen werden kann. Die Indikatoren der Matrix stellen eine Kurzbeschreibung des Gebirgszustands und der Reaktionen beim Tunnelausbruch dar und dienen sowohl für tunnelbautechnische als auch für wasserwirtschaftlich-ökologische Entscheidungen.

Bei der Baudurchführung erfolgt vor Ort gemeinsam eine Überprüfung der Gebirgsklassifizierung und nötigenfalls eine Umklassifizierung. Durch geotechnische Messungen wird kontrolliert, ob bei den der Gebirgsklasse entsprechenden Stützmitteln eine Stabilisierung der Gebirgsdeformationen eintritt. Nach Abschluss der Arbeiten werden dann die prognostizierten und die angetroffenen Gebirgsklassen gegenübergestellt, wobei nicht selten Differenzen auftreten.

In der Fachwelt werden heute recht unterschiedliche Ansichten über die **Anwendung der Gebirgsklassen** bei der Entwurfsbearbeitung für Tunnelprojekte vertreten. Teilweise sind die Gebirgsklassen alleinige Entwurfsgrundlage, und teilweise kommt die Gebirgsklassifizierung nur in den anfänglichen Projektphasen und für die Festlegung und Ausschreibung der Ausbruch- und Sicherungsarbeiten zur Anwendung. In letzterem Fall werden die Gebirgsklassen in Kombination mit modernen Vorgehensweisen für einen sicheren und wirtschaftlichen Entwurf eingesetzt, nämlich der Erstellung eines möglichst realistischen Gebirgsmodells auf der Grundlage der Gebirgsklassifizierung und darauf aufbauenden numerischen Berechnungen mit einer baubegleitenden Überprüfung der angenommenen Kennwerte und der Berechnungsergebnisse.

Sommer (2009) bringt eine ausführliche Wertung der verschiedenen internationalen Klassifizierungssysteme gegenüber den modernen Entwurfsmethoden. Diese gehen mehr oder weniger allein von der Erstellung eines möglichst realitätsnahen Gebirgsmodells, der Ermittlung bzw. Abschätzung der nötigen Kennziffern und von FE-Berechnungen für eine Optimierung des Vortriebs und der Sicherungsmittel aus.

17.4 Ingenieurgeologische Baubetreuung

Wenn das halbempirische Sicherheitskonzept der konventionellen Tunnelbauweisen (▶ Abschn. 17.5.4) auch bei schwierigen Gebirgsverhältnissen funktionieren soll, darf es nicht allein auf geotechnischen Prognosen aufbauen, sondern die Richtigkeit der geologischen und geotechnischen Vorgaben aus der Erkundungsphase muss durch eine systematische ingenieurgeologische Tunnelkartierung kontrolliert, dokumentiert und fortgeschrieben werden (s. a. ÖNORM B 2203-1). Bei Abweichungen von der Prognose ist das Gebirgsmodell einschließlich der Gebirgskennwerte zu überprüfen; notwendige Änderungen müssen im Planungsteam diskutiert werden. Ein erfahrener Ingenieurgeologe muss dabei in der Lage sein, vor Ort oder anhand einer guten Ortsbrustaufnahme die maßgebenden Gebirgsparameter und die Risiken einzuschätzen.

Die ingenieurgeologische Tunnelkartierung dient damit nicht nur dem Zweck, die angetroffenen geologischen Verhältnisse zu dokumentieren, sondern auch kurzfristig Hinweise auf das zu erwartende Gebirgsverhalten zu geben und bei der Gebirgsklassifizierung mitzuwirken. Die ingenieurgeologische Tunnelkartierung ist zusammen mit den geotechnischen Messungen nach ▶ Abschn. 17.5.3 ein wesentliches Kriterium zur Beurteilung der Standsicherheit, zur Früherkennung von Gefahrensituationen und auch ein Dokument im Hinblick auf Nachtragsforderungen aufgrund geänderter Geologie bzw. geänderten Gebirgsverhaltens (▶ Abschn. 17.4.2).

In den Empfehlungen des Deutschen Ausschusses für Unterirdisches Bauen (DAUB) zur Planung von Tunnelbauwerken (2003) wird vorgeschlagen, die unabhängigen Gutachter während der Planungs- und Ausführungsphase durchgehend zu beteiligen, um die Kontinuität sicherzustellen (s. a. Naumann und Brem 2004; John et al. 2016).

17.4.1 Ingenieurgeologisch-geotechnische Vortriebsdokumentation bei konventionellen Vortrieben

Eine Vortriebsdokumentation besteht aus zwei Teilen: der ingenieurgeologischen

Ortsbrustkartierung und den täglichen Verformungsmessungen gem. ► Abschn. 17.5.3. Der im Einzelfall vorzusehende Aufwand für die **ingenieurgeologische Tunnelkartierung** ist vom Gebirge abhängig, und zwar von der Schichtenfolge, der Raumstellung der Schichten, dem Verwitterungsgrad, der tektonischen Beanspruchung des Gebirges und anderen geologischen Besonderheiten. In einem tektonisch durchschnittlich stark beanspruchten Gebirge ist eine Ortsbrustaufnahme je Tag, d. h. bei 3–4 Abschlägen etwa alle 4–6 Vortriebsmeter angemessen. In tektonisch stärker gestörten Abschnitten verkürzt sich der Abstand der Ortsbrustaufnahmen dabei von selbst auf etwa 2–4 m. Dies bedeutet, dass von einem Ingenieurgeologen in der Tagschicht je nach Schwierigkeitsgrad zwei bis drei Vortriebe betreut werden können. Die aus vermeintlich wirtschaftlichen Gründen häufig zu großen Abstände zwischen den einzelnen Ortsbrustaufnahmen haben schon oft teure Auswirkungen gehabt.

Zu einer systematischen ingenieurgeologischen Tunnelkartierung und Vortriebsberatung gehören folgende Punkte:

- Aufnahme der generellen Schichtenfolge (Gesteinsbeschreibung, Verwitterungsgrad, Festigkeit) und der Schichtlagerung nach einem dem Gebirge angepassten Schema.
- Raumstellung, Beschreibung und Bewertung von tektonischen Verwerfungs- und Störungszonen.
- Raumstellung der maßgeblichen Trennflächen (bevorzugtes Streichen und Fallen), Trennflächencharakteristik (Mittel- und Großklüfte), Gebirgseigenschaften gem. ► Abschn. 3.4.3.2.
- Schwachstellen des Gebirges infolge tektonischer oder anderer festigkeitsmindernder Faktoren (z. B. tonige Kluftbeläge oder -füllungen, bes. bei Verdacht auf quellfähige Tonminerale), Verbandsfestigkeit (Gebirgsauflockerung) und andere geologische Besonderheiten müssen rechtzeitig erkannt und mitgeteilt werden.
- Grundwassersituation gem. ► Abschn. 17.2.5.2.

International wird für die Ortsbrustaufnahme teilweise das RMR-System verwendet (► Abschn. 17.3.2), indem die Daten der Ortsbrustaufnahme in das RMR-Wertesystem übertragen werden (s. Dae Gap und Schwarzboeck 2004; Gusenbauer 2009).

Ein meist zu wenig beachtetes Problem bei der Einmessung der Trennflächen ist die **magnetische Missweisung des Kompasses** vor Ort infolge der Stahleinbauten (Bögen, Bewehrungsmatten, Anker). Die Messdaten müssen deshalb immer wieder mit der Achsrichtung überprüft werden (► Abschn. 3.4.3.2).

Die Qualität der ingenieurgeologischen Tunnelaufnahmen bzw. deren zeichnerische Darstellung ist erfahrungsgemäß sehr unterschiedlich. Heute werden die Ortsbrustaufnahmen zunehmend durch **Photogrammetrie** unterstützt, die später noch einen visuellen. Eindruck von der Situation an der Ortsbrust ermöglicht. Grundbedingung sollte sein, dass lithologische Grenzen, Bereiche unterschiedlicher Verwitterung und Trennflächenspuren in Dezimetergenauigkeit maßstäblich erfasst werden (■ Abb. 17.25). Die bildbasierte Ortsbrustdokumentation verringert den Aufnahmeaufwand und gibt Zeit für zusätzliche Details gemäß der obigen Auflistung. Eine gute photogrammetrische Datenerfassung der Ortsbrust ist der üblichen Aufnahmetechnik mit dem Kompass überlegen. Nachteil der digitalen Bildtechnik ist, dass das Ausgangsbild mit den modernen Möglichkeiten des „Post-Processing" beliebigen Verwandlungen und Retuschen unterzogen werden kann und damit kein verbindliches Dokument mehr darstellt, wenn nicht auf die Rohdatei zurückgegriffen werden kann.

Ingenieurgeologische Ortsbrustdokumentation mit 3D-Bildern ist heute bei konventionellen Vortrieben Stand der Technik. Gaich und Pötsch (2015) bringen eine ausführliche Beschreibung des Verfahrens mit Anwendungsbeispielen. Benötigt werden eine entsprechende Kamera mit Stativ, gute Lichtquellen und freie Sicht auf die Ortsbrust. Zu einer Ortsbrustdokumentation gehören dann jeweils zwei Aufnahmen von unterschiedlichen Standorten, etwa 1,5 m vor der Ortsbrust. In der weiteren

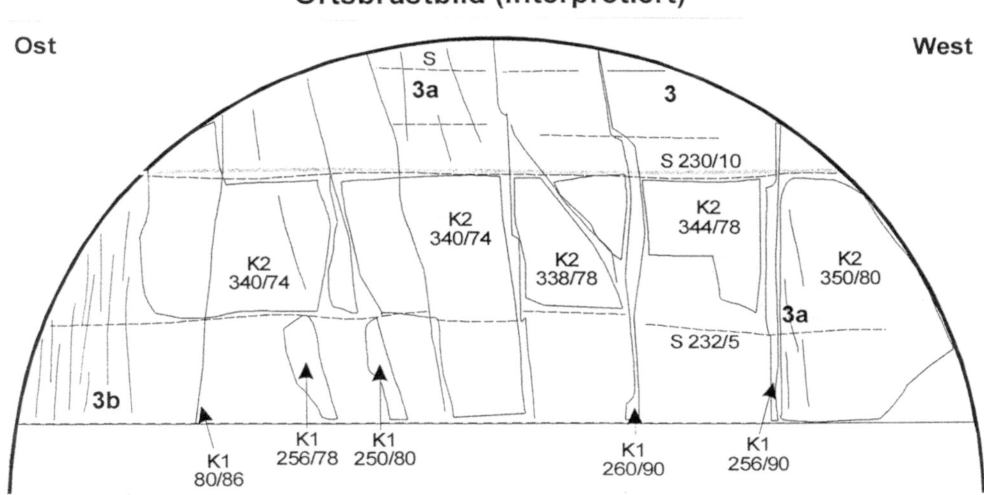

Abb. 17.25 Digitalfoto und nachgearbeitete Interpretation einer Ortsbrustaufnahme (Graf 2000)

Auswertung mit dem Rechner können dann die Anzahl der Trennflächen und ihre Verteilung (Abstände, Orientierung) ermittelt und dargestellt werden.

Die Ortsbrustaufnahmen lassen sich in mehreren Bearbeitungsschritten mittels gängiger Bildbearbeitungs- bzw. CAD-Programme bearbeiten und ggf. mit einer manuellen Detailaufnahme kombinieren. In einer Datenbank werden die Ergebnisse der Ortsbrustaufnahmen und die geotechnische Dokumentation einschließlich Verformungsmessungen zusammengefasst. Tunnel-Monitoring-Programme ermöglichen eine flexible Verknüpfung und projektspezifische Darstellung sämtlicher Daten, die bei einem Tunnelvortrieb anfallen. Graphische Darstellung und digitale Fotodokumentation stehen kurzfristig zur Verfügung und können in Datensystemen und -netzen zeitnah dupliziert und übermittelt werden (Schubert et al. 2000; Fasching et al. 2001; Furtmüller et al. 2004; Scholz et al. 2005).

Die Ergebnisse der Tunnelkartierung werden im Bedarfsfall zu einer umfassenden **Vortriebsdokumentation** ausgebaut:

- Ortsbrustaufnahmen werden fortlaufend oder in Ausschnitten übersichtlich dargestellt, wobei besonders auf die tektonischen Strukturen zu achten ist, die nicht nur als Einzelelement gesehen werden dürfen, sondern zu einem tektonischen Modell zusammengefügt werden müssen. Dabei muss vor allem auf das Einstreichen von spitzwinklig zur Achse verlaufenden Großklüften oder Verwerfungen und auch auf Strukturen geachtet werden, die in der Folge den Tunnel in engem Abstand begleiten. Solche Flächen können die Spannungsverteilung im Gebirge maßgeblich beeinflussen und zu Lastkonzentrationen am Ausbruchsrand und damit zu erhöhten Verformungen führen (Naumann und Prinz 1988)
- Umfangreichere Einzelangaben können in sog. Abschlagsberichten zusammengefasst werden, mit einer verbalen Beschreibung der Beobachtungen beim Abschlag, einer eingehenden Gebirgsbeschreibung, Ortsbrustskizzen und Fotos.
- Eine ständige Kontrolle und übersichtliche Darstellung der Grundwasserstände und ggf. auch von Quellschüttungen und der Wasserführung von Bachläufen in der Umgebung des Tunnels.
- Bei tief liegenden Tunneln sind während des Vortriebs auch die Wassertemperaturen zu kontrollieren. Unvermittelte Temperaturänderungen können die Annäherung an eine größere Störungszone anzeigen (► Abschn. 17.2.3).
- In einem Soll-Ist-Vergleich zwischen prognostizierten und tatsächlichen Verhältnissen müssen zwischendurch die ingenieurgeologische Tunnelaufnahme und das Verformungsverhalten von Ausbau und Gebirge (auch Oberflächensetzungen, Extensometermessungen u. a.) regelmäßig zusammengestellt und interpretiert werden.
- Die Modellvorstellung über den Gebirgsbau und über das Tragverhalten des Gebirges beim Vortrieb ist ständig fortzuschreiben und auf Abweichungen von der Prognose zu überprüfen.
- Bei unvorhergesehenen Ereignissen (große Verformungen, Nachbrüche) muss unverzüglich eine gründliche Dokumentation der Gebirgsverhältnisse und der Situation vor Ort, einschließlich einer Risskartierung, erstellt werden.

Die heutigen CAD-Programme ermöglichen eine 3D-Modelldarstellung aller Erkundungsdaten, angefangen bei den Bohrergebnissen bis zu der Tunneldokumentation sowie den Messergebnissen im Tunnel und an der Geländeoberfläche (Furtmüller und Marschallinger 2003; Bergler 2009; Gusenbauer 2009). Inhalte einer solchen Datenbank, die dann allen Beteiligten zur Verfügung stehen, sind u. a. die Ortsbrustaufnahmen einschließlich der Ortsbrustfotos und die klassifizierbaren Daten des Gebirges (Gesteinsfestigkeit, Verwitterungsgrad, Trennflächenbeschreibung, Störungszonen, Zerlegungsgrad, Verbandsfestigkeit), die Wasserzutrittsmengen sowie auch nichtklassifizierbare Daten, die in Textfeldern verbal beschrieben werden können. Dazu kommen die Vortriebsdaten (auch Ausbaufestlegungen) und die Ergebnisse der Deformationsmessungen. Eine solche Datenbank ermöglicht eine zeitnahe Auswertung und Interpretation der Daten im Hinblick auf die Sicherheit des Vortriebs (Vergreiner et al. 2007) und dient dazu, das geotechnische Gebirgsmodell auf der Grundlage der neuen Informationen zu aktualisieren und Rückrechnungen vorzunehmen.

Ohne eine systematische ingenieurgeologische Begleitung der Bauausführung in Form von Tunnelkartierung und Interpretation der Ergebnisse in einem Soll-Ist-Vergleich ist Tunnelbau in schwierigem Gebirge mit einem erheblichen Risiko verbunden. Das Erkennen der kausalen Zusammenhänge zwischen Gebirgsbeschaffenheit und Verformungsverhalten beim Vortrieb schafft die Grundlage für eine dem jeweiligen

Problem angemessene Reaktion. Die Tatsache abklingender oder abgeklungener Verformungen allein ermöglicht nicht immer eine Aussage über die tatsächliche Sicherheitsmarge, mit der ja trotz allem noch unerkannte und nicht vorhersehbare Unregelmäßigkeiten abgedeckt werden müssen. Die Erfahrung hat auch gezeigt, dass die geologischen bzw. geotechnischen und vortriebsbedingten Zusammenhänge oft so vielgestaltig sind, dass aus einem einzelnen Ereignis nicht immer wirklichkeitsnahe, allgemeingültige kausale Zusammenhänge über den Verformungs- bzw. Versagensmechanismus abgeleitet werden können. Häufig bedarf es des Überblicks eines kompetenten Fachmannes, um über vergleichbare Fallstudien von anderer Stelle die prinzipiellen Zusammenhänge zu erkennen und Arbeitshypothesen aufzustellen. Nötigenfalls müssen auch zusätzliche Erkundungsmaßnahmen bzw. Messungen vorgeschlagen werden.

17.4.2 Ingenieurgeologisches Nachtragsmanagement

Die Bedeutung einer ingenieurgeologischen Vortriebsdokumentation wird nicht nur von den ausführenden Firmen oft unterschätzt und ist nachträglich dann meist nicht mehr beizubringen. Dabei werden gerade im Tunnelbau von den Beteiligten häufig Risiken eingegangen, die im Nachhinein nicht selten zu Streitigkeiten mit dem Auftraggeber führen. Eine Eingrenzung dieses Risikopotenzials und eine spätere Beweisführung sind i. d. R. nur anhand einer umfassenden Vortriebsdokumentation möglich, in der die vorgegebenen und die angetroffenen Gebirgsverhältnisse verglichen und den gemessenen Verformungen sowie dem Sicherungsaufwand gegenübergestellt werden.

Das Gebirge als Baugrund und Baustoff ist grundsätzlich dem Risikobereich des Auftraggebers zuzurechnen. Wenn beim Tunnelvortrieb Verhältnisse angetroffen werden, die aus den Ausschreibungsunterlagen nicht erkennbar waren oder nicht vorhergesehen werden konnten und welche die Bauausführung erschweren oder verteuern, so ist der Unternehmer berechtigt, vom Bauherrn eine Vergütung seiner Mehraufwendungen zu verlangen. Dabei ist zu unterscheiden zwischen Abweichungen gegenüber den prognostizierten Gebirgs- und Grundwasserverhältnissen, dem sog. Baugrundrisiko, und nicht vorhersehbaren Reaktionen des Gebirges beim Tunnelvortrieb, dem sog. Systemrisiko oder ggf. auch Setzungsrisiko

Ausgangspunkt für das Erkennen etwaiger Abweichungen sind die Ergebnisse der ingenieurgeologischen und geotechnischen Voruntersuchungen. Sie waren entweder den **Ausschreibungsunterlagen** beigegeben oder konnten von den Bietern eingesehen werden. Darüber hinaus ist es Aufgabe des Planers, das erwartete tunnelbautechnische Verhalten des Gebirges in den technischen Entwurf und in die Leistungsbeschreibung einzuarbeiten. Nach Möglichkeit sollte es für den Bieter nachvollziehbar sein, wie der Planer die Ergebnisse der Voruntersuchungen in der Planung berücksichtigt hat und welche Annahmen über das zu erwartete Gebirgsverhalten der Ausschreibung zugrunde liegen. Auf der anderen Seite darf ein Bieter gemäß seiner vorvertraglichen **Prüfungs- und Bedenkenhinweispflicht** erkennbar fehler- oder lückenhafte bzw. widersprüchliche Angaben in den Vorleistungen (z. B. Gutachten) oder den Ausschreibungsunterlagen nicht einfach hinnehmen, sondern muss daraus sich ergebende Zweifelsfragen vor Abgabe des Angebots klären (sog. unechtes Baugrundrisiko). Auch nach Auftragsvergabe hat der Auftragnehmer (AN) alles zu tun, um den Projekterfolg sicherzustellen. Dazu gehören auch die üblichen Prüf-, Hinweis-, Informations- und Warnpflichten bzw. Behinderungsmitteilungen (s. d. geotechnik 39:2). Der AN muss auch jederzeit belegen können, wie er im Einzelfall gearbeitet hat bzw. wie er seinen Pflichten nachgekommen ist. Dazu gehört u. a. eine entsprechende Dokumentation der aufgetretenen Probleme, der daraus resultierenden Umstellungen und Zusatzleistungen einschließlich der Auswirkungen auf die Bauzeit.

Nach der geltenden Rechtsauffassung (VOB, Teil A, Allgemeine Bestimmungen für die Vergabe von Bauleistungen) hat der

Auftraggeber bzw. sein Beauftragter alle Untergrund- bzw. Gebirgsverhältnisse, welche die Errichtung eines Untertagebauvorhabens maßgeblich beeinflussen können, soweit zu erkunden und zu beschreiben, dass dies von allen Bietern im gleichen Sinne verstanden wird und die Erstellung von vergleichbaren Angeboten ermöglicht. Dem AN darf kein ungewöhnliches Wagnis aufgebürdet werden für Umstände, auf die er keinen Einfluss hat und die er nicht im Voraus abschätzen kann (VOB, A § 9). Andererseits bilden Abweichungen von den geologischen und hydrogeologischen Vorgaben allein noch keine Anspruchsgrundlage auf eine Mehrkostenvergütung, sondern nur, wenn belegt werden kann, dass die Abweichungen auch bei Einsatz aller im Vertrag enthaltenen technischen Möglichkeiten zu einer Behinderung und im Weiteren zu unvermeidbaren Mehrkosten geführt haben (Haid und Maidl 2007). Außer den Kosten für die direkte Bewältigung des eingetretenen Schadens stehen dabei auch Kosten für die Umstellung der Vortriebsarbeiten und für eine Bauzeitverlängerung zur Diskussion.

Wenn Schäden am Ausbau oder sonst im Tunnel bzw. im Gelände aufgetreten sind, deren Ursachen strittig sind, so wird zunächst nach den allgemeinen Beweisregeln bzw. der sog. **Selektionsmethode** vorgegangen. Danach wird erst einmal anhand aller verfügbaren Protokolle und Unterlagen überprüft, ob die erbrachte Leistung den allgemein anerkannten Regeln der Technik entspricht und in vollem vertraglichem Umfang erbracht worden ist oder ob irgendwelche Herstellungsfehler vorliegen. Der Umfang der möglichen Fehlerquellen wird gern unterschätzt (Kluckert 2010, darin Lit.). Im Bedarfsfall kann nach der sog. 5-M-Methode nach Englert vorgegangen werden: **M**ensch, **M**aterial, **M**ethode, **M**aschine und **M**edium Baugrund. Bei der Bewertung der möglichen Schadensursache(n) gilt i. d. R. der widerlegbare Grundsatz, nämlich dass eine den Regeln der Technik entsprechende und gegengezeichnete Dokumentation der einzelnen Arbeitsvorgänge ein ausreichender Beweis dafür ist, dass auch die Ausführung entsprechend der Ausschreibung bzw. nach dem Stand und den Regeln der Technik erfolgte. Eine solche Dokumentation des Vortriebs und der Arbeitsabläufe ist daher immer auch im Interesse des AN.

Liefert die Selektionsmethode keine Auffälligkeiten, so sind die Ursachen im Gebirge zu suchen. Hier ist der Ingenieurgeologe gefordert, wesentlich zur Lösung der Problematik beizutragen. Eine sorgfältige ingenieurgeologische Tunnelkartierung gem. ▶ Abschn. 17.4.1 ist dabei nicht nur Dokument für die Festlegung der Ausbruchklassen und der Sicherungsmaßnahmen, sondern sie liefert, ggf. zusammen mit einer entsprechenden Analyse der auftretenden Verformungen, häufig erst die Argumentationsgrundlage für ein schlüssiges Konzept. In vielen Fällen ist dazu die übliche Ortsbrustdokumentation nicht aussagekräftig genug, sondern es müssen rechtzeitig zusätzliche Aufnahmen bzw. Auswertungen vorgenommen werden, um die maßgebenden Strukturen im Gebirge zu erkennen und auch bewerten zu können (Prinz 2001).

Bei der Begründung von Nachforderungen ist zu unterscheiden zwischen unvorhergesehenen bzw. unvorhersehbaren geänderten Gebirgsverhältnissen sowie zwischen Baugrundrisiko und Systemrisiko. Häufig werden für die Begründung von Nachforderungen **unvorhersehbare Auswirkungen** von geologischen Faktoren herangezogen, welche die Gesteins- und Gebirgsfestigkeit deutlich herabsetzen und das Verhalten des Gebirges ungünstig beeinflussen. Unvorhersehbar bedeutet, es handelt sich um bisher hier noch nicht bekannte geologische Phänomene. Dies gilt vor allem für Auflockerungen des Gebirgsverbandes infolge tektonischer Beanspruchung, frühere Hangbewegungen oder auch ungewöhnliche Primärspannungsverhältnisse, die bei den Voruntersuchungen nicht oder nicht ausreichend berücksichtigt und auch bei den Vortriebsarbeiten nicht in ihrer Tragweite erkannt worden sind. Weitere häufige Begründungen sind vorab nicht erkannte Rinnenbildungen, besonders an alten Landoberflächen, örtlich tief reichende Verwitterung, Fehlprognosen über das Schichteinfallen, Karststrukturen oder alte bergbauliche Hohlräume, Wasserführung des Gebirges, geänderte Kennwerte

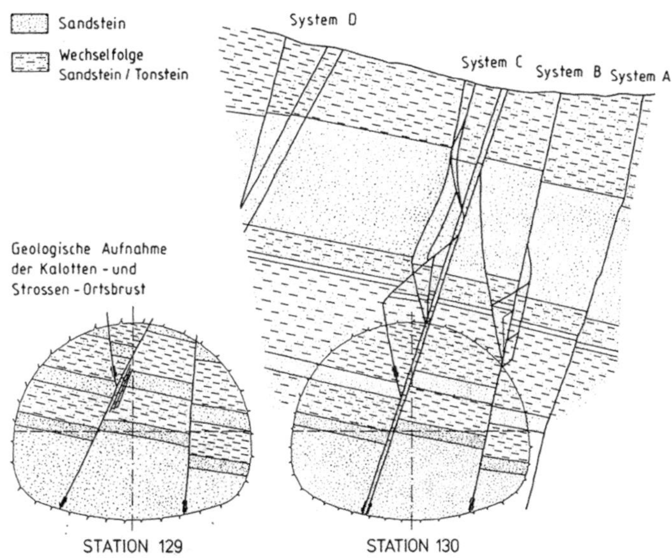

Abb. 17.26 Vergleichende Gegenüberstellung der Aussagekraft einer Ortsbrustdarstellung mit der großflächigen Aufnahme der Schachtaufwältigung eines Verbruchs (Aufnahme Lahmeyer Int.)

(bes. der Scherfestigkeit auf Trennflächen) sowie weitere in ► Abschn. 17.2.2 aufgeführte Risikofaktoren. Als **unvorhergesehen** gelten Ereignisse, die zwar in den Voruntersuchungen nicht erkannt und nicht berücksichtigt wurden, die aber für einen Spezialisten auf dem betreffenden Fachgebiet vorhersehbar gewesen wären. Für die am Bau Beteiligten war aber das Ereignis nicht vorhersehbar.

Ähnlich liegt der Fall, wenn die Gebirgsverhältnisse zwar im Wesentlichen zutreffend beschrieben waren, das Verhalten des Gebirges beim Ausbruch aber nicht richtig eingeschätzt worden ist. In diesen Fall ist zwar die geologische Prognose unverändert geblieben, es liegt aber ein **geändertes Gebirgsverhalten** vor, das auch beim Vortrieb nicht rechtzeitig erkennbar war (sog. Systemrisiko, ► Kap. 1 und ► Abschn. 17.2.2). Die Folgen können große Deformationen, Nachbrüche oder auch Verbrüche sein.

Die **Ursache von Schadensereignissen** kann beim Baubetrieb liegen (z. B. unsachgemäße Behandlung des Gebirges, unzureichende Sicherungsmaßnahmen, Geräteausfall, Fehlbedienung oder -behandlung der Sicherung) oder im Gebirge (unerwartete geologische oder hydrogeologische Verhältnisse). Liegt die Ursache im Gebirge, tritt die Frage der Vorhersehbarkeit oder Erkennbarkeit für eine Spezial- oder Fachfirma in den Vordergrund. Häufig treten Verbrüche in Gebirgsverhältnissen auf, die beim Vortrieb nicht als besonders schwierig erkannt und dementsprechend nicht zusätzlich gesichert worden sind (Abb. 17.26). Erst das Verbruchereignis zeigt dann, dass entscheidende geologische Faktoren nicht richtig erkannt oder berücksichtigt wurden. In diesen Fällen müssen das Verformungsverhalten und der Schadensverlauf mit den bei der Aufwältigung des Verbruchs erkennbaren Strukturen im Gebirge verglichen und gründlich analysiert werden. Meist liegt auch nicht nur eine Ursache vor, sondern eine Verkettung mehrerer ungünstiger Umstände. In diesem Zusammenhang sind insbesondere tektonisch bedingte Gebirgsauflockerung und mangelhafte Gebirgseinspannung zu nennen, die in den vergangenen Jahrzehnten mehrfach zu Verbrüchen oder verbruchähnlichen Ereignissen geführt hat (Prinz und Michael 1998, darin Lit.; Prinz 1998, 2001).

Schwieriger zu bewerten ist die Situation, wenn die Gutachten und Berichte allgemeine

Hinweise auf besondere Gebirgsverhältnisse enthalten, ohne diese im Einzelnen zu quantifizieren oder zu lokalisieren, oder wenn in den Gutachten und in der Ausschreibung übergroße Bandbreiten der Gebirgskennwerte bzw. Rechenwerte angegeben werden. Übergroße Streuungen von Gebirgsparametern oder solche allgemeinen textlichen Hinweise sind für die Bieter nicht im gleichen Sinne kalkulierbar und können, wenn die Situation in größeren Umfang eintritt, ebenfalls zu Nachforderungen führen, die aber schwerer durchzusetzen sind.

17.5 Standfestigkeit und Tragverhalten des Gebirges

Die Standfestigkeit des Gebirges beim Ausbruch eines Felshohlraums hängt ab

- von der Lage des Tunnelbauwerks im Berg und der Ausbruchsrichtung,
- von den Abmessungen des Felshohlraums,
- vom Gebirge, d. h. von der Gesteins- und Gebirgsfestigkeit sowie vom Trennflächengefüge und von der tektonischen Beanspruchung,
- vom Spannungszustand im Gebirge, auch von oberflächennah oder tektonisch bedingter Gebirgsauflockerung und
- von der Vortriebsart, der Vortriebsfolge und den Sicherungsmaßnahmen.

17.5.1 Lage, Richtung und Querschnitt des Hohlraums, Versagensmechanismen

Bei der **Lage des Tunnelbauwerks im Berg** kann die Morphologie Hinweise auf geologische Schwachstellen liefern. Der Verlauf von Seitentälern oder Rinnen am Hang wird oft von tektonischen Störungszonen geprägt. In solchen Expositionen und bei allen Lehnentunneln ist besonders auf hangparallele Trennflächen, auf fossile, z. T. tief reichende Rutschungsformen und auf Hangzerreißung zu achten. Im Bereich verstärkter Hangzerreißung ist mit erhöhter Verformungsanfälligkeit des Gebirges zu rechnen. Vom Talhang ausgehend kann sich die Gebirgsauflockerung über mehr als hundert Meter weit auf das angrenzende Gelände erstrecken. In Tunnelabschnitten mit geringer Überlagerung (<2-facher Querschnitt) muss auch die mangelhafte Gebirgseinspannung in der oberflächennahen Auflockerungszone beachtet werden, die in tektonischen Störungszonen besonders ausgeprägt sein kann und auch tiefer reicht als außerhalb von Störungszonen (Naumann und Prinz 1988). In Faltengebirgen ist vor allem in Sattellage (Sattelscheitel) mit Gebirgsauflockerung zu rechnen – eine Vortriebssituation, die gelegentlich schon zu Verbrüchen geführt hat (◘ Abb. 17.27).

Die **günstigste Ausbruchsrichtung** ist immer senkrecht zu den maßgebenden

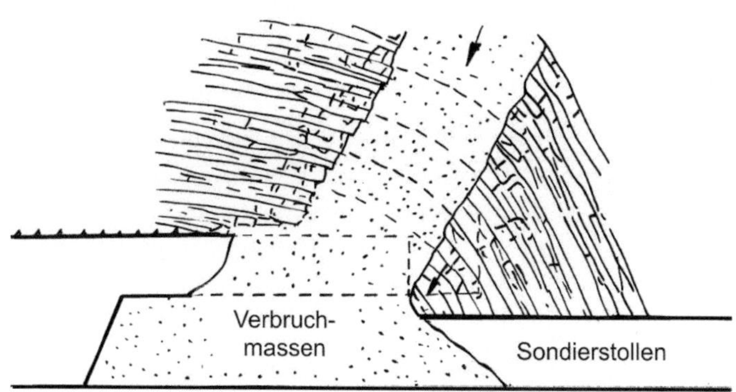

◘ **Abb. 17.27** Verbruch in einem Sattelkern trotz eines vorab ohne Probleme aufgefahrenen Sondierstollens (nach Kugelmann 1989)

Trennflächen, was jedoch in der Praxis wegen der Zweckbestimmung des Bauwerks und der Variationsbreite der Trennflächenrichtungen selten beachtet werden kann. Anders ist es bei Kavernenbauten, die so angeordnet werden sollten, dass sie in möglichst guten Gebirgsbereichen und günstigen Trennflächenstellungen zu liegen kommen (Beispiel s. Netzer und Gerstner 2008). Allgemein gilt: Bei flacher bis mittelsteiler Lagerung ist die tunnelbautechnisch günstigere Vortriebsrichtung in Fallrichtung der maßgeblichen Trennflächen, meist Schichtung oder Schieferung. Als besonders instabil haben sich gegen die Vortriebsrichtung einfallende Schicht- oder Schieferflächen von 40–70° erwiesen, insbesondere wenn diese Flächen Bewegungsspuren und tonige Beläge aufweisen, die bei Wasserzutritt schmierig werden und dann mechanisch besonders wirksam sind (◘ Abb. 17.28). Bei steiler Lagerung der maßgeblichen Trennflächen und geringer Gebirgsfestigkeit können bei spitzwinkligem oder achsparallelem Streichen strukturbedingt hohe asymmetrische Spannungen (Verformungen), Konvergenzen und z. T. Sohlhebungen auftreten (Huber et al. 2005). Durch ungünstiges achsparalleles Streichen von Großklüften und kleineren Verwerfungsflächen sind auch schon Verbrüche ausgelöst worden (◘ Abb. 17.26, System A).

Querschlägige oder stumpfwinklig verlaufende Störungszonen beeinflussen den Tunnelvortrieb nur auf kurzer Strecke, während spitzwinklig verlaufende Längsstörungen diesen auf größere Länge begleiten und besonders die Stabilität der Ulmen schwächen.

Hinsichtlich des Versagens von kinematisch freien Kluftkörpern, sog. Keyblocks, unterscheidet man das sog. Entspannungsgleiten auf Trennflächen und das Herausbrechen aus dem Gebirgsverband (► Abschn. 3.4.3.2 und Blümel et al. 2002). Der Versagensmechanismus ist dabei ein komplexer Vorgang, bei dem die mangelhafte Einspannung eines aufgelockerten Gebirges ein wesentlicher Faktor ist (Abminderung der Reibungskräfte).

Die Gefahr von **Firstablösungen** (sog. Sargdeckel) ist bei den heutigen Sicherungsmitteln (► Abschn. 17.9.1) nur noch gering. Als besonders nachbruchgefährdet haben sich ± horizontal liegende Dünnbankigkeit oder Schieferung, aber auch steil stehende dünnbankige bis bankige Schichten erwiesen, deren Kluftkörper an bankrechten Klüften ausbrechen können.

Die Ursachen von **Bergschlaggefährdung** sind hohe Gesteinsdruckfestigkeiten und hohe Überlagerung bzw. ein Horizontalspannungsüberschuss (► Abschn. 2.7.9) oder hohe Tangentialspannungen am Ausbruchsrand sowie mikroseismische Aktivitäten. Bergschläge sind besonders in massigen oder dickbankigen Gesteinen mit geringer Durchtrennung oder auch in Wechsellagerungen von harten

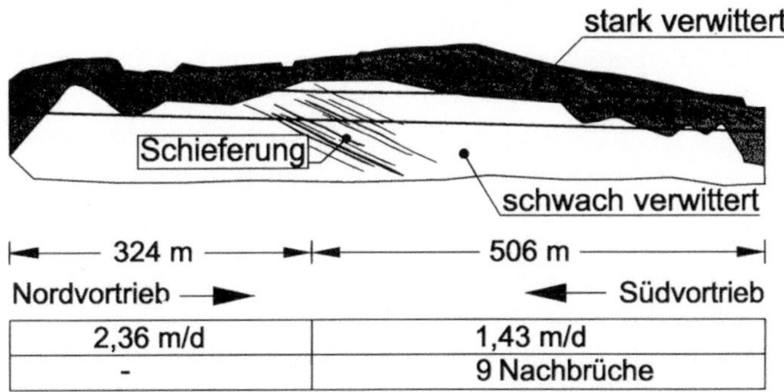

◘ **Abb. 17.28** Einfluss der Vortriebsrichtung auf die Standsicherheit der Ortsbrust und auf die Vortriebsgeschwindigkeit bei einem Tunnel im Rheinischen Schiefergebirge (Krajewski et al. 2000)

(spröden) und duktilen Gesteinen bekannt geworden (▶ Abschn. 4.2.3.2 und Stadelmann und Eppler 2005; Stadelmann und Rehbock-Sander 2010; Steiner et al. 2010; John et al. 2016). Dabei kommt es in den harten und spröden Gesteinen zu Spannungskonzentrationen und zu einer Überbeanspruchung, die dann zu plötzlichen Entspannungsvorgängen und unkontrollierten Brucherscheinungen im Gebirge führt, wodurch hohe Energien in Form elastischer Wellen freigesetzt werden.

Diese dynamischen Ereignisse bewirken im Tunnel mehr oder weniger plötzliche schalenförmige Ablösungen im Bereich der Ortsbrust oder in der Firste. Bergschläge oder bergschlagähnliche Ereignisse treten meist in den ersten 3 Stunden nach dem Abschlag auf, sind aber auch im gesicherten Bereich nicht auszuschließen (Moritz et al. 2015). Auch durch einen Parallelvortrieb können im gesicherten Bereich noch Bergschläge ausgelöst werden (Stadelmann und Rehbock-Sander 2010; Röthlisberger et al. 2016). Als Sicherheitsmaßnahme werden eine Aufteilung der Ortsbrust, eine gewölbte Ortsbrust, Ortsbrustversiegelung mit stahlfaserbewehrtem Spritzbeton und Ortsbrustankerung sowie eine angepasste Ausbruchsicherung mit ggf. nachgiebigen Elementen genannt.

Beim Vortrieb des Gotthard-Basistunnels sind auch mehrere hundert Meter hinter der Ortsbrust ungewöhnlich starke Bergschlagereignisse aufgetreten, die den Ausbau auf einige Zehnermeter geschädigt haben. Diese Ereignisse werden mit den Spannungsumlagerungen beim Vortrieb der zweiten Röhre, insbesondere während und nach Betriebsstillständen in Zusammenhang gebracht (Röthlisberger et al. 2016).

Auch bei maschinellen Vortrieben kann es bei großen Überlagerungshöhen oder infolge lokal erhöhter Gebirgsspannungen zu Abplatzungen an der Ortsbrust und im noch ungesicherten Firstbereich kommen. Dank angepasster Methoden der Gebirgssicherung kann heute auch solchen Gefahren begegnet werden (Home und Jordan 2015).

17.5.2 Spannungszustand, Spannungsumlagerung, Gebirgs- und Quelldruck

Die im Gebirge herrschenden Spannungen werden allgemein als Gebirgsspannungen bezeichnet. Unter **Gebirgsdruck** versteht man dagegen alle vom Gebirge ausgehenden Einwirkungen auf den Beanspruchungszustand der Tunnelschale. Die Größe und die Verteilung des Gebirgsdrucks werden von folgenden Faktoren beeinflusst:

- primärer Spannungszustand (u. a. Überlagerungshöhe),
- Gebirgseigenschaften und Grundwasserstand,
- Hohlraumgröße und -form,
- Bauweise und Bauablauf,
- rechtzeitiges Einbringen der Stützmittel.

In der Praxis dienen die Gebirgsdruckansätze der vorläufigen Festlegung von möglichst zutreffenden Lastannahmen für die statische Berechnung des Tunnelausbaus. Bei geringen Gebirgsverformungen, wie sie bei Mittelgebirgstunneln die Regel sind, oder bei deren rechtzeitiger Behinderung tritt kein echter Gebirgsdruck auf. Anders ist die Situation bei Tunneln in Gebirgsarten geringer Festigkeit und besonders bei **tief liegenden Tunneln**, bei denen die Gebirgsspannungen und die Ausrichtung der Spannungsanteile die entscheidenden Herausforderungen sind. Bei großen Überlagerungen sind die Trennflächen normalerweise geschlossen und mechanisch wenig wirksam. In Gebirgsarten mit geologisch bedingter Entfestigung (z. B. Störungszonen) oder bei duktilem Gebirgsverhalten (z. B. Phylite, Glimmergneise) können aber große und lang anhaltende Verformungen von mehr als 50 cm und entsprechende Gebirgsdruckerscheinungen auftreten. Derartig reagierendes ± druckhaftes Gebirge tritt nicht nur bei hohen Primärspannungen (in erster Linie hoher Überlagerungsdruck) auf, sondern ist vor allen Dingen von den Gebirgseigenschaften abhängig (▶ Abschn. 17.5.5.1 und Kovari 1998; John und Mattle 2007). Besonders in größeren Störungszonen kann es zu einer Überbeanspruchung des Gebirges kommen.

Insgesamt muss man bei den Druckerscheinungen des Gebirges auf den Ausbau zwischen Überlagerungsdruck, Umlagerungsdruck, Auflockerungsdruck, Quelldruck und echtem Gebirgsdruck unterscheiden.

17.5.2.1 Sekundärer Spannungszustand in Mittelgebirgstunneln, Auflockerungsdruck

Im Tunnelbau werden verschiedene Spannungszustände unterschieden, nämlich primärer, sekundärer und tertiärer Spannungszustand. Beim Auffahren eines unterirdischen Hohlraums wird der vorhandene (primäre) Gleichgewichtszustand des Gebirges durch Spannungsumlagerungen und Zwischenzustände in einen neuen (sekundären) Gleichgewichtszustand überführt.

Der **Primärspannungszustand** beeinflusst sowohl die Gebirgsfestigkeit als auch das Verformungsverhalten. Allerdings ist der Primärspannungszustand meist nicht bekannt. Er ist manchmal nicht allein von den überlagernden Gebirgsmassen abhängig, sondern kann von tektonischen Spannungen oder Restspannungen im Gebirge beeinflusst sein. Die Ursachen für einen solchen abweichenden Primärspannungszustand und einen etwaigen Horizontalspannungsüberschuss sind in den ▶ Abschn. 2.7.9 und 3.4.4.3 beschrieben.

Von Bedeutung ist dabei das Verhältnis der Vertikalspannung (σ_z) zur größten Horizontalspannung ($\sigma_{x/y}$). Das Verhältnis des rechnerischen horizontalen Lastansatzes zur in Gradientenhöhe anzunehmenden Vertikallast geht i. d. R. über den **Seiten- bzw. Ruhedruckbeiwert** in die Statik ein. Ruhedruckbeiwert K_0 und Poissonzahl ν sind vom Zustand des Gebirges abhängig und haben im Normalfall folgende Größenordnung (▶ Abschn. 2.7.3 und 2.7.9):

	Ruhedruckbeiwert K_0	Poissonzahl ν
kohäsionsloses, allseitig druckhaftes Gebirge	1,0	0,5
stark nachbrüchiges Gebirge	0,5	0,35
nachbrüchiges Gebirge	0,25	0,2
standfestes Gebirge	0,15	0,1

Ab einem Ruhedruckbeiwert von $K_0 = 0{,}5–0{,}6$ ist mit Konvergenzen zu rechnen. Bei K_0-Werten von 0,6–0,9 können sich rechnerisch ausgedehnte Bruchzonen ausbilden, und die Anker sind überlastet (s. John und Poscher 2004). Bei größeren Überlagerungen, beim Auftreten von tektonischen (Rest-)Spannungen und in ausgeprägten Störungszonen können Seiten- bzw. Ruhedruckbeiwerte von $K_0 > 1{,}0$ auftreten.

Die **sekundäre Spannungsverteilung** im Gebirge ist das Ergebnis aller durch den Ausbruch des Hohlraums ausgelösten Spannungsumlagerungen, die um den Ausbruchbereich herum einen räumlich begrenzten veränderten Spannungszustand auslösen. Dazu gehören zunächst die aus der Überlagerung resultierenden Spannungen, die, wie in ◘ Abb. 17.29 dargestellt, sowohl in Längsrichtung über die Ortsbrust als auch quer zur Tunnelachse tangential um den Hohlraum herum abgetragen werden. Diese ausbruchsbedingten Spannungsumlagerungen bewirken in der Umgebung des Tunnels ortsabhängig eine Belastung bzw. Entlastung. Ober- und unterhalb des Ausbruchsquerschnitts treten stark entlastete Zonen auf, während das seitlich angrenzende Gebirge und die Tunnelschale stärker belastet

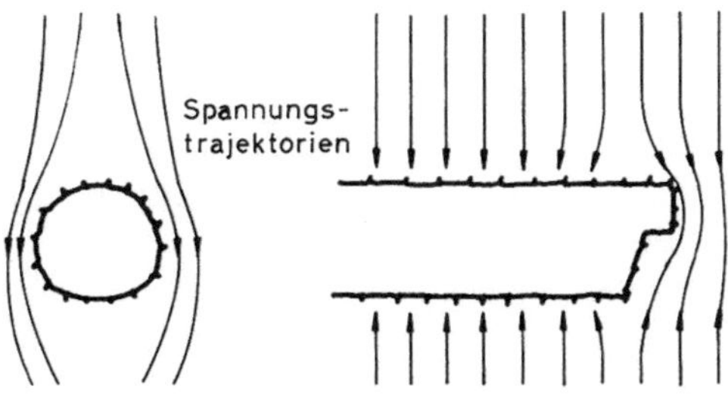

◘ **Abb. 17.29** Spannungsumlagerungen und sekundäre Spannungsverteilung beim Tunnelvortrieb

werden. Großen Spannungskonzentrationen ist auch der Bereich vor der Ortsbrust ausgesetzt, was Ursache für die sog. Vorausverformung ist.

Die Spannungsumlagerung bzw. die seitliche Spannungsausbreitung ist von der Gebirgsqualität, vom Trennflächengefüge und vom Einspannungs- bzw. Auflockerungszustand des Gebirges abhängig. Wirkt auf steil stehenden Trennflächen keine Normalspannung, so ist nicht nur die Spannungsausbreitung stark eingeschränkt, auch die Scherfestigkeit fällt bei ungenügender Normalspannung stark ab. Ungünstig streichende vertikal durchgehende Trennflächen behindern die Spannungsumlagerung und führen zu einer erhöhten Auflast auf den Spritzbetonausbau (sog. Umlagerungsdruck). Auch seitlich ungünstig einstreichende Trennflächen können Spannungskonzentrationen am bzw. nahe dem Ausbruchrand bewirken, die zusammen mit einem auflockerungsbedingt niedrigen V-Modul des Gebirges entsprechende Verformungen zur Folge haben und Bruchvorgänge auslösen können. Die von Schubert und Marinko (1989) beschriebene Entwicklung der Bruchmechanismen (◘ Abb. 17.42) mit Schubrissen im Kämpferbereich und grundbruchartigen Scherbrüchen unter den Kalottenfüßen konnten in einigen Fällen bei Tunneln im Buntsandsteingebirge in Osthessen beobachtet werden.

Die Spannungsumlagerung bedarf außerdem einer gewissen Entwicklungshöhe. Wenn bei seicht liegenden Tunneln die Überlagerungshöhe wegen zu niedriger Gebirgsfestigkeit nicht ausreicht, um die Spannungstrajektorien seitlich weit genug in das Gebirge umzulenken, oder wenn ungünstig verlaufende Großklüfte die seitliche Spannungsausbreitung behindern, so konzentrieren sich die Zusatzspannungen nahe dem Ausbruchsrand, während sie bei voll entwickelter Spannungsumlagerung weiter in das Gebirge hinein umgelenkt werden (Naumann und Prinz 1988, darin Lit.). Diese Erkenntnis ist die theoretische Grundlage dafür, dass ab einer Überlagerungshöhe von >1,5 D eine Abminderung der Überlagerungslast auf eine der Gebirgsqualität entsprechende begrenzte Auflockerungsglocke vorgenommen werden kann (► Abschn. 15.5.5.1).

Die grundlegenden Gedanken hinsichtlich der Reichweite und Verteilung der seitlichen Spannungsumlagerung gehen schon auf Wiesmann (1912) und Rabcewicz (1944) zurück. Allgemein wird eine seitliche Spannungsausbreitung von 0,5–1 D angenommen. Anhaltspunkte über die Spannungen und ihre Verteilung erhält man aus den Verformungsmessungen beim Tunnelvortrieb (► Abschn. 17.5.3).

Auf der Tunnelschale selbst lastet ein gewisser **Auflockerungsdruck** aus der Last der spannungsfreien Zone über dem Hohlraum, der sich je nach Gebirgsfestigkeit als leichte bruchlose Deformation oder als einige Meter hohe Entfestigungs- bzw. Auflockerungszone bemerkbar macht (Rabcewicz 1944). Die Höhe dieser Auflockerungszone ist von der Querschnittsbreite, dem Trennflächengefüge und den Vortriebsarbeiten abhängig.

In Gebirgsarten mit geringen Gesteinsfestigkeiten (z. B. Tonsteine $q_u = 0{,}5–5{,}0\ \mathrm{NM/m^2}$ oder entsprechend entfestigte Tonschiefer) kann der Überlagerungs- bzw. Umlagerungsdruck nahe dem Ausbruchrand die einaxiale Gebirgsfestigkeit überschreiten (► Abschn. 17.5.5.1). Es treten große Verformungen und duktil-plastisches Gebirgsverhalten auf, die Anzeichen für **echten Gebirgsdruck** sein können, der zu Stabilitätsproblemen führen kann. Die Deformationen laufen dabei nicht immer zeitnah zum Ausbruch ab, sondern können sich über Wochen und Monate hinziehen. Die Größe und der Verlauf der anhaltenden Gebirgsverformungen sind schwierig vorherzusagen. Das langzeitliche „Kriechen ist bei Beanspruchungen in der Nähe des Bruchzustands besonders ausgeprägt.

17.5.2.2 Tertiärer Spannungszustand in Mittelgebirgstunneln, Quelldruck

Der „Baustoff Fels“ zeigt sowohl an steilen Böschungen als auch im Felshohlraumbau mehr oder weniger deutlich ein zeitabhängiges (rheologisches) Verhalten. Die Spannungszustände, die sich erst im Laufe der Zeit aufbauen bzw. verändern, werden als **tertiärer Spannungszustand** bezeichnet. Dazu gehören in erster Linie die Folgen einer zeitabhängigen

Gebirgsauflockerung in Form von Kluftöffnungen und langzeitliche Kriechvorgänge sowie auch Gebirgsdruckerscheinungen durch Quellen.

Im Prinzip treten **Quellerscheinungen** bevorzugt da auf, wo der Sekundärspannungszustand kleiner ist als der Primärspannungszustand und wo Wasser an das Gebirge herangeführt wird. Ersteres ist im Wesentlichen unter- und oberhalb eines Tunnels der Fall, wobei die Tatsache, dass bei flach lagernden Gesteinsschichten Quellverformungen fast nur in der Sohle beobachtet werden, in erster Linie auf die Wasserführung zurückgeführt wird. Quellverformungen und Quelldruck sind außerdem anisotrop, d. h., sie treten immer senkrecht zur Sedimentationsebene auf, sodass bei ± horizontaler Schichtung in den Ulmenbereichen nie Quellverformungen beobachtet worden sind.

Bei Quellvorgängen ist zwischen Tonquellen und dem Umwandlungsdruck bei der Hydratation von Anhydrit zu unterscheiden, auch bei feinverteiltem Anhydrit in Ton- und Mergelsteinen.

Beim **Quellen von Ton und Tonstein** ist zwischen innerkristallinem und osmotischem Quellen zu unterscheiden (▶ Abschn. 2.7.11.1). Das innerkristalline Quellen ist i. d. R. bereits in der Natur weitgehend eingetreten, nicht dagegen das spannungsabhängige osmotische Quellen. Quellerscheinungen von Tonen und Tonsteinen sind schon häufig beobachtet worden. Besonders bekannt geworden sind solche Erscheinungen im Opalinuston, Ornatenton und Amaltheenton (Mittel- bzw. Unterjura), in den Oxford-Mergeln des Faltenjura sowie in Keupertonsteinen und tertiärzeitlichen Molassemergeln bzw. im Flysch, und zwar bereits ab Montmorillonitgehalten von 5–10 %, bezogen auf den Gesamtmineralbestand. Zu beachten ist, dass der Tonmineralgehalt und damit die Quellneigung in Dezimeterabständen variieren können. Außerdem sind der Verwitterungsgrad und der Primärspannungszustand zu berücksichtigen.

In den Ton- und Mergelsteinen des südwestdeutschen Keupers tritt besonders das Illit-Montmorillonit-Wechsellagerungsmineral Corrensit auf, das zusammen mit feinverteiltem Anhydrit die Ursache zahlreicher Bauschäden ist. Andere bei den Erkundungsarbeiten festgestellte quellfähige Tonsteine, etwa des Oberen Buntsandsteins, der Feuerletten des Mittleren Keupers und auch in Tonsteinen des Unterjura haben sich bei den Vortriebsarbeiten zumindest regional als nicht relevant erwiesen.

Quellerscheinungen in Molassemergeln sind seit den Arbeiten von Moos (1949) bekannt. Zuletzt beschreiben Pilser et al. (2009) die erhöhte Quellneigung bestimmter Tonmergel und Mergel der Oberen Süßwassermolasse (OSM) beim Bau des alten Pfändertunnels, die Ende der 1970er-Jahre zu Sohldrücken von 0,15–0,45 MN/m^2 und Sohlhebungen um bis zu 30 cm geführt hat. In den Mergeln der OSM kann außerdem feinverteilter Anhydrit vorkommen, was die Quellneigung wesentlich verstärkt. Ähnliche Erfahrungen sind auch in den Molasse-Tonmergeln des Achraintunnels (Braza und Kitzler 2006; Westermayer 2007) und den Oxford-Mergeln des Faltenjura gemacht worden, wo besonders Abplatzungen an den Ausbruchrändern und in der Sohle aufgetreten sind (Putz-Perrier et al. 2014). Auch in den Tertiärsedimenten des Steirischen Beckens haben quellfähige Tonminerale zu Sohlhebungen geführt (Reichard et al. 2011). Vom Opalinuston werden Quelldrücke bis 1,5 MN/m^2 beschrieben (Frühauf und Scholz 2005).

Quellerscheinungen von Tonen und Tonsteinen treten bei Änderung des Spannungszustands (Ausbruch) bereits kurzfristig auf. Dabei ist schwer zu unterscheiden, ob es sich anfangs um entlastungsbedingte (plastische) Verformungen handelt oder ob der osmotisch bedingte Quellvorgang erst als Folgeerscheinung auftritt. Beide Vorgänge lassen sich praktisch nicht trennen (Steiner 2007). Das frühzeitige Einsetzen der Verformungen bewirkt, dass ein großer Teil davon bereits vor Einbau der Sohlsicherung eintritt bzw. während Spritzbeton noch verformbar und kriechfähig ist. Bei der Abschätzung des dann noch möglichen Quelldrucks sind sowohl der Zeitablauf als auch die Beziehung zwischen Quellhebung und Quelldruck bei behinderter Quellhebung zu berücksichtigen. Die Belastung im Sohlbereich kann

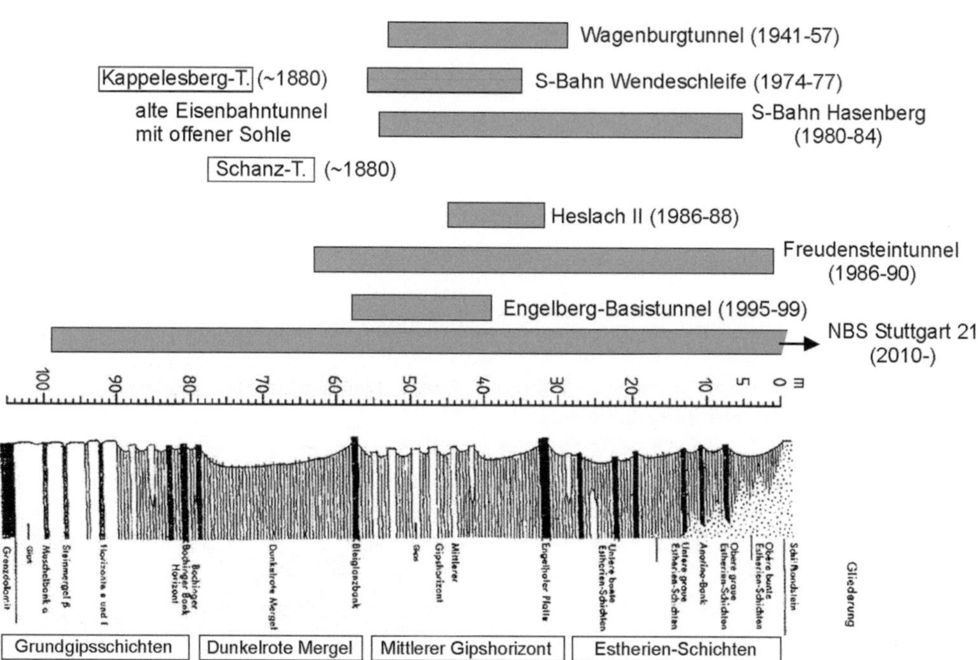

Abb. 17.30 Im unausgelaugten Gipskeuper Baden-Württembergs aufgefahrene Tunnel (nach Wittke 2004a)

bei gebirgsschonenden Ausbrucharbeiten ohne Einsatz von Wasser i. d. R. auf 0,3–0,5 MN/m², max. 1 MN/m², begrenzt werden (s. Westermayer et al. 2009). Der Quellvorgang reicht dabei bis zu einen halben Tunneldurchmesser unter die Sohle (Pilser et al. 2009).

Für die Vortriebsarbeiten in quellfähigen Tongesteinen gilt es deshalb, Wasser vom Vortriebsbereich weitestgehend abzuhalten, die Ausbruchflächen sofort zu versiegeln sowie einen raschen Ringschluss und baldigen Einbau der Innenschale herbeizuführen (Braza und Kitzler 2006; Pilser et al. 2009). Den letzteren Anforderungen kommt ein TBM-Vortrieb mit Tübbingausbau entgegen, bei dem der Sohlbereich umgehend mit 0,25–0,5 MN/m² belastet wird (Schmid 2006; Kirschke 2010). Zusätzlich kann im Bereich des Nachläufers eine Sohlauffüllung vorgenommen werden. Die Tübbinge im Sohlbereich müssen abgedichtet werden, um ein Eindringen von Betriebswasser in das Gebirge zu verhindern (Westermayer et al. 2009).

Durch **Hydratation des** Anhydrits (▶ Abschn. 19.2.2) ausgelöste Sohlhebungen werden besonders aus den Schichten des Gipskeupers und den Sulfatgesteinen des Mittleren Muschelkalks Südwestdeutschlands (Abb. 17.30 und ▶ Abschn. 2.7.11.2) und in der Schweiz (Steiner et al. 2010, 2011) beschrieben. Die Sulfatgesteinsfolgen bestehen teilweise aus reinen Anhydrit-/Gipsbänken, die in Zentimeter- bis Dezimeterabstand von Dolomit- und Tonschlieren oder -lagen durchsetzt sind, teilweise aus Wechselfolgen von Ton- und Schluffsteinen mit Gips- oder Anhydritbänken bzw. Anhydrit/Gips-Ton-Mischgesteinen mit stark wechselnden Sulfatanteilen bis >60 M.-%. Teilweise liegen auch Tonstein- und Dolomitabfolgen mit untergeordneten Anhydriteinschaltungen vor. Gips tritt außerdem verbreitet als Fasergips oder Spaltenfüllung auf. Auch Residualbildungen früherer Auslaugungsvorgänge (▶ Abschn. 19.2.2.2) können aufgrund häufig auftretender quellfähiger Tonminerale (meist Mixed-Layer-Minerale, ▶ Abschn. 2.2.8) noch gewisse Quellerscheinungen hervorrufen.

Die Bedeutung der Sohlhebungen für den Tunnelbau in Sulfatgesteinen ist durch eine größere Anzahl von Schadensfällen belegt, bei denen die Tunnel meist im Sohlbereich aufgebrochen sind. Besonders anfällig sind Ton-Anhydrit-Mischgesteine bzw. Tonsteine mit fein verteiltem Anhydrit, wobei man davon ausgeht, dass zunächst Neubrüche von Klüften im Gebirge infolge von Entlastung (Steiner et al. 2010, 2011) und Tonquellen einsetzen (Henke et al. 1979), wodurch feine Wasserwege geöffnet werden und dadurch die Hydratation in Gang gesetzt wird (► Abschn. 2.7.4.2). Untersuchungen von Steiner et al. (2011) haben gezeigt, dass der Umwandlungsprozess von Anhydrit zu Gips mehrere Meter tief reicht und Quellvorgänge bis 6 m unter Aushubsohle auftreten. Der längerfristig anhaltende Quelldruck selbst wird im Wesentlichen durch den Kristallisationsdruck von rekristallisiertem Gips verursacht (► Abschn. 19.2.2), wobei in Laborversuchen ein Druck von 8–10 MN/m^2 ermittelt wurde (Wahlen 2009). Diese Drücke werden im Gebirge nicht erreicht. Der Quellvorgang wird hier durch den im Untergrund herrschenden Spannungszustand und die Verfügbarkeit von Wasser begrenzt.

Angaben über langfristige **Beobachtungen von Sohlhebungen** liegen von einigen Tunneln in der Schweiz (Steiner 2007; Chiaverio und Thut 2010; Steiner et al. 2011) sowie vom Kapellis-Tunnel bei Gaildorf mit Gesamthebungen von 4,7 m (Schaechterle 1926), vom Schanztunnel an der Bahnstrecke Stuttgart–Nürnberg bei Schwäbisch-Hall (Erichsen und Kurz 1995) und vom Wagenburg-Tunnel in Stuttgart vor (s. Bacharach 2007). Die Hebungen betragen 0,1–1,6 cm/Jahr und halten über viele Jahrzehnte an. Am Schanztunnel sind von 1880 bis 1972 Hebungen von 1,5 m, d. s. 1,6 cm/Jahr, aufgetreten. Im Wagenburg-Tunnel wurden von 1957 bis 1970 im Sohlbereich Hebungen von 0,7–1,1 m festgestellt, wobei sich die Firste 20–30 cm gehoben hat. Im Sondierstollen für den Engelberg-Basistunnel wurde 1981 nach einem Wasserzutritt im Anhydrit in kürzester Zeit die 20 cm dicke Spritzbetonschale zerstört. Nachdem die 4 m langen Sohlanker abgerissen waren, trat innerhalb von 48 Stunden eine Sohlhebung von etwa 30 cm auf (Rehbock 1998). Beim Hauptvortrieb wurde in diesem Abschnitt eine 1,5 m dicke, mit SN-Ankern rückverankerte Sohle eingebaut, um die während der Bauzeit auftretenden Sohldrücke aufzunehmen. In einem in den Jahren 1986–1987 hergestellten Untersuchungsstollen für den Freudensteintunnel wurden verschiedene Ausbauarten getestet und die einzelnen Strecken teilweise künstlich bewässert. Die Messergebnisse werden von Wahlen (2009) beschrieben.

Vom Wagenburg-Tunnel in Stuttgart liegen Beobachtungen vor, dass der Quelldruck höher war als der Überlagerungsdruck von etwa 50 m Gebirge und sich die Geländeoberfläche fast gleich gehoben hat wie die Tunnelfirste (◘ Abb. 17.31). Auch beim Belchentunnel, beim Adlertunnel (TVM-Vortrieb) und beim Chienbergtunnel (alle in der Schweiz) wurden bei Überlagerungshöhen von 40–60 m Hebungen der ganzen Tunnelröhre von 50–83 mm gemessen, wobei beim Chienbergtunnel Geländehebungen bis 50 m seitlich der Trasse beobachtet wurden, was zeigt, dass auch bei Hebungsvorgängen die übliche Spannungsausbreitung auftritt. Die maximale Hebungsgeschwindigkeit des Chienbergtunnels betrug 4,5 mm/Monat und hielt unter Abschwächung viele Monate an (Chiaverio und Thut 2010).

Das Phänomen, dass sich das Gebirge bis zur Geländeoberfläche mit hebt, tritt nach den Erfahrungen vom Heslacher Tunnel noch bei 91 m Überlagerungshöhe auf (Wittke 2004). Im Bereich des Anhydritspiegels hob sich hier die Tunnelröhre um 30 mm und die Geländeoberfläche darüber um 20 mm und kompensierte weitgehend die Setzungen aus dem Vortrieb (Steiner 2007). Nach derzeitiger Fachmeinung ist mit Geländehebungen bis zu einer Überlagerung von 110 m zu rechnen, was einem Quelldruck von etwa 2,5 MN/m^2 entsprechen würde (Wittke et al. 2014).

Der Vorgang des Anhydritquellens ist immer von der **Zufuhr von Wasser,** d. h. von der jeweiligen Gebirgsdurchlässigkeit abhängig (► Abschn. 2.7.1.1.2). Das unausgelaugte Sulfatgebirge ist i. d. R. nur sehr gering durchlässig. Für den unausgelaugten Gipskeuper geben Wahlen und Wittke (2009) einen Mittelwert für die horizontale Gebirgsdurchlässigkeit von 10^{-9} m/s an, bei häufigen Einzelwerten von 10^{-10} bzw. 10^{-7} m/s. Auch die Wasserbewegung

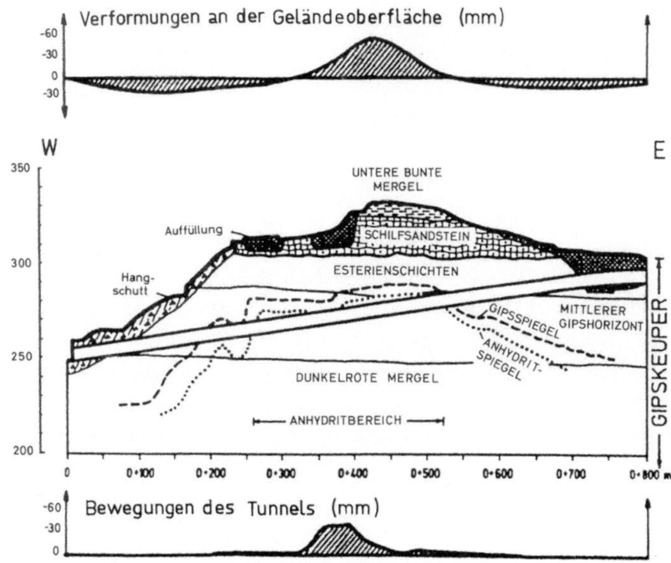

Abb. 17.31 Wagenburg-Tunnel bei Stuttgart: geologischer Schnitt mit den Verformungen der Südröhre (unten) und an der Geländeoberfläche (oben) – nach Paul und Wichter (1995)

auf Klüften ist sehr begrenzt, da diese bei einsetzender Hydratation durch den Quelldruck und die Gipsmineralisation wieder geschlossen werden (s. a. Kupetz 2008). Die höheren Werte für Quelldrücke oder Quellhebungen dürften daher für stärker geklüftete Bereiche gelten oder für Gebirgsabschnitte, in denen der Fasergips nachträglich wieder gelöst ist. Im Bereich über dem Anhydritspiegel und der Auslaugungsfront weist das Gebirge dagegen infolge lösungsbedingter Auflockerungen meist eine gute Wasserwegsamkeit auf. Die Unkenntnis der tatsächlichen Wasserbewegungen im Gebirge bedingt wahrscheinlich auch die in der Praxis zu beobachtende Wechselhaftigkeit in der Intensität des Quellvorgangs. Verlässliche Voraussagen über die Größenordnung des zu erwartenden Quelldrucks bzw. der Quellhebungen und deren zeitliche Entwicklung sind deshalb bestenfalls anhand realistischer Angaben über die jeweilige Gebirgsdurchlässigkeit und Wasserführung und damit äußerst schwer zu treffen (Wittke et al. 2014).

Steiner et al. (2010, 2011) betonen die Bedeutung des primären Spannungszustands bzw. von Spannungsänderungen durch den Vortrieb auf die Rissentwicklung im Gebirge, wodurch feine Wasserwege geöffnet werden und der Quellvorgang ausgelöst wird. Die Höhe der vortriebsbedingten Auflockerungszone beträgt 4–5 m und kann Wasser aus benachbarten Bereichen anziehen. Nach Wittke (2012) kann dadurch die Gebirgsdurchlässigkeit seitlich, oberhalb und unterhalb der Ulmen von ursprünglich 10^{-9} m/s auf Werte von 10^{-6} bis 10^{-3} m/s im Nahbereich des Tunnels zunehmen.

Ein Tunnel in quellfähigem Anhydritgebirge sollte daher mit möglichst großem Abstand zur Auslaugungsfront geplant werden (Wittke und Wittke-Gattermann 2010). Außerdem muss durch schonenden Vortrieb, einen raschen Sohlschluss und den frühen Einbau einer bewehrten Innenschale eine Gefügeauflockerung infolge von Spannungsumlagerung und damit die Entstehung neuer Wasserwege minimiert werden (Steiner et al. 2010, 2011). Das Prinzip der Selbstabdichtung (s. Wittke 2004; Wittke et al. 2007; Kirschke 2010 und ► Abschn. 16.2.1) trägt dann ggf. dazu bei, dass verbleibende Wasserwege bei einsetzendem Quellvorgang wieder geschlossen werden. Wo Tunnel in anhydrithaltigen Gebirgsformationen erstellt werden müssen, gilt daher als erste Forderung, Wasser so weit wie möglich fernzuhalten (schonender Ausbruch, Trockenbohrungen, möglichst keine Ankerbohrungen; s. a. Bacharach 2007), und es muss ein Vortrieb gewählt werden, der Entlastungs- bzw. Sprödbruchvorgänge (Zug- und Scherbrüche) minimiert (Steiner et al. 2011). Im Bereich oder in der Nähe der Auslaugungsfront oder von tektonischen Störungs- und Zerrüttungszonen, d. h. in einem bereits aufgelockerten Gebirge, zeigen diese Maßnahmen i. d. R. wenig Wirkung. Diesem Umstand kann im Gegensatz zur bisherigen Fachmeinung (Kirschke 1998; Rock und Schömig 1999; Wittke 2004). auch durch Abdichtungsinjektionen mit Kunstharzen weitgehend abgeholfen werden (Wittke et al. 2014 und ► Abschn. 7.3.2). Im Bereich der stärksten vortriebsbedingten Gebirgsauflockerung werden zur Verhinderung der Wasserwegigkeit in Tunnellängsrichtung Dammringe bzw. Ringbalken eingebaut. Das Gebirge außerhalb wird durch radiale Injektionen soweit abgedichtet, dass eine Gebirgsdurchlässigkeit von $<10^{-7}$ erreicht wird.

Bei Behinderung der Quellhebungen können erhebliche **Quelldrücke** auftreten. Langzeitquellversuche an Proben von unausgelaugtem Gipskeuper haben die Gültigkeit des Quellgesetzes aus den 1970er-Jahren (► Abschn. 2.7.11.2) bestätigt, wonach die Quelldruckbelastung deutlich geringer ausfällt, wenn die Quellung nicht verhindert, sondern eine gewisse Quellhebung zugelassen wird (Wittke et al. 2004b). Theoretische Ableitungen von Wittke (2003) und zwischenzeitliche Beobachtungen geben außerdem Anlass zu der Annahme, dass die Quellvorgänge im unausgelaugten Anhydritgebirge zu einer Abdichtung der Wasserwege im Gebirge führen und die zum Quellen benötigte Wasserzufuhr dadurch weitgehend unterbunden wird. Ein Tunnel muss dann nicht auf den vollen Quelldruck bemessen werden, der sich bei unbegrenzter Wasserzufuhr einstellen würde, sondern kann auf einen erheblich geringeren Quelldruck ausgelegt werden (Wahlen 2009). Die bisher gemessenen radialen Kontaktspannungen an der Tunnelsohle betrugen 0,8–2,2 MN/m² (Paul und Wichter 1995) bzw. 2,4–3,0 MN/m² (Fecker 1995). Allgemein werden für die Bemessung der Innenschale Quelldrücke von 1,8–2,5 MN/m² angenommen (Steiner et al. 2010, 2011). Auch beim Engelberg-Basistunnel wurde anhand der Messergebnisse von zwei Probestrecken mit einem Quelldruck von bis zu 2,5 MN/m² gerechnet (Rock und Schömig 1999).

Entscheidend für die Planung eines Tunnels in anhydritführendem Gebirge sind die Höhenlage des Anhydritspiegels und die Frage, ob sich der Tunnel oberhalb oder unterhalb bzw. im Bereich des Anhydritspiegels (Auslaugungsfront) befindet (Wittke 2012). Nach den Erfahrungen sind bei solchen Tunnelbauten im Wesentlichen zwei Ausbauprinzipien in der Diskussion: das Widerstandsprinzip und das Ausweichprinzip. Beim klassischen **Widerstandsprinzip** wird die Stahlbetoninnenschale so bemessen, dass sie dem Quelldruck widerstehen kann. Beim **Ausweichprinzip**, auch Verfahren mit nachgiebiger Sohlstützung genannt wird dagegen unter der Tunnelsohle eine Knautschzone aus Dämmstoffen angeordnet, die Verformungen zulässt, wodurch der Quelldruck reduziert wird (◘ Abb. 17.32). Die Dicke der

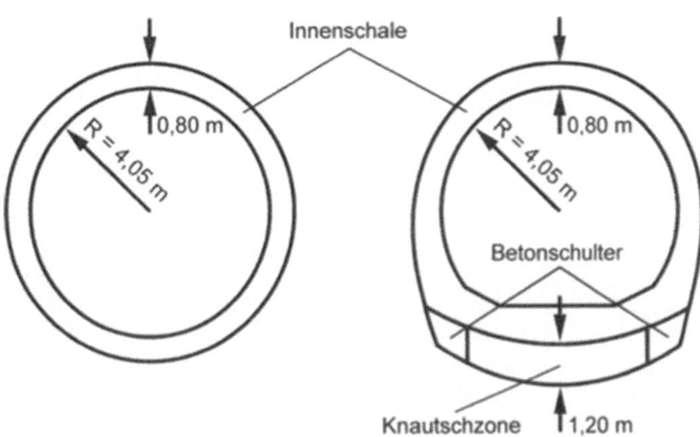

◘ **Abb. 17.32** Widerstandsprinzip und Ausweichprinzip für quellfähiges Gebirge (nach Marquart 2004)

Knautschzone, d. h. der Knautschweg, ergibt sich aus der zu erwartenden Quellhebung, die ihrerseits wieder von der Gebirgsdurchlässigkeit bzw. Wasserführung abhängig ist (Wittke et al. 2014).

Als **Entscheidungsgrundlage** für das Ausbauprinzip dienen die Größe und die Zeitabhängigkeit des zu erwartenden Quelldrucks sowie die Höhe und Ausbildung des überlagernden Gebirges. Im Bereich des unausgelaugten, wenig wasserwegsamen Anhydritgebirges kommt i. d. R. das Widerstandsprinzip zur Anwendung, Bei Quellvorgängen, die technisch nicht mehr beherrscht werden können, ist das Ausweichprinzip vorzuziehen. Dies ist der Fall, wenn im Bereich der Auslaugungsfront geschwächtes, besser wasserwegsames Gebirge ansteht und keine ausreichende Überdeckung ($H_ü > 90$ m) vorliegt. Dann ist das Ausweichprinzip vorzuziehen, dessen Knautschzone einen Teil der Hebungen aufnehmen kann, sodass insgesamt geringere Hebungen der Tunnelröhre zu erwarten sind (s. Bacharach 2007).

Die kritische Bauphase beim Widerstandsprinzip liegt zwischen dem Ausbruch und den ersten Sicherungsarbeiten sowie dem späteren Einbringen einer entsprechend dicken Betoninnenschale. Wenn sich während des Vortriebs bereits größere quellbedingte Hebungen einstellen, müssen nötigenfalls Sohlankerungen vorgenommen werden; zudem ist eine Umstellung auf das kostenaufwendigere Ausweichprinzip in Betracht zu ziehen (z. B. Engelberg Basistunnel; Bacharach 2007). Beim Bau des Chienbergtunnels (Schweiz) sind 2004 Hebungen der Tunnelsohle von bis zu 75 cm aufgetreten, die den Einbau einer Knautschzone notwendig gemacht haben. Nach 6 Jahren hat sich die Sohle dieser Knautschzone unter Ausfall der Sohlanker so stark gehoben, dass sie erneuert und durch 20 m lange Sohlanker verstärkt werden musste (Tunnel 32:3,2). Beim Engelberg-Basistunnel (Inbetriebnahme 1999) sind ebenfalls bereits mehrfach Quelldruckerscheinungen und Risse aufgetreten, die 2012 umfangreiche Sanierungsmaßnahmen nötig gemacht haben. Auch der Heslacher Straßentunnel (B 14) in Stuttgart war wegen quelldruckbedingter Schäden lange gesperrt.

Falls es die Quellproblematik zulässt, weist ein Schildvortrieb mit Kreisquerschnitt und sofortigem Tübbingeinbau Vorteile gegenüber einem konventionellen Vortrieb auf. Ein maschineller Vortrieb ist gebirgsschonend, und der zeitliche Abstand zwischen Ausbruch und Ringschluss beträgt meist nur Stunden. Nach dem Erhärten des Ringspaltmörtels liegt ein stabiler Ringausbau vor (Kirschke 2010; Steiner et al. 2010, 2011). Bei der zweiten Röhre des Pfändertunnels wurden die Tübbinge auf Quelldruck bemessen, die Fugen abgedichtet und der Ringspalt im Sohlbereich vermörtelt. Ab 100 m hinter dem Bohrkopf wurde als Auflast die Sohlauffüllung eingebracht (Schreitl et al. 2011).

Um eine Längsläufigkeit von Gebirgswasser entlang der Tunnelaußenschale und im ausbruchnahen Auflockerungsbereich zu verhindern, müssen Anhydritstrecken gegenüber Tunnelabschnitten mit wasserführendem Gebirge durch sog. Dammringe in Form von umlaufenden mehrfachen Injektionen abgeschirmt werden (► Abschn. 17.2.5.6).

17.5.3 Geotechnische Messungen und Verformungsverhalten in Mittelgebirgstunneln

Die Sicherheit eines konventionellen Tunnelvortriebs wird maßgeblich geprägt von der Qualität der Bauausführung und den Kontrollmessungen der ausbruchsbedingten Verformungen. Durch die beim Ausbruch eines Hohlraums stattfindende Spannungsumlagerung wird das Gebirge gegenüber dem primären Spannungszustand in einigen Bereichen entlastet, in anderen zusätzlich belastet (◘ Abb. 17.29). Diese Spannungsumlagerungen lösen Verformungen im Gebirge und am Ausbau aus. Ihre Größenordnung ist bei angepassten Vortriebsarbeiten und Stützmitteln in erster Linie von der Spannungsverteilung und dem Verformungsmodul des Gebirges abhängig. Dabei hat sich gezeigt, dass, wenn ein gewisses Maß an Deformationen zugelassen wird, der nötige Ausbauwiderstand zur Stabilisierung des Hohlraums erheblich reduziert werden kann.

Bei den **geotechnischen Messungen** ist jetzt auch die Normenreihe DIN EN ISO 18 674 zu beachten. Die Messungen erfassen in erster Linie die Verformungen am Ausbau durch First- und Kalottenfußnivellements und dienen der Kontrolle des Tragverhaltens. Sie sind Standard moderner Tunnelbauweisen. Die Messungen werden seit Beginn der 1990er-Jahre über EDV-gestützte trigonometrische Messdatenerfassungssysteme vorgenommen, bei denen mittels spezieller Reflex-Zielzeichen und Lasertheodoliten Absolutbewegungen registriert werden (◘ Abb. 17.33). Die Bestimmung der dreidimensionalen Absolutlage der Messpunkte erfolgt mit einer Genauigkeit von ± 1 mm (Standardabweichung). Die **3D-Verformungsmessungen der Spritzbetonschale** ermöglichen eine räumliche Verformungsanalyse der Tangential- und Radialverformungen, wodurch auch Horizontalverschiebungen der Tunnelschale erkannt werden können. Dabei ist nicht allein die Größe der Verformungen, sondern es sind auch der Trendverlauf und die Entwicklung über die Tunnellänge maßgebend. Die räumliche Verformungsanalyse ist ein unverzichtbares Element der Sicherheit im Tunnelbau, wenn nicht nur Messdaten produziert und gespeichert, sondern auch mit Problemverständnis und Erfahrung interpretiert werden (s. Schubert und Moritz 2011).

Messprinzip und Messgeräte sind im ÖGG-Handbuch für geotechnische Messungen für konventionellen Tunnelbau (2014) beschrieben. Die First- und Kalottenfußmessbolzen müssen unmittelbar nach Einbringen der Stützmittel gesetzt und möglichst vor dem nächsten Abschlag nullgemessen werden, um einen möglichst großen Teil der Gesamtverformungen zu

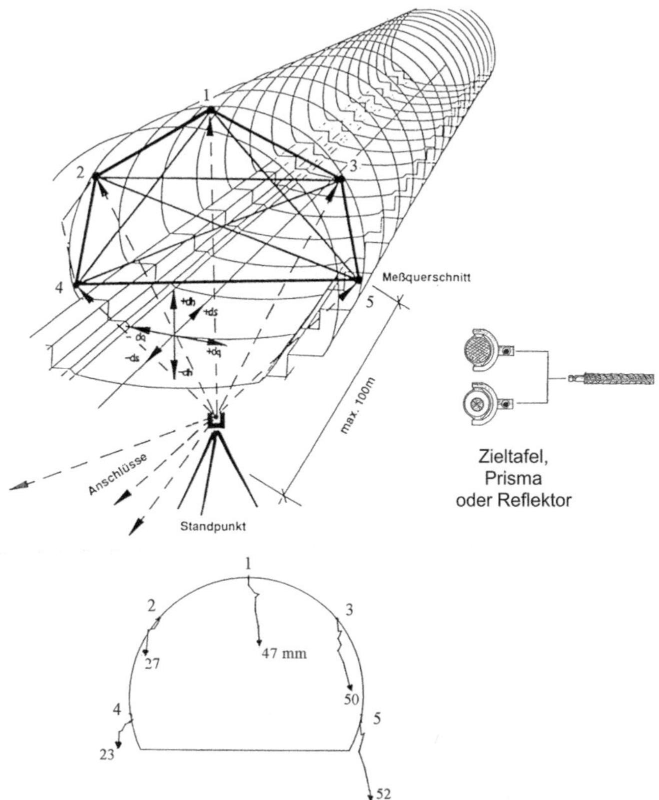

◘ **Abb. 17.33** Prinzip geodätischer Winkelmessung mit spezieller Objektpunktvermarkung und Darstellung der absoluten Bewegungsvektoren im Messquerschnitt (unten) (Firmenprospekt)

erfassen. Der Zeitpunkt der Nullmessung und der Abstand des Messpunktes zur Ortsbrust bei der Nullmessung sind zu protokollieren. Die Messungen werden bis zum Abklingen der Bewegungen täglich, später wöchentlich oder monatlich durchgeführt.

Außer den gebräuchlichen Zeit-Verformungs-Diagrammen einzelner Messpunkte mit Darstellung des jeweiligen Vortriebsstandes (◘ Abb. 17.34) können bei Bedarf auch vortriebsorientierte Verformungsdarstellungen in Tunnellängsrichtung sowie Vektordarstellungen im Querschnitt (◘ Abb. 17.34 unten) und andere Auswertungen abgerufen werden (Moritz und Schubert 2009). Mit modernen Mess- und Auswertungsmethoden können Zonen unterschiedlicher Gebirgsqualität ausgewiesen, eingeschränkte Spannungsumlagerung im Vortriebsbereich erkannt und rechtzeitig entsprechende Sicherungsmaßnahmen getroffen werden.

Das komplette **Messprogramm** besteht aus der Ermittlung der dreidimensionalen Absolutlage von First- und Kalotten- bzw. Strossenfußpunkten im Tunnel, bei oberflächennahen Tunneln auch Nivellements von Geländepunkten sowie ggf. Extensometer- und Inklinometermessungen. Hinzu kommen in bestimmten Messquerschnitten Druckmessdosen zur Feststellung des Radialdrucks in der Fuge Spritzbeton/Gebirge (Gebirgsdruck) bzw. für den Tangentialdruck im Spritzbeton (Betondruck). Besondere Problemstellungen können darüber hinaus zusätzliche Messeinrichtungen, z. B. zur Ermittlung des Wasserdrucks, oder Rissbreitemessungen erfordern.

Unter **Konvergenz** wird die ausbruchbedingte seitliche Profileinengung eines Hohlraums (Stauchung) aufgrund von Lastumlagerungen im umgebenden Gebirge verstanden. Die Profilaufweitung eines Hohlraums wird als **Divergenz** (Spreizung) bezeichnet.

Messungen im Tunnel erfassen immer nur den Verformungsanteil nach der Nullmessung. Die dem Ausbruch bis zu diesem Zeitpunkt vorauseilenden Verformungen können, soweit sie bis zur Oberfläche durchschlagen, mittels **Oberflächennivellement** in Achsrichtung und in Querprofilen erfasst werden. Sofern menschliche Einrichtungen im Bereich der zu

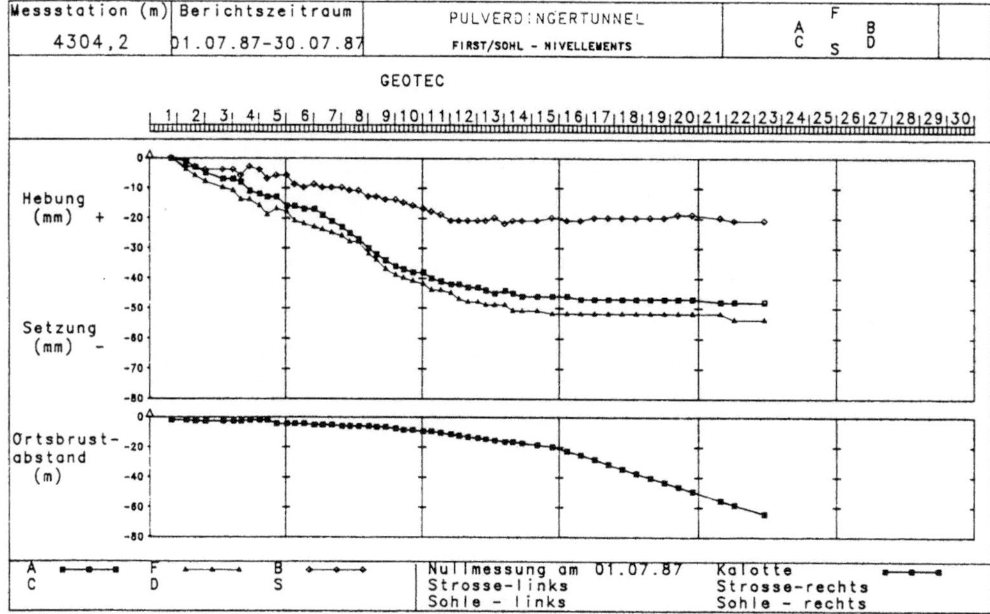

◘ **Abb. 17.34** Zeitsetzungsverlauf der First- und Kalottenfußpunkte (Geotec)

erwartenden Setzungsmulde liegen, sind diese in die (täglichen) Kontrollmessungen einzubeziehen. Außer den herkömmlichen Nivellements werden in Gebäuden dazu häufig elektronische (Druck-)Schlauchwaagen – ein stationäres Vielstellenmesssystem für eine kontinuierliche Erfassung relativer Höhenänderungen – eingesetzt (Gabener et al. 2010). Bei ungünstiger Verformungsentwicklung (Messergebnisse), die ein Erreichen der vorgegebenen Grenzwerte erwarten lässt, sind entsprechende Maßnahmen zu veranlassen (► Abschn. 17.6.4.4).

Die **Setzungsmulde an der Geländeoberfläche** entspricht im Normalfall der Verteilung der Spannungsumlagerung im Untergrund. Köster und Schetelig (1988) haben bei der Untersuchung von 157 Einzelfällen bei 68 % der Fälle Grenzwinkel zwischen 31 und 51° (im Mittel 41°) und damit erhebliche Abweichungen von der Grenzwinkeltheorie festgestellt (45 + φ/2, ◘ Abb. 17.35). In Kluftgesteinen hängt die Ausbildung der Setzungsmulde sehr stark vom Trennflächengefüge sowie auch von Auflockerungszonen im Gebirge ab und führt zu asymmetrisch ausgebildeten Geländesetzungen (◘ Abb. 17.36) bzw. zu entsprechenden Verformungsdifferenzen der First- und Kalottenfußpunkte.

Mit **Extensometer- bzw. Gleitmikrometermessungen** (► Abschn. 4.8.4) werden in einem Bohrloch Relativbewegungen zwischen dem Ansatzpunkt (häufig Geländeoberfläche) und bis zu 5 verschiedenen Verankerungspunkten im Gebirge gemessen (◘ Abb. 17.36). Auf diese Weise kann bei rechtzeitigem Einbau die Verteilung der Verformungen in Bohrlochlängsachse über und neben einem Hohlraum vor, während und nach dem Ausbruch erfasst werden (z. B. Höhe der Auflockerungszone).

Mit **Inklinometern** (► Abschn. 4.8.4 und 15.2.5) können Horizontalverformungen quer zur Bohrlochachse gemessen und damit z. B. das räumliche Verformungsverhalten vor der Ortsbrust und neben dem Hohlraum erfasst werden.

Mit solchen Messquerschnitten einschließlich Oberflächennivellement und Extensometermessungen, evtl. auch noch Inklinometermessungen, können die Entspannungsvorgänge der einzelnen Bauphasen ermittelt und Angaben über die Vorausverformungen vor der Ortsbrust und damit über den Entspannungsfaktor gemacht werden.

In einem setzungsempfindlichen Gebirge können (meist schnell ablaufende) **Verformungen der Ortsbrust** in den Hohlraum von mehreren Zentimetern auftreten, die im Tunnel nicht bzw. nur in besonderen Fällen (z. B. bei Vortriebsstillstand) gemessen werden. Die Ortsbrust ist damit der einzige vermessungstechnisch nicht kontrollierte Bereich eines Vortriebs. Das Verhalten der Ortsbrust nach dem Abschlag und bis zum Einbringen der Brustsicherung

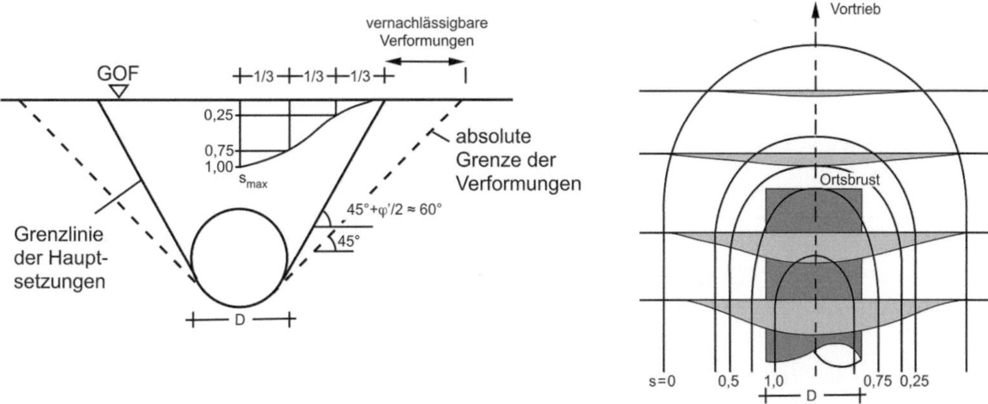

◘ **Abb. 17.35** Theoretischer Verlauf der Setzungsmulde im Querschnitt und in Vortriebsrichtung (nach Loers und Jäger 2007)

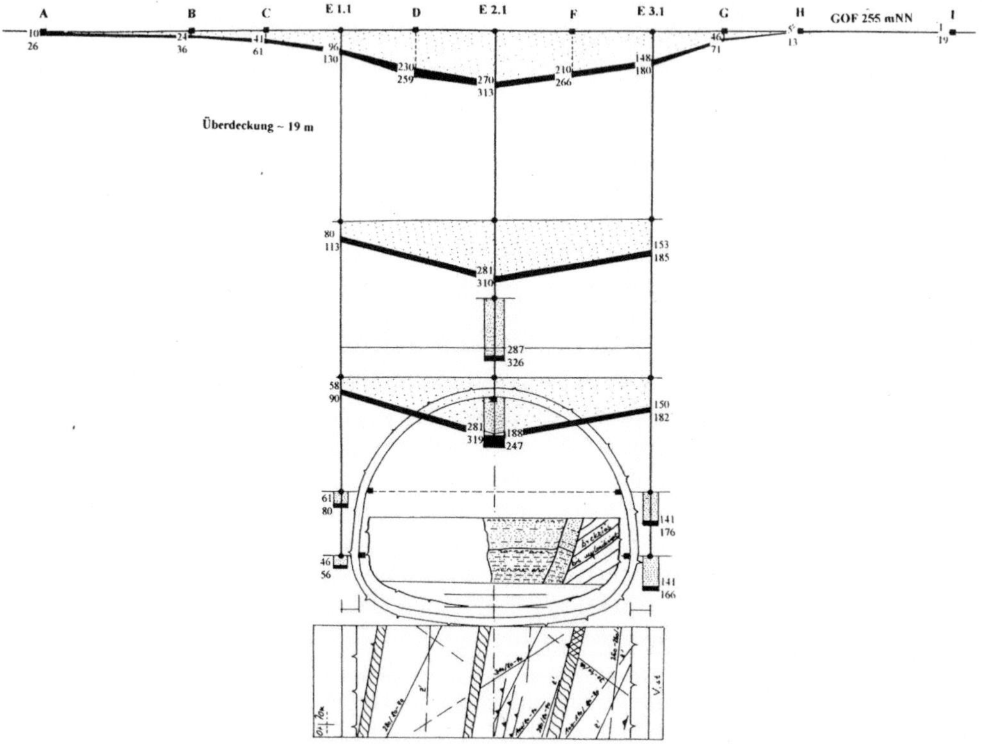

Abb. 17.36 Ergebnisse eines Extensometermessquerschnitts im Buntsandsteingebirge. Unten Ergebnisse der Tunnelkartierung mit Großklüften und flexurartigen Schichtverbiegungen, die z. T. in Störungszonen übergehen. Die Zahlen bedeuten mm Setzung

sowie meist auch danach bis zum nächsten Abschlag wird immer nur visuell beobachtet bzw. nach dem gesamten Verformungsverhalten des Tunnels eingeschätzt.

Die **dreidimensionale Spannungsumlagerung** bewirkt nicht nur eine Spannungskonzentration an den Ulmen, die zu erhöhten Setzungen und ggf. zu Festigkeitsüberschreitungen führen kann, sondern auch eine Spannungszunahme vor der Ortsbrust, einen Spannungsabfall im Vortriebsbereich sowie einen Spannungsanstieg in einem Abstand von 1,5–2 D hinter der Ortsbrust (Abb. 17.37). Die sich zunächst aufbauende Längstragwirkung geht dabei mit zunehmendem Abstand zur Ortsbrust in eine Quertragwirkung über, die sich ab dem 1,5-fachen Durchmesser hinter der Ortsbrust einstellt und wodurch die Spritzbetonschale

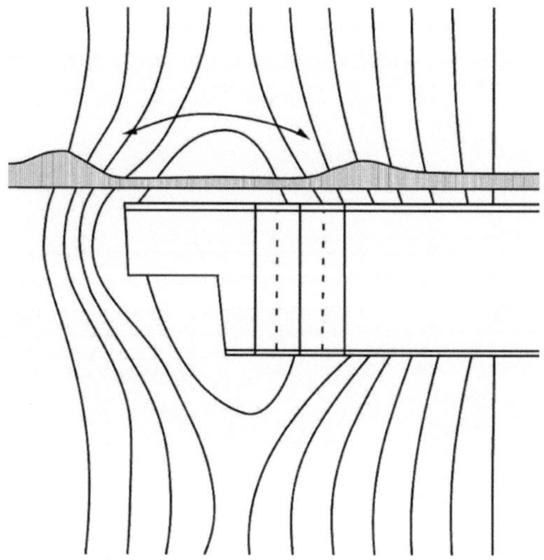

Abb. 17.37 Schema der Spannungsumlagerungen im Vortriebsbereich

in diesem Bereich ihre volle Belastung erhält. Daraus ergibt sich bei wenig tragfähigem Gebirge die Notwendigkeit des rechtzeitigen Einbringens der Stützmittel und nötigenfalls eines raschen Ringschlusses. Auch der Spritzbeton muss in diesem Abstand zur Ortsbrust eine gewisse Festigkeit erreicht haben, um den vollen Ringdruck aufnehmen zu können. Die Spritzbetonschale weist bei einer Vortriebsgeschwindigkeit von 3–4 m/d in diesem Bereich ein Alter von 5–6 Tagen auf. Gleichzeitig hat die Schale hier bereits einen Großteil ihrer Verformungen erhalten.

Die Spannungsausbreitung und damit das Verformungsbild sind sehr stark vom Trennflächengefüge abhängig. Steil stehende Schichtung oder den Vortrieb begleitende Großklüfte bewirken eine **Behinderung der Spannungsausbreitung;** sie können die Firste oder den Ulmenbereich einseitig belasten und erhöhte Setzungen verursachen. Querschlägige Großklüfte im Bereich der Ortsbrust behindern die Spannungsumlagerung in Längsrichtung und bewirken damit eine Spannungskonzentration und erhöhte Verformungen der Ortsbrust bzw., wenn sie in den Tunnel einstreichen, Spannungskonzentrationen im Ausbruchbereich und damit erhöhte Firstsetzungen (◘ Abb. 17.38).

Messungen haben gezeigt, dass sowohl die anfänglichen Spannungsumlagerungen als auch

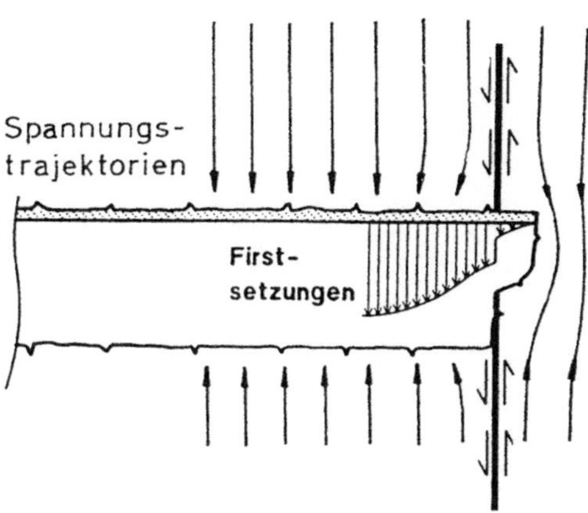

◘ **Abb. 17.38** Querstörung im Ortbrustbereich behindert die Spannungsumlagerung und bewirkt erhöhte Firstsetzungen

die damit verbundenen Verformungen dem Ausbruch um ein bis zwei Tunneldurchmesser (D) vorauseilen, aber etwa im selben Abstand hinter der Ortsbrust weitgehend zum Stillstand kommen (◘ Abb. 17.39). Die **voreilenden Gebirgsverformungen** sind auf den Spannungsanstieg vor der Ortsbrust sowie auf den Abbau des Porenwasserdrucks und die damit einsetzende Vorkonsolidierung des Gebirges zurückzuführen. Sie können ggf. durch in Bohrungen über Firste eingebaute Extensometer gemessen werden. Die vorauslaufenden Verformungen bilden die theoretische Grundlage für den rechnerischen Ansatz der Vorentlastung bei der Tunnelstatik (► Abschn. 17.5.5). Entscheidend für die Größenordnung der Vorausverformungen ist der Zeitpunkt des Einbaus der Spritzbetonschale und bei den konkreten Messwerten auch der Zeitpunkt der Nullmessungen des Firstpunktes. Die Vorausverformungen schlagen auch bei Überlagerungshöhen von 50–100 m teilweise noch bis zur Geländeoberfläche durch. Die Größenordnung dieser durch vorlaufende Oberflächennivellements gemessenen Verformungen gibt vorab Hinweise auf die Gebirgsqualität und auf örtliche Schwächezonen.

Konkrete Messergebnisse der Vorausverformungen im Tunnelniveau vor der Ortsbrust liegen nur vereinzelt vor. Klopcic et al. (2013) haben diese bei relativ ungünstigen Gebirgsverhältnissen in einem vorab vorgetriebenen zentralen Erkundungsstollen gemessen. Die Verschiebungen vor der Ortsbrust haben je nach Gebirgsqualität 15–45 % der Gesamtverformungen im gleichen Querschnitt betragen. Sie setzten bei etwa 2 D ein, zeigten bei 1 D eine deutliche Beschleunigung und eine weitere starke Zunahme bei etwa ½ Tunneldurchmesser (D).

Die Vorausverformungen und die anfängliche Verformungsgeschwindigkeit sowie die Größenordnung der Verformungen sind Ausdruck des Tragverhaltens des Gebirges. Nach Abklingen der ausbruchbedingten Spannungsumlagerungen bzw. Verformungen stellt sich ein sekundärer Spannungszustand ein, der zunächst ein Gleichgewicht zwischen dem Ausbauwiderstand und den Umlagerungsspannungen

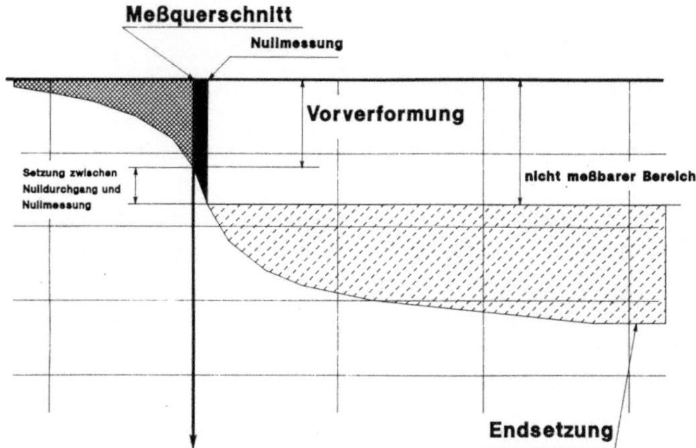

Abb. 17.39 Anteil der Vorausverformungen und messtechnisch erfassbare Verformungen bei einem Kalottenvortrieb (nach Berwanger und Lindner 1989)

bedeutet. Ein anhaltendes Nachkriechen der Verformungen zeigt immer ein ungünstiges Gebirgsverhalten an.

Bei Mittelgebirgstunneln zeigen ausreichend tief reichende Extensometer- und auch Gleitmikrometermessungen seitlich der Tunnelröhre **Vertikalverformungen bis unter das Aushubniveau**, die belegen, dass es sich bei den gemessenen Verformungen tatsächlich um Setzungen infolge von Spannungszunahme handelt (Abb. 17.36). Im Entlastungsbereich unterhalb der Tunnelröhre wurden entsprechend auch leichte Hebungen beobachtet. Gleitmikrometermessungen mit Darstellung der Verteilung der Verformungen in Bohrlochachse zeigen, dass über dem Ausbruch eine Abnahme der spezifischen Verformungen nach oben stattfindet, was eine Zone vertikaler Dehnungen bedeutet, während die Verformungen vor der Ortsbrust und seitlich neben dem Tunnel Stauchung, d. h. Kompression, anzeigen. Nur bei recht ungünstigen Gebirgsverhältnissen treten auch merkbare radiale, d. h. deutlich schräg nach innen gerichtete Verformungen auf.

Die Vertikalverformungen infolge von Spannungszunahme werden überlagert durch einen **Horizontalverformungsanteil** als Folge der freien Höhe des Tunnelausbruchs (► Kap. 9). Die Größenordnung dieser Horizontalverformungen ist abhängig von der Spannungsumlagerung und der Gebirgsfestigkeit, insbesondere der Gebirgsscherfestigkeit auf Trennflächen. Eine Horizontalverformung macht sich besonders im Ortsbrustbereich bemerkbar. Bei flach liegenden Tunneln kann ein direkter Zusammenhang zwischen dem Ausmaß der Oberflächensetzungen und den Ortsbrustverformungen festgestellt werden (Moritz et al. 2008).

Bei Mittelgebirgstunneln sind die horizontalen Konvergenzen bzw. Divergenzen meist recht gering (Naumann und Prinz 1988). In Gebirgsbereichen, in denen die Spannungskonzentrationen am Ausbruchrand in die Größenordnung der Gebirgsfestigkeit (auch geringe Scherfestigkeit auf vorgegebenen Flächen) kommt, ist mit größeren Verformungen der Spritzbetonschale und auch mit entsprechenden Konvergenzen zu rechnen, die besondere Maßnahmen verlangen (Schubert und Marinko 1989).

Ein zu definierendes **zulässiges Verformungsmaß** hängt wesentlich von der Tiefenlage des Tunnels und vom Sprödbruchverhalten bzw. einem mehr zähen (duktilen) Bruchverhalten des Gebirges ab (► Abschn. 2.7.10.3). Bei einem spröde reagierenden Gebirge können sich bereits ab 5–10 cm (gemessene) Verformungen unmittelbar Bruchvorgänge anschließen, während bei mehr duktilem Gebirgsverhalten Verformungen von 10–15 cm (und mehr) noch nicht zum Versagen führen müssen (s. a.

Rabcewicz 1944). Bei den Überlegungen über das jeweils zulässige Verformungsmaß ist zu beachten, dass eine beim Kalottenausbruch in der Firste gemessene Setzung N_F von 50 mm zusammen mit Setzungen aus dem Strossen- und Sohlvortrieb von etwa 30–60 % von N_F sowie mit den nicht gemessenen voreilenden Setzungen (die i. Allg. bei 30–50 % von N_F liegen) bereits eine Gesamtsetzung des Gebirges von etwa 80–105 mm ergibt. Bei tief liegenden Tunneln und mäßigen Gebirgsverhältnissen sind Verformungen der Tunnelschale von 20–30 cm (und mehr) nicht selten.

Allgemein gültige Kriterien für die Bewertung von Verformungskurven liegen nicht vor. Die theoretische Möglichkeit, die Standsicherheit abzuschätzen, ist ein zeitnaher Vergleich von gemessenen und berechneten Verformungen (Soll-Ist-Vergleich). Die Sollwerte ergeben sich aus den vor der Bauausführung vorgenommenen geotechnischen Berechnungen und Prognosen gem. ▶ Abschn. 17.5.5. Die Verformungen gelten dabei als zulässig und die Standsicherheit als nachgewiesen, solange die gemessenen Verformungen nicht größer werden als die im statischen Nachweis als zulässig erkannten Werte.

In der Praxis erfolgt die Bewertung der Verformungen weitgehend nach dem Erfahrungswissen bzw. der Methode der vergleichenden Betrachtung. Aus der Ähnlichkeit der Kurvenverläufe werden dabei Rückschlüsse auf das Gebirgsverhalten gezogen. Als abgestufte **Alarmwerte** (Meldewert, Eingreifwert gelten sowohl bestimmte Grenzwerte (in mm) als auch Auffälligkeiten im Trendverhalten der einzelnen Messpunkte. Entscheidendes Kriterium ist das Abklingen der Verformungen nach 3–4 Tagen, wobei als kritischer Verformungszuwachs Anfangssetzungen von 0,1 % des Tunneldurchmessers pro Tag über mehr als 3 Tage, auch wenn sie sich durch Ausbauverstärkung beruhigen, als Anzeichen für ungenügende Tragreserven angesehen werden müssen. Außerdem sollten die Verformungsdifferenzen der First- und Kalottenpunkte begrenzt bleiben. Besonders kritisch sind asymmetrisches Verformungsverhalten und Konvergenzen bzw. Divergenzen

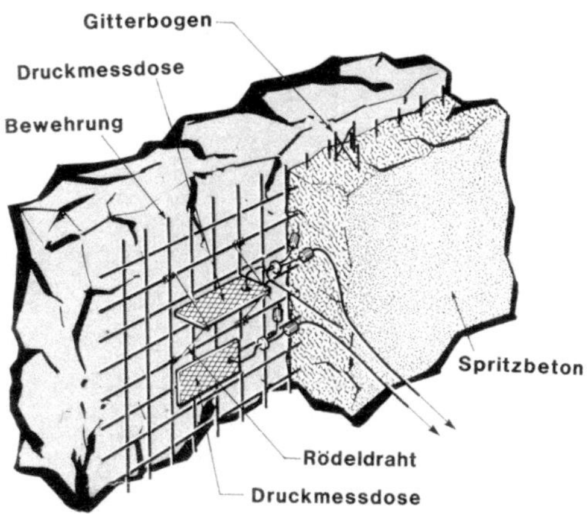

Abb. 17.40 Einbau von Druckmessdosen für Tangentialdruck (oben) und Radialdruck (unten) im Spritzbeton (Zeichn. Sauer, Salzburg)

zu bewerten, für die nicht nur wesentlich niedrigere Alarmwerte gelten, sondern bei denen vor allen Dingen keine länger anhaltende Tendenz auftreten darf.

Verformungsmessungen allein erlauben jedoch noch keine Aussage über den letztlich auf dem Tunnelausbau lastenden Gebirgsdruck. Hierzu werden in bestimmten Messquerschnitten Druckkissen für **Spannungsmessungen** Beton/Gebirge und im Beton installiert (Abb. 17.40), die getrennt den Tangentialdruck im Spritzbeton sowie den Radialdruck am Kontakt Spritzbeton/Gebirge anzeigen. Bei diesen stationären Druckkissen handelt es sich um indirekte Spannungsmessverfahren (s. DIN EN ISO 18 674, Teil 1: 2015 und künftig Teil 8). Die Ergebnisse sind in hohem Maße von der Einbauqualität abhängig und häufig erst nach mehreren Messungen einigermaßen zu deuten.

Auf der Basis der gemessenen Verformungen und der Spannungs-Dehnungs-Berechnungen des Spritzbetons wird versucht, eine nachvollziehbare Aussage über den **Auslastungsgrad der Spritzbetonschale** und damit über die noch vorhandenen Tragreserven zu erhalten (Schubert und Moritz 2011). Der Auslastungsgrad ist definiert als das Verhältnis zwischen vorhandener Spannung und aufzunehmender Spannung. Beträgt der Auslastungsgrad 100 %, ist die Bruchfestigkeit des Spritzbetons erreicht.

17.5.4 Verbundwirkung von Gebirge und Spritzbetonausbau

Voraussetzung für einen erfolgreichen Tunnelvortrieb ist eine realitätsnahe Einschätzung des Gebirges sowie der Verbundwirkung von Gebirge und den eingesetzten Sicherungsmitteln, wobei das Gebirge die eigentliche Tragwirkung zu übernehmen hat und den Sicherungsmitteln nur unterstützende Funktion zukommt.

Die konventionellen Tunnelbaumethoden nutzen diese Verbundwirkung aus. Sie basieren im Wesentlichen auf der Neuen Österreichischen Tunnelbauweise (NÖT, engl. NATM), die allgemein auch als Spritzbetonbauweise bezeichnet wird. Dabei handelt es sich um eine Baumethode auf der Grundlage praktischer Erfahrungen und moderner geotechnischer Erkenntnisse unter Verwendung von Spritzbeton, Ankern und sonstigen Stützmitteln in Verbindung mit Messungen zur Kontrolle der Dimensionierung. Wesentlicher Punkt dabei ist, dass durch schonenden Ausbruch und Unterstützung durch die Hilfsmittel eine Auflockerung in der nahen Umgebung des Ausbruchs minimiert und die Tragfähigkeit des Gebirges erhalten wird.

Die **Spritzbetonbauweise,** der allgemeine Ausdruck für die 1962 von Rabcewicz eingeführte „Neue österreichische Tunnelbauweise (Lauffer 2010), setzt die Verbundwirkung Gebirge/Bauwerk voraus, die durch einen gebirgsschonenden Ausbruch und eine sofortige Versiegelung mit Spritzbeton erreicht wird (► Abschn. 17.8.1). Der Spritzbeton passt sich den Unebenheiten der Ausbruchfläche voll an. Die Lastabtragung erfolgt durch das Gebirge selbst, in Kombination mit der Spritzbetonschale. Über die Kontaktfläche Gebirge/Spritzbeton werden sowohl radiale als auch tangentiale Spannungen auf die Spritzbetonschale übertragen.

Die relativ dünne Spritzbetonschale, ggf. verstärkt durch Stahlbögen, Bewehrungsmatten und Anker, blockiert eine Initialbewegung der Kluftkörper, wodurch die Gebirgsauflockerung im Wesentlichen auf eine pseudoelastische Entspannungsbewegung reduziert wird. Es tritt keine weitere Entfestigung und damit keine größere Gebirgsauflockerung ein. Die dünne und schlaffe Spritzbetonschale hat damit nicht die Aufgabe, Gebirgsdruck aufzunehmen, sondern nur die vortriebsbedingte Gebirgsauflockerung zu minimieren und damit die Eigentragfähigkeit des Gebirges zu erhalten. Andererseits kann die schlaffe Spritzbetonschale, im Gegensatz zum früheren massiven Holzverbau, die durch die Spannungsumlagerung bedingten Verformungen mitmachen, ohne gleich Schaden zu erleiden oder zu versagen (◘ Abb. 17.41).

Nach dem ursprünglichen Text des österreichischen Nationalkomitees wird das den Hohlraum umgebende Gebirge durch „Aktivierung eines Gebirgstragringes“ zu einem tragenden Bauteil. Unter **Gebirgstragring** wird dabei der den Hohlraum umgebende Gebirgsbereich verstanden, in dem die wesentlichen Spannungsumlagerungen stattfinden. Um diese Tragwirkung zu erhalten, ist es in einem nicht standfesten Gebirge erforderlich, den Hohlraumrand zu stützen bzw. zu stabilisieren.

Für die Dimensionierung der Spritzbetonschale und der Stützmittel ist und bleibt das Tragverhalten des Gebirges selbst von ausschlaggebender Bedeutung. Die durch die Spannungsumlagerungen ausgelösten Verformungen bewirken zunächst eine deutliche Abnahme der Belastung. Der Druck steigt jedoch bei fortschreitender Verformung wieder an. Überschreiten die vertikalen Verformungen ein bestimmtes Maß, so kann es zunächst zu lokalen Festigkeitsüberschreitungen an größeren und an übereinander liegenden kürzeren Trennflächen kommen. Hierbei können sich Scherzonen ausbilden, die sich durch fortschreitende Überlastung der Nachbarbereiche wie ein progressiver Bruch fortpflanzen (◘ Abb. 17.42). Der Versagensablauf kann wie folgt unterteilt werden (Preh und Poisel 2009):

- In einer Anfangsphase bleiben die Bruchflächen auf den Nahbereich begrenzt.
- Bei zunehmenden Verformungen, insbesondere größeren Horizontalverformungen, bilden sich tief in das Gebirge reichende Scherbruchflächen aus, die im Endstadium zu Scherbruchkörpern führen.

17

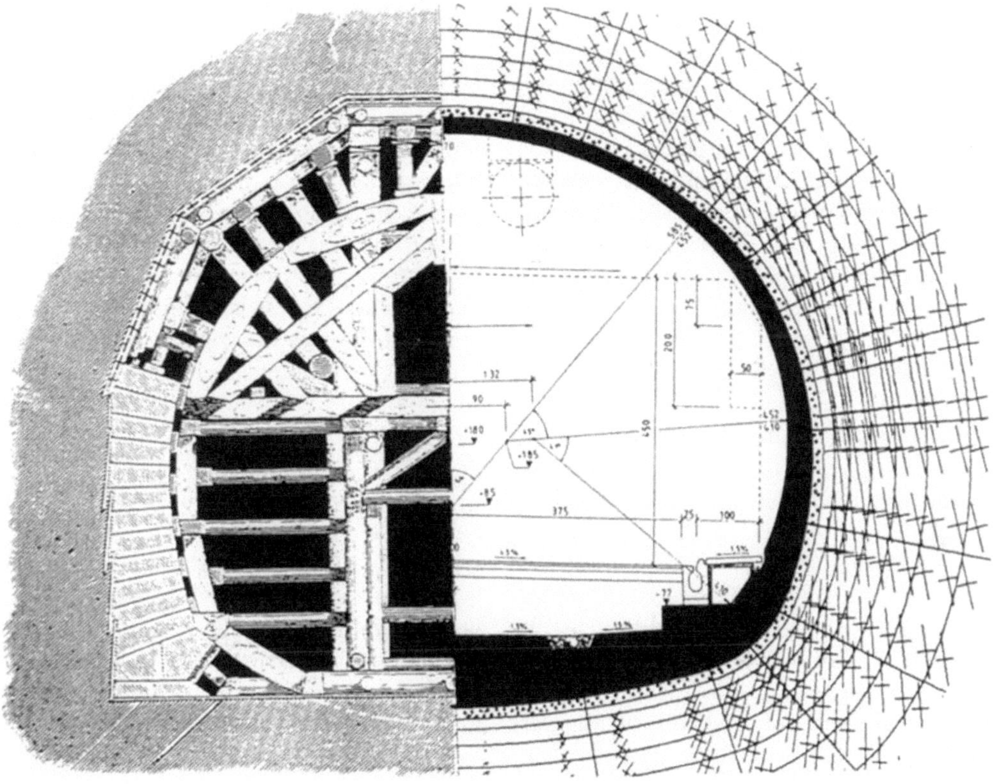

■ **Abb. 17.41** Gegenüberstellung der alten Tunnelbauweisen mit Holzverbau und die zweischalige Neue Österreichische Tunnelbauweise (Zeichn. Knittel, Hallein)

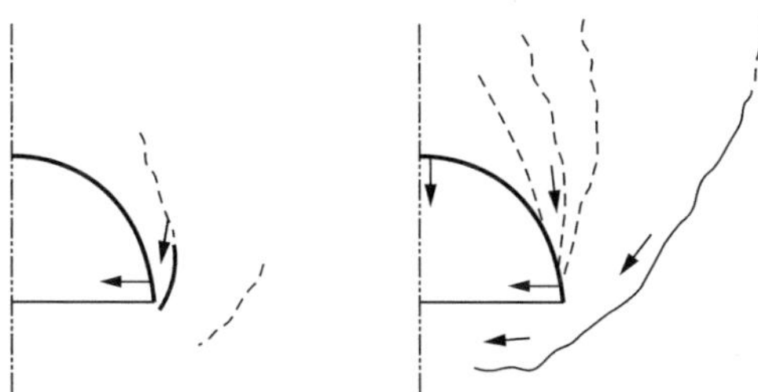

■ **Abb. 17.42** Ausbildung von Scherzonen und Bruchmechanismen im Kalottenstadium (nach Schubert und Marinko 1988)

Allgemein gehen **Niederbruch- oder Verbruchereignissen** größere Setzungen voraus, welche die oben genannten Vorgänge anzeigen. Werden diese Verformungen durch Verstärkung oder rechtzeitige Stützung des Ausbaus mit Stempeln gebremst, so kann der Verbruchvorgang trotz verhältnismäßig großer Setzungen meist noch verhindert werden. In spröde reagierenden Gebirgsarten (z. B. dicke geklüftete Kalkstein- oder Sandsteinbänke) können Brucherscheinungen auch ohne vorherige größere Setzungen eintreten. Wichtig ist in solchen Fällen, dass der Tunnelvortrieb rechtzeitig gestoppt wird.

Die Größe der Niederbrüche ist abhängig von der Gebirgsfestigkeit, den Trennflächenabständen und ihrer Raumlage zum Tunnel, etwaigen Wasserzutritten sowie dem Tunnelquerschnitt. Kleinere Niederbrüche führen zur Entstehung von sog. Kaminen. Größere Niederbrüche oder Verbrüche können den gesamten Tunnelquerschnitt verschütten und kommen erst durch die Barrierewirkung des Schüttkegels zum Stillstand. Bei flach liegenden Vortrieben schlagen sie meistens bis zur Geländeoberfläche durch (sog. Tagesbrüche).

Weitere Anzeichen auf unzureichende Standsicherheit, auf die ein Tunnel ständig beobachtet werden muss, sind **Risse im Spritzbeton** und die Verformung von Ankerplatten, die eine Überbeanspruchung der Anker anzeigen (sog. Tulpen). Aus dem Rissbild kann auf die Art der Beanspruchung geschlossen werden. Radialrisse an Bögen sind i. d. R. Biegebrüche aus unterschiedlichen Beanspruchungen (Verformungen) in Tunnellängsrichtung, während Längsrisse im First- bzw. Kämpferbereich meist eine Schubbeanspruchung der Schale anzeigen, die verschiedene Ursachen haben kann. Bei linear begrenzter Schubbeanspruchung, z. B. an tektonischen Flächen, können auch riedelartige Risse im Spritzbeton auftreten, die das Durchstreichen der Fläche nachzeichnen.

Die Rissbilder sind zu kartieren (◘ Abb. 17.43) und mit den räumlichen Verformungsmessungen, der ingenieurgeologischen Tunnelaufnahme sowie dem Zustand der Ankerköpfe zu vergleichen, was meist weitergehende Schlüsse in Bezug auf die Beanspruchungsart ermöglicht. Das weitere Verhalten der Risse ist durch Rissbreitenmessungen, zusätzliche Messbolzen, Gipsplomben und andere Zeitmarken zu kontrollieren. Das Rissbild und die weiteren Verformungsmaße bzw. -geschwindigkeiten sind wichtige Beurteilungskriterien für den jeweiligen Gefährdungsgrad.

Die Frage nach den zulässigen Verformungen (Setzungen Konvergenzen bzw. Divergenzen ohne dass es zu Rissbildungen an der Spritzbetonschale und zu einem Verlust der Tragfähigkeit kommt, kann nur unter Berücksichtigung der Verformungsentwicklung auf der Grundlage möglichst räumlicher Absolutmessungen diskutiert werden (Alarmwerte ► Abschn. 17.5.3). Die Auswertung zahlreicher Schadensereignisse zeigt, dass sich Schwachstellen und kritische Bauzustände in der zeitlichen und räumlichen Verformungsentwicklung meist ankündigen und dass durch eine den Vortrieb begleitende gründliche Analyse der geotechnischen Messungen im Vergleich mit der ingenieurgeologischen Tunnelkartierung

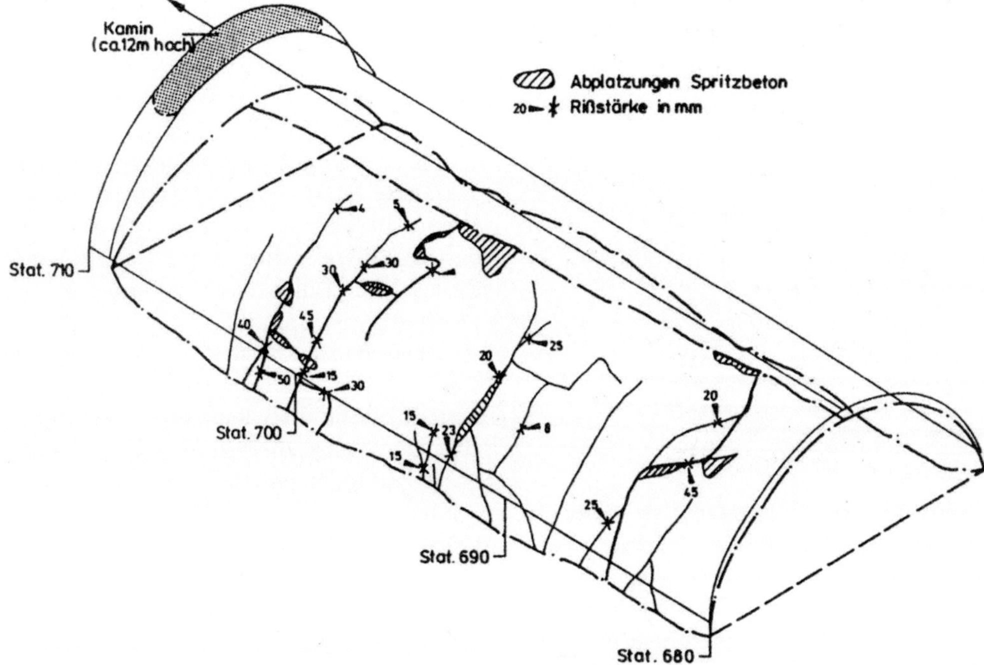

◘ **Abb. 17.43** Räumliche Darstellung einer Risskartierung (linke Tunnelhälfte)

rechtzeitig Gegenmaßnahmen ergriffen werden können. In einem Sicherheitsmanagementplan wird deshalb für ein solches vom Sollwert abweichendes Verformungsverhalten ein abgestuftes Alarmsystem festgelegt (Moritz und Schubert 2009). Nach allen Erfahrungen ist im Tunnelbau ein Zustand erst wirklich kritisch, wenn keine Zeit mehr gegeben ist, Verstärkungen der Sicherungsmittel zur Stabilisierung des Tragsystems einzubauen.

Diese Bauweise ist unter dem Begriff **„Beobachtungsmethode** auch in der DIN EN 1997-1 verankert (▶ Abschn. 5.2.5). Im Tunnelbau, der zu den komplexen geotechnischen Aufgaben gehört, bedeutet dies, dass die Prognosen über das Systemverhalten, d. h. die Wechselwirkungen zwischen Gebirge und Vortriebsverfahren, während der Bauausführung zu überprüfen und ggf. die Kennwerte anzupassen sind, wenn sich das Verhalten von Bauwerk und Gebirge nicht wie erwartet einstellt. Bei sich abzeichnenden zu großen Verformungen oder einer Gefährdung der Standsicherheit sind entsprechende Gegenmaßnahmen einzuleiten (Schubert 2010).

Aufgabe des Ingenieurgeologen ist dabei, das Tragverhalten des Gebirges mit einzuschätzen und durch verbale Beschreibung auf mögliche Gefährdungssituationen hinzuweisen, wobei Erfahrungen aus vergleichbaren Gebirgsverhältnissen bei der Risikobewertung durchaus von ähnlichem Gewicht sein sollten wie Berechnungsergebnisse (Schubert 2010). Eine solche geotechnische Interpretation hat umso mehr Bedeutung, als die Rahmenbedingungen (Geologie, Tektonik, Gebirgsverhalten, Einfluss des Grundwassers) stark variieren und sehr komplex sein können.

17.5.5 Bemessungsannahmen für die Tunnelstatik

Tunnel werden nicht nur im Festgestein, sondern auch in stark entfestigten Gebirgsarten und in Lockergesteinen aufgefahren. Die Bedeutung statischer Berechnungen wächst mit abnehmender Gebirgsqualität. Der Tunnelbau ist zwar im Eurocode 7 bzw. in der DIN EN 1997–1 (▶ Abschn. 5.2) nicht explizit erwähnt, die darin definierte Beobachtungsmethode war jedoch immer schon wichtiger Bestandteil der Bemessungspraxis von Tunneln. Unabhängig davon kommt mit den neuen Normvorschriften auch bei der Berechnung und Bemessung von Tunneln das Teilsicherheitskonzept zur Anwendung (Städing und Krocker 2010). Ein international einheitliches gebräuchliches Regelwerk für tunnelstatische Berechnungen liegt nicht vor. In der Regel erfolgen Berechnungen im Tunnelbau nach den jeweiligen auf nationaler Ebene definierten Methoden.

Ausgehend vom ingenieurgeologischen Gutachten werden für die Tunnelstatik **Homogenbereiche** definiert, in denen die Felseigenschaften als einigermaßen homogen angenommen werden und die Kennwerte innerhalb einer charakteristischen Bandbreite liegen. Um die Auswirkung der Streubreite der Gebirgskennwerte zu erfassen, sind nach RiL 853.0004 für untere Kennwertkombinationen Parameterstudien vorzunehmen. Diese haben aber nicht unbedingt Einfluss auf die Dimensionierung.

Die rechnerischen Nachweise der Standsicherheit von Tunnelbauwerken beruhen vielfach noch auf vereinfachenden Annahmen für das Gebirge und die Interaktion von Gebirge und Bauwerk sowie auf einer Anzahl von Gebirgsparametern, die z. T. ebenfalls nur näherungsweise erfasst werden können. Grundsätzlich ist zwischen Lockergestein oder lockergesteinsähnlichen Gebirgsverhältnissen und massiven Festgesteinen bzw. geschichteten oder geschieferten Gesteinen mit mehr oder weniger ausgeprägter Festigkeitsanisotropie zu unterscheiden. Sedimentgesteine weisen z. B. ± horizontale Schichtflächen mit z. T. stark abgeminderter Scherfestigkeit sowie mehr oder weniger engständige Klüftung auf. Diese Unterschiede müssen sowohl im **felsmechanischen Modell** als auch in den einzelnen Kennwerten zum Ausdruck kommen.

Die Standsicherheitsuntersuchungen im Tunnelbau haben damit einen anderen Stellenwert als sonst im konstruktiven Ingenieurbau. Die Ergebnisse der Berechnungen (einschließlich der jeweiligen Sicherheitsmargen) sind durch eine gesamtheitliche Sicherheitsbetrachtung (Qualität der Untersuchungsergebnisse und Parameter, Wahl des Berechnungsmodells) zu ergänzen und sind nach wie vor auf die Beobachtung und Messung während der Vortriebsarbeiten angewiesen. Die angetroffenen geologischen Verhältnisse müssen mit den der Bauausführung zugrunde gelegten Bemessungsannahmen für die statistischen Berechnungen verglichen und ggf. die Kennwerte angepasst werden. Das Problem dabei ist, dass mit den Messergebnissen bzw. darauf aufbauenden Rückrechnungen nur der integrale Einfluss sämtlicher Parameter erfasst werden kann, nicht aber einzelne Einflussfaktoren (s. Rokahr 1995).

Die Eigenschaften des Gebirges bestimmen nicht nur die Einwirkungen (z. B. den Gebirgsdruck), sondern auch die Widerstände, d. h. die Gebirgsreaktionen. Die wesentlichen ständigen **Einwirkungen auf den Tunnel** sind der primäre Spannungszustand, der Überlagerungsdruck, der Seitendruck, die Spannungsumlagerungen beim Vortrieb und der Wasserdruck sowie ggf. echter Gebirgsdruck. Die Annahmen bzw. charakteristischen Kennwerte für diese Lasten werden nachstehend behandelt.

Das Grundwasser hat i. d. R. grundsätzlich negative Auswirkungen auf die Standfestigkeit und das Verformungsverhalten eines Tunnels. Auf den Spritzbetonausbau wird i. d. R. kein **Wasserdruck** angesetzt. In einem Gebirge geringer Durchlässigkeit entwickeln sich um den frisch ausgebrochenen Hohlraum Porenwasserüberdrücke, welche die effektiven Spannungen und damit den Scherwiderstand des Gebirges abmindern Man geht aber davon aus, dass der Porenwasserüberdruck am Ausbruchrand im Laufe von Stunden bis Tagen einigermaßen abgebaut und das Wasser über das Dränsystem abgeführt wird, sodass sich kein Wasserdruck aufbauen kann. Bei einer sehr steilen Entspannungskurve des Grundwassers in unmittelbarer Umgebung des Tunnels kann sich ungünstigenfalls ein Sohlwasserdruck (Auftrieb) einstellen.

Auf ungedränten Tunnel(innen)schalen muss ein Wasserdruck berücksichtigt werden, der sich aus der Höhe des Bemessungswasserstandes ergibt (► Abschn. 17.2.5.2) und auf die Tunnelsohle bezogen wird. Der Wasserdruck wirkt auf den gesamten Umfang des Querschnitts.

Ziel der **statischen Bemessung eines Tunnels** sind möglichst realistische Voraussagen über die Stabilität und das Verformungsverhalten von Gebirge und Bauwerk sowie ihre gegenseitigen Wechselwirkungen. Im Einzelnen sind dies:

- Bemessung des Spritzbetonausbaus und der erforderlichen Stützmittel,
- Abschätzung der Verformungen des Tunnelausbaus und der Setzungen an der Oberfläche,
- Bemessung des endgültigen Tunnelausbaus.

Im **oberflächennahen Tunnelbau** kommen ggf. dazu noch die Forderung nach Standsicherheitsnachweisen für den Lastfall „unzureichende Lastumlagerung“ (► Abschn. 17.5.2.1 gegen Durchstanzen der Tunnelfirste im Bereich des noch nicht geschlossenen Tragrings hinter der Ortsbrust sowie gegen einen möglichen Verbruch der Ortsbrust oder einen Grundbruch des Kalottenfußauflagers. Mit dieser Ausweitung der Berechnungsverfahren und den später behandelten numerischen Berechnungsmethoden gewinnt die Ermittlung der maßgebenden Berechnungskennwerte zunehmend an Bedeutung.

Bei **tief liegenden Tunneln** sind die wichtigsten Einflussfaktoren die Überlagerungshöhe, die Gebirgsfestigkeit und die Wasserverhältnisse. Hinzu kommen i. d. R. zusätzliche Erschwernisse durch die größeren Unsicherheiten des geologisch-geotechnischen Gebirgsmodells und in der Bestimmung realistischer Kennwerte über das Gebirgsverhalten, das in diesen Tiefen häufig duktil ist. Bei großen Überlagerungshöhen tritt die größte Beanspruchung außerdem nicht im Firstbereich auf, sondern horizontal in den Ulmen. Die Prognose der zulässigen Verformungen muss unter Anwendung der Beobachtungsbauweise überwacht werden, und das geotechnische Modell und die Kennwerte sind jeweils anzupassen. In Österreich ist ein ÖGG-Leitfaden für die Planung tief liegender Tunnel in Arbeit. In Gebirgsarten geringer Festigkeit und hoher Verformbarkeit erlangt eine realitätsnahe Prognose der zu erwartenden Verformungen besondere Bedeutung, da sie nicht nur der Dimensionierung des Ausbaus und der Sicherungsmittel dient, sondern auch der Abschätzung des nötigen Überprofils (Wittke et. al. 2012).

Auf die **Grundlagen der Tunnelstatik** kann hier nur in groben Zügen eingegangen werden, praktisch nur zu dem Zweck, die Notwendigkeit und die Verwendung der vom Ingenieurgeologen mitzuliefernden Bemessungsannahmen bzw. Kennwerte darzulegen. Außer den gelegentlich anzutreffenden empirischen Methoden auf der Basis einer qualitativen Gebirgsklassifizierung nach ► Abschn. 17.3.2 sind im deutschsprachigen Raum im Wesentlichen zwei Verfahren gebräuchlich:

- die halbempirische Berechnung mit gebetteten Stabwerken (Stabwerks- oder Bettungsmodulverfahren) und
- die Berechnung mit Kontinuums- bzw. Diskontinuumsmodellen (Finite Element Methode, FEM).

17.5.5.1 Annahmen für den Spritzbetonausbau

Die Standsicherheit der Ausbruchsicherung wird im Wesentlichen durch das Verbundsystem Gebirge, Ausbau und Anker gewährleistet. Die Belastungsseite und die Widerstandsseite können dabei nicht streng getrennt werden. Vereinfacht gilt: Der Widerstand des Ausbaus gegen Gebirgsverformungen erzeugt Druckspannungen, die vom Ausbau aufgenommen werden müssen. Diese Reaktion bezogen auf das Gebirge wird als Ausbauwiderstand bezeichnet. Der Gebirgsdruck bzw. Ausbauwiderstand wird im Verlauf der Verformungen des Gebirges langsam abgebaut.

Das Verhältnis des nötigen Ausbaustützdrucks zur Spannungsumlagerung und zur radialen Hohlraumverformung kann durch die auf Pacher zurückgehende Gebirgskennlinie ausgedrückt werden. Dabei wird der erforderliche radiale Ausbauwiderstand p über die entsprechenden Verformungen des Ausbaus

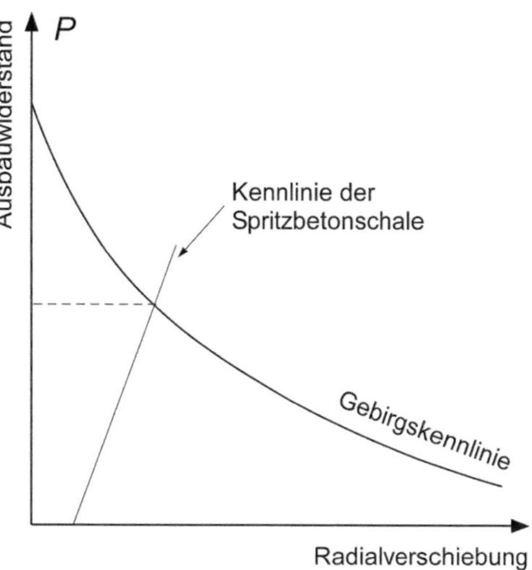

◘ **Abb. 17.44** Prinzip des Gebirgskennlinienverfahrens

aufgetragen (◘ Abb. 17.44). Durch das Einbringen eines entsprechenden Spritzbetonausbaus stellt sich ein Gleichgewichtszustand zwischen dem einwirkenden Gebirgsdruck und dem Ausbauwiderstand (Stützdruck) ein, der durch den Schnittpunkt der Ausbaukennlinie mit der Gebirgskennlinie ausgedrückt wird. Durch Variation der Eingangsdaten ergeben sich unterschiedliche Gebirgskennlinien. Die Rechenwerte können durch die beim Vortrieb gemessenen Verformungen kontrolliert werden.

Bei der Bemessung des Spritzbetonausbaus sind folgende Fälle zu unterscheiden:

- Der Spritzbeton dient lediglich als Versiegelung.
- Der Spritzbeton verhindert das Herausfallen von Kluftkörpern und eine Gebirgsauflockerung.
- Der Spritzbeton wird auf einen Stützdruck (Ausbauwiderstand) bemessen.

Bei dem älteren **Stabwerksmodell** wird die Tunnelauskleidung als ein von außen durch die Überlagerungslast bzw. durch die Last der Auflockerungsglocke und gleichzeitig durch einen gewissen Seitendruck belastetes System betrachtet, bei dem das umgebende Gebirge als Bettung fungiert (◘ Abb. 17.45). Die Wechselwirkung zwischen Gebirge und Ausbau wird

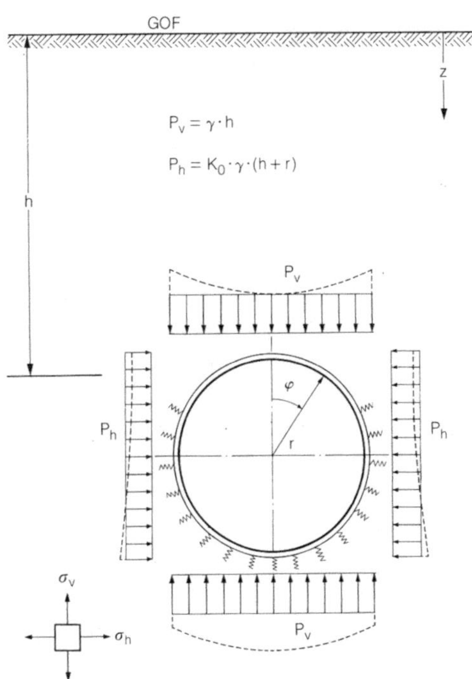

Abb. 17.45 Berechnungsmodell gebetteter Stabzug (aus Naumann und Prinz 1988): h = Überlagerungshöhe bzw. Höhe der Auflockerungsglocke; K_0 = Ruhedruckbeiwert |(▶ Abschn. 17.2.2)

durch elastische Federn simuliert und der Gebirgsdruck (Auflockerungsdruck) auf der Grundlage der Tunnelbau-Klassifizierungssysteme abgeschätzt. Die Wirkung der elastischen Federn wird über den Bettungsmodul in die Rechnung eingeführt. Das Berechnungsverfahren, das heute meist nur noch der Vorbemessung dient, liefert ausschließlich Beanspruchungen und Verformungen des Tunnelausbaus und keine Angaben über Oberflächensetzungen.

Der **Bettungsmodul** k_s wird näherungsweise aus dem Verformungsmodul ermittelt und gewöhnlich als oberer und unterer Grenzwert angegeben:

$$k_s = \frac{V - Modul}{r} = \frac{E_{Geb.}}{(1+v)r}$$

bzw.

$$k_s = C\frac{V - Modul}{r} (in\, kN/m^3)$$

wobei

ν = Poissonzahl,
r = Radius eines kreisförmigen Tunnels, sonst $H/2$ bzw. $D/2$,
C = eine Konstante, deren Wert von verschiedenen Autoren zwischen 0,66 und 3,0 meist mit 0,8–1,0 angegeben wird.

Die rechnerisch anzunehmende Auflast auf den Tunnelausbau wird i. d. R. über die Tunnelbreite als konstant angenommen. Bis zu einer Überlagerungshöhe H = D wird bei Lockergesteinen und bei stark angewittertem nachbrüchigem Gebirge i. d. R. die volle Überlagerungslast als vertikale Auflast angesetzt (▪ Abb. 17.46). Bei einer Überlagerungshöhe von bis zu 1,5–2 D ist der untere Teil bis etwa 1 D mit der vollen Überlagerungslast anzusetzen, darüber mit einer ellipsenförmigen Abminderung der Druckfläche auf höchstens 50 % der anteiligen Last.

Der Seitendruck wird im Fels über die Tunnelhöhe mit konstantem Wert angesetzt, bei geringen Seitendrücken ggf. auch mit nach unten abnehmender Last. In Lockergesteinen ist bei flach liegenden Tunneln fallweise zu entscheiden, ob mit einer solchen Rechtecklast oder mit einer nach unten zunehmenden Trapezlast zu rechnen ist. Das Seitendruckverhältnis bezieht sich auf die in Firsthöhe (bzw. z. T. in Kalottenniveau) anzunehmende Auflast. Der Seitendruck geht rechnerisch über das Seitendruckverhältnis in die Tunnelstatik ein (▶ Abschn. 17.5.5.2).

Bei oberflächennahen Tunneln müssen die Sicherungsmittel einen Großteil der Lasten aufnehmen. Bei größeren Überlagerungshöhen und großen Tunnelquerschnitten von >10 m Breite würde eine solche Berechnung eine Auflast von 600–700 kN/m^2 bedeuten, was in der Praxis zu unrealistischen Spritzbetonstärken führen würde.

Die Dimensionierung erfolgt in diesen Fällen nach einer der Gebirgsklasse entsprechenden **Höhe der Auflockerungsglocke** und Begrenzung der zulässigen Verformungen. Die Höhe der Auflockerungsglocke ist außer vom Gebirge und seinen Trennflächen

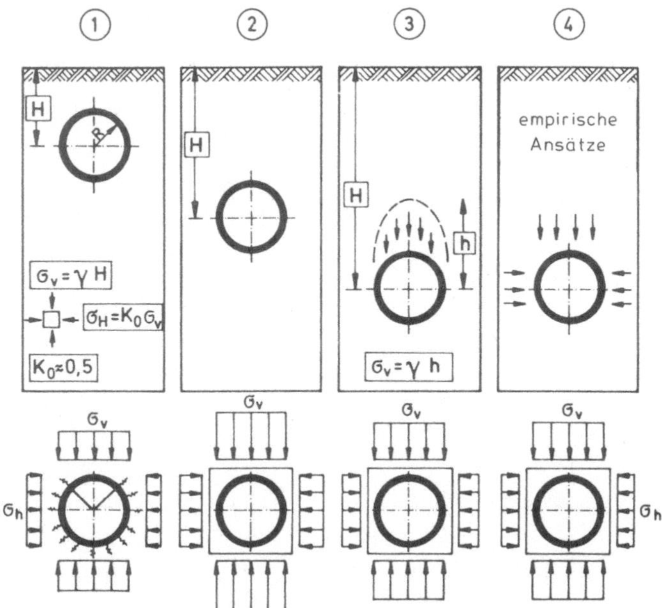

Abb. 17.46 Annahmen für die Auflast auf den Tunnelausbau (nach Duddeck 1990): H = Überlagerungshöhe; h = Höhe der Auflockerungsglocke; K_0 = Ruhedruckbeiwert

(Gebirgsscherfestigkeit) vom Querschnitt des Hohlraums und von den Vortriebsarbeiten abhängig. Zu beachten ist, dass im Bereich der Auflockerungsglocke die Horizontalspannungen eingeschränkt sind und die Gebirgsscherfestigkeit stark abfällt.

Zur Abschätzung der Auflockerungshöhe stehen verschiedene Verfahren zur Verfügung, die von unterschiedlichen Bruchmechanismen ausgehen. Nach Rabcewicz (1944) beträgt die Höhe der Auflockerungsglocke im spannungsfreien Raum für lockergesteinsartiges Gebirge

$$h_{max} = \frac{d}{2\sin\varphi'}$$

wobei d = halbe Ausbruchsbreite D.

Diese empirische Ableitung liefert recht brauchbare Werte, die auch durch andere Überlegungen erhärtet werden (**Abb. 17.47**). Im Endzustand wirkt zwar im Regelfall nicht die gesamte Last des aufgelockerten Bereichs, es stellen sich aber darüber hinaus Verformungen im Gebirge ein, die ebenfalls eine Belastung

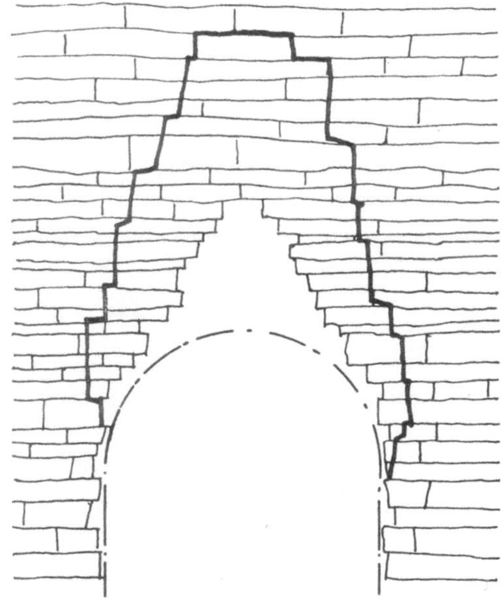

Abb. 17.47 Schematische Darstellung einer den Klufttreppen folgenden Auflockerungs- bzw. Nachbruchglocke für nachbrüchiges und gebräches Gebirge (dickere Strichstärke)

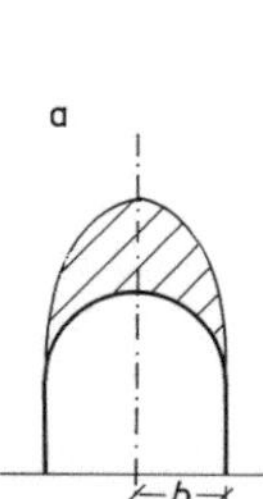

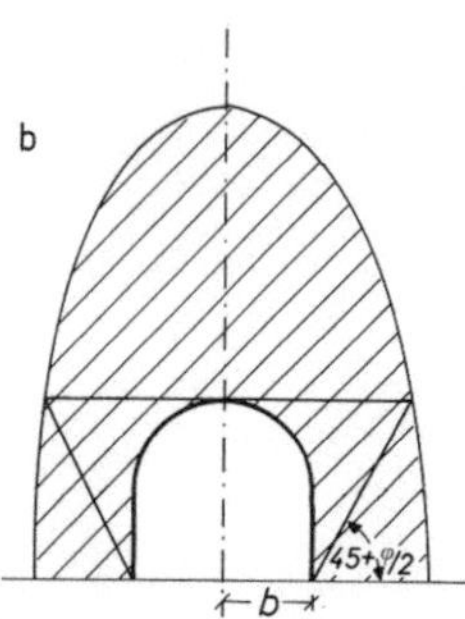

Abb. 17.48 Schematische Darstellung der Ersatz-Belastungsannahmen bei nachbrüchigem (**a**) und gebrächem (**b**) Gebirge

des Ausbaus bewirken, sodass die rechnerische Auflockerungsglocke nicht zu knapp bemessen sein darf. Durch unsachgemäßes Arbeiten kann der Auflockerungsdruck unnötig groß werden. In Gebirgsbereichen, in denen die Spannungsumlagerung behindert ist, können über die Auflockerungsglocke hinausgehende größere und auch einseitige Überlagerungslasten auf den Ausbau einwirken (► Abschn. 17.5.5.1).

Bei standfestem bis gebrächem Gebirge und einer Überlagerungshöhe ab etwa dem 2-fachen Durchmesser wird für die verschiedenen Gebirgsklassen mit folgenden **Ersatz-Belastungsannahmen** gearbeitet (Abb. 17.48):

- **Standfestes Gebirge**, das praktisch keinerlei Sicherung des Hohlraums bedarf, erfordert eine hohe Gebirgsfestigkeit, einschließlich Gebirgszugfestigkeit, und eine Gebirgsscherfestigkeit von $\varphi > 45°$ ($K_0 = 0{,}2–0{,}3$). Diese Anforderungen sind nur bei weitständigen Trennflächen und geringem Durchtrennungsgrad gegeben. In mittel- und dünnbankigen Sedimentgesteinen sind diese Voraussetzungen i. d. R. nicht erfüllt. Der Spritzbeton dient bei standfestem Gebirge nur der Versiegelung und verhindert eine Gebirgsauflockerung.
- Bei ausreichender Gebirgsfestigkeit, aber **nachbrüchigem Gebirge** erfolgt die Dimensionierung häufig nach einer empirisch geschätzten oder nach obigem Verfahren ermittelten Höhe der Auflockerungsglocke ($\varphi = 35–30°$, $K_0 = 0{,}35–0{,}5$). Der Spritzbeton hat hier die Aufgabe, Nachbrüche zu verhindern und durch eine gewisse Stützwirkung die Eigentragfähigkeit des Gebirges zu erhalten. Für mittelbankige Sedimentgesteine entspricht die Mindestbelastung etwa der halben Ausbruchbreite, d. s. bei zweispurigen Verkehrstunneln etwa 6 m. Diese Annahme wird durch die einfache Betrachtung des möglichen Bruchkörpers entlang sog. Klufttreppen gestützt (Abb. 17.47).
- Bei **gebrächem Gebirge** muss die Spritzbetonauskleidung nahezu die gesamten Umlagerungsspannungen aufnehmen. Dazu wird bei den heutigen Verkehrstunneln als Ersatzlast unabhängig von der Überlagerung ein elliptischer Gebirgskörper von etwa 10 m Höhe angenommen ($\varphi \approx 20°$, $K_0 = 0{,}66$), dessen rechnerische Grundfläche seitlich unter einem Aufstellwinkel von $45 + \varphi/2$ verbreitert ist (Abb. 17.48b).
- Bei **stark gebrächem bis leicht druckhaftem Gebirge** wird geprüft, ob die rechnerische lotrechte Spannung am Ausbruchrand die einaxiale Druckfestigkeit des Gebirges möglicherweise übersteigt (Abb. 17.49). In solchen Gebirgsarten geringer Festigkeit ($q_u = 1–5$ MN/m^2) und entsprechender Überlagerungshöhe ist das Gebirge nach dieser Vorstellung im Bereich der Spannungsumlagerung bis an die Grenze seiner Tragfähigkeit beansprucht, und es ist mit großen anhaltenden Verformungen (Konvergenzen) und ggf. Abplatzungen oder Brucherscheinungen zu rechnen. Bei derartigen Verformungen kann es bereits zur Ausbildung einer Zone plastischen Materialverhaltens kommen, in der das Gebirge den Ausbau allseitig belastet.

Bei der Abschätzung der Druckhaftigkeit des Gebirges werden zunächst zwei Eingangsparameter unterschiedlich diskutiert:

Kann dabei die einaxiale Gesteinsdruckfestigkeit herangezogen werden oder muss die

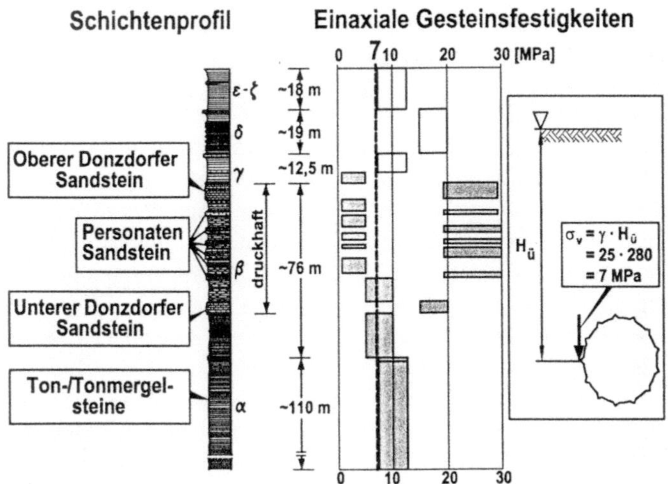

Abb. 17.49 Schichtenprofilausschnitt aus dem Braunen Jura mit Darstellung der einaxialen Gesteinsdruckfestigkeiten von Tonsteinlagen, die hier teilweise niedriger sind als die rechnerische Überlagerungslast (Marquart 2004)

niedrigere Gebirgsdruckfestigkeit angesetzt werden?

Reicht die Überlagerungslast $\sigma_\text{v} = \gamma \times H_\text{ü}$ aus, oder muss die höhere Spannungskonzentration am Ausbruchrand σ_v* berücksichtigt werden?

$$\sigma_v^* = \gamma \times H_\text{ü} \times \frac{D}{2},$$

wobei $H_\text{ü}$ = Überlagerungshöhe (Abb. 17.46).

Diese Ansätze, die teilweise zu überdimensionierten Ausbaustärken geführt und in ihren Auswirkungen in der Praxis keine Bestätigung gefunden haben, wurden schon vor Jahren kontrovers diskutiert. Verschiedene Studien (s. Preh und Poisel 2009) haben gezeigt, dass selbst Druckversuche an Gesteinen nur bedingt mit der Beanspruchung des Gebirges am Ausbruchrand vergleichbar sind und dass Brucherscheinungen am ungestützten Hohlraumrand erst bei Tangentialspannungen von einem Mehrfachen der einaxialen Druckfestigkeit auftreten.

Unter **druckhaftem Gebirge** versteht man Gesteine geringer Festigkeit, in denen bei größeren Überlagerungshöhen die Tangentialspannungen am Ausbruchsrand die Gesteinsdruckfestigkeiten überschreiten und zeitabhängige große plastische Verformungen auf den Ausbau einwirken. Dazu gehören alle Tongesteine, die sich bei großen Druckspannungen mehr oder weniger duktil verhalten, sowie auch phyllitische Gesteine, graphitische Schiefer und alle tektonisch stark beanspruchten Schiefer- und Tongesteine, besonders wenn sie zusammen mit engständigen Trennflächen (Schieferung oder engständige Schichtung) achsparallel oder unter spitzem Winkel zur Tunnelachse verlaufen.

Bei druckhaftem Gebirge sind die oben beschriebenen Lastannahmen nicht mehr anwendbar. Die Planung eines Tunnels in druckhaftem Gebirge stellt immer eine große Herausforderung dar. In der Regel ist von großen Verformungen und einer hohen Auslastung des Spritzbetonausbaus auszugehen. Ein standsicherer Ausbau des Tunnels ist erst machbar, wenn die plastischen Verformungen zu einem gewissen Grad abgeklungen sind. Durch die anfänglichen Verformungen werden die Gebirgsspannungen so weit reduziert, dass der Ausbau die verbleibenden Beanspruchungen aufnehmen kann. In der Praxis wird deshalb zunächst ein nachgiebiger Ausbau eingebracht, der erhebliche radiale Verformungen kontrolliert aufnehmen kann. Als Ausbau dienen in diesen Fällen eine in Längsrichtung geschlitzte Spritzbetonschale gem. ► Abschn. 17.8.1 und ggf. nachgiebige Anker. Nachdem die Anfangsverformungen abgeklungen sind, kann der Ringschluss hergestellt werden. Von Vorteil ist eine gut ausgerundete tiefe Sohle, die eine Stabilisierung des Querschnitts und eine Reduktion der lang anhaltenden Verformungen bewirkt. Die rechnerische Ermittlung der zu erwartenden Verformungen gem. ► Abschn. 17.5.2.2 erlangt dabei besondere Bedeutung.

Die im Gebirge dabei auftretenden Spannungsumlagerungen und die **Verformungen der Tunnelschale** können je nach Gebirge sowohl kurzfristig (in Stunden) als auch langfristig auftreten. Sie erreichen bei flach liegenden Tunneln Größenordnungen 30–50 cm und mehr, bei tief liegenden Tunneln oft >1 m. Derartige Verformungen können auch von Sohlhebungen begleitet sein, die anfangs oft nicht erkannt werden. In den letzten Jahren haben Projekte mit druckhaftem und z. T. stark druckhaftem Gebirge allgemein deutlich zugenommen (John und Mattle 2007).

Bei **standfestem Gebirge und großer Überlagerungshöhe** beschreiben Moritz et al. (2015) durch Überbeanspruchung bedingte Ablösungen von Kluftkörpern und plattige Abplatzungen bereits bei geringen Gesamtverformungen von <10 mm.

In **tektonischen Störungs- und Zerrüttungszonen** ist zunächst die Ausbildung der Störungsgesteine maßgebend (► Abschn. 3.5.1 und 17.2.3) und dann die Frage, ob es sich um Scherbruchzonen mit tektonischer Gebirgsauflockerung i. S. von Naumann und Prinz (1989) und Prinz und Michael (1998) mit mangelhafter Gebirgseinspannung handelt oder nicht (► Abschn. 3.5.2). In solchen Fällen muss mit großen Verformungen und ggf. mit mehr als 20 m hoch reichenden Auflockerungsglocken und auch Niederbrüchen gerechnet werden. In nicht zu breiten Störungs- und Zerrüttungszonen ohne solche Gebirgsauflockerung werden sich hingegen gewölbeartige Verspannungen einstellen, die den auf den Tunnel wirkenden Druck auf eine Bruchhöhe von 10–20 m begrenzen.

In breiten Störungszonen kann ggf. auch echter Gebirgsdruck mit entsprechend großen einseitigen oder auch allseitigen Verformungen auftreten. Bei Annäherung an eine solche Störungszone muss das Verformungsverhalten genau verfolgt und rechtzeitig mit Gegenmaßnahmen reagiert werden. Die möglichen Sicherungsmaßnahmen sind zunächst ein größeres Übermaß, längere Anker, eine duktile Spritzbetonschale und ein rascher Ringschluss mit Sohlgewölbe (► Abschn. 17.8). Andernfalls muss der Vortrieb eingestellt und das Gebirge vorlaufend verbessert werden (► Abschn. 17.9.2).

Der **Einfluss von Kluftkörpern** kann nur im Einzelfall beurteilt werden. Liegt die Kluftkörpergröße im Dezimeterbereich, können im Vergleich zur Hohlraumabmessung i. d. R. isotrope Verhältnisse angenommen werden. Mit den abgeminderten Werten der Festigkeit und Steifigkeit wird der Einfluss der Trennflächen pauschal berücksichtigt. Gegen die Druckwirkung einzelner größerer Kluftkörper aus dem Gebirgsverband (ausgenommen sog. Extremblöcke) ist die Standsicherheit der Tunnellaibung durch die Spritzbetonschale und die Systemankerung i. Allg. gegeben.

Der **horizontal wirkende Gebirgsdruckanteil** wird bei rechnerischen Untersuchungen i. d. R. über den Seiten- oder Ruhedruckbeiwert K_0 berücksichtigt. Er wird üblicherweise als unterer und oberer Grenzwert angesetzt. Alternativ kann auch die Poissonzahl angegeben werden (► Abschn. 17.5.2.1). Ist aufgrund eines erhöhten Horizontalspannungsanteils (► Abschn. 2.7.9.1) oder ungünstig einstreichender Flächen eine stark asymmetrische Belastung zu erwarten, so ist ein entsprechender Lastfall zu untersuchen. In Gebirgen mit Horizontalspannungsüberschuss können sich an größeren Störungs- oder Verwerfungsflächen die rezenten Gebirgsspannungen konzentrieren und bei örtlicher Entlastung durch den Tunnelausbruch zu erhöhten Beanspruchungen bzw. Deformationen und auch zu einem Bruchversagen der Spritzbetonschale führen.

Einen wesentlichen Beitrag zur Erhöhung der Tragfähigkeit bewirkt i. d. R. ein **schneller Ringschluss**, sei es in Form einer temporären

Kalottensohle oder als Ringschluss im Gesamtsystem in Form eines Sohlgewölbes aus Spritzbeton oder Ortbeton. Ein Ringschluss überführt den zunächst offenen und verformbaren Querschnitt in eine geschlossene und wesentlich steifere Form. Die Spritzbetonschale erhält eine größere Auflagerfläche, was die Gesamtverformungen meist deutlich abmindert oder zum Stillstand bringt. Außerdem wirkt ein Ringschluss bei erhöhtem horizontalem Gebirgsdruck als Druckriegel.

Die Standsicherheit der Ortsbrust und der freien Stützweite dahinter ist ein wesentliches Kriterium für die Gesamtsicherheit eines Tunnelvortriebs. Bei oberflächennahen Tunneln kann eine Instabilität der Ortsbrust leicht einen größeren Nachbruch oder Tagesbruch zur Folge haben. In gebrächem bis druckhaftem Gebirge bzw. bei ungünstig einstreichenden Trennflächen und bei Grundwassereinfluss (auch Porenwasserdruck) ist auch der Nachweis der Standsicherheit des Kalottenfußauflagers nach der Grundbruchtheorie sowie der **Nachweis der Ortsbruststabilität** zu führen (s. Katzenbach und Strüber 2003, darin Lit.). Der Spannungszustand bzw. die Spannungsumlagerungen an der Ortsbrust werden beeinflusst von den Gebirgseigenschaften, von der Entspannung des Gebirges vor der Ortsbrust, vom Trennflächengefüge, von der Entwicklung des Porenwasserdrucks und vom Vortriebskonzept. Grundlage für den Nachweis der Kurzzeitstandfestigkeit der Ortsbrust ist zunächst einmal ein Keil-Prisma-Gleitmechanismus gem. ◘ Abb. 17.50 (links) unter Ansatz der totalen Spannungen und der undränierten Scherbedingungen (c_u, $\varphi_u = 0$; s. Anagnostou und Zingg 2013). Letztere Annahme zeigt die Abhängigkeit der Ortsbruststabilität von der Kohäsion. Allgemein wird angenommen, dass eine Ortsbrust ab einer Kohäsion von >50 kN/m^2 standsicher ist (Schubert et al. 2014).

Bei Vorhandensein ungünstiger Trennflächenkonfigurationen sind auch Angaben über das Trennflächengefüge, über kinematisch mögliche Bruchkörper bzw. die Versagensmechanismen sowie über die Scherfestigkeit auf möglichen Gleitflächen zu machen. Die Praxis zeigt, dass Instabilitäten an der Ortsbrust kaum einmal nach theoretischen Modellen auftreten, sondern meist aufgrund ungünstig einstreichender Flächen abgeminderter Scherfestigkeit, was durch die Rechnung i. d. R. nicht abgedeckt ist. Häufig liegen die maßgebenden Flächen außerhalb der bisherigen Ausbruchlaibung und sind damit nicht bekannt. Ortsbrustversagen kündigt sich häufig (aber nicht immer) durch stärkere Verformungen, wiederholte kleine Ausbrüche bzw. nachbrechendes Gestein an. Mit den Bestrebungen, Tunnel künftig zunehmend im Vollausbruch aufzufahren, gewinnen dieser Nachweis, eine messtechnische Kontrolle der Ortsbrust (► Abschn. 17.5.3) und die technischen Maßnahmen zur Stabilisierung der Ortsbrust (► Abschn. 17.8.1) an Bedeutung.

17.5.5.2 Bemessungswerte für numerische Berechnungen

Das Ziel der Standsicherheitsuntersuchungen für Tunnel ist es, die ausbruchsbedingten Spannungsumlagerungen im Gebirge, die daraus resultierenden Verformungen der Tunnelschale

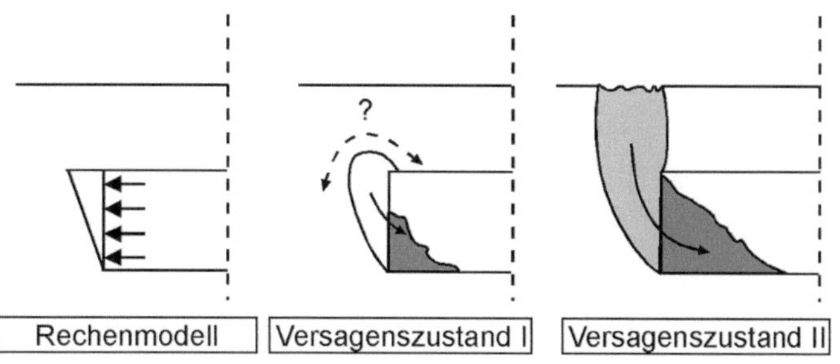

◘ **Abb. 17.50** Versagensmodelle der Ortsbrust bei oberflächennahen Tunnelvortrieben

und an der Geländeoberfläche sowie die Belastung und Bemessung der Spritzbetonschale und die Dimensionierung der Sicherungsmittel einschließlich einer vorauseilenden Sicherung möglichst realistisch zu erfassen. Dies wird am besten mit **numerischen Berechnungsmethoden** erreicht. Dabei hat sich die Finite-Element-Methode (FEM) als Standardverfahren durchgesetzt (► Abschn. 5.2). Grundlage dieser Rechentechnik ist eine systematische Unterteilung der Berechnungsfläche in (kleine) Elemente endlicher Größe (finite Elemente), die durch randliche Knotenpunkte miteinander verknüpft sind und deren Verhalten unter Belastung über die Knotenpunktverschiebungen ermittelt wird (◘ Abb. 17.51). Für geklüfteten Fels haben sich elastisch-viskoplastische Stoffmodelle bewährt. In der Praxis werden bei oberflächennahen und mitteltiefen Tunneln meist noch zweidimensionale Berechnungsverfahren verwendet, bei denen durch vereinfachte Annahmen versucht wird, das räumliche Tragverhalten näherungsweise zu erfassen (z. B. Vorentlastung, s. u.). Sofern die Stützmittel in die Rechnung einbezogen werden, können die einzelnen Steifigkeits- bzw. Festigkeitszunahmen addiert werden, wobei allerdings der jeweilige Einbauzeitpunkt zu beachten ist.

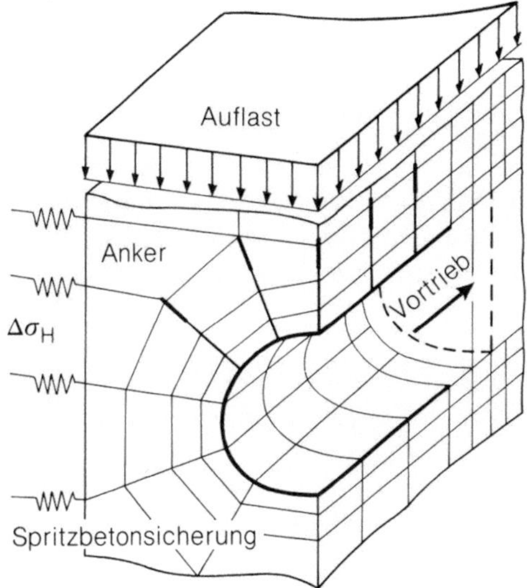

◘ **Abb. 17.51** Berechnungsmodell nach der Finite-Element-Methode (aus Naumann und Prinz 1988)

Für eine wirklichkeitsnahe Erfassung des Spannungsdehnungsverhaltens von klüftigem Fels müssen neben der Gesteinsdruckfestigkeit die gegenüber dem Gestein deutlich größere Verformbarkeit und geringere Scherfestigkeit des Gebirges auf den Trennflächen berücksichtigt werden. Dazu gehört zunächst ein vereinfachter Gebirgsbau mit Angabe eines Modells des Trennflächengefüges. Hinzu kommen dann im Bedarfsfall die Kenntnis des primären Spannungszustands und Angaben zur Grundwasserströmung. Die verschiedenen Gebirgseigenschaften können beispielsweise wie folgt vereinfacht werden:

- Kleinklüftigkeit (als „verschmierte" Steifigkeitsabminderung),
- Trennflächengefüge (z. B. Schichtung und Hauptkluftscharen),
- einzelne Großkluft- oder Störungszonen,
- Wasserdruck und Wasserströmung,
- zeitabhängige Kriech- oder Quellerscheinungen.

Tektonische Störungszonen können bei der Modellierung als unterschiedlich breite und ggf. heterogen aufgebaute Zonen abgeminderter Gebirgseigenschaften dargestellt werden. Dabei sind nicht nur die Festigkeitskontraste zu beachten, sondern im Einzelfall auch eine mögliche Wasserführung.

Im Allgemeinen sind folgende **Kennwerte** anzugeben (charakteristische Werte und untere Grenzwerte):

- Wichte des Gebirges γ (in kN/m^2)
- Poissonzahl ν (bzw. Querdehnungszahl) oder
- Ruhedruckbeiwert K_0
- Verformungsmodul V oder E_v (in MN/m^2)
- Bettungsmodul k_s (in MN/m^3)
- Gesteins- bzw. Gebirgsfestigkeit q_u (in MN/m^2)
- Gebirgsscherfestigkeit φ, c (in °, kN/m^2)
- Scherfestigkeit auf Trennflächen φ_s, c_s bzw. φ_k, c_k (in °, kN/m^2)
- Vorentspannungsfaktor 0,3–0,5 (30–50 %)

Tab. 17.9 Zusammenstellung einiger Kennwerte für FE-Berechnungen aus der Literatur

	Unterer Muschelkalk engständige Wechselfolge		Oberer Muschelkalk überwiegend Kalkstein		Unterer Keuper Wechselfolge	
E [MN/m^2]	50–100[1]	100–400[2]	400–1000		50–100[1]	100–300[2]
Gestein q_u [MN/m^2]	0,5–10[1]	5–50[2]	20–100		5–30	
Trennflächen	Schichtung	Klüftung	Schichtung	Klüftung	Schichtung	Klüftung
φ [°]	15–20	25–30	20–25	30–35	15–30	20–25
c [kN/m^2]	0	0–10	0–10	0–20	0–10	0–30

[1] Fels mürbe, entfestigt [2] Fels gesteinshart, unverwittert

Häufig werden allerdings nur die folgenden Kennwerte verwendet (Tab. 17.9):

- Gesteinsdruckfestigkeit q_u (in MN/m^2)
- Gebirgsmodul (E-Modul) (in MN/m^2)
- Trennflächenscherfestigkeit φ_s, c_s; φ_k, c_k (in ° bzw. kN/m^2)

Im Bereich der Auflockerungszone über und um den Tunnel sind ggf. abgeminderte Kennwerte anzusetzen. Die Parameter sollten im Zuge der Bauausführung überprüft und auf der Grundlage von Rückrechnungen anhand der Verformungsdaten angepasst werden („back analysis“).

Ein weiterer Begriff für die Tunnelstatik ebener Systeme ist die **Vorentlastung bzw. Vorentspannung**. Darunter versteht man einerseits den Lastanteil, der als Folge der räumlichen Spannungsumlagerung im Bereich der Ortsbrust wegfällt, und andererseits die vorweggenommenen Verformungen durch den Abbau des Porenwasserdrucks, die beide den Spritzbetonausbau nicht mehr belasten. Dieser Effekt der Vorentlastung wird bei zweidimensionalen Berechnungsverfahren durch eine Abminderung der Stützkräfte (Stützlastverfahren) bzw. durch eine E-Modul-Reduktion (Stützkernverfahren) in die Tunnelstatik eingebracht. Die Angabe der Vorentspannung erfolgt über den Abminderungsfaktor (auf etwa 0,5–0,8). Er hängt ab vom Gebirgsverhalten, von der Vortriebsart bzw. Abschlagslänge (beide bedingen Vorverformung; keine Vorverformung bedeutet einen Faktor „0“ mit nur geringen Spannungsumlagerungen), der Dicke und dem Zeitpunkt des Einbaus der Spritzbetonschale. Durch eine höhere Vorentspannung ergeben sich geringere Ausbauwiderstände bzw. eine geringere Beanspruchung der Spritzbetonschale und somit nominell höhere Sicherheiten, die aber nicht für das Gesamtsystem Ausbau/Gebirge gelten.

Auch bei der Anwendung numerischer Berechnungsmethoden muss man sich darüber im Klaren sein, dass trotz des rechnerischen Aufwands keine absoluten **Rechenergebnisse** erwartet werden dürfen. Der Grund sind die mehr oder weniger unzureichend bekannten Stoffgesetze, die Streuung der Eingangsparameter sowie das Problem, das räumliche Tragverhalten und die einzelnen Ausbruchsfolgen rechnerisch zu erfassen. In die Berechnung gehen zunächst charakteristische Gebirgskennwerte ein. Die dabei erzielten Ergebnisse weisen hinsichtlich der Einwirkungen auf den Ausbau oft noch große Ungenauigkeiten auf, während die Setzungsangaben wenig Streuung zeigen. Legt man in Parameterstudien untere Kennwerte bzw. deren ungünstigste Kombination zugrunde, so ist ein rechnerischer Nachweis oft nicht mehr möglich bzw. ergibt völlig unwirtschaftliche Abmessungen, die außerhalb aller Erfahrungen liegen. Lokal begrenzte Schwachstellen im Gebirge, die häufig zu kritischen Bauzuständen führen, können mit statischen Berechnungen i. d. R. nicht erfasst werden. Dementsprechend sollten Erfahrung und Messung sowie konstruktive Maßnahmen vor Ort neben den Berechnungen gleichrangig bewertet werden.

17.5.5.3 Annahmen für die Innenschale

Beim Tunnelbau unterscheidet man drei Phasen: den Vortrieb, die Ausbruchsicherung und die Herstellung der Innenschale. Die Herstellung der Innenschale erfolgt entweder durch einen einschaligen Ausbau in Spritzbeton (Kavernen, Rettungsstollen, seltener Verkehrstunnel) bzw. bei einem maschinellen Vortrieb mit Tübbingen oder durch einen zweischaligen Ausbau mit einer gebirgssichernden temporären Außenschale (Spritzbeton) und einer tragenden Innenschale aus bewehrtem oder unbewehrtem Schalbeton mit oder ohne Abdichtung. Bei bewehrten Innenschalen kann die Dichtung sowohl durch wasserundurchlässigen Beton (WUB-Konstruktion, ► Abschn. 10.3) als auch durch eine auf die Außenschale aufgebrachte Kunststoffdichtungsbahn (KDB) erreicht werden (► Abschn. 17.2.5.4).

Ein **einschaliger Spritzbetonausbau** setzt sich zusammen aus dem primären Sicherungsspritzbeton und ein oder zwei Lagen Ausbauspritzbeton als innere Verkleidung (Williams et al. 2004). An den Spritzbeton für die Innenschale werden erhöhte Anforderungen gestellt, u. a. ein gutes Haftvermögen auf der Abdichtungsfolie.

Bei der **zweischaligen Bauweise** ist für die Bemessung der Innenschale i. d. R. davon auszugehen, dass zum Zeitpunkt ihres Einbaus die Verformungen im Gebirge zur Ruhe gekommen sind und der Grundwasserspiegel abgesenkt ist. Die Innenschale wird zunächst spannungsfrei in die Spritzbetonschale eingebaut. Sie bekommt erst Last, wenn das Grundwasser wieder ansteigt und wenn die Außenschale durch Betonkriechen und Festigkeitsverluste (z. B. infolge aggressiven Grundwassers) mit der Zeit ihre Tragfähigkeit verliert und dadurch die ursprünglich von der Außenschale aufgenommenen Lasten auf die Innenschale übergehen. Hinzu kommt ein möglicherweise erhöhter Gebirgsdruck als Folge tertiärer Spannungszustände (Kriechdruck, Quelldruck) oder durch den Ausfall (Korrosion) von Ankern.

Für die Abschätzung der **Belastung auf die Innenschale** geht man i. d. R. zunächst davon aus, welche Lasten auf die Ausbruchsicherung (Spritzbetonschale) gewirkt haben und ob die Deformationen dabei schadensfrei geblieben sind. Einzelne schmale Störungszonen müssen dabei nicht gesondert betrachtet werden. Bei abweichendem Deformationsverhalten oder bei ungünstig verlaufenden Großklüften, die ggf. asymmetrisch einwirkende Belastungskörper begrenzen, oder in massiven Störungszonen ist ein besonderer Lastfall anzunehmen, dessen Lastbild auf die Innenschale auf der Basis der in ► Abschn. 17.5.2.2 genannten Parameter ermittelt werden muss.

Zu den Einwirkungen aus dem Gebirge kommen noch weitere Lastfälle aus dem Betrieb und den Temperaturdifferenzen. Für den Wasserdruck ist das Dränsystem (► Abschn. 17.2.5.4) bzw. die hydrostatische Druckhöhe maßgebend (Bemessungswasserstand, ► Abschn. 17.2.5.2). Die Frage, ob die Einwirkungen aus Gebirgsdruck und Wasserdruck bei der Bemessung addiert werden müssen, hängt vom Einzelfall ab (Schuck 2005).

Tunnelauskleidungen in Schalbeton werden i. d. R. mit einem mechanisch und hydraulisch klapp- und verfahrbaren Schalwagen, getrennt für die Sohle und das Gewölbe, in Blocklängen von 8–12 m hergestellt, die durch Dehnfugen getrennt sind.

17.6 Bauweisen

Im Tunnelbau werden einerseits die offenen und halboffenen Bauweisen, andererseits die geschlossenen oder bergmännischen Bauweisen unterschieden, Letztere mit konventionellem oder zyklischem bzw. maschinellem und kontinuierlichem Vortrieb mittels Tunnelvortriebsmaschinen.

Absenktunnel, deren bis über 200 m lange Einzelsegmente an Land hergestellt und in einen vorher ausgehobenen Graben auf dem Meeresgrund abgesenkt werden, sollen hier nicht weiter behandelt werden.

17.6.1 Offene und halboffene Bauweisen

Für die Herstellung von Tunneln in offener oder halboffener Bauweise gibt es verschiedene Konstruktionsmöglichkeiten, die von den örtlichen Gegebenheiten, der Baugrundsituation und den Grundwasserverhältnissen abhängig sind (◘ Abb. 17.52). Derartige Projekte sind schon bei der Erkundung wie lang gestreckte Baugruben zu behandeln, mit entsprechenden Bohrpunktabständen (25–50 m; DIN 4020) und einem dem Untergrundaufbau angepassten Untersuchungsprogramm (Kennwerte). An rutsch- oder kriechverdächtigen Hängen sind rechtzeitig (vorab) Bewegungsmessungen in Bohrlöchern vorzusehen (Inklinometer ► Abschn. 4.8.4).

Tunnel in **offener** Bauweise bestehen aus Gewölbequerschnitten oder ein- oder zweizelligen Rechteckrahmenquerschnitten (Stahlbetonrahmen) und werden in geböschter Baugrube oder im Schutz von Verbauwänden hergestellt. Sie gelten nach DIN 1054 als „im Boden eingebettete Bauwerke". Der Baugrubenverbau erfolgt gem. ► Abschn. 9.3. Bei eingeschütteten Tunneln mit ungleich hohen Einschnittsböschungen sind die asymmetrischen Beanspruchungen zu beachten.

Die **Stützung der Verbauwände** erfolgt üblicherweise mit Verpressankern (► Abschn. 9.5), ggf. kombiniert mit Steifen. Letztere werden i. d. R. oberhalb und als sog. Stützsohle unterhalb der etwa 10 m hohen Tunnelblöcke angeordnet. Die aussteifende Sauberkeitsschicht kann nötigenfalls im Schutz von Wandersteifen eingebracht werden. Wenig nachgiebig gestützte Baugrubenwände (► Abschn. 9.3) werden i. d. R. auf aktiven Erddruck bemessen und die Anker auf mindestens 80 % der rechnerischen Last vorgespannt. Baugrubenwände im Einflussbereich von Bauwerken werden zumindest als annähernd unnachgiebig gestützte Baugrubenwände ausgeführt und auf erhöhten aktiven Erddruck bemessen. Bei Bauweisen mit Arbeitsraum ist als Lastfall „größter Erddruck" der Verdichtungsdruck anzusetzen (► Abschn. 5.6.2).

Während der Bauausführung sind der Untergrundaufbau und die Rechenansätze durch ingenieurgeologische Aufnahme der Wandbereiche und baubegleitende Kontrollmessungen zu überprüfen. Bei Baumaßnahmen im Grundwasserniveau sind eine Beobachtung der

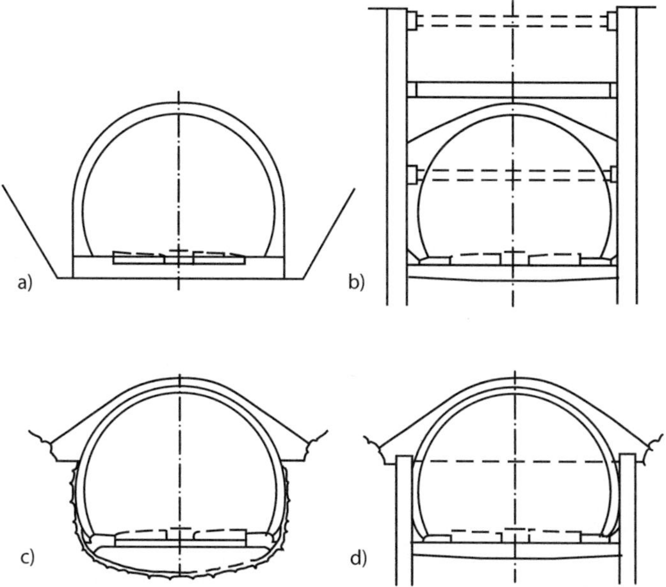

◘ **Abb. 17.52** Schematische Darstellung der offenen und halboffenen Bauweise: **a.** offene Bauweise in geböschter Baugrube; **b.** offene Bauweise mit Baugrubenverbau; **c.** Deckelbauweise; **d.** Deckel auf Bohrpfählen

Grundwasserstände und begleitende Setzungsmessungen angrenzender Bauwerke vorzusehen.

Beim **Bauen im Grundwasser** wird eine Grundwasserabsenkung, auch nur für die Bauzeit, immer seltener genehmigt, sodass die Arbeiten ggf. im Schutz einer wasserdichten Baugrube mit Unterwasserbetonsohle, Injektionssohle oder anderen Sonderverfahren vorzunehmen sind (► Abschn. 9.4.3 und 10.3 sowie ggf. ÖVBB-Merkblatt Unterwasserbetonsohlen 2005).

In der Regel werden Tunnel in offener Bauweise als wasserundurchlässige Betonkonstruktionen (WUB-KO) ohne oder mit außen liegender Abdichtung hergestellt. Bei stärker den Beton angreifendem Grundwasser wird eine Abdichtung notwendig. Konstruktionen im Grundwasserniveau dürfen die natürliche Grundwasserströmung nicht beeinträchtigen (► Abschn. 11.7).

Bei der **halboffenen oder Deckelbauweise** erfolgt der Aushub nur bis in das künftige Firstniveau (◘ Abb. 17.52). Darauf wird die bewehrte Deckelkonstruktion betoniert, und zwar entweder als aufgelegter Deckel oder – bei nicht ausreichend tragfähigem Untergrund – mit einer beidseitigen pfahlartigen Auflagerkonstruktion. Der Deckel wird teilweise oder ganz eingeschüttet und anschließend der bergmännische Vortrieb im Schutz des Deckels vorgenommen. Im Grundwasserniveau kann die Deckelbauweise auch unter Druckluft ausgeführt werden (► Abschn. 17.2.5.5 und Frühauf und Scholz 2005).

Wo in städtischen Bereichen der Straßenverkehr zumindest teilweise aufrechterhalten werden muss, kann die sog. **Halbdeckelbauweise** zum Einsatz kommen. Der Voraushub und die Herstellung des Deckels werden in zwei Hälften vorgenommen, damit jeweils eine Straßenhälfte für den Verkehr zur Verfügung steht (Reichle und Rotermund 2006).

17

17.6.2 Konventioneller bergmännischer Vortrieb

Beim konventionellen oder universellen Vortrieb erfolgen die einzelnen Arbeitsvorgänge zeitlich nacheinander. Der Bauvorgang besteht im Wesentlichen aus einem schrittweisen maschinentechnisch- oder sprengtechnisch unterstützten Ausbruch und umgehender Sicherung der Ausbruchslaibung mit schnell härtendem Spritzbeton, dessen Tragwirkung durch Stahlbögen, Bewehrungsmatten und Anker verstärkt und nötigenfalls durch weitere Bauhilfsmaßnahmen unterstützt werden kann. Ein konventioneller Vortrieb in Spritzbetonbauweise zeichnet sich durch eine große Anpassungsfähigkeit an wechselnde Gebirgsverhältnisse und auch an unterschiedliche Querschnittsformen aus.

Der Vortrieb erfolgt in gut standfestem Gebirge im Vollausbruch (z. B. Rennsteigtunnel, Ausbruchquerschnitt 90 m^2, $h = 9$ m), sonst meist durch Unterteilung des Ausbruchquerschnitts nach den örtlichen Gebirgsverhältnissen in Kalotte, Strosse und Sohle. Die Entscheidung, ob **Voll- oder Teilausbruch,** ist abhängig von:

- der Querschnittsgröße und den verfügbaren Lösegeräten sowie
- günstigen und gleichmäßigen Gebirgsverhältnissen, die eine standsichere Ortsbrust ermöglichen.

Die Kriterien für die Entscheidung über Voll- oder Teilausbruch werden von Gamper (2014), Putz-Perrier et al. (2014) und Schubert et al. (2014) umfassend diskutiert. Die Gesamtverformungen eines Vortriebs sind bei Vollausbruch i. d. R. geringer als bei Teilausbrüchen. Entscheidend dafür sind ein rascher Ringschluss und die dadurch bedingte Stabilisierung des Querschnitts.

Je nach Gebirgsverhältnissen und der Höhe des Wasserdrucks kommen bei bergmännischen Vortrieben unterschiedliche Sohlausbildungen zur Anwendung (◘ Abb. 17.53):

- offene oder geschlossene Sohle, (Sohlplatte)
- flaches oder tiefes Sohlgewölbe
- Kreisquerschnitt

Der Sohlstich eines Sohlgewölbes wird als das Verhältnis Sohlstich/Tunnelbreite ausgedrückt, das zwischen 0,15 (flaches) bis 0,25 (tiefes Sohlgewölbe) liegt.

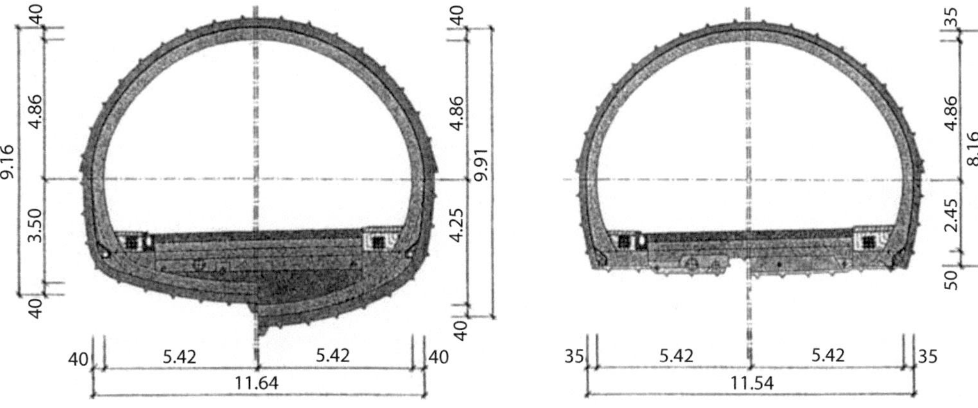

Abb. 17.53 Regelquerschnitte mit flachem oder tiefem Sohlgewölbe und mit Bankett

In den Querschnittsunterteilungen lassen sich die Prinzipien der alten klassischen Tunnelbauweisen erkennen (Kalottenvortrieb = belgische Unterfangungsbauweise, Ulmenstollen = deutsche Kernbauweise).

Unter dem Begriff **Spritzbetonbauweise** werden alle bergmännischen Tunnelbaumethoden verstanden, bei denen der Spritzbeton ein wesentliches Element der Hohlraumsicherung darstellt. Die Spritzbetonbauweise beruht auf einem halbempirischen Sicherheitskonzept (► Abschn. 17.5.4). Die Dicke der Spritzbetonschale als vorläufiger Ausbau wird den erwarteten Gebirgs- bzw. Ausbruchsklassen entsprechend vorab festgelegt. Die Beschreibung und die Einteilung der Gebirgs- bzw. Ausbruchsklassen sowie die Festlegung der systematischen Stützmaßnahmen erfolgen auf der Grundlage der Voruntersuchungen. Die Standsicherheit der Spritzbetonschale wird in einer Vorbemessung untersucht und beim Vortrieb durch geotechnische Messungen kontrolliert. Entscheidend für die Beurteilung der Standsicherheit ist der Nachweis abklingender begrenzter Verformungen. Reichen die Regelausbaumittel zur Gewährleistung der erforderlichen Sicherheit nicht aus, können je nach Erfordernis zusätzliche gebirgsverbessernde Maßnahmen, wie z. B. Vorausentwässerung oder Injektionen, angeordnet werden. Nach einer gewissen Standzeit des Spritzbetonausbaus wird nach Aufbringen der Isolierung die Innenschale in Ortbeton eingebaut.

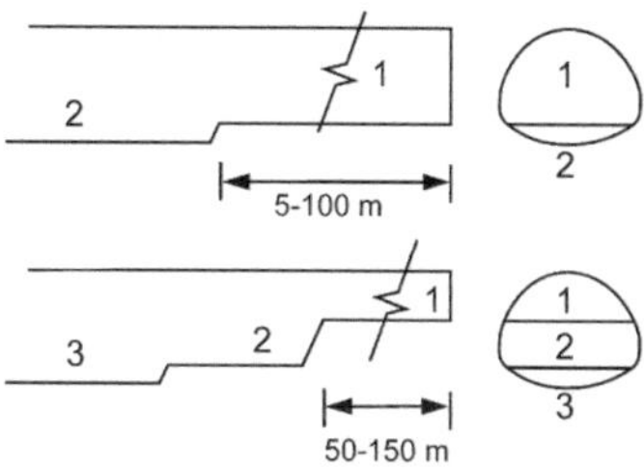

Abb. 17.54 Schematische Darstellung eines Vollausbruchs (1) mit Sohle (2) und einer Unterteilung des Ausbruchquerschnitts in Kalotte (1), Strosse (2) und Sohle (3), jeweils mit dem Vorlauf der Ortsbrust bzw. Kalotte vor dem Strossen- und Sohlausbruch

Das Ausbruchsschema ist in Abb. 17.54 dargestellt. Der Vorlauf des **Kalottenausbruchs** gegenüber dem Strossen- und Sohlausbruch ist von der Standfestigkeit bzw. vom Verformungsverhalten abhängig. In gebrächem Gebirge wird der Nachlauf des Strossen- und Sohlausbruchs auf eine Länge von 150–50 m begrenzt. In verformungsempfindlichem, wenig standfestem Gebirge tragen ein verkürzter Nachlauf und ein schneller Ringschluss wesentlich zur Reduzierung der Setzungen, insbesondere auch der Senkungen an der Geländeoberfläche bei. Diese Bauweise wird außer bei den kleineren Querschnitten der U-Bahn-Bauten, auch bei tief liegenden Verkehrstunneln eingesetzt. Entscheidend ist, dass die Ringschlusszeit in Anpassung an das Tragverhalten des Gebirges möglichst kurz gehalten wird.

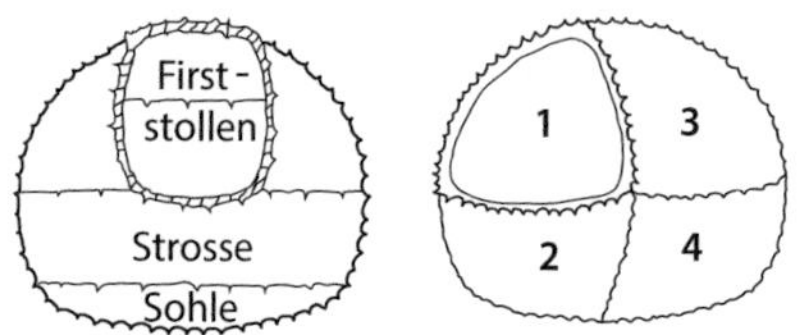

Abb. 17.55 Auflösung des Ausbruchquerschnitts in eine geteilte Kalotte (rechts) und durch einen voreilenden Firststollen

Lassen der größere Querschnitt und das Gebirgsverhalten keinen Kalottenausbruch zu, so muss auf kleinere Teilquerschnitte umgestellt werden. Bewährt haben sich in solchen Fällen eine geteilte Kalotte, ein voreilender Firststollen oder ein Ulmenstollenvortrieb. Ein voreilender Ulmenstollenvortrieb dient außerdem zur Vorausentwässerung des Gebirges für die restlichen Ausbrucharbeiten.

Eine **geteilte Kalotte oder ein Firststollenvortrieb** (Abb. 17.55) sind sehr anpassungsfähige Bauverfahren, die bei wechselnden Gebirgsverhältnissen relativ kurzfristig eine Umstellung von Kalotten- auf Firststollenvortrieb und umgekehrt ermöglichen (Maidl und Stein 2002). Der Firststollen wird vollflächig oder mit abgestufter Ortsbrust aufgefahren und erhält eine Spritzbetonsicherung und ggf. einen längsbewehrten Firstbalken aus Spritzbeton. Der Vortrieb kann dem Auffahren der Restkalotte um 30–40 m vorauseilen und dient dabei der Erkundung schwieriger Gebirgsverhältnisse.

Die verhältnismäßig kleinen (20–40 m^2) spitzbogenförmigen **Ulmenstollenvortriebe** (Abb. 17.56) können in fast jedem Gebirge vorgetrieben werden. Nachfolgend kann das Kalottengewölbe auf nötigenfalls durch gebirgsverbessernde Maßnahmen gesicherte Kämpfer abgesetzt werden. Auch ein Ulmenstollenvortrieb kann weiter unterteilt werden in Ulmenkalotte, -strosse und -sohle, und es können im Bedarfsfall weitere stabilisierende und setzungsmindernde Maßnahmen wie Ortsbrustsicherung oder ein Rohrschirm getroffen werden (Heissenberger et al. 2008). Beim Aushub des Kerns ist aus statischer Sicht ein möglichst rascher Ringschluss des Gesamtquerschnitts herzustellen. Ein kritischer Bauzustand, der einer sorgfältigen Ausführung und besonderen messtechnischen Kontrolle bedarf, ist der Sohlaushub des Gesamtquerschnitts, bei dem es zu einer Sohlhebung im Kern und zu einer Rotation der Ulmenstollen kommen kann. Auch der Abbruch der Innenulmen, insbesondere der unteren Ulmenstiele, sowie das spätere Entfernen der Sohleinfüllung stellen einen kritischen Bauzustand dar (Gattermann und Hirsch 2001).

Bei einem Ulmenstollenvortrieb wechseln in Abhängigkeit von den Bauzuständen die Be- und Entlastungsbereiche. Die Gesamtsetzungen können i. d. R. auf ein verträgliches Maß reduziert werden, wobei erfahrungsgemäß etwa ⅔ der Gesamtsetzungen bereits während der

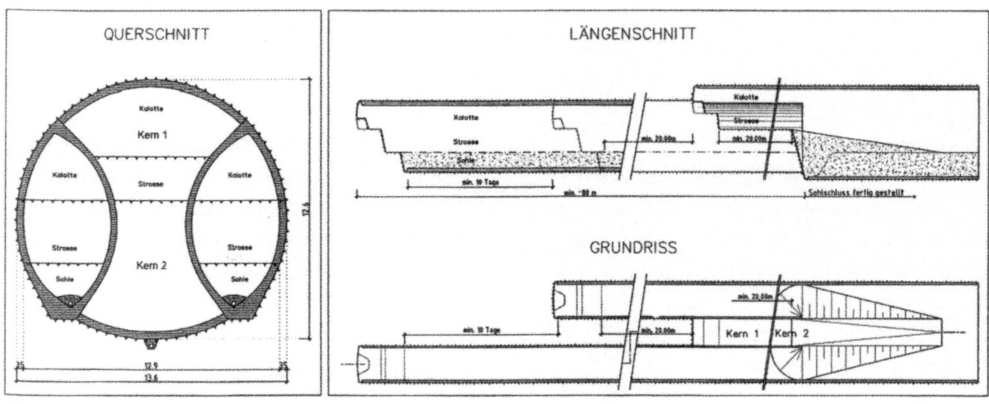

Abb. 17.56 Ulmenstollenvortrieb mit voreilenden Ulmenstollen

Ulmenstollenvortriebe eintreten (Heissenberger et al. 2008). Zeichnet sich ein solcher Ablauf der Setzungen nicht ab, so liegen meist besonders gestörte Gebirgsverhältnisse vor, die bereits beim Auffahren der Ulmenstollen erkannt werden sollten, um für den nachfolgenden Kernausbruch ggf. zusätzliche Sicherungsmaßnahmen vorsehen zu können (z. B. ein Rohrschirm und lange Ortsbrustanker).

Bei einem Ulmenstollenvortrieb ist die Umstellung von Kalottenausbruch auf Ulmenstollen und umgekehrt relativ aufwendig. Die Entscheidung für einen Ulmenstollenvortrieb muss daher schon frühzeitig getroffen werden. Inhomogene Gebirgsverhältnisse, die für Teilausbrüche in den Ulmenstollen Sprengarbeit erfordern, bedeuten eine erhebliche Störung des Arbeitsablaufs.

17.6.3 Teilschnittmaschinen

Teilschnittmaschinen (TSM) weisen einen nach allen Seiten schwenkbaren Arm mit Fräskopf auf, der mit unterschiedlichen Schneid- und Fräswerkzeugen bestückt ist (◘ Abb. 17.57). Die Fräsbarkeit des Gebirges, und zwar sowohl die Fräsleistung als auch der Meißelverbrauch sind – außer von der meist immer noch an erster Stelle genannten Gesteinsdruckfestigkeit – sehr stark von der Abrasivität und Zähigkeit der Gesteine und dem Trennflächengefüge abhängig. Außerdem sind auch ein ständiger Gesteinswechsel (hart – weich) und besonders dickere Hartsteinlagen sowie ein möglicher Wasserzufluss zu beachten.

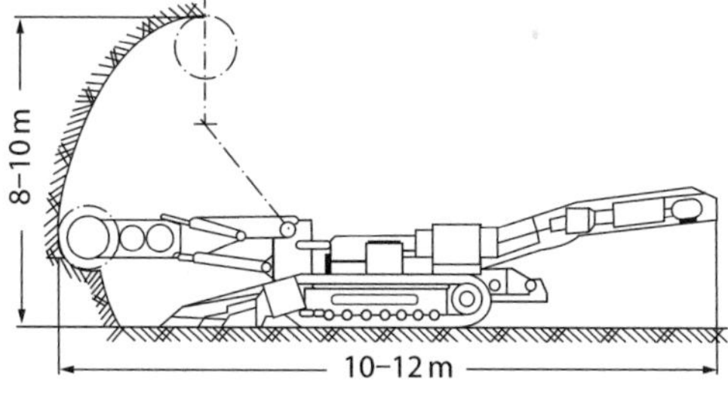

◘ **Abb. 17.57** Schematische Darstellung einer Teilschnittmaschine

Gut fräsbar sind Kalkmergelsteine und nicht zu harte Sandsteine, weniger dagegen viele metamorphe geschieferte Gesteine. Die technische Grenze der mit Teilschnittmaschinen noch wirtschaftlich beherrschbaren Gesteinsdruckfestigkeiten liegt nach Lammer und Gehring (1998) je nach Maschinengröße bei 120–140 MN/m^2. Maßgebend sind dabei die Maximalwerte der härteren Zwischenlagen (Plinninger et al. 2001, 2012a; Plinninger 2011; Plinninger und Palla 2013). Hohe Gesteinsfestigkeit führt auch bei nichtsilikatischen Gesteinen (z. B. Kalkstein) zu sinkenden Vortriebsleistungen sowie hohen Verschleißkosten und kann zu einer Umstellung der Vortriebsmethode zwingen.

Weitere einschränkende Kriterien für einen Einsatz von Teilschnittmaschinen sind die beim Fräsen auftretende Staubentwicklung, besonders bei quarzhaltigen Gesteinen (Kieser 2000), sowie die Schlammbildung und Klebrigkeit beim Fräsen toniger Gesteine bei Wassereinfluss (▶ Abschn. 17.2.9). Die Staubentwicklung kann durch Bedüsungssysteme vermindert werden. Durch die Schlammbildung wird auch die Deponierbarkeit des Ausbruchmaterials beeinträchtigt. Diese einschränkenden Kriterien zeigen, dass auch bei Einsatz einer Teilschnittmaschine die geomechanischen Eigenschaften des Gebirges umfassend und zielgerichtet erkundet werden müssen. TSM-Vortriebe gelten als erschütterungsfreies Vortriebsverfahren, bei denen an der Geländeoberfläche i. d. R. keine messbaren Erschütterungen auftreten (Plinninger und Palla 2013).

17.6.4 Tunnelvortriebsmaschinen

Ein Vortrieb mit Tunnelvortriebsmaschinen (TVM) bedingt einen kreisförmigen Querschnitt. Der Ausbruch ist gebirgsschonend und profilgenau. Bei größeren Tunnellängen und einer Anpassung des Maschinentyps an die Gebirgsverhältnisse verkürzt ein maschineller Vortrieb die Bauzeit im Vergleich zur Spritzbetonbauweise ganz erheblich.

Eine Tunnelvortriebsmaschine besteht aus dem Maschinenbereich (mit Bohrkopf und dem

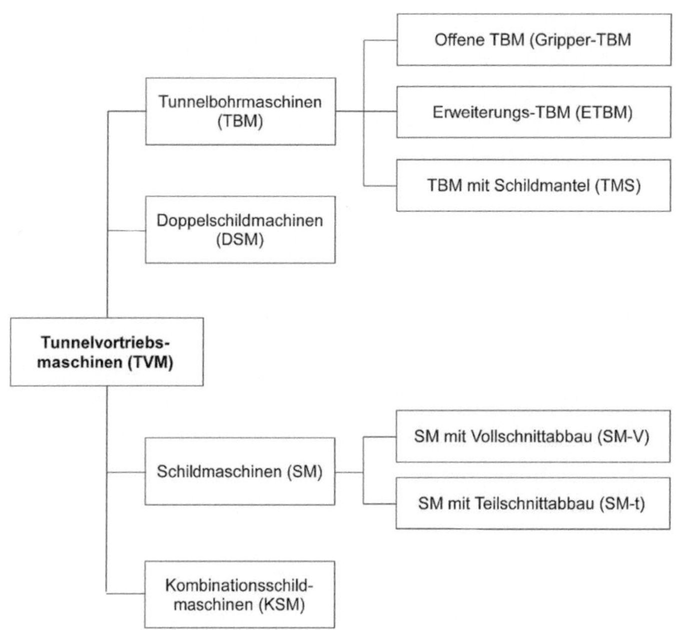

Abb. 17.58 Übersicht über die Tunnelvortriebsmaschinen nach der DAUB-Empfehlung 2010, gekürzt

Arbeitsbereich der Maschine) und dem Nachläufersystem, auf dem sich die wesentlichen Installationen zum Betrieb der Maschine befinden. Die Gesamtlänge einer TVM beträgt 100–250 m, z. T. mehr.

Bezüglich des Einsatzes von TVM wird auf die DAUB-„Empfehlungen zur Auswahl von Tunnelvortriebsmaschinen" (Tunnelbautaschenbuch 2011), sowie auf die ÖNORM B 2003-2 (2005) und auf die ÖGG-Richtlinie für die geomechanische Planung von Untertagebauarbeiten – kontinuierlicher (maschineller) Vortrieb (2003) verwiesen. Einen Überblick über die TVM gibt Abb. 17.58.

17

Der Einsatz von TVM setzt mehr noch als konventionelle Vortriebsmethoden eine sorgfältige und umfassende **ingenieurgeologische und geotechnische Erkundung** und Beratung voraus. Art und Umfang der Erkundung sind auf die zu erwartenden Gebirgseigenschaften abzustimmen. Mit Ausnahme mürber, stark nachbrüchiger oder leicht druckhafter Gebirgsarten, bei denen das Gebirgsverhalten maßgebend ist, ist hier in erster Linie das Löseverhalten zu nennen.

Die Ergebnisse der Erkundung werden in einem **Anforderungsprofil** beschrieben und in einer Vortriebsklassenmatrix zusammengefasst. Das Anforderungsprofil muss möglichst alle maschinen- und verfahrenstechnischen Erschwernisse umfassen:

- Gesteins- bzw. Gebirgsdruckfestigkeit
- Bohrbarkeit, Abrasivität, Verschleiß- und Verklebungstendenz
- Ausbildung tektonischer Störungszonen (Gebirgszerlegung, -entfestigung) sowie ihre Breite, Lage zum Bauwerk und Häufigkeit
- Zonen mit Gebirgsauflockerung oder starker Gebirgsentfestigung, druckhaftes bzw. konvergierendes Gebirgsverhalten
- Ortsbruststabilität, Blockigkeit des Gebirges, Herausbrechen von Blöcken oder Kluftkörpern an der Ortsbrust oder über der Maschine, nachbrüchiges Gebirgsverhalten, Gefahr des Verklemmens der Maschine
- heterogene Ortsbrustverhältnisse oder Hindernisse aller Art wie Findlinge oder Hartgesteinseinlagerungen

Tab. 17.10 Vortriebsklassen für Tunnelbohrmaschinen und Schildmaschinen nach DIN 18 312: 2010

Vortriebsart	Vortriebsklasse	Merkmale
Tunnelbohrmaschinen (TBM)	TBM 1	Ausbruch ohne Sicherung
	TBM 2	Ausbruch mit einer Sicherung, deren Einbau das Lösen nicht behindert
	TBM 3	Ausbruch mit einer Sicherung, deren Einbau das Lösen behindert
	TBM 4	Ausbruch mit einer Sicherung, für deren Einbau das Lösen unterbrochen werden muss
Schildmaschinen im Vollschnittabbau (VS)	Für die Einteilung der Vortriebsklassen bei Schildmaschinen sind die Art der Ortsbruststützung und das nicht behinderte bzw. behinderte Lösen entscheidend. Einbringen der vorläufigen oder endgültigen Sicherung als geschlossener Ring im Schutze des Schildes. Umstellen der Verfahrenstechnik ist generell nicht möglich.	
	VS 1	Ausbruch ohne Stützung der Ortsbrust
	VS 2	Ausbruchflüssigkeit mit gestützter Ortsbrust
	VS 3	Ausbruch mit erddruckgestützter Ortsbrust

(bes. Mixed-face-Bedingungen bzw. Mischbrustverhältnisse Festgestein/Lockergestein)
- Wasserführung, Wasserdruck, Durchlässigkeit auch einzelner Schichten bzw. Kluft- oder Störungszonen, Zutrittsmengen (Ort und Menge), Wasserchemismus
- hohe Gebirgsdurchlässigkeit, offene Klüfte, Spaltenbildung, Karsthohlräume
- etwaige Gasaustritte (CO_2, CH_4)
- Fließsandschichten,
- Setzungsempfindlichkeit von Gebirge und angrenzender Bausubstanz, Begrenzung der Setzungen (20 mm, max. 30 mm)

Die DIN 18 312: 2015 enthält außer den Homogenbereichen sehr allgemein gehaltene **Ausbruchklassen für Tunnelbohrmaschinen** (Klassen TBM 1–TBM 4) und auch für Schildmaschinen im Vollschnittabbau (Klassen VS 1–VS 3) bzw. im Teilschnittabbau (TS 1–TS 3). Die Klassen für Schildmaschinen sind allein nach der Ortsbruststützung eingeteilt (◘ Tab. 17.10). Die DAUB-Empfehlung erweitert die Klassen für Schildmaschinen mit Vollschnittabbau auf die Klassen SM-V1–SM-V5, die aber den heutigen Möglichkeiten einer Anpassung des Maschinentyps an die Untergrundverhältnisse auch nicht mehr gerecht werden, selbst wenn Erschwernisse und besondere Maßnahmen durch ergänzende Hinweise berücksichtigt werden.

Als Vereinfachung findet man auch folgende zwei Vortriebsklassen (VK):
- VK 1 = offener Modus, Materialaustrag über Förderband, keine aktive Ortsbruststützung,
- VK 2 = geschlossener Modus, Materialaustrag über Förderschnecke oder Pumpe, aktive Ortsbruststützung bis zu x bar. Die Art der Ortsbruststützung bleibt dem Bieter überlassen.

Die Ausbruchklassen nach der Schweizer SIA-Norm 198 (2007) basieren auf der Behinderung des Vortriebs durch die Sicherungsarbeiten (AK I–AK V), zusätzlich ist eine AK T für einen sofort und durchgehend einzubringenden geschlossenen Tübbingausbau aufgenommen. Für die Kalkulation und die Abrechnung auf Basis der AK wird die Bohrbarkeit herangezogen. Diese wird durch fünf Bohrklassen ausgedrückt. Die Bestimmung der Bohrklassen erfolgt über die Penetration bei Testhüben während des Vortriebs. Verschleiß ist bis CAI 4,0 einzurechnen. Darüber hinaus können Zuschläge vereinbart werden.

Die DAUB-Empfehlung 2010 beschreibt die Einsatzmöglichkeiten der TVM für die einzelnen Maschinentypen. Außer der Gebirgsbeschreibung und den für den Vortrieb maßgebenden Einflussgrößen sind dabei auch die Risikofaktoren (Risikodefinition mit Gefährdungsbildern ▶ Abschn. 17.2.2 und Schmid 2006) sowie Maßnahmen zu deren Bewältigung aufzuzeigen. Das Einstreichen harter Schichtglieder oder von tektonischen Störungszonen sind in Längs- und Querschnitten darzustellen. Wechselnde Ortsbrustverhältnisse aus Locker- und Festgesteinen, auch unterschiedliche Verwitterung oder Nachbrüchigkeit des Gebirges stellen sehr anspruchsvolle Einsatzbedingungen für Schildmaschinen dar (Thewes 2004; Rogowski 2005).

Nachbrüchiges Gebirge kann mit Vortriebsmaschinen mit Schild noch einigermaßen beherrscht werden (Schneider et al. 2007). Schwieriger wird es in druckhaften Gebirgsarten mit zu erwartenden Verformungen bis in den Dezimeterbereich. Ein kritischer Zustand ist dabei ein möglicher Stillstand der Maschine, wobei sich der Steuerspalt schließen und es zu einem Einklemmen des Schildmantels kommen kann (s. Wittke und Wittke-Gattermann 2006). Druckhafte Gebirgsverhältnisse (▶ Abschn. 17.5.5.1), bei denen Hohlraumverformungen von einigen Dezimetern erwartet werden, können mit einer Schild-TBM nur sehr schwer beherrscht werden, oder sie gelten gar als Ausschlusskriterium (John und Mattle 2007; Gütter 2007). Schildmaschinen haben daher in **stark nachbrüchigem oder druckhaftem Gebirge** Nachteile gegenüber offenen Maschinen, die besser an die Situation angepasst und bei denen im Bedarfsfall leichter zusätzliche Stützmittel eingebracht werden können (▶ Abschn. 17.6.4.1). Dies gilt auch für tiefe (Hochgebirgs-)Tunnel mit konvergierenden, mehr oder weniger druckhaftem Gebirge und auch Störungszonen mit hohen Wasserdrücken, in denen offene TVM dank angepasster Methoden der Gebirgssicherung und -verbesserung besser geeignet sind als Schildmaschinen oder auch konventionelle Vortriebe (Home und Jordan 2015).

Über den Einsatz einer TBM in Gebirge mit erheblichen Deformationen und auch Sohlhebungen berichten Flury und Priller (2008) sowie Wagner et al. (2009). Ist eine TBM endgültig festgefahren, so muss das Gebirge durch Injektionen verfestigt und der Bohrkopf durch Überfirsten oder durch einen Seitenstollen bzw. einen Gegenvortrieb freigelegt werden (Muff et al. 2006). Ehrbar et al. (2013) berichten über die beim Vortrieb des Gotthard-Basistunnels aufgetretenen Schwierigkeiten beim Durchfahren größerer Störungszonen unter Wassereinfluss, die zu Verbrüchen und Bohrkopfblockierungen geführt und umfangreiche Maßnahmen zum Freilegen der Vortriebsmaschine erforderlich gemacht haben (s. a. John et al. 2016).

Weltweit gab es bei TVM-Vortrieben eine Reihe von spektakulären Fehlschlägen, die i. d. R. auf nicht erkannte geologische Schwierigkeiten und ungeeignete Vortriebskonzepte zurückzuführen waren (Schneider et al. 2005; Reiner 2006). Die geologisch bedingten Problembereiche waren in den meisten Fällen ein nachbrüchiges oder leicht druckhaftes (duktiles) Gebirge, große Störungszonen sowie Bergschlagerscheinungen.

17.6.4.1 Hartgesteins-TBM

Die klassischen Tunnelbohrmaschinen werden als offene TBM oder **Gripper-TBM** bezeichnet. Sie haben keine aktive Ortsbruststützung und keinen oder nur einen kurzen Schutzschild (Bohrkopfschild). Offene TBM (TBM-O) werden i. d. R. nur in standfesten Gebirgsarten eingesetzt werden. Die Anpresskraft auf den Bohrkopf wird im Normalmodus über seitliche

Verspannplatten, die sog. Gripper, aufgebracht, was eine Gebirgsfestigkeit von >100 NM/m^2 erfordert. Der kritische Trennflächenabstand wird bei Gripper-TBM mit 0,5–0,6 m angegeben, was etwa einem RQD-Index von 50 % entspricht, der in unseren tektonisch stark beanspruchten Mittelgebirgen meist erreicht ist. Bei mürben Gesteinsarten kann der erforderliche Anpressdruck die Gebirgsfestigkeit überschreiten, und der Bohrkopf kann um Zentimeter- bis Dezimeterbeträge absacken.

Der Vorteil offener TBM ist die Zugänglichkeit des Gebirges unmittelbar hinter dem Bohrkopf entweder für das Setzen der Stahlbetontübbinge oder einer sofortigen Spritzbetonsicherung, nötigenfalls kombiniert mit Ankerung oder Injektionen. Eine mechanisierte Bogensetzeinrichtung, ein hydraulisches Ankerbohr- und -setzgerät für bis zu 4 m lange Anker sowie separate Sondier- und Injektionsbohrgeräte gehören praktisch zur **Standardausrüstung einer modernen TBM** (◘ Abb. 17.59). Mit den Sondier- und Injektionsbohrgeräten und entsprechenden Öffnungen im Schildmantel können auch vorauseilende Erkundungsbohrungen oder Bohrungen für einen Spießschirm bzw. für Injektionen zur Gebirgsverbesserung oder zur Begrenzung von Wasserzufluss vorgenommen werden (Ramoni 2016). Falls längere Vorausbohrungen auch unter Wassereinfluss erforderlich werden, ▶ Abschn. 17.2.4.3.

Einen wesentlich größeren Einsatzbereich haben **Hartgesteins-TBM mit Schild** und ohne aktive Ortsbruststützung (TBM-S), bei denen der Maschinenbereich durch einen Schildmantel vor Nachbrüchen geschützt ist. Bei einer Einfachschild-TBM erfolgt die Auskleidung des aufgefahrenen Abschnitts bei zwischenzeitlich ruhendem Vortrieb im hinteren Teil des Schildes. In brüchigen Felsformationen stützt sich die Maschine mittels hydraulischer Pressen am zuletzt eingebauten Tübbingring ab. Die Vortriebsleistungen werden im Wesentlichen durch die Zykluszeiten für den Ausbruch (Vortrieb) und für das Setzen der Tübbinge bestimmt. Zur voreilenden Gebirgsverbesserung für nachbrüchiges Gebirge dienen Öffnungen im Bohrkopf und Bohrgassen im Schild.

Bei einer **Doppelschildmaschine** (DSM) sind zwei Technologien in einer Maschine kombiniert, nämlich eine Gripper-TBM und eine Schild-TBM. Bei einem Vortrieb in standfestem Gebirge verspannt sich die Maschine mit den Gripperplatten radial am aufgebohrten Gebirge, während gleichzeitig zum Vortrieb im Schutz des rückwärtigen Schildes der Einbau der Tunnelsicherung erfolgen kann. Durch diesen kontinuierlichen Vortrieb können höhere Vortriebsleistungen erreicht werden. In Störungszonen und in stärker nachbrüchigen bis gebrächen Gebirgsabschnitten wird der Doppelschild im Einfachschildmodus

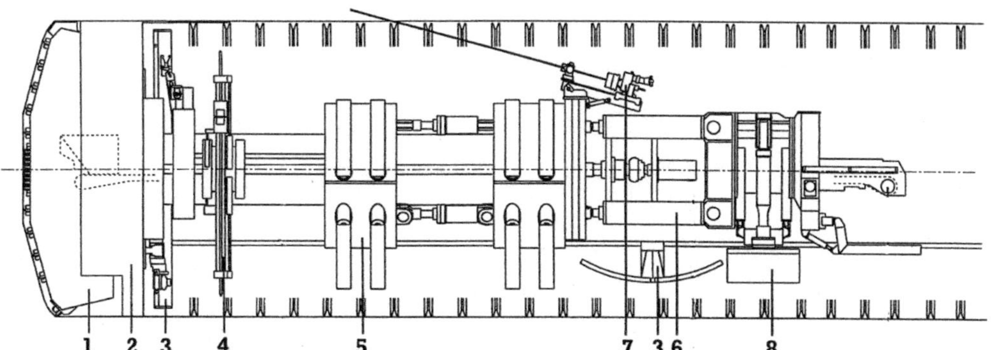

◘ **Abb. 17.59** Tunnelbohrmaschine (ohne Nachläufersystem) mit Einrichtung für Felssicherungsmaßnahmen: (1) Bohrkopf, (2) Mantel, hydraulisch verstellbar, (3) Ausbausetzvorrichtung und Transportsystem, (4) Ankerlochbohrgerät), (5) Spannschilde mit Verstellzylindern, (6) Vorschubzylinder, (7) Sondierbohrgerät, (8) hintere Abstützung

gefahren, d. h., der Front- und Gripperschild bilden eine starre Einheit und die Maschine stützt sich mit Hilfsvortriebspressen am letzten gesetzten Tübbingring ab. Dabei ist es allerdings nicht mehr möglich, die Tunnelsicherung parallel zum Vortrieb einzubauen (Bäppler 2004, 2008b). Eine Doppelschild-TBM kann damit in wechselhaften Gebirgsverhältnissen sehr flexibel eingesetzt werden.

Das Lösen des Gebirges mittels Schneidrad wird allgemein als gebirgsschonend angesehen, obwohl dabei ebenfalls erhebliche Erschütterungen auftreten. Der rotierende Bohrkopf ist systematisch mit **Schneidwerkzeugen** bestückt: Rollenmeißel oder Schneidrollen (Einfach- und Doppeldisken für Hartgesteine) und starre Schneidzähne für mehr oder weniger stark verfestigte Gesteine (<20 MN/m^2). Bei den Rollenmeißeln wird das Gestein aufgebrochen und transportgerecht zerkleinert. Bei den Schneidrollen wird das Gestein durch die Rollbewegung und die zwischen den Spuren entstehenden Scherkräfte abgebaut. Der Verschleiß der Disken ist abhängig von der Gesteins- und Gebirgsfestigkeit, der Abrasivität der Gesteine und der Schneidkraft (► Abschn. 17.2.9.1). Der Anpressdruck wird über die Vorschubkraft der Vortriebspressen aufgebracht. Das Bohrklein (sog. Chips) fällt in die Tunnelsohle und wird durch am rotierenden Bohrkopf angeordnete Räumer aufgenommen und an ein Förderband übergeben.

Die **Vortriebsgeschwindigkeit** (v in m/d) eines TBM-Vortriebs ist die entscheidende Eingangsgröße für die Bauzeit bzw. Ablaufplanung und Kalkulation und sollte daher möglichst frühzeitig bekannt sein. Sie ist definiert als

$$v = Nettobohrgeschwindigkeit(m/h) \times Schichtdauer(h) \times Maschinenausnutzungsgrad(\%)$$

Der Ausnutzungsgrad ist abhängig vom Maschinentyp (TBM-O, TBM-S, TBM-DS), von einem ggf. nötigen Stützmitteleinbau, vom Meißelverschleiß (Meißelwechsel) und zahlreichen weiteren maschinentechnischen und baubetrieblichen Faktoren sowie auch dem Können des Maschinenführers (Schneider et al. 2014),

Die Nettobohrgeschwindigkeit ergibt sich aus der Penetration p (mm/U) und der Bohrkopfdrehzahl n_B in U/min in Abhängigkeit von der Anpresskraft bzw. dem Verhältnis Anpresskraft/Drehzahl und ist definiert als

$$\text{Nettobohrgeschwindigkeit} = 1000 \times p \times n_b / 60.$$

Die entscheidende Eingangsgröße ist dabei die **Penetration *ρ*** (mm/U). Um die Anpresskraft F_N (in kN) zu berücksichtigen und damit eine bessere Vergleichbarkeit zu gewährleisten, wird häufig auch die **spezifische Penetration ρ_s** = ρ/F_N angegeben.

Die Penetration ist im Wesentlichen von drei Faktoren abhängig: vom Gestein, vom Gebirge und von den Maschinenparameter (Poisel et al. 2010; Schneider et al. 2010, 2012, 2014). Die Gesteinsparameter sind im ► Abschn. 17.2.9 ausführlich behandelt. Sie sind auch maßgebend für die Abrasivität. Im Hinblick auf das Gebirge sind folgende Einzelfaktoren zu nennen:

- Gefügegeometrie (Raumstellung der Schichtung oder Schieferung zur Vortriebsachse),
- Zerlegungsgrad des Gebirges und Trennflächenabstand und -orientierung sowie Form und Größe der Kluftkörper (Blockigkeit ► Abschn. 17.6.4.4 und „Standsicherheit der Ortsbrust“ s. u.),
- Ausbildung, Richtung und Breite tektonischer Störungszonen,
- Wasserführung des Gebirges (Wasseranfall),
- Primärspannungszustand.

Die in der Praxis maßgebenden Gesteinsparameter für das **Abschätzen der Penetration** sind die einaxiale Gesteinsdruckfestigkeit und ein Abnutzungstest, in Mitteleuropa meist der Cerchar-Abrasions-Index (CAI) bzw. der LCPC-Abrasivitätsversuch (► Abschn. 17.2.9).

Häufige Grundlage für eine Prognose von Penetration ist die Auswertung von Gehring

(1995), die im Wesentlichen auf dem Verhältnis von Gesteinsdruckfestigkeit und Diskenandruck basiert (s. a. Schneider und Thuro 2007; Thuro und Käsling 2009a; Wilfing et al. 2016:

$$P = \frac{F_N}{q_u} \times k_i$$

Dabei gilt:
P = Penetrationsrate (mm/U),
F_N = Normalkraft pro Diske (kN),
q_u = einaxiale Druckfestigkeit (MPa),
k_i = Korrekturfaktoren:

- k_{i2} = Faktor für Gebirgsgefüge,
- k_{i4} = Faktor für Diskendurchmesser ($\neq$ 17"),
- k_{i5} = Faktor für Schneidspurabstände ($\neq$ 80 mm).

Gehring (1995) bringt zwar eine Tabelle für den Korrekturfaktor k_2, und zwar für Kluftabstände von >50 cm bis <5 cm, deren Werte aber aus heutiger Sicht fraglich sind. Wilfing et al. (2016) kommen anhand verschiedener Penetrationsversuche zu dem Ergebnis, dass das Prognosemodell von Gehring zwar bei massigem bis gering zerlegtem Gebirge brauchbare Werte liefert, nicht aber bei stärker geklüftetem Gebirge, da auch Kluftabstände >50 cm Einfluss auf die Penetration haben. Außerdem scheinen Kleinklüfte und Schieferung wenig Auswirkung auf die Penetration zu haben.

Allgemein führt ein höherer Zerlegungsgrad zu einer Steigerung der Vortriebsleistung, wobei ein Trennflächenwinkel von 40–60° die günstigsten Werte ergibt (Tentschert et al. 2005). Auch Skuk und Wegscheider (2015) haben in relativ homogenem Granitgebirge eine deutliche Zunahme der Penetration mit steigender Gebirgszerlegung festgestellt, wobei der Zerlegungsgrad über den RQD-Wert bzw. über das RMR- und GSI-System gem. ▶ Abschn. 17.3.2 klassifiziert wurde. Bei sehr starker Gebirgszerlegung und in tektonisch gestörtem und/oder tiefgründig entfestigtem Gebirge sowie in tonigen, zu Verklebung neigenden Gebirgsarten mindern jedoch die nötigen Sicherungsmaßnahmen und Vortriebsunterbrechungen die Leistung.

Die heutigen Hartgesteins-TBM decken einen Gesteinsfestigkeitsbereich von 100–350 MN/m^2 ab. Dabei stellen Druckfestigkeiten ab 150–200 MN/m^2 bereits hohe Anforderungen an das Material und die Leistungsfähigkeit einer TBM.

Die Penetrationsraten betragen bei abgestimmter, relativ hoher Vorschubkraft und entsprechendem Zustand der Meißel bei harten, quarzreichen Gesteinen (Granit, Quarzphyllit) 2–10 mm/U und bei leichter bohrbaren Gebirgsarten (q_u ± 100 MN/m^2) 10–15 mm/U (Gehring 2009; Wilfing et al. 2016).

Die aussagekräftigste Methode zur Ermittlung der Vortriebsleistung ist ein **In-situ-Penetrationsversuch** mit Verschleißmessung in den verschiedenen Lithologien. Bei einer modernen TBM mit automatischer Betriebsdatenerfassung können die Parameter Penetration, Vortriebsgeschwindigkeit, Bohrkopfdrehzahl und -drehmoment sowie die Gesamtvortriebskraft erfasst und entsprechend den Gesteins- und Gebirgseigenschaften ausgewertet werden. Thuro et al. (2015) und Wilfing et al. (2016) beschreiben solche Vor-Ort-Versuche als sog. „Start-Stopp-Penetrationstests". Über eine Gesamtauswertung der Verschleißerscheinungen bei einem Schiefergebirgsvortrieb berichten Könemann und Tauch (2013). Skuk und Wegscheider (2015) bringen eine umfassende Auswertung der Versuchsergebnisse von In-situ-Penetrationsmessungen in einem 10,5 km langen Erkundungsstollen im Granit.

Eine Übersicht über die weltweit angewendeten Methoden zur Voraussage von TBM-Leistungen bringen Poisel et al. (2010) und besonders Schneider et al. (2010, 2014) und Wilfing et al. (2016). Zur Reduzierung der Hartgesteinsabrasion wird auch der Einsatz von Antiabrasionsadditiven zur Verschleißreduzierung und Staubbekämpfung propagiert (Jakobsen et al. 2009).

Bei einer Hartgesteinsmaschine ohne oder mit Schild findet weder an der Ortsbrust noch im Schildbereich eine aktive Stützung des Gebirges statt. Nur bei Stillstand der Maschine kann von einer gewissen Stützung der Ortsbrust ausgegangen werden. Für die Beurteilung der

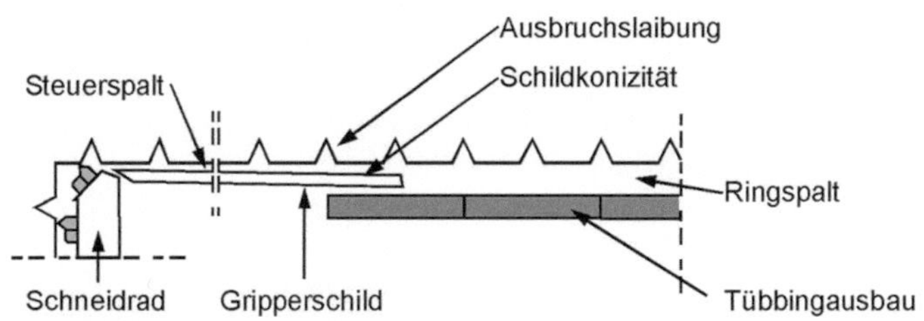

Abb. 17.60 Schematische Darstellung von Steuer- und Ringspalt (nach Henzinger et al. 2016)

Standsicherheit der Ortsbrust, d. h. zur Abschätzung der Gefahr des Ausbrechens oder Abplatzens von Blöcken oder Platten an der Ortsbrust, sind Angaben über den Primärspannungszustand (Überlagerungshöhe), die Gesteins(druck) festigkeit und den Kluftkörperverband bzw. über die Blockigkeit des Gebirges zu machen. Hohe Durchtrennung und offene Klüfte setzen die Verbandsfestigkeit herab und erhöhen die Teilkörperbeweglichkeit. Engständige, steil stehende, querschlägige Klüftung oder Schichtung neigen infolge der Spannungsumlagerung zu einem Ausknicken oder Abplatzen von Gesteinsplatten. Abgefallene Steine müssen vom Bohrkopf zerkleinert werden, was zusätzlichen Verschleiß bedeutet. Durch größere Ausbrüche im oberen Ortsbrustbereich kann es zu Mehrförderung von Ausbruchmaterial kommen.

Bei nachbrüchigem Gebirgsverhalten können sich gefügebedingte **Nachbrüche an der Ortsbrust** sowie eine hohlraumnahe Überbeanspruchung im Schildbereich mit entsprechenden Gebirgsverformungen entwickeln. Die Situation muss rechtzeitig erkannt werden, um derartigen Instabilitäten der Ortsbrust durch Erhöhen der Anpresskraft und Begrenzung der Penetration sowie ggf. durch Maßnahmen zur Verbesserung bzw. Ertüchtigung des Gebirges entgegenzuwirken (Lauffer 2008; Bach et al. 2010).

17

Zur Aufnahme der je nach Gebirgsqualität unmittelbar hinter dem Bohrkopf einsetzenden Verformungen des Gebirges wird ein sog. **Überschnitt** gefahren. Seine Festlegung erfolgt i. d. R. nach Erfahrung. Der Überschnitt verhindert ein Verklemmen des Schildmantels und dient gleichzeitig als Steuerspalt zur Steuerung der Vortriebsmaschine.

Der Steuerspalt zwischen Ausbruchlaibung und Schildschneide und die sog. Konnizität (d. i. die Lagedifferenz zwischen Schildschneide und Schildschwanz) ergibt den **Ringspalt** (Abb. 17.60). Dieser muss zur Sicherstellung der Bettung des Tübbingringes umgehend mit geeignetem Material kraftschlüssig verfüllt werden.

Die **Ringspaltverfüllung** erfolgt nach verschiedenen Verfahren (Dollowsli und Erichsen 2009; Heinzinger et al. 2016). In standfestem Gebirge, in dem der Ringspalt weitgehend offen bleibt, erfolgt die Verfüllung i. d. R. mit Perlkies (4/16 oder 8/11 mm). Dieser wird, beginnend in der Sohle, mit Druckluft in den Ringspalt verblasen. Alternativ wird der Sohlbereich häufig auch mit einem Mörtelgemisch verfüllt. Bei Schildvortrieben mit Grundwassereinwirkung wird, um die Auftriebskräfte auf die Tübbingschale zu beherrschen, im gesamten Ringumfang ein spezieller Ringspaltmörtel verwendet (▶ Abschn. 17.6.4.1 und Edelhoff et al. 2015). Als Qualitätsnachweis für die Ringspaltverpressung wird der Mörtelverbrauch kontrolliert.

In **schwierigen Gebirgsverhältnissen mit** größeren Gebirgsverformungen, z. B. in Störungszonen, kann es zu einem Verklemmen des Schneidrades oder zu einer zu starken Belastung des Schildmantels kommen. Als solche Gebirgsverhältnisse gelten (s. Home 2009):

- Störungszonen mit stärkerer Gebirgszerlegung, besonders bei Wasserführung,
- druckhaftes oder quellendes Gebirge, hohe Primärspannungen,
- hohe Gebirgsdurchtrennung mit ungünstigen Trennflächenverschneidungen,
- starker Wasserzulauf.

Die hauptsächlichen Gefahren für eine TBM sind:

- Einklemmen bzw. Blockieren der TBM einschließlich Nachläufer,
- Profilunterschreitung infolge großer Deformationen,
- Schäden am Ausbau.

Wo druckhaftes bzw. konvergierendes Gebirge oder größere Störungszonen mit Wasserzulauf zu erwarten sind, müssen das Maschinenkonzept und die Ausbaumittel auf die Situation abgestimmt werden. Dabei weisen offene TBM Vorteile gegenüber Schildmaschinen auf. Bei offenen TBM besteht eher die Möglichkeit, unmittelbar hinter oder über dem Bohrkopf gezielt angesetzte Vorauserkundungs- und Gebirgsverbesserungsmaßnahmen vorzunehmen (Home und Jordan 2015). Eine Störungszone kann nötigenfalls gegen Wassereinbrüche verpresst und durch Verfestigungsinjektionen auf den Vortrieb vorbereitet werden. Das Einfahren in eine nicht erkundete Störungszone kann einen kostenintensiven Vortriebsstillstand zur Folge haben. Von äußerst schwierigen Vortrieben berichten Gschnitzer und Goliasch (2009) sowie Gollegger et al. (2009). Häufig werden in solchen Fällen auch Mixschild-Maschinen eingesetzt. Edelhoff et al. (2015) berichten über einen Vortrieb in bereichsweise druckhaften Mitteljura-Tonsteinen.

17.6.4.2 Geschlossene TBM mit Schild, Schildmaschinen

In Gebirgen mit nicht standfester Ortsbrust und unter Grundwasser werden geschlossene TBM mit Schild eingesetzt. Geschlossene TBM haben hinter der Abbaukammer eine Druckwand, sodass zur temporären Sicherung des Ausbruchbereichs darin über ein Stützmedium ein Überdruck aufgebaut werden kann. Zweck dieser aktiven Ortsbruststützung ist die Gewährleistung der Ortsbruststabilität und das Abhalten des Grundwassers.

Der Ausbau erfolgt i. d. R. über sog. Tübbinge, die im Schutz des Schildes eingebaut werden. Die Vortriebskraft wird über den bereits fertiggestellten Tübbingausbau aufgebracht. Nach dem Vorbeifahren des Schildes wird der Ringspalt zwischen dem Tübbingausbau und der Ausbruchlaibung, wie in ▶ Abschn. 17.6.4.1 beschrieben, verpresst.

Unterschieden werden gem. ◘ Tab. 17.10 Schildmaschinen mit Vollschnittabbau (SM-V) und die hier nicht weiter behandelten Schildmaschinen mit Teilflächenabbau (SM-T). Bei den SM-V werden drei **Maschinentypen** unterschieden (Burger 2014):

- offener Einfachschild für standfestes und nicht oder nur gering wasserführendes Gebirge,
- geschlossener Erddruckschild (EPB-Schild) für feinkörnige und nicht standfeste, wasserführende Böden,
- geschlossener Flüssigkeitsschild (System Hydroschild oder Slurry-Typ) für grobkörnigen, nicht standfesten und wasserführenden Baugrund.

Die rotierenden Schneidräder sind mit verschiedenen **Abbauwerkzeugen** wie Rollenmeißeln bzw. Schneidrollen und Sticheln (für Grobmaterial) sowie Schälmessern und Räumern bestückt. Mit Rollenmeißeln oder Schneidrollen können auch Findlinge abgearbeitet werden, wenn sie fest im umgebenden Boden eingespannt bleiben (▶ Abschn. 17.6.4.1 und Herrenknecht und Wehrmeyer 2010). Bei Blöcken oder Hartgesteinseinlagerungen mit Druckfestigkeiten >25 MN/m^2 sind auf jeden Fall Rollenmeißel vorzusehen. Entscheidender Faktor für den Wirkungsgrad einer Schildmaschine ist die Standzeit bzw. der Laufweg (in km) der Abbauwerkzeuge. Die Standzeit ist in erster Linie abhängig von der Bodenart an der Ortsbrust, und zwar von deren Kornform und -durchmesser (d_{60}) und der Abrasivität gem. ▶ Abschn. 17.2.9.1. Zur Bewertung der Abrasivität werden meist der Äquivalente Quarzgehalt ÄQu (%) oder Indexwerte (LCPC-Test, SAI-Index) herangezogen (s. a. Köppl et al. 2015).

Die **Abrasivität** des abzubauenden Kiesmaterials (▶ Abschn. 17.2.9), variierende Ortsbrustverhältnisse oder Findlinge können zu einem hohen Verschleiß an den Schneidwerkzeugen am Bohrkopf sowie auch an den Pumpen und Förderleitungen führen. Auch Verklebungen erhöhen den Verschleiß. Gegenmaßnahmen sind der Einsatz verschleißfester Werkstoffe und ggf. Aufpanzerungen an exponierten Stellen der Werkzeuge.

Die **Stützmedien** der geschlossenen Schildmaschinen unterscheiden sich im Prinzip nur durch die Dichte und die Viskosität. Bei einer Slurry-TBM, System Hydroschild, wird der Stützdruck über ein Bentonitgemisch definierter Dichte geregelt. Bei einem Erddruckschild (EPB-Schild, Earth Pressure Balanced) wird das an der Ortsbrust gelöste Gestein in der Abbaukammer aufbereitet und in einen Erdbrei überführt, der die Stützung der Ortsbrust bewirkt. Durch Zugabe von Konditionierungsmitteln, insbesondere Schäumen, ändern sich die Dichte und die Durchlässigkeit des Stützmediums.

Der **Stützdruck** bewirkt einerseits eine Stabilisierung der Ortsbrust, einschließlich der Rückhaltung des Grundwassers. Andererseits darf er bei geringer Überdeckung keinen Bodenaufbruch oder Ausbläser auslösen. Die Steuerung des Stützdrucks erfolgt bei Erddruckschilden über das im Schneckenförderer abgeförderte Material im Vergleich zum Vortrieb. Bei Flüssigkeitsschilden steuern automatisch geregelte Druckluftpolster an der Druckwand den Stützdruck. Die maßgebenden Parameter für die Ermittlung des erforderlichen Stützdrucks sind der Erddruck, der Wasserdruck und die Auflasten (Speier undGrübl 2013).

Der klassische Anwendungsbereich von Slurry-Maschinen, **System Hydroschild** (SM-V4), bei denen die wenig viskose Stützflüssigkeit (Bentonit- und Dickstoffgemisch) durch Zusatz chemischer Additive (Polymere oder Tenside) dem Untergrundaufbau angepasst wird, sind sandig-kiesige Lockergesteine. Um die Abdichtung und Stützübertragung zu gewährleisten, muss die Bentonitsuspension eine bestimmte Dichte (meist 1,02–1,03 t/m^3) und Fließgrenze (meist 15–45 N/mm^2) aufweisen. Im Förderkreislauf nimmt die Suspension Feinmaterial auf. Die Dichte steigt an (Obergrenze 1,25–1,30 t/m^3) und muss ausgetauscht werden. Ferner können Salzgehalte im Boden oder Kontaminationen die Konsistenz der Suspension beeinträchtigen.

Um den Verbrauch und die Zusammensetzung der Stützflüssigkeit abschätzen zu können, ist bei Einsatz eines Hydroschildes auf die Kornverteilung und die Durchlässigkeit auch einzelner Schichtglieder zu achten (Kohler und Rupp 2008). Mit zunehmendem Kiesanteil an der Ortsbrust und hoher Durchlässigkeit besteht die Gefahr, dass die standardmäßige Stützflüssigkeit in die Poren des grobkörnigen Bodens eindringt und der Stützdruck absinkt und nicht mehr kontrollierbar ist. Dem kann durch die Zugabe von Polymeren, die im Wasser quellen und die Grobporen im Boden zusetzen, bis zu einem gewissen Grad abgeholfen werden (Babendererde et al. 2011). Kritisch wird die Situation in Gebirgen mit offenen Klüften oder gar Spalten bzw. Karsthohlräumen. Dies betrifft auch die nachfolgend beschriebenen EPB-Schildvortriebe (s. d. Geomechanics and Tunnelling 8:5. 374).

Bei **Schildmaschinen mit erddruckgestützter Ortsbrust** wirkt der Stützdruck im Erdbrei dem horizontalen Gebirgsdruck und dem Wasserdruck entgegen (◘ Abb. 17.61). EPB-Schilde (SM-V5) wurden ursprünglich für bindige und gemischtkörnige Böden (Feinkornanteil <0,063 mm >30 %) bzw. Tongesteine mit guter Zerfalls- und Verbreiungsfähigkeit konzipiert (◘ Abb. 17.62 und ► Abschn. 17.2.9.2). Der Erdbrei aus abgebautem Bodenmaterial muss weiche bis breiige Konsistenz aufweisen (Dichte allgemein 1,5–1,8 t/m^3) sowie ein hohes Wasserbindevermögen, eine geringe innere Reibung und eine geringe Wasserdurchlässigkeit haben. Er muss außerdem extrudierbar sein, d. h. mit einer Förderschnecke aus der unter Druck stehenden Abbaukammer in den atmosphärischen Bereich der Maschine abgefördert werden können. Der Druckabbau erfolgt über die Länge der Schnecke bzw. eine zusätzliche Pumpe am Ende der Förderschnecke (Herrenknecht et al. 2011).

Um die Einsatzmöglichkeiten von EPB-Schilden auf gröbere Bodenarten mit geringen Feinkornanteilen zu erweitern, werden **Konditionierungsmittel** zugegeben. Als solche werden verwendet: Wasser, Schäumungsmittel mit oder ohne Polymerzusatz, Polymersuspensionen oder Feinstoffsuspensionen (Bentonit).

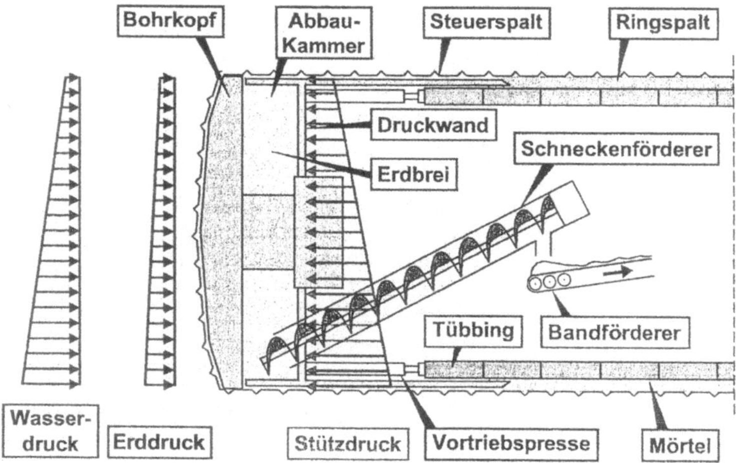

Abb. 17.61 Prinzip einer Schildmaschine mit erddruckgestützter Ortsbrust (aus Wittke-Schmitt und Schmitt 2010)

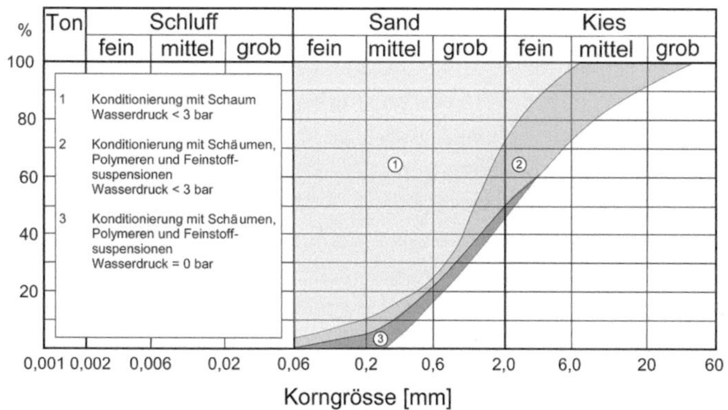

Abb. 17.62 Einsatzgrenzen von Erddruckschilden in Abhängigkeit von den Konditionierungsmitteln (nach Budach 2012)

Durch Zugabe von Konditionierungsmitteln über die verschiedenen Konditionierungskanäle (Schneidrad, Abbaukammer, Schnecke) werden die Verarbeitbarkeit (Fließverhalten), die Kompressibilität (Stützdruckverhalten) und die Wasserdurchlässigkeit reguliert. Bei fehlendem Feinkornanteil werden insbesondere Schäume und Polymere beigemischt. Bei halbfesten bis festen Sedimentgesteinen ist für die Konditionierung der Zerkleinerungsgrad des Gesteins maßgebend, d. h. die Anteile und Größe der Gesteinschips und des Feinkorns im Stützmedium. In abrasiven Gesteinen können verschleißmindernde Schäume und Polymere zugegeben werden.

Bei längeren Stillständen der Maschine kann es zu einem Zerfall des Schaums und damit zu einer Entmischung des Stützmediums kommen. In diesen Fällen ist zusätzlich der Einsatz von Bentonitsuspension erforderlich. Eine ausführliche Darstellung über den Einsatz von Konditionierungsmitteln bringen Galli und Thewes (2014).

Bodenkonditionierung hat großen Einfluss auf das Vortriebskonzept und den Erfolg eines Schildvortriebs. Im Zuge der geotechnischen

Beratung müssen diese Probleme angesprochen und möglichst durch Laborversuche untermauert werden. Auf dieser Grundlage sollte im Vorfeld eines Einsatzes vom Bauunternehmer zusammen mit dem Maschinenhersteller und dem Additivlieferanten ein Bodenkonditionierungskonzept erarbeitet werden (Willis und Roby 2014). Dieses kann nötigenfalls während des Vortriebs durch weitere Tests mit frischen Bodenproben und den Additiven optimiert werden.

Bei der Auswahl der Konditionierungsmittel sind auch deren **Auswirkung auf die Umwelt** bzw. die Einschränkungen auf die Deponierbarkeit zu berücksichtigen (► Abschn. 17.2.7). Ansätze für toxikologische und ökologische Untersuchungen und erste Ergebnisse bringen Langmaack (2006) und Egli und Langmaack (2008). Auch die Entsorgung von Bentonit unterliegt in einigen Ländern strengen Vorschriften.

In feinkörnigen, tonigen Gesteinsarten ist sowohl bei Erddruckschilden als auch bei Hydroschilden die **Verklebungsneigung** gem. ► Abschn. 17.2.9.2 zu beachten. Besonders anfällig sind Tonböden von weicher bis steifer Konsistenz. Auch festere Konsistenzbereiche und selbst feste Tongesteine werden durch den Abbauvorgang und den intensiven Kontakt mit Wasser in kritische Konsistenzbereiche überführt (Galli und Thewes 2014).

Verklebungen können am Schneidrad, in der Abbaukammer und auch an der Fördereinrichtung auftreten. Besonders unangenehm sind solche Verklebungen, wenn grobkörnige Komponenten (Kies, Festgesteinsbruchstücke) in die Verklebungsmasse eingewürgt sind. Als ungewöhnliche Vortriebserschwernis werden von Hollmann et al. (2014) sehr hartnäckige Verklebungen, sog Verklebungsmauern, in den Abbaukammern vor der Tauchwand (Hydroschild) bzw. zwischen Schneidrad und Druckwand (EPB-Schild) beschrieben.

Der Zusatz von Schäumen verringert die Verklebungserscheinung (Gattermann und Kiel 2004; Langmaack 2006). Als weitere Maßnahme gegen Verklebungen dient eine angepasste Konstruktion von Schneidrad und Abbaukammer. Außerdem können in der Abbaukammer zusätzliche (Hochdruck-)Spüldüsen installiert werden, die aber gegen die hartnäckigen Verklebungsmauern auch nur wenig ausrichten können (Hollmann et al. 2014).

Durch einen dem Untergrundaufbau angepassten Maschinentyp und einer abgestimmten Auswahl und Steuerung der Konditionierungsstoffe **überschneiden sich die Anwendungsbereiche der beiden Vortriebsverfahren** weitgehend. Es sind inzwischen sowohl Slurry-TBM als auch EPB-TBM in tonigen Böden und auch in stark durchlässigen Kiesböden mit Findlingen eingesetzt worden (Maidl 2001; Babenderede 2003; Thewes 2004; Gattermann und Kiel 2004 und bes. Willis 2011). Heute sind weltweit mehr als 80 % aller Schildmaschinen mit aktiver Ortsbruststützung Erddruckschilde, die das gesamte Spektrum der Lockergesteine und auch den Übergangsbereich zu den Festgesteinen abdecken. Nicht unproblematisch sind grobe Sand- und Kiesböden unter Grundwasser, deren Feinkornanteil nicht ausreicht, um einen Dichtpfropfen im Schneckenförderer zu bilden.

Bei hohem **Wasserdruck** waren in den Anfangsjahren flüssigkeitsgestützte Schildmaschinen im Vorteil. Die 2-bar-Wasserdruckgrenze ist bei EPB-Schildmaschinen aber seit Jahren überholt. Mit den gängigen Schildmaschinen können heute Wasserdrücke bis zu 4 bar beherrscht werden. Darüber spricht man von hohem Wasserdruck. Dieser beeinflusst sowohl die Konstruktion der TBM als auch die Bemessung der Tübbinge. Holzhäuser et al. (2007) berichten von einigen Vortrieben in Lockergestein und Fels mit Wasserdrücken von 4–11 bar. Inzwischen wird auch von einer Multi-Mode-TBM für bis zu 15 bar Wasserdruck berichtet (Tunnel 2015; 34:2). Mit zunehmendem Wasserdruck wird die Ortsbruststützung schwieriger, und die Ortsbrust kann instabil werden (Herrenknecht et al. 2011). Beim Erkundungsstollen für den Brenner-Basistunnel/Südabschnitt sind im Sommer 2009 aus stärker durchlässigen Bereichen einer begleitenden Störungszone Wasserzutritte von zwar nur 2–5 l/s, aber mit Druckhöhen von 20–27 bar aufgetreten. Der Tübbingausbau wurde auf einer Länge von etwa

100 m stark beschädigt (Quick et al. 2010; Home und Jordan 2015).

Bei einem Schildvortrieb kann der in der Abbaukammer aufgebrachte Stützdruck in der unmittelbaren Umgebung des Vortriebs zu einem gewissen Anstieg der Grundwasserstände bzw. des Druckniveaus führen, die sich aber danach rasch wieder normalisieren (Drucker und Auer 2007). Besonders ausgeprägt waren solche Reaktionen bei Drucklufteinsatz für Reparaturarbeiten (Wendl undThuro 2011; Wendl et al. 2012).

◘ Abb. 17.63 zeigt eine Auswahl von Projekten, die mit Erddruckschilden aufgefahren wurden, mit Angabe der hauptsächlichen Körnungslinien, der eingesetzten Konditionierungsmittel und dem jeweiligen Wasserdruck.

Bei Erddruckschilden werden im Hinblick auf die Art der Ortsbruststützung folgende **Betriebsmodi** unterschieden:

- Bei geschlossenem Modus („closed mode") ist die Ortsbrust vollflächig gestützt. Die unter Druck stehende Abbaukammer ist vollständig gefüllt. Der Druckabbau erfolgt durch den Materialaustrag im Schneckenförderer.
- Bei weitgehend standfester Ortsbrust unter Grundwasser kann im halboffenen Modus („semi-closed mode" oder „transition mode") gefahren werden. Wasserzutritt kann z. B. durch eine Druckluftbeaufschlagung in der Abbaukammer beherrscht werden (s. Reith 2011; Tauch et al. 2011; Edelhoff et al. 2015).
- Bei standfester Ortsbrust und geringem Wasserzulauf kann im offenen Modus („open mode") gefahren werden. Dabei steht die Abbaukammer nominell unter atmosphärischem Druck.

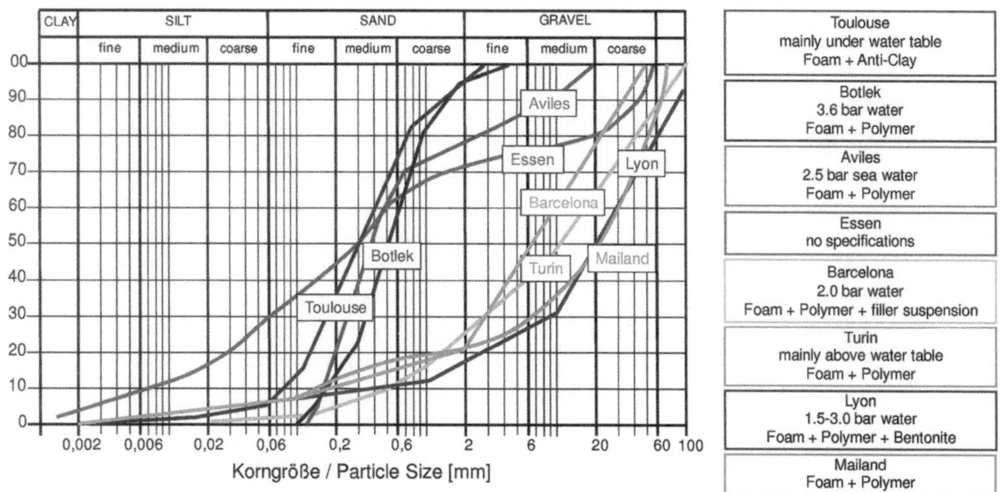

◘ **Abb. 17.63** Beispiele von Erddruckschild-Projekten in Sand- und Kiesböden mit Angabe des Grundwasserdrucks und der eingesetzten Konditionierungsmittel (aus Herrenknecht et al. 2011)
ÜBERSICHTLICER SETZEN z. B.:

Toulouse: meist unter Grundwasseroberfläche; Schaum und Anti-Clay
Botlek: 3,6 bar Wasserdruck; Schaum und Polymere
AVILES: 2,5 bar Wasserdruck; Schaum und Polymere
Essen: keine weiteren Angaben
Barcelona: 2,0 bar Wasserdruck; Schaum, Polymere und Füller
Turin: meist unter Grundwasseroberfläche; Schaum und Polymere
Lyon: 1,5–3,0 bar Wasserdruck; Schaum, Polymere und Bentonit
Mailand: keine Angaben; Schaum und Polymere

Die klassischen Erddruckschilde stoßen bei wechselhaften Untergrundverhältnissen in Trassenlängsrichtung mit z. T. weichen oder grobkörnigen wasserführenden Lockergesteinen und längeren Festgesteinsabschnitten an technische und auch wirtschaftliche Grenzen. Für derartige Verhältnisse wurden Mehrzweckmaschinen mit auswechselbaren Stütz- und Abbauverfahren entwickelt. Die Bezeichnung dieser Maschinentypen ist international nicht einheitlich. Willis (2013) beschränkt den Begriff „Mixschild" auf die Kombination EPB/Slurry und verwendet für die Kombination EPB/Slurry/offener Hartgesteinschild den Begriff „Hybrid-TBM". Im deutschsprachigen Raum laufen diese Maschinenkombinationen alle unter **Mixschild** oder **Multi-Mode-Maschine.** Das Multi-Mode-Konzept ermöglicht durch Variation der Stützdrucksteuerung und der Abförderung den Wechsel zwischen Flüssigkeitsstützung, Erddruckstützung und offenem Modus. Der Umbau auf die verschiedenen Betriebsarten erfolgt im Tunnel (Weh et al. 2009; Düllmann und Hollmann 2011; Burger 2014). Die häufigsten Maschinenkombinationen sind:

- Wechsel zwischen offenem Modus mit Förderbandaustrag und EPB-Schild,
- Wechsel zwischen Flüssigkeitsschild und offenem Modus mit Förderbandaustrag,
- Wechsel zwischen Flüssigkeitsschild und EPB-Schild.

Herrenknecht et al. (2009) beschreiben den Einsatz eines Mixschildes für den Abbau im offenen Hartgesteinsmodus mit hohen Druckfestigkeiten und blockigen Ortsbrustverhältnissen und mit Umstellung auf einen Lockergesteinsvortrieb im geschlossenen Slurry-Modus für Passagen mit hohem Wasserdruck (max. 13 bar) und starker Gebirgszerlegung. Mit einem sog. Mischbohrkopf können sowohl mehr oder weniger verwitterter Fels als auch Feinkornschichten und auch wasserführende Sand- und Kiesschichten durchfahren werden. Festinstallierte Bohr- und Injektionsgeräte ermöglichen eine Begrenzung des Wasserzuflusses durch Zementverpressung. Könemann und Tauch (2012, 2013) berichten von einem Schildvortrieb mit offenem Modus im Festgestein des Rheinischen Schiefergebirges und EPB-Modus in größeren Störungszonen und in der anfänglichen Lockergesteinsstrecke (z. T. Mixed-face-Bedingungen). Weitere Anwendungsbeispiele s. Burger (2014).

Ein anderer Sonderfall ist ein situationsbedingt oberflächennaher Schildvortrieb mit geringer Überdeckung von nur wenigen Metern (Grenzbereich ca. 0,5 Schilddurchmesser). Grundhoff und Klar (2015) beschreiben einen solchen Vortrieb im Schutz einer Bodenvereisung bzw. eines dachförmigen Gefrierschirms gem. ► Abschn. 17.9.3.

Die technische Entwicklung und die **Wechselmöglichkeiten der Schneidwerkzeige** sowie Steinbrecher in der Sohle des Schildes zum Zerkleinern von Steinen und sonstige Maßnahmen zur Hindernisbeseitigung wie die Möglichkeit eines Drucklufteinstiegs in die Abbaukammern zur Kontrolle und zum Ausrausch der Abbauwerkzeuge (Burger und Wehrmeyer 2013) haben die Einsatzmöglichkeiten und die Leistung von Schildmaschinen wesentlich verbessert. Bei modernen Maschinen kann die Abnutzung der Abbauwerkzeuge auch über sog. Verschleißdetektoren kontrolliert werden. Zur Dimensionierung des Steinbrechers sind die maximale Kantenlänge der Steine und Blöcke sowie ihre Petrographie (Festigkeit, Quarzgehalt, Abrasivität) anzugeben. Der Austausch der Schneidwerkzeuge kann dann von der Bohrkopfrückseite aus erfolgen Dazu kommen **Ausrüstungen zur Vorauserkundung** und zur Gebirgsverbesserung gem. ► Abschn. 17.2.3.2 und bes. 17.2.4.2 (Moritz et al. 2015).

Die **Maschinendurchmesser** betragen heute sowohl bei Hartgesteins-TBM als auch bei Schildmaschinen allgemein 8–15 m. Die größten Durchmesser der letzten Jahre waren:

- Niagara-Wassertunnel (Hartgesteins-TBM) = 14,44 m (2008/2011),
- Sanierungstunnel Belchen(Einfachschild) = 13,97 m (2016/17),
- Eisenbahntunnel Rotterdam–Brüssel (Hydroschild) = 14,87 m,
- Autobahntunnel M30 Madrid (EPB-Schild) = 15,2 m (2005),

- Unterquerung des Yangtze, Shanghai (Mixschild) = 14,93 m (2007/2009),
- Straßentunnel Chongming/Shanghai (Mixschild) = 15,43 m (2006),
- Sparvo-Autobahntunnel Bologna-Florenz (EPB-Schild) = 15,55 m (2012/13),
- U-Bahn Wuhan (Mixschild) = 15,76 m (2014/2016),
- Orlovskij-Tunnel St. Petersburg (Mixschild) 19,20 m (2013/2015).

Die **Tunnelauskleidung** erfolgt im Schutz des Schildmantels mit vorgefertigten, wasserundurchlässigen Stahlbetonfertigteilen, sog. Tübbingen. Diese einschalige Auskleidung dient außer der Stützung des Hohlraums und der Aufnahme aller Einwirkungen aus dem Gebirge vor allem der Abdichtung des Tunnels gegen Grundwasser. Letzteres wird durch eine Dichtung der Tübbingfugen mittels umlaufend eingebauter Elastomer-Dichtprofile erreicht, die beim Einbau der Tübbingringe planmäßig zusammengepresst und ggf. verschraubt werden. Eine gem. ZTV-ING, T5, Abschn. 3 geforderte Dichtigkeitsklasse 2 (weitgehend dicht) ist damit kaum zu erreichen. Örtlich muss mit Feuchtstellen oder tropfenden und auch rinnenden Wasserzutritten gerechnet werden. Die Undichtigkeiten müssen ggf. nachgebessert werden. Bei chemisch stark angreifendem Grundwasser (DIN 4030) ist ggf. eine zweischalige Konstruktion mit einer KDB zwischen Tübbingausbau und Ortbetoninnenschale vorzusehen.

Bei **statischen Berechnungen für einen Schildvortrieb** wird von der Annahme ausgegangen, dass der Tübbingring mithilfe der Ringspaltverpressung über den gesamten Umfang gebettet ist. Die maßgebenden Gebirgskennwerte sind:

- Wichte γ (in kN/m^2),
- Scherparameter φ, c (in °, kN/m^2) von Gebirge und ggf. Trennflächen
- Elastizitätsmodul E bzw. Steifemodul E_s (in MN/m^2),
- Poissonzahl ν,
- Ruhedruckbeiwert K_0,
- einaxiale Druckfestigkeit q_u (in MN/m^2, MPa),
- Gebirgsdurchlässigkeit(en) (m/s),
- Wasserdruck (Bemessungswasserstand, Grundwasserströmung) und
- ggf. Gebirgsdruck, Quelldruck.

Bereichsweise druckhaftes Gebirgsverhalten kann ggf. durch einen unterschiedlich starken Tübbingausbau beherrscht werden (Edelhoff et al. 2015).

17.6.4.3 Vortriebsdokumentation bei TBM-Vortrieben

Die Sicherheit eines TVM-Vortriebs ist auf eine den Vortrieb begleitende Erfassung und zeitnahe **Auswertung der vortriebsrelevanten Daten** angewiesen, um Störfälle frühzeitig zu erkennen und mit Gegenmaßnahmen reagieren zu können. Die Vortriebsdaten werden in drei Gruppen eingeteilt (Handke 2014):

- Maschinenparameter
- Steuerungsparameter
- geotechnisches Messprogramm und Dokumentation

Zu den **Maschinenparametern** gehören die Kontrolle der Vortriebsgeschwindigkeit (Penetration, Drehzahl), des Stützdrucks an der Ortsbrust und in der Abbaukammer, der Schneidwerkzeuge (Verschleißzustand, Verklebung), der Menge und Qualität des Stützmediums, der Ringspaltverfüllung und der Funktion der Förderanlagen sowie eine Massen- und Volumenkontrolle des geförderten Ausbruchs in Abhängigkeit von der Bohrgeschwindigkeit (s. Maidl und Nellessen 2003; Poisel et al. 2005; Maidl 2008; Schretter et al. 2009; Ruse und Schwarz 2012; Maidl und Stascheit 2014; Handke 2014; Edelhoff et al. 2015).

Die **Steuerung der Maschine** erfolgt maßgeblich durch das unterschiedliche Anfahren der Vortriebspressen. Durch kontinuierliches Bestimmen der räumlichen Lage der Maschine wird die Ist-Lage kontrolliert und Abweichungen vom Soll-Verlauf werden rechtzeitig erkannt.

Das **geotechnische Messprogramm** umfasst eine Kontrolle der vortriebsbezogenen Veränderungen an der Geländeoberfläche und der Messpunkte an baulichen Anlagen in Bezug zur aktuellen Position der Maschine. Außerdem sind die Verformungen an den Tübbingen zu überwachen. Die Belastung des Ausbaus und seine Entwicklung können außerdem mittels Messtübbingen mit Dehnungsmessstreifen an den Bewehrungseisen im Beton ermittelt werden (Quick et al. 2010; Radoncic et al. 2015). Auch die Grundwasserstände in der näheren Umgebung müssen kontrolliert werden (► Abschn. 17.2.5.2 und 17.2.5.6).

Die Ortsbrust einer Tunnelvortriebsmaschine ist i. d. R. nicht zugänglich, sodass eine ingenieurgeologische Dokumentation nur in sehr begrenzten Umfang möglich ist (Düllmann und Hollmann 2011). Auch die aufgezeichneten technischen Vortriebsdaten und die Auswertung der Setzungsmessungen liefern i. d. R. keine **Informationen über das Gebirge an der Ortsbrust**. Die einzige Möglichkeit ist, das Aushubmaterial zu sichten und zu bilanzieren (Material, Volumen und Massenbilanz) bzw. bei einem Hydroschildvortrieb das in der Separationsanlage abgesiebte Material zu bewerten. Bei einem Lockergesteinsvortrieb können viele gleichartige, frisch gebrochene Komponenten einer Gesteinsart ein Hinweis auf Blöcke an der Ortsbrust sein. Tonklumpen sind ein Hinweis auf Verklebungsgefahr. Außer dem Ausbruchmaterial sind auch immer die Eigenschaften der Bentonitsuspension zu kontrollieren.

Eine Möglichkeit zur direkten **Aufnahme von Teilen der Ortsbrust** bietet sich bei Wartungsschichten und zurückgezogenem Bohrkopf durch Einstieg in die Abbaukammer. Die Aufnahmen sind mühsam und unvollständig (Beispiel s. Skuk und Wegscheider 2015). Bei Grundwassereinfluss ist dazu ggf. Druckflufteinsatz erforderlich.

Über die Bemühungen der letzten Jahre, die Aufnahmetechniken der Photogrammetrie (► Abschn. 17.4.1) auch bei TBM-Vortrieben einzusetzen, berichten Gaich und Pötsch (2016). Die Autoren beschreiben den Einsatz einer im Bohrkopf einer Hartgesteinsmaschine installierten Videokamera, mit der von einem Außenkranz der Ortsbrust eine Folge überlappender Bilder aufgenommen wurde. Die Bildserie wurde dann zu einem 3D-Bild verarbeitet, an dem die Ortsbrustebenheit, einzelne Ausbrüche aus der Ortsbrust sowie geologische Strukturen wie das Trennflächenmuster und auch kleinere Störungszonen zu erkennen waren.

Eine laufende **Gegenüberstellung der Vortriebs- und Maschinenparameter** und der geotechnischen Daten ermöglicht es, Schwachstellen im Gebirge und kritische Situationen rechtzeitig zu erkennen (Handke 2011; Maidl et al. 2011; Ruse und Schwarz 2012; Nagel et al. 2012). In einem sonst einigermaßen gleichmäßigen Gebirge können aus stärker wechselnder (zunehmender) Penetration und gleicher oder abnehmender Anpresskraft auch Rückschlüsse auf Zerrüttungs- oder Störungszonen gezogen werden (Skuk und Wegscheider 2015). Bei Schildvortrieben sind zu große Bodenmehrentnahme an der Ortsbrust, größere Stützdruckschwankungen oder eine Zunahme der Reibungskräfte am Schildmantel Anzeichen für kritische Vortriebssituationen (Maidl et al. 2004). Beispiele für die Form und den Inhalt solcher Dokumentationen bringen auch Wendl et al. (2012) und Mayer et al. (2014).

Zur Risikominimierung eines Vortriebs sind regelmäßige **Vortriebsvor- und Nachschauberichte** üblich, in denen der aktuelle Vortriebsstand festgestellt, eine Auswertung der letzten Vortriebsdaten sowie der Erkenntnisse aus der geotechnischen und ggf. ingenieurgeologischen Dokumentation vorgenommen und eine Vorschau auf die nächsten Vortriebszehnermeter gegeben wird.

17.6.4.4 Setzungsverhalten von TBM-Vortrieben

Schildvortriebe gelten allgemein als **setzungsarmes Bauverfahren**, obwohl auch dabei aufgrund der unvermeidbaren Entspannung des Gebirges mit Verformungen gem. ► Abschn. 17.5.3 zu rechnen ist, und zwar sowohl mit gewissen vorlaufenden Verformungen im Gelände als auch mit weiteren Setzungen im Schildbereich und besonders im Ringspaltbereich (◘ Abb. 17.64). Bei bindigem Baugrund ist ggf. auch mit gewissen Langzeitsetzungen zu rechnen, die je nach Entwässerungsbedingungen (auch Porenwasserdruckabbau) über

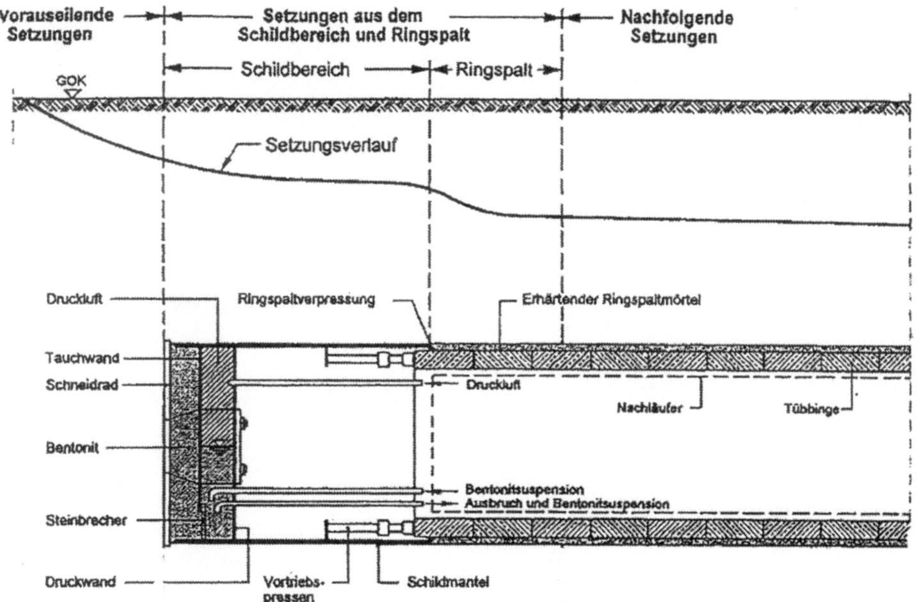

Abb. 17.64 Ablauf der Setzungen eines Schildvortriebs mit Tübbingausbau (aus Maidl und Nellessen 2003)

Monate und Jahre anhalten können. Auch die Überlagerungshöhe und eventuelle Stillstandzeiten haben Einfluss auf das Setzungsverhalten.

Die möglichen Gesamtsetzungen eines Schildvortriebs werden je nach Untergrundverhältnissen mit 1–2 Vol.-% des Ausbruchquerschnitts angegeben. Bei einem Durchmesser von 10 m würde bereits 1 % einer Setzungsmulde von 10 cm Setzung über der Tunnelfirste entsprechen. Durch setzungsmindernde Maßnahmen wie eine Verminderung der Vortriebsgeschwindigkeit, eine Erhöhung der Anpresskraft des Schneidrads und des Stützdrucks sowie eine entsprechende Ringspaltverpressung (Zeit, Druck, Menge) kann dieser Wert auf <0,5 Vol.-% gedrückt werden (Schubert und Rieker 2004; Ruse und Schwarz 2012).

Die Kontrolle der Oberflächensetzungen erfolgt über ein vortriebsbegleitendes Mess- und Überwachungsprogramm mittels Präzisionsnivellements (► Abschn. 15.2.6), Schlauchwaagenmessungen (► Abschn. 17.5.3) oder künftig auch Radar-Interferometrie (► Abschn. 15.2.6), die Festlegung von Grenzwerten sowie ein Warn- und Alarmsystem. Radar-Interferometrie wurde in Düsseldorf beim Auffahren der Wehrhahnlinie (U-Bahn) baubegleitend zur Kontrolle der Oberflächenverformungen erstmalig eingesetzt und hat eine gute Übereinstimmung mit gleichzeitig vorgenommenen Nivellements und Schlauchwaagenmessungen gezeigt (Mark et al. 2012).

Die bauwerksverträglichen Setzungen für den Vortrieb zweier Röhren werden meist mit 15–30 mm bzw. eine Tangentenneigung der Setzungsmulde von 1 : 500 bis 1 : 750 (► Abschn. 6.4.1 und DIN 21 917) angenommen, die sich i. d. R. etwa wie folgt verteilen:

- 10–15 %: vorlaufende Setzungen,
- 50–70 %: Setzungen im Schildbereich und Ringspalt,
- 10–20 %: nachlaufende Langzeitsetzungen.

Bei gegeneinander versetzten Vortrieben ergibt sich die Gesamtsetzungsmulde im Querschnitt aus der Addition der Einzelsetzungsmulden, wobei es für die Schadensentwicklung an nahe stehenden Gebäuden entscheidend ist, wo sich diese in Bezug auf die Entwicklung der Setzungen bzw. der Setzungsmulde befinden.

Besonders kritisch zu bewerten sind schiefwinkelige Unterfahrungen, da hierbei nicht nur Schiefstellungen, sondern auch Verdrehungen auftreten, was die Rissbildung verstärkt. Nach Mähner et al. (2013) ist je nach Winkelverdrehung, gemessen an den jeweiligen Gebäudeecken, mit folgenden Schäden zu rechnen (▶ Abschn. 6.4):

Schäden	Winkelverdrehung
leichte architektonische Schäden	>1:900
mittlere bis starke architektonische Schäden	1 :390 bis1 : 860
leichte bis starke konstruktive Schäden	1 : 200 bis 1 : 260

Häufig findet man deshalb als Vorwarnwert eine Winkelverdrehung von 1 : 1000 und als Alarmwert eine solche von 1 : 750 bis 1 : 500. Bei der Entscheidung über Zusatz- und Sicherungsmaßnahmen müssen sowohl die Gründungsart als auch die Empfindlichkeit der Gebäude berücksichtigt werden. In Betracht kommen Fundamentsicherung durch Unterfangung, Verfestigungsinjektionen oder Kompensationsschirme (▶ Abschn. 17.9.2 und Mayer et al. 2004; Bücker et al. 2006). Für den Vortrieb müssen Interventionsstrategien vereinbart werden, falls die definierten Grenzwerte erreicht oder überschritten werden.

Durch eine Optimierung der Schildfahrt, eine baubegleitende Überwachung (Prozesscontrolling) und setzungskorrigierende Hebungsinjektion gem. ▶ Abschn. 17.9.2 sollte es i. d. R. möglich sein, die Verformungen des Baugrunds so weit zu begrenzen, dass eine angrenzende Bebauung nahezu schadensfrei bleibt oder die Schäden zumindest minimiert werden.

17

17.6.5 Rohrvortrieb und verwandte Verfahren

Eine grabenlose Vortriebstechnik für das Verlegen von unterirdischen Ver- und Entsorgungsleitungen (sog. Utility- oder Mikrotunnelbau) kommt überall dort zum Einsatz, wo diese Ausführungsart gegenüber den offenen Bauweisen verkehrstechnische, bauliche oder wirtschaftliche Vorteile bietet. Sie stellt außerdem eine umweltschonende Bauweise dar, mit besonderer Berücksichtigung des Baumschutzes. Hierzu zählt auch die sog. gerichtete Horizontalbohrtechnik (HDD).

17.6.5.1 Rohrvortrieb

Bei den Rohrvortrieben kommen folgende Techniken in Betracht:

- Bodenverdrängungsverfahren durch einen drückend oder schlagend angetriebenen Verdrängungskopf (bis DN 250 mm),
- Bodenentnahmeverfahren mittels Vollschnittbohrkopf oder Bohrförderschnecken (bis etwa DN 1600 mm) bzw. Durchpressen der Vortriebsrohre mit maschinellem Bodenabbau und Abförderung (bis etwa DN 3000 mm),
- Rohrvortriebsmaschinen.

Unterschieden werden dabei Rohrvortriebe für nicht begehbare und für begehbare Durchmesser, wobei Letztere nach den TBG-Bestimmungen je nach Vortriebslänge ein Mindestlichtmaß von 800–1200 mm aufweisen müssen. Auch nicht steuerbare und steuerbare Verfahren werden unterschieden. Außerdem wird auf Schad et al. 2008, die DIN EN 12 889 „Grabenlose Verlegung und Prüfung von Abwasserleitungen und -kanälen" und die Arbeitsblätter DWA-A 125/DVGW-GW 304 „Rohrvortrieb und verwandte Verfahren" verwiesen.

Rohrvortriebe werden in die Geotechnische Kategorie 3 eingeordnet (▶ Abschn. 4.1). Planung und Ausschreibung einer grabenlosen Leitungsbaumaßnahme erfordern, wie alle untertägigen Baumaßnahmen, eine sorgfältige und teilweise spezielle **Baugrunderkundung** (s. Placzek 2007). In den geologischen Längsschnitt ist der Schichtaufbau in Form von Homogenbereichen gem. ▶ Abschn. 3.3 einzutragen. Maßgebend für die Einstufung der Homogenbereiche ist die Schichtenfolge unter Berücksichtigung der in der Liste der DIN 18 319 angeführten Eigenschaften und Kennwerte (◘ Tab. 3.2). Von Bedeutung sind außer der

Korngrößenverteilung, Konsistenz bzw. Lagerungsdichte auch Angaben über mögliches Quellverhalten der Boden- und Felsarten sowie etwaige Zustandsänderungen nach dem Lösen in Verbindung mit Wasser (Aufweichen, Verschlammung) oder auch Zerfallserscheinungen von Festgesteinen.

Besonders zu beachten sind der Übergang von Lockerboden zu Fels, das Auftreten von Hindernissen und der Grundwasserstand einschließlich des Wasserchemismus (pH-Wert, Chlorid- und Sulfatgehalte). Als Hindernisse wertet man sowohl Steine und Blöcke >0,2–0,25 DN oder eine begrenzte Einschaltung von Festgesteinen als auch die Reste früherer Baumaßnahmen (Mauerwerk, Holzreste, Anker, Injektionskörper) im Untergrund. Für die Erkundung von Störkörpern ist auch an geophysikalische Verfahren zu denken (s. Bayer und Harer 2006). In begehbaren Querschnitten sind Hindernisse dieser Art leichter zu beherrschen als in kleineren Vortrieben. Im ungünstigen Fall muss ein Störkörper über eine „Hindernisbaugrube" beseitigt werden (Irmler 2011). Auch auf Schadstoffkontaminationen von Boden, Grundwasser und Bodenluft ist zu achten.

Zu den geotechnischen Fragestellungen bei einem grabenlosen Leitungsbau, die sich aus der Baugrund- und der Grundwassersituation ergeben, gehören insgesamt:

- Vortriebserschwernisse (Ortsbrustinstabilität, Rohrmantelreibung),
- Beherrschen von Hindernissen,
- Belastungen auf den Vortrieb (Überdeckung, Verkehr, Bebauung),
- Rohrbeanspruchung beim Bau und im Endzustand,
- Grundwassereinfluss (Wasserempfindlichkeit, Wasserhaltung),
- Verschleiß oder Verkleben der Abbauwerkzeuge,
- Einfluss auf die Geländeoberfläche (Setzungen, Verbruchgefahr).

Die zur Dimensionierung erforderlichen Kennwerte sind:

- Wichte γ (in kN/m^2),
- Steife- oder Verformungsmodul E_s, E_v (in MN/m^2),
- einaxiale Druckfestigkeit q_u (in MN/m^2, MPa),
- Scherfestigkeit φ, c (in °, kN/m^2), ggf. auch Adhäsion gem. ▶ Abschn. 2.8,
- Bohrbarkeit, mechanische Lösbarkeit,
- Erweichbarkeit, Klebrigkeit (▶ Abschn. 17.2.9).

Die Wahl des Vortriebsverfahrens ist Sache des Auftragnehmers. Die **Zielgenauigkeit** der Vortriebsverfahren ist in der DIN 18 319 in Abhängigkeit vom Nenndurchmesser (DN) vorgegeben und beträgt vertikal ± 20–50 mm und horizontal ± 25–200 mm. Wird aus betrieblichen Gründen eine bestimmte Lagegenauigkeit verlangt, so müssen steuerbare Techniken eingesetzt werden, mit denen die Lage des Vortriebs kontrolliert und ggf. korrigiert werden kann (s. Pfeff 2013).

Die kleinste grabenlose Vortriebstechnik sind **Erdraketen** mit Durchmessern von 45–55 mm, wie sie überwiegend für Hausanschlüsse Verwendung finden.

Die **nicht begehbaren Verfahren** (DN 250–1200) arbeiten entweder im Bodenverdrängungsverfahren mit einem statisch oder dynamisch arbeitenden Verdrängungskopf oder im Bodenentnahmeverfahren mittels Bohrpressköpfen bzw. Bohrförderschnecken. Die Bodenverdrängungsverfahren eignen sich für Durchpressungen in leicht bis mittelschwer lösbaren Bodenarten, die Entnahmeverfahren mit verschiedenen Bohrköpfen auch für wechselnde Bodenarten und für leichten Fels. Für einen Einsatz unter Grundwasser und im Fels muss auf entsprechende Vortriebsmaschinen zurückgegriffen werden.

Bei Durchmessern bis DN 3000 werden sog. **Rohrpressvortriebe** eingesetzt (Schad et al. 2008). Dabei wird von einem Pressschacht aus ein Rohrstrang mithilfe von hydraulischen Pressen vorgetrieben und der an der Ortsbrust anstehende Boden innerhalb des vorgetriebenen Rohrstrangs maschinell abgebaut und abgefördert. Bei größeren Presslängen müssen Zwischenpressstationen (sog. Dehnerstationen) vorgesehen werden (◘ Abb. 17.65). Ihr Abstand (80–200 m) ist abhängig von der Bodenbeschaffenheit (Mantelreibungswerte für erdfeuchten Boden 20–30 kN/m^2, im

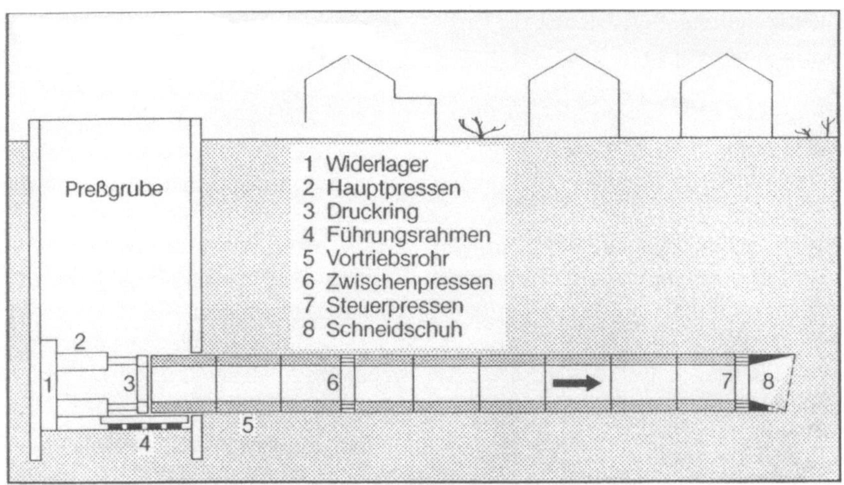

Abb. 17.65 Schema eines Rohrvortriebs (Firmenprospekt)

Grundwasser 5–15 kN/m² der Rohrmantelfläche, ► Abschn. 8.4), der Überlagerungshöhe und dem Rohrdurchmesser. Zur Abminderung der Reibungskräfte zwischen Boden und Rohrstrang wird ein gewisser Überschnitt gefahren und eine Schmierung mittels Bentonitsuspension eingesetzt (Stratemeier et al. 2014 und bes. Praetorius und Schößer 2015).

Bei längeren Vortrieben erfolgt der Rohrvortrieb bei diesen Durchmessern meist durch ferngesteuerte (oder bemannte) **Rohrvortriebsmaschinen**, die dem ersten Rohr vorgeschaltet sind. Je nach Untergrundaufbau (bindige oder nicht bindige Bodenarten, Fels) und der Lage des Grundwasserspiegels werden Teilschnittmaschinen mit Trockenabbau (Schrämmarme, fräsende oder grabende Abbaugeräte) oder Vollschnittmaschinen mit Nassförderung (Slurry-Prinzip) eingesetzt (► Abschn. 17.6.4.2). Das Abfördern des abgebauten Materials erfolgt durch Spülförderung mittels Pumpen. Bei den Bohrkopfarten werden Lockergesteinsbohrköpfe mit Schurfzähnen und Spaltmeißeln, Mischbohrköpfe mit zusätzlichen Rollen- und Diskenmeißeln für Steineinlagerungen und Felsbohrköpfe für vollflächigen Felsabbau unterschieden. Auch Druckluftvortriebe kommen zum Einsatz. Als Universalschilde, die nahezu alle Möglichkeiten des Untergrundaufbaus abdecken sollen, gelten auch hier Mixschilde oder sog. Varioschilde (Stein et al. 2006). Außer den Vortrieben mit einem nachgepressten Rohrstrang kommt auch Tübbingausbau mittels Betonsegmenten zur Anwendung.

Eine andere Verfahrenstechnik ist das sog. **Direct Pipe**, eine Kombination aus Microtunnelling und Horizontal Directional Drilling (HDD), bei dem in einem Arbeitsschritt sowohl der Bodenabbau als auch der Einzug der Pipeline erfolgt.

Rohrvortriebe sind nicht frei von **Setzungen**, die sich in Form von flachen Setzungsmulden in Längs- und Querrichtung zur Trasse entwickeln. Das Setzmaß ist abhängig vom Untergrundaufbau, von der Überlagerungshöhe, vom Rohrdurchmesser und vom Vortriebsverfahren. Die zu erwartenden Setzungen sind meist nur gering.

17.6.5.2 Horizontalbohrtechnik

Die Horizontalbohrtechnik ist heute ein eigenständiges Bauverfahren. Dabei handelt es sich um ein gesteuertes Bohrverfahren, mit dem in Spülbohrtechnik über eine Pilotbohrung und weitere Aufweitungsbohrungen ein durch die Bohrspülung gestütztes Bohrloch hergestellt wird. Anschließend werden die vorgesehenen Leitungen eingezogen und der Ringraum sowie eventuelle bohrbedingte Hohlräume mit einer hydraulisch abbindenden Suspension verfüllt.

Die Richtungsungenauigkeit darf nach DIN 18 324 höchstens 10 % der maximalen Tiefenlage betragen und für den Austrittspunkt 2 % der Baulänge, max. 5 m.

Bei der HDD-Technik (Horizontal Directional Drilling) erfolgt der Antrieb mittels spezieller, durch die Bohrspülung angetriebener Bohrlochsohlen-Motoren (engl. „mud motors"). Hinter der Bohrturbine befindet sich ein sog. Benz (Knick), über den die Bohrrichtung vom Gelände aus gesteuert werden kann. Die üblichen Durchmesser liegen bei 270 mm (10 5/8") bzw. 301 mm (12 1/4"). Größere Querschnitte werden beim Zurückziehen des Bohrstrangs mittels Aufweitungsköpfen in ggf. mehreren Arbeitsschritten aufgeweitet.

Die Auswahl der HDD-Anlage, der optimalen Bohrwerkzeuge und der Bohrspülung (Bentonitsuspension) muss auf die Verlegeaufgabe (Länge, Tiefe, Verlauf) und den Baugrund abgestimmt sein (Bayer und Harer 2006; Bayer 2008; Naujoks 2011). Die Technik des Hartgesteinsbohrens hängt nicht nur von der Gesteinshärte (Gesteinsdruckfestigkeit) und vom Bindemittel ab, sondern besonders von Hart-Weich-Wechseln und auch vom Trennflächengefüge. Offene Klüfte können Spülungsverluste bewirken. Grobe Kiese sind mit diesem System nur bedingt bohrbar. Auch Flussgerölle und Block-in-Matrix-Gesteine (▶ Abschn. 3.2.2) stellen hohe Anforderungen an die Bohrtechnik.

Für die Baugrunderkundung gelten vergleichbare Bedingungen wie für einen Rohrvortrieb. In den geologischen Längsschnitt mit der geplanten Bohrlinie ist der Schichtaufbau in Form von Homogenbereichen gem. ▶ Abschn. 3.3 einzutragen (▶ Abschn. 17.6.5.1).

Für erdstatische Berechnungen werden i. d. R. benötigt:

- Wichte γ (in kN/m^2),
- Steife- oder Verformungsmodul E_s, E_v (in MN/m^2),
- Scherfestigkeit φ, c (in ° bzw. kN/m^2).

Die Auswahl des Bohrverfahrens und der Werkzeugeinsatz sind Sache des Auftragnehmers. Bezüglich Bauausführung, Dokumentation und Kontrolle wird auf die DIN 18 324 verwiesen.

17.7 Ausbrucharbeiten bei konventionellem Tunnelvortrieb

Bei einem konventionellen Tunnelvortrieb erfolgt der Ausbruch je nach Standfestigkeit des Gebirges im Vollausbruch oder durch die klassische Unterteilung des Tunnelquerschnitts in Kalotte, Strosse und Sohle. In stark nachbrüchigen Gebirgsarten werden auch kleinflächige Teilausbrüche vorgenommen (▶ Abschn. 17.8.1). Das Lösen des Gebirges geschieht mechanisch (Tunnelbagger, Teilschnittmaschinen) oder im Sprengvortrieb, wobei das Gebirge so schonend wie möglich zu behandeln ist. Um das festgelegte Ausbruchprofil trotz möglicher Setzungen einzuhalten und Stellen mit Unterprofil zu vermeiden, wird ein gewisses Überprofil (Mehrausbruch) eingeplant.

17.7.1 Bagger und Sprengvortrieb

In reißbaren Gebirgsarten erfolgt der Vortrieb mittels spezieller, für die Verhältnisse im Tunnel angepasster **Tunnelbagger**. Dieser weitgehend erschütterungsfreie Vortrieb hält die Gebirgsauflockerung und den dadurch bedingten Verformungsanteil gering und ermöglicht in wenig standfesten und verformungsanfälligen Gebirgsarten erst einen wirtschaftlichen bergmännischen Vortrieb. Die Abschlagslängen werden der Gebirgsstandfestigkeit angepasst (0,6–1,2 m). Die Grenze zum Sprengvortrieb liegt da, wo der Aufwand des mechanischen Lösens zu groß und unwirtschaftlich wird. In Übergangsbereichen kann auch eine Kombination mit Sprengvortrieb vorgenommen werden.

Bei einem **Sprengvortrieb** werden folgende, sich rhythmisch ablösende Arbeitsphasen unterschieden:

- Bohren,
- Laden und Sprengen,
- Beräumen und erste Sicherungsarbeiten,
- Schuttern und Fördern,
- Einbringen der Sicherung (Spritzbetonausbau).

Das **Bohren von Spreng- und Ankerlöchern** ist der entscheidende Zeitfaktor für einen Sprengvortrieb. Die gebirgsbedingte Bohrbarkeit wird in ▶ Abschn. 17.2.9.1 behandelt. Der Verschleiß der Bohrkronen besteht je nach Gebirgsbeschaffenheit in einem

- Verschleiß der Hartmetallstifte,
- Verschleiß des Bohrstahls (Kaliberverschleiß),
- Ausbrechen von Stiften aus den Bohrkronen.

Die Bohrarbeit ist allerdings nicht nur von geologischen Faktoren abhängig, sondern auch von einer auf das Gestein abgestimmten Werkzeug-Meißel-Kombination (Maschinenparameter) und der Bedienung der Bohrgeräte (Thuro und Spaun 1997; Plinninger 2008). Die üblichen Längen der Bohrlöcher betragen bei den axialen Sprengbohrlöchern bis 4 m und bei den radialen Ankerbohrlöchern 3–12 m. Die Bohrdurchmesser sind vom Verwendungszweck abhängig und liegen zwischen 35 und 51 mm. Bohrungen für Sprenglöcher haben meist einen Durchmesser von 45–48 mm. Ankerbohrlöcher weisen i. d. R. Durchmesser von 38 mm (Swellex-Anker) bis 45–48 mm (SN-Anker) auf.

Das Standardbohrverfahren für einen Sprengvortrieb ist das hydraulische Drehschlagbohren. In Tonschiefern und Sandsteinen sind Bohrgeschwindigkeiten von 2–4 m/min üblich. In harten granitischen Gesteinen werden Bohrleistungen von 1,0–2,5 m/min erreicht. Die Tendenz geht dabei in Richtung computergestützter und datenaufzeichnender Dreiarm-Bohrgeräte mit richtungsgenau (± 50 mm) arbeitenden Bohrhämmern, die ein genaues Bohrbild ermöglichen. Diese Geräte können bei geologisch bedingten Unregelmäßigkeiten des Gebirges an der Ortsbrust auf manuellen oder halbautomatischen Betrieb umgestellt werden (Brem und Gattermann 2006 und 2007).

Ebenso wie das Bohrverfahren muss auch die **Sprengtechnik** auf die Querschnittsgröße und auf das Gebirge abgestimmt sein. Im Tunnelbau werden patronierte oder pumpbare Emulsionssprengstoffe (EMS, unter verschiedenen Produktbezeichnungen) verwendet.

Der Erfolg einer Sprengung hängt wesentlich vom Bohr-, Lade- und Zündschema ab (Müller und Pipping 2011). Die elektronischen Zündsysteme bewirken, dass die einzelnen Sprengladungen eines Abschlags mit zeitlicher Verzögerung nacheinander aktiviert werden, die Erschütterung des Gebirges damit abgemindert wird und bessere Haufwerkseigenschaften (Stückigkeit) erreicht werden.

Um die Verspannung des Gebirges zu überwinden und freie Flächen für die nachfolgenden Ladungen zu schaffen, sind verschiedene **Einbruchsarten** üblich, und zwar Schrägeinbrüche (Kegeleinbruch, Keileinbruch, Fächereinbruch) oder die tunnelaxial gebohrten Paralleleinbrüche (Brennereinbruch).

Der Bohrlochaufwand, d. h. die Anzahl der Bohrlöcher je Quadratmeter Ausbruchquerschnitt ($1/m^2$), ist abhängig vom Tunnelquerschnitt, von der Sprengbarkeit des Gebirges, von der Sprengstoffart und vom Patronendurchmesser. Von denselben Faktoren hängt auch der Sprengstoffbedarf in kg/m^3 Gestein ab. Um arbeitstechnisch bedingten Mehrausbruch zu vermeiden, werden beim **profilgenauen Sprengen** die Außenkranzlöcher an der Profillinie in engeren Abständen gebohrt und erhalten eine geringere Vorgabe zum Innenkranz sowie eine schwächere Ladung (häufig nur Sprengschnüre mit 80 oder 100 g Füllgewicht je Meter).

Die **Abschlagslängen** sind abhängig von der Querschnittsgröße und dem Gebirge. Sie betragen bei großen Querschnitten in standfestem Gebirge i. d. R. 2–4 m. Bei größeren Abschlagstiefen nehmen der Sprengstoffverbrauch und die Gebirgszerrüttung stark zu. In stärker nachbrüchigem und gebrächem Gebirge müssen die Abschlagslängen auf 1–2 m verringert werden.

Die Stärke der **Sprengerschütterungen** beim Tunnelvortrieb hängt ab vom Verhältnis Ausbruchquerschnitt/Abschlagtiefe, vom eingesetzten Sprengstoff, von der Lademenge, von der Entfernung und vom Gebirge. Beim Gebirge ist die Gebirgsqualität (Schallhärte, Klüftigkeit) für die Größe der ausgelösten Erschütterungen und die Streichrichtung der geologischen Strukturen (Klüfte, Störungszonen) für die Ausbreitung der Erschütterungsenergie maßgebend

(► Abschn. 6.5.5). Wenn eine Begrenzung der Erschütterungen erforderlich wird, müssen das Abschlagsvolumen reduziert, entsprechende Sprengstoffe eingesetzt, der Einbruch optimiert, die Lademenge begrenzt und die Zündintervalle gestreckt werden. Letzteres bewirkt, dass die Erschütterungswirkung auf eine größere Zeitspanne (einige Sekunden) verteilt wird, wodurch die Spitzenwerte der Schwinggeschwindigkeit verringert werden (s. a. Müller et al. 2014). Die Kontrolle erfolgt über Erschütterungsmessungen an den betroffenen Objekten (s. Brem und Gattermann 2006; Müller und Pipping 2011; Simon und Joos 2012).

Nach dem Sprengen und der Bewetterungspause werden die Ortsbrust und die Hohlraumlaibung mit einem Tunnelbagger nachprofiliert und von lockeren Felsbrocken beräumt. Durch dieses **maschinelle Beräumen** wird die Arbeitssicherheit im zunächst ungesicherten Vortriebsbereich wesentlich erhöht. Beim anschließenden **Schuttern** darf nach den Unfallverhütungsvorschriften außer der Bedienungsmannschaft kein weiteres Personal vor Ort sein.

17.7.2 Profilhaltung und Mehrausbruch

Profilhaltung und Mehrausbruch hängen ab vom Ausbruchverfahren (Bohrgenauigkeit), von der Gesteinsausbildung und vom Trennflächengefüge sowie von dem Winkel, unter dem die Haupttrennflächen geschnitten werden. Je mürber ein Gestein ist, umso maßhaltiger ist es. Gesteinshärte, Wechselschichtung und ungünstige Trennflächen setzen die Maßhaltigkeit herab und verursachen Mehrausbruch.

Beim Mehrausbruch wird unterschieden zwischen:

- vermeidbarem (z. B. arbeitstechnisch bedingtem und mit wirtschaftlichen Mitteln vermeidbarem) Mehrausbruch,
- nicht vermeidbarem, geologisch bedingtem Mehrausbruch und
- vorhersehbarem und nicht vorhersehbarem Mehrausbruch.

Geologisch bedingter Mehrausbruch wird durch geologische Faktoren verursacht, z. B. durch Wechselschichtung, große oder wechselnde Gesteinshärte, ungünstig verschneidende Trennflächen und besonders Großklüfte und Zerrüttungszonen sowie Wassereinbrüche oder Karsthohlräume. Er ist, soweit er vorhersehbar ist, in die Ausbruchpreise einzurechnen. Vermeidbarer Mehrausbruch entsteht durch unsachgemäßes Arbeiten wie nicht profilgerechtes Bohren, Überladen von Bohrlöchern, zu große Abschlagslängen, Vermessungsfehler u. a. m.

Um den vorhersehbaren Mehrausbruch abzudecken, wird in der Ausschreibung, über das Regelprofil hinaus, ein Überprofil festgelegt (◘ Abb. 17.66). Das **Übermaß** *(Ü)* ist der Mehrausbruch, der über das Regelausbruchprofil hinaus auszubrechen ist, damit dieses nach der Gebirgsentspannung und den Gebirgsverformungen noch voll zur Verfügung steht. Das Übermaß beträgt je nach den zu erwartenden Gebirgsverformungen 20 cm bis z. T. 50 cm. Darüber hinaus kann für die einzelnen Gebirgsklassen ein Grenzprofil bzw. **Toleranzmaß** *(G)* von einigen Dezimetern festgelegt werden, innerhalb dessen ein Ausbruch als machbar angesehen wird (s. DIN 18 312 und ÖNORM B 2203-1).

Innerhalb des Überprofils *(Ü)* oder des Grenzprofils *(G)* ist jeder Mehrausbruch einzukalkulieren und wird nicht gesondert vergütet. Erst darüber hinaus wird geologisch bedingter Mehrausbruch aufgemessen und vergütet.

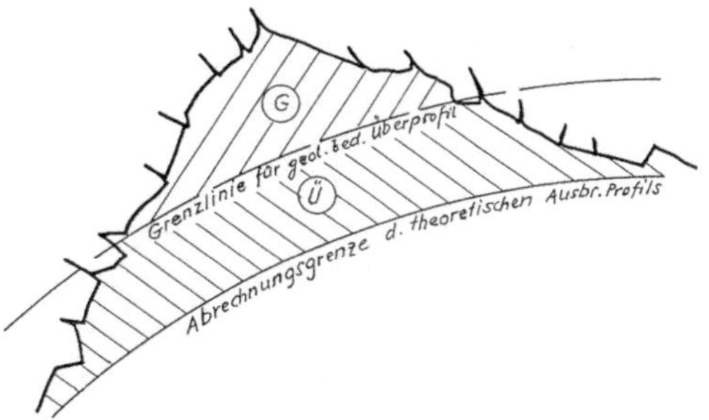

◘ **Abb. 17.66** Definition des Mehrausbruchs in Form von Übermaß (Ü) und Toleranzmaß (G)

Die Begriffe und das Aufmaß werden je nach Projekt unterschiedlich gehandhabt und sind in der Ausschreibung unmissverständlich festzulegen. Vergütung erfolgt i. d. R. nur für den nicht vorhersehbaren und nicht vermeidbaren, geologisch bedingten Mehrausbruch, der über das ausgeschriebene Profil *(Ü oder G)* hinausgeht. Der geologisch bedingte Mehrausbruch wird bei der ingenieurgeologischen Ortsbrustaufnahme bewertet und bestätigt. Mit einem hochauflösenden Laserscanner können nach dem Abschlag eine Kontrolle der hergestellten Geometrie (Ausbruchflächen) und eine exakte Volumendokumentation des Mehrausbruchs erfolgen.

Die endgültige **Profilkontrolle** des Spritzbetonausbaus vor Einbringen der Innenschale erfolgt mit einem Tunnelscanner, mit dem nicht nur Abweichungen vom Sollprofil (Unter- bzw. Überprofil), sondern auch die Unebenheiten der Spritzbetonoberfläche flächenhaft ausgewertet und dargestellt werden können.

Allgemein werden unterschieden:

- ausbruchsbedingtes Überprofil,
- geologisch bedingtes Überprofil,
- nachzuarbeitendes Unterprofil.

Unterprofil muss der Unternehmer durch Nachprofilieren beseitigen, Überprofil verursacht nicht nur einen größeren Betonbedarf sowie erhöhte Transport- und Deponiekosten, sondern muss vorab ausgeglichen werden, damit die maximal erlaubte Abweichung der Dicke des Innengewölbes (meist <5 cm) eingehalten wird.

Durch Abschrämmen bzw. Aufspritzen muss ein sauberer, von zu großen Unebenheiten freier **Abdichtungsträger** für das Aufbringen der Abdichtungsbahnen hergestellt werden. Dabei handelt es sich um eine zusätzliche Lage Spritzbeton mit Rundkorn 0–8 mm und mit erhöhter Anforderung an die Oberfläche im Hinblick auf Rauigkeit und Ebenflächigkeit. Die Unebenheit und die Tiefen der Rauigkeit dürfen dabei ein bestimmtes Maß nicht überschreiten (RiL 853), um punktuelle Schädigungen zu vermeiden (▶ Abschn. 17.2.5.4).

17

17.8 Sicherungsarbeiten, Gebirgsvergütung

Ein sicherer und verformungsarmer Vortrieb hängt ab vom Ansatz der richtigen Gebirgsklasse, dem Ausbruchverfahren und dem rechtzeitigen Einbringen der erforderlichen **Stützmittel**. Diese sind je nach Gebirgsklasse Spritzbeton, Baustahlgitter, Ausbaubögen und Anker. In nicht standfesten und/oder grundwasserführenden Bereichen kommen als voreilende Sicherung Spieße sowie nötigenfalls gebohrte Rohrschirme oder Injektionsmaßnahmen zur Anwendung.

In der Ausschreibung werden für jede Gebirgsklasse die Ausbruchsdaten (Abschlagtiefe, Begrenzung der Vortriebsgeschwindigkeit) und die erforderlichen Stützmittel ausgewiesen und sind in den Preis für die einzelnen Klassen einzukalkulieren (◘ Tab. 17.5). Soweit erforderlich, werden vor Ort zusätzliche Maßnahmen angeordnet (sog. Ausbaufestlegung). Umfangreichere Maßnahmen als zur Ermöglichung eines Vortriebs in ungünstigeren Gebirgsverhältnissen vorgesehen werden auch als **Baubehelfsmaßnahmen** bezeichnet. Dazu gehören u. a. Verstärkung der Ortsbrustsicherung, z. B. durch lange Anker, Gebirgsinjektionen und Injektionsschirme, Dränbohrungen u. a. m.

Bei den Sicherungsmaßnahmen ist zu unterscheiden zwischen einer konstruktiven Sicherung des Vortriebs einschließlich einer Vortriebsoptimierung (z. B. durch Einbau einer vorauseilenden Firstsicherung) und Maßnahmen zur Verminderung der Verformungen. Eine Minderung der Oberflächensetzungen kann auch durch eine zusätzliche Stützung der Ortsbrust (Brustkeil) und eine Reduzierung der Abschlagslängen sowie einen Injektions(rohr)schirm erreicht werden.

17.8.1 Spritzbetonausbau

Spritzbeton stellt eines der wesentlichen Stützmittel im Rahmen der danach benannten Tunnelbauweise dar (▶ Abschn. 17.5.4 und 17.6.2).

Spritzbeton kann rasch eingebracht und unabhängig oder in Kombination mit anderen Stützmitteln eingesetzt werden. Anstelle des Trockenspritzbetons, bei dem die ofentrockenen Zuschlagstoffe mittels Luftstrom zur Düse gefördert und das Wasser samt Erhärtungsbeschleuniger erst an der Spritzeinrichtung zugegeben werden, wird im Tunnelbau heute überwiegend Nassspritzbeton verwendet. Hierbei wird dem Beton an der Spritzdüse nur ein Erstarrungsbeschleuniger (BE-Mittel) zugesetzt, der eine schnelle Festigkeitsentwicklung bewirkt. Durch Abstimmung der Zuschlagstoffe und der sog. reaktiven Komponenten (Spritzbetonzement, Fließmittel, Erstarrungsbeschleuniger) werden eine bessere Anhaftung (bes. beim Über-Kopf-Spritzen) und eine geringere Porosität erreicht, was auch die Versinterungsneigung der Dränagen verringert (► Abschn. 17.2.5.3).

Spritzbeton hat die Aufgabe, nach der ersten Entspannung eine weitere Auflockerung des Gebirges zu verhindern. Er muss baldmöglichst nach dem Ausbruch aufgebracht werden und den Formänderungen des Gebirges einen gewissen Ausbauwiderstand entgegensetzen, der allerdings anfangs, solange der Spritzbeton noch nicht seine volle Druckfestigkeit erreicht hat, begrenzt ist ($\beta_1 = 7\text{–}10$ N/mm², $\beta_{28} = 20\text{–}35$ N/mm²).

Die wichtigsten Eigenschaften eines solchen dünnschaligen und zunächst biegeschlaffen Ausbaus sind sattes und flächiges Anliegen am Fels bei gleichzeitiger Dränmöglichkeit, rasches Aufbringen, Anpassungsfähigkeit an wechselnde Gebirgsverhältnisse und die Möglichkeit einer nachträglichen Verstärkung. Spritzbeton kann in fast allen Gebirgsarten angewendet werden, ausgenommen in kohäsionsarmen Gebirgen (völlig entfestigter Sandstein, Sand), bei Fließsanderscheinungen oder bei zu weicher toniger Oberfläche. Hier müssen Entwässerungsmaßnahmen oder die Oberflächenhaftung verbessernde Hilfsmittel vorgesehen werden.

Der Spritzbeton wird als Versiegelung, z. B. der Ortsbrust, in Lagen von 3–7 cm, z. T. auch mehr, aufgebracht. Die in nachbrüchigem Gebirge üblichen Ausbaustärken betragen 15–30 cm, die ein- oder zweilagig aufgespritzt werden. Als Bewehrung werden Betonstahlmatten verlegt und eingespritzt. Anstelle der Bewehrungsmatten wird vielfach auch faserbewehrter Spritzbeton eingesetzt.

Ausgehärteter Spritzbeton reagiert mehr oder weniger spröd und hat ein begrenztes Dehnungsvermögen von etwa 1 %. Die danach auftretenden **Risse und Abplatzungen im Spritzbeton**sind ein Frühwarnsystem für örtlich große Verformungen bzw. eine Überbeanspruchung der Spritzbetonschale.

Wegen dieses begrenzten Verformungsvermögens von Spritzbeton sind in druckhaftem Gebirge besondere Maßnahmen erforderlich. Aus der Erkenntnis, dass der Gebirgsdruck mit zunehmender Verformung abnimmt (► Abschn. 17.5.4), wird in solchem Gebirge eine verstärkt deformierbare Spritzbetonschale eingebaut. Zu diesem Zweck wird die Spritzbetonschale in Abständen von 3–4 m durch Längsschlitze unterbrochen. Ursprünglich wurden in der Spritzbetonschale offene **Deformationsschlitze** ausgespart, die Verformungen bis zu 7 % Stauchung aufnehmen konnten und nach Abschluss der Bewegungen zugespritzt wurden. Um die Kraftaufnahme der Spritzbetonschale frühzeitig zu aktivieren, werden heute Stauchelemente aus Stahl oder anderem deformierbarem Material eingesetzt, die einen kontrollierten Lastaufbau in der Spritzbetonschale ermöglichen (Pöttler et al. 2006; Radoncic et al. 2009; Podjadtke 2009; Moritz 2011). Die Deformationsschlitze werden durch zusätzliche Anker gesichert, wobei ggf. nachgiebige Anker (sog. Gleitanker) eingesetzt werden müssen (◘ Abb. 17.67). Es hat sich als zweckmäßig erwiesen, die Deformationsschlitze bereits ausreichend weit voraus im guten Gebirge einzubauen, um die zunehmenden Verformungen mit Eintreten in die ungünstigen Gebirgsbereiche ohne Rissbildung aufnehmen zu können.

Deformationsschlitze mit Stauchelementen und ggf. verschiebbaren Stahlbögen sind bei **tief liegenden Tunneln** und druckhaftem

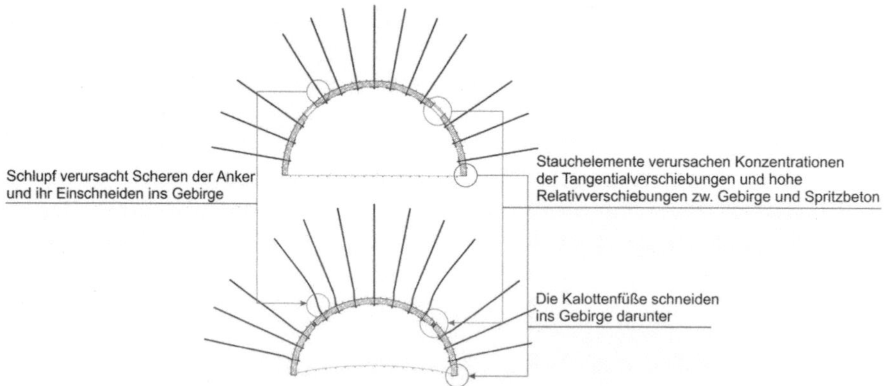

Abb. 17.67 Verformungsschlitze zur Aufnahme der Gebirgsverformungen. Oben: unverformter Zustand; unten: verformter Zustand mit Scherbeanspruchung der benachbarten Anker (Radoncic und Schubert 2011)

Gebirge unverzichtbare Stützmittel, die einerseits einen ausreichenden Widerstand gegen Verformungen und gleichzeitig ein duktiles Verhalten aufweisen, um die aufgezwungenen Deformationen zu überstehen (Radoncic und Schubert 2011; Wittke et al. 2012; Wiese 2012; Stahlmann et al. 2014). Das endgültige Schließen der Konvergenzschlitze darf erst erfolgen, wenn der noch verbleibende Gebirgsdruck durch die Spritzbetonschale aufgenommen werden kann (Röthlisberger et al. 2016). Ein solcher Ausbau muss durch eine intensive Systemankerung unterstützt werden, die infolge der Gebirgsdeformation einer starken Scherbeanspruchung ausgesetzt ist.

Bei **instabiler Ortsbrust** bzw. der Gefahr, dass einzelne Felskeile aus der Ortsbrust herausgleiten, kann diese durch Stehenlassen eines Brustkeils gestützt (Abb. 17.68) und/

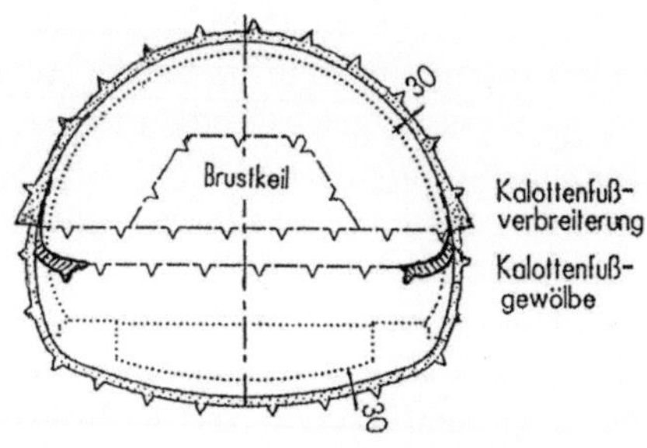

Abb. 17.68 Tunnelquerschnitt mit Brustkeil und Kalottenfußverbreiterung bzw. Kalottenfußgewölbe

oder durch eine Versiegelung gesichert sowie auch in mehreren Teilflächen abgebaut werden. Nötigenfalls kann die Ortsbruststabilität auch durch eine vorauseilende Firstsicherung (Spieße, Rohrschirm) oder durch Ortsbrustanker (Länge 8–18 m) verbessert werden (▶ Abschn. 17.8.2). Ortsbrustanker werden voll vermörtelt und bei jedem Abschlag gekürzt. Die Resthaftlänge bzw. Überlappung sollte mindestens die halbe Ankerlänge bzw. 0,5–1,0 Tunneldurchmesser betragen. Wenn eine Stützplatte oder ein Brustverzug erforderlich werden, kommen Ankerstäbe mit durchgehendem Gewinde zur Anwendung. Anstelle der üblichen Ortsbrustanker können auch Glasfaseranker (sog. GFK-Anker) verwendet werden. Der Abstand der Ortsbrustanker muss so gewählt werden, dass der Baggerlöffel dazwischen passt.

In einem nachbrüchigen Gebirge werden gleich nach dem Schuttern in Abständen von 1,5–0,8 m **Ausbaubögen** (Walzprofile oder Gitterträgerbögen) gestellt. Zwischen Gebirge und Bogen wird die erste Lage Baustahlgitter verlegt und mit einer ersten Lage Spritzbeton eingespritzt. Die zweite Lage Baustahlgitter und die zweite Spritzbetonlage werden in einem späteren Arbeitsgang nachgezogen. Die außen liegende Baustahlmatte dient zunächst als Kopfschutz und Hilfe zum Aufbau der Spritzbetonschale. Der innen liegenden Matte wird dagegen häufig eine statische Funktion als Biegezugbewehrung zugeschrieben. Ein konkaves Ausbauchen der Spritzbetonschale zwischen den Stahlbögen ist gem. RiL 853 nur bis zu einem Stichmaß von 1 : 20 des Bogenabstands zulässig. Die Bogenfüße sollen auf ein festes Auflager (Hartholzkeile, Mauersteine, Lastverteilerschiene) gestellt werden. Außerdem werden sie zur Aussteifung des Gesamtsystems häufig durch sog. Verbauschienen verbunden. Bei langsam ablaufenden größeren Verformungen des Ausbaus können auch deformierbare Stahlbögen vorgesehen werden, die sich bei einsetzendem Gebirgsdruck bis zum Erreichen des maximalen Tragwiderstands langsam zusammenschieben und eine kontrollierte Entspannung des Gebirges ermöglichen.

Zur Verbesserung des Tragverhaltens wurde früher gelegentlich eine **Kalottenfußverbreiterung** von 0,6–1,0 m nach außen vorgenommen. Ihre setzungsmindernde Wirkung ist aber umstritten. Anstelle einer Kalottenfußverbreiterung nach außen kann auch ein kurzes Kalottenfußgewölbe nach innen ausgebildet werden, das eine ähnliche Wirkung erzielt (◘ Abb. 17.68).

Bei Einbau eines **Kalottensohlgewölbes** aus Spritzbeton wird durch den provisorischen Ringschluss eine gewisse Aussteifung des Hohlraums erzielt und die Spannungskonzentration im Bereich der Kalottenfüße abgemindert. Eine solche temporäre Kalottensohle kann zwar höhere Druckkräfte aufnehmen, für eine wesentliche Verminderung der Biegemomente und Querkräfte müssen allerdings die Anschlüsse an die Ulmen deutlich ausgerundet werden.

Eine vortriebsbegleitend eingebaute Spritzbetonsohle wird aus betrieblichen Gründen umgehend überschüttet und befahren. Mögliche Risse im Sohlbereich bleiben dabei unentdeckt und können im ungünstigen Fall ein Tragfähigkeitsversagen des Gesamtsystems auslösen (s. Stärk und Fügenschuh 2004). Anzeichen für einen kritischen Zustand der Sohle sind größere Verformungen (>15–20 cm), insbesondere auch Horizontalverformungen der Kalottenfußmessbolzen. Dabei können die Kalottenfüße abscheren, was

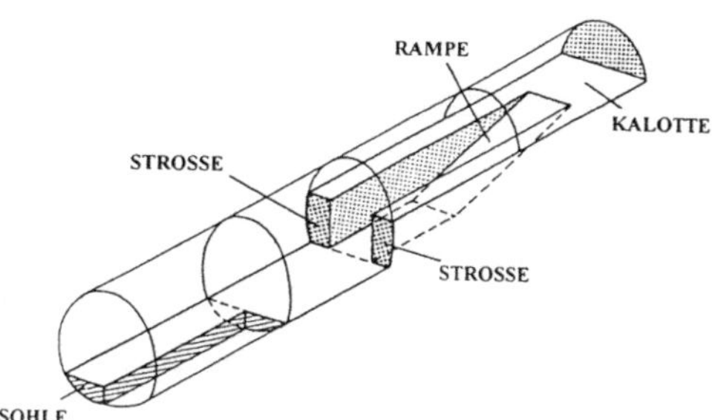

◘ **Abb. 17.69** Vortriebsschema mit geschlitzter Fahrrampe

eine schlagartige Schwächung des Tragsystems bedeutet.

Eine Kalottensohle muss außerdem beim nachfolgenden Strossenausbruch wieder entfernt werden, was in einem Gebirge mit geringer Scherfestigkeit einen für die Standsicherheit kritischen Bauzustand bedeutet. Die zulässige Länge des offenen Bereichs (ohne Ringschluss) ist dementsprechend zu begrenzen. Ein Kalotten-Strossen-Vortrieb mit geschlitzter Fahrrampe ist in einem solchen Fall zu vermeiden (◘ Abb. 17.69).

Anstelle des baubetrieblich hinderlichen Einbaus einer Kalottensohle werden auch sog. **Kalottenfußpfähle** eingesetzt. Hierbei werden in einem Abstand von 0,5–1,0 m Selbstbohrinjektionsanker von etwa 4 m Länge schräg nach außen durch einen verbreiterten Gewölbefuß gebohrt. Durch die Zementverpressung soll ein mittragender Mikropfahl entstehen (◘ Abb. 17.76).

17.8.2 Ankersicherung

Die Ankersicherung ist wie der Spritzbeton eine unverzichtbare Ausbaumethode, die ebenfalls rasch eingebracht werden kann und ein wirkungsvolles und wirtschaftliches Stützmittel darstellt. Im Tunnelbau wird meist noch mit halbmechanisierter Ankertechnik gearbeitet, d. h. mit maschinellem Bohren und manuellem Ankersetzen. Die vollmechanisierte Ankersetztechnik mit maschinellem Bohren und maschinellem Ankersetzen steckt noch in den Anfängen. Sie erfordert außerdem ein streng systematisches Anordnungsschema der Anker.

17.8.2.1 Einteilung und Wirkungsweise der Kurzanker

Im Gegensatz zum Felsbau über Tage, wo überwiegend Tiefenanker Verwendung finden, werden im Tunnelbau fast ausschließlich **Kurzanker** eingesetzt. Ihre Einteilung erfolgt nach folgenden Gesichtspunkten:

- Verwendungszweck (Ausbauanker, Sicherungsanker, Anker zur Gebirgsverbesserung bzw. Systemanker oder Einzelanker),
- Wirkungsweise (Verbundanker, Anker mit freier Dehnstrecke),
- Art der Kraftübertragung (mechanisch wirkende Anker, Mörtelverbundanker, Kunstharzklebeanker, Injektionsanker, Reibungsanker),
- Ankerkraft (vorgespannte, angespannte oder schlaffe Anker),
- Werkstoff des Ankerschaftes (Stahlanker, glasfaserverstärkte Kunststoffanker sog. GFK-Anker),
- Einsatzdauer (Kurzzeitanker, Daueranker).

Die üblichen Längen von Kurzankern betragen 3–12 m, meist 4–8 m, der Schaftdurchmesser 16–32 mm, meist 20–24 mm, der Bohrlochdurchmesser entsprechend 32–51 mm. Die Tragkraft beträgt bei den Kurzankern 100–150 bzw. 200–250 kN, bei Stabankern hoher Tragkraft bis 600 kN.

Kurzanker werden i. d. R. nur für vorübergehende Zwecke (bis zu 2 Jahren) eingesetzt. Sollen sie als **Daueranker** wirken, sind besondere Anforderungen an den Korrosionsschutz zu stellen. Als Maßnahmen zur Verlängerung der Nutzungsdauer werden Verzinken, eine Epoxidharz- oder Pulverbeschichtung bzw. ein Abrostungszuschlag von 2 mm diskutiert. Bei der Verarbeitung ist darauf zu achten, dass der Korrosionsschutz nicht beschädigt wird. Außerdem sollten die Ankerstangen vollständig mit Ankermörtel umhüllt sein.

Anker mit freier Dehnstrecke sind Ankerstäbe, die nur im Bohrlochtiefsten befestigt werden. Die freie Dehnstrecke kann später vermörtelt werden. Anker werden auf Zug- und Scherbelastung ausgelegt. Bei handfest angespannten Ankern ist eine gewisse Verformung des Gebirges erforderlich, um den Anker zum Abtragen der Kräfte zu mobilisieren. Sollen die Verformungen gering gehalten werden, so müssen die Anker nach dem Abbinden entsprechend vorgespannt werden, wobei Vorspannkräfte auf ⅔ der Tragkraft üblich sind.

Verbundanker sind Ankerstäbe, die in vermörtelten Bohrlöchern versetzt und nach dem Erhärten des Mörtels handfest angezogen werden (SN-Anker, Rohrinjektionsanker, IBO-Anker). Ihr Wirkungsprinzip beruht bevorzugt auf einer Verbesserung der mechanischen Gebirgseigenschaften, indem sie die Steifigkeit (Kohäsion) des Gebirges verbessern.

Die **Wirkung von Kurzankern** besteht darin, dass der Verbund Spritzbeton/Gebirge und damit die Tragfähigkeit und das Verformungsverhalten der Spritzbetonschale verbessert werden. Durch wirkungsvolle Behinderung der Kluftkörperbeweglichkeit wird die Gebirgsauflockerung reduziert und die Verbandsfestigkeit des Gebirges im „Postfailure"-Bereich weitgehend erhalten. Außerdem wird die Gebirgsscherfestigkeit verbessert, und zwar sowohl durch die Scherkraft der Ankerstäbe (Bewehrungskohäsion) als auch durch Mobilisierung der Normalkraft, sodass im günstigen Fall die Spitzenscherfestigkeit auf Trennflächen aktiviert wird. Eine frühzeitig eingebaute Systemankerung bewirkt, dass die Spannungsumlagerung im Gebirge ohne größeren Festigkeitsverlust abläuft, und sie verhindert, dass vorhandene Trennflächen aktiviert werden und sich die Verformungen auf diese Trennflächen konzentrieren. Die Ankerung verhindert außerdem die Neubildung von Bruchflächen und unterdrückt die Rissausbreitung.

17.8.2.2 Ankertypen

Die Eignung der verschiedenen Kurzankertypen (◘ Abb. 17.70) ist für die einzelnen Gebirgsarten unterschiedlich und auf der Baustelle durch

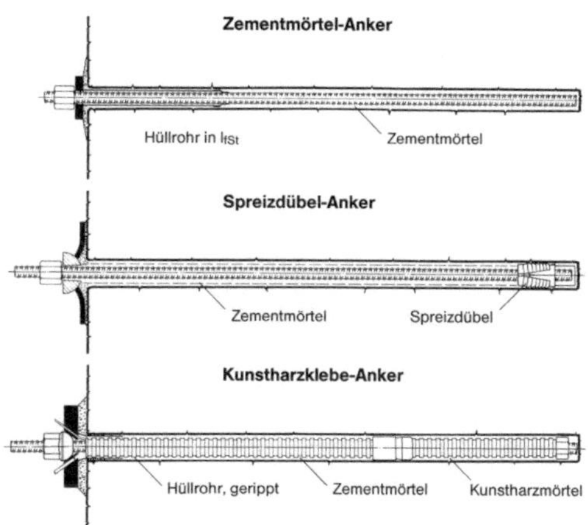

Abb. 17.70 Im Tunnelbau verwendete Kurzankertypen (Firmenprospekt)

vergleichende Versuche unter Beachtung der einschlägigen Vorschriften zu prüfen. Mechanisch wirkende **Spreizanker oder Expansionsanker** verlangen eine ausreichende Druck- und Scherfestigkeit des Gesteins, das gleichzeitig spröde genug sein muss, damit sich die Spreizelemente im Gestein verbeißen können und dieses nicht unter der hohen Dauerbelastung zerbricht. Engständige Klüftung oder offene Klüfte sind ungünstig; Wasserzutritt schadet in nichterweichbaren Gesteinen nicht. Als selbstbohrender Expansionsanker ist der EDI-Anker auf dem Markt, der nachträglich auch injiziert werden kann.

Mörtelgebettete Verbundanker eignen sich in weniger festen und auch erweichbaren Gesteinen sowie bei engständiger Klüftung bzw. in ausgebrochenen Bohrlöchern. Nasse Bohrlöcher schaden nicht, doch darf keine Ausspülung des Zementleims auftreten. Mörtelanker haben eine bestimmte Abbindefrist, bis ihre Tragwirkung voll erreicht wird. Üblich sind Mörtelmischungen, bei denen die Anker nach spätestens 6 Stunden die volle Tragkraft erreichen. Schnell härtende Ankermörtel können nach etwa 1 Stunde teilweise angespannt werden.

Einer der am weitesten verbreiteten Mörtelanker ist der sog. SN-Anker (benannt nach dem Kraftwerk Store-Norfors in Nordschweden), bei dem ein 48-mm-Bohrloch pneumatisch mit Mörtel gefüllt und danach der Anker eingetrieben wird.

Klebeanker mit Kunstharzklebepatronen haben eine ähnliche Anwendungsbreite wie Mörtelanker. Mit Klebepatronen fixierte Anker lassen sich aber bereits nach wenigen Minuten belasten. Versuche mit Kunstharzankern haben besonders in feinkörnigen und geschieferten Gesteinen (Tonschiefer) hohe Tragfestigkeiten ergeben, während die Werte in gröberkörnigen Gesteinen (Sandstein, Glimmerschiefer) deutlich niedriger lagen (Slatalla und Alber 2007). In nassen Bohrlöchern ist die Haftung oft unzureichend.

Eine wesentliche Verbesserung der Ankertechnik brachten die **Rohrreibanker** mit sofort wirkendem mechanischem Kraftschluss. Sie können auch in milden Tonschiefern, Tonsteinen und absandenden Gesteinen eingesetzt werden. Zu den Rohrreibankern gehört in erster Linie der sog. Swellex-Anker. Er besteht aus einem über seine ganze Länge eingestülpten Stahlrohr, das im Bohrloch mit 300 bar Wasserdruck ausgeformt und mit dem Gebirge in Kontakt gebracht wird. Auf diese Weise trägt der Swellex-Anker über seine ganze Länge Kräfte ab (Abb. 17.71). Swellex-Anker werden für verschiedene Lochdurchmesser (32–52 mm) und Belastbarkeiten (100–200 kN) in Standardlängen bis 8 m angeboten. Außerdem gibt es davon einen mit einem speziellen Korrosionsschutz beschichteten Langzeitanker.

Einen wesentlichen Fortschritt stellen die sog. **selbstbohrenden Injektionsanker oder** Injektionsbohranker dar, die besonders in stark zerklüfteten gebrächen Gebirgsarten von Vorteil sind, in denen die normalen Ankerbohrlöcher nicht über größere Längen stehen (▶ Abschn. 17.2.9.1). Bei diesen Ankern ist eine innen gelochte Einmalbohrstange mit einer verloren gehenden Bohrkrone bestückt, deren Schneidenformen auf das Gebirge abgestimmt sind. Das Stahlzugglied ist über Muffen auf 8 m bzw. 12 m verlängerbar. Mit Selbstbohrankern steht ein Ankertyp zur Verfügung, mit dem auch in schlechten Gebirgsverhältnissen ein tragfähiger Anker gesetzt werden kann.

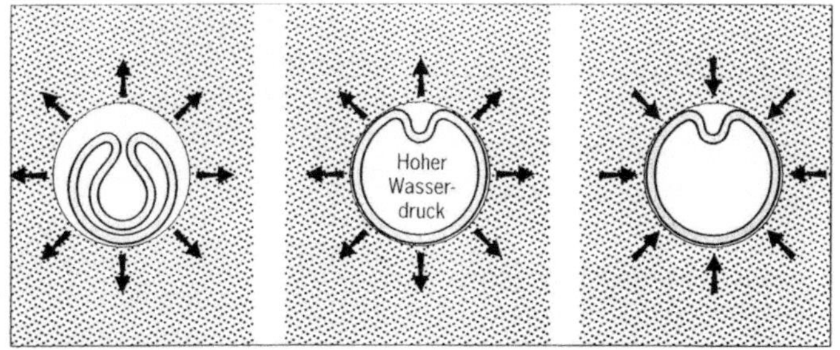

Abb. 17.71 Wirkungsweise eines Swellex-Ankers im Gebirge (Firmenprospekt)

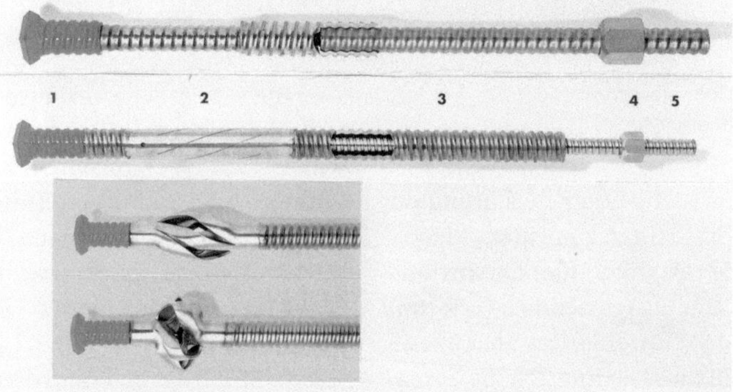

Abb. 17.72 Darstellung eines IBO-Injektionsankers (oben) und eines EDI-Expansionsankers (unten) mit Wirkungsweise des Expansionselements: (1) Pfeilbohrkrone, (2) Expansionselement, (3) Ankerkomponente, (4) Mutter, (5) Zugglied

17

Die am häufigsten verwendeten Selbstbohrinjektionsanker sind der TITAN-Anker sowie der IBO-Anker (**I**njektions-**B**ohr-**A**nker; Abb. 17.72) und seine Weiterentwicklungen (IBI-Anker = **I**njektions-**B**ohr-Anker mit **I**nnengewinde) und insbesondere der **R**otations-**I**njektions-**A**nker (RIA), bei dem durch Drehen während des Injektionsvorgangs der Anker nicht auf der Bohrlochsohle zum Aufliegen kommt und eine einwandfreie Mörtelumhüllung des Zuggliedes erreicht wird. Die IBO-und IBI-Anker ohne oder mit Rotationsinjektion können über spezielle Nachverpressmuffen mehrfach nachverpresst werden. Der IQ-Selbstbohrinjektionsanker mit Silikatharz härtet sofort aus und kann umgehend belastet werden.

In Gebirgsarten mit großen Verformungen gem. ▸ Abschn. 17.5.5.1 können lange Anker überbeansprucht werden und abreißen. Für diese Fälle stehen **nachgiebige Anker** mit Gleitkopf o. Ä. zur Verfügung.

Glasfaserverstärkte Kunststoffanker (GFK-Anker) weisen eine hohe mechanische Festigkeit und ein günstiges Langzeitverhalten (Korrosionsbeständigkeit) auf. GFK-Vollgewindeanker werden als Vollstabanker (Füllmörtel- oder Klebeanker), als Hohlstabinjektionsanker und auch als Selbstbohranker angeboten. GFK-Anker sind leicht zerspanbar, sodass sie gern als Ortsbrustanker eingesetzt werden.

17.8.2.3 Einzel- und Systemankerung

Die **Anordnung von Ankern** ist auch heute noch weitgehend Ermessenssache. Richtung und Länge der Anker hängen von dem Zweck ab, den sie erfüllen sollen, und vom Trennflächengefüge. Anker sollen nie allein auf Zugkraftmaximierung ausgerichtet sein, sondern so, dass sie die Verbundkontakte und Reibungswiderstände auf Trennflächen erhöhen. Der zu sichernde Bereich soll möglichst auf kürzestem Wege durchfahren werden. Die Anker sollen dabei möglichst senkrecht auf den Trennflächen, besonders auf der zu sichernden Ablösungsfläche stehen. Zur Verhinderung von Auflockerung und Erhöhung der Gebirgstragfähigkeit sollen Anker frühzeitig und möglichst radial gesetzt werden. Außerdem müssen die Ankerplatten rechtwinklig zur Kraftrichtung satt anliegen, was notfalls durch ein Mörtelbett erreicht werden kann.

Im Tunnelbau werden Einzel- und Systemankerung unterschieden. In guten Gebirgsklassen erfolgt **Einzelankerung** Eine solche „Blockaufhängung" erfordert eine strenge Anpassung an das Trennflächengefüge, wobei es sehr schwierig ist, die Verschneidung signifikanter Flächen und die darauf wirkenden Reibungskräfte abzuschätzen. Außer dem Aufhängen von Einzelkluftkörpern kommt auch eine flächenhafte Sicherung lokaler Ablösungen (sog. Sargdeckel) oder mehr oder weniger spannungsloser Gebirgsbereiche über der Firste in Betracht (◘ Abb. 17.73). Die Sicherung einzelner Kluftkörper, auch der sog. Schlüsselsteine, erfolgt dabei durch die Spritzbetonschale. Auch Spannungskonzentrationen durch Querschnittsänderungen oder an Rissen bzw. Längsschlitzen im Spritzbeton können durch Einzelanker abgedeckt werden.

Da es i. Allg. schwierig ist, vorab anzugeben, wo bruchhafte Ablösungen bzw. welche Art von Brüchen zu erwarten sind und wie tief die Brucherscheinungen ins Gebirge reichen, wird in weniger guten Gebirgsklassen **Systemankerung** angewendet. Eine Systemankerung kann bei entsprechender Ankerdichte und -länge alle Wirkungen gleichzeitig abdecken. Die entscheidende Wirkung einer frühzeitig eingebauten Systemankerung besteht in der Behinderung einer Gebirgsauflockerung und in der Bewehrung des Gebirges, die einer Gebirgsvergütung gleichkommt. Die Anordnung der Ankerdichte (Anker/m^2) oder Anzahl der Anker pro Abschlag (Bogenfeld bzw. Laufmeter Tunnel, mit Skizze für die Ankeraufteilung) sowie die Festlegung der Ankerlänge erfolgen meist empirisch nach den Gebirgsklassen (▶ Abschn. 17.3.1). Die Ankerlänge ist dabei so ausreichend zu wählen, dass sowohl mögliche Felskeile als auch nicht direkt erkennbare seitliche Gleitflächen größerer Ausdehnung abgedeckt sind (▶ Abschn. 17.5.4). Insgesamt hat sich in den letzten Jahren die Meinung durchgesetzt, dass eine verstärkte Ankerung einer Kalottenfußverbreiterung und auch dem Einbau eines Kalottensohlgewölbes vorzuziehen ist.

Anker sind auch ein schnell einzubringendes und wirksames Mittel zur Ausbauverstärkung, wenn große Anfangsverformungen auftreten. Durch rechtzeitige **Nachankerung** (Erhöhen der Ankerdichte, Einsatz längerer Anker) können die Verformungen meist deutlich gebremst werden. Für Nachankerungen werden häufig Füllmörtelanker mit sofort abbindenden Kunstharzpatronen im Bohrlochtiefsten verwendet.

Obwohl es bis heute nicht möglich ist, die Ankerwirkung bzw. die Gebirgsverbesserung durch die Ankerung zu quantifizieren, werden Anker in FE-Berechnungen entweder als diskrete Stabelemente nachgebildet, oder in der geankerten Zone um die Tunnelschale wird vereinfacht eine Erhöhung der Kohäsion angesetzt.

Bei seicht liegenden **Tunneln in Mittelgebirgen** und im städtischen Verkehrswegebau kann man bei kleinen Querschnitten auf eine Ankerung verzichten, wenn die Überlagerungslasten allein vom Spritzbetonausbau aufgenommen werden können. Bei großen Querschnitten

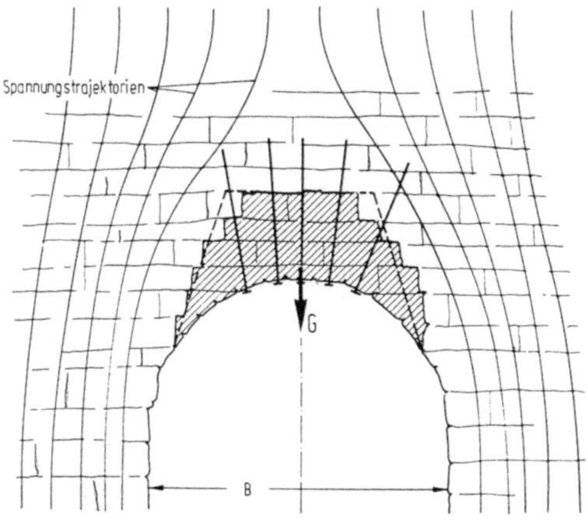

◘ **Abb. 17.73** Sicherung spannungsloser Gebirgsbereiche durch Firstanker

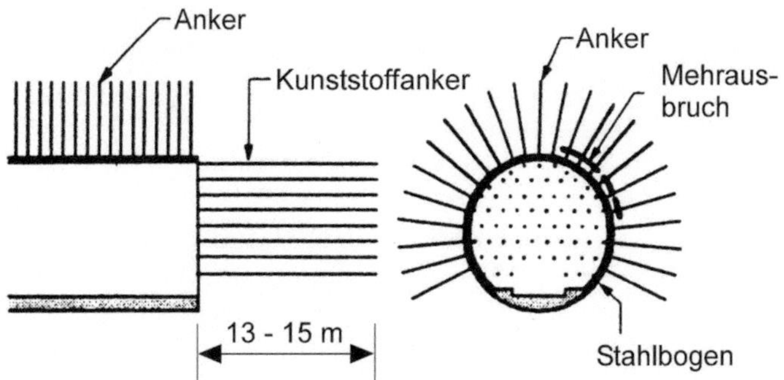

Abb. 17.74 Lange Ortsbrustanker und Systemankerung bei einem tief liegenden Hochgebirgstunnel

empfiehlt sich auf jeden Fall eine Ankerung der Kämpferbereiche. Die Zweckmäßigkeit und volle Wirkung von Firstankern ist nur bei sofortigem Einbau gegeben.

Bei **tief liegenden Tunneln** und konvergierendem Gebirge wird allgemein mit intensiver Brustsicherung (lange Ortsbrustanker) und einer engständigen Systemankerung mit Ankerlängen von 8–12 m (Abb. 17.74), nötigenfalls auch im Sohlbereich, gearbeitet, um das im Gebirge vorhandene Festigkeitsdefizit zu verbessern. Bei druckhaftem Gebirge mit anhaltend großen Verformungen arbeitet man außer mit einem raschen Ringschluss auch mit einer nachgiebigen Ausbruchsicherung mit Stützmitteln mit hohem Deformationsvermögen (► Abschn. 17.8.1 und Jenni 2004; Pöttler et al. 2006; Ehrbar und Höfle 2008) sowie einer intensiven Systemankerung mit bis zu 12 m langen Radialankern bei Abständen <1 m. Als zusätzliche Maßnahmen kommen Rock-Fracturing-Injektionen in Betracht.

17

17.9 Baubehelfsmaßnahmen

In wenig tragfähigem Gebirge reichen die bisher behandelten Stützmittel manchmal nicht aus, um die Gebirgsverformungen wirksam zu begrenzen und die Standsicherheit des Hohlraums zu gewährleisten. In solchen Fällen werden zusätzliche Baubehelfsmaßnahmen eingesetzt. Darunter versteht man vorauseilende Sicherungen, gebirgsverbessernde Maßnahmen und Entwässerungsmaßnahmen gem. ► Abschn. 17.2.5.5. Diese Arbeiten werden aus dem Ortsbrustbereich, von der Geländeoberfläche oder aus Hilfsstollen bzw. Schächten heraus vorgenommen und können einzeln oder in Kombination mit anderen Sicherungsmitteln eingesetzt werden.

17.9.1 Firstsicherung durch Spieße, Dielen oder Schirme

In schlechteren Gebirgsabschnitten können zur Firstsicherung gegen Nachfall oder kleinere Nachbrüche sowie zur Sicherung der Ortsbrust und Minimierung der Verformungen **Vorraussicherungen im Firstbereich** vorgenommen werden. Dabei kommen folgende Maßnahmen in Betracht:

- Spieße, Dielen,
- Injektionsspieße,
- Schirme (Rohrschirme oder Injektionsschirme).

In dünnbankigen, stark zerbrochenen und damit stark nachbrüchigen bis gebrächen Gebirgsbereichen werden zur Firstsicherung über den Stahlbögen häufig **Spieße** eingerammt oder in Bohrlöcher eingetrieben bzw. als Selbstbohranker eingebohrt (Abb. 17.75), damit der Vortrieb im Schutz dieser vorauseilenden Sicherung erfolgen kann. Spieße sind auch eine wirksame Sicherung gegen Mehrausbruch und bewirken eine Entlastung

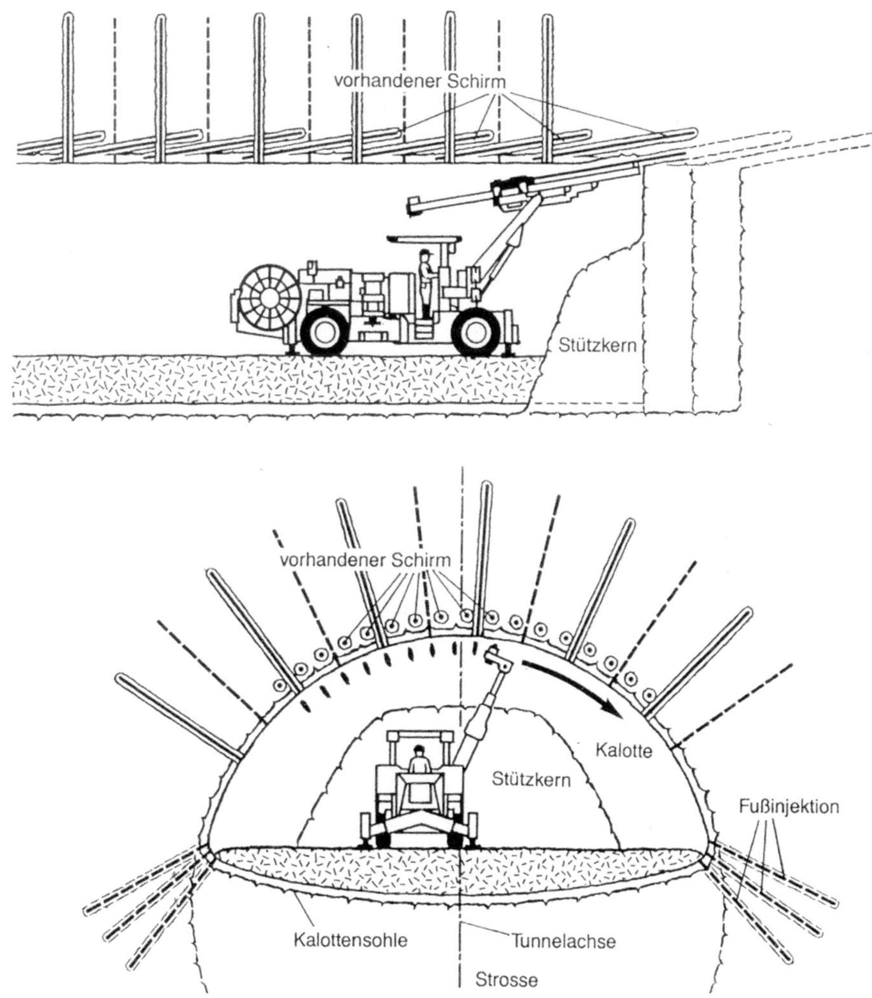

Abb. 17.75 Einbau von Injektionsspießen zur Firstsicherung

der Ortsbrust (► Abschn. 17.5.5.1). Der seitliche Abstand der Spieße beträgt allgemein 0,2–0,4 m, ihre Länge meist 4–6 m, mindestens jedoch drei Bogenabstände, wobei über jeden zweiten Bogen gespießt wird. Ohne Bogenauflager haben Spieße wenig Wirkung. Vermörtelte Spieße haben eine bessere Wirkung als einfach in Bohrlöcher eingesteckte Ankerstäbe. Selbstbohrende Injektionsspieße werden bis 12 m Länge verwendet (sog. IBO-Schirm). Derartige Spießschirme mit variabler Stückzahl (25–50 Stück) bei jedem zweiten Abschlag sind eine häufige Sicherungsmaßnahme (s. Helmberger und Lackner 2004; Holzleitner et al. 2004).

In gebrächem bis druckhaftem Gebirge (Störungszonen) kommen zur Firstsicherung auch **Injektionsspieße** zum Einsatz. Bei diesem Verfahren wird das Gebirge durch Einpressen von Zementsuspension örtlich vergütet.

In lockergesteinsartigen, sandigen Gebirgsarten können über den Ausbaubögen sog. **Vorpfänddielen** dachziegelartig eingetrieben werden. Voraussetzung für den Einsatz von Dielen ist die Rammbarkeit des Gebirges (s. Helmberger und Lackner 2004).

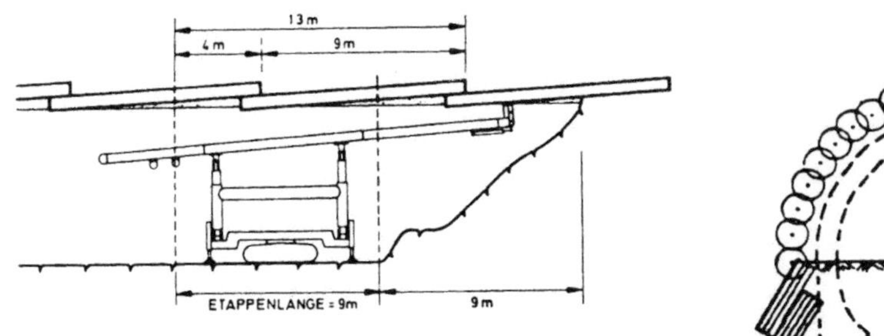

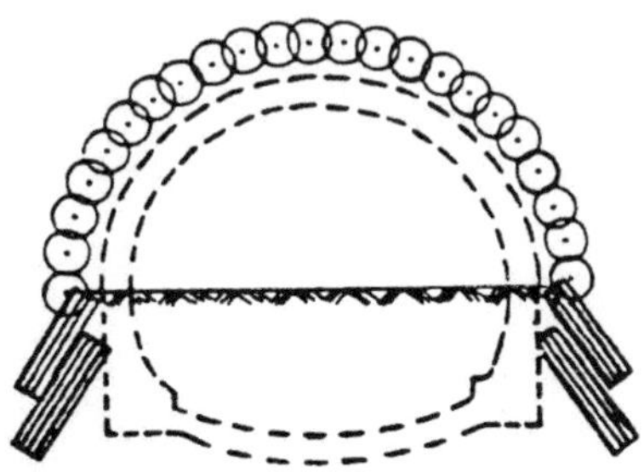

Abb. 17.76 **a.** Voreilender Rohrschirm zur Firstsicherung eines Kalottenvortriebs, **b.** Rohrschirm und DSV-Ulmenpfähle zur besseren Lastabtragung und **c.** abdichtendes Sohlgewölbe aus DSV-Säulen

Bei geringer Standzeit des Gebirges bzw. zur Setzungsbegrenzung können die einzelnen Ausbruchquerschnitte (meist Kalottenvortrieb) im Schutze eines **Schirmgewölbes** aufgefahren werden (Abb. 17.76a). Von Vorteil sind einfache Rohrschirme (Stahlrohre Ø ≥ 15 cm, Wandstärke 6–8 mm), die mit dem vor Ort vorhandenen Tunnelbohrwagen hergestellt werden können. Die Rohre werden durch Zementverpressung kraftschlüssig im Gebirge eingebunden (s. Holzleitner et al. 2004). Mit diesem Bohrverfahren sind Schirmlängen von 15–30 m beherrschbar, wobei die beim Bohren auftretenden Abweichungen, die sehr stark von den örtlichen Gebirgsverhältnissen abhängig sind, begrenzt bleiben müssen (▶ Abschn. 4.8.2). Der Abstand der Rohre untereinander liegt meist bei wenigen Dezimetern.

Im Festgestein werden zur Herstellung von **Injektionsschirmen** i. d. R. Packerinjektionen verwendet, in Lockergesteinen Manschettenrohrinjektionen. Rohrschirme werden auch zur Unterfahrung setzungssensibler Abschnitte wie z. B. Gleisanlagen oder empfindlicher Bebauung eingesetzt (Hornich und Geisler 2008).

17

Rohrschirmsicherungen haben sich in stark angewitterten bis verwitterten verformungsanfälligen Festgesteinen bewährt. Cassani (2013) berichtet allerdings von Vortrieben mit geringer Überdeckung in mergelig-sandigem Flysch mit quellfähigen Tonmineralanteilen, bei denen Rohrschirme nicht in der Lage waren, die Verformungen zu begrenzen, bei denen aber gebirgsverbessernde Maßnahmen sowie längere GFK-Ortsbrustanker mit Überlappung bis 1 D bessere Ergebnisse erzielt haben.

In rolligen und gemischtkörnigen Böden haben **DS-Schirme** gem. ▶ Abschn. 7.4 den Vorteil einer größeren Gewölbesteifigkeit. Die horizontalen Düsenstrahlsäulen können auch gegen drückendes Grundwasser ausgeführt und bei Bedarf seitlich in den Ulmen- und Sohlbereich heruntergezogen werden. Die Bohrlängen sind je nach Gerät auf etwa 20 m begrenzt, mit Überlappungslängen von 3–6 m. Die üblichen Durchmesser horizontaler Säulen betragen 60–80 cm (Maidl und Stein 2002; Scholz und Palla 2007; Feistmantl et al. 2009; Trunk und Winkler 2013). Bei geringer Überdeckung ist bei der DS-Schirmherstellung eine Kontrolle etwaiger Hebungen erforderlich (Scholz und Palla 2007). Im Untersinntal wurden DSV-Schirmumschließungen für Vortriebe unter Druckluftbedingungen hergestellt (Palla und Leitner 2009). Hierfür muss die Durchlässigkeit des Hangenden mithilfe des DS-Schirms und ggf. weiteren Maßnahmen entsprechend reduziert werden.

Auch Rohrschirme mit im Rohrvortriebsverfahren gem. ▶ Abschn. 17.6.5.1 hergestellten Großbohrungen (Ø > 1m, Länge >50 m) kommen zum Einsatz (Beispiel Stadtbahnerweiterung Dortmund 2015).

Außer der Firstsicherung können mit dem Düsenstrahlverfahren auch **Ulmenpfähle** zur besseren Lastabtragung sowie von der Kalottensohle aus mit überschnittenen DS-Säulen auch abdichtende Sohlgewölbe hergestellt werden (Abb. 17.76b).

17.9.2 Gebirgsvergütung durch Injektionen

Durch die **Injektionen** wird versucht, eine Gebirgsverfestigung und -verspannung und damit eine Verbesserung der mittragenden Wirkung des Gebirges sowie des Verformungsverhaltens zu erreichen. Die Injektionstechnik und die Injektionsmittel sind in ▶ Abschn. 7.3 beschrieben. Injektionsmaßnahmen müssen nach Möglichkeit den Herd der größten Verformungen verbessern, d. i. häufig die Auflockerungszone im Kämpfer- und Ulmenbereich. Bei zementhaltigen Injektionsmitteln und stärkerer Grundwasserströmung und/oder gleichzeitigem Einsatz von Wasserhaltungsmaßnahmen müssen Sicherheitsabstände gegenüber zu schützenden Anlagen (Kanäle, Brunnen) eingehalten werden, die je nach den Eigenschaften des Grundwasserleiters bei Lockergesteinen mindestens 10–25 m betragen, im Fels entsprechend der Kluftgeometrie meist wesentlich mehr.

Kernfrage ist zunächst immer die Injizierbarkeit des Gebirges und die Abschätzung der Vergütungswirkung. Die Erfahrung zeigt, dass in der oberflächennahen Auflockerungszone bei den üblichen Injektionsdrücken von 5–10 bar häufig schon eine leichte Aufreißwirkung an Ablösungsflächen und damit eine gewisse Injektionswirkung auftritt.

Im Kämpfer- und Ulmenbereich können mit 30–45° ansteigend gebohrte Injektionsanker zur Verbesserung der Lastabtragung bzw. gerade in Vortriebsrichtung gebohrte Injektionsanker zur Stabilisierung der Ortsbrust vorgesehen werden. Die einfachste **Injektionstechnik** ist die Verwendung von Injektionsbohrankern, bei denen das Gebirge auf Ablösungsflächen infolge von Gebirgsauflockerung aufgerissen wird und sich Zementlamellen ausbilden. Ist damit keine Wirkung zu erzielen, so können ggf. Injektionsbohranker mit Gummimanschetten 51/32 mm eingesetzt werden, mit denen Injektionen in 1-m-Schritten vorgenommen werden können (s. Geomechanics and Tunnelling 2013; 6(6): 755). Spezielle Injektionsbohranker mit seitlichen Austrittsöffnungen können auch mit einem schaumbildenden Zweikomponenten-Silikatharz verpresst werden, das durch seine Volumenvergrößerung gut abdichtet und mechanisch abbaubar ist (s. geotechnik 36:2, A16).

Die verschiedenen Verpressmethoden und ihre Anwendungsgrenzen sind in ▶ Abschn. 7.3 beschrieben. Einigermaßen echte Injektionswirkung ist nur mit Manschettenrohren und stufenweiser Verpressung zu erreichen. Dabei sollen bei oberflächennahen Tunneln (Überlagerung bis 20 m) und im Nahbereich des Tunnels (3–4 m) nur Niederdruckinjektionen mit 5–10 bar angewendet werden. Erst im Schutz einer solchen Nahinjektion kann ggf. ein äußerer Injektionsring mit höheren Drücken vorgesehen werden. In Schichtgesteinen reißen dabei allerdings schon die Schichtflächen auf (▶ Abschn. 18.4.3). In einem einigermaßen injektionsfähigen Gebirge wird mit Injektionen außer einer Verbesserung der Gebirgsverformungen meist auch eine deutliche Verminderung der Wasserzutritte im Tunnel erreicht (Prinz und Holtz 1989).

In oberflächennahen **Störungszonen mit Gebirgsauflockerung** kommen Verfüllinjektionen, z. T. mit Mörtelpasten und Nachinjektionen mit Zementsuspensionen in Betracht (◻ Abb. 17.77). Der Verbrauch an Injektionsgut kann mehrere Prozente (bis 10 %, im Ausnahmefall auch >15 %; ▶ Abschn. 3.4.3.2) der behandelten Felskubatur erreichen. Bei tektonischer Gebirgsauflockerung und im Einflussbereich von Hangzerreißung mit z. T. spaltenartigen Kluftweiten sollten die Massenansätze für die Verpressmengen entsprechend reichlich angesetzt werden (s. Geissler und Möker 1993).

In bedingt injektionsfähigem Gebirge wird häufig das **Rock-Fracturing-Verfahren** eingesetzt (▶ Abschn. 7.3.4). Dabei wird kein homogen durchsetzter Injektionskörper angestrebt, sondern ein bewusstes Aufreißen vorhandener Trennflächen und eine Verspannung des Gebirges zur Erhöhung der Scherfestigkeit und der Steifigkeit. Das Injektionsraster muss entsprechend eng gewählt werden (1,0–1,5 m). Als Verpressgut werden meist feststoffreiche Zementsuspensionen mit geringer Bentonitzugabe

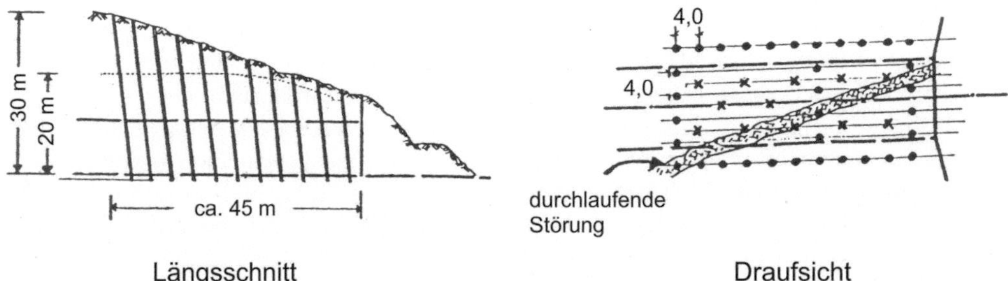

Abb. 17.77 Beispiel für eine Injektionsmaßnahme zur Beherrschung einer tektonischen Störungszone im Portalbereich eines Tunnels im Buntsandsteingebirge mit Kluftweiten >10 cm

gewählt. Die Bewertung der Ergebnisse anhand des Injektionsvorgangs und der Verpressgutaufnahme ist meist nicht quantifizierbar. Auch bei Kontrollbohrungen oder -schächten ist i. d. R. wenig Verpressgut auffindbar, wenn sind bevorzugt Schichtflächen aufgerissen worden.

Zur sicheren Unterfahrung von Gebäuden werden sog. aktive Gebäudesicherungsmaßnahmen in Form von **Hebungsinjektionen** (Compensation Grouting) eingesetzt. Sie zählen zu den Niederdruckinjektionen nach dem Prinzip des Hydraulic-Fracturing (▶ Abschn. 7.3.4). Dazu werden von verschiedenen Ansatzpunkten aus (Abb. 17.78) Bohrungen fächerartig bis unter die Gründung vorgetrieben und im Bereich der zu erwartenden Setzungsmulde über Manschettenrohre in einem ersten Schritt eine definierte Menge eines feststoffreichen hydraulischen Bindemittels eingepresst (Verfüll- und Kontaktinjektion). Durch die Verdichtungswirkung wird eine Gebirgsverbesserung erreicht. In einer zweiten und nötigenfalls dritten Injektionsphase kommt es dann zu einem weiteren Spannungsanstieg und schließlich zu überwachten und steuerbaren Hebungen. Mit einer Vorhebungsinjektion wird nötigenfalls das Gebäude leicht angehoben

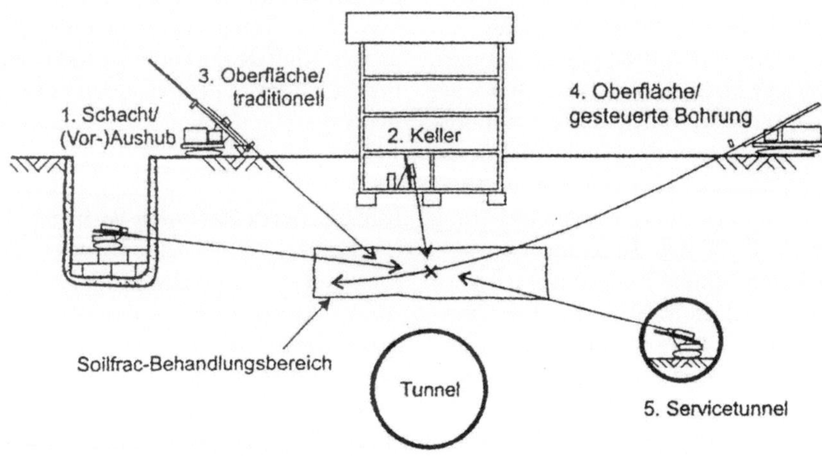

Abb. 17.78 Mögliche Ansatzpunkte für Kompensationsinjektionen für eine Gebäudeunterfangung (Firmenprospekt)

und die während der Unterfahrung auftretenden Setzungen dann mit weiteren Ausgleichsinjektionen so weit reguliert, dass die zulässigen Schiefstellungen bzw. Winkelverdrehungen (► Abschn. 17.6.4.2) nicht überschritten werden. Dazu müssen durch geeignete Messsysteme sowohl die Injektionsarbeiten (Druck, Menge) gesteuert als auch die Bewegungen des Gebäudes kontrolliert werden (s. ► Abschn. 5.5.3.5 und Bücker et al. 2006; Fewson und Schumacher 2006; Erichsen et al. 2007; Knitsch 2008, 2011; Maier und Glückert 2009; Wittke und Wittke-Schmitt 2009; Tauch et al. 2012; Allgäuer und Galle 2012; Kummerer 2013).

17.9.3 Gebirgsvergütung und temporäre Abdichtung durch Bodenvereisung

In tonigen und feinsandigen Schluffen sowie feinsandig-kiesigen Böden kann zur Stabilisierung und Abdichtung des Bodens um den geplanten Querschnitt oder auch nur in Teilbereichen (z. B. an oder über der Firste, sog. Frostdach) Bodenvereisung eingesetzt werden. Der Gefriervorgang des Porenwassers im Boden ist in ► Abschn. 12.4.1 beschrieben. Ein geschlossener wasserdichter Frostkörper liefert neben einer Verbesserung der Tragfähigkeit zugleich eine zuverlässige Maßnahme zur Beherrschung des Grundwassers während der Bauzeit. Wirkungsweise und Bemessung von Frostkörpern s. Orth und Müller (2013).

Grundsätzliche Voraussetzungen sind die Vereisungsneigung des Bodens, ein gewisser Wassergehalt und eine geringe Strömungsgeschwindigkeit des Grundwassers. Strömendes Grundwasser verzögert durch den konvektiven Wärmeentzug die Aufgefrierphase und erhöht den Aufwand für den Erhalt des Frostkörpers. Die maßgebende **Eingangsgröße** ist die Grundwasserfließgeschwindigkeit in Form der Filtergeschwindigkeit v (► Abschn. 2.8.1). Diese kann über ein System von Grundwassermessstellen ermittelt werden (Ziegler und Baier 2008 und bes. 2009). Die Durchlässigkeit sollte dabei mittels Feldversuchen bestimmt werden (► Abschn. 2.8.4), wobei die unterschiedliche Durchlässigkeit einzelner Schichten zu beachten ist. Die Filtergeschwindigkeiten liegen allgemein bei 0,25–1,5 m/d (► Abschn. 2.8.6).

In das Untersuchungsprogramm sind außerdem Gefrier- und Auftauversuche an Bodenproben zur Abschätzung thermischer Kennwerte sowie Temperaturmessungen in Bohrlöchern aufzunehmen, um den jahreszeitlichen Temperaturverlauf in den betreffenden Tiefenstufen zu erkunden. Als Kälteträger für den Gefriervorgang werden Sole, z. B. 30 prozentige Kalilauge (−40 °C), Kohlendioxid und Ammoniak (−35 °C) oder ein Glykol-Wassergemisch (−25°) verwendet. Bei hoher Grundwasserfließgeschwindigkeit (etwa ab 1 m/d) kommen wegen der kurzen Aufgefrierzeit auch flüssiger Stickstoff (−195 °C) bzw. auch eine Kombination aus Sole- und Stickstoffvereisung zum Einsatz (Schmand et al. 2014).

Die meist ± horizontalen Vereisungsbohrungen müssen richtungskontrolliert oder ggf. richtungsgesteuert gebohrt werden. Beim Bohren gegen den Grundwasserdruck werden Preventer eingesetzt (► Abschn. 4.6). In die Bohrungen werden Gefrierrohre eingebaut, in denen der Kälteträger zirkuliert. Der Abstand der Gefrierrohre kann anhand der thermischen Bodeneigenschaften, der Grundwassersituation, der Temperatur des Kältemittels und der benötigten Frostkörperdicke ermittelt werden. Durch den kontinuierlichen Wärmeentzug bilden sich um die doppelwandigen Gefrierrohre zylinderförmige Eissäulen, die im Laufe der Vereisungsmaßnahme zu einem dichten Eiskörper zusammenwachsen. Die Kappendicke soll mindestens 1,5–2,5 m betragen. Gefrorener Boden ist ein Vier-Stoff-System (vgl. ► Abschn. 2.3), bestehend aus Mineralkörnern, Eis, Wasser und Luft, das auch als Eisbeton bezeichnet wird. Die Kontrolle des Eiskörpers kann über Temperaturmesslanzen im Eiskörper selbst (Sollwert min −10 °C) und an der zu erwartenden äußeren Frostgrenze (Sollwert 0 °C) erfolgen. Ein Problem ergibt sich häufig dadurch, dass der Ausbruchquerschnitt innen teilweise zufriert, was die Vortriebsleistung mindert.

Ein Vortrieb mittels Bodenvereisung ist nicht frei von Verformungen. Beim Gefrieren des Bodens wird ein Großteil des Porenwassers gefroren, was mit einer Volumenvergrößerung des Porenwassers um 9 % verbunden ist. Zusätzlich diffundiert bei frostempfindlichen Böden (► Abschn. 12.4.1) durch den Unterdruck an der Gefrierfront zusätzlich Porenwasser in die Gefrierzone, wodurch sich an der Grenze vom gefrorenen zum ungefrorenen Boden Eislinsen bilden können. Beide Vorgänge sind von der Überlagerungslast abhängig, wobei sich auch bei Auflasten von 400 kN/m^2 noch Frosthebungen einstellen können (Fillibeck et al. 2005). Beim Gefriervorgang können so zunächst Hebungen auftreten, die nach dem Vortriebsdurchgang und dem Abschalten der Vereisungsmaßnahme in Tausetzungen umschlagen. Bei bindigen Böden besteht dabei außerdem die Gefahr des Aufweichens. Zur Kontrolle dieser Vorgänge sind ein entsprechendes Messprogramm und etwaige Gegenmaßnahmen vorzusehen (s. Liebich et al. 2006).

Talsperrengeologie

H. Prinz, R. Strauß, *Ingenieurgeologie*,
https://doi.org/10.1007/978-3-662-54710-6_18

Stauanlagen sind Bauwerke, mit denen ein außerordentliches Energiepotenzial aufgestaut wird, das tief reichende Veränderungen im hydraulischen und hydrostatischen System des Untergrundes bewirkt. Hinzu kommt, dass die Wasserwege und die Bewegung des Wassers im Gebirge schwer einzuschätzen und sowohl versuchstechnisch als auch durch Modellrechnung schwierig zu erfassen sind.

In der Bundesrepublik Deutschland gelten für Stauanlagen die Teile 10–15 der DIN 19 700 (2004):

- Teil 10: Stauanlagen – Gemeinsame Festlegungen
- Teil 11: Talsperren
- Teil 12: Hochwasserrückhaltebecken
- Teil 13: Staustufen (Wehre)
- Teil 14: Pumpspeicherbecken
- Teil 15: Sedimentationsbecken

Die Begriffe für Stauanlagen sind in der DIN 4080-1:1997 definiert. Dazu kommen ggf. die Merkblätter eines gemeinsamen Ausschusses von DAW, DGGT und DTK sowie die Merkblätter der BAW (s. Anhang).

Stauanlagen werden nach Stauraum, Höhe des Absperrbauwerks und Gefährdungspotenzial in **Talsperrenklassen** (TSK) eingeteilt:

TSK		Stauhöhe (m)	Stauraum (m^3)	Gefährdungspotenzial
1	Große Anlage	>15	>1.000.000	groß
2	Mittlere Anlage	10–15	300.000–1.000.000	mittel
3	Kleine Anlage	5–10	100.000–300.000	mittel bis gering
4	Sehr kleine Anlage	1–5	30.000–100.000	gering

Stauanlagen dienen verschiedenen Zwecken: Energiegewinnung, Brauch- oder Trinkwassergewinnung, Hochwasserrückhaltung und Naherholung. Bei den Hochwasserrückhaltebecken sind solche mit und ohne Dauerstau zu unterscheiden, wobei bei Letzteren nur mit einem kurzzeitigen Einstau (1–7 Tage) in größeren Zeitabständen zu rechnen ist. Wasserverluste sind so lange unerheblich, wie der Rückhalteeffekt sowie die Erosions- und Standsicherheit des Absperrbauwerks und der Talflanken gewährleistet sind.

Zu den ingenieurgeologisch relevanten Hauptdaten einer Talsperre gehören:

- Einzugs- und Niederschlagsgebiet, das gegebenenfalls durch Beileitungen vergrößert werden kann (in ha oder km²),
- Gesamtstauraum bzw. nutzbarer Stauraum (in hm³),
- Wasserfläche (in ha oder km²),
- Schwebstoff- bzw. Geschiebefracht,
- größte Länge und größte Breite des Stauraums,
- Damm- bzw. Mauerhöhe, Querschnittsgestaltung,
- Kronenlänge, Kronenbreite,
- Böschungsneigungen (bei Dämmen),
- Dichtungskonzept,
- Standsicherheit der Stauraumhänge.

Als Kostenvergleich dient i. d. R. das Verhältnis Gesamtkosten/nutzbarer Staurauminhalt oder der sog. Speicherkennwert, d. i. das Verhältnis Staurauminhalt/Kubatur des Absperrbauwerks.

18.1 Ingenieurgeologische Arbeiten

Stauanlagen sind individuelle Bauwerke mit jeweils eigenen typischen Merkmalen, die nach Art und Umfang angepasste Untersuchungen der hydrogeologischen und ingenieurgeologischen Situation erfordern.

Die Untersuchungsarbeiten für ein Talsperrenprojekt werden i. d. R. aufgeteilt in

- Voruntersuchungen für die Planung (Standortplanung, Vorplanung und Planung für wasserrechtliche Verfahren)
- Untersuchungen für die Ausführungsplanung
- Mitarbeit bei der Bauausführung einschließlich Probestau
- Kontrolle während des Staubetriebs und bei Unterhaltungsarbeiten.

18

18.1.1 Voruntersuchungen für die Planung

Im Rahmen der Voruntersuchung sind anhand vorhandener Unterlagen oder bereits mithilfe von ersten Aufschlussarbeiten die geologischen und hydrogeologischen Verhältnisse nicht nur im Bereich der Sperrenstelle und des Stauraums, sondern auch im Hinblick auf tiefer liegende Nebentäler zu erkunden. Dazu gehören:

- Schichtenfolge und Gesteinsausbildung, insbes. erosionsgefährdete oder lösliche Gesteine,
- Verwitterungserscheinungen und Tiefe der Gebirgsauflockerung,
- Gebirgsbau (Tektonik) und Trennflächengefüge,
- Grundwasserverhältnisse, insbes. Wasseraustritte oder Schluckstellen,
- Rutschungen, Karsterscheinungen, Altbergbau.

Eingehende morphologische Studien, geophysikalische Oberflächenmessungen und eine Luftbildauswertung können wertvolle Hinweise auf Störungs- und Zerrüttungszonen sowie auf Rutschungen und ggf. auf verdeckte Karstformen geben. Auch der Primärspannungszustand (▶ Abschn. 2.6.9 und 4.2.4) und die Erdbebensituation (▶ Abschn. 18.2.7) sind im Rahmen der Voruntersuchungen anzusprechen und nötigenfalls Sonderuntersuchungen zu veranlassen.

Falls keine entsprechenden geologischen Karten zur Verfügung stehen, wird i. d. R. eine geologische Spezialkartierung durchgeführt, und zwar für den Stauraum und seine Flanken im Maßstab 1: 10.000 bis 1: 5000, für den Bereich der Sperrenstelle im Maßstab 1: 5000 bis 1: 500.

Die Ergebnisse der Voruntersuchung sollen eine generelle Klärung der baugeologischen Verhältnisse bringen, nach denen zu entscheiden ist, ob das geplante Bauwerk unter Beachtung der technischen und wirtschaftlichen Möglichkeiten durchführbar ist, bejahendenfalls Kriterien für die Wahl des günstigsten Standortes und eine Konzeption für das Absperrbauwerk. Dazu gehören Angaben über

- die Durchlässigkeit des Untergrundes an der Sperrenstelle (Unter- und Umläufigkeit) und im Stauraum,
- Abdichtungsmöglichkeiten,
- Tragfähigkeit und Setzungsverhalten des Untergrundes an der Sperrenstelle,
- Standfestigkeit der Flanken des Stauraums (Rutschungen),
- Dammbaustoffe und Dichtungsmaterial bzw. Betonzuschlagstoffe.

Weiterhin ist aufzuzeigen, welche geologischen Faktoren bzw. Boden- und Felseigenschaften entscheidende Bedeutung für das geplante Bauwerk haben. Außerdem sind Vorschläge über Art und Umfang der weiteren Untersuchungsarbeiten zu unterbreiten.

18.1.2 Untersuchungen für die Bauausführung

Im Rahmen der Hauptuntersuchungsphase werden die bereits bei den Voruntersuchungen erkannten ingenieurgeologisch-geotechnischen Probleme weiterverfolgt. Als wichtigste Eigenschaften seien hier nur die Durchlässigkeit, die Verformbarkeit und die Scherfestigkeit des Gebirges sowie nötigenfalls die Ermittlung des Primärspannungszustands genannt.

18.1.3 Mitarbeit bei Bauausführung, Probestau und Betrieb

Während der Bauausführung sind Baugruben und Fundamentsohlen abzunehmen sowie sämtliche neuen Aufschlüsse ingenieurgeologisch aufzunehmen und zeichnerisch und/(oder) fotografisch festzuhalten, wobei im Fels besonderer Wert auf eine detaillierte Aufnahme des Trennflächengefüges gelegt werden muss. Die Kontrollen der Grundwassermessstellen und Quellschüttungen sind fortzuführen.

Die Arbeiten zur Abdichtung und Vergütung des Untergrundes und für Dränmaßnahmen sind in Zusammenarbeit mit dem Boden- bzw.

Felsmechaniker zu überwachen und die nötigen Ergänzungen festzulegen. In Zusammenarbeit mit dem Boden- und Felsmechaniker kann der Ingenieurgeologe nicht nur bei der Baukontrolle (Verdichtungsprüfung, Setzungs- und Verformungsmessungen, Porenwasserdruckmessungen) mitwirken, sondern auch bei den unerlässlichen Kontrollmessungen während des Betriebs einer Stauanlage. Dazu gehören außer den unverzichtbaren visuellen Kontrollen aller Anlagenbereiche vor allen Dingen:

- Wasserstände (Zufluss, Seewasserspiegel, Abfluss), Grundwassermessstellen, Quellschüttungen, Niederschlag und Temperatur,
- Sickerwassermengen im Dränsystem mit Feststellung von Trübungen,
- Wasserdruckverlauf im Absperrbauwerk und im Untergrund,
- Verformungsmessungen im Damm, im Dammuntergrund und nötigenfalls an den Flanken des Stauraums,
- seismische Überwachung.

Der erste planmäßige Aufstau einer Talsperre gilt als **Probestau**. Dieser ist gem. DIN 19 700 stufenweise mit Aufstau- und Beharrungsphasen vorzunehmen. Vor Beginn eines Probestaus ist eine Überprüfung aller Mess- und Kontrolleinrichtungen vorzunehmen (Nullmessung). Die Kontroll- und Messeinrichtungen sind danach in vorgegebenen Zeitabständen zu beobachten, sodass jederzeit ein Überblick über den Belastungszustand des Gesamtbauwerks und des Gebirges, besonders auch über die Grundwasser- und Strömungsverhältnisse, gegeben ist. Dem Ingenieurgeologen obliegen dabei besonders die Überwachung der Grundwasser- und Strömungsverhältnisse im Gebirge sowie die Beobachtung der Flanken des Stausees auf sich abzeichnende Rutschungen und auf Quellaustritte in Nebentälern.

Als Abschluss des Probestaus und dann jeweils nach 3–5 Betriebsjahren werden Stauanlagen bis auf den Totraum abgelassen. Hierbei wird, wenn Schlucklöcher u. Ä. zu erwarten sind, der mit Schlammablagerungen bedeckte Seeboden nach solchen abgesucht. Schlucklöcher sind am besten bei noch geringer Wasserüberdeckung von 0,5–1 m zu erkennen, da sie dann unter dem Wasserdruck noch offen stehen, während der weiche Schlamm nach dem Trockenfallen zusammensackt.

Stauanlagen unterliegen nach DIN 19 700 einer **Sicherheitsüberwachung**. Diese erfolgt als

- Eigenüberwachung durch den Betreiber,
- Fremdüberwachung nach den Vorgaben des WHG und der DIN 19 700 durch die Aufsichtsbehörde oder deren Beauftragte.

18.2 Spezielle Problemstellungen

Die üblichen ingenieurgeologischen Untersuchungsmethoden, einschließlich Luftbildgeologie und Geophysik, sind in ▶ Kap. 4 ausführlich behandelt. Bei der Ausschreibung und beim Ansetzen von Aufschlussarbeiten ist darauf zu achten, dass abdichtende Deckschichten oder dichtende Schichten im tieferen Untergrund nicht dauerhaft beschädigt werden. Die Beseitigung dieser Schäden muss in der Ausschreibung aufgenommen und deren Ausführung überwacht werden. Bohrlöcher sind durch Quellton und Zement-Bentonit-Pfropfen zu verschließen und nötigenfalls zusätzlich zu injizieren.

Die Anzahl und die Tiefe von Bohraufschlüssen richten sich nach der geologischen Situation, der Tragfähigkeit und Durchlässigkeit des Untergrundes sowie der Art und Höhe des Absperrbauwerks. Die Abstände der Bohrpunkte sollen nach DIN 4020 (2010) zwischen 25 und 75 m betragen. Für kleinere Objekte wird i. d. R. 6–10 m tief in den festen Fels gebohrt. Bei größeren Projekten gilt als Faustregel, so tief zu bohren, wie die Stauhöhe ist, und einige Bohrungen bis in größere Tiefen abzuteufen (doppelte Stauhöhe oder bis in den tieferen Untergrund).

Im Gründungsbereich des Absperrbauwerks empfiehlt es sich, zunächst ein mehr oder weniger regelmäßiges Querprofil abzubohren, das nach Bedarf durch zwischengesetzte Bohrungen ergänzt wird. An den Talrändern bzw. zur Erfassung steil stehender Trennflächen oder tektonischer Strukturen werden Schrägbohrungen mit Neigungen von 70°, 60° oder 45° ausgeführt.

Im Bereich des Absperrbauwerks werden die Bohraufschlüsse bei Bedarf durch Schürfe oder Schurfschlitze bis in Felsuntergrund ergänzt, die einen besseren Einblick in die Gebirgsbeschaffenheit der Gründungssohle erlauben. Bei größeren Sperrbauwerken, besonders Staumauern, kann auch ein rechtzeitig vorab ausgeführter Aushub der Baugrube bis 1 m über Gründungsniveau in Betracht gezogen werden, der einen lückenlosen Untergrundaufschluss bietet. Bei den Aushubarbeiten darf nicht gesprengt werden.

Bei größeren Talsperren und/(oder) schwierigen geologischen Verhältnissen werden fast immer Erkundungsstollen vorgesehen. Sie sollten nach Möglichkeit so geplant werden, dass sie später als Verpress- oder Dränstollen verwendet werden können. Erkundungsstollen können für felsmechanische Messungen (Spannungsmessungen, Verformungsmessungen) und andere felsmechanische Feldversuche genutzt werden.

Besonderer Wert ist auf die Erfassung der Grundwasserverhältnisse zu legen. Im Rahmen der Bohrarbeiten sind ausreichend Grundwassermessstellen einzurichten (► Abschn. 4.6). Mit der Messung der Grundwasserstände sollte mindestens 2 Jahre vor Beginn der Bauarbeiten begonnen werden. Sie dienen nicht nur als Grundlage für die bautechnischen Maßnahmen, sondern vor allen Dingen auch zur Beurteilung der zu erwartenden Änderungen der Grundwasser- und Strömungsverhältnisse beim Einstau und für die spätere Kontrolle. Die Grundwassermessstellen sind so anzuordnen, dass Grundwassergleichenkarten für die Zeit vor, während und nach dem Einstau erstellt werden können, und zwar für die gesamte betroffene Umgebung, einschließlich etwaiger Nebentäler.

An Quellaustritten im Stauraum und in der näheren Umgebung, besonders in tief liegenden Nebentälern, sind Schüttungsmessungen vorzunehmen, um später beim Einstau Vergleichswerte zur Beurteilung des Einflusses auf den Wasserhaushalt der näheren Umgebung zur Verfügung zu haben. An möglicherweise betroffenen baulichen Anlagen sind Beweissicherungsverfahren zu veranlassen, um späteren Schadensersatzansprüchen gerecht werden zu können.

Zu den besonderen **Problemstellungen im Talsperrenbau**, die den Ingenieurgeologen betreffen bzw. in enger Zusammenarbeit mit ihm zu bearbeiten sind, gehören:

- Durchlässigkeit des Untergrundes,
- Sickerwasserverluste,
- Raumstellung der wasserleitenden Elemente,
- erosionsgefährdetes Gebirge,
- veränderlich feste Gesteine,
- Stabilität der Flanken des Stauraums,
- verdeckte Talformen,
- tieferes Vorflutniveau von Nebentälern,
- großflächiges Anheben der Grundwasseroberfläche,
- wasserlösliche Gesteine, Karsthohlräume, Altbergbau,
- Erdbeben, besonders auch induzierte Seismizität.

18.2.1 Durchlässigkeit des Untergrundes

Die Durchlässigkeit des Untergrundes ist meist das entscheidende Kriterium für Dauerstauanlagen. Eine Durchströmung des Untergrundes bedeutet:

- Wasserverluste,
- Erosions- und Lösungsgefahr,
- Auftrieb bzw. Sohlwasserdruck.

Dabei weist jeder dieser Gefahrenmomente eine etwas andere Abhängigkeit hinsichtlich der Gebirgsdurchlässigkeit auf. Für die Ermittlung der Sickerwasserverluste wird ein gemittelter Beiwert der Gesamtdurchlässigkeit verwendet. Für die Abschätzung der Erosionsgefahr und der Sohlwasserdrücke ist dagegen maßgebend, ob die Sickerwasserbewegung auf vielen feinen Klüften stattfindet, auf denen gleichzeitig hohe Fließwiderstände herrschen, die einen großen Druckabbau bewirken, oder auf einzelnen, gut wasserwegsamen Kluftsystemen.

Die Versuche zur Ermittlung der Durchlässigkeit des Gebirges und ihre Auswertung sind in ► Abschn. 2.9.4 behandelt. Im

Talsperrenbau werden seit den1960er-Jahren bevorzugt Wasserdruckversuche (WD-Test) eingesetzt (► Abschn. 2.9.4.4). Sie liefern zunächst keine k-Werte, sondern Mengenwerte. Die Wasseraufnahme (W) ist definiert als der Durchfluss (in m^3/s), bezogen auf die Länge der Abpressstrecke (in m) und dem Einpressdruck (in bar), und wird in l/(min × m), bezogen auf einen bestimmten Druck (bar) angegeben. Die Darstellung der Ergebnisse von WD-Tests erfolgt in Säulenform für den verpressten Bohrlochabschnitt unter Angabe des Abpressdrucks (◘ Abb. 18.1) und zwar in l/(min × m) bei … bar. Darüber hinaus sind verschiedene Mittelwertbildungen zur Beurteilung von Teilbereichen des Untergrundes auf geologisch-morphologischer Grundlage oder nach Tiefenstufen üblich. Die statistische Auswertung nach Tiefenstufen bei einheitlichem Druck (◘ Abb. 18.2) ermöglicht eine Aussage über die erforderliche Tiefe der Dichtungsmaßnahmen.

Heitfeld (1965) hat anhand detaillierter Auswertungen von WD-Tests erkannt, dass die Wasseraufnahmen nicht proportional dem Abpressdruck sind und dass die Aufnahmemengen bei absteigendem Druck häufig nicht denen bei ansteigendem Druck entsprechen. Diese nichtlineare Abhängigkeit der Aufnahmemenge vom Druck wird in den meisten Fällen auf ein Aufreißen des Gebirges infolge von Crack-Vorgängen zurückgeführt, die bei bestimmten lithologisch-tektonischen Voraussetzungen schon bei Drücken von 2–5 bar einsetzen können, oder aber auf Erosionsvorgänge von Kluftfüllungen im Gebirge (► Abschn. 2.9.4.4 und 18.2.4). Diese Vorgänge sind im Detail sehr stark vom Trennflächengefüge und vom Versuchsverlauf abhängig, müssen aber bei der Festlegung der Abdichtungskriterien beachtet werden.

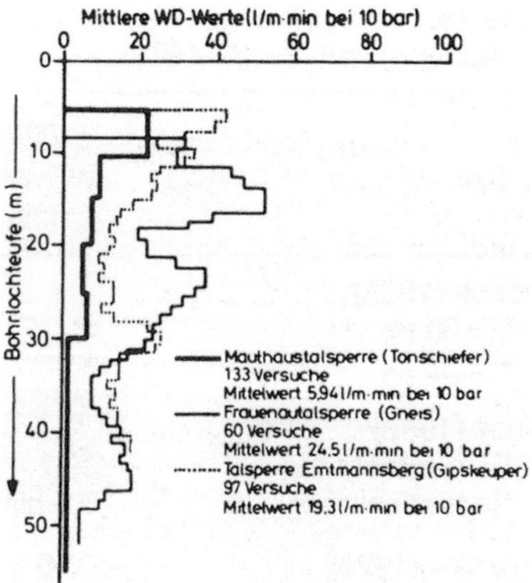

◘ **Abb. 18.1** Darstellung der Ergebnisse von WD-Tests in l/min × m (bei 2 oder 4 bar) im Rheinischen Schiefergebirge (Tonschiefer und Grauwackenbänke): U = Umläufigkeit (aus Heitfeld 1979)

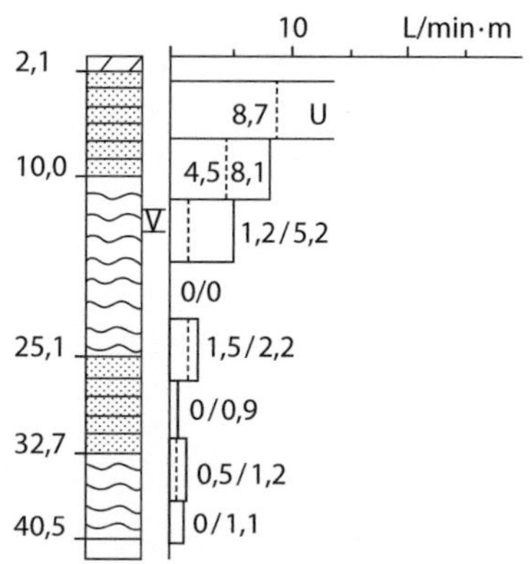

◘ **Abb. 18.2** Abhängigkeit der Wasseraufnahme von der Tiefe bei verschiedenen Talsperren (aus Heitfeld 1979)

Die Erscheinung des Aufreißens von Trennflächen im Gebirge hängt eng mit der Frage der Maximaldrücke beim WD-Test zusammen. Diese werden an der geplanten Stauhöhe orientiert und häufig auf den 1,3- bis 1,5-fachen Wasserdruck begrenzt. Bei niedrigen Dämmen kommt es dabei nur in empfindlichen Gebirgstypen zu Aufreißvorgängen. Bei höheren Dämmen und Staumauern befindet man sich dabei jedoch schon in Druckbereichen, in denen auch Gebirgstypen mit mittleren Festigkeitseigenschaften aufreißen (► Abschn. 18.4.3). Ewert (1979: 196) schlägt als kurzzeitigen Versuchsdruck mindestens den 1,5-fachen Staudruck vor und empfiehlt darüber hinaus, die kurzzeitigen Versuchsdrücke möglichst hoch zu fahren und den Verlauf von Aufreißvorgängen möglichst genau zu erfassen, da diese eine Aussage hinsichtlich des Festigkeits- und Verformungsverhaltens des Gebirges ermöglichen.

Die Angabe einer druckabhängigen Verpressmenge wird i. d. R. direkt für die Abschätzung der Notwendigkeit und des Umfangs von Abdichtungsmaßnahmen verwendet. Verschiedene Autoren haben schon versucht, danach Grenzwerte zu definieren. Grundlage ist dabei meist das **Lugeon-Kriterium**. 1 Lugeon (LU) entspricht dabei einer Wasseraufnahme von 1 l/min in 1 m Messstrecke bei 10 bar:

$$1\,Lugeon = 1\,l\,(\min \times m)\text{ bei }10\text{ bar}$$

Das Lugeon-Kriterium wird auch heute noch für größere Talsperren angewendet. Bei mittleren und kleineren Talsperren beträgt jedoch der Wasserdruck keine 10 bar. Eine Umrechnung auf einen niedrigeren Bezugsdruck ist nur bei linearem Verlauf der WD-Tests und auch dann nur mit Einschränkungen möglich. In ◻ Tab. 18.1 sind die Abdichtungskriterien verschiedener Autoren mit einer Umrechnung auf einen einheitlichen Bezugsdruck von 3 bar zusammengestellt. Mit diesen Absolutwerten sollte jedoch nicht kritiklos gearbeitet werden. Abgesehen davon, dass die Werte der verschiedenen Autoren stark voneinander abweichen, wird überhaupt nur von einigen hinsichtlich der Stauhöhe unterschieden. Heitfeld (1965) hat diese Kriterien dann allgemein auf die Stauhöhe bezogen und auch erstmals die geologischen Verhältnisse (stark lösliche Gesteine) berücksichtigt (◻ Abb. 18.3). Houlsby (1976) stellt bei seinen Kriterien die Belange der Wasserwirtschaft (Wasserverluste), die Erosionsgefahr sowie den Bauwerkstyp und die Breite des Dichtungsschleiers in den Vordergrund. Weitere Studien für projektspezifische Abdichtungskriterien nach wasserwirtschaftlichen und gebirgsbedingten Faktoren bringt Ewert (1979 und 1985).

◻ **Tab. 18.1** Abdichtungskriterien verschiedener Autoren auf Grundlage von WD-Versuchen (*H* = Stauhöhe) (aus Ewert 1979)

Verfasser	Angabe des Verfassers		Umrechnung	
	WD-Wert [l/(min × m)]	Druck [bar]	WD-Wert [(l/min × m)]	Druck [bar]
Lugeon (1933)				
a. *H* = 30 m	1	10	0,3	3
b. *H* = 30 m	3	10	09	3
Jähde (1963)				
a. Einpressbohrung	0,1	3	0,1	3
b. Kontrollbohrung	0,5–1,0	3	0,5–1,0	3
Terzaghi (1929)	0,05	0,1	1,5	3
Keil	0,2	3	0,2	3
Blatter	0,33	10	0,1	3
USA	3–4	10	0,9–1,2	3
ehem. UdSSR				
c. *H* = 10 m	0,05	0,1	1,5	3
d. *H* = 30 m	0,03	0,1	0,3	3

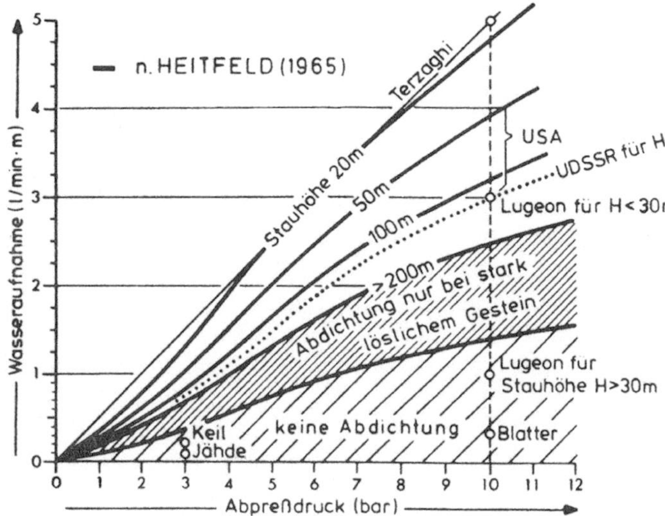

Abb. 18.3 Zulässige Grenzwerte bei der Wasserdruckprüfung (aus Heitfeld 1979)

Bei der Festlegung der Grenzwerte für die WD-Ergebnisse sind folgende Faktoren zu beachten:

- Projektbedingungen (Stauhöhe, Wasserverluste),
- Standsicherheit des Absperrbauwerks (einschließlich Sohlwasserdruck und Erosion),
- geologische Verhältnisse,
- Injizierbarkeit des Gebirges,
- mögliche Auswirkungen auf Dritte, etwa durch weitflächige Anhebung der Grundwasseroberfläche, auch in Nebentälern (Abb. 18.4).

Auf den Ergebnissen der WD-Tests aufbauend werden häufig Probeinjektionen vorgenommen, deren Durchführung im ▶ Abschn. 18.4.3 behandelt ist.

18.2.2 Ermittlung der Sickerwasserverluste

Als Folge der natürlichen Durchlässigkeit des Untergrundes und der Ränder eines Stauraums sind Sickerwasserverluste nicht vermeidbar, können aber durch Abdichtungsmaßnahmen gem. ▶ Abschn. 18.4 begrenzt werden. Die Sickerwasserverluste im Stauraum infolge von Unterläufigkeit und Umläufigkeit sind von folgenden Faktoren abhängig:

- überstaute Fläche,
- Stauhöhe,
- Grundwasserstand im Staubereich,
- Mächtigkeit der abdichtenden Schichten,
- Durchlässigkeit des Untergrundes, ausgedrückt durch den Durchlässigkeitsbeiwert k.

Untersuchungen für Talsperrenbauten in den verschiedensten Gebirgstypen haben gezeigt, dass in einer oberflächennahen Auflockerungszone das wirksame Kluftvolumen und damit die Wasserzirkulation durch zusätzliche und aufgeweitete Trennflächen wesentlich größer ist als im tieferen Untergrund. Ihre Intensität und Tiefenwirkung hängen ab von der Entwicklungsgeschichte des Landschaftsreliefs, der Exposition (Tal, Hang, Hochfläche), der tektonischen Beanspruchung und den Lagerungsverhältnissen sowie der Gesteinsausbildung und Verwitterung.

Die Wasserverluste aus den Becken hängen zunächst davon ab, ob bei tief liegendem Grundwasserstand eine Vertikalversickerung stattfinden und sich der Speicherraum zwischen Grundwasseroberfläche und dem Stauniveau auffüllen kann oder ob mit einem ständigen Abfluss zu rechnen ist. Durch die Aufhöhung

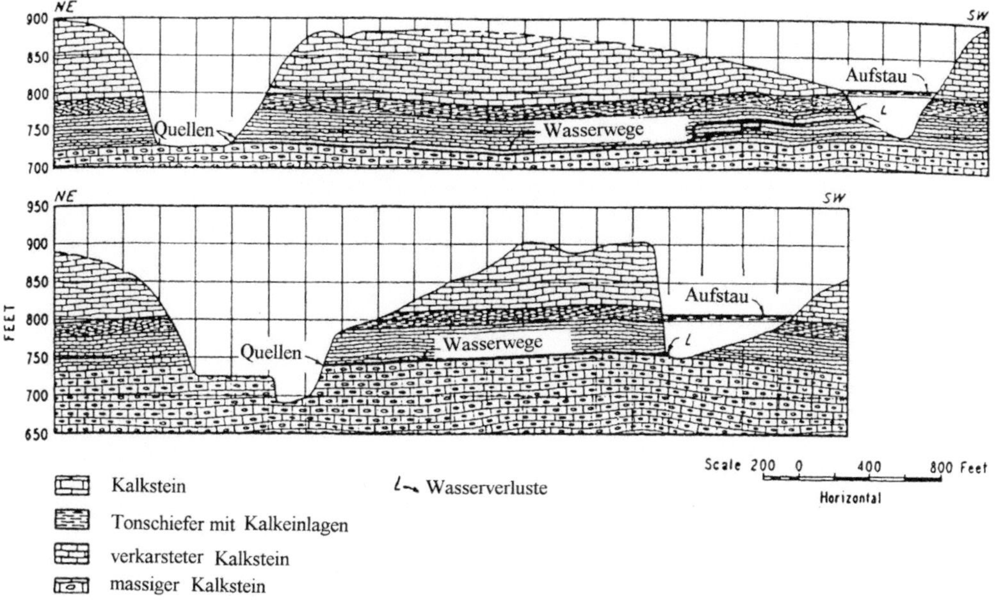

Abb. 18.4 Wasserverluste aus dem Stauraum und Quellaustritte in benachbarten, tiefer gelegenen Tälern (nach Goodman 1993)

des Grundwasserstands treten außerdem Fließvorgänge nach den Seiten, zum Unterwasser und in etwaige tiefer gelegene Nachbartäler auf (Abb. 18.4).

Grundsätzlich ist dabei zu prüfen, ob großflächige Versickerungen vorliegen, die mit einem mittleren Durchlässigkeitsbeiwert erfasst werden können, oder ob die Versickerung auf einigen wenigen Wasserwegen stattfindet, die gezielt gedichtet werden können. Langfristig kann bei Ersterem auch eine gewisse Selbstdichtung des Beckens, vor allen Dingen des Stauraumbodens, angenommen werden.

Die Abschätzung der Sickerwasserverluste beruht auf der schon von Darcy 1856 abgeleiteten Beziehung zwischen dem hydraulischen Gradienten und der Sickerwassermenge (► Abschn. 2.9.1). Großflächige Sickerwasserverluste können überschlägig wie folgt berechnet werden:

$$Q = \frac{k \times F \times D}{d}$$

Dabei gilt:
k = Durchlässigkeitsbeiwert,
Q = Sickerwassermenge (m^3/s),
F = Staufläche (m^2),
d = Dicke der abdichtend wirksamen Schicht (m),
D = mittlere Stauhöhe + d (m), entspricht dem hydraulischen Gradienten i.

Die auf dieser Basis ermittelten Versickerungsverluste sind jedoch nur grobe Anhaltswerte, die mit den später gemessenen Versickerungsraten häufig keine Übereinstimmung zeigen. Sie bilden jedoch zusammen mit der Frage des Druckabbaus und des Erosionsverhaltens die Entscheidungsgrundlage für die nötigen Dichtungsmaßnahmen an einer Stauanlage. Linortner et al. (2009) nennen z. B. als Maß für die maximal akzeptable Sickerwassermenge 1 % der mittleren Zuflussmenge.

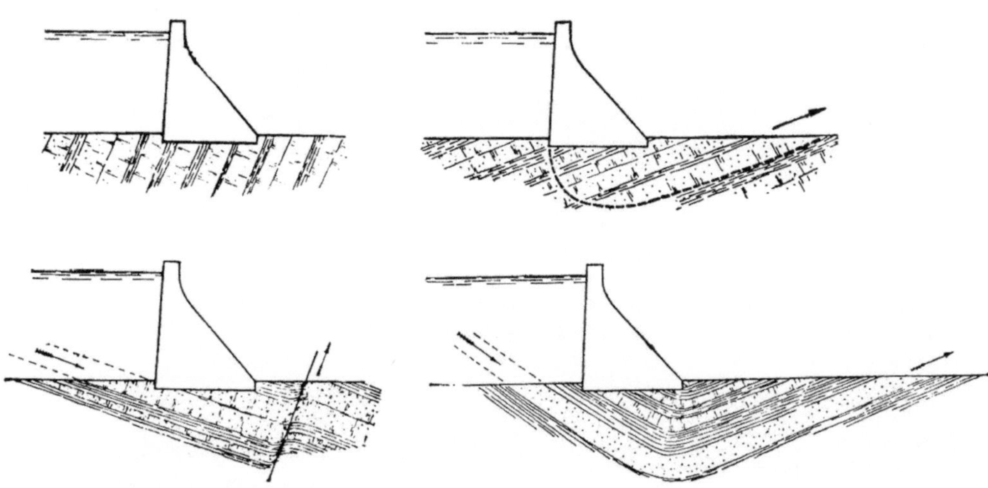

Abb. 18.5 Abhängigkeit der Unterströmung von Stauanlagen von der geologischen Situation (aus Zaruba und Mencl 1961)

18.2.3 Raumstellung der wasserleitenden Elemente

Die Raumstellung wasserleitender oder wassersperrender Elemente zum erwarteten Sickerwassergefälle hat ganz entscheidenden Einfluss auf die Sickerwasserverluste und auch auf die Standsicherheit des Absperrbauwerks. Dazu gehören:

- tektonische Störungs- und Zerrüttungszonen, besonders auch Zonen mit tektonischer Gebirgsauflockerung (▶ Abschn. 3.5.1 und 17.2.3).
- Hangzerreißungsklüfte, die zwar fast immer tektonisch vorgegebenen Trennflächen folgen, in ihrer Öffnungsweite aber sehr vom Gestein und der Hangneigung abhängig sind.
- Wechselschichtung von stärker durchlässigen Gesteinen (Sandstein, Kalkstein) und mergelig-tonigen Schichten. Die tonigen Schichten wirken normal zur Schichtung wassersperrend, und selbst Klüfte weisen eine erheblich geringere Wasserwegsamkeit auf als in spröden Gesteinsarten. Schichtparallel bieten dagegen eine solche Wechselfolge oder auch einzelne Schichtpakete gute Sickerwege (◘ Abb. 18.5 und ▶ Abschn. 2.9.5).

Bei den Überlegungen bezüglich wasserleitender Elemente ist besonders in paläogeographischen Schwellen- oder Rinnenbereichen, aber auch in weiten Schwemmebenen an einen engräumigen Fazieswechsel in horizontaler Richtung zu denken. Als vertikale durchlässige Einlagerungen kommen z. B. auch Basalt- oder Quarzgänge in Betracht.

18.2.4 Erosionsgefährdung durch Sickerwasserströmung

Erosionsvorgänge im Untergrund sind ein maßgebendes Kriterium bei der Frage, welche Durchlässigkeiten bei einer Talsperre noch verträglich sind. Beim Abschätzen des Erosionsverhaltens des Gebirges ist grundsätzlich zu unterscheiden zwischen **gebirgsbedingten Faktoren** wie

- Erosions- bzw. Suffosionsvorgängen in Lockergesteinen,
- Erosions- bzw. Suffosionsvorgängen an Schichtgrenzen bzw. Bauwerksfugen (Fugenerosion),
- Erosion von Kluftfüllungen und Störungsmyloniten sowie
- Erosion an Trennflächen gering verfestigter Gesteine

und den **hydraulischen Faktoren** wie
- dem hydraulischen Gefälle und
- der wahren Fließgeschwindigkeit (▶ Abschn. 2.8.6) des sich in den Poren bzw. in den Fugen und Klüften bewegenden Wassers.

Die Grundlagen für Suffosions- und Erosionsvorgänge in Lockergesteinen, die auch als hydrodynamische Instabilität bezeichnet werden, sind in ▶ Abschn. 2.2.6 ausführlich behandelt. Die Suffosions- und Erosionsanfälligkeit der Lockergesteine ist abhängig von der Korngröße, der Korngrößenverteilung (Ungleichkörnigkeit, Ausfallkörnung, Wechselschichtung), der Lagerungsdichte bzw. der Plastizität und Kohäsion sowie der Größe der Porenkanäle. Erdstoffe mit einer Körnung von $d_{10} < 0{,}002$ mm gelten i. d. R. als ungefährdet.

Bei einem Einstau erhöht sich das hydraulische Gefälle und mit ihm die daraus resultierenden Strömungskräfte. Bei Überschreiten des kritischen Gefälles (i_{ktit}) können Körner aus dem Korngerüst gelöst werden, und es kommt zu einem Transport von Bodenmaterial und ggf. zur Ausbildung von Erosionskanälen (sog. Piping; s. DIN EN 1997-1, Abs. 10.5). Besondere Gefahr besteht bei luftseitiger Austrittsmöglichkeit. Die Ausspülungen führen zu einer Reduktion der Standfestigkeit eines Dammes und im Extremfall zu einem örtlichen, dann progressiv fortschreitenden Dammbruch.

Für die Beurteilung der **Filterstabilität** eines Lockergesteins werden geometrische und hydraulische Kriterien herangezogen. Die üblichen Filterregeln basieren im Wesentlichen auf geometrischen Kriterien. Sie gelten jeweils nur unter bestimmten Voraussetzungen (▶ Abschn. 2.2.6). Für bindige Böden mit $I_p = 0{,}15$ (mittelplastisch) und $c_u < 10$ kN/m^2 (schwach bindig) wird im Filtermerkblatt BAW MAK (1989) ein Filter mit $D_{10} < 0{,}016$ mm und $D_{60} < 2$ mm empfohlen. Perzlmeier und Haselsteiner (2006) bringen zahlreiche weitere Filterkriterien für einsetzende bzw. fortschreitende Erosion. Außerdem wird auf die BAW-Merkblätter für die Anwendung von geotextilen Filtern an Wasserstraßen (MAG 1993) und die Standsicherheit von Dämmen an Bundeswasserstraßen (MSD 2011) verwiesen.

Gewisse Kornumlagerungen sind auch bei gegebener geometrischer Filterstabilität unvermeidlich. Ausgelöst durch Schadenfälle, besonders im Grenzbereich zwischen zwei Bodenkörpern (Kontakterosion), werden im Dammbau verstärkt hydraulische Kriterien zur Einschätzung der Erosionsgefahr herangezogen, die im Wesentlichen auf dem Zusammenhang zwischen dem Durchmesser der erodierten Partikel und der Strömungsgeschwindigkeit basieren. Die hydraulische Belastung kann entweder durch mittlere Gradienten entlang des gesamten Sickerwegs oder durch lokale Gradienten am Austrittspunkt des Sickerwassers beschrieben werden. Allgemein gilt als hydraulisches Kriterium gegen Suffosion und Kontakterosion:

$$\eta = \frac{i_{krit}}{i_{vorh}}$$

Als i_{krit} gilt das Gefälle, bei dem Materialtransport auftreten kann. Die hydraulische Sicherheit wird nach dem BAW-Merkblatt MDS (2011) für Suffosion mit $\eta = 2{,}0$ und für Kontakterosion mit $\eta = 1{,}5$ angesetzt.

Bei der Abschätzung des **kritischen Gefälles *i*** bzw. der **Fließgeschwindigkeit** war man auf die Aussagekraft des Hjulstom-Diagramms in offenen Gerinnen angewiesen. Danach setzt die Erosion von Fein- und Mittelsanden (Korngröße 0,06–0,6) bei einer Fließgeschwindigkeit von 10–15 cm/s ein. Inzwischen liegen umfangreiche Studien über die Vorgänge bei der inneren Erosion vor, auch mit theoretischen Ableitungen für das Versagen durch hydrodynamische Bodendeformation (Perzlmeier und Haselsteiner 2006). Danach können die Anhaltswerte für das zulässige Gefälle aus ◘ Tab. 18.2 weiterhin als kritischer hydraulischer Gradient verwendet werden.

Die Kluftfüllungen, Störungsmylonite und auch Ruschelzonen eines **Festgesteins** sind ebenfalls meist feinkörnige Lockergesteine, deren maßgebende Korngrößen häufig im Schluff- und Fein- bis Mittelsandbereich liegen. Hinzu kommt, dass hier durchaus

Tab. 18.2 Anhaltswerte für das zulässige Gefälle *i* an Talsperren

Boden	zul. Gefälle *i*
Dichter Ton	0,25–0,5
Schluffiger Ton	0,20–0,26
Schluff/Feinsand	0,05–0,15
Mittelsand	0,15–0,20
Grobsand, Kies	0,25–0,35

Sickerwege und damit vorgegebene Erosionskanäle in Form von offenen Kluftabschnitten oder solchen mit gröberkörnigen, besser wasserwegsamen Füllungen vorliegen können. In der Praxis ist es deshalb schwierig, die örtlich sehr unterschiedlichen wahren Fließgeschwindigkeiten in den Klüften und Fugen einigermaßen abzuschätzen. Markierungsversuche ergeben nur mittlere Abstandsgeschwindigkeiten. Erfahrungswerte aus dem Rheinischen Schiefergebirge sind in Abb. 18.6 zusammengestellt. Sie scheinen nach Untersuchungen im nordhessischen Buntsandstein auch auf andere Formationen übertragbar zu sein. Prinz und Holtz (1989) geben für die oberflächennahen tonsteinreichen Wechselfolgen im Einstauzustand Abstandsgeschwindigkeiten von 0,2–0,7 cm/s an. Im Talsperrenbau werden Abstandsgeschwindigkeiten für das Abschätzen der Erosionsgefahr mit einem Umwegfaktor von 1,5 verwendet, der berücksichtigt, dass das Wasser wegen des verlängerten Fließweges um die Kluftkörper herum tatsächlich schneller fließt (▶ Abschn. 2.9.6 und Abb. 2.66).

Unabhängig davon müssen bei allen Stauanlagen die Veränderungen der Wasserdurchlässigkeit des Untergrundes sowie Trübungen während des Probestaus und auch in der Betriebszeit ständig verfolgt werden. Sobald örtlich auffällige Änderungen auftreten, ist zu prüfen, inwieweit diese mit Erosionsvorgängen zusammenhängen können.

Eine besondere Problemstellung sind auch die Erosion und Kolkbildung in nicht ausgekleideten Hochwasserentlastungen (s. d. Kieffer und Goodman 2012).

18.2.5 Veränderlich feste oder erweichbare Gesteine

Veränderlich feste oder erweichbare Gesteine (▶ Abschn. 3.4.1), deren Eigenschaften sich unter Wassereinwirkung negativ verändern können (z. B. Entfestigung von Tonsteinen oder Mergeln), sind für die Anlage einer Talsperre wenig geeignet. Bei mürben Sandsteinen besteht außerdem erhöhte Erosionsgefahr. Hinzu kommt, dass veränderlich feste Gesteine sowohl beim WD-Test anders reagieren (Heitfeld und Krapp 1985) als auch nach dem Freilegen der Felsoberfläche innerhalb von Tagen und Wochen zu einem Grus von zentimeter- bis millimetergroßen Bröckchen zerfallen können.

18.2.6 Erdbebensicherheit und induzierte Seismizität

Für Talsperren der Klassen 1 und 2 ist gem. DIN 19 700 eine über die üblichen Normvorgaben

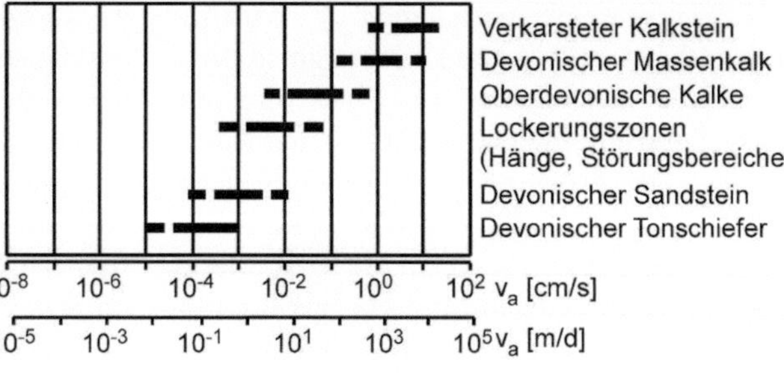

Abb. 18.6 Abstandsgeschwindigkeit nach Untersuchungen im rechtsrheinischen Schiefergebirge (nach Heitfeld 1965, aus Krapp 1979)

hinausgehende seismologische Bewertung eines Standorts notwendig (▶ Abschn. 4.2.3). Dies gilt sowohl für die Standsicherheit des Absperrbauwerks als auch für die Stabilität der Hänge (Schwarz et al. 2004). Bei den Auslegungserdbeben werden Bemessungserdbeben (Gesamtstandsicherheit) und Betriebserdbeben (Nachweis der Gebrauchstauglichkeit ohne Nutzungseinschränkung) unterschieden, die sich sowohl in der Intensität als auch in der Eintrittswahrscheinlichkeit unterscheiden (s. a. Merkblatt M 502).

Erd- oder Steinschüttdämme gelten i. Allg. als wenig anfällig, es sei denn, der Untergrund des Absperrbauwerks wird von größeren tektonischen Brüchen durchzogen. Dann ist auch zu prüfen, ob im Erdbebenfall mit unterschiedlichen Schollenbewegungen zu rechnen ist. Auf dynamisch weichen Talfüllungen über Fels kann es außerdem zu einer Amplitudenerhöhung kommen (s. Kolekova et al. 1996). Eine umfassende Studie über die wenigen Erdbebenschäden an Talsperren haben Huber und Linsbauer (1996) erarbeitet. Der Bruch des Lower-San-Fernando-Dammes als Folge des Erdbebens vom 9.2.1971 mit M = 6,6 wird auf die Liquefaktion (Verflüssigung) eines Abschnitts der wasserseitigen Dammschüttung zurückgeführt (▶ Abschn. 4.2.3.3).

Außer den natürlichen seismischen Ereignissen sind bei Stauanlagen auch immer durch diese **ausgelöste seismische Aktivitäten** zu beachten (▶ Abschn. 4.2.3.1). Dabei handelt es sich meist um kleinere Erdbeben der Magnitude M = 0–3, gelegentlich aber auch um stärkere Ereignisse mit M = 5–6, die Schäden auslösen können. Weltweit werden in der Literatur weit über 100 Projekten induzierte Beben aufgeführt.

Die Fragen flüssigkeitsinduzierter Seismizität sind im vergangenen Jahrhundert in zahlreichen Fachaufsätzen und auf internationalen Kongressen behandelt worden. Ausgehend von den klassischen Beispielen in den USA, wo an dem 1935 aufgestauten Lake Mead (Hoover-Staudamm) am Colorado River eine auffallende lokale Erdbebentätigkeit beobachtet worden ist, sind inzwischen zahlreiche Beispiele von flüssigkeitsinduzierter Seismizität bekannt geworden (◘ Tab. 18.3), wobei unterschieden werden muss zwischen Ereignissen an Stauseen und solchen beim Einpressen von Flüssigkeiten in das Gebirge (▶ Abschn. 4.2.3.2). Am bekanntesten dürften die stauseeinduzierten Beben mit katastrophalen Ausmaßen von Kremasta (1966 in Griechenland) und Koyna (1967 in Indien) sein. Auch das Schadensbeben vom Mai 2008 in Wenchuan (Südchina) wird als durch Stauseen bedingte induzierte Seismizität angesehen.

Als allgemein gültige **Kriterien für die Einschätzung des Risikos** flüssigkeitsinduzierter Seismizität können genannt werden:

- Induzierte Seismizität tritt bevorzugt in spröden, geklüfteten und wasserwegsamen Gesteinsformationen wie Kalksteinen, Graniten, Basalten usw. auf.
- Induzierte Seismizität tritt auch in Gebieten auf, die historisch als aseismisch gelten oder bisher nur eine geringe Seismizität aufgewiesen haben.
- Sie zeigt eine starke Abhängigkeit von der tektonischen Situation und vom regionalen Spannungsfeld (Primärspannungszustand) und auch von den hydrologischen Bedingungen (Wasserwegsamkeiten) und der morphologischen Situation.
- Die Ereignisse zeigen häufig eine deutliche Korrelation nicht nur mit der Stau- bzw. Druckhöhe, sondern vor allen Dingen mit deren Änderung bzw. Änderungshäufigkeit und -geschwindigkeit.
- Stauseeinduzierte Seismizität tritt nicht erst ab Stauhöhen >100 m auf, sondern kann bei ungünstiger regionalgeologisch-tektonischer Situation schon bei Stauhöhen von etwa 50 m einsetzen.
- Teilweise tritt die verstärkte seismische Aktivität kurz nach der ersten Füllung auf und korreliert deutlich mit den Spiegelschwankungen, besonders mit raschem Abstau. Einzelne größere Ereignisse können aber auch einen deutlichen zeitlichen Abstand und weiter entfernte Bebenherde aufweisen (z. B. Koyna).

Als wahrscheinliche Ursachen, die zur Auslösung oder Erhöhung der seismischen Aktivitäten

Tab. 18.3 Auflistung von Talsperren, bei denen induzierte Seismizität aufgetreten ist (aus Müller-Salzburg und Schneider 1977)

Sperre		Größte Magnitude	Größte Stauhöhe (m)	Seevolumen (m^3)	Seismische Aktivität vor Sperrenbau	Korrelation mit Aufstau
Monteynard	Eu	5	130	275×10^6	nein	sicher
Vouglans		4,5	110	605×10^6	?	sicher
Piastra	Eu	6	93	13×10^6	?	?
Vajont	Eu	1	261	150×10^6	ja	sicher
Bajina Basta	Eu	4,5–5	89	340×10^6	ja	möglich
Granbarevo	Eu	3-fache Energiezunahme des Bebens nach Aufstau	120	128×10^6	ja	sicher
Grand Val	Eu	5	78	292×10^6	nein	sicher
Plave di Cadore	Eu	1	112	69×10^6	ja	sicher
Kremasta	Eu	6,3	160	47×10^6	ja	möglich
Marathon	Eu	1–3	63	41×10^6	ja	unsicher
Kariba	As	4,7–5,8	120	160×10^6	nein	sicher
Hendrik-Verwoerd Damm	Af	2	66	5×10^6	nein	sicher
Nurek-Damm	As	4–4,5 bei 120 m Stauhöhe	300 (geplant)	11×10^6	ja	sicher
Koyna-Damm	As	6	103	$2{,}8 \times 10^6$	ja	sicher
Hsinfengxiang	As	6,2	105	$11{,}5 \times 10^6$	gering	sicher
Talbingo-Stausee	Au	3,5	170	888×10^6	gering	sicher
Benmore-See	Ns	3–6	96	$2{,}04 \times 10^6$		sicher
Mead-See	Am	5	221	$37{,}5 \times 10^6$	nein	sicher

Af = Afrika; Am = Amerika; As = Asien; Au = Australien; Eu = Europa; Ns = Neuseeland

18

durch Stauanlagen führen können, werden folgende Faktoren diskutiert:

- Durch die Wasserauflast werden zusätzliche Spannungen in den Untergrund eingebracht.
- Rasche Laständerungen (Auf- und Abstau) bewirken elastische Deformationen mit entsprechendem Poren- und Kluftwasserüberdruck bzw. -unterdruck, der die effektiven Normalspannungen verringert und zu einem kurzzeitigen Abfall der Scherfestigkeit führen kann.
- Bei Vorhandensein eines Primärspannungsüberschusses (► Abschn. 4.2.4)

kann es an Schwächezonen zu einer Überschreitung der Bruchspannungen und zu ruckartigen Ausgleichsbewegungen kommen.
- In Zonen besonderer Wasserwegsamkeit können sich die hydraulischen Druckänderungen tief in das Gebirge und auch über größere Entfernungen auswirken (z. B. Koyna).

Obwohl nach den Empfehlungen der UNESCO von 1972 eine seismische Überwachung erst ab Stauhöhen von über 100 m vorzusehen war, empfiehlt sich in tektonisch stärker gestörten Regionen auch bei niedrigeren Anlagen die rechtzeitige Einrichtung hochempfindlicher seismischer Messstationen, um durch die Erfassung und Auswertung von Mikroerdbeben zusätzliche Informationen über die seismische Empfindlichkeit eines Talsperrenstandortes zu erhalten (Steinwachs 1988). Außerdem liegen damit für den Bedarfsfall eindeutige Vergleichswerte über den natürlichen Seismizitätspegel eines Gebietes vor.

18.2.7 Stauhaltung in verkarstungsfähigen Gesteinen

Die Löslichkeit chemischer Sedimentgesteine wie Salz, Gips, Anhydrit, Kalkstein und Dolomit unter humiden Klimabedingungen (▶ Kap. 19), in tropischem Klima auch von silikatischen Gesteinen, ist bei der Planung von Talsperren strengstens zu beachten.

In bzw. unmittelbar über Salzgesteinen sind bis jetzt keine Talsperrenprojekte zur Ausführung gekommen. Dagegen wurde schon eine Reihe von Talsperren in Gebieten mit untergeordneten Anhydrit- und Gipseinlagerungen und vor allen Dingen in Kalksteingebieten errichtet. Hier sind sehr sorgfältige und umfangreiche Untersuchungsarbeiten vorzunehmen, die möglichen Folgen bzw. die nötigen Abdichtungsmaßnahmen rechtzeitig aufzuzeigen und auch die Langzeitwirkung der Sperre zu bedenken. Seichter Oberflächenkarst ist noch einigermaßen beherrschbar. Wesentlich schwieriger sind die Probleme in tief reichendem Karstgebirge und bei fossilen, an der Oberfläche teilweise kaum erkennbaren Karstformen, die oft zu spät erkannt werden. In Karstgebieten sind schon Talsperren gebaut worden, deren Stauraum nie gefüllt werden konnte. In zahlreichen anderen Fällen ist es nur mit sehr aufwendigen zusätzlichen Maßnahmen gelungen, die Talsperren in Betrieb zu nehmen (Lit. s. 4. Auflage).

Der Bau von Talsperren in Karstgebieten erfordert einen erhöhten und auf die speziellen Fragestellungen ausgerichteten Untersuchungsaufwand mit verstärktem Einsatz der Geophysik und einem deutlich erhöhten Bohraufwand. Zu unterscheiden sind einerseits die Auswirkungen vorhandener Hohlräume im Karstgestein im Hinblick auf eine Gefährdung der Absperrbauwerke und von Wasserverlusten bzw. Einbrüchen im Stauraum und andererseits eine zunehmende Umläufigkeit bei gleichzeitiger Anhebung des Grundwasserspiegels im Vorland oder in Nachbartälern. Die Erfahrung mit kleinen Anlagen, die in solchen Situationen errichtet wurden, zeigen, dass sich im Laufe von Jahrzehnten die Wasserwegigkeit erhöht, sich Schlucklöcher ausbilden und auch Erdfälle auftreten können (Deutsch 2003, 2004). Die Möglichkeiten einer Sanierung durch Injektions- und Abdichtungsmaßnahmen sind begrenzt und sehr kostenaufwendig. Trotz dieser Schwierigkeiten werden auch heute noch Talsperren in Karstgebirgen geplant, wenn auch mit sehr aufwendigen Dichtungsmaßnahmen (Linortner et al. 2009 und ▶ Abschn. 18.4.3). Ein Beispiel dafür, dass auch in Gesteinsserien mit untergeordneten Kalksteineinlagerungen erhebliche Schwierigkeiten und vor allen Dingen Langzeitprobleme auftreten können, zeigen die Erfahrungen bei der Henne-Talsperre im östlichen Sauerland (Heitfeld 1965: 45 ff) sowie die Arbeiten für das Pumpspeicherwerk Rönkhausen im Sauerland.

In der Bundesrepublik Deutschland sind einige Hochwasserrückhaltebecken ohne Dauerstau im Sulfatkarst bzw. in Kalksteinen der Kreide Ostwestfalens und die Oberbecken der Pumpspeicherwerke Glems und Happurg in Kalksteinen des Oberjura errichtet worden. Im Oberbecken Happurg sind allerdings nach zahlreichen kleineren Schlucklöchern in den Jahren davor 2011 mehrere metergroße Einbrüche aufgetreten, die auf erosiven Austrag des mineralischen Flächendichtungsmaterials in die stark geklüfteten und verkarsteten Jurakalksteine zurückgeführt werden.

18.2.8 Stabilität der Hänge

Einige große Talsperrenkatastrophen im vergangenen Jahrhundert hatten ihre Ursache in der Instabilität der Hänge. Hier sei nur an die Großrutschung vom Monte Toc in die Vajont-Talsperre erinnert, bei der 1963mehr als 250 Mio. m^3 Felsmassen in den Stausee abrutschten und eine Flutwelle auslösten, welche die 260 m hohe Staumauer übersprang und die etwa 2 km unterhalb im Piavetal gelegene Ortschaft Longarone völlig zerstörte.

Die Beurteilung der Standsicherheit der Talhänge bei wechselndem Stauspiegel erfordert häufig einen hohen Untersuchungsaufwand. Hierbei ist besonders auf fossile Rutschungen und alte Bewegungszonen an Schichtflächen oder tektonischen Strukturen und Grenzflächen sowie auf Kriechhänge zu achten (► Abschn. 15.1.1 und 15.3.5). Die Anzeichen für solche instabilen Hangbereiche und die Untersuchungsmethoden sind in ► Abschn. 15.2 beschrieben. Anhand charakteristischer Querprofile muss untersucht werden, mit welchen Hangbewegungen bei einem Aufstau zu rechnen ist, wobei für Talsperrenprojekte häufig auch Erkundungsstollen angelegt werden. Besondere Aufmerksamkeit ist auf den Wechselbereich des Stauspiegels zu legen. Der Untersuchungsaufwand geht dabei i. d. R. weit über die in der DIN 19 700–11 geforderten Nachweise hinaus.

Die Hänge von Stauanlagen weisen, wie alle steileren Hangformen, immer natürliche reversible Bewegungen in der Größenordnung von einigen Millimetern auf, die in erster Linie durch die Wechselstände des Grundwasserspiegels bedingt sind (Loew et al. 2007). Diese natürlichen Hangbewegungen werden durch die Reaktionen des Gebirges auf die Wechselstände des Seewasserspiegels in Form von elastischen Hebungen beim Aufstau und ausklingenden Setzungen beim Abstau überlagert (Neuhauser und Schober 1970). Diese mehr oder weniger elastischen Deformationen können bei Vorhandensein alter Gleitflächen Größenordnungen erreichen, die beim Gepatschspeicher in den ersten Aufstauperioden 1964/65 insgesamt 7,4 m und 1965 bis zu 3,5 m, zusammen bis zu 11,15 m betragen haben. In Sondierstollen, die durch die Gleitfläche gingen, sind Bewegungen von mehreren Metern gemessen worden. Die Bewegungen haben sich in den Folgejahren zunehmend verlangsamt und zuletzt nur noch Millimetergrößenordnung erreicht. Als Ursache für die großen Bewegungsmaße in den Anfangsjahren wird bei den gut wasserwegsamen Rutschmassen Auftriebswirkung angenommen und weniger ein Strömungsdruck bei Spiegelabsenkung. Beim Gepatschspeicher sind die Bewegungen jeweils rasch abgeklungen.

Die Bewegungen müssen unter Kontrolle gehalten werden, um Instabilitäten und ihr Ausmaß rechtzeitig zu erkennen. Zum Einsatz kommen sowohl geodätische Bewegungsmessungen als auch Inklinometermessungen in Bohrlöchern (► Abschn. 15.2.5). Solche Bohrlochmessungen sollten bereits im Zuge der ersten Erkundungsmaßnahmen eingerichtet werden, um geringe Instabilitäten und ihre Tiefenwirkung rechtzeitig zu erfassen. Die Bohrungen müssen bis in den einwandfrei stabilen Untergrund hinuntergeführt werden.

Die Eintrittswahrscheinlichkeit solcher Hangbewegungen ist im Verlauf des Probestaus bzw. bei der Erstfüllung am größten (s. Riemer 2011b). Das Messprogramm muss so konzipiert werden, dass neben den von außen einwirkenden meteorologischen und hydrologischen Parametern (Stauspiegeländerungen) auch die davon abhängigen Einflussgrößen auf die Rutschmasse (Grundwasserstände, Sickerwasseraustritte, ggf. Porenwasserdrücke) sowie die Bewegungen in der Fläche und nach der Tiefe erfasst werden. Hinzu kommt die Abschätzung einer möglichen rutschungsinduzierten **Schwallwelle** (Wasserverdrängung) und ihrer Folgen für das Absperrbauwerk und die Unterlieger.

Für den Mittelgebirgsraum ist in diesem Zusammenhang die Talsperre Schönbrunn im Thüringer Wald zu nennen. Das Absperrbauwerk besteht aus einem 65 m hohen Steinschüttdamm mit Asphaltaußenhautdichtung. Bereits bei den Voruntersuchungen Mitte der 1960er-Jahre sind alte Rutschungsareale festgestellt und in der Folgejahren eingehend untersucht worden. Die Hangbewegung „Gabel" wird seitdem mit einem umfangreichen Monitoringsystem überwacht. Die Messungen zeigen eine deutliche Abhängigkeit vom Niederschlagsgeschehen (Monatssummen, Starkregenereignisse, Schneeschmelze). Der Einfluss von Stauspiegeländerungen kann kaum getrennt ermittelt werden, da ein schneller Anstieg der Stauhöhen immer mit entsprechenden Niederschlägen verbunden ist. Seit Beginn des Probestaus 1975 wurden bis 1999 an Extensometermessstellen in Stollen Verschiebungen von 30–45 cm gemessen, sodass die Auswirkungen von Stauspielgeländerungen als gering eingeschätzt werden und sich kaum Einschränkungen für den Betrieb der Talsperre ergeben (s. a. Witter und Konietzky 2004).

Die Maßnahmen, mit denen sich solche Hangbewegungen im Ansatz beherrschen lassen, sind in erster Linie Vorschüttungen zur Stabilisierung der unteren Hangbereiche sowie Entwässerungsmaßnahmen aller Art, einschl. Dränagestollen.

18.3 Absperrbauwerke

Die Aufgabe eines Absperrbauwerks einer Stauhaltung ist zum einen die Sperrung des Talquerschnitts zur Schaffung des Stauraums, zum anderen soll es den Staudruck des Wassers aufnehmen und sicher auf den Untergrund übertragen. Die Wahl des Absperrbauwerks und seines günstigsten Querschnitts hängen ab von

- den topografischen Verhältnissen,
- der geologischen Situation,
- der Durchlässigkeit des Untergrundes bzw. den nötigen Dichtungsmaßnahmen,
- der Stauhöhe,
- den zur Verfügung stehenden Dammbaustoffen und
- speicherwirtschaftlichen Bedingungen.

18.3.1 Staumauern

Staumauern erfordern i. d. R. eine Engstelle im Talquerschnitt. Sie stellen hohe Anforderungen an die Tragfähigkeit und Dichtigkeit des Untergrundes und können daher im Wesentlichen nur auf Fels errichtet werden. In Mittelgebirgen sind sie deshalb verhältnismäßig selten anzutreffen, kommen aber überall da in Betracht, wo kein geeignetes Dammschüttmaterial zur Verfügung steht und die Morphologie und Geologie einen Mauerbau zulassen. Nach der Formgebung und der statischen Wirkung werden folgende Bauarten von Staumauern unterschieden, die auch in kombinierter Form errichtet werden können:

- **Gewichtstaumauern** leiten ihre resultierenden Kräfte aus der Mauerlast und dem Wasserdruck unmittelbar in die Gründungssohle ein. Die Abtragung der Horizontalkräfte setzt eine ausreichende Scherfestigkeit in der Sohle voraus.
- Bei **Bogenstaumauern** kommt es zu einer Umlagerung der Vertikalkräfte aus Mauergewicht und Wasserlast von der Sperrenmitte in die Flanken, was zu einem Klaffen der Bodenfuge in Sperrenmitte führen kann.
- **Pfeilerstaumauern** bestehen aus Pfeilern, gegen die sich eine Stauwand aus Platten oder Gewölben stützt. Die Gründung kann auf einer durchgehenden oder auf einer auf einzelne Felder beschränkten Grundplatte erfolgen. An das Gebirge in Gründungssohle, besonders an seine Scherfestigkeit, werden sehr hohe Anforderungen gestellt. In breiteren Talquerschnitten wurden häufig Pfeilerstaumauern errichtet.

Die Gründung von Staumauern erfolgt i. d. R. auf gesundem Fels, der beim Freilegen schonend zu behandeln und mit Druckluft zu säubern ist. Die Mauer bildet mit dem Felsuntergrund ein zusammenwirkendes System, dessen Aufstandsbereich sowohl durch die von der Sperre einwirkenden Kräfte als auch vom anstehenden Wasserdruck beansprucht wird, einschließlich des Sohlwasserdrucks und des Wasserdrucks im Kluftsystem. Besondere Anforderungen werden an die Lagerungsverhältnisse und die

Scherfestigkeit des Untergrundes sowie an das Verformungsverhalten und seine Durchlässigkeit gestellt. Wegen der hohen Anforderungen sollten die geotechnischen Kennwerte durch In-situ-Versuche vor Ort bestimmt werden. Ungünstiges Schichtfallen oder Streichen von Kluftscharen bzw. Diskontinuitäten können die Gleitsicherheit entscheidend herabsetzen. Zur Beherrschung der Sohlwasserdrücke sind Dränagen im Aufstandsbereich sowie Dränbohrungen im Untergrund vorzusehen. Dabei sind die konstruktive Ausbildung des Aufstandsbereichs, das Dränsystem und der Dichtschirm zur Reduzierung der Durchsickerung immer als Gesamtsystem zu sehen. Obernhuber und Stäuble (2007) geben einen Überblick über die gegenseitigen Wechselwirkungen sowie Fallbeispiele großer alpiner Sperrenanlagen.

Als besonderes Problem hat sich in den letzten Jahrzehnten die Standsicherheit alter Staumauern ergeben, die häufig auf sehr kompliziert aufgebautem Untergrund mit erosionsgefährdeten Störungszonen stehen. Über die ingenieurgeologischen Probleme bei der Beurteilung der Gründungssituation solcher alten Steinmauern im Rheinischen Schiefergebirge berichten Reinhardt und Weber (1987), Salveter (1987) und Klopp (1989).

18.3.2 Dämme

Staudämme sind weltweit der häufigste Typ von Absperrbauwerken. Die Anforderungen an den Untergrund sind geringer. Es gibt heute zahlreiche auch über 100 m hohe Dämme, die auf Lockergesteinen gegründet sind. Maßgebend ist einerseits die Scherfestigkeit in der Gründungssohle, über welche die Spreizkräfte aus dem Dammkörper und der horizontale Wasserdruck aufgenommen werden müssen, sowie das Verformungsverhalten des Systems Untergrund-Dammkörper. Zu beachten sind dabei:

- Aufbau und Zusammendrückbarkeit des Untergrundes,
- Talform und Talbreite,
- Dammaufbau und Dichtungselement des Dammes,
- Art der Untergrundabdichtung.

Dämme haben entweder einen homogenen Dammaufbau, oder sie bestehen aus einem dichtenden und einem stützenden Teil. Die Wahl des Dammaufbaus ist neben anderen Randbedingungen abhängig von dem zur Verfügung stehenden Dammschütt- bzw. Dichtungsmaterial sowie von den Möglichkeiten der Untergrunddichtung. Häufig wird bei kleineren Dämmen einer wasserseitigen Oberflächendichtung der Vorzug gegeben, während bei hohen Dämmen meist Innendichtungen anzutreffen sind.

Homogene Dämme aus einheitlichen feinkörnigen Erdstoffen, die zugleich dichten und stützen, werden i. d. R. nur für geringe Stauhöhen bis 30 m errichtet. Durch Verzahnung und gute Verdichtung der einzelnen Schüttlagen entsteht ein homogener Dammkörper mit in waagerechter und senkrechter Richtung annähernd gleichen, geringen Durchlässigkeiten ($k \leq 10^{-7}$ m/s), der aber aufgrund der niedrigen Scherfestigkeitswerte flache Dammböschungen erfordert. Dieser Dammtyp ist nur wirtschaftlich, wenn geeignete Dammbaustoffe in ausreichender Menge nahe der Sperrenstelle gewonnen werden können.

Bei einem **gegliederten Dammaufbau** hat der Stützkörper die Aufgabe, den Wasserdruck ohne unzulässige Verformungen auf den Untergrund zu übertragen. Das Stützkörpermaterial muss daher verwitterungsbeständig sein, eine geringe Zusammendrückbarkeit und hohe Scherfestigkeit aufweisen sowie eine ausreichende Durchlässigkeit ($k \geq 10^{-5}$ m/s) besitzen. Geeignet sind dafür gemischtkörnige, nichtbindige Lockergesteine oder gebrochene Festgesteine.

Die Dichtung wird bei unterteiltem Dammaufbau entweder im Damminnern oder auf der wasserseitigen Dammoberfläche angeordnet. Bei hohen Dämmen mit Innendichtung wird der Stützkörper sowohl wasser- als auch luftseitig in mehreren Zonen mit unterschiedlicher Körnung mit von innen nach außen zunehmender Korngröße aufgebaut (Mehrzonendamm). Innendichtungen aus natürlichen Erdstoffen (Erdkern) werden im Dammquerschnitt senkrecht oder geneigt angeordnet (◘ Abb. 18.7).

Als **Baustoffe für den Dichtungskörper** eignen sich bindige Erdstoffe, die sich auf das

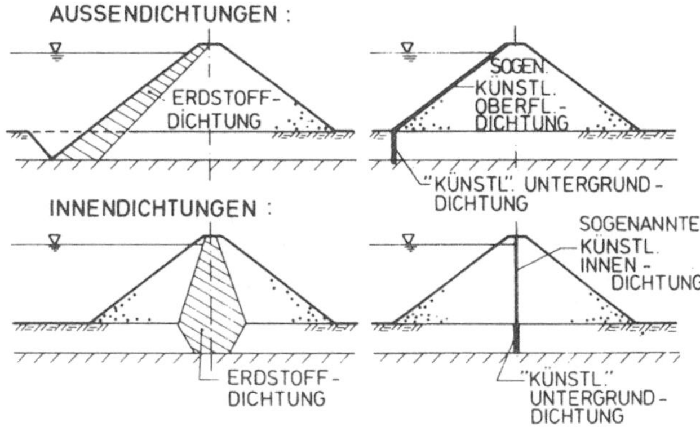

Abb. 18.7 Art und Anordnung von Dammdichtungen (aus Brauns 1978)

erforderliche Maß verdichten lassen und im verdichteten Zustand entsprechend gering durchlässig ($k < 10^{-7}$ m/s), erosionsfest und verformbar sind. Die Kerndichtung ist an der Luft- und Wasserseite durch abgestufte Filter oder (besser) entsprechend zusammengesetzte Übergangszonen vor Erosion zu schützen. Anstelle eines Erdkerns können auch sog. künstliche Innendichtungen aus Asphaltbeton, Tonbeton (Erdbeton), Zementbeton oder eine Dichtungswand zur Ausführung kommen. Eine Übersicht über die im Wasserbau üblichen Dichtungselemente enthält das DVWK-Merkblatt 215 (1990).

Bei Dämmen mit Oberflächendichtung auf der wasserseitigen Böschung wirkt der gesamte Dammquerschnitt als Stützkörper, sodass an das Schüttmaterial geringere Anforderungen zu stellen sind. Die Dammsetzungen müssen allerdings bis zum Aufbringen der Oberflächendichtung weitgehend abgeschlossen sein. Als Baustoffe für die Dichtungshaut kommen hauptsächlich Asphaltbeton, natürliche oder verbesserte Erdbaustoffe und bei niedrigen Dämmen Kunststoffdichtungsbahnen in Betracht (DIN EN 13 361).

Während die **Dammaufstandfläche** bei niedrigen und mittleren Dämmen meist auf bzw. in den Deckschichten liegt und nur sehr weiche oder organische Schichten ausgeräumt werden, erfolgt die Gründung der Dammdichtung bzw. ihrer Anschlusselemente (Herdmauer) sowie der Filter- oder Übergangszonen nach Möglichkeit auf anstehendem Fels oder in einem dichten Horizont.

Bei einer Gründung auf Fels ist die freigelegte Felsoberfläche zu beräumen; alle Klüfte und Spalten sind mit Wasser oder Druckluft zu säubern. Anschließend werden alle Unregelmäßigkeiten mit Beton, Zementbrei oder einem Zement-Bentonit-Gemisch verschlossen. Für die Dichtungselemente ist ein abdichtender Anschluss mit steinfreiem plastischem Ton, einer plastischen Zement-Ton-Paste oder mit bituminösem Material herzustellen. Austretende Quellen sind nötigenfalls zu verpressen. Bei klüftigem Fels kann eine mehrere Meter tief reichende Vergütung durch Injektionen nötig werden. Besondere Sorgfalt ist bei veränderlich festen oder erweichbaren Gesteinen erforderlich. Hier muss die geeignete Technik ggf. durch einen Großversuch an Ort und Stelle gefunden werden.

Sofern die Dammdichtung nicht über eine Herdmauer unmittelbar auf Fels oder einen dichten Horizont gegründet werden kann, ist der Anschluss an diese mittels einer Dichtungswand oder eines Injektionsschleiers herzustellen.

Unter der Last der Dammschüttung werden **Setzungen des Untergrundes** auftreten, die von der Eigenkonsolidation der Dammschüttung einschließlich der mehr oder weniger unvermeidbaren Sättigungssetzung beim Einstau (► Abschn. 12.2.1) sowie den Deformationen des Dammes infolge von Spreizkräften und der Wasserlast überlagert werden. Je nach Untergrundaufbau, Talform sowie Art und Lage der unterschiedlich steifen Dichtungselemente im Damm und im Untergrund sind Setzungsunterschiede zu erwarten, die zu Zugbeanspruchungen sowie

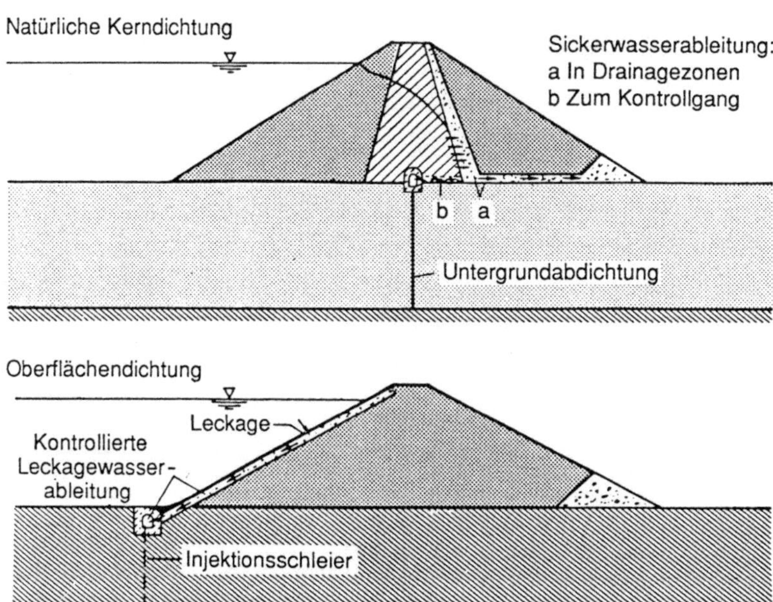

Abb. 18.8 Sickerwasserableitung bei Leckagen in der Dammdichtung (aus Blind 1987)

Rissen im Dammkörper und an den Dichtungselementen führen können (Abb. 18.8). Um das Deformationsverhalten des Systems Dammkörper–Untergrund vorab zu erfassen, sind entsprechende Aufschlüsse über den Untergrundaufbau und Kennwerte für das Setzungsverhalten erforderlich.

Die Dichtungszonen im Dammbau sind immer nur „relativ dicht". Dies trifft sowohl für die schwach durchlässigen natürlichen Erdstoffdichtungen zu als auch für die künstlichen Dichtungsstoffe, die vom Material her zwar praktisch dichten, aber aufgrund ihrer dünnen Ausbildung leicht einmal geringfügige Fehl- oder Schadstellen aufweisen können. Hinzu kommen die mögliche Unter- und/oder Umläufigkeit des Dammes. In Dämmen findet daher i. d. R. immer eine gewisse **Durchsickerung** statt. Die Sickerströmung oder das Fließgefälle kommt in der Sickerwasserpotenzialverteilung (Sickerlinie) bzw. der Spiegeldifferenz von Ober- und Unterwasser zum Ausdruck.

Das Sickerwasser im Dammkörper und im Aufstandsbereich muss durch entsprechende **Entspannungsmaßnahmen** schadlos abgeführt werden (Abb. 18.9). Dazu gehört in erster Linie,

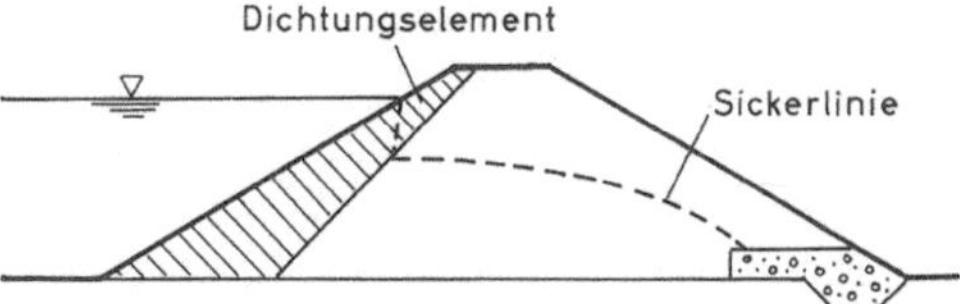

Abb. 18.9 Sickerlinie in einem Zonendamm mit Entspannungsfilter am luftseitigen Dammfuß

dass die Sickerlinie im Innern des Dammkörpers gehalten wird, um Ausspülungen durch austretendes Sickerwasser zu vermeiden. Außerdem muss das Fließgefälle im Dammkörper und im Untergrund unter den als zulässig erachteten Grenzwerten gehalten werden, um Erosionserscheinungen zu unterbinden (▶ Abschn. 18.2.4). Zur Entspannung des Sickerwassers im Damm- bzw. Stützkörper werden außer den schon angesprochenen Filterschichten oder breiteren Übergangszonen an der Dammdichtung im luftseitigen Dammkörper, besonders aber an seiner Sohle streifen- oder flächenförmige Filter mit Dränleitungen angeordnet. Als Filtermaterial kommen rollige Erdstoffe wie Sand, Kies, Splitt und Schotter in Verbindung mit Kunststoffvliesen in Betracht. Der Kornaufbau des Filters ist nach den Filterregeln (▶ Abschn. 2.2.6) auf den Kornaufbau des zu schützenden Materials und auf den Kornaufbau des nachfolgenden Materials abzustimmen. Die Filterfestigkeit kann dabei durch den Einbau eines entsprechenden Vlieses wesentlich verbessert werden.

Breth (1980: 118) gibt einer breiten gemischtkörnigen Übergangszone bzw. einem stetigen Übergang von der Dammdichtung zur Luftseite, deren Dammbaustoffe gegeneinander filterfest sind, den Vorzug gegenüber einem Stufenfilter aus engen Kornbereichen. Er weist außerdem auf die Gefahr hin, die von zu weit zur Wasserseite vorgezogenen Flächenfiltern ausgeht. Sie werden bei Undichtheit zu stark angeströmt, sodass es leicht zu Erosionsgängen kommen kann. Die Erosionsgefahr wird wesentlich gemildert, wenn der Sohlfilter etwa in Dammmitte endet.

Unter dem Dammkörper bzw. dem Bereich der Dammdichtung findet auch im Untergrund ein Druckabbau vom Oberwasser zum Grundwasserniveau auf der Luftseite statt. Bei geringer Durchlässigkeit erfolgt dieser **Abbau des Sohlwasserdrucks** linear, und die Sickerwassermengen sind gering.

Bei hoher Durchlässigkeit des Untergrundes muss bei Hochwasserdämmen an Flüssen auch die übliche Unterströmung (◘ Abb. 18.10) verhindert werden. Bei Stauhaltungen kann dies durch einen nötigenfalls in den Stauraum vorgezogenen Dichtungsteppich oder durch ein vertikales Dichtungselement erfolgen. Bei tief reichend durchlässigem Gebirge wird der Abbau des Sohlwasserdrucks dabei durch die Verlängerung des Fließweges erreicht.

Das im Dammuntergrund unter dem luftseitigen Stützkörper austretende Wasser muss vom Flächenfilter, der auch gegen den Untergrund filterfest sein muss, abgeleitet werden. Zur Vermeidung von Wasseraustritten am luftseitigen Dammfuß und im Dammvorland und der damit verbundenen Gefahr rückschreitender Erosion kann am luftseitigen Dammfuß ein Fußfilter und/oder ein Entspannungsgraben angeordnet werden, dessen Wirkung durch tief reichende Entspannungsbrunnen verbessert werden kann. In allen Fällen muss die Filterfestigkeit der Erd- und Baustoffe beachtet werden.

Die Durchsickerungen im Dammkörper und im Untergrund müssen durch **Kontrolleinrichtungen** überwacht werden. Die Kontrolle der Dammdurchsickerung erfolgt über das luftseitige Dränsystem. Durch Unterteilung in einzelne Abschnitte können etwaige Leckagen sofort nach dem Entstehen geortet und die Wirksamkeit der Sanierung kontrolliert werden.

Der Druckabbau im Damm und im Untergrund wird durch Piezometer oder Grundwassermessstellen kontrolliert. Dabei darf erfahrungsgemäß in einer Bohrung nur ein Standrohr eingebaut werden, um die Messstrecke einwandfrei abdichten zu können.

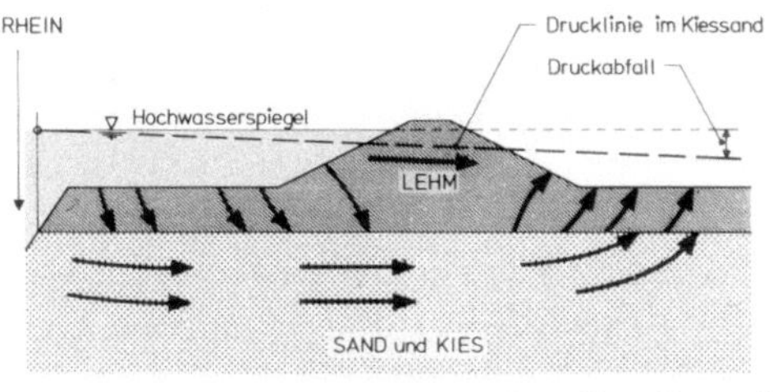

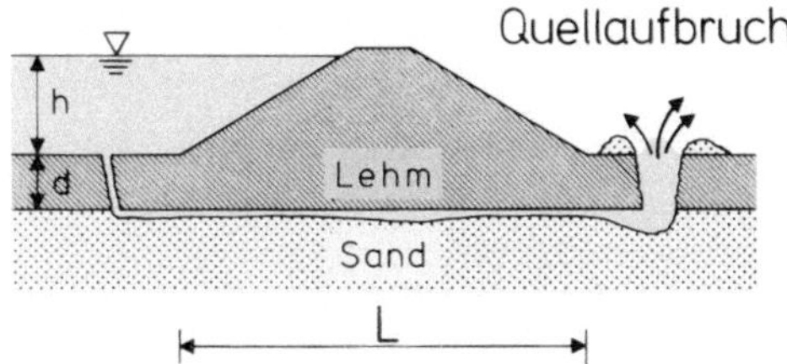

◘ **Abb. 18.10** Strömungsverhältnisse an einem Flussdeich bei Hochwasser und Ausbildung eines Erosionskanals (Firmenprospekt)

18.4 Untergrundabdichtung

Sofern der Dammkern bzw. die Herdmauer nicht unmittelbar in einen dichten Horizont eingebunden werden kann, müssen die Talfüllung und nötigenfalls der Felsuntergrund durch eine Dichtungswand und/oder einen Injektionsschleier abgeriegelt werden. Wo keine Vollabriegelung möglich ist, kann auch eine Teilsicherung zur Verlängerung des Fließweges vorgesehen werden, wenn damit die Wasserverluste und das Fließgefälle so weit abgemindert werden, dass die Standfestigkeit des Dammes weder durch einen hydraulischen Grundbruch noch durch Erosion oder Suffosion des Untergrundes gefährdet ist (s. Sommer 1980 und Kärcher et al. 1997).

18.4.1 Horizontale Dichtungselemente

Bei den Überlegungen über das Ausmaß der Sickerwasserverluste und über das Strömungspotenzial des Sickerwassers ist zunächst die abdichtende Wirkung der **natürlichen Lehmdecke** im Stauraum zu prüfen: Sie muss ausreichend dick sein (min. 10 cm pro Meter Stauhöhe), eine entsprechend geringe Durchlässigkeit aufweisen ($k < 10^{-7}$ m/s) und gegenüber dem Untergrund erosionsfest sein.

Die Erfahrungen haben jedoch gezeigt, dass die natürliche Lehmdecke i. d. R. zu viele Fehlstellen aufweist und auch weder durch eine besondere Bearbeitung noch durch eine entsprechende Verstärkung auf die notwendige Güte verbessert werden kann, da hierzu meist das geeignete Material fehlt. In den meisten Fällen wird daher eine Verbesserung der natürlichen Stauraumabdichtung allein nicht zum gewünschten Erfolg führen. Vereinzelt sind solche Wannendichtungen (◘ Abb. 18.11) jedoch erfolgreich ausgeführt worden (z. B. Nidda-Talsperre bei Schotten/Vogelsberg). Ein Hauptproblem bleiben dabei örtliche Fehlstellen und die oft fehlende Filterfestigkeit zwischen dem Decklehm und den Bachkiesen bzw. dem klüftigen Felsuntergrund, wodurch über lange Zeit Erosionsgefahr gegeben ist und Schlucklöcher unterschiedlicher Größe im Stauraum auftreten können.

Die natürliche Lehmdecke im Stauraum wird trotzdem immer Teil des gesamten Dichtungskonzepts bleiben. Mit der Zeit wird sich auch eine zunehmende Selbstabdichtung der Stauraumsohle durch Schlammablagerung einstellen. Für den sperrennahen Bereich der eingestauten Hangpartien ist zur Verminderung der Umläufigkeit ein zusätzlich aufgebrachter Dichtungsteppich aus natürlichen Erdbaustoffen oft unerlässlich.

Die Versuche, die natürliche Lehmdecke zumindest im vorderen Teil des Stauraums durch Verlegen einer **Kunststoffdichtungsbahn** (KDB) zu verbessern, haben in den 1970er-Jahren auch bei kleineren Dämmen einige Rückschläge gebracht. Der dichte Anschluss der Dichtungsbahn an andere Dichtungselemente und der Kontakt zwischen Dichtungsbahn und Lehm sind in diesen Fällen nicht zufriedenstellend gelungen. Über Erfahrungen mit geosynthetischen Tondichtungsbahnen (Bentonitmatten) für Wasserbauwerke berichten Fleischer und Heibaum (2012).

An Erdbaustoffe für eine Verbesserung der natürlichen Stauraumdichtung bzw. für **aufzubringende mineralische Dichtschichten** sind entsprechende Qualitätsanforderungen zu stellen. Die maßgebenden Parameter sind die Verdichtbarkeit, die Wasserdurchlässigkeit, die vom Verdichtungsgrad abhängig ist (► Abschn. 2.4.2 und 12.2.1), die Beständigkeit gegen Suffosion und Erosion sowie das Schwindpotenzial. Tonreiche Böden mit ausgeprägt plastischen Eigenschaften neigen bei

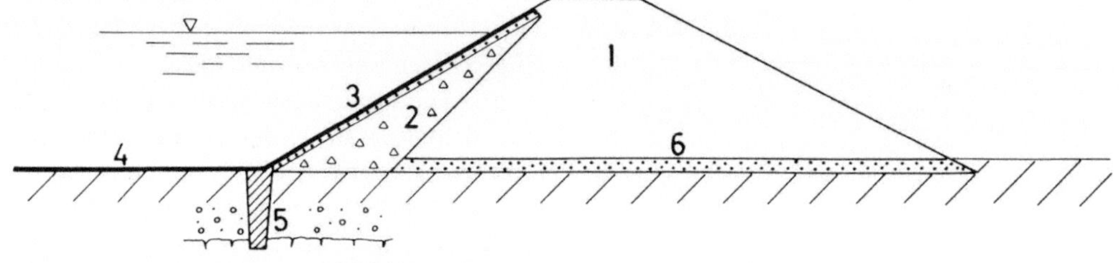

◘ **Abb. 18.11** Schema einer Wannendichtung einer Stauanlage auf durchlässigem Untergrund: (1) Stützkörper, (2) Übergangsschicht (ausgesuchtes Felsmaterial), (3) Oberflächendichtung (Asphalt, Folie) mit Ausgleichs- und Filterschicht, (4) Dichtungsteppich (Folie oder Lehm), (5) Herdmauer), (6) Sohlfilter

18

Wassergehaltsabnahme zum Schwinden, was die Durchlässigkeit der Dichtschicht um Zehnerpotenzen erhöhen kann (Pohl 2012).

18.4.2 Vertikale Dichtungswände

Vertikale Dichtungswände sind überall da, wo in erreichbarer Tiefe und auch zur Seite hin eine Einbindung in ausreichend dichten Untergrund möglich ist, die technisch und wirtschaftlich günstigste Dichtungsmöglichkeit.

Dichtungswände sind aber auch bei tief reichend durchlässigem Untergrund, sei es eine schlecht injizierbare Talfüllung oder ein hoch durchlässiger Felsuntergrund, einem Injektionsschleier meist wirtschaftlich überlegen, da ihre Anwendbarkeit vom Kluft- und Porenraum und damit von der Durchlässigkeit unabhängig ist. Das Wandmaterial muss so weit verformbar sein, dass es Setzungen oder sonstigen Bewegungen des Dammuntergrundes ohne Schaden standhält, und es muss gegenüber den zu erwartenden hydraulischen Bedingungen erosionssicher sein.

Zu den vertikalen Dichtungswänden zählen außer den meist als Anschlusselement zwischen Damm und Untergrund errichteten Herdmauern:

- Lehmsporne,
- Schlitzwände (▶ Abschn. 9.3.4 und 9.4.2),
- Hochdruck-Düsenstrahlwände (▶ Abschn. 7.4),
- Stahlspundwände (▶ Abschn. 9.3.2,
- Bohrpfahlwände (▶ Abschn. 9.3.3),
- Dichtwand im CSM-Verfahren (▶ Abschn. 9.4.2).

Die Herdmauern werden bei höheren Dämmen oder bei schwierigen Untergrundverhältnissen meist mit einem Kontrollstollen ausgestattet, von dem aus zusätzliche Abdichtungsmaßnahmen (Injektionsschleier) ausgeführt werden können.

Die Verfahren zur Herstellung der verschiedenen Arten von Dichtungswänden, die erreichbaren Durchlässigkeiten und die maximalen Ausführungstiefen sind in ▶ Abschn. 9.4 und im DVWK-Merkblatt 215 „Dichtungselemente im Wasserbau“ im Einzelnen beschrieben.

18.4.3 Injektionsschleier

Dichtungswänden sind sowohl von der erreichbaren Tiefe als auch vom Gebirge her Grenzen gesetzt. Eine tiefer reichende vertikale Abdichtung muss dann immer als Injektionsschleier ausgeführt werden.

Die Machbarkeit eines Injektionsschleiers hängt von der Durchlässigkeit des Untergrundes und dem zur Anwendung vorgesehenen Injektionsmittel ab. Die Gebirgsdurchlässigkeit wird gem. ▶ Abschn. 2.8.4.4 über Wasserdruckversuche ermittelt und über die Wasseraufnahme in l/(min × m), bezogen auf einen bestimmten Druck, ausgewertet (Lugeon-Kriterium: 1 LU = 1 l/min × m bei 10 bar; ▶ Abschn. 18.2.1). Die Lugeon-Werte werden entweder direkt verwendet oder müssen für rechnerische Abschätzungen in Durchlässigkeitsbeiwerte umgerechnet werden (Saurer et al. 2012). Nach den Auswertungen von Heitfeld (◘ Abb. 2.77) entspricht 1 LU einer Gebirgsdurchlässigkeit von etwa $1{,}3 \times 10^{-7}$ m/s.

Die Auswahl eines zweckmäßigen Injektionsmittels kann in Abhängigkeit der Lugeon-Werte nach ◘ Abb. 18.12 erfolgen, wobei allerdings kleine LU-Werte sowohl einem Gebirge mit einzelnen größeren Klüften als auch einem Gebirge mit vielen kleinen Klüften entsprechen können. Schwierigkeiten bereitet nur die Übertragung der Ergebnisse von Wasserabpressversuchen auf die Fließvorgänge beim Injizieren mit Suspensionen (Widmann 1991). Im Hinblick auf diese Problematik und die bekannte Komplexität des Ausbreitungsvorgangs des Verpressmaterials im Gebirge hat auch der Lugeon-Wert nur Indexcharakter.

In Fels mit k-Werten $\geq 10^{-5}$ m/s bzw. LU-Werten >2 werden Zementsuspensionen verwendet (▶ Abschn. 7.3), denen zur Stabilisierung der Suspension meist 2–8 % Bentonit beigegeben wird. Zement-Bentonit-Suspensionen weisen bis zu 50 % Tonanteile auf. Reine Tonsuspensionen können nur dort angewendet

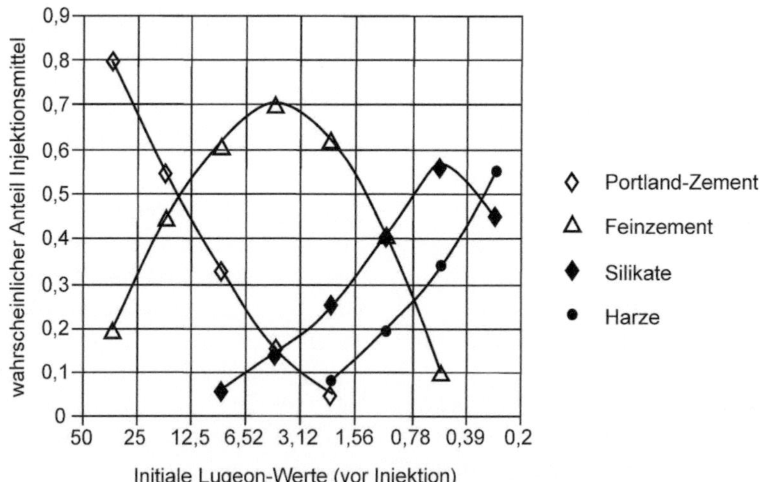

Abb. 18.12 Wahl des Injektionsmittels nach Lugeon-Werten (nach Stadler aus Saurer et al. 2012)

werden, wo keine Sickerwasserströmung und damit keine Ausspülung zu befürchten ist. In aggressivem Grundwasser werden Zement-Bentonit-Suspensionen mit Spezialzementen eingesetzt. Bei höheren Aufnahmen werden Füllstoffe wie Sand, Gesteinsmehl, Flugasche, Kalkmehl, Trass u. a. m. beigegeben, oder man verwendet Zementpasten bzw. neuerdings auch Zement-Bentonit-Gemische mit Zugabe von aufschäumenden Kunststofflösungen, die besonders in verkarstetem Gebirge Vorteile bringen.

Die Reichweite einer Zementinjektion ist abhängig von der verwendeten Suspension, dem angewandten Injektionsdruck, der Injektionszeit sowie der Ausbildung der Klüfte (Abb. 18.13) und hochgradig anisotrop. In gut durchlässigem Gebirge ($k = 1 \times 10^{-2}$ bis 1×10^{-4} m/s) werden allgemein Reichweiten von 1–3 m angenommen, in den Hauptkluftrichtungen 5–10 m und mehr (Heitfeld 1965).

Bei einer Vielzahl feiner Klüfte, die insgesamt noch eine erhebliche Durchlässigkeit bringen, jedoch infolge ihrer geringen Spaltweite (<0,1 mm) durch Zementinjektionen nicht mehr abgedichtet werden können, werden vor oder nach der Zementinjektion chemische Lösungen verpresst. Die verschiedenen Möglichkeiten sind in ► Abschn. 7.3 beschrieben. Hierbei ist jedoch auf Umweltverträglichkeit zu achten.

Die **Tiefe des Injektionsschleiers** sollte nach den Ergebnissen der WD-Tests festgelegt werden (Abb. 18.2), nicht nach empirischen Formeln wie

- $t = \frac{2}{3} \times H$ (für deutsche Talsperren) oder
- $t = \frac{1}{3} \times H + C$ (Bureau of Reclamation),

wobei t die Tiefe des Dichtungsschleiers, H den maximalen Wasserdruck und C eine Konstante bezeichnen, die je nach Fels zwischen 8 und 25 liegt. Die Mindesttiefe eines Injektionsschleiers sollte bei kleineren Dammhöhen 15–20 m betragen. Nach den Seiten muss der Injektionsschleier so weit in die Talflanken eingebunden werden, dass die stärker durchlässige Oberzone bis in ausreichende Tiefe abgedichtet wird.

In wenig durchlässigem Fels wird der Injektionsschleier meist einreihig, bei höheren Durchlässigkeiten auch 2- oder 3-reihig ausgeführt. In Lockergesteinen werden grundsätzlich breite, bis zu 6-reihige Injektionsschleier ausgeführt.

Die **Wahl des Bohrverfahrens** richtet sich nach dem Einsatzort, der Gesteinsart, der Tiefe und der erforderlichen Richtungsgenauigkeit. Soweit möglich, werden Injektionsbohrungen als Vollbohrungen (Rotary- oder Drehschlagbohrungen) ausgeführt. Nur die Anfangsbohrungen und die Kontrollbohrungen sind

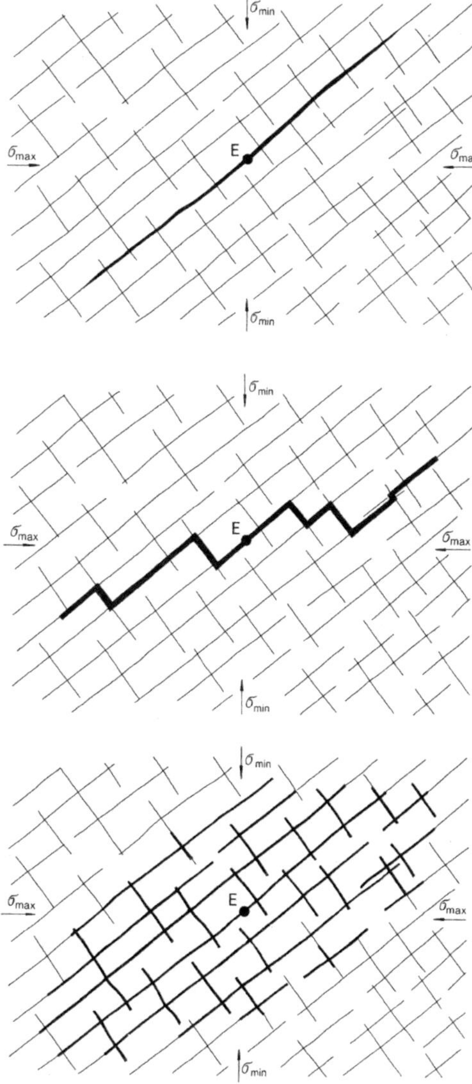

Abb. 18.13 Unterschiedliche Ausbreitung des Injektionsgutes um die Einpressstelle (E), je nach Ausbildung der Klüftung und Spannungszustand (nach Ewert 1985)

Kernbohrungen. Der Durchmesser der Injektionsbohrungen beträgt üblicherweise 46–64 mm, meist rd. 50 mm. Richtung und Neigung der Bohrungen müssen auf das Trennflächengefüge abgestimmt werden. Sie sollen möglichst alle Kluftsysteme aufschließen, zumindest aber das Hauptkluftsystem mit der größten mittleren Öffnungsweite (Heitfeld 1965: 165 ff.). Injektionsbohrungen werden daher häufig als Schrägbohrungen angesetzt, auch wenn darunter die Richtungsgenauigkeit leidet.

Bezüglich der Richtungsgenauigkeit von Injektionsbohrungen werden Abweichungen von 3 % der Bohrtiefe zugelassen, das entspricht einer Bohrlochabweichung von etwa 1,5°. Teilweise werden auch höhere Anforderungen gestellt, um Lücken im tieferen Teil des Schleiers zu vermeiden. In solchen Fällen müssen aber die Bohrtiefen auf etwa 30 m begrenzt werden. Wie groß die Bohrlochabweichungen werden können, zeigt Abb. 18.14. Derartige Maße von über 20 % sind nur verträglich, wenn die Bohrlochabweichungsmessungen (▶ Abschn. 4.8.2) zeigen, dass diese nach Richtung und Größe einigermaßen gleichmäßig sind und es dadurch nur zu einer Verkrümmung des Injektionsschleiers, aber nicht zu Lücken kommt. Bei zu großen Einzelabweichungen müssen zusätzliche Zwischenbohrungen gesetzt werden.

Die Richtung der Bohrlochabweichung liegt häufig senkrecht zum Streichen, und zwar gegen das Schichtfallen (▶ Abschn. 4.8.2), Kernbohrungen sind wesentlich richtungstreuer als Vollkronenbohrungen, bei denen Abweichungen von 10 % nicht selten sind. Aus diesem Grund sollten in einem Schleier möglichst nicht verschiedene Bohrverfahren eingesetzt werden.

Beim **Injizieren** muss grundsätzlich zwischen nicht verkarstungsfähigen und verkarstungsfähigen Gesteinen unterschieden werden. Außerdem verlangen die oberflächennahe Auflockerungszone (▶ Abschn. 3.4.3.2) und auch veränderlich feste Gesteine (▶ Abschn. 3.4.1) nötigenfalls eine besondere Behandlung. Die Einpressung mittels Packer erfolgt normalerweise in Stufen von 3–10 m Länge entweder von unten nach oben oder von oben nach unten, wobei dann jeweils stufenweise von oben nach unten gebohrt und mit einem Packer im Standrohr verpresst wird. Bei stark klüftigem Gebirge empfiehlt es sich, von oben nach unten zu arbeiten, da hierbei Umläufigkeiten weitgehend verhindert werden.

Beim Injektionsvorgang werden der **Verlauf des Druckaufbaus und die Aufnahmemenge** des Injektionsgutes von Druck-Mengen-Schreibern

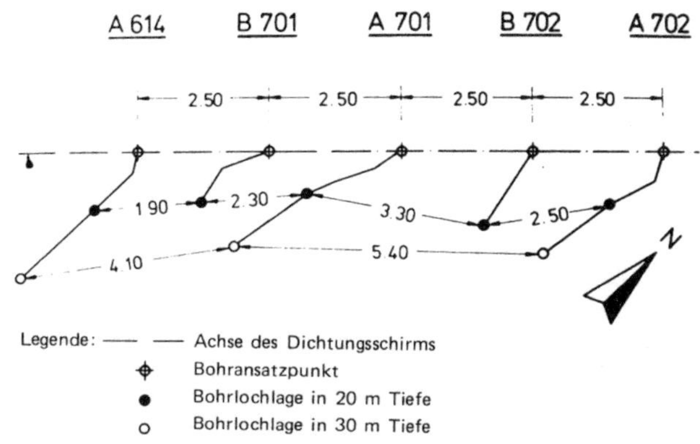

Abb. 18.14 Horizontalprojektion der Ergebnisse von Abweichungsmessungen in Einpressbohrlöchern (nach Schade 1976)

registriert. Dabei können nach Heitfeld (1965) drei Phasen unterschieden werden:

- In der ersten Füllphase erfolgt bei meist noch geringem Druck eine Auffüllung der größeren Klüfte. Die Pumpenleistung muss groß genug sein, damit genügend Suspension für eine möglichst weitreichende Verfüllung der Klufthohlräume zur Verfügung steht und nach Möglichkeit ein Zusammenschluss der Einpressbereiche untereinander erreicht wird.
- Danach setzt ein Druckanstieg ein. In dieser Verpressphase soll der vorgesehene Maximaldruck erreicht werden, wobei die Aufnahmemenge auf einen vorgegebenen unteren Grenzwert oder auf null zurückgeht.
- Der Enddruck muss mindestens 10 Minuten gehalten werden, ohne dass noch Verpressgut aufgenommen wird.

Das Verhältnis Verpressdruck/Aufnahmemenge kann durch Variation des Wasser-Zement-Wertes bzw. des Wasser-Bindemittel-Wertes gesteuert werden (► Abschn. 7.3). Im Normalfall wird mit einer dünnflüssigen Suspension begonnen. Baut sich dabei kein Druck auf, so wird eine dickflüssigere Konsistenz verpresst, die bei der Annäherung an den Maximaldruck wieder dünnflüssiger eingestellt werden kann.

Der **maximale Injektionsdruck** wird in Abhängigkeit von der Art und der Mächtigkeit des überlagernden Gebirges festgesetzt. Zaruba und Mencl (1961) und Heitfeld (1965) bringen eine ganze Reihe von Formeln und Tabellen für die Festlegung des Injektionsdrucks. In den USA werden im Durchschnitt Steigerungsraten von 0,25 bar pro 1 m Überlagerungshöhe angesetzt, ggf. mit einer Differenzierung von 0,5 bar/m für feste Gesteine und 0,1 bar/m für sog. weiche Gesteine, während in Europa Steigerungsraten von bis zu 1 bar/m üblich sind (Abb. 18.14).

Bei der Festlegung des maximal zulässigen Injektionsdrucks ist zu berücksichtigen, dass der wirksame Druck im Gebirge weniger als die Hälfte des an der Pumpe gemessenen Drucks beträgt (► Abschn. 7.3). Im Gebirge selbst pflanzt sich der Flüssigkeitsdruck in leicht geöffneten Trennflächen recht gut fort. Leicht verformbare Schichtgesteine (z. B. Buntsandstein-Wechselfolgen) können schon bei Verpressdrücken von 1,5–3 bar aufbrechen. Der kritische Druck wird fast allein durch die Masse des überlagernden Gebirges bestimmt. Solche Gebirgstypen lassen schon bei den WD-Versuchen ein auffallendes Aufreißverhalten erkennen und erscheinen durchlässiger, als sie tatsächlich sind (► Abschn. 2.9.4.3). Steigerungsraten des Verpressdrucks von ≥ 1 bar/m übersteigen schnell einmal den Überlagerungsdruck und setzen ein aufreißunempfindliches, seitlich eingespanntes Gebirge voraus. In Abb. 18.15 sind die kritischen Verpressdrücke für die verschiedenen Gebirgstypen zusammengestellt.

Die endgültigen Injektionsdrücke sollen nach Möglichkeit nach dem Druckverlauf der WD-Tests festgelegt werden, unter

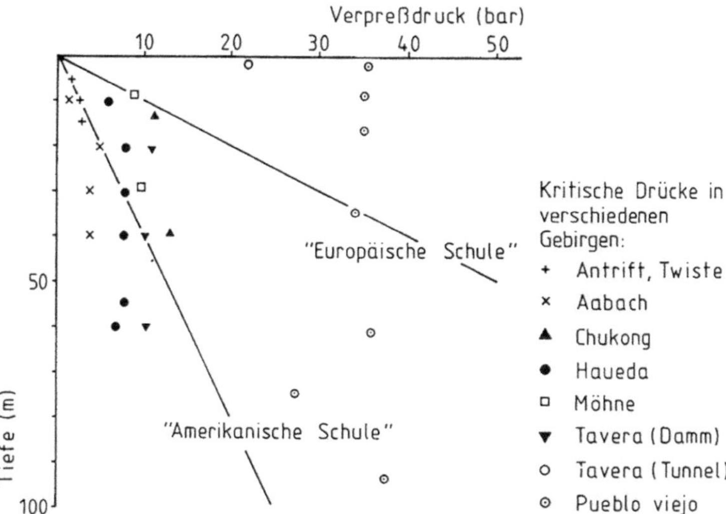

Abb. 18.15 Kritische Drücke bei verschiedenen Talsperren bzw. Gebirgstypen und empfohlene Verpressdrücke nach der amerikanischen bzw. der europäischen Schule (nach Ewert 1987)

Berücksichtigung der kritischen Verpressdrücke hinsichtlich des Aufreißens der Schichtfugen (Ewert 1987). Die Erfahrungen haben allerdings auch gezeigt, dass Injektionen mit niedrigeren Drücken als etwa 5 bar in vielen Fällen zu keinem zufriedenstellenden Ergebnis geführt haben. Offensichtlich wurde hierbei der sog. Ansprechdruck nicht erreicht, der für das Eindringen des Injektionsgutes aus dem Bohrloch in das Gebirge in Gang nötig ist (Widmann 1991). Deshalb sollen oberflächennahe Bereiche möglichst nur unter Dammauflast verpresst werden.

Anzahl und Abstand der Injektionsbohrungen werden halbschematisch in Anpassung an die geologische Situation festgelegt. Bei einreihiger Anordnung wird die A-Serie zunächst in Abständen von 4–8 m gebohrt und verpresst. Je nach Aufnahme bzw. dem Ergebnis zwischengesetzter Kontrollbohrungen werden dann eine B-Serie und nötigenfalls eine C- und D-Serie im jeweils halben Abstand zwischengesetzt (Abb. 18.16). Hierbei können die einzelnen Serien unterschiedliche Tiefen haben.

Je nach Standfestigkeit des Bohrlochs erfolgt die Injektion entweder durch Abbohren bis zur Endtiefe in Stufen von unten nach oben oder, bei gebrächem Gebirge, in Stufen von oben nach unten, wobei die verpresste Strecke jeweils wieder aufgebohrt werden muss. Die Länge der Einpressstufen beträgt i. d. R. 5 m, bei hohen Aufnahmen auch weniger. In massigen Gesteinen kann teilweise auch die sog. Einlochmethode, d. h. das einheitliche Verpressen eines Bohrlochs ab einer bestimmten Tiefe, angewendet werden.

Die Festlegung, welches Gebirge injiziert werden muss und wie hoch der **Grenzwert der Aufnahme von Injektionsgut** anzusetzen ist, richtet sich nach den zulässigen Sickerwasserverlusten, den Ergebnissen der WD-Tests (▶ Abschn. 18.2.1) und dem gesamten Abdichtungskonzept. Wenn z. B. ein beträchtlicher Teil des hydraulischen Drucks im natürlichen oder verbesserten Dichtungsteppich des Stauraums abgebaut wird, kann der Grenzwert für die Durchlässigkeit des Injektionsschleiers beträchtlich höher angesetzt werden (Holtz und Ewert 1977: 343). Insgesamt ist hierbei jedoch zu bedenken, dass bei geringen Wasseraufnahmen auch die Zementaufnahmen gering sein werden und praktisch kaum eine Veränderung der Durchlässigkeit erreicht wird (Ewert 1979: 275). Wo trotz geringer Wasseraufnahme größere Zementaufnahmen eintreten, besteht der Verdacht, dass das Gebirge durch die größeren Drücke bei der Zementverpressung aufgerissen wird. In dünnbankigen Schichtgesteinen lässt sich dies oft nicht

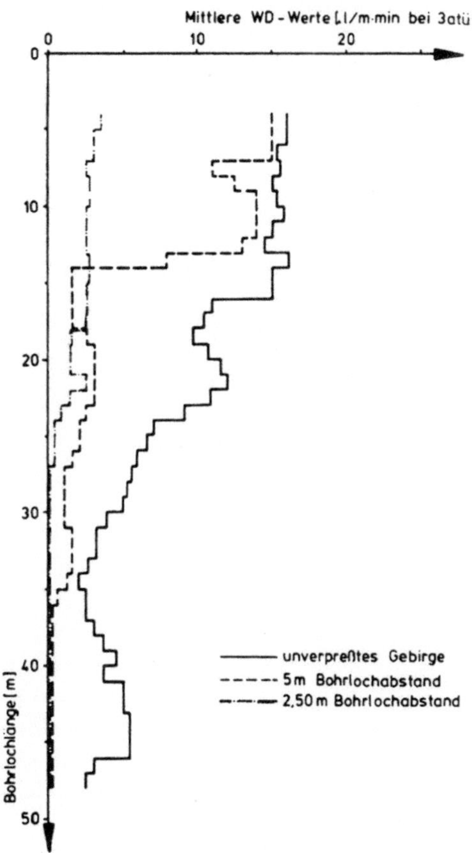

Abb. 18.16 Darstellung der Wasserdurchlässigkeit im Tiefenprofil nach verschiedenen Injektionsstadien (nach Schade 1976)

Abb. 18.17 Reihen und Dreiecksanordnung der Bohrungen bei Injektionsversuchen (Heitfeld und Krapp 1986)

ganz vermeiden. Über das Verhältnis Wasseraufnahme/Zementaufnahme liegen ausführliche Studien von Heitfeld (1965) und Ewert (1979) vor, auf die hier verwiesen wird.

Die Zementaufnahmen betragen meist 50–200 kg Zement/lfd. m. Bei Aufnahmen von über 500 kg/lfd. m sollten besondere Maßnahmen vorgesehen und in oberflächennahen Bereichen andere Abdichtungsmethoden in Erwägung gezogen werden. Sondermann (1988) berichtet von einem solchen Vergleich Schlitzwand/Injektionsschleier bzw. von einer Kombination Schlitzwand/Injektionsschleier mit Zementpasten und Zementsuspension im Buntsandsteingebirge. Injektionsversuche zum Zeitpunkt der Baureifplanung sind bei größeren Talsperren durchaus angebracht. Sie dienen sowohl der Erkundung der Abdichtbarkeit des Untergrundes als auch der Feststellung des Aufwands. In Lockergesteinen wird gewöhnlich mit dreieckigen Versuchsfeldern nach DIN 4093 gearbeitet, im Fels dagegen meist mit Linienanordnung (Abb. 18.17).

Der Abdichtungserfolg wird sowohl bei Injektionsversuchen als auch bei der Ausführung durch Kontrollbohrungen mit WD-Tests kontrolliert, indem die Wasseraufnahmen vor und nach der Injektion verglichen werden, wobei allerdings die unterschiedlichen Bohrlochdurchmesser berücksichtigt werden müssen. Ein Injektionsschleier gilt als hydraulisch wirksam, wenn die Durchlässigkeit um mindestens zwei Potenzexponenten verkleinert wurde. Holtz und Ewert (1977) berichten von einer Reduktion der Wasseraufnahmen bei den WD-Versuchen von durchschnittlich 12,2 l/(min × m) auf 1,6 l/(min × m) bei einem Injektionsdruck von nur 1,5 bar. Entscheidend für die Beurteilung des Abdichtungserfolgs sind nicht die Mittelwerte der Gebirgsdurchlässigkeit, sondern die Notwendigkeit, Teilbereiche hoher Durchlässigkeit auf ein erforderliches Maß abzudichten.

Bauen in Erdfall- und Senkungsgebieten

H. Prinz, R. Strauß, *Ingenieurgeologie*,
https://doi.org/10.1007/978-3-662-54710-6_19

In Erdfall- und Senkungsgebieten ist die Flächennutzung, insbesondere die Errichtung von Bauwerken und Verkehrswegen, stets mit einem besonderen Gefahren- und Schadensrisiko verbunden. Voraussetzung für eine Abschätzung der Senkungs- oder Erdfallgefährdung bestimmter Flächen sind Kenntnisse über den Untergrundaufbau, die Tiefenlage und Ausbildung des verkarsteten Gesteins, die Beschaffenheit der Deckschichten und die Häufigkeit bzw. zeitliche Einstufung bisheriger Ereignisse. Zur Beurteilung möglicher Maßnahmen gehören dann sowohl Erfahrung mit den Zusammenhängen und Vorgängen, die zu diesen Ereignissen führen können, als auch Kenntnisse der speziellen ingenieurgeologischen Untersuchungsmethoden und der möglichen baulichen Gegenmaßnahmen.

Lösungsfähige Gesteine bzw. Hohlraumbildungen kommen in fast allen geologischen Einheiten vor. Hinsichtlich der lösungsfähigen Gesteine beschränken wir uns hier, den klimatischen Verhältnissen in Europa entsprechend, auf Karsterscheinungen in Karbonat-, Sulfat- und Salzgesteinen. Der unter tropisch-humidem Klima mitunter auftretende Silikatkarst bleibt in diesem Buch ausgeklammert.

Primäre Ursache der Hohlraumbildungen, Senkungen oder Erdfälle ist die lösende Wirkung des Wassers. Die wichtigsten den **Verkarstungsprozess bestimmenden Faktoren** sind die Karstgunst des Gesteins, das Trennflächengefüge, die Qualität und Menge der Niederschläge, die hydrogeologischen Verhältnisse, das Relief und die Zeit sowie Veränderungen durch menschliche Eingriffe. Außer der Wasserzufuhr muss im Gebirge auch eine Wasserzirkulation bzw. ein Wasserabfluss gegeben sein, was bei Tiefenkarst, wenn keine Vorflut im klassischen Sinn erkennbar ist, oft ein ungelöstes Problem darstellt.

Die Verkarstung beginnt immer an Gesteinsflächen, vor allem an wasserwegsamen Trennflächen bzw. primären Großkapillaren, besonders aber in Störungs- und Zerrüttungszonen. Über eine auffallend lineare Aufreihung von Karstformen an tektonischen Störungszonen berichten Brunner und Simon (1987); Wolff (1987); Heckner et al. (1999); Biewald 2004b; Neumann et al. (2005). Dazwischen liegen Gebirgsbereiche mit deutlich geringerer oder keiner Verkarstung. Außerdem zeichnen sich oft besonders verkarstungsanfällige Horizonte ab, z. B. dolomitische Lagen, Horizonte von besonderer Sprödigkeit oder mit initialer Gesteinsporosität. Auch über wasserstauenden mergeligen Horizonten kann verstärkte Verkarstung auftreten (Jeannin et al. 2006; Jeannin 2007).

Die Verkarstung führt zunächst zu Kluftaufweitungen und Karstgängen, Schlotten und kleinen oder größeren Hohlräumen, die das Gestein zwar unregelmäßig, meist aber in Anpassung an das Trennflächensystem durchsetzen (◘ Abb. 19.1). Die Tiefenwirkung der Verkarstung ist abhängig von der Mächtigkeit des Karstgesteins, den verschiedenen (auch früheren) Karstwasserspiegeln bzw. der jeweiligen Lage zur Vorflut sowie den Strömungsverhältnissen. Dabei ist zu beachten, dass der Karstwasserspiegel kurzfristige Wechselstände von weit mehr als 10 m aufweisen kann. Im Laufe der Erdgeschichte haben auch epirogenetische Hebungen und Änderungen der Vorflutverhältnisse Einfluss auf die Grundwasserdynamik und damit auf die Intensität der Verkarstung gehabt (Reuter et al. 1986; Höwing 2005). Allgemein werden vier Hauptphasen verstärkter Verkarstung unterschieden:

- Kreide- und Tertiärzeit, meist fossile Karstformen,
- Pliozän und die Warmzeiten des Pleistozäns, besonders vor 15.000 bis 11.500 Jahren (Endphase der letzten Kaltzeit), und
- die Zeit des Atlantikums, also vor 6000 bis 4000 Jahren (▶ Abschn. 15.2.7).

Auf der Schwäbischen Alb werden außerdem noch eine ältere (kreidezeitliche) danubische und eine jüngere (tertiäre) rhenanische Verkarstungsphase ausgehalten.

Entscheidende Bedeutung für die Ausformung der Karsterscheinungen hat auch das Prinzip der Selbstverstärkung. Bestehende initiale Wasserwege im Fels ziehen das Wasser an, wodurch die Hohlformen ständig vergrößert

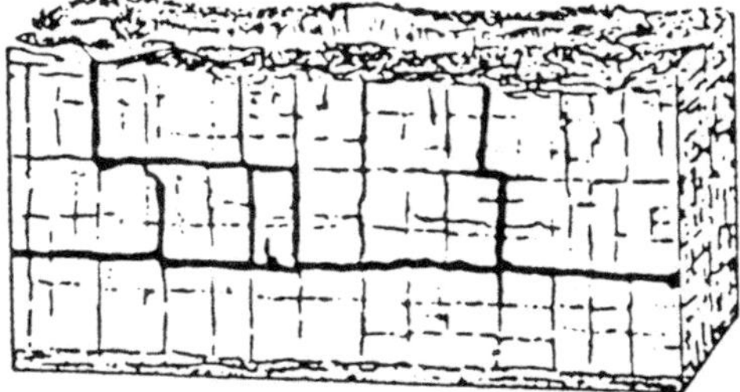

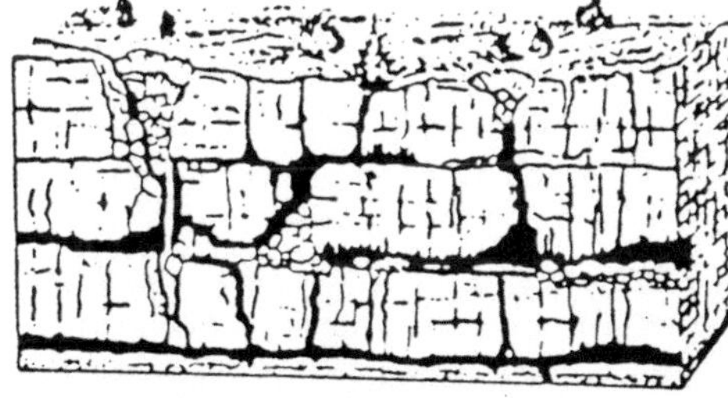
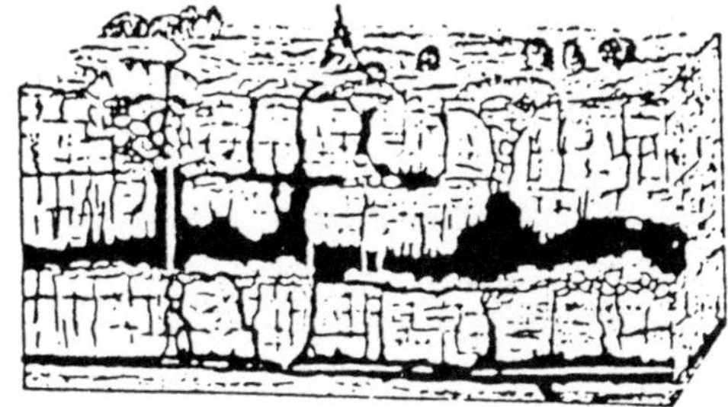

◼ Abb. 19.1 Entwicklung des Kalksteinkarstes bis zur Erdfall- bzw. Dolinenbildung (aus Watzlaw 1988)

werden. Besonders im Wechselbereich des Grundwasserspiegels entstehen dadurch ausgedehnte **Höhlensysteme** sowohl im Kalkstein als auch im Gips bzw. Anhydrit. Zu den großen Höhlen im Zechstein-Anhydrit zählen das Höhlenlabyrinth der Heimkuhle im Ostharz, die Barbarossahöhle im Süden des Kyffhäuser Gebirges (eine Schichtfugenhöhle im Werra-Anhydrit, 800 m lang, mehrere flach gewölbte Hallen mit kleinen Seen: von Natur aus eingangslos, durch Kupferschieferbergbau 1866 entdeckt und erschlossen) und die Himmelreichhöhle bei Walkenried/Südharz (Haupthalle ist 170 m lang, 85 m breit und 15 m hoch).

Die Atta-Höhle bei Attendorn in den Devonkalksteinen des Sauerlandes weist ein Höhlenlabyrinth von 5000 m Länge auf. Auch die Rübeländer Höhle im Harz liegt in Devonkalksteinen.

Vom Kalksteinkarst der Schwäbischen Alb sind insbesondere die fast 2,5 km lange Falkensteiner Höhle (eine Schichtfugenhöhle), die Laichinger Tiefenhöhle, die 127 m tiefe Laierhöhle bei Geislingen (Kluftfugenhöhlen) sowie das über 1250 m lange Höhlensystem von Blaubeuren (Hundhausen 2009) zu nennen, dessen größte Einzelhöhle 170 m lang und bis 50 m hoch ist. Das größte und zugleich tiefste Höhlensystem Deutschlands ist die 2014 allgemein bekannt gewordene Riesending-Schachthöhle im Kalksteinkarst des Untersberges bei Berchtesgaden, deren verschachteltes System von z. T. engen, senkrechten Schächten mit einer Tiefe von insgesamt 884 m sowie den zusammen 19,2 km langen verzweigten Gängen eine Kombination aus Kluft- und Schichtfugenkarst darstellt (◼ Abb. 19.2).

Auch vom Unteren Muschelkalk sind einige größere Höhlen bekannt, etwa die Eberstadter Tropfsteinhöhle im südlichen Odenwald, die Teufelshöhle bei Steinau a. d. Straße im Kinzigtal (beides Schauhöhlen) und das erst 2008 entdeckte Höhlensystem vom Bleßberg in Südthüringen (► Abschn. 19.3.2). Vom Gipskeuper Südwestdeutschlands sind mehrfach größere Höhlenbildungen beschrieben, die meist erst bei Steinbrucharbeiten entdeckt wurden (Rathgeber 2007).

Die über 10.000 Karsthöhlen in Deutschland sind baurechtlich nicht geschützt (Böhlke 2010). Das bedeutet, dass bei Bauvorhaben keine behördlichen Auflagen im Hinblick auf Auswirkungen auf die Systeme zu erwarten sind, wohl aber Einsprüche vonseiten des Naturschutzes. Andererseits ist aber der Bauverantwortliche allein für die erforderlichen baulichen Sicherungsmaßnahmen bei Antreffen von Hohlformen zuständig.

Die **Standsicherheit von Besucherhöhlen** ist nach den geltenden Richtlinien vom Betreiber nachzuweisen und zu gewährleisten. Die

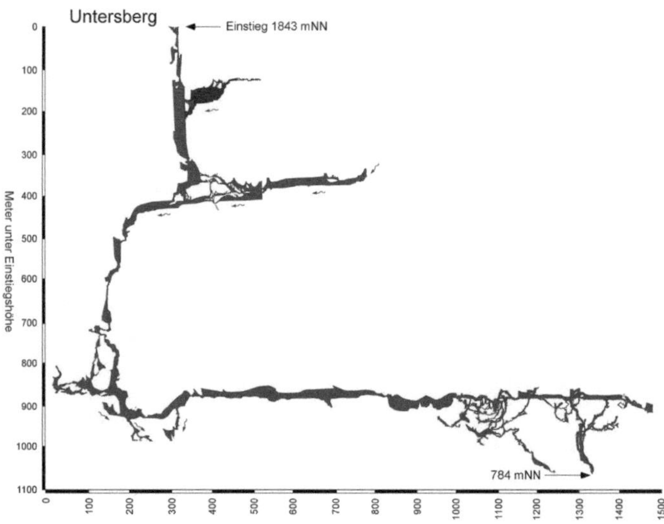

Abb. 19.2 Abmessungen und Verlauf der Riesending-Schachthöhle bei Berchtesgaden (nach Meyer und Matthalm (2011))

Zuständigkeit liegt bei den Landesbergbehörden. Dazu gehören Sichtkontrollen und im Bedarfsfall weitergehende Untersuchungen bzw. Sicherungsarbeiten, um Steinschlag oder Sargdeckelbildung auszuschließen. Außer Ankerung von absturzgefährdeten Bereichen oder seitlich verankerten Steinschlagschutznetzen können auch Verklebungen von sich öffnenden Trennflächen mit Zweikomponenten-Acrylklebern bzw. Epoxidharz vorgenommen werden (Wehinger et al. 2010; Becker und Vrettos 2013). Je nach geologischer Situation ist in den Höhlen auch immer die CO_2- und Radonkonzentration zu prüfen. In einigen Bundesländern liegen für die Sicherheit in Besucherhöhlen Merkblätter oder Richtlinien vor (Hundhausen 2009).

Wegen der gleichmäßig niedrigen Temperaturen und der reinen Luft mit hoher Feuchtigkeit gelten in Deutschland außerdem etwa zehn Höhlen bzw. Stollen als Speläotherapiehöhlen oder -stollen (s. deutscher-heilstollenverband.de).

19.1 Karstterminologie

Für den Karbonatkarst werden hauptsächlich die Begriffe Verkarstung oder z. T. Korrosion verwendet. Bei den stärker löslichen Salzgesteinen wird dagegen meist von Auslaugung gesprochen. Bei den Sulfatgesteinen sind beide Begriffe üblich. Der Begriff Subrosion umfasst im Prinzip alle unterirdischen hohlraumbildenden Lösungs- und Transportprozesse, auch erosive Kornumlagerung gem. ▶ Abschn. 19.2.4. Im allgemeinen Sprachgebrauch versteht man darunter allerdings in erster Linie die Erscheinungsformen des Chloridkarstes, gebietsweise auch des Sulfatkarstes.

Der **Begriff Karst** wurde von den slowenischen Kalksteinlandschaften auf alle Gebiete der Erde übertragen und bezeichnet eine Landschaft, die neben der Verbreitung wasserlöslicher Gesteine durch unterirdischen Abfluss geprägt wird. Unter Karst werden dabei die Gesamtheit aller aktiven und nicht mehr aktiven Lösungserscheinungen und die sich daraus ergebenden ober- und unterirdischen geomorphologischen Prozesse sowie ober- und unterirdische Hohlformen verstanden, und zwar sowohl im löslichen Karstgestein selbst als auch im Deckgebirge. Wo das verkarstete Gestein direkt ansteht, spricht man von nacktem Karstb; den Gegensatz dazu bildet der bedeckte Karst.

Der **Karstwasserspiegel** (Karstwasseroberfläche) weist häufig große Wechselstände von z. T. Zehnermetern auf. Für die vertikale Gliederung dieses Systems werden auch folgende Begriffe verwendet:

vadoser Bereich:	ungesättigte Zone zwischen der Oberfläche des Karstgesteins und dem Karstwasserhöchststand
phreatischer Bereich:	gesättigte, ständig wassererfüllte Zone unter dem Tiefststand des Karstwasserspiegels
vados-phreatischer Bereich:	Wechselbereich des Karstwasserspiegels

Der übergeordnete Begriff für die Hohlformen an der Erdoberfläche in Karstgebieten ist die **Doline**. Darunter versteht man eine in sich geschlossene, oberflächlich abflusslose Bodensenke begrenzten Ausmaßes, die entweder durch Lösung von oben her oder durch Einbruch von Hohlräumen entstanden ist. Je nach Genese werden Lösungs-, Schwund- oder Einsturzdolinen unterschieden (◘ Abb. 19.3). Lösungs- und Schwunddolinen treten vorwiegend in Karbonatgesteinen, z. T. auch im flachen Gipskarst auf. Die Einsturzdoline entspricht dem Erdfall.

Ein **Erdfall** ist genetisch betrachtet die Durchschlagsphase eines Hochbruchprozesses von einem durch Verkarstung entstandenen Hohlraum im Untergrund (Meier und Meier 2007; Meier 2010, 2011). Die Entwicklungsphasen bis zum Erdfallstadium hängen sehr stark von der Beschaffenheit sowohl des Karstgesteins als auch des Deckgebirges ab. Hohlräume können durch wiederholtes Nachbrechen ihrer Decke in Form eines Verbruchschlotes allmählich nach oben wandern und im Gelände Erdfälle verursachen. Die Entwicklung eines solchen hoch brechenden Bruchschlotes verläuft dabei keinesfalls gleichmäßig, sondern kann in Abhängigkeit vom Deckgebirge und seines Trennflächengefüges erhebliche Abweichungen in der ursprünglichen Form des Hohlraums und seiner Kubatur aufweisen. Für die meist rundlichen Erdfallformen und die Anfangsdurchmesser ist dann letztlich die Ausbildung der obersten Deckschichten entscheidend (s. a. ▸ Abschn. 16.4.2.2).

Als **Senkungsmulden** werden gleichmäßig oder ungleichmäßig verlaufende bruchlose Senken aller Größenordnungen bezeichnet. Subrosionssenken sind dagegen von Brüchen begleitete kesselförmige Senken der irregulären Salzauslaugung (▸ Abschn. 19.2.3.2).

19.2 Ursachen von Senkungen und Erdfällen sowie ihre hauptsächliche Verbreitung

19.2.1 Karbonatkarst

19.2.1.1 Löslichkeit von Karbonatgesteinen

Die Lösung von Karbonatgesteinen (Kalkstein, Kalkmergelstein, Dolomitstein) ist eine durch zahlreiche Gleichgewichte gesteuerte chemische

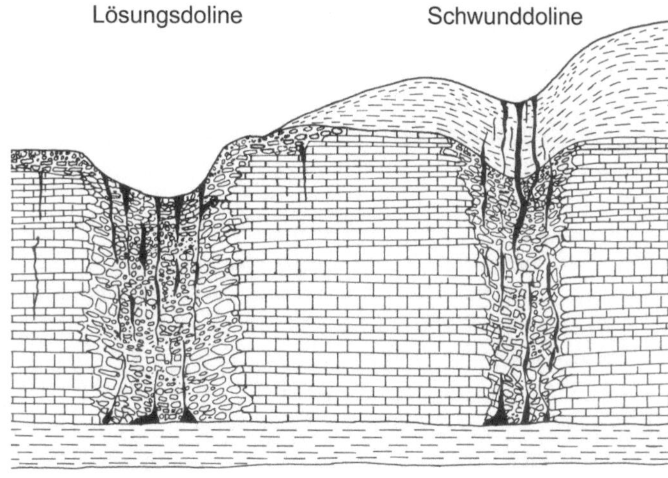

◘ **Abb. 19.3** Entstehung von Schwund- und Lösungsdolinen im Karbonatkarst (nach Wagenplast 2005)

Reaktion, bei der dem freien Kohlendioxid (CO_2) im Wasser große Bedeutung zukommt:

$$H_2O + CO_2 \Leftrightarrow H_2CO_3 \Leftrightarrow H^+ + HCO_3^- \Leftrightarrow \mathrm{Ca}CO_3 + H^+ + HCO_3^- \Leftrightarrow \mathrm{Ca(HC}O_3)_2 \Leftrightarrow \mathrm{Ca}^{2+} + 2HCO_3^-$$

Das **Kohlendioxid** wird teils von Regenwasser aus der Luft aufgenommen und gelöst, teils stammt es aus der Vegetationszone, und zwar biogenes CO_2 der Bodenluft, oder aus dem Abbau organischer Substanz (► Abschn. 4.3.3). Eine häufig unterschätzte Rolle scheint aus der Tiefe aufsteigendes Kohlendioxid postvulkanischer Herkunft zu spielen. Lösungsgenossen, die den Vorgang der Lösung beschleunigen, sind Sulfationen und Huminsäuren.

Mit steigendem CO_2-Partialdruck nimmt die **Löslichkeit von Kalkstein** zu, mit steigender Temperatur nimmt sie ab. Allgemein beträgt sie in:

CO_2-freien Grundwasser bei 10 °C:	14 mg/l
Regenwasser:	bis 50 mg/l
Sickerwasser mit hohem CO_2-Gehalt aus Bodenluft:	bis 200 mg/l

Die **Löslichkeit von Dolomit** ($MgCa(CO_3)_2$) beträgt im CO_2-freien Grundwasser unter gleichen Bedingungen nur ca. 2,5 mg/l (Heitfeld und Krapp 1991).

Die Hauptmasse des Kalks wird i. d. R. in der Infiltrationszone nahe der Oberfläche gelöst. Bei hoher Sättigung des Sickerwassers von mehr als 90 % nehmen die Lösungsfähigkeit und -geschwindigkeit nach der Tiefe deutlich ab, bleiben aber zu einem gewissen Grad erhalten. Auch unter der Grundwasseroberfläche findet Kalklösung in Form von sog. **Mischungskorrosion** statt. Beim Vermischen zweier Wässer mit unterschiedlichem Kalkgehalten oder verschiedener Temperatur tritt freies CO_2 auf, das wieder Kalkstein löst. Durch Mischungskorrosion können Karsthohlräume tief unter der Grundwasseroberfläche entstehen, wo sie sonst nicht vermutet werden.

19.2.1.2 Erscheinungsformen des Karbonatkarstes

Entscheidend für die Beurteilung des Karbonatkarstes ist die geringe Lösungsgeschwindigkeit und die relativ hohe Standfestigkeit fester Karbonatgesteine. Karsthohlräume im Kalkstein sind über geologische Zeiträume standfest und treten in allen Größenordnungen auf, bis hin zu den bekannten großen Höhlen. Aktive Erdfälle sind relativ selten. Vom tief liegenden Karbonatkarst sind kaum Erdfälle bekannt.

In der Schichtfazies der einzelnen Kalksteinformationen liegt häufig eine systematische Anordnung der Karsthohlräume vor, in Abhängigkeit von der Lage einzelner besonders anfälliger Schichten oder vom Kluftsystem bzw. von der Höhenlage ehemaliger Grundwasser- oder Quellhorizonte (Jeannin et al. 2006). In der massigen Rifffazies sind Karststrukturen dagegen meist unregelmäßig-schlauchförmig, sehr wechselhaft groß und stärker unsymmetrisch verteilt, zeigen aber meist ebenfalls eine gewisse Abhängigkeit von Kluftzonen und ehemaligen Grundwasser- oder Quellhorizonten. Eine starke Verkarstungsanfälligkeit ist besonders bei diagenetisch umkristallisierten zuckerkörnigen oder löchrigen Kalk- und Dolomitsteinen zu beobachten, z. B. beim Grenzdolomit an der Basis des Unteren Muschelkalks (Geissler et al. 1987; Leichnitz und Schiffer 1988), bei der oberen Dolomitformation des Mittleren Muschelkalks (Rogowski et al. 2009) oder in der dolomitisierten Rifffazies des Fränkischen und Schwäbischen Juras (Michael et al. 2003; Scholz und Esslinger 2005; Höwing 2005; Hundhausen 2009). Von den beiden letztgenannten Gebieten sind z. T. mehrere, von ehemaligen Grundwasserständen abhängige große Verkarstungsphasen mit zwischenliegenden Sedimentationsphasen und Plombierung besonders der oberflächennahen Karststrukturen bekannt (Höwing et al. 2003).

Als besonders anfällige Horizonte sind außer dolomitischen oder pyritführenden Lagen auch knollige und grusig-mergelige mürbe Kalkmergelgesteine zu nennen. Sie neigen stärker als dichte und feste Kalksteine zu Verkarstung und Erdfallbildung. Golwer und Prinz (1969) berichten von ausströmender CO_2-haltiger Bodenluft aus solchen oberflächennahen verkarsteten Grundwasserleitern bei Hochwasser und dem Brechen von Erdfällen zu Beginn des Hochwassers unter dem Druck der Bodenluft bei schnellem Anstieg des Grundwassers. Bei ablaufendem Hochwasser wirken die Erdfälle dann als Schwinden. Wenn der Tonanteil mergeliger Gesteine über 30 % steigt, geht die Verkarstungsanfälligkeit sehr stark zurück (Wagenplast 2005).

Karbonatgesteine und die **Erscheinungen des Karbonatkarstes** treten, wie ◘ Tab. 19.1 zeigt, in fast allen geologischen Formationen Deutschlands auf. In den paläozoischen Kalksteinzügen sind zwar Karsterscheinungen und alte Dolinen weit verbreitet, Erdfälle treten aber sehr selten auf. In den Zechsteinkarbonaten treten Erdfälle nur da häufiger auf, wo sie letzten Endes auf tiefer liegenden Sulfatkarst zurückzuführen sind (► Abschn. 19.2.2.2). Ähnlich ist auch die Situation im Oberen Muschelkalk (◘ Abb. 19.4). Teilweise paust sich der Salinar- oder Sulfatkarst aus dem Mittleren Muschelkalk direkt durch; zumindest bewirkt das verkarstungsbedingte Zerbrechen des Deckgebirges eine größere Anfälligkeit für die Karbonatgesteine. Der Untere Muschelkalk gilt allgemein als nicht besonders verkarstungsanfällig. Trotzdem sind im Wellenkalk einige größere Höhlensysteme bekannt.

◘ **Tab. 19.1** Die wichtigsten Formationsglieder mit den zu Verkarstung neigenden Gesteinen und ihre regionale Verbreitung

Formationen Unterformationen Abteilungen		Gesteine mit Karsterscheinungen	Regionale Verbreitung
Quartär	Holozän	Löss, Hangschutt	Mittelgebirgsländer
	Pleistozän		
Tertiär	Pliozän		Mainzer Becken
	Miozän	Kalkmergelstein	Untermaingebiet, Rheinhessen
	Oligozän	Nagelfluh	Albsüdrand (Donaugebiet)
	Eozän u. Paläozän		Allgäu
Kreide	Oberkreide	Kalkstein	Westfalen, Aachen, Alpen, Hannoversches Bergland, Norddeutschland (Einzelvorkommen)
	Unterkreide	Kalkstein	Alpen
Jura	Malm	Kalkstein, Dolomitstein, Gips, Steinsalz	Fränkische. u. Schwäbische Alb, Alpen; Salinargesteine im Weser-Ems-Gebiet
	Dogger	Kalkstein (Hauptrogenstein)	Oberrheingebiet
	Lias	Kalkstein	Alpen

Tab. 19.1 (Fortsetzung)

Formationen Unterformationen Abteilungen		Gesteine mit Karsterscheinungen	Regionale Verbreitung
Trias	Keuper	Gips, Steinsalz, Kalkstein	Süd- u. Südwestdeutschland, Franken, Thüringen, Alpen
	Muschelkalk	Kalkstein, Dolomitstein, Gips, Steinsalz	Mittel-, Süd- u. Südwestdeutschland, Alpen, Werra- und Wesergebiet
	Buntsandstein	Gips und Steinsalz	Werra- und Weserbergland, Thüringen, Nord- und Osthessen, Alpen
Perm	Zechstein	Gips u. Steinsalz, Kalkstein, Dolomitstein	Harzrand, Fulda-Werra-Gebiet, (Mittel- und) Nordwestdeutschland
	Rotliegendes	Steinsalz	Nordwestdeutschland, Nordseebecken
Karbon	Unterkarbon (Kulm)	Kalkstein	Westdeutschland
Devon	Ober	Kalkstein	Harz, Rheinisches Schiefergebirge
	Mittel	Kalkstein	
	Unter		

Im süddeutschen Oberjura (ehem. Malm) sind Karsterscheinungen und Dolinen weit verbreitet; Erdfälle treten aber ebenfalls sehr selten auf. Umfangreiche Studien über die unterirdischen Karstformen liegen vom Bau der NBS Nürnberg–Ingolstadt und Stuttgart–Ulm vor (s. Felsbau 2003: 1 und 2005: 1 und ▶ Abschn. 17.2.4). Auch im norddeutschen Oberjura kommen Erdfälle relativ selten vor, ausgenommen der Ausstrichbereich des sog. Münder Mergels mit ebenfalls wieder Chlorid- und Sulfatkarst im Untergrund (▶ Abschn. 19.2.2.2). Die häufigsten

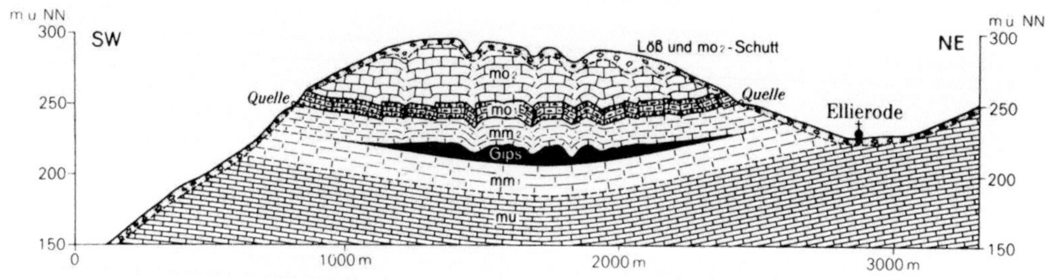

Abb. 19.4 Verstärkte Erdfallbildung im Oberen Muschelkalk, ausgelöst durch Sulfatkarst im Mittleren Muschelkalk, vom Kühler bei Bad Gandersheim (aus Priesnitz 1974)

Erdfallerscheinungen im Karbonatkarst treten wohl in den Kalksteinen und Mergelkalksteinen der Oberkreide auf. Das bekannteste Erdfallgebiet dieser Art ist die Paderborner Hochfläche, aber auch anderorts sind Erdfälle im Ausstrich der Oberkreide weit verbreitet (Keese 1985).

Auch in den Alpen ist Kalksteinkarst vorwiegend auf schacht- und spaltenartige oder horizontgebundene Karstformen oder Dolinen begrenzt, selten treten Erdfälle auf. Viele der bekannten Dolinenfelder sind auch wieder auf tiefer liegenden Chlorid- oder Sulfatkarst zurückzuführen.

19.2.2 Sulfatkarst

Kalziumsulfat tritt in der Natur in zwei Modifikationen auf, wasserfrei als Anhydrit ($CaSO_4$) und hydratisiert als Gips ($CaSO_4 \times 2H_2O$). Die **Unterscheidung von Anhydrit und Gips** erfolgt nach der Wichte (Anhydrit >2,9 g/cm^3, Gips etwa 2,3 g/cm^3 – mit Zwischenwerten je nach den Mengenverhältnissen von Anhydrit und Gips), nach der Ritzhärte (Anhydrit 3,0–3,6; Gips 1,5–2,0; d. i. mit dem Fingernagel ritzbar), nach der Farbe (Anhydrit meist dunkler als Gips) sowie nötigenfalls durch Anfärben mit Bleinitrat und Kaliumchromat. Eine sichere Unterscheidung von Anhydrit und Gips kann nur im Labor erfolgen (z. B. röntgendiffraktometrisch).

Auf die Problematik der Sedimentation des Kalziumsulfats und seiner Diagenese soll hier nicht näher eingegangen werden. Allgemein geht man davon aus, dass die chemische Ausscheidung der Sulfate überwiegend als Gips erfolgte, der durch den Druck der überlagernden Schichten und die Temperaturzunahme sein Kristallwasser verlor und in Anhydrit umgewandelt wurde.

19.2.2.1 Löslichkeit und Umwandlung von Anhydrit zu Gips

Auch die Umwandlung des wasserfreien Anhydrits in Gips erfolgt nicht direkt. Der **Hydrationsprozess** wird als ein von einer Wärmeentwicklung begleiteter Lösungs-Fällungs-Prozess angesehen, bei dem letztlich in Verbindung mit Wasser Gips auskristallisiert, was mit einer theoretischen Volumenvergrößerung von insgesamt 61 % verbunden ist (► Abschn. 2.7.11.2). Besonders anfällig sind dünnschichtige Tonstein-Anhydrit-Wechselfolgen und Tonsteine mit feinverteiltem Anhydrit, wenn zusätzlich quellfähige Tonminerale (Corrensit) auftreten wie z. B. im Mittleren Keuper Südwestdeutschlands (sog. Gipskeuperquellen). Auch bankige Zechstein-Anhydrite mit Tonsteinzwischenlagen zeigen eine deutliche Anfälligkeit, nicht dagegen der massige Werra-Anhydrit des Zechstein 1. Die Ursache dafür könnte im Fehlen von Tonsteinlagen mit quellfähigen Tonmineralen liegen (► Abschn. 17.5.2.2).

Direkte **Folgeerscheinungen der Volumenvergrößerung** findet man i. d. R. nur in Oberflächennähe (◘ Abb. 19.5), und zwar offensichtlich in Abhängigkeit von der Verfügbarkeit von Wasser sowie dem allseitigen Druck. Bekannt sind z. B. die Fahrbahnhebungen in einem Autobahneinschnitt der A81 westlich von Oberndorf. Hier traten anfänglich (Winter 1976/77) Hebungen von 10–15 cm/Monat auf, die nach einem Jahr auf 6 cm/Monat zurückgingen, aber noch jahrelang anhielten. Mit merkbaren Hebungen an der Geländeoberfläche ist gem. ► Abschn. 17.5.2.2 bis etwa 110 m Überlagerungshöhe zu rechnen. Bei größeren Tiefen wirkt sich die Volumenvergrößerung beim Hydrationsprozess nur durch Druck- und Deformationserscheinungen im Gebirge selbst aus, die in Form von verfälteten Fließ- und Intrusionsstrukturen auch in Bohrkernen erkennbar sind.

Zu unerwarteten Volumenvergrößerungen und Geländehebungen kann es auch kommen, wenn durch menschliche Eingriffe (Bohrungen, Tunnel) tiefer gelegenen Anhydritlagern Wasser zugeführt wird. Ein unbeabsichtigter Großversuch dieser Art ereignete sich in der Stadt Staufen im Breisgau (s. a. ► Abschn. 20.3.1). Ende 2007 wurden hier

Abb. 19.5 Quellungshöhle durch Hydratisierung von Anhydrit zu Gips im Südharz

im Stadtzentrum 7 Geothermiebohrungen bis 140 m abgeteuft, die den hier etwa 100 m mächtigen Gipskeuper durchfahren und aufgrund der kleinräumigen Tektonik und den durch Schichteinfallen bedingten Bohrlochabweichungen (bis 20 m) im Oberen Hauptmuschelkalk ein artesisch gespanntes Grundwasser angefahren haben (Ruch und Wirsing 2013). Das unter Druck stehende Grundwasser stieg über undichte Ringraumverfüllungen einer oder mehrerer EWS-Bohrungen in den Gipskeuper auf und setzte in dem bis dahin wasserfreien Anhydrithorizont die Hydration in Gang. Die Hebungen setzten nach wenigen Wochen ein. Die elliptische Hebungsfigur (Abb. 19.6) und das Ausmaß der Rissschäden sind durch das tektonische Schollenmosaik der Vorbergzone vorgegeben. Die Hebungen im Ortszentrum betrugen anfangs 11 mm/Monat und nahmen bis 2011 auf 4 mm und bis 2016 auf 2 mm/Monat ab. Die Hebung erfolgte senkrecht zur Schichtung, was bedeutet, dass der Hebungsvorgang aufgrund des Schichtfallens einseitig ausgerichtet war. Die Vertikalkomponente von insgesamt fast 50 cm war außerdem von Horizontalverschiebungen um das Hebungszentrum von etwa 10 cm nach SE bzw. 20–30 cm nach NW begleitet (Ruch und Wirsing 2013). Insgesamt wurden 269 Gebäude beschädigt. Im Sommer 2013 musste ein erstes Gebäude abgerissen werden. Um die Hebungen zum Stillstand zu bringen, wurden Sanierungsbrunnen gebaut, mit denen das Grundwasser bis unter den Gipshorizont abgesenkt wird (s. a. ► Abschn. 20.3.1).

Die **Löslichkeit des Gipses** beträgt im Grundwasser bis 2,3 g/l; meist liegt eine Teilsättigung von 700–800 mg/l SO_4^{2-} vor, verbunden

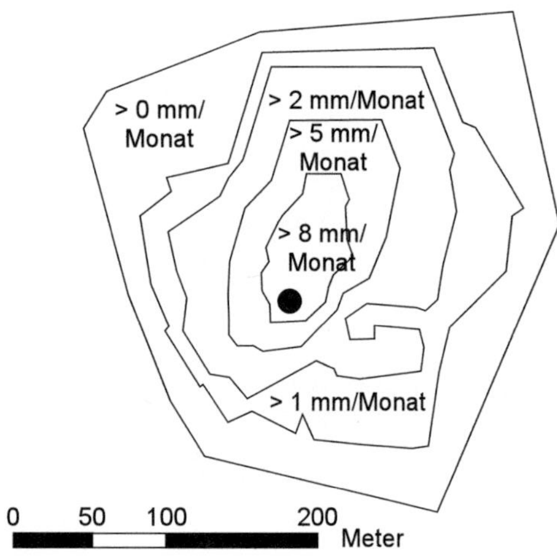

Abb. 19.6 Hebungsfigur und anfängliche Hebungsgeschwindigkeit im Stadtzentrum von Staufen i. Br. Im Zeitraum von Oktober bis Dezember 2008 (nach Sass et al. 2009)

19

mit einer erhöhten Leitfähigkeit. Eine Leitfähigkeit von 1000 μS entspricht einem Lösungsinhalt von 1 g/l. Durch Chloride als Lösungsgenossen erhöht sich die Löslichkeit auf bis zu 5 g/l. Beim Zusammentreffen zweier SO_4^{2-}-gesättigter Wässer mit unterschiedlichem NaCl-Gehalt tritt zudem der Effekt der Mischungskorrosion auf. Die Lösungsgeschwindigkeit ist in erster Linie vom Wasserdargebot und von der Fließgeschwindigkeit abhängig. Bei direktem Kontakt eines Fließgewässers zum anstehenden Gips bei Bad Sachsa/Südharz ergab sich über einen Zeitraum von mehr als 100 Jahren eine durchschnittliche Ablaugungsrate von 10 cm/Jahr. Zeitweilig betrug die Ablaugung bis zu 30 cm/Jahr.

Der **Gips- bzw. Anhydritspiegel** zeigt jeweils die Obergrenze und ggf. auch die Untergrenze des Auftretens von Gips bzw. von Anhydrit im Gebirge an. Die Begriffe sind von der Vorstellung des Salzspiegels (▶ Abschn. 19.2.3.2) abgeleitet. Während ein Salzspiegel noch eine annähernd ebene Fläche bildet, sind Gips- und Anhydritspiegel oft sehr unregelmäßig ausgebildet. Oberhalb des Gipsspiegels ist das Gestein weitgehend gipsfrei bzw. dieser liegt nur noch in geringen Resten vor. Zwischen Gips- und Anhydritspiegel liegt das Sulfat als Gips vor, unterhalb des Anhydritspiegels als Anhydrit und z. T. Gips, wenn der Umwandlungsprozess lokal bereits eingesetzt hat. Häufig ist noch ein Kernbereich mit fast reinem Anhydrit vorhanden. Wo die Auslaugung auch vom Liegenden her wirkt, gilt diese Abfolge auch für die jeweilige Untergrenze.

Die **Tiefenlage des Anhydritspiegels** ist im Einzelfall schwierig vorherzusagen. Die natürliche Hydration reicht in Abhängigkeit von der Exposition des Sulfatlagers und der Wasserwegsamkeit des Gebirges einige Zehnermeter tief. In Gebieten mit junger Erosion, d. h. im unteren Teil der Talhänge, sind es meist nur etwa 10 m, unter alten Landoberflächen dagegen um 50 m. In einigen Fällen liegen bis zu 60 m mächtige Lager als Gips vor. Im Bereich wasserwegsamer Störungszonen oder Wasserzufuhr aus Liegendschichten des Sulfatlagers kann die Hydration auch wesentlich tiefer reichen.

Ähnlich ist auch die Situation bei Auslaugungsvorgängen an Gipskeuperhängen unter Überdeckung mit tonigen Schichten. Hier findet meist nur relativ geringe Auslaugung von oben statt, teilweise dafür von unten durch das Grundwasser im unterlagernden Grenzdolomit. In Talhangsituationen werden drei verschiedene Typen von Gipskarst unterschieden (◘ Abb. 19.7). Anhydrit ist meist nur in den mittleren und oberen Hanglagen und unter Bergrücken erhalten. Im weit verbreiteten Regeltyp A ist der Gips in den tieferen Hanglagen bereits meist stark ausgelaugt und von zahlreichen Schlotten durchsetzt. Zum Tal hin dünnen die Gipslagen häufig aus und fehlen in Tallage teilweise ganz.

19.2.2.2 Formenentwicklung des Sulfatkarstes

Die Formenentwicklung des seichten und mitteltiefen Sulfatkarstes hängt sehr stark von der Ausbildung des sulfatführenden Schichtkomplexes ab. Sulfatgesteine treten, unabhängig von den Modifikationen Anhydrit oder Gips, sowohl in Wechselfolgen von unterschiedlich dicken Sulfatlagen (wenige Millimeter bis einige Dezimeter) mit Ton- und Mergel- bzw. Kalkstein- oder Sandsteinbänken auf, als auch als massige Sulfatlager von >25 m Mächtigkeit.

Gips in massiger Ausbildung wird in erster Linie von der Oberfläche sowie von Kluft- und Störungszonen her gelöst und zeigt ein ausgeprägtes Relief von Karren, Schlotten und tief reichenden Orgeln, deren Ausmaß vom geologischen Alter der Oberfläche und vom Wasserdargebot abhängig ist (◘ Abb. 19.8). In manchen Grubenbildern unterirdischer Gipsabbaue sind unterschiedlich breite, offene oder verlehmte Schlotten und unregelmäßig begrenzte Verlehmungsbereiche mit eingelagerten Gipsblöcken (alte Erdfallschlote) verzeichnet. Häufig endet die Verkarstung am Anhydritspiegel. In Ausnahmefällen wurden auch unterhalb noch Schlotten angetroffen.

Bei **bankiger Ausbildung des Gipses** schreitet die Verkarstung bevorzugt in horizontaler Richtung fort und führt zu einem Nachsacken

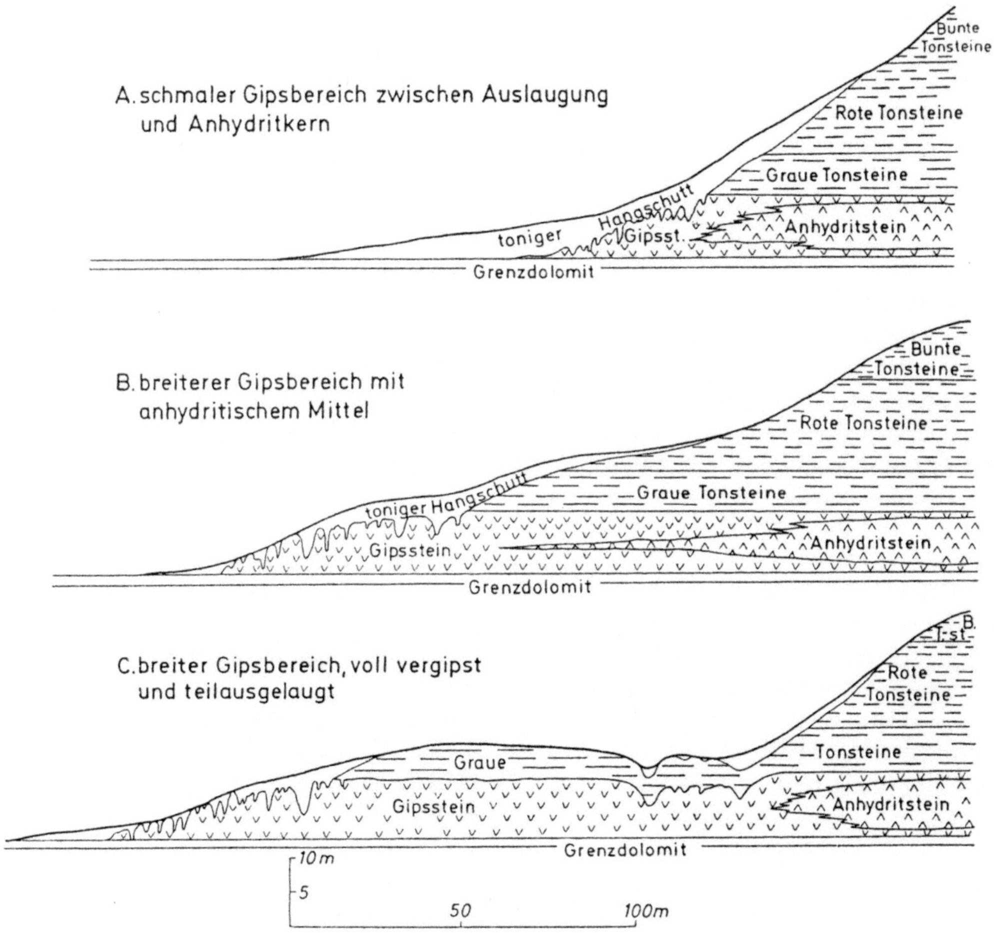

A. schmaler Gipsbereich zwischen Auslaugung und Anhydritkern

Bunte Tonsteine
Rote Tonsteine
Graue Tonsteine
toniger Hangschutt
Gipsst.
Anhydritstein
Grenzdolomit

B. breiterer Gipsbereich mit anhydritischem Mittel

Bunte Tonsteine
Rote Tonsteine
Graue Tonsteine
toniger Hangschutt
Gipsstein
Anhydritstein
Grenzdolomit

C. breiter Gipsbereich, voll vergipst und teilausgelaugt

B. T.-st.
Rote Tonsteine
Graue Tonsteine
Gipsstein
Anhydritstein
Grenzdolomit
10 m
5
50
100 m

Abb. 19.7 Schematische Schnitte von Talhangsituationen im Gipskeuper (Herrmann 1976)

Abb. 19.8 Freigelegte Gipsoberfläche in einem aufgelassenen Gipssteinbruch im Südharz

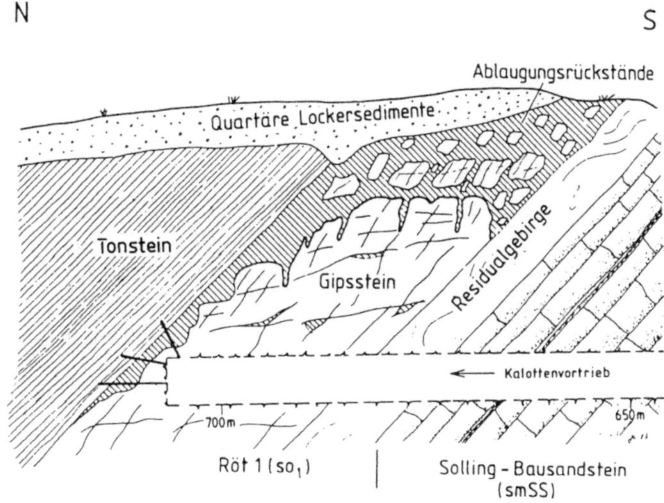

Abb. 19.9 Gipsauslaugung im Hellebergtunnel. Das Residualgebirge an Basis so1 lässt vermuten, dass die Verkarstung hier vor der tektonischen Verstellung von den Liegendschichten her einsetzte (Geissler 1994)

und Nachbrechen der Hangendschichten. Dabei ist häufig auch ein Ansetzen der Auslaugung von (druck)wasserführenden Liegendschichten her festzustellen (Abb. 19.9). Entscheidend für den Auslaugungsvorgang und seine Folgeerscheinungen sind dabei die Dicke der Sulfatlagen und die Kompetenz der nichtlöslichen Bankfolgen. In mächtigen, mehr oder weniger reinen Sulfatgesteinen können sich als Ausgangsvolumen größere, meist kuppelförmige Hohlräume entwickeln, die mit der Zeit nachbrechen und zu einzelnen Erdfällen führen. Schweikhardt (2007) beschreibt einen solchen sonarvermessenen Hohlraum in den bis zu 22 m mächtigen Grundgipsschichten in Stuttgart-Bad Cannstatt (s. d. Abb. 19.18). In der näheren Umgebung sind schon mehrfach Erdfälle eingebrochen.

Wechselfolgen von dünnen Sulfatlagen mit tonigen Gesteinen führen bei der Lösung des Sulfats meist zu einem brucharmen, flächigen Nachsacken des Gebirges. Es kommt zur Ausbildung von sehr unterschiedlich dicken Auslaugungszonen, deren Rekonsolidierung zu Senkenbildung im Gelände führt. Teilweise geht das nachgesackte, z. T. gut konsolidierte Gebirge mehr oder weniger direkt in das gipsführende Gebirge über, teilweise liegt eine sehr unterschiedlich dicke (Zentimeter- bis Meterbeträge) Auslaugungszone mit plastischen Residualtonen und -schluffen mit Gesteinsrelikten und z. T Gipsresten vor (Wenner und Braun 1998). Mit zunehmender Auslaugung entstehen nachgesackte und in sich zerbrochene Mürbzonen im Gebirgsverband, die in der Anfangsphase deutliche Gebirgsauflockerung aufweisen, aber im Laufe der Jahrtausende wieder einigermaßen konsolidieren.

Bei Wechsellagerung von dickeren Sulfatlagen und kompetenten Gesteinen entstehen primär stark verbrochene, nahezu regellose Gemenge von Gesteinsbrocken aller Größen in einer tonig-schluffigen Grundmasse ohne größere Hohlräume.

Wo mächtigere Anhydritlager von nicht lösungsfähigen (druck)wasserführenden Schichten unterlagert werden (z. B. Zechsteinkalk), kann die Auslaugung von unten ansetzen und führt zu den meist eingangslosen **Anhydrithöhlen** (Beispiel Barbarossahöhle, Kupetz und Brust 1998 und eingangs in ▶ Kap. 19). Je nach Größe und Gestalt der Hohlräume, ihrer Tiefenlage und der Ausbildung des Deckgebirges (tektonische Flächen) können sich dabei im Laufe geologischer Zeiträume entsprechend große Erdfälle entwickeln. Weitere Anhydrithöhlen dieser Art sind die ebenfalls beim Kupferschieferbergbau angefahrenen und seit dessen Einstellung nicht mehr zugänglichen „Manfelder

Schlotten", die teilweise Durchmesser von 25 m und freie Höhen bis 4 m erreicht und vereinzelt auch zu Erdfällen geführt haben (Kupetz 2008).

Schmidt et al. (1996) beschreiben den Vortrieb eines Stollens (Ø 3,5 m) durch den Mittleren Muschelkalk. Die **Residualbrekzie** bestand aus nachgesackten und verstürzten Kalk-, Mergel- und Dolomitsteinen in tonig-schluffiger Matrix. Die ursprüngliche Schichtung war meist nicht mehr erkennbar. In Bereichen alter Erdfallschlote lag völlig chaotische Lagerung vor mit über kubikmetergroßen Kalksteinblöcken aus dem Oberen Muschelkalk in tonig-schluffig-steiniger Matrix und mit Resthohlräumen zwischen den Kalksteinblöcken. Der Konsolidierungsgrad der schluffig-tonigen Residualbildungen kann sehr unterschiedlich sein. Häufig weisen sie auch einen erheblichen Anteil an quellfähigen Tonmineralen auf, meist Corrensit (► Abschn. 2.7.11).

In der Regel entstehen bei seichtem und mitteltiefem Sulfatkarst im Gelände zunächst flache Senken, in denen sich das Wasser aus der Umgebung sammelt, was die Auslaugung weiter beschleunigt. Durch Ausweitung der Hohlräume werden die Materialbrücken im Gips immer dünner und brechen schließlich zusammen, wobei es zu **Erdfällen** kommen kann. Ihr Anfangsdurchmesser ist außer von der Größe der unterirdischen Hohlräume auch von der Tiefenlage des Karstgesteins und von der Ausbildung der Deckschichten abhängig (► Abschn. 19.1). Bei oberflächennahem Gips treten meist viele kleine Erdfälle auf. Bei tiefer liegendem Gipshorizont bilden sich häufig flache Senken; Erdfälle sind seltener. Ihr **Anfangsdurchmesser** liegt in den meisten Fällen zwischen 1,5 und 3 m, nicht selten aber auch bei 6–10 m und mehr. Ab 5 m Durchmesser spricht man von Großerdfällen. Einzelne Großereignisse wie der Großerdfall 2009 im Kyffhäusergebiet nahe Bad Frankenhausen mit etwa 20 m Anfangsdurchmesser sowie in Nordhausen der Erdfall von 2010, in den ein Kleinlaster eingebrochen ist, oder der von 2016, der einen Durchmesser von 30 m und eine Tiefe von 15 m aufwies und in den ein halbes Haus versunken ist, treten aber immer wieder auf. Der Gipshorizont liegt hier etwa 100–140 m tief. ◘ Abb. 19.10 gibt Anhaltspunkte über die Entwicklung der Erdfallwände im Laufe der Zeit.

Großerdfälle ab 20 m Durchmessersind i. d. R. an größere Mächtigkeiten des Sulfatlagers von wahrscheinlich mehr als 50 m, an besondere tektonische Konstellationen sowie häufig auch an Auslaugung vom Liegenden her gebunden. Der Großerdfall von 2010 in Schmalkalden (Südthüringen) mit fast 30 m Durchmesser und über 15 m Tiefe wird auf tiefen Zechsteingipskarst in besonderer tektonischer Situation zurückgeführt (freundl. Mitt. Dr. S. Schmidt, TLUG Weimar). Durch eine von der Basis her sich entwickelnde Auslaugung können sich im Sulfatlager größere, über längere Zeit standfeste Hohlräume ausbilden. Zu den Formentypen mit Auslaugung vom Liegenden her gehören die

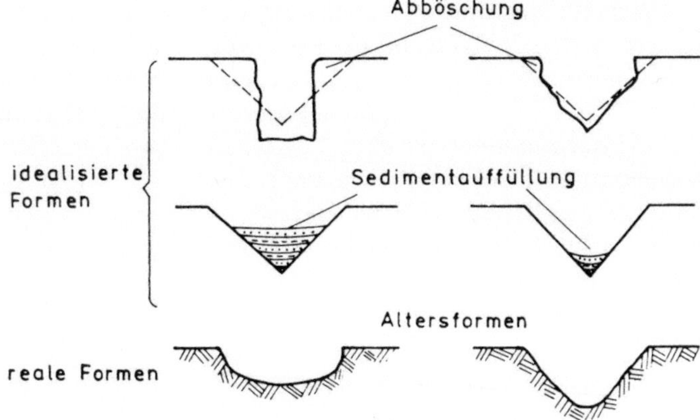

◘ **Abb. 19.10** Alterung von Erdfällen durch Abböschen und Sedimentauffüllung (aus Reuter et al. 1986)

19

zahlreichen „Kalkschlotten", die beim Kupferschieferbergbau in der Mansfelder Mulde östlich des Harzes in Tiefen von 70–185 m angefahren wurden. Die Verkarstung im Werra-Anhydrit setzte hier vom liegenden Zechsteinkalk her ein und führte zu zahlreichen, z. T. miteinander verbundenen Einzelhöhlen bis 25 m Durchmesser und 15 m Höhe. Die Hohlräume waren gut standfest, meist wassererfüllt und im Sohlbereich mit mächtigem Schlottenlehm belegt (Kupetz 2008).).

Eine gewisse Sonderstellung nimmt das Gebiet der Mansfelder Mulde in Sachsen-Anhalt ein, wo durch die Wasserhaltungsmaßnahmen für den Kupferschieferbergbau das hydrologische Regime nachhaltig gestört wurde. Während und nach der Wiederanstiegsphase des Grundwassers (1970–1981) sind hier mehrfach Großerdfälle aufgetreten (Herold et al. 2004; Herold 2015):

- 1979: südwestlich von Eisleben-Helfta (Durchmesser 20 m, Tiefe 10 m),
- 1986: Eisleben-Neckendorf (Durchmesser 10 m, Tiefe 7 m),
- 1987: B180 bei Eisleben-Neckendorf (Durchmesser 6–8 m, Tiefe 36 m; ▶ Kap. 0) und
- 2001: Nachbruch des o. g. Erdfalls von 1986 (Ausweitung auf 25 m Durchmesser).

Ältere Erdfälle haben oft Durchmesser von bis zu 50 m, in Ausnahmefällen auch >100 m, und sind dann oft durch mehrere hundert Meter Deckgebirge durchgebrochen. Ihr Anfangsdurchmesser war aber auch meist deutlich geringer. Einer der größten Erdfälle Deutschlands aus dem Sulfatkarst des Mittleren Muschelkalks ist der Dillsgraben bei Bockenem mit einem heutigen Durchmesser von 160 m und einem Anfangsdurchmesser von 80 m (Büchner 2004). Andere Großerdfälle im bedeckten Gipskarst sind auch durch immer wieder zu beobachtende Nachbrüche entstanden. So ist z. B. ein Erdfall im Bahnhofsgelände von Seesen im Laufe von 100 Jahren 15-mal nachgebrochen.

19.2.2.3 Verbreitungsgebiete von Sulfatkarst

Die Verbreitungsgebiete von Sulfatkarst betreffen in Nord-, Mittel- und Westdeutschland überwiegend Sulfatgesteine des Zechsteins, des Oberen Buntsandsteins (Röt), des Muschelkalks und z. T. des Oberjuras, während es in Baden-Württemberg, im nordwestlichen Bayern und auch im Thüringer Becken und in Südthüringen bevorzugt der Mittlere Muschelkalk und die Grundgipsschichten des tiefsten Mittelkeupers sind (Wunderlich 2004a, b).

Die ausgeprägtesten **Erdfallgebiete im Zechstein** liegen im Südharzer Zechsteingürtel bei Nordhausen und zwischen Gittelde und Walkenried, wo der Zechstein auf rd. 40 km Länge ausstreicht. In einem durchschnittlich 3 km breiten Streifen sind hier mehr als 10.000 Erdfälle bekannt. Dieser Streifen setzt sich nach Osten fort. Büchner (1996) hat in der „Erdfallkartei von Niedersachsen" u. a. den gesamten Südharz erfasst. Im nackten oder gering bedeckten Karst südwestlich von Osterode treten bis zu 1000 Erdfälle je km^2 auf, mit lokalen Häufungen von bis zu 100 Erdfällen je Hektar. Teilweise zeichnen sich die Hauptkluftrichtungen oder Störungen in Erdfallreihen ab. Über das Sulfatkarstgeschehen im SE-Harzvorland berichten auch Heckner et al. (1999, darin Lit.). Über Erdfälle des vergangenen Jahrhunderts in Niedersachsen informieren Geissler et al. (1982).

Weitere Zechstein-Erdfallgebiete liegen im südlichen Niedersachsen, in Sachsen-Anhalt, Thüringen sowie in NO-Hessen zwischen Rotenburg a. d. Fulda und Witzenhausen (Aderhold 2005). Wo die Gipsvorkommen an den Talrändern und in Seitentälern intensiver Auslaugung ausgesetzt sind, treten gelegentlich, örtlich auch häufiger, Erdfälle auf.

Erdfälle in verkarsteten Zechsteinkarbonaten sind häufig auch auf tief liegenden Sulfatkarst zurückzuführen. Die bekanntesten sind die Kripplöcher bei Frankershausen am Ostabhang des Meißners im Kreis Eschwege. Hier

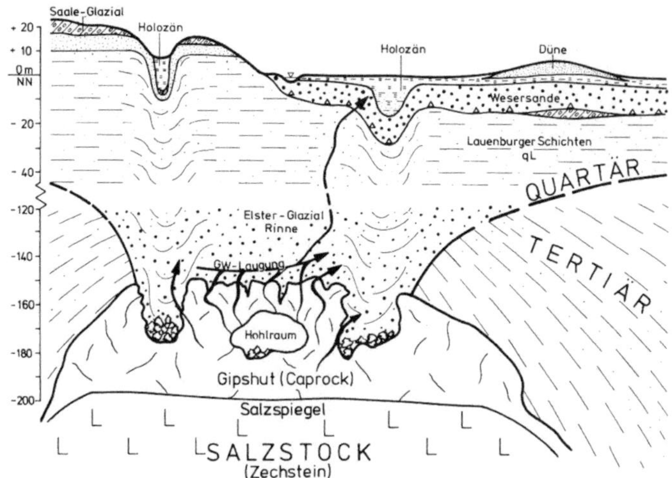

Abb. 19.11 Schematischer Schnitt durch den Gipshut eines Salzstocks mit holozänen Erdfällen (Ortlam und Schnier 1981)

brach 1958 ein Kuhgespann in einen Erdfall ein (Anfangsdurchmesser 1,5–2 m). Die Wände des Erdfalls standen über 50 m Höhe im Hauptdolomit, der von 50–100 m mächtigem Werra-Anhydrit unterlagert wird.

Eine Besonderheit in Norddeutschland sind **Erdfälle über Salzstöcken,** die bis auf 400–100 m unter Erdoberfläche aufgedrungen sind (► Abschn. 3.4.5.3 und 19.2.3.3). Der Gipshut von Salzstöcken ist meist stark verkarstet und Ursache zahlreicher Erdfälle (◻ Abb. 19.11). Eine Übersicht über diese Erscheinungen findet sich bei Ortlam und Schnier (1981). Die älteren Erdfälle treten morphologisch als kleine Senken, z. T. mit Torfbildung, oder als kleine temporäre Seen in Erscheinung. Allein im Stadtgebiet von Hamburg sind etwa 30 solcher Stellen bekannt (Reuther et al. 2007).

Sulfat- und gebietsweise auch Steinsalzeinschaltungen treten auch in der überwiegend tonig ausgebildeten **Abfolge des Röts** in Südniedersachsen, Ostwestfalen, Nordhessen und Thüringen in unterschiedlicher Mächtigkeit auf (s. Strauß 1994; Wunderlich 2004a; Aderhold 2005; Kleffner et al. 2006). Im Ausstrich der gipsführenden Schichten sind gelegentlich, örtlich auch gehäuft, Erdfälle sehr unterschiedlichen Durchmessers anzutreffen. Im südlichen Niedersachsen ist die Ursprungstiefe dieser Erdfälle stets kleiner als 100 m. Über einige Ausnahmen von dieser Regel berichteten Büchner und Venzke (1987). Beim Bau der DB-NBS Hannover–Würzburg wurden fossile (vermutlich tertiärzeitliche) Erdfallfüllungen auch aus erheblich größerer Tiefe angetroffen. Büchner (1986) berichtet, dass in einem Zechstein/Röt-1-Sulfatlager bei Salzderhelden noch in eine Tiefe von 150 m große Karsthohlräume erbohrt worden sind.

Im südlichen Niedersachsen sind zahlreiche Erdfälle aus dem **Mittleren Muschelkalk** bekannt, die zu erheblichen Problemen beim Bau der DB-NBS Hannover–Würzburg geführt haben (Geissler et al.1982; Geissler 1986). Im Thüringer Becken und z. T. auch im südwestthüringischem Triasgebiet weist der Mittlere Muschelkalk mit das größte Verkarstungspotenzial auf (Biewald 2004a; Wunderlich 2004a, b).

Im Mittleren Muschelkalk Süddeutschlands treten Anhydrit und örtlich auch Steinsalzlager in einer ursprünglichen Mächtigkeit von bis zu 100 m auf. Im Ausstrich an den Talhängen sind Salz und Anhydrit häufig bereits ausgelaugt, was zu einem Nachsacken und Nachbrechen des harten Dolomit- und Kalksteindachs und schließlich zum Abgleiten ganzer Schollen auf den tonigen Residualbildungen geführt hat (◻ Abb. 15.33). In tektonisch geschützter Lage oder im Bereich junger Tiefenerosion sind Anhydrit und Gips auch in breiten, flachen Tälern noch erhalten (◻ Abb. 19.7). Hier ist die Auslaugung im Talbereich und besonders im unteren Teil der Hänge meist noch aktiv, und es treten verhältnismäßig häufig Erdfälle auf.

Im Wutachgebiet trat mit dem sog. Rosshagschacht 1954 im Verbreitungsgebiet es Oberen Muschelkalks ein Erdfall von 10 m Durchmesser auf, der eine Tiefe von etwa 70 m hatte und letztlich auf Gipsauslaugung im Mittleren Muschelkalk zurückzuführen war (Rathgeber 2007). Auch in Thüringen treten im Niveau des Oberen Muschelkalk immer wieder Erdfälle auf, die häufig Durchmesser von >10 m aufweisen.

Magar (1993) berichtet von rezenten Senkungen (1990 bis 1993 = 24–60 mm) an einem Gebäudekomplex im Niveau des Unteren Keupers infolge von Gipsauslaugung im Mittleren Muschelkalk (◘ Abb. 19.12). Ein derartiges Durchschlagen von Karsthohlräumen im Mittleren Muschelkalk bis in den oberen Teil des Oberen Muschelkalks bzw. in den Unteren Keuper ist relativ selten und i. d. R. an tektonische Zerrüttungs- oder Störungszonen gebunden.

Im unteren Teil des **Mittleren Keupers,** dem in Württemberg 90–110 m mächtigen Gipskeuper, treten verbreitet Anhydrit und Gipslagen auf, die im sog. Grundgips eine Mächtigkeit von 10–25 m erreichen. Wo der Gipskeuper an der Keuperrandstufe in Württemberg und in Nordwestbayern flächenhaft ausstreicht oder als Erosionsrest dem Lettenkeuper aufliegt, ist der Grundgips meist völlig weggelöst. Letzteres gilt auch für breite Täler, z. B. für das Neckartal bei Stuttgart und den Stuttgarter Talkessel sowie auch für große Flächen im fränkischen Keupergebiet (z. B. Schweinfurter Mulde mit dem Werntal). An den Talrändern im Bereich des Gipshanges (◘ Abb. 19.13) treten zahlreiche Hohlräume auf, die immer wieder zu Erdfällen führen. Die Anfangsdurchmesser betragen meist 1–3 m, selten mehr. Tiefer im Berg, wo weniger grundwasserführende Klüfte vorliegen als im Hangbereich, sind die Sulfatgesteine wesentlich weniger oder nicht verkarstet (Bruder 1977; Krause 1988). Im Talgrund sind oft mächtige Residualbildungen und z. T. auch größere Torfmächtigkeiten verbreitet.

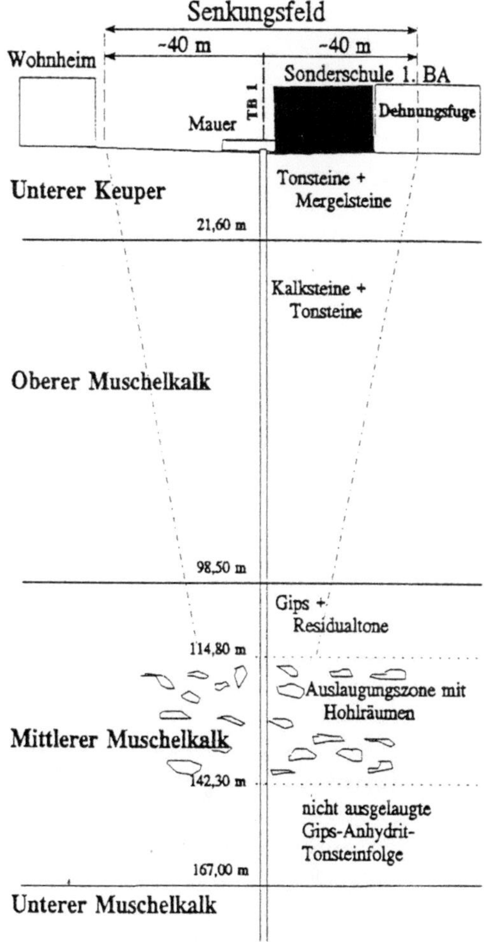

◘ **Abb. 19.12** Durchpausen der Auslaugungserscheinungen durch >100 m Deckgebirge bis in das Niveau des Unteren Keupers (s. a. ◘ Abb. 19.20)

Der Reisenberg bei Crailsheim zählt mit seinen zahlreichen rezenten und z. T. wassererfüllten oder bereits vermoorten Erdfallformen zu den eindrucksvollsten Karstlandschaften Süddeutschlands. Im benachbarten Stadtteil Rossfeld von Crailsheim brach 1998 ein Mädchen in einen 2 m tiefen Erdfall ein (Rathgeber 2007, darin Lit.).

Beim Bau des Katharinenhospitals in Stuttgart wurde eine ausgeprägte Verkarstung angetroffen. Nahezu 70 % der etwa 200 zur Baugrundverbesserung niedergebrachten

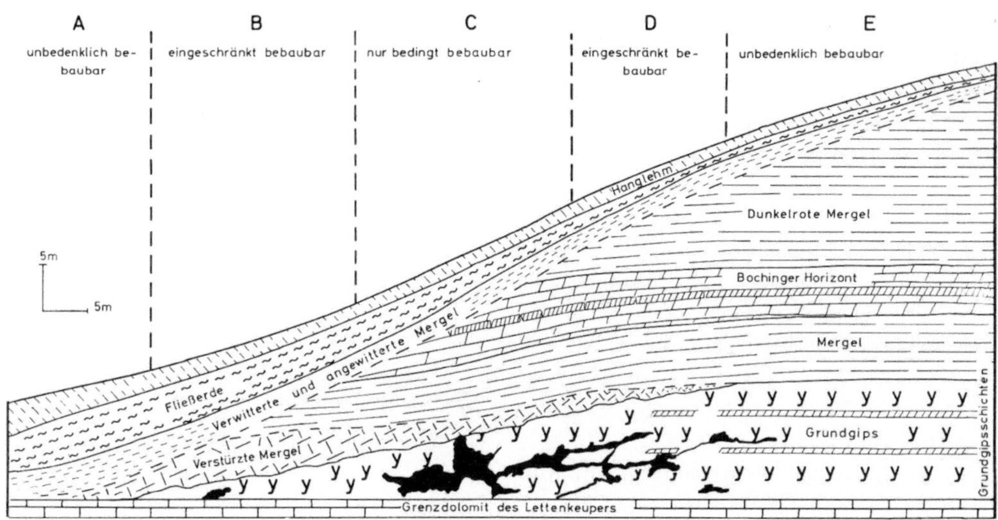

Abb. 19.13 Schematische Darstellung der Gipskorrosion und der Bebaubarkeit eines Gipskeuperhanges (aus Schälicke 1972)

Verpressbohrungen trafen Hohlräume im Grundgips an (Wagenplast 2005). Schweikhardt (2007) berichtet über ein Erdfallgebiet in Stuttgart-Bad Cannstatt, in dem im Jahr 2000 ein Erdfall gefallen ist. Eine benachbarte Kernbohrung ergab in 35–40 m Tiefe einen Hohlraum mit einem kuppelförmigen Volumen von etwa 6000 m^3 und einer freien Höhe von 7 m (s. dazu Abb. 19.18).

Auch vom Thüringer Becken beschreibt Wunderlich (2004) zahlreiche Erdfälle und z. T. großflächige Senkungsmulden über verkarstetem Gipskeuper.

Aus den Bayerisch-Tiroler Kalkalpen sind besonders die vom Hauptdolomit überlagerten Raibler Schichten (Trias, Karn bzw. Keuper) für Gipskarstproblematik bekannt. Heißel und Nittel (2013) beschreiben einen Erdfall in Reutte/Tirol mit 8 m Durchmesser und 7 m Tiefe, der über mehrere Stunden mit lauten Geräuschen gebrochen ist. Die einbrechenden Erdmassen verdrängten das mehrere Meter tiefer stehende Grundwasser nach oben in den Erdfall, das dann nach Stunden wieder versickerte.

Im **Oberjura Norddeutschlands** treten in den sog. Münder Mergeln unterschiedlich mächtige Sulfat- und Steinsalzeinschaltungen auf, die im niedersächsischen Bergland und am Nordrand des Wiehengebirges zu einem gelegentlich gehäuften Auftreten von Erdfällen führen. Die Erdfälle sind oft reihenförmig im Ausstrich der Münder Mergel angeordnet (Büchner 1986: 113). Im Jahr 1969 ist bei Osnabrück ein solcher Erdfall mit einem Anfangsdurchmesser von rd. 50 m und einer Tiefe von 9 m eingebrochen (Dechend und Merkt 1970). Auch im Gebiet des Teutoburger Waldes, des Weserberglands und am NW-Rand des Ibbenbürener Horstes in Ostwestfalen sind Erdfälle über Chlorid- und Sulfatkarst der Münder Mergel verbreitet. Lotze (1957) beschreibt zahlreiche Erdfälle in der Senkungszone des Heiligen Meeres, wo mehr als 60 Erdfälle, teilweise als Seen mit Moorbildung zu verzeichnen sind, darunter auch der größte Erdfall, der im vergangenen Jahrhundert in Mitteleuropa aufgetreten ist. Er entstand im Jahre 1913 mit einem Anfangsdurchmesser von 100 m. Während Lotze diese Erdfälle auf Salzauslaugung in Zechsteinschichten zurückführt, werden sie zwischenzeitlich aufgrund von Bohrergebnissen dem Sulfat- und Salinarkarst des Münder Mergel zugeordnet (Thiermann 1975: 517).

19.2.3 Chloridkarst

19.2.3.1 Löslichkeit der Chloride

Die Löslichkeit der in der Natur vorkommenden Halogenide, vor allem von Natriumchlorid (Steinsalz, Halit) und untergeordnet Kaliumchlorid (Sylvin), ist weit höher als die der Sulfate und Karbonate (◘ Tab. 19.2). Sie ist ebenfalls temperaturabhängig und beträgt im Grundwasser (10 °C) bei NaCl bis zu 358 g/l (Reuter und Tolmacev 1991). Im bewegten Grundwasser liegt meist nur eine Teilsättigung von etwa 100 g/l vor.

19.2.3.2 Erscheinungsformen des tiefen Chloridkarstes

Die Salze werden wegen ihrer guten Löslichkeit immer als Erstes gelöst und sind unter geringer Überdeckung meistens bereits vollkommen verschwunden. Aber auch unter mehreren 100 m Deckgebirge haben sie vom Ausstrich her oder durch tektonische Bruchbildung Verbindung mit dem Grundwasser erhalten und unterliegen seit geologischen Zeiträumen der Auslaugung bzw. Subrosion. Vom Werra-Kaligebiet (Grube Merkers) werden tektonische Störungen beschrieben, die das Salzlager durchschlagen und Auslaugung vom Liegenden her bewirkt haben (Schilder und Schwandt 1983). Eine umfassende Modellvorstellung über die **Dynamik des Chloridkarstes** bringen Kniesel (1980) und Ellenberg (1982). Von einigen Salzverbreitungsgebieten (auch Salzstöcken) sind natürliche Solquellen bekannt, die Anzeichen für die anhaltenden Lösungsprozesse in der Tiefe sind. Durch Schüttungsmessungen und Analyse der Salzgehalte lässt sich die abgeführte Salzfracht ermitteln. Sie beträgt oft viele tausend Tonnen pro Jahr. Trotzdem verläuft die Steinsalzsubrosion in der Natur i. d. R. sehr verhalten, da sich im Niveau des Salzlagers eine Zone weitestgehend gesättigten Salzwassers höherer Dichte einstellt. Erst bei Änderung der hydraulischen Situation und Zustrom frischen Grundwassers, sei es durch Solbetrieb oder bergbaubedingte Wasserhaltung, wird die Subrosion beschleunigt, mit entsprechenden Folgen an der Erdoberfläche.

Seit Weber (1930, 1967) wird die vom Tagesausstrich fortschreitende Subrosion als „reguläre Salzauslaugung" bezeichnet. Hierbei kommt es zur Ausbildung eines sog. **Salzhanges**, d. i. der Übergang von der unversehrten Salzfolge zum mehr oder weniger salzfreien Gebiet. Die „irreguläre Salzauslaugung" erfasst dagegen die Lagerstätte innerhalb des geschlossenen Salzgebietes durch Eindringen von Wasser an Störungszonen. Die Auswirkungen an der Erdoberfläche sind bei der irregulären Salzauslaugung i. d. R. ausgeprägte trichter- und kesselförmige Senken (Subrosionssenken), die von mehr oder weniger steilen lokalen Salzhängen umgeben sind, während die Formen vor dem regulären Salzhangbereich meist flache Senkungsmulden sind, die in der Landschaft wenig auffallen.

Die reguläre Salzauslaugung und die weitergehende Zonengliederung von Weber (1967) ist modellhaft am Tagesausstrich der Zechsteinfolge

◘ **Tab. 19.2** Vergleich der Löslichkeit und anderer Eigenschaften löslicher gesteinsbildender Minerale (nach Mucke 2009)

Mineral	Calcit	Anhydrit	Gips	Steinsalz
Chemische Formel	$CaCO_3$	$CaSO_4$	$CaSO_4 \times 2\,H_2O$	NaCl
Löslichkeit im Wasser (g/l)	0,2	3	2,3	358
Vielfaches bez. auf $CaCO_3$	1	15	10	1790
Dichte (t/m^3)	2,7	>2,8	2,3	2,2

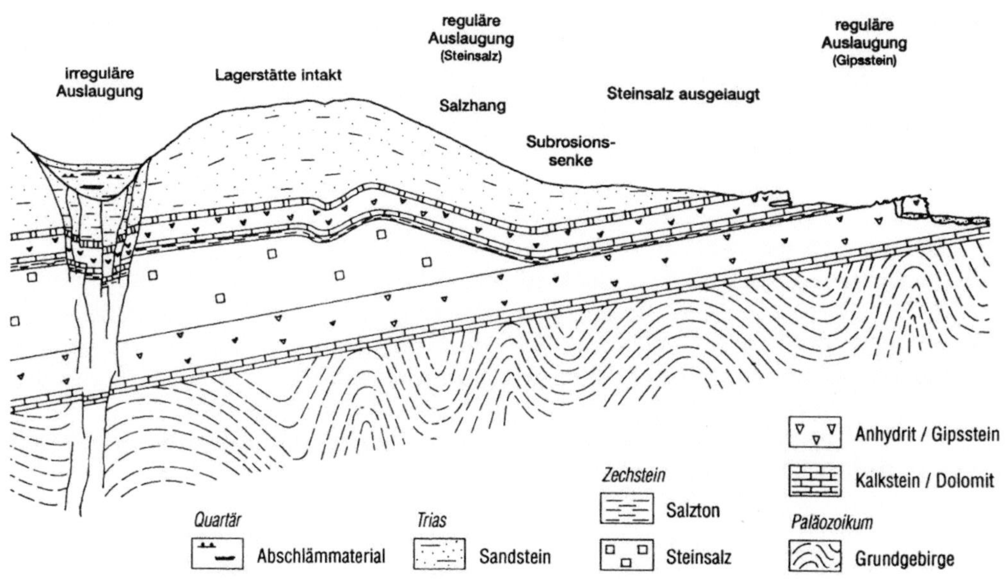

Abb. 19.14 Schema der regulären und irregulären Auslaugung nach Weber (aus Büchner 1996)

am südlichen Harzrand anzutreffen, wo die Anhydrit- und Salzlager unter wenigen hundert Metern Überdeckung liegen (Abb. 19.14). Bei mächtigerer Überdeckung des Zechsteinsalinars wie in Osthessen zeichnen sich Webers oben genannte Auslaugungsbezirke weniger deutlich ab. Im Westteil des Werra-Fulda-Beckens scheinen die Salzhänge nach Laemmlen et al. (1979) und Prinz (1980) mehr von der Paläogeographie des Zechsteinmeeres abhängig zu sein als von der fortschreitenden Subrosion. Die verschiedenen Randbecken des Zechsteinmeeres mit 100–300 m mächtigen Steinsalzablagerungen im Zechstein 1 werden hier von Schwellen mit Sulfatfazies begrenzt, die offensichtlich noch heute weitgehend den Salzhangbereich markieren. In diesen teilweise sehr breiten Übergangsbereichen von der eigentlichen Beckenfazies zu der dort weit verbreiteten Sulfatfazies verzahnen sich offensichtlich die Chlorid- und Sulfatfazies schichtweise, und es treten bevorzugt die seit Ende der 1960er-Jahre durch die Arbeiten von Herrmann aus Südniedersachsen und Prinz aus Ost- und Nordhessen (Literatur s. Prinz 1980) bekannt gewordenen Einbruchschlote auf. Im Ostteil des Werra-Fulda-Beckens, dem Werra-Kaligebiet, ist der reguläre Salzhang dagegen relativ breit und weist sowohl vorgelagerte Senken (Werratal südlich Bad Salzungen, Moorgrund) als auch zahlreiche spalten- und erdfallartige Subrosionsformen auf, deren bekannteste der Burgsee am Innenrand des Salzhanges in Bad Salzungen sein dürfte (Bauriegel 2004).

Je nach paläogeographischer Position ist also bei mehr oder weniger horizontaler Lagerung des Zechsteins mit unterschiedlichen Folgeerscheinungen des tiefen Salinarkarstes in Form einer Kombination von Sulfat- und Chloridkarst zu rechnen, und zwar als:

- Salzhang am Außenrand der mehr oder weniger geschlossenen Steinsalzlagerstätte zum salzfreien Gebiet,
- Subrosionssenken und -kessel der irregulären Auslaugung i. S. Webers mit ihren lokalen Salzhängen in den Steinsalzbecken und z. T. auch im Salzhangbereich und
- fossile Einbruchsschlote über Schwellenbereichen mit mächtiger Sulfatfazies und teilweiser Verzahnung von Steinsalz- und Sulfatfazies.

Die zahlreichen größeren **Subrosionssenken** sind i. d. R. auf irreguläre Auslaugung, z. T. auch auf Auslaugung kleinerer vorgelagerter

Steinsalzbecken zurückzuführen (Prinz 1980). Von Lohmanns (1962) Modellvorstellungen über die Formenentwicklung bei der irregulären Salzauslaugung hat sich in der Praxis nur das Trichter- und Kesselstadium als brauchbar erwiesen. Irreguläre Auslaugung entsteht durch örtlich verstärkte Subrosionsvorgänge im Salinaruntergrund als Folge tektonischer Bruchstrukturen und Spaltenbildungen, die z. T. tief in das Salzlager reichen und offen oder mit Hangendmaterial verfüllt sind (Hoppe 1960). Teilweise schlagen die tektonischen Störungszonen bis in das Subsalinar durch und initiieren Auslaugung vom Liegenden her. An anderer Stelle kann die lokale Subrosion ursprünglich durch eine ebenfalls bruchtektonisch bedingte Salzaufpressung und Salzkissenbildung an der Salzoberfläche oder auch durch weit durchstreichende Basaltgänge ausgelöst worden sein. Die aufgewölbten Salzkissen sind der Subrosion verstärkt ausgesetzt gewesen, wurden als Erstes abgelaugt und lösten örtlich verstärkte Gebirgsreaktionen aus, mit ausgeprägten Versturzbrekzien im Senkenzentrum und Ausbildung begrenzter Subrosionssenken mit relativ steilen umlaufenden Salzhängen. Im Senkentiefsten liegen vielfach mächtige tertiäre und jüngere Sedimente, z. T. mit Torfbildungen. In einigen jüngeren Senkungsformen sind die Bewegungen anscheinend noch nicht ganz abgeklungen (Aderhold 2005). Von einigen irregulären Subrosionssenken im Werra-Kaligebiet ist bekannt, dass hier zwar eine beträchtliche Ablaugung des Werrasteinsalzes vorliegt, dieses aber noch in größerer Restmächtigkeit erhalten ist. Nur bei den großflächigen Subrosionssenken wie Oberzella hat man eine fast völlige Ablaugung des Werrasteinsalzes festgestellt (Haase und Oettel 1963). Von den lokalen Auslaugungssenken im Fuldaer Becken liegen darüber keine Angaben vor.

Das **geomechanische Modell der Gebirgsreaktionen am Salzhang** unterscheidet sich deutlich von der Formenentwicklung von Erdfällen des Sulfat- und Karbonatkarstes und auch der fossilen Großerdfälle im Chloridkarst. In das durch mehr oder weniger flächige, häufig auch lineare Steinsalzablaugung entstandene Volumendefizit sinkt das Deckgebirge nach, wobei es unter Ausnutzung des vorgegebenen Kluftgefüges im Wesentlichen zu einem Zerbrechen und Nachsacken des Gebirges in unterschiedlich breiten Schollen und zu entsprechender Spaltenbildung kommt. Eine gewisse Vorstellung über die intensive Zerrspaltenbildung mit weit geöffneten Spalten und nachbrechenden (Klein-) Schollen, selbst an einer „relativ stabilen Scholle" (ehemalige Steinbruchwand) im Unteren Buntsandstein, zeigt das Titelfoto. Im Salz selbst sind größere, über längere Zeit stabile Hohlräume unwahrscheinlich, da Steinsalz ab etwa 200 m Überlagerung langfristig mit kriechenden Verformungen reagiert. Im Übergangsbereich zum Deckgebirge wurden verschiedentlich größere, mit Versturzbrekzien aus dem Hangenden verfüllte Spalten oder Hohlräume erbohrt. In Ausnahmefällen können solche Hohlräume, wie Beobachtungen in Nordspanien gezeigt haben, auch über lange Zeit offen bleiben.

Die Hohlräume und Zerrspaltensysteme pausen sich durch mehrere hundert Meter Deckgebirge spalten- oder kaminartig nach oben durch und bewirken im Gelände spaltenartige Abbrüche, grabenartige Einsenkungen oder – über teilweise zusammenbrechenden aufgelösten Spaltensystemen – auch größere Einbrüche (Erdfälle). Erdfallartige Einbruchformen treten bevorzugt an Verschneidungen von tektonischen oder auch mit atektonischen, im Streichen der Auslaugungsfront neu entstandenen Bruchflächen auf. Ihre rundlichen Formen bilden sich meist erst beim Durchbrechen der Deckschichten aus. Die größeren Durchmesser von teilweise weit über 10 m setzen entsprechend große Ausgangshohlräume und auch große Mächtigkeiten der Deckschichten voraus. Für eine Bindung an Bruchflächen spricht auch die häufig zu beobachtende Lagekonstanz verschiedener aufeinander folgender Bruchphasen. Die stärksten Subrosionsaktivitäten finden normalerweise in einer über 1 km breiten Zerrungszone vor der Salzhanginnengrenze statt. Die Einbruchswahrscheinlichkeit ist zwar im Einzelnen sehr gering, infolge des Zeitfaktors sind aber in dieser Zone des Salzhanges Abbruchformen und Einbruchstrukturen gebietsweise weit verbreitet und zeichnen häufig tektonische Strukturen nach (s. Bauriegel 2004).

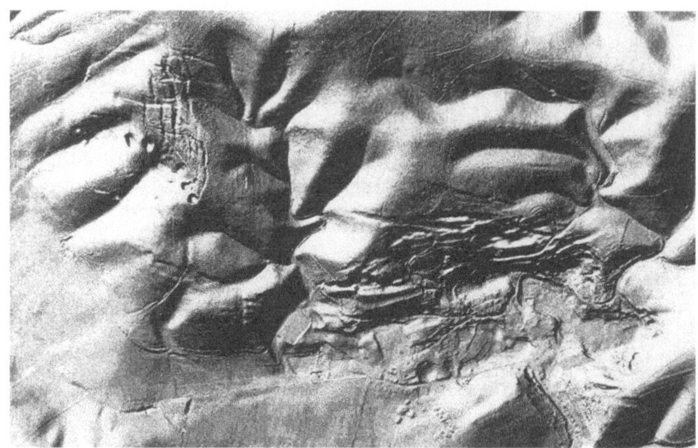

Abb. 19.15 Schummerungskarte eines Salzhangbereichs in Südwest-Thüringen mit Hangzerreißung und Spaltenbildung sowie Erdfällen auf der Grundlage von Laserscanner-Daten (Auswertung Schmidt, TLUG Weimar)

Die aufwendigen Geländearbeiten bei der Kartierung solcher kleinräumigen oder regionalen Salzhänge werden heute durch die Laserscan-Technik (► Abschn. 4.3.1 und 15.2.3) wesentlich erleichtert, mit der hochgenaue digitale Geländemodelle bzw. Schummerungskarten der Geländeoberfläche ohne Bewuchs erstellt werden können (■ Abb. 19.15). Die großflächige Erkundung erfolgt auch durch Geophysik. Die Salzhanginnengrenze, d. h. die Grenze des mehr oder weniger intakten Werrasteinsalzes zur subrosionsbedingten Reduzierung des Salinars, zeichnet sich im seismischen Tiefenprofil dadurch ab, dass der obere Reflexionshorizont des Plattendolomits des Zechstein 3 in ein deutlich gestörtes Reflexionsbild übergeht.

Die bekanntesten Formen der irregulären Auslaugung im Bereich des Fuldaer Beckens sind die Subrosionssenken von Großenmoor, Wehrda (■ Abb. 19.16) und Rothenkirchen, mit der aktiven Senkungszone und jüngsten Erdfällen in der „Wildkaute" bei Steinbach (■ Abb. 19.17). Im Werra-Becken Südwestthüringens sind dies die meist nahe der Salzhanginnengrenze gelegenen Subrosionssenken von Frauensee mit den jüngeren Spaltenbildungen und Erdfällen im Gewann „Hohle Berge" und

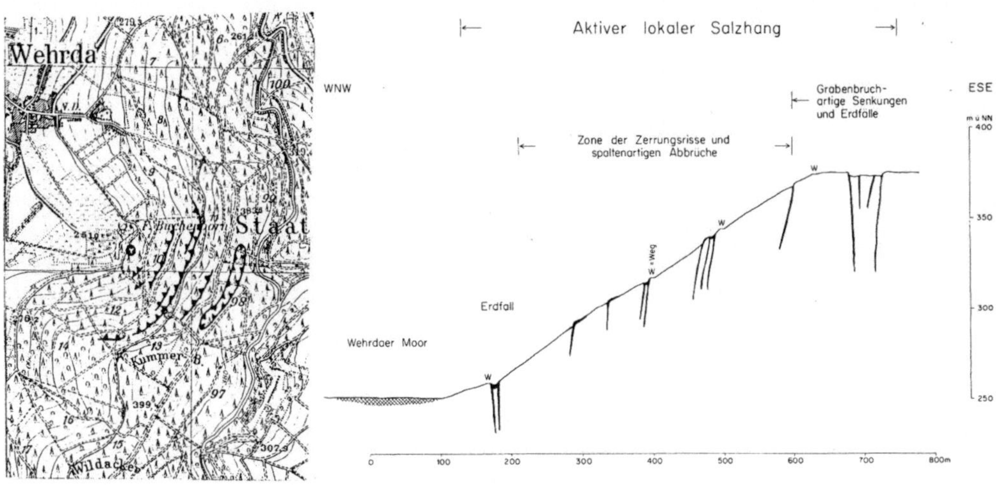

Abb. 19.16 Ostteil der Subrosionssenke von Wehrda mit aktivem Salzhang (s. Prinz 1979)

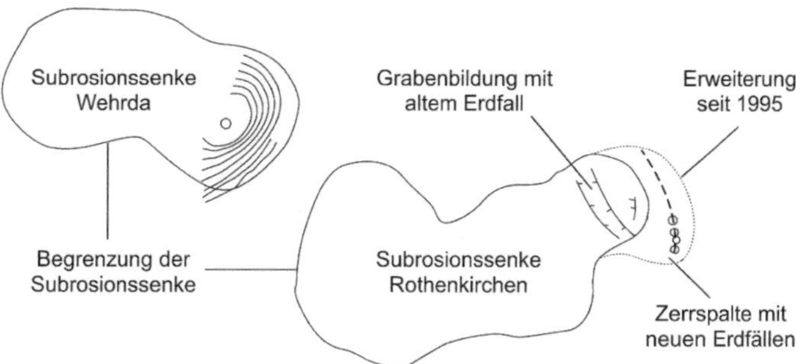

Abb. 19.17 Subrosionssenken von Wehrda und Rothenkirchen a. d. Fulda mit aktiven Salzhängen (nach Aderhold 2005)

von Tiefenort-Kiesselbach sowie die Senken von Oberzella, Vacha, Gestungen und Horschlitt (Bauriegel 2004). Am Salzhang in Tiefenort (Wartburgkreis) ist 2002 ein Erdfall von fast 10 m Durchmesser eingebrochen. In den Folgejahren traten mehrfach kleinere Nachbrüche auf, sodass fünf Gebäude geräumt werden mussten (s. Schmidt und Wunderlich 2011). Bei Tiefenort werden in einem Umkreis von etwa 1,5 km insgesamt 15, heute im Gelände noch deutlich erkennbare Einbruchformen beschrieben. Im heutigen Salzverbreitungsgebiet des Werra-Beckens sind außerdem noch die großflächigen irregulären Subrosionssenken von Oberzella und Stadtlengsfeld zu erwähnen.

In den bekannten Subrosionssenken von Rollsdorf und von Volkstedt/Eisleben im südöstlichen Harzvorland wurden die natürliche Subrosion und ihre Folgeerscheinungen zunächst durch die Wasserhaltung des Mansfelder Kupferschieferbergbaus und nach seiner Einstellung von den Auswirkungen des Wiederanstiegs des Grundwassers überlagert. Die Subrosion und ihre Folgeerscheinungen liefen deshalb hier über Jahrzehnte wie im Zeitraffertempo ab und boten günstige Studienobjekte (Reuter et al. 1977). Über den Rückgang der Senkungen mit der Zeit berichten Herold und Strobel (1999) und Herold (2015, s. a. ▶ Abschn. 19.2.2.2).

Die seit Ende der 1960er-Jahre bekannten **fossilen Einbruchsschlote** sind die Durchbruchsröhren von Großerdfällen, die während der jüngeren Tertiärzeit und im Pleistozän gebrochen sind und die das mehrere hundert Meter mächtige Deckgebirge vom Buntsandstein bis teilweise zum Keuper steil durchschlagen haben. Ihre Entstehung führt Prinz (1979, 1980) auf das Einbrechen größerer Hohlräume in der Sulfatfazies mit Steinsalzeinlagerungen zurück. Der kaminartige Schlot entwickelt sich durch allmähliches Hochwandern von Nachbrüchen in der spannungsfreien Zone über der Firste, ohne dass es zur Ausbildung einer Gewölbewirkung oder zu einer Auffüllung der Hohlräume durch die Bruchmassen kommt (▶ Abschn. 16.4.2.2). Durch die Ausbildung eines Gewölberinges um den Schlot sind die Schlotwände über größere Höhe standfest, wobei die Geometrie des Schlotes häufig von Großkluft- oder Verwerfungsflächen bestimmt wird und die rundlichen Formen sich erst in der Verwitterungszone und den Deckschichten ausbilden. Die Schlotentwicklung ist auf diese Weise weitgehend unabhängig von der Überlagerungshöhe.

Die Füllung der Schlotröhren besteht aus Versturzmassen der zur Zeit ihrer Entstehung überlagernden Schichten. Ihre Durchmesser betragen meist 20–50 m, z. T. über 100 m. Die Grundrissformen sind rund bis elliptisch, z. T. auch lang gestreckt, da die Schlote vielfach an Verwerfungen oder Kreuzungen von tektonischen Strukturen hochgebrochen sind. Die Schlotumgrenzung steht meist steil; in Anpassung an die Klüftung können auch leicht schräge oder abgeknickte Aufbrüche auftreten. Das umgebende Gebirge ist i. Allg. wenig gestört, aber im Randbereich z. T. deutlich aufgelockert. Die Schlote sind vielfach in mehreren Bewegungsphasen eingebrochen.

Über fossile Einbruchsschlote im südlichen Niedersachsen, in Ostwestfalen und in Nordhessen berichten Grimm und Lepper (1973) sowie Knapp (1983). Jung- und nacheiszeitliche Einbrüche mit heute noch erhaltener morphologischer Ausprägung als Großerdfälle sind nur gebietsweise anzutreffen. Die bekanntesten sind die sechs Erdfälle im Bendelebener Holz bei Sondershausen/Thüringen, die in geschichtlicher Zeit entstanden sind (Brust und Kupetz 1993), die Wolkenbrüche bei Trendelburg in Nordhessen mit dem Nassen Wolkenbruch (Ø 150 m, Tiefe 47,5 m) und dem Trockenen Wolkenbruch (Ø 70 m, Tiefe 20 m) sowie die Meere bei Bad Pyrmont und zahlreiche Moortrichter in Ostwestfalen (Literatur s. Prinz 1979: 96). Rezente Nachbrüche treten nur ganz vereinzelt auf. So ereignete sich der letzte Nachbruch in Bad Pyrmont am „Unter dem Meere" im Jahre 1929 (Herrmann 1968: 272). Aus Nordhessen ist das „Seeloch von Kathus" bei Bad Hersfeld bekannt (Finkenwirth und Holtz 1974). Bei einem Nachbruch der Erdfallquelle von Bad Vlotho-Seebruch in Ostwestfalen (Deutloff et al. 1974) kam es auch zu Gebäudeschäden. 1970 entstand hier in einem alten, vor mindestens 8000 Jahren entstandenen Erdfall von 50 m Durchmesser plötzlich ein neuer, rd. 25 m tiefer Einbruch, dessen Durchmesser auf 80 m anwuchs. Einige Stunden nach dem Haupteinbruch drang aus der Tiefe mineralisiertes Grundwasser hoch, füllte den Trichter auf und lief schließlich über den Trichterrand aus. Weltweit sind zahlreiche Großerdfälle, z. T. auch mit Bauschäden, bekannt. Eine Zusammenstellung findet sich bei Molek (2004). Diese seltenen natürlichen Ereignisse dürfen nicht verwechselt werden mit Einbrüchen über abgesoffenen bergbaulichen Anlagen, wie sie von Reuter et al. (1977) beschrieben werden.

19.2.3.3 Karsterscheinungen über oberflächennahen Salzstöcken

19

Im Gebiet des nordwestdeutschen Tieflands sind die ursprünglich tief liegenden Salzmassen als **Salzstöcke** in das Deckgebirge aufgedrungen (▶ Abschn. 3.5.5). Eine Zusammenstellung der umfangreichen Literatur bringt Jaritz (1973). In den Karpaten ist dieser Prozess an einigen Salzstöcken zu studieren, die heute noch etwas schneller aufsteigen, als sie abgelaugt werden.

An den bis in die Nähe der Erdoberfläche aufgestiegenen Salzstöcken sind die oberen Partien teilweise ausgelaugt. Bei annähernd horizontaler Ausbildung der Grenzfläche spricht man von einem Salzspiegel, obgleich innerhalb desselben noch erhebliche Niveauunterschiede auftreten können. Bei Lösungsmetamorphosen im Salzspiegelbereich entstehen Gips- und Kainitbildungen, die als Gips- und Kainithut bezeichnet werden (Kainit = $KMgClSO_4 \times 2{,}75\ H_2O$). Der Gipshut stellt ein wassererfülltes, hohlraumreiches Gebirge dar, das unter besonderen hydrodynamischen Bedingungen Karstphänomene aufweist (▶ Abschn. 19.2.2.3).

Die natürlichen Senkungsbeträge über Salzstöcken erreichen bis zu 3 mm im Jahr, wobei sich die Senkungszentren im Laufe der Zeit verlagern können (Sniehotta 1979). Durch die Förderung natürlicher Sole aus dem Salzspiegelbereich können diese Senkungen beschleunigt werden und erreichen dann Werte bis zu einigen Zentimetern pro Jahr. Derartige Erscheinungen sind vom Salzstock Stade (Hofrichter 1967), von der ehemaligen Saline Schöningen (Kosmahl 1972) und von Lüneburg (Niedermeyer 1957) bekannt. Bei modernen Tiefsolverfahren sind solche Bodensenkungen kaum noch zu befürchten.

Ein Beispiel für diese Erscheinungen ist die Stadt Lüneburg. Ein Teil ihrer Altstadt liegt über einem Salzstock, dessen Salzspiegel von rd. 1,2 km^2 Fläche nur 40–70 m unter der Geländeoberfläche liegt und damit einer der höchstgelegenen Salzspiegel Norddeutschlands ist. Seit über 1000 Jahren hat die Lüneburger Saline aus dem Salzstock ihre Sole mit einem natürlichen NaCl-Gehalt von 270–300 g/l gewonnen. 1961 wurde auf Tiefensolung aus 500 m Tiefe umgestellt. Vor der Umstellung erreichten die Senkungen besonders in der östlichen und nördlichen Randzone Beträge von 20–30 cm in 10 Jahren. In Zonen stärkerer Senkungen traten auch immer wieder Erdfälle auf. Am Rande der stärkeren Senkungsgebiete waren außerdem

Abb. 19.18 Horizontalverschiebungen an dem unter Denkmalschutz stehenden Gartentor in der Frommestraße 2 in Lüneburg

erhebliche positive, im Muldentiefsten negative Längenänderungen zu verzeichnen. Ein typisches Beispiel für solche negativen Längenänderungen, die sich auf Gebäude als Pressungen auswirken, zeigte das Gartentor in der Frommestraße 2 im nordöstlichen Senkungsmaximum (Abb. 19.18). Von 1898 bis 1960 haben sich die Torflügel um 73 cm gegeneinander geschoben, bei einer gleichzeitigen Senkung von 195 cm. Die Hauptschäden in Lüneburg kommen auch weniger durch Erdfälle als durch die Vertikal- und Horizontalbewegungen zustande. Von 1949 bis 1960 mussten mehr als 170 Gebäude abgebrochen werden. Die Lüneburger Saline wurde 1980 endgültig geschlossen.

Auch von einigen Heilbädern in Nordwürttemberg, die jahrzehntelang Solung aus den Steinsalzlagern des Mittleren Muschelkalks betrieben haben, werden Geländesenkungen bis zu 1 m gemeldet (Wagenplast 2005). Fenk (2002) berichten von einem solchen Senkungsverlauf bis zur und nach Einstellung der Solung.

19.2.4 Erdfälle durch Erosions- und Suffosionserscheinungen in nichtlöslichen Lockergesteinen

Die Erscheinungen der Erosion und Suffosion von feinkörnigem Substrat in Lockergesteinen sind bereits in den ► Abschn. 2.2.6 und 18.2.4 behandelt worden. Die wohl bekannteste Form der unterirdischen Erosion ist die sog. **Lösssubrosion** (Karrenberg und Quitzow 1956; Prinz 1969). Sobald im Löss, der aufgrund seiner ablagerungsbedingt porigen Struktur an sich schon wasserdurchlässig ist, eine bevorzugte lineare Wasserbewegung auftritt und die Fließgeschwindigkeit so groß wird, dass die Schleppkraft ausreicht, das vorwiegend mittel- bis grobschluffige Lösskorn mitzunehmen und in Schwebe zu halten, werden im Löss leicht Hohlräume ausgespült. Die Subrosion setzt an der Stelle der Fließgeschwindigkeitserhöhung ein und führt rückschreitend zu kubikmetergroßen Hohlräumen. Das weggeführte Lössmaterial wird meist in besser wasserwegsamen Untergrund eingespült. Die Subrosion wird häufig durch menschliche Eingriffe ausgelöst oder beschleunigt (undichte Leitungen, Kanäle, Quellfassungen, alter Bergbau u. a. m.). Mainz et al. (2007) berichten von Erdfällen über Altbergbaugebieten, ausgelöst durch verstärkten Sickerwasserabfluss in tagesnahe Abbauhohlräume und rückschreitende Erosion in den Deckschichten. Ähnliche Erscheinungen sind auch von oberflächennahen alten Braunkohlegruben in Nordhessen bekannt, wobei abbaubedingte Bruchflächen in den Deckschichten (Lösslehm und Löss) als bevorzugte Wasserwege gewirkt haben und zahlreiche Erdfälle aufgetreten sind.

Eine der Lösssubrosion verwandte Erscheinung ist die **Suffosion nichtbindiger Lockersedimente**. In derartigen Böden, z. B. in den münsterländischen Kreidesanden, kann es bei Versteilung des Grundwassergefälles (► Abschn. 11.1) oder durch konzentrierte Einleitung von Oberflächenwasser entlang bevorzugter Wasserwege (Störungszonen oder Klüfte) zu Ausspülungen und zu rückschreitender Erosion kommen, mit z. T. größeren Hohlräumen im Untergrund und erdfallartigen Erscheinungen

(Otto 2007). Im Buntsandsteinhangschutt der Rhön und des Odenwalds sind vereinzelt schon kleine Erdfälle infolge der Ausspülung von schluff- und feinsandhaltigem Solifluktionsschutt aufgetreten, und zwar bevorzugt in der Nähe von Grundwasserentnahmen mit Versteilung der Grundwasserströmung oder über gut wasserwegsamen Störungszonen. Von einem ähnlichen Fall der Suffosion feinklastischer Stauseesedimente über gröberkörnigen Bergsturzmassen in Nordtirol berichten Poscher und Patzelt (2000).

Unabhängig von den natürlichen Hohlräumen im Löss sind in Gegenden mit größeren Lössmächtigkeiten wie in Sachsen und Franken, aber auch in Oppenheim am Rhein meist schon im Mittelalter angelegte **Lösskeller** anzutreffen, die damals als Lagerräume oder Fluchtgänge dienten. Diese nicht verbauten Hohlräume im Löss verlieren im Laufe der Zeit und besonders bei konzentrierten Wasserzutritten ihre anfangs gute Standfestigkeit und stellen heute eine gewisse Gefahr dar (s. Engel und Lauer 2003). Andererseits werden sie aber nach Sanierung als Touristenattraktion genutzt (Oppenheim).

Eine regionale Besonderheit und Relikte früheren bäuerlichen Kleinbergbaus sind die gebietsweise gehäuft auftretenden abflusslosen Hohlformen von ehemaligen Mergel- und Lehmkauten sowie die sog. **Sand- oder Lössbrunnen**, wie sie besonders im Rheinland bekannt sind (Gerlach 2012, darin Lit.). Bei den Brunnenrelikten handelt es sich um mehr oder weniger verfüllte oder verfallene ehemalige Schächte (Ø etwa 80 cm), über die in Tiefen von 6–8 m in davon abgehenden Stollen Löss (Mergel) oder auch Bausand gewonnen wurde. Die Schachtrelikte können weiter einbrechen und zu erdfallartigen Strukturen führen.

19.3 Ingenieurgeologische Untersuchungsmethoden

Die Voraussage von Senkungen und Erdfallereignissen ist immer schwierig. In den letzten Jahrzehnten zeichnet sich jedoch ab, dass sich Karstsysteme nicht rein zufällig entwickeln, sondern deutlicher als erwartet eine gewisse Abhängigkeit von bestimmten geologischen Faktoren zeigen, z. B. von einzelnen besonders anfälligen Schichtgliedern, von Großkluft- und Störungssystemen sowie von ehemaligen Grundwasser- und Quellhorizonten (► Abschn. 19.2.1.2). Diese Erkenntnisse erleichtern in vielen Fällen das Erstellen von Prognosemodellen (s. Jeannin et al. 2006).

Die Verfahren zur Erkundung und Beurteilung des Baugrundes in Senkungs- und Erdfallgebieten sind von der Art der zu erwartenden Ereignisse sowie von der Größe und Konstruktion der Bauwerke, insbesondere von ihrer Empfindlichkeit gegenüber Verformungen und Einbrüchen abhängig (Geotechnische Kategorie GK 3). Bei Verkehrsprojekten ist z. B. bei der Erkundung zu unterscheiden zwischen

- Einzelerkundung von Brückenfundamentstandorten,
- flächiger Erkundung von Einschnitts- und Dammstreckenabschnitten und
- Erkundung für Tunnelprojekte gem. ► Abschn. 17.2.4.

In Erdfall- und Senkungsgebieten muss grundsätzlich mit einem erhöhten Untersuchungsaufwand gerechnet werden, der aber noch in Relation zum Schadensfall bzw. zum Sicherungsaufwand stehen muss. Als Einzelmaßnahmen kommen dabei in Betracht (Kielbassa et al. 2015):

- ingenieurgeologisch-morphologische Kartierung im Gelände und ggf. im Planum,
- Befragung von Einwohnern und Erkundigung bei einschlägigen Behörden,
- Geophysik: hochauflösende Refraktions-/Reflexionsseismik, einschließlich Bohrlochtomographie sowie ggf. Mikrogravimetrie gem. ► Abschn. 4.3.2.1 und 19.3.3,
- ergänzende Kernbohrungen, besonders an Verdachtsstellen der geophysikalischen Erkundung.

Wegen der Tiefenbegrenzung der Aussagekraft der indirekten Aufschlussverfahren (Geophysik) ist es ggf. zweckmäßig, die Haupterkundung in die Bauphase zu verlegen und als baubegleitende Maßnahme im jeweiligen Aushubniveau vorzunehmen (► Abschn. 17.2.4).

Die Erkundung darf sich nicht allein auf Erdfälle und Senkungen als direkte Karstfolge beschränken. Unabhängig davon können je nach Ausbildung des Karstgesteins im Untergrund unterschiedlich alte und dementsprechend z. T. locker gelagerte oder weiche Residualbildungen oder Residualbrekzien bzw. Resthohlräume vorliegen, die bei Bauwerksgründungen zu beachten sind. In auslaugungsbedingten zwischen- oder nacheiszeitlichen Senkungsformen können auch mächtige Torfe oder organogene Sedimente auftreten.

19.3.1 Risikobewertung und Sicherheitskonzept

Der **Gefährdungsgrad** eines Gebietes ist in hohem Maße von der Flächennutzung abhängig. Auf land- und forstwirtschaftlichen Flächen ist der Schaden i. d. R. gering. Mit zunehmender Nutzungsintensität können Schäden an Verkehrswegen, Leitungstrassen und Gebäuden unterschiedlicher Art auftreten. Im Einzelnen ist der Gefährdungsgrad eines Gebietes bestimmt durch:

- die geologische und tektonische Situation,
- Art und Tiefenlage des Karstgesteins,
- Grundwasserstand, Wechselstände, Durchlässigkeit und Fließrichtung,
- Anzahl und Größe von Senkungen oder Erdfällen im vergleichbaren Umfeld,
- Alter und Ereignishäufigkeit,
- Konstruktion, Zustand und Nutzungsbedeutung von Anlagen und Bauwerken.

Für eine allgemein gültige Definition der **Gefährdungsklassen** kann folgende Buchstaben-/Zahlenkombination herangezogen werden:

A	keine auslaugungsgefährdeten Gesteine im Untergrund
B	auslaugungsgefährdete Gesteine im tiefen Untergrund
C	auslaugungsgefährdete Gesteine oberflächennah
B/C 1	Karbonatkarst
B/C 2	Sulfatkarst
B/C 3	Chloridkarst
a	Erdfälle oder Senkungen sehr selten
b	Erdfälle oder Senkungen in der weiteren Umgebung
c	einzelne (1–2) Erdfälle oder Senkungen in der näheren Umgebung (100 m)
d	mehrere (>3) Erdfälle oder Senkungen in der näheren Umgebung*).

* Ggf. mit weiterer Unterteilung von c–d nach den Anfangsdurchmessern in m (z. B. B/C3 c2).

Beim Subrosionskataster Thüringen werden die Gefährdungsklassen ebenfalls nach einer Buchstaben-/Zahlenkombination definiert (Biewald 2004a). Andere, regional z. T. wesentlich detailliertere Gefährdungszonen und -bilder wurden für den Bau der NBS Nürnberg–Ingolstadt durch die Frankenalb entwickelt (▶ Abschn. 17.2.4). Auch die Handlungsempfehlungen der Straßenbauverwaltungen der Länder Sachsen-Anhalt und Thüringen enthalten auf den Straßenbau zugeschnittene Gefährdungsklassen.

Das **Sicherheitskonzept** in Bezug auf Senkungen oder Erdfälle basiert, abgesehen von unvorhersehbaren, plötzlichen Ereignissen, auf einem mehrstufigen System. Die einzelnen Stufen sind erstens die vorangegangene Risikobewertung und zweitens das Auftreten leichter Schäden im Grenzzustand der Gebrauchstauglichkeit, das gleichzeitig eine Vorwarnung für ein weitergehendes Versagen (Tragfähigkeit) darstellt. Dazwischen ist i. d. R. Zeit für Rettungs- bzw. Sicherungsaktionen gegeben.

Für eine allgemeingültige **Risikobewertung** haben sich folgende Definitionen bewährt:

- **Akute Gefährdung** liegt vor, wenn in absehbarer Zeit mit hinreichender Wahrscheinlichkeit ein Ereignis zu erwarten ist, das eine ernste Bedrohung von Schutzgütern bedeutet. Eine solche Situation erfordert i. d. R. einen zeitnahen Handlungsbedarf bzw. die Einleitung von Sofortmaßnahmen.
- **Potenzielle Gefährdung** ist gegeben, wenn ein Schadensereignis mittelfristig (einige Monate bis wenige Jahre) mit einiger Wahrscheinlichkeit zu erwarten ist. Es

besteht ein planmäßiger Handlungsbedarf für eine umfassende Erkundung und Bewertung der Situation sowie für ein intensives Monitoring.

- **Latente Gefahr** liegt vor bei geringer Eintrittswahrscheinlichkeit für ein Ereignis, das weder nach Zeit, Ort und Ausmaß näher zu bemessen ist. In der Regel ist von einem Klärungsbedarf auszugehen, d. h., eine allgemeine Erkundung und Bewertung der Situation müsste ausreichend sein.

Bei einer Risikobewertung ist zu berücksichtigen, dass die Eintrittswahrscheinlichkeit und auch die Erdfallgröße nicht nur starken Streuungen unterliegen, sondern sich mit der Zeit und damit auch in der Nutzungsdauer des Projekts ändern können.

19.3.2 Geologisch-morphologische Verfahren

Die ingenieurgeologischen Baugrunduntersuchungen in Karstgebieten bedienen sich geologisch-morphologischer, geophysikalischer und der üblichen geotechnischen Verfahren.

Die geologisch-morphologische Erkundung ist in erster Linie eine Bestandsaufnahme, wobei nach Möglichkeit ältere Karten, Archivunterlagen und Luftbilder aller Art verwendet werden sollten. Mit Drohnen können Erdfälle nicht nur fotografiert, sondern auch vermessen werden. Bei der **Luftbildauswertung** und den digitalen Geländemodellen (DTM) mittels Laserscanning (LIDAR, ► Abschn. 4.3.1 ist zu beachten, dass dabei in erster Linie oberflächige Hohlformen und Zonen oberflächennaher Verkarstung erfasst werden, aber keine über tiefer liegenden Gebirgsbereichen. Bei der Auswertung von Luftbildern i. w. S. kann zwischen „einigermaßen gesicherten" und „vermuteten" Erdfallformen sowie (auffälligen) Senkungsmulden unterschieden werden. Engräumige Senkungsmulden können sowohl eigenständige Karstformen als auch die zeitlichen Vorläufer von Erdfällen darstellen. Auch bereits gebrochene Erdfälle können in flachen Senken liegen. Besonders auffällig sind zeitweise wassererfüllte Senken.

Da Erdfälle und sonstige Karststrukturen in Gebieten mit dichter Vegetation meist besser erhalten sind als in der Feldflur, können diese auf den o. g. digitalen geschummerten Reliefkarten mit der von Bewuchs befreiten Geländeoberfläche am besten sichtbar gemacht werden.

Diese Art der Erkundung kann jedoch eine intensive Geländebegehung und Befragung der Einwohner nicht ersetzen, wobei allerdings zu berücksichtigen ist, dass die menschliche Erinnerung durchaus einem beeinflussbaren Wandel unterliegt. Kartiert und erfragt werden **Erdfalldaten** über vorhandene und nach Möglichkeit auch verfüllte Erdfälle und verdächtige Senken, andere morphologische Auffälligkeiten und auch Schäden an Bauwerken und sonstigen Einrichtungen. Dabei ist zu beachten, dass Erdfälle in der Nähe von Siedlungen und in der Feldflur meist bald verfüllt werden und nicht mehr ohne weiteres zu erkennen sind, wodurch möglicherweise eine größere Erdfallhäufigkeit in Waldgebieten vorgetäuscht wird.

Die **bautechnischen Kriterien von Erdfällen** sind die Erdfallhäufigkeit, bezogen auf km^2 und eine Zeitangabe (Jahr, Jahrzehnt, Jahrhundert), sowie die Anfangsdurchmesser. Letztere sind aus den abgeflachten Formen älterer Erdfälle oft schwer abzuschätzen (s. dazu ◘ Abb. 19.10). Aus Niedersachsen, Sachsen-Anhalt und Hessen liegen statistische Auswertungen über die Anfangsdurchmesser von Erdfällen vor (◘ Tab. 19.3; Heckner und Herold 1995; Aderhold 2005). Danach haben die meisten Erdfälle im Gipskarst Anfangsdurchmesser von unter 3–4 m. Erdfälle mit größeren Anfangsdurchmessern sind selten (► Abschn. 19.2.2.2). Das Alter von Erdfällen kann in der Statistik dadurch berücksichtigt werden, dass länger zurückliegenden Erdfallereignissen geringere Bedeutung beigemessen wird als Erdfällen, die erst in den letzten Jahren bis Jahrzehnten aufgetreten sind. In den meisten Fällen ist allerdings das Alter der Erdfälle unbekannt, sodass man auf Schätzungen aufgrund der Morphologie angewiesen ist.

Im Harzvorland sind von 1987 bis 1990 alle bekannten Erdfälle auf Karten und in Dateien erfasst worden (Büchner 1991; Heckner und

▪ **Tab. 19.3** Anfangsdurchmesser von Erdfällen im südlichen Niedersachsen und in Sachsen-Anhalt (aus Büchner 2006)

südliches Niedersachsen		Sachsen-Anhalt	
Anfangsdurchmesser [m]	**Häufigkeit [%]**	**Anfangsdurchmesser [m]**	**Häufigkeit [%]**
<2,0	50	<1,0	25
2,1–4,0	30	1,1–3,0	55
4,1–6,0	12	3,1–5,0	10
6,1–8,0	6	5,1–10,0	8
8,1–10,0	1,5	>10	2
>10	0,5		

Herold 1995). In Thüringen werden seit 1990 in einem Fachinformationssystem (FIS) „Georisiko-Thüringen“ u. a. alle subrosiv entstandenen oberflächigen Hohlformen und Erdfälle dokumentiert und eine Gefährdungsklasse ausgewiesen (Biewald 2004a; Schmidt 2004, 2008; Schmidt und Wunderlich 2011 und ▶ Abschn. 4.2.2). In der Datenbank dieses **Subrosionskatasters** von Thüringen waren 2011 etwa 9500 Objekte gespeichert, die fast 60 % der Landesfläche betreffen (Schmidt und Wunderlich 2011). Von Nordosthessen liegt eine Karstgefährdungskarte 1 : 200.000 vor, mit zwei Beikarten: einer Häufigkeitskarte 1 : 100.000 und einer Dokumentationskarte 1 : 50.000 (Aderhold 2005). Auch von Nordrhein-Westfalen existiert eine, allerdings großmaßstäbliche Erdfallkarte (Strauß 2008).

Für die Erstellung eines Katasters von Karsterscheinungen müssen i. Allg. folgende Daten erhoben werden:

- geographische Angaben: Land, Kreis, Gemeindebezirk, Lokalität (Flurstück), TK 25/TK 10, Koordinaten, Geländehöhe
- Objektbeschreibung; Art, Dimension, Entstehungszeit, Geländenutzung, Schäden
- Entstehungsursachen; Art und Tiefenlage des Karstgesteins, Ausbildung der Deckschichten, Angaben zum Grundwasser, Entstehungsmechanismus (auch anthropogene Einflüsse)
- ingenieurgeologische Bewertung; Gefahrenpotenzial bzw. Gefährdungskategorie, Sofort- bzw. Sanierungsmaßnahmen, Kontrollmöglichkeiten.

19.3.3 Geophysikalische Messverfahren

Bauen in senkungs- oder erdfallverdächtigen Gebieten erfordert i. d. R. eine flächenhafte Erkundung des Baufeldes und des näheren Umfeldes. Dazu sind außer der Luftbildauswertung (▶ Abschn. 19.3.2) in erster Linie geophysikalische Oberflächenmessungen geeignet. Diese gehören heute zum Standard, um die nachfolgenden Bohraufschlüsse gezielt und ergebnisorientiert ansetzen zu können. Die Geophysik liefert in erster Linie Strukturdaten und indirekte Hinweise (Anomalien) auf gestörte Bereiche, die dann gezielt angebohrt werden können. Bei tieferen Einschnitten und Bauwerksstandorten kann es zweckmäßig sein, die geophysikalischen Messungen im Aushubniveau anzusetzen oder zu wiederholen. Zwischen nahestehenden Bohrungen und besonders zwischen Bauwerksbohrungen kann zusätzlich Bohrlochgeophysik zum Einsatz kommen. Die Tomographie liefert ein flächiges Bild der Geschwindigkeitsverteilung zwischen den Bohraufschlüssen (▪ Abb. 19.19).

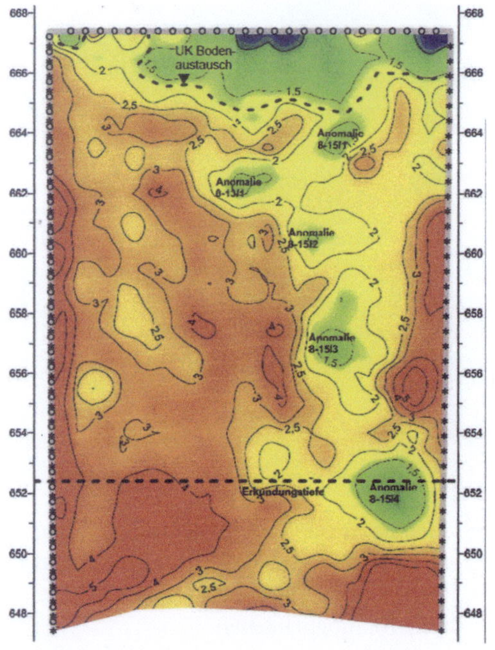

◻ Abb. 19.19 Geschwindigkeitsfeld einer Crosshole-Tomographie zwischen zwei Bohrlöchern. Dunkle Farbtöne stellen aufgelockertes Gebirge dar (Anomalien v_p > 300 m/s), mittlere und helle Farbtöne gesundes Gebirge (v_p < 1700 m/s; aus Kielbassa und Baumbusch 2015)

Die Methoden der Geophysik sind in ▶ Abschn. 4.3.2 im Einzelnen beschrieben. Bei der Erkundung von Karstphänomenen hat sich in den letzten Jahren die **Hybridseismik**, eine Kombination von hochauflösender Reflexions- und Refraktionsseismik, bewährt. Die Auswertung der Daten erfolgt entweder als seismisches Profil, das die gröberen Strukturen erkennen lässt, oder als refraktionstomographisches Geschwindigkeitsfeld, das die Verteilung der P-Wellen-Geschwindigkeit im oberflächennahen Bereich liefert (◻ Abb. 19.20). Geschwindigkeiten unter 1800 m/s stehen allgemein für Lockergesteine bis stark entfestigtes Gebirge. Das Geschwindigkeitsfeld weist i. d. R. eine unruhige Verteilung auf. Eingestreute Felder mit 300–500 m/s zeigen aufgelockerte oder verkarstete Bereiche an. Gesundes Gebirge ist erst ab Geschwindigkeiten von 2500–3500 m/s zu erwarten.

Bei den **geoelektrischen Verfahren** lassen sich über die Verteilung der elektrischen Widerstände im Untergrund lokale Toneinlagerungen bzw. die Lagerungsverhältnisse und Auflockerungszonen erkennen. Die Methode eignet sich in erster Linie für Einzelstandorte, weniger für die Fläche.

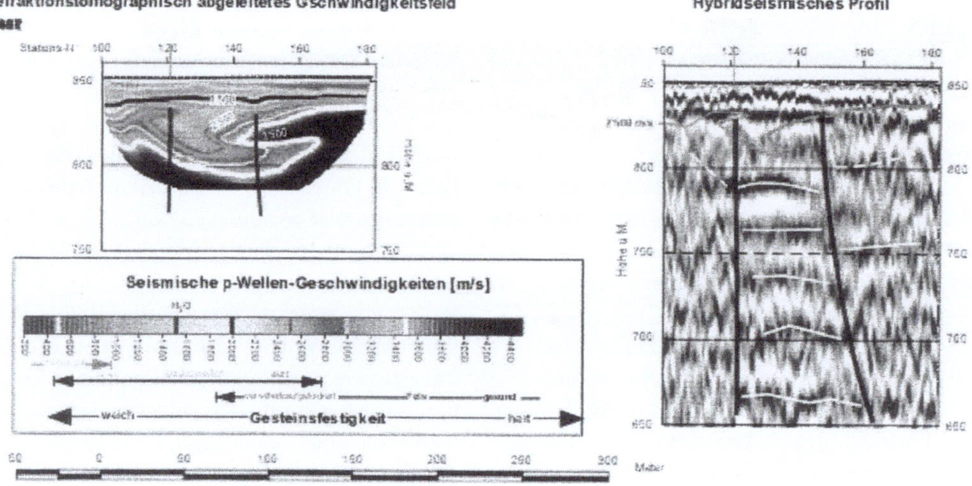

◻ Abb. 19.20 Ausschnitt aus einem hybridseismischen Profil (rechts) und refraktionstomographisches Geschwindigkeitsfeld des oberflächennahen Bereichs (aus Frei 2015)

Mikrogravimetrie wird relativ häufig eingesetzt. Das Messergebnis zeigt eine Verteilung der Schwerewerte. Minimalwerte weisen auf örtliche Massendefizite hin, die als Anzeichen für Karststrukturen im oberflächennahen Untergrund gedeutet werden.

In wenigen Fällen können oberflächennahe Hohlraumbildungen auch direkt detektiert werden (► Abschn. 4.3.2 und Plinninger et al. 2005a). Nach der sog. „1:2-Regel" muss ein Hohlraum in 10 m Tiefe einen Durchmesser von mindestens 5 m aufweisen, um einigermaßen zuverlässig detektiert werden zu können (◘ Abb. 19.21 und ► Abschn. 17.2.4). Hohlfeld et al. (2011) berichten von der erfolgreichen Erkundung eines etwa 10 m großen Karsthohlraums in 15 m Tiefe mittels engmaschiger gravimetrischer Messungen. Auch der Auflockerungsbereich darüber zeichnete sich ab. Im südthüringischen Triasgebiet konnte allerdings beim Baumleite-Tunnel der DB-Strecke Ebensfeld–Erfurt ein in 5–11 m Tiefe (später) aufgefahrener Hohlraum mit einem Querschnitt von 3,5 × 4,5 m mit vorher durchgeführter Reflexionsseismik nicht detektiert werden. An derselben Strecke wurde im Bleßbergtunnel ein beim Vortrieb aufgefahrenes über 1000 m langes Höhlensystem ebenfalls vorab nicht erkannt. Auch steil stehende kluft- oder spaltengebundene Hohlräume sind mit Oberflächengeophysik kaum zu erfassen. Die Eignung und Aussagekraft der angebotenen Methoden sollte daher immer aus vergleichbaren Projekten bekannt sein oder aber vorab in Testmessungen über bekannten Karststrukturen überprüft werden.

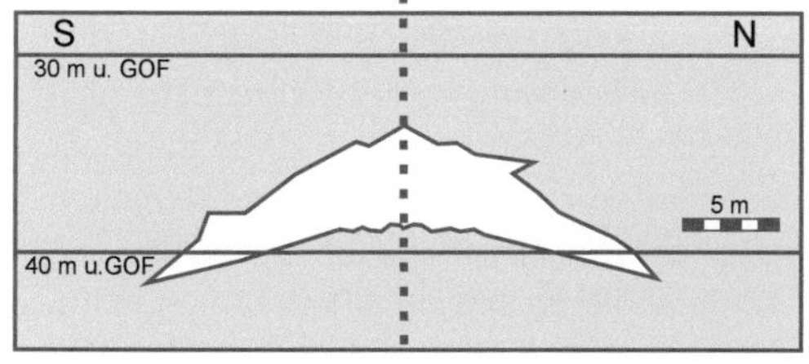

◘ **Abb. 19.21** Mittels Sonarvermessung ermittelter Hohlraumquerschnitt (nach Schweikhardt 2007)

Eine Lokalisierung von tieferen Karsthohlräumen ist mit den heutigen Standardmethoden der Geophysik nicht möglich, da das Auflösungsvermögen mit zunehmender Tiefe stark abnimmt.

In Bohrungen angetroffene Hohlräume können mittels Kamerabefahrung bzw. optischen Scannern (ETIBS), lasergestützter 3D-Hohlraumvermessung oder durch **Ultraschall- bzw. Sonarvermessung** (Letztere z. B. unter Grundwasser) vermessen werden (◘ Abb. 19.21 und Rogowski 2002; Hellmann 2009).

19.3.4 Geotechnische Untersuchungsverfahren

Für Projekte in Erdfall- und Senkungsgebieten müssen die Baugrundaufschlussbohrungen mit größerem Aufwand betrieben und in kleineren Abständen angesetzt werden als sonst. Zweckmäßig ist eine Verbindung mit geophysikalischer Vorerkundung. Ziel der Untersuchungsarbeiten ist die Erkundung folgender Faktoren:

- Tiefenlage und Zustand des Karsthorizonts, Hohlraumformen,
- Tiefenlage der nicht von Verkarstung betroffenen Liegendschichten,
- Ausbildung der Deckschichten,
- Grundwasserführung, Wasserwegigkeit im Hinblick auf Verkarstung (Störungszonen).

Bei flächigen Verkehrswegebauten hat sich darüber hinaus folgendes Vorgehen bewährt (ggf. als baubegleitende Maßnahme in Aushubsohle):

- kombinierte geophysiksalische Erkundung,
- Nacherkundung mittels direkter Aufschlüsse,
- dynamische Vorbelastung der Aushubsohle sowie sorgfältige Aufnahme und Dokumentation der jeweiligen Ergebnisse.

Aufschlussbohrungen müssen i. d. R. als Kernbohrungen ausgeführt werden. Während des Bohrens müssen der Andruck und der Bohrfortschritt genau verfolgt und möglichst mittels MWD-System (► Abschn. 4.4.5) registriert werden, um weiche Zonen oder Hohlräume zu erfassen. Außerdem ist eine genaue Spülungskontrolle notwendig. Bei Bohrungen im Steinsalz muss als Bohrspülung Magnesiumchlorid-Lauge verwendet werden.

Bei der ingenieurgeologischen **Aufnahme der Bohrkerne** ist besonders auf Lagerungsstörungen, Entfestigungen, nicht profilgerechte Spaltenfüllungen, Ablösungserscheinungen auf Kluftflächen u. a. m. zu achten. Auch der stratigraphischen Einstufung der Schichtenfolge ist mehr Bedeutung beizumessen als sonst üblich. Baugrundaufschlussbohrungen müssen grundsätzlich bis in den nächsttieferen, ungestörten und einwandfrei einzustufenden stratigraphischen Horizont niedergebracht werden.

Die auslaugungsgeschädigten, unterschiedlich stark entfestigten und z. T. plastifizierten Ton- und Mergelsteine sowie besonders halbfeste oder plastische Residualbildungen sind oft schwer zu kernen. Der Konsolidationsgrad solcher entfestigten Tongesteine bzw. Residualbildungen ist je nach Alter des Verkarstungsprozesses sehr unterschiedlich (Beiche et al. 1995). Er kann ggf. mittels Rammsondierungen dokumentiert werden. Oberflächennah kommen dafür Sondierungen mit der schweren Rammsonde in Betracht (◘ Abb. 4.14), in größeren Tiefen die Bohrlochrammsonde (► Abschn. 4.4.6.1). Um die Steifigkeit versuchstechnisch belegen zu können, müssen auch in größeren Bohrtiefen ausreichend Sonderproben entnommen und untersucht werden.

Karstgebirge sind i. d. R. sehr unterschiedlich wasserwegsam und weisen z. T. hohe Amplitudenausschläge des Karstwasserspiegels auf. Der **Karstwasserstand** muss daher immer über einen längeren Zeitraum beobachtet werden.

In **Gebieten mit anhaltenden Senkungen** sollte deren Intensität und Verteilung durch ein Beobachtungsnetz von Messpunkten mit Nivellements verfolgt werden (◘ Abb. 19.22 und Heckner et al. 1999). Senkungen der letzten 10 Jahre können ggf. auch mittels SAR-Interferometrie großflächig erfasst werden (► Abschn. 15.2.5).

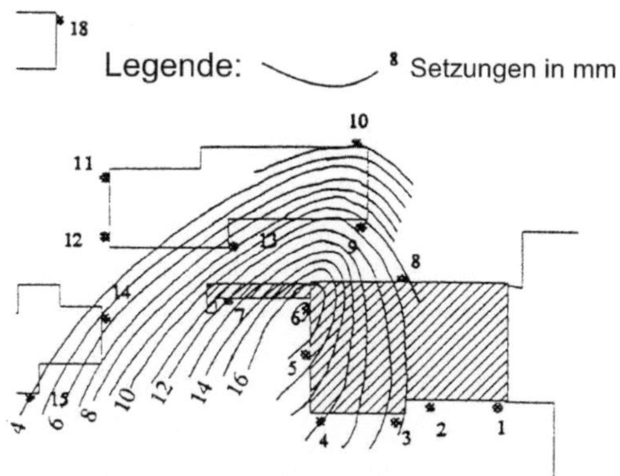

◘ **Abb. 19.22** Isolinien der Setzungsmessungen von April 1991 bis März 1992 des Beispiels aus ◘ Abb. 19.9 (aus Magar 1993)

19.4 Bautechnische Maßnahmen

Die Forderung nach vollkommener **Sicherheit in Erdfallgebieten** ist auch bei sehr großem Aufwand kaum erfüllbar. Wo Karstgebiete von Bebauung freigehalten werden können, sollte dies angestrebt werden. Die Schadensquote ist jedoch, von Sonderfällen abgesehen, meist nur gering, was vielerorts dazu führt, dass ohne Rücksicht auch auf bekannte Erdfall- und Senkungserscheinungen gebaut wird. Eine Bauleitplanung kann zwar dem Bauträger das Baugrundrisiko nicht abnehmen, Kenntnisse oder Anhaltspunkte über ein Gefahrenpotenzial müssen jedoch von den Behörden mitgeteilt werden. Bauplanung in potenziellen Erdfallgebieten wird aber immer umstritten bleiben. Übersteigerte Forderungen sind zwar wirtschaftlich nicht zu vertreten, doch sollte verhindert werden, dass heute noch Siedlungen und Verkehrswege in Karstgebieten entstehen, ohne dass entsprechende Untersuchungen bzw. Maßnahmen vorgesehen werden.

Die **Entstehung von** Erdfällen natürlichen Ursprungs (Verkarstung) und die möglichen bautechnischen Maßnahmen sind weitgehend vergleichbar mit der Behandlung von Tagesbrüchen über bergbaulichen Hohlräumen in mittleren Tiefen (► Abschn. 16.4.3). In beiden Fällen handelt es sich um den aktiven Senkungs- bzw.

Verbruchsprozess eines Ausgangshohlraums im Untergrund, der sich durch stetes Nachbrechen der spannungsfreien Zone im Firstbereich (► Abschn. 17.5.5) unter Einwirkung der Schwerkraft und in Abhängigkeit des Kluftgefüges bzw. der Kluftkörpergeometrie mehr oder weniger senkrecht durch das Deckgebirge bis zur Erdoberfläche hocharbeitet. Der Prozess kann zeitweise zum Stillstand kommen, was z. B. auf die Hohlraum-Bruchmassen-Bilanz (► Abschn. 16.4.2.2) oder auf die Ausbildung gewölbeartiger, labiler Gleichgewichtszustände im Hangenden zurückzuführen sein kann, die aber auf Dauer nicht stabil sein müssen.

Bei der Verfüllung von Erdfallformen ist außerdem immer zu bedenken, dass der Ausgangshohlraum in der Tiefe und auch der Verbruchschlot fast nie vollständig verschüttet sind und dass die Verbruchmassen relativ locker gelagert sind und auch noch Resthohlräume aufweisen können, sodass sowohl Nachsackungen auftreten können als auch Nachbrüche nicht auszuschließen sind.

Bei größeren Erdfällen tritt auch immer die Frage nach der **Stabilität der Randbereiche des Erdfalls** auf. Erdfallränder zeigen infolge der zeitweisen Freilage der steilen Erdfallwandungen immer eine gewisse Gebirgsauflockerung gem. ► Abschn. 16.4.2.2, die sich teilweise durch Bodenrisse und/oder leichte Einsenkungen bemerkbar macht, die aber auch noch Jahre später zu Nachsenkungen im Zentimeter- bis ungünstigenfalls Dezimeterbereich führen kann. Ungünstiges Schichteinfallen verstärkt dieses Problem. Auch in der Erdfallverfüllung sind schon bei vielen größeren Erdfällen nach Monaten und auch noch nach Jahren Nachbrüche im Meterbereich aufgetreten, auch unter Einbeziehung der Randbereiche, sodass hier auf Dauer ein Restrisiko gegeben ist.

Die Planung von Bauprojekten in Erdfallverdachtsgebieten setzt eine gründliche ingenieurgeologisch-geotechnische Erkundung voraus. Dazu stehen auch einige wenige **Richtlinien,** Merkblätter und Handlungsempfehlungen zur Verfügung. Für Maßnahmen des Straßenbaus liegt ein FGSV-Merkblatt über Straßenbau in Erdfallgebieten (2009) vor. Dazu kommen die Handlungsanweisungen einiger am stärksten betroffenen Bundesländer für die Erkundung und bautechnische Beherrschung von senkungs- und erdfallgefährdeten Straßenabschnitten (Sachsen-Anhalt 2003, Thüringen 2009).

Wesentliche Faktoren zur Risikobewertung sind dabei die Häufigkeit von wahrscheinlichen Erdfallereignissen, die Eintrittswahrscheinlichkeit in Bezug zur Nutzungsdauer des Bauwerks und die Angabe eines Senkungsmaßes bzw. des maßgeblichen Anfangsdurchmessers, einschließlich der Möglichkeit einer zeitabhängigen Ausweitung.

Über die verschiedenen Modelle zur numerischen Abschätzung von Erdfallereignissen im Lockergestein und die möglichen äquivalenten Durchmesser von Erdfällen in Abhängigkeit von den Deckschichten berichteten zuletzt Fenk und Ast (2004), Meier und Meier (2007) und Rogall und Bromen (2008). In den letzten Jahren wurde mehrfach versucht, den Verbruchprozess und die Gebirgsstabilität über Hohlräumen mithilfe numerischer Lösungen zu ermitteln (Schweikhardt 2007, darin Lit.). Der Verbruch eines Hohlraums ist abhängig von seinen Abmessungen, der Mächtigkeit und Verbandsfestigkeit des Deckgebirges und etwaiger Schwächezonen an Trennflächen. Als Gebirgsparameter werden für die verschiedenen Schichten dabei folgende Kennwerte benötigt:

- Wichte,
- Elastizitätsmodul,
- Poissonzahl ν bzw. Querdehnzahl,
- Scherfestigkeit φ', c',
- Zugfestigkeit des Gebirges.

Die Angaben über die Zugfestigkeit des Gebirges variieren sehr stark (► Abschn. 2.7.10.3). Sie kann an Schichtflächen des Hangendgesteins gegen Null abfallen. Die Zugfestigkeit ist aber ausschlaggebend für den Verbruchmechanismus. Nach dem derzeitigen Kenntnisstand kann es sich bei diesen Modellrechnungen immer nur um eine näherungsweise Abschätzung handeln.

In aktiven Zerrungszonen von Salzhängen liegt i. d. R. eine wesentlich andere Entwicklung der Subrosionserscheinungen vor (► Abschn. 19.2.3.2). Hier ist mit einer deutlichen Gebirgsauflockerung und mit Abbruchspalten, grabenartigen Einbrüchen und erdfallartigen Einbrüchen von über 10 m Durchmesser zu rechnen, die im Einzelnen auch abgewandelte Sicherungsmaßnahmen erfordern.

Bei den **bautechnischen Maßnahmen** zum Schutz vor Ereignissen dieser Art werden zwei Arten unterschieden:

- Das Prinzip der **Vollsicherung** geht davon aus, dass an dem Bauwerk keine Nutzungseinschränkungen auftreten dürfen. Das Tragwerk muss den definierten Erdfall überbrücken, ohne unzulässige Verformungen zu erleiden. Für die Dimensionierung ist dabei auch die Lage eines möglichen Erdfalls (mittig, randlich) entscheidend. Der Nachteil einer Vollsicherung ist, dass ein möglicher Erdfall nicht erkannt wird und keine nachträglichen Verfüllmaßnahmen vorgenommen werden können. Eine zeitverzögerte Ausweitung des Erdfalldurchmessers ist aber oft nicht eingerechnet, wodurch eine Vollsicherung als zeitlich begrenzt anzusehen ist. Eine vollkommene Sicherung ist in vielen Fällen aufgrund der natürlichen Gegebenheiten (Erdfallgröße, Senkungsbetrag) nur mit sehr großem Aufwand möglich.
- Bei **Teilsicherungen** muss ein Bauwerk zwar stand- und tragsicher bleiben, es werden aber Nutzungseinschränkungen in Kauf genommen. Dabei ist von Fall zu Fall zu entscheiden, welcher Sicherheitsgrad erreicht werden soll. Das Tragwerk überbrückt einen definierten Erdfalldurchmesser für eine begrenzte Zeit, wobei sich aber die Konstruktion verformen kann, ohne zu Bruch zu gehen. Senkungen sind also bis zu einem gewissen Grad und für eine begrenzte Fläche und Überbrückungszeit einkalkuliert. Man kann die verursachende Hohlform lokalisieren und Gegenmaßnahmen einleiten.

Bei den bautechnischen Sicherungsmaßnahmen werden weiter unterschieden:

- Verbesserung des Untergrundes,
- Durchgründung des verkarsteten Horizonts,
- flexible Einbruchschutzkonstruktionen zum Erhalt der Tragfähigkeit,
- starre Schutzkonstruktionen zur Überbrückung von Erdfällen.

19.4.1 Schäden infolge von Schiefstellung oder Längenänderung

In der Bundesrepublik sind viele durch Karst verursachte Schadensfälle auf **Schiefstellungen und Längenänderungen** zurückzuführen. Großflächige Bodensenkungen sind immer mit einer gewissen Krümmung verbunden, die je nach Situation eine Schiefstellung in Mulden- oder Sattellage oder Längenänderungen im Zentimeter- bis Dezimeterbereich zur Folge haben können (► Abschn. 16.4.4 und 9.2.3.3). In Subrosionssenken sind die Zerrungen und Rissbildungen in Sattellage meist ausgeprägter als bei Bergbaufolgen. Ein Krümmungsradius kann bei Subrosionssenken meist nicht angegeben werden. In Jena musste 2009 ein Doppelhaus geräumt werden, das in einer 20 m breiten und max. 0,5 m tiefen Auslaugungssenke steht (Schmidt und Wunderlich 2011).

Beim **Lastfall Schiefstellung** wird meist ein Schiefstellungsmaß bis 5 % toleriert, darüber ist ein Gebäude reif für den Abbruch (► Abschn. 6.4.1). In der Kyffhäusergemeinde Bad Frankenhausen hat der auf Gipsuntergrund stehende 56 m hohe Turm der Oberkirche im Laufe der Jahrhunderte bereits eine kritische Auslenkung von 4,40 m erreicht (Lempp und Rey 2009), d. i. die gleiche Schieflage wie beim Turm von Pisa (► Abschn. 5.4.2). Ein flächiges Anheben von Gebäuden mittels Injektionen wäre zwar im Prinzip möglich, erfordert aber wegen des instabilen Baugrundes einen erheblichen Aufwand und eine gewisse Eigensteifigkeit des Gebäudes (► Abschn. 17.8.4). Wenn die Senkungen weitergehen, sind solche Maßnahmen meist zwecklos.

19.4.2 Verbesserung des Untergrundes

Eine **Sanierung des Untergrundes** ist nur in begrenztem Umfang möglich, z. B. im Karbonatkarst, wo Verfüllmaßnahmen oder Betonplomben aufgrund der geringen Lösungsgeschwindigkeit weitgehend als Vollsicherungen betrachtet werden können.

Das Auskoffern und die **Verfüllung eines Erdfalls** mit Kiesmaterial (z. B. 8/16 mm) hat zwar den Vorteil, dass das Verfüllmaterial sich weiteren Nachbewegungen anpassen und beliebig nachgefüllt werden kann, es stellt aber bevorzugte Wasserwege dar, sodass sich die Subrosionsvorgänge verstärken können. Bei Erdfällen, bei denen mit weiteren Nachsackungen zu rechnen ist, sind aber andererseits auch Betonplomben nicht geeignet, da sich bei weiteren Nachbrüchen unter der Plombe, zunächst unbemerkt, weitere Hohlräume entwickeln können und die Plombe zuletzt wegsacken kann.

Als untergrundverbessernde Maßnahmen kommen insgesamt folgende Optionen in Betracht:

- Bei den Tunnelbauten der NBS Nürnberg–Ingolstadt wurden beim Vortrieb angefahrene Karbonatkarsthohlräume abgeschottet und mit Magerbeton hinterfüllt (▶ Abschn. 17.2.4 und John und Strappler 2003).
- Karsthohlräume unmittelbar unter Gründungssohle können durch Abrammen der Aushubsohle mit einer Fallbirne oder durch Intensivverdichtung (▶ Abschn. 7.2) erkannt, dann ausgeräumt und mit Beton oder einem fließfähigen, selbstverdichtenden Verfüllbaustoff (▶ Abschn. 7.3.1) verfüllt werden.
- Tiefgründung, bis in einen tragfähigen, nicht verkarsteten Horizont. Bei sackungsfähigen Schichten kann dabei mit der Zeit der Effekt der negativen Mantelreibung auftreten, der bei der Dimensionierung berücksichtigt bzw. durch Maßnahmen zur Verminderung der Mantelreibung eingeschränkt werden muss (▶ Abschn. 8.2.5).
- Mehrstufiges Verpressen von Hohlräumen und Auflockerungszonen mit sulfatbeständiger Zementsuspension oder Dämmer (◘ Abb. 19.23 und Franzius 1988; Heckner et al. 1999; Wagenplast 2005; Otterbein et al. 2014).
- Bei größerer Tiefenlage des Auslaugungshorizonts (>30 m) können auch kontrollierte Hebungsinjektionen in den gründungsnahen Deckschichten vorgesehen werden (Kramer 2000).

Häufig wird auch eine Kombination der verschiedenen Sicherungsmaßnahmen angewendet. Wesentlich ist, besonders bei flach liegenden Karstgesteinen, dass **Wasser nicht zusätzlich in den Untergrund eingeleitet,** sondern im Gegenteil möglichst sicher abgehalten bzw. abgeführt wird. In einigen Fällen von häufigen Erdfallerscheinungen durch seichten Sulfatkarst hat sich eine sichere Neuverlegung der Kanalisation als zweckmäßigste Maßnahme erwiesen (Prinz und Lindstedt 1987). Bei Verkehrswegen muss nötigenfalls die Seitenentwässerung auf einen Betonbalken verlegt werden.

19.4.3 Konstruktive Maßnahmen

In der Bundesrepublik Deutschland gibt es bisher kaum allgemein verbindliche Regeln oder Vorschriften für das Bauen in Erdfallgebieten. Da in Bergsenkungsgebieten z. T. ähnliche Bauwerksbeanspruchungen auftreten, werden häufig die Richtlinien für die Ausführung von Bauten im Einflussbereich des untertägigen Bergbaus herangezogen (Alexiew et al. 2014).

Für **Bauwerksgründungen** wurden in Niedersachsen bereits 1987 in Ergänzung der Bauordnung Grundsätze für die statisch-konstruktiven Anforderungen an freistehende Wohngebäude mit nicht mehr als zwei Vollgeschossen erlassen. Darin werden dem jeweiligen Gefährdungsgrad angemessene Sicherungsbauweisen vorgeschrieben. Die Gründung erfolgt auf einem bewehrten Balkenrost oder einer Stahlbetonplatte. Bei Ausführung in Stahlbeton werden die Decken in Längs- und Querrichtung

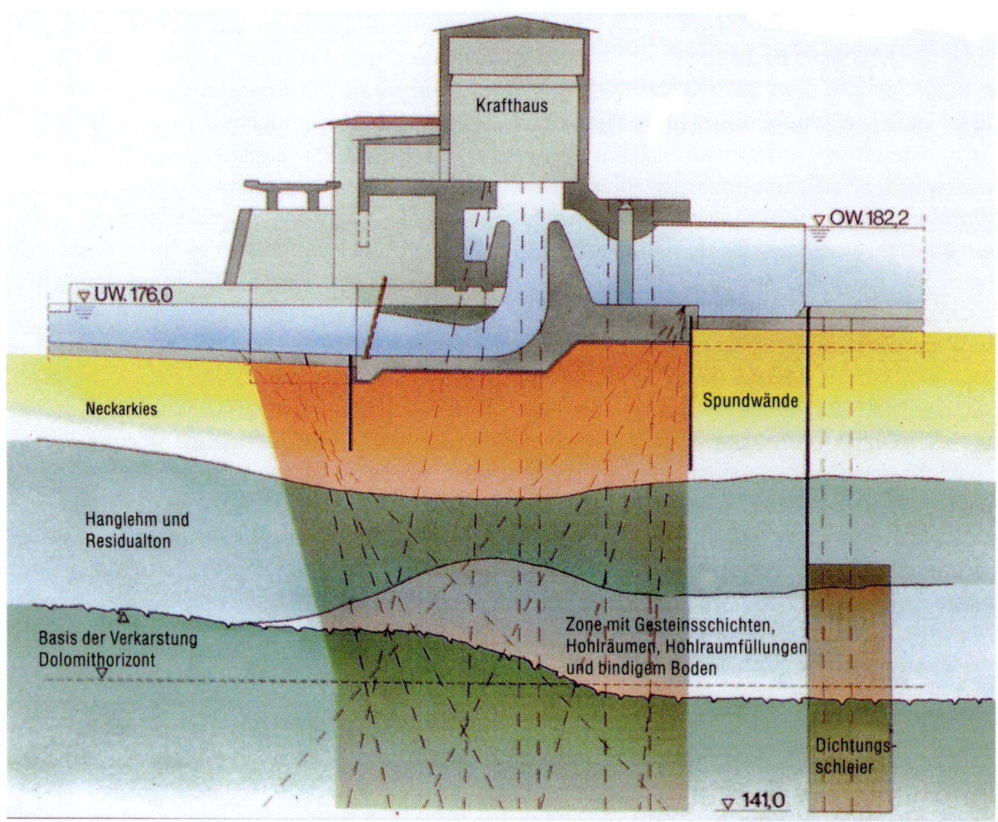

Abb. 19.23 Krafthaus Hessigheim am Neckar: Dichtungsschleier und Hohlraumverfüllung zur Vermeidung von Unterströmung und weiteren Setzungen (Firmenprospekt)

bewehrt. In den höheren Gefährdungskategorien wird das Kellergeschoss in Stahlbeton ausgeführt (Büchner 1996, 2004). Diese Maßnahmen haben sich bewährt und werden inzwischen in fast allen betroffenen Bundesländern angewandt.

Bei industriellen Bauvorhaben sind diese Regeln meist nicht praktikabel. In solchen Fällen ist zu empfehlen, das Tragwerk so auszubilden, dass der Ausfall einer Stütze kurzzeitig überbrückt werden kann.

Für die Dimensionierung einer Schutzkonstruktion aus Stahlbeton (Stahlbetonplatte) ist der maßgebende Erdfalldurchmesser anzugeben. In einfachen Fällen werden 2 m, meist aber 3–5 m angenommen. Mit entscheidend sind auch die Lage des Erdfalls im Plattengrundriss und eine etwaige Aufweitung des Erdfalldurchmessers mit der Zeit (▶ Abschn. 19.4).

19

Für den **Verkehrswegebau** liegen nicht nur einige Richtlinien vor (▶ Abschn. 19.4), sondern es steht auch eine breitere Palette von Sicherungs- oder Einbruchschutzkonstruktionen zur Verfügung. An Trassen hat es sich als zweckmäßig erwiesen, die Aushubsohlen wegen oft unentdeckter oberflächennaher kleinerer Karsthohlräume abzurammen oder anderweitig dynamisch vorzubelasten. Im oberflächennahen Gipskarst wurden an der ICE-Strecke Erfurt–Leipzig/Halle zur Vorverdichtung und Verbesserung der Aufstandsfläche auch schwere Poligonwalzen eingesetzt (Alexiew et al. 2014 und ▶ Abschn. 12.2.2). Hohlräume konnten damit allerdings nur sehr begrenzt „zerstört“ werden.

Die häufigsten Einbruchschutzkonstruktionen an Verkehrstrassen sind seit Ende der 1980er-Jahre **Geogitter-Verbundkonstruktionen** mit meist mehrlagiger Geogitterbewehrung im Oberbau oder an der Dammbasis (■ Abb. 16.7). Die Bemessung erfolgt in Anlehnung an die EBGEO-Regeln (▶ Abschn. 12.3.4). Als Tragwerksmodell wird entweder reine Membranwirkung oder ein sog. Gewölbemodell angenommen. Mithilfe der Geogitterbewehrung sollen Einbrüche von 3–5 m (meist 4 m) Durchmesser überbrückt und die auftretenden Setzungen an der Fahrbahn über einen gewissen Zeitraum auf ein verträgliches Verformungsmaß von <1 : 100 (max. 5 cm) beschränkt werden (Lüke et al. 2002; Alexiew und Thurm 2003; Rehfeld und Mattle 2003; Schwerdt 2003; Schweikhardt 2007; Alexiew et al. 2014; Hanger und Baumbusch 2015). Bei größeren Durchmessern (bis etwa 6 m) nimmt die Verformung zu, der Verkehr kann aber möglicherweise eingeschränkt noch kurze Zeit laufen. Von Vorteil sind Warnanlagen, die bei einem bestimmten Verformungsmaß anspringen.

Als Beispiel für eine solche Sicherungsmaßnahme können die Arbeiten an der B180 in Sachsen-Anhalt genannt werden. Hier brach 1987 in der Fahrbahn ein Erdfall von 6–8 m Durchmesser ein (▶ Abschn. 19.2.2.2). Zur Sanierung wurde eine mehrlagige Kunststoffbewehrung gewählt. Im Jahr 2001 erfolgte an gleicher Stelle ein Nachbruch, der sich aufgrund der Geogitterbewehrung an der Fahrbahn erst mit einer Verzögerung von einigen Tagen durchgepaust hat (Herold 2015)

Wo die genannten Verformungsbeschränkungen mit mehrfacher Geogitterbewehrung nicht eingehalten werden können oder zu kostenaufwendig werden, kommt wie auch bei größeren anzunehmenden Erdfalldurchmessern die Ausführung einer fugenlosen **Stahlbetonplatte** (sog. Erdfallschutzplatte) in Betracht (Hellmann 2009; Köhler und Müller 2010). Eine solche entsprechend bewehrte Erdfallschutzplatte über dem bruchgefährdeten Bereich gilt auch als Übergang von einer Teilsicherung zu einer Vollsicherung (Köhler und Müller 2010).

Ein weiteres Problem des Straßenbaus in Karstgebieten ist die sichere **Ableitung des anfallenden Niederschlagswassers,** das nicht in den karstgefährdeten Untergrund eingeleitet werden darf. Für eine sichere Ableitung aus dem unmittelbaren Straßenbereich hat sich eine in die Deckschicht einbindende und über den Randgraben hinaus verlegte Dichtungsbahn bewährt (▶ Abschn. 12.2.7).

19.4.4 Frühwarneinrichtungen

Der Einbruch von Erdfällen ist bisher nur in einigen wenigen Fällen genauer beobachtet und z. T. auch vermessen worden. In allen diesen Fällen, in denen die Karstgesteine von unterschiedlich mächtigen Lockergesteinen überlagert waren, zeichnete sich ein Erdfall meist schon längere Zeit vorher als zunächst geringfügige Senkung ab. Der Senkungsbetrag nimmt dann kurz vor dem Einbruch exponentiell beschleunigt zu. Die geringste zeitliche Differenz zwischen diesen Voranzeichen und dem Eintritt des Erdfalls betrug einige Stunden. Eine Überwachung von Bauwerken durch Frühwarneinrichtungen kann also durchaus sinnvoll sein. Allerdings kann nicht ausgeschlossen werden, dass Erdfälle auch wesentlich schneller und ohne Vorankündigung, z. B. innerhalb weniger Minuten, eintreten.

Ein einfaches, aber im Laufe der Zeit aufwendiges Verfahren zur Überwachung von Flächen oder auch einzelnen Bauwerken sind **Feinnivellements** (Ingenieurvermessung Fein- oder Präzisionsnivellement), die bei entsprechender Punktdichte auch eine Aussage über die Verteilung der Bewegungen ermöglichen. Plötzliche Einbrüche ohne Vorankündigung werden damit nicht erfasst. Wichtig ist die Festlegung der Wiederholungsmessungen in angemessenen Zeitabständen, wobei auch kurzfristige Zwischenmessungen nach sonstigen Beobachtungen möglich sein sollten. Als permanente Überwachung einzelner Objekte kommt auch die Kontrolle tragender Bauwerksteile mittels Schlauchwaage (▶ Abschn. 5.5.3.6) oder Laserstrahl in Betracht. Die Toleranzen, die zur Auslösung eines Alarms führen, sollten nicht zu klein gewählt werden, weil es sonst häufig zu einem Fehlalarm kommt.

Die klassischen geodätischen Verfahren sind relativ aufwendig und können nur in größeren Zeitabständen durchgeführt werden. Außerdem sind flächenhafte Aussagen oft nur

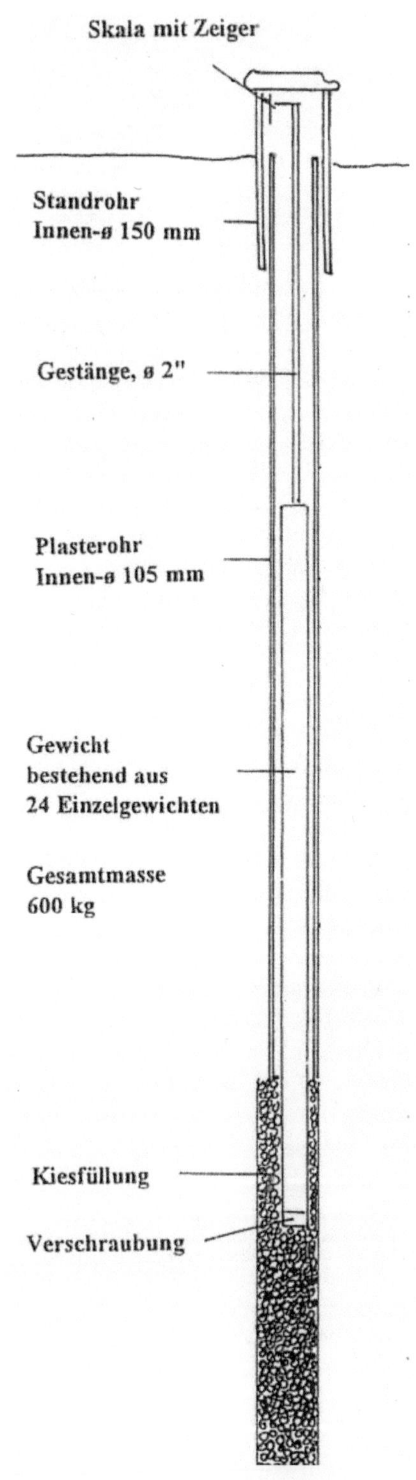

Abb. 19.24 Erdfallpegel (System Völker)

durch Interpolation zwischen den gemessenen Punkten möglich. Eine Alternative für großflächige Beobachtungen stellen flugzeug- oder satellitengestützte **Fernerkundungsmethoden** wie das GPS-System oder die SAR-Radar-Interferometrie dar (▶ Abschn. 15.2.5).

Eine andere Möglichkeit ist der Einbau von **Erdfallpegeln** in Bohrlöchern (◼ Abb. 19.24). Ausgehend von der durch Beobachtungen gestützten Annahme, dass Hohlräume (künftige Erdfälle) im Festgestein meist nur mit einer Geschwindigkeit von wenigen Metern pro Jahr nach oben wandern, kann ein entsprechend tief gesetzter Erdfallpegel das Hochbrechen eines Hohlraums rechtzeitig anzeigen, wenn dieser von der (nadelstichartigen) Bohrung erfasst wird. Bei einer Einbindetiefe der Erdfallpegel in das Festgestein von 20–50 m verbleibt i. d. R. genügend Zeit für Sicherungsmaßnahmen. Der Grundgedanke eines Erdfallpegels geht auf Kammerer und Reuter zurück (Kammerer 1962). Verschiedene Autoren verbesserten das Messprinzip. Anstelle der Betonplombe im Bohrlochtiefsten nach Büchner (1986) verwendet Völker (2004) Gewichtskörper aus nichtrostendem Metall. Jede Abwärtsbewegung wird über ein Gestänge auf eine Messskala oder einen digitalen Wegaufnehmer am Bohrlochkopf übertragen und löst bei einer vorgegebenen Einstellung Alarm aus. Eine gewisse Alternative zu einem Erdfallpegel ist der Einbau von Mehrfachextensometern etwa in Tiefen von10, 25 und 50 m (▶ Abschn. 4.8.4). Für die Ringraumverfüllung der Bohrlöcher muss ggf. sulfatbeständiger Dämmer verwendet werden.

Eine andere Möglichkeit besteht darin, im Bohrloch in einer gewissen Tiefe **Geophone** bzw. unter Grundwasser sog. Hydrophone zu installieren, um die Geräusche oder Erschütterungen bei Nachbrüchen im Untergrund zu registrieren und bei deutlicher Zunahme der Häufigkeit und/oder Intensität Alarm auszulösen.

Im Zusammenhang mit Geogitter-Verbundkonstruktionen können auch **flächendeckende Warnsysteme** in Form von mechanischen Messdrahtdehnungsmessungen oder einer optoelektronischen Geotextilmessmatte eingebaut werden (Fenk und Ast 2004).

Geotechnische Aspekte der Geothermie

H. Prinz, R. Strauß, *Ingenieurgeologie*,
https://doi.org/10.1007/978-3-662-54710-6_20

20.1 Grundlagen der Geothermie

Die Nutzung des Untergrundes als Wärmequelle bzw. als thermischer Energiespeicher für die Grundversorgung bei der Heizung oder Kühlung von Gebäuden, technischen Anlagen oder Infrastruktureinrichtungen gewinnt immer mehr an Bedeutung. Bei der geothermischen Energie handelt es sich um eine dezentrale, dauerhafte, nachhaltige und umweltfreundliche Energiequelle, die ganztägig und ganzjährig verfügbar ist und eine lange Lebensdauer erwarten lässt. Der relativ hohen Anfangsinvestition stehen die auch in Zukunft sicher steigenden Energiekosten gegenüber, die sich bei Erdwärmenutzung dann auf die Stromkosten für das Betreiben der Anlage beschränken.

Als **Erdwärme** oder geothermische Energie wird das unter der Oberfläche der festen Erde gespeicherte Wärmepotenzial bezeichnet. Diese beruht in den oberflächennahen Schichten im Wesentlichen auf der von der Sonne eingestrahlten Wärmeenergie und dem Eintrag durch das Niederschlagswasser (sog. solare Speicherzone). Unterhalb von 15–20 m ist der aus dem Erdinnern zur Erdoberfläche gerichtete terrestrische Wärmestrom mit etwa 30 % beteiligt. Hauptursache für die Temperatur in der kontinentalen Lithosphäre ist mit einem Anteil von etwa 70 % der Zerfall radioaktiver Isotope in der Erdkruste (► Abschn. 4.3.3.2).

20.1.1 Geothermischer Gradient

Die Boden- und Grundwassertemperatur in Deutschland kann in drei Zonen eingeteilt werden. Die Temperaturen liegen in den oberen Metern der Erdkruste zwischen 7 und 13 °C, mit einem Mittelwert an der Erdoberfläche von $T_0 = 8{,}2$ °C. Der Tageseinfluss reicht bis etwa 1,5 m Tiefe. Der Jahresgang der Temperatur (Winter/Sommer) zeigt ab 6 m Tiefe etwa 8–12 °C. Der Tiefenbereich, ab dem nur noch jahreszeitliche Temperaturänderungen von weniger als 0,1 °C auftreten, wird **neutrale Zone** genannt. Sie liegt in Deutschland allgemein zwischen 15 und 20 m. In dieser Zone liegt eine annähernd konstante Temperatur von etwa 10 °C vor, die mit der Tiefe ± linear ansteigt. Aus dem Jahresverlauf der oberflächennahen Bodentemperatur gem. ◘ Abb. 20.1 ergibt sich, dass die Erdwärme auch in diesen Tiefen eine beständige, wenn auch etwas niedrigere Energiequelle darstellt (► Abschn. 20.2.1.2).

Unterhalb des klimatischen Einflussbereichs (neutrale Zone) nimmt die Erdtemperatur pro 100 m Tiefe im Mittel um 3 Kelvin (K) zu. Dies

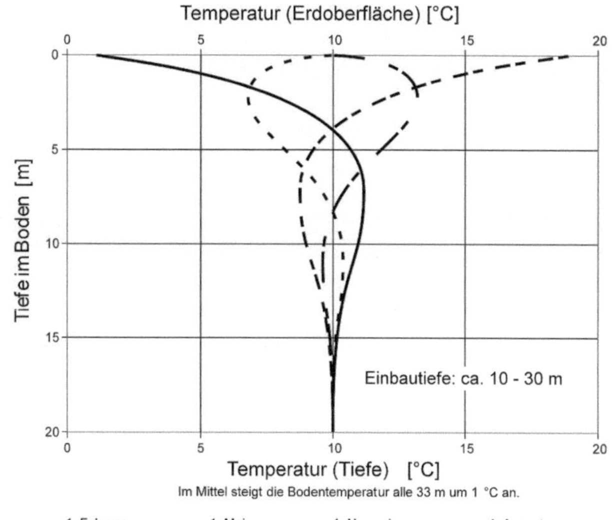

◘ **Abb. 20.1** Jahreszeitlich Temperaturverteilung im Bereich von Energiepfählen (verändert nach Firmenprospekt)

bedeutet, dass bei einer Ausgangstemperatur von 10 °C in 20 m Tiefe diese theoretisch in 120 m auf 13 °C, in 220 m auf 16 °C, in 350 m auf 20 °C, in 1000 m auf etwa 40 °C, in 2020 m auf 70 °C und in 3120 m auf 100 °C ansteigt. Die höchste in Deutschland gemessene Erdtemperatur beträgt 253 °C in 9063 m Tiefe (KTB Oberpfalz). Ab Tiefen von etwa 5000 m liegt das Wasser teils in flüssigem, teils in gasförmigem (überhitztem) Aggregatzustand vor. Beim Anbohren (Druckentlastung) entweicht es unter hohem Druck als Wasserdampf. Reiner Dampf ist als Gas unsichtbar, sichtbarer Wasserdampf enthält fein verteiltes tröpfchenförmiges Wasser.

Die Temperaturzunahme mit der Tiefe wird als **Temperaturgradient** oder **geothermischer Gradient** bezeichnet und (als Temperaturunterschied) in K/m oder K/km angegeben. Der geothermische Gradient von rd. 3 K pro 100 m Tiefe ist aber nicht einheitlich. Er variiert regional ganz erheblich und kann auch eine Tiefenstaffelung aufweisen.

Der geothermische Gradient liegt in Deutschland im Durchschnitt bei 30,8 K/km. Gebietsweise treten positive **Wärmeanomalien** mit deutlich höheren Gradienten auf. Im Westteil des Molassebeckens, im Verlauf der ENE–WSW streichenden Saulgauer Hauptstörung mit Versatzbeträgen von 170–200 m liegt die Wärmeanomalie von Saulgau–Bad Buchau, mit Wassertemperaturen von 40–50 °C in 500 m Tiefe. Im Ostteil des Molassebeckens, südwestlich des sog. Landshut–Neuöttinger Hochs, liegen die noch stärkeren Wärmeanomalien von Altdorf–Landshut und von Haimhausen nördlich von München (► Abschn. 20.2.2.2). Auch der Oberrheingraben zeigt, wie alle jungen Riftzonen (► Abschn. 3.4.5), eine deutlich erhöhte Wärmestromdichte. Im Grabenbereich treten verbreitet Gradienten von über 50 K/km auf. Derartig hohe thermische Anomalien können nicht durch die Wärmeleitung im Gestein erklärt werden, sondern nur durch aus tiefgreifenden Störungszonen aufsteigende heiße Wässer.

Bemerkenswert ist auch eine gewisse Tiefenvariabilität des geothermischen Gradienten. In den Bohrungen von Urach (Schwäbische Alb) wurde in den oberen 300 m ein Gradient von 105 K/km gemessen, der sich mit größerer Tiefe auf Normalwerte abgeschwächt hat. In Soultz-sous-Toretz (► Abschn. 20.2.2.3) wurden in den oberen 1000 m sogar Werte bis 120 K/km erreicht, die im Granit unterhalb von 3000 m ebenfalls auf Normalwerte von 30 K/km abgenommen haben (◘ Abb. 20.2). Als Ursachen für solche Wärmeanomalien über die Tiefe kommen in erster Linie der Aufstieg von heißen Tiefenwässern an tektonischen Störungssystemen sowie örtlich auch andere Wärmequellen bzw. den Wärmetransport hemmende Tonsteinserien in Betracht.

Außer diesen natürlichen Temperaturdifferenzen treten im Bereich von Städten oder Industriegebieten auch siedlungsbedingte, sog. **urbane Wärmeanomalien** auf. So betrugen die Boden- und Grundwassertemperaturen beim Bau des Main-Towers in Frankfurt am Main in 10 m Tiefe 19 °C und in 20–30 m etwa 17 °C (von der Hude und Kapp 1998). Mögliche Wärmequellen sind Gebäudekeller, Abwasserkanäle, Fernwärmeleitungen, Kühlwassereinleitungen sowie auch die erhöhten Lufttemperaturen in Städten und die Wärmeeinstrahlung auf versiegelten Flächen.

20.1.2 Geothermische Erkundung

Die Planung einer größeren Erdwärmeanlage erfordert außer Angaben über den Energiebedarf ausreichende Kenntnisse über die geologischen und hydrogeologischen Verhältnisse am Standort, über die hydraulischen und geothermischen Eigenschaften der Gesteine und über die dem Untergrund entziehbare Wärmemenge:

- geologischer Untergrundaufbau, Schichtenfolge (Gestein), tektonische Strukturen, Trennflächengefüge, mechanische Gesteinseigenschaften (Bohrbarkeit),
- Tiefenlage und räumliche Ausdehnung des geothermischen Nutzhorizonts,
- hydraulische Verhältnisse (Grundwasserstand, Grundwasserleiter, Gebirgsdurchlässigkeit, Grundwasserfließrichtung und -fließgeschwindigkeit, Grundwasserchemismus, evtl. Gasführung),

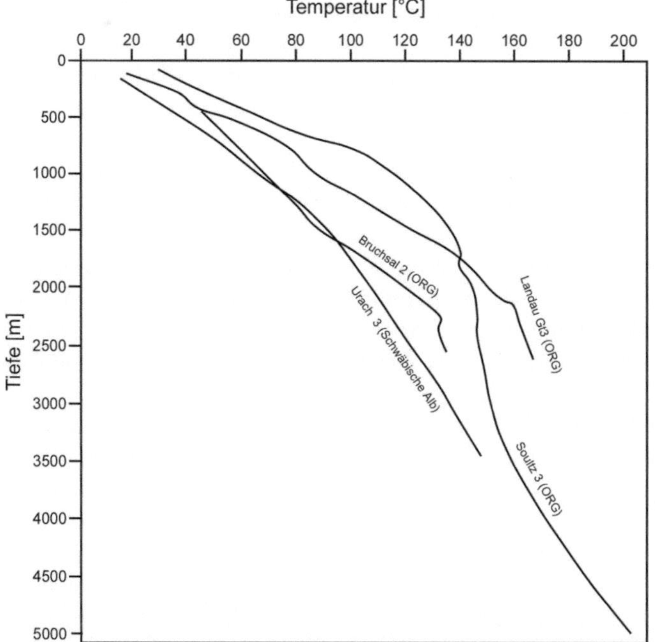

Abb. 20.2 Temperaturprofile aus Tiefbohrungen im Oberrheingraben (ORG) und auf der Schwäbischen Alb (nach Agemar et al. 2013)

- geothermischer Gradient bzw. Abschätzung der Temperatur möglicher Nutzhorizonte,
- geothermische Gesteins- und Gebirgskennwerte sowie
- mögliche Auswirkungen auf das Grundwasser und auf die Umgebung (Wasserschutzgebiete, Umweltaspekte).

Darüber hinaus sind von vornherein die Auflagen und Einschränkungen gem. ► Abschn. 20.3 und 20.4 zu beachten.

Für die Bemessung geothermischer Anlagen mangelt es vielfach noch an mit vertretbarem Aufwand zu ermittelnden **Kennwerten der geothermischen Eigenschaften** von Gestein und Gebirge. Für kleinere Anlagen werden allgemein Tabellenwerte verwendet. Bei größeren Projekten sollten die nötigen Kennwerte nach Möglichkeit direkt ermittelt und geothermische Berechnungen vorgenommen werden. Aus dem Schichtenprofil und dem Grundwasserstand kann dann die mögliche Entzugsleistung pro m Tiefe bzw. pro Schicht über Programme ausgewertet und dargestellt werden.

Die Ausbreitung von Wärme aus dem tieferen Untergrund erfolgt durch Wärmeleitung aufgrund des Temperaturgefälles (ΔT, in K) in Richtung Erdoberfläche. Die Wärmemenge in Zeiteinheit wird als Wärmestrom (in W, Watt) bezeichnet. Der Wärmestrom pro Fläche ist die Wärmestromdichte q (in W/m^2). Sie entspricht dem Produkt aus der **Wärmeleitfähigkeit** λ (s. u.) und dem Temperaturgradienten $grad\ T$ (in K/m) in der Tiefe z:

$$q = \lambda \times grad\ T \ bzw. q = \lambda \times \frac{\Delta T}{\Delta z}$$

Die in den entsprechenden Tiefen verfügbare terrestrische Wärmestromdichte liegt in Deutschland bei 60–80 mW/m^2 und ist sehr stark von der geologischen Situation abhängig. In aktiven Vulkangebieten und in tektonischen Riftzonen wie dem Oberrheingraben liegt die Wärmestromdichte mit 100–150 mW/m^2 wesentlich höher als in den Kontinentalgebieten mit nur bis zu 50 mW/m^2 (Kaltschmitt et al. 1999).

Der **nutzbare Wärmestrom** des Untergrundes wird einerseits über das Gestein gespeist (sog. konduktiver Anteil) und andererseits über das Grundwasser (konvektiver Anteil). Wasser ist zwar selbst ein schlechter Wärmeleiter (etwa 0,6 W/mK bei 20 °C), hat aber eine große spezifische Wärmekapazität, d. h. das Vermögen, Wärme zu speichern. Stagnierendes Grundwasser zeigt daher nur geringe Auswirkungen auf den Wärmefluss, fließendes Grundwasser bewirkt dagegen einen ständigen Wärmetransport und ist je nach Gebirgsdurchlässigkeit ein gutes Medium für den Transport von geothermischer Energie.

Die Energiemenge, die benötigt wird, um 1 kg eines Stoffes (z. B. trockener Boden) um 1 K zu erwärmen oder umgekehrt Wärme zu speichern und abzugeben, wird als **Wärmekapazität C** (in J/kgK bzw. MJ/m³K bezeichnet. Unterschieden wird zunächst die spezifische Wärmekapazität C_p. Sie liegt bei Gesteinen zwischen 750 und 3500 J/kgK), mit Mittelwerten bei 850–1250 J/kgK. Die Wärmekapazität von Wasser ist mit 4187 J/kgK deutlich höher. Bezieht man die Wärmekapazität auf ein Gesteinsvolumen, so spricht man von volumetrischer Wärmekapazität C_v bzw. der sog. Wärmespeicherzahl s in J/m³K. Die beiden Wärmekapazitäten stehen miteinander wie folgt in Beziehung:

$$C_v = \frac{C_p}{\rho_d} \, bzw. \, C_p = \frac{s}{\rho_d},$$

wobei ρ_d = Trockendichte des Bodens (in kg bzw. m³).

Je größer die Wärmekapazität ist, umso mehr Wärmeenergie kann das Gestein aufnehmen bzw. speichern und auch wieder abgeben (gesteinsbezogene Werte s. ◘ Tab. 20.1).

Das Wärmeleitvermögen bzw. die **Wärmeleitfähigkeit der Gesteine λ** in W/mK oder in J/(s × m × K) beschreibt die Fähigkeit eines Materials, Wärmeenergie zu übertragen. Die Wärmeleitung erfolgt entweder direkt über Kornkontakte oder über die Porenflüssigkeit und stellt einen Energieausgleich von einer Stelle höheren thermischen Potenzials zu einer Stelle mit niedrigerem Potenzial dar. Der Potenzialunterschied wird durch den Temperaturunterschied ausgedrückt, die Wärmeleitfähigkeit λ durch die Beziehung:

$$\lambda = \frac{Q}{A \times t} \times \frac{z}{\Delta T}$$

Sie gibt an, wie viel Wärme Q infolge des Temperaturunterschieds ΔT in der Zeit t über eine Fläche A durch eine Schichtdicke z transportiert wird (Schwiteilo et al. 2014).

Die Wärmeleitfähigkeit ist eine der Hauptkenngrößen des Wärmetransports im Untergrund. Sie stellt den ausschlaggebenden Parameter dar, um abzuschätzen, wie viel Wärme dem Untergrund entzogen bzw. zugeführt werden kann. Die Wärmeleitfähigkeit ist von der Gesteinsart, der Porenzahl bzw. Porosität, dem Wassergehalt sowie dem Druck und der Temperatur abhängig. Sie ist anisotrop, d. h., die Wärmeleitfähigkeit von Tonsteinen z. B. ist senkrecht zur Schichtung geringer als parallel dazu (s. Stober und Bucher 2012). Die Größe der Wärmeleitfähigkeit λ zeigt insgesamt folgende Abhängigkeit:

Torf < Ton < Schluff (Lehm) < Sand < Kies < Festgesteine.

Gemäß ◘ Tab. 20.1 liegt λ bei Lockergesteinen etwa zwischen 0,5 und 3 und bei Festgesteinen zwischen 2 und 6 W/mK. Bei Festgesteinen ist sie außerdem deutlich anisotrop. Angaben über die Wärmeleitfähigkeit werden außer bei geothermischen Anlagen auch für die Bewertung von Bodenvereisungen (▶ Abschn. 17.9.3) und der Endlagerung radioaktiver Abfälle (▶ Abschn. 16.3.2) benötigt.

Bei den **Bestimmungsmethoden der Wärmeleitfähigkeit** ist zwischen Labor- und In-situ-Versuchen sowie zwischen Locker- und Festgesteinen zu unterscheiden. Die Ermittlung der Wärmeleitfähigkeit von Gesteinsproben erfolgt i. d. R. mit dem Thermal Conductivity Scanner. Dabei wird das Kernstück bei Zimmertemperatur mit einer Wärmequelle abgetastet und die Temperatur vor und hinter der Wärmequelle mittels Infrarot-Thermosensoren gemessen (Lippmann und Rauen 2005). Die Messungen erfolgen an ofentrockenen oder wasserbenetzten Proben. Die Wärmeleitfähigkeit

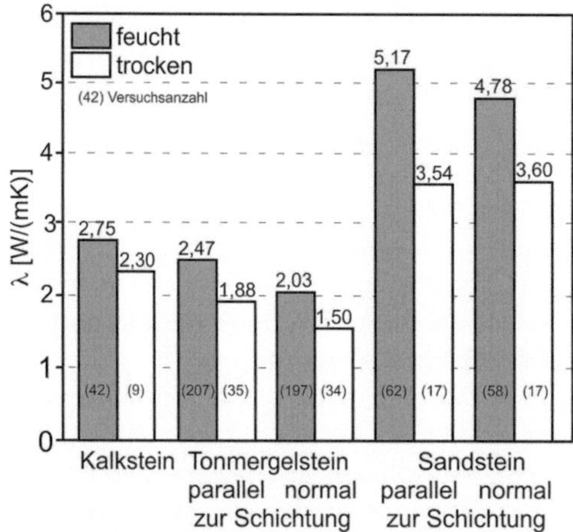

Abb. 20.3 Mittelwerte der Wärmeleitfähigkeit von Gesteinsproben nach Schneider und Moormann (2010); Werte in Klammern = Anzahl der Versuche

wassergesättigter Gesteine ist i. d. R. erheblich höher (Abb. 20.3).

Schwiteilo et al. (2014) bringen eine Übersicht über die Bestimmungsmethoden der Wärmeleitfähigkeit von Böden. Der Standardversuch ist in Abb. 20.4 dargestellt. Sobald sich die Temperatur in den einzelnen Messwertaufnehmern nicht mehr ändert, ist ein stationärer Zustand erreicht, und eine Auftragung der Werte über die Probenhöhe ergibt eine annähernd lineare Verteilung. Unter Berücksichtigung des Abstands der Messwertaufnehmer kann daraus die Wärmeleitfähigkeit λ ermittelt werden.

Eine aussagekräftigere Bestimmung der Wärmeleitfähigkeit als die kleinmaßstäblichen Laborversuche ermöglichen der Geothermal-Response-Test (GRT) bzw. eine Abwandlung davon, der Thermal-Response-Test (TRT). Dabei handelt es sich um Bohrlochversuche, bei denen das Temperaturverhalten des Untergrundes (engl. „response") ermittelt wird, indem stufenweise warmes Wasser durch eine Erdwärmesonde gepumpt und die Ein- und Austrittstemperatur des Wassers gemessen wird. Das Abschätzen der effektiven Wärmeleitfähigkeit (λ_{eff}) erfolgt dabei über ein numerisches Simulationsmodell. Für die Versuchsdurchführung und Auswertung liegt derzeit ein Normenentwurf DIN EN ISO 17 628:E 2013 vor. Der Versuch ermöglicht allerdings nur die Bestimmung der konduktiven Wärmeaustauschfähigkeit des Gebirges, ohne schichtbezogene Werte (Sass 2007; Sass und Buß 2008).

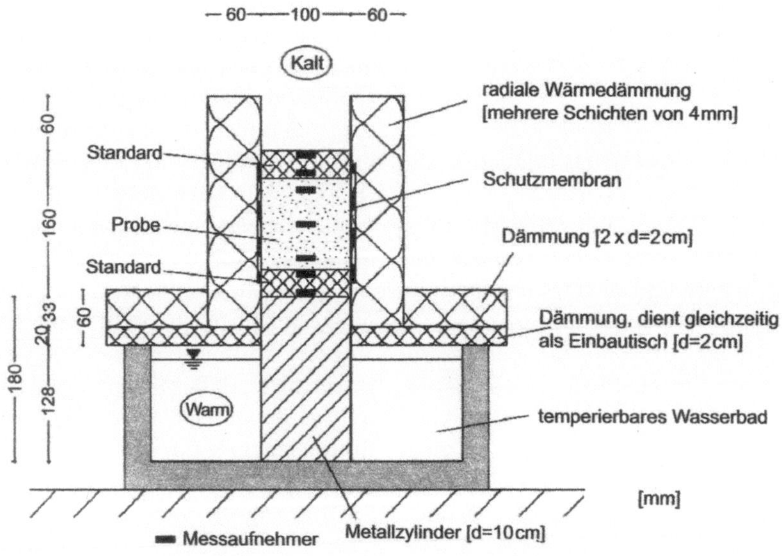

Abb. 20.4 Skizze des Versuchsaufbaus für die Bestimmung der Leitfähigkeit von Böden (nach Schwiteilo et al. 2014, vereinfacht)

Hofmann und Schmitt (2010) haben in einer 20 m langen Versuchsstrecke in Keupertonsteinen einen $\lambda_{Geb.}$-Wert von 1,67 bzw. 1,73 W/mK gemessen. Schneider und Moormann (2010) berichten von einer 10 m langen Horizontalbohrung in entfestigten Unterjura-Tonsteinen, die eine mittlere Wärmeleitfähigkeit von $\lambda_{Geb.} = 1{,}9$ W/mK ergeben hat.

Wärmeleitfähigkeitswerte von 1–2 (nach Norm bis 1,7) gelten als gering, von 2–3 als mittel, von 3–5 als hoch und >5 als sehr hoch (Bär et al. 2011).

Die sog. thermische Diffusivität oder **Temperaturleitfähigkeit α** (in m²/s bzw. m²/d) ist ein Maß für die Ausbreitungsgeschwindigkeit bzw. Abschwächung eines Wärmestroms:

$$\alpha = \frac{\lambda}{C_v}$$

Die **spezifische Entzugsleistung *E*** wird angegeben in W/m nutzbares Untergrundprofil. In ◘ Tab. 20.1 sind allgemeingültige Werte, bezogen auf die Jahresbetriebsstunden der Wärmepumpe, zusammengestellt.

Weitere hydraulische und geotechnische Kennwerte, die bedarfsweise für Berechnungen des geothermischen Potenzials verwendet werden, sind:

- Gesteinsdichte ρ (in g/cm³, t/m³): ► Abschn. 2.4.3,
- Gesteinsdurchlässigkeitsbeiwert k (in m/s): ► Abschn. 2.9.2,

◘ **Tab. 20.1** Wärmeleitfähigkeit, volumetrische Wärmekapazität und Entzugsleistung (für 1800 h) häufiger Gesteinsarten bei 20 °C (in Anlehnung an VDI 4640:1)

Gesteinsart	Wärmeleitfähigkeit λ [W/(m × K)]	Empfohlener Richtwert	Volumetrische Wärmekapazität Cv [in MJ/(m³ × K)]	„Entzugsleistung" E [w/m]
Lehm (Schluff, Ton), erdfeucht	0,4–1,0	0,5–0,7	1,5–1,6	10
Lehm (Schluff, Ton), wassergesättigt	1,1–3,1	1,8	2,0–2,8	40–50
Sand, erdfeucht	1,0–1,9	1,4	1,6–2,2	30–50
Sand, wassergesättigt	2,0–3,0	2,4	2,2–2,8	50–60
Kies, wassergesättigt	1,6–2,5	1,8	2,2–2,6	55–70
Sandstein	1,9–4,6	2,8	1,8–2,6	40–70
Ton-/Schluffstein	1,1–3,4	2,2	2,1–2,4	40–60
Mergelstein	1,8–2,9	2,3	2,2–2,3	40–60
Kalkstein	2,0–3,0	2,7	2,1–2,4	45–65
Tonschiefer	1,5–2,6	2,1	2,2–2,5	40–55
Quarzit	5,0–6,0	5,5	2,1–3,0	65–90
Granit	2,1–4,1	3,2	2,1–3,0	50–70
Gneis	1,9–4,0	2,9	1,8–2,4	60–65
Basalt	1,3–2,3	1,7	2,3–2,6	50–55

- Gesteinspermeabilität *K* (in D oder m^2): ► Abschn. 2.9.2 und 3.4.1.1,
- Gebirgsdurchlässigkeit *k* (in m/s): ► Abschn. 2.9.2 und 2.9.4,
- Transmissivität *T*: ► Abschn. 2.9.4.1,
- Grundwasserfließgeschwindigkeit (m/d): ► Abschn. 2.9.6.

20.2 Geothermische Verfahren

Bei den geothermischen Verfahren der Erdwärmenutzung wird zunächst zwischen oberflächennahen, vertikalen oder horizontalen Systemen und tiefen hydrothermischen bzw. petrothermischen Systemen unterschieden.

Die Abgrenzung der Tiefenstaffelung wird heute bei 400 m und einer Temperatur von <20 °C angenommen. Die Mehrzahl der flachen Erdwärmesonden liegt im Tiefenbereich bis 150 m. In der Praxis versteht man unter tiefer Geothermie allgemein Bohrtiefen von mehr als 1000 m und Temperaturen >60 °C. Bei den Wassertemperaturen unterscheidet man zwischen niedriger Enthalpie (Wärmeinhalt) und warmem Wasser mit 60–100 °C bzw. heißem Wasser mit >100 °C sowie hoher Enthalpie mit Temperaturen ab 120 °C. Ab dieser Temperatur ist eine unmittelbare, wirtschaftlich vertretbare Stromproduktion möglich.

Für die Planung und das Genehmigungsverfahren von Erdwärmesonden (EWS) stehen in einigen Bundesländern Leitfäden oder Merkblätter und auch der VDI-Wärmeatlas (11. Auflage 2013) zur Verfügung. Teilweise liegen auch thematische Spezialkarten zur Beurteilung von potenziellen Standorten für Erdwärmesonden vor. Für tiefe geothermische Anlagen wird besonders auf den Geothermie-Atlas und die Broschüre des BMU „Tiefe Geothermie – Nutzungsmöglichkeiten in Deutschland" verwiesen. Im Geothermie-Atlas werden in mehreren Kartendarstellungen auch die konkurrierenden Nutzungsmöglichkeiten der tiefen Geothermie und der CO_2-Speicherung gem. ► Abschn. 16.3.3 aufgezeigt. Darüber hinaus ist im Internet das Geothermische Informationssystem für Deutschland (GeotIS) verfügbar (www.geotis.de). Es bietet Informationen über den Untergrundaufbau und die Temperaturverteilung sowie weitere Daten über die wichtigsten Nutzhorizonte im Norddeutschen Becken, im Molassebecken und im Oberrheingraben. Jede dieser Regionen weist charakteristische Merkmale auf, die unterschiedliche Möglichkeiten für die Nutzung der geothermischen Energie bieten, aber auch entsprechende technische Herausforderungen bzw. Risiken beinhalten. Außerdem können Angaben über bestehende und in Bau befindliche geothermische Anlagen abgerufen werden.

Die Frage nach der **Nutzungsdauer** einer geothermischen Anlage, d. h. in welcher Zeit und in welcher Form sich um die Sonde eine Abkühlung einstellt, die den Weiterbetrieb der Anlage begrenzt, lässt sich derzeit nur anhand von noch unzureichenden Erfahrungswerten beantworten (Bär et al. 2011; Stober und Bucher 2012 und ► Abschn. 20.2.2). Die Gründe für eine solche Begrenzung sind der relativ niedrige Wärmestrom aus dem Erdinnern, die schwer abschätzbare radioaktive Wärmeerzeugung im tieferen Untergrund und die vergleichsweise schlechte Wärmeleitfähigkeit der Gesteine. Durch den Einbau von Messsonden in den Erdwärmebohrungen können die Temperaturverhältnisse im Nahfeld der Sonde kontrolliert und mittels numerischer Simulation deren längerfristige Entwicklung abgeschätzt werden (Albert et al. 2013). Die Ergebnisse sind auch vom Anlagetyp abhängig und werden bei den verschiedenen Systemen angesprochen.

20.2.1 Oberflächennahe geothermische Systeme

Die Nutzung oberflächennaher geothermischer Energie ist mit Ausnahme gewisser Problemgebiete weitgehend unabhängig von der regionalen geologischen Situation. Für die Planung, den Bau und den Betrieb von Erdwärmenutzungsanlagen liegt eine VDI-Richtlinie 4640 „Thermische Nutzung des Untergrundes" mit vier Blättern vor:

- Blatt 1: Grundlagen, Genehmigungen, Umweltaspekte (2010, Berichtigung 2011)
- Blatt 2: Erdgekoppelte Wärmepumpenanlagen (2001)

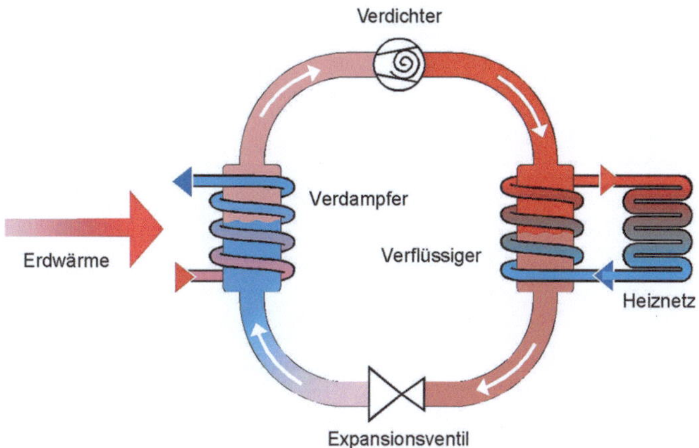

Abb. 20.5 Funktionsprinzip einer Erdwärmepumpe (Firmenprospekt)

- Blatt 3: Unterirdische thermische Energiespeicher (2001)
- Blatt 4: Direkte Nutzungen

Seit 2015 existiert ein ergänzter Entwurf dieser Richtlinien. Hinzu kommen eine GTV-Richtlinie (2011), ein VBI-Leitfaden Oberflächennahe Geothermie (2012) und die DGGT-Empfehlung Oberflächennahe Geothermie von 2014 (EA Geothermie).

Für die Nutzung oberflächennaher Wärmequellen gilt, dass die gewonnene Energie auf einem relativ niedrigen Temperaturniveau anfällt (unter 20 °C) und über eine auf den Heizlastbedarf ausgelegte **Wärmepumpe**, die auf von außen zugeführte Antriebsenergie (Strom, Gas) angewiesen ist, auf ein höheres nutzbares Temperaturniveau angehoben wird. Das Arbeitsmittel der Wärmepumpe (sog. Kältemittel) ist eine schon bei niedriger Temperatur siedende Flüssigkeit, die in einem Kreislauf verdampft, verdichtet, verflüssigt und wieder entspannt wird. Die Funktion einer Wärmepumpe ist aus Abb. 20.5 ersichtlich:

- Im Verdampfer nimmt ein Kältemittel die Wärme auf und wird dabei gasförmig.
- Im Verdichter wird das jetzt gasförmige Kältemittel durch Kompression auf ein höheres Temperaturniveau gebracht.
- Im Verflüssiger wird die Wärmeenergie an den Zweitkreislauf abgegeben.
- Im Expansionsventil wird das Kältemittel entspannt und in den Kreislauf zurückgeführt.

Für die Erschließung der oberflächennahen Erdwärme werden vertikale, horizontale und radial schräg angeordnete Erdwärmesonden (GRD-Verfahren) sowie geschlossene und offene Systeme (mit Grundwasserförderung) unterschieden.

20.2.1.1 Vertikale, geschlossene Systeme

Geschlossene **Erdwärmesonden** (EWS) werden in ± vertikalen Bohrungen mit Tiefen bis 150 m, selten mehr, eingebaut. Die Sonden bestehen aus dem Sondenfuß (zur Umlenkung) und paarweise gebündelten U-förmigen Kunststoffrohrschleifen aus Rohrmaterial mit verbesserter Wärmeleitfähigkeit (Stober und Bucher 2012:69) und Durchmessern von 25–32 mm oder alternativ sog. geschlossenen Koaxialsonden mit zwei Rohrschüssen (Abb. 20.6). Die Doppel-U-Sonden werden vorkonfektioniert und druckgeprüft auf die Baustellen geliefert. Bei den Koaxialsonden werden i. d. R. Rohrstrecken auf die Baustelle geliefert, die am Bohrloch zusammengebaut werden.

Die kalte Wärmeträgerflüssigkeit, ein Gemisch aus Wasser und einem Kältemittel, meist Glykol, wird in einem Strang der Kunststoffrohrschleife langsam in die Tiefe geleitet. Dabei erwärmt sich das Fluid und steigt im anderen Strang der U-Schleife wieder nach oben. Nach dem Wärmeentzug (auch Entwärmung genannt), bei dem die zirkulierenden frostschutzhaltigen Fluide teilweise auf –5 °C heruntergekühlt werden, fließt das Trägermedium

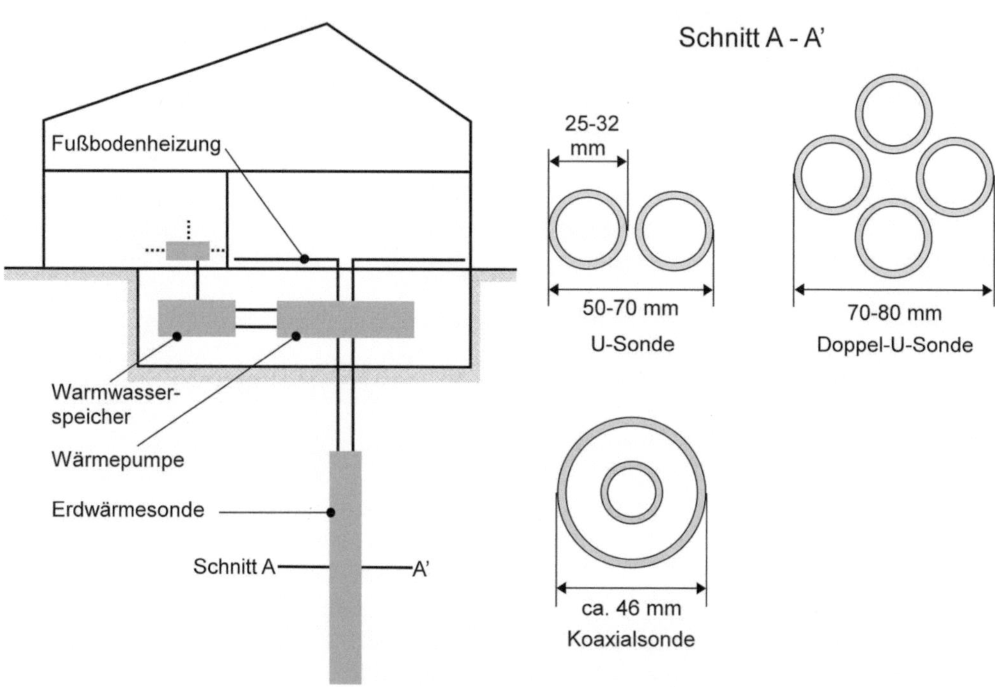

Abb. 20.6 Ausführungsvarianten von gebräuchlichen Erdwärmesonden (nach Kaltschmitt et al. 1999)

zur erneuten Erwärmung in die Sonde zurück. Die Heizleistung der Wärmepumpe und die Entzugsleistung der Erdwärmesonde sind aufeinander abzustimmen.

Die so gewonnene Vorlauftemperatur des Primärkreislaufs ist immer etwas niedriger ist als die eigentliche Untergrundtemperatur. Sie wird durch die Wärmepumpe auf ein Temperaturniveau von 35–55 °C gebracht, das dann im Sekundärkreislauf für Heizung und Warmwasserversorgung zur Verfügung steht. Von Vorteil sind Niedrigtemperatursysteme (Fußboden- oder Wandheizung), die mit einer Vorlauftemperatur von 35 °C auskommen.

Außer zum Heizen kann der Untergrund auch für eine geothermische Gebäudeklimatisierung genutzt werden. Er dient dabei als **saisonaler Thermospeicher**, dem im Winter Energie entzogen und während des Sommers Überschusswärme wieder zugeführt wird.

Die **Bohrarbeiten für Erdwärmesonden** sollten von qualifizierten Bohr- oder Brunnenbauunternehmen mit Bohrgeräteführern durchgeführt werden, die den Erlaubnisschein für „Bohrungen für geothermale Zwecke und Einbau von geschlossenen Wärmeübertragungssystemen" haben (s. d. DVGW W 120 und Qualitätspaket des BWP 2011). Außerdem sind die DIN 19 301 „Bohrarbeiten" (▶ Abschn. 3.3.1) und die DVGW-Arbeitsblätter W 115 (Bohrungen im Grundwasser) und W 116 (Spülungszusätze) zu beachten. Die angetroffene Schichtenfolge sowie die Wasserstände und Spülungsverluste sind zu dokumentieren. Spülungsverluste von >2 l/s sind unverzüglich der Unteren Wasserbehörde mitzuteilen.

Die Bohrausrüstung einschließlich der Verrohrung sind den zu erwartenden Untergrundverhältnissen anzupassen (▶ Abschn. 20.3.2). Bezüglich der Beherrschung ungewöhnlicher hydraulischer Gradienten wird auf ▶ Abschn. 4.6 und ▶ Abschn. 20.3.3 verwiesen. Die Bohrdurchmesser betragen 150–180 mm. Der verbleibende Hohlraum zwischen den Sondenbündeln wird mit einer gut wärmeleitenden Bentonit-Hochofenzement-Sand-Suspension im Kontraktorverfahren von unten nach oben verfüllt. Die Breite des Ringraums soll mindestens 30 mm betragen (Bohrdurchmesser >Sondenbündel + 60 mm) bzw. die Bentonit-Zement-Masse mindestens 65 % des Bohrlochquerschnitts einnehmen. Das System aus glattwandigen Rohrleitungen und dem Bohrlochverpressmaterial muss möglichst dicht sein, damit sich keine Wasserwegigkeiten entlang des Bohrlochs einstellen können. Von Vorteil ist ein sog. thermisch verbessertes Verfüllmaterial, um den Temperaturverlust beim Übergang der Wärme aus dem Untergrund auf das Wärmeträgermedium gering zu halten. Auf dem Markt ist auch ein innovatives Rohr- und Verfüllmaterial, das eine hydraulische Systemdichtheit garantieren soll (s. geotechnik 37:2, A22).

Alternativ dazu werden auch Erdwärmesonden mit durchlässiger Ringraumverfüllung (Filterkies) gebaut, bei denen das fließende Grundwasser in direktem Kontakt mit der Sonde steht.

Der Platzverbrauch ist bei vertikalen Erdwärmesonden gering. Eingesetzt werden ein oder zwei Sonden für Ein- und Zweifamilienhäuser und Mehrsondensysteme zur Versorgung von größeren Gebäuden oder Wohnanlagen. Der Abstand zwischen zwei benachbarten Sonden ist in den verschiedenen Ländervorschriften geregelt. Er soll bei Sonden mit einer Leistung <30 kW mindestens 5 m betragen, der Abstand zur Grundstücksgrenze ebenfalls 5 m. Dieser Grenzabstand kann mit Einverständnis des Nachbarn ggf. unterschritten werden. Eine solche pauschale Festlegung der Abstände erscheint allerdings wenig sinnvoll, da die Reichweite der Temperaturänderung sehr von den Untergrundbedingungen (Bodenaufbau, Grundwasserfließgeschwindigkeit und -richtung) sowie der Betriebsweise der Sonde abhängig ist (Wagner 2012). Bei nur teilweise verrohrten Bohrungen oder ungünstiger Geologie (Schichteinfallen, ggf. auch kleinschollige Strukturen) ist eine mögliche Bohrlochabweichung zu kontrollieren (▶ Abschn. 4.8.2).

Erdwärmesonden sollten möglichst nur im oberen Grundwasserleiter eingerichtet werden. Tiefere Grundwasserleiter dürfen nur genutzt werden, wenn durch sachgerechte Abdichtung des Bohrlochs hydraulische Kontakte und damit eine gegenseitige Beeinträchtigung der Grundwasserleiter ausgeschlossen werden können (▶ Abschn. 20.4.2).

Für den Wärmebedarf eines Gebäudes (meist Grundlast) sind die Wohnfläche, der Zustand der Wärmedämmung, das Heizsystem und die jährliche Betriebsdauer maßgebend. Die **Bemessung kleinerer Anlagen,** d. h. Erdwärmesonden bis 150 m Tiefe, wie sie für ein herkömmliches Einfamilienhaus ausreichen, erfolgt i. d. R. nach den VDI-Richtlinien 4640.

Die Anzahl und die Länge der Sonden werden anhand von Schichtenfolge und Erfahrungswerten für die spezifische Entzugsleistung gem. ◘ Tab. 20.2 festgelegt. Je nach Gesteinsausbildung, Verwitterungszustand, Klüftung und Wasserführung können die Einzelwerte erheblich variieren. Ein zusätzlicher Wärmeentzug aus der Grundwasserbewegung ist nur

◘ **Tab. 20.2** Allgemeine Richtwerte für die Wärmeleitfähigkeit des Untergrunds und spezifische Entzugsleistungen für Erdwärmesonden (in Anlehnung an VDI 4640: 2, ergänzt)

Untergrund	**Wärmeleitfähigkeit [W/(m × K)]**	**spezifische Entzugsleistung [W/m]**	
		für 1800 h	**für 2400 h**
schlechter Untergrund (ungesättigte Zone)	<1,5	ca. 25	ca. 20
Lockergesteine, feucht	1,0–2,0	ca. 40	ca. 30
Festgesteinsuntergrund (Sedimentgesteine)	1,5–2,5	40–60	40–50
Festgestein mit hoher Wärmeleitfähigkeit (kristallines Grundgebirge)	2,5–3,0	50–70	50–60

schwer zu quantifizieren und dient i. d. R. als Sicherheitszuschlag.

Bei Anlagen mit einer erforderlichen Heizleistung von >30 kW bzw. bei Anlagen mit mehr als 2400 Jahresbetriebsstunden ist auf jeden Fall eine genauere Berechnung zur Dimensionierung der Erdwärmesonden zu empfehlen. Dafür stehen verschiedene Berechnungsprogramme zur Verfügung (s. Stober und Bucher 2012:80).

Das System Erdwärmesonde/Wärmepumpe arbeitet umso wirtschaftlicher, je geringer die Temperaturdifferenz zwischen dem Primärkreislauf und der Nutzungsanlage ist. Die Wirtschaftlichkeit kann durch die sog. **Jahresarbeitszahl** (JAZ) ausgedrückt werden, d. i. die abgegebene Heizwärme geteilt durch die den Aggregaten zugeführte Fremdenergie. Mit einer gut ausgelegten Anlage können mit 1 kWh Strom (für die Wärmepumpe) bis zu 4 kWh Wärme erzeugt werden, was einer Jahresarbeitszahl von 4 entspricht. Ab einer Jahresarbeitszahl von 3,3 gelten Wärmepumpen als ökologisch sinnvoll. Eine Jahresarbeitszahl von 4–4,5 gilt als günstig.

Der **Abkühlungseffekt**, d. h. der seitliche thermische Einfluss, von Erdwärmesonden ist auf wenige Meter begrenzt (▶ Abschn. 20.2). Bei richtig dimensionierten Anlagen stellt sich nach derzeitigem Kenntnisstand im Untergrund nach wenigen Jahren eine ausgeglichene Energiebilanz ein. Messungen an einer 105 m tiefen Erdwärmesonde in der Schweiz mit einer relativ hohen Entzugsleistung haben gezeigt, dass sich in einem Umkreis von 1–3 m um die Sonde in den ersten Jahren eine Abkühlung von 2–4 K abzeichnet, der sog. thermische Trichter (Stober und Bucher 2012:67). Langfristig ist eine weitere Abkühlung um den Förderbrunnen allerdings nicht ganz auszuschließen.

20.2.1.2 Radial schräg angeordnete geschlossene Systeme

In Wasserschutzzonen und in Gebieten mit tiefer liegenden schutzwürdigen oder artesischen Grundwasserleitern sind von einem Schacht aus strahlenförmig (radial) und unter einer Neigung von 30–65° (meist 50–65°) gebohrte kurze Sondenlängen bis etwa 45 m Tiefe von Vorteil. Dieses sog. GDR-Bohrverfahren (Geothermal Radial Drillings) ist sehr flexibel einsetzbar. Das System nutzt den Bereich unterhalb der neutralen Zone mit einer Bodentemperatur von etwa 10–12 °C und kann auch unterhalb von Gebäuden eingebracht werden. Die Endpunkte der Schrägsonden müssen auch wieder einen Abstand zur Grundstücksgrenze von 5 m haben. Eingebaut werden i. d. R. Koaxialsonden, in deren Innenrohr die (entwärmte) Wärmeträgerflüssigkeit nach unten strömt und sich beim Aufsteigen im äußeren Ringspalt erwärmt. Sechs bis acht solcher Radialsonden ergeben insgesamt 200–300 Sondenmeter. Die Dimensionierung erfolgt, wie in ▶ Abschn. 20.2.2.1 beschrieben.

20.2.1.3 Horizontale, geschlossene Systeme

Zu den horizontalen, geschlossenen Systemen gehören die meist nur frostfrei (1,3–1,5 m) unter Gelände im solaren Einwirkungsbereich waagerecht oder schräg verlegten lang gestreckten Rohrleitungen oder Spiralkörbe. Folgende Typen werden unterschieden:

- Flächenkollektoren,
- Grabenkollektoren,
- Erdwärmekörbe.

Die Rohrschleifen der flächigen **Erdwärmekollektoren** mit einer Gesamtlänge von 100–150 m werden in einem bestimmten Muster in Seitenabständen von 0,3–0,8 m mit minimaler Steigung zum Verteiler (Entlüftung) mit gutem thermischem Bodenkontakt verlegt und nutzen die von der Sonne eingestrahlte und durch Niederschläge (Sickerwasser) eingebrachte Wärmeenergie, die im Erdreich über mehrere Monate gespeichert wird. Die Kollektorfläche darf nicht überbaut oder beschattet sein. Nachteile der Flächenkollektoren sind der relativ große Flächenbedarf und die niedrigen Bodentemperaturen.

Für die Dimensionierung von Erdwärmekollektoren sind die thermischen Eigenschaften des oberflächennahen Untergrundes und die Intensität der Sonneneinstrahlung maßgebend. Günstig sind Standorte mit einem Grundwasserstand wenig unter 2 m, damit die Kollektoren möglichst noch im Kapillarsaum liegen. Günstige Standorte sind damit:

- durchfeuchtete sandige Böden mit hohen Quarzgehalten; sie haben eine gute Wärmeleitfähigkeit und eine spezifische Entzugsleistung bis 40 W/m²;
- lehmig-sandige, feuchte Böden; sie weisen eine mittlere Wärmeleitfähigkeit und eine spezifische Entzugsleistung von – je nach Sonneneinstrahlung – 20–30 W/m² auf.

Tonige Böden und flachgründige steinige Böden mit geringen Wassergehalten und großem Grundwasserflurabstand haben allgemein eine schlechte Wärmeleitfähigkeit.

Der in der Praxis maßgebende thermische Kennwert ist die spezifische Wärmeentzugsleistung in W/m² (Tab. 20.3). Die **Dimensionierung** erfolgt über Diagramme oder Rechenprogramme auf der Grundlage der Jahresarbeitszahl, des Wärmebedarfs in Abhängigkeit von der Raumgröße, der Exposition (Sonneneinstrahlung) und der Bodenart. Weitere Hinweise zur Planung und Dimensionierung von Erdwärmekollektoren bringen Dehner et al. (2007).

Bei der im Winterhalbjahr geringen Wärmezufuhr durch die Sonne kann bei Rücklauftemperaturen unter 0 °C das Porenwasser im Boden im unmittelbaren Nahbereich der Rohre gefrieren, wodurch sich Eishüllen an den Rohraußenwänden bilden. Dieser Effekt hat zunächst keine negativen Auswirkungen, da Eis die Wärme gut leitet. Die Eishüllen dürfen allerdings nicht zusammenwachsen (ausreichender Rohrabstand erforderlich). Der Wärmeentzug durch derart oberflächennahe Systeme kann außerdem zu einer gewissen Verkürzung der Vegetationsperiode bei der Geländenutzung führen.

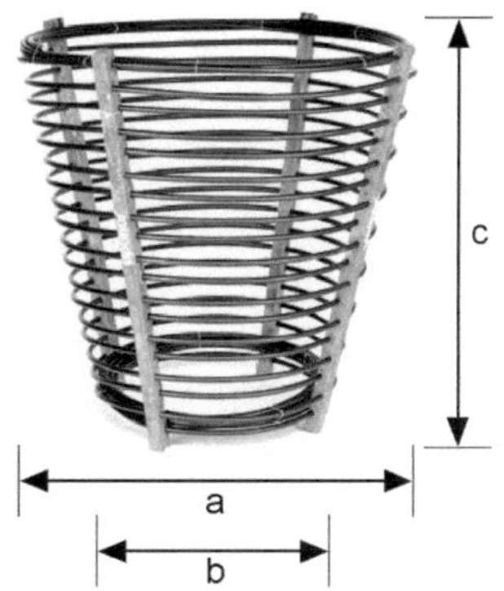

Abb. 20.7 Erdwärmekorb (Firmenprospekt): a = 2,4 m, b = 1,4 m, c = 2,0–2,7 m (frostfrei)

Eine flächensparende Alternative sind die sog. **Erdwärmekörbe**, spiralförmige Rohrkörper (Abb. 20.7), die vertikal in Tiefen von 1,5–5 m eingebaut werden und Temperaturen zwischen 6 und 10 °C liefern (Sass 2007; Bitzer und Storz 2008). Die spezifischen Entzugsleistungen (Heizfall) betragen je nach Korbtyp und Untergrund bei einer Betriebszeit von 1800 h/a zwischen 1000 und 2000 W/Korb.

Die horizontalen Systeme bedürfen keiner wasserrechtlichen Genehmigung (nur Anzeigepflicht) und sind i. d. R. selbst in Wasserschutzgebieten möglich (▶ Abschn. 20.4.2).

20.2.1.4 Offene Systeme

Erdwärmebrunnen nutzen direkt die Wärme des oberflächennahen Grundwassers, die relativ konstant bei 8–12 °C liegt. Es handelt sich um offene Systeme mit Grundwasserförderung, bei denen das Grundwasser direkt der Wärmepumpe

Tab. 20.3 Mit Erdwärmekollektoren entziehbare Wärmemengen (Firmenprospekt)

Bodenart	Spezifische Entzugsleistung E [W/m²]	
	bei 1800 h/a	bei 2400 h/a
trockener sandiger, steiniger Boden	10	8
feuchter lehmig-sandiger Boden	20–30	16–24
wassergesättigter Sand oder Kies	40	32

zugeführt wird, welche die Wärmeenergie über den Wärmetauscher auf den Sekundärkreislauf überträgt. In der Regel werden dafür sog. Brunnendubletten gebaut, mit einer Entnahmebohrung und einer Versenkbohrung, in der das Wasser nach dem Wärmeentzug wieder versickert wird. Voraussetzung ist ein geeigneter Grundwasserleiter, dessen Wasseroberfläche wegen der benötigten Pumpenergie nicht tiefer als 5–10 m liegen sollte. Die Ergiebigkeit beider Brunnen ist mittels Pump- bzw. Infiltrationsversuchen nachzuweisen (▶ Abschn. 11.3). Gefordert werden etwa 0,25 m^3/h für jedes Kilowatt Verdampferleistung. Außerdem ist die Wasserqualität zu untersuchen (Gefahr der Verkalkung oder Versinterung infolge der Kalk- oder der Eisen-/Mangangehalte bzw. Korrosionsgefahr (▶ Abschn. 10.2). Die Wärmepumpe muss so gefahren werden, dass die Rücklauftemperatur nicht unter 3 °C absinkt. Der Entnahmebrunnen darf nicht in der Kältefahne der Versenkbohrung stehen.

Brunnensysteme dieser Art bedürfen generell einer wasserrechtlichen Erlaubnis. Offene Systeme haben den Vorteil, dass durch die höhere Wassertemperatur günstigere Jahresarbeitszahlen der Wärmepumpe zu erreichen sind. Ihr Nachteil ist aber der meist höhere Wartungsaufwand (Korrosion, Verkalkung, Verockerung).

20.2.1.5 Sonstige Systeme

Als sonstige Systeme gelten Anlagen z. B. Thermalwasserbrunnen, Tunneldränwässer oder Wässer aus aufgelassenen Bergwerken bzw. das temperierte Abwasser von Kanalsystemen oder auch sog. thermoaktive Bauteile, die als Energiequelle genutzt werden können (s. a. VDI 4640: 2). Derartige Systeme unterliegen einer Anzeigepflicht, anhand der entschieden wird, ob es einer wasserrechtlichen Erlaubnis bedarf (▶ Abschn. 20.4.2).

In einigen Städten wie Wiesbaden werden zunehmend **Thermalwässer** (hier etwa 60 °C) für Heizzwecke genutzt. Das stark mineralisierte und aggressive Thermalwasser bleibt in einem geschlossenen Kreislauf und überträgt die Energie über einen zentralen Wärmetauscher auf einen zweiten Kreislauf für Fernwärme.

Über die Nutzung **stillgelegter Bergwerke** als Energiespeicher (Wärme, Kälte) liegen bereits einige Erfahrungen vor (Rosner et al. 2006, 2009, 2010; Meier 2013). Aufgelassene und geflutete Bergwerke in Tiefen von 500–800 m bieten ein großes Volumen an Gruben- bzw. Grundwasser mit Temperaturen von 25–30 °C, hohe Gebirgsdurchlässigkeit und meist gute Zugänglichkeit über die ehemaligen Schachtanlagen. Die Mineralisierung des Grubenwassers und die Grubengasproblematik sind zu beachten. Die betriebsbedingt wechselnden Wasserstände können allerdings eine Gefahr für die Standsicherheit der Grubenbaue darstellen.

Bei den **thermoaktiven Bauteilen** werden linienförmige (Energiepfähle) und flächig-erdberührende Bauteile (Gründungsplatten, Kellerwände, Verbauwände) unterschieden (s. a. Adam und Hofinger 2013). Die flächigen Bauteile haben den Vorteil großer Kontaktflächen, aber gleichzeitig den Nachteil, dass sie mit Einbautiefen von meist nur 8–12 m in der Zone der jahreszeitlichen Temperaturänderungen gem. ◻ Abb. 20.1 liegen, sodass es leicht zu einer Leistungsüberschätzung kommen kann. Energiewände werden allerdings überwiegend innerstädtisch geplant, wo mit erhöhten Temperaturen urbaner Wärmeanomalien zu rechnen ist (▶ Abschn. 20.1.1).

Energiepfähle mit an der Bewehrung installierten Absorberleitungen (▶ Abschn. 8.1.2 und 8.5) weisen zwar eine geringere Kontaktfläche auf, reichen aber meist deutlich unter die Neutrale Zone gem. ▶ Abschn. 20.1.1 hinunter. Eine Energiepfahlanlage zur Gebäudeklimatisierung darf die Projektumgebung nicht zu stark thermisch beeinflussen. Je nach Lokalität und Untergrundsituation ist mit einer wasserrechtlichen Begrenzung der Temperaturänderung in Grundwasserfließrichtung zu rechnen. Um eine gegenseitige Beeinflussung der einzelnen Energiepfähle zu begrenzen, ist außerdem ein Mindestabstand einzuhalten. Über die Planung und numerische Modellierung von Grundwasserströmung, Wärmetransport und möglichen Temperaturfeldänderungen einer solchen Anlage berichten Oberle und Krieg (2015).

Über die Nutzung der sog. **Tunnelgeothermie** liegt inzwischen umfangreiche Literatur vor. Das Gebirge bzw. die Tunnelwässer weisen je nach Tiefenlage Temperaturen von 12–25 °C, teilweise 35 °C auf, und auch die Tunnellufttemperatur hat einen deutlichen Einfluss auf die Leistungsfähigkeit der Absorberelemente. Dabei wird je nach Temperatur der Tunnelluft zwischen sog. „warmen Tunneln" mit einem Temperaturniveau um 30 °C (meist innerstädtische Tunnel) und „kalten Tunneln" mit etwa 15 °C (z. B. Eisenbahntunnel) unterschieden (Baier und Friedemann 2015).

Tunnelbauwerke erschließen über ihre großen Wandflächen und den Einsatz von Massivabsorbertechnologie (BAST-Berichte Heft B 96, 2013) erhebliche Energiemengen. Die Absorberleitungen sind entweder zwischen der Tunnelaußen- und Innenschale oder an den äußeren Bewehrungslagen installiert. Bei maschinellen Vortrieben werden sog. Energietübbinge mit Kopplung der Absorberleitungen in den Längsfugen eingesetzt (Gamper et al. 2009; Frodl et al. 2010; Schneider und Moormann (2010); Baier und Friedemann (2015). An Gebirgskennwerten werden für die Bemessung einer tunnelgeothermischen Anlage folgende Angaben benötigt:

- Gebirgs- bzw. Grundwassertemperatur (°C),
- Grundwasserfließgeschwindigkeit (m/d),
- Wärmeleitfähigkeit λ (J/k K),
- Spezifische Wärmekapazität C_p (J/kg K),
- Dichte ρ_d (g/cm³).

Die Energieausbeute (Entzugsleistung) liegt je nach Gebirgs- bzw. Grundwassertemperatur und den Durchflussbedingungen bei 10–40 W/m² pro bestückter Wandfläche.

20.2.2 Tiefe geothermische Systeme

Tiefengeothermie dient der Nutzung der Erdwärme in Form von Wärme- und/oder Stromerzeugung. Dabei werden drei Systeme unterschieden (◘ Abb. 20.8):

- tiefe Erdwärmesonden,
- hydrothermale Systeme und
- petrothermale Systeme.

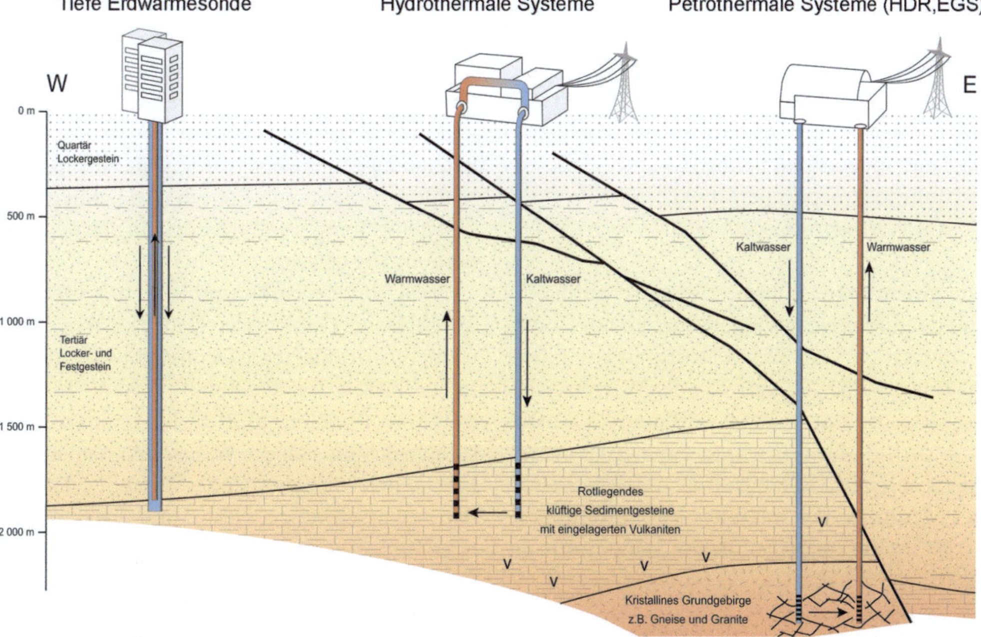

◘ **Abb. 20.8** Nutzungsformen der tiefen Geothermie am Beispiel eines schematischen O–W-Profils durch den nördlichen Oberrheingraben mit Nutzhorizonten (HLUG: Nutzung tiefer Geothermie in Hessen, 3. Aufl. 2010)

Welches der drei Verfahren eingesetzt werden soll, hängt von der geologischen und hydrogeologischen Situation am Standort, dem benötigten Temperaturniveau und der Energiemenge ab.

20.2.2.1 Tiefe Erdwärmesonden

Tiefe Erdwärmesonden sind vertikale geschlossene Systeme. Da die Gebirgsdurchlässigkeit in Tiefen ab 1000 m häufig bei 10^{-8} bis 10^{-9} m/s liegt, ist eine wirtschaftliche Nutzung der geothermischen Energie nur mittels Sondenanlagen möglich, bei denen eine Wärmeträgerflüssigkeit in einem geschlossenen Kreislauf zirkuliert und die Wärme aus dem Untergrund aufnimmt. Sie dienen ausschließlich der Wärmeversorgung. Das Wärmeträgermedium wird über den äußeren Ringraum eines Koaxialrohrs langsam in die Tiefe gepumpt, entzieht dabei durch die Rohrwandung und durch das Verfüllmaterial dem Gebirge Energie und steigt in dem isolierten Innenrohr nach oben, wo es auf etwa 15 °C abgekühlt und wieder in den Kreislauf zurückgeführt wird. Durch den Wärmeentzug kühlt das umgebende Gebirge etwas ab. Der Wärmenachschub wird durch den entstehenden – im Wesentlichen horizontalen – Temperaturgradienten und die Wärmeleitfähigkeit des Gebirges bestimmt.

Für die Nutzung einer tiefen Erdwärmesonde zur Wärmebereitstellung werden folgende Vorlauftemperaturen benötigt:

- ohne Wärmepumpe: 60–90°,
- mit Wärmepumpe: 40–60°.

Die gewinnbare Energiemenge ist abhängig von den thermischen Eigenschaften des Untergrundes, d. h. vom Temperaturgradienten (bei 2600 m etwa 85 °C) und von der Wärmeleitfähigkeit, sowie der Bauart der Sonde. Günstig sind große Mantelflächen für den Wärmeaustausch und ein langsames Abwärtsfließen des Mediums. Die nutzbare Vorlauftemperatur ist immer niedriger als die Temperatur im Bohrloch.

20.2.2.2 Hydrothermale Systeme

Für die direkte Nutzung warmer (>60 °C) bzw. heißer (>100 °C) Tiefenwässer ist dagegen außer der Temperaturzunahme mit der Tiefe besonders die Leistungsfähigkeit des zur Verfügung stehenden Aquifers entscheidend. Bevorzugte Gebiete für die Nutzung der hydrothermalen Erdwärme sind daher Teile des norddeutschen Beckens, wo einige thermalwasserführende, allerdings salzhaltige Porenspeicher bekannt sind (s. Poppei und Fischer 1997), das süddeutsche Molassebecken und der Oberrheingraben.

Bei den hydrothermalen Systemen handelt es sich um geschlossene oder um offene Systeme mit direkter Verwendung des heißen Wassers bzw. Wasserdampfs. Die Leistung einer offenen Anlage steigt proportional mit dem Produkt aus Förderrate und Temperatur des Formationswassers. Allgemein wird bei einer verträglichen Absenkung eine Mindestförderrate von 50 l/s vorausgesetzt.

Bei den offenen Systemen sind jeweils mindestens zwei Bohrungen (sog. Dubletten) erforderlich, wobei in einer Bohrung das heiße Wasser gefördert und in der Reinjektionsbohrung das auf etwa 20–30 °C abgekühlte Wasser wieder dem Kreislauf in der Tiefe zugeführt wird. Dabei müssen die Bohrlochenden einen ausreichend großen Abstand voneinander haben, damit sich das rückgeführte Wasser genügend aufheizen kann. Die Nutzung heißer Wässer für Heizzwecke mittels Dubletten gilt heute als ausgereiftes System. Die älteste Dublettenanlage in Europa in der Nähe von Paris ist seit über 40 Jahren in Betrieb und hat in dieser Zeit keine Temperaturerniedrigung an der Förderbohrung gezeigt.

Aus Platzgründen und um entsprechend durchlässige Gebirgsabschnitte zu erreichen, werden hydrothermale Geothermiebohrungen in der Tiefe meist abgelenkt (Differenz Bohrtiefe und Bohrlänge). Bei abgelenkten Bohrungen erhöht sich die Wahrscheinlichkeit, im Fels mehrere nebeneinander liegende Kluftsysteme zu erschließen. Falls damit die erforderliche Ergiebigkeit nicht erreicht wird, kann die Gebirgsdurchlässigkeit durch Stimulationsverfahren wie Drucksäuerung verbessert werden. In Karbonatgesteinen ist dies ein erprobtes Verfahren. Auch in Sandsteinaquiferen wird damit eine Verbesserung der Durchlässigkeit durch Anlösen von mit Kalzit belegten Klüften erreicht. Der optimale Bohrlochabstand im Nutzhorizont (Größenordnung häufig 1000 m) kann anhand geometrischer und thermisch-hydraulischer Gebirgsmodelle mithilfe numerischer Rechenmodelle ermittelt werden.

Zu beachten sind ferner der Wasserchemismus und eine etwaige Gasführung, die eine thermische Nutzung offener Systeme erschweren. Im Westteil des norddeutschen Beckens sind außerdem die zahlreichen Salzstöcke (▶ Abschn. 3.5.4.3) und eine mögliche Änderung des Temperaturfeldes in ihrem Bereich zu berücksichtigen.

Über die Nutzung tektonischer Störungszonen selbst liegen bis jetzt erst wenige Erfahrungen vor. Die Störungstypen sind in ▶ Abschn. 3.4.4 beschrieben. Angaben über ihre Wasserwegsamkeit s. ▶ Abschn. 17.2.5.2. Die Probleme bestehen meist darin, dass die Bohrlöcher in Störungsgesteinen i. d. R. nicht standfest sind. Außerdem können über steilstehende Störungszonen verschiedene Grundwasserleiter unterschiedlicher Tiefe miteinander verbunden sein. Das Tiefengrundwasser in Störungszonen ist außerdem häufig hoch mineralisiert und gasführend.

Im Ostteil des **norddeutschen Beckens** sind die schon in den 1980er-Jahren eingerichteten geothermischen Heizzentralen (GHZ) Waren, Neubrandenburg und Neustadt-Glewe zu nennen, die auf die Sandsteinkomplexe von Rhät und Lias ausgelegt sind. Die GHZ Waren ist bereits 1984 als erste Anlage dieser Art in Deutschland in Betrieb gegangen. 1988 folgte die GHZ Neubrandenburg (2003).

Einige dieser Anlagen sind mithilfe der mit Temperaturen ab 80 °C auskommenden neuen Kraftwerkstechnologien (Flash-, ORC- oder Rankine-Prozess) zwischenzeitig auf Stromerzeugung nachgerüstet worden (Neubrandenburg, Neustadt-Glewe).

Im Verbreitungsgebiet der **süddeutschen Molasse**, einer keilförmig nach Süden bis auf 4000 m zunehmenden tertiärzeitlichen Beckenfüllung nördlich der Alpen, liegen mehrere thermale Grundwasserstockwerke vor, die Meeresmolasse, der Mittel- und Oberjura, der Obere Muschelkalk und der Sandsteinkeuper. Für eine energetische Nutzung kommen in erster Linie die stärker verkarsteten dolomitischen Abschnitte des Oberjuras (ehem. Malm) in Betracht. Hier sind zwischenzeitig über 20 Anlagen in Betrieb oder in Bau, von denen allerdings die meisten der Wärmegewinnung und nur vier der Stromerzeugung dienen. Von diesen geothermischen Anlagen in der Molassezone sollen hier nur genannt werden:

- das Geothermieheizwerk Erding mit zwei Bohrungen >2000 m in Kalksteinen des Oberjuras,
- das Wärmeprojekt Garching mit zwei Bohrungen von 2165 und 2450 m Tiefe (Daldrup und Klapperich 2009),
- die Geothermieanlage Unterföhring, die in 2300 m Tiefe ein Wasser mit 93 °C und einer Ergiebigkeit von 85–100 l/s erschlossen hat (s. geotechnik 37:2, A22) sowie
- das Geothermiekraftwerk Unterhaching mit einer Bohrtiefe von 3350 m, einer Wassertemperatur von 122 °C und einer Ergiebigkeit von 150 l/s.

Der Vorteil der Region Molassebecken ist, dass in den verkarsteten Jurakalksteinen das Formationswasser auch in über 2000 m Tiefe noch annähernd Trinkwasserqualität und damit kaum ein Korrosionspotenzial bzw. Verockerungsgefahr aufweist. Wegen des günstigen hydrothermalen Potenzials im südlichen Molassebecken ist dieses auch bereits weitestgehend mit Erdwärme-Konzessionsgebieten abgedeckt.

Der **Oberrheingraben** ist aufgrund der günstigen geothermischen Gradienten (▶ Abschn. 20.1.1) ebenfalls ein bevorzugter Standort für geothermische Projekte. Das Gebiet weist allerdings eine sehr heterogene Geologie auf, mit verstärkter Gefahr induzierter Seismizität (▶ Abschn. 4.2.3.2) sowie meist stark mineralisierter und z. T. gasführender Thermalwässer, teilweise auch mit natürlichen Radionukliden (Mergner et al. 2012). Im Oberrheingraben kommen zwei Formationen zur Nutzung in Betracht: Sedimentgesteine (Rotliegendgesteine, Buntsandstein, Oberer Muschelkalk; im S auch der Hauptrogenstein des Mitteljuras) und das Grundgebirge (◘ Abb. 20.7). Im ersteren Stockwerk werden meist hydrothermale Tiefenwässer genutzt. Stober und Jodocy (2009) haben eine umfassende Auswertung der Gebirgsdurchlässigkeit der Nutzhorizonte im südlichen Oberrheingraben zusammengestellt (◘ Tab. 20.4). Vom Granit liegen aus dem Grabenbereich keine auswertbaren Daten vor. Die angegebenen Werte stammen aus dem Schwarzwald und seinen Randbereichen. Das Grundgebirge im Oberrheingraben gilt allgemein als Standort für die Nutzung heißer trockener Gesteinsformationen.

In Bruchsal, am Ostrand des Grabens, wird seit 2009 im Dublettenbetrieb Heißwasser (114 bzw. 134 °C) aus stark geklüfteten Buntsandsteinschichten in 1800–2500 m Tiefe zur Stromerzeugung genutzt. Das Tiefenwasser hier ist allerdings gasreich (CO_2), weist einen Gesamtlösungsinhalt von 127 g/l auf (Na und Cl) und muss auch über Tage unter hohem Druck gehalten werden (Stober und Bucher 2012:157). Auch in Landau war in den letzten 10 Jahren ein hydrothermales Geothermiekraftwerk in Betrieb (▶ Abschn. 20.3.1). Ein zweites solches Kraftwerk bei Insheim läuft seit 2012 mehr oder weniger im Regelbetrieb (▶ Abschn. 4.2.3.1). Auf der Grundlage eines 3D-Modells der geothermischen Potenziale im nördlichen Oberrheingraben (Bär et al. 2011) sind hier weitere Projekte in Planung. Bei Trebur (Kreis Groß-Gerau) musste 2016 allerdings eine 3700 m tiefe Bohrung bis in das Rotliegende wegen zu geringer Leistung aufgegeben werden (nur 5 l/s statt der erwarteten 70 l/s).

Ein interessantes Untersuchungsgebiet ist auch das Pannonische Becken, d. h. das Donaugebiet in Österreich und Ungarn einschließlich Teilen Serbiens und Kroatiens, mit zahlreichen Thermalquellen (s. geotechnik 2014/4).

20.2.2.3 Trockene petrothermale Systeme

Unter trockenen Systemen werden Gebirgsbereiche verstanden, in denen nicht genügend Grundwasser zirkuliert, um eine hydrothermische Nutzung über längere Zeit zu gewährleisten. Die Energiegewinnung erfolgt über ein Sondenrohr mit Wärmeträgerflüssigkeit aus dem Gestein selbst. Das die Erdwärmesonde im geschlossenen Kreislauf arbeitet, erfolgt kein Eingriff in das Grundwasserregime. Um die hydraulische Durchlässigkeit des Gebirges zu verbessern, werden Stimulationsverfahren eingesetzt (Hydraulic Fracturing, chemische Säurestimulation). Trockene petrothermale Systeme werden fast ausschließlich zur Stromerzeugung mit Wasserdampfturbinen genutzt. Dafür werden Ausgangstemperaturen von 150 °C und mehr benötigt, sodass derartige Projekte bevorzugt in Gebieten erhöhter geothermischer Tiefenstufe geplant werden.

Zur **Stimulation der Gebirgsdurchlässigkeit** wird i. d. R. das Hot-Dry-Rock-Verfahren (HDR), auch Enhanced Geothermal System (EGS genannt, eingesetzt. In den letzten Jahren wird der Begriff EGS bevorzugt, da das Gebirge in diesen Tiefen zwar eine sehr geringe Durchlässigkeit aufweist, aber nicht „trocken“ ist. Im

◘ **Tab. 20.4** Normierte Durchlässigkeitsbeiwerte für verschiedene Gebirgsarten des südlichen Oberrheingrabens (aus Stober und Jodocy 2009)

Aquifer/Gestein	Mittelwert (m/s)	Standardabweichung (m/s)
Hauptrogenstein (Offenburg)	$1{,}4 \times 10^{-8}$	$2{,}4 \times 10^{-9}$ bis $8{,}5 \times 10^{-8}$
Hauptrogenstein (südl. Freiburg)	$1{,}8 \times 10^{-6}$	$8{,}6 \times 10^{-8}$ bis $3{,}7 \times 10^{-5}$
Oberer Muschelkalk	$2{,}0 \times 10^{-6}$	$2{,}4 \times 10^{-7}$ bis $1{,}6 \times 10^{-5}$
Buntsandstein	$2{,}4 \times 10^{-7}$	$4{,}0 \times 10^{-9}$ bis $1{,}5 \times 10^{-5}$
kristallines Grundgebirge	$2{,}1 \times 10^{-7}$	$1{,}7 \times 10^{-8}$ bis $2{,}7 \times 10^{-6}$
– granitische Gebirge	$9{,}6 \times 10^{-7}$	
– metamorphe Gebirge	$5{,}0 \times 10^{-8}$	

Zielhorizont wird unter hohem Druck Wasser in das Gebirge eingepresst (sog. Wasserfracktechnik, ▶ Abschn. 16.5.2), wodurch unter Ausnutzung der natürlichen Klüftung Risssysteme hydraulisch aufgesprengt werden und sich neue Risse bilden. Stärker gestörte Gebirgsabschnitte sollten dabei gemieden werden. Der Erfolg einer hydraulischen Stimulationsmaßnahme ist abhängig vom Injektionsdruck (mehrere 100 bar), von der Injektionsmenge und -rate sowie vom Gebirge und von der Gebirgstemperatur (möglichst >150 °C). Die Wasserverluste sollten dabei möglichst gering bleiben (<10 %). In Gesteinsarten mit quellfähigen Tonmineralen müssen zur Verhinderung des Tonquellens bestimmte Chemikalien zugesetzt werden. Auch in anderen Gesteinen müssen, damit die Risse über längere Zeit wasserwegsam bleiben, z. T. Stützmittel (Feinkies) eingepresst werden. Die Risssysteme fungieren als Wärmetauscher, in dem kaltes Wasser eingepresst wird, das sich im Gebirge aufheizt und in einem Abstand von meist mehr als 500 m über eine zweite oder auch mehrere Bohrungen gefördert wird.

Die Wasserfracktechnik wurde bis jetzt vorwiegend in kristallinem Gebirge (meist Granit) angewendet, das auch in diesen Tiefen noch eine natürliche Klüftung aufweist. Die aufgeweiteten und aufgerissenen Klüfte sind i. d. R. senkrecht zur kleinsten Gebirgsspannung orientiert (▶ Abschn. 2.7.9), d. h., dass sich in diesen Tiefen bevorzugt ± vertikale Klüfte öffnen bzw. ausbilden. Sie können eine Erstreckung von einigen hundert Metern erreichen. Insgesamt muss das Risssystem eine gewisse Wärmeaustauschfläche bzw. Wärmeaustauschkubatur aufweisen, was z. B. für ein Zwei-Bohrloch-System einen Bohrlochabstand von etwa 1 km und freie Bohrlochabschnitte von etwa 300 m erfordert.

Zur Abschätzung der Frackbarkeit dienen Versuche zur Bestimmung der hydraulischen Zugfestigkeit. Dazu wird an zylindrischen Gesteinsproben über eine kleinkalibrige axiale Injektionsbohrung Wasser eingepresst, bis es zu einem Versagen am Bohrlochrand kommt (Alber et al. 2007). Granite zeigen allgemein ein sehr sprödes Bruchverhalten, während Gneise und viele Sedimentgesteine sich mehr duktil verhalten (▶ Abschn. 2.7.10.2).

Chemische Stimulation mit Salz- oder Flusssäure wird eingesetzt, um karbonatische oder silikatische Kluftfüllungen im Gebirge aufzulösen.

Ein Beispiel für trockene petrographische Systeme ist das Geothermiekraftwerk Soultz-sous-Forêts auf der französischen Rheinseite zwischen Strasbourg und Karlsruhe, das seit 2008 über vier bis zu 5000 m tiefe Bohrungen aus einem durch hydraulische und chemische Simulation erzeugten Reservoir im kristallinen Grundgebirge 165 °C heißes Thermalwasser fördert. Das Fracken war von tausenden mikroseismischen Ereignissen begleitet, die von Anfang an über ein Monitoringsystem erfasst wurden. Das Tiefenwasser ist außerdem stark mineralisiert und gasführend und enthält sowohl einige Schwermetalle als auch in erheblichen Umfang natürliche Radionuklide (Mergner et al. 2012).

20.3 Potenzielle Risiken bei geothermischen Anlagen

Die Erschließung tiefer Erdwärme ist immer mit einem Eingriff in die Erdkruste und damit mit gewissen Risiken verbunden, die sich, außer dem durch die hohen Bohrkosten bedingten wirtschaftlichen Risiko in ein geologisches, ein bohrtechnisches und ein anlagentechnisches Risiko einteilen lassen. Im geologischen Risiko sind auch die Abschätzung des tiefen geothermischen Potenzials und die Frage nach der Ausdehnung der Einflussbereiche eingeschlossen (Lit. s. Bär et al. 2011).

Um das Gesamtrisiko in Grenzen zu halten, müssen aus den bisherigen Schadensfällen entsprechende Lehren gezogen werden. Die einzelnen Risiken müssen rechtzeitig angesprochen und, soweit möglich, beherrscht werden, um die Sicherheit und Wirtschaftlichkeit eines Projekts zu gewährleisten, Einsprüchen von Anwohnern begegnen zu können (sog. politisches Risiko) und Umweltschäden zu minimieren. Richtlinien (wie die EA-Geothermie) und Normen sollen künftig dazu beitragen, die potenziellen Risiken bei Erdwärmebohrungen einzuschränken.

In einigen Bundesländern werden Fördermittel für Geothermieprojekte nur bei vorherigem Abschluss einer Versicherung für das Bohr- und z. T. auch Findigkeitsrisiko gewährt.

In diesem Zusammenhang ist darauf hinzuweisen, dass nach deutschem Recht der Grundstückseigentümer/Bauherr auch ohne eigenes Verschulden für alle Schäden auf Nachbargrundstücken und auch gegenüber nur mittelbar betroffenen Drittnachbarn vollumfänglich haftet. Ein Rückgriffsanspruch gegenüber Planungs- und Ausführungsbeteiligten besteht nur bei Nachweis von mindestens fahrlässigem Verhalten (▶ Abschn. 1.2).

20.3.1 Geologische Gefährdungen

Das geologische Risiko betrifft in erster Linie das sog. **Fündigkeitsrisiko**. Die vorbereitenden Arbeiten zur Umsetzung eines tiefen Geothermieprojekts bis hin zum Abteufen der Erschließungsbohrung(en) erfordern i. d. R. umfangreiche geowissenschaftliche Erkundungsarbeiten im Hinblick auf Standortverhältnisse, Gebirgsbau und tektonische Strukturen (geologisches 3D-Modell), Temperaturverlauf, Wärmeleitfähigkeit, Gebirgsdurchlässigkeit und Chemismus des Formationswassers. Vom örtlichen Spannungszustand hängen sowohl die Bohrlochstabilität als auch die Gebirgsdurchlässigkeit, die Ausbildung und Orientierung von hydraulisch induzierten Rissen sowie auch die Risiken induzierter Seismizität ab.

Zu den Vorerkundungsarbeiten hinsichtlich des Gebirgsbaus und der Raumlage tektonischer Störungszonen gehören auch seismische Feldmessungen gem. ▶ Abschn. 4.3.2 (2D- oder 3D-Seismik). Dabei ist zu beachten, dass die Erkundung tektonischer Strukturen im kristallinen Grundgebirge wegen fehlender Strukturmerkmale wesentlich schwieriger ist als in Sedimentgesteinen. In solchen Fällen wird deshalb gern bereits im Zuge der Vorerkundung eine Tiefbohrung abgeteuft, in der dann auch hydrologische und thermische Erkenntnisse gewonnen werden können. Diese erste Bohrung kann später als eine der Produktionsbohrungen verwendet werden.

Tiefengeothermische Systeme sind allgemein mit einem **seismischen Risiko** behaftet. Besonders betroffen sind Gebiete mit natürlicher Seismizität (Beispiel Oberrheingraben). Die Probleme sind in ▶ Abschn. 4.2.3 angesprochen worden. Bei derartigen Projekten muss die seismotektonische Situation frühzeitig erkundet und in das Genehmigungsverfahren einbezogen werden. Nötigenfalls muss bereits in einem frühen Stadium der Planung eine Messstation zum Erfassen der natürlichen Mikroseismizität eingerichtet und das Risiko später durch laufende Messungen überwacht werden. Das Geothermiekraftwerk Soultz-sous-Forêts gilt als Forschungszentrum für die „geothermische Seismizität" petrothermischer Systeme. Eine ausführliche Studie über induzierte seismische Aktivität und die Begutachtungsmethoden für diese Probleme bringen Stober und Bucher 2012:179.

Bei Landau ist seit Ende 2007 ein hydrothermales Geothermiekraftwerk in Betrieb, das aus etwa 3000 m Tiefe 165 °C heißes Wasser mit einer Ergiebigkeit von 80 l/s fördert. Im August und September 2009 traten in unmittelbarer Nähe zum Kraftwerk zwei Erdbeben der Stärke M = 2,7 und 2,4 auf. Der Druck, mit dem das abgekühlte Wasser wieder in den Untergrund verpresst wird, war offensichtlich zu hoch. Das Kraftwerk musste einige Monate stillgelegt und danach der Höchstdruck vorsorglich auf 45 bar begrenzt werden (▶ Abschn. 4.2.3.1). Nach weiteren Schwierigkeiten ist das Kraftwerk seit 2017 wieder im Probebetrieb.

Besondere Vorsicht ist in **anhydritführenden Gebirgen** geboten. Das Anhydritgebirge darf nicht mit über das Bohrloch auf- oder absteigendem Wasser in Kontakt kommen, da sonst ein Hydrationsprozess in Gang gesetzt wird (▶ Abschn. 2.7.11.2). Das eindrucksvollste Beispiel dafür ist der Erdwärmesonden-Schadensfall von Staufen im Breisgau, wo bereits 2007 eine mangelhafte Ringraumabdichtung zu einem Aufsteigen von artesisch gespanntem Grundwasser eines tieferen Stockwerks in den anhydritführenden Gipskeuper und zu einen anhaltenden Anhydritquellen mit Geländehebungen und massiven Bauschäden geführt hat (► Abschn. 19.2.2.1 und Ruch und Wirsing 2013). Die schadensbegrenzenden Maßnahmen sind in einem solchen Fall limitiert, da in quellfähiges Gebirge eingedrungenes Wasser praktisch nicht rückholbar ist. Um einen weiteren Zufluss des gespannten Grundwassers zu unterbinden, wurden die Ringräume aller 7 EWS-Bohrungen nachträglich mit großem Aufwand verpresst und abgedichtet, um die Stockwerkstrennung wiederherzustellen. Als zusätzliche hydraulische Abwehrmaßnahme wird derzeit der Druckspiegel des gespannten Grundwassers über mehrere Brunnen dauerhaft so weit abgesenkt, dass kein weiterer Wasserzutritt in die Anhydritzone zu besorgen ist. Die bisherige deutliche Reduzierung der Hebungsgeschwindigkeit des Geländes von 11 mm (2008) auf 2 mm (2016) wird als Erfolg dieser Maßnahmen gesehen. Die Hebungen werden allerdings so lange anhalten, bis das eingedrungene Wasser durch den Hydrationsprozess aufgebraucht ist (Ruch und Wirsing 2013).

Der Schadensfall Staufen ist kein Einzelfall. Auch in Böblingen ist bei einigen mehr als 100 m tiefen Erdwärmebohrungen Grundwasser aus einem höheren Stockwerk mit den Grundgipsschichten des Mittleren Keupers in Kontakt gekommen und hat großflächig Hebungen und zahlreiche massive Gebäudeschäden ausgelöst. In Rudersberg (Rems-Murr-Kreis) sind durch eine havarierte Erdwärmebohrung ebenfalls Quellhebungen aktiviert worden. Auch aus dem Elsass sind derartige Phänomene bekannt geworden.

Bohrungen in einem Anhydritgebirge sind grundsätzlich durchgehend zu verrohren und nötigenfalls spezielle Bohrspülungen mit organischen Zusätzen einzusetzen (sog. inhibierte Bohrspülungen). Die Tendenz bei den Genehmigungsverfahren geht dahin, in derartigen Regionen (z. B. Verbreitungsgebiet des Oberen Buntsandsteins (gebietsweise), des Mittleren Keupers und des Mittleren Muschelkalks, aber auch anderer anhydritführender Formationsglieder) eine entsprechende fachliche Betreuung der Bohrarbeiten durch einen kundigen Geologen zu fordern.

Bei den geologischen Risiken sind auch **Karsterscheinungen** gem. ► Kap. 19 zu nennen.

20.3.2 Bohrtechnisches Risiko

Tiefe Geothermiebohrungen werden mit modernen, großen Rotary-Bohranlagen niedergebracht. Die **Tiefbohranlagen** müssen für die unterschiedlichen, oft stark wechselnden Gesteinsformationen ausgelegt sein, angefangen bei nichtbindigen Lockergesteinen bis zu extrem harten und abrasiven kristallinen Gesteinen (► Abschn. 17.2.8 und Daldrup und Klapperich 2009; Stober und Bucher 2012:200). Dabei ist auch die kalibergerechte Bohrlochgeometrie zu beachten. Unterschieden werden eine gefügebedingte **Bohrlochinstabilität**, die in erster Linie von der Orientierung der Trennflächen abhängig ist, sowie eine festigkeitsbedingte Bohrlochinstabilität, die von den Tangentialspannungen am Bohrlochrand und der einaxialen Gesteinsdruckfestigkeit abhängt, sowie dem etwaigen Quellvermögen toniger oder anhydritführender Gesteine (Alber et al. 2007; Witthaus und Lempp 2009 und ► Abschn. 2.7.9.2). Geothermiebohrungen müssen durchgehend verrohrt und die Verrohrung zementiert werden. Ein Mehrverbrauch von Verfüllmaterial infolge bohrtechnisch bedingter oder im Gebirge vorhandener Hohlräume (auch offene Klüfte) ist zu kontrollieren. Mit der Verrohrung wird das Bohrloch gestützt, das Eindringen von Grundwasser verhindert und Spülungsverluste minimiert. Der Anfangsdurchmesser richtet sich nach der Tiefe, dem teleskopartigen Verrohrungsprofil und dem Mindestdurchmesser der Produktionsrohrtour, der in der Regel ≥7" beträgt (◘ Abb. 20.9). Falls nötig, ist der Bohrlochverlauf messtechnisch zu kontrollieren (► s. Abschn. 4.8.2)

Um die Auslegung der Bohrtechnik auf die zu erwartenden Gebirgsverhältnisse zu gewährleisten, sollten Tiefbohrungen dieser Art von einem sachkundigen Geologen überwacht werden. Dieser kann anhand von Spülproben und ggf. mikropaläontologischen Untersuchungen das

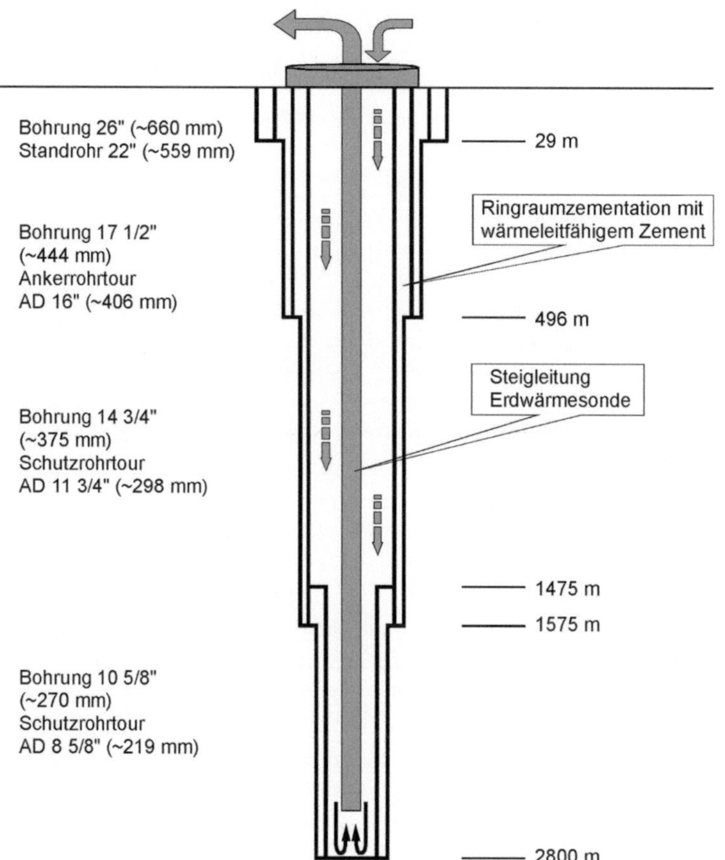

Abb. 20.9 Verrohrungsprofil einer Sondenanlage für tiefe Geothermie in gering durchlässigem Gebirge (nach Daldrup und Klapperich 2009)

erbohrte Profil verfolgen und stratigraphisch einstufen sowie Prognosen über die Gesteinsqualität des tieferen Untergrundes und mögliche Bohrerschwernisse abgeben (s. a. Steiger und Uhlig 2013).

Bei den Bohrarbeiten und dem Betreiben der Erdwärmeanlage ist sicherzustellen, dass keine **Beeinträchtigung des Grundwassers** (Grundwasserbeschaffenheit) auftritt (z. B. nicht erlaubte Spülungszusätze oder Verluste von Wärmeträgermittel) und auch keine hydraulischen Verbindungen zwischen zwei oder mehreren Grundwasserstockwerken entstehen.

Regional ist auch mit dem Auftreten von Bodengasen wie **Methan** oder CO_2, evtl. auch anderen Bodengasen zu rechnen (▶ Abschn. 4.3.3.1 bzw. ▶ Abschn. 16.5.1 und Stober und Bucher 2012:95,

Häufige Mängel bei Geothermiebohrungen, die zu hydraulischen Kurzschlüssen und Ausspülungen führen können, sind nicht angepasste Verrohrung oder unzureichende technische Ausrüstung zum **Beherrschen gespannter Grundwasserstockwerke** (▶ Abschn. 4.6) sowie größere Spülungsverluste in stark klüftigem oder verkarstetem Gebirge. Von den inzwischen zahlreichen, teilweise auch bohrtechnisch bedingten Schadensfällen der letzten Jahre sollen hier drei Beispiele angesprochen werden:

1. In Wiesbaden wurde 2009 bei einer Geothermiebohrung in 130 m Tiefe ein mit etwa 7 bar artesisch gespanntes Grundwasserstockwerk angefahren, mit einem mehrtägigen fontäneartigen Austritt von fast 6000 l/min. Aufgrund des hohen Drucks erfolgte ein erheblicher Austrag

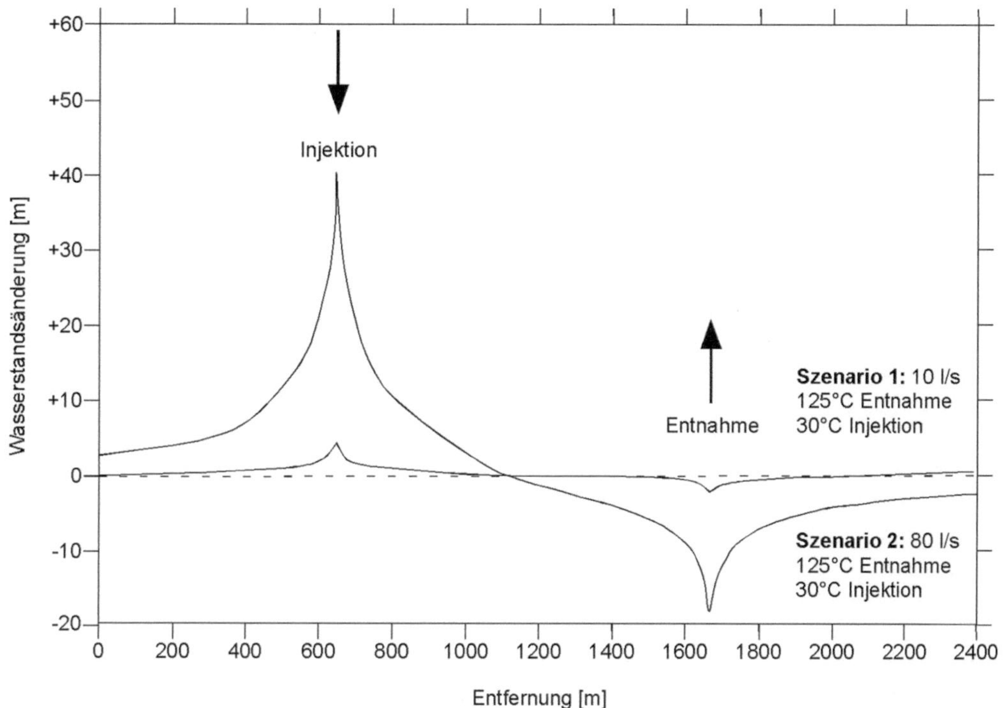

Abb. 20.10 Vergleich der Injektions- und Absenktrichter bei verschiedenen Entnahmemengen einer geothermischen Dublette. Der Injektionstrichter ist i. d. R. wesentlich größer als der Entnahmetrichter (aus Stober und Bucher 2012)

an Sediment aus dem Bohrloch. Erst nach Austausch des Bohrgerätes konnte eine Verrohrung bis in den Teufenbereich des Artesers eingebracht und dieser schließlich mit etwa 130 m^3 Zementsuspension und Drücken bis zu 100 bar abgedichtet werden (Mittelbach 2010).

2. In Ettlingen (Kreis Leonberg) führten Geothermiebohrungen durch hydraulischen Kurzschluss eines gespannten Grundwasserstockwerks im Mittleren Keuper mit Gipsauslaugung und unkonsolidierten Residualbildungen zu Sackungen dieser Weichschichten, die in einem Umkreis von >100 m um das Bohrloch Bodensenkungen von einigen Dezimetern verursachten.
3. Ein weiteres bohrtechnisches Problem stellen nicht geflutete (alte) **Grubenbaue** dar. Im Jahr 2009 wurde in Kamen/NRW eine 90-m-Erdwärmebohrung für ein Einfamilienhaus niedergebracht. Bei einer Bohrtiefe von 70 m brach wenige Stunden nach Feierabend um das Bohrloch ein Krater von 50–60 m^3 ein, und es bildete sich ein schmaler, über 200–300 m erstreckender Senkungsbereich mit Setzmaßen von bis >10 cm aus (Wrede et al. 2010). Die Ursache waren verkarstete Plänerkalksteine ab 67 m Tiefe sowie nahegelegene Grubenbaue im liegenden Karbon, deren Wasserhaltung unbekannterweise das Plänerkalkstockwerk, in dem im natürlichen Zustand gespannte Druckverhältnisse geherrscht haben, entwässert hat.
4. Mit Anbohren der Plänerkalke flossen durch das offene Bohrloch unter Mitnahme erheblicher Sedimentmassen große Mengen Grundwasser aus den oberen Stockwerken in das verkarstete und infolge der Wasserhaltung nicht wassererfüllte tiefe Grundwasserstockwerk ab. Begünstigt wurde die Situation durch hydraulisch weitreichende Störungs- und Kluftsysteme

in den Plänerkalken, was auch der Grund für die asymmetrische Ausbildung der Senkungszone gewesen sein dürfte (▶ Abschn. 3.4.5).

5. Um weiteren unkontrollierten Wasserablauf aus dem Quartärstockwerk zu unterbinden, musste die hydraulische Abtrennung des unteren Grundwasserstockwerks mit großem Aufwand an Verpressbohrungen wiederhergestellt werden (Wrede et al. 2010).

20.3.3 Anlagenbedingtes Risiko

Das anlagentechnische Risiko betrifft in erster Linie die teilweise deutlich geringer als erwartet ausfallenden **Entzugsleistungen**, aber auch die speziellen Gefährdungen, die von den hohen Temperaturen und Drücken sowie der **Korrosion** durch salzhaltiges Tiefenwasser ausgehen. Dazu kommen mögliche Gefährdungen durch gelöste Gase (CO_2, CH_4, H_2S; ▶ Abschn. 17.2.6) oder Radionukleide im Grundwasser bzw. im Restschlamm.

Infolge von Druckentspannung, Sauerstoffeintrag und Abkühlung kann es zu mineralischen **Ausfällungen** kommen. Dies betrifft z. B. auch Grundwasser mit hohen Salzgehalten. Bei Abkühlung bleibt weniger Salz in Lösung und kristallisiert auf dem Weg nach oben z. T. bereits im Rohrsystem aus. Diese Ausfällreaktionen betreffen sowohl die Förderung und die oberirdischen Betriebsanlagen als auch die Reinjektion in das Speichergestein (▶ Abschn. 11.6). Um Ausfällungen und Verockerungen zu minimieren, muss das geschlossene Kreislaufsystem unter entsprechendem Druck gehalten werden.

Ein weiteres Risikopotenzial betrifft die **Bohrlochverfüllung**. Diese soll einen schlüssigen Kontakt zum umgebenden Gebirge gewährleisten und verhindern, dass sich Grundwasserstockwerke vermischen. Die Verfüllsuspension muss außerdem für die jeweilige Einsatztemperatur geeignet sein. Bei zyklischen Wärmepumpenschaltungen für Heiz- und Kühlzwecke bedeutet dies, dass die eingesetzten Baustoffe ggf. frost-/taubeständig sein müssen (Herrmann 2007). Ein zusätzlicher Gefahrenpunkt sind betonaggressive Wässer gem. ▶ Abschn. 10.5, die zementgebundene Bohrlochverfüllungen zersetzen und damit nachträglich Undichtigkeiten am System bewirken können (Müller 2007).

Im Geothermiekraftwerk Landau (▶ Abschn. 20.3.1) traten z. B. im Frühjahr 2014 Leckagen an der Verrohrung auf, die zu Hebungen in der Umgebung und zu Gebäudeschäden geführt haben, sodass das Kraftwerk zwischenzeitlich stillgelegt werden musste.

20.4 Bergrechtliche und wasserrechtliche Grundlagen

Die allgemeine Rechtslage für die Nutzung des tiefen Untergrundes ist zu Beginn von ▶ Kap. 16 dargelegt. Die wesentlichen Rechtsgrundlagen für den Bau und Betrieb von Erdwärmeanlagen bilden das Wasserhaushaltsgesetz (WHG) in Verbindung mit den jeweiligen Landeswassergesetzen, das Bundesberggesetz (BBergG) und das Lagerstättengesetz (LagerstG) (▶ Abschn. 4.4.1). Die Genehmigungspraxis für Geothermiebohrungen kann in den einzelnen Bundesländern variieren.

Allgemein gilt, dass Erdwärmekollektoren der Unteren Wasserbehörde nur angezeigt werden müssen. Bohrungen für Erdwärmesonden sind dagegen immer genehmigungspflichtig. Bei Bohrtiefen bis 100 m ist dafür die Untere Wasserbehörde zuständig; Bohrtiefen über 100 m bedürfen grundsätzlich einer bergrechtlichen Genehmigung. Für die entsprechenden Anträge ist der Grundstückseigner verantwortlich. Die Beantragung übernimmt i. d. R. das beauftragte Fachunternehmen.

20.4.1 Bergrecht, Lagerstättenrecht

Nach § 3 BBergG wird die Erdwärme den **bergfreien Bodenschätzen** gleichgestellt. „Bergfrei" bedeutet, dass sich das Eigentum an einem Grundstück nicht auf evtl. im Untergrund dieses Grundstücks befindliche Bodenschätze erstreckt. Damit gehört Erdwärme nicht zum Eigentum des Grundbesitzers, sondern der Allgemeinheit (dem Staat) und unterliegt dem Bergrecht. Wer in einem bestimmten Gebiet einen bergfreien Bodenschatz erkunden will, benötigt dafür eine bergrechtliche Erlaubnis; wer diesen Bodenschatz gewinnen will, braucht eine bergrechtliche Bewilligung und wird damit juristisch zu einem Bergwerksbetreiber, wobei allerdings die Bergschadenshaftung bei Geothermiebohrungen i. d. R. keine Anwendung findet (Müggenborg 2010).

Ausgenommen von diesem Bewilligungsverfahren sind in den meisten Bundesländern oberflächennahe Erdwärmeprojekte, wenn diese auf dem eigenen Grundstück liegen, im Zusammenhang mit dessen baulicher Nutzung stehen und keine gewerbliche Verwendung der Energie über die Grundstücksgrenze hinaus erfolgt. Für diese Vorhaben besteht nur eine **Anzeigepflicht** nach § 49 WHG und nach § 4 LagerstG. Soweit der Geologische Dienst des jeweiligen Bundeslandes es verlangt, müssen nach Abschluss der Bohrarbeiten die Schichtenverzeichnisse eingereicht werden.

Bei Erdwärmeprojekten mit Bohrungen von mehr als 100 m Tiefe und bei grundstücksübergreifender Erdwärmeerschließung ist in jedem Fall ein **bergrechtliches Verfahren** durchzuführen. Die Erlaubnis bzw. das Erlaubnisfeld für die Aufsuchung von Erdwärme sollte nicht zu knapp bemessen werden. Auch die Ausdehnung des späteren Bewilligungsfeldes, aus dem die Energie gewonnen wird, hängt sehr von der geologischen und hydrogeologischen Situation und damit von den Ergebnissen der Erkundung ab. Die Bohrarbeiten sind nach § 127 BBergG außerdem mindestens 2 Wochen vor Beginn der Arbeiten der zuständigen Bergbehörde anzuzeigen.

20.4.2 Wasserrecht

Grundsätzlich stellt das Niederbringen einer Bohrung, soweit die Arbeiten grundwasserneutral ablaufen, keine Gewässerbenutzung dar und bedarf daher im Prinzip keiner **wasserrechtlichen Erlaubnis oder Bewilligung**. Dies gilt in einigen Bundesländern auch für privat genutzte grundstücksbezogene Erdwärmesonden (EWS), bei denen Grundwasser weder entnommen noch eingeleitet wird und der Wärmeentzug i. d. R. nur in einem begrenzten, unerheblichen Ausmaß stattfindet. Die Frage nach einer Gewässerbenutzung nach dem Wasserhaushaltsgesetz (WHG, ▶ Abschn. 4.4.1) wird jedoch in den Bundesländern unterschiedlich gehandhabt (s. Bitzer und Storz 2008). Einige Länder gehen davon aus, dass allein das Anbohren des Grundwassers sowie besonders eine Abkühlung oder Aufwärmung eine Veränderung seiner physikalischen Eigenschaften darstellt und einer Erlaubnis oder Bewilligung bedarf.

Unabhängig davon besteht in den meisten Bundesländern für Erdwärmesonden und auch Erdwärmekollektoren eine **Anzeigepflicht,** und zwar mindestens einen Monat vor Beginn der Arbeiten. Bei einer solchen Anzeige sind i. d. R. bereits Angaben über die Lage des Projekts, die Bohrtechnik und die verwendeten Materialien sowie z. T. über die zu erwartende Schichtenfolge und die Grundwasserverhältnisse zu machen. Letztere Angaben können den in ▶ Abschn. 20.1 genannten Unterlagen oder geologischen Karten entnommen bzw. nach Erfahrungen aus benachbarten Bohrungen benannt werden. Im Rahmen des Anzeigeverfahrens (oder einer Voranfrage) kann auch entschieden werden, ob etwa aufgrund der örtlichen hydrogeologischen Situation eine weitergehende Erlaubnispflicht besteht (s. einschlägige Merkblätter oder Leitfäden).

Eine echte Gewässerbenutzung und **Erlaubnispflicht** liegt vor, wenn Grundwasser zu Zwecken der Wärmegewinnung gefördert und das abgekühlte Wasser wieder in das Grundwasser eingeleitet wird. Dasselbe gilt auch für Erdwärmebohrungen, bei denen ein oder mehrere Grundwasserleiter durchteuft werden, oder wenn gespanntes Grundwasser zu erwarten ist.

In **Trinkwasser- und Heilquellenschutzgebieten** sind sowohl die hydrogeologischen Verhältnisse als auch vor allen Dingen die Schutzgebietsbestimmungen zu beachten

(► Abschn. 4.4.1). In den Schutzzonen I und II sowie in den engeren Zustrombereichen von Mineralwasserbrunnen ist der Bau von Erdwärmesonden grundsätzlich nicht zulässig. In den Schutzzonen III, IIIA und IIIB und im weiteren Zustrombereich von Mineralwasserbrunnen können Erdwärmeanlagen im Einzelfall zugelassen werden, wenn die Erdwärmesonde in einem Geringleiter steht bzw. eine eindeutige hydraulische Trennung der verschiedenen Stockwerke gewährleistet ist (s. DVGW-Arbeitsblatt W 101 und Reinhardt 2009) und die Temperaturbeeinflussung in Richtung der Grundwasserströmung begrenzt bleibt. Als Wärmeträgerflüssigkeit ist Glykol in Schutzzonen meist nicht zulässig, sondern nur Wasser oder anorganische salzhaltige Lösungen wie Kalzium- bzw. Natriumchlorid. Eine solche Kühlsole erfordert entsprechend mehr Bohrmeter, um dem Untergrund genügend Wärme zu entziehen

Auch bei sonstigen Gewinnungsanlagen ohne Schutzgebiete (z. B. Hausbrunnen oder Quellen, aber auch nicht anerkannte Mineralwasserbrunnen) und Vorranggebieten für die Trinkwassergewinnung ist die hydrogeologische Situation entsprechend zu prüfen und zu entscheiden, ob die Erteilung einer Erlaubnis möglich ist und ggf. unter welchen Auflagen.

Für die Beurteilung, ob die Errichtung einer geothermischen Anlage nach dem Wasserrecht zulässig und welches Genehmigungsverfahren durchzuführen ist, sind in erster Linie hydrogeologische Kriterien maßgebend. Zu den hydrogeologisch günstigen Gebieten, in denen i. d. R. keine wasserrechtliche Erlaubnispflicht besteht, zählen Gebiete mit schlechter bis mittlerer Gebirgsdurchlässigkeit ohne ausgeprägte Stockwerksbildung. Solche Gebiete sind z. B. kristalline Grundgebirge und paläozoische Gesteine. Für Verbreitungsgebiete mit Gesteinen des Buntsandsteins, des Mittel- und Unterjuras, des Tertiärs und gebietsweise auch mächtiger fluvioglazialer Kiese und Sande gilt dies nur für Bohrungen bis zu einer bestimmten Tiefe. Bei möglicher Stockwerksbildung und besonders bei Verdacht auf gespannte Grundwasserleiter ist auch hier eine Einzelfallprüfung erforderlich.

Zu den **eingeschränkt günstigen bis problematischen Gebieten**, in denen im Rahmen des wasserrechtlichen Verfahrens mit besonderen Auflagen zu rechnen ist, zählen auch Kalkstein- und dickbankige Sandsteinformationen, die i. d. R. stärkere Klüftung und entsprechende Wasserwegigkeit aufweisen.

Als **hydrogeologisch sensible Gebiete,** in denen die örtlichen Untergrundverhältnisse im Einzelfall sorgfältig zu prüfen sind, gelten:

- Karstgrundwasserleiter und andere Aquifere mit sehr hoher Gebirgsdurchlässigkeit,
- Gebirge mit Auslaugungshorizonten,
- Gebirge mit zum Ausfließen neigenden Schichten (Fließsand ► Abschn. 11.2),
- Gebiete mit weiträumig wirksamen getrennten Grundwasserstockwerken,
- Gebiete mit artesisch oder subartesisch gespannten Grundwasserleitern
- Gebiete mit quellfähigen Gesteinen (Anhydrit) im Untergrund,
- Gebiete mit hoch liegenden Salzstrukturen gem. ► Abschn. 3.5.4.3,
- Bergbaugebiete, auch Altbergbau und Gebiete im Einflussbereich bergbaulicher Wasserhaltung,
- Gebiete mit Verdacht auf Bodengasaustritte (bes. CO_2 oder Methan, ► Abschn. 4.3.3 und 16.5) oder natürliche Radionuklide,
- Gebiete mit schädlichen Boden- und Grundwasserveränderungen sowie Altlasten
- Rutschungsgebiete,
- Regionen natürlicher Seismizität.

Durchaus übliche Auflagen sind heute:

- ständige Aufsicht und Kontrolle der Bohrarbeiten sowie Aufnahme des Bohrgutes und Erstellen von Schichtenverzeichnissen durch einen mit der regionalen Geologie vertrauten Geologen,
- Verrohrung und zuverlässige Absperrvorrichtung zum Beherrschen von artesisch gespanntem Grundwasser,
- Vorhalten eines Gasmessgeräts zur Kontrolle möglicher Gasaustritte bei den Bohrarbeiten (CO_2, H_2S, CH_4, ► Abschn. 17.2.6).

Serviceteil

H. Prinz, R. Strauß, *Ingenieurgeologie*,
https://doi.org/10.1007/978-3-662-54710-6

Anhang

Nachstehend sind die wichtigsten einschlägigen Normen einschließlich vorliegender Normenentwürfe (E) sowie Vornormen (V) zusammengestellt. Einige Normen wurden zurückgezogen (Z) Für die Vollständigkeit der Angaben kann keine Gewähr übernommen werden, s. ► Abschn. 1.2. Eine Mitteilung über die Überarbeitung von Normen erfolgt in der Zeitschrift „geotechnik" (jeweils Ausgabe Nr. 2).

1 Fassung Deutsche europäischer Normen

Norm	Ausgabe	Status	Titel
DIN EN 932-1	1996		Prüfverfahren für allgemeine Eigenschaften von Gesteinkörnungen – Teil 1: Probenahmeverfahren
DIN EN 932-2	1999		Teil 2: Verfahren zum Einengen von Laboratoriumsproben
DIN EN 932-3	2003		Teil 3: Durchführung und Terminologie einer vereinfachten petrographischen Beschreibung
DIN EN 933-1	2012		Prüfverfahren für geometrische Eigenschaften von Gesteinskörnungen – Teil 1: Bestimmung der Korngrößenverteilung; Siebverfahren
DIN EN 933-2	1996		Teil 2: Bestimmung der Korngrößenverteilung; Analysensiebe, Nennmaße der Sieböffnungen
DIN EN 933-3	2012		Teil 3: Bestimmung der Kornform; Plattigkeitskennzahl
DIN EN 933-4	2015		Teil 4: Bestimmung der Kornform; Kornformkennzahl
DIN EN 933-5	2005		Teil 5: Bestimmung des Anteils an gebrochenen Körnern in groben Gesteinskörnungen
DIN EN 1097-1	2011		Prüfverfahren für mechanische und physikalische Eigenschaften von Gesteinskörnungen – Teil 1: Bestimmung des Widerstandes gegen Verschleiß (Micro-Deval)
DIN EN 1097-2	2016	E	Teil 2: Verfahren zur Bestimmung des Widerstandes gegen Zertrümmerung
DIN EN 1097-5	2008		Teil 5: Bestimmung des Wassergehaltes durch Ofentrocknung
DIN EN 1097-5 Berichtigung 1	2008		Teil 5: Bestimmung des Wassergehaltes durch Ofentrocknung; Berichtigung zu DIN EN 1097-5:2008-06
DIN EN 1097-6	2013		Prüfverfahren für mechanische und physikalische Eigenschaften von Gesteinskörnungen – Teil 6: Bestimmung der Rohdichte und der Wasseraufnahme
DIN EN 1097-10	2002		Teil 10: Bestimmung der Wassersaughöhe
DIN EN 1367-1	2000		Prüfverfahren für thermische Eigenschaften und Verwitterungsbeständigkeit von Gesteinskörnungen – Teil 1: Bestimmung des Widerstandes gegen Frost-Tau-Wechsel

Norm	Ausgabe	Status	Titel
DIN EN 1367-3	2001		Teil 3: Kochversuch für Sonnenbrand-Basalt; Berichtigung 1:2004
DIN EN 1536	2015		Ausführung von Arbeiten im Spezialtiefbau – Bohrpfähle
DIN EN 1537	2014		Ausführung von Arbeiten im Spezialtiefbau – Verpressanker; dazu Anwendungsdokument DIN SPEC 18537, E 2016
DIN EN 1538	2015		Ausführung von Arbeiten im Spezialtiefbau – Schlitzwände
DIN EN 1918-1	1998		Gasversorgungssysteme – Untertagespeicherung von Gas – Teil 1: Funktionale Empfehlungen für die Speicherung in Aquiferen
DIN EN 1925	1999		Prüfverfahren für Naturstein – Bestimmung des Wasseraufnahmekoeffizienten infolge Kapillarwirkung
DIN EN 1926	1999		Prüfverfahren für Naturstein – Bestimmung der Druckfestigkeit
DIN EN 1936	1999		Prüfverfahren für Naturstein – Bestimmung der Reindichte, der Rohdichte, der offenen Porosität und der Gesamtporosität
EN 1990	2002		Eurocode; Grundlagen der Tragwerksplanung
DIN EN 1990/A1	2006		Nationaler Anhang zu EN 1990
EN 1991	2002		Eurocode 1; Einwirkungen auf Tragwerke
DIN EN 1991-1-1	2010		Eurocode 1: Einwirkungen auf Tragwerke – Teil 1-1: Allgemeine Einwirkungen auf Tragwerke – Wichten, Eigengewicht und Nutzlasten im Hochbau; Deutsche Fassung EN 1991-1-1:2002 + AC:2009
DIN EN 1991-1-1/NA	2010		Nationaler Anhang – National festgelegter Parameter – Eurocode 1: Einwirkungen auf Tragwerke – Teil 1-1: Allgemeine Einwirkungen auf Tragwerke – Wichten, Eigengewicht und Nutzlasten im Hochbau
DIN EN 1997-1	2014		Eurocode 7 – Entwurf, Berechnung und Bemessung in der Geotechnik – Teil 1: Allgemeine Regeln
DIN EN 1997-1/NA	2009	E	Nationaler Anhang zu EC 7,Teil 1: Allgemeine Regeln
DIN EN 1997-2	2010		Eurocode 7 – Entwurf, Berechnung und Bemessung in der Geotechnik – Teil 2: Erkundung und Untersuchung des Baugrunds
DIN EN 1997-2/NA	2010	E	Nationaler Anhang – National festgelegte Parameter zu EC 7, Teil 2: Erkundung und Untersuchung des Baugrunds
DIN EN 1998-1	2010		Eurocode 8 – Auslegung von Bauwerken gegen Erdbeben – Teil 1: Grundlagen; Erdbebeneinwirkungen und Regeln für Hochbauten (s. d. ▶ Abschn. 4.2.3)
DIN EN 1998-1/A1	2013		Eurocode 8: Auslegung von Bauwerken gegen Erdbeben – Teil 1: Grundlagen, Erdbebeneinwirkungen und Regeln für Hochbauten
DIN EN ISO 12056	2005		Geotextilien und geotextilverwandte Produkte – Bestimmung der charakteristischen Öffnungsweite
DIN EN 12063	1999	E	Ausführung von besonderen geotechnischen Arbeiten (Spezialtiefbau) – Spundwandkonstruktionen

Norm	Ausgabe	Status	Titel
DIN EN 12371	2002		Prüfverfahren für Naturstein – Bestimmung des Frostwiderstandes
DIN EN 12407	2000		Prüfverfahren für Naturstein – Petrografische Prüfung
DIN EN 12620	2003		Gesteinskörnungen für Beton
DIN EN 12699	2015		Ausführung von Arbeiten im Spezialtiefbau – Verdrängungspfähle
DIN EN 12715	2000		Ausführung von besonderen geotechnischen Arbeiten (Spezialtiefbau) – Injektionen
DIN EN 12716	2017	E	Ausführung von Arbeiten im Spezialtiefbau – Düsenstrahlverfahren; Deutsche und Englische Fassung prEN 12716:2017
DIN EN 12794	2009		Ausführung von besonderen geotechnischen Arbeiten (Spezialtiefbau) – Betonfertigpfähle
DIN EN 13249	2005		Geotextilien und geotextilverwandte Produkte – Geforderte Eigenschaften für die Anwendung beim Bau von Straßen und sonstigen Verkehrsflächen
DIN EN 13 251	2011	E	Geotextilien und geotextilverwandte Produkte – Geforderte Eigenschaften für die Anwendung im Erd- und Grundbau sowie in Stützbauwerken
DIN EN 13 252	2011	E	Geotextilien und geotextilverwandte Produkte – Geforderte Eigenschaften für die Anwendung in Dränanlagen
DIN EN 13 254	2011	E	Geotextilien und geotextilverwandte Produkte – Geforderte Eigenschaften für die Anwendung beim Bau von Rückhaltebecken und Staudämmen
DIN EN 13 361	2006		Geosynthetische Dichtungsbahnen – Eigenschaften für die Anwendung beim Bau von Rückhaltebecken und Staudämmen erforderlich sind
DIN EN 13 362	2005		Geosynthetische Dichtungsbahnen – Eigenschaften, die für die Anwendung beim Bau von Kanälen erforderlich sind
DIN EN 13450	2003		Gesteinskörnungen für Gleisschotter
DIN EN 13755	2002		Prüfverfahren für Naturstein – Bestimmung der Wasseraufnahme bei atmosphärischem Druck
DIN EN 14199	2015		Ausführung von Arbeiten im Spezialtiefbau – Mikropfähle
DIN EN 14199 Berichtigung 1	2016		Ausführung von Arbeiten im Spezialtiefbau – Mikropfähle; Berichtigung zu DIN EN 14199:2015-07
DIN EN 14475	2006		Ausführung von besonderen geotechnischen Arbeiten (Spezialtiefbau) – Bewehrte Schüttkörper
DIN EN 14490	2010		Ausführung von Arbeiten im Spezialtiefbau – Bodenvernagelung
DIN EN 14679	2005		Ausführung von besonderen geotechnischen Arbeiten (Spezialtiefbau) – Tiefreichende Bodenstabilisierung
DIN EN ISO 14688-1	2018		Geotechnische Erkundung und Untersuchung – Benennung, Beschreibung und Klassifizierung von Boden – Teil 1: Benennung und Beschreibung
DIN EN ISO 14688-2	2018	E	Teil 2: Grundlagen für Bodenklassifizierungen

Norm	Ausgabe	Status	Titel
DIN EN ISO 14689-1	2018		Geotechnische Erkundung und Untersuchung – Benennung, Beschreibung und Klassifizierung von Fels – Teil 1: Benennung und Beschreibung
DIN EN 14731	2003		Ausführung von besonderen geotechnischen Arbeiten (Spezialtiefbau) – Baugrundverbesserung durch Tiefenrüttelverfahren
DIN EN 14794	2003	E	Ausführung von besonderen geotechnischen Arbeiten (Spezialtiefbau) – Betonfertigpfähle
DIN EN 15237	2005		Ausführung von besonderen geotechnischen Arbeiten (Spezialtiefbau) – Vertikaldräns
EN 16228-1	2014		Geräte für Bohr- und Gründungsarbeiten – Sicherheit – Teil 1: Gemeinsame Anforderungen
EN 16228-2	2014		Teil 2: Mobile Bohrgeräte für Tiefbau, Geotechnik und Gewinnung
EN 16228-3	2014		Teil 3: Geräte für das Gerichtete Horizontalbohrverfahren (HDD) Tiefbau, Geotechnik und Gewinnung
EN 16228-4	2014		Teil 4: Geräte für Gründungsarbeiten
EN 16228-5	2014		Teil 5: Geräte für Schlitzwandarbeiten
EN 16228-6	2014		Teil 6: Geräte für Injektionsarbeiten
EN 16228-7	2014		Teil 7: Auswechselbare Zusatzausrüstung
DIN EN 16907-1	2015	E	Erdarbeiten – Teil 1: Grundsätze und allgemeine Regeln
DIN EN 16907-2	2015	E	Erdarbeiten – Teil 2: Materialklassifizierung
DIN EN 16907-3	2015	E	Erdarbeiten – Teil 3: Ausführung von Erdarbeiten
DIN EN 16907-4	2015	E	Erdarbeiten – Teil 4 Bodenbehandlung mit Kalk und/oder hydraulischen Bindemitteln
DIN EN 16907-5	2015	E	Erdarbeiten – Teil 5: Qualitätskontrolle und Überwachung
DIN EN ISO 17892-1	2013	E	Geotechnische Erkundung und Untersuchung – Laborversuche an Bodenproben – Teil 1: Bestimmung des Wassergehalts
DIN EN ISO 17892-2	2005	E	Teil 2: Bestimmung der Dichte des Bodens
DIN EN ISO 17892-3	2016		Teil 3: Bestimmung der Korndichte
DIN EN ISO 17892-4	2017		Teil 4: Bestimmung der Korngrößenverteilung
DIN ISO/TS 17892-5	2005	V	Teil 5: Oedometerversuch mit stufenweiser Belastung
DIN ISO/TS 17892-6	2005	V	Teil 6: Fallkegelversuch
DIN EN ISO 17892-7	2016	E	Teil 7: Einaxialer Druckversuch an feinkörnigen Böden
DIN EN ISO 17892-8	2016	E	Teil 8: Unkonsolidierter undränierter Triaxialversuch
DIN EN ISO 17892-9	2016	E	Teil 9: Konsolidierte triaxiale Kompressionsversuche an wassergesättigten Böden
DIN ISO/TS 17892-10	2018	E	Teil 10: Direkte Scherversuche
DIN ISO/TS 17892-11	2018	E	Teil 11: Bestimmung der Wasserdurchlässigkeit

Norm	Ausgabe	Status	Titel
DIN EN ISO/TS 17892-12	2017	E	Teil 12:Bestimmung der Zustandsgrenzen
DIN EN ISO 18674-1	2015		Geotechnische Erkundung und Untersuchung – geotechnische Messungen – Teil 1: Allgemeine Festlegungen
DIN EN ISO 18674-2	2017		Teil 2: Verschiebungsmessungen entlang einer Messlinie: Extensometer
DIN EN ISO 18674-3	2018		Teil 2: Verschiebungsmessungen senkrecht zu einer Linie mit Inklinometer
EN ISO 22282-1	2012		Geotechnische Erkundung und Untersuchung – Geohydraulische Versuche – Teil 1: Allgemeine Regeln
EN ISO 22282-2	2012		Teil 2: Wasserdurchlässigkeitsversuche in einem Bohrloch unter Anwendung offener Systeme
DIN EN ISO 22282-3	2012		Teil 3: Wasserdruckversuch im Fels
DIN EN ISO 22282-4	2012		Teil 4: Pumpversuche
DIN EN ISO 22282-5	2012		Teil 5: Infiltrometerversuche
DIN EN ISO 22282-6	2012		Teil 6: Durchlässigkeitsversuche im Bohrloch mittels geschlossener Systeme
DIN EN ISO 22475-1	2007		Geotechnische Erkundung und Untersuchung – Probenentnahmeverfahren und Grundwassermessungen – Teil 1: Technische Grundlagen der Ausführung
DIN ISO/TS 22475-2	2007	V	Teil 2: Qualifikationskriterien für Unternehmen und Personal
ISO/TS 22475-3	2008	V	Teil 3: Konformitätsbewertung von Unternehmen und Personal durch eine Zertifizierungsstelle
DIN EN ISO 22476-1	2013		Geotechnische Erkundung und Untersuchung – Felduntersuchungen – Teil 1: Drucksondierungen mit elektrischen Messwertaufnehmern und Messeinrichtungen für den Porenwasserdruck
DIN EN ISO 22476-2	2012		Teil 2: Rammsondierungen
DIN EN ISO 22476-3	2012		Teil 3: Standard Penetration Test
DIN EN ISO 22476-4	2013		Teil 4: Pressiometerversuch nach MÉNARD
DIN EN ISO 22476-5	2013		Teil 5: Versuch mit dem flexiblen Dilatometer
DIN EN ISO 22476-6	2013		Teil 6: Versuch mit dem selbstbohrenden Pressiometer
DIN EN ISO 22476-7	2013		Teil 7: Seitendruckversuch
DIN EN ISO 22476-8	2005	E	Teil 8: Versuch mit dem Verdrängungspressiometer
DIN EN ISO 22476-9	2009		Teil 9 Flügelscherversuch
DIN EN ISO 22476-10	2016	E	Teil 10: Gewichtssondierung
DIN EN ISO 22476-11	2015	E	Teil 11: Flachdilatometerversuch
DIN EN ISO 22476-12	2009		Teil 12: Drucksondierungen mit mechanischen Messwertaufnehmern

Norm	Ausgabe	Status	Titel
DIN EN ISO 22476-13	2009	E	Teil 13: Belastungsversuch mit Flachgründungen
DIN EN ISO 22476-15	2016		Teil 15: Aufzeichnung der Bohrparameter
DIN EN ISO 22477-1	2017	E	Geotechnische Erkundung und Untersuchung – Prüfung von geotechnischen Bauwerken und Bauwerksteilen – Teil 1: Pfahlprobebelastungen durch statische axiale Belastungen
DIN EN ISO 22477-4	2016	E	Teil 4: Pfahlprüfungen: Dynamische Pfahlprobebelastung
DIN EN ISO 22477-5	2016	E	Teil 5: Prüfung von Verpressankern
DIN EN ISO 22477-10	2015	E	Teil 10: Pfahlprobebelastungen; Schnellprüfung mit axialer Druckbelastung (ISO/DIS 22477-10:2015)

2 Deutsche nationale Normen

Norm	Ausgabe	Status	Titel
DIN 1054	2010		Baugrund – Sicherheitsnachweise im Erd und Grundbau – Ergänzende Regelungen zu DIN EN 1997-1
DIN 1054/A2	2015		Baugrund – Sicherheitsnachweise im Erd und Grundbau – Ergänzende Regelungen zu DIN EN 1997-1; Änderung 2
DIN 1055-2	2010		Einwirkungen auf Tragwerke – Teil 2: Bodenkenngrößen
DIN 4017 mit Beiblatt 1	2006 2006		Baugrund – Berechnung des Grundbruchwiderstands von Flachgründungen
DIN 4018	1974		Baugrund – Berechnung der Sohldruckverteilung unter Flächengründungen
DIN 4018 Beiblatt 1	1981		Baugrund – Berechnung der Sohldruckverteilung unter Flächengründungen; Erläuterungen und Berechnungsbeispiele
DIN 4019	2015		Baugrund – Setzungsberechnungen
DIN 4020	2010		Geotechnische Untersuchungen für bautechnische Zwecke – Ergänzende Regelungen zu DIN EN 1997-2
DIN 4020 Beiblatt 1	2003		Geotechnische Untersuchungen für bautechnische Zwecke – Anwendungshilfen, Erklärungen
DIN 4023	2006		Geotechnische Erkundung und Untersuchung – Zeichnerische Darstellung der Ergebnisse von Bohrungen und sonstigen direkten Aufschlüssen
DIN 4030-1	2008		Beurteilung betonangreifender Wässer, Böden und Gase – Teil 1: Grundlagen und Grenzwerte
DIN 4030-2	2008		Beurteilung betonangreifender Wässer, Böden und Gase – Teil 2: Entnahme und Analyse von Wasser- und Bodenproben
DIN 4049-1	1994		Hydrologie – Teil 1: Grundbegriffe

Norm	Ausgabe	Status	Titel
DIN 4049-2	1990		– Teil 2: Begriffe der Grundwasserbeschaffenheit
DIN 4049-3	1994		– Teil 3: Begriffen der quantitativen Hydrologie
DIN 4084 mit Beiblatt	2009		Baugrund – Geländebruchberechnungen
DIN 4084/A1	2016	E	Baugrund – Geländebruchberechnungen; Änderung 1
DIN 4085	2016	E	Baugrund – Berechnung des Erddrucks
DIN 4093	2015		Bemessung von verfestigten Bodenkörpern – Hergestellt mit Düsenstrahl, Deep-Mixing oder Injektionsverfahren
DIN 4094-4	2002		Baugrund: Felduntersuchungen, Teil 4: Flügelscherversuche
DIN 4094-5	2001		Baugrund; Feldversuche, Teil 5: Bohrlochaufweitungsversuche
DIN 4095	1990		Baugrund – Dränung zum Schutz baulicher Anlagen; Planung, Bemessung und Ausführung
DIN 4107-1	2011		Geotechnische Messungen – Teil 1: Grundlagen –
DIN 4107-2	2011		Teil 2: Extensometer- und Konvergenzmessungen
DIN 4107-3	2011		Teil 3: Inklinometer- und Deflektometermessungen
DIN 4107-4	2012		Teil 4: Druckkissenmessungen
DIN 4123	2000		Ausschachtungen, Gründungen und Unterfangungen im Bereich bestehender Gebäude
DIN 4124	2012		Baugruben und Gräben – Böschungen, Verbau, Arbeitsraumbreiten
DIN 4126	2013		Nachweis der Standsicherheit von Schlitzwänden
DIN 4126	2013		Nachweis der Standsicherheit von Schlitzwänden – Beiblatt 1: Erläuterungen
DIN 4149	2005	Z	Bauten in deutschen Erdbebengebieten – Lastannahmen, Bemessung und Ausführung üblicher Hochbauten
DIN 4150-1	2001		Erschütterungen im Bauwesen – Teil 1: Vorermittlung der Schwingungsgrößen
DIN 4150-2	1999		Teil 2: Einwirkung auf Menschen in Gebäuden
DIN 4150-3	2016		Teil 3: Einwirkung auf bauliche Anlagen
DIN 18121-1	1998	Z	Baugrund – Untersuchung von Bodenproben; Wassergehalt – Teil 1: Bestimmung durch Ofentrocknung
DIN 18121-2	2012		Baugrund – Untersuchungen von Bodenproben; Wassergehalt – Teil 2: Bestimmung durch Schnellverfahren
DIN 18122-1	1997		Baugrund – Untersuchung von Bodenproben; Zustandsgrenzen (Konsistenzgrenzen) – Teil 1: Bestimmung der Fließ- und Ausrollgrenze
DIN 18122-2	2000		Baugrund – Untersuchung von Bodenproben; Zustandsgrenzen (Konsistenzgrenzen) – Teil 2: Bestimmung der Schrumpfgrenze
DIN 18123	2011		Baugrund – Untersuchung von Bodenproben; Bestimmung der Korngrößenverteilung Ersetzt durch DIN EN ISO 17892-4

Norm	Ausgabe	Status	Titel
DIN 18124	2011		Baugrund – Untersuchung von Bodenproben; Bestimmung der Korndichte – Kapillarpyknometer, Weithalspyknometer Ersetzt durch DIN EN ISO 17892-3
DIN 18125-1	1997	Z	Baugrund – Untersuchung von Bodenproben Bestimmung der Dichte des Bodens – Teil 1: Laborversuche
DIN 18125-2	2011		Baugrund, Untersuchung von Bodenproben; – Bestimmung der Dichte des Bodens – Teil 2: Feldversuche
DIN 18126	1996		Baugrund – Untersuchung von Bodenproben; Bestimmung der Dichte nichtbindiger Böden bei lockerster und dichtester Lagerung
DIN 18127	2008		Baugrund – Untersuchung von Bodenproben; Proctorversuch
DIN 18128	2002		Baugrund – Untersuchung von Bodenproben; Bestimmung des Glühverlustes
DIN 18129	2010		Baugrund – Untersuchung von Bodenproben; Kalkgehaltsbestimmung
DIN 18130-1	1998		Baugrund – Untersuchung von Bodenproben; Bestimmung des Wasserdurchlässigkeitsbeiwerts – Teil 1: Laborversuche
DIN 18130-2	2015		Baugrund – Untersuchung von Bodenproben; Bestimmung des Wasserdurchlässigkeitsbeiwertes – Teil 2: Feldversuche
DIN 18132	2011		Baugrund – Versuche und Versuchsgeräte; Bestimmung des Wasseraufnahmevermögens
DIN 18134	2012		Baugrund – Versuche und Versuchsgeräte; Plattendruckversuch
DIN 18135	2012		Baugrund – Untersuchung von Bodenproben; Eindimensionaler Kompressionsversuch
DIN 18136	2003		Baugrund – Untersuchung von Bodenproben; Einaxialer Druckversuch
DIN 18137-1	2010		Baugrund – Versuche und Versuchsgeräte; Bestimmung der Scherfestigkeit; Teil 1: Begriffe und grundsätzliche Versuchsbedingungen
DIN 18137-2	2011		Teil 2: Triaxialversuch
DIN 18137-3	2002		Teil 3: Direkter Scherversuch
DIN 18195	2017		Abdichtung von Bauwerken – Begriffe
DIN 18195-4	2011		Bauwerksabdichtungen – Teil 4: Abdichtungen gegen Bodenfeuchte (Kapillarwasser, Haftwasser) und nicht stauendes Sickerwasser an Bodenplatten und Wänden; Bemessung und Ausführung
DIN 18195-5	2011		Bauwerksabdichtungen – Teil 5: Abdichtungen gegen nicht drückendes Wasser auf Deckenflächen und in Nassräumen; Bemessung und Ausführung
DIN 18195-6	2011		Bauwerksabdichtungen – Teil 6: Abdichtungen gegen von außen drückendes Wasser und aufstauendes Sickerwasser; Bemessung und Ausführung
DIN 18196	2011		Erd- und Grundbau – Bodenklassifikation für bautechnische Zwecke
DIN 18299	2016		VOB Vergabe- und Vertragsbedingungen für Bauleistungen – Teil C: Allgemeine Technische Vertragsbedingungen für Bauleistungen (ATV) – Allgemeine Regeln für Bauarbeiten jeder Art

Norm	Ausgabe	Status	Titel
DIN 18300	2016		– Erdarbeiten
DIN 18301	2016		– Bohrarbeiten
DIN 18302	2016		– Arbeiten zum Ausbau von Bohrungen
DIN 18303	2016		– Verbauarbeiten
DIN 18304	2016		– Ramm-, Rüttel- und Pressarbeiten
DIN 18305	2016		– Wasserhaltungsarbeiten
DIN 18308	2016		– Drän- und Versickerungsarbeiten
DIN 18309	2015		– Einpressarbeiten
DIN 18311	2016		– Nassbaggerarbeiten
DIN 18312	2016		– Untertagearbeiten
DIN 18313	2016		– Schlitzwandarbeiten mit stützenden Flüssigkeiten
DIN 18314	2016		– Spritzbetonarbeiten
DIN 18319	2015		– Rohrvortriebsarbeiten
DIN SPEC 18537	2010	E	Ergänzende Festlegungen zu DIN EN 1537:2014, Ausführung von Arbeiten im Spezialtiefbau – Verpressanker
DIN 18538	2012		Ergänzende Festlegungen zu DIN EN 12699:2001-05, Ausführung spezieller geotechnischer Arbeiten (Spezialtiefbau) – Verdrängungspfähle
DIN 18539	2012		Ergänzende Festlegungen zu DIN EN 14199:2012-01, Ausführung von besonderen geotechnischen Arbeiten (Spezialtiefbau) – Pfähle mit kleinen Durchmessern (Mikropfähle)
DIN 19700-10	2004		Stauanlagen – Teil 10: Gemeinsame Festlegung
DIN 19700-11	2004		Teil 11: Talsperren
DIN 19700-12	2004		Teil 12: Hochwasserrückhaltebecken
DIN 19700-13	2017	E	Teil 13: Staustufen
DIN 19700-14	2004		Teil 14: Pumpspeicherbecken
DIN 19700-15	2004		Teil 15: Sedimentationsbecken
DIN 50929-1	2017		Korrosion der Metalle – Korrosionswahrscheinlichkeit metallischer Werkstoffe bei äußerer Korrosionsbelastung Teil 1: Allgemeines
DIN 50929-3	2017	E	Korrosion der Metalle – Korrosionswahrscheinlichkeit metallischer Werkstoffe bei äußerer Korrosionsbelastung Teil 2: Rohrleitungen und Bauteile im Boden
DIN 52098	2005		Prüfverfahren für Gesteinskörnungen – Bestimmung der Korngrößenverteilung durch Nasssiebung /Achtung: Vorgesehener Ersatz durch DIN EN 933-1 und -2
DIN 52099	2005		Prüfung von Gesteinskörnungen; Prüfung der Reinheit

Norm	Ausgabe	Status	Titel
DIN 52100-2	2007		Prüfung von Naturstein und Gesteinskörnungen – Allgemeines und Übersicht
DIN 52101	2005		Prüfverfahren für Gesteinskörnungen – Probennahme / Achtung: in Verbindung mit DIN EN 932-1 und -2
DIN 52102	2006		Prüfverfahren für Gesteinskörnungen – Bestimmung der Trockenrohdichte mit dem Messzylinderverfahren und Berechnung des Dichtigkeitsgrades
DIN 52103	1988		Prüfung von Naturstein und Gesteinskörnungen – Bestimmung von Wasseraufnahme und Sättigungswert / Achtung: Vorgesehener Ersatz durch DIN EN 1097-6
DIN 52104-3	1992	V	Prüfung von Naturstein und Gesteinskörnungen – Frost-Tau-Wechselversuch; Prüfung von Gesteinskörnungen mit Taumitteln
DIN 52 106	2004		Prüfung von Gesteinskörnungen – Untersuchungsverfahren zur Beurteilung der Verwitterungsbeständigkeit

3 Österreichische nationale Normen

Norm	Ausgabe	Status	Titel
ÖNORM B 1997-1-1	2010		Eurocode 7: Entwurf, Berechnung und Bemessung in der Geotechnik – Teil 1: Allgemeine Regeln – Nationale Festlegungen zu ÖNORM EN 1997-1 und nationale Ergänzungen
ÖNORM B 1997-1-2			Eurocode 7: Entwurf, Berechnung und Bemessung in der Geotechnik – Flächengründungen
ÖNORM B 1997-1-3			Eurocode 7: Entwurf, Berechnung und Bemessung in der Geotechnik – Pfahlgründungen
ÖNORM B 1997-1-4			Eurocode 7: Entwurf, Berechnung und Bemessung in der Geotechnik – Erddruckberechnung und Stützbauwerke
ÖNORM B 2203	1994	Z	Untertagebauarbeiten – Richtlinien und Vertragsbestimmungen; Werkvertragsnorm
ÖNORM B 2203-1	2001		Untertagebauarbeiten – Richtlinien und Vertragsbestimmungen; Zyklischer Vortrieb
ÖNORM B 2203 – 2	2003		Untertagebauarbeiten – Richtlinien und Vertragsbestimmungen; Kontinuierlicher Vortrieb
ÖNORM B 4400-1	2010		Geotechnik – Teil 1: Benennung, Beschreibung und Klassifizierung von Böden – Regeln zur Umsetzung der ÖNORMEN EN ISO 14688-1 und -2 sowie grundlegende Symbole und Einheiten
ÖNORM B 4400-2	2010		Geotechnik – Teil 2: Benennungen und Definitionen, Beschreibung und Klassifizierung von Fels Regeln zur Umsetzung der ÖNORM EN ISO 14689-1

Norm	Ausgabe	Status	Titel
ÖNORM B 4401-1	1980	Z	Erd- und Grundbau – Erkundung durch Schürfe und Bohrungen sowie Entnahme von Proben; Aufschlüsse im Lockergestein (ersetzt durch EN ISO 22475-1)
ÖNORM B 4401-2	1983	Z	Erd- und Grundbau – Erkundung durch Schürfe und Bohrungen sowie Entnahme von Proben; Aufschlüsse im Festgestein (ersetzt durch EN ISO 22475-1)
ÖNORM B 4401-3	1985	Z	Erd- und Grundbau – Erkundung durch Schürfe und Bohrungen sowie Entnahme von Proben; Protokollierung (ersetzt durch EN ISO 22475-1)
ÖNORM B 4401-4	1990	Z	Erd- und Grundbau – Erkundung durch Schürfe und Bohrungen sowie Entnahme von Proben; zeichnerische Darstellung der Ergebnisse (ersetzt durch EN ISO 22475-1)
ÖNORM B 4402	2003		Erd- und Grundbau – Geotechnische Untersuchungen für bautechnische Zwecke
ÖNORM B 4405	1977	Z	Erd- und Grundbau – Baugrunderkundung mit Kleingeräten; Sondierbohrgerät mit genuteter Sondiernadel (ersetzt durch B 4419)
ÖNORM B 4410	1974		Erd- und Grundbau – Untersuchung von Bodenproben; Bestimmung des Wassergehaltes durch Ofentrocknung
ÖNORM B 4411	2009		Geotechnik – Untersuchung von Bodenproben; Zustandsgrenzen (Konsistenzgrenzen), Bestimmung der Fließ- und Ausrollgrenze
ÖNORM B 4412	1974		Erd- und Grundbau – Untersuchung von Bodenproben; Korngrößenverteilung
ÖNORM B 4413	1975		Erd- und Grundbau – Untersuchung von Bodenproben; Bestimmung der Korndichte mit dem Kapillarpyknometer
ÖNORM B 4414-1	1976		Erd- und Grundbau – Untersuchung von Bodenproben; Bestimmung der Dichte des Bodens, Labormethoden
ÖNORM B 4414-2	1979		Erd- und Grundbau – Untersuchung von Bodenproben; Bestimmung der Dichte des Bodens, Feldverfahren
ÖNORM B 4415	2010		Geotechnik – Untersuchung von Bodenproben; Bestimmung der einaxialen Druckfestigkeit
ÖNORM B 4416	1978		Erd- und Grundbau – Untersuchung von Bodenproben; Grundsätze für die Durchführung und Auswertung von Scherversuchen
ÖNORM B 4417	1979		Erd- und Grundbau – Untersuchung von Böden; Lastplattenversuch
ÖNORM B 4418	2007		Geotechnik – Durchführung von Proctorversuchen im Erdbau
ÖNORM B 4419	2006		Geotechnik – Besondere Rammsondierverfahren
ÖNORM B 4419-1	1985	Z	Erd- und Grundbau – Untergrunderkundung durch Sondierungen; Rammsondierungen
ÖNORM B 4420	1989		Erd- und Grundbau – Untersuchung von Bodenproben; Grundsätze für die Durchführung und Auswertung von Kompressionsversuchen

Norm	Ausgabe	Status	Titel
ÖNORM B 4422-1	1992		Erd- und Grundbau – Untersuchung von Bodenproben; Bestimmung der Wasserdurchlässigkeit, Laborprüfungen
ÖNORM B 4422-2	2002		Erd- und Grundbau – Untersuchung von Böden; Bestimmung der Wasserdurchlässigkeit, Feldmethoden für oberflächennahe Schichten
ÖNORM B 4430-1			Erd- und Grundbau – Zulässige Belastungen des Baugrundes; Flächengründungen
ÖNORM B 4430-2	1978		Erd- und Grundbau – Zulässige Belastungen des Baugrundes; Pfahlgründungen
ÖNORM B 4431-1	1983		Erd- und Grundbau – Zulässige Belastungen des Baugrundes; Setzungsberechnungen für Flächengründungen
ÖNORM B 4431-2	1986		Erd- und Grundbau – Zulässige Belastungen des Baugrundes; Setzungsbeobachtungen
ÖNORM B 4432	1980		Erd- und Grundbau – Zulässige Belastungen des Baugrundes; Grundbruchberechnungen
ÖNORM B 4433	1987		Erd- und Grundbau – Böschungsbruchberechnung
ÖNORM B 4434	1993		Erd- und Grundbau – Erddruckberechnung
ÖNORM B 4435-1	2003		Erd- und Grundbau – Flächengründungen, Berechnung der Tragfähigkeit bei einfachen Verhältnissen
ÖNORM B 4435-2	1999		Erd- und Grundbau – Flächengründungen; EUROCODE-nahe Berechnung der Tragfähigkeit
ÖNORM B 4440	2001		Erd- und Grundbau – Großbohrpfähle; Tragfähigkeit
ÖNORM B 4450	1974	Z	Erd- und Grundbau – Schlitzwände
ÖNORM B 4452	1998		Erd- und Grundbau – Dichtwände im Untergrund
ÖNORM B 4454	2001		Erd- und Grundbau – Injektionen in Fest- und Lockergestein; Prüfungen
ÖNORM B 4455	1992	Z	Erd- und Grundbau – Vorgespannte Anker für Lockergestein und Festgestein
ÖNORM B 4490	1981		Erd- und Grundbau – Begriffe, Symbole und Einheiten
ÖNORM B 3305	1972	Z	Betonangreifende Wässer, Böden und Gase; Beurteilung und chemische Analyse

4 Schweizer nationale Normen

Norm	Ausgabe	Status	Titel (deutschsprachige Ausgabe)
SIA 118/198	2007	E	Allgemeine Bedingungen für Untertagbau
SIA 118/267	2004		Allgemeine Bedingungen für geotechnische Arbeiten
SIA 197	2004		Projektierung Tunnel; Grundlagen

Norm	Ausgabe	Status	Titel (deutschsprachige Ausgabe)
SIA 197/1	2004		Projektierung Tunnel; Bahntunnel
SIA 197/2	2004		Projektierung Tunnel; Straßentunnel
SIA 198	2004		Untertagbau; Ausführung
SIA 199	1998		Erfassen des Gebirges im Untertagbau
SIA 261	2003		Einwirkungen
SIA 267	2003		Geotechnik
SIA 267/1	2003		Geotechnik, ergänzende Festlegungen
SN 640 034a	1997		Darstellung der Projekte; Geotechnische Signaturen – mit Beilage: Darstellungsbeispiele für Geotechnische Signaturen
SN 640 311a	1969		Geotechnische Untersuchungen zum Straßenobjekt
SN 640 317b	1997		Dimensionierung; Untergrund und Unterbau
SN 640 585	1971		Verdichtung; Anforderungen Erdarbeiten
SN 670 005a	1997		Identifikation der Lockergesteine; Feldmethoden
SN 670 008a	1997		Identifikation der Lockergesteine; Labormethode mit Klassifikation nach USCS
SN 670 009	1995		Geologische Terminologie der Lockergesteine
SN 670 010b	1998		Bodenkennziffern
SN 670 125a	1983		Filtermaterialien; Qualitätsvorschriften
SN 670 300			Böden, Versuche; Notwendige Parameter für die Darstellung der Resultate geotechnischer Versuche
SN 670 312b	1998		Versuche an Böden; VSS-Gerät für den Plattendruckversuch E_V und M_E.
SN 670 316a	1994		Versuche an Böden; CBR- Penetrometer, Feldversuch.
SN 670 317b	1998		Versuche an Böden; Plattendruckversuch E_V und M_E
SN 670 320b	1994		Versuche an Böden; CBR-Versuch im Laboratorium
SN 670 335a	1989		Versuche an Böden; Dichte des Bodens
SN 670 345a	1989		Versuche an Böden; Konsistenzgrenzen
SN 670 350	1992		Versuche an Böden; Taschenpenetrometer, Taschen- und Laborflügelsonde
SN 670 352	1992		Versuche an Böden; Einfache Druckfestigkeit
SN 670 417	1996		Versuche an Böden; Rammsondierung „Von Moos".
SN 670 810c	1985		Mineralische Baustoffe und Lockergesteine; Siebanalyse.
SN 670 816a	1989		Mineralische Baustoffe und Lockergesteine; Schlämmanalyse nach der Aräometermethode.

5 Richtlinien, Merkblätter und Empfehlungen von Fachverbänden und -gesellschaften

5.1 Empfehlungen des Arbeitskreises „Versuchstechnik Fels" der DGGT (1979–2009)

Nr.	Titel	veröffentlicht in	
1	Einaxiale Druckversuche an Gesteinsproben	Bautechnik	2004, Nr. 10
2	Dreiaxiale Druckversuche an Gesteinsproben	Bautechnik	1979, Nr. 7, in Überarbeitung
3	Dreiaxiale Druckversuche an geklüfteten Großbohrkernen im Labor	Bautechnik	1979, Nr. 7
4	Scherversuch in situ	Bautechnik	1980, Nr. 10
5	Punktlastversuche an Gesteinsproben	Bautechnik	2010, Nr. 6
6	Doppel-Lastplattenversuch	Bautechnik	1985, Nr. 3
7	Schlitzentlastungs- und Druckkissenversuche	Bautechnik	1984, Nr. 3
8	Dilatometerversuche in Felsbohrungen	Bautechnik	1984, Nr. 4
9	Wasserdruckversuch im Fels	Bautechnik	1984, Nr. 4
10	Indirekter Zugversuch an Gesteinsproben – Spaltzugversuch	Bautechnik	2009, Nr. 9, in Überarbeitung
11	Quellversuche an Gesteinsproben	Bautechnik	1986, Nr. 3
12	Mehrstufentechnik bei dreiaxialen Druckversuchen und direkten Scherversuchen	Bautechnik	1987, Nr. 11
13	Laborscherversuch an Felstrennflächen	Bautechnik	1988, Nr. 9
14	Überbohr-Entlastungsversuch zur Bestimmung von Gebirgsspannungen	Bautechnik	1990, Nr. 9 in Überarbeitung
16	Ein- und dreiaxiale Kriechversuche an Gesteinsproben	Bautechnik	1994, Nr. 8
15	Verschiebungsmessungen längs der Bohrlochachse, Extensometermessungen	Bautechnik	1991, Nr. 2
17	Einaxiale Relaxationsversuche an Gesteinsproben	Bautechnik	1994, Nr. 8
18	Konvergenzmessungen und geodätische Lageänderungsmessungen	Bautechnik	1996, Nr. 8
19	Spannungsänderungsmessungen mittels Druckkissen	Bautechnik	erscheint demnächst
20	Verwitterungsbeständigkeit von Gesteinen – Siebtrommelversuch	Bautechnik	2002, Nr. 2
21	Verschiebungsmessungen quer zur Bohrlochachse Inklinometer- und Deflektometermessungen	Bautechnik	2002, Nr. 4

5.2 Empfehlungen der Deutschen Gesellschaft für Geotechnik – DGGT

EVB	Empfehlungen „Verformungen des Baugrundes bei baulichen Anlagen" (1993)
ETB	Empfehlungen des Arbeitskreises „Tunnelbau" (1995)
GDA	Empfehlungen Geotechnik der Deponien und Altlasten (4. Aufl. 2003)
KPP	Richtlinie für den Entwurf, die Bemessung und den Bau von Kombinierten Pfahl-Plattengründungen (2000)
EAG-GTD	Empfehlungen zur Anwendung geosynthetischer Tondichtungsbahnen (2002)
EAK	Empfehlungen für die Ausführung von Küstenschutzbauten
EAU	Empfehlungen des Arbeitsausschusses „Ufereinfassungen, Häfen und Wasserstraßen" (10. Aufl. 2004/2009)
–	Empfehlung „Geotechnisch-markscheiderische Untersuchung und Bewertung von Altbergbau" (2004)
–	Empfehlung „Wechselwirkungen Baugrund/Bauwerk bei Flachgründungen" (2004)
EAG-EDT	Empfehlungen zu Dichtungssystemen im Tunnelbau
EAB	Empfehlungen des Arbeitskreises „Baugruben" (4. korr. Aufl. 2007, 5. Aufl. in Arbeit)
EAP	Empfehlungen des Arbeitkreises „Pfähle", EA-Pfähle (2007)
–	Empfehlung „Geotechnisch-markscheiderische Untersuchung und Bewertung von Tagebaurestlöchern, Halden und Kippen des Altbergbaus" (2009)
EBGEO	Empfehlungen für den Entwurf und die Berechnung von Erdkörpern mit Bewehrungen aus Geokunststoffen (2010)
–	Empfehlung „Sicherung und Verwahrung im Altbergbau" (2010)

5.3 Empfehlungen Deutscher Ausschuss für unterirdisches Bauen e. V. (DAUB-Empfehlungen)

- Empfehlung für Kriterien zur Auswahl und Bewertung von Tunnelvortriebsmaschinen (1997/2010)
- Empfehlung für Konstruktion und Betrieb von Schildmaschinen (2000)
- Empfehlung für statische Berechnungen von Schildvortriebsmaschinen (2005)
- Empfehlung zu Ausführung und Einsatz unbewehrter Tunnelinnenschalen (2007)
- Empfehlungen zu Schutzmaßnahmen bei Tunnelvortrieben in asbestbelastetem Gestein (2007)

5.4 Merkblätter, Richtlinien und technische Vertrags- und Lieferbedingungen der Forschungsgesellschaft für das Straßen- und Verkehrswesen (FGSV) betr. Erd- und Grundbau sowie Mineralstoffe im Straßenbau (auszugsweise)

- Zusätzliche Technische Vertragsbedingungen und Richtlinien für Erdarbeiten im Straßenbau – ZTVE-StB 17
- Zusätzliche Technische Vertragsbedingungen und Richtlinien für Ingenieurbauten (ZTV – ING, 2007) Teil 1: Allgemeines, Teil 2: Grundbau, Teil 5: Tunnelbau
- Zusätzliche Technische Vertragsbedingungen und Richtlinien für Tragschichten im Straßenbau – ZTVT-StB 95/Fassung 02
- Zusätzliche Technische Vertragsbedingungen und Richtlinien für den Bau von Entwässerungseinrichtungen im Straßenbau (ZTV Ew-StB 91)
- Zusätzliche Technische Vertragsbedingungen und Richtlinien für Landschaftsbauarbeiten im Straßenbau (ZTV La-StB 99)
- Zusätzliche Technische Vertragsbedingungen und Richtlinien für Aufgrabungen an Verkehrsflächen (ZTVA-StB 97/ Fassung 06)

- Zusätzliche Technische Vertragsbedingungen und Richtlinien für Sicherungsarbeiten an Arbeitsstellen an Straßen (ZTV SA 97)
- Zusätzliche Technische Vertragsbedingungen und Richtlinien für den Bau von Schichten ohne Bindemittel im Straßenbau (ZTV SoB-StB 04/Fassung 07)
- Merkblatt für die Untergrundverbesserung durch Tiefenrüttler (1979)
- Merkblatt über Felsgruppenbeschreibung für bautechnische Zwecke im Straßenbau (1980)
- Merkblatt für die gebirgsschonende Ausführung von Spreng- und Abtragsarbeiten an Felsböschungen (1984)
- Merkblatt für den Entwurf und die Herstellung von Raumgitterwänden und -wällen (1985)
- Merkblatt über Straßenbau auf wenig tragfähigem Untergrund (1988)
- Merkblatt über Einsenkungsmessungen mit dem Benkelmann-Balken (1991)
- Merkblatt für hydraulisch gebundene Tragschichten aus sandreichen Mineralstoffgemischen (1991)
- Merkblatt für die Verhütung von Frostschäden an Straßen (1991)
- Merkblatt für die Felsbeschreibung für den Straßenbau (1992)
- Merkblatt über flächendeckende dynamische Verfahren zur Prüfung der Verdichtung im Erdbau (1993)
- Merkblatt über den Einfluss der Hinterfüllung auf Bauwerke (1994)
- Merkblatt für die Verwendung von EPS-Hartschaumstoffen beim Bau von Straßendämmen (1995)
- Merkblatt über die Wiederverwertung von mineralischen Baustoffen als Recycling-Baustoffe im Straßenbau (2002)
- Merkblatt für die Kontrolle und Wartung von Sickeranlagen (2002)
- Merkblatt für die Herstellung, Bemessung und Qualitätssicherung von Stabilisierungssäulen zur Untergrundverbesserung – Teil 1: CSV Verfahren (Combined Soil Stabilization with Vertical Columns) (2002)
- Merkblatt für die Verdichtung des Untergrundes und Unterbaus im Straßenbau (2003)
- Merkblatt über Stützkonstruktionen aus Betonelementen, Blockschichtungen und Gabionen (2003)
- Merkblatt über geotechnische Untersuchungen und Berechnungen im Straßenbau (M GUB 04) – 2004
- Merkblatt für Bodenverfestigungen und Bodenverbesserungen mit Bindemitteln (2004)
- Merkblatt über die Verwendung von Blähton als Leichtbaustoff im Unterbau und Untergrund von Straßen (2005)
- Merkblatt über die Anwendung von Geokunststoffen im Erdbau des Straßenbaus (M Geok E StB – 2005)
- Merkblatt über Bauweisen für technische Sicherungsmaßnahmen beim Einsatz von Böden und Baustoffen mit umweltrelevanten Inhaltsstoffen im Erdbau (M TS E)
- Merkblatt über die Behandlung von Böden und Baustoffen mit Bindemitteln zur Reduzierung der Eluierbarkeit umweltrelevanter Inhaltsstoffe (2009)
- Merkblatt über Bauwesen für technische Sicherungsmaßnahmen beim Einsatz von Böden und Baustoffen mit umweltrelevanten Inhaltsstoffen im Erdbau (MTSE)
- Richtlinie für die Anlage von Autobahnen (RAA)
- Richtlinien für die Anlage von Straßen (RAS)

Teil: Querschnitt (RAS-Q – 1996)
- Teil: Entwässerung (RAS-Ew – 2005)
- Teil: Landschaftsgestaltung (RAS-LG)
- Teil: Landschaftspflege (RAS-LP – 1996)
- Richtlinien für die Standardisierung des Oberbaus von Verkehrflächen (RStO – 2001)
- Richtlinie für die Sicherung von Arbeitsstellen an Straßen (RSA – 1995/2001)
- Richtlinie für bautechnische Maßnahmen an Straßen in Wasserschutzgebieten (RiStWag – 2001)
- Richtlinie für die umweltverträgliche Anwendung von industriellen Nebenprodukten und Recycling-Baustoffen im Straßenbau (RuA-StB – 2001)
- Richtlinien für die Güteüberwachung von Mineralstoffen im Straßenbau (RG Min-StB – 1993/2000)
- Technische Lieferbedingungen für Gesteinskörnungen im Straßenbau (TL Gestein-StB – 2004)
- Technische Lieferbedingungen für Mineralstoffe im Straßenbau (TL Min-StB – 2000)
- Technische Lieferbedingungen für Böden und Baustoffe im Erdbau des Straßenbaus (TL BuB E-StB – 2009)
- Technische Lieferbedingungen und Technische Prüfvorschriften für Kunststoffdichtungsbahnen und zugehörige Profilbänder (TL/TP KDB – 2007)
- Technische Lieferbedingungen und Technische Prüfvorschriften für Schutz- und Dränschichten aus Geokunststoffen (TL/TP SD – 2007)
- Technische Prüfbedingungen für Mineralstoffe im Straßenbau (TP Min-StB – 1982/1990)
- Technische Prüfvorschriften für Boden und Fels im Straßenbau (TP BF-StB – 2009)
- Technische Prüfvorschriften für Tragschichten mit hydraulischen Bindemitteln (TP HGT-StB – 1994)
- Technische Prüfvorschriften für Tragschichten mit hydraulischen Bindemitteln und Fahrbahndecken aus Beton (TP Beton-StB – 2010)
- Eignungsprüfungen bei Bodenverbesserung und Bodenverfestigung mit Feinkalk und Kalkhydrat (TP BF-StB – 1991)
- Eignungsprüfungen bei Bodenverfestigungen mit hydraulischen Bindemitteln (TP BF-StB – 2005)
- Eignungsprüfungen für Bodenverbesserung (TP BF-StB – 2010)
- Entwurfs- und Berechnungsgrundlagen für Bohrpfahlgründungen und Stahlpfosten von Lärmschutzwänden an Straßen (1997)
- Hinweise für Maßnahmen an bestehenden Straßen in Wasserschutzgebieten (BeStWag – 1993)
- Hinweise für die Ausschreibung von Geotextilen und Geogittern bei Anwendungen im Erdbau des Straßenbaus (2001)
- Hinweise zur Anwendung geotechnischer und geophysikalischer Messverfahren im Straßenbau (2007)
- Umsetzung der Europäischen Normen zu Gesteinskörnungen und Gesteinskörnungsgemischen in FGSV-Regelwerken (ARS-BMVBW – 2005)
- Bauverfahren beim Straßenbau auf wenig tragfähigem Untergrund – Bodenersatzverfahren (2005)

5.5 Merkblätter, Regeln des DWA – Deutsche Vereinigung für Wasserwirtschaft, Abwasser und Abfall (früher ATV – Abwassertechnische Vereinigung und DVWK – Deutscher Verband für Wasserwirtschaft und Kulturbau)

Nummer		Jahr	Titel
138		2005	Planung, Bau und Betrieb von Anlagen zur Versickerung von Niederschlagswasser
188		1992	Gestaltung und Nutzung von Baggerseen
202	E	1990	Hochwasserrückhaltebecken
209		1989	Wahl des Bemessungshochwassers
210		1986	Flussdeiche
215		1990	Dichtungselemente im Wasserbau
221		1992	Anwendung von Geotextilien im Wasserbau
222		1991	Mess- und Kontrolleinrichtungen zur Überprüfung der Standsicherheit von Staumauern und Staudämmen
223		1992	Asphaltdichtungen für Talsperren und Speicherbecken
225		1992	Anwendung von Kunststoffdichtungsbahnen im Wasserbau und für den Gewässerschutz
231		1995	Sicherheitsbericht für Talsperren – Leitfaden
237		1996	Deponieabdichtungen in Asphaltbauweise
242		1996	Berechnungsverfahren für Gewichtsmauern – Wechselwirkung zwischen Bauwerk und Untergrund
245		1997	Tiefenorientierte Probenahme aus Grundwassermessstellen
246		1997	Freibordbemessung an Stauanlagen
ATV-DVWK-M 502		2002	Berechnungsverfahren für Staudämme – Wechselwirkung zwischen Bauwerk und Untergrund
ATV-DVWK-M 503		2001	Grundlagen zur Überprüfung und Ertüchtigung von Sedimentationsbecken
DWA-M 506	E	2004	Injektionen mit hydraulischen Bindemitteln in Wasserbauwerken aus Massenbeton

Einige dieser Merkblätter bzw. Teile davon sollen künftig in die M-Reihe eines gemeinsamen DWA, DGGT und DTK-Ausschusses aufgenommen werden:

M 507 Flussdeiche (2010/2011)
M 512 Dichtungselemente (in Bearbeitung)
M 514 Bauwerksüberwachung an Talsperren (E 2010)
M 522 Kleine Stauanlagen (in Bearbeitung)

5.6 Richtlinien und Merkblätter des DVGW – Deutscher Verein des Gas- und Wasserfaches

W 101 Richtlinien für Trinkwasserschutzgebiete; 1. Teil: Schutzgebiete für Grundwasser (2006)
W 102 Richtlinien für Trinkwasserschutzgebiete; II. Teil: Schutzgebiete für Talsperren (2002)
W 107 Aufbau und Anwendung numerischer Grundwassermodelle in Wassergewinnungsgebieten (2004)
W 109 Planung, Durchführung und Auswertung von Markierungsversuchen bei der Wassergewinnung (Entwurf 2002)
W 110 Geophysikalische Untersuchungen in Bohrlöchern und Brunnen zur Erschließung von Grundwasser – Zusammenstellung von Methoden (2005)
W 111 Planung, Durchführung und Auswertung von Pumpversuchen bei der Wassererschließung (1997)
W 112 Entnahme von Wasserproben bei der Erschließung, Gewinnung und Überwachung von Grundwasser (2001)
W 113 Bestimmung des Schüttkorndurchmessers und hydrogeologischer Parameter aus der Korngrößenverteilung für den Bau von Brunnen (2001)
W 115 Bohrungen zur Erkundung, Gewinnung und Beobachtung von Grundwasser (2008)
W 116 Verwendung von Spülungszusätzen in Bohrspülungen bei Bohrarbeiten im Grundwasser (1998)
W 118 Bemessung von Vertikalfilterbrunnen (2005)
W 120 Qualifikationsanforderungen für die Bereiche Bohrtechnik, Brunnenbau und Brunnenregenerierung (2006)
W 121 Bau und Ausbau von Grundwassermessstellen (2003)
W 122 Abschlussbauwerke für Brunnen der Wassergewinnung (1995)
W 123 Bau und Ausbau von Vertikalfilterbrunnen (2001)
W 124 Kontrollen und Abnahmen beim Bau von Vertikalfilterbrunnen (1998)
W 127 Quellwassergewinnungsanlagen – Planung, Bau, Betrieb, Sanierung und Rückbau (Entwurf 2004)
W 135 Sanierung und Rückbau von Bohrungen, Grundwassermessstellen und Brunnen (1998)

5.7 Richtlinien der ÖGG – Österreichische Gesellschaft für Geomechanik

- ÖGG-Richtlinie für die geomechanische Planung von Untertagebauarbeiten mit zyklischen Vortrieb (2001)
- ÖGG-Richtlinie für die geomechanische Planung von Untertagebauarbeiten mit kontinuierlichen Vortrieb (2003/08)
- ÖGG-Richtlinie Kostenermittlung für Projekte des Infrastruktur unter Berücksichtigung relevanter Projektrisiken (2005)

6 Verzeichnis der verwendeten Abkürzungen von Fachverbänden (z. T. mit Regelwerken oder Merkblättern)

ATA Austrian Tunnel Association, Wien
ASTM American Society for Testing and Materials
ATV Abwassertechnische Vereinigung e.V., St. Augustin (Arbeitsblätter)
BAM Bundesanstalt für Materialforschung und -prüfung
BAW Bundesanstalt für Wasserbau, Karlsruhe (Merkblätter)
BGR Bundesanstalt für Geowissenschaften und Rohstoffe, Hannover

BUWAL	Bundesamt für Umwelt, Wald und Landschaft, Bern (CH)
CBTR	Centrum für Deutsches und Internationales Baugrund- und Tiefbaurecht e.V., Schrobenhausen
CEN	Europäisches Komitee für Normung
D-A-CH	D-A-CH-Staaten Deutschland, Österreich und Schweiz
DAUB	Deutscher Ausschuss für unterirdisches Bauen, Köln (Empfehlungen)
DBV	Deutscher Beton- und Bautechnik-Verein e.V.
DEBRIV	Deutscher Braunkohlen-Industrie-Verein e. V., Köln
DEV	Deutsche Einheitsverfahren zur Wasser-, Abwasser- und Schlammuntersuchung (DEV-Normen)
DGG	Deutsche Gesellschaft für Geowissenschaften, Hannover
DGGT	Deutsche Gesellschaft für Geotechnik, Essen (geotechnik)
DIBt	Deutsches Institut für Bautechnik, Berlin
DMV	Deutscher Markscheider-Verein e. V.
DNV	Deutscher Naturstein-Verband
DTK	Deutsches Talsperren Komitee
DVGW	Deutscher Verein des Gas- und Wasserfaches e.V., Bonn (Arbeits- und Merkblätter)
DVWK	Deutscher Verband für Wasserwirtschaft und Kulturbau e.V., Bonn (Regeln bzw. Merkblätter zur Wasserwirtschaft)
DWA	Deutsche Vereinigung für Wasserwirtschaft, Abwasser und Abfall, Hennef (ATV/DVWK vereint)
EAB	Empfehlungen des Arbeitskreises „Baugruben" der DGGT
EAU	Empfehlungen des Arbeitskreises „Ufereinfassungen" der DGGT
EBA	Eisenbahn-Bundesamt, Bonn
EFNARC	European Federation for Spezialist Construction Chemicals
FGSV	Forschungsgesellschaft für Straßen- und Verkehrswesen e.V., Köln (Merkblätter, Richtlinien)
FGU	Fachgruppe Untertagebau des Schweizerischen Ingenieur- und Architektenvereins
FIGS	Federation of International Geo-Ingineering Societies
FVS	Forschungsgesellschaft für Straßen und Verkehr, Wien (Richtlinien)
GFZ	GeoForschungszentrum, Potsdam
GtV	Geothermische Vereinigung, Geeste
IAEG	International Association of Engeneering Geology and the Environment
IFB	Institut für Bauforschung, Hannover (Berichte)
ITIG	International Tunnel Insurance Group
ISO	International Organization for Standardization
ISRM	International Society for Rock Mechanics and Mining Scienses
ISSMGE	International Society for Soil Mechanics and Geotechnical Ingeneering (ISSMGE-News)
ITA	International Tunneling Association
ITVA	Ingenieurtechnischer Verband Altlasten, e.V., Berlin
IZW	Informationszentrum Wärmepumpen und Kältetechnik, Hannover
LAB	Länderausschuss Bergbau
LABO	Länderarbeitsgemeinschaft Boden, Bonn
LAGA	Länderarbeitsgemeinschaft Abfall, Bonn (Merkblätter, Richtlinien)
LAWA	Länderarbeitsgemeinschaft Wasser, Stuttgart (Empfehlungen)
NAGRA	Nationale Genossenschaft für die Lagerung, radioaktiver Abfälle, CH-Baden (Nagra-informiert)
ÖGG	Österreichische Gesellschaft für Geomechanik, Salzburg (Felsbau, Richtlinien)
ÖIAV	Österreichischer Ingenieur- und Architekten-Verein, Wien
ÖN	Österreichisches Normungsinstitut, Wien
ÖVBB	Österreichische Vereinigung für Beton und Bautechnik, Wien
SI	Systeme International d'Unites, Paris
SIA	Schweizer Ingenieur- und Architekten Verein, Zürich
SNV	Schweizer Normen-Vereinigung, Winterthur
STUVA	Studiengesellschaft für unterirdische Verkehrsanlagen e.V., Köln
SVG	Schweizerischer Verband für Geokunststoffe (jhl. Produktkatalog)
TGL	Technische Güte- und Lieferbestimmungen des Amtes für Standardisierung, Messwesen und Warenprüfung, Berlin (DDR-Normen, bis 1990)
TRGS	Technische Regeln für Gefahrenstoffe
UBA	Umweltbundesamt, Berlin
VDI	Verein Deutscher Ingenieure, Berlin (Richtlinien)
VOB	Verdingungsordnung für Bauleistungen, Teile A,B und C
VÖBU	Vereinigung Österreichischer Bohr-, Brunnenbau- und Spezialtiefbauunternehmen, Wien

Literatur

Abele G (1974) Bergstürze in den Alpen, ihre Verbreitung, Morphologie und Folgeerscheinungen. Wissenschaftliche Alpenvereinshefte 25, München.

Aberle B, Machon RJ (2000) Neue Trends und Anwendungen. Tunnel 19(2):42–50

Ackermann E (1959a) Der Abtragungsmechanismus bei Massenverlagerungen an der Wellenkalk-Schichtstufe. I. Bewegungsarten der Massenverlagerungen und morphologische Formen. II. Massenverlagerungen im Wechsel der klimatischen Veränderungen. Z f Geomorphologie NF 3:193–226 und 283–304

Ackermann E (1959b) Die Sturzfließung am Schickeberg. Notizbl hess L-Amt Bodenforsch 87:172–187

Adam D, Hofinger H (2013) Geothermische Anlagen bei Grund- und Tunnelbauwerken. BAST-Berichte B 96.

Adam D, Paulmichl I (2010) Erdbeben – Interaktion Boden und Bauwerk. ÖIAZ 155:1–3, 4–6 und 59–67

Aderhold G (2005) Klassifikation von Erdfällen und Senkungsmulden in karstgefährdeten Gebieten Hessens. Geol Abh Hessen Bd 115

Aeschbach M (2004) Asbest im Vortrieb des Lötschberg-Basistunnels. Tunnel 23(7):34–43

Agemar Th, Brubken J, Jodocy M, Schnellschmidt R, Schulz R, Stober I (2013) Untergrundtemperaturen in Baden-Württemberg. Z dt Ges Geowiss 164(1):49–62

Ahlinhan MF (2011) Untersuchungen zur inneren Erosionsstabilität nichtbindiger Böden. Dissertation. Mitt IGtH Leibniz-Universität Hannover, Heft 72

Ahorner L (1962) Untersuchungen zur quartären Bruchtektonik in der Niederrheinischen Bucht. Eiszeitalter u. Gegenwart 13:24–105

Ahorner L (1989) Seismologische Untersuchung des Gebirgsschlages am 13. März 1989 im Kalisalzbergbau bei Völkershausen, DDR. Glückauf-Forschungshefte 50:224–230

Ahorner L (1993) Gemessene Bodenbeschleunigungen beim Roermonder Erdbeben am 13. April 1992. Bauingenieur 68:201–205

Ahorner L (1998) Möglichkeiten und Grenzen paläoseismologischer Forschung in mitteleuropäischen Erdbebengebieten. DGEB-Publikation 9:9–42

Ahrens R (2016) EU-Richtlinie für weniger Strahlentote. VDI-Nachrichten 11/12:12

Alber M (2013) Lehren aus bergbauinduzierter Seismizität für die Stimulation petrothermaler Geothermie. 19. Tagung für Ingenieurgeologie, München, Abstracts, S 62

Alber M, Michalzik D, Rummel F (2007) Das Prometheus Projekt – Phase II: Explorationsbohrung zur Gewinnung geothermischer Energie an der Ruhr-Universität Bochum. 16. Tagung für Ingenieurgeologie, Bochum, S 381–389

Albert K, Zosseder K, Einsiedl F (2013) Optimierungsmöglichkeiten bei der Planung und Auslegung eines Erdwärme-Sondenfeldes am Beispiel Ludwigshöhe, Kempten. 19. Tagung für Ingenieurgeologie, München, Abstracts, S 58

Alexiew D (2007) Belastungsversuche eines geogitterbewehrten Brückenwiderlagers. geotechnik 30(2):87–94

Alexiew D, Thurm S (2003) Die Bundesstraße B 180 von 1993 bis heute: Erdfallüberbrückung mit Geokunststoffbewehrung in Deutschland. Straße und Autobahn 54(3):157–163

Alexiew D, Edel J, Witte R (2014) Sicherung von Verkehrswegen gegen Altbergbaueinwirkungen mit Hilfe von Geokunststoffen. Schriftenreihe Lehrstuhl Grundbau, Boden- und Felsmechanik Ruhr-Universität Bochum 50:33–53

AkEnd (2002) Auswahlverfahren für Endlagerstandorte. AK Auswahlverfahren Endlagerstandorte im Auftrag des BMU, Berlin

Allgäuer F, Galle M (2012) Steuerung von Kompensationsinjektionen auf Basis mathematischer Effizienzermittlung – Theorie und Praxis. Beiträge Spezialsitzung 32. Baugrundtagung Mainz, S 139–145

Amstad Ch, Kovari K (1984) Die Messung der Dehnungsverteilung im Baugrund der Münchner U-Bahn. Sonderdruck U-Bahn-Referat München, S 1–12

Amstutz G, Wehinger A, Rogal M (2013) Entwicklung einer Gefährdungsmatrix für tragende Pfeiler der bergbaulichen Hohlräume in Mendig (Vordereifel). Mainzer geowiss Mitt 41:213–246

Anagnostou G, Pimentel E (2012) Zu den Felsklassifikationen mit Indexwerten im Tunnelbau. geotechnik 35(2):83–93

Anagnostou G, Zingg S (2013) Über die statische Auswirkung der vorauseilenden Gebirgsdrainagen im Tunnelbau. Geomech Tunnelling 6(4):338–354

Anderle HJ, Tiedemann J (1992) Die Taunusquerung der geplanten DB-Neubaustrecke Köln – Rhein/Main – Strukturgeologische Prognose der Teilkörperbeweglichkeit. Felsbau 10(3):120–127

Andruleit H, Bahr A, Bönnemann Ch, Erbacher J, Franke D, Gerling JP, Gestermann N, Himmelsbach Th, Kosinowski M, Krug St, Pierau R, Pletsch Th, Rogalla U, Schlömer St, Niko-Projekt-Team (2012) Abschätzung des Erdgaspotentials aus dichten Tongesteinen (Schiefergas) in Deutschland. Eigenverlag, BGR Hannover

Angst R, Hessele J, Hornig U, Nordhaus S, Tintelnot G (2013) Jagdbergtunnel in Thüringen – Injektionsbauwerke. Tunnel 32(5):10–23

Arnold J, Fügenschuh N (2000) Bewältigung schwieriger geologischer Verhältnisse im Zuge der Auffahrung des Eggetunnels. Tunnel 19(1):14–22

Arnold K (1986) Zulässige Sprengerschütterungs-Einwirkungen auf bauliche Anlagen im internationalen Vergleich und die Gefahr von Sprengschäden. Nobel-Hefte 52:151–156

Arnold K (1988) Baugrubensprengungen in dichter, erschütterungsempfindlicher Bebauung. Nobel-Hefte 54:129–144

Arnold K (1995) Sprengvortrieb eines Verkehrstunnels bei extremen Bedingungen für den Immissionsschutz. Nobel-Hefte 61:112–120

Arz P, Schmidt HG, Seitz J, Semprich S (1994) Grundbau. Sonderdruck aus dem Betonkalender 1994

Assenmacher St, Förster W (2016) O2-Dekompression nach Druckluftverordnung mit angepassten Ausschleustabellen. Tunnel 35(1):20–34

Atzl G, Ullmann G, Schmidt M (2015) Planung der Tunnelvortriebe für die Wieber U-Bahn – Bauabschnitt U1/9. Geomech Tunnelling 8(1):74–82

Aulbach B, Ziegler M (2013) Einfache Bemessung von Baugruben und Schächten im Hinblick auf die Sicherheit von hydraulischem Grundbruch. Geomech Tunnelling 6(4):362–374

Aulbach B, Ziegler M (2014) Versagensform und Nachweisformat beim hydraulischen Grundbruch – Plädoyer für den Terzaghi-Körper. geotechnik 37(1):6–18

Auer M (2009) Die Bodenvernagelung – ein variables statisches System mit Zukunft. Felsbaumagazin 1:45–56

Ayaydin N (2010) Quo vadis NÖT aus Sicht des Planers. Geomech Tunnelling 3(6):773–780

Babendererde L (2003) TBM mit Slurry- oder Erddruckstützung: Einsatzbereiche und Zuverlässigkeitsanalyse. Felsbau 21(5):155–160

Babendererde T, Hensel W, Sharma B (2011) Additive zur Beherrschung starker Durchlässigkeiten bei EPB- und Slurry-TBM. Tunnel 30(3):35–40

Bach D, Köpf M, Lemmerer J, Salcher N (2010) TBM-S ohne aktive Stützung im Grenzbereich der Anwendung. Geomech Tunnelling 3(5):480–490

Bacharach W (2007) Tunnelabschnitte im anhydritführenden Gipskeuper – vorgesehene Ausbauprinzipien im Projekt Stuttgart 21. geotechnik 30(4):231–237

Backhaus E (1970) Baugeologie der Lockergesteine (Mittelgebirge, Alpenvorland, Niederrhein). In: Smoltczyk U (Hrsg). Grundbau-Taschenbuch. Bd 1, Ergänzungsband. Ernst & Sohn, Berlin, S 55–108

Baeßler M, Niederleithinger E, Herten M, Georgi S (2013) Dynamische Probebelastungen an Bohrpfählen in einem Testfeld: Ein Ringversuch. Beitr 28. Christian Veder Kollegium Graz, 229–244

Bäppler K (2004) Vortrieb einer Tunnelröhre des Guadarrama-Eisenbahntunnel. Tunnel 23(8):28–33

Bäppler K (2008a) Entwicklung eines Zweikomponenten-Verpresssystems für Ringspaltverpressung beim Schildvortrieb. In: Taschenbuch für den Tunnelbau 2008, S 263–304

Bäppler K (2008b) Hartgesteinsmaschinen für North-South-Bypass-Tunnel in Brisbane/Australien. Tunnel 27(6):41–46

Bär K, Arndt D, Fritsche J-G, Götz AE, Kracht M, Hoppe A, Sass I (2013) 3D-Modellierung der tiefengeothermischen Potentiale von Hessen – Eingangsdaten und Potenzialausweisung. Z dt Geowiss 162(4):371–388

Bär K, Arndt D, Hoppe A, Sass I (2011) Methodik zur Ausweisung des tiefengeothermischen Potentials von Hessen. 18. Tagung für Ingenieurgeologie, Berlin, S 163–168

Bär K, Buß A, Sass I (2009) 3D-Modellierung des tiefengeothermischen Potenzials des nördlichen Oberrheingrabens und Untersuchung der geothermischen Eigenschaften des Rotliegend. 17. Tagung für Ingenieurgeologie, Zittau, S 373–376

Baglikow V (2006) Schadensentwicklung im Erkelenzer Steinkohlenrevier nach Beendigung der Grubenwasserhaltung. Schriftenreihe der GDMB 108:1

Baier D, Friedemann W (2015) Energietübbing: Der Tunnel als Wärmelieferant. Tunnel 34(5):8–29

Baille W, Sander W, Sawade G, Schad H, Schanz T (2012) Bodenmechanische Charakterisierung der Scherfestigkeit von Braunkohlen des Mitteldeutschen Reviers. geotechnik 35(4):245–256

Bamler R, Adam N, Hinz S, Eineder M (2008) SAR-Interferometrie für geodätische Anwendungen. AVN 7:243–252

Bank M von, Kirstein JF (2010) CMC-Gründungen im Bestand – Ein innovatives System zur Bodenverbesserung für höchste Anforderungen. Gruppe Geotechnik Graz H 38, Beiträge z 25. Christian Veder Kolloquium, 67–85

Barciaga T (2012) Stabilität von Füllsäulen aus Lockermaterial in alten Bergwerkschächten. Beiträge Spezialsitzung 32. Baugrundtagung Mainz, 9–16

Barton N (1986) Deformation Phenomena in Jointed Rock. Geotechnique 36:147–167

Barton N (1999) TBM performance estimation in rock using QTBM. Tunnels Tunnelling Int Sept 30–34

Barton N, Choubey V (1977) The shear strength of rock joints in theory and practice. Rock Mechanics 10:1–54

Barton N, Grimstad E (1994) The Q-system following twenty years of application in NMT support selection. Felsbau 12:428–436

Barton N, Lien R, Lunde J (1974) Engineering classification of rock masses for the design of tunnel support. Rock Mechanics 6:189–236

Bauch E (2005) Experimente zur Entstehung von Trennbrüchen im Festgestein. Veröffentlichungen der 15. Tagung Ing.-Geologie Erlangen, S 13–18

Baudendistel M (1994) Zur Vortriebsklassifizierung in Deutschland. Felsbau 12:418–424

Baumann H (1984) Aufbau und Messtechnik zweier Stationen zur Registrierung von Spannungsänderungen im Bereich des Hohenzollerngrabens – Erste Resultate. Oberrhein Geol Abh 33:1–14

Baumann H-J (1985) Beobachtungen und Berechnungen zur Böschungsentwicklung bei der Talbildung im wechselhaften veränderlich festen Gestein. In: Heitfeld K-H (Hrsg) Ingenieurgeologische Probleme im Grenzbereich zwischen Locker- und Festgesteinen. Springer, Berlin, S 266–279

Baumann H-J (1990) Langzeitbeobachtungen und geotechnische Untersuchungen im Isartal südlich München. Ein Beispiel für die Hangentwicklung infolge Erosion in veränderlich festem Gestein. Geol Jb C 53:3–108

Baumann H-J (1995) Bruch- und Rutschvorgänge in den Tälern des Alpenvorlandes und des Schichtstufenlandes. Beiträge aus der Geotechnik, TU München, 21

Baumann H-J, Gallemann U (1995) Einwirkung von Rutschmassen auf eine alte Stahlbetonbrücke über die Isar. Geotechnik Sonderheft 10. Nationale Tagung für Ingenieurgeologie, Freiberg, S 260–271

Baumann K, Willwacher I (2007) Kontrolle von dynamischer Intensivverdichtung des Untergrunds im Bereich der Erweiterung der A 71 mittels bohrlochgeophysikalischer Dichtemessung. geotechnik 30(3):158–163

Baumann V (1982) Dichten durch Injektionen. Mitt Lehrstuhl f Grundb u Bodenmech TU Braunschweig 8:39–65

Baumgärtel T, Fillibeck K, Vogt N (2012) Zerfall von festen Tonen und Tonsteinen bei hydraulischer und mechanischer Beanspruchung. Geomech Tunnelling 5(5):567–573

Baumgärtel T, Heyer D, Stiegeler R (2006) Aufbereitung und Einbau veränderlich fester Gesteine. Forschung, Straßenbau und Verkehrstechnik (FGSV), H 931

Baumgarten L (2013) Das Festigkeits- und Verformungsverhalten von Postar-Sandstein bei Zugbeanspruchung. 19. Tagung für Ingenieurgeologie, München, Abstracts, S 85

Bauriegel A (2004) Das rezente Subrosionsgeschehen am Salzhang des Werra-Salinars bei Bad Salzungen und dessen Auswirkungen auf die Erdoberfläche. Schriftenreihe TLUG 69:79–93

Bayer H-J (2005) Aufbohrung und Reinigung von Tunnelsohldränagen im HDD-Verfahren. Tunnel 24(5):20–25

Bayer H-J (2008) Pipelinebau mit HDD-Großbohranlagen. tis 4:64–71

Bayer H-J (2011) Tunnelnachrüstungen und Tunnelverbesserungen mit dem HDD-Verfahren. Felsbaumagazin 5:336–340

Bayer H-J, Harer U (2006) HDD-Felsbohren – gesteuerte Bohrungen im Fels. tis 48(1–2):53–60

Bayer H-J, Powell B (2007) Langankerungen im HDD-Verfahren. tis 49 (7/8):52–59 und Felsbaumagazin 2008; 2:103–107

Bayer H-J, Powell B (2008) Entwässerung rutschgefährdeter Hänge. Felsbaumagazin 3:169–174

Becker A (1985) Ein Brückenentwurfsproblem infolge eines instabilen Hanges bei der Talbrücke Obere Argen der BAB A 96. geotechnik 8:47–50

Becker A (1986) Resultate der In-situ-Spannungsmessungen im Tafeljura und ihre Interpretation. Bericht SFB 108, Spannung und Spannungsumwandlung in der Lithosphäre. University of Karlsruhe, S 26–46

Becker A (1995) Neotektonik in Nord- und Mitteleuropa – ein Überblick. N Jb Geol Paläont Mh, S 9–38

Becker A, Vrettos Ch (2013) Versuche zur einaxialen Druckfestigkeit geklebter Gesteinsproben. geotechnik 36(2):113–118

Becker A, Leinenbach J, Rogall M, Schiffel J, Stölben F (2010) Vernagelung einer Stützmauer im Friedhof von Zell/Mosel. Mainzer geowiss Mitt 38:147–168

Becker LP (1993) Überkonsolidierte Schluffe, Klasse 6 (leichter Fels) oder Klasse 7 (schwerer Fels). geotechnik 16:81–83

Becker LP, Kempfert H-G (2008) Zum Stand der vertikalen Tragfähigkeit von Spundwandprofilen aus Erfahrungswerten. geotechnik 31(1):35–40

Becker LP, Litscher H (1988) Der Felssturz vom Monte Zandila, Veltintal. Felsbau 6:75–77

Becker RE, Lindstedt HJ, Prinz H (1989) Ingenieurgeologie. Erl geol Kt Hessen 1: 25.000, Blatt 5023 Ludwigseck, 203–217

Beckhaus K, Thuro K (2008) Abrasivität in der Großbohrtechnik – Versuchstechnik und praktische Erfahrungen. Vorträge Baugrundtagung Dortmund, 171–180

Beiche H, Kagerer W, Wittke W (1987) Geologie, Planung, Berechnung und Ausführung des Straßentunnels B 14 in Stuttgart-Heslach. geotechnik Sonderheft, 115–122

Beiche H, Kagerer W, Wittke W (1995) Geotechnik und Tunnelbau im Stuttgarter Raum – besondere Probleme und Lösungen. Forschung + Praxis 36:298–306

Benecke N, Kuchenbecker R, Knospe St, Wegmüller U (2007) Überwachung bergbaubedingter Bodenbewegungen mit der Radarinterferometrie heute und morgen. geotechnik 30(1):35–41

Berg H (1950) Das rheinische Erdbeben bei Euskirchen am 8. März 1950. Pure Appl Geophy 18(1):189–208

Berg H (1953) Das Rheinlandbeben bei Euskirchen vom 14. März 1951. Pure Appl Geophy 24(1):57–67

Bergler Ch (2009) Teil III: Eingliederung von Informationen, die auf Grund und Boden basieren. Felsbaumagazin 4:234–244

Bergmeister K (2013) Vorerkundung und Baufortschritt beim Brenner Basistunnel. Beton und Stahlbeton Spezial Juli 2013; 35–42

Berhane G (2015) Standsicherheitsnachweis in der tiefen Gleitfuge unter Berücksichtigung von Strömungskräften. geotechnik 38(3):205–217

Bernhard H (1968) Alte Rutschungserscheinungen an der Grenze Röt/Muschelkalk im nördlichen Hessen. Mitt Geol Inst TU Hannover 8:21–33

Bernhard H, Bergforth A (2010) Baugrundverstärkung und Bauteilanhebung durch Injektionshebetechnik. Felsbaumagazin 2:123–127

Bertleff B (1986) Das Strömungssystem der Grundwässer im Malm-Karst des Westteils des süddeutschen Molassebeckens. Abh Geol L-Amt Baden-Württ H 12

Berwanger W, Lindner E (1989) EDV-Systeme im Untertagebau. In: Taschenbuch für den Tunnelbau 1989, S 297–332

Beurer M (1981) Ingenieurgeologie. In: Erl geol Kt Hessen 1: 25.000, Blatt 5518 Butzbach, 149–157

Beurer M, Holtz S (1988) „Ingenieurgeologie". In: Erl geol Kt Hessen 1: 25 000, Blatt 5621 Wenings, 218–226

Beurer M, Prinz H (1977) Entlastungsbruch als Ursache von Rutschungen an Böschungen. Ber 1. Nationale Tagung für Ingenieurgeologie, Paderborn, S 137–158

Beyer W (1964) Die Erfassung von Grundwasserfließvorgängen mittels Farbstoffen in Verbindung mit Pumpversuchen. Z angew Geol 10:295–301

Biczók E (1997) Standsicherheitsnachweis und messtechnische Überwachung einer Böschung im hochvorbelasteten Ton. geotechnik 20:281–287

Bieniawski ZT (1973) Engineering classification of jointed rock masses. Trans S Afr Inst Civ Engrs 15:335–344

Bieniawski ZT (1976) Rock mass classifications in rock engineering. Exploration for Rock Engineering (Johannesburg) 1:97–107

Biewald W (2004a) Der Subrosionskataster Thüringen der TLUG, seine Aufgabe bei Raumordnungsplanungen, Flächennutzungen und sein Beitrag zur Klärung geowissenschaftlicher Fragestellungen. Schriftenreihe TLUG 69:19–28

Biewald W (2004b) Die Entstehung von Subrosionshohlformen über tektonisch verursachten Spaltenhohlräumen entsprechend Homogenbereich B-b-IV des Subrosionskatasters Thüringen der TLUG. Schriftenreihe TLUG 69:95–106

Biewald W, Meister J, Pfarre I (1997) Die Talsperre Leibis/Lichte im Thüringer Schiefergebirge aus ingenieurgeologischer Sicht. Geowiss Mitt Thüringen 5:235–278

Bilz P, Vieweg J (1993) Zur Größe der Kapillarkohäsion von Sanden. geotechnik 16:65–71

Birzer F (1976) Geologische Exkursion in den Raum Altdorf und Neumarkt. Exkursionsführer Baugrundtagung, Nürnberg

Bishop AW (1955) The use of the slip circle in the stability analysis of earth slopes. Geotechnique (Paris) 5:7–17

Bitzer F, Storz R (2008) Erdwärmenutzung – Stand und aktuelle Entwicklungen. Felsbaumagazin 2:108–114

Blind H (1987) Staudämme und ihr Untergrund. Felsbau 5:138–143

Bloemer S (2012) Geotextilien zum Erosionsschutz und zur Böschungssicherung – Eine vergleichende Analyse. Straße und Autobahn 6:362–370

Blume H, Remmele G (1989) Schollengleitungen an Stufenhängen des Stromberges (Württembergisches Keuperbergland). Jber Mitt oberhein geol Ver NF 71:225–246

Blümel M, Button EA, Pötsch M (2002) Steifigkeitsabhängiges Scherverhalten von Fels. Felsbau 20(3): 22–32

Blumenthal A von, Gußmann P, Alimandani Lauasan A, König D, Schanz T (2014) Zur Tragfähigkeit einzelner und benachbarter Einzelfundamente – Berechnungen zum Einfluss der Sohlreibung und von Wechselwirkungsfaktoren mittels KEM. geotechnik 37(4):229–238

Blümling P, Schneider U (1986) Bohrlochrandausbrüche in Tiefbohrungen und ihre Beziehung zum rezenten Spannungsfeld. Bericht SFB 108, Spannung und Spannungsumwandlung in der Lithosphäre, University of Karlsruhe, 165–195

Bock B (2012) Hanginstabilitäten in Rheinland-Pfalz – Erstellung und Auswertung der Rutschungsdatenbank. Unveröffentlichte Dipl.-Arbeit University of Mainz, Mainz

Bock B, Wehinger A, Krauter E (2012) Hanginstabilitäten in Rheinland-Pfalz – Ergebnisse der Rutschungsdatenbank Rheinland-Pfalz. Mainzer geowiss Mitt 40:147–180

Bock H (1989) Vom Detail des geologischen Spannungszustandes, „welches doch gewiss seine Gesetzmäßigkeit hat", und seinen Auswirkungen auf ein Talsperrenprojekt. Geologie Felsmechanik Felsbau, Festkolloquium L. Müller-Salzburg 1988, 73–94 (Trans Tech Public)

Bock H, Medhurst BE (1992) Neuartige Bestimmung der Größe spannungsinduzierter Rissflächen in Bohrlöchern. Geotechnik Sonderheft 1991.

Bock H et al. 2010: Self-sealing of Fractures in Argillaceous Formations in the Context of Geological Disposal of Radioactive Waste 310 S., NEA No. 6184; Paris (OECD).

Bock H, Dehandschutter B, Martin CD, Mazurek M, Haller A, Skoczylas F, Davy C (2012) Self-sealing of fractures in argillaceous formations in the context of geological disposal of radioactive waste. NES Report 6184. OECD/NEA, Paris

Böhlke J (2010) Karst als Baugrund für Eisenbahninfrastruktur aus Sicht der Aufsichts- und Genehmigungsbehörde. geotechnik 3(2):88–90

Bollinger D, Gruner U, Jordan P, Liniger M, Rovina H (2012) Verschiedene Verfahren, verschiedene Resultate – Vom Umgang mit Sturzmodellierungen bei Gefahren- und Risikoanalysen. Geomech Tunnelling 5(4):347–354

Bönsch C, Lempp Ch (2004) Wechselwirkungen zwischen festen und flüssigen Phasen beim Entfestigungsprozess überkonsolidierter Tonsteine. geotechnik 27:32–40

Boos P, Dietermann M (2010) Nassspritzbeton – Performance – Laborprüfverfahren und Einflussfaktoren in Praxis. Tunnel 29(6):31–41

Borchert KM (1999) Dichtigkeit von Baugruben bei unterschiedlichen Sohlen-Konstruktionen –Lehre aus Schadensfällen. VDI-Berichte Nr. 1436. VDI-Verlag, Düsseldorf

Borchert KM, Große A (2011) Neues System der Boden- und Felsklassifizierung in den Normen der VOB. VSVI Info 2011, S 23–29

Borchert KM, Große A (2016) Veränderung der Boden- und Felsklassen der VOB, Teil C (2015). geotechnik 39(3):195–204

Borchert KM, Könnemann F (2013) Baugruben im Grundwasser – EAB mit Ausführungsbeispielen. Report Geotechnik University of Duisburg-Essen 41:37–64

Borchert KM, Linder W-R (2009) Erfahrungen mit Leckagen an Schlitzwänden und Unterwasserbetonsohlen bei Trogbaugruben. Gruppe Geotechnik Graz, 30. Beiträge z 22. Christian Veder Kolloquium, S 63–77

Borchert KM, Mittag J, Richter Th (2006) Erfahrungen und Risiken bei Düsenstrahlsohlen in Trogbaugruben. Vorträge Baugrundtagung, Bremen, S 119–126

Böttcher K-H, Schmid I, Erichsen C (1998) S-Bahn Stuttgart – Streckenverlängerung vom Flughafen nach Filderstadt-Bernhausen – Die Untertunnelung des Flughafens. Vorträge Baugrundtagung, Stuttgart, 67–74

Boussinesq J (1885) Applications des potentiels à l'étude de l'équilibre et du mouvement des solides élastiques. Gauthier-Villars, Paris

Brameshuber W, Lin X, Vollpracht A, Nebel H (2013) Langzeitverhalten von mit Bindemittel behandelten Böden und Baustoffen hinsichtlich des Auslaugungsverhaltens von Schadstoffen. BASR-Bericht 1088. Wirtschaftsverlag NW, Bremerhaven

Brandecker H (1971) Die Gestaltung von Böschungen in Lockermassen und in Fels. Forsch Ber Forschungsges Straßenwesen im Österreichischen Ingenieur- u. Architektenverein 3

Brasser R, Gruner U (2002) Behebung der Felssturzgefahr bei Innertkirchen durch zwei Großsprengungen. Felsbau 20(5):195–202

Bräuer V, Reh M, Schulz P, Schuster P, Sprado K-M (1994) Endlagerung stark Wärme empfindlicher Abfälle in tiefen geologischen Formationen Deutschlands – Untersuchung und Verwertung von Regionen in nichtsalinaren Formationen. BGR-Bericht, Hannover

Braun B (2011a) DIN 18 319 Rohrvortrieb – ihr Umgang mit Hindernissen. tis 53(1/2): 20–25

Braun B (2011b) DIN 18319 Rohrvortriebsarbeiten – ihre Probleme im Umgang mit Steinen und Hindernissen. tis 53(12):50–55.

Brauns J (1978) Wasserverluste und Durchsickerung bei Leckagen in schmalen Dammdichtungen. Schriftenr Dt Verb Wasserwirtsch u Kulturbau 43:27–73

Brauns J (1980) Spreizsicherheit von Böschungen auf geneigtem Gelände. Bauingenieur 55:433–436

Brauns J, Eiswirth M, Hötzl H, Kast K, Ohlenbusch R, Schnell K (2001) Nachweis der Umweltverträglichkeit von Weichgelinjektionssohlen. Bautechnik 78(7):474–489

Braza B, Kitzler Ch (2006) Achraintunnel – Berücksichtigung geotechnischer Aspekte in Planung und Bau. Felsbau 24(1):8–17

Breddin H (1961) Die Grundrisskarten des Hydrogeologischen Kartenwerks der Wasserwirtschaftsverwaltung von Nordrhein-Westfalen. Geol Mitt 1963; 2:393–416

Breidenstein M, Frahm M, Langer L (2015) Steinbühltunnel: Karst und andere Besonderheiten. Tunnel 34(5):22–31

Brem G, Gattermann J (2006 und 2007) Weiterentwicklung der Bohr- und Sprengtechnik im Tunnelbau. In: Taschenbuch für den Tunnelbau, S 95–113 und geotechnik 29 (2):102–108

Breth H (1980) Der Staudammbau, Versuch einer Standortbestimmung anläßlich der Neufassung der DIN 19 700. Wasserwirtschaft 70:116–120

Bretschneider F (2005) Grundwasserneubildung und Grundwasserwiederanstieg im Egge-Gebirge nahe Willibaldessen. Veröffentl 15. Tagung für Ingenieurgeologie, Erlangen, S 399–404

Brinkmann Th, Syhre B, Spang Ch (2011) Felsböschung am Randweg des Hengsteysees zur Gewährleistung der Verkehrssicherheit. Felsbaumagazin 4(5):298–307

Brodbeck M (2010) Klima und Hangkinematik am Beispiel der Großschollenrutschung „Wildenberger Hang", BAB A81, nördlich Heilbronn. 42. Erfahrungsaustausch über Erdarbeiten im Straßenbau, Berichte BAST S 76, 78–86

Brosch FJ, Riedmüller G (1988) Dünne, tonige Trennflächenbeläge als Ursache von Böschungsbewegungen in grobklastischen Sedimenten. Felsbau 6:69–72

Brosch FJ, Riedmüller G, Noher HP (1990) Großscherversuche beim Bau des Murkraftwerkes Rabenstein. Felsbau 8:38–46

Brosch FJ, Kurz W, Klima K (2006) Definition and Characterization of Faults and Fault Rocks. Felsbau 24:13–20

Bruder J (1977) Gipsauslaugung im Schönbuchtunnel bei Herrenberg. Jh geol L-Amt Baden-Württ 19:7–16

Brugger G, Sachs M (2009) Tunnelbau im Wandel von 20 Jahren am Beispiel Roppener Tunnel. Geomech Tunnelling 2(1):47–60

Brunner H, Simon Th (1987) Tektonik und Gipskarst im Bereich des Gründischen Brunnens (TK 25, Bl. 6926 Stimpfach). Jh geol L-Amt Baden-Württ 29:7–22

Brunner M, Enengl E (2011) Citytunnel Waidhofen an der Ybbs – Schwierigkeiten einer oberflächennahen Tunnelherstellung im Kriechhangbereich. Geomech Tunnelling 4(5):576–583

Brust M, Kupetz M (1993) Tiefreichende Erdfälle im Buntsandstein der Windleite als schutzwürdiger geologischer Aufschluss (Kreis Sondershausen, Thüringen). Veröffl. Naturkundemuseum Erfurt 1993, 20–34

Brux G (1998) Einflüsse von Bergwasser auf die Dauerhaftigkeit von Bauwerken – Neue Forschungsergebnisse aus Zürich. Bautechnik 75(12):1025–1028

Brux G (2007) Asbest in Tunnelvortrieben in der Schweiz – Erfahrungen bei den NEAT-Basistunneln. In: Taschenbuch für den Tunnelbau 2007, S 147–164

Buß A, Bär K, Sass I (2008) Geothermisches 3D-Modell für Hessen – Erste Ergebnisse für den Oberrheingraben. Geothermiekongress Karlsruhe

Büchner K-H (1986) „Baugrund". In: Erl geol Kt Niedersachsen 1: 25.000, Blatt 3514 Vörde, S 108–114

Büchner K-H (1991) Die Gefährdung von Bauwerken durch Erdfälle im Vorland des Westharzes. Geol Jb C 59:3–40

Büchner K-H (1996) Gefährdungsabschätzung für die Planung von Bauwerken in erdfallgefährdeten Gebieten Niedersachsens. Z angew Geol 42:14–19

Büchner K-H (2004) Konzepte zur Sicherung von Bauwerken in Karstgebieten. Schriftenreihe TLUG 69:45–52

Büchner K-H, Venzke JF (1987) Die Erdfälle „Sieben Kuhlen" am Nordhang des Grißemer Berges nordwestlich Bad Pyrmont. Ber Naturhist Ges Hannover 129:125–128

Bücker K, Aschenmacher St, Köste, S, Otten B (2006) Nord-Süd Stadtbahn Köln/D, Teil III – Schildfahrt. Tunnel 25(7):10–21

Budach Ch (2010) Neue Untersuchungen zur Konditionierung von Lockergesteinen bei Erddruckschilden. Felsbaumagazin 3(5):308–314

Budach Ch (2012) Neue Einsatzbereiche von Erddruckschilden in grobkörnigen Lockergesteinen auf Basis experimenteller Untersuchungen. Beiträge Spezialsitzung 32. Baugrundtagung Mainz, 147–153

Budach Ch, Thewes M (2013) Erweiterte Einsatzbereiche von EPB-Schilden. geotechnik 36(2):96–103

Bunza G (1993) Massenbewegungen in alpinen Wildbachgebieten und der menschliche Einfluß darauf. Ber 9. Nationale Tagung für Ingenieurgeologie, Garmisch-Partenkirchen, S 63–69

Burbaum U, Sass I (2011) Physikalische Adhäsion von Böden an Feststoffen. Ber. 18. Tagung für Ingenieurgeologie, Berlin, S 303–310

Burbaum U, Sass I (2013) Gebirgsmechanische Ursachen der Risse an Gebäuden und Straßen der Stadt Staufen im Breisgau. 19. Tagung für Ingenieurgeologie, München, Abstracts, S 64

Burbaum U, Sass I, Breuer B (2010) Verklebungseigenschaften von veränderlich festen Tonsteinen am Beispiel des Stuttgarter Lias alpha. geotechnik 33(2):175–178

Burbaum U, Böhme Th, Sass I (2011) Hydroschildvortrieb im Lauenburger Ton: Untersuchungen zur Adhäsivität des Baugrunds. geotechnik 34(1):108–114

Burger D, Haunschmid B (2014) Rutschhänge an der Gerlos Straße. Geomech Tunnelling 7 (3):272Abstracts, S 284

Burger W (2014) Multi-Mode Tunnelvortriebsmaschinen. Geomech Tunnelling 7 (1):18Abstracts, S 30

Burger W, Wehrmeyer G (2013) Einstieg in die Abbaukammer bei Vortriebsmaschinen mit gestützter Ortsbrust. In: Taschenbuch für den Tunnelbau 2013, S 183

Bürkle J, Kuntsche K (2005) Bodenmechanische Untersuchungen an einem Rutschhang in Rheinhessen. Veröffentl. 15. Tagung Ing.-Geol. Erlangen, S 253–258

Busch W (2014) Einsatz der Radar-Interferometrie zur Erfassung von Bodenbewegungen. Vorträge Bergschadensforum 2914 Bergheim, RWE Power

Bussmann W, Rüter H (2011) Induzierte Seismizität und geothermische Energienutzung (1). Erdöl Erdgas Kohle 127(1):14–19

Bussmann W, Rüter H (2011) Induzierte Seismizität und geothermische Energienutzung (2). Erdöl Erdgas Kohle 127(2):75–78

BUWAL (1997) Naturgefahren – Empfehlungen für die Berücksichtigung der Massenbewegungsgefahren bei raumwirksamen Tätigkeiten. Bundesamt f Umwelt, Wald und Landschaft, Bern

Cassani G (2013) „Staatsstraße 212 Val Fortore" – Tunnelvortrieb in baulich komplexen Formationen. Geomech Tunnelling 6(3):197–214

Chabot JD (2002) Entwässerung bergmännischer Tunnel. Tunnel 21(2):18–24

Chiaverio F, Thut A (2010) Chienbergtunnel: Instandhaltung der Hebungsstrecke im Gipskeuper mit Knautschkörpern. Geomech Tunnelling 3(5):573–582

Czech J, Huber H (1990) Gesteinskennwerte aus Laborversuchen. Felsbau 8:129–133

Czopak K, Neumüller E (2009) Baulos LT33 Hofjagdstraße – der Mittelabschnitt des Lainzer Tunnels. Geomech Tunnelling 2(5):513–520

Dae Gap K, Schwarzboeck H (2004) Konzept einer modernen Tunneldokumentation. Tunnel 23(7):56–60

Daldrup J, Klapperich H (2009) Tiefe Geothermie – internationale Projekte und Forschungsansätze. geotechnik 32(2):110–115

Danzer M (2014) Abfallrechtliche Rahmenbedingungen für die Verwertung von Tunnelausbruchsmaterial. Geomech Tunnelling 7(5):411–418

Darcy H (1885) Les Fontaines Publiques de la Ville de Dijon. Dalmont, Paris

Darr E, Fiebig W (2006) Feste Fahrbahn – Konstruktion und Bauarten für Eisenbahn und Straßenbahn. 2. überarb. Aufl. VDEI-Schriftenreihe. Tetzlaff-Hestra, Hamburg

Dauwel L, Mutschler Th, Trifantafyllidis Th, Ecker R (2010) Die Schlossberghöhlen in Homburg (Saar) Ertüchtigung eines Besucherbergwerks im Buntsandstein. 10. Altbergbau-Kolloquium Freiberg. VGE-Verlag, Frankfurt a. M, S 378–390

Dechend W, Merkt J (1970) Der Erdfall von Diehausen. Naturwiss Ver 33: 48–59(Osnabrück)

Deere DU (1963) Technical description of rock cores for engineering purposes. Felsmechanik u. Ingenieurgeologie 1:18–22

Degro W (1978) Geologische und bodenmechanische Untersuchungen der Entstehungsursachen rezenter und fossiler Hangbewegungen im Saarland. Diss. University des Saarlandes, Saarlandes

Dehn F, Richter Th (2002) Einsatz quellfähiger Zementsuspensionen im Spezialtiefbau. Bautechnik 79(7):464–470

Dehner U, Müller U, Schneider J (2007) Erstellung von Planungsgrundlagen für die Nutzung von Erdwärmekollektoren. GeoBerichte 5. LBEG Hannover

Demel N, Koers H, Röder T (2012) Metro Cityring Kopenhagen: Innovatives Grundwassermanagement. Tunnel 31(7): 26–35

Denzel St, Ertel Th, Blankenhorn J (1997) Grundzüge der Grundwassererkundung in Baden-Württemberg. Altlasten-Spektrum 6:218–224

Denzer G, Lächler W (1988) BAB A8 – Modernisierung des Aichelbergaufstieges. Geotechnische Probleme bei der Gründung der Kunstbauwerke im Braunjura. Vorträge Baugrundtagung Hamburg, S 37–52

Deutloff O, Hagelskamp H, Michel G (1974) Über die Erdfallquelle von Bad Seebruch in Vlotho, Ostwestfalen. Fortschr Geol Rheinld u Westf 20:27–46

Deutsch R (2001) Ingenieurgeologische Aspekte beim maschinellen Vortrieb eines Dränage- und Kontrollstollens unter schwierigen Bedingungen. geotechnik 24:117–121

Deutsch R (2003) Veränderung der Durchlässigkeits- und Stabilitätsverhältnisse im Untergrund von Talsperren. Felsbau 21:33–38

Deutsch R (2004) Talsperren in Karstgebieten: Standhalten oder weichen? Ein Rückblick auf 100 Jahre Bau- und Betriebserfahrung. Mitt Ing- u. Hydrogeologie, Aachen, S 91–100

Dietrich M, Gold G (2006) BAB A8 bei Bernau am Chiemsee: Hohe Dammschüttung auf sehr weichem Untergrund. Vorträge Baugrundtagung, Bremen, S 29–37

Dietzel M, Purgstaller B, Leis A, Reichl P, Stadler H, Niedermeyer A, Rinder T, Wagner H (2013) Aktuelle Herausforderungen bei der Versinterung von Tunneldränagen – Modellierungsansätze, Monitoringwerkzeuge und Präventionsstrategien. Geomech Tunnelling 6(6):743–753

Dissauer J, Präsent G, Schwab P (2009) Brucker Schnellstraße S35 Baulos 22 – Vortriebe im Serpentinit. Geomech Tunnelling 2(5):483–491

Distelmeier H, Breuninger P, Reisinger P (1986) Druckluft als Bauhilfsmaßnahme im Tunnelbau. Sonderdruck der Tiefbau-Berufsgenossenschaft „Die sichere Anwendung der Spritzbetonbauweise unter Druckluft"

Dittrich D (2008) Schertektonik im triassischen Deckgebirge der nordwestlichen Trierer Bucht. Teil 1. Mainzer geowiss Mitt 36:69–104

Dittrich D (2009) Schertektonik im triassischen Deckgebirge der nordwestlichen Trierer Bucht, Teil II. Mainzer geowiss Mitt 37:77–129

Dittrich D (2011) Schertektonik im mesozoischen Deckgebirge der südöstlichen Trier-Luxemburger Bucht – Teil I. Mainzer geowiss Mitt 38:7–86

Dittrich D (2012) Schertektonik im mesozoischen Deckgebirge des südöstlichen Trier-Luxemburger Bucht – Teil II. Mainzer geowiss Mitt 40:79–146

Dittrich D (2013) Schertektonik im mesozoischen Deckgebirge der südöstlichen Trier-Luxemburger Bucht – Teil III. Mainzer geowiss Mitt 41:123–212

Doe ThW, Zieger M, Enacheslu, C, Böhner J (2006) In Situ Stress Measurements in Exploratory Boreholes. Felsbau 24(4):39–47

Dollowski P, Erichsen C (2009) Der Katzenbergtunnel: TVM-Vortrieb im Fels mit einschaligem Tübbingausbau und 9 bar Wasserdruck aus Sicht der Bauaufsichtsbehörde Eisenbahn-Bundesamt. geotechnik 31(2):172–178

Dölzlmüller J, Chwatal W, Marschallinger R, Seinberl W, Stadlmann Th (2000) Geophysik während unterschiedlicher Phasen der Vorerkundung. Felsbau 18(5):104–111

Dommaschk P (2009) Massenbewegungen. In: Pälchen W (Hrsg) Geologie von Sachsen II. Schweizerbart, Stuttgart, S 261–265

Domberger G, Reichl P (2008) Nutzungsmöglichkeiten von Tunnelabwasser aus hydrogeologischer Sicht. Felsbaumagazin 4:212–218

Donel M (1987) Zur Vielfalt der Injektionsmöglichkeiten bei der Herstellung von Untertagebauwerken. Berg- u. Hüttenmänn. Monatshefte 132:453–459

Donié C (1993) Bergzerreißungs- und Talzuschuberscheinungen im Helvetikum – zwei Fallbeispiele. Ber. 9. Nationale Tagung Ingenieurgeologie, Garmisch-Partenkirchen, S 22–32

Dörrhöfer G, Fritz J (1991) Synoptische geowissenschaftliche Untersuchungen zur Erkundung der Integrität der Geologischen Barriere in Tonsteinen am Beispiel der Sonderabfalldeponie Münchehagen, Niedersachsen. Geol Jb A 127:161–194

Drozdzewski G (1988) Die Wurzel der Osnig-Überschiebung und der Mechanismus herzynischer Inversionsstörungen in Mitteleuropa. Geol Rdsch 77(1):127–141

Drucker P, Auer J (2007) Auswirkungen zufolge Beherrschung des Grundwassers beim Auffahren zweier Tunnel in Wien mit unterschiedlichen Vortriebsmethoden und in unterschiedlicher Geologie. Gruppe Geotechnik Graz, H. 30, Beiträge zum 22. Christian Veder Kolloquium, S 277–291

Duddeck H (1990) ITA-Richtlinien für den konstruktiven Entwurf von Tunneln. In: Taschenbuch für den Tunnelbau 1990, S 137–182

Duddeck H, Geissler H, Schrewe F (1992) Tunnelbau in Erdfallgebieten. AET (Archiv für Eisenbahntechnik) 44:157–165

Düllmann J, Hollmann F (2011) Auswahl der untertägigen Umbauposition einer Mixschildvortriebsmaschine bei wechselhaften Baugrundverhältnissen auf Basis der vortriebsbegleitenden ingenieurgeologischen Dokumentation am Beispiel des Finnetunnels. Felsbaumagazin 3:167–173

Düllmann J, Alber M, Plininger RJ (2014) Bewertung des Abrasivität von Lockergesteinen mit Indexverfahren und herkömmlichen Bodenkennwerten. Geomech Tunnelling 7(1):87–97

Düllmann J, Pinninger R, Alber M (2009) Analyse des Ausbaus von Inklinometermessstellen und dessen Einfluss auf das Messergebnis. Veröffentl. 17. Tagung für Ingenieurgeologie, Zittau, S 85–89

Düllmann J, Plinninger R, Alber M (2010) Der Einfluss des Messstellenausbaus auf Inklinometermessungen an Felsscherflächen. geotechnik 33(2):152–156

Dümmer M, Müller L (1990) Durchlässigkeitsuntersuchungen zur Erkundung des Untergrundes von Deponien und Altlasten in der Herforder Lias-Mulde. Z dt geol Ges 141:294–300

Dupuit J (1883) Etudes theoretique et pratiques sur le mouvement des eaux dans les canaux decouverts et a travers les tertains permeables. Dunot, Paris

Dürrwang R (1984) Brückengründungen mit Großbohrpfählen in verwittertem Fels auf der Grundlage von Pfahlversuchen. Felsbau 2:195–199

Dürrwang R (1997) Pfahltragfähigkeiten im Grenzbereich Lockerboden–Fels. geotechnik 20:168–175

Dürrwang R, Vogel H, Aderhold G (2011) Rutschungssanierung mittels Großbohrpfählen am Beispiel Weltnaturerbe Grube Messel bei Darmstadt. Ber. 18. Tagung für Ingenieurgeologie, Berlin, S 283–289

Ebady SB, Kowalewski JB (1994) In-situ-Untersuchungsmethoden in Bohrlöchern zur Ermittlung der Wasserdurchlässigkeit. In: Taschenbuch für den Tunnelbau 1994, S 23–70

Eckart M, Gzyl G, Kories H, Metz M, Rengers R (2006) Modellierung von Grubenflutungen in Wechselwirkung mit Deckgebirgs-Grundwasserleitern. 6. Altbergbau-Kolloquium Aachen, S 127–136

Eckart M, Klinger Ch, Unland W, Rengers R, Metz M, Blanchere A (2005) Prognose der Flutungsauswirkungen im Steinkohlenbergbau. 5. Altbergbau-Kolloquium Clausthal, S 401–414

Edelhoff D, Torkhani J, Breidenstein M, Handke D (2015) Der Boßlertunnel – Längster Tunnel der Neubaustrecke Wendlingen – Ulm. Tunnel 34(7):16–31

Eder St, Schwart L, Galler R (2004) Erfahrungen mit der Richtlinie für die geomechanische Planung von Lockergesteinsvortrieben. Proc ISRM-Symposium „Eurock" und 53. Geomechanik-Kolloquium Salzburg, S 37–40

Egli H, Langmaack L (2008) Erddruckgestützter Schildvortrieb – Chancen und Risiken. Felsbaumagazin 3:149–Egli0

Ehrbar H, Höfle H (2008) Teilabschnitt Sedrun: Druckhaftes Gebirge erfolgreich durchörtert. Tunnel 27(4):41–46

Ehrbar H, Bremen R, Otto B (2010) Gotthard Basistunnel – Tunnelbau im Einflussbereich von zwei Bogenmauern. Geotechnics Tunnelling 3(5):428–441

Ehrbar H, Wildbolz A, Priller A, Seiler A (2013) Injektionsmaßnahmen am Gotthard-Basistunnel. Geomech Tunnelling 6(3):215–246

Eidner M, Fischer S, Richter Th, Pedall A, Weissmann A (2010) Konzept dauerhafter Sanierung und geophysikalischer Nachweis einer erfolgreichen Verwahrung der Feldspat- und Kaolingrube „Bavaria", Grubenfeld „Kalkhäusl" bei Weiden/Opf. 10. Altbergbau-Kolloquium Freiberg. VGE-Verlag, Frankfurt a. M, S 401–418

Eimersleben A (2010) Lastabtragsverhalten von Geozellen zur Stabilisierung mineralischer Tragschichten unter statischer und zyklischer Belastung. Schriftenreihe IGMC Clausthal, H 19

Einsele G, Heitfeld K-H, Lempp Ch, Schetelig K (1985) Auflockerung und Verwitterung in der Ingenieurgeologie: Übersicht, Feldansprache, Klassifikation (Verwitterungsprofile). In: Heitfeld K-H (Hrsg) Ingenieurgeologische Probleme im Grenzbereich zwischen Locker- und Festgesteinen. Springer, Berlin, S 2–24

Eisbacher GH (1991) Einführung in die Tektonik. Enke, Stuttgart

Eisbacher GH (1996) Einführung in die Tektonik. 2. Aufl. Enke, Stuttgart

Eisenbraun J, Rommel W (1986) Rutschungen in Keupergesteinen des Strombergs (Baden-Württemberg). Jber Mitt oberhein geol Ver NF 68:271–285

Eissele K, Kobler H-U (1973) Fossile Massenverlagerungen an Muschelkalkhängen des oberen Neckars (Baden-Württemberg) und ihre Bedeutung für die Bebauung. Proc Symp. IAEG „Erdfälle und Bodensenkungen", Hannover, T 4, J 1–7

Ellenberg J (1982) Die Subrosion im Werra-Kaligebiet der DDR, quartärgeologische, geomorphologische und tektonische Aspekte. Z geol Wiss 10:61–71

El-Mossallamy Y, Dürrwang R (2006) Bauwerke in instabilen Hängen – Fallbeispiele. Vorträge Baugrundtagung, Bremen, S 343–348

Engel J (2002) Korrelationen für feinkörnig-bindige, mineralische Böden. Bautechnik 79(2):91–100

Engel J (2002) Berechnungskennwerte feinkörnig-bindiger, gesättigter Böden – Näherungsverfahren. Bautechnik 79(3):167–177

Engel J, Lauer C (2003) Ergebnisse von Belastungsversuchen an unverbauten, unterirdischen Hohlräumen. Bauingenieur 78:131–137

Engels W, Katzenbach R (1992) Wälsebachtalbrücke – Eine außergewöhnliche Brücke im Erdfallgebiet. ETR, New Orleans, S 263–287

Engl DA (2011) Ein neues Verfahren zur Deformationsanalyse von Kriechhängen in Boden und Fels – Konzepte, Anwendungsbereiche, Grenzen. Rundbrief Nr. 19 Fachsektion Ingenieurgeologie der DGGT, S 14–18

Engl DA, Fellin W, Zangerl C (2008) Scherfestigkeiten von Scherzonen-Gesteinen – Ein Beitrag zur geotechnischen Bewertung von tektonischen Störungen und Gleitzonen von Massenbewegungen. Bull angew Geol 13(2):63–81

Englert K (2002) Aktuelle Rechtsprechung zum Baugrundrisiko. GEOLEX 1:42–45

Englert K (2006) Der Baugrund als Baustoff: Rechtsfolgen für die Baupraxis. Vorträge Baugrundtagung, Bremen, S 211–218

Entacher M, Fuchs B (2016) Erfolgs-, Baugrund- und Systemrisiko – Eine Beispielsammlung für den Spezialtiefbau. geotechnik 39(3):205–211

Entacher M, Reichel P, Resch D, Galler R (2011) Wiederverwertung von Tunnelausbruchmaterial – Abfallrecht im Berg- und Tunnelbau. Geomech Tunnelling 4(6):692–701

Entenmann W (1992) Das hydrogeologische Beweissicherungsverfahren für Hausmülldeponien. Teil 1: Verfahren, Fallbeispiele, Erkundung und Erfassung hydraulischer Daten. Clausth Geol Abh 49

Entenmann W (1998) Hydrogeologische Untersuchungsmethoden von Altlasten. Springer, Heidelberg

Erichsen C (2002) Geotechnische Modelle oder Klassifizierung des Baugrundes als Grundlage für den Entwurf und die Ausführung von Felsbauwerken. geotechnik 25:147–152

Erichsen C, Keddi W (1991) Das Tragverhalten vermörtelter Anker und Entwicklung eines neuen Ankertyps. Geotechnik Sonderheft (1991):10–21

Erichsen C, Kurz G (1995) Sanierung eines alten im quellenden Gipskeuper gelegenen Eisenbahntunnels. In: Taschenbuch für den Tunnelbau 1995, S 183–202

Erichsen C, Rotermund G, Züchner F (2004) Die Unterfahrung des Stuttgarter Hauptfriedhofs. geotechnik 27(2):142–147

Erichsen C, Tegelkamp M, Wittke-Gattermann P, Züchner F (2007) Auffahren großer Tunnelquerschnitte im Bereich der Bebauung im Stuttgarter Talkessel und der Messe. Geotechnik 30(4):256–263

Ernst Ch, Witt KJ (2016) In-situ-Bestimmung von effektiven Scherparametern in rutschgefährdeten Schichten im Oberen Buntsandstein. geotechnik 39(2):110–118

Ewert F-K (1979) Untersuchungen zu Felsinjektionen. Teil I: Fallstudien, WD-Versuche, spezifische Durchlässigkeitskennwerte. Münst Forsch Geol Paläon 49

Ewert F-K (1981) Untersuchungen zu Felsinjektionen. Teil II. Münst Forsch Geol Paläon 53

Ewert F-K (1985) Rock-Grouting with Emphasis on Dam Sites. Springer, Berlin

Ewert F-K (1987) Betrachtungen zum Verpressdruck bei Felsinjektionen. Felsbau 6:125–130

Ewert F-K (2004) 70 Jahre Erfahrungen mit WD-Versuchen – wozu sind sie nützlich? geotechnik 27(1):19–23

Ewert F-K (2005) Das Aufreißverhalten von Trennflächen im Fels und seine Bedeutung für die erfolgreiche und wirtschaftliche Ausführung von Injektionen. www.eike-klima-energie.eu/wp-content/uploads/2016/12/Trennfl-dt.pdf

Eymer W, Oppermann St, Redlich R, Schürmann M (2005) Grundlagen der Erdbewegung. 2. Aufl. Kirschbaum, Bonn

Falkner F-J, Adam C, Paulmichl I, Adam D, Fürpaß J (2010) Der Impulsverdichter zur mitteltiefen Verdichtung und Verbesserung von Böden – Innovative Gerätetechnik, numerische und experimentelle Untersuchungen, Anwendung. Gruppe Geotechnik Graz, H 30. Beiträge zum 25. Christian Veder Kolloquium, S 183–198

Fasching A, Gaich A, Schubert W (2001) Data acquisition in engineering geology: An improvement of acquisition methods for geotechnical rock parameters. Felsbau 19:93–101

Fasching F, Vanek R (2011) Ingenieurgeologische Charakterisierung von Störungsgesteinen und Störungszonen. Geomech Tunnelling 4(3):181–194

Fecker E (1995) Untersuchungen von Schwellvorgängen und Erprobung von Auskleidungskonzepten beim Freudensteintunnel. In: Taschenbuch für den Tunnelbau 1995, S 165–182

Fecker E (1997) Geotechnische Messgeräte und Feldversuche im Fels. Enke, Stuttgart

Fecker E, Lux K-N (2001) Bildgebende Messsysteme in Bohrungen. geotechnik 24:123–128

Fecker E, Reik G (1996) Baugeologie. Enke, Stuttgart

Fecker E, Blahoslav K, Rybar J, Stembergk J (1999) Beobachtung rezenter tektonischer Bewegungen im Wattkopftunnel bei Ettlingen. Jber Mitt oberhein geol Ver NF 81:355–364

Feeser V, Peth St, Koch A (2001) Löss-Sackung; Ursachen – experimentelle Bestimmung – Berechnung – Prävention. geotechnik 24:107–116

Feinendegen M, Ziegler M, Spagnoli G, Weh M, Neher H, Fernandez-Steeger T, Stanjek H (2010) Grenzflächenprozesse zwischen Mineral- und Werkzeugoberflächen – Verklebungsproblematik beim maschinellen Tunnelvortrieb mit Erddruckschilden. geotechnik 33(2):80–184

Feistmantl K, Keinprecht M, Bonapace P, Braun M (2005) Tunnelvortriebe im Schutze von DVS-Sicherungen. Felsbau 23(5):149–155

Feistmantl K, Keinprecht M, Palla R (2009) Hohe Anforderungen an das Düsenstrahlverfahren im Tunnelbau. Felsbaumagazin 2:104–112

Felfer W (2006) Oriented Measurement of Geological Discontinuities – Imaging Methods in Borehole Logging. Felsbau 24(4):17–22

Fellenius W (1948) Erdstatische Berechnungen mit Reibung und Kohäsion (Adhäsion) und unter Annahme kreiszylindrischer Gleitflächen. 4. unveränd. Aufl. Ernst, Berlin

Fellin W (2011) Abschätzen der Standsicherheit von annähernd unendlich langen Kriechhängen. geotechnik 34(1):22–31

Fenk J (2002) Prognose von Senkungen der Tagesoberfläche über einem stillgelegten Solfeld. 2. Altbergbau-Kolloquium Clausthal, S 222–231

Fenk J, Ast W (2004) Geotechnische Einschätzung bruchgefährdeten Baugrunds. geotechnik 27(1):59–65

Fernandez-Steeger TM, Feinendegen M (2013) Verklebungen in der EPB-Praxis: Auftreten, Einflüsse und Quantifizierung. 19. Tagung für Ingenieurgeologie, München, Abstracts, S 11

Fernandez-Steeger TM, Hu H, Wiatr Th, Reicherter K, Assam R (2011) Qualifizierung der räumlichen Grenzflächenrauigkeiten aus LiDAR-Daten. 19. Tagung für Ingenieurgeologie, Berlin, S 47–51

Festl J, Singer J, Thuro K (2009) Kalibrierung von TDR Deformationsmessungen für Hangbewegungen. 17. Tagung für Ingenieurgeologie, Zittau, S 397–400

Feuerbach J (1996) Bodenverbesserung mit dem Hydro-Zementations- und mit dem Fräs-Misch-Injektionsverfahren. Beton-Informationen 36:3–8

Feuerbach J, Lauterbach M (2012) Anwendung von Rasengitterplatten auf geneigten Flächen als Erosionsschutzsystem im Zuge der Böschungssicherung an der Steilküste von Lohme auf Rügen. Geotechnik 35(2):130–134

Fewson H, Schumacher N (2006) Bau des GkN-Zwischenlagers Neckarwestheim. geotechnik 29(2):109–113

Filipponi M (2013) Karst-ALEA Methode: Vom speläogenetischen Konzept zu einer Methode zur Beurteilung des Karstrisikos für den Untertagebau. 19. Tagung für Ingenieurgeologie, München, Abstracts, S 20

Fillibeck J (2013) Prognose von Oberflächensetzungen beim Tunnelvortrieb – Teil II: Möglichkeiten und Grenzen der Finite-Element-Berechnung. geotechnik 36(2):104–112

Fillibeck J, Höfle R, Vogt N, Zaunseder M (2008) Risiko von Setzungsschäden beim U-Bahn-Bau. Felsbaumagazin 2:76–84

Fillibeck J, Vogt H, Döbler G, Eicher L (2005) Spritzbetonvortriebe im Grundwasser für den U-Bahnbau in München. Felsbau 23(5):113–121

Finkenwirth A (1968) Böschungsrutschungen bei der Aufschlitzung des Braunhäuser Tunnels (Hauptstrecke Bebra-Göttingen) der Deutschen Bundesbahn. Fortschr Geol Rheinld u Westf 15:441–462

Finkenwirth A, Holtz S (1974) Entstehung und Alter des Erdfalls „Seeloch" bei Bad Hersfeld (Nordhessen). Notizbl hess L-Amt Bodenforsch 102:207–214

Fischer P, Wildhagen E (2006) Boxmodell – ein Planungsverfahren bei der strategischen Grubenwasserplanung der DSK. 6. Altbergbau-Kolloquium, Aachen, S 139–149

Fischer R, Schulz G (1995) Ingenieurgeologisch-felsmechanische Laboruntersuchungen für zwei Tunnelbauwerke im Buntsandstein in Sachsen-Anhalt. Sonderheft Geotechnik 10. Nationale Tagung für Ingenieurgeologie, Freiberg, S 287–294

Fleer A, Timmermann K, Guder W, Weyand C (2013) Zum Monitoring von Bodenbewegungen mit Radarsystemen im Forschungsprojekt GMES4Mining. Markscheidewesen 120(3):26–33

Fleischer P, Heibaum M (2012) Geosynthetische Tondichtungsbahnen („Bentonitmatten") für Wasserbauwerke. Gruppe Geotechnik Graz, Beiträge zum 27. Christian Veder Kolloquium, S 257–272

Floss, R (1997) Zusätzliche Technische Vertragsbedingungen und Richtlinien für Erdarbeiten im Straßenbau, ZTVE-StB94, Kommentar mit Kompendium Erd- und Felsbau. -2. Aufl. 543 S,. Kirschbaum, Bonn

Floss R (1997, 2006, 2011) Handbuch ZTVE-Kommentar mit Kompendium Erd- und Felsbau. Versch. Aufl. Kirschbaum, Bonn

Fluder A, Förster B (2005) A19 Straßentunnel Flims – Wasserhaltung als technische Herausforderung. Felsbau 23(5):133–139

Flum D, Rodunger A, Engl D (2010) Anwendung von flexiblen Netzabdeckungen zur Sicherung in Felsböschungen – Erkenntnisse aus Großfeldversuchen, Folgerungen für die Praxis. Felsbaumagazin 1:26–37

Flury S, Priller A (2008) Teilabschnitt Fiado. Tunnel 27(4):47–51

Frahm M, Langer L (2015) Karst als Herausforderung beim Bau des Steinbühltunnels. Der Eisenbahn-Ingenieur 4:28–33

Franke D (2008) Verdichtungsdruck bei leichter Verdichtung. Bautechnik 85(3):197–198

Franke E (1974) Langfristige Rutschungen von Einschnittböschungen und eines natürlichen Hanges. Spezialsitzung Baugrundtagung Frankfurt/M.-Höchst, S 99–134

Franke E (1976) Langzeitrutschungen. Drei Beispiele aus der Praxis und kritischer Überblick über die bisherige Entwicklung der Erkenntnisse. Bautechnik 53:97–105

Franke E, Mader H, Schetelig K, Schneewolf U (1985) Anisotropie des Eigenspannungszustandes der wechsellagernden Locker- und Festgesteinsschichten des Frankfurter Raumes. In: Heitfeld K-H (Hrsg)

Ingenieurgeologische Probleme im Grenzbereich zwischen Locker- und Festgesteinen. Springer, Berlin, S 399–416

Franke W, Paul J, Schröder H G (1977) Stratigraphie, Fazies und Tektonik im Gebiet des Leinetal-Grabens (Trias, Tertiär). Exkursionsführer Geotagung 1977. Bd II, S 41–62

Franzius L (1988) Verpressung durch Gipsauslaugung bedingter Hohlräume im Untergrund der Staustufe Hessigheim. Geotechnik Sonderheft 1988: 85–90

Frei W (2015) Seismische Kartierung der Gipsauslaugungsphänomene um den Dolinensturz auf dem Mühlfeld bei Reutte i. T. 17.Geoforum Unhausen, Tirol, S 31–46

Frenz W (2009) Bergrechtliche Kausalität bei Geothermiebohrungen. Schriftenr GDMB 119:35–45

Frenzl R, Wittke W, Pierau B (2005 und 2007) Bewertung von zwei Planungsvarianten für einen Straßentunnel mithilfe einer Risikoanalyse. In: Taschenbuch für den Tunnelbau 2007, S 293–307 und geotechnik 28 (4):246–251

Freudenthaler A, Seren S, Fasching A, Mayr W (2010) Komplexe geophysikalische Erkundung der Neubaustrecke Salzburg – Raum Seekirchen – Ein Fallbeispiel großräumiger, integrativer Anwendung. Gruppe Geotechnik Graz, H 38, Beiträge zum 25. Christian Veder Kolloquium, S 215–228

Fricke S, Schön J (1999) Praktische Bohrlochgeophysik. Enke, Stuttgart

Friebel W-D, Kaundinya I, Thewes M, Vollmann G (2013) Ausführungsmöglichkeiten von Rettungsstollen bei deutschen Straßentunneln. In: Taschenbuch für den Tunnelbau 2013, S 21–48

Friedrich T, Lux J-P, Terwelp T (2006) Bewertung von Bruchwahrscheinlichkeiten und Ableitung von Einwirkungsbereichen am Beispiel der ehemaligen Gipsgrube Stieghorst bei Bielefeld. 6. Altbergbau-Kolloquium, Aachen, S 197–107

Frieg B, Pingel R (2006) Wireline Drilling Technique in Combination with Borehole Testing and Logging. Felsbau 24(4):8–16

Frodl S, Franzius JN, Bartl Th (2010) Planung und Bau der Tunnel-Geothermieanlage Jenbauc. Geomech Tunnelling 3(5):658–668

Fross M (2015) Über Bauwerkssetzungen. VÖBU, Wien

Frühauf W, Scholz M (2005) Innovative Lösungen zur wirtschaftlichen Herstellung großer Verkehrstunnel. Felsbau 23(1):15–25

Frühauf W, Stoiberer H (2005) Feste Fahrbahn in geotechnisch und hydrotechnisch problematischem Baugrund. Felsbau 23(1):26–32

Fruth Ch (2012) Neuer Kaiser-Wilhelm-Tunnel in Cochem – Bestandssicherung in der Oberstadt mit soil-Injektionen. Beiträge Spezialsitzung 32. Baugrundtagung, Mainz, S 155–158

Furtmüller G, Marschallinger R (2003) Tunneldokumentation mittels 2DOC. Zeitgemäßes Management komplexer Geodaten beim Tunnelvortrieb. Felsbau 21:17–20

Furtmüller G, Gusenbauer F, Scholz M, Radauer I, Sedlacek Ch (2004) Dokumentation und Kommunikation komplexer Tunnelvortriebsdaten – Erfahrungen beim Einsatz von 2doc® im Zuge des Vortriebs Vomp-Terfens. Proc ISRM-Symposium „Eurock" und 53. Geomechanik-Kolloquium Salzburg, S 65–68

Gabener HG, Oligmüller L, Wulff M, Hicking W (2010) Einsatz von ATDS bei Schildvortrieben und Analyse der gemessenen Senkungen. In: Taschenbuch für den Tunnelbau 2010, S 53–80

Gaich A, Pötsch M (2015) 3D-Bilder für die Datenerfassung im Tunnelbau – Anwendung und aktuelle Entwicklungen. Geomech Tunnelling 8(6):581–588

Gaich A, Pötsch M (2016) 3D-Bilder zur digitalen Ortsbrustdokumentation bei TBM-Vortrieben – Anwendung beim Koralmtunnel, Baulos KAT 2. Geomech Tunnelling 9(3):210–221

Gallemann Th (2013) Monitoring einer Rutschung im digitalen Zeitalter: Sind Messuhr und Zollstock noch zeitgemäß? 19. Tagung für Ingenieurgeologie, München, Abstracts, S 39

Galler R (2015) Ressourceneffiziente Verwendung von Tunnelausbruchmaterial. Tunnel 34(7):44–59

Galler R, Handke D, Nolden M (2014) Ermittlung leistungs- und vergütungsrelevanter Parameter für TVM-Vortriebe – Stand der Technik und Ausblick. Geomech Tunnelling 7(5):511–519

Galli M, Thewes M (2014) Untersuchungen für den Einsatz von Erddruckschilden in schwierigem Baugrund. Geomech Tunnelling 7(1):31–44

Gallmeister K, Schetelig K, Azzam R (2007) Qualitätsprüfung von Bodenproben hoher Güte mit Hilfe von CT-Analysen. 16. Tagung für Ingenieurgeologie, Bochum, S 223–228

Gamisch Th, Girmscheid G (2008) Versinterungsprobleme in Bauwerksentwässerungen. Beuth, Berlin

Gamper Ch (2014) Vollausbruch versus Teilausbruch bei der NÖT. Geomech Tunnelling 7(5):491–502

Gamper Ch, Knapp M, Fiest Th (2009) Jenbach Tunnel – oberflächennaher Schildvortrieb. Geomech Tunnelling 2(5):494–501

Gattermann J, Hirsch D (2001) Risikopotenziale beim Ulmenstollenvortrieb großer Tunnelquerschnitte. In: Unterirdisches Bauen 2001. Wege in die Zukunft. Vorträge der STUVA-Tagung 2001 in München. Korrigierte Fassung; Forschung und Praxis, U-Verkehr und unterirdisches Bauen. Bertelsmann, Gütersloh, S 163–168

Gattermann J, Kiel R (2004) EPB-Vortriebe im Fels–Verbreiung des Gesteins, erforderliches Drehmoment und Verrollung. geotechnik 27(2):208–213

Gaulhofer H, Schwaiger R, Podjadtke R (2008) Stauchelement mit Widerstandsverstärkung. Tunnel 27(8):40–43

Gehring K-H (1995) Leistungs- und Verschleißprognosen im maschinellen Tunnelbau. Felsbau 13:439–448

Gehring K-H (2009) Der Einfluss von TBM-Konstruktion und Maschineneigenschaften auf Leistung und Werkzeugverbrauch im Gestein. Geomech Tunnelling 2(2):140–155

Gehring M, Kassel A, Schütz P (2008) Vortriebsbegleitende seismische Vorauserkundung im City-Tunnel Leipzig/D. Tunnel 27(4):80–87

Geissler H (1986) Sulfat im Untergrund von Ingenieurbauwerken sowie Konzepte für Sanierungsmaßnahmen. Mitt Ing- u Hydrogeol Aachen 24:93–117

Geissler H (1994) Die Tunnel im Nordabschnitt der Schnellbahnstrecke Hannover-Würzburg. Beih Ber naturhist Ges Hannover 11:1–73

Geissler H, Hanisch J, Leichnitz W (1987) Sanierung des Gebirgstragringes in einem stark wasserführenden Tunnelabschnitt mittels Injektion – Neubaustrecke Hannover–Würzburg der Deutschen Bundesbahn, Rauhebergtunnel. Ber. 6. Nationale Tagung für Ingenieurgeologie, Aachen, S 283–289

Geissler H, Möker H (1993) Untergrundsanierung beim Ausbau der Werratal-Brücke im Zuge der Bundesautobahn A 7 Hannover – Kassel. In: Widmann R (Hrsg) Grouting in Rock and Concrete/Injizieren in Fels und Beton: Proc Int Conference, Salzburg, Austria, 11–12 October. Balkema, Rotterdam, S 275–280

Geissler H, Möker H, Sauer G, Schrewe F (1982) Tunnelplanung der Deutschen Bundesbahn in erdfallgefährdetem Gebiet NBS Hannover-Würzburg, Leinebusch-Tunnel. Rock Mechanics (Suppl 12):63–73

Gerlach R (2012) Oberflächennaher Abbau von Lehm, Mergel und anderen Sedimenten – Auswirkungen auf die Tagesoberfläche im Lössgebiet aus archäologischer Sicht. Vorträge Bergschadensforum Elsdorf. www.rwe.com/web/cms/mediablob/de/2385706/data/2374338/3/rwe-power-ag/energietraeger/braunkohle/bergschaeden/downloads/Beitraege-Bergschadensforum-2012.pdf, S 65–78

Gerstner R, Tentschert E, Vigl L (2001) Quantifizierung oder Qualifizierung geologischer Parameter für TBM-Vortriebe. Felsbau 19:107–113

Geyer O, Gwinner MP (1986) Geologie von Baden-Württemberg. 3. neubearb. Aufl. Schweizerbart, Stuttgart

Giacchetti G, Arndt M (2012) Berechnungsmodell für flexible Vernetzungen und Bodenvernagelungen – BIOS: Best Improvement of Slope. Mining Geo 1:116–124

Girmscheid G, Gamisch T (2005) Härtestabilisation reduziert Instandhaltungskosten von Tunneln (I und II). Tunnel 24 (5):38–45(I) und 24 (6):20–35(II)

Girmscheid G, Moser S (2001) Roboterisierte Felssicherung mit Spritzbeton – Entwicklung der Prozesssteuerung des vollautomatischen Applikationsprozesses. Bauingenieur 76:135–145

Girmscheid G, Gamisch T, Meinlschmidt A (2003a) Versinterung von Tunneldrainagen – Empfehlungen für die Planung und Bauausführung von Tunneln in deszendenten Wässern. Bauingenieur 78:478–487

Girmscheid G, Gamisch T, Meinlschmidt A (2003b) Versinterung von Tunneldrainagen – Empfehlungen für die Instandhaltung von Tunneln. Bauingenieur 78:562–570

Glawe U, Blümling P (1997) Felsmechanische Daten, In-situ-Spannungen und Berechnungen für den Standort Wellenberg. Felsbau 15:440–447

Glitsch W, Spang Ch (2009) City-Tunnel Leipzig – Grundwasserkommunikationsanlagen. In: Taschenbuch für den Tunnelbau 2009, S 39–92

Gödecke J-H, Gödecke H-J (2010) Bodenverflüssigung bei Erdbeben – Rechnerischer Nachweis mit Lasteinwirkung und Bodenwiderständen. Bautechnik 87(10):604–613

Gödecke H-J, Eberl J, Gödecke J-H (2003) Fallbeispiele kostenoptimal behandelter Hangrutschungen. Bautechnik 80(12):885–895

Gödecke H-J, Viedenz U, Gödecke J-H (2012) Flachgründung einer 400-kV-Schaltanlage am Kaspischen Meer – Mit Grundbruchnachweis bei Liquefaktion. Bautechnik 89(9):653–657

Goldberger H, Stärk A (2009) Lainzer Tunnel Baulos LT 31 – Ulmenstollenvortrieb in Wien. Geomech Tunnelling 2(5):521–530

Goldscheider M (2014) Mechanik des Kriechens von Böschungen und Hängen. geotechnik 37:259–270

Goldscheider M, Gudehus G (1974) Verbesserte Standsicherheitsnachweise. Vorträge Baugrundtagung, Ffm-Höchst, S 99–127

Goldscheider M, Hettler A (2011) Zur Gleitkreisberechnung ohne Lamellen nach DIN 4084. geotechnik 34(3):181–192

Goldscheider M, Lizcano-Pelaez A (2003) Standsicherheitsuntersuchungen für ein räumliches Böschungssystem. Teil 1: Grundlagen. Bautechnik 80(12):875–884

Gollegger J, Marcher Th (2004) Festlegung geomechanischer Daten, Rechenparameter und geomechanischer Modelle nach ÖGG-Richtlinie – ein Erfahrungsbericht. Proc ISRM-Symposium „Eurock" und 53. Geomechanik-Kolloquium Salzburg, S 31–36

Gollegger J, Priller A, Rausch M (2009) Einsatz von offenen Tunnelbohrmaschinen bei druckhaftem Gebirge im Gotthard Basistunnel. Geomech Tunnelling 2(5):591–600

Gollub P, Klobe B (1995) Tiefe Baugruben in Berlin: Bisherige Erfahrungen und geotechnische Probleme. geotechnik 19:115–121

Golser J, Burger D (2001) Bolu-Tunnel – Tunnelbau im nordanatolischen Erdbebengebiet. Felsbau 19:179–185

Golwer A, Prinz H (1969) Korrosionserscheinungen in tertiären Karbonatgesteinen im Untermaingebiet. Notizbl hess L-Amt Bodenforsch 97:243–257

Goodman RE (1993) Engineering Geology-Rock in Engineering Construction. Wiley, New York

Götz HP, Vardap M (1976) Zusammenhänge zwischen der Auflockerung und Gesteinsentfestigung im druckhaften Gebirge. Jahresbericht 1975 SFB 77 Felsmechanik, University of Karlsruhe, S 171–174

Götz J, Meyer L (1999) Neue wirtschaftliche Gründungskonstruktionen für nicht unterkellerte Wohnhäuser. Bautechnik 76(4):311–315

Grabe J (2000) Verdichtung rolliger Böden. geotechnik 23:162–169

Grabe J (2000) Eisenbahnhochgeschwindigkeitsstrecken. Mitt Inst f Geotechnik TH Darmstadt 33:63–84

Grabe J, König F (2006) Zeitabhängige Traglaststeigerung von Verdrängungspfählen. Vorträge Baugrundtagung Bremen, S 291–298

Grabe J, Hamann T, Qiu G (2013) Osterbergprobebelastung – Zur Interpretation der Messung von Spitzendruck und Mantelreibung. Beitr. 28. Christian Veder Kolloquium, Graz, S 145–162

Grabe J, Puckert T, Busch P (2012) Experimentelle und numerische Untersuchungen zur Herstellung von Vollverdrängungspfählen. Vorträge 32. Baugrundtagung, Mainz, S 75–81

Grabert H (1998) Abriß der Geologie von Nordrhein-Westfalen. Schweizerbart, Stuttgart

Graf F, Kohl Th, Megel Th, Fuchs R (2001) Hydraulic-geothermal modelling of the Koralm-tunnel into rock mass classification. Felsbau 19(6):54–59

Graf N (2000) Ingenieurgeologische Dokumentation „Egge-Tunnel". Unveröffentlichtes Ms.

Grasshoff H (1955) Setzungsberechnung starrer Fundamente mit Hilfe des „Kennzeichnenden Punktes". Bauingenieur 30:53–54

Greiner G (1978) Spannungen in der Erdkruste – Bestimmung und Interpretation am Beispiel von In-situ-Messungen im süddeutschen Raum. Dissertation Universität Karlsruhe (TH)

Griffith AA (1924) Theory of rupture. Proceeding of 1st International Congress Applied Mechanical Delft, Amsterdam, S 5563

Grigo W, Heitfeld M, Rosner P, Welz A (2007) Ein Konzept zur Überwachung der Auswirkungen des Grubenwasserwiederanstiegs im Ruhrgebiet. 7. Altbergbau-Kolloquium Freiberg

Grimm A, Lepper J (1973) Schlotförmige Erdfälle im Sollinggewölbe und deren Beziehung zu Salzwasservorkommen. Proc IAEG-Symposium „Erdfälle und Bodensenkungen", T2 E1–E7

Grosser R, Laube H, Rechenberger B (2009) Geotechnische Anforderungen an den Baugrund der Grubenwasserreinigungsanlage Tzschelln. Veröffentl. 17. Tagung für Ingenieurgeologie, Zittau, S 49–53

Grote R (1998) Die rezente horizontale Hauptspannungsrichtung im Rotliegenden und Oberkarbon in Norddeutschland. Erdöl Erdgas Kohle 114(19):478–483

Grumbt E, Lützner H (1983) Saxonische Tektonik und Basaltvulkanisnus zwischen Thüringer Wald und Vorderrhön. Z geol Wiss 11:943–954

Grundhoff Th, Klar SB (2015); ABS/NBS Karlsruhe – Basel; Realisierung des Streckenabschnitts 1 und Besonderheiten beim Bau des Rastätter Tunnels. Geomech Tunnelling 8(2):155–168

Grünthal G, Mayer-Rosa D, Lenhardt R (1998) Abschätzung der Erdbebengefährdung für die D-A-CH-Staaten Deutschland, Österreich, Schweiz. Bautechnik 75(10):735–767

Gschnitzer E, Goliasch R (2009) TBM-Umbau unter schwierigen Gebirgsbedingungen – ein Bericht über das Niagara Tunnel Projekt (NTP). Geomech Tunnelling 2(2):168–178

Gudehus G (1970) Ein statisch und kinematisch korrekter Standsicherheitsnachweis für Böschungen. Vorträge Baugrundtagung, Düsseldorf, S 296–307

Gudehus G, Goldscheider M, Lippomann R (1985) Ingenieurgeologische und bodenmechanische Untersuchungen an Kriechhängen. In: Heitfeld K-H (Hrsg) Ingenieurgeologische Probleme im Grenzbereich zwischen Locker- und Festgestein. Springer, Berlin, S 316–335

Gudehus G, Jagau H, Neidhart TU (1990) Verhalten unbelasteter Böden bei Wechsellagerung – Zum Schutz historischer Bauwerke vor Verkehr und Baubetrieb. Vorträge Baugrundtagung, Karlsruhe, S 231–246

Gudehus G, Keßler J, Lucke B (2015) Setzungsfließen. geotechnik 38(4):254–266

Guirguis P (2011) Stahlfaserspritzbeton im Tunnelbau: Stand der Technik und Beispiele. Tunnel 30(7):20–30

Gusenbauer F (2009) Datenmanagement im Tunnelbau mit 2DOC; Teil II: Achsenthemen. Felsbaumagazin 3:171–177

Gussmann P, Schad H (1996) Numerische Verfahren. In: Smoltczyk U (Hrsg). Grundbau-Taschenbuch, Teil 1, 5. Aufl. Ernst & Sohn, Berlin, S 399–442

Gütter W (2007) Weiterentwicklung einer 10 m-Doppelschild-TBM für stark druckhaftes Gebirge. Felsbaumagazin 25(6):32–37

Gwildis U, Sass I, Gilbert M (2011) Einfluss von Bodenabrasivität beim maschinellen Tunnelvortrieb. Ber. 18. Tagung für Ingenieurgeologie, Berlin, S 193–219

Gwinner MP, Maus HJ, Prinz H, Schreiner A, Werner J (1974) Erl geol Kt Baden-Württemberg 1 : 25. 000, Blatt 7723 Munderkingen, 107 S

Haack A (2005) Weiterentwicklungen bei der Abdichtung bergmännisch gebauter Tunnel. Tunnel 24(3):16–22

Haase G, Oettel S (1963) Beitrag zur Kenntnis der Auslaugungserscheinungen im Werra-Kaligebiet. Bergakademie Leipzig 15:370–375

Habetha E (1963) Ingenieurgeologische Probleme beim Bau der Autobahn in Niedersachsen. Z dt Geol Ges 114:162–163

Häfner F, Kriechbaum J (1997) Sicherung der Rutschung Ruthweiler durch Absenkung des Grundwasserspiegels. geotechnik 20:260–265

Hagen H, Otto B, Maidl R, Handke, D, Pfeifer A (2010) Unterfahrung des Schnecktals durch den Finnetunnel. Tunnel 29(7):19–32

Haid H-G, Hammer H (2009) Katzenbergtunnel – umwelttechnische und genehmigungsrechtliche Randbedingungen für die Verwertung von Tunnelausbruchmaterial. Geomech Tunnelling 2(5):643–651

Haid H-G, Maidl U (2007) Prozess Controlling zur Klärung der Risikosphäre bei den Vortrieben des Katzenbergtunnels. Felsbau 25(5):153–158

Hailer W, Hofmann K (1995) Bauen und Grundwasserschutz. Wasser-Abwasser-Praxis (WAP) 3:16–21

Hammer H, Niedermeyer S, Nidermeyer Th (1995) Untersuchungen zu Gebirgsspannungen und -bewegungen in der Schwäbischen Alb. Felsbau 13:367–373

Handke D (2011) Stand der Schildvortriebstechnik. Felsbaumagazin 3(2):110–114

Handke D (2014) Anwendung der ganzheitlichen Beobachtungsmethode bei Schildvortrieben als Mittel zur präventiven Streitvermeidung und Konfliktreduzierung bei Störsituationen. Geomech Tunnelling 7(4):362–379

Handke D, Edelhoff D (2016) Qualitätssicherungselemente und Risikomanagementstrategie für den maschinellen Tunnelbau – Vom Maschinenkonzept zum Prozesscontrolling. Geomech Tunnelling 9(3):222–233

Handke D, Matt R, Wilfinger N (2011) Maschinen- und verfahrenstechnische Charakterisierung des Gebirges unter dem Einfluss des Interaktionsverhaltens Maschine – Baugrund. Tunnel 30(6):12–23

Hanger H, Baumbusch J (2015) Erdfallüberbrückung mit Geokunststoffen im Netz der Deutschen Bahn. Der Eisenbahningenieur 10:26–30

Hanisch J, Katzenbach R, König G (2002) Kombinierte Pfahl-Plattengründungen. Ernst & Sohn, Berlin

Hanke E, Hüttl Th, Gollub Holdenried E, Wiegand R (2001) IMAX Nürnberg – Herstellung und Sicherung einer tiefen Baugrube im innerstädtischen Bereich. Bautechnik 78(11):761–770

Hanstein S (2013) Zusammenführung von Altdaten zu einem geologischen 3d-Untergrundmodell: Schriftreihe DGMB 136:3542

Harder H, Gerken H (2006) Die geotechnischen Aufgaben des Neubaus BAB A 281 durch das Bremer Stadtgebiet. Vorträge Baugrundtagung, Bremen, S 11–20

Harer G (2013) Der Koralmtunnel – eine interdisziplinäre Herausforderung. Beton und Stahlbeton Spezial Juli 2013, S 50–59

Hartge KH, Horn R (1999) Einführung in die Bodenphysik. 3. überarb. Aufl. Enke, Stuttgart

Hatsch P (1994) Bohrlochmessungen. Enke, Stuttgart

Hauck C-D, Deinhardt U (2010) Planung und Bau des Stadtbahntunnels für die U 15 in Stuttgart-Zuffenhausen. geotechnik 33(2):96–100

Hazen A (1893) Some physical properties of sand and gravel with special reference to their use in filtration. Ann Rep Mass State Health 24:541–556

Hecht Th, Wittke M (2004) Dynamische Intensivverdichtung, Geokunststoffbewehrung und Pfahlgründungen im Bereich tagesbruchgefährdeten Braunkohlentiefbaus. Vorträge Baugrundtagung Leipzig, S 173–177

Heckgötter Ch, Schwald R (1994) Recyclingmaterial im Erdbau – Einsatz und Risikobewertung. Vorträge Baugrundtagung, Köln, S 451–464

Heckner J, Herold U (1995) Abgrenzung und Kategorisierung von Flächen unterschiedlicher karstgeologischer Bruchgefährdung im südöstlichen Harzvorland. Mitt Geol Sachsen-Anhalt 1:185–200

Heckner J, Herold U, Strobel G (1999) Entwicklung und Sanierung eines Subrosionsschadens im Sulfatkarst des SE-Harzvorlandes. Ber. 12. Nationale Tagung für Ingenieurgeologie, Halle, S 373–382

Heerten G, Kupec J, Vollmert L (2005) Der Einfluss biaxialer Spannungszustände auf das Kriechverhalten von Geogittern. geotechnik 28: 13–19

Heerten G, Paul A, Reuter E, Völzke B (2004) Geogitterummantelte Mineralstoffsäulen – ein neues System für Gründung und Baugrundverbesserung. Vorträge Baugrundtagung, Leipzig, S 205–212

Heibaum M (2007a) Hydraulische Anwendungen von Geokunststoffen. geotechnik 30(2):95–107

Heibaum M (2007b) Geotextilien zum Schutz des Bodens vor den erosiven Kräften des Wassers. Gruppe Geotechnik Graz, H 30. Beiträge zum 22. Christian Veder Kolloquium, S 243–259

Heibaum M, Warnecke W (2012) Versuche zum Abriebverhalten von Gesteinen bei hydraulischen Einwirkungen. Geotechnik 2:94–108

Heidbach O, Tingay M, Bart A, Reinecker J, Kurfeß D, Müller B (2008) The World Stress Map database release 2008. https://doi.org/10.1594/GFZ.WSM.Rel2008, 2008

Heidbach O, Tingay M, Bart A, Reinecker J, Kurfeß D, Müller B (2010) Global crustal stress pattern on the World Stress Map database release. Tectonophysics 482(1–4):3–15

Heiermann W (1996) Zur Nachtragswürdigkeit von Kostenmehrungen infolge Baugrundrisiko aus der Sicht des Juristen. Mitt Inst u Versuchsanst f Geotechnik TH Darmstadt 35:199–207

Heil H, Entenmann W, Dümmer M (1989) Durchlässigkeitsbestimmungen an Tonsteinen als Grundlage für die Dimensionierung hydraulischer Maßnahmen zur Sanierung der Deponie Bielefeld-Brake. Ber. 7. Nationale Tagung für Ingenieurgeologie, Bensheim, S 277–286

Heinimann HR et al. (1998) Methoden zur Analyse und Bewertung von Naturgefahren. Umwelt –Materialien N 85, Naturgefahren. Buwal, Bern

Heinze M et al. (2001) Tunnelbau im innerstädtischen Bereich am Beispiel des Tunnel Velbert-Langenberg. - Bauingenieur, 76: 386–402.

Heinzinger R, Radoncic N, Moritz BA, Schubert W (2016) Tübbingbettung – Stand der Technik, Umlagerungsverhalten von Perlkies, Verbesserungspotenzial. Geomech Tunnelling 9(3):88–199

Heise G (2001) Geotechnische Urbewertung von Lockergesteinen in Ostdeutschland. geotechnik 24:99–106

Heißel G, Nittel P (2013) Die Gipskarstproblematik in Tirol – Anstoß für neue geologische Erkenntnisse und ihre Bedeutung für die Praxis. 15. Geoforum Unhausen/Tirol, S 5–10

Heissenberger R, Lackner J, Koch D (2008) Implementierung des Sicherheitsmanagements in die Planung und Bauüberwachung am Beispiel des Lainzer Tunnels, Baulos LT31 Maxing. Geomechanik Tunnelbau 1(3):172–181

Heitfeld K-H (1965) Hydro- und baugeologische Untersuchungen über die Durchlässigkeit des Untergrundes an Talsperren des Sauerlandes. Geol Mitt 5(1–2):1–210

Heitfeld K-H (1978) Beispiele von Felsrutschungen im NordTeil des Rheinischen Schiefergebirges. Ber. 3. Nationale Tagung Felsmechanik Aachen, S 337–366

Heitfeld K-H (1979) Durchlässigkeitsuntersuchungen im Festgestein mittels WD-Testen. Mitt Ing- u Hydrogeologie Aachen 5:175–218

Heitfeld K-H (1982) Untersuchungsmethoden und Sanierungsmaßnahmen bei Talsperrenbauten in Karstgebieten. Mitt Ing- u Hydrogeologie Aachen, S 129–155

Heitfeld K-H, Heitfeld M (1989) Auswertung von WD-Testen bei speziellen geologischen Verhältnissen. Ber. 7. Nationale Tagung für Ingenieurgeologie, Bensheim, S 185–199

Heitfeld K-H, Heitfeld M (1995) Die Bedeutung tektonischer Störungszonen für die Bewertung von Deponiestandorten. Tagung für Ingenieurgeologie, Freiberg, S 163–174

Heitfeld K-H, Hesse K-H (1982) Zur Methodik ingenieurgeologischer Untersuchungen am Beispiel eines flachliegenden Straßentunnels. Mitt Ing- u Hydrogeologie Aachen 12:44–83

Heitfeld K-H, Krapp L (1985) Untersuchungen zum Durchlässigkeitsverhalten veränderlich-fester Gesteine mittels WD-Testen. Geotechnik Sonderheft 1985:45–54

Heitfeld K-H, Krapp L (1986) Zum Stand der Injektionstechnik. Mitt Ing- u Hydrogeologie Aachen 24:1–58

Heitfeld K-H, Krapp L (1991) Bedeutung von Sulfatkarst beim Hochwasserrückhaltebecken Salzderhelden (HRB). Wasserwirtschaft 81(7/8)

Heitfeld M, Rosner P (2015) Auswirkungen des Grubenwasseranstiegs im Ruhrgebiet – Bisherige Erfahrungen und Strategien. Tagung NACHBergbauzeit in NRW, Bochum 2015

Heitfeld K-H, Düllmann H, Kohlhaas W, Völtz H (1977) Ingenieurgeologische Untersuchungen zur Sanierung eines besiedelten Rutschgebietes. Ber. 1. Nationale Tagung für Ingenieurgeologie, Paderborn, S 23–47

Heitfeld K-H, Echler W, Düllmann H, Azzam R, Hasenpatt R (1985) Ingenieurgeologie und Tonmineralogie vulkanogener Sedimente. In: Heitfeld K-H (Hrsg) Ingenieurgeologische Probleme im Grenzbereich zwischen Locker- und Festgesteinen. Springer, Berlin, S 336–355

Heitfeld K-H, Heitfeld M, Rosner P, Mühlenkamp M (2005) Sicherung einer reaktivierten Rutschmasse in devonischen Schiefern im Zusammenhang mit dem Bau der Bob- und Rodelbahn Winterberg. Veröffentl. 15. Tagung für Ingenieurgeologie, Erlangen, S 259–264

Heitfeld M, Krings K, Mainz H, Schetelig K (2005) Ein Modell zur Prognose von Einwirkungsbereichen tagesnahen Altbergbaus auf Steinkohle für das Aachener Wurmrevier. 5. Altbergbau-Kolloquium Clausthal-Zellerfeld, S 25–41

Heitfeld M, Klünker J, Krings K, Staron R (2006) Umgang mit altbergbaulichen Hinterlassenschaften im Rahmen der Stadtplanung am Beispiel der Stadt Herzogenrath. 6. Altbergbau-Kolloquium Aachen, S 445–457

Heitfeld M, Klünker J, Lange T, Sauter M (2012) Geologisch-hydrologische Verhältnisse in den Explorationsgebieten des Münsterländer Beckens und des Niedersächsischen Beckens. Schriftenreihe GDMB 130:9–20

Heitfeld M, Rosner P, Mühlenkamp M (2014) Auswirkungen von Geländehebungen im Zuge des Grubenwasseranstiegs im Ruhrrevier – Ein Ansatz zur Bewertung der Risiken. 14. Altbergbau-Kolloquium 2014 in Gelsenkirchen, S 41–60

Heitfeld M, Denys F, Klünker J, Rosner P (2015) Bewertung der Risiken durch Spätfolgen des Steinkohlenbergbaus in Südlimburg/Niederlanden. 15. Altbergbau-Kolloquium Leoben, S 130–146

Heitzmann P (1985) Kakirite, Kataklasite, Mylonite – Zur Nomenklatur der Metamorphite mit Verformungsgefügen. Eclogae geol Helv 78:273–286

Hellmann R (2009) Risikoabschätzung, Sicherungsmodell und Bemessung für einen erdfallgefährdeten Autobahnabschnitt. Veröffentl. 17. Tagung für Ingenieurgeologie, Zittau, S 279–283

Hellriegel M (2013) Konkurrenzkampf unter der Erde – Rechtsrahmen für eine Raumordnung zur Steuerung unterirdischer Nutzungen. Schriftenreihe DGMB 126:9–21

Helmberger A, Lackner J (2004) Vorausinjektionen, Spieße und Dielen im innerstädtischen Tunnelbau; Theorie und Praxis. Proc ISRM-Symposium „Eurock" und 53. Geomechanik-Kolloquium Salzburg, S 113–118

Henke KF, Kaiser W, Beiche H (1979) Verhalten von Tunnelbauwerken in quellfähigen Schichten des Gipskeupers. Ber. 2. Nationale Tagung für Ingenieurgeologie, Fellbach, S 135–142

Henke KF, Kaiser W (1980) Empfehlung Nr. 4 des Arbeitskreises 19 – Versuchstechnik Fels – der Deutschen Gesellschaft für Erd- und Grundbau e. V, Scherversuch in situ. Bautechnik 57:325–328

Henke KF, Hiller M (1985) Veränderung bodenmechanischer Parameter bei überkonsolidierten Peliten durch Verwitterung – Versuch einer Deutung anhand des Opalinustons. In: Heitfeld K-H (Hrsg) Ingenieurgeologische Probleme im Grenzbereich zwischen Locker- und Festgesteinen. Springer, Berlin, S 83–96

Henke S (2010) Zur Wirkungsweise des Impulsverdichters auf trockenem Sand auf Basis numerischer Simulationen. geotechnik 33(3):276–282

Henkel U (1990) Zwischenergebnisse aus dem Forschungsprojekt „Gebirgseigenschaften mächtiger Tonsteinserien". Z dt geol Ges 141:275–280

Henning A (2000) Untersuchungen und Szenarien zu Einfluss der Schrumpfrissbildung auf die Stabilität einer flachen Hangrutschung. geotechnik 23:185–195

Henningsen D (1981) Einführung in die Geologie der Bundesrepublik Deutschland. 2. Aufl. Enke, Stuttgart

Henningsen D, Katzung G (2006) Einführung in die Geologie Deutschlands. 7. Aufl. Springer Spektrum, Heidelberg

Henscheid St (2014) Radon – unterschätztes Gefährdungspotenzial des Untergrundes in Nordrhein-Westfalen. Natur am Niederrhein (NF) 29(2):85–100

Henzinger MR, Radoncic N, Moritz B, Hubert W (2016) Tübbingbettung – Stand und Technik, Umlagerungsverhalten von Perlkies, Verbesserungspotenzial. Geomech Tunnelling 9(3):188–199

Herold U (2015) Großerdfälle von Lutherstadt-Eisleben – Georisiko Subrosion im Sachsen-Anhalt. BDG-Mitteilungen 125:37–40

Herold U, Strobel G (1999) Zur Entwicklung der Oberflächenformen im Bereich der Mansfelder Seen. Mitt Geol Sachsen-Anhalt, S 147–163

Herold U, Strobel G, Suderlau G (2004) Zu den Großerdfällen von Neckendorf, südlich Lutherstadt Eisleben (Ldkrs. Mannsfelder Land /Sachsen-Anhalt). Erosion und Baugrund in Thüringen (Tagungsband). TLUG, S 67–78

Herrenknecht M (2001) Praktische Beispiele zur Anpassung von Tunnelvortriebmaschinen an die Erfordernisse beim Vortrieb. Forschung + Praxis, 68–74

Herrenknecht M, Bäppler K (2000) Entwicklung der Mixschilde von Hera bis zur 4. Röhre des Elbtunnels. Tunnel 19(3):11–25

Herrenknecht M, Wehrmeyer G (2009) Tunnelvortriebsmaschinen für große Durchmesser. In: Taschenbuch für den Tunnelbau 2009, S 255–292

Herrenknecht M, Wehrmeyer G (2010) Projektanforderungen und maschinentechnische Möglichkeiten für maschinelle Vortriebe. In: Taschenbuch für den Tunnelbau 2010, S 233–262

Herrenknecht M, Bäppler K, Burger W (2009) Maschinentechnische Neuerungen bei Mixschild- und EPB-Technik für 2 Großprojekte in Skandinavien. Tunnel 28(8):30–38

Herrenknecht M, Thewes M, Budach Ch (2011) Entwicklung der Erddruckschilde: Von den Anfängen bis zur Gegenwart. Geomech Tunnelling 4(1):11–35

Herrmann A (1976) Gips und Anhydrit. Erl geol Kart 1 : 25.000 Bl. 6327 Markt Einersheim und Bl. 6427 Uffenheim, S 104–117

Herrmann R (1968) Auslaugung durch aufsteigende Mineralwässer als Ursache von Erdfällen bei Bad Pyrmont. Geol Jb 25:265–284

Herrmann V-J (2007) Frost-Tau beständige Hinterfüllbaustoffe für Erdwärmesonden. 16. Tagung für Ingenieurgeologie, Bochum, S 11–14

Herth W, Arndts E (1994) Theorie und Praxis der Grundwasserabsenkung. 4. überarb. Aufl. Ernst & Sohn, Berlin

Herzel P (2002) Empfehlung Nr. 20 des Arbeitskreises 3.3, Versuchstechnik Fels der DGGT: Zerfallsbeständigkeit von Gestein – Siebtrommelversuch. Bautechnik 79(2):101–105

Hettler A (2008) Hydraulischer Grundbruch: Literaturübersicht und offene Fragen. Bautechnik 85(9):578–584

Hettler A (2013) Die 5. Auflage der Empfehlungen des Arbeitskreises Baugruben. Report Geotechnik, University of Duisburg-Essen 41: 23–36und Bautechnik 89(9):594–599

Hettler A, Deuchler F (2000) Lastfälle, Abdichtungen und konstruktive Lösungen für Wohngebäude bei tief liegendem Grundwasserspiegel. Bautechnik 77(7):464–470

Hettler A, Meininger W (1990) Einige Sonderprobleme bei Verpreßankern. Bauingenieur 65:407–412

Hettler A, Leibnitz St, Biehl F (2002) Zur Kurzzeitstandsicherheit bei Baugrubenverbaukonstruktionen in weichen Böden. Bautechnik 79(9):612–619

Hettler A, Trinkl U, Stahl W (2002) Ein neuartiges Rinnen-Rigolen-System zur dezentralen Versickerung von Niederschlägen. Bautechnik 79(8):509–515

Heyer D, Baumgärtel T (2011) Nachhaltige Materialverwendung im Erdbau. Straße und Autobahn 6:369–376

Heyer D, Birle E (2010) Technische Sicherungsmaßnahmen beim Einsatz von Böden und Baustoffen mit umweltrelevanten Inhaltsstoffen im Erdbau. geotechnik 33(3):262–275

Heyer D, Floss R (1994) Abdichtungsmaßnahmen zum Grundwasserschutz an Verkehrsflächen. Vorträge Baugrundtagung, Köln, S 465–475

Heyer D, Birle E, Baumgärtel T, Blomeyer H, Schönhofer F (2012) Effizienter und umweltverträglicher Umgang mit dem Baustoff Boden am Beispiel arsenhaltiger Böden bei der Erweiterung des Flughafens München. Vorträge 32. Baugrundtagung Mainz, S 47–53

Heyl K-E (1971) Ein Hangrutsch bei Nittel (Obermosel). Notitzbl hess L-Amt Bodenforsch 99:347–360

Heym T (2005) Geotechnische Problemlösungen im Frankfurter Bänderton. Veröffentl. 15. Tagung für Ingenieurgeologie, Erlangen, S 151–155 und geotechnik 28(2):106–111

Hiltmann W, Stribrny B (1998) Tonmineralogie und Bodenphysik. Handbuch zur Erkundung des Untergrundes von Deponien und Altlasten Bd. 5. Springer, Heidelberg

Hödl R, Höllrigl M (2014) Pummersdorfer Tunnel – Wasserbehältnisse in seicht liegenden Tunnel. Geomech Tunnelling 7(6):664–674

Hof Ch, Triantafyllidis Th (2003) Über das Scherverhalten von korrodierten Zementkörperoberflächen. Bautechnik 80(12):896–902

Hof Ch, Triantafyllidis Th, Schmidt-Döhl F (2002) Erkenntnisse über den Einfluss von kalklösender Kohlensäure auf das Tragverhalten von Verpressankern. GEOLEX 1:31–41

Hof Ch, Triantafyllidis Th, Schmidt-Döhl F (2004) Über die Abnahme der Tragfähigkeit von Verpressankern unter Angriff von kalklösender Kohlensäure. Bautechnik 81(5):357–363

Hofbauer T (2009) Risikomanagement im Tunnelbau. Tunnel 28(8):55–57

Höflinger L (2014) Bilder aus der Unterwelt. Der Spiegel 10:102

Hofmann K, Schmitt D (2010) Geothermie im Tunnelbau – Konzept für die Nutzung der Geothermie am Beispiel des B10-Tunnels Rosenstein. Geotechnik 33(2):135–139

Hofmann R, Breymann H (2013) Pfahlbemessung mit Tabellenwerten, Pfahlprobebelastungen und Erfahrungswerte – Eine wirtschaftliche Betrachtung. Beitr. 28. Christian Veder Kolloquium Graz, S 125–144

Hofmann R, Mölk M (2012) Bemessungsvorschlag für Steinschlagschutzdämme. geotechnik 35(1):22–33

Hofmann R, Poisel R (2010) Bodenmechanische Prozessmodellierung von raschen Erdströmen am Beispiel Gschliefgraben, Österreich. geotechnik 33(4):331–339

Hofmann R, Illmer D, Leitner W, Poisel R, Sauermoser S (2002) Lawinensimulation als Beweis für die Situierung von Schutzbauten und deren Gründungen in einem geotechnisch sensiblen Hang. Felsbau 20(5):211–219

Hofrichter E (1967) Subrosion und Bodensenkungen am Salzstock von Stade. Geol Jb 84:327–340

Hogrebe P, Jurga F, Lux J-P (2010) Wilder Bergbau – Die Erkundung und Sicherung des Dortmunder Zoogeländes. 10. Altbergbau-Kolloquium Freiberg. VGE-Verlag, Frankfurt a. M, S 70–82

Hohlfeld Th, Seidel K, Dörrer Th (2011) Einsatz geophysikalischer Messungen für geotechnische Fragestellungen – Fallbeispiele. Felsbaumagazin 3:179–185

Hoek E (1999) Putting numbers to geology – An engineer's viewpoint. Felsbau 17(3):139–151

Hoek E, Diederichs MS (2005) Empirical estimation of rock mass modulus. Int J Rock Mech Min Sci 43:103–215

Hollmann F, Mühlenbeck H (2004) Zur Anwendung des Maximalwert- (Hüllkurven-)Verfahrens bei der bergschadenkundlichen Bearbeitung von Problemflächen aus oberflächennahem/tagesnahem Abbau/Bergbau in Altbergbaurevieren flözartiger Lagerstätten. Bergbau 8:344–346

Hollmann FS, Thewes M (2011a) Bewertung der Neigung zur Ausbildung von Verklebungen und zum Anfall von gelöstem Feinkorn bei Schildvortrieben im Lockergestein. 18. Tagung für Ingenieurgeologie, Berlin, S 237–244

Hollmann FS, Thewes M (2011b) Bewertung der Neigung zur Ausbildung von Verklebungen und zum Anfall von gelöstem Feinkorn bei Schildvortrieben im Festgestein. 18. Tagung für Ingenieurgeologie, Berlin, S 245–250

Hollmann FS, Thewes M (2012) Bewertung der Neigung zur Verklebensbildung und zur Feinkornfreisetzung bei Schildvortrieben. Geomech Tunnelling 5(5):575–580

Hollmann FS, Weh M (2009) Tunnelvortriebe in tertiären Tonen und Tonsteinen mit Harnischgefügen. Veröffentl. 17. Tagung für Ingenieurgeologie, Zittau, S 21–25

Hollmann FS, Weh M, Thewes M, Alber M (2013) Analyse des Siebdurchgangs und -rückstands beim Siebtrommelversuch im Hinblick auf maschinelle Tunnelvortriebe. 19. Tagung für Ingenieurgeologie, München, Abstracts, S 12

Hollmann FS, Thewes M, Weh M (2014) Einflüsse von Verklebungen auf die Materialförderung von Schildvortrieben. Tunnel 33(3):10–19

Holschemacher K, Klug Y (2016) Lastannahmen im Bauwesen – Grundlagen, Erläuterungen, Praxisbeispiele. 2. überarb. Aufl. Beuth, Berlin

Hölting B (1996) Hydrogeologie – Einführung in die Allgemeine und Angewandte Hydrogeologie. 5. Aufl. Enke, Stuttgart

Hölting B, Coldewey WG (2009) Hydrogeologie – Einführung in die Allgemeine und Angewandte

Hydrogeologie. 7. Neu bearb. Aufl. Springer Spektrum, Heidelberg

Hölting B, Coldewey WG (2013) Hydrogeologie – Einführung in die Allgemeine und Angewandte Hydrogeologie. 8. überarb. u. erw. Aufl. Springer Spektrum, Heidelberg

Holtz S, Ewert FK (1977) Abdichtungsarbeiten an der Talsperre Antrifttal, Vogelsberg-Kreis, Hessen. Ber. 1. Nationale Tagung für Ingenieurgeologie, Paderborn, S 429–443

Holzhäuser J, Nilsen B (2006) Abrasivität von Lockergesteinen bei Tunnelvortrieben – Aktuelle Erfahrungen aus der Baupraxis und Entwicklung eines neuen Laborversuchs. Vorträge Baugrundtagung Bremen, S 169–176

Holzhäuser J, Stemle D (2010) Tunnel Freudenberg – felsmechanische und hydrogeologische Aspekte bei der Planung des Straßentunnels im Unteren Buntsandstein. geotechnik 33(2):196–201

Holzhäuser J, Thuro K (2009) Untersuchung der Scherfestigkeit von veränderlich festen Gesteinen im Hinblick auf Hangbewegungsphänomene. Veröffentl. 17. Tagung für Ingenieurgeologie, Zittau, S 409–411

Holzhäuser J, Mayer C, Hunt StW (2007) Erfahrungen bei Tunnelvortrieben im Lockergestein und im Fels bei sehr hohem Grundwasserdruck. Tiefbau 6:379–385

Holzhäuser Ph, Thuro K (2012) Bestimmung der Scherfestigkeit von veränderlich festen Gesteinen. geotechnik 33(4):326–330

Holzleitner W, Deisl F, Holzer W, Knapp M (2004) Voraussicherung mit Rohrschirmen oder Spießen. Proc ISRM-Symposium „Eurock" und 53. Geomechanik-Kolloquium Salzburg, S 119–126

Home L (2009) Verbesserung von TBM-Vortriebsleistungen bei ungünstigen Gebirgsverhältnissen. Geomech Tunnelling 2(2):157–167

Home L, Jordan D (2015) Mechanisierte Vortriebsverfahren: Herausforderung am Brenner. Tunnel 34(3):28–39

Hoppe A, Kostnak B, Kuhn G, Lehner R, Aimons U, Stemberl J (2015) Rezente Bewegungen an den Hauptrandverwerfungen im nördlichen Oberrheingraben. Jber Mitt oberhein geol Ver NF 97:321–332

Hoppe U, Neumann HR, Brüggemann G (2010) Das zentrale Unstetigkeitskataster der Bergbehörde in NRW. 10. Altbergbau-Kolloquium, Freiberg, S 108–119

Hoppe W (1960) Die Kali- und Steinsalzlagerstätten des Zechsteins in der Deutschen Demokratischen Republik. Teil 1: Das Werra-Gebiet. Freiberger Forschungshefte C 97(I):1–166

Hornich W, Geisler H (2008) BEG Tunnel Fritzens – Druckluftvortrieb mit Unterstützung zweireihiger horizontaler DVS-Schirme. Geomechanik Tunnelbau 1(5):491–497

Horning E-D (2011) Eindimensionale Kompression überkonsolidierter bindiger Böden am Beispiel des Gipskeupers. Dissertation. Veröffentl Inst f Geotechnik TU, Bergakademie Freiberg

Hoth P, Wirth H, Reinhold K, Bräuer V, Krull P, Feldrappe H (2007) Endlagerung radioaktiver Abfälle in tiefen geologischen Formationen Deutschlands – Untersuchung und Bewertung von Tongesteinsformationen. BGR-Bericht, Hannover

Houlsby AC (1976) Routine interpretation of the Lugeon water test. Q. 11. Engng Geol (Belfast) 9:303–313

Höwing K-D (2005) Baugrund Karstgebirge. Veröffentl. 15. Tagung für Ingenieurgeologie, Erlangen, S 237–242

Höwing K-D, Eder St, Plank M (2003) Baugrunderkundung für Verkehrswege in Karstgebieten. Felsbau 21(1):13–21

Hu Y, Hoch A (2003) Quasi-statische Bemessungsverfahren für erdverlegte Kunststoffrohrleitungen unter Erdbebenbelastungen. Bautechnik 80(9):603–613

Huber B, Linsbauer HN (1996) Erdbebenschäden an Talsperren–selektive Beurteilung. Felsbau 14:234–240

Huber G, Westermayer H, Alber O (2005) Einfluss der Gefügeorientierung am Stenger Tunnel. Felsbau 23(5):20–24

Huber H, Kratochwill R, Otto R (2013) Verwendung von Tunnelausbruchsmaterial – von der TBM bis zum Tübbing, erste Erfahrungen mit der Materialaufbereitung vor Ort im Baulos KAT 2.- Geomech Tunnelling 6(6):661–668

Huder J, Amberg G (1970) Quellung in Mergel, Opalinuston und Anhydrit. Schweiz Bauzeitung 88:975–980

Hundhausen U (2009) Gefährdungsabschätzung für die Erschließung der Vetterhöhle (Blaubeuren). Veröffentl. 17. Tagung für Ingenieurgeologie, Zittau, S 173–177

Huth RJ, Kühling G (1991) Injektionen mit Feinstbindemitteln. Ber. 8. Nat. Tag. Ing.-Geol. Berlin. Selbstverlag, Essen, S 162–166

Huurne A, Soretz M (2008) Fundamentstabilisierung und -anhebung durch Tiefeninjektion von Expansionsharzen. geotechnik 31(3):225–229

Irmler R (2011) Microtunnelling in künstlichen Auffüllungen – Chance oder Risiko? 18. Tagung für Ingenieurgeologie, Berlin, S 147–151

Irngartinger St, Steiner W (2015) Hangsicherung Roggwil-Wynan: Stabilisierung eines seit 150 Jahren bekannten Rutschhangs. geotechnik 38(2):134–143

Irngartinger St, Bock S, Vogt N (2007) Einfluss der Belastungsart und -geschwindigkeit auf die Ergebnisse von Festigkeitsprüfungen an Prüfzylindern aus Bodenverfestigungskörpern. geotechnik 30(3):164–169

Ischebeck EF (2013) Anwendungsbeispiele von gebohrten Mikropfählen TITAN nach EN 14199 zur Ertüchtigung von bestehenden Eisenbahn-Schienenwegen. Beitr 28. Christian Veder Kolloquium Graz, S 211–227

Jäckle P (2002) Die Tunnel für die Neubaustrecke Wendlingen–Ulm. geotechnik 25(3):157–161

Jähde H (1963) Injektionen zur Verbesserung von Baugrund und Bauwerk. VEB-Verlag Technik, Berlin

Jahnel Ch, Köster M (1993) Rutschhang an der B 421 bei Gehlweiler. Felsbau 11:128–133

Jahnel Ch, Schröder U (1996) Standsicherheitsprobleme im Rheinischen Schiefergebirge und im Rotliegend der Saar-Nahe-Senke (Exkursion am 11. und 12. April 1996). Jber Mitt oberhein geol Ver NF 78:12–133

Jahnel Ch, Kriechbaum J, Kliesch K (1999) Eingrenzung einer Rutschkörpergeometrie mit Hilfe oberflächenphysikalischer Messmethoden. Bautechnik 76(1):27–33

Jakobsen PD, Dahl F, Langmaack L (2009) Reduzierung der Hartgesteins-Abrasion durch Einsatz von Schaum. Tunnel 28(8):40–47

Jaky J (1948) Pressure in silos. Proceeding 2nd International Conference of Soil Mechanics and Foundation Engineering, Rotterdam, S 103–107

Janbu N (1955) Application of composite slip circles for stability analysis. Proceeding Europ Conference on Stability of Earth Slopes, Stockholm, Bd 3, S 43–49

Jancsecz S, Frietzsche W, Breuer J, Ulrichs R (2001) Minimierung von Senkungen beim Schildvortrieb am Beispiel der U-Bahn Düsseldorf. In: Taschenbuch für den Tunnelbau 2001, S 165–207

Jansen S, Hartge O (2007) Mit über 1000 t Richtung Mailänder Scala. Tunnel 26:31–38

Jaritz W (1973) Zur Entstehung der Salzstrukturen Nordwestdeutschlands. Geol Jb Reihe A, Bd A 10, Schweizerbart, Stuttgart

Jaritz W, Soranzo E (2014) Ingenieurgeologie der Großhangbewegungen Sibratsgfäll und Rindberg. Geomech Tunnelling 7(4):396–316

Jaup A, Kempfert H-G (2000) Setzungen im Hinterfüllungsbereich von Eisenbahnbrückenwiderlagern. Bautechnik 78(9):635–640

Jeannin P-Y (2007) Zum besseren Verständnis von Karst im Tunnelbau. geotechnik 30(3):186–192

Jeannin P-Y, Filipponi M, Parriaux A (2006) Das Karstphänomen und seine Prognostizierbarkeit. Vorträge 17. Bodenseetagung St. Gallen

Jenni H (2004) Highly mechanized heading installation for the full excavation of tunnels in squeezing rock. Felsbau 22(6):54–58

Jodl HG (2014) Das Risiko in der Bauprojektabwicklung – Risikodefinitionen. Geomech Tunnelling 7(6):709–714

Jodocy M, Stober I (2011) Porositäten und Permeabilitäten im Oberrheingraben und südwestdeutschen Molassebecken. Erdöl Erdgas Kohle 127(1):20–27

Johannsen A (1971) Salinartektonische Einflüsse auf Ausbildung und Verbreitung tertiärer und quartärer Sedimente in Ostholstein. Meyniana 21:33–39

John M (1994) Zielsetzung der Gebirgsklassifizierung. Felsbau 12:407–413

John M (2004) Sinnvolle und unsinnige Anwendung der Gebirgsverhaltenstypen – Ein Diskussionsbeitrag. Proc ISRM-Symposium „Eurock" und 53. Geomechanik-Kolloquium Salzburg, S 81–84

John M, Benedikt J (1994) Lösung schwieriger Planungsaufgaben für den Inntaltunnel. Felsbau 12:77–86

John M, Mattle B (2007) Auswirkungen stark druckhafter Gebirgsverhältnisse auf den TBM-Vortrieb. Felsbau 25(6):14–21

John M, Poscher G (2004) Primärspannungsmessungen – Zurecht oder zu Unrecht ein Stiefkind der Felsmechanik. Mitt F Ingenieurgeol u Geomechanik 6:23–38

John M, Reiter F (2007) Geotechnische Aspekte des Brenner Basistunnels. Felsbau 25(2):40–48

John M, Strappler G (2003) Maßnahmen für den Tunnelvortrieb im verkarsteten Gebirge der NBS Nürnberg-Ingolstadt. Felsbau 21(1):22–27

John M, Dallapiazza W, Matousek F (2016) Gotthard Basistunnel – Vergleich, Prognose und Befund aus baugeologischer und tunnelbautechnischer Sicht. Geotechnics Tunnelling 9(3):160–175

Johnsen G (1981) Bewegungsmessungen im Bereich von Blockrutschungen an der Röt/Wellenkalk-Schichtstufe Thüringens. Z angew Geol 27:386–392

Johnsen G (1984) Hangbewegungen vom Block-Typ östlich Berggießhübel. In: Ingenieurgeologische Untersuchungen im Fels, Vortrags- und Exkursionstagung der GGW 1984 in Freiberg, S 29–38

Johnsen G, Klengel KJ (1973) Blockbewegungen an der Wellenkalksteinstufe Thüringens in ingenieurgeologischer Sicht. Engineering Geology 7:231–257

Jordan H, Weder H-J (1995) Hydrogeologie, Grundlagen und Methoden – Regionale Hydrogeologie: Mecklenburg-Vorpommern, Brandenburg und Berlin, Sachsen-Anhalt, Sachsen, Thüringen. 2. überarb. u. erw. Aufl. Enke, Stuttgart

Jörss O (1998) Erfahrungen bei der Ermittlung von cu-Werten mit Hilfe von Drucksondierungen in bindigen Böden. geotechnik 21:26–27

Jung G, Marence M (2004) Comparison of international and Austrian rock mechanical design procedures. Proceeding ISRM-Symposium „Eurock" und 53. Geomechanik-Kolloquium Salzburg, S 41–46

Kahlen E (2007) Bruchverhalten karbonischer Sedimentgesteine im Saar-Nahe Becken. 16. Tagung für Ingenieurgeologie, Bochum, S 45–47

Kaiser J (1998) Ungewöhnliche geologische Verhältnisse beim Bau des Sondierstollens des Semmering-Basistunnels, Österreich. Münchner Geo Heft B7:124–137

Kalterherberg J (1985) Die Ingenieurgeologische Karte 1 : 25.000 des Geologischen Landesamtes Nord-

rhein-Westfalen. Ber. 5. Nationale Tagung für Ingenieurgeologie, Kiel, S 207–217
Kaltschmitt M, Huenges E, Wolff H (1999) Energie aus Erdwärme – Geologie, Technik und Energiewirtschaft. Springer Spektrum, Heidelberg
Kammerer F (1962) Ingenieurgeologische Methoden in Erdfall- und Senkungsgebieten. Freiberger Forschungshefte C127, Ingenieurgeologie, S 49–109
Kany M, Hammer H (1985) Statistische Untersuchungen von Rutschungen im Nordbayerischen Deckgebirge. In: Heitfeld, KH (Hrsg) Ingenieurgeologische Probleme im Grenzbereich zwischen Locker- und Festgestein. Springer, Heidelberg, S 256–265
Kärcher K, Gottheil K-M (1997) Ermittlung des Bemessungsgrundwasserspiegels auf wahrscheinlichkeitstheoretischer Grundlage. geotechnik 20:55–58
Karrenberg H, Quitzow HW (1956) Über Hohlraumbildung und Einstürze in Lössböden als Folge unterirdischer Materialwegführung. Geol Jb 71:631–642
Katzenbach R, Strüber S (2003) Schwierige Tunnelvortriebe im Locker- und Gestgestein – Anforderungen an Erkundung, Planung und Ausführung. geotechnik 26(4):224–229
Katzenbach R, Vogler M (2004) Neue Erfahrungen mit Probebelastungen in felsigem Baugrund. Vorträge Baugrundtagung Leipzig, S 351–358
Katzenbach R, Werner A (2014) Großrutschung Nachterstedt – Ursachenanalyse. Vorträge Baugrundtagung Berlin, S 335–343
Katzenbach R, Arslan U, Rückert A (1998) Das Prinzip des saisonalen Thermospeichers. Mitt Inst u Versuchsanst f Geotechnik TU Darmstadt 39:3–14
Katzenbach R, Boley C, Quick H (1998) Vertragsrelevante Naturphänomene bei der Ausführung von Abdichtungsinjektionen. Vorträge Baugrundtagung Stuttgart, S 249–261
Katzenbach R, Leppla S, Seip M (2011) Das Verformungsverhalten des Frankfurter Tons infolge Baugrundentlastung. Bauingenieur 86(5):233–239
Kauther R, Herten M, Montenegro H, Odenwald B (2013) Geotechnische und geohydraulische Aspekte beim Bau der Weserschleuse in Minden. geotechnik 36(3):137–146
Keese K (1985) Zur Verteilung, Form und Genese von Erdfällen in Oberkreide-Karbonatgesteinen am Westrand der Ringelheimer Mulde (NW Harzvorland). Diplomarbeit TU Hannover
Kemper E (1982) Einige für Geotechnik und Rohstofferkundung wichtige Aspekte der Schichtenfolge hohes Ober-Abt/tiefes Unter-Alb. Geol Jb A 65:699–703
Kempfert H-G, Stadel M (1995) Zum Tragverhalten geokunststoffbewehrter Erdbauwerke über pfahlähnlichen Traggliedern. Sonderheft Geotechnik 4. Inform. Veranstaltung Kunststoffe in der Geotechnik München
Kempfert H-G, Wallis P (1997) Geokunststoffummantelte Sandsäulen – ein neues Gründungsverfahren im Verkehrswegebau. Sonderheft Geotechnik 5. Inform. Veranstaltung Kunststoffe in der Geotechnik München, S 41–46
Kempfert R, Kollmer D, Torka I, Zachlehner A (2008) Besondere geotechnische Herausforderungen beim Bau eines 40 km langen Teilabschnitts der Autobahn von Oslo nach Kristiansand. Vorträge Baugrundtagung Dortmund, S 214–221
Kempka Th, Klapperer St, Lubitz Ch, Nakaten B, Norden B, Moeck I (2013) Geomechanische Modellierung und Simulationen zur Analyse von Spannungsfeldänderungen als erweiterter Nachweis der Integrität von Störungen und Deckgebirge am Pilotstandort Ketzin. 19. Tagung für Ingenieurgeologie, München, Abstracts, S 89
Keusen HR (2000) Schynige Platte, Jungfraugebiet – Langzeitbeobachtungen an einer großen Felsbewegung. Felsbau 18(3):56–62
Keusen HR (2002) Infrastrukturanlagen in instabilen felsigen Gebirgen; Werkzeuge für das Risikomanagement. Felsbau 20(5):203–209
Keuser M, Schiefer S, Reichenspurner P (2005) Neubau der 2. Röhre des Tunnels Schwarzer Berg. Tunnel 24(1):23–29
Kicherer M, Meissner M(2011) Eisenbahntunnel Reitersberg mit druckwasserhaltender KDB-Abdichtung und mit einer Sohlbrückenkonstruktion für zeitgleichen Vortrieb und Innenschalenausbau. Felsbaumagazin 3:162–166
Kieffer D, Goodman RE (2012) Beurteilung der Kolkbildung in nicht ausgekleideten Hochwasserentlastungen im Fels mittels des Block Scour Spectrums. Geomech Tunnelling 5(5):527–536
Kielbassa St, Prischmann F, Beer N (2015) Karsterkundungs- und Sanierungsmaßnahmen für den Hochgeschwindigkeitsfahrweg auf der Schwäbischen Alb. Geomech Tunnelling 8(2):129–145
Kielbassa St, Reinhardt A, Gering A (2015) Tunnel Albabstieg – Karsterkundung und Karstsanierung. Tunnel 34(4):26–37
Kiekbusch M (1999) Beziehung zwischen Konsistenzzahl und undränierter Scherfestigkeit. Bautechnik 76(9):775–784
Kieser D (2000) Entwicklungstendenzen in der Sprengtechnik bei Bauarbeiten unter Tage. Forschung + Praxis 38:94–96
Kirsch F, Klingmüller O (2003) Erfahrungen aus 25 Jahren Pfahl-Integritätsprüfung in Deutschland. Bautechnik 80:640–650
Kirsch F, Stahlmann J, Wehr W (2004) Berechnung von Baugrundverbesserungen nach dem Rüttelstopfverfahren. Vorträge Baugrundtagung, Leipzig, S 149–156

Kirsch K (1994) Auftriebssichere Injektionssohlen zur Abdichtung tiefer Baugruben. Mitt Inst f Geotechnik TH Darmstadt 33:107–135

Kirschke D (1998) Sohldruckbegrenzung mittels Knautschzone bei Tunneln in schwellendem Gebirge. geotechnik 21:192–196

Kirschke D (2010) Lösungsansätze für den Tunnelbau in quell- und schwellfähigem Gebirge. Geomech Tunnelling 3(5):547–556

Kirstein JF, Ahner C, Uhlenmann St, Röder K, Uhlich P (2012) Untergrundverbesserungsverfahren zur Gründung der Bundesstraße B176 auf einer jungen Hochkippe im Braunkohlenrevier der MIBRAG. Vorträge Baugrundtagung, Mainz, S 181–187

Kiss A, Pohl C, Richwien W (2008) Konsequenzen der Festlegung von charakteristischen Bodenkennwerten für geotechnische Nachweise. Vorträge Baugrundtagung, Dortmund, S 279–286

Kleffner H-J, Maidl R (2004) Baugrundtechnische Herausforderungen beim Bau des City-Tunnels Leipzig im Schildvortrieb. Vorträge Baugrundtagung Leipzig, S 23–30

Kleffner H-J, Hecht Th, Köhler U, Kirsten M (2006) Tragkraftoptimierung und Reduzierung negativer Mantelreibung bei Großbohrpfählen in erdfallgefährdetem Untergrund. geotechnik 29(2):92–101

Klein D, Dürrwang R (1994) Modelltechnisch gestützte Ermittlung von Wasserhaltung und Grundwassereingriff bei Tunnelbauwerken. Vorträge Baugrundtagung Köln, S 405–424

Klein G (1990) Bodendynamik und Erdbeben. In: Smoltczyk U (Hrsg). Grundbau-Taschenbuch, 4. Aufl. Teil 1, S 459–511

Klein W, Krickel B, Riecken J, Salomon M (2016) Eine interdisziplinäre Betrachtung der vertikalen Bodenbewegungen in der Eifel. zfv 141(1):27–34

Kleinert K, Einsele G (1978) Sohlhebungen in Straßeneinschnitten in anhydritführendem Gipskeuper. Ber. 3. Nationale Tagung Felsmechanik, S 103–124

Kleine Vennekate G (2012) Scherfugenentwicklung in Sand-Ton-Wechselfolgen. Beiträge Spezialsitzung 32. Baugrundtagung, Mainz, S 29–36

Kleine Vennekate G, Noorsalehi-Garakani SU, Rai JL, Ziegler M (2014) Numerische Simulationen des Clay-Smear-Prozesses in Sandboxversuchen. geotechnik 37(2):83–95

Klengel K-J, Pašek J (1974) Zur Terminologie von Hangbewegungen. Z angew Geol 20:128–132

Klengel K-J, Richter H-C (1992) Geologischer Aufbau und Baugrundverhältnisse von Dresden und seiner Umgebung. Vorträge Baugrundtagung, Dresden, S 3–10

Klinkemeyer M, Wilden U, Weuffel M (2012) Gestaltung von tiefen Einschnittsböschungen bei der Verlegung der Hambachbahn von RWE Power. Vortrag 32. Baugrundtagung, Mainz

Klopcic J, Zivec T, Zibert M, Ambrozic T, Logar J (2013) Einfluss der Geologie auf die in einem Erkundungsstollen vor der Ortsbrust des Sentvid-Tunnels gemessenen Verschiebungen. Geomech Tunnelling 6(1):25–47

Klopp R (1989) Ingenieurgeologische Verhältnisse bei Standsicherheitsuntersuchungen alter Gewichtstaumauern. Mitt Ing- u Hydrogeologie Aachen 32:131–149

Kluckert KD (2007) Wie dicht ist dicht? Definition der Wasserdichtigkeit in der Geotechnik nach den gültigen Normen, nach den anerkannten Regeln der Technik und nach dem Stand der Technik. Gruppe Geotechnik Graz H 30, Beiträge zum 22. Christian Veder Kolloquium, S 1–23

Kluckert KD (2010) 25 Jahre Fortschritt in der Geotechnik. Ist die heuristische Methode „Trial and Error" für Problemlösungen in der Geotechnik zuverlässig? Gruppe Geotechnik Graz H 38, Beiträge zum 25. Christian Veder Kolloquium, S 237–255

Klünker J, Grandt H (2011) Gefahrenabwehr im Altbergbau als ingenieurgeologisch-bergbauliche Aufgabenstellung – Untersuchung und Sicherung eines alten Schachtes des Bleierzbergbaus neben einem Wohngebäude. Mitt Ing- u Hydrogeologie Aachen 102:141–152

Klünker J, Hordikl D, Heitfeld M (2013) Tagesbruchbedingter Abriß eines Einkaufszentrums im Innenstadtbereich von Heerlen/Niederlande/Erkundung und Nachweis bergbaulicher Ursachen. 13. Altbergbau-Kolloquium Freiberg, S 12–25

Knapp G (1983) Erläuterungen zur geol. Kt. Nordrhein-Westf. 1 : 25.000, Blatt 4321 Borgholz

Kniesel J (1980) Modellvorstellungen zur Dynamik der Auslaugungsprozesse des Zechsteinsalzes in den Saxoniden der DDR. Hall Jb f Geowiss 5:49–75

Knitsch H (2008) Visualisierung relevanter Daten beim Compensation Grouting. Tunnel 27(3):38–45

Knitsch H (2011) Steuerungsmöglichkeiten von Sicherungsmaßnahmen im innerstädtischen Tunnelbau. geotechnik 34(3):A7–A10

Kockel F, Krull P (1994) Endlagerung stark Wärme entwickelnder radioaktiver Abfälle in tiefen geologischen Formationen Deutschlands – Untersuchung und Bewertung von Salzformationen. BGR-Bericht, Hannover

Köditz J, Wudtke B, Witt K-J (2016) Gegenüberstellung direkter und indirekter Versuchsmethoden zur Bestimmung der Zugfestigkeit bindiger Böden. geotechnik 39(4): 225–234

Kogler K (2008) Technische Möglichkeiten und praktische Erfahrungen für tiefe Erkundungsbohrungen im Tunnelbau. Geomechanik Tunnelbau 1(5):424–430

Kogler K (2013) Injektionstechnik im Tunnelbau. Geomech Tunnelling 6(3):261–273

Kogler K, Krenn H (2014) Bohrtechnische Verfahren zur Erkundung der Gebirgs- und Bergwasserverhältnisse im Zusammenhang mit TVM-Vortrieben. Geomech Tunnelling 7(5):528–539

Kogler K, Maroschek Ph (2010) Vom Bandschreiber zur digitalen Datenaufzeichnung – 25 Jahre innovative Entwicklung in der Bohr- und Injektionstechnik. Gruppe Geotechnik Graz H 38, Beiträge zum Christian Veder Kolloquium, S 127–143

Kohlbeck F (1991) Tektonische Spannungen in den Ostalpen und ihr Nachweis durch In-situ-Messungen. Felsbau 9:194–200

Kohler D, Rupp B (2008) Hochwasserentlastungsstollen Thun, Teil1 – Herausforderungen beim Hydroschildverfahren. Tunnel 27(7):27–37

Kohler EE (1989) Beständigkeit mineralischer Dichtungsstoffe gegenüber organischen Prüfflüssigkeiten – Empfehlungen für Deponieplaner und Deponiebetreiber. Abfallwirtschaft in Forschung u. Praxis 30:117–124

Kohler EE, Wewer R (1980) Gewinnung reiner Tonmineralkonzentrate für die mineralogische Analyse. Keramische Zeitschrift 32:250–252

Köhler M (1985) Großräumige Massenbewegungen in Quarzphylliten und ihre baugeologischen Auswirkungen. geotechnik 8:8–14

Köhler M, Maidl U, Martak L (2011) Abrasivität und Werkzeugverschleiß beim Schildvortrieb im Lockergestein. Geomech Tunnelling 4(1):36–53

Köhler M, Maidl U, Scholz M, Wendl K (2012) Geotechnische Erkenntnisse aus den Hydroschildvortrieben der Baulose H3–4 und H8 im Unterinntal. Geomech Tunnelling 5:581–593

Köhler U, Müller F (2010) Stützkonstruktionen im akuten Erdfallgebiet – Bemessung und Ausführung sowie Abwägung von ingenieurgeologischen und planerischen Risiken. geotechnik 33(2):157–163

Köhler U, Herold A, Hering A (1998) Dimensionierung von Oberbauten von Verkehrsflächen und die Einschätzung der Tragkraft des Erdplanums. Vorträge Baugrundtagung Stuttgart, S 487–498

Kolekova Y, Flesch RG, Lenhardt WA (1996) Erdbebensicherheit im Grundbau. Erfahrungsberichte. Felsbau 14:248–257

Komma N (2004) Druckwasserhaltende Tunnel. Tunnel 23(6):48–55

Könemann F, Tauch B (2012) Bau des neuen Kaiser-Wilhelm-Tunnels – Schildvortrieb im Locker- und Festgestein unter schwierigsten Randbedingungen. Beiträge zum 3. RuhrGeo Tag, Ber. Lehr- und Forschungsgebiet Geotechnik, Universität Wuppertal, H 32

Könemann F, Tauch B (2013) Neuer Kaiser-Wilhelm-Tunnel – Schildvortrieb im Locker- und Festgestein unter schwierigen Bedingungen. In: Taschenbuch für den Tunnelbau 2013, S 119–162

König KW (2014a) Regenabflüsse vom Metalldach. tHis 3(3):18–21

König KW (2014b) Gewässereinleitung nach Regenwasserbehandlung. tHIS 3(5):24–27

König KW (2016) Abflußbeiwerte und Niederschlagsgebühren. tHis 6(3):14–17

König St, Wrede V (1994) Zur Tektonik der Harzränder. Z dt geol Ges 145:153–171

Könnings HD, John M (1997) Umweltauswirkungen von Tunnelbaumaßnahmen am Beispiel der Neubaustrecke Ebensfeld – Erfurt. Felsbau 15:140–145

Könnings H-D, Leipziger K (1997) Ergebnisse der ingenieurgeologischen Erkundung entlang der geplanten Eisenbahnneubaustrecke Ebensfeld–Erfurt. Geotechnik Sonderheft 11. Nationale Tagung für Ingenieurgeologie, Würzburg, S 158–175

Koepke Ch, Saathoff F (2013) Charakteristische Bodenkennwerte der Torfe und Mudden Mecklenburg-Vorpommerns zur Berechnung von Primärsetzungen. geotechnik 36(1):10–18

Koppelberg W (2004) Tragfähigkeit von Schnecken-Ortbetonpfählen – Vergleich der Ergebnisse von Probebelastungen mit den Bemessungsempfehlungen nach DIN 4014. Mitt Ing- u Hydrogeologie Aachen 89:35–48

Köppl F, Thuro K (2013) Verschleißprognose für Abbauwerkzeuge im Vortrieb mit Mix-Schild TVM in Lockergesteinen. 19. Tagung für Ingenieurgeologie, München, Abstracts, S 13

Köppl F, Frenzel Ch, Thuro K (2009) Statistische Modellierung von Gesteinsparametern für die Leistungs- und Verschleißprognose bei TBM-Vortrieben. Veröffentl. 17. Tagung für Ingenieurgeologie, Zittau, S 415–417

Köppl F, Thuro K, Thewes M (2015) Einflußfaktoren auf den Verschleiß der Abbauwerkzeuge beim Vortrieb mit Hydroschild-TVM in Lockergesteinen. Geomech Tunnelling 8(3):248–257

Koerner U (1985) Standsicherheitsprobleme beim Straßenbau im Tertiär des Oberrheingrabens. geotechnik 8:20–26

Koers H, Kropp U, Röder T (2011) Risikominimierung durch komplexes Grundwassermanagement – System bei der „Noord Zuidlijin Amsterdam". Tunnel 30(6):24–31

Kosmahl W (1972) Die Gewinnung von Rötsalz in der Saline Schöningen. Geol Jb 90:221–240

Köster M, Schetelig K (1988) Geländesenkungen über oberflächennahen Tunneln – untersucht anhand zahlreicher ausgeführter Beispiele. Geotechnik Sonderheft 1988, S 145–154

Kovari K (1998) Tunnelbau in druckhaftem Gebirge. Tunnel 17(5):12–31

Krabbe W (1958) Über die Schrumpfung bindiger Böden. Mitt Hannoversche Versuchsanst f Grund- u Wasserbau 13:256–342

Krajewski W, Gerhardt P, Hardt D, Hosang K-H (2000) Gebirgsbeschreibung für den Verkehrswegebau nach Funktionaler Ausschreibung – Erfahrungen aus der geotechnischen Bauüberwachung der ICE-Neubaustrecke Köln–Rhein/Main. Vorträge Baugrundtagung, Hannover, S 315–323

Kramer J (2000) Hebungsinjektionen im Fels am Beispiel des Kühlturms URA in Neckarwestheim. Vorträge Baugrundtagung, Hannover, S 229–237

Krapp L (1979) Gebirgsdurchlässigkeit im Linksrheinischen Schiefergebirge – Bestimmung nach verschiedenen Methoden. Mitt Ing- u Hydrogeologie Aachen 9:313–347

Krause H (1966) Oberflächennahe Auflockerungserscheinungen in Sedimentgesteinen Baden-Württembergs. Jh geol L-Amt Baden-Württ 8:269–323

Krause H (1988) Zur Ausbildung und Tiefenlage von Gips- und Anhydritspiegel im Gipskeuper Baden-Württembergs. Jh geol L-Amt Baden-Württ 30:285–299

Krautblatter M, Moser M (2005) Die Implikation einer vierjährigen quantitativen Steinschlagmessung für Gefahrenabschätzung, Risikoverminderung und die Ausgestaltung von Schutzmaßnahmen. Veröffentl. 15. Tagung für Ingenieurgeologie, Erlangen, S 13–18

Krauter E (1973) Bewegungen an Felshängen im Rheinischen Schiefergebirge (BRD, Rheinland-Pfalz). Veröffentl Univ Innsbruck 86:217–236

Krauter E (1987) Phänomenologie natürlicher Böschungen (Hänge) und ihrer Massenbewegungen. In: Smoltczyk U (Hrsg). Grundbau-Taschenbuch Teil 3, 3. Aufl. Ernst & Sohn, Berlin, S 1–46

Krauter E (1996) Phänomenologie natürlicher Böschungen (Hänge) und ihrer Massenbewegungen. In: Smoltczyk U (Hrsg). Grundbau-Taschenbuch Teil 1, 5. Aufl. Ernst & Sohn, Berlin, S 549–600

Krauter E, Knoche N (1992) Stabilisierung von Felsböschungen mit streifenförmigen Stützkörpern. Vorträge Baugrundtagung Dresden, S 393–405

Krauter E, Köster M (1991) Stabilitätsprobleme an Felsböschungen im Rheinischen Schiefergebirge. Geotechnik Sonderheft 1991, S 22–27

Krauter E, Steingötter K (1983) Die Hangstabilitätskarte des linksrheinischen Mainzer Beckens. Geol Jb C 34:3–31

Krauter E, Häfner F, Dillmann W, Fenchel W (1979) Der Felssturz bei Linz/Rhein am 2. Dezember 1978. Ber. 2. Nationale Tagung für Ingenieurgeologie, Fellbach, S 175–182

Krauter E, Kerzan K, Hofmann G (1985) Deformationen an Felshängen und ihre Abhängigkeit vom geologischen Aufbau im Bereich des Straßennetzes im Rheinischen Schiefergebirge. In: Forschungsgesellschaft für Straßen- und Verkehrswesen, Schriftenreihe der Arbeitsgruppe „Erd- und Grundbau" 5. Kirschbaum, Bonn, S 57–59

Krauter E, Feuerbach J, Schröder U (1993) Felsrutschung Kröv (Mosel) – Kinematik und Gefahrenabwehr. Ber. 9. Nationale Tagung für Ingenieurgeologie, Garmisch-Partenkirchen, S 70–78

Krauter E, Kumerics Ch, Feuerbach J, Lauterbach M (2012) Abschätzung von Risiken von Hang- und Böschungsrutschungen durch Zunahme von Extremwetterereignissen. Ber. BAST Heft 75

Krentz M (2015) Zur guten fachlichen Praxis des Düsenstrahlverfahrens. geotechnik 38(1):56–64

Krey HD (1926) Erddruck, Erdwiderstand und Tragfähigkeit des Baugrundes. 3. Aufl. Ernst & Sohn, Berlin

Krieg St, Lächler W, Siebler G (2004) Tiefe Baugrube in breiigen Seetonen für das Seeuferhaus in Konstanz. Vorträge Baugrundtagung, Leipzig, S 49–56

Krött A, Kracht A (2009) Potenziale der CO2-Speicherung in Hessen – eine Grundlage zur klimafreundlichen geo- und energietechnischen Nutzung des tiefen Untergrundes. HLUG, Wiesbaden

Krümling H, Tornack E, Wiefel J, Wucher K (1975) Massenverlagerungen an der Röt-Muschelkalk-Schichtstufe Nordwest-Thüringens. Z f angew Geol 21:552–558

Kudella P (2001) Wie sicher sind Düsenstrahl-Injektionssohlen? Bautechnik 78(12):841–851

Kudla W, Rosenzweig T, Szczyrba S, Weißbach J, Kreßner J, Lucke B (2014) Neue Erkenntnisse zu Geländeeinbrüchen und Bodenverflüssigungen bei Tagebaukippen in der Lausitz. Vorträge Baugrundtagung, Berlin, S 325–333

Kudla W, Weißbach J, Szczyrba S (2012) Bodenverflüssigungsprobleme bei Bergbaukippen in der Lausitz. Beitr. z. 11. Geotechnik-Tag in München, Schriftenreihe TUM 52:19–25

Kugelmann B (1989) Erfahrungen beim Auffahren des Michaelistunnels in Baden-Baden durch Bohr- und Sprengarbeiten. Nobel-Hefte 55:1–16

Kühling G, Widmann R (1996) Injektionen in Fels – ein Sachstandsbericht der Arbeitsgruppe Felsinjektion des ISRM. Geotechnik Sonderheft 11. Nationales Felsmechanik-Symposium, Aachen 1994, S 124–129

Kuhn D, Prüfer St (2009) Langzeitbeobachtung einer Steilküstenrutschung mit Terrestrischem Laserscanning. Veröffentl. 17. Tagung für Ingenieurgeologie, Zittau, S 117–119

Kulander BR, Dean SL (1985) Hackle geometry and joint propagation dynamics. Proceeding of International Symposium Fundamentals of Rock Joints Björckliden, S 85–94

Kummerer C (2013) Bauwerksschutz für den innerstädtischen Tunnelbau am Beispiel der Metro Rom. Geomech Tunnelling 6(5):464–469

Kümmerle E (1982) Beobachtungen zur Tektonik im Rheingau. Geol Jb Hessen 110:101–115

Kümmerle E (1986) Bemerkungen zur Geologie der „Großen Hub" bei Eltville am Rhein. Geol Jb Hessen 114:95–109

Kuntsche K (1996) Empfehlungen zum Einsatz von Mess- und Überwachungssystemen für Hänge, Böschungen und Stützbauwerke. geotechnik 19:82–98

Kupetz M (2008) Neue Vorstellungen zur Genese der Höhlen vom Typ der „Mansfelder Kalkschlotten". Exkursionsf u Veröffentl DGG 235:19–29

Kupetz M, Brust M (1998) Die Barbarossahöhle, eine Anhydrithöhle als wissenschaftliches Forschungs- und Referenzobjekt und besonders wertvolles Geotop in Thüringen. Beitr z Geologie v Thüringen NF 5:183–206

Küpferle J, Röttger A, Alber M, Rheisen W (2015) Bewertung des LCPC-Abrasionstest aus werkstofftechnischer Sicht. Geomech Tunnelling 8(3):211–220

Kuropka F, Tiedemann J, Hahslinger G (2007) Spritzbetonschädigung durch Thaumasit im Pumpspeicherwerk Goldisthal – Untersuchungen und Überwachungsprogramm. 16. Tagung für Ingenieurgeologie, Bochum, S 475–481

Kürten S, Feinendegen M, Schwerdt P, Noel Y, Klein A, Gaschnitz R (2011) Haldengeothermie – Chancen und Risiken bei der thermischen Nutzung von Haldenschwelbränden. geotechnik 34(1):127–135

Kürten S, Mottaghy D, Ziegler M (2015) Besonderheiten bei der Planung und Berechnung von oberflächennahen thermoaktiven Bauteilen. geotechnik 38(2):107–229

Ladner F, Rovina H, Pointer E, Drayer B, Sambeth U (2004) Geologische Überwachung und Instrumentierung des Felssturzes „Medji", St. Nikolas, Schweiz. Feldbau 22(3):37–45

Lagger M (2015) Hangexplosionen und Muren – Eine Bestandsaufnahme. 17. Geoforum Unhausen/Tirol, S 4–11

Lammer E, Gehring K (1998) Verbesserung von Schneidwerkzeugen und Schneidsystemen von Teilschnittmaschinen. Felsbau 16:348–356

Laemmlen M, Katzenbach R (1986) Baugrund- und Standsicherheitsuntersuchungen für natürliche Hänge im Buntsandsteinbergland als Grundlage für die Planung von Hangsicherungsmaßnahmen, dargestellt am Hattenberg-Nordhang in Osthessen. Geol Jb C 44:3–51

Laemmlen M, Prinz H (1968) Der Heubacher Graben im westlichen Rhönvorland als Teilstück der Grabenzone Heubach-Thalau-Friesenhausen. Notizbl hess L-Amt Bodenforsch 96:137–156

Laemmlen M, Prinz H, Roth H (1979) Folgeerscheinungen des tiefen Salinarkarstes zwischen Fulda und der Spessart-Rhön-Schwelle. Geol Jbl Hessen 107:207–250

Lang H-J, Huder J (1994) Bodenmechanik und Grundbau – Das Verhalten von Böden und die wichtigsten grundbaulichen Konzepte. 5. Aufl. Springer, Heidelberg

Lang St, Hornung J, Tscheck M, Ruckwied K, Hoppe A (2011) Tektonik und Sedimentation am Rand des Oberrheingrabens in Darmstadt im Mittel- und Oberpleistozän. Geol Jb Hessen 137:19–53

Lange D, Epstein D (2012) Felssicherungen an der L 333. Mining Geo 1:107–115

Langer M (1990) Empfehlungen des Arbeitskreises „Salzmechanik" der Deutschen Gesellschaft für Erd- und Grundbau e.V. zur Geotechnik der Untertagedeponierung von Sonderabfällen im Salzgebirge – Ablagerung in Kavernen.. Bautechnik 67(3):91–95

Langmaack L (2006) Konditionierung des Ausbruchsmaterials zur Stützung der Ortsbrust. geotechnik 29(2):199–205

Lauber L (1941) Untersuchungen über die Rutschungen im Tertiär des Mainzer Beckens, speziell die vom Jakobsberg bei Ockenheim (Bingen). Geol. u. Bauwesen 13:27–49

Laue J, Studer JA (2003) Mikrozonierung für Erdbeben–Probleme und Erfahrungen. GEOLEX 3:11–21

Lauffer H (1958) Gebirgsklassifizierung für den Stollenbau. Geol u Bauwesen 24:46–51

Lauffer H (2008) Die Festgesteinschildmaschine – Interaktion zwischen Gebirge und Vortriebssystem, Kompetenz- und Risikoverteilung. Geomechanik Tunnelbau 1(6):590–595

Lauffer H (2010) Die Entwicklung der NÖT – ein geschichtlicher Rückblick. Geomech Tunnelling 3(6):763–772

Lauterbach M, Krauter E, Feuerbach J (2002) Satellitengestütztes Monitoring einer Großrutschung im Bereich eines Autobahndammes bei Landstuhl/Pfalz. geotechnik 25(2):97–100

Leblhuber P, Bonapace P (2013) Neubau Druckschacht KW Kaunertal – Baugrunderkundung und Injektionskonzept. Geomech Tunnelling 6(5):446–455

Lehmann B, Gelbke C, Räkers E (1997) Hochauflösende Baugrunderkundung mit kombinierten geophysikalischen Verfahren an Beispielen aus Berlin, Wuppertal, Coldiz und Oppenheim. Geotechnik Sonderheft 11. Nationale Tagung für Ingenieurgeologie, Würzburg, S 265–280

Lehne R, Sirocko F (2007) Rezente Bodenbewegungspotenziale in Schleswig-Holstein (Deutschland) – Ursachen und ihr Einfluss auf die Entwicklung der rezenten Topographie. Z dt Ges Geowiss 158(2):329–347

Lehnhardt WA (1998) Erdbeben der vierten Art – Lokales seismisches Gefährdungspotenzial durch Eingriffe in die Natur. Bautechnik 75(10):781–791

Leichnitz W, Schiffer W (1988) Umstellung des Vortriebs- und Ausbauverfahrens infolge unerwartet hohen Grundwasserzuflusses: Beispiel Rauhebergtunnel. Forschung + Praxis 32:143–148

Leitner A, Erichsen C, Stöckl R, Liebsch H (2003) Grundwasserabsenkung, Baugrubensicherung und berg-

männische Vortriebe für das U-Bahnlos U2/2 in Wien. geotechnik 26(4):234–243
Lempp, Ch., Menezes, F. &Sachwitz, S. (2016): Tonstein als Wirtsgestein: Ein Ingenieurgeologischer Beitrag über Opalinuston. - geotechnik 39:4, 235-251.
Lempp Ch, Rey F (2009) Subrosion bedroht Baudenkmal: Die Oberkirche von Bad Frankenhausen in Thüringen. Veröffentl. 17. Tagung für Ingenieurgeologie, Zittau, S 71–76
Lempp Ch, Röckel Th (1999) Bohrloch- und Bohrkerninstabilitäten als Indikatoren des regionalen Spannungszustandes. Berichte 12. Nationale Tagung für Ingenieurgeologie, Halle, S 94–104
Lenz F, Marcher Th, Neumayr Th (2010) A9 Bosrucktunnel – Dimensionierungsansätze im quellenden Gebirge. Geomech Tunnelling 3(5):597–608
Lesemann H, Beckhaus K (2014) Baugrundverbesserung in Deutschland – Grenzen und neue Möglichkeiten. Vorträge Baugrundtagung, Berlin, S 143–149
Lesemann H, Vogt N (2012) Untersuchungen zur hydraulischen Stützung mit Polymerlösungen. geotechnik 35(1):11–21
Lettin KJ (1989) Arbeiten unter Druckluft in kontaminierter Umgebung. Tiefbau BG, S 470–378
Leydecker G (1986) Erdbebenkatalog für die Bundesrepublik Deutschland mit Randgebieten für die Jahre 1000–1981. Geol Jb E 36:3–83
Leydecker G (2004) Erdbebenkatalog für die Bundesrepublik Deutschland mit Randgebieten für die Jahre 800–2003. Datenfile; BGR Hannover
Leydecker G, Schmitt T, Busche H (2006) Erstellung ingenieurseismischer Gutachten für Standorte mit erhöhtem Sekundärrisiko auf der Basis des Regelwerks KTA 2201.1. BGR
Liebich C, Speier L, Seegers J (2006) U-Bahnhof Brandenburger Tor: Bergmännische Bauweise im Schutz einer Vereisung. Vorträge Baugrundtagung, Bremen, S 67–73
Liebscher A, Martens S, Möller F, Lüth St, Schmidt-Hattenberger C, Kempka Th, Szizybalski A, Kühn M (2012) Überwachung und Modellierung der geologischen CO_2-Speicherung – Erfahrungen vom Pilotstandort Ketzin, Brandenburg (Deutschland). geotechnik 35(3):177–186
Linder W-R, Böhle B, Heymann M (2012) Erfahrungen aus dem Betrieb von mittels Einphasendichtwänden abgedichteten Altlastenstandorten. Gruppe Geotechnik Graz, Heft 38, Beiträge zum 27. Christian Veder Kolloquium, S 173–187
Linortner J, Jung G, Zenz G (2009) Planung und Ausführung eines Dichtschirms für das Wasserkraftwerk Ermenek (Türkei). Geomech Tunnelling 2(5):421–429
Lippmann E, Rauen A (2005) TCS manual/Handbuch zum Thermal Conductivity Scanner. Broschüre Fa. Lippmann & Rauen GbR
Lippmann F, Zimmermann M (1983) Die Petrographie des Knollenmergels, Mittlerer Keuper, Trias. Geol Rdsch 72:1105–1132
Loers L, Jäger A (2007) Nord-Süd Stadtbahn Köln. 16. Tagung für Ingenieurgeologie, Bochum, S 441–445
Loew S, Ebneter F, Bremen F, Herfort M, Lützenkirchen V, Matousek F (2007) Annual opening and closure of Alpine Valleys. Felsbau 25(5):60–65
Lohmann HH (1962) Zur Formenentwicklung von Salzauslaugungstrichtern. Notizbl hess L-Amt Bodenforsch 90:319–326
Lorenz K, Stötzner U (2005) Hochauflösende geophysikalische Erkundung als Basis für numerische geotechnische Strukturmodelle. Veröffentl. 15. Tagung für Ingenieurgeologie, Erlangen, S 127–130
Lorenz St, Galler R (2016) Verbundverhalten zwischen KDB. Schutzvlies und Spritzbeton. Tunnel 35(2):38–47
Lorscheider W, Dietz W (1996) Die Aussagekraft statischer Berechnungen bei extremen Querschnittsverhältnissen. Felsbau 14:363–370
Losen H, Pommerning I (1989) Ermittlung von Fließzeiten in Aquiferen unter flächenhaftem Einsatz von Kurzpumpversuchen am Beispiel einer Grundwasserkontamination im Ruhrtal. Mitt Ing- u Hydrogeologie Aachen 32:349–363
Lotze F (1957) Zur Geologie der Senkungszone des Heiligen Meeres (Kr. Tecklenburg). Abh Landesmuseum f Naturkunde, Münster/Westf. 18
Lugeon M (1933) Barrages et Géologie. Dunod, Paris
Lüke J, Wittke M, Delsemme D (2002) Bemessung einer Geokunststoffbewehrung zur Überbrückung von Erdfällen mit Hilfe von dreidimensionalen, geometrisch nichtlinearen FE-Berechnungen. geotechnik 25(1):37–42
Lusznat M, Wiegel E (1968) Das Felsrutschgebiet am Giller bei Hilchenbach im nördlichen Siegerland. Fortschr Geol Rheinld u Westf 15: 425–440
Lux K-N, Heinke O, Preuß J (2010) Historischer Eisenerzbergbau in Ostthüringen und die Erkundung seiner Folgen mit geophysikalischen Methoden – Aktuelle Beispiele. 10. Altbergbau-Kolloquium Freiberg. VGE-Verlag, Frankfurt a. M, S 228–251
Ma X, Grabe J (2011) Steigerung der Effizienz von Erdwärmesonden durch Luftinjektion an Standorten ohne Grundwasserströmung. geotechnik 34(1): 42–50
Magar K (1993) Verkantung eines Bauwerks durch Karst. Geotechnik Sonderheft 9. Nationale Tagung für Ingenieurgeologie, Garmisch-Partenkirchen, S 119–124
Mähner D, Lange D (2008) Untersuchungen gealterter Kunststoffdichtungsbahnen aus dem Tunnel Menkhauser Berg. Felsbaumagazin 4:207–211
Mähner D, Lengers J (2014) Achsabweichungen bei der Herstellung von Schlitzwänden. Tunnel 33(7):28–40

Mähner D, Bolte W, Frieling A, Mämpel H (2013) Schäden an Gebäuden durch Oberflächensetzungen infolge Tunnelvortrieb. In: Taschenbuch für den Tunnelbau 2013, S 49–66

Maidl B (1984) Handbuch des Tunnel- und Stollenbaus. Bd I: Konstruktionen und Verfahren. Glückauf, Essen

Maidl B (1988) Handbuch des Tunnel- und Stollenbaus. Bd II: Grundlagen und Zusatzleistung für Planung und Ausführung. Glückauf, Essen

Maidl B, Maidl U (2006) Lösung von Karstproblemen am Beispiel des Irlahülltunnels der DB-Neubaustrecke Nürnberg–Ingolstadt. Bautechnik 83(8):525–532

Maidl B, Stein V (2002) Die Weiterentwicklung der Spritzbetonbauweise durch Gebirgsverbesserung. Bauingenieur 77:251–259

Maidl B, Naumann J, Grüter R, Schockemöhle B (2000) Abdichtungs- und Entwässerungskonzepte bei Tunnelbauten. In: Taschenbuch für den Tunnelbau 2000, S 155–191

Maidl B, Herrenknecht M, Maidl U, Wehmeyer G (2011) Maschineller Tunnelbau im Schildvortrieb. 2. Aufl. Ernst & Sohn, Berlin

Maidl B, Maidl U, Nellessen Ph (2004) Strategie der Verbruchvorhersage auf Basis der Auswertung der Vortriebsdaten. Felsbau 22(3):8–20

Maidl B, Schmid L, Ritz W, Herrenknecht M (2001) Tunnelbohrmaschinen im Hartgestein. Ernst & Sohn, Berlin

Maidl U (2001) Beitrag zur Abgrenzung der Einsatzbereiche für Erddruck- und Flüssigkeitsschilde. Bauingenieur 76(2):118–122

Maidl U (2002) Bodenkonditionierung bei Erddruck- und Flüssigkeitsschilden. In: Taschenbuch für den Tunnelbau 2002, S 166–183

Maidl U (2008) Systemverhalten und Prozessoptimierung beim Erddruckschild. Geomechanik Tunnelbau 1(3):229–235

Maidl U, Nellessen Ph (2003) Zukünftige Anforderungen an die Datenaufnahme und -auswertung bei Schildvortrieben. Bauingenieur 78:150–161

Maidl U, Stascheit J (2014) Echtzeit-Prozesscontrolling bei Erddruckschilden. Geomech Tunnelling 7(1):64–71

Maidl U, Köhler M, Schretter K (2011) Umsetzung der Beobachtungsmethode beim TVM-Vortrieb – Projektlose H 3–4 und H 8 im Unterinntal. Geomech Tunnelling 4(5):405–413

Maier Ch, Glückert J (2009) Kompensationsinjektionen zur Gebäudesicherung bei innerstädtischen Tunnelvortrieben. In: Taschenbuch für den Tunnelbau 2009, S 93–122

Maier J (1998) Grundwassermarkierungsversuche. In: Schreiner M, Kreysing K (Hrsg) Handbuch zur Erkundung des Untergrundes von Deponien und Altlasten. Bd 4: Geotechnik Hydrogeologie. Springer, Berlin, S 461–493

Mainz M, Heitfeld M, Schetelig K (2007) Geotechnische Untersuchungen zur Ausweisung von Gefährdungsbereichen des tagesnahen Altbergbaus am Beispiel des Aachener Wurmreviers. 16. Tagung für Ingenieurgeologie, Bochum, S 341–350

Mälzer H, Gein G, Zippelt K (1983) Changes in the Rhenish Massif. Determination and analysis. In: Fuchs K, von Gehlen K, Nälzer H, Murawski H, Semmel A (Hrsg) Plateau uplift – The Rhenish shield – A case study. Springer, Berlin, S 164–176

Mandl G (1989) Vom Riß zur tektonischen Störzone. Beitrag im Seminar und Fortbildungskurs „Wie bricht Fels?" TU Wien, Inst f Mechanik (maschinenschriftl.)

Manns W (1997) Long-term influence of aggressive carbonic acid upon the bearing capacity of ground anchors. Otto Graf J 8:63–74

Marbler H, Lempp Ch, Erickson K, Schmidt M, Pöllmann H (2011) Geomechanisches Verhalten von Speichergesteinen während der CO_2-Injektion in tiefe geologische Speicherformationen: Ergebnisse des Projekts COOral. 18. Tagung für Ingenieurgeologie, Berlin, S 201–206

Marinos P, Hoek E (2000) GSI: A geologically friendly tool for rock mass strength estimation. Proceeding of GeoEng Conference, Melbourne

Mark P, Biemeier W, Schindler S, Blome A, Heek P, Krivenko A, Ziem E (2012) Radarinterferometrie zum Setzungsmonitoring beim Tunnelbau – Anwendung am Beispiel der Wehrhahnlinie in Düsseldorf. Bautechnik 89:11

Marquart P (2004) Die Geologie weist ihren Weg – Tunnelbau in den Gebirgsformationen rund um Stuttgart und auf der Schwäbischen Alb. geotechnik 27(2):99–103

Martak L (2005) Wasserhaltungsmaßnahmen für den seichtliegenden Tunnelbau im Lockergestein. Felsbau 23(5):102–112

Marti D, Delb V (2001) Umweltbelastungen durch Sprengstoffe. Nobel-Hefte 67: 61–64

Martienssen Th (2004) Geologische Kluftkartierung durch den Einsatz der Lasermesstechnik. geotechnik 27(3):306–313

Massarsch, R., Corten, F. (1988) Bodenvibrationsabschirmung mittels Gasmatten. - Vorträge Baugrundtagung Hamburg: 161-192

Massarsch R (2002) Ursachen von Bodenerschütterungen und deren Begrenzung. Felsbau 20:171–178

Matsch St, Zwicky P, Füseler P, Schneefeli W (2005) Entwicklung von Abdichtungssystemen für die AlpTransit-Tunnel in der Schweiz. Felsbau 23(3):14–22

Mattle B, John M, Spiegel A (2003) Numerische Untersuchungen für den Tunnelbau im verkarsteten Gebirge. Felsbau 21(1):29–34

Matula M (1981) Rock and soil description and classification for engineering geological mapping: Report by the IAEG commission on engineering geological mapping. Bull IAEG 24:235–274

May F (2006) Sicherheit und Überwachung von CO2-Speichern. geotechnik 29(4):349–359

May F, Brune St, Gerling P, Krull P (2003) Möglichkeiten zur untertägigen Speicherung von CO_2 in Deutschland – eine Bestandsaufnahme. geotechnik 26(3):162–172

Mayer K (2008) Gefahrenhinweiskarte für geogene Gefährdungen im Raum Oberallgäu. Rundbrief 66, Fi – DGGT, S 16–18

Mayer P-M, Gudehus G (2001) Ermittlung von Bodenverschiebungen infolge Schlitzwandherstellung. Bautechnik 78(7):490–502

Mayer P-M, Roberti P, Snijders H (2004) SOFIA – ein innovativer Baustein der Injektionstechnik. Vorträge Baugrundtagung, Leipzig, S 97–104

Mayer P-M, Messing M, Corriols AS, Rosenbusch N (2014) Datenmanagement und Risikoanalyse für Tunnelbauprojekte. Tunnel 33(2):18–24

Meier C, Boley C (2012) Methode zur empirischen Prognose der Verformungen von sackungsanfälligen Lössböden. Bautechnik 89(9):578–584

Meier C, Boley C (2014) Bauen auf kollapsgefährdeten Lössböden in Erdbebengebieten von Afghanistan – geotechnische Herausforderungen unter extremen Randbedingungen. Vorträge Baugrundtagung, Berlin, S 289–295

Meier G (1978) Zum Problem von Tagesbruchanalysen in Altbergbaugebieten aus der Sicht praktischer Bergsicherungsarbeiten. Neue Bergbautechnik 6(11):639–643

Meier G (2001) Numerische Abschätzung von Tagesbruchgefährdungen in Altbergbaugebieten. Veröffentl. 13. Nationale Tagung für Ingenieurgeologie, Karlsruhe, S 11–22

Meier G (2006) Holz im Altbergbau. 6. Altbergbau-Kolloquium, Aachen, S 217–229

Meier G (2009) Zur Bestimmung von altbergbaulich bedingten Einwirkungsbereichen. 9. Altbergbau-Kolloquium, Leoben, S 118–131

Meier G (2010a) Geotechnische Prognosen zu Schadensereignissen im Altbergbau. geotechnik 33(4):346–350

Meier G (2010b) Tagesbruch oder Erdfall. 10. Altbergbau-Kolloquium, Freiberg, S 309–319

Meier G (2011) Zur Genese von Tagesbrüchen und Erdfällen. 18. Tagung für Ingenieurgeologie, Berlin, S 121–127

Meier G (2013) Geothermische Grubenwassernutzung aus dem alten Wismutschacht 302 in Marienberg (Erzgebirge) – Entstehung, Nutzung, Erfahrungen. 19. Tagung für Ingenieurgeologie, München, Abstracts, S 66

Meier G, Meier J (2007) Erdfälle und Tagesbrüche – Möglichkeiten einer numerischen Modellierung. Bull angew Geol 12(1):91–103

Meier G, Jost G, Hruschka Th (2005) Tagesnaher Zechsteinkalk-Abbau in Hettstedt unter einer Wohnbebauung. 5. Altbergbau-Kolloquium, Clausthal, S 156–165

Meijer A, Borchert G (2012) Tunnel A2 Maastricht: Grundwassermanagement mit DSI-System. Tunnel 31(8):36–31

Meinlschmidt A, Rosching FH (2002) Härtestabilisation von Dränagewässern – ein Beitrag zur Reduzierung der Betriebskosten von Tunnelbauwerken. In: Taschenbuch für den Tunnelbau 2002, S 255–268

Meissner M, Schwaiger S, Herr R (2015) Abdichtungssysteme mit Kunststoffdichtungsbahnen. Tunnel 34(2):38–49

Menberg K, Bayer P, Zosseder K, Rumohr S, Blum Ph (2013) Urbane Wärmeinseln im Untergrund deutscher Städte. 19. Tagung für Ingenieurgeologie, München, Abstracts, S 55

Menke J, Schürmann A (2010) Weiterentwicklung der Geräte- und Ankertechnik zur Rückverankerung von Kaimauern oder hohen Geländesprüngen. Gruppe Geotechnik Graz, Heft 38, Beiträge zum 25. Christian Veder Kolloquium, S 111–126

Mergner H, Eggeling L, Kölbel Th, Münch W, Genter A (2012) Geothermische Stromerzeugung: Bruchsal und Soultz-sous-Forets. Mining Geo 4:666–673

Mertzenich H (1994) Zur Praxis der Grundwasserabsenkung vornehmlich beim Einsatz von Spülfiltern. Erfahrungsbericht der DIA-Pumpenfabrik Hammelrath & Schwenzer GmbH, Düsseldorf

Meskouris K, Brüstle W, Schlüter F-H (2004) Neufassung der Norm DIN 4149. D-A-CH-Mitteilungsblatt. Bauingenieur 79:9

Meskouris K, Hinzen K-G, Butenweg Ch, Mistler M (2007) Bauwerke und Erdbeben. Grundlagen – Anwendung – Beispiele. 2. Aufl. Vieweg + Teubner, Wiesbaden

Metzner I, Voland B, Bombach G (1994) Vorkommen und Verteilung von Arsen in Mittelgebirgsböden des Erzgebirges und Vogtlandes. In: Kloke A, Wiesner J, König A, Kreysa G (Hrsg) Beurteilung von Schwermetallen in Böden von Ballungsgebieten: Arsen, Blei und Cadmium. Resümee der DECHEMA-Arbeitsgruppe Bewertung von Gefährdungspotentialen im Bodenschutz. DECHEMA Verlag, Frankfurt a. M., S 97–104

Meyer F, Boley C (2010) Decision-Support-System zur Generierung einer zuverlässigen lokalmaßstäblichen Gefahrenbeurteilung potentieller Hangmurenbereiche. geotechnik 33(4):340–345

Meyer U, Matthalm T (2011) Die Riesending-Schachthöhle im Untersberg. - Mitt. Verb. dt. Höhlen- und Karstforscher, 57(2), 36–44.

Meyer N, Prinz H (1997) Optimierung von Verkehrswegen durch rechtzeitige ingenieurgeologische Vorerkundung. Geotechnik Sonderheft, 11.

Nationale Tagung für Ingenieurgeologie, Würzburg, S 199–209

Meyer W, Stets J (1998) Young Pleistocene to recent uplift in the Rhenish Massif. In: Neugebauer J (Hrsg) Young tectonics – Magmatism – Fluids. A case study of the Rhenish Massif. Publications of SFB 350, Bonn, 74

Meyer-Kraul N (1989) Geomechanische Eigenschaften von Röttonsteinen. Diss. FB Bauingw. GhK Kassel

Michael J, Quick H, Gartung E, Maidl B, Rauscher W, Müller K (2003) Karst und Erdfallthematik aus der Sicht der Prüfingenieure und des Baugrundsachverständigen. Felsbau 21(1):50–56

Mielenz J (2006) Maschineller Vortrieb im Fels am Beispiel des Gotthard-Basistunnels, Südabschnitt. geotechnik 29(2):163–167

Mirwald PW (1997) Physikalische Eigenschaften der Gesteine. In: Kiesewetter A, Kiesow G (Hrsg) Natursteine und Umweltschutz in der Denkmalpflege. Ebner-Verlag, Ulm, S 283–308

Missal Ch, Döring I, Stahlmann J (2014) Spannungs-Dehnungs-Verhalten von Steinsalz aus der flachen und steilen Lagerung. geotechnik 37(3):177–184

Missal Ch, Gährken A, Stahlmann J (2016) Ein thermisch-mechanisches Stoffmodell für Steinsalz mit Berücksichtigung von Schädigung, Bruch und Verheilung. geotechnik 39(1):2–17

Mittelbach G (2010) Ein Beispiel aus Wiesbaden (Kurzfassung). Schriftenreihe GDMB 123:33–34

Mlinar Ch, Sempelmann F, Koch G, Steiner M, Kubin F (2014) Tunnelausbruch als Rohstoffquelle für eine Autobahn – Nachhaltige Ressourcenverwertung am Beispiel der S 10. Geomech Tunnelling 7(5):428–436

Möbus H-M (2004) Allochtone Triasschollen am Unterwerrasattel als Schlüssel zum Verständnis saxonischer Grabentektonik. Diss. Philipps-Universität Marburg

Möbus H-M (2008) Die Hessischen Gräben als mehrfach duktil entkoppelte „Pull-apart"-Strukturen. Geol Jb Hessen 135:5–23

Möbus H-M, Rogall M (2005) Die Hangstabilitätskarte Mittelmosel. Veröffentl. 15. Tagung für Ingenieurgeologie, Erlangen, S 275–280

Möbus H-M, Ruch C (2008) Ingenieurgeologische Gefahrenhinweiskarten in Baden-Württemberg. Rundbrief 66, Fi DGGT, S 5–7

Möbus K-H, Ruch C, Starke Ch (2009) Ingenieurgeologische Gefahrenhinweiskarten – erforderliche Mindeststandards aus Sicht der staatlichen Geologischen Dienste. Veröffentl. 17. Tagung für Ingenieurgeologie, Zittau, S 213–216

Mohrdieck P, Knops J, Kecsmar B (2011) Stilllegung eines Sedimentationsbeckens – Untersuchung und Sicherung gemäß den Zuverlässigkeitsanforderungen der DIN 19 700. Mitt Ing- u Hydrogeologie Aachen 102:13–25

Molek H (2004) Senkungs- und Erdfallprozesse durch Zechsteinverkarstung. Mitt Ing- u Hydrogeologie Aachen 89:81–89

Moll G, Katzenbach R (1987) Entwurf und Bemessung eines Tunnels und einer Brückengründung in einem gleitgefährdeten Felshang. Geotechnik Sonderheft 1987, S 81–88

Moormann Ch, Heiserer T, Straßer KH, Strobl Th (2012) Sanierung der Oberbeckens des Pumpspeicherkraftwerks Happurg nach erosiv bedingten Erdfällen in der Beckensohle. Vorträge 32. Baugrundtagung Mainz, S 255–265

Moos A von (1949) Quellerscheinungen an schweizerischen Molassemergeln. Geol Gesell, Schweiz 1949 S 442–446

Morgenstern NR (1990) Instabilitäts-Mechanismen bei veränderlich festen Gesteinen. geotechnik 13:123–129

Moritz B (2011) Stauchelemente – Anforderungen, Überblick und Vergleich. Geomech Tunnelling 4(3):221–236

Moritz B, Schubert W (2009) Die Umsetzung der Beobachtungsmethode im Rahmen des Geotechnischen Sicherheitsmanagements. Geomech Tunnelling 2(3):269–281

Moritz B, Matt R, Graf F, Brantner M (2008) Advanced observation techniques for sophisticated shallow tunnel projects – Experience gained using innovative monitoring methods of the Lainzer tunnel LT 31. Geomechanik Tunnelbau 1(5):466–467

Moritz B, Pilgerstorfer Th, Poininger P (2015) Erfahrungen beim zyklischen Vortrieb im Kristallinabschnitt des Bauloses KAT 3. Geomech Tunnelling 8(6):489–502

Moritz B, Wagner H, Mussger U, Handke D, Harer G (2011) Kriterien zur Wahl der Vortriebsarbeiten am Beispiel der Koralmtunnels. Geomech Tunnelling 4(4):305–315

Mortensen H (1960) Neues über den Bergrutsch südlich der Mackenröder Spitze und über die holozäne Hangformung an Schichtstufen im mitteleuropäischen Klimabereich. Z Geomorphologie (Suppl Bd 1):114–123

Moser M (1993) Was wissen wir über Talzuschübe? Ber. 9. Nationale Tagung für Ingenieurgeologie, Garmisch–Partenkirchen, S 4–14

Mucke D (2009) Sulfatkarst und seine Folgen für Bergbau und Baugrund an Beispielen aus dem Südharz und aus Schleswig-Holstein. 37. Geomechanik-Kolloquium TU Bergakademie Freiberg

Muff St, Frei B, Breitenmoser Th (2006) Gotthard-Basistunnel, Teilabschnitt Amsteg – Wiederinbetriebnahme der TBM nach Vortriebsstillstand im hydrothermal zersetztem Gebirge. Felsbau 24(1):59–62

Müggenborg H–J (2010) Haftungs- und Unterlassungsansprüche im Bergschadensrecht. Schriftenreihe GDMB 123:35–52

Mühlenkamp M, Heitfeld M, Klünker J, Korndörfer Ch, Schetelig K (2010) Wasserhaltung am Finnetunnel – Planung und Durchführung einer 4,5 km langen Tiefbrunnen-Wasserhaltung in einem Festgesteinsaquifer. geotechnik 33(2):114–119

Müllegger M, Lenz G, Laimer H (2011) Geotechnische Messungen als zentraler BestandTeil des Sicherheitsmanagementplans beim Felssturz Dürnstein/Wachau. Geomech Tunnelling 4(5):414–422

Müller B, Pipping U (2011) Praktikable geotechnische Klassifikationen von Festgesteinen und Festgebirgen für das Bauwesen sowie den Bergbau. Felsbaumagazin 3(1):10–31

Müller B, Pipping U (2012) Physikalische Zusammenhänge revolutionieren die Bohr- sowie Sprengtechnik und ermöglichen eine statistisch gesicherte Erschütterungsprognose. Felsbaumagazin 4(4):253–272

Müller B, Drebenstedt C, Hausmann J, Martienßen Th, Niedzwiedz H, Ortuta J (2008) Ergebnisse zur Realisierung einer umweltfreundlichen Sprengtechnik. Sprenginfo 30(3):37–48

Müller B, Hausmann J, Niedzwiedz H (2009) Bauraummodelle im Felsbau ohne Georisiken. 17. Tagung für Ingenieurgeologie, Zittau, S 129–136

Müller B, Hausmann J, Niedzwiedz H, Hamberger M (2010) Bewertung der Standfestigkeit von Felsböschungen und möglichen Felssicherungsmaßnahmen instabiler Bereiche. Felsbaumagazin 1:12–25

Müller B, Litschko B, Pipping U (2014) Erschütterungsarmes Sprengen. In: Taschenbuch für den Tunnelbau 2014, S 261–303

Müller Ch, Reinhold K (Hrsg) (2011) Geologische Charakterisierung tiefliegender Speicher- und Barrierehorizonte in Deutschland – Speicherkataster Deutschland. . SDGG 74, Schweizerbart, Stuttgart

Müller L (1963) Der Felsbau. Bd 1. Theoretischer Teil: Felsbau über Tage. 1. Teil Enke, Stuttgart

Müller L (1967) New considerations on the Vajont Slide. Felsmech u Ingenieurgeol 6:1–91

Müller L (1987) Spezielle geologische und geotechnische Untersuchungen bei der Sanierung von Rutschungen im nördlichen Siebengebirge. Mitt Ing- u. Hydrogeologie Aachen 27

Müller L (2007) Geotechnische Anforderungen an die Qualität und Ausführung von Erdwärmesonden. 16. Tagung für Ingenieurgeologie, Bochum, S 359–366

Müller M, Bargmann P (2013) Geologische und logistische Herausforderungen beim TBM-Vortrieb des Pinglu Tunnels in China. Geomech Tunnelling 5(6):686–692

Müller M, Turczynski U, Schwerdt S (2005) Die Erfassung des räumlichen Tragverhaltens von Geokunststoffbewehrungen bei der Gründung von Dämmen auf vertikalen Gründungselementen mit Hilfe numerischer Berechnungen. geotechnik 28(1):32–42

Müller N (2012) Gründungssanierung der Stadtkirche in Dinslaken. Bautechnik 89(1):37–47

Müller R, Schmitt M, Christofzik H (1998) Der Einsatz von Bodengasmessungen bei Deponiestandortuntersuchungen. In: Voigt H-J, Wippermann Th, Appel D (Hrsg) Handbuch zur Erkundung des Untergrundes von Deponien und Altlasten. Bd. 6: Geochemie. Springer, Berlin, S 359–422

Müller-Boruttau FH (2000) Erschütterungen durch Baumaßnahmen – Beurteilung der Einwirkungen auf Menschen in Gebäuden nach DIN 4150-2 vom Juni 1999. Bautechnik 77(10):743–749

Müller-Kirchenbauer H, Wichner R, Freidrich W, Schlotzer C, Weseloh K (1996) Zur Bemessung vertikaler und horizontaler Dichtelemente sohlgedichteter Baugruben. Vorträge Baugrundtagung Berlin, S 99–113

Müller-Salzburg L, Schneider H-J (1977) Die wachsende Bedeutung der Ingenieurgeologie im Zeitalter der Umweltzerstörung. Geol Rdsch 66(3):723–739

Multilingual Landslide Glossary (1993) International Geotechnical Societies, UNESCO Working Party for Landslide Inventory. Tech Publishers, Richmond (Kanada)

Musiedlak J, Spreckels V (2012) Prognose und Überwachung von Bodenbewegungen an der Tagesoberfläche. Mining Geo 4:532–547

Muth W (1997) Schäden an Dränanlagen. Schadenfreies Bauen Bd. 17. Fraunhofer IRB-Verlag, Stuttgart

Muth W (2001) Schäden an Bauwerksdränungen. Bautechnik 78(9):641–654

Muth W (2003) Wasseranfall bei Bauwerksdränungen. geotechnik 26(3):188–198

Nagel F, Spohr I, Speier L (2012) Beobachtungsmethode in der Geotechnik – Verknüpfung von Messung und Simulation. Tunnel 31(3):40–47

Naujoks G (2011) Erdverkabelung im Fels. tis 53(11):58–59

Naumann G, Brem G (2004) Empfehlungen des Deutschen Ausschusses für Unterirdisches Bauen e. V. (DAUB) zu Planung und Bau von Tunnelbau.. Tunnel 4:73–79

Naumann G, Jennewein G (1987) Konstruktion von Tunnelbauwerken in Übergangsbereichen zwischen geschlossener und offener Bauweise. Bauingenieur 62:101–108

Naumann G, Prinz H (1988) Ingenieurgeologische Tunnelkartierung als BestandTeil der NÖT. Felsbau 6:174–183

Naumann G, Prinz H (1989) Die Bedeutung richtungsabhängiger tektonischer Gebirgsauflockerung für den Tunnelbau im Buntsandsteingebirge. Felsbau 7:190–197

Neff H (1988) Der Wasseraufnahme-Versuch in der bodenphysikalischen Prüfung und geotechnische Erfahrungswerte. Bautechnik 65:153–163

Nendza H (1992) Gründungen in Bergbaugebieten. In: Smoltczyk U (Hrsg) Grundbau-Taschenbuch Teil Bd. 3, S 717–742

Nendza H, Gabener H-G (1979) Grundwasserbewegung im Lockergestein. Mitt Ing- u Hydrogeologie Aachen 9:1–28

Nesseler E, Fröhler M, Lebede S (1993) Die Rheingrabenverwerfung im Wattkopf-Tunnel bei Ettlingen (Nordschwarzwald). Geol Rdsch 82:765–768

Nestler P, Preuss J (2009) Nachweis risslich nicht ausreichend dokumentierter Schachtstandorte alten Braunkohlentiefbaus im Stadtkern Frankfurt (Oder) mit komplexen geophysikalischen Methoden. 9. Altbergbau-Kolloquium, Leoben, S 330–342

Netzer E, Gerstner R (2008) Kopswerk II – Geologie und Felsmechanik bei Erkundung, Planung und Bauausführung der Maschinenkaverne. Geomechanik Tunnelbau 1(5):417–423

Neuhauser E, Schober W (1970) Das Kriechen der Talhänge und elastische Hebungen beim Speicher Gepatsch. 2. Kongress der Internationalen Gesellschaft für Felsmechanik Belgrad, Th. 8, S 447–458

Neumann D, Schönberg G, Strobl G (2005) Dreidimensionale Modellierung von Baugrund und Bauraum für die ingenieurgeologische Kartierung der Stadt Magdeburg. Veröffentl. 15. Tagung für Ingenieurgeologie, Erlangen, S 367–370

Neumann D, Schönberg G, Strobel G (2005) Dreidimensionale Modellierung des Baugrunds für die Ingenieurgeologische Karte der Stadt Magdeburg. geotechnik 28(2):101–105

Neumann HR (2009) Risikomanagement der Bergbehörde NRW für verlassene Tagesöffnungen des Bergbaus. 9. Altbergbau-Kolloquium Leoben, S 107–117

Neumann P, Bauer M (2005) Abschätzung von Felssturzwahrscheinlichkeit und -intensität in den bayerischen Alpen. Veröffentl. 15. Tagung für Ingenieurgeologie, Erlangen, S 281–287

Neumann P, Scholz M, Feneberg F (2005) Das Paläokarstrelief der nördlichen Frankenalb und seine ingenieurgeologische Auswirkung. Felsbau 23(1):48–58

Neumüller E (2003) Nassspritzbeton im Dichtstromverfahren am Herzogbergtunnel. Tunnel 22(1):29–40

Nickmann H, Thuro K (2010) Ingenieurgeologische Untersuchungen zur Charakterisierung veränderlich fester Gesteine. Geotechnik 4:320–325

Nickmann M, Spaun G, Thuro K (2005) Untersuchungen zur Klassifizierung veränderlich fester Gesteine unter ingenieurgeologischen Aspekten. Veröffentl. 15. Tagung für Ingenieurgeologie, Erlangen, S 157–163

Nied J, Marquart P (2007) Planung, Realisierung und Geologie der Großprojekte Stuttgart 21 und NBS Wendlingen–Ulm. geotechnik 30(4):225–230

Niederbrucker R, Hellmeier P, Pasquetto A (2011) Eignungsuntersuchungen von Injektionsmitteln der Firma Uretek in Form großmaßstäblicher Injektionsversuche. Felsbaumagazin 3(1):55–61

Niedermeyer J (1957) Beitrag zur Geologie des Salzstockes von Lüneburg unter besonderer Berücksichtigung der Senkungserscheinungen. Geol Jb 74:211–224

Niedermeyer S, Rahn W, Reik G, Stoll R-D (1983) Geologische Gegebenheiten im Unteren und Mittleren Buntsandstein und ihre geotechnische Bedeutung für Baumaßnahmen im Fels. Felsbau 1:54–67

Niese J (2003) Kreiselgestützte Vermessung mit inertialen Sensoren im Spezialtiefbau. tis 45:34–40

Nöggenrath J (1847) Der Bergschlupf vom 20. Dezember 1846 an den Unkeler Basaltsteinbrüchen bei Oberwinter. Henry & Cohen, Bonn

Notacker N, Benner L-H, Otto F (2005) Substitution von Erdbaustoffen durch Geotextilien bei der Abwehr von Methanzutritten. Veröffentl. 15. Tagung für Ingenieurgeologie, Erlangen, S 79–84

Oberle A, Krieg St (2015) Geothermische Simulation einer Energiepfahlanlage. geotechnik 38(2):152–149

Obernhuber P, Stäuble H (2007) Der Aufstandsbereich von Betonsperren. Felsbau 25(5):11–18

Odenwald B, Herten M (2008) Hydraulischer Grundbruch: neue Erkenntnisse. Bautechnik 85(9):585–595

Oehler Th (2012) Langzeitbeobachtungen an mit Vorspannankern gesicherten Rutschhängen. Mining Geo 4:649–655

Opahle M (2005) Auftreten von schädlichen Gasen an der Tagesoberfläche verlassener Bergbaustandorte. 5. Altbergbau-Kolloquium Clausthal, S 457–494

Opahle M, Hegemann T (2006) Gefahrenabwehr durch Absaugen von Grubengas aus stillgelegten Bergwerken. 6. Altbergbau-Kolloquium Aachen, S 306–313

Orth W, Müller B (2013) Temporäre wasserdichte Anbindung von Baugruben an Bestandsbauwerke und temporäres Abdichten von Bauwerken durch Baugrundvereisung. Geomech Tunnelling 6(3):246–260

Ortlam D, Schnier H (1981) Erdfälle und Salzwasseraufstieg in Bremen – Typbeispiel für Süßwasserdepressionsgebiete. N Jb Geol Paläont Mh 4:236–257

Ostermayer H (1991) Verpressanker. In: Smoltczyk U (Hrsg). Grundbau-Taschenbuch Teil 2, 4. Aufl. Ernst & Sohn, Berlin, S 131–171

Otterbein R, Völklmecke F, Scherbeck R (2014) Bauverfahrenstechnik im Altbergbau – Grenzen des Spezialtiefbaus. Schriftenreihe Lehrstuhl Grundbau, Boden- und Felsmechanik, Ruhr University of Bochum, 50:13–32

Otto F (2007) Wenn sich die Erde auftut – Erdfälle und Tagesbrüche in NRW (Teil 1). 16. Tagung für Ingenieurgeologie, Bochum, S 311–313

Otto F, Brenner L, Dölp M (2011) Quantifizierung von Methangasaustritten an der Erdoberfläche. 18. Tagung für Ingenieurgeologie, Berlin, S 105-111

Pacher F, Rabcewicz L von, Golser J (1974) Zum derzeitigen Stand der Gebirgsklassifizierung im Stollen- und Tunnelbau. Bundesministerium f. Bauten u. Technik, Straßenforschung (Wien) 18:51–58

Palla R, Leitner St (2009) Anwendung des Düsenstrahlverfahrens auf den verschiedenen Baulosen im Unterinntal. Geomech Tunnelling 2(6):693–708

Palmström A (1995) RMi – A rock mass characterization system for rock engineering purposes. Diss. Department of Geology, Faculty of Mathematics and Natural Sciences. University of Oslo

Pape W-P von (2003) Höchste Grundwasserstände im Hessischen Ried als Planungskriterium für Bauwerke. Jb hess L-Amt Umwelt u Geologie, S 45–52

Päßler St, Veenker M (2010) Gefährdung von Gashochdruckleitungen durch Tagesbrüche. 10. Altbergbau-Kolloquium Freiberg, VGE-Verlag, Frankfurt a. M., S 196–210

Paul A, Walter F (2004) Empfehlung Nr. 19 des Arbeitskreises 3.3. Versuchstechnik Fels – der DGGT: Messung der Spannungsänderung im Fels und an Felsbauwerken mit Druckkissen. Bautechnik 81(8):639–647

Paul A, Wichter L (1995) Das Langzeitverhalten von Tunnelbauwerken im quellenden Gebirge; Neuere Meßergebnisse vom Stuttgarter Wagenburgtunnel. In: Taschenbuch für den Tunnelbau 1995, S 135–164

Pelz G, Fillibeck J, Vogt N (2009) Die Ermittlung der Überkonsolidation und deren Berücksichtigung bei FE-Berechnungen des feinkörnigen Münchner Tertiärs. geotechnik 32(2):96–190

Pelzl M, Deix J-D (2013) Donau-City-Tower 1, Fundierung des höchsten Gebäudes in Wien. Beitr. 28. Christian Veder Kolloquium Graz, S 163–180

Perau E, Haubrichs K (2006) Numerische Berechnungen zum Nachweis der Standsicherheit tiefer Baugruben. Vorträge Baugrundtagung Bremen, S 111–118

Perbix W, Teichert H-D (1995) Feinstbindemittel für Injektionen in der Geotechnik und im Betonbau. In: Taschenbuch für den Tunnelbau 1995, S 353–389

Perzlmaier S, Haselsteiner R (2006) Die prozessorientierte Beurteilung der hydrodynamischen Bodendeformation. geotechnik 29(4):335–348

Pesendorfer M, Loew S (2007) Detection efficiency of long horizontal predrillings to identify water conductive structures. Felsbau 25(4):18–27

Pfaff Th (1995) Grundwassermodelle als Werkzeug der Qualitätssicherung des Grundwassers. WAP 5:14–16

Pfeff D (2013) Direct Pipe – Grabenlose Direktverlegung von Produktrohrleitungen und Pipelines. In: Taschenbuch für den Tunnelbau 2013, S 203–234

Pierschke KJ (1985) Geologische bedingte Instabilitäten im Randböschungssystem eines Braunkohlentagebaus. Ber. 5. Nationale Tagung für Ingenieurgeologie, Kiel, S 267–277

Pilgerstorfer Th, Moritz B, Radoncic N, Goricki A (2011) Auswertung und Interpretation der Messdaten aus dem Versuchsstollen EKT Paierdorf. Geomech Tunnelling 4(5):423–434

Pilser G, John M, Alber O (2009) Projektierung und Ausschreibung der 2. Röhre des Pfändertunnels. Tunnel 28(6):19–29

Placzek D (1982) Untersuchungen über das Schwindverhalten bindiger Böden bei der Trocknung unter natürlichen Randbedingungen. Mitt Fachgebiet Grundbau u Bodenmech Universität. Essen GHS 3

Placzek D (2007) Baugrundrisiko beim Rohrvortrieb. tis 48(1–2):34–39

Placzek D (2010) Anforderungen an die Baugrunderkundung für Schildvortriebe. Geomech Tunnelling 3(3):308–317

Placzek D, Londong D (1994) Tragverhalten eines großen, kreisrunden, horizontal nicht gestützten Schlitzwandschachtes. Vorträge Baugrundtagung Köln, S 295–308

Plank S, Singer J, Thuro K (2013) Überwachung von Hangbewegungen mittels Radarinterferometrie – Methoden zur objektiven Überprüfung der Anwendbarkeit. 19. Tagung für Ingenieurgeologie, München, Abstracts, S 36

Plinninger, R., Wolski, K., Spaun, G., Thomée, B. & Schikora, K. (2004): Experimentelle Erfahrungen und Modellstudien zum Modified Tension Test (MTT) – einem neuen und einfachen Versuchsverfahren zur Untersuchung der direkten Zugfestigkeit. – geotechnik 27:4, 376-381.

Plinninger RJ (2008) Abrasiveness assessment for hard rock drilling. Geomechanik Tunnelbau 1(1):38–46

Plinninger RJ (2010) Abrasivitätsbewertung in Festgesteinen mit dem „Rock Abrasivity Index (RAI)" – Erfahrungen aus acht Jahren Anwendung. geotechnik 33(2):185–189

Plinninger RJ (2011) Teilschnittmaschinen als alternatives Vortriebsverfahren im innerstädtischen Tunnel- und Stollenbau – Chancen und Risiken. 18. Tagung für Ingenieurgeologie, Berlin, S 139–145

Plinninger RJ, Bruelheide Th (2007) Geotechnische Aspekte repräsentativer Probennahme von Festgesteinen. 16. Tagung für Ingenieurgeologie, Bochum, S 199–208

Plinninger RJ, Palla R (2013) Tunnel Sonnenberg: ESM-Vortrieb unter schwierigen geologischen Bedingungen. Tunnel 32(3):34–41

Plinninger RJ, Restner U (2008) Abrasiveness testing: Quo vadis? A commented overview of abrasiveness testing methods. Geotechnik u. Tunnelbau 1(1):61–70

Plinninger RJ, Amadori Th, Eckstaller W (2005a) Baubegleitende Karsterkundung und -sanierung in den Felseinschnitten des Bauloses Süd. Felsbau 23(1):41–47

Plinninger RJ, Bruelheide Th, Nickmann M (2008) Geotechnische Aspekte der repräsentativen Beprobung von Festgesteinen. geotechnik 31(4):308–317

Plinninger RJ, Käsling H, Spaun G, Thuro K (2002) Versuchstechnische und geologische Einflussfaktoren beim Cerchar-Abrasionstest. geotechnik 25:110–113

Plinninger RJ, Käsling H, Thuro K (2005b) Praktische Aspekte der Abrasivitätsuntersuchung und Verschleißprognose mit dem Cerchar-Abrasivitätstest (CAI). Veröffentl. 15. Tagung für Ingenieurgeologie, Erlangen, S 371–375

Plinninger RJ, Palla R, Fogolari L (2012a) Auffahrung des Tunnels Sonnenberg in Südtirol unter denkmalgeschützter Burganlage. In: Taschenbuch für den Tunnelbau 2012, S 39–60

Plinninger RJ, Smettan K, Kresse J (2012b) Das Felssturzereignis von Stein an der Traun – Einrichtung von Monitoring- und Frühwarn-Systemen. Geomech Tunnelling 5(4):339–346

Plinninger RJ, Thuro K, Bruelheide Th (2001) Erfahrungen bei Fräsvortrieben im Nürnberger U-Bahnbau. Felsbau 19:813

Plinninger RJ, Warning N, Krämer M (2011) Bohrtechnische und baubetriebliche Auswirkungen von Bohrlochinstabilitäten auf die Bohr- und Sprengarbeiten beim Bau des Flusskraftwerks Rheinfelden/Baden. geotechnik 34(1):136–142

Podjadtke R (2009) Entwicklung und Einsatz von stählernen Stauchelementen – Das System WABE im modernen Tunnelbau. Felsbaumagazin 2:84–87

Podjadtke R, Weiding G (2010) Vorstellbarer nachgiebiger Tübbingausbau. Tunnel 29(7):37–42

Pöttgens JE (1985) Bodenhebung durch ansteigendes Grundwasser – The development of science and Art of Minerals Surveying. Proceeding of 6th International Congress, International Society of Mines Surveying, Harrogate (GB). Bd 2, S 928–938

Pöttler R, Schneider V, Rehfeld E, Quick H (2002) Grundkonzept zur Lösung der Karst- und Erdfallproblematik für den Bau von Verkehrswegen. Felsbau 20(3):10–21

Pöttler R, Starjakob D, Spöndlin D (2006) Stenger Tunnel: Tunnelbau in stark druckhaftem Gebirge. Tunnel 25(5):58–65

Pohl C (2012) Mineralische Abdichtungen im Erdbau – Möglichkeiten, Anwendungsgrenzen und Alternativen. Beiträge zum 27. Christian Veder Kolloquium Graz, S 273–288

Pohl F (2002) Beurteilung von Bauwerken hinsichtlich ihrer bautechnischen Empfindlichkeit gegenüber bergbauinduzierten Bodenbewegungen an der Tagesoberfläche des Ruhrreviers. Diss. TU Bergakademie Freiberg

Pohlenz R (1979) Beitrag zur Beurteilung von Felsböschungen im Elbsandsteingebiet. Z f angew Geol 25:340–345

Pohlenz R (1984) Erfahrungen und Ergebnisse langjähriger Felsüberwachung durch mechanische Längenänderungsmessungen. In: Ingenieurgeologische Untersuchungen im Fels, Vortrags- und Exkursionstagung der GGW 1984 in Freiberg

Poier V (1998) Wasserdruck-Test (WD-Test). In: Schreiner M, Kreysing K (Hrsg) Handbuch zur Erkundung des Untergrundes von Deponien und Altlasten. Bd 4: Geotechnik Hydrogeologie. Springer, Berlin, S 299–312

Poisel A, Hofmann R, Preh A, Sausgruber Th, Schiffer M (2011) Die Lehren aus dem Erdstrom im Gschlief-Graben (Österreich). Geomech Tunnelling 4(5):445–453

Poisel R, Preh A, Zettler H (2007) Versagensmechanismen von Talflanken und Böschungen. Felsbau 25(5):74–79

Poisel R, Tentschert E, Preh A, Ostermann V, Chwatal W, Zettler A (2010) Interaktion Maschine–Gebirge, analysiert mittels TBM-Daten und Gebirgskennwerten. Geomech Tunnelling 3(5):510–519

Poisel R, Tentschert E, Zettler AH (2005) Rock mass rating and optimized performance of tunnel boring machines using machine data. Felsbau 23(4):40–48

Poppei J, Fischer D (1997) Theoretische und praktische Untersuchungen zur Auslegung von Erdwärmesonden im Lockergestein unter besonderer Berücksichtigung der geologisch-hydrogeologischen Gegebenheiten in Nord-Ost-Deutschland. IZW-Bericht 2:57–64

Posch H, Bahold M, Kager M, Kolb E, Bauer F, Huber M (2015) Verantwortungsvoller Umgang mit Tunnelausbruch am Beispiel Koralm-Tunnel, Baulos KAT 2. Geomech Tunnelling 8(6):503–517

Posch H, Murr R, Huber H, Kager M, Kolb E (2014) Tunnelausbruch – Das Spannungsfeld zwischen Abfall und Verwertung am Beispiel Koralmtunnel, Baulos KAT 2. Geomech Tunnelling 7(5):437–450

Poscher G, Patzelt G (2000) Sink-hole collapses in soft rocks. Felsbau 18(1):36–40

Poschinger A von (1992) Die jüngsten Hangbewegungen bei Hutterer, Gemeinde Inzell, und ihre Bedeutung für die Aufnahme von Hangbewegungen im Bayrischen Alpenraum. Z angew Geol 38:21–25

Poschinger A von (1993) Die Wiedmaisrutschung als Beispiel einer Großhangbewegung im Flysch. Ber. 9. Nationale Tagung für Ingenieurgeologie, Garmisch-Partenkirchen, S 15–21

Poschinger A von (1998) Zur Vorhersage von Hangbewegungen. Münchner Geol Hefte 7:23–30

Poschinger A von (2013) Umsetzung der Gefahrenhinweiskarten zu Geogefahren in Bayern. 19. Tagung für Ingenieurgeologie, München, Abstracts, S 33

Poschinger A von, Haas U (1997) Der Flimser Bergsturz, doch ein warmzeitliches Ereignis? Bull angew Geol 2:35–46

Pötsch M, Pischinger G, Bewick R, Gaich A (2007) Geotechnical data collection an analysis in jointed rock. Felsbau 25(5):66–73

Praetorius St, Schößer B (2015) Bentonithandbuch. Ernst & Sohn, Berlin

Preh A, Poisel R (2009) Scherbruchkörper in der Laibung von Tunneln – neue Erkenntnisse zum Versagensablauf. Geomech Tunnelling 2(5):544–551

Preuße A (2009) Hebungserscheinungen an der Tagesoberfläche als Folge untertägigen Steinkohlebergbaus. Schriftenreihe GDMB 119:23–29

Preuße A, Krämer I, Frenz W (2006) Grubengasnutzung – ein neuer alter Bodenschatz in NRW. 6. Altbergbau-Kolloquium Aachen, S 39–48

Priebe HJ (2003) Zur Bemessung von Rüttelstopfverdichtungen – Anwendung des Verfahrens bei extrem weichen Böden, bei „schwimmenden Gründungen" und beim Nachweis der Sicherheit gegen Gelände- und Böschungsbruch. Bautechnik 80(6):380–384

Priesnitz K (1974) Beobachtungen an einem bemerkenswerten rezenten Erdfall bei Göttingen. Neues Archiv für Niedersachsen 23:387–397

Prinz H (1969) Ursachen und Folgeerscheinungen von Lösssubrosion im Straßen- und Kanalbau. Tiefbau 7:609–611

Prinz H (1979) Ingenieurgeologische Probleme an der DB-Neubaustrecke Hannover–Würzburg in Osthessen. Ber. 2. Nationale Tagung für Ingenieurgeologie, Fellbach, S 93–101

Prinz H (1980) Erscheinungsformen des tiefen Salinarkarstes an der Trasse der DB-Neubaustrecke Hannover–Würzburg in Osthessen. Rock Mechanics (Suppl 10):23–33

Prinz H (1986) Zur Kalkaggressivität von Buntsandstein-Grundwasser. geotechnik 9(1):30–32

Prinz H (1990) Grundwasserabsenkung und Baumbewuchs als Ursache von Gebäudesetzungen. Aachener Bausachverständigentage 1990, Bauverlag, Stuttgart, S 61–68

Prinz H (1998) Ist das Verformungsverhalten von tektonischen Störungszonen heute noch ein unvorhersehbarer Risikofaktor?. Münchner Geol Hefte 7:54–64

Prinz H (2001) Tektonisches Modell als Ursache für ungewöhnliches Gebirgsverhalten. Mitt f Ing-Geol u Geomechanik (Wien) 4:43–56

Prinz H, Holtz S (1989) Zur Durchlässigkeit des Buntsandsteingebirges – Erfahrungen aus dem Tunnel- und Talsperrenbau in Hessen. Mitt Ing- u Hydrogeologie Aachen 32:197–224

Prinz H, Lindstedt H-J (1987) „Ingenieurgeologie". In: Erl geol Kt Hessen 1 : 25. 000, Blatt 4925 Sontra, S 221–229

Prinz H, Michael J (1998) Tektonomechanische Auswertung von Tunnelvortrieben mit erhöhten Verformungen. Felsbau 16:38–46

Proske D (2011) Zur Zukunft der Sicherheitskonzepte im Bauwesen. Bautechnik 88(4):217–223

Putz-Perrier M, Gilleron N, Bourgeois E, Saitta A (2014) Vollausbruch versus Teilausbruch – Eine Fallstudie vom Chamoisetunnel (Frankreich). Geomech Tunnelling 7(5):469–480

Quandt T (1998) Zur Beeinflussung geotechnischer Eigenschaften bindiger Deponiedichtungserdstoffe durch Frosteinwirkung. Bautechnik 75(12):968–981

Quast P, Zander M (2006) Auflockerungen von rolligen Böden durch den Lufteinsatz beim Düsenstrahlverfahren. Vorträge Baugrundtagung Bremen, 157–160

Quick H, Michael J, Baumgartner W, Räkers E (2000) Anwendung und tunnelbautechnische Interpretation geophysikalischer Erkundungsmethoden. Felsbau 18(5):92–101

Quick H, Meißner S, Michael J, Arslan U (2001) Schulwald-Tunnel. Vergleich von Ergebnissen numerischer Berechnungen mit In-situ-Messungen während des Vortriebs. Forschung + Praxis 39:178–184

Quick H, May T, Gönner J, Heyer D, Bauer A (2004) Anwendung der Beobachtungsmethode bei Planung und Ausführung von rutschgefährdeten Lockergesteinseinschnitten. Vorträge Baugrundtagung, Leipzig, S 237–244

Quick H, Bergmeister K, Facchin E, Michael J (2010) Aiche-Mauls am Brenner Basistunnel – Stand der Arbeiten und Ergebnisse. Geomech Tunnelling 3(5):520–533

Quick H, Meißner S, Hippe S, Fahlbusch D, Jaeger A (2015) Innerstädtischer Tunnelbau – Herausforderungen des Spezialtiefbaus am Beispiel der S-Bahnlinie S 21 in Berlin. geotechnik 39(2):144–151

Quiram Th, Schroeder U, Blume D (2008) Konstruktive Sicherung der Einschnittböschung im Rahmen des Neubaus der Rheinsteig Jugendherberge Jugendgästehaus Kaub/Mittelrhein. Felsbaumagazin 2:85–91

Raabe E-W, Wehmeyer J, Sondermann W (1990) Moderne Injektionstechniken für Vortriebssicherung, Bebauungs- und Grundwasserschutz. Vorträge Baugrundtagung, Karlsruhe, S 5–26

Rabcewicz L von (1944) Gebirgsdruck und Tunnelbau. Springer, Wien

Rabcewicz L von (1965) Die „Neue Österreichische Tunnelbauweise". Entstehung, Ausführung und Erfahrungen. Bauingenieur 40:289–296

Rackwitz F, Schüßler M, Savidis A, Ney M (2011) Bodenmechanische Eigenschaften organischer Ablagerungen der brandenburgischen Niederungs- und Luchgebiete. geotechnik 34(1):97–107

Radeke S, Baumann HJ (1993) Fossile Rutschungen in der Trasse des Main-Donau Kanals zwischen Bachhausen und Dietfurt im Sulzbachtal und im Ottmaringer Tal. Ber. 9. Nationale Tagung für Ingenieurgeologie, Garmisch-Partenkirchen, S 52–62

Radinger A, Fasching F, Pack G, Kreutzer I, Kostial D (2014) Konsequente Vorauserkundung mittels Bohrungen und TSWD am Beispiel des Koralmtunnels. Geomech Tunnelling 7(5):540–550

Radlinger A, Scheibe R, Lehmann B, Kaus A (2003) Die Geophysik im Einsatz zur Karst- und Erdfallerkundung im Zuge von Hochleistungsstrecken. Felsbau 21(1):42–49

Radlinger P (1997) Geologische Barriere und mineralogische Abdichtung in der Deponietechnik. Abfallwirtschaft in Forschung u. Praxis Bd 98

Radoncic N, Schubert W (2011) Neues Verfahren zur Vorbemessung eines duktilen Ausbaus. Geomech Tunnelling 4(3):195–210

Radoncic N, Kern M, Weissnar B, Moritz B (2015) Druckmessgeber in Tübbungsegmenten – Funktionsweise, Auswertung und Interpretation. Geomech Tunnelling 8(3):265–272

Radoncic N, Schubert W, Moritz B (2009) Zur Auslegung duktiler Ausbauten. Geomech Tunnelling 2(5):561–577

Raetzo-Brülhart H (1997) Massenbewegungen im Grundflysch und Einfluss der Klimaänderungen. Diss. Nr. 1168 ETH Zürich, Arbeitsbericht NFP 31. vdf-Hochschulverlag, Zürich

Raithel M, Schwarz W, Stadel M (2004) Gründung einer Bahnstrecke auf organischen Böden mit Tragsäulen im Mixed-In-Place-Verfahren und einem geokunststoffbewehrten Tragschichtsystem. Bauingenieur 79:368–390

Raithel M, Kempfert H-G, Kirchner A (2005) Berechnungsverfahren und Bemessung von ummantelten Säulen – Entwicklungen und aktueller Stand. geotechnik 28(1):20–31

Raithel H, Küster V, Alexiew D (2013) 20 Jahre Gründungssysteme mit geokunststoffummantelten Säulen. geotechnik 36(4):205–217

Raithel M, Kielbassa St, Baumbusch J (2015) Bau der Strecke Wendlingen – Ulm im verkarsteten Baugrund. Der Eisenbahningenieur 10:18–25

Ramoni M (2016) Ulriken Tunnel – erster TBM-Vortrieb für einen Bahntunnel in Norwegen. Tunnel 35(3):8–21

Rathgeber Th (2007) Hohlformen im Gipskarst Südwestdeutschlands – ihre Bedeutung für Höhlenkunde und Quartärpaläontologie. Laichinger Höhlenfreund 42:5–20

Rauh F, Thuro K (2007) Rasche und optimierte Vorhersage von Quelleigenschaften bei Tonen mit Hilfe des Pulverquellversuchs. 16. Tagung für Ingenieurgeologie, Bochum, S 61–68

Rehbock H (1995) Sprengvortrieb von Tunneln unter schwierigen Rahmenbedingungen. Nobel-Hefte 61:100–111

Rehbock H (1998) Die Auffahrung des Engelberg-Basistunnels bei extremen Gebirgsbedingungen. Nobel-Hefte 64:26–35

Rehfeld E (1996) Erfahrungen mit der Festen Fahrbahn aus geotechnischer Sicht. Mitt Inst u Versuchsanst f Geotechnik TU Darmstadt 35:97–113

Rehfeld E, Mattle B (2003) Sicherung von Eisenbahnfahrwegen in verkarsteten und erdfallgefährdeten Gebieten. Felsbau 21(1):35–41

Reichard N, Voringer J, Rappold M (2011) Ortsumfahrung Hausmannstätten Tunnel Himmelreich – Vom Erkundungsstollen zum Vollausbau. Geomech Tunnelling 4(5):569–575

Reichl I, Seegers J, Lotter M, Prosser M (2009) Vergütung von verkarstetem Gebirge am Beispiel Tunnel Irlahüll, Eisenbahn Neubaustrecke Nürnberg–Ingolstadt. Geomech Tunnelling 2(5):430–438

Reichle W, Rotermund G (2006) Tunnelbauwerke für den Ausbau der Stadtbahnlinie U 15 in Stuttgart-Zuffenhausen. geotechnik 29(2):145–151

Reik G (1985) Primärspannung und Gebirgsdruck. Felsbau 3:101–106

Reik G, Hesselmann F-J (1981) Verfahren zur Ermittlung der Gebirgsfestigkeit von Sedimentgesteinen. Rock Mechanics (Suppl 11):59–71

Reinecker I, Wenzel F (2006) Spannungszustände in der Erdkruste – Das World-Stress-Map Projekt. geotechnik 29(2):120–124

Reiner H (2006) Risiken im Tunnelbau – Ursachen und Ausmaße. Geotechnik 29(2):205–209

Reinhardt M (2006) Wasserrechtliche Aspekte des Wasseranstiegs im Steinkohlenbergbau. Schriftenreihe GDMB 108:77–85

Reinhardt M (2009) Geothermiebohrungen und Wasserrecht. Schriftenreihe GDMB 119: 59–74

Reinhardt M, Weber P (1987) Zustand und Verhalten des Gründungsbereiches älterer Staumauern in Nordrhein-Westfalen. Geotechnik Sonderheft 1987, S 203–210

Reinhold Ch, Kudla W (2008) Ein Beitrag zur Bemessung von Böschungen mit Erdbetonstützscheiben. geotechnik 31(3):230–245

Reinholt A, Gühlstorf W (2010) Konzeption für ein Gesamtrisikomanagement „Altbergbau" im deckgebirgsfreien Abschnitt des Niederrheinisch-Westfälischen Steinkohlengebiets. 10. Altbergbau-Kolloquium Freiberg, VGE-Verlag, Frankfurt a. M., S 149–161

Reißner S, Otto F, Fritz U (2011) Rückbauverfahren von Vertikalfilterbrunnen unter Maßgabe deutscher

Behörden und Regelwerke. 18. Tagung für Ingenieurgeologie, Berlin, S 349–351
Reith M (2011) Neuer Kaiser-Wilhelm Tunnel. Felsbaumagazin 4(4):249–252
Reitmeier W (1995) Zur Abschätzung der Versickerungsmenge in teilgesättigten Böden. geotechnik 18:73–77
Remus K, Günther M (2008) Überwachung von maschinellen Tunnelvortrieben. Felsbaumagazin 1:36–42
Renk D, Kolymbas D (2011) Zur Dimensionierung von Nagelwänden. geotechnik 34(3):169–180
Rentschler K, Moser M (1999) Die Erfassung von Inhomogenitäten und Instabilitäten an Tonsteinhängen Süddeutschlands. Berichte 12. Nationale Tagung für Ingenieurgeologie, Halle, S 149–162
Resch D, Lassnik K, Galler R, Ebner F (2009) Tunnelausbruchmaterial – ein hochwertiger Rohstoff. Geomech Tunnelling 2(5):612–618
Reuter E (1987) Langzeitverhalten mineralischer Deponieabdichtungen. Beihefte zu Müll und Abfall 24:58–65
Reuter E (1988) Durchlässigkeitsverhalten von Tonen gegenüber anorganischen und organischen Säuren. Mitt Inst Grundbau Bodenmech TU Braunschweig 26
Reuter F, Tolmacev VV (1991) Bauen und Bergbau in Senkungs- und Erdfallgebieten. Schriftenr Geol Wiss 14:175–181
Reuter F, Molek H, Kockert W (1977) Exkursionsführer zu ausgewählten Objekten des Salz- und Gipskarstes im Subherzynen Becken, in der Mansfelder Mulde und im Südharzgebiet. Kulturbund der DDR, Bergakademie Freiberg, Sektion Geotechnik u. Bergbau, WB Ingenieurgeologie
Reuter F, Molek H, Stoyan D (1986) Die zeitliche Einstufung geologischer Prozesse für ingenieurgeologische Aufgaben im Bergbau und Bauwesen unter besonderer Berücksichtigung des Karstes. Z geol Wiss 14:175–181
Reuther C-D, Buurman N, Kühn D, Ohrnberger M, Dahm T, Scherbaum F (2007) Erkundung des unterirdischen Raums der Metropolregion Hamburg – Das Projekt HADU (Hamburg-A Dynamic Underground). geotechnik 30(1):11–20
Richter Th (2008) Geophysikalische Vorauserkundung von Störungszonen und Verkarstungen durch Einsatz von Bohrloch-Radar-Technologie. geotechnik 31(2):150–154
Richter Th, Boll S, Weh M (2008) Geophysikalische Vorauserkundung von Verkarstungs- und Störungszonen bei der TVM-Auffahrung des Katzenbergtunnels. Geomechanik Tunnelbau 1(5):450–459
Richter-Bernburg G (1968) Saxonische Tektonik als Indikator erdtiefer Bewegungen. Geol Jb 85:997–1030
Richter-Bernburg G (1977) Saxonische Tektonik, Hans Stilles Begriff aus heutiger Sicht. Z dt geol Ges 128:11–23
Riedel W (1929) Zur Mechanik geologischer Brucherscheinungen. Centralbl. Min. etc. B:354–368
Riedmann M (2007) Satelliten-Radar Fernerkundung: Stand der Technik zur Messung von Bodenhebungen und -senkungen im Millimeterbereich. geotechnik 30(1):30–34
Riedmüller G (1991) Geologische Aspekte der Gebirgsklassifizierung im Tunnelbau. Mitt Inst f Bodenforsch u Baugeologie BOKU Wien, Reihe Angew Geowissensch 2:78–94
Riedmüller G (1998) The importance of geological field investigation for the design of tunnels. Felsbau 16:284–288
Riemer W (2005) Veränderlich-feste Tiefengesteine – Ursachen, Untersuchungsverfahren, Erfahrungen. Veröffentl. 15. Tagung für Ingenieurgeologie, Erlangen, S 165–172
Riemer W (2011a) Fels-Klassifikation – einige kritische Anmerkungen. 18. Tagung für Ingenieurgeologie, Berlin, S 253–259
Riemer W (2011b) Geologische Ansätze für die Quantifizierung von Risiken. 18. Tagung für Ingenieurgeologie, Berlin, S 99–103
Rietmann Ph, Flüeler P, Zwicky P (2002) Prüfverfahren für Abdichtungssysteme. Tunnel 21(1):26–34
Rissler P (1984) Wasserdruckversuche im Fels: Empfehlung Nr. 9 des AK 19 – Versuchstechnik im Fels der Deutschen Gesellschaft für Erd- und Grundbau e. V. Bautechnik 61:109–117
Rizkallah V, Richwien A (1998) Beschleunigte Bestimmung des Wasserdurchlässigkeitsbeiwerts bindiger Böden. Bautechnik 75(1):21–27
Röchter L, Schanz T (2013) Statische und zyklische Verflüssigung unter Berücksichtigung des Feinporenanteils. Report Geotechnik, University of Duisburg-Essen 41, S 81–97
Rock D, Schömig E (1999) Engelberg-Basistunnel und die dabei gewonnenen Erfahrungen beim Bau eines großen Tunnelquerschnitts im schwellenden Gebirge. In: Taschenbuch für den Tunnelbau 1999, S 119–144
Röckel Th, Lempp Ch (2003) Der Spannungszustand im Norddeutschen Becken. Erdöl Erdgas Kohle 119(2):73–80
Röder R (2014) Natur am Tropf – funktioniert das? Natur am Niederrhein (NF) 29(2):101–114
Rogall M (1997) Untersuchung von Rutschungen und Felsstürzen im Westtaunus im Hinblick auf die Hangstabilität mit Darstellung einer Hangstabilitätskarte. Diss. Philipps-Universität Marburg
Rogall M, Bromen J (2009) Tagesbruchsicherung einer Landesstraße in einem ehemaligen Bergbaugebiet in der Eifel. geotechnik 32(1):37–43
Rogall M, Schroeder U (2006) Erhaltung und Sanierung von Böschungen im Mittelrhein- und Moseltal. Felsbau 24:121–126

Rogowski E (2002) Zur Problematik des Gipskarstes in einem Wohngebiet in Stuttgart. 3. TAE-Kolloquium Bauen in Boden und Fels Ostfildern, S 213–219

Rogowski E (2005) Unerwartete geologische Probleme beim maschinellen Vortrieb eines Abwasserstollens in Stuttgart. Veröffentl. 15. Tagung für Ingenieurgeologie, Erlangen, S 243–247

Rogowski E, Koch A, Höllerbauer A (2009) Planung und Bau einer Zufahrtsrampe zum Steinsalzbergwerk Stetten in Baden-Württemberg. Veröffentl. 17. Tagung für Ingenieurgeologie, Zittau, S 167–172

Rohn J, Ruff M (2005) Hangrutschungen nach Starkniederschlägen im Schwarzwald. Veröffentl. 15. Tagung für Ingenieurgeologie, Erlangen, S 297–302

Rokahr RB (1995) Wie sicher ist die NÖT? Felsbau 13:334–340

Rosenberg F, Mittelbach G (1996) Geogene Arsenanreicherung im Wiesbadener Bergkirchenviertel. Geol Jb Hessen 124:175–189

Rosenfeld M (1995) In situ-Infiltrationsversuche zur Durchlässigkeitsbestimmung von geklüfteten Kreidetonsteinen. Berliner geowiss Abh (A) 170:45–54

Rosenfeld M (1998a) Fluid-Logging. In: Schreiner M, Kreysing K (Hrsg) Handbuch zur Erkundung des Untergrundes von Deponien und Altlasten. Bd 4: Geotechnik Hydrogeologie. Springer, Berlin, S 282–298

Rosenfeld M (1998b) Slug- und Bail-Tests. In: Schreiner M, Kreysing K (Hrsg) Handbuch zur Erkundung des Untergrundes von Deponien und Altlasten. Bd 4: Geotechnik Hydrogeologie. Springer, Berlin, S 313–337

Rosenfeld M, Rönsch B (1995) Durchführung, Auswertung und Modellierung von Pumpversuchen in geklüfteten Kreidetonsteinen. Berliner gewiss. Abh. (A) 170:99–116

Rosner P (2011) Der Grundwasseranstieg im Aachener-Südlimburger Steinkohlenrevier – eine hydrogeologisch-bergbauliche Analyse. Diss. RWTH Aachen: http\\:darwin.bth.rwth-aachen.de/opus3/Volltexte/2011/3741/

Rosner P (2011a) Auswirkungen des großräumigen Grubenwasseranstiegs im Aachener und Südlimburger Steinkohlenrevier – Eine Bilanz aus zwei Jahrzehnten. 11. Altbergbau-Kolloquium Wroclaw, S 214–228

Rosner P (2011b) Wechselwirkungen zwischen Grundgebirge und Deckgebirge im Rahmen des Grubenwasseranstiegs im Aachener und Südlimburger Steinkohlerevier. Mitt Ing- u Hydrogeologie Aachen 102:61–76

Rosner P, Eßers M, Heitfeld M, Hofmann T (2009) CAP und GrEEN-Nutzung von Erdwärme aus stillgelegten Bergwerken des Aachener Reviers im Rahmen der EuRegionale 2008. Beiträge Geothermiekongress 2009, Bochum

Rosner P, Eßers M, Heitfeld M, Richter H, Strauch P (2010) Technische Rahmenbedingungen und Fördermöglichkeiten zur Realisierung einer Erdwärmenutzung durch Kommunen in stillgelegten Bergwerken des Aachener Reviers. Schriftenreihe GDMB 123:79–92

Rosner P, Gibis G, Heitfeld M, Schulz R, Thal B (2010) Bergbaulich-geotechnische Untersuchungen zur Entwicklung eines Nutzungs- und Sicherungskonzepts im Bereich der Dogger-Erzgrube Kalstenberg. 10. Altbergbau-Kolloquium Freiberg. VGE-Verlag, Frankfurt a. M, S 94–107

Rosner P, Heitfeld M, Pabsch T, Denneborg M (2012) Abgrenzung signifikanter Belastungsquellen des Erzbergbaus in Nordrhein-Westfalen im Rahmen der EG-Wasserrahmenrichtlinie – Methodik und Ergebnisse. 12. Altbergbau-Kolloquium Goslar, S 289–304

Rosner P, Sahl H, Schetelig K (2006) Erdwärme aus gefluteten Steinkohlebergwerken – Perspektiven einer Nachnutzung. 6. Altbergbau-Kolloquium Aachen, S 26–38

Rossbach B, Zentgraf R (1993) Schwallwellen infolge Massenverlagerungen an Uferhängen – Gefahrenbewertung der Hangrutschung bei Kröv an der Mosel. Ber. 9 Tagung für Ingenieurgeologie, Garmisch-Partenkirchen, S 79–85

Rössel H, Dressler T (2005) Gefahrenabwehrmaßnahmen und Bedeutung von Wasserlösestollen im Altbergbau des Freistaates Sachsen. 5. Altbergbau-Kolloquium Clausthal, S 223–243

Rossmanith H-P (1989) Felsbruchmechanik – eine kurze Einführung. Österr Ing- u Architektenzeitschr (ÖIAZ) 134:515–527

Röthlisberger B, Gollegger J, Wieland G (2011) Verkehrstunnelbauten für Olympische Winterspiele 2014 in Sochi/RU. Tunnel 30(5):18–29

Röthlisberger B, Spörri D, Rehbock M (2016) Unerwartet schwierige Baugrundverhältnisse in der Multifunktionsstelle Faido. Geomech Tunnelling 9(2):129–138

Ruch C, Wirsing G (2013) Erkundung und Sanierungsstrategien im Erdwärmesonden-Schadensfall Staufen i. Br. geotechnik 36(3):147–159

Rückert H (1994) Berechnung der Hebung des Grundwasserspiegels bei Anlagen zur Grundwasserdükerung. Bautechnik 71:282–292

Rudolph Ch, Mahutka K-P (2011) Horizontale dynamische Pfahltests – Studie zur Reproduzierbarkeit. geotechnik 34(1):59–62

Rühl S (2007) Entwicklung und Vergleich mechanischer und dynamischer Gesteinskennwerte beim Coburger Sandstein. 16. Tagung für Ingenieurgeologie, Bochum, S 215–222

Ruse N-M, Schwarz H (2012) Beurteilung der Setzungen bei EPB-Vortrieben der Metro L9 Barcelona. geotechnik 35(1):3–10

Rybar J, Heiland J, Fecker E (1998) Zur Standsicherheit der Hänge in der Umgebung des Kehrtunnels Weiler/Wutachtal. Münchner Geol Hefte B7:10–22

Rybicki R (1978) Bauschäden an Tragwerken, Analyse und Sanierung. Teil 1: Mauerwerksbauten und Gründungen. Werner, Düsseldorf
Rybicki R (1985) Setzungsschäden an Gebäuden. Ursachen und Planungshinweise zur Vermeidung. Aachener Bausachverständigentage 1985, Bauverlag, Stuttgart S 58–67
Salveter G (1987) Standsicherheitsbetrachtungen zur Sanierung von Gewichtsstaumauern im Rheinischen Schiefergebirge. Geotechnik Sonderheft 1987, S 197–202
Sager HJ, Maidl U (2000) Innovative Methoden zur Begegnung der Verklebungsproblematik bei den Flüssigkeitsschilden der Tunnel unter der Westerschelde. Forschung + Praxis 38:68–72
Sarhan A, Pampel A (1999) Optimierung des Fräs-Misch-Injektionsverfahrens (FMI) unter erdstatischen Gesichtspunkten. geotechnik 22(4):269–272
Sass I (2007) Geothermie – Erkundung und Planung als Kernaufgabe der Angewandten Geologie. 16. Tagung für Ingenieurgeologie, Bochum, S 331–340
Sass I, Buß A (2008) Permeabilität und Wärmeleitfähigkeit anisotroper Festgesteine als Kennwerte für die geothermische Erkundung. Vorträge Baugrundtagung Dortmund, S 157–163
Sass I, Burbaum U (2012) Geothermische Bohrungen in Staufen im Breisgau: Schadensursachen und Perspektiven. geotechnik 35(3):198–205
Sass I, Burbaum U, Petrat L (2009) Staufen im Breisgau: Artesisches Grundwasser, Anhydrit und Karst im Konflikt mit geothermischen Bohrungen. Veröffentl. 17. Tagung für Ingenieurgeologie, Zittau, S 349–355
Sauke U (2006) Nachweis der Sicherheit gegen innere Erosion für körnige Erdstoffe. geotechnik 29(1):43–53
Saurer E, Tschernutter P, Marcher Th (2012) Abschätzung der Wirkung von Abdichtungsmaßnahmen zur Reduktion von Sickerwasserverlusten in Stauräumen. Beiträge zum 27. Christian Veder Kolloquium Graz, S 139–153
Sausgruber J Th, Mölk M, Schreiner I (2012) Aussiedlung oder Schutz? Die Risikoanalyse als Entscheidungsgrundlage im Fall eines durch Steinschlag bedrohten Wohnhauses. Geomech Tunnelling 5(4):355–367
Sauter M, Helmig R, Klünker J (2012) Risiken im Geologischen System bei der Fracking-Technologie. Wasser und Abfall 14:6 (Sonderdruck)
Schaak H, Wagenplast P (1985) Ingenieurgeologische Probleme bei der Gründung einer Talbrücke der BAB A 96 über die oberen Argen bei Wangen/Allgäu. geotechnik 8:52–57
Schad H, Bräutigam T, Bramm S (2008) Rohrvortrieb – Durchpressen begehbarer Leitungen. 2. Aufl. Ernst & Sohn, Berlin
Schade D (1976) Ausführung von Untergrundabdichtungen. Erläuterung der Maßnahmen an der Frömnitztalsperre. Schriftenreihe d. Bayer. L-Amt Wasserwirtschaft 2/77:87–112
Schade H-W (2010) Bodenbehandlung in der neuen ZTVE-StB 09 sowie in den neuen Merkblättern. Fachtagung „Zementstabilisierte Böden" der GBB in Chemnitz
Schädel K, Stoiber I (1988) Rezente Großrutschungen an der Schwäbischen Alb. Jh geol L-Amt Baden-Württ 30:413–439
Schaechterle K (1926) Tunnelbau in quellendem Gebirge (Kapellisbergtunnel bei Gaildorf). Bautechnik 4:437–439 und 452–454
Schälicke W (1972) Die Bedeutung der Unterscheidung von verwitterten, verstürzten Gipskeuper – Mergeln und Fließerden aus Keupermaterial für die Gründung von Bauwerken. Geol Mitt 12:19–28
Schalk G (2011) Geothermie – moderne Energie nicht ohne Tiefbau – Risiken. UBB Fachzeitschrift für Führungskräfte der Bauwirtschaft 4:3–9
Schalk M, Henkel F-O, Herrmann G (1999) Erschütterungseinwirkungen auf ein Gebäude mit empfindlichen Schalteinrichtungen; Beweissicherung, Prognose, Überwachung. Bautechnik 76(10):868–875
Schalk M, Henkel F-O, Lerzer M (2004) Erschütterungsüberwachung bei Baumaßnahmen. Bautechnik 81(4):268–277
Schallück Ch, Pichler T, Henke S (2012) Neuregelung des Nachweises der vertikalen Tragfähigkeit von Spundwänden in der EAU. geotechnik 35(3):159–167
Schär U (1992) Geologie in der Baupraxis. Baufachverlag, Dietikon
Scheffler H, Missling K, Spang RM (2004) Geotechnische Verhältnisse im Zentrum von Leipzig und deren Bedeutung für Planung und Ausführung des Bauvorhabens City-Tunnel. Vorträge Baugrundtagung Leipzig, S 13–22
Scheidl E, Leitner A, Voringer J, Schwab P (2007) U-Bahn Wien – Baulos U2/2 – Der Vortrieb als Hindernislauf. Felsbau 25(2):58–66
Schepers R, Toumani A (1997) Einsatz der Bohrlochgeophysik in der geotechnischen Erkundung. Geotechnik Sonderheft 11. Nationale Tagung für Ingenieurgeologie, Würzburg, S 240–264
Scherbeck R, Weppler L (2002) Schotterverdichtungssäulen zur Baugrundverbesserung. GEOLEX 1:27–30
Scherbeck R, Barciaga Th, König D, Wollnik F, Schanz T (2013) Neue Untersuchungen zum Systemverhalten von Lockermassenfüllsäulen alter Tiefbauschächte. geotechnik 36(4):218–230
Schetelig K (1991) Vergleich von Randbedingungen und Aussagekraft verschiedener Feldversuche zur Ermittlung der Durchlässigkeit in wenig durchlässigem Untergrund. Ber. 8. Nationale Tagung für Ingenieurgeologie, Berlin, S 98–103
Schick P (2002) Anwendung eines Zweikomponenten-Modells der pF-Kurve auf Strukturveränderungen in Böden. Bautechnik 79(2):65–77

Schick P, Kempe A, Wederer O, Heckl W (2003) Struktur-Untersuchung überkonsolidierter Tone mit dem Raster-Kraft-Mikroskop (AFM). Bautechnik 80(9):595–602

Schilder Ch, Schwandt A (1983) Zur Technik und Auslaugung in Kali- und Steinsalzabbaugebieten. Z geol Wiss 11(8):1023–1033

Schimazek J, Knatz H (1976) Die Bedeutung der Bearbeitkeit von Gesteinen durch Schneid- und Rollenwerkzeuge. -Erzmetall 29:113–119

Schimmer R (1989) Eine geotechnische Mergelklassifizierung. Aktuelle Beiträge zur Geotechnik-Festschrift Klaus Werner John zum 60. Geburtstag. Gustke-Verlag, Drolshagen, S 56–64

Schlötzer C, Steinke I (2008) Filtern mit Geokunststoffen. tis 4:25–29

Schmand R, Heninger R, Ziegler M, Schüller R (2014) Optimierung des Vereisungsverfahrens durch eine Kombination von Sole- und Stickstoffvereisung. Vorträge Baugrundtagung, Berlin, S 135–141

Schmid L (2006) TBM-Vortrieb im Fels – Möglichkeiten und Grenzen. geotechnik 29(2):194–198

Schmidt G (1993) Empfehlungen „Verformungen des Baugrundes bei baulichen Anlagen" EVB. Erarbeitung durch den Arbeitskreis „Berechnungsverfahren" der DGGT. Ernst & Sohn, Berlin

Schmidt HH (1996) Grundlagen der Geotechnik. Vieweg + Teubner, Wiesbaden

Schmidt HH (1998) Bestimmung von Verformungsmoduln an Gipskeuperproben. Vorträge Baugrundtagung, Stuttgart, S 627–639

Schmidt HH, Seidel JP, Haberfield ChM (1999a) Tragfähigkeit von Bohrpfählen in festen Böden und Fels. Bautechnik 76(9):785–800

Schmidt J, Anders E, Gierer H, Müller-Winterstein R (1999b) Der Osthofenstollen – Die tunnelbautechnische Lösung eines Abwasserstollens. Felsbau 17:288–293

Schmidt S (1999) Rutschungen in der Rhön – Eine Gefahren- und Risikoanalyse des Mittleren und Oberen Ulstertals (hess. Rhön). Diss. Philipps Universität Marburg

Schmidt S (2004) Bewegungsmechanismen von Rutschungen im Deckgebirge der Rhön. Beitr Geol Thüringen NF 11:69–96

Schmidt S (2004) Fachinformationssystem „Subrosion Thüringen" der Thüringer Landesanstalt für Umwelt und Geologie – Aufbau und Anwendungsmöglichkeiten. Schriftenreihe TLUG 69:29–38

Schmidt S (2008) Das Sübrosionskataster der Thüringer Landesanstalt für Umwelt und Geologie (TLUG) als Grundlage des Fachinformationssystems „Georisiko-Thüringen". EDGG 235:42–47

Schmidt S, Wunderlich J (2011) Das Fachinformationssystem „Georisiko-Thüringen" – Arbeitsmittel der Ingenieurgeologie und wichtiges Hilfsmittel bei Planung und Bau von Verkehrswegen. VSVI Information Thüringen, S 31–39

Schmuck C (2009) Datenmanagement im Tunnelbau mit 2DOC; Teil II: 2DOIC als Basis zur strukturierten Erfassung und Analyse von Daten – eine Übersicht. Felsbaumagazin 2:74–83

Schmücker GA, Töchterle Ch (2001) Emulsionssprengstoffe und nicht elektrische Zündverfahren im Tunnelbau (Teil I und II). Tunnel 20(3):16–26 und 20(6):32–38

Schneider E, Spiegl M (2012) Vertragsmodelle für TBM-Vortriebe im Festgestein – Regelwerke in Österreich und der Schweiz und deren praktische Umsetzung. Geomech Tunnelling 5(1):1730

Schneider E, Thuro K (2007) Prognose von Penetration und Verschleiß für TBM-Vortriebe im Festgestein. Felsbaumagazin 3:44–47

Schneider E, Rotter K, Saxer A, Röck R (2005) Complex Support System – Komprimierbarer Ringspaltmörtel zur Bewältigung druckhafter Gebirgsbereiche bei TBM-Vortrieben mit starrem Tübbingausbau. Felsbau 23(5):95–110

Schneider E, Home L, Sänger B, Kolb S (2007) Innovatives Konzept für den Bau des Brenner-Basistunnels mit vorgängig hergestelltem Erkundungsstollen. Tunnel 26(1):21–33

Schneider E, Spiegl M, Türtscher M, Leitner W (2010) Penetration, Meißelverschleiß und Vortriebsgeschwindigkeit für TBM-Vortriebe im Festgestein. Tunnel 28(7):43–52

Schneider E, Spiegl M, Türtscher M, Leitner G (2014) Prognose der Vortriebsgeschwindigkeit für TBM-Vortriebe im Festgestein. In: Taschenbuch für den Tunnelbau 2014, S 147–166

Schneider G (1988) Erdbebengefährdung in Südwestdeutschland – Die Anwendung eines tektonophysikalischen Modells. Die Geowissenschaften 6:35–41

Schneider G (1997) Geotechnische Untersuchungen im Bereich des Rutschhanges „Krappenberg" bei Lichtenfels und sich daraus ergebende Konsequenzen für den Ausbau der B 173. Geotechnik Sonderheft 11. Nationale Tagung für Ingenieurgeologie, Würzburg, S 80–94

Schneider G (2000) Ermittlung des kf-Wertes aus Versuchen in Bohrlöchern und Schürfgruben bei Inhomogenitäten im Strömungsraum. Bautechnik 77(9):664–666

Schneider JF, Zojer H, Reichel P (1998) Die hydrogeologische Vorerkundung im Hohlraumbau. Felsbau 16:276–283

Schneider M, Moormann Ch (2010) GeoTU6 – ein tunnelgeothermisches Forschungsprojekt. Tunnel 29(2):1421

Schneider M, Moormann Ch, Vermeer PA (2011) Der Beitrag des Tunnelbaus zu regenerativen Energiekonzepten. 18. Tagung für Ingenieurgeologie, Berlin, S 153–162

Schneider TR (1997) Behandlung der Störungszonen beim Projekt des Gotthard-Basistunnels. Felsbau 15:489–495

Schneider W, Baermann A (1991) Transport von wassergelösten organischen Verbindungen in geklüfteten Tonen. Geotechnik Sonderheft 1991, S 125–133

Schneider W, Göttner J-J (1991) Schadstofftransport in mineralischen Deponieabdichtungen und natürlichen Tonschichten. Geol Jb C 58:3–132

Schober Ch (1991) Hydrogeologie und rezente Hangbewegungen diktieren aufwendige Vorerkundungen und angepasste Gründungsmethoden. Geotechnik 14:63–68

Schober Ph, Boley C (2014) Der Einfluss eines Auflastfilters auf den Bruchvorgang beim hydraulischen Versagen nichtbindiger Böden. geotechnik 37(4):250–258

Schön J (2006) Exploratory drillings. The information from geophysical borehole measurements. Felsbau 24(4):23–29

Schön J, Fricke S (1999) Praktische Bohrlochgeophysik. Enke, Stuttgart

Schöpf M, Außerlechner P (2010) Gerätetechnik als Motor für Entwicklungen im Spezialtiefbau. Beiträge 25. Christian Veder Kolloquium, Graz, S 1–20

Scholz Ch, Rosenberg M, Dietrich J, Märten A (2003) Bestimmung des Durchlässigkeitsbeiwertes an Einphasen-Dichtwandmassen – Untersuchungen zur aktualisierten DIN 18 130-1. Bautechnik 80(2):90–97

Scholz Ch, Rosenberg M, Stahlmann J (2004) Vereinfachte Bestimmung des Durchlässigkeitsbeiwerts von Einphasen-Dichtwandmassen. geotechnik 27(3):259–265

Scholz M (2009) Geomechanische Eigenschaften verwitterter Granite im Hinblick auf Tunnelvortriebe. Veröffentl. 17. Tagung für Ingenieurgeologie, Zittau, S 27–32

Scholz M, Esslinger Ch (2005) Verwitterungserscheinungen an Kalksteinen und Dolomiten – Auswirkungen auf den Vortrieb. Felsbau 23:59–66

Scholz M, Palla R (2007) Einflüsse des Baugrunds auf die Bodenverbesserung mittels Düsenstrahlverfahren, dargestellt am Beispiel des Bauloses U3 Nord 1 in München. geotechnik 30(1):21–29

Scholz M, Spaun G, Thuro K (2005) Die Verwitterung von Granit und ihr Einfluss auf den konventionellen Tunnelvortrieb. Felsbau 23(1):75–82

Scholz M, Wolski K, Furtmüller G, Sedlacek C (2005) Dokumentation und Kommunikation komplexer Tunnelvortriebsdaten – Erfahrungen beim Einsatz des Datenbanksystems „2doc" im Zuge der Dokumentation des Tunnelvortriebs Vomp-Terfens im Unterinntal, Österreich. Veröffentl. 15. Tagung für Ingenieurgeologie, Erlangen, S 459–462

Schraft A, Rambow D (1984) Vergleichende Untersuchungen zur Gebirgsdurchlässigkeit im Buntsandstein Osthessens. Geol Jb Hessen 112:235–261

Schrank M, Rathmair F, Martak L (2010) 25 Jahre Düsenstrahlverfahren: Fortschritt in Technologie und Anwendung. Beiträge 25. Christian Veder Kolloquium Graz, S 21–45

Schreitl B, Schröfelbauer Th, Wanker Ch, Steiner M (2011) Baumethodenentscheidung bei der Asfinag. Geomech Tunnelling 4(4):317–326

Schretter K, Maidl U, Wingmann J, Labda Th (2009) Prozesscontrolling bei den Hydroschildvortrieben im Unterinntal (H3–4 und H8). Geomech Tunnelling 2(6):709–720

Schubert C (2005) Praxisorientierte Wirkungsvergleiche biegesteifer/biegeschlaffer Geokunststoffe im Erd- und Grundbau unter Berücksichtigung der Schwingungsausbreitung auf der Halbraumoberfläche. Diss. Philipps Universität Marburg

Schrewe F (1988) Vortrieb und Ausbau von Neubaustreckentunnel der Deutschen Bundesbahn (DB) in erdfallgefährdeten Gebieten Niedersachsens. Geotechnik Sonderheft 1988 S 189–197

Schubert P (2010) Anforderungen an die Beobachtungsmethode bei tiefliegenden Tunneln. Geomech Tunnelling 3(1):68–72

Schubert P, Marinko T (1989) Vortrieb des Karawankentunnels im tektonisch stark beanspruchten Südabschnitt. Felsbau 7:65–68

Schubert P, Schweiger HF (2004) Zur Standsicherheit der Ortsbrust in Lockerböden. Proc ISRM-Symposium „Eurock" und 53. Geomechanik-Kolloquium Salzburg, S 99–104

Schubert P, Hölzl H, Sellner P, Fasching F (2010) Geomechanischer Wissenszuwachs durch den Erkundungstunnel Paiersdorf im Abschnitt der Lavantthaler Störungszone. Geomech Tunnelling 3(2):163–173

Schubert P, Voringer J, Hofmann B (2014) Kriterien zur Wahl von Voll- und Teilausbruch aus geotechnischer und baubetrieblicher Sicht. Geomech Tunnelling 7(5):503–510

Schubert W (2010) Ist die ÖGG-Richtlinie für geotechnische Planung kompatibel mit dem Eurocode 7? Geomech Tunnelling 3(1):73–76

Schubert W, Moritz B (2011) Stand der Auswertung und Interpretation von Verschiebungsmessdaten bei Tunneln. Geomech Tunnelling 4(5):371–380

Schubert W, Rieker K (2004) Tunnelvortrieb mit Erddruckschilden und Maßnahmen zur Minimierung von Baugrundsetzungen unter großstädtischer Infrastruktur in London. Vorträge Baugrundtagung, Leipzig, S 311–318

Schubert W, Fasching A, Fuchs R (2000) Neue Methoden der Datenerfassung und -darstellung im Tunnelbau. Forschung + Praxis 38:130–135

Schuck W (2005) Gebirgs- und Wasserdruck bei der Bemessung von Felstunneln. Tunnel 24(3):43–50

Schüßler M (2010) Querung eines Moorgebietes beim Neubau der Bundesstraße B96 im Zuge der Verkehrsanbindung für den Flughafen Berlin-Brandenburg International. Ber. BAST Heft S76:42–49

Schüßler M (2013) Sandsäulen zur Untergrundverbesserung für die Gründung von Straßendämmen in Moorgebieten. Bau Portal 5:27–31

Schüßler M (2016) Auswertung von Setzungsmessungen an Brückenbauwerken am Berliner Ring geotechnik 39(1):29–39

Schüßler M, Rackwitz F, Savidis SA (2006) Querung eines Moorgebietes beim Neubau der Bundesstraße 96 südlich von Berlin. Vorträge Baugrundtagung, Bremen, S 21–28

Schuler U, Brauns J (2000) Die effektive Porenöffnung körniger Erdstoffe – ein Kriterium für die Injizierbarkeit von Suspensionen. geotechnik 23:262–270

Schulz B, Grimmer S, Lempp CH, Schulz H (2008) Numerische Studien zum Sackungsverhalten von Lockergesteinen unter dem Einfluss eindringenden Grundwassers. geotechnik 31(4):288–300

Schulz G (1999) Großversuch im Erdbau hinsichtlich Auswirkungen im Keuper. Berichte 12. Nationale Tagung für Ingenieurgeologie, Halle, S 346–355

Schulz G, Fischer R, Neidhart T (2004) Stabilisierter Erdbau – Erfahrungen auf Neu- und Ausbaustrecken der DB AG. Vorträge Baugrundtagung, Leipzig, S 113–121

Schulz H (2002) Setzungsprognosen für weiche Böden. Bauingenieur 77:407–412

Schulz R (2004) Bergrecht und Erdwärme – Gesichtspunkte zur Bemessung von Erlaubnis- und Bewilligungsfeldern. Geothermische Energie 40:9–16

Schulze B (1996) Zulässige Einpressraten bei der Bodeninjektion. geotechnik 19:18–26

Schulze B (2002) Merkblatt für Einpressarbeiten mit Feinstbindemitteln in Lockergestein, Teil 1 und Teil 2. Bautechnik:79 (8) 499–508 und 79(9):589–597

Schulze B, Brauns J (1990) Ausbreitung von Einpressmassen im körnigen Untergrund. Vorträge Baugrundtagung, Karlsruhe, S 27–46

Schulze B, Jud H, Nenninger F, Suric M, Pasker T (2014) Qualitätssicherung bei Dicht- und Stützsohlen im Düsenstrahlverfahren bei der Realisierung des Stadtbahntunnels in Karlsruhe. Vorträge Baugrundtagung, Berlin, S 225–234

Schultze E, Muhs H (1967) Bodenuntersuchungen für Ingenieurbauten. Berlin/Heidelberg/New York, Springer

Schulze WE, Simmer K (1974) Grundbau, Teil 1, Bodenmechanik und erdstatische Berechnungen. 15. Aufl. Vieweg + Teubner, Wiesbaden

Schulze WE, Simmer K (1978) Grundbau, Teil 2, Baugruben und Gründungen. 15. Aufl. Vieweg + Teubner, Wiesbaden

Schumacher L (2004) Die Mantelreibung – Leistungsbestimmender Parameter bei verrohrten Großlochbohrungen im Lockergestein. Bautechnik 81(5):364–370

Schumacher T, Lippomann R (2005) Hangsicherung im Zuge der DB NBS Nürnberg–Ingolstadt, Bereich Auer Berg. Veröffentl. 15. Tagung für Ingenieurgeologie, Erlangen, S 321–328

Schumann A, Sass I (2009) GIS-basierte Erdwärmepotentialkarten im Raum Altensteig (Nordschwarzwald). Veröffentl. 17. Tagung für Ingenieurgeologie, Zittau, S 427–430

Schuppener B (2001) Bemessung von Böschungssicherungen mit Pflanzen. geotechnik 24:175–185

Schuppener B (Hrsg) (2012) Kommentar zum Handbuch Eurocode 7 – Geotechnische Bemessung. Ernst & Sohn, Berlin

Schuppener B, Kiekbusch M (1988) Plädoyer für die Abschaffung und den Ersatz der Konsistenzzahl. geotechnik 11:186–192

Schuppener B, Eitner V, Linder W-R, Richter Th, Ruppert F-R, Zuborg J (2012) Stand der europäischen und deutschen geotechnischen Normen. geotechnik 35(1):45–60

Schuppener B, Hettler A, Engel J, Kügler M, Kunz E (2008) Konzept einer Datenbank für Ergebnisse boden- und felsmechanischer Laborversuche. Vorträge Baugrundtagung Dortmund, S 305–310

Schuppener B, Richter Th, Ruppert FZ, Ziegler M (2014) Verbesserung der Nutzerfreundlichkeit des Eurocodes 7, Geotechnische Bemessung. geotechnik 37(4):271–282

Schwarz J, Biewald W, Deubner H (2004) Überprüfung und Bewertung der Bemessungsgrößen nach DIN 19 700 am Beispiel der Thüringer Talsperren. Bautechnik 81(12):949–958

Schwarz H-U (2012) Das Schwäbisch-Fränkische Bruchmuster. Z dt Ges Geowiss 163:411–446

Schwarz H-U, Kilfitt F-W (2008) Confluence and intersection of interacting conjugate faults: A new concept based on analogue experiments. J Structural Geology 30:1126–1137

Schweikardt, St. (2007) Standsicherheit von Auslaugungshohlräumen in gipsführenden Gesteinen des Mittleren Keupers. - 16. Tagung für Ingenieurgeologie Bochum 21–29

Schwenk H (1992) Massenbewegungen in Niederösterreich 1953–1990. Jb Geol (Wien) B.A. 135(2):597–660

Schwerdt S (2003) Die Überbrückung von Erdeinbrüchen unter Verwendung von einlagig verlegten Geogittern – Vergleich zwischen Versuchsergebnissen und den Ergebnissen von analytischen und numerischen Berechnungen. geotechnik 26(2):95–105

Schwerdt S, Meyer N, Paul A (2004) Die Bemessung von Geokunststoffbewehrungen zur Überbrückung von Erdeinbrüchen (B.G.E.-Verfahren). Bauingenieur 79:391–399

Schwerter R, Kunze M (1994) Erkundung und Sanierung von Altlasten. Lehrbrief 3.13, Hochschule für Technik, Wirtschaft und Sozialwesen Zittau/Görlitz (FH)

Schwinghammer K (1997) Die Risiko- und Kostenreduktion im Straßenbau infolge Geologenerlass. Mitt Inst f Bodenmech u Grundbau TU Graz 15:183–190

Schwiteilo E, Männer J, Herle I (2014) Experimentelle Bestimmung der thermischen Leitfähigkeit von Böden. geotechnik 37(1):32–39

Seegers J, Liebich C, Speier L, Grübl F (2010) Planung und Bau der Kanzlerlinie in Berlin. Tunnel 29(3):36–42

Seip M, Vogler M, Kurze S, Lentge R, Buff U, Ockert J (2014) Großprojekt Main Tor in Frankfurt am Main – Geotechnische Herausforderung bei Planung und Ausführung der Spezialtiefbaumaßnahmen. Vorträge Baugrundtagung, Berlin, S 169–179

Sellner P, Janotta M, Koinig J (2008) Systematic drainage measures in the tunnel construction – Experiences in the neogene sections of the investigation tunnels for the Koralm tunnel. Geomechanik Tunnelbau 1(3):287–293

Semprich St (1994) Grundwasserbeherrschung im Tunnelbau und bei der Altlastsanierung mit Hilfe von Druckluft. Mitt Inst f Bodenmech u Grundbau TU Graz 11:1–16

Semprich St, Steger G (2012) Ermittlung des Luftbedarfs bei Tunnelvortrieben mittels numerischer Simulation. Vorträge 32. Baugrundtagung, Mainz, S 83–88

Serwas HD (2000) Gefährdungen der Gesundheit bei Tunnelvortrieben. Bauingenieur 75:118–122

Sichardt W (1928) Das Fassungsvermögen von Rohrbrunnen und seine Bedeutung für die Grundwasserabsenkung, insbesondere für größere Absenkungstiefen. Springer, Berlin/Heidelberg

Simeonowa R (1984) Instrumente und Methoden zur permanenten Überwachung von Rutschungserscheinungen. Wiss. Arb. der Fachrichtung Vermessungswesen, Univ Hannover 133, S 135–144

Simon St (2012) Sachstandsbericht zur Sanierung von Eisenbahntunneln. Tunnel 31(4):26–37

Simon St, Joos H (2012) Frankfurt Eschhofen: Innerstädtischer Sprengvortrieb für den neuen Eppsteiner Tunnel neben der bestehenden alten Tunnelröhre. Mining Geo 4:639–643

Simon St, Schmidt N (2011) Nittener Tunnel – Vollständige Erneuerung eines 130 Jahre alten Eisenbahntunnels während einer 14-monatigen Vollsperrung. Feldbaumagazin 34(1):32–39

Simon St, Mämpel H, Festag G, Spang Ch (2007) Erneuerung des historischen DB-Tunnels Nittel – Eine facettenreiche ingenieurgeologische Herausforderung. 16. Tagung für Ingenieurgeologie, Bochum, S 433–439

Singer J, Thuro K (2007) Entwicklung eines kontinuierlichen 3D-Überwachungssystems für instabile Hänge mittels Time Domain Reflectometry (TDR). 16. Tagung für Ingenieurgeologie, Bochum, S 699–776

Singer J, Festl J, Thuro K (2011) TDR-Messungen in der Ingenieurgeologie. 18. Tagung für Ingenieurgeologie, Berlin, S 185–191

Singh B, Goel RK (1999) Rock mass classification. Elsevier, Amsterdam

Skempton AW (1961) Horizontal stresses in over consolidated Eocene clay. Proceeding of 5th ISCM, Paris, Vol. 1, 351–357

Skuk St, Wegscheider D (2015) Brenner Basistunnel – 10,5 km Doppelschild ZBM im Granit. Geomech Tunnelling 8(3):221–238

Slatalla N, Alber M (2007) Tragfähigkeit und gesteinsabhängiges Bindungsverhalten von Kunstharzankern. 16. Tagung für Ingenieurgeologie, Bochum, S 121–127

Sniehotta M (1979) Bodenbewegungen von 1945–1974 im Subrosionsbereich des Salzstocks von Benthe (SW Hannover). Mitt Geol Inst Universität Hannover 17:3–34

Sommer H (1978) Messungen, Berechnungen und Konstruktives bei der Gründung Frankfurter Hochhäuser. Bauingenieur 53:205–211

Sommer H (1978a) Neuere Erkenntnisse über zulässige Setzungsunterschiede von Bauwerken, Schadenkriterien. Vorträge Baugrundtagung, Berlin, S 695–724

Sommer H (1978b) Zur Stabilisierung von Rutschungen mit steifen Elementen, Berechnungen und Messungen. Bautechnik 55:304–311

Sommer H (1980) Erosionsuntersuchungen bei Brüchen an unterströmten Rheindeichen. Wasserwirtschaft 70:100–103

Sommer H, Wittmann P, Ripper P (1984) Zum Tragverhalten von Pfählen im steif-plastischen Tertiärton. Vorträge Baugrundtagung Düsseldorf, S 501–531

Sommer H, Meyer-Kraul N, Prinz H (1989) Festigkeitsverhalten und Plastizität von Röttonsteinen. 7. Nationale Tagung für Ingenieurgeologie, Bensheim, S 77–84

Sommer R (2009) Kritische Wertung der Methoden der Gebirgsklassifizierung im Tunnelbau. Geotechnik in Forschung und Praxis, WBI-PRINT 16. VGE-Verlag, Frankfurt a. M.

Sommer R (2010) Entwurf von Tunnelbauwerken in klüftigem Fels auf Grundlage eines felsmechanischen Modells oder auf Grundlage von Gebirgskennziffern und Klassifizierungssystemen. geotechnik 33(2):190–195

Sommer R (2012) Standsicherheit von Felsböschungen beim Lastfall schnelle Absenkung. Mining Geo 4:656–661

Sommer R, Wittke W (2012) Entwurf von Tunnelbauwerken in klüftigem Fels auf Grundlage von felsmechanischen Modellen oder von Klassifizierungssystemen – ein Vergleich. Taschenbuch f. d. Tunnelbau 2012, S 257–280

Sondermann W (1988) Zementpastenverpressung und Abdichtungsschlitzwand am Beispiel eines Erddammes für ein Rückhaltebecken. Geotechnik Sonderheft 1988, S 67–74

Sondermann W (2012) Die Reichweite des Schneidstrahls beim Düsenstrahlverfahren – Einflussfaktoren. Vorträge Baugrundtagung, Mainz, S 89–94

Sondermann W, Topolnicki M (2014) Bemessung von Lastverteilungsschichten mit unterschiedlichen Berechnungsmodellen und Vergleich mit In-situ Messungen. Vorträge Baugrundtagung, Berlin, S 273–279

Soos P von (2004) Die neue DIN 4020: 2003–09. Vorträge Baugrundtagung, Leipzig, S 185–190

Spang C, Glitsch W, Renker B, Franke T, Romunde B (2007) Planung und Bemessung einer komplexen Grundwasserkommunikations-Anlage für den City-Tunnel Leipzig. Beiträge zum 22. Christian Veder Kolloquium Graz, S 261–275

Spang RM, Kardel J (2002) Südportal Tunnel Dölzschen – Sicherung einer 65 m hohen Felswand. geotechnik 25(3):164–190

Speier L, Grübl F (2013) Maschinelle Tunnelvortriebe mit optimierter Stützdrucksteuerung. Tunnel 32(2):46–54

Spiegl M, Sander Ph, Pellar A, Maidl U, Herdina J, Feistmantl K (2011) Ein Fazit zur Risikoanalyse als Grundlage für eine Variantenentscheidung am Beispiel Los H8. Geomech Tunnelling 4(4):259–315

Sroka A (2005) Ein Beitrag zur Vorausberechnung der durch den Grundwasseranstieg bedingten Hebungen. 5. Altbergbau-Kolloquium Clausthal, S 453–463

Sroka A, Preuße A (2006) Auswirkungen des Grubenwasseranstiegs auf die Tagesoberfläche – Stand der Forschung. Schriftenreihe GDMB 108:57–67

Sroka A, Preuße A (2009) Zur Prognose flutungsbedingter Hebungen. 9. Altbergbau-Kolloquium Leoben, S 184–196

Stadelmann R, Eppler Th (2005) Schleifende Durchörterung von Störzonen bei tiefliegenden Alpentunneln. Felsbau 23(5):31–36

Stadelmann R, Rehbock-Sander M (2010) Gotthard Basistunnel – Gebirgsschläge beim Auffahren einer Störzone. geotechnik 33(2):109–113

Städing A, Krocker T (2010) Anwendung des Teilsicherheitskonzepts beim Standsicherheitsnachweis von Tunneln in Deutschland. Geomech Tunnelling 3(1):48–58

Stahlmann J, Trischler J (1997) Planen und Bauen im Fels – drei Fallbeispiele. Felsbau 15:496–499

Stahlmann J, Missal Ch, Hahn P, Edel Th (2014) Geotechnische Bedingungen in der Schachtanlage Konrad – Auffahrung von Strecken und Kammern in druckhaftem Gebirge. geotechnik 37(2):129–137

Stahlmann J, Vargas RL, Mintzlaff V (2016) Geotechnische und geologische Aspekte für Tiefenlagerkonzepte mit der Option der Rückholung der radioaktiven Reststoffe. Bautechnik 93(3):141–150

Stärk A, Fügenschuh N (2004) Sohlbruch. Proceeding of ISRM Symposium „Eurock" und 53. Geomechanik-Kolloquium Salzburg, S 267–270

Steger G, Semprich St (2005) Numerische Erstellung von Luftbedarfsprognosen für den Tunnelbau unter Druckluft. geotechnik 28(4):263–270

Steiger T, Uhlig St (2013) Industrie-Paläontologie zur Unterstützung von geothermischen Tiefbohrungen. 19. Tagung für Ingenieurgeologie, München, Abstracts, S 60

Stein D, Cordel H, Brauer A (2006) Kommen wir dem Universalschild näher? tis 47(10):36–40

Steinbrenner W (1934) Tafeln zur Setzungsberechnung. Die Straße 1:121–124

Steiner W (2007) Einfluss der Horizontalspannung auf das Quellverhalten von Gipskeuper. Felsbau 25(1):15–22

Steiner W, Kaiser PK, Spaun G (2010) Sprödbruch in wenig festem Fels als Auslöser von Quellvorgängen: Beobachtungen und Analysen. Geomech Tunnelling 3(5):583–596

Steiner W, Kaiser PK, Spaun G (2011) Sprödbruch in wenig festem Fels als Auslöser von Quellvorgängen: Erkenntnisse aus Fallstudien. Geomech Tunnelling 4(2):141–156

Steinwachs A (1988) Angewandte Seismologie. Geol Jb A 109:185–193

Stiegler R, Floss R, Bös W, Strassberger D (1998) Gründung von Brücken und Stützbauwerken beim Ausbau der Bundesautobahn A 9 Berlin–Nürnberg im Bereich des Hienberg-Aufstiegs. Vorträge Baugrundtagung Stuttgart, S 357–377

Stini J (1941) Unsere Täler wachsen zu. Geol. u. Bauwesen 13:71–79

Stober I, Bucher K (2012) Geothermie. Springer, Berlin/Heidelberg

Stober I, Jodocy M (2009) Eigenschaften geothermischer Nutzhorizonte im baden-württembergischen und französischen Teil des Oberrheingrabens. Grundwasser 14:127–137

Stork W (1980) Hydrogeologische Grundrisskarten für Lockergesteinsbereiche. Mitt Ing- u Hydrogeologie Aachen 4:13–24

Stötzner U (1990) Geophysikalische Erkundung für den Tunnelbau. Z geol Wiss 18:133–142

Stratemeier N, Himmel W, Flicke J (2014) Rohrvortrieb beim Abwasserkanal Emscher erreicht Haltungslängen von mehr als 1100 m. Tunnel 33(5):16–27

Strauß R (1994) Geotechnische Untersuchungen an sulfatgeschädigten Tonsteinen der Röt-Folge (Oberer Buntsandstein) in Nordhessen. Diss. Philipps Universität Marburg

Strauß R (1996) Geotechnische Untersuchungen an sulfatkarstgeschädigten Tonsteinen der Röt-Folge (Oberer Buntsandstein) in Nordhessen. Geol Jb Hessen 124:47–66

Strauß R (2007) Sicher ist sicher? Das neue web-basierte Informationssystem zu Gefährdungspotenzialen des Untergrundes in Nordrhein-Westfalen. 16. Tagung für Ingenieurgeologie, Bochum, S 355–359

Strauß R (2008) Das neue web-basierte Informationssystem zu Gefährdungspotenzialen des Untergrundes in NRW. geotechnik 31(4):282–286

Strauß R (2009) Der Umgang mit Georisiken in Nordrhein-Westfalen. Veröffentl. 17. Tagung für Ingenieurgeologie, Zittau, S 217–221

Striegel K-H (1984) Untersuchungen zur Scherfestigkeit rauer Trennflächen im Ahrtalsattel. Mitt Ing- u Hydrogeologie Aachen 19

Strobl B (1988) Diskussionsbeitrag zum Thema „Wirkungsweise Spritzbeton im Hohlraumbau". Felsbau 6(2):90, Abb. 7

Stübs M, Stübs K-D (2010) Zu den physikalischen Randbedingungen verschiedener geophysikalischer Verfahren und ihrer Einsatzmöglichkeiten in der Praxis zur Erkundung von Altbergbaustrukturen. 10. Altbergbau-Kolloquium Freiberg. VGE-Verlag, Frankfurt a. M, S 83–87

Studer JA (2002) Ermittlung der Erdbebensicherheit von Talsperren – Trends und Erfahrungen aus der Praxis. Felsbau 20(5):143–147

Stur M, Ottner F, Schachinger T, Wriessmig K (2015) Lokale Beseitigung von Versinterungen in Bergwasserdrainagen. Tunnel 34(1):8–27

Suchi E et al. (2014): Geochemie-Atlas zur Darstellung möglicher Nutzungskonkurrenzen zwischen CO_2-Einlagerung (CCS) und tiefer Geothermie in Deutschland. - ZDGG 165(3): 439–453

Svoboda G (2008) Datenmanagement für die wasserwirtschaftliche Beweissicherung bei Tunnelbauprojekten. Felsbaumagazin 6:319–323

Swoboda U, Lux P (2014) Geophysikalische Erkundung und geotechnische Bewertung – Fallbeispiele aus der Bergbausanierung. Schriftenreihe Lehrstuhl Grundbau-, Boden- und Felsmechanik H 50; Beiträge RuhrGeo-Tag 2014, S 143–156

Szczyrba S, Kudla W (2008) Setzungsreduzierende Bauweisen für den Hinterfüllungsbereich von Brückenwiderlagern. Vorträge Baugrundtagung, Dortmund, S 95–102

Tangermann H (1971) Der Erdrutsch 1966 auf der Gemarkung Achdorf (Landkreis Donaueschingen) im Wutachtal. In: Sauer KFJ, Schnetter M (Hrsg) Die Wutach. Naturkundliche Monographie einer Flusslandschaft. Selbstverlag, Landesvereins für Naturkunde und Naturschutz e. V., S 543–562

Tanner DC, Leiss B, Vollbrecht A (2013) Strukturgeologie des Leinetalgrabens (Exkursionen G1 und G2 am 4. und 5. April 2013). Jber Mitt oberhein geol Ver NF 95:131–168

Tauch B, Handke D, Reith M (2011) Kaiser-Wilhelm-Tunnel – Maschinenvortrieb im Grenzbereich der Erfahrungen. Geomech Tunnelling 4(5):562–568

Tauch B, Handke D, Reith M (2012) Kaiser-Wilhelm-Tunnel: Unterfahrung der Oberstadt Cochems im EPB-Modus. Tunnel 31(4):50–59

Tentschert EH (1980) Kraftwerksgruppe Sellrain-Silz: Kluftwasserhaushalt der Druckschächte. Geol-Pal Mitt Jbk (Innsbruck) 10(5):204–206

Tentschert EH, Poisel R, Zettler AH (2005) Gefügeeinfluss auf TBM-Vortriebe. Felsbau 23(5):42–47

Terzaghi K von (1929) Soil studies for the Granville Dam at Westfield Mass. New England – Water Works Association Journal 43 (2):191–223

Terzaghi K von (1943) Theoretical Soil Mechanic. Wiley, New York

Teuscher P, Aeschbach M (2013) Lötschberg Basistunnel. Beton und Stahlbeton Spezial Juli 2013, S 3–14

Teuscher P, Hufschmied P, Stech J, Aeschbach M, Loretan F, Schelbert M (2002) Lötschberg-Basistunnel: Stand der Arbeiten. Tunnel 21(4):31–46

Theis CW (1935) The relation between the lowering of the peizometric surface and the rate and duration of discharge of a well using groundwater storage. Trans Am Geophys Union 16(2):519–524

Thermann K, Zabler S, Tiedemann J (2007) Mikrostrukturelle Untersuchungen zur Rissausbreitung im Festgestein unter einaxialer Druckbelastung. 16. Tagung für Ingenieurgeologie, Bochum, S 31–36

Thewes M (2003) Adhäsion von Tonböden beim Tunnelvortrieb mit Flüssigkeitsschilden. geotechnik 26(4):253–261

Thewes M (2004) Schildvortrieb mit Flüssigkeits- oder Erddruckstützung mit gemischter Ortsbrust aus Fels und Lockergestein. geotechnik 27(2):214–219

Thewes M, Budach Ch (2010a) Konditionierung von Lockergesteinen bei Erddruckschilden. Geomech Tunnelling 3(3):256–257

Thewes M, Budach Ch (2010b) Laboruntersuchungen von verschiedenen konditionierten Lockergesteinsböden für Tunnelvortriebe mit Erddruckschilden. Tunnel 29(6):21–30

Thewes M, Hollmann F (2014) TZBM-spezifisches Untersuchungsschema zur Beurteilung der Verklebungsneigung von Fels. Geomech Tunnelling 7:520–527

Thiem G (1906) Hydrogeologische Methoden. Diss. TH Stuttgart, Gebhards-Verlag

Thiermann A (1975) Zur Geologie der Erdfälle des „Heiligen Feldes" im Tecklenburger Land/Westfalen. Mitt Geol-Pal. Inst Univ Hamburg 44:517–530

Thurner R, Kirsch F, Akdora B (2013) Bohrpfahl-Rüttelstopfsäulen-Kombination für die erdbebensichere Gründung eines Gaskraftwerks in der Türkei. Beitr. 28. Christian Veder Kolloquium Graz, S 17–32

Thuro K (1993a) Der Pulver-Quellversuch – ein neuer Quellhebungsversuch. geotechnik 16(3):101–106

Thuro K (1993b) Geologisch-felsmechanische Untersuchungen zur Bohrbarkeit von Festgesteinen bei konventionellen Bohr- und Sprengvortrieben anhand von ausgewählten Tunnelprojekten. Geo-

technik-Sonderheft 9. Nationale Tagung für Ingenieurgeologie, Garmisch Partenkirchen, S 125–134
Thuro K (1996) Bohrbarkeit beim konventionellen Sprengvortrieb – Geologisch-felsmechanische Untersuchungen anhand sieben ausgewählter Tunnelprojekte. Münchener Geol. Hefte 1
Thuro K, Bundschuh M (2012) Das Felssturzereignis in Stein an der Traun – Ursachen und Auslöser. Geomech Tunnelling 5(4):329–337
Thuro K, Käsling H (2009a) Klassifikation der Abrasivität von Locker- und Festgesteinen – Minimierung des Untergrundrisikos. Veröffentl. 17. Tagung für Ingenieurgeologie, Zittau, S 137–141
Thuro K, Käsling H (2009b) Klassifikation der Abrasion von Boden und Fels. Geomech Tunnelling 2(2):179–188
Thuro K, Plinninger RJ (1997) Geotechnische Auswirkungen klastischer Sedimentgesteine auf den Tunnelvortrieb. Geotechnik Sonderheft 11. Nationale Tagung für Ingenieurgeologie, Würzburg, S 298–312
Thuro K, Plinninger RJ (2001) Bohren, Sprengen, Fräsen – können die geologischen Faktoren der Gebirgslösung quantifiziert werden? Felsbau 19:114–121
Thuro K, Spaun G (1997) Geologisch-felsmechanische Parameter zur Erfassung der Bohrbarkeit beim konventionellen Sprengvortrieb. In: Taschenbuch für den Tunnelbau 1997, S 63–106
Thuro K, Brugger G, Winkler F (1997) Ungewöhnliche geologische Verhältnisse und deren Bewältigung beim Vortrieb des Tunnels Füssen. Felsbau 15:505–513
Thuro K, Berner Ch, Eberhardt E (2005) Der Bergsturz von Goldau 1806 – Versagensmechanismen in wechsellagernden Konglomeraten und Mergeln. Veröffentl. 15. Tagung für Ingenieurgeologie, Erlangen, S 303–308
Thuro K, Berner Ch, Eberhardt E (2006a) Der Bergsturz von Goldau 1806 – 200 Jahre nach dem Ereignis. Felsbau 24(3):59–66
Thuro K, Singer J, Käsling H, Bauer M (2006b) Abrasivitätsuntersuchungen an Lockergesteinen im Hinblick auf ihre Gebirgslösung. Vorträge Baugrundtagung, Bremen, S 283–290
Thuro K, Valley B, Eberhardt E, Raetzo H (2006c) Ursachen, Trigger und Prozesse der Rutschung Hellbüchel, Lutzenberg, Schweiz. Felsbau 24(3):68–74
Thuro K, Wunderlich Th, Heunecke O, Singer J, Schubäck St, Wasmeier P, Glabsch J, Festl J (2009) Kostengünstiges 3D-Frühwarnsystem für alpine instabile Hänge – Das Überwachungssystem der Aggenalm-Hangbewegung. Geomech Tunnelling 2(3):221–237
Thuro K, Singer J, Festl J (2011) Ein geosensornetzbasiertes Monitoring- und Frühwarnsystem für Rutschungen. 18. Tagung für Ingenieurgeologie, Berlin, S 113–120
Thuro K, Wilfing L, Wieser C, Ellencosta B, Käsling H, Heider E (2015) TBM-Hartgesteinsvortriebe: Auf dem Weg zu einer verbesserten Prognose. Geomech Tunnelling 8(3):191–199
Tinat Ch, Rosenberg M (2016) Einfluss der Überkonsolidation auf das Sekundärsetzungsverhalten von Klei bei Wiederbelastung. geotechnik 39(3):175–183
Tondera D, Klapperich H (2007) Einsatz neuer Methoden zur Strukturaufklärung von feinstbindemittelvergüteten Lockergesteinsböden. 16. Tagung für Ingenieurgeologie, Bochum, S 483–488
Tost St, Kempfert H-G, Brünger F (2004) Ertüchtigung einer Bahnstrecke mit einem optimierten, geogitterbewehrten Tragschichtsystem über teilvermörtelten Stopfsäulen (FVSS) Planung, Bauausführung, Beobachtung. Vorträge Baugrundtagung Leipzig, S 253–260
Trischler J, Dürrwang R (1989) Böschungen im Buntsandstein: Standsicherheit, Konstruktives, Erfahrungen. Felsbau 7:208–211
Trunk U, Winkler F (2013) Düsenstrahlverfahren im Tunnelbau. Geomech Tunnelling 6(3):274–289
Türke H (1990/93) Statik im Erdbau. Nachdruck der 2. überarb. Aufl. Ernst & Sohn, Berlin
Unterberger W, Brandl J (2000) The effects of the recent earthquake in Turkey on the Bolu tunnels. Felsbau 18(2):50–54
Vahrenholt F, Lüning S (2012) Die kalte Sonne – Warum die Klimakatastrophe nicht stattfindet. Hoffmann & Campe, Hamburg
Vanneste K, Verbeeck K (2001) Palaeoseismological analysis of the Rurrand fault near Juelich, Roer valley graben, Germany: coseismic or aseismic faulting history? Netherlands J Geosci/Geologie en Mijnbouw 80:50–159
Vehling L, Moser M, Glira Ph, Baewert H, Morche D, Rohn J (2015) Ingenieurgeologische Untersuchungen a einer Felsgleitung am Gepatschferner (Kaunertal, Tirol). 17. Geoforum Unhausen/Tirol, S 151–162
Veider R, Winkler K (2012) Abdichtungsmaßnahmen: Unabschätzbares Risiko oder Tagesgeschäft? geotechnik 35 (1):A12–A14
Vergreiner R, Zettler AH, Furtmüller G (2007) Dokumentation, Auswertung und Interpretation von Tunnelvortriebsdaten. Felsbau 25(5):86–92
Vermeer PA, Ruse N (2001) Die Stabilität der Tunnelortsbrust in homogenen Baugrund. geotechnik 24:186–193
Viefhaus H, Schanz T (2014) Untersuchungen zum Quellpotenzial von Bentoniten unter dem Einfluss von Biostimulation. geotechnik 37 (2):105–112
Vogler OM (1990) Kalkuliertes Risiko bei der Sicherung von Böschungen im Straßenbau. Felsbau 8:27–37
Vogt N, Birle E, Heyer D, Etz A (2013) Entwicklung einer neuen Versuchstechnik zur Bestimmung der Grenze zwischen halbfestem und festem Boden. BAST Berichte, S 80
Vogt S, Bräu G (2010) Bodenspezifische Anwendungsgrenzen der flächendeckenden dynamischen Verdichtungskontrolle (FDVK). BauPortal 9:547–550

Voigt Th, Hohler St (2003) Vergleichende Probebelastungen an verrohrt und an suspensionsgestützt hergestellten Bohrpfählen im Frankfurter Ton. GEOLEX 2:10–14

Völker R (2004) Die Überwachung von Subrosionsvorgängen – Erfahrungen aus der praktischen Arbeit. Schriftenreihe TLUG 69:53–66

Vollmert L, August H, Ewert W (2008) Sicherung von Böschungen und Anschnitten – Planung und Bauausführung in der Praxis. tis 49(3):42–46

Von der Hude N, Kapp Ch (1998) Einsatz von Energiepfählen am Beispiel des Main-Tower in Frankfurt am Main. Mitt Inst u Versuchsanst f Geotechnik TU Darmstadt 39:15–28

Vrettos Ch (2008) Zur nichtlinear-elastischen Berechnung von Fundamentsetzungen bei Böden mit Schichtung und druckabhängiger Steifigkeit. geotechnik 31(1):53–66

Vrettos Ch (2009) Tunnelbauwerke unter Erdbebenbeanspruchung. In: Taschenbuch für den Tunnelbau 2009, S 221–254

Vrettos Ch (2012) Soil dynamics with applications in vibration and earthquake protection. Ernst & Sohn, Berlin

Vrettos Ch, Merz K (2014) Grenzen der Anwendbarkeit der DIN 4019 für geschichtete Böden. geotechnik 37(3):204–209

Wagenplast P (2005) Ingenieurgeologische Gefahren in Baden-Württemberg. LBGR-Informationen 16

Wagner B, Fritz J, Nix J, Sauter M (2007) Räumliche ingenieurgeologische Modellierung im Stadtgebiet Göttingen. 16. Tagung Ingenieurgeologie Bochum, S 267–276

Wagner G (1929) Junge Krustenbewegungen im Landschaftsbilde Süddeutschlands. Beiträge zur Flußgeschichte Süddeutschlands. Erdgesch u landeskundl Abh Schwaben u Franken 10, Öhringen

Wagner H, Daller J, Zwittnig G, Fasching A (2011) Tunnelkette Granitztal – Entscheidungsfindung der Vortriebsmethode. Geomech Tunnelling 4(5):534–543

Wagner H, Handke D, Matter J, Fabbri D, Keiper K (2009) Konzepte zur Bewältigung druckhafter Gebirgsverhältnisse beim Koralmtunnel. Geomech Tunnelling 2(5):601–611

Wagner H, Randjbar B, Mayer G, Blaha H (2006) Beurteilung von Abbauverfahren aus der Sicht es langzeitigen Bergschadenpotenzials. 6. Altbergbau-Kolloquium Aachen, S 96–108

Wagner IM (2012) Abstandsregelung kleiner oberflächennaher Geothermiesondenanlagen. Beiträge Spezialsitzung 32. Baugrundtagung Mainz, S 131–138

Wagner J-F (1988) Mineralveränderung bei der Migration von Schwermetalllösungen durch Tongesteine. Schr angew Geol Karlsruhe 4:47–62

Wagner O, Haas D, Druckfeuchter H, Schachinger T (2015) Die Herausforderungen des Bauloses SBT 1.1 Tunnel Gloggnitz. Geomech Tunnelling 8(6):554–567

Wagner W (1941) Bodenversetzungen und Bergrutsche im Mainzer Becken. Geol Bauwesen 13:17–23

Wahlen R (2009) Validierung eines Berechnungsverfahrens für Tunnelbauwerke in quellfähigem Gebirge. Geotechnik in Forschung und Praxis, WBI-PRINT 17, VGE-Verlag, Frankfurt a. M.

Wahlen R, Wittke W (2009) Kalibrierung der felsmechanischen Kennwerte für Tunnelbauten in quellfähigem Gebirge. geotechnik 32(4):226–233

Wahrmund H, Leondaris H, Hofmann St. (2006) Herstellung von 45 m tiefen Schlitzwänden in der Kölner Innenstadt. Vorträge Baugrundtagung, Bremen, S 127–134

Wallrauch E (2001) Der Urbacher Bergsturz. LGRB-Nachrichten 1

Walther F, Keil J (2015) Erschütterungsabschirmung an Eisenbahnstrecken. Der Eisenbahningenieur 10:31–35

Wannick P (2007) „Tunnel Code of Practice" als Grundlage für die Versicherung von Tunnelprojekten. Tunnel 26(8):2328

Wannick P, Bretz H (2008) Richtlinien zum Risikomanagement von Tunnelprojekten. In: Taschenbuch für den Tunnelbau 2008, S 329–358

Watzlaw W (1988) Die Untersuchungen der DB für eine Ausbau-/Neubaustrecke Plochingen–Günzburg unter Berücksichtigung der Besonderheiten der Schwäbischen Alb. Geotechnik Sonderheft 1988, S 13–25

WBK (1976) Sicherheit an verfüllten Schächten. Mitt WBK Heft 33

Weber H (1930) Zur Systematik der Auslaugung. Z dt Geol Ges 82:179–186

Weber H (1967) Die Oberflächenformen des festen Landes. 2. Aufl. Vieweg + Teubner, Wiesbaden

Weber W (2004) Die Universal-Doppelschild TBM auf dem Prüfstand beim Tunnel Abdalajis, Spanien. Tagungsband Österr. Tunneltag 2004, S 101–108

Weh M, Zwick O, Ziegler M (2009) Maschinenvortrieb in verklebungsanfälligem Baugrund. Teil 1: Tunnel 28 (1):25–36;Teil 2: 28(2):18–28

Wehinger A, Friedrich T, Lux J-P (2010) Sicherungen von Untertageanlagen ehemaligen Basaltbergbaus im Mayener Grubenfeld (Vordereifel). 10. Altbergbau-Kolloquium Freiberg. VGE-Verlag, Frankfurt a. M, S 128–142

Wehr J, Maihold K (2012) Säulenherstellung mit Tiefenrüttlern in Böden mit einer undränierten Kohäsion $cu < 15\ kN/m^2$. geotechnik 35(1):61–65

Wehr J, Sondermann W (2012) Risiken bei der Bemessung von Baugrundverbesserungsmethoden und pfahlähnlichen Traggliedern. Vorträge Baugrundtagung, Mainz, S 243–248

Weifner T, Bergmeister K, Zieglert H-J (2014) Großflächige hydrogeologische Modellierung für den Brenner Basistunnel. Geomech Tunnelling 7(2):163–177

Weiher B, Lehrberger G, Thuro K (2007) Prüftechnischer Nachweis von Sonnenbrand an einem Basalt der

Oberpfalz. 16. Tagung für Ingenieurgeologie, Bochum, S 77–85

Weinlich FH (2008) Die Stickstoff- und Methangase des sächsischen Erzgebirges und seiner angrenzenden Gebiete – Geochemie und Genese. Z dt Ges Geowiss 159(2):317–329

Weinlich FH (2009) Gasemissionen. In: In: Pälchen W (Hrsg) Geologie von Sachsen II. Schweizerbart, Stuttgart S 257–260

Weiss EH (1988) Probleme des Bergwassers bei Untertagebauten aus der Sicht des Geologen. Berg- u Hüttenmänn Monatsh 133(6):253–263

Weiss EH (1994) Einführung in die Problematik der Bergwasserbeeinflussung durch den Vortrieb von Hohlraumbauten. Felsbau 12:448–451

Weißenbach A (2002) Empfehlung des Arbeitskreises Baugruben der DGGT zu Baugruben in weichen Böden. Bautechnik 79(8):569–588

Weißenbach A, Gudehus G (2004) Die neue DIN 1054: 2003-01. Vorträge Baugrundtagung, Leipzig, S 179–184

Weißenbach A, Hettler A (2003) Berechnungen von Baugrubenwänden nach der neuen DIN 1054. Bautechnik 80(12):857–874

Weißenbach A, Hettler A (2010) Baugruben – Berechnungsverfahren. 2. Aufl. Ernst & Sohn, Berlin

Wendeler C, Gröner E, Matthesius J (2012) Murgangschutz Teufelskadrich mit flexiblen Ringnetzbarrieren. Geomech Tunnelling 5(4):389–396

Wendl K, Scholz M (2009) Die Schildvortriebe in den BEG-Baulosen H 3–4 und H 8 im Unterinntal – eine Herausforderung für die ingenieurgeologische Dokumentation. Veröffentl. 17. Tagung für Ingenieurgeologie, Zittau, S 443–446

Wendl K, Thuro K (2011) Auswirkungen von Hydroschildvortrieben auf den Grundwasserkörper von zwei Vortrieben in Tirol/Österreich. In: Tiedemann J. (Hrsg) 18. Tagung für Ingenieurgeologie, mit Forum für junge Ingenieurgeologen. TU Berlin, Fachsektion Ingenieurgeologie, Deutsche Gesellschaft für Geotechnik, 16.–19. März 2011, Universitätsverlag, Berlin, S 221–228

Wendl K, Scholz M, Thuro K (2012) Charakterisierung der ingenieurgeologischen Vortriebsdokumentation von Hydroschildvortrieben am Beispiel der Baulose H34 und H8 im Unterinntal. Geotechnik 35(3):169–176

Wenner D, Braun G (1998) Grenzen und Früherkennbarkeit und Aufgaben der baubegleitenden Baugrunderkundung. Felsbau 16:306–312

Wenzel B (1994) Zur Lithostratigraphie und Sedimentologie des Röt und zu den Massenverlagerungen an der Röt-/Muschelkalkgrenze in Nordhessen. Giessener Geol. Schriften 53

Werner J (1990) Zur Frage der Gebirgsdurchlässigkeit toniger Gesteinsserien aufgrund von Beobachtungen an oberflächennahen und tiefen Grundwässern. Z dt geol Ges141:301–305

Westermayer H (2007) Achraintunnel – Mit der Brücke durch den Tunnel. Felsbau 25(3):34–38

Westermayer H, Höllrigl M, Wanker Ch, Daller J, Mihaylov V (2009) Bau der zweiten Röhre des Pfändertunnels. Geomech Tunnelling 2(5):502–512

Wichter L (1980) Festigkeitsuntersuchungen an Großbohrkernen von Keupermergel und Anwendung auf eine Böschungsrutschung. Veröffentl. Inst Boden- u Felsmechanik University of Karlsruhe

Wichter L (2011) Fließrutschungen an den Kippenböschungen von Braunkohlentagebauen in Ostdeutschland – Entstehung und Stabilisierungsmethoden. Felsbaumagazin 3(1):48–54

Wichter L, Gudehus G (1982) Ergebnisse von Biaxial- und Triaxialversuchen am Opalinuston. geotechnik 5:74–82

Wichter L, Meininger W (2004) Zum Stand der Bodenvernagelung in Deutschland. geotechnik 27(3):292–301

Wichter L, Meininger W (2006) Langjährige Erfahrungen mit Verpressankern und Bodennägeln Konsequenzen und Schlussfolgerungen. geotechnik 29(1):33–39

Wichter L, Meininger W (2009) Verpressanker. Sonderdruck aus: Grundbau-Taschenbuch. Teil 2: Geotechnische Verfahren

Wichter L, Kutscher F-W, Wallrauch E (1989) Empfehlungen für die Anlage und Ausbildung von Bermen. geotechnik 12:225–227

Widmann R (1991) Injektionen in Fels und Beton; Zwischenbericht einer Arbeitsgruppe des Verbundkonzerns. Felsbau 9:147–154

Widmann R (1996) Stabilität von Hängen und Böschungen bei Erdbeben. Felsbau 14:270–272

Wiedemann J, Rohn J, Moser M (2013) Systematische Untersuchungen von Hangbewegungen im Nordbayerischen Raum. 19. Tagung für Ingenieurgeologie, München, Abstracts, S 113

Wiese A-L (2012) Vergleichende Untersuchungen von Stauchelementen für den Einsatz in druckhaftem Gebirge. Mining Geo 1:125–134

Wiesmann E (1912) Über Gebirgsdruck. Schweiz Bauzeitung 80:7

Wildberger A (2000) Nationalstraße 8 in Obwalden – Geologie und Geotektonik des Tunnels Sachseln. Felsbau 18:50–54

Wilfing L, Käsling H, Thuro K (2013) Ansätze für eine einheitliche Definition der Zähigkeit zur verbesserten Penetrationsprognose bei TBM-Vortrieben. 19. Tagung für Ingenieurgeologie, München, Abstracts, S 119

Wilfing L, Käsling H, Goliasch R, Moritz B, Thuro K (2016) Penetrationsversuche am Beispiel des Koralmtunnels (KAT 2) – Ein Werkzeug zur Verbesserung von Penetrationsprognosen im maschinellen Tunnelbau. Geomech Tunnelling 9(3):200–209

Willerich S, Mair V, Thuro K (2008) Hazard map, risk assessment, planning of mitigation measures and their realization in Alpine Regions – Case Study of Cortaccia, South Tyrol. Geomechanik Tunnelbau 1(1):139–148

Williams I, Neumann Ch, Jäger J, Falkner L (2004) Innovativer Spritzbeton – Tunnelbau für den neuen Flughafenterminal T 5 in London. Tagungsband Österr. Tunneltag 2004, S 41–61

Willis D (2011) Technische Neuerungen und Grenzen zweier bewährter Lockergesteinsvortriebsmaschinen. Tunnel 30(5):42–49

Willis D (2013) Nächste Generation Hybrid-TBM für wechselnden Baugrund. Tunnel 32(3):20–26

Willis D, Roby J (2014); Schneller Vortrieb mit EPB-Maschinen. Tunnel 33(4):50–61

Winkler B, Vogt N (2005) Bau des Tunnels im Zuge der B 260 Umgehung Fachbach–Bad Ems. geotechnik 28(4):218–228

Wisotzky F, Eisenberg V (2008) Realistische Risikoabschätzung zum Sulfat-Säure-Angriff auf Beton infolge von Pyritoxidationsprozessen durch Baumaßnahmen. geotechnik 31(4):324–332

Witt KJ (2012) Wirkmechanismen und Effekte bei der Bodenstabilisierung mit Bindemitteln. 8. Erdbaufachtagung Bauakademie Sachsen in Leipzig, S 181–194

Witt KJ (2013) Der Selbstinfiltrationsindex als Suffosionskriterium für nichtbindige Erdstoffe. geotechnik 36(3):161–168

Witter W, Konietzky H (2004) Hangrutschungsrisiko an der Talsperre Schönbrunn. Wasserbauliche Mitt. H 27; Inst f Wasserbau u Techn Hydrodynamik, TU Dresden

Witthaus M, Lempp Ch (2009) Charakterisierung von Tonstein, Tonschiefer und Schieferton im Hinblick auf Bohrloch-Stabilitätsprobleme bei der Erschließung geothermaler Ressourcen. Veröffentl. 17. Tagung für Ingenieurgeologie, Zittau, S 451–454

Wittke M (2003) Begrenzung der Quelldrücke durch Selbstabdichtung beim Tunnelbau im anhydritführenden Gebirge. Geotechnik in Forschung und Praxis, WBI-PRINT 13, VGE-Verlag, Frankfurt a. M.

Wittke M (2004) Bemessung von Tunneln im quellfähigen Gebirge unter Berücksichtigung der Selbstabdichtung. geotechnik 27:136–141

Wittke M (2012) Einflüsse auf den Entwurf von Tunneln im anhydritführenden Gebirge. Mining Geo 4:644–648

Wittke M, Wittke-Gattermann P (2010) Tunnelbau im quellfähigen Gipskeuper. geotechnik 33(2):104–108

Wittke M, Wittke-Gattermann P, Wahlen R (2007) Möglichkeiten der Optimierung des Tunnelbaus im quellfähigen Gipskeuper durch Berücksichtigung der Selbstabdichtung. geotechnik 30(4):247–255

Wittke W (1984) Felsmechanik – Grundlagen für wirtschaftliches Bauen im Fels. Springer, Berlin/Heidelberg/New York

Wittke W (2004a) Planung, Bau und Überwachung von Tunneln in quellfähigem Gipskeuper. geotechnik 27(2):104–111

Wittke W (2004b) Ursachen und Vermeidung von Termin- und Kostenüberschreitungen bei Tunnelbauten der Infrastruktur. Vorträge Baugrundtagung, Leipzig, Sonderdruck

Wittke W (2009) Konventioneller Tunnelbau in schwierigem Untergrund in innerstädtischen Bereichen – Risiken und Chancen. geotechnik 32(4):198–211

Wittke W, Baur R (1998) Geotechnische Probleme bei den Tunneln des Projekts Stuttgart 21. Vorträge Baugrundtagung Stuttgart, S 33–48

Wittke W, Schmitt D (2005) Nutzung der Geothermie im Tunnelbau. geotechnik 28(4):256–262

Wittke W, Wittke-Gattermann P (2006) Risiken bei TVM-Vortrieben im klüftigen Fels. geotechnik 29(2):185–193

Wittke W, Wittke-Schmitt B (2009) Belastungen von Tunneln bei Hebungsinjektionen an Beispielen aus dem Stadtgebiet Stuttgart. In: Taschenbuch für den Tunnelbau 2009, S 123–146

Wittke W, Züchner F (2008) Felsmechanische Eigenschaften des Stuttgarter Baugrunds und ihre Auswirkungen auf den Tunnelbau. geotechnik 31(2), 101–107

Wittke W, Glitsch W, Schmitt D (2010) Geotechnische Besonderheiten und Bautechnische Bewältigung der Störungszonen beim Schmücketunnel (BAB A 71 Thüringen). In: Taschenbuch für den Tunnelbau 2010, S 143–168

Wittke W, Pfisterer E, Rissler P (1974) Felsmechanische Untersuchungen für die Maschinenkaverne Wehr. Ber. 1. Nationale Tagung Felshohlraumbau Aachen, S 123–148

Wittke W, Schmitt D, Wittke-Schmitt B, Wittke M (2012) Tragverhalten eines nachgiebigen Ausbaus im druckhaften Gebirge. In: Taschenbuch für den Tunnelbau 2012, S 95–129

Wittke W, Tegelkamp M, Kiel JR (2004a) Zerfall von Tonstein als Voraussetzung für die Verbreiung beim Einsatz von EPB-Schilden. geotechnik 26(4):262–268

Wittke W, Wittke M, Tintelnot G (2014) Kunstharzinjektionen zur Abdichtung beim Tunnelbau im quellfähigen Gebirge. In: Taschenbuch für den Tunnelbau 2014, S 304–335

Wittke W, Wittke M, Wahlen R (2004b) Zum Quellgesetz für den anhydritführenden, unausgelaugten Gipskeuper. Geotechnik 27(2):112–117

Wittke W, Wittke-Schmitt B, Schmitt D (2007) Balastierung und Sanierung eines Wassereinbruchs in einer Baugrube mit mittelhochliegender DSV-Sohle. Beitr. 22. Christian Veder Kolloquium Graz, S 79–95

Wittke-Schmitt B, Schmitt D (2010) Untersuchungen zur Verbreibarkeit von Fels. geotechnik 33(2):169–174

Wolff G (1987) Subrosionserscheinungen im mittleren Kocher-Jagst-Gebiet (Hohenlohe, Nordwürttemberg). Jh Geol L-Amt Baden-Württ 29:269–282

Wolffersdorf PA von (2010) Ausgewählte Probleme zu statischen und dynamischen Standsicherheitsuntersuchungen von Staudämmen. Beitr. 25. Christian Veder Kolloquium Graz, S 163–182

Wolffersdorf PA von (2013) Zur Bemessung horizontalbeanspruchter Pfahlgründungen von Eisenbahnbrücken. Beitr. 28. Christian Veder Kolloquium Graz, S 83–99

Wolffersdorf PA von, Rosner S, Wegerer P (2004) Planung von bautechnischen Lösungen in den quellgefährdeten Einschnitten der Hochgeschwindigkeitsstrecke Nürnberg–Ingolstadt. Vorträge Baugrundtagung, Leipzig, S 221–228

Woszidlo H (1989) Untersuchungen an Festgesteinen mit dem Prellhammer nach Schmidt. Ber. 7. Nationale Tagung für Ingenieurgeologie, Bensheim, S 287–294

Wrede V (2008) Nördliche Harzrandstörung: Diskussionsbeiträge zur Tiefenstruktur, Zeitlichkeit und Kinematik. Z dt Ges Geowiss 159(2):293–316

Wrede V (2016) Schiefergas und Flözgas – Potenziale und Risiken der Erkundung unkonventioneller Erdgasvorkommen in Nordrhein-Westfalen aus geowissenschaftlicher Sicht. scriptum 23 Arbeitsergebnisse aus dem Geologischen Dienst Nordrhein-Westfalen, Krefeld

Wrede V, Steuerwald K, Dölling M, Lenz A, Hiß M, Schäfer I, Heuser H, Lehmann K (2010) Die Bohrungshavarie Kamen-Wasserkurl aus geowissenschaftlicher Sicht. Schriftenreihe GDMB 123:53–67

Wunderlich HG (1966) Ausweitung und Einengung an saxonischen Bauformen Südniedersachsens. Z dt geol Ges 116:683–695

Wunderlich J (2004) Die Subrosion – Ein weit verbreitetes Phänomen subterraner Abtragung in Thüringen. Schriftenreihe TLUG 69:3–18

Wunderlich J (2004) Zur Spezifik von Subrosionsformen im Inneren Thüringer Becken. Schriftenreihe TLUG 69:119–128

Wunderlich J, Andreas D, Hähnel Ch (1997) Tektonische Verhältnisse am Westthüringer Quersprung (nordwestlicher Thüringer Wald) I. Flache Überschiebungstektonik im Zuge spätsaxonischer Transpression am Nordabschnitt der Floh-Asbach-Störung. Beitr. zur Geologie von Thüringen NF 4:101–131

Wunsch R (2002) Die Gefährdung des Baugrundes durch Bodenverflüssigung und deren Auswirkungen auf Gründungsmaßnahmen. Bautechnik 79(4):208–215

Wunsch R (2003) Ausbildung von tiefen Baugruben in weichen Tonen unter besonderer Beachtung des Aufbruchs der Baugrubensohle. Bautechnik 80(9):580–585

Wüstenhagen K, Baermann A, Bruns J, Busse R, Geyh M, Schneider W, Wienberg R (1990) Glazial geprägter Glimmerton als Schadstoffbarriere im Elbtal des Hamburger Raumes. Geol Jb C 55:3–162

Wyss R (2002) Gefahren durch Gaszutritte auf Tunnelbaustellen. Tunnel 21(4):85–90

Zaretzki B, Shao H, Hesser J (2013) Hydraulische Charakterisierung von dichtem Salzgestein. 19. Tagung für Ingenieurgeologie, München, Abstracts, S 86

Zaruba Qu, Mencl V (1961) Ingenieurgeologie. Akademie-Verlag, Berlin

Zaruba Qu, Mencl V (1969) Landslides and their Control. Akademie-Verlag, Berlin

Zaruba Qu, Mencl V (1976) Engineering Geology. Elsevier, Amsterdam

Zettler AH, Poisel R, Preh A, Konietzky H (2010) Vortrieb in quellendem Gebirge – ein gelöstes Problem? Geomech Tunnelling 3(5):557–566

Ziegler H-J (2006) Lötschberg-Basistunnel – Annäherung an Störungszonen im Spreng- und im TBM-Vortrieb. Felsbau 24:33–37

Ziegler H-J (2008) Die Detektionseffizienz von Vorausbohrungen im Tunnelbau. Geomechanik Tunnelbau 1(5):431–435

Ziegler M (2012) Geotechnische Nachweise nach EC 7 und DIN 1054 – Einführung in Beispielen. Ernst & Sohn, Berlin

Ziegler M (2012) Verbundverhalten von bewehrten geotechnischen Konstruktionen. Vorträge 32, Baugrundtagung Mainz, S 95–101

Ziegler M, Aulbach B (2014) Hydraulischer Grundbruch in Baugruben – Von Beobachtungen Terzaghis zur Bemessungsformel. Vorträge Baugrundtagung Berlin, S 195–201

Ziegler M, Baier Ch (2008) Optimierungsansätze für Vereisungsmaßnahmen unter Einfluss einer Grundwasserströmung. Vorträge Baugrundtagung, Dortmund, S 343–350

Ziegler M, Baier Ch (2009) Baugrundvereisung im durchströmten Untergrund. Tunnel 28(5):18–26

Ziegler M, Ruiken A (2009) Materialverhalten des Verbundbaustoffs „geogitterbewehrter Boden" aus großen triaxialen Druckversuchen. geotechnik 32(3):148–155

Ziegler M, Giese St, Schaefer W, Forkel Ch (2007) Prognose sümpfungsbedingter Bodenbewegungen im Rheinischen Braunkohlenrevier. geotechnik 30(1):48–54

Ziegler M, Giese St, Schaefer W (2009) Prognose von Bodenbewegungen infolge Sümpfungsmaßnahmen im Rheinischen Braunkohlenrevier. Veröffentl. 17. Tagung für Ingenieurgeologie, Zittau, S 55–58

Zwack Th (2013) Vergleich zweier numerischer Steinschlagsimulationsprogramme (2D) anhand eines Fallbeispiels. 19. Tagung für Ingenieurgeologie, München, Abstracts, S 37

Stichwortverzeichnis

B

C

D

E

F

H

I

J

K

L

M

N

O

P

Q

R

S

T

W

Z

MIX
Papier aus verantwortungsvollen Quellen
Paper from responsible sources
FSC® C105338

If you have any concerns about our products,
you can contact us on
ProductSafety@springernature.com

In case Publisher is established outside the EU,
the EU authorized representative is:
Springer Nature Customer Service Center GmbH
Europaplatz 3, 69115 Heidelberg, Germany

Printed by Libri Plureos GmbH
in Hamburg, Germany